Parabéns!
Agora você faz parte do **Plurall**, a plataforma digital do seu livro didático!
Acesse e conheça todos os recursos e funcionalidades disponíveis para as suas aulas digitais.

Baixe o aplicativo do **Plurall** para Android e IOS ou acesse **www.plurall.net** e cadastre-se utilizando o seu código de acesso exclusivo:

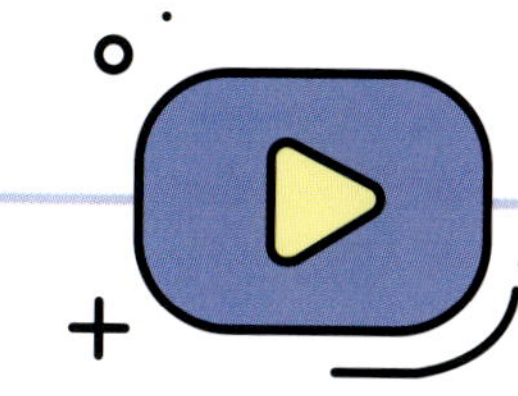

AASPQE7UT

Este é o seu código de acesso Plurall.
Cadastre-se e ative-o para ter acesso aos conteúdos relacionados a esta obra.

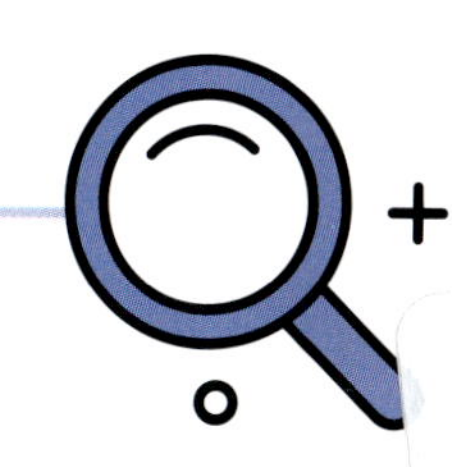

 @plurallnet

 @plurallnetoficial

FÍSICA

BÁSICA

Nicolau Gilberto Ferraro
Licenciado em Física pelo Instituto de Física da Universidade de São Paulo
Engenheiro metalurgista pela Escola Politécnica da Universidade de São Paulo
Ex-professor da Escola Politécnica e do Curso Universitário
Professor do Colégio e Curso Objetivo

Paulo Antonio de Toledo Soares
Licenciado em Física e médico diplomado pela Universidade de São Paulo
Ex-diretor pedagógico e professor do Colégio Galileu Galilei
Ex-professor do Curso Universitário e do Curso Pré-médico
Professor do Curso Intergraus

Ronaldo Fogo
Licenciado em Física pelo Instituto de Física da Universidade de São Paulo
Engenheiro metalurgista pela Escola Politécnica da Universidade de São Paulo
Coordenador das Turmas Olímpicas de Física do Colégio Objetivo
Membro do Conselho Internacional da IJSO (International Junior Science Olympiad)

VOLUME ÚNICO

SARAIVA S.A. Livreiros Editores, São Paulo
Rua Henrique Schaumann, 270 — Pinheiros
05413-010 — São Paulo — SP

SAC 0800-0117875
De 2ª a 6ª, das 8h30 às 19h30
www.editorasaraiva.com.br/contato

Dados Internacionais de Catalogação na Publicação (CIP)
(Câmara Brasileira do Livro, SP, Brasil)

Ferraro, Nicolau Gilberto
Física básica : volume único / Nicolau Gilberto Ferraro, Paulo Antonio de Toledo Soares, Ronaldo Fogo. — 4. ed. — São Paulo : Atual, 2013.

Suplementado pelo manual do professor.
Bibliografia.
ISBN 978-85-357-1783-9 (aluno)
ISBN 978-85-357-1784-6 (professor)

1. Física (Ensino médio) I. Soares, Paulo Antonio de Toledo. II. Fogo, Ronaldo. III. Título.

13-08167 CDD-530.07

Índice para catálogo sistemático:
1. Física : Ensino médio 530.07

Gerente editorial: Lauri Cericato
Editor: José Luiz C. Cruz
Editora-assistente: Maria de Lourdes Chaves Ferreira
Auxiliar de serviços editoriais: Stephanie Martini
Pesquisa iconográfica: Cristina Akisino (coord.) / Enio Rodrigues Lopes
Revisão: Pedro Cunha Jr. e Lilian Semenichin (coords.) / Aline Araújo / Eduardo Sigrist / Elza Gasparotto / Felipe Toledo / Luciana Azavedo / Maura Loria / Patricia Cordeiro / Rhennan Santos

Gerente de arte: Nair de Medeiros Barbosa
Assessoria de arte: Maria Paula Santo Siqueira
Projeto gráfico e capa: Commcepta Design
Ilustrações: Alberto De Stefano / Alex Argozino / Avelino Guedes / Conceitograf / Hélio Senatore / Lettera Studio / Luís Moura / Luiz Rubio / Marco A. Sismotto / Mário Yoshida / Paulo César Pereira / Rodval Matias / Sérgio Furlani / Studio Caparroz / Walter Caldeira
Diagramação: TPG Design
Assistente de produção: Grace Alves
Coordenação de editoração eletrônica: Silvia Regina E. Almeida
Produção gráfica: Robson Cacau Alves
Impressão e acabamento: Bercrom Gráfica e Editora

Imagens de capa:

AlexTurton/Flickr RF/Getty Images

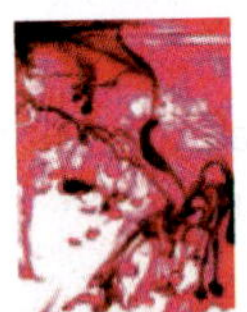
C Salisbury/SS/Glow Images

Verticalarray/SS/Glow Images

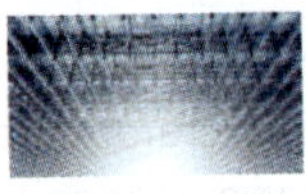
R.T. Wohlstadter/SS/Glow Images

Markus Gann/SS/Glow Images

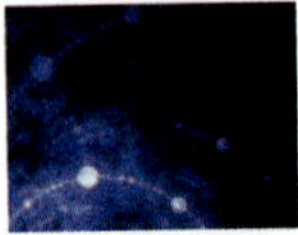
Oliver Hoffmann/SS/Glow Images

Stana/SS/Glow Images

nikkytok/SS/Glow Images

ssuaphotos/SS/Glow Images

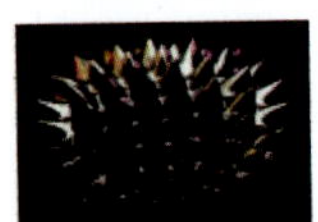
DAlex Staroseltsev/SS/Glow Images

731.289.004.002

APRESENTAÇÃO

Na primeira edição do **Física Básica, volume único**, enfatizamos o fato de que muitos estudantes têm visto a Física como algo assustador, complicado e árido. Acreditamos que, aos poucos, esse julgamento negativo está desaparecendo e, sem falsa modéstia, cremos que nossa obra tem contribuído para isso. Ao elaborar esse projeto, nossa intenção foi (e continua sendo) levar os jovens leitores a perceberem os diferentes aspectos da Física, a fim de curtir o que ela tem de bonito e prazeroso.

Em **Física Básica, volume único**, procuramos mostrar como os fenômenos físicos fazem parte de nossas vidas e de que forma seu conhecimento evoluiu no tempo. Conceitos, fórmulas, exercícios e problemas são apresentados de maneira adequada, numa linguagem clara e acessível.

A obra está dividida em dez unidades (Cinemática, Dinâmica, Estática e Hidrostática, Termologia, Óptica, Ondas, Eletrostática, Eletrodinâmica, Eletromagnetismo e Física Moderna). As unidades dividem-se em capítulos e estes, em *unidades de aprendizagem*. Cada unidade de aprendizagem, cujos início e fim são indicados por ▶ e ◀, respectivamente, apresenta a teoria básica do assunto tratado, seguida de três séries de exercícios: os de *aplicação* (para serem resolvidos em aula, com a aplicação imediata dos conceitos aprendidos), os de *verificação* (recomendados como tarefa de casa, para que o aluno sedimente o conteúdo desenvolvido) e os de *revisão* (com questões e testes de vestibulares recentes de todo o país).

Apesar de estar organizada como volume único, a obra é completa e contempla toda a programação de Física para o ensino médio, incluindo uma introdução à Física Moderna. Consideramos muito importante a apresentação dos conceitos físicos desenvolvidos a partir do século XX para mostrar ao estudante que a Física não se restringe à Física Clássica e que a maior parte do desenvolvimento tecnológico de hoje deve-se à aplicação prática desses conceitos.

Para que o aluno aproveite melhor o que é ensinado, o livro contém várias seções especiais, ao longo dos capítulos:

- **Aprofundando:** perguntas instigantes que levam o jovem a pensar e responder com base no que aprendeu, além de sugestões de pesquisas que permitem ao aluno avançar nos conteúdos desenvolvidos.
- **Amplie seu conhecimento:** pequenas leituras, explorando fatos e fenômenos ligados ao cotidiano ou relacionados com o desenvolvimento tecnológico.
- **Observe:** destaque, curiosidade ou aprofundamento do assunto que está sendo tratado na unidade de aprendizagem.
- **Leia mais:** bibliografia sucinta com obras de cunho paradidático ou de divulgação científica, que propiciam aos interessados um aprofundamento nos assuntos apresentados.
- **Cronologia de... :** breve cronologia da Física, que permite aos estudantes ter uma ideia de como se formou o conhecimento físico.
- **Desafio Olímpico:** exercícios extraídos das principais olimpíadas de Física do mundo, com grau de dificuldade variado, para testar os conceitos absorvidos pelos alunos.
- **Exercícios para o Exame Nacional:** exercícios contextualizados, como os do Pisa, do Enem e do Gave, envolvendo os principais conceitos desenvolvidos em cada uma das unidades.
- **Experimentos:** utilizando materiais simples, o aluno poderá observar não apenas a ocorrência, como a aplicação de importantes concepções da Física.

Temos a expectativa de que, com esta nova edição, conseguiremos ampliar o número de adeptos para a Física e continuaremos rompendo as barreiras que se erguem entre os jovens e essa ciência tão fascinante. Para tanto, contamos com a indispensável colaboração de nossos colegas professores, com os quais mantemos um canal sempre aberto, para receber críticas, conselhos e sugestões, a fim de que nosso propósito se concretize.

Os autores

SUMÁRIO

UNIDADE 1 — Cinemática

UNIDADE 2 — Dinâmica

UNIDADE 3 — Estática e Hidrostática

UNIDADE 4 — Termologia

UNIDADE 5 — Óptica

UNIDADE 6 — Ondas

UNIDADE 7 — Eletrostática

UNIDADE 8 — Eletrodinâmica

UNIDADE 9 — Eletromagnetismo

UNIDADE 10 — Física Moderna

Fotos: Thinkstock/Getty Images

unidade

1 CINEMÁTICA

capítulo

1 Estudo dos movimentos

O mundo fascinante da Física

Embora frequentemente nos passem despercebidos, os fenômenos físicos estão sempre presentes no nosso dia a dia. Poderíamos mesmo dizer que a Física aparece, de uma forma ou de outra, em todas as atividades do homem.

Imagine seu dia, desde o despertar pela manhã até o momento de se recolher à noite ou, melhor ainda, até o seu novo despertar no dia seguinte.

Digamos que você tenha deixado o despertador ligado para acordá-lo às 7 horas. Quando ele toca, as ondas sonoras vêm "ferir seus ouvidos" e você tem seu primeiro contato com um fenômeno físico. Então, você se espreguiça, estica-se todo, levanta-se e caminha para o banheiro. Ei-lo às voltas com seus movimentos corporais, e neles novamente a Física está presente.

Ao sair, você percebe que o dia está chuvoso, o céu encoberto. Pense em quantas ocorrências físicas foram necessárias para que essa chuva desabasse sobre a cidade: a água dos rios e dos lagos, sob a ação do calor do Sol, evaporou-se; o vapor, na sua tendência em expandir-se, subiu e, condensando-se no alto, pela diminuição da temperatura, converteu-se nas gotículas que formam as nuvens; essas, em condições favoráveis, precipitaram-se sob a forma de chuva. Quanta Física está presente na simples queda de um aguaceiro...

Thinkstock/Getty Images

Figura 1

Como está frio, você veste uma blusa de lã para impedir que seu calor corporal se perca para o ambiente (isto é Física!) e corre (movimento!) para pegar o ônibus que vai levá-lo (mais movimento!) para a escola.

Procure imaginar quantos fenômenos físicos estão envolvidos em suas atividades na escola até o momento de voltar para casa. Não queremos cansá-lo descrevendo-os minuciosamente. Mas pense!

E, ao fim do dia, de volta para casa, passada a chuva, o Sol está se pondo no horizonte. E você pode observar as tonalidades do céu no crepúsculo. Do azul a que você está acostumado, o céu vai se tingindo de amarelo, alaranjado, vermelho... E tudo consequência de fenômenos físicos: a luz do Sol, originalmente branca, se "reparte" em suas componentes, possibilitando esse "mundo de cores" com que nos deparamos. E se, ainda por cima, após a chuva do dia, um arco-íris enfeitar o ambiente, com seus arcos coloridos, você será testemunha de mais Física encantando o mundo em que vivemos.

Thinkstock/Getty Images

Figura 2

À noite, a Lua brilhando no céu, refletindo a luz do Sol que já se pôs, e as estrelas, enviando suas ondas luminosas de muito longe, à fantástica velocidade de trezentos mil quilômetros por segundo, nos fazem sonhadores, românticos e, espero, apaixonados pela Física, que estuda todos esses fenômenos encantadores que nos envolvem e, muitas vezes, comovem.

O tempo e sua medida

A noite sucede o dia, após o inverno vem a primavera, os meses passam, e as férias se aproximam. Estamos acostumados com fatos e eventos que indicam a *passagem do tempo*.

Embora seja um conceito de difícil definição e compreensão, o *tempo* está tão ligado à nossa vida que não temos nenhuma dificuldade em aceitá-lo. Em nosso próprio corpo temos um verdadeiro "medidor de tempo": o coração.

A formação da Terra ocorreu a aproximadamente 4,5 bilhões de anos. As mais antigas civilizações de nosso planeta surgiram há milhares de anos. Por outro lado, entre duas batidas sucessivas das asas de uma mosca (fig. 3) o tempo decorrido é de 0,001 s (um milésimo de segundo), enquanto um projétil de fuzil (fig. 4) atravessa uma placa de chumbo de 3 milímetros de espessura em cerca de 0,000001 s (um milionésimo de segundo). A luz atravessa uma placa de vidro de 2 milímetros de espessura (fig. 5) em aproximadamente 10^{-11} s (0,00000000001 s).

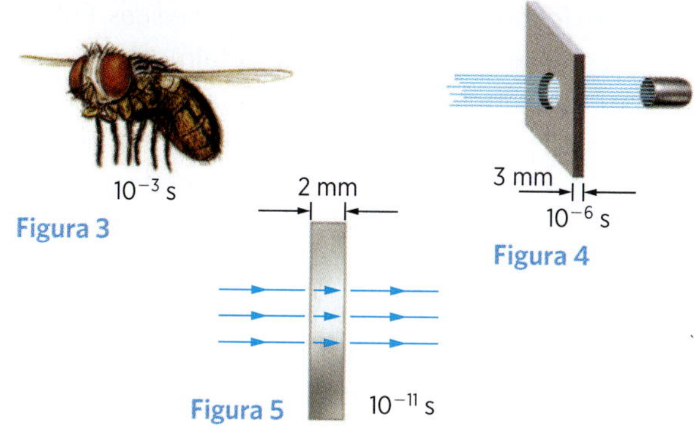

Assim, em nossa vida, em nossas leituras e estudos, deparamo-nos com intervalos de tempo desde os extremamente grandes (milhões de anos, centenas de séculos, etc.) até os extremamente pequenos (frações de segundo). A medida dos intervalos grandes, feita por meio dos relógios comuns e dos fenômenos naturais, é relativamente simples. Já os intervalos muito pequenos só podem ser medidos com o uso de aparelhos específicos, como alguns cronômetros eletrônicos, ou por meio de procedimentos e experiências especiais.

Há fenômenos que ocorrem com duração muito curta, sendo necessário, para seu estudo, "torná-los mais demorados". Na verdade, o que se faz é fotografar o fenômeno a intervalos de tempo menores ainda que a sua duração. As fotografias instantâneas e sucessivas do fenômeno, projetadas numa velocidade menor, permitem "vê-lo" ocorrendo mais lentamente.

A maneira de obter essas fotografias é tecnicamente complexa, tanto mais quanto mais rápida for a ocorrência do fenômeno estudado. Se o tempo de duração não for extremamente pequeno, pode-se utilizar o método da *fotografia estroboscópica* (fig. 6), na qual o obturador da câmara se abre a intervalos de tempo pequenos, registrando cenas sucessivas do fenômeno que está ocorrendo.

Gustoimages/SPL/LatinStock

Figura 6. Foto estroboscópica.

Para registrar fenômenos ainda mais rápidos, é usado um outro procedimento, o do *flash* múltiplo. Num ambiente totalmente escuro, o obturador da câmara é mantido aberto e o *flash* se acende a intervalos de tempo muito reduzidos.

Por outro lado, fenômenos muito demorados podem ser "apressados" por meio da projeção de fotos sucessivas do fenômeno num ritmo mais rápido que aquele em que as fotografias foram obtidas. Por exemplo, o desabrochar de uma flor, que dura horas, poderá demorar apenas alguns segundos para o espectador.

Unidade de tempo no Sistema Internacional de Unidades (SI)

O Sistema Internacional de Unidades (SI) é o sistema de unidades oficialmente adotado no Brasil. Na Mecânica corresponde ao sistema *MKS*, que adota como unidades fundamentais o *metro* (m), o *quilograma* (kg) e o *segundo* (s).

A unidade de tempo no SI é o *segundo* (s). Primitivamente, era definido como sendo a fração $\frac{1}{86\,400}$ *do dia solar médio*, sendo este relacionado com a duração da rotação da Terra.

Em virtude das irregularidades do período de rotação terrestre, a definição acima não apresentava a exatidão requerida. Em 1967, estabeleceu-se uma definição mais precisa, baseada na duração da transição de um elétron entre dois níveis de energia de um átomo de césio 133, em um relógio atômico (fig. 7).

Bettmann/Corbis/LatinStock

Figura 7. Relógio atômico.

"O segundo é a duração de *9 192 631 770 períodos de radiação*, correspondente à transição de um elétron entre os dois níveis hiperfinos do estado fundamental do átomo de césio 133." (13ª Conferência Geral de Pesos e Medidas, 1967; resolução 1.)

São ainda normalmente utilizadas as unidades múltiplas: *minuto* (1 min = 60 s) e *hora* (1 h = 3 600 s).

Unidades de medida de distância

Assim como o tempo, as distâncias também podem ser muito pequenas (por exemplo, o diâmetro de um átomo ou as dimensões de uma bactéria) ou extremamente grandes (como as que separam os astros em nosso Universo).

As distâncias relativamente pequenas com que estamos acostumados a lidar são medidas com réguas comuns ou trenas. Quando é exigida uma precisão maior nas medidas, são utilizados aparelhos mais exatos, como, por exemplo, o paquímetro, que aparece na figura 8.

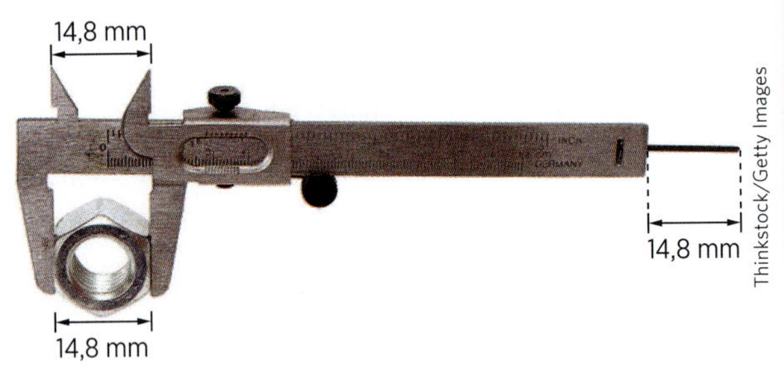

Figura 8. Paquímetro.

Para se medirem distâncias extremamente pequenas ou distâncias muito grandes, geralmente são utilizados processos indiretos baseados, na maior parte das vezes, em fenômenos ópticos e na geometria.

Unidade de comprimento no Sistema Internacional de Unidades (SI)

A unidade de comprimento no SI é o *metro* (m). Antigamente, o metro era definido como a distância a 0 °C entre dois traços feitos numa barra de platina iridiada.

A necessidade de uma definição mais precisa, orientada por um padrão natural e indestrutível, fez com que a 11ª Conferência Geral de Pesos e Medidas estabelecesse em 1960 a seguinte definição para o metro:

"O metro é o comprimento igual a *1 650 763,73 comprimentos de onda*, no vácuo, da radiação correspondente à transição entre os níveis $2p_{10}$ e $5d_5$ do átomo de criptônio 86".

No entanto, verificou-se que essa definição ainda estava aquém da precisão exigida em certas medidas astrofísicas. Por isso, a 17ª Conferência Geral de Pesos e Medidas, reunida em outubro de 1983, estabeleceu uma nova e mais precisa definição para o metro:

"O metro é o comprimento do trajeto percorrido no vácuo pela luz no intervalo de tempo de $\frac{1}{299\,792\,458}$ de segundo".

Com certa frequência, utilizamos o múltiplo *quilômetro* (1 km = 10^3 m) e os submúltiplos *centímetro* (1 cm = 10^{-2} m) e *milímetro* (1 mm = 10^{-3} m).

Algarismos significativos

Para melhor conhecer as grandezas que interferem num fenômeno, a Física recorre a *medidas*. Entretanto, essas medidas nunca serão totalmente exatas, mesmo que o instrumento de medida não apresente defeitos e a pessoa que realiza a medida proceda de modo correto. Para que você compreenda por que isso acontece, vamos mostrar o que são os *algarismos significativos* de uma medida.

Por exemplo, vamos supor que queiramos determinar o comprimento ℓ de uma barra e dispomos de duas réguas, uma centimetrada e a outra milimetrada.

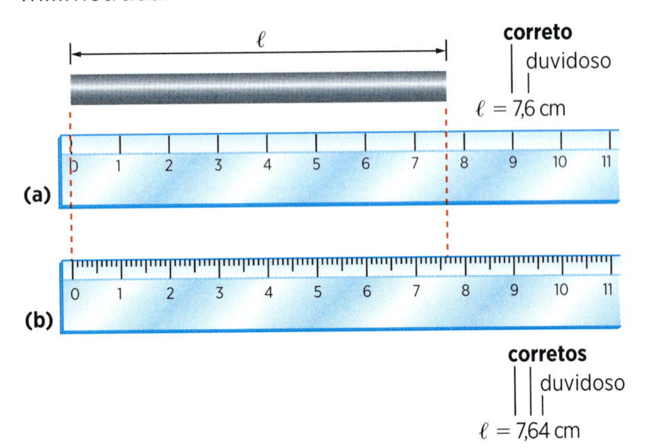

Figura 9

> Em toda medida, *os algarismos corretos e o primeiro duvidoso* são denominados *algarismos significativos.*

Assim, com a régua centimetrada podemos dizer que o comprimento da barra é 7,6 cm: 7 é o algarismo correto e 6 é o algarismo duvidoso. 7 e 6 são os algarismos significativos (fig. 9a). Já com a régua milimetrada, o comprimento da barra é 7,64 cm. 7 e 6 são os algarismos corretos e 4 é o duvidoso. 7, 6 e 4 são os algarismos significativos (fig. 9b).

OBSERVE

- Transformando essa última medida de centímetro para metro, encontramos: 7,64 cm = 0,0764 m.
- O valor 0,0764 m também tem três algarismos significativos. O algarismo zero, à esquerda de um algarismo significativo, serve para posicionar a vírgula. Não é, portanto, um algarismo significativo. Já o zero à direita de um algarismo significativo é também significativo. Assim, por exemplo, 3,0 m tem dois algarismos significativos. Já 0,3 m tem apenas um algarismo significativo.

Notação científica

Nas medidas de tempo, de comprimento e de todas as grandezas físicas é cômodo exprimir o valor obtido da seguinte forma:

> $n \cdot 10^x$, onde:
> x é um expoente inteiro
> n é tal que $1 \leq n < 10$.

No valor de *n* deve estar contido o número de algarismos significativos correspondente à medida.

Vejamos alguns exemplos do uso da notação científica:

- A distância da Terra ao Sol é de aproximadamente 150 000 000 km. Vamos escrever o valor dado em notação científica e com dois algarismos significativos: $1,5 \cdot 10^8$ km.

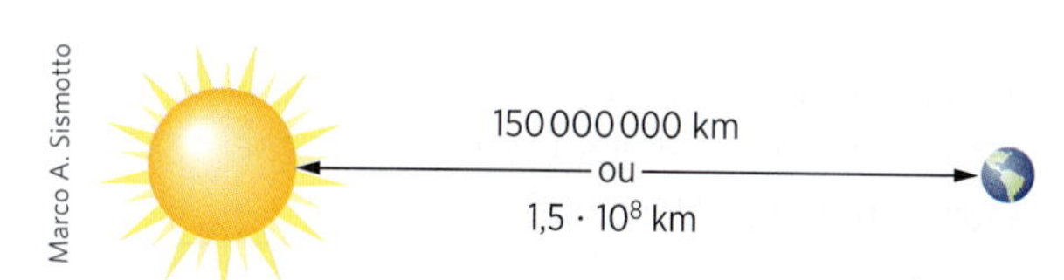

Figura 10

- Um sinal luminoso emitido da Terra atinge a Lua após 0,0211 min. Em notação científica e com três algarismos significativos, temos: $2,11 \cdot 10^{-2}$ min.
- Nas medidas do comprimento da barra, com réguas centimetrada e milimetrada, conforme vimos no item anterior, temos em notação científica:

$$7,6 \text{ cm} = 7,6 \cdot 10 \text{ mm} = 7,6 \cdot 10^{-2} \text{ m}$$

$$7,64 \text{ cm} = 7,64 \cdot 10 \text{ mm} = 7,64 \cdot 10^{-2} \text{ m}$$

AMPLIE SEU CONHECIMENTO

Medidas antigas de comprimento

Antigamente, para medir comprimento, utilizavam-se como unidades de referência partes do corpo humano. Assim, surgiram as unidades:

Figura 11

Veja as relações:

1 polegada = 2,54 cm
1 pé = 12 polegadas = 30,48 cm
1 jarda = 36 polegadas = 91,44 cm
1 palmo = 9 polegadas = 22,86 cm

Aplicação

A1. Quantas vezes por segundo deve acender um *flash* para que se possam fotografar posições sucessivas de um corpo, distanciadas 30 cm uma da outra? Sabe-se que o corpo percorre em cada segundo 600 m.

A2. Projetado à razão de 16 quadros por segundo, o filme que mostra o desabrochar de uma flor é exibido em 20 segundos. Sabendo-se que o processo normal da abertura da flor ocorre em 48 horas, qual o intervalo de tempo entre duas fotos sucessivas tomadas do processo?

A3. A medida do volume de um bloco de ferro foi feita encontrando-se o seguinte valor, expresso corretamente em algarismos significativos: 23,48 L. Quais são os algarismos corretos? E o primeiro duvidoso?

A4. As medidas indicadas abaixo estão expressas corretamente em algarismos significativos. Escreva-as em notação científica.

a) 350 m
b) 0,025 s
c) 0,040 min

Verificação

V1. Um móvel percorre 800 m a cada segundo. Para poder estudar esse movimento, usamos o método do *flash* múltiplo. Se esse *flash* se acender a cada 0,001 s, qual espaçamento entre duas posições sucessivas poderemos analisar num determinado trecho fotografado?

V2. Ao filmar um beija-flor voando, um cinegrafista usou a "velocidade" de 48 fotografias por segundo.

Thinkstock/Getty Images

Na exibição do filme, a projeção foi feita à razão de 12 fotografias por segundo, durante dois minutos. Quanto tempo durou a filmagem?

V3. As medidas indicadas abaixo estão expressas corretamente em algarismos significativos.

a) 8,3 cm
b) 0,083 m
c) $1,6 \cdot 10^{-3}$ mm
d) 43,5 km
e) 143,6 s

Indique para cada medida os algarismos corretos e o primeiro duvidoso.

V4. A distância da Terra à Lua é de aproximadamente 380 000 km. Escreva o valor dado em notação científica e com dois algarismos significativos.

V5. Entre duas batidas sucessivas das asas de uma mosca, o tempo decorrido é de 0,0015 s. Escreva o valor dado em notação científica e com dois algarismos significativos.

Revisão

R1. (PUC-SP) O pêndulo de um relógio "cuco" faz uma oscilação completa em cada segundo. A cada oscilação do pêndulo o peso desce 0,02 mm. Em 24 horas o peso se desloca, aproximadamente:

Thomas Baker/Alamy/Diomedia

a) 1,20 m
b) 1,44 m
c) 1,60 m
d) 1,73 m
e) 1,85 m

R2. (Vunesp-SP) Considere que o tempo decorrido desde o surgimento dos primeiros seres humanos até hoje é de cerca de 10^{13} s e que o tempo de revolução da Terra ao redor do Sol é de 10^7 s. A partir dessas informações, pode-se afirmar que o número de voltas da Terra ao redor do Sol desde o surgimento dos primeiros homens até hoje é igual a

a) 10^4
b) 10^5
c) 10^6
d) 10^7
e) 10^8

R3. (Fuvest-SP) Um filme comum é formado por uma série de fotografias individuais que são projetadas à razão de 24 imagens (ou quadros) por segundo, o que nos dá a sensação de um movimento contínuo. Este fenômeno acontece porque nossos olhos retêm a imagem por um intervalo de tempo um pouco superior a $\frac{1}{20}$ de segundo. Tal retenção é chamada de persistência na retina.

a) Numa projeção de filme com duração de 30 segundos, quantos quadros são projetados?

b) Uma pessoa deseja filmar o desabrochar de uma flor cuja duração é de aproximadamente 6,0 horas e pretende apresentar esse fenômeno num filme de 10 minutos de duração. Quantas fotografias individuais do desabrochar da flor devem ser tiradas?

R4. (PUC-MG) A medida da espessura de uma folha de papel, realizada com um micrômetro, é de 0,0107 cm. O número de algarismos significativos dessa medida é igual a:

a) 2 b) 3 c) 4 d) 5

LEIA MAIS

Nílson José Machado. *Medindo comprimentos*. São Paulo: Scipione, 1997. (Col. Vivendo a Matemática)

Movimento. Referencial

Carros movendo-se pelas ruas, o vento balançando as folhas de uma árvore, pessoas andando pelas calçadas. Sem dúvida, vivemos num mundo em movimento.

Analisemos, porém, mais de perto a noção de movimento. Um ônibus que se aproxima do passageiro que o espera no ponto está em movimento, mas para uma pessoa que está em seu interior, lendo tranquilamente um jornal, o ônibus está parado, pois não se aproxima nem se afasta dela (fig. 12).

Avelino Guedes

Figura 12

Você, ao ler este texto, está provavelmente sentado em uma cadeira. Perguntamos: Você está parado ou em movimento? Seu primeiro impulso é logicamente dizer que está parado. Porém isso é apenas meia verdade. É certo que, em relação à Terra, você está em repouso, mas em relação ao Sol você apresenta o mesmo movimento que a Terra.

Portanto, a noção de movimento e de repouso de um móvel depende do *sistema de referência* ou *referencial adotado*.

Referencial ou sistema de referência é o corpo em relação ao qual identificamos o estado de repouso ou de movimento de um móvel.

Dizemos que um móvel está em movimento em relação a um determinado referencial quando a sua posição se modifica em relação a ele. Em caso contrário, o móvel está em repouso relativamente ao referencial adotado.

É importante assinalar também que a trajetória descrita por um móvel em movimento depende do referencial adotado.

Por exemplo, imagine que você esteja no interior de um ônibus em movimento retilíneo. Se você lançar uma bolinha verticalmente, ela voltará à sua mão; você dirá logicamente que a trajetória da bolinha foi uma *reta vertical*. No entanto, se eu estiver parado na calçada observando o que se passa no interior do ônibus, verei a bolinha descrever uma *parábola* (fig. 13).

Quando não é especificado nenhum referencial, consideramos os movimentos em relação à Terra.

A parte da Física que estuda os movimentos descrevendo-os por meio dos conceitos de posição, velocidade e aceleração é denominada *Cinemática*. Posteriormente veremos a *Dinâmica*, que estuda os movimentos e as causas que os produzem ou os modificam. Em nosso curso, "móvel" será sempre entendido como um corpo cujas dimensões podem ser desprezadas no fenômeno em estudo. A esse corpo particular damos o nome de *ponto material*.

Avelino Guedes

Figura 13

Espaço de um móvel

Para localizarmos, em cada instante, um móvel *P* ao longo de uma trajetória, devemos *orientá-la* e adotar um ponto *O* como *origem* (fig. 14).

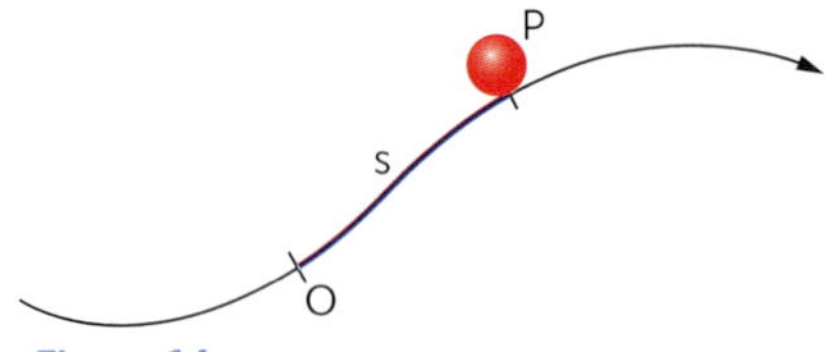

Figura 14

A medida algébrica do arco de trajetória OP recebe o nome de *espaço s* do móvel no instante *t*. O ponto *O* é a *origem dos espaços*.

Na figura 15 representamos, como exemplo, as posições de um móvel, ao longo da trajetória, em diversos instantes. Observe que a cada valor de *t* corresponde um valor de *s*.

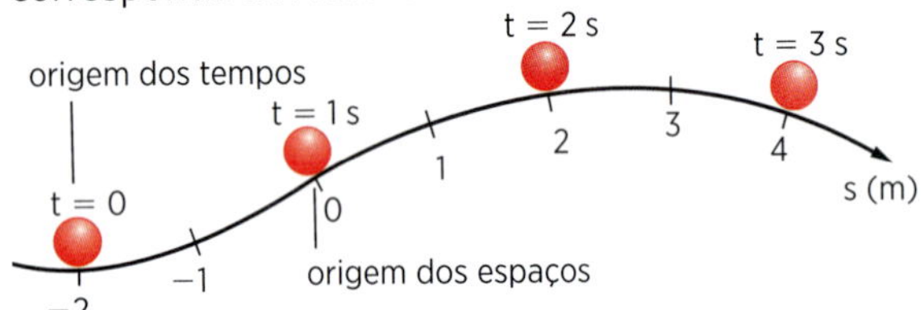

Figura 15

t (s)	s (m)
0	−2
1	0
2	2
3	4

O instante t = 0 recebe o nome de *origem dos tempos* e corresponde ao instante em que o cronômetro é disparado. O espaço do móvel no instante t = 0 é denominado *espaço inicial* e indica-se por s_0. No exemplo da figura 15, $s_0 = -2$ m.

Função horária

À medida que o tempo passa, varia o espaço *s* de um móvel em movimento. A fórmula matemática que relaciona os espaços *s* do móvel com os correspondentes instantes *t* constitui a *função horária do movimento*.

Conhecendo a função horária do movimento de um móvel, podemos determinar em cada instante seu espaço. Observe o exemplo a seguir:

$s = -6 + 3t$ (*s* em metros, *t* em segundos)

$t = 0 \rightarrow s = -6$ m

$t = 1\ s \rightarrow s = -3$ m

$t = 2\ s \rightarrow s = 0$

$t = 3\ s \rightarrow s = 3$ m, etc.

Variação de espaço

Consideremos um móvel movendo-se sobre uma trajetória (fig. 16). Num instante t_1, anotado num cronômetro, o móvel ocupa uma posição representada pelo espaço s_1. No instante posterior, t_2, ele apresenta o espaço s_2. No intervalo de tempo $\Delta t = t_2 - t_1$ ocorreu a *variação de espaço*:

$$\Delta s = s_2 - s_1$$

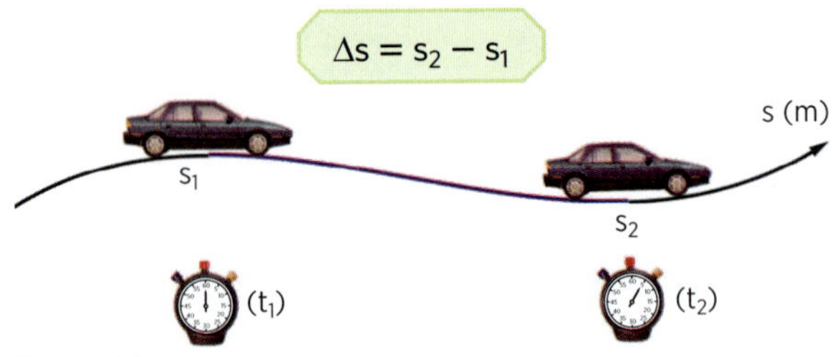

Figura 16

Observe que a variação de espaço Δs pode ser positiva, negativa ou nula, conforme o espaço s_2 seja maior, menor ou igual ao espaço s_1 (fig. 17).

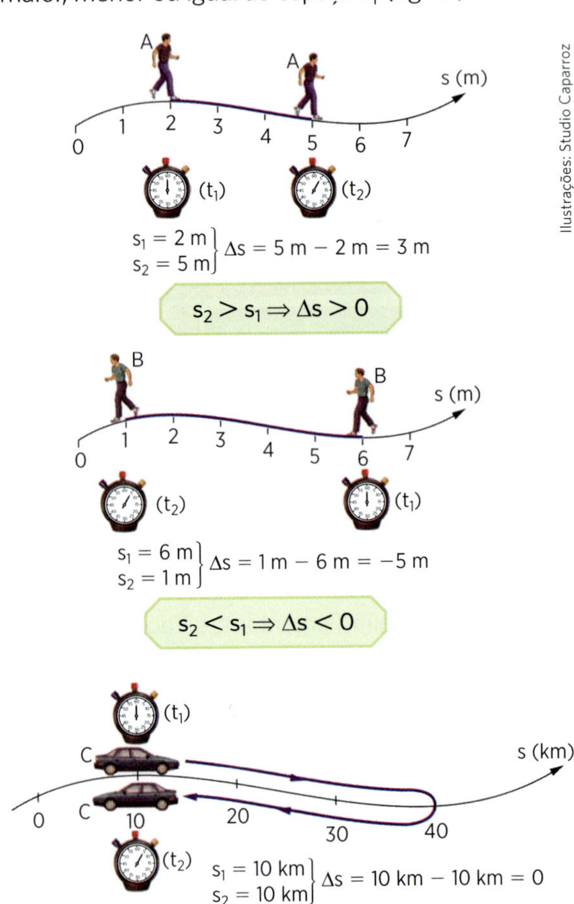

Figura 17. A variação de espaço da pessoa *A* é positiva, a da pessoa *B* é negativa, e a do carro *C* é nula.

A variação de espaço coincide com a distância efetivamente percorrida quando o móvel se desloca sempre no mesmo sentido e no sentido em que foi orientada a trajetória.

Aplicação

A5. Pode um corpo estar em movimento em relação a um referencial e em repouso em relação a outro? Dê exemplos.

A6. Um menino está andando, em linha reta, segurando um cata-vento.

Lettera Studio

Faça um desenho representando a trajetória do ponto *P* do cata-vento em relação ao menino e em relação ao solo.

A7. O espaço de um móvel varia com o tempo, conforme a tabela abaixo.

t (s)	0	1	2	3	4	5
s (m)	3	4	7	12	19	28

Determine:

a) o espaço inicial;

b) o espaço no instante $t = 3$ s;

c) a variação de espaço entre os instantes 1 s e 4 s.

A8. A função horária do movimento de um móvel é dada por $s = 5 + t$ para *s* em metros e *t* em segundos. Determine:

a) o espaço inicial;

b) o espaço no instante $t = 2$ s;

c) a variação do espaço entre os instantes 1 s e 3 s.

Verificação

V6. Um carro trafega numa rua conforme mostra a figura. Pode-se dizer que o poste está em movimento em relação ao carro?

Alex Argozino

V7. Uma pessoa, num trem em movimento com velocidade constante em trecho retilíneo de ferrovia, deixa cair um objeto pesado. A trajetória do objeto para qualquer pessoa dentro do trem será:

a) uma reta vertical.

b) um arco de parábola.

c) um quarto de circunferência.

d) uma hipérbole.

e) uma reta horizontal.

V8. Na situação descrita no exercício anterior, a trajetória do objeto, vista por uma pessoa fora do trem, parada à beira da estrada, será:

a) uma reta vertical.

b) um arco de parábola.

c) um quarto de circunferência.

d) uma hipérbole.

e) uma reta horizontal.

V9. O espaço de um móvel varia com o tempo, segundo a tabela abaixo.

t (s)	0	1	2	3	4	5
s (m)	5	4	1	−4	−11	−20

Determine:

a) o espaço inicial;

b) os espaços do móvel nos instantes 2 s e 5 s;

c) as variações de espaço entre os instantes 0 e 3 s e entre os instantes 2 s e 5 s.

V10. Um móvel tem função horária $s = 2 + 3 \cdot t$ para *s* em metros e *t* em segundos. Determine:

a) o espaço inicial;

b) os espaços do móvel nos instantes 1 s, 2 s e 3 s;

c) a variação de espaço entre os instantes 1 s e 3 s.

R5. (Fesp-SP) Das afirmações:

I. Uma partícula em movimento em relação a um referencial pode estar em repouso em relação a outro referencial.

II. A forma da trajetória de uma partícula depende do referencial adotado.

III. Se a distância entre duas partículas permanece constante, então uma está em repouso em relação à outra.

São corretas:

a) apenas I e II.
b) apenas III.
c) apenas I e III.
d) todas.
e) apenas II e III.

R6. (UF-RJ) Heloísa, sentada na poltrona de um ônibus, afirma que o passageiro sentado à sua frente não se move, ou seja, está em repouso. Ao mesmo tempo, Abelardo, sentado à margem da rodovia, vê o ônibus passar e afirma que o referido passageiro está em movimento.

Avelino Guedes

De acordo com os conceitos de movimento e repouso usados em Mecânica, explique de que maneira devemos interpretar as afirmações de Heloísa e Abelardo para dizer que ambas estão corretas.

R7. (U. E. Maringá-PR) Um trem se move com velocidade horizontal constante. Dentro dele estão o observador *A* e um garoto, ambos parados em relação ao trem. Na estação, sobre a plataforma, está o observador *B* parado em relação a ela. Quando um trem passa pela plataforma, o garoto joga uma bola verticalmente para cima. Desprezando-se a resistência do ar, podemos afirmar que:

(01) o observador *A* vê a bola se mover verticalmente para cima e cair nas mãos do garoto.

(02) o observador *B* vê a bola descrever uma parábola e cair nas mãos do garoto.

(04) os dois observadores veem a bola se mover numa mesma trajetória.

(08) o observador *B* vê a bola se mover verticalmente para cima e cair atrás do garoto.

(16) o observador *A* vê a bola descrever uma parábola e cair atrás do garoto.

Dê como resposta a soma dos números associados às proposições corretas.

R8. (PUC-SP) Um helicóptero sobe a partir de um heliporto, deslocando-se verticalmente com velocidade constante. Esboce a trajetória de um ponto situado na extremidade da hélice para dois observadores, um situado dentro do helicóptero e outro fixo no heliporto.

R9. A função horária do movimento de um móvel é dada por $s = t^2 - 4t + 3$ para *s* em metros e *t* em segundos. Determine:

a) o espaço inicial;
b) o espaço no instante $t = 2$ s;
c) a variação de espaço entre os instantes 1 s e 3 s.

Velocidade escalar média. Velocidade escalar instantânea

Em corridas automobilísticas é comum ouvir referência à "velocidade média" de um automóvel em determinada volta. Por exemplo, num Grande Prêmio de Fórmula 1, o vencedor apresenta, numa das voltas, a velocidade média de 180 km/h. Isso não quer dizer que durante todo o percurso o velocímetro do carro indique esse mesmo valor para a velocidade.

Normalmente, no dia a dia, calculamos a velocidade média dividindo a distância efetivamente percorrida pelo intervalo de tempo correspondente. Em Cinemática generalizamos esta definição considerando não a distância efetivamente percorrida, mas a variação de espaço Δs.

Assim, define-se a *velocidade escalar média* (v_m) de um móvel por meio da relação entre a variação do espaço Δs e o intervalo de tempo Δt em que ocorreu:

$$v_m = \frac{\Delta s}{\Delta t} = \frac{s_2 - s_1}{t_2 - t_1}$$

Por exemplo, se um automóvel inicia sua viagem no marco 60 km de uma estrada e 2 horas depois está no marco 180 km da mesma estrada, sua velocidade escalar média foi de:

$$\left.\begin{aligned} s_1 &= 60 \text{ km} \\ s_2 &= 180 \text{ km} \\ \Delta t &= t_2 - t_1 = 2 \text{ h} \end{aligned}\right\} v_m = \frac{180 \text{ km} - 60 \text{ km}}{2 \text{ h}} =$$

$$= \frac{120 \text{ km}}{2 \text{ h}} \Rightarrow \boxed{v_m = 60 \text{ km/h}}$$

A *velocidade escalar instantânea* (v) pode ser entendida como a velocidade escalar média para um intervalo de tempo extremamente pequeno, tendendo a zero. Em termos mais rigorosos, podemos definir a velocidade escalar instantânea utilizando a operação matemática denominada *limite*:

$$v = \lim_{\Delta t \to 0} \frac{\Delta s}{\Delta t}$$

O velocímetro de um automóvel (fig. 18) mede a velocidade escalar instantânea, uma vez que indica a velocidade do carro em cada instante.

Thinkstock/Getty Images

Figura 18

A unidade de velocidade escalar (média ou instantânea) no Sistema Internacional de Unidades é o metro por segundo (m/s). No entanto, a unidade mais empregada em nossa vida diária é o quilômetro por hora (km/h).

A relação entre as unidades $\frac{km}{h}$ e $\frac{m}{s}$ pode ser facilmente estabelecida:

$$1\,\frac{km}{h} = \frac{1000}{3600}\,\frac{m}{s}$$

$$\left.1\,\frac{km}{h} = \frac{1}{3{,}6}\,\frac{m}{s}\right\} \quad \boxed{1\ m/s = 3{,}6\ km/h}$$

Vejamos alguns exemplos:

- Um corredor especialista na prova dos 100 metros rasos desenvolve uma velocidade média de 10 m/s. Vejamos o valor em km/h:

$$v_m = 10\ m/s = 10 \cdot 3{,}6\ km/h \Rightarrow$$

$$\Rightarrow \boxed{v_m = 36\,km/h}$$

- Ao cair de um prédio de 20 metros de altura, um móvel apresenta, ao chegar ao solo, uma velocidade de 72 km/h. Calculemos em m/s o valor dessa velocidade:

$$v = 72\ km/h = 72 \cdot \frac{1}{3{,}6}\ m/s \Rightarrow$$

$$\Rightarrow \boxed{v = 20\ m/s}$$

Quando a velocidade escalar de um móvel é *constante*, significa que é a mesma em qualquer instante e igual à velocidade escalar média em qualquer intervalo de tempo.

Aplicação

A9. Um nadador percorre a extensão de uma piscina de 50 metros de comprimento em 25 segundos. Determine a velocidade escalar média desse nadador.

A10. Um trem viaja a uma velocidade constante e igual a 80 km/h. Quantos quilômetros o trem percorre em uma hora e quinze minutos?

A11. Um automóvel se desloca em uma estrada, indo de uma cidade *M* a uma cidade *N*, distante 300 km da primeira. Partindo exatamente às 9 horas de *M*, seu motorista para às 11 horas em um restaurante à beira da estrada, onde gasta uma hora para almoçar. A seguir, prossegue a viagem e, ao fim de mais duas horas, chega ao seu destino. Qual foi, em todo o percurso, a velocidade escalar média do automóvel?

A12. Às 2h48min20s, um automóvel se encontra no quilômetro 80 de uma rodovia. Às 3h05min, o mesmo automóvel se encontra no quilômetro 100 da mesma estrada. Determine:

a) a variação de espaço do móvel;
b) o intervalo de tempo decorrido;
c) a velocidade escalar média do móvel em m/s e em km/h.

A13. A função horária do movimento de um móvel é $s = 3 + 2t + t^2$ para *s* em metros e *t* em segundos. Determine:

a) os espaços do móvel nos instantes $t_1 = 1$ s e $t_2 = 2$ s;
b) a variação de espaço entre os instantes $t_1 = 1$ s e $t_2 = 2$ s;
c) a velocidade escalar média no referido intervalo de tempo.

V11. Um trem mantém uma velocidade constante de 60 km/h. Que distância o trem percorre em duas horas e meia?

V12. Um passageiro de ônibus verificou que ele andou 10 km nos 10 primeiros minutos de observação e 9 km nos 10 minutos seguintes. Determine a velocidade média do ônibus durante o período de observação.

V13. Um automóvel deve percorrer 300 km em 5 horas. No entanto, após percorrer 100 km em duas horas, uma avaria mecânica o obriga a permanecer uma hora parado. Que velocidade média deverá desenvolver no percurso que falta para cumprir a condição inicial?

V14. Às 15h45min, um caminhão passa pelo marco 20 km de uma rodovia. Às 16h15min, o mesmo caminhão passa pelo marco 50 km. Calcule:

a) a variação de espaço do caminhão;

b) o intervalo de tempo decorrido;

c) a velocidade média do caminhão.

V15. A função horária do movimento de um móvel é $s = 2 + 3t - t^2$, para *s* em metros e *t* em segundos. Determine:

a) os espaços do móvel nos instantes $t_1 = 1$ s e $t_2 = 3$ s;

b) a variação de espaço entre os instantes $t_1 = 1$ s e $t_2 = 3$ s;

c) a velocidade escalar média no referido intervalo de tempo.

R10. (Cefet-AL) Há mais de 30 anos, astronautas das missões Apollo colocaram espelhos na Lua — uma série de pequenos retrorrefletores que podem interceptar feixes de laser da Terra e enviá-los de volta. Numa determinada experiência, uma série de pulsos de laser foi disparada por um telescópio terrestre, cruzou o espaço e atingiu os espelhos. Devido ao seu formato, os espelhos devolveram os pulsos diretamente para o local de onde vieram, permitindo medir a distância para a Lua com ótima precisão. Constatou-se que o tempo de ida e volta foi de 2,56 s. Sabendo-se que a velocidade de propagação dos pulsos de laser é de $3 \cdot 10^8$ m/s, a distância Terra-Lua, de acordo com a experiência citada, é de:

a) $9{,}42 \cdot 10^5$ km

b) $7{,}68 \cdot 10^5$ km

c) $5{,}36 \cdot 10^5$ km

d) $3{,}84 \cdot 10^5$ km

e) $1{,}17 \cdot 10^5$ km

R11. (Cefet-SP) O crescente aumento do número de veículos automotores e o consequente aumento de engarrafamentos têm levado a Prefeitura do Município de São Paulo a um monitoramento intensivo das condições de circulação nas vias da cidade. Em uma sondagem, um funcionário da companhia de trânsito deslocou seu veículo, constatando que

- permaneceu parado, durante 30 minutos;
- movimentou-se com velocidade de 20 km/h, durante 12 minutos;
- movimentou-se com velocidade de 45 km/h, durante 6 minutos.

Da análise de seus movimentos, pôde-se constatar que, para o deslocamento realizado, a velocidade média desenvolvida foi, aproximadamente, em km/h,

a) 10,5

b) 12,0

c) 13,5

d) 15,0

e) 17,5

R12. (Unemat-MT) Um ônibus escolar deve partir de uma determinada cidade conduzindo estudantes para uma universidade localizada em outra cidade, no período noturno. Considere que o ônibus deverá chegar à universidade às 19 horas, e a distância entre essas cidades é de 120 km, com previsão de parada de 10 minutos num determinado local situado 70 km antes da cidade de destino. Se o ônibus desenvolver uma velocidade escalar média de 100 km/h, qual deve ser seu horário de partida?

a) 18 horas

b) 17 horas e 48 minutos

c) 18 horas e 10 minutos

d) 17 horas e 58 minutos

e) 17 horas e 38 minutos

R13. (Fuvest-SP) Dirigindo-se a uma cidade próxima, por uma autoestrada plana, um motorista estima seu tempo de viagem, considerando que consiga manter uma velocidade média de 90 km/h. Ao ser surpreendido pela chuva, decide reduzir sua velocidade média para 60 km/h, permanecendo assim até a chuva parar, quinze minutos mais tarde, quando retoma a velocidade média inicial. Essa redução temporária aumenta seu tempo de viagem, com relação à estimativa inicial, em:

a) 5 minutos

b) 7,5 minutos

c) 10 minutos

d) 15 minutos

e) 30 minutos

APROFUNDANDO

Faça uma pesquisa comparando as velocidades médias de:

- pessoas em passo normal;
- atletas;
- animais;
- aviões;
- trens;
- foguetes;
- motos;
- carros;
- bicicletas.

Thinkstock/Getty Images

Travessia de ponte e de túnel

Considere um trem atravessando um túnel. Entre o instante em que o trem entra no túnel e o instante em que a extremidade do último vagão abandona o túnel, cada ponto do trem sofre uma variação de espaço Δs, dada por: $\Delta s = \ell_{túnel} + \ell_{trem}$, como mostra a figura 19.

Conhecendo-se a velocidade escalar média do trem, pode-se determinar o intervalo de tempo de travessia:

$$v_m = \frac{\Delta s}{\Delta t} \Rightarrow v_m = \frac{\ell_{túnel} + \ell_{trem}}{\Delta t}$$

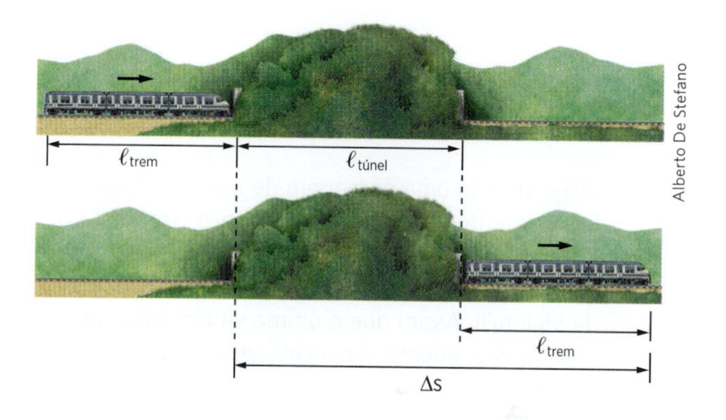

Alberto De Stefano

Figura 19

Aplicação

A14. Quanto tempo gasta um trem de 200 metros para atravessar uma ponte de 50 metros, viajando à velocidade constante de 60 km/h?

A15. Um automóvel vai da cidade *A* para a *B*, distante 120 km, com velocidade escalar média de 80 km/h. A seguir, desloca-se da cidade *B* para a cidade *C* (distante 50 km) com velocidade escalar média de 100 km/h. Qual a velocidade escalar média do carro no percurso de *A* até *C*?

A16. Uma moto move-se numa estrada retilínea AB, partindo de *A* com velocidade constante $v_1 = 20$ km/h. Ao atingir o ponto *M* médio de AB, a velocidade muda bruscamente para $v_2 = 80$ km/h e se mantém constante até atingir o ponto *B*. Determine a velocidade escalar média da moto em todo o trajeto.

A17. A figura representa a trajetória de um caminhão de entregas que parte de *A*, vai até *B* e retorna a *A*. No trajeto de *A* a *B*, o caminhão mantém uma velocidade média de 30 km/h; na volta de *B* até *A*, ele gasta 6 minutos. Determine:

a) o tempo gasto pelo caminhão, para ir de *A* até *B*;

b) a velocidade média do caminhão, quando vai de *B* até *A*, em km/h.

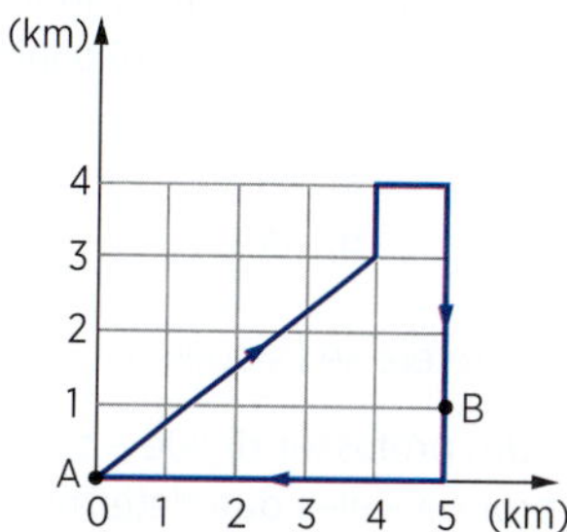

Verificação

V16. Um trem de 200 metros de comprimento atinge a boca de um túnel e, 40 s depois, a extremidade de seu último vagão abandona o túnel. Sabendo que o trem mantém uma velocidade constante de 20 m/s, determine o comprimento do túnel.

V17. Um automóvel sai de São Paulo com destino a Guaxupé (MG), passando por Campinas (SP). A distância de São Paulo a Campinas é de 100 km e o automóvel desenvolve a velocidade escalar média de 120 km/h. De Campinas a Guaxupé, distantes 200 km, o automóvel desenvolve a velocidade escalar média de 80 km/h.
Qual a velocidade escalar média do automóvel no percurso de São Paulo a Guaxupé?

V18. Um automóvel se desloca de um ponto *A* até um ponto *B* com velocidade constante de 80 km/h. A seguir se desloca do ponto *B* até um ponto *C* mantendo uma velocidade constante de 30 km/h. Sendo iguais as distâncias entre *A* e *B* e entre *B* e *C*, determine a velocidade escalar média do automóvel entre os pontos *A* e *C*.

V19. O gráfico abaixo representa, de forma aproximada, a planta de certo trecho de uma cidade. Está assinalado também o trajeto que um rapaz faz de automóvel de sua casa (*A*) até a casa de sua namorada (*B*) e o percurso de volta. Na ida, o tempo despendido foi de 6 minutos e na volta foi de meia hora. Determine a velocidade média na ida, na volta e em todo o percurso.

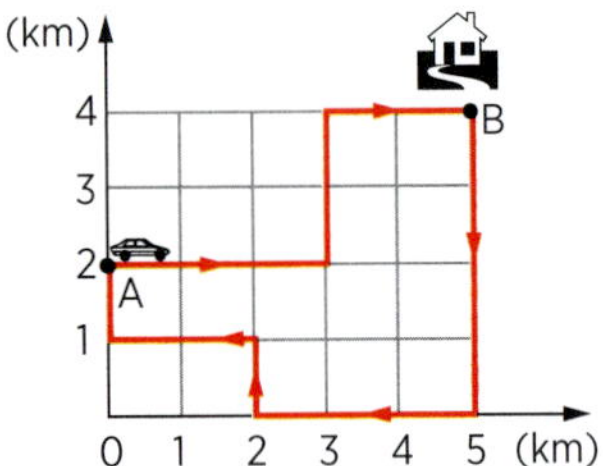

Revisão

R14. (FGV-SP) Em uma passagem de nível, a cancela é fechada automaticamente quando o trem está a 100 m do início do cruzamento. O trem, de comprimento 200 m, move-se com velocidade constante de 36 km/h. Assim que o último vagão passa pelo final do cruzamento, a cancela se abre liberando o tráfego de veículos.

Alex Argozino

Considerando que a rua tem largura de 20 m, o tempo que o trânsito fica contido desde o início do fechamento da cancela até o início de sua abertura, é, em *s*:

a) 32
b) 36
c) 44
d) 54
e) 60

O texto a seguir refere-se às questões **R15** e **R16**.

(Vunesp-SP) Um professor divide a sala em dois grupos de alunos e propõe a eles que determinem a velocidade média de um carro ao percorrer toda a extensão da rua onde fica a escola. Para medir essa extensão, ele sugere que os alunos contem o número de passos necessários para um deles percorrê-la e multipliquem esse número pelo comprimento médio de cada passo; o tempo de percurso seria medido por meio de um cronômetro. Ambos os grupos mediram o tempo, 20 s, mas o grupo I obteve para a velocidade média do carro 15 m/s e o grupo II, 12 m/s.
Desconfiado desse resultado, o professor verificou que o segundo grupo realizou corretamente as suas medidas, mas o primeiro grupo havia cometido um erro ao medir a rua, pois havia considerado erroneamente que o comprimento medido do passo de um dos garotos era igual a 1,0 m.

R15. A partir das informações oferecidas pelo enunciado, pode-se concluir que o comprimento dos passos do garoto do grupo I, que gerou a incoerência das medidas, era de:

a) 0,50 m
b) 0,60 m
c) 0,70 m
d) 0,80 m
e) 0,90 m

R16. Se, em vez do carro, os grupos I e II, antes da correção feita pelo professor, tivessem observado uma carroça, que demorou 100 s para percorrer toda a extensão da rua, teriam concluído, respectivamente, que a velocidade média da carroça, em m/s, seria de:

a) 3,0 e 2,4
b) 2,4 e 3,0
c) 0,8 e 3,0
d) 2,4 e 0,8
e) 1,3 e 3,0

R17. (Unicamp-SP) Os carros em uma cidade grande desenvolvem uma velocidade média de 18 km/h, em horários de pico, enquanto a velocidade média do metrô é de 36 km/h. O mapa ao lado representa os quarteirões de uma cidade e a linha subterrânea do metrô.

a) Qual a menor distância que um carro pode percorrer entre as duas estações?

b) Qual o tempo gasto pelo metrô (T_m) para ir de uma estação à outra, de acordo com o mapa?

c) Qual a razão entre os tempos gastos pelo carro (T_c) e pelo metrô para ir de uma estação à outra, $\frac{T_c}{T_m}$? Considere o menor trajeto para o carro.

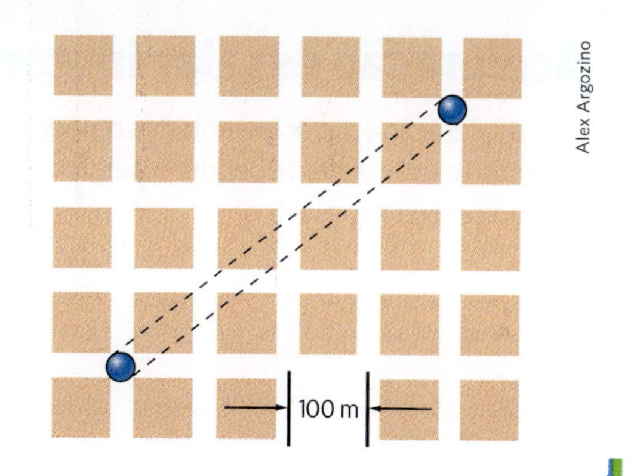

Aceleração escalar média

Um carro está parado num farol fechado. Quando o farol abre, o motorista pisa no acelerador e, depois de decorridos 10 segundos, o velocímetro está marcando 60 km/h.

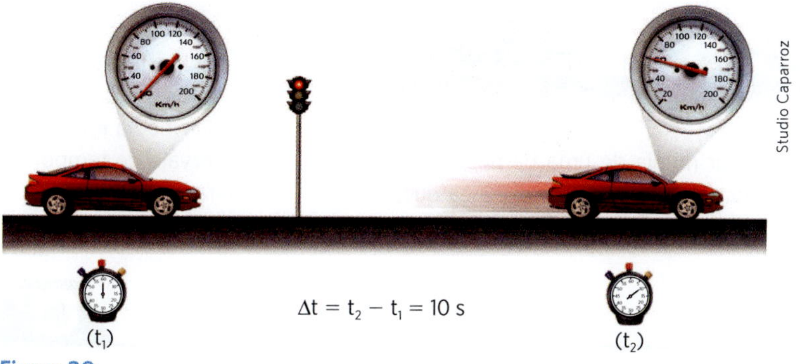

Figura 20

Note, no exemplo apresentado, que "pisar no acelerador", "acelerar" o carro, significou *variar sua velocidade*. Portanto, o termo *aceleração* está relacionado com a variação de velocidade de um móvel no decurso do tempo.

Define-se *aceleração escalar média* α_m de um móvel pela relação:

$$\alpha_m = \frac{\Delta v}{\Delta t}$$

onde $\Delta v = v_2 - v_1$ é a variação de velocidade sofrida pelo móvel e $\Delta t = t_2 - t_1$ é o intervalo de tempo em que ela se realizou.

No exemplo citado anteriormente, a velocidade escalar v_1, no instante t_1, é nula ($v_1 = 0$) e a velocidade escalar, no instante t_2, é $v_2 = 60$ km/h. Assim:

$$\Delta v = v_2 - v_1 = 60 - 0 \Rightarrow \Delta v = 60 \text{ km/h}$$

$$\Delta t = t_2 - t_1 = 10 \text{ s} \Rightarrow \Delta t = 10 \text{ s}$$

A aceleração escalar média do veículo foi:

$$\alpha_m = \frac{\Delta v}{\Delta t} = \frac{60 \text{ km/h}}{10 \text{ s}} \Rightarrow \boxed{\alpha_m = 6 \frac{\text{km/h}}{\text{s}}}$$

Dizer que o carro apresentou uma aceleração escalar média de $6 \frac{\text{km/h}}{\text{s}}$ (seis quilômetros por hora por segundo) significa que, *em cada segundo, a velocidade escalar variou 6 km/h*, em média.

A aceleração escalar média é uma grandeza algébrica, sendo seu sinal o mesmo da variação de velocidade Δv. Assim, quando a velocidade escalar diminui, Δv é negativo e, portanto, a aceleração escalar média é negativa.

Por exemplo, se a velocidade escalar de um carro ao ser brecado varia de 60 km/h para 20 km/h em 5 segundos, sua aceleração escalar média vale:

$$\Delta v = v_2 - v_1 = 20 - 60 \Rightarrow \Delta v = -40 \text{ km/h}$$

$$\Delta t = 5 \text{ s}$$

$$\alpha_m = \frac{\Delta v}{\Delta t} = -\frac{40}{5} \Rightarrow \boxed{\alpha_m = -8 \frac{\text{km/h}}{\text{s}}}$$

A unidade apresentada nos exemplos não é muito utilizada. A unidade de aceleração escalar do Sistema Internacional de Unidades é:

m/s^2 (metros por segundo ao quadrado)

Aceleração escalar instantânea

Aceleração escalar instantânea α pode ser entendida como uma aceleração escalar média para um intervalo de tempo extremamente pequeno, tendendo a zero. Isso corresponde à operação *matemática* denominada *limite*, sendo possível escrever:

$$\alpha = \lim_{\Delta t \to 0} \frac{\Delta v}{\Delta t}$$

A18. Um veículo parte do repouso e atinge a velocidade de 20 m/s após 5 s. Qual a aceleração escalar média do veículo nesse intervalo de tempo?

A19. Um automóvel reduz sua velocidade de 20 m/s para 5,0 m/s num intervalo de tempo de 10 s. Qual foi sua aceleração escalar média nesse intervalo de tempo?

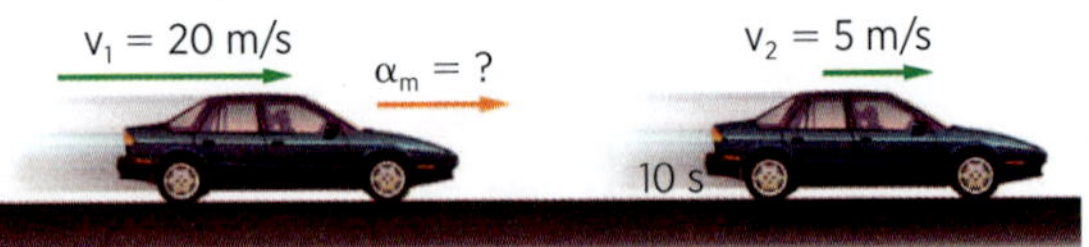

Studio Caparroz

A20. A aceleração escalar média de uma partícula vale 5 m/s², num intervalo de tempo. Isso significa que, em média, em cada segundo:

a) a partícula percorre 5 m.
b) a velocidade da partícula varia 5 m/s.
c) a velocidade da partícula varia $\frac{1}{5}$ m/s.
d) a partícula percorre $\frac{1}{5}$ m.
e) a velocidade da partícula varia 0,5 m/s.

A21. Um automóvel se desloca com velocidade constante de 80 km/h. Num dado instante, o motorista pisa no freio, comunicando ao veículo uma aceleração escalar média igual a $-8{,}0 \cdot 10^4$ km/h². Determine o intervalo de tempo entre o início do freamento e a parada do automóvel.

V20. Uma partícula parte do repouso e, em 10 segundos, sua velocidade aumenta para 15 m/s. Determine a aceleração média da partícula.

V21. Num jogo de futebol, um atacante chuta a gol mandando a bola diretamente sobre o goleiro do time adversário. A bola atinge o goleiro com a velocidade de 20 m/s e este consegue imobilizá-la em 0,1 s, com um movimento de recuo dos braços.

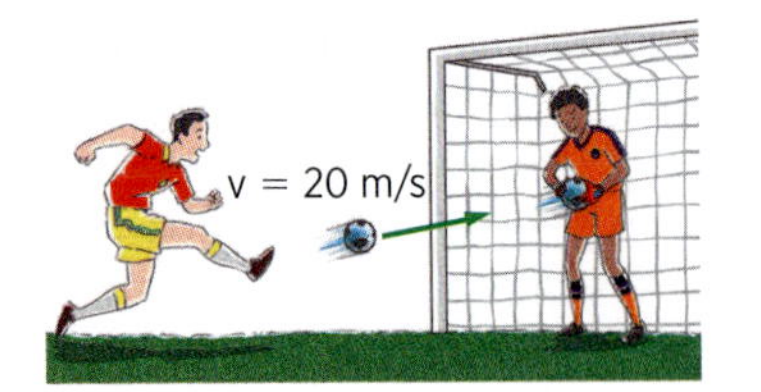

Alberto De Stefano

Determine a aceleração média da bola durante a ação do goleiro.

V22. Um corpo, caindo nas proximidades da Terra, fica sujeito a uma aceleração de 10 m/s². Isso significa que a cada segundo:

a) o corpo percorre 10 m.
b) a velocidade do corpo aumenta 5 m/s.
c) a velocidade do corpo aumenta 36 km/h.
d) o corpo percorre 0,10 m.
e) a velocidade do corpo diminui 10 m/s.

V23. Às 2h29min55s, a velocidade de um atleta é 1,0 m/s e, logo a seguir, às 2h30min25s, ele está com velocidade de 10 m/s. Determine a aceleração média do atleta no intervalo de tempo considerado.

R18. (Vunesp-SP) Diante de um possível aquecimento global, muitas alternativas à utilização de combustíveis fósseis têm sido procuradas. A empresa *Hybrid Technologies* lançou recentemente um carro elétrico que, segundo a empresa, é capaz de ir de 0,0 a 100 km/h em 3,0 segundos. A aceleração média imprimida ao automóvel nesses 3,0 segundos é:

a) 5,3 m/s²
b) 8,9 m/s²
c) 9,3 m/s²
d) 9,8 m/s²
e) 10 m/s²

R19. (PUC-RS) Dizer que um movimento se realiza com uma aceleração escalar constante de $5\ m/s^2$ significa que:

a) em cada segundo o móvel se desloca 5 m.

b) em cada segundo a velocidade do móvel aumenta 5 m/s.

c) em cada segundo a aceleração do móvel aumenta 5 m/s.

d) em cada 5 segundos a velocidade aumenta 1 m/s.

e) a velocidade é constante e igual a 5 m/s.

R20. (Unirio-RJ) Caçador nato, o guepardo é uma espécie de mamífero que reforça a tese de que os animais predadores estão entre os bichos mais velozes da natureza. Afinal, a velocidade é essencial para os que caçam outras espécies, em busca de alimentação. O guepardo é capaz de, saindo do repouso e correndo em linha reta, chegar à velocidade de 72 km/h em apenas 2,0 segundos, o que nos permite concluir, em tal situação, que o módulo de sua aceleração média, em m/s^2, é igual a:

a) 10
b) 15
c) 18
d) 36
e) 50

R21. (PUC-RS) Uma pessoa pula de um muro, atingindo o chão, horizontal, com velocidade de 4,0 m/s, na vertical. Se ela dobrar pouco os joelhos, sua queda é amortecida em 0,020 s e, dobrando mais os joelhos, consegue amortecer a queda em 0,100 s. O módulo da aceleração média da pessoa, em cada caso, é, respectivamente:

a) $2{,}0\ m/s^2$ e $4{,}0\ m/s^2$
b) $20\ m/s^2$ e $4{,}0\ m/s^2$
c) $20\ m/s^2$ e $40\ m/s^2$
d) $200\ m/s^2$ e $4{,}0\ m/s^2$
e) $200\ m/s^2$ e $40\ m/s^2$

APROFUNDANDO

Faça uma pesquisa comparando as acelerações médias de:

- automóveis nacionais e importados;
- carros de corrida;
- carrinhos em montanhas-russas;
- motocicletas;
- aviões;
- trens.

Thinkstock/Getty Images

Movimento progressivo e movimento retrógrado

O movimento é considerado *progressivo* quando o móvel caminha no sentido adotado para a trajetória e *retrógrado* quando caminha em sentido oposto ao adotado (fig. 21).

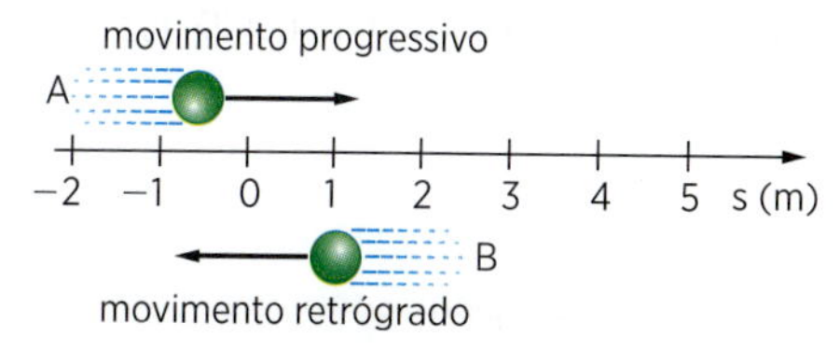

Figura 21

> No *movimento progressivo*, o espaço s cresce com o tempo e a velocidade escalar é positiva.

> No *movimento retrógrado*, o espaço s decresce com o tempo e a velocidade escalar é negativa.

Observe que o fato de um movimento ser progressivo ou retrógrado depende de como orientamos a trajetória. Assim, na figura 21, se invertêssemos o sentido de orientação da trajetória, o movimento de *A* seria retrógrado e o de *B*, progressivo.

Movimento acelerado e movimento retardado

Chamamos *movimento variado* a qualquer movimento em que a velocidade escalar varie no decorrer do tempo.

O movimento variado pode ser classificado em *acelerado* e *retardado*, conforme o modo pelo qual a velocidade escalar varia.

À primeira vista, você poderia pensar que movimento acelerado é aquele em que a velocidade escalar aumenta, e movimento retardado é aquele em que a velocidade escalar diminui. Isso seria verdade *se as velocidades escalares fossem sempre positivas*.

No entanto, sabemos que, quando o móvel se movimenta em sentido contrário ao que foi adotado para a trajetória, as velocidades têm sinal negativo. Por isso, ao efetuar a classificação do movimento, é necessário levar em conta como varia o *valor absoluto* da velocidade escalar. Desse modo, podemos estabelecer que:

> *Movimento acelerado* é o movimento variado em que o valor absoluto da velocidade escalar aumenta no decorrer do tempo.

> *Movimento retardado* é o movimento variado em que o valor absoluto da velocidade escalar diminui no decorrer do tempo.

Analisemos, por meio de exemplos, algumas situações possíveis, admitindo ser constante o sentido do movimento em cada caso:

- *Movimento acelerado*

Figura 22

$$\alpha_m = \frac{\Delta v}{\Delta t} = \frac{v - v_0}{t - t_0} = \frac{6 - 2}{2 - 0} = \frac{4}{2} \Rightarrow$$

$$\Rightarrow \boxed{\alpha_m = 2\ m/s^2}$$

> velocidade escalar positiva
> aceleração escalar positiva

- *Movimento acelerado*

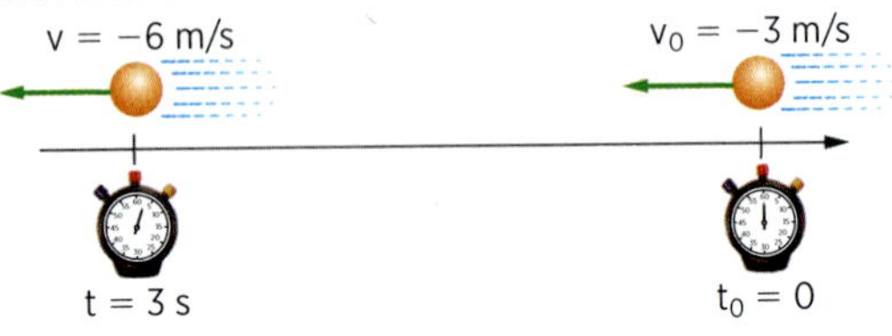

Figura 23

$$\alpha_m = \frac{\Delta v}{\Delta t} = \frac{v - v_0}{t - t_0} = \frac{-6 - (-3)}{3 - 0} = \frac{-6 + 3}{3} =$$

$$= \frac{-3}{3} \Rightarrow \boxed{\alpha_m = -1\ m/s^2}$$

> velocidade escalar negativa
> aceleração escalar negativa

- *Movimento retardado*

Figura 24

$$\alpha_m = \frac{\Delta v}{\Delta t} = \frac{v - v_0}{t - t_0} = \frac{2 - 8}{2 - 0} = \frac{-6}{2} \Rightarrow$$

$$\Rightarrow \boxed{\alpha_m = -3\ m/s^2}$$

> velocidade escalar positiva
> aceleração escalar negativa

- *Movimento retardado*

Figura 25

$$\alpha_m = \frac{\Delta v}{\Delta t} = \frac{v - v_0}{t - t_0} = \frac{-3 - (-9)}{3} =$$

$$= \frac{-3 + 9}{3} = \frac{6}{3} \Rightarrow$$

$$\Rightarrow \boxed{\alpha_m = 2\ m/s^2}$$

> velocidade escalar negativa
> aceleração escalar positiva

Observe, pelos exemplos dados, que o sinal da aceleração, por si só, não indica se o movimento é acelerado ou retardado. No entanto, comparando o sinal da aceleração com o sinal da velocidade, podemos estabelecer:

> No movimento *acelerado*, a velocidade e a aceleração escalares apresentam *sinais iguais*.

> No movimento *retardado*, a velocidade e a aceleração escalares apresentam *sinais contrários*.

Aplicação

A22. As tabelas a seguir fornecem as velocidades escalares de duas partículas em função do tempo:

a)

t (s)	0	1	2	3
v (m/s)	5	8	11	14

b)

t (s)	0	1	2	3
v (m/s)	−6	−10	−14	−18

Em cada caso, classifique o movimento dizendo se ele é progressivo ou retrógrado, acelerado ou retardado.

A23. Considere as seguintes alternativas:

a) movimento progressivo acelerado;
b) movimento progressivo retardado;
c) movimento retrógrado acelerado;
d) movimento retrógrado retardado.

Associie uma dessas alternativas a cada uma das questões seguintes, numeradas de I a IV:

I. velocidade negativa; aceleração positiva.
II. velocidade positiva; aceleração negativa.
III. velocidade negativa; aceleração negativa.
IV. velocidade positiva; aceleração positiva.

A24. Em qualquer movimento acelerado, o produto da aceleração pela velocidade é:

a) positivo.
b) negativo.
c) nulo.
d) indeterminado.

A25. A figura representa as posições de um corpo em movimento. Os intervalos de tempo, entre duas posições sucessivas, são iguais. Classifique o movimento em progressivo ou retrógrado e em acelerado ou retardado.

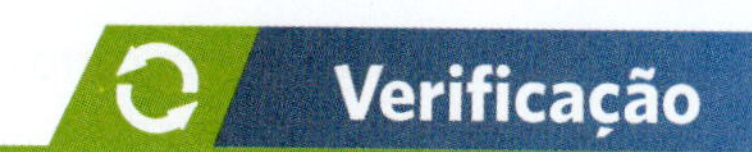

Verificação

V24. As tabelas abaixo fornecem as velocidades de dois pontos materiais em função do tempo:

a)

t (s)	v (m/s)
0	20
1	16
2	12
3	8

b)

t (s)	v (m/s)
0	−13
1	−11
2	−9
3	−7

Em cada caso, classifique o movimento dizendo se ele é progressivo ou retrógrado, acelerado ou retardado.

V25. A aceleração escalar de um móvel é negativa. Pode-se dizer que seu movimento é retardado? Explique.

V26. Para certo movimento, o produto da velocidade pela aceleração é negativo. Tal movimento é:

a) uniforme.
b) retrógrado.
c) progressivo.
d) acelerado.
e) retardado.

V27. A figura representa as posições de um corpo em movimento. Os intervalos de tempo entre duas posições sucessivas são iguais. Classifique o movimento em progressivo ou retrógrado e em acelerado ou retardado, nos casos em que:

a) a trajetória é orientada da esquerda para a direita;
b) a trajetória é orientada da direita para a esquerda.

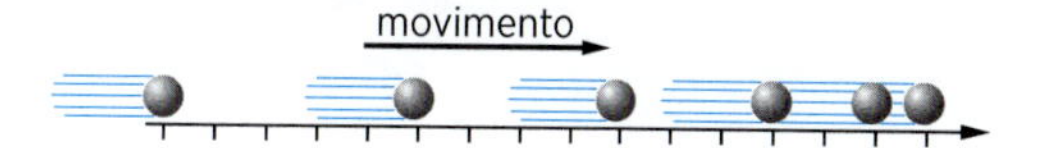

Revisão

R22. (Cefet-CE) Considere as afirmações com relação ao movimento acelerado.

I. Ocorre apenas quando a aceleração escalar é positiva.
II. Ocorre apenas quando a velocidade escalar é positiva.
III. Ocorre quando a velocidade escalar e a aceleração escalar têm sinais iguais.
IV. Pode ocorrer em velocidade escalar negativa.
V. O módulo da velocidade escalar aumenta com o passar do tempo.

Assinale:

a) Se apenas I e II forem corretas.
b) Se apenas II e III forem corretas.
c) Se apenas III, IV e V forem corretas.
d) Se apenas III e IV forem corretas.
e) Se apenas IV e V forem corretas.

R23. (PUC-RS) O sinal positivo ou negativo associado à velocidade de um móvel indica o sentido de deslocamento desse móvel. O sinal negativo associado à aceleração indica que o móvel:

a) está necessariamente parando.
b) está se deslocando no sentido negativo.
c) pode estar com velocidade constante.
d) pode estar se deslocando cada vez mais depressa.
e) certamente está andando cada vez mais depressa.

R24. (Unip-SP) Uma partícula se desloca de um ponto *A* para outro ponto *B*, em uma trajetória retilínea. Sabe-se que, se a trajetória for orientada de *A* para *B*, o movimento da partícula é progressivo e retardado. Se, contudo, a trajetória tivesse sido orientada de *B* para *A*, o movimento da partícula teria sido descrito como:

a) progressivo e retardado.
b) retrógrado e acelerado.
c) retrógrado e retardado.
d) progressivo e acelerado.
e) progressivo, pois o sinal da velocidade independe da orientação da trajetória.

R25. (Fatec-SP) Considere as afirmações seguintes acerca de um movimento retilíneo.

I. Num certo intervalo de tempo, se a aceleração escalar de um corpo é positiva, o movimento é acelerado.
II. Um corpo pode apresentar, simultaneamente, movimento acelerado e velocidade escalar negativa.
III. Um movimento é retardado se os sinais da velocidade escalar e da aceleração escalar forem opostos.

Entre elas:

a) Somente a I é correta.
b) Somente a II é correta.
c) Somente a III é correta.
d) Somente a I e a III são corretas.
e) Somente a II e a III são corretas.

capítulo

2 Movimento uniforme

Conceito

Imagine-se dirigindo um carro numa estrada de maneira a manter o ponteiro do velocímetro sempre na mesma posição, indicando, por exemplo, 60 km/h. Isso significa que, se você prosseguir sempre com esse movimento, irá percorrer a cada hora uma distância de 60 km. Ou, lembrando que a hora tem 60 minutos, você percorrerá 1 quilômetro em cada minuto. Na prática você poderia comprovar esse fato utilizando um relógio comum e registrando suas posições por meio dos marcos quilométricos da estrada (fig. 1).

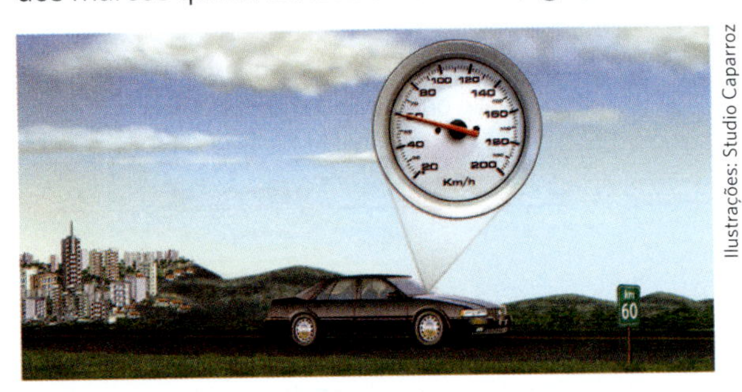

Ilustrações: Studio Caparroz

Figura 1

O movimento do automóvel na situação descrita é um *movimento uniforme*. Portanto, o movimento uniforme pode ser definido como aquele em que o móvel tem velocidade escalar instantânea constante, coincidindo com a velocidade escalar média, qualquer que seja o intervalo de tempo considerado. Pode-se dizer ainda que, em movimento uniforme, o móvel percorre distâncias iguais em intervalos de tempo iguais. Em resumo:

> Movimento uniforme (MU)
> $v = v_m = \text{constante}$

Função horária do movimento uniforme

Consideremos que um móvel, em movimento uniforme, passe de uma posição ocupada no instante $t_0 = 0$, em que o cronômetro é acionado, caracterizada pelo *espaço inicial* s_0, para uma posição caracterizada pelo espaço *s* num instante posterior *t* (fig. 2).

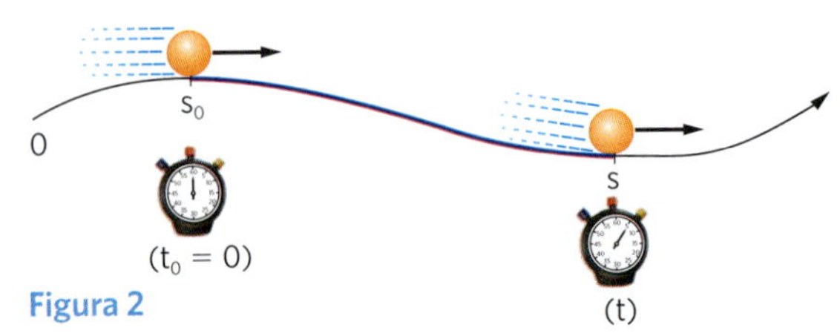

Figura 2

Como a velocidade escalar média é igual à velocidade escalar instantânea, vem:

$$v = \frac{\Delta s}{\Delta t}$$

Considerando a variação de espaço $\Delta s = s - s_0$ no intervalo de tempo $\Delta t = t - t_0 = t - 0 = t$, vem:

$$v = \frac{s - s_0}{t} \Rightarrow s - s_0 = vt \Rightarrow \boxed{s = s_0 + vt}$$

Essa fórmula representa a função horária do movimento uniforme, sendo s_0 (espaço inicial) e *v* (velocidade escalar) constantes para cada movimento.

Observe os exemplos a seguir:

- Um movimento uniforme é caracterizado pela função horária $s = 3 + 5t$, sendo *s* medido em metros e *t* em segundos, de acordo com o Sistema Internacional de Unidades (SI).

  O espaço inicial s_0 corresponde ao valor do espaço *s* no instante inicial $t_0 = 0$. Portanto $s_0 = 3$ m.

  A velocidade escalar constante do movimento é $v = 5$ m/s.

  Esquematicamente, admitindo que a trajetória seja retilínea:

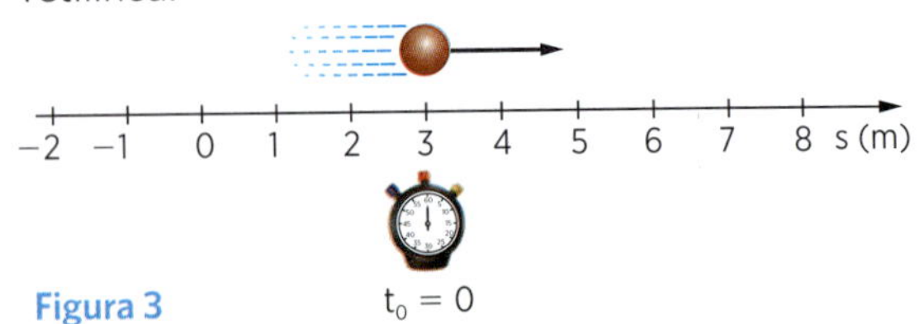

Figura 3

> velocidade escalar instantânea positiva
> MOVIMENTO PROGRESSIVO

Observe que a *velocidade escalar instantânea* do móvel é *positiva* e, portanto, ele está se deslocando a favor do sentido escolhido para a trajetória. Seu movimento é progressivo.

- A função horária de um movimento uniforme é $s = 8 - 4t$, sendo *s* medido em metros e *t* em segundos.
  O espaço inicial vale: $s_0 = 8$ m.
  A velocidade escalar do móvel é $v = -4$ m/s.
  Admitindo ser retilínea a trajetória, o esquema indicativo da posição inicial do móvel é:

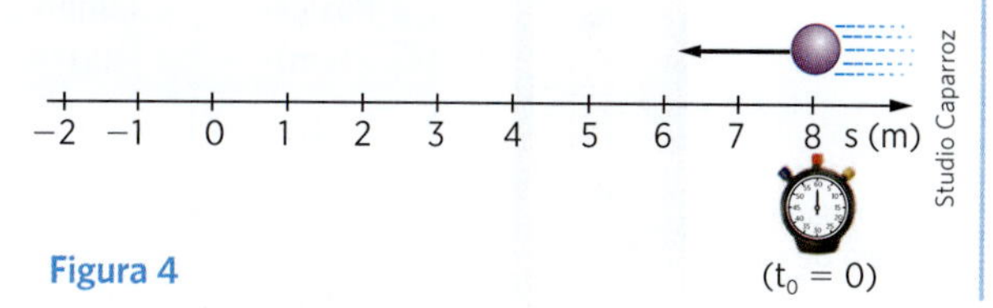

Figura 4

velocidade escalar instantânea negativa
MOVIMENTO RETRÓGRADO

Observe que a *velocidade escalar instantânea* do móvel é *negativa;* ele está se deslocando em sentido contrário ao escolhido para a trajetória. Seu movimento é retrógrado.

No movimento uniforme as acelerações escalares, média e instantânea são nulas:

$$\alpha_m = \alpha = 0$$

Aplicação

A1. O espaço de um móvel varia com o tempo, obedecendo à função horária $s = 30 + 10t$, de acordo com as unidades do Sistema Internacional. Determine o espaço inicial e a velocidade do móvel. O movimento é progressivo ou retrógrado?

A2. Uma partícula move-se em linha reta, obedecendo à função horária $s = -5 + 20t$, sendo *s* medido em metros e *t* em segundos. Determine:

a) o espaço inicial do móvel;
b) a velocidade do móvel no instante $t = 5$ s;
c) o espaço do móvel no instante $t = 5$ s;
d) a variação de espaço ocorrida nos 10 primeiros segundos;
e) o instante em que o móvel passa pela origem da trajetória.

A3. O espaço inicial de um móvel que descreve um movimento retilíneo e uniforme é –5 m. Nesse movimento, o móvel percorre a cada intervalo de tempo de 10 s uma distância de 50 metros. Escreva a função horária desse movimento, considerando-o progressivo.

A4. Dois barcos partem simultaneamente de um mesmo ponto, descrevendo movimentos retilíneos uniformes perpendiculares entre si. Sendo de 30 km/h e 40 km/h suas velocidades, determine a distância entre eles ao fim de 6,0 minutos.

Verificação

V1. A função horária do movimento de um móvel, adotando unidades do Sistema Internacional, é $s = 2 + 6t$. Determine o espaço inicial do móvel, a sua velocidade e a variação de espaço nos vinte primeiros segundos de movimento. O movimento em questão é progressivo ou retrógrado?

V2. O espaço de um móvel numa trajetória retilínea varia com o tempo, obedecendo à função horária $s = -2 + 4t$ (unidades do Sistema Internacional). Determine:

a) a posição do móvel no instante $t = 0$;
b) a velocidade do móvel;
c) o espaço do móvel no instante $t = 4$ s;
d) o instante em que o móvel passa pela origem da trajetória.

V3. Um móvel passa pela posição que corresponde ao espaço 10 m no instante zero ($t_0 = 0$) e percorre uma distância de 10 metros a cada intervalo de tempo de 2 segundos. Escreva a função horária desse movimento, considerando-o progressivo.

V4. Duas pessoas deslocam-se perpendicularmente entre si com movimentos retilíneos e uniformes com velocidades $v_1 = 1{,}5$ m/s e $v_2 = 2{,}0$ m/s. No instante inicial ($t_0 = 0$), elas se encontram na origem de um sistema cartesiano ortogonal Oxy. Considerando que a pessoa (1) se movimenta ao longo do eixo *y* e que a pessoa (2) se movimenta ao longo do eixo *x*, determine a distância que as separa no instante $t = 2{,}0$ s.

Revisão

R1. (Mackenzie-SP) Uma partícula descreve um movimento uniforme. A função horária dos espaços, com unidades do Sistema Internacional, é $s = -2{,}0 + 5{,}0t$. Nesse caso, podemos afirmar que a velocidade escalar da partícula é:

a) –2 m/s e o movimento é retrógrado.
b) –2 m/s e o movimento é progressivo.
c) 5,0 m/s e o movimento é progressivo.
d) 5,0 m/s e o movimento é retrógrado.
e) –2,5 m/s e o movimento é retrógrado.

R2. (UC-GO) A figura mostra a posição de um móvel, em movimento uniforme, no instante t = 0.

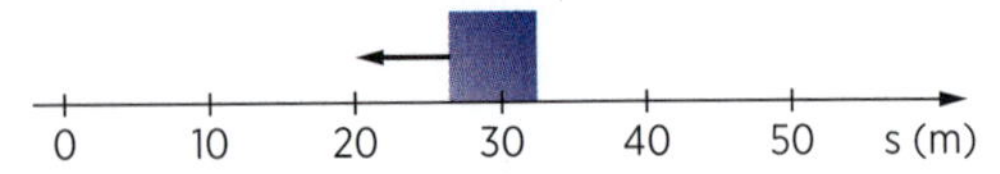

Sendo 5,0 m/s o módulo de sua velocidade escalar, pede-se:

a) a função horária dos espaços;

b) o instante em que o móvel passa pela origem dos espaços.

R3. (FEI-SP) A posição de um móvel, em movimento uniforme, varia com o tempo conforme a tabela a seguir.

s (m)	25	21	17	13	9	5
t (s)	0	1	2	3	4	5

A equação horária desse movimento é:

a) $s = 4 - 25t$

b) $s = 25 + 4t$

c) $s = 25 - 4t$

d) $s = -4 + 25t$

e) $s = -25 - 4t$

R4. (Vunesp-SP) Um estudante realizou uma experiência de Cinemática utilizando um tubo comprido, transparente e cheio de óleo, dentro do qual uma gota de água descia verticalmente, como indica a figura.
A tabela a seguir relaciona os dados de posição em função do tempo, obtidos quando a gota passou a descrever um movimento retilíneo uniforme.

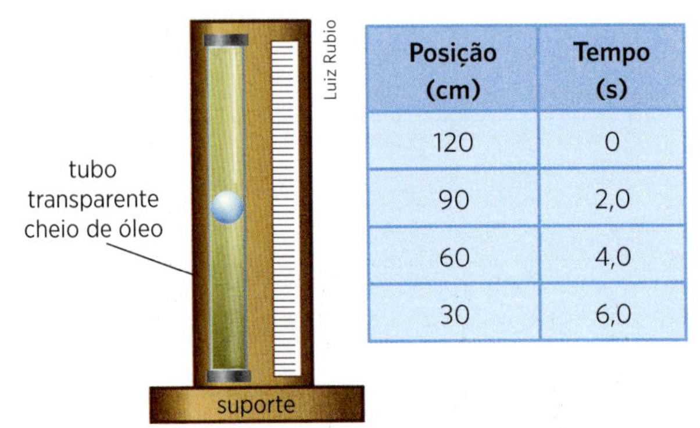

Posição (cm)	Tempo (s)
120	0
90	2,0
60	4,0
30	6,0

A partir desses dados, determine a velocidade escalar, em cm/s, e escreva a função horária da posição da gota.

APROFUNDANDO

- Movimentos uniformes ocorrem no nosso dia a dia e na natureza. Observe o ambiente à sua volta e identifique cinco exemplos desse tipo de movimento.
- Os movimentos do som e da luz no ar são uniformes. Como você explica o fato de só ouvirmos o som do trovão instantes depois de termos visto a luz do relâmpago?
- Ao assistirmos a uma corrida de 100 metros rasos, se estivermos a certa distância, teremos a impressão de que os atletas saíram antes do tiro de partida. Por que isso acontece?

Stuart Hannagan/Getty Images

Encontro de móveis em movimento uniforme

Para determinar o instante em que dois móveis se encontram, devemos igualar os espaços dos móveis. Substituindo o instante encontrado, numa das funções horárias, determinamos o espaço onde o encontro ocorreu.

Se não forem dadas as funções horárias, devemos escrevê-las. Para isso, adotamos um ponto como origem dos espaços, escolhemos uma origem dos tempos (t = 0) e orientamos a trajetória num dos sentidos possíveis.

Por exemplo, consideremos que, numa rodovia, em determinado instante, dois automóveis estejam se aproximando no mesmo sentido, num trecho retilíneo da pista. O que vai atrás, a 200 metros do primeiro, é amarelo e se move à velocidade de 100 km/h. O da frente, verde, movimenta-se a 80 km/h (fig. 5). Supondo que as velocidades se mantenham invariáveis, em quanto tempo e após percorrer que distância o amarelo alcança o verde? Considere desprezíveis as dimensões dos carros.

Representemos a situação inicial, orientando um eixo no sentido dos movimentos.

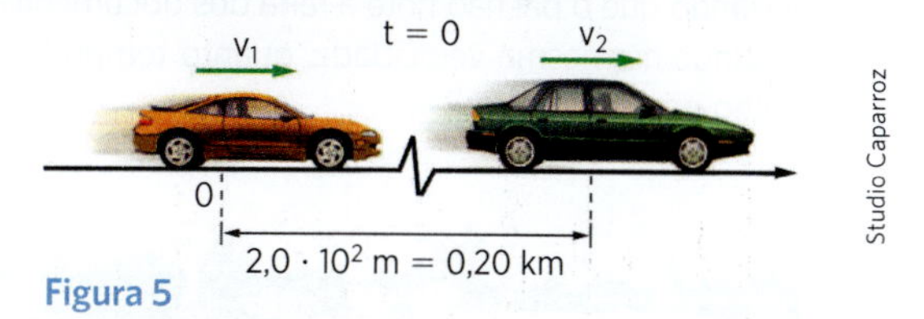

Figura 5

Adotando a origem dos espaços na posição do amarelo no instante inicial (t = 0), os espaços iniciais valem: $s_{0_1} = 0$ (amarelo) e $s_{0_2} = 0{,}20$ km (verde).

As velocidades valem, respectivamente:

$$v_1 = 100 \text{ km/h} \quad \text{e} \quad v_2 = 80 \text{ km/h}$$

Como os movimentos são uniformes ($s = s_0 + vt$), as funções horárias são:

$$s_1 = 0 + 100t = 100t \text{ (amarelo)}$$
$$s_2 = 0{,}20 + 80t \text{ (verde)}$$

No instante *t* em que o amarelo alcança o verde, os espaços serão iguais: $s_1 = s_2$.

Portanto: $100t = 0{,}20 + 80t$

$$20t = 0{,}20$$

$$t = \frac{0{,}20}{20} \text{h} = \frac{0{,}20}{20} \cdot 60 \text{ min}$$

$$t = 0{,}60 \text{ min} = 0{,}60 \cdot 60 \text{ s} \Rightarrow$$

$$\Rightarrow \boxed{t = 36 \text{ s}}$$

A distância percorrida pelo amarelo nesse intervalo de tempo vale:

$$s_1 = 100 \cdot \frac{0{,}20}{20} \Rightarrow \boxed{s_1 = 1{,}0 \text{ km}}$$

Então, o amarelo alcança o verde em 36 s, após percorrer a distância de um quilômetro.

Aplicação

A5. Num dado instante, dois ciclistas estão distanciados 60 m um do outro. Eles estão percorrendo a mesma trajetória, obedecendo às funções horárias $s_1 = 20 + 2t$ (SI) e $s_2 = -40 + 3t$ (SI). Sendo o instante considerado $t_0 = 0$, determine o instante e a posição de encontro.

A6. Dois automóveis, *A* e *B*, realizam movimentos uniformes no mesmo sentido. No instante t = 0, os automóveis encontram-se nas posições indicadas na figura. Suas velocidades são dadas em valor absoluto.

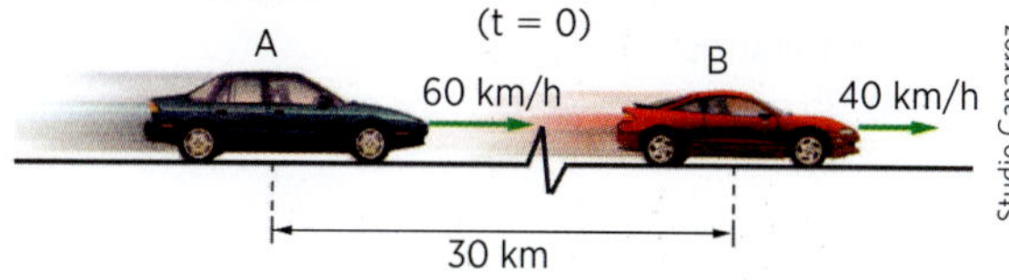

Determine:

a) o instante em que *A* encontra *B*;

b) a que distância da posição inicial de *A* ocorre o encontro. Considere desprezíveis as dimensões dos carros.

A7. Entre duas estações ferroviárias, *P* e *Q*, a distância é de 300 km, medida ao longo da trajetória dos trens entre elas. Num mesmo instante, passa pela estação *P* um trem com movimento uniforme e de velocidade escalar constante de valor absoluto 50 km/h e, pela estação *Q*, outro trem com velocidade escalar constante de módulo 100 km/h. Considerando que um trem se movimenta em sentido contrário ao outro, determine o instante e a posição em que as locomotivas se cruzam.

A8. Duas motos, *A* e *B*, partem de um mesmo local e percorrem a mesma trajetória no mesmo sentido. Seus movimentos são uniformes e suas velocidades escalares são iguais a 12 m/s e 8,0 m/s, respectivamente. Sabendo-se que a moto *A* parte 3,0 s após a partida de *B*, determine o instante em que *A* alcança *B*.

Verificação

V5. Dois corpos, I e II, deslocam-se sobre a mesma trajetória, obedecendo às funções horárias $s_I = 3 - 8t$ e $s_{II} = 1 + 2t$, sendo *s* medido em metros e *t* em segundos. Determine o instante e a posição de encontro.

V6. Dois carros, *A* e *B*, movem-se em movimento uniforme e no mesmo sentido. No instante t = 0, os carros encontram-se nas posições indicadas na figura. Suas velocidades são dadas em valor absoluto. Determine:

a) o instante em que *A* encontra *B*;

b) a que distância da posição inicial de *A* ocorre o encontro. Considere desprezíveis as dimensões dos carros.

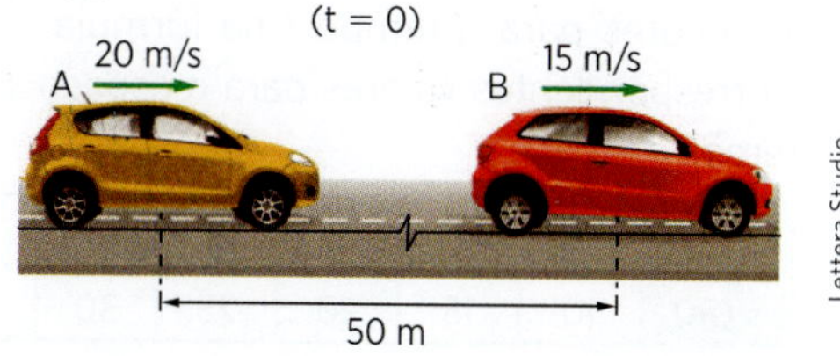

V7. A distância entre dois automóveis num dado instante é 450 km. Admita que eles se deslocam ao longo de uma mesma estrada, um de encontro ao outro, com movimentos uniformes de velocidades escalares de valores absolutos 60 km/h e 90 km/h. Determine ao fim de quanto tempo irá ocorrer o encontro e a distância que cada um percorrerá até esse instante.

V8. Um lavrador sai de casa às 5 horas da manhã, dirigindo-se para a cidade, a fim de regularizar a situação fiscal de seu sítio, deslocando-se a pé, com movimento uniforme de velocidade 5 km/h. Meia hora depois, seu filho percebe que o pai esqueceu os documentos necessários para a regularização. Sai então de bicicleta, ao longo da mesma estrada, a fim de alcançá-lo, mantendo uma velocidade constante de 30 km/h. Supondo que o pai não note a falta dos documentos e continue na mesma velocidade, quanto tempo levará o filho para alcançá-lo?

Lettera Studio

Revisão

R5. (UF-MG) Dois carros, *A* e *B*, movem-se numa estrada retilínea com velocidade constante, $v_A = 20$ m/s e $v_B = 18$ m/s, respectivamente. O carro *A* está, inicialmente, 500 m atrás do carro *B*. Quanto tempo o carro *A* gasta para alcançar o carro *B*?

R6. (Unemat-MT) Dois objetos têm as seguintes equações horárias:

$$s_A = 20 + 3t \text{ (SI) e } s_B = 100 - 5t \text{ (SI)}$$

Então, a distância inicial entre os objetos *A* e *B*, o tempo decorrido até o encontro deles e o local de encontro são, respectivamente:

a) 80 m, 20 s e 0 m
b) 80 m, 15 s e 65 m
c) 80 m, 10 s e 50 m
d) 120 m, 20 s e 0 m
e) 120 m, 15 s e 65 m

R7. (Cesgranrio-RJ) Um trem sai da estação de uma cidade, em percurso retilíneo, com velocidade constante de 50 km/h. Quanto tempo depois de sua partida deverá sair, da mesma estação, um segundo trem com velocidade constante de 75 km/h para alcançá-lo a 120 km da cidade?

a) 24 min
b) 48 min
c) 96 min
d) 144 min
e) 288 min

R8. (PUC-SP) Alberto saiu de casa para o trabalho exatamente às 7h, desenvolvendo, com seu carro, uma velocidade constante de 54 km/h. Pedro, seu filho, percebe imediatamente que o pai esqueceu sua pasta com documentos e, após 1 min de hesitação, sai para encontrá-lo, movendo-se também com velocidade constante. Excelente aluno em Física, calcula que, como saiu 1 min após o pai, demorará exatamente 3 min para alcançá-lo.
Para que isso seja possível, qual deve ser a velocidade escalar do carro de Pedro?

a) 60 km/h
b) 66 km/h
c) 72 km/h
d) 80 km/h
e) 90 km/h

R9. (UE-PI) Um passageiro perdeu um ônibus que saiu da rodoviária 5 minutos antes, e pega um táxi para alcançá-lo. O ônibus desenvolve uma velocidade de 60 km/h e o táxi, de 90 km/h. O intervalo de tempo necessário ao táxi para alcançar o ônibus é, em minutos:

a) 25
b) 20
c) 15
d) 10
e) 5

Gráfico da função horária

A função horária do movimento uniforme ($s = s_0 + vt$) é uma função do 1º grau e, portanto, é representada graficamente por uma *reta* de inclinação não nula.

Por exemplo, vamos considerar um movimento uniforme cuja função horária seja $s = 10 + 5t$ (unidades do SI). Para construir o gráfico, podemos substituir valores para o tempo *t* na fórmula, obtendo os correspondentes valores para o espaço *s*. Assim obtemos a tabela:

t (s)	0	1	2	3	4	5
s (m)	10	15	20	25	30	35

Lançando os valores num sistema cartesiano ortogonal, vamos obter o gráfico a seguir.

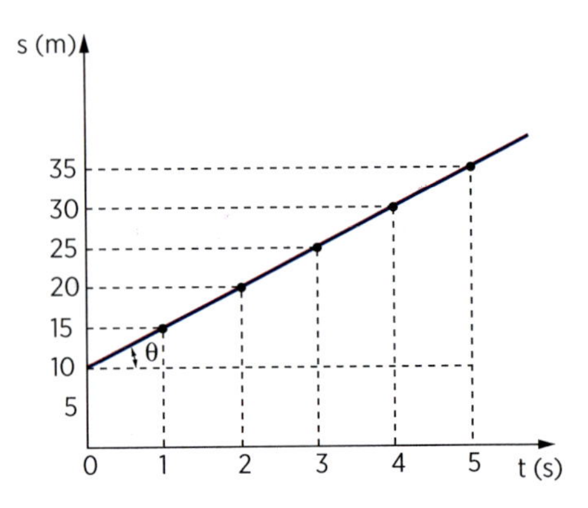

Figura 6

O coeficiente linear da reta mede o espaço inicial do móvel: $s_0 = 10$ m.

O coeficiente angular da reta (tg θ) mede numericamente a velocidade do móvel:

$$\text{tg}\,\theta = \frac{35 - 10}{5} \Rightarrow \text{tg}\,\theta = \frac{25}{5} \Rightarrow \text{tg}\,\theta = 5$$

Logo $v = 5$ m/s

No exemplo analisado, os espaços *s* crescem com o tempo, e a velocidade escalar é positiva. No entanto, há movimentos em que os espaços decrescem com o tempo, e a velocidade escalar é negativa.

Esquematicamente, os dois casos podem ser representados como na figura 7.

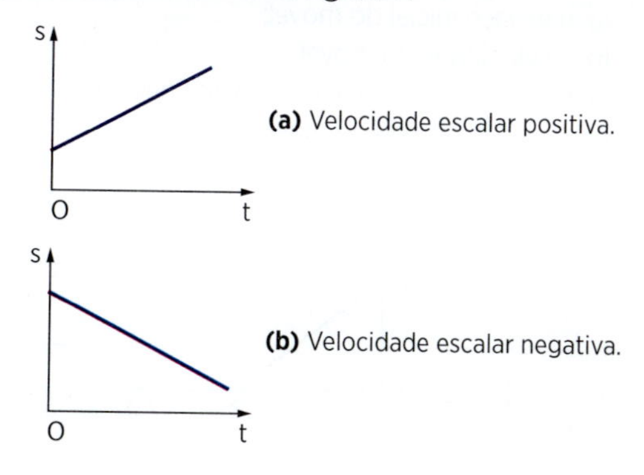

(a) Velocidade escalar positiva.

(b) Velocidade escalar negativa.

Figura 7

Aplicação

A9. A tabela horária de um movimento uniforme é a seguinte:

t (s)	0	1	2	3	4	5	6
s (m)	2	7	12	17	22	27	32

Determine a função horária do movimento e construa o gráfico do espaço em função do tempo.

A10. A posição de uma bicicleta varia no decorrer do tempo, como mostra o gráfico abaixo. Determine a função horária do movimento da bicicleta.

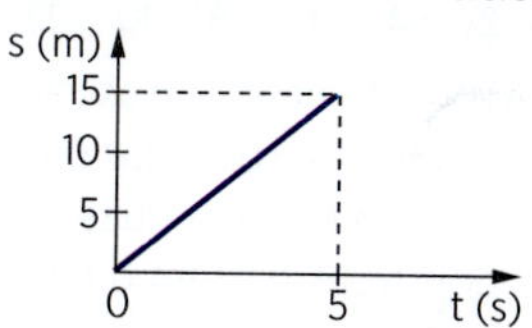

A11. O gráfico a seguir representa o espaço em função do tempo para um atleta que realiza movimento uniforme. Determine a velocidade do atleta e a função horária do movimento.

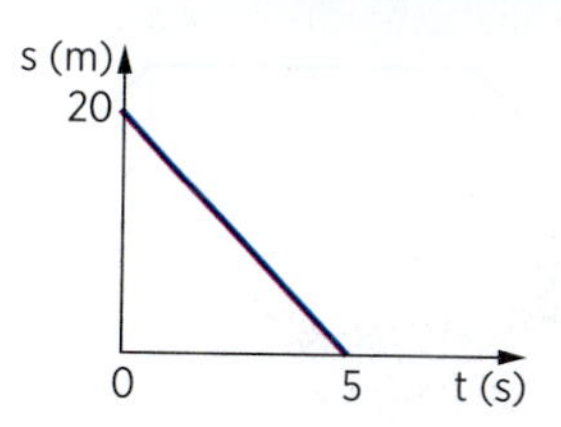

A12. No gráfico temos os dados obtidos durante o movimento simultâneo de dois carros, *A* e *B*, numa mesma trajetória.

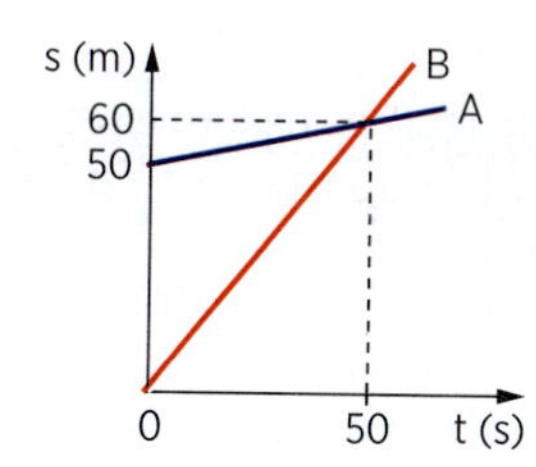

Determine:

a) a velocidade de cada um dos móveis;

b) o instante em que há a ultrapassagem entre eles;

c) a posição em que ocorre essa ultrapassagem.

Verificação

V9. O espaço s do movimento uniforme de um móvel varia no decorrer do tempo *t*, segundo a tabela abaixo.

s (m)	18	15	12	9	6
t (s)	0	1	2	3	4

Escreva a função horária do movimento e construa o gráfico do espaço em função do tempo, indicando o instante em que o móvel passa pela origem da trajetória.

V10. O gráfico corresponde ao movimento uniforme de um corpo. Determine a função horária desse movimento e calcule a variação de espaço ocorrida nos oito segundos iniciais.

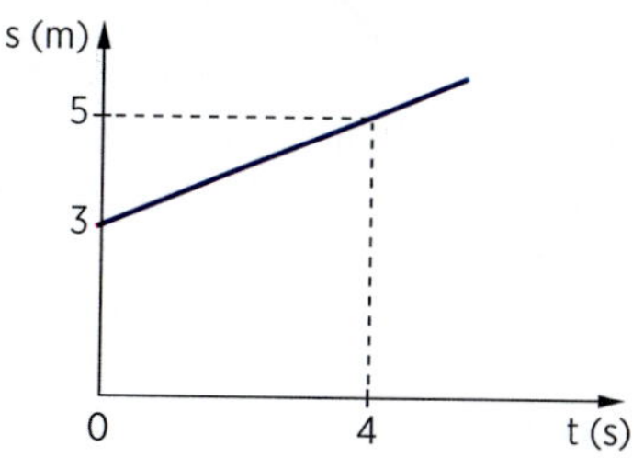

V11. Para o movimento descrito pelo gráfico a seguir, determine:

a) o espaço inicial do móvel;
b) a velocidade do móvel;
c) o instante em que o móvel passa pela origem;
d) a função horária do movimento.

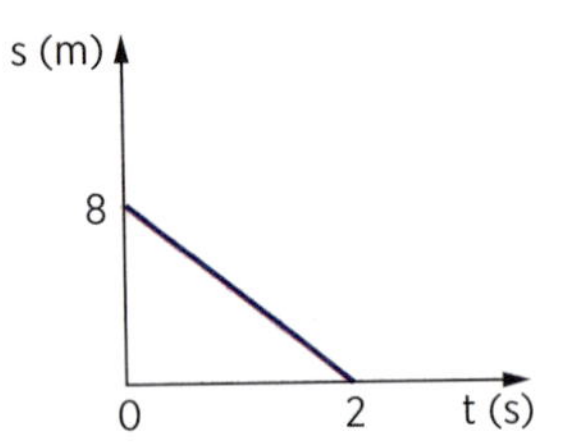

V12. O gráfico descreve o movimento simultâneo de dois carros, *A* e *B*, que se movimentam sobre uma mesma estrada retilínea.
Determine:

a) o instante em que os móveis se cruzam;
b) a posição em que ocorre esse cruzamento;
c) a velocidade de cada um dos carros.

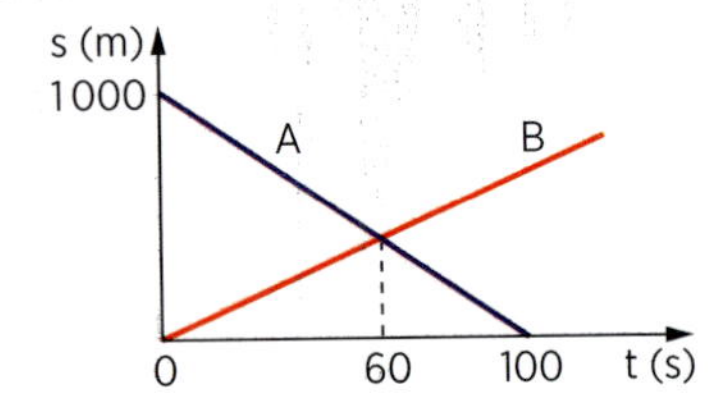

R10. (U. F. Lavras-MG) A função de movimento s = f(t) de uma partícula tem a representação gráfica a seguir.

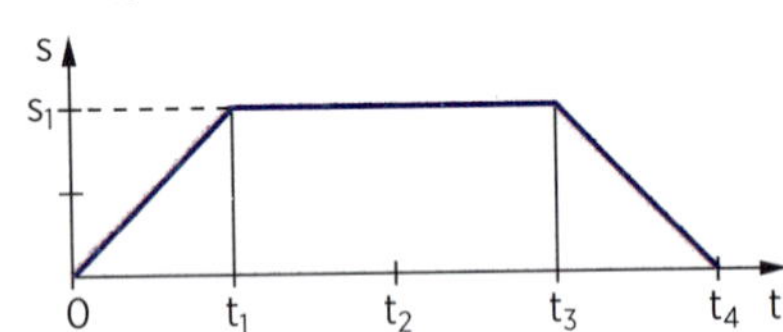

Tendo como referência esse gráfico, são feitas as seguintes afirmações sobre o movimento dessa partícula.

I. A partícula parte da origem $s_0 = 0$ em $t_0 = 0$ e atinge a posição s_1 com velocidade constante em movimento progressivo.
II. Entre os instantes t_1 e t_3, a partícula realiza movimento retilíneo uniforme progressivo.
III. A partir do instante t_3, a partícula inicia seu retorno à posição inicial s_0, com aceleração negativa em movimento retilíneo retardado.

Assinale a alternativa correta:

a) Apenas a afirmação I está correta.
b) Apenas as afirmações I e II estão corretas.
c) Apenas as afirmações I e III estão corretas.
d) As afirmações I, II e III estão corretas.
e) Apenas a afirmação III está correta.

R11. (UF-RR) O gráfico abaixo representa a posição em função do tempo de dois móveis *A* e *B*, que percorrem a mesma trajetória retilínea em sentidos opostos.

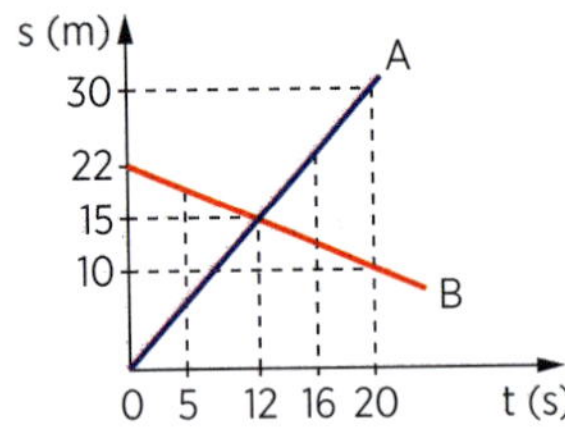

O instante do encontro dos móveis e a distância entre eles após 8 segundos do encontro valem, respectivamente:

a) 12 s e 20 m
b) 8 s e 15 m
c) 5 s e 12 m
d) 12 s e 30 m
e) 12 s e 15 m

R12. (UF-SC) Dois trens partem, em horários diferentes, de duas cidades situadas nas extremidades de uma ferrovia, deslocando-se em sentidos contrários. O trem Azul parte da cidade *A* com destino à cidade *B*, e o trem Prata, da cidade *B* com destino à cidade *A*. O gráfico representa as posições dos dois trens em função do horário, tendo como origem a cidade *A* (d = 0).

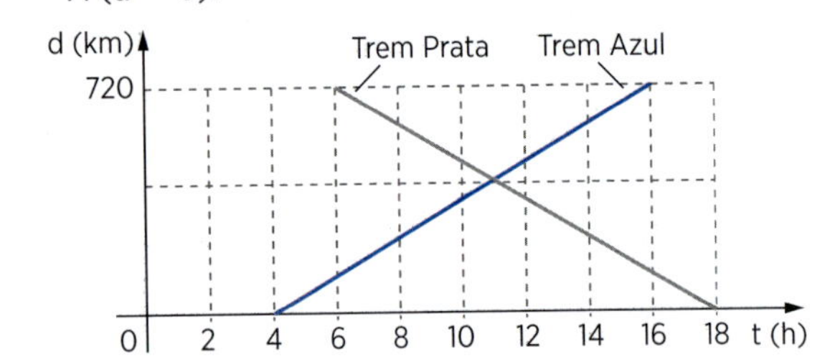

Analise a situação descrita e as informações do gráfico. Dê como resposta a soma das proposições corretas.

(01) A distância entre as duas cidades é de 720 km.
(02) Os dois trens gastam o mesmo tempo no percurso: 12 horas.
(04) A velocidade média dos trens é de 60 km/h.
(08) O trem Azul partiu às 4 horas da cidade *A*.
(16) Os dois trens se encontram às 11 horas.
(32) O tempo de percurso do trem Prata é de 18 horas.

R13. (UF-PE) O gráfico a seguir mostra as posições, em função do tempo, de dois ônibus que partiram simultaneamente. O ônibus *A* partiu do Recife para Caruaru e o ônibus *B* partiu de Caruaru para o Recife. As distâncias são medidas a partir do Recife.

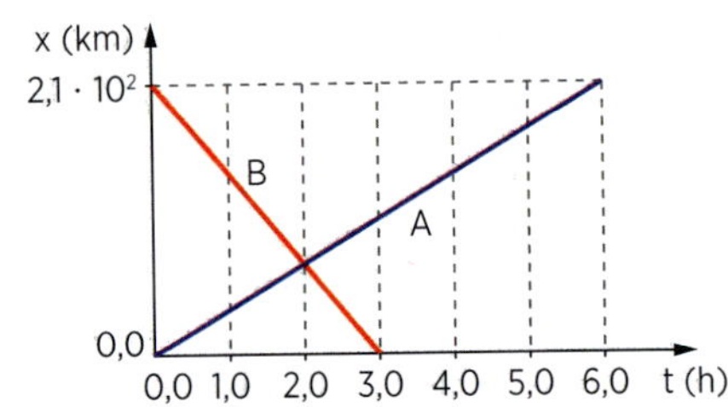

A que distância do Recife, em km, ocorre o encontro entre os dois ônibus?

a) 30
b) 40
c) 50
d) 60
e) 70

R14. (UF-TO) Joaquim mora na zona rural e enfrenta vários desafios para conseguir estudar. Um deles é o deslocamento de sua casa até a escola. Ele mora em um sítio, a 25 km de sua escola, e percorre esse trajeto diariamente. Joaquim caminha por 4,5 km até o ponto de ônibus escolar, a uma velocidade escalar constante de 6 km/h. O ônibus gasta 20 minutos do ponto até a escola, chegando pontualmente. Joaquim acordou atrasado e agora precisa correr até o ponto de ônibus para não perder a aula. O atraso de Joaquim foi de 15 minutos. Qual a velocidade escalar de Joaquim, suposta constante, e qual o gráfico que representa a distância percorrida (s) em função do tempo (t) para esse trajeto?

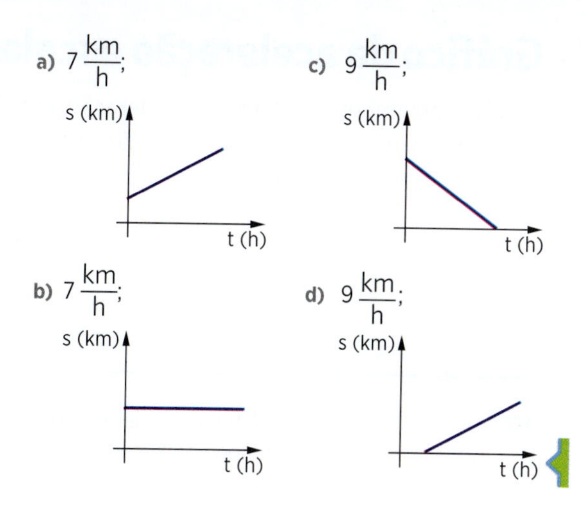

Gráfico da velocidade escalar

A velocidade escalar é constante e diferente de zero no movimento uniforme. Portanto, trata-se de uma *função constante*. Graficamente, num sistema cartesiano, a representação é uma *reta paralela ao eixo dos tempos* (fig. 8).

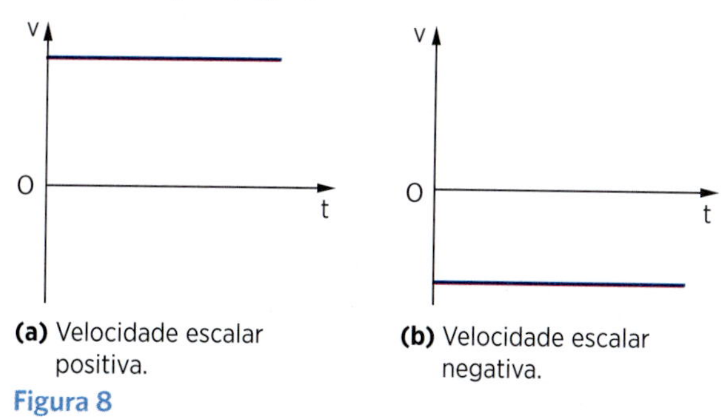

(a) Velocidade escalar positiva.
(b) Velocidade escalar negativa.
Figura 8

O gráfico da velocidade escalar apresenta uma importante propriedade:

> **A área da região compreendida entre a reta representativa e o eixo dos tempos mede, numericamente, o módulo da variação de espaço Δs do móvel no intervalo de tempo considerado.**

Realmente, considerando o gráfico da velocidade escalar (suposta, no caso, positiva) de um movimento uniforme (fig. 9), teremos:

$$\text{área do retângulo} = |v \cdot t| \quad \text{(numericamente)}$$

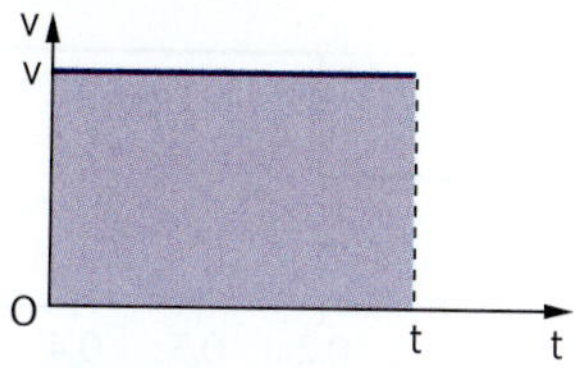

Figura 9

Mas $s = s_0 + vt \Rightarrow s - s_0 = vt$

$$\Delta s = vt$$

Comparando, temos: $\text{área} = |\Delta s|$

Consideramos o *módulo* de Δs, porque a velocidade escalar pode ser negativa.

Vejamos dois exemplos:

- O gráfico da velocidade escalar de um móvel é o apresentado na figura 10. Vamos determinar a variação de espaço nos 4 segundos assinalados:

$$\text{área} \overset{N}{=} 5 \cdot 4 = 20$$

($\overset{N}{=}$ leia: numericamente igual.)

Logo: $\Delta s = 20 \text{ m}$

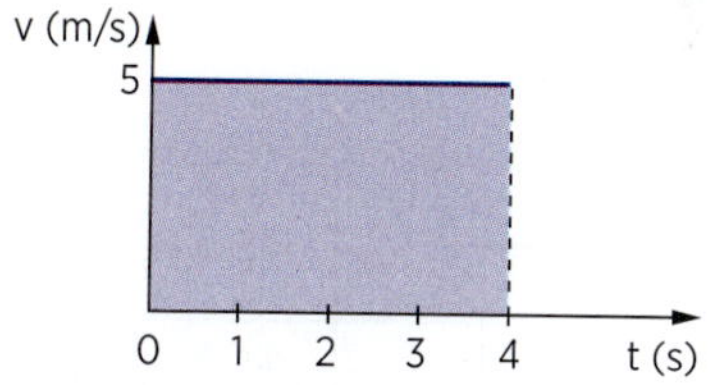

Figura 10

- Consideremos um movimento uniforme em que a velocidade escalar é negativa, como indica o gráfico (fig. 11). A área da figura vale:

$$\text{área} \overset{N}{=} 6 \cdot 5 = 30$$

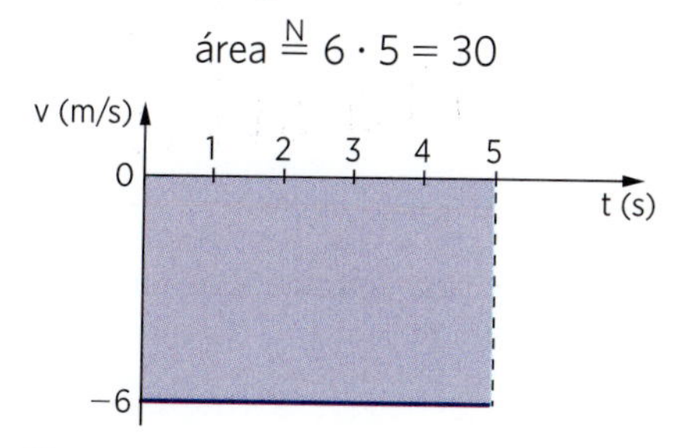

Figura 11

Esse valor corresponde ao módulo da variação de espaço, pois ela é negativa: $\Delta s = -30 \text{ m}$

Gráfico da aceleração escalar

No movimento uniforme a aceleração escalar é nula. Portanto, o gráfico da aceleração escalar em função do tempo coincide com o eixo dos *t* (fig. 12).

Figura 12

A13. Um carro viaja durante 6 horas a uma velocidade que varia no decorrer do tempo aproximadamente como mostra o gráfico. Determine a velocidade média do veículo na viagem.

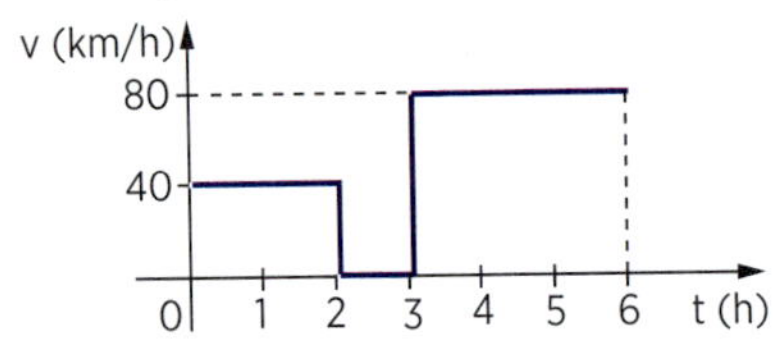

A14. O gráfico representa a variação do espaço de um móvel em função do tempo.

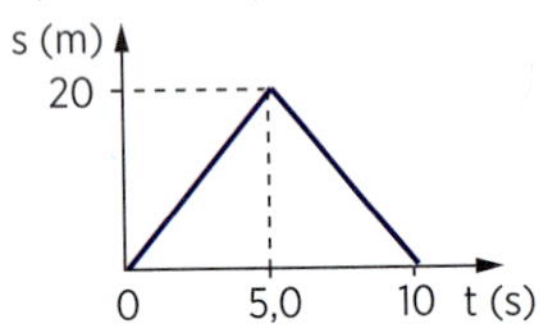

Construa o gráfico da velocidade escalar em função do tempo.

A15. É dado o gráfico v × t do movimento de uma partícula. Sendo *s* o espaço, construa o gráfico s × t, sabendo que, para t = 0, s = 0.

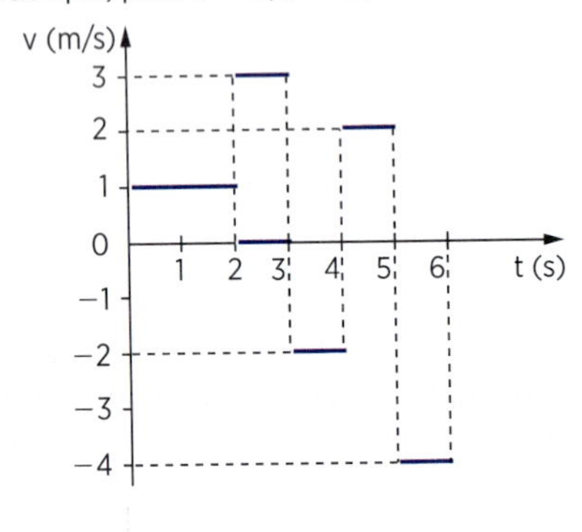

A16. Observe abaixo os quatro conjuntos de gráficos do espaço, da velocidade escalar e da aceleração escalar em função do tempo. Qual conjunto está coerente com o movimento uniforme de um móvel?

I.

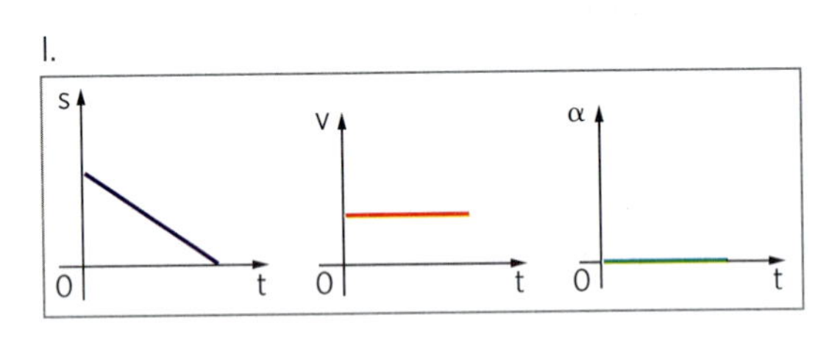

II.

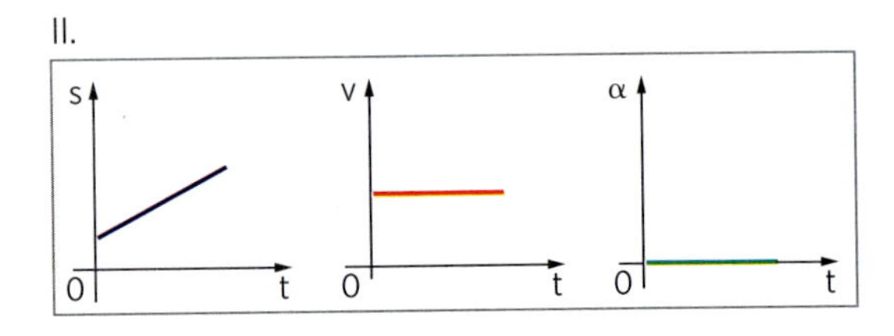

III.

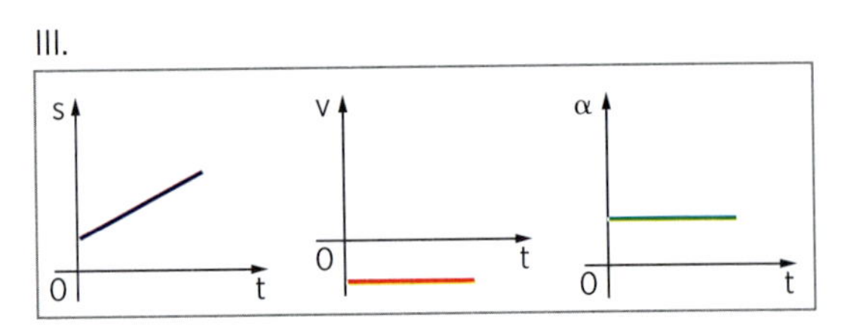

IV.

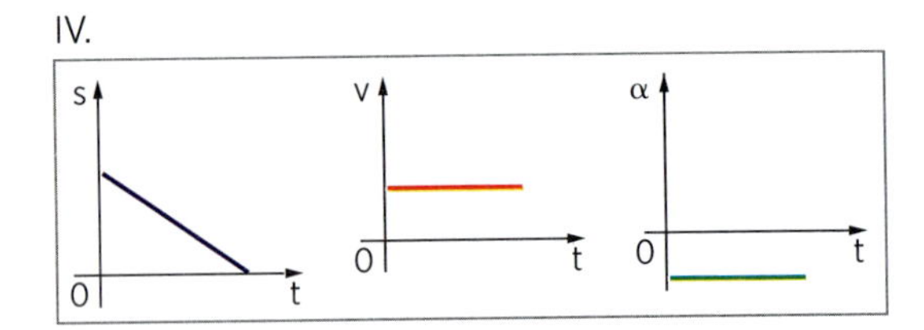

V13. O gráfico ao lado representa, de forma aproximada, o movimento de um carro durante certo percurso. Determine a velocidade média do carro nesse percurso.

V14. Admitindo que o móvel referido no exercício anterior se encontra no marco zero no instante t = 0, construa um gráfico do espaço *s* em função do tempo *t*.

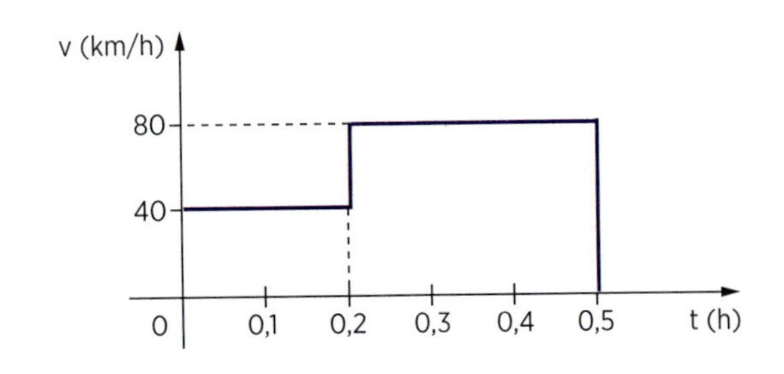

V15. O gráfico representa a variação de espaço de um móvel em função do tempo.

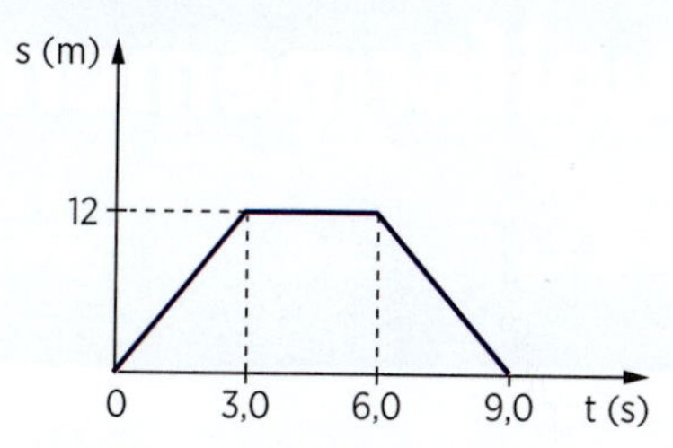

Construa o gráfico da velocidade escalar em função do tempo.

V16. Considere:

I. Movimento uniforme progressivo.
II. Movimento uniforme retrógrado.
III. Repouso.

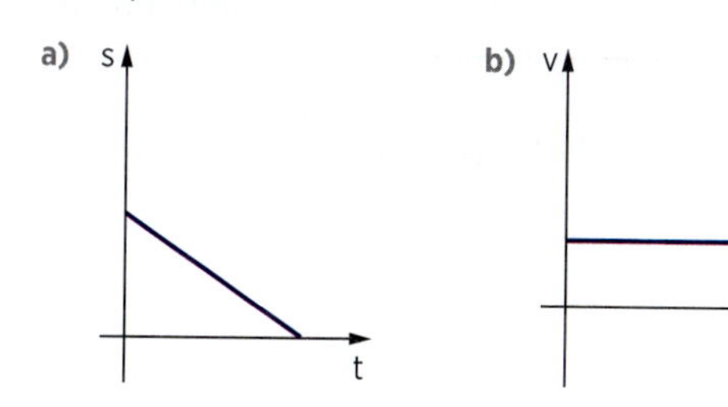

c) s, t

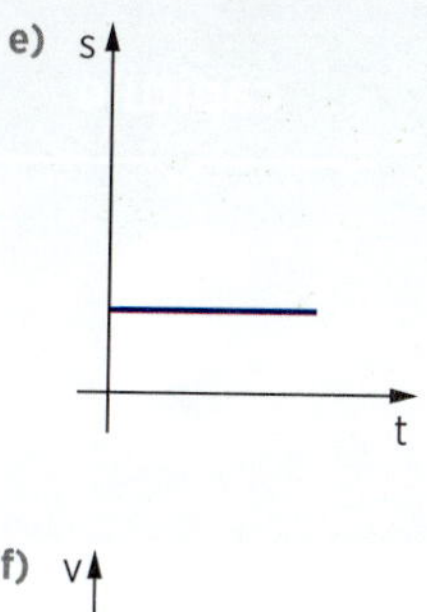

d) v, t

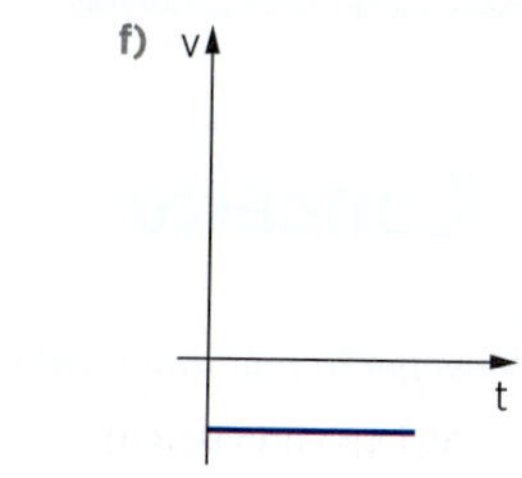

A associação correta é:

a) I – a – b; II – c – d; III – e – f
b) I – a – b; II – c – e; III – d – f
c) I – b – e; II – a – c; III – d – f
d) I – b – c; II – a – f; III – d – e
e) I – b – c; II – a – e; III – d – f

Revisão

R15. (Fuvest-SP) Um automóvel faz uma viagem em 6 horas e sua velocidade escalar varia em função do tempo aproximadamente como mostra o gráfico.

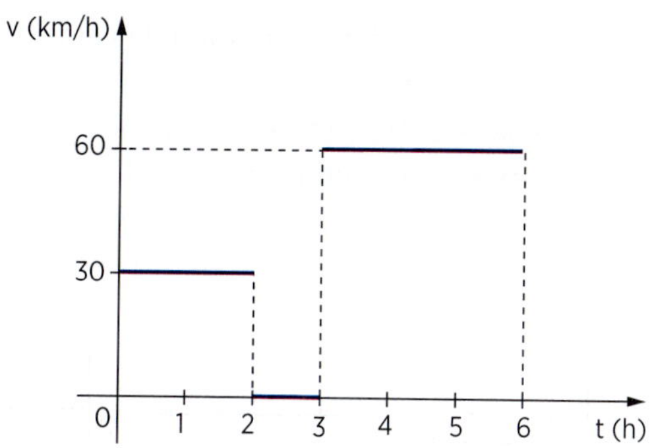

A velocidade escalar média do automóvel na viagem é:

a) 35 km/h
b) 40 km/h
c) 45 km/h
d) 48 km/h
e) 50 km/h

R16. (U. F. Lavras-MG) Um pesquisador observa formigas para saber de seus hábitos de deslocamento. Escolhe uma formiga parada e dispara seu cronômetro quando ela começa a caminhar. Nota que a formiga se desloca com velocidade constante de 5 cm/s durante 6 s. Para por mais 2 segundos. Volta para a origem com velocidade constante de 6 cm/s, onde para por mais 2 s. Em seguida, retoma o caminho inicial, com velocidade de 8 cm/s durante 5 s. Diminui sua velocidade para 4 cm/s por 3 s, quando entra num buraco e desaparece.

Supondo que a formiga tenha se deslocado em linha reta, responda aos itens a seguir.

a) Esboce o diagrama espaço × tempo, desde $t = 0$ até a formiga sumir.
b) Esboce o diagrama velocidade × tempo, desde $t = 0$ até a formiga sumir.
c) Calcule a distância do buraco em relação ao ponto de partida.

R17. (Unifor-CE) Os móveis I e II, cujas velocidades escalares estão representadas no gráfico abaixo, movimentam-se em trajetórias paralelas e bem próximas uma da outra.

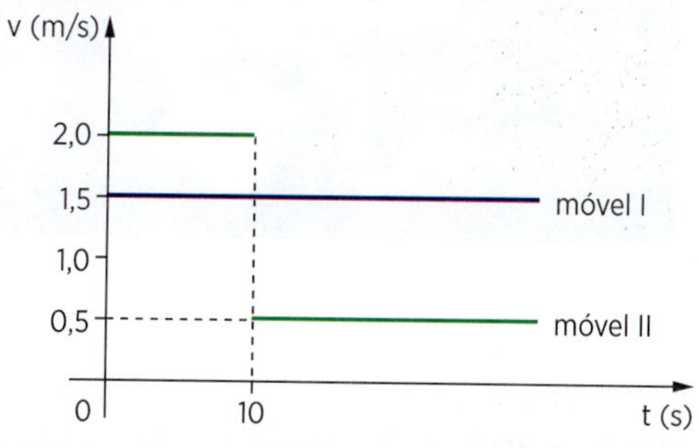

Sabendo-se que, no instante $t = 0$, o móvel II estava 5,0 m à frente do móvel I, eles deverão ficar um ao lado do outro no instante:

a) 5 s
b) 10 s
c) 12 s
d) 15 s
e) 20 s

capítulo

3 Movimento uniformemente variado

Conceito

Movimento uniformemente variado (MUV) é o movimento em que a velocidade escalar varia uniformemente no decorrer do tempo.

MUV é, portanto, aquele movimento em que a velocidade escalar sofre variações sempre *iguais, em intervalos de tempo iguais*.

Em consequência, a *aceleração escalar instantânea* do movimento é *constante*. A aceleração escalar média, portanto, é igual à aceleração escalar em qualquer instante.

Movimento uniformemente variado (MUV)
$\alpha_m = \alpha = \text{constante}$

Imagine, por exemplo, que uma pessoa no interior de um automóvel registre, sucessivamente, a partir de um certo instante ($t_0 = 0$), a velocidade indicada pelo velocímetro e o correspondente instante de tempo registrado no cronômetro, obtendo a tabela seguinte:

v (km/h)	10	15	20	25	30	35	40	45	50
t (s)	0	1	2	3	4	5	6	7	8

Gene Chutka/E+/Getty Images

Observe que, a partir da velocidade escalar inicial $v_0 = 10$ km/h, a velocidade escalar varia sempre 5 km/h a cada intervalo de um segundo decorrido. Portanto, a aceleração escalar média e instantânea para esse movimento é:

$$\alpha_m = \alpha = 5 \frac{\text{km/h}}{\text{s}}$$

Função da velocidade no MUV

Podemos obter a função da velocidade escalar do MUV aplicando o conceito de aceleração escalar média.

Assim, sendo v_0 a *velocidade escalar inicial* (no instante $t_0 = 0$) e v a *velocidade escalar* num instante posterior t (fig. 1), temos:

$$\alpha = \frac{\Delta v}{\Delta t} = \frac{v - v_0}{t - t_0}$$

$$\alpha = \frac{v - v_0}{t}$$

$$v - v_0 = \alpha t$$

$$v = v_0 + \alpha t$$

v_0 $(t_0 = 0)$ v (t)

Ilustrações: Studio Caparroz

Figura 1. A variação de velocidade é $\Delta v = v - v_0$.

Na fórmula da função horária da velocidade do MUV, a velocidade escalar inicial v_0 e a aceleração escalar α são constantes para cada movimento.

Vejamos um exemplo no qual a velocidade escalar de um MUV varia obedecendo à função $v = 10 + 5t$, sendo v medido em m/s e o tempo em segundos.

A velocidade escalar inicial v_0 é o valor da velocidade escalar no instante inicial $t_0 = 0$: $v_0 = 10$ m/s.

A aceleração escalar constante do movimento vale $\alpha = 5$ m/s^2.

Note que, qualquer que seja o instante $t \geqslant 0$, a velocidade escalar será sempre positiva: o móvel se desloca sempre no sentido escolhido para a trajetória e é *acelerado*.

Esquematicamente, admitindo ser retilínea a trajetória:

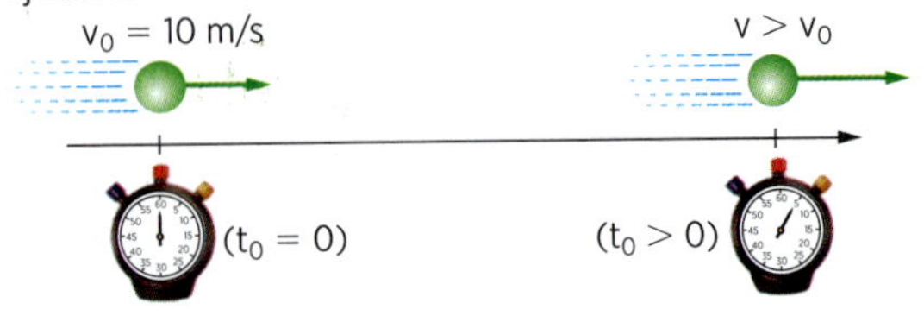

Figura 2

velocidade escalar positiva
aceleração escalar positiva
MOVIMENTO ACELERADO

Neste outro exemplo, a função da velocidade de um MUV é $v = -8 + 2t$, sendo usadas as unidades do Sistema Internacional.

A velocidade escalar inicial é $v_0 = -8$ m/s.

A aceleração escalar vale $\alpha = 2$ m/s^2.

Note que inicialmente a velocidade escalar é negativa e a aceleração escalar é positiva.

Portanto, o movimento é *retardado*. Assim, o valor absoluto da velocidade escalar *diminui* até atingir zero ($v = 0$). Vamos determinar o instante em que a velocidade escalar se anula:

$$v = -8 + 2t \Rightarrow 0 = -8 + 2t \Rightarrow 8 = 2t \Rightarrow$$

$$\Rightarrow \boxed{t = 4\,s}$$

Concluímos, então, que 4 s após o instante inicial, a velocidade escalar do móvel se anula.

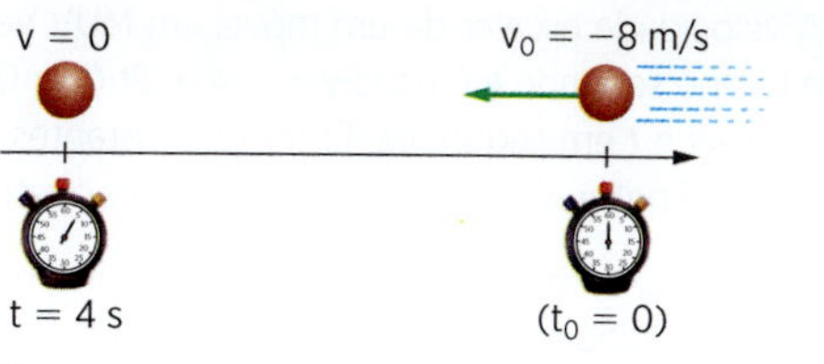

Figura 3

velocidade escalar negativa
aceleração escalar positiva
MOVIMENTO RETARDADO

Para instantes posteriores a 4 s, a velocidade escalar é positiva:

$$v = -8 + 2t > 0 \Rightarrow 2t > 8 \Rightarrow \boxed{t > 4\,s}$$

Logo, após o instante $t = 4$ s, inverte-se o sentido do movimento. Este passa a ser progressivo ($v > 0$) e acelerado ($v > 0$ e $\alpha > 0$).

Dessa maneira, podemos concluir:

Se um MUV é inicialmente *retardado*, a partir do instante em que sua velocidade escalar se anula, ele *muda de sentido* e seu movimento passa a ser *acelerado*.

A1. A velocidade de uma partícula varia com o tempo desde o instante zero, segundo a tabela abaixo.

t (s)	0	1	2	3	4
v (m/s)	3	7	11	15	19

Escreva a função da velocidade para esse movimento.

A2. Um carro de corrida parte do repouso e, após 20 segundos, sua velocidade é 60 m/s. Sabendo-se que a aceleração do carro se manteve constante, qual a função horária da velocidade para esse movimento?

Determine a velocidade do carro no instante $t = 7{,}0$ s.

A3. A velocidade de uma pedra em MUV varia com o tempo segundo a função $v = 5 + 10t$. Considere $t \geqslant 0$.

Sabendo que as unidades usadas são do Sistema Internacional, determine:

a) a velocidade inicial da pedra;

b) a aceleração da pedra;

c) a velocidade da pedra no instante $t = 6$ s;

d) a variação de velocidade nos primeiros 10 segundos.

A4. Um móvel realiza MUV em trajetória retilínea obedecendo à função $v = -16 + 4t$, na qual *v* é medido em m/s e *t* em segundos. Considere $t \geqslant 0$. Determine:

a) a velocidade inicial e a aceleração do móvel;

b) o instante em que o móvel muda de sentido;

c) entre que instantes o movimento é retardado e entre que instantes é acelerado.

V1. Escreva a função horária da velocidade do MUV de um móvel cuja tabela horária da velocidade é a seguinte:

t (s)	0	1	2	3	4	5	6
v (m/s)	−5	−3	−1	1	3	5	7

V2. Um carro, partindo do repouso e movimentando-se com aceleração constante, consegue atingir uma velocidade de valor absoluto 20 m/s em 10 s.
Escreva a função horária da velocidade desse carro.

V3. A velocidade escalar de um móvel em MUV varia com o tempo segundo a função $v = -4 + 2t$ ($t \geq 0$) para *v* em m/s e *t* em segundos. Entre que instantes o movimento é progressivo e entre que instantes é retrógrado?

V4. Um móvel se desloca sobre uma trajetória retilínea e sua velocidade varia com o tempo segundo a função $v = -15 + 3t$ (SI). Considere $t \geq 0$.

Determine:

a) a velocidade inicial e a aceleração do móvel;

b) a velocidade do móvel no instante $t = 10$ s;

c) o instante em que o móvel muda de sentido, caracterizando as fases em que o movimento é retardado e acelerado.

R1. (Fesp-SP) Um corpo realiza um MUV tal que, nos instantes 5,0 s e 15 s suas velocidades escalares são, respectivamente, 10 m/s e 30 m/s. Que velocidade ele terá no instante 20 s?

a) 30 m/s
b) 40 m/s
c) 50 m/s
d) 60 m/s
e) 80 m/s

R2. (UnB-DF) A tabela abaixo indica a velocidade instantânea de um objeto, em intervalos de um segundo.

Tempo (s)	Velocidade (m/s)
0,00	6,20
1,00	8,50
2,00	10,8
3,00	13,1
4,00	15,4
5,00	17,7
6,00	20,0
7,00	22,3

As velocidades instantâneas do objeto nos instantes 3,60 s e 5,80 s são, respectivamente:

a) 15,7 m/s e 20,5 m/s.
b) 13,8 m/s e 22,6 m/s.
c) 14,5 m/s e 19,5 m/s.
d) nenhuma dessas.

R3. (PUC-SP) Um carro, partindo do repouso, assume movimento com aceleração constante de 1 m/s^2, durante 5 segundos. Desliga-se então o motor e, devido ao atrito, o carro volta ao repouso com retardamento constante de 0,5 m/s^2. A duração total do movimento do corpo é de:

a) 5 segundos.
b) 10 segundos.
c) 15 segundos.
d) 20 segundos.
e) 25 segundos.

R4. (Unifesp-SP) A função da velocidade em relação ao tempo de um ponto material em trajetória retilínea, no SI, é $v = 5{,}0 - 2{,}0\,t$. Por meio dela, pode-se afirmar que, no instante $t = 4{,}0$ s, a velocidade desse ponto material tem módulo:

a) 13 m/s e o mesmo sentido da velocidade inicial.
b) 3,0 m/s e o mesmo sentido da velocidade inicial.
c) zero, pois o ponto material já parou e não se movimenta mais.
d) 3,0 m/s e sentido oposto ao da velocidade inicial.
e) 13 m/s e sentido oposto ao da velocidade inicial.

Gráfico da velocidade no MUV

A função da velocidade escalar em relação ao tempo no MUV é do primeiro grau:

$$v = v_0 + \alpha t$$

sendo representada graficamente por uma reta de inclinação não nula.

Vamos considerar, por exemplo, um movimento uniformemente variado, no qual a velocidade escalar varia no tempo obedecendo à função $v = -10 + 5t$ (unidades do SI).

Para construir o gráfico, devemos substituir valores para o tempo *t* na fórmula, obtendo os correspondentes valores para a velocidade *v*. Assim:

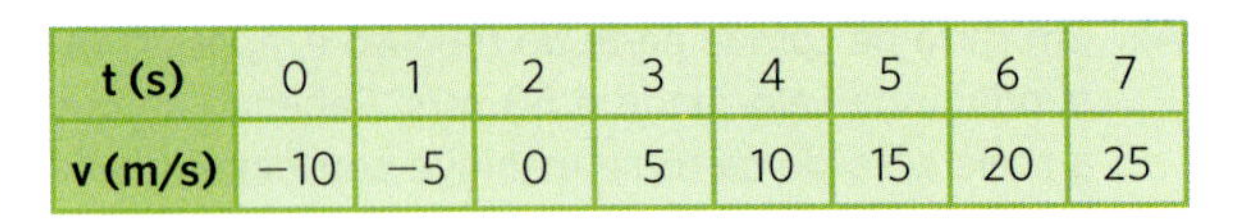

t (s)	0	1	2	3	4	5	6	7
v (m/s)	−10	−5	0	5	10	15	20	25

Lançando os valores num sistema cartesiano, obtemos o gráfico abaixo.

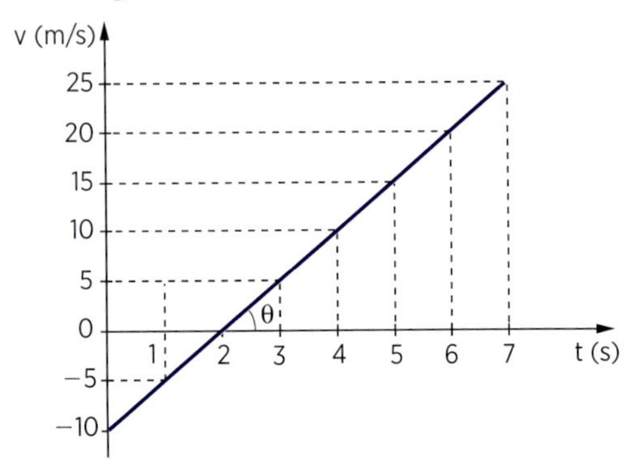

Figura 4

O coeficiente linear da reta mede a velocidade escalar inicial do móvel: $v_0 = -10$ m/s.

O coeficiente angular da reta (tg θ) mede numericamente a aceleração escalar do móvel.

Na figura:

$$\text{tg}\,\theta = \frac{25 - 0}{7 - 2} = \frac{25}{5} \Rightarrow \text{tg}\,\theta = 5$$

Logo: $\alpha = 5$ m/s^2

O instante t = 2 s representa o momento em que o móvel muda de sentido, pois nesse instante sua velocidade escalar se anula (v = 0).

Entre os instantes $t_0 = 0$ e t = 2 s, o movimento é retardado ($v < 0$; $\alpha > 0$). Após o instante t = 2 s, o movimento é acelerado ($v > 0$; $\alpha > 0$).

No exemplo discutido, a aceleração escalar é positiva e, portanto, a velocidade escalar cresce com o tempo. No entanto, há movimentos em que a aceleração escalar é negativa e a velocidade escalar decresce com o tempo. Graficamente, os dois casos podem ser representados como na figura 5.

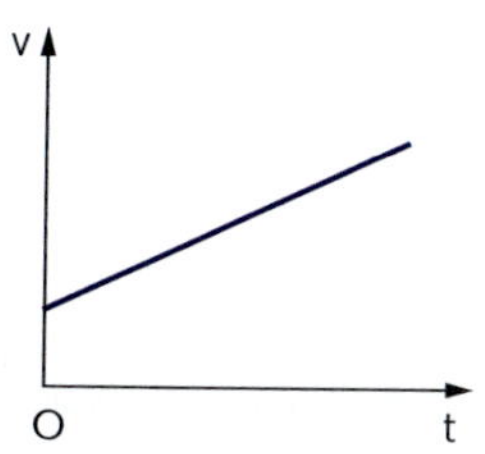

(a) Aceleração escalar positiva.

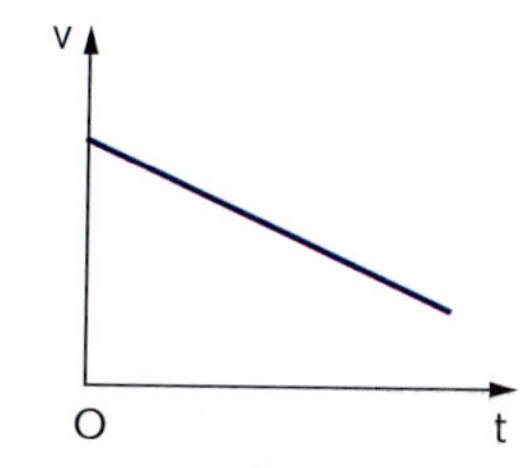

(b) Aceleração escalar negativa.

Figura 5

Vimos, ao estudar o gráfico da velocidade do movimento uniforme, que:

A área da figura compreendida entre a reta e o eixo dos tempos é a medida numérica do módulo da variação de espaço Δs sofrida pelo móvel.

Essa propriedade é verdadeira também para o movimento uniformemente variado (fig. 6).

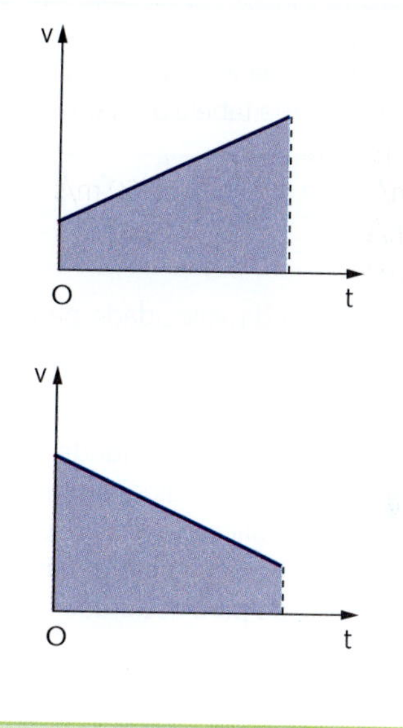

área da figura sombreada = $|\Delta s|$ (numericamente)

Figura 6

Aplicação

A5. A tabela abaixo indica como varia no decorrer do tempo a velocidade de um móvel em MUV.

v (m/s)	3	8	13	18	23
t (s)	0	1	2	3	4

Escreva a função horária da velocidade desse móvel e construa o gráfico da velocidade em função do tempo.

A6. A função horária da velocidade em função do tempo para um MUV é $v = -9 + 3t$, sendo as unidades do Sistema Internacional. Construa o gráfico da velocidade em função do tempo, assinalando o instante em que o móvel muda de sentido.

A7. Considere o gráfico da velocidade em função do tempo.

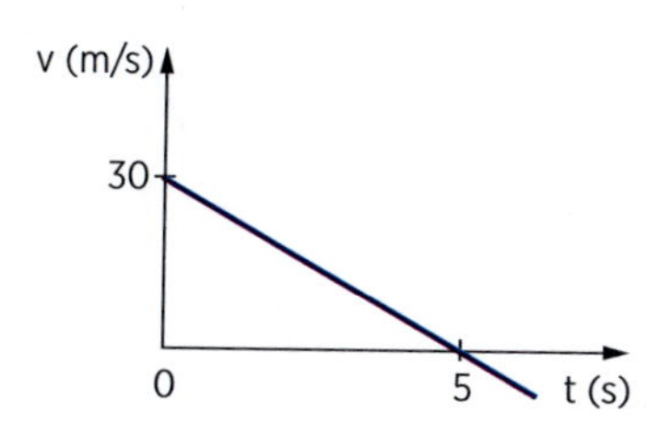

Determine:

a) a função horária da velocidade do movimento;

b) o instante em que o móvel muda de sentido, assinalando quando o movimento é retardado e quando é acelerado.

A8. O gráfico dado relaciona a velocidade *v* de um corpo em movimento uniformemente acelerado com o tempo *t*.

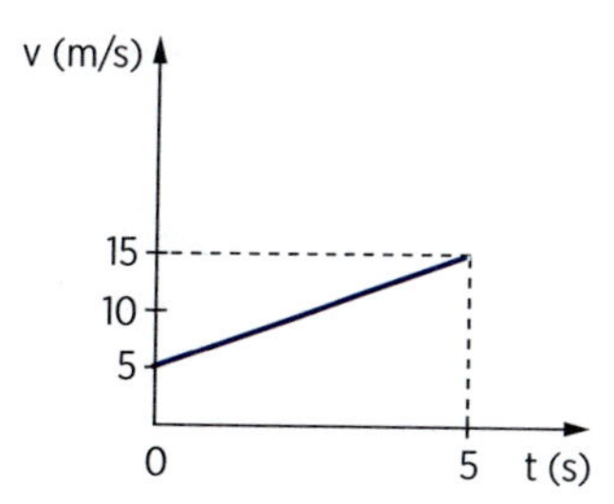

Determine:

a) a velocidade do móvel no instante t = 3 s;

b) a variação de espaço entre os instantes 0 e 5 s.

A9. Durante uma viagem, a velocidade de um automóvel varia como mostra o gráfico ao lado.
Responda:

a) Que distância o carro percorreu nas primeiras duas horas?

b) Qual a distância percorrida durante as oito horas de viagem?

c) Qual a velocidade média em todo o percurso?

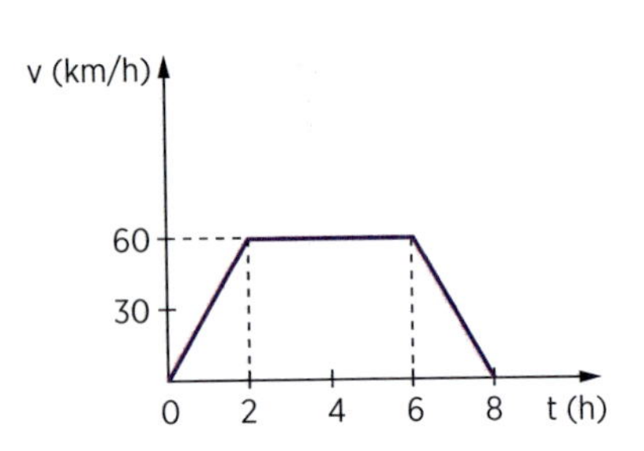

Verificação

V5. Construa o gráfico da velocidade em função do tempo, usando os dados da tabela abaixo.

v (m/s)	−5	−7	−9	−11	−13
t (s)	0	1	2	3	4

Escreva a função da velocidade para o movimento e classifique o movimento em progressivo ou retrógrado e em acelerado ou retardado.

V6. A função horária da velocidade de um MUV é $v = 20 - 4t$, sendo *v* medido em m/s e *t* em segundos. Construa o gráfico da velocidade em função do tempo, assinalando o instante em que o movimento passa de retardado para acelerado.

V7. É fornecido o gráfico da velocidade em função do tempo para um MUV.

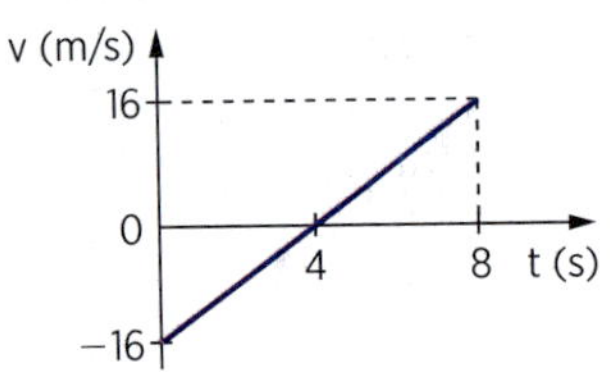

Com base nele:

a) escreva a função da velocidade desse movimento;

b) determine o instante em que o móvel muda de sentido;

c) indique quando o movimento é retardado e quando é acelerado.

V8. O gráfico dado define a velocidade de uma partícula em função do tempo. A posição inicial da partícula é dada pelo espaço $s_0 = 50$ m.

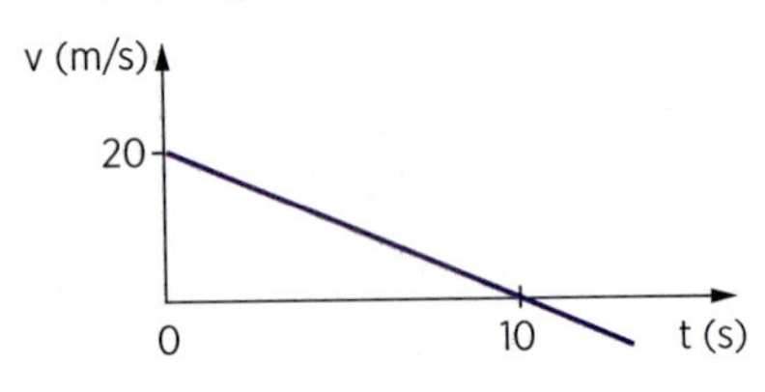

a) Qual o espaço da partícula no instante t = 10 s?

b) Qual a aceleração do movimento?

V9. Um móvel se desloca sobre uma reta com a velocidade variando de acordo com o gráfico dado. Determine a aceleração média e a velocidade média nos intervalos de tempo:

a) 0 a 10 s

b) 10 s a 20 s

c) 20 s a 25 s

d) 0 a 25 s

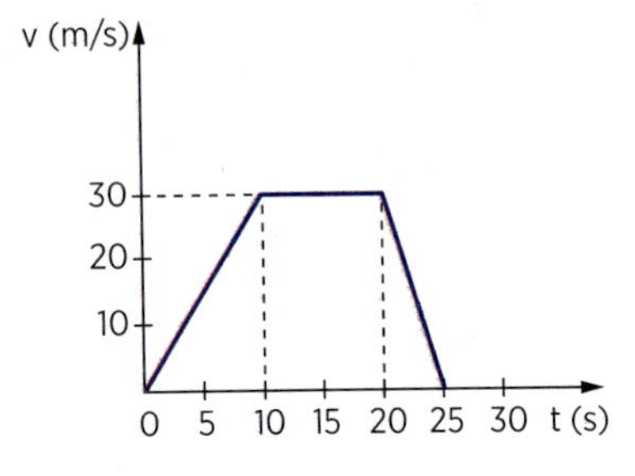

Revisão

R5. (PUC-SP) O gráfico representa a variação da velocidade, com o tempo, de um móvel em movimento retilíneo uniformemente variado.

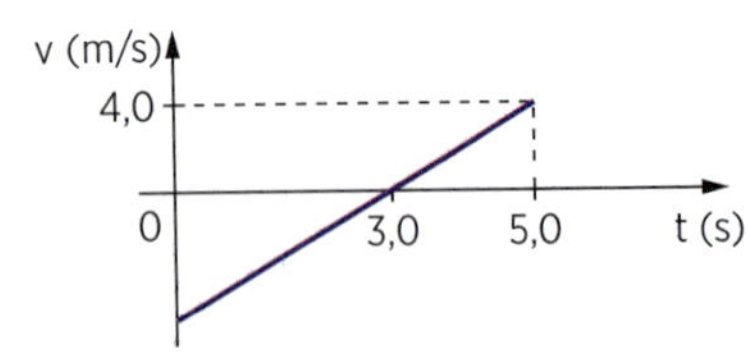

A velocidade inicial do móvel e o seu deslocamento escalar de 0 a 5,0 s valem, respectivamente:

a) −4,0 m/s e −5,0 m

b) −6,0 m/s e −5,0 m

c) 4,0 m/s e 25 m

d) −4,0 m/s e 5,0 m

e) −6,0 m/s e 25 m

R6. (UF-AM) O gráfico abaixo representa aproximadamente as velocidades escalares de dois atletas (*A* e *B*) em função do tempo em uma competição olímpica.

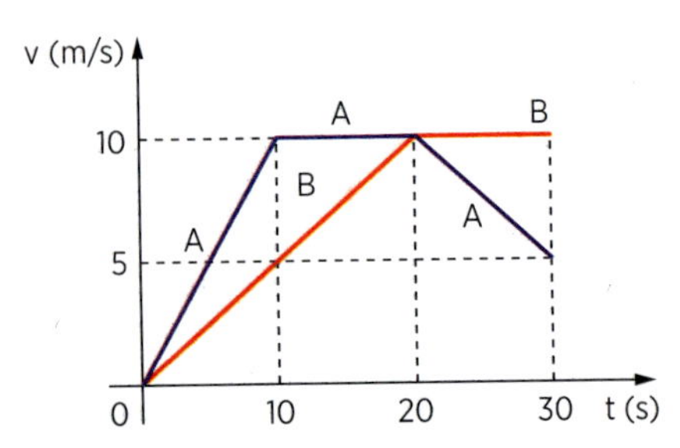

Com base no gráfico, assinale a afirmativa incorreta.

a) Entre 10 e 20 s, o módulo da aceleração escalar do atleta *A* é menor que o do atleta *B*.

b) Entre 0 e 10 s, o módulo da aceleração escalar do atleta *A* é maior que o do atleta *B*.

c) Após 30 s, o atleta *A* está a 75 metros de distância do atleta *B*.

d) Entre 20 e 30 s, o módulo da aceleração escalar do atleta *A* é maior que o do atleta *B*.

e) Após 20 s, o atleta *A* está a 50 metros de distância do atleta *B*.

R7. (U. E. Ponta Grossa-PR) A respeito do movimento executado por uma partícula, conforme descrito pelo gráfico v (m/s) × t (s) abaixo, assinale o que for correto:

(01) Entre os instantes t = 8 s e t = 12 s, o movimento é acelerado e retrógrado.

(02) Entre os instantes t = 0 s e t = 3 s, o movimento é acelerado.

(04) Entre os instantes t = 0 s e t = 8 s, o movimento é progressivo.

(08) No instante t = 8 s, o sentido do movimento da partícula se inverte.

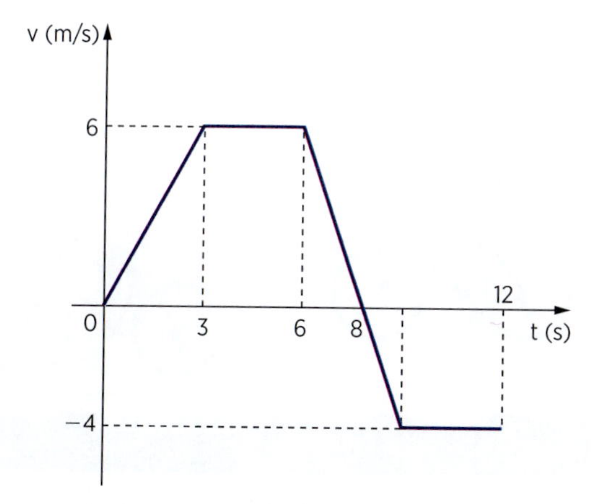

R8. (U. F. Campina Grande-PB) As equipes de teste de automóveis de passeio costumam medir a capacidade de aceleração dos veículos em pistas retas, a partir de dados como os apresentados no gráfico a seguir. Os técnicos coletam os dados a partir de uma linha de referência, onde os carros encontram-se emparelhados, considerando aí a posição inicial e o tempo inicial.

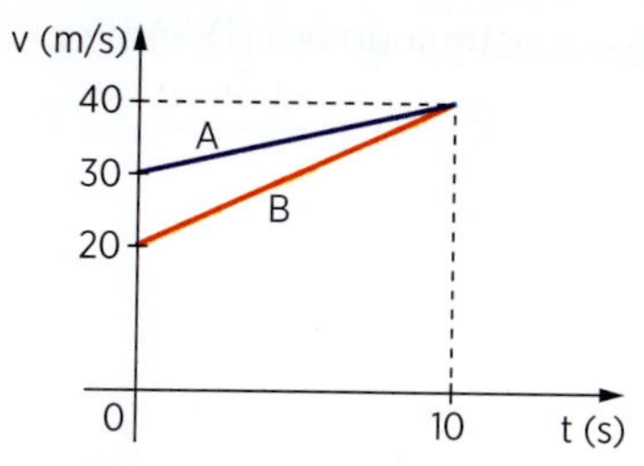

A distância entre eles no instante 10 s e suas acelerações, a_A e a_B, valem, respectivamente,

a) 50 m, $a_A = 1\ m/s^2$ e $a_B = 2\ m/s^2$

b) 5 m, $a_A = 2\ m/s^2$ e $a_B = 2\ m/s^2$

c) 25 m, $a_A = 4\ m/s^2$ e $a_B = 1\ m/s^2$

d) 650 m, $a_A = 1\ m/s^2$ e $a_B = 4\ m/s^2$

e) 100 m, $a_A = 4\ m/s^2$ e $a_B = 4\ m/s^2$

R9. (FGV-SP) Empresas de transportes rodoviários equipam seus veículos com um aparelho chamado tacógrafo, capaz de produzir sobre um disco de papel o registro ininterrupto do movimento do veículo no decorrer de um dia.

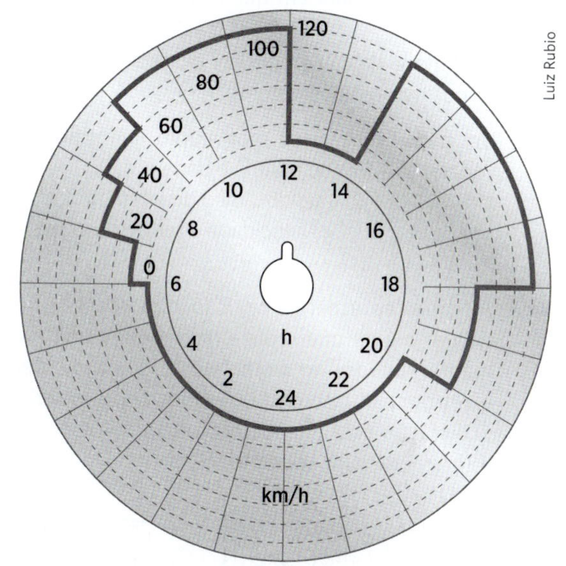

Analisando os registros da folha do tacógrafo representada acima, correspondente ao período de um dia completo, a empresa pode avaliar que seu veículo percorreu nesse tempo uma distância, em km, aproximadamente igual a:

a) 940
b) 1060
c) 1120
d) 1300
e) 1480

Função horária do MUV

À medida que um móvel descreve um MUV, sua posição varia sobre a trajetória. No instante inicial $t_0 = 0$, o móvel ocupa uma posição dada pelo espaço inicial s_0; num instante posterior *t*, a posição do móvel corresponde ao espaço *s*.

A variação do espaço Δs, sofrida pelo móvel, pode ser calculada pela área no gráfico da velocidade em função do tempo (fig. 7):

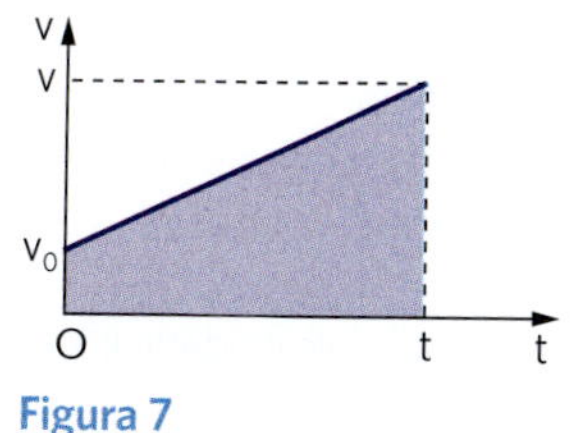

Figura 7

$$\Delta s = \frac{v + v_0}{2} \cdot t \quad (I)$$

Mas, $\Delta s = s - s_0$ e $v = v_0 + \alpha t$.

Logo, substituindo em (I), temos:

$$s - s_0 = \frac{v_0 + \alpha t + v_0}{2} \cdot t$$

$$s - s_0 = \frac{2v_0 + \alpha t}{2} \cdot t$$

$$s = s_0 + v_0 t + \frac{\alpha t^2}{2}$$

A fórmula apresentada é uma função do 2º grau e constitui a chamada *função horária do movimento uniformemente variado*. O espaço inicial s_0, a velocidade escalar inicial v_0 e a aceleração escalar α são sempre constantes para cada movimento.

Aplicação

A10. Um móvel realiza um MUV obedecendo à função $s = 18 - 9t + t^2$, sendo *s* medido em metros e *t* em segundos.
Pergunta-se:

a) Qual o espaço inicial, a velocidade inicial e a aceleração do movimento?

b) Qual a função da velocidade do movimento?

c) Qual o instante em que o móvel muda de sentido?

d) O móvel passa pela origem da trajetória? Em caso positivo, em que instante?

A11. Um móvel realiza um movimento uniformemente variado cuja função horária é dada por:
$s = 3 - 4t + 2t^2$, sendo *s* medido em metros e *t* em segundos. Qual a velocidade escalar do móvel no instante $t = 2s$?

A12. A figura representa a posição, no instante $t = 0$, de um móvel que realiza movimento uniformemente variado. No instante $t = 0$ o movimento é retrógrado retardado. A velocidade inicial e a aceleração escalar são, respectivamente, 2 m/s e 4 m/s², em valor absoluto.

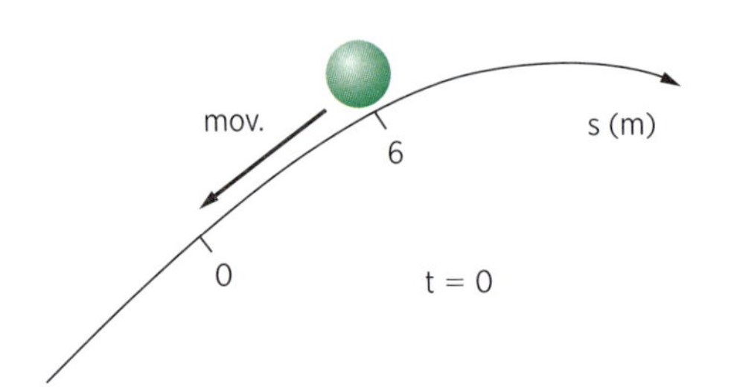

Determine:

a) a função horária do movimento;

b) a função horária da velocidade;

c) o instante e o espaço do móvel quando sua velocidade se anula.

A13. Um ciclista *P* inicia uma corrida, a partir do repouso, acelerando à razão de 0,5 m/s². Nesse instante, passa por ele um ciclista *Q*, que mantém velocidade constante de 5 m/s, no mesmo sentido que o ciclista *P*.

Lettera Studio

Determine:

a) o tempo após o qual, a partir do instante considerado, *P* alcança *Q*;

b) a velocidade de *P* no instante do encontro;

c) a distância percorrida por *P* até o instante do encontro.

Verificação

V10. É dada a função horária do MUV de uma partícula, sendo os espaços medidos em metros e os instantes de tempo em segundos: $s = -t^2 + 16t - 24$.
Determine:

a) o espaço inicial, a velocidade inicial e a aceleração da partícula;

b) o espaço do móvel no instante $t = 5s$;

c) a velocidade no instante $t = 4s$;

d) o instante e o espaço em que o móvel muda de sentido.

V11. Um móvel realiza um MUV cuja função horária é $s = 1 + 2t + 3t^2$ para *s* em metros e *t* em segundos. Determine a velocidade escalar do móvel nos instantes $t = 0$ e $t = 1$ s.

V12. A figura a seguir representa, no instante $t = 0$, a posição de um móvel que realiza MUV progressivo e acelerado. A velocidade inicial e a aceleração escalar valem, respectivamente, 5,0 m/s e 2,5 m/s², em valor absoluto.

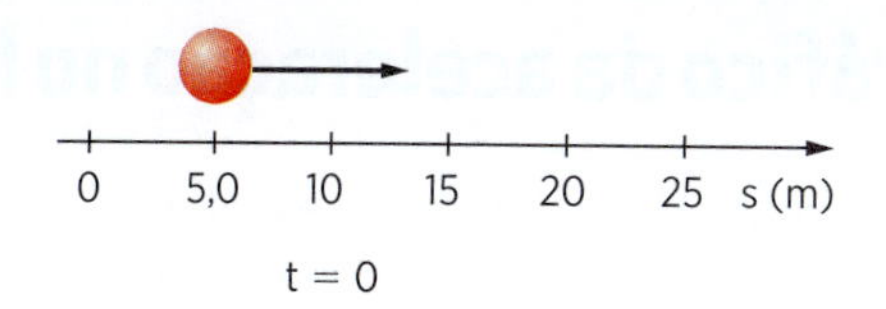

Em que instante o móvel passa pela posição cujo espaço é s = 20 m?

V13. Um automóvel da marca Alfa está parado num semáforo. Quando o sinal abre, ele começa a se movimentar com aceleração constante de 4 m/s². No mesmo instante passa por ele um carro da marca Ômega, que se move com velocidade constante de 10 m/s. Determine:

a) em quanto tempo, após a abertura do sinal, o primeiro carro alcança o segundo;
b) que distância os carros percorreram até o instante do encontro;
c) a velocidade do primeiro carro no instante do encontro.

R10. (U. F. Viçosa-MG) Um veículo, movendo-se em linha reta, desacelera uniformemente, a partir de 72 km/h, parando em 4,0 s. A distância percorrida pelo veículo e o módulo de sua velocidade média durante a desaceleração são, respectivamente:

a) 40 m e 10 m/s
b) 80 m e 20 m/s
c) 20 m e 5 m/s
d) 20 m e 20 m/s

R11. (Unioeste-PR) Em uma pista de testes um automóvel, partindo do repouso e com aceleração constante de 3 m/s², percorre certa distância em 20 s. Para fazer o mesmo trajeto no mesmo intervalo de tempo, porém com aceleração nula, um segundo automóvel deve desenvolver velocidade de:

a) 20 m/s
b) 25 m/s
c) 80 km/h
d) 100 km/h
e) 108 km/h

R12. (UF-CE) Um caminhão move-se em uma estrada reta e horizontal com velocidade constante de 72 km/h. No momento em que ele ultrapassa um carro em repouso, este arranca com aceleração constante de 2,5 m/s². Calcule, em segundos, o tempo necessário para o carro alcançar o caminhão.

R13. (EsPCEx-SP) Um carro está desenvolvendo uma velocidade constante de 72 km/h em uma rodovia federal. Ele passa por um trecho da rodovia que está em obras, onde a velocidade máxima permitida é 60 km/h. Após 5 s da passagem do carro, uma viatura policial inicia uma perseguição, partindo do repouso e desenvolvendo uma aceleração constante. A viatura se desloca 2,1 km até alcançar o carro do infrator. Nesse momento, a viatura policial atinge a velocidade de:

a) 20 m/s
b) 24 m/s
c) 30 m/s
d) 38 m/s
e) 42 m/s

Gráfico da função horária do MUV

Sendo do 2º grau a função horária do MUV, o gráfico do espaço *s* em função do tempo *t* é uma parábola. A concavidade da parábola é determinada pelo sinal da aceleração escalar (fig. 8):

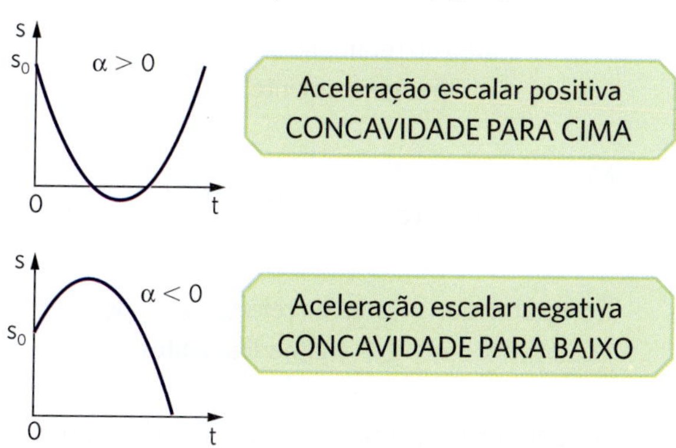

Figura 8

O *vértice* da parábola corresponde ao instante em que a velocidade escalar do móvel se anula, isto é, instante em que o móvel muda de sentido.

Até o instante de mudança de sentido o movimento é retardado; após o instante de mudança de sentido, o movimento é acelerado.

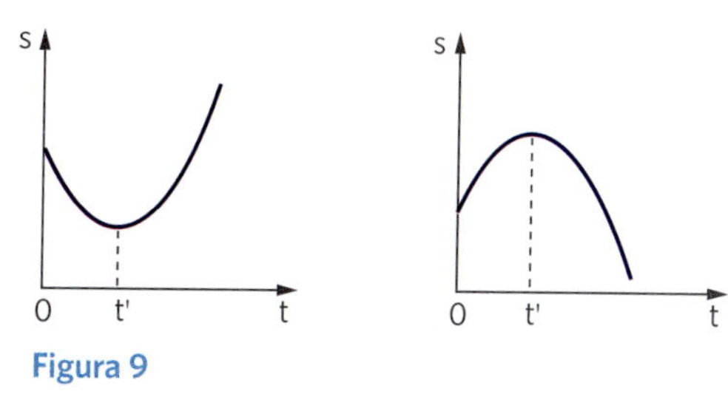

Figura 9

Nos gráficos da figura 9, sendo *t'* o instante em que o móvel muda de sentido (v = 0), temos:

> Até o instante *t'* → movimento retardado
> Após o instante *t'* → movimento acelerado

Considere o gráfico horário de um MUV (fig. 10).

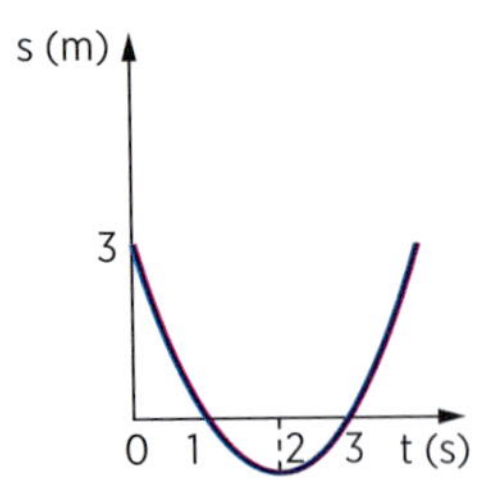

Figura 10

Analisando os valores indicados nele, podemos tirar algumas conclusões:

- O espaço inicial do móvel é $s_0 = 3$ m.
- O móvel muda de sentido no instante t = 2 s, pois esse instante corresponde ao vértice da parábola e a velocidade escalar do móvel é nula (v = 0). Assim, o movimento é *retardado* entre os instantes 0 e 2 s e *acelerado* depois do instante 2 s.
- O móvel passa pela *origem* (marco zero) nos instantes $t_1 = 1$ s e $t_2 = 3$ s, pois esses instantes correspondem aos pontos em que a parábola intercepta o eixo dos tempos.
- A aceleração escalar do móvel é positiva, pois a concavidade da parábola está voltada para cima.
- A velocidade escalar inicial do móvel é negativa, pois entre os instantes 0 e 2 s os espaços decrescem com o tempo.

Vejamos uma propriedade do gráfico da função horária do MUV. Consideremos, no gráfico da figura 11, um instante *t* qualquer. Se traçarmos, em correspondência a esse instante, uma tangente geométrica à curva, obteremos uma reta que formará um ângulo θ com a direção do eixo dos tempos. O coeficiente angular dessa reta medirá numericamente a velocidade escalar *v* do móvel no instante considerado.

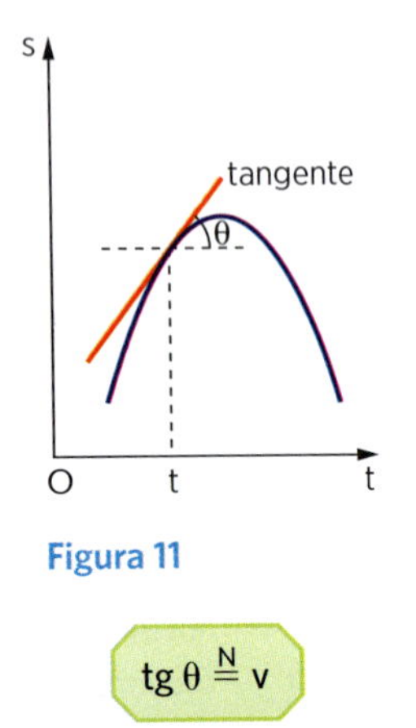

Figura 11

$\text{tg}\,\theta \overset{N}{=} v$

Gráfico da aceleração no MUV

No MUV, a aceleração escalar é constante e diferente de zero. Sendo uma *função constante*, a aceleração escalar é representada em função do tempo por um gráfico que é uma *reta paralela ao eixo dos tempos* (fig. 12):

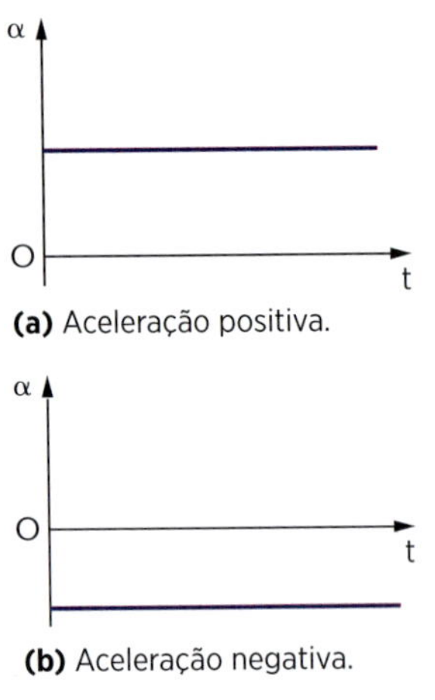

(a) Aceleração positiva.

(b) Aceleração negativa.

Figura 12

O gráfico da aceleração apresenta uma importante propriedade:

A área da região compreendida entre a reta representativa e o eixo dos tempos mede, numericamente, o módulo da variação de velocidade escalar Δv do móvel no intervalo de tempo considerado.

Na verdade, considerando o gráfico da aceleração do MUV (suposta, no caso, positiva), teremos (fig. 13):

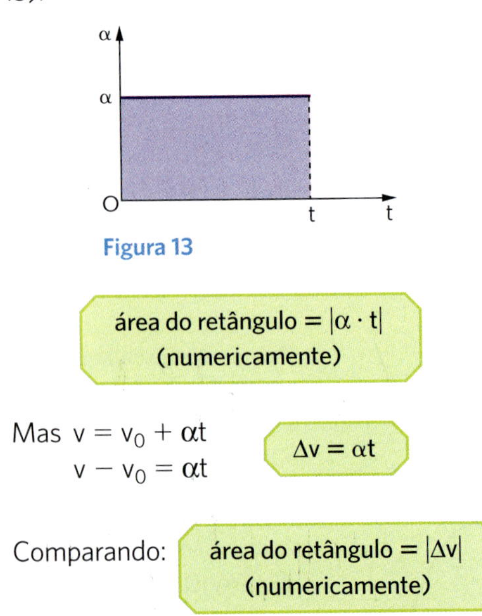

Figura 13

área do retângulo = $|\alpha \cdot t|$ (numericamente)

Mas $v = v_0 + \alpha t$

$v - v_0 = \alpha t$

$\Delta v = \alpha t$

Comparando: **área do retângulo = $|\Delta v|$ (numericamente)**

Ao anunciar essa propriedade, consideramos o módulo de Δv, porque a aceleração pode ser negativa.

Observe os exemplos a seguir:

- A aceleração de um MUV é dada pelo gráfico da figura 14.

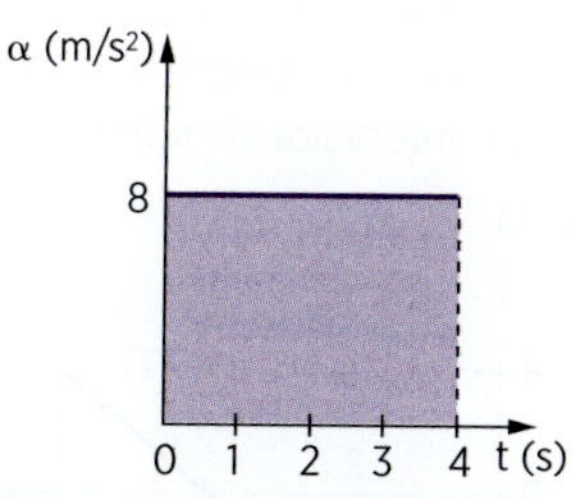

Figura 14

Vamos calcular quanto variou a velocidade escalar nos 4 segundos assinalados:

$$\text{área} \overset{N}{=} 8 \cdot 4 = 32$$

Logo: $\Delta v = 32 \text{ m/s}$

- Consideremos um MUV de aceleração negativa, como indica o gráfico da figura 15.

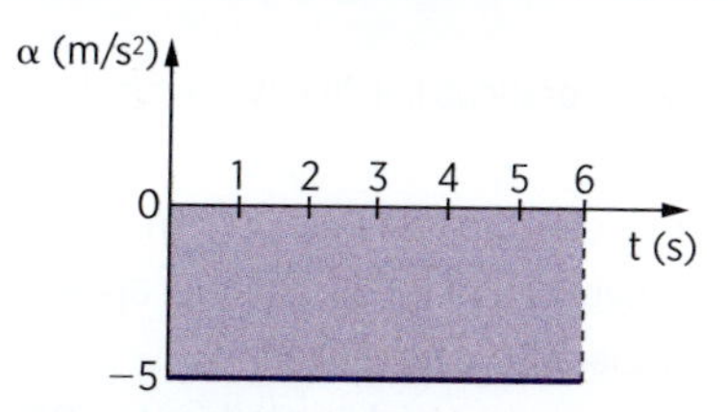

Figura 15

A área da figura sombreada vale:

$$\text{área} \overset{N}{=} 5 \cdot 6 = 30$$

Esse valor é o módulo da variação de velocidade escalar, que, no caso, é negativa:

$$\Delta v = -30 \text{ m/s}$$

A14. Em cada um dos gráficos horários seguintes:

a) indicar o sinal da aceleração;

b) determinar o instante e o espaço em que o móvel muda de sentido;

c) determinar o instante (ou os instantes) em que o móvel passa pela origem da trajetória.

I.

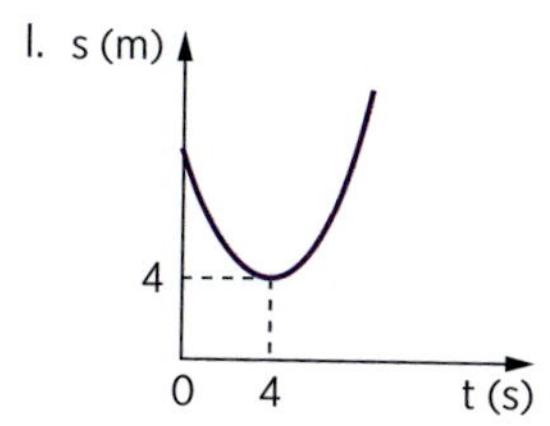

II.

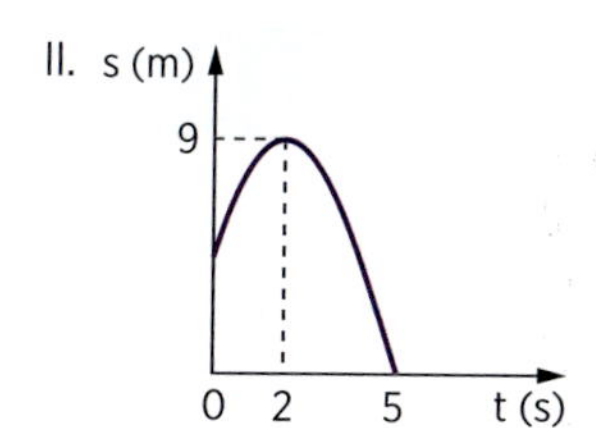

III.

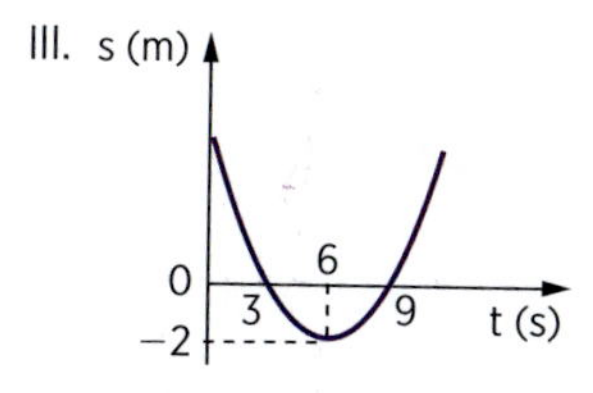

IV.

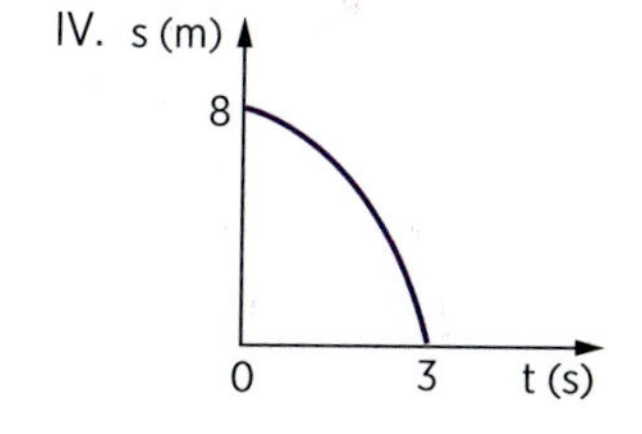

A15. No instante inicial $t_0 = 0$, um móvel está no marco 6 m de sua trajetória. No instante t = 4 s ele muda de sentido, passando pela origem da trajetória nos instantes 2 s e 6 s. Esboce o gráfico do espaço em função do tempo para esse movimento, cuja aceleração se mantém constante.

A16. O gráfico abaixo representa a velocidade de uma partícula em função do tempo.

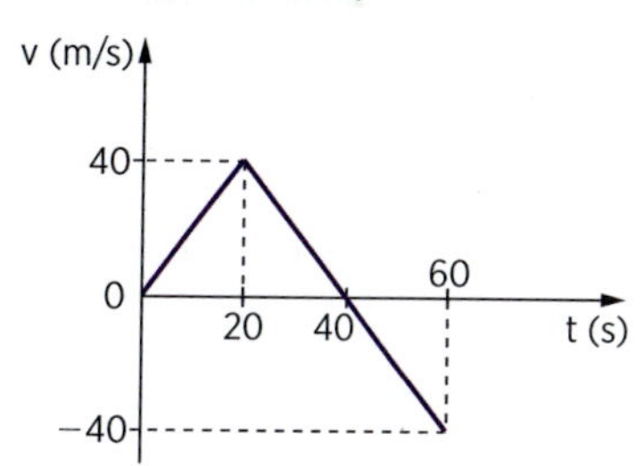

a) Construa o gráfico da aceleração em função do tempo.

b) Determine a variação de espaço ocorrida durante os 60 s de movimento.

A17. A velocidade inicial de um móvel é 16 m/s. O móvel descreve um MUV cuja aceleração é dada pelo gráfico abaixo. Determine a velocidade do móvel no instante t = 6 s.

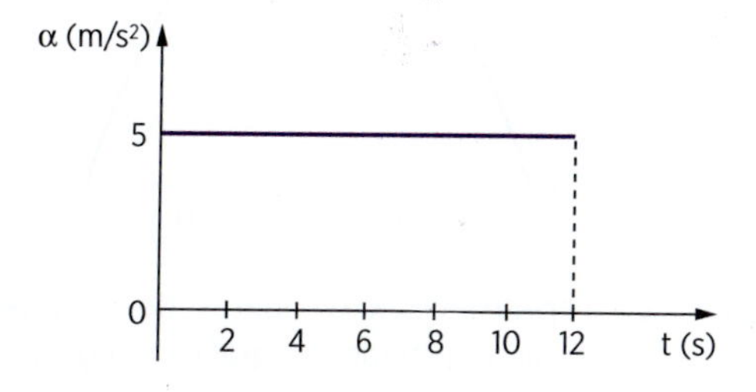

V14. Associe os gráficos I, II, III e IV a uma das alternativas abaixo:

a) O móvel não passa pela origem.
b) O móvel não muda de sentido, após t = 0.
c) A aceleração é negativa.
d) A velocidade inicial é nula (em t = 0).
e) O móvel parte da origem (em t = 0).

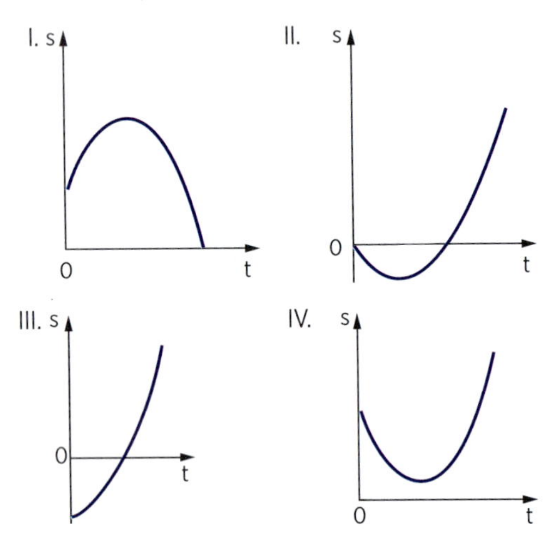

V15. A função horária do movimento uniformemente variado de uma partícula é $s = 15 + 2t - t^2$, sendo *s* medido em metros e *t* em segundos.

a) Esboce o gráfico do espaço em função do tempo assinalando o espaço inicial, a mudança de sentido do móvel e o instante em que o móvel passa pela origem, após t = 0.
b) Esboce o gráfico da velocidade em função do tempo indicando o instante de mudança de sentido.

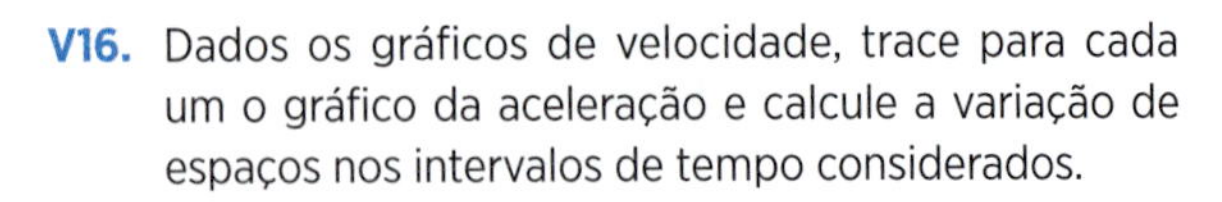

V16. Dados os gráficos de velocidade, trace para cada um o gráfico da aceleração e calcule a variação de espaços nos intervalos de tempo considerados.

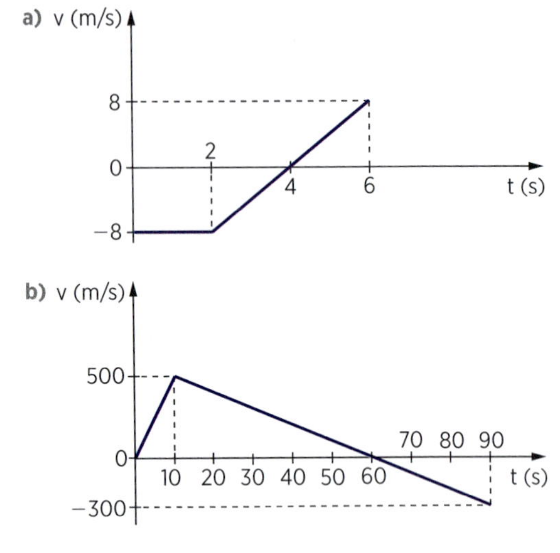

V17. A aceleração de um movimento retilíneo varia com o tempo, segundo o gráfico abaixo. Determine a variação de espaços ocorrida no intervalo de tempo compreendido entre os instantes 0 e 6 s. Considere que o móvel partiu do repouso.

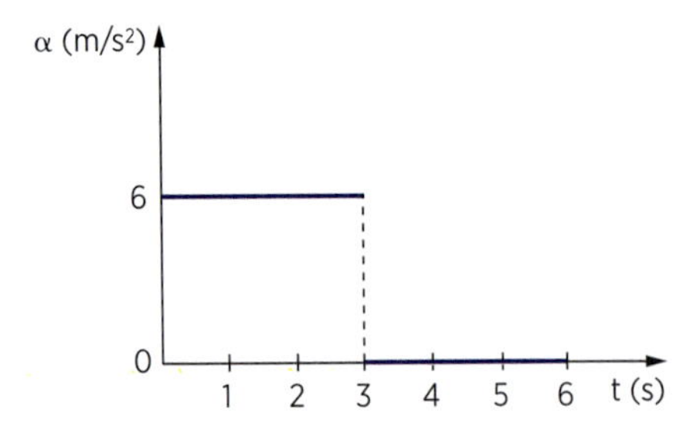

Revisão

R14. (UF-PE) O gráfico abaixo mostra uma parábola que descreve a posição, em função do tempo, de uma partícula em movimento uniformemente variado, com aceleração $\alpha = -8{,}0$ m/s². Calcule a velocidade da partícula, no instante t = 0, em m/s.

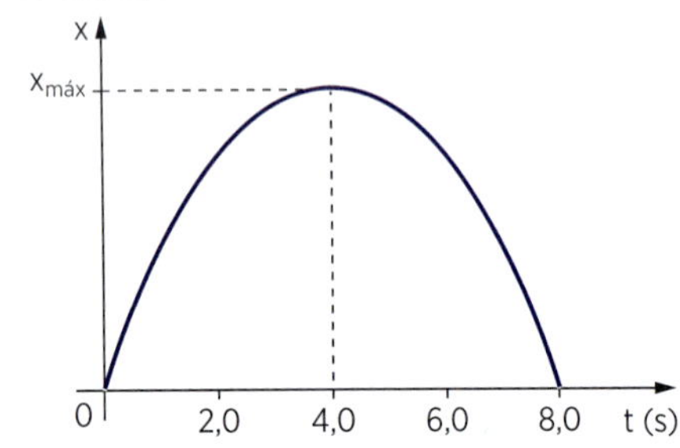

R15. (Vunesp-SP) Os movimentos de dois veículos, I e II, estão registrados no gráfico a seguir.

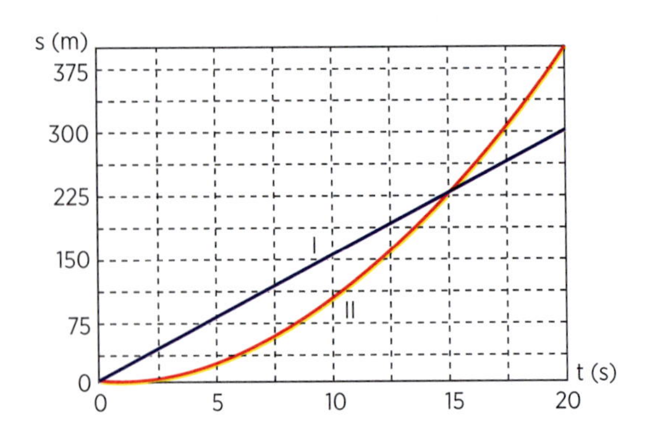

Sendo os movimentos retilíneos, a velocidade do veículo II no instante em que alcança I é:

a) 15 m/s
b) 20 m/s
c) 25 m/s
d) 30 m/s
e) 35 m/s

R16. (AFA-SP) Duas partículas, *a* e *b*, que se movimentam ao longo de um mesmo trecho retilíneo têm as suas posições (S) dadas em função do tempo (*t*) conforme o gráfico abaixo:

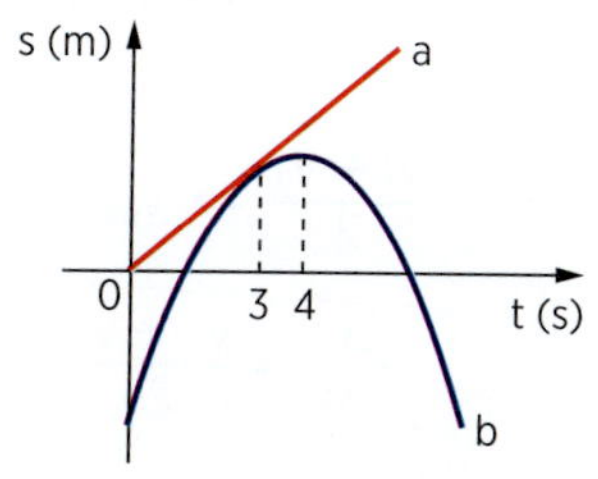

O arco de parábola que representa o movimento da partícula *b* e o segmento de reta que representa o movimento de *a* tangenciam-se em t = 3 s. Sendo a velocidade inicial da partícula *b* de 8 m/s. O espaço percorrido pela partícula *a* do instante t = 0 até o instante t = 4 s, em metros, vale:

a) 3 b) 4 c) 6 d) 8

R17. (E. Naval-RJ) Uma partícula possui velocidade igual a 2 m/s no instante t = 0 e percorre uma trajetória retilínea e horizontal. Sabe-se que a sua aceleração varia, em relação ao tempo, de acordo com o gráfico abaixo. Ao fim de 6 segundos, a distância percorrida pela partícula é de:

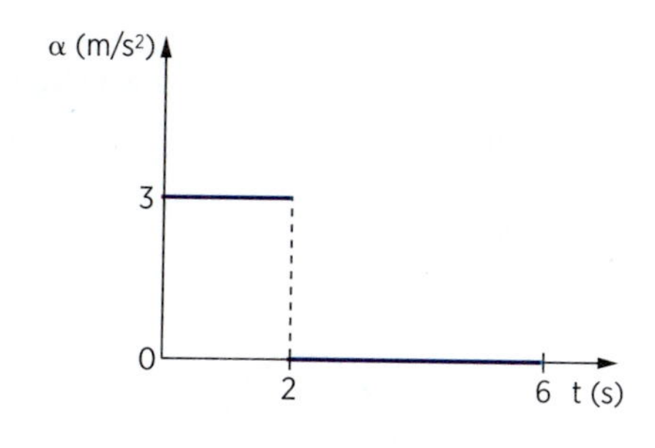

a) 10 m
b) 22 m
c) 32 m
d) 42 m
e) 50,6 m

Equação de Torricelli no MUV

Seja s_0 o espaço inicial e v_0 a velocidade escalar inicial de um móvel em MUV. Num instante posterior *t*, o espaço é *s* e a velocidade escalar é *v*.

A velocidade escalar *v* se relaciona com o tempo *t* pela fórmula:

$$v = v_0 + \alpha t \quad (1)$$

O espaço *s* se relaciona com o tempo *t* pela fórmula:

$$s = s_0 + v_0 t + \frac{\alpha t^2}{2} \quad (2)$$

Se tivermos o valor da velocidade escalar *v*, para obter o espaço *s*, podemos proceder do seguinte modo: determinamos o valor de *t* na fórmula (1) e substituímos na fórmula (2). Se fizermos isso *literalmente*, obteremos a denominada *equação de Torricelli* para o MUV, que relaciona as grandezas *v* e *s*.

De (1) temos: $t = \frac{v - v_0}{\alpha}$

Substituindo em (2), vem:

$$s = s_0 + v_0\left(\frac{v - v_0}{\alpha}\right) + \frac{\alpha}{2}\left(\frac{v^2 - 2vv_0 + v_0^2}{\alpha^2}\right)$$

$$s - s_0 = \frac{v_0 v - v_0^2}{\alpha} + \frac{v^2 - 2vv_0 + v_0^2}{2\alpha}$$

$$s - s_0 = \frac{2v_0 v - 2v_0^2 + v^2 - 2vv_0 + v_0^2}{2\alpha}$$

$$2\alpha(s - s_0) = v^2 - v_0^2$$

Assim, temos a equação de Torricelli:

$$v^2 = v_0^2 + 2\alpha(s - s_0)$$

onde $s - s_0 = \Delta s$ é a variação de espaço do móvel.

A velocidade média no MUV

Considere um móvel realizando um MUV. Sejam v_1 e v_2 suas velocidades escalares nos instantes t_1 e t_2 ($t_2 > t_1$).

A velocidade escalar média (v_m) entre os instantes t_1 e t_2 é a média aritmética entre as velocidades escalares nos instantes t_1 e t_2.

Portanto: $v_m = \frac{v_1 + v_2}{2}$

De fato, no gráfico da figura 16, temos:

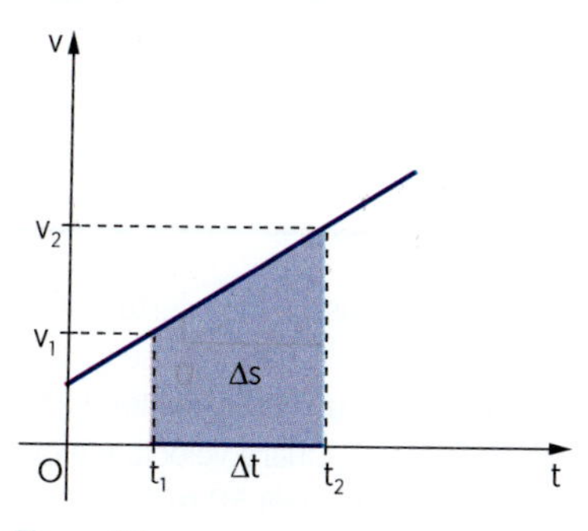

Figura 16

$\Delta s \stackrel{N}{=}$ área do trapézio

$$\Delta s = \frac{v_1 + v_2}{2} \cdot \Delta t$$

$$\frac{\Delta s}{\Delta t} = \frac{v_1 + v_2}{2} \quad \text{ou} \quad v_m = \frac{v_1 + v_2}{2}$$

Considere o seguinte gráfico s × t (fig.17) de um móvel em MUV.

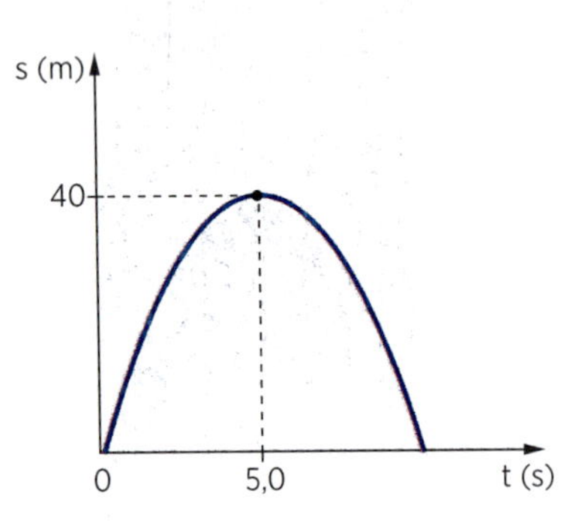

Figura 17

Vamos determinar a velocidade inicial v_0 e a aceleração escalar α.

No instante t = 0, a velocidade escalar é v_0, e no instante t = 5,0 s, é v = 0 (vértice da parábola). Assim, temos:

$$v_m = \frac{v_1 + v_2}{2} \Rightarrow v_m = \frac{v_0 + v}{2}$$

$$\frac{\Delta s}{\Delta t} = \frac{v_0 + v}{2}$$

$$\frac{40}{5{,}0} = \frac{v_0 + 0}{2}$$

$$\boxed{v_0 = 16 \text{ m/s}}$$

De $v = v_0 + \alpha \cdot t$, vem:

$$0 = 16 + \alpha \cdot 5{,}0$$

$$\boxed{\alpha = -3{,}2 \text{ m/s}^2}$$

Aplicação

A18. Um carro de corrida inicialmente em repouso é sujeito à aceleração constante de 5 m/s². Determine a distância percorrida pelo carro até atingir a velocidade de 10 m/s.

A19. Um veículo tem velocidade inicial de 4 m/s, variando uniformemente para 10 m/s após um percurso de 7 m. Determine a aceleração do veículo.

A20. Um automóvel viaja à velocidade de 72 km/h. À distância de 500 m seu motorista vê um obstáculo. Determine a aceleração que deve ser aplicada no carro para que este pare a tempo de não se chocar contra o obstáculo.

Luis Moura

A21. O gráfico do espaço em função do tempo para um móvel que realiza MUV é dado a seguir.

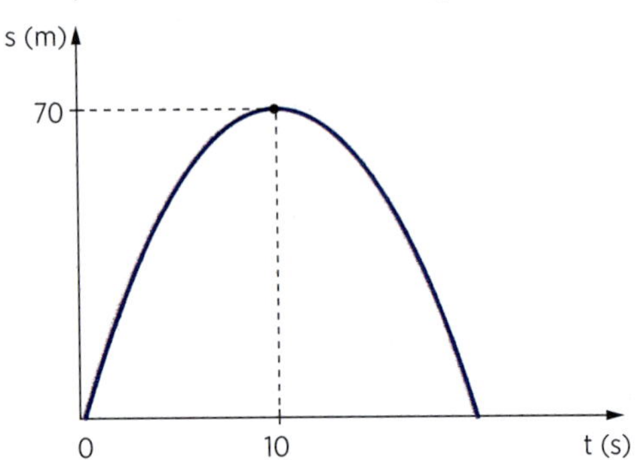

Determine a velocidade inicial v_0 e a aceleração escalar α.

A22. Um veículo de dimensões desprezíveis penetra num túnel com velocidade escalar 10 m/s, realizando um movimento uniformemente variado. Após 8,0 s, o veículo sai do túnel com velocidade escalar 15 m/s. Determine o comprimento do túnel.

Verificação

V18. Um automóvel possui, num certo instante, velocidade escalar de 10 m/s. A partir desse instante o motorista imprime ao veículo uma aceleração escalar constante de 3,0 m/s². Qual a velocidade que o automóvel adquire após percorrer 50 m?

V19. Um automóvel desloca-se com a velocidade de 20 m/s. A partir do instante t = 0, seu motorista freia até o carro parar. Admitindo que a aceleração tem módulo igual a 4 m/s² e é constante, determine a distância percorrida pelo carro desde o acionamento dos freios até sua parada.

V20. Um móvel em movimento uniformemente variado passa duas vezes pela mesma posição s = 60 m, com velocidade de módulo 10 m/s, em ambas as passagens. Sendo a aceleração constante e igual a -5 m/s^2 e sabendo que o móvel tem velocidade inicial 40 m/s, determine o espaço inicial do móvel.

V21. Um móvel realiza MUV cujo gráfico s × t é dado abaixo.

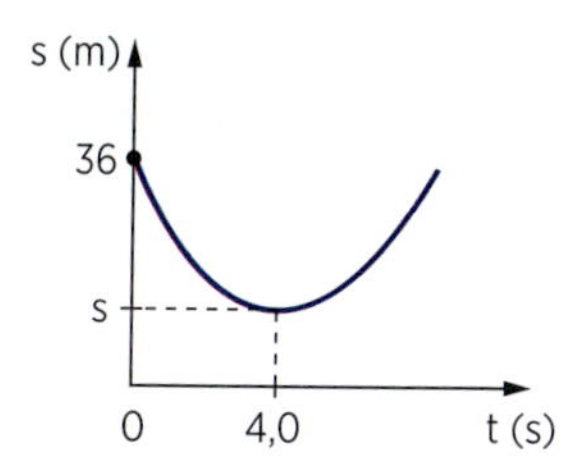

A velocidade escalar inicial é $v_0 = -8{,}0$ m/s. Determine o espaço do móvel no instante t = 4,0 s e a aceleração do movimento.

V22. Um trem de 100 m de comprimento atravessa um túnel de 200 m de comprimento em movimento uniformemente variado. O trem entra no túnel com velocidade escalar 14 m/s e sai completamente dele com velocidade escalar 26 m/s. Quanto tempo demora a travessia?

Alberto De Stefano

Revisão

R18. (U. F. Pelotas-RS) Um automóvel parte de um posto de gasolina e percorre 400 m sobre uma estrada retilínea, com aceleração escalar constante de 0,50 m/s^2. Em seguida, o motorista começa a frear, pois ele sabe que, 500 m adiante do posto, existe um grande buraco na pista. Sabendo que o motorista, durante a freada do carro, tem aceleração escalar constante de $-2{,}0$ m/s^2, podemos afirmar que o carro:

a) para 10 m antes de atingir o buraco;
b) chega ao buraco com velocidade escalar de 10 m/s;
c) para 20 m antes de atingir o buraco;
d) chega ao buraco com velocidade escalar de 5,0 m/s^2;
e) para exatamente ao chegar ao buraco.

R19. (UF-PE) Um trem de 200 m está em repouso em uma estação. A extremidade dianteira do trem coincide com o poste de sinalização luminosa. No instante t = 0, o trem parte com aceleração constante de 25,0 m/min^2. Qual a velocidade do trem, em km/h, quando a sua extremidade traseira estiver cruzando o sinal luminoso?

R20. (Unicamp-SP) Uma possível solução para a crise do tráfego aéreo no Brasil envolve o emprego de um sistema de trens de alta velocidade conectando grandes cidades. Há um projeto de uma ferrovia de 400 km de extensão que interligará as cidades de São Paulo e Rio de Janeiro por trens que podem atingir até 300 km/h.

a) Para ser competitiva com o transporte aéreo, estima-se que a viagem de trem entre essas duas cidades deva durar, no máximo, 1 hora e 40 minutos. Qual é a velocidade média de um trem que faz o percurso de 400 km nesse tempo?

b) Considere um trem viajando em linha reta com velocidade constante. A uma distância de 30 km do final do percurso, o trem inicia uma desaceleração uniforme de 0,06 m/s^2, para chegar com velocidade nula a seu destino. Calcule a velocidade do trem no início da desaceleração.

R21. (FGV-SP) O engavetamento é um tipo comum de acidente que ocorre quando motoristas deliberadamente mantêm uma curta distância em relação ao carro à sua frente, e este último repentinamente diminui sua velocidade. Em um trecho retilíneo de uma estrada, um automóvel e um caminhão, que o segue, trafegam no mesmo sentido e na mesma faixa de trânsito, desenvolvendo, ambos, velocidade de 108 km/h. Num dado momento, os motoristas veem um cavalo entrando na pista. Assustados, pisam simultaneamente no freio de seu veículo aplicando, respectivamente, acelerações de intensidades 3 m/s^2 e 2 m/s^2. Supondo desacelerações constantes, a distância inicial mínima de separação entre o para-choque do carro (traseiro) e o do caminhão (dianteiro), suficiente para que os veículos parem, sem que ocorra uma colisão, é, em m:

a) 50
b) 75
c) 100
d) 125
e) 150

R22. (Vunesp-SP) Um veículo está rodando à velocidade de 36 km/h numa estrada reta e horizontal, quando o motorista aciona o freio. Supondo que a velocidade do veículo se reduz uniformemente à razão de 4 m/s, em cada segundo, a partir do momento em que o freio foi acionado, determine:

a) o tempo decorrido entre o instante do acionamento do freio e o instante em que o veículo para;
b) a distância percorrida pelo veículo nesse intervalo de tempo.

Grandezas vetoriais nos movimentos

Direção e sentido

Consideremos as retas paralelas *a*, *b*, *c* e *d*, como indicado na figura 1. O que elas possuem em comum é a *direção*.

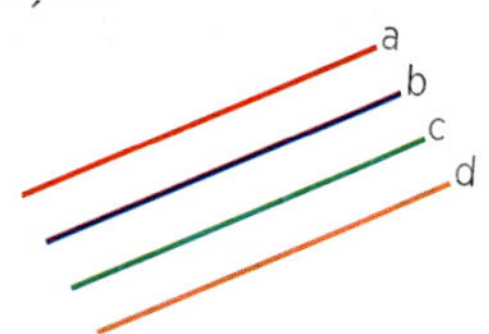

Figura 1. Retas paralelas possuem a mesma direção.

A direção pode ser caracterizada pelo ângulo que uma das retas do conjunto forma com outra, adotada como referência. Na figura 2, a direção *a* é definida pelo ângulo θ, que ela forma com a reta de referência *r*.

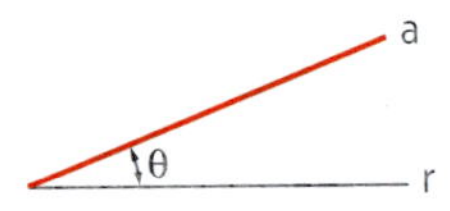

Figura 2. O ângulo θ caracteriza a direção *a*.

Numa mesma direção, podemos individualizar dois *sentidos* possíveis (fig. 3). Por exemplo, numa direção vertical podemos ter os sentidos: de cima para baixo e de baixo para cima. Os pontos cardeais (norte, sul, leste, oeste) constituem uma forma de caracterizar o sentido numa direção. Assim, na direção norte-sul podemos ter dois sentidos: de norte para sul e de sul para norte.

Figura 3

Grandezas escalares e grandezas vetoriais

Existem grandezas que ficam perfeitamente caracterizadas quando delas se conhece o valor numérico e a correspondente unidade.

Por exemplo, nada a acrescentar quando se diz que o volume de certo corpo é V = 20 litros. Ou que a massa de uma pessoa é m = 80 kg. Tais grandezas são ditas *grandezas escalares*. Além do volume e da massa, são grandezas escalares: tempo, densidade, energia, etc.

No entanto, há grandezas que, para sua perfeita caracterização, exigem que se determine sua *direção* e seu *sentido*, além do *módulo*, que corresponde ao valor numérico acompanhado da unidade. Grandezas desse tipo são denominadas *grandezas vetoriais*. São exemplos de grandezas vetoriais: a força, a velocidade, a aceleração, a quantidade de movimento, o impulso, etc.

Por exemplo, se puxarmos um corpo por um fio, sobre este estará agindo uma *força*. Para termos uma ideia exata do que vai acontecer a esse corpo, temos que conhecer não só o módulo da força, mas também a direção (vertical, horizontal ou outra qualquer) e o sentido (da esquerda para a direita, da direita para a esquerda, de cima para baixo, etc.). A figura 4 mostra algumas situações de aplicação de força.

Figura 4

Vetor

A fim de que as operações envolvendo grandezas vetoriais se tornem mais simples, utilizamos a entidade matemática denominada *vetor*.

O vetor caracteriza-se por possuir *módulo*, *direção* e *sentido*. Graficamente, o vetor é representado por um segmento de reta orientado, indicado por uma letra sobre a qual colocamos uma seta (fig. 5).

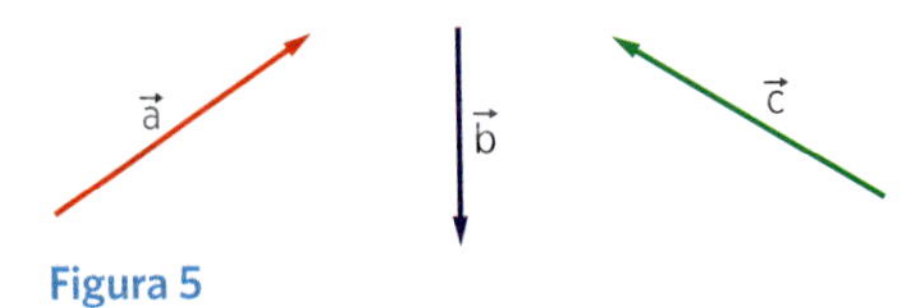

Figura 5

O *módulo* do vetor é indicado da seguinte forma: $|\vec{a}|$ ou a; $|\vec{b}|$ ou b; $|\vec{c}|$ ou c. Por exemplo, se uma força tiver módulo igual a 10 newtons (N), escrevemos:

$|\vec{F}| = 10$ N ou $F = 10$ N

Na representação gráfica, o comprimento do segmento orientado numa certa escala corresponde ao módulo do vetor.

Vetores iguais, opostos e diferentes

Vetores iguais são aqueles que possuem a mesma direção, o mesmo sentido e o mesmo módulo. Os vetores $\vec{a}$, $\vec{b}$ e $\vec{c}$ da figura 6 são vetores iguais: $\vec{a} = \vec{b} = \vec{c}$.

Dizemos que dois vetores são *vetores opostos* quando eles apresentam a mesma direção e o mesmo módulo, mas os sentidos são contrários. Na figura 7, os vetores $\vec{x}$ e $\vec{y}$ são vetores opostos. Indicamos: $\vec{x} = -\vec{y}$.

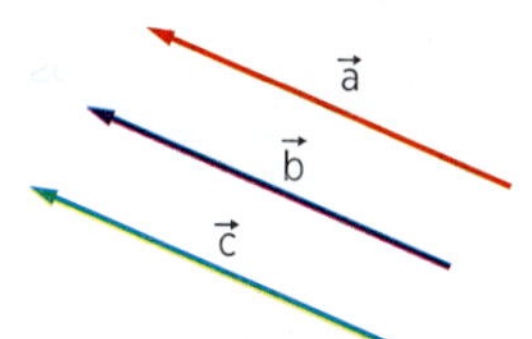

Figura 6. Vetores iguais.

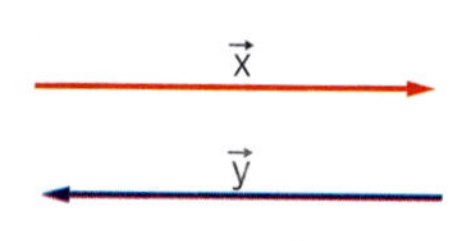

Figura 7. Vetores opostos.

Como vimos, um vetor possui três elementos característicos: módulo, direção e sentido. Se pelo menos um desses elementos diferir entre dois vetores, estes serão ditos *vetores diferentes*. Analise os vetores da figura 8:

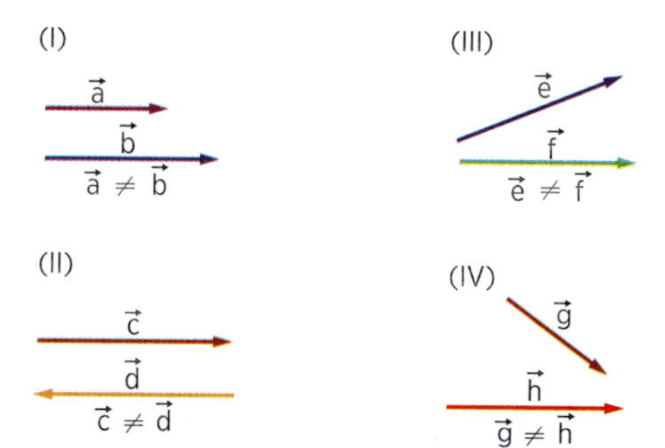

Figura 8. Vetores diferentes.

I. $\vec{a} \neq \vec{b}$ porque os *módulos* são diferentes (a direção e o sentido coincidem).

II. $\vec{c} \neq \vec{d}$ porque os *sentidos* são contrários (a direção e o módulo são iguais).

III. $\vec{e} \neq \vec{f}$, pois as *direções* são diferentes (o módulo é igual).

IV. $\vec{g} \neq \vec{h}$ porque as *direções*, os *módulos* e os *sentidos* são diferentes.

Adição de vetores: regra do polígono

Consideremos que sejam dados os dois vetores representados pelos segmentos orientados $\vec{a}$ e $\vec{b}$, como indicado na figura 9a. Para adicionar vetorialmente $\vec{a}$ e $\vec{b}$, podemos utilizar dois processos, que recebem os nomes de regra do polígono e regra do paralelogramo.

Para utilizar a *regra do polígono*, procedemos do seguinte modo:

- transportamos $\vec{a}$ e $\vec{b}$ de modo que a origem de um coincida com a extremidade do outro, sem modificar seus módulos, direções e sentidos (fig. 9b);
- ligamos a origem de $\vec{a}$ com a extremidade de $\vec{b}$. O vetor $\vec{s}$, assim obtido, é o vetor soma de $\vec{a}$ e $\vec{b}$ (fig. 9c).

$$\vec{s} = \vec{a} + \vec{b}$$

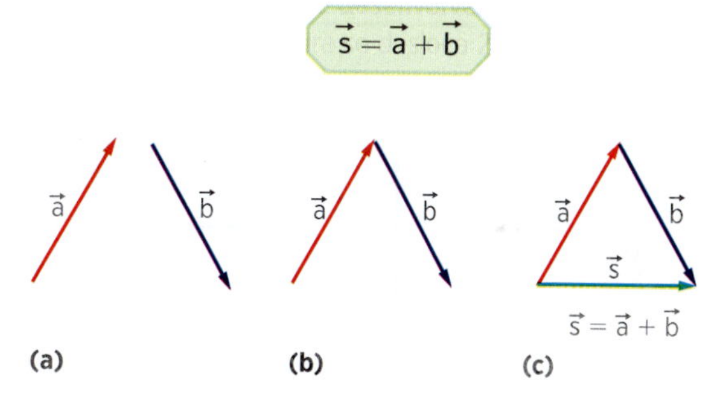

Figura 9

Quando tivermos mais de dois vetores sendo adicionados, a regra do polígono é aplicada colocando-se os vetores consecutivamente, isto é, a extremidade do primeiro coincidindo com a origem do segundo, a extremidade do segundo coincidindo com a origem do terceiro, e assim por diante. O vetor soma $\vec{s}$ é obtido ligando-se a origem do primeiro com a extremidade do último (fig. 10).

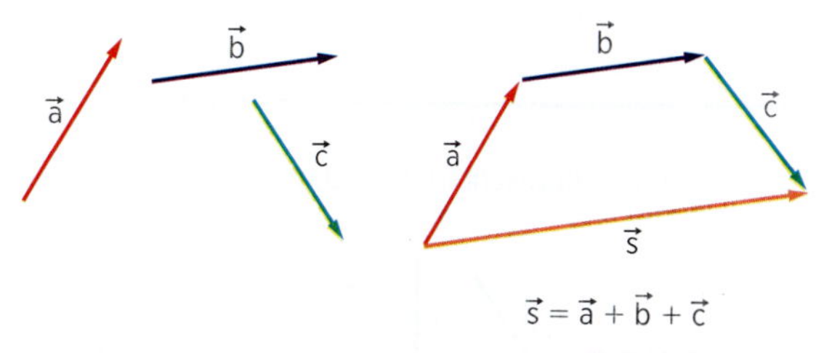

Figura 10

Propriedade comutativa da adição de vetores

Quando adicionamos vetores, a soma não depende da ordem de adição, ou seja:

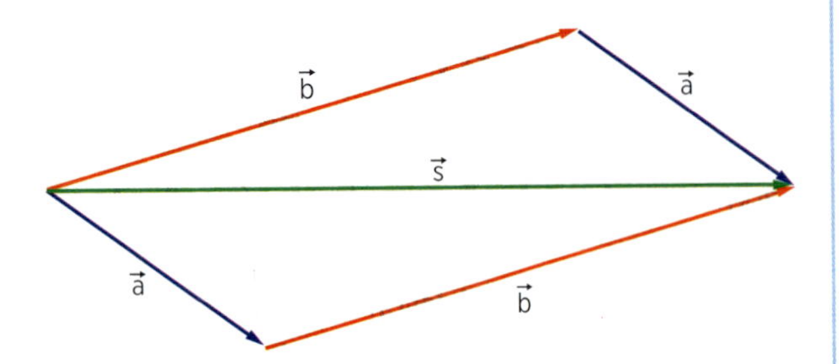

Figura 11

$$\vec{a} + \vec{b} = \vec{s} \quad \text{e} \quad \vec{b} + \vec{a} = \vec{s}$$

Portanto: $\vec{a} + \vec{b} = \vec{b} + \vec{a}$

Propriedade associativa da adição de vetores

Quando efetuamos a adição de três ou mais vetores, esta soma independe da ordem em que eles são agrupados.

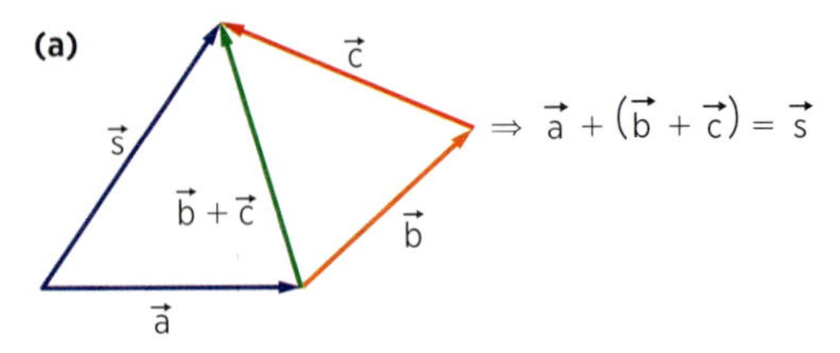

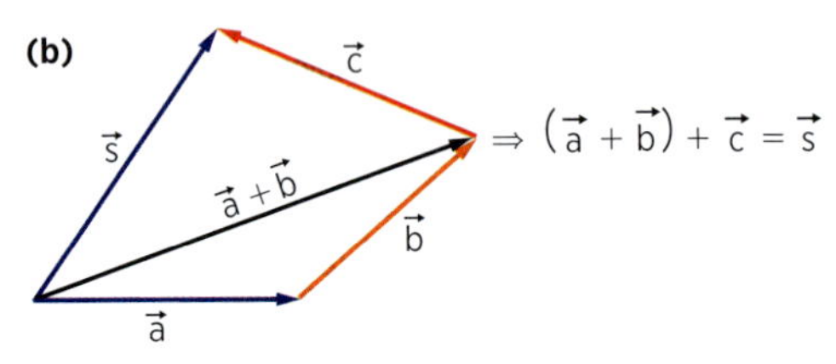

Figura 12

Assim: $\vec{a} + (\vec{b} + \vec{c}) = (\vec{a} + \vec{b}) + \vec{c}$

Aplicação

A1. Abaixo estão representados quatro vetores, $\vec{a}$, $\vec{b}$, $\vec{c}$ e $\vec{d}$.

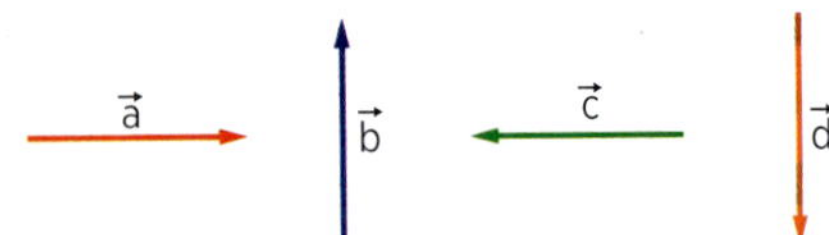

Assinale a expressão verdadeira:

a) $\vec{a} = \vec{c}$
b) $\vec{a} = \vec{b} = \vec{c} = \vec{d}$
c) $\vec{b} = \vec{c}$
d) $\vec{b} = \vec{d}$
e) $\vec{c} \neq \vec{a}$

A2. A figura abaixo mostra três vetores, $\vec{x}$, $\vec{y}$ e $\vec{z}$.

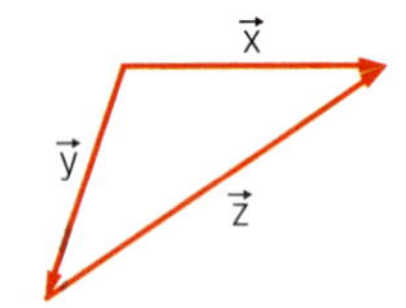

Assinale a relação vetorial correta:

a) $\vec{x} + \vec{y} = \vec{z}$
b) $\vec{y} + \vec{z} = \vec{x}$
c) $\vec{x} + \vec{z} = \vec{y}$
d) $|\vec{y}| + |\vec{z}| = |\vec{x}|$
e) $|\vec{y}|^2 + |\vec{z}|^2 = |\vec{x}|^2$

A3. Dados os vetores $\vec{a}$ e $\vec{b}$, indicados na figura, efetue graficamente sua adição, utilizando a regra do polígono.

A4. Assinale a fórmula vetorial correta existente entre os vetores apresentados:

a) $\vec{z} + \vec{u} = \vec{v}$
b) $\vec{v} + \vec{u} = \vec{z}$
c) $\vec{z} + \vec{v} = \vec{u}$
d) $|\vec{z}| + |\vec{u}| = |\vec{v}|$
e) $|\vec{u}|^2 + |\vec{z}|^2 = |\vec{v}|^2$

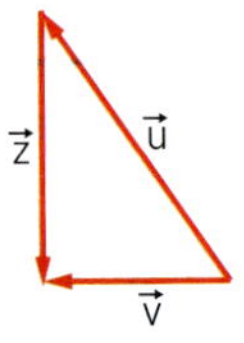

Verificação

V1. Abaixo, são representados diversos vetores de mesmo módulo.

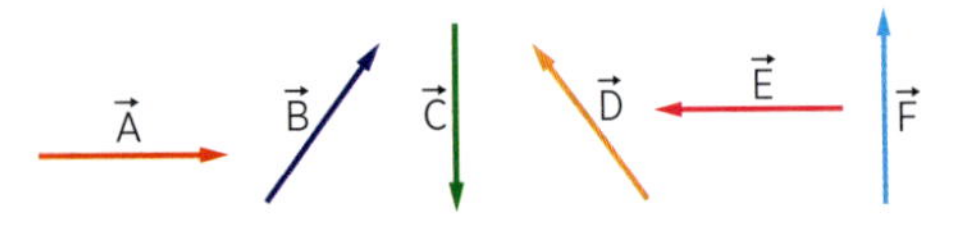

É correto escrever:

a) $\vec{A} = \vec{E}$
b) $\vec{B} = \vec{D}$
c) $\vec{C} = \vec{F}$
d) $\vec{A} = \vec{B} = \vec{C} = \vec{D} = \vec{E} = \vec{F}$
e) $\vec{A} \neq \vec{B} \neq \vec{C} \neq \vec{D} \neq \vec{E} \neq \vec{F}$

V2. No gráfico estão representados três vetores, $\vec{A}$, $\vec{B}$ e $\vec{C}$. Indique, entre as expressões seguintes, qual a correta:

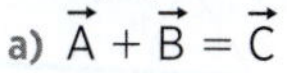

a) $\vec{A} + \vec{B} = \vec{C}$

b) $\vec{A} + \vec{C} = \vec{B}$

c) $|\vec{C}|^2 = |\vec{A}|^2 + |\vec{B}|^2$

d) $\vec{A} + \vec{B} \neq \vec{C}$

e) $\vec{B} + \vec{C} = \vec{A}$

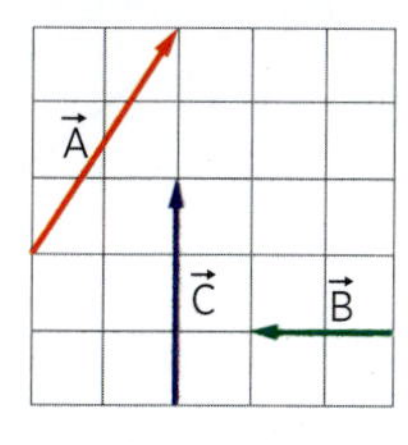

V3. Efetue graficamente a adição dos vetores indicados a seguir, utilizando a regra do polígono.

a)

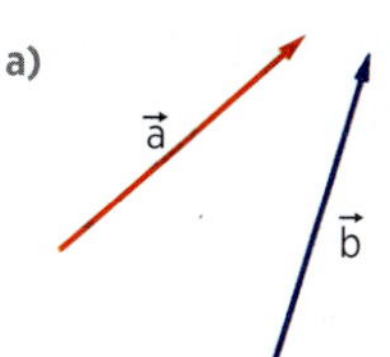

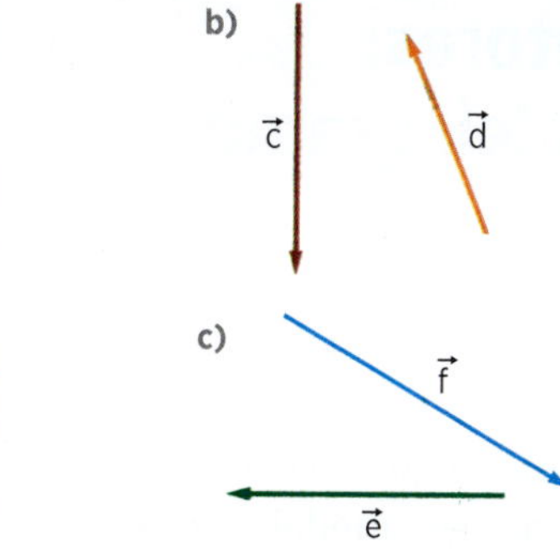

V4. Qual a relação vetorial entre os vetores representados abaixo?

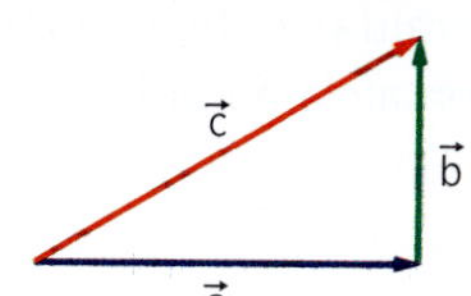

Revisão

R1. (U. E. Ponta Grossa-PR) Quando dizemos que a velocidade de uma bola é de 20 m/s, horizontal e para a direita, estamos definindo a velocidade como uma grandeza:

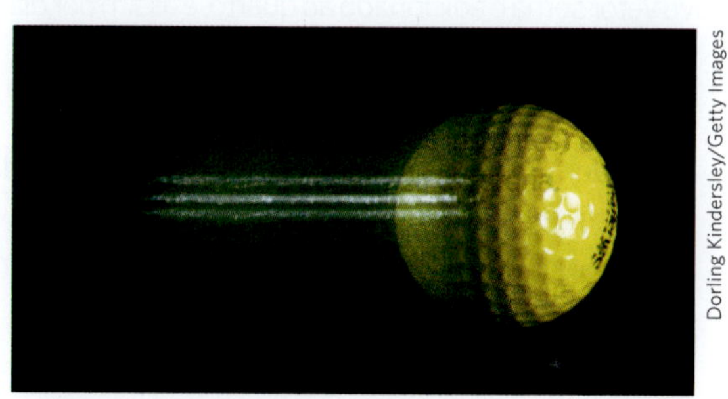

Dorling Kindersley/Getty Images

a) escalar.
b) algébrica.
c) linear.
d) vetorial.
e) nenhuma das alternativas anteriores.

R2. (UC-MG) Para o diagrama vetorial abaixo, a única igualdade correta é:

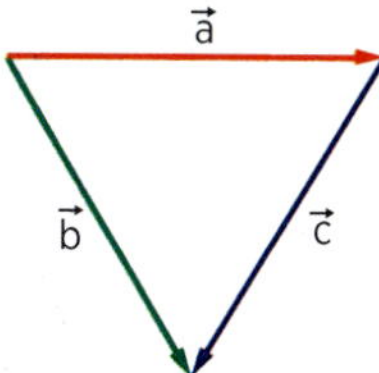

a) $\vec{a} + \vec{b} = \vec{c}$

b) $\vec{a} + \vec{c} = \vec{b}$

c) $\vec{b} + \vec{c} = \vec{a}$

d) $|\vec{a}| + |\vec{c}| = |\vec{b}|$

e) $|\vec{a}|^2 + |\vec{c}|^2 = |\vec{b}|^2$

R3. (UF-RN) Considere que uma tartaruga marinha esteja se deslocando diretamente do Atol das Rocas para o Cabo de São Roque e que, entre esses dois pontos, exista uma corrente oceânica dirigida para Noroeste. Na figura a seguir, $\vec{V}_R$ e $\vec{V}_C$ são vetores de módulos iguais que representam, respectivamente, a velocidade resultante e a velocidade da corrente oceânica em relação à Terra.

Studio Caparroz

Fonte: Atlas geográfico escolar. Rio de Janeiro: IBGE, 2007.

Dentre os vetores a seguir, aquele que melhor representa a velocidade $\vec{V}_T$ com que a tartaruga deve nadar, de modo que a resultante dessa velocidade com $\vec{V}_C$ seja $\vec{V}_R$, é:

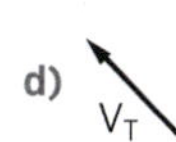

R4. (UF-BA) Na figura estão desenhados dois vetores, $\vec{x}$ e $\vec{y}$. Esses vetores representam deslocamentos sucessivos de um corpo. Qual é o módulo do vetor $\vec{x} + \vec{y}$?

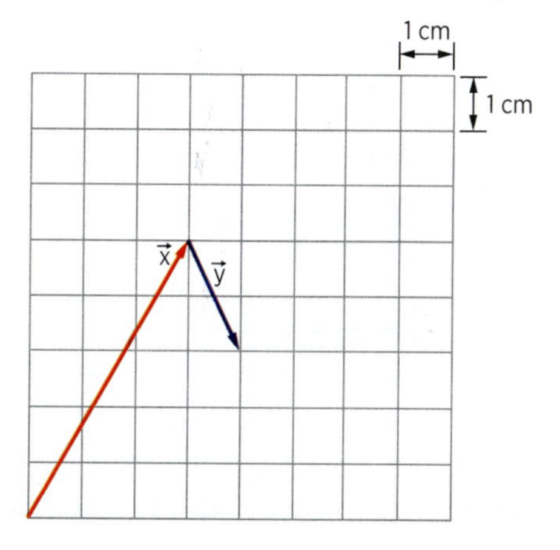

Adição de vetores: regra do paralelogramo

Consideremos dois vetores, $\vec{a}$ e $\vec{b}$, representados na figura 13, que devem ser adicionados.

A sequência para a utilização da *regra do paralelogramo* é a seguinte:

- transportamos $\vec{a}$ e $\vec{b}$ de modo que suas origens coincidam, sem modificar seus módulos, direções e sentidos;
- pela extremidade de cada vetor traçamos uma reta paralela ao outro, obtendo um paralelogramo. O vetor soma $\vec{s}$ corresponde à diagonal desse paralelogramo, com origem na origem comum de $\vec{a}$ e $\vec{b}$.

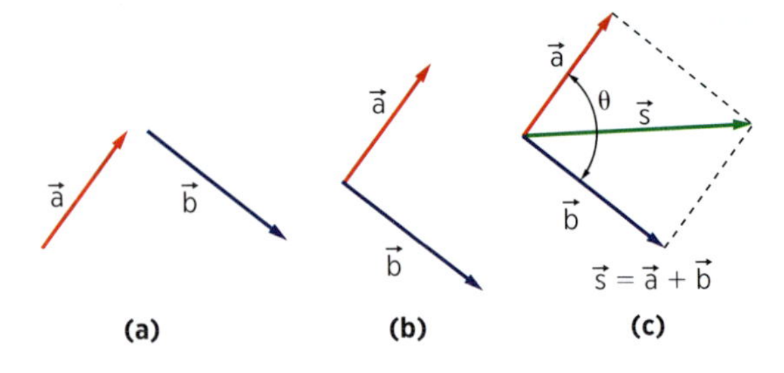

Figura 13

Nessa regra, sendo θ o ângulo formado entre as direções de $\vec{a}$ e $\vec{b}$, o módulo do vetor soma $\vec{s}$ é dado por:

$$|\vec{s}|^2 = |\vec{a}|^2 + |\vec{b}|^2 + 2|\vec{a}||\vec{b}| \cos \theta$$

OBSERVE

- As regras apresentadas para a adição de vetores podem ser utilizadas na adição de quaisquer grandezas vetoriais, como forças, quantidades de movimento, etc.
- Para aplicar a regra do paralelogramo na adição de mais de dois vetores, devemos adicioná-los dois a dois. Assim, o vetor soma dos dois primeiros é adicionado ao terceiro; o novo vetor soma é adicionado ao quarto, e assim por diante.

Casos particulares de adição vetorial

- *Vetores de mesma direção e sentido*

$$\vec{s} = \vec{a} + \vec{b}$$

$$|\vec{s}| = |\vec{a}| + |\vec{b}|$$

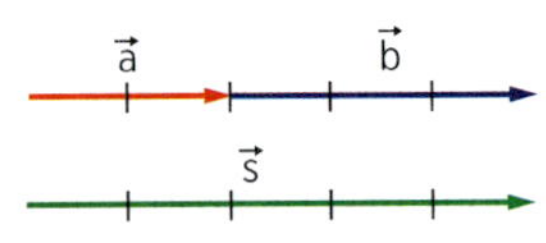

Figura 14

O *vetor soma* $\vec{s}$ apresenta a mesma direção e o mesmo sentido dos vetores parcelas e seu módulo é igual à soma dos módulos.

- *Vetores de mesma direção e sentidos opostos*

$$\vec{s} = \vec{a} + \vec{b}$$

$$|\vec{s}| = |\vec{b}| - |\vec{a}|$$

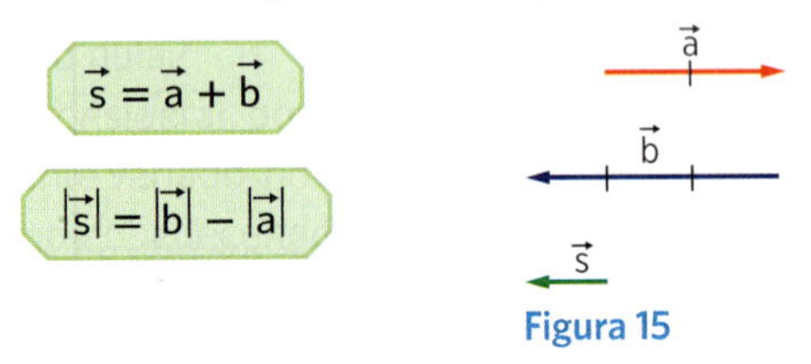

Figura 15

O *vetor soma* $\vec{s}$ apresenta a mesma direção dos vetores parcelas e o sentido do vetor de maior módulo. O módulo do vetor soma é dado pela diferença dos módulos.

Para o caso em que $|\vec{a}| = |\vec{b}|$, o vetor soma será o vetor nulo, ou seja, $\vec{s} = \vec{0}$.

- *Vetores de direções ortogonais*

Neste caso, quando posicionamos os vetores $\vec{a}$ e $\vec{b}$ para somá-los, eles formam entre si um ângulo de 90°.

$$\vec{s} = \vec{a} + \vec{b}$$

$$|\vec{s}|^2 = |\vec{a}|^2 + |\vec{b}|^2$$

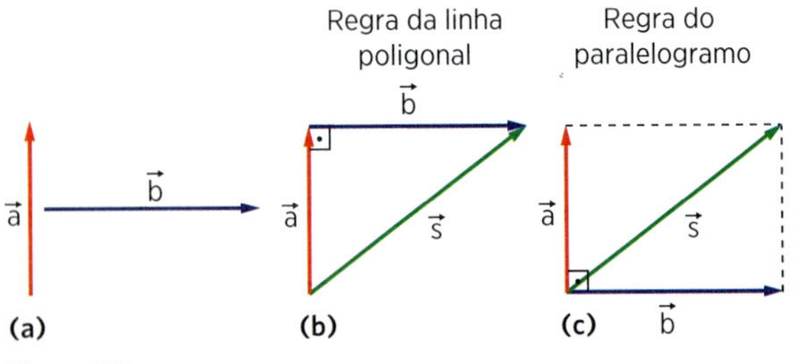

Figura 16

A direção e o sentido do vetor soma $\vec{s}$ são dados pela regra do polígono (ou do paralelogramo). O módulo é calculado pela aplicação do Teorema de Pitágoras ao triângulo da figura.

A5. São dados dois vetores, $\vec{A}$ e $\vec{B}$:

Qual alternativa representa corretamente os vetores dados e o vetor soma $\vec{C}$?

a)
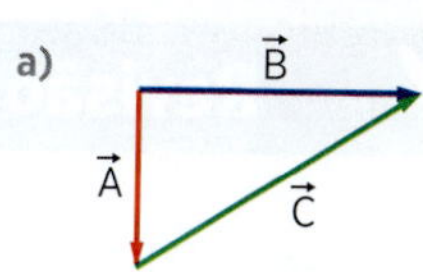

d)
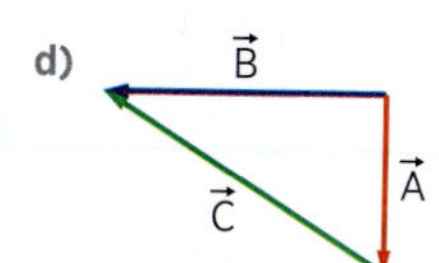

b)
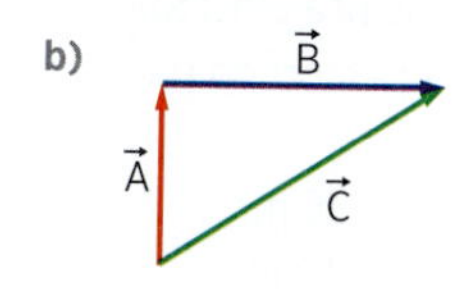

e)
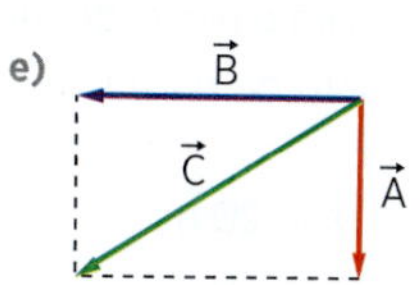

c)
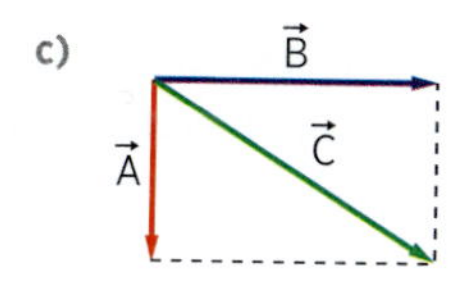

A6. Escreva a relação vetorial correta para as situações seguintes:

I.
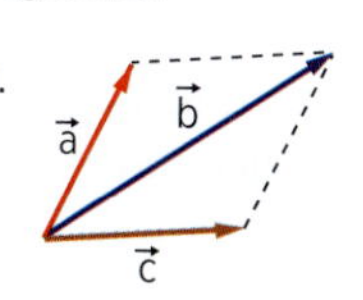

III.
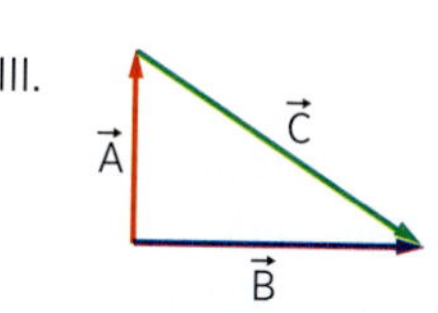

II.
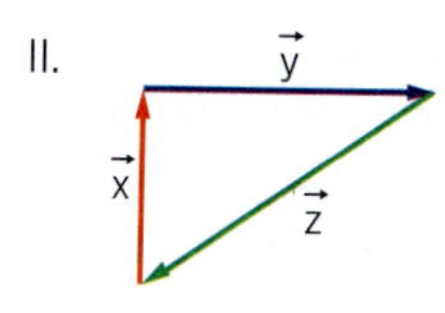

A7. Determine o vetor soma graficamente nos casos seguintes e calcule o seu módulo:

a)
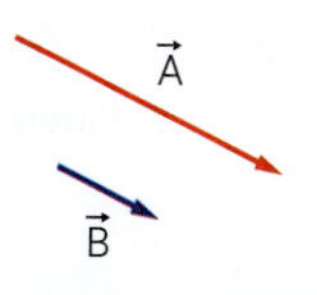

$|\vec{A}| = 6$ unidades

$|\vec{B}| = 2$ unidades

c)
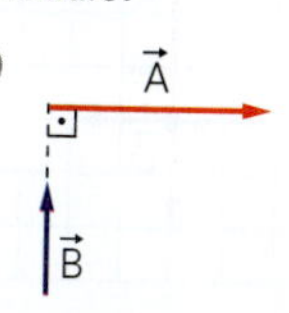

$|\vec{A}| = 4$ unidades

$|\vec{B}| = 3$ unidades

b)
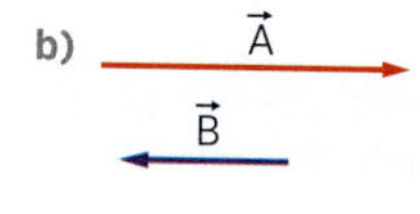

$|\vec{A}| = 8$ unidades

$|\vec{B}| = 4$ unidades

d)
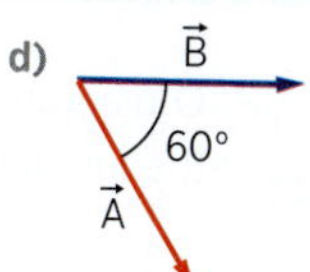

$|\vec{A}| = |\vec{B}| = 3$ unidades

$\cos 60° = \frac{1}{2}$

A8. Determine o módulo do vetor soma dos quatro vetores representados abaixo.

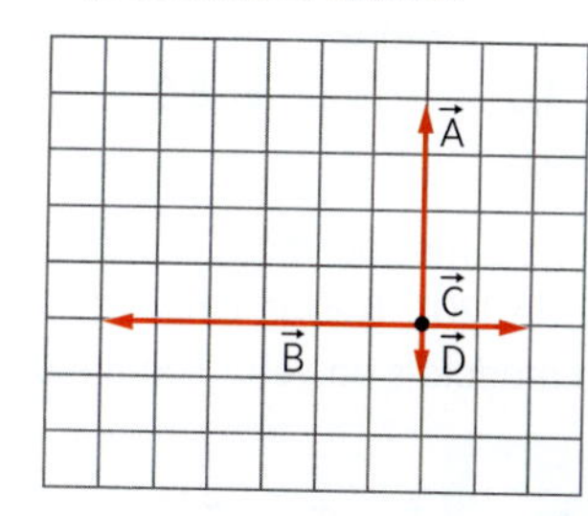

$|\vec{A}| = 4$ unidades
$|\vec{B}| = 6$ unidades
$|\vec{C}| = 2$ unidades
$|\vec{D}| = 1$ unidade

A9. Um móvel desloca-se 300 metros para o norte e, a seguir, 400 metros para o leste. Determine o módulo do deslocamento resultante (soma vetorial dos deslocamentos parciais).

Verificação

V5. São dados os dois vetores, abaixo.

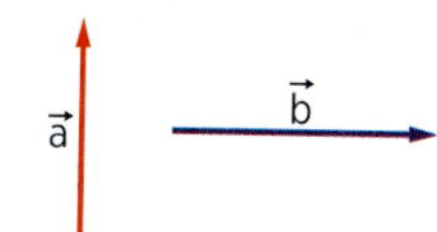

Determine graficamente, aplicando a regra do paralelogramo, o vetor soma $\vec{s} = \vec{a} + \vec{b}$.

V6. Pela regra do paralelogramo, determine graficamente o vetor soma dos vetores $\vec{a}$ e $\vec{b}$ representados abaixo.

V7. Determine graficamente o vetor soma nos casos seguintes, bem como seu módulo:

a)
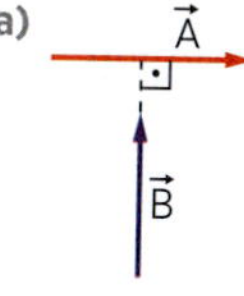

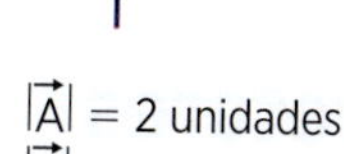

$|\vec{A}| = 2$ unidades
$|\vec{B}| = 1{,}5$ unidade

b)
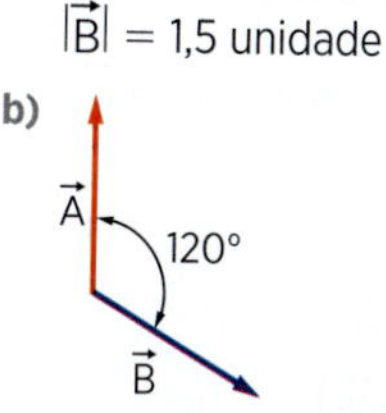

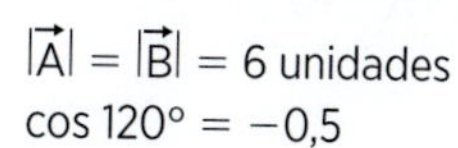

$|\vec{A}| = |\vec{B}| = 6$ unidades
$\cos 120° = -0{,}5$

c)

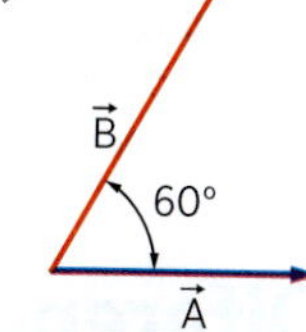

$|\vec{A}| = 6$ unidades
$|\vec{B}| = 8$ unidades
$\cos 60° = 0{,}5$

V8. Determine o módulo do vetor soma dos vetores representados abaixo.

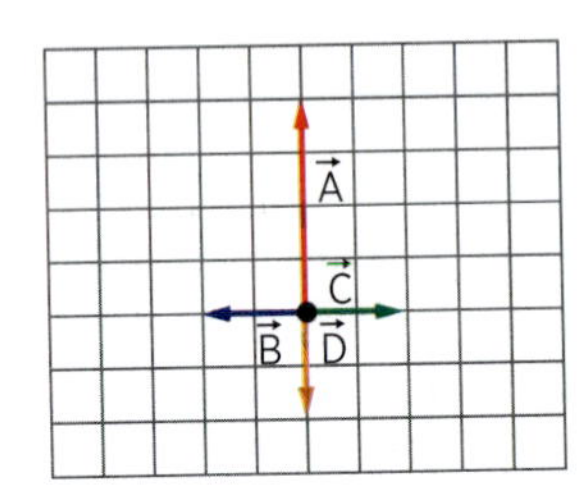

$|\vec{A}| = 4$ unidades

$|\vec{B}| = |\vec{C}| = |\vec{D}| =$
$= 2$ unidades

V9. Um jogador desloca-se 5 metros para o sul e, a seguir, 12 metros para o leste. Determine o módulo do deslocamento resultante.

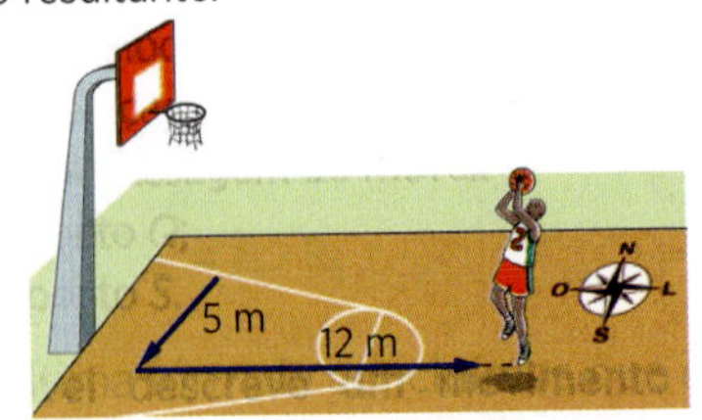

Alberto De Stefano

R5. (Vunesp-SP) O diagrama vetorial mostra, em escala, duas forças atuando num objeto de massa *m*.

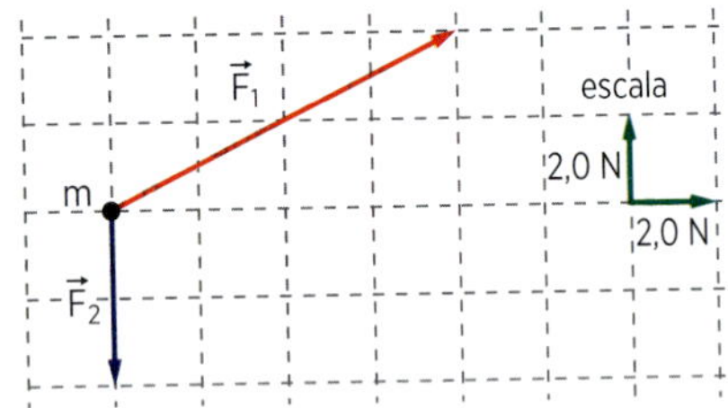

O módulo da resultante dessas forças que estão atuando no objeto é, em newtons:

a) 2,0
b) 10
c) 4,0
d) 6,0
e) 8,0

R6. (UE-PI) Dois vetores de mesmo módulo *v* formam entre si um ângulo de 120°. Nestas circunstâncias, pode-se dizer que o módulo *s* do vetor soma é dado por:

a) $s = 3v^2$
b) $s = \sqrt{v}$
c) $s = 2v$
d) $s = (2 - \sqrt{3})v$
e) $s = v$

Dados: sen 120° $= \sqrt{\frac{3}{2}}$, cos 120° $= -0{,}5$.

R7. (UE-CE) Aline anda 40 m para o leste e certa distância *X* para o norte, de tal forma que fica afastada 50 m do ponto de partida. A distância percorrida para o norte foi:

a) X = 20 m
b) X = 30 m
c) X = 35 m
d) X = 40 m

R8. (UE-CE) A soma de dois vetores cujos módulos são 12 e 18 tem certamente o módulo compreendido entre:

a) 29 e 31
b) 12 e 18
c) 6 e 18
d) 6 e 30
e) 12 e 30

R9. (PUC-MG) Uma partícula é submetida à ação de duas forças constantes, uma de intensidade 60 N e a outra de intensidade 80 N. A respeito do módulo da força resultante sobre essa partícula, pode-se afirmar que será:

a) de 140 N necessariamente.
b) de 20 N em qualquer situação.
c) de 100 N se as forças forem perpendiculares entre si.
d) obrigatoriamente diferente de 80 N.

APROFUNDANDO

Dois vetores têm módulo 10 e 15. Qual o módulo máximo do vetor soma desses vetores? E o mínimo?

Diferença de vetores

Chama-se *diferença dos vetores* $\vec{v}_2$ e $\vec{v}_1$, nessa ordem, o vetor:

$$\vec{d} = \vec{v}_2 - \vec{v}_1$$
$$\vec{d} = \vec{v}_2 + (-\vec{v}_1)$$

Portanto, para subtrair $\vec{v}_1$ de $\vec{v}_2$ deve-se adicionar $\vec{v}_2$ com $-\vec{v}_1$ (fig. 17). O vetor $-\vec{v}_1$ tem o mesmo módulo, a mesma direção e sentido oposto ao de $\vec{v}_1$, sendo denominado *vetor oposto* de $\vec{v}_1$.

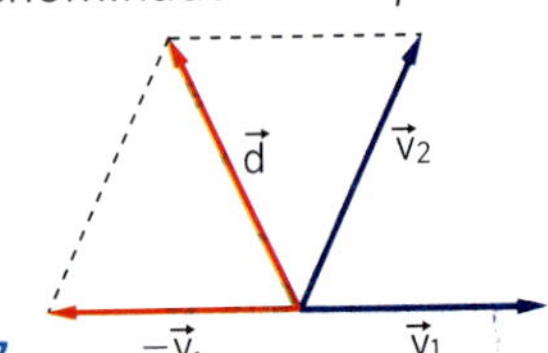

Figura 17

Produto de um número real por um vetor

Produto de um número real *n* por um vetor $\vec{v}$ é o vetor $\vec{u} = n\vec{v}$, que tem as seguintes características:

- *módulo de* $\vec{u}$: $|\vec{u}| = |n| \cdot |\vec{v}|$;
- *direção de* $\vec{u}$: é a mesma de $\vec{v}$, se $n \neq 0$;
- *sentido de* $\vec{u}$: é o mesmo de $\vec{v}$, se $n > 0$, e oposto ao de $\vec{v}$, se $n < 0$.

Se $n = 0$, o vetor $\vec{u}$ recebe o nome de *vetor nulo* e é indicado por $\vec{0}$. O vetor nulo tem módulo igual a zero, direção e sentido indeterminados.

Se $n = -1$, obtemos o vetor oposto de $\vec{v}$.

$$\vec{u} = (-1) \cdot \vec{v}, \text{ isto é, } \vec{u} = -\vec{v}$$

O vetor $-\vec{v}$ tem o mesmo módulo, a mesma direção e sentido oposto ao de $\vec{v}$.

Na figura 18, o vetor $\vec{v}$ tem módulo igual a 2, direção horizontal e sentido da esquerda para a direita. Observe nesta figura os segmentos orientados que representam os vetores $2\vec{v}$, $-3\vec{v}$ e $-\vec{v}$.

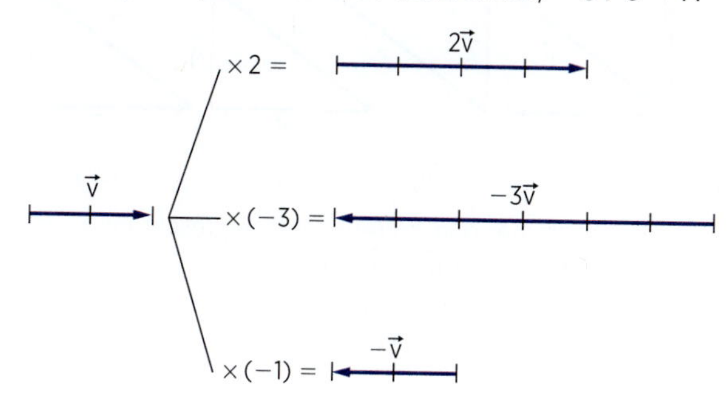

Figura 18

Aplicação

A10. Represente graficamente o vetor $\vec{d} = \vec{v}_2 - \vec{v}_1$ nos casos seguintes:

a) 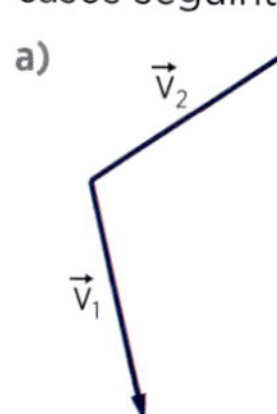

b) 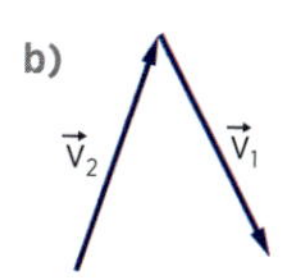

c) 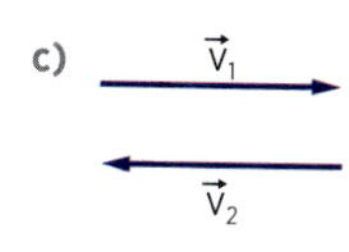

A11. São dados os vetores $\vec{v}_1$ e $\vec{v}_2$ de módulos, respectivamente, 6 unidades e 8 unidades. Represente os vetores $\vec{s} = \vec{v}_1 + \vec{v}_2$ e $\vec{d} = \vec{v}_2 - \vec{v}_1$ e calcule seus módulos.

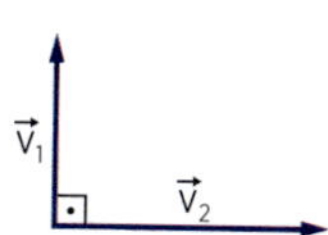

A12. É dado o vetor $\vec{v}$ de módulo igual a 2, direção vertical e sentido ascendente, representado pelo segmento orientado da figura ao lado. Determine os módulos e represente graficamente os vetores $-2\vec{v}$, $3\vec{v}$ e $-\vec{v}$.

A13. No esquema estão representados os vetores $\vec{a}$, $\vec{b}$ e $\vec{c}$ e os vetores de módulos unitários $\vec{i}$ e $\vec{j}$.

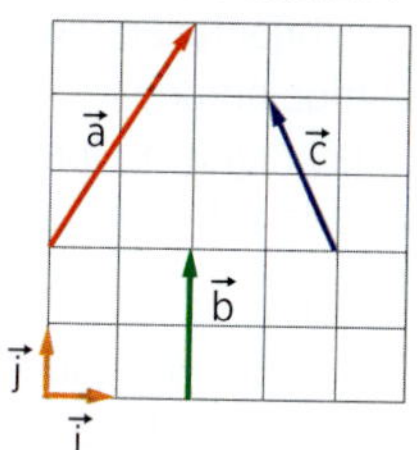

Determine os vetores $\vec{a}$, $\vec{b}$ e $\vec{c}$ em função de $\vec{i}$ e $\vec{j}$.

Verificação

V10. Represente graficamente o vetor diferença $\vec{d} = \vec{v}_2 - \vec{v}_1$ nos seguintes casos:

a) 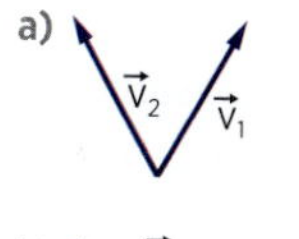

b) 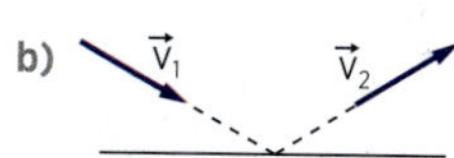

c), d), e) 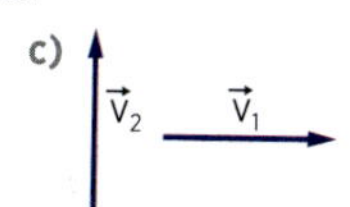

V11. São dados os vetores $\vec{v}_1$ e $\vec{v}_2$ de módulos iguais a 10 unidades. Represente os vetores $\vec{s} = \vec{v}_1 + \vec{v}_2$ e $\vec{d} = \vec{v}_2 - \vec{v}_1$ e calcule seus módulos.

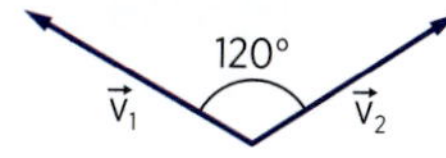

V12. Um vetor $\vec{v}$ possui módulo igual a 3, direção horizontal e sentido da direita para a esquerda. Qual o módulo, a direção e o sentido dos vetores $2\vec{v}$, $-2\vec{v}$ e $-\vec{v}$?

V13. No esquema estão representados os vetores $\vec{a}$, $\vec{b}$ e $\vec{c}$. Seja $\vec{s} = \vec{a} + \vec{b} + \vec{c}$.

Pode-se afirmar que:

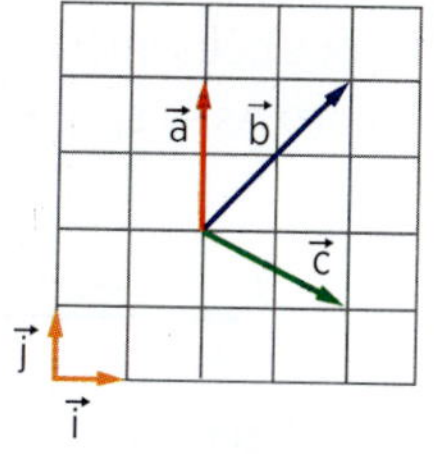

a) $\vec{s} = 2\vec{j}$

b) $\vec{s} = \vec{i} + 3\vec{j}$

c) $\vec{s} = 4\vec{i} + \vec{j}$

d) $\vec{s} = 5(\vec{i} + \vec{j})$

e) $\vec{s} = 4\vec{i} + 3\vec{j}$

R10. (UF-PB) Considere os vetores $\vec{A}$, $\vec{B}$ e $\vec{F}$, nos diagramas numerados de I a IV.

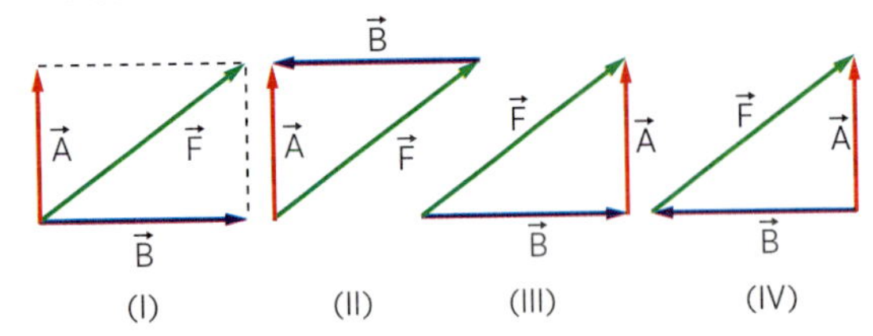

Os diagramas que, corretamente, representam a relação vetorial $\vec{F} = \vec{A} - \vec{B}$ são apenas:

a) I e III
b) II e IV
c) II e III
d) III e IV
e) I e IV

R11. (Unifesp-SP) Na figura, são dados os seguintes vetores $\vec{a}$, $\vec{b}$ e $\vec{c}$.

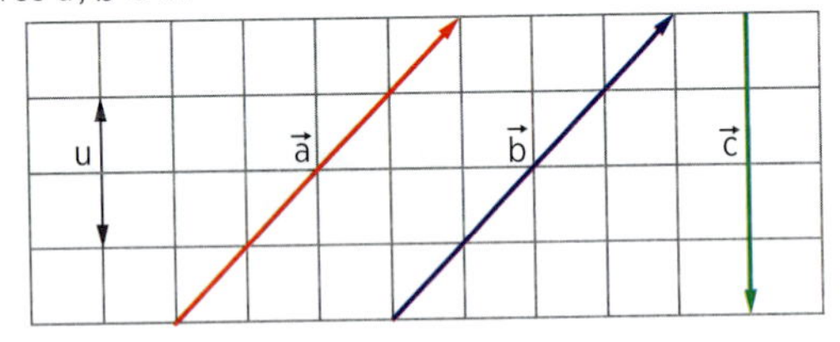

Sendo *u* a unidade de medida do módulo desses vetores, pode-se afirmar que o vetor $\vec{d} = \vec{a} - \vec{b} + \vec{c}$ tem módulo:

a) 2 u, e sua orientação é vertical, para cima.
b) 2 u, e sua orientação é vertical, para baixo.
c) 4 u, e sua orientação é horizontal, para a direita.
d) $\sqrt{2}$ u, e sua orientação forma 45° com a horizontal, no sentido horário.
e) $\sqrt{2}$ u, e sua orientação forma 45° com a horizontal, no sentido anti-horário.

R12. É dado o vetor $\vec{v}$ de módulo 5 unidades, direção horizontal e sentido da esquerda para a direita. Dê as características do vetor $3\vec{v}$ e do vetor $-\vec{v}$.

R13. No gráfico ao lado estão representados os vetores $\vec{a}$, $\vec{b}$ e $\vec{c}$ e os vetores de módulos unitários $\vec{i}$ e $\vec{j}$.

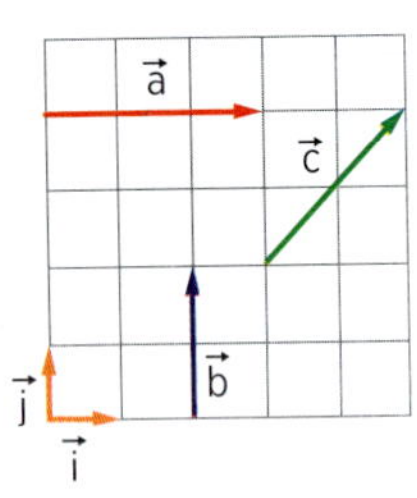

Assinale a expressão *errada*.

a) $\vec{a} = 3\vec{i}$
b) $\vec{c} = 2\vec{i} + 2\vec{j}$
c) $\vec{a} + \vec{b} = \vec{c}$
d) $|\vec{c}| = 2\sqrt{2}$
e) $\vec{b} = 2\vec{j}$

R14. (PUC-RJ) Os ponteiros de hora e minuto de um relógio suíço têm, respectivamente, 1 cm e 2 cm. Supondo que cada ponteiro do relógio é um vetor que sai do centro e aponta na direção dos números na extremidade do mostrador, determine o vetor resultante da soma dos dois vetores correspondentes aos ponteiros de hora e minuto quando o relógio marca 6 horas.

a) O vetor tem módulo 1 cm e aponta na direção do número 12 do relógio.
b) O vetor tem módulo 2 cm e aponta na direção do número 12 do relógio.
c) O vetor tem módulo 1 cm e aponta na direção do número 6 do relógio.
d) O vetor tem módulo 2 cm e aponta na direção do número 6 do relógio.
e) O vetor tem módulo 1,5 cm e aponta na direção do número 6 do relógio.

R15. (UF-PB) Uma bola de bilhar sofre quatro deslocamentos sucessivos representados esquematicamente pelos vetores $\vec{d}_1$, $\vec{d}_2$, $\vec{d}_3$ e $\vec{d}_4$, apresentados no diagrama abaixo.

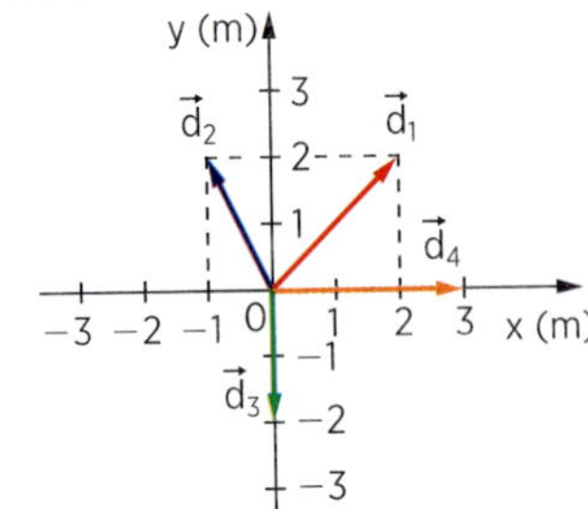

O deslocamento resultante $\vec{d}$ da bola está corretamente descrito, em unidades SI, por:

a) $\vec{d} = -4\vec{i} + 2\vec{j}$
b) $\vec{d} = -2\vec{i} + 4\vec{j}$
c) $\vec{d} = 2\vec{i} + 4\vec{j}$
d) $\vec{d} = 4\vec{i} + 2\vec{j}$
e) $\vec{d} = 4\vec{i} + 4\vec{j}$

$\vec{i}$ = versor do eixo *x*; $\vec{j}$ = versor do eixo *y*

Vetor deslocamento

Na figura 19 representamos o movimento de uma partícula entre os pontos *A* e *B* de sua trajetória. Entre as posições inicial (*A*) e final (*B*) houve a *variação de espaço* $\Delta s = s_B - s_A$.

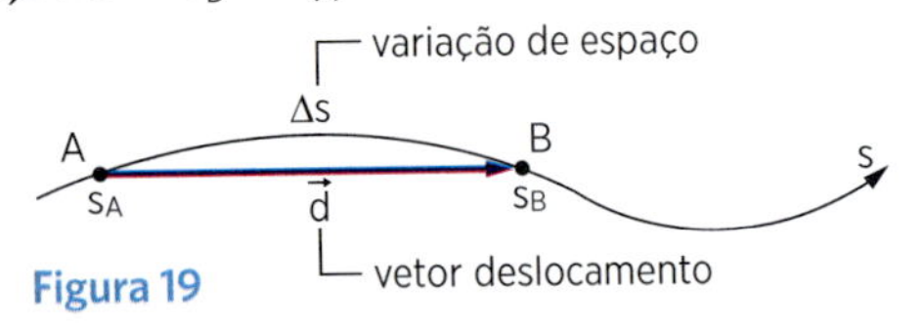

Figura 19

Ao vetor $\vec{d}$, que tem origem na posição inicial *A* e extremidade na posição final *B*, damos o nome de *vetor deslocamento*.

Observe que, na situação representada (trajetória curvilínea), o módulo do vetor deslocamento é menor que o módulo da variação de espaço:

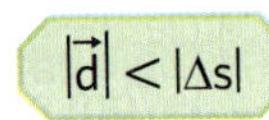

$$|\vec{d}| < |\Delta s|$$

Quando a trajetória do móvel é retilínea (fig. 20), o módulo do vetor deslocamento é igual ao módulo da variação de espaço:

$$|\vec{d}| = |\Delta s|$$

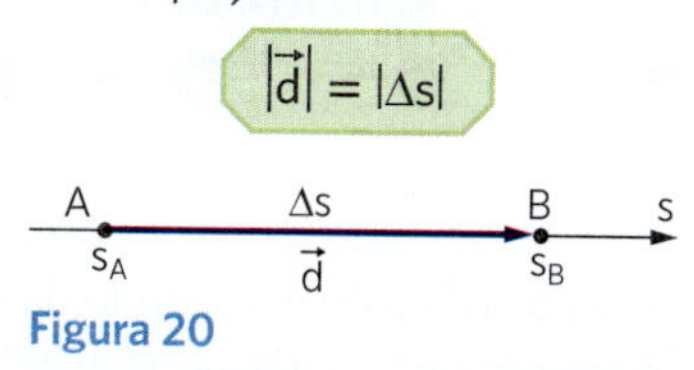

Figura 20

Velocidade vetorial média

Como já vimos, define-se a velocidade escalar média de um móvel pela relação entre a variação de espaço Δs e o intervalo de tempo Δt em que o movimento se realiza:

$$v_m = \frac{\Delta s}{\Delta t}$$

A *velocidade vetorial média* $\vec{v}_m$ do móvel é um vetor dado pela relação entre o vetor deslocamento $\vec{d}$ e o intervalo de tempo Δt correspondente:

$$\vec{v}_m = \frac{\vec{d}}{\Delta t}$$

A velocidade vetorial média, portanto, é um vetor que possui a direção e o sentido do vetor deslocamento, e cujo módulo é dado por:

$$|\vec{v}_m| = \frac{|\vec{d}|}{\Delta t}$$

Pelas considerações feitas no item anterior podemos concluir (fig. 21):

- *trajetória curvilínea*: $|\vec{d}| < |\Delta s|$ e $|\vec{v}_m| < |v_m|$
- *trajetória retilínea*: $|\vec{d}| = |\Delta s|$ e $|\vec{v}_m| = |v_m|$

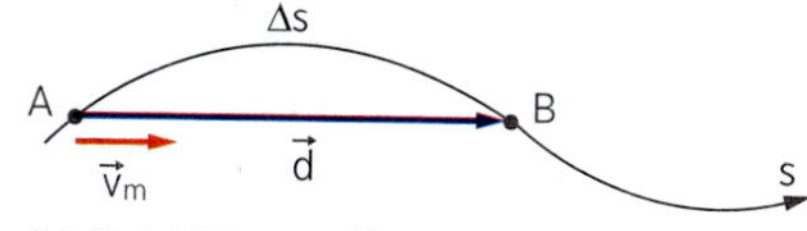

(a) Trajetória curvilínea.

A Δs B s

$\vec{v}_m$ $\vec{d}$

(b) Trajetória retilínea.

Figura 21. Velocidade vetorial média.

Velocidade vetorial instantânea

Matematicamente, a *velocidade vetorial instantânea* pode ser definida como o limite para o qual tende a relação entre o vetor deslocamento e o intervalo de tempo, quando o intervalo de tempo tende a zero:

$$\vec{v} = \lim_{\Delta t \to 0} \frac{\vec{d}}{\Delta t}$$

Vamos considerar o movimento do móvel do ponto *A* para o ponto *B* da trajetória. Observe, na figura 22, que, quanto mais próximo o ponto *B* estiver da posição inicial *A*, tanto mais próxima da direção tangente à curva pelo ponto *A* estará a direção do vetor deslocamento $\vec{d}$.

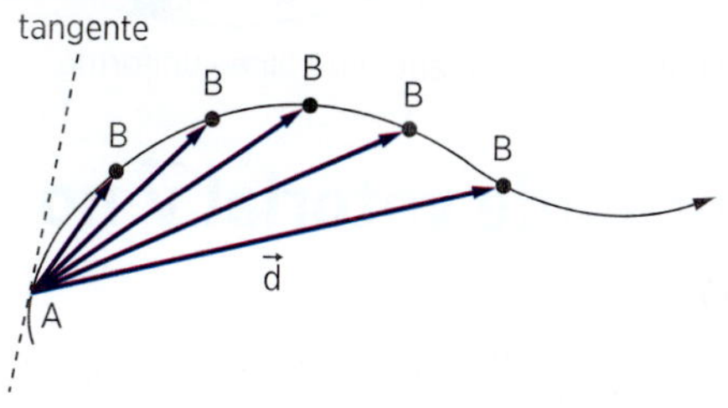

Figura 22

Assim, para a condição limite, podemos dizer que a velocidade vetorial instantânea $\vec{v}$ tem a direção da tangente à trajetória (fig. 23).

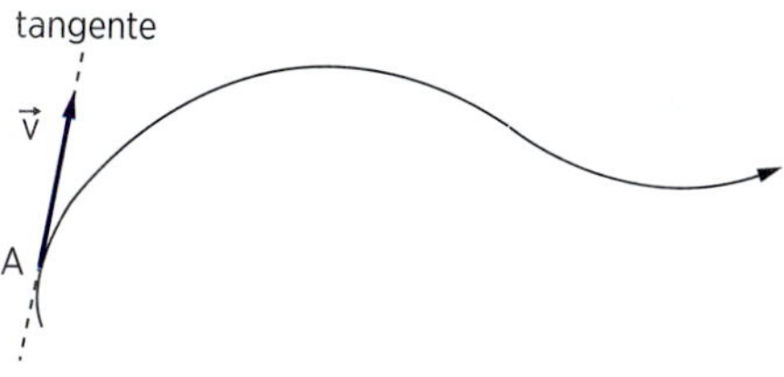

Figura 23

No limite, o módulo da variação de espaço Δs coincide com o módulo do vetor deslocamento $\vec{d}$. Por isso, o módulo da velocidade vetorial instantânea $\vec{v}$ coincide com o módulo da velocidade escalar instantânea *v*:

$$|\vec{v}| = |v|$$

Portanto, a velocidade vetorial instantânea $\vec{v}$ é um vetor com as seguintes características:

- *módulo*: igual ao da velocidade escalar instantânea ($|\vec{v}| = |v|$);
- *direção*: tangente à trajetória em cada posição do móvel;
- *sentido*: o do movimento.

Velocidade vetorial $\vec{v}$ no movimento uniforme

No movimento uniforme, o *módulo* da velocidade vetorial $\vec{v}$ permanece constante:

$$|\vec{v}| = \textit{constante}$$

Se a trajetória for *retilínea*, a direção e o sentido da velocidade vetorial $\vec{v}$ também serão constantes (fig. 24).

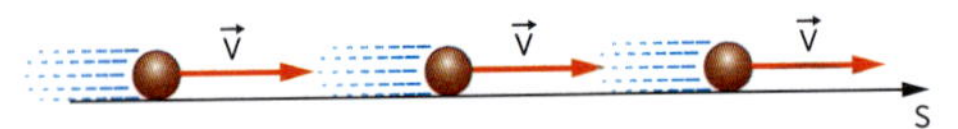

Figura 24. Movimento retilíneo uniforme (MRU).

No caso de a trajetória ser *curvilínea* (circular, parabólica, etc.), a direção da velocidade vetorial $\vec{v}$ será variável (fig. 25).

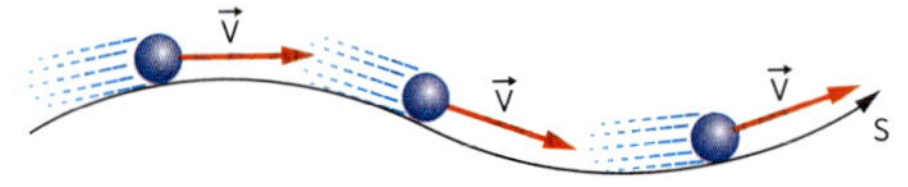

Figura 25. Movimento curvilíneo uniforme.

Velocidade vetorial $\vec{v}$ no MUV

No movimento uniformemente variado, o módulo da velocidade vetorial $\vec{v}$ varia no decorrer do tempo, obedecendo à mesma lei que a velocidade escalar instantânea ($v = v_0 + \alpha t$).

- Se a trajetória for *retilínea*, a direção da velocidade vetorial $\vec{v}$ permanecerá constante (fig. 26).

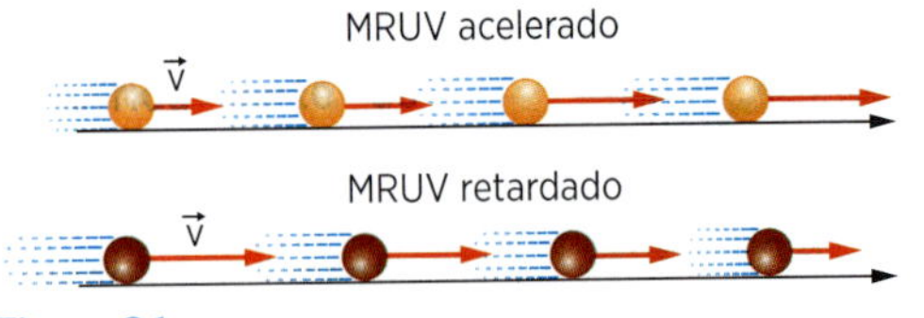

Figura 26

- Se a trajetória for *curvilínea* (circular, parabólica, etc.), além do módulo, a direção e o sentido da velocidade vetorial $\vec{v}$ também serão variáveis (fig. 27).

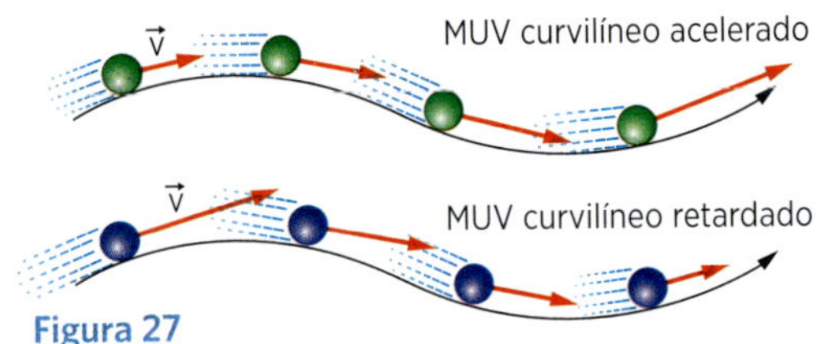

Figura 27

Resumindo:

Movimento	Trajetória	Módulo de $\vec{v}$	Direção de $\vec{v}$
uniforme	retilínea	constante	constante
	curvilínea	constante	variável
uniformemente variado	retilínea	variável	constante
	curvilínea	variável	variável

A14. Em 3 segundos, uma partícula percorre a quarta parte de uma circunferência de raio R = 6 m. Determine o módulo:

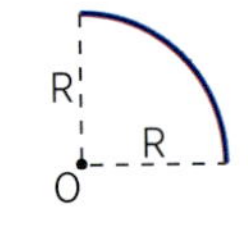

a) da variação de espaço;
b) do vetor deslocamento;
c) da velocidade vetorial média.

A15. No movimento retilíneo uniforme, a velocidade vetorial:
a) é constante.
b) varia em direção.
c) tem apenas o módulo constante.
d) tem apenas direção constante.
e) varia em módulo.

A16. No movimento retilíneo uniformemente variado, a velocidade vetorial:
a) é constante.
b) varia em direção.
c) tem apenas o módulo constante.
d) tem direção constante.
e) varia em módulo e direção.

A17. Uma partícula descreve um movimento circular e uniforme. A velocidade vetorial:
a) é constante.
b) varia em direção.
c) varia em direção e em módulo.
d) varia em módulo.
e) é perpendicular à trajetória.

A18. Quando um móvel descreve um movimento uniformemente variado em trajetória curvilínea, a velocidade vetorial:
a) é perpendicular à trajetória.
b) tem módulo constante.
c) varia em direção e em módulo.
d) é um vetor constante.
e) varia apenas em direção.

V14. Um móvel percorre uma trajetória circular de raio R = 6 cm completando meia volta em 24 s. Determine, neste intervalo de tempo:
a) a variação do espaço e a velocidade escalar média do móvel;
b) o módulo do vetor deslocamento e da velocidade vetorial média do móvel.

V15. Um móvel percorre a trajetória curva indicada, indo da posição *P* para a posição *Q*.

Sendo v_m a velocidade escalar média e $\vec{v}_m$ a velocidade vetorial média no trajeto, vale escrever:
a) $|\vec{v}_m| = v_m$
b) $|\vec{v}_m| > v_m$
c) $|\vec{v}_m| < v_m$
d) $|\vec{v}_m| \leq v_m$
e) $|\vec{v}_m| \geq v_m$

V16. Analise a proposição a seguir, dizendo se está certa ou errada: "No movimento circular uniforme, a velocidade vetorial é constante". Justifique.

V17. Qual a trajetória de um móvel cuja velocidade vetorial tem direção constante?

V18. Classifique o movimento de um ponto material cuja velocidade vetorial tem módulo constante.

Revisão

R16. (Inatel-MG) Em 4 s, uma partícula percorre a quarta parte de uma circunferência de raio 4 m. Calcule o módulo do vetor velocidade média da partícula.

R17. (UF-PI) Na figura abaixo, *A* e *B* são cidades situadas numa planície e ligadas por cinco diferentes caminhos, numerados de 1 a 5. Cinco atletas corredores, também numerados de 1 a 5, partem de *A* para *B*, cada um seguindo o caminho correspondente a seu próprio número. Todos os atletas completam o percurso no mesmo tempo.

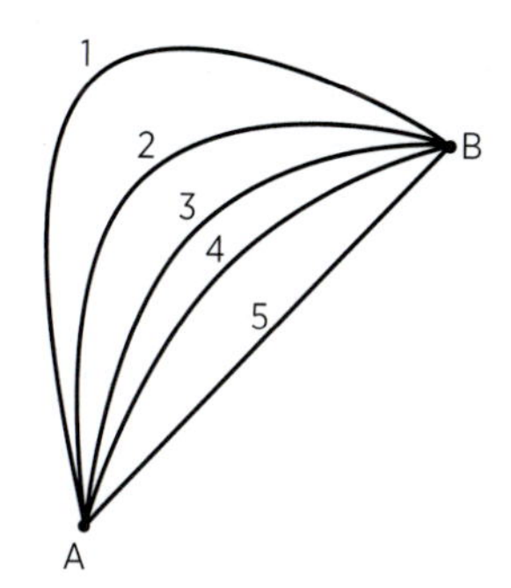

Assinale a opção correta.

a) Todos os atletas foram, em média, igualmente rápidos.
b) O atleta de número 5 foi o mais rápido.
c) O vetor velocidade média foi o mesmo para todos os atletas.
d) O módulo do vetor velocidade média variou, em ordem decrescente, entre o atleta 1 e o atleta 5.
e) O módulo do vetor velocidade média variou, em ordem crescente, entre o atleta 1 e o atleta 5.

R18. (Vunesp-SP) Caminhando pelas arborizadas alamedas de seu bairro, planejado com quadras de 100 m de extensão, um cidadão fez o trajeto ABCDEF da figura que segue. Sabe-se que o módulo de sua velocidade vetorial média ao longo do percurso foi de 2,0 m/s.

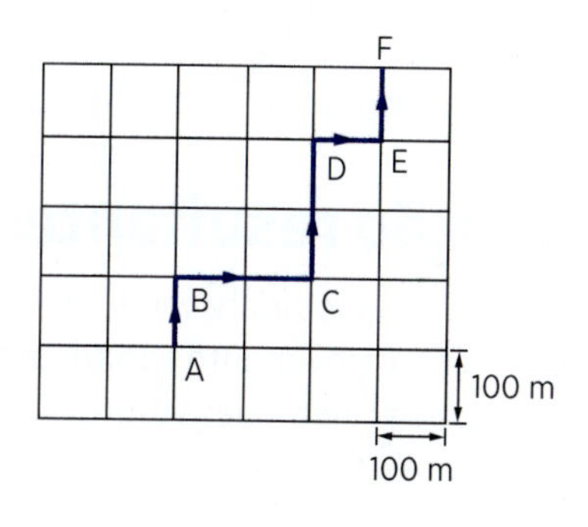

O intervalo de tempo em que o trajeto foi cumprido foi de:

a) 4 min 10 s.
b) 5 min 50 s.
c) 11 min 40 s.
d) 16 min 40 s.
e) 23 min 20 s.

R19. (PUC-PR) Um ônibus percorre em 30 minutos as ruas de um bairro, de *A* até *B*, como mostra a figura.

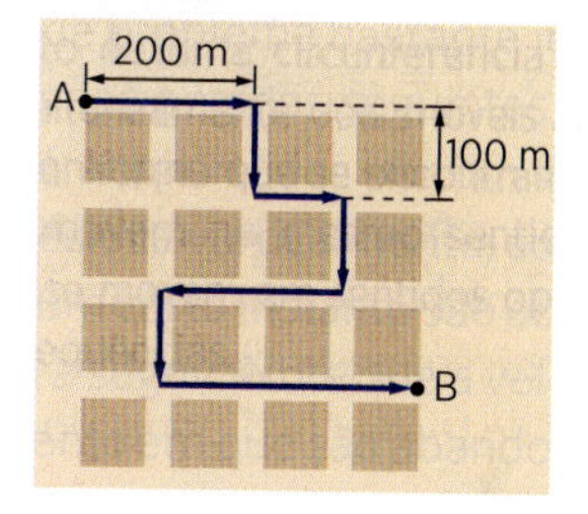

Considerando a distância entre duas ruas paralelas consecutivas igual a 100 m, analise as afirmações:

I. A velocidade vetorial média nesse percurso tem módulo 1 km/h.
II. O ônibus percorre 1500 m entre os pontos *A* e *B*.
III. O módulo do vetor deslocamento é 500 m.
IV. A velocidade vetorial média do ônibus entre *A* e *B* tem módulo 3 km/h.

Estão corretas:

a) I e III
b) I e IV
c) III e IV
d) I e II
e) II e III

R20. (Unicamp-SP) A figura a seguir representa um mapa da cidade de Vectoria, o qual indica a direção das "mãos" do tráfego. Devido a um congestionamento, os veículos trafegam com velocidade escalar média de 18 km/h. Cada quadra desta cidade mede 200 m por 200 m (do centro de uma rua ao centro da outra rua). Uma ambulância localizada em *A* precisa pegar um doente localizado bem no meio da quadra em *B*, sem andar na contramão.

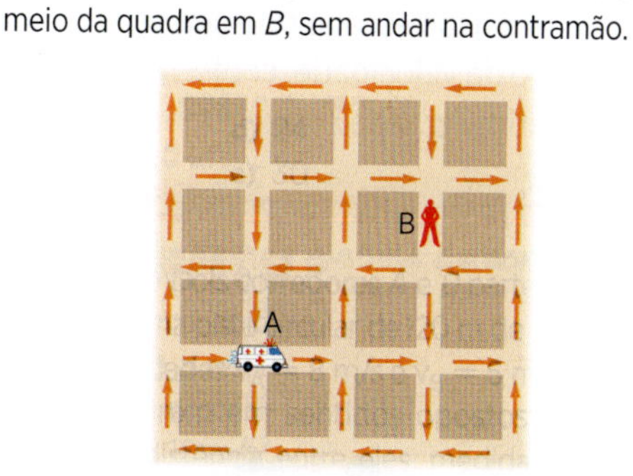

a) Qual o menor tempo gasto (em minutos) no percurso de *A* para *B*?
b) Qual o módulo do vetor velocidade média (em km/h) entre os pontos *A* e *B*?

Acelerações vetoriais

Vimos que a variação da velocidade escalar v é medida pela aceleração escalar α. Do mesmo modo, havendo variação na velocidade vetorial $\vec{v}$, há *aceleração vetorial*.

No entanto, a velocidade vetorial $\vec{v}$ pode variar em módulo e em direção. Por isso, a aceleração vetorial pode ser decomposta em duas acelerações vetoriais componentes:

- À variação do módulo da velocidade $\vec{v}$ associamos a aceleração vetorial $\vec{a}_t$, denominada *aceleração tangencial*.
- À variação da direção da velocidade $\vec{v}$ associamos uma aceleração vetorial $\vec{a}_c$, denominada *aceleração centrípeta* (*normal* ou *radial*).

Aceleração tangencial

A *aceleração tangencial* $\vec{a}_t$ indica apenas a variação do módulo (e eventualmente do sentido) da velocidade vetorial $\vec{v}$.

As características da aceleração tangencial $\vec{a}_t$ são as seguintes:

- *módulo*: igual ao da aceleração escalar $|\vec{a}_t| = |\alpha|$;
- *direção*: tangente à trajetória em cada posição do móvel;
- *sentido*: igual ao de $\vec{v}$ se o movimento for acelerado, contrário ao de $\vec{v}$ se o movimento for retardado.

Evidentemente, a aceleração tangencial é *nula* em qualquer *movimento uniforme*, pois neste o *módulo da velocidade vetorial* $\vec{v}$ é constante:

Movimento uniforme: $|\vec{v}| = |v| = \text{constante}$; $|\vec{a}_t| = 0$ e $\alpha = 0$

No movimento uniformemente variado (MUV), a aceleração tangencial $\vec{a}_t$ tem módulo constante (como a aceleração escalar α) e seu sentido coincide ou não com o da velocidade, conforme o movimento seja acelerado (fig. 28a) ou retardado (fig. 28b).

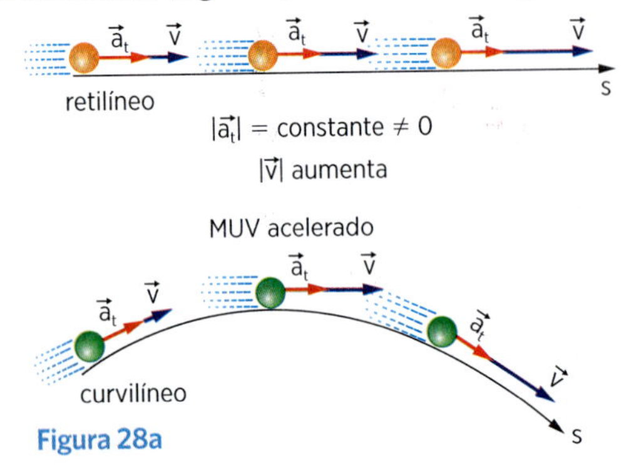

Figura 28a

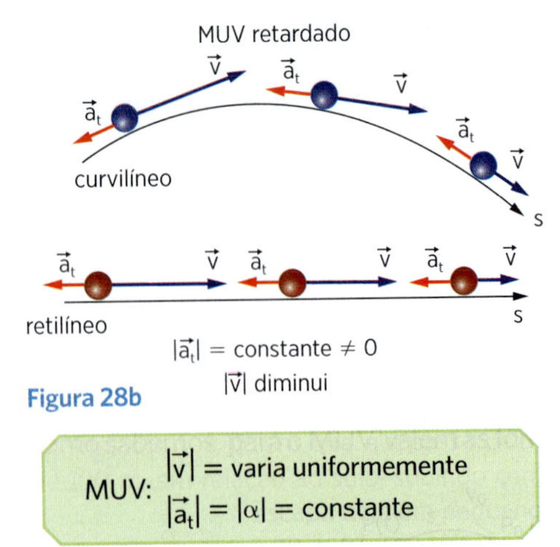

Figura 28b

MUV: $|\vec{v}|$ = varia uniformemente; $|\vec{a}_t| = |\alpha| = \text{constante}$

Aceleração centrípeta

A *aceleração centrípeta* $\vec{a}_c$ indica apenas a variação da direção da velocidade vetorial $\vec{v}$.

As características da aceleração centrípeta $\vec{a}_c$ são as seguintes:

- *módulo*: é dado pela fórmula: $|\vec{a}_c| = \dfrac{v^2}{R}$, onde v é a velocidade escalar do móvel e R é o raio de curvatura da trajetória;
- *direção*: normal à trajetória em cada posição do móvel;
- *sentido*: orientado para o centro de curvatura da trajetória.

Evidentemente, em qualquer *movimento retilíneo*, a aceleração centrípeta é *nula*, pois não há mudança na direção da velocidade vetorial $\vec{v}$.

Movimento retilíneo: $\vec{v}$ = direção constante; $\vec{a}_c = \vec{0}$

Particularmente, no *movimento circular uniforme* (MCU), a aceleração centrípeta está orientada para o centro da trajetória e tem módulo constante, pois a velocidade escalar v e o raio R são constantes (fig. 29).

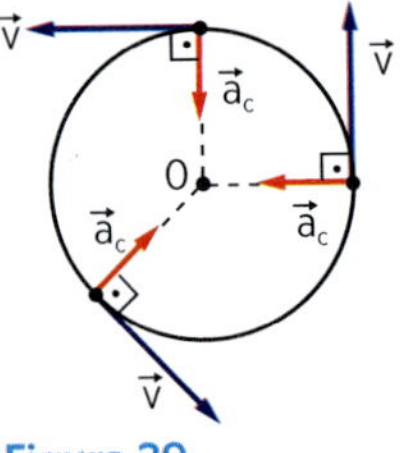

Figura 29

Aceleração resultante

Se a velocidade vetorial $\vec{v}$ varia em módulo e também em direção (movimento variado e curvilíneo), existem as duas acelerações vetoriais, a tangencial $\vec{a}_t$ e a centrípeta $\vec{a}_c$.

A aceleração resultante $\vec{a}$ do movimento é a adição vetorial das duas acelerações, $\vec{a}_t$ e $\vec{a}_c$ (fig. 30).

$$\vec{a} = \vec{a}_t + \vec{a}_c$$

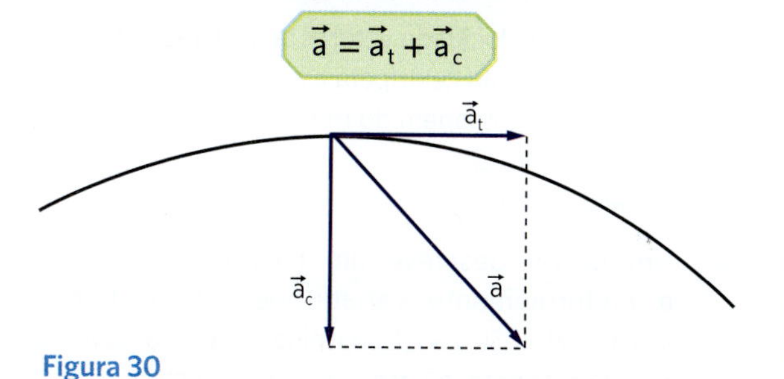

Figura 30

Como os vetores $\vec{a}_t$ e $\vec{a}_c$ possuem direções ortogonais, o módulo da aceleração resultante é dado pelo Teorema de Pitágoras:

$$|\vec{a}|^2 = |\vec{a}_t|^2 + |\vec{a}_c|^2$$

Observe que, no *movimento retilíneo uniforme* (MRU), a aceleração resultante é nula $(\vec{a} = \vec{0})$, pois a velocidade vetorial é constante e não nula $(\vec{v} = \textit{constante})$.

Movimento	Trajetória	$\vec{v}$	$\vec{a}_t$	$\vec{a}_c$	$\vec{a}$
uniforme	retilínea	$\lvert\vec{v}\rvert$ constante direção constante	nula	nula	nula
	curvilínea	$\lvert\vec{v}\rvert$ constante direção variável	nula	não nula	$\vec{a} = \vec{a}_c$
variado	retilínea	$\lvert\vec{v}\rvert$ variável direção constante	não nula	nula	$\vec{a} = \vec{a}_t$
	curvilínea	$\lvert\vec{v}\rvert$ variável direção variável	não nula	não nula	$\vec{a} = \vec{a}_t + \vec{a}_c$

Aplicação

A19. Para uma partícula que executa um movimento circular e uniforme, podemos dizer que a aceleração vetorial:

a) tem direção tangente à trajetória.
b) é nula.
c) é constante.
d) é orientada para o centro da trajetória.
e) tem direção constante.

A20. No movimento uniformemente variado, a aceleração tangencial:

a) é nula.
b) tem módulo constante.
c) tem direção perpendicular à trajetória.
d) tem sentido oposto ao da velocidade vetorial.
e) tem sentido coincidente com o da velocidade vetorial.

A21. Uma partícula descreve uma trajetória circular no sentido anti-horário. Do ponto *A* até o ponto *C*, o movimento é uniforme; a partir do ponto *C* o movimento passa a ser uniformemente retardado.

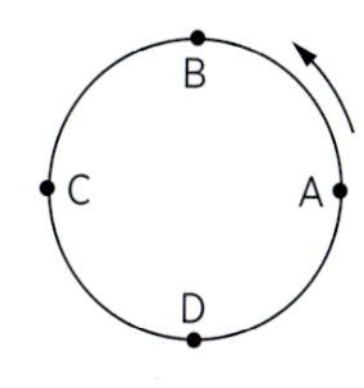

Represente graficamente a velocidade vetorial, a aceleração centrípeta, a aceleração tangencial e a aceleração resultante:

a) no instante em que a partícula passa pelo ponto *B* pela primeira vez;
b) no instante em que a partícula passa pelo ponto *D* pela primeira vez.

A22. Um móvel descreve um movimento retilíneo e uniformemente variado de função horária $s = 2 - 3t - 4t^2$ (SI). Determine o módulo da aceleração tangencial, da aceleração centrípeta e da aceleração resultante.

A23. A função horária de um movimento circular e uniforme de raio 2 m é $s = 2 + 8t$ (unidades do Sistema Internacional). Determine o módulo da aceleração centrípeta e da aceleração tangencial.

A24. Num MUV circular, em que o raio da trajetória é 7 m, a velocidade varia com o tempo segundo a função $v = 4 + 5t$ (unidades do Sistema Internacional). Determine o módulo das acelerações centrípeta, tangencial e resultante no instante $t = 2$ s.

V19. Quando a aceleração tangencial de um movimento é não nula:

a) a trajetória é retilínea.
b) o móvel descreve uma curva.
c) o módulo da velocidade vetorial é constante.
d) a velocidade vetorial varia em módulo.
e) a velocidade vetorial varia em direção.

V20. A aceleração centrípeta é não nula desde que:

a) a trajetória seja curvilínea.
b) a trajetória seja retilínea.
c) a velocidade vetorial varie em módulo.
d) a velocidade vetorial varie em sentido.
e) a aceleração escalar seja não nula.

V21. Uma partícula realiza movimento sobre uma trajetória circular, como indica a figura, no sentido horário. Do ponto *P* até o ponto *R* o movimento é uniformemente acelerado; a partir de *R* o movimento passa a ser uniforme.

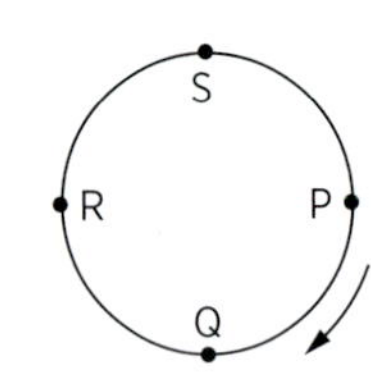

Desenhe a velocidade vetorial, a aceleração tangencial, a aceleração centrípeta e a aceleração resultante na primeira passagem do móvel:

a) pelo ponto *Q*;
b) pelo ponto *S*.

V22. Um móvel descreve um movimento retilíneo e uniformemente variado de função horária $s = 1 + 2t + 3t^2$ (SI). Determine o módulo da aceleração centrípeta, da aceleração tangencial e da aceleração resultante.

V23. Numa pista circular de raio 2 km, um automóvel se movimenta com velocidade constante de 60 km/h. Determine o módulo da aceleração resultante do móvel.

V24. A função da velocidade para um móvel em MUV é $v = 3 - 8t$ (unidades do SI). A trajetória é circular, de raio 37 m. Determine os módulos das acelerações tangencial, centrípeta e resultante no instante $t = 5$ s.

R21. Associe uma das alternativas seguintes às opções de I a VI:

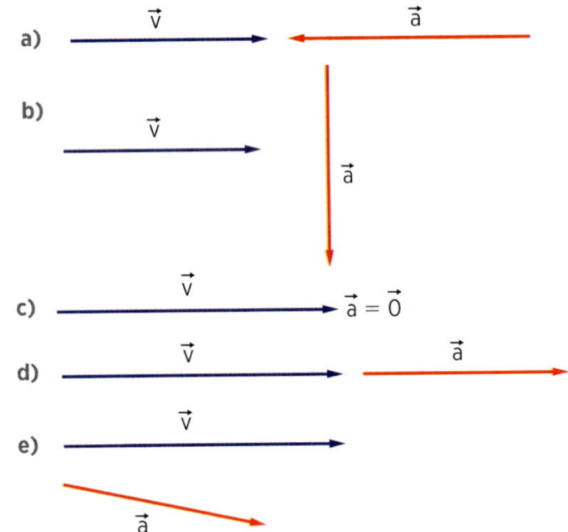

I. Movimento de velocidade vetorial não variável no tempo
II. Movimento retilíneo acelerado
III. Movimento retilíneo retardado
IV. Movimento circular de velocidade escalar constante
V. Movimento retilíneo e uniforme
VI. Movimento circular uniformemente acelerado

R22. (PUC-MG) Leia atentamente os itens a seguir, tendo em vista um movimento circular e uniforme:

I. A direção da velocidade é constante.
II. O módulo da velocidade não é constante.
III. A aceleração é nula.

Assinale:

a) se apenas I e III estiverem incorretas.
b) se I, II e III estiverem incorretas.
c) se apenas I estiver incorreta.
d) se apenas II estiver incorreta.
e) se apenas III estiver incorreta.

R23. (UF-PA) Uma partícula percorre, com movimento uniforme, uma trajetória não retilínea. Em cada instante teremos que:

a) Os vetores velocidade e aceleração são paralelos entre si.
b) A velocidade vetorial é nula.
c) Os vetores velocidade e aceleração são perpendiculares entre si.
d) Os vetores velocidade e aceleração têm direções independentes.
e) O valor do ângulo entre o vetor velocidade e o vetor aceleração muda de ponto a ponto.

R24. (Unifesp-SP) A trajetória de uma partícula, representada na figura, é um arco de circunferência de raio $r = 2{,}0$ m, percorrido com velocidade de módulo constante $v = 3{,}0$ m/s.

O módulo da aceleração vetorial dessa partícula nesse trecho, em m/s^2, é:

a) zero
b) 1,5
c) 3,0
d) 4,5
e) impossível de ser calculado

capítulo

5 Movimento circular

Movimento circular uniforme (MCU)

O *movimento circular uniforme* (MCU) é um movimento uniforme cuja trajetória é uma circunferência ou um arco de circunferência.

A velocidade escalar *v* permanece constante e a velocidade vetorial apresenta módulo constante, mas varia em direção (fig. 1).

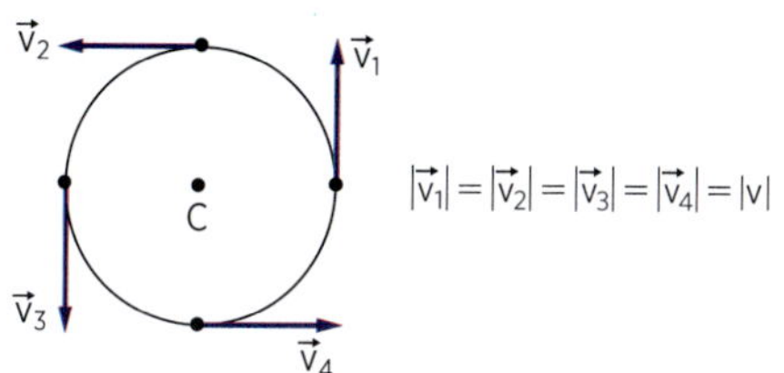

Figura 1

No MCU a aceleração tangencial é nula $(\vec{a}_t = \vec{0})$ e a aceleração centrípeta não é nula $(\vec{a}_c \neq \vec{0})$. Sua direção é, em cada ponto, perpendicular à velocidade vetorial, apontando para o centro *C* da trajetória. Seu módulo é dado por $a_c = \frac{v^2}{R}$, onde *R* é o raio da circunferência (fig. 2).

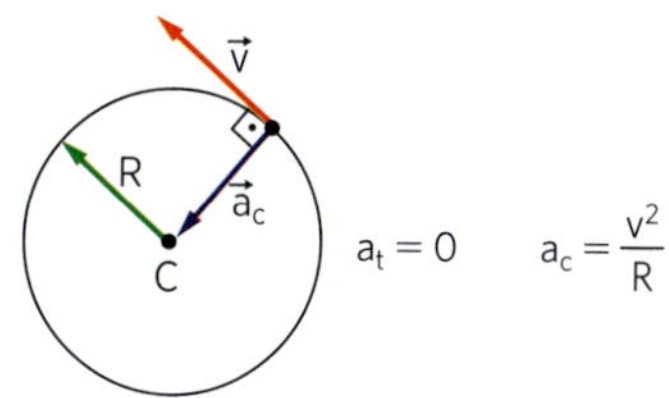

Figura 2

Período e frequência

O movimento circular uniforme é um movimento periódico. A posição, a velocidade e a aceleração se repetem em intervalos de tempo sucessivos e iguais.

O móvel executa uma *volta completa* sempre no *mesmo intervalo de tempo*, que é denominado *período* e representado por *T*.

O número de voltas que o móvel realiza na unidade de tempo é denominado *frequência* e representado por *f*.

Relação entre o período *T* e a frequência *f*

Das definições de período e frequência resulta:

1 volta —— *T*
f voltas —— 1

$f \cdot T = 1 \Rightarrow$

Unidades de *T* e *f*

O período *T* é medido em qualquer unidade de tempo: segundo (s), minuto (min), hora (h), etc.

A frequência *f* é usualmente medida em ciclos ou rotações por segundo, que recebem o nome de hertz (Hz), ou em rotações por minuto (rpm).

Aplicação

A1. Um garoto num gira-gira descreve um movimento circular uniforme executando 5 voltas em 20 s. Determine a frequência e o período do movimento.

A2. Um motor executa 3 000 rotações por minuto. Determine sua frequência em hertz e seu período em segundos.

A3. Uma partícula, em movimento circular uniforme, demora um minuto para percorrer $\frac{1}{4}$ de volta. Determine sua frequência em rpm e seu período em segundos.

A4. Durante 24 horas, um satélite artificial completa 12 voltas em torno da Terra. Qual o período, em horas, do movimento do satélite em torno da Terra?

A5. Qual é o período do ponteiro dos segundos de um relógio?

Verificação

V1. O carrinho de um autorama realiza um movimento circular uniforme completando 10 voltas em 5,0 s. Determine seu período e sua frequência.

V2. O eixo de um motor gira à razão de 600 rotações por minuto. Determine sua frequência em hertz e seu período em segundos.

V3. Uma pessoa numa roda-gigante, em movimento circular uniforme, demora 30 s para percorrer $\frac{3}{4}$ de volta. Determine seu período e sua frequência.

V4. Qual é o período do ponteiro dos minutos de um relógio?

V5. Qual é o período do ponteiro das horas de um relógio?

V6. Qual é o período de rotação da Terra?

R1. (UF-RS) Um corpo em movimento circular uniforme completa 20 voltas em 10 segundos. O período (em s) e a frequência (em s^{-1}) do movimento são, respectivamente:

a) 0,5 e 2
b) 2 e 0,5
c) 0,5 e 5
d) 10 e 20
e) 20 e 2

R2. (UF-AC) Qual o período, em segundos, do movimento de um disco que gira realizando 20 rotações por minuto?

a) $\frac{1}{3}$ s
b) 3 s
c) $\frac{2}{3}$ s
d) 1 s
e) $\frac{1}{20}$ s

R3. (Unifor-CE) Um carrossel gira uniformemente, efetuando uma rotação completa a cada 4,0 s. Cada cavalo executa movimento circular uniforme com frequência em rps (rotação por segundo) igual a:

a) 8,0
b) 4,0
c) 2,0
d) 0,5
e) 0,25

R4. (Fund. Carlos Chagas-SP) Um relógio funciona durante um mês (30 dias). Nesse período, o ponteiro dos minutos terá dado um número de voltas igual a:

a) $3{,}6 \cdot 10^2$
b) $7{,}2 \cdot 10^2$
c) $7{,}2 \cdot 10^3$
d) $3{,}6 \cdot 10^5$
e) $7{,}2 \cdot 10^5$

Grandezas angulares

Considere um móvel em trajetória circular de raio R e centro C, orientada no sentido anti-horário, por exemplo. Seja O a origem dos espaços e P a posição do móvel num instante t (fig. 3).

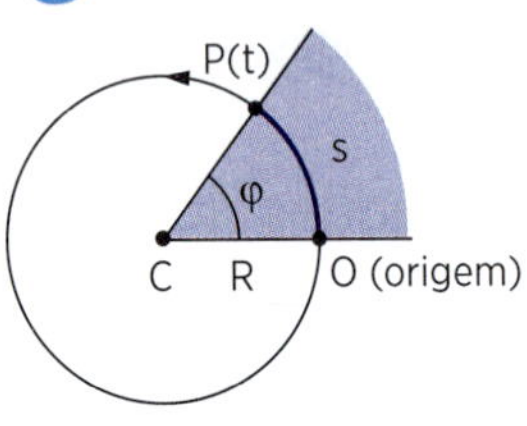

Figura 3

- *Espaço angular φ*
  É o ângulo de vértice C, que corresponde ao arco de trajetória OP. Como OP é o espaço s, o ângulo φ em radianos (rad) é dado por:

$$\varphi = \frac{s}{R} \quad \text{ou} \quad s = \varphi \cdot R$$

  Para determinar a posição do móvel ao longo da trajetória, utilizamos o espaço s ou o espaço angular φ.

- *Velocidade angular média ω_m*
  Seja φ_1 o espaço angular num instante t_1, e φ_2 o espaço angular num instante posterior t_2 (fig. 4).

Sendo $\Delta\varphi = \varphi_2 - \varphi_1$ e $\Delta t = t_2 - t_1$, denomina-se velocidade angular média ω_m no intervalo de tempo Δt a grandeza:

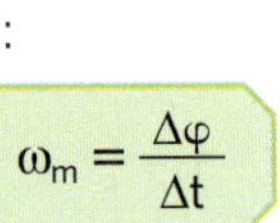

$$\omega_m = \frac{\Delta\varphi}{\Delta t}$$

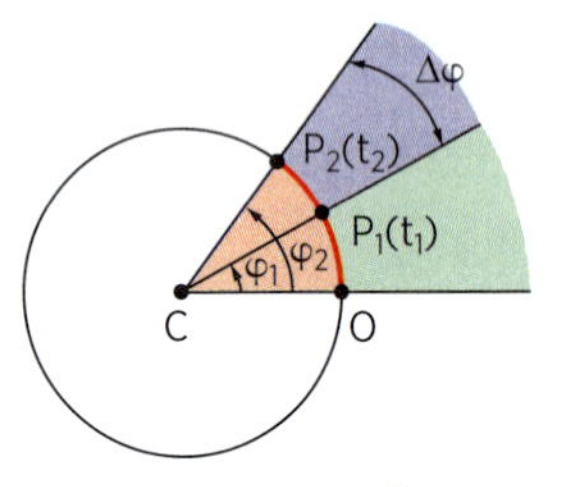

Figura 4

- *Velocidade angular instantânea ω*
  A velocidade angular instantânea é o limite para o qual tende a velocidade angular média quando o intervalo de tempo Δt tende a zero.

$$\omega = \lim_{\Delta t \to 0} \frac{\Delta\varphi}{\Delta t}$$

  A unidade de velocidade angular, no Sistema Internacional, é radiano por segundo (rad/s).

- *Relação entre a velocidade escalar v e a velocidade angular ω*
  Da figura 5, resulta:

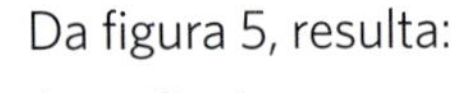

  $\Delta s = R \cdot \Delta\varphi$.

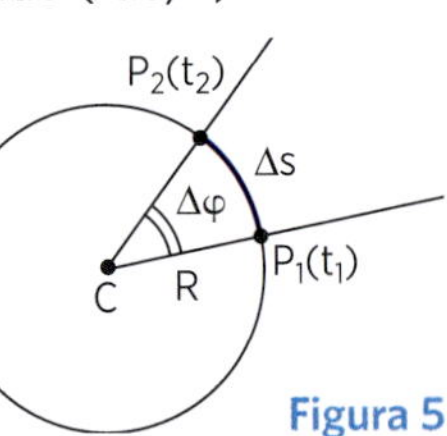

Figura 5

Dividindo ambos os membros por Δt e passando ao limite quando Δt tende a zero, vem:

$$\lim_{\Delta t \to 0} \frac{\Delta s}{\Delta t} = \lim_{\Delta t \to 0} R \cdot \frac{\Delta\varphi}{\Delta t}$$

Portanto: $v = R \cdot \omega$ ou $v = \omega \cdot R$

Em vista da fórmula anterior, podemos exprimir o módulo da aceleração centrípeta em função da velocidade angular ω:

$$a_c = \frac{v^2}{R} = \frac{\omega^2 \cdot R^2}{R} \Rightarrow a_c = \omega^2 \cdot R$$

Aplicação

A6. Um ponto percorre uma circunferência e descreve um ângulo central de 2,0 rad em 5,0 s. Determine a velocidade angular média nesse intervalo de tempo.

A7. Uma partícula descreve um movimento circular uniforme com velocidade escalar $v = 5{,}0$ m/s. Sendo $R = 2{,}0$ m o raio da circunferência, determine:

a) a velocidade angular;

b) o módulo da aceleração centrípeta.

A8. Duas partículas, P_1 e P_2, deslocam-se sobre circunferências concêntricas de raios R_1 e $R_2 = 2R_1$ com velocidades angulares ω_1 e ω_2, respectivamente.

Qual a relação entre as velocidades angulares $\frac{\omega_1}{\omega_2}$, sabendo-se que as partículas têm a mesma velocidade escalar v?

A9. Uma partícula percorre uma circunferência de raio 10 m com velocidade escalar constante de 20 m/s. Quanto tempo a partícula demora para percorrer um arco de circunferência de 60°? Utilize $\pi = 3$.

A10. Um carro percorre uma curva de raio igual a 1,0 km mantendo constante a indicação de seu velocímetro em 20 km/h. Qual o ângulo central correspondente ao arco descrito pelo carro no intervalo de 36 s?

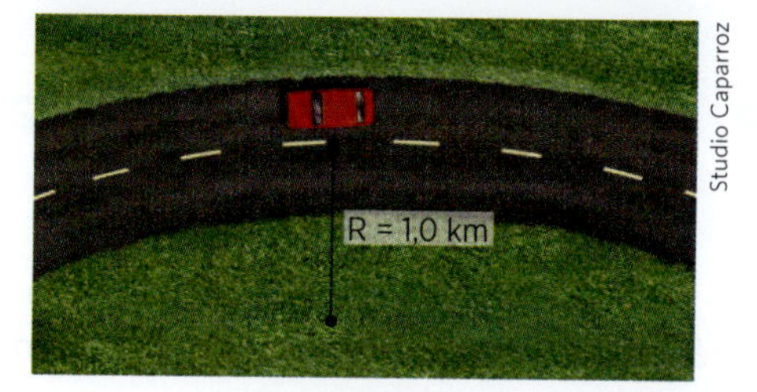

Verificação

V7. Uma partícula percorre uma circunferência descrevendo um ângulo central de 3,0 rad em 2,0 s. Determine a velocidade angular média nesse intervalo de tempo.

V8. Um ponto percorre uma circunferência com velocidade angular constante $\omega = 10$ rad/s. Sendo $R = 2{,}0$ m o raio da trajetória, determine:

a) o módulo da aceleração centrípeta;

b) a velocidade escalar v.

V9. Uma partícula descreve uma trajetória circular de raio 5,0 m. Ao percorrer o arco de circunferência de A até B, ela desenvolve uma velocidade escalar média de 10 m/s, gastando 0,50 s nesse percurso.

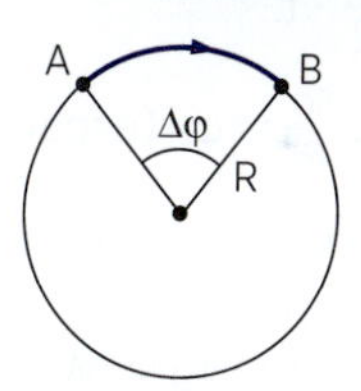

Determine o ângulo descrito $\Delta\varphi$.

V10. Determine o intervalo de tempo que um móvel gasta para percorrer o arco de circunferência AB, indicado na figura, com velocidade escalar constante e igual a 24 m/s.

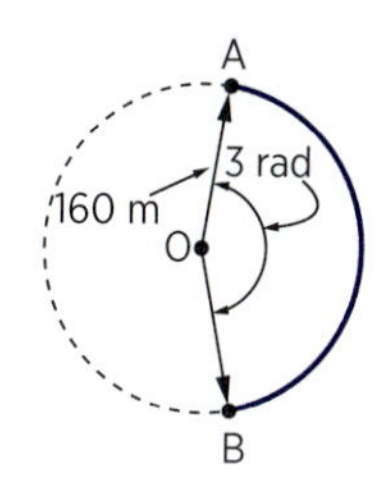

Revisão

R5. (Unicamp-SP) No verão brasileiro, andorinhas migram do hemisfério norte para o hemisfério sul. Admitamos que elas voem, ao longo de um meridiano, uma distância total de 9000 km em 30 dias.

a) Se as andorinhas voam 12 horas por dia, qual é sua velocidade média enquanto estão voando?

b) Considerando-se a Terra como uma esfera de raio igual a 6400 km, qual é o ângulo descrito pelas andorinhas na migração?

R6. (Fuvest-SP) O tronco vertical de um eucalipto é cortado rente ao solo e cai, em 5 s, num terreno plano e horizontal, sem se desligar por completo de sua base.

a) Qual a velocidade angular média do tronco durante a queda?

b) Qual a velocidade escalar média de um ponto do tronco do eucalipto, a 10 m da base?

R7. (U. F. Uberlândia-MG) Uma polia de motor, de raio $\frac{1}{\pi}$ m, situada em um plano horizontal, realiza um movimento circular com velocidade angular constante, descrevendo $\frac{1}{4}$ de volta em 0,5 s, ou seja, $\Delta t = t_2 - t_1 = 0,5$ s.

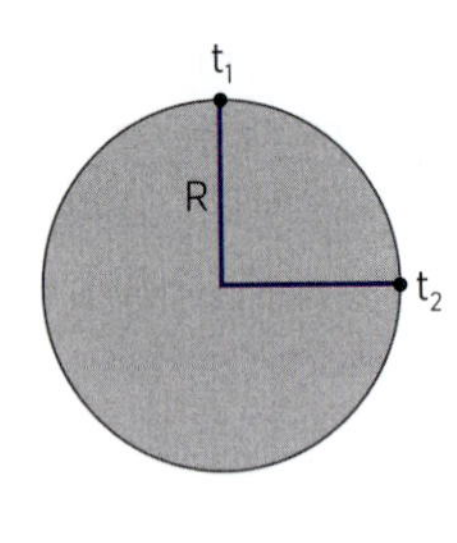

A figura anterior ilustra as posições de um ponto situado na borda da polia nesses dois instantes.
A velocidade angular e a aceleração centrípeta de um ponto na borda dessa polia serão, respectivamente:

a) $\frac{\pi}{2}$ rad/s e $\frac{\pi}{4}$ m/s^2
b) π rad/s e π m/s^2
c) $\frac{\pi}{2}$ rad/s e π m/s^2
d) π rad/s e $\frac{\pi}{4}$ m/s^2

R8. (Fuvest-SP) Um carro de corrida parte do repouso e descreve uma trajetória retilínea, com aceleração constante, atingindo, após 15 segundos, a velocidade escalar de 270 km/h (ou seja, 75 m/s).

Studio Caparroz

A figura representa o velocímetro, que indica o módulo da velocidade escalar instantânea do carro.

a) Qual o valor do módulo da aceleração do carro nesses 15 segundos?
b) Qual a velocidade angular ω do ponteiro do velocímetro durante a fase de aceleração constante do carro? Indique a unidade usada.

Função horária angular do MCU

No movimento circular uniforme, a função horária é do primeiro grau em relação ao tempo (t):

$$s = s_0 + v \cdot t$$

Dividindo-se ambos os membros pelo raio *R*, resulta: $\frac{s}{R} = \frac{s_0}{R} + \frac{v}{R} \cdot t$.

Sendo $\frac{s}{R} = \varphi$, $\frac{s_0}{R} = \varphi_0$ (espaço angular inicial) e $\frac{v}{R} = \omega$, obtemos a *função horária angular do MCU*:

$$\varphi = \varphi_0 + \omega t$$

De $v = \omega \cdot R$ concluímos que, sendo constante a velocidade escalar *v* no MCU, a velocidade angular ω é também constante.

Desse modo, no MCU, a velocidade angular ω é constante e igual à velocidade angular média em qualquer intervalo de tempo: $\omega = \omega_m = \frac{\Delta\varphi}{\Delta t}$

Relação entre a velocidade angular ω e o período *T*

No movimento circular uniforme, quando o móvel completa uma volta, o ângulo descrito é:

$$\varphi = 2\pi \text{ rad, supondo } \varphi_0 = 0$$

O intervalo de tempo correspondente é o período *T*. De $\varphi = \varphi_0 + \omega t$ resulta $2\pi = 0 + \omega T$.

Portanto: $\omega = \frac{2\pi}{T}$ ou $\omega = 2\pi \cdot f$

Aplicação

A11. Um ponto descreve um movimento circular uniforme, completando uma volta em cada 5 s. Calcule sua velocidade angular.

A12. Uma partícula percorre uma trajetória circular de raio R = 1,0 m com frequência f = 2,0 Hz. Determine a velocidade escalar *v* da partícula.

A13. Determine a velocidade angular dos três ponteiros de um relógio: o dos segundos, o dos minutos e o das horas.

A14. Um satélite utilizado em comunicações é colocado em órbita circular acima da linha do equador.

a) Determine a velocidade angular do satélite sabendo que ele, observado da Terra, encontra-se parado (satélite estacionário).
b) Sendo R_T o raio da Terra e R_s o raio da órbita do satélite, determine a relação entre as velocidades escalares de um ponto da superfície da Terra, v_T, e do satélite, v_s.

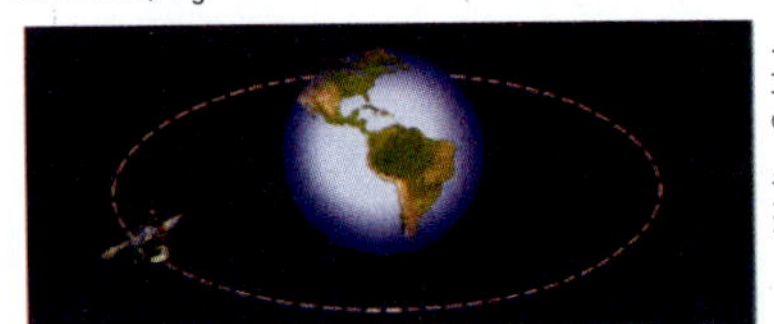
Walter Caldeira

A15. Sobre uma circunferência de raio 60 cm, dois pontos animados de movimento uniforme se encontram a cada 30 s, quando se movem no mesmo sentido, e a cada 10 s, quando se movem em sentidos opostos. Determine suas velocidades escalares.

Verificação

V11. Um ponto material descreve um movimento circular de raio R = 5 m e período T = 2 s. Calcule a velocidade angular do movimento e o módulo da aceleração centrípeta.

V12. Uma partícula executa um movimento circular numa trajetória de raio R = 20 cm com frequência f = 1 000 Hz. Determine a velocidade escalar em m/s.

V13. Os chamados satélites de comunicação são geoestacionários, isto é, eles permanecem sobre um dado ponto da Terra, a certa altura. Considerando que a Terra tem um movimento de rotação em torno de seu eixo com período de 24 horas, explique o movimento de um satélite geoestacionário, calculando seu período e sua velocidade angular.

V14. Um satélite utilizado em comunicações é colocado em órbita circular acima da linha do equador com velocidade escalar v_S e angular ω_S. Sabe-se que ele permanece imóvel em relação a um observador na Terra (satélite estacionário). Sendo v_T a velocidade escalar de um ponto do equador e ω_T a velocidade angular da Terra, podemos afirmar que:

a) $v_s > v_T$ e $\omega_s = \omega_T$
b) $v_s = v_T$ e $\omega_s = \omega_T$
c) $v_s < v_T$ e $\omega_s > \omega_T$
d) $v_s = v_T$ e $\omega_s < \omega_T$
e) $v_s > v_T$ e $\omega_s > \omega_T$

V15. De um ponto de uma circunferência de raio 2 m partem simultaneamente dois móveis animados de movimento uniforme que se encontram a cada 10 s, quando se movem no mesmo sentido, e a cada 2 s, quando se movem em sentidos opostos. Determine suas frequências.

Revisão

R9. (PUC-SP) Uma correia passa sobre uma roda de 25 cm de raio, como mostra a figura. Se um ponto da correia tem velocidade 5,0 m/s, a frequência de rotação da roda é, aproximadamente:

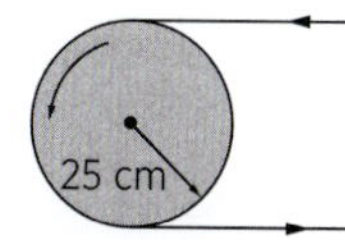

a) 32 Hz
b) 2 Hz
c) 0,8 Hz
d) 0,2 Hz
e) 3,2 Hz

R10. (UF-AM) Uma propaganda na internet diz: "Seus negócios precisam andar mais rápido que a velocidade do mundo". As velocidades médias, aproximadas, de rotação de um ponto *P* sobre o Equador terrestre e a uma latitude de 25°, respectivamente, são:

a) 350 m/s e 350 m/s
b) 465 m/s e 423 m/s
c) 400 m/s e 500 m/s
d) 220 m/s e 200 m/s
e) Nenhuma das respostas.

(Dados: raio da Terra no Equador terrestre = = 6 400 km; sen 25° = 0,42 e cos 25° = 0,91.)

R11. (Urca-CE) Um disco gira no sentido anti-horário com velocidade angular constante. Três pontos foram marcados na superfície do disco, conforme a figura. Marque (*V*) para verdadeiro e (*F*) para falso.

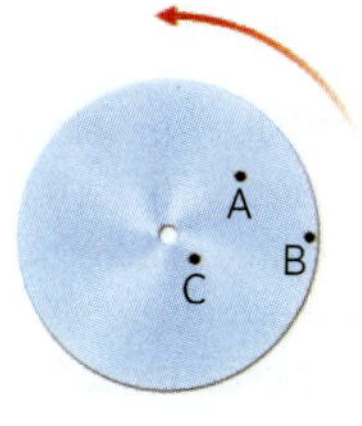

Conceitograf

(▲) Os três pontos marcados apresentam velocidades lineares iguais.
(▲) A velocidade linear de *B* é maior.
(▲) As velocidades angulares dos três pontos são iguais.

A sequência correta é:

a) F, V e V
b) V, F e V
c) F, V e F
d) V, V e F
e) F, F e V

R12. (UF-PE) O relógio da Estação Ferroviária Central do Brasil, no Rio de Janeiro, tem ponteiros de minutos e de horas que medem, respectivamente, 7,5 m e 5,0 m de comprimento.

Ricardo Azoury/Pulsar Imagens

Qual a razão $\frac{v_A}{v_B}$ entre as velocidades lineares dos pontos extremos dos ponteiros de minutos e de horas?

a) 10
b) 12
c) 18
d) 24
e) 30

R13. (Fuvest-SP) Dois corredores *A* e *B* partem do mesmo ponto de uma pista circular de 120 m de comprimento, com velocidades $v_A = 8$ m/s e $v_B = 6$ m/s.

a) Se partirem em sentidos opostos, qual será a menor distância entre eles, medida ao longo da pista, após 20 s?
b) Se partirem no mesmo sentido, após quanto tempo o corredor *A* estará com uma volta de vantagem sobre o *B*?

Aceleração angular

Se a velocidade angular varia no decurso do tempo, o movimento circular é denominado variado. A grandeza que mede como a velocidade angular varia em relação ao tempo é a *aceleração angular*.

- *Aceleração angular média* γ_m
  Seja ω_1 a velocidade angular num instante t_1, e ω_2 a velocidade angular num instante posterior t_2.
  Sendo $\Delta\omega = \omega_2 - \omega_1$ e $\Delta t = t_2 - t_1$, denomina-se aceleração angular média γ_m, no intervalo de tempo Δt, a grandeza:

$$\gamma_m = \frac{\Delta\omega}{\Delta t}$$

- *Aceleração angular instantânea* γ
  A aceleração angular instantânea é o limite para o qual tende a aceleração angular média quando o intervalo de tempo Δt tende a zero:

$$\gamma = \lim_{\Delta t \to 0} \frac{\Delta\omega}{\Delta t}$$

  A unidade de aceleração angular no Sistema Internacional é rad/s^2.

- *Relação entre a aceleração escalar α e a aceleração angular γ*

  De $\gamma_m = \dfrac{\Delta\omega}{\Delta t}$ e sendo $\Delta v = R \cdot \Delta\omega$,

  onde R é o raio da circunferência, vem:

$$\gamma_m = \frac{\Delta v}{R \cdot \Delta t} \Rightarrow \frac{\Delta v}{\Delta t} = R \cdot \gamma_m \Rightarrow \alpha_m = R \cdot \gamma_m$$

  Passando ao limite, quando Δt tende a zero, vem:

$$\alpha = R \cdot \gamma$$

ou

$$\alpha = \gamma \cdot R$$

Movimento circular uniformemente variado (MCUV)

Seja *O* a origem de uma trajetória circular orientada no sentido anti-horário. Considere um móvel em MUV, sendo s_0 o espaço inicial e v_0 a velocidade escalar inicial. Num instante posterior *t*, seja *s* o espaço e *v* a velocidade escalar (fig. 6).

Como sabemos, para o MUV, valem as fórmulas:

$$s = s_0 + v_0 t + \frac{\alpha \cdot t^2}{2}$$
$$v = v_0 + \alpha \cdot t$$
$$\alpha = \text{constante} \neq 0$$
$$v^2 = v_0^2 + 2 \cdot \alpha \cdot \Delta s$$

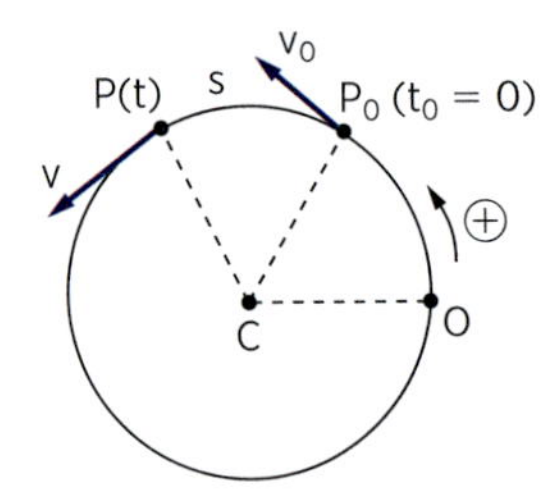

Figura 6

A cada grandeza escalar corresponde uma grandeza angular:

$s \longrightarrow \varphi$
$v \longrightarrow \omega$
$\alpha \longrightarrow \gamma$

Assim, as funções horárias angulares para o MCUV podem ser escritas (fig. 7):

$$\varphi = \varphi_0 + \omega_0 t + \frac{\gamma \cdot t^2}{2}$$
$$\omega = \omega_0 + \gamma \cdot t$$
$$\gamma = \text{constante} \neq 0$$
$$\omega^2 = \omega_0^2 + 2 \cdot \gamma \cdot \Delta\varphi$$

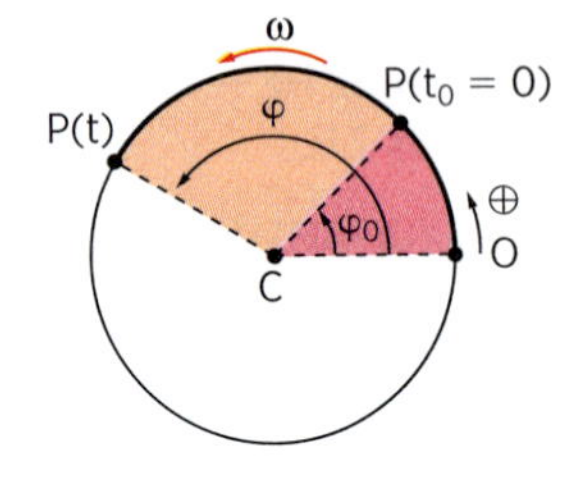

Figura 7

Nas fórmulas acima, ω_0 representa a velocidade angular inicial.

Aplicação

A16. A velocidade angular de um ponto que executa um movimento circular varia de 20 rad/s para 40 rad/s em 5 segundos. Determine a aceleração angular média nesse intervalo de tempo.

A17. Um móvel parte do repouso e percorre uma trajetória circular de raio 10 m, assumindo movimento uniformemente acelerado de aceleração escalar 1,0 m/s^2.
Determine:
a) a aceleração angular do movimento;
b) a velocidade angular do movimento 10 s após o móvel ter partido.

A18. Uma roda está girando em MCU com velocidade angular de 10π rad/s. Num dado instante, ela é freada uniformemente e, durante 1 minuto, sua velocidade passa para 6π rad/s. Determine o número de voltas que a roda efetuou nesse intervalo de tempo.

Verificação

V16. Um móvel que executa movimento circular tem sua velocidade angular variada de 50 rad/s para 10 rad/s em 8 segundos. Determine sua aceleração angular média nesse intervalo de tempo.

V17. Um móvel realiza MCUV numa circunferência de raio igual a 10 cm. No instante $t = 0$, a velocidade angular é 5,0 rad/s; 10 s após, é 15 rad/s.
Determine:
a) a aceleração angular;
b) a aceleração escalar;
c) a velocidade angular no instante $t = 20$ s.

V18. Um ventilador gira com movimento uniforme de velocidade angular 30π rad/s. Sendo desligado, para depois de dar 75 voltas com movimento uniformemente variado. Determine o intervalo de tempo que decorre entre o instante em que o ventilador é desligado e aquele em que ele para.

Thinkstock/Getty Images

(UF-BA) O texto e o gráfico abaixo referem-se às questões **R14** e **R15**.
O gráfico representa a velocidade angular, em função do tempo, de uma polia que gira ao redor de um eixo.

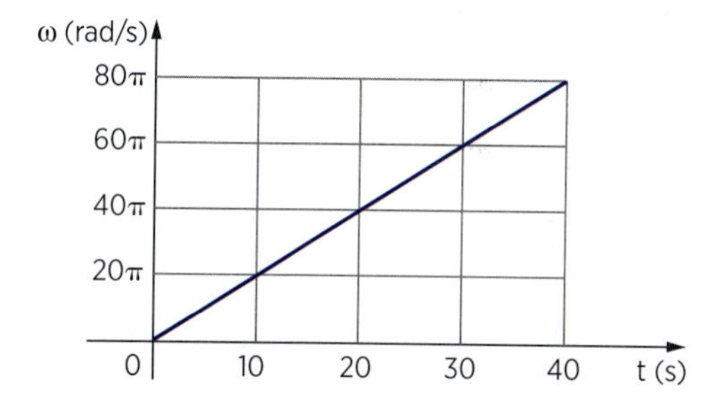

R14. A aceleração angular da polia é igual a:
a) 2π rad/s²
b) 15π rad/s²
c) 20π rad/s²
d) 100π rad/s²
e) 200π rad/s²

R15. O número de voltas completas realizadas pela polia, de 0 a 40 s, é igual a:
a) $3{,}0 \cdot 10^2$
b) $4{,}0 \cdot 10^2$
c) $8{,}0 \cdot 10^2$
d) $1{,}2 \cdot 10^3$
e) $1{,}6 \cdot 10^3$

R16. (Unaerp-SP) Um "motorzinho" de dentista gira com frequência de 2000 Hz até a broca de raio 2,0 mm encostar no dente do paciente, quando, após 1,5 segundo, passa a ter frequência de 500 Hz. O módulo da aceleração escalar média, nesse intervalo de tempo, é, em m/s²:
a) 2π b) 3π c) 4π d) 5π e) 6π

Transmissão de movimento circular

Um movimento circular pode ser transmitido de uma roda (ou polia) para outra por meio de dois procedimentos básicos: ligação das rodas por uma correia ou contato entre as rodas (fig. 8). Nesse último caso, para evitar escorregamento, as rodas costumam ser denteadas.

CJG/Alamy/Glow Images

Thinkstock/Getty Images

Figura 8. Transmissão de movimento circular: por meio de correia (à esquerda) e de rodas denteadas (à direita).

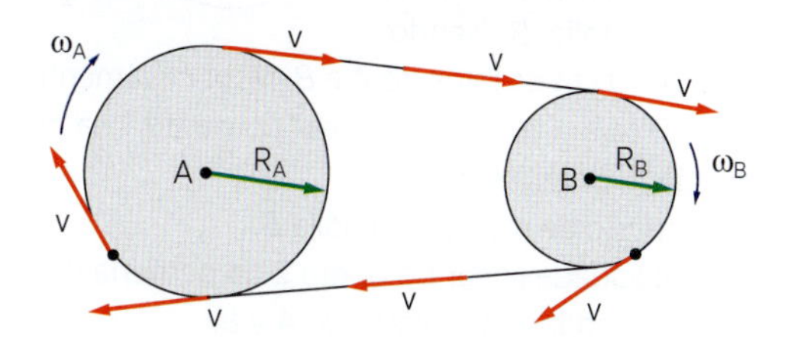

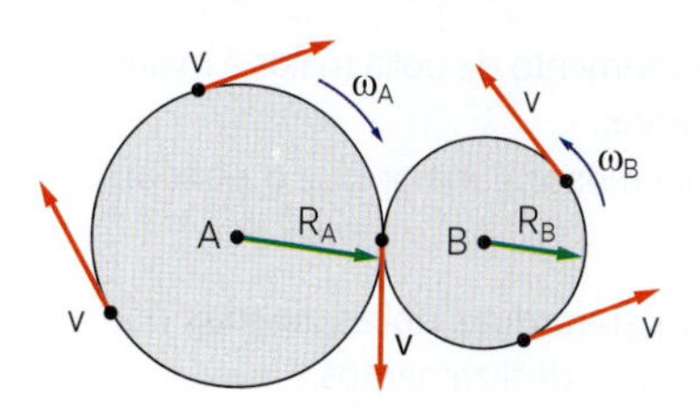

Figura 9

Em ambas as situações, admitindo que não haja escorregamento, os pontos da periferia das rodas têm velocidades escalares iguais. Sendo R_A e R_B os raios das rodas *A* e *B* e ω_A e ω_B suas velocidades angulares, respectivamente, podemos escrever:

$$\text{roda } A \longrightarrow v = \omega_A \cdot R_A$$
$$\text{roda } B \longrightarrow v = \omega_B \cdot R_B$$

Portanto: $\omega_A \cdot R_A = \omega_B \cdot R_B$

Lembrando que $\omega = 2\pi f$, temos:

$$2\pi f_A \cdot R_A = 2\pi f_B \cdot R_B$$

Logo: $f_A \cdot R_A = f_B \cdot R_B$

Dessa última fórmula concluímos que *a roda de menor raio apresenta maior frequência.*

Aplicação

A19. Duas polias, *A* e *B*, são ligadas por uma correia. A polia *A* tem raio 2R e gira no sentido horário com velocidade angular ω_A. A polia *B* tem raio *R* e gira com velocidade angular ω_B. O movimento de *A* é transmitido a *B* por meio de uma correia. Não há escorregamento entre a correia e as polias.

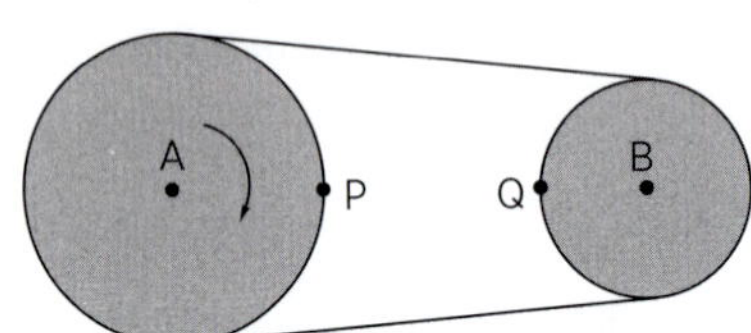

Tem-se:

I. $\omega_A = \omega_B$

II. Os pontos *P* e *Q* têm mesma velocidade linear *v*.

III. A polia *B* gira no sentido horário.

IV. $\omega_A = \dfrac{\omega_B}{2}$

Responda de acordo com o código:

a) Todas são corretas.

b) Apenas I, II e III são corretas.

c) Apenas II, III e IV são corretas.

d) Apenas II e III são corretas.

e) Nenhuma delas é correta.

A20. Duas polias ligadas por uma correia têm 20 cm e 40 cm de raio. A primeira efetua 30 rpm. Calcule a frequência da segunda.

A21. Duas rodas tangenciam-se num ponto. Colocando-se uma delas a girar, esta transmite movimento à segunda. Admite-se não haver escorregamento no ponto de tangência e que os raios das rodas são $R_A = r$ e $R_B = 3r$. Determine a relação entre as velocidades angulares (ω_A e ω_B) e entre as frequências (f_A e f_B).

A22. No sistema ao lado, os discos giram sem escorregamentos. Sendo a velocidade angular do disco *A* igual a 20 rad/s e de sentido horário, determine a velocidade angular e o sentido de rotação dos discos *B* e *C*.

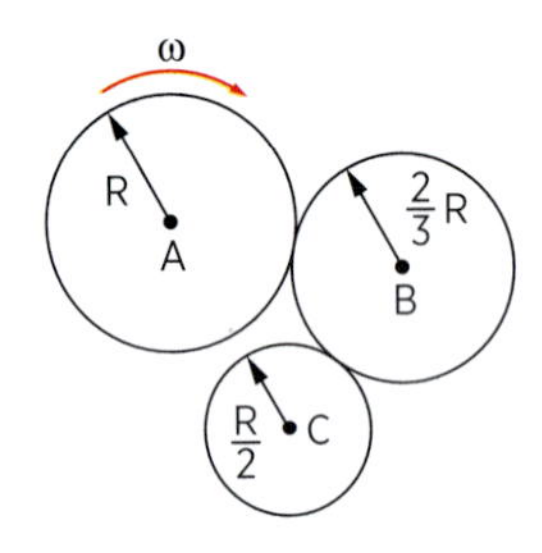

Verificação

V19. Duas polias estão ligadas por uma correia. A maior possui raio de 20 cm, e a outra, raio *R*. Não havendo deslizamento da correia sobre a polia:

a) a velocidade escalar não é a mesma para todos os pontos da correia.

b) o raio da polia menor é $R = 20 \cdot \dfrac{\omega_2}{\omega_1}$, onde ω_1 é a velocidade angular da polia maior e ω_2, a da polia menor.

c) a velocidade angular da polia menor é maior que a da polia maior.

d) a frequência do movimento da polia maior é maior que a da polia menor.

e) o período da polia menor é maior que o período da polia maior.

V20. Em certa máquina existem duas polias, ligadas por uma correia, girando sem deslizamentos. A primeira polia tem raio $R_A = 10$ cm e gira com velocidade angular $\omega_A = 10$ rad/s. Qual a velocidade angular da segunda polia, sabendo-se que ela tem raio $R_B = 40$ cm?

V21. Duas polias, *A* e *B*, tangenciam-se num ponto. A polia *A* é posta a girar no sentido horário. Ela transmite movimento à polia *B*. Sendo 20 cm e 10 cm os raios de *A* e *B*, respectivamente, e $v_1 = 5{,}0$ m/s a velocidade linear do ponto 1 da periferia de *A*, determine:

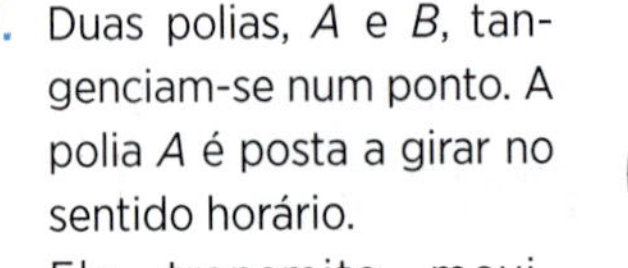

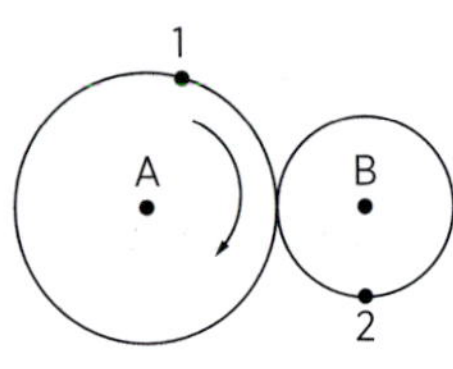

a) o sentido de rotação da polia *B*;

b) a velocidade linear do ponto 2 da periferia de *B*;

c) as velocidades angulares de *A* e *B*.

V22. Considere o sistema constituído de três polias, *A*, *B* e *C*, de raios $R_A = 6{,}0$ cm, $R_B = 12$ cm e $R_C = 9{,}0$ cm, pelas quais passa uma fita que se movimenta sem escorregar.

Se a polia *A* efetua 30 rpm, determine:

a) a frequência de rotação da polia *B*;

b) o período, em segundos, do movimento da polia *C*.

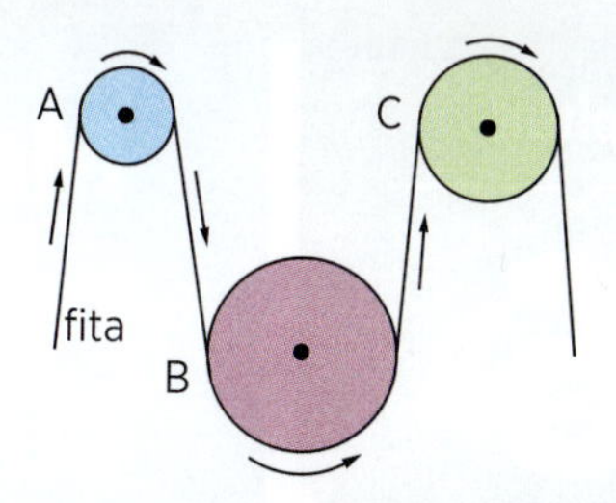

Revisão

R17. (UE-CE) Duas rodas de raios *R* e *r*, com $R > r$, giram acopladas por meio de uma correia inextensível que não desliza em relação às rodas. No instante inicial, os pontos *A* e *a* se encontram na posição mais alta, conforme a figura abaixo.

Qual deve ser a razão $\frac{R}{r}$ para que, após $\frac{2}{3}$ de giro completo da roda grande, o ponto *a* esteja na mesma posição inicial pela primeira vez?

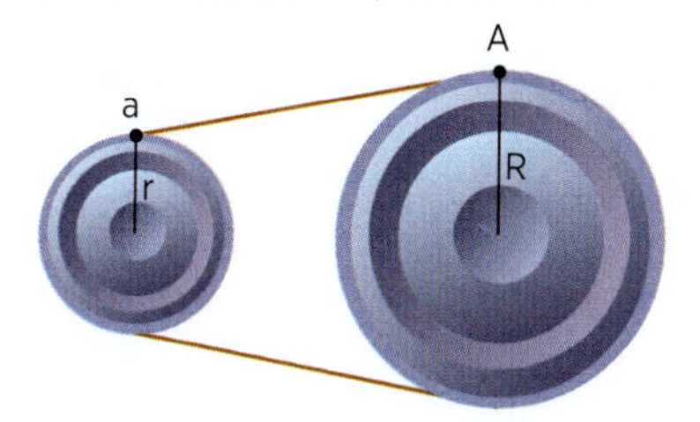

a) $\frac{2}{3}$ **b)** $\frac{2\pi}{3}$ **c)** $\frac{3}{2}$ **d)** $2 + 3$

R18. (UF-PB) Em uma bicicleta, a transmissão do movimento das pedaladas se faz através de uma corrente, acoplando um disco dentado dianteiro (coroa) a um disco dentado traseiro (catraca), sem que haja deslizamento entre a corrente e os discos. A catraca, por sua vez, é acoplada à roda traseira de modo que as velocidades angulares da catraca e da roda sejam as mesmas (ver a seguir figura representativa de uma bicicleta).

Em uma corrida de bicicleta, o ciclista desloca-se com velocidade escalar constante, mantendo um ritmo estável de pedaladas, capaz de imprimir no disco dianteiro uma velocidade angular de 4 rad/s, para uma configuração em que o raio da coroa é 4R, o raio da catraca é *R* e o raio da roda é 0,5 m.

Com base no exposto, conclui-se que a velocidade escalar do ciclista é:

a) 2 m/s
b) 4 m/s
c) 8 m/s
d) 12 m/s
e) 16 m/s

R19. (Fuvest-SP) Num toca-fitas, a fita *F* do cassete passa em frente da cabeça de leitura *C* com uma velocidade escalar constante $v = 4{,}80$ cm/s. O diâmetro do núcleo dos carretéis vale 2,0 cm. Com a fita completamente enrolada num dos carretéis, o diâmetro externo do rolo de fita vale 5,0 cm. A figura representa a situação em que a fita começa a se desenrolar do carretel *A* e a se enrolar no núcleo do carretel *B*.

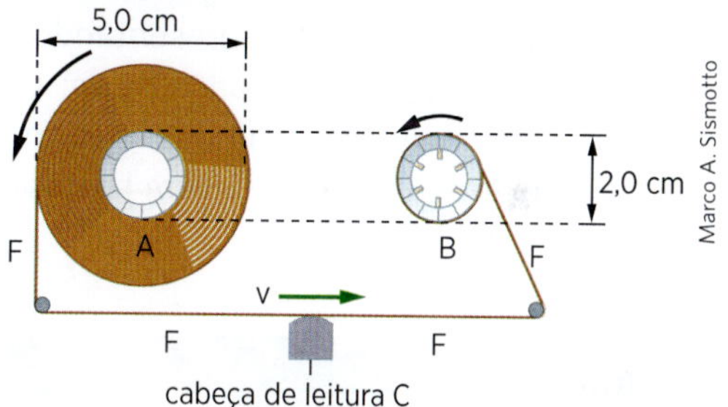

Adote $\pi = 3$.

Enquanto a fita é totalmente transferida de *A* para *B*, o número de rotações completas por segundo (rps) do carretel *A*:

a) varia de 0,32 rps a 0,80 rps.

b) varia de 0,96 rps a 2,40 rps.

c) varia de 1,92 rps a 4,80 rps.

d) permanece igual a 1,92 rps.

e) varia de 11,5 rps a 28,8 rps.

R20. (U. F. São Carlos-SP) O mesmo eixo que faz girar as pás de um ventilador faz com que seu corpo oscile para lá e para cá, devido à conexão de uma engrenagem pequena de 4 mm de diâmetro (pinhão) a outra grande de 40 mm de diâmetro (coroa).

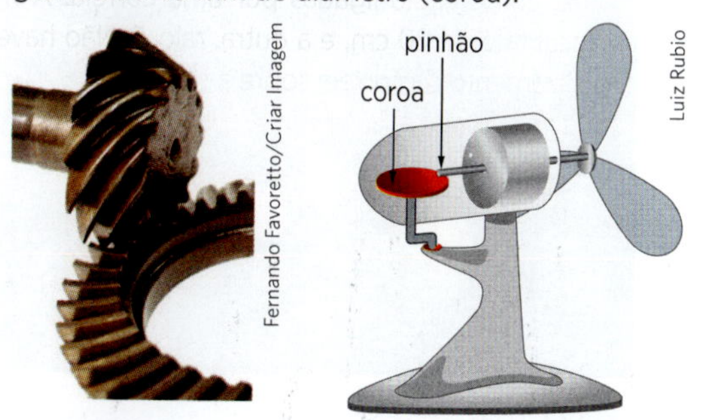

Considerando $\pi = 3{,}1$ e sabendo que o período de rotação da coroa é de 1 minuto, pode-se determinar que a hélice do ventilador, presa ao eixo do motor, gira com velocidade angular, em rad/s, aproximadamente igual a

a) 1 **b)** 2 **c)** 3 **d)** 4 **e)** 5

capítulo

6 Movimentos dos corpos nas proximidades da superfície terrestre

Lançamento vertical e queda livre

Considere um corpo lançado verticalmente (para cima ou para baixo) ou abandonado de uma certa posição, nas proximidades da superfície da Terra (fig. 1). Desprezando a resistência que o ar opõe ao movimento, podemos admitir que a aceleração do corpo é constante, apresentando direção vertical e sentido de cima para baixo: é o *vetor aceleração da gravidade* $\vec{g}$ (fig. 2). Seu módulo é considerado $g = 9{,}8\ m/s^2$ ou, com boa aproximação, $g = 10\ m/s^2$.

Richard Megna/Fundamental Photographs

Figura 1

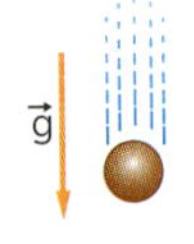

Figura 2

O movimento do corpo é um movimento retilíneo uniformemente variado.

Sua aceleração escalar é:

$$\alpha = +g \quad \text{ou} \quad \alpha = -g$$

conforme a trajetória seja orientada para baixo ou para cima, respectivamente (fig. 3).

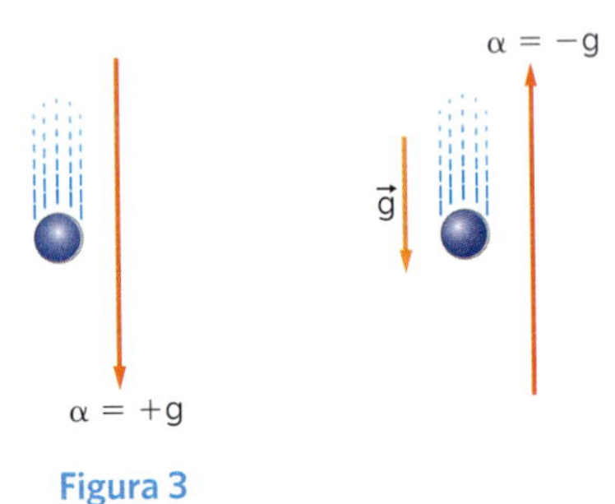

Figura 3

Uma vez feita a orientação da trajetória e escolhidas as origens dos tempos e dos espaços, podemos escrever, para o movimento do corpo:

$$\left.\begin{aligned} s &= s_0 + v_0 t + \frac{1}{2}\alpha t^2 \\ v &= v_0 + \alpha t \\ v^2 &= v_0^2 + 2\alpha \cdot \Delta s \end{aligned}\right\} \alpha = \pm g$$

A aceleração α é $+g$ ou $-g$, isto é, o sinal de α depende da orientação da trajetória, esteja o corpo subindo ou descendo.

Quando um ponto material é lançado verticalmente para cima, no ponto mais alto da trajetória a velocidade se anula. Orientando a trajetória para cima ($\alpha = -g$), como mostra a figura 4, adotando a origem dos espaços *O* no ponto de lançamento e fazendo $t = 0$ (origem dos tempos) no instante em que o móvel parte, podemos calcular:

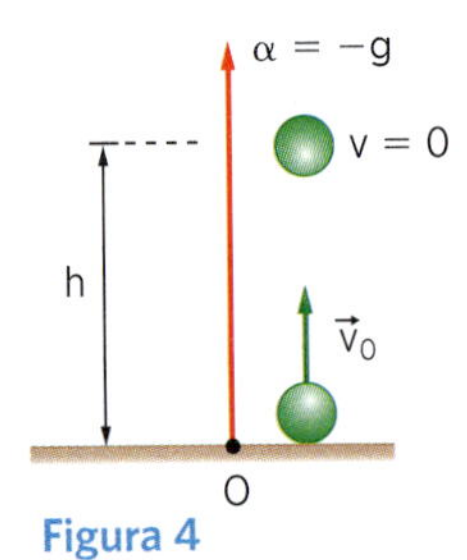

Figura 4

- *A altura máxima* h

Da equação de Torricelli, temos:

$v^2 = v_0^2 - 2g\Delta s$

$v^2 = v_0^2 - 2g(s - s_0)$

Sendo $s_0 = 0$ e $v = 0$, quando $s = h$, vem:

$0 = v_0^2 - 2gh$ $\boxed{h = \frac{v_0^2}{2g}}$

- *O tempo de subida* t_s

O tempo de subida corresponde ao intervalo de tempo decorrido desde o instante do lançamento até o instante em que o móvel atinge a altura máxima.

Da expressão $\boxed{v = v_0 - gt}$ obtemos t_s, e fazendo $v = 0$:

$$0 = v_0 - g \cdot t_s \Rightarrow \boxed{t_s = \frac{v_0}{g}}$$

Na figura 5 apresentamos os gráficos referentes a esse movimento.

Da simetria da parábola observe que o tempo de subida (t_s) é igual ao tempo de descida (t_d).

Observe ainda que, para cada ponto da trajetória, na subida ou na descida, as velocidades escalares têm sinais opostos, mas são iguais em valor absoluto.

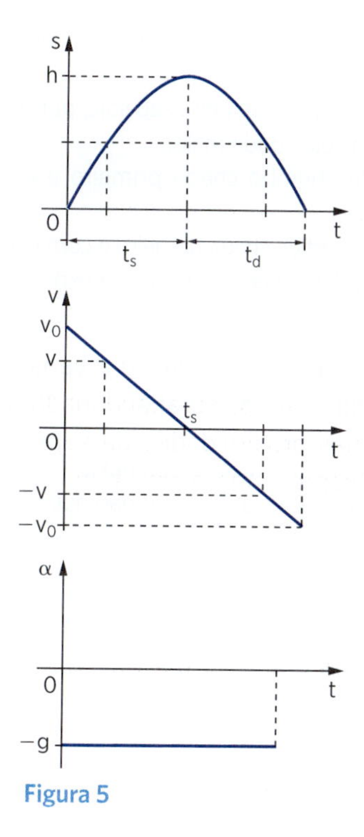

Figura 5

A1. De uma mesma horizontal, acima do solo, abandonam-se, do repouso, vários corpos. Desprezando a resistência do ar, pode-se afirmar que:

a) a aceleração do movimento é a mesma para todos os corpos.
b) a velocidade de cada corpo mantém-se constante no decorrer da queda.
c) de dois corpos soltos juntos, o de maior massa chega primeiro ao solo.
d) os corpos não caem, pois é desprezada a resistência do ar.
e) o movimento de queda é retardado.

A2. A partir do solo, lança-se uma pedra verticalmente para cima com velocidade inicial v_0. A gravidade local é *g*. Desprezando os efeitos do ar, pode-se dizer que:

a) a altura máxima atingida é $h = \frac{v_0^2}{g}$.
b) sendo *h* a altura máxima atingida, o tempo de subida é $t_s = \frac{h}{g}$.
c) tendo atingido o ponto mais elevado, a pedra cai ao solo. A duração da queda é $t_q = \frac{v_0}{g}$.
d) a pedra atinge o solo com velocidade de módulo maior que v_0.
e) no ponto mais elevado, a aceleração é nula.

A3. Abandona-se um móvel de um ponto situado 80 m acima do solo. Adote $g = 10\ m/s^2$ e despreze a resistência do ar. Determine:

a) o instante em que o móvel atinge o solo;
b) a velocidade que o móvel possui ao atingir o solo.

A4. Um corpo é lançado verticalmente para baixo, de uma altura de 120 m, com velocidade inicial de 15 m/s. Despreze a resistência do ar e considere $g = 10\ m/s^2$. Determine o intervalo de tempo decorrido desde o lançamento até o instante em que o corpo se encontra a 70 m do solo.

A5. Uma bola é lançada verticalmente para cima, no vácuo, a partir do solo, com velocidade de 30 m/s. Adote $g = 10\ m/s^2$. Determine:

a) o tempo de subida;
b) a altura máxima atingida;
c) a distância da bola ao solo 1,0 s após o lançamento;
d) se no instante t = 5,0 s a bola está subindo ou descendo.

Verificação

V1. Abandonando no vácuo, a uma altura *h*, duas esferas de raios iguais, uma de cortiça e outra de chumbo:
a) ambas chegam juntas ao solo e com a mesma velocidade.
b) ambas chegam juntas ao solo, porém a de chumbo com velocidade maior.
c) a de chumbo chega primeiro e com velocidade menor.
d) a de cortiça chega primeiro e com velocidade maior.
e) as esferas não caem, pois a experiência é feita no vácuo.

V2. Lança-se um corpo verticalmente para cima. No instante em que ele atinge a altura máxima, podemos afirmar que possui:
a) velocidade e aceleração nulas.
b) velocidade e aceleração não nulas.
c) velocidade nula e aceleração não nula.
d) velocidade não nula e aceleração nula.
e) velocidade máxima.

V3. À altura de 20 m, abandona-se uma bola de chumbo a partir do repouso. Adote $g = 10$ m/s^2 e despreze o efeito do ar. Determine:
a) o instante em que a bola atinge o solo;
b) o módulo da velocidade da bola ao atingir o solo.

V4. De um ponto situado 60 m acima do solo é lançado, verticalmente para cima, um corpo com velocidade de módulo 20 m/s. Adota-se $g = 10$ m/s^2 e despreza-se a resistência do ar. Determine:
a) a duração da subida;
b) a altura máxima atingida;
c) quanto tempo após o lançamento o corpo atinge o solo;
d) o módulo da velocidade do corpo ao atingir o solo.

V5. Com os dados do exercício anterior, represente graficamente:
a) o espaço s em função do tempo;
b) a velocidade escalar v em função do tempo;
c) a aceleração escalar α em função do tempo.

Revisão

R1. (UF-CE) Partindo do repouso, duas pequenas esferas de aço começam a cair, simultaneamente, de pontos diferentes, localizados na mesma vertical, próximos da superfície da Terra. Desprezando a resistência do ar, a distância entre as esferas durante a queda irá:
a) aumentar.
b) diminuir.
c) permanecer a mesma.
d) aumentar, inicialmente, e diminuir, posteriormente.
e) diminuir, inicialmente, e aumentar, posteriormente.

R2. (UE-PB) Numa aula experimental de física, o professor, após discutir com seus alunos os movimentos dos corpos sob efeito da gravidade, estabelece a seguinte atividade:

"Coloquem dentro de uma tampa de caixa de sapatos objetos de formas e pesos diversos: pedaço de papel amassado, pedaço de papel não amassado, pena, esfera de aço e uma bolinha de algodão. Em seguida, posicionem a tampa horizontalmente a 2 metros de altura em relação ao solo, e soltem-na, deixando-a cair".

Com a execução da atividade proposta pelo professor, observando o que ocorreu, os alunos chegaram a algumas hipóteses:
I. A esfera de aço chegou primeiro ao chão, por ser mais pesada que todos os outros objetos.
II. Depois da esfera de aço, o que chegou logo ao chão foi o pedaço de papel amassado, porque o ar não impediu o seu movimento, contrário ao que ocorreu com os outros objetos dispostos na tampa.
III. Todos os objetos chegaram igualmente ao chão, uma vez que a tampa da caixa impediu que o ar interferisse na queda.
IV. Os objetos chegaram ao chão conforme a seguinte ordem: 1ª – tampa da caixa e esfera de aço, 2ª – pedaço de papel amassado, 3ª – bolinha de algodão, 4ª – pena e 5ª – pedaço de papel não amassado.

Após análise das hipóteses acima apontadas pelos alunos, é correto afirmar que:
a) apenas II está correta.
b) apenas I está correta.
c) apenas III está correta.
d) apenas IV está correta.
e) estão corretas I e II.

R3. (Fatec-SP) Um menino, na Terra, arremessa para cima uma bolinha de tênis com uma determinada velocidade inicial e consegue um alcance vertical de 6 metros de altura. Se essa experiência fosse feita na Lua, onde a gravidade é 6 vezes menor que a gravidade na Terra, a altura alcançada pela bolinha arremessada com a mesma velocidade inicial seria, em metros de:
a) 1
b) 6
c) 36
d) 108
e) 216

R4. (UF-RS) Um projétil de brinquedo é arremessado verticalmente para cima, da beira da varanda de um prédio, com uma velocidade inicial de 10 m/s. O projétil sobe livremente e, ao cair, atinge a calçada do prédio com uma velocidade de módulo igual a 30 m/s. Indique quanto tempo o projétil permaneceu no ar, supondo o módulo da aceleração da gravidade igual a 10 m/s^2 e desprezando os efeitos de atrito sobre o movimento do projétil.

a) 1 s
b) 2 s
c) 3 s
d) 4 s
e) 5 s

R5. (Mackenzie-SP) Um corpo é abandonado do repouso, de uma altura de 60,00 m em relação ao solo. Caindo, livre de qualquer resistência, após percorrer 1,80 m, sua velocidade é $\vec{v}_1$. Continuando sua queda, 2,0 s depois do instante em que a velocidade é $\vec{v}_1$, este corpo estará com uma velocidade $\vec{v}_2$ de módulo:

a) zero, pois já terá atingido o solo antes desse tempo.
b) 6,0 m/s
c) 16,0 m/s
d) 26,0 m/s
e) 36,0 m/s

Adote g = 10 m/s^2.

R6. (PUC-RJ) Um objeto é abandonado do alto de um prédio de altura 80 m em t = 0. Um segundo objeto é largado de 20 m em $t = t_1$. Despreze a resistência do ar. Sabendo que os dois objetos colidem simultaneamente com o solo, t_1 vale:

a) 1,0 s
b) 2,0 s
c) 3,0 s
d) 4,0 s
e) 5,0 s

Considere g = 10 m/s^2.

Novos exercícios de lançamento vertical e queda livre

Vamos resolver problemas que tratam do encontro entre corpos que se movem verticalmente com a aceleração da gravidade. Para tanto, devemos escrever as funções horárias e igualar os espaços no instante do encontro.

Outro tipo de problema bastante interessante, e que será visto nas páginas seguintes, refere-se a corpos que são transportados por um veículo qualquer, o qual se desloca verticalmente, como um helicóptero, e que num certo instante são abandonados, atingindo o solo a seguir. Note que a velocidade dos corpos no momento em que são abandonados é, em relação ao solo, exatamente a mesma velocidade do veículo.

Aplicação

A6. Uma maçã é abandonada 180 m acima do solo. No mesmo instante, um projétil é disparado do solo, para cima, na mesma vertical da maçã. A velocidade inicial do projétil é de 45 m/s. Determine:

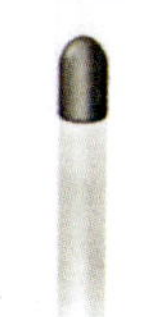

Studio Caparroz

a) o instante do encontro;
b) a posição em que o projétil encontra a maçã, contada a partir do solo.

Adote g = 10 m/s^2 e despreze a resistência do ar.

A7. De um helicóptero que desce verticalmente e se encontra a 100 m do solo é abandonada uma pedra. Sabendo que a pedra leva 4,0 s para atingir o solo e supondo g = 10 m/s^2, determine a velocidade do helicóptero no momento em que a pedra foi abandonada. Despreze o efeito do ar no movimento da pedra.

A8. Dois corpos, *A* e *B*, são abandonados do repouso, de uma altura de 45 m. O corpo *B* parte 1,0 s depois de *A*. Qual a distância que os separa quando o corpo *A* toca o solo? Considere g = 10 m/s^2 e despreze a resistência do ar.

A9. De que altura deve ser abandonado um corpo, em queda livre, para que no último segundo de sua queda ele percorra 15 m?

Adote g = 10 m/s^2.

V6. Um corpo é abandonado 200 m acima do solo. No mesmo instante, um projétil é disparado verticalmente do solo em direção ao corpo. Determine a velocidade inicial do projétil, sabendo que ele encontra o corpo numa altura de 120 m, no menor tempo possível. Considere g = 10 m/s^2 e despreze a resistência do ar.

V7. Um helicóptero está descendo com velocidade constante de 10 m/s. Uma pedra é abandonada do helicóptero e leva 8,0 s para atingir o solo. Desprezando a resistência do ar e considerando g = 10 m/s^2, determine a altura do helicóptero no instante em que a pedra foi abandonada.

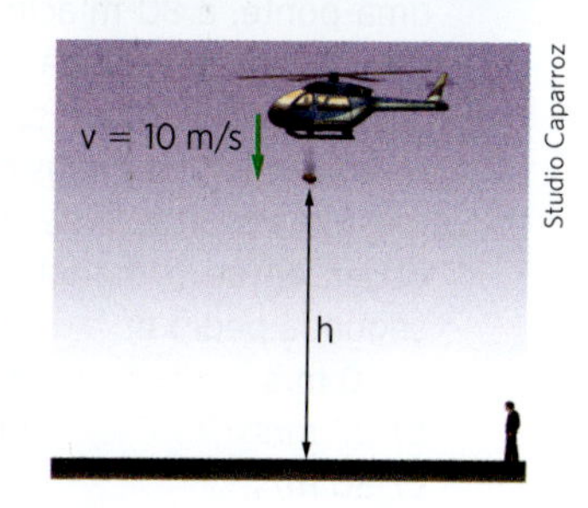

V8. Dois corpos, *A* e *B*, são abandonados do repouso, de uma altura de 80 m. O corpo *B* parte 2,0 s depois de *A*. Qual a distância que os separa quando o corpo *A* atinge o solo?
Adote g = 10 m/s² e despreze a resistência do ar.

V9. De uma altura *H* abandona-se um corpo em queda livre. No último segundo de queda o corpo percorre a distância $\frac{3H}{4}$. Sendo g = 10 m/s², determine:

a) o tempo de queda;
b) a altura *H*.

Revisão

(UF-RJ) Leia o texto para responder às questões **R7** e **R8**.

Em um jogo de voleibol, denomina-se tempo de voo o intervalo de tempo durante o qual um atleta que salta para cortar uma bola está com ambos os pés fora do chão, como ilustra a foto abaixo.
Considere um atleta que consegue elevar-se a 0,45 m do chão, e a aceleração da gravidade igual a 10 m/s².

Phil Walter/Getty Images

R7. A velocidade inicial desse atleta ao saltar, em metros por segundo, foi da ordem de:

a) 1
b) 3
c) 6
d) 9

R8. O tempo de voo desse atleta, em segundos, corresponde aproximadamente a:

a) 0,1
b) 0,3
c) 0,6
d) 0,9

R9. (UF-BA) Um corpo é lançado verticalmente para cima com velocidade v_0. Ao atingir sua altitude máxima, igual a 100 m, um segundo corpo é lançado do mesmo local e com velocidade inicial igual à do primeiro. Determine a altura *h* em que os corpos se encontram. Considere g = 10 m/s² e despreze a resistência do ar.

R10. (Mackenzie-SP) Uma pedra é abandonada de uma ponte, a 80 m acima da superfície da água. Outra pedra é atirada verticalmente para baixo, do mesmo local, dois segundos após o abandono da primeira. Se as duas pedras atingem a água no mesmo instante, e desprezando-se a resistência do ar, então o módulo da velocidade inicial da segunda pedra é:

a) 10 m/s
b) 20 m/s
c) 30 m/s
d) 40 m/s
e) 50 m/s

R11. (Puccamp-SP) Um foguete sobe verticalmente. No instante t = 0, em que ele passa pela altura de 100 m, em relação ao solo, subindo com velocidade de 5,0 m/s, escapa dele um pequeno parafuso. Considere g = 10 m/s². O parafuso chegará ao solo no instante *t*, em segundos, igual a:

a) 20
b) 15
c) 10
d) 5,0
e) 3,0

R12. (Unesp-SP) Em um dia de calmaria, um garoto sobre uma ponte deixa cair, verticalmente e a partir do repouso, uma bola no instante $t_0 = 0$ s. A bola atinge, no instante t_4, um ponto localizado no nível das águas do rio e à distância *h* do ponto de lançamento. A figura apresenta, fora de escala, cinco posições da bola, relativas aos instantes t_0, t_1, t_2, t_3 e t_4. Sabe-se que entre os instantes t_2 e t_3 a bola percorre 6,25 m e que g = 10 m/s².

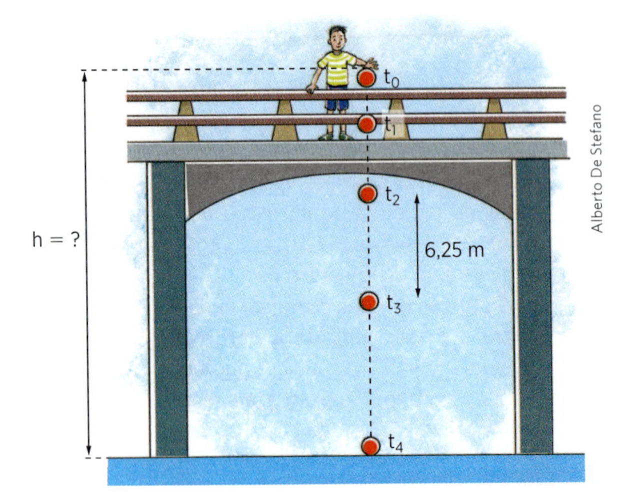

Alberto De Stefano

Desprezando a resistência do ar e sabendo que o intervalo de tempo entre duas posições consecutivas apresentadas na figura é sempre o mesmo, pode-se afirmar que a distância *h*, em metros, é igual a

a) 25
b) 28
c) 22
d) 30
e) 20

R13. (UF-RN) Em um local onde o efeito do ar é desprezível, um objeto é abandonado, a partir do repouso, de uma altura *h* acima do solo. Seja h_1 a distância percorrida na primeira metade do tempo de queda e h_2 a distância percorrida na segunda metade do tempo de queda. Calcule a razão $\frac{h_1}{h_2}$.

Lançamento oblíquo

Considere um corpo *P*, lançado com velocidade inicial $\vec{v}_0$, que faz com a horizontal um ângulo θ, denominado *ângulo de tiro*. Em vez de estudar o movimento de *P* ao longo da trajetória, é mais simples analisar os movimentos de P_x e P_y, projeções de *P* nos eixos Ox e Oy, respectivamente eixo horizontal e eixo vertical, cujas origens coincidem com o ponto de lançamento (fig. 6).

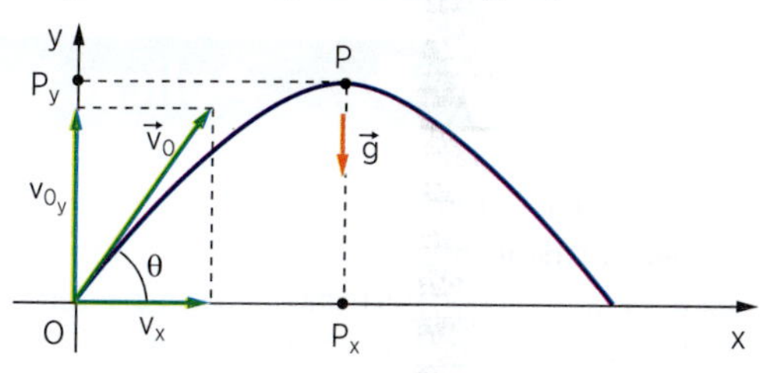

Figura 6. θ é o ângulo de tiro.

Não considerando a resistência do ar, o corpo *P* descreve seu movimento sob a ação da aceleração da gravidade $\vec{g}$. No eixo Ox, a projeção de $\vec{g}$ é nula; portanto, *o movimento de* P_x *é uniforme*. No eixo Oy, a projeção de $\vec{g}$ é $+g$ ou $-g$, conforme a orientação desse eixo. Como em qualquer caso essa projeção é constante, *o movimento de* P_y *é uniformemente variado*.

Para o movimento retilíneo uniforme (MRU) de P_x podemos escrever:

$$x = v_x \cdot t$$

(para as posições ao longo do eixo Ox)

A velocidade v_x é a projeção de $\vec{v}_0$ no eixo Ox, sendo constante e dada por: $v_x = v_0 \cdot \cos\theta$

O movimento de P_y, retilíneo uniformemente variado (MRUV), tem aceleração escalar $\alpha = +g$, se o eixo Oy é orientado para baixo, ou $\alpha = -g$, se o eixo Oy é orientado para cima. Sua velocidade inicial é a projeção de $\vec{v}_0$ no eixo Oy, sendo expressa por:

$$v_{0_y} = v_0 \cdot \operatorname{sen}\theta$$

Para o movimento de P_y podemos escrever

$$y = v_{0_y} t \pm \frac{g \cdot t^2}{2}$$

(para as posições ao longo do eixo Oy).

A velocidade v_y de P_y varia com o tempo segundo a função: $v_y = v_{0_y} \pm gt$

A equação de Torricelli para o movimento de P_y é: $v_y^2 = v_{0_y}^2 \pm 2g \cdot \Delta y$

OBSERVE

A equação da trajetória do lançamento oblíquo é obtida eliminando-se *t* dentre as expressões de *x* e *y* (consideramos Oy orientado para cima):

$$x = v_x \cdot t \Rightarrow x = v_0 \cdot \cos\theta \cdot t \Rightarrow t = \frac{x}{v_0 \cdot \cos\theta} \text{ e } y = v_{0_y} \cdot t - \frac{1}{2}gt^2$$

Substituindo a expressão de *t* em *y*, chegamos à *equação da trajetória*:

$$y = v_0 \cdot \operatorname{sen}\theta \cdot \frac{x}{v_0 \cos\theta} - \frac{1}{2} \cdot g \cdot \left(\frac{x}{v_0 \cos\theta}\right)^2$$

$$y = \operatorname{tg}\theta \cdot x - \frac{g}{2v_0^2 \cos^2\theta} x^2$$

Observe que a equação da trajetória é do segundo grau em *x*; portanto, a trajetória é uma *parábola*.

Cálculo da velocidade num instante qualquer

A componente horizontal da velocidade é constante e igual a $v_x = v_0 \cdot \cos\theta$.

A componente vertical da velocidade varia de acordo com a expressão:

$$v_y = v_{0_y} - gt$$

Observe que, quando o móvel atinge o vértice da parábola, a componente v_y é nula; portanto, a velocidade do móvel é v_x.

O módulo da velocidade num ponto qualquer da trajetória é calculado mediante a aplicação do Teorema de Pitágoras. No triângulo sombreado da figura 7 temos:

$$v^2 = v_x^2 + v_y^2$$

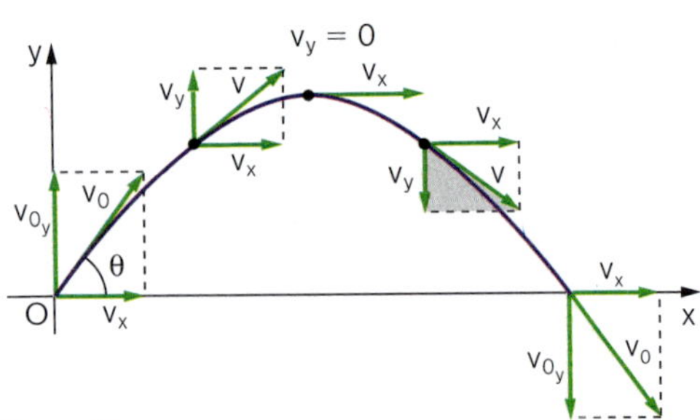

Figura 7

Aplicação

Leia o enunciado para realizar os exercícios **A10** e **A11**:

Um ponto material é lançado com velocidade $\vec{v}_0$, que faz um ângulo θ com a horizontal.

Despreze a resistência do ar e considere a aceleração da gravidade constante.

A10. A componente horizontal da velocidade do ponto material é:

a) variável com o tempo.
b) constante e igual a $v_0 \cdot \text{sen}\ \theta$.
c) constante e igual a $v_0 \cdot \cos \theta$.
d) variável, anulando-se quando o móvel atinge a posição mais elevada.
e) nula.

A11. A componente vertical da velocidade do ponto material:

a) é constante.
b) varia com o tempo segundo uma função do primeiro grau.
c) varia com o tempo segundo uma função do segundo grau.
d) é sempre diferente de zero.
e) tem sempre o mesmo sinal.

A12. Uma pedra é lançada para cima numa direção que forma um ângulo de 30° com a horizontal, no campo gravitacional terrestre, considerado uniforme. Desprezando o atrito com o ar, no ponto mais alto alcançado pela pedra, o módulo de sua:

a) aceleração é zero.
b) velocidade é zero.
c) aceleração atinge um mínimo, mas não é zero.
d) velocidade atinge um mínimo, mas não é zero.
e) velocidade atinge um máximo.

A13. Retome o teste anterior. Ao retornar ao solo, suposto horizontal, e passando pelo ponto de lançamento, a velocidade da pedra tem módulo:

a) igual ao módulo da velocidade $\vec{v}_0$ de lançamento.
b) maior do que o módulo de $\vec{v}_0$.
c) menor do que o módulo de $\vec{v}_0$.
d) nulo.
e) igual ao módulo da velocidade no ponto mais alto.

A14. Um corpo é lançado obliquamente para cima com velocidade inicial $v_0 = 50$ m/s, numa direção que faz um ângulo θ com a horizontal, tal que sen θ = 0,80 e cos θ = 0,60.

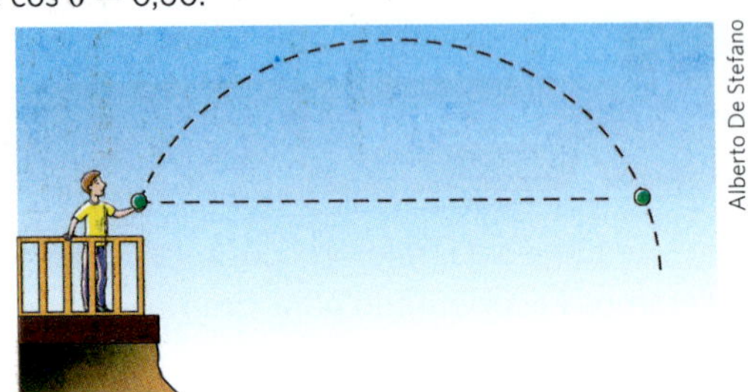

Adote $g = 10$ m/s² e despreze a resistência do ar. Determine o módulo da velocidade do corpo no instante $t = 2{,}0$ s.

Verificação

Leia o enunciado para realizar os exercícios **V10** a **V13**:

Um projétil é lançado em certa direção com velocidade inicial $\vec{v}_0$, cujas componentes vertical e horizontal são iguais, respectivamente, a 80 m/s e 60 m/s. A trajetória descrita é uma parábola e o projétil atinge o solo horizontal no ponto *A*.

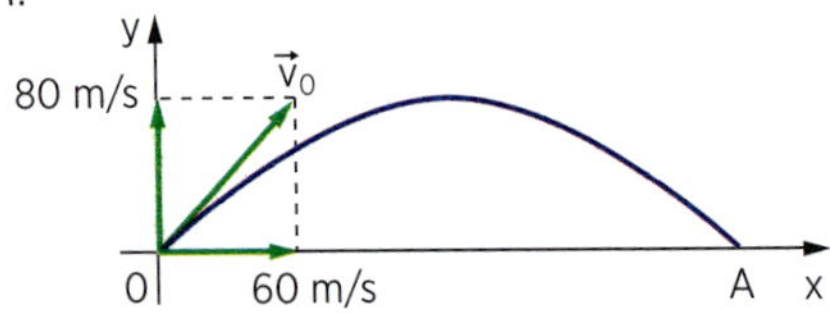

V10. O módulo da velocidade inicial $\vec{v}_0$ vale:

a) zero
b) 60 m/s
c) 80 m/s
d) 100 m/s
e) 140 m/s

V11. No ponto mais alto da trajetória, a velocidade do projétil tem módulo igual a:

a) zero
b) 80 m/s
c) 60 m/s
d) 100 m/s
e) 140 m/s

V12. Em um ponto qualquer da trajetória, entre o ponto de lançamento e o ponto *A*, o módulo da velocidade do projétil:

a) é no mínimo igual a 80 m/s.
b) tem valor igual a 140 m/s.
c) é no máximo igual a 60 m/s.
d) tem valor mínimo de 60 m/s e máximo de 100 m/s.
e) tem valor mínimo nulo e máximo de 100 m/s.

V13. Assinale a alternativa correta:

a) O projétil chega em *A* com velocidade nula.
b) O módulo da velocidade do projétil ao atingir *A* é igual ao módulo da velocidade de lançamento.
c) No ponto de altura máxima a velocidade e a aceleração são nulas.
d) Durante o movimento há conservação das componentes horizontal e vertical da velocidade.
e) A aceleração do projétil é variável.

V14. Um projétil é lançado obliquamente para cima com velocidade de 100 m/s, numa direção que faz um ângulo de 60° com a horizontal. Considere sen 30° = 0,50; cos 30° = 0,87; adote $g = 10\ m/s^2$ e despreze a resistência do ar. Após 4,0 s, o módulo da velocidade vetorial do projétil é:

a) 50 m/s
b) 87 m/s
c) 47 m/s
d) 69 m/s
e) 100 m/s

R14. (Fuvest-SP) Num dia ensolarado, com sol a pino, um jogador chuta uma bola, que descreve no ar uma parábola. O gráfico que melhor representa o valor da velocidade *v* da sombra da bola, projetada no solo, em função do tempo *t*, é:

a)
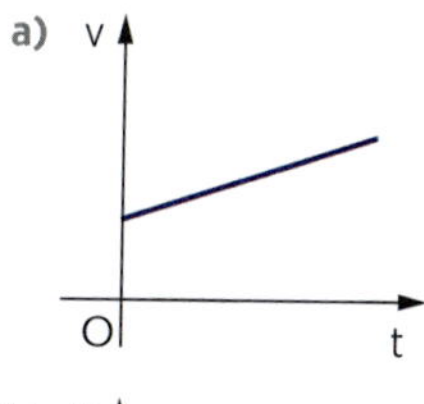

b)
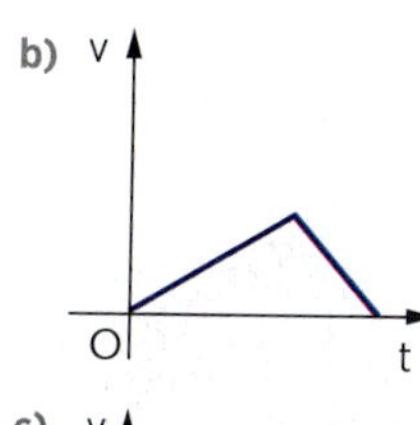

c)
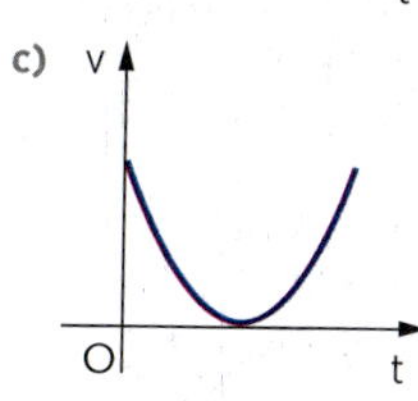

d)
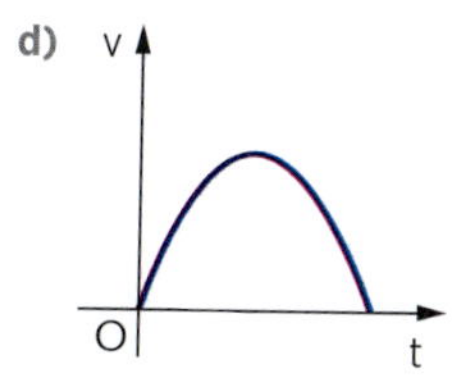

e)
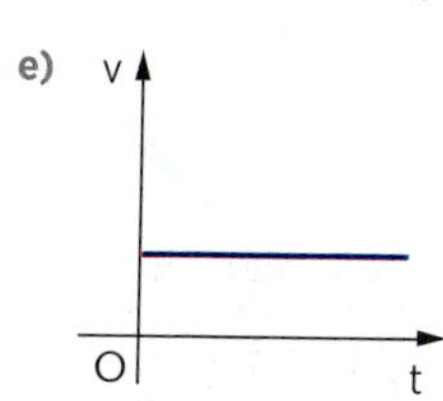

R15. (Fatec-SP) A velocidade do lançamento oblíquo de um projétil vale o dobro de sua velocidade no ponto de altura máxima. Considere constante a aceleração gravitacional e despreze a resistência do ar. O ângulo de lançamento θ é tal que:

a) $\text{sen}\ \theta = \frac{1}{2}$
b) $\cos\theta = \frac{1}{2}$
c) $\text{tg}\ \theta = \frac{1}{2}$
d) $\text{tg}\ \theta = 2$
e) $\text{cotg}\ \theta = 2$

R16. (Puccamp-SP-adaptado) A força exercida contra o chão pela ponta da perna de um inseto saltador terá componentes vertical e horizontal para um gafanhoto, como o da figura a seguir.

Luis Moura

Uma força é transmitida para o chão através da articulação dos pés posteriores. As pernas longas aumentam o tempo durante o qual a força pode agir e assim contribuem para a aceleração adquirida, mas quanto mais alto o salto, menos tempo as pernas empurram o chão.

(Adaptado de: *Os invertebrados*, de R. S. K. Barnes. São Paulo: Atheneu, 2007. p. 270.)

Sabe-se que o inseto deixa o solo com uma velocidade $\vec{v}_0$ que faz um ângulo θ com a horizontal. Sobre o movimento do inseto, é correto afirmar que (despreze a resistência do ar):

a) A componente vertical da velocidade é constante.
b) A componente horizontal da velocidade varia com o tempo segundo uma função do primeiro grau.
c) A componente vertical da velocidade varia com o tempo segundo uma função do segundo grau.
d) A componente horizontal da velocidade é nula no ponto mais alto da trajetória.
e) A componente horizontal da velocidade é constante.

R17. (UF-PR) Uma bola é lançada, a partir do solo, com uma velocidade cuja componente horizontal vale 45 m/s e cuja componente vertical vale 20 m/s. Determine sua velocidade, em m/s, 2 segundos após o lançamento. Considere $g = 10\ m/s^2$ e despreze a resistência do ar.

Tempo de subida. Altura máxima. Alcance horizontal

Tempo de subida t_s e tempo total t_t

O tempo de subida corresponde ao intervalo de tempo decorrido desde o instante de lançamento até o instante em que o móvel atinge o vértice da parábola. Nesse instante, $v_y = 0$. Portanto, da função $v_y = v_{0y} - gt$, obtemos t_s, fazendo $v_y = 0$:

$$0 = v_0 \cdot \text{sen}\,\theta - gt_s$$

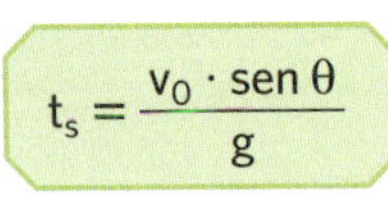

$$t_s = \frac{v_0 \cdot \text{sen}\,\theta}{g}$$

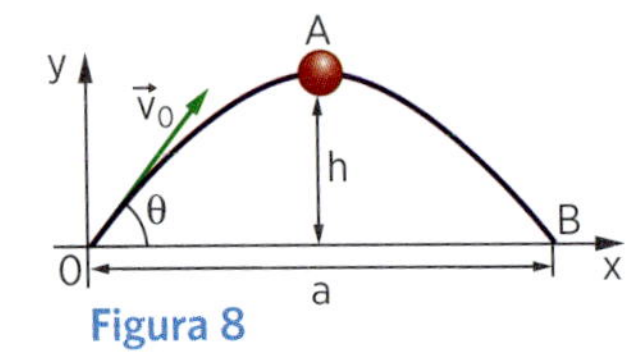

Figura 8

O tempo de descida é igual ao tempo de subida. O tempo de percurso total é, portanto:

$$t_t = 2t_s = \frac{2v_0 \cdot \text{sen}\,\theta}{g}$$

Altura máxima *h*

A equação de Torricelli aplicada ao ponto P_y, $v_y^2 = v_{0y}^2 - 2g \cdot \Delta y$, permite calcular a altura máxima *h*, fazendo $v_y = 0$ quando $\Delta y = h$. Portanto:

$$0 = v_{0y}^2 - 2gh$$

$$0 = v_0^2 \cdot \text{sen}^2\,\theta - 2gh$$

$$h = \frac{v_0^2 \cdot a\text{sen}^2\,\theta}{2g}$$

Alcance horizontal *a*

O alcance horizontal é calculado pela função horária de P_x. Quando $t = t_t$, tem-se $x = a$:

$$x = v_x \cdot t$$

$$a = v_x \cdot t_t \Rightarrow a = v_0 \cdot \cos\theta \cdot \frac{2v_0 \cdot \text{sen}\,\theta}{g} \Rightarrow$$

$$\Rightarrow a = \frac{2v_0^2 \cdot \text{sen}\,\theta \cdot \cos\theta}{g}$$

$$a = \frac{v_0^2 \cdot \text{sen}\,2\theta}{g}$$

Observe que, considerando uma mesma velocidade inicial v_0, há dois ângulos de tiro θ_1 e θ_2, tais que $\theta_1 + \theta_2 = 90°$, para os quais os alcances horizontais são iguais ($a_1 = a_2$). Por exemplo, se $\theta_1 = 30°$ e $\theta_2 = 60°$, teremos:

$$\text{sen}\,2\theta_1 = \text{sen}\,2\theta_2, \text{ pois sen}\,60° = \text{sen}\,120° = \frac{\sqrt{3}}{2}$$

Em vista da fórmula do alcance, resulta $a_1 = a_2$ (fig. 9).

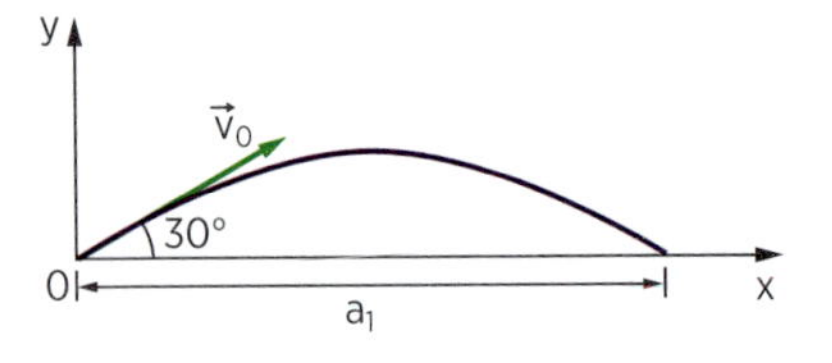

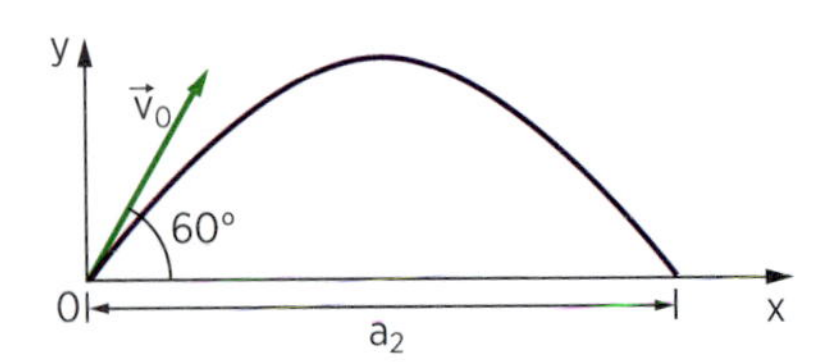

Figura 9. $a_1 = a_2$

Alcance máximo $a_{máx}$

Para uma dada velocidade inicial v_0, podemos calcular o ângulo de tiro θ que corresponde ao alcance horizontal máximo.

De $a = \frac{v_0^2 \cdot \text{sen}\,2\theta}{g}$ observamos que *a* será o máximo quando sen 2θ for máximo, ou seja, sen 2θ = 1. Portanto, $2\theta = 90° \Rightarrow \theta = 45°$. Nessas condições, o alcance horizontal máximo (fig. 10) será:

$$a_{máx} = \frac{v_0^2}{g}$$

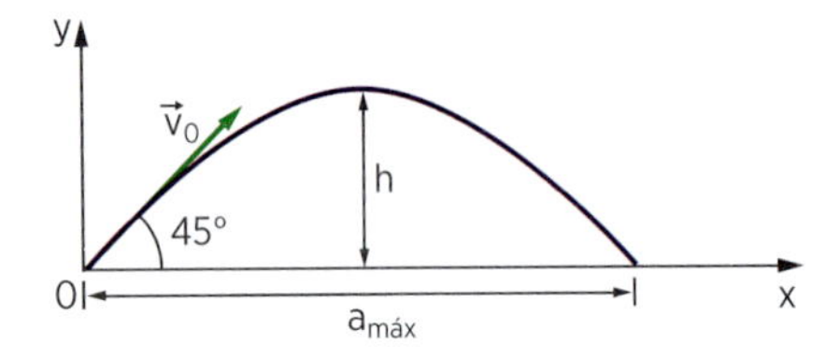

Figura 10. No gráfico, $a_{máx}$ representa o alcance horizontal máximo (para θ = 45°).

Vamos, a seguir, calcular a altura máxima atingida, nas condições de alcance horizontal máximo, isto é, considerando θ = 45°.

$$h = \frac{v_0^2 \cdot \text{sen}^2\,\theta}{2g} \Rightarrow h = \frac{v_0^2 \cdot \text{sen}^2\,45°}{2g} \Rightarrow$$

$$\Rightarrow h = \frac{v_0^2 \cdot \left(\frac{\sqrt{2}}{2}\right)^2}{2g}$$

Portanto: $h = \frac{v_0^2}{4g}$

Observe, então, que, para θ = 45°, tem-se:

$$h = \frac{a_{máx}}{4}$$

Aplicação

A15. Uma pedra é lançada obliquamente no vácuo com velocidade inicial de módulo 100 m/s segundo o ângulo de tiro θ, com sen $\theta = 0{,}60$ e cos $\theta = 0{,}80$. Considere $g = 10\ m/s^2$.

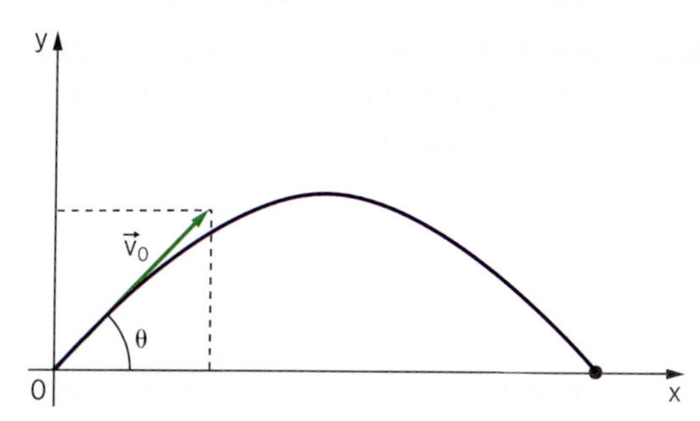

Determine:

a) as componentes horizontal e vertical da velocidade inicial;

b) as funções horárias dos movimentos nos eixos horizontal e vertical;

c) o tempo de subida;

d) a altura máxima e o alcance horizontal.

A16. Calcule o alcance horizontal de uma bala de canhão, disparada com velocidade inicial de módulo 500 m/s, a 45° com a horizontal, no vácuo. Considere $g = 10\ m/s^2$.

A17. Um ponto material foi lançado no vácuo sob ângulo de tiro 30° e atingiu o vértice de sua trajetória após 5 s. Determine a velocidade de lançamento, considerando $g = 10\ m/s^2$.

A18. De dois pontos, *A* e *B*, situados a uma distância de 50 m sobre o solo horizontal, lançam-se simultaneamente dois projéteis: um do ponto *A*, no plano vertical que passa por AB, com velocidade inicial que forma um ângulo de 30° com a horizontal, e outro do ponto *B*, com velocidade inicial de 100 m/s, vertical para cima. Calcule:

a) a velocidade inicial do primeiro projétil para que ele atinja o segundo;

b) o instante do encontro a partir do lançamento. Despreze a resistência do ar e considere $g = 10\ m/s^2$, $\cos 30° = \frac{\sqrt{3}}{2}$ e $\text{sen } 30° = \frac{1}{2}$.

Verificação

V15. Uma pequena esfera é lançada com velocidade inicial de módulo 20 m/s e forma 60° com a horizontal, conforme a figura. Considere $g = 10\ m/s^2$ e despreze a resistência do ar.

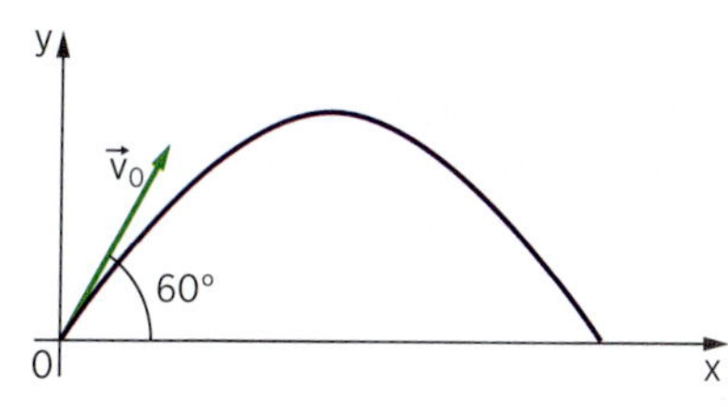

Sendo $\text{sen } 60° = \frac{\sqrt{3}}{2}$ e $\cos 60° = \frac{1}{2}$, determine:

a) as componentes horizontal e vertical da velocidade inicial;

b) as funções horárias dos movimentos horizontal e vertical;

c) o tempo de subida;

d) a altura máxima e o alcance horizontal.

V16. Um canhão, situado sobre solo horizontal, dispara uma bala com ângulo de 30° em relação à horizontal e velocidade inicial $\vec{v}_0$ de módulo 500 m/s.

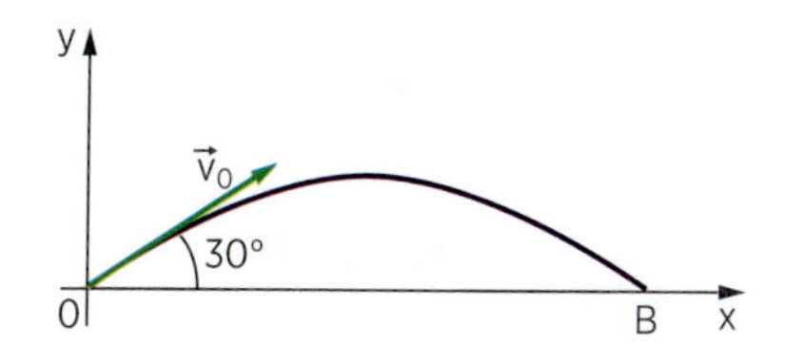

Sendo a aceleração da gravidade $g = 10\ m/s^2$ e a resistência do ar desprezível, calcule o alcance horizontal OB.

Dados: $\text{sen } 30° = \frac{1}{2}$; $\cos 30° = \frac{\sqrt{3}}{2}$.

V17. Uma pequena pedra é lançada do solo horizontal com velocidade de módulo 10 m/s, formando com a horizontal um ângulo de 30°. Adote $g = 10\ m/s^2$ e despreze a resistência do ar. Calcule:

a) o tempo de subida;

b) a altura máxima atingida.

Dado: sen 30° = 0,5.

V18. Num exercício de tiro ao prato, um prato é lançado verticalmente de um ponto *P*. Simultaneamente, uma arma é disparada do ponto *P'*, situado na mesma horizontal de *P*, à distância de 40 m dele.

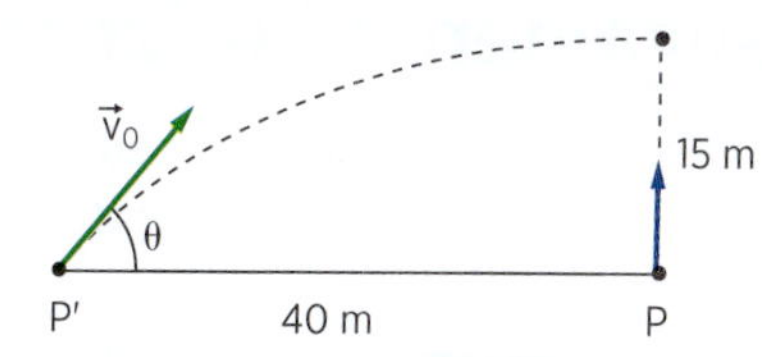

No instante 1,0 s o projétil atinge o prato, numa altura de 15 m.

a) Determine o ângulo θ que o cano da arma deve fazer com a horizontal.

b) Calcule a velocidade inicial v_0 do projétil.

Dados: $g = 10\ m/s^2$; tg 27° = 0,5; tg 63° = 2,0.

R18. (U. F. Triângulo Mineiro-MG) Ainda usada pelos índios do Amazonas, a zarabatana é uma arma de caça que, com o treino, é de incrível precisão. A arma, constituída por um simples tubo, lança dardos impelidos por um forte sopro em uma extremidade. Suponha que um índio aponte sua zarabatana a um ângulo de 60° com a horizontal e lance um dardo, que sai pela outra extremidade da arma, com velocidade de 30 m/s. Se a resistência do ar pudesse ser desconsiderada, a máxima altitude alcançada pelo dardo, relativamente à altura da extremidade da qual ele sai, seria, em m, de aproximadamente:

a) 19
b) 25
c) 34
d) 41
e) 47

Dados: $g = 10\ m/s^2$; $\text{sen}\ 60° = \frac{\sqrt{3}}{2}$; $\cos 60° = \frac{1}{2}$.

R19. (UE-PB) Muitas áreas do conhecimento humano trabalham diretamente com conhecimentos de Física, e uma delas é a área esportiva. Por isso, um físico foi convidado para projetar uma rampa para lançamentos de bicicletas. Foram dadas as seguintes informações: a rampa, no formato de um triângulo retângulo, deve ter 4,0 m de comprimento horizontal por 3,0 m de altura, conforme a figura.

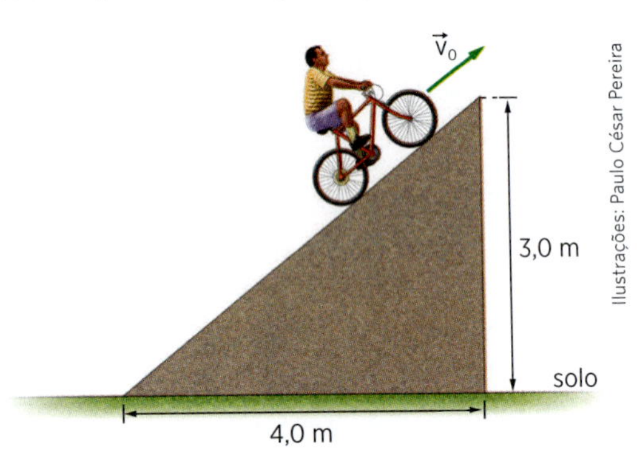

Ilustrações: Paulo César Pereira

O conjunto ciclista-bicicleta é lançado com uma velocidade inicial $v_0 = 36{,}0\ km/h$, com o objetivo de atingir a maior altura possível. Considerando-se $g = 10{,}0\ m/s^2$ e as informações dadas, a altura máxima atingida pelo conjunto em relação ao solo, em metros, será:

a) 3,2
b) 6,2
c) 1,8
d) 4,8
e) 2,6

R20. (Fesp-SP) Um rapaz de 1,5 m de altura está parado, em pé, a 15 m de um muro de 6,5 m de altura, e lança uma pedra com um ângulo de 45° com a horizontal. Com que velocidade *mínima* ele deve lançar a pedra para que esta passe por cima do muro? Despreze a resistência do ar. Adote $g = 10\ m/s^2$.

a) 11 m/s
b) 14 m/s
c) 15 m/s
d) 16 m/s
e) 17 m/s

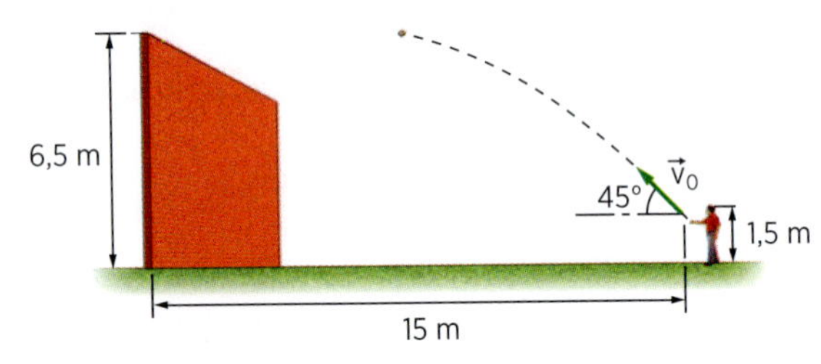

R21. Uma esfera é lançada de um ponto *A*, conforme a figura, atingindo o solo num ponto *C*.

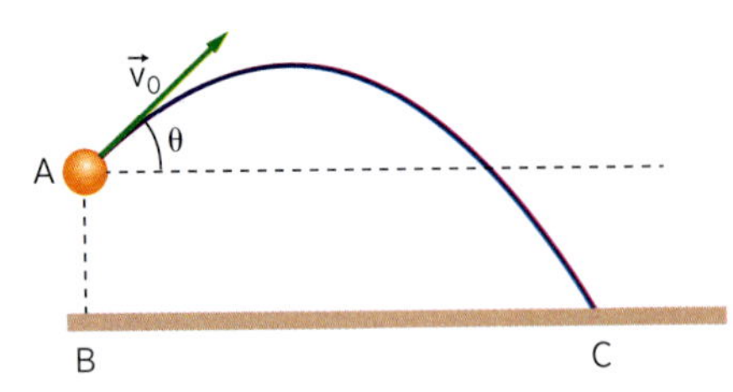

a) Determine a distância BC.
b) Qual a velocidade da esfera ao atingir o solo?
c) Um segundo bloco parte do ponto *B*, no mesmo instante em que o primeiro é lançado, e percorre o trecho BC em movimento uniforme. Qual deve ser a velocidade dessa segunda esfera para que ele encontre o primeiro no ponto *C*?

Despreze a resistência do ar.
Dados: $v_0 = 10\ m/s$; $AB = 8{,}0\ m$; $\text{sen}\ \theta = 0{,}60$; $\cos \theta = 0{,}80$; $g = 10\ m/s^2$.

Lançamento horizontal

No caso particular do lançamento horizontal, o ângulo de tiro θ é nulo (fig. 11); portanto, $v_x = v_0$ e $v_{0y} = 0$.

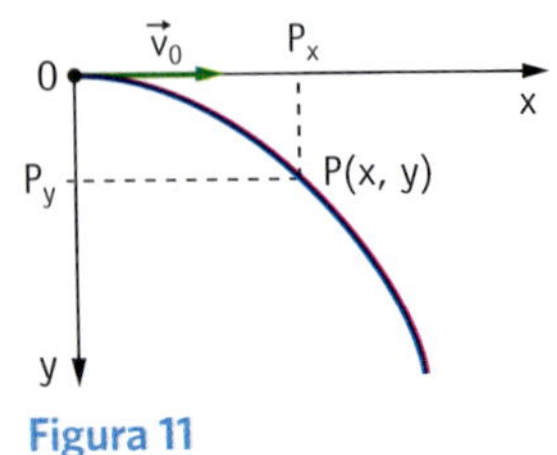

Figura 11

Orientando o eixo Oy para baixo, temos as funções:

$$x = v_0 t$$

$$y = \frac{g \cdot t^2}{2}$$

$$v_y = g \cdot t$$

Aplicação

A19. Uma pedra é lançada horizontalmente com velocidade de módulo 10 m/s, conforme a figura. Despreze a resistência do ar e adote $g = 10\ m/s^2$.

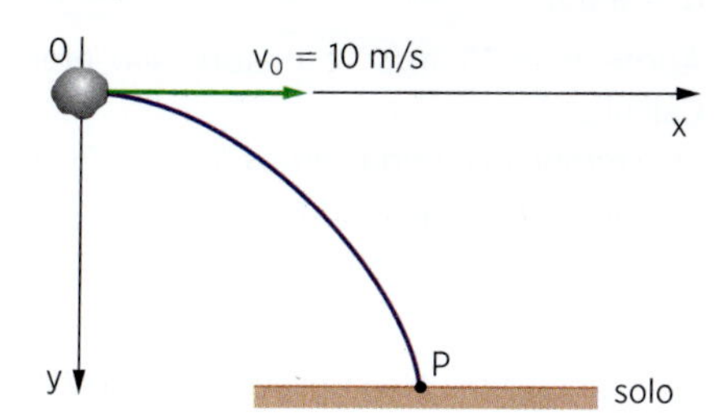

Determine:

a) as funções horárias dos movimentos nos eixos horizontal e vertical;

b) as coordenadas do ponto *P*, onde a pedra atinge o solo. Sabe-se que o intervalo de tempo decorrido desde o lançamento até a chegada ao solo é de 5,0 s.

A20. Um avião voa horizontalmente com velocidade de 100 m/s a 2 000 m de altitude. Num certo instante, seu piloto larga um objeto pesado. Dado $g = 10\ m/s^2$, determine:

a) o instante, a partir do lançamento, em que o objeto atinge o solo;

b) a que distância da vertical em que foi lançado o objeto atinge o solo;

c) a velocidade do objeto ao atingir o solo.

A21. Uma bolinha, lançada horizontalmente da extremidade de uma mesa com velocidade de módulo 5,0 m/s, atinge o solo a uma distância de 2,0 m dos pés da mesa. Determine a altura da mesa, desprezando a resistência do ar e considerando $g = 10\ m/s^2$.

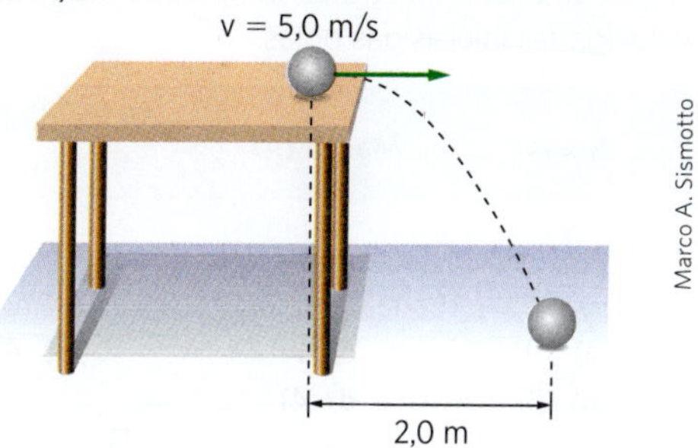

A22. De uma mesma horizontal acima do solo, um objeto *P* é abandonado do repouso e outro objeto *Q* é simultaneamente lançado com velocidade horizontal v_0. Se t_P e t_Q representam os tempos de queda de *P* e *Q*, respectivamente, até atingirem o solo, então, desprezado o atrito com o ar, temos:

a) $t_P = t_Q$

b) $t_P > t_Q$

c) $t_P < t_Q$

d) Nada se pode dizer, pois não se conhece o valor de v_0.

e) Nada se pode dizer, pois não foram dados os pesos de *P* e *Q*.

Verificação

V19. A figura representa um projétil sendo lançado horizontalmente com velocidade inicial de módulo $v_0 = 80$ m/s. Desprezando a resistência do ar e adotando $g = 10\ m/s^2$, determine:

a) as funções horárias dos movimentos nas direções horizontal e vertical;

b) os valores de *x* e de *y* correspondentes ao ponto em que o projétil atinge o solo. O intervalo de tempo do movimento do projétil é 10 s.

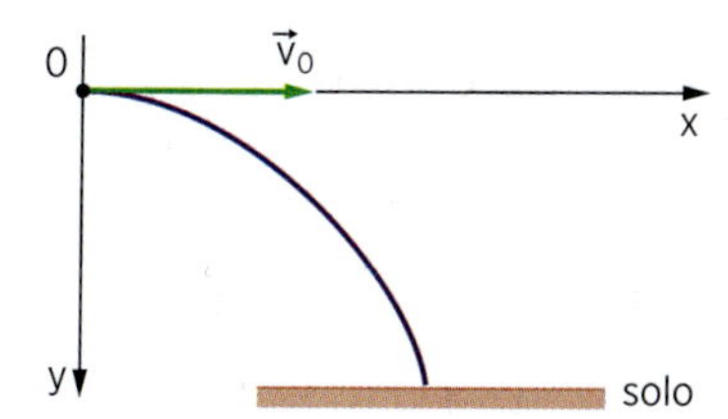

V20. Um avião solta um fardo de alimentos quando voa com velocidade constante e horizontal de 200 m/s à altura de 500 m do solo plano e também horizontal. Se $g = 10\ m/s^2$ e a resistência do ar é desprezível, determine:

a) em quanto tempo o fardo atinge o solo;

b) a distância, em metros, entre a vertical que contém o ponto de lançamento e o ponto de impacto do fardo no solo;

c) a velocidade do fardo ao atingir o solo.

V21. Um bloco desliza sobre uma mesa com velocidade de 40 cm/s. Após sair da mesa, cai, atingindo o chão a uma distância de 12 cm dos pés da mesa. Determine a altura da mesa.
Dado: $g = 10\ m/s^2$.

V22. De uma mesma horizontal acima do solo, um objeto *A* é abandonado do repouso, um objeto *B* é lançado horizontalmente com velocidade de módulo v_0 e um objeto *C* é lançado obliquamente para cima com velocidade de módulo v_0. Se t_A, t_B e t_C representam os tempos de queda de *A*, *B* e *C*, respectivamente, até atingirem o solo, então, desprezando a resistência do ar, temos:

a) $t_A < t_B < t_C$

b) $t_A > t_B > t_C$

c) $t_A = t_B > t_C$

d) $t_A = t_B < t_C$

e) $t_A < t_B = t_C$

Texto para as questões **R22** e **R23**.

(UE-RJ) Três bolas, *X*, *Y* e *Z*, são lançadas da borda de uma mesa, com velocidades iniciais paralelas ao solo e mesma direção e sentido.

A tabela abaixo mostra as magnitudes das massas e das velocidades iniciais das bolas.

Bolas	Massa (g)	Velocidade inicial (m/s)
X	5	20
Y	5	10
Z	10	8

R22. As relações entre os respectivos tempos de queda t_X, t_Y e t_Z das bolas *X*, *Y* e *Z* estão apresentadas em:

a) $t_X < t_Y < t_Z$

b) $t_Y < t_Z < t_X$

c) $t_Z < t_Y < t_X$

d) $t_Y = t_X = t_Z$

R23. As relações entre os respectivos alcances horizontais A_x, A_y e A_z das bolas *X*, *Y* e *Z*, com relação à borda da mesa, estão apresentadas em:

a) $A_X < A_Y < A_Z$

b) $A_Y = A_X = A_Z$

c) $A_Z < A_Y < A_X$

d) $A_Y < A_Z < A_X$

R24. (Fuvest-SP) Num jogo de vôlei, o jogador que está junto à rede salta e "corta" uma bola levantada na direção vertical, no instante em que ela atinge sua altura máxima, h = 3,2 m.

Nessa "cortada", a bola adquire uma velocidade de módulo *V*, na direção paralela ao solo e perpendicular à rede, e cai exatamente na linha de fundo da quadra. A distância entre a linha de meio da quadra (projeção da rede) e a linha de fundo é d = 9,0 m.

Adote $g = 10\ m/s^2$ e despreze o efeito do ar. Calcule:

a) o tempo decorrido entre a "cortada" e a queda da bola na linha de fundo;

b) o módulo *V* da velocidade que o jogador transmitiu à bola.

R25. (U. F. Uberlândia-MG) Um avião, deslocando-se paralelamente a uma planície, a uma altura *h* e com velocidade horizontal v_0, libera, em um dado instante, um artefato.

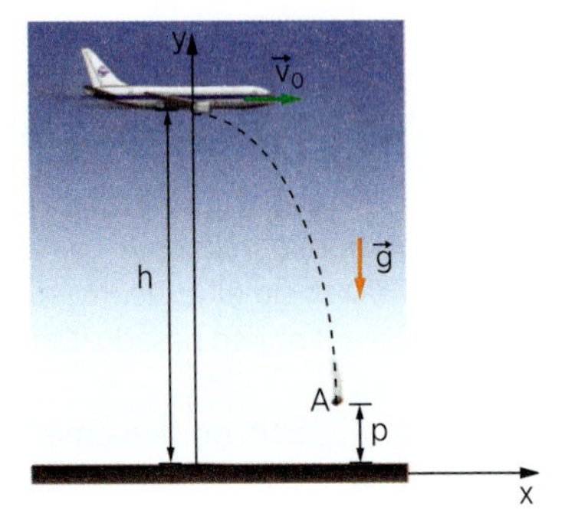

As componentes horizontal (v_x) e vertical (v_y) da velocidade do artefato, no exato instante em que ele passa pelo ponto *A*, a uma altura *p* do solo, são:

a) $v_x = v_0$ e $v_y = +\sqrt{2g(p - h)}$

b) $v_x = \sqrt{2gp}$ e $v_y = -\sqrt{2gh}$

c) $v_x = \sqrt{2gh}$ e $v_y = -\sqrt{2gp}$

d) $v_x = v_0$ e $v_y = -\sqrt{2g(h - p)}$

LEIA MAIS

Ernst W. Hamburger. *O que é Física*. São Paulo: Brasiliense, 1992. (Col. Primeiros Passos).

Desafio Olímpico

1. (OBF-Brasil) Um motorista, viajando de uma cidade a outra, usualmente gasta 2 horas e meia para completar o trajeto quando consegue manter uma velocidade média de 90 km/h. Num dia de tráfego mais intenso, demorou 3 horas no mesmo percurso. Neste caso, sua velocidade média, em km/h, foi igual a:
   a) 75
   b) 68
   c) 70
   d) 80
   e) 85

2. (OPF-SP) Um motorista, ao passar pelo quilômetro 250 de uma rodovia, vê o anúncio de um posto de gasolina com a frase "ABASTECIMENTO E LANCHONETE A 20 MINUTOS". Considerando que esse posto se encontra no quilômetro 280 da rodovia, podemos concluir que o anunciante supõe que os carros trafegam nesse trecho a uma velocidade média de, aproximadamente:
   a) 70 km/h
   b) 80 km/h
   c) 90 km/h
   d) 100 km/h
   e) 110 km/h

3. (OPF-SP) Beatriz parte de casa para a escola com uma velocidade escalar constante de 4,0 km/h. Sabendo-se que Beatriz e Helena moram à mesma distância da escola e que Helena saiu de casa quando Beatriz já havia percorrido dois terços do caminho, qual deve ser a velocidade escalar média de Helena para que possa chegar à escola no mesmo instante em que Beatriz?
   a) 1,3 km/h
   b) 2,0 km/h
   c) 4,0 km/h
   d) 6,0 km/h
   e) 12,0 km/h

4. (IJSO-Brasil) Considere um carro em uma rua retilínea. O gráfico a seguir representa a velocidade escalar média do carro v_m, entre os instantes 0 e *t*, em função de *t*.

   O gráfico tem duas seções distintas, indicadas por I e II. Admita ser desprezível o tempo gasto para passar da situação I para a situação II.

   A seção I corresponde a um segmento de reta paralelo ao eixo dos tempos, indicando uma velocidade escalar média constante.

   A seção II corresponde a um arco de hipérbole equilátera, indicando uma função inversamente proporcional $\left(v_m = \frac{k}{t} \text{ com } k \text{ constante não nula}\right)$.

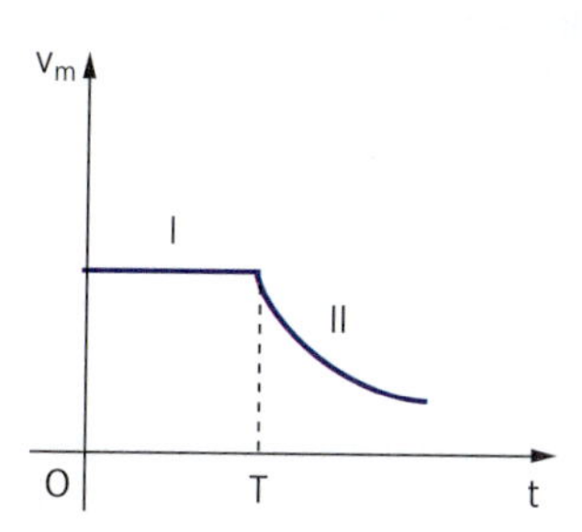

   Os estados cinemáticos traduzidos pelas seções I e II são, respectivamente:
   a) movimento uniforme e movimento uniforme.
   b) repouso e repouso.
   c) movimento uniforme e movimento uniformemente variado.
   d) repouso e movimento variado não uniformemente.
   e) movimento uniforme e repouso.

5. (OBF-Brasil) Um homem de altura *h* caminha, com velocidade constante *v*, em um corredor reto e passa sob uma lâmpada pendurada a uma altura *H* acima do solo. Determine a velocidade da sombra da cabeça do homem no solo.

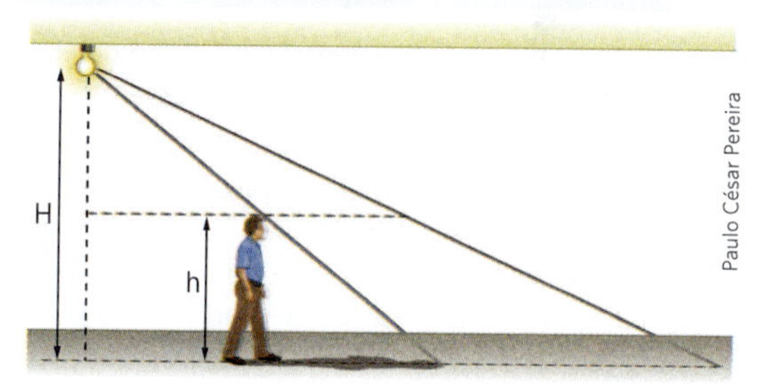

6. (OBF-Brasil)

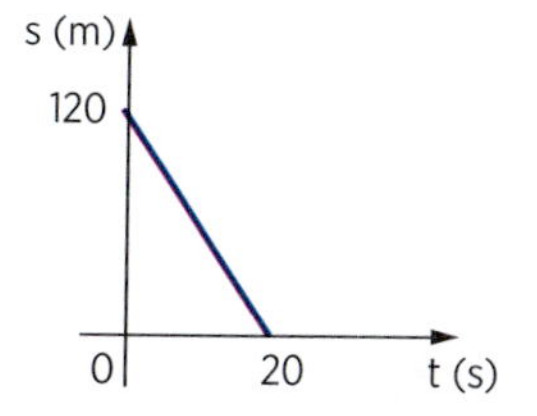

   O gráfico ilustra a forma como variam as posições de um móvel que se desloca numa trajetória retilínea. A equação horária deste movimento é:
   a) s = 12t
   b) s = 6t
   c) s = 120 − 6t
   d) s = 120t
   e) s = 20 − 120t

7. (OBF-Brasil) O gráfico da figura a seguir representa o movimento de dois corpos *A* e *B* que se movem ao longo de uma reta.

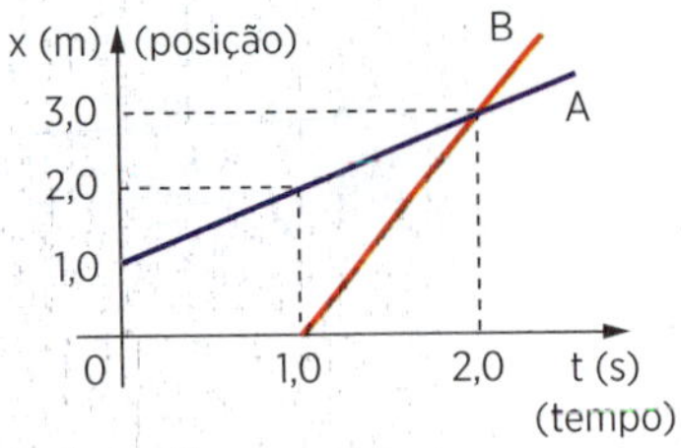

Assinale a alternativa correta:

a) *A* e *B* partem do mesmo ponto.
b) *B* parte antes de *A*.
c) A velocidade escalar de *B* é o triplo da de *A*.
d) A velocidade escalar de *A* é o triplo da de *B*.
e) *A* e *B* podem se cruzar várias vezes durante o percurso.

8. (OBF-Brasil) Um eclipse solar ocorre quando a Lua se coloca entre o Sol e a Terra, projetando sua sombra na superfície do nosso planeta. Os astrônomos calculam com muita precisão, entre outras grandezas, o tempo de duração do eclipse em determinados locais.

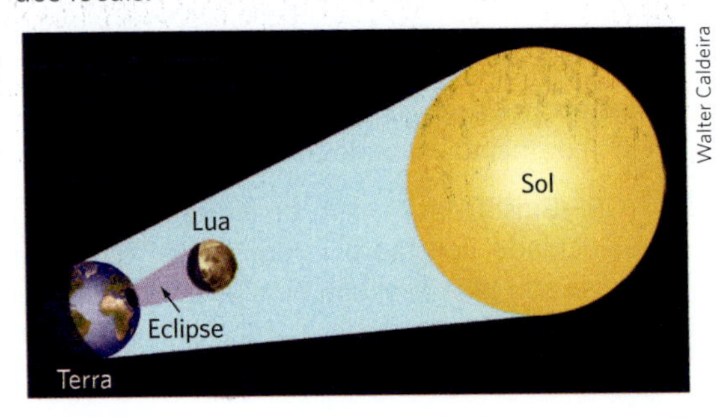

Podemos ter uma ideia aproximada de como esse cálculo é feito, resolvendo o seguinte problema:

O Sol, quando está a pino, produz um feixe de luz paralelo e perpendicular ao solo. Entre o Sol e uma estrada plana e retilínea voa um avião de 80 m de comprimento com velocidade de 540 km/h em relação ao solo. A sombra produzida pelo avião atinge, em determinado instante, uma motocicleta que se move no mesmo sentido e com velocidade de 180 km/h. Durante quanto tempo a sombra permanece sobre a moto? Observação: uma das propriedades de luz paralela em incidência normal é formar uma sombra com o mesmo tamanho do objeto.

9. (OBF-Brasil) Um corpo cai, nas proximidades da superfície da Terra, com uma aceleração aproximadamente igual a 9,8 m/s^2. Podemos dizer que, nessa queda, esse corpo:

a) percorre, em 2,0 segundos, o dobro da distância que percorre em 1 segundo.
b) aumenta, em 9,8 m, a distância percorrida em cada segundo.
c) aumenta a sua velocidade em 4,9 m/s a cada segundo.
d) aumenta a sua velocidade em 9,8 m/s a cada segundo.
e) aumenta em 4,9 m a distância percorrida em cada segundo.

10. (OBF-Brasil) Uma partícula executa um movimento retilíneo uniformemente variado. Num dado instante, a partícula tem velocidade 50 m/s e aceleração negativa de módulo 0,2 m/s^2. Quanto tempo decorre até a partícula alcançar a mesma velocidade, em sentido contrário?

a) 500 s
b) 250 s
c) 125 s
d) 100 s
e) 10 s

11. (OBF-Brasil) A equação horária de um móvel que se desloca numa trajetória retilínea é: $s = 20 + 2t - 0{,}5t^2$ (SI). A equação da velocidade deste móvel é:

a) $v = 2 - t$
b) $v = 2 - 0{,}5t$
c) $v = 20 - 0{,}5t$
d) $v = 20 + 2t$
e) $v = 20 - t$

12. (OPF-SP) Um motorista está viajando de carro em uma estrada, a uma velocidade constante de 90 km/h, quando percebe um cavalo à sua frente e resolve frear, imprimindo uma desaceleração constante de 18 km/h por segundo. Calcule:

a) a distância mínima de frenagem, em metros;
b) o tempo decorrido entre o instante da frenagem e a parada do carro, em segundos.

13. (OBF-Brasil) O movimento bidimensional de uma partícula é descrito pelas equações de suas coordenadas (x, y) em função do tempo (*t*) por:

$x = 20 + 20t - 8{,}0t^2$ e $y = -10 - 19t + 6{,}0t^2$

É possível afirmar que os módulos de sua velocidade e de sua aceleração, para o instante t = 2,0 s, valem, respectivamente:

a) 5,0 m/s e 10,0 m/s^2
b) 1,0 m/s e 5,0 m/s^2
c) 5,0 m/s e 5,0 m/s^2
d) 13,0 m/s e 20,0 m/s^2
e) 39,0 m/s e 14,0 m/s^2

14. (OPF-SP) O gráfico da posição em função do tempo de uma partícula que se move em trajetória retilínea é dado a seguir. A velocidade em m/s e a aceleração em m/s^2, quando t = 0 s, são, respectivamente:

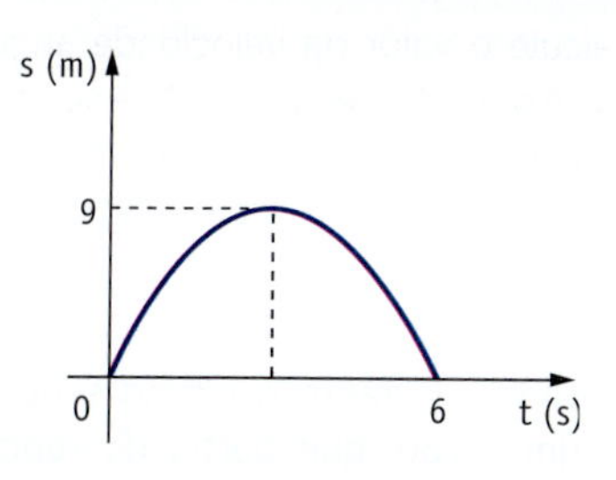

a) 0 e −2
b) 6 e −3
c) 9 e −3
d) 9 e −2
e) 6 e −2

15. (OCF-Colômbia) Uma partícula movimenta-se em linha reta de tal forma que o gráfico do quadrado de sua velocidade (v^2) em função da distância percorrida (x) está indicado a seguir.

O intervalo de tempo para percorrer 1,5 m, em segundos, é:

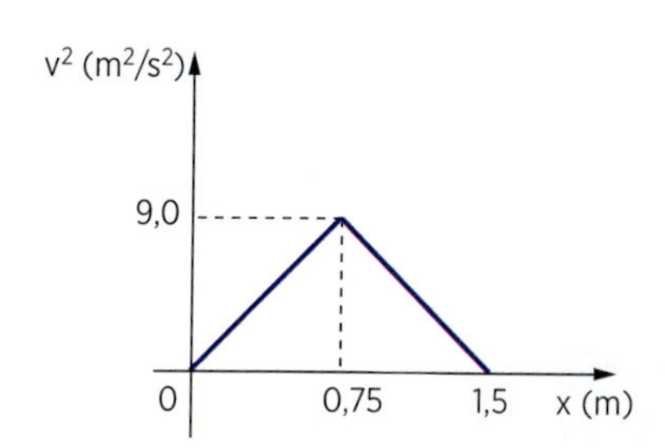

a) 9,0
b) 6,0
c) 3,0
d) 1,5
e) 1,0

16. (OPF-Portugal) Um automobilista seguia na estrada, à velocidade constante de 72 km/h, quando avistou uma árvore caída. O tempo de reação do automobilista foi de 0,7 s. Para evitar a colisão, freou comunicando ao carro uma aceleração constante de módulo 5 m/s².

a) Represente num gráfico a velocidade do carro em função do tempo, desde o instante em que o automobilista avistou a árvore até parar.
b) Felizmente, o automobilista conseguiu parar o carro a 4 m da árvore. Determine a distância a que ele estava quando avistou este obstáculo.

17. (OCF-Colômbia) O gráfico mostra o valor da velocidade em função do tempo de um corpo que se desloca em trajetória retilínea.

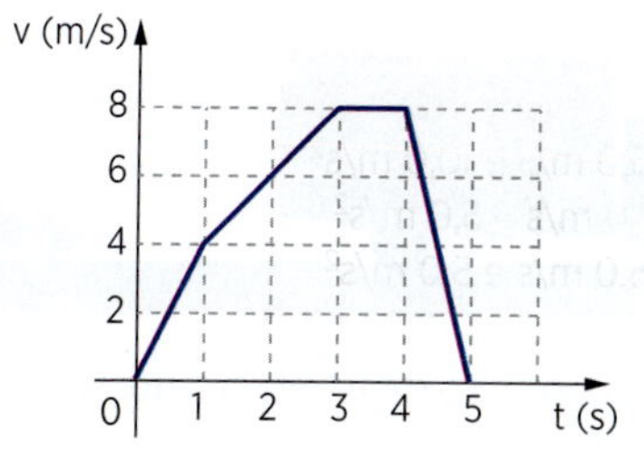

O intervalo de tempo no qual o corpo percorre a maior distância está entre:

a) 0 s e 1 s
b) 1 s e 2 s
c) 2 s e 3 s
d) 3 s e 4 s
e) 4 s e 5 s

18. (OPF-SP) Qual gráfico melhor representa a velocidade de um motociclista em movimento retilíneo uniformemente variado, levando em conta que sua velocidade escalar inicial é de 5 m/s e sua aceleração escalar é igual a 4 m/s²?

a)
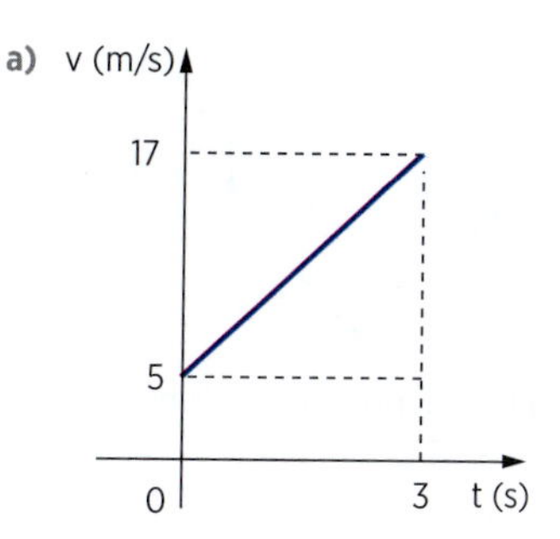

b)
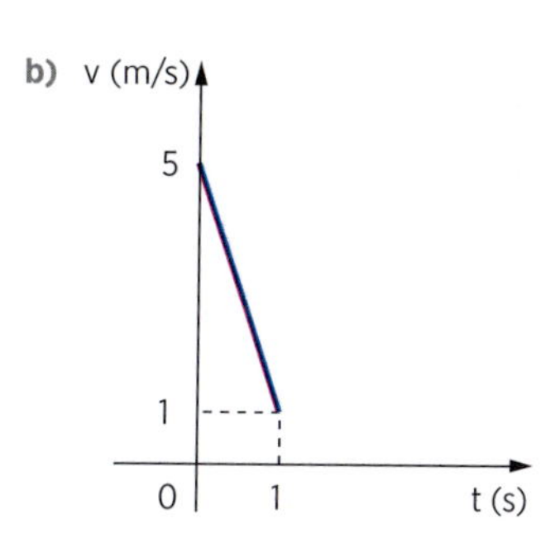

c)
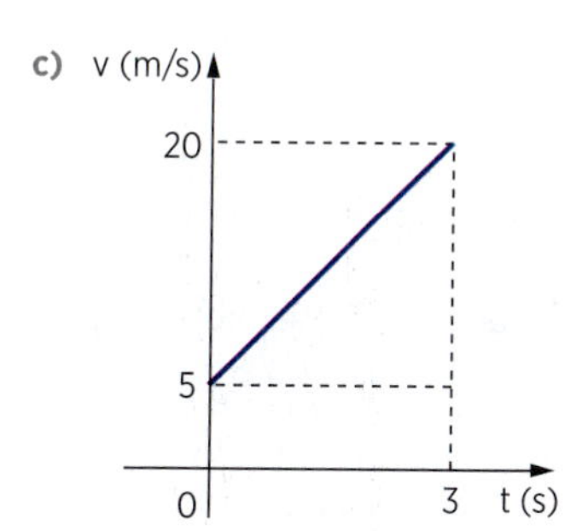

d)
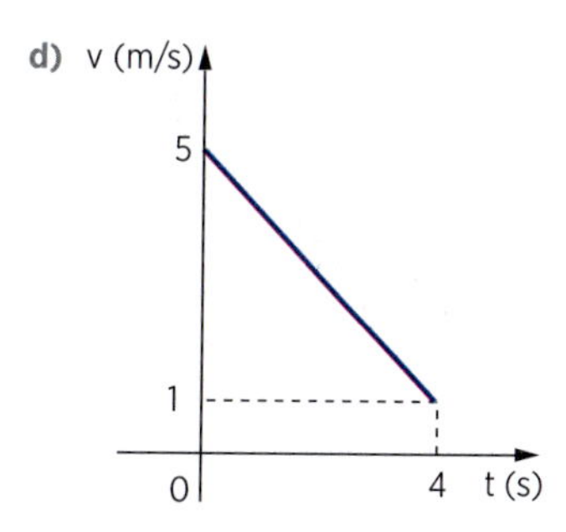

e)
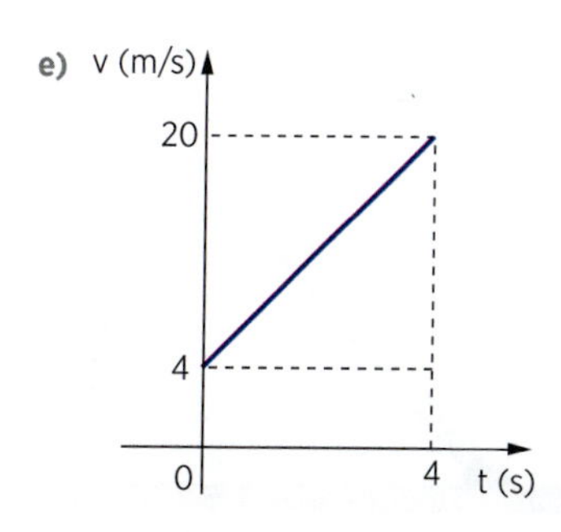

19. (OBF-Brasil) A figura a seguir mostra seis vetores $\vec{A}, \vec{B}, \vec{C}, \vec{D}, \vec{E}$ e $\vec{F}$, que formam um hexágono.

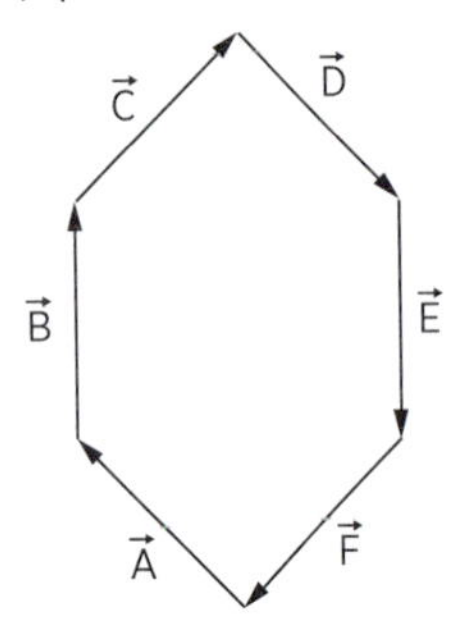

De acordo com a figura, podemos afirmar que:

a) $\vec{A} + \vec{B} + \vec{C} + \vec{D} + \vec{E} + \vec{F} = 6\vec{A}$
b) $\vec{A} + \vec{B} + \vec{C} = -\vec{D} - \vec{E} - \vec{F}$
c) $\vec{A} + \vec{B} + \vec{C} + \vec{D} + \vec{E} + \vec{F} = 3\vec{A}$
d) $\vec{A} + \vec{B} + \vec{C} = -\vec{D} + \vec{E} - \vec{F}$
e) $\vec{A} + \vec{B} + \vec{C} = \vec{0}$

20. (OBF-Brasil) Uma partícula realiza um movimento circular uniforme. Sobre tal situação, pode-se afirmar:

a) A velocidade da partícula muda constantemente de direção e sua aceleração tem valor constante e não nulo.
b) O movimento é certamente acelerado, sendo a aceleração da partícula paralela à direção da sua velocidade.
c) Visto que o movimento é uniforme, a aceleração da partícula é nula.
d) O vetor velocidade aponta para o centro da trajetória circular, sendo perpendicular ao vetor aceleração.
e) O ângulo formado entre os vetores velocidade e aceleração varia ao longo da trajetória.

21. (OBF-Brasil) O carrossel de um parque de diversões realiza uma volta completa a cada 20 s. Determine:

a) a velocidade angular do carrossel, suposta constante.
b) as velocidades linear e angular de uma pessoa que está a 3,0 m do eixo de rotação do carrossel.
c) o tempo gasto por uma pessoa que está a 6,0 m do eixo para completar uma volta.

22. (OBF-Brasil) Uma haste fina e retilínea tem uma de suas extremidades pivotada em um suporte montado sobre uma superfície horizontal, como ilustrado na figura a seguir. A haste encontra-se inicialmente em repouso, com o seu comprimento ao longo da direção vertical. No instante t = 0, a haste tomba em direção à superfície, atingindo-a após t = 1,5 s.

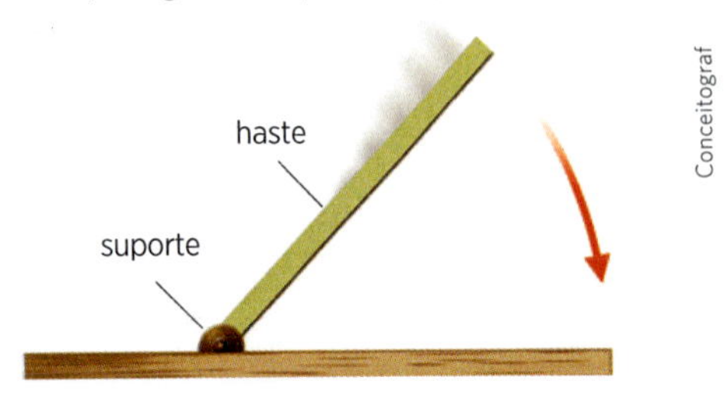

a) Calcule o valor da velocidade angular média da haste durante sua queda até a superfície.
b) Estime o comprimento da haste, sabendo que sua extremidade livre cai com velocidade escalar média de $\frac{\pi}{12}$ m/s.

23. (OBF-Brasil) Durante o último segundo de queda livre, um corpo, que partiu do repouso, percorre $\frac{3}{4}$ de todo seu caminho.

a) Qual o tempo total de queda deste corpo?
b) Adotando-se $g = 10{,}0$ m/s^2, determine a altura *h* de queda.

24. (OBF-Brasil) Um canhão apoiado sobre um muro, conforme a figura a seguir, dispara horizontalmente uma bala com uma velocidade de 80 m/s. Ela atinge o chão a uma distância de 160 m da base do muro.

Determine:

a) o tempo do deslocamento da bala desde o instante do disparo até atingir o chão;
b) a altura do muro;
c) a velocidade da bala na metade de sua trajetória, na direção vertical.

Dado: $g = 10$ m/s^2

25. (OBF-Brasil) Na figura abaixo, os dois veículos estão em MRU com a mesma velocidade e o automóvel conversível "aproveita" o vácuo do caminhão para economizar combustível. O passageiro do conversível arremessa uma bolinha para cima com velocidade inicial de módulo 10 m/s. Depois de quanto tempo a bola deve retornar à mão desse passageiro? Se a distância horizontal percorrida pela bola for de 40 m, qual é o módulo da velocidade do caminhão?

Despreze a resistência do ar e considere $g = 10$ m/s^2.

a) 1,0 s e 18 km/h
b) 0,5 s e 36 km/h
c) 1,5 s e 18 km/h
d) 2,0 s e 72 km/h
e) 1,0 s e 36 km/h

RESPOSTAS

Capítulo 1

Aplicação

A1. 2000

A2. 9 min

A3. 2, 3 e 4: corretos; 8: duvidoso

A4. a) $3{,}50 \cdot 10^2$ m c) $4{,}0 \cdot 10^{-2}$ min
b) $2{,}5 \cdot 10^{-2}$ s

A5. Sim. Exemplo: você, viajando num trem, está em repouso em relação ao trem e em movimento em relação ao solo.

A6. Em relação ao menino: *circunferência*

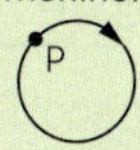

Em relação ao solo: *hélice cilíndrica*

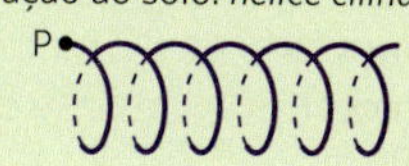

A7. a) 3 m b) 12 m c) 15 m

A8. a) 5 m b) 7 m c) 2 m

A9. 2 m/s

A10. 100 km

A11. 60 km/h

A12. a) 20 km c) 20 m/s ou 72 km/h
b) 1000 s

A13. a) 6 m; 11 m b) 5 m c) 5 m/s

A14. 15 s

A15. 85 km/h

A16. 32 km/h

A17. a) 20 min b) 60 km/h

A18. 4 m/s^2

A19. −1,5 m/s^2

A20. b

A21. 3,6 s

A22. a) progressivo, acelerado
b) retrógrado, acelerado

A23. I. retrógrado e retardado: d
II. progressivo e retardado: b
III. retrógrado e acelerado: c
IV. progressivo e acelerado: a

A24. a

A25. progressivo, acelerado

Verificação

V1. 80 cm

V2. 30 s

V3.

	correto(s)	primeiro duvidoso
a)	8	3
b)	8	3
c)	1	6
d)	4 e 3	5
e)	1, 4 e 3	6

V4. $3{,}8 \cdot 10^5$ km

V5. $1{,}5 \cdot 10^{-3}$ s

V6. Sim, pois a posição do poste em relação ao carro varia no decurso do tempo.

V7. a

V8. b

V9. a) 5 m c) −9 m e −21 m
b) 1 m e −20 m

V10. a) 2 m c) 6 m
b) 5 m; 8 m; 11 m

V11. 150 km

V12. 57 km/h

V13. 100 km/h

V14. a) 30 km b) 0,50 h c) 60 km/h

V15. a) 4 m; 2 m b) −2 m c) −1 m/s

V16. 600 m

V17. 90 km/h

V18. ≅ 43,6 km/h

V19. 70 km/h; 22 km/h; 30 km/h

V20. 1,5 m/s^2

V21. −200 m/s^2

V22. c

V23. 0,30 m/s^2

V24. a) progressivo, retardado
b) retrógrado, retardado

V25. Não. É preciso conhecer também o sinal da velocidade.

V26. e

V27. a) progressivo, retardado
b) retrógrado, retardado

Revisão

R1. d

R2. c

R3. a) 720 quadros b) 14 400 fotos

R4. b **R5.** a

R6. Para Heloísa o passageiro não se move em relação ao ônibus e para Abelardo o passageiro se move em relação à rodovia.

R7. 03

R8. a

R9. a) 3 m b) −1 m c) 0

R10. d **R11.** a **R12.** b **R13.** a

R14. a **R15.** d **R16.** a

R17. a) 700 m b) 50 s c) 2,8

R18. c **R19.** b **R20.** a **R21.** e

R22. c **R23.** d **R24.** c **R25.** e

Capítulo 2

Aplicação

A1. 30 m; 10 m/s; progressivo

A2. a) −5 m d) 200 m
b) 20 m/s e) 0,25 s
c) 95 m

A3. s = −5 + 5t (SI)

A4. 5,0 km

A5. 60 s; 140 m

A6. a) 1,5 h b) 90 km

A7. 2 h; 100 km

A8. 9,0 s

A9. s = 2 + 5t (SI)

A10. s = 3t (SI)

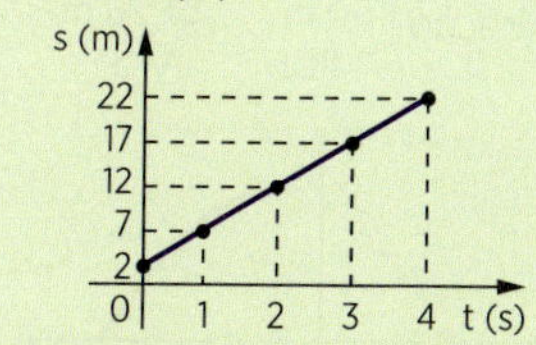

A11. −4 m/s; s = 20 − 4t (SI)

A12. a) 0,20 m/s; 1,2 m/s
b) 50 s
c) 60 m

A13. ≅ 53,3 km/h

A14. 0 a 5,0 s: 4,0 m/s
5,0 s a 10 s: −4,0 m/s

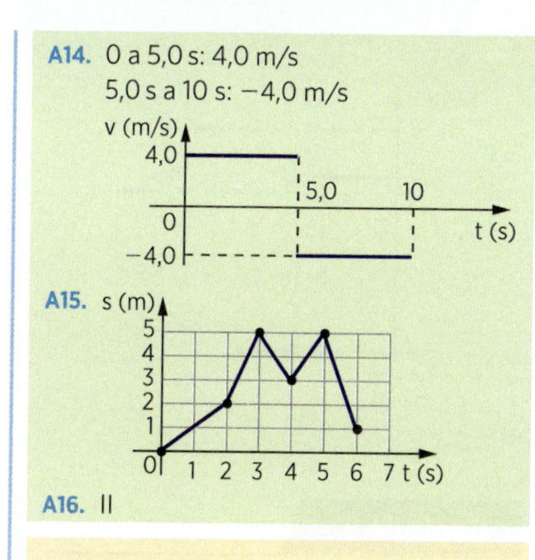

A16. II

Verificação

V1. 2 m; 6 m/s; 120 m; progressivo

V2. a) −2 m c) 14 m
b) 4 m/s d) 0,5 s

V3. s = 10 + 5t (SI)

V4. 5,0 m

V5. 0,2 s; 1,4 m

V6. a) 10 s b) 200 m

V7. 3 h; 180 km; 270 km

V8. 6 min

V9. s = 18 − 3t (SI)

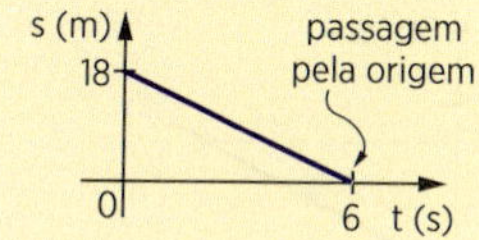

V10. s = 3 + 0,5t (SI); 4 m

V11. a) 8 m c) 2 s
b) −4 m/s d) s = 8 − 4t (SI)

V12. a) 60 s c) −10 m/s; $\frac{20}{3}$ m/s
b) 400 m

V13. 64 km/h

V14.

s (km)
32
8
0 0,2 0,5 t (h)

V15. 0 a 3,0 s: 4,0 m/s
3,0 s a 6,0 s: zero
6,0 s a 9,0 s: −4,0 m/s

v (m/s)
+4,0
6,0 9,0
0 3,0 t (s)
−4,0

V16. d

Revisão

R1. c

R2. a) s = 30 − 5,0t (SI) b) 6,0 s

R3. c **R4.** e **R5.** 250 s

R6. c **R7.** b **R8.** c

R9. d **R10.** a **R11.** a

R12. 31 (01 + 02 + 04 + 08 + 16)

R13. e **R14.** d **R15.** b

R16. a)

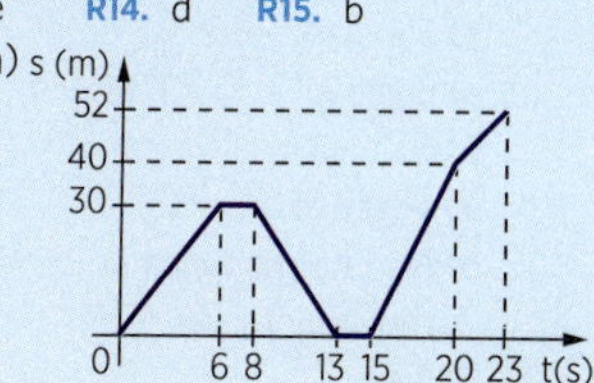

b)

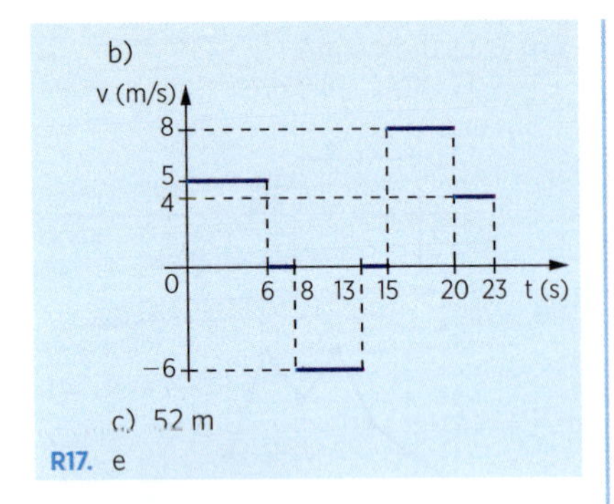

c) 52 m

R17. e

Capítulo 3

Aplicação

A1. $v = 3 + 4t$ (SI)

A2. $v = 3{,}0 \cdot t$ (SI); 21 m/s

A3. a) 5 m/s c) 65 m/s
b) 10 m/s^2 d) 100 m/s

A4. a) −16 m/s; 4 m/s^2
b) 4 s
c) retardado: $0 \leqslant t < 4$ s
acelerado: $t > 4$ s

A5. $v = 3 + 5t$ (SI)

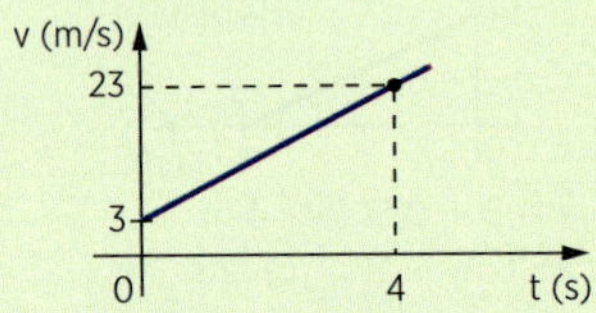

A6. v (m/s)
6
v = 0
2
0 1 3 4 5 t (s)
−9

A7. a) $v = 30 - 6t$ (SI)
b) t = 5 s
retardado: $0 \leqslant t < 5$ s
acelerado: $t > 5$ s

A8. a) 11 m/s b) 50 m

A9. a) 60 km b) 360 km c) 45 km/h

A10. a) 18 m; −9 m/s; 2 m/s^2
b) $v = -9 + 2t$ (SI)
c) 4,5 s
d) 3 s e 6 s

A11. 4 m/s

A12. a) $s = 6 - 2t + 2t^2$ (SI)
b) $v = -2 + 4t$ (SI)
c) 0,5 s; 5,5 m

A13. a) 20 s b) 10 m/s c) 100 m

A14. I. a) positivo
b) 4 s; 4 m
c) Não passa pela origem.
II. a) negativo c) 5 s
b) 2 s; 9 m
III. a) positivo c) 3 s; 9 s
b) 6 s; −2 m
IV. a) negativo
b) Não há mudança no sentido do movimento.
c) 3 s

A15.

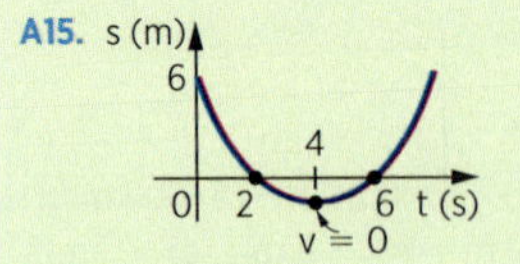

A16. a) α (m/s^2)
2
0 20 40 60 t (s)
−2

b) 400 m

A17. 46 m/s

A18. 10 m

A19. 6 m/s^2

A20. −0,4 m/s^2

A21. 14 m/s; −1,4 m/s^2

A22. $1{,}0 \cdot 10^2$ m

Verificação

V1. $v = -5 + 2t$ (SI)

V2. $v = +2t$ (progressivo)
$v = -2t$ (retrógrado)

V3. progressivo: $t > 2$ s
retrógrado: $0 \leqslant t < 2$ s

V4. a) −15 m/s; 3 m/s^2
b) 15 m/s
c) 5 s; retardado: $0 \leqslant t < 5$ s; acelerado: $t > 5$ s

V5.

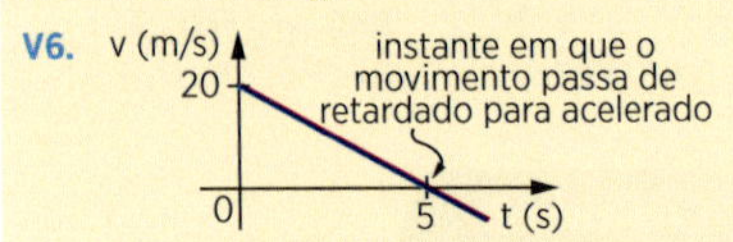

$v = -5 - 2t$ (SI)
Sendo $v < 0$ e $\alpha < 0$, temos: movimento retrógrado e acelerado.

V6. v (m/s)
20
instante em que o movimento passa de retardado para acelerado
0 5 t (s)

V7. a) $v = -16 + 4t$ (SI)
b) 4 s
c) retardado: $0 \leqslant t < 4$ s
acelerado: $t > 4$ s

V8. a) 150 m b) −2 m/s^2

V9. a) 0 a 10 s: 3,0 m/s^2; 15 m/s
b) 10 s a 20 s: zero; 30 m/s
c) 20 s a 25 s: −6,0 m/s^2; 15 m/s
d) 0 a 25 s: 0; 21 m/s

V10. a) −24 m; 16 m/s; −2 m/s^2
b) 31 m
c) 8 m/s
d) 8 s; 40 m

V11. 2 m/s; 8 m/s

V12. 2 s

V13. a) 5 s b) 50 m c) 20 m/s

V14. I. c II. e III. b IV. a

V15. a)

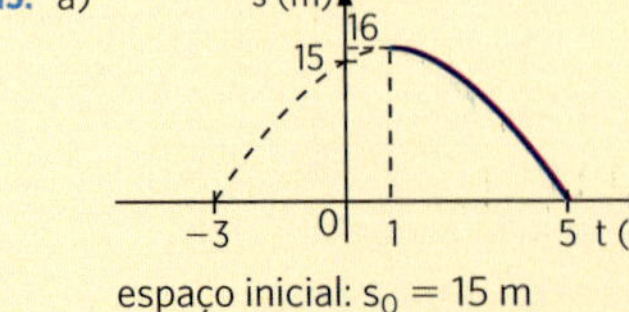

espaço inicial: $s_0 = 15$ m
mudança de sentido: t = 1 s
s = 16 m
passagem pela origem: t = 5 s

b) v (m/s)
2
0 1 t (s)

mudança de sentido: t = 1 s

V16. a) α (m/s^2)
4
0 2 4 6 t (s)

Δs = −16 m

b) α (m/s^2)
50
0 10 90 t (s)
−10

Δs = 10 500 m

V17. 81 m

V18. 20 m/s

V19. 50 m

V20. −90 m

V21. 20 m; 2 m/s^2

V22. 15 s

Revisão

R1. b

R2. c

R3. c

R4. d

R5. b

R6. c

R7. 02, 04 e 08

R8. a

R9. c

R10. a

R11. e

R12. 16 s

R13. e

R14. 32 m/s

R15. d

R16. d

R17. d

R18. e

R19. 6,0 km/h

R20. a) 240 km/h
b) 60 m/s

R21. b

R22. a) 2,5 s
b) 12,5 m

Capítulo 4

Aplicação

A1. e

A2. b

A3.

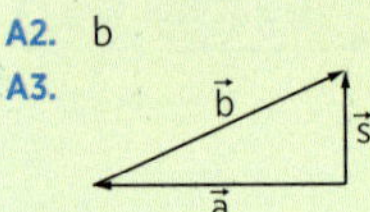

A4. a

A5. c

A6. I. $\vec{a} + \vec{c} = \vec{b}$
II. $\vec{x} + \vec{y} + \vec{z} = \vec{0}$
III. $\vec{A} + \vec{C} = \vec{B}$

A7. a) 8 unidades c) 5 unidades
b) 4 unidades d) $3\sqrt{3}$ unidades

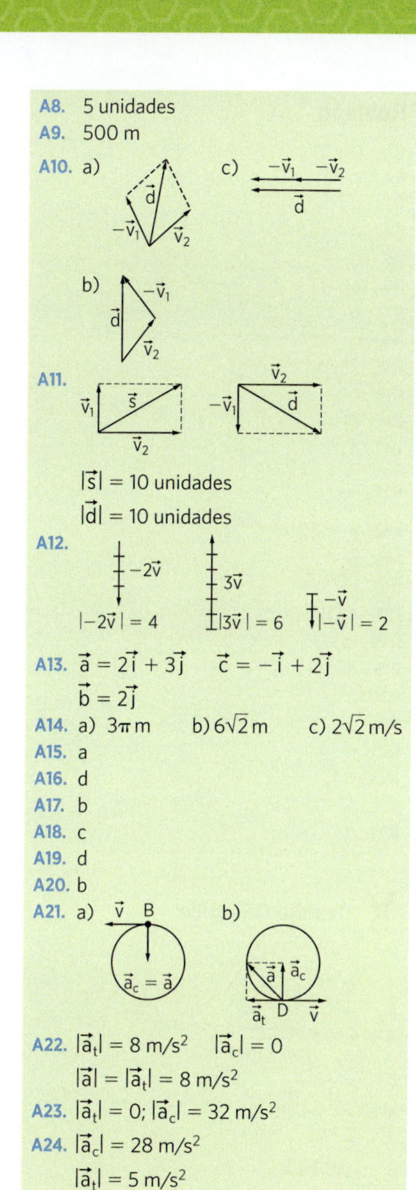

A8. 5 unidades
A9. 500 m
A10. a) c) b)
A11.

$|\vec{s}| = 10$ unidades

$|\vec{d}| = 10$ unidades

A12. $|-2\vec{v}| = 4$ $|3\vec{v}| = 6$ $|-\vec{v}| = 2$

A13. $\vec{a} = 2\vec{i} + 3\vec{j}$ $\vec{c} = -\vec{i} + 2\vec{j}$

$\vec{b} = 2\vec{j}$

A14. a) 3π m b) $6\sqrt{2}$ m c) $2\sqrt{2}$ m/s
A15. a
A16. d
A17. b
A18. c
A19. d
A20. b
A21. a) b)
A22. $|\vec{a}_t| = 8$ m/s² $|\vec{a}_c| = 0$

$|\vec{a}| = |\vec{a}_t| = 8$ m/s²

A23. $|\vec{a}_t| = 0$; $|\vec{a}_c| = 32$ m/s²
A24. $|\vec{a}_c| = 28$ m/s²

$|\vec{a}_t| = 5$ m/s²

$|\vec{a}| \cong 28{,}4$ m/s²

Verificação

V1. e
V2. a
V3. a)

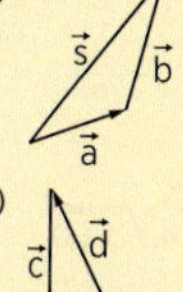

b)

c)

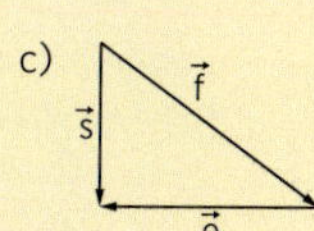

V4. $\vec{a} + \vec{b} = \vec{c}$
V5. $\vec{s} = \vec{a} + \vec{b}$
V6.

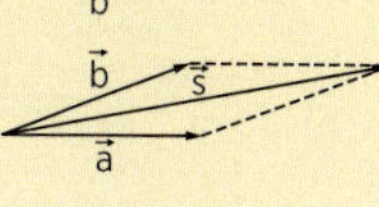

V7. a) 2,5 unidades

b) 6 unidades

c) $\cong$ 12,2 unidades

V8. 2 unidades
V9. 13 m
V10. a) b) c) d) e)
V11. $|\vec{s}| = 10$ unidades

$|\vec{d}| = 10\sqrt{3}$ unidades

V12.

Vetor	Módulo	Direção	Sentido
$2\vec{v}$	6	horizontal	direita para esquerda
$-2\vec{v}$	6	horizontal	esquerda para direita
$-\vec{v}$	3	horizontal	esquerda para direita

V13. e
V14. a) 6π cm; $\frac{\pi}{4}$ cm/s

b) 12 cm; 0,5 cm/s

V15. c
V16. Incorreta.
V17. trajetória retilínea
V18. uniforme
V19. d
V20. a
V21. a) b)

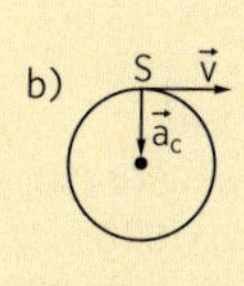

V22. $|\vec{a}_c| = 0$; $|\vec{a}_t| = 6$ m/s²; $|\vec{a}| = |\vec{a}_t| = 6$ m/s²
V23. $|\vec{a}| = 1800$ km/h²
V24. $|\vec{a}_c| = 37$ m/s²; $|\vec{a}_t| = 8$ m/s²;

$|\vec{a}| \cong 37{,}8$ m/s²

Revisão

R1. d
R2. b
R3. a
R4. $|\vec{x} + \vec{y}| = 5$
R5. e
R6. e
R7. b
R8. d
R9. c
R10. b
R11. b
R12.

Vetor	Módulo	Direção	Sentido
$3\vec{v}$	15	horizontal	esquerda para direita
$-\vec{v}$	5	horizontal	direita para esquerda

R13. c
R14. a
R15. d
R16. $\sqrt{2}$ m/s
R17. c
R18. a
R19. a
R20. a) 3,0 min

b) 10 km/h

R21. I. c II. d III. a IV. b V. c VI. e
R22. b
R23. c
R24. d

Capítulo 5

Aplicação

A1. 0,25 Hz; 4 s
A2. 50 Hz; 0,02 s
A3. 0,25 rpm; 240 s
A4. 2 h
A5. 60 s
A6. 0,40 rad/s
A7. a) 2,5 rad/s

b) 12,5 m/s²

A8. 2
A9. 0,50 s
A10. 0,20 rad
A11. $\frac{2\pi}{5}$ rad/s
A12. $4{,}0\pi$ m/s
A13. $\frac{\pi}{30}$ rad/s; $\frac{\pi}{30}$ rad/min; $\frac{\pi}{6}$ rad/h
A14. a) $\omega_S = \omega_T = \frac{\pi}{12}$ rad/h

b) $\frac{v_T}{v_S} = \frac{R_T}{R_S}$

A15. 8π cm/s e 4π cm/s
A16. 4 rad/s²
A17. a) 0,10 rad/s²

b) 1,0 rad/s

A18. 240 voltas
A19. c
A20. 15 rpm
A21. $\omega_A = 3\,\omega_B$; $f_A = 3\,f_B$
A22. $\omega_B = 30$ rad/s; anti-horário
$\omega_C = 40$ rad/s; horário

Verificação

V1. 0,50 s; 2,0 Hz
V2. 10 Hz; 0,10 s
V3. 40 s; 0,025 Hz
V4. 1 h **V5.** 12 h
V6. 24 h
V7. 1,5 rad/s
V8. a) $2{,}0 \cdot 10^2$ m/s^2 b) 20 m/s
V9. 1,0 rad
V10. 20 s
V11. π rad/s; $5\pi^2$ m/s^2
V12. 400π m/s
V13. O satélite geoestacionário descreve uma órbita circular, contida no plano do equador, e seu período é igual ao de rotação da Terra ($T_s = T_T = 24$ h). Nessas condições o satélite está sempre na mesma posição em relação a um referencial ligado à Terra.
$\omega_s = \omega_T = \frac{\pi}{12}$ rad/h
V14. a
V15. 0,3 Hz; 0,2 Hz
V16. -5 rad/s^2
V17. a) 1,0 rad/s^2 b) 10 cm/s^2 c) 25 rad/s
V18. 10 s
V19. c
V20. 2,5 rad/s
V21. a) anti-horário
b) 5,0 m/s
c) $\omega_A = 25$ rad/s e $\omega_B = 50$ rad/s
V22. a) 15 rpm b) 3,0 s

Revisão

R1. a **R2.** b **R3.** e **R4.** b
R5. a) 25 km/h b) $\cong 1{,}4$ rad
R6. a) $\frac{\pi}{10}$ rad/s b) π m/s
R7. b
R8. a) $a = a_t = 5{,}0$ m/s^2
b) $\frac{\pi}{20}$ rad/s
R9. e **R10.** b **R11.** a **R12.** c
R13. a) 40 m b) 60 s
R14. a **R15.** c **R16.** c **R17.** c
R18. c **R19.** a **R20.** b

Capítulo 6

Aplicação

A1. a
A2. c
A3. a) 4,0 s b) 40 m/s
A4. 2,0 s
A5. a) 3,0 s c) 25 m
b) 45 m d) descendo
A6. a) 4,0 s b) 100 m
A7. 5,0 m/s
A8. 25 m
A9. 20 m
A10. c
A11. b
A12. d
A13. a
A14. $\cong 36$ m/s
A15. a) 80 m/s; 60 m/s
b) $x = 80t$ (SI)
$y = 60t - 5{,}0t^2$ (SI)
c) 6,0 s
d) 180 m; 960 m
A16. 25 000 m
A17. 100 m/s
A18. a) 200 m/s b) $\cong 0{,}3$ s
A19. a) $x = 10 \cdot t$ (SI); $y = 5{,}0t^2$ (SI)
b) 50 m; 125 m
A20. a) 20 s b) 2 000 m c) $100\sqrt{5}$ m/s
A21. 0,80 m
A22. a

Verificação

V1. a
V2. c
V3. a) 2,0 s b) 20 m/s
V4. a) 2,0 s c) 6,0 s
b) 80 m d) 40 m/s
V5. Orientando a trajetória para cima e adotando a origem dos espaços no solo, temos os gráficos.
a)
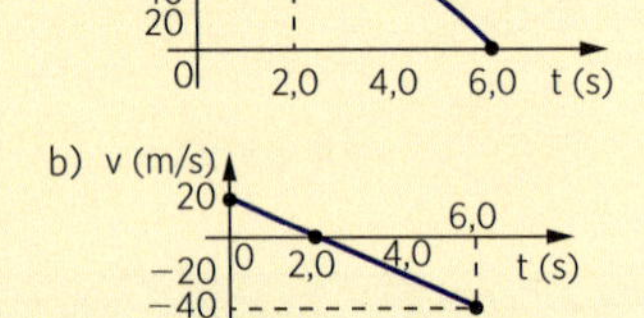

b)
c)
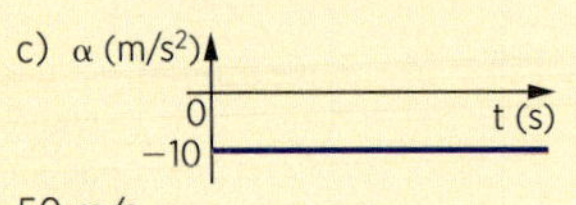

V6. 50 m/s
V7. 400 m
V8. 60 m
V9. a) 2,0 s b) 20 m
V10. d
V11. c
V12. d
V13. b
V14. d
V15. a) 10 m/s; $10\sqrt{3}$ m/s
b) $x = 10t$ (SI)
$y = 10\sqrt{3}t - 5{,}0t^2$ (SI)
c) $\sqrt{3}$ s
d) 15 m; $20\sqrt{3}$ m
V16. $12\,500 \cdot \sqrt{3}$ m
V17. 0,5 s; 1,25 m
V18. a) 27° b) $20\sqrt{5}$ m/s
V19. a) $x = 80t$ (SI); $y = 5{,}0t^2$ (SI)
b) $x = 800$ m; $y = 500$ m
V20. a) 10 s b) 2000 m c) $100\sqrt{5}$ m/s
V21. 0,45 m
V22. d

Revisão

R1. c
R2. c
R3. c
R4. d
R5. d
R6. b
R7. b
R8. c
R9. 75 m
R10. c
R11. d
R12. e
R13. $\frac{1}{3}$
R14. e
R15. b
R16. e
R17. 45 m/s
R18. c
R19. d
R20. c
R21. a) 16 m b) $\cong 16$ m/s c) 8,0 m/s
R22. d
R23. c
R24. a) 0,80 s b) $\cong 11$ m/s
R25. d

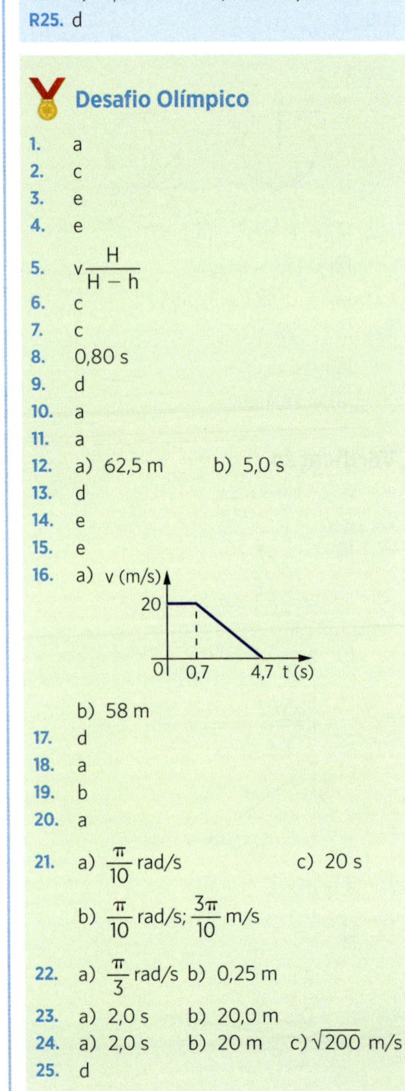

Desafio Olímpico

1. a
2. c
3. e
4. e
5. $v\frac{H}{H - h}$
6. c
7. c
8. 0,80 s
9. d
10. a
11. a
12. a) 62,5 m b) 5,0 s
13. d
14. e
15. e
16. a)

b) 58 m
17. d
18. a
19. b
20. a
21. a) $\frac{\pi}{10}$ rad/s c) 20 s
b) $\frac{\pi}{10}$ rad/s; $\frac{3\pi}{10}$ m/s
22. a) $\frac{\pi}{3}$ rad/s b) 0,25 m
23. a) 2,0 s b) 20,0 m
24. a) 2,0 s b) 20 m c) $\sqrt{200}$ m/s
25. d

Fotos: Thinkstock/Getty Images

unidade

2 DINÂMICA

capítulo

7 Os princípios da Dinâmica

Conceitos iniciais

A Dinâmica é a parte da Mecânica que estuda os movimentos dos corpos, analisando as causas que explicam como um corpo em repouso pode entrar em movimento, como é possível modificar o movimento de um corpo ou como um corpo em movimento pode ser levado ao repouso. Essas causas são, como veremos, as *forças*.

Thinkstock/Getty Images

Figura 1

AKG Images/Latinstock

Figura 2. Galileu Galilei (1564-1642).

O estudo científico dos movimentos dos corpos deve-se a Galileu Galilei (fig. 2), que introduziu na Física o *método experimental*.

O método experimental consiste em:

- observar os fenômenos;
- medir as grandezas que interferem nos fenômenos;
- estabelecer as leis físicas que os regem.

Atualmente, o método experimental tem caráter apenas histórico. Na verdade, o método utilizado na formulação de leis e teorias que explicam muitos fenômenos que ocorrem no Universo é variável, não seguindo etapas previamente estabelecidas, como sugere o método experimental.

O nosso conceito mais intuitivo de *força* surge quando empurramos ou puxamos um objeto. Ao empurrar um carrinho, ao puxar uma gaveta, ao chutar uma bola, ao dar uma cortada num jogo de vôlei, estamos aplicando forças (fig. 3).

Paolo Bona/AGE Fotostock/Grupo Keystone

Figura 3

A força tem *intensidade*, *direção* e *sentido*, ou seja, ela é uma *grandeza física vetorial*.

Inércia

Das teorias que explicavam os movimentos dos corpos, a que perdurou durante séculos foi a de Aristóteles. De acordo com essa teoria, um corpo só estaria em movimento se fosse constantemente impelido por um agente (isto é, uma força).

Por meio de experiências, Galileu Galilei verificou que a tendência dos corpos, quando não submetidos à ação de forças, é permanecer em repouso ou realizar movimento retilíneo uniforme.

Portanto, *pode haver movimento mesmo na ausência de forças*. Por exemplo, se lançarmos um bloco sobre uma superfície horizontal, ele para após percorrer certa distância, devido às forças de atrito e de resistência do ar. Polindo as superfícies de contato, a intensidade da força de atrito diminui, e o bloco percorre uma distância maior. Se fosse possível eliminar todo o atrito e a resistência do ar, o bloco continuaria indefinidamente em movimento, com velocidade constante. A tendência dos corpos de permanecer em repouso ou em movimento retilíneo uniforme, quando livres da ação de forças, é interpretada como uma propriedade denominada *inércia*.

Um corpo em repouso tende, por sua inércia, a permanecer em repouso. Um corpo em movimento tende, por sua inércia, a manter constante sua velocidade.

Vejamos alguns exemplos. Na figura 4a, quando o ônibus parte, o passageiro sente-se empurrado para trás em relação ao ônibus, pois tende, por sua inércia, a permanecer em repouso em relação ao solo.

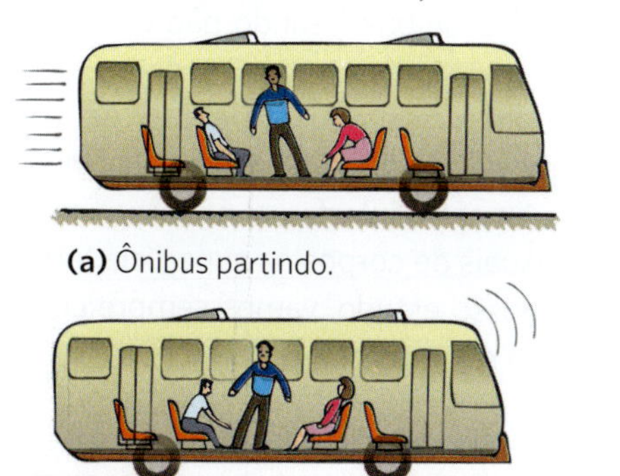

(a) Ônibus partindo.

(b) Ônibus freando.

Ilustrações: Avelino Guedes

Figura 4

Já quando o ônibus freia, o passageiro é atirado para a frente em relação ao ônibus, pois tende, por sua inércia, a manter a velocidade que tinha em relação ao solo (fig. 4b).

A figura 5 mostra um carro que se movimenta numa estrada reta. Ao entrar numa curva, ele tende, por sua inércia, a manter a velocidade que tinha e, portanto, sair pela tangente à curva.

Quanto maior a massa de um corpo, maior a sua inércia, isto é, sua tendência de permanecer em repouso ou em movimento retilíneo e uniforme. Portanto, *a massa é uma constante característica do corpo e com ela se mede a sua inércia.*

Figura 5

Princípio da Inércia: Primeira Lei de Newton

Com base nos trabalhos de Galileu e de Johannes Kepler (1571-1630), Isaac Newton (fig. 6) estabeleceu três *princípios* e a partir deles desenvolveu a teoria sobre o movimento dos corpos, denominada Mecânica Clássica. Os princípios da Dinâmica são também chamados *leis de Newton*. O Princípio da Inércia ou Primeira Lei de Newton, confirmando os estudos de Galileu, estabelece que:

The Bridgeman Art Library/Grupo Keystone/ Academie des Sciences, Paris

Figura 6. Isaac Newton (1642-1727).

> Todo corpo continua em seu estado de repouso ou de movimento uniforme em linha reta, a menos que seja forçado a sair desse estado por forças imprimidas sobre ele.

Em outras palavras:

> Todo corpo livre da ação de forças ou está em repouso ou realiza movimento retilíneo e uniforme.

Dessa lei resulta o conceito dinâmico de força:

> *Força* é a causa que produz num corpo variação de velocidade e, portanto, aceleração.

OBSERVE

Na prática não é possível obter um corpo livre da ação de forças. No entanto, se o corpo estiver sujeito a um sistema de forças cuja resultante é nula, ele estará em repouso ou descreverá movimento retilíneo e uniforme. A existência de forças não equilibradas produz variação na velocidade do corpo. No exemplo do ônibus, o passageiro, ao segurar-se, recebe uma força que vai acelerá-lo (fig. 4a), ou freá-lo (fig. 4b). Na situação da figura 5, ao efetuar a curva, os pneus são direcionados de tal forma que recebem do solo uma força capaz de variar a direção da velocidade.

Sistemas inerciais de referência

Já vimos que as noções de repouso, movimento, velocidade, aceleração, força, etc. dependem do sistema de referência.

Sistemas inerciais de referência são sistemas em relação aos quais vale o Princípio da Inércia. Em relação a tais sistemas, um corpo em repouso está livre da ação de forças ou sujeito a um sistema de forças cuja resultante é nula. Isso significa que, em relação a tais sistemas, nenhum movimento *começa* sem a ação de uma força.

No ônibus que freia (fig. 4b), os corpos em repouso em relação ao ônibus são jogados para a frente, em relação a ele. Nesse caso, há um movimento (corpo jogado para a frente) sem a ação de uma força. O ônibus freando não é um referencial inercial.

Devido a seus movimentos de rotação e translação, a Terra não é um referencial inercial. Mas esses movimentos interferem muito pouco nos movimentos usuais de corpos na superfície terrestre. Por isso, em nosso estudo, vamos sempre considerar a Terra como referencial inercial.

Aplicação

A1. Explique por que o cavaleiro é projetado para a frente quando o cavalo para bruscamente.

Ilustrações: Lettera Studio

A2. Explique por que, puxando-se rapidamente a toalha, o prato continuará em repouso.

A3. Uma força horizontal constante é aplicada a um objeto que se encontra a um plano horizontal perfeitamente liso, imprimindo-lhe certa aceleração. No momento em que essa força é retirada, o objeto:

a) para imediatamente.

b) continua movimentando-se, agora com velocidade constante e igual à que possuía no instante em que a força foi retirada.

c) para após uma diminuição gradual de velocidade.

d) adquire aceleração negativa até parar.

e) adquire movimento acelerado.

A4. Um pequeno bloco realiza um MRU sob ação de duas forças, $\vec{F}_1$ e $\vec{F}_2$. O que você pode afirmar a respeito da direção, do sentido e da intensidade de $\vec{F}_1$ e de $\vec{F}_2$?

Verificação

V1. Coloque um pedaço de papelão nas pontas dos dedos e sobre ele uma moeda. Com o dedo da outra mão dê uma pancada brusca no papelão. Este saltará da mão e a moeda permanecerá sobre os dedos. Em que princípio da Física você se baseia para explicar tal fato?

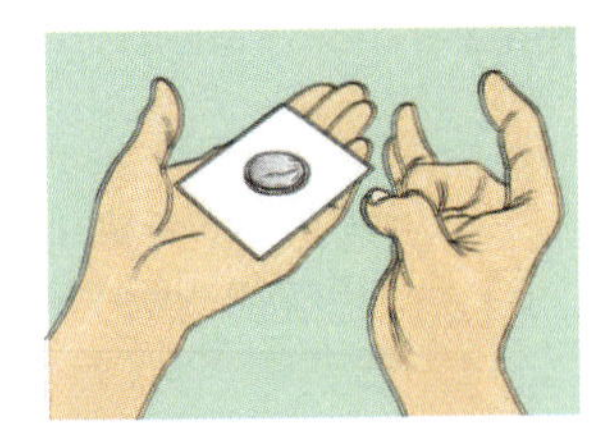

V2. Para encaixarmos um martelo no cabo, batemos o cabo contra uma superfície rígida. Você sabe explicar por quê?

V3. Um ponto material sob ação de um sistema de forças realiza um MRU. O que se pode afirmar a respeito da resultante das forças que agem sobre o ponto material?

V4. Ao fazer uma curva fechada em alta velocidade, a porta do automóvel abriu-se e o passageiro, que não usava cinto de segurança, foi lançado para fora. O fato se relaciona com:

a) a atração que a Terra exerce sobre os corpos.

b) a inércia que os corpos possuem.

c) o Princípio da Ação e Reação.

d) o Princípio da Conservação da Energia.

e) o fato de um corpo resistir a uma força.

Revisão

R1. (PUC-RJ) A Primeira Lei de Newton afirma que, se a soma de todas as forças atuando sobre o corpo for nulo, o mesmo:

a) terá um movimento uniformemente variado.
b) apresentará velocidade constante.
c) apresentará velocidade constante em módulo, mas sua direção pode ser alterada.
d) será desacelerado.
e) apresentará um movimento circular uniforme.

R2. (UFF-RJ) Ao lado estão representadas as forças, de mesmo módulo, que atuam numa partícula em movimento, em três situações.
É correto afirmar que a partícula está com velocidade constante:

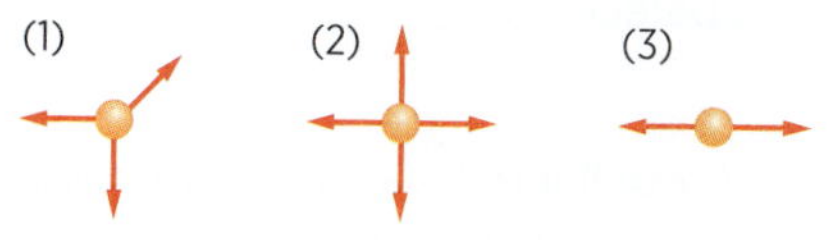

a) apenas na situação 1.
b) apenas na situação 2.
c) apenas nas situações 1 e 3.
d) apenas nas situações 2 e 3.
e) nas situações 1, 2 e 3.

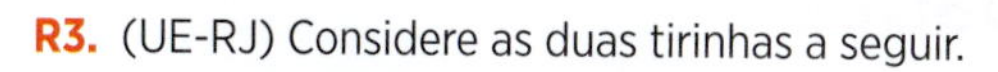

R3. (UE-RJ) Considere as duas tirinhas a seguir.

(Daou, L. e Caruso, F. *Tirinhas de Física*. Rio de Janeiro: CBPF, 2000. v. 2.)

(Daou, L. e Caruso, F. *Tirinhas de Física*. Rio de Janeiro: CBPF, 2000. v. 2.)

Essas tirinhas representam expressões diferentes da Lei de:

a) Inércia
b) queda de corpo
c) Conservação de Energia
d) conservação de momento

R4. (Vunesp-SP) A sequência representa um menino que gira uma pedra através de um fio, de massa desprezível, com velocidade escalar constante. Num determinado instante, o fio se rompe.

Supondo-se que, após a ruptura do fio, a pedra se movimente no chão horizontal sem atrito nem resistência do ar, pede-se:

a) transcreva a figura *C* para seu caderno e represente a trajetória da pedra após o rompimento do fio;
b) descreva o tipo de movimento da pedra.

Figura A Figura B

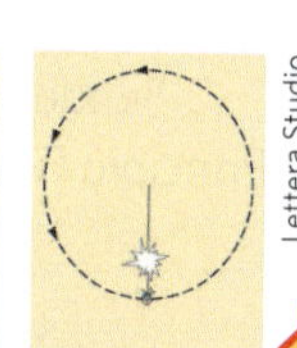

Figura C

Princípio Fundamental da Dinâmica: Segunda Lei de Newton

Considere um ponto material de massa m e sob a ação de um sistema de forças cuja resultante é $\vec{F}$. O Princípio Fundamental da Dinâmica estabelece que:

A resultante $\vec{F}$ das forças aplicadas a um ponto material de massa m produz uma aceleração $\vec{a}$ tal que:

$$\vec{F} = m \cdot \vec{a}$$

isto é, $\vec{F}$ e $\vec{a}$ têm a mesma direção, o mesmo sentido e intensidades proporcionais.

Quando a resultante $\vec{F}$ tem o mesmo sentido da velocidade vetorial $\vec{v}$, a aceleração $\vec{a}$ tem o mesmo sentido de $\vec{v}$. Nesse caso, o módulo da velocidade aumenta com o tempo e o movimento é *acelerado* (fig. 7a).

Quando $\vec{F}$ tem sentido oposto ao de $\vec{v}$, a aceleração $\vec{a}$ também tem sentido oposto ao de $\vec{v}$. O módulo de $\vec{v}$ diminui com o tempo e o movimento é *retardado*. Observe que, em qualquer caso, $\vec{F}$ e $\vec{a}$ têm mesma direção e mesmo sentido (fig. 7b).

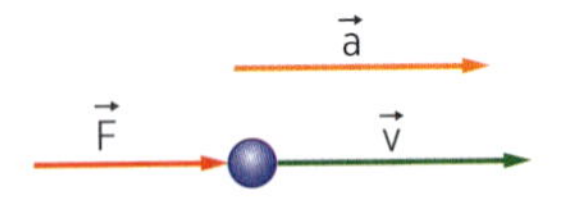

(a) $\vec{a}$ e $\vec{v}$ têm mesmo sentido: movimento acelerado.

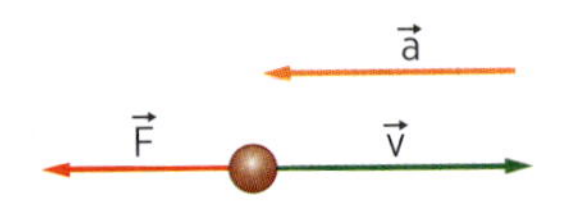

(b) $\vec{a}$ e $\vec{v}$ têm sentidos opostos: movimento retardado.

Figura 7

Peso de um corpo

A força de atração que a Terra exerce num corpo é denominada *peso do corpo* e é indicada por $\vec{P}$.

Quando um corpo está em movimento sob ação exclusiva de seu peso $\vec{P}$, ele adquire uma aceleração denominada *aceleração da gravidade* $\vec{g}$.

Sendo m a massa do corpo, de acordo com o Princípio Fundamental da Dinâmica, resulta:

$$\vec{P} = m \cdot \vec{g}$$

$\vec{P}$ e $\vec{g}$ têm a direção da vertical do lugar e sentido para o centro da Terra. O módulo de $\vec{g}$ varia de local para local, sendo nas proximidades da superfície da Terra aproximadamente igual a 9,8 m/s^2.

Note que a massa m é uma grandeza característica do corpo, enquanto o peso $\vec{P}$ varia de um local para outro em virtude da variação de $\vec{g}$.

A expressão $\vec{P} = m \cdot \vec{g}$ permite determinar o peso de um corpo mesmo quando outras forças, além do peso, atuam sobre o corpo.

Unidades

No Sistema Internacional de Unidades (SI) a unidade de massa é o *quilograma* (kg).

O grama (g) e a tonelada (t) são, respectivamente, submúltiplo e múltiplo do quilograma:

$$1\,g = \frac{1}{1000}\,kg \text{ ou } 1\,kg = 1000\,g \text{ e } 1\,t = 1000\,kg$$

O quilograma é definido como sendo a massa de um cilindro de platina e irídio guardado no Instituto Internacional de Pesos e Medidas, em Sèvres, na França (fig. 8).

Jacques Brinon/AP Photo/Glow Images

Figura 8

A unidade de intensidade de força no SI é o *newton* (N).

Um newton é a intensidade da força que, aplicada a um corpo com 1 kg de massa, imprime nele uma aceleração de 1 m/s^2.

$$1\,N = 1\,kg \cdot m/s^2$$

Quilograma-força (kgf)

O quilograma-força é outra unidade de intensidade de força. Pertence ao *sistema técnico* de unidades. Define-se assim:

> O *quilograma-força* é o peso de um corpo com 1 kg de massa, num local em que a aceleração da gravidade é 9,80665 m/s² (aceleração normal da gravidade).

Nessas condições, um quilograma-força equivale a 9,80665 newtons.

$$1 \text{ kgf} = 9{,}80665 \text{ N}$$

Num local onde a aceleração da gravidade é normal, um corpo com massa de 1 kg pesa 1 kgf; outro corpo com massa de 2 kg pesa 2 kgf e assim por diante.

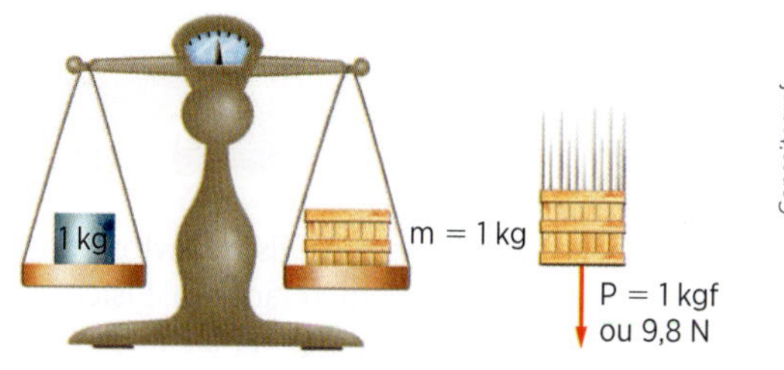

Figura 9

Dinamômetro

Considere uma mola helicoidal AB fixa na extremidade *A*. Na extremidade livre *B* há um ponteiro, que pode deslocar-se ao longo de uma escala graduada (fig. 10a). O aparelho assim construído é denominado *dinamômetro* e se destina a efetuar medidas de intensidade de força; aplicando-se à extremidade *B* uma força $\vec{F}$, a mola sofre uma deformação até se estabelecer o equilíbrio. O ponteiro indica, na escala graduada, a intensidade da força $\vec{F}$ (fig. 10b).

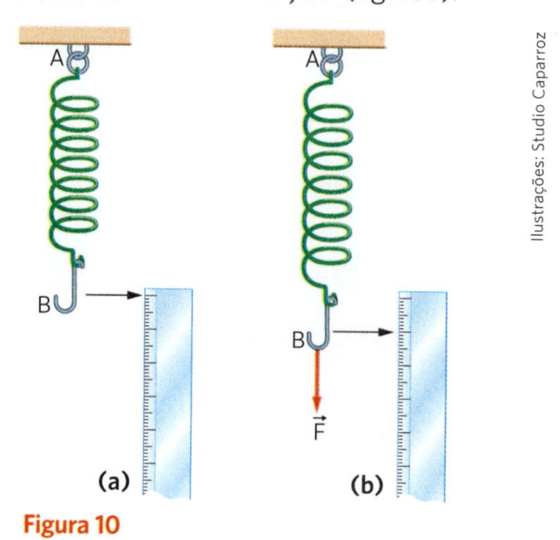

Figura 10

A graduação da escala é feita da seguinte maneira: um corpo com massa de 1 kg é pendurado na extremidade *B*. Na posição de equilíbrio, indicada pelo ponteiro, registra-se na escala a marca de 1 kgf (fig. 11a). A seguir, repete-se o processo, suspendendo-se massas de 2 kg, 3 kg, ... e obtêm-se na escala as marcas de 2 kgf, 3 kgf, ... (fig. 11b).

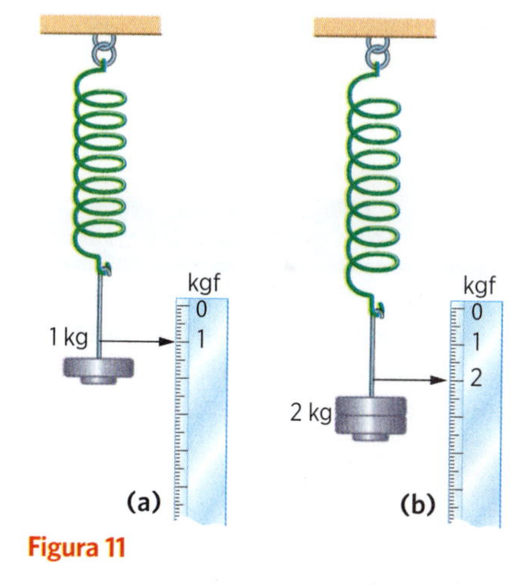

Figura 11

Aplicação

A5. Uma partícula de massa m = 2,0 kg, inicialmente em repouso, é submetida à ação de uma força de intensidade F = 20 N. Qual a aceleração que a partícula adquire?

A6. Uma partícula de massa m = 3,0 kg realiza um movimento retilíneo sob ação simultânea de duas forças, $\vec{F}_1$ e $\vec{F}_2$, de intensidades respectivamente iguais a 9,0 N e 3,0 N. Determine a aceleração da partícula nos casos indicados abaixo:

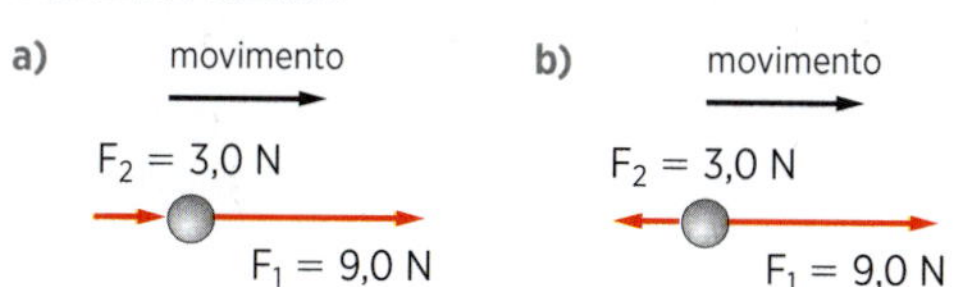

A7. A massa de uma pessoa é 70 kg. A aceleração da gravidade num local da Terra é 9,8 m/s² e na Lua, 1,6 m/s². Determine o peso da pessoa na Terra, na Lua, e a massa da pessoa na Lua.

A8. A um corpo com 10 kg de massa, em repouso, é aplicada uma força constante de intensidade 10 N. Qual a velocidade do corpo após 10 s?

A9. Um automóvel com velocidade v = 20 m/s é freado quando o motorista vê um obstáculo. O carro se arrasta por 40 m até parar. Se a massa do carro é 1 000 kg, qual a intensidade da força que atuou no automóvel durante a freada? Considere a força de freamento constante.

Verificação

V5. Uma partícula de massa $m = 2{,}0$ kg realiza um movimento retilíneo. Determine a aceleração da partícula nos casos indicados a seguir:

a) 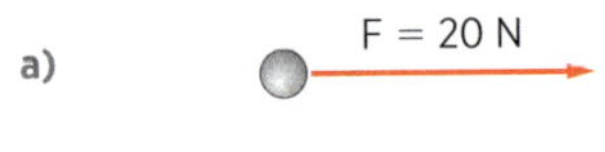

b) $F_2 = 16$ N ← ● → $F_1 = 20$ N

c) $F_2 = 20$ N ← ● → $F_1 = 20$ N

d) $F_2 = 20$ N ← ● → $F_1 = 16$ N

V6. Determine o peso de um corpo com massa de 20 kg na Terra, onde a aceleração da gravidade é $g_T = 9{,}8$ m/s^2, e na Lua, onde a aceleração da gravidade é $g_L = 1{,}6$ m/s^2.

V7. Um carro que se movimenta horizontalmente é freado até parar com aceleração de módulo 4,0 m/s^2. Qual a intensidade da força que o cinto de segurança exerce sobre o motorista durante o freamento? Considere o peso do motorista 700 N e a aceleração da gravidade 10 m/s^2.

V8. Um corpo com massa de 2,0 kg movimenta-se num plano horizontal em trajetória retilínea. No instante $t_0 = 0$, sua velocidade é $v_0 = 10$ m/s e, no instante $t_1 = 10$ s, é $v_1 = 20$ m/s. Calcule a intensidade da força resultante, suposta constante, que atua no corpo durante o intervalo de tempo considerado.

V9. Sob a ação de uma força constante, um corpo com massa de $5{,}0 \cdot 10^2$ kg percorre $6{,}0 \cdot 10^2$ m em 10 s. Considerando que o corpo partiu do repouso, qual a intensidade da força em questão?

R5. (PUC-MG) Um carro está se movendo para a direita com uma determinada velocidade, quando os freios são aplicados.

Studio Caparroz

sentido original do movimento

Assinale a opção que dá o sentido correto para a velocidade $\vec{v}$ do carro, sua aceleração $\vec{a}$ e a força resultante $\vec{F}$ que atua no carro enquanto ele freia.

	$\vec{v}$	$\vec{a}$	$\vec{F}$
a)	→	→	←
b)	→	←	←
c)	←	←	←
d)	→	←	→

R6. (Cefet-PB) Observe a afirmação da garota:

Alberto De Stefano

Sua conclusão, do ponto de vista newtoniano, apresenta inconsistência em relação à Física. Considerando os dados presentes na ilustração, mesmo que a personagem conseguisse transformar 1200 g da massa dos alimentos integralmente em massa corporal, qual seria a indicação do peso dos alimentos em unidades do SI?

R7. (PUC-RJ) João e Maria empurram juntos, na direção horizontal e no mesmo sentido, uma caixa de massa $m = 100$ kg. A força exercida por Maria na caixa é de 35 N. A aceleração imprimida à caixa é de 1 m/s^2. Desprezando o atrito entre o fundo da caixa e o chão, pode-se dizer que a força exercida por João na caixa, em newtons, é:

a) 35
b) 45
c) 55
d) 65
e) 75

R8. (AFA-SP) Durante um intevalo de tempo de 4 s, atua uma força constante sobre um corpo com massa de 8,0 kg que está inicialmente em movimento retilíneo com velocidade escalar de 9 m/s. Sabendo-se que no fim desse intervalo de tempo a velocidade do corpo tem módulo de 6 m/s, na direção e sentido do movimento original, a força que atuou sobre ele teve intensidade de:

a) 3,0 N no sentido do movimento original.
b) 6,0 N em sentido contrário ao movimento original.
c) 12,0 N no sentido do movimento original.
d) 24,0 N em sentido contrário ao movimento original.

Princípio da Ação e Reação: Terceira Lei de Newton

O Princípio da Ação e Reação estabelece que:

> Quando um corpo A aplica uma força $\vec{F}_A$ num corpo B, este aplica em A uma força $\vec{F}_B$. As forças ($\vec{F}_A$ e $\vec{F}_B$) têm a mesma intensidade, a mesma direção e sentidos opostos $\vec{F}_B = -\vec{F}_A$).
>
> $\vec{F}_B$ A B $\vec{F}_A$
>
> $$|\vec{F}_A| = |\vec{F}_B| = |\vec{F}|$$
>
> $$\vec{F}_B = -\vec{F}_A$$
>
> Uma das forças é chamada de *ação* e a outra, de *reação*.

Vejamos exemplos de forças de ação e reação:

- *Ações entre a Terra e os corpos*

  A Terra atrai um corpo com uma força que é o peso $\vec{P}$ do corpo (ação). Pelo Princípio da Ação e Reação, o corpo atrai a Terra com força de mesma intensidade, mesma direção e sentido contrário $-\vec{P}$ (reação), aplicada no centro da Terra (fig. 12). Portanto, *a reação ao peso de um corpo é uma força aplicada no centro da Terra.*

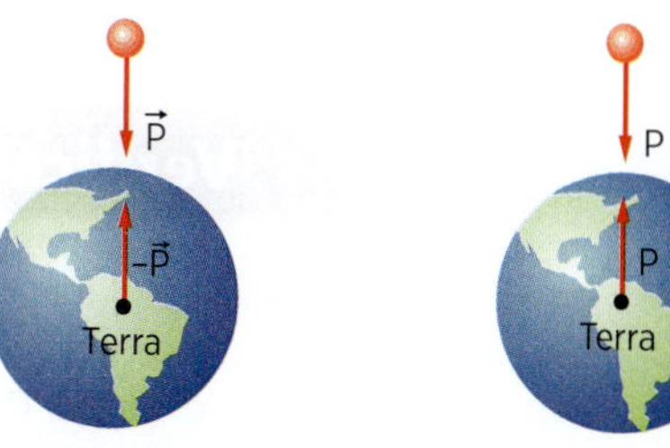

Figura 12

- *Bloco apoiado numa mesa*

  Considere um bloco apoiado numa mesa (fig. 13a). O bloco, sendo atraído pela Terra, exerce sobre a mesa uma força de compressão de intensidade F_N (fig. 13b). Pelo Princípio da Ação e Reação, a mesa exerce no bloco outra força de mesma intensidade F_N, mesma direção e sentido contrário (fig. 13c).

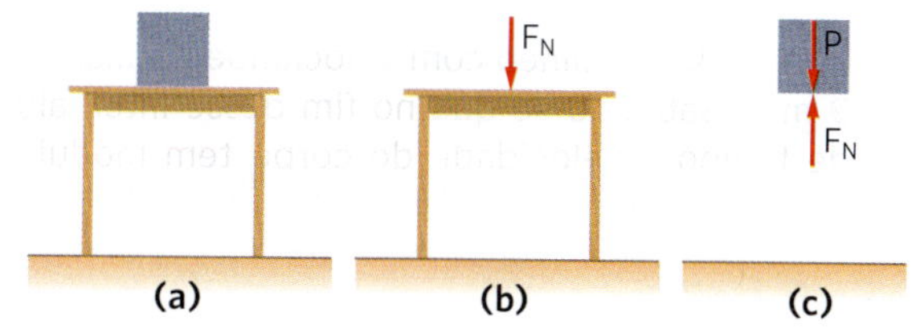

Figura 13

Observe que sobre o bloco atuam duas forças: $\vec{P}$ (ação da Terra) e $\vec{F}_N$ (ação da mesa).
A força $\vec{F}_N$ recebe o nome de *reação normal* por ser perpendicular à superfície de contato.

- *Força de tração em um fio*

  Considere um bloco de peso $\vec{P}$ suspenso por um fio (fig. 14). No bloco atuam duas forças: o peso $\vec{P}$ do bloco e a força $\vec{T}$ devida ao fio, denominada *tração no fio*.

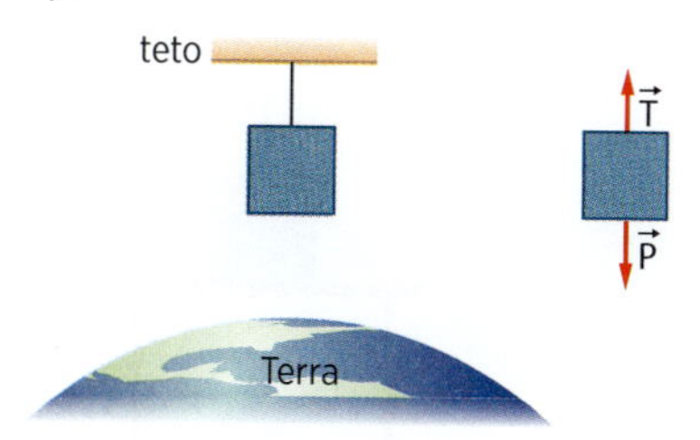

Figura 14

Pelo Princípio da Ação e Reação, o bloco exerce no fio uma força de mesma intensidade T, mesma direção e sentido oposto (fig. 15a). Considerando o fio inextensível, perfeitamente flexível e de peso desprezível (fio ideal), a força de tração se transmite ao teto (fig. 15b). O teto, pelo Princípio da Ação e Reação, aplica no fio uma força de mesma intensidade T (fig. 15c).

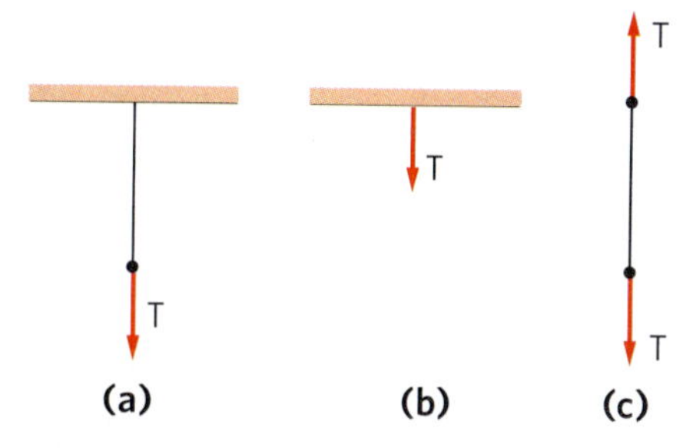

Figura 15

- *Pessoa andando*

  Ao andar, o pé empurra o chão com uma força $\vec{F}$ para trás; pelo Princípio da Ação e Reação, o chão aplica no pé uma força $-\vec{F}$ de mesma intensidade, mesma direção e sentido oposto (portanto, para a frente) (fig. 16). Essas forças advêm das irregularidades das superfícies em contato e são denominadas *forças de atrito*. Numa superfície perfeitamente lisa, não conseguiríamos andar.

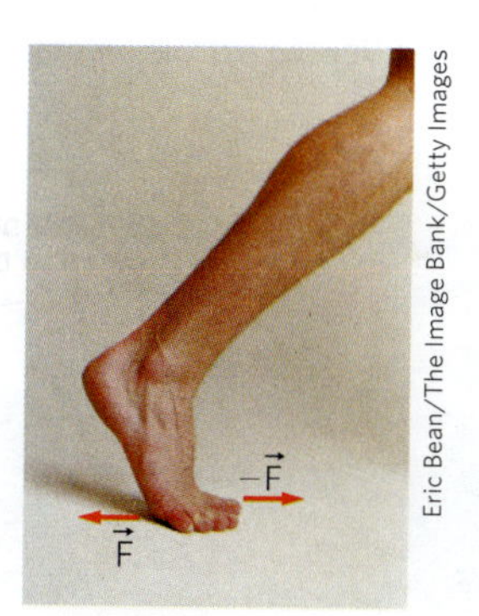

Figura 16

As forças de ação e reação estão aplicadas em corpos distintos e, portanto, *nunca se equilibram.*

Aplicação

A10. Um bloco encontra-se suspenso por um fio e apoiado sobre uma mesa.

Marcc A. Sismotto

a) Represente todas as forças que agem no bloco.

b) Esclareça onde estão aplicadas as correspondentes reações.

A11. Um aluno que havia tido sua primeira aula sobre o Princípio da Ação e Reação ficou sem gasolina no carro. Raciocinou: "Se eu tentar empurrar o carro com uma força $\vec{F}$, ele vai reagir com uma força $-\vec{F}$; ambas vão se anular e eu não conseguirei mover o carro". Mas seu colega desceu do carro e o empurrou, conseguindo movê-lo. Qual o erro cometido pelo aluno em seu raciocínio?

A12. Um menino está parado, de pé, sobre um banco. A Terra aplica-lhe uma força que denominamos "peso do menino". Segundo a Terceira Lei de Newton, a reação dessa força atua sobre:

a) o banco.

b) o menino.

c) a Terra.

d) a gravidade.

e) nenhum dos elementos mencionados, pois a Terceira Lei de Newton não é válida para esse caso.

A13. Um automóvel colide com uma bicicleta. A força que o automóvel exerce sobre a bicicleta tem a mesma intensidade da força que a bicicleta exerce sobre o automóvel, de acordo com o Princípio da Ação e Reação. Por que a bicicleta sofre mais danos que o automóvel?

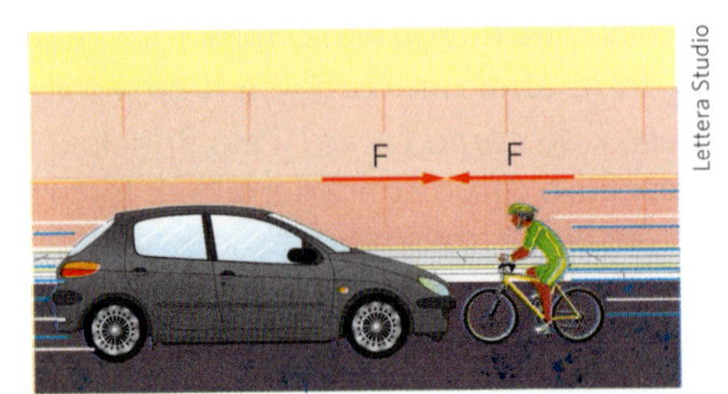

Lettera Studio

Verificação

V10. A figura representa um bloco apoiado na superfície terrestre.

a) Desenhe todas as forças que agem no bloco.

b) Esclareça onde estão aplicadas as correspondentes reações.

V11. No tempo em que os animais falavam, um cavalo se recusou a puxar uma carroça, invocando o Princípio da Ação e Reação em sua defesa:

Studio Caparroz

"A força de um cavalo sobre uma carroça é igual em intensidade e direção e em sentido oposto à força que a carroça exerce sobre o cavalo. Se eu nunca posso exercer sobre a carroça uma força maior do que ela exerce sobre mim, como poderei fazê-la iniciar o movimento?", indagou o cavalo. Como você responderia?

V12. Na situação indicada na figura, os corpos *A* e *B* estão juntos em movimento retilíneo acelerado sobre uma superfície horizontal, com atrito desprezível, sob ação de uma força horizontal constante $\vec{F}$. Seja F_{AB} a intensidade da força que *A* exerce sobre *B* e F_{BA} a intensidade da força que *B* exerce sobre *A*.

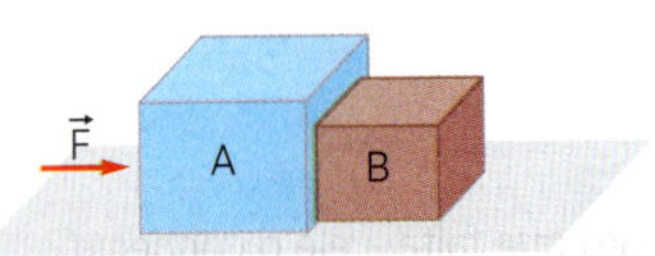

Podemos afirmar:

a) $F_{AB} > F_{BA}$

b) $F_{AB} < F_{BA}$

c) $F_{AB} = F_{BA}$

d) $F_{AB} = F_{BA} = F$

e) $F_{AB} \geqslant F_{BA}$

V13. Sendo $m \cdot g$ a intensidade da força que a Terra exerce sobre um corpo de massa *m*, num local onde a aceleração da gravidade é *g*, então a intensidade da força que o corpo exerce sobre a Terra é muito menor do que $m \cdot g$. Essa afirmação está certa ou errada? Explique.

Revisão

R9. (UF-PB) Um livro está em repouso num plano horizontal. Atuam sobre ele as forças peso $(\vec{P})$ e normal $(\vec{F}_N)$, como indicado na figura.

Marco A. Sismotto

Analisando-se as afirmações abaixo:

I. A força de reação à força peso está aplicada no centro da Terra.

II. A força de reação à força normal está aplicada sobre o plano horizontal.

III. O livro está em repouso e, portanto, normal e peso são forças de mesma intensidade e direção, porém de sentidos contrários.

IV. A força normal é reação à força peso.

pode-se dizer que:

a) todas as afirmações são verdadeiras.
b) apenas I e II são verdadeiras.
c) apenas I, II e III são verdadeiras.
d) apenas III e IV são verdadeiras.
e) apenas III é verdadeira.

R10.

(PUC-SP) Garfield, o personagem da história acima, é reconhecidamente um gato malcriado, guloso e obeso. Suponha que o bichano esteja na Terra e que a balança utilizada por ele esteja em repouso, apoiada no solo horizontal. Considere que, na situação de repouso sobre a balança, Garfield exerça sobre ela uma força de compressão de intensidade 150 N.

A respeito do descrito, são feitas as seguintes afirmações:

I. O peso de Garfield, na Terra, tem intensidade de 150 N.

II. A balança exerce sobre Garfield uma força de intensidade 150 N.

III. O peso de Garfield e a força que a balança aplica sobre ele constituem um par ação-reação.

É(São) verdadeira(s):

a) somente I.
b) somente II.
c) somente I e II.
d) somente II e III.
e) todas as afirmações.

R11. (UF-CE) Um pequeno automóvel colide frontalmente com um caminhão cuja massa é cinco vezes maior que a massa do automóvel. Em relação a essa situação, marque a alternativa que contém a afirmativa correta.

a) Ambos experimentam desaceleração de mesma intensidade.
b) Ambos experimentam forças de impacto de mesma intensidade.
c) O caminhão experimenta desaceleração cinco vezes mais intensa que a do automóvel.
d) O automóvel experimenta força de impacto cinco vezes mais intensa que a do caminhão.
e) O caminhão experimenta força de impacto cinco vezes mais intensa que a do automóvel.

R12. (U. F. Viçosa-MG) Em 13 de janeiro de 1920 o jornal *The New York Times* publicou um editorial atacando o cientista Robert Goddard por propor que foguetes poderiam ser usados em viagens espaciais. O editorial dizia:

"É de se estranhar que o prof. Goddard, apesar de sua reputação científica internacional, não conheça a relação entre as forças de ação e reação e a necessidade de ter alguma coisa melhor que o vácuo contra a qual o foguete possa reagir. É claro que falta a ele o conhecimento dado diariamente no colégio".

Comente o editorial acima, indicando quem tem razão e por que, baseando sua resposta em algum princípio físico fundamental.

APROFUNDANDO

- Um objeto cai em queda livre. Identifique as forças de ação e de reação.
- Um soldado, ao iniciar seu treinamento com um fuzil, recebe a seguinte recomendação: "Cuidado com o coice da arma". O que isso significa?

Interação entre blocos

Vamos aplicar as leis de Newton para blocos em contato. Para isso, devemos isolar os blocos e representar todas as forças que agem em cada um. A seguir, para cada bloco, aplicamos o Princípio Fundamental da Dinâmica.

Observe o exemplo da figura 17, no qual se aplica a força $\vec{F}$ ao bloco *A*, que está em contato com *B*. Suas massas são, respectivamente, m_A e m_B. As superfícies de contato são perfeitamente lisas. Podemos determinar as acelerações que os blocos adquirem e a intensidade da força que um bloco aplica no outro.

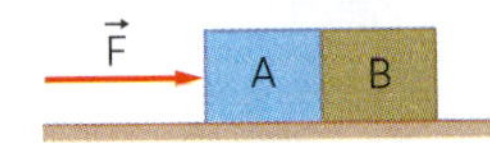

Figura 17

Note que os blocos adquirem a mesma aceleração $\vec{a}$, cujo sentido é o mesmo de $\vec{F}$.

Na figura 18 representamos as forças que agem em *A* e *B* separadamente.

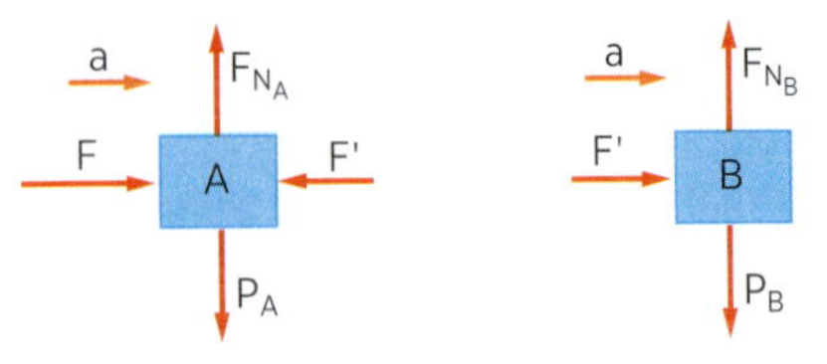

Figura 18

O peso $\vec{P}_A$ e a força normal $\vec{F}_{N_A}$ se equilibram, o mesmo acontecendo com o peso $\vec{P}_B$ e a força normal $\vec{F}_{N_B}$. Observe que *A* exerce em *B* uma força horizontal e para a direita, de intensidade *F'*. Pelo Princípio da Ação e Reação, *B* exerce em *A* outra força de mesma intensidade *F'*, mesma direção e sentido oposto.

Aplicando o Princípio Fundamental da Dinâmica (PFD) para cada bloco, obtemos:

$$\text{PFD (A): } F - F' = m_A \cdot a$$
$$\text{PFD (B): } F' = m_B \cdot a$$

Dessas equações calculamos *a* e *F'*.

Aplicação

A14. Aplica-se uma força $\vec{F}$ de intensidade 20 N ao bloco *A*, conforme a figura. Os blocos *A* e *B* têm massas respectivamente iguais a 3,0 kg e 1,0 kg. As superfícies de contato são perfeitamente lisas. Determine a aceleração do sistema e a intensidade da força que o bloco *A* exerce no bloco *B*.

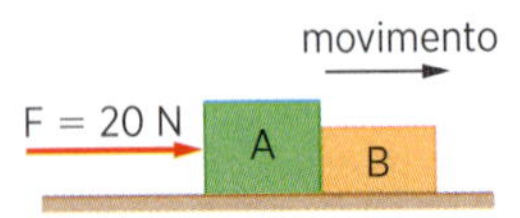

A15. Dois corpos, de massas $m_A = 4,0$ kg e $m_B = 2,0$ kg, estão em contato e podem se deslocar sem atrito sobre um plano horizontal. Sobre o corpo *A* age a força $\vec{F}_A$ de intensidade 12 N; sobre o corpo *B* age a força $\vec{F}_B$ de intensidade 6,0 N, conforme a figura.

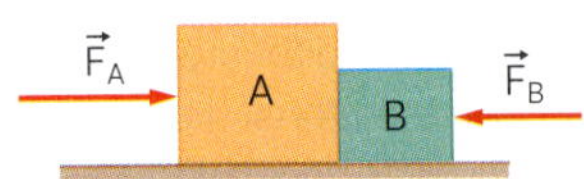

Determine:

a) a aceleração do conjunto;

b) a intensidade da força que um corpo exerce no outro.

A16. O esquema abaixo representa um conjunto de três blocos *A*, *B* e *C*, de massas $m_A = 1,0$ kg, $m_B = 2,0$ kg e $m_C = 3,0$ kg, respectivamente, em um plano horizontal sem atrito. Em *A* é aplicada uma força de intensidade F = 12 N.

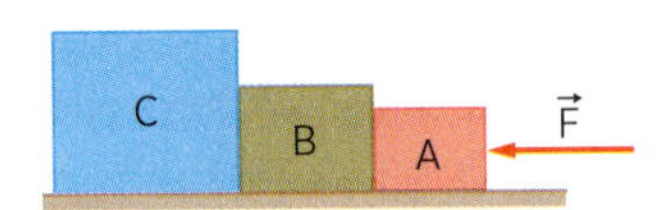

Determine:

a) a aceleração do sistema;

b) a intensidade da força que *A* aplica em *B*;

c) a intensidade da força que *C* aplica em *B*.

Verificação

V14. *A* e *B* são dois blocos de massas 3,0 kg e 2,0 kg, respectivamente, que se movimentam juntos sobre uma superfície horizontal e perfeitamente lisa. $\vec{F}$ é uma força de intensidade 30 N aplicada ao bloco *A*.

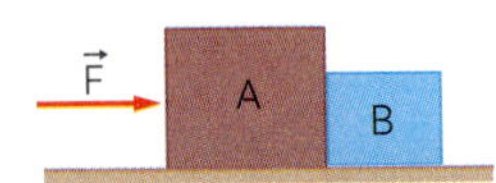

A aceleração do sistema e a intensidade da força que *B* exerce em *A* são, respectivamente:

a) 4,0 m/s² e 12 N

b) 5,0 m/s² e 10 N

c) 6,0 m/s² e 18 N

d) 5,0 m/s² e 15 N

e) 6,0 m/s² e 12 N

V15. Os blocos *A* e *B*, de massas $m_A = 6,0$ kg e $m_B = 4,0$ kg, respectivamente, apoiam-se num plano liso e horizontal, conforme a figura. Aplicando-se ao bloco *A* uma força horizontal de intensidade F_1, e no bloco *B* uma força horizontal de intensidade $F_2 = 20$ N, o conjunto adquire uma aceleração $a = 5,0$ m/s², no sentido indicado na figura. Determine F_1 e a intensidade da força que um corpo aplica no outro.

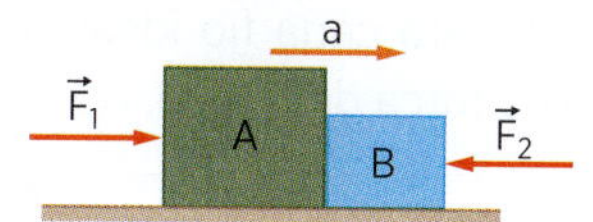

V16. Três blocos *A*, *B* e *C*, de massas iguais a 2,0 kg, 3,0 kg e 4,0 kg, respectivamente, apoiados sobre uma superfície horizontal, sofrem a ação de uma força $\vec{F}$, como mostra a figura.
Sabendo-se que a intensidade de $\vec{F}$ é 18 N e desprezando qualquer atrito, determine a aceleração dos blocos e a intensidade da força que um bloco exerce sobre o outro.

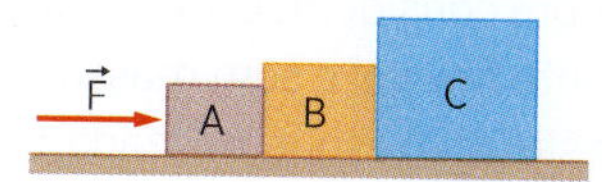

Revisão

R13. (UF-SC) Sejam dois corpos com massas desconhecidas, m_1 e m_2. Uma força de 10 N imprime à massa m_1 uma aceleração de 5 m/s² e à massa m_2 uma aceleração igual a 20 m/s². Se a mesma força atuar, agora, sobre os dois corpos reunidos, qual será a aceleração do conjunto?

R14. (Unifor-CE) Sobre uma pista horizontal, de atrito desprezível, estão deslizando os corpos *A* e *B* com aceleração provocada pela força horizontal $\vec{F}$, de intensidade *F*, aplicada no corpo *A*.
Sabendo-se que a massa de *A* é o dobro da massa de *B*, a força que o corpo *B* exerce no corpo *A* tem intensidade:

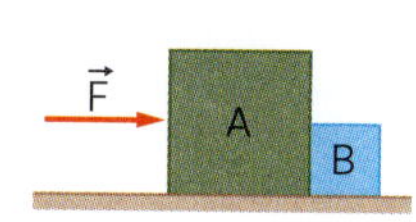

a) $\frac{F}{4}$ b) $\frac{F}{3}$ c) $\frac{F}{2}$ d) $\frac{2F}{3}$ e) F

R15. (UF-MS) Estão colocados sobre uma mesa plana, horizontal e sem atrito, dois blocos *A* e *B* conforme a figura abaixo:

(I)
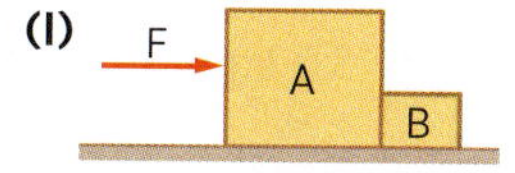

(II)
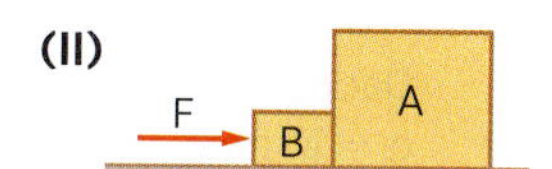

Uma força horizontal de intensidade *F* é aplicada a um dos blocos em duas situações (I e II). Sendo a massa de *A* maior do que a de *B*, é correto afirmar que:

a) a aceleração do bloco *A* é menor do que a de *B* na situação I.
b) a aceleração dos blocos é maior na situação II.
c) a força de contato entre os blocos é maior na situação I.
d) a aceleração dos blocos é a mesma nas duas situações.
e) a força de contato entre os blocos é a mesma nas duas situações.

R16. (UF-PE) A figura abaixo mostra três blocos de massas $m_A = 1,0$ kg, $m_B = 2,0$ kg e $m_C = 3,0$ kg. Os blocos se movem em conjunto, sob a ação de uma força $\vec{F}$ constante e horizontal, de módulo 4,2 N. Desprezando o atrito, qual o módulo da força resultante sobre o bloco *B*?

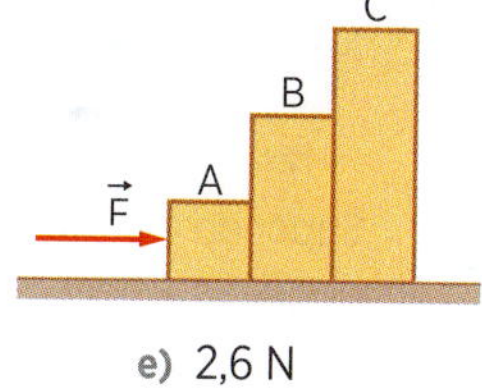

a) 1,0 N
b) 1,4 N
c) 1,8 N
d) 2,2 N
e) 2,6 N

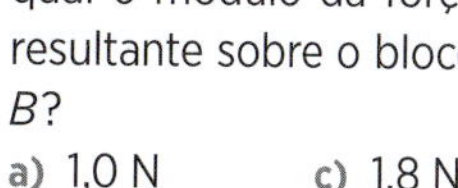

APROFUNDANDO

- Abandonando-se um bloco de certa altura, ele cai sob a ação de seu peso e atinge o solo com velocidade *v*. Colocando-se em cima do primeiro um bloco idêntico a ele e abandonando-os da mesma altura, o conjunto atinge o solo com velocidade *v'*. Qual a intensidade da força que um bloco exerce no outro? Compare *v* com *v'*.
- Uma caixa cujo peso tem intensidade de 90 N está em repouso sobre uma mesa. Note as três situações propostas. Pode-se dizer que a intensidade da força normal é igual à intensidade do peso em todos os casos apresentados?

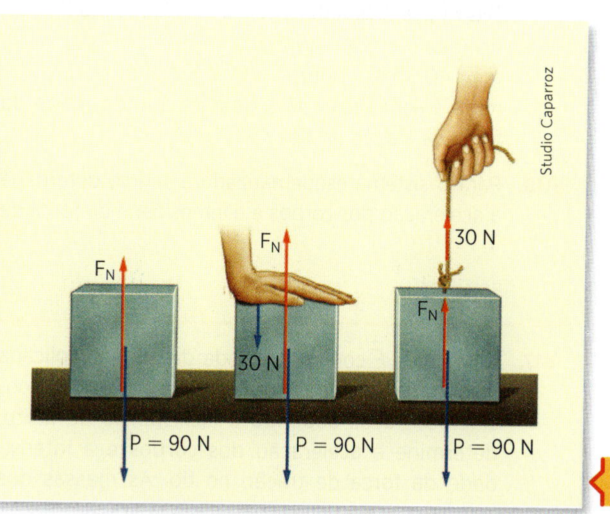

Interação entre blocos e fios

Neste caso, procedemos do mesmo modo visto para blocos em contato: isolamos os blocos ligados pelo fio e representamos as forças que agem neles. O fio é sempre considerado ideal, isto é, inextensível, perfeitamente flexível e sem massa.

Para a situação esquematizada, considerando as superfícies perfeitamente lisas, isolando os blocos, temos:

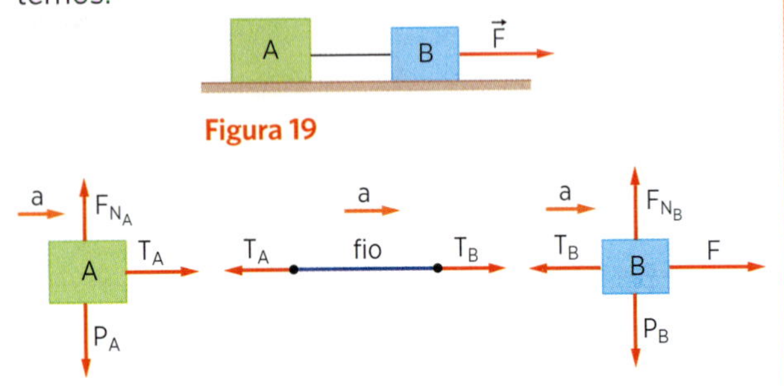

Figura 19

Figura 20

A aplicação do PFD ao fio nos conduz a:

$$T_B - T_A = m_{fio} \cdot a$$

Sendo o fio ideal, vem:

$$m_{fio} = 0 \rightarrow T_B = T_A$$

(indicaremos simplesmente T).

Portanto, para cada fio ideal, temos a mesma intensidade da força de tração. Assim, vem:

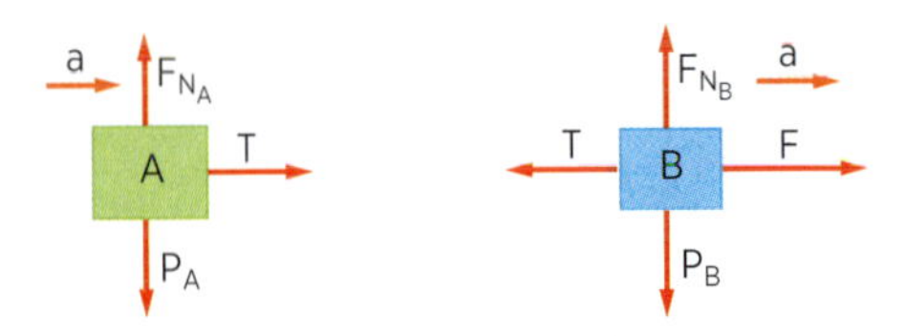

Figura 21

Aplicando o PFD aos blocos, obtemos duas equações:

$$\text{PFD (A)}: T = m_A \cdot a$$

$$\text{PFD (B)}: F - T = m_B \cdot a$$

A17. Dois corpos, *A* e *B*, de massas $m_A = 2{,}0$ kg e $m_B = 1{,}0$ kg, são presos por um fio inextensível perfeitamente flexível e sem massa (fio ideal). Puxa-se o sistema com uma força de intensidade F = 6,0 N, conforme a figura abaixo.

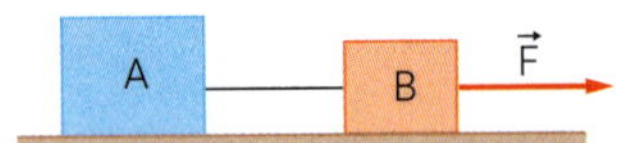

Supondo o atrito desprezível, determine a aceleração do sistema e a intensidade da força de tração no fio.

A18. No esquema ao lado as massas dos corpos *A* e *B* são, respectivamente, 3,0 kg e 7,0 kg. Desprezando os atritos, considerando a polia e o fio ideais e adotando $g = 10$ m/s², determine a aceleração do sistema e a intensidade da força de tração no fio.

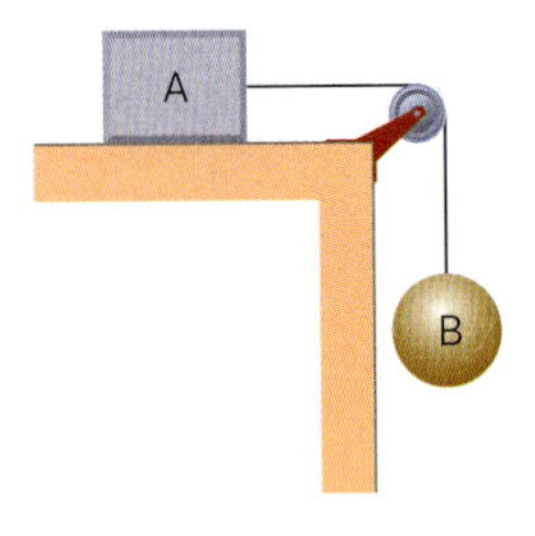

A19. Para o sistema esquematizado a seguir, determine a aceleração dos corpos e a intensidade da força de tração nos fios. Considere os fios e as polias ideais e despreze os atritos.

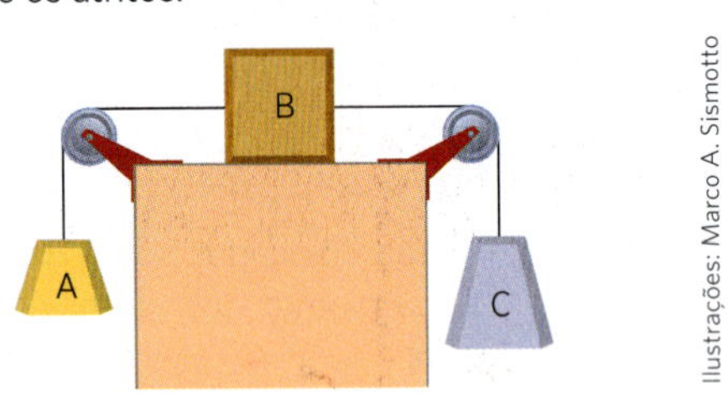

Ilustrações: Marco A. Sismotto

Dados: $m_A = 2{,}0$ kg; $m_B = 3{,}0$ kg; $m_C = 5{,}0$ kg; $g = 10$ m/s².

A20. No sistema da figura ao lado, desprezam-se os atritos e as massas do fio e da polia. Os corpos *M*, *N* e *P* têm massas respectivamente iguais a 2,0 kg, 3,0 kg e 1,0 kg, e a aceleração local da gravidade é 10 m/s².

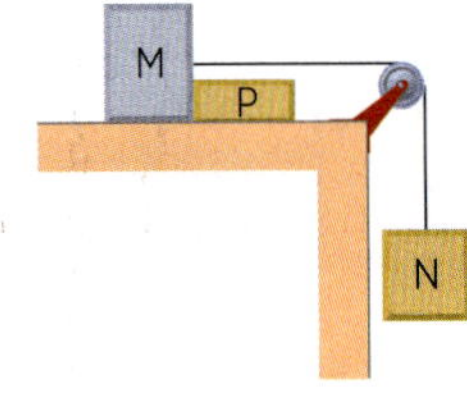

Determine:

a) a aceleração do sistema;

b) a intensidade da força que *M* exerce em *P*.

V17. Uma força $\vec{F}$ com intensidade de 20 N é aplicada ao sistema de corpos *A* e *B* ligados por um fio, considerado ideal. Supondo a inexistência de atrito, determine a aceleração dos corpos e a intensidade da força de tração no fio. As massas dos corpos *A* e *B* são, respectivamente, $m_A = 6{,}0$ kg e $m_B = 4{,}0$ kg.

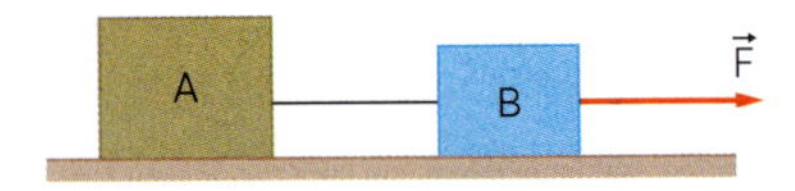

V18. Para o sistema indicado, determine a aceleração dos corpos e as intensidades das forças de tração nos fios, supostos ideais. Despreze os atritos:

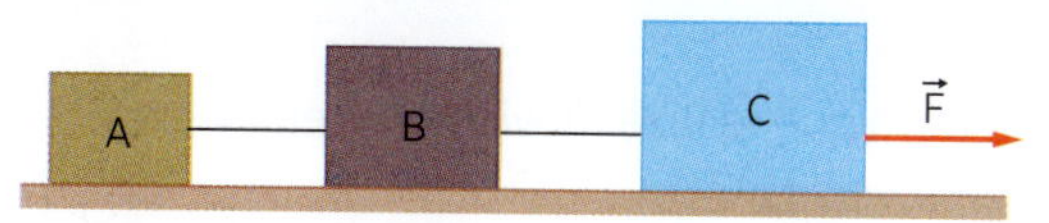

Dados: $m_A = 3,0$ kg, $m_B = 5,0$ kg, $m_C = 12$ kg e $F = 10$ N.

V19. Os blocos *A* e *B* de massas 3,0 kg e 2,0 kg, respectivamente, são abandonados em repouso na posição indicada na figura. Determine a velocidade do bloco *B* ao atingir o solo. Despreze os atritos, considere a polia e os fios ideais e adote $g = 10$ m/s².

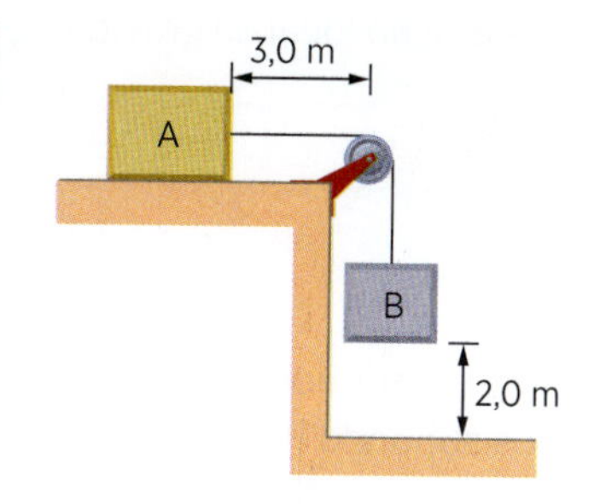

V20. Na figura, o bloco *B* está ligado por fios inextensíveis e perfeitamente flexíveis aos blocos *A* e *C*. O bloco *B* está sobre uma mesa horizontal. Despreze todos os atritos e as massas dos fios que ligam os blocos. Adotando $g = 10$ m/s², determine a aceleração do sistema e as intensidades das forças de tração nos fios.

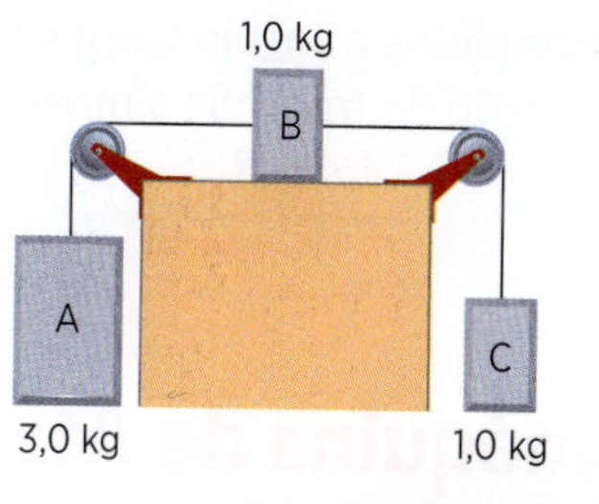

Revisão

R17. (UE-PI) Três corpos estão interligados por fios ideais, conforme a figura. A força de tração $\vec{T}$ sobre o bloco 1 tem intensidade igual a 150 N.

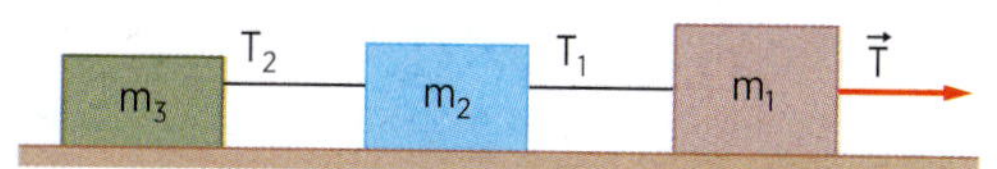

As massas dos blocos valem respectivamente $m_1 = 50$ kg, $m_2 = 30$ kg e $m_3 = 20$ kg. As trações T_1 no fio entre os blocos 1 e 2 e T_2 entre os blocos 2 e 3 têm intensidades respectivamente iguais a:

a) 75 N e 45 N
b) 75 N e 30 N
c) 45 N e 75 N
d) 40 N e 30 N
e) 30 N e 75 N

R18. (UFF-RJ) Dois corpos, um de massa *m* e outro de massa 5m, estão conectados entre si por um fio, e o conjunto encontra-se originalmente em repouso, suspenso por uma linha presa a uma haste, como mostra a figura. A linha que prende o conjunto à haste é queimada e o conjunto cai em queda livre.

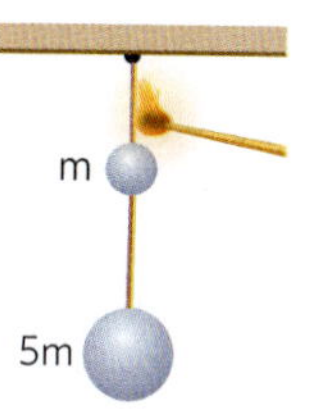

Desprezando os efeitos da resistência do ar, indique a figura que representa completamente as forças f_1 e f_2 que o fio faz sobre os corpos de massa *m* e 5m, respectivamente, durante a queda.

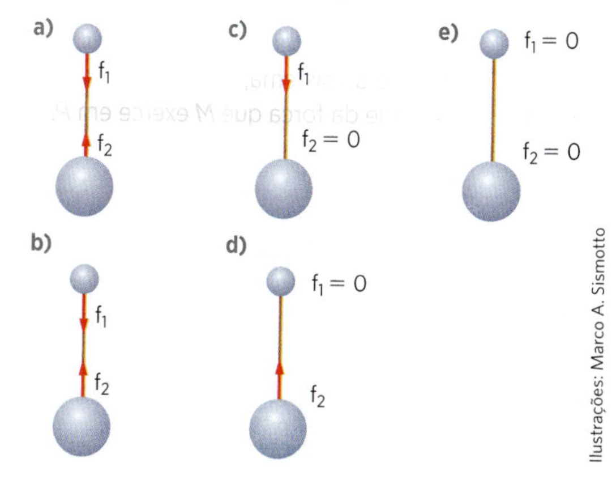

Ilustrações: Marco A. Sismotto

R19. (UF-RJ) O sistema representado na figura é abandonado sem velocidade inicial. Os três blocos têm massas iguais. Os fios e a roldana são ideais e os atritos no eixo da roldana são desprezíveis. São também desprezíveis os atritos entre os blocos 2 e 3 e a superfície horizontal na qual estão apoiados.

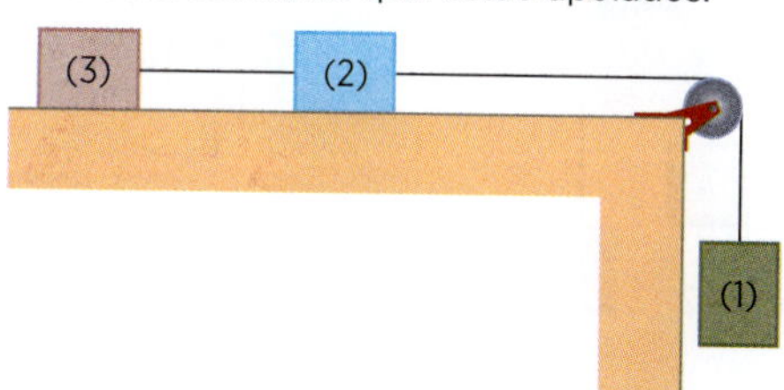

O sistema parte do repouso e o bloco 1 adquire uma aceleração de módulo igual a *a*. Após alguns instantes, rompe-se o fio que liga os blocos 2 e 3. A partir de então, a aceleração do bloco 1 passa a ter um módulo igual a *a*'.

Calcule a razão $\frac{a'}{a}$.

R20. (Fuvest-SP) Uma esfera de massa m_0 está pendurada por um fio, ligado em sua outra extremidade a um caixote, de massa $M = 3m_0$, sobre uma mesa horizontal sem atrito. Quando o fio entre eles permanece não esticado e a esfera é largada, após percorrer uma distância H_0, ela atingirá uma velocidade de módulo V_0, sem que o caixote se mova. Na situação em que o fio entre eles estiver esticado, a esfera, partindo do repouso e puxando o caixote, após percorrer a mesma distância H_0, atingirá uma velocidade de módulo *V* igual a:

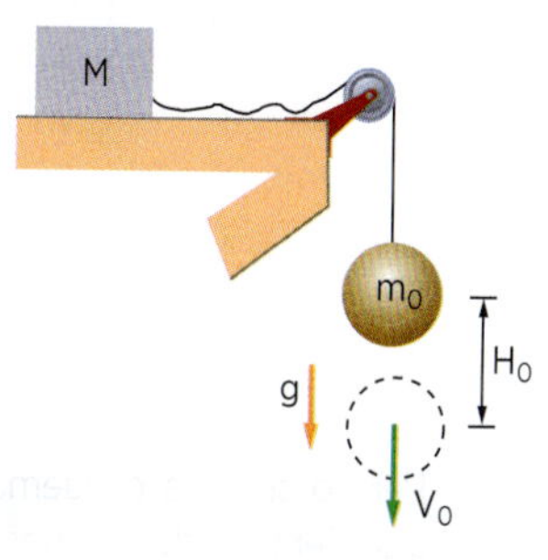

a) $\frac{V_0}{4}$
b) $\frac{V_0}{3}$
c) $\frac{V_0}{2}$
d) $2V_0$
e) $3V_0$

APROFUNDANDO

- Uma pequena esfera pende de um fio preso ao teto de um trem que realiza movimento retilíneo.
- Se o movimento do trem for uniforme, o fio permanecerá na vertical?
- Se o trem acelerar, o fio se inclinará? Em que sentido?
- Se o trem frear, o fio se inclinará? Em que sentido?
- Conhecendo-se o ângulo que o fio faz com a vertical e a aceleração local da gravidade, é possível determinar a aceleração do trem? Se sim, explique como.

A máquina de Atwood

O dispositivo representado na figura 22, conhecido como máquina de Atwood, consta de dois blocos, *A* e *B*, ligados por um fio ideal que passa por uma polia também ideal (sem atrito e sem massa).

Vamos representar as forças que agem em *A* e *B*:

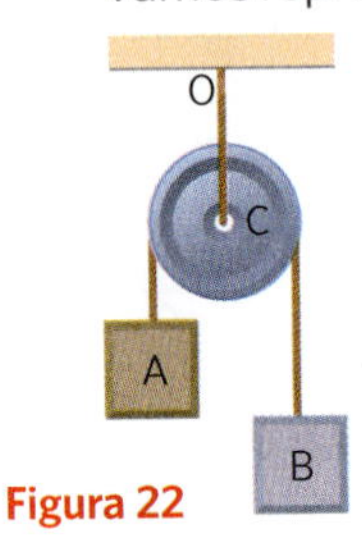

Figura 22

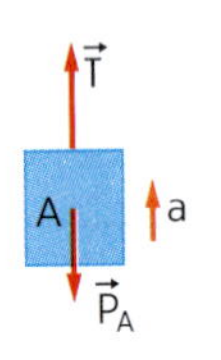

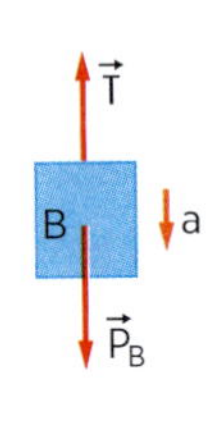

Figura 23

Os sentidos das acelerações foram determinados supondo $P_B > P_A$.

Aplicando a Segunda Lei de Newton, temos:

$$\text{PFD (A)}: T - P_A = m_A \cdot a$$

$$\text{PFD (B)}: P_B - T = m_B \cdot a$$

A tração no fio OC, que sustenta o conjunto, é T' = 2T. De fato, sendo a polia ideal, sua massa é nula e, de acordo com PFD, a resultante das forças que agem na polia é nula. Assim:

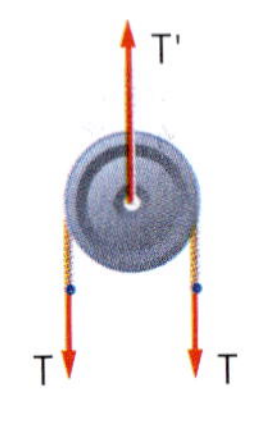

Figura 24

$$T' = T + T \Rightarrow T' = 2T$$

Aplicação

A21. Dois corpos, *A* e *B*, de massas 2,0 kg e 3,0 kg, respectivamente, estão ligados por um fio inextensível e sem peso, que passa por uma polia sem atrito e leve, como mostra a figura. Adote $g = 10 \text{ m/s}^2$.

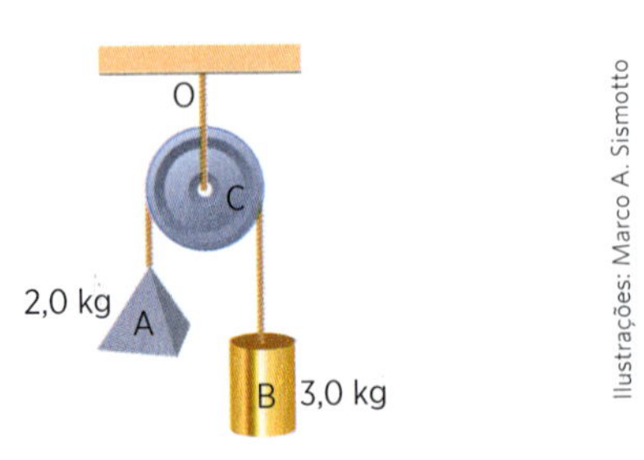

Ilustrações: Marco A. Sismotto

Determine:

a) a aceleração dos corpos;

b) a intensidade da força de tração no fio que une os corpos *A* e *B*;

c) a intensidade da força de tração no fio OC, que sustenta o sistema.

No sistema ao lado, a polia e os fios são ideais. Os corpos *A* e *B* têm massas *m* e 2m, respectivamente, e *g* é a aceleração da gravidade. Essa explicação refere-se aos exercícios de **A22** a **A24**.

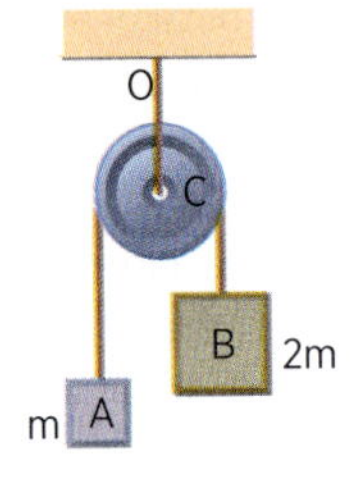

A22. A aceleração dos corpos é igual a:

a) g b) $\frac{g}{2}$ c) $\frac{g}{3}$ d) 3g e) $\frac{2}{3}g$

A23. A tração no fio que une os corpos *A* e *B* tem intensidade igual a:

a) mg b) 2mg c) 1,5mg d) $\frac{4}{3}$mg e) $\frac{8}{3}$mg

A24. A tração no fio OC tem intensidade igual a:

a) mg b) 2mg c) 1,5mg d) $\frac{4}{3}$mg e) $\frac{8}{3}$mg

V21. Dois corpos, *A* e *B*, de massas $m_A = 2{,}0$ kg e $m_B = 8{,}0$ kg, respectivamente, estão ligados por um fio ideal que passa por uma polia ideal, como mostra a figura. Adotando $g = 10$ m/s², determine a aceleração dos corpos, a intensidade da força de tração no fio que envolve a polia e a intensidade da força de tração no fio OC que sustenta o sistema.

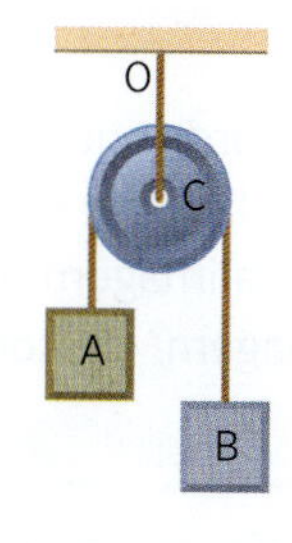

V22. No esquema indicado ao lado, desprezando-se os atritos, o valor da massa m_B para que os corpos adquiram aceleração $a = 5{,}0$ m/s², conforme a figura, é de:

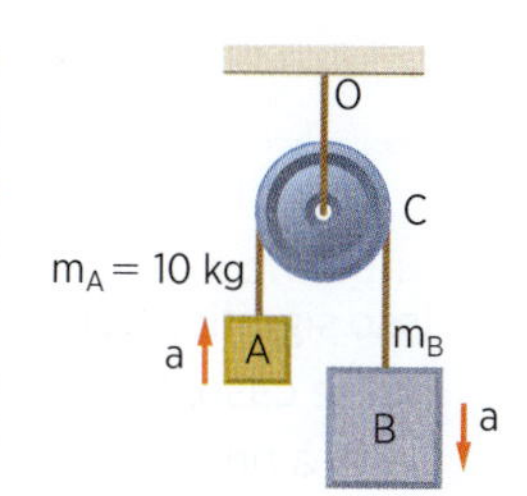

a) 30 kg
b) 20 kg
c) 15 kg
d) 10 kg
e) 5,0 kg

V23. Os corpos *A*, *B* e *C*, de massas $m_A = 12$ kg, $m_B = 5{,}0$ kg e $m_C = 3{,}0$ kg, respectivamente, estão ligados por fios ideais. A polia é também considerada ideal. Sendo $g = 10$ m/s², determine as intensidades das forças de tração nos fios 1, 2 e 3.

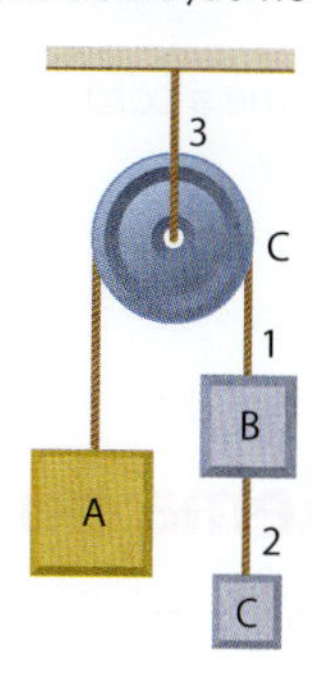

R21. (UF-PE) Na figura temos uma polia e um fio ideais e dois blocos *A* e *B* de massas, respectivamente, iguais a 4,0 kg e 1,0 kg, presos nas extremidades do fio.

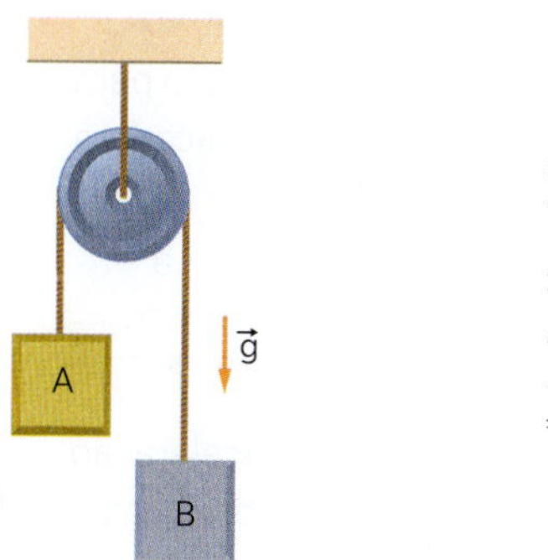

Ilustrações: Marco A. Sismotto

Adote $g = 10$ m/s² e despreze o efeito do ar.
O módulo da aceleração dos blocos *A* e *B* e a intensidade da força que traciona o fio são, respectivamente, iguais a:

a) 6,0 m/s² e 16 N
b) 6,0 m/s² e 10 N
c) 5,0 m/s² e 16 N
d) 5,0 m/s² e 10 N
e) 4,0 m/s² e 12 N

R22. (Unisa-SP) Na figura abaixo, a roldana *R* tem massa desprezível e não há atrito entre ela e o fio. O corpo *A* possui massa 4,0 kg. Sabe-se que o corpo *B* desce com aceleração de 2,0 m/s². A massa de *B* é:

a) 2,0 kg
b) 3,0 kg
c) 6,0 kg
d) 8,0 kg
e) 10,0 kg

Dado: $g = 10$ m/s².

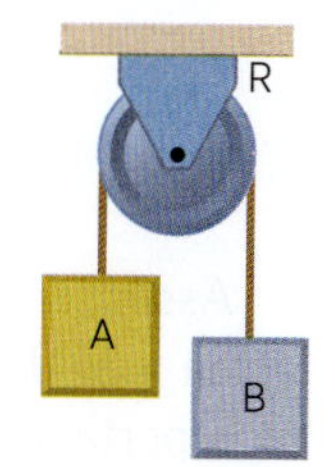

R23. (Aman-RJ) No sistema apresentado na figura, não há forças de atrito e o fio tem massa desprezível.

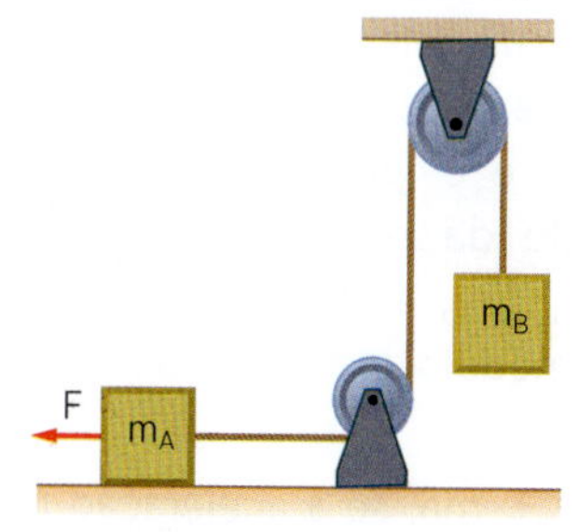

São dados: $F = 500$ N; $m_A = 15$ kg; $m_B = 10$ kg; e $g = 10\ m \cdot s^{-2}$. A tração no fio e a aceleração do sistema valem, respectivamente:

a) 200 N; 20,0 $m \cdot s^{-2}$
b) 100 N; 26,7 $m \cdot s^{-2}$
c) 240 N; 18,0 $m \cdot s^{-2}$
d) 420 N; 15,0 $m \cdot s^{-2}$
e) 260 N; 16,0 $m \cdot s^{-2}$

R24. (Fuvest-SP) Um sistema mecânico é formado por duas polias ideais que suportam três corpos, *A*, *B* e *C*, de mesma massa *m*, suspensos por fios ideais como representado na figura. O corpo *B* está suspenso simultaneamente por dois fios, um ligado a *A* e outro a *C*. Podemos afirmar que a aceleração do corpo *B* será:

a) zero.
b) $\frac{g}{3}$ para baixo.
c) $\frac{g}{3}$ para cima.
d) $\frac{2g}{3}$ para baixo.
e) $\frac{2g}{3}$ para cima.

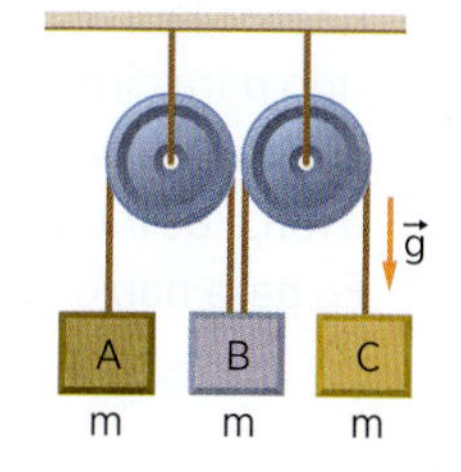

APROFUNDANDO

Considere a seguinte situação:

Um macaco está pendurado na extremidade de uma corda que passa por uma polia, como se vê na ilustração. Na outra extremidade da corda está preso um espelho plano, de peso igual ao do macaco. Ao ver sua imagem refletida no espelho, o macaco se assusta e, para fugir da sua imagem, ele começa a subir pela corda.

Pergunta-se:

- Considerando que a corda e a polia são ideais, conseguirá o macaco livrar-se de sua imagem?

O problema do elevador

Um elevador tem uma balança no seu assoalho. Uma pessoa de peso *P* e massa *m* está sobre a balança (fig. 25).

A balança indica a intensidade da força com que a pessoa a comprime. A indicação da balança é denominada peso aparente (P_{ap}) e é igual à intensidade da reação normal F_N ($P_{ap} = F_N$).

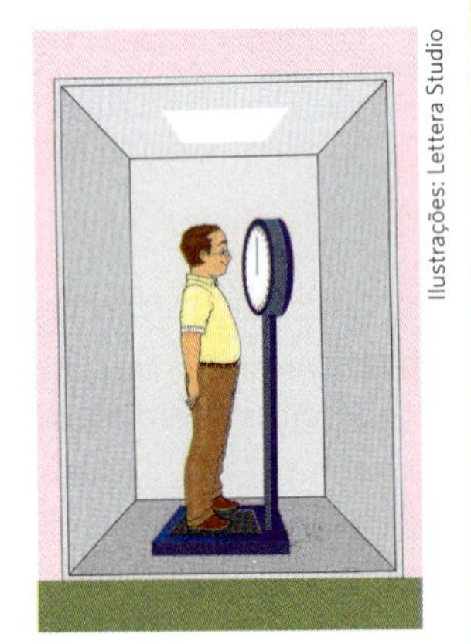
Figura 25

Ilustrações: Lettera Studio

Sendo *a* o módulo da aceleração do elevador, vamos mostrar que:

a) $F_N = P + ma$, se a aceleração do elevador for para cima;

b) $F_N = P - ma$, se a aceleração do elevador for para baixo;

c) $F_N = P$, se o elevador estiver em repouso ou em MRU;

d) P_{ap} será nulo, se a aceleração do elevador for para baixo e de módulo igual a *g*.

Vamos analisar cada item:

a) Na pessoa atuam as forças peso $\vec{P}$ e normal $\vec{F}_N$. Note que, se a balança exerce na pessoa a força de intensidade F_N e sentido para cima, a pessoa exerce na balança a força de intensidade F_N para baixo.

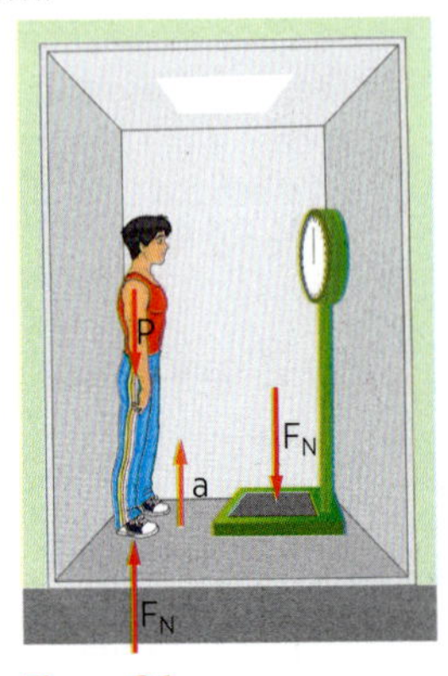

Figura 26

Isso significa que a balança marca F_N, que recebe, nesse caso, o nome de *peso aparente*. O PFD aplicado à pessoa fornece:

$$F_N - P = m \cdot a$$

$$F_N = P + m \cdot a$$

Neste item, a aceleração do elevador é para cima e temos duas possibilidades: *o elevador sobe acelerado* ($\vec{v}$ e $\vec{a}$ para cima) ou *desce retardado* ($\vec{v}$ para baixo e $\vec{a}$ para cima).

b) Sendo a aceleração para baixo, o PFD aplicado à pessoa fornece:

$$P - F_N = m \cdot a$$

$$F_N = P - m \cdot a$$

Neste item, a aceleração do elevador é para baixo e temos duas possibilidades: *o elevador desce acelerado* ($\vec{v}$ e $\vec{a}$ para baixo) ou *sobe retardado* ($\vec{v}$ para cima e $\vec{a}$ para baixo).

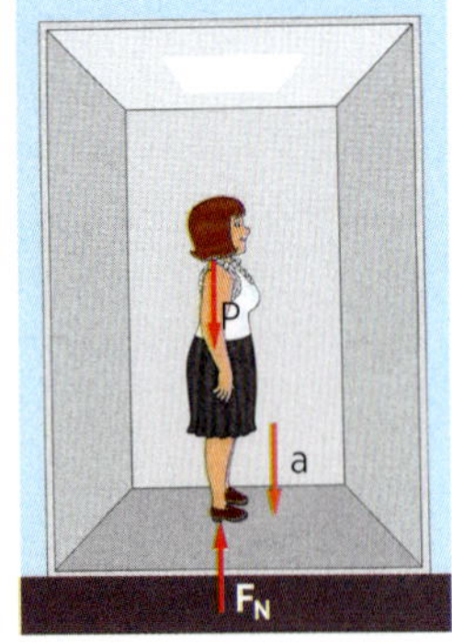

Figura 27

c) Se o elevador estiver em MRU ou em repouso, teremos $a = 0$ e, portanto:

$$F_N = P$$

d) Sendo a aceleração para baixo, o PFD aplicado à pessoa fornece:

$$P - F_N = m \cdot a$$
$$P - F_N = m \cdot g$$
$$P - F_N = P$$

$$F_N = 0$$

Assim, no caso em que o elevador cai sob a ação da gravidade, o peso aparente é nulo ($F_N = 0$) e, portanto, a pessoa flutua no interior do elevador.

Aplicação

A25. Um elevador tem uma balança no seu assoalho. Uma pessoa de peso P = 600 N e massa m = 60 kg está sobre a balança. Determine a leitura da balança, nos casos:

a) a aceleração do elevador é para cima e tem módulo $a = 3{,}0\ m/s^2$.

b) a aceleração do elevador é para baixo e tem módulo $a = 3{,}0\ m/s^2$.

c) o elevador está em MRU ou em repouso.

d) a aceleração do elevador é para baixo e de módulo $a = g = 10\ m/s^2$.

A26. O corpo *A* representado na figura tem massa igual a 4,0 kg e está pendurado, por uma corda, no teto de um elevador que sobe em movimento retardado com aceleração de módulo $1{,}0\ m/s^2$. Sendo $g = 10\ m/s^2$, pode-se afirmar que a tração na corda é igual a:

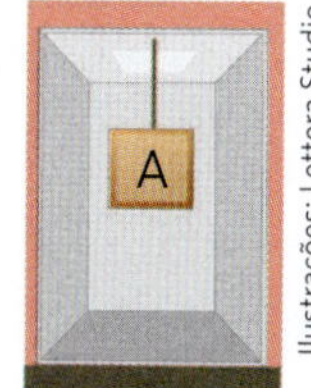

Ilustrações: Lettera Studio

a) 40 N
b) 36 N
c) 44 N
d) zero
e) 42 N

A27. Um corpo de peso igual a 2,0 N pende de um dinamômetro que está fixo no teto de um elevador em movimento. Verifica-se que a leitura do dinamômetro é 2,5 N.
Sendo $g = 10\ m/s^2$, determine:

a) a aceleração do elevador;

b) o sentido do movimento do elevador.

A28. Quando em repouso, o piso de um elevador suporta uma carga máxima de $7{,}0 \cdot 10^3$ N. Se estiver carregado com $5{,}0 \cdot 10^2$ kg, qual será a máxima aceleração em que poderá subir sem que o piso se rompa? Considere $g = 10\ m/s^2$.

Verificação

V24. A leitura de uma balança dentro de um elevador subindo acelerado com aceleração constante de $2{,}0\ m/s^2$, quando uma pessoa de massa 70,0 kg está sobre ela, será ($g = 10{,}0\ m/s^2$):

a) nula
b) 140 N
c) 700 N
d) 840 N
e) 560 N

V25. No exercício anterior, se o elevador subisse retardado, a indicação da balança seria:

a) nula
b) 140 N
c) 700 N
d) 840 N
e) 560 N

V26. Um dinamômetro calibrado em newtons está preso ao teto de um elevador parado, pendendo verticalmente. Um corpo é pendurado no dinamômetro e este acusa 400 N. Estando o elevador em movimento, observa-se que o dinamômetro acusa 300 N.

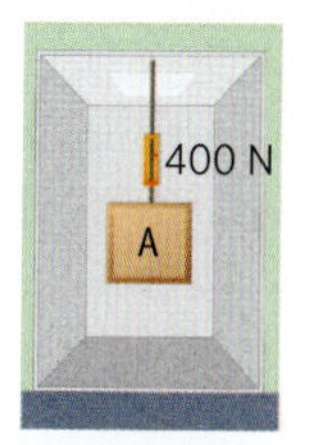

Elevador parado.

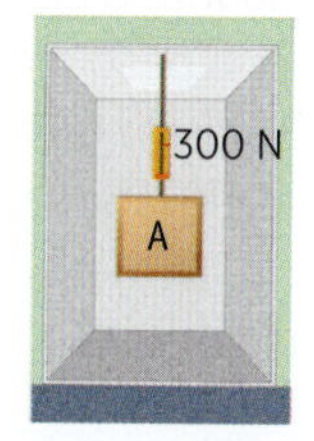

Elevador em movimento.

Sendo $g = 10\ m/s^2$, determine:

a) a aceleração do elevador;

b) o sentido do movimento, sabendo que ele é acelerado.

V27. O peso de um elevador juntamente com os passageiros é $6{,}0 \cdot 10^3$ N e a intensidade da força de tração no cabo do elevador é $7{,}8 \cdot 10^3$ N. Considere $g = 10\ m/s^2$.

a) Qual é a aceleração do elevador?

b) Qual é o sentido do movimento, sabendo-se que ele é retardado?

Revisão

R25. (UF-AM) Um elevador de massa M = 900 kg sobe acelerado com uma aceleração constante de $2{,}0\ m/s^2$. No piso do elevador há uma pessoa de 60 kg, que se encontra sobre uma balança calibrada em newtons. Adote $g = 10\ m/s^2$. A tração no cabo do elevador e a indicação na balança valem, respectivamente:

a) 9600 N e 600 N
b) 9000 N e 720 N
c) 7680 N e 600 N
d) 11520 N e 600 N
e) 11520 N e 720 N

R26. (Unifor-CE) Um corpo de massa 2,0 kg está pendurado em um dinamômetro preso ao teto de um elevador. Uma pessoa no interior deste elevador observa a indicação fornecida pelo dinamômetro: 26 N. Considerando a aceleração local da gravidade $10\ m/s^2$, o elevador pode estar:

a) em repouso.
b) descendo com aceleração de $2{,}0\ m/s^2$.
c) descendo em movimento uniforme.
d) subindo com velocidade constante.
e) subindo com aceleração $3{,}0\ m/s^2$.

R27. (ITA-SP) Uma pilha de seis blocos iguais, de mesma massa *m*, repousa sobre o piso de um elevador, como mostra a figura. O elevador está subindo em movimento uniformemente retardado com uma aceleração de módulo *a*.

O módulo da força que o bloco 3 exerce sobre o bloco 2 é dado por:

a) $3m(g + a)$
b) $3m(g - a)$
c) $2m(g + a)$
d) $2m(g - a)$
e) $m(2g - a)$

R28. (UF-MG) Uma pessoa entra num elevador carregando uma caixa pendurada por um barbante frágil, como mostra a figura. O elevador sai do 6º andar e só para no térreo.

Ilustrações: Lettera Studio

É correto afirmar que o barbante poderá arrebentar:

a) no momento em que o elevador entrar em movimento, no 6º andar.
b) no momento em que o elevador parar no térreo.
c) quando o elevador estiver em movimento, entre o 5º e o 2º andares.
d) somente numa situação em que o elevador estiver subindo.

APROFUNDANDO

Quando um elevador está em movimento, seu cabo fica sujeito a uma força de tração.

Enquanto o elevador está em repouso, essa tração tem intensidade igual ao seu próprio peso mais o peso da carga que transporta. O mesmo acontece se ele estiver subindo ou descendo em movimento retilíneo e uniforme.

Se o elevador estiver subindo ou descendo com movimento uniformemente acelerado, a intensidade da força de tração será a mesma nas duas situações? Explique por quê.

Ben Wood/Corbis Budget/Latinstock

Elementos de Trigonometria

Num triângulo retângulo ABC, indicado na figura 28, definimos:

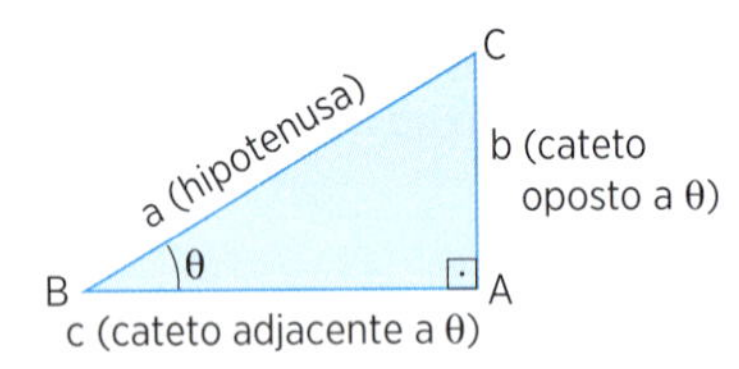

Figura 28

- *seno do ângulo θ (sen θ)*

$$\text{sen}\ \theta = \frac{\text{cateto oposto a}\ \theta}{\text{hipotenusa}} = \frac{b}{a}$$

- *cosseno do ângulo θ (cos θ)*

$$\cos\theta = \frac{\text{cateto adjacente a}\ \theta}{\text{hipotenusa}} = \frac{c}{a}$$

Na tabela a seguir apresentamos o seno e o cosseno de alguns ângulos particulares.

θ	sen θ	cos θ
0°	0	1
30°	$\frac{1}{2}$	$\frac{\sqrt{2}}{2}$
45°	$\frac{\sqrt{2}}{2}$	$\frac{\sqrt{2}}{2}$
60°	$\frac{\sqrt{3}}{2}$	$\frac{1}{2}$
90°	1	0

Plano inclinado sem atrito

Considere um corpo deslizando num plano inclinado, sem atrito, e formando um ângulo θ com a horizontal (fig. 29).

Sobre o corpo atuam as forças: peso $\vec{P}$ e a reação normal $\vec{F}_N$. É comum decompor-se o peso $\vec{P}$ em duas forças componentes:

- $\vec{P}_n$, normal ao plano inclinado e equilibrada pela reação normal $\vec{F}_N$;

- $\vec{P_t}$, paralela ao plano inclinado.

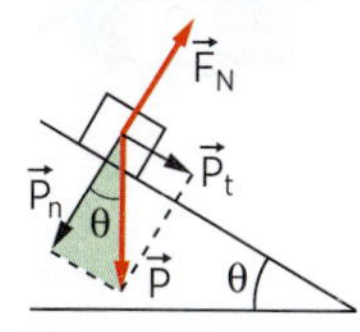

Figura 29

Do triângulo destacado na figura 29, podemos calcular as componentes P_t e P_n:

$$\text{sen}\,\theta = \frac{P_t}{P} \Rightarrow \boxed{P_t = P \cdot \text{sen}\,\theta}$$

$$\cos\theta = \frac{P_n}{P} = \boxed{P_n = P \cdot \cos\theta}$$

Observe que $\vec{P_t}$ é a resultante das forças $\vec{P}$ e $\vec{F_N}$.

Desse modo, o Princípio Fundamental da Dinâmica fornece:

$$\vec{P_t} = m \cdot \vec{a}$$

Em módulo, temos:

$$P_t = m \cdot a$$

$$P \cdot \text{sen}\,\theta = m \cdot a$$

$$mg \cdot \text{sen}\,\theta = m \cdot a \Rightarrow \boxed{a = g \cdot \text{sen}\,\theta}$$

Portanto, a aceleração de um corpo que desliza num plano inclinado, sem atrito, sob ação de seu peso e da reação normal, tem módulo $a = g \cdot \text{sen}\,\theta$, independentemente de sua massa.

Aplicação

A29. Um corpo move-se num plano inclinado sem atrito, sendo:

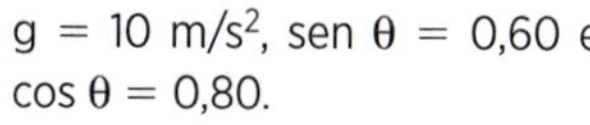

$g = 10$ m/s², sen θ = 0,60 e cos θ = 0,80.

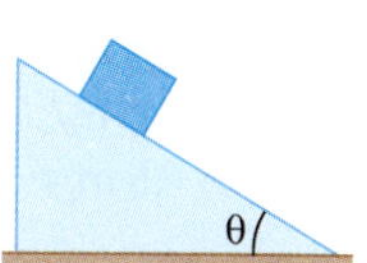

Calcule a aceleração do corpo.

A30. Para o sistema esquematizado, determine a aceleração dos corpos e a intensidade da força de tração no fio. Despreze os atritos e considere o fio e a polia ideais.

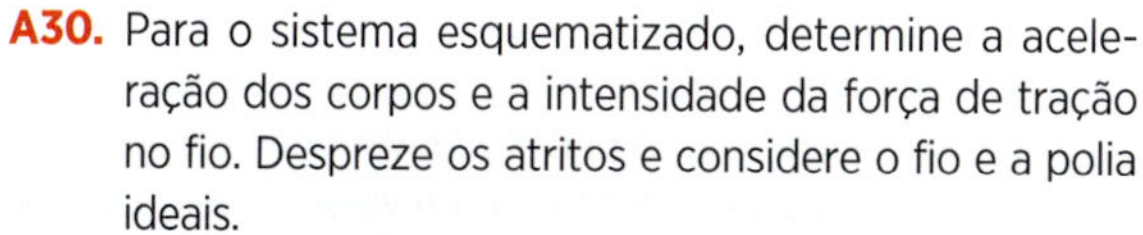

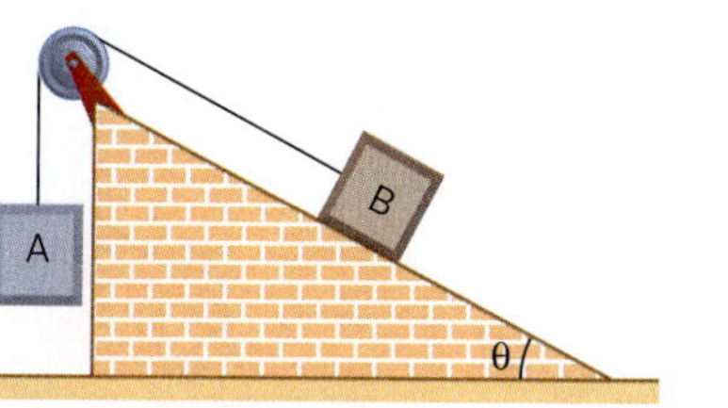

Ilustrações: Marco A. Sismotto

Dados: $m_A = 4{,}0$ kg; $m_B = 2{,}0$ kg; $g = 10$ m/s²; sen θ = 0,80.

A31. Na figura, determine as intensidades das forças de tração nos fios. Os fios e as polias são ideais e não há atrito. São dados os pesos dos corpos *A*, *B* e *C*: $P_A = 30$ N; $P_B = 20$ N e $P_C = 50$ N.

Adote $g = 10$ m/s² e considere sen θ = 0,80.

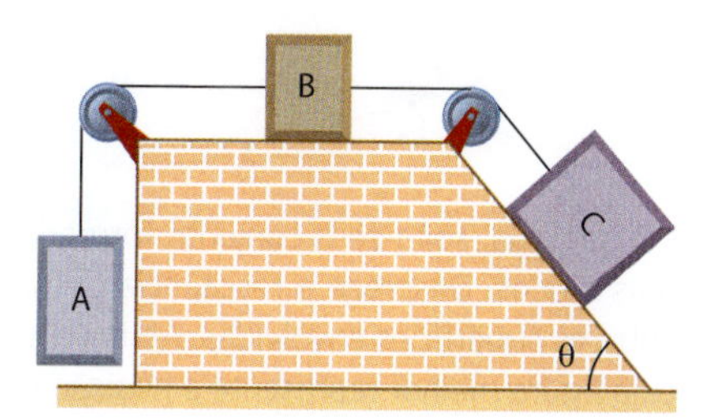

Verificação

V28. A figura representa dois planos inclinados idênticos, sem atrito, sobre os quais se movem blocos de massas diferentes.

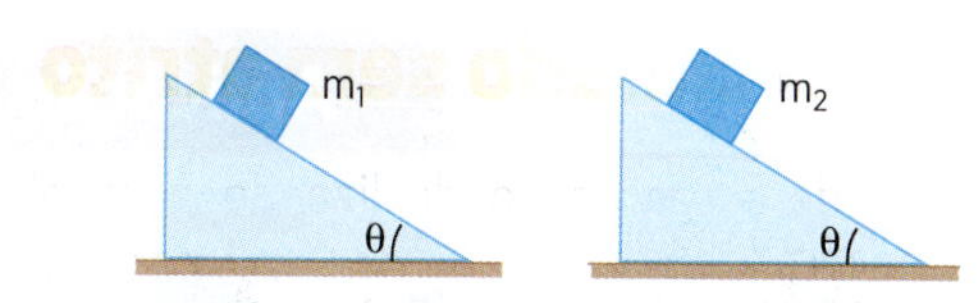

Com relação às acelerações a_1 e a_2 dos blocos de massa m_1 e m_2, respectivamente, podemos afirmar que:

a) $a_1 = a_2 = g$

b) se $m_1 > m_2$, então $a_1 > a_2$

c) se $m_1 > m_2$, então $a_1 < a_2$

d) $a_1 = a_2 = g \cdot \text{sen}\,\theta$

e) $a_1 = a_2 = \dfrac{g}{\text{sen}\,\theta}$

V29. As massas dos corpos *A* e *B* são, respectivamente, 2,0 kg e 3,0 kg. Sendo $g = 10$ m/s² e sen 30° = 0,5, determine:

a) a aceleração do sistema;

b) a intensidade da força de tração no fio.

Não existe atrito e o fio e a polia são ideais.

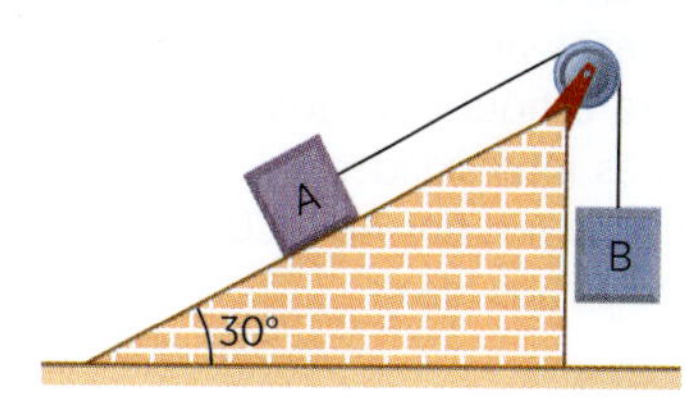

V30. Na figura, considere desprezível o atrito nos planos. Os fios e a polia são ideais. A massa de *A* é 4,0 kg, a massa de *B* é 0,60 kg, a massa de *C* é 0,40 kg e $g = 10\ m/s^2$, sen 30° = 0,50. Determine:

a) a aceleração dos corpos;

b) as intensidades das forças de tração nos fios.

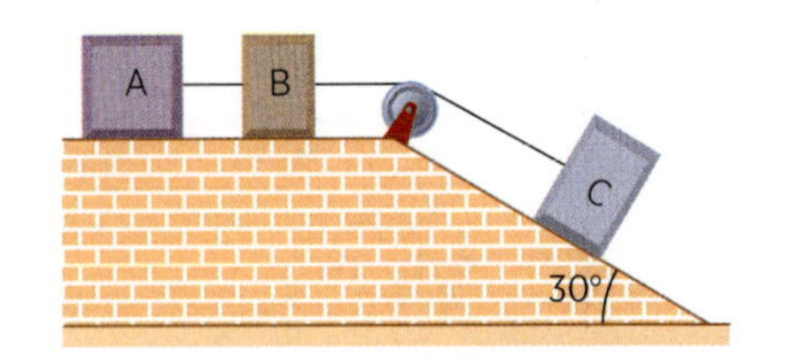

Revisão

R29. (Mackenzie-SP) A figura abaixo mostra um corpo com massa de 50 kg sobre um plano inclinado sem atrito, que forma um ângulo θ com a horizontal.

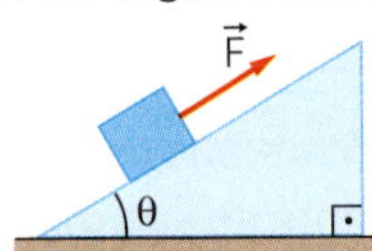

A intensidade da força $\vec{F}$ que fará o corpo subir o plano com aceleração constante de $2\ m/s^2$ é:

a) 400 N
b) 300 N
c) 200 N
d) 100 N
e) 50 N

Dados: $g = 10\ m/s^2$; sen θ = 0,6.

R30. (UF-MG) Durante uma aula de Física, o professor Domingos Sávio faz, para seus alunos, a demonstração que se descreve a seguir:

Inicialmente, dois blocos — **I** e **II** — são colocados, um sobre o outro, no ponto P, no alto de uma rampa, como representado nesta figura:

Em seguida, solta-se o conjunto formado por esses dois blocos. Despreze a resistência do ar e o atrito entre as superfícies envolvidas. Assinale a alternativa cuja figura melhor representa a posição de cada um desses dois blocos, quando o bloco I estiver passando pelo ponto *Q* da rampa.

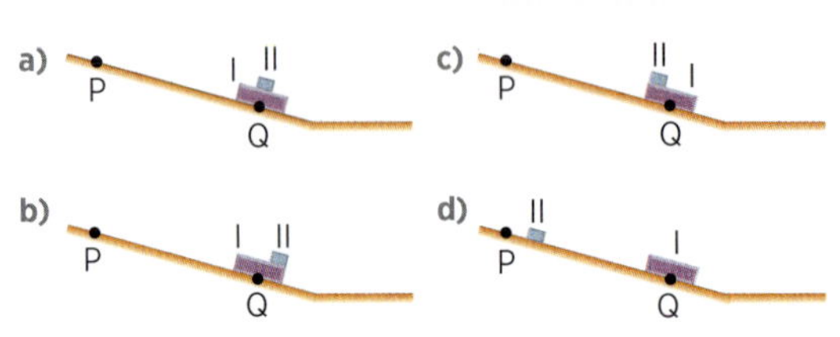

R31. (AFA-SP) A figura apresenta um plano inclinado no qual está fixa uma polia ideal. O fio também é ideal e não há atrito. Sabendo-se que os blocos *A* e *B* têm massas iguais, o módulo da aceleração de *B* é:

a) $4,0\ m/s^2$
b) $2,5\ m/s^2$
c) $5,0\ m/s^2$
d) $7,5\ m/s^2$

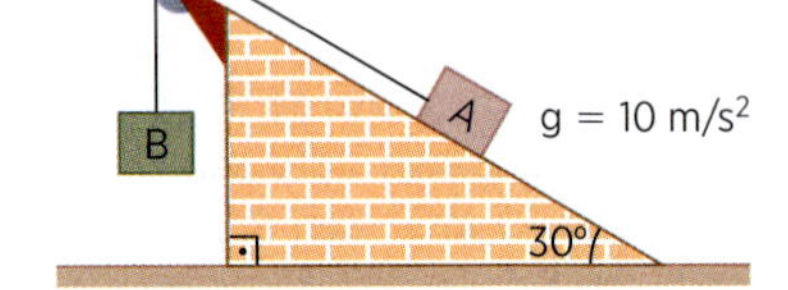

R32. (Mackenzie-SP) No sistema abaixo, o fio e a polia são considerados ideais e o atrito entre as superfícies em contato é desprezível. Abandonando-se o corpo *B* a partir do repouso, no ponto *M*, verifica-se que, após 2 s, ele passa pelo ponto *N* com velocidade de 8 m/s. Sabendo-se que a massa do corpo *A* é de 5 kg, a massa do corpo *B* é:

a) 1 kg
b) 2 kg
c) 3 kg
d) 4 kg
e) 5 kg

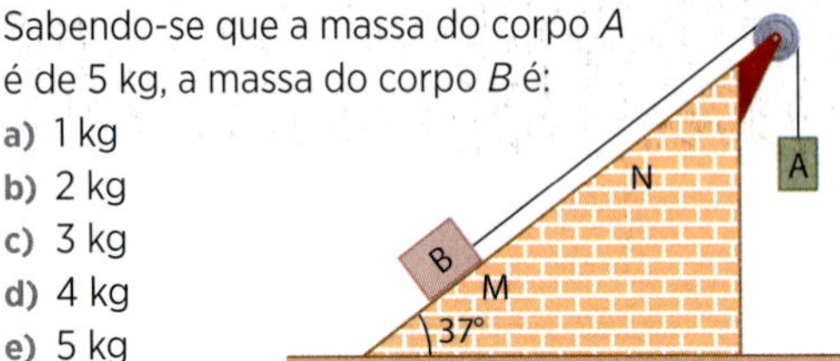

Dados: $g = 10\ m/s^2$; cos 37° = 0,8; sen 37° = 0,6.

Sistemas em equilíbrio

Para análise de sistemas de blocos, fios e polias em equilíbrio, devemos isolar os corpos e impor que a resultante das forças que agem em cada um deles é nula.

Aplicação

A32. Dois corpos cujos pesos são, respectivamente, 5,0 N e 20 N estão suspensos no laboratório, como mostra a figura ao lado. Determine as intensidades das forças de tração nos fios AB e CD. Considere os fios ideais.

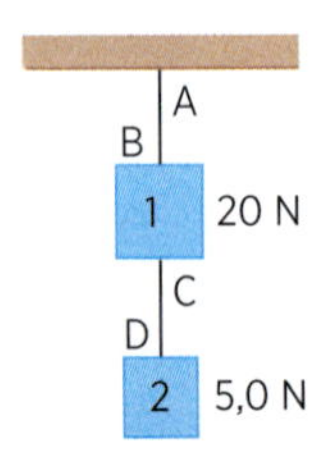

A33. Na figura a seguir, os fios e as polias são de massas desprezíveis. O corpo *A* tem peso P = 50 N. Determine as intensidades das forças de tração T_1 e T_2, supondo o sistema em equilíbrio.

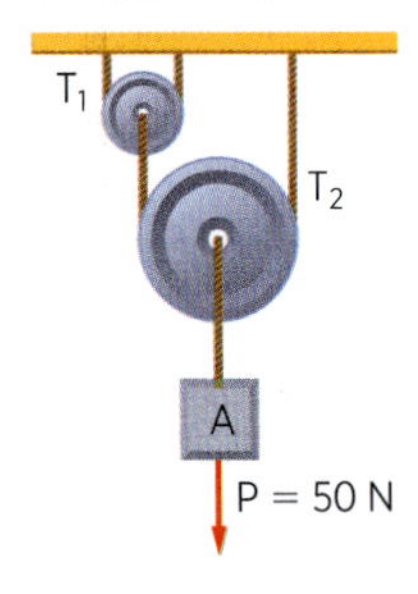

A34. Determine a massa do corpo *A*, de modo que o sistema fique em equilíbrio. Considere a massa do corpo *B* igual a 60 kg e despreze os atritos.
Dados: sen 53° = cos 37° = 0,80;
sen 37° = cos 53° = 0,60.

Marco A. Sismotto

A35. Um homem com peso de 640 N, por meio de uma corda que passa por uma polia, suspende um corpo de peso 480 N. Supondo a corda e a polia ideais e o sistema em equilíbrio, determine a intensidade da força que o homem exerce sobre o solo.

Alberto De Stefano

Verificação

V31. Dois corpos com pesos de 1,0 N e 3,0 N são suspensos, conforme a figura ao lado. Os fios são ideais. As trações T_1 e T_2 são, respectivamente, em newtons:

a) 4,0 e 3,0
b) 3,0 e 4,0
c) 3,0 e 1,0
d) 1,0 e 3,0
e) 2,0 e 2,0

V32. Na figura ao lado, os fios e as polias são de massas desprezíveis. O corpo *A* tem peso 100 N. Determine as intensidades das forças de tração T_1, T_2 e T_3, supondo o sistema em equilíbrio.

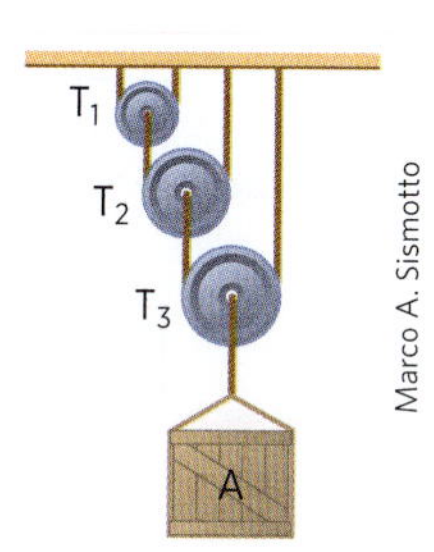

Marco A. Sismotto

V33. Determine a relação entre as massas dos blocos *A* e *B* $\left(\frac{m_A}{m_B}\right)$, sabendo que o sistema encontra-se em equilíbrio.

Despreze os atritos.
$\left(\text{sen } 30° = \frac{1}{2}\right)$

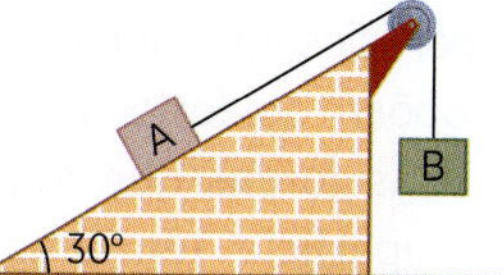

Marco A. Sismotto

V34. Na figura, a massa do corpo suspenso é 30 kg e a massa do homem é 70 kg. Supondo o sistema em equilíbrio e admitindo a corda e a polia ideais, determine:

a) a intensidade da força de tração na corda;
b) a intensidade da força que o solo exerce no homem.

Adote g = 10 m/s².

Alberto De Stefano

Revisão

R33. (UF-RS) Um dinamômetro fornece uma leitura de 15 N quando os corpos *X* e *Y* estão pendurados nele, conforme mostra a figura. Sendo a massa de *Y* igual ao dobro da de *X*, qual a tensão na corda que une os dois corpos?

a) nula
b) 5 N
c) 10 N
d) 15 N
e) 30 N

R34. (Udesc-SC) A figura mostra dois blocos de massa m_A e m_B conectados por um fio inextensível e de massa desprezível, que passa por duas polias também de massa desprezível. O bloco de massa m_A está sobre um plano inclinado que forma um ângulo α com a horizontal e sustenta o bloco de massa m_B.
Assinale a alternativa que apresenta o valor de m_B capaz de fazer com que o sistema permaneça em equilíbrio, desprezando todas as forças de atrito.

Marco A. Sismotto

a) $m_B = m_A \cos(\alpha)$
b) $m_B = m_A \text{ sen}(\alpha)$
c) $m_B = 2m_A$
d) $m_B = 2m_A \text{ sen}(\alpha)$
e) $m_B = 2m_A \cos(\alpha)$

R35. (UF-RJ) Uma pessoa idosa, de 68 kg, pesa-se apoiada em sua bengala, como mostra a figura.
Com a pessoa em repouso, a leitura da balança é 650 N. Considere g = 10 m/s².

Lettera Studio

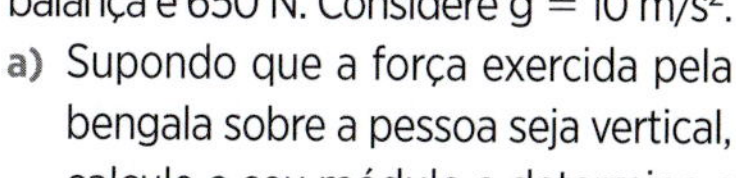

a) Supondo que a força exercida pela bengala sobre a pessoa seja vertical, calcule o seu módulo e determine o seu sentido.
b) Calcule o módulo da força que a balança exerce sobre a pessoa e determine a sua direção e o seu sentido.

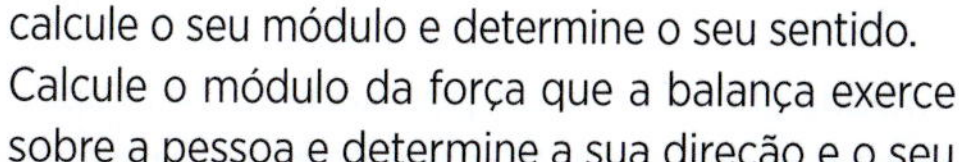

R36. (Fuvest-SP) Um fio, de massa desprezível, está preso verticalmente por uma de suas extremidades a um suporte. A tração máxima que o fio suporta, sem se romper, é de 5,80 N. Penduraram-se sucessivamente objetos de 50 g cada, separados uns dos outros por uma distância de 10 cm, até o fio se romper. Considere g = 10 m/s².

a) Quantos objetos foram pendurados?
b) Onde o fio se rompeu?

capítulo

8 Atrito

Força de atrito

Considere um corpo de peso $\vec{P}$ em repouso sobre uma superfície horizontal. Vamos aplicar ao corpo uma força $\vec{F}$ que tende a deslocá-lo na direção horizontal. As superfícies em contato apresentam rugosidades que se opõem ao deslocamento do corpo (fig. 1a).

As forças que agem no corpo, provenientes da superfície, têm uma resultante $\vec{R}$ que pode ser decomposta em duas forças componentes, $\vec{F}_N$ e $\vec{F}_{at}$ (fig. 1b). A força $\vec{F}_N$ *é a reação normal à superfície e equilibra o peso* $\vec{P}$.

Chamamos $\vec{F}_{at}$ *força de atrito*. Seu sentido é contrário ao movimento ou à tendência de movimento do corpo em relação à superfície.

O atrito é denominado *estático* quando não há movimento do corpo em relação à superfície. Havendo movimento, o atrito é chamado de *dinâmico* (ou *cinético*).

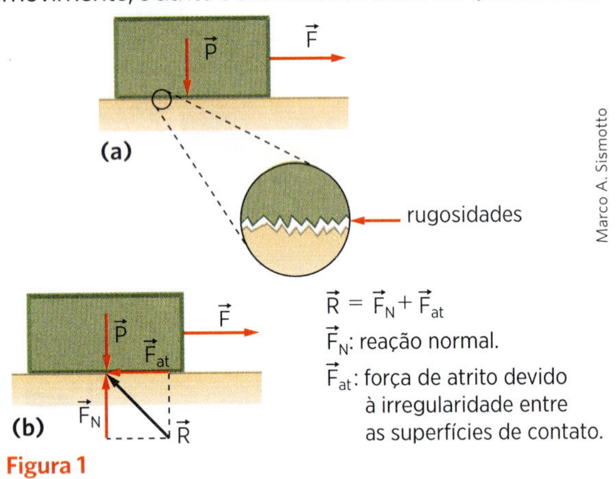

Figura 1

Aumentando-se gradativamente a intensidade da força $\vec{F}$, a partir de zero (fig. 2a), verifica-se que, inicialmente, o corpo permanece em repouso, pois a intensidade da força de atrito aumenta juntamente com a intensidade de $\vec{F}$ (fig. 2b, 2c). Para um determinado valor de F, o corpo fica na *iminência de movimento*. A força de atrito apresenta intensidade máxima e é chamada *força de atrito estática máxima* $\vec{F}_{at_e}$ (fig. 2d). Para iniciar o movimento, a intensidade da força $\vec{F}$ deve ser superior à intensidade da força de atrito estática máxima. Uma vez iniciado o movimento, a força de atrito passa a ter intensidade constante, sendo denominada *força de atrito dinâmica* $\vec{F}_{at_d}$ (fig. 2e). A intensidade da força de atrito dinâmica é ligeiramente menor que a intensidade da força de atrito estática máxima.

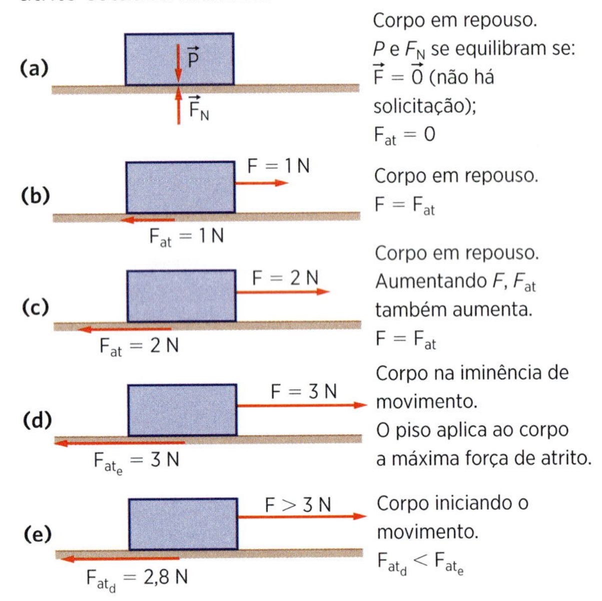

Figura 2

O gráfico da figura 3 representa a intensidade da força de atrito em função da intensidade da força $\vec{F}$.

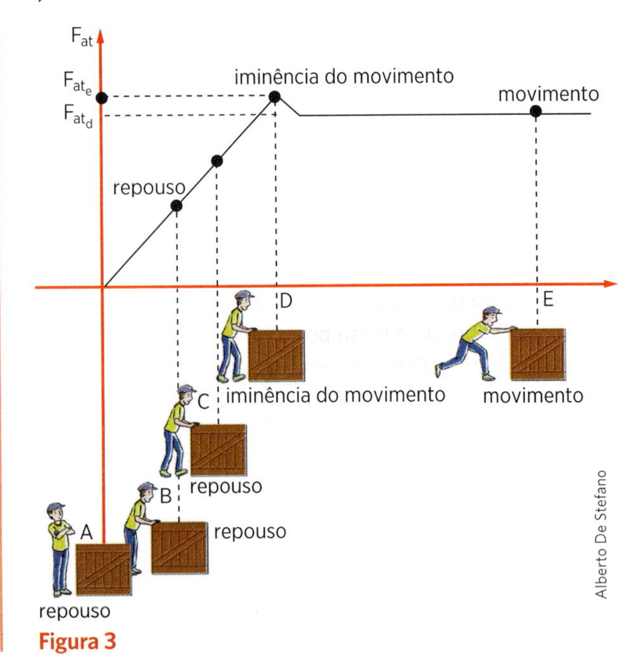

Figura 3

Leis de atrito

Experimentalmente verifica-se que:

> A força de atrito estática máxima e a força de atrito dinâmica têm intensidades diretamente proporcionais à intensidade da força normal de compressão entre os corpos que se atritam.

$$F_{at_e} = \mu_e \cdot F_N \text{ e } F_{at_d} = \mu_d \cdot F_N$$

Os coeficientes de proporcionalidades μ_e e μ_d são denominados, respectivamente, coeficientes de atrito estático e dinâmico.

- μ_e e μ_d dependem da natureza dos corpos em contato, do estado de polimento e lubrificação.
- μ_e e μ_d são grandezas adimensionais.

Sendo $F_{at_d} < F_{at_e}$, resulta $\mu_d < \mu_e$. Existem casos em que os valores de μ_e e μ_d são muito próximos. Nessas situações consideraremos $\mu_e = \mu_d$ e indicaremos por μ.

Considerando $\mu_e = \mu_d = \mu$, podemos resumir: *corpo em repouso*: F_{at} varia de zero a μF_N (μF_N corresponde à iminência de movimento); *corpo em movimento*: F_{at} é constante e igual a μF_N.

OBSERVE

Um bloco se movimenta sobre uma mesa. A força de atrito tem a mesma intensidade quer o bloco se apoie na face de maior área, quer se apoie na face de menor área. Portanto, a força de atrito independe da área de contato entre os corpos.

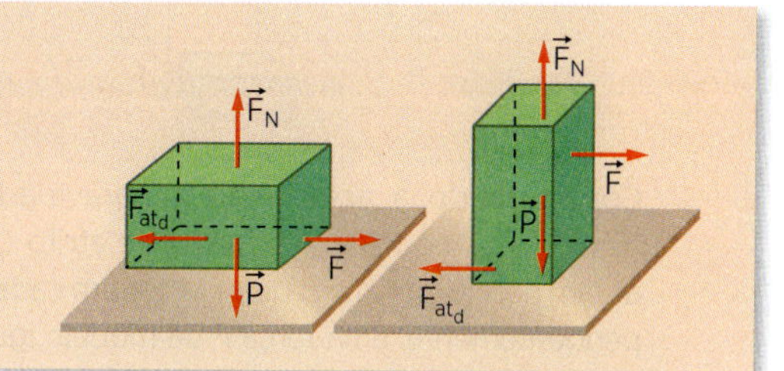

A1. Um corpo com massa de 10 kg está em repouso sobre uma mesa. Os coeficientes de atrito estático e dinâmico entre o corpo e a mesa são, respectivamente, 0,30 e 0,25. Considere $g = 10\ m/s^2$. Uma força horizontal de intensidade F é aplicada ao corpo.

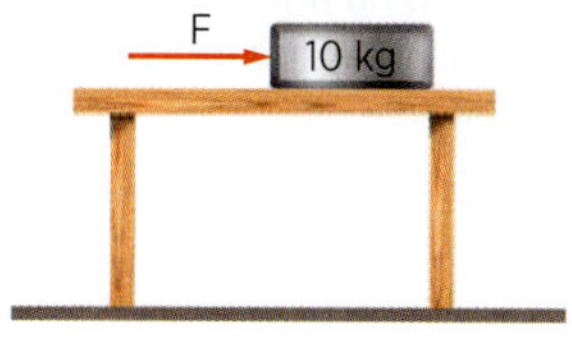

Determine a intensidade da força de atrito nos casos:

a) $F = 20\ N$ b) $F = 40\ N$

A2. Um corpo de massa $m = 5{,}0\ kg$ é puxado horizontalmente sobre uma mesa por uma força $\vec{F}$ com intensidade de 15 N. O coeficiente de atrito entre o corpo e a mesa é $\mu = 0{,}20$. Determine a aceleração do corpo. Considere $g = 10\ m/s^2$.

A3. Um automóvel move-se em uma estrada reta e horizontal, com velocidade constante de 30 m/s. Num dado instante, o carro é freado e, até parar, desliza sobre a estrada 75 m. Determine o coeficiente de atrito dinâmico entre os pneus e a estrada. Considere a força de freamento constante e $g = 10\ m/s^2$.

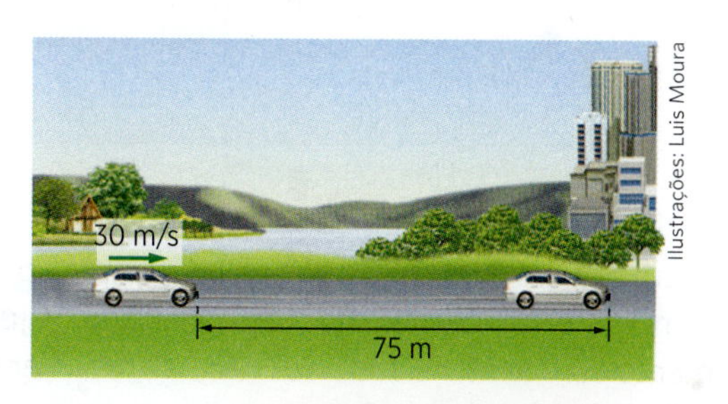

Ilustrações: Luis Moura

V1. Um bloco de massa $m = 20\ kg$ encontra-se em repouso sobre uma superfície horizontal. Os coeficientes de atrito estático e dinâmico são considerados coincidentes e iguais a $\mu = 0{,}20$. Em que intervalo pode variar a intensidade F da força horizontal aplicada ao bloco para que ele permaneça em repouso? Determine a intensidade da força de atrito nos casos $F = 30\ N$ e $F = 60\ N$. Dado: $g = 10\ m/s^2$.

V2. Um corpo de massa m = 2,0 kg é puxado horizontalmente sobre uma mesa por uma força $\vec{F}$ de intensidade 4,0 N, conforme mostra a figura. Observa-se que o corpo adquire a aceleração igual a 1,0 m/s². Dado: g = 10 m/s².

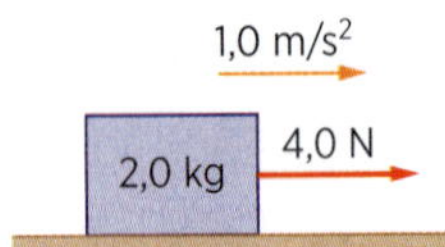

Determine:

a) a intensidade da força de atrito que age sobre o corpo;

b) o coeficiente de atrito entre o corpo e a mesa.

V3. Lança-se um corpo num plano horizontal com velocidade v_0 = 10 m/s. O corpo desloca-se sobre o plano e para após 10 s. Dado g = 10 m/s², calcule o coeficiente de atrito entre o corpo e a superfície.

R1. (UE-PI) Dois objetos, *A* e *B*, feitos do mesmo material, de massas m_A = 5 kg e m_B = 15 kg, são postos sobre uma mesma superfície horizontal (ver figura). Os coeficientes de atrito estático e cinético entre os objetos e a superfície são, respectivamente, 0,3 e 0,2.

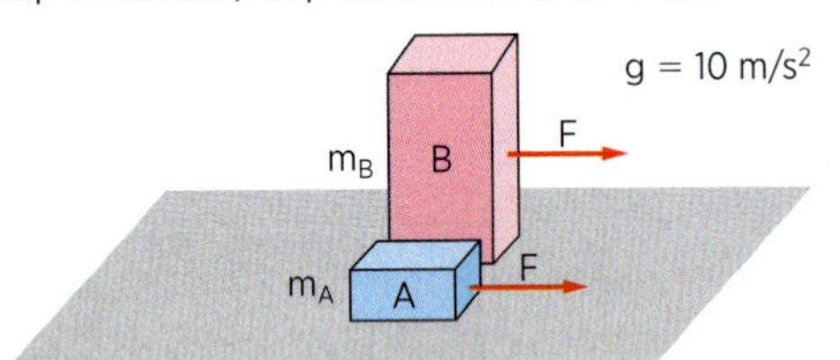

Considerando a aceleração da gravidade igual a 10 m/s², os módulos das forças de atrito f_A e f_B que atuam nos corpos *A* e *B* quando sofrem cada um, independentemente, uma força *F* de módulo igual a 20 N, são:

a) f_A = 15 N; f_B = 45 N

b) f_A = 15 N; f_B = 30 N

c) f_A = 10 N; f_B = 45 N

d) f_A = 10 N; f_B = 30 N

e) f_A = 10 N; f_B = 20 N

R2. (PUC-SP) Um garoto corre com velocidade de 5 m/s em uma superfície horizontal. Ao atingir o ponto *A*, passa a deslizar pelo piso encerado até atingir o ponto *B*, como mostra a figura.
Considerando a aceleração da gravidade g = 10 m/s², o coeficiente de atrito cinético entre suas meias e o piso encerado é de:

a) 0,050

b) 0,125

c) 0,150

d) 0,200

e) 0,250

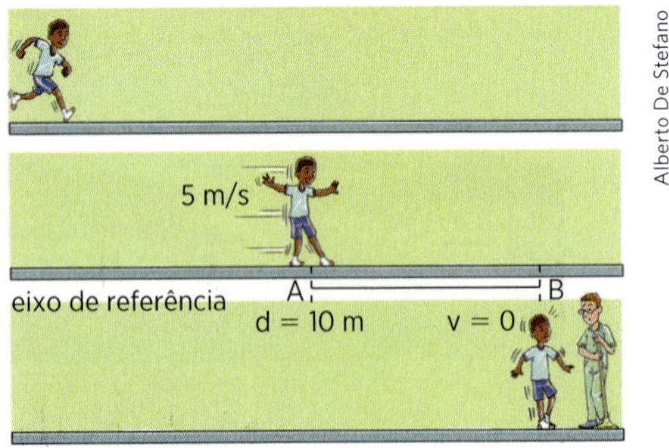

Alberto De Stefano

R3. (Fund. Carlos Chagas-BA) Um corpo de peso igual a 10 N desliza sobre uma superfície horizontal. O coeficiente de atrito constante é igual a 0,20. Para que a velocidade vetorial do corpo seja constante, é necessário manter aplicada uma força horizontal cujo módulo, em newtons, é igual a:

a) 0,20

b) 2,0

c) 10

d) 20

e) 50

R4. (Unirio-RJ) Em uma experiência com um corpo em repouso sobre uma superfície rugosa, um aluno, aplicando a força F_1 como mostrado na figura 1, observa que o corpo não se move, embora fique na iminência de se mover. Outro aluno, seu colega, aplica ao mesmo corpo a força F_2, mostrada na figura 2.

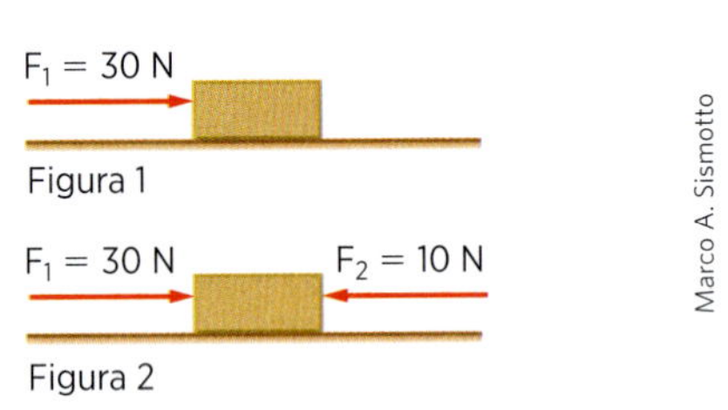

Marco A. Sismotto

Sobre a experiência, os estudantes fazem as quatro afirmações a seguir:

I - A resultante das forças que agem sobre o corpo é igual a zero na figura 1.

II - Na figura 2, a resultante das forças sobre o corpo vale 10 N.

III - Na figura 2, a resultante das forças sobre o corpo vale 20 N.

IV - Na figura 2, a força da superfície sobre o corpo tem como componente uma força de atrito de valor de 20 N.

Com relação às afirmações feitas pelos alunos, pode-se dizer que eles se equivocaram nas de números:

a) II apenas

b) I e IV apenas

c) II e III apenas

d) III e IV apenas

e) II, III e IV apenas

Interação entre blocos e entre blocos e fios

Neste item, vamos fazer exercícios semelhantes aos do capítulo anterior, agora considerando a existência de atrito entre os blocos e as superfícies de apoio.

Aplicação

A4. Dois blocos, *A* e *B*, apoiados sobre a superfície horizontal *S*, estão inicialmente em repouso e possuem, respectivamente, as massas 3,0 kg e 2,0 kg. Sendo $\vec{F}$ uma força horizontal constante, aplicada em *A*, e de intensidade 20 N e $\mu = 0{,}20$, o coeficiente de atrito entre os blocos e a superfície *S*, determine:

a) a aceleração dos corpos;

b) a intensidade da força que *A* exerce em *B*.

Adote $g = 10\ m/s^2$.

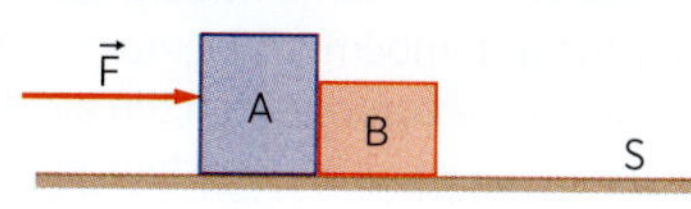

A5. Dois blocos, *A* e *B*, de pesos respectivamente iguais a 70 N e 30 N, apoiam-se sobre uma mesa horizontal.

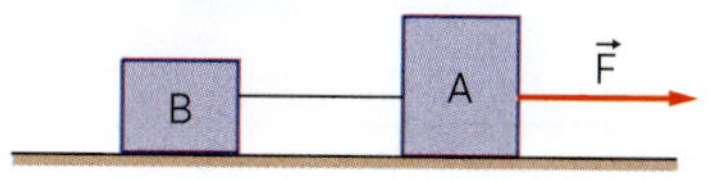

O coeficiente de atrito entre os blocos e a mesa é 0,40.

Aplicando ao bloco *A* uma força horizontal de intensidade F = 50 N e supondo $g = 10\ m/s^2$, determine:

a) a aceleração comunicada ao sistema;

b) a intensidade da força de tração no fio suposto ideal.

A6. No esquema abaixo, a superfície horizontal é rugosa e o coeficiente de atrito $\mu = 0{,}30$. O fio e a polia são ideais. O sistema é abandonado do repouso.

Sendo $g = 10\ m/s^2$, determine:

a) a aceleração dos blocos;

b) a intensidade da força de tração no fio.

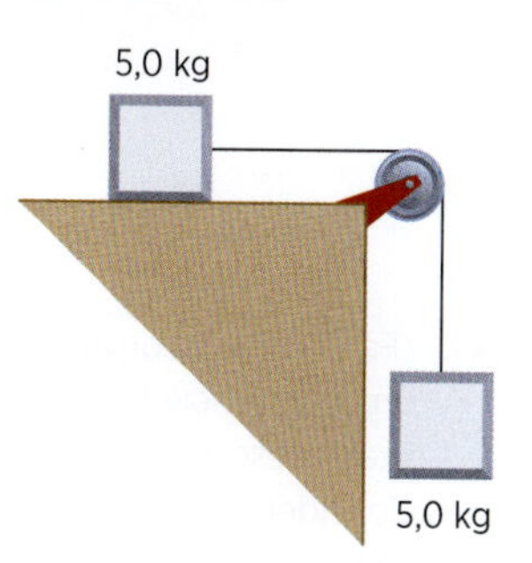

Verificação

V4. Os corpos *A* e *B* da figura, inicialmente em repouso, têm massas iguais a 5,0 kg. O coeficiente de atrito entre os blocos e a superfície é 0,20.

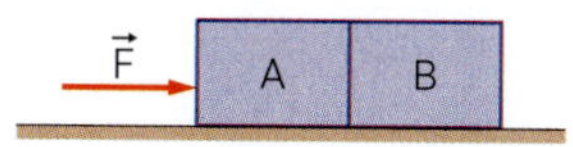

Uma força $\vec{F}$ com intensidade de 40 N é aplicada ao corpo *A*, conforme a figura. Sabendo que $g = 10\ m/s^2$, determine:

a) a aceleração que os corpos adquirem;

b) a intensidade da força que *A* exerce em *B*.

V5. Os blocos *A* e *B*, de massas iguais a 2,0 kg, movimentam-se com aceleração $a = 2{,}0\ m/s^2$, sob ação da força $\vec{F}$ de intensidade 30 N.

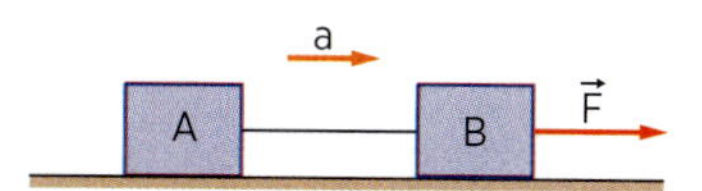

Adotando $g = 10\ m/s^2$, determine:

a) o coeficiente de atrito μ entre os blocos e o plano horizontal;

b) a intensidade da força de tração no fio que une *A* e *B*.

V6. A figura representa dois corpos de massa $m_A = 2{,}0$ kg e $m_B = 4{,}0$ kg, ligados por um fio flexível, inextensível e de massa desprezível. A polia que guia o fio tem massa desprezível e o coeficiente de atrito entre o corpo de massa m_A e o plano horizontal de apoio é $\mu = 0{,}20$. O sistema é abandonado do repouso. Sendo $g = 10\ m/s^2$, determine a aceleração do sistema e a tração no fio.

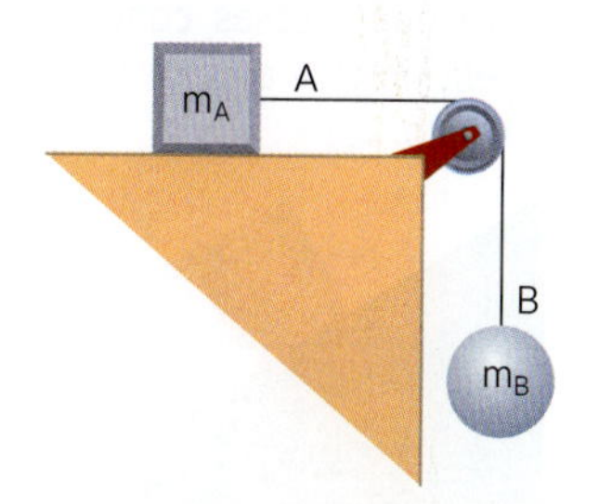

Ilustrações: Marco A. Sismotto

Revisão

R5. (Vunesp-SP) Dois blocos idênticos, *A* e *B*, se deslocam sobre uma mesa plana sob ação de uma força de 10 N, aplicada em *A*, conforme ilustrado na figura.

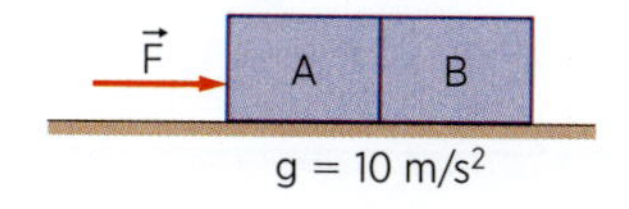

Se o movimento é uniformemente acelerado, e considerando que o coeficiente de atrito cinético entre os blocos e a mesa é $\mu = 0{,}5$, a força que *A* exerce sobre *B* é:

a) 20 N

b) 15 N

c) 10 N

d) 5 N

e) 2,5 N

R6. (UF-PE) Uma caixa de massa $m_c = 10$ kg é ligada a um bloco de massa $m_b = 5{,}0$ kg, por meio de um fio fino e inextensível que passa por uma pequena polia sem atrito, como mostra a figura. Determine o valor da força horizontal F, em newtons, que deve ser aplicada à caixa de modo que o bloco suba com aceleração $a = 2{,}0$ m/s². O coeficiente de atrito dinâmico entre a caixa e o piso é $\mu_d = 0{,}10$. Considere $g = 10$ m/s².

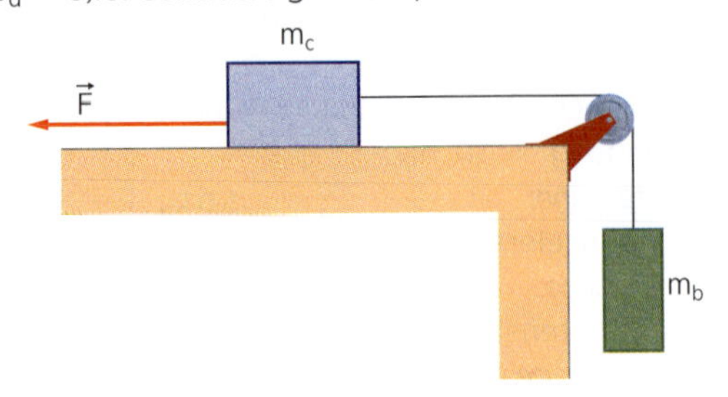

R7. (Fatec-SP) O corpo *A*, de massa 10 kg, apoiado sobre uma superfície horizontal, está parado, prestes a deslizar, preso por um fio ao corpo *B*, de massa 2,0 kg. Considerando-se o fio e a roldana ideais e adotando-se $g = 10$ m/s², o coeficiente de atrito estático entre o corpo *A* e a superfície vale:

a) 2,0
b) 0,10
c) 0,20
d) 0,40
e) 0,50

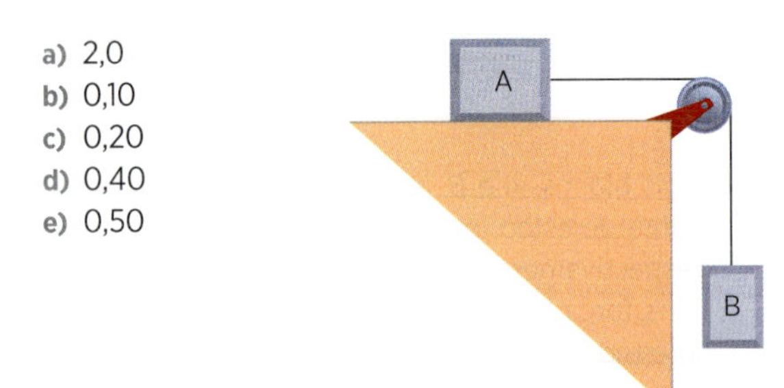

R8. (Vunesp-SP) Dois corpos, *A* e *B*, atados por um cabo, com massas $m_A = 1$ kg e $m_B = 2{,}5$ kg, respectivamente, deslizam sem atrito no solo horizontal sob ação de uma força, também horizontal, de 12 N aplicada em *B*. Sobre esse corpo, há um terceiro corpo, *C*, com massa $m_C = 0{,}5$ kg, que se desloca com *B*, sem deslizar sobre ele. A figura ilustra a situação descrita.

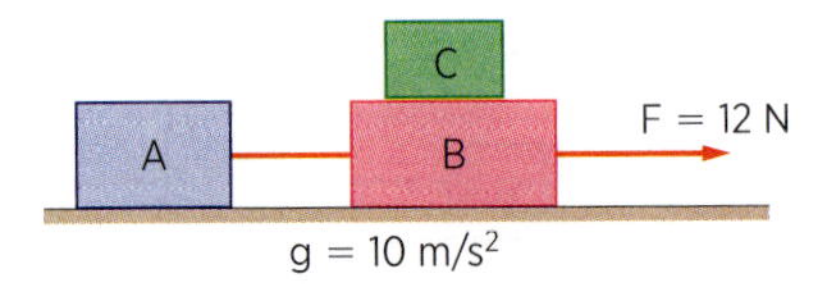

Calcule a intensidade da força exercida pelo bloco *B* sobre o corpo *C*.

Plano inclinado com atrito

Vamos resolver exercícios considerando a existência de atrito entre o bloco e o plano inclinado. Particularmente, estudaremos a condição para que um corpo, sobre um plano inclinado, fique na iminência de escorregar.

Aplicação

A7. Um corpo está na *iminência de escorregar* sobre um plano inclinado de um ângulo θ com a horizontal. Demonstre que, nessas condições, $\text{tg}\ \theta = \mu$, onde μ é o coeficiente de atrito estático entre o bloco e o plano inclinado.

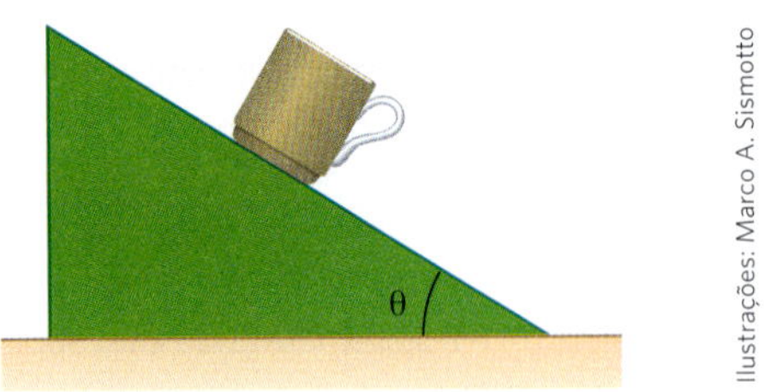

Ilustrações: Marco A. Sismotto

A8. Um corpo com massa de 10 kg é abandonado em repouso no plano inclinado, como mostra a figura.

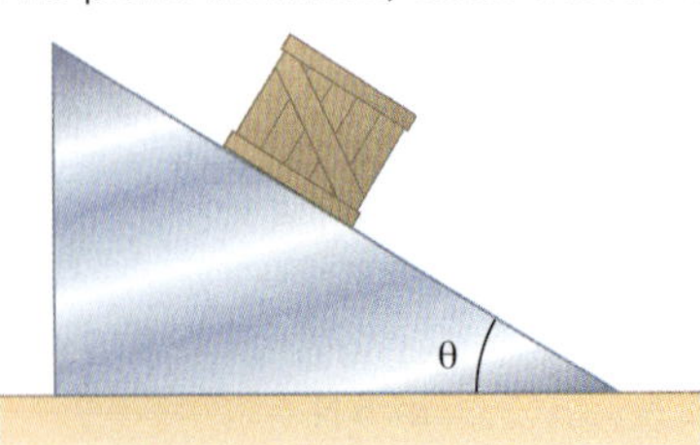

Sendo $g = 10$ m/s², $\text{sen}\ \theta = 0{,}60$ e $\cos\theta = 0{,}80$ e tendo $\mu = 0{,}80$ como coeficiente de atrito entre o corpo e o plano inclinado, determine:

a) a intensidade da força de atrito que o plano exerce no corpo;
b) a aceleração do corpo.

A9. Um bloco com massa $m = 10$ kg sobe um plano inclinado com velocidade constante, sob a ação de uma força $\vec{F}$, constante e paralela ao plano inclinado, conforme mostra a figura. O coeficiente de atrito dinâmico entre o bloco e o plano inclinado é $\mu = 0{,}20$. Dados: $\text{sen}\ \theta = 0{,}60$; $\cos\theta = 0{,}80$ e $g = 10$ m/s².

Determine a intensidade da força $\vec{F}$.

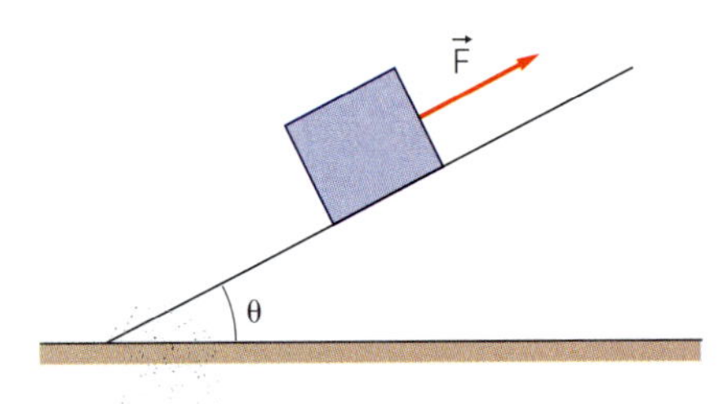

Verificação

V7. Um corpo com 10 kg de massa é abandonado em repouso no plano inclinado, conforme mostra a figura.

θ

Dados $\text{sen}\,\theta = 0{,}60$, $\cos\theta = 0{,}80$, $g = 10\ \text{m/s}^2$ e $\mu = 0{,}50$ (coeficiente de atrito entre o corpo e o plano), determine:

a) a intensidade da força de atrito que o plano exerce no corpo;

b) a aceleração do corpo.

V8. Um corpo com massa de 50 kg é colocado sobre um plano inclinado de 6,0 m de altura e 10 m de comprimento, conforme se vê na figura a seguir. O coeficiente de atrito entre o corpo e o plano é 0,30. Qual é a aceleração do corpo ao descer o plano?

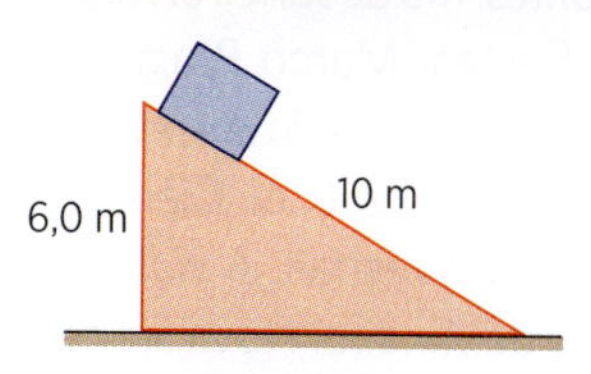

V9. Um corpo com peso de 5,0 N sobe, com velocidade constante, um plano inclinado sob ação de uma força de 4,0 N, conforme se vê na figura.

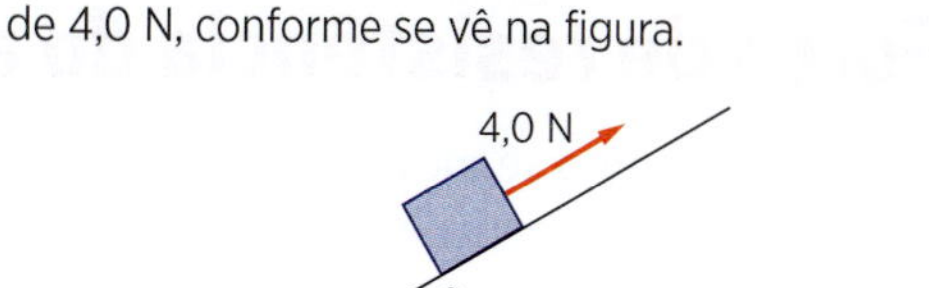

O coeficiente de atrito dinâmico entre o corpo e o plano vale:

a) 0,10 c) 0,30 e) 0,25
b) 0,50 d) 0,70

Dados: $\text{sen}\,\theta = 0{,}60$; $\cos\theta = 0{,}80$.

Revisão

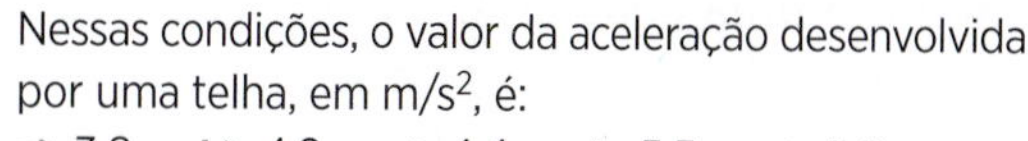

R9. (U. F. Juiz de Fora-MG) Na figura a seguir, tem-se um bloco em repouso sobre uma superfície inclinada num ângulo θ em relação à horizontal. Sabendo que o coeficiente de atrito estático entre a superfície e o bloco é μ_E e que o coeficiente de atrito dinâmico é μ_D, determine o máximo ângulo θ em que o bloco permanecerá em repouso no plano.

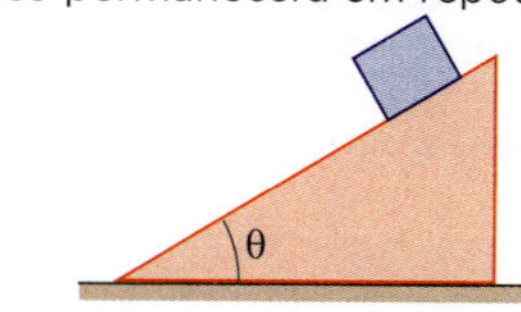

R10. (Vunesp-SP) Ao modificar o estilo de uma casa para o colonial, deseja-se fazer a troca do modelo de telhas existentes. Com o intuito de preservar o jardim, foi montada uma rampa de 10 m de comprimento, apoiada na beirada do madeiramento do telhado, a 6 m de altura. No momento em que uma telha — que tem massa de 2,5 kg — é colocada sobre a rampa, ela desce acelerada, sofrendo, no entanto, a ação do atrito.

Luis Moura

Nessas condições, o valor da aceleração desenvolvida por uma telha, em m/s^2, é:

a) 3,8 b) 4,2 c) 4,4 d) 5,5 e) 5,6

Dados: coeficiente de atrito = 0,2; $g = 10\ \text{m/s}^2$.

R11. (U. E. Ponta Grossa-PR) Uma caixa se movimenta sobre uma superfície horizontal e, quando sua velocidade tem módulo 10 m/s, passa a subir uma rampa, conforme indicado na figura. Sabendo que o coeficiente de atrito entre o bloco e o material da rampa é 0,75, calcule até que altura, em relação à superfície horizontal, a caixa irá subir nessa rampa.

10 m/s
6 m
8 m

Marco A. Sismotto

R12. (FGV-SP) O sistema esquematizado no diagrama, que consta de duas massas, $m_1 = 60$ kg e $m_2 = 30$ kg, entre si solidárias por meio de um cabo rígido, de massa desprezível, está em equilíbrio estático.
Daí, o coeficiente de atrito estático μ entre o corpo de massa m_1 e a superfície onde está apoiado é:

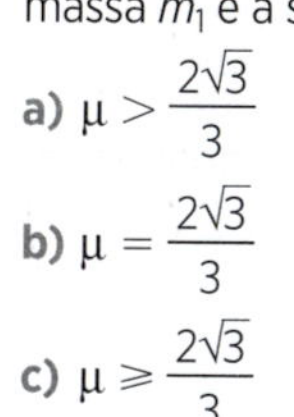

a) $\mu > \frac{2\sqrt{3}}{3}$

b) $\mu = \frac{2\sqrt{3}}{3}$

c) $\mu \geq \frac{2\sqrt{3}}{3}$

d) $\mu = \frac{1}{3}$

e) $\mu \geq \frac{1}{3}$

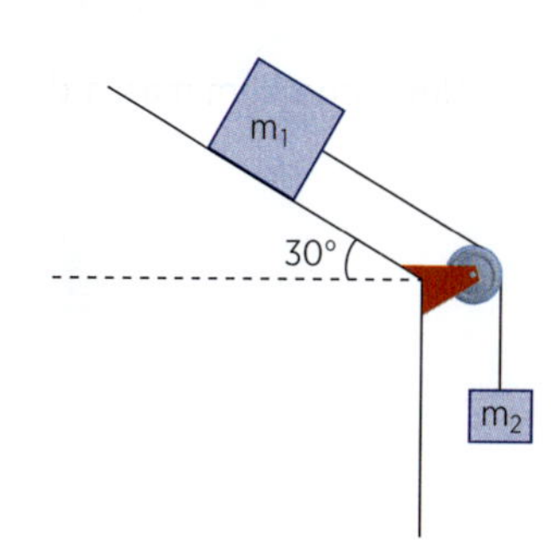

LEIA MAIS

Cherman Alexandre. *Sobre os ombros de gigantes*. Rio de Janeiro: Jorge Zahar, 2004.
Jairo Freitas, Marco Braga, José Carlos Reis. *Newton e o triunfo do mecanicismo*. São Paulo: Atual, 2002. (Col. Ciência no tempo)
Richard S. Westfall. *A vida de Isaac Newton*. Rio de Janeiro: Nova Fronteira, 1996.

Força de resistência do ar

Quando um corpo se move em contato com um líquido ou um gás, esses meios aplicam ao corpo forças que se opõem ao movimento. As expressões que permitem calcular a intensidade dessas forças resistentes são estabelecidas experimentalmente.

Para o movimento de um corpo em contato com o ar (como a queda vertical, o movimento de um carro ou de um avião) em velocidade *v* usual, a força de resistência do ar tem intensidade F_r, dada por:

$$F_r = K \cdot v^2$$

onde *K* é uma constante que depende da forma do corpo e da maior área da seção transversal do corpo, perpendicular à direção do movimento. As formas aerodinâmicas dos carros diminuem o valor de *K* e atenuam a resistência do ar. A forma do paraquedas aumenta o valor de *K*, e a força de resistência do ar atenua a queda.

Velocidade-limite

Considere, por exemplo, o movimento de um paraquedas. Imagine que ele se abra imediatamente após o salto. Na figura 4, representamos as forças que agem no conjunto paraquedas e paraquedista. O Princípio Fundamental da Dinâmica permite escrever:

$$P - F_r = m \cdot a$$

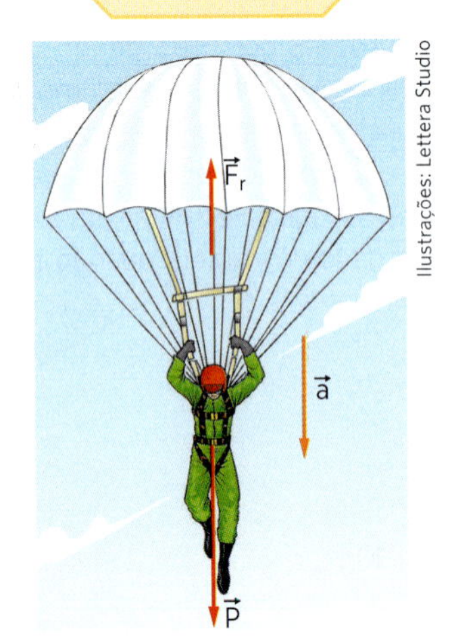

Figura 4

Inicialmente, a velocidade de queda aumenta e, sendo $F_r = K \cdot v^2$, a força de resistência do ar aumenta e, consequentemente, a aceleração *a* diminui.

Quando $F_r = P$ (isto é, $a = 0$), a velocidade do paraquedas não mais aumenta, sendo denominada *velocidade-limite* ou *velocidade máxima*:

$$F_r = P \Rightarrow K \cdot v_{lim}^2 = P \qquad v_{lim} = \sqrt{\frac{P}{K}}$$

Para pequenas velocidades, admite-se F_r proporcional à primeira potência de *v*:

$$F_r = K \cdot v$$

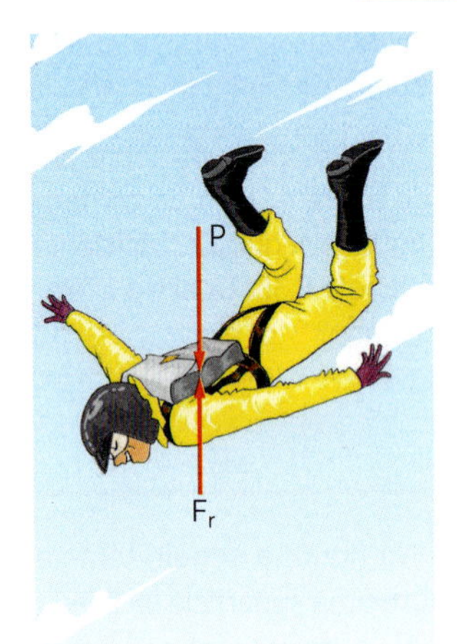

$P > F_r$
Movimento acelerado

(a) O paraquedista salta com o paraquedas fechado. À medida que ele cai, sua velocidade vai aumentando e consequentemente aumenta a força de resistência do ar.

$F_r > P$
Movimento retardado

(c) Ao abrir o paraquedas, devido à sua forma, a força de resistência do ar torna-se maior do que o peso, e o paraquedista passa a cair em movimento retardado...

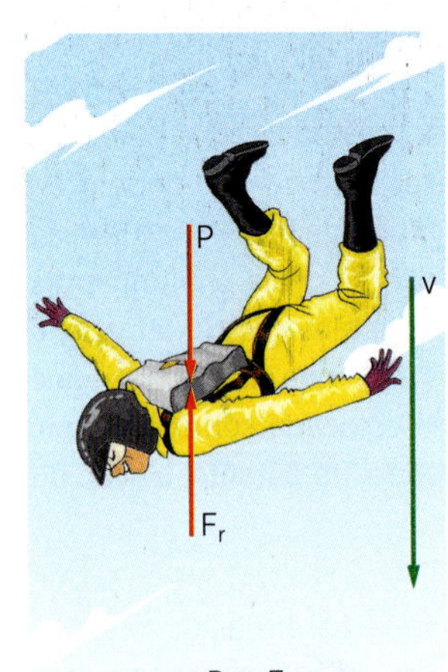

$P = F_r$
Movimento uniforme

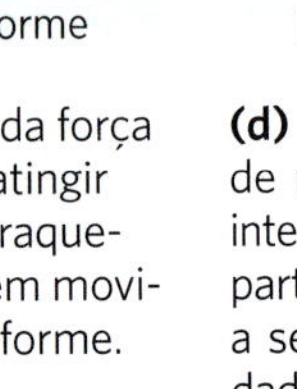

(b) Se a intensidade da força de resistência do ar atingir o valor do peso, o paraquedista passará a cair em movimento retilíneo e uniforme.

$F_r = P$
Movimento uniforme

(d) ... até que a nova força de resistência do ar tenha intensidade igual à do peso. A partir daí o movimento volta a ser uniforme com velocidade-limite bem menor que a atingida com o paraquedas fechado.

Figura 5

Aplicação

A10. A intensidade da força de resistência do ar que atua num paraquedas é proporcional ao quadrado do módulo de sua velocidade: $F_r = K \cdot v^2$.

Sendo $K = 100 \, \frac{N \cdot s^2}{m^2}$ e a massa do paraquedista e do paraquedas 90 kg, determine a máxima velocidade que o paraquedas atinge. Adote $g = 10 \, m/s^2$.

A11. Um paraquedas desce com velocidade constante. O conjunto paraquedas e paraquedista tem massa de 100 kg. Adote $g = 10 \, m/s^2$. Qual a intensidade da força de resistência do ar?

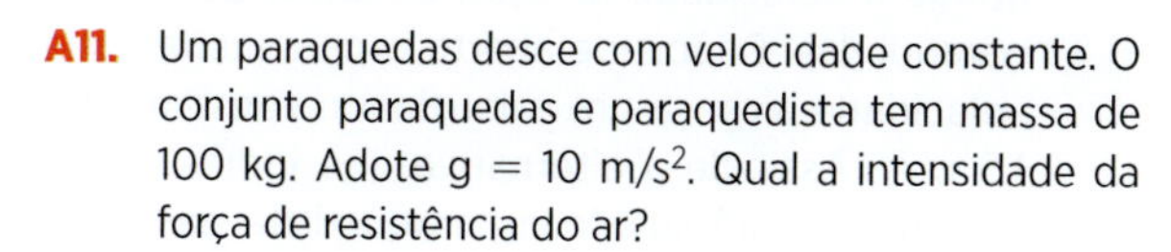

A12. A força resultante que atua sobre um corpo tem intensidade $F = 10 - 5{,}0v$ (SI). Qual a máxima velocidade *v* que o corpo atinge?

A13. A velocidade de uma gota de chuva, que cai verticalmente a partir do repouso numa região em que $g = 10 \, m/s^2$, varia com o tempo de acordo com o gráfico a seguir.

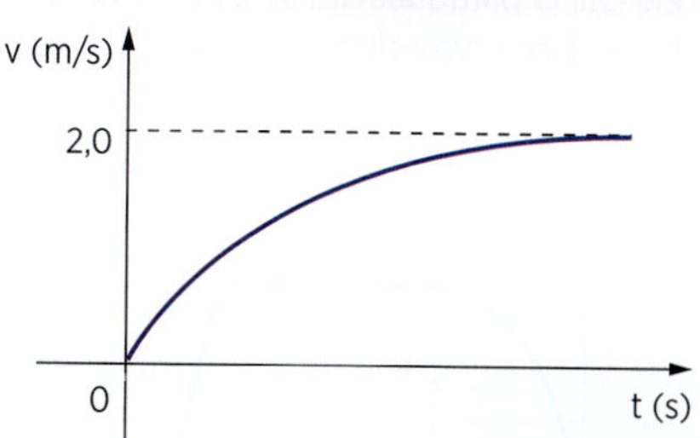

Yamada Taro/Workbook Stock/Getty Images

A força de resistência que o ar aplica na gota tem intensidade $F_r = 5{,}0 \cdot 10^{-4} \, v$, para F_r em newtons e *v* em m/s.

Determine:

a) a velocidade-limite que a gota atinge;

b) o peso e a massa da gota.

Verificação

V10. Um corpo com massa de 5,0 kg é abandonado num local onde $g = 10 \, m/s^2$. A força de resistência do ar tem intensidade, em newtons, dada por $F_r = 2{,}0v^2$, onde *v* é o módulo da velocidade em m/s. Determine a velocidade-limite que o corpo pode adquirir na queda.

V11. A intensidade da força de resistência do ar que atua num paraquedas é dada por $F_r = 100v^2$, para F_r em newtons e *v* em m/s. Sabendo que o paraquedas atinge uma velocidade-limite de 4,0 m/s, determine a massa do conjunto paraquedas e paraquedista. Adote $g = 10 \, m/s^2$.

V12. A força resultante que age num corpo com massa de 2,0 kg e que se move num meio fluido tem intensidade dada por $F = 30 - 6{,}0v$ (SI). Determine:

a) a velocidade-limite do corpo;

b) a aceleração do corpo quando $v = 3{,}0 \, m/s$.

V13. Um bloco de massa $m = 10$ kg está em repouso numa superfície horizontal perfeitamente lisa. Aplica-se ao bloco uma força horizontal $\vec{F}$ de intensidade constante $F = 300$ N.

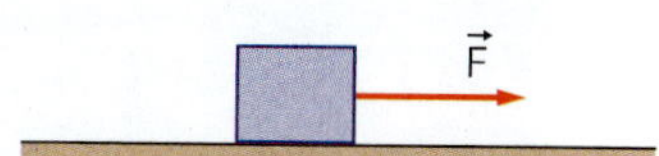

A força de resistência do ar, dada em newtons, tem intensidade $F_r = 3{,}0v^2$, onde *v* é a velocidade do bloco em m/s. Calcule:

a) a velocidade-limite que o bloco atinge;

b) a aceleração do bloco quando $v = 0$; $v = 5{,}0 \, m/s$; $v = 10 \, m/s$.

Revisão

R13. (Fatec-SP) Uma gota d'água cai no ar. A força de resistência do ar sobre a gota d'água é proporcional à velocidade da gota de acordo com o gráfico abaixo.

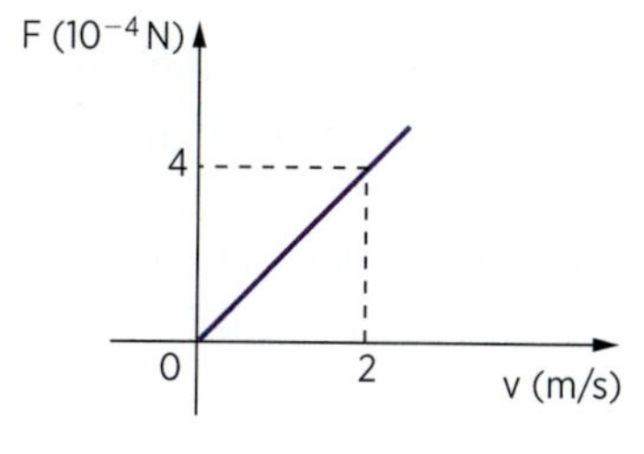

Uma gota de água de 0,10 g passará a ter velocidade de queda constante quando tiver atingido a velocidade, em m/s, de:

a) 1

b) 3

c) 5

d) 7

e) 9

Dado: $g = 10 \, m/s^2$.

R14. (Udesc-SC) O gráfico a seguir mostra a variação da velocidade vertical de um paraquedista enquanto ele cai. O paraquedista se lança do avião no instante t = 0 e com velocidade v = 0.

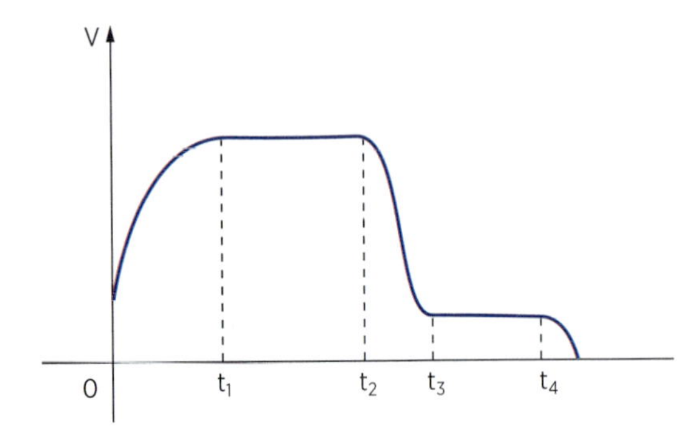

Indique a alternativa correta.

a) Inicialmente, entre os instantes t_2 e t_3, a força de resistência do ar sobre o paraquedista e o paraquedas é maior que o peso do conjunto, porém, gradativamente se iguala ao peso do conjunto devido à redução da velocidade.

b) A aceleração do paraquedista é constante no intervalo de tempo t = 0 até $t = t_1$.

c) A força de resistência do ar sobre o paraquedista e seu paraquedas é constante no intervalo de tempo t = 0 até $t = t_1$.

d) Entre os instantes t_3 e t_4 a velocidade do conjunto paraquedista e paraquedas é constante, pois a resistência do ar sobre o conjunto é maior que o peso.

e) O paraquedas está fechado entre os instantes t_2 e t_3.

R15. (Udesc-SC) Após saltar do avião, um paraquedista atinge a velocidade de 5,0 m/s antes de abrir o paraquedas. Depois de aberto o paraquedas, sua velocidade alcança um valor final e constante de 1,5 m/s. Assinale a alternativa que indica a que aceleração está sujeito o paraquedista nas duas situações descritas, ou seja, antes de abrir o paraquedas e após atingir a velocidade de 1,5 m/s. Considere que, com o paraquedas fechado, a resistência do ar é desprezível.

a) 5 m/s² e 1,5 m/s²

b) 0 m/s² e 10 m/s²

c) 10 m/s² e 0 m/s²

d) 5 m/s² e 0 m/s²

e) 10 m/s² e 10 m/s²

APROFUNDANDO

Thinkstock/Getty Images

São comuns apresentações em que dois ou mais paraquedistas abandonam o avião e caem durante um certo intervalo de tempo sem abrir os paraquedas. Durante esse tempo, eles caem praticamente juntos, podendo se tocar, se abraçar e fazer até alguns malabarismos em pleno ar.

Suponha que, num dado instante, dois deles abram seus paraquedas (considerados idênticos). Se seus pesos são diferentes, qual deles chegará primeiro ao solo: o mais leve ou o mais pesado? Por quê?

capítulo

9

Trabalho e potência

Introdução

Nos capítulos 7 e 8, os exercícios de Dinâmica foram resolvidos por meio da aplicação da Segunda Lei de Newton. Naqueles exercícios, a aceleração escalar dos corpos resultava constante e o cálculo de velocidade, espaço e tempo era feito com base nas funções do movimento uniformemente variado.

Contudo, em muitos casos, a aceleração é variável e as citadas funções não são mais aplicáveis. Esses casos são resolvidos com a introdução de dois novos conceitos: *trabalho* e *energia*. A seguir, estudaremos o trabalho; a energia será estudada no capítulo 10.

AnnaKarin Drugge/BildHuset/Grupo Keystone

Figura 1

Trabalho de uma força constante segundo uma trajetória retilínea

Considere um pequeno bloco que se desloca sobre uma reta, desde uma posição *A* até outra posição *B*, sob ação de um sistema de forças. Seja $\vec{d}$ o *vetor deslocamento* e $\vec{F}$ uma *força constante*, entre as que atuam sobre o bloco (fig. 2).

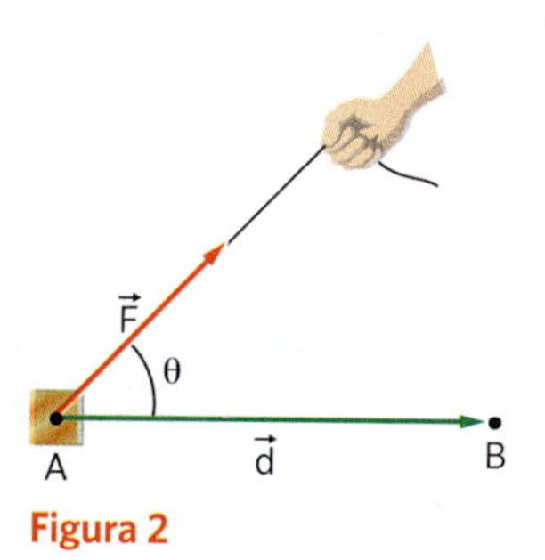

Ilustrações: Alex Argozino

Figura 2

Seja θ o ângulo entre $\vec{F}$ e $\vec{d}$.

> Define-se a grandeza escalar *trabalho da força $\vec{F}$ que atua no deslocamento $\vec{d}$*:
>
> $$\tau = F \cdot d \cdot \cos\theta$$
>
> sendo F a intensidade da força $\vec{F}$ e d o módulo do vetor deslocamento $\vec{d}$.

Trabalho motor, trabalho resistente e trabalho nulo

Na figura 3a, onde $\theta = 0$, e na figura 3b, onde θ é agudo, a força $\vec{F}$ favorece o deslocamento. Nesse caso, dizemos que $\vec{F}$ realiza *trabalho motor*. Sendo $\cos\theta > 0$ para $\theta = 0$ e θ agudo, resulta que o trabalho motor é *positivo*.

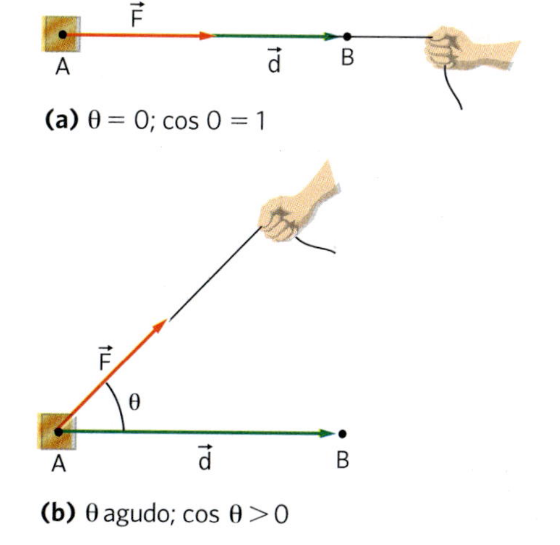

(a) $\theta = 0$; $\cos 0 = 1$

(b) θ agudo; $\cos\theta > 0$

Figura 3. Trabalho motor: positivo.

Na figura 4a, onde $\theta = 180°$, e na figura 4b, onde θ é obtuso, a força $\vec{F}$ desfavorece o deslocamento. Nesse caso, dizemos que $\vec{F}$ realiza *trabalho resistente*. Sendo $\cos\theta < 0$ para $\theta = 180°$ e θ obtuso, resulta que o trabalho resistente é *negativo*.

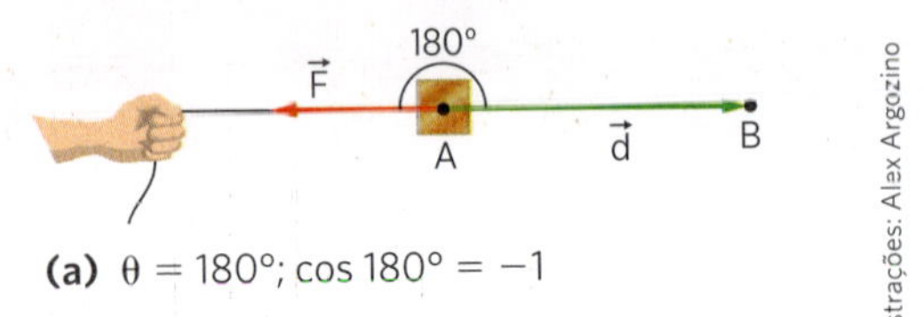

(a) $\theta = 180°$; $\cos 180° = -1$

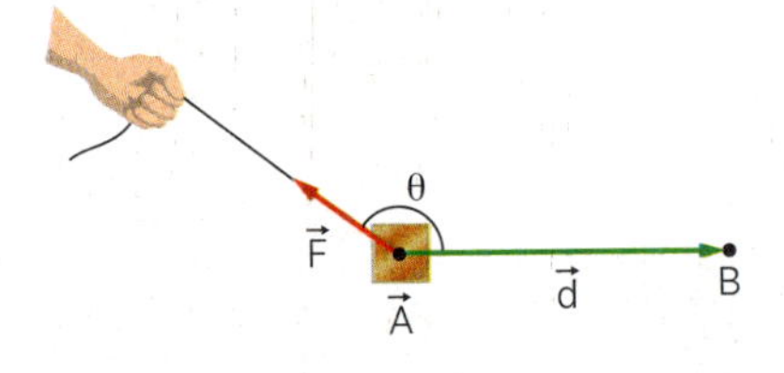

(b) θ obtuso; $\cos\theta < 0$

Figura 4. Trabalho resistente: negativo.

Na figura 5, onde $\theta = 90°$, isto é, a força $\vec{F}$ é perpendicular ao vetor deslocamento $\vec{d}$, o trabalho de $\vec{F}$ é nulo, pois $\cos 90° = 0$.

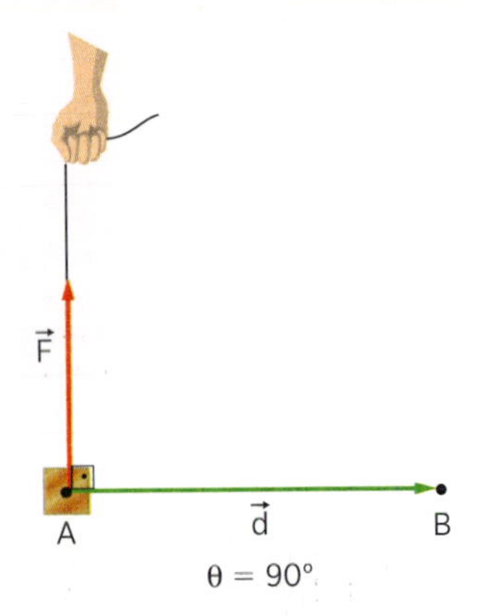

Figura 5. Trabalho nulo.

Unidade de trabalho

A unidade de medida de trabalho no Sistema Internacional denomina-se *joule* e seu símbolo é J.

> Um *joule* é o trabalho realizado por uma força constante de intensidade 1 newton que desloca seu ponto de aplicação, na direção e no sentido da força, de um comprimento de 1 metro.
>
> $1\,J = 1\,N \cdot m$

A1. Determine o trabalho realizado pela força constante $\vec{F}$, de intensidade $F = 20$ N, que atua sobre um pequeno bloco que se desloca ao longo de um segmento de reta de extensão $d = 5{,}0$ m, nos casos indicados a seguir.

a)
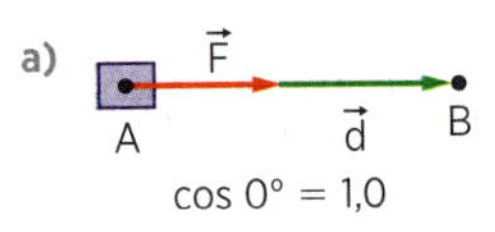

$\cos 0° = 1{,}0$

b)
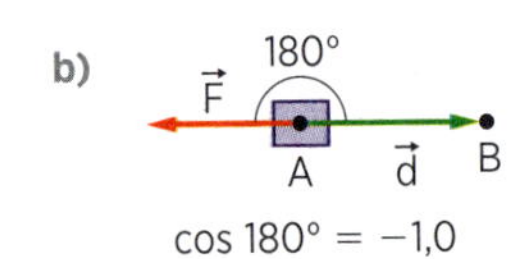

$\cos 180° = -1{,}0$

c)
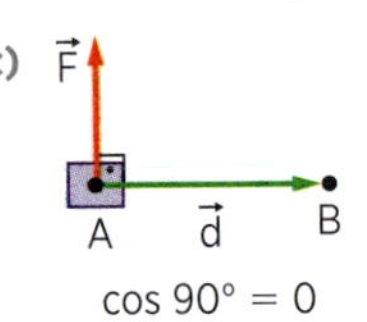

$\cos 90° = 0$

d)
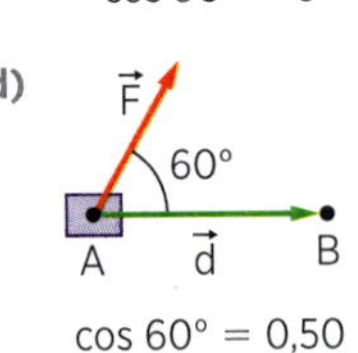

$\cos 60° = 0{,}50$

e)
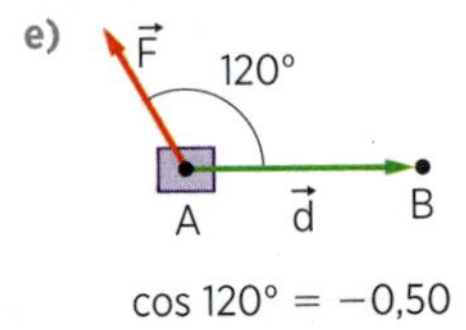

$\cos 120° = -0{,}50$

A2. Um pequeno bloco desliza num trilho reto, sem atrito, submetido à ação de uma força constante de intensidade $F = 250$ N. Calcule o trabalho dessa força num deslocamento de 10 m, no mesmo sentido da força.

A3. Uma força $\vec{F}$, cuja intensidade é igual a 2,0 N, desloca, num plano horizontal, um pequeno bloco por 5 m. A força $\vec{F}$ faz um ângulo de 60° com o deslocamento. Qual o trabalho que $\vec{F}$ realiza? Dado: $\cos 60° = 0{,}50$.

Verificação

V1. Determine o trabalho de cada força indicada na figura no deslocamento $d = 10$ m. Dado: $\cos\theta = 0{,}80$.

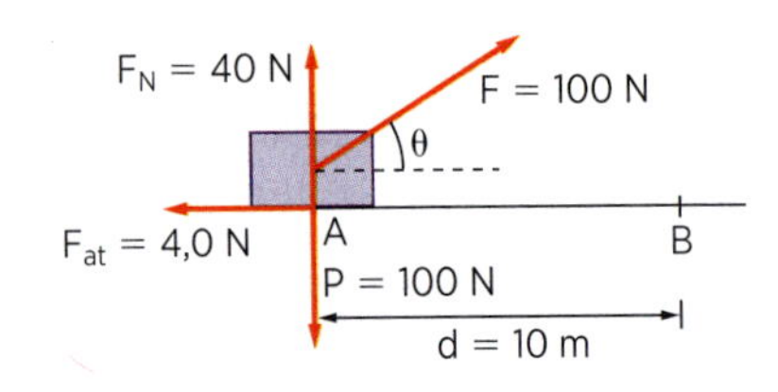

V2. Sob a ação de uma força constante, de intensidade $F = 200$ N, um corpo desliza, sem atrito, na direção e no sentido da força atuante. Determine o trabalho da força num percurso de 5 m do corpo.

V3. A figura mostra um garoto puxando um bloco por um fio sobre uma mesa bem lisa, com uma força constante $\vec{F}$ de intensidade $\frac{\sqrt{3}}{3}$ N. Determine o trabalho realizado pela força $\vec{F}$ num percurso de 2 m.

Dado: $\cos 30° = \frac{\sqrt{3}}{2}$.

R1. (UF-MG) Um bloco movimenta-se sobre uma superfície horizontal, da esquerda para a direita, sob a ação das forças mostradas na figura.

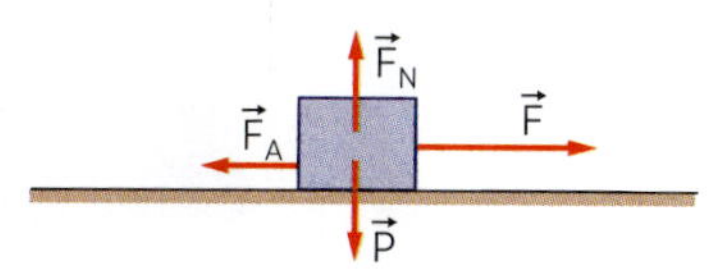

Pode-se afirmar que:

a) apenas as forças $\vec{F}_N$ e $\vec{P}$ realizam trabalho.
b) apenas a força $\vec{F}$ realiza trabalho.
c) apenas a força $\vec{F}_A$ realiza trabalho.
d) apenas as forças $\vec{F}$ e $\vec{F}_A$ realizam trabalho.
e) todas as forças realizam trabalho.

R2. (UF-RN) Um bloco é arrastado sobre um plano, com o qual possui coeficiente de atrito μ, sofrendo um deslocamento de módulo *d*. Sendo F_N a intensidade da força de reação normal da superfície sobre o bloco, o trabalho da força de atrito, nesse deslocamento, é:

a) $-\mu F_N$
b) $-\mu F_N d$
c) nulo
d) μF_N
e) $\mu F_N d$

R3. (UF-PE) Uma caixa de 10 kg desce uma rampa de 3,0 m de comprimento e 60° de inclinação. O coeficiente de atrito cinético entre o bloco e a rampa é 0,4. Qual o módulo do trabalho realizado sobre o bloco pela força de atrito, em joules? Adote $g = 10$ m/s².

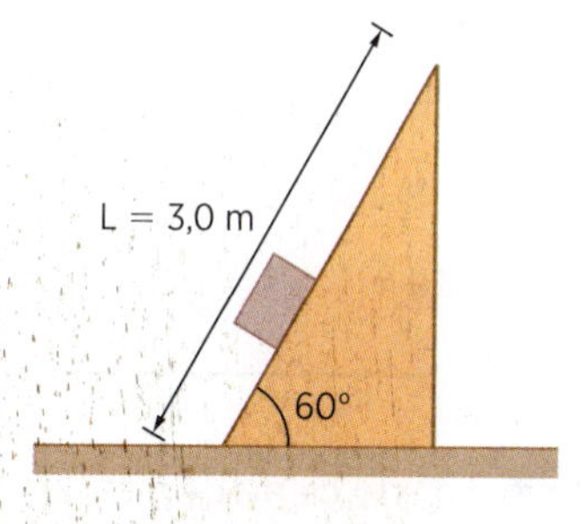

Trabalho de uma força constante segundo uma trajetória qualquer

Considere um ponto material que, sujeito a um sistema de forças, descreve uma trajetória qualquer, desde uma posição *A* até outra posição *B* (fig. 6).

Seja $\vec{F}$ uma força constante dentre as constituintes do sistema.

O trabalho da força constante $\vec{F}$ segundo a trajetória qualquer AB é dado por:

$$\tau = F \cdot d \cdot \cos\theta$$

onde θ é o ângulo entre a força $\vec{F}$ e o vetor deslocamento $\vec{d} = \overrightarrow{AB}$, *F* é a intensidade da força $\vec{F}$ e *d* é o módulo do vetor deslocamento $\vec{d}$.

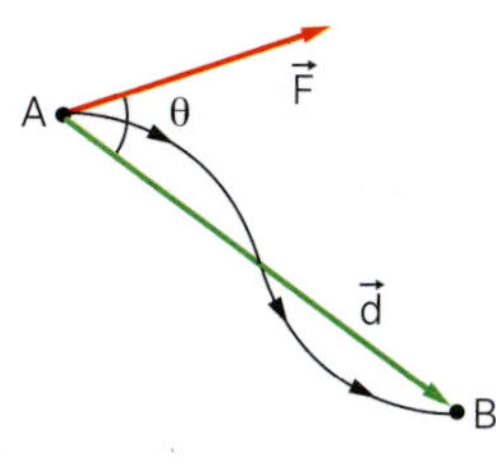

Figura 6

Um caso particular: o trabalho do peso

Um ponto material de massa *m* desloca-se desde uma posição *A* até outra *B*, num local onde a aceleração da gravidade é $\vec{g}$, suposta constante (fig. 7). Nessas condições, o peso $\vec{P} = m\vec{g}$ é constante. Seu trabalho ao longo da trajetória AB é dado por:

$$\tau = P \cdot d \cdot \cos\theta$$

Sendo *h* o desnível entre os pontos *A* e *B* no triângulo ABC, vem:

$$\cos\theta = \frac{h}{d} \Rightarrow h = d \cdot \cos\theta$$

Portanto, o trabalho do peso será:

$$\tau = P \cdot h$$

$$\tau = mgh$$

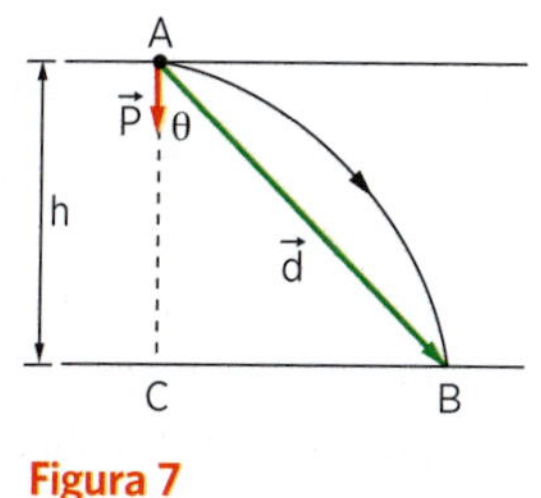

Figura 7

Observe que, mudando-se a trajetória entre A e B, o vetor deslocamento $\vec{d} = \vec{AB}$ não muda e o trabalho do peso entre A e B continua mgh. Isso significa que o *trabalho do peso independe da trajetória entre A e B*.

Se o ponto material estiver subindo, o trabalho do peso será negativo (fig. 8):

$$\tau = -mgh$$

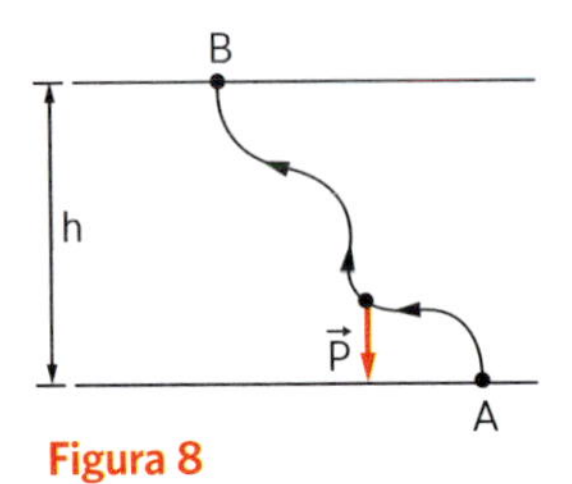

Figura 8

Se os pontos A e B pertencerem à mesma horizontal, o trabalho do peso será nulo, pois $\theta = 90°$ (fig. 9).

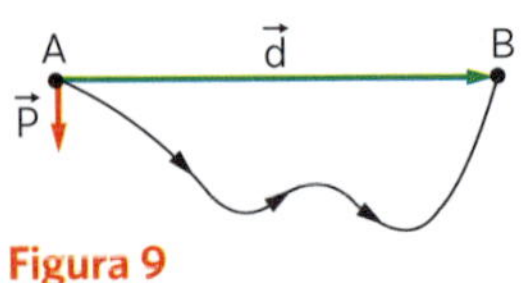

Figura 9

Resumindo:

O trabalho do peso independe da trajetória; ele depende do peso mg e do desnível h entre as posições inicial e final, sendo positivo quando o ponto material desce ($\tau = +mgh$), negativo quando sobe ($\tau = -mgh$) e nulo se o vetor deslocamento for horizontal.

Aplicação

A4. Determine o trabalho realizado pelo peso de um corpo de massa m = 20 kg num local onde a aceleração da gravidade é g = 10 m/s² nos deslocamentos: de A para B; de B para A; de A para C; de D para A; de A para E.

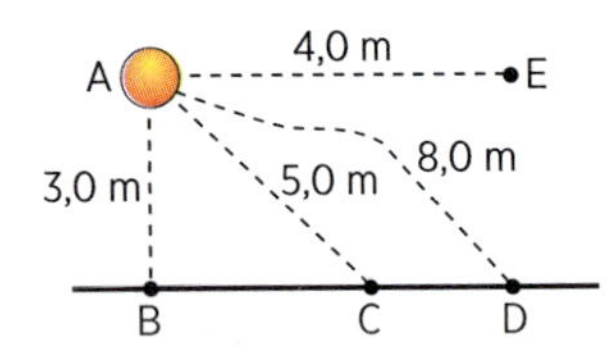

A5. Um ponto material de massa m = 2,0 kg, lançado do solo a partir do ponto A, descreve a trajetória ABC. Considere g = 10 m/s².

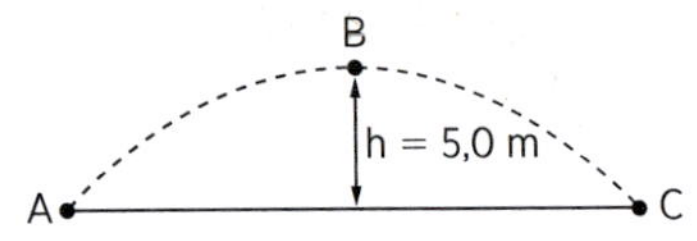

Determine o trabalho que o peso do ponto material realiza nos deslocamentos de:

a) A para B;
b) B para C;
c) A para C.

A6. Um corpo de peso P = 50 N é arrastado para cima, ao longo de um plano inclinado, por uma força $\vec{F}$ de intensidade F = 60 N, paralela ao plano inclinado, conforme mostra a figura. A força de atrito tem intensidade F_{at} = 10 N e AB = 5,0 m, AC = 4,0 m e BC = 3,0 m.

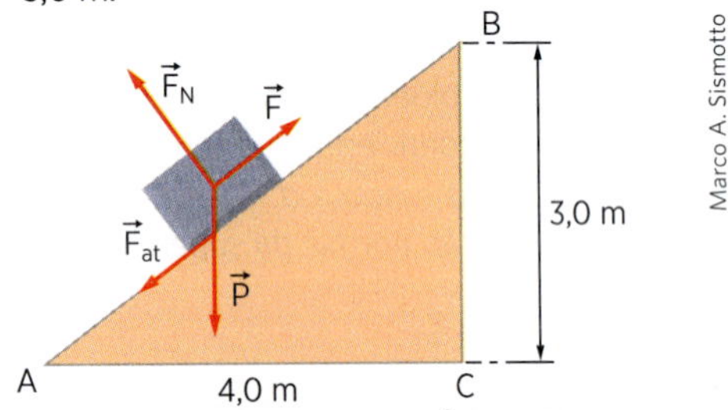

Marco A. Sismotto

a) Determine o trabalho realizado pelas forças $\vec{P}$, $\vec{F}$, $\vec{F}_{at}$ e pela reação normal $\vec{F}_N$ no deslocamento de A para B. Some os resultados obtidos.
b) Determine a intensidade da resultante $\vec{R}$ das forças que agem no corpo e o trabalho da resultante no mesmo deslocamento.
c) Compare o trabalho da resultante com a soma dos trabalhos das forças componentes, obtida no item (a), e tire uma conclusão.

Verificação

V4. O ponto P indicado na figura está a 2,0 m, 3,0 m e 5,0 m, respectivamente, dos pontos A, B e C, situados no solo. Determine o trabalho realizado pela força peso de um corpo de massa m = 5,0 kg quando ele é deslocado do ponto P, sucessivamente para o ponto A, para o ponto B e para o ponto C, sempre partindo de P. A aceleração local da gravidade é g = 10 m/s².

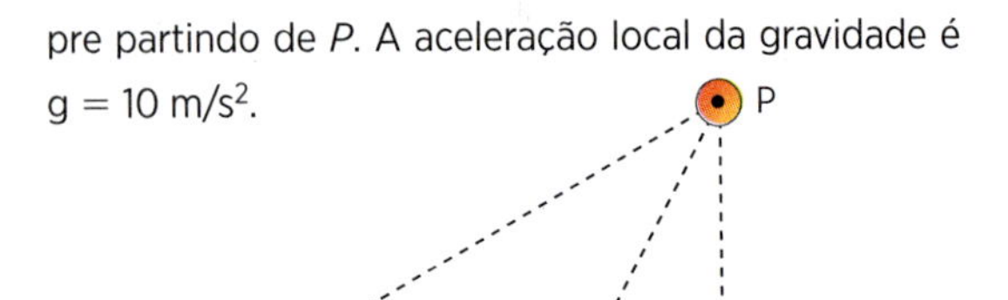

V5. Um corpo de massa m = 2 kg é lançado a partir do ponto *A*, horizontalmente, ocupando sucessivamente as posições *B*, *C* e *D* (no solo). Dado que a aceleração local é $g = 10\ m/s^2$, determine o trabalho da força peso entre os pontos:

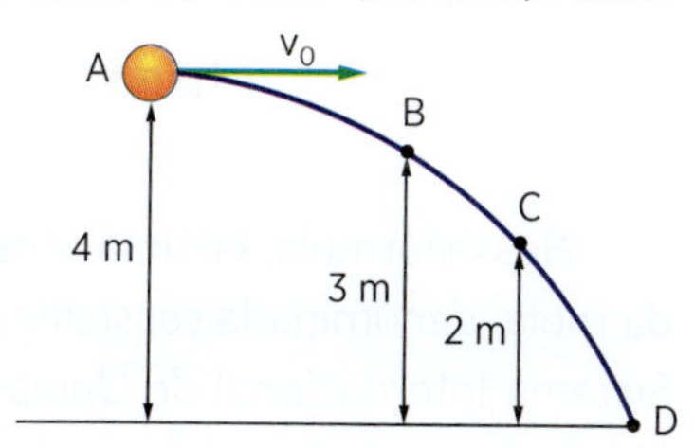

a) *A* e *B*;
b) *B* e *C*;
c) *C* e *D*;
d) *A* e *D*.

V6. Uma rampa polida, disposta em um plano vertical, com 5,0 m de extensão, forma um ângulo de 30° com a horizontal. Um corpo com massa de 2,0 kg é abandonado no topo da rampa. Calcule o trabalho realizado pelo peso do corpo até ele atingir o plano horizontal. Considere $g = 10\ m/s^2$ e sen 30° = 0,50.

Revisão

R4. (Unifor-CE) Três projéteis com pesos iguais são lançados de uma mesma altura com velocidade de mesmo módulo V_0. O primeiro é lançado verticalmente para cima; o segundo é lançado verticalmente para baixo e o terceiro é lançado horizontalmente para a direita. Assinale a opção que indica a relação entre os trabalhos (τ) realizados pela força peso nos três casos.

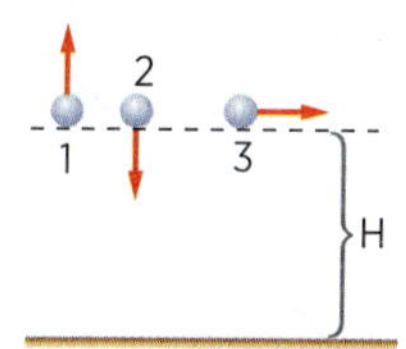

Marco A. Sismotto

a) $\tau_1 = \tau_2 = \tau_3$
b) $\tau_1 > \tau_2 > \tau_3$
c) $\tau_1 < \tau_2 < \tau_3$
d) $\tau_1 = \tau_2 < \tau_3$
e) $\tau_1 > \tau_2 = \tau_3$

R5. (Vunesp-SP) Na figura, sob a ação da força de intensidade F = 2 N, constante, paralela ao plano, o bloco percorre 0,8 m ao longo do plano com velocidade constante.

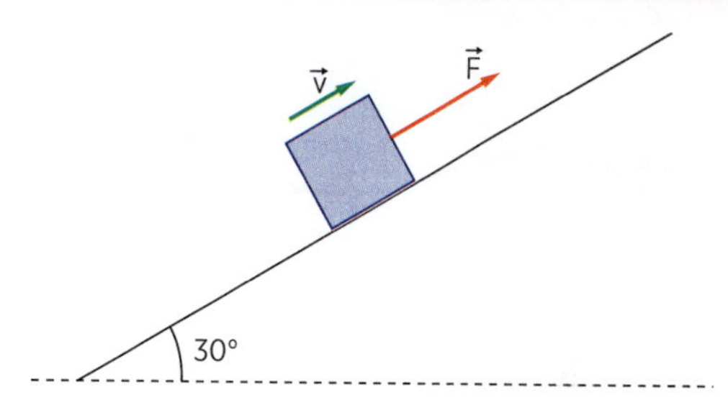

Admite-se $g = 10\ m/s^2$, despreza-se o atrito e são dados: sen 30° = cos 60° = 0,5 e cos 120° = −0,5. Determine:

a) a massa do bloco;
b) o trabalho realizado pelo peso do bloco, nesse percurso.

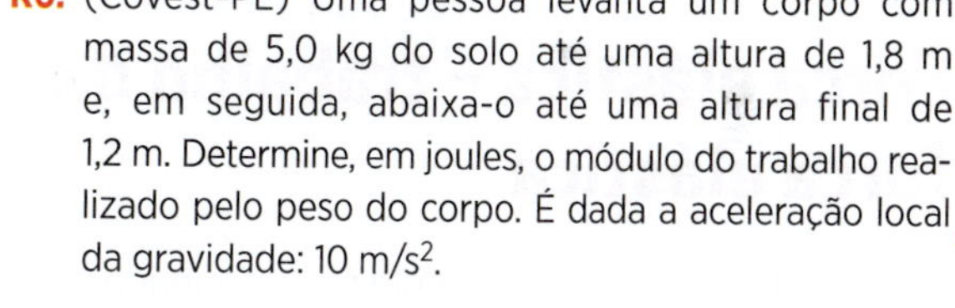

R6. (Covest-PE) Uma pessoa levanta um corpo com massa de 5,0 kg do solo até uma altura de 1,8 m e, em seguida, abaixa-o até uma altura final de 1,2 m. Determine, em joules, o módulo do trabalho realizado pelo peso do corpo. É dada a aceleração local da gravidade: $10\ m/s^2$.

Método gráfico para o cálculo do trabalho

O trabalho da força constante $\vec{F}$ no deslocamento $\vec{d}$ é dado por (fig. 10):

$$\tau = F \cdot d \cdot \cos\theta$$

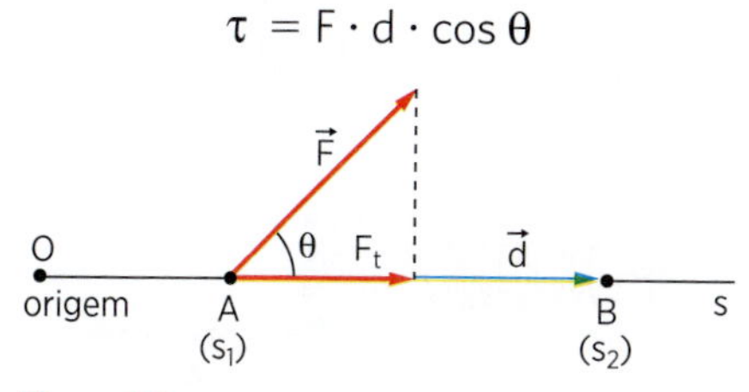

Figura 10

Sendo $F_t = F \cdot \cos\theta$ a componente de $\vec{F}$ na direção do deslocamento $\vec{d}$, denominada *componente tangencial*, vem:

$$\tau = F_t \cdot d$$

O cálculo do trabalho pode ser feito por meio do gráfico cartesiano da componente F_t em função do espaço *s* (fig. 11).

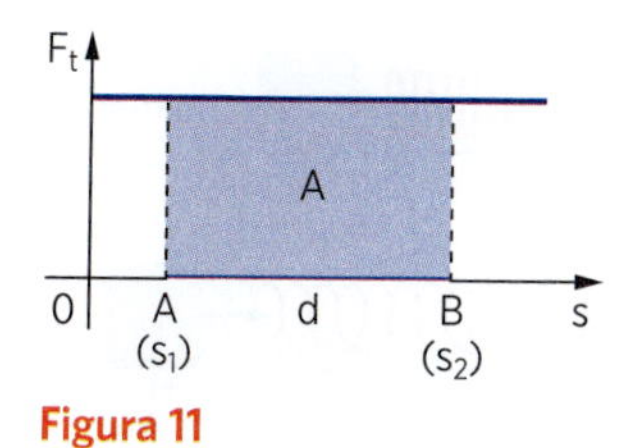

Figura 11

Calculando a área *A* do retângulo sombreado, temos:

$$A = F_t \cdot (s_2 - s_1) = F_t \cdot d$$

Sendo $\tau = F_t \cdot d$, concluímos:

No gráfico cartesiano da componente tangencial F_t em função do espaço s, a área A é numericamente igual ao valor absoluto do trabalho da força $\vec{F}$ no deslocamento de A para B:

$$A = |\tau| \text{ (numericamente)}$$

A propriedade enunciada é geral, valendo mesmo quando a força $\vec{F}$ for variável e a trajetória qualquer (figs. 12a e 12b). Neste curso, o trabalho de forças variáveis só será calculado por meio do método gráfico.

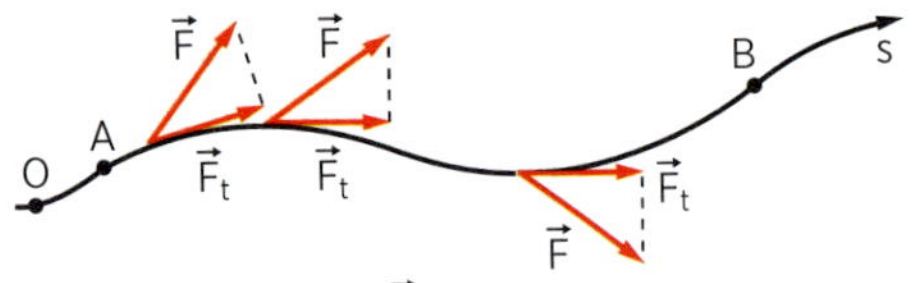

(a) Em cada ponto, $\vec{F}_t$ é a componente tangencial de $\vec{F}$.

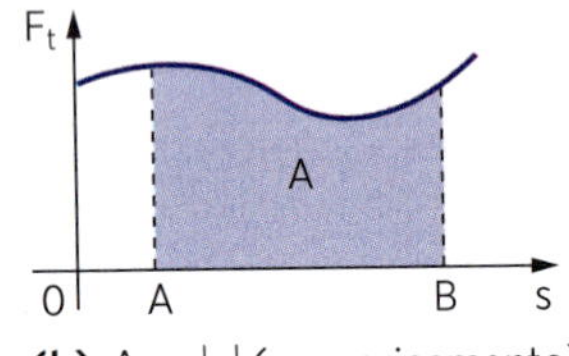

(b) $A = |\tau|$ (numericamente).

Figura 12

Força elástica – trabalho da força elástica

A deformação de uma mola é denominada *elástica* quando, cessando a ação da força que a produziu, a mola volta à situação inicial.

Nessas condições, ao ser alongada ou comprimida (fig. 13) a mola exerce no bloco uma força denominada *força elástica* ($\vec{F}_{el}$), que tende a trazer o bloco à posição O de equilíbrio (mola não deformada).

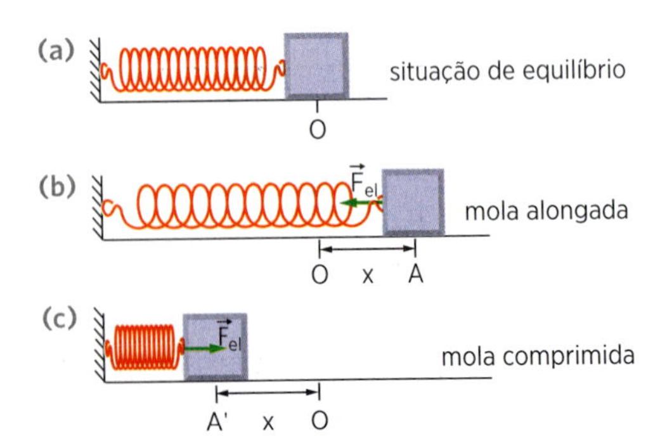

Figura 13

A intensidade da força elástica F_{el} é proporcional à deformação x (Lei de Hooke):

$$F_{el} = k \cdot x$$

Nessa fórmula, k é uma constante característica da mola, denominada *constante elástica da mola*. No Sistema Internacional de Unidades, k é medida em N/m.

Como a intensidade da força elástica é variável, seu trabalho será calculado por meio do gráfico de F_{el} em função de x.

A área A do triângulo da figura 14 é numericamente igual ao valor absoluto do trabalho da força elástica na deformação x:

$$|\tau| = \frac{k \cdot x \cdot x}{2} \Rightarrow |\tau| = \frac{k \cdot x^2}{2}$$

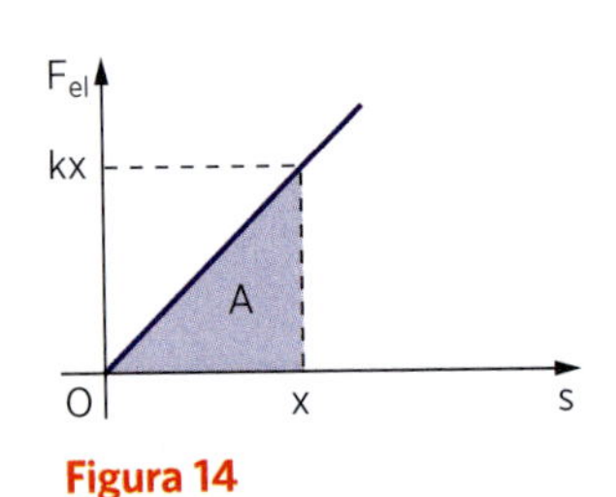

Figura 14

O trabalho da força elástica pode ser:

- *resistente* $\left(\tau = -\frac{kx^2}{2}\right)$, quando a mola é alongada (O para A) ou comprimida (O para A');
- *motor* $\left(\tau = +\frac{kx^2}{2}\right)$, quando a mola volta à sua situação inicial de equilíbrio (A para O ou A' para O).

O trabalho da força elástica não depende da trajetória entre as posições inicial e final. Por exemplo, entre as posições O e A (fig. 15), o trabalho da força elástica é o mesmo nas trajetórias $O \rightarrow A$ e $O \rightarrow A' \rightarrow A$.

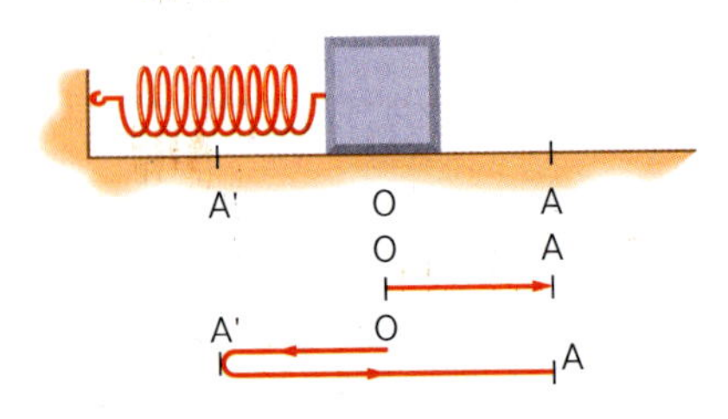

Figura 15

A7. O gráfico abaixo representa a intensidade da força aplicada a um móvel, em função do espaço, ao longo do eixo dos *x*. A força age na direção do eixo dos *x* e, à sua intensidade, atribuímos sinal positivo quando seu sentido é o mesmo de *x*, crescente, e negativo em caso contrário. Determine o trabalho realizado pela força quando o móvel se desloca de x = 0 para x = 2 m e de x = 0 para x = 6 m.

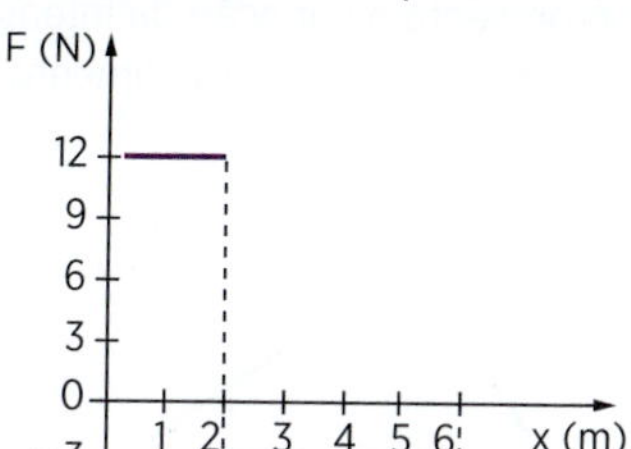

A8. Uma força $\vec{F}$ atua em um corpo na mesma direção e no mesmo sentido em que ocorre o deslocamento. O gráfico representa a intensidade da força *F* em função do espaço *s*.

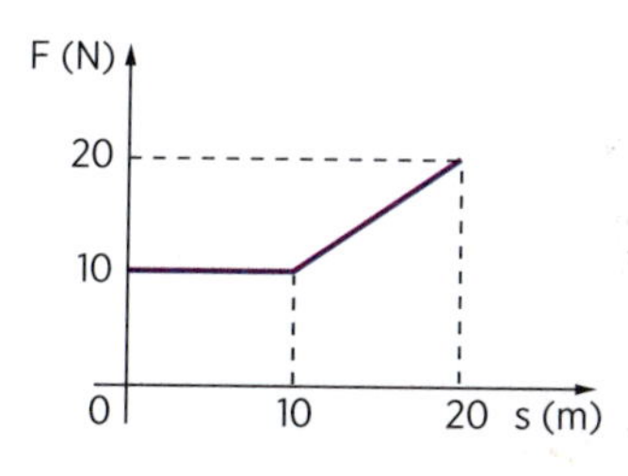

Observe a figura e determine o trabalho da força $\vec{F}$ quando o corpo sofre um deslocamento de s = 0 para s = 10 m e de s = 10 m para s = 20 m.

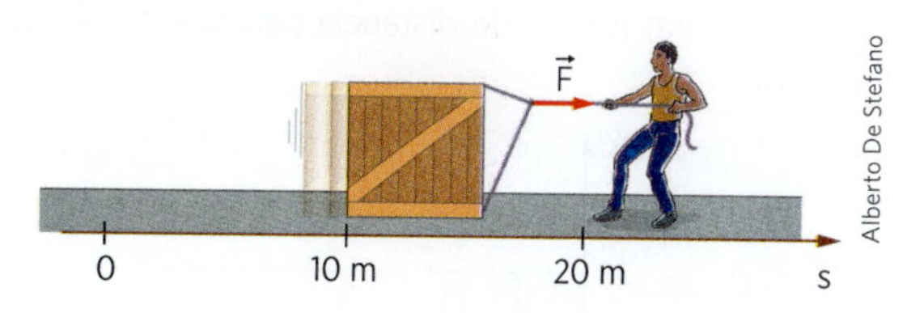

A9. A figura (a) representa uma mola não deformada.

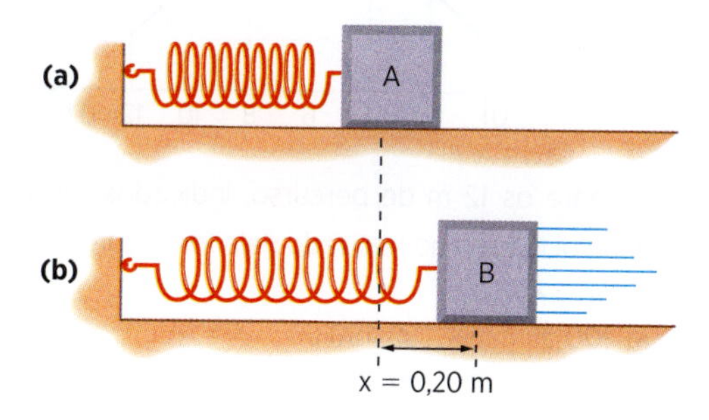

Na figura (b) a mola foi alongada, sofrendo uma deformação x = 0,20 m. Sendo k = 50 N/m a constante elástica da mola, determine:

a) o trabalho da força elástica quando a mola passa da posição *A* para a posição *B*;

b) o trabalho da força elástica quando a mola passa da posição *B* para a posição *A*.

V7. Uma força $\vec{F}$ age sobre um pequeno bloco na mesma direção e no mesmo sentido em que ocorre o deslocamento. O gráfico indica a intensidade da força *F* em função do espaço *s*. Determine o trabalho realizado pela força $\vec{F}$ no deslocamento de s = 0 para s = 3 m.

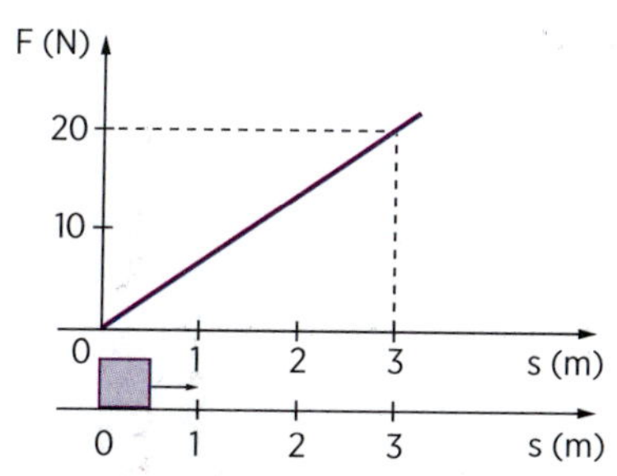

V8. Sobre um bloco inicialmente em repouso, em um plano horizontal, aplica-se uma força $\vec{F}$ paralela ao plano, cuja intensidade *F* varia em função do espaço *s*, de acordo com o gráfico. Determine o trabalho realizado por $\vec{F}$ nos deslocamentos:

a) de s = 0 para s = 2 m;

b) de s = 2 m para s = 4 m;

c) de s = 4 m para s = 6 m.

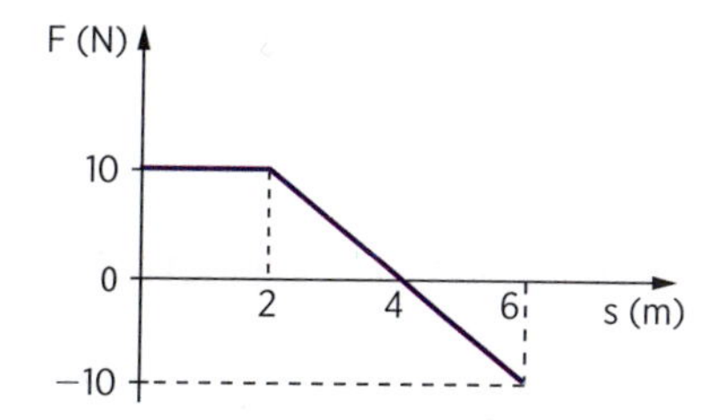

V9. Uma mola tem constante elástica k = 200 N/m. O comprimento da mola não deformada é de 0,20 m. Determine o trabalho da força elástica quando a mola é distendida até que seu comprimento fique igual a 0,25 m.

V10. Uma mola tem constante elástica k = 30 N/m. Essa mola é distendida 10 cm. Esboce o gráfico do módulo da força elástica desde x = 0 até x = 10 cm. Por meio do gráfico, calcule o valor absoluto do trabalho da força elástica de x = 0 até x = 5,0 cm.

R7. (U. E. Londrina-PR) Um corpo desloca-se em linha reta sob ação de uma única força paralela à sua trajetória. No gráfico representa-se a intensidade (F) da força em função da distância percorrida pelo corpo (d).

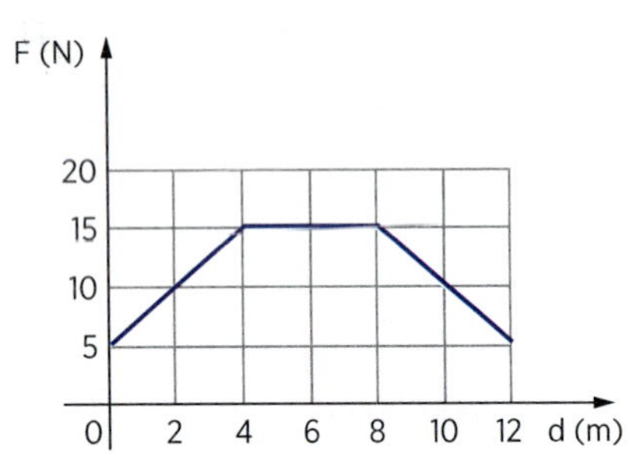

Durante os 12 m de percurso, indicados no gráfico, qual foi o trabalho realizado pela força que atua sobre o corpo?

a) 100 J
b) 120 J
c) 140 J
d) 180 J
e) 200 J

R8. (Unimontes-MG) Um bloco está inicialmente em repouso sobre uma superfície horizontal. A partir de certo instante, passa a atuar sobre ele uma força F, de direção constante (horizontal), cuja intensidade, em função da posição s, é dada na figura. Calcule o trabalho de F de $s = 0$ a $s = 8$.

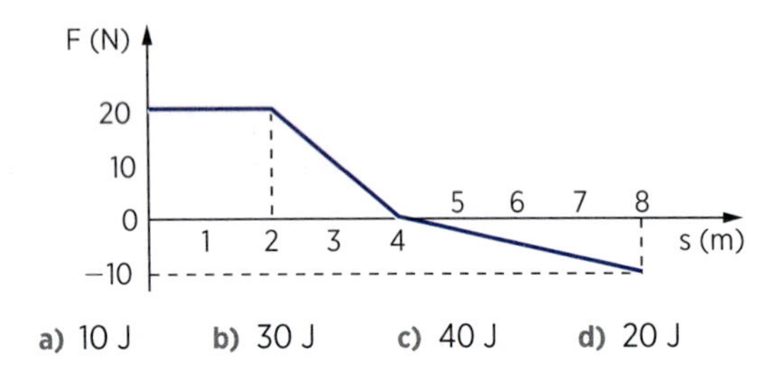

a) 10 J
b) 30 J
c) 40 J
d) 20 J

Observação: o sinal negativo atribuído à intensidade indica que a força tem sentido contrário ao sentido positivo específico para a direção constante considerada.

R9. (UE-RJ) Uma pessoa empurrou um carro por uma distância de 26 m, aplicando uma força F de mesma direção e sentido do deslocamento desse carro. O gráfico abaixo representa a variação da intensidade de F, em newtons, em função do deslocamento d, em metros.

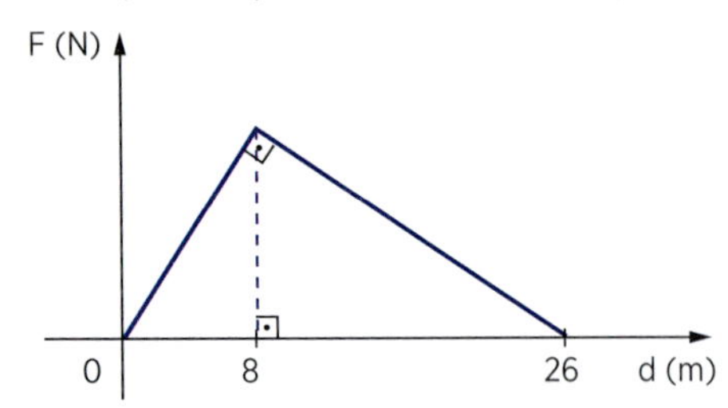

Desprezando o atrito, o trabalho total, em joules, realizado por F, equivale a:

a) 117
b) 130
c) 143
d) 156

R10. A figura representa uma mola não deformada, de constante elástica $k = 1{,}0 \cdot 10^2$ N/m.

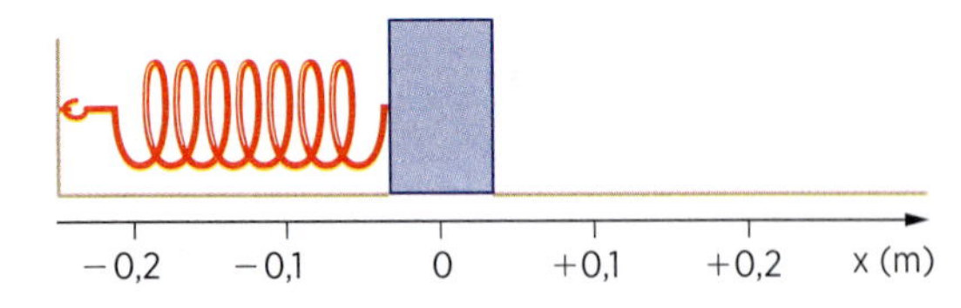

Determine o trabalho que a força elástica realiza quando a mola é deformada de:

a) $x = 0$ até $x = +0{,}1$ m
b) $x = 0$ até $x = -0{,}2$ m
c) $x = +0{,}2$ m até $x = 0$

Potência de uma força

Para medir a rapidez com que o trabalho de uma força é realizado, define-se uma grandeza chamada *potência*.

Potência média de uma força

Considere uma força $\vec{F}$ que, num intervalo de tempo Δt, realiza um trabalho τ. Chama-se *potência média P_m da força $\vec{F}$*, no intervalo de tempo Δt, ao quociente:

$$P_m = \frac{\tau}{\Delta t}$$

Potência instantânea de uma força

A potência P da força $\vec{F}$ num certo instante é calculada por meio da potência média, considerando-se o intervalo de tempo Δt tendendo a zero. Matematicamente, temos:

$$P = \lim_{\Delta t \to 0} \frac{\tau}{\Delta t}$$

Potência e velocidade

Vamos estabelecer a relação entre potência e velocidade, no caso particular em que um ponto material se movimenta retilineamente, sob a ação de uma força constante $\vec{F}$ paralela ao deslocamento (fig. 16).

$$\tau = F \cdot d$$

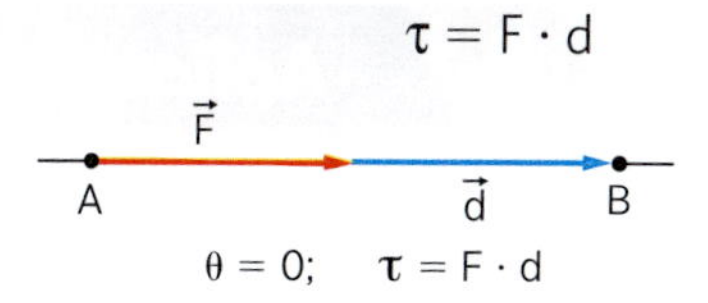

Figura 16

A potência média de $\vec{F}$ será:

$$P_m = \frac{\tau}{\Delta t} = \frac{F \cdot d}{\Delta t}$$

Sendo $v_m = \frac{d}{\Delta t}$ a velocidade média do ponto material no intervalo Δt, vem:

$$P_m = F \cdot v_m$$

Calculando o limite da expressão anterior para Δt tendendo a zero, os valores médios transformam-se nos valores instantâneos. Assim, temos:

$$P = F \cdot v$$

Gráfico da potência em função do tempo

Considere, inicialmente, o caso em que a potência instantânea é constante e, portanto, igual à potência média em qualquer intervalo de tempo. O gráfico cartesiano da potência em função do tempo é o representado na figura 17.

Calculando a área *A* do retângulo sombreado, temos: $A = P \cdot \Delta t$.

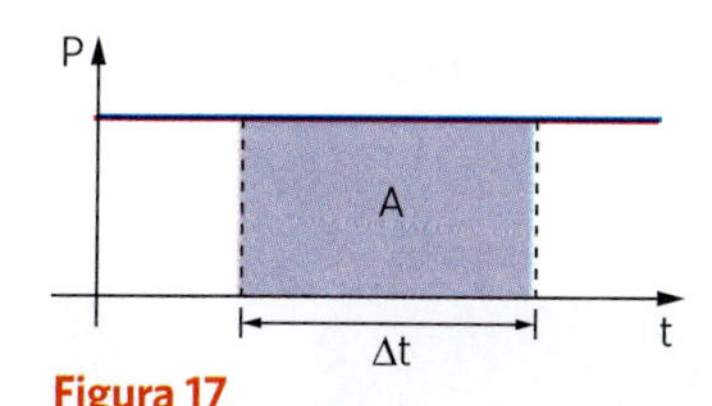

Figura 17

Sendo $P = P_m = \frac{\tau}{\Delta t}$, vem $\tau = P \cdot \Delta t$. Portanto:

No gráfico cartesiano da potência em função do tempo, a área *A* é numericamente igual ao valor absoluto do trabalho realizado.

$$A = |\tau| \text{ (numericamente)}$$

A propriedade enunciada é geral, valendo mesmo quando a potência for variável (fig. 18).

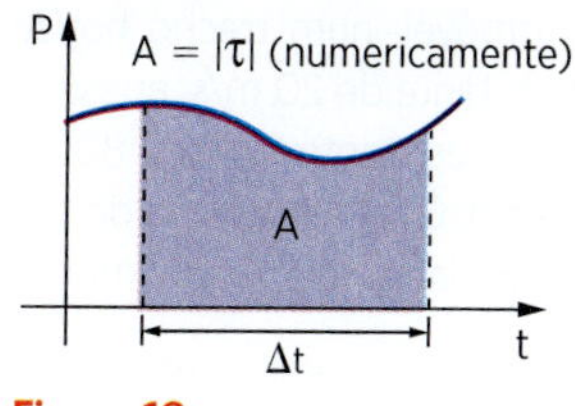

Figura 18

Unidades

A unidade de medida para potência no Sistema Internacional denomina-se *watt* e seu símbolo é W.

O *watt* é a potência constante de uma força que realiza um trabalho de 1 joule em cada segundo.

$$1 \text{ watt} = 1 \frac{\text{joule}}{\text{segundo}}$$

Essa unidade revelou-se demasiado pequena para muitas aplicações práticas, sendo, por isso, largamente utilizado um múltiplo do *watt*, o *quilowatt* (kW):

$$1 \text{ kW} = 1000 \text{ W} = 10^3 \text{ W}$$

Existem também unidades especiais de potência, que são o *cavalo-vapor* (cv) e o *horse-power* (hp):

$$1 \text{ cv} = 735{,}5 \text{ W} \quad \text{e} \quad 1 \text{ hp} = 745{,}7 \text{ W}$$

Uma outra unidade de trabalho, derivada da unidade de potência e muito importante em Eletricidade, é o *quilowatt-hora* (kWh).

De $P_m = \frac{\tau}{\Delta t}$, vem: $\tau = P_m \cdot \Delta t$

Sendo $P_m = 1 \text{ kW}$ e $\Delta t = 1 \text{ h}$, resulta: $\tau = 1 \text{ kWh}$

OBSERVE

Uma máquina, para funcionar, recebe uma potência total P_T e utiliza uma potência P_U (potência útil), perdendo a potência P_p. O rendimento da máquina, que se indica pela letra eta (η), é o quociente entre a potência útil e a total recebida:

$$\eta = \frac{P_U}{P_T}$$

Thinkstock/Getty Images

Aplicação

A10. Uma força de intensidade 10 N é aplicada a um corpo, deslocando-o 2,0 m na direção e no sentido da força em 5,0 s. Determine:

a) o trabalho realizado pela força;

b) a potência média dessa força.

A11. Um automóvel, num trecho horizontal, tem velocidade constante de 20 m/s, apesar de atuar sobre ele uma força resistente total de 800 N, que se opõe ao movimento. Qual a potência da força motora necessária para mantê-lo em movimento?

A12. O gráfico mostra como varia com o tempo a potência P de uma força $\vec{F}$ que atua sobre um corpo na direção de seu movimento.

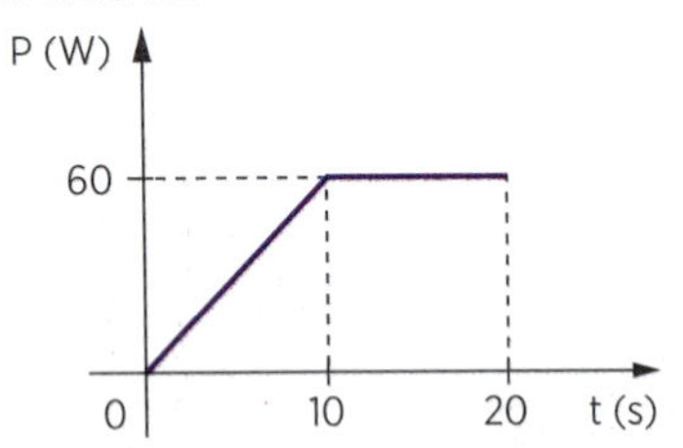

Determine o trabalho realizado por essa força entre os instantes:

a) 0 e 10 s

b) 10 e 20 s

c) 0 e 20 s

A13. Um motor é utilizado para elevar um bloco de massa $5{,}0 \cdot 10^2$ kg a uma altura de 3,0 m em 2,0 s, em movimento retilíneo uniforme. Sendo $g = 10$ m/s², qual a potência teórica do motor?

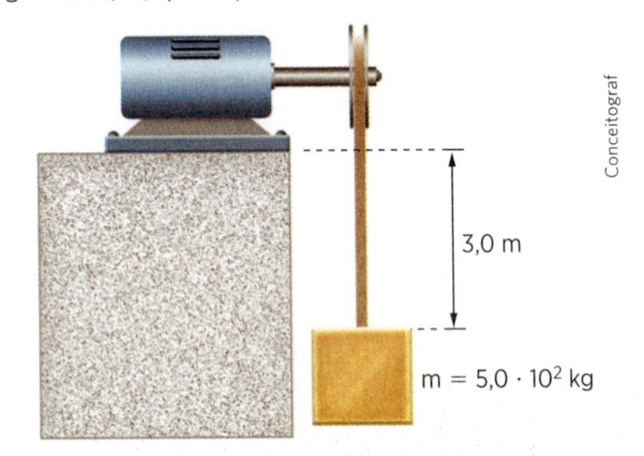

Conceitograf

Verificação

V11. Um motor com 50 kW de potência aciona um veículo durante 1,5 h. Determine, em kWh, o trabalho realizado pela força motora.

V12. Uma pessoa, utilizando uma corda e uma polia, ergue um bloco de massa 20 kg com velocidade constante igual a $2{,}0 \cdot 10^{-1}$ m/s. Sendo $g = 10$ m/s², determine a potência da força empregada pela pessoa.

Alberto De Stefano

V13. Um corpo sobe um plano inclinado, sem atrito, puxado por uma força $\vec{F}$ paralela a esse plano. A potência da força $\vec{F}$ em função do tempo é dada pelo gráfico a seguir. Determine o trabalho da força $\vec{F}$ nos dois primeiros segundos do movimento.

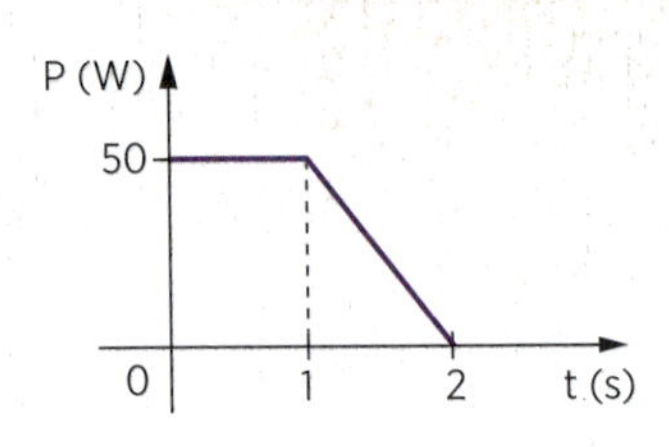

V14. Uma cachoeira jorra 50 m³/s de água de uma altura de 6,0 m.
Sendo $g = 10$ m/s² e $d = 1{,}0 \cdot 10^3$ kg/m³ a densidade da água, calcule a potência disponível da cachoeira.

Thinkstock/Getty Images

R11. (Vunesp-SP) O teste Margaria de corrida em escada é um meio rápido de medida de potência anaeróbica de uma pessoa. Consiste em fazê-la subir uma escada de dois em dois degraus, cada um com 18 cm de altura, partindo com velocidade máxima e constante de uma distância de alguns metros da escada. Quando pisa no 8º degrau, a pessoa aciona um cronômetro, que se desliga quando pisa no 12º degrau. Se o intervalo de tempo registrado para uma pessoa de 70 kg foi de 2,8 s e considerando a aceleração da gravidade igual a 10 m/s², a potência média avaliada por este método foi de:

a) 180 W
b) 220 W
c) 432 W
d) 500 W
e) 644 W

R12. (U. F. Lavras-MG) Elevadores possuem um contrapeso (CP), que auxilia o motor em seu deslocamento, conforme mostra a figura.

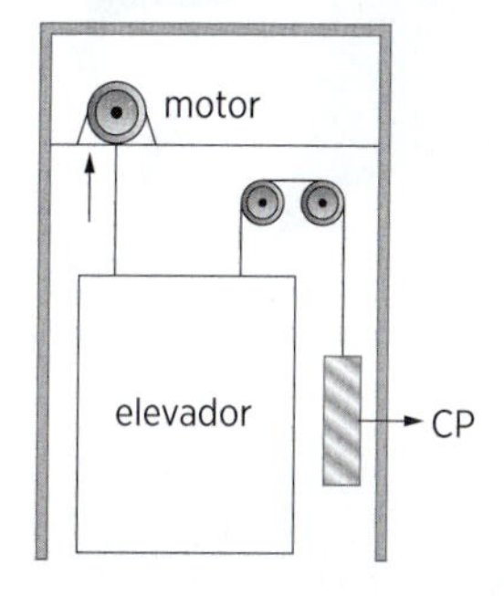

Considerando $g = 10$ m/s², um elevador com massa de 800 kg e contrapeso de 400 kg e desprezando-se a massa dos cabos, calcule os itens a seguir.

a) Supondo inicialmente que o elevador se desloque com velocidade constante igual a 0,5 m/s, calcule a força motriz F_M exercida pelo motor na subida e na descida.
b) Calcule a potência fornecida pelo motor na subida e na descida na situação do item (a).
c) Supondo que o elevador suba com aceleração de 1 m/s², qual a força motriz exercida pelo motor sobre o elevador?

R13. (UE-PB) Uma construtora comprou um terreno e construiu nele um prédio de 4 andares. Instalou em sua cobertura um reservatório com 3 caixas-d'água de 9 750 litros de capacidade. Para encher o reservatório com água da rua, foi preciso instalar uma bomba no subsolo do prédio. A bomba era ligada automaticamente toda vez que o reservatório ficava com duas caixas vazias. Quando isso acontecia, observava-se que a bomba demorava 20 minutos para bombear 19 500 L de água com velocidade constante, a uma altura de 10 m. Sabendo-se que $g = 10$ N/kg e que a massa de 1,0 L de água é 1,0 kg, a potência da bomba, em *watts*, é:

a) 1800
b) 1625
c) 1900
d) 2000
e) 2200

R14. (UF-MS) O motor de um veículo desenvolve uma potência máxima de 45 000 W (~60 hp) em uma estrada plana e horizontal, alcançando uma velocidade máxima e constante de 100 km/h. Nessa condição, toda a potência do motor é consumida pelo trabalho realizado pela força de arrasto $\vec{F_a}$ que é proporcional e contrária à velocidade, isto é, $F_a = -b\vec{v}$, onde b é uma constante de proporcionalidade e $\vec{v}$ é o vetor velocidade do veículo. A potência instantânea de um veículo é dada pelo produto da intensidade da força motriz pelo módulo v da velocidade do veículo, isto é, Potência $= F_{motriz} \cdot v$. Veja a figura ilustrando essas forças aplicadas no veículo quando está desenvolvendo a potência máxima. Com base nos conceitos da dinâmica dos corpos rígidos e dos fluídos, assinale a alternativa correta.

Lettera Studio

a) A intensidade da força motriz, quando o carro desenvolve a potência máxima, é menor que 1500 N.
b) A intensidade da força de arrasto aplicada no carro, quando ele desenvolve a potência máxima, é menor que a intensidade da força motriz.
c) A constante de proporcionalidade b é maior que 6,0 Ns/m.
d) A constante b de proporcionalidade não depende da área da seção transversal do carro.
e) Para o veículo desenvolver uma velocidade constante igual a 50 km/h, nessa mesma pista, basta o motor desenvolver uma potência igual a $\frac{1}{4}$ da potência máxima.

capítulo

10 Energia

Noção de energia

Energia é um conceito de difícil definição. No entanto, intuitivamente aceitamos e compreendemos o que seja energia. Diariamente somos bombardeados pelas notícias sobre a procura por novas fontes de energia, como a energia solar e a energia nuclear, para substituir as esgotáveis fontes de energia química obtidas a partir do petróleo.

Frequentemente associamos energia a movimento. Assim, por meio dos alimentos obtemos energia para nos movimentarmos; a gasolina permite aos automóveis obter energia para seu deslocamento; um submarino atômico movimenta-se graças à energia nuclear, etc. No entanto, essa relação energia-movimento é incompleta e imprecisa.

É certo que um corpo em movimento possui energia. Essa energia associada a um corpo em movimento é denominada *energia cinética*. Possuindo energia cinética, o corpo pode provocar a realização de trabalho, por exemplo, ao entrar em contato com outro corpo. Nesse caso, há transferência de energia de um corpo para o outro.

Entretanto, mesmo estando em repouso, um corpo também pode ter energia apenas em função da posição que ele ocupa. Por exemplo, uma pedra parada a uma certa altura possui energia. Realmente, se abandonada, ela cai cada vez mais depressa: a força peso realiza trabalho e a pedra adquire energia cinética. Quando em repouso, a pedra possuía energia, em vista de sua posição relativamente à Terra, denominada *energia potencial gravitacional*. Na situação descrita há transformação de energia de uma forma em outra.

Outras "formas" de energia: uma mola comprimida ou esticada possui *energia potencial elástica*; um explosivo possui *energia química*; a *energia térmica* relaciona-se com a agitação das moléculas; a *energia elétrica* está associada às cargas elétricas, etc.

Cada uma dessas formas de energia relaciona-se com a realização de trabalho. É possível dizer, então, que *o trabalho é uma medida da energia transferida ou transformada*.

A unidade de energia é, portanto, a mesma de trabalho: o *joule* (J), no Sistema Internacional.

Pauline St Denis/Fancy/Grupo Keystone

Figura 1. Energia potencial elástica.

I Love Images/Glow Images

Figura 2. Energia potencial gravitacional.

Princípio da Conservação da Energia

Entre os diferentes tipos de energia há uma constante transformação. Num corpo que cai ou numa mola comprimida que "empurra" um corpo, há conversão de energia potencial em energia cinética. Quando um carro é freado, sua energia cinética é transformada em energia térmica. Uma pilha converte energia química em energia elétrica. Observe outros exemplos de transformação de energia na figura 3.

Figura 3

Na transformação energética não há criação ou destruição de energia. Há somente uma mudança no seu modo de manifestar-se. Por exemplo, se um dado motor elétrico consome 200 J de energia elétrica e dele se obtêm 180 J de energia mecânica, podemos garantir que 20 J se converteram em energia térmica, aquecendo o aparelho.

Assim, podemos enunciar um dos mais importantes princípios da Física, o *Princípio da Conservação da Energia:*

> **A energia nunca é criada nem destruída, mas apenas transformada de um tipo em outro (ou outros). O total de energia existente antes da transformação é igual ao total de energia obtido depois da transformação.**

Energia cinética

Como vimos, a *energia cinética* é a energia associada a um corpo em movimento. Sendo *m* a massa e *v* a velocidade de um corpo num dado instante (fig. 4), sua energia cinética é dada pela expressão:

$$E_C = \frac{mv^2}{2}$$

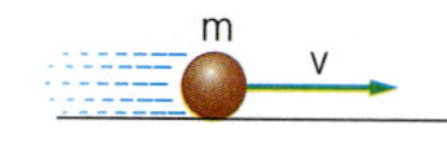

Figura 4

Observe que, sendo $v \neq 0$, a energia cinética é positiva, pois v^2 e *m* são grandezas positivas.

Teorema da Energia Cinética

Consideremos que um móvel de massa *m* se deslocou da posição *A* para a posição *B* (fig. 5) sob ação da força constante $\vec{F}$. No deslocamento *d* entre *A* e *B*, a velocidade do corpo variou de v_A para v_B.

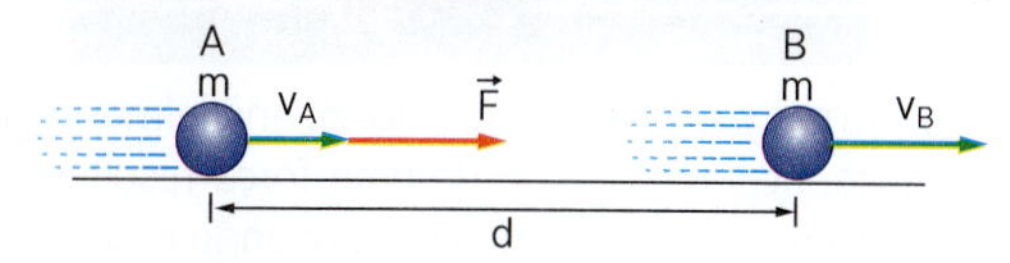

Figura 5

O trabalho realizado pela força $\vec{F}$ é dado por:

$$\tau = F \cdot d$$

Mas $F = ma$ (Princípio Fundamental) e

$$a = \frac{v_B^2 - v_A^2}{2d} \text{ (Equação de Torricelli)}$$

Substituindo na equação do trabalho, acima, vem:

$$\tau = mad = m\frac{v_B^2 - v_A^2}{2\cancel{d}} \cdot \cancel{d}$$

$$\tau = \frac{mv_B^2}{2} - \frac{mv_A^2}{2}$$

Como $\frac{mv_A^2}{2} = E_{C_A}$ é a energia cinética do corpo na posição *A* e $\frac{mv_B^2}{2} = E_{C_B}$ é a energia cinética do corpo na posição *B*, obtemos:

$$\tau = E_{C_B} - E_{C_A}$$

Embora a demonstração acima tenha sido feita para uma força $\vec{F}$ constante e para um deslocamento retilíneo, a conclusão é válida em qualquer caso, isto é, mesmo quando a força agente não é constante e a trajetória não é retilínea.

Assim, o Teorema da Energia Cinética pode ser enunciado como segue:

> **O trabalho da resultante das forças agentes em um corpo em determinado deslocamento mede a variação de energia cinética ocorrida nesse deslocamento.**

- Se a resultante realiza um trabalho motor, a energia cinética aumenta.

$$\tau \text{ motor} \Rightarrow E_C \text{ aumenta}$$

- Se realiza um trabalho resistente, a energia cinética diminui.

$$\tau \text{ resistente} \Rightarrow \boxed{E_C \text{ diminui}}$$

- Caso a energia cinética não tenha variado entre duas posições, significa que a resultante das forças agentes sobre o corpo realizou um trabalho nulo:

$$\tau = 0 \Rightarrow E_C \text{ constante ou } \boxed{E_{C_{final}} = E_{C_{inicial}}}$$

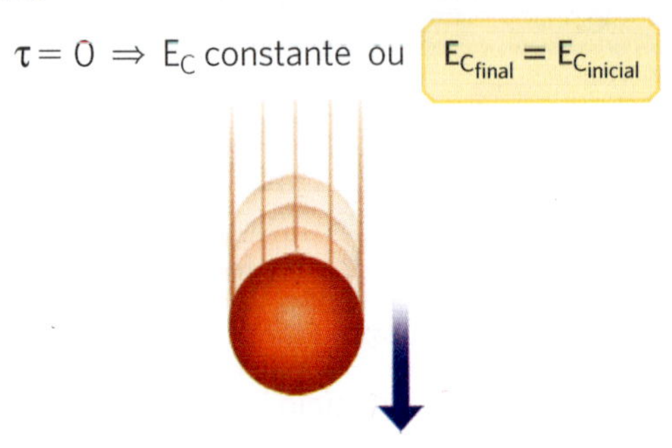

Figura 6

(a) Quando um corpo cai, seu peso realiza trabalho motor e a energia cinética aumenta.

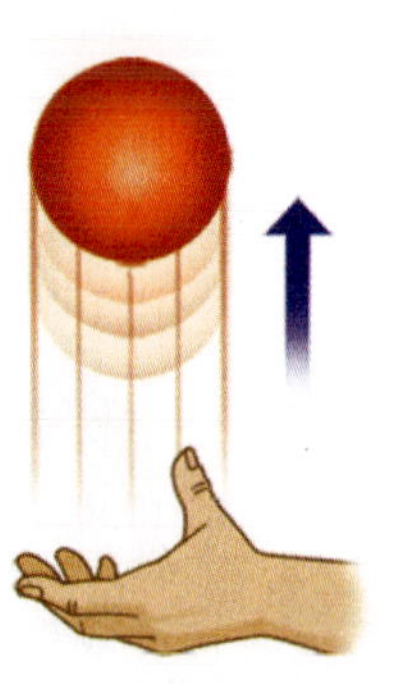

Ilustrações: Walter Caldeira

(b) Quando um corpo é lançado verticalmente para cima, ao subir, seu peso realiza trabalho resistente: a energia cinética diminui.

(c) Um satélite em movimento circular e uniforme tem velocidade escalar constante: a energia cinética não varia e o trabalho da força agente é nulo.

Aplicação

A1. Quando um corpo se arrasta sobre uma superfície horizontal rugosa, a energia cinética se converte em energia térmica. Se o corpo inicialmente possuía 100 J de energia cinética e, após o deslocamento referido, possui apenas 70 J, que quantidade de energia cinética converteu-se em energia térmica?

A2. Uma pedra com massa de 2,0 kg tem, em determinado instante, velocidade de 5,0 m/s. Determine sua energia cinética nesse instante.

A3. O gráfico mostra como varia com o tempo a velocidade de um veículo de massa igual a 1000 kg. Qual a variação de sua energia cinética entre os instantes 10 s e 20 s?

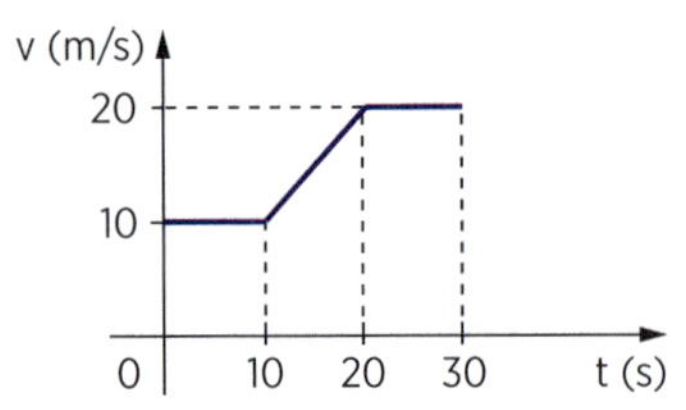

A4. Qual é o trabalho realizado pela força resultante que age em um corpo com massa de 0,50 kg, cuja velocidade variou de 3,0 m/s para 5,0 m/s?

Verificação

V1. A energia cinética de um corpo é 2500 J e sua massa é 500 g. Determine sua velocidade.

V2. Um móvel se desloca horizontalmente sobre um plano com velocidade 3,0 m/s quando lhe é aplicada uma força em sentido contrário ao do movimento, até que sua velocidade se reduza a 2,0 m/s. Determine a relação entre as energias cinéticas do móvel, antes e depois da ação da força.

V3. Um carro com velocidade de 72 km/h e massa de 400 kg choca-se contra um poste. Determine o trabalho da força resultante que agiu sobre o carro até ele parar.

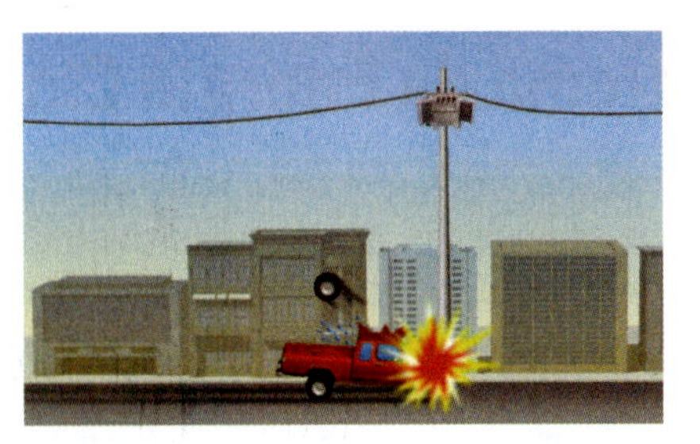

Luis Moura

V4. Um corpo com massa de 80 g, inicialmente em repouso, fica sob a ação de uma força resultante $\vec{F}$. Determine a velocidade do corpo quando a força tiver realizado um trabalho de 4,0 J.

Revisão

R1. (Unemat-MT) Para um dado observador, dois objetos *A* e *B*, de massas iguais, movem-se com velocidades constantes de 20 km/h e 30 km/h, respectivamente.

Para o mesmo observador, qual a razão $\frac{E_A}{E_B}$ entre as energias cinéticas desses objetos?

a) $\frac{1}{3}$ b) $\frac{4}{9}$ c) $\frac{2}{3}$ d) $\frac{3}{2}$ e) $\frac{9}{4}$

R2. (UF-RN) Contrariando os ensinamentos da Física aristotélica, Galileu Galilei (1564-1642) afirmou que, desprezando-se a resistência do ar, dois corpos de massas diferentes atingiriam simultaneamente o solo, se abandonados de uma mesma altura, num mesmo instante e com velocidades iniciais iguais a zero.

Para demonstrar experimentalmente tal afirmativa, em um laboratório de Física, duas esferas de massas diferentes foram abandonadas de uma mesma altura, dentro de uma câmara de vácuo, e atingiram o solo ao mesmo tempo.

Do experimento realizado, pode-se concluir também que as duas esferas chegaram ao solo:

a) com a mesma velocidade, mas com energia cinética diferente.

b) com a mesma energia cinética, mas com velocidade diferente.

c) com diferentes valores de velocidade e de energia cinética.

d) com os mesmos valores de energia cinética e de velocidade.

R3. (UF-RR) Uma partícula se desloca numa trajetória retilínea e percorre a distância de 10 m sob a ação de uma força constante, aplicada ao longo do deslocamento. Sabendo-se que no deslocamento a variação da energia cinética da partícula foi de 100 J, o módulo dessa força, em newtons, é de:

a) 1 c) 50 e) 1 000
b) 10 d) 500

R4. (Fatec-SP) Um corpo com massa de 4,0 kg, inicialmente parado, fica sujeito a uma força resultante constante de 8,0 N, sempre na mesma direção e no mesmo sentido.

Após 2,0 s, o deslocamento do corpo e sua energia cinética, em unidades do Sistema Internacional, são respectivamente:

a) 4,0 e 32 c) 2,0 e 8,0 e) 1,0 e 4,0
b) 4,0 e 16 d) 2,0 e 4,0

Aplicações importantes do Teorema da Energia Cinética

Em alguns exercícios deste item, agem no corpo várias forças. Lembremos que o trabalho da força resultante é a soma algébrica dos trabalhos das forças componentes.

Aplicação

A5. Um bloco de 2,0 kg é abandonado do alto de um plano inclinado, atingindo o plano horizontal com velocidade de 5,0 m/s. Sendo g = 10 m/s², determine:

a) o trabalho realizado pela força de atrito que o plano exerce no corpo;

b) a intensidade da força de atrito.

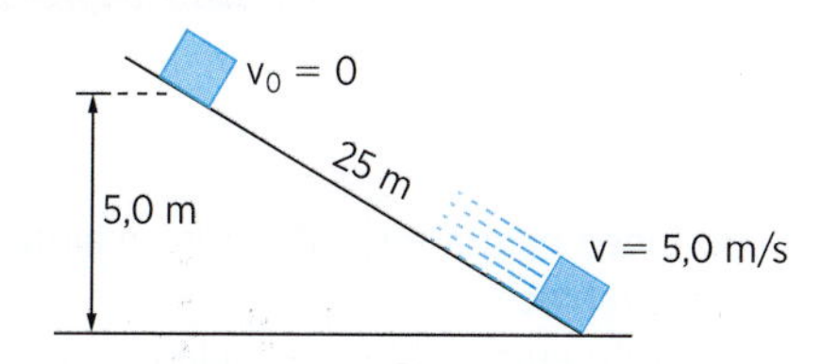

A6. Um projétil com massa de 10 g atinge perpendicularmente uma parede vertical com velocidade $1,0 \cdot 10^2$ m/s e penetra 10 cm. Supondo que a força que a parede aplica no projétil seja constante, determine sua intensidade.

A7. Um automóvel com massa de 800 kg desloca-se com velocidade 20 m/s. Ao ser freado, ele para após percorrer 16 metros. Adotando g = 10 m/s², determine:

a) o trabalho da força de atrito;

b) o coeficiente de atrito entre os pneus e a pista;

c) o tempo decorrido até o carro parar.

A8. Um bloco com massa de 1,0 kg atinge o ponto *A* de início de uma rampa com velocidade de 8,0 m/s. Sabendo que o bloco sobe até atingir a altura máxima de 2,0 m, qual o trabalho realizado pela força de atrito que age no bloco, durante a subida na rampa? Considere g = 10 m/s².

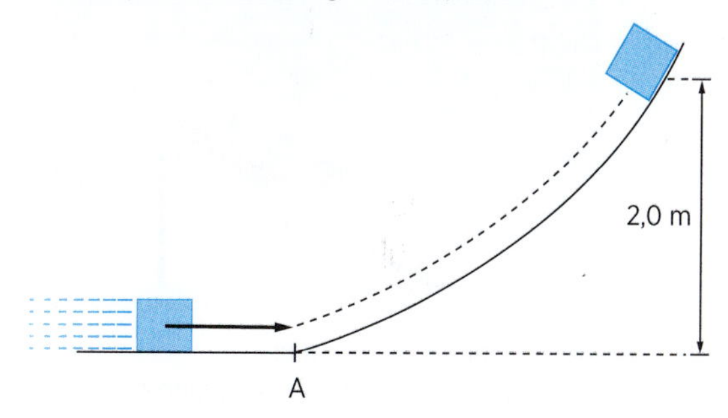

A9. Sobre um corpo, com 2,4 kg de massa, inicialmente em repouso num plano horizontal sem atrito, atua uma força também horizontal, de direção e sentido constantes, mas cuja intensidade varia com a distância percorrida, como mostra o gráfico.

Determine:

a) a energia cinética do corpo na posição d = 6 m;

b) a velocidade do corpo na posição d = 4 m.

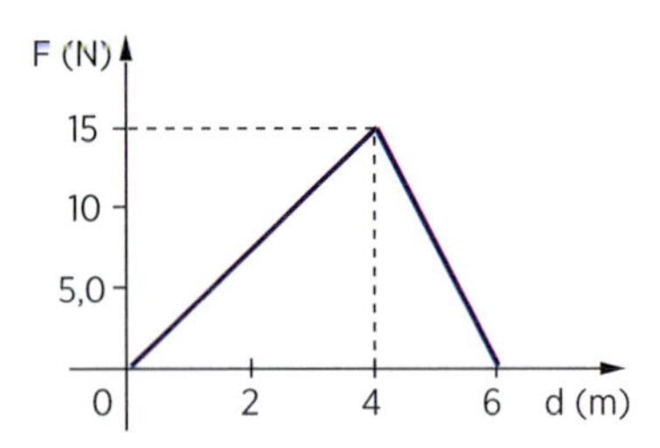

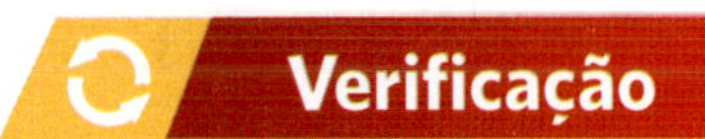

V5. Num plano inclinado 30° com a horizontal, abandonamos, em repouso, um bloco de massa m = 1,0 kg, numa altura h = 0,10 m. Determine o trabalho da força de atrito, sabendo que sua velocidade ao atingir o plano horizontal é v = 1,0 m/s. Dado: g = 10 m/s^2.

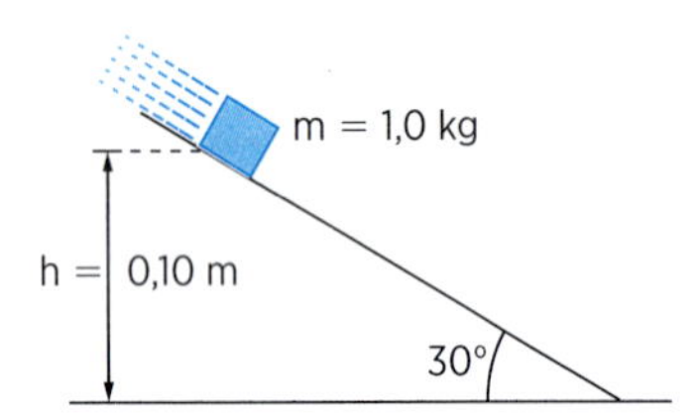

V6. Uma bala de revólver com massa de 8,0 g se incrusta numa parede vertical, imobilizando-se após penetrar 5,0 cm. Sendo 50 m/s a velocidade com que a bala atingiu a parede, determine a intensidade da força média com que a parede atuou sobre a bala.

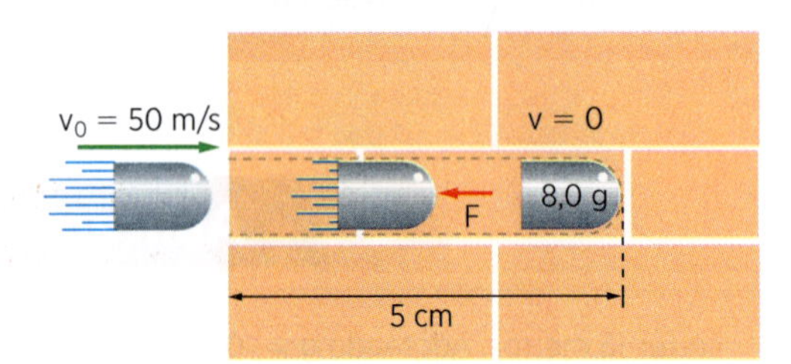

V7. A figura representa o movimento de um corpo de massa m = 2,0 kg que atinge o ponto *A* de uma rampa com velocidade v_0 = 20 m/s, subindo 3,0 m até parar. Determine o trabalho da força de atrito que age no corpo durante a subida. Adote g = 10 m/s^2.

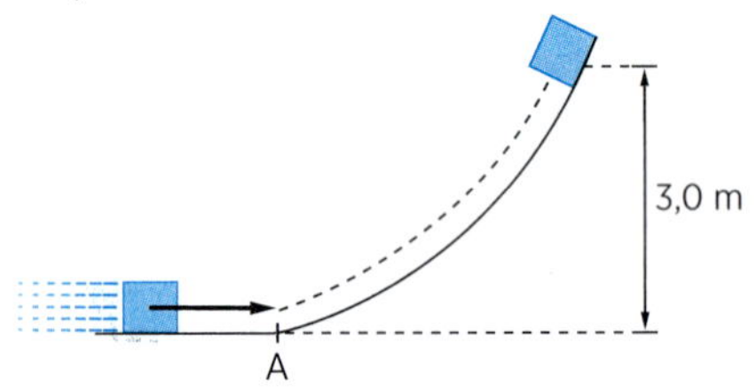

V8. Um corpo com 2,2 kg de massa, inicialmente em repouso, fica sujeito a uma força de direção constante cuja intensidade varia com o deslocamento *d*, segundo o diagrama da figura. Determine a energia cinética do corpo nas posições 2 m, 4 m e 6 m. Qual a velocidade do móvel na posição 4 m?

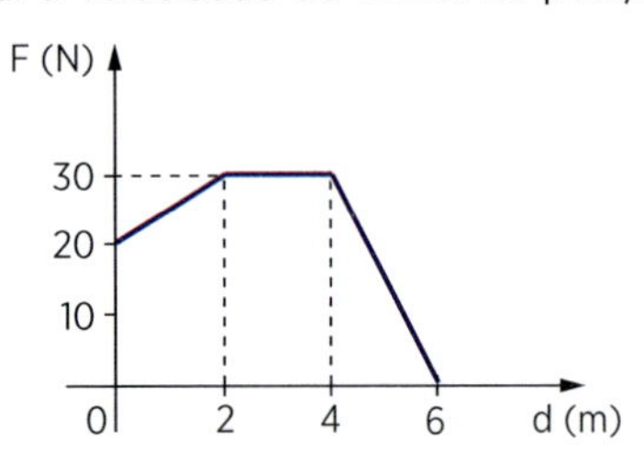

R5. (Unifesp-SP) O pequeno bloco representado na figura desce o plano inclinado com velocidade constante.

Ilustrações: Marco A. Sismotto

Isso nos permite concluir que:

a) não há atrito entre o bloco e o plano e que o trabalho do peso do bloco é nulo.

b) há atrito entre o bloco e o plano, mas nem o peso do bloco nem a força de atrito realizam trabalho sobre o bloco.

c) há atrito entre o bloco e o plano, mas a soma do trabalho da força de atrito com o trabalho do peso do bloco é nula.

d) há atrito entre o bloco e o plano, mas o trabalho da força de atrito é maior o trabalho do peso do bloco.

e) não há atrito entre o bloco e o plano; o peso do bloco realiza trabalho, mas não interfere na velocidade do bloco.

R6. (U. F. Uberlândia-MG) Do topo de uma rampa de 8,0 m de altura e inclinação de 30° em relação à horizontal, abandona-se um corpo com massa de 0,50 kg. Se a força de atrito entre o bloco e a rampa é de 2,0 N e se $g = 10\ m/s^2$, a velocidade do bloco, ao atingir a base da rampa, será:

a) $2\sqrt{2}$ m/s
b) $4\sqrt{2}$ m/s
c) $4\sqrt{10}$ m/s
d) 8,0 m/s
e) $8\sqrt{2}$ m/s

R7. (Puccamp-SP) O esquema representa o movimento de um corpo de 500 g que desce uma rampa sem atrito, a partir do repouso, e percorre uma distância *d* no plano horizontal até parar.

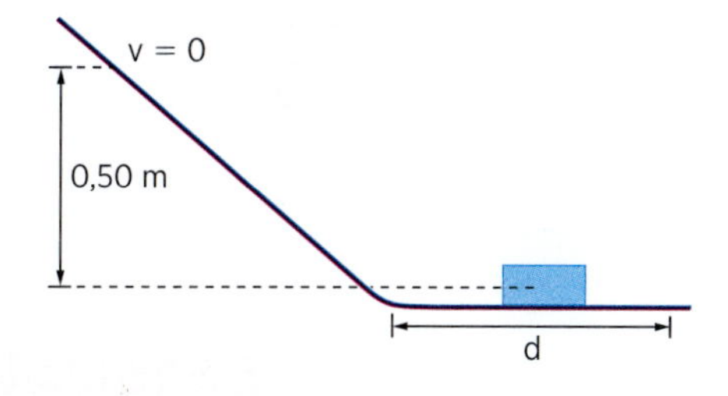

Sendo $g = 10\ m/s^2$ e 0,25 o coeficiente de atrito no plano horizontal, a distância *d*, em metros, é igual a:

a) 2,5
b) 2,0
c) 11,0
d) 0,50
e) 0,25

R8. (UE-PI) No instante t = 0 uma partícula com massa de 2 kg que se move ao longo do eixo *x* encontra-se na origem e tem velocidade $v_0 = -10$ m/s (o sinal negativo denota que o vetor velocidade, nesse instante, aponta no sentido negativo do eixo *x*). O gráfico ilustra a força resultante na direção *x* atuando sobre essa partícula em função da sua posição. Quando a partícula atingir a posição x = −8 m, a sua energia cinética, em joules, será:

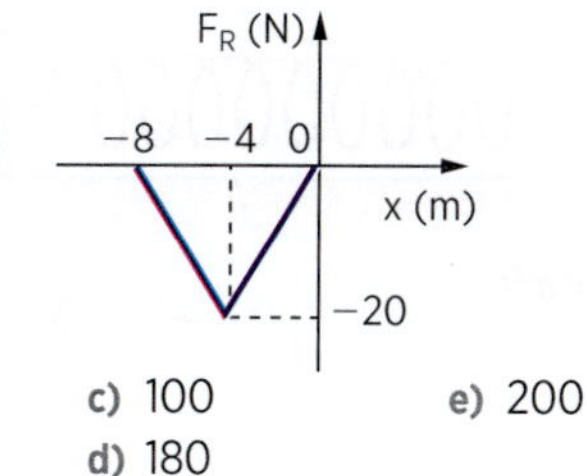

a) 20
b) 80
c) 100
d) 180
e) 200

Energia potencial gravitacional

A energia associada a um corpo em função de sua posição é denominada *energia potencial*. Essa energia está relacionada a trabalhos que independem da trajetória descrita, como o da força peso ($\tau = mgh$) e o da força elástica $\left(\tau = \frac{kx^2}{2}\right)$.

Consideremos inicialmente o trabalho da força peso. Se um corpo de massa *m* for abandonado do repouso na posição *B* (fig. 7) à altura *h* em relação ao solo (posição *A*), o peso realiza o trabalho $\tau = mgh$ e o corpo adquire a energia cinética $E_C = \frac{mv^2}{2}$.

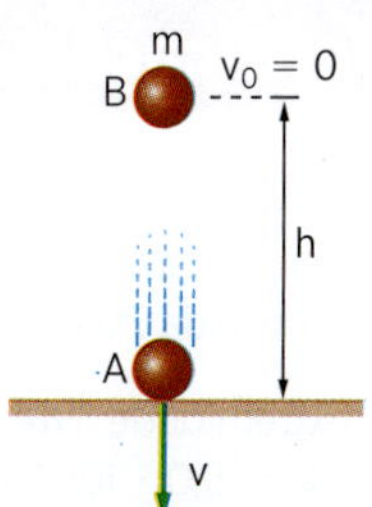

Figura 7. Na posição *B*, o corpo não possui energia cinética, mas tem a capacidade de vir a possuí-la.

Na posição *B*, o corpo tem uma energia associada à sua posição em relação à Terra, ainda não transformada na forma útil (cinética). Essa energia é denominada *energia potencial gravitacional* e medida pelo trabalho realizado pelo peso ao passar o corpo da posição *B* para a posição *A*:

$$E_P = mgh$$

Lembre-se: a energia potencial gravitacional depende do nível de referência a partir do qual é medida a altura *h*.

Consideremos, por exemplo, um corpo de massa m = 2 kg que se encontra a 1 m do piso de um apartamento e a 10 m do nível da rua (fig. 8).

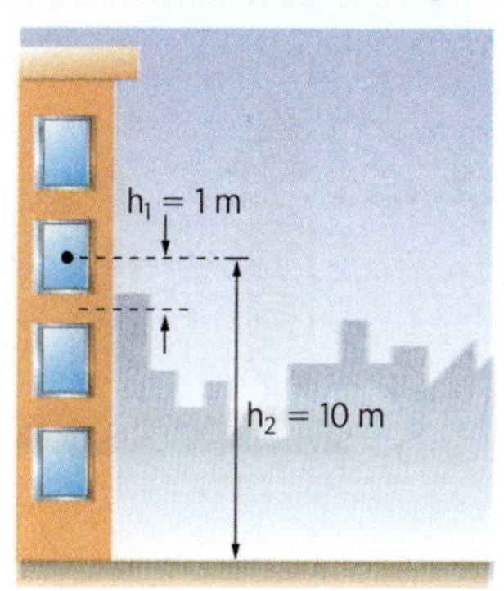

Alberto De Stefano

Figura 8

Seja $g = 10\ m/s^2$ a aceleração da gravidade local. A energia potencial gravitacional do corpo terá os seguintes valores:

- em relação ao piso do apartamento:

$$\left.\begin{array}{l} h_1 = 1\ m \\ m = 2\ kg \\ g = 10\ m/s^2 \end{array}\right\} E_{P_1} = mgh_1 = 2 \cdot 10 \cdot 1 \Rightarrow \boxed{E_{P_1} = 20\ J}$$

- em relação ao nível da rua:

$$\left.\begin{array}{l} h_2 = 10\ m \\ m = 2\ kg \\ g = 10\ m/s^2 \end{array}\right\} E_{P_2} = mgh_2 = 2 \cdot 10 \cdot 10 \Rightarrow$$

$$\Rightarrow \boxed{E_{P_2} = 200\ J}$$

Energia potencial elástica

Consideremos um sistema elástico constituído de um corpo de massa m, preso a uma mola de constante elástica k (fig. 9a). Para deformar o sistema por um comprimento x, é necessário realizar o trabalho $\tau = \frac{kx^2}{2}$ (fig. 9b).

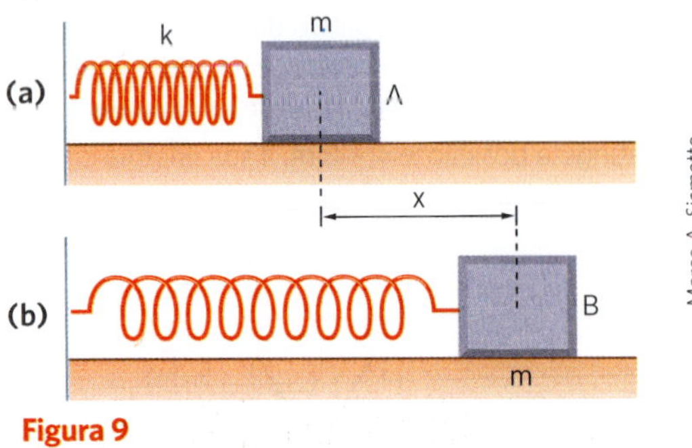

Figura 9

Se o corpo for abandonado a partir dessa posição B, espontaneamente ele tenderá a retornar à primeira posição, A, adquirindo energia cinética. Portanto, quando o sistema estava na posição B, não possuía energia cinética, mas, sim, a capacidade potencial de vir a ter energia cinética.

Assim, na posição B o corpo possui uma energia associada à sua posição (em relação a A), ainda não transformada na forma útil (cinética). Essa energia é denominada *energia potencial elástica* e medida pelo trabalho realizado pela força elástica quando o corpo passa da posição B para a posição A:

$$E_P = \frac{kx^2}{2}$$

Aplicação

A10. Quanto varia a energia potencial gravitacional de uma pessoa de 80 kg de massa ao subir do solo até uma altura de 30 m? Adote para a aceleração da gravidade $g = 10\ m/s^2$.

A11. Tracionada por uma força de intensidade $4{,}0 \cdot 10^2$ N, uma mola helicoidal sofre distensão elástica de 4,0 cm. Qual a energia potencial elástica armazenada na mola deformada 2,0 cm?

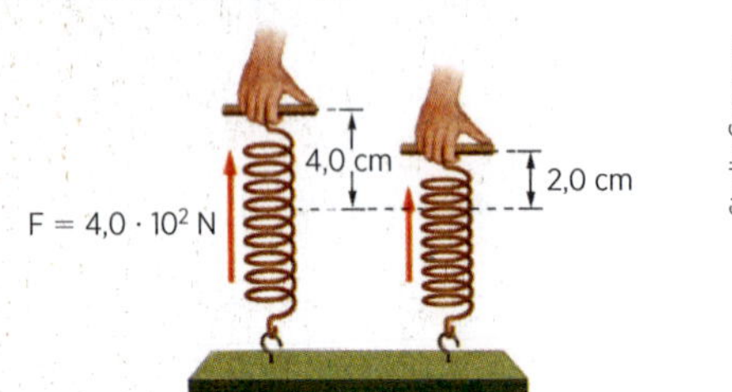

A12. Um corpo é preso à extremidade livre de uma mola helicoidal de constante elástica $k = 8{,}0 \cdot 10^2$ N/m, como mostra o esquema. Determine a energia potencial armazenada pelo sistema ao se distender a mola 10 cm.

A13. No exercício anterior, quanto deveria ser distendida a mola para que a energia potencial elástica armazenada fosse igual a 16 J?

Verificação

V9. Um bloco com massa de 5,0 kg está sobre o tampo de uma mesa com altura de 1,0 m, no piso superior de uma casa, como mostra a figura. Adote $g = 10\ m/s^2$. Determine:

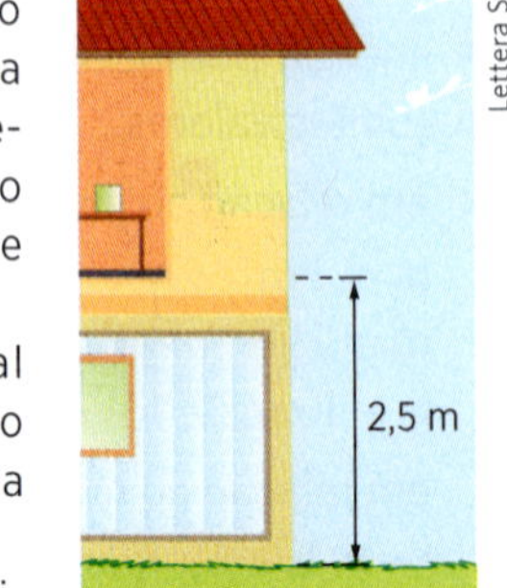

a) a energia potencial gravitacional do bloco em relação ao piso da sala onde se encontra;

b) a energia potencial gravitacional do bloco em relação ao nível da rua;

c) a variação da energia potencial do bloco ao ser transportado do nível da rua até o tampo da mesa.

V10. Uma força de intensidade $2{,}0 \cdot 10^2$ N deforma 5,0 cm uma mola helicoidal. Qual a energia potencial elástica que a mola armazena quando deformada 20 cm?

V11. Um pequeno veículo é preso à extremidade livre de uma mola de constante elástica $k = 5{,}0 \cdot 10^2$ N/m. Determine a energia potencial elástica armazenada pelo sistema quando a mola é distendida 5,0 cm.

V12. No exercício anterior, para que se armazenassem 40 J de energia potencial elástica, qual deveria ser a deformação da mola?

R9. (Vunesp-SP) Uma pessoa com 80 kg de massa gasta para realizar determinada atividade física a mesma quantidade de energia que gastaria se subisse diversos degraus de uma escada, equivalente a uma distância de 450 m na vertical, com velocidade constante, num local onde $g = 10\ m/s^2$.

A tabela a seguir mostra a quantidade de energia, em joules, contida em porções de massas iguais de alguns alimentos.

Alimento	Energia por porção (kJ)
espaguete	360
pizza de mussarela	960
chocolate	2160
batata frita	1000
castanha de caju	2400

Considerando que o rendimento mecânico do corpo humano seja da ordem de 25%, ou seja, que um quarto da energia química ingerida na forma de alimentos seja utilizada para realizar um trabalho mecânico externo por meio de contração e expansão de músculos, para repor exatamente a quantidade de energia gasta por essa pessoa em sua atividade física, ela deverá ingerir 4 porções de:

a) castanha de caju
b) batata frita
c) chocolate
d) *pizza* de mussarela
e) espaguete

R10. (Vunesp-SP) As pirâmides do Egito estão entre as construções mais conhecidas em todo o mundo, entre outras coisas pela incrível capacidade de engenharia de um povo com uma tecnologia muito menos desenvolvida do que a que temos hoje. A grande pirâmide de Gizé foi a construção humana mais alta por mais de 4000 anos.

Thinkstock/Getty Images

Considere que, em média, cada bloco de pedra tenha 2 toneladas, altura desprezível comparada à da pirâmide e que a altura da pirâmide seja de 140 m. Adotando $g = 10\ m/s^2$, a energia potencial de um bloco no topo da pirâmide, em relação à sua base, é de:

a) 28 kJ
b) 56 kJ
c) 280 kJ
d) 560 kJ
e) 2800 kJ

R11. (UF-PA) Nos Jogos dos Povos Indígenas, evento que promove a integração de diferentes tribos com sua cultura e esportes tradicionais, é realizada a competição de arco e flecha, na qual o atleta indígena tenta acertar com precisão um determinado alvo. O sistema é constituído por um arco que, em conjunto com uma flecha, é estendido até um determinado ponto, onde a flecha é solta (figura abaixo), acelerando no decorrer de sua trajetória até atingir o alvo.

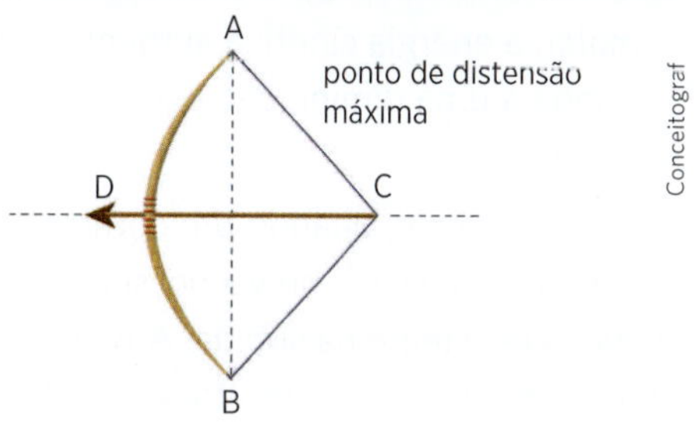

Conceitograf

Para essa situação, são feitas as seguintes afirmações:

I. A força exercida pela mão do atleta sobre o arco é igual, em módulo, à força exercida pela outra mão do atleta sobre a corda.
II. O trabalho realizado para distender a corda até o ponto *C* fica armazenado sob forma de energia potencial elástica do conjunto corda-arco.
III. A energia total da flecha, em relação ao eixo CD, no momento do lançamento, ao abandonar a corda, é exclusivamente energia cinética.
IV. O trabalho realizado na penetração da flecha no alvo é igual à variação da energia potencial gravitacional da flecha.

Estão corretas somente:

a) I e II
b) II e III
c) I e IV
d) I, II e III
e) II, III e IV

R12. (U. F. Campina Grande-PB) Um garoto construiu um estilingue utilizando duas molas idênticas de comprimento *L* e constante elástica *k* (figura a).

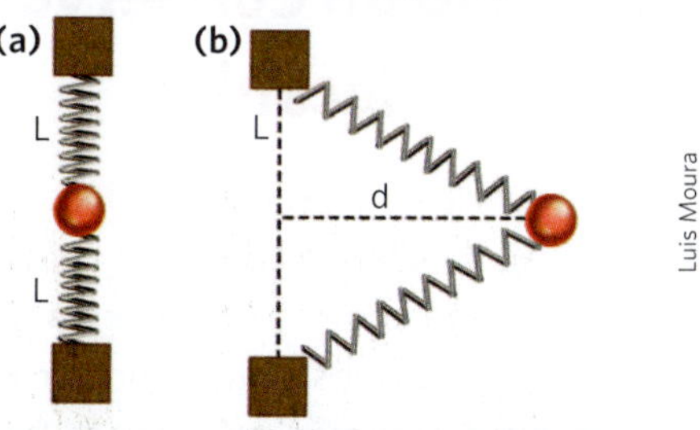

Luis Moura

Para o lançamento, uma pedra é "puxada" por uma distância *d* ao longo da direção perpendicular à configuração inicial das molas (figura b). Pode-se afirmar que a energia potencial desse sistema, para essa nova configuração, vale:

a) $kd^2 + 2kL\left(L - \sqrt{L^2 + d^2}\right)$
b) $kd + kL\left(L - \sqrt{L^2 + d^2}\right)$
c) $2kd^2 + kL\left(1 - \sqrt{L^2 + d^2}\right)$
d) $2kd^2 + kd\left(1 - \sqrt{L^2 + d^2}\right)$
e) kd^2

Forças conservativas

Forças conservativas são aquelas às quais está associada uma energia potencial, como o peso e a força elástica.

- Quando um corpo está sob ação de uma força conservativa que realiza *trabalho resistente*, a energia cinética diminui, mas, em compensação, ocorre um aumento de energia potencial.
- Quando a força conservativa realiza *trabalho motor*, a energia cinética aumenta, o que corresponde a uma diminuição equivalente de energia potencial.

Por exemplo, quando um corpo é lançado verticalmente para cima no vácuo, seu peso realiza um trabalho resistente na subida. A energia cinética do corpo diminui, mas, simultaneamente, ocorre um aumento equivalente da energia potencial gravitacional.

Na descida, o peso realiza um trabalho motor. A energia cinética do corpo aumenta, ocorrendo simultaneamente uma diminuição equivalente da energia potencial gravitacional.

Quando, em um sistema de corpos, as forças que realizam trabalho são todas conservativas, o sistema é denominado *sistema conservativo*.

O termo "conservativo" prende-se à ideia de que, durante a realização do trabalho, a soma das energias cinética e potencial se "conserva" no sistema.

Princípio da Conservação da Energia Mecânica

Vimos que, no sistema conservativo, uma diminuição da energia cinética é compensada por um simultâneo aumento da energia potencial, ou vice-versa. Podemos então afirmar que a soma dessas duas energias permanece constante no sistema:

energia cinética + energia potencial = constante

Essa soma é denominada *energia mecânica* do sistema.

Assim, pelo Princípio da Conservação da Energia Mecânica, segue-se que:

A energia mecânica de um sistema permanece constante quando este se movimenta sob ação de forças conservativas e eventualmente de outras forças que realizam trabalho nulo.

Forças dissipativas

Forças dissipativas são aquelas que, quando realizam trabalho, este é sempre resistente, em qualquer deslocamento. Como consequência, a energia mecânica de um sistema, sob ação de forças dissipativas, diminui.

Vejamos os exemplos a seguir:

- Considere um corpo em movimento sob ação de seu peso e da força de resistência do ar. Na descida ou na subida (fig. 10), a força de resistência do ar realiza um trabalho resistente, transformando energia mecânica em energia térmica. A força de resistência do ar é dissipativa.

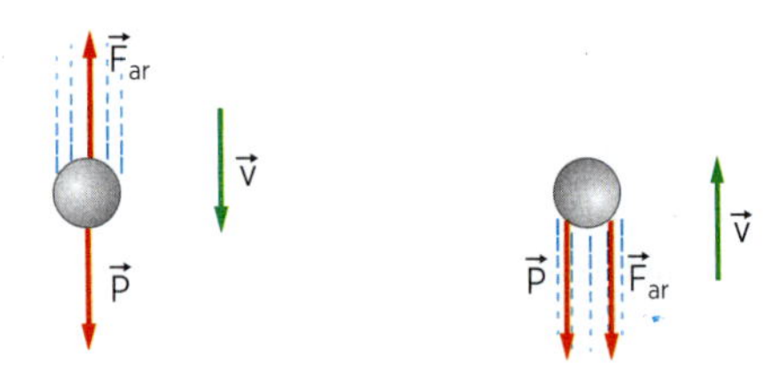

Figura 10. $\vec{F}_{ar}$ = força de resistência do ar.

- Considere um bloco escorregando ao longo de um plano inclinado sob ação da força peso, da força normal e da força de atrito (fig. 11). A força de atrito realiza um trabalho resistente, transformando energia mecânica em energia térmica. A força de atrito é dissipativa.

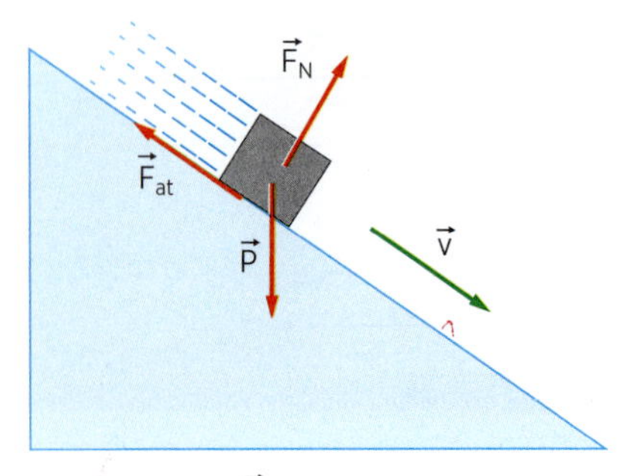

Figura 11. $\vec{F}_{at}$ = força de atrito.

Nesses exemplos os corpos estão sob ação de forças dissipativas, e a *energia mecânica não se conserva*.

OBSERVE

A conservação da energia mecânica no sistema conservativo é de grande utilidade na resolução de inúmeros problemas da Dinâmica, sem a necessidade de análise detalhada das forças que agem no sistema ao longo de sua trajetória.

Por exemplo, consideremos o sistema da figura: um corpo de massa *m* é abandonado do repouso do alto de um plano inclinado de altura *h*, num local onde a aceleração da gravidade é *g*. Desprezando-se os atritos, qual a velocidade do corpo na base do plano?

As forças que agem no corpo são o peso $\vec{P}$ e a força normal $\vec{F}_N$. Note que $\vec{F}_N$ não realiza trabalho; a única força que realiza trabalho é o peso, que é uma força conservativa. Nessas condições, vale o Princípio de Conservação da Energia Mecânica:

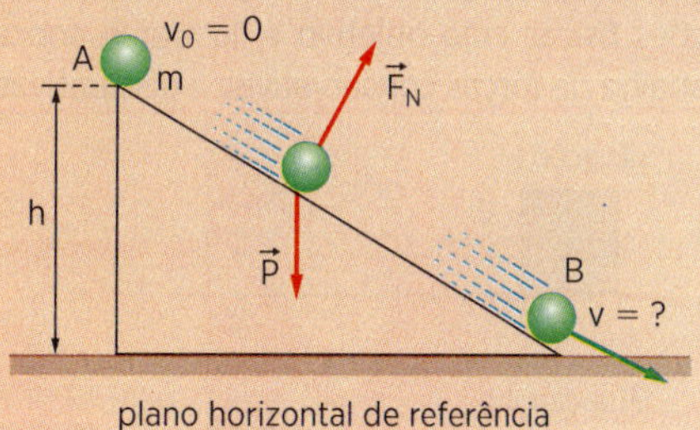

- Na posição *A*:
  $E_{M_A} = E_{C_A} + E_{P_A} = 0 + mgh$
- Na posição *B*:
  $E_{M_B} = E_{C_B} + E_{P_B} = \frac{mv^2}{2} + 0$

Como $E_{M_A} = E_{M_B}$, vem $mgh = \frac{mv^2}{2} \Rightarrow v^2 = 2gh$

$$v = \sqrt{2gh}$$

Aplicação

A14. Sob ação de forças conservativas, a energia cinética de um móvel aumenta 50 J. Qual é, no mesmo intervalo de tempo, a variação de energia potencial do móvel? Que acontece com a energia mecânica do móvel?

A15. Uma pedra é lançada verticalmente para cima. Desprezam-se as resistências ao movimento. Explique o que acontece com as energias cinética, potencial e mecânica da pedra até ela retornar ao ponto de lançamento.

A16. O Princípio da Conservação da Energia Mecânica pode ser aplicado a um bloco que desce um plano inclinado com atrito? Justifique.

A17. Analise a seguinte afirmação: "Uma esfera lançada para cima, na vertical, sofrendo a ação do seu peso e da resistência do ar retorna ao ponto de partida com velocidade menor que a de lançamento, em módulo". Essa afirmação está certa ou errada? Justifique sua resposta em termos de energia.

Verificação

V13. A energia cinética de um veículo, sob a ação exclusiva de forças conservativas, aumenta 80 J, num dado intervalo de tempo. Determine, nesse intervalo de tempo:

a) a variação da energia potencial do veículo;
b) a variação da energia mecânica do veículo.

V14. Num campo de forças conservativas, um móvel apresenta energia cinética de 200 J ao passar por uma posição *A* de sua trajetória. Num instante posterior numa posição *B*, esse mesmo veículo tem energia cinética de 50 J. Determine, para esse móvel:

a) a variação de sua energia cinética;
b) a variação de sua energia potencial;
c) a variação de sua energia mecânica.

V15. Uma pedra cai sob ação exclusiva de seu peso. Durante a queda, como variam suas energias cinética, potencial e mecânica?

V16. Se uma pedra é lançada verticalmente para cima e considera-se, além da ação do peso, a da resistência do ar, explique como variam as energias cinética, potencial e mecânica durante o movimento.

R13. (U. F. São Carlos-SP) O trabalho realizado por uma força conservativa independe da trajetória, o que não acontece com as forças dissipativas, cujo trabalho realizado depende da trajetória. São bons exemplos de forças conservativas e dissipativas, respectivamente:

a) peso e massa.
b) peso e resistência do ar.
c) força de contato e força normal.
d) força elástica e força centrípeta.
e) força centrípeta e força centrífuga.

R14. (Unifesp-SP) Na figura estão representadas duas situações físicas cujo objetivo é ilustrar o conceito de trabalho de forças conservativas e dissipativas.

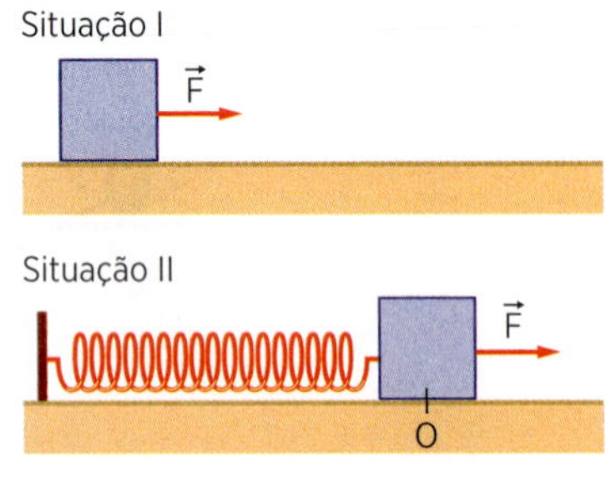

Em I, o bloco é arrastado pela força sobre o plano horizontal; por causa do atrito, quando a força cessa o bloco para.
Em II, o bloco, preso à mola e em repouso no ponto *O*, é puxado pela força sobre o plano horizontal, sem que sobre ele atue nenhuma força de resistência; depois de um pequeno deslocamento, a força cessa e o bloco volta, puxado pela mola, e passa a oscilar em torno do ponto *O*.
Essas figuras ilustram:

a) I: exemplo de trabalho de força dissipativa (força de atrito), para o qual a energia mecânica não se conserva;
II: exemplo de trabalho de força conservativa (força elástica), para o qual a energia mecânica se conserva.
b) I: exemplo de trabalho de força dissipativa (força de atrito), para o qual a energia mecânica se conserva;
II: exemplo de trabalho de força conservativa (força elástica), para o qual a energia mecânica não se conserva.
c) I: exemplo de trabalho de força conservativa (força de atrito), para o qual a energia mecânica não se conserva;
II: exemplo de trabalho de força dissipativa (força elástica), para o qual a energia mecânica se conserva.
d) I: exemplo de trabalho de força conservativa (força de atrito), para o qual a energia mecânica se conserva;
II: exemplo de trabalho de força dissipativa (força elástica), para o qual a energia mecânica não se conserva.
e) I: exemplo de trabalho de força dissipativa (força de atrito);
II: exemplo de trabalho de força conservativa (força elástica), mas em ambos a energia mecânica se conserva.

R15. (PUC-SP) Um corpo é abandonado de um ponto situado à altura $h = 100$ m do solo. Pode-se afirmar que:

a) a energia cinética é máxima no ponto de máxima altura.
b) após descer 50 m, a energia cinética é igual à potencial.
c) quando atinge o solo, a energia cinética é igual à potencial.
d) ao atingir o solo, a energia potencial é máxima.
e) no ponto de altura máxima, a energia potencial é o dobro da cinética.

R16. (Fuvest-SP) Um ciclista desce uma ladeira, com forte vento contrário ao movimento. Pedalando vigorosamente, ele consegue manter a velocidade constante. Pode-se então afirmar que a sua:

a) energia cinética está aumentando.
b) energia cinética está diminuindo.
c) energia potencial gravitacional está aumentando.
d) energia potencial gravitacional está diminuindo.
e) energia potencial gravitacional é constante.

AMPLIE SEU CONHECIMENTO

Motor a explosão

No motor do automóvel, a mistura combustível/comburente penetra no cilindro. Quando a faísca salta da vela, ocorre a combustão explosiva. Há liberação de energia, que movimenta o pistão, provocando a rotação do eixo do motor. Entretanto, somente em torno de 30% da energia produzida na combustão se converte em energia mecânica, movimentando o automóvel. Uma parte da energia restante se perde no atrito entre os elementos móveis e no resfriamento do motor, e uma parcela é perdida pelo escapamento. De qualquer modo há conservação da energia.

Thinkstock/Getty Images

APROFUNDANDO

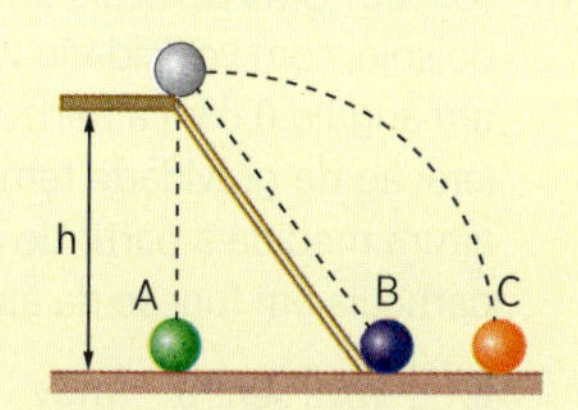

Três corpos, *A*, *B* e *C*, de mesma massa, estão a uma mesma altura *h*. O primeiro, *A*, cai em queda livre sobre o solo. O segundo, *B*, rola pela rampa e atinge o solo. O terceiro, *C*, é lançado horizontalmente para depois se chocar contra o solo. Despreze os atritos.

a) Analise a relação entre as variações de energia potencial de *A*, *B* e *C* (ΔE_{P_A}, ΔE_{P_B} e ΔE_{P_C}), desde o ponto de partida até o solo.

b) Qual é a relação entre as velocidades v_A, v_B e v_C, dos corpos *A*, *B* e *C*, no instante em que atingem o solo?

Movimento sob ação exclusiva do peso

Neste caso, o sistema é conservativo e, portanto, podemos aplicar o Princípio da Conservação da Energia Mecânica.

Aplicação

A18. Um corpo com massa de 5,0 kg é lançado verticalmente para cima com velocidade igual a 10 m/s. Despreze a resistência do ar e considere a aceleração da gravidade g = 10 m/s².
Determine:
a) a energia cinética do corpo no instante do lançamento;
b) a energia potencial gravitacional, em relação ao solo, ao atingir a máxima altura;
c) a altura máxima atingida.

A19. Um corpo é abandonado de uma altura de 5,0 metros num local onde a aceleração da gravidade é g = 10 m/s². Determine a velocidade do corpo ao atingir o solo. Despreze a resistência do ar.

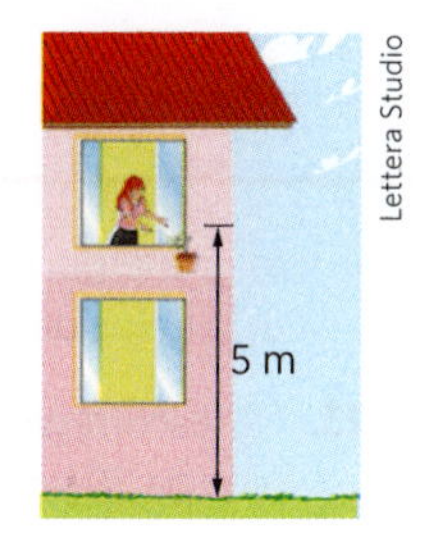

A20. Um corpo de massa *m* é lançado com velocidade escalar v_0 a partir do ponto *A* e descreve uma trajetória parabólica atingindo a altura máxima *h*. A aceleração local da gravidade é *g*. Admitindo inexistente a resistência do ar e o solo como o nível de energia potencial nula, determine, em função dos dados, a energia cinética em *A*, *B*, *C* e *D*.

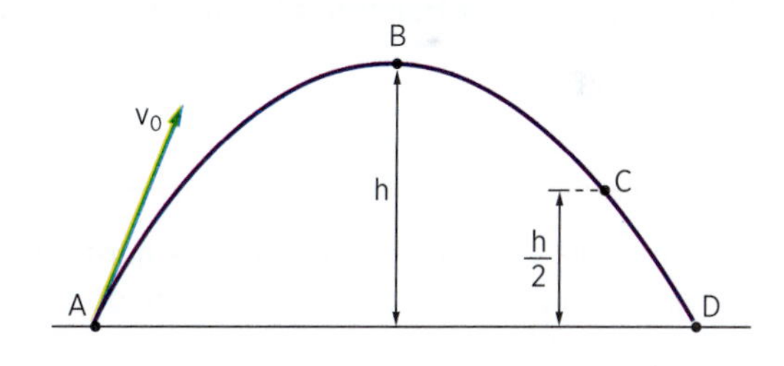

Verificação

V17. Um corpo com massa de 3,0 kg é abandonado do repouso e atinge o solo com velocidade de 40 m/s. Sendo desprezível a resistência do ar, determine:
a) a energia potencial do corpo no instante inicial, em relação ao solo;
b) a altura de que o corpo foi abandonado.
Use g = 10 m/s².

V18. A uma altura de 20 m, um corpo em repouso possui em relação ao solo uma energia potencial igual a 20 J. Admitindo que o campo gravitacional seja conservativo, determine a energia cinética do corpo quando ele estiver a 10 m de altura.

V19. Uma pedra de massa *m* é lançada horizontalmente com velocidade v_0 a uma altura *h* do chão, como mostra a figura. Despreze a resistência do ar. Considere a energia potencial no chão igual a zero. Determine a energia cinética da pedra a uma altura $\frac{h}{4}$.

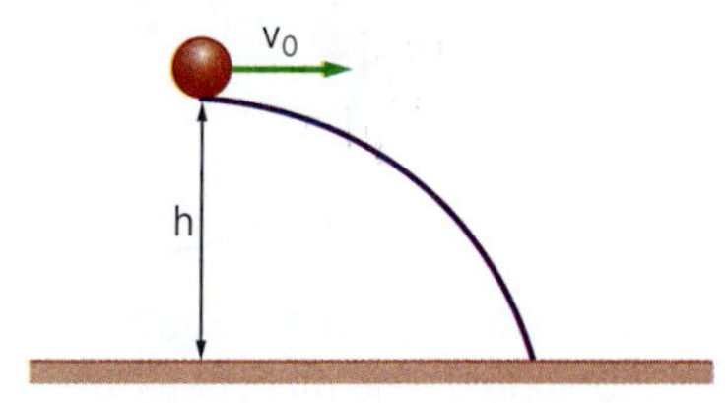

Revisão

R17. (UF-CE) Uma partícula de massa m é lançada a partir do solo, com velocidade v_0, numa direção que forma um ângulo θ com a horizontal. Considere que a aceleração da gravidade tem intensidade g e que y é a altura medida a partir do solo. A energia cinética da partícula em função da altura y é dada por:

a) $\frac{1}{2}mv_0^2 \operatorname{sen}^2 \theta - mgy$

b) $\frac{1}{2}mv_0^2 - mgy$

c) $\frac{1}{2}mv_0^2 + mgy$

d) $\frac{1}{2}mv_0^2 \operatorname{sen}^2 \theta + mgy$

e) $\frac{1}{2}mv_0^2 \cos^2 \theta + mgy$

R18. (UF-BA) Um objeto de 0,2 kg cai livremente de uma janela localizada a 18 m do solo, sem ação de forças dissipativas. Considerando $g = 10\ m/s^2$, determine, em joules, a energia cinética do objeto após percorrer $\frac{2}{3}$ da altura.

R19. (UF-PE) Um projétil é lançado obliquamente no ar, com velocidade inicial $v_0 = 20\ m/s$, a partir do solo. Desprezando a resistência do ar, a quantos metros do solo, a sua energia cinética é reduzida à metade do seu valor inicial? É dado $g = 10\ m/s^2$.

R20. (UF-CE) Uma bola de massa m = 500 g é lançada do solo, com velocidade v_0 e ângulo de lançamento θ menor que 90°. Despreze qualquer movimento de rotação da bola e a influência do ar. O módulo da aceleração da gravidade, no local, é $g = 10\ m/s^2$. O gráfico a seguir mostra a energia cinética E_C da bola como função do seu deslocamento horizontal x.

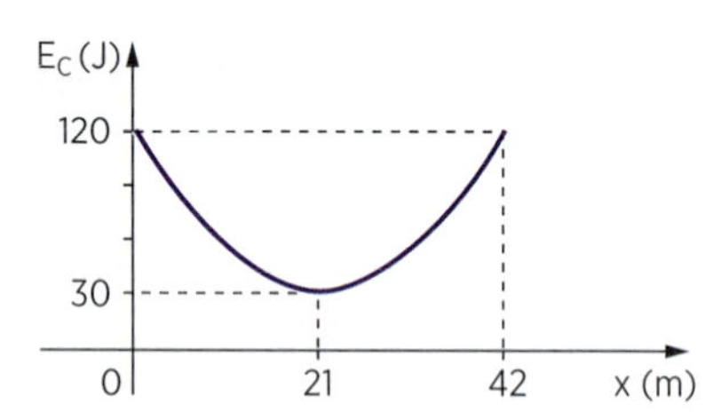

Analisando o gráfico, podemos concluir que a altura máxima atingida pela bola é:

a) 60 m
b) 48 m
c) 30 m
d) 18 m
e) 15 m

Pêndulo simples e trajetórias isentas de atrito

Neste item, aplicaremos o Princípio da Conservação da Energia Mecânica para o movimento da esfera de um pêndulo simples e para trajetórias isentas de atrito, como, por exemplo, planos inclinados e montanhas-russas.

Aplicação

A21. Uma esfera presa a um fio é lançada horizontalmente com velocidade de 2,0 m/s, a partir do ponto A, como indica a figura. Considerando desprezível a resistência do ar e $g = 10\ m/s^2$, determine a altura atingida pela esfera.

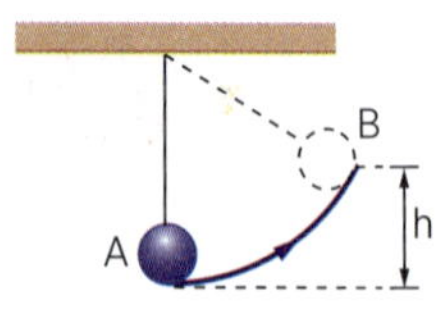

A22. Um corpo de massa m = 5,0 kg é abandonado sem velocidade inicial do ponto A de uma calha circular de raio r = 10 m, como mostra a figura.

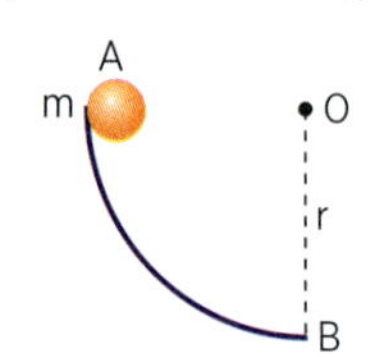

Considerando desprezíveis o atrito e a resistência do ar e adotando $g = 10\ m/s^2$, determine:

a) a energia cinética em B;
b) a velocidade com que o corpo chega em B.

A23. No escorregador esquematizado na figura, um menino de 30 kg desliza a partir de A. Admitindo desprezíveis as perdas de energia e adotando $g = 10\ m/s^2$, determine a velocidade do menino ao atingir o ponto B.

Alberto De Stefano

A24. O móvel representado na figura parte do repouso em A e percorre os planos representados sem nenhum atrito ou resistência.

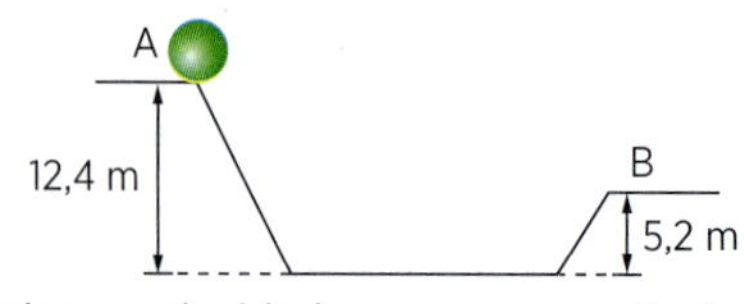

Determine a velocidade com que o móvel atinge o ponto B. Adote $g = 10\ m/s^2$.

A25. No percurso esquematizado, o bloco desliza sem atrito ou outras resistências. Determine a mínima velocidade do bloco no plano inferior para que ele alcance o topo da rampa. Adote $g = 10 \text{ m/s}^2$.

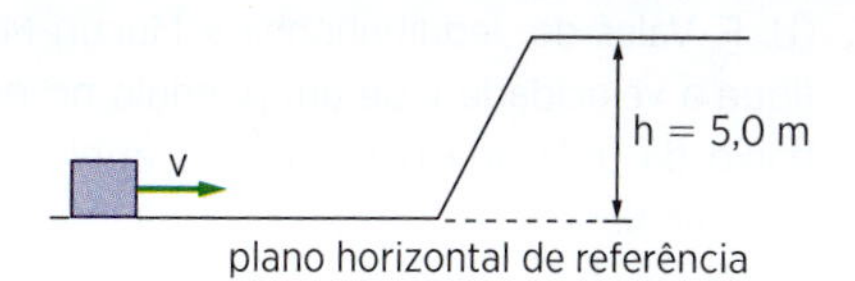

Verificação

V20. *A* é um bloco suspenso por um fio ideal. Quando o corpo é abandonado da posição 1 sem velocidade inicial, ele apresenta velocidade de 10 m/s ao passar pela posição 2. Desprezando as resistências e adotando $g = 10 \text{ m/s}^2$, determine o valor da altura *h*, de onde o bloco foi solto.

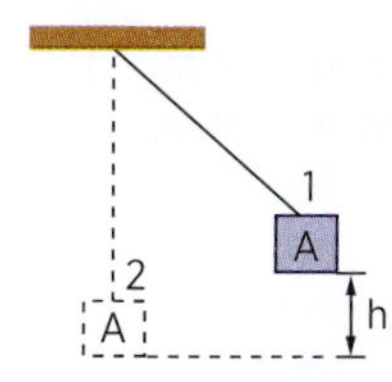

V21. Determine a velocidade e a energia cinética com que o móvel, com massa de 2,0 kg, chega a *B*. Adote $g = 10 \text{ m/s}^2$ e considere desprezíveis atritos e resistências.

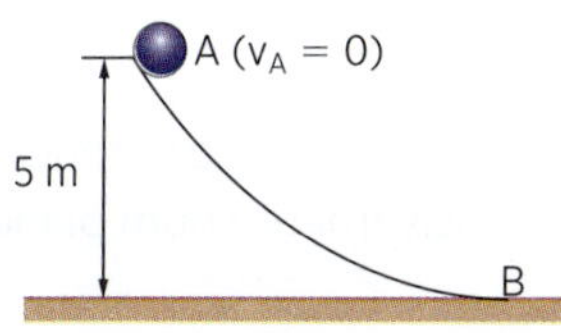

V22. O carrinho parte do repouso em *A* e percorre sem resistência o plano inclinado esquematizado.

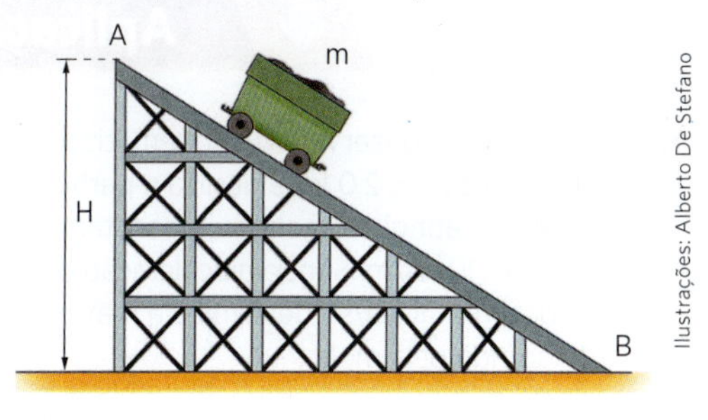

Ilustrações: Alberto De Stefano

Sendo a massa do carrinho $m = 8{,}0$ kg, a altura do plano $H = 80$ m e a aceleração da gravidade local $g = 10 \text{ m/s}^2$, determine:

a) a energia potencial do carro no ponto *A*, em relação ao solo;

b) a energia cinética do carrinho ao atingir o ponto *B*;

c) a velocidade do carrinho no ponto *B*.

V23. Na montanha-russa da figura, um carro parte do repouso em *A* e move-se até *C* sem atrito e sem resistência do ar. Determine a velocidade do carro em *B* e em *C*. Adote $g = 10 \text{ m/s}^2$.

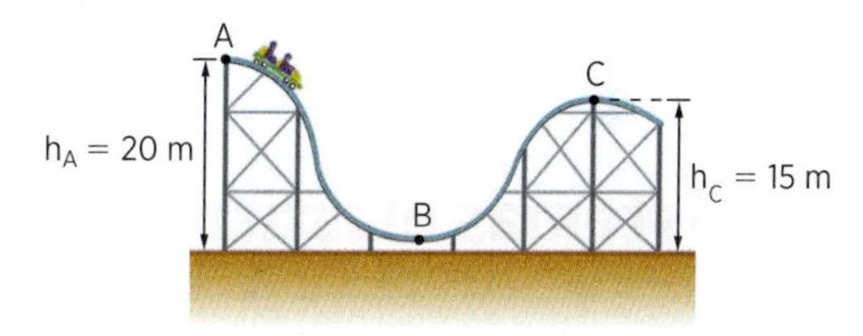

V24. A figura representa um trecho de montanha-russa. Não há dissipação de energia. O carro é abandonado sem velocidade no ponto *A*. Adote $g = 10 \text{ m/s}^2$. Determine a velocidade do carro no ponto *C*.

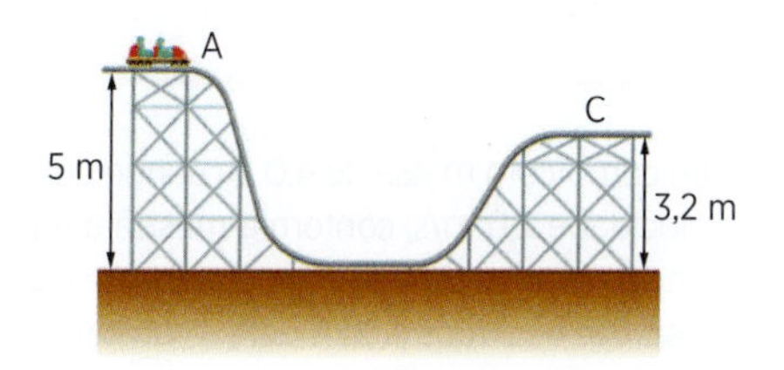

Revisão

R21. (Unifor-CE) Em um laboratório de Física Experimental, a aluna Camilla fez dois experimentos utilizando-se de uma única bola de sinuca, conforme figura abaixo.

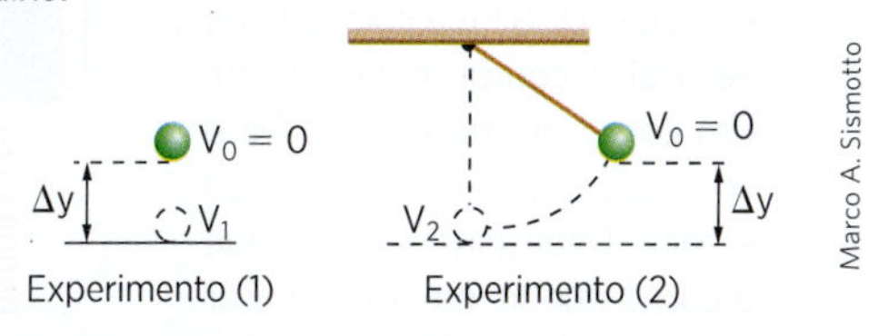

Marco A. Sismotto

No experimento (1), deixou-se a bola de sinuca cair verticalmente de uma altura Δy sobre uma superfície plana e horizontal. No experimento (2), presa a uma extremidade de um fio de nylon inextensível e de massa desprezível formando um mecanismo pendular, soltou-se a bola de sinuca da mesma altura Δy. Desprezando a resistência do ar e considerando v_1 o módulo da velocidade com que a bola da sinuca chega à superfície e v_2 o módulo da velocidade com que a bola de sinuca passa pelo ponto mais baixo do movimento pendular, assinale a opção correta.

a) $v_1 = v_2$

b) $v_1 > v_2$

c) $v_1 < v_2$

d) $v_1 = 2v_2$

e) $2v_1 = v_2$

R22. (U. F. Vales do Jequitinhonha e Mucuri-MG) Identifique a velocidade *v* de um pêndulo no ponto mais baixo da trajetória para que ele atinja um ângulo máximo θ.

Dado: seja *g* a aceleração da gravidade

a) $v^2 = 2gL$
b) $v^2 = 2gL\cos\theta$
c) $v^2 = 2gL\,\text{sen}\,\theta$
d) $v^2 = 2gL(1 - \cos\theta)$

R23. (UF-AC) Uma montanha-russa tem uma altura de 60 m. Considere um carrinho de massa 200 kg colocado inicialmente em repouso no topo da montanha. Desprezando-se os atritos e considerando-se $g = 10\ m/s^2$, a energia cinética do carrinho no instante em que a altura, em relação ao solo, for 30 m será:

a) 60 000 J
b) 60 J
c) 12 000 J
d) 120 J
e) 600 J

R24. (UF-AM) Uma bolinha de massa *m* é abandonada no ponto *A* de um trilho, a uma altura *H* do solo, e descreve a trajetória ABCD indicada na figura. A bolinha passa pelo ponto mais elevado da trajetória parabólica (BCD), a uma altura *h* do solo, com velocidade cujo módulo vale $v_C = 10\ m/s$ e atinge o solo no ponto *D* com velocidade de módulo $v_D = 20\ m/s$.

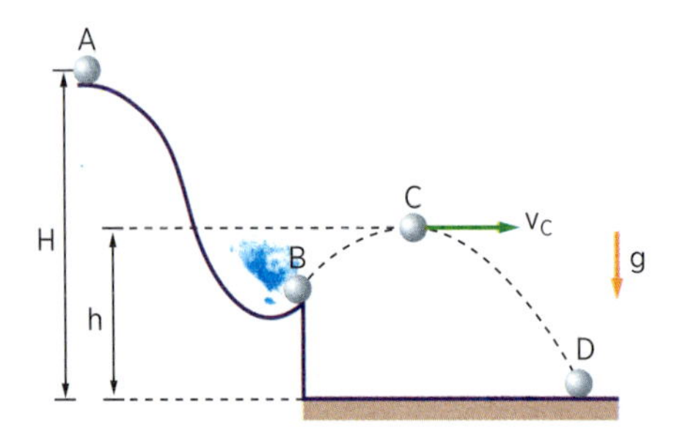

Podemos afirmar que as alturas referidas no texto valem:

a) H = 19 m; h = 14 m
b) H = 18 m; h = 10 m
c) H = 10 m; h = 4 m
d) H = 12 m; h = 8 m
e) H = 20 m; h = 15 m

Adote $g = 10\ m/s^2$.

Sistemas elásticos isentos de atrito

Nesse caso, a energia mecânica é a soma das energias cinética, potencial elástica e potencial gravitacional. Esta última não comparece nos exercícios em que o corpo se desloca exclusivamente num plano horizontal.

A26. Um corpo com massa de 4,0 kg atinge uma mola com velocidade 2,0 m/s, conforme mostra a figura. Determine a deformação que a mola sofre até o corpo parar. Despreze os atritos e considere a constante elástica da mola igual a $1{,}0 \cdot 10^2\ N/m$.

A27. Uma esfera com 0,50 kg de massa parte do repouso do ponto *A*. Ela desliza pela rampa, sem atrito e sem resistência do ar, e atinge em *B* a mola de constante elástica $k = 5{,}0 \cdot 10^3\ N/m$, produzindo uma compressão de 20 cm. Determine a altura *h* correspondente à posição inicial da esfera. Adote $g = 10\ m/s^2$.

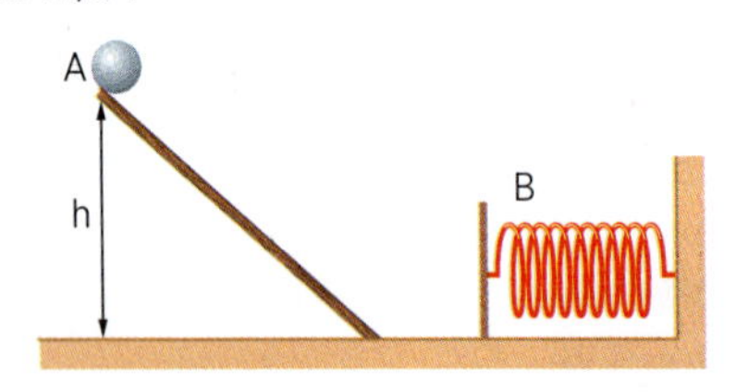

A28. No sistema conservativo esquematizado, o corpo tem massa $m = 2{,}0$ kg e desliza a partir do repouso em *A* até atingir a mola cuja constante elástica é $k = 2{,}0 \cdot 10^3\ N/m$. Sendo a aceleração da gravidade no local $g = 10\ m/s^2$, determine a máxima deformação sofrida pela mola.

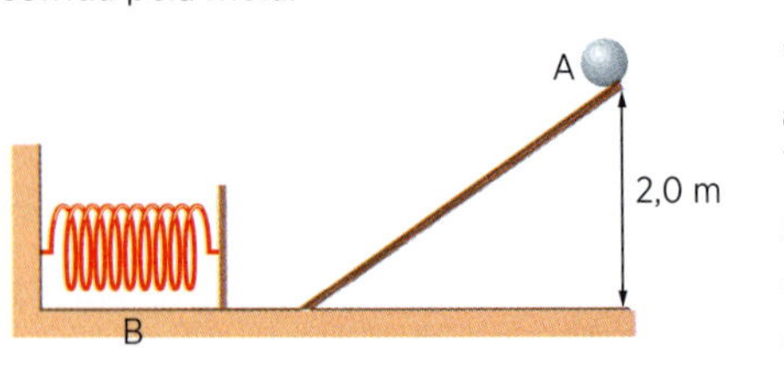

Ilustrações: Marco A. Sismotto

A29. Uma mola de constante elástica $k = 1{,}0 \cdot 10^2\ N/m$ é colocada na vertical e comprimida 20 cm. Um corpo de massa 0,50 kg é colocado sobre ela, que então é solta. Determine a altura que o corpo atinge, medida a partir do ponto de partida. O sistema é conservativo e $g = 10\ m/s^2$.

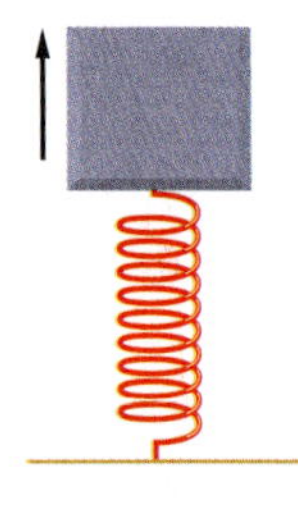

Verificação

V25. Um móvel *A*, de massa m = 8,0 kg, atinge uma mola cuja constante elástica é $k = 2{,}0 \cdot 10^2$ N/m e produz nela uma deformação de 10 cm. Determine:

a) a energia potencial elástica armazenada pela mola;

b) a velocidade do móvel *A* no instante em que ele atingiu a mola.

O sistema é conservativo.

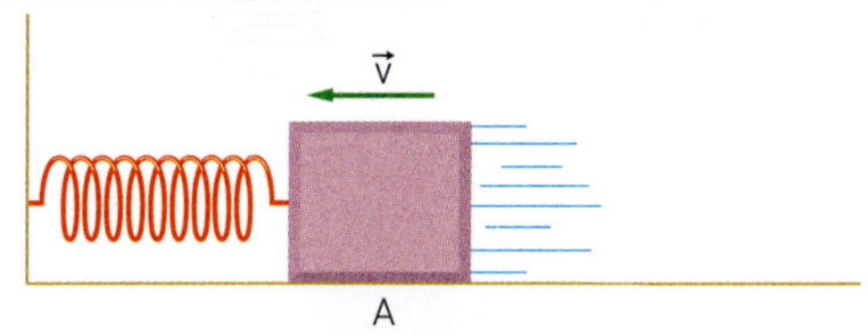

V26. Um carrinho, cuja massa é m = 10 kg, se encontra preso por um fio e comprimindo uma mola. Rompendo-se o fio, o carrinho é lançado com velocidade de 2,0 m/s. Determine o valor da energia potencial elástica que estava armazenada na mola. O sistema é conservativo.

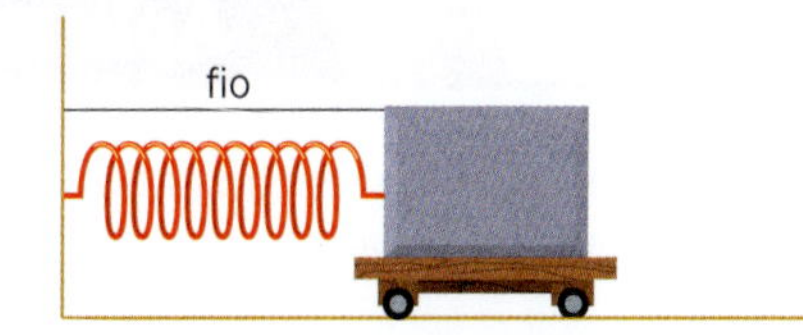

V27. Uma esfera de massa m = 5,0 kg desliza ao longo de uma rampa a partir do ponto *P* situado à altura h = 4,0 m, sendo nula sua velocidade inicial. Sendo conservativo o sistema e adotando $g = 10$ m/s², determine a máxima deformação sofrida pela mola de constante elástica $k = 5{,}0 \cdot 10^3$ N/m, atingida pela esfera no ponto *Q*.

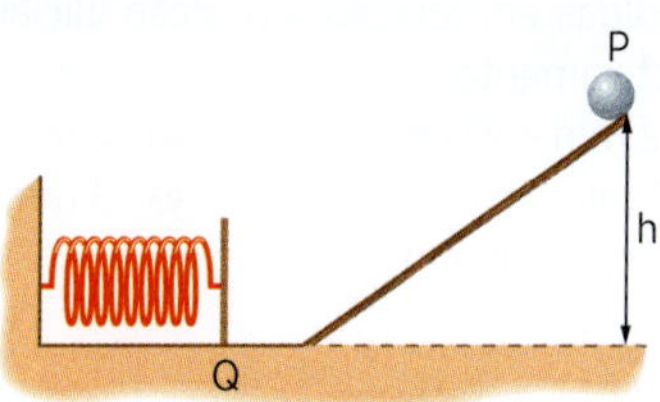

Ilustrações: Marco A. Sismotto

V28. Um corpo de massa 20 g está sobre uma mola, comprimida 40 cm. Ao se soltar a mola, o corpo sobe 10 m em relação à sua posição inicial. Sendo a aceleração da gravidade $g = 10$ m/s² e desprezando as perdas, determine a constante elástica da mola.

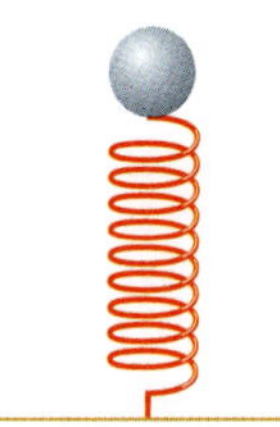

R25. (U. F. Lavras-MG) Em uma estação ferroviária existe uma mola destinada a parar sem dano o movimento de locomotivas. Admitindo-se que a locomotiva a ser parada tem velocidade de 7,20 km/h, massa de $7{,}00 \cdot 10^4$ kg, e a mola sofre uma deformação de 1 m, qual deve ser a constante elástica da mola?

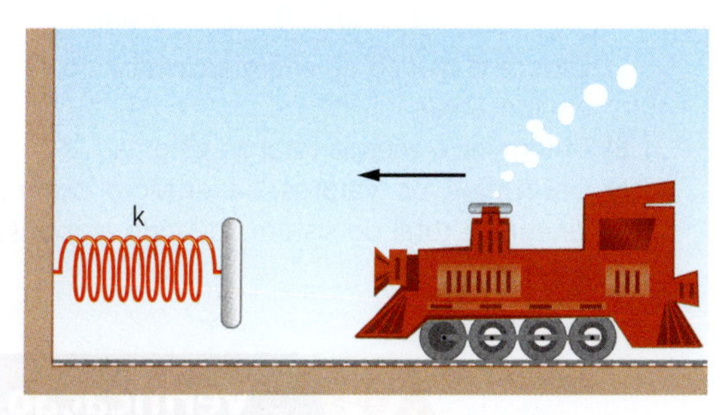

a) $28{,}0 \cdot 10^4$ N/m

b) $362 \cdot 10^4$ N/m

c) $28{,}0 \cdot 10^4$ J

d) $362 \cdot 10^4$ W

e) $362 \cdot 10^4$ J

R26. (FEI-SP) Uma plataforma está suspensa por 4 molas associadas e a constante elástica da associação é K = 10 000 N/m. Um atleta de 70 kg pula sobre a plataforma e provoca uma compressão máxima na mesma de 30 cm. Qual é a altura máxima que será atingida pelo atleta em relação ao ponto de máxima compressão? ($g = 10$ m/s²)

a) 30,0 cm

b) 45,6 cm

c) 64,3 cm

d) 83,9 cm

e) 95,5 cm

R27. (AFA-SP) Duas crianças estão brincando de atirar bolas de gude dentro de uma caixa no chão.

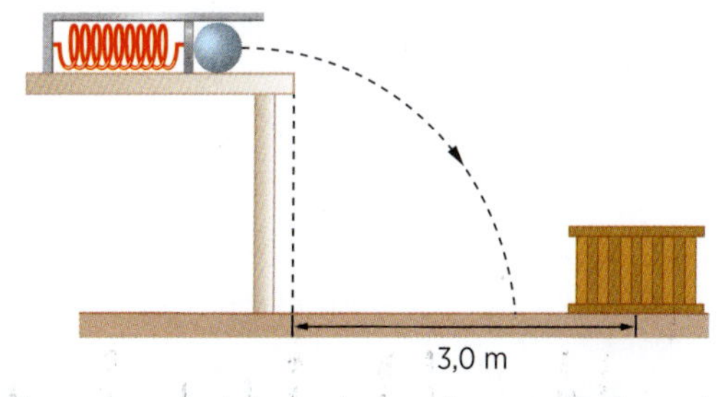

Elas usam um brinquedo que lança as bolas pela descompressão de uma mola que é colocada horizontalmente sobre uma mesa onde o atrito é desprezível. A primeira criança comprime a mola 2 cm e a bola cai a 1,0 m antes do alvo, que está a 3,0 m horizontalmente da borda da mesa.

A deformação da mola imposta pela segunda criança, de modo que a bola atinja o alvo, é:

a) 1,7 cm

b) 2,0 cm

c) 9,0 cm

d) 3,0 cm

R28. (Vunesp-SP) Na figura ao lado, uma esfera de massa $m = 2$ kg é abandonada do ponto *A*, caindo livremente e colidindo com o aparador, que está ligado a uma mola de constante elástica $k = 2 \cdot 10^4$ N/m. As massas da mola e do aparador são desprezíveis. Não há perda de energia mecânica. Admita $g = 10$ m/s^2. Na situação 2, a compressão da mola é máxima.

As deformações da mola, quando a esfera atinge sua velocidade máxima e quando ela está na situação 2, medidas em relação à posição inicial *B*, valem, respectivamente:

a) 2 mm e 10 cm
b) 1 mm e 5 cm
c) 1 mm e 10 cm
d) 2 mm e 20 cm
e) 3 mm e 10 cm

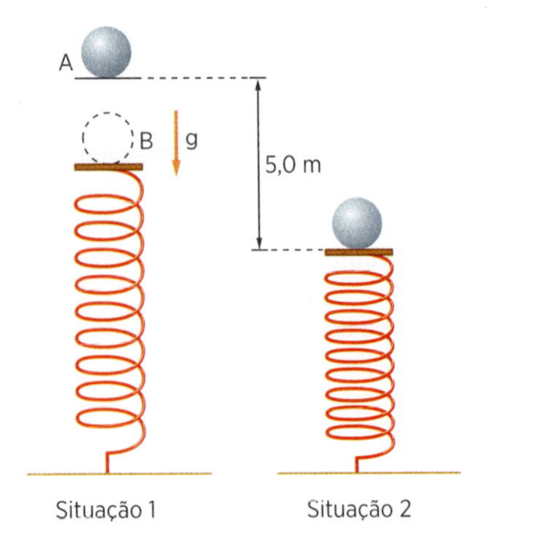

Marco A. Sismotto

Gráficos das energias cinética, potencial e mecânica

A seguir, vamos resolver exercícios de conservação de energia mecânica, sendo os dados fornecidos por meio de gráficos.

Aplicação

A30. Num sistema conservativo, a energia cinética de uma partícula em função da distância percorrida é dada pelo gráfico abaixo. A energia mecânica total do sistema é 220 J. Determine a energia potencial da partícula nas posições 0 m, 2 m, 4 m e 6 m.

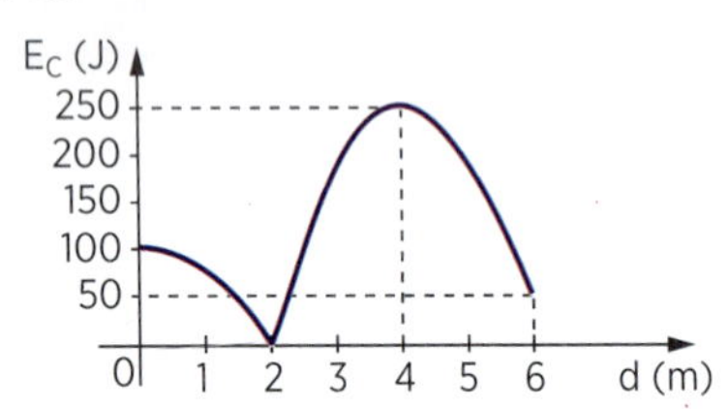

A31. O gráfico mostra como varia a energia cinética de um móvel de massa $m = 5,0$ kg num campo conservativo, em função da distância percorrida.

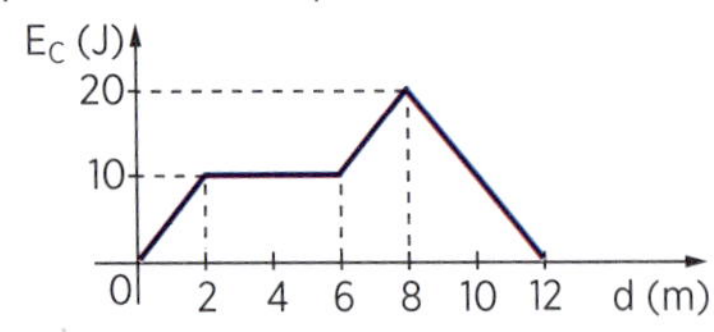

A energia mecânica do sistema vale 50 J. Determine:

a) a velocidade do móvel nas posições 2 m, 8 m e 12 m;
b) a energia potencial nas posições 0 m, 2 m, 8 m e 12 m.

A32. O gráfico representa a energia potencial elástica de um sistema constituído por um corpo preso a uma mola, em função da abscissa *x* desse corpo.

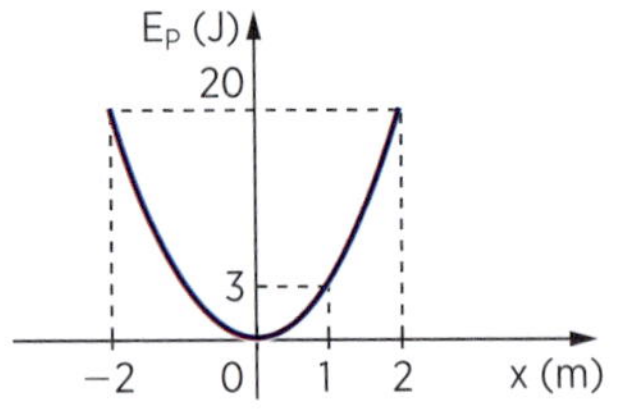

a) Esboce o gráfico da energia cinética do sistema em função de *x*.
b) Determine a energia total do sistema.
c) Determine os valores da energia potencial, cinética e total do sistema quando a abscissa é $x = 1$ m.

Verificação

V29. A figura representa como varia a energia de um sistema conservativo em função da abscissa *x*.

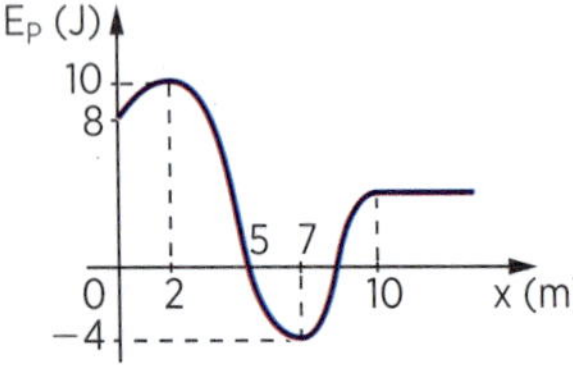

Sabendo que, na posição $x = 2$ m, a energia cinética é nula, determine:

a) a energia mecânica total do sistema;
b) a energia cinética na posição $x = 0$;
c) a energia potencial e a energia cinética do sistema na posição de abscissa $x = 7$ m;
d) o comportamento cinemático do sistema após a posição de abscissa $x = 10$ m.

V30. O gráfico mostra a variação da energia cinética de um móvel de massa m = 2,0 kg, em função da distância percorrida, em um campo conservativo. Sabe-se que a energia mecânica do sistema é 30 J.

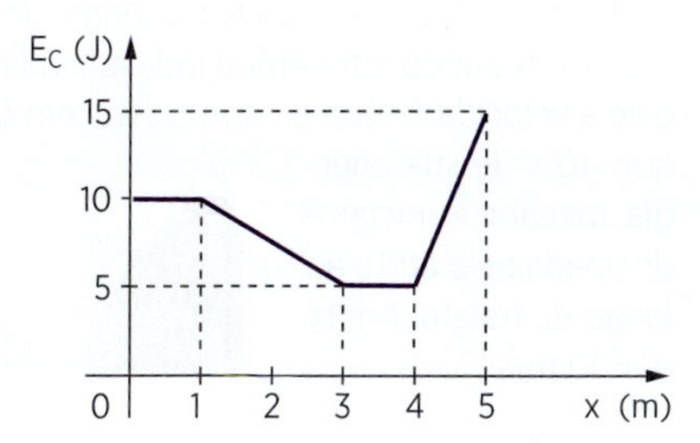

Determine:

a) a energia potencial do sistema nas posições 1 m, 3 m e 5 m;

b) a velocidade do móvel nas posições 1 m, 3 m e 5 m.

V31. Um corpo oscila, preso a uma mola, com perdas energéticas desprezíveis. O gráfico mostra como varia a energia cinética do corpo em função da posição *x*, sendo que em x = 0 a mola está indeformada.

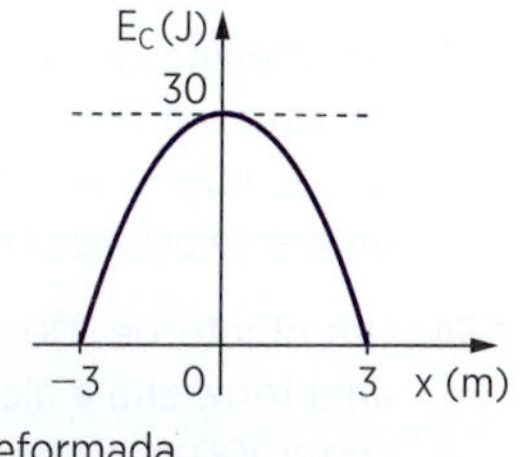

a) Esboce o gráfico da energia potencial do sistema em função de *x*.

b) Determine o valor da energia total do sistema.

c) Determine os valores da energia cinética potencial e total do sistema para as posições 3 m e −3 m.

Revisão

R29. (UF-MG) Rita está esquiando numa montanha dos Andes. Sua energia cinética em função do tempo, durante parte do trajeto, está representada no gráfico abaixo:

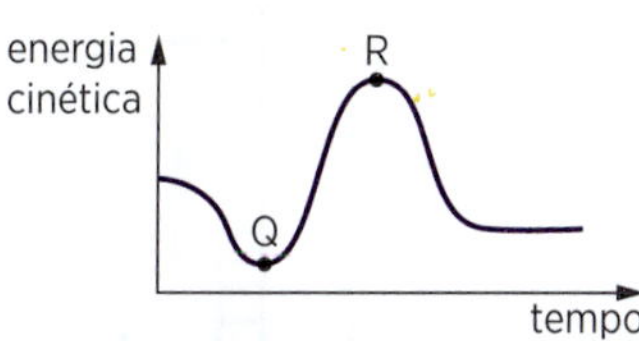

Os pontos *Q* e *R*, indicados nesse gráfico, correspondem a dois instantes diferentes do movimento de Rita. Despreze todas as formas de atrito.

Com base nessas informações, é correto afirmar que Rita atinge:

a) velocidade máxima em *Q* e altura mínima em *R*.

b) velocidade máxima em *R* e altura máxima em *Q*.

c) velocidade máxima em *Q* e altura máxima em *R*.

d) velocidade máxima em *R* e altura mínima em *Q*.

R30. (E. Naval-RJ) Um bloco está em movimento sob a ação de forças conservativas. A figura mostra o gráfico de sua energia cinética em função do deslocamento.

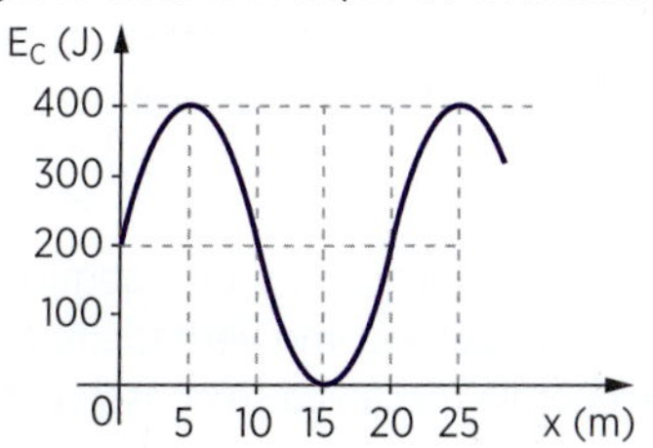

Considerando que a energia mecânica do bloco é 400 J, assinale a alternativa correta.

a) Em x = 5 m, a velocidade do bloco é 3 m/s.

b) Em x = 10 m, a velocidade do bloco é 250 m/s.

c) Em x = 15 m, a energia potencial é máxima.

d) Em x = 5 m, a energia potencial é $\frac{2}{3}$ da energia cinética.

e) Em x = 25 m, o bloco está parado.

R31. (UE-PI) Considere o movimento de uma partícula de energia mecânica total *E* sob a ação de um campo de forças conservativas. Dentre as alternativas a seguir, assinale aquela que indica corretamente como os valores das energias cinética E_c e potencial E_p se relacionam graficamente:

a)

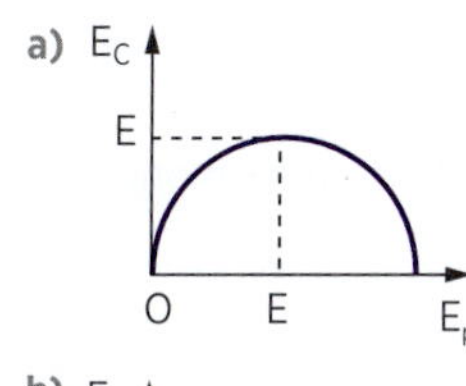

b)

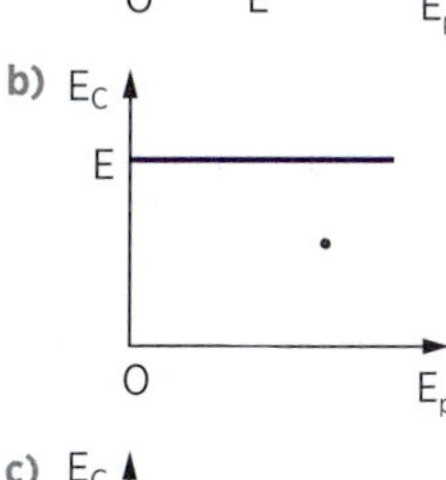

c)

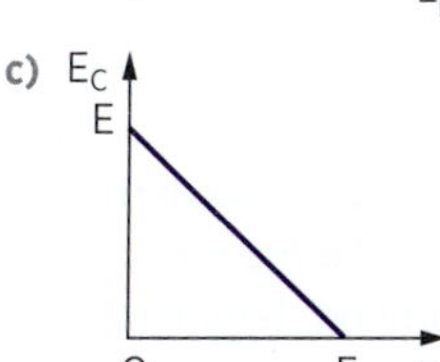

d)

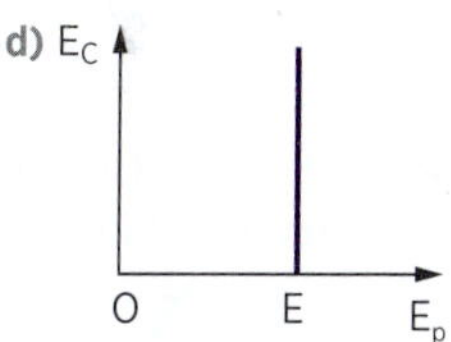

e)

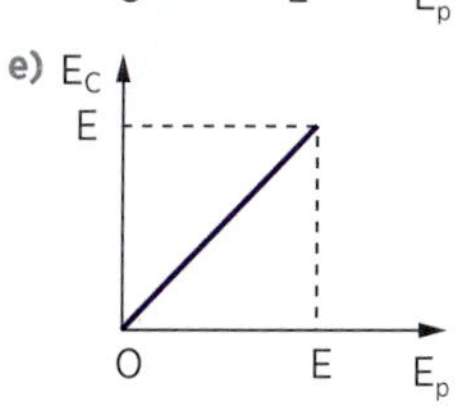

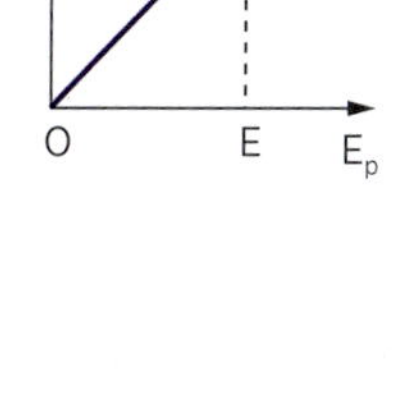

Trajetórias com atrito

Nesta série de exercícios, a energia mecânica não se conserva. Assim, por exemplo, um corpo passa por um ponto *A* com energia mecânica E_{M_A}. Ao atingir um ponto *B*, sua energia mecânica é E_{M_B}. A diferença $E_{M_A} - E_{M_B}$ é a energia mecânica dissipada devido ao atrito ao longo do trajeto AB. Se, por exemplo, 30% da energia mecânica for dissipada, pode-se escrever que $E_{M_B} = 70\% \cdot E_{M_A}$.

A33. Um menino desce por um escorregador de 10 m de altura, a partir do repouso. Considerando que $g = 10\ m/s^2$ e que 50% da energia se dissipe, determine a velocidade com que o menino atinge a base.

A34. Um objeto de 100 g cai, a partir do repouso, de uma torre alta e alcança a velocidade *v* após percorrer 100 m. Se no trajeto foram perdidos 80 J de energia, determine a velocidade *v* atingida. Adote $g = 10\ m/s^2$.

A35. Um carro, situado em um ponto *A*, a 2,0 m de altura, parte do repouso e alcança o ponto *B* situado a 0,50 m, segundo a trajetória indicada na figura. Calcule a velocidade que o carro possui em *B*, sabendo que 40% de sua energia mecânica inicial é dissipada pelo atrito ao longo do trajeto. Adote $g = 10\ m/s^2$.

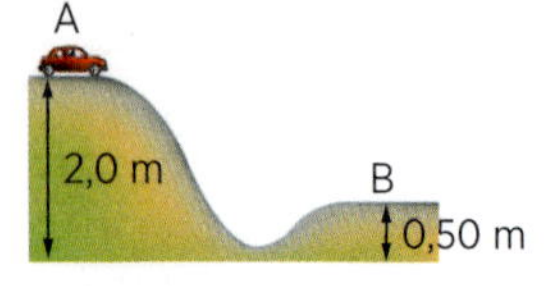

Verificação

V32. Um automóvel parte do repouso em *A* e atinge o ponto *B*, onde sua velocidade novamente se anula. Sendo o peso do veículo $6{,}5 \cdot 10^3$ N e a energia perdida no processo $6{,}5 \cdot 10^4$ J, determine o valor da altura *x* atingida. Considere $g = 10\ m/s^2$.

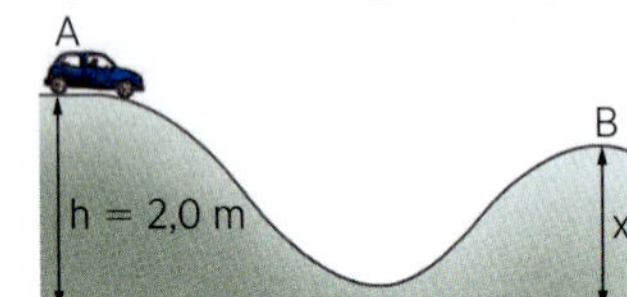

V33. Uma bola de massa 2,5 g, caindo de uma grande altura, percorre os últimos 10 m de sua queda com velocidade uniforme de 10 m/s. Determine a quantidade de energia transformada em energia térmica, expressa em joules, nesse último trecho. Adote $g = 10\ m/s^2$.

V34. Um atleta de 70 kg cai da altura de 5,0 m sobre uma rede elástica e é arremessado à altura de 2,0 m. Determine a energia dissipada no processo, adotando para *g* o valor de $10\ m/s^2$.

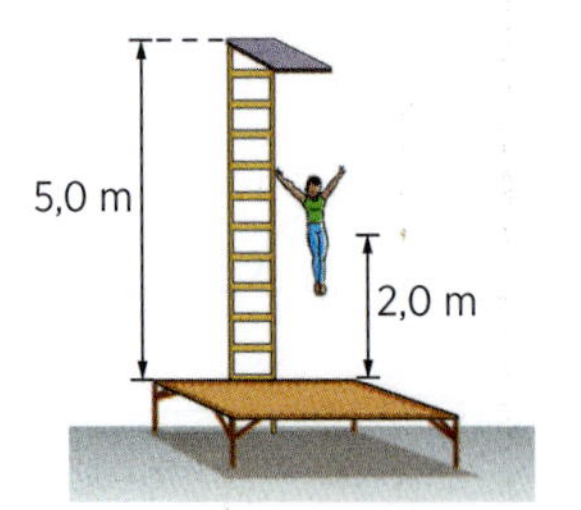

Ilustrações: Alberto De Stefano

Revisão

R32. (UF-MG) Observe o perfil de uma montanha-russa representado na figura.

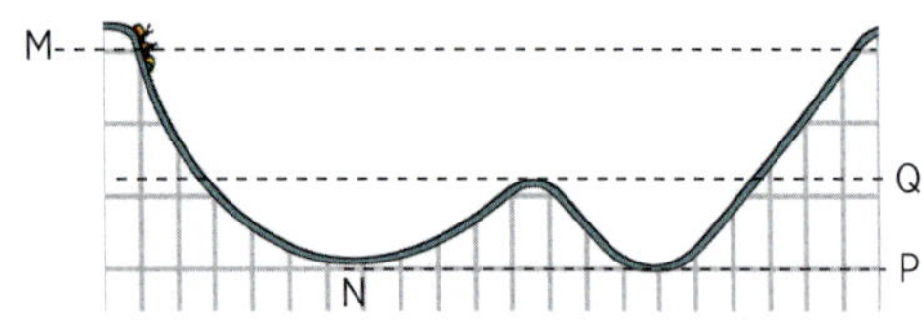

Um carrinho é solto do ponto *M*, passa pelos pontos *N* e *P*, e só consegue chegar até o ponto *Q*. Suponha que a superfície dos trilhos apresente as mesmas características em toda a sua extensão. Sejam E_{CN} e E_{CP} as energias cinéticas do carrinho, respectivamente, nos pontos *N* e *P* e E_{TP} e E_{TQ} as energias mecânicas totais do carrinho, também respectivamente, nos pontos *P* e *Q*.

Considerando-se essas informações, é correto afirmar que

a) $E_{CN} = E_{CP}$ e $E_{TP} = E_{TQ}$.
b) $E_{CN} = E_{CP}$ e $E_{TP} > E_{TQ}$.
c) $E_{CN} > E_{CP}$ e $E_{TP} = E_{TQ}$.
d) $E_{CN} > E_{CP}$ e $E_{TP} > E_{TQ}$.

R33. (PUC-RJ) Uma bola de borracha de massa 0,1 kg é abandonada de uma altura de 0,2 m do solo. Após quicar algumas vezes, a bola atinge o repouso. Calcule, em joules, a energia total dissipada pelos quiques da bola no solo. Considere $g = 10\ m/s^2$.

a) 0,02 b) 0,2 c) 1,0 d) 2,0 e) 3,0

R34. (UF-PI) Imagine um vaso de flores de 0,8 kg caindo do alto de um edifício de 20 andares. Sua velocidade, medida imediatamente antes de tocar o solo, foi 33 m/s. Considere que cada andar tem, em média, a altura de 3 m e que a aceleração da gravidade seja de $10\ m/s^2$.

Analise as afirmativas que seguem e classifique cada uma delas como verdadeira (*V*) ou falsa (*F*).

- A energia mecânica se conserva durante a queda do vaso.
- O tempo de queda do vaso foi maior que $2\sqrt{3}$ segundos.
- No vaso, durante a queda, só atuaram forças dissipativas.
- O movimento do vaso, nesse caso, é denominado queda livre.

Assinale a alternativa que traz a sequência correta:

a) V - V - V - V
b) V - F - F - V
c) V - F - F - F
d) F - F - V - V
e) F - V - F - F

capítulo

11

Movimentos planos com trajetórias curvas

Resultantes centrípeta e tangencial

No estudo da Cinemática Vetorial vimos que a aceleração vetorial $\vec{a}$ de um ponto material pode ser decomposta em duas componentes: *aceleração tangencial* $\vec{a}_t$ e *aceleração centrípeta* $\vec{a}_c$.

Existe *aceleração tangencial* quando varia o módulo da velocidade. Existe *aceleração centrípeta* quando varia a direção da velocidade.

Fabia von Poser/Imagebroker/Glow Images

Figura 1

A aceleração tangencial tem:

- direção tangente à trajetória;
- sentido do movimento (se este for acelerado) ou sentido oposto (se retardado);
- módulo igual ao valor absoluto da aceleração escalar α.

A aceleração centrípeta tem:

- direção perpendicular à trajetória;
- sentido apontando para o centro da trajetória;
- módulo $a_c = \dfrac{v^2}{R} = \omega^2 \cdot R$.

O Princípio Fundamental da Dinâmica estabelece que, para produzir uma aceleração $\vec{a}$ num ponto material, deve ser aplicada nesse ponto uma força resultante $\vec{F}$ tal que $\vec{F} = m \cdot \vec{a}$.

Nessas condições, se um ponto material descreve uma *curva*, existe aceleração centrípeta e, portanto, existem forças com componentes normais à trajetória. A resultante das forças componentes normais à trajetória recebe o nome de *resultante centrípeta* ou *força centrípeta* $\vec{F}_c$.

Se o módulo da velocidade de um ponto material varia, existe aceleração tangencial e, portanto, forças com componentes tangentes à trajetória. A resultante dessas forças componentes recebe o nome de *resultante tangencial* ou *força tangencial* $\vec{F}_t$.

Considere um ponto material em movimento curvilíneo plano, sob ação de várias forças $\vec{F}_1, \vec{F}_2, ..., \vec{F}_n$ (fig. 2a). Decompondo essas forças nas direções normal e tangente à trajetória, obtém-se a resultante centrípeta $\vec{F}_c$ e a resultante tangencial $\vec{F}_t$ (fig. 2b), tais que:

$$F_c = m \cdot \frac{v^2}{R} \quad \text{e} \quad F_t = m \cdot |\alpha|$$

A resultante de todas as forças (fig. 2c) será:

$$\vec{F} = \vec{F}_c + \vec{F}_t$$

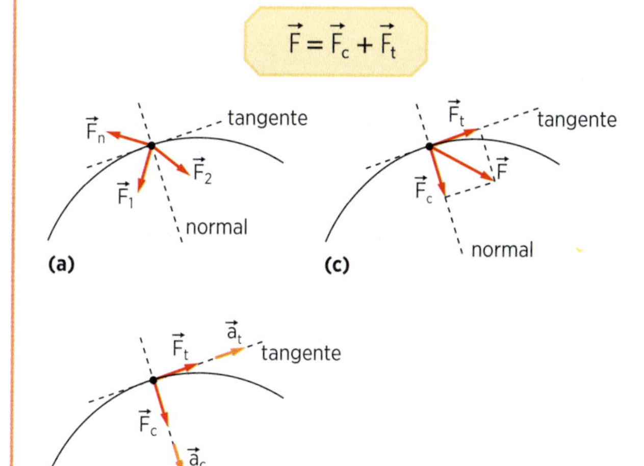

Figura 2

No caso particular em que o movimento curvilíneo é *uniforme*, a resultante tangencial é nula, pois o módulo da velocidade não varia. A resultante de todas as forças é a resultante centrípeta (fig. 3).

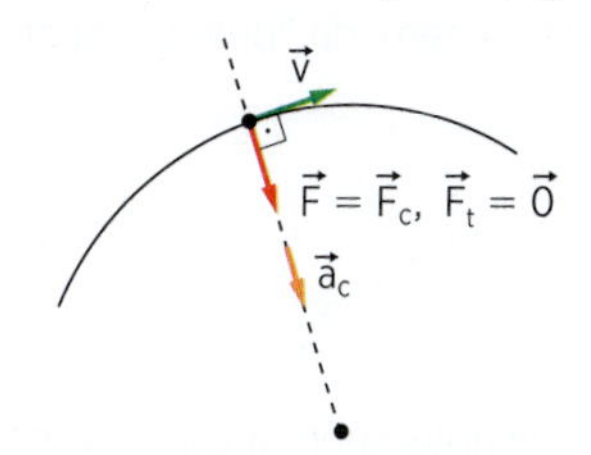

Figura 3. Movimento curvilíneo uniforme.

Aplicação

A1. Uma partícula descreve um movimento circular uniformemente retardado no sentido horário. Represente a velocidade vetorial, a resultante centrípeta, a resultante tangencial e a resultante de todas as forças que agem sobre a partícula ao passar pelo ponto *P*.

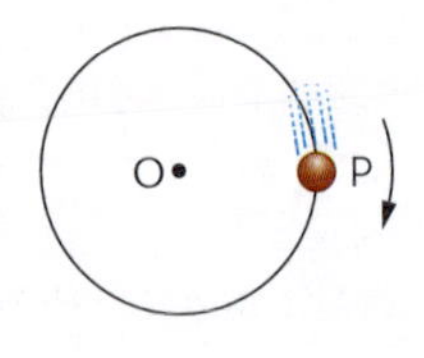

A2. Uma esfera suspensa por um fio descreve uma trajetória circular de centro *O*, em um plano horizontal no laboratório, constituindo o chamado "pêndulo cônico".

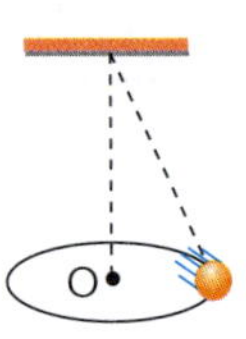

As forças exercidas sobre a esfera, desprezando-se a resistência do ar, são:

a) 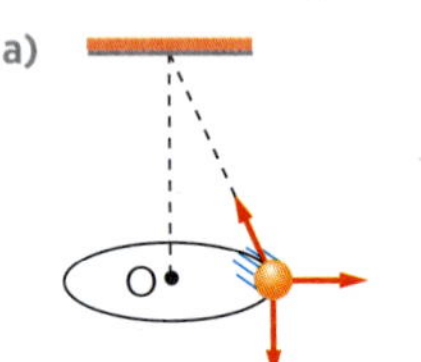

b) 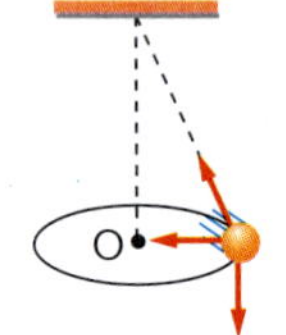

c) d) 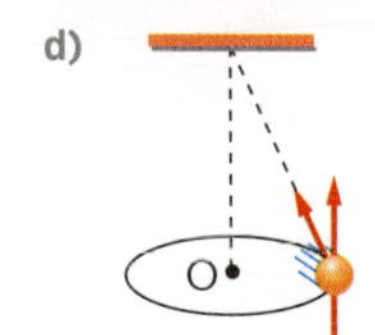

A3. Um ponto material de massa m = 0,25 kg descreve uma trajetória circular de raio R = 0,50 m, com velocidade escalar constante e frequência f = 4,0 Hz. Calcule a intensidade da resultante centrípeta que age sobre o ponto material.

A4. Uma partícula com massa de 500 g está presa a um eixo vertical, por meio de um fio de 20 cm de comprimento, inextensível e de massa desprezível, e gira em torno do eixo à razão de 60 voltas por minuto. Sabe-se que a partícula se apoia num plano horizontal, sem atrito, e que o fio se mantém, na rotação, no plano horizontal. Nessas condições, determine a intensidade da resultante centrípeta que atua sobre a partícula.

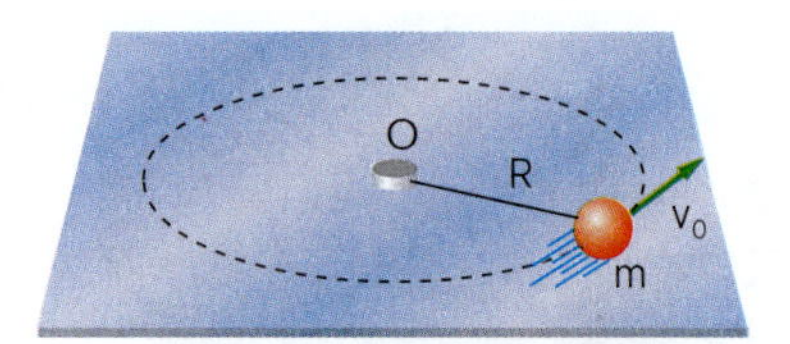

Verificação

V1. Uma partícula descreve um movimento circular uniformemente acelerado no sentido anti-horário.

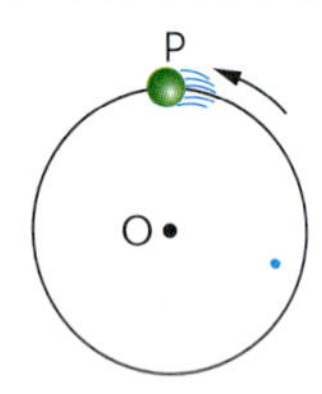

Represente a velocidade vetorial, a resutante centrípeta, a resultante tangencial e a resultante de todas as forças que agem sobre a partícula ao passar pelo ponto *P*.

V2. Uma pequena esfera suspensa por um fio oscila entre as posições *A* e *B* num plano vertical no laboratório, constituindo o chamado "pêndulo simples".

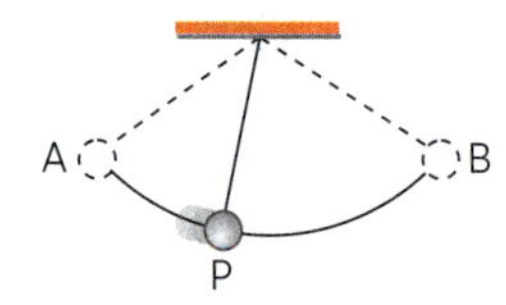

As forças exercidas sobre a esfera, desprezando-se a resistência do ar, na posição *P*, são:

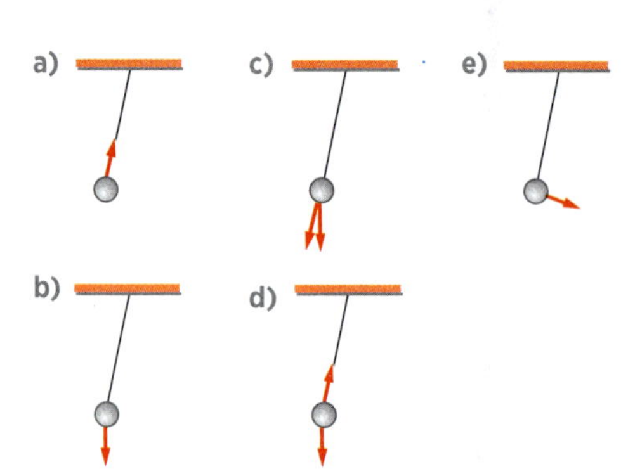

V3. A resultante centrípeta sobre uma partícula de 1,0 kg, que descreve movimento circular uniforme de raio 1,0 m, tem intensidade de 4,0 N. A velocidade escalar da partícula, em metros por segundo, é:

a) 0,40
b) 2,0
c) 0,25
d) 1,0
e) 0,50

V4. Um ponto material com massa de 0,40 kg descreve um movimento circular uniforme de raio 5,0 m e período 2,0 s. Determine a velocidade angular e a intensidade da resultante centrípeta do movimento.

R1. (UF-MG) Devido a um congestionamento aéreo, o avião em que Flávia viajava permaneceu voando em uma trajetória horizontal e circular, com velocidade de módulo constante.
Considerando-se essas informações, é correto afirmar que, em certo ponto da trajetória, a resultante das forças que atuam no avião é:

a) horizontal.
b) vertical, para baixo.
c) vertical, para cima.
d) nula.

R2. (Fuvest-SP) Um carrinho é largado do alto de uma montanha-russa, conforme a figura. Ele se movimenta, sem atrito e sem se soltar dos trilhos, até atingir o plano horizontal. Sabe-se que os raios de curvatura da pista em *A* e *B* são iguais.

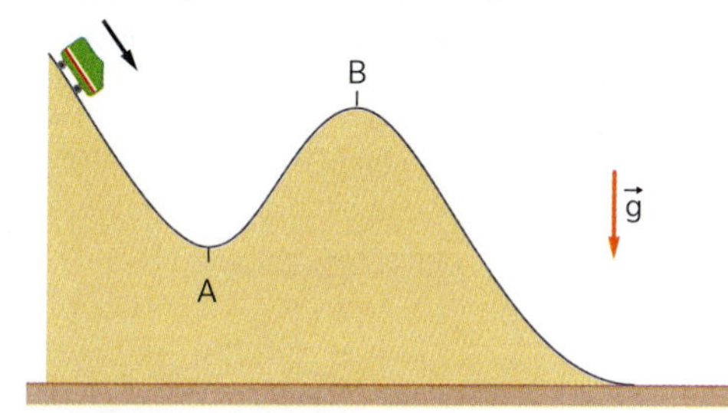

Considere as seguintes afirmações:

I. No ponto *A*, a resultante das forças que agem sobre o carrinho é dirigida para baixo.
II. A intensidade da força centrípeta que age sobre o carrinho é maior em *A* do que em *B*.
III. No ponto *B*, o peso do carrinho é maior do que a intensidade da força normal que o trilho exerce sobre ele.

Está correto apenas o que se afirma em:

a) I
b) II
c) III
d) I e II
e) II e III

R3. (U. F. Juiz de Fora-MG) Um artista de circo, de peso *P*, pretende fazer uma apresentação utilizando uma corda que está presa em um ponto fixo, a uma determinada altura, como mostram as figuras 1a e 1b. A aceleração gravitacional é *g*, e a trajetória descrita pelo artista será um arco de circunferência de raio *R*.

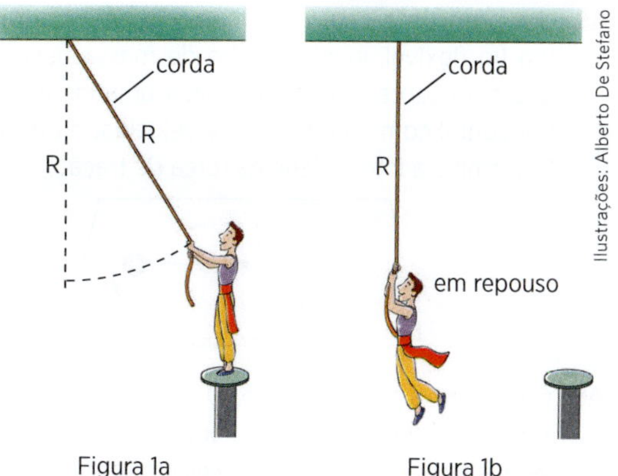

Figura 1a Figura 1b

a) Com medo, o artista resolve testar se a corda suporta ou não o seu peso, ficando pendurado em repouso, por algum tempo, conforme a figura 1b. Faça o diagrama de forças atuando sobre o artista de acordo com a figura 1b (considere o artista como um ponto para fazer o diagrama). Não se esqueça de identificar as forças e, utilizando a Segunda Lei de Newton, determine a tensão atuando sobre a corda.
b) Depois de verificar que a corda suporta o seu peso na posição, o artista salta, preso à corda, de uma determinada altura (fig. 1a). A sua velocidade inicial é zero. A trajetória do artista é, inicialmente, um arco de circunferência de raio *R*, como descrito na figura 1a. No entanto, quando o artista passa pela primeira vez no ponto mais baixo da sua trajetória, a corda arrebenta. Faça o diagrama e, utilizando a Segunda Lei de Newton, escreva uma equação para a tensão no instante imediatamente antes de a corda arrebentar.
c) Qual foi o erro do artista? Isto é, por que o seu teste não funcionou?

R4. (Fuvest-SP) Um caminhão, com massa total de 10 000 kg, está percorrendo uma curva circular plana e horizontal a 72 km/h (ou seja, 20 m/s) quando encontra uma mancha de óleo na pista e perde completamente a aderência. O caminhão encosta então no muro lateral que acompanha a curva e que o mantém em trajetória circular de raio igual a 90 m. O coeficiente de atrito entre o caminhão e o muro vale 0,3. Podemos afirmar que, ao encostar no muro, o caminhão começa a perder velocidade à razão de, aproximadamente:

a) $0{,}07\ m \cdot s^{-2}$
b) $1{,}3\ m \cdot s^{-2}$
c) $3{,}0\ m \cdot s^{-2}$
d) $10\ m \cdot s^{-2}$
e) $67\ m \cdot s^{-2}$

Movimento circular em plano horizontal e em plano vertical

A seguir são apresentados exercícios sobre movimento circular em que corpos, presos a fios, descrevem trajetórias num plano horizontal ou num plano vertical.

Aplicação

A5. Um ponto material com massa de 2,0 kg, preso a um fio flexível, inextensível e de massa desprezível, descreve sobre uma mesa polida uma circunferência horizontal com raio de 1,0 m e velocidade de 2,0 m/s. Determine a intensidade da força de tração.

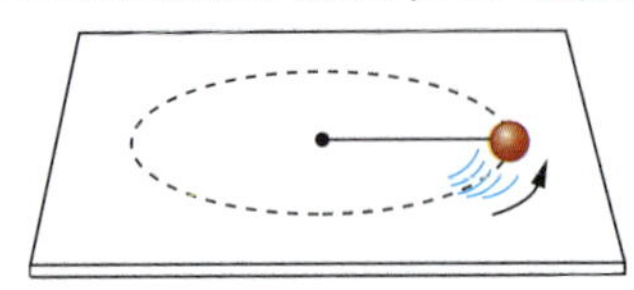

A6. Considere a figura abaixo. O sistema por ela representado gira em um plano horizontal, sem atrito, com velocidade angular constante ω, em torno do ponto *O* fixo no plano. Os fios são ideais.

Determine a razão $\frac{T_1}{T_2}$ entre a tração no fio interno (T_1) e a tração no fio externo (T_2).

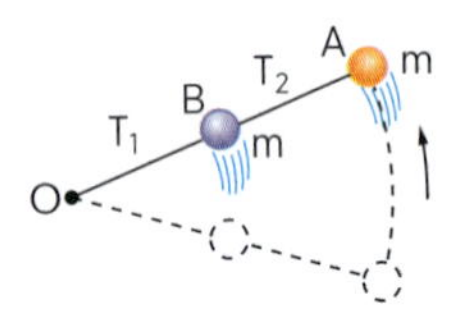

A7. Um ponto material com massa de 1,0 kg está preso a um fio de comprimento 0,50 m.

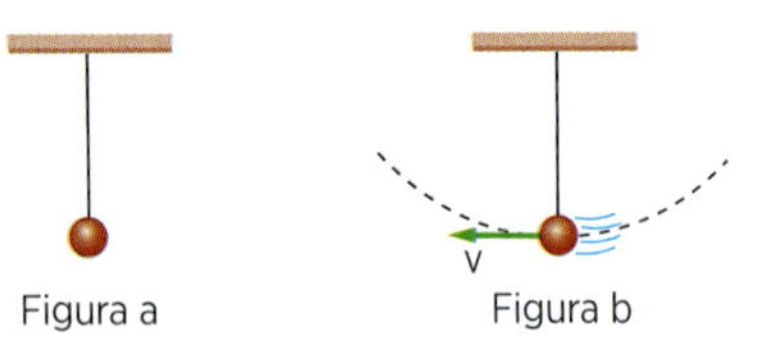

Figura a   Figura b

Determine a intensidade da força de tração no fio, nos casos em que:

a) o ponto material está em repouso (fig. a);

b) o ponto material passa pela posição mais baixa com velocidade escalar de 2,0 m/s (fig. b).

Adote g = 10 m/s².

A8. Uma esfera com massa de 2,0 kg presa a um fio inextensível de 2,0 m de comprimento efetua um movimento circular, segundo a vertical, de modo que, quando ela passa pelo ponto mais alto da trajetória, sua velocidade é de 5,0 m/s. Nessas condições, admitindo g = 10 m/s², determine a intensidade da força de tração no fio.

A9. Uma pequena esfera com 1,0 kg de massa, presa a um fio ideal de comprimento 0,50 m, oscila num plano vertical. Determine a intensidade da força de tração no fio na posição *C* indicada na figura, onde a velocidade da esfera é 3,0 m/s.

Dados: g = 10 m/s²; sen 60° = $\frac{\sqrt{3}}{2}$; cos 60° = $\frac{1}{2}$.

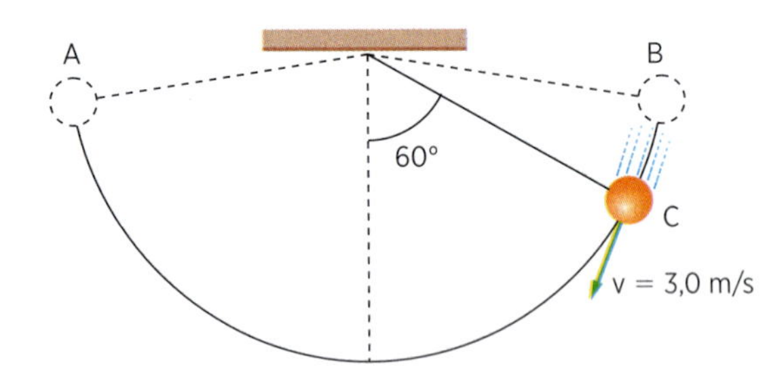

Verificação

V5. Um objeto com massa de 4,0 kg, preso na extremidade de uma corda de 1,0 m de comprimento e massa desprezível, descreve um movimento circular uniforme sobre uma mesa horizontal. A tração na corda tem intensidade $2{,}0 \cdot 10^2$ N. Determine a aceleração e a velocidade do objeto.

V6. Uma pequena esfera de massa m = 0,10 kg oscila num plano vertical e passa pelo ponto mais baixo da trajetória com velocidade 4,0 m/s. Determine a intensidade da força de tração no fio, nessa posição. O fio tem comprimento de 2,0 m; adote g = 10 m/s². Qual seria a intensidade da força de tração no fio se a esfera estivesse em repouso?

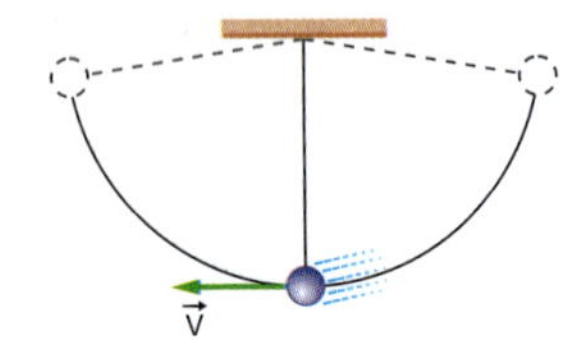

V7. Uma pequena esfera de massa igual a 0,50 kg descreve uma trajetória circular num plano vertical por meio de um fio de comprimento igual a 2,0 m. No ponto mais alto da trajetória, a velocidade escalar da esfera é 6,0 m/s. Utilizando g = 10 m/s², determine a intensidade da força de tração no fio, no instante em que a esfera passa pela citada posição.

V8. Uma partícula de massa m = 0,10 kg presa a um fio ideal oscila entre as posições *A* e *B*. Sendo o comprimento do fio igual a 2,0 m, determine a intensidade da força de tração no fio, na posição *A*.

Dados: g = 10 m/s²; sen 60° = $\frac{\sqrt{3}}{2}$; cos 60° = $\frac{1}{2}$.

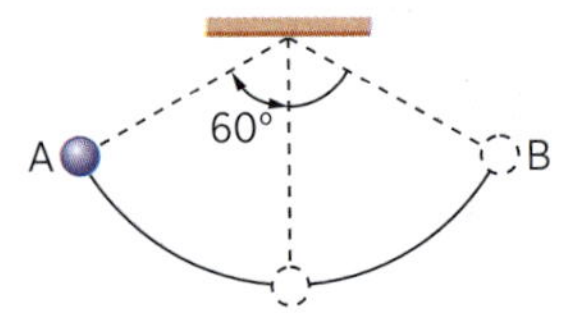

R5. Um carrinho com 0,50 kg de massa, preso à extremidade de um fio ideal de 0,80 m de comprimento, descreve uma circunferência em uma mesa horizontal, sem atrito. A máxima força a que o fio resiste sem se romper tem intensidade de 10 N. Calcule a máxima velocidade que o carrinho pode ter para descrever a circunferência.

R6. (U. F. Juiz de Fora-MG) A figura abaixo mostra uma mesa plana, horizontal e sem atrito, na qual foi feito um furo.

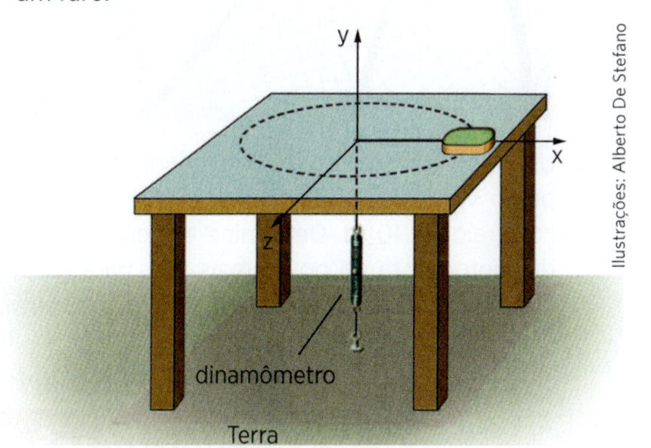

Por esse furo passa uma corda ideal que liga uma latinha de atum, de massa *m*, a um dinamômetro de massa desprezível, situado verticalmente abaixo do furo. O dinamômetro, por sua vez, encontra-se ligado à Terra por uma corda também ideal. A lata de atum realiza um movimento circular uniforme com velocidade escalar *v*. A distância do furo ao centro da base da lata é ℓ.

a) Determine o valor da força medida no dinamômetro.

b) Num dado instante, quando a lata se encontra sobre a mesa, nas coordenadas $x = \ell$ e $z = 0$, a corda se rompe. Descreva a trajetória que a lata realiza imediatamente após esse instante.

R7. (Mackenzie-SP) Um corpo de 1 kg, preso a uma mola ideal, pode deslizar sem atrito sobre uma haste AC, solidária à haste AB. A mola tem constante elástica igual a 500 N/m e o seu comprimento sem deformação é de 40 cm. A velocidade angular da haste AB, quando o comprimento da mola é 50 cm, vale:

a) 5 rad/s
b) 10 rad/s
c) 15 rad/s
d) 20 rad/s
e) 25 rad/s

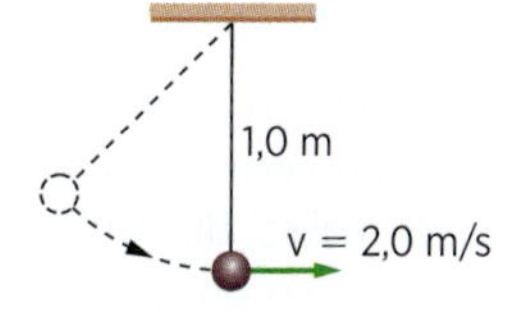

R8. (Efoa-MG) Uma esfera metálica com massa de 0,10 kg, presa à extremidade de um fio leve e inextensível de 1,0 m de comprimento, é abandonada de certa altura e passa pelo ponto mais baixo da trajetória com velocidade de módulo 2,0 m/s, como mostra a figura. Determine, no ponto mais baixo da trajetória:

a) a intensidade da força resultante na esfera;

b) a intensidade da força que traciona o fio.

Adote $g = 10\ m/s^2$ e despreze o efeito do ar.

R9. (UF-RJ) A figura representa uma roda-gigante que gira com velocidade angular constante em torno do eixo horizontal fixo que passa por seu centro *C*.

Numa das cadeiras há um passageiro, de 60 kg de massa, sentado sobre uma balança de mola (dinamômetro), cuja indicação varia de acordo com a posição do passageiro. No ponto mais alto da trajetória, o dinamômetro indica 234 N e no ponto mais baixo indica 954 N.

Considere a variação do comprimento da mola desprezível quando comparada ao raio da roda.

Calcule o valor da aceleração local da gravidade.

Lombada e depressão numa estrada. O globo da morte

É muito comum as estradas e ruas brasileiras apresentarem lombadas e depressões. Nesta série de exercícios, devem ser consideradas as forças aplicadas a um veículo quando este descreve movimento curvilíneo ao passar por uma lombada ou por uma depressão.

Em outros exercícios são analisadas situações do tipo "globo da morte", em que se discute, por exemplo, a velocidade mínima que uma motocicleta deve ter quando está na parte mais alta desse equipamento, para completar o movimento circular sem "descolar" do piso em que se move.

Aplicação

A10. Um carro com massa de $1{,}0 \cdot 10^3$ kg percorre um trecho de estrada em lombada com velocidade escalar constante 10 m/s. O raio de cada curva é igual a $1{,}0 \cdot 10^2$ m. Determine a intensidade da reação normal que a pista exerce no carro nas posições *A* e *B*. Dado: $g = 10$ m/s^2.

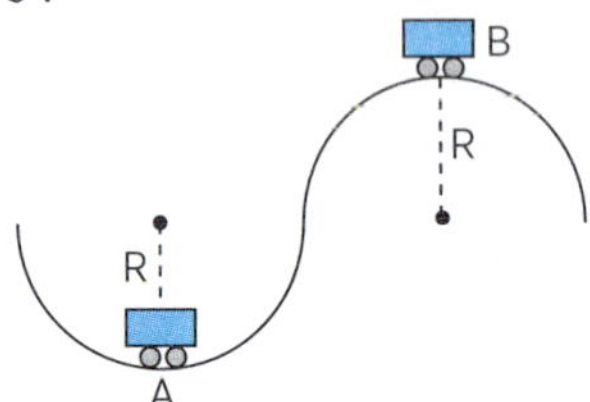

A11. Um motociclista realiza um movimento circular num plano vertical no interior de um globo da morte. A massa do homem mais a moto é $1{,}0 \cdot 10^3$ kg e o raio do globo é 5,0 m. Determine a intensidade da reação normal que o piso aplica na moto na posição mais elevada, sabendo que a velocidade escalar da moto nessa posição é de 10 m/s. Adote $g = 10$ m/s^2.

Mar Photographics/Alamy/Glow Images

A12. Um motociclista realiza movimento circular num plano vertical, no interior de um globo da morte com raio de 10 m. Determine a menor velocidade do motociclista no ponto mais alto, para conseguir efetuar a curva completa. Considere $g = 10$ m/s^2.

Verificação

V9. Um carro com massa de $5{,}0 \cdot 10^2$ kg percorre um trecho circular com raio de 50 m. Ao passar pelo ponto mais baixo da curva, sua velocidade é de 10 m/s. Determine a intensidade F_N da reação normal que a pista exerce no carro. Adote $g = 10$ m/s^2.

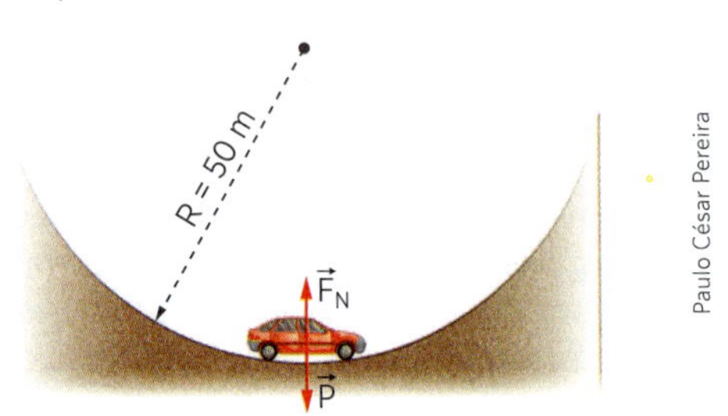

Paulo César Pereira

V10. Um motociclista realiza movimento circular num plano vertical no interior de um globo da morte.

Paulo César Pereira

As velocidades escalares nas posições *A* e *B* são, respectivamente, 20 m/s e $10\sqrt{2}$ m/s. A massa da moto e de seu ocupante é de 500 kg e o raio do globo é de 5 m. Determine a intensidade da reação normal que a pista exerce na moto nas posições *A* e *B*. É dado $g = 10$ m/s^2.

V11. Uma pequena esfera é lançada horizontalmente do ponto *A* com a menor velocidade possível para percorrer a pista circular e atingir a pista superior. Determine, nessas condições, a velocidade da esfera ao atingir o ponto mais alto, *B*.
Dados: $g = 10$ m/s^2 e $R = 0{,}40$ m.

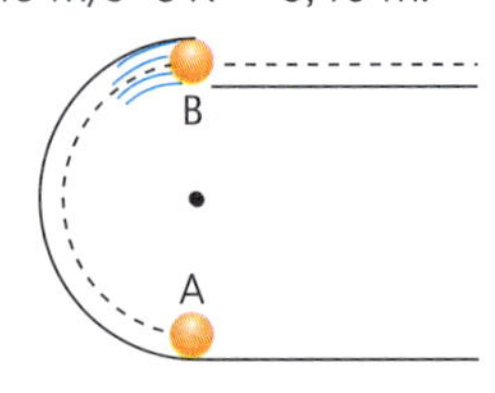

V12. Uma pequena esfera de massa *m* está presa à extremidade de um fio de comprimento ℓ e gira num plano vertical em torno da outra extremidade, que permanece fixa. Sabendo que a aceleração da gravidade no lugar é *g*, para a esfera permanecer em trajetória circular, qual sua menor velocidade *v* no ponto mais alto?

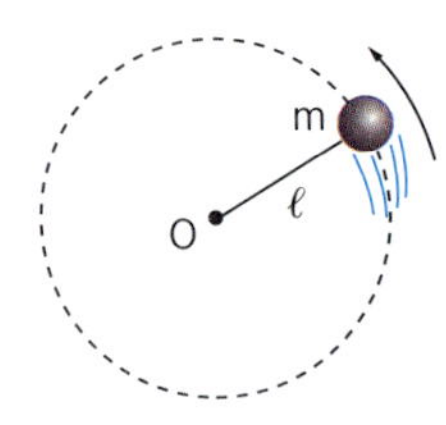

R10. (U. F. Juiz de Fora-MG) Um motoqueiro contou para um amigo que subiu em alta velocidade um viaduto e, quando chegou ao ponto mais alto deste, sentiu-se um pouco mais leve e por pouco não perdeu o contato com o chão.

Alberto De Stefano

Podemos afirmar que:

a) isso aconteceu em função de sua alta velocidade, que fez com que seu peso diminuísse um pouco naquele momento.

b) o fato pode ser mais bem explicado, levando-se em consideração que a força normal, exercida pela pista sobre os pneus da moto, teve intensidade maior que o peso naquele momento.

c) isso aconteceu porque seu peso, mas não sua massa, aumentou um pouco naquele momento.

d) esse é o famoso "efeito inercial", que diz que peso e normal são forças de ação e reação.

e) o motoqueiro se sentiu muito leve, porque a intensidade da força normal exercida sobre ele chegou a um valor muito pequeno naquele momento.

R11. (PUC-SP) A figura representa em um plano vertical um trecho dos trilhos de uma montanha-russa na qual um carrinho está prestes a realizar uma curva. Despreze atritos, considere a massa total dos ocupantes e do carrinho igual a 500 kg e a máxima velocidade com que o carrinho consegue realizar a curva sem perder contato com os trilhos igual a 36 km/h. O raio da curva, considerada circular, é, em metros, igual a: ($g = 10\ m/s^2$)

Alberto De Stefano

a) 1,0
b) 3,6
c) 6,0
d) 10
e) 18

R12. (UF-RN) Nos parques de diversões, as pessoas são atraídas por brinquedos que causam ilusões, desafios e estranhas sensações de movimento.

Por exemplo, numa roda-gigante em movimento, as pessoas têm sensações de mudança do próprio peso. Num brinquedo desse tipo, as pessoas ficam em cadeiras que, tendo a liberdade de girar, se adaptam facilmente à posição vertical, deixando as pessoas de cabeça para cima. Esse brinquedo faz as pessoas realizarem um movimento circular sempre no plano vertical, conforme ilustrado na figura.

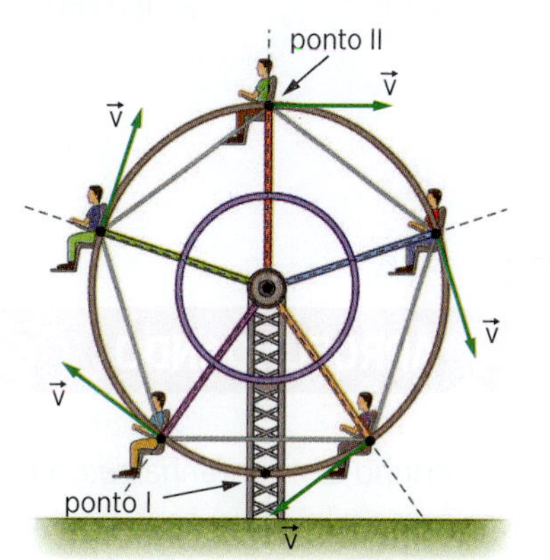

Paulo César Pereira

Imaginando uma pessoa na roda-gigante, considere:

I. g, o módulo da aceleração da gravidade local;

II. m, v e R, respectivamente, a massa, o módulo da velocidade (suposto constante) e o raio da trajetória do centro de massa da pessoa;

III. F_N, o módulo da força de reação normal exercida pelo assento da cadeira sobre a pessoa;

IV. $\frac{v^2}{R}$, o módulo da aceleração centrípeta.

Diante do exposto, atenda às solicitações abaixo.

a) Faça o diagrama das forças que atuam na pessoa, considerando o ponto indicado na figura em que essa pessoa tem maior sensação de peso. Justifique sua resposta.

b) Determine o valor da velocidade da roda-gigante para que a pessoa tenha a sensação de imponderabilidade (sem peso) no ponto II.

c) Determine o trabalho realizado sobre a pessoa, pela força resultante, quando a roda-gigante se move do ponto I até o ponto II.

R13. (Unicamp-SP) A figura descreve a trajetória ABMCD de um avião em um voo em um plano vertical. Os trechos AB e CD são retas. O trecho BMC é um arco de 90° de uma circunferência de 2,5 km de raio. O avião mantém velocidade de módulo constante igual a 900 km/h. O piloto tem massa de 80 kg e está sentado sobre uma balança (de mola) nesse voo experimental. Pergunta-se:

a) Quanto tempo o avião leva para percorrer o arco BMC?

b) Qual a marcação da balança no ponto M (ponto mais baixo da trajetória)? Adote $g = 10\ m/s^2$.

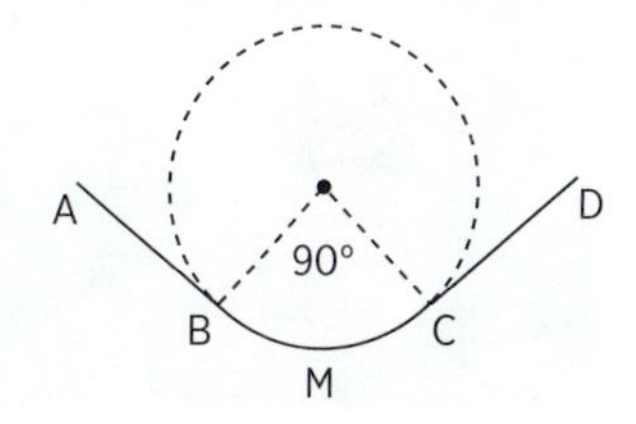

R14. (F. M. ABC-SP) Nas comemorações de aniversário de certa cidade, o aeroclube promove um *show*, no qual três aviadores realizam um *looping*. Sabe-se que o raio da trajetória é de 360 m. Qual é a mínima velocidade de cada avião para que o espetáculo seja coroado de êxito? ($g = 10$ m/s^2)

a) 60 km/h
b) 216 km/h
c) 36 km/h
d) 360 km/h
e) 160 km/h

Dza'n/Glow Images

APROFUNDANDO

Sérgio Dotta Jr/The Next

Um carrinho de montanha-russa faz uma curva no plano vertical (*loop*) e não cai, assim como não caem seus passageiros. No globo da morte, um motociclista gira numa esfera e consegue manter seu movimento, mesmo quando se encontra de cabeça para baixo no ponto mais alto do globo.

Quando fazemos girar um balde cheio de água, num plano vertical, segurando-o pela alça, com velocidade conveniente, o líquido não cai. Será que, fazendo essa experiência, estamos reproduzindo uma situação semelhante às anteriores? Explique.

Estrada com pista horizontal e com pista sobrelevada. O pêndulo cônico e o rotor

Os exercícios a seguir tratam de veículos que descrevem movimentos em pistas horizontais e em pistas sobrelevadas, isto é, nas quais a parte externa é mais elevada que a parte interna. Nessas situações, devem-se analisar as forças atuantes no carro que garantem a resultante centrípeta, a qual lhe permite realizar sua trajetória curvilínea.

Em outros exercícios, são apresentadas situações com pêndulo cônico e rotor, nas quais também devem ser consideradas as forças atuantes que determinam a resultante centrípeta.

Aplicação

A13. Um carro com massa de $1,0 \cdot 10^3$ kg percorre com velocidade de 20 m/s uma curva com raio de $1,0 \cdot 10^2$ m numa estrada horizontal. Determine o mínimo valor do coeficiente de atrito lateral entre os pneus e a pista, para que o carro não derrape. Dado: $g = 10$ m/s^2.

Paulo César Pereira

A14. Uma pequena esfera de massa $m = 1,6$ kg, suspensa por um fio inextensível, efetua um movimento circular uniforme em um plano horizontal. O raio da circunferência descrita é $R = 1,2$ m.

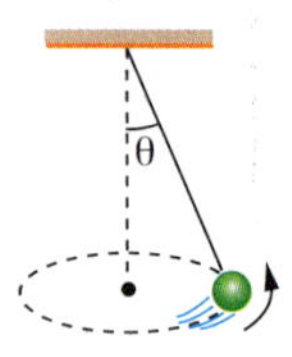

Sendo $\operatorname{sen} \theta = 0,60$ e $\cos \theta = 0,80$ e adotando $g = 10$ m/s^2, determine:

a) a intensidade da força de tração no fio;
b) a velocidade escalar da esfera.

A15. Um carro com massa de $1,0 \cdot 10^3$ kg percorre com velocidade de 20 m/s uma curva com raio de $1,0 \cdot 10^2$ m, numa estrada onde a margem externa é mais elevada que a margem interna.

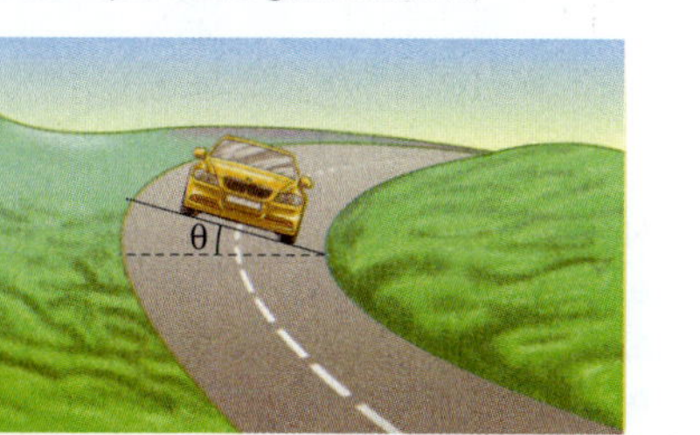

Paulo César Pereira

Determine o ângulo θ de sobrelevação da pista com a horizontal para que o carro consiga efetuar a curva independentemente da força de atrito. Considere $g = 10$ m/s².

A16. Admitamos que uma pessoa esteja apoiada, em pé, sobre o fundo de um cilindro e encostada em sua parede interna. O cilindro possui raio igual a 4,0 m e gira em torno do seu eixo vertical. Considerando $g = 10$ m/s² e o coeficiente de atrito μ entre a sua roupa e a superfície do cilindro igual a 0,40, determine a mínima velocidade angular ω que o cilindro deve ter para que, retirado o fundo dele, essa pessoa fique "presa" à sua parede.

Paulo César Pereira

Verificação

V13. Um carro com massa de 500 kg percorre uma estrada horizontal e circular com raio de 40 m. O coeficiente de atrito de escorregamento lateral entre os pneus e a pista é 0,25. Determine a máxima velocidade do carro, para que ele faça a curva sem derrapar. É dado $g = 10$ m/s².

V14. Um veículo desloca-se com velocidade de 10 m/s em uma pista circular de raio $R = 50$ m, sobrelevada. Determine a tangente do ângulo de inclinação do plano da pista com a horizontal, para que o veículo consiga efetuar a curva independentemente da força de atrito. Dado: $g = 10$ m/s².

V15. Uma esfera de massa $m = 1,0$ kg gira com velocidade angular constante $\omega = 10$ rad/s, descrevendo um movimento circular horizontal de raio $R = 10$ cm. A esfera está suspensa por meio de um fio, conforme a figura. Considere $g = 10$ m/s². Determine:

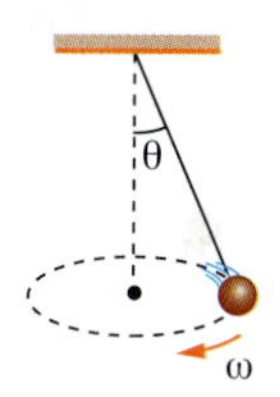

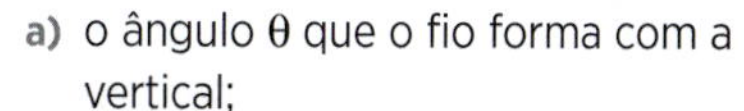

a) o ângulo θ que o fio forma com a vertical;

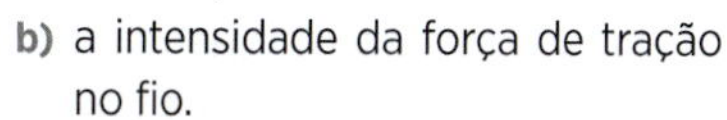

b) a intensidade da força de tração no fio.

V16. Um motociclista percorre a parede interna de um cilindro, num movimento circular uniforme horizontal. O raio do cilindro é igual a 8,0 m e o coeficiente de atrito de escorregamento vertical entre os pneus e a parede do cilindro é igual a 0,2. Determine a menor velocidade do motociclista para que ele não escorregue para baixo. Considere $g = 10$ m/s².

Paulo César Pereira

Revisão

R15. (U. F. Pelotas-RS) Um estudante, indo para a faculdade, em seu carro, desloca-se num plano horizontal, no qual descreve uma trajetória curvilínea de 48 m de raio, com uma velocidade constante em módulo. Entre os pneus e a pista, existe um coeficiente de atrito cinético de 0,3.

Considerando a figura, a aceleração da gravidade no local de 10 m/s² e a massa do carro de 1 200 kg, faça o que se pede.

a) Caso o estudante resolva imprimir uma velocidade de 60 km/h ao carro, ele conseguirá fazer a curva? Justifique.

b) A velocidade máxima possível para que o carro possa fazer a curva, sem derrapar, irá se alterar se diminuirmos a sua massa? Explique.

c) O vetor velocidade apresenta variações nesse movimento? Justifique.

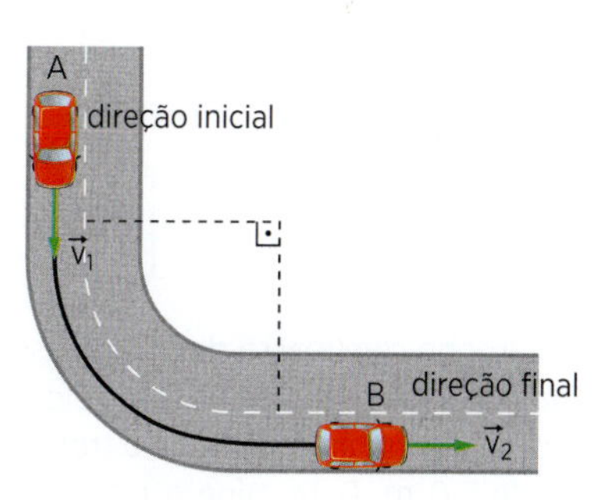

R16. (UF-RJ) Pistas com curvas de piso inclinado são projetadas para permitir que um automóvel possa descrever uma curva com mais segurança, reduzindo as forças de atrito da estrada sobre ele. Para simplificar, considere o automóvel como um ponto material.

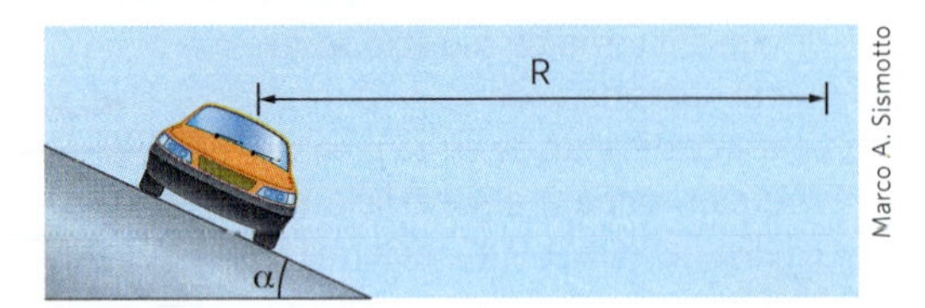

a) Suponha a situação mostrada na figura, onde se representa um automóvel descrevendo uma curva de raio R, contida em um plano horizontal, com velocidade de módulo V tal que a estrada não exerça forças de atrito sobre o automóvel. Calcule o ângulo α de inclinação da curva, em função do módulo da aceleração da gravidade g, de V e do raio R.

b) Suponha agora que o automóvel faça a curva de raio R, com uma velocidade maior do que V. Faça um diagrama representando por setas as forças que atuam sobre o automóvel nessa situação.

R17. (U. E. Maringá-PR) Em um pêndulo cônico (representado na figura), a bolinha descreve um movimento circular uniforme no plano horizontal. O comprimento da trajetória da bolinha é de aproximadamente 62,8 m e o ângulo formado entre o fio pendular e a vertical é de 45°. Considere $g = 10{,}0\ m/s^2$ e $\pi = 3{,}14$.

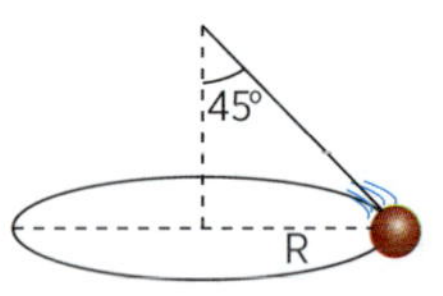

Nessas condições, a velocidade escalar da bolinha é, aproximadamente:

a) 12,0 m/s
b) 10,0 m/s
c) 5,0 m/s
d) 15,0 m/s
e) 1,0 m/s

R18. (FEI-SP) O cilindro de raio $R = 0{,}2$ m da figura gira em torno do eixo vertical com velocidade angular constante $\omega = 6$ rad/s. Nessas condições, um pequeno bloco, de massa $m = 0{,}050$ kg e peso $P = 0{,}49$ N, permanece em contato com o ponto A da parede interna do cilindro. Calcule as componentes horizontal e vertical da força exercida pelo cilindro sobre o bloco.

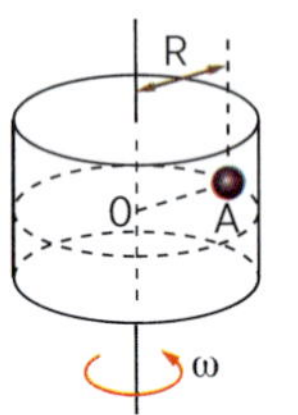

Resultante centrípeta e conservação da energia mecânica

Nestes exercícios, além do conceito de resultante centrípeta, deve-se aplicar a conservação da energia mecânica.

A17. Num local onde a aceleração da gravidade é $g = 10\ m/s^2$, abandona-se um pêndulo de uma altura $h = 0{,}20$ m em relação ao ponto mais baixo da trajetória. O fio é considerado ideal e a massa do pêndulo é $m = 5{,}0$ kg. Calcule a velocidade do pêndulo no ponto mais baixo da trajetória e a intensidade da força de tração no fio, nessa posição.

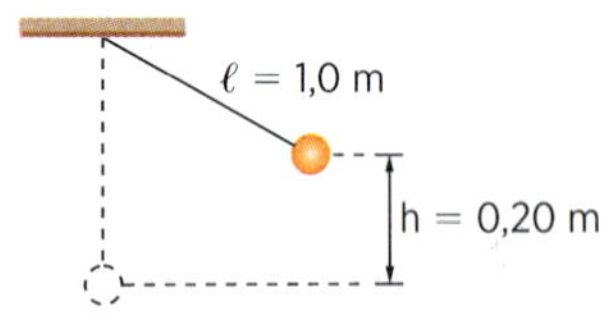

A18. Um carrinho com massa de 1,0 kg passa pelo ponto A da pista esquematizada com velocidade 12 m/s. A pista é perfeitamente lisa e o trecho circular tem raio de 2,0 m. Determine a intensidade da força que a pista exerce no carrinho no ponto C. Dado: $g = 10\ m/s^2$.

A19. Um corpo escorrega sem atrito numa guia que tem a forma esquematizada na figura. Determine a relação entre a altura mínima h e o raio R do percurso circular, sabendo que o corpo parte de A do repouso e percorre todo o trajeto sem descolar da guia.

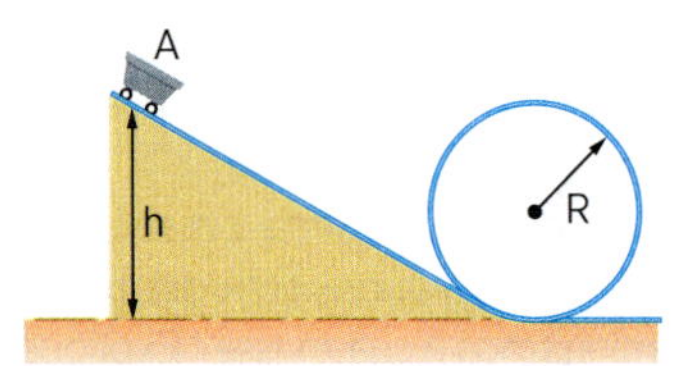

Verificação

V17. A figura mostra um pêndulo que tem presa a um fio, leve e inextensível, de comprimento $\ell = 2,0$ m, uma bola de ferro de massa m = 2,0 kg. O pêndulo é abandonado de uma altura h = 0,80 m, oscilando num plano vertical. Considerando g = 10 m/s^2, determine a força de tração no fio, no ponto mais baixo, e a velocidade do pêndulo.

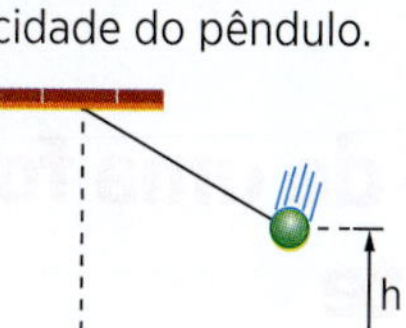

V18. A figura ilustra um carrinho que parte do repouso da posição *A* e percorre um trecho de uma montanha-russa. Desprezando-se todas as forças passivas que agem sobre o carrinho, o menor valor de *h* para que ele efetue a volta completa é:

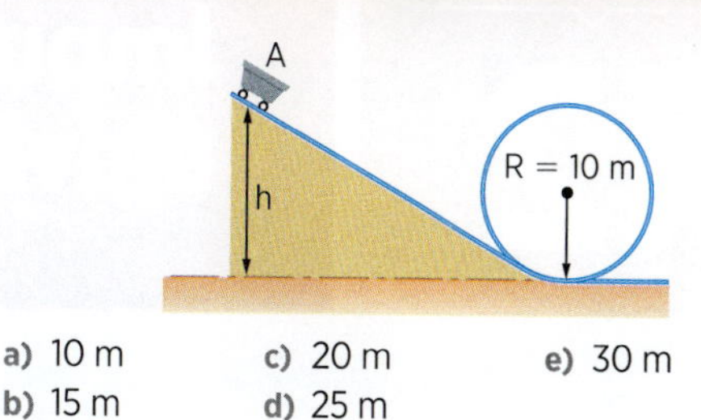

a) 10 m
b) 15 m
c) 20 m
d) 25 m
e) 30 m

V19. Qual a mínima velocidade v_0 com que o carrinho deve passar pelo ponto *A*, para percorrer a pista circular na figura? São dados a aceleração local da gravidade (*g*) e o raio da pista (*R*).

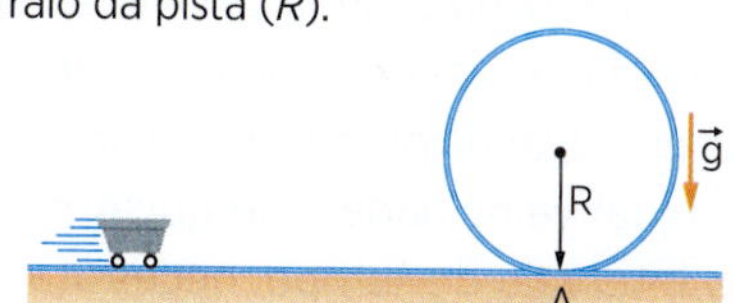

Revisão

R19. Um corpo de peso *P* preso à extremidade de um fio de massa desprezível é abandonado na posição indicada na figura, onde o fio forma com a vertical 60° (cos 60° = 0,5). Determine a tração no fio no ponto mais baixo da trajetória.

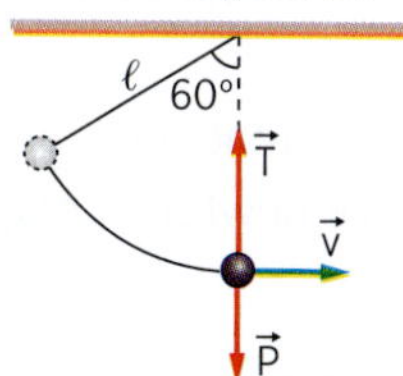

R20. (U. F. Viçosa-MG) Um pêndulo simples, constituído de um fio de massa desprezível e de comprimento *L*, tem uma de suas extremidades presa a um eixo no ponto *O* e na outra extremidade existe uma partícula de massa *M*. Abandona-se esse pêndulo na posição horizontal, no ponto *A*, a partir do repouso, conforme a figura. Esse pêndulo realiza um movimento no plano vertical, sob ação da aceleração gravitacional *g*.

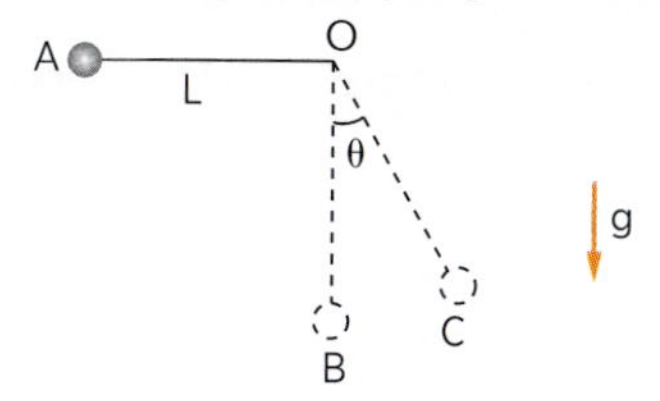

Com base nessas informações, determine:

a) A velocidade da partícula no exato instante em que ela passa no ponto mais baixo de sua trajetória (ponto *B*).
b) A intensidade, a direção e o sentido da tensão com que o fio atua sobre a partícula, nesse ponto *B*.

R21. (U. F. Juiz de Fora-MG) Em uma montanha-russa, um carrinho de 50 kg está parado no topo da parte mais alta, situada a 150 m do solo. Após descer uma rampa, o carrinho passa por um *loop*, de 60 m de diâmetro, apoiado no solo. Suponha que todos os atritos sejam desprezíveis.

a) Determine o valor do módulo da força de reação dos trilhos sobre o carrinho na parte mais baixa do *loop*.
b) Determine o valor do módulo da força de reação dos trilhos sobre o carrinho na parte mais alta do *loop*.

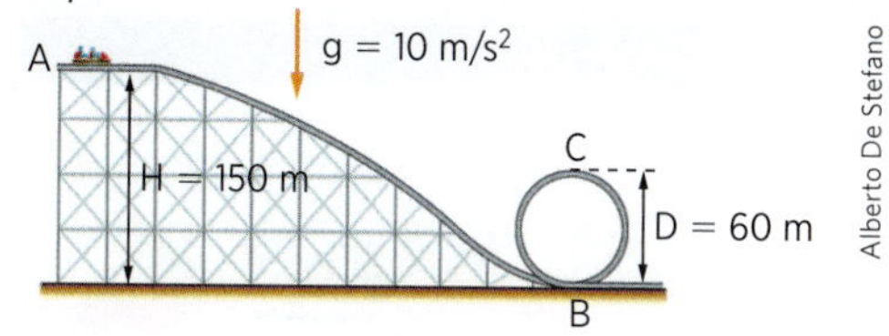

Alberto De Stefano

R22. (Mackenzie-SP) Uma esfera é abandonada do ponto *A* da curva indicada na figura.

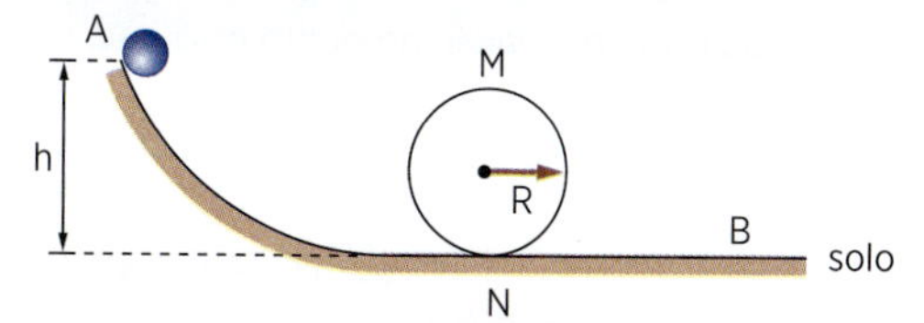

Desprezando todos os atritos, podemos afirmar que:

a) Para qualquer valor de *h* a esfera passa pelo ponto *M*.
b) A esfera só passará por *M* quando h = 2 · R.
c) Quando h = 2,5 · R, a normal à curva no ponto *M* é nula.
d) A energia potencial gravitacional da esfera em *A*, em relação ao solo, é igual à sua energia cinética em *M*.
e) No ponto *M* a esfera adquire a sua máxima velocidade.

capítulo

12 Impulso e quantidade de movimento

Introdução

A experiência nos mostra que, se quisermos frear em 1 s uma bicicleta que esteja com uma velocidade de 10 m/s, será necessário aplicar uma força muito intensa. Se, em lugar da bicicleta, considerarmos um carro com igual velocidade e se quisermos freá-lo no mesmo intervalo de tempo, necessitaremos de uma força de intensidade muito maior. Por outro lado, se o carro estivesse com velocidade de 20 m/s, a força de frenagem precisaria ter intensidade maior ainda, no mesmo intervalo de tempo. Nessas condições, a força requerida depende da velocidade e da massa do corpo. Note que os mesmos efeitos podem ser obtidos em intervalos de tempo maiores com a aplicação de forças menos intensas.

(a)

(b)

(c)

Figura 1

Esses fatos sugerem a introdução de duas novas grandezas: *impulso*, caracterizado pela força e pelo intervalo de tempo de sua atuação, e *quantidade de movimento*, que leva em conta a massa e a velocidade do corpo.

Impulso de uma força constante

Considere um ponto material sob ação de uma força $\vec{F}$ constante, durante um intervalo de tempo $\Delta t = t_2 - t_1$. Por definição, *impulso* da força $\vec{F}$ no intervalo de tempo Δt é a grandeza vetorial:

$$\vec{I} = \vec{F} \cdot \Delta t$$

Sendo o intervalo de tempo Δt uma grandeza escalar positiva, concluímos que o impulso $\vec{I}$ tem a mesma direção e o mesmo sentido da força $\vec{F}$ (fig. 2).

Representando por I e F as intensidades do impulso $\vec{I}$ e da força $\vec{F}$, respectivamente, podemos escrever: $I = F \cdot \Delta t$.

No Sistema Internacional, a unidade de intensidade do impulso é newton × segundo (N · s).

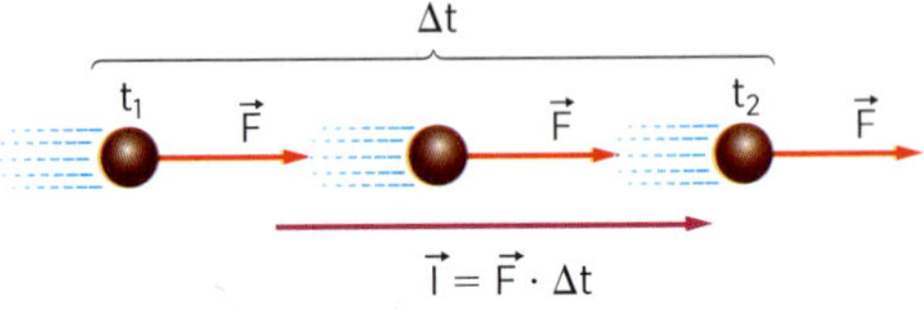

Figura 2

Método gráfico para cálculo da intensidade do impulso

No caso da força $\vec{F}$ constante, o gráfico da intensidade F em função do tempo t está representado na figura 3.

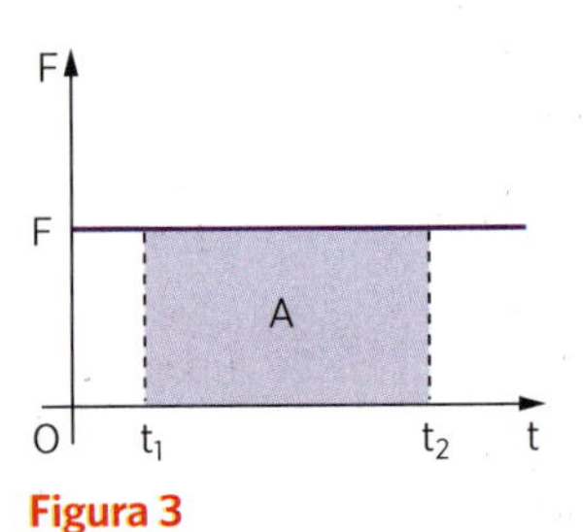

Figura 3

Calculando a área A do retângulo sombreado, temos:

$$A \cong F \cdot (t_2 - t_1) = F \cdot \Delta t$$

Sendo a intensidade do impulso $I = F \cdot \Delta t$, concluímos:

> **No gráfico cartesiano da intensidade da força *F* em função do tempo *t*, a área *A* é numericamente igual à intensidade do impulso *I* no intervalo Δt.**
>
> **$A = I$ (numericamente)**

A propriedade enunciada será válida mesmo quando a força $\vec{F}$ for *variável* em intensidade, mas de *direção constante*. Observe os exemplos:

- O gráfico da figura 4 representa a intensidade de uma força de direção e sentido constantes. A intensidade do impulso no intervalo 0 a 2 s é numericamente igual à área do triângulo sombreado:

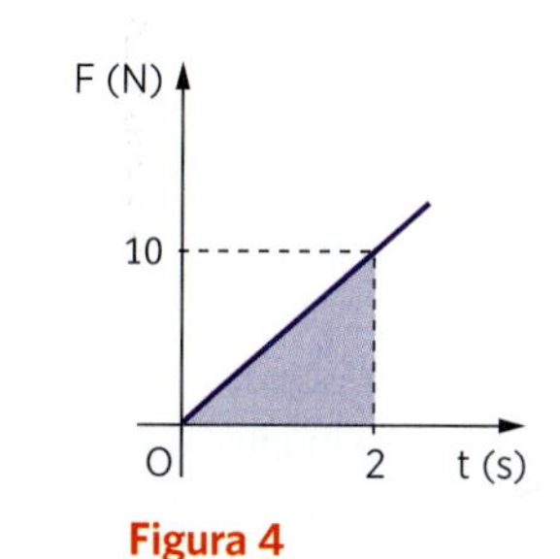

Figura 4

$$\text{área do triângulo} = \frac{\text{base}(2) \cdot \text{altura}(10)}{2} = 10$$

Portanto: $I = 10\ N \cdot s$

- O bloco da figura 5 desloca-se por ação de uma força $\vec{F}$, de intensidade variável, direção constante e *sentido variável*. Observe no diagrama cartesiano que, para distinguir os diferentes sentidos de $\vec{F}$, atribuímos sinais às suas intensidades (valor algébrico da força). Assim, o sentido da força no intervalo de 0 a 4 s é contrário ao sentido da força no intervalo de 4 s a 6 s, o mesmo acontecendo com os sentidos dos impulsos. Os módulos dos impulsos, nesses intervalos, são numericamente iguais às áreas dos triângulos A_1 e A_2, respectivamente.

$$A_1 = \frac{4 \cdot 10}{2} = 20 \Rightarrow I_1 = 20\ N \cdot s$$

$$A_2 = \frac{2 \cdot 5}{2} = 5 \Rightarrow I_2 = 5\ N \cdot s$$

No intervalo de 0 a 6 s, o impulso resultante $\vec{I}$ tem o sentido de $\vec{I}_1$ e módulo igual à diferença dos módulos $I = I_1 - I_2 = 15\ N \cdot s$. (Neste curso, o impulso de forças variáveis será calculado somente pelo método gráfico.)

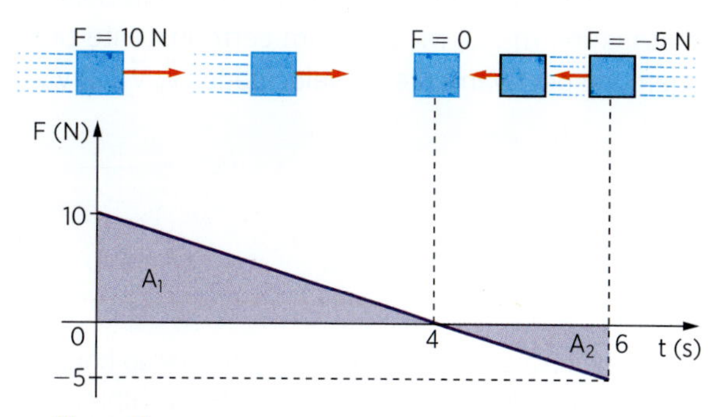

Figura 5

Quantidade de movimento de um ponto material

Considere um ponto material de massa *m* que, num certo instante, possui velocidade $\vec{v}$.

Por definição, *quantidade de movimento* do ponto material no instante em questão é a grandeza vetorial:

$$\vec{Q} = m \cdot \vec{v}$$

Sendo a massa uma grandeza escalar positiva, concluímos que a quantidade de movimento $\vec{Q}$ tem a mesma direção e o mesmo sentido da velocidade $\vec{v}$ (fig. 6).

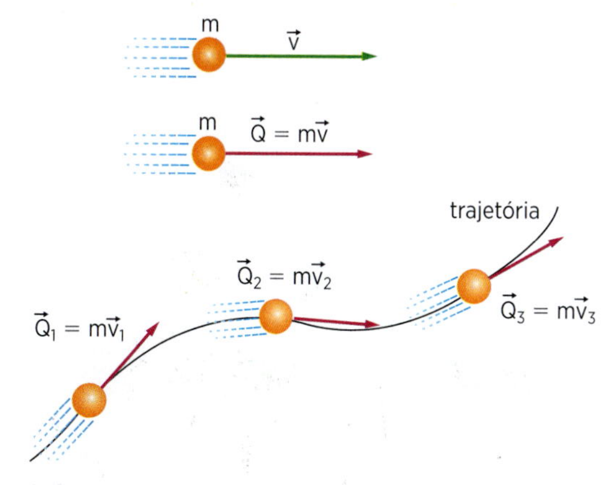

Figura 6

Representando por Q e v os módulos da quantidade de movimento $\vec{Q}$ e da velocidade $\vec{v}$, respectivamente, podemos escrever $Q = mv$.

No Sistema Internacional, a unidade de medida do módulo da quantidade de movimento é $kg \cdot m/s$.

Quantidade de movimento de um sistema de pontos materiais

Considere um sistema de pontos materiais de massas m_1, m_2, ..., m_n que num certo instante possuem, respectivamente, as velocidades $\vec{v}_1$, $\vec{v}_2$, ..., $\vec{v}_n$.

Por definição, a quantidade de movimento do sistema de pontos materiais, no instante em questão, é a soma das quantidades de movimento dos pontos do sistema:

$$\vec{Q} = m_1\vec{v}_1 + m_2\vec{v}_2 + \ldots m_n\vec{v}_n$$

Aplicação

A1. Uma força com intensidade de 10 N, direção horizontal e sentido da esquerda para a direita, é aplicada a uma partícula durante 2,0 s. Determine a intensidade, a direção e o sentido do impulso dessa força.

F = 10 N

A2. Uma partícula descreve uma trajetória retilínea sob a ação de uma força cuja intensidade varia com o tempo, de acordo com o gráfico.

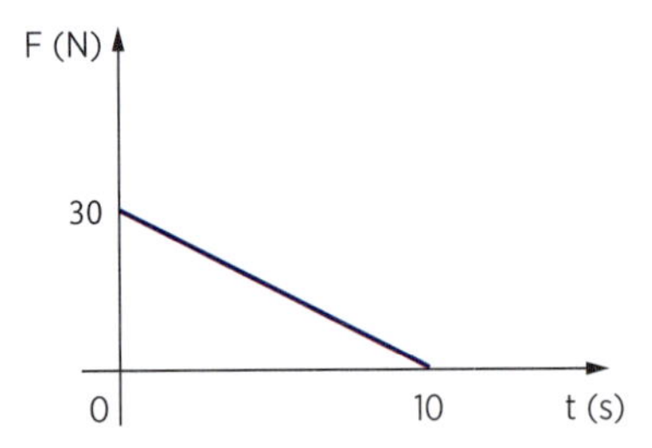

Determine:

a) a intensidade do impulso da força no intervalo de tempo de 0 a 10 s;

b) a intensidade da força constante que produz o mesmo impulso que a força de intensidade variável dada.

Essa força constante recebe o nome de *força média*.

A3. Uma partícula de massa m = 1,0 kg possui, num certo instante, velocidade $\vec{v}$ de módulo v = 2,0 m/s, direção vertical e sentido ascendente. Determine o módulo, a direção e o sentido da quantidade de movimento apresentados pela partícula no instante considerado.

A4. Uma partícula em movimento retilíneo desloca-se obedecendo à função horária $s = 9{,}0t + 2{,}0t^2$, sendo *s* e *t* medidos em unidades do SI. A massa da partícula é $2{,}0 \cdot 10^{-1}$ kg. Calcule o módulo da quantidade de movimento da partícula no instante t = 3,0 s.

Verificação

V1. Um jogador chuta uma bola, aplicando-lhe uma força de intensidade $5{,}0 \cdot 10^2$ N em $1{,}0 \cdot 10^{-1}$ s. Determine a intensidade do impulso dessa força.

Alberto De Stefano

V2. Um ponto material realiza um movimento retilíneo sob ação de uma força cujo valor algébrico varia com o tempo, de acordo com o gráfico.

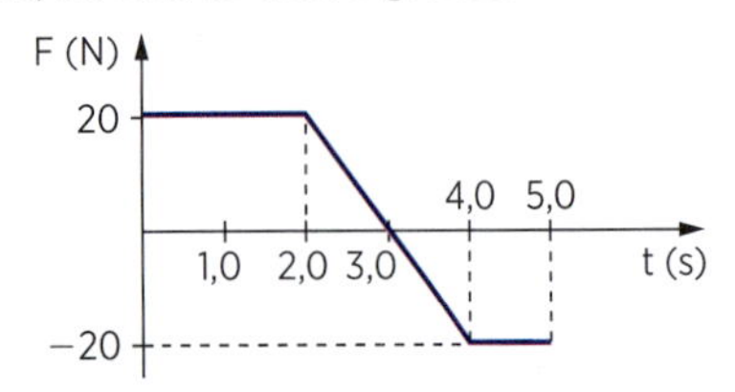

Determine o módulo do impulso dessa força nos intervalos: 0 a 3,0 s; 3,0 a 5,0 s e 0 a 5,0 s.

V3. Uma partícula de massa m = 0,1 kg realiza um movimento circular uniforme com velocidade escalar v = 2 m/s. A respeito da quantidade de movimento da partícula, podemos afirmar que:

a) é constante.

b) é constante só em direção.

c) é constante somente em módulo e vale 0,2 kg · m/s.

d) tem sentido apontado para o centro da trajetória.

e) é constante somente em módulo e vale 20 kg · m/s.

V4. Uma partícula realiza um movimento obedecendo à função s = 2 + 3t, sendo *s* em metros e *t* em segundos. A massa da partícula é 0,2 kg. Determine o módulo da quantidade de movimento da partícula no instante t = 2 s.

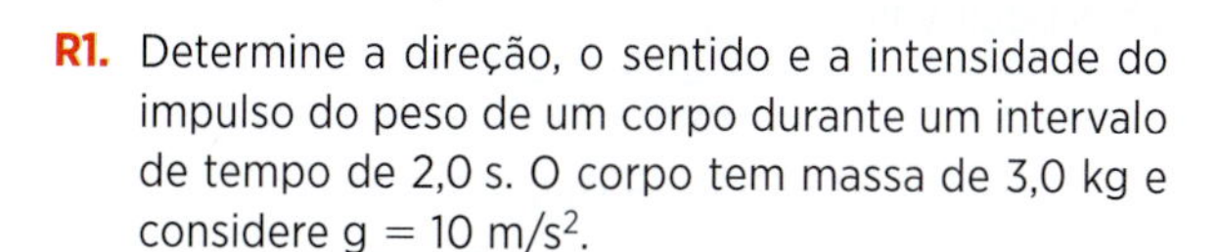

R1. Determine a direção, o sentido e a intensidade do impulso do peso de um corpo durante um intervalo de tempo de 2,0 s. O corpo tem massa de 3,0 kg e considere $g = 10\ m/s^2$.

R2. (UF-PB) Pai e filho são aconselhados a correr para perder peso. Para que ambos percam calorias na mesma proporção, o instrutor da academia sugeriu que ambos desenvolvam a mesma quantidade de movimento. Se o pai tem 90 kg e corre a uma velocidade de 2 m/s, o filho, com 60 kg, deverá correr a:

a) 1 m/s
b) 5 m/s
c) 4 m/s
d) 2 m/s
e) 3 m/s

R3. (Mackenzie-SP) Durante sua apresentação numa pista de gelo, um patinador de 60 kg, devido à ação exclusiva da gravidade, desliza por uma superfície plana, ligeiramente inclinada em relação à horizontal, conforme ilustra a figura.

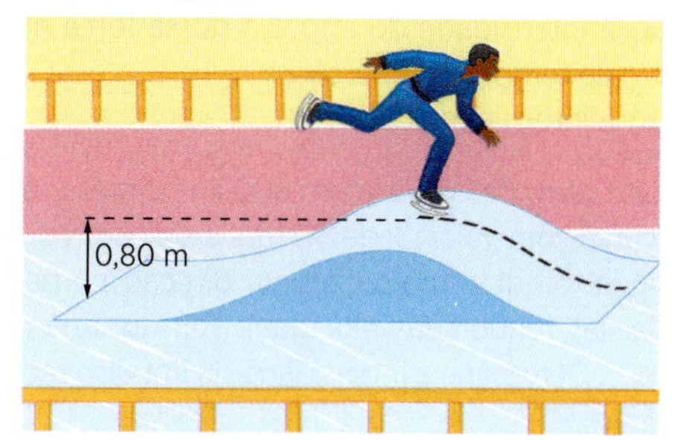

Lettera Studio

O atrito é praticamente desprezível. Quando esse patinador se encontra no topo da pista, sua velocidade é zero e, ao atingir o ponto mais baixo da trajetória, sua quantidade de movimento tem módulo:

a) $1{,}20 \cdot 10^2\ kg \cdot m/s$
b) $1{,}60 \cdot 10^2\ kg \cdot m/s$
c) $2{,}40 \cdot 10^2\ kg \cdot m/s$
d) $3{,}60 \cdot 10^2\ kg \cdot m/s$
e) $4{,}80 \cdot 10^2\ kg \cdot m/s$

Dado: $g = 10\ m/s^2$.

R4. (Unama-PA) O gráfico representa a variação do módulo do momento linear de uma partícula de 2,0 kg de massa, em função do tempo, em unidades do Sistema Internacional.

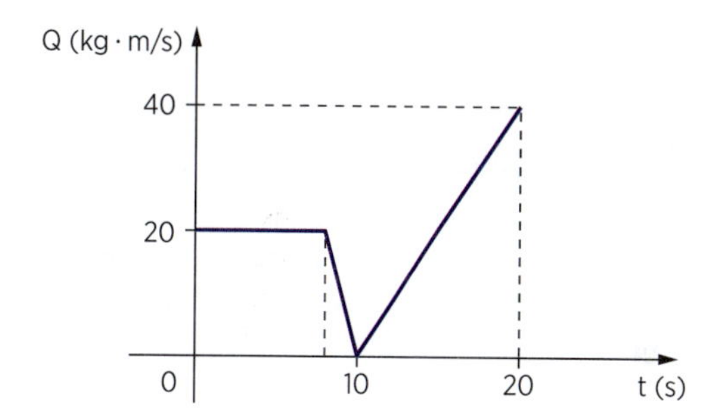

O trabalho realizado pela força resultante na partícula, nos 20 s de movimento, é igual a:

a) $1{,}0 \cdot 10^2\ J$
b) $2{,}0 \cdot 10^2\ J$
c) $3{,}0 \cdot 10^2\ J$
d) $4{,}0 \cdot 10^2\ J$
e) $5{,}0 \cdot 10^2\ J$

Teorema do Impulso para um ponto material

O impulso da resultante das forças que atuam sobre um ponto material num certo intervalo de tempo é igual à variação da quantidade de movimento do ponto material no mesmo intervalo de tempo.

$$\vec{I}_{resultante} = \vec{Q}_2 - \vec{Q}_1$$

Embora esse teorema seja válido para qualquer tipo de movimento, vamos demonstrá-lo apenas para o caso em que o movimento é retilíneo e uniformemente variado (fig. 7). Nessas condições, a resultante $\vec{F}$ é constante e a aceleração vetorial média coincide com a instantânea. Assim, pelo Princípio Fundamental da Dinâmica, temos:

$$\vec{F} = m \cdot \vec{a} \Rightarrow \vec{F} = m \cdot \frac{\Delta \vec{v}}{\Delta t} \Rightarrow \vec{F} \cdot \Delta t = m \cdot \Delta \vec{v} \Rightarrow$$

$$\Rightarrow \vec{F} \cdot \Delta t = m(\vec{v}_2 - \vec{v}_1) \Rightarrow \vec{F} \cdot \Delta t = m\vec{v}_2 - m\vec{v}_1$$

$$\vec{I}_{resultante} = \vec{Q}_2 - \vec{Q}_1$$

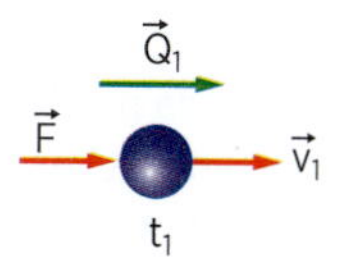

Figura 7

Por exemplo, uma partícula com 1,0 kg de massa realiza um movimento retilíneo com velocidade escalar 3,0 m/s. Uma força $\vec{F}$, constante, paralela à trajetória e no mesmo sentido do movimento, é aplicada à partícula durante 2,0 s e sua velocidade passa para 8,0 m/s (fig. 8).

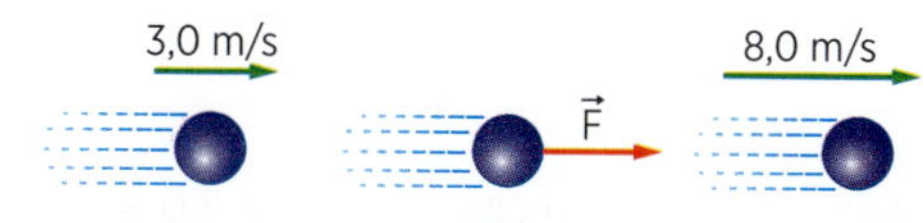

Figura 8

Vamos determinar a intensidade do impulso da força $\vec{F}$ e a intensidade de $\vec{F}$.

De acordo com o Teorema do Impulso, temos:

$$\vec{I} = \vec{Q}_2 - \vec{Q}_1$$

$$\vec{I} = m\vec{v}_2 - m\vec{v}_1$$

Quando os vetores $\vec{I}$, $\vec{v}_2$ e $\vec{v}_1$ têm a mesma direção, podemos transformar a igualdade vetorial anterior numa igualdade escalar, adotando um eixo com a direção dos vetores e projetando-os nesse eixo.

Os vetores com o mesmo sentido do eixo terão projeções positivas; aqueles de sentidos opostos terão projeções negativas.

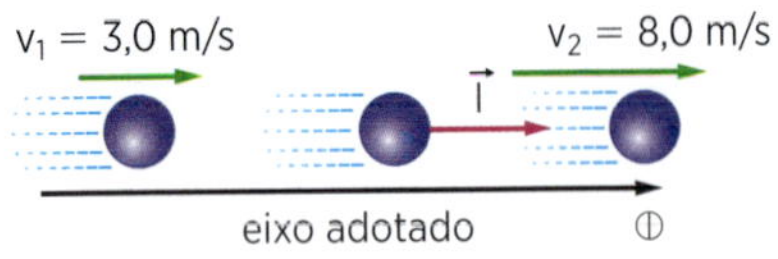

Figura 9

No caso em questão, como o eixo adotado tem sentido para a direita, todos os vetores terão projeções positivas:

$$\vec{I} = m\vec{v}_2 - m\vec{v}_1$$

$$I = mv_2 - mv_1$$

$$I = 1{,}0 \cdot 8{,}0 - 1{,}0 \cdot 3{,}0$$

$$I = 5{,}0 \text{ N} \cdot \text{s}$$

Sendo $I = F \cdot \Delta t$, vem: $5{,}0 = F \cdot 2{,}0$

$$F = 2{,}5 \text{ N}$$

Aplicação

A5. Sobre uma partícula de 5,0 kg que se move a 20 m/s passa a atuar uma força constante com intensidade de $2{,}0 \cdot 10^2$ N, durante 2,0 s, no sentido do movimento. Determine o módulo da quantidade de movimento da partícula no instante em que termina a ação da força.

A6. Um corpo de massa *m* parte do repouso sob ação de uma força constante com intensidade de 5,0 N. Após 4,0 s o corpo atinge a velocidade de módulo 5,0 m/s. Determine:

a) o módulo da quantidade de movimento do corpo no instante t = 4,0 s;

b) a massa *m* do corpo.

A7. Uma partícula com massa de 2,0 kg realiza movimento retilíneo com velocidade de módulo 5,0 m/s. Uma força constante, paralela à trajetória, é aplicada na partícula durante 10 s. Após esse intervalo de tempo, a partícula passa a ter velocidade de módulo 5,0 m/s, mas sentido oposto ao inicial.

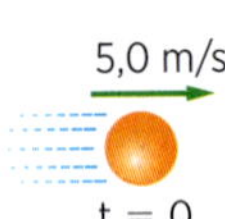

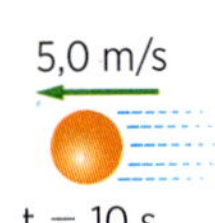

Determine:

a) a intensidade do impulso dessa força no intervalo de tempo em questão;

b) a intensidade da força.

A8. Um carro de corrida com 800 kg de massa entra numa curva com velocidade 30 m/s e sai com velocidade de igual módulo, porém numa direção perpendicular à inicial, tendo sua velocidade sofrido uma rotação de 90°. Determine a intensidade do impulso recebido pelo carro.

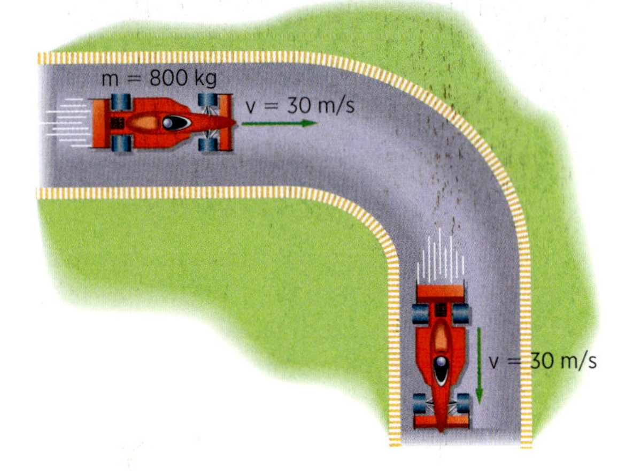

Verificação

V5. Sobre uma partícula com massa de 2,0 kg, movendo-se com velocidade de 10 m/s, passa a atuar uma força constante com 20 N de intensidade, durante 5,0 s, no sentido do movimento. Determine:

a) a intensidade do impulso da força;

b) o módulo da quantidade de movimento no instante em que termina a ação da força.

V6. Uma partícula descreve uma trajetória retilínea, sob ação de uma força constante que faz variar sua velocidade, como indica o diagrama. A partícula tem massa igual a 3 kg. Determine a intensidade do impulso da força no intervalo de 5 s a 8 s.

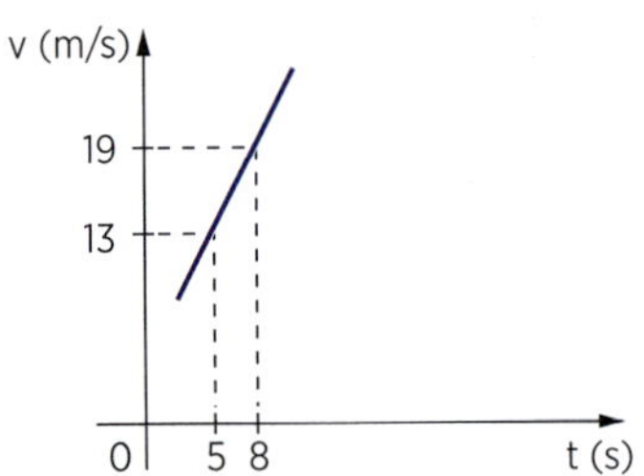

V7. Uma partícula com massa de 3,0 kg realiza um movimento retilíneo e uniforme com velocidade de módulo v. Uma força constante de 30 N de intensidade é aplicada à partícula, em sentido oposto ao do movimento inicial. Após 8,0 s verifica-se que a velocidade da partícula se anula. Qual o valor de v?

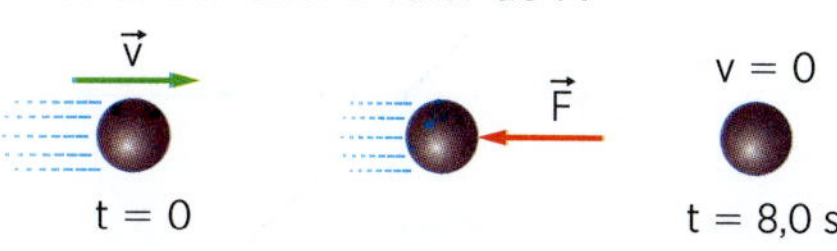

V8. Uma bola de massa m e velocidade de módulo v atinge um plano, conforme mostra a figura, voltando com velocidade de mesmo módulo v. Determine a intensidade do impulso recebido pela bola. Dados: m = 0,10 kg; v = 20 m/s.

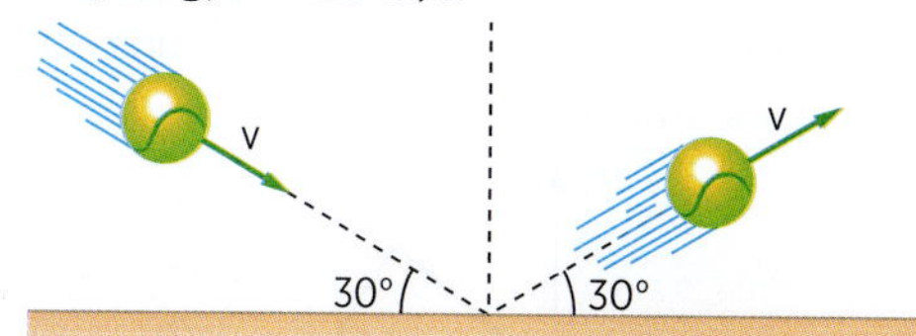

R5. (UF-RN) Um carrinho com massa de 2,0 kg se move com velocidade de 3,0 m/s quando passa a sofrer uma força, no mesmo sentido de sua velocidade, até que sua velocidade duplique de valor. O impulso da força aplicada tem, em newtons por segundo, módulo:

a) 1
b) 3
c) 6
d) 9
e) 12

R6. (UF-RJ) Para frear e parar completamente um corpo de massa M_1, que se move livremente com uma certa velocidade, é necessário aplicar uma força de módulo igual a 10 N durante 20 s. Para fazer a mesma coisa com um objeto de massa M_2, que tem a mesma velocidade do corpo de massa M_1, são necessários 20 N, em módulo, aplicados durante 20 s.

Calcule a razão $\frac{M_1}{M_2}$ entre as massas dos corpos.

R7. (U. E. Londrina-PR) Uma funcionária de um supermercado, com massa de 60 kg, utiliza patins para se movimentar no interior da loja. Imagine que ela se desloque de um ponto a outro, sob a ação de uma força resultante $\vec{F}$ constante, durante um intervalo de tempo de 2,0 s, com uma aceleração constante de módulo de 3,0 m/s², partindo do repouso. Assinale a alternativa que indica os valores do módulo do impulso (I) produzido por essa força $\vec{F}$ e a energia cinética (E_c) adquirida pela pessoa (despreze a ação do atrito e considere toda a massa concentrada no centro de massa dessa pessoa):

a) $I = 108\ N \cdot s$; $E_c = 3060\ J$
b) $I = 1080\ N \cdot s$; $E_c = 3600\ J$
c) $I = 180\ N \cdot s$; $E_c = 1800\ J$
d) $I = 360\ N \cdot s$; $E_c = 1080\ J$
e) $I = 720\ N \cdot s$; $E_c = 2160\ J$

R8. (U. E. Londrina-PR) Uma partícula, de massa m e velocidade constante de módulo V, sofre a ação de uma força $\vec{F}$, que nela atua durante um pequeno intervalo de tempo Δt. Ao cessar a ação da força, a partícula possui movimento uniforme com a mesma velocidade escalar V, porém numa direção que forma um ângulo de 60° com a direção inicial. O impulso exercido pela força sobre a partícula, nesse intervalo de tempo, teve intensidade:

a) nula
b) $m \cdot V$
c) $2m \cdot V$
d) $\frac{m \cdot V}{\Delta t}$
e) $\frac{2m \cdot V}{\Delta t}$

Aplicando o Teorema do Impulso

É muito comum o enunciado de problemas nos fornecer o gráfico F × t e pedir a velocidade da partícula num certo instante, conhecida a massa da partícula e sua velocidade inicial. Nesse caso, a partir do gráfico F × t, calculamos a área, que é numericamente igual à intensidade do impulso. Aplicando o Teorema do Impulso, calculamos a velocidade.

Outro tipo de exercício refere-se ao choque de uma partícula, de massa m e movendo-se horizontalmente com velocidade de módulo v, contra uma parede vertical. Se a partícula retornar com velocidade de mesmo módulo v, a variação da quantidade de movimento, que é igual ao impulso que a partícula recebe, terá módulo I = 2 mv (fig. 10).

De fato: $\vec{I} = m\vec{v}_2 - m\vec{v}_1$

Em relação ao eixo adotado:

$$I = mv - m(-v) \Rightarrow I = mv + mv$$

$$I = 2\,mv$$

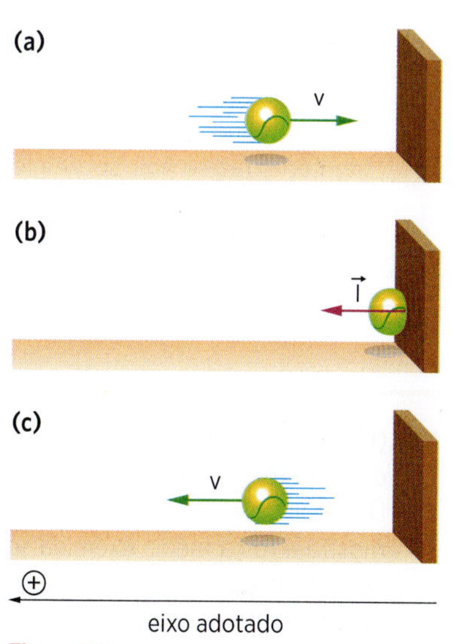

Figura 10

Aplicação

A9. Um corpo de massa m = 2,0 kg, inicialmente em repouso, está sob a ação da força resultante $\vec{F}$, de direção constante, cuja intensidade varia com o tempo, conforme o gráfico.

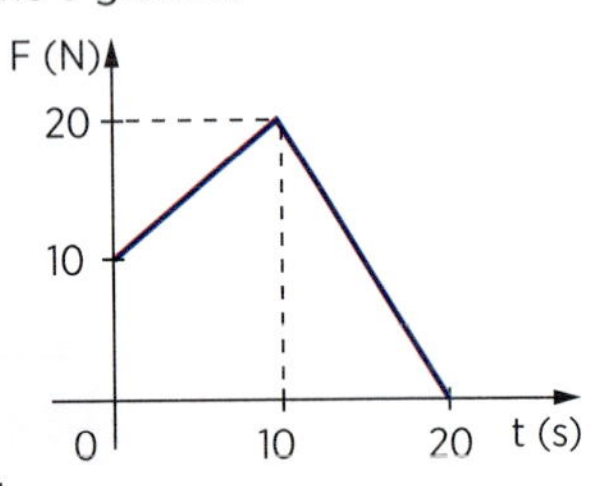

Determine:

a) a intensidade do impulso da força $\vec{F}$ no intervalo de tempo de 0 a 20 s;

b) a velocidade do corpo no instante t = 20 s.

A10. Uma partícula com massa de 10 g descreve um movimento sob ação de uma força de direção constante cujo valor algébrico varia com o tempo, conforme o gráfico. Sabendo que a velocidade da partícula é nula no instante t = 0, determine sua velocidade no instante t = 2 s.

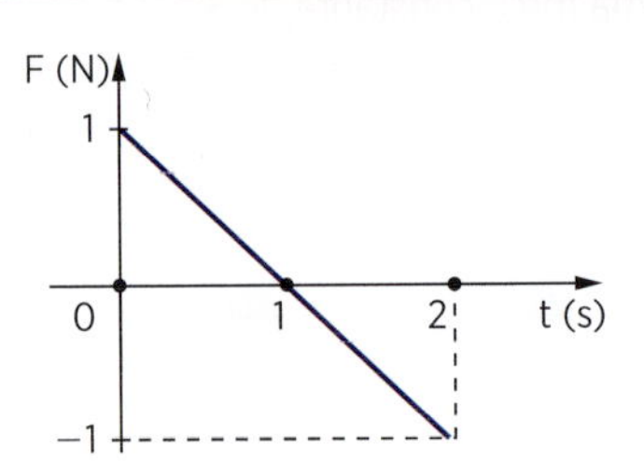

A11. Uma bola de tênis de massa m = 0,10 kg é atirada contra uma parede, onde chega horizontalmente com velocidade de módulo 20 m/s. Rebatendo na parede, ela volta com velocidade horizontal e de mesmo módulo. Determine:

a) a intensidade do impulso recebido pela bola;

b) a intensidade da força média que a parede exerce na bola durante o impacto. Sabe-se que a duração do impacto é de 0,10 s.

Verificação

V9. A intensidade da resultante em uma partícula de massa m = 10 g, em função do tempo e a partir do repouso, está representada no gráfico.

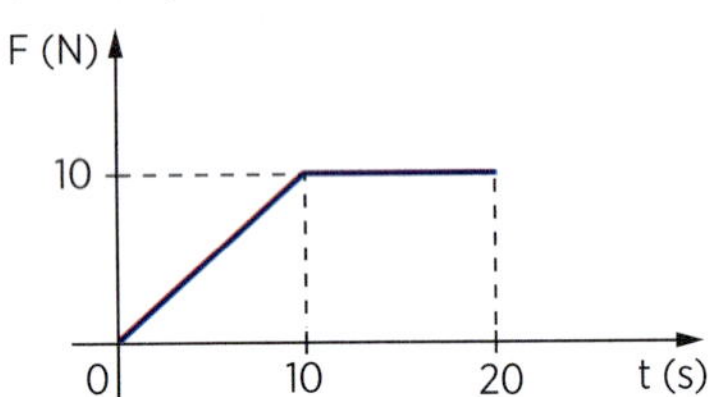

Determine:

a) o módulo da quantidade de movimento da partícula no instante t = 20 s;

b) a velocidade da partícula no instante t = 10 s.

V10. Um corpo de massa igual a 1,0 kg acha-se em movimento retilíneo e uniforme. Num certo trecho de sua trajetória, faz-se agir sobre ele uma força que tem a mesma direção do movimento e que varia com o tempo, conforme o gráfico.

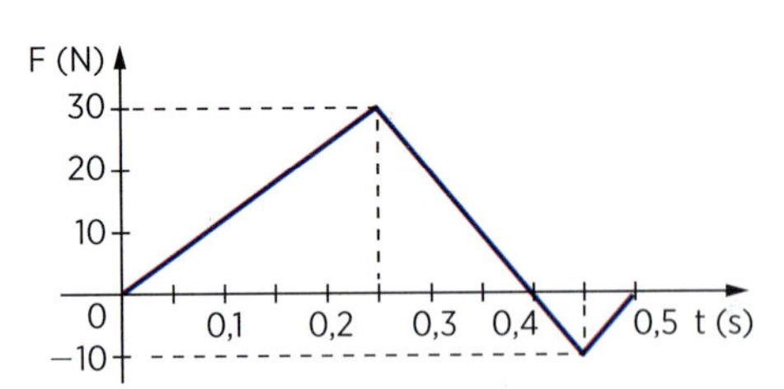

Nesse trecho e nessas condições, pode-se afirmar que a variação da velocidade Δv do corpo será dada por:

a) 6,5 m/s
b) 5,5 m/s
c) 8,0 m/s
d) 2,0 m/s
e) 4,5 m/s

V11. Uma bola com massa de 2,0 kg move-se com velocidade 6,0 m/s e atinge perpendicularmente uma parede vertical, voltando com velocidade 3,0 m/s. Determine a intensidade de força média do impacto, sabendo que ele tem duração de 0,010 s.

Revisão

R9. (UF-PE) Um bloco de madeira com massa m = 0,8 kg está em repouso sobre uma superfície horizontal lisa. Uma bala colide com o bloco, atravessando-o. O gráfico mostra a força média exercida sobre o bloco, durante os 6,0 ms que durou a colisão. Considerando que o bloco não perdeu massa, qual a velocidade do bloco, imediatamente após a colisão, em m/s?

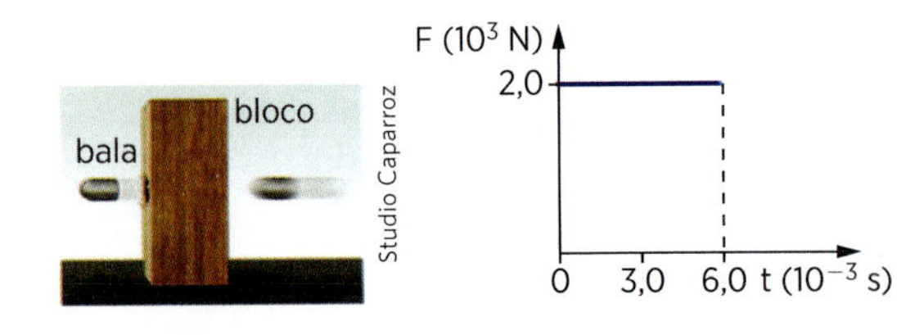

R10. (Vunesp-SP) Um atleta, com massa de 80 kg, saltou de uma altura de 3,2 m sobre uma cama elástica, atingindo exatamente o centro da cama, em postura ereta, como ilustrado na figura.

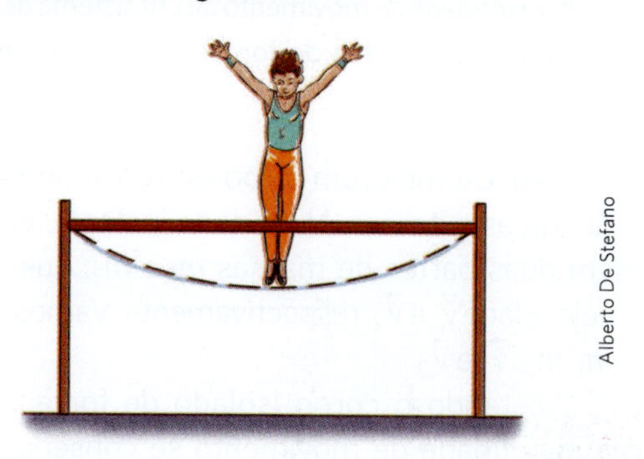

Alberto De Stefano

Devido a sua interação com a cama, ele é lançado novamente para o alto, também em postura ereta, até a altura de 2,45 m acima da posição em que a cama se encontrava. Considerando que o lançamento se deve exclusivamente à força de restituição da cama elástica e que a interação do atleta com a cama durou 0,4 s, calcule o valor médio da força que a cama aplica ao atleta. Considere $g = 10\ m/s^2$.

R11. (UF-MG) Uma esferinha de massa *m* e velocidade *v* colidiu com um obstáculo fixo, retornando com a mesma velocidade em módulo.

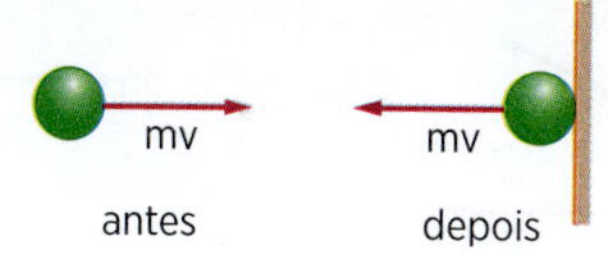

A variação da quantidade de movimento da esferinha foi:

a) nula
b) mv
c) 2 mv
d) $\frac{1}{2}mv$
e) $\frac{1}{2}mv^2$

R12. (UF-PI) Quando um ovo cai de uma certa altura sobre um piso de cerâmica vitrificada, ele se quebra; mas, quando cai da mesma altura sobre um tapete macio e espesso, ele não se quebra. Assinale a alternativa que dá a explicação correta para esse fato.

a) O tempo de interação do choque é maior quando o ovo cai sobre o piso de cerâmica vitrificada.
b) O tempo de interação do choque é maior quando o ovo cai sobre o tapete macio e espesso.
c) A força média sobre o ovo é a mesma nos dois choques.
d) A variação da quantidade de movimento do ovo é maior quando ele cai sobre o piso de cerâmica vitrificada.
e) A variação da quantidade de movimento do ovo é maior quando ele cai sobre o tapete macio e espesso.

Forças internas e forças externas a um sistema de pontos materiais

Considere um sistema de pontos materiais. As forças que atuam sobre os pontos do sistema são classificadas em *forças internas* e *forças externas*. As forças internas são as forças recíprocas entre os próprios pontos do sistema; as forças externas são as forças sobre os pontos do sistema, que são exercidas por outros pontos não pertencentes ao sistema.

Sistemas isolados de forças externas

Dizemos que um sistema de pontos materiais é *isolado de forças externas* quando:

- não existem forças externas;
- existem forças externas, mas sua resultante é nula;
- existem forças externas, mas de intensidades desprezíveis, quando comparadas com as intensidades das forças internas.

Essa última situação ocorre, por exemplo, na explosão de uma granada. A intensidade da força de atração da Terra sobre a granada (força externa) é desprezível diante da intensidade das forças internas geradas pela violenta expansão dos gases que ocasiona a explosão (fig. 11). Assim, o sistema se comporta como isolado no intervalo de tempo que vai do instante da deflagração dos gases até o instante da explosão. O mesmo ocorre no disparo de armas de fogo, colisões, etc.

Paulo César Pereira

Figura 11

Conservação da quantidade de movimento

Considere um sistema de pontos materiais P_1, P_2, ..., P_n de massas m_1, m_2, ..., m_n, respectivamente. Sejam $\vec{v}_{1_1}$, $\vec{v}_{1_2}$, ..., $\vec{v}_{1_n}$ suas velocidades num certo instante t_1 (fig. 12a) e $\vec{v}_{2_1}$, $\vec{v}_{2_2}$, ..., $\vec{v}_{2_n}$, num instante posterior t_2 (fig. 12b).

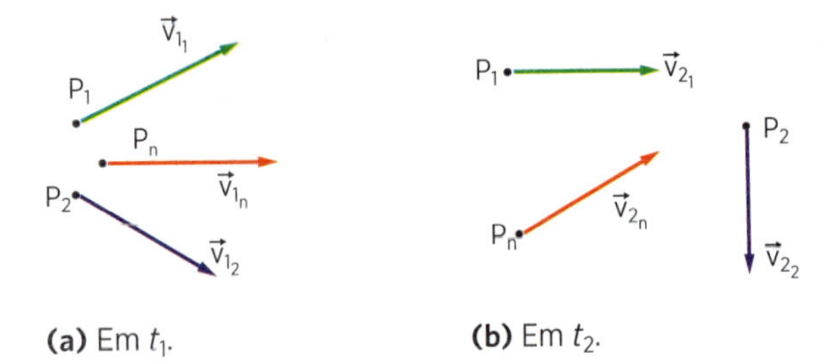

(a) Em t_1. **(b)** Em t_2.

Figura 12

Vamos aplicar o Teorema do Impulso a cada ponto do sistema:

$$\vec{I}_1 = m_1\vec{v}_{2_1} - m_1\vec{v}_{1_1}$$
$$\vec{I}_2 = m_2\vec{v}_{2_2} - m_2\vec{v}_{1_2}$$
$$\vec{I}_n = m_n\vec{v}_{2_n} - m_n\vec{v}_{1_n}$$

Somando membro a membro essas igualdades, obtemos:

$$\vec{I}_1 + \vec{I}_2 + ... + \vec{I}_n =$$
$$= m_1\vec{v}_{2_1} + m_2\vec{v}_{2_2} + ... + m_n\vec{v}_{2_n} - (m_1\vec{v}_{1_1} + m_2\vec{v}_{1_2} + ... + m_n\vec{v}_{1_n})$$

$\vec{I}_1, \vec{I}_2, ..., \vec{I}_n$ representam os impulsos das forças internas e externas ao sistema que atuam sobre P_1, P_2, ..., P_n, respectivamente.

Pelo Princípio da Ação e Reação, os impulsos das forças internas se anulam mutuamente e, supondo o *sistema isolado de forças externas*, concluímos que:

$$\vec{I}_1 + \vec{I}_2 + ... + \vec{I}_n = \vec{O}$$

Nessas condições, resulta:

$$m_1\vec{v}_{2_1} + m_2\vec{v}_{2_2} + ... + m_n\vec{v}_{2_n} = m_1\vec{v}_{1_1} + m_2\vec{v}_{1_2} + ... + m_n\vec{v}_{1_n}$$

O primeiro membro dessa igualdade é a quantidade de movimento do sistema no instante final t_2, e o segundo membro é a quantidade de movimento do sistema no instante inicial t_1. Isto é:

$$\vec{Q}_{final} = \vec{Q}_{inicial}$$

Portanto, podemos enunciar a conservação da quantidade de movimento:

A quantidade de movimento de um sistema de pontos materiais isolados de forças externas permanece constante.

Por exemplo, um corpo está em repouso, isolado de forças externas. Num dado instante, ele explode em duas partes de massas m_1 e m_2, que adquirem velocidade $\vec{v}_1$ e $\vec{v}_2$, respectivamente. Vamos relacionar m_1, m_2, $\vec{v}_1$ e $\vec{v}_2$.

Estando o corpo isolado de forças externas, a quantidade de movimento se conserva, isto é, a quantidade de movimento imediatamente antes da explosão é igual à quantidade de movimento imediatamente após:

$$\vec{Q}_{antes} = \vec{Q}_{depois}$$

Como o corpo está inicialmente em repouso, vem:

$$\vec{O} = \vec{Q}_{depois}$$
$$\vec{O} = m_1\vec{v}_1 + m_2\vec{v}_2$$

Portanto, $m_1\vec{v}_1 = -m_2\vec{v}_2$, isto é, as partes adquirem quantidades de movimento de sentidos opostos e módulos iguais:

$$m_1v_1 = m_2v_2$$

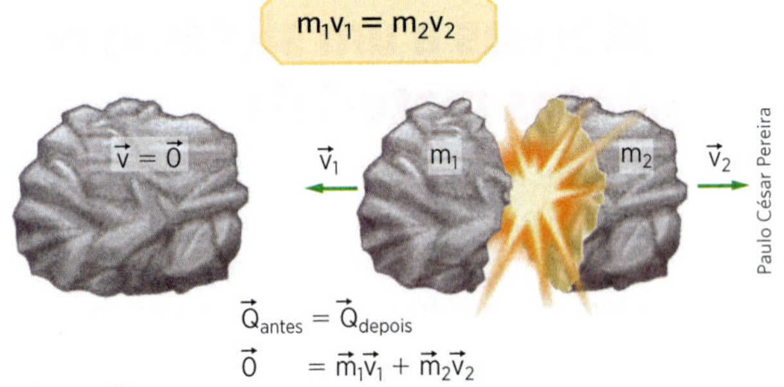

Figura 13

Aplicação

A12. Um projétil com massa de 4,0 kg é disparado, na direção horizontal, com velocidade de módulo $6{,}0 \cdot 10^2$ m/s, por um canhão de massa $2{,}0 \cdot 10^3$ kg, inicialmente em repouso. Determine o módulo da velocidade de recuo do canhão. Considere desprezível o atrito do canhão com o solo.

A13. Um jogador de basquete de 80 kg está sobre um carrinho de massa igual a 20 kg, segurando uma bola de 2,0 kg. O atrito do carrinho com a pista é desprezível. Com que velocidade horizontal o atleta deve arremessar a bola, para que ele e o carrinho se desloquem em sentido contrário ao da bola, com velocidade de 0,30 m/s?

A14. Uma bala com massa de 0,20 kg tem velocidade horizontal 300 m/s quando atinge e penetra num bloco de madeira de 1,0 kg de massa, que estava em repouso num plano horizontal, sem atrito. Determine a velocidade com que o conjunto (bloco e bala) começa a deslocar-se.

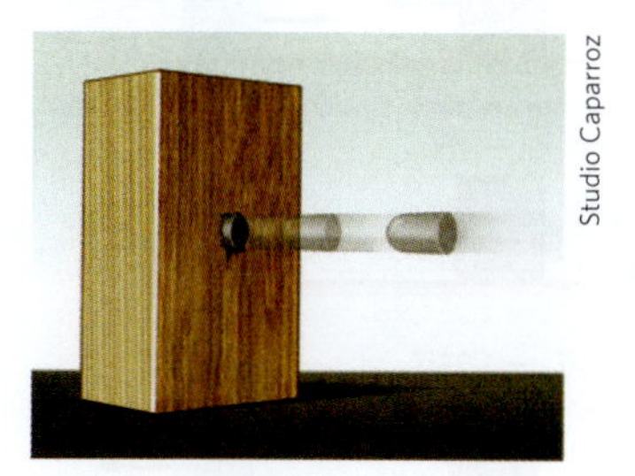

Studio Caparroz

A15. Os corpos *A* e *B* têm massas $m_A = 1{,}0$ kg e $m_B = 2{,}0$ kg. Entre os dois, há uma mola de massa desprezível. Estando a mola comprimida entre os blocos, abandona-se o sistema em repouso sobre uma superfície horizontal sem atrito. A mola distende-se, impelindo os sólidos, após o que ela cai livremente e o sólido *B* adquire a velocidade 0,50 m/s.

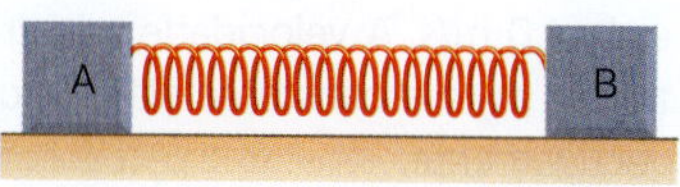

Determine a velocidade final do corpo *A* e a energia potencial da mola antes de o sistema ser abandonado.

Verificação

V12. Dois astronautas, *A* e *B*, estão em repouso numa região do espaço livre da ação de forças externas. Eles se empurram mutuamente, separando-se. O astronauta *A*, com massa de 80 kg, adquire velocidade de módulo 2,0 m/s. Determine o módulo da velocidade adquirida pelo astronauta *B*, sabendo que sua massa é 50 kg.

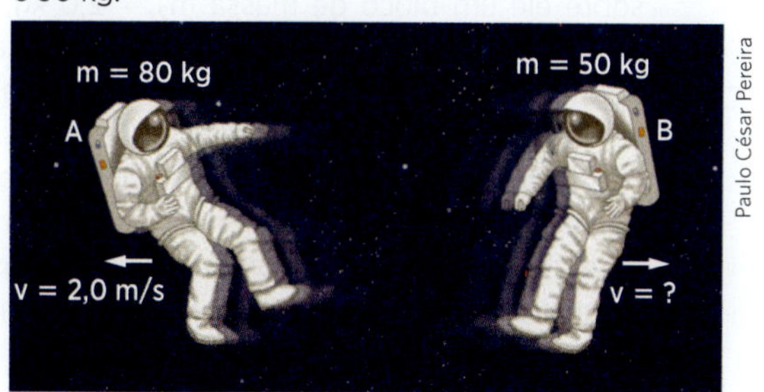

Paulo César Pereira

V13. Um corpo com massa de 10 kg, isolado e inicialmente em repouso, parte-se em dois pedaços devido a uma explosão. Observa-se que, imediatamente após a explosão, os dois pedaços se movimentam sobre uma reta. Um deles, com 6,0 kg, se move para a direita, com velocidade de 20 m/s. O movimento do outro, imediatamente após a explosão, será:

a) para a esquerda, com velocidade de 30 m/s.
b) para a direita, com velocidade de 30 m/s.
c) para a esquerda, com velocidade de 20 m/s.
d) para a direita, com velocidade de 20 m/s.
e) para a esquerda, com velocidade de 12 m/s.

V14. Uma patinadora encontra-se em repouso no centro de uma pista de patinação. Um rapaz vem patinando ao seu encontro e ambos saem patinando juntos. Sabendo que o atrito com a pista é desprezível, que a velocidade do rapaz era 0,50 m/s e que sua massa e a da patinadora eram, respectivamente, 75 kg e 50 kg, determine a velocidade com que os dois partem.

Jonathan Daniel/Getty Images/AFP

V15. Dois blocos, *A* e *B*, com massas de, respectivamente, 4,0 kg e 1,0 kg, estão em repouso sobre uma superfície horizontal lisa. Entre eles há uma mola comprimida, que tende a separar os corpos. O conjunto é mantido em repouso por forças externas. Afastando-se essas forças, os blocos entram em movimento sobre o plano liso. O bloco *A* adquire velocidade de módulo $v_A = 1{,}0$ m/s. Determine:

a) o módulo da velocidade que o bloco *B* adquire;
b) a energia potencial elástica da mola antes de os blocos entrarem em movimento.

Revisão

R13. (U. F. Lavras-MG) A figura mostra a fragmentação de um projétil em dois pedaços, sendo um de massa *M* e o outro de massa 2M. O fragmento de massa 2M percorre uma distância *L* em 2 s. Supondo o sistema isolado, o fragmento de massa *M* percorrerá a mesma distância *L* em:

a) 4 s
b) 2 s
c) 5 s
d) 1 s
e) 2,5 s

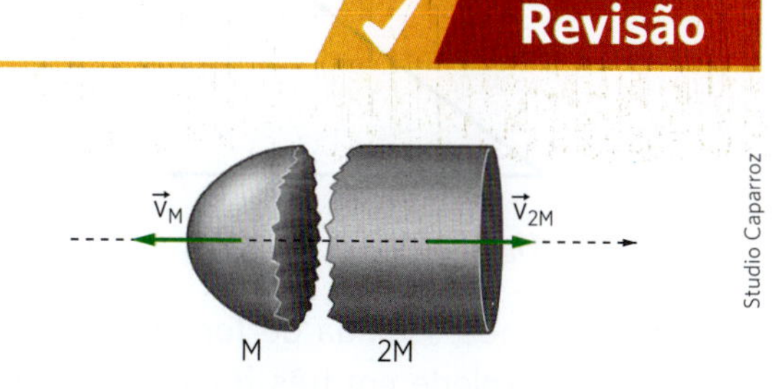

Studio Caparroz

R14. (U. F. Juiz de Fora-MG) Dois blocos com massas $m_1 = 20$ kg e $m_2 = 80$ kg estão em repouso sobre uma superfície plana e horizontal sem atrito. Entre eles há uma mola que foi comprimida em 50 cm, porém, um fio unindo os dois blocos os impede de se afastarem um do outro. Corta-se o fio e observa-se que, quando os blocos perdem o contato com a mola, a velocidade adquirida pelo bloco de massa m_1 é de 4,0 m/s. A velocidade adquirida pelo bloco de massa m_2 e a constante elástica da mola valem, respectivamente:

a) 2,0 m/s, $8,0 \cdot 10^3$ N/m
b) 1,0 m/s, $1,6 \cdot 10^3$ N/m
c) 8,0 m/s, $2,3 \cdot 10^3$ N/m
d) 2,0 m/s, $4,2 \cdot 10^3$ N/m
e) 1,0 m/s, $2,4 \cdot 10^3$ N/m

R15. (Fuvest-SP) Sobre uma mesa horizontal de atrito desprezível, dois blocos, *A* e *B*, de massa *m* e 2m, respectivamente, movendo-se ao longo de uma reta, colidem um com o outro. Após a colisão, os blocos se mantêm unidos e deslocam-se para a direita com velocidade $\vec{v}$, como indica a figura.

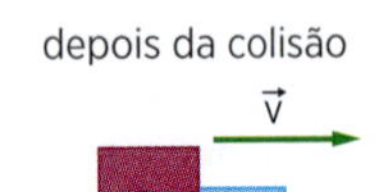

O único esquema que *não* pode representar os movimentos dos dois blocos antes da colisão é:

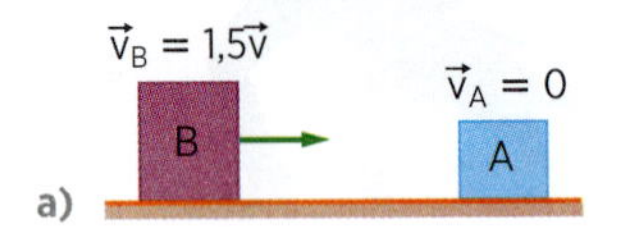

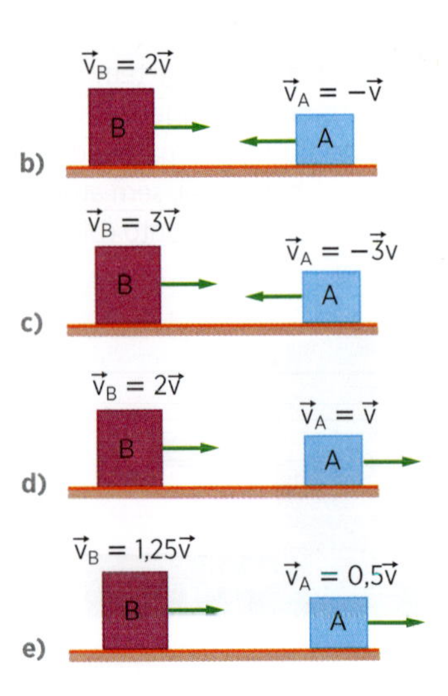

R16. (UF-BA)

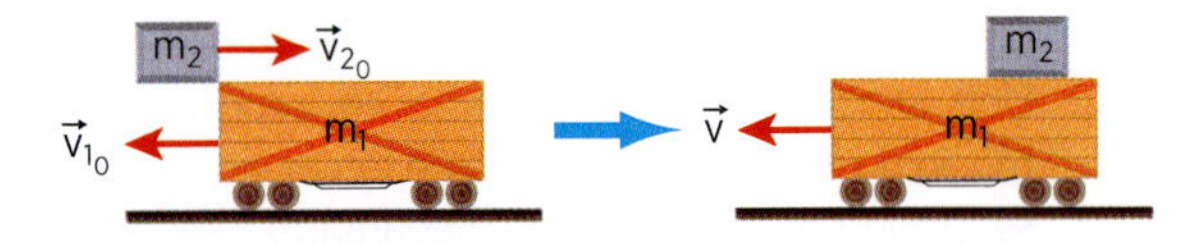

Na figura, o carrinho de massa $m_1 = 10,0$ kg move-se com velocidade $v_{1_0} = 3,0$ m/s.
Em certo momento, lança-se horizontalmente sobre ele um bloco de massa $m_2 = 2,0$ kg, com velocidade inicial $v_{2_0} = 5,0$ m/s. A força de atrito entre o bloco e o carrinho faz com que, após algum tempo, ocorra o repouso relativo entre ambos.
Desprezando as perdas de energia ocasionadas pelos atritos com o ar e entre o carrinho e o solo, determine a velocidade final do conjunto e a perda da energia dissipada pelo atrito entre o carrinho e o bloco.

Aplicando a conservação da quantidade de movimento

Nos exercícios do item anterior, as quantidades de movimento tinham a mesma direção em todos os casos. Agora, vamos resolver exercícios de outro tipo. Observe o exemplo a seguir.

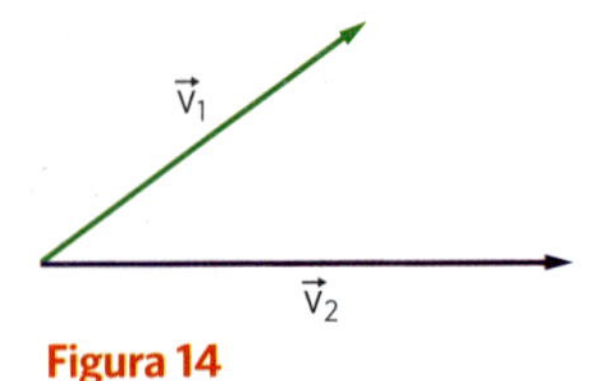

Figura 14

Uma granada, isolada de forças externas e em repouso, explode em três fragmentos iguais. Na figura 14 representamos as velocidades de dois fragmentos imediatamente após a explosão ($\vec{v}_1$ e $\vec{v}_2$) e queremos representar a velocidade ($\vec{v}_3$) do terceiro fragmento.

De $\vec{Q}_{antes} = \vec{Q}_{depois}$ e sendo $\vec{Q}_{antes} = \vec{0}$ (a granada está inicialmente em repouso), vem:

$$\vec{Q}_{depois} = \vec{0}$$

$$m\vec{v}_1 + m\vec{v}_2 + m\vec{v}_3 = \vec{0}$$

$$\vec{v}_1 + \vec{v}_2 + \vec{v}_3 = \vec{0}$$

Logo, o vetor $\vec{v}_3$ anula a soma $\vec{v}_1 + \vec{v}_2$. Assim, chegamos à representação da figura 15.

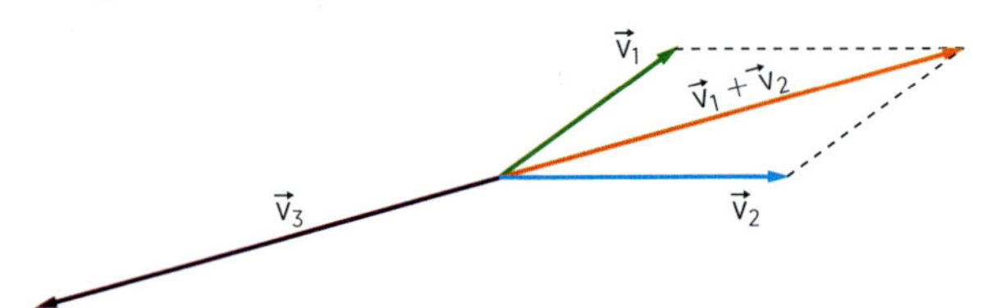

Figura 15

Aplicação

A16. Uma granada, originalmente em repouso sobre um plano horizontal e sem atrito, explode e separa-se em três partes iguais. A figura representa as velocidades de duas das partes imediatamente após a explosão. Represente a velocidade da terceira parte.

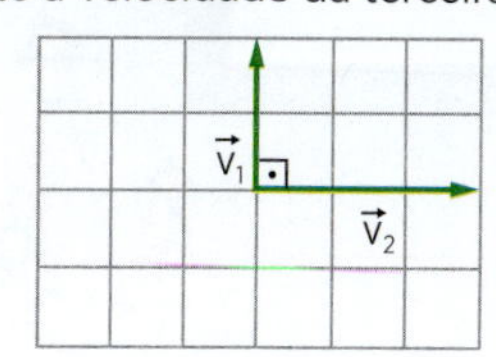

A17. No instante t = 0, um bloco com massa de 3,0 kg, movendo-se no vácuo, tem velocidade horizontal, da esquerda para a direita, e de módulo igual a 30 m/s. Nesse instante, uma pequena carga explosiva, de massa desprezível, é acionada, provocando a fragmentação do bloco em três partes, *A*, *B* e *C*, de mesma massa. Dois fragmentos, *A* e *B*, partem com velocidades verticais de mesmo módulo, porém de sentidos opostos.

a) Represente o vetor quantidade de movimento do bloco antes da explosão e os vetores quantidade de movimento dos fragmentos imediatamente após a explosão.

b) Determine o módulo da velocidade do terceiro fragmento, *C*.

A18. Uma granada que se desloca horizontalmente para a direita explode, dando origem a dois fragmentos iguais, um dos quais inicia um movimento ascensional na vertical. A alternativa que melhor representa a velocidade do segundo fragmento imediatamente após a explosão é:

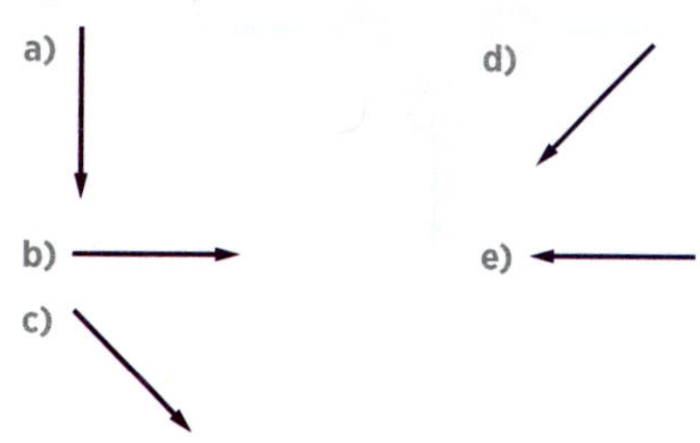

Verificação

V16. Sobre uma superfície horizontal e sem atrito, um objeto inicialmente em repouso explode em três partes iguais. Qual das figuras melhor representa o fenômeno após a explosão?

a) 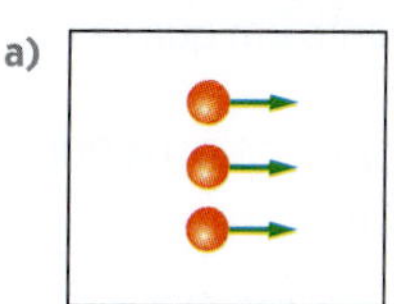

d) 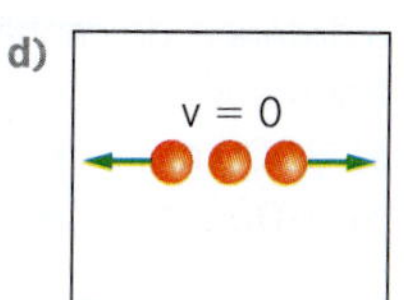

b) 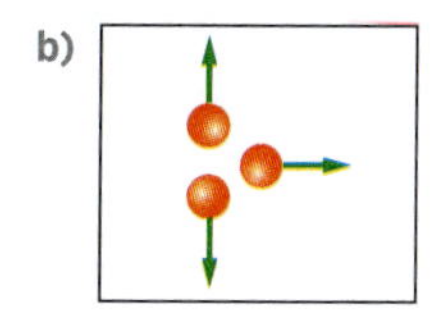

e) 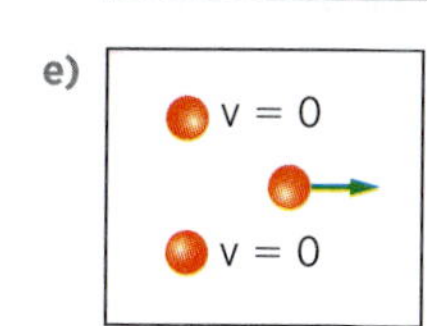

c) 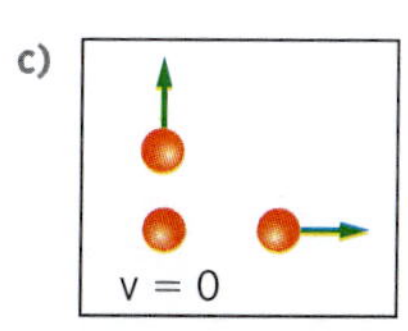

V17. Uma granada de 2,0 kg, que se desloca horizontalmente para a direita com velocidade 3,0 m/s, explode, dando origem a dois fragmentos iguais. Um dos fragmentos é lançado verticalmente para baixo com velocidade 8,0 m/s.

a) Represente a quantidade de movimento do segundo fragmento, imediatamente após a explosão.

b) Calcule a velocidade com que o segundo fragmento é lançado.

V18. Uma pequena esfera, cuja quantidade de movimento está representada na figura, colide com outra inicialmente em repouso.

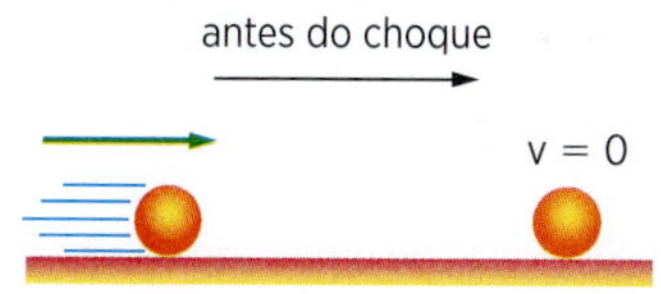

Após o choque, são apresentadas quatro possibilidades para as quantidades de movimento das duas esferas:

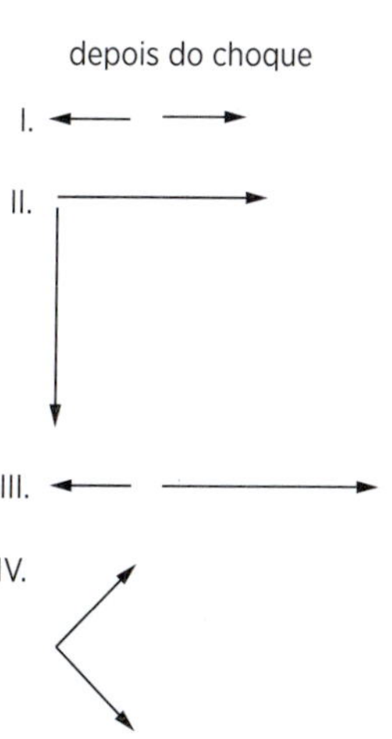

São possíveis os esquemas:

a) I e II
b) II e III
c) III e IV
d) II e IV
e) I e IV

R17. (PUC-PR) Uma granada é lançada verticalmente com uma velocidade v_0. Decorrido um tempo, sua velocidade é $\frac{v_0}{2}$ para cima, quando ocorre a explosão. A granada fragmenta-se em quatro pedaços, de mesma massa, cujas velocidades imediatamente após a explosão estão representadas na figura.

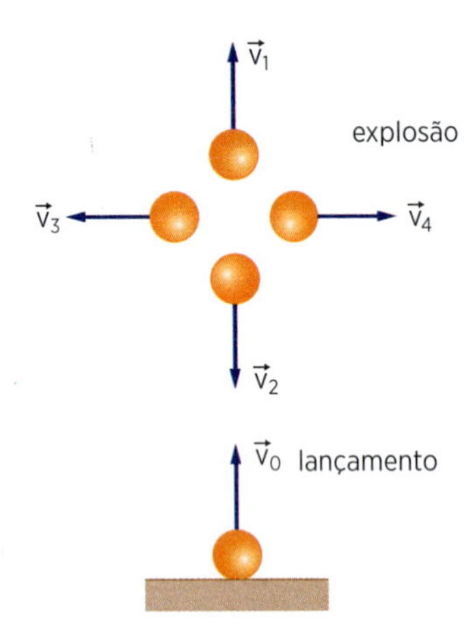

Considerando a conservação da quantidade de movimento, entre as alternativas possíveis que relacionam o módulo da velocidade, assinale a única correta:

a) $|\vec{v}_1| > |\vec{v}_2|$ e $|\vec{v}_3| = |\vec{v}_4|$
b) $|\vec{v}_1| > |\vec{v}_2|$ e $|\vec{v}_3| > |\vec{v}_4|$
c) $|\vec{v}_1| = |\vec{v}_2|$ e $|\vec{v}_3| = |\vec{v}_4|$
d) $|\vec{v}_1| > |\vec{v}_2|$ e $|\vec{v}_3| < |\vec{v}_4|$
e) $|\vec{v}_1| < |\vec{v}_2|$ e $|\vec{v}_3| = |\vec{v}_4|$

R18. (Fuvest-SP) Perto de uma esquina, um pipoqueiro, *P*, e um "dogueiro", *D*, empurram distraidamente seus carrinhos, com a mesma velocidade (em módulo), sendo que o carrinho do dogueiro tem o triplo da massa do carrinho do pipoqueiro.
Na esquina, eles colidem (em *O*) e os carrinhos se enganch† , em um choque totalmente inelástico.

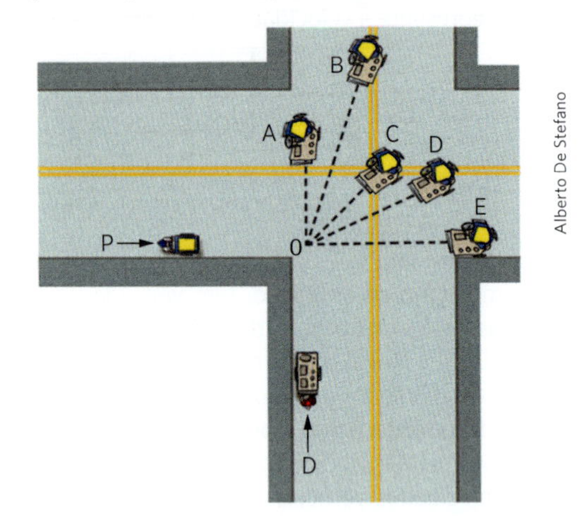

Uma trajetória possível dos dois carrinhos, após a colisão, é compatível com a indicada por:

a) A
b) B
c) C
d) D
e) E

R19. (Mackenzie-SP) Um canhão atira um projétil com velocidade $400\sqrt{2}$ m/s, formando um ângulo de 45° com a horizontal. No ponto mais alto da trajetória, o projétil explode em dois fragmentos de massas iguais. Um fragmento, cuja velocidade imediatamente após a explosão é zero, cai verticalmente. Desprezando a resistência do ar e supondo que o terreno seja plano, a distância do canhão ao ponto em que cairá o outro fragmento é:

a) 8 000 m
b) 16 000 m
c) 48 000 m
d) 50 000 m
e) 64 000 m

Dados: $g = 10$ m/s^2; sen 45° = cos 45° = $\frac{\sqrt{2}}{2}$.

capítulo

13 Choques mecânicos

Introdução

Estudaremos neste capítulo os choques mecânicos, isto é, as colisões entre os corpos. Limitaremos nosso estudo aos choques entre esferas ou entre uma esfera e a superfície plana de outro corpo. Os choques serão considerados isentos de atrito e vamos supor que as esferas realizem somente movimentos de translação.

O choque entre duas esferas é denominado *frontal* ou *direto*, quando os centros das esferas que vão se chocar se movem sempre sobre uma mesma reta (fig. 1a). Em caso contrário, diz-se que o choque é *oblíquo* (fig. 1b).

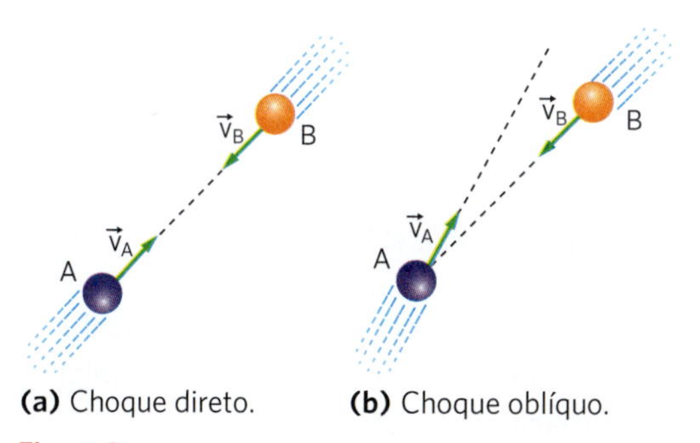

(a) Choque direto. **(b)** Choque oblíquo.

Figura 1

O intervalo de tempo durante o qual ocorre o choque é muito pequeno. Nesse intervalo, as velocidades dos corpos sofrem variações, sem que eles mudem sensivelmente de posição.

Assim que os corpos entram em contato, tem início sua deformação, que cessa quando a velocidade relativa entre eles se anula. A seguir, os corpos ficam sob a ação das forças elásticas devidas às deformações até o instante em que eles se separam. Essa última etapa não existe nos choques perfeitamente inelásticos, como veremos.

Coeficiente de restituição

Considere duas esferas, *A* e *B*, realizando um choque direto. Na figura 2, representamos os corpos imediatamente antes do choque e imediatamente depois, em algumas possíveis situações.

As propriedades elásticas dos corpos que colidem são caracterizadas por uma grandeza denominada *coeficiente de restituição*.

$$e = \frac{|\text{velocidade relativa depois}|}{|\text{velocidade relativa antes}|}$$

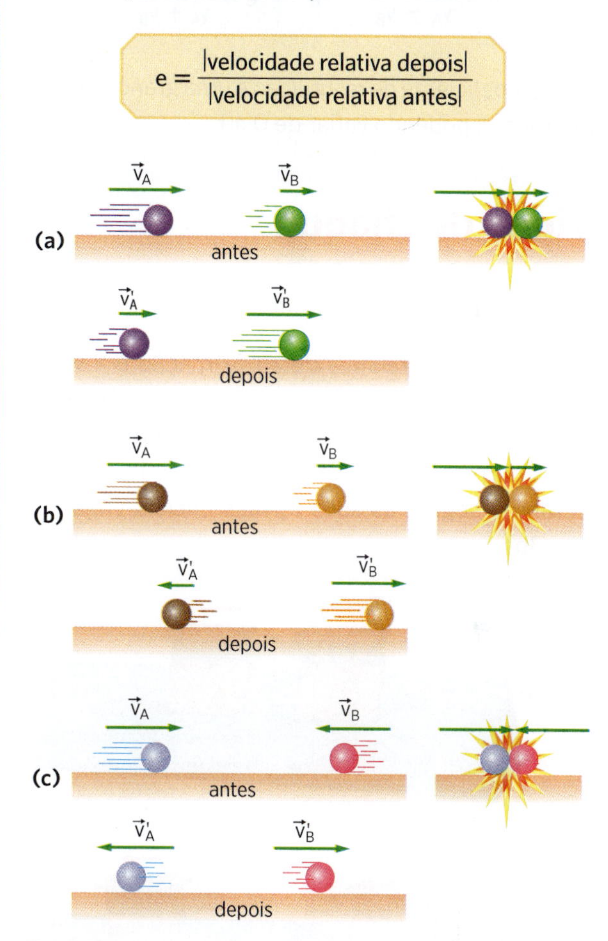

Figura 2

O coeficiente de restituição e é definido como o quociente entre o módulo da velocidade relativa de afastamento dos corpos, imediatamente depois do choque, e o módulo da velocidade relativa de aproximação, imediatamente antes.

- Quando os corpos se movem no mesmo sentido, o módulo da velocidade relativa é igual à diferença dos módulos das velocidades.
- Quando os corpos se movem em sentidos opostos, o módulo da velocidade relativa é a soma dos módulos das velocidades.

Assim, na figura 2a, o módulo da velocidade relativa de aproximação (antes) é $v_A - v_B$. O módulo da velocidade relativa de afastamento (depois) é $v'_B - v'_A$. Portanto, nesse caso:

$$e = \frac{v'_B - v'_A}{v_A - v_B}$$

Para as situações (*b*) e (*c*) da figura 2, os coeficientes de restituição são, respectivamente:

$$e = \frac{v'_A + v'_B}{v_A - v_B} \quad \text{e} \quad e = \frac{v'_A + v'_B}{v_A + v_B}$$

O coeficiente de restituição é uma grandeza adimensional, podendo variar de 0 a 1.

Tipos de choque

- *Choque perfeitamente elástico*: 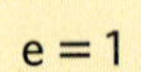 $e = 1$

A velocidade relativa de aproximação e a velocidade relativa de afastamento, imediatamente antes e depois do choque, são iguais em módulo. Os corpos sofrem deformações elásticas e voltam, a seguir, às suas formas iniciais (figs. 3a e 3b).

(a)

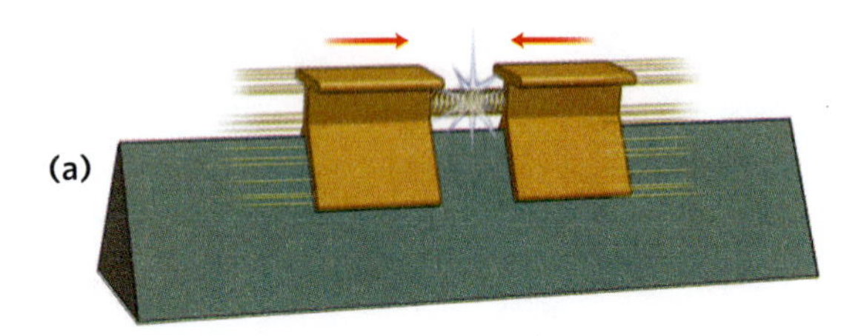

(b)

Figura 3

Isso significa que, inicialmente, a energia cinética dos corpos transforma-se em energia potencial elástica, a qual é retransformada totalmente em energia cinética. Portanto, *no choque perfeitamente elástico, a energia cinética do sistema imediatamente antes do choque é igual à energia cinética do sistema imediatamente depois.*

- *Choque perfeitamente inelástico*: 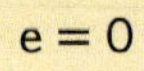 $e = 0$

A velocidade relativa de afastamento é nula. Isso significa que *os corpos permanecem unidos após o choque, conservando suas deformações* (figs. 4a e 4b). Desse modo, não ocorre transformação de energia cinética inicial do sistema em energia potencial elástica. A energia cinética inicial transforma-se total ou parcialmente em energia térmica e sonora. Portanto, *no choque perfeitamente inelástico, a energia cinética do sistema diminui.*

(a)

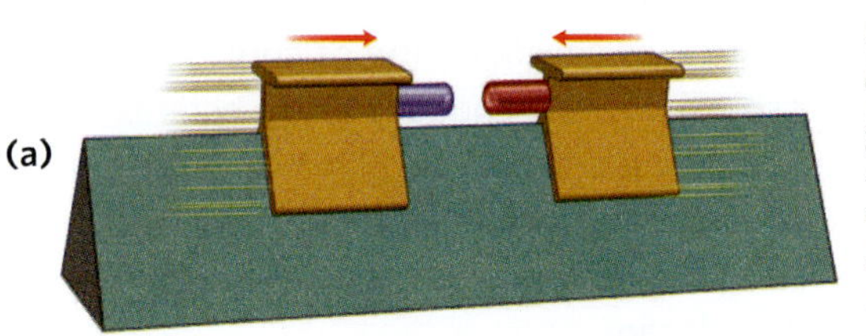

(b)

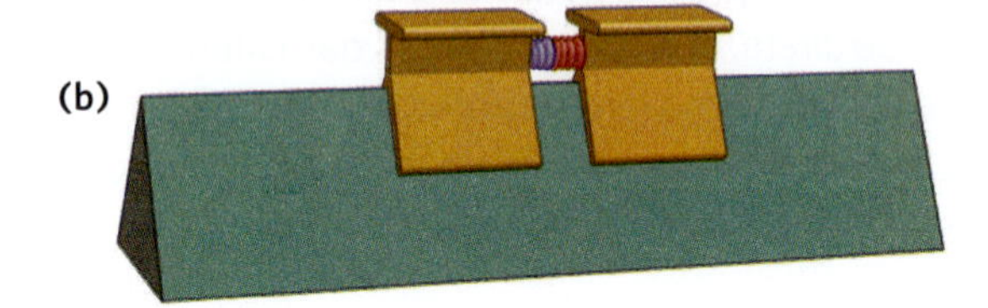

Figura 4

Ilustrações: Paulo César Pereira

- *Choque parcialmente elástico ou parcialmente inelástico*: $0 < e < 1$

O módulo da velocidade relativa de afastamento é menor que o módulo da velocidade relativa de aproximação (figs. 5a e 5b).

(a)

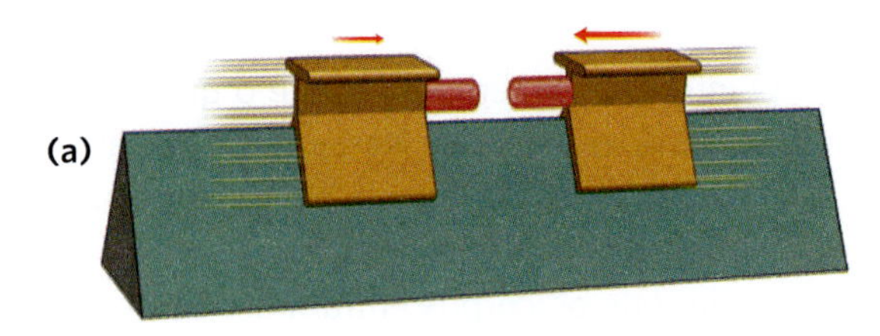

(b)

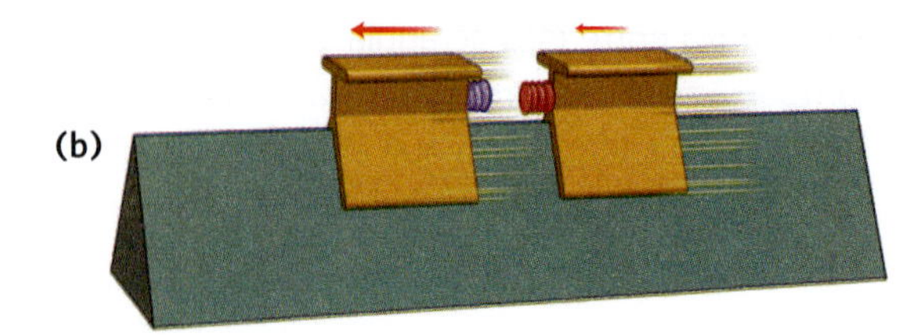

Figura 5

Nesse tipo de choque, *a energia cinética do sistema diminui*. Parte da energia cinética inicial é transformada em energia potencial elástica e parte desta é retransformada em energia cinética.

Conservação da quantidade de movimento

No pequeno intervalo de tempo em que ocorre o choque, as ações das forças externas são desprezíveis, comparadas com as ações das forças internas que surgem. Portanto, podemos considerar o sistema isolado de forças externas, valendo a conservação da quantidade de movimento:

> Qualquer que seja o tipo de choque, a quantidade de movimento do sistema permanece constante.

Na resolução de exercícios de choque, é comum estabelecermos duas equações. Uma é obtida igualando-se a quantidade de movimento do sistema imediatamente antes do choque e a quantidade de movimento do sistema imediatamente depois. A outra é obtida da definição de coeficiente de restituição.

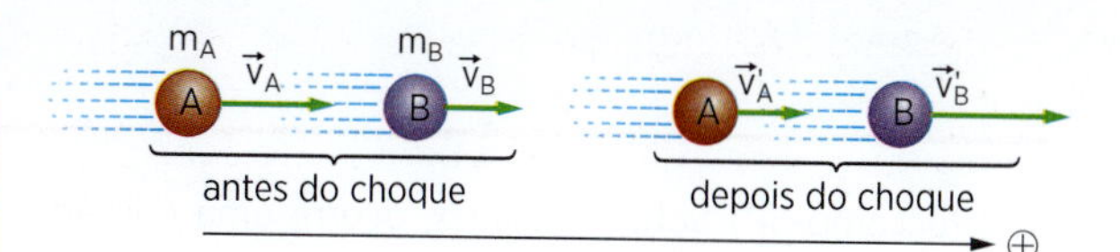

Figura 6

Assim, para a situação esquematizada na figura 6, temos:

$$\vec{Q}_{antes} = \vec{Q}_{depois}$$

Em relação ao eixo adotado:

$$m_A v_A + m_B v_B = m_A v'_A + m_B v'_B \quad (1)$$

Definição de coeficiente de restituição:

$$e = \frac{|\text{velocidade relativa depois}|}{|\text{velocidade relativa antes}|}$$

$$e = \frac{v'_B - v'_A}{v_A - v_B} \quad (2)$$

Conhecidos m_A, m_B, v_A, v_B e e, determinamos v'_A e v'_B.

Aplicação

A1. As esferas *A* e *B* têm massas iguais de 1,0 kg. A esfera *A* tem velocidade 2,0 m/s e a esfera *B* está parada. As esferas colidem frontalmente e o coeficiente de restituição é igual a 0,50. Determine as velocidades das esferas após o choque.

A2. Duas esferas de massas iguais a 5,0 kg têm velocidades iniciais 20 m/s e 10 m/s e se movimentam num plano horizontal sem atrito. Sendo o coeficiente de restituição 0,20, determine as velocidades das esferas após o choque.

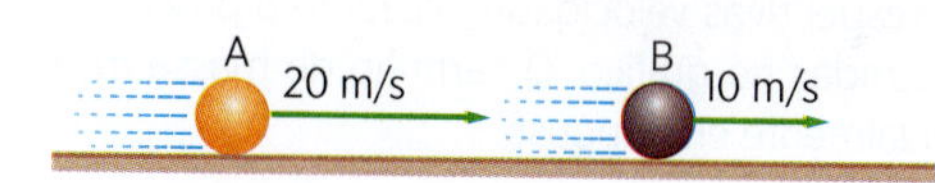

A3. Duas esferas, com massas de 1,0 kg e 2,0 kg, movendo-se em sentidos opostos, chocam-se frontalmente. Suas velocidades antes do choque eram 10 m/s e 20 m/s, respectivamente. Considerando o choque perfeitamente elástico, determine:

a) as novas velocidades das esferas após o choque;

b) a perda de energia cinética.

Verificação

V1. Um corpo com massa de 6,0 kg e velocidade de 8,0 m/s colide frontal e elasticamente com outro corpo de 4,0 kg de massa que estava parado. Determine:

a) a velocidade do primeiro corpo, após a colisão;

b) a perda de energia cinética do sistema, após a colisão.

V2. Duas esferas de massas iguais colidem frontalmente. Imediatamente antes do choque as esferas tinham velocidades de 15 m/s e 5,0 m/s, conforme a figura. Sendo o coeficiente de restituição igual a 0,6, determine as velocidades das esferas após o choque.

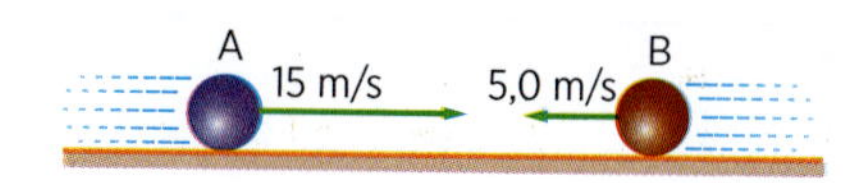

V3. Duas esferas de mesmo raio encontram-se em movimento, de tal forma que seus centros percorrem a mesma reta em sentidos opostos, com velocidades de módulos 6,0 m/s e 2,0 m/s. As massas são, respectivamente, 5,0 kg e 3,0 kg. Supondo o choque perfeitamente elástico, determine os módulos das velocidades após o choque.

R1. (Puccamp-SP) Sobre o eixo *x*, ocorre uma colisão unidimensional e elástica entre os corpos *A* e *B*, de massas $m_A = 4,0$ kg e $m_B = 2,0$ kg. O corpo *A* movia-se para a direita a 2,0 m/s, enquanto *B* movia-se para a esquerda a 10,0 m/s. Imediatamente após a colisão:

a) *B* se moverá para a direita, a 12,0 m/s.
b) *B* se moverá para a esquerda, a 8,0 m/s.
c) *A* e *B* se moverão juntos, a 2,0 m/s.
d) *A* se moverá para a esquerda, a 6,0 m/s.
e) *A* se moverá para a esquerda, a 12,0 m/s.

R2. (Fuvest-SP) Dois discos, *A* e *B*, de mesma massa *M*, deslocando-se com velocidades $V_A = V_0$ e $V_B = 2V_0$, como na figura, chocam-se um contra o outro.

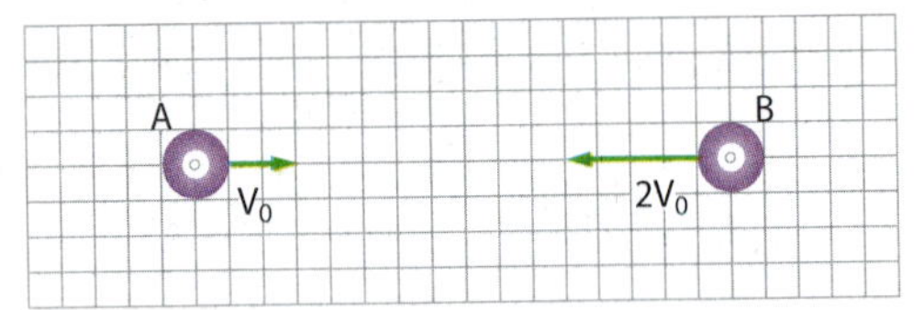

Após o choque, que não é elástico, o disco *B* permanece parado. Sendo E_1 a energia cinética total inicial, a energia cinética total E_2, após o choque, é:

a) $E_2 = E_1$
b) $E_2 = 0,8E_1$
c) $E_2 = 0,4E_1$
d) $E_2 = 0,2E_1$
e) $E_2 = 0$

R3. (UFF-RJ) Dois carrinhos podem deslizar sem atrito sobre um trilho de ar horizontal. A colisão entre eles foi registrada, utilizando sensores de movimento, e as respectivas velocidades, durante o processo, estão ilustradas no gráfico. O carrinho de massa m_2 estava inicialmente em repouso.

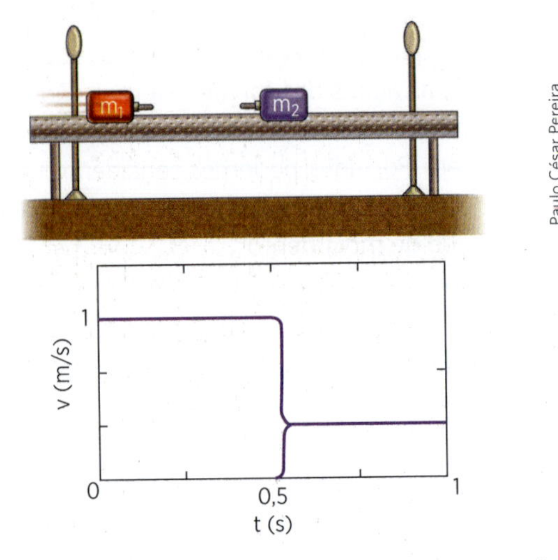

Assinale a opção que identifica corretamente as relações entre as massas m_1 e m_2 dos dois carrinhos e entre as energias cinéticas totais do sistema antes (E_c^a) e depois (E_c^d) da colisão.

a) $m_2 = \frac{2m_1}{3}$; $E_c^d = \frac{E_c^a}{2}$

b) $m_2 = \frac{m_1}{2}$; $E_c^d = \frac{2E_c^a}{3}$

c) $m_2 = m_1$; $E_c^d = E_c^a$

d) $m_2 = \frac{m_1}{3}$; $E_c^d = \frac{E_c^a}{3}$

e) $m_2 = 2m_1$; $E_c^d = \frac{E_c^a}{3}$

Troca de velocidade

Nos choques frontais e perfeitamente elásticos entre corpos de massas iguais ocorre troca de velocidade. De fato, para a situação da figura 7, sendo e = 1, temos:

$$\vec{Q}_{antes} = \vec{Q}_{depois}$$

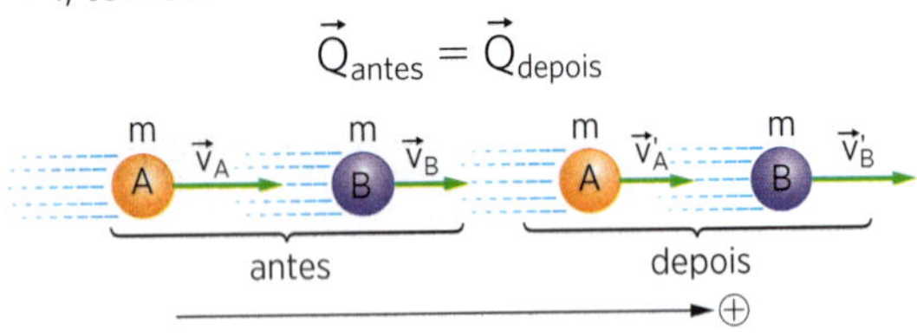

Figura 7

Em relação ao eixo adotado:

$$mv_A + mv_B = mv'_A + mv'_B$$

$$v_A + v_B = v'_A + v'_B \quad ①$$

$$e = \frac{|\text{velocidade relativa depois}|}{|\text{velocidade relativa antes}|}$$

$$1 = \frac{v'_B - v'_A}{v_A - v_B}$$

$$v_A - v_B = v'_B - v'_A \quad ②$$

Somando membro a membro ① e ②, vem:

$$2v_A = 2v'_B \Rightarrow v'_B = v_A$$

De ①, resulta: $v'_A = v_B$

Choque perfeitamente inelástico

Nesse tipo de choque e = 0; portanto, os corpos permanecem unidos após o choque (fig. 8).

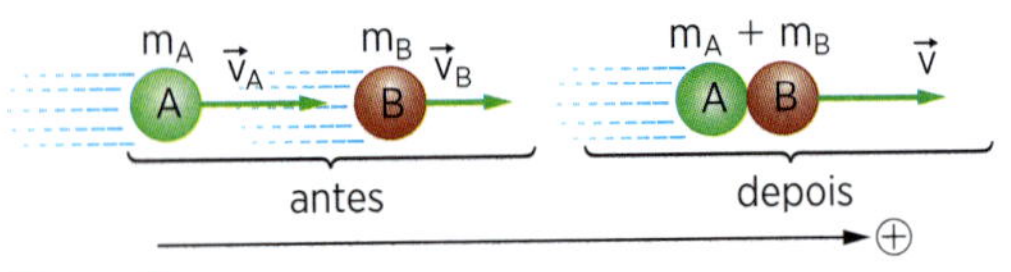

Figura 8

De $\vec{Q}_{antes} = \vec{Q}_{depois}$ vem, em relação ao eixo adotado:

$$m_A v_A + m_B v_B = (m_A + m_B) \cdot v$$

Conhecidos m_A, m_B, v_A e v_B, calculamos *v*.

Aplicação

A4. Duas esferas, *A* e *B*, têm massas iguais de 2,0 kg. A esfera *A* tem velocidade 4,0 m/s e colide com a esfera *B*, parada. Supondo o choque frontal e perfeitamente elástico, determine as velocidades das esferas após o choque.

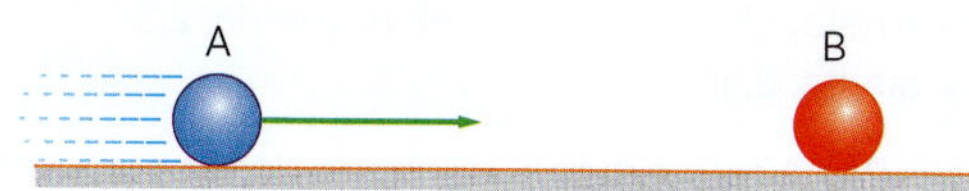

A5. Duas esferas, com massas de 2,0 kg cada uma, têm velocidades $v_A = 4,0$ m/s e $v_B = 2,0$ m/s. O choque é frontal e perfeitamente elástico.

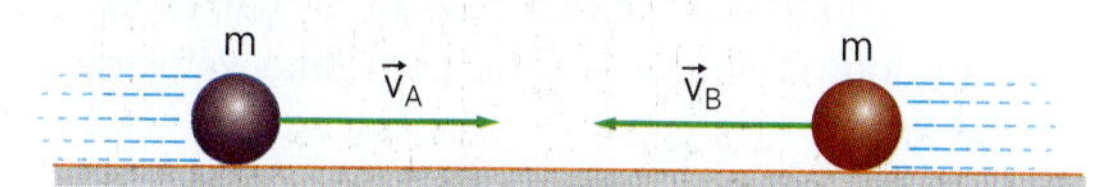

Determine as velocidades das esferas imediatamente depois do choque.

A6. Duas esferas com massas de 3,0 kg e 1,0 kg percorrem a mesma reta no mesmo sentido, com velocidades de, respectivamente, 4,0 m/s e 2,0 m/s. Ocorrendo choque perfeitamente inelástico, determine as velocidades das esferas, imediatamente após o choque.

A7. Um bloco *B* está em repouso numa superfície horizontal sem atrito. O bloco *A*, idêntico a *B*, está preso à extremidade de uma corda de comprimento R = 1,8 m. Abandonando-se *A* na posição horizontal, ele colide com *B*. Os blocos se unem e se deslocam juntos após o choque.

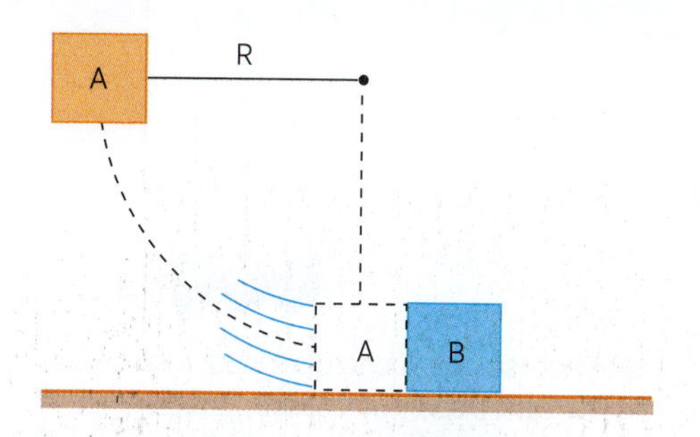

Considere g = 10 m/s² e determine:

a) a velocidade do bloco *A* imediatamente antes do choque;

b) a velocidade do conjunto imediatamente após o choque;

c) a altura máxima que ambos atingirão, a partir do piso.

Verificação

V4. Uma bola branca com velocidade *v* colide frontal e elasticamente com uma bola preta, de mesma massa e inicialmente em repouso. Após a colisão, teremos as velocidades:

	Bola branca	Bola preta
a)	*v*	*v*
b)	*v*	2v
c)	nula	*v*
d)	*v*	nula
e)	−*v*	*v*

V5. Duas esferas com 2,0 kg e 3,0 kg de massa, respectivamente, movem-se na mesma direção e sentido com velocidades de módulos respectivamente iguais a 6,0 m/s e 4,0 m/s. Sendo a colisão perfeitamente elástica, determine os módulos das velocidades imediatamente após o choque.

V6. Um automóvel a 30 m/s choca-se contra a traseira de outro de igual massa que se deslocava no mesmo sentido, mas com velocidade de 20 m/s. Se os dois ficam unidos, determine a velocidade comum, imediatamente após a colisão.

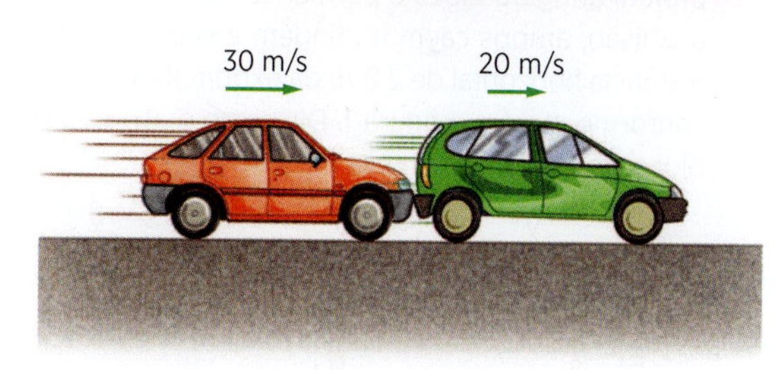

V7. Um bloco com massa de 990 g encontra-se em repouso num trecho plano e horizontal de uma pista lisa. Logo à frente do bloco, a pista apresenta uma rampa. O bloco recebe o impacto de uma bala de revólver (massa de 10 g), que nele se aloja. Após o impacto, o bloco desliza sobre a pista, subindo a rampa até a altura h = 0,80 m. Adote g = 10 m/s² e calcule a velocidade da bala.

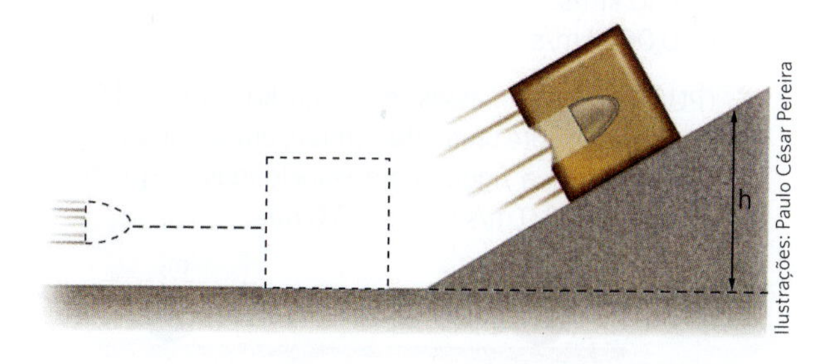

Ilustrações: Paulo César Pereira

R4. (UF-GO) Quatro esferas rígidas idênticas, de massa *m*, estão dispostas como mostra a figura abaixo. Suspendendo a primeira das esferas e largando-a em seguida, ela atinge a segunda esfera com velocidade igual a *v*.

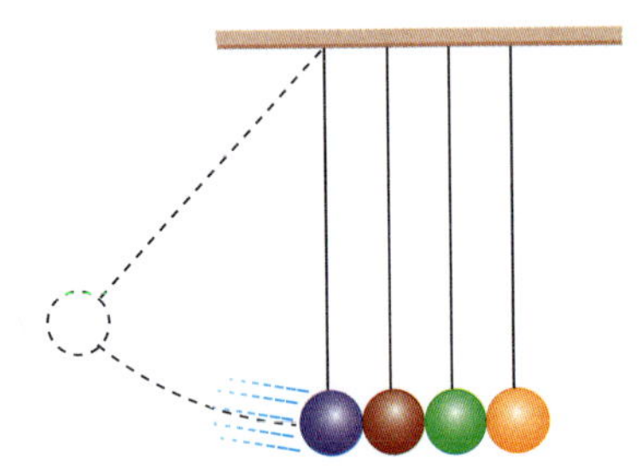

Sabendo-se que a energia cinética se conserva, verifica-se que, depois da colisão:

a) a última esfera move-se com velocidade $\frac{v}{4}$.
b) a última esfera move-se com velocidade *v*.
c) as três últimas esferas movem-se com velocidade $\frac{v}{3}$.
d) todas as esferas movem-se com velocidade $\frac{v}{4}$.
e) todas as esferas movem-se com velocidade *v*.

R5. (Udesc-SC) A figura 1 mostra um projétil de massa 20 g se aproximando com uma velocidade constante *V* de um bloco de madeira de 2,48 kg que repousa na extremidade de uma mesa de 1,25 m de altura. O projétil atinge o bloco e permanece preso a ele. Após a colisão, ambos caem e atingem a superfície a uma distância horizontal de 2,0 m da extremidade da mesa, conforme mostra a figura 1. Despreze o atrito entre o bloco de madeira e a mesa.

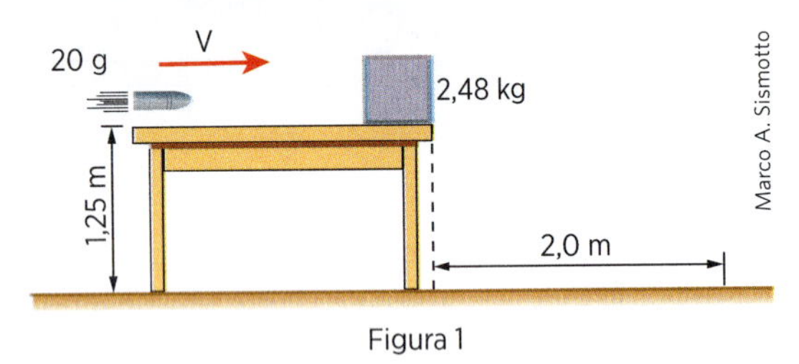

Marco A. Sismotto

Figura 1

Assinale a alternativa que contém o valor da velocidade *V* do projétil antes da colisão.

a) 0,50 km/s
b) 1,00 km/s
c) 1,50 km/s
d) 0,10 km/s
e) 0,004 km/s

R6. (PUC-RS) Duas massas, $m_1 = 1,0$ kg e $m_2 = 1,5$ kg, movem-se sobre uma reta comum, em sentidos opostos, segundo a figura, com velocidades, respectivamente, $v_1 = 9,0$ m/s e $v_2 = -5,0$ m/s.

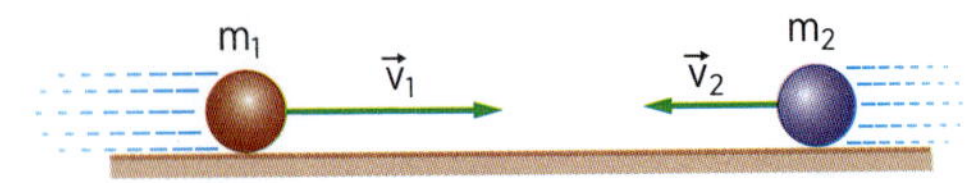

Supondo-se que, ao colidir, as duas massas se unam, formando uma só, o movimento após a colisão será para a ▲▲ com velocidade, em m/s, igual a ▲▲.

a) direita; 0,60
b) direita; 1,5
c) direita; 2,5
d) esquerda; 1,0
e) esquerda; 2,5

R7. (UF-PA) A foto expõe o resultado de uma imprudência. Um carro com massa igual a 1 t, ao tentar ultrapassar um caminhão, acabou colidindo de frente com outro carro com massa de 800 kg, que estava parado no acostamento. Em virtude de a estrada estar muito lisa, após a colisão, os carros se moveram juntos em linha reta, com uma velocidade de 54 km/h.

Steven Taylor/Photographer's Choice/Getty Images

Admitindo-se que a força que deformou os veículos atuou durante um tempo de 0,1 s, são feitas as seguintes afirmações para a situação descrita:

I. O choque é completamente inelástico e, por isso, não há conservação da quantidade de movimento.
II. A velocidade do carro de 1 t antes da colisão era de 97,2 km/h.
III. A intensidade do impulso atuante na colisão foi de $1,2 \cdot 10^4$ Ns.
IV. A intensidade da força média que deformou os veículos foi de $1,2 \cdot 10^3$ N.

Estão corretas somente:

a) I e II
b) II e III
c) III e IV
d) I, II e III
e) II, III e IV

R8. (UF-RJ) Dois pêndulos com fios ideais de mesmo comprimento *b* estão suspensos em um mesmo ponto do teto. Nas extremidades livres do fio estão presas duas bolinhas de massas 2m e *m* e dimensões desprezíveis. Os fios estão esticados em um mesmo plano vertical, separados e fazendo, ambos, um ângulo de 60° com a direção vertical, conforme indica a figura a seguir.

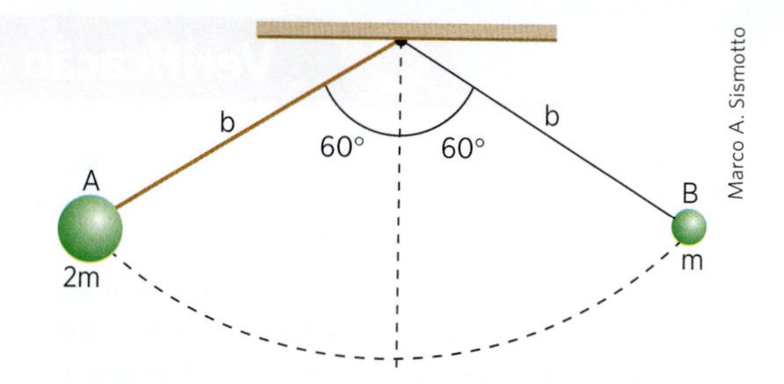

Em um dado momento, as bolinhas são soltas, descem a partir do repouso, e colidem no ponto mais baixo de suas trajetórias, onde se grudam instantaneamente, formando um corpúsculo de massa 3m.

a) Calcule o módulo da velocidade do corpúsculo imediatamente após a colisão em função de *b* e do módulo *g* da aceleração da gravidade.

b) Calcule o ângulo θ que o fio faz com a vertical no momento em que o corpúsculo atinge sua altura máxima.

Choque oblíquo

Nesse caso, os centros das esferas que vão se chocar não se movem sobre uma mesma reta. Assim, teremos uma colisão em duas dimensões e a conservação da quantidade de movimento deve ser imposta por meio da Regra do Paralelogramo.

Vamos considerar, por exemplo, duas esferas, *A* e *B*, de *mesma massa que colidem elástica e obliquamente* em um plano horizontal sem atrito. Antes do choque, a esfera *B* estava em repouso. Vamos demonstrar que, após a colisão, as esferas se movem em direções perpendiculares.

Esquematicamente temos (fig. 9):

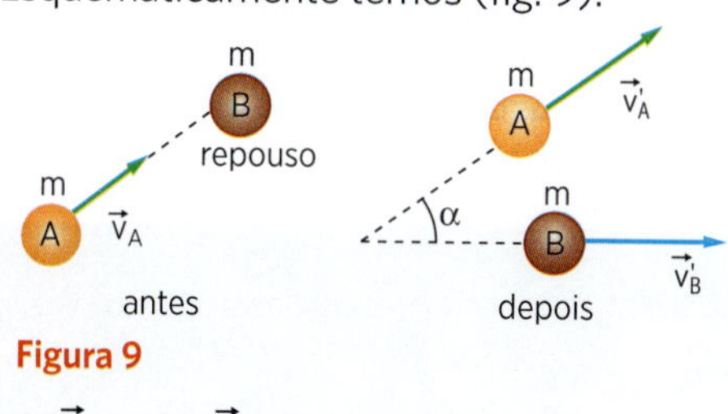

Figura 9

De $\vec{Q}_{antes} = \vec{Q}_{depois}$, vem:

$$m \cdot \vec{v}_A = m\vec{v}'_A + m\vec{v}'_B$$

$$\vec{v}_A = \vec{v}'_A + \vec{v}'_B$$

De acordo com essa última expressão temos o paralelogramo indicado na figura 10:

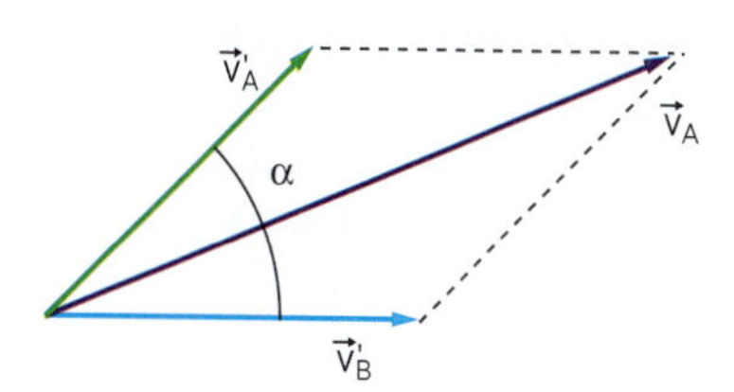

Figura 10

A Lei dos Cossenos fornece:

$$v_A^2 = v'^2_A + v'^2_B + 2v'_A \cdot v'_B \cdot \cos\alpha \quad (1)$$

Por outro lado, sendo o choque perfeitamente elástico, vale a conservação da energia cinética:

$$E_{C_{antes}} = E_{C_{depois}}$$

$$\frac{mv_A^2}{2} = \frac{mv'^2_A}{2} + \frac{mv'^2_B}{2}$$

$$v_A^2 = v'^2_A + v'^2_B \quad (2)$$

De (1) e (2) concluímos que:

$$\cos\alpha = 0 \Rightarrow \boxed{\alpha = 90°}$$

Aplicação

A8. Uma esfera de massa *m* e velocidade $v_1 = 5{,}0$ m/s colide elasticamente com outra esfera idêntica, que se encontra parada. Após a colisão, a segunda esfera desloca-se com velocidade v'_2, numa direção que forma um ângulo de 30° com a direção do movimento inicial da primeira esfera. Dados: sen 30° = = cos 60° = 0,50; sen 60° = cos 30° = 0,86.

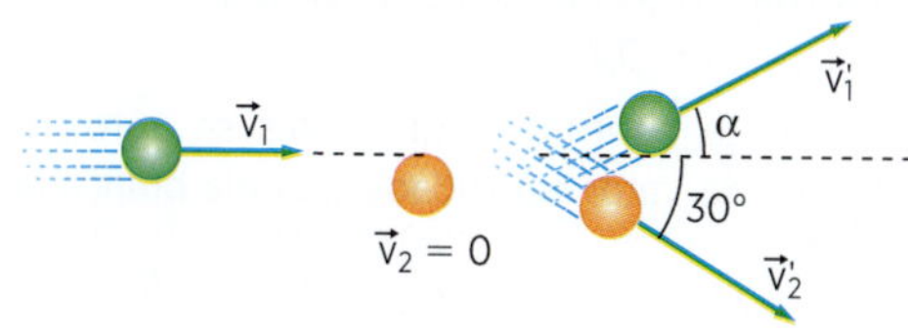

Determine, após a colisão:

a) o desvio angular α sofrido pela trajetória da primeira esfera;

b) a velocidade v'_1 da primeira esfera.

A9. Duas pequenas esferas, *A* e *B*, com massas de 3,0 kg e 4,0 kg, colidem no ponto *P*. A esfera *A* se deslocava com velocidade de 2,0 m/s. Após o choque, as duas esferas, unidas, se deslocaram segundo a reta PQ. Sendo: sen θ = 0,80 e cos θ = 0,60, determine:

a) a velocidade de *B* imediatamente antes do choque;

b) a velocidade do conjunto imediatamente após o choque.

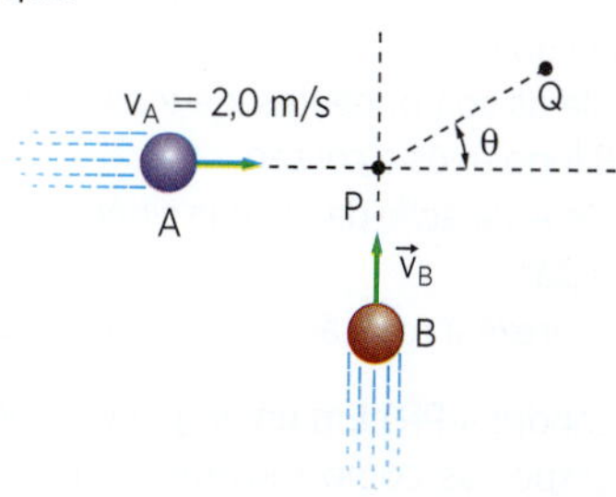

Verificação

V8. Uma pequena esfera *A*, de massa *m* e com velocidade v_A, colide com outra pequena esfera, *B*, idêntica à primeira e que se encontra inicialmente em repouso. A colisão é perfeitamente elástica.

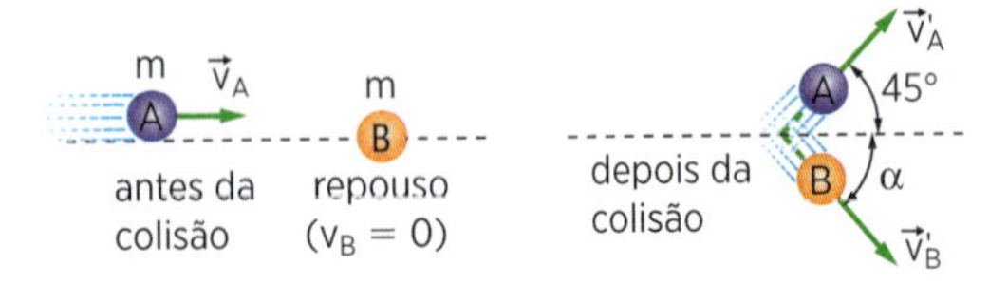

a) Determine o ângulo α.

b) Represente o vetor quantidade de movimento de *A* antes da colisão e os vetores quantidade de movimento de *A* e *B* após a colisão.

c) Sendo $v_A = 4{,}0$ m/s, determine v'_A e v'_B.

V9. Uma pequena esfera *A*, de massa $m_A = 1{,}0$ kg, move-se no plano Oxy com velocidade $v_A = 5{,}0$ m/s. Outra pequena esfera, *B*, de massa m_B, está em repouso. Após a colisão, a primeira esfera passa a se mover com velocidade v'_A no eixo dos *y* e a outra no eixo dos *x* com velocidade $v'_B = 2{,}0$ m/s. Determine m_B e v'_A.
Dados: sen α = 0,80 e cos α = 0,60.

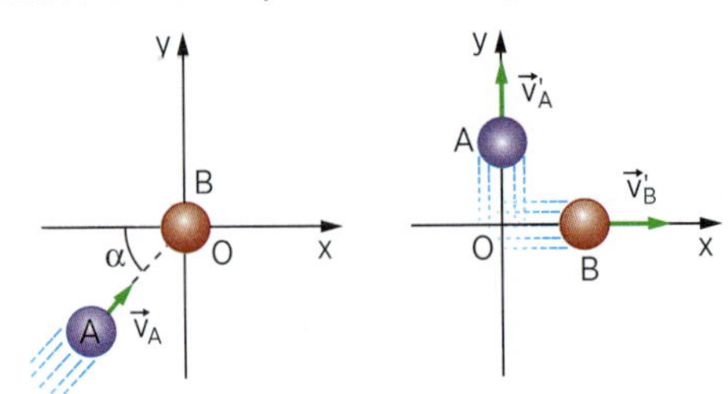

Revisão

R9. (Unicamp-SP) Jogadores de sinuca e bilhar sabem que, após uma colisão não frontal de duas bolas, *A* e *B*, de mesma massa, estando a bola *B* inicialmente parada, as duas bolas saem em direções que formam um ângulo de 90°. Considere a colisão de duas bolas de 200 g, representada na figura.

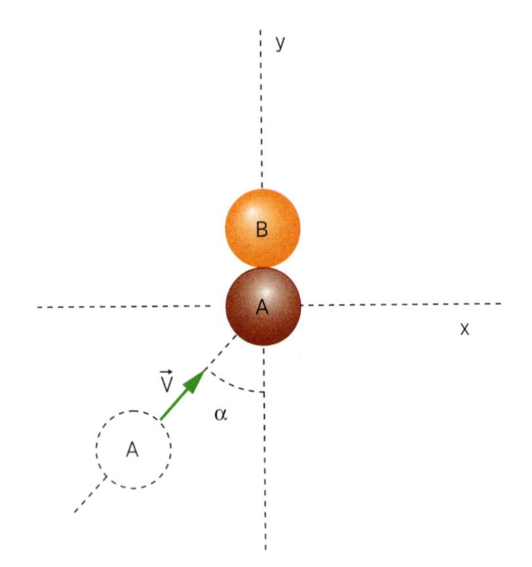

A se dirige em direção a *B* com velocidade de módulo V = 2,0 m/s, formando um ângulo α com a direção *y* tal que sen α = 0,80 e cos α = 0,60. Após a colisão, *B* sai na direção *y*.

a) Calcule as componentes *x* e *y* das velocidades de *A* e *B* logo após a colisão.

b) Calcule a variação da energia cinética de translação na colisão.

Nota: Despreze a rotação e o rolamento das bolas.

R10. (U. E. Londrina-PR) Em um jogo de sinuca, as bolas estão dispostas como mostrado na figura. A bola branca recebe uma tacada com força de 100 N, que age sobre ela por 0,2 s, chocando-se contra a bola 1. Após a colisão, a bola 1 é também colocada em movimento, sendo que o ângulo entre a direção do movimento de ambas e a direção do movimento inicial da bola branca é igual a 45°.

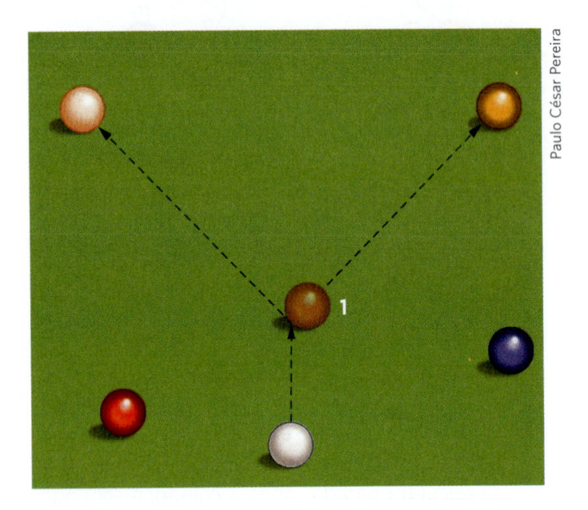

Paulo César Pereira

Considere que:
- cada bola tem massa igual a 0,4 kg;
- a colisão é perfeitamente elástica;
- não há atrito entre a mesa e as bolas;
- cos (45°) = 0,7.

Assinale a alternativa que mais se aproxima do módulo do vetor velocidade da bola branca após a colisão.

a) 25 m/s
b) 35 m/s
c) 55 m/s
d) 65 m/s
e) 75 m/s

Choque de uma esfera com um obstáculo imóvel

Considere o choque de uma esfera de massa *m* com um obstáculo imóvel. Por exemplo, a esfera é abandonada de uma altura *H* em relação ao solo (fig. 11a) e, após chocar-se com ele, atinge a altura máxima *h* (fig. 11d). Sejam *v* e *v'* os módulos das velocidades imediatamente antes e depois do choque (figs. 11b, 11c).

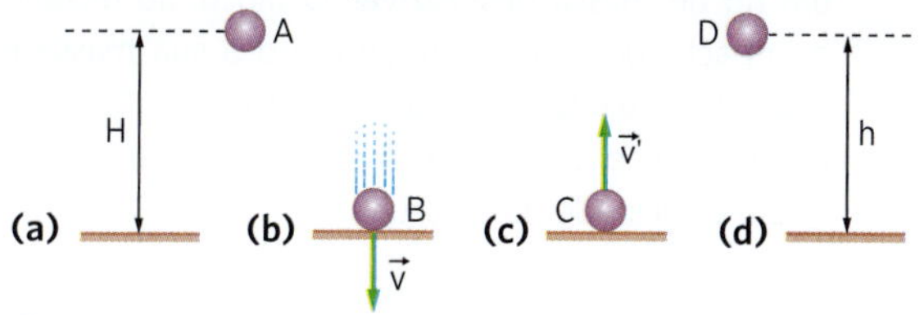

Figura 11

O coeficiente de restituição *e* é dado por:

$$e = \frac{v'}{v}$$

Vamos relacionar o coeficiente de restituição *e* com as alturas *h* e *H*.

Desprezando a resistência do ar, podemos aplicar a conservação da energia mecânica, antes do choque, para as posições *A* e *B*:

$$E_{C_A} + E_{P_A} = E_{C_B} + E_{P_B}$$

$$0 + mgH = \frac{mv^2}{2} + 0 \Rightarrow v = \sqrt{2gH}$$

Analogamente, a aplicação da conservação da energia mecânica, após o choque, para as posições *C* e *D* nos fornece $v' = \sqrt{2gh}$.

Assim, temos: $e = \frac{v'}{v} = \frac{\sqrt{2gh}}{\sqrt{2gH}} \Rightarrow$ $e = \sqrt{\frac{h}{H}}$

Pêndulo balístico

É um dispositivo utilizado para a determinação da velocidade de projéteis. Consta de um bloco de massa *M* suspenso por fios de massa desprezível, conforme mostra a figura 12. O projétil de massa *m* é disparado horizontalmente com velocidade *v* e aloja-se no bloco. A seguir, o conjunto se eleva até uma altura máxima *h*. Provemos que a velocidade *v* do projétil é dada por:

$$v = \frac{M + m}{m} \cdot \sqrt{2gh}$$

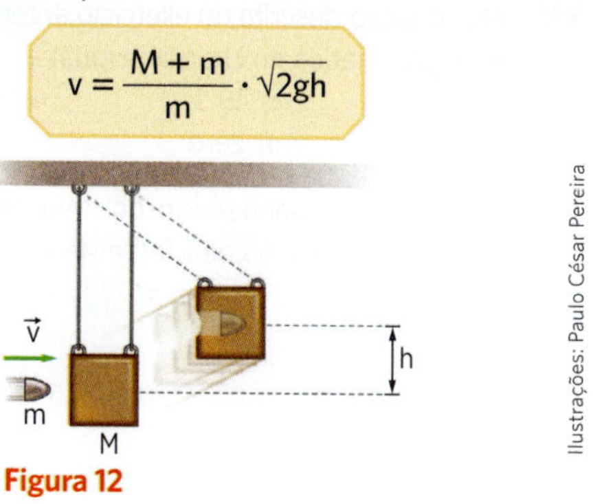

Ilustrações: Paulo César Pereira

Figura 12

Seja *V* a velocidade do conjunto (bloco + projétil) imediatamente após o choque. Aplicando a conservação da quantidade de movimento, resulta:

$$mv = (M + m) \cdot V$$

$$V = \frac{mv}{M + m} \quad ①$$

A energia cinética imediatamente após a colisão é transformada em energia potencial:

$$\frac{(M + m)}{2} V^2 = (M + m)gh$$

$$V = \sqrt{2gh} \quad ②$$

Igualando ① e ②:

$$\frac{mv}{M + m} = \sqrt{2gh} \Rightarrow \quad v = \frac{M + m}{m} \cdot \sqrt{2gh}$$

Aplicação

A10. Uma esfera com massa de 1,0 kg cai da altura de 8,0 m e, após bater no solo, retorna, atingindo a altura de 2,0 m. Adotando $g = 10\ m/s^2$, determine:

a) o coeficiente de restituição;

b) a perda de energia cinética no choque.

A11. Abandona-se uma esfera de uma altura *H* do solo. Sendo *e* o coeficiente de restituição entre a esfera e o solo e *h* a altura máxima atingida após o choque, associe:

1) choque perfeitamente elástico ($e = 1$)

2) choque perfeitamente inelástico ($e = 0$)

3) choque parcialmente elástico ($e < 1$)

a) $h > H$ **b)** $h = 0$ **c)** $h < H$ **d)** $h = H$

A12. Um projétil com massa de 10 g e velocidade de 800 m/s atinge um bloco de madeira de 2,0 kg de massa, suspenso por duas cordas inextensíveis, conforme a figura. O projétil aloja-se no bloco. Adote $g = 10\ m/s^2$ e determine:

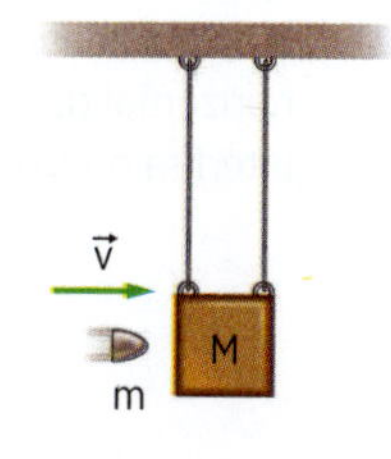

a) a velocidade do conjunto imediatamente após o choque;

b) a altura máxima que o conjunto atinge.

Verificação

V10. Uma esfera com massa de 1,0 kg é abandonada de um ponto situado a 5,0 m do solo. Após o choque com ele, sobe, atingindo a altura máxima de 3,2 m. Adotando-se $g = 10\ m/s^2$, o coeficiente de restituição é:

a) 0,50 c) 0,90 e) 1,0
b) 0,40 d) 0,80

V11. Na situação descrita no exercício anterior, a perda de energia cinética no choque é igual a:

a) 50 J c) 18 J e) 9 J
b) 32 J d) zero

V12. Um corpo é abandonado de uma altura de 20 m. Sabendo-se que o coeficiente de restituição entre o corpo e o solo é 0,50, a nova altura atingida pelo corpo será:

a) 4,5 m c) 4,0 m e) 15 m
b) 5,0 m d) 10 m

V13. Para determinar a velocidade de um projétil de massa $m = 50$ g, disparado por uma arma de fogo, utiliza-se um pêndulo balístico formado por um bloco de chumbo de massa $M = 200$ kg, suspenso por um fio de massa desprezível. O bloco, ao receber o impacto do projétil, incorpora-o à sua massa e desloca-se, elevando-se a uma altura $h = 0,50$ m em relação ao nível inicial. Adote $g = 10\ m/s^2$ e calcule a velocidade do projétil.

Revisão

R11. (Unisa-SP) Numa experiência para a determinação do coeficiente de restituição, largou-se uma bola de pingue-pongue em queda livre de uma altura de 4,0 m e ela retornou à altura de 1,0 m. Portanto, o coeficiente de restituição procurado é:

a) 0,25 d) 2,0
b) 0,50 e) 4,0
c) 1,0

R12. (Vunesp-SP) Em recente investigação, verificou-se que uma pequena gota de água possui propriedades elásticas, como se fosse uma partícula sólida. Em uma experiência, abandona-se uma gota de uma altura h_0, com uma pequena velocidade horizontal. Sua trajetória é apresentada na figura.

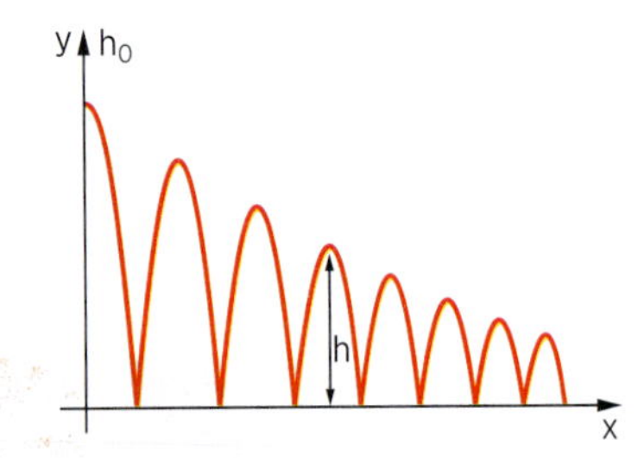

Na interação com o solo, a gota não se desmancha e o coeficiente de restituição, definido como *f*, é dado pela razão entre as componentes verticais das velocidades de saída e de chegada da gota em uma colisão com o solo. Calcule a altura *h* atingida pela gota após a sua terceira colisão com o solo, em termos de h_0 e do coeficiente *f*. Considere que a componente horizontal da velocidade permaneça constante e não interfira no resultado.

R13. (Unifesp-SP) A figura representa um pêndulo balístico usado em laboratórios didáticos.

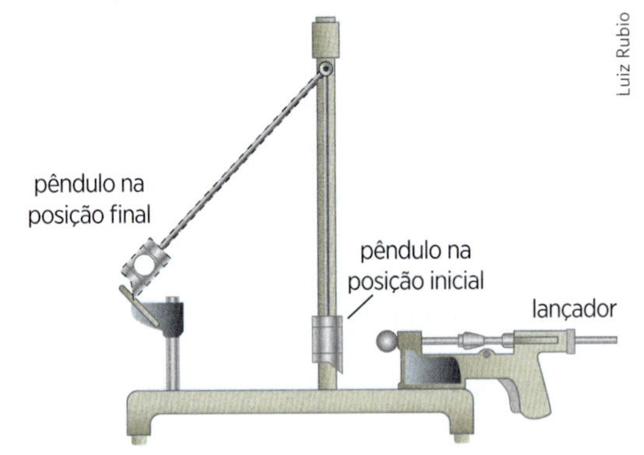

A esfera disparada pelo lançador se encaixa em uma cavidade do bloco preso à haste — em consequência ambos sobem até ficarem presos por atrito em uma pequena rampa, o que permite medir o desnível vertical *h* do centro de massa do pêndulo (conjunto bloco-esfera) em relação ao seu nível inicial. Um aluno trabalha com um equipamento como esse, em que a massa da esfera é $m_E = 10$ g, a massa do bloco é $m_B = 190$ g e a massa da haste pode ser considerada desprezível. Em um ensaio experimental, o centro de massa do conjunto bloco-esfera sobe $h = 10$ cm.

a) Qual a energia potencial gravitacional adquirida pelo conjunto bloco-esfera em relação ao nível inicial?
b) Qual a velocidade da esfera ao atingir o bloco?

Suponha que a energia mecânica do conjunto bloco-esfera se conserve durante o seu movimento e adote $g = 10\ m/s^2$.

capítulo

14 Gravitação

Introdução

O Sistema Solar é constituído por oito planetas, que se movem em torno do Sol, descrevendo trajetórias elípticas, na seguinte ordem: Mercúrio, Vênus, Terra, Marte, Júpiter, Saturno, Urano e Netuno (fig. 1).

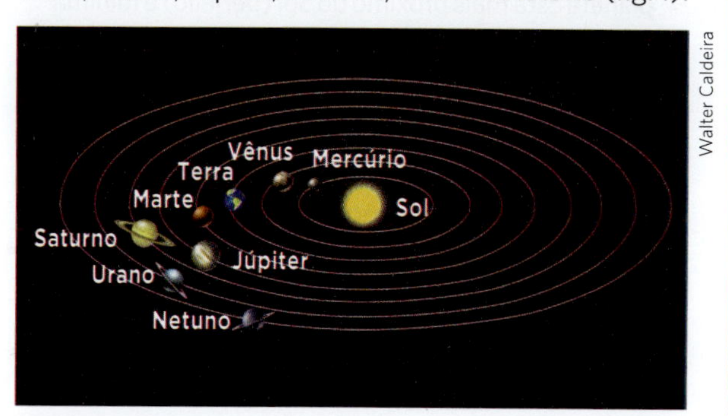

Figura 1. O Sistema Solar, em vista apenas didática, fora de proporções.

As leis que regem os movimentos dos planetas, como as conhecemos atualmente, resultaram de milhares de anos de observações.

Foram os gregos antigos os primeiros a descrever sistemas planetários tentando explicar os movimentos de corpos celestes.

Figura 2. Ptolomeu (século II d.C.) no terraço do Templo de Serápis, onde realizava seus estudos.

O mais famoso sistema planetário grego foi o de Cláudio Ptolomeu (100-170), que considerava a Terra o centro do Universo (*sistema geocêntrico*). Segundo esse sistema, cada planeta descreveria uma órbita circular cujo centro descreveria outra órbita circular em torno da Terra (fig. 3).

O sistema de Ptolomeu prevaleceu durante muitos séculos sem ser refutado.

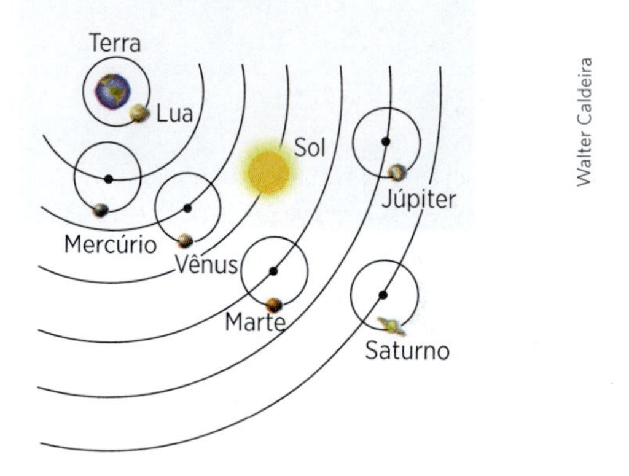

Figura 3. O sistema geocêntrico de Ptolomeu.

Foi o astrônomo polonês Nicolau Copérnico (1473-1543) que criou uma nova concepção do Universo, considerando o Sol como seu centro (*sistema heliocêntrico*). Os planetas, inclusive a Terra, descreveriam órbitas circulares em torno do Sol.

O sistema de Copérnico não foi aceito pelo astrônomo dinamarquês Tycho Brahe (1546-1601), que apresentou um novo sistema geocêntrico, segundo o qual o Sol giraria em torno da Terra e os planetas em torno do Sol (fig. 4).

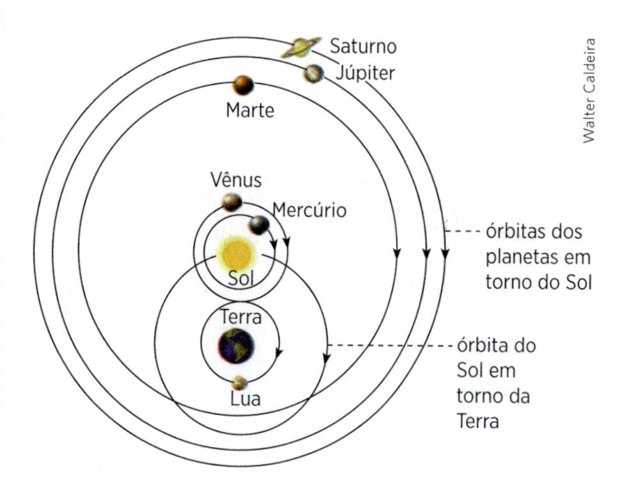

Figura 4. As órbitas planetárias segundo Tycho Brahe.

Ao morrer, Tycho Brahe cedeu suas meticulosas observações a seu discípulo Johannes Kepler (fig. 5). Este, após exaustivo trabalho, conseguiu explicar corretamente o movimento de todos os planetas (inclusive a Terra) em torno do Sol, por meio de três leis, conhecidas como *leis de Kepler*.

AKG-Images/Latinstock

Figura 5. Johannes Kepler (1571-1630).

Leis de Kepler

As leis de Kepler evidenciam que a descrição dos movimentos dos planetas torna-se simples quando o Sol é escolhido como sistema de referência.

- *Primeira Lei de Kepler (lei das órbitas)*

As órbitas descritas pelos planetas são elipses, com o Sol ocupando um dos focos.

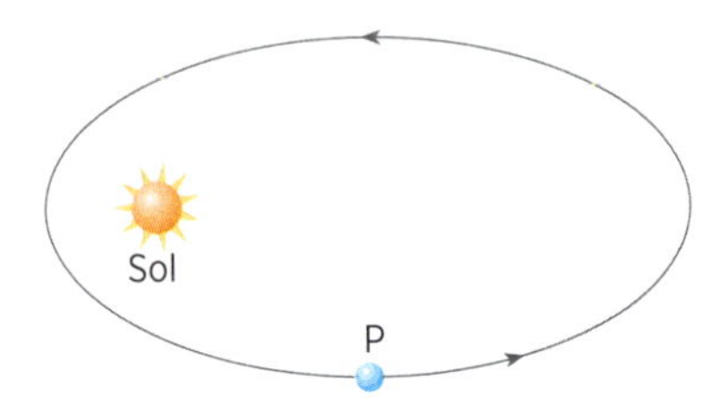

Figura 6. Primeira Lei de Kepler.

- *Segunda Lei de Kepler (lei das áreas)*

O segmento que une os centros do Sol e de um planeta descreve áreas proporcionais aos tempos de percurso.

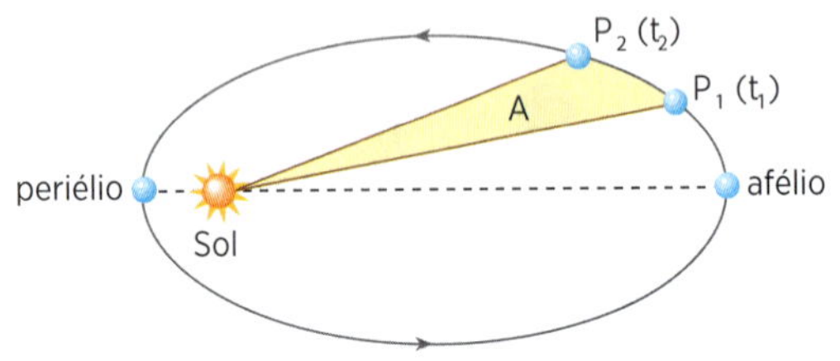

Figura 7. Segunda Lei de Kepler.

De acordo com a figura 7, um planeta desloca-se da posição P_1 para P_2 num intervalo de tempo $\Delta t = t_2 - t_1$. Seja *A* a área varrida nesse intervalo de tempo. A expressão matemática da Segunda Lei de Kepler é:

$$A = K \cdot \Delta t$$

sendo *K* a constante de proporcionalidade (que depende do planeta), denominada *velocidade areolar do planeta*.

Uma consequência da Segunda Lei de Kepler é que:

A velocidade de translação de um planeta ao redor do Sol não é constante, sendo máxima quando o planeta está mais próximo do Sol (periélio) e mínima quando mais distante (afélio).

De fato, sendo as áreas sombreadas da figura 8 iguais, pela Segunda Lei de Kepler concluímos que os intervalos de tempo de percurso são iguais. Portanto, o arco maior $\widehat{A_1B_1}$ será descrito no mesmo tempo que o arco menor $\widehat{A_2B_2}$. Assim, a velocidade em $\widehat{A_1B_1}$, próximo do Sol, é maior que a velocidade em $\widehat{A_2B_2}$, longe do Sol.

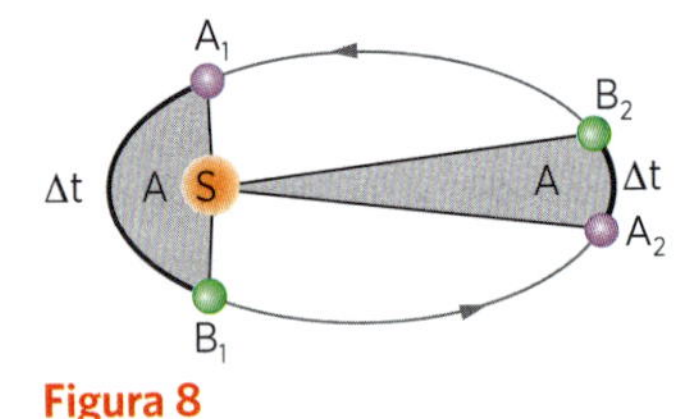

Figura 8

- *Terceira Lei de Kepler (lei dos períodos)*

O quadrado do período de translação de cada planeta ao redor do Sol é diretamente proporcional ao cubo do semieixo maior da correspondente trajetória.

Sendo *T* o período de revolução e *R* o semieixo maior da elipse (fig. 9), de acordo com a Terceira Lei de Kepler, temos:

Figura 9

A constante depende somente da massa do Sol.

Observe que, quanto *maior* o semieixo *R*, *maior* será o período *T*, isto é, *maior será o ano do planeta*.

OBSERVE

Seja *d* a distância mínima do planeta ao Sol e *D* a distância máxima. A média aritmética entre essas distâncias é denominada *raio médio* (ou distância média) *da órbita do planeta*. Observe que o raio médio coincide com o semieixo maior da elipse (*R*).

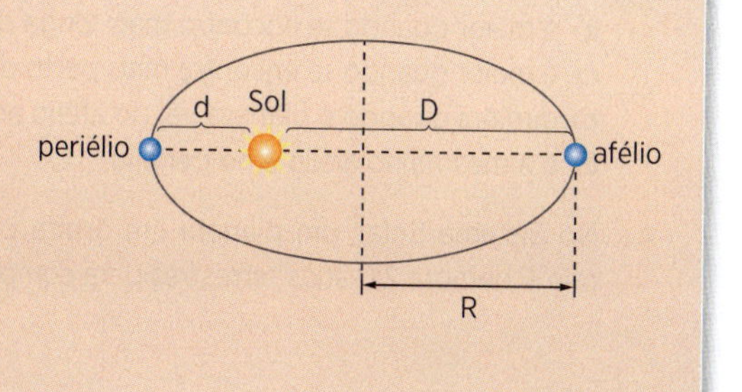

$$d + D = 2R \Rightarrow R = \frac{d + D}{2}$$

No estudo elementar de gravitação, as órbitas dos planetas serão consideradas circulares. Isso decorre do fato de as excentricidades das elipses serem muito pequenas e, portanto, os focos estarem muito próximos. Nessas condições, o semieixo maior *R* é o próprio raio da órbita.

Na tabela abaixo, apresentamos alguns dados referentes ao Sistema Solar.

Planeta	Distância média em relação ao Sol (quilômetros)	Período de rotação ou duração do dia (unidades terrestres)	Período de translação ou duração do ano (unidades terrestres)	Diâmetro (quilômetros)	Massa em relação à da Terra
Mercúrio	58 000 000	59,0 dias	88,0 dias	4 800	0,05
Vênus	108 000 000	249,0 dias	224,7 dias	12 200	0,81
Terra	150 000 000	23,9 horas	365,3 dias	12 700	1,00
Marte	230 000 000	24,6 horas	687,0 dias	6 700	0,11
Júpiter	780 000 000	19,8 horas	11,9 anos	143 000	317,8
Saturno	1 440 000 000	10,2 horas	29,5 anos	120 000	95,2
Urano	2 900 000 000	10,8 horas	84,0 anos	48 000	14,5
Netuno	4 500 000 000	15,0 horas	164,8 anos	45 000	17,2

As três leis de Kepler valem, de modo geral, para quaisquer corpos que gravitem em torno de outro de massa bem maior, como, por exemplo, os satélites artificiais que se movimentam em torno da Terra.

Aplicação

A1. Aponte a afirmação correta.
Os planetas descrevem órbitas elípticas em torno do Sol e seus movimentos são regidos pelas leis de Kepler, segundo as quais:

a) o Sol não ocupa um dos focos da elipse descrita por um planeta.
b) o Sol ocupa o centro da elipse.
c) as áreas descritas pelo segmento que une o centro do Sol e o centro do planeta são diretamente proporcionais ao quadrado do tempo gasto em varrê-las.
d) todos os planetas do Sistema Solar têm a mesma velocidade angular.
e) o ano de Mercúrio é menor que o da Terra.

A2. Aponte a afirmação correta.
A velocidade de translação de um planeta cuja órbita em torno do Sol é elíptica:
a) é constante em toda a órbita.
b) é maior quando se encontra mais longe do Sol.
c) é maior quando se encontra mais perto do Sol.
d) diminui quando o planeta vai do afélio ao periélio.
e) é a mesma no afélio e no periélio.

A3. No Sistema Solar, um planeta em órbita circular de raio *R* demora 2,0 anos terrestres para completar uma revolução. Qual o período de revolução de outro planeta, em órbita de raio 2R?

A4. Um satélite da Terra move-se em órbita circular de raio quatro vezes maior que o raio da órbita circular de outro satélite terrestre. Qual a relação $\frac{T_1}{T_2}$ entre os períodos do primeiro e do segundo satélite?

a) $\frac{1}{4}$ b) 4 c) 8 d) 64 e) 1

Verificação

V1. Assinale a proposição correta:
a) Cada planeta se move numa trajetória elíptica, tendo o Sol como centro.
b) A linha que liga o Sol ao planeta descreve áreas iguais em tempos iguais.
c) A linha que liga o Sol ao planeta descreve, no mesmo tempo, áreas diferentes.
d) A velocidade areolar de um planeta é variável.
e) O período de revolução de cada planeta é diretamente proporcional ao semieixo maior da correspondente elipse.

V2. A Segunda Lei de Kepler permite concluir que:
a) o movimento de um planeta é acelerado quando ele se desloca do afélio ao periélio.
b) o movimento de um planeta é acelerado quando ele se desloca do periélio ao afélio.
c) a energia cinética de um planeta é constante em toda sua órbita.
d) quanto mais afastado do Sol o planeta estiver, maior será sua velocidade de translação.
e) a velocidade de translação de um planeta é mínima no ponto mais próximo do Sol.

V3. Marte está 52% mais afastado do Sol do que a Terra. O ano (período do movimento de revolução em torno do Sol) de Marte expresso em anos terrestres é:
a) 1,52 c) 2,30 e) 4,30
b) 1,87 d) 3,70

V4. Marte tem dois satélites: Fobos, que se move em órbita circular com raio de 9700 km e período de $2{,}75 \cdot 10^4$ s, e Deimos, que tem órbita circular com 24300 km de raio. Qual o período de Deimos, em segundos?

Revisão

R1. (U. F. Campina Grande-PB) A figura mostra um selo que homenageia Johannes Kepler. Observe-a com atenção, sabendo-se que as áreas sombreadas foram percorridas no mesmo intervalo de tempo.

A partir da figura, que mostra o planeta em várias posições ao longo de sua órbita em torno do Sol, pode-se afirmar, segundo Kepler, que:
a) as áreas sombreadas são tais que uma é o dobro da outra.
b) ao percorrer a área sombreada mais próxima do afélio, a velocidade da Terra passa pelos maiores valores durante o ano.
c) a área sombreada próxima ao periélio é a região em que a Terra desenvolve os menores valores de sua velocidade durante o ano.
d) a razão entre as áreas sombreadas é igual a 1.
e) a órbita mostrada é uma elipse, com o Sol ocupando o seu centro.

R2. (Vunesp-SP) A órbita de um planeta é elíptica e o Sol ocupa um de seus focos, como ilustrado na figura (fora de escala). As regiões limitadas pelos contornos OPS e MNS têm áreas iguais a *A*.

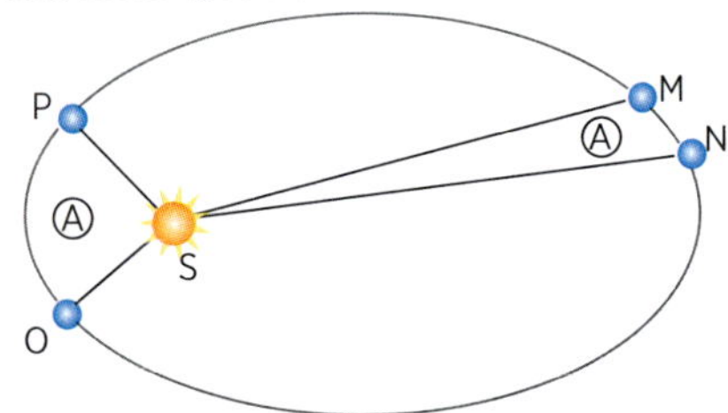

Se t_{OP} e t_{MN} são os intervalos de tempo gastos para o planeta percorrer os trechos OP e MN, respectivamente, com velocidades médias v_{OP} e v_{MN}, pode-se afirmar que:

a) $t_{OP} > t_{MN}$ e $v_{OP} < v_{MN}$

b) $t_{OP} = t_{MN}$ e $v_{OP} > v_{MN}$

c) $t_{OP} = t_{MN}$ e $v_{OP} < v_{MN}$

d) $t_{OP} > t_{MN}$ e $v_{OP} > v_{MN}$

e) $t_{OP} < t_{MN}$ e $v_{OP} < v_{MN}$

R3. (AFA-SP) A tabela a seguir resume alguns dados sobre dois satélites de Júpiter.

Nome	Diâmetro aproximado (km)	Raio médio da órbita em relação ao centro de Júpiter (km)
Io	$3,64 \cdot 10^3$	$4,20 \cdot 10^5$
Europa	$3,14 \cdot 10^3$	$6,72 \cdot 10^5$

Sabendo-se que o período orbital de Io é de aproximadamente 1,8 dia terrestre, pode-se afirmar que o período orbital de Europa expresso em dia(s) terrestre(s) é um valor mais próximo de:

a) 0,90

b) 1,50

c) 3,60

d) 7,20

R4. (Unicamp-SP) A Terceira Lei de Kepler diz que "o quadrado do período de revolução de um planeta (tempo para dar uma volta em torno do Sol), dividido pelo cubo da distância média do planeta ao Sol, é uma constante". A distância média da Terra ao Sol é equivalente a 1 ua (unidade astronômica).

a) Entre Marte e Júpiter existe o Cinturão de Asteroides (vide figura). Os asteroides são corpos sólidos que teriam sido originados do resíduo de matéria existente por ocasião da formação do Sistema Solar. Se no lugar do Cinturão de Asteroides essa matéria tivesse se aglutinado formando um planeta, quanto duraria o ano desse planeta (tempo para dar uma volta em torno do Sol)?

b) De acordo com a Terceira Lei de Kepler, o ano de Mercúrio é mais longo ou mais curto que o ano terrestre?

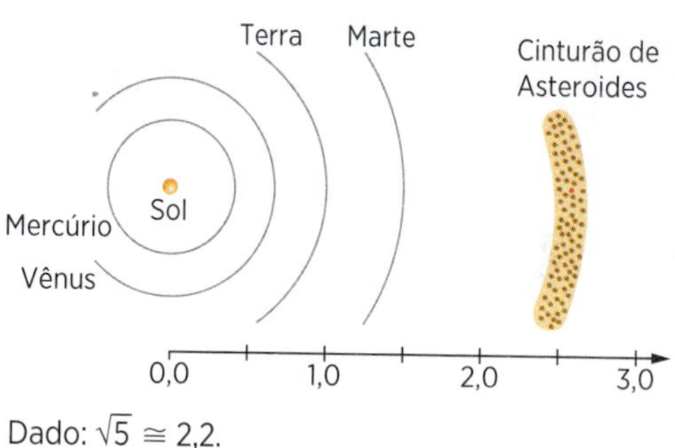

Dado: $\sqrt{5} \cong 2,2$.

Lei da Gravitação Universal

As leis de Kepler dão uma descrição cinemática do sistema planetário. Mas, do ponto de vista dinâmico, *que tipo de força o Sol exerce sobre os planetas, obrigando-os a se moverem de acordo com as leis que Kepler descobrira?*

A resposta foi dada por Isaac Newton (1642-1727). Para compreender o movimento dos corpos celestes, Newton analisou o movimento da Lua e concluiu que o mesmo tipo de força que faz os corpos cair sobre a Terra era exercido pela Terra sobre a Lua, mantendo-a em órbita. Essas forças foram denominadas *forças gravitacionais*.

Generalizando, Newton concluiu que eram também forças gravitacionais as que mantinham os planetas em órbita. A partir das leis de Kepler, ele descobriu que as forças gravitacionais têm intensidades que dependem diretamente das massas do Sol e do planeta e, inversamente, do quadrado da distância entre eles.

Esse resultado tem validade geral, podendo ser aplicado a quaisquer corpos materiais, constituindo a *Lei da Gravitação Universal*:

Dois pontos materiais atraem-se mutuamente com forças que têm a direção da reta que os une e cujas intensidades são diretamente proporcionais ao produto de suas massas e inversamente proporcionais ao quadrado da distância que os separa.

Sendo m_1 e m_2 as massas dos pontos materiais e d a distância entre eles (fig. 10), resulta:

$$F = G \cdot \frac{m_1 \cdot m_2}{d^2}$$

m_1 F F m_2 d

Figura 10

em que G é a constante de proporcionalidade, denominada *constante de gravitação universal*. Seu valor não depende dos corpos materiais, nem da distância entre eles, nem do meio que os envolve, mas somente do sistema de unidades utilizado. No Sistema Internacional de Unidades, o valor da constante G é:

$$G = 6,67 \cdot 10^{-11} \frac{N \cdot m^2}{kg^2}$$

Se, em vez de pontos materiais, tivermos esferas homogêneas, a distância a ser considerada será entre seus centros.

Aplicação

A5. Determine a intensidade da força de atração gravitacional que a Terra exerce sobre um objeto de $5{,}0 \cdot 10^3$ kg, a $3{,}6 \cdot 10^6$ m da superfície do nosso planeta. Considere a massa da Terra $6{,}0 \cdot 10^{24}$ kg e seu raio $6{,}4 \cdot 10^6$ m. Considere também $G \cdot 6{,}7 \cdot 10^{-11} \frac{N \cdot m^2}{kg^2}$.

A6. Qual dos gráficos representa mais adequadamente a variação da intensidade *F* da força de atração gravitacional entre duas massas puntiformes, quando a distância *d* entre elas varia?

a) 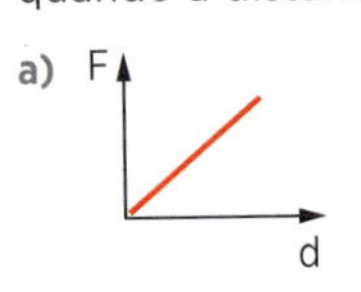

c) 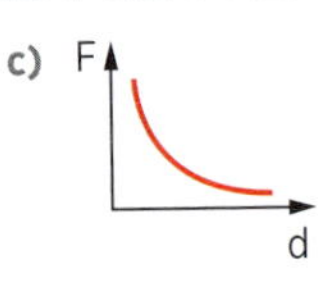

e) 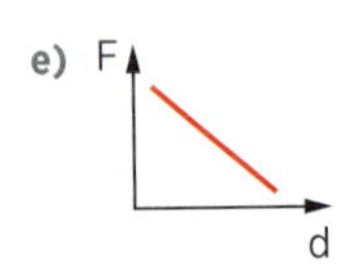

b) 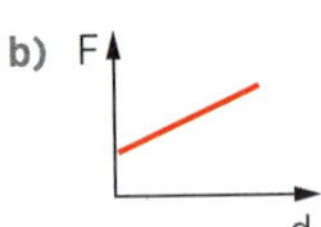

d) 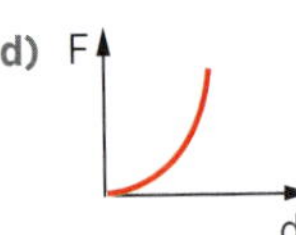

A7. A força de atração gravitacional entre dois astros tem intensidade *F*. Se as massas dos dois astros fossem duplicadas, qual seria a intensidade da força de atração entre eles, considerando constante a distância que os separa? Dê a resposta em função de *F*.

A8. A massa da Terra é cerca de 81 vezes a massa da Lua, e a distância de seu centro ao centro da Lua é *d*. Uma nave espacial viaja da Terra à Lua na reta que une os centros dos dois corpos celestes. A que distância do centro da Terra a intensidade da força gravitacional exercida pela Terra sobre a nave é igual à intensidade da força gravitacional exercida pela Lua sobre a nave? A resposta deve ser dada em função de *d*.

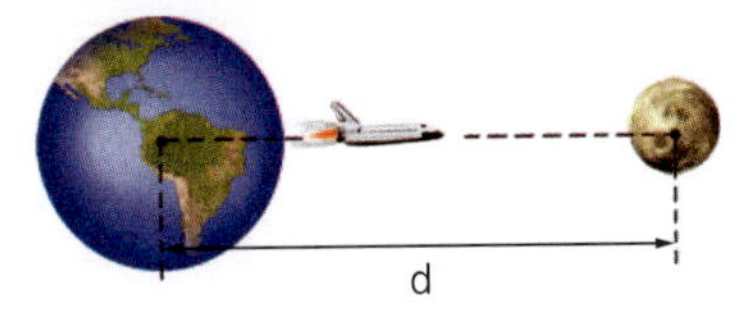

Walter Caldeira

Verificação

V5. Assinale a afirmativa *falsa*.

a) A força gravitacional entre dois corpos é sempre de atração.

b) A força gravitacional entre dois pontos materiais tem a direção da reta que os une.

c) A intensidade da força gravitacional entre dois pontos materiais é inversamente proporcional ao quadrado da distância que os separa.

d) A força que mantém a Lua em órbita ao redor da Terra é de origem gravitacional.

e) A intensidade da força gravitacional que um ponto material *A* exerce sobre um ponto material *B* não é necessariamente igual à intensidade da força gravitacional que *B* exerce em *A*.

V6. Determine a intensidade da força de atração gravitacional entre duas massas de 100 kg cada uma, distantes 1,0 m uma da outra. Considere $G = 6{,}7 \cdot 10^{-11} \frac{N \cdot m^2}{kg^2}$.

V7. Dois pontos materiais de massas m_1 e m_2, respectivamente, atraem-se mutuamente com força de intensidade *F* quando separados por uma distância *d*. Triplicando-se uma das massas e dobrando-se a distância, a força de atração passa a ter a intensidade:

a) 2 F b) 3 F c) $\frac{3F}{2}$ d) $\frac{3F}{4}$  e) $\frac{F}{4}$

V8. Dois pontos materiais de massas *m* e 4m, respectivamente, estão separados por uma distância *d*. A que distância de *m* em função de *d* deve ser colocado um terceiro ponto material de massa 2m, para que seja nula a resultante das forças gravitacionais sobre ele?

Revisão

R5. (UF-PB) A Lei da Gravitação Universal de Newton expressa como a força de atração entre dois corpos, de massas *m* e *M*, varia com a distância *d* entre eles. A figura ao lado representa a trajetória de um planeta de massa $8{,}1 \cdot 10^{24}$ kg em torno do seu sol e mostra, também, como a força de atração entre eles varia com a distância. Nessa figura estão destacados ainda os pontos de máxima aproximação *a*, chamado de periélio, em que $d = 0{,}9 \cdot 10^{11}$ m, e de máximo afastamento *b*, chamado de afélio, em que $d = 1{,}0 \cdot 10^{11}$ m.

No periélio, a força de atração entre o Sol e o planeta é de $1{,}4 \cdot 10^{23}$ N.

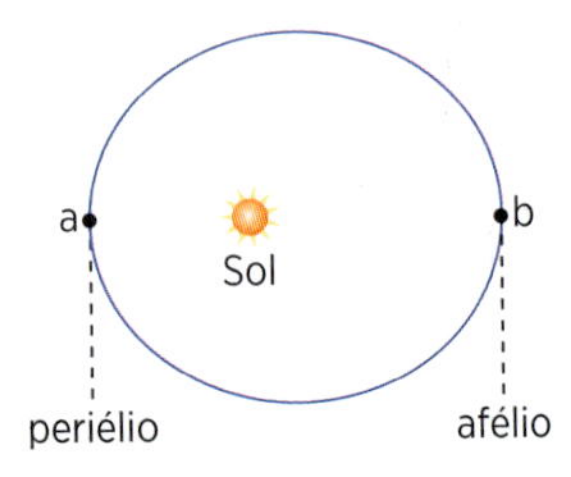

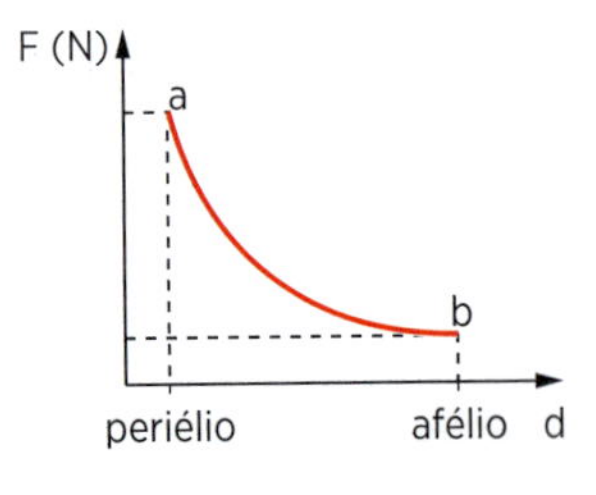

a) Reproduza, no seu caderno, a figura que mostra a trajetória do planeta em torno do seu sol e indique a(s) força(s) que atua(m) sobre o planeta quando este se encontra no afélio.

b) Determine a massa do Sol em torno do qual gira o planeta.

c) Determine a força de atração entre o Sol e o planeta, quando este se encontra no afélio.

Considere $G = 7{,}0 \cdot 10^{-11}\ N \cdot m^2/kg^2$.

R6. (U. F. Ouro Preto-MG) Imagine que a massa do Sol se tornasse subitamente 4 vezes maior do que é. Para que a força de atração do Sol sobre a Terra não sofresse alteração, a distância entre a Terra e o Sol deveria se tornar:

a) 4 vezes maior
b) 2 vezes maior
c) 8 vezes maior
d) 3 vezes maior

R7. (UF-MG) Três satélites – I, II e III – movem-se em órbitas circulares ao redor da Terra. O satélite I tem massa *m*, e os satélites II e III têm, cada um, massa 2m. Os satélites I e II estão em uma mesma órbita, de raio *r*, e o raio da órbita do satélite III é $\frac{r}{2}$. Na figura (fora de escala), está representada a posição de cada um dos três satélites:

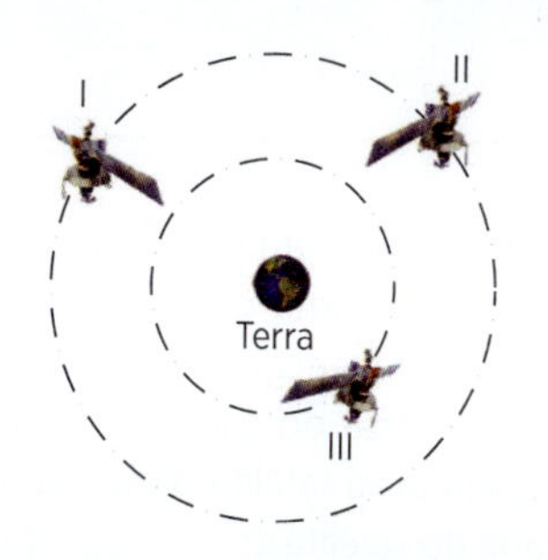

Sejam F_I, F_{II} e F_{III} os módulos das forças gravitacionais da Terra sobre, respectivamente, os satélites I, II e III. Considerando-se essas informações, é correto afirmar que:

a) $F_I = F_{II} < F_{III}$
b) $F_I = F_{II} > F_{III}$
c) $F_I < F_{II} < F_{III}$
d) $F_I < F_{II} = F_{III}$

R8. (Fuvest-SP) A razão entre as massas de um planeta e de um satélite é 81. Um foguete está a uma distância *R* do planeta e a uma distância *r* do satélite.

Qual deve ser o valor da razão $\frac{R}{r}$ para que as duas forças de atração sobre o foguete se equilibrem?

a) 1
b) 3
c) 9
d) 27
e) 81

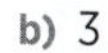

Satélites em órbitas circulares

Considere um planeta de massa *M*, e seja *m* a massa de um satélite em órbita circular de raio *r* em torno do planeta (fig. 11). A partir da Lei da Gravitação Universal, vamos determinar a *velocidade de translação* e deduzir a Terceira Lei de Kepler.

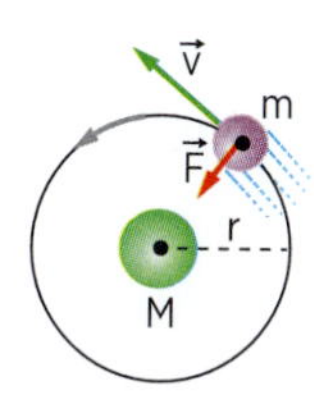

Figura 11

A força de atração gravitacional entre *M* e *m*, que atua no satélite, é a resultante centrípeta, necessária para mantê-lo em órbita. Assim, temos:

$$F = G \cdot \frac{M \cdot m}{r^2} \text{ e } F = m \cdot \frac{v^2}{r}$$

Daí, $v^2 = \frac{G \cdot M}{r}$ e, então,

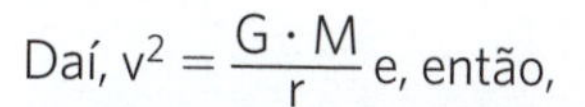

$$v = \sqrt{\frac{G \cdot M}{r}}$$

De $v^2 = \frac{G \cdot M}{r}$, e lembrando que $v = \omega \cdot r$ e $\omega = \frac{2\pi}{T}$, resulta:

$$\omega^2 r^2 = \frac{G \cdot M}{r}$$

$$\frac{4\pi^2}{T^2} \cdot r^2 = \frac{G \cdot M}{r} \Rightarrow \frac{T^2}{r^3} = \frac{4\pi^2}{GM}$$

OBSERVE

- A velocidade de translação e o período não dependem da massa *m* do corpo em órbita.
- A constante a que nos referimos na Terceira Lei de Kepler é dada por $\frac{4\pi^2}{G \cdot M}$, onde *M* é a massa do corpo central em torno do qual gravitam os satélites. No caso do Sistema Solar, *M* seria a massa do Sol.

Aplicação

A9. Um satélite artificial, sem propulsão própria, gira em órbita circular em torno de um planeta. Sendo *G* a constante de gravitação universal, *M* a massa do planeta, *m* a massa do satélite e *R* a distância do centro do planeta ao satélite, a expressão que fornece a velocidade do satélite é:

a) $v = \sqrt{\frac{GR}{M}}$

b) $v = \sqrt{\frac{GM}{R}}$

c) $v = \sqrt{\frac{GMm}{R}}$

d) $v = \sqrt{\frac{GR}{mM}}$

e) $v = \sqrt{\frac{GM}{Rm}}$

A10. Dois satélites estão em órbita circular ao redor da Terra.

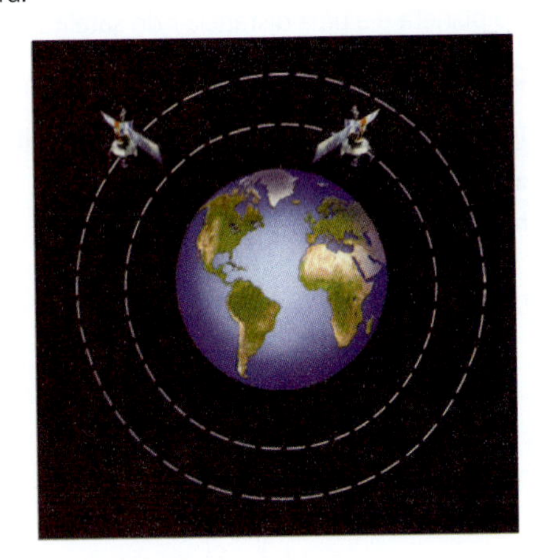

Walter Caldeira

O satélite em órbita de raio maior possui:

a) velocidade de translação menor.
b) velocidade de translação maior.
c) período menor.
d) massa maior.
e) massa menor.

A11. Um satélite artificial gira em órbita circular em torno da Terra. Seja *G* a constante de gravitação universal, *M* a massa da Terra, *m* a massa do satélite e *R* o raio da órbita do satélite. A expressão que fornece a velocidade angular do satélite é:

a) $\omega = \sqrt{\frac{GM}{R^3}}$

b) $\omega = \sqrt{\frac{GMm}{R^3}}$

c) $\omega = \sqrt{\frac{GM}{R}}$

d) $\omega = \sqrt{\frac{GR^3}{M}}$

e) $\omega = \sqrt{\frac{Gm}{R^3}}$

A12. Para um satélite da Terra com órbita circular, o período de revolução:

a) independe do raio da Terra.
b) é diretamente proporcional ao raio da órbita.
c) diminui quando o raio da órbita aumenta.
d) diminui quando a massa do satélite aumenta.
e) independe da massa da Terra.

Verificação

V9. A velocidade de um satélite em órbita circular ao redor da Terra:

a) é diretamente proporcional à sua massa.
b) independe de sua massa.
c) é inversamente proporcional à sua massa.
d) independe da massa da Terra.
e) depende do raio da Terra.

V10. Pretende-se lançar um satélite artificial que irá descrever uma órbita circular a $1,6 \cdot 10^3$ km de altura. Sabendo que a constante de gravitação universal é $G = 6,7 \cdot 10^{-11} \frac{N \cdot m^2}{kg^2}$ e que o raio e a massa da Terra são $R_T = 6,4 \cdot 10^3$ km e $M = 6,0 \cdot 10^{24}$ kg, determine a velocidade de translação que se deve imprimir ao satélite, naquela altura, para se obter a órbita desejada.

V11. Um satélite artificial gira em órbita circular em torno da Terra. Seja *G* a constante de gravitação universal, *M* a massa da Terra, *m* a massa do satélite e *R* o raio da órbita do satélite. A aceleração do satélite tem módulo dado por:

a) $a = 0$

b) $a = \frac{GM}{R^2}$

c) $a = \frac{GMm}{R}$

d) $a = \frac{GM}{Rm}$

e) $a = \sqrt{\frac{GM}{R^2}}$

V12. O satélite Intelsat III, usado pela Embratel, tem um período *T*. Se sua massa fosse triplicada, seu período seria:

a) $T' = \frac{1}{3}T$

b) $T' = 3T$

c) $T' = T$

d) $T' = 9T$

e) $T' = \frac{1}{9}T$

Revisão

R9. (UF-ES) Dois satélites descrevem órbitas circulares em torno da Terra. O raio da órbita do satélite mais afastado da Terra é o dobro do raio da órbita do satélite mais próximo. Considere-se que V_a e V_p são, respectivamente, os módulos das velocidades do satélite afastado e do satélite próximo. A relação entre esses módulos é:

a) $V_a = \frac{V_p}{2}$

b) $V_a = \frac{V_p}{\sqrt{2}}$

c) $V_a = V_p$

d) $V_a = \sqrt{2}\,V_p$

e) $V_a = 2V_p$

R10. (UF-MG) A figura mostra dois satélites artificiais, *R* e *S*, em órbitas circulares de mesmo raio, em torno da Terra. A massa do satélite *R* é maior do que a do satélite *S*.

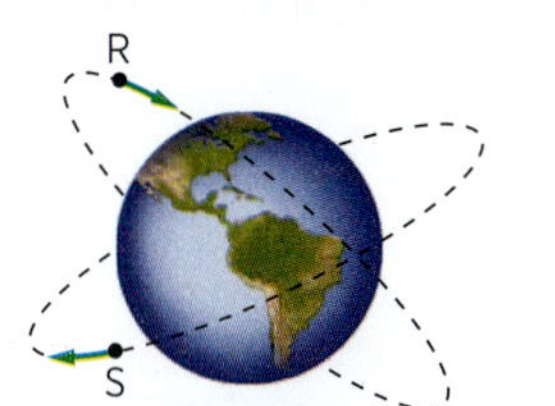

Walter Caldeira

Com relação ao módulo das velocidades, V_R e V_S, e aos períodos de translação, T_R e T_S, pode-se afirmar que:

a) $V_R < V_S$ e $T_R = T_S$

b) $V_R < V_S$ e $T_R > T_S$

c) $V_R = V_S$ e $T_R = T_S$

d) $V_R = V_S$ e $T_R > T_S$

e) $V_R > V_S$ e $T_R > T_S$

R11. (UESB-BA) Um satélite, de massa *m*, realiza um movimento uniforme em órbita circular de raio *R*, em torno da Terra, considerada uma esfera de massa *M*.

Sendo *G* a constante da gravitação universal, a energia cinética do satélite nesse movimento é igual a:

a) $\frac{GM}{R}$

b) $\frac{Gm}{R}$

c) $\frac{Gm}{2MR}$

d) $\frac{GM}{2mR}$

e) $\frac{GmM}{2R}$

R12. (UF-PB) Deseja-se colocar um satélite em órbita circular sobre o equador terrestre, de forma que um observador, situado sobre a linha equatorial, veja o satélite sempre parado sobre sua cabeça. Considere as afirmações abaixo:

I. Não é possível tal situação, pois o satélite cairia sobre a Terra devido à força de gravitação.

II. O período de tal satélite deve ser de 24 horas.

III. O raio da órbita tem que ser muito grande, para que a força gravitacional seja praticamente nula.

IV. O cubo do raio da órbita (medido a partir do centro da Terra) é proporcional ao quadrado do período do satélite.

Pode-se concluir que é(são) verdadeira(s) apenas:

a) I
b) III
c) I e III
d) II e IV
e) IV

Campo gravitacional

> *Campo gravitacional* é toda região do espaço na qual, colocando-se uma partícula em qualquer um de seus pontos, esta fica sujeita a uma força de atração gravitacional.

Campo gravitacional terrestre

Os corpos materiais originam campos gravitacionais no espaço que os cerca. A Terra, como qualquer corpo material, origina no espaço que a envolve um campo gravitacional: o *campo gravitacional terrestre*.

Uma partícula de massa *m*, colocada num ponto *P* desse campo, fica sujeita a uma força de atração gravitacional, dada pela Lei da Gravitação Universal. Considerando a Terra esférica e homogênea de massa *M* e raio *R*, e sendo *d* a distância da partícula de massa *m* ao centro da Terra (fig. 12), resulta:

$$F = G \cdot \frac{M \cdot m}{d^2}$$

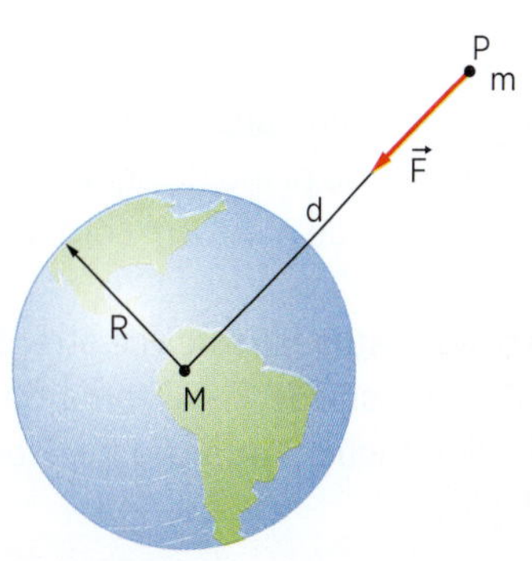

Figura 12

A energia potencial gravitacional que a partícula de massa m adquire ao ser colocada em P, em relação a um referencial no infinito, é dada por:

$$E_p = -G \cdot \frac{M \cdot m}{d}$$

Campo de gravidade da Terra

Devido à rotação da Terra, à presença do Sol, da Lua e de outros planetas, outras forças aparecem, além da força de atração gravitacional da Terra, dando origem a um novo campo, particular para a Terra, que recebe o nome de *campo de gravidade da Terra*.

A ação desse campo sobre a partícula de massa m é a resultante de todas essas forças, isto é, o seu peso $\vec{P} = m \cdot \vec{g}$. A linha de ação do peso, a não ser nos polos e no equador, não passa pelo centro da Terra.

Se não for levada em conta a rotação da Terra e se for desprezada a ação do Sol e de outros astros, o *campo de gravidade coincide com o campo gravitacional*. Nesse caso, a força de atração gravitacional é o próprio peso:

$$F = P$$

$$G \cdot \frac{M \cdot m}{d^2} = m \cdot g \Rightarrow g = \frac{GM}{d^2}$$

Essa expressão dá o módulo da aceleração da gravidade num ponto situado a uma distância d do centro da Terra, suposta estacionária.

Nos pontos da superfície terrestre, o módulo da aceleração da gravidade é obtido substituindo-se d pelo raio R:

$$g_0 = \frac{GM}{R^2}$$

As expressões do campo gravitacional e do campo de gravidade são válidas para qualquer planeta, sendo M a massa do planeta e R o seu raio.

Para pontos situados nas proximidades da Terra, podemos considerar a distância d praticamente igual ao raio R. Nessas condições, nas vizinhanças da Terra a aceleração da gravidade tem módulo praticamente constante. Supondo, ainda, que esses pontos se situem numa região de pequena extensão, podemos considerar a direção de $\vec{g}$ a mesma para todos os pontos e igual à direção da vertical do lugar. Nesse caso, o campo gravitacional é denominado *uniforme* (fig. 13).

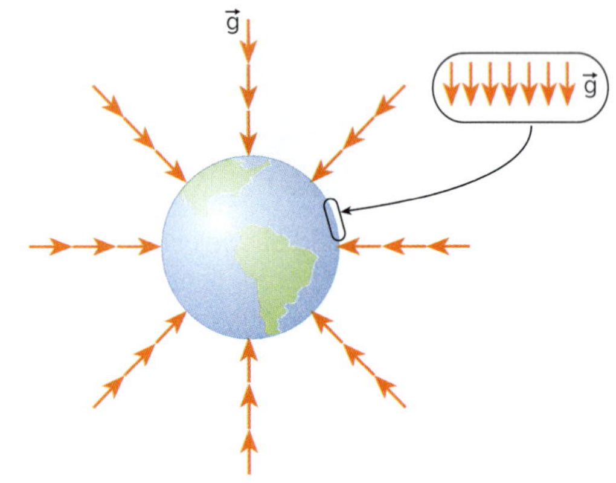

Figura 13. A cada ponto do campo de gravidade da Terra associamos um vetor $\vec{g}$. Numa pequena região consideramos $\vec{g}$ constante.

OBSERVE

Levando em conta a rotação da Terra, vamos relacionar a aceleração da gravidade nos polos (g_p) com a aceleração da gravidade no equador (g_e).

Seja ω a velocidade angular de rotação da Terra e R o seu raio. No plano do equador vamos suspender um bloco de massa m com um dinamômetro (fig. *a*).

Sobre o bloco atuam a força de atração gravitacional de intensidade F e a força da mola, cuja intensidade é igual à intensidade P do peso do bloco (fig. *b*).

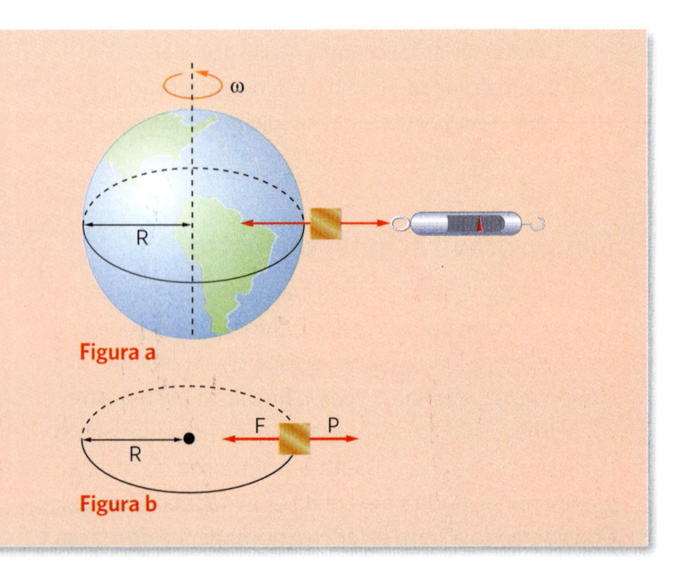

Devido à rotação da Terra, *F* e *P* não são iguais, pois deve existir a resultante centrípeta F − P, que garante o movimento circular. Assim, pelo Princípio Fundamental da Dinâmica, vem:

$$F - P = m \cdot \omega^2 \cdot R$$

$$G \cdot \frac{M \cdot m}{R^2} - mg_e = m\omega^2 R$$

$$\frac{G \cdot M}{R^2} - g_e = \omega^2 \cdot R$$

Mas $\frac{GM}{R^2}$ é a aceleração da gravidade nos polos, pois nesses pontos não existe influência da rotação da Terra. Portanto:

$$g_p - g_e = \omega^2 \cdot R$$

$$g_e = g_p - \omega^2 \cdot R$$

Sendo $R = 6{,}37 \cdot 10^6$ m e $\omega = \frac{2\pi}{T}$, com T = 86 400 s, resulta que:

$$\omega^2 \cdot R = 0{,}0336 \text{ m/s}^2$$

Portanto: $g_e = g_p - 0{,}0336$ (m/s²)

Velocidade de escape

Velocidade de escape é a menor velocidade com que se deve lançar um corpo a partir da superfície terrestre para que ele se livre da atração da Terra.

Thinkstock/Getty Images

Figura 14. O cálculo preciso da velocidade do escape é fundamental nos lançamentos espaciais.

A condição que devemos impor para que a velocidade seja mínima é que o corpo atinja o infinito com velocidade nula.

Desprezando a resistência do ar, podemos aplicar a conservação da energia mecânica:

- *Corpo na superfície terrestre*

  $E_c = \frac{mv^2}{2}$ e $E_p = -G \cdot \frac{M \cdot m}{R}$

- *Corpo no infinito*

  $E_c = 0$ e $E_p = 0$ (referencial no infinito)

  Nessas condições:

  $$\frac{mv^2}{2} - \frac{G \cdot M \cdot m}{R} = 0 \Rightarrow v = \sqrt{\frac{2GM}{R}}$$

  Sendo:

  $G = 6{,}67 \cdot 10^{-11} \frac{N \cdot m^2}{kg}$, $M = 6{,}0 \cdot 10^{24}$ kg e

  $R = 6{,}4 \cdot 10^6$ m, resulta:

  $$v_e \cong 11{,}3 \cdot 10^3 \text{ m/s}$$

  $$v_e \cong 11{,}3 \text{ km/s}$$

Aplicação

A13. Imagine um planeta com massa 8 vezes a massa da Terra e cujo raio seja 4 vezes o raio da Terra. Sendo *g* a aceleração da gravidade na superfície da Terra, determine, em função de *g*, a aceleração da gravidade na superfície do planeta.

A14. Sendo *g* a aceleração da gravidade ao nível do mar, a aceleração da gravidade a uma altura *h* desse nível, supondo *R* o raio da Terra, será:

a) $g\left(\frac{R}{R+h}\right)^2$

b) $g\left(\frac{R+h}{2h+R}\right)^2$

c) $g\left(\frac{R-h}{2R}\right)^2$

d) $g\left(\frac{h+2R}{R}\right)^2$

e) $g \cdot \frac{R}{h}$

A15. O raio do planeta Marte atinge aproximadamente 50% do raio da Terra e sua massa pode ser tomada como 10% da massa da Terra. Qual é o peso de um corpo na superfície de Marte que, na superfície da Terra, pesa 300 N?

A16. Um satélite artificial, depois de desligados seus propulsores, gira em órbita circular estável em torno da Terra. Abandonando-se um objeto no centro do satélite, observa-se que ele permanece indefinidamente "flutuando" nesse local. Isso ocorre porque:

a) dentro do satélite não existe atmosfera.

b) no local onde se encontra o satélite, o campo gravitacional devido à Terra é nulo.

c) no local onde se encontra o satélite, a soma dos campos gravitacionais devidos à Terra e a todos os outros corpos celestes é nula.

d) a carcaça do satélite funciona como blindagem para os campos gravitacionais.

e) a força de atração gravitacional da Terra está sendo usada como resultante centrípeta que tem como única função manter o objeto em movimento circular.

Verificação

V13. Imagine um hipotético planeta cuja massa seja igual à massa da Terra, porém cujo raio seja a metade do raio da Terra. A aceleração da gravidade na superfície desse planeta é n vezes a aceleração da gravidade na superfície da Terra. Qual é o valor de n?

V14. Considere estes valores: raio da Terra $R \cong 6{,}4 \cdot 10^6$ m; massa da Terra $M = 6{,}0 \cdot 10^{24}$ kg; aceleração da gravidade na superfície da Terra $g = 9{,}8$ m/s^2. Determine a aceleração da gravidade num ponto situado a $12{,}8 \cdot 10^6$ m do centro da Terra.

V15. Se a Terra encolhesse de modo a ter seu raio reduzido à metade, mas sem sofrer alteração na sua massa, nosso peso seria:

a) reduzido à metade.

b) reduzido a um quarto.

c) dobrado.

d) quadruplicado.

e) o mesmo.

V16. O planeta Mercúrio apresenta raio de, aproximadamente, 40% do da Terra e massa igual a 4% da terrestre. Qual será o peso, na superfície de Mercúrio, de um corpo que na superfície da Terra tem 194 N?

V17. Dentro de um satélite, em órbita em torno da Terra, a tão falada "ausência de peso", responsável pela flutuação de um objeto dentro do satélite, se deve ao fato de que:

a) a órbita do satélite se encontra no vácuo e a gravidade não se propaga no vácuo.

b) a órbita do satélite se encontra fora da atmosfera, não sofrendo assim os efeitos da pressão atmosférica.

c) a atração lunar equilibra a atração terrestre e, consequentemente, o peso de qualquer objeto é nulo.

d) a força de atração terrestre não é centrípeta.

e) o satélite e o objeto que flutua têm a mesma aceleração, produzida unicamente por forças gravitacionais.

Revisão

R13. (U. E. Ponta Grossa-PR) A descoberta de planetas extrassolares tem sido anunciada, com certa frequência, pelos meios de comunicação.

Numa dessas descobertas, o planeta em questão foi estimado como tendo o triplo da massa e o dobro do diâmetro da Terra. Considerando a aceleração da gravidade na superfície da Terra como g, assinale a alternativa correta para a aceleração na superfície do planeta em termos da g da Terra.

a) $\frac{3}{4}$ g

b) 2 g

c) 3 g

d) $\frac{4}{3}$ g

e) $\frac{1}{2}$ g

R14. (UF-ES) Suponha a Terra com a mesma massa, porém com o dobro do raio. O nosso peso seria:

a) a metade

b) o dobro

c) o mesmo

d) o quádruplo

e) reduzido à sua quarta parte

R15. (Vunesp-SP) Considere um corpo na superfície da Lua. Pela Segunda Lei de Newton, o seu peso é definido como o produto de sua massa m pela aceleração da gravidade g. Por outro lado, pela Lei de Gravitação Universal, o peso pode ser interpretado como a força de atração entre esse corpo e a Lua. Considerando a Lua como uma esfera de raio $R = 2 \cdot 10^6$ m e massa $M = 7 \cdot 10^{22}$ kg, e sendo a constante de gravitação universal $G = 7 \cdot 10^{-11} \frac{N \cdot m^2}{kg^2}$, calcule:

a) a aceleração da gravidade na superfície da Lua;

b) o peso de um astronauta, com 80 kg de massa, na superfície da Lua.

R16. (U. F. Ouro Preto-MG) Quando uma nave espacial está em movimento orbital em torno da Terra, vemos que os astronautas e objetos no interior da nave parecem "flutuar". Das alternativas abaixo, a que melhor representa uma explicação física para o fenômeno é:

a) As acelerações, em relação à Terra, dos astronautas e dos objetos no interior da nave são nulas.
b) As massas dos astronautas e dos objetos no interior da nave são nulas.
c) A nave, os astronautas e os objetos estão em queda livre.
d) Nenhuma força atua nos astronautas e objetos que estão no interior da nave.
e) A nave e o seu conteúdo estão fora do campo gravitacional criado pela Terra.

R17. (Unimontes-MG) Um buraco negro é o que sobra quando morre uma gigantesca estrela, no mínimo 10 vezes maior que o nosso Sol. Uma estrela é um imenso e incrível reator de fusão. As reações de fusão, que ocorrem no núcleo, funcionam como gigantescas bombas, cujas explosões impedem que a massa da estrela se concentre numa região pequena. O equilíbrio entre as forças oriundas das explosões e as de origem gravitacional define o tamanho da estrela. Quando o combustível para as reações se esgota, a fusão nuclear é interrompida. Ao mesmo tempo, a gravidade atrai a matéria para o interior da estrela, havendo compressão do núcleo, que se aquece muito. O núcleo finda por explodir, arremessando para o espaço matéria e radiação. O que fica é o núcleo altamente comprimido e extremamente maciço. A gravidade em torno dele é tão forte que nem a luz consegue escapar. Esse objeto literalmente desaparece da visão. O diâmetro da região esférica, dentro da qual toda a massa de uma estrela deveria ser concentrada, para que ela começasse a se comportar como um buraco negro, pode ser calculado utilizando-se a equação para a velocidade de escape, que permite encontrar a velocidade mínima, v, para que um corpo maciço escape do campo gravitacional de uma estrela ou planeta. A equação é $v^2 = \frac{2GM}{R}$, em que $G = 6{,}67 \cdot 10^{-11}$ $(m^3/s^2 \cdot kg)$ é a constante gravitacional, M é a massa e R o raio do planeta. Nesse caso, a velocidade de escape deveria ser igual à da luz, ou seja, $3 \cdot 10^8$ m/s. Considerando ser possível a Terra transformar-se num buraco negro, o diâmetro da região esférica, dentro da qual toda a sua massa, igual a $5{,}98 \cdot 10^{24}$ kg, deveria ser concentrada, seria, aproximadamente:

a) 1,8 cm
b) 1,8 m
c) 0,9 km
d) 0,9 m

R18. (U. E. Londrina-PR) Um corpo de massa m, com uma energia cinética desprezível em relação à sua energia potencial, está situado a uma distância r do centro da Terra, que possui raio R, massa M e $g = \frac{GM}{R^2}$. Suponha que esse corpo caia em direção à Terra. Desprezando os efeitos de rotação da Terra e o atrito da atmosfera, assinale a alternativa que contém a relação que permite calcular a velocidade v do corpo no instante em que ele colide com a Terra.

a) $v^2 = 2gR^2\left(\frac{1}{r} - \frac{1}{R}\right)$
b) $v^2 = 2gR^2\left(\frac{1}{R} + \frac{1}{r}\right)$
c) $v^2 = 2gR^2\left(\frac{1}{R} \times \frac{1}{r}\right)$
d) $v^2 = 2g^2R\left(\frac{1}{R} - \frac{1}{r}\right)$
e) $v^2 = 2gR^2\left(\frac{1}{R} - \frac{1}{r}\right)$

R19. (U. F. Juiz de Fora-MG) Um planeta que gira em torno de uma estrela distante do Sistema Solar possui um raio médio que é três vezes o valor do raio médio RT da Terra. Contudo, o valor da aceleração da gravidade na superfície do planeta é o mesmo que o valor da aceleração g da gravidade na Terra. Em comparação com o valor da massa MT da Terra, a massa do planeta deve corresponder a:

a) 3MT
b) $\frac{1}{3}$ MT
c) 9MT
d) $\frac{1}{9}$ MT
e) 6MT

APROFUNDANDO

- Pesquise um dos temas abaixo:
  a) As conquistas espaciais
  b) Os satélites espaciais geoestacionários
  c) O Universo: dos asteroides às estrelas
  d) A História da Mecânica: de Aristóteles a Einstein
  e) A evolução de uma estrela: do nascimento ao destino final
- Responda: o peso de um corpo é o mesmo nos polos e no equador?
- Um mesmo corpo é pesado, com uma balança de grande precisão, em São Paulo e em Santos. Em que cidade o valor encontrado é menor?

HO/NASA/CXO/AFP PHOTO

Explosão da estrela V838 Monocerotis fotografada pelo telescópio espacial Hubble.

LEIA MAIS

Andréia Guerra et alii. *Galileu e o nascimento da ciência moderna*. São Paulo: Atual, 1998.
______. *Newton e o triunfo do mecanicismo*. São Paulo: Atual, 1999.
Attico Chassot. *A ciência através dos tempos*. São Paulo: Moderna, 1997.
Elisabeth Barolli, Aurélio Gonçalves Filho. *Nós e o Universo*. São Paulo: Scipione, 1988.
Heather Couper, Nigel Henbest. *Buracos negros*. São Paulo: Moderna, 1997.
Lucy e Stephen Hawking. *George e o segredo do Universo*. São Paulo: Ediouro, 2007.
Nicolau Gilberto Ferraro. *Os movimentos* - pequena abordagem sobre a Mecânica. São Paulo: Moderna, 2003.
Paul Strathern, Maria Helena Geordane. *Galileu e o Sistema Solar em 90 minutos*. Rio de Janeiro: Jorge Zahar, 1999.
______. *Newton e a gravidade em 90 minutos*. Rio de Janeiro: Jorge Zahar, 1998.
Paulo Sérgio Bretones. *Os segredos do Universo*. São Paulo: Atual, 1995.
______. *Os segredos do Sistema Solar*. São Paulo: Atual, 1993.
Stephen W. Hawking. *Uma breve história do tempo*. São Paulo: Rocco, 2002.
Steve Parker. *Newton e a gravitação*. São Paulo: Scipione, 1996.

CRONOLOGIA DE ESTUDO DOS MOVIMENTOS

Século VI a.C.

- Deixando de lado as explicações mitológicas e a intervenção dos deuses, os gregos procuraram analisar os fenômenos naturais por meio das próprias coisas da natureza. Assim, o estudo dos movimentos dos corpos passou a ter uma explicação mais científica.

Século IV a.C.

- Aristóteles apresentou uma teoria para explicar o movimento dos corpos, terrestres e celestes, que perdurou por muitos séculos. Em sua teoria, o Universo era dividido em duas regiões. A primeira região era a do mundo *sublunar*, no qual todos os corpos eram constituídos por quatro elementos: a água, o ar, a terra e o fogo. Nessa região, os movimentos dos corpos eram explicados pela tendência destes de chegar ao seu "lugar natural". O lugar natural dos corpos pesados seria o centro da Terra e dos corpos leves, acima da Terra. A outra região era a do mundo *supralunar*, que começaria a partir da Lua, onde os corpos celestes descreveriam movimentos circulares, considerados perfeitos. A Terra estaria imóvel no centro do Universo (sistema geocêntrico).

Séculos XVI e XVII

- Nicolau Copérnico (1473-1543), astrônomo polonês, apresentou uma nova concepção para a estrutura do Universo, considerando o Sol como seu centro (sistema heliocêntrico). Os planetas, inclusive a Terra, descreveriam órbitas circulares em torno do Sol.
- Giordano Bruno (1548-1600), filósofo italiano, foi seguidor do sistema heliocêntrico proposto por Copérnico. Foi condenado à morte na fogueira pela Inquisição.

Jean-Leon Huens/National Geographic/Getty Images

Nicolau Copérnico.

- O sistema de Copérnico não foi aceito pelo astrônomo dinamarquês Tycho Brahe (1546-1601), que contribuiu com um novo sistema geocêntrico, segundo o qual o Sol giraria em torno da Terra e os planetas em torno do Sol.
- Coube a Johannes Kepler (1571-1630), discípulo de Tycho Brahe, explicar corretamente o movimento dos planetas em torno do Sol, destacando a forma elíptica das órbitas.
- Galileu Galilei (1564-1642), físico e matemático italiano, desempenhou um papel fundamental no desenvolvimento do pensamento científico moderno. Considerado o criador da Física Experimental, sempre recorria a experimentos para provar suas teorias. Galileu estabeleceu a lei da queda dos corpos, segundo a qual todos os corpos, leves ou pesados, grandes ou pequenos, quando desprezada a resistência do ar, caem com a mesma aceleração. Foi o primeiro homem a observar o céu cientificamente. Criou seu próprio telescópio e, com ele, descobriu os satélites de Júpiter, as manchas solares e as fases da Lua. Defendeu a ideia de que a Terra não poderia ser o centro do Universo e que, na verdade, deveria estar girando em torno do Sol. Aceitou as descobertas de Kepler, seu contemporâneo.

AKG-Images/Latinstock

Galileu Galilei diante do Tribunal da Inquisição, em Roma, em 1633.

Séculos XVII e XVIII

- Historiadores e cientistas são unânimes em afirmar que Isaac Newton (1642-1727) representou a luz que iluminou definitivamente o pensamento científico moderno. Estabeleceu as três leis fundamentais do movimento, que constituem a base sobre a qual se estrutura a Mecânica. Descobriu a Lei da Gravitação Universal, que explica os movimentos dos astros.

Desafio Olímpico

1. (OPF-SP) Considere as situações em que uma corda é apoiada no galho de uma árvore e Mário e Carlos fazem certas experiências:

Figura 1

Figura 2

Figura 3

Lettera Studio

Hipóteses:

- A corda arrebenta quando tracionada por uma força maior que o peso de um corpo de 70 kg.
- Mário e Carlos possuem massas iguais a 60 kg cada um.
- A corda pode deslizar, praticamente sem atrito ao redor do galho.

Considerando-se as hipóteses acima podemos afirmar que a corda:

a) arrebentará nas três situações figuradas.
b) não arrebentará em nenhuma das três situações figuradas.
c) arrebentará apenas na situação da figura 1.
d) arrebentará apenas nas situações das figuras 1 e 3.
e) arrebentará apenas na situação da figura 2.

2. (OPF-SP) Um homem de 70 kg está em cima de uma balança dentro de um elevador. Determine qual é a indicação da balança, nas seguintes situações:

a) O elevador subindo com aceleração de 3 m/s^2.
b) O elevador subindo com velocidade constante de 2 m/s.
c) O elevador descendo com aceleração de 1 m/s^2.
d) O elevador caindo em queda livre.

Considere $g = 10\ m/s^2$.

3. (OPF-SP) Carlos está tentando arrastar um armário pesado do seu quarto, aplicando sobre ele uma força horizontal, mas infelizmente o armário nem sai do lugar. Podemos afirmar que:

a) o módulo da força de atrito estático entre o armário e o piso é maior do que o módulo da força aplicada por Carlos sobre o armário.
b) o peso do armário é maior do que o peso de Carlos.
c) o módulo da força de atrito entre os pés de Carlos e o piso é maior do que o módulo da força de atrito entre o armário e o piso.
d) o módulo da força de atrito estático entre o armário e o piso é igual ao módulo da força aplicada por Carlos sobre o armário.
e) nenhuma das afirmações acima é verdadeira.

4. (OCF-Colômbia) Qual o trabalho realizado pela força aplicada por uma pessoa para levantar, utilizando o dispositivo mostrado na figura, uma massa de 20 kg? A pessoa percorre lentamente a distância de 5,0 m e para.
Dado: $g = 10\ m/s^2$.

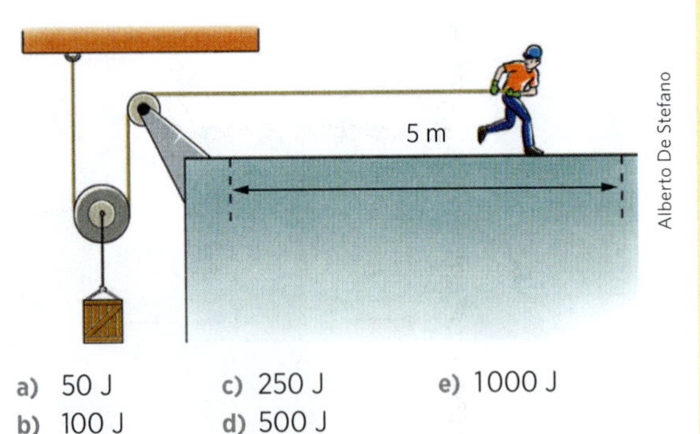

Alberto De Stefano

a) 50 J
b) 100 J
c) 250 J
d) 500 J
e) 1000 J

5. (OBF-Brasil) Num intervalo de 4,0 min, uma bomba hidráulica deve elevar 1,0 m^3 de água para um reservatório situado a 12 m de altura. Desprezando as resistências mecânicas devidas ao circuito hidráulico, calcule:

a) em joules, o trabalho τ desenvolvido pela bomba para realizar a tarefa, sem variação de energia cinética.
b) em watts, a potência mecânica média *P* desenvolvida pela bomba.

Dados: $d_{água} = 1{,}0 \cdot 10^3\ kg/m^3$; $g = 10\ m/s^2$.

6. (OBF-Brasil) Sobre um corpo com massa de 1 kg, inicialmente em repouso, atua uma força que varia conforme o gráfico. Qual a velocidade do corpo na posição d = 12 m?

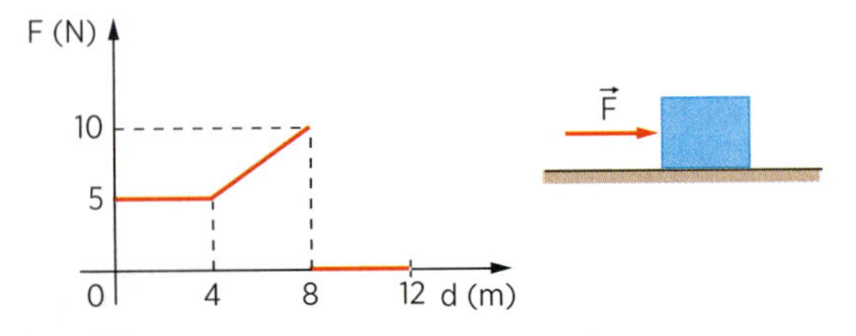

7. (OBF-Brasil) No experimento da figura, são desprezados os atritos entre as superfícies e a resistência do ar. O bloco, inicialmente em repouso, com massa igual a 4,0 kg, comprime em 20 cm uma mola ideal de constante elástica $3,6 \cdot 10^3\ N \cdot m^{-1}$. O bloco permanece apenas encostado na mola. Liberando-se a mola, esta é distendida, impulsionando o bloco, que atinge a altura *h*. Determine:

a) o módulo da velocidade do bloco imediatamente após a sua liberação da mola;

b) o valor da altura *h*.

Dados: $g = 10\ m/s^2$.

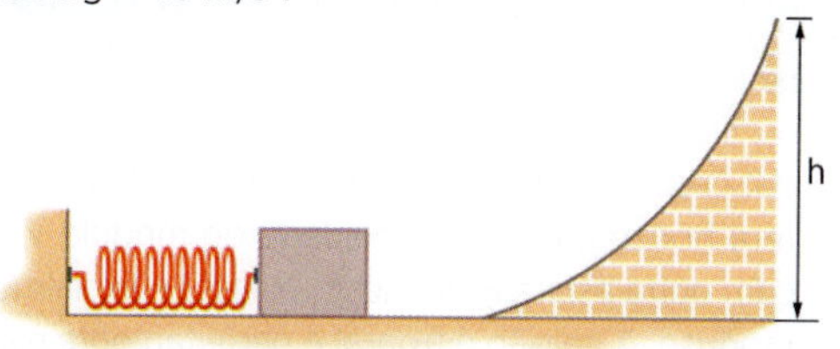

8. (OBF-Brasil) Uma bola é abandonada no ponto *A* de um trilho perfeitamente liso, AB, e atinge o solo no ponto *C*. Supondo que a velocidade da bola no ponto *B* tem componente somente na direção horizontal, determine a altura *h* em que a bola é abandonada.

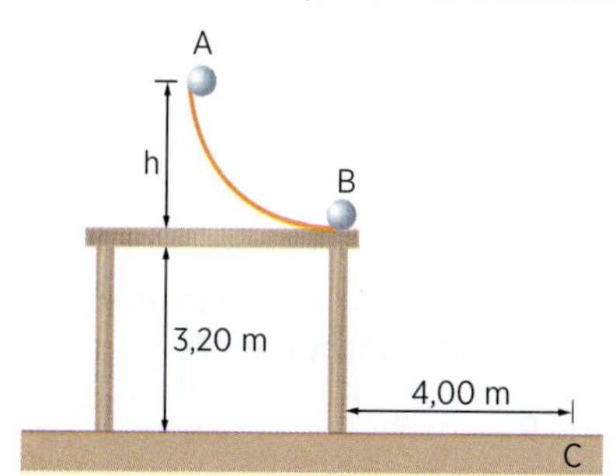

9. (OBF-Brasil) Um anel de massa m = 40 g está preso a uma mola e desliza, sem atrito, ao longo de um fio circular de raio R = 10 cm, situado num plano vertical. A outra extremidade da mola é presa ao ponto *P*, que se encontra a 2 cm do centro *O* da circunferência (veja a figura). Calcule a constante elástica da mola para que a velocidade do anel seja a mesma nos pontos *B* e *D*, sabendo que ela não estará deformada quando o anel estiver na posição *B*.

Dado: $g = 10\ m/s^2$.

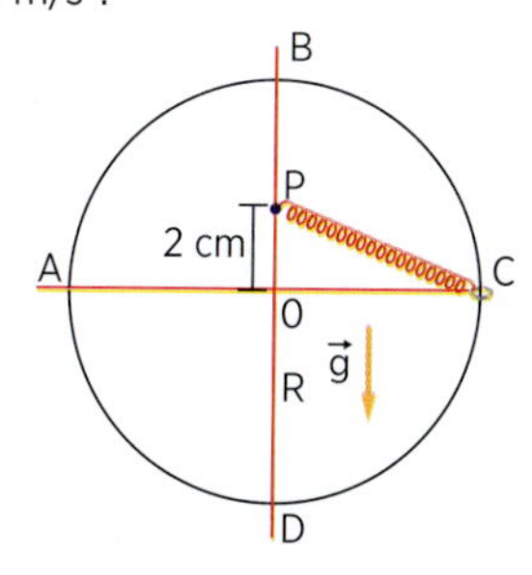

10. (OBF-Brasil) No gráfico estão representadas as deformações (x) sofridas por uma certa mola em função das forças deformantes (F) nela aplicadas. A energia potencial elástica acumulada na mola quando x = 4,0 cm, em joules, é igual a:

a) 2,5

b) 8,0

c) $2,5 \cdot 10^{-2}$

d) $8,0 \cdot 10^{-3}$

e) $4,0 \cdot 10^{-2}$

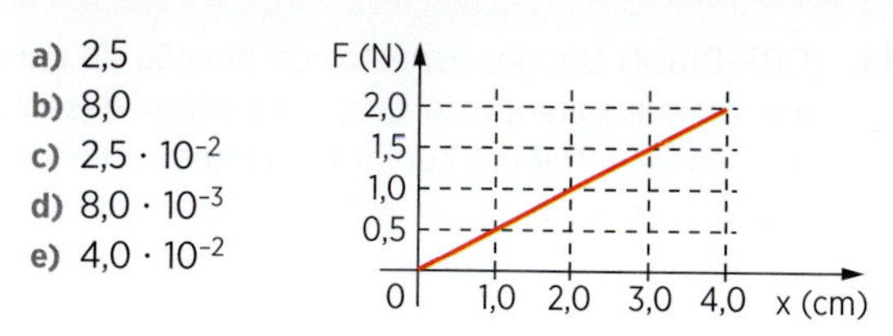

11. (OBF-Brasil) Um carro movimenta-se com velocidade constante (módulo) num trecho circular de uma estrada plana conforme a figura. A força $\vec{F}$ representa a resistência que o ar exerce sobre o carro.

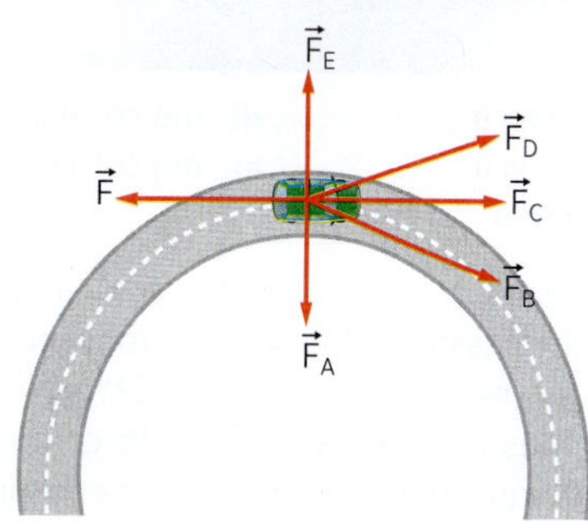

Qual das outras forças mostradas na figura melhor representa a ação da estrada no pneu do automóvel?

a) $\vec{F}_A$ b) $\vec{F}_B$ c) $\vec{F}_C$ d) $\vec{F}_D$ e) $\vec{F}_E$

12. (OBF-Brasil) Um garoto gira três bolas, amarradas entre si por cordas de 1 m de comprimento, num plano horizontal, conforme indicado na figura. Todas as bolas são iguais e têm uma massa de 0,10 kg.

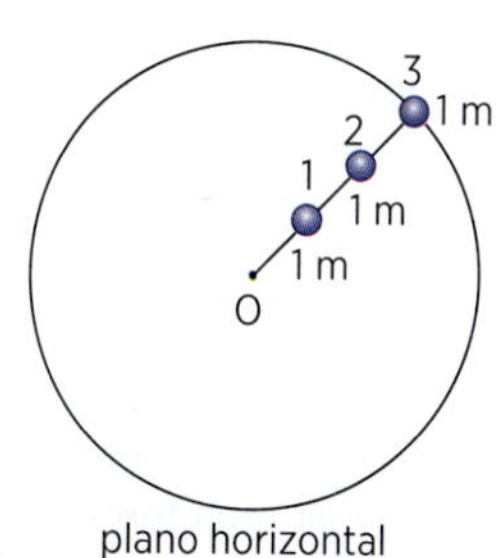

Responda às seguintes questões:

a) Quando a bola 3, da extremidade, estiver se movendo com uma velocidade de 6,0 m/s, quais serão as trações nas três cordas?

b) Girando as bolas mais rápido, que corda se romperá primeiro, supondo que todas as cordas são iguais? Justifique sua resposta.

13. (OBF-Brasil) Um trecho de uma montanha-russa apresenta uma depressão de raio de curvatura *R* igual a 80 m. Determine a velocidade que deve ter um vagonete para que, descendo, seus passageiros sofram, no ponto mais baixo da depressão, a sensação de que seu peso triplicou.

Dado: $g = 10\ m/s^2$.

Alberto De Stefano

14. (OBF-Brasil) Um dos aspectos da direção de curvas que chamam atenção é que, para evitar desequilíbrios ao se entrar em curvas com muita velocidade, elas são construídas com inclinação. Qual é a expressão da força centrípeta devida à inclinação da curva da figura?

a) mg sen θ
b) mg cos θ
c) mg tg θ
d) mg cos θ sen θ
e) mg cotg θ

15. (OBF-Brasil) Um motorista, colocando seu automóvel (massa de 750 kg) em movimento, troca as duas primeiras marchas (1ª e 2ª) nos 17 primeiros segundos de sua viagem. Tendo como base o diagrama, que mostra como a força resultante sobre o automóvel variou no tempo, que ele partiu do repouso e que 1 m/s equivale a 3,6 km/h, no instante t = 17 s, a velocidade do automóvel será, em km/h, igual a:

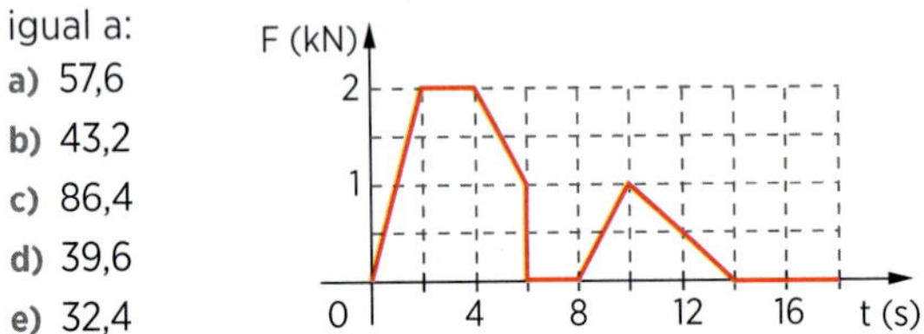

a) 57,6
b) 43,2
c) 86,4
d) 39,6
e) 32,4

16. (OPF-SP) O carrinho esquematizado, com massa de 100 kg, encontra-se em repouso quando nele passa a agir uma força resultante $\vec{F}$, que varia com o tempo conforme mostra o gráfico.

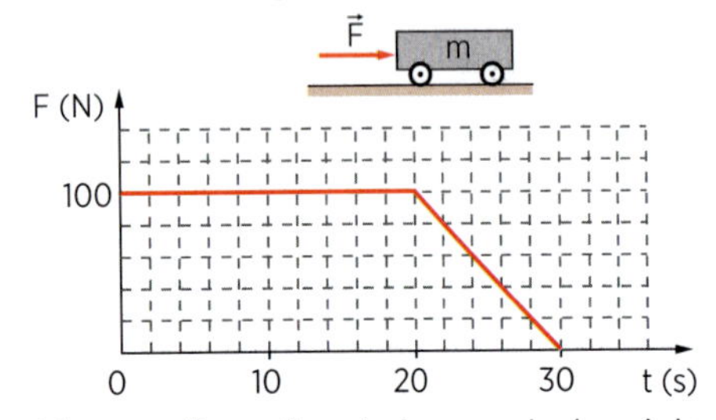

Considere as afirmações abaixo e assinale a única que é correta:

a) O impulso máximo recebido pelo carrinho é de 2000 N · s.
b) O carrinho atinge a velocidade máxima no instante t = 20 s.
c) A velocidade máxima do carrinho é de 25 m/s.
d) Entre 0 e 20 s, o carrinho se mantém em movimento uniforme.
e) Entre 20 e 30 s, o movimento do carrinho é retardado.

17. (IJSO-Brasil) Um pequeno bloco é abandonado de um ponto *A*, a uma altura *H* do solo, percorre o trecho AB isento de atrito e prossegue pelo trecho rugoso BC de comprimento *d*, conseguindo atingir a altura *h* do trecho CD, sem atrito. Toda a trajetória se situa num plano vertical. O coeficiente de atrito entre o bloco e o trecho BC é μ.

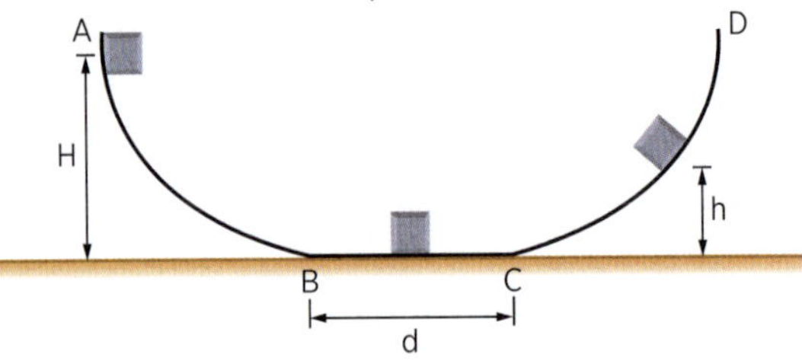

A altura *h* é igual a:

a) H
b) H − d
c) μH − d
d) $H - \frac{\mu d}{2}$
e) H − μd

18. (IJSO-Brasil) Uma pequena esfera *A* desloca-se numa reta horizontal com velocidade de módulo *v* e colide com outra esfera *B* de mesma massa e inicialmente em repouso. A colisão é frontal e perfeitamente elástica. A esfera *B* passa a se movimentar sem atrito num trilho circular de raio *R*, situado num plano vertical, conforme indica a figura. Ao atingir o ponto *C* a esfera *B* é lançada verticalmente com velocidade *V* e fica sob ação exclusiva da gravidade, atingindo a altura máxima h = 2R.

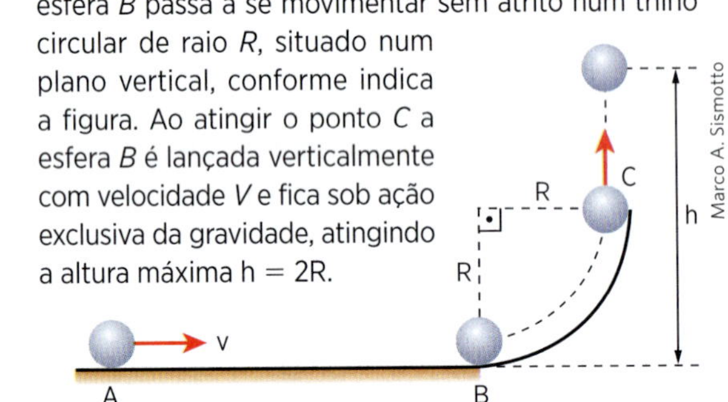

Seja *g* a aceleração da gravidade. As velocidades *v* e *V* são, respectivamente, iguais a:

a) $\sqrt{g \cdot R}$ e $\sqrt{\frac{g \cdot R}{2}}$
b) $\sqrt{2 \cdot g \cdot R}$ e $\sqrt{g \cdot R}$
c) $2 \cdot \sqrt{g \cdot R}$ e $\sqrt{2 \cdot g \cdot R}$
d) $2 \cdot \sqrt{g \cdot R}$ e $\sqrt{g \cdot R}$
e) $4 \cdot \sqrt{g \cdot R}$ e $\sqrt{2 \cdot g \cdot R}$

19. (IJSO-Brasil) Um satélite de massa *m* e de pequenas dimensões descreve uma órbita de raio *R* em torno da Terra. A força de atração gravitacional que a Terra exerce no satélite tem intensidade dada pela Lei de Newton da Gravitação Universal (equação 1), em que *M* é a massa da Terra e *G* é a constante de gravitação universal. A energia potencial gravitacional do satélite, em relação a um referencial no infinito, é dada pela equação 2.

Equação 1:

$$F = G \cdot \frac{M \cdot m}{R^2}$$

Equação 2:

$$E_P = -G \cdot \frac{M \cdot m}{R}$$

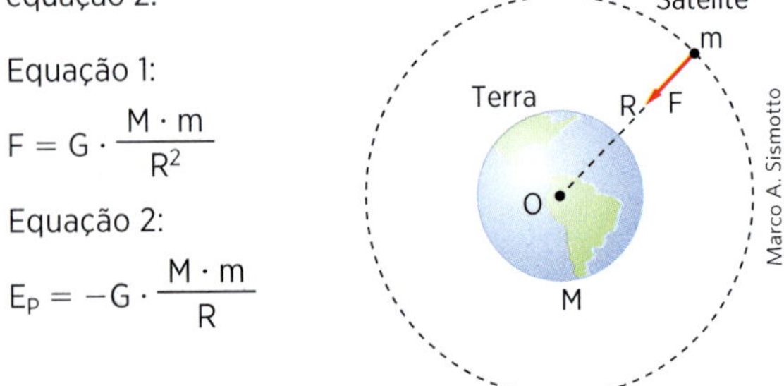

A relação entre a energia mecânica e a energia cinética do satélite, nessas condições vale:

a) 2
b) 1
c) $\frac{1}{2}$
d) −1
e) −2

RESPOSTAS

Capítulo 7

Aplicação

A1. O cavaleiro tende, por inércia, a manter sua velocidade constante em relação ao solo.

A2. Devido à inércia, o prato tende a permanecer em repouso.

A3. b

A4. Sendo um MRU, a força resultante no bloco é nula, portanto $\vec{F}_1$ e $\vec{F}_2$ possuem mesma intensidade e direção, porém sentidos opostos.

A5. 10 m/s^2

A6. a) 4,0 m/s^2 b) 2,0 m/s^2

A7. 686 N; 112 N; 70 kg

A8. 10 m/s

A9. 5000 N

A10. a)

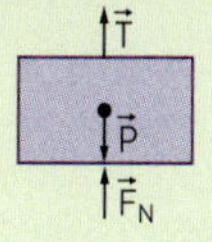

b) reação de $\vec{P}$: $-\vec{P}$ no centro da Terra
reação de $\vec{F}_N$: $-\vec{F}_N$ na mesa
reação de $\vec{T}$: $-\vec{T}$ no fio

A11. As forças não se anulam, pois são aplicadas sobre corpos distintos.

A12. c

A13. Embora as forças tenham mesma intensidade, seus efeitos diferem, devido às diferentes resistências mecânicas.

A14. 5,0 m/s^2; 5,0 N

A15. a) 1,0 m/s^2 b) 8,0 N

A16. a) 2,0 m/s^2 b) 10 N c) 6,0 N

A17. 2,0 m/s^2; 4,0 N

A18. 7,0 m/s^2; 21 N

A19. 3,0 m/s^2; 26 N; 35 N

A20. a) 5,0 m/s^2; b) 5,0 N

A21. a) 2,0 m/s^2 b) 24 N c) 48 N

A22. c

A23. d

A24. e

A25. a) 780 N b) 420 N c) 600 N d) zero

A26. b

A27. a) 2,5 m/s^2
b) Sobe acelerado ou desce retardado.

A28. 4,0 m/s^2

A29. 6,0 m/s^2

A30. 4,0 m/s^2; 24 N

A31. 33 N; 35 N

A32. 5,0 N; 25 N

A33. 12,5 N; 25 N

A34. 80 kg

A35. 160 N

Verificação

V1. Princípio da inércia. A moeda tende a permanecer em repouso.

V2. O cabo é bruscamente freado ao bater contra a superfície, e o martelo, por inércia, tende a manter o movimento descendente, encaixando-se no cabo.

V3. Como não ocorre variação de velocidade, a resultante das forças sobre o ponto material é nula.

V4. *b*; o passageiro, por inércia, tende a manter-se em linha reta e com velocidade constante.

V5. a) 10 m/s^2 b) 2,0 m/s^2 c) zero d) 2,0 m/s^2

V6. 196 N; 32 N

V7. 280 N

V8. 2,0 N

V9. $6{,}0 \cdot 10^3$ N

V10. a)

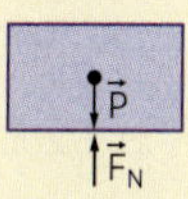

b) reação de $\vec{P}$: $-\vec{P}$ aplicada no centro da Terra
reação de $\vec{F}_N$: $-\vec{F}_N$ aplicada na mesa

V11. Como as forças são aplicadas sobre corpos distintos, elas não se equilibram.

V12. c

V13. Incorreta. Pelo Princípio da Ação e Reação, a força que o corpo exerce na Terra tem intensidade mg.

V14. e

V15. 70 N; 40 N

V16. 2,0 m/s^2; 14 N; 8,0 N

V17. 2,0 m/s^2; 12 N

V18. 0,50 m/s^2; 4,0 N; 1,5 N

V19. 4,0 m/s^2

V20. 4,0 m/s^2; 18 N; 14 N

V21. 6,0 m/s^2; 32 N; 64 N

V22. a

V23. 96 N; 36 N; 192 N

V24. d

V25. e

V26. a) 2,5 m/s^2 b) para baixo

V27. a) 3,0 m/s^2 b) para baixo

V28. d

V29. a) 4,0 m/s^2 b) T = 18 N

V30. a) 0,40 m/s^2 b) 1,6 N; 1,84 N

V31. a

V32. 12,5 N; 25 N; 50 N

V33. 2

V34. a) 300 N b) 400 N

Revisão

R1. b

R2. d

R3. a

R4. a)

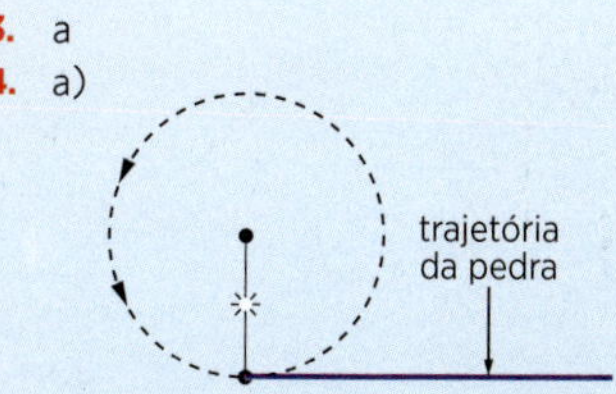

b) movimento retilíneo e uniforme

R5. b

R6. 12 N

R7. d

R8. b

R9. c

R10. c

R11. b

R12. O editorial está equivocado.

R13. 4 m/s^2

R14. b

R15. d

R16. b

R17. b

R18. e

R19. 1,5 m/s^2

R20. c

R21. a

R22. c

R23. e

R24. c

R25. e

R26. e

R27. d

R28. b

R29. a

R30. a

R31. b

R32. c

R33. c

R34. d

R35. a) 30 N, vertical e para cima.
b) 650 N, vertical e para cima.

R36. a) 12
b) No fio preso ao suporte.

Capítulo 8

Aplicação

A1. a) 20 N b) 25 N

A2. 1,0 m/s^2

A3. 0,60

A4. a) 2,0 m/s^2 b) 8,0 N

A5. a) 1,0 m/s^2 b) 15 N

A6. a) 3,5 m/s^2 b) 32,5 N

A7. $F_{at} = P_t \Rightarrow \mu \cdot P \cdot \cos\theta \cdot P \operatorname{sen}\theta \Rightarrow$
$\Rightarrow \mu = \operatorname{tg}\theta$

A8. a) 60 N b) zero

A9. 76 N

A10. 3,0 m/s

A11. 1000 N

A12. 2,0 m/s

A13. a) 2,0 m/s
b) $1{,}0 \cdot 10^{-3}$ N; $1{,}0 \cdot 10^{-4}$ kg

Verificação

V1. 0 N ⩽ F ⩽ 40 N; 30 N; 40 N

V2. a) 2,0 N b) 0,10

V3. 0,10

V4. a) 2,0 m/s^2 b) 20 N

V5. a) 0,55 b) 15 N

V6. 6,0 m/s^2; 16 N

V7. a) 40 N b) 2,0 m/s^2

V8. 3,6 m/s^2

V9. e

V10. 5,0 m/s

V11. 160 kg

V12. a) 5,0 m/s b) 6,0 m/s^2

V13. a) 10 m/s
b) 30 m/s^2; 22,5 m/s^2; zero

Revisão

R1. e
R2. b
R3. b
R4. c
R5. d
R6. 90 N
R7. c
R8. $\cong 5{,}2$ N
R9. $\theta = \text{arc tg } \mu_E$
R10. c
R11. 2,5 m
R12. c
R13. c
R14. a
R15. c

Capítulo 9

Aplicação

A1. a) $1{,}0 \cdot 10^2$ J
b) $-1{,}0 \cdot 10^2$ J
c) zero
d) 50 J
e) −50 J
A2. $2{,}5 \cdot 10^3$ J
A3. 5,0 J
A4. $6{,}0 \cdot 10^2$ J; $-6{,}0 \cdot 10^2$ J; $6{,}0 \cdot 10^2$ J; $-6{,}0 \cdot 10^2$ J; zero
A5. a) $-1{,}0 \cdot 10^2$ J
b) $1{,}0 \cdot 10^2$ J
c) zero
A6. a) $-1{,}5 \cdot 10^2$ J; $3{,}0 \cdot 10^2$ J; −50 J; zero
$\tau_R = 1{,}0 \cdot 10^2$ J
b) 20 N; $1{,}0 \cdot 10^2$ J
c) $\tau_{\vec{R}} = \tau_{\vec{P}} + \tau_{\vec{F}} + \tau_{\vec{F}_{at}} + \tau_{\vec{F}_N}$
A7. 24 J; 12 J
A8. 100 J; 150 J
A9. a) −1,0 J
b) +1,0 J
A10. a) 20 J
b) 4,0 W
A11. $1{,}6 \cdot 10^4$ W
A12. a) 300 J
b) 600 J
c) 900 J
A13. $7{,}5 \cdot 10^3$ W

Verificação

V1. $\tau_F = 800$ J; $\tau_{F_N} = 0$;
$\tau_{F_{at}} = -40$ J; $\tau_P = 0$
V2. $1{,}0 \cdot 10^3$ J
V3. 1 J
V4. 100 J
V5. a) 20 J
b) 20 J
c) 40 J
d) 80 J
V6. 50 J
V7. 30 J
V8. a) 20 J
b) 10 J
c) −10 J
V9. −0,25 J
V10. F (N); 3,0; 0; 10; x (cm)
$\tau = 3{,}75 \cdot 10^{-2}$ J
V11. 75 kWh
V12. 40 W
V13. 75 J
V14. $3{,}0 \cdot 10^6$ W

Revisão

R1. d
R2. b
R3. 60 J
R4. a
R5. a) 0,4 kg
b) −1,6 J
R6. 60 J
R7. c
R8. c
R9. d
R10. a) −0,50 J
b) −2,0 J
c) 2,0 J
R11. a
R12. a) 4 000 N
b) 2 000 W
c) 5 200 N
R13. b
R14. e

Capítulo 10

Aplicação

A1. 30 J
A2. 25 J
A3. $1{,}5 \cdot 10^5$ J
A4. 4,0 J
A5. a) −75 J
b) 3,0 N
A6. $5{,}0 \cdot 10^2$ N
A7. a) $-1{,}6 \cdot 10^5$ J
b) 1,25
c) 1,6 s
A8. −12 J
A9. a) 45 J
b) 5,0 m/s
A10. $2{,}4 \cdot 10^4$ J
A11. 2,0 J
A12. 4,0 J
A13. 0,20 m
A14. −50 J e sua energia mecânica permanece constante.
A15. Subida: E_C diminui e E_P aumenta.
Descida: E_C aumenta e E_P diminui.
A energia mecânica permanece constante durante todo o percurso.
A16. Não, pois a força de atrito é dissipativa, portanto a energia mecânica diminui.
A17. Certa. A força de resistência do ar realiza um trabalho resistente, transformando parte da energia mecânica em térmica.
A18. a) $2{,}5 \cdot 10^2$ J
b) $2{,}5 \cdot 10^2$ J
c) 5,0 m
A19. 10 m/s
A20. $E_{C_A} = \dfrac{mv_0^2}{2}$

$E_{C_B} = \dfrac{mv_0^2}{2} - mgh$

$E_{C_C} = \dfrac{mv_0^2}{2} - mg\dfrac{h}{2}$

$E_{C_D} = \dfrac{mv_0^2}{2}$
A21. 0,20 m
A22. a) $5{,}0 \cdot 10^2$ J
b) $10\sqrt{2}$ m/s
A23. 8,0 m/s
A24. 12 m/s
A25. 10 m/s
A26. 0,40 m
A27. 20 m
A28. 0,20 m
A29. 0,40 m
A30. 120 J; 220 J; −30 J; 170 J
A31. a) 2 m/s; $2\sqrt{2}$ m/s; zero
b) 50 J; 40 J; 30 J; 50 J
A32. a)

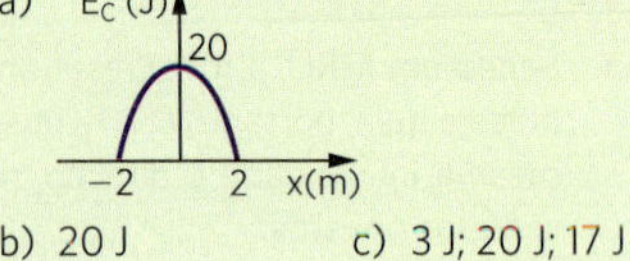

b) 20 J
c) 3 J; 20 J; 17 J
A33. 10 m/s
A34. 20 m/s
A35. $\sqrt{14}$ m/s

Verificação

V1. 100 m/s
V2. 2,25
V3. $-8 \cdot 10^4$ J
V4. 10 m/s
V5. −0,5 J
V6. $2 \cdot 10^2$ N
V7. −340 J
V8. 50 J; 110 J; 140 J; 10 m/s
V9. a) 50 J
b) 175 J
c) 175 J
V10. 80 J
V11. 0,625 J
V12. 0,40 m
V13. a) −80 J
b) zero
V14. a) −150 J
b) +150 J
c) zero
V15. E_C aumenta, E_P diminui e E_M permanece constante.
V16. Subida: E_C diminui e E_P aumenta, E_M não permanece constante devido à resistência do ar.
Descida: E_C aumenta, E_P diminui e E_M não permanece constante devido à resistência do ar.
V17. a) $2{,}4 \cdot 10^3$ J
b) 80 m
V18. 10 J
V19. $E_C = \dfrac{mv_0^2}{2} + \dfrac{3}{4}mgh$
V20. 5,0 m
V21. 10 m/s; 100 J
V22. a) $6{,}4 \cdot 10^3$ J
b) $6{,}4 \cdot 10^3$ J
c) 40 m/s
V23. 20 m/s; 10 m/s
V24. 6 m/s
V25. a) 1,0 J
b) 0,50 m/s
V26. 20 J
V27. 0,28 m
V28. 25 N/m
V29. a) 10 J
b) 2 J
c) −4 J; 14 J
d) E_C e E_P constantes, velocidade constante, portanto o móvel descreve um movimento uniforme.
V30. a) 20 J; 25 J; 15 J
b) $\sqrt{10}$ m/s; $\sqrt{5}$ m/s; $\sqrt{15}$ m/s

V31. a)

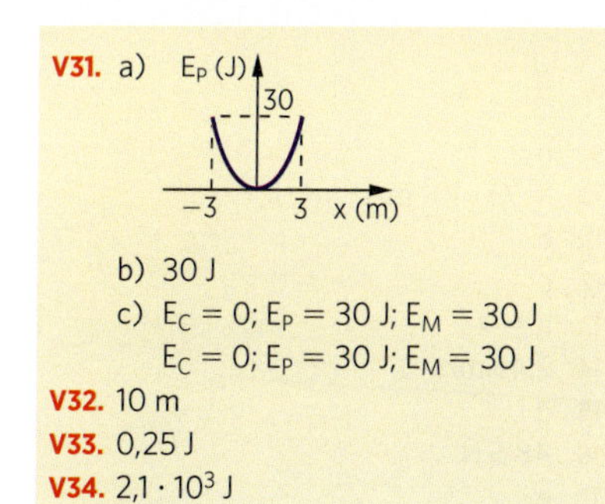

b) 30 J

c) $E_C = 0$; $E_P = 30$ J; $E_M = 30$ J

$E_C = 0$; $E_P = 30$ J; $E_M = 30$ J

V32. 10 m
V33. 0,25 J
V34. $2{,}1 \cdot 10^3$ J

Revisão

R1. b
R2. a
R3. b
R4. a
R5. c
R6. b
R7. b
R8. d
R9. a
R10. e
R11. a
R12. a
R13. b
R14. a
R15. b
R16. d
R17. b
R18. 24 J
R19. 10 m
R20. d
R21. a
R22. d
R23. a
R24. e
R25. a
R26. c
R27. d
R28. c
R29. b
R30. c
R31. c
R32. d
R33. b
R34. e

Capítulo 11

Aplicação

A1. movimento; $\vec{F}$; $\vec{F}_t$; $\vec{F}_c$; $\vec{v}$

A2. c
A3. ≅ 80 N
A4. ≅ 4,0 N
A5. 8,0 N
A6. $\frac{3}{2}$
A7. a) 10 N b) 18 N
A8. 5,0 N
A9. 23 N
A10. $1{,}1 \cdot 10^4$ N; $9{,}0 \cdot 10^3$ N
A11. $1{,}0 \cdot 10^4$ N
A12. 10 m/s
A13. 0,40
A14. a) 20 N b) 3,0 m/s
A15. arc tg 0,40
A16. 2,5 rad/s
A17. 2,0 m/s; 70 N
A18. 22 N
A19. $h_{min} = 2{,}5$ R

Verificação

V1.

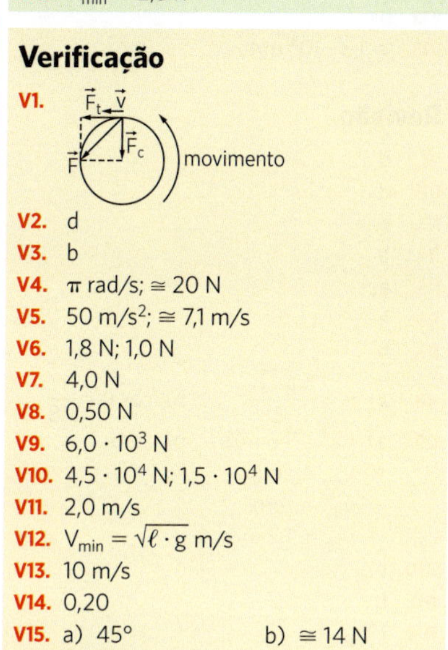

V2. d
V3. b
V4. π rad/s; ≅ 20 N
V5. 50 m/s²; ≅ 7,1 m/s
V6. 1,8 N; 1,0 N
V7. 4,0 N
V8. 0,50 N
V9. $6{,}0 \cdot 10^3$ N
V10. $4{,}5 \cdot 10^4$ N; $1{,}5 \cdot 10^4$ N
V11. 2,0 m/s
V12. $V_{min} = \sqrt{\ell \cdot g}$ m/s
V13. 10 m/s
V14. 0,20
V15. a) 45° b) ≅ 14 N
V16. 20 m/s
V17. 36 N; 4,0 m/s
V18. d
V19. $v_0 = \sqrt{5Rg}$ m/s

Revisão

R1. a
R2. e
R3. a) b)

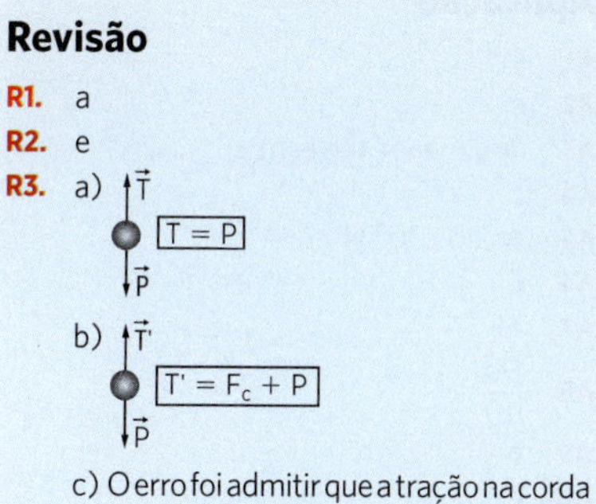

c) O erro foi admitir que a tração na corda seria a mesma nas duas situações.

R4. b
R5. 4,0 m/s
R6. a) $F = \frac{mv^2}{\ell}$

b) Trajetória retilínea, de mesma direção e sentido que $\vec{v}$.

R7. b
R8. a) 0,40 N b) 1,4 N
R9. 9,9 m/s²
R10. e
R11. d
R12. a) Ponto *I*:

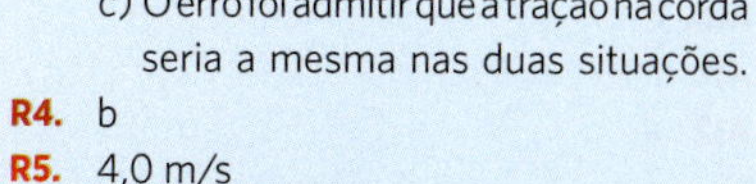

c) nulo

b) $v = \sqrt{Rg}$

R13. a) ≅ 15,7 s b) $2{,}8 \cdot 10^3$ N
R14. b
R15. a) Não consegue fazer a curva.
b) Não se altera.
c) Varia em direção no trecho curvo.
R16. a) $\text{tg}\,\alpha = \frac{v^2}{Rg}$

b) $\vec{F}_N$; $\vec{F}_{at}$; $\vec{P}$; α

R17. b
R18. $F_N = 0{,}36$ N; $F_{at} = P = 0{,}49$ N
R19. 2P
R20. a) $\sqrt{2gL}$
b) 3Mg; vertical e para cima
R21. a) $5{,}5 \cdot 10^3$ N b) $2{,}5 \cdot 10^3$ N
R22. c

Capítulo 12

Aplicação

A1. 20 N · s; horizontal; da esquerda para a direita
A2. a) 150 N · s b) 15 N
A3. 2,0 kg · m/s vertical; ascendente
A4. 4,2 kg · m/s
A5. $5{,}0 \cdot 10^2$ kg · m/s
A6. a) 20 kg · m/s b) 4,0 kg
A7. a) 20 N · s b) 2,0 N
A8. $2{,}4 \cdot 10^4\sqrt{2}$ kg · m/s
A9. a) 250 N · s b) 125 m/s
A10. zero
A11. a) 4,0 N · s b) 40 N
A12. 1,2 m/s
A13. 15 m/s
A14. 50 m/s
A15. 1,0 m/s; 0,75 J
A16.

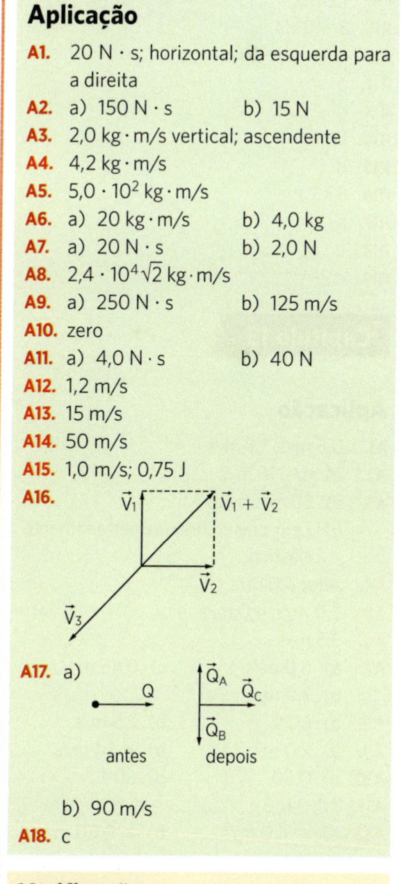

A17. a)

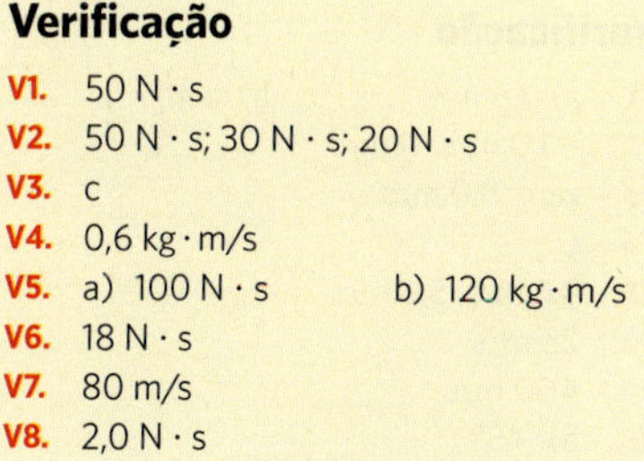

b) 90 m/s

A18. c

Verificação

V1. 50 N · s
V2. 50 N · s; 30 N · s; 20 N · s
V3. c
V4. 0,6 kg · m/s
V5. a) 100 N · s b) 120 kg · m/s
V6. 18 N · s
V7. 80 m/s
V8. 2,0 N · s

V9. a) 150 kg · m/s b) $5{,}0 \cdot 10^3$ m/s
V10. b
V11. $1{,}8 \cdot 10^3$ N
V12. 3,2 m/s
V13. a
V14. 0,30 m/s
V15. a) 4,0 m/s b) 10 J
V16. d
V17. a) b) 10 m/s

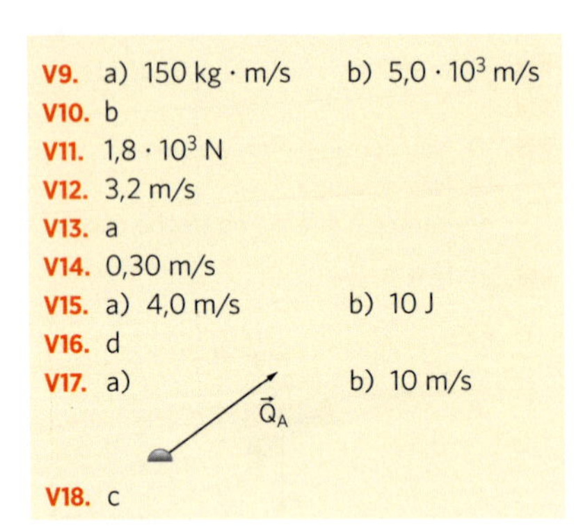

V18. c

Revisão

R1. vertical; para baixo; 60 N · s
R2. e
R3. c
R4. c
R5. c
R6. $\frac{1}{2}$
R7. d
R8. b
R9. 15 m/s
R10. $3 \cdot 10^3$ N
R11. c
R12. b
R13. d
R14. b
R15. d
R16. 53,3 J
R17. a
R18. b
R19. c

Capítulo 13

Aplicação

A1. 0,5 m/s; 1,5 m/s
A2. 14 m/s; 16 m/s
A3. a) 30 m/s; zero
b) Zero, pois o choque é perfeitamente elástico.
A4. zero; 4,0 m/s
A5. 2,0 m/s; 4,0 m/s
A6. 3,5 m/s
A7. a) 6,0 m/s b) 3,0 m/s c) 0,45 m
A8. a) 60° b) 2,5 m/s
A9. a) 2,0 m/s b) ≅ 1,4 m/s
A10. a) 0,50 b) 60 J
A11. 1 d; 2 b; 3 c
A12. a) ≅ 4,0 m/s b) ≅ 0,80 m

Verificação

V1. a) 1,6 m/s b) zero
V2. −1,0 m/s; 11 m/s
V3. zero; 8,0 m/s
V4. c
V5. 3,6 m/s; 5,6 m/s
V6. 25 m/s
V7. 400 m/s
V8. a) 45°
b) antes: $\vec{Q}_A$
depois: $\vec{Q}'_A$ 45° 45° $\vec{Q}'_B$
c) $v'_A = v'_B = 2{,}0\sqrt{2}$ m/s
V9. 1,5 kg; 4,0 m/s
V10. d
V11. c
V12. b
V13. $\cong 1{,}3 \cdot 10^4$ m/s

Revisão

R1. d
R2. d
R3. e
R4. b
R5. a
R6. a
R7. b
R8. a) $v = \frac{\sqrt{g \cdot b}}{3}$ b) $\cos\theta = \frac{17}{18}$
R9. a) $v'_{Ax} = 1{,}6$ m/s
v'_{Ay} = zero
v'_{Bx} = zero
$v'_{By} = 1{,}2$ m/s
b) zero
R10. b
R11. b
R12. f^6h_0
R13. a) 0,20 J b) $20\sqrt{2}$ m/s

Capítulo 14

Aplicação

A1. e
A2. c
A3. ≅ 5,6 anos terrestres
A4. c
A5. $\cong 2{,}0 \cdot 10^4$ N
A6. c
A7. 4F
A8. $\frac{9d}{10}$
A9. b
A10. a
A11. a
A12. a
A13. $g_P = \frac{1}{2}g$
A14. a
A15. 120 N
A16. e

Verificação

V1. b
V2. a
V3. b
V4. $\cong 1{,}73 \cdot 10^5$ s
V5. e
V6. $6{,}7 \cdot 10^{-7}$ N
V7. d
V8. $\frac{d}{3}$
V9. b
V10. $\cong 7{,}1 \cdot 10^3$ m/s
V11. b
V12. c
V13. n = 4
V14. 2,45 m/s
V15. d
V16. 48,5 N
V17. e

Revisão

R1. d
R2. b
R3. c
R4. a) ≅ 4,4 anos terrestres
b) mais curto
R5. a)

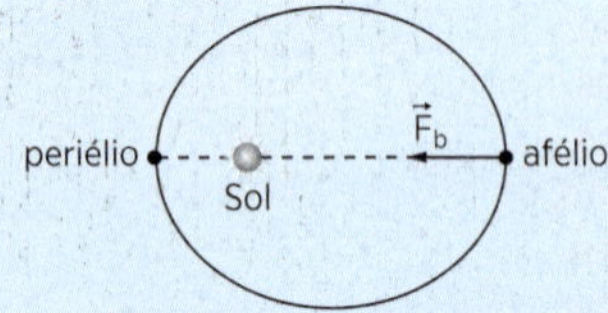

b) $2{,}0 \cdot 10^{30}$ kg c) $\cong 1{,}1 \cdot 10^{23}$ N
R6. b
R7. c
R8. c
R9. b
R10. c
R11. e
R12. d
R13. a
R14. e
R15. a) $\cong 1{,}2$ m/s² b) ≅ 96 N
R16. c
R17. a
R18. e
R19. c

Desafio Olímpico

1. b
2. a) 910 N b) 700 N c) 630 N d) zero
3. d
4. d
5. a) $1{,}2 \cdot 10^5$ J b) $5{,}0 \cdot 10^2$ W
6. 10 m/s
7. a) 6,0 m/s b) 1,8 m
8. 1,25 m
9. $1{,}0 \cdot 10^2$ N/m
10. e
11. b
12. a) $T_1 = 2{,}4$ N; $T_2 = 2{,}0$ N; $T_3 = 1{,}2$ N
b) Corda que liga o centro à bola 1, pois está submetida à maior força de tração.
13. 40 m/s
14. c
15. a
16. c
17. e
18. c
19. d

Thinkstock/Getty Images

Dreamstime/Other Images

Thinkstock/Getty Images

unidade

3

ESTÁTICA E HIDROSTÁTICA

Thinkstock/Getty Images

capítulo

15 Estática do ponto material e do corpo extenso

Equilíbrio do ponto material

Figura 1

Ao estudar as leis de Newton, vimos que uma partícula que se encontra em repouso ou em movimento retilíneo uniforme está em equilíbrio, estático ou dinâmico, respectivamente, sendo nula a resultante das forças que agem sobre ela.

Portanto, a *condição necessária e suficiente* para um ponto material estar em equilíbrio (estático ou dinâmico) é que *seja nula a resultante de todas as forças que agem sobre ele*.

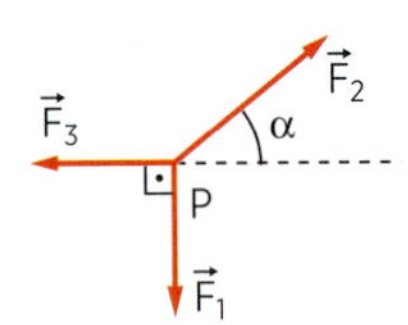

Figura 2

O ponto *P* da figura 2 está sujeito à ação simultânea das forças $\vec{F}_1$, $\vec{F}_2$ e $\vec{F}_3$. Ele estará em equilíbrio se for satisfeita a equação vetorial:

$$\vec{F}_1 + \vec{F}_2 + \vec{F}_3 = \vec{0}$$

Na resolução de exercícios de equilíbrio do ponto material, a equação vetorial apresentada deve ser transformada em equações escalares. Para tanto, podem ser utilizados os processos de soma vetorial estudados no Capítulo 4 "Grandezas vetoriais nos movimentos", da Unidade I, ou o *método das projeções*, que analisaremos a seguir.

Se as forças atuantes no ponto material forem coplanares, transforma-se a equação vetorial da soma das forças em duas equações escalares, projetando-se as forças sobre dois eixos cartesianos ortogonais Ox e Oy. Sendo assim, a condição de equilíbrio do ponto material pode ser estabelecida do seguinte modo:

A soma algébrica das projeções de todas as forças na direção do eixo Ox é nula:

$$F_{1x} + F_{2x} + F_{3x} = 0$$

A soma algébrica das projeções de todas as forças na direção do eixo Oy é nula:

$$F_{1y} + F_{2y} + F_{3y} = 0$$

O valor algébrico de uma projeção será *positivo* se seu sentido coincidir com o sentido do eixo; será *negativo* se seu sentido for oposto ao do eixo. A projeção será *nula* se a força tiver direção perpendicular ao eixo.

Os dois eixos ortogonais devem ser escolhidos do modo mais conveniente possível. Na figura 3 representamos os eixos escolhidos: Ox horizontal e Oy vertical. O ângulo que a força $\vec{F}_2$ forma com o eixo Ox é α.

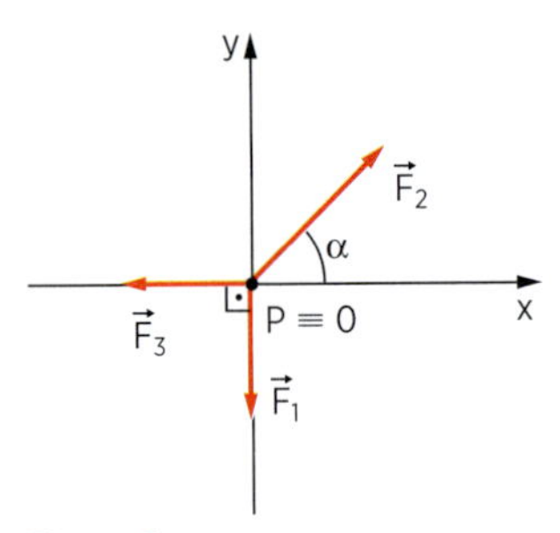

Figura 3

Vamos projetar as forças sobre os dois eixos (fig. 4) e determinar o valor algébrico de cada projeção, utilizando, no triângulo individualizado na figura, a seguinte propriedade:

cateto adjacente = hipotenusa · cosseno do ângulo
cateto oposto = hipotenusa · seno do ângulo

Assim: $F_{1x} = 0$

$F_{2x} = F_2 \cdot \cos\alpha$

$F_{3x} = -F_3$

$F_{1y} = -F_1$

$F_{2y} = F_2 \cdot \text{sen}\,\alpha$

$F_{3y} = 0$

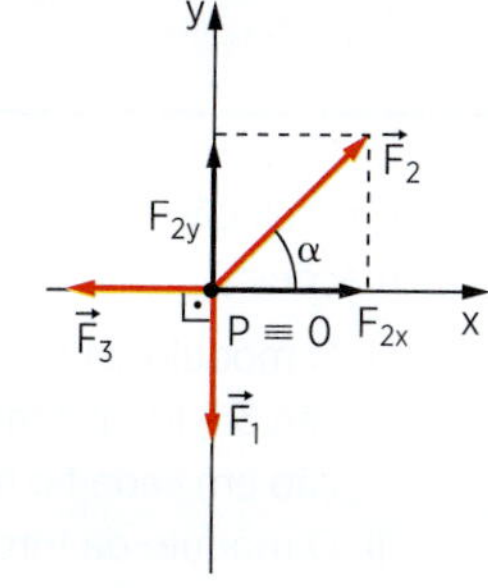

Figura 4

Aplicando as condições de equilíbrio, vem:

$$F_{1x} + F_{2x} + F_{3x} = 0 \Rightarrow 0 + F_2 \cdot \cos\alpha - F_3 = 0$$

$$\boxed{F_2 \cdot \cos\alpha = F_3}$$

$$F_{1y} + F_{2y} + F_{3y} = 0 \Rightarrow -F_1 + F_2 \cdot \text{sen}\,\alpha + 0 = 0$$

$$\boxed{F_2 \cdot \text{sen}\,\alpha = F_1}$$

Obtivemos, assim, duas equações escalares:

$$F_2 \cdot \cos\alpha = F_3 \quad \text{e} \quad F_2 \cdot \text{sen}\,\alpha = F_1$$

Conhecendo, por exemplo, F_3, calculamos F_1 e F_2.

Aplicação

A1. Calcule a intensidade das forças de tração em cada um dos fios ideais *A*, *B* e *C* mostrados no esquema.

Dados: $\cos 60° = \frac{1}{2}$;

$\text{sen}\,60° = \frac{\sqrt{3}}{2}$.

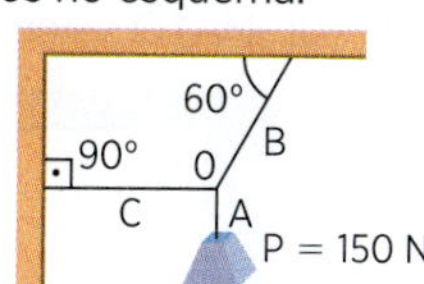

A2. O sistema esquematizado na figura encontra-se em equilíbrio. Os fios e a polia são ideais. O peso de *B* é de 120 N. Sabe-se também que $\text{sen}\,\theta = 0{,}60$ e $\cos\theta = 0{,}80$. Determine o peso de *A* e a tração no fio CD.

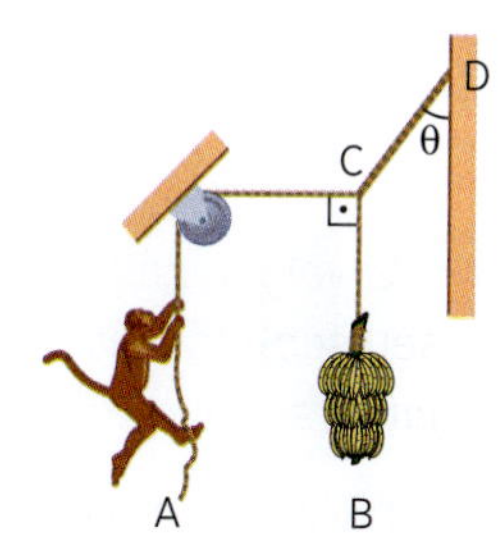

A3. O sistema da figura encontra-se em equilíbrio. Sendo o peso do corpo igual a 30 N, determine a intensidade das forças de tração nos fios (1) e (2), supostos ideais.

Dados: $\text{sen}\,30° = \frac{1}{2}$;

$\cos 30° = \frac{\sqrt{3}}{2}$.

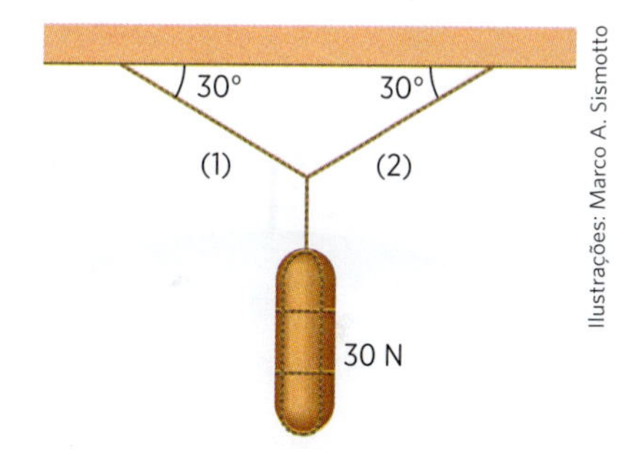

Ilustrações: Marco A. Sismotto

Verificação

V1. O sistema representado está em equilíbrio. Sendo dados $\text{sen}\,45° = \cos 45° = \frac{\sqrt{2}}{2}$ e $g = 10\ \text{m/s}^2$, determine a intensidade das trações $\vec{T}_1$ e $\vec{T}_2$.

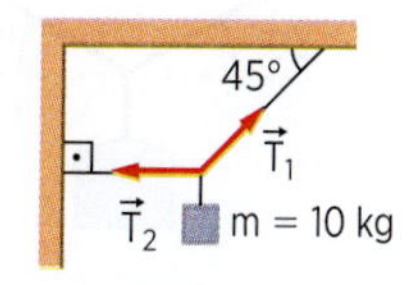

V2. No sistema representado, em equilíbrio, o corpo *A* tem peso 30 N. Os fios e a polia são ideais.

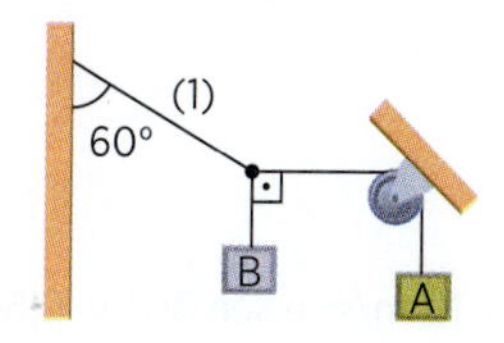

Dados: $\text{sen}\,60° = \frac{\sqrt{3}}{2}$; $\cos 60° = \frac{1}{2}$.

Determine:

a) o peso de *B*;

b) a intensidade da força de tração no fio (1).

V3. Nas duas situações mostradas, a luminária, de peso *P*, está em equilíbrio, presa a dois fios, supostos ideais. Em qual das situações as forças de tração nesses fios são mais intensas?

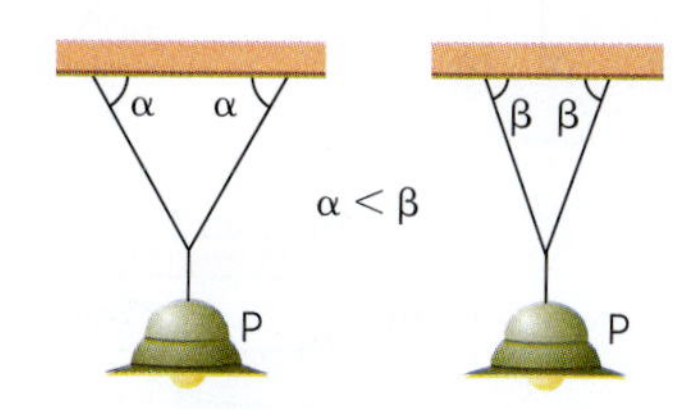

R1. (U. F. Triângulo Mineiro-MG) As dependências da escola não possuíam tomadas no local em que estava montada a barraca do churrasco e, por isso, uma extensão foi esticada, passando por uma janela do segundo andar do prédio das salas de aula.

Para posicionar a lâmpada logo à frente da barraca, uma corda presa à lona foi amarrada ao fio da extensão, obtendo-se a configuração indicada na figura. Considere sen 30° $= \frac{1}{2}$, cos 30° $= \frac{\sqrt{3}}{2}$ e $g = 10\ m/s^2$.

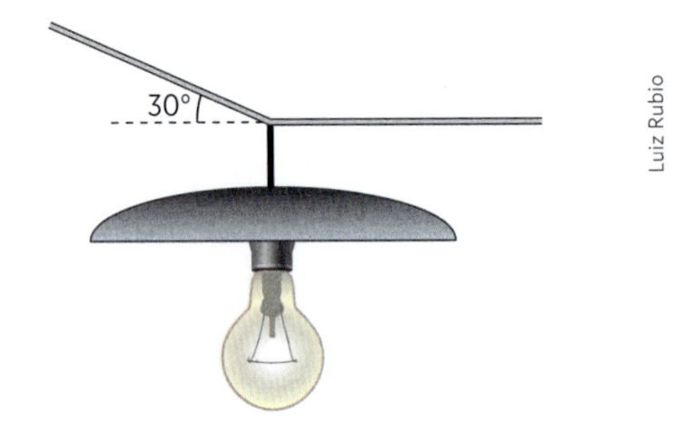

O conjunto formado por cúpula, lâmpada e soquete, de massa total 0,5 kg, é sustentado pela corda e pelo fio condutor. Desprezando-se os pesos do fio e da corda, é possível afirmar que o fio condutor esticado através da janela sofre ação de uma força de intensidade, em newtons, de:

a) 10
b) 15
c) $10\sqrt{3}$
d) 20
e) $15\sqrt{3}$

R2. (PUC-SP) Três corpos iguais, de 0,5 kg cada um, são suspensos por fios amarrados a barras fixas, como representado nas ilustrações.

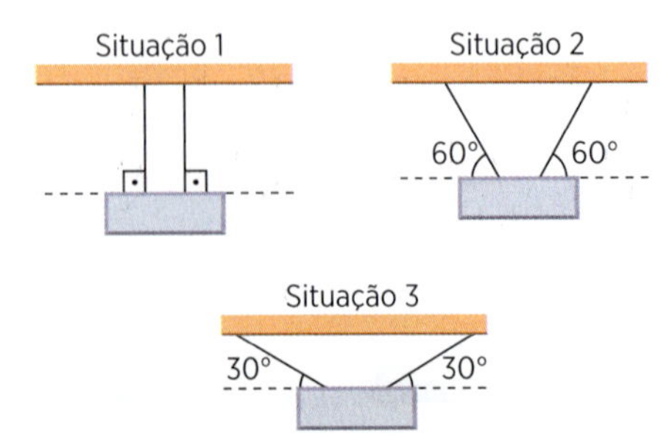

Em relação a essas ilustrações, considere as afirmações:

I. O módulo da força de tração em cada fio na situação 3 é igual à metade do módulo da força de tração em cada fio na situação 2.
II. O módulo da força de tração em cada fio na situação 3 é igual ao módulo do peso do corpo.
III. O módulo da força de tração em cada fio na situação 1 é igual ao triplo do módulo da tração em cada fio na situação 2.

Dessas afirmações, está correto apenas o que se lê em:

a) I e II
b) II e III
c) I e III
d) II
e) III

R3. (UF-MA) O sistema da figura encontra-se em equilíbrio.

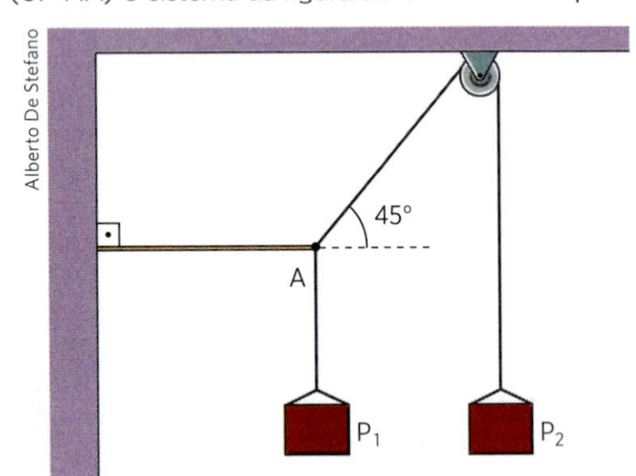

O valor de P_2, em newtons, é:

a) 150 N
b) 160 N
c) 180 N
d) 200 N
e) 220 N

Considere: $P_1 = 140$ N; sen 45° = cos 45° ≈ 0,7

R4. (Mackenzie-SP) Utilizando-se de cordas ideais, dois garotos, exercendo forças de mesmo módulo, mantêm em equilíbrio um bloco *A*, como mostra a figura.

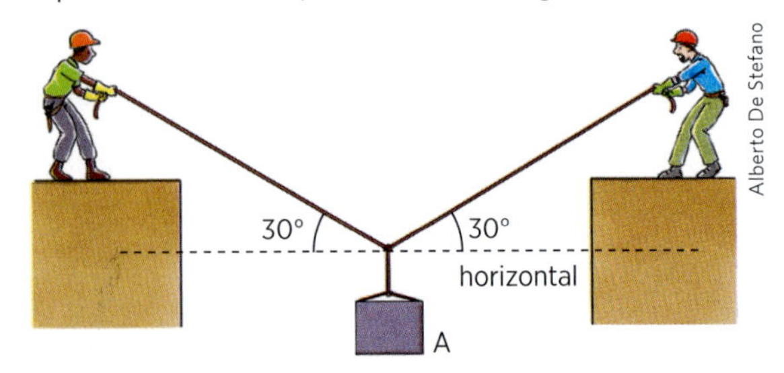

Se a força de tração em cada corda tem intensidade de 20 N, a massa do bloco suspenso é:

a) 1,0 kg
b) 2,0 kg
c) 3,0 kg
d) 4,0 kg
e) 5,0 kg

Adote: $g = 10\ m/s^2$ e sen 30° = 0,50

Novos exercícios sobre equilíbrio do ponto material

Vamos fazer novos exercícios aplicando o método das projeções. Note que em muitos casos não são dados diretamente os ângulos, e sim distâncias que permitem achar o seno e o cosseno dos ângulos. Assim, na figura 5, conhecidas as distâncias $\overline{AB}$, $\overline{AC}$ e $\overline{BC}$, temos:

$$\text{sen}\,\alpha = \frac{\overline{AC}}{\overline{AB}} \text{ e } \cos\alpha = \frac{\overline{BC}}{\overline{AB}}$$

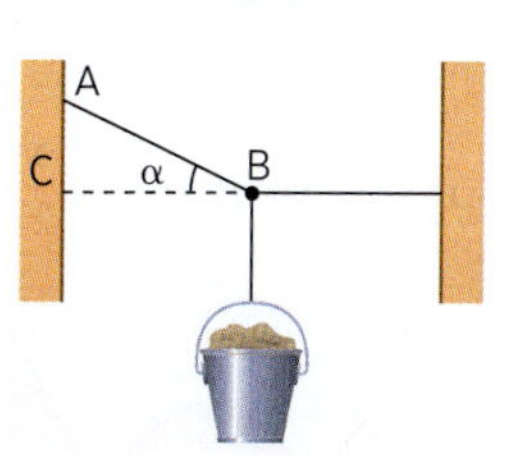

Figura 5

Aplicação

A4. O corpo representado na figura pesa 80 N. Ele é mantido em equilíbrio por meio da corda AB e pela ação da força horizontal $\vec{F}$. Dado AB = 150 cm e CB = 90 cm, determine os valores da intensidade da força $\vec{F}$ e da tração na corda, suposta ideal.

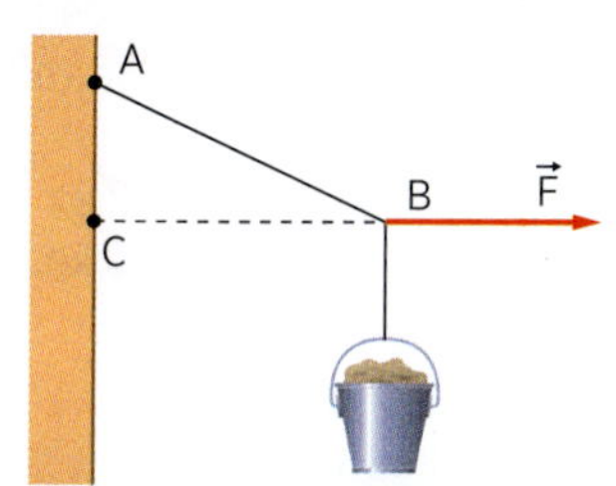

A5. Um peso de 100 N está pendurado em dois cordéis, conforme se vê na figura. Determine a intensidade das trações nos fios ideais AB e AC.

Dados:

$\cos 30° = \frac{\sqrt{3}}{2}$ e

$\cos 60° = \frac{1}{2}$.

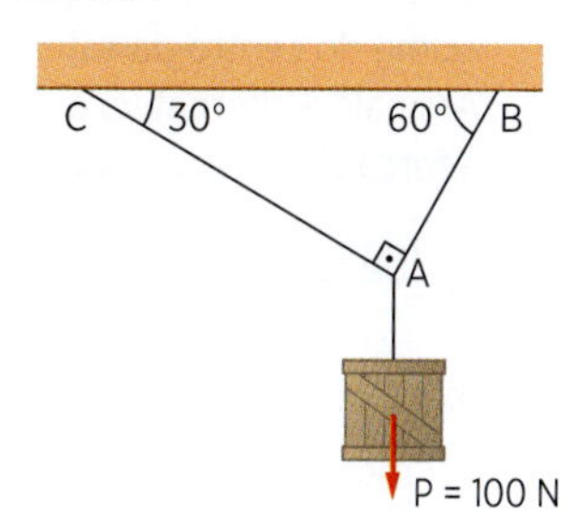

A6. A esfera representada na figura tem peso P = 80 N e encontra-se em equilíbrio, pendurada numa parede por meio de um fio. Determine:

a) a intensidade da força de tração no fio;

b) a intensidade da força que a parede exerce na esfera. Não há atrito entre a esfera e a parede.

Dados: sen θ = 0,60; cos θ = 0,80.

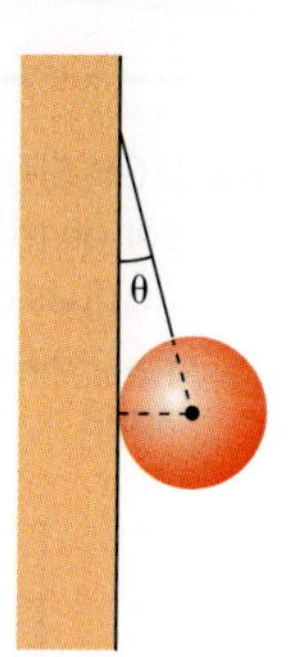

A7. O sistema esquematizado está em equilíbrio. Os pesos dos corpos *A* e *B* são, respectivamente, 10 N e 40 N. Sabe-se que o corpo *B* está na iminência de escorregar. Determine o coeficiente de atrito μ entre o corpo *B* e o plano horizontal de apoio.

Dados: $\text{sen}\,45° = \cos 45° = \frac{\sqrt{2}}{2}$.

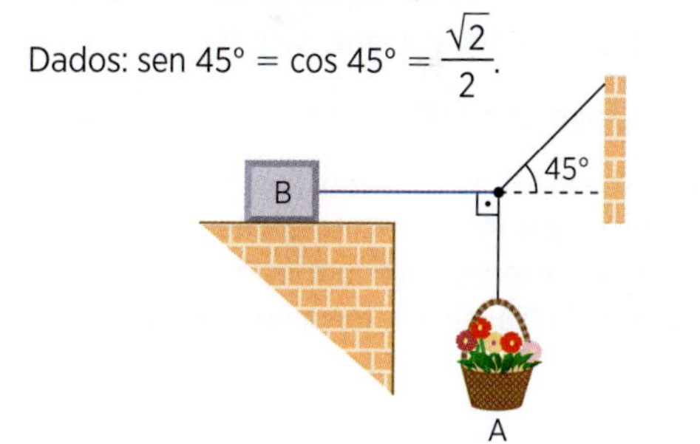

Ilustrações: Marco A. Sismotto

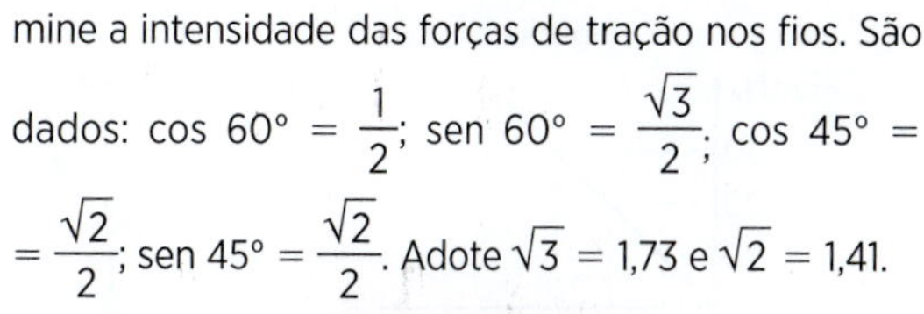

V4. A figura representa um lampião a gás com peso de 60 N, suspenso por fios ideais AB e BC. Tem-se BC = CD = 2 m e AB = = 1 m. Determine a intensidade das forças de tração nos fios AB e BC.

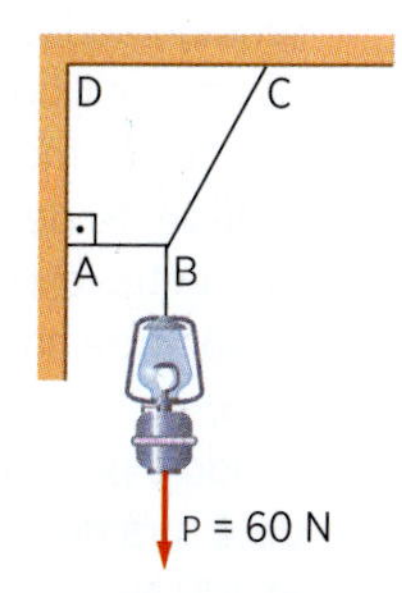

V5. No esquema da figura, o corpo de peso 2 N está em equilíbrio, sustentado pelos fios ideais (1) e (2). Determine a intensidade das forças de tração nos fios. São dados: $\cos 60° = \frac{1}{2}$; $\text{sen}\,60° = \frac{\sqrt{3}}{2}$; $\cos 45° = \frac{\sqrt{2}}{2}$; $\text{sen}\,45° = \frac{\sqrt{2}}{2}$. Adote $\sqrt{3} = 1{,}73$ e $\sqrt{2} = 1{,}41$.

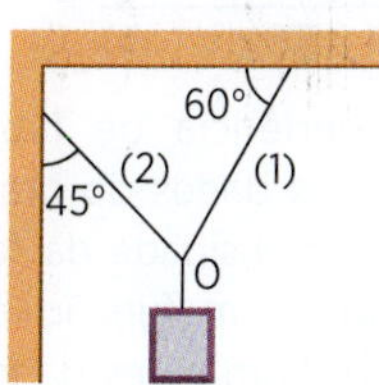

V6. A esfera representada tem peso P = 80 N e está apoiada em dois planos inclinados. Despreze os atritos e determine a intensidade da força normal que cada plano exerce na esfera.

Dados: $\text{sen } 60° = \frac{\sqrt{3}}{2}$; $\cos 60° = \frac{1}{2}$.

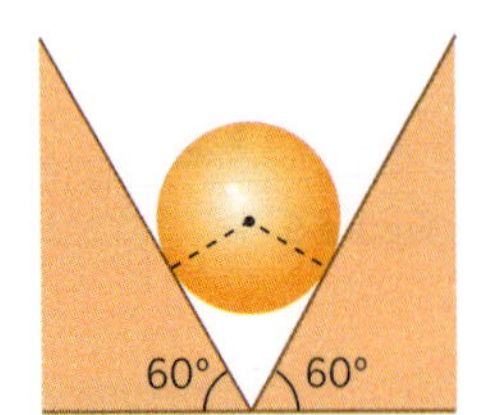

V7. O sistema representado encontra-se em equilíbrio e na iminência de movimento. O coeficiente de atrito entre o bloco *A* e o plano horizontal de apoio é 0,30. Sendo o peso de *A* igual a 50 N, determine o peso de *B* e a intensidade das trações nos fios (1) e (2). Dados: $\text{sen } 60° = \frac{\sqrt{3}}{2}$; $\cos 60° = \frac{1}{2}$.

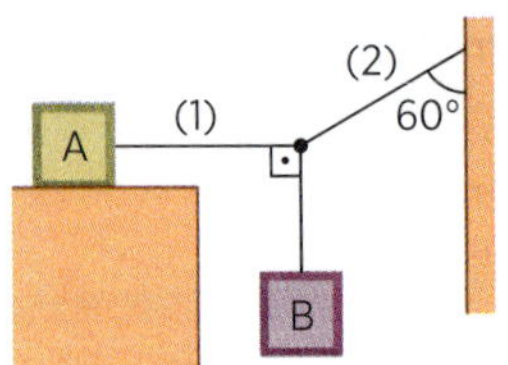

R5. (FGV-SP) Durante a cerimônia de formatura, o professor de física teve seu pensamento absorvido pela pilha de duas camadas de estojos de diplomas, todos iguais, escorada de ambos os lados por um copo contendo água.

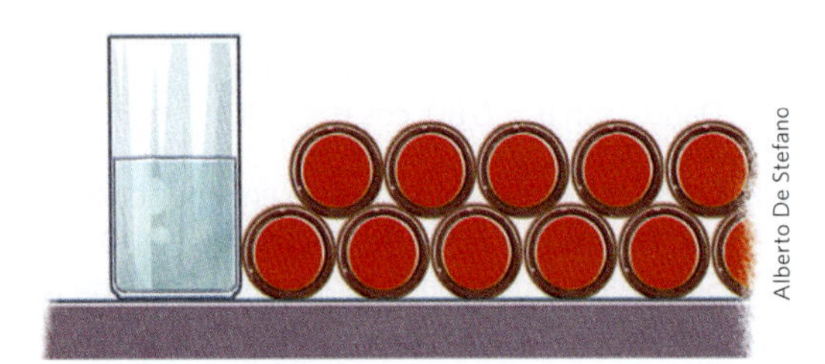

Alberto De Stefano

O professor lembrava que $\text{sen } 30° = \cos 60° = \frac{1}{2}$ e que $\text{sen } 60° = \cos 30° = \frac{\sqrt{3}}{2}$. Admitindo que cada estojo tivesse o mesmo peso de módulo *P*, determinou mentalmente a intensidade da força de contato exercida por um estojo da fila superior sobre um da fila inferior, força que, escrita em termos de *P*, é:

a) $\frac{\sqrt{3}}{6} \cdot P$

b) $\frac{\sqrt{3}}{3} \cdot P$

c) $\sqrt{3} \cdot P$

d) $\frac{P}{4}$

e) $\frac{P}{2}$

R6. (Mackenzie-SP)

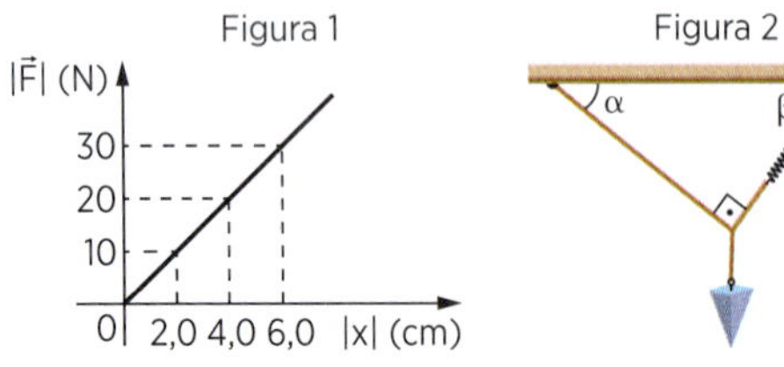

Em uma experiência de laboratório, um estudante utilizou os dados do gráfico da figura 1, que se referiam à intensidade da força aplicada a uma mola helicoidal, em função de sua deformação ($|\vec{F}| = k \cdot |x|$). Com esses dados e uma montagem semelhante à da figura 2, determinou a massa (*m*) do corpo suspenso. Considerando que as massas da mola e dos fios (inextensíveis) são desprezíveis, que $|\vec{g}| = 10 \text{ m/s}^2$ e que, na posição de equilíbrio, a mola está deformada 6,4 cm, a massa (*m*) do corpo suspenso é:

a) 12 kg

b) 8,0 kg

c) 4,0 kg

d) 3,2 kg

e) 2,0 kg

Dados: $\text{sen } \alpha = \cos \beta = 0{,}60$
$\text{sen } \beta = \cos \alpha = 0{,}80$

R7. (UPE-PE) Uma esfera de massa *m* e raio *R* é mantida em repouso por uma corda de massa desprezível, presa a uma parede sem atrito, a uma distância *L*, acima do centro da esfera.
Assinale a alternativa que representa a expressão para a força da parede sobre a esfera.

a) $\frac{mg\sqrt{L^2 + R^2}}{L}$

b) $\frac{mg\sqrt{L^2 + R^2}}{R}$

c) $\frac{mgR}{L}$

d) $\frac{mgL}{R}$

e) $mg(L^2 + R^2)$

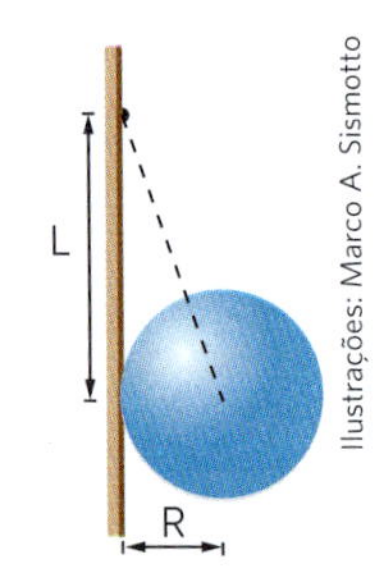

Ilustrações: Marco A. Sismotto

R8. (UF-GO) O sistema representado ao lado encontra-se em equilíbrio e na iminência de movimento. O coeficiente de atrito estático entre o corpo *A* e a superfície horizontal vale 0,25.

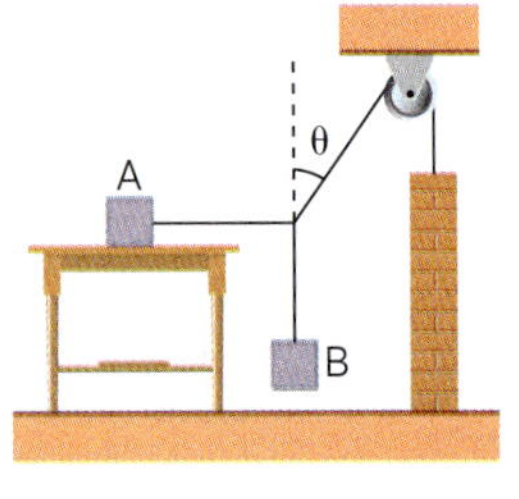

Sendo o peso de *B* igual a 100 N e $\text{sen } \theta = 0{,}6$, o peso de *A* será de:

a) 100 N

b) 200 N

c) 300 N

d) 400 N

e) 250 N

Equilíbrio do corpo extenso

O *corpo extenso*, cujo equilíbrio vamos estudar, é um conjunto de pontos materiais. Nas considerações seguintes, admitimos que o corpo extenso é absolutamente *rígido*, isto é, qualquer força a ele aplicada pode modificar seu estado de repouso ou de movimento, mas *não o deforma*.

No estudo das condições de equilíbrio de um corpo extenso, devemos considerar o equilíbrio de *translação* e o de *rotação*.

No entanto, antes de estabelecer tais condições, é necessário apresentar uma importante grandeza, relacionada com o movimento de rotação, o *momento* ou *torque de uma força*.

Momento ou torque de uma força

Experimente fechar uma porta, em sua casa, aplicando a mesma força $\vec{F}$ a diferentes distâncias do eixo de rotação, constituído pelas dobradiças (fig. 6). Você vai notar que, quanto mais distante do eixo a força for aplicada, tanto mais facilmente a porta irá se fechar. Assim, a ação da força na rotação depende da distância de sua linha de ação relativamente ao eixo.

(a) Força aplicada longe do eixo de rotação: a porta é fechada com facilidade.

(b) Força aplicada perto do eixo de rotação: fica mais difícil fechar a porta.

Lettera Studio

Figura 6

Define-se *momento* ou *torque de uma força* $\vec{F}$ em relação a um ponto O, denominado *polo*, como o produto da intensidade da força $\vec{F}$ pela distância *d* do ponto (polo) considerado à sua linha de ação (fig. 7).

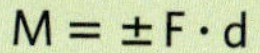

$$M = \pm F \cdot d$$

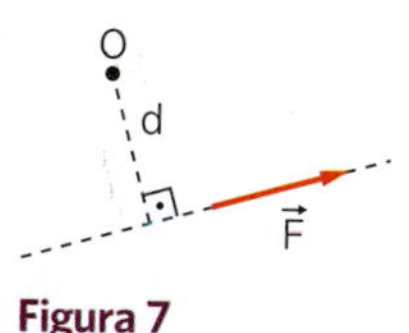

Figura 7

A distância *d* do polo à linha de ação da força costuma ser denominada *braço de alavanca da força*.

A unidade de momento ou torque no Sistema Internacional de Unidades é *newton vezes metro* (N · m), que não tem nome especial.

Na verdade, *momento* ou *torque de uma força* é uma grandeza vetorial. A definição apresentada refere-se apenas à sua intensidade. No entanto, para as situações a serem analisadas (forças coplanares), não é necessário considerar suas características vetoriais, sendo suficiente a convenção de sinais que se estabelece.

Por convenção, adota-se o sinal *positivo* (+) para o momento no qual a força tende a produzir, em torno do polo, rotação no *sentido anti-horário* (fig. 8a). E adota-se o sinal *negativo* (−) para o momento no qual a força tende a produzir rotação no *sentido horário*, em torno do polo (fig. 8b).

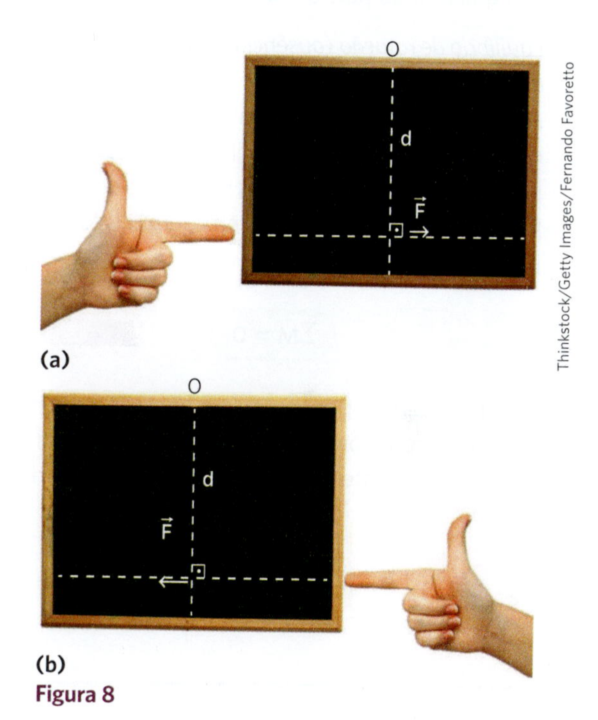

(a)

(b)

Thinkstock/Getty Images/Fernando Favoretto

Figura 8

Por exemplo, ao fechar uma porta de 0,80 m de largura, uma pessoa aplica perpendicularmente a ela uma força de 3,0 N, como indicado na figura 9. O momento dessa força em relação ao eixo *O* será negativo (sentido horário de rotação) e dado por:

$$M = -F \cdot d$$

$$M = -3{,}0 \cdot 0{,}80$$

$$M = -2{,}4 \text{ N} \cdot \text{m}$$

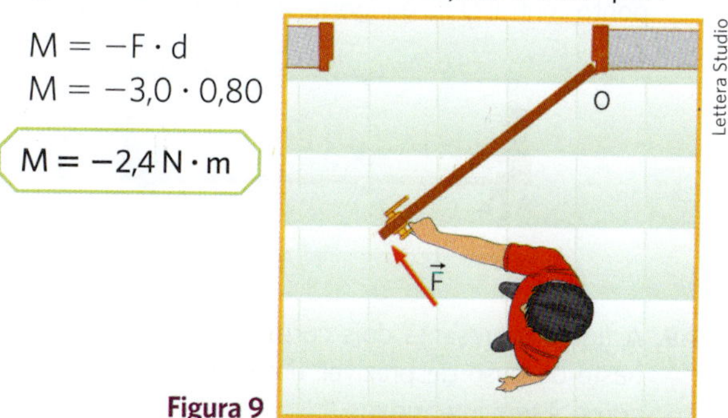

Lettera Studio

Figura 9

Condições de equilíbrio de um corpo extenso

Para estabelecer as condições de equilíbrio de um corpo extenso é preciso considerar um *equilíbrio de translação* e um *equilíbrio de rotação*.

- *Equilíbrio de translação*
  A condição necessária e suficiente para que um corpo extenso esteja em equilíbrio de translação (ausência de translação ou translação retilínea e uniforme) é *que seja nula a resultante* $\vec{F}^{ext}$ *de todas as forças externas que agem sobre ele:*

$$\vec{F}^{ext} = \vec{F}_1 + \vec{F}_2 + \vec{F}_3 + ... + \vec{F}_n = \vec{0}$$

  Observe que essa condição é idêntica à condição de equilíbrio do ponto material.

- *Equilíbrio de rotação (ausência de rotação ou rotação uniforme)*
  A condição necessária e suficiente para que um corpo extenso esteja em equilíbrio de rotação é *que seja nula a soma algébrica dos momentos de todas as forças externas atuantes no corpo, em relação a um ponto qualquer.*

$$\Sigma M = 0$$

Consideremos, por exemplo, a barra homogênea da figura 10, com comprimento de 14 m e massa de 10 kg, simplesmente apoiada nos pontos *A* e *B*, distantes 10 m um do outro. Vamos determinar a intensidade das reações dos apoios sobre a barra, em *A* e *B*. Adotaremos $g = 10 \text{ m/s}^2$.

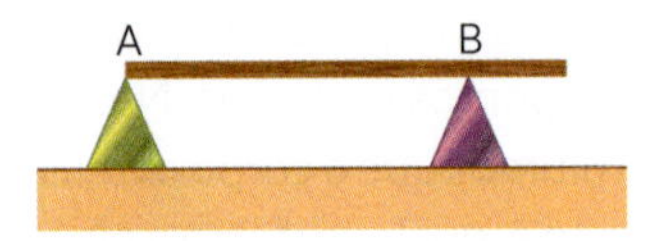

Figura 10

Vamos isolar a barra. Observe que as forças dos apoios sobre a barra ($\vec{y}_A$ e $\vec{y}_B$) são verticais.

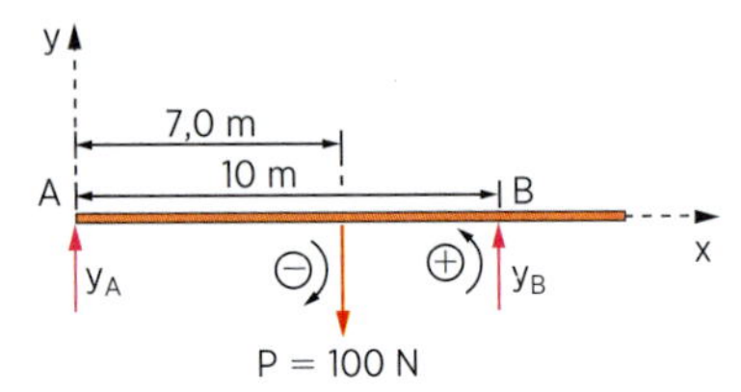

Figura 11

O peso da barra está aplicado num ponto denominado *centro de gravidade*, que no caso é o ponto médio da barra, pois ela é homogênea. Impondo as *condições de equilíbrio*:

1ª) Soma algébrica dos momentos nula em relação ao ponto *A*:

$$M_{y_A} + M_P + M_{y_B} = 0$$

$$0 - 100 \cdot 7{,}0 + y_B \cdot 10 = 0 \Rightarrow \boxed{y_B = 70 \text{ N}}$$

2ª) Resultante nula. Projeções no eixo Ay:

$$y_A + y_B - P = 0$$

$$y_A + 70 - 100 = 0 \Rightarrow \boxed{y_A = 30 \text{ N}}$$

Aplicação

A8. Dois garotos estão sentados nas extremidades de uma gangorra de 4,0 m de comprimento, como indica a figura. O garoto da extremidade *A* tem 30 kg de massa e o da extremidade *B* tem 20 kg. Determine o momento do peso de cada garoto em relação ao ponto central *O* da gangorra. Adote $g = 10 \text{ m/s}^2$.

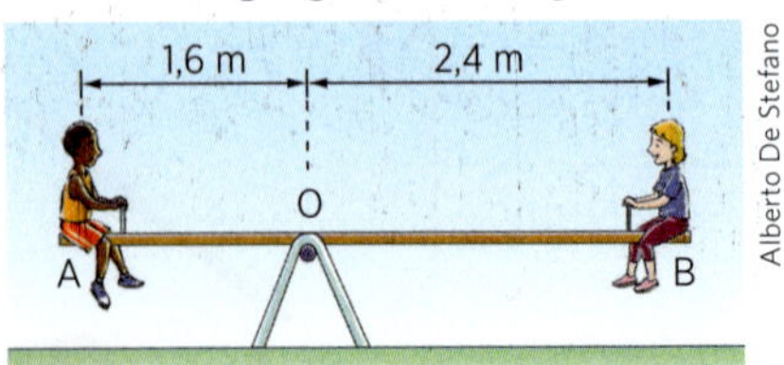

A9. A figura representa dois corpos suspensos por uma haste de peso desprezível, em equilíbrio. O peso do corpo *A* tem intensidade *P*.

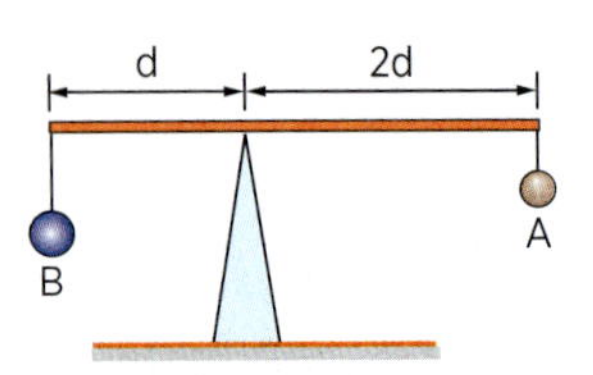

O peso do corpo *B* terá intensidade:

a) *P*
b) $\frac{3}{2}P$
c) 2P
d) 3P
e) 5P

A10. Retome o exercício anterior. O apoio exerce na haste uma força de intensidade:

a) *P*
b) $\frac{3}{2}P$
c) 2P
d) 3P
e) 5P

A11. Uma barra AB, homogênea e de seção uniforme, pesa 1,0 N e tem 8,0 m de comprimento. Se ela sustenta em suas extremidades cargas de 3,0 N e 4,0 N, respectivamente, a que distância de *A* se deve apoiar a barra para que ela fique em equilíbrio na horizontal? Qual a intensidade da reação no ponto de apoio?

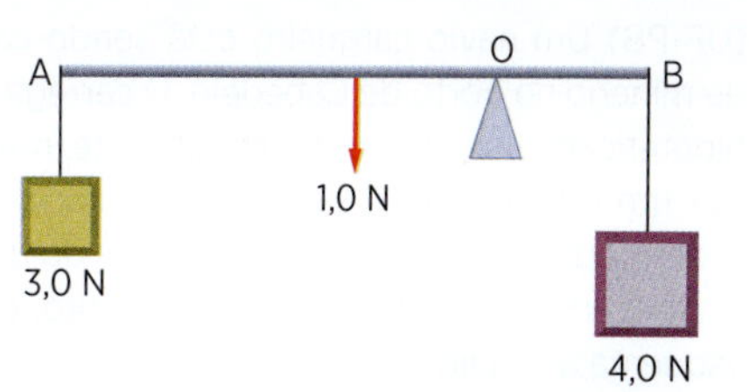

Ilustrações: Marco A. Sismotto

V8. Para retirar uma porca com a chave mostrada, qual das forças relacionadas é mais eficiente (considerando que todas são de mesma intensidade)? Justifique.

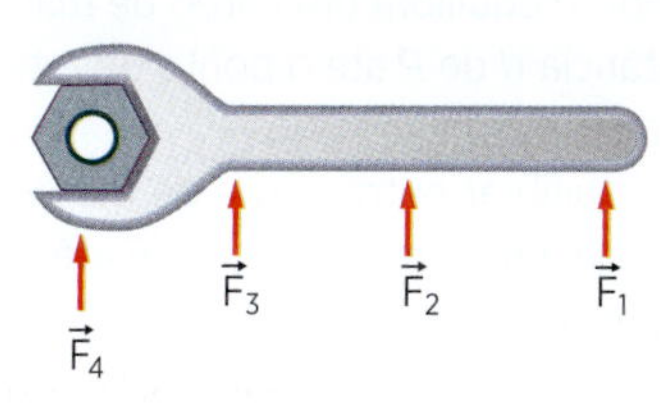

V9. Uma força de 60 N de intensidade age sobre um corpo, tendendo a girá-lo em torno de um ponto situado a 0,4 m de sua linha de ação, no sentido anti-horário. Determine o momento dessa força.

V10. A barra da figura tem 2,0 m de comprimento, massa desprezível e encontra-se equilibrada pelas forças de 20 N e 5,0 N. Determine o comprimento *a* do braço da direita e a intensidade da reação do apoio no ponto *O*.

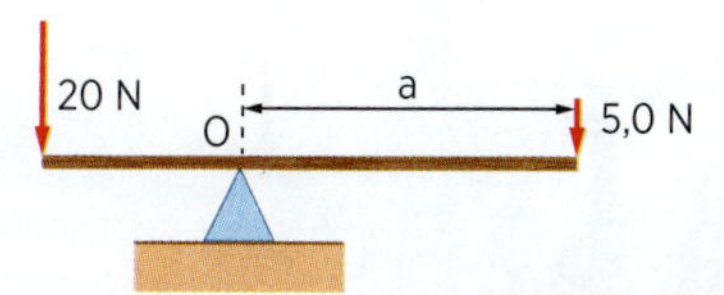

V11. Numa maquete ferroviária, há uma ponte com massa de 2,0 kg, apoiada nos seus extremos *A* e *B*, distanciados 1,0 m, como mostra a figura. A 20 cm da extremidade *B*, encontra-se a miniatura de uma locomotiva (massa m = 2,0 kg). Considerando a aceleração da gravidade igual a 10 m/s^2, quais os módulos das forças que os apoios *A* e *B* exercem sobre a ponte?

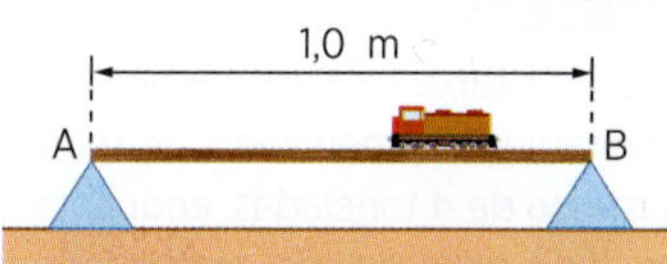

R9. (UF-RN) Vários tipos de carros populares estão sendo montados com algumas economias. Eles vêm, por exemplo, com apenas uma luz de ré e, às vezes, sem o retrovisor do lado direito. Uma outra economia está associada ao tamanho reduzido da chave de rodas. Essa chave é fabricada com um comprimento de 25 cm. Alguns desses carros saem de fábrica com os parafusos de suas rodas submetidos a um aperto compatível a um torque (final) de 100 N · m. Esse torque, *M*, calculado em relação ao ponto central do parafuso, está relacionado com a força aplicada na chave, força *F*, pela expressão M = F · d, em que *d* (única dimensão relevante da chave de rodas) é chamado braço da alavanca, conforme ilustrado na figura.

Lettera Studio

Dona Terezinha comprou um desses carros e, quando sentiu a necessidade de trocar um pneu, ficou frustrada por não conseguir folgar os parafusos, pois consegue exercer uma força de, no máximo, 250 N. Para solucionar esse problema, chamou um borracheiro que, após concluir a troca de pneu, sugeriu a compra de uma "mão de ferro" para ajudá-la numa próxima troca. O borracheiro explicou para dona Terezinha que uma mão de ferro é um pedaço de cano de ferro que pode ser usado para envolver o braço da chave de rodas, aumentando assim o seu comprimento e reduzindo, portanto, a força necessária a ser usada para folgar os parafusos. Nessa situação, admita que a mão de ferro cobre todos os 25 cm do braço da chave de rodas.

Para poder realizar uma próxima troca de pneu, dona Terezinha deve usar uma mão de ferro de comprimento, no mínimo, igual a:

a) 60 cm
b) 50 cm
c) 40 cm
d) 80 cm

R10. (UF-PB) Um navio cargueiro está sendo carregado de minério no porto de Cabedelo. O carregamento é, hipoteticamente, feito por um guindaste, manobrado por um operador que suspende, de cada vez, dois *containers* acoplados às extremidades de uma barra de ferro de três metros de comprimento, conforme esquema a seguir:

Dreamstime/Other Images

Na última etapa do carregamento, o *container* 1 é completamente preenchido de minério, totalizando uma massa de 4 toneladas, enquanto o *container* 2 é preenchido pela metade, totalizando uma massa de 2 toneladas. Para que os *containers* sejam suspensos em equilíbrio, o operador deve prender o gancho do guindaste exatamente no centro de massa do sistema, formado pelos dois *containers* e pela barra de ferro.

Nesse sentido, desprezando a massa da barra de ferro, conclui-se que a distância entre o gancho (preso na barra pelo operador) e o *container* 1 deve ser de:

a) 0,5 m
b) 1,0 m
c) 1,5 m
d) 2,0 m
e) 2,5 m

R11. (UE-RJ) Uma balança romana consiste em uma haste horizontal sustentada por um gancho em um ponto de articulação fixo. A partir desse ponto, um pequeno corpo *P* pode ser deslocado na direção de uma das extremidades, a fim de equilibrar um corpo colocado em um prato pendurado na extremidade oposta. Observe a ilustração:

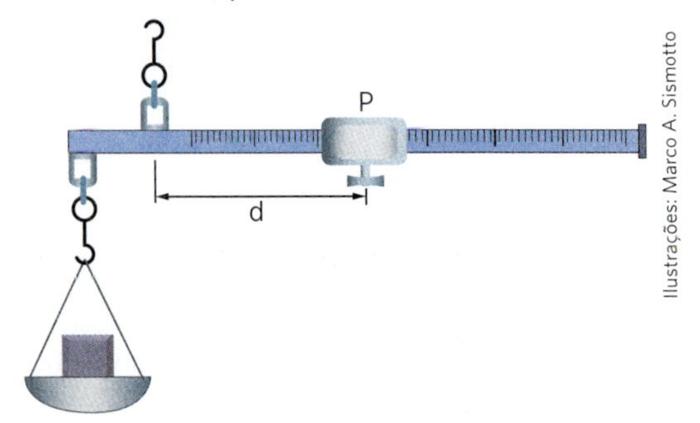

Ilustrações: Marco A. Sismotto

Quando *P* equilibra um corpo de massa igual a 5 kg, a distância *d* de *P* até o ponto de articulação é igual a 15 cm.

Para equilibrar outro corpo de massa igual a 8 kg, a distância, em centímetros, de *P* até o ponto de articulação deve ser igual a:

a) 28
b) 25
c) 24
d) 20

R12. (EsPCEx-SP) Uma barra homogênea de peso igual a 50 N está em repouso na horizontal. Ela está apoiada em seus extremos nos pontos *A* e *B*, que estão distanciados 2 m. Uma esfera *Q* de peso 80 N é colocada sobre a barra, a uma distância de 40 cm do ponto *A*, conforme representado no desenho abaixo.

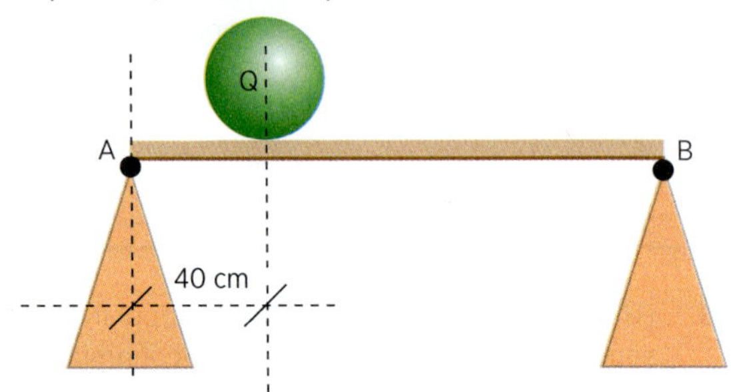

A intensidade da força de reação do apoio sobre a barra no ponto *B* é de:

a) 32 N
b) 41 N
c) 75 N
d) 82 N
e) 130 N

Equilíbrio de barras articuladas

Considere uma barra homogênea de peso $\vec{P}$ articulada em *A* e sustentada por um fio ideal preso à extremidade *B* (fig. 12).

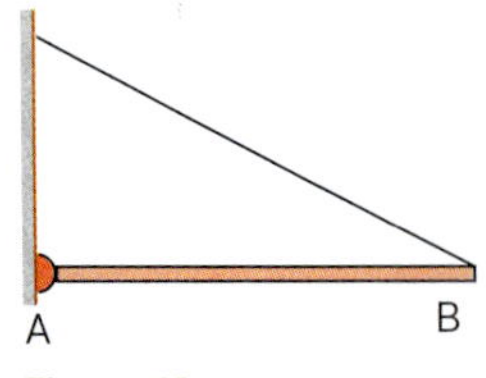

Figura 12

Na barra atuam três forças: o peso $\vec{P}$, a tração $\vec{T}$ e a força $\vec{F}$ da articulação. Para representar a força $\vec{F}$ que a articulação exerce na barra, aplicamos o *teorema das três forças*:

Quando um corpo está em equilíbrio sob ação de três forças não paralelas, elas devem ser concorrentes.

Assim, $\vec{P}$ e $\vec{T}$ concorrem no ponto C. Logo, a força $\vec{F}$ tem a direção da reta definida pelos pontos A e C (fig. 13).

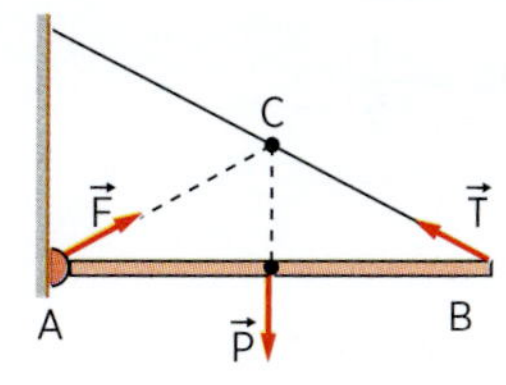

Figura 13

Esse resultado se justifica, pois $\vec{P}$ e $\vec{T}$, concorrendo em C, têm momentos nulos em relação a C. Para que a soma algébrica de todos os momentos seja nula em relação a C, concluímos que a linha de ação de $\vec{F}$ deve também passar por C.

Na resolução de exercícios, envolvendo equilíbrio de barras articuladas, em vez de trabalhar diretamente com $\vec{F}$, consideramos suas componentes x_A e y_A, como mostra a figura 14.

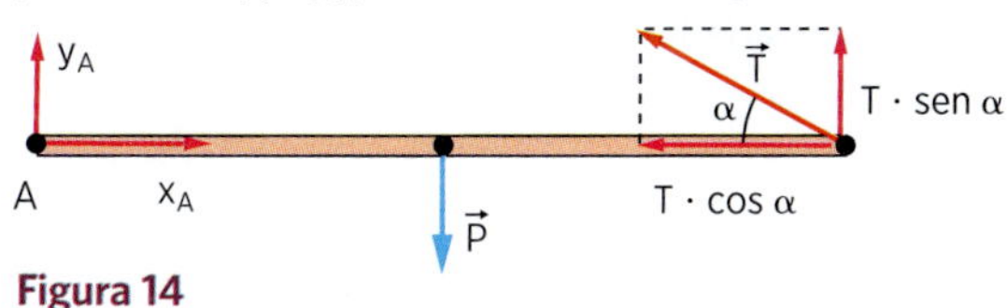

Figura 14

Aplicação

A12. Na estrutura representada, a barra homogênea AB pesa 40 N e é articulada em A. A carga Q tem peso de 100 N. Determine:

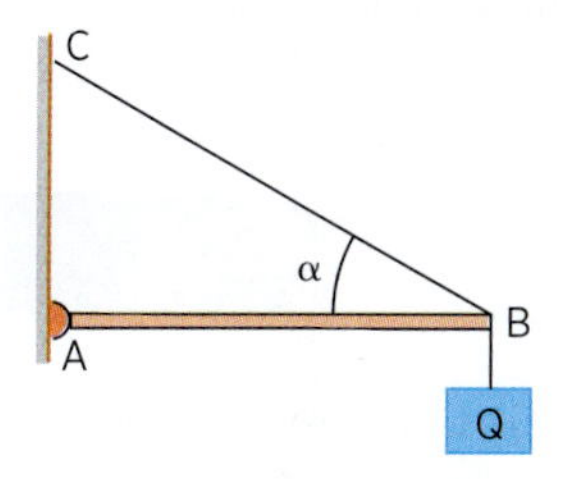

a) a intensidade da tração no cabo BC;

b) as componentes horizontal e vertical da força que a articulação exerce sobre a barra.

Dados: sen $\alpha = 0{,}60$; cos $\alpha = 0{,}80$.

A13. Na figura, a barra homogênea AB tem peso de 100 N e comprimento de 6 m. O fio MN, de 5 m, que sustenta o sistema, está preso no ponto médio M da barra. O corpo P tem peso 200 N. Em A, a articulação é sem atrito. Determine a intensidade da tração no fio e as componentes horizontal e vertical que a articulação exerce sobre a barra.

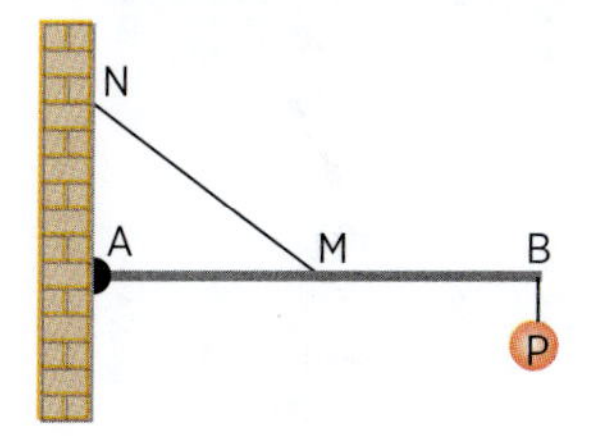

A14. A barra homogênea de peso $\vec{P}$ é articulada em A e sustentada por um fio ideal preso à sua extremidade B. Represente a força que a articulação exerce na barra.

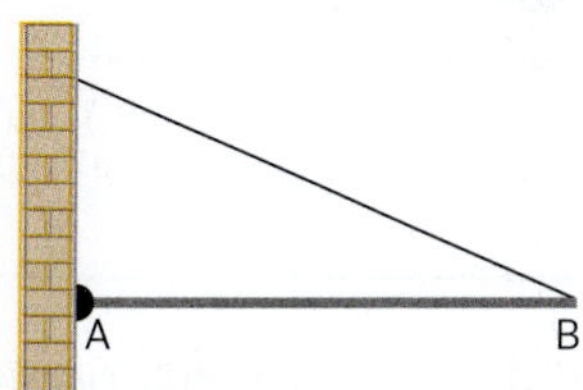

A15. Uma escada homogênea, de peso 200 N, apoia-se numa parede perfeitamente lisa e sobre o chão. O coeficiente de atrito estático entre a escada e o chão é μ.

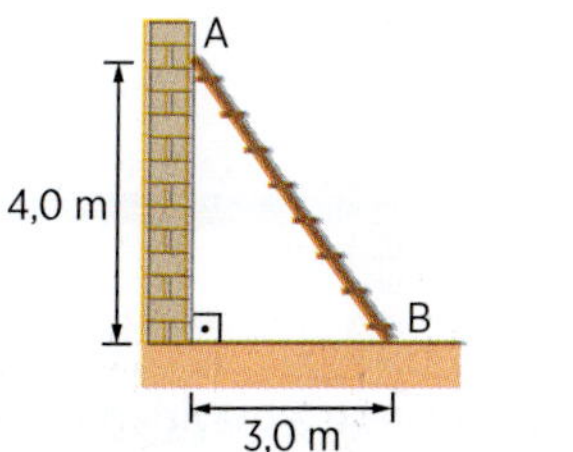

Ilustrações: Marco A. Sismotto

a) Represente as forças que agem na escada. Utilize as componentes normal e de atrito para representar a força do chão sobre a escada.

b) Calcule as intensidades das forças normal e de atrito que o chão exerce na escada.

c) Qual é o menor valor de μ?

Verificação

V12. No esquema, a barra homogênea BC tem 100 N de peso e o corpo *P* tem 500 N. Determine a intensidade da tração no fio AB e as componentes horizontal e vertical da força que a articulação exerce sobre a barra. Dados: sen 30° $= \frac{1}{2}$; cos 30° $= \frac{\sqrt{3}}{2}$.

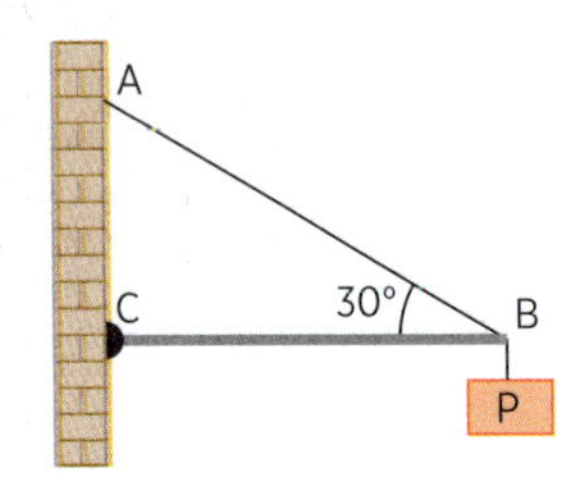

V13. Na figura, o peso *Q* da barra BC está aplicado no seu ponto médio. Determine a intensidade da tração no fio AB. Dados: P = 180 N; Q = 40 N; sen 30° = 0,5; cos 30° $= \frac{\sqrt{3}}{2}$.

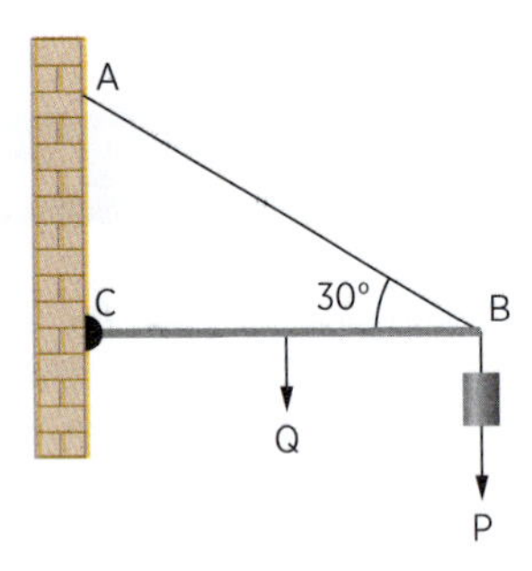

V14. Uma barra homogênea de peso $\vec{P}$ está em equilíbrio, apoiada no solo e numa parede vertical. Há atrito apenas entre a barra e o solo.

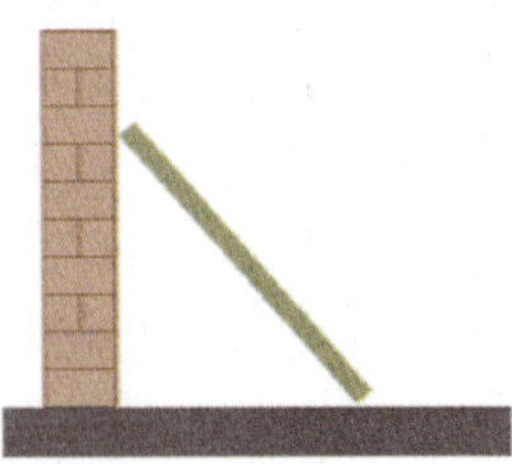

Indique a alternativa que melhor representa as forças que atuam na barra:

a) 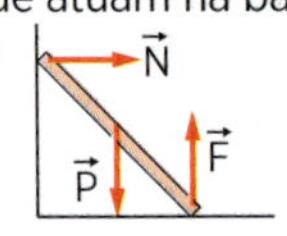

c) 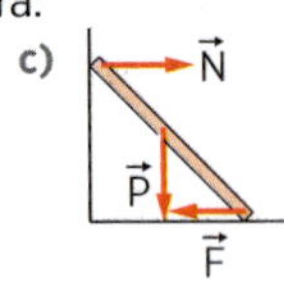

e) 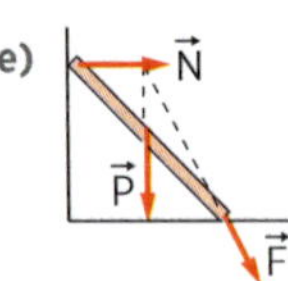

b) 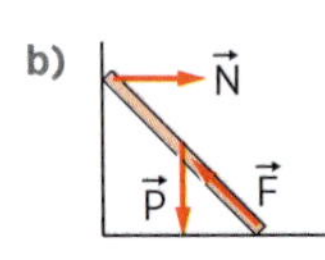

d) 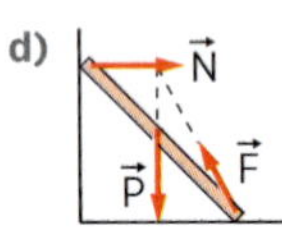

V15. A figura representa uma escada apoiada numa parede. A parede é perfeitamente lisa e o coeficiente de atrito estático entre a escada e o chão é μ = 0,60. A escada está na iminência de escorregar. Qual é, nessas condições, a tangente do ângulo α entre a barra e o chão?

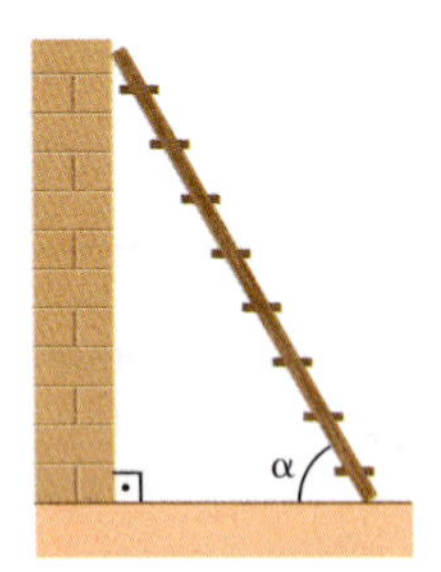

Revisão

R13. (PUC-MG) Uma placa de publicidade, para ser colocada em local visível, foi afixada com uma barra homogênea e rígida e um fino cabo de aço à parede de um edifício, conforme a ilustração.

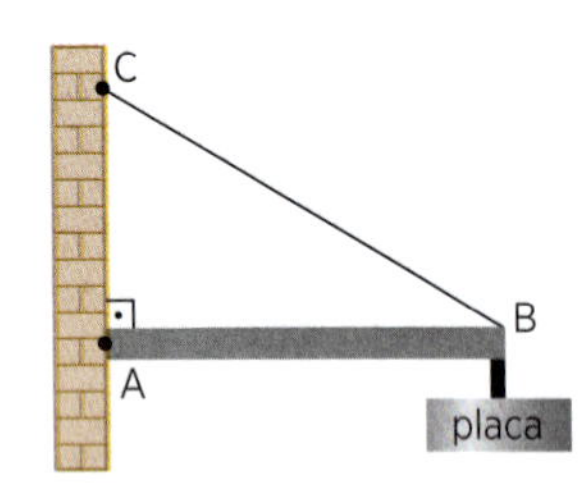

Considerando-se a gravidade como 10 m/s^2, o peso da placa como 200 N, o comprimento da barra como 8 m, sua massa como 10 kg, a distância AC como 6 m e as demais massas desprezíveis, pode-se afirmar que a força de tração sobre o cabo de aço é de:

a) 417 N
b) 870 N
c) 300 N
d) 1200 N

R14. (UFV-MG) Um letreiro de peso *P* encontra-se em equilíbrio devido ao cabo AB e à articulação *C*, como ilustrado na figura seguinte:

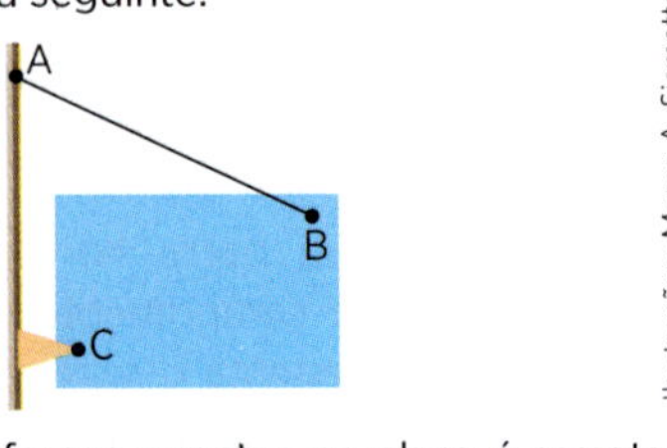

Ilustrações: Marco A. Sismotto

O diagrama das forças agentes na placa é corretamente representado na opção:

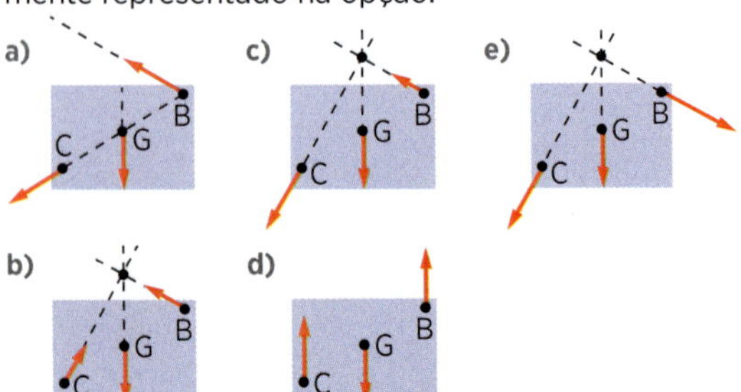

R15. (UF-PA) Uma barra de seção reta uniforme de massa de 200 kg forma um ângulo de 60° com um suporte vertical. Seu extremo superior está fixado a esse suporte por um cabo horizontal. Uma carga de 600 kg é sustentada por outro cabo pendurado verticalmente da ponta da barra (ver figura).

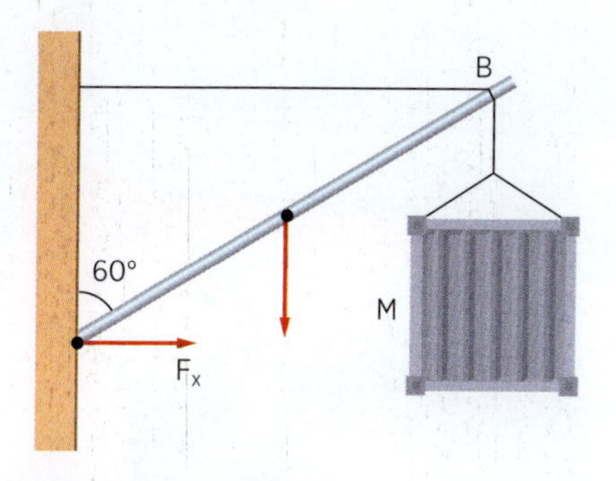

Qual o valor da componente F_x (sendo *g* o módulo da aceleração da gravidade)?

a) 200g N
b) $250g\sqrt{3}$ N
c) $300g\sqrt{3}$ N
d) $400g\sqrt{3}$ N
e) $700g\sqrt{3}$ N

R16. (UF-PB) Enquanto trabalha, um pintor encosta uma escada com massa de 10 kg em uma parede, como mostra a figura abaixo. A escada fica em equilíbrio. O atrito entre a escada e a parede é tão pequeno que pode ser desprezado, enquanto a força de atrito entre a escada e o solo, na posição em que foi colocada, é de 200 N. Dado: $g = 10\ m/s^2$.

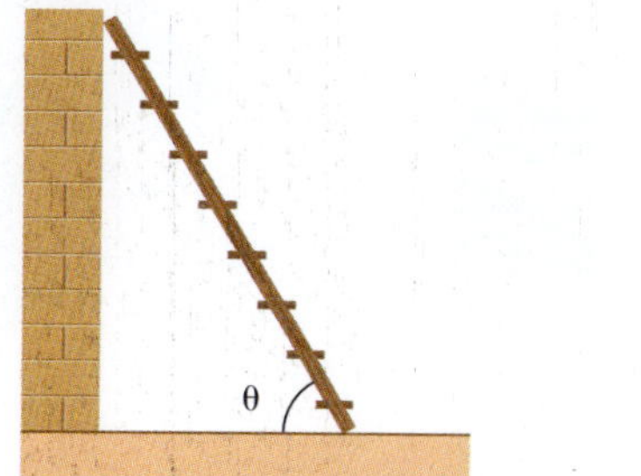

Ilustrações: Marco A. Sismotto

a) Reproduza essa figura no seu caderno e indique todas as forças que atuam na escada.
b) Determine a força que a escada faz sobre a parede.
c) Determine a força que a escada faz sobre o solo.
d) Determine a tangente do ângulo θ entre a escada e o solo.

Tipos de equilíbrio de um corpo

Para saber o tipo de equilíbrio de um corpo, devemos deslocá-lo ligeiramente de sua posição de equilíbrio, abandonando-o em seguida. Se o corpo tende a voltar à posição original, o equilíbrio é *estável* (fig. 15); se, ao contrário, ele se afastar da posição original, o equilíbrio será *instável* (fig. 16); e, se permanecer em equilíbrio na nova posição, será *indiferente* (fig. 17).

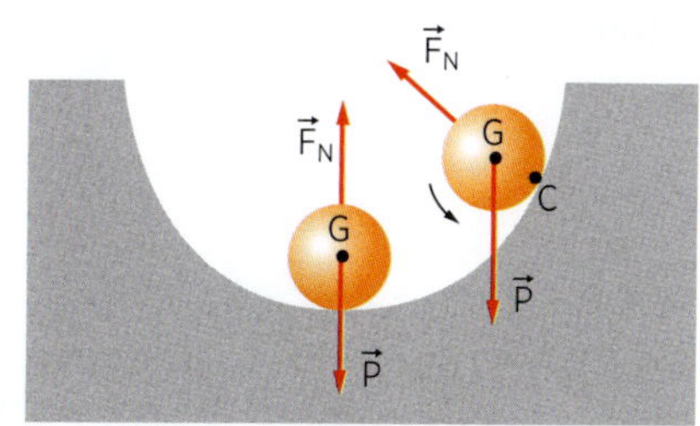

Figura 15. Apoio côncavo: equilíbrio estável. Afastando-se a esfera da posição de equilíbrio, o peso $\vec{P}$, aplicado no centro de gravidade *G*, tem momento em relação ao ponto de contato *C*, fazendo a esfera voltar à posição de equilíbrio.

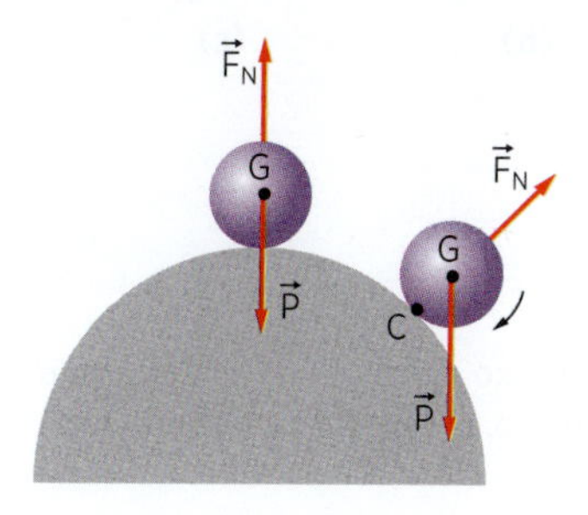

Figura 16. Apoio convexo: equilíbrio instável. Afastando-se a esfera da posição de equilíbrio, o peso $\vec{P}$ tem momento em relação ao ponto de contato *C*, fazendo a esfera se afastar de sua posição de equilíbrio.

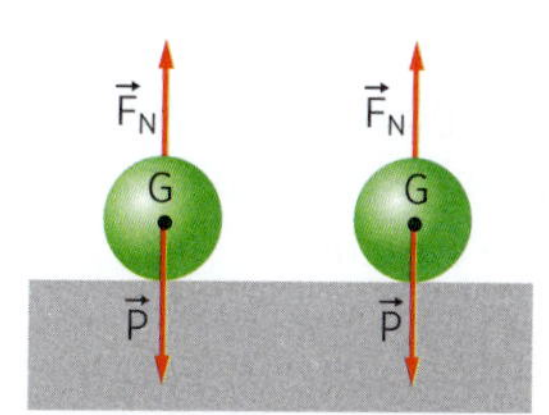

Figura 17. Apoio plano: nesse caso, dizemos que o equilíbrio é indiferente. Afastando-se a esfera da posição de equilíbrio, ela permanece em equilíbrio na nova posição.

O brinquedo joão-teimoso tem seu centro de gravidade, *G*, próximo à base de apoio. Ao ser inclinado, seu peso tem momento em relação ao ponto de contato *C*, fazendo-o voltar à posição de equilíbrio. Por isso, seu equilíbrio é estável (fig. 18).

Fernando Favoretto/Criar Imagem

Figura 18

As considerações feitas são também válidas para um corpo em equilíbrio e que possui um eixo de rotação.

Na figura 19 o eixo *O* de rotação de uma placa está acima do centro de gravidade *G*. Note que, na posição de equilíbrio, *O* e *G* estão na mesma vertical (fig. 19a). Um pequeno desvio é dado à placa e ela volta à posição de equilíbrio (fig. 19b). Nesse caso, o equilíbrio é *estável*.

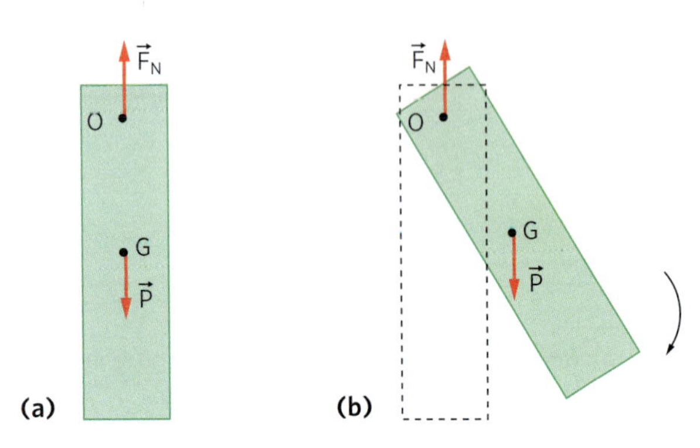

Figura 19. Equilíbrio estável. Em (*b*), peso $\vec{P}$ tem momento em relação a *O*, fazendo a placa voltar à posição de equilíbrio.

Na figura 20a o eixo *O* está abaixo do centro de gravidade *G*. Um pequeno desvio é dado à placa e ela não volta à posição de equilíbrio (fig. 20b). Nesse caso, o equilíbrio é *instável*.

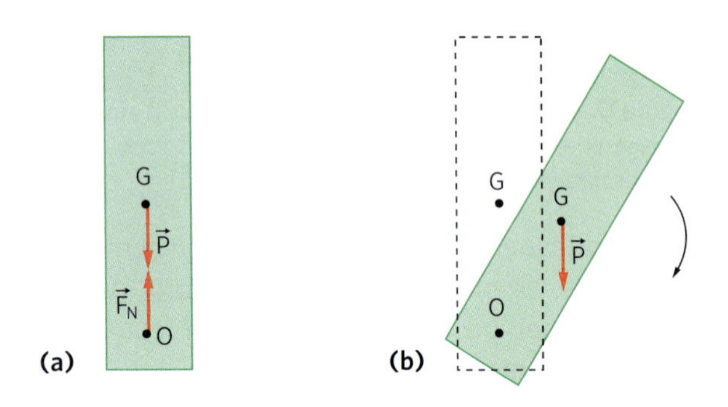

Figura 20. Equilíbrio instável. Em (*b*), peso $\vec{P}$ tem momento em relação a *O*, fazendo a placa se afastar da posição de equilíbrio.

Se o eixo *O* coincide com o centro de gravidade *G*, o equilíbrio é *indiferente* (fig. 21).

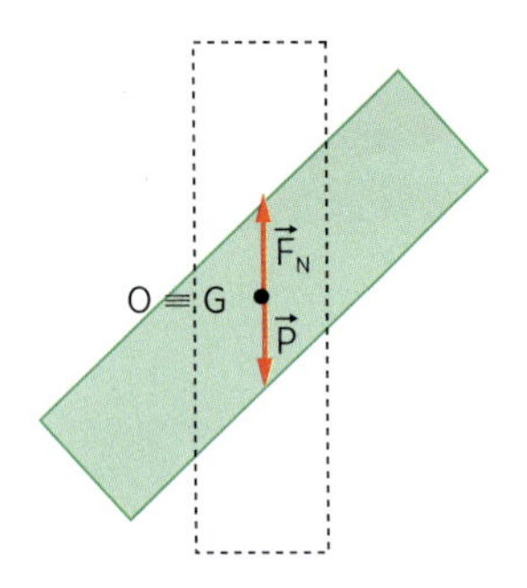

Figura 21. Equilíbrio indiferente.

Observe o brinquedo da figura 22. Com os pesos laterais nas asas, o centro de gravidade fica abaixo do ponto de apoio e o equilíbrio é estável.

Figura 22

Considere, agora, vários corpos apoiados sobre uma superfície plana inclinada. Vamos supor que o atrito seja suficiente para que os corpos não escorreguem. Na figura 23a, a reta vertical passa pelo centro de gravidade e pela base de apoio, e o corpo não tomba. Na figura 23b, o corpo está na iminência de tombar e, na figura 23c, o corpo ali colocado tomba.

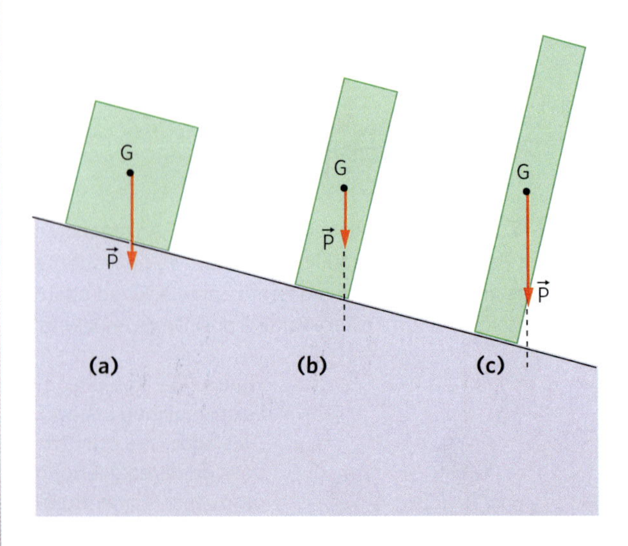

Figura 23. Quanto mais baixo o centro de gravidade e quanto maior a área de apoio, maior será a estabilidade do corpo.

Aplicação

A16. Três esferas, *A*, *B* e *C*, idênticas, encontram-se em equilíbrio nas posições mostradas na figura. Qual o tipo de equilíbrio de cada esfera?

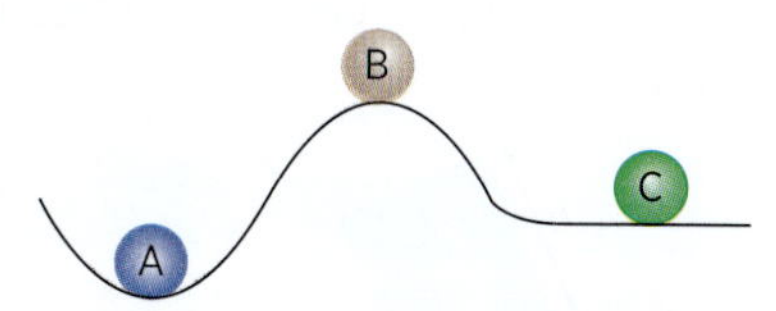

A17. Uma placa metálica de forma irregular foi suspensa por um ponto *A* e traçou-se a reta vertical *r*, que passa pelo ponto de suspensão (fig. *a*). Repetiu-se a operação, suspendendo-se a placa por outro ponto, *B*, determinando-se a reta vertical *s* (fig. *b*). O que representa o ponto de interseção das retas *r* e *s*?

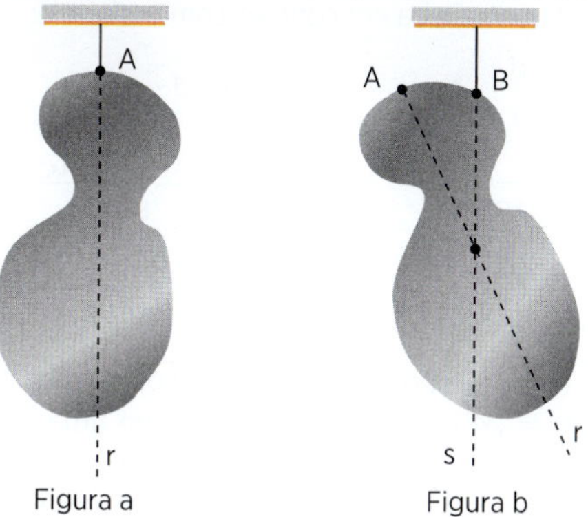

Figura a

Figura b

A18. Uma placa retangular homogênea ABCD tem centro de gravidade *G*, conforme a figura. Suspende-se a placa pelo ponto *A*. Faça uma figura representando a posição de equilíbrio estável da placa.

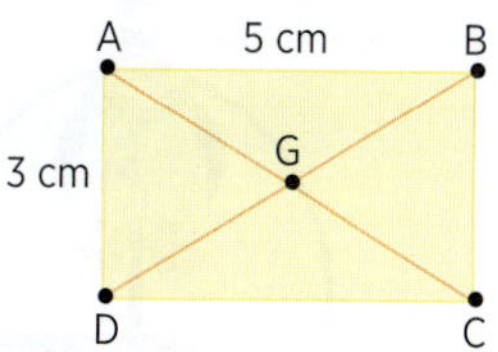

A19. Dois garfos são espetados numa rolha, formando com ela um ângulo agudo, e apoia-se a rolha no gargalo de uma garrafa. Nota-se que o conjunto rolha-garfos fica em equilíbrio estável. Qual a posição do centro de gravidade do conjunto em relação ao apoio?

Cristina Xavier

Verificação

V16. Três placas de centro de gravidade *G* estão suspensas pelos pontos *A*, *B* e *C*, conforme a figura. Qual é o tipo de equilíbrio em cada situação?

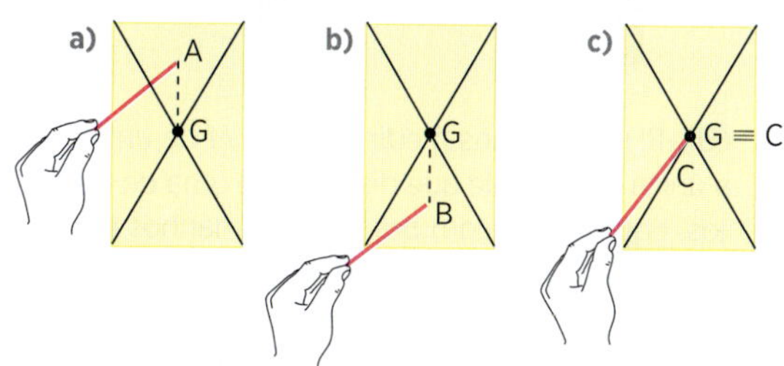

V17. Três corpos são apoiados numa superfície horizontal. Verifique qual deles tomba. *G* é o centro de gravidade de cada corpo. Justifique sua resposta.

V18. Uma placa retangular homogênea ABCD tem centro de gravidade *G*, conforme a figura. Suspenda a placa pelo ponto *A*. Qual é o ângulo que a reta AB faz com a vertical na posição de equilíbrio?

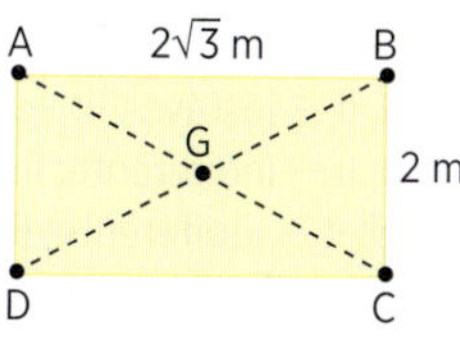

V19. Apoia-se um cilindro, cujo diâmetro da base é 6,0 cm, num plano inclinado de um ângulo θ, tal que $\text{tg } \theta = 0{,}75$. Qual a máxima altura *h* que o cilindro pode ter para não tombar? Considere o atrito suficiente para o cilindro não escorregar.

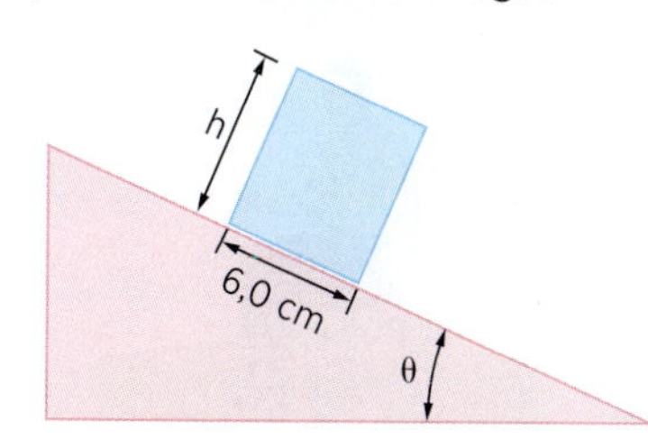

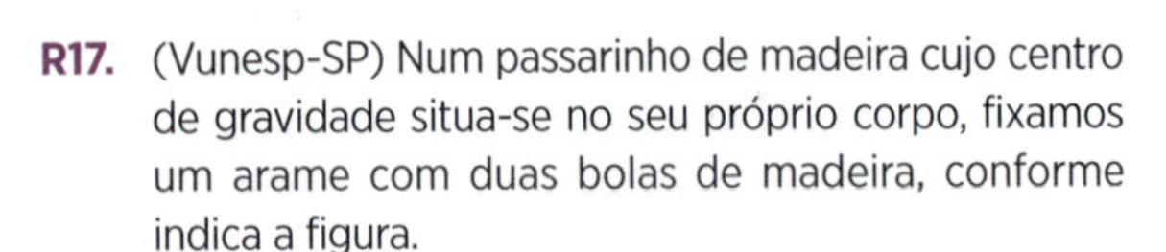

R17. (Vunesp-SP) Num passarinho de madeira cujo centro de gravidade situa-se no seu próprio corpo, fixamos um arame com duas bolas de madeira, conforme indica a figura.

Alberto De Stefano

Apoiando-se o pé do passarinho numa superfície plana, ele permanece em equilíbrio estável, porque o centro de gravidade do sistema (passarinho + fio com bolas) situa-se:

a) no pescoço do passarinho, por onde passa o fio.
b) na barriga do passarinho.
c) no bico do passarinho.
d) entre os olhos do passarinho.
e) abaixo do ponto de apoio do passarinho na superfície plana.

R18. (Cesgranrio-RJ) Três hastes homogêneas e idênticas podem ser ligadas conforme mostram as figuras I, II e III. Em cada caso, elas formam um sistema, rígido e plano, capaz de girar livremente, na vertical, em torno de um eixo horizontal que passa pelo ponto de união das barras. Qual das opções a seguir caracteriza corretamente o tipo de equilíbrio observado em cada uma das situações ilustradas? (Em cada figura, a linha tracejada dá a direção da vertical.)

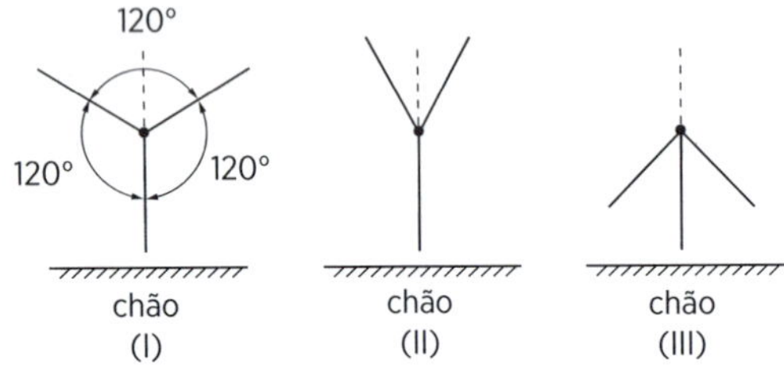

a) I – estável; II – instável; III – indiferente
b) I – estável; II – indiferente; III – instável
c) I – instável; II – indiferente; III – estável
d) I – indiferente; II – estável; III – instável
e) I – indiferente; II – instável; III – estável

R19. (Vunesp-SP) Explique por que uma pessoa, sentada conforme a figura, mantendo o tronco e as tíbias na vertical e os pés no piso, não consegue se levantar por esforço próprio. Se julgar necessário, faça um esquema para auxiliar sua explicação.

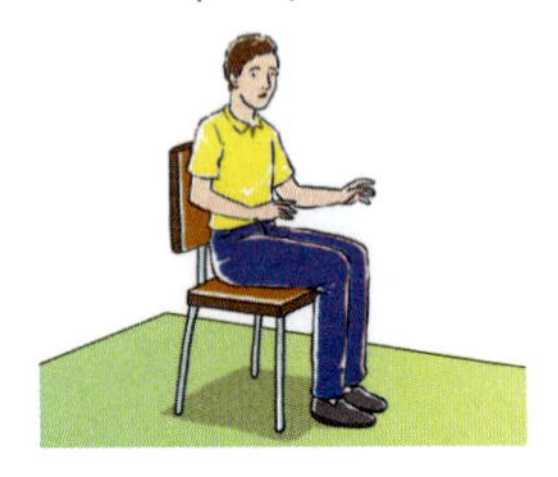

Alberto De Stefano

R20. (ITA-SP) Considere um bloco de base *d* e altura *h* em repouso sobre um plano inclinado de ângulo α. Suponha que o coeficiente de atrito estático seja suficientemente grande para que o bloco não deslize pelo plano.

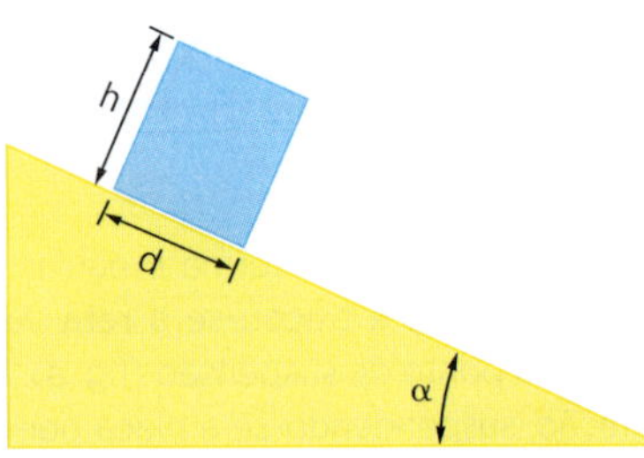

O valor máximo da altura *h* do bloco para que a base *d* permaneça em contato com o plano é:

a) $\dfrac{d}{\alpha}$
b) $\dfrac{d}{\text{sen}\ \alpha}$
c) $\dfrac{d}{\text{sen}^2\ \alpha}$
d) $d \cdot \text{cotg}\ \alpha$
e) $\dfrac{d \cdot \text{cotg}\ \alpha}{\text{sen}\ \alpha}$

R21. (UF-PE) Dois blocos idênticos, de comprimento L = 24 cm, são colocados sobre uma mesa, como mostra a figura. Determine o máximo valor de *x*, em centímetros, para que os blocos fiquem em equilíbrio, sem tombar.

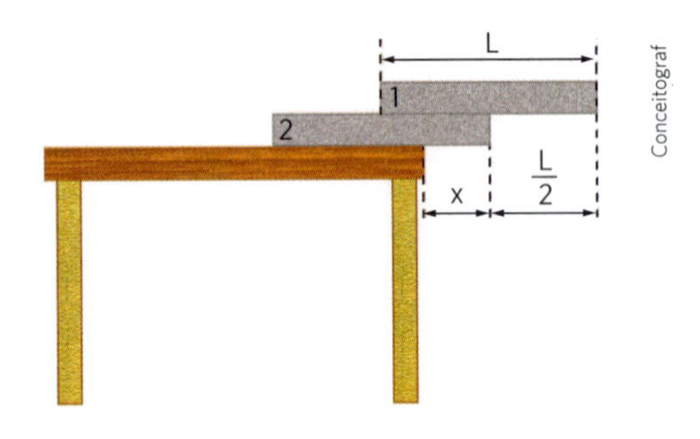

Conceitograf

R22. (UF-PI) Desejamos medir a massa *M* de um corpo e a única balança de que dispomos é uma de dois pratos, equilibrada, com braços de tamanhos e massas diferentes. O procedimento adotado foi o seguinte: colocamos a massa a ser pesada em um dos pratos e equilibramos com uma massa m_1, trocamos a massa *M* de prato e verificamos que a massa equilibrante era outra, de valor m_2. Diante dessa informação, podemos dizer que o valor da massa *M* será dado, corretamente, por:

a) $\dfrac{m_1 + m_2}{2}$
b) $\dfrac{m_1 \cdot m_2}{2}$
c) $\sqrt{\dfrac{m_1 + m_2}{2}}$
d) $\sqrt{\dfrac{m_1 \cdot m_2}{2}}$
e) $\sqrt{m_1 \cdot m_2}$

capítulo

16 Hidrostática

Conceito de pressão

Consideremos uma superfície plana, de área *A*, sobre a qual se distribui perpendicularmente um sistema de forças cuja resultante é $\vec{F}$ (fig. 1).

Define-se a *pressão média* na superfície considerada como a relação entre a intensidade da força atuante *F* e a área *A* da superfície:

$$p_m = \frac{F}{A}$$

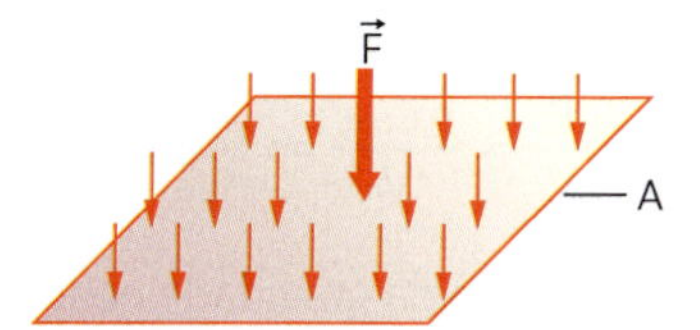

Figura 1

Holly Wilmeth/Photodisc/Getty Images

Figura 2. Para a mesma intensidade da força *F*, quanto menor for a área *A*, maior será a pressão *p*.

A pressão num ponto é definida pelo limite da relação anterior, com a área *A* tendendo a zero:

$$p = \lim_{A \to 0} \frac{F}{A}$$

Para as situações que estudaremos, vamos considerar uma distribuição uniforme das forças atuantes, de modo que a pressão média coincida com a pressão em qualquer ponto.

No Sistema Internacional, a unidade de pressão é o *newton por metro quadrado* (N/m^2), também denominado *pascal* (Pa).

Outras unidades de pressão são o *dina por centímetro quadrado* (dyn/cm^2) e o *bar*.

$$1\ Pa = 10\ dyn/cm^2$$
$$1\ bar = 10^5\ Pa$$

O dina (dyn) é a unidade de intensidade de força do sistema CGS (centímetro-grama-segundo).

Observe os exemplos a seguir:

- Um líquido com 20 N de peso está no interior de um recipiente cujo fundo tem área igual a 0,2 m^2 (fig. 3).

Ilustrações: Luiz Rubio

Figura 3

A pressão que o líquido exerce no fundo do recipiente é:

$$\left.\begin{array}{l} F = P = 20\ N \\ A = 0{,}2\ m^2 \end{array}\right\} p = \frac{20}{0{,}2} \Rightarrow \boxed{p = 100\ N/m^2}$$

- Como as moléculas de um gás estão em contínuo movimento, elas se chocam contra as paredes do recipiente. Esse bombardeio faz com que o gás atue com uma força sobre as paredes do recipiente, exercendo pressão.

Consideremos um gás contido num cilindro provido de êmbolo, como se vê na figura 4. Seja 0,1 m^2 a área do êmbolo e admitamos que o gás atue sobre esse êmbolo com uma força média de intensidade 50 N.

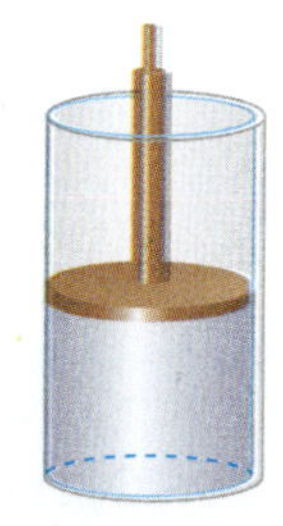

Figura 4

A pressão média exercida pelo gás sobre o êmbolo será:

$$\left.\begin{array}{l} F = 50\ N \\ A = 0{,}1\ m^2 \end{array}\right\} p = \frac{F}{A} = \frac{50}{0{,}1} \Rightarrow \boxed{p = 500\ N/m^2}$$

OBSERVE

- Pressão é uma *grandeza escalar*, ficando, portanto, perfeitamente caracterizada pelo valor numérico e pela unidade, não apresentando nem direção nem sentido.
- Em vista da definição, para uma mesma força, a pressão e a área (sobre a qual a força se distribui) são inversamente proporcionais. Assim, um tijolo exerce maior pressão quando apoiado pela face de menor área A_2, como na figura ao lado:

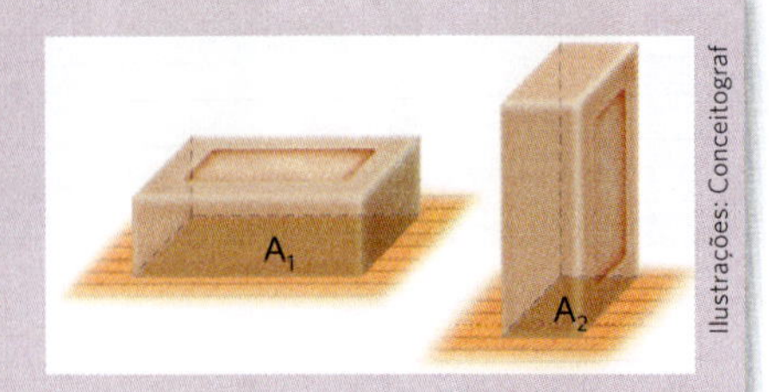

$$A_2 < A_1 \Rightarrow p_2 > p_1$$

- São muito utilizadas certas unidades práticas de pressão, como *centímetro de mercúrio* (cm Hg), *milímetro de mercúrio* (mm Hg) e *atmosfera* (atm), que serão definidas ainda neste capítulo.

Massa específica de uma substância

Consideremos uma amostra de dada substância de volume V, massa m e peso $\vec{P}$ (fig. 5). A *massa específica* μ da substância é a relação entre a massa m da amostra e seu volume V:

$$\mu = \frac{m}{V}$$

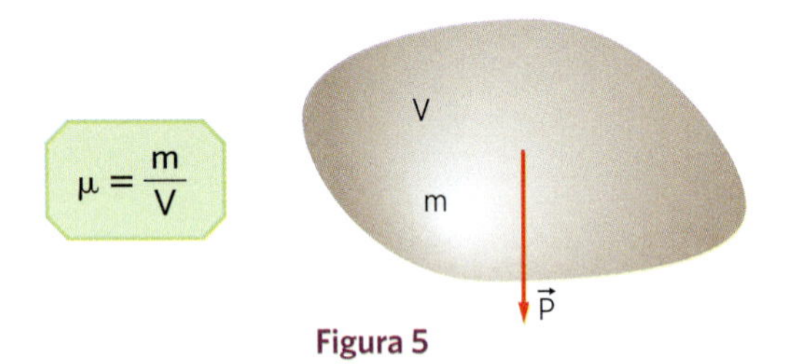

Figura 5

A unidade SI de massa específica é o *quilograma por metro cúbico* (kg/m³). São usadas também o *grama por centímetro cúbico* (g/cm³) e o *quilograma por litro* (kg/L). Essas unidades se relacionam do seguinte modo:

$$1\frac{g}{cm^3} = \frac{10^{-3}\,kg}{10^{-6}\,m^3} \Rightarrow 1\frac{g}{cm^3} = 10^3\frac{kg}{m^3}$$

$$1\frac{g}{cm^3} = \frac{10^{-3}\,kg}{10^{-3}\,L} \Rightarrow 1\frac{g}{cm^3} = 1\frac{kg}{L}$$

Assim, a massa específica do mercúrio a 0 °C vale:

$$\mu = 13{,}6\ g/cm^3 = 13{,}6\ kg/L = 13{,}6 \cdot 10^3\ kg/m^3$$

O *peso específico* ρ da substância é a relação entre a intensidade do peso P da amostra e o seu volume V:

$$\rho = \frac{P}{V}$$

A unidade SI de peso específico é o *newton por metro cúbico* (N/m³). Entre a massa específica μ e o peso específico ρ de uma mesma substância há a seguinte relação:

$$\rho = \frac{P}{V} = \frac{m \cdot g}{V} \Rightarrow \rho = \mu g$$

sendo g a aceleração da gravidade no local.

Densidade de um corpo

Consideremos um corpo, homogêneo ou não, de massa m e volume V (fig. 6). A *densidade d* do corpo é a relação entre a massa m do corpo e seu volume V:

$$d = \frac{m}{V}$$

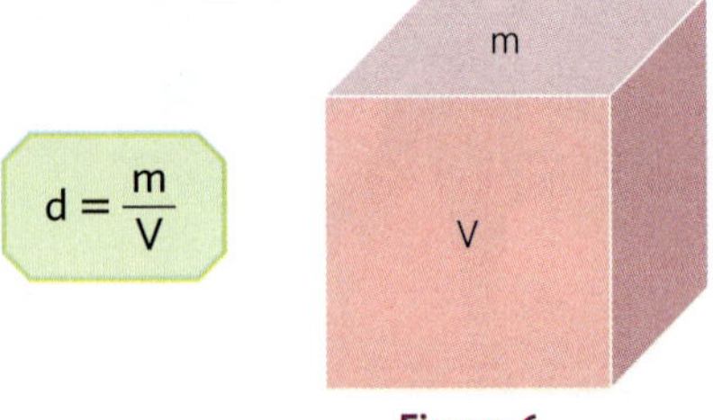

Figura 6

As unidades de densidade são as mesmas de massa específica.

A densidade só coincide com a massa específica quando o corpo é homogêneo. Nesse caso, a densidade do corpo é igual à massa específica da substância que o constitui.

Para os líquidos, geralmente homogêneos, não se costuma fazer a distinção entre massa específica e densidade, sendo esta comumente chamada de *densidade absoluta*.

Aplicação

A1. Uma pessoa cujo peso é 720 N está parada sobre o solo, apoiada nos dois pés. Admitindo que a área do solado de cada um de seus sapatos seja de 120 cm^2, qual a pressão, em N/m^2, que a pessoa exerce sobre o solo? Dado: $1\ cm^2 = 10^{-4}\ m^2$.

A2. Uma agulha de vitrola antiga apresentava uma área de contato com o disco de $10^{-4}\ cm^2$. Se a massa da cápsula que sustenta a agulha é de 100 g, qual a pressão, em N/m^2, que a agulha exerce sobre o disco?

Dados: $1\ g = 10^{-3}\ kg$; $1\ cm^2 = 10^{-4}\ m^2$ e $g = 10\ m/s^2$.

A3. Um bloco sólido, maciço e homogêneo tem volume de 10 cm^3 e massa de 105 g. Determine a massa específica da substância que o constitui.

A4. Um cubo oco de ferro apresenta 10 g de massa e volume de 5,0 cm^3. O volume da parte "vazia" é 3,7 cm^3. Determine a densidade do cubo e a massa específica do ferro.

Verificação

V1. Uma bailarina com massa de 50 kg está apoiada na extremidade de um pé. A superfície de contato entre o pé da bailarina e o chão tem uma área de 4,0 cm^2. Sendo $1\ cm^2 = 10^{-4}\ m^2$ e $g = 10\ m/s^2$, determine a pressão exercida pela bailarina sobre o chão.

Thinkstock/Getty Images

V2. Dois tijolos idênticos, *A* e *B*, de dimensões $2a \times a \times a$, estão sobre uma superfície plana. As pressões exercidas sobre a superfície pelos tijolos *A* e *B* estão na razão:

a) $\dfrac{p_A}{p_B} = 4$

b) $\dfrac{p_A}{p_B} = 2$

c) $\dfrac{p_A}{p_B} = \dfrac{1}{2}$

d) $\dfrac{p_A}{p_B} = \dfrac{1}{4}$

e) $\dfrac{p_A}{p_B} = 1$

A: 2a, a, a — B: a, a, 2a

Conceitograf

V3. Um recipiente cilíndrico possui seção transversal com área de 10 cm^2 e altura de 5,0 cm. Ele está completamente cheio por um líquido cuja massa específica é 2,0 g/cm^3. Determine a massa do líquido.

V4. Uma esfera oca de alumínio tem 50 g de massa e volume de 50 cm^3. O volume da região "vazia" é 30 cm^3. Determine a densidade da esfera e a massa específica do alumínio.

Revisão

R1. (UF-ES) Para aplicar uma vacina fluida por via intramuscular, usa-se uma seringa cujo êmbolo tem um diâmetro de 1 cm. A enfermeira que aplica a vacina exerce uma força de 3,14 N sobre o êmbolo. Considere que a vazão da vacina é muito lenta. Durante a aplicação da vacina, o valor, em pascal, que mais se aproxima da variação da pressão, no interior da seringa, é de:

a) $4 \cdot 10^3$
b) $5 \cdot 10^3$
c) $4 \cdot 10^4$
d) $5 \cdot 10^4$
e) $5 \cdot 10^5$

R2. (U. F. Campina Grande-PB) No ouvido médio existem três ossículos: martelo, bigorna e estribo. Eles transmitem a energia sonora da membrana timpânica ao fluido do ouvido interno através da janela oval. As ondas sonoras não são transmitidas facilmente do ar para o fluido, sendo a maior parte da energia sonora refletida nas interfaces entre as várias partes do ouvido. Há, portanto, necessidade de ampliação da pressão na denominada janela oval, a fim de se produzir audição adequada. A força aplicada sobre a janela oval é a força sobre o tímpano ampliada por um fator 1,3 pelos ossículos, sendo a área do tímpano 17 vezes maior que a área da janela oval. Pode-se afirmar que, aproximadamente, a pressão na janela oval é maior que a pressão no tímpano:

a) 22 vezes
b) 18,3 vezes
c) 17 vezes
d) 13 vezes
e) 1,3 vezes

R3. (Vunesp-SP) Um bloco de granito com formato de um paralelepípedo retangular, com altura de 30 cm e base de 20 cm de largura por 50 cm de comprimento, encontra-se em repouso sobre uma superfície plana horizontal.

a) Considerando a massa específica do granito igual a $2{,}5 \cdot 10^3$ kg/m³, determine a massa *m* do bloco.

b) Considerando a aceleração da gravidade igual a 10 m/s², determine a pressão *p* exercida pelo bloco sobre a superfície plana, em N/m².

R4. (Fesp-SP) Um cubo oco, de alumínio, apresenta 100 g de massa e volume de 50 cm³. O volume da parte vazia é de 10 cm³. A densidade do cubo e a massa específica do alumínio são, respectivamente:

a) 0,5 g/cm³ e 0,4 g/cm³

b) 2,5 g/cm³ e 2,0 g/cm³

c) 0,4 g/cm³ e 0,5 g/cm³

d) 2,0 g/cm³ e 2,5 g/cm³

e) 2,0 g/cm³ e 10,0 g/cm³

Teorema Fundamental da Hidrostática ou Teorema de Stevin

Consideremos um líquido homogêneo de densidade absoluta *d*, em equilíbrio, preenchendo, até uma altura *h*, um recipiente cilíndrico cuja base tem área *A* (fig. 7).

A pressão *p* exercida num ponto qualquer do fundo do recipiente é a soma da pressão que o ar exerce na superfície do líquido (pressão atmosférica) mais a pressão que a coluna de líquido exerce, devida ao seu peso. Assim:

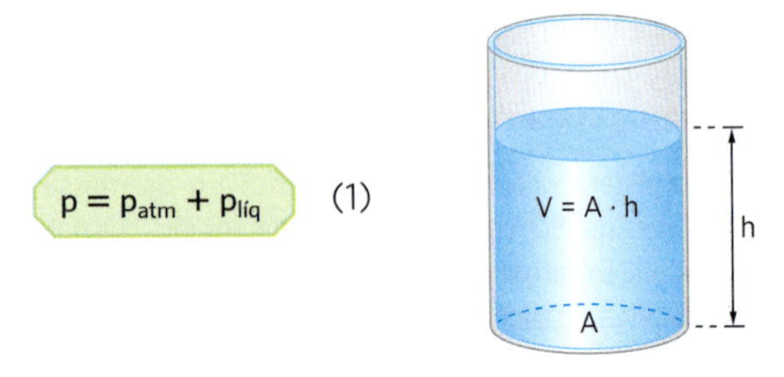

Figura 7

Mas a pressão exercida pela coluna de líquido, denominada *pressão hidrostática*, é dada por:

$$p_{líq} = \frac{Peso}{A} = \frac{m \cdot g}{A} = \frac{d \cdot V \cdot g}{A} = \frac{d \cdot A \cdot h \cdot g}{A}$$

$$p_{líq} = d \cdot g \cdot h \quad (2)$$

A fórmula (2) nos mostra que a pressão exercida por uma coluna líquida *não depende da área da sua seção;* depende apenas da natureza do líquido (*d*), do local (*g*) e da altura da coluna (*h*).

Substituindo (2) em (1), vem:

$$p = p_{atm} + d \cdot g \cdot h \quad (3)$$

O gráfico da figura 8 indica como a pressão total *p*, no interior de um líquido homogêneo em equilíbrio, varia com a profundidade *h*.

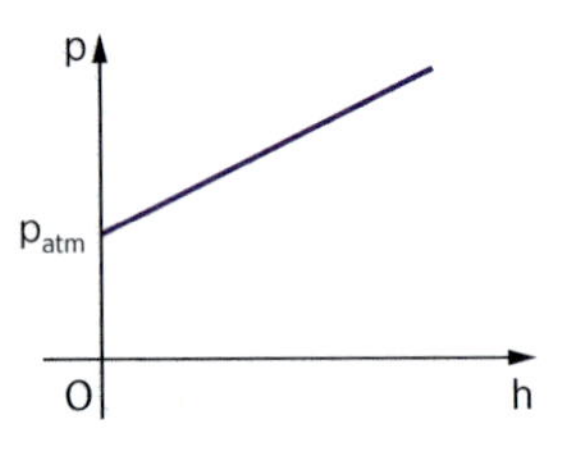

Figura 8

Generalizando essas conclusões, podemos expressar a *diferença de pressão* Δp entre dois pontos, *x* e *y*, no interior de um líquido homogêneo em equilíbrio, cuja diferença de profundidade é Δh (fig. 9), por:

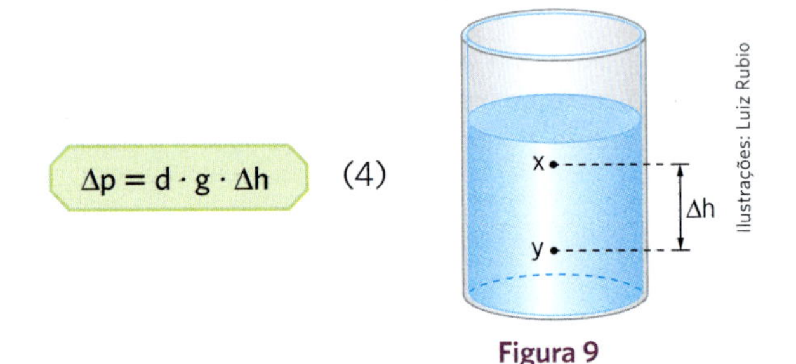

Figura 9

A fórmula (4) traduz analiticamente o *Teorema Fundamental da Hidrostática*, ou *Teorema de Stevin*:

A diferença de pressão $\Delta p = p_y - p_x$ entre dois pontos, *x* e *y*, no interior de um mesmo líquido homogêneo em equilíbrio, cuja diferença de profundidade é Δh, é a *pressão hidrostática* exercida pela coluna líquida entre os dois pontos.

Uma consequência imediata do Teorema de Stevin é que pontos situados num mesmo plano horizontal, no interior de um mesmo líquido homogêneo em equilíbrio, apresentam a mesma pressão, já que estão a uma mesma profundidade. Na figura 10, os pontos *A* e *B* estão no mesmo plano horizontal:

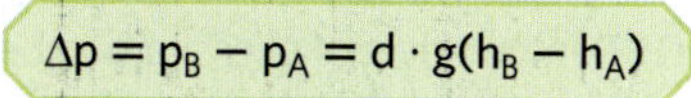

$$\Delta p = p_B - p_A = d \cdot g(h_B - h_A)$$

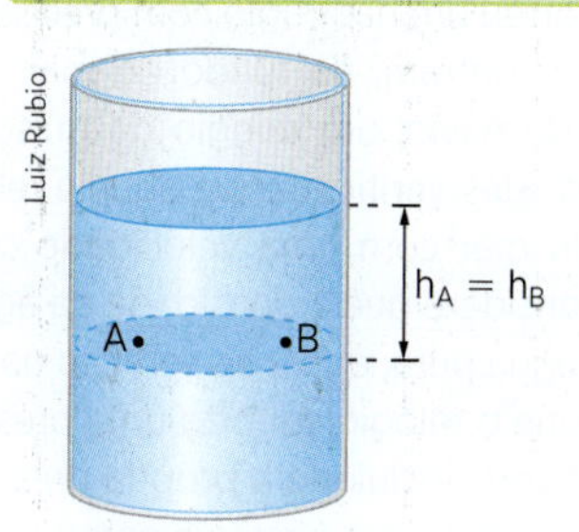

Figura 10

Como $h_B = h_A \Rightarrow$ $p_B = p_A$

Vamos considerar que um mergulhador está a uma profundidade *h*, num local onde a pressão atmosférica é $1{,}0 \cdot 10^5\ N/m^2$. A densidade da água é $1{,}0 \cdot 10^3\ kg/m^3$ e a aceleração da gravidade local é $g = 10\ m/s^2$. Vamos supor que a pressão da coluna líquida acima do mergulhador seja igual à pressão atmosférica. Vamos determinar a pressão total a que o mergulhador está submetido e a profundidade *h*.

De $p = p_{atm} + p_{líq}$, vem:

$$p = 1{,}0 \cdot 10^5 + 1{,}0 \cdot 10^5$$

$$p = 2{,}0 \cdot 10^5\ N/m^2$$

De $p_{líq} = d \cdot g \cdot h$, vem:

$$1{,}0 \cdot 10^5 = 1{,}0 \cdot 10^3 \cdot 10 \cdot h$$

$$h = 10\ m$$

Assim, podemos chegar a uma conclusão importante:

Uma coluna de água de 10 m de altura exerce uma pressão igual à pressão atmosférica.

Aplicação

A5. Calcule a pressão no fundo horizontal de um lago à profundidade de 20 m. São dados: pressão atmosférica = $1{,}0 \cdot 10^5\ N/m^2$; aceleração da gravidade $g = 10\ m/s^2$; densidade da água = $1{,}0 \cdot 10^3\ kg/m^3$.

A6. O gráfico mostra como varia com a profundidade a pressão no interior de um líquido homogêneo em equilíbrio.

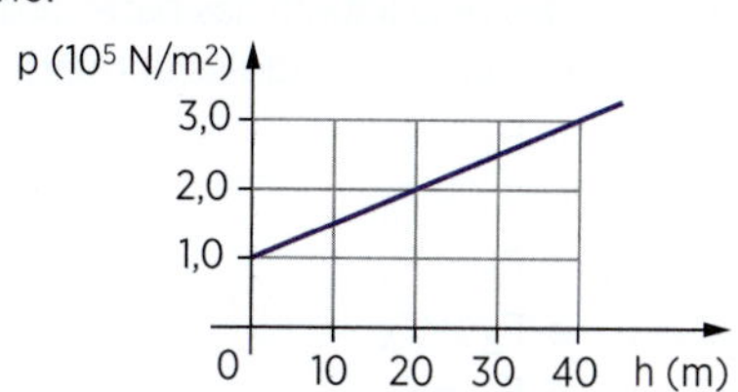

Sendo a aceleração da gravidade local $g = 10\ m/s^2$, determine:

a) a pressão atmosférica;

b) a densidade do líquido.

A7. A figura mostra três recipientes, cujas bases têm a mesma área *A*, contendo água até uma mesma altura *h*. As pressões no fundo dos recipientes são p_1, p_2 e p_3, respectivamente.

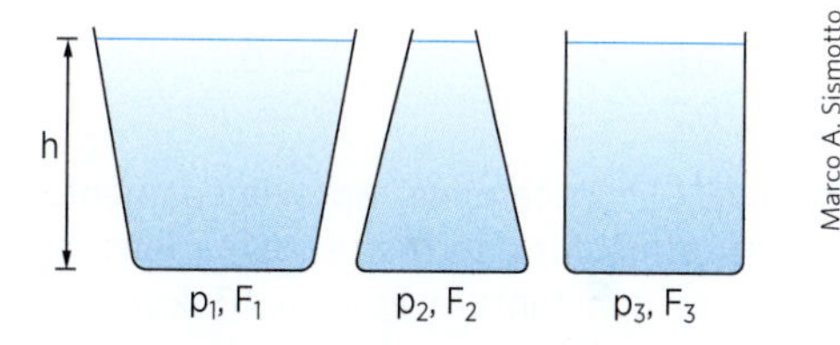

Sendo F_1, F_2 e F_3 as respectivas intensidades das forças no fundo dos recipientes, pode-se afirmar que:

a) $p_1 = p_2 = p_3$; $F_1 > F_2$ e $F_2 < F_3$

b) $p_1 > p_2$ e $p_2 < p_3$; $F_1 = F_2 = F_3$

c) $p_1 = p_2 = p_3$; $F_1 = F_2 = F_3$

d) $p_1 > p_2 > p_3$; $F_1 > F_2 > F_3$

e) $p_1 = p_2 = p_3$; $F_1 > F_2 > F_3$

Verificação

V5. Calcule a pressão nos pontos *A*, *B* e *C* de um lago, conforme a figura. A pressão atmosférica é $1{,}0 \cdot 10^5\ N/m^2$, a densidade da água tem valor igual a $1{,}0 \cdot 10^3\ kg/m^3$ e a aceleração da gravidade é $10\ m/s^2$.

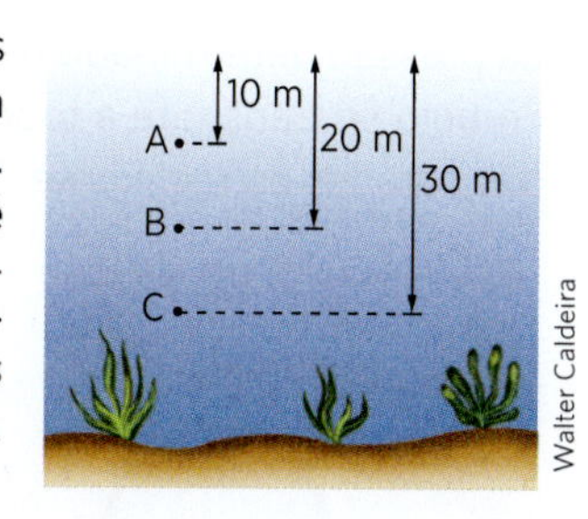

V6. A pressão no interior de um líquido de densidade $6{,}0 \cdot 10^2\ kg/m^3$ varia com a profundidade, conforme o gráfico. Determine a pressão total num ponto situado à profundidade de 30 m no interior do líquido.

Adote $g = 10\ m/s^2$.

p (10⁵ N/m²)
x
1,0
0
10
20
30
h (m)

V7. Um recipiente cuja base tem área de $1{,}0 \cdot 10^2\ cm^2$ contém água até a altura de 30 cm. A pressão atmosférica é igual a $1{,}0 \cdot 10^5\ N/m^2$. Determine a intensidade da força no fundo do recipiente. Dados: densidade da água = $1{,}0 \cdot 10^3\ kg/m^3$; aceleração da gravidade = $10\ m/s^2$.

R5. (UE-PB) É do conhecimento dos técnicos de enfermagem que, para o soro penetrar na veia de um paciente, o nível do soro deve ficar acima do nível da veia (conforme a figura), devido à pressão sanguínea sempre superar a pressão atmosférica.

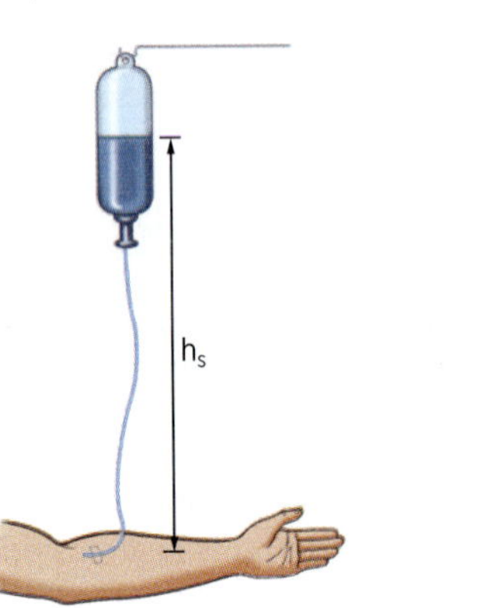

Walter Caldeira

Considerando a aceleração da gravidade 10 m/s^2, a densidade do soro 1 g/cm^3 e a pressão exercida exclusivamente pela coluna do soro na veia do paciente $9 \cdot 10^3$ Pa, a altura em que se encontra o nível do soro do braço do paciente, para que o sangue não saia em vez de o soro entrar, em metros, é de:

a) 0,5
b) 0,8
c) 0,7
d) 0,6
e) 0,9

R6. (UE-CE) Determine, aproximadamente, a altura da atmosfera terrestre se a densidade do ar fosse constante e igual a 1,3 kg/m^3. Considere $g = 10$ m/s^2 e a pressão atmosférica ao nível do mar igual a $1{,}0 \cdot 10^5$ N/m^2.

a) 3 km
b) 5 km
c) 8 km
d) 13 km

R7. (Unir-RO) Peritos navais necessitam saber o horário em que ocorreu um naufrágio com precisão de segundos. Eles encontram, no fundo do mar, ao lado dos destroços do navio, um relógio de pulso que marca 3h11min49s. Eles verificam que aquele relógio afunda na água do mar com uma velocidade constante de 0,4 m/s. Considere que a densidade da água do mar é igual à da água pura, que a aceleração da gravidade é 10 m/s^2 e que o relógio suporta uma pressão máxima de $5 \cdot 10^5$ N/m^2 (incluindo a própria pressão atmosférica). Admita ainda que o relógio parou quando atingiu uma profundidade correspondente a essa pressão. Em que horário o navio naufragou?

a) 3h09min19s
b) 3h10min10s
c) 3h09min09s
d) 3h10min09s
e) 3h10min29s

Dados: $p_{atm} = 1 \cdot 10^5$ N/m^2; $d_{água} = 1 \cdot 10^3$ kg/m^3.

R8. (UF-PB) Dois recipientes *A* e *B*, abertos, de alturas iguais e áreas de base iguais, estão completamente cheios do mesmo líquido.

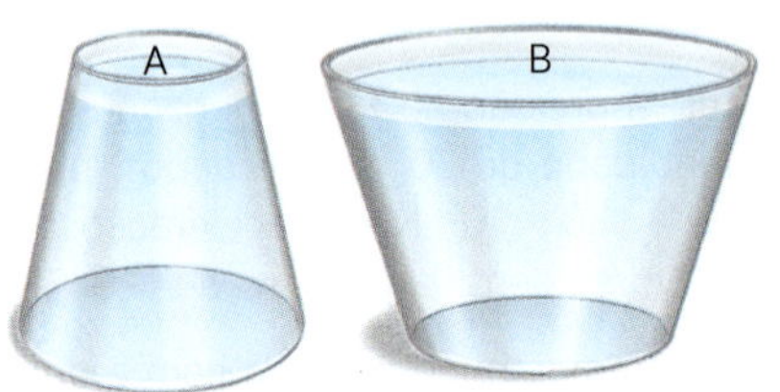

Hélio Senatore

Sendo p_A e p_B, F_A e F_B as pressões e os módulos das forças exercidas pelo líquido nas bases dos recipientes *A* e *B*, respectivamente, pode-se afirmar:

a) $p_B > p_A$ e $F_B > F_A$
b) $p_B > p_A$ e $F_B = F_A$
c) $p_B < p_A$ e $F_B < F_A$
d) $p_B = p_A$ e $F_B > F_A$
e) $p_B = p_A$ e $F_B = F_A$

Princípio de Pascal. Prensa hidráulica

O denominado *Princípio de Pascal* é uma importante consequência do Teorema de Stevin:

A variação de pressão provocada em um ponto de um líquido em equilíbrio se transmite integralmente a todos os pontos do líquido e das paredes do recipiente que o contêm.

A comprovação prática desse princípio pode ser feita com o experimento esquematizado na figura 11. Uma esfera oca, provida de vários orifícios (tampados com cera), se comunica com um tubo cilíndrico provido de um êmbolo. O sistema é completamente preenchido com um líquido. Se o êmbolo é empurrado para baixo, verifica-se que todas as rolhas de cera saltam praticamente ao mesmo tempo: o acréscimo de pressão determinado pela força exercida sobre o êmbolo se transmite a todos os pontos do líquido e das paredes do recipiente.

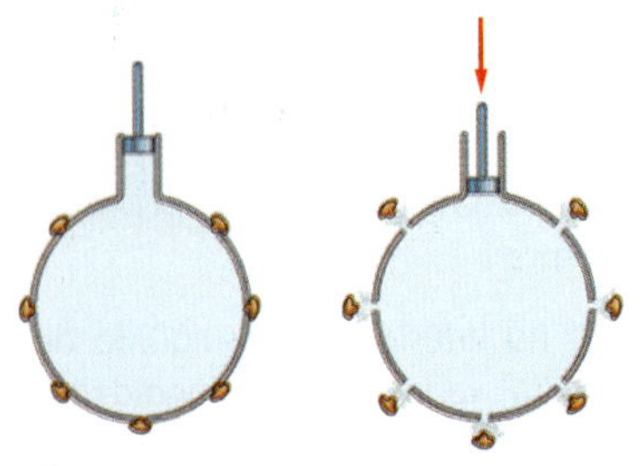

Paulo César Pereira

Figura 11

Há várias aplicações práticas do Princípio de Pascal, entre as quais se destaca o freio hidráulico do automóvel e a prensa hidráulica.

A *prensa hidráulica* consta de dois recipientes cilíndricos, que se intercomunicam, providos de êmbolos cujas seções têm áreas A_1 e A_2 diferentes. Os recipientes são preenchidos com um líquido homogêneo (fig. 12).

Se for aplicada no êmbolo menor uma força $\vec{F}_1$, haverá sobre o líquido um acréscimo de pressão Δp, dado por:

$$\Delta p = \frac{F_1}{A_1}$$

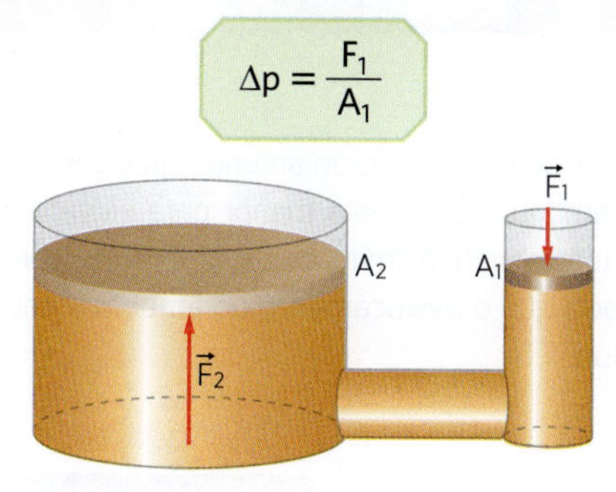

Figura 12

Esse acréscimo de pressão, de acordo com o Princípio de Pascal, transmite-se integralmente a todos os pontos do líquido e das paredes, inclusive do êmbolo maior. Em consequência, o êmbolo maior, de área A_2, fica sujeito a uma força $\vec{F}_2$, de tal maneira que:

$$\Delta p = \frac{F_2}{A_2}$$

Igualando as duas expressões que fornecem o acréscimo de pressão Δp, vem:

$$\frac{F_1}{A_1} = \frac{F_2}{A_2}$$

Na prensa hidráulica *as forças atuantes nos êmbolos têm intensidades diretamente proporcionais às áreas dos êmbolos*. A prensa hidráulica é, então, um multiplicador de força, ou seja, aumenta a intensidade da força na mesma proporção que a área do segundo êmbolo é maior que a do primeiro.

É costume dizer-se que, na prensa hidráulica, *o que se ganha na intensidade da força, perde-se em deslocamento*. Realmente, observe na figura 13 que o volume líquido ΔV deslocado do primeiro recipiente, após o movimento dos êmbolos, passa a ocupar o recipiente maior. Sendo Δx_1 e Δx_2 os deslocamentos dos dois êmbolos, temos:

$$\Delta V = \Delta x_1 A_1 \quad \text{e} \quad \Delta V = \Delta x_2 A_2$$

$$\Delta x_1 A_1 = \Delta x_2 A_2$$

Figura 13

Ilustrações: Studio Caparroz

Portanto, na prensa hidráulica, *os deslocamentos dos êmbolos são inversamente proporcionais às respectivas áreas*.

O mecanismo da prensa hidráulica, que acabamos de ver, é muito utilizado em situações nas quais há necessidade de se obterem forças de grande intensidade a partir da aplicação de uma força de pequena intensidade. Como exemplo desse tipo de situação podemos citar os elevadores hidráulicos de garagens e postos de gasolina, utilizados também nas oficinas mecânicas, na prensagem de fardos, etc.

Aplicação

A8. A prensa hidráulica esquematizada consta de dois tubos com raios de, respectivamente, 10 cm e 30 cm. Aplica-se no êmbolo do cilindro menor uma força com intensidade de 90 N.

Determine:

a) a intensidade da força exercida no êmbolo maior;

b) o deslocamento do êmbolo menor para cada 30 cm de elevação do êmbolo maior.

A9. Sabendo-se que a área da seção reta do êmbolo maior de uma prensa hidráulica apresenta 1 m^2, quanto deverá medir a do êmbolo menor para que a intensidade da força aplicada seja multiplicada por 1000?

A10. O elevador de carros de um posto de lubrificação é acionado por um cilindro de 30 cm de diâmetro. O óleo através do qual se transmite a pressão é comprimido em um outro cilindro de 1,5 cm de diâmetro. Determine a intensidade mínima da força a ser aplicada no cilindro menor, para elevar um carro de $2,0 \cdot 10^3$ kg. É dado $g = 10\ m/s^2$.

Verificação

V8. Em uma prensa hidráulica, os êmbolos existentes em cada um dos seus ramos são tais que a área do êmbolo maior é o dobro da área do êmbolo menor. Se no êmbolo menor for exercida uma pressão de 200 N/m^2, a pressão exercida no êmbolo maior será:

a) zero
b) 100 N/m^2
c) 200 N/m^2
d) 400 N/m^2
e) 50 N/m^2

V9. O elevador de automóveis esquematizado consta de dois pistões cilíndricos, com diâmetros de 0,10 m e 1,0 m, que fecham dois reservatórios interligados por um tubo. Todo o sistema é cheio de óleo. Sendo desprezíveis os pesos dos pistões e do óleo, em comparação ao do automóvel, que é $1{,}0 \cdot 10^4$ N, qual a intensidade mínima da força $\vec{F}$ que deve ser aplicada ao pistão menor para que o automóvel seja levantado?

V10. Em relação ao exercício anterior, qual deve ser o deslocamento do êmbolo menor para elevar em 10 cm o automóvel? Admita que não existem válvulas, de modo que o deslocamento do êmbolo menor é contínuo.

R9. (UE-PI) Um líquido incompressível encontra-se, no instante inicial t_0, dentro de um recipiente, com um pesado bloco de massa 20 kg em repouso sobre a tampa (ver figura). Não há ar entre a tampa e o líquido. Num dado instante, o bloco é retirado. Com relação às pressões nos pontos *A* (logo abaixo da tampa) e *B* (no fundo do recipiente), em equilíbrio hidrostático antes (instante t_0) e depois (instante t_1) da retirada do bloco, pode-se afirmar que:

a) $p_B(t_0) - p_A(t_0) > p_B(t_1) - p_A(t_1)$
b) $p_B(t_0) - p_A(t_0) = p_B(t_1) - p_A(t_1)$
c) $p_A(t_0) = p_A(t_1)$
d) $p_B(t_0) < p_A(t_0)$
e) $p_A(t_0) < p_A(t_1)$

R10. (Udesc-SC) Para suspender um carro de 1500 kg usa-se um macaco hidráulico, que é composto de dois cilindros cheios de óleo, que se comunicam. Os cilindros são dotados de pistões, que podem se mover dentro deles. O pistão maior tem um cilindro com área $5{,}0 \times 10^3$ cm^2, e o menor tem área de $0{,}010 m^2$. Qual deve ser a intensidade da força aplicada ao pistão menor, para equilibrar o carro? ($g = 10$ m/s^2)

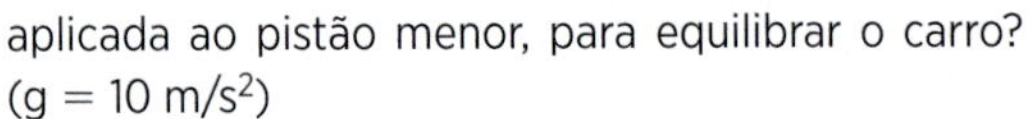

a) 0,030 N
b) $7{,}5 \times 10^9$ N
c) 300 N
d) $7{,}5 \times 10^4$ N
e) 30 N

R11. (UF-MG) Quando se pisa no pedal de freio a fim de se fazer parar um automóvel, vários dispositivos entram em ação e fazem com que uma pastilha seja pressionada contra um disco metálico preso à roda. O atrito entre essa pastilha e o disco faz com que a roda, depois de certo tempo, pare de girar.

Na figura a seguir está representado, esquematicamente, um sistema simplificado de freio de um automóvel. Nesse sistema, o pedal de freio é fixado a uma alavanca, que, por sua vez, atua sobre o pistão de um cilindro (C_1). Esse cilindro, cheio de óleo, está conectado a outro cilindro (C_2), por meio de um tubo. A pastilha de freio mantém-se fixa ao pistão deste último cilindro.

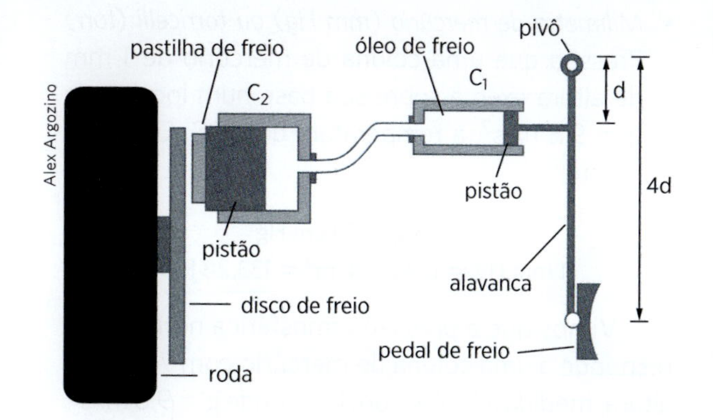

Ao se pisar no pedal de freio, o pistão comprime o óleo existente em C_1, o que faz com que o pistão C_2 se mova e pressione a pastilha contra o disco de freio. Considere que o raio do cilindro C_2 é três vezes maior que o do C_1, e que a distância d do pedal de freio ao pivô da alavanca corresponde a quatro vezes a distância do pistão C_1 ao mesmo pivô.
Com base nessas informações, determine a razão entre a força exercida sobre o pedal de freio e a força com que a pastilha comprime o disco de freio.

Pressão atmosférica. Experiência de Torricelli

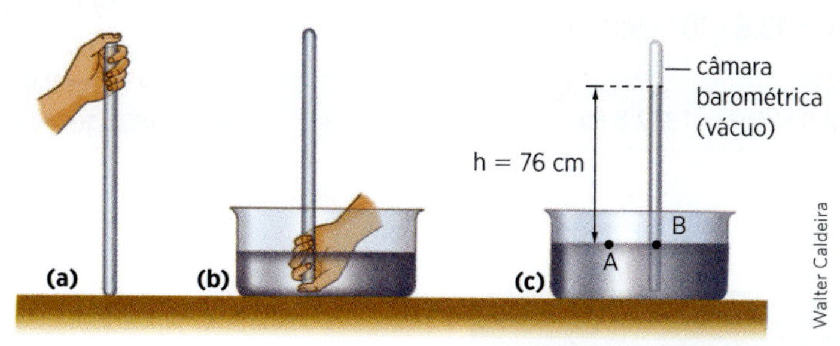

Figura 14

Embora tenhamos estabelecido o Teorema de Stevin para um líquido, na verdade ele vale para qualquer fluido. Assim, a atmosfera constitui um fluido que exerce pressão na superfície da Terra: a *pressão atmosférica*.

Um dos primeiros a evidenciar a existência dessa pressão exercida pelo ar foi Torricelli (1608-1647), realizando sua clássica experiência: um tubo de aproximadamente 1 m é completamente cheio com mercúrio (fig. 14a) e, a seguir, invertido numa cuba contendo mercúrio (fig. 14b); liberando-se o tubo (fig. 14c), o nível de mercúrio dentro dele desce até parar a uma altura $h = 76$ cm, no caso de a experiência ter sido realizada ao nível do mar, num local onde $g = 9{,}8\ m/s^2$, e à temperatura de 0 °C. Acima do nível de mercúrio, surge a chamada *câmara barométrica*, na qual praticamente reina o vácuo (pressão nula).

Da experiência descrita, concluiu-se que a pressão exercida pela atmosfera na superfície do líquido (no ponto *A*, por exemplo) é equilibrada pela pressão que a coluna de mercúrio com 76 cm exerce (no ponto *B*).

Igualando as pressões em *A* e *B* e aplicando o Teorema de Stevin para a pressão hidrostática do mercúrio, cuja densidade é *d*, temos:

$$p_A = p_{atm}$$
$$p_B = d \cdot g \cdot h$$

Como $p_A = p_B$, vem:

$$p_{atm} = d \cdot g \cdot h$$

A pressão atmosférica ao nível do mar é denominada *pressão atmosférica normal*. Seu valor corresponde à pressão exercida por uma coluna de mercúrio com 76 cm de altura, se a temperatura for 0 °C e a aceleração da gravidade local $g = 9{,}8\ m/s^2$:

$$d = 13{,}6 \cdot 10^3\ kg/m^3$$
$$g = 9{,}8\ m/s^2$$
$$h = 76\ cm = 0{,}76\ m$$

Portanto:

$$p_{atm} = 13{,}6 \cdot 10^3 \cdot 9{,}8 \cdot 0{,}76$$

$$p_{atm} \cong 1{,}013 \cdot 10^5\ N/m^2$$

Geralmente o valor da pressão atmosférica normal é aproximado para:

$$p_{atm} = 1{,}0 \cdot 10^5\ N/m^2$$

Quanto maior a altitude, menor será a pressão atmosférica, pois diminuem a altura da coluna de ar que constitui a atmosfera e a densidade do ar. Se a experiência de Torricelli for repetida em diferentes altitudes, a altura da coluna *h* de mercúrio, que equilibra a pressão atmosférica, irá se alterar.

Unidades práticas de pressão

Como consequência do fato de colunas líquidas exercerem pressão, que não depende da seção delas, definem-se as seguintes unidades práticas de pressão:

- *Centímetro de mercúrio (cm Hg)* Pressão que uma coluna de mercúrio de 1 cm de altura exerce sobre sua base num local onde $g = 9,8 \text{ m/s}^2$, à temperatura de 0 °C.

  Como: $d = 13,6 \cdot 10^3 \text{ kg/m}^3$
  $g = 9,8 \text{ m/s}^2$
  $h = 1 \text{ cm} = 10^{-2} \text{ m}$

  vem:

  $$1 \text{ cm Hg} = d \cdot g \cdot h = 13,6 \cdot 10^3 \cdot 9,8 \cdot 10^{-2}$$

  $$1 \text{ cm Hg} = 1332,8 \text{ N/m}^2 = 1332,8 \text{ Pa}$$

- *Milímetro de mercúrio (mm Hg) ou torricelli (torr)* Pressão que uma coluna de mercúrio de 1 mm de altura exerce sobre sua base num local onde $g = 9,8 \text{ m/s}^2$, à temperatura de 0 °C. Evidentemente:

  $$1 \text{ mm Hg} = 0,1 \text{ cm Hg}$$
  $$1 \text{ mm Hg} = 133,28 \text{ N/m}^2 = 133,28 \text{ Pa}$$

Vimos que a pressão atmosférica normal corresponde a uma coluna de mercúrio com 76 cm de altura, medida a 0 °C e num local onde $g = 9,8 \text{ m/s}^2$. A pressão exercida por tal coluna sobre sua base constitui a unidade prática denominada *atmosfera normal* ou simplesmente *atmosfera* (atm). Sua equivalência com as unidades práticas anteriores e com a unidade do Sistema Internacional é:

$$1 \text{ atm} = 76 \text{ cm Hg} = 760 \text{ mm Hg}$$
$$1 \text{ atm} \cong 1,013 \cdot 10^5 \text{ N/m}^2 = 1,013 \cdot 10^5 \text{ Pa}$$

OBSERVE

As unidades práticas de pressão são definidas para a temperatura de 0 °C e aceleração da gravidade $g = 9,8 \text{ m/s}^2$. Isso quer dizer que a altura da coluna de mercúrio só mede diretamente pressão, naquelas unidades, nas condições citadas.

Entretanto, para temperaturas não muito elevadas (por exemplo, temperatura ambiente) e para qualquer ponto na superfície da Terra, costuma-se tomar a altura de uma coluna de mercúrio como medida direta da pressão nas unidades práticas, sem se efetuarem correções. O erro que se comete é desprezível.

Vasos comunicantes

Se dois líquidos imiscíveis (que não se misturam) forem colocados num sistema formado por dois recipientes que se comunicam pela base, como o tubo em forma de U da figura 15, *as alturas das colunas líquidas*, medidas a partir da superfície de separação entre eles, são *inversamente proporcionais às respectivas densidades*.

Sejam d_1 e d_2 as densidades dos líquidos colocados no tubo em U da figura 15. Em relação à superfície de separação, as alturas das colunas líquidas são, respectivamente, h_1 e h_2. Como os pontos *A* e *B* são pontos situados no mesmo plano horizontal de um líquido em equilíbrio, eles apresentam pressões iguais: $p_A = p_B$.

Mas $p_A = p_{atm} + d_1gh_1$ e $p_B = p_{atm} + d_2gh_2$.

Portanto:

$$p_{atm} + d_1gh_1 = p_{atm} + d_2gh_2$$
$$d_1gh_1 = d_2gh_2$$
$$d_1h_1 = d_2h_2$$

h_1 h_2 A B

Figura 15

Logicamente, se houver apenas um líquido no sistema, as alturas nos dois ramos do tubo serão iguais:

$$d_1 = d_2 \Rightarrow h_1 = h_2$$

Aplicação

A11. Foram feitas várias medidas de pressão atmosférica por meio da experiência de Torricelli. O maior valor para a altura da coluna de mercúrio foi encontrado:

a) no 7º andar de um prédio em construção na cidade de São Paulo.

b) no alto de uma montanha a 2 000 metros de altitude.

c) numa bonita casa de veraneio em Ubatuba, no litoral paulista.

d) em uma aconchegante moradia na cidade de Campos do Jordão, situada na Serra da Mantiqueira.

e) no alto do Monte Everest, o ponto culminante da Terra.

A12. O dispositivo da figura é um manômetro de tubo fechado, que consiste num tubo recurvado contendo mercúrio. A extremidade aberta é conectada com um recipiente no qual está o gás cuja pressão se quer medir; na outra extremidade reina o vácuo. Determine a pressão exercida pelo gás em cm de Hg.

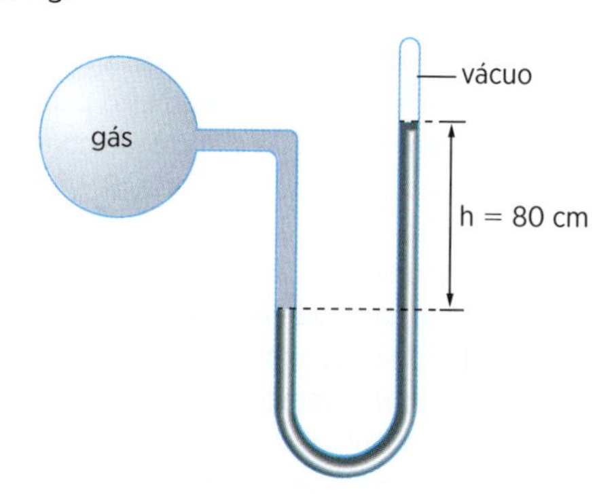

A13. O mesmo recipiente com gás da questão anterior é conectado a um manômetro de tubo aberto, em que a extremidade livre é aberta para o meio ambiente. Se a pressão atmosférica local vale 70 cm de Hg, qual o novo valor *x* da coluna de mercúrio?

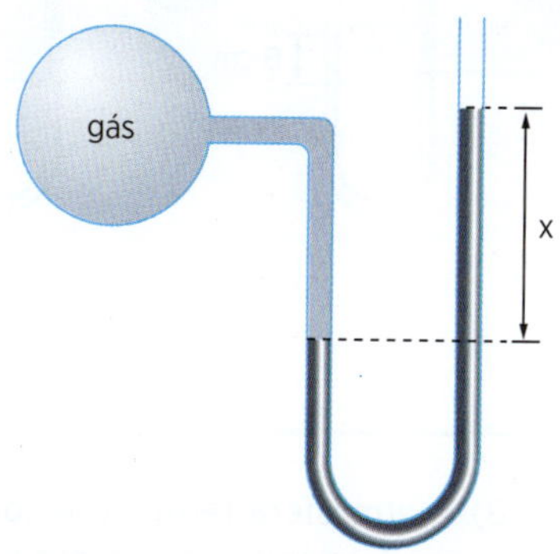

A14. Num tubo em U coloca-se água (densidade $d_1 = 1{,}0\ g/cm^3$) e mercúrio (densidade $d_2 = 13{,}6\ g/cm^3$). A altura da coluna de mercúrio acima da superfície de separação dos dois líquidos (h_2) é de 1,0 cm. Determine a altura da coluna de água (h_1) acima desse mesmo nível.

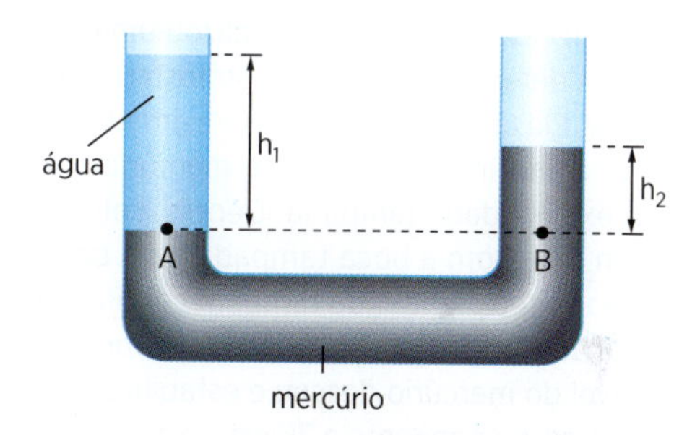

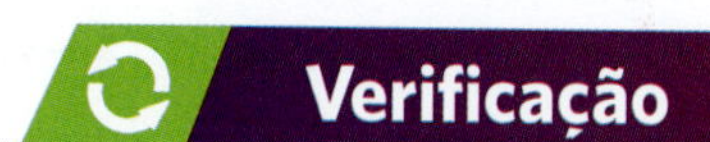

Verificação

V11. Cobre-se com papel a boca de um copo cheio de água e vira-se o copo cuidadosamente de boca para baixo.

Mark Burnett/Photo Researchers, Inc/Latinstock

A água não cai:

a) porque a água é muito volátil, isto é, evapora-se rapidamente.

b) porque o papel absorve a água.

c) em virtude da pressão atmosférica, que se exerce na superfície externa do papel.

d) devido à grande força de adesão entre as moléculas da água e as moléculas do papel.

e) devido à grande força de coesão entre as moléculas de água.

V12. Quando você toma guaraná em um copo utilizando um canudo, o líquido sobe pelo canudo porque:

a) a pressão atmosférica cresce com a altura, ao longo do canudo.

b) a pressão no interior da sua boca é menor que a pressão atmosférica.

c) a densidade do guaraná é menor que a densidade do ar.

d) a pressão em um fluido se transmite integralmente a todos os pontos do fluido.

e) a pressão hidrostática no corpo é a mesma em todos os pontos de um plano horizontal.

V13. Em duas experiências sucessivas, as colunas de mercúrio de um manômetro de tubo aberto e em seguida de um manômetro de tubo fechado foram indicadas na figura, durante a medida da pressão exercida por um mesmo gás. Determine a pressão atmosférica no local em cm de Hg.

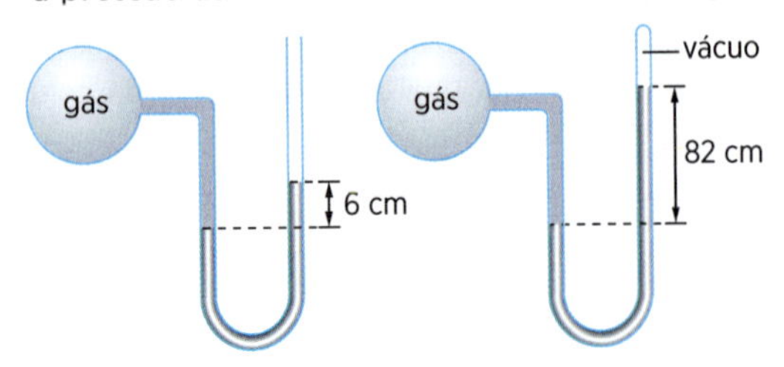

V14. No tubo em *U*, esquematizado, os líquidos *A* e *B*, imiscíveis, estão em equilíbrio. Sendo a massa específica do líquido *A* igual a 1,0 g/cm³, determine a massa específica do líquido *B*.

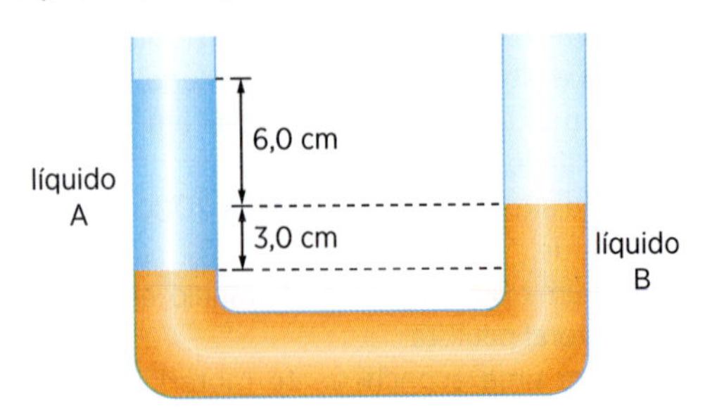

R12. (UE-PB) A atmosfera terrestre é composta por vários gases, formando uma imensa camada de ar que é atraída pela força de gravidade da Terra e, portanto, tem peso. Se não tivesse, ela escaparia da Terra, dispersando-se pelo espaço. Devido ao seu peso, a atmosfera exerce uma pressão, chamada pressão atmosférica, sobre todos os objetos nela imersos. Foi o físico italiano Evangelista Torricelli (1608-1647) quem realizou uma experiência para determinar a pressão atmosférica ao nível do mar. Ele usou um tubo, de aproximadamente 1,0 m de comprimento, cheio de mercúrio (Hg) e com a extremidade tampada. Depois, colocou o tubo, em pé e com a boca tampada para baixo, dentro de um recipiente que também continha mercúrio. Torricelli observou que, ao destampar o tubo, o nível do mercúrio desceu e estabilizou-se na posição correspondente a 76 cm, restando o vácuo na parte vazia do tubo.

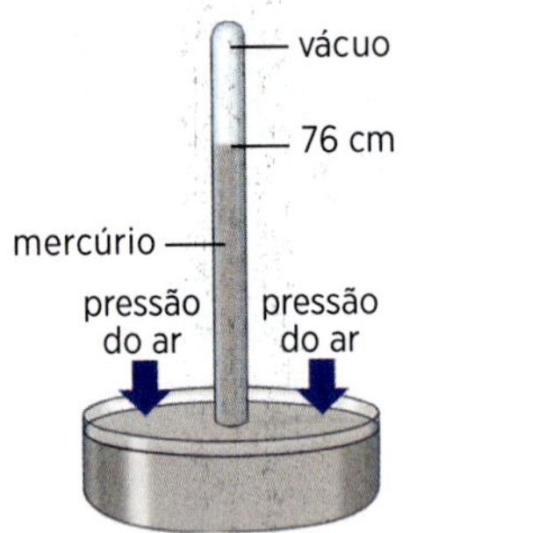

Walter Caldeira

Com base nessas informações, é correto afirmar que, se a experiência de Torricelli for realizada:

a) no Monte Everest, a altura da coluna de mercúrio será maior que ao nível do mar.

b) ao nível do mar, porém com água, cuja densidade é cerca de $\frac{1}{13,6}$ da densidade do mercúrio, a altura da coluna de água será aproximadamente igual a 10,3 m.

c) ao nível do mar, porém com água, que apresenta densidade muito inferior à do mercúrio, a altura da coluna de água seria imperceptível.

d) ao nível do mar, com um líquido mais denso que o mercúrio, o tubo de vidro deveria ter maior comprimento.

e) com barômetros de Torricelli, estes permitem determinar, através da medida da altitude de um lugar, a pressão atmosférica.

R13. (UF-SC) Os alunos de uma escola, situada em uma cidade *A*, construíram um barômetro para comparar a pressão atmosférica na sua cidade com a pressão atmosférica de uma outra cidade, *B*. Vedaram uma garrafa muito bem, com uma rolha e um tubo de vidro, em forma de *U*, contendo mercúrio. Montado o barômetro, na cidade *A*, verificaram que as alturas das colunas de mercúrio eram iguais nos dois ramos do tubo, conforme mostra a figura 1.

O professor orientou-os para transportarem o barômetro com cuidado até a cidade *B*, a fim de manter a vedação da garrafa, e forneceu-lhes uma tabela com valores aproximados da pressão atmosférica em função da altitude.

Figura 1
Barômetro na cidade *A*

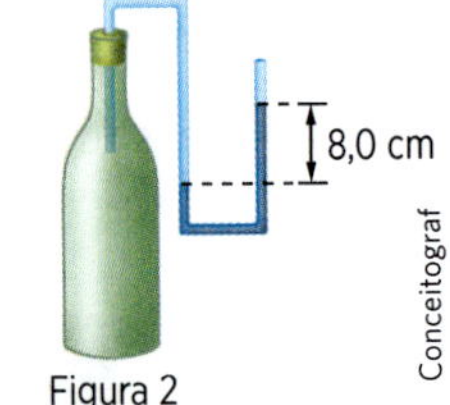

Figura 2
Barômetro na cidade *B*

Conceitograf

Ao chegarem à cidade *B*, verificaram um desnível de 8,0 cm entre as colunas de mercúrio nos dois ramos do tubo de vidro, conforme mostra a figura 2.

Altitude (m)	p_{atm} (cm Hg)
0	76
200	74
500	72
1 000	67
2 000	60
3 000	53
4 000	47

Considerando a situação descrita e que os valores numéricos das medidas são aproximados, em face da simplicidade do barômetro construído, assinale as proposições corretas e dê como resposta a soma dos números que as precedem.

(01) Na cidade *A*, as alturas das colunas de mercúrio nos dois ramos do tubo em *U* são iguais, porque a pressão no interior da garrafa é igual à pressão atmosférica externa.

(02) A pressão atmosférica na cidade *B* é 8,0 cm Hg menor do que a pressão atmosférica na cidade *A*.

(04) Sendo a pressão atmosférica na cidade *A* igual a 76 cm Hg, a pressão atmosférica na cidade *B* é igual a 68 cm Hg.

(08) A pressão no interior da garrafa é praticamente igual à pressão atmosférica na cidade *A*, mesmo quando o barômetro está na cidade *B*.

(16) Estando a cidade *A* situada ao nível do mar (altitude zero), a cidade *B* está situada a mais de 1000 metros de altitude.

(32) Quando o barômetro está na cidade *B*, a pressão no interior da garrafa é menor do que a pressão atmosférica local.

(64) A cidade *B* encontra-se a uma altitude menor do que a cidade *A*.

R14. (Unifesp-SP) A figura representa um tubo em U contendo um líquido *L* e fechado em uma das extremidades, onde está confinado um gás *G*; *A* e *B* são dois pontos no mesmo nível.

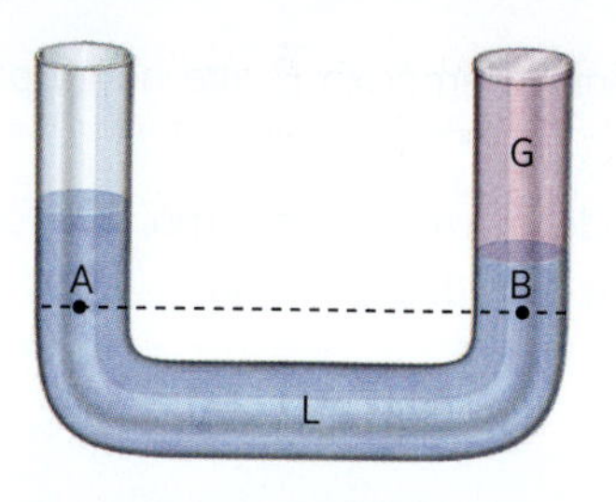

Sendo p_0 a pressão atmosférica local, p_G a pressão do gás confinado, p_A e p_B a pressão total nos pontos *A* e *B* (pressão devida à coluna líquida somada à pressão que atua na sua superfície), pode-se afirmar que:

a) $p_0 = p_G = p_A = p_B$
b) $p_0 > p_G$ e $p_A = p_B$
c) $p_0 < p_G$ e $p_A = p_B$
d) $p_0 > p_G > p_A > p_B$
e) $p_0 < p_G < p_A < p_B$

R15. (UE-CE) Um tubo em U, de seção transversal reta uniforme igual a 1 cm², contém água ($d_A = 10^3$ kg/m³) em equilíbrio estático.

Assinale a alternativa que contém o volume de óleo ($d_O = 900$ kg/m³), em centímetros cúbicos, que deve ser colocado em um dos ramos do tubo para causar uma diferença de 2 cm entre as superfícies superiores do óleo e da água, conforme mostra a figura.

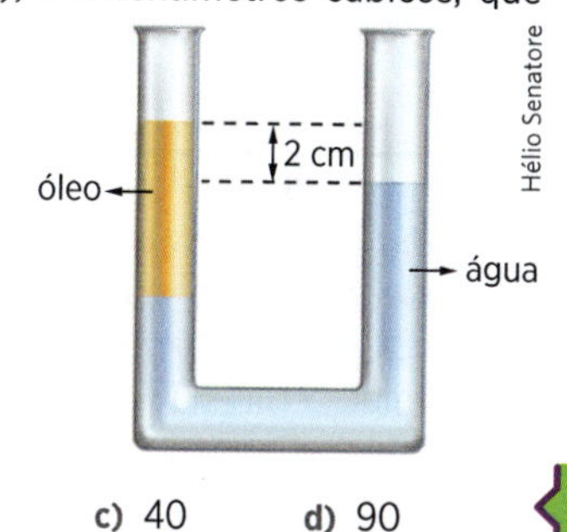

a) 10
b) 20
c) 40
d) 90

Teorema de Arquimedes

Conta-se que Arquimedes (287-212 a.C.) teve a intuição do teorema que leva seu nome quando, durante o banho, sentiu que seu peso se "aliviava" quando mergulhado na água. O Teorema de Arquimedes pode ser enunciado do seguinte modo:

Um fluido em equilíbrio age sobre um corpo nele imerso (parcial ou totalmente) com uma força vertical orientada de baixo para cima, denominada *empuxo*, aplicada no centro de gravidade do volume de fluido deslocado, cuja intensidade é igual à do peso do volume de fluido deslocado.

Figura 16

Consideremos o recipiente da figura 17, contendo um líquido de densidade d_L. Ao mergulharmos um corpo sólido nesse líquido, o nível do líquido sobe, indicando que certo volume do líquido foi deslocado. De acordo com o Teorema de Arquimedes, o empuxo $\vec{E}$ tem intensidade igual à do peso do volume de líquido deslocado pelo corpo:

$$E = P_L$$

$$E = m_L \cdot g$$

Como $m_L = d_L V_L$ (d_L é a densidade do líquido e V_L o volume do líquido deslocado),

$$E = d_L V_L g$$

que constitui a *fórmula do empuxo*.

Figura 17

Além do empuxo $\vec{E}$, age no corpo seu peso $\vec{P}_c$ (fig. 18).

Sendo m_c a massa do corpo, V_c o volume do corpo e d_c a sua densidade, teremos:

$$P_c = m_c g$$

$$P_c = d_c V_c g$$

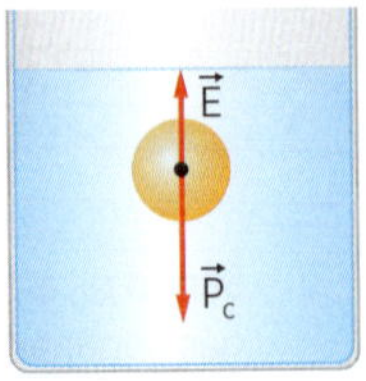

Figura 18

Corpo flutuando, parcialmente imerso

Um corpo de densidade d_c flutua, parcialmente imerso, num líquido homogêneo de densidade d_L (fig. 19). Sejam V_L o volume do líquido deslocado e V_c o volume do corpo.

No equilíbrio, temos:

$$E = P_c$$

$$d_L \cdot V_L \cdot g = d_c \cdot V_c \cdot g$$

$$\frac{d_c}{d_L} = \frac{V_L}{V_c}$$

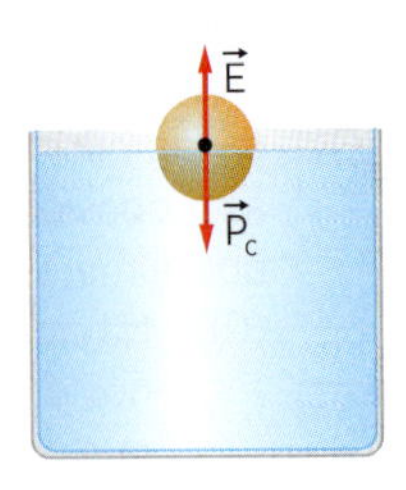

Figura 19

Sendo V_L a parte do volume do corpo que fica imersa, concluímos:

A densidade do corpo em relação à densidade do líquido é a fração do volume do corpo que fica imersa no líquido.

No caso em estudo, a densidade do corpo é menor do que a densidade do líquido.

Aplicação

A15. Um corpo com volume de $2{,}0 \cdot 10^{-4}$ m³ está totalmente imerso num líquido cuja massa específica é $8{,}0 \cdot 10^2$ kg/m³. Determine a intensidade do empuxo com que o líquido age sobre o corpo. Adote $g = 10$ m/s².

A16. Qual a intensidade do empuxo que age sobre um corpo com 10 N de peso flutuando parcialmente imerso num líquido?

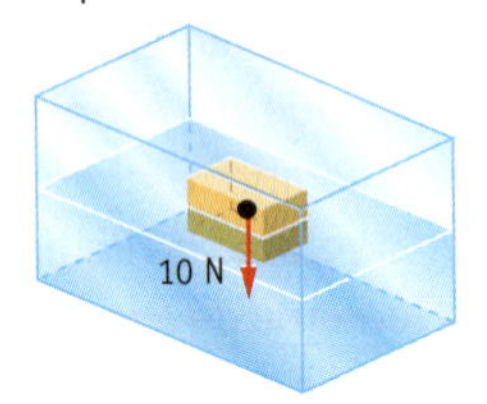

A17. Um pedaço de madeira, cuja densidade é 0,80 g/cm³, flutua num líquido com densidade de 1,2 g/cm³. O volume da madeira é 36 cm³. Determine o volume de líquido deslocado.

A18. Um sólido flutua num líquido com três quartos do seu volume imersos. Sendo 0,80 g/cm³ a massa específica do líquido, determine a densidade do sólido.

A19. Um corpo sólido flutua em água pura com $\frac{1}{5}$ de seu volume imerso. O mesmo sólido flutua em óleo com $\frac{1}{4}$ de seu volume imerso. A densidade da água é 1,0 g/cm³. Determine a densidade do óleo.

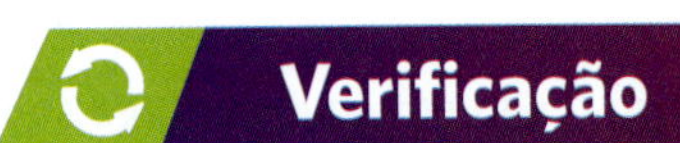

Verificação

V15. Um corpo tem volume de 50 cm³ e massa de 75 g e está totalmente mergulhado em água com densidade de 1,0 g/cm³. Determine a intensidade do peso do corpo e do empuxo que ele sofre. Adote $g = 10$ m/s². Dados: 1 cm³ = 10^{-6} m³ e 1 g = 10^{-3} kg.

V16. Um corpo com massa de 5,0 kg está em equilíbrio flutuando parcialmente imerso num líquido. Sendo $g = 10$ m/s², determine a intensidade do empuxo com que o líquido age sobre o corpo.

V17. Um bloco de madeira com 0,80 g/cm³ de densidade flutua num líquido com densidade de 1,5 g/cm³. Determine o volume de líquido deslocado, sabendo que o volume do bloco de madeira é 120 cm³.

V18. Calcule a relação entre o volume imerso e o volume total de um *iceberg* que flutua na água do mar. A densidade do gelo é 0,90 g/cm³ e a da água é 1,0 g/cm³.

Thinkstock/Getty Images

V19. Um corpo flutua na água deslocando 4,0 cm³ de água e, num outro líquido, flutua deslocando 5,0 cm³ do líquido. Sendo a densidade da água 1,0 g/cm³, determine a densidade do líquido.

R16. (Cefet-PB)

Em relação à flutuação do gelo, motivadora da história, entre os fenômenos que vêm acontecendo atualmente, decorrentes do aquecimento global, pode ser citado o degelo das calotas polares. Recentemente um grande *iceberg* de forma cúbica e massa homogênea deslocou-se da calota e saiu flutuando com as correntezas oceânicas. Considerando: I) que a densidade absoluta do gelo é igual a 0,90 g/cm^3; II) a densidade da água salgada é de 1,00 g/cm^3; e III) que este *iceberg* se apresenta, fora d'água, com altura de 8,0 m, qual o valor do comprimento da parte submersa desse *iceberg*?

a) 78,3 m b) 76,0 m c) 75,9 m d) 72,0 m e) 60,9 m

R17. (Vunesp-SP) Um bloco de madeira com massa de 0,63 kg é abandonado cuidadosamente sobre um líquido desconhecido, que se encontra em repouso dentro de um recipiente. Verifica-se que o bloco desloca 500 cm^3 do líquido, até que passa a flutuar em repouso.

a) Considerando g = 10,0 m/s^2, determine a intensidade (módulo) do empuxo exercido pelo líquido no bloco.

b) Qual é o líquido que se encontra no recipiente? Para responder, consulte a tabela, após efetuar seus cálculos.

Líquido	Massa específica (g/cm^3) à temperatura ambiente
álcool etílico	0,79
benzeno	0,88
óleo mineral	0,92
água	1,00
leite	1,03
glicerina	1,26

R18. (Fuvest-SP) Um recipiente, contendo determinado volume de um líquido, é pesado em uma balança (situação 1). Para testes de qualidade, duas esferas de mesmo diâmetro e densidades diferentes, sustentadas por fios, são sucessivamente colocadas no líquido da situação 1. Uma delas é mais densa que o líquido (situação 2) e a outra menos densa que o líquido (situação 3). Os valores indicados pela balança, nessas três pesagens, são tais que:

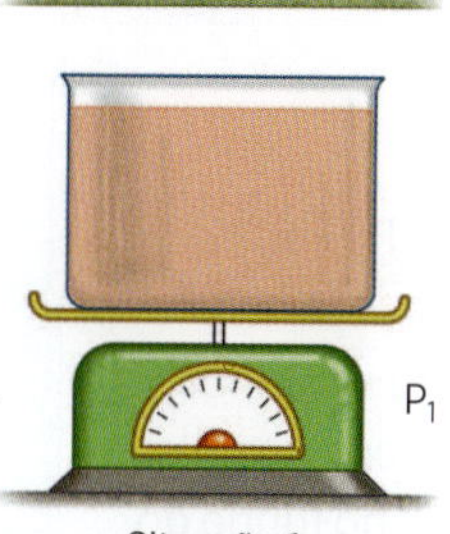

Situação 1

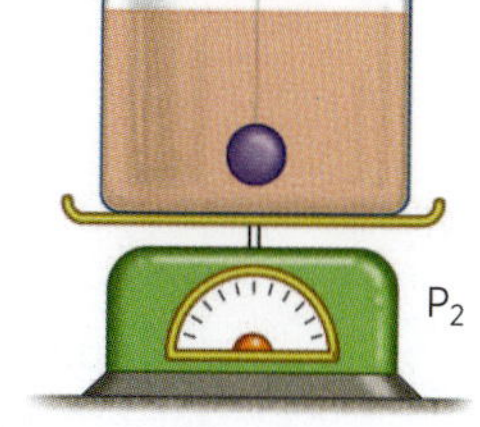

Situação 2

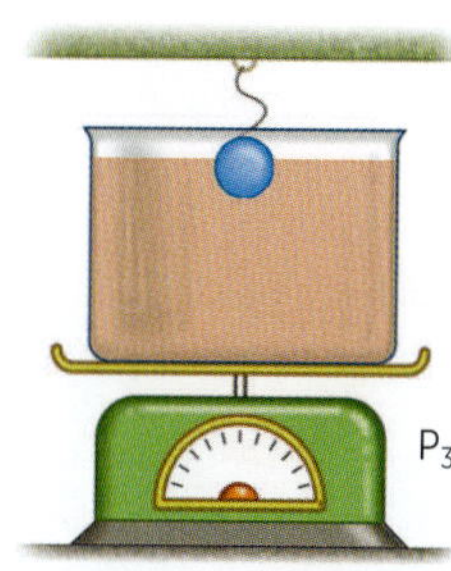

Situação 3

Paulo César Pereira

a) $P_1 = P_2 = P_3$ b) $P_2 > P_3 > P_1$ c) $P_2 = P_3 > P_1$ d) $P_3 > P_2 > P_1$ e) $P_3 > P_2 = P_1$

R19. (UF-PA) Nos últimos anos, com o desmatamento exagerado no estado do Pará, algumas madeireiras, usando balsas, optam por buscar madeira no Amapá. Ao realizar esse trajeto, uma balsa, em forma de prisma retangular, navega em dois tipos de água: água doce, nos rios da região, e, ultrapassando a foz do rio Amazonas, água salgada, na travessia de uma pequena parte do oceano Atlântico. Considerando-se que as densidades das águas doce e salgada sejam, respectivamente, 1000 kg/m³ e 1025 kg/m³ e admitindo-se que a altura da linha da água (*H*), a distância entre o fundo da balsa e o nível da água (figura abaixo), seja, respectivamente, H_D para a água doce e H_S para a água salgada, podemos afirmar que a relação $\frac{H_D}{H_S}$, na viagem de volta da balsa, será:

Lettera Studio

a) 0,975
b) 1,000
c) 1,025
d) 9,75
e) 10,00

R20. (UF-MG) Considere a experiência que se descreve a seguir, realizada pelo professor Márcio. Inicialmente, ele coloca um copo cheio de água, à temperatura ambiente e prestes a transbordar, sobre um prato vazio, como mostrado na figura. Em seguida, lentamente, ele abaixa um bloco de 18 g de gelo sobre a água, até que ele alcance o equilíbrio mecânico. Considere que a densidade do gelo e a da água são constantes e valem, respectivamente, 0,90 g/cm³ e 1,0 g/cm³.

A partir dessas informações, determine:

a) a massa de água que transborda do copo para o prato, antes que o gelo inicie seu processo de fusão. Justifique sua resposta.

b) a massa de água no prato, após a fusão completa do gelo. Justifique sua resposta.

Lettera Studio

Corpo flutuando, totalmente imerso

Neste caso, o volume do líquido deslocado é o próprio volume do corpo ($V_L = V_c = V$). Da condição de equilíbrio $E = P_c$ resulta $d_L Vg = d_c Vg$ e, portanto, $d_c = d_L$.

Logo, *se a densidade do corpo for igual à densidade do líquido, o corpo ficará em equilíbrio totalmente imerso em qualquer posição no interior do líquido* (fig. 20).

Figura 20

Peso aparente

Considere um corpo totalmente imerso em um líquido. O volume do líquido deslocado é igual ao volume do corpo ($V_L = V_c = V$). Vamos supor que a densidade do corpo seja maior do que a do líquido ($d_c > d_L$).

De $P_c = d_c Vg$ e $E = d_L Vg$, resulta $P_c > E$ (fig. 21).

Em consequência, o corpo fica sujeito a uma força resultante vertical, com sentido de cima para baixo, denominada *peso aparente*, cuja intensidade é dada por:

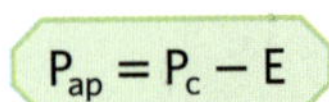

Haverá equilíbrio quando o corpo estiver em repouso no fundo do recipiente.

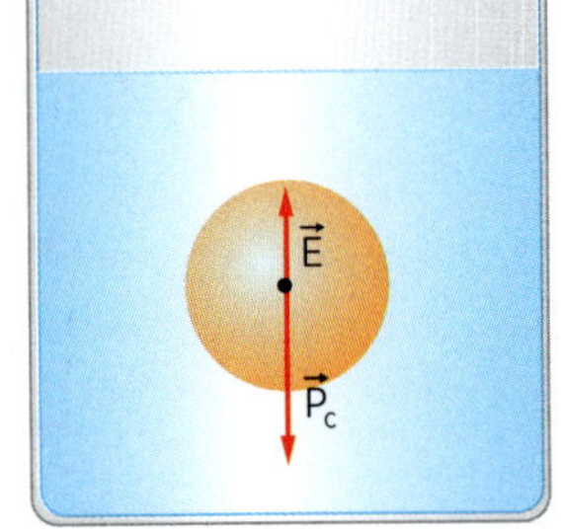

Figura 21

A20. Uma gota de certo óleo com massa de $1{,}6 \cdot 10^{-4}$ kg e volume de $4{,}0 \cdot 10^{-7}$ m^3 está em equilíbrio no interior de um líquido ao qual não se mistura. Determine:

a) a densidade desse líquido;

b) a intensidade do empuxo sobre a gota.

Dado: $g = 10$ m/s^2.

A21. Um corpo maciço pesa, no vácuo, 15 N. Quando totalmente mergulhado em água, apresenta peso aparente de 10 N. Sendo a densidade da água $1{,}0 \cdot 10^3$ kg/m^3, determine a densidade do corpo. Adote $g = 10$ m/s^2.

A22. Um sólido de densidade $D = 5{,}0$ g/cm^3 está imerso em água de densidade $d = 1{,}0$ g/cm^3. Supondo a aceleração da gravidade 10 m/s^2, determine a aceleração de queda desse sólido no interior da água. Despreze a resistência que o líquido oferece ao movimento.

A23. Uma pessoa de 80 kg está sobre uma prancha com volume de $4{,}0 \cdot 10^{-1}$ m^3 e permanece em equilíbrio na água, como mostra a figura, isto é, a prancha fica totalmente submersa. Determine a densidade do material da prancha, supondo-a homogênea. Para a densidade da água, use o valor $1{,}0 \cdot 10^3$ kg/m^3.

Lettera Studio

A24. Um cubo de madeira com 10 cm de aresta está imerso num recipiente que contém óleo e água, como indica a figura. A face inferior do cubo está situada 2,0 cm abaixo da superfície de separação entre os líquidos. Sendo a densidade do óleo 0,60 g/cm^3 e a da água 1,0 g/cm^3, determine a massa do cubo e sua densidade.

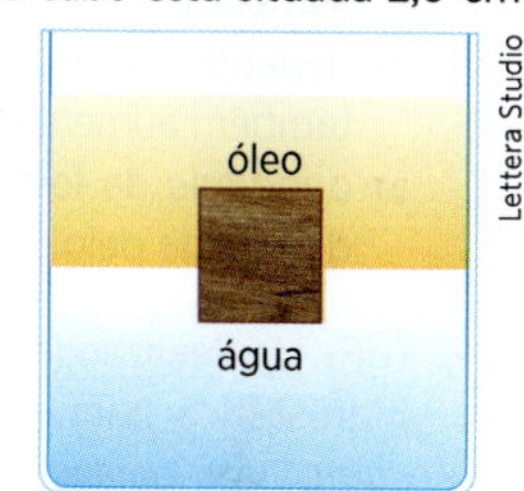

Lettera Studio

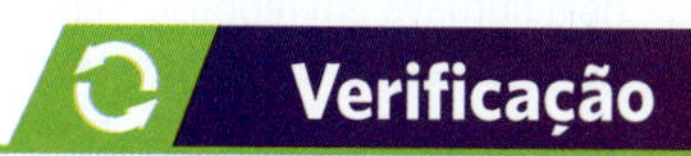

V20. Uma esfera com massa de 0,50 kg e volume de $1{,}0 \cdot 10^{-3}$ m^3 está equilibrada quando totalmente imersa num líquido. Sendo $g = 10$ m/s^2, determine a densidade do líquido e a intensidade do empuxo com que o líquido age sobre o corpo.

V21. Um corpo maciço pesa, no vácuo, 20 N. Seu peso aparente, quando imerso na água, é de 16 N. Sendo a densidade da água $1{,}0 \cdot 10^3$ kg/m^3, determine:

a) o empuxo sobre o corpo;

b) a densidade do corpo.

V22. Um corpo, imerso totalmente em água, cai com uma aceleração igual à quarta parte da aceleração da gravidade. Determine a densidade desse corpo em relação à água.

V23. Um bloco feito de material com densidade de 0,20 g/cm^3, tem 2,0 m de altura, 10 m de comprimento e 4,0 m de largura. Ele flutua em água servindo como ponte. Quando um caminhão passa sobre ele, como indica a figura, verifica-se que 25% do seu volume fica submerso.

Studio Caparroz

Sendo a densidade da água igual a 1,0 g/cm^3, determine a massa do caminhão.

V24. Um bloco cúbico de madeira com 10 cm de aresta está totalmente mergulhado no óleo e na água. A altura imersa na água é 2,0 cm. A densidade do óleo é 0,80 g/cm^3 e a da água é 1,0 g/cm^3. Determine a densidade da madeira.

R21. (Vunesp-SP) A maioria dos peixes ósseos possui uma estrutura chamada vesícula gasosa ou bexiga natatória, que tem a função de ajudar na flutuação do peixe. Um desses peixes está em repouso na água, com a força peso aplicada pela Terra, e o empuxo exercido pela água, equilibrando-se, como mostra a figura 1. Desprezando a força exercida pelo movimento das nadadeiras, considere que, ao aumentar o volume ocupado pelos gases na bexiga natatória, sem que a massa do peixe varie significativamente, o volume do corpo do peixe também aumente. Assim, o módulo do empuxo supera o da força peso, e o peixe sobe (figura 2).

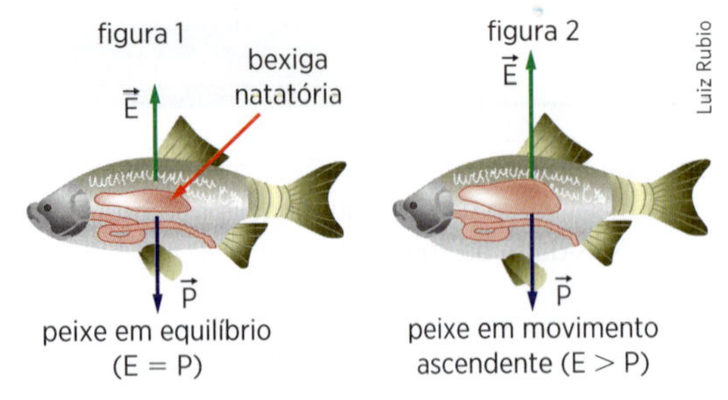

Na situação descrita, o módulo do empuxo aumenta porque

a) é inversamente proporcional à variação do volume do corpo do peixe.
b) a intensidade da força peso, que age sobre o peixe, diminui significativamente.
c) a densidade da água na região ao redor do peixe aumenta.
d) depende da densidade do corpo do peixe, que também aumenta.
e) o módulo da força peso da quantidade de água deslocada pelo corpo do peixe aumenta.

R22. (UF-RJ) Realizando um experimento caseiro sobre hidrostática para seus alunos, um professor pôs, sobre uma balança, um recipiente graduado contendo água e um pequeno barco de brinquedo, que nela flutuava em repouso, sem nenhuma quantidade de água em seu interior. Nessa situação, a turma constatou que a balança indicava uma massa M_1 e que a altura da água no recipiente era h_1.
Em dado instante, um aluno mexeu inadvertidamente no barco. O barco se encheu de água, foi para o fundo do recipiente e lá permaneceu em repouso. Nessa nova situação, a balança indicou uma massa M_2 e a medição da altura da água foi h_2.

Ilustrações: Alberto De Stefano

a) Indique se M_1 é maior, menor ou igual a M_2. Justifique sua resposta.
b) Indique se h_1 é maior, menor ou igual a h_2. Justifique sua resposta.

R23. (PUC-RJ) Uma caixa contendo um tesouro, com massa total de 100 kg e 0,02 m³ de volume, foi encontrada no fundo do mar.
Qual deve ser a intensidade da força aplicada para se içar a caixa enquanto dentro da água, mantendo durante toda a subida a velocidade constante?
(Considere a aceleração da gravidade $g = 10$ m/s² e a densidade da água $\rho = 1{,}0 \cdot 10^3$ kg/m³.)

a) 725 N
b) 750 N
c) 775 N
d) 800 N
e) 825 N

R24. (FGV-SP) Um objeto cujo peso é 150,0 N e massa específica 1,5 kg/L está completamente submerso em um frasco contendo dois fluidos que não se misturam (imiscíveis). Considere que L representa litro(s) e, para fins de cálculos, o valor da aceleração da gravidade terrestre como $g = 10{,}0$ m/s². Se as massas específicas dos fluidos são 1,0 kg/L e 2,0 kg/L, respectivamente, o volume do objeto que estará submerso no fluido mais denso vale:

a) 3,0 L
b) 4,0 L
c) 3,3 L
d) 2,5 L
e) 5,0 L

R25. (UF-PI) Um balão de propaganda do tipo bola (ilustração abaixo) pesa 1 N e está preso ao chão por um fio. Além da força de empuxo *E*, o ar em um determinado momento exerce uma força horizontal *F* que inclina o fio 30° em relação à vertical. Considere que a tração *T* no fio tenha módulo igual a 2 N, a densidade do ar seja $1{,}3 \times 10^{-3}$ g/cm³ e a aceleração da gravidade seja dada por 10m/s².
Nessas condições, analise as afirmativas que seguem e assinale-as com V (verdadeira) ou F (falsa).

1) O módulo da força horizontal é o dobro do módulo da tração no fio.
2) O módulo do empuxo é o dobro do módulo do peso do balão.
3) Se o fio for cortado, o balão desce verticalmente pela ação de seu peso.
4) Se o fio for cortado, o balão sobe com aceleração diferente de zero.

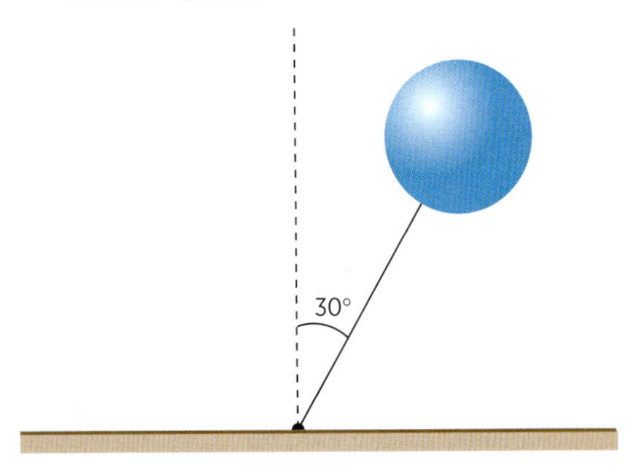

CRONOLOGIA DO ESTUDO DE ESTÁTICA E HIDROSTÁTICA

Aqueduto em Cesareia, Israel, construído cerca de 20 anos antes de Cristo.

305 a.C.

- É construído o primeiro aqueduto romano, para transporte de água até os centros urbanos e também para irrigação.

250 a.C.

- Arquimedes (287-212 a.C.) estabelece os fundamentos da Hidrostática, ao descobrir a força de empuxo que os líquidos exercem nos corpos mergulhados, e ao estabelecer o conceito de densidade.

230 a.C.

- Os romanos constroem a roda-d'água mais antiga de que se tem conhecimento. Daí se originaram os moinhos de água, que se difundiram pela Europa durante a Idade Média.

Século XVII

- O matemático belga Simon Stevin (1548-1620), estudando a pressão nos líquidos, estabelece a lei que fornece a diferença de pressão entre dois pontos no interior de um líquido em equilíbrio.
- O físico italiano Evangelista Torricelli (1608-1647) realiza, em 1643, sua famosa experiência, medindo a pressão atmosférica por meio de uma coluna de mercúrio, inventando, assim, o barômetro.
- O físico e filósofo francês Blaise Pascal (1623-1662) repete a experiência de Torricelli em altitudes diferentes, verificando como varia a pressão atmosférica. Na mesma época, Pascal enuncia o princípio que leva o seu nome.
- Em 1654, o prefeito da cidade de Magdeburgo, Otto von Guerick (1602-1686), realiza a famosa experiência, na qual dois hemisférios metálicos acoplados, de onde se retirou o ar, só são separados pela força de tração de vários cavalos, puxando de cada lado. A pressão atmosférica mantém os dois hemisférios "colados", é a conclusão que tira.

1846

- O engenheiro suíço Zuppinger inventa a primeira turbina hidráulica.

Desafio Olímpico

1. (OBF-Brasil) Uma esfera de massa m e peso P está apoiada numa parede vertical sem atrito e mantida nessa posição por um plano inclinado, também sem atrito, que forma um ângulo θ com o plano horizontal. Calcular as reações da parede e do plano sobre a esfera em função do peso e do ângulo θ.

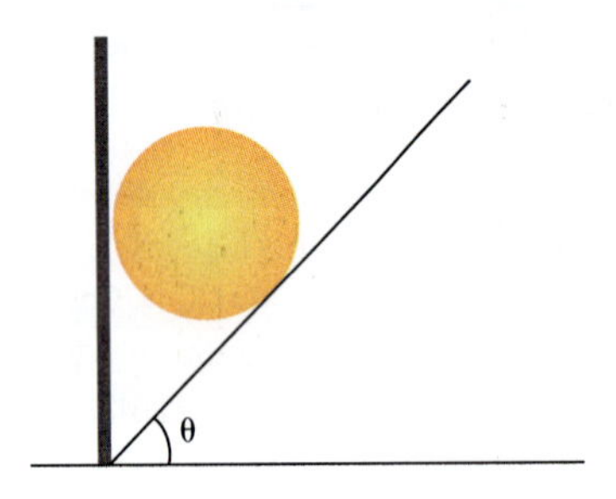

2. (OBF-Brasil) Uma das aplicações mais comuns de alavancas são os alicates. O alicate de corte (figura) permite ampliar a força aplicada (F_a) para cortar por esmagamento (F_c).

A pressão mínima que corta um determinado arame por esmagamento é igual a $1{,}3 \times 10^9$ N/m^2. Se a área de contato entre o arame e a lâmina de corte do alicate for de 0,10 mm^2, se esse arame estiver na região de corte do alicate a uma distância $d_c = 2{,}0$ cm do eixo de rotação do alicate e se $d_a = 10$ cm, a força F_a a ser aplicada para que o arame seja cortado vale, em N:

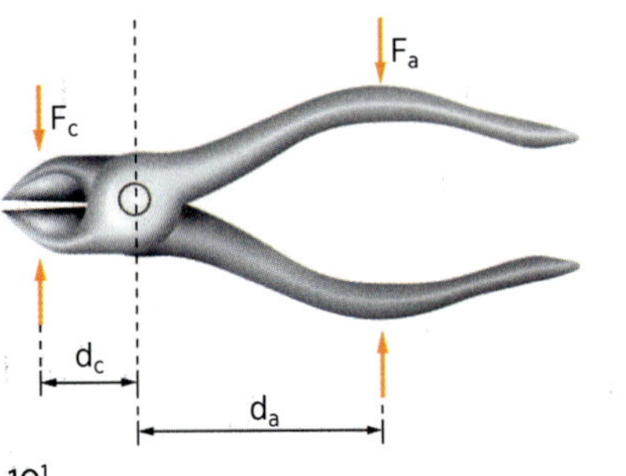

a) $26 \cdot 10^1$
b) $52 \cdot 10^1$
c) $13 \cdot 10^1$
d) $2{,}6 \cdot 10^1$
e) $1{,}3 \cdot 10^2$

3. (OBF-Brasil) A barra representada tem um peso irrelevante, está articulada no ponto C, é mantida na horizontal por meio de um cabo que vai desde A até B e sustenta, por meio de um cabo, um corpo de peso igual a 500,0 N.

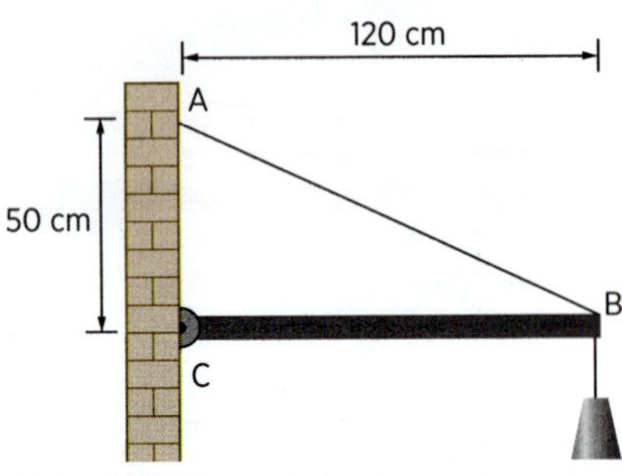

A tração no cabo que vai desde A até B vale:

a) 800 N
b) 1200 N
c) 1300 N
d) 750 N
e) 500 N

4. (OBF-Brasil) Uma bola maciça e praticamente indeformável tem uma densidade inferior à da água. Estando totalmente imersa, um mergulhador carrega-a desde as proximidades da superfície da água até tocá-la no fundo de uma piscina. O diagrama que melhor traduz a dependência entre a força de empuxo "E" sobre a bola como função da profundidade "y" da piscina está melhor representado por:

a)

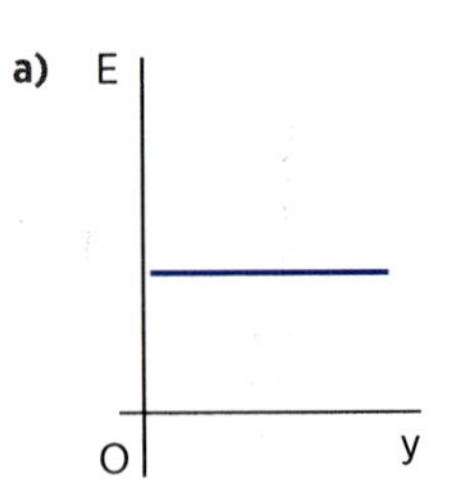

b)

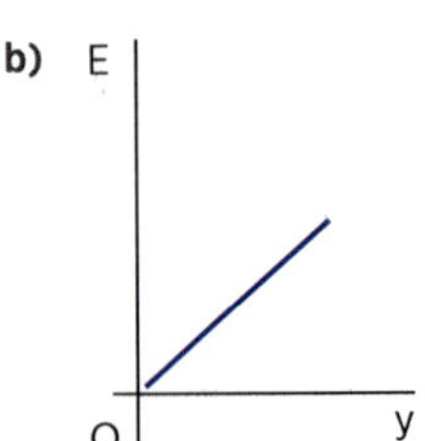

c)

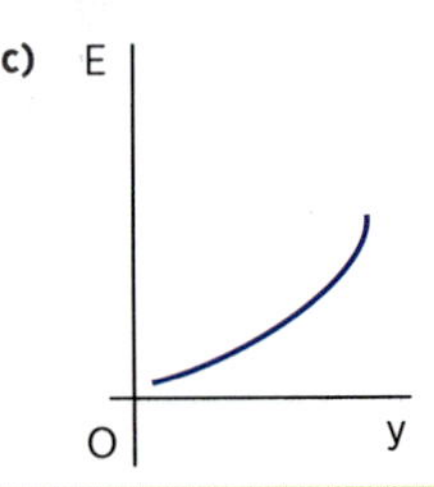

d) 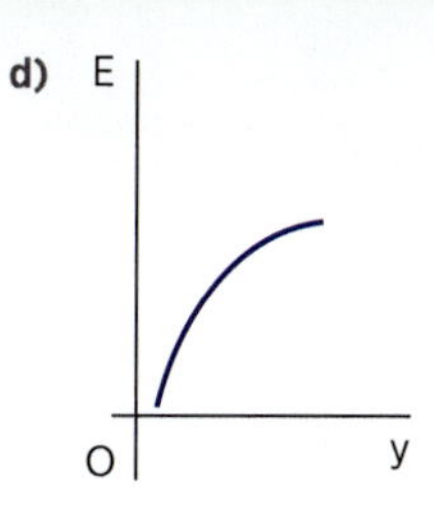

e) 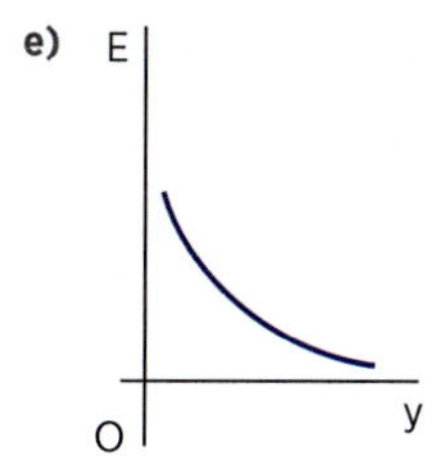

5. (OPF-SP) Uma balança é "zerada" com um recipiente colocado no seu prato. Despeja-se no recipiente um volume de água até o nível da saída lateral existente na parede vertical do recipiente. A balança registra um valor P_1 (fig. 1).

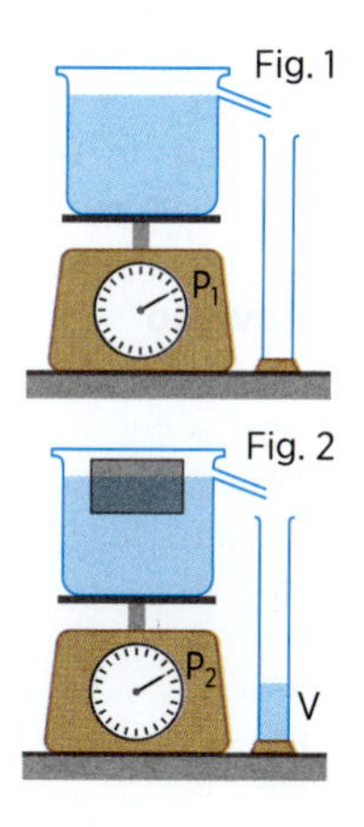

Um bloco é, então, abandonado na superfície da água que, antes de flutuar, desloca certo volume *V* de água que é recolhido por um recipiente localizado abaixo da saída lateral. A balança registra um valor P_2 (fig. 2). Considere as afirmações de Raquel, Marcelo, Marta e Milton sobre a experiência:

Raquel: P_2 é igual a P_1.

Marcelo: P_2 é maior que P_1.

Marta: O empuxo sobre o bloco é igual ao peso da água recolhido no recipiente.

Milton: P_2 é igual ao peso da água restante no recipiente acrescido do peso do bloco.

Analise as afirmações e assinale a alternativa *correta*.

a) Apenas Marcelo está correto.
b) Apenas Milton está correto.
c) Apenas Raquel e Milton estão corretos.
d) Apenas Raquel, Marta e Milton estão corretos.
e) Apenas Marta e Milton estão corretos.

6. (OBF-Brasil) Uma âncora de um barco que navega em um lago é feita de aço de densidade igual a 8,00 g/cm^3 e tem peso de 400 N. Com o barco parado e a âncora assentada no fundo, a reação de apoio que o fundo do lago exerce sobre esta peça dentro d'água (considere a densidade igual a 1,00 g/cm^3), em N, é igual a:

Dado g = 10 m/s^2.

a) 400
b) 350
c) 150
d) 200
e) 250

Capítulo 15

Aplicação

A1. 150 N; $100\sqrt{3}$ N; $50\sqrt{3}$ N
A2. 90 N; 150 N
A3. 30 N
A4. 60 N; 100 N
A5. $50\sqrt{3}$ N; 50 N
A6. a) 100 N b) 60 N
A7. 0,25
A8. 480 N · m; −480 N · m
A9. c
A10. d
A11. 4,5 m; 8,0 N
A12. a) 200 N b) 160 N; 20 N
A13. 625 N; 375 N; 200 N
A14.

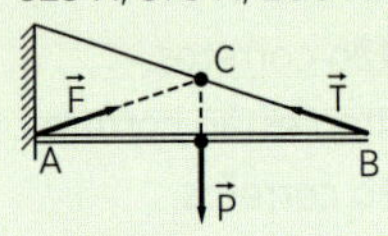

A15. a)

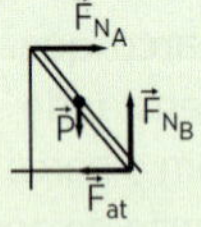

b) 75 N; 200 N; 75 N
c) 0,375

A16. A: estável B: instável C: indiferente
A17. O centro de gravidade G da placa.
A18.

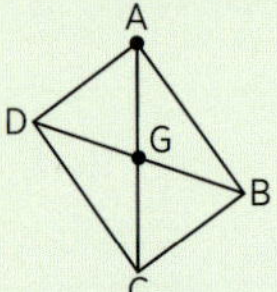

A19. O centro de gravidade G está abaixo do ponto de apoio.

Verificação

V1. $T = 100\sqrt{2}$ N; T = 100 N
V2. a) $10\sqrt{3}$ N b) $20\sqrt{3}$ N
V3. na primeira situação
V4. $20\sqrt{3}$ N; $40\sqrt{3}$ N
V5. ≅ 1,46 N; ≅ 1,03 N
V6. 80 N
V7. $5{,}0\sqrt{3}$ N; 15 N; $10\sqrt{3}$ N
V8. F_1
V9. 24 N · m
V10. 1,6 m; 25 N
V11. 14 N; 26 N
V12. 1100 N; $550\sqrt{3}$ N; 50 N
V13. 400 N
V14. d
V15. tg α ≅ 0,83
V16. A: estável B: instável C: indiferente
V17. O segundo corpo tomba.
V18. 30°
V19. h = 8,0 cm

Revisão

R1. a
R2. d
R3. d
R4. b
R5. b
R6. c
R7. c
R8. c
R9. c
R10. b
R11. c
R12. b
R13. a
R14. b
R15. e
R16. a) A $\vec{F}_{N_A}$, $\vec{P}$, $\vec{F}_{N_B}$, $\vec{F}_{at}$, B ou A $\vec{F}_{N_A}$, $\vec{P}$, $\vec{R}$, B; $\vec{R} = \vec{F}_{N_B} + \vec{F}_{at}$
b) 200 N
c) $\sqrt{5} \cdot 10^2$ N ≅ $2{,}24 \cdot 10^2$ N
d) 0,25
R17. e
R18. e
R19. Ao tentar se erguer, a pessoa perde o contato com a cadeira, e a reta vertical pelo seu centro de gravidade não passa pela base de apoio, que são seus pés. Desse modo, a pessoa volta à posição inicial sem conseguir levantar-se.
R20. d
R21. x = 6,0 cm
R22. e

Capítulo 16

Aplicação

A1. $3{,}0 \cdot 10^4$ N/m²
A2. 10^8 N/m²
A3. 10,5 g/cm³
A4. 2,0 g/cm³
A5. $3{,}0 \cdot 10^5$ N/m²
≅ 7,7 g/cm³
A6. a) $1{,}0 \cdot 10^5$ N/m²
b) $5{,}0 \cdot 10^2$ kg/m³
A7. c
A8. a) 810 N b) 270 cm
A9. 10^{-3} m²
A10. 50 N
A11. c
A12. 80 cm Hg
A13. 10 cm
A14. 13,6 cm
A15. 1,6 N
A16. 10 N
A17. 24 cm³
A18. 0,60 g/cm³
A19. 0,80 g/cm³
A20. a) $4{,}0 \cdot 10^2$ kg/m³ b) $1{,}6 \cdot 10^{-3}$ N
A21. $3{,}0 \cdot 10^3$ kg/m³
A22. 8,0 m/s²
A23. $8{,}0 \cdot 10^2$ kg/m³
A24. 680 g; 0,68 g/cm³

Verificação

V1. $1{,}25 \cdot 10^6$ N/m²
V2. b
V3. $1{,}0 \cdot 10^2$ g
V4. 1,0 g/cm³
2,5 g/cm³
V5. $2{,}0 \cdot 10^5$ N/m²
$3{,}0 \cdot 10^5$ N/m²
$4{,}0 \cdot 10^5$ N/m²
V6. $2{,}8 \cdot 10^5$ N/m²
V7. $1{,}03 \cdot 10^3$ N
V8. c
V9. $1{,}0 \cdot 10^2$ N
V10. 10 m
V11. c
V12. b
V13. 76 cm Hg
V14. 3,0 g/cm³
V15. 0,75 N; 0,50 N
V16. 50 N
V17. 64 cm³
V18. 90% (0,90)
V19. 0,80 g/cm³
V20. $5{,}0 \cdot 10^2$ kg/m³; 5,0 N
V21. a) 4,0 N
b) $5{,}0 \cdot 10^3$ kg/m³
V22. $\frac{d_c}{d_L} = \frac{4}{3}$
V23. $4{,}0 \cdot 10^3$ kg
V24. 0,84 g/cm³

Revisão

R1. c
R2. a
R3. a) 75 kg b) $7{,}5 \cdot 10^3$ N/m²
R4. d
R5. e
R6. c
R7. d
R8. e
R9. b
R10. c
R11. $\frac{1}{36}$
R12. b
R13. 15 (01 + 02 + 04 + 08)
R14. c
R15. b
R16. d
R17. a) 6,3 N b) glicerina
R18. b
R19. c
R20. a) 18 g b) 18 g
R21. e
R22. a) $M_1 = M_2$ b) $h_1 > h_2$
R23. d
R24. e
R25. Correta: 4

Desafio Olímpico

1. $F_{plano} = \frac{P}{\cos\theta}$; $F_{parede} = P \operatorname{tg}\theta$
2. d
3. c
4. a
5. d
6. b

unidade

4 TERMOLOGIA

Fotos: Thinkstock/Getty Images

capítulo

17 Termometria

Noção de temperatura. Sensação térmica

As partículas constituintes dos corpos estão em contínuo movimento. Entende-se *temperatura* como sendo uma grandeza que mede a maior ou a menor intensidade dessa *agitação térmica*.

A sensação térmica que temos ao entrar em contato com um corpo, classificando-o como quente, frio ou morno, é um critério impreciso para avaliar a temperatura. Realmente, um mesmo corpo pode produzir sensações diferentes em pessoas diferentes.

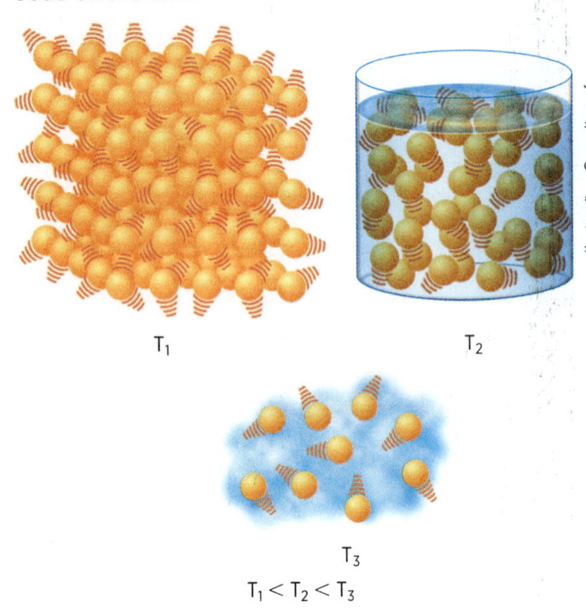

Figura 1. Modelo representando partículas constituintes de corpos a diferentes temperaturas (agitação térmica × temperatura).

Medida da temperatura

Como a agitação térmica não pode ser medida diretamente, medimos a temperatura de um corpo indiretamente, com base nas propriedades que variam com ela.

A avaliação da temperatura é feita por meio de um *termômetro*, que, após permanecer algum tempo em contato com o corpo, apresenta a mesma temperatura. Isto é, o corpo e o termômetro entram em equilíbrio térmico.

No termômetro, a cada valor de uma grandeza macroscópica dele — *grandeza termométrica* —, como volume, pressão, resistência elétrica, etc., faz-se corresponder um valor da temperatura.

Um termômetro muito utilizado é o termômetro de mercúrio, no qual a grandeza termométrica é a altura *h* de uma coluna de mercúrio numa haste capilar ligada a um reservatório (bulbo) que contém mercúrio (fig. 2). Assim, a cada temperatura corresponde um valor para a altura da coluna. A correspondência entre os valores da altura *h* e da temperatura θ constitui a *função termométrica*.

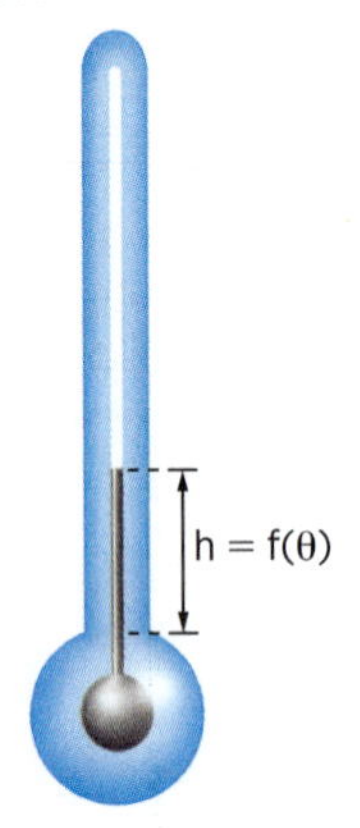

Figura 2. Grandeza termométrica = altura da coluna de mercúrio (*h*).

Escalas termométricas. Graduação do termômetro

Ao graduar o termômetro, fazendo corresponder a cada altura *h* uma temperatura θ, estamos criando uma *escala termométrica*.

Para a graduação do termômetro comum de mercúrio, escolhem-se dois sistemas cujas temperaturas sejam bem definidas e possam ser facilmente reproduzidas. Geralmente, a escolha recai no *ponto do gelo* (fusão do gelo sob pressão normal) e no *ponto de vapor* (ebulição da água sob pressão normal). Ao se atribuírem valores numéricos para as temperaturas desses sistemas, as demais temperaturas ficam automaticamente definidas (fig. 3).

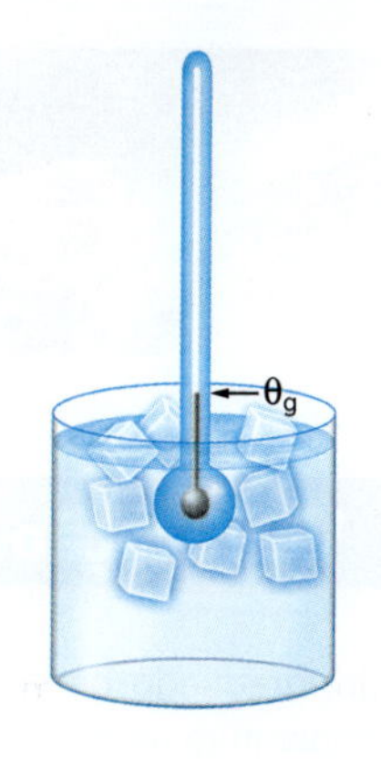

(a) θ_g: temperatura do ponto do gelo.

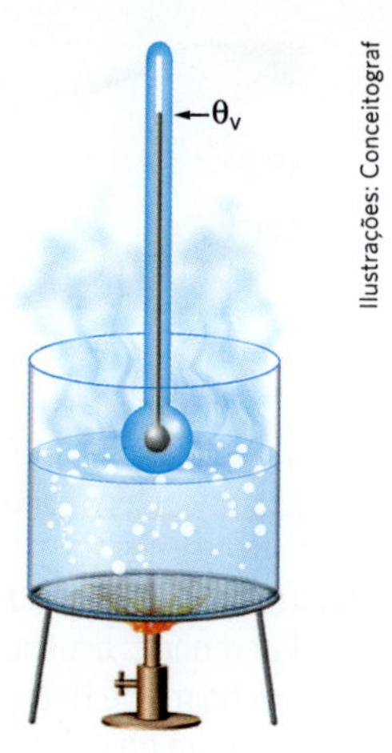

(b) θ_v: temperatura do ponto do vapor.

Ilustrações: Conceitograf

Figura 3

A escala mais utilizada é a escala *Celsius*, que adota os valores 0 °C e 100 °C, respectivamente, para θ_g e θ_v. Esses valores são marcados na haste do termômetro, em correspondência às alturas da coluna. O intervalo entre as marcas 0 e 100 é dividido em 100 partes iguais, cada uma correspondendo à variação de 1 grau Celsius (1 °C), que é a unidade da escala.

Há países em que é mais usada a escala *Fahrenheit*, na qual $\theta_g = 32$ °F e $\theta_v = 212$ °F. O intervalo entre as marcas 32 e 212 é dividido em 180 partes iguais, cada uma representando a variação de 1 grau Fahrenheit (1 °F), que é a unidade da escala.

Observe que, no procedimento anterior de graduação do termômetro, admitimos que as variações no comprimento da coluna de mercúrio são sempre *diretamente proporcionais* às variações de temperatura que as provocaram.

Na figura 4, representam-se dois termômetros de mercúrio, um graduado na escala Fahrenheit e outro na escala Celsius, indicando a temperatura de certo sistema (θ_F e θ_C, respectivamente). Para converter as temperaturas de uma escala para outra, estabelecemos a relação entre os segmentos *a* e *b*, individualizados na haste de cada termômetro. Essa relação não depende da unidade em que os segmentos são expressos.

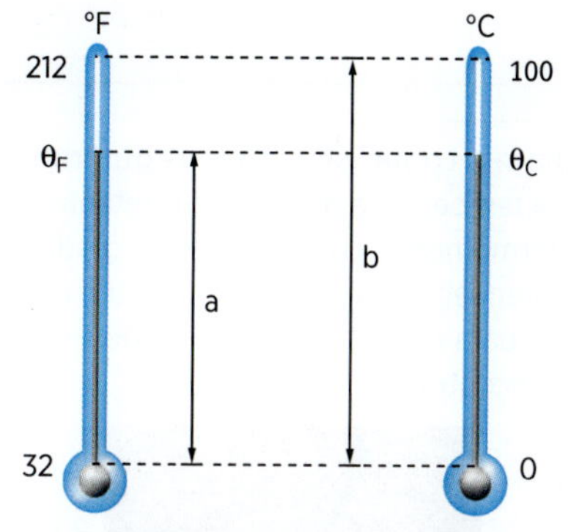

(a) Escala Fahrenheit: $\theta_g = 32$ °F; $\theta_v = 212$ °F

(b) Escala Celsius: $\theta_g = 0$ °C; $\theta_v = 100$ °C

Figura 4

Assim, na escala Celsius:

$$\frac{a}{b} = \frac{\theta_C - 0}{100 - 0}$$

Na escala Fahrenheit:

$$\frac{a}{b} = \frac{\theta_F - 32}{212 - 32}$$

Igualando:

$$\frac{\theta_C}{100} = \frac{\theta_F - 32}{180}$$

Daí:

$$\frac{\theta_C}{5} = \frac{\theta_F - 32}{9}$$

Aplicação

A1. No Rio de Janeiro, a temperatura ambiente chegou a atingir, num certo verão, o valor de 49 °C. Qual seria o valor dessa temperatura, se lida num termômetro graduado na escala Fahrenheit?

André Mourão/Ag. O Dia

A2. Lê-se no jornal que a temperatura em certa cidade da Finlândia atingiu, no inverno, o valor de 14 °F. Qual o valor dessa temperatura na escala Celsius?

A3. Dois termômetros graduados, um na escala Fahrenheit e outro na escala Celsius, registram o mesmo valor numérico para a temperatura quando mergulhados num certo líquido. Determine a temperatura desse líquido.

A4. Num hospital, uma enfermeira verificou que, entre duas medições, a temperatura de um paciente variou de 36 °C para 41 °C. De quanto foi a variação de temperatura do paciente expressa na escala Fahrenheit?

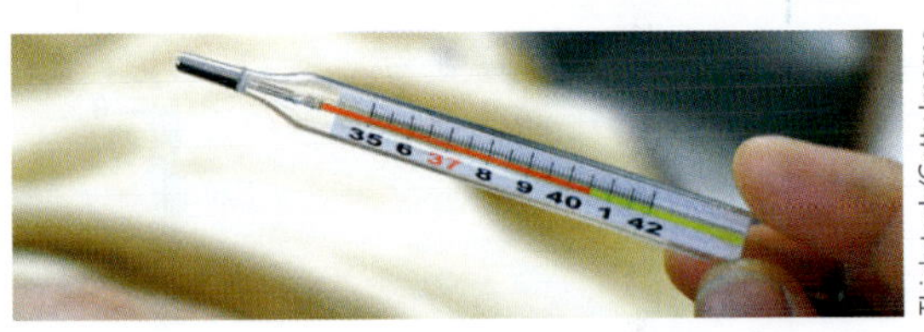
Thinkstock/Getty Images

Verificação

V1. Sir Williams toma seu chá, regularmente às 17 horas, à temperatura de 80 °C. Entretanto, em Londres os termômetros costumam estar graduados em graus Fahrenheit. Se Sir Williams usar um desses termômetros para medir a temperatura de seu chá, que valor ele encontrará?

Sergey Galushko/Alamy/Glow Images

V2. Um termômetro bem aferido, graduado na escala Fahrenheit, acusou, para a temperatura ambiente em um bairro de Belo Horizonte, 77 °F. Expresse essa temperatura na escala Celsius.

V3. Para um mesmo sistema, a leitura de sua temperatura na escala Fahrenheit é o dobro da leitura na escala Celsius. Determine a temperatura do sistema.

V4. O serviço meteorológico informou que, em determinado dia, a temperatura mínima na cidade de São Paulo foi de 10 °C e a máxima foi de 25 °C. Determine a variação de temperatura ocorrida entre esses dois registros, medida nas escalas Celsius e Fahrenheit.

Revisão

R1. (Vunesp-SP) Na loja de produtos importados em um *shopping center*, uma chamada promocional dá destaque a um modelo de garrafa térmica que promete ser a mais eficiente no mercado, mantendo na mesma temperatura, por 10 h, qualquer líquido com temperatura de até 154,4 °F. Cansado de ser questionado a que temperatura correspondia esse valor, um vendedor fez a conversão para a escala Celsius. De fato, em °C, o valor dessa temperatura é:

a) 51
b) 57
c) 63
d) 68
e) 70

R2. (PUC-PR) A temperatura normal de funcionamento do motor de um automóvel é 90 °C. Determine essa temperatura em graus Fahrenheit.

a) 90 °F
b) 180 °F
c) 194 °F
d) 216 °F
e) −32 °F

R3. (UF-PI) Considerando a relação entre as escalas de tempertura Fahrenheit (medida em °F) e Celsius (medida em °C), qual é o valor de temperatura em que a indicação na escala Fahrenheit supera em 48 unidades a indicação na escala Celsius?

a) 68 °C
b) 54 °F
c) 40 °C
d) 28 °F
e) 20 °C

R4. (Unifap-AP) Uma aluna do Curso de Enfermagem da UNIFAP, pesquisando sobre conversão de unidades de temperatura, leu o seguinte trecho de um texto: "a temperatura medida em graus Fahrenheit é uma função linear da temperatura medida em graus Celsius, em que 0 °C corresponde a 32 °F e 100 °C corresponde a 212 °F".

Em relação à descrição apresentada, encontre o(s) valor(es) numérico(s) associado(s) à(s) proposição(ões) *correta(s)*.

(01) A lei ou regra da função que converte a temperatura de graus Celsius (θ_C) para graus Fahrenheit (θ_F) é $\theta_F = \left(\frac{9}{5}\right)\theta_C + 32$.

(02) As temperaturas de 212 °F e 100 °C não correspondem ao mesmo estado térmico, pois foram medidas em escalas de temperatura diferentes.

(04) A lei ou regra da função que converte a temperatura de graus Fahrenheit (θ_F) para graus Celsius (θ_C) é $\theta_C = \left(\frac{5}{9}\right)\theta_F - 32$.

(08) Uma variação de 9 °F corresponde a uma variação de 5 °C.

R5. (Mackenzie-SP) Um turista brasileiro sente-se mal durante a viagem e é levado inconsciente a um hospital. Após recuperar os sentidos, sem saber em que local estava, é informado que a temperatura de seu corpo atingira 104 graus, mas que já "caíra" de 5,4 graus. Passado o susto, percebeu que a escala termométrica utilizada era a Fahrenheit.

Dessa forma, na escala Celsius, a queda de temperatura de seu corpo foi de:

a) 1,8 °C
b) 3,0 °C
c) 5,4 °C
d) 6,0 °C
e) 10,8 °C

Outras escalas

As escalas termométricas geralmente são estabelecidas escolhendo-se valores arbitrários para as temperaturas do ponto do gelo e do ponto do vapor ou para outros sistemas adotados como referência.

O modo de converter as temperaturas de uma escala qualquer para as escalas Celsius ou Fahrenheit ou para outra escala é idêntico ao já estudado. Vamos ver um exemplo.

Uma escala, hoje em desuso, criada pelo cientista francês René Réaumur, adotava os valores 0 °R e 80 °R para o ponto do gelo e o ponto do vapor, respectivamente (fig. 5). Determinemos, nessa escala, a temperatura que corresponde a 50 °C.

Relacionando os segmentos:

$$\frac{a}{b} = \frac{\theta_R - 0}{80 - 0} \text{ e } \frac{a}{b} = \frac{\theta_C - 0}{100 - 0}$$

Igualando:

$$\frac{\theta_R}{80} = \frac{\theta_C}{100} \Rightarrow \boxed{\frac{\theta_R}{4} = \frac{\theta_C}{5}}$$

Mas $\theta_C = 50$ °C. Assim:

$$\frac{\theta_R}{4} = \frac{50}{5} \Rightarrow \boxed{\theta_R = 40 \text{ °R}}$$

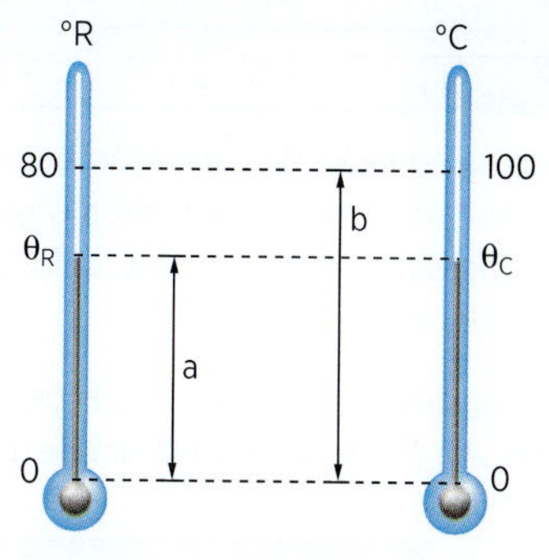

Figura 5

Aplicação

A5. Dois termômetros diferentes são graduados atribuindo-se valores arbitrários para a temperatura de fusão do gelo e para a temperatura da água em ebulição, ambos sob pressão normal, de acordo com a tabela:

	Termômetro *X*	Termômetro *Y*
Fusão do gelo	10 °X	5 °Y
Ebulição da água	70 °X	80 °Y

a) Estabeleça uma equação de conversão entre as temperaturas θ_X e θ_Y registradas pelos termômetros para um mesmo sistema.

b) Determine a temperatura no termômetro *X* que corresponde a 100 °Y.

c) Há uma certa temperatura para a qual as leituras numéricas coincidem nos dois termômetros. Determine essa temperatura.

d) Construa o gráfico representativo da correspondência entre as leituras dos termômetros.

A6. Um termômetro graduado com uma escala *X* registra −10 °X para a temperatura do gelo fundente e 150 °X para a temperatura da água fervente, ambos sob pressão normal. Determine a temperatura Celsius que corresponde a 0 °X.

A7. Dois termômetros, *A* e *B*, têm escalas que se correspondem, como está indicado na figura. Estabeleça a relação entre as leituras θ_A e θ_B dos dois termômetros para a temperatura de um sistema.

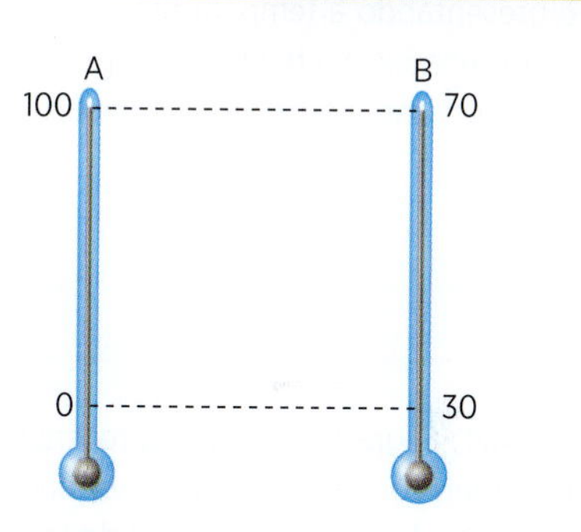

Ilustrações: Conceitograf

A8. No exercício anterior, determine a temperatura para a qual são coincidentes as leituras nos dois termômetros.

A9. A temperatura indicada por um termômetro *X* relaciona-se com a temperatura Celsius por meio do gráfico esquematizado.

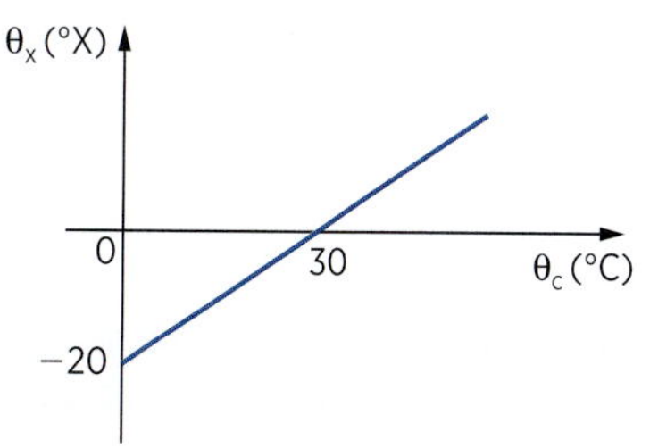

Determine:

a) a equação de conversão entre as duas escalas;

b) a temperatura indicada pelo termômetro *X* para a fusão do gelo e para a ebulição da água sob pressão normal;

c) a variação de temperatura na escala *X* que corresponde a uma variação na escala Celsius de 15 °C.

Verificação

V5. Dois termômetros, *X* e *Y*, marcam, no ponto de fusão do gelo e no ponto de ebulição da água, sob pressão normal, os seguintes valores:

	Fusão do gelo	Ebulição da água
X	+3 °X	+30 °X
Y	−1 °Y	+80 °Y

Estabeleça a equação de conversão entre as leituras desses dois termômetros e construa o gráfico representativo dessa correspondência, colocando θ_X em abscissas e θ_Y em ordenadas.

V6. A tabela seguinte relaciona as indicações de dois termômetros, *A* e *B*, para a temperatura de dois sistemas, *x* e *y*:

	Termômetro *A*	Termômetro *B*
sistema *x*	6 °A	−6 °B
sistema *y*	206 °A	94 °B

Representando a temperatura do termômetro *A* (θ_A) em ordenadas e a temperatura do termômetro *B* (θ_B) em abscissas, construa o gráfico dessa correspondência.

V7. Em relação ao exercício anterior, estabeleça a equação de conversão entre as indicações dos dois termômetros e determine a temperatura em que os termômetros dão leituras numericamente coincidentes.

V8. O gráfico esquematizado relaciona as indicações de um termômetro *X* com as correspondentes indicações de um termômetro graduado na escala Celsius.

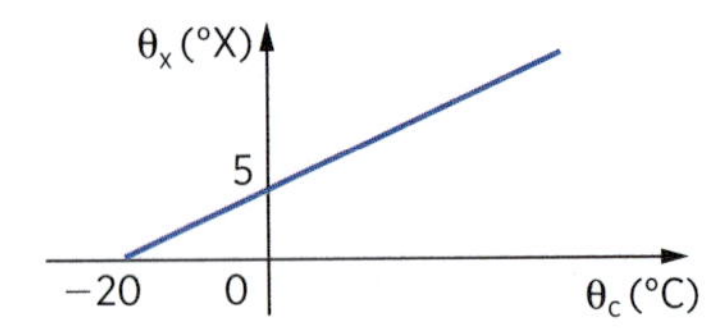

Determine:

a) a equação de conversão entre as indicações dos dois termômetros;

b) a temperatura que o termômetro *X* indica quando em presença do ponto do gelo e do ponto do vapor;

c) a variação de temperatura na escala *X* que corresponde a uma variação na escala Celsius de 10 °C.

V9. As leituras de dois termômetros, *X* e *Y*, relacionam-se pela expressão $\theta_Y = 6\theta_X + 12$. Construa o gráfico de correspondência entre as temperaturas lidas nos dois termômetros e determine a temperatura cujos valores numéricos coincidem nos dois termômetros.

Revisão

R6. (UF-AM) O gráfico abaixo representa a relação entre a temperatura *X* e *Y* de duas escalas termométricas *X* e *Y*. Qual temperatura medida terá a mesma indicação nas duas escalas?

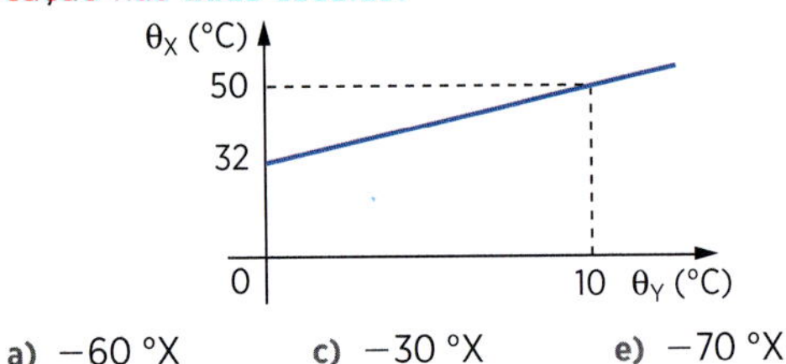

a) −60 °X
b) −40 °X
c) −30 °X
d) −50 °X
e) −70 °X

(PUC-SP) O enunciado a seguir refere-se às questões **R7** e **R8**.

O esquema representa três termômetros, T_1, T_2 e T_3, e as temperaturas por eles fornecidas no ponto de gelo e no ponto de vapor.

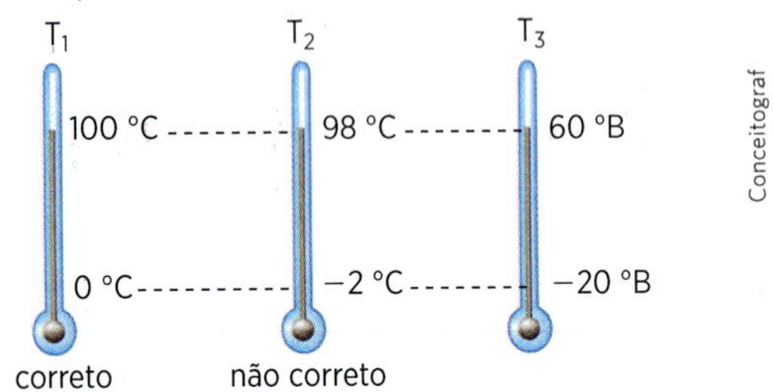

T_1 e T_2 são graduados em °C, sendo T_1 correto e T_2 não. T_3 é graduado em °B. Quando T_1 indicar 65 °C:

R7. T_3 estará indicando:

a) 212 °B
b) 32 °B
c) 67 °B
d) 72 °B
e) 30 °B

R8. A indicação do termômetro T_2 será de:

a) 30 °C
b) 63 °C
c) 67 °C
d) 70 °C
e) 210 °C

R9. (Mackenzie-SP) A coluna de mercúrio de um termômetro está sobre duas escalas termométricas que se relacionam entre si. A figura ao lado mostra algumas medidas correspondentes a determinadas temperaturas. Quando se encontra em equilíbrio térmico com gelo fundente, sob pressão normal, o termômetro indica 20° nas duas escalas. Em equilíbrio térmico com água em ebulição, também sob pressão normal, a medida na escala *A* é 82° e na escala *B*:

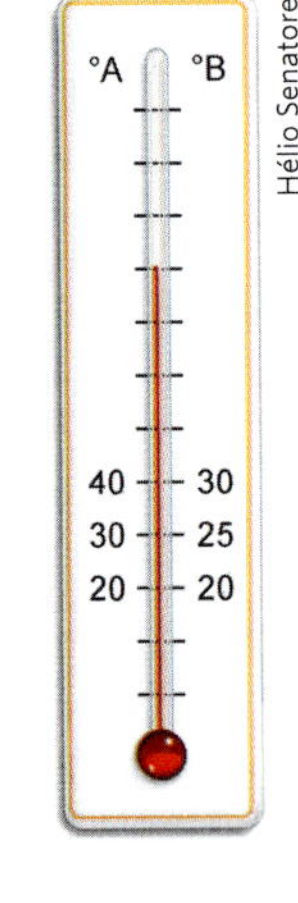

a) 49 °B
b) 51 °B
c) 59 °B
d) 61 °B
e) 69 °B

R10. (UF-MT) Comparando-se a escala *X* de um termômetro com uma escala Celsius, obtém-se o gráfico abaixo, de correspondência entre as medidas.

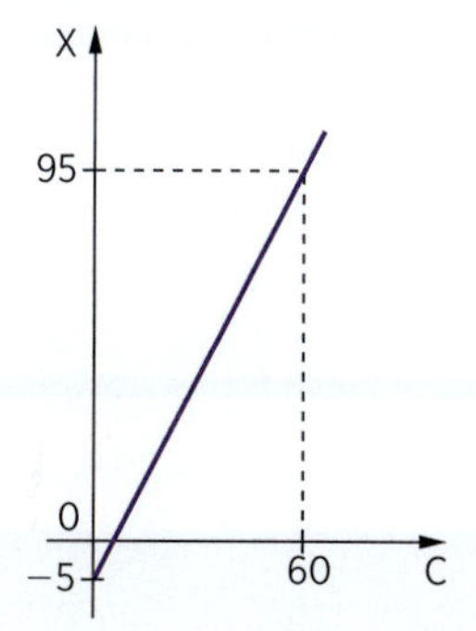

Observando o gráfico, concluímos que:

I. para a temperatura de fusão do gelo, o termômetro desconhecido marca −5 °X.

II. nos vapores de água em ebulição, o termômetro desconhecido marca aproximadamente 162 °X.

III. a relação de conversão entre as escalas *X* e Celsius é $\theta_C = 0{,}6\theta_X + 3$.

Dessas afirmações:

a) todas estão corretas.
b) apenas a I e a II estão corretas.
c) apenas a I e a III estão corretas.
d) apenas a II e a III estão corretas.
e) todas estão incorretas.

O zero absoluto. A escala Kelvin

Sendo a temperatura uma medida da agitação térmica molecular, a menor temperatura corresponde à situação em que essa agitação cessaria completamente. Esse limite inferior de temperatura é denominado *zero absoluto*, sendo inatingível na prática. Seu valor na escala Celsius foi obtido teoricamente e corresponde a −273,15 °C (aproximadamente −273 °C).

Qualquer escala cuja origem seja o zero absoluto constitui uma *escala absoluta* de temperatura. A mais usada é a *escala Kelvin*, cuja unidade, denominada *kelvin* (símbolo K), tem, por definição, a mesma extensão que o grau Celsius (°C). Ao ponto do gelo correspondem 273 K e ao ponto de vapor, 373 K.

As indicações das escalas Celsius e Kelvin estão sempre separadas por 273 unidades. Assim, sendo θ_C a temperatura Celsius e *T* a temperatura Kelvin para um mesmo sistema, podemos escrever:

$$T = \theta_C + 273$$

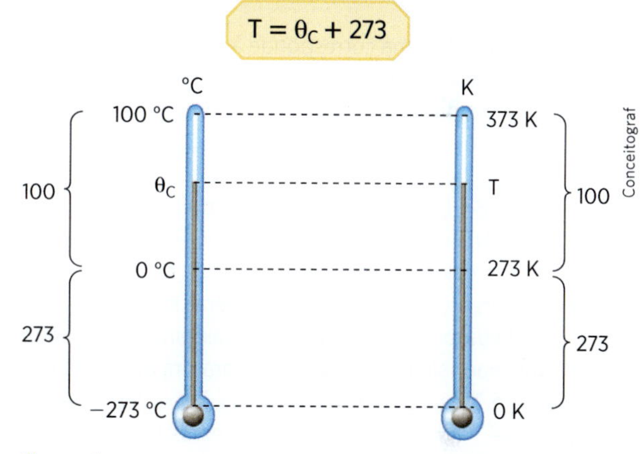

Figura 6

A10. Um corpo se encontra à temperatura de 27 °C. Determine o valor dessa temperatura na escala Kelvin.

A11. Uma pessoa mediu sua temperatura com um termômetro graduado na escala Kelvin e encontrou 312 K. Qual o valor de sua temperatura na escala Celsius?

A12. Estabeleça a equação de conversão entre as escalas Kelvin e Fahrenheit. Qual a temperatura em que essas duas escalas fornecem o mesmo valor numérico?

A13. Três termômetros de mercúrio são colocados num mesmo líquido. Atingido o equilíbrio térmico, o graduado na escala Celsius registra 40 °C, o graduado na escala Kelvin indica 313 K e o graduado na escala Fahrenheit marca 104 °F. Existe algum termômetro incorreto? Justifique.

V10. Um doente está com febre de 42 °C. Qual sua temperatura expressa na escala Kelvin?

V11. Certo gás solidifica-se na temperatura de 25 K. Qual o valor desse ponto de solidificação na escala Celsius?

V12. Em certo dia do mês de maio, na cidade de São Paulo, a temperatura variou entre a mínima de 15 °C e a máxima de 30 °C. Qual foi a variação máxima de temperatura ocorrida nesse dia, expressa na escala Celsius e na escala Kelvin?

V13. Qual a variação de temperatura na escala Fahrenheit que corresponde a uma variação de temperatura de 80 K?

Revisão

R11. (Mackenzie-SP) Um estudante observa que, em certo instante, a temperatura de um corpo, na escala Kelvin, é 280 K. Após 2 horas, esse estudante verifica que a temperatura desse corpo, na escala Fahrenheit, é 86 °F. Nessas 2 horas, a variação da temperatura do corpo, na escala Celsius, foi de:

a) 23 °C
b) 25 °C
c) 28 °C
d) 30 °C
e) 33 °C

R12. (Cesumar-PR)

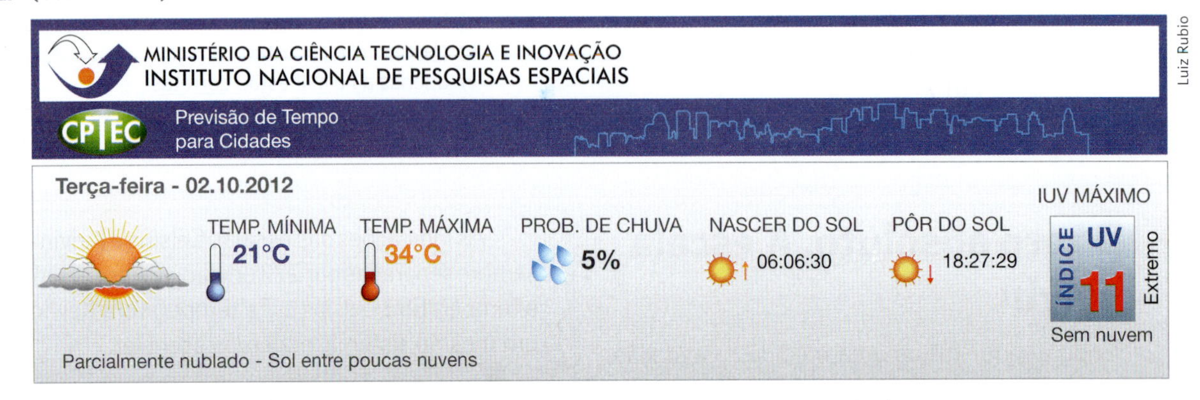

Luiz Rubio

A imagem acima corresponde à previsão do tempo para a cidade de Maringá em 02/10/2012.
Com base nas informações da imagem, podemos afirmar que a variação de temperatura nessa data, na cidade de Maringá, nas escalas Kelvin e Fahrenheit correspondem, respectivamente, a:

a) 286 e −10,55
b) 286 e 5,55
c) 13 e 13
d) 13 e 23,4
e) 286 e 23,4

R13. (UF-PB) Em uma conferência pela internet, um meteorologista brasileiro conversa com três outros colegas em diferentes locais do planeta. Na conversa, cada um relata a temperatura em seus respectivos locais. Dessa forma, o brasileiro fica sabendo que, naquele momento, a temperatura em Nova Iorque é T_{NI} = 33,8 °F, em Londres, T_L = 269 K, e em Sidnei, T_S = 27 °C. Comparando essas temperaturas, verifica-se:

a) $T_{NI} > T_S > T_L$
b) $T_{NI} > T_L > T_S$
c) $T_L > T_S > T_{NI}$
d) $T_S > T_{NI} > T_L$
e) $T_S > T_L > T_{NI}$

R14. (UF-SE) Acerca das diversas escalas termométricas, analise as afirmações que seguem.

(00) Apesar de teoricamente não haver limite superior de temperatura, a temperatura mínima que se pode atingir é de aproximadamente −273 °C.
(11) Existe um valor de temperatura em que as escalas Celsius e Kelvin marcam o mesmo número.
(22) Existe um valor de temperatura em que as escalas Celsius e Fahrenheit marcam o mesmo número.
(33) A temperatura Celsius em que a escala Celsius marca o dobro da escala Fahrenheit é −12,3 °C.
(44) A temperatura absoluta equivalente a 50 °F é 283 K.

As alternativas verdadeiras devem ser marcadas na coluna das dezenas e as falsas, na coluna das unidades.

APROFUNDANDO

A Meteorologia é a ciência que estuda as condições físicas da atmosfera. Com os dados obtidos pelas estações meteorológicas, é possível fazer a previsão do tempo, isto é, a evolução climática de várias regiões do nosso planeta.

As temperaturas máxima e mínima que certa região apresenta no decorrer de um dia são dados importantes para essa previsão.

- Como se chama o termômetro utilizado para essa medição? Como ele funciona?
- Acompanhe e registre, no decorrer de uma semana, pelos noticiários, a evolução das temperaturas máxima e mínima de uma cidade.

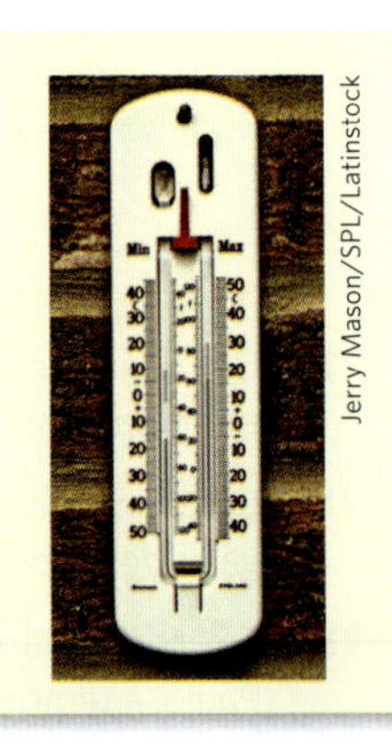
Jerry Mason/SPL/Latinstock

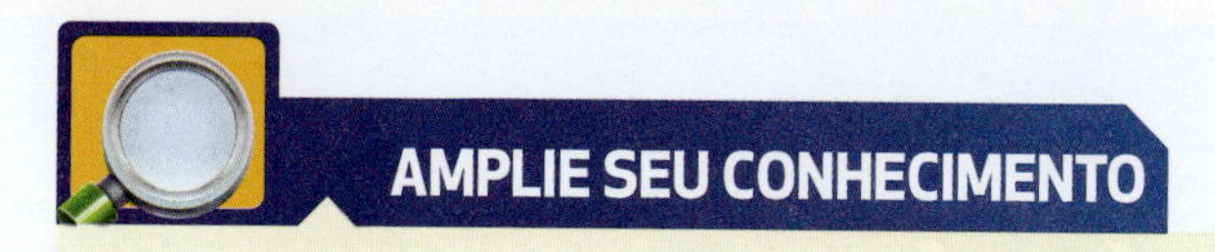

Criogenia

Um ramo importante da Física, ligado à Termologia, é a criogenia (do grego *crios* = frio; *genia* = criação), cuja finalidade é conseguir temperaturas extremamente baixas para as mais diferentes aplicações. A obtenção de temperaturas reduzidas é utilizada, por exemplo, na conservação de produtos alimentícios, no transporte de gêneros perecíveis, na preservação de tecidos, dos componentes do sangue e de outras partes do corpo humano para posterior utilização. Em Biologia e Veterinária, a criogenia está associada à conservação do sêmen de animais para uso em fertilização.

James King-Holmes/ICRF/SPL/Latinstock

Banco de sangue.

A manutenção de sêmen bovino em temperaturas da ordem de 73 kelvins ou −200 °C (correspondentes, aproximadamente, ao ponto de solidificação do nitrogênio sob pressão normal) é fundamental para preservar suas características, a fim de que o processo de inseminação artificial, de grande valia para a agropecuária, tenha sucesso. Entre os seres humanos, a inseminação artificial é também muito utilizada, devendo os espermatozoides dos bancos de doadores ser mantidos em temperaturas muitos graus Celsius abaixo de zero (ponto de fusão do gelo).

Uma utilização curiosa da criogenia tem a ver com o velho anseio do homem de ser imortal. Nos EUA e na Inglaterra, muitos milionários, ante a inevitabilidade da morte, geralmente por uma doença hoje incurável, pagam altíssimas somas para que seu corpo seja congelado imediatamente após o óbito. A esperança é que no futuro seja encontrada a cura da moléstia que o matou e ele possa reviver. Nesses países existem muitas empresas que se dedicam a essa tarefa, mantendo uma grande quantidade de pessoas em verdadeiras câmaras frigoríficas, com temperaturas de quase −200 °C (73 kelvins), à espera de que o progresso da Medicina torne realidade o sonho desses visionários. O preço dessa pretensa "imortalidade" é da ordem de 120 mil dólares.

Para se ter uma ideia de como o fato está difundido, algum tempo atrás a revista britânica de divulgação de ciência e tecnologia *New Scientist*, visando a aumentar sua circulação, tentou angariar novos leitores mediante a promessa de uma outra vida: uma espécie de "vale-criogenia". O vencedor da promoção teria o direito de ter seu corpo congelado em nitrogênio líquido após a morte, para ser ressucitado um dia, quando e se a ciência médica o permitir. Por ocasião do lançamento da campanha, o editor-chefe da revista afirmou: "Achamos que a promoção da criogenia é uma forma de tornar a ciência interessante para todo mundo, não só para cientistas".

capítulo

18 Dilatação térmica

Comportamento térmico dos sólidos

No estado sólido, as moléculas da substância se dispõem de maneira regular e entre elas agem intensas forças de coesão. As moléculas não permanecem em repouso, mas seu movimento é muito limitado, havendo apenas uma vibração em torno de certas posições.

À medida que se aumenta a temperatura de um sólido, a amplitude das vibrações moleculares aumenta. Assim, tornam-se maiores as distâncias médias entre as moléculas (fig. 1). Em consequência, aumentam as dimensões do corpo sólido. Ao fenômeno dá-se o nome de *dilatação térmica*.

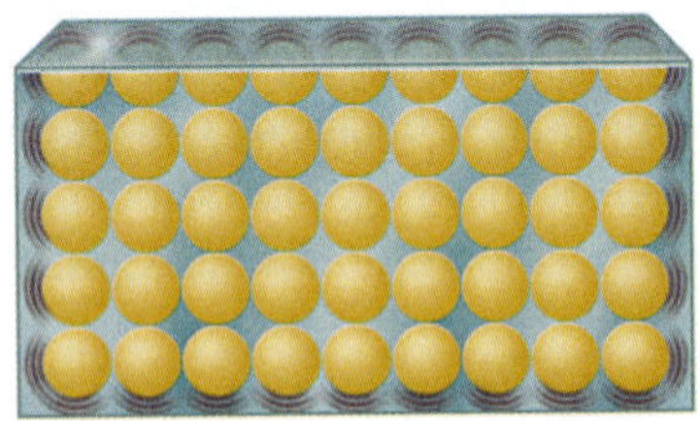

Conceitograf

Figura 1

Observe a figura 2, que apresenta o anel de Gravesande. Nesse experimento, criado pelo holandês W. J. Gravesande (1688-1742), a esfera, quando aquecida, não consegue passar pelo anel.

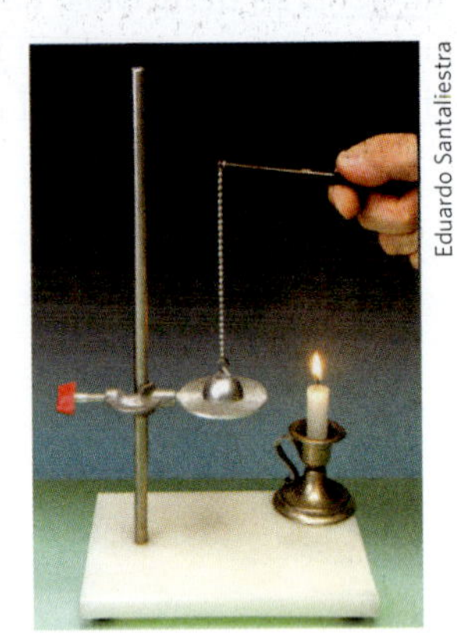

Eduardo Santaliestra

Figura 2. Anel de Gravesande.

Se a temperatura diminuir, diminuem as distâncias médias entre as moléculas, pois a amplitude das vibrações moleculares torna-se menor. As dimensões do sólido diminuem, ocorrendo a *contração térmica*.

As leis e fórmulas da dilatação térmica são obtidas experimentalmente. Embora a dilatação ocorra simultaneamente nas três dimensões do sólido, é costume analisar separadamente uma dilatação térmica linear (para uma dimensão), uma dilatação térmica superficial (para duas dimensões: área de uma superfície) e uma dilatação térmica volumétrica (para três dimensões: volume).

Dilatação térmica linear

O comprimento de uma barra é L_0 na temperatura θ_0. Ocorrendo um aumento na temperatura $\Delta\theta = \theta - \theta_0$, em que θ é a temperatura final, o comprimento da barra passa a ser L (fig. 3).

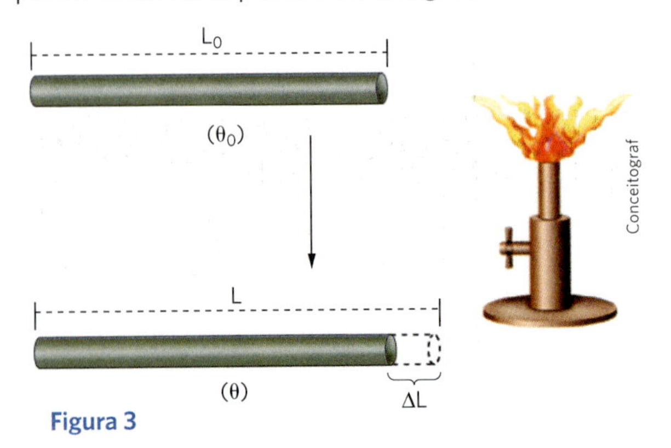

Conceitograf

Figura 3

Ocorreu, portanto, uma dilatação térmica linear, caracterizada pela variação de comprimento $\Delta L = L - L_0$.

Realizando a experiência, verifica-se que a variação de comprimento ΔL é diretamente proporcional ao comprimento inicial L_0 e à variação de temperatura $\Delta\theta$, sendo válido escrever:

$$\Delta L = \alpha L_0 \Delta\theta \quad \text{(I)}$$

O coeficiente de proporcionalidade α é uma característica do material que constitui a barra, denominada *coeficiente de dilatação térmica linear* desse material. Da fórmula anterior:

$$\alpha = \frac{\Delta L}{L_0 \Delta\theta}$$

A unidade do coeficiente de dilatação é o *inverso do grau Celsius*: $\frac{1}{°C}$ ou $°C^{-1}$, também denominado *grau Celsius recíproco*.

A tabela mostra valores do coeficiente de dilatação térmica linear para algumas substâncias.

Substância	**$\alpha(°C^{-1})$**
Chumbo	$27 \cdot 10^{-6}$
Alumínio	$22 \cdot 10^{-6}$
Ouro	$15 \cdot 10^{-6}$
Ferro	$12 \cdot 10^{-6}$
Platina	$9 \cdot 10^{-6}$
Vidro comum	$9 \cdot 10^{-6}$
Granito	$8 \cdot 10^{-6}$
Vidro pirex	$32 \cdot 10^{-7}$
Porcelana	$30 \cdot 10^{-7}$
Invar (liga de ferro e níquel)	$9 \cdot 10^{-7}$

Dizer, então, que o coeficiente de dilatação térmica linear do chumbo é $27 \cdot 10^{-6}\ °C^{-1}$ (ou $27 \cdot 10^{-6}$ m/m °C) significa uma dilatação igual a $27 \cdot 10^{-6}$ m para cada 1 m de comprimento de uma barra de chumbo e para cada 1 °C de variação na temperatura.

Levando em conta os valores dos coeficientes de dilatação e a fórmula que rege o fenômeno, podemos, com base na tabela anterior, fazer um quadro comparativo da dilatação dos vários materiais. Consideremos, para tal, barras de comprimento inicial $L_0 = 1$ m e uma variação de temperatura $\Delta\theta = 100$ °C. Teremos:

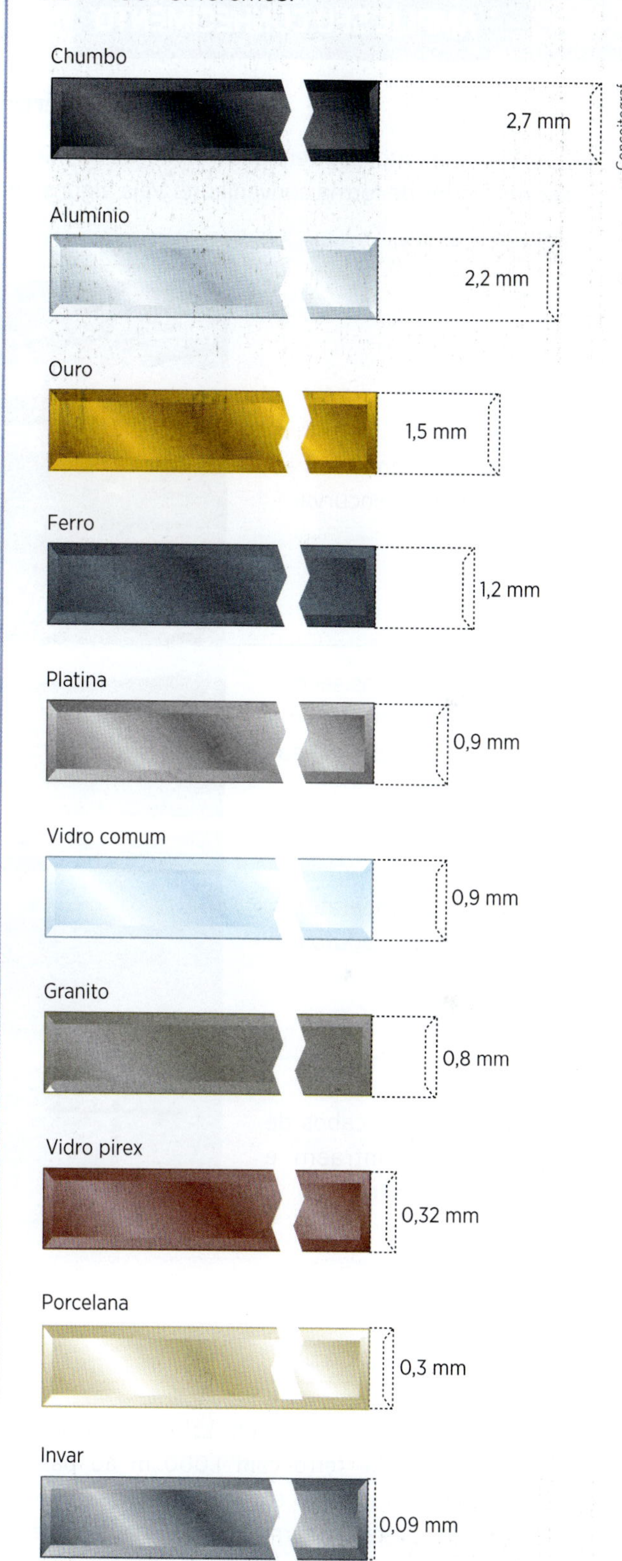

Substituindo, na fórmula (I), ΔL por $(L - L_0)$ obtemos:

$$L - L_0 = \alpha L_0 \Delta\theta$$
$$L = L_0 + \alpha L_0 \Delta\theta$$

$$L = L_0 (1 + \alpha\Delta\alpha) \quad \text{(II)}$$

AMPLIE SEU CONHECIMENTO

A dilatação térmica na prática diária

Há várias situações em que a dilatação térmica dos materiais pode provocar problemas que precisam ser resolvidos de forma conveniente. Veja alguns deles:

Problema		Solução
Em dias quentes, os trilhos das ferrovias tendem a se dilatar, podendo encurvar.	 Yogesh S. More/AGE Fotostock/Grupo Keystone	Deixar espaços entre as barras dos trilhos para permitir sua expansão. (Nas linhas do metrô e em muitas ferrovias os trilhos não apresentam folgas, isto é, são contínuos. As diversas partes dos trilhos são soldadas com material maleável, que absorve as dilatações.)
Em dias quentes, as seções de pistas de concreto se dilatam, podendo causar rachaduras.	 Thinkstock/Getty Images	Deixar pequenos espaços entre as seções, preenchendo-os com betume, um material maleável.
Com as altas temperaturas, as pontes e os viadutos se dilatam.	 Tengku Mohd Yusof/Alamy/Glow Images	Pode-se deixar espaço numa das extremidades, que é colocada sobre roletes. Outra opção é usar juntas de expansão, como mostra a figura.
Em dias frios, os cabos de transmissão contraem e podem se romper.	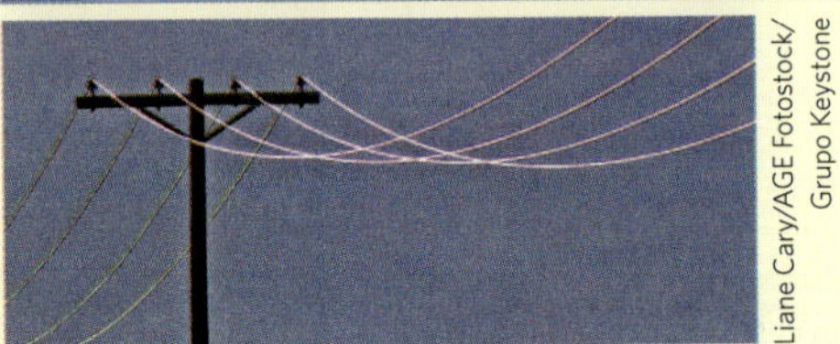 Liane Cary/AGE Fotostock/Grupo Keystone	Não deixar os fios esticados, mas pendendo, de modo que possam se contrair livremente no frio.

Aplicação

A1. Qual aumento de comprimento sofre uma extensão de trilhos de ferro com 1 000 m ao passar de 0 °C para 40 °C, sabendo-se que o coeficiente de dilatação térmica linear do ferro é $12 \cdot 10^{-6}$ °C^{-1}?

A2. Uma barra de determinada substância é aquecida de 20 °C para 220 °C. Seu comprimento à temperatura de 20 °C é de 5,000 cm e à temperatura de 220 °C é de 5,002 cm. Determine o coeficiente de dilatação térmica linear da substância no intervalo de temperatura considerado.

A3. Entre dois trilhos consecutivos de uma via férrea, deixa-se um espaço apenas suficiente para facultar livremente a dilatação térmica dos trilhos de 20 °C até a temperatura de 50 °C. O coeficiente de dilatação térmica linear do material dos trilhos é $1{,}0 \cdot 10^{-5}$ °C^{-1}. Cada trilho mede 20 m a 20 °C. Qual o espaço entre dois trilhos consecutivos na temperatura de 20 °C?

A4. O aumento de comprimento de uma barra corresponde a um milésimo de seu comprimento inicial, quando aquecida de 50 °C a 250 °C. Determine o coeficiente de dilatação térmica linear do material da barra, nesse intervalo de temperatura.

Verificação

V1. Uma barra de ferro tem, a 20 °C, um comprimento igual a 300 cm. O coeficiente de dilatação térmica linear do ferro vale $12 \cdot 10^{-6}$ °C^{-1}. Determine o comprimento da barra a 120 °C.

V2. Uma vara metálica tem comprimento de 1 m, a 0 °C. Ao ser aquecida até 100 °C, sofre um aumento de 0,12 cm. Determine o coeficiente de dilatação térmica linear do metal, no intervalo de temperatura considerado.

V3. Trilhos de uma linha férrea, cujo coeficiente de dilatação térmica linear é α, são assentados com o comprimento L_0 à temperatura θ_0. Na região, a temperatura ambiente pode atingir o máximo valor θ. Ao se assentarem os trilhos, qual deverá ser a distância mínima deixada nas emendas?

V4. A variação do comprimento de uma barra homogênea corresponde a um centésimo de seu comprimento inicial, ao ser aquecida de 15 °C até 415 °C. Qual o coeficiente de dilatação térmica linear do material que constitui a barra?

Revisão

R1. (UF-RJ) Um incêndio ocorreu no lado direito de um dos andares intermediários de um edifício construído com estrutura metálica, como mostra a figura 1. Em consequência do incêndio, que ficou restrito ao lado direito, o edifício sofreu uma deformação, como ilustra a figura 2.

Figura 1

Figura 2

Ilustrações: Lettera Studio

Com base em conhecimentos de termologia, explique por que o edifício entorta para a esquerda e não para a direita.

R2. (FGV-SP) As linhas de metrô são construídas tanto sob o solo quanto sobre este. Pensando nas variações de temperatura máxima no verão e mínima no inverno, ambas na parte de cima do solo, os projetistas devem deixar folgas de dilatação entre os trilhos, feitos de aço de coeficiente de dilatação linear $1{,}5 \cdot 10^{-5}$ °C^{-1}. Em determinada cidade britânica, a temperatura máxima costuma ser de 104 °F e a mínima de −4 °F. Se cada trilho mede 50,0 m nos dias mais frios, quando é feita sua instalação, a folga mínima que se deve deixar entre dois trilhos consecutivos, para que eles não se sobreponham nos dias mais quentes, deve ser, em centímetros, de:

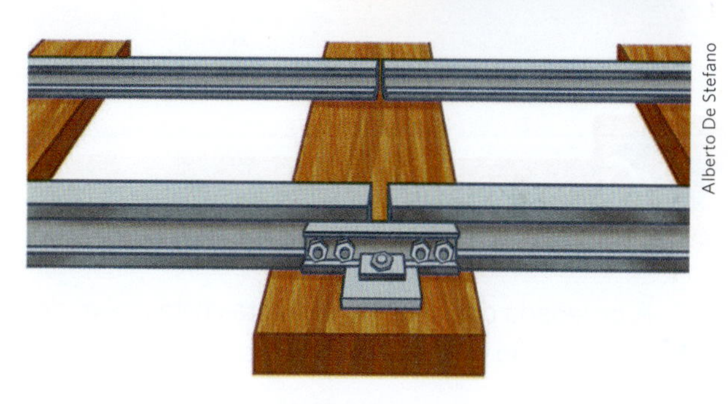

Alberto De Stefano

a) 1,5
b) 2,0
c) 3,0
d) 4,5
e) 6,0

R3. (U. E. Ponta Grossa-PR) No passado, muitos acidentes ferroviários eram causados por projetos malfeitos, que não consideravam a junta de dilatação mínima nas emendas dos trilhos de aço da estrada de ferro. Em geral, os trilhos de uma ferrovia têm um comprimento de 15 m e são instalados sobre os dormentes quando a temperatura é de 23 °C. Em um dia ensolarado de verão, a temperatura dos trilhos pode atingir 53 °C. Para essa situação, calcule qual deve ser a junta de dilatação mínima entre os trilhos, de modo a evitar que as extremidades de dois trilhos consecutivos se toquem e se deformem, podendo ocasionar um acidente. Dado: $\alpha_{aço} = 10 \cdot 10^{-6}$ K^{-1}.

R4. (Fuvest-SP) Para ilustrar a dilatação de corpos, um grupo de estudantes apresenta, em uma feira de ciências, o instrumento esquematizado na figura abaixo.

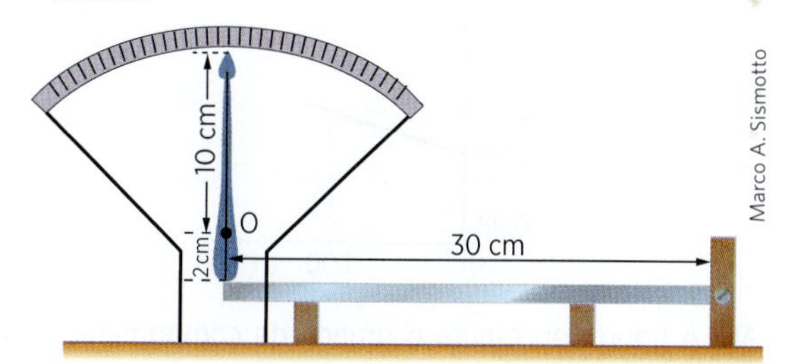

Marco A. Sismotto

Nessa montagem, uma barra de alumínio com 30 cm de comprimento está apoiada sobre dois suportes, tendo uma extremidade presa ao ponto inferior do ponteiro indicador e a outra encostada num anteparo fixo. O ponteiro pode girar livremente em torno do ponto *O*, sendo que o comprimento de sua parte superior é 10 cm e o da inferior, 2 cm.

Se a barra de alumínio, inicialmente à temperatura de 25 °C, for aquecida a 225 °C, o deslocamento da extremidade superior do ponteiro será, aproximadamente, de:

a) 1 mm
b) 3 mm
c) 6 mm
d) 12 mm
e) 30 mm

> **Note e adote**
> Coeficiente de dilatação linear do alumínio:
> $2 \cdot 10^{-5}\ °C^{-1}$

Gráficos de dilatação

De $L = L_0(1 + \alpha\Delta\theta)$, vem $L = L_0[1 + \alpha(\theta - \theta_0)]$.

Portanto, *L* varia com θ segundo uma função do primeiro grau: o gráfico $L \times \theta$ é uma reta inclinada em relação aos eixos (fig. 4).

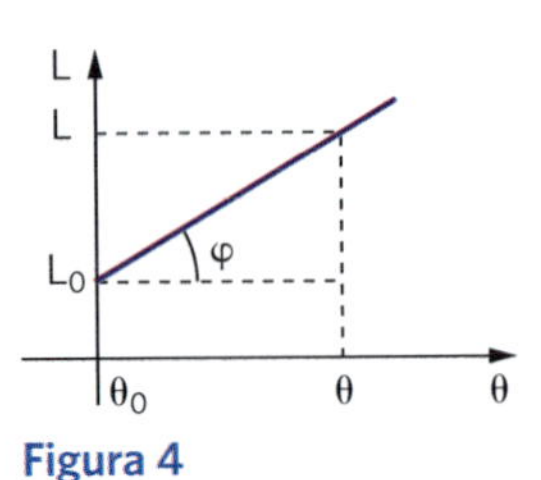

Figura 4

OBSERVE

- A ordenada do ponto onde a reta corta o eixo dos *L* é L_0 (comprimento inicial).
- A inclinação da reta, dada pela tangente do ângulo φ, é $\alpha \cdot L_0$:

$$\text{tg}\,\varphi = \frac{\Delta L}{\Delta\theta} \Rightarrow \text{tg}\,\varphi = \frac{\alpha L_0 \Delta\theta}{\Delta\theta} \Rightarrow \boxed{\text{tg}\,\varphi = \alpha \cdot L_0}$$

Na figura ao lado, temos o gráfico da dilatação de duas barras, *A* e *B*. As retas são paralelas: mesmo φ e, portanto, mesmo valor para o produto $\alpha \cdot L_0$.

Como a barra *A* tem maior L_0, seu coeficiente de dilatação α é menor:

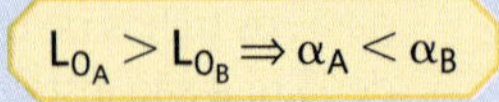

$$L_{0_A} > L_{0_B} \Rightarrow \alpha_A < \alpha_B$$

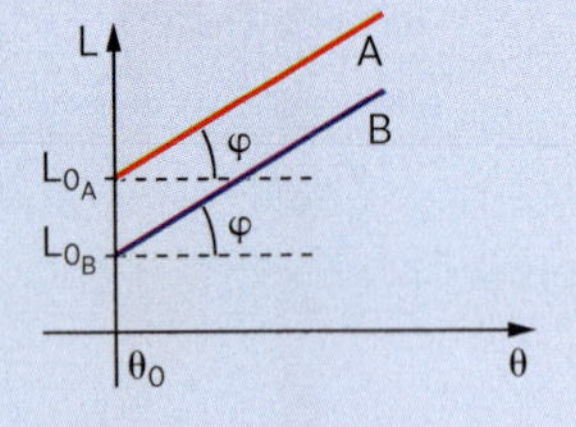

A5. Representa-se no diagrama a variação do comprimento de uma barra homogênea com a temperatura. Determine o valor do coeficiente de dilatação térmica linear do material de que é feita a barra.

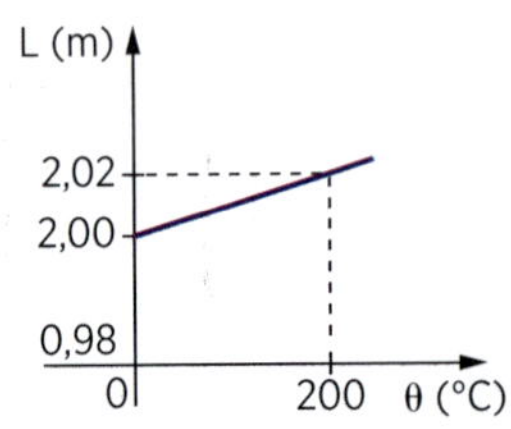

A6. A figura representa o gráfico do comprimento *L* de duas barras, B_1 e B_2, em função da temperatura.

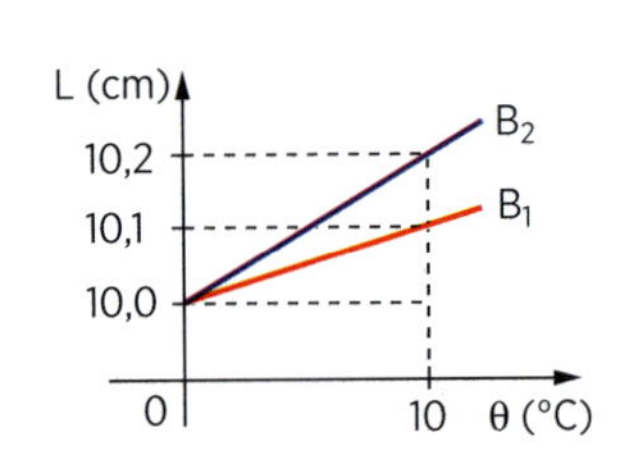

Determine:

a) os coeficientes de dilatação linear α_1 e α_2 dos materiais que constituem, respectivamente, as barras B_1 e B_2;

b) a temperatura em que a diferença de comprimento entre as barras é de 0,4 cm, com $L_{B_2} > L_{B_1}$.

A7. Duas barras metálicas de comprimentos L_1 e L_2, numa temperatura θ_0, são engastadas numa parede de modo que suas extremidades ficam à distância D uma da outra.

a) Sendo os coeficientes de dilatação térmica linear dos materiais da barra α_1 e α_2, respectivamente, estabeleça a condição para que a distância D entre os extremos das barras permaneça constante em qualquer temperatura $\theta > \theta_0$.

b) Na condição do item anterior, esboce o gráfico dos comprimentos L_1 e L_2 das barras em função da temperatura.

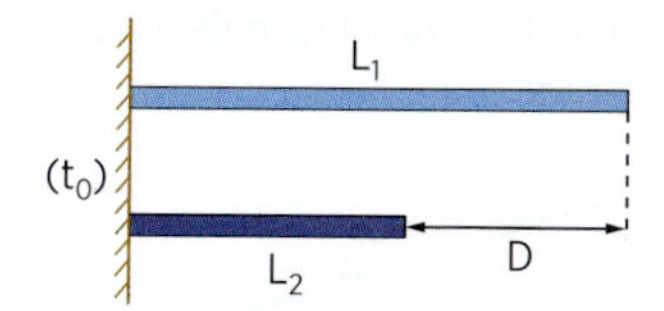

A8. O gráfico representa como varia o comprimento L de duas barras homogêneas, A e B, em função da temperatura, sendo, a 0 °C, $L_2 = 2L_1$.

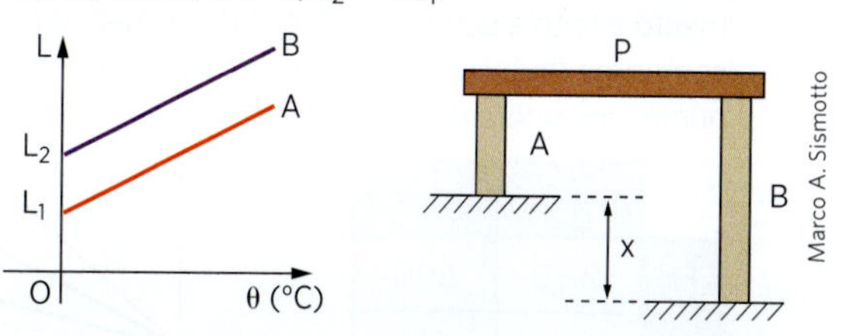

Essas barras devem ser dispostas verticalmente de modo que uma plataforma P apoiada sobre elas permaneça sempre na horizontal para qualquer temperatura $\theta > 0$ °C.

a) Determine a relação entre os coeficientes de dilatação linear α_A e α_B das barras.

b) Qual o valor do desnível x entre as bases de apoio das duas barras em função dos comprimentos iniciais L_1 e L_2?

Verificação

V5. O comprimento de uma barra homogênea varia com a temperatura Celsius, como mostra o gráfico. Determine o coeficiente de dilatação térmica linear do material da barra.

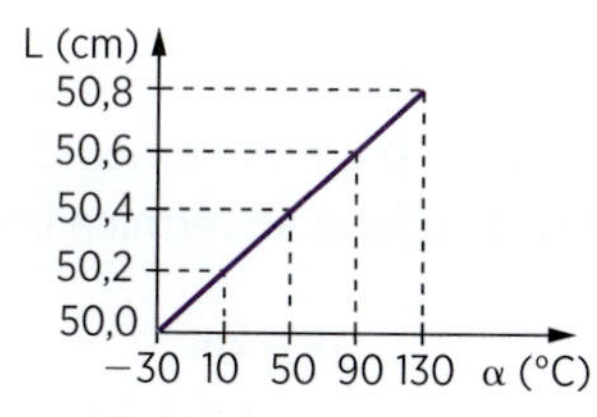

V6. Duas barras homogêneas, A e B, têm seu comprimento L em função da temperatura variando de acordo com o gráfico.

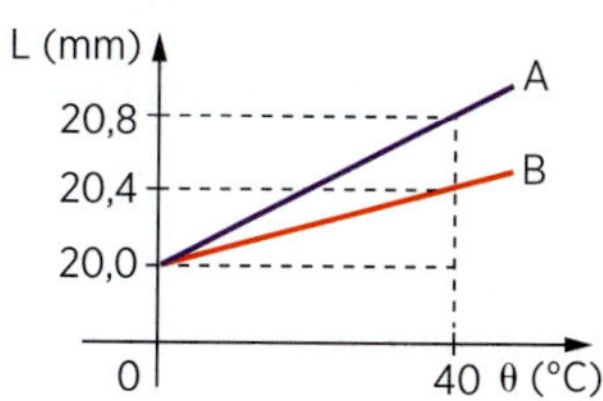

Determine:

a) os coeficientes de dilatação linear α_A e α_B dos materiais que constituem as barras;

b) a temperatura em que a diferença entre os comprimentos das barras vale 1,2 mm.

V7. Uma ponte mantém-se sempre horizontal, qualquer que seja a temperatura, embora apoiada sobre dois pilares cujos coeficientes de dilatação térmica linear estão na proporção 2:3. O desnível entre os apoios é igual a 0,50 m.

a) Determine o comprimento de cada um dos pilares na temperatura inicial (θ_0).

b) Esboce o gráfico dos comprimentos dos pilares em função da temperatura a partir da temperatura inicial (θ_0).

Revisão

R5. (UF-PE) O gráfico ao lado apresenta a variação do comprimento L de uma barra metálica em função da temperatura θ. Qual o coeficiente de dilatação linear da barra, em °C^{-1}?

a) $1{,}00 \cdot 10^{-5}$

b) $2{,}00 \cdot 10^{-5}$

c) $3{,}00 \cdot 10^{-5}$

d) $4{,}00 \cdot 10^{-5}$

e) $5{,}00 \cdot 10^{-5}$

R6. (Inatel-MG) O gráfico da figura a seguir mostra a dilatação térmica de três barras metálicas, feitas de alumínio ($A\ell$), ferro (Fe) e chumbo (Pb). O aquecimento é feito a partir de 0 °C e elas possuem o mesmo comprimento inicial. A tabela apresenta alguns dados numéricos referentes ao processo.

	ΔL (cm)	$\Delta\theta$ (°C)
Fe	0,60	500
$A\ell$	0,46	200
Pb	0,27	100

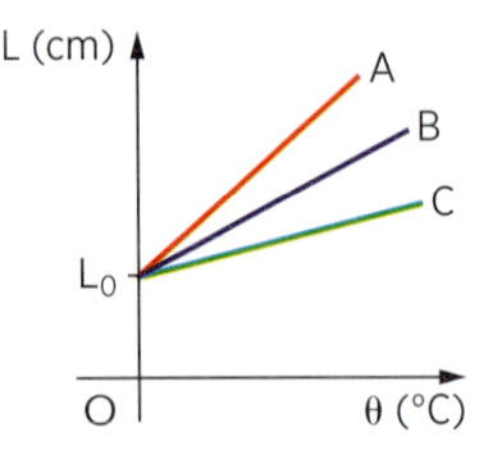

As letras *A*, *B* e *C* representam, respectivamente, as substâncias:

a) Pb, $A\ell$, Fe
b) $A\ell$, Pb, Fe
c) Fe, Pb, $A\ell$
d) $A\ell$, Fe, Pb
e) Fe, $A\ell$, Pb

R7. (AFA-SP) No gráfico a seguir está representado o comprimento *L* de duas barras *A* e *B* em função da temperatura θ.

Sabendo-se que as retas que representam os comprimentos da barra *A* e da barra *B* são paralelas, pode-se afirmar que a razão entre o coeficiente de dilatação linear da barra *A* e o da barra *B* é:

a) 2,00
b) 0,50
c) 1,00
d) 0,25

R8. (UF-PE) A figura mostra um balanço AB suspenso por fios, presos ao teto. Os fios têm coeficientes de dilatação linear $\alpha_A = 1{,}5 \cdot 10^{-5}\ K^{-1}$ e $\alpha_B = 2{,}0 \cdot 10^{-5}\ K^{-1}$, e comprimentos L_A e L_B, respectivamente, na temperatura T_0. Considere $L_B = 72$ cm e determine o comprimento L_A, em cm, para que o balanço permaneça sempre na horizontal (paralelo ao solo), em qualquer temperatura.

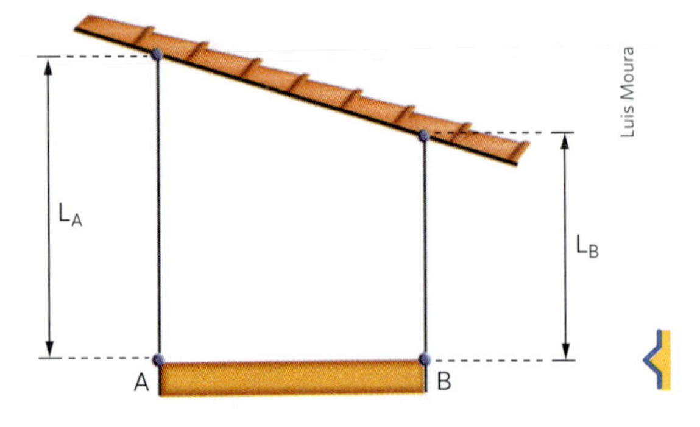

Dilatação térmica superficial

Consideremos uma placa de área A_0 na temperatura θ_0. Se a temperatura aumenta para θ, a área da placa aumenta para *A* (fig. 5).

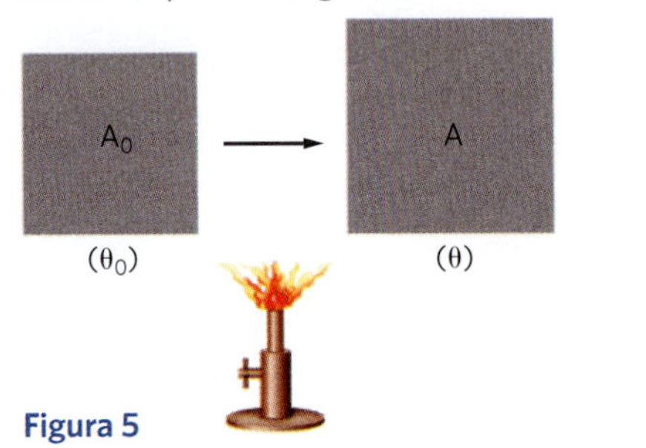

Figura 5

Ocorre, assim, uma dilatação térmica superficial, caracterizada pela variação de área:

$$\Delta A = A - A_0$$

A variação de área ΔA é diretamente proporcional à área inicial A_0 e à variação de temperatura Δθ, sendo válido escrever:

$$\Delta A = \beta A_0 \Delta\theta \quad \text{(III)}$$

O coeficiente de proporcionalidade β é uma característica do material que constitui a placa, denominada *coeficiente de dilatação térmica superficial* do material.

Para cada substância, o coeficiente de dilatação térmica superficial β é praticamente igual ao dobro do coeficiente de dilatação térmica linear α:

$$\beta = 2\alpha$$

Por exemplo, para o alumínio, temos:

$$\alpha = 22 \cdot 10^{-6}\ °C^{-1}$$
$$\beta = 44 \cdot 10^{-6}\ °C^{-1}$$

Desenvolvendo a fórmula (III), vem:

$$A - A_0 = \beta A_0 \Delta\theta \Rightarrow A = A_0 + \beta A_0 \Delta\theta$$

$$A = A_0(1 + \beta\Delta\theta) \quad \text{(IV)}$$

Dilatação térmica volumétrica

Chamemos V_0 o volume de um sólido na temperatura θ_0. Aumentando a temperatura para θ, o volume do sólido aumenta para *V* (fig. 6).

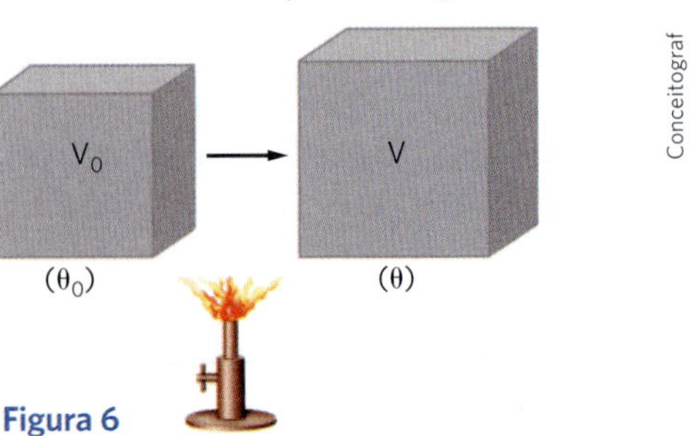

Figura 6

Ocorreu, portanto, uma dilatação térmica volumétrica, caracterizada pela variação do volume:

$$\Delta V = V - V_0$$

A variação de volume ΔV é diretamente proporcional ao volume inicial V_0 e à variação de temperatura $\Delta\theta$, valendo escrever:

$$\Delta V = \gamma V_0 \Delta\theta \quad \text{(V)}$$

O coeficiente de proporcionalidade γ é uma característica do material que constitui o corpo sólido, denominada *coeficiente de dilatação térmica volumétrica* do material.

Para cada substância, o coeficiente de dilatação térmica volumétrica γ é praticamente igual ao triplo do coeficiente de dilatação térmica linear α:

$$\gamma = 3\alpha$$

Por exemplo, para o alumínio, temos:

$\alpha = 22 \cdot 10^{-6}\ °C^{-1}$ e $\gamma = 66 \cdot 10^{-6}\ °C^{-1}$

Desenvolvendo a fórmula (V), vem:

$$V - V_0 = \gamma V_0 \Delta\theta \Rightarrow V = V_0 + \gamma V_0 \Delta\theta$$

$$V = V_0 (1 + \gamma\Delta\theta) \quad \text{(VI)}$$

OBSERVE

- Os três coeficientes de dilatação térmica podem ser relacionados do seguinte modo:

$$\frac{\alpha}{1} = \frac{\beta}{2} = \frac{\gamma}{3}$$

- A dilatação térmica de um sólido oco se verifica como se este fosse maciço. Assim, a capacidade de um copo de vidro aumenta com o aumento da temperatura de θ_1 para θ_2, como se o espaço interno do copo fosse constituído pelo material das paredes (vidro). Do mesmo modo, o orifício feito numa placa aumenta com a elevação da temperatura, como se o orifício fosse constituído pelo material da placa.

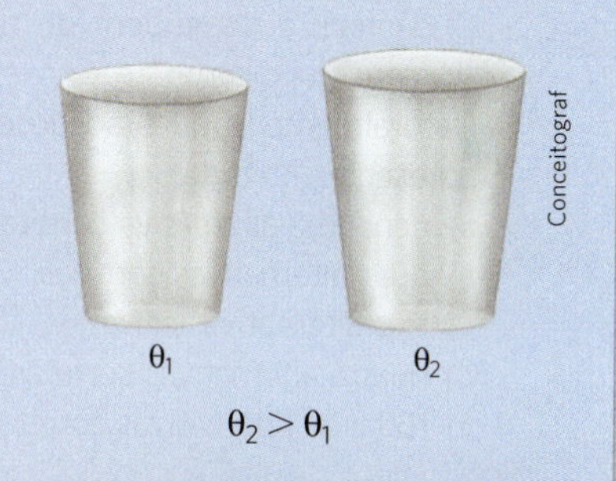

$\theta_2 > \theta_1$

Aplicação

A9. Uma placa tem área 5,000 m^2 a 0 °C. Ao ter sua temperatura elevada para 100 °C, sua área passa a ser 5,004 m^2. Determine os coeficientes de dilatação térmica superficial e linear da placa.

A10. Ao ser aquecido de 10 °C para 210 °C, o volume de um corpo sólido aumenta 0,02 cm^3. Se o volume do corpo a 10 °C era 100 cm^3, determine os coeficientes de dilatação térmica volumétrica, linear e superficial do material que constitui o corpo.

A11. Uma placa metálica apresenta um orifício central de área A_0 na temperatura θ_0. Explique o que acontece com a área desse orifício quando a temperatura varia para $\theta > \theta_0$.

A12. Em um frasco volumétrico usado em laboratório de química está gravado "200 cm^3 a 20 °C". Sendo o coeficiente de dilatação térmica volumétrica do vidro $27 \cdot 10^{-6}\ °C^{-1}$, determine a capacidade desse frasco a 80 °C.

Verificação

V8. A variação da área de uma chapa é 0,04 cm^2, quando a temperatura aumenta de 200 °C. Se a área inicial da chapa era 10^2 cm^2, determine os coeficientes de dilatação térmica superficial e linear do material da chapa.

V9. O volume de um corpo sólido homogêneo aumenta de 0,04 cm^3 ao ser aquecido de 20 °C para 420 °C. Sendo 200 cm^3 o volume desse corpo a 20 °C, determine os coeficientes de dilatação volumétrica, linear e superficial do material de que é feito o corpo.

V10. Um pino deve se ajustar ao orifício de uma placa à temperatura de 20 °C. No entanto, verifica-se que o orifício é pequeno para receber o pino. Que procedimentos podem permitir que o pino se ajuste ao orifício? Explique.

V11. Um frasco de volumetria traz gravado em sua base: 100 cm^3 a 15 °C. Se esse frasco for utilizado à temperatura de 45 °C, que volume de líquido ele poderá conter? O coeficiente de dilatação cúbica do vidro de que é feito o frasco vale $27 \cdot 10^{-6}\ °C^{-1}$.

R9. (FGV-SP) Suponha que você encontrasse o seguinte teste:

"Com relação ao fenômeno da dilatação térmica nos sólidos é correto afirmar que:

A) toda dilatação, em verdade, ocorre nas três dimensões: largura, comprimento e altura.

B) quando um corpo que contém um orifício dilata, as dimensões do orifício dilatam também.

C) os coeficientes de dilatação linear, superficial e volumétrica, em corpos homogêneos e isótropos, guardam, nesta ordem, a proporção de 1 para 2 para 3.

D) a variação das dimensões de um corpo depende de suas dimensões iniciais, do coeficiente de dilatação e da variação de temperatura sofrida.

E) coeficientes de dilatação são grandezas adimensionais e dependem do tipo de material que constitui o corpo."

Naturalmente, a questão deveria ser anulada, por apresentar, ao todo:

a) nenhuma alternativa correta.
b) duas alternativas corretas.
c) três alternativas corretas.
d) quatro alternativas corretas.
e) todas as alternativas corretas.

R10. (UF-PB) Os materiais utilizados na construção civil são escolhidos por sua resistência a tensões, durabilidade e propriedades térmicas como a dilatação, entre outras. Rebites de metal (pinos de formato cilíndrico), de coeficiente de dilatação linear $9{,}8 \cdot 10^{-6}\ °C^{-1}$, devem ser colocados em furos circulares de uma chapa de outro metal, de coeficiente de dilatação linear $2{,}0 \cdot 10^{-5}\ °C^{-1}$. Considere que, à temperatura ambiente (27 °C), a área transversal de cada rebite é $1{,}00\ cm^2$ e a de cada furo, $0{,}99\ cm^2$. A colocação dos rebites, na chapa metálica, somente será possível se ambos forem aquecidos até, no mínimo, a temperatura comum de:

a) 327 °C
b) 427 °C
c) 527 °C
d) 627 °C
e) 727 °C

(UE-PB) Leia o texto e responda às questões **R11** e **R12**:

Willen Gravesand (1688-1742), físico holandês, foi professor de matemática, de astronomia e de física, sendo reconhecido dentre as suas contribuições científicas pelo famoso anel de Gravesand; experimento que se constitui de uma esfera metálica, suspensa ou presa por uma haste e um anel metálico, conforme ilustrado a seguir.

Sérgio Dotta Jr/The Next

R11. Verifica-se na figura acima que, inicialmente, não é possível passar a esfera através do anel de metal. Porém, após aquecer o anel de metal, a esfera passa facilmente. A alternativa que explica corretamente esse fenômeno é:

a) O aumento da temperatura no anel de metal causado pela chama da vela aumenta a agitação térmica das partículas do metal, o que provoca uma redução do diâmetro do anel, facilitando a passagem da esfera.

b) O calor fornecido pela vela no anel faz com que o tamanho da esfera diminua, quando em contato com o anel, facilitando a passagem da esfera.

c) O calor fornecido pela vela ao anel metálico provoca uma redução no nível de agitação térmica das partículas do metal, o que provoca um aumento do diâmetro do anel, facilitando a passagem da esfera.

d) O aumento de temperatura, causado pela chama da vela no anel de metal, aumenta a agitação térmica das partículas do metal, o que provoca um aumento do diâmetro do anel, facilitando a passagem da esfera.

e) Não é possível acontecer tal fenômeno, uma vez que, após o anel ser aquecido, haverá uma diminuição do mesmo, impedindo a passagem da esfera de metal.

R12. O experimento do anel de Gravesand pode ser usado para comprovar a dilatação volumétrica de um sólido. Considerando que, em outro artefato experimental, uma esfera metálica tinha, a 10° C, um raio e 5,0 cm; que a esfera foi feita com aço de coeficiente de dilatação linear $\alpha = 1{,}5 \cdot 10^{-5}\ °C^{-1}$ e adotando $\pi = 3$, a dilatação volumétrica sofrida pela esfera, se sua temperatura for elevada para 110 °C, é:

a) $500{,}00\ cm^3$
b) $1{,}00\ cm^3$
c) $2{,}25\ cm^3$
d) $9{,}00\ cm^3$
e) $1{,}13\ cm^3$

R13. (PUC-SP) A tampa de zinco de um frasco de vidro agarrou no gargalo de rosca externa e não foi possível soltá-la. Sendo os coeficientes de dilatação térmica linear do zinco e do vidro, respectivamente, iguais a $30 \cdot 10^{-6}\ °C^{-1}$ e $8{,}5 \cdot 10^{-6}\ °C^{-1}$, como proceder? Justifique sua resposta. Temos à disposição um caldeirão com água quente e outro com água gelada.

APROFUNDANDO

- Procure saber o que é uma lâmina bimetálica e quais são suas aplicações práticas.
- Para que servem as juntas de dilatação nas estruturas de edificações?

Comportamento térmico dos líquidos

Os líquidos se comportam termicamente como os sólidos. Assim, a dilatação térmica de um líquido obedece a uma lei idêntica à da dilatação térmica dos sólidos. No entanto, para os líquidos, só se considera a dilatação térmica volumétrica.

Seja V_0 o volume de um líquido à temperatura θ_0 e V o volume numa temperatura maior θ. Indicando por γ o coeficiente de dilatação térmica do líquido, podemos escrever:

$$\Delta V = \gamma V_0 \Delta\theta \quad \text{e} \quad V = V_0(1 + \gamma\Delta\theta)$$

Como os líquidos são estudados estando contidos em recipientes sólidos, a medida do coeficiente de dilatação térmica dos líquidos é feita indiretamente. O método mais utilizado nessa medida é o que descrevemos a seguir.

Um recipiente sólido é completamente enchido com o líquido à temperatura θ_0, de modo que o volume inicial do líquido (V_0) seja igual à capacidade volumétrica do recipiente (C_0) (fig. 7).

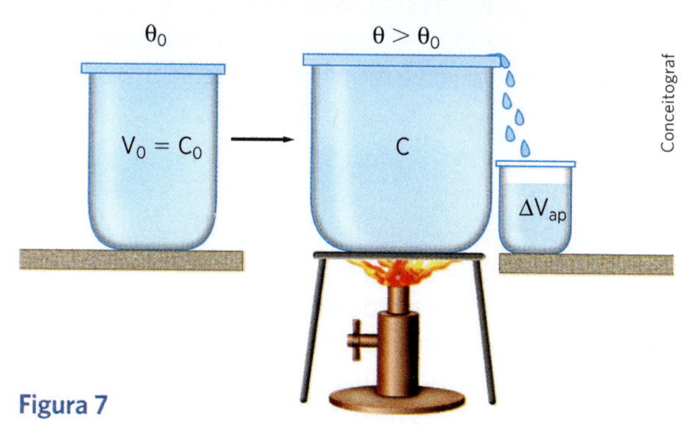

Figura 7

Aumentando-se a temperatura do sistema para θ, certo volume do líquido transborda. Esse volume derramado mede a *dilatação aparente* (ΔV_{ap}) do líquido, que obedece a uma lei de dilatação semelhante à anterior.

$$\Delta V_{ap} = \gamma_{ap} V_0 \Delta\theta$$

Nessa fórmula, o coeficiente de proporcionalidade γ_{ap} é denominado *coeficiente de dilatação térmica aparente* do líquido, que, além de depender da natureza do líquido, depende ainda da natureza do material de que é feito o frasco.

A capacidade volumétrica do frasco sofre um aumento ΔC, que, chamando-se de γ_F o coeficiente de dilatação térmica volumétrica do material do recipiente, pode ser expresso por:

$$\Delta C = \gamma_F V_0 \Delta\theta$$

A dilatação realmente sofrida pelo líquido (ΔV) corresponde à soma da dilatação aparente (ΔV_{ap}) com a variação da capacidade volumétrica do frasco (ΔC).

$$\Delta V = \Delta V_{ap} + \Delta C$$

Substituindo os valores dados pelas fórmulas anteriores, obtemos:

$$\gamma V_0 \Delta\theta = \gamma_{ap} V_0 \Delta\theta + \gamma_F V_0 \Delta\theta$$

$$\gamma = \gamma_{ap} + \gamma_F$$

Portanto, o coeficiente de dilatação térmica (real) de um líquido é dado pela soma do coeficiente de dilatação térmica aparente dele com o coeficiente de dilatação térmica volumétrica do material do recipiente. Os valores de γ_{ap} e de γ_F são, em geral, obtidos experimentalmente.

Aplicação

A13. Um recipiente tem, a 0 °C, capacidade volumétrica de 20 cm^3 e a 100 °C sua capacidade é de 20,01 cm^3. Quando ele é completamente enchido com certo líquido a 0 °C, transborda 0,50 cm^3 ao ser feito o referido aquecimento.
Determine:

a) o coeficiente de dilatação térmica volumétrica do material de que é feito o recipiente;
b) o coeficiente de dilatação térmica aparente do líquido;
c) o coeficiente de dilatação térmica real do líquido.

A14. Um recipiente de vidro está completamente cheio com 80 cm^3 de certo líquido, à temperatura de 56 °C. Determine a quantidade de líquido transbordado quando a temperatura é elevada para 96 °C. São dados o coeficiente de dilatação linear do vidro ($9 \cdot 10^{-6}$ °C^{-1}) e o coeficiente de dilatação cúbica do líquido ($1{,}8 \cdot 10^{-4}$ °C^{-1}).

A15. O coeficiente de dilatação térmica da gasolina é igual a $1{,}2 \cdot 10^{-3}$ °C^{-1}. Um caminhão-tanque descarrega 10 mil litros de gasolina medidos a 25 °C. Se a gasolina é vendida a 15 °C, determine o "prejuízo" do vendedor em litros de gasolina.

Verificação

V12. Um frasco de vidro, cujo coeficiente de dilatação térmica volumétrica é $27 \cdot 10^{-6}$ °C^{-1}, tem, a 20 °C, capacidade volumétrica igual a 1000 cm^3, estando a essa temperatura completamente cheio de um líquido. Ao se elevar a temperatura para 120 °C, transbordam 50 cm^3. Determine o coeficiente de dilatação térmica aparente e o coeficiente de dilatação térmica real do líquido.

V13. Um recipiente de ferro tem coeficiente de dilatação térmica linear igual a $12 \cdot 10^{-6}$ °C^{-1}. Ele está a 0 °C e totalmente cheio de um líquido cujo volume é 120 cm^3. Ao se aquecer o conjunto a 200 °C, extravasam 12 cm^3 do líquido. Determine o coeficiente de dilatação térmica real do líquido.

V14. Uma companhia compra $1{,}0 \cdot 10^4$ litros de petróleo à temperatura de 28 °C. Se o petróleo for vendido à temperatura de 8 °C, qual a perda da companhia em litros? O coeficiente de dilatação térmica cúbica do petróleo é $9{,}0 \cdot 10^{-4}$ °C^{-1}.

Revisão

R14. (U. E. Feira de Santana-BA) Tratando-se da dilatação dos sólidos isótropos e dos líquidos homogêneos, é correto afirmar:

a) Uma esfera oca, quando aquecida, se dilata como se estivesse preenchida pela mesma substância que a constitui.
b) O coeficiente de dilatação volumétrica, para os sólidos, é igual ao dobro do coeficiente de dilatação superficial.
c) A dilatação real do líquido depende do recipiente que o contém.
d) A dilatação aparente do líquido é a mesma, quando medida em recipientes de volumes iguais e constituídos de materiais diferentes.
e) A dilatação aparente dos líquidos é sempre maior do que a dilatação real.

R15. (U. F. Triângulo Mineiro-MG) Uma garrafa aberta está quase cheia de um determinado líquido. Sabe-se que, se esse líquido sofrer uma dilatação térmica correspondente a 3% de seu volume inicial, a garrafa ficará completamente cheia, sem que tenha havido transbordamento do líquido.
Desconsiderando a dilatação térmica da garrafa e a vaporização do líquido, e sabendo que o coeficiente de dilatação volumétrica do líquido é igual a $6 \cdot 10^{-4}$ °C^{-1}, a maior variação de temperatura em °C que o líquido pode sofrer sem que haja transbordamento é igual a:

Hélio Senatore
Fora de escala

a) 35
b) 45
c) 50
d) 30
e) 40

R16. (Unir-RO) Um recipiente de 600 cm^3 estava completamente cheio de um líquido. Após aquecimento, o líquido extravasou um volume de 1,8 cm^3. Sendo os coeficientes de dilatação volumétrica do líquido e do recipiente, respectivamente, $\gamma_L = 0{,}00020$ °C^{-1} e $\gamma_R = 0{,}00005$ °C^{-1}, a variação da temperatura do conjunto (líquido e recipiente) foi de:

a) 60 °C
b) 20 °C
c) 30 °C
d) 40 °C
e) 50 °C

R17. (UE-PB) Um proprietário de um automóvel foi a um posto, ao lado de sua residência, e encheu o tanque de seu automóvel, de 60 litros, numa noite fria a uma temperatura de 8,0 °C. Em seguida, retornou à sua residência e guardou o seu veículo na garagem. Às 12 horas do dia seguinte, verificou que, em virtude da elevação da temperatura para 33,0 °C, uma certa quantidade de gasolina havia entornado (vazado pelo ladrão do tanque). Considerando o coeficiente de dilatação volumétrica do material do tanque $\gamma_{mat} = 40{,}0 \cdot 10^{-6}$ °C^{-1} e o coeficiente de dilatação volumétrica aparente da gasolina $\gamma_{ap} = 1{,}1 \cdot 10^{-3}$ °C^{-1}, a dilatação volumétrica real da gasolina, em litros, é:

a) 0,82
b) 0,06
c) 1,60
d) 1,65
e) 1,71

AMPLIE SEU CONHECIMENTO

Comportamento da água

Vamos admitir que, sob pressão normal, certa quantidade de água líquida a 0 °C seja colocada no interior de um recipiente que não se dilata. Se aumentarmos a temperatura até 4 °C, verificaremos que o nível do líquido baixa, mostrando que nesse intervalo de temperatura a água sofreu *contração*. Se continuarmos o aquecimento além de 4 °C, verificaremos que até 100 °C o nível do líquido sobe, indicando *dilatação* da água, como no esquema ao lado.

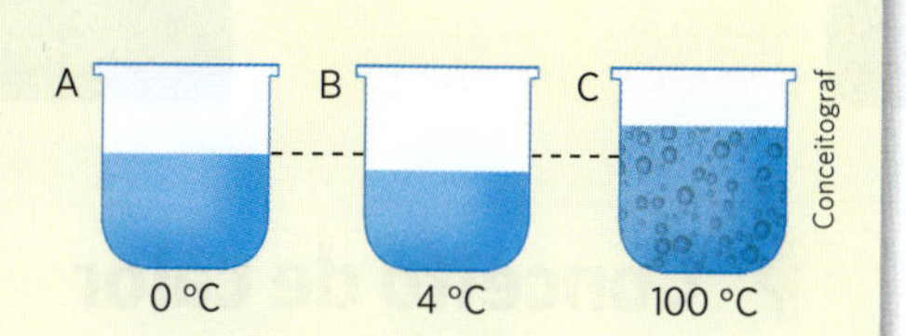

Portanto, para dada massa *m* de água, a 4 °C ela apresenta um *volume mínimo*. Lembrando que a densidade é dada pela relação entre a massa e seu volume (d = m/v), concluímos que a 4 °C a água apresenta *densidade máxima*. Os gráficos ao lado indicam esse comportamento anômalo da água.

Esse comportamento da água explica por que, nas regiões de clima muito frio, os lagos chegam a ter sua superfície congelada, enquanto no fundo a água permanece no estado líquido a 4 °C. Como a 4 °C a água tem densidade máxima, ela permanece no fundo, não havendo possibilidade de se estabelecer o equilíbrio térmico por diferença de densidades.

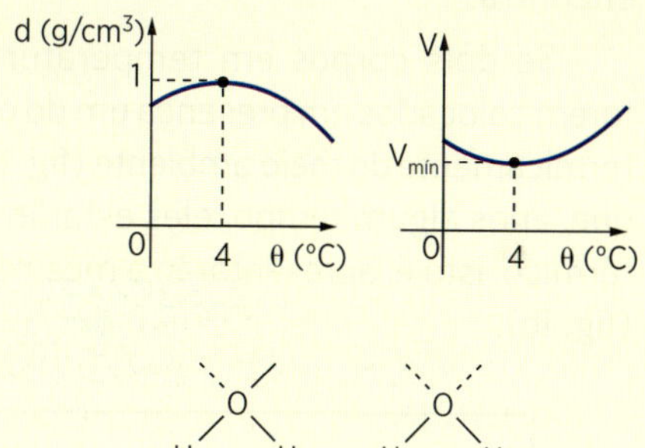

A razão desse estranho comportamento da água está em sua constituição molecular. Na formação da molécula de água os pares de elétrons da união deslocam-se para o átomo de oxigênio, por ser mais eletronegativo do que o hidrogênio. Assim, a molécula de água apresenta dois polos, sendo, portanto, polarizada. O átomo de oxigênio fica carregado com duas cargas negativas e cada átomo de hidrogênio, com uma carga positiva. Desse modo, cada átomo de oxigênio de uma molécula se une a dois átomos de hidrogênio de duas outras moléculas. Isso significa que cada átomo de oxigênio se liga a quatro átomos de hidrogênio. A ligação por meio de moléculas polares é chamada *ponte de hidrogênio*.

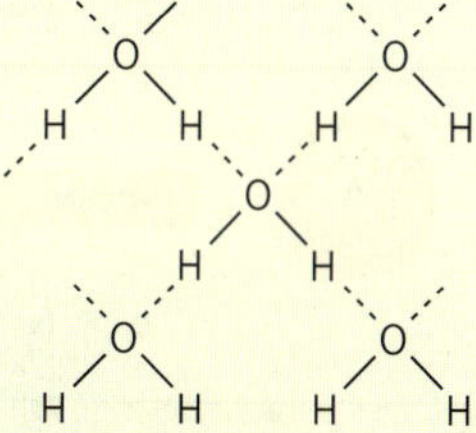

As linhas tracejadas representam as pontes de hidrogênio.

No estado sólido (gelo), as moléculas de água estão unidas por pontes de hidrogênio. Esse tipo de ligação possui muitos espaços vazios. Ao sofrer fusão, parte das pontes de hidrogênio é destruída, sendo os espaços vazios preenchidos. Isso explica a diminuição do volume da água ao sofrer fusão (0 °C). Consequentemente, a densidade do gelo é menor do que a da água líquida resultante da fusão.

Ao aumentar a temperatura, a partir de 0 °C, as pontes de hidrogênio continuam se rompendo, havendo maior aproximação entre as moléculas. Esse efeito, que se mostra mais acentuado entre 0 °C e 4 °C, supera o efeito produzido pela agitação térmica (o afastamento entre as moléculas), fazendo com que a água se contraia.

Acima de 4 °C, sendo menor o número de pontes que se rompem, essa contração deixa de ser observada, pois passa a predominar o afastamento molecular, que se traduz macroscopicamente pelo aumento de volume (dilatação).

APROFUNDANDO

- Por que o leite sobe quando ferve?

capítulo

19 Calorimetria

Conceito de calor

As partículas que constituem um corpo estão em constante movimento. A energia associada ao estado de agitação dessas partículas é denominada *energia térmica* do corpo. Ela depende, entre outros fatores, da temperatura em que o corpo se encontra.

Se dois corpos em temperaturas diferentes forem colocados em presença um do outro, isolados termicamente do meio ambiente (fig. 1a), verifica-se que, após algum tempo, eles estarão em equilíbrio térmico, isto é, apresentarão a mesma temperatura (fig. 1b).

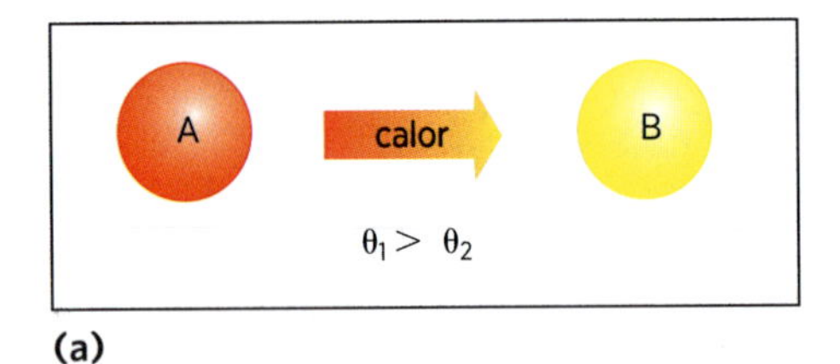

(a)

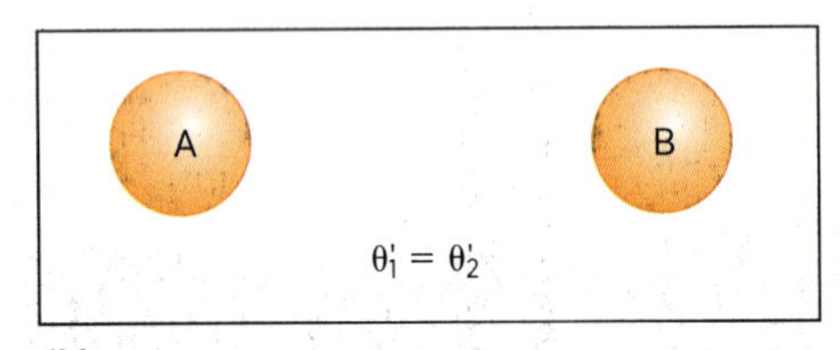

(b)

Figura 1

Podemos dizer que o corpo inicialmente mais quente perde energia térmica, pois sua temperatura diminui e o corpo inicialmente mais frio ganha energia térmica, uma vez que sua temperatura aumenta. Portanto, *há transferência de energia térmica do corpo mais quente para o corpo mais frio*, até que ambos apresentem temperaturas iguais.

A energia térmica que se transfere do corpo com maior temperatura para o corpo com temperatura mais baixa recebe o nome de *calor*. Então, podemos conceituar:

***Calor* é energia térmica em trânsito, determinada pela diferença de temperatura entre dois corpos.**

Saliente-se que o termo *calor* é usado apenas para indicar a energia térmica que está se transferindo, não sendo empregado para indicar a energia que o corpo possui.

A unidade de quantidade de calor Q no Sistema Internacional de Unidades é o *joule* (J), uma vez que o calor é uma forma de energia. No entanto, a unidade mais utilizada é a *caloria* (cal), cuja relação com a anterior é:

$$1 \text{ cal} = 4{,}18 \text{ J}$$

Emprega-se também, com frequência, a unidade múltipla *quilocaloria* (kcal):

$$1 \text{ kcal} = 10^3 \text{ cal}$$

O calor que um corpo recebe ou cede pode produzir, no corpo, variação de temperatura ou mudança de estado de agregação.

O calor que produz apenas variação de temperatura é chamado *calor sensível*.

O calor que produz apenas mudança de estado de agregação é chamado *calor latente*.

Capacidade térmica

Vamos admitir que, num processo em que não ocorra mudança de estado, um corpo (no caso certa quantidade de um líquido) recebe uma quantidade de calor *Q* e sofre uma variação de temperatura $\Delta\theta$ (fig. 2). Nessa situação, *Q* é uma quantidade de calor sensível.

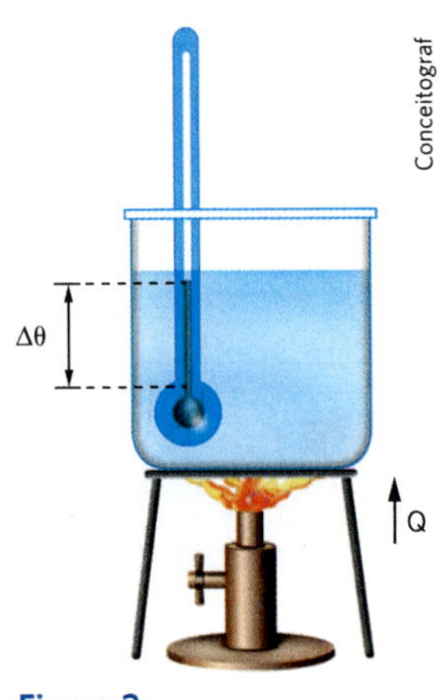

Figura 2

Define-se a *capacidade térmica* ou *calorífica C* do corpo por meio da relação:

$$C = \frac{Q}{\Delta\theta}$$

A unidade usual da capacidade térmica é caloria por grau Celsius (cal/°C).

Por exemplo, se um corpo recebe 20 calorias e sua temperatura varia 5 °C, sua capacidade térmica vale:

$$\left.\begin{matrix} Q = 20 \text{ cal} \\ \Delta\theta = 5 \text{ °C} \end{matrix}\right\} C = \frac{Q}{\Delta\theta} = \frac{20}{5} \Rightarrow \boxed{C = 4 \text{ cal/°C}}$$

Podemos dizer que a capacidade térmica mede a quantidade de calor que produz, no corpo, uma variação unitária de temperatura. No exemplo apresentado, o corpo deve receber 4 calorias para que sua temperatura aumente 1 °C.

Calor específico

Define-se a *capacidade térmica específica* ou o *calor específico c* da substância que constitui o corpo por meio da relação:

$$c = \frac{C}{m}$$

em que *C*: capacidade térmica do corpo
m: massa do corpo

A unidade usual de calor específico é a *caloria por grama e por grau Celsius (cal/g · °C)*.

Por exemplo, vamos admitir que o corpo considerado no item anterior, de capacidade térmica 4 cal/°C, tenha massa igual a 10 gramas. O calor específico da substância que o constitui vale:

$$\left.\begin{matrix} C = 4 \text{ cal/°C} \\ m = 10 \text{ g} \end{matrix}\right\} c = \frac{C}{m} = \frac{4}{10} \Rightarrow \boxed{c = 0{,}4 \text{ cal/g} \cdot \text{°C}}$$

O calor específico pode ser entendido como sendo a medida numérica da quantidade de calor que acarreta uma variação unitária de temperatura na unidade de massa da substância.

No exemplo, a massa de 1 grama da substância deve receber 0,4 caloria para que sua temperatura aumente 1 °C.

É importante observar que o *calor específico é uma grandeza característica do material que constitui o corpo*.

Se considerarmos corpos de massas diferentes $m_1, m_2, ..., m_n$ de mesma substância, eles terão capacidades térmicas diferentes $C_1, C_2, ..., C_n$, mas a relação entre a capacidade térmica e a massa permanecerá constante, isto é, a medida do calor específico da substância:

$$\frac{C_1}{m_1} = \frac{C_2}{m_2} = ... = \frac{C_n}{m_n} = c$$

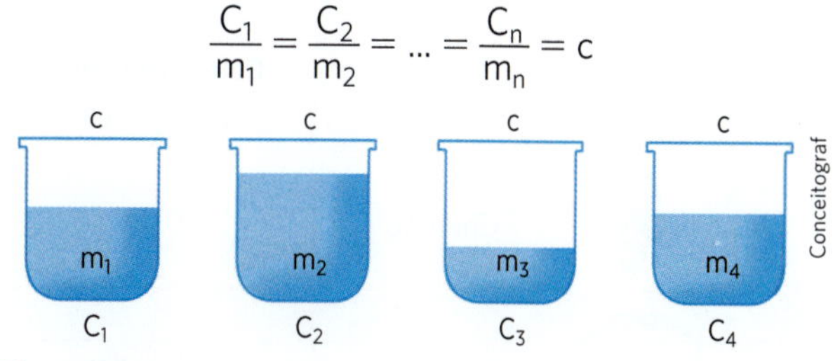

Figura 3

Podemos então dizer que a capacidade térmica é diretamente proporcional à massa, sendo o calor específico o coeficiente de proporcionalidade.

Para cada substância, o *calor específico depende do seu estado de agregação*. Veja na figura 4, por exemplo, o calor específico para os três estados da água.

(a) Água sólida (gelo); c = 0,5 cal/g · °C

(b) Água líquida; c = 1 cal/g · °C

(c) Água gasosa (vapor de água); c = 0,48 cal/g · °C. O vapor de água que sai do bico da chaleira é invisível. Logo acima, o vapor se condensa formando gotículas.

Figura 4

A tabela seguinte fornece o valor do calor específico de algumas substâncias nas condições ambientes (20 °C, 1 atm):

Substância	Calor específico (cal/g · °C)
Chumbo	0,031
Prata	0,056
Latão	0,092
Cobre	0,094
Ferro	0,11

Substância	Calor específico (cal/g · °C)
Vidro	0,20
Alumínio	0,22
Éter	0,56
Álcool	0,58
Água	1,0

O calor específico da água, nas condições ambientes, é um dos maiores da natureza. Esse fato tem importância na regulação dos climas: a água troca quantidades de calor elevadas, sofrendo variações de temperatura baixas em comparação com outras substâncias. Por isso, em regiões onde a água é abundante, o clima é relativamente estável, isto é, nem o inverno é muito frio nem o verão é muito quente.

Aplicação

A1. Em um recipiente industrial, a temperatura varia de 20 °C a 220 °C à custa da transferência de uma quantidade de calor igual a 2 000 kcal. Determine a capacidade térmica do recipiente.

A2. Um corpo de massa 30 gramas deve receber 2 100 calorias para que sua temperatura se eleve de −20 °C para 50 °C. Determine a capacidade térmica do corpo e o calor específico da substância que o constitui.

A3. A tabela ao lado fornece a massa *m* de cinco objetos e o calor específico *c* das respectivas substâncias:

Objeto	m (g)	c (cal/g·°C)
A	10	0,22
B	20	0,11
C	30	0,09
D	40	0,06
E	50	0,03

Calcule a capacidade térmica de cada um desses objetos.

Verificação

V1. Fornecem-se 250 cal de calor a um corpo e, em consequência, sua temperatura se eleva de 10 °C para 60 °C. Determine a capacidade térmica do corpo.

V2. Ao receber 240 calorias, um corpo de massa igual a 60 gramas tem sua temperatura se elevando de 20 °C para 100 °C. Determine a capacidade térmica do corpo e o calor específico da substância que constitui o corpo.

V3. Um corpo de massa 100 gramas é constituído por uma substância cujo calor específico vale 0,094 cal/g·°C. Determine a capacidade térmica do corpo.

V4. A capacidade térmica de um pedaço de metal de massa 100 g é igual a 22 cal/°C. Determine a capacidade térmica de outro pedaço do mesmo metal com massa de 1 000 g.

Revisão

R1. (UE-PB) Numa aula de Física, um aluno é convocado para explicar fisicamente o que acontece quando um pedaço de ferro quente é colocado dentro de um recipiente contendo água fria. Ele declara: "O ferro é quente porque contém muito calor. A água é mais fria que o ferro porque contém menos calor que ele. Quando os dois ficam juntos, parte do calor contido no ferro passa para a água, até que eles fiquem com o mesmo nível de calor... e, é aí que eles ficam em equilíbrio". Tendo como referência as declarações do aluno e considerando os conceitos cientificamente corretos, analise as seguintes proposições:

I. Segundo o conceito atual de calor, a expressão: "O ferro é quente porque contém muito calor" está errada.

II. Em vez de declarar: "... parte do calor contido no ferro passa para a água", o aluno deveria dizer que "existe uma transferência de temperatura entre eles".

III. "... até que eles fiquem com o mesmo nível de calor... e, é aí que eles ficam em equilíbrio" é correto, pois quando dois corpos atingem o equilíbrio térmico seus calores específicos se igualam.

Assinale a alternativa correta:

a) Todas as proposições são verdadeiras.
b) Apenas a proposição I é verdadeira.
c) Apenas a proposição II é verdadeira.
d) Apenas a proposição III é verdadeira.
e) Apenas as proposições I e III são verdadeiras.

R2. (Fuvest-SP) Um amolador de facas, ao operar um esmeril, é atingido por fagulhas incandescentes, mas não se queima. Isso acontece porque as fagulhas:

a) têm calor específico muito grande.
b) têm temperatura muito baixa.
c) têm capacidade térmica muito pequena.
d) estão em mudança de estado.
e) não transportam energia.

R3. (U. E. Ponta Grossa-PR) A respeito de dois corpos de mesma massa ($m_1 = m_2$) e diferentes capacidades térmicas (C_1 e C_2) que recebem quantidades iguais de calor ($Q_1 = Q_2$), assinale o que for correto.

(01) O corpo de maior capacidade térmica experimenta menor variação de temperatura.
(02) O corpo de maior calor específico experimenta menor variação de temperatura.
(04) O corpo de menor capacidade térmica experimenta maior variação de temperatura.
(08) Os dois corpos experimentam a mesma variação de temperatura.

R4. (Fatec-SP) Em um sistema isolado, dois objetos, um de alumínio e outro de cobre, estão à mesma temperatura. Os dois são colocados simultaneamente sobre uma chapa quente e recebem a mesma quantidade de calor por segundo. Após certo tempo, verifica-se que a temperatura do objeto de alumínio é igual à do objeto de cobre, e ambos não mudaram de estado. Se o calor específico do alumínio e do cobre valem respectivamente 0,22 cal/g °C e 0,09 cal/g °C, pode-se afirmar que:

a) a capacidade térmica do objeto de alumínio é igual à do objeto de cobre.
b) a capacidade térmica do objeto de alumínio é maior que a do objeto de cobre.
c) a capacidade térmica do objeto de alumínio é menor que a do objeto de cobre.
d) a massa do objeto de alumínio é igual à massa do objeto de cobre.
e) a massa do objeto de alumínio é maior que a massa do objeto de cobre.

R5. (UF-PR) Para aquecer 500 g de certa substância de 20 °C a 70 °C, foram necessárias 4 000 calorias. A capacidade térmica e o calor específico valem, respectivamente:

a) 8 cal/°C e 0,08 cal/g · °C.
b) 80 cal/°C e 0,16 cal/g · °C.
c) 90 cal/°C e 0,09 cal/g · °C.
d) 95 cal/°C e 0,15 cal/g · °C.
e) 120 cal/°C e 0,12 cal/g · °C.

APROFUNDANDO

- No sistema de refrigeração dos motores dos automóveis (radiador), o líquido utilizado é a água. Por que a água é escolhida para essa finalidade e não, por exemplo, o óleo que é empregado em outras partes do motor?
- Se você já passou uma temporada em cidade litorânea, deve ter notado que durante o dia a areia da praia está mais quente que a água do mar, enquanto à noite é a água que fica mais quente que a areia. Procure explicar a razão desse comportamento diferente.

Ismar Ingber/Pulsar Imagens

Fórmula Geral da Calorimetria

Vamos combinar as expressões que definem a capacidade térmica e o calor específico.

Substituindo $C = \frac{Q}{\Delta\theta}$ em $c = \frac{C}{m}$, obtemos: $c = \frac{Q}{m \cdot \Delta\theta}$.

$$Q = m \cdot c \cdot \Delta\theta$$

Essa equação nos fornece a quantidade de calor sensível *Q* trocada por um corpo de massa *m*, constituído de um material de calor específico *c*, ao sofrer uma variação de temperatura $\Delta\theta$.

Sendo *c* uma constante característica da substância, podemos dizer que a quantidade de calor sensível *Q* trocada por um corpo é diretamente proporcional à massa *m* do corpo e à variação de temperatura $\Delta\theta$ sofrida por ele.

OBSERVE

A variação de temperatura $\Delta\theta$ é sempre dada pela diferença entre a temperatura final θ_f e a temperatura inicial θ_i: $\Delta\theta = \theta_f - \theta_i$.

Assim, a variação de temperatura $\Delta\theta$ é positiva se a temperatura aumenta e negativa se a temperatura diminui:

$$\theta_f > \theta_i \Rightarrow \Delta\theta > 0$$
$$\theta_f < \theta_i \Rightarrow \Delta\theta < 0$$

Em vista da Fórmula Geral da Calorimetria, a quantidade de calor *Q* apresenta o mesmo sinal que a variação de temperatura $\Delta\theta$. Assim:

$$\Delta\theta > 0 \Rightarrow Q > 0 \text{ (calor recebido)}$$
$$\Delta\theta < 0 \Rightarrow Q < 0 \text{ (calor perdido)}$$

Aplicação

A4. Quantas calorias devem ser fornecidas a 100 gramas de uma substância de calor específico 0,60 cal/g · °C para que sua temperatura se eleve de 20 °C para 50 °C?

A5. O gráfico registra como varia a temperatura θ (°C) da amostra de uma substância *X*, cuja massa é 10 g, à medida que recebe calor *Q* (cal) de uma fonte. Determine o calor específico da substância.

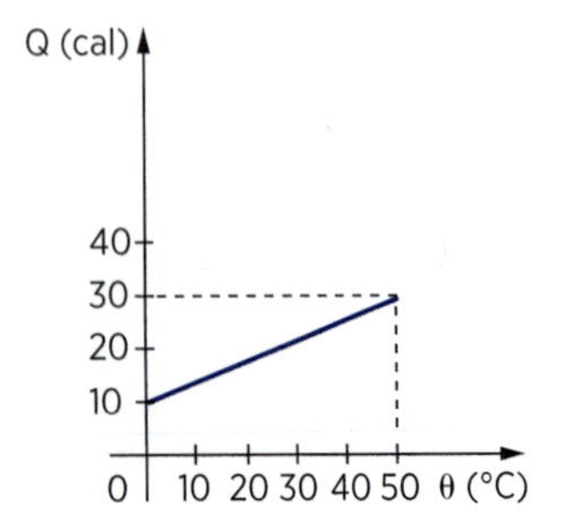

A6. Determine a quantidade de calor que 20 kg de água devem perder para que sua temperatura diminua de 30 °C para 15 °C. O calor específico da água é 1,0 kcal/kg · °C.

A7. Um corpo de massa 100 g é aquecido por uma fonte que fornece 50 calorias por minuto. O gráfico mostra a variação da temperatura do corpo em função do tempo. Determine o calor específico do material que constitui o corpo.

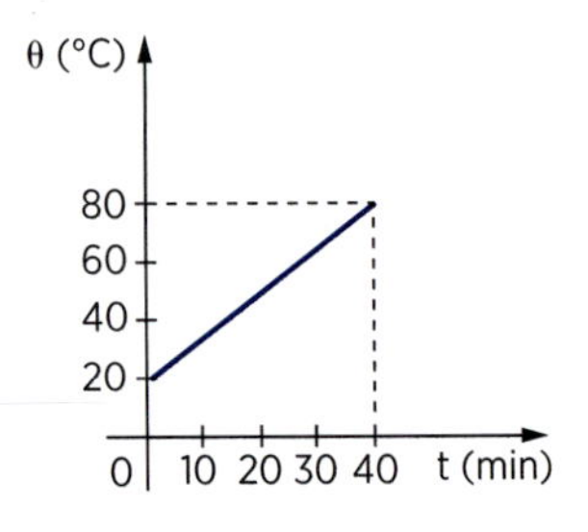

Verificação

V5. Para se elevar a temperatura de um prego de ferro de massa 1 g de 20 °C para 21 °C, é preciso que o metal absorva 0,11 caloria.
Qual a quantidade de calor que 10^3 g de pregos de ferro devem absorver para que sua temperatura passe de 30 °C para 40 °C?

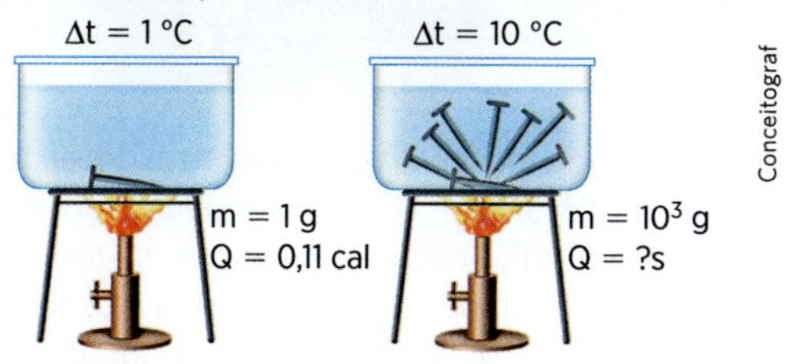

V6. Em Caldas Novas, Goiás, certo poço apresenta água à temperatura de 60 °C. Supondo uma temperatura ambiente de 25 °C, determine a quantidade de calor liberada por 2 kg de água ao ser retirada do poço, esfriando-se até a temperatura ambiente. O calor específico da água é 1 cal/g · °C.

V7. Em 20 minutos de aquecimento em uma fonte térmica, a temperatura de 200 gramas de um líquido se eleva 50 °C. Sendo 0,5 cal/g · °C o calor específico do líquido, determine quantas calorias a fonte fornece por minuto e por segundo.

V8. Dois corpos, *A* e *B*, de massas iguais a 100 gramas, são aquecidos de acordo com o gráfico a seguir. Determine o calor específico das substâncias que constituem os corpos e suas capacidades térmicas.

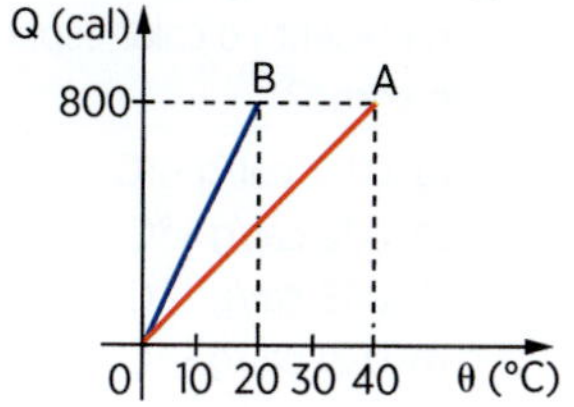

V9. Uma fonte térmica fornece calor à razão de 100 cal/min. Um corpo de massa 200 g é aquecido nessa fonte e sua temperatura varia com o tempo, como mostra o gráfico. Determine o calor específico do material do corpo e a capacidade térmica deste.

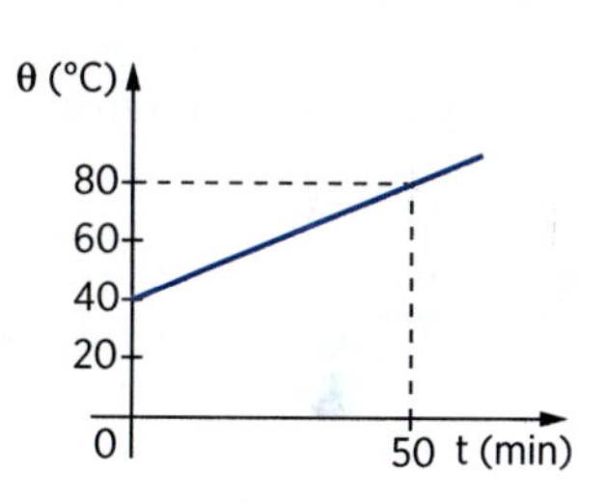

Revisão

R6. (UF-ES) Um método conhecido para controlar febres é a imersão do doente em uma banheira com água a uma temperatura ligeiramente inferior à temperatura do doente. Suponha que um doente com febre de 40 °C é imerso em 0,45 m³ de água a 35 °C. Após um tempo de imersão, a febre abaixa para 37,5 °C e o paciente é retirado da banheira. A temperatura da água na banheira, logo após o paciente ser retirado, é de 36,5 °C. Considerando que a água da banheira não perde calor para o ambiente, calcule, em kcal, a quantidade de calor trocada entre o paciente e a água.

Thinkstock/Getty Images

A resposta correta é:

a) 3
b) 6,75
c) 30
d) 300
e) 675

Dados: densidade da água $1{,}0 \cdot 10^3$ kg/m³; calor específico da água 1,0 cal/g · °C.

R7. (PUC-SP) É preciso abaixar de 3 °C a temperatura da água do caldeirão, para que o nosso amigo possa tomar banho confortavelmente. Para que isso aconteça, quanto calor deve ser retirado da água?

O caldeirão contém 10^4 g de água e o calor específico da água é 1 cal/g · °C.

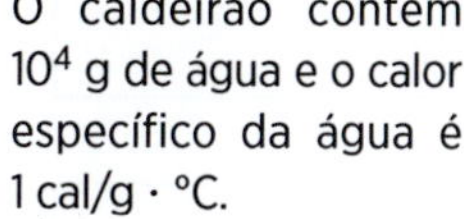
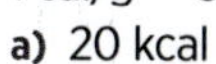
Alberto De Stefano

a) 20 kcal
b) 10 kcal
c) 50 kcal
d) 30 kcal
e) Precisa-se da temperatura inicial da água para determinar a resposta.

R8. (UE-CE) A massa total estimada de água existente na Terra é cerca de 10^{21} kg. Admitindo-se que a energia total anual consumida pela humanidade no planeta seja da ordem de 10^{22} J, se pudéssemos aproveitar, de alguma maneira, um quarto da quantidade de calor liberado devido à diminuição da temperatura da massa de água em 1 °C, poderíamos suprir o consumo energético da humanidade por, aproximadamente:

a) 1 mês
b) 1 ano
c) 100 anos
d) 10 anos

Dados: calor específico da água: 1 cal/g · °C; 1 cal = 4 J.

R9. (Cefet-AL) Um estudante estava realizando um experimento com uma fonte térmica que fornece calor à razão de 100 cal/min. A experiência consistia em aquecer um corpo de 300 g, depois construir um gráfico da temperatura θ do corpo em função do tempo *t* e, finalmente, determinar o calor específico do material que constitui o corpo. Considerando que o gráfico obtido foi o da figura abaixo, qual das opções a seguir representa o calor específico do material que constitui o corpo?

a) 0,02 cal/g · °C
b) 0,12 cal/g · °C
c) 0,18 cal/g · °C
d) 0,21 cal/g · °C
e) 0,25 cal/g · °C

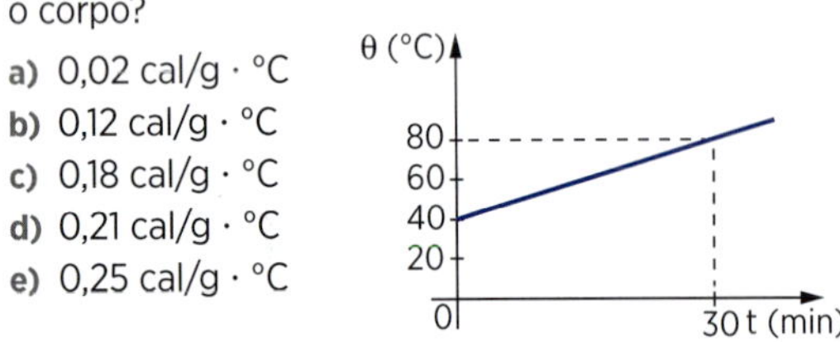

R10. (U. F. São Carlos-SP) Em um segundo, uma pessoa em repouso é capaz de transferir ao ambiente energia térmica de, aproximadamente, 200 J.

Suponha que cinco pessoas em repouso permaneçam presas dentro de um elevador durante 5 minutos.

Alberto De Stefano

Sabendo que o calor específico do ar é igual a 1×10^3 J/kg · °C e a densidade do ar é igual a 1,2 g/dm^3, pode-se afirmar que, se toda a energia transferida por essas pessoas for absorvida pelos 5,0 m^3 de ar contidos no interior do elevador, o aumento da temperatura desse ar será, em °C, próximo de:

a) 50 b) 40 c) 30 d) 20 e) 10

Trocas de calor

Vamos considerar dois corpos, *A* e *B*, em temperaturas diferentes ($\theta_A > \theta_B$) no interior de um recinto termicamente isolado e de capacidade térmica desprezível (fig. 5a). Haverá transferência de calor do corpo *A* para o corpo *B* até que os dois corpos atinjam o equilíbrio térmico, em que $\theta'_A = \theta'_B$ (fig. 5b).

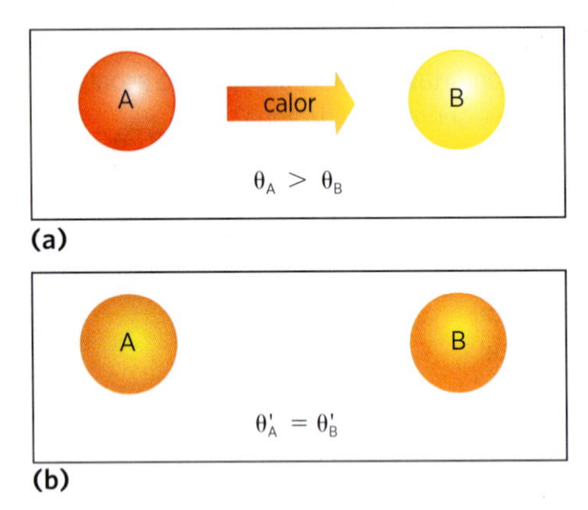

Figura 5

Durante o intervalo de tempo em que houve transferência de calor, o corpo *A* perdeu uma quantidade de calor que vamos indicar por Q_A e o corpo *B* recebeu uma quantidade de calor que indicaremos por Q_B. Como somente dois corpos trocaram calor, as quantidades de calor Q_A e Q_B têm módulos iguais, mas sinais contrários, pois vimos que calor recebido é positivo e calor perdido é negativo. Então:

$$Q_A = -Q_B$$

Ou ainda:

$$Q_A + Q_B = 0$$

Assim, de uma forma geral, podemos estabelecer:

Quando dois ou mais corpos trocam calor entre si, até estabelecer-se o equilíbrio térmico, é *nula* a soma das quantidades de calor trocadas por eles.

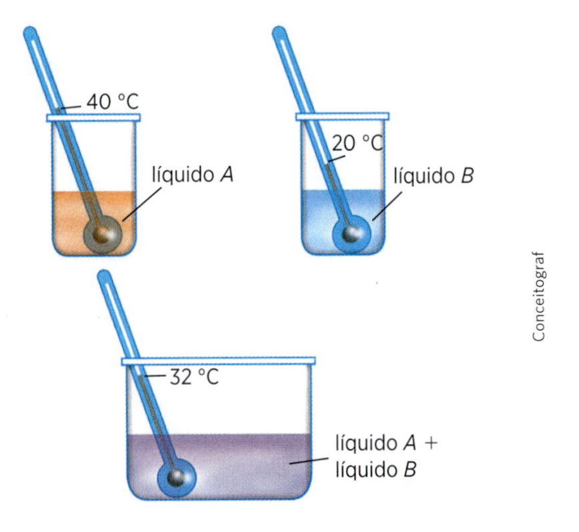

Conceitograf

Figura 6. O líquido *A*, a 40 °C, ao ser misturado com o líquido *B*, a 20 °C, fornece calor a ele, de modo que a mistura dos dois tem uma temperatura de equilíbrio entre 40 °C e 20 °C (no exemplo, 32 °C).

Essa propriedade é utilizada na resolução de vários problemas envolvendo trocas de calor. Calculam-se as quantidades de calor trocadas pelos corpos envolvidos e, no final, efetua-se a soma e iguala-se a zero. A incógnita poderá ser um calor específico, uma temperatura, uma massa, etc.

Aplicação

A8. O alumínio tem calor específico igual a 0,20 cal/g · °C e a água líquida, 1,0 cal/g · °C. Um corpo de alumínio, de massa 10 g e à temperatura de 80 °C, é colocado em 10 g de água à temperatura de 20 °C. Considerando que só há trocas de calor entre o alumínio e a água, determine a temperatura final de equilíbrio térmico.

A9. Um corpo de massa 200 g a 50 °C, feito de um material desconhecido, é mergulhado em 50 g de água líquida a 90 °C. O equilíbrio térmico se estabelece a 60 °C. Sendo 1,0 cal/g · °C o calor específico da água, e admitindo só haver trocas de calor entre o corpo e a água, determine o calor específico do material desconhecido.

A10. Misturam-se duas quantidades de massas m_1 e m_2 de uma mesma substância, respectivamente a temperaturas θ_1 e θ_2. Determine a temperatura final de equilíbrio dessa mistura, para os seguintes casos:

a) as massas são diferentes ($m_1 \neq m_2$);

b) as massas são iguais ($m_1 = m_2$).

A11. Misturam-se $m_1 = 40$ g de óleo na temperatura $\theta_1 = 50$ °C com $m_2 = 60$ g de óleo na temperatura $\theta_2 = 10$ °C. Qual a temperatura de equilíbrio térmico?

A12. Misturam-se $m_1 = 50$ g de álcool na temperatura $\theta_1 = 18$ °C com $m_2 = 50$ g de álcool na temperatura $\theta_2 = 54$ °C. Qual a temperatura de equilíbrio térmico?

Verificação

V10. Colocam-se 500 g de cobre a 200 °C em 750 g de água a 20 °C. O calor específico do cobre é 0,094 cal/g · °C. Determine a temperatura de equilíbrio térmico. São desprezadas as perdas. Dado: $c_{água} = 1{,}0$ cal/g · °C.

V11. Em 300 g de água a 20 °C mergulha-se um fragmento metálico de 1000 g a 80 °C. O equilíbrio térmico estabelece-se a 50 °C. Determine o calor específico do metal, admitindo haver trocas de calor apenas entre os corpos mencionados. Dado: $c_{água} = 1{,}0$ cal/g · °C.

V12. Misturam-se, em um recipiente de capacidade térmica desprezível, 200 g de guaraná a 10 °C com 50 g de guaraná a 40 °C. Determine a temperatura final da mistura.

V13. Em um recipiente de capacidade térmica desprezível, são misturados 100 g de água a 80 °C com 100 g de água a 40 °C. Qual a temperatura final da mistura?

V14. Num laboratório de química, em Recife, quebrou-se o termômetro e não havia outro para reposição. Num trabalho urgente, era preciso obter 20 mL de água exatamente a 50 °C. Sendo o laboratório bem aparelhado, só faltando o termômetro, indique como procedeu o laboratorista.

Revisão

R11. (Unesp-SP) Clarice colocou em uma xícara 50 mL de café a 80 °C e 100 mL de leite a 50 °C e, para cuidar de sua forma física, adoçou com 2 mL de adoçante líquido a 20 °C. Sabe-se que o calor específico do café vale 1 cal/(g · °C), do leite vale 0,9 cal/(g · °C) do adoçante vale 2 cal/(g · °C) e que a capacidade térmica da xícara é desprezível.

Alberto De Stefano

Considerando que as densidades do leite, do café e do adoçante sejam iguais e a perda de calor para a atmosfera desprezível, depois de atingido o equilíbrio térmico, a temperatura final da bebida de Clarice, em °C, estava entre:

a) 75,0 e 85,0

b) 65,0 e 74,9

c) 55,0 e 64,9

d) 45,0 e 54,9

e) 35,0 e 44,9

R12. (UF-AM) Medindo-se a temperatura de uma amostra de material sólido de massa igual a 200 g, em função da quantidade de calor por ela absorvida, encontra-se o seguinte diagrama:

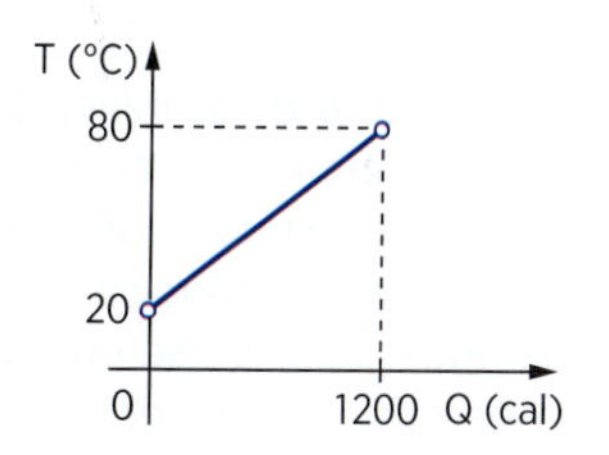

Aquecendo-se esta amostra até 100 °C e, em seguida, mergulhando-a em 500 g de água (calor específico sensível igual a 1 cal/g · °C) a 40 °C, pode-se afirmar que a temperatura final de equilíbrio do sistema vale, aproximadamente:

a) 32 °C
b) 55 °C
c) 42 °C
d) 50 °C
e) 60 °C

R13. (Fuvest-SP) Dois recipientes iguais *A* e *B*, contendo dois líquidos diferentes, inicialmente a 20 °C, são colocados sobre uma placa térmica, da qual recebem aproximadamente a mesma quantidade de calor.

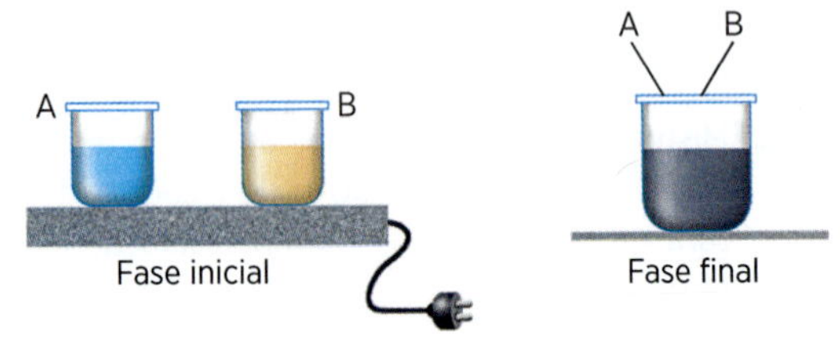

Com isso, o líquido em *A* atinge 40 °C, enquanto o líquido em *B*, 80 °C. Se os recipientes forem retirados da placa e seus líquidos misturados, a temperatura final da mistura ficará em torno de:

a) 45 °C
b) 50 °C
c) 54 °C
d) 60 °C
e) 65 °C

R14. (Cefet-AL) A tabela a seguir mostra informações das amostras de três substâncias, onde: *m* é a massa (em g), *c* é o calor específico (em cal/g °C) e θ_0 é a temperatura inicial (em °C).

Substância	m	c	θ_0
Alumínio	200	0,22	20
Ferro	150	0,12	30
Chumbo	100	0,03	40

I. Fazendo-se a mistura das três substâncias em um calorímetro ideal, o equilíbrio térmico ocorre a 23,7 °C.
II. Do início da mistura até o equilíbrio térmico, apenas o chumbo perde calor.
III. A amostra de chumbo é a mais sensível ao calor.

a) I e III estão corretas.
b) II e III estão corretas.
c) I e II estão corretas.
d) todas estão corretas.
e) todas são falsas.

R15. (Fuvest-SP) Uma dona de casa em Santos, para seguir a receita de um bolo, precisa de uma xícara de água a 50 °C. Infelizmente, embora a cozinha seja bem aparelhada, ela não tem termômetro. Como pode a dona de casa resolver o problema? (Você pode propor qualquer procedimento correto, desde que não envolva termômetro.)

O calorímetro

O recipiente no interior do qual ocorrem as trocas de calor é denominado *calorímetro*. Geralmente, o calorímetro é isolado termicamente do ambiente, para evitar perdas de calor. Teoricamente, o calorímetro não deveria interferir nas trocas de calor entre os corpos colocados no seu interior. No entanto, essa interferência é inevitável, por pequena que seja. Por isso, nos exercícios deste item não vamos considerar desprezível a capacidade térmica do calorímetro.

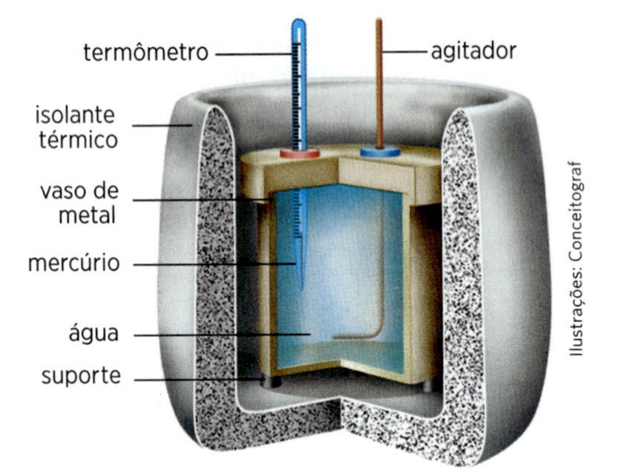

Figura 7. Calorímetro de mistura.

Aplicação

A13. Num calorímetro de capacidade térmica 2,0 cal/°C a 5,0 °C são colocados 100 g de água a 30 °C. Qual será a temperatura de equilíbrio térmico?
Dado: $c_{água} = 1,0$ cal/g · °C.

A14. Um pequeno cilindro de alumínio de massa 50 g está colocado numa estufa. Num certo instante, tira-se o cilindro da estufa e, rapidamente, joga-se dentro de uma garrafa térmica que contém 330 gramas de água. Observa-se que a temperatura dentro da garrafa eleva-se de 19 °C para 20 °C. Sendo 1,0 cal/°C a capacidade térmica da garrafa, determine a temperatura da estufa no instante em que o cilindro foi retirado. O calor específico do alumínio é 0,22 cal/g · °C e o da água é 1,0 cal/g · °C.

A15. Um calorímetro contém 70 g de água a 10 °C. Derramam-se nele 50 g de água a 50 °C e a temperatura de equilíbrio resultante é 20 °C. Determine a capacidade térmica do calorímetro.
Dado: $c_{água} = 1,0$ cal/g · °C.

Verificação

V15. Num calorímetro de capacidade térmica 5,0 cal/°C na temperatura de 10 °C são colocados 100 g de um líquido de calor específico 0,20 cal/g · °C na temperatura de 40 °C. Determine a temperatura final de equilíbrio.

V16. Misturam-se num calorímetro, de capacidade térmica 10 cal/°C, a 20 °C, a massa de 200 g de uma substância *A* de calor específico 0,2 cal/g · °C a 60 °C e a massa de 100 g de outra substância *B* de calor específico 0,1 cal/g · °C a 10 °C. Não havendo perdas de calor, determine a temperatura de equilíbrio térmico.

V17. Um bloco de alumínio de massa 250 g a 40 °C é colocado no interior de um calorímetro que contém 220 g de água a 90 °C. A temperatura de equilíbrio térmico é 82 °C. Dados os calores específicos do alumínio (0,2 cal/g · °C) e da água (1 cal/g · °C), determine a capacidade térmica do calorímetro.

Revisão

R16. (U. Caxias do Sul-RS) Num calorímetro, de capacidade térmica 100 cal/°C, estão 800 g de água a 80°C. A quantidade de água a 20°C que deve ser adicionada a fim de que a mistura tenha uma temperatura de equilíbrio de 40 °C é igual a:

a) 1 800 g
b) 2 000 g
c) 1 600 g
d) 1 000 g
e) 800 g

Dado: $c_{água} = 1{,}0$ cal/g · °C.

R17. (UE-AM) Um calorímetro de capacidade térmica desprezível contém determinada massa de água a 20 °C. Uma esfera metálica homogênea, de massa quatro vezes menor do que a massa de água no calorímetro, foi colocada dentro dele a uma temperatura de 440 °C e, depois de atingido o equilíbrio térmico, a temperatura do sistema se estabilizou em 40 °C.

Substância	Calor específico (cal/g °C)
Platina	0,03
Prata	0,05
Cobre	0,09
Ferro	0,10
Alumínio	0,20
Água	1,00

Considerando o sistema termicamente isolado e os valores mostrados na tabela, pode-se afirmar corretamente que a esfera metálica é constituída de:

a) alumínio.
b) prata.
c) platina.
d) cobre.
e) ferro.

R18. (U. F. São Carlos-SP) Após ter estudado calorimetria, um aluno decidiu construir um calorímetro usando uma lata de refrigerante e isopor. Da latinha de alumínio, removeu parte da tampa superior. Em seguida, recortou anéis de isopor, de forma que estes se encaixassem na latinha recortada, envolvendo-a perfeitamente.

Lettera Studio

Em seu livro didático encontrou as seguintes informações:

Material	Calor específico sensível J/(kg °C)
Alumínio	900
Água (massa específica: 1 kg/L)	4 200
Ferro	450

a) Pede-se determinar a capacidade térmica desse calorímetro, sabendo-se que a massa da latinha após o recorte realizado era de $15 \cdot 10^{-3}$ kg.

b) Como a capacidade térmica do calorímetro era muito pequena, decidiu ignorar esse valor e então realizou uma previsão experimental para o seguinte problema:
"Determinar a temperatura que deve ter atingido um parafuso de ferro de 0,1 kg aquecido na chama de um fogão".
Dentro do calorímetro, despejou 0,2 L de água. Após alguns minutos, constatou que a temperatura da água era de 19 °C. Aqueceu então o parafuso, colocando-o em seguida no interior do calorímetro. Atingido o equilíbrio térmico, mediu a temperatura do interior do calorímetro obtendo 40 °C. Nessas condições, supondo-se que houve troca de calor apenas entre a água e o parafuso, pede-se determinar aproximadamente a temperatura que este deve ter atingido sob o calor da chama do fogão.

capítulo

20 Mudanças de estado de agregação

Os estados de agregação da matéria

Há três estados de agregação da matéria, classicamente considerados: o *estado sólido*, o *estado líquido* e o *estado gasoso* (gás ou vapor).

O *estado sólido* é caracterizado por uma elevada força de coesão entre as moléculas, garantindo forma e volume bem definidos.

No *estado líquido*, a substância apresenta volume definido, mas forma variável (do recipiente), em virtude de as forças de coesão entre as moléculas serem menos intensas.

Figura 1. Em regiões muito frias, parte da água está no estado sólido.

Fotos: Thinkstock/Getty Images

Figura 2. A água que corre sobre o solo e que forma as nuvens está no estado líquido. As nuvens também podem conter cristais de gelo.

Figura 3. Ao evaporar, a água passa para o estado gasoso.

No *estado gasoso*, as forças de coesão são praticamente inexistentes, fazendo com que nem volume nem forma sejam definidos. Nesse estado, a substância se distribui por todo o espaço disponível.

O estado de agregação em que uma substância pura se apresenta depende das condições de pressão e de temperatura a que está submetida. Por exemplo, sob pressão normal (1 atmosfera), a água está no estado sólido (gelo) em temperaturas inferiores a 0 °C, no estado líquido entre 0 °C e 100 °C e no estado gasoso em temperaturas superiores a 100 °C.

Mudanças de estado

Modificando-se as condições de pressão e/ou temperatura, pode haver a passagem de um estado de agregação para outro. Podemos reconhecer as seguintes mudanças de estado:

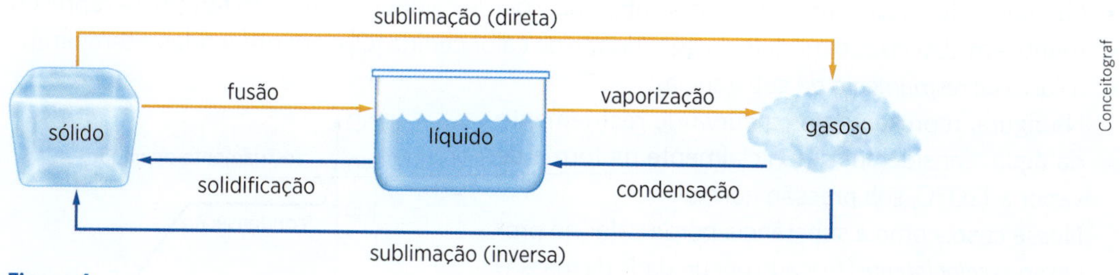

Figura 4

A curva de aquecimento

Consideremos, num recipiente cilíndrico provido de um êmbolo que se move livremente e de um termômetro, certa massa de gelo inicialmente a $-20\ °C$ (fig. 5), sob pressão normal (1 atmosfera).

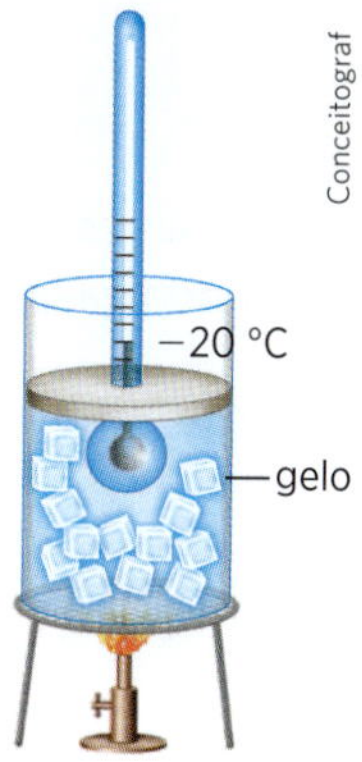

Se o sistema assim constituído for colocado em presença de uma fonte térmica, obteremos o gráfico da figura 6, no qual representamos em ordenadas a temperatura θ, em graus Celsius, e em abscissas a quantidade de calor recebido, expressa em calorias. O diagrama obtido é denominado *curva de aquecimento* da água, sob pressão normal.

Figura 5

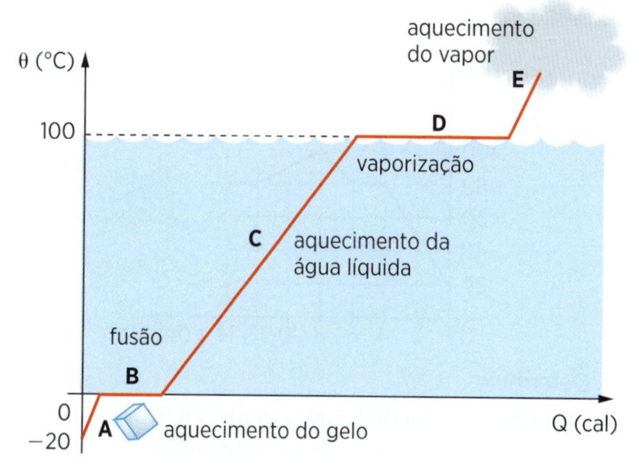

Figura 6

Observe que a curva de aquecimento pode ser dividida em cinco etapas que correspondem, no diagrama da figura 6, a cinco segmentos de reta, de diferentes inclinações (*A*, *B*, *C*, *D* e *E*). Nas etapas *A* (aquecimento do gelo), *C* (aquecimento da água líquida) e *E* (aquecimento do vapor de água), a temperatura aumenta à medida que o sistema recebe calor da fonte. Nesses intervalos de tempo o sistema recebeu *calor sensível*.

Calor sensível é o calor que, trocado pelo sistema, acarreta nele variações de temperatura, conforme vimos no capítulo 19.

Nas etapas *B* e *D*, o sistema recebeu calor, mas sua temperatura permaneceu constante. No diagrama da figura 6, essas etapas são representadas por retas paralelas ao eixo das abscissas. Verifica-se que, durante os intervalos de tempo correspondentes, a substância sofreu *mudanças de estado*. A energia recebida durante esses intervalos de tempo é utilizada para alterar o arranjo molecular da substância e não para variar a temperatura.

Na etapa *B* ocorre a *fusão*, na qual o gelo se transforma em água líquida, e na etapa *D* ocorre *vaporização*, com a transformação da água líquida em vapor. Sob pressão normal, o gelo sofre fusão a $0\ °C$ e a água se vaporiza a $100\ °C$.

O calor que o sistema recebe durante a mudança de estado, que, portanto, não produz variação de temperatura, é denominado *calor latente*, sendo geralmente expresso para a unidade de massa e indicado pela letra *L*.

O calor latente é característico de cada substância, para cada mudança de estado sofrida. Depende ainda da pressão exercida sobre a substância. Por exemplo, para a água, sob pressão normal, o *calor latente de fusão* e o *calor latente de vaporização* valem, respectivamente:

$L_F = 80\ cal/g$ $\quad$ $L_V = 540\ cal/g$

Sendo *m* a massa da substância que muda de estado e *L* o calor latente dessa mudança, a quantidade total de calor *Q* envolvida no processo é determinada pela fórmula:

$$Q = m \cdot L$$

OBSERVE

- Quando determinada massa de uma substância perde calor durante certo tempo, se representarmos graficamente em abscissas o módulo da quantidade de calor cedida $|Q|$ e em ordenadas a temperatura θ, obteremos a *curva de resfriamento* da substância.

  Na figura, representamos a curva de resfriamento da água, considerando-a inicialmente na forma de vapor a 120 °C, sob pressão normal.

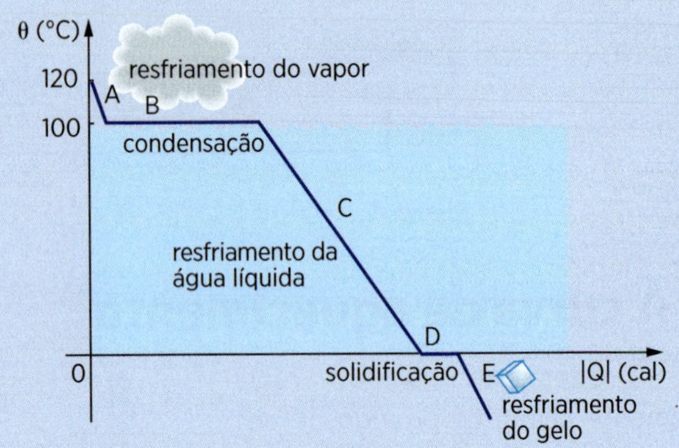

  Nesse caso, como a substância perde calor no processo, o *calor latente* (trocado por unidade de massa) é, por convenção, negativo. Para a água, sob pressão normal, o *calor latente de condensação* e o *calor latente de solidificação* valem, respectivamente:

$$L_C = -540 \text{ cal/g} \quad \text{e} \quad L_S = -80 \text{ cal/g}$$

- A vaporização considerada nos exemplos, que ocorre sob condições bem definidas, é denominada *vaporização típica*, sendo também chamada de *ebulição*. A vaporização espontânea, que acontece sob quaisquer condições, passando a substância do estado líquido para o estado gasoso em virtude da agitação molecular, é denominada *evaporação*.

Aplicação

A1. O gráfico indica a curva de aquecimento de uma substância pura, inicialmente sólida. A massa aquecida é igual a 100 g e o calor latente de fusão da substância é 35 cal/g.

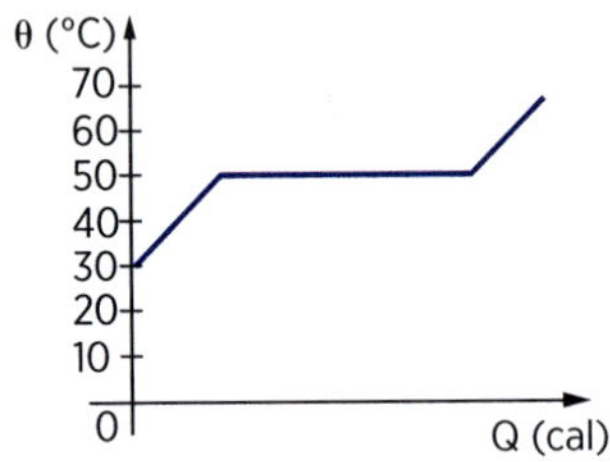

Determine:

a) a temperatura de fusão da substância;

b) a quantidade de calor trocada durante a fusão.

A2. O gráfico indica a curva de resfriamento de um corpo, inicialmente líquido, de massa 20 g.

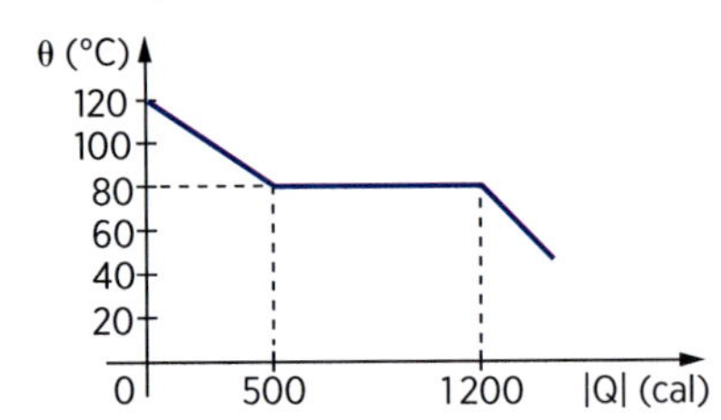

Determine:

a) a temperatura de solidificação da substância que constitui o corpo;

b) o calor latente de solidificação da substância.

A3. O gráfico representa a variação com o tempo da temperatura de uma amostra de 200 g de uma substância inicialmente sólida. Até o instante 8 min, a amostra está em presença de uma fonte que fornece 1000 cal/min. Após esse instante, a fonte é desligada.

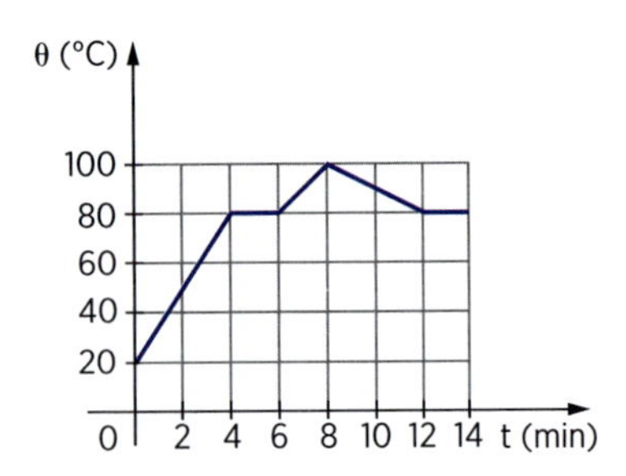

Determine:

a) a temperatura de fusão da substância;

b) o calor latente de fusão da substância;

c) a temperatura de solidificação da substância;

d) o calor latente de solidificação da substância.

A4. O calor latente de vaporização da água é 540 cal/g e o calor latente de fusão do gelo é 80 cal/g, sob pressão normal.

a) Determine as quantidades de calor para derreter 50 gramas de gelo a 0 °C e para vaporizar 8 gramas de água líquida a 100 °C.

b) Represente graficamente os dois processos.

V1. O gráfico é a curva de aquecimento de 200 gramas de um sólido cujo calor latente de fusão é 60 cal/g.

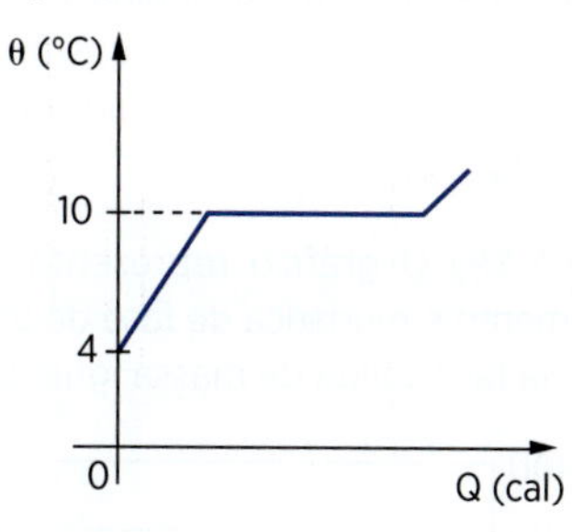

Determine:

a) a temperatura em que o sólido se funde;

b) a quantidade de calor recebida durante o processo de fusão.

V2. O gráfico constitui a curva de resfriamento de um corpo inicialmente líquido de massa 50 g.

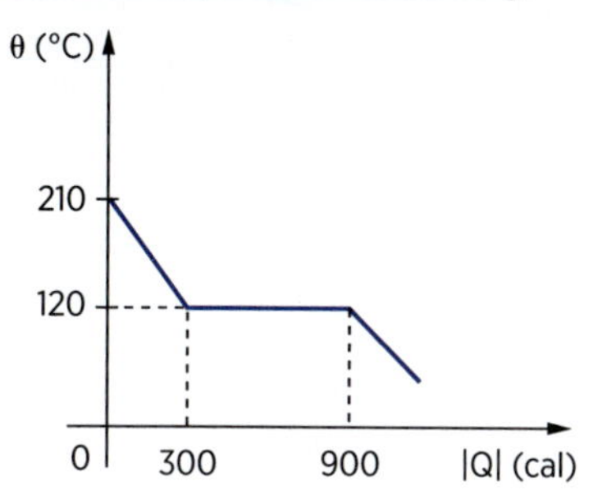

a) Qual a mudança de estado que esse corpo está sofrendo?

b) Em que temperatura ocorre a referida mudança?

c) Qual o valor do calor latente para essa mudança?

V3. O gráfico representa, em função do tempo, a leitura de um termômetro que mede a temperatura de uma substância, inicialmente no estado sólido, contida num recipiente. O conjunto é aquecido uniformemente numa chama de gás a partir do instante zero; depois de algum tempo o aquecimento é desligado.

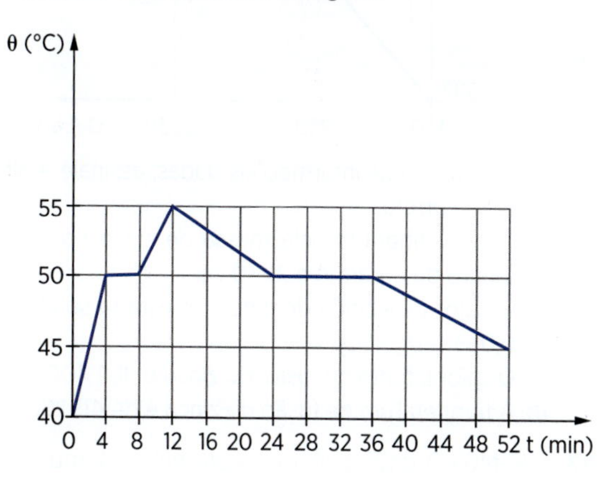

Sendo 10 g a massa da substância submetida ao processo e sabendo que a fonte referida fornece 150 cal/min, determine:

a) a temperatura de fusão da substância;

b) a temperatura de solidificação da substância;

c) o calor latente de fusão da substância;

d) o calor latente de solidificação da substância.

V4. Sendo 540 cal/g e 80 cal/g, respectivamente, os calores latentes de vaporização da água e de fusão do gelo, sob pressão normal:

a) determine a quantidade de calor necessária para derreter, a 0 °C, 500 g de gelo e a quantidade de calor necessária para vaporizar completamente, a 100 °C, a água resultante;

b) esboce a curva de aquecimento referente a esse processo.

R1. (UF-RS) Uma amostra de uma substância encontra-se inicialmente no estado sólido na temperatura T_0. Passa, então, a receber calor até atingir a temperatura fina T_f, quando toda a amostra já se transformou em vapor.

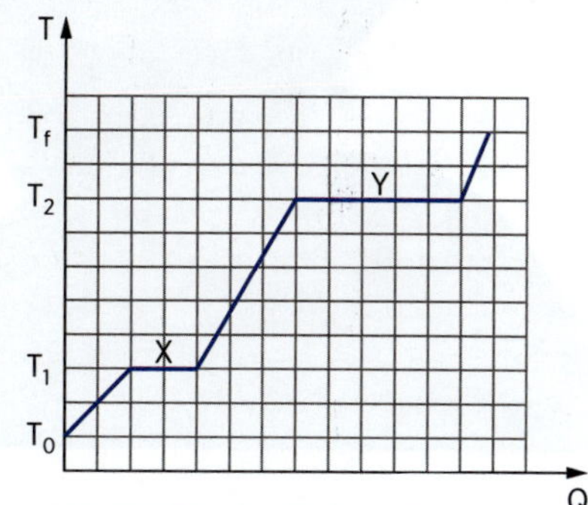

O gráfico representa a variação da temperatura T da amostra em função da quantidade de calor Q por ela recebida.

Considere as seguintes informações referentes ao gráfico:

I. T_1 e T_2 são, respectivamente, temperaturas de fusão e de vaporização da substância.

II. No intervalo X coexistem os estados sólido e líquido da substância.

III. No intervalo Y coexistem os estados sólido, líquido e gasoso da substância.

Quais estão corretas?

a) apenas I

b) apenas II

c) apenas III

d) apenas I e II

e) I, II e III

R2. (U. F. Ouro Preto-MG) No gráfico a seguir, vemos a temperatura θ(K) de uma massa m = 100 g de zinco, inicialmente em estado sólido, em função da quantidade de calor fornecida a ela.

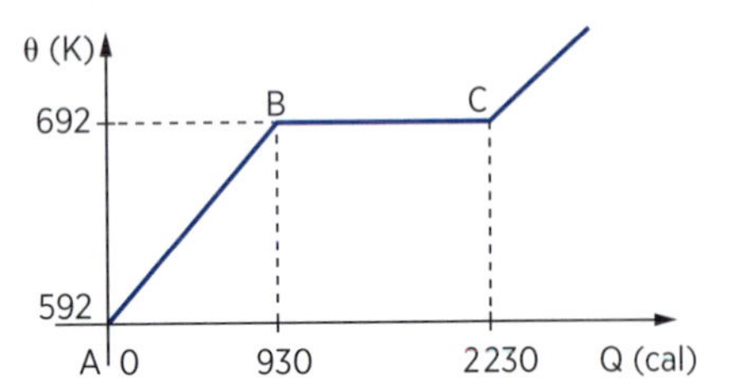

Considerando as informações dadas, assinale a alternativa incorreta.

a) O calor liberado pela massa de zinco no resfriamento de *C* para *A* é 2230 cal.

b) O calor específico do zinco no estado sólido vale 0,093 cal/g · °C.

c) O calor latente de fusão do zinco é de 1400 cal/g.

d) A temperatura de fusão do zinco é de 419 °C.

R3. (UF-MG) O gráfico abaixo representa a temperatura de uma amostra de massa 20 g de determinada substância, inicialmente no estado sólido, em função da quantidade de calor que ela absorve.

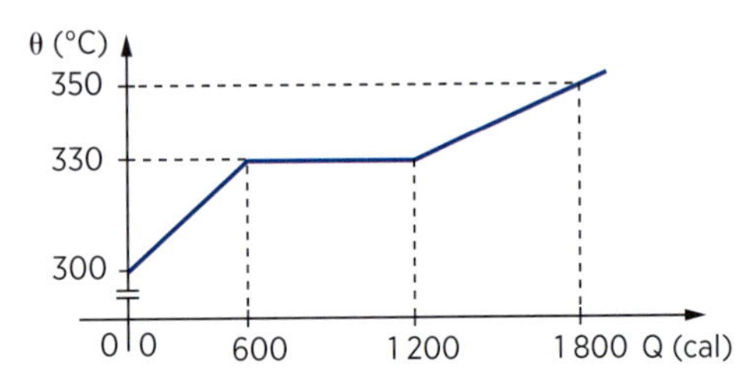

Com base nessas informações, marque a alternativa correta.

a) O calor latente de fusão da substância é igual a 30 cal/g.

b) O calor específico na fase sólida é maior do que o calor específico da fase líquida.

c) A temperatura de fusão da substância é de 300 °C.

d) O calor específico na fase líquida da substância vale 1,0 cal/g · °C.

R4. (Unifesp-SP) O gráfico representa o processo de aquecimento e mudança de fase de um corpo inicialmente na fase sólida de massa igual a 100 g.

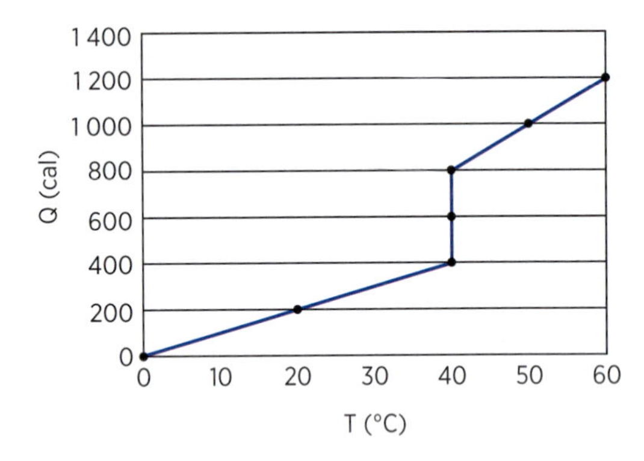

Sendo *Q* a quantidade de calor absorvida pelo corpo em calorias, e *T* a temperatura do corpo, em graus Celsius, determine:

a) o calor específico do corpo, em cal/(g °C), na fase sólida e na fase líquida;

b) a temperatura de fusão, em °C, e o calor latente de fusão, em calorias, do corpo.

APROFUNDANDO

- Por que sai "fumaça" do gelo?
- Por que, em dias frios, quando falamos, sai "fumaça" de nossa boca?
- Para saber o sentido do vento, um escoteiro umedece um dedo e o levanta. Explique esse procedimento.
- Num piquenique, para esfriar uma garrafa de refrigerante, é mais eficiente envolvê-la com um pano úmido do que mergulhá-la em água fria. Você sabe por quê?
- Se derramarmos chá quente num prato, ele esfriará mais depressa do que se for mantido na xícara. Por quê?

Mattias Nilsson/NordicPhotos RM/Diomedia

Quantidade de calor num aquecimento ou resfriamento com mudanças de estado de agregação

Para se calcular a quantidade de calor necessária na transformação de uma substância de um estado de agregação para outro, é importante visualizar as diversas etapas do processo construindo as curvas de aquecimento ou de resfriamento. Lembremos que, nessas curvas, os patamares correspondem às mudanças de estado e que o calor é *latente*: $Q = mL$. Nos trechos inclinados dessas curvas, a temperatura sofre variações e o calor trocado é *sensível*: $Q = mc\Delta\theta$.

A5. O calor específico do gelo é 0,50 cal/g · °C, o calor latente de fusão do gelo é 80 cal/g e o calor específico da água líquida é 1,0 cal/g · °C. Determine a quantidade de calor necessária para transformar 200 gramas de gelo a −30 °C em água líquida a 50 °C. Procure representar graficamente a curva de aquecimento correspondente ao processo.

A6. Um corpo de massa 20 g, inicialmente no estado sólido, sofre um processo calorimétrico segundo a curva de aquecimento representada no gráfico.

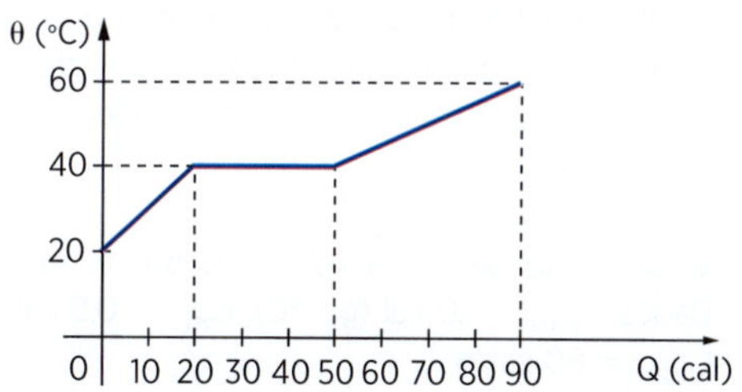

Determine:

a) a capacidade térmica do corpo no estado sólido e no estado líquido;

b) o calor específico do material de que é feito o corpo no estado sólido e no estado líquido;

c) o calor latente de fusão da substância.

A7. Retira-se calor de 500 gramas de água a 60 °C até transformá-la em gelo a −20 °C.

a) Determine a quantidade de calor retirada nesse processo.

b) Represente graficamente a curva de resfriamento correspondente.

Dados: calor específico da água = 1,0 cal/g · °C; calor específico do gelo = 0,50 cal/g · °C; calor latente de fusão do gelo = 80 cal/g.

A8. Representa-se, abaixo, a curva de resfriamento de um corpo de massa 50 g inicialmente no estado líquido.

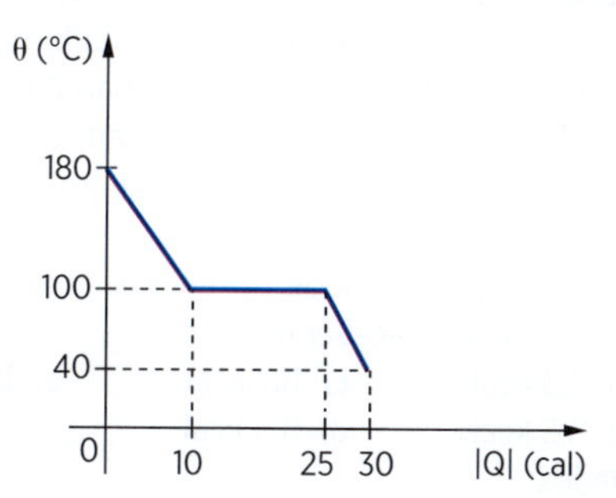

Determine:

a) a capacidade térmica do corpo nos estados líquido e sólido;

b) o calor específico da substância de que é feito o corpo nos estados líquido e sólido;

c) o calor latente de solidificação da substância do corpo.

V5. Temos 25 gramas de gelo a −32 °C.

a) Determine a quantidade de calor que o sistema deve receber para que, no final, se tenha água líquida a 28 °C.

b) Represente graficamente a curva de aquecimento correspondente a esse processo.

Dados: calor específico do gelo = 0,5 cal/g·°C; calor latente de fusão do gelo = 80 cal/g; calor específico da água = 1 cal/g·°C.

V6. Representa-se, no diagrama, a curva de aquecimento de 20 gramas de uma substância inicialmente no estado líquido.

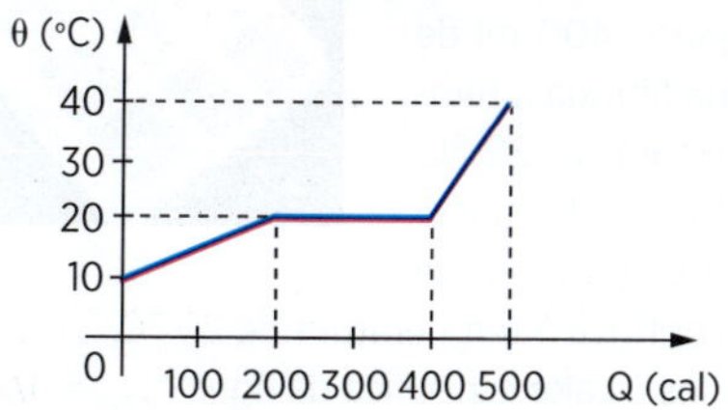

Determine:

a) a capacidade térmica e o calor específico no estado líquido;

b) a capacidade térmica e o calor específico no estado gasoso;

c) o calor latente de vaporização da substância.

V7. São dados o calor específico do gelo (0,50 cal/g · °C) e da água líquida (1,0 cal/g · °C), e o calor latente de fusão do gelo (80 cal/g). Imagine que 2,0 kg de água a 80 °C são resfriados até que se obtenham 2,0 kg de gelo a −50 °C.

a) Qual a quantidade de calor que foi retirada do sistema nesse processo?

b) Represente graficamente a curva de resfriamento correspondente.

V8. Dada a curva de resfriamento do vapor (massa: 200 g) inicialmente a 200 °C e sabendo que no processo ele sofre liquefação, determine:

a) a capacidade térmica antes e depois da mudança de estado;

b) o calor específico do material em questão no estado de vapor e no estado líquido;

c) o calor latente de vaporização do material.

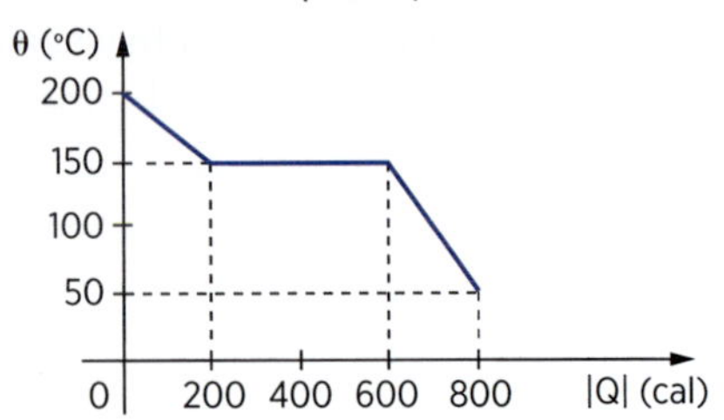

R5. (Mackenzie-SP) Uma das características meteorológicas da cidade de São Paulo é a grande diferença de temperatura registrada em um mesmo instante entre diversos pontos do município. Segundo dados do Instituto Nacional de Meteorologia, a menor temperatura registrada nessa cidade foi −2 °C, no dia 2 de agosto de 1955, embora haja algumas indicações não oficiais de que, no dia 24 de agosto de 1898, registrou-se a temperatura de −4 °C. Em contrapartida, a maior temperatura teria sido 37 °C, medida em 20 de janeiro de 1999. Considerando-se 100 g de água, sob pressão atmosférica normal, inicialmente a −4 °C, para chegar a 37 °C, a quantidade de energia térmica que essa massa deverá receber é:

a) 11,3 kcal
b) 11,5 kcal
c) 11,7 kcal
d) 11,9 kcal
e) 12,1 kcal

Dados:

Água		
Calor latente de fusão (L_f)	Calor específico no estado sólido (c)	Calor específico no estado líquido (c)
80 cal/g	0,50 cal/(g °C)	1,0 cal/(g °C)

R6. (U. F. Triângulo Mineiro-MG) Para preparar gelo em uma forma de alumínio, foram despejados 400 ml de água filtrada à temperatura de 20 °C. A forma, de massa 100 g, também se encontrava à temperatura de 20 °C.

ClassicStock/Diomedia

Dados o calor específico da água $c_{água} = 1,0$ cal/(g · °C), o calor específico do alumínio $c_{alumínio} = 0,2$ cal/(g · °C), o calor latente de fusão do gelo $L_{fusão\ do\ gelo} = 80$ cal/g, e a densidade da água $\mu_{água} = 1,0$ g/mL, e admitindo ainda que 1 cal = 4,2 J, determine:

a) a capacidade térmica da forma de alumínio nas unidades do Sistema Internacional;

b) a variação de energia térmica, em calorias, que deve sofrer o conjunto forma-água, para que seja obtido gelo à temperatura de 0 °C.

R7. (U. F. Triângulo Mineiro-MG) Em um recipiente adiabático sob pressão de 1 atm, uma fonte de calor com fluxo constante de 2000 cal/s aquece um bloco de gelo de massa 400 g que havia sido colocado no recipiente inicialmente a −20 °C. Quando o processo de fusão inicia, são colocados mais 600 g de gelo fundente. A adição de nova porção de gelo fará com que o tempo de obtenção de água líquida a 0 °C demore um tempo total, em *s*, de:

a) 28 b) 32 c) 42 d) 64 e) 82

Dados: $c_{água} = 1,0$ cal (g · °C); $c_{gelo} = 0,5$ cal/(g · °C); $L_{fusão} = 80$ cal/g.

R8. (Unifesp-SP) A enfermeira de um posto de saúde resolveu ferver 1,0 litro de água para ter uma pequena reserva de água esterilizada. Atarefada, ela esqueceu a água a ferver e quando a guardou verificou que restaram 950 mL. Sabe-se que a densidade da água é $1,0 \cdot 10^3$ kg/m^3, o calor latente de vaporização da água é $2,3 \cdot 10^6$ J/kg e supõe-se desprezível a massa de água que evaporou ou possa ter saltado para fora do recipiente durante a fervura. Pode-se afirmar que a energia desperdiçada na transformação da água em vapor foi aproximadamente de:

a) 25 000 J
b) 115 000 J
c) 230 000 J
d) 330 000 J
e) 460 000 J

R9. (Fuvest-SP) Um aquecedor elétrico é mergulhado em um recipiente com água a 10 °C e, cinco minutos depois, a água começa a ferver a 100 °C. Se o aquecedor não for desligado, toda a água irá vaporizar e o aquecedor será danificado. Considerando o momento em que a água começa a ferver, a vaporização de toda a água ocorrerá em um intervalo de aproximadamente:

a) 5 minutos
b) 10 minutos
c) 12 minutos
d) 15 minutos
e) 30 minutos

Dados: calor específico da água = 1,0 cal/(g · C); calor de vaporização da água = 540 cal/g. Desconsidere perdas de calor para o recipiente, para o ambiente e para o próprio aquecedor.

Trocas de calor com mudanças de estado

Corpos a diferentes temperaturas trocam calor, mas nem sempre o resultado é uma variação de temperatura. Se um deles estiver no ponto de mudança de estado, ou atingi-lo no decorrer do processo, sofrerá a mudança de estado, durante a qual sua temperatura permanecerá constante. Essa situação é tratada nos exercícios seguintes.

A9. Determine a massa de gelo a 0 °C que deve ser colocada em 100 g de água a 40 °C, para que a temperatura final de equilíbrio seja 20 °C. O calor latente de fusão do gelo é 80 cal/g. Dado: $c_{água} = 1,0$ cal/g·°C.

A10. Num recipiente termicamente isolado e de capacidade térmica desprezível são colocados 500 g de água a 60 °C e 20 g de gelo a 0 °C. Sendo o calor latente de fusão do gelo 80 cal/g, calcule a temperatura final de equilíbrio. Dado: $c_{água} = 1,0$ cal/g · °C.

A11. Numa cavidade, feita num grande bloco de gelo a 0 °C, colocam-se 200 g de cobre a 80 °C. Determine a massa de água existente na cavidade ao se estabelecer o equilíbrio térmico. São dados o calor específico do cobre (0,092 cal/g·°C) e o calor latente de fusão do gelo (80 cal/g). Desprezam-se as perdas.

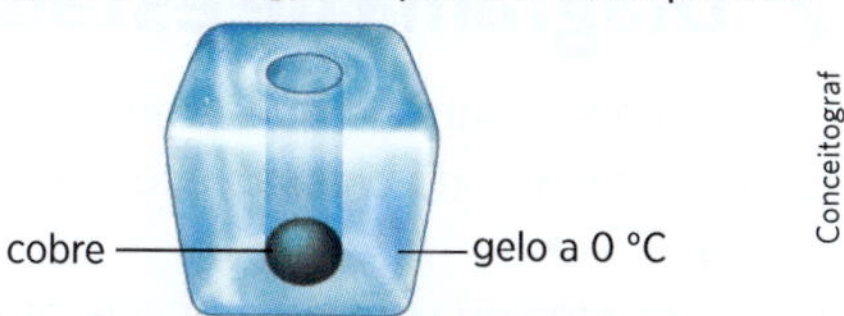

A12. Em água em ebulição a 100 °C é colocado um fragmento metálico de 500 g de massa a 200 °C. Vaporizam-se 20 g de água e a temperatura de equilíbrio é 100 °C. Sendo o calor latente de vaporização da água 540 cal/g, determine o calor específico do metal.

V9. Num calorímetro de capacidade térmica desprezível são colocados *x* gramas de gelo fundente (0 °C) e 200 g de água a 25 °C. Sendo 80 cal/g o calor latente de fusão do gelo e 4 °C a temperatura de equilíbrio térmico, determine o valor de *x*.
Dado: $c_{água} = 1,0$ cal/g · °C.

V10. Num calorímetro de capacidade térmica desprezível, são colocados 30 g de gelo a 0 °C e 300 g de água a 40 °C. Calcule a temperatura final de equilíbrio. O calor latente de fusão do gelo é 80 cal/g e o calor específico da água 1,0 cal/g · °C.

V11. Um processo de determinação do calor específico de um metal é denominado poço de gelo: coloca-se um fragmento de metal numa cavidade feita num bloco de gelo em fusão e mede-se a massa de gelo que se derrete. Se a massa de gelo derretida é 25 g, quando se coloca na cavidade um bloco metálico de 200 g a 200 °C, qual o calor específico do metal? O calor latente de fusão do gelo é 80 cal/g.

V12. Determine a massa de água que se vaporiza quando 200 g de alumínio a 150 °C são colocados em água a 100 °C. Considere que ainda resta água líquida no equilíbrio térmico, que o calor específico do alumínio é 0,20 cal/g ·°C e que o calor latente de vaporização da água é 540 cal/g.

R10. (UF-RJ) Em um calorímetro de capacidade térmica desprezível, há 200 g de gelo a −20 °C. Introduz-se, no calorímetro, água a 20 °C. O calor latente de solidificação da água é −80 cal/g e os calores específicos do gelo e da água (líquida) valem, respectivamente, 0,50 cal/g · °C e 1,0 cal/g · °C.
Calcule o valor máximo da massa da água introduzida, a fim de que, ao ser atingido o equilíbrio térmico, haja apenas gelo no calorímetro.

R11. (UF-PB) Misturam-se 60 g de água a 20 °C com 800 g de gelo a 0 °C. Admitindo que há troca de calor apenas entre a água e o gelo, calcule, em gramas, a massa final de líquido. Dados: calor latente de fusão do gelo = 80 cal/g; calor específico da água = = 1 cal/g · °C.

R12. (AFA-SP) Uma barra de gelo de massa 100 g a −20 °C é colocada num recipiente com 15 g de água líquida a 10 °C. Sabe-se que o calor específico do gelo vale 0,55 cal/g · °C, o calor latente de fusão do gelo, 80 cal/g e o calor específico da água líquida, 1,0 cal/g · °C. A temperatura de equilíbrio será, em °C, igual a:

a) −10 b) 0 c) +10 d) +20

R13. (UE-MS) Em um calorímetro ideal misturam-se 200 gramas de água a uma temperatura de 58 °C com *M* gramas de gelo a −10 °C. Sabendo que a temperatura de equilíbrio dessa mistura será de 45 °C, o valor da massa *M* do gelo em gramas é de:

a) 12
b) 15
c) 20
d) 25
e) 40

Dados: calor específico da água: $c_{água} = 1{,}0$ cal/g · °C; calor específico do gelo: $c_{gelo} = 0{,}5$ cal/g · °C; calor latente de fusão do gelo: 80 cal/g.

R14. (UF-GO) Num piquenique, com a finalidade de se obter água gelada, misturou-se num garrafão térmico, de capacidade térmica desprezível, 2 kg de gelo picado a 0 °C e 3 kg de água que estavam em garrafas ao ar livre, à temperatura ambiente de 40 °C. Desprezando-se a troca de calor com o meio externo e conhecidos o calor latente de fusão do gelo (80 cal/g) e o calor específico da água (1 cal/g · °C), a massa de água gelada disponível para se beber, em kg, depois de estabelecido o equilíbrio térmico, é igual a:

a) 3,0 b) 3,5 c) 4,0 d) 4,5 e) 5,0

Diagrama de estado

A temperatura em que ocorre uma mudança de estado depende da pressão exercida sobre a substância.

Para a maioria das substâncias, quanto mais alta a pressão exercida sobre ela, tanto mais elevada se torna a temperatura de mudança de estado, seja a fusão, a vaporização ou a sublimação. Nessas condições, o gráfico da pressão *p* em função da temperatura θ, denominado *diagrama de estado da substância*, tem o aspecto indicado na figura 7. Observe que o diagrama apresenta três regiões, correspondentes aos três estados de agregação.

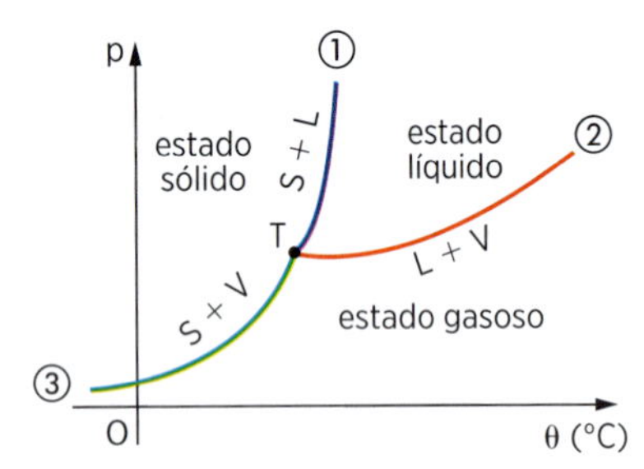

Figura 7. Diagrama de estado.

Essas três regiões individualizadas no diagrama p × θ são limitadas, como se percebe pela figura 7, por três curvas:

① *curva de fusão* — entre as regiões dos estados sólido e líquido;

② *curva de vaporização* — entre as regiões dos estados líquido e gasoso;

③ *curva de sublimação* — entre as regiões dos estados sólido e gasoso.

Nos pontos da curva ①, coexistem os estados sólido e líquido; nos pontos da curva ②, coexistem os estados líquido e gasoso; e nos pontos da curva ③, sólido e gasoso.

O ponto comum às três curvas (*T*) é denominado *ponto triplo* ou *tríplice* da substância, sendo representativo da condição de pressão e temperatura em que os três estados de agregação podem coexistir em equilíbrio.

A tabela seguinte indica valores de pressão e temperatura do ponto triplo de algumas substâncias.

Substância	Pressão (p_T)	Temperatura (θ_T)
Água (H_2O)	4,58 mmHg	0,01 °C
Dióxido de carbono (CO_2)	388 cmHg	−56,6 °C
Nitrogênio (N_2)	10 cmHg	−209 °C

Observe, analisando o diagrama de estado, que, se uma substância estiver, por exemplo, no estado sólido (caracterizado pela pressão *p* e pela temperatura θ) e alterarmos a temperatura e/ou a pressão, será possível passar da região de um estado físico para a de outro, indicando que a substância mudou de estado (fig. 8).

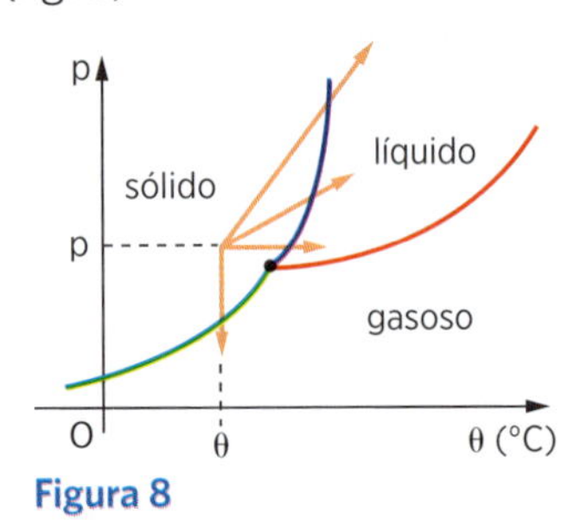

Figura 8

Consideremos, por exemplo, uma substância no estado líquido sob pressão *p'* e temperatura θ'. Na figura 9a, representamos uma vaporização sob *pressão constante*: θ_v é a *temperatura de vaporização* na pressão considerada. Na figura 9b está representada uma *vaporização sob temperatura constante*: p_v é a *pressão de vaporização* na temperatura considerada.

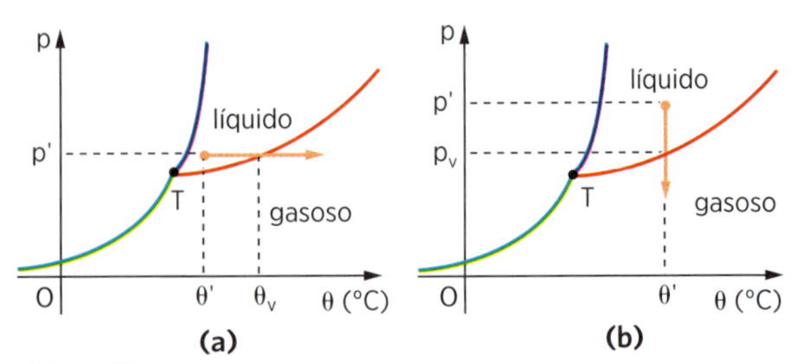

Figura 9

Casos especiais

Existem substâncias para as quais, ao contrário do que acontece com a maioria dos materiais, um aumento de pressão acarreta uma diminuição na temperatura de fusão. Essas exceções são: água, ferro, bismuto e antimônio.

Na figura *a*, representamos o diagrama de estado da água. Note que, sob pressão normal (1 atm), a fusão do gelo ocorre a 0 °C. Quando submetido à pressão de 8 atm, o gelo sofre fusão a −0,06 °C.

A vaporização e a sublimação das substâncias citadas obedecem à regra geral.

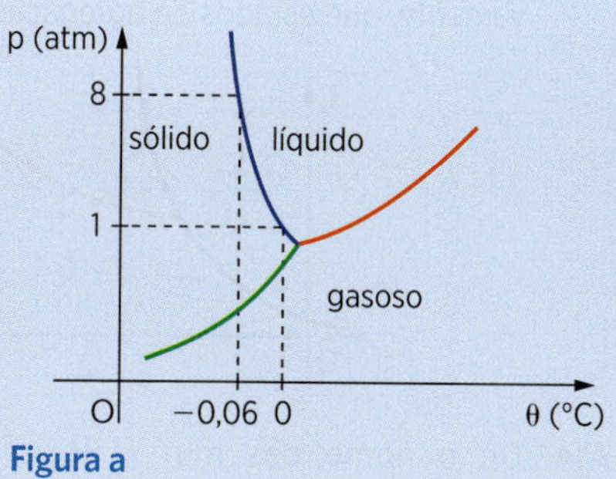

Figura a

Portanto, para todas as substâncias, a temperatura de vaporização (ebulição) θ_{EB} e a temperatura de sublimação θ_{SUBL} aumentam com o aumento da pressão *p*:

θ_{EB} cresce quando *p* cresce
θ_{SUBL} cresce quando *p* cresce

Quanto à temperatura de fusão, θ_F, ela aumenta quando a pressão *p* aumenta para a maioria das substâncias. Entretanto, para um pequeno grupo de substâncias (água, ferro, bismuto e antimônio), a temperatura de fusão θ_F diminui com o aumento da pressão *p*.

Essa diferente influência da pressão sobre o ponto de fusão é decorrente do modo como o volume da substância varia durante a mudança de estado.

A maior parte das substâncias *sofre fusão com aumento de volume*. A elevação de pressão, aproximando as moléculas, dificulta então essa mudança de estado, fazendo com que ela ocorra numa temperatura mais alta.

As exceções (água, ferro, bismuto e antimônio) sofrem *fusão com diminuição de volume*. Então, o aumento na pressão, aproximando as moléculas, favorece a mudança de estado, que ocorre, por conseguinte, numa temperatura mais baixa.

Resumindo a influência da pressão (*p*) na temperatura de fusão (θ_F), temos:

Substâncias que se dilatam na fusão (maioria): $p\uparrow$ $\theta_F\uparrow$
Substâncias que se contraem na fusão (exceções): $p\uparrow$ $\theta_F\downarrow$

Temperatura crítica. Gás e vapor

A vaporização e a condensação não ocorrem acima de certa temperatura, característica de cada substância, denominada *temperatura crítica* (θ_C). Isso significa que, em temperatura superior à temperatura crítica ($\theta > \theta_C$), a substância está sempre no estado gasoso, qualquer que seja a pressão a que esteja submetida.

Faz-se, então, a distinção entre vapor e gás.

- Uma substância no estado gasoso é *vapor* enquanto sua temperatura for igual ou inferior à temperatura crítica ($\theta \leq \theta_C$). O vapor pode ser condensado por aumento de pressão, mantida constante a temperatura (fig. b, seta I).
- Uma substância no estado gasoso é *gás* enquanto sua temperatura for superior à temperatura crítica ($\theta > \theta_C$). O gás não pode ser condensado por aumento de pressão, mantida constante a temperatura (fig. b, seta II).

Por exemplo, o dióxido de carbono (CO_2) tem temperatura crítica igual a 31 °C (θ_C = 31 °C). Assim, o CO_2 no estado gasoso é vapor em temperatura igual ou inferior a 31 °C. Se a temperatura for maior que 31 °C, o CO_2 é um gás.

A água tem uma temperatura crítica de 374 °C. Portanto, a água no estado gasoso é vapor apenas até essa temperatura. Acima de 374 °C, a água é gás.

Resumidamente, para cada substância:

$\theta \leq \theta_C \rightarrow$ *vapor* (Condensa-se por simples aumento de pressão.)
$\theta > \theta_C \rightarrow$ *gás* (Não se condensa por simples aumento de pressão.)

O ponto da curva de vaporização que corresponde à temperatura crítica é denominado *ponto crítico* e representado por *C* (fig. b).

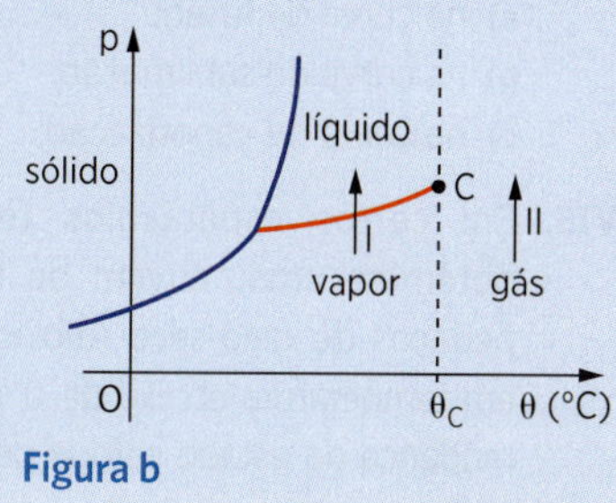

Figura b

Aplicação

A13. A figura representa o diagrama de estado de uma substância pura. As regiões *A*, *B* e *C* indicam, respectivamente, que estados de agregação da substância?

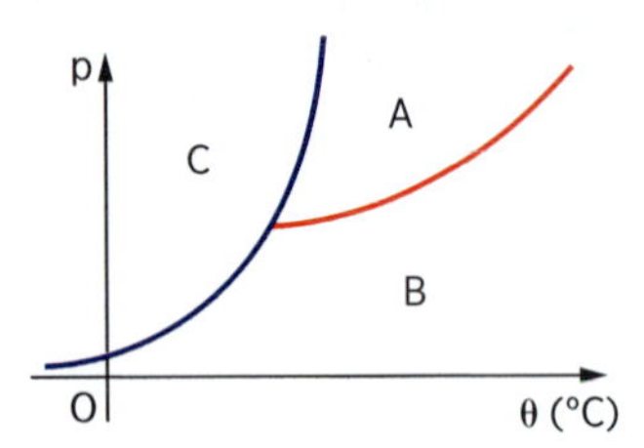

A14. Dê o nome das mudanças de estado indicadas no diagrama esquematizado.

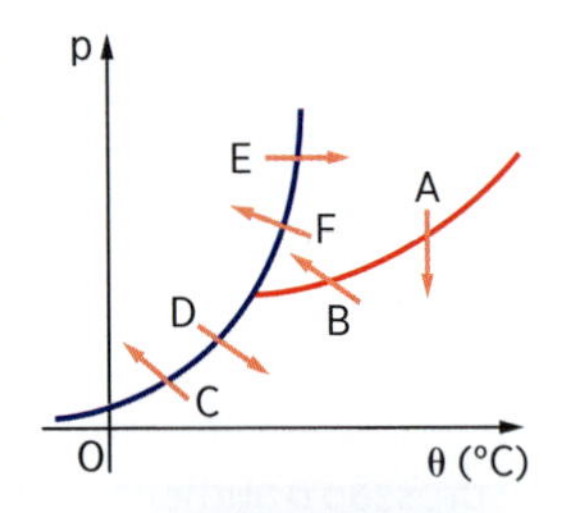

A15. Quando cristais de iodo são aquecidos sob pressão normal, a 183,5 °C, verifica-se que os cristais começam a se converter em vapores de iodo. Como essa mudança de estado é denominada?

Charles D. Winters/Science Source/ Diomedia

A16. Considere o diagrama de estado de uma substância representado na figura.

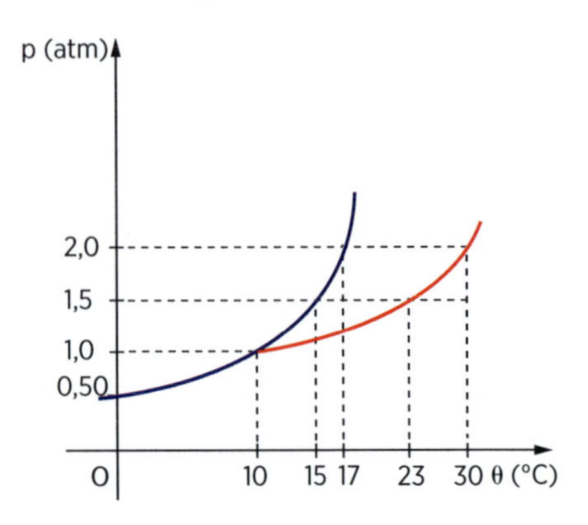

a) Indique pelo menos um par de valores de pressão e temperatura que corresponda à coexistência dos estados: sólido-líquido, líquido-gasoso e sólido-gasoso.

b) Em que condição de pressão e temperatura a substância pode se apresentar em equilíbrio nos três estados de agregação?

c) Sob pressão de 1,5 atmosfera, qual a temperatura de fusão e a temperatura de vaporização?

d) Na temperatura de 30 °C, sob que pressão o líquido se vaporiza?

Verificação

V13. No diagrama apresentado de uma substância, dê o nome das curvas 1, 2 e 3 e indique o estado de agregação correspondente a cada uma das regiões, *X*, *Y* e *Z*.

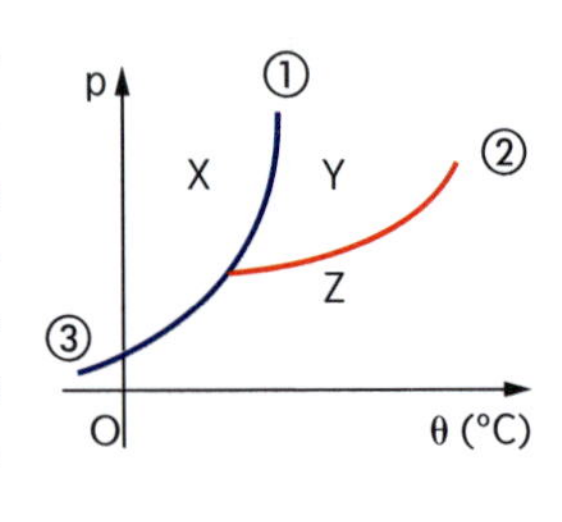

V14. Cada ponto de uma curva de mudança de estado representa uma condição de pressão e temperatura em que coexistem dois estados de agregação da substância. Então, quais os estados de agregação que coexistem:

a) na curva de fusão;

b) na curva de sublimação;

c) na curva de vaporização.

V15. Em certos espetáculos teatrais ou musicais, obtém-se uma "nuvem de fumaça" deixando-se pedaços de gelo-seco (dióxido de carbono sólido) em temperatura abaixo de 0 °C no ambiente. Qual a mudança de estado sofrida pelo dióxido de carbono (CO_2) nessas condições?

V16. O esquema seguinte indica o diagrama de estado do dióxido de carbono (CO_2), que, no estado sólido, é conhecido como gelo-seco.

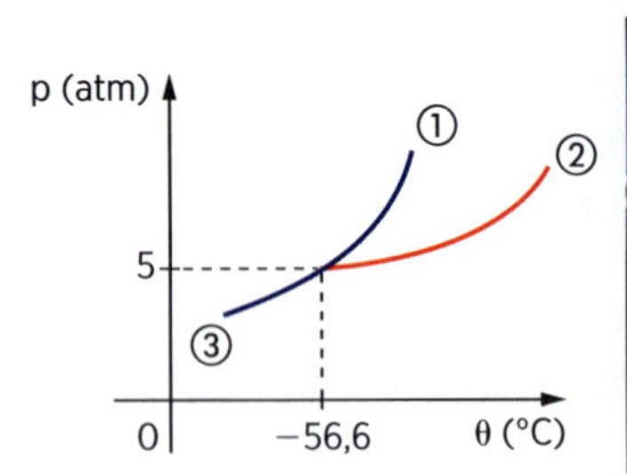

Charles D. Winters/Photo Researchers, Inc./Latinstock

a) Qual o nome das três curvas indicadas?

b) Em que condição de pressão e temperatura o CO_2 pode se encontrar em equilíbrio nos três estados de agregação? Como se chama essa condição?

c) Em que estado de agregação se encontra a substância nas condições 8 atm e −70 °C?

d) Qual o estado de agregação do CO_2 nas condições ambientes (1 atm e 20 °C)?

e) Que mudança de estado ocorre se o sólido for aquecido sob pressão superior a 5 atm? E se o aquecimento ocorrer sob pressão inferior a 5 atm?

R15. (U. E. Ponta Grossa-PR) A respeito da figura abaixo, que representa um diagrama de fases, do tipo P · T, de uma determinada substância, assinale o que for correto.

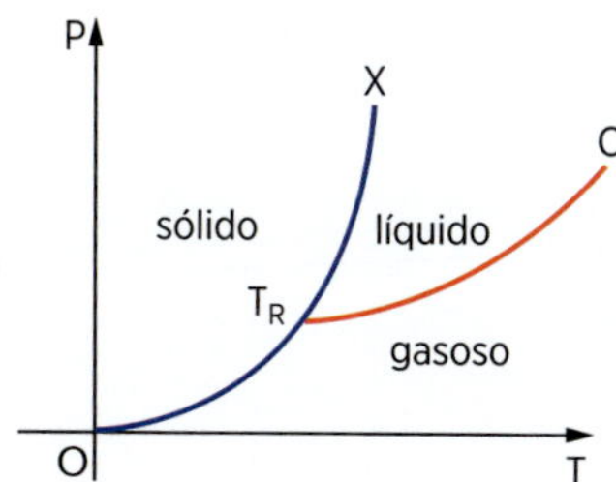

(01) O ponto T_R representa a única condição de temperatura e pressão em que as fases sólida, líquida e gasosa da substância coexistem em equilíbrio.

(02) As curvas de fusão e sublimação da substância são, respectivamente, (O, T_R) e (T_R, X).

(04) Para todos os valores de temperatura e pressão sobre a curva (T_R, C), a substância coexiste em equilíbrio nas fases líquida e gasosa.

(08) A redução da pressão provoca a redução da temperatura de ebulição da substância.

R16. (Unesp-SP) A liofilização é um processo de desidratação de alimentos que, além de evitar que seus nutrientes saiam junto com a água, diminui bastante sua massa e seu volume, facilitando o armazenamento e o transporte. Alimentos liofilizados também têm seus prazos de validade aumentados, sem perder características como aroma e sabor.

Javier Larrea/AGE Fotostock/Grupo Keystone

Pesquisa para liofilização de frutas no Centro Tecnológico da Marinha, em Biscaia, Espanha.

O processo de liofilização segue as seguintes etapas:

I. O alimento é resfriado até temperaturas abaixo de 0 °C, para que a água contida nele seja solidificada.

II. Em câmaras especiais, sob baixíssima pressão (menores do que 0,006 atm), a temperatura do alimento é elevada, fazendo com que a água seja sublimada. Dessa forma, a água sai do alimento sem romper suas estruturas moleculares, evitando perdas de proteínas e vitaminas.

O gráfico mostra parte do diagrama de fases da água e cinco processos de mudança de fase, representados pelas setas numeradas de 1 a 5

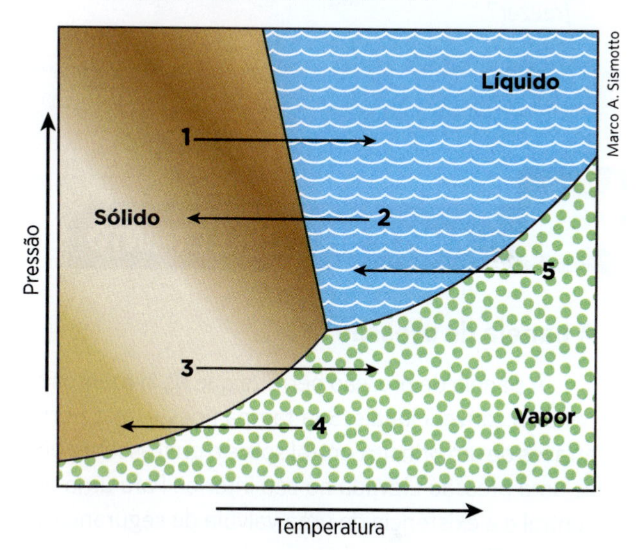

Marco A. Sismotto

A alternativa que melhor representa as etapas do processo de liofilização, na ordem descrita, é:

a) 4 e 1
b) 2 e 1
c) 2 e 3
d) 1 e 3
e) 5 e 3

R17. (U. F. Ouro Preto-MG) Observe o diagrama de fases da água.

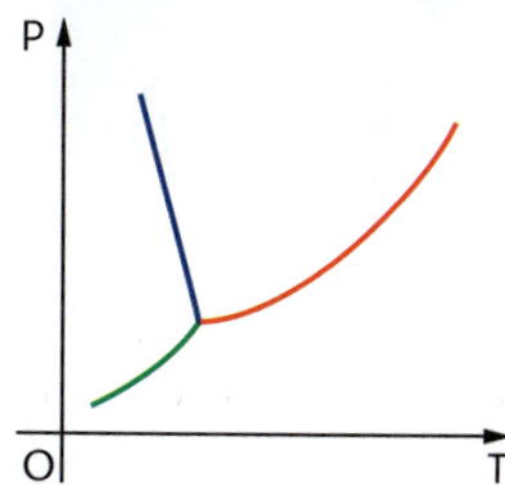

A partir do diagrama, representado na figura, pode-se concluir que:

a) quando a pressão diminui, a temperatura de sublimação aumenta.

b) quando a pressão diminui, a temperatura do ponto triplo aumenta.

c) quando a pressão aumenta, a temperatura de vaporização diminui.

d) quando a pressão aumenta, a temperatura de solidificação diminui.

R18. (UF-CE) Ao nível do mar, a água ferve a 100 °C e congela a 0 °C. Assinale a alternativa que indica o ponto de congelamento e o ponto de fervura da água, em Guaramiranga, cidade localizada a cerca de 1 000 m de altitude.

a) A água congela abaixo de 0 °C e ferve acima de 100 °C.

b) A água congela acima de 0 °C e ferve acima de 100 °C.

c) A água congela abaixo de 0 °C e ferve abaixo de 100 °C.

d) A água congela acima de 0 °C e ferve abaixo de 100 °C.

e) A água congela a 0 °C e ferve a 100 °C.

APROFUNDANDO

- Por que uma garrafa de vidro cheia de água se quebra depois de algum tempo, quando colocada em um *freezer*?

AMPLIE SEU CONHECIMENTO

A panela de pressão

A panela de pressão permite que os alimentos sejam cozidos em água muito mais rapidamente do que em panelas convencionais. Sua tampa possui uma borracha de vedação que não deixa o vapor escapar, a não ser através de um orifício central sobre o qual assenta um peso que controla a pressão. Quando em uso, desenvolve-se uma pressão elevada no seu interior. Para uma operação segura, é necessário observar a limpeza do orifício central e a existência de uma válvula de segurança, normalmente situada na tampa (fig. a).

O esquema da panela de pressão e um diagrama de fase da água são apresentados abaixo.

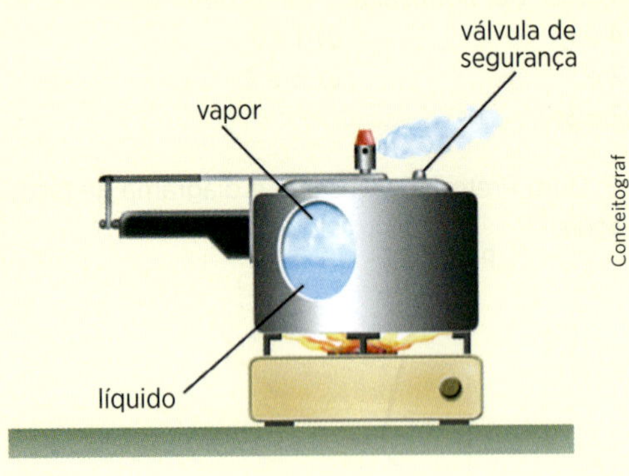

Figura a

pressão (atm) — 0, 1, 2, 3, 4, 5
líquido
vapor
temperatura (°C) — 0, 20, 40, 60, 80, 100, 120, 140, 160

Figura b

A vantagem do uso de panela de pressão se deve à temperatura de seu interior, que fica acima da temperatura de ebulição da água no local.

Se, por economia, abaixarmos o fogo sob uma panela de pressão logo que se inicia a saída de vapor pela válvula, de forma simplesmente a manter a fervura, o tempo de cozimento não será alterado, pois a temperatura não varia.

(Adaptado de uma questão do exame do Enem, 1999.)

capítulo 21

Transmissão de calor

Os processos de transmissão de calor

Pelo próprio conceito de calor, discutido no capítulo 19, percebe-se que, para haver transferência de calor entre dois corpos, é indispensável haver uma *diferença de temperaturas*.

Assim, o calor se propaga espontaneamente do corpo em maior temperatura para o corpo que está em temperatura mais baixa. Na figura 1, o calor se propaga do corpo *A* para o corpo *B*, porque a temperatura de *A* é maior que a temperatura de *B*.

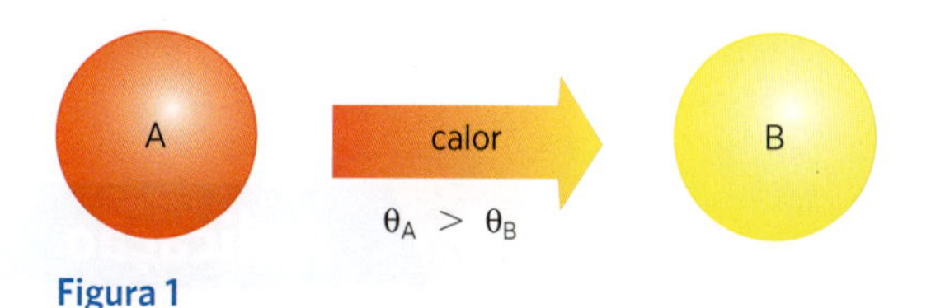

Figura 1

A transmissão de calor entre dois pontos pode ocorrer por três processos diferentes: a *condução*, a *convecção* e a *irradiação*.

Condução térmica

> A *condução térmica* consiste numa transferência de energia de vibração entre as moléculas que constituem o sistema.

Ao segurar a extremidade de uma barra metálica, colocando a outra em presença de uma chama (fig. 2), a pessoa terá que usar uma luva protetora, pois se não a usar poderá queimar-se. Isso acontece porque as partículas em contato com a chama, ao receberem energia, agitam-se mais intensamente, e esse movimento vibratório mais intenso vai se propagando ao longo da barra, de molécula para molécula, até alcançar a mão do operador.

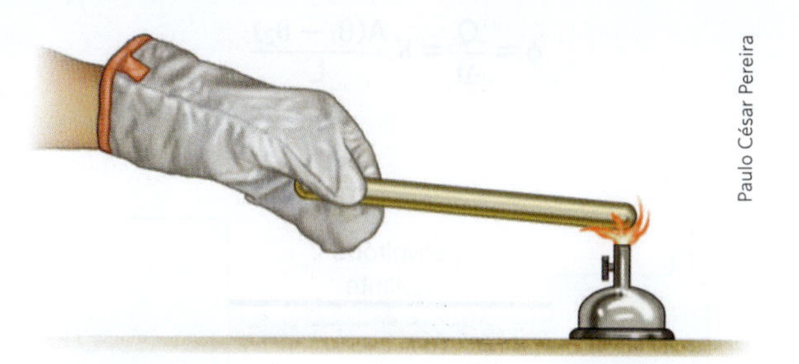

Paulo César Pereira

Figura 2. Transmissão de calor por condução térmica.

As substâncias em que o processo de condução é rápido, como os metais, são denominadas *bons condutores* ou simplesmente *condutores*. Os materiais em que o processo de condução é muito lento são denominados *maus condutores* ou *isolantes*. São exemplos de isolantes térmicos a borracha, o isopor e a lã.

Há inúmeras aplicações práticas ligadas ao fenômeno da condução térmica, seja pelos condutores, seja pelos isolantes. Realmente, há situações em que a maior rapidez de condução do calor é desejável (no aquecimento de ambientes, por exemplo) e outras nas quais se pretende o isolamento térmico (cabos de panela, agasalhos, etc.).

Dave King/Dorling Kindersley/Getty Images

Figura 3

A transmissão de calor por condução entre dois pontos separados por um determinado meio é regida pela *Lei de Fourier*, desde que as temperaturas dos dois pontos não variem no decorrer do tempo (regime permanente ou estacionário de condução).

Consideremos uma barra metálica de comprimento *L*, seção transversal de área *A*, isolada lateralmente, cujas extremidades estejam em contato com dois sistemas nos quais as temperaturas θ_1 e θ_2 permaneçam constantes apesar de estar havendo a propagação do calor (fig. 4).

O fluxo de calor ϕ ao longo da barra, isto é, a quantidade de calor, *Q*, que atravessa a barra num certo intervalo de tempo Δt, é dado por:

$$\phi = \frac{Q}{\Delta t} = K\frac{A(\theta_1 - \theta_2)}{L}$$

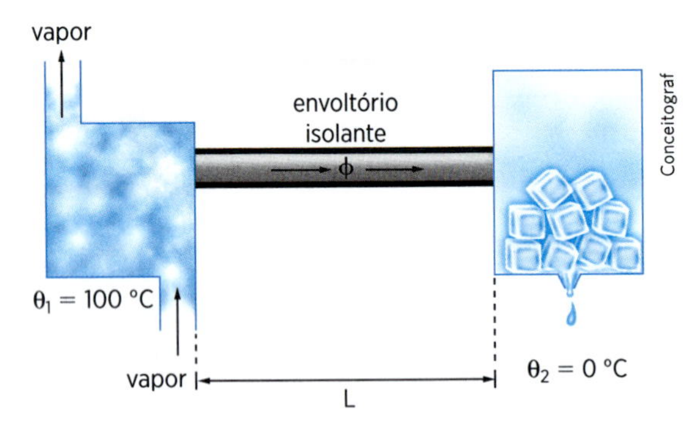

Figura 4. As temperaturas nas extremidades permanecem constantes: $\theta_1 = 100$ °C (vapor de água) e $\theta_2 = 0$ °C (gelo em fusão).

O fluxo ϕ é geralmente expresso em cal/s. Nessas condições, *K* é expresso em cal/s · cm · °C, e é chamado *coeficiente de condutibilidade térmica* do material que constitui a barra. Seu valor é elevado para os condutores e baixo para os isolantes. Eis alguns exemplos:

Material	K (cal/s · cm · °C)
Prata	0,97
Cobre	0,92
Ferro	0,12
Água líquida	0,00143
Borracha	0,00045
Cortiça	0,00013
Lã pura	0,000086
Ar	0,000055

Aplicação

A1. Uma placa de ferro é atravessada por uma quantidade de calor de 200 calorias em 25 segundos. Determine o fluxo de calor através dessa placa.

A2. Explique, em termos de propagação do calor, por que usamos agasalhos de lã, flanela ou outros materiais para nos protegermos do frio.

A3. Em um mesmo ambiente, quando pisamos um chão de ladrilhos, sentimos maior sensação de frio do que quando pisamos um chão de madeira. Explique essas diferentes sensações.

A4. Uma barra de metal, cujo coeficiente de condutibilidade térmica é 0,5 cal/s · cm · °C, tem 80 cm de comprimento e seção transversal de área 10 cm². A barra está termicamente isolada nas laterais, tendo uma extremidade imersa em gelo fundente (0 °C) e a outra em vapor de água fervente (100 °C). Determine o fluxo de calor conduzido ao longo da barra.

Verificação

V1. Ao longo de uma barra metálica isolada lateralmente, verifica-se a passagem de 500 calorias num intervalo de tempo de 2 minutos. Determine o fluxo de calor ao longo dessa barra.

V2. Os esquimós constroem seus iglus com blocos de gelo, empilhando-os uns sobre os outros. Se o gelo tem uma temperatura relativamente baixa, como explicar esse seu uso como "material de construção"?

V3. Num antigo *jingle* de uma propaganda, ouvia-se o seguinte diálogo:

— Toc, toc, toc/ — Quem bate?/ — É o frio.

E no final eram cantados os seguintes versos: "Não adianta bater, eu não deixo você entrar, os cobertores das C. P. é que vão aquecer o meu lar". Que comentário você tem a fazer sobre a veracidade física dessa peça publicitária?

V4. Num mesmo ambiente, se você tocar um objeto metálico com uma mão e um objeto de madeira com a outra, vai sentir que o primeiro está "mais frio" que o segundo. Como você explica esse fenômeno se os dois objetos estão no mesmo ambiente e, portanto, na mesma temperatura?

V5. Uma placa de cortiça de espessura 2 cm e área $5\,cm^2$ separa dois ambientes cuja diferença de temperatura se mantém constante em 20 °C. Sendo 0,00013 cal/s · cm · °C o coeficiente de condutibilidade térmica da cortiça, determine o fluxo de calor conduzido através da placa.

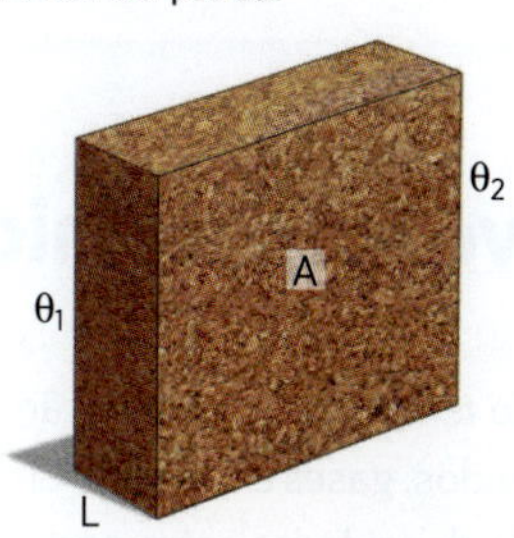

Hélio Senatore

R1. (PUC-SP) Resolva as seguintes questões:

a) Num ambiente cujos objetos componentes estão todos em equilíbrio térmico, ao tocarmos a mão numa mesa de madeira e numa travessa de alumínio, temos então sensações térmicas diferentes. Por que isso ocorre?

b) Se aquecermos uma das extremidades de duas barras idênticas, uma de madeira e outra de alumínio, ambas com uma bola de cera presa na extremidade oposta, em qual das barras a cera derreterá antes?

c) Há relação entre este fato e a situação inicial?

Dados: condutibilidade térmica do alumínio: 0,58 cal/s · cm · °C; condutibilidade térmica da madeira: 0,0005 cal/s · cm · °C.

R2. (Unemat-MT) Numa noite em que a temperatura ambiente está a 0 °C, uma pessoa dorme sob um cobertor de 3,0 cm de espessura e de condutibilidade térmica igual a $3{,}5 \cdot 10^{-2}$ J/m · s · °C. A pele da pessoa está a 35 °C. Logo, a quantidade de calor transmitida pelo cobertor durante 2 horas, por m^2 de superfície, será aproximadamente igual a:

a) $2{,}94 \cdot 10^5$ J
b) $3{,}60 \cdot 10^5$ J
c) $6{,}60 \cdot 10^5$ J
d) $3{,}93 \cdot 10^5$ J
e) N.d.a.

R3. (Unicamp-SP) Nas regiões mais frias do planeta, camadas de gelo podem se formar rapidamente sobre um volume de água a céu aberto. A figura abaixo mostra um tanque cilíndrico de água cuja área da base é $A = 2{,}0\ m^2$, havendo uma camada de gelo de espessura *L* na superfície da água. O ar em contato com o gelo está a uma temperatura $T_{ar} = -10$ °C, enquanto a temperatura da água em contato com o gelo é $T_{ag} = 0{,}0$ °C.

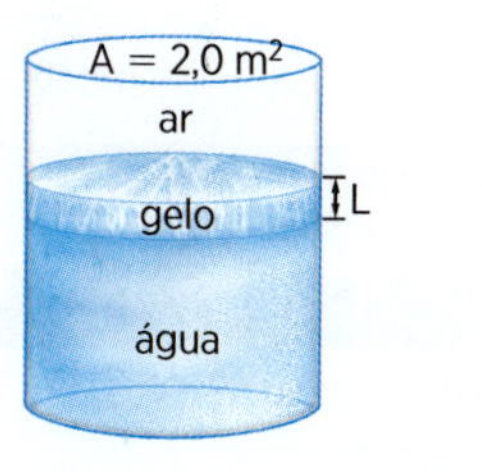

Conceitograf

O calor é conduzido da água ao ar através do gelo. O fluxo de calor ϕ_{cal}, definido como a quantidade de calor conduzido por unidade de tempo, é dado por $\phi_{cal} = kA\frac{T_{ag} - T_{ar}}{L}$, onde $k = 4{,}0 \cdot 10^{-3}$ cal/s · cm · °C) é a condutibilidade térmica do gelo. Qual é o fluxo de calor ϕ_{cal} quando L = 5,0 cm?

R4. (UC-GO) Indique verdadeiro ou falso para a proposição seguinte.

Na preparação para receber o furacão Katrina, uma janela de vidro com uma área *A* de 3,0 m^2 foi reforçada com uma placa de madeira de mesma área, conforme a figura. Sabe-se que a espessura do vidro é $L_V = 4{,}0$ mm, a espessura da madeira é L = 16,0 mm, a temperatura no interior da casa é $T_3 = 27$ °C (300 K), a temperatura no exterior da casa $T_1 = 7$ °C (280 K), a condutibilidade térmica do vidro é $K_V = 1{,}0$ W/m · k, a condutibilidade térmica da madeira é $K_M = 0{,}1$ W/m · k. Da teoria sobre condução de calor sabe-se que o fluxo de calor em regime estacionário (ϕ) é dado por $\phi = KA\frac{\Delta T}{L}$, onde *K* é condutibilidade térmica do material, *A* é a área da superfície, ΔT é a variação de temperatura e *L* é a espessura do material. Supondo que o fluxo seja constante, pode-se dizer que a temperatura T_2 na superfície entre o vidro e a madeira é aproximadamente 26,5 °C (299,5 K).

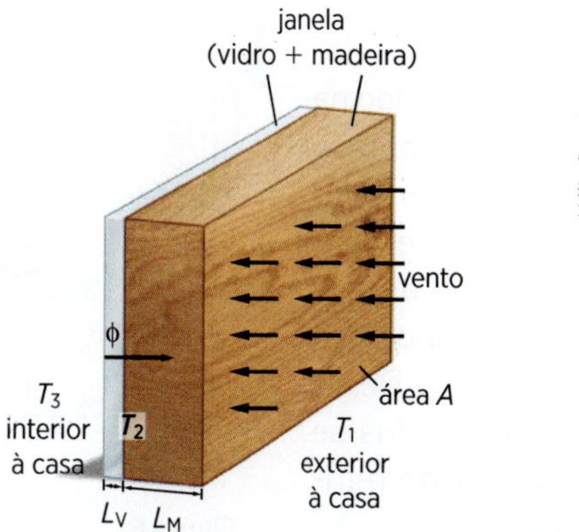

Hélio Senatore

APROFUNDANDO

- Pesquise a natureza e a aplicação prática de diferentes materiais isolantes térmicos e de materiais condutores térmicos.
- Por que os pássaros eriçam as penas quando está frio?
- Por que a serragem é melhor isolante térmico que a madeira?

Convecção térmica

A *convecção térmica* é a propagação que ocorre nos fluidos (líquidos, gases e vapores) em virtude de uma diferença de densidades entre partes do sistema.

Consideremos um líquido sendo aquecido por uma chama. A parte inferior do líquido, ao ser aquecida, tem sua densidade diminuída e, então, sobe na massa líquida. O líquido da parte superior, sendo relativamente mais denso, desce. Assim, forma-se uma corrente ascendente de líquido quente e uma corrente descendente de líquido frio. Essas correntes líquidas são denominadas *correntes de convecção*.

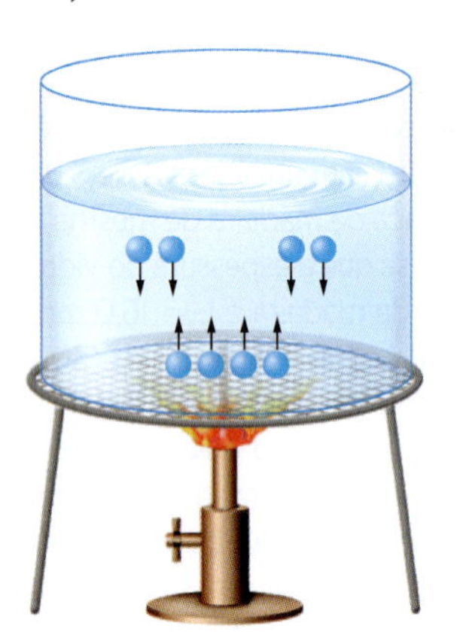

Figura 5

Existem várias aplicações práticas do princípio da convecção térmica. Por exemplo, o congelador de uma geladeira é colocado na parte superior para que se formem correntes de convecção: o ar frio desce e o ar quente sobe (fig. 6). Dessa maneira, resfria-se o interior do refrigerador.

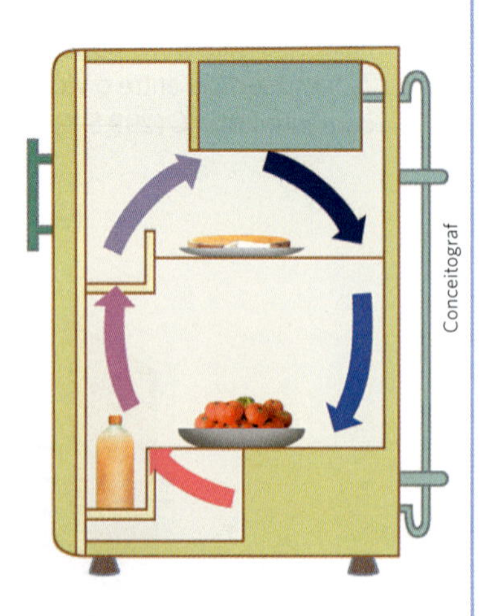

Figura 6

O movimento de uma asa-delta (fig. 7) é influenciado pelas correntes de ar quente, causadas pelo aquecimento da Terra pelo Sol. Quando atinge uma dessas correntes ascendentes de convecção, o aparelho tende a subir.

Figura 7. Asa-delta: voo mantido por correntes de convecção do ar.

Nas grandes cidades, a convecção térmica é importante para dispersar os gases poluentes eliminados pelas indústrias e pelos veículos automotores (fig. 8a). Entretanto, em dias frios, pode ocorrer o fenômeno da *inversão térmica*, que impede a ocorrência da convecção, aumentando muito os níveis de poluição do ar (fig. 8b). O que acontece nessas ocasiões é que o ar em contato com o solo torna-se mais frio que o ar das camadas superiores. Então, os gases poluentes não sobem e por isso não são dispersados.

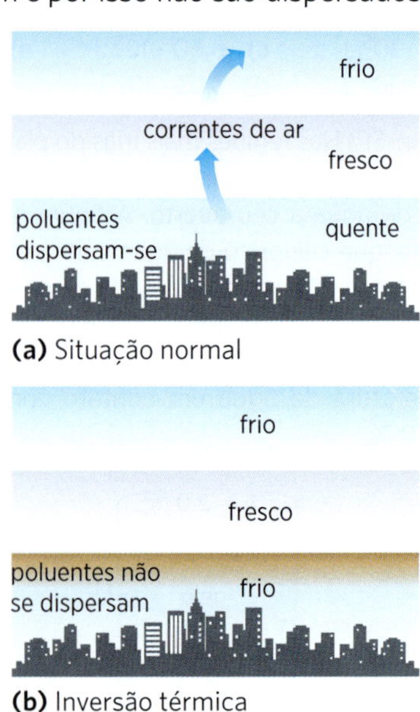

Figura 8

Irradiação térmica

A *irradiação* é a transmissão de energia por meio de ondas eletromagnéticas (ondas de rádio, micro-ondas, infravermelho, ultravioleta, raios X, etc.). Quando essas ondas são raios infravermelhos, temos a chamada *irradiação térmica*.

A energia associada às ondas eletromagnéticas, denominada *energia radiante*, ao ser absorvida por um corpo é transformada em energia térmica.

Westend61 RM/Latinstock

Figura 9

A energia que recebemos do Sol chega até nós por irradiação. A inexistência de meio material contínuo entre os astros (vácuo) impede a ocorrência tanto de transmissão de calor por condução como por convecção.

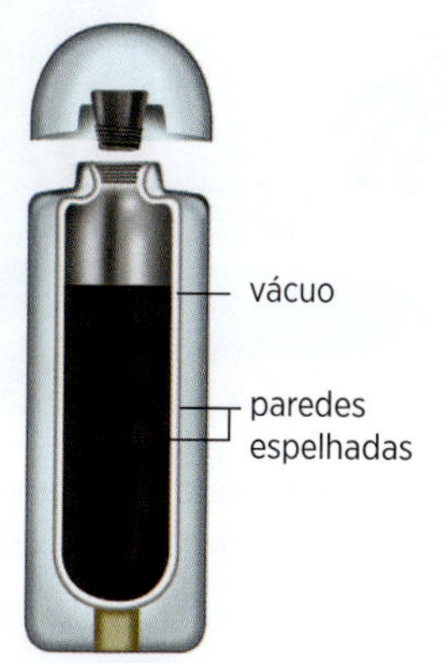

Luis Moura

Figura 10

A garrafa térmica (fig. 10) é um sistema que mantém, por longo tempo, no seu interior, um líquido quente ou frio. Isso ocorre porque, ao ser construída, faz-se com que os três processos de propagação sejam reduzidos a um mínimo, do seguinte modo:

- Entre as paredes duplas da garrafa faz-se o vácuo para impedir a condução.
- As paredes são espelhadas interna e externamente, para que os raios infravermelhos sejam refletidos. Evita-se assim a irradiação.
- A tampa bem fechada evita a ocorrência de convecção.

AMPLIE SEU CONHECIMENTO

O efeito estufa

O gás carbônico (CO_2) e os vapores de água existentes na atmosfera são transparentes à luz visível do Sol, mas bloqueiam uma grande quantidade de ondas de calor. Isso faz com que a Terra retenha, à noite, uma parte da energia que recebeu do Sol durante o dia. Esse fenômeno é chamado de *efeito estufa* e, em princípio, é benéfico. Entretanto, a crescente industrialização e o grande número de automóveis em circulação têm feito aumentar de forma alarmante a quantidade de CO_2 na atmosfera, o que acentua o efeito estufa, podendo levar a um aumento na temperatura média do planeta, com graves consequências.

Aplicação

A5. Explique como ocorre o fenômeno da convecção térmica. De que modo podem ser visualizadas na prática as chamadas correntes de convecção?

A6. Com base na propagação do calor, explique por que, para gelar o chope de um barril, é mais eficiente colocar gelo na parte superior do que colocar o barril sobre uma pedra de gelo.

A7. Durante o inverno, em certas regiões e sob determinadas condições, a atmosfera impede a ascensão e a dispersão dos poluentes nela lançados. Como se chama esse fenômeno e por que ele ocorre?

A8. Nas regiões litorâneas, durante o dia sopra a brisa marítima (do mar para a terra) e durante a noite sopra a brisa terrestre (da terra para o mar). Como explicar essa movimentação do ar levando em conta as correntes de convecção?

Alberto De Stefano

A9. Explique por que não pode haver propagação do calor por condução e por convecção no vácuo.

A10. Explique de que maneira uma garrafa térmica é construída para minimizar as trocas de calor com o ambiente, permitindo conservar por certo tempo um líquido quente ou um líquido frio no seu interior.

Grublee/Glow Images

Verificação

V6. Por que a transmissão de calor conhecida como convecção térmica ocorre de modo eficiente nos meios líquidos e nos meios gasosos, não podendo acontecer nos meios sólidos?

V7. Explique com base na propagação de calor por convecção:

a) a colocação do aparelho de ar condicionado na parte superior de uma sala;

b) a colocação do aquecedor de ambiente no solo e não no teto;

c) o resfriamento dos motores de automóvel por meio do radiador;

d) a tiragem de gases em uma chaminé.

V8. É costume dizer que os planadores (espécie de aviões sem motor) se movem na atmosfera aproveitando as correntes de convecção. Explique como isso ocorre.

Thinkstock/Getty Images

V9. Por que o fenômeno da inversão térmica ocorre preferencialmente no inverno e de que modo esse fenômeno acentua a poluição atmosférica?

V10. Como se dá a propagação de calor do Sol até a Terra se entre esses astros não existe meio material?

V11. Desenhe esquematicamente uma garrafa térmica e explique o seu funcionamento.

Revisão

R5. (Fepar-PR) Temperatura e calor são dois conceitos diferentes que muitas pessoas acreditam serem idênticos. No entanto, o entendimento desses dois conceitos se faz necessário para o estudo da Termologia. A Termologia é um ramo da Física que estuda as relações de troca de calor e as manifestações de qualquer tipo de energia capaz de produzir aquecimento, resfriamento ou mudanças de estado físico dos corpos quando estes ganham ou cedem calor.

Analise (V ou F) as assertivas que se seguem a respeito do assunto.

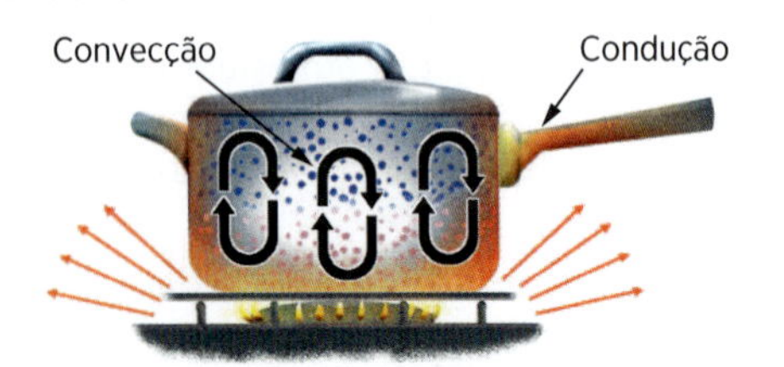

Alberto De Stefano

a) O calor se propaga espontaneamente de um corpo para outro que esteja em temperatura mais baixa.

b) Os gases em geral são piores condutores de calor que os sólidos e líquidos, em razão do maior espaçamento entre moléculas.

c) A convecção caracteriza-se pelo deslocamento da matéria; daí se conclui ser um processo característico de líquidos e gases.

d) Quanto mais elevada a diferença de temperatura entre dois corpos menor será a taxa de transmissão de energia, que é proporcional ao inverso da diferença de temperatura.

e) Quando se pretende resfriar um ambiente (uma sala, por exemplo), a posição ideal do aparelho refrigerador é próxima ao piso: como o resfriamento aumenta a densidade do ar, propicia a formação de correntes de convecção que aceleram o processo de resfriamento de todo o ambiente.

R6. (PUC-PR) Analise as afirmações referentes à transferência de calor:

I. As roupas de lã dificultam a perda de calor do corpo humano para o meio ambiente devido ao fato de o ar existente entre suas fibras ser um bom isolante térmico.

II. Devido à condução térmica, uma barra de ferro mantém-se a uma temperatura inferior a um pedaço de madeira mantida no mesmo ambiente.

III. O vácuo entre duas paredes de um recipiente serve para evitar a "perda de calor" por irradiação.

Marque a alternativa correta:

a) Apenas I está correta.
b) Apenas II está correta.
c) Apenas III está correta.
d) I, II e III estão corretas.
e) I, II e III estão erradas.

R7. (UF-PB) Observe a figura a seguir sobre a formação das brisas marinhas.

Alberto De Stefano

As pessoas que vivem nas proximidades do mar conhecem bem as brisas marinhas — ventos suaves que sopram, durante o dia, do mar para a terra e, à noite, da terra para o mar.

Dentre as alternativas a seguir, indique a que explica corretamente o fenômeno apresentado.

a) Exemplo de convecção térmica e ocorre pelo fato de a água ter calor específico maior que a areia, fazendo com que a temperatura da areia se altere mais rapidamente que a da superfície do mar.

b) Exemplo de condução térmica e ocorre pelo fato de os ventos serem originados por diferentes temperaturas entre a água e a terra, em virtude da diferença de seus calores específicos.

c) Exemplo de radiação térmica e ocorre porque durante o dia, ao receber radiações solares, a terra se aquece mais rapidamente que a água do mar.

d) Exemplo de condução térmica e ocorre pelo fato de a água ter calor específico menor que a areia, acarretando a alteração da temperatura da água mais rapidamente do que a da superfície da terra.

e) Exemplo de radiação térmica e ocorre pelo fato de a areia e a água serem bons condutores térmicos, levando o calor a dissipar-se rapidamente.

R8. (FCMSC-SP) Em certos dias, verifica-se o fenômeno da inversão térmica, que causa um aumento da poluição do ar, pelo fato de a atmosfera apresentar maior estabilidade. Essa ocorrência é devida ao seguinte fato:

a) a temperatura das camadas inferiores do ar atmosférico permanece superior à das camadas superiores.

b) a convecção força as camadas carregadas de poluentes a circular.

c) a temperatura do ar se uniformiza.

d) a condutibilidade térmica do ar diminui.

e) as camadas superiores do ar atmosférico têm temperatura superior à das camadas inferiores.

R9. (UF-SC) O uso racional das fontes de energia é uma preocupação bastante atual. Uma alternativa para o aquecimento da água em casas ou condomínios é a utilização de aquecedores solares.

Um sistema básico de aquecimento de água por energia solar é composto de coletores solares (placas) e reservatório térmico (*boiler*), como esquematizado na figura abaixo.

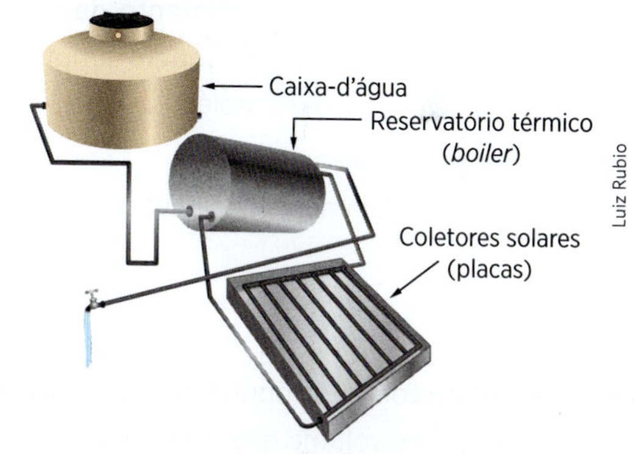

Luiz Rubio

Em relação ao sistema ilustrado na figura acima, analise as proposições a seguir. Dê como resposta a soma das proposições corretas.

(01) A água circula entre os coletores e o reservatório térmico através de um sistema natural, por convecção. A água dos coletores fica mais quente e, portanto, menos densa que a água no reservatório. Assim, a água fria "empurra" a água quente, gerando a circulação.

(02) Os canos e as placas dentro do coletor devem ser pintados de preto para uma maior absorção de calor por irradiação térmica.

(04) As placas coletoras são envoltas em vidro transparente que funciona como estufa, permitindo a passagem de praticamente toda a radiação solar. Essa radiação aquece as placas, que, por sua vez, aquecem o ar interior da estufa, formando correntes de convecção, sendo que este ar é impedido de se propagar para o ambiente externo.

(08) Em todo o processo de aquecimento desse sistema não há transferência de calor por condução.

(16) Como a placa coletora está situada abaixo do reservatório térmico, o sistema descrito só funciona se existir uma bomba hidráulica que faça a água circular entre os dois.

(32) A condução de calor só ocorre nas placas, pois são metálicas, mas não na água.

capítulo

22 Os gases perfeitos

Comportamento térmico dos gases

Como vimos, uma substância no estado gasoso é um gás desde que sua temperatura seja superior a uma temperatura crítica característica dessa substância. Em temperatura igual ou inferior à crítica, a substância é um vapor.

Para estudar o comportamento da substância como gás, adotamos um modelo simplificador, admitindo que um gás tem moléculas que:

- se movimentam ao acaso;
- se chocam elasticamente entre si e com as paredes do recipiente;
- não exercem ações mútuas, exceto durante as colisões;
- apresentam volume próprio desprezível, em comparação com o volume que o gás ocupa.

O gás hipotético que obedece sem restrições a tais características é denominado *gás ideal* ou *gás perfeito*. O gás real seguirá tanto mais aproximadamente o comportamento do gás ideal, quanto mais elevada for sua temperatura e quanto mais baixa for sua pressão.

Variáveis de estado de um gás perfeito

O estado de um gás perfeito é caracterizado por três grandezas chamadas *variáveis de estado*:

- *Volume* (V): o volume de um gás perfeito é o volume do recipiente que o contém.
- *Temperatura* (T): é a grandeza que mede o estado de agitação das partículas do gás.
- *Pressão* (p): a pressão que um gás exerce é devida ao choque de suas partículas contra as paredes do recipiente.

Observe a figura 1 a seguir, que representa esquematicamente partículas de um gás em um recipiente.

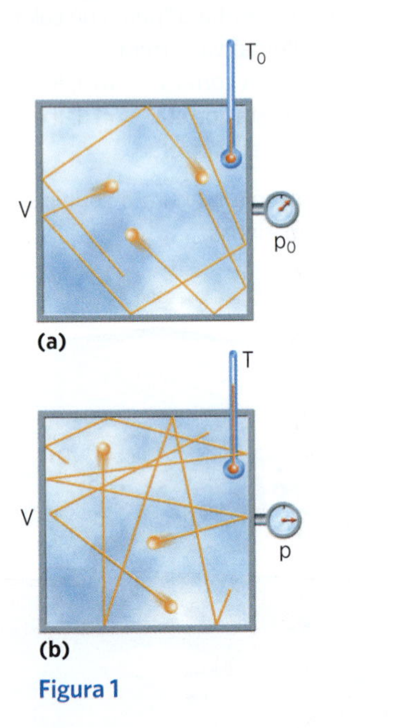

Figura 1

Quanto maior a temperatura, maior a agitação das partículas do gás e maior a pressão que este exerce contra as paredes do recipiente, de volume invariável.

Lei Geral dos Gases Perfeitos

Imaginemos que uma certa massa de um gás esteja inicialmente num "estado" caracterizado pelos valores p_0, V_0 e T_0 para as variáveis de estado. Ao sofrer uma transformação, vamos admitir que as variáveis de estado passem para os valores p, V e T, característicos do "estado final" do gás. Verificamos que os valores iniciais e finais das variáveis de estado se relacionam pela denominada *Lei Geral dos Gases Perfeitos*:

$$\frac{p_0V_0}{T_0} = \frac{pV}{T}$$

Nesta lei, as temperaturas T_0 e T devem ser expressas na escala Kelvin.

A1. Dentro de um recipiente de volume variável estão inicialmente 20 litros de um gás perfeito à temperatura de 200 K e pressão de 2,0 atm. Qual será a nova pressão, se a temperatura aumentar para 250 K e o volume for reduzido para 10 litros?

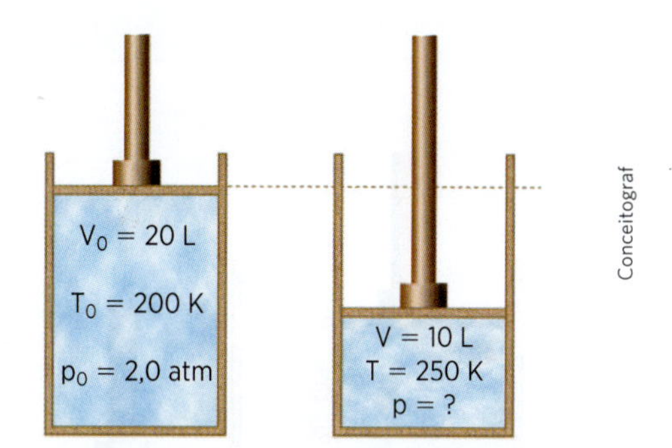

A2. Nas condições $p_1 = 1$ atm e $T_1 = 300$ K, certo corpo de gás perfeito apresenta o volume $V_1 = 12$ L. Eleva-se a pressão para $p_2 = 3$ atm e a temperatura para $T_2 = 600$ K. Determine o novo volume ocupado pelo gás.

A3. Um gás ideal sofre uma transformação tal que seu volume final é um terço do volume inicial e sua pressão sofre um aumento de 50% em relação ao valor inicial. Relacione as temperaturas absolutas final e inicial dessa massa gasosa.

A4. Num recipiente de volume variável a 27 °C encontram-se 30 litros de um gás perfeito exercendo a pressão de 3 atm. Simultaneamente, esse gás é aquecido para a temperatura de 327 °C e seu volume é reduzido para 20 litros. Qual o valor final da pressão exercida por esse gás?

V1. Certa quantidade de um gás perfeito a 300 K ocupa um volume de 20 litros sob pressão de 5 atm. Considere os outros "estados" dessa massa gasosa:

I. 300 K; 1 atm; 100 L
II. 600 K; 5 atm; 40 L
III. 900 K; 1 atm; 200 L

Quais desses "estados" são possíveis? Por quê?

V2. Certa massa de um gás ideal sofre uma transformação na qual o produto da pressão pelo volume (pV) duplica. Calcule a relação $\frac{T_2}{T_1}$ entre as temperaturas absolutas final e inicial dessa massa gasosa.

V3. O volume de um gás ideal duplica enquanto sua pressão se reduz a 20% do valor inicial. Sendo 200 K a temperatura inicial dessa massa gasosa, determine sua temperatura final.

V4. A temperatura de certa massa de um gás ideal varia de 127 °C para 427 °C. Se o volume do gás no processo triplicou, determine a relação $\frac{p_2}{p_1}$ entre as pressões final e inicial desse gás.

R1. (F. M. Itajubá-MG) O comportamento de um gás real aproxima-se do de um gás ideal ou perfeito, quando:

a) submetido a baixas temperaturas.
b) submetido a baixas temperaturas e baixas pressões.
c) submetido a altas temperaturas e altas pressões.
d) submetido a altas temperaturas e baixas pressões.
e) submetido a baixas temperaturas e altas pressões.

R2. (Fund. Carlos Chagas-SP) Considere, para as moléculas de um gás, que *M* é a massa de cada uma; *D* é o diâmetro de cada uma; *X* é a média das distâncias entre cada duas moléculas e *V* é a velocidade média das moléculas.

Quando consideramos esse gás como gás perfeito, assumimos que é(são) desprezível(eis):

a) M
b) D
c) M e D
d) X e V
e) X e M

R3. (UE-MS) Certa quantidade de gás ideal, contida num recipiente de volume 2 litros, tem uma temperatura de 27 °C, sob uma pressão de 1,5 atm. Essa mesma quantidade de gás, se colocada num recipiente de volume 1 litro, sob uma pressão de 2 atm, terá uma temperatura de:

a) −63 °C
b) −73 °C
c) −83 °C
d) −93 °C
e) −103 °C

R4. (UE-RJ) Um gás, inicialmente à temperatura de 16 °C, volume V_0 e pressão P_0, sofre uma descompressão e, em seguida, é aquecido até alcançar uma determinada temperatura final *T*, volume *V* e pressão *P*. Considerando que *V* e *P* sofreram um aumento de cerca de 10% em relação a seus valores iniciais, determine, em graus Celsius, o valor de *T*.

R5. (AFA-SP) A figura mostra um cilindro que contém um gás ideal, com um êmbolo livre para se mover sem atrito. À temperatura de 27 °C, a altura *h* na qual o êmbolo se encontra em equilíbrio vale 20 cm.

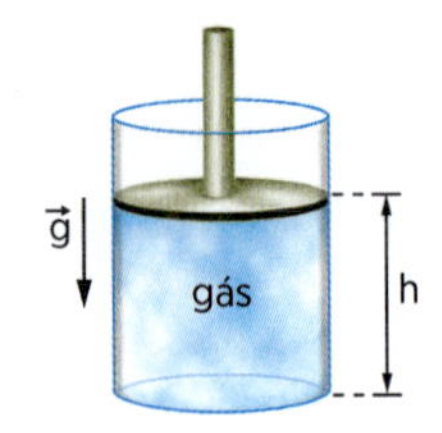

Aquecendo-se o cilindro à temperatura de 39 °C e mantendo-se inalteradas as demais características da mistura, a nova altura *h* será, em cm:

a) 10,8

b) 20,4

c) 20,8

d) 10,4

Transformação isotérmica

Diz-se que um gás está sofrendo uma *transformação isotérmica* quando, mantida *constante a temperatura*, variam a pressão e o volume do gás (fig. 2).

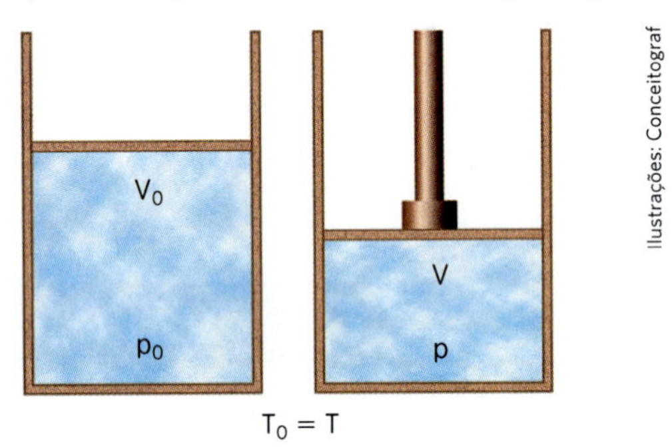

Figura 2

Uma forma de comprimir lentamente um gás de forma isotérmica é despejar areia sobre o pistão, como mostra a figura 3.

Figura 3

Da Lei Geral dos Gases Perfeitos, obtemos:

$$T_0 = T \Rightarrow \boxed{p_0V_0 = pV}$$

que constitui a denominada *Lei de Boyle-Mariotte*.

Portanto, na transformação isotérmica de uma dada massa gasosa, *a pressão e o volume do gás são inversamente proporcionais*. Observe na figura 4 que, em um volume menor, há maior número de colisões das partículas do gás nas paredes do recipiente.

Num sistema de eixos cartesianos, em que se representa a pressão (*p*) em ordenadas e o volume (*V*) em abscissas, a representação gráfica é uma *hipérbole equilátera*, como mostra a figura 5.

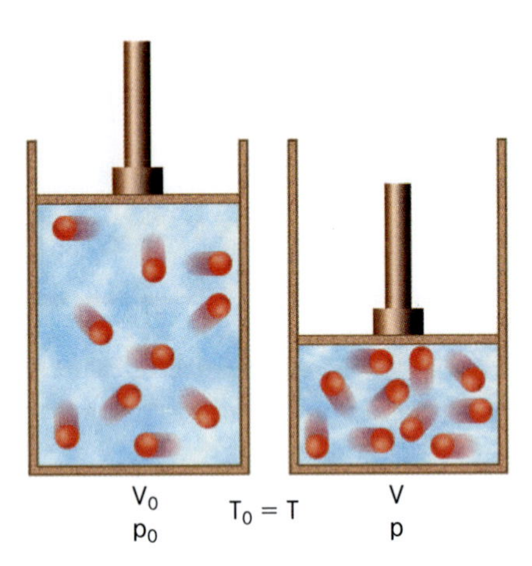

Figura 4

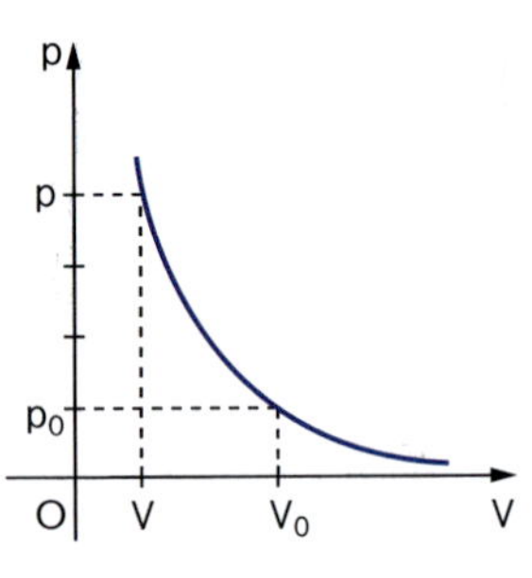

Figura 5

Transformação isobárica

Diz-se que um gás está sofrendo uma *transformação isobárica* quando, mantida *constante a pressão*, variam o volume e a temperatura do gás.

Da Lei Geral dos Gases Perfeitos, obtemos:

$$p_0 = p \Rightarrow \boxed{\frac{V_0}{T_0} = \frac{V}{T}}$$

que constitui a Primeira Lei de Gay-Lussac.

Portanto, na transformação isobárica de uma dada massa gasosa, o volume e a temperatura absoluta são diretamente proporcionais (fig. 6).

No gráfico da figura 7, é mostrada essa proporcionalidade. Observe que, teoricamente, no zero absoluto, o volume do gás é nulo. No entanto, essa consideração só vale para o gás ideal e não para os gases reais.

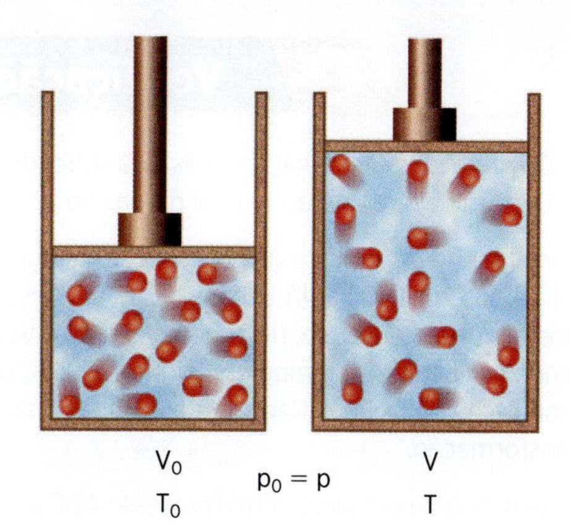

Figura 6

Ilustrações: Conceitograf

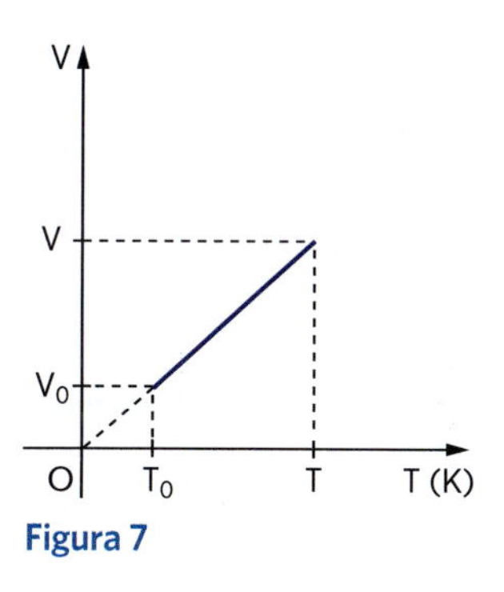

Figura 7

Transformação isométrica ou isocórica

Diz-se que um gás está sofrendo uma *transformação isométrica* ou *isocórica* quando, mantido *constante o volume*, variam a pressão e a temperatura do gás.

Da Lei Geral dos Gases Perfeitos, obtemos:

$$V_0 = V \quad \Rightarrow \quad \frac{p_0}{T_0} = \frac{p}{T}$$

que constitui a Segunda Lei de Gay-Lussac.

Portanto, na transformação isométrica de uma dada massa gasosa, a pressão e a temperatura absoluta são diretamente proporcionais (fig. 8).

Essa proporcionalidade é mostrada graficamente na figura 9. Observe que, teoricamente, a pressão de um gás ideal se anula no zero absoluto, o que pode ser explicado pelo fato de, nessa temperatura, cessar o movimento de agitação molecular.

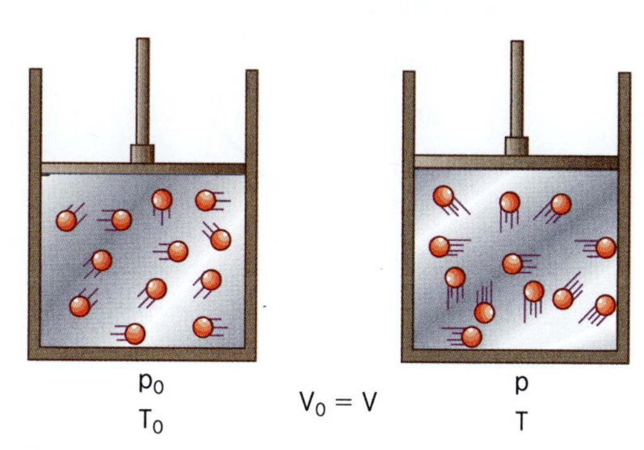

Figura 8

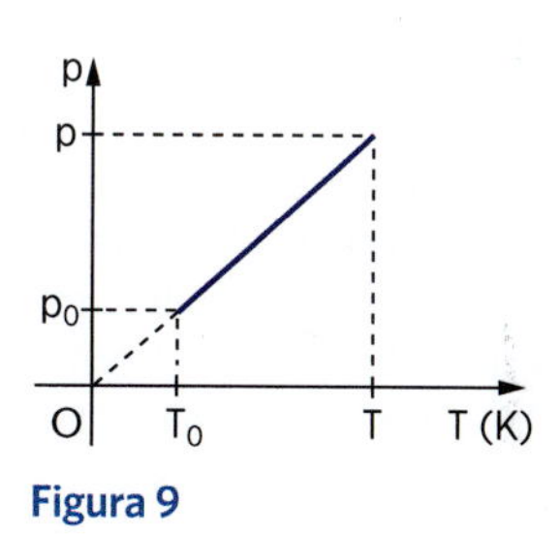

Figura 9

Aplicação

A5. Uma dada massa de um gás ideal ocupa o volume de 10 litros à temperatura de 273 K e pressão de 2 atm. Qual o volume ocupado por esse gás à temperatura de 0 °C e pressão de 4 atm? Esboce o gráfico correspondente ao processo, considerado isotérmico.

A6. Um gás ocupa um volume de 3,0 L à temperatura de 200 K. Que volume irá ocupar se a temperatura for alterada para 300 K, mantendo-se constante a pressão? Represente graficamente essa transformação.

A7. O gráfico representa a transformação isobárica para certa quantidade de um gás ideal. Determine o valor de *x*.

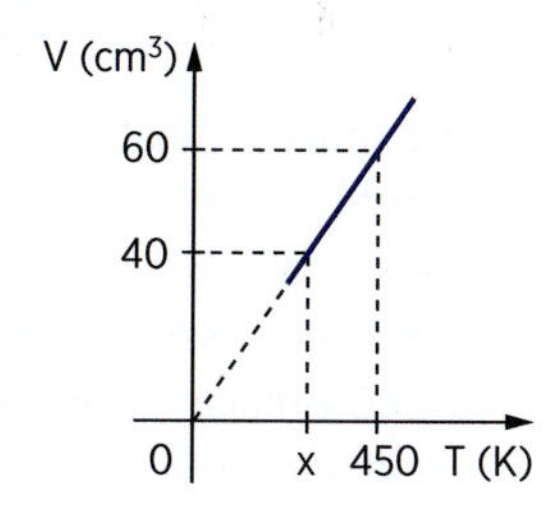

A8. Numa transformação isométrica (isocórica) de um gás ideal, observou-se que a pressão variou de 0,50 atm para 0,10 atm. Sabendo que a temperatura final foi de 300 K, determine a temperatura inicial do gás. Represente graficamente essa transformação.

A9. O gráfico representa a transformação sofrida por determinada massa de um gás ideal. Com base nos valores fornecidos por ele, determine quanto valem *x* e *y*.

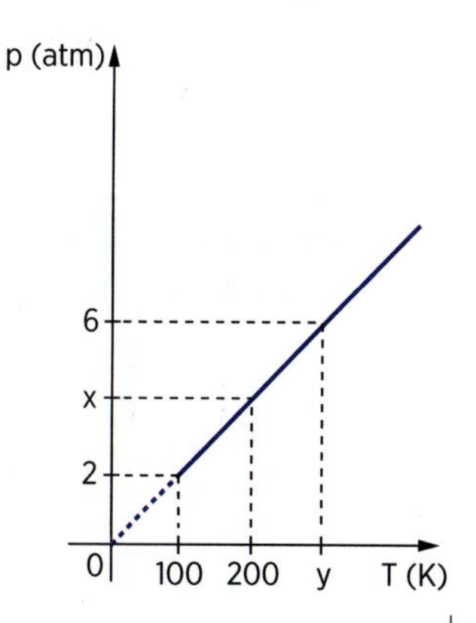

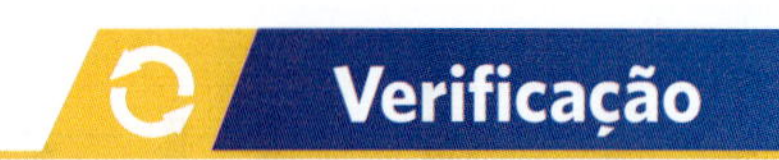

V5. Do estado inicial de 4 litros, 2 atm e 300 K, certa massa de um gás perfeito se expande isotermicamente até que sua pressão seja de 0,5 atm. Determine o volume final ocupado pelo gás. Esboce o gráfico correspondente ao processo.

V6. Um gás perfeito ocupa, à temperatura de 250 K, um volume de 200 cm³. Em que temperatura esse volume se tornará igual a 300 cm³, se a pressão for mantida constante? Represente graficamente essa transformação.

V7. O gráfico representa uma transformação AB sofrida por certa massa de gás ideal.

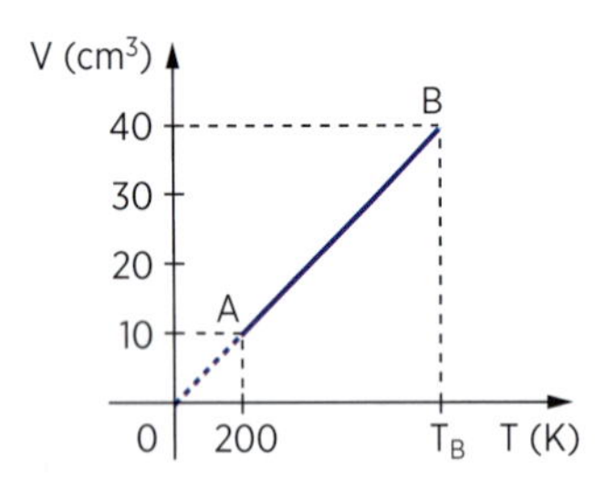

a) Que tipo de transformação o gás está sofrendo?
b) Determine a temperatura final do gás no processo.

V8. A pressão de uma massa gasosa, suposto um gás perfeito, varia de $1 \cdot 10^5$ N/m² para $2 \cdot 10^5$ N/m², ao se modificar a temperatura, mantido constante o volume. Sendo inicialmente a temperatura igual a 200 K, determine o seu valor final. Represente graficamente essa transformação.

V9. Certa massa de gás ideal sofre o processo ABC indicado no gráfico.

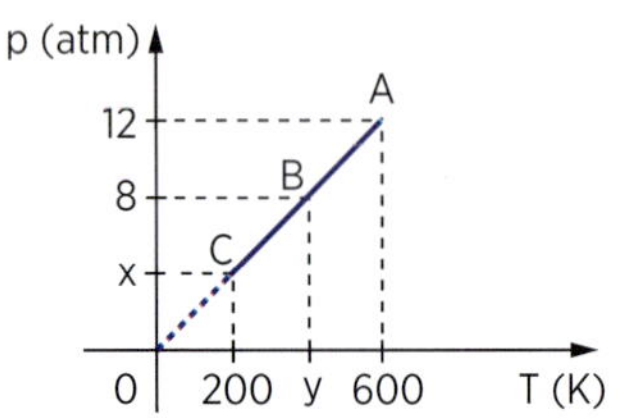

Com base nele e nos valores indicados:
a) caracterize o tipo de transformação sofrido pelo gás. Justifique.
b) determine os valores *x* e *y* assinalados.

R6. (UF-RS) Na figura a seguir estão representados dois balões de vidro, *A* e *B*, com capacidades de 3 litros e de 1 litro, respectivamente. Os balões estão conectados entre si por um tubo fino munido da torneira *T*, que se encontra fechada. O balão *A* contém hidrogênio à pressão de 1,6 atmosfera. O balão *B* foi completamente esvaziado. Abre-se, então, a torneira *T*, pondo os balões em comunicação, e faz-se também com que a temperatura dos balões e do gás retorne ao seu valor inicial.

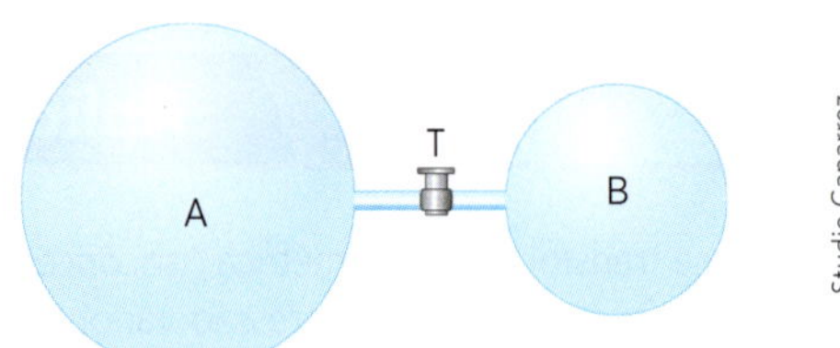

Studio Caparroz

Qual é, em N/m², o valor aproximado da pressão a que fica submetido o hidrogênio? Considere 1 atm igual a 10^5 N/m².

a) $4{,}0 \cdot 10^4$
b) $8{,}0 \cdot 10^4$
c) $1{,}2 \cdot 10^5$
d) $1{,}6 \cdot 10^5$
e) $4{,}8 \cdot 10^5$

R7. (Unimontes-MG) A figura representa uma isoterma correspondente à transformação de um gás ideal.

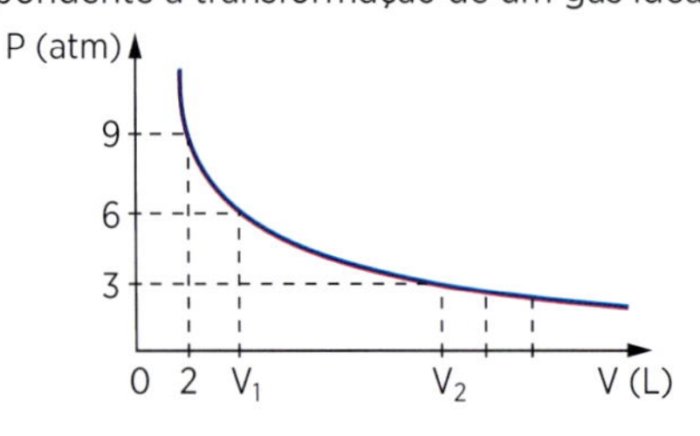

Os valores dos volumes V_1 e V_2 são, respectivamente:

a) 4 L e 9 L
b) 4 L e 8 L
c) 3 L e 9 L
d) 3 L e 6 L

R8. (Unesp-SP) Um frasco para medicamento com capacidade de 50 mL contém 35 mL de remédio, sendo o volume restante ocupado por ar. Uma enfermeira encaixa uma seringa nesse frasco e retira 10 mL do medicamento, sem que tenha entrado ou saído ar do frasco. Considere que durante o processo a temperatura do sistema tenha permanecido constante e que o ar dentro do frasco possa ser considerado gás ideal.

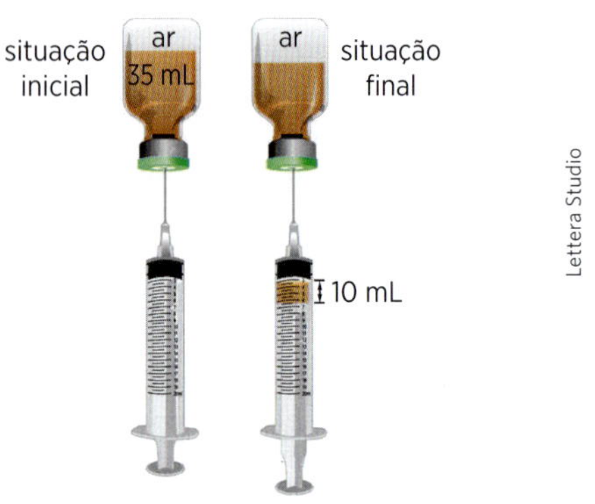

Lettera Studio

Na situação final, em que a seringa com o medicamento ainda estava encaixada no frasco, a retirada dessa dose fez com que a pressão do ar dentro do frasco passasse a ser, em relação à pressão inicial:

a) 60% maior
b) 40% maior
c) 60% menor
d) 40% menor
e) 25% menor

R9. (UF-AM) Um gás ideal é levado lentamente do estado inicial *A* ao estado final *C*, passando pelo estado intermediário *B*, para o qual a temperatura vale $T_B = 300$ K. A figura representa a variação da pressão desse gás, em atmosferas (atm), em função do volume, em litros (L).

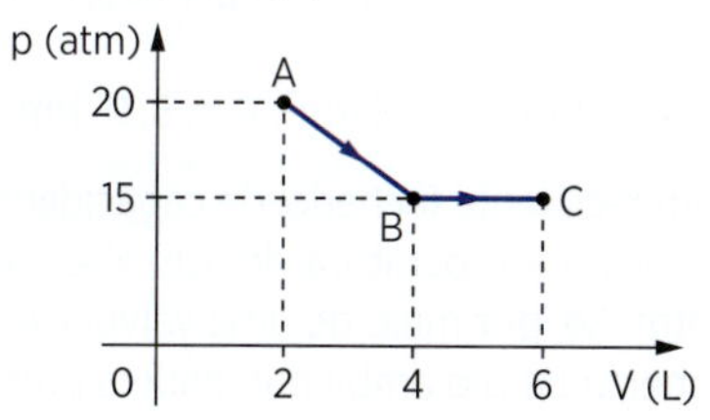

Para esse gás, as temperaturas nos estados inicial (T_A) e final (T_C) valem:

a) $T_A = 300$ K; $T_C = 250$ K

b) $T_A = 450$ K; $T_C = 200$ K

c) $T_A = 250$ K; $T_C = 450$ K

d) $T_A = 200$ K; $T_C = 450$ K

e) $T_A = 300$ K; $T_C = 300$ K

R10. (Fuvest-SP) Em algumas situações de resgate, bombeiros utilizam cilindros de ar comprimido para garantir condições normais de respiração em ambientes com gases tóxicos. Esses cilindros, cujas características estão indicadas abaixo, alimentam máscaras que se acoplam ao nariz. Quando acionados, os cilindros fornecem para a respiração, a cada minuto, cerca de 40 litros de ar, à pressão atmosférica e temperatura ambiente.

Alamy

Nesse caso, a duração do ar de um desses cilindros seria de aproximadamente:

a) 20 minutos

b) 30 minutos

c) 45 minutos

d) 60 minutos

e) 90 minutos

Dados: *Cilindro para respiração*: gás-ar comprimido; volume = 9 litros; pressão interna = 200 atm; pressão atmosférica local = 1 atm; a temperatura durante o processo permanece constante.

Conceito de mol e massa molar

Consideremos, para os gases, algumas definições importantes:

Mol **de um gás é o conjunto de $6{,}022 \cdot 10^{23}$ moléculas dele.**

O número $6{,}022 \cdot 10^{23}$ é uma constante de grande importância, denominada *número de Avogadro* (N_A):

$$N_A = 6{,}022 \cdot 10^{23}$$

A massa (expressa em gramas) de um mol é denominada *massa molar* e representada por *M*.

Para obter o número de mols *n* contido em uma massa *m* de gás, podemos aplicar uma regra de três simples:

$$\left.\begin{array}{r}1 \text{ mol tem massa } M \\ n \text{ mols têm massa } m\end{array}\right\}$$

$$n = \frac{m}{M}$$

Por exemplo, o oxigênio é um gás cuja *massa molar* é 32 g/mol. Podemos calcular o número de mols contido em 128 g desse gás.

$$\left.\begin{array}{l}m = 128 \text{ g} \\ M = 32 \text{ g/mol}\end{array}\right\} n = \frac{m}{M} = \frac{128}{32}$$

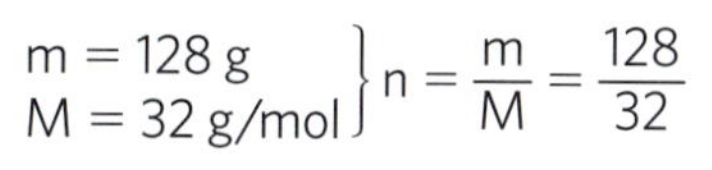

$$n = 4 \text{ mols}$$

Equação de Clapeyron

De acordo com a Lei Geral dos Gases Perfeitos, a relação $\frac{pV}{T}$ é constante para determinada massa de um gás ideal.

O cientista francês Clapeyron verificou que essa relação é diretamente proporcional ao número de mols *n*. Essa relação de proporcionalidade constitui a *equação de Clapeyron*:

$$\frac{pV}{T} = Rn \quad \text{ou} \quad pV = nRT$$

Nessas fórmulas, a constante de proporcionalidade *R* é denominada *constante universal dos gases perfeitos* e seu valor só depende das unidades utilizadas para medir as variáveis de estado *p*, *V* e *T*.

$$R = 0{,}082 \frac{\text{atm} \cdot \text{L}}{\text{mol} \cdot \text{K}} \Rightarrow R = 8{,}317 \frac{\text{J}}{\text{mol} \cdot \text{K}}$$

(Sistema Internacional de Unidades)

Aplicação

A10. Num recipiente há $3{,}011 \cdot 10^{24}$ moléculas de certo gás. Quantos mols desse gás existem no recipiente?

A11. A massa molar do nitrogênio é 28 g/mol. Calcule o número de mols contidos em 168 g de nitrogênio.

A12. O volume ocupado por um mol de um gás é denominado *volume molar*. Determine o volume molar de um gás ideal em condições normais de pressão e temperatura, isto é, a 0 °C e 1 atm.
Dado: R = 0,082 atm · L/mol · K.

A13. Um compartimento de 0,10 m^3 é totalmente enchido com nitrogênio. A temperatura do compartimento é de 27 °C e a pressão é igual a 1,23 atmosfera. Determine o número de mols de nitrogênio, considerado um gás perfeito, contidos no compartimento.
Dados: 1 atm = 10^5 N/m^2; R = 8,31 J/mol · K.

A14. Num recipiente fechado, de capacidade 80 litros, há um gás à temperatura de 300 K e sob pressão de 8 atm. Se, por meio de uma válvula, esse recipiente é aberto para o ambiente, onde a pressão é normal e a temperatura é 300 K, qual o número de mols do gás que escapam em relação ao número inicial existente?

Verificação

V10. Calcule quantos mols de um gás existem em um recipiente que contém $6{,}022 \cdot 10^{24}$ moléculas desse gás.

V11. A massa molar do neônio é 20 g/mol. Calcule o número de mols contidos em 800 g de neônio.

V12. Determine o volume molar (volume de 1 mol) de um gás perfeito à temperatura de 27 °C e pressão de 2 atmosferas. A constante universal dos gases perfeitos é 0,082 atm · L/mol · K.

V13. O volume de 5 mols de um gás perfeito a 127 °C é 0,2 m^3. Determine, em atmosferas, a pressão que esse gás exerce em tais condições.
Dados: R = 8,3 J/mol · K; 1 atm = 10^5 N/m^2.

V14. Sob pressão de 3 atmosferas e à temperatura de 300 K, qual o número de mols de um gás perfeito que ocupa um volume de 98,4 litros?
Dado: R = 0,082 atm · L/mol · K.

V15. Num recipiente cilíndrico fechado por uma tampa há 8,0 mols de ar sob pressão de 6,0 atm e à temperatura ambiente. Aberta a tampa do cilindro, após estabelecer-se o equilíbrio, qual o número de mols que escapam para o ambiente? Considere que a pressão atmosférica externa é a normal e admita que o ar é um gás ideal.

Revisão

R11. (Mackenzie-SP) Um recipiente de volume *V*, totalmente fechado, contém 1 mol de um gás ideal, sob uma certa pressão *p*. A temperatura absoluta do gás é *T* e a constante universal dos gases perfeitos é R = 0,082 atm · · litro/mol · kelvin. Se esse gás é submetido a uma transformação isotérmica, cujo gráfico está representado abaixo, podemos afirmar que a pressão, no instante em que ele ocupa o volume de 32,8 litros, é:

a) 0,1175 atm
b) 0,5875 atm
c) 0,80 atm
d) 1,175 atm
e) 1,33 atm

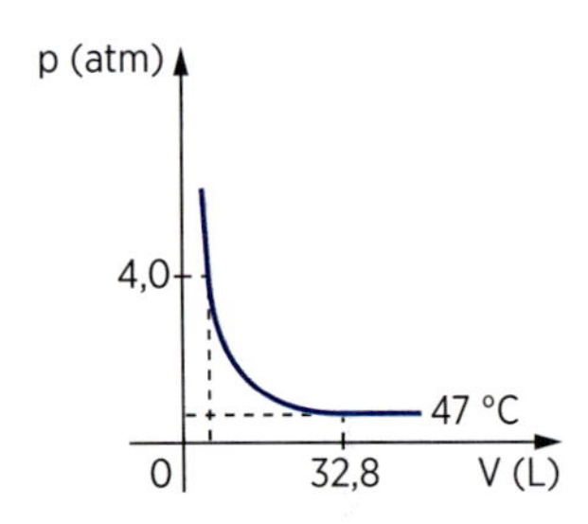

R12. (Mackenzie-SP) A tabela a seguir apresenta as características de duas amostras do mesmo gás perfeito.

Características	Amostra 1	Amostra 2
Pressão (atm)	1,0	0,5
Volume (litros)	10,0	20,0
Massa (g)	4,0	3,0
Temperatura (°C)	27,0	▲

O preenchimento correto da lacuna existente para a amostra 2 é:

a) 273,0 °C
b) 227,0 °C
c) 197,0 °C
d) 153,0 °C
e) 127,0 °C

R13. (Fameca-SP) Uma massa de 6,4 g de oxigênio (O_2) a 27 °C encontra-se no interior de um cilindro dotado de êmbolo móvel bem leve, como ilustra a figura. Considere a massa molecular de O_2 igual a 32 g, a constante universal dos gases perfeitos R = 8,3 J (mol · K) e despreze a pressão atmosférica.

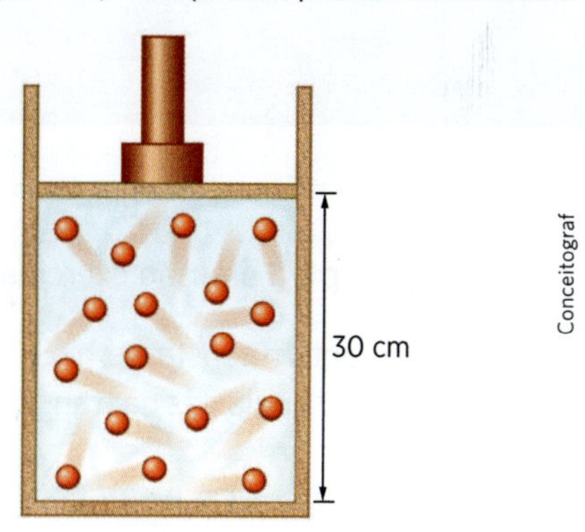

Conceitograf

a) Determine o peso do corpo colocado sobre o êmbolo que assegura a altura de 30 cm do êmbolo em relação à base do cilindro.

b) Ao peso do corpo acima mencionado, é acrescido outro, o que faz o gás ficar comprimido num volume menor, mantida constante a sua temperatura inicial. Represente, qualitativamente, essa transformação sofrida pelo gás num diagrama da pressão em função do volume.

R14. (Mackenzie-SP) Num reservatório de 32,8 L, indilatável e isento de vazamentos, encontra-se certa quantidade de oxigênio (M = 32 g/mol). Alterando-se a temperatura do gás, sua pressão varia de acordo com o diagrama abaixo.

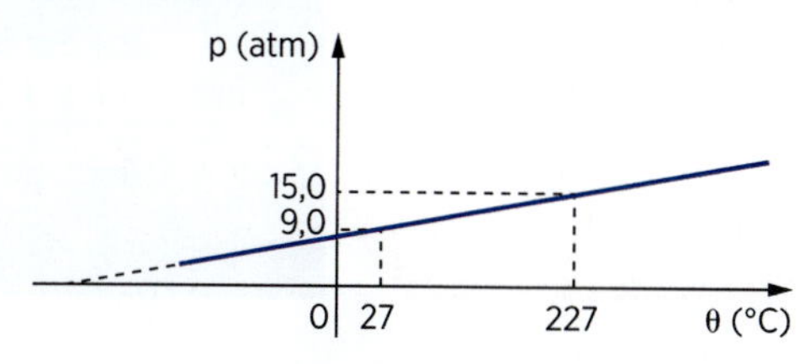

Dado: $R = 0{,}082 \dfrac{\text{atm} \cdot \text{L}}{\text{mol} \cdot \text{K}}$

A massa de oxigênio contida nesse reservatório é:

a) $3{,}84 \cdot 10^2$ g
b) $7{,}68 \cdot 10^2$ g
c) $1{,}15 \cdot 10^3$ g
d) $2{,}14 \cdot 10^3$ g
e) $4{,}27 \cdot 10^3$ g

R15. (Fuvest-SP) Um cilindro contém uma certa massa m_0 de um gás a T_0 = 7 °C (280 K) e pressão p_0. Ele possui uma válvula de segurança que impede a pressão interna de alcançar valores superiores a p_0. Se essa pressão ultrapassar p_0, parte do gás é liberada para o ambiente. Ao ser aquecido até T = 77 °C (350 K), a válvula do cilindro libera parte do gás, mantendo a pressão interna no valor p_0. No final do aquecimento, a massa de gás que permanece no cilindro é aproximadamente de:

a) $1{,}0m_0$
b) $0{,}8m_0$
c) $0{,}7m_0$
d) $0{,}5m_0$
e) $0{,}1m_0$

AMPLIE SEU CONHECIMENTO

O gás hélio

Lance King/Getty Images

O hélio, o mais leve dos gases nobres, foi identificado primeiro no Sol e somente depois na Terra. Durante um eclipse solar, em 1868, no espectro da luz proveniente da cromosfera (camada superficial do Sol) foram obtidas várias riscas brilhantes, entre as quais se encontravam as do hidrogênio — já esperadas — e uma "nova", amarela, que se pensou inicialmente corresponder ao sódio. O astrônomo francês Pierre Janssen, ao repetir a análise espectral da luz solar em outras condições, levantou a possibilidade de ela corresponder a um novo elemento. Os cientistas ingleses Joseph Lockyer e Eduard Frankland confirmaram a hipótese de Janssen e propuseram o nome "hélio" para designar o novo elemento, pelo fato de ter sido detectado no Sol (*helios*, em grego).

O hélio constitui 0,000001% da massa da Terra e 23% da massa do universo visível. Por não ser tóxico, ter densidade reduzida e grande velocidade de difusão, é usado em mistura com oxigênio para tratamento da asma, pois sua presença diminui o esforço muscular da respiração do paciente. Outra utilização bem conhecida do hélio é seu uso no enchimento de balões, sejam as populares bexigas das festas de aniversário, sejam os balões estratosféricos, utilizados em Meteorologia, e os dirigíveis.

(Adaptado de: *Aulas de Física*. Nicolau e Toledo. São Paulo: Atual, 2004. v. 2.)

capítulo

23 Termodinâmica

A Termodinâmica é a parte da Termologia que estuda as relações entre o calor trocado (Q) e o trabalho realizado (τ) numa transformação de um sistema, quando este interage com o meio exterior (ambiente). Nas considerações seguintes vamos tomar o sistema como sendo certa massa de um gás perfeito.

Trabalho numa transformação gasosa

Certa massa de um gás perfeito está no interior de um cilindro cujo êmbolo se movimenta livremente sem atrito e sobre o qual é mantido um peso, de modo que a pressão sobre ele se mantenha constante. Ao colocar esse sistema em presença de uma fonte térmica (fig. 1), o gás, recebendo calor, desloca lentamente o êmbolo para cima por uma distância *h*. Ao fim desse deslocamento, retira-se a fonte.

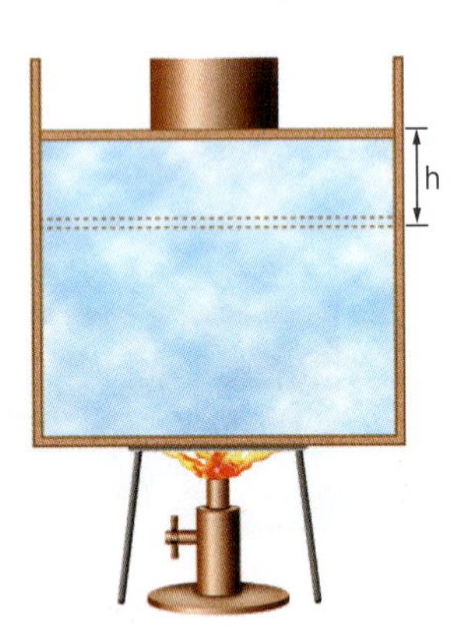

Figura 1

No processo, o gás agiu sobre o êmbolo com uma força *F*, produzindo o deslocamento de módulo *h*, na direção da ação da força. Houve, portanto, a realização de um trabalho dado por:

$$\tau = F \cdot h$$

Sendo *S* a área do êmbolo sobre o qual a força age, a fórmula anterior não se modifica, se escrevermos:

$$\tau = \frac{F}{S} \cdot h \cdot S$$

Mas $\frac{F}{S} = p$ é a pressão exercida pelo gás e, por hipótese, se mantém constante; $h \cdot S = \Delta V$ é a variação de volume sofrida pelo gás na transformação. Assim:

$$\tau = p \cdot \Delta V$$

Saliente-se que essa fórmula simples para o cálculo do trabalho realizado só vale quando a pressão se mantém constante, isto é, na *transformação isobárica*.

O trabalho τ realizado no processo isobárico tem o sinal da variação de volume ΔV, pois a pressão *p* é uma grandeza sempre positiva.

Assim, se o volume aumentar, temos:

expansão isobárica: $\Delta V > 0 \Rightarrow \tau > 0$

Nesse caso, dizemos que o gás realizou trabalho, o que representa *perda de energia* para o ambiente.

Se o volume do gás diminuir, teremos:

compressão isobárica: $\Delta V < 0 \Rightarrow \tau < 0$

Portanto, o ambiente é que realizou um trabalho sobre o gás, o que representa para o gás um *ganho de energia* do ambiente.

No sistema de eixos cartesianos, em que se representa em ordenadas a pressão e em abscissas o volume (diagrama de Clapeyron), a transformação isobárica é representada por uma reta paralela ao eixo dos volumes (fig. 2). Esse gráfico tem uma importante propriedade: a área da figura compreendida entre a reta representativa e o eixo dos volumes mede numericamente o módulo do trabalho realizado na transformação (representada pelo sinal $\overset{N}{=}$). Sendo *A* a área do retângulo individualizado na figura 2 e τ o trabalho realizado no processo:

$$A \overset{N}{=} \tau$$

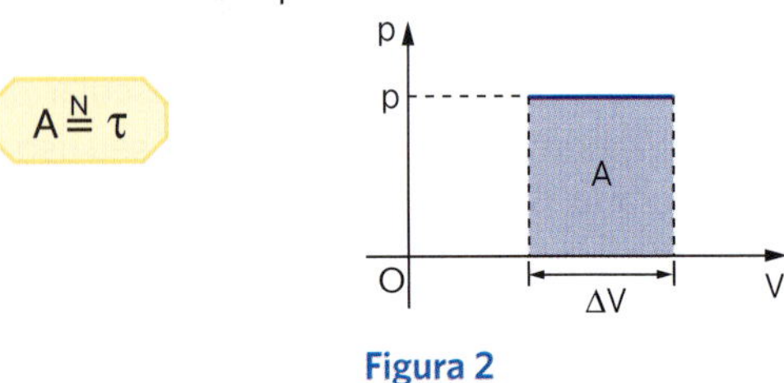

Figura 2

Embora essa propriedade tenha sido estabelecida para a transformação isobárica, ela pode ser generalizada. Assim, qualquer que seja a transformação gasosa ocorrida, a área A entre a curva representativa no gráfico e o eixo dos volumes (fig. 3) mede numericamente o módulo do trabalho τ realizado no processo.

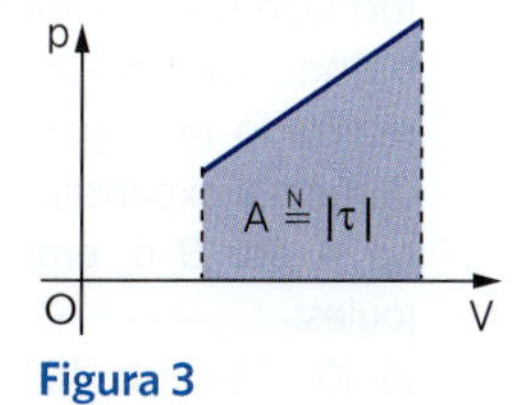

Figura 3

Observe que só haverá realização de trabalho na transformação quando houver variação de volume. Em resumo, temos:

V aumenta $\Rightarrow \tau > 0$

V diminui $\Rightarrow \tau < 0$

V constante $\Rightarrow \tau = 0$

Aplicação

A1. Numa transformação sob pressão constante de 800 N/m^2, o volume de um gás ideal se altera de 0,020 m^3 para 0,060 m^3. Determine o trabalho realizado durante a expansão do gás.

A2. Um gás ideal, sob pressão constante de 2,5 atm, tem seu volume reduzido de 12 litros para 8,0 litros. Determine o trabalho realizado no processo. Considere que 1 atm $= 10^5$ N/m^2 e 1 L $= 10^{-3}$ m^3.

A3. Um gás ideal sob pressão de 8,3 N/m^2, temperatura de -23 °C e ocupando um volume de 35 m^3 é aquecido isobaricamente até a temperatura de 127 °C. Determine o trabalho realizado no processo.

A4. O gráfico indica como variou o volume de um gás ideal num processo isobárico de expansão. Determine o trabalho realizado pelo gás nessa transformação.

p (10^5 N/m^2)
6
0 0,1 0,2 0,3 0,4 0,5 V (10^{-4} m^3)

A5. Um gás ideal sofre um processo termodinâmico AB, no qual variam simultaneamente a pressão e o volume, conforme indica o gráfico. Determine o trabalho realizado no processo. Esse trabalho é realizado pelo gás ou sobre o gás? Por quê?

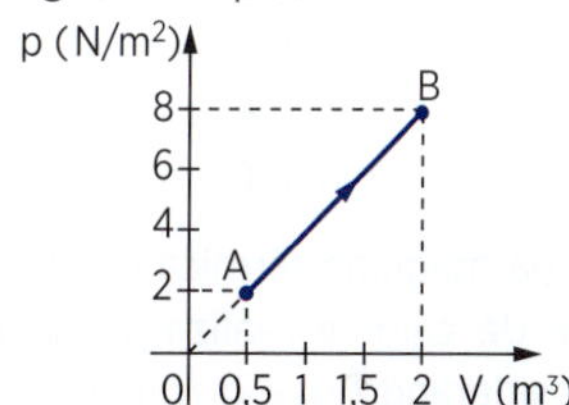

Verificação

V1. Em um cilindro, um gás ideal está sob pressão constante de 50 N/m^2 e se expande empurrando o pistão e produzindo uma variação de volume de 0,2 m^3. Determine o trabalho realizado no processo.

V2. Sob pressão constante de 2 atmosferas, o volume de um gás ideal se reduz de 4 litros para 2 litros. Determine o trabalho realizado no processo. São dados: 1 atm $= 10^5$ N/m^2 e 1 L $= 10^{-3}$ m^3.

V3. A temperatura de um gás ideal diminui de 327 °C para 27 °C, num processo isobárico sob pressão de 2,5 N/m^2. Sendo o volume final desse gás igual a 0,2 m^3, determine o trabalho realizado sobre o gás.

Conceitograf

V4. Sob pressão constante, um gás ideal sofre a compressão indicada no gráfico. Determine o trabalho realizado no processo. Esse trabalho é realizado pelo gás ou sobre o gás? Por quê?

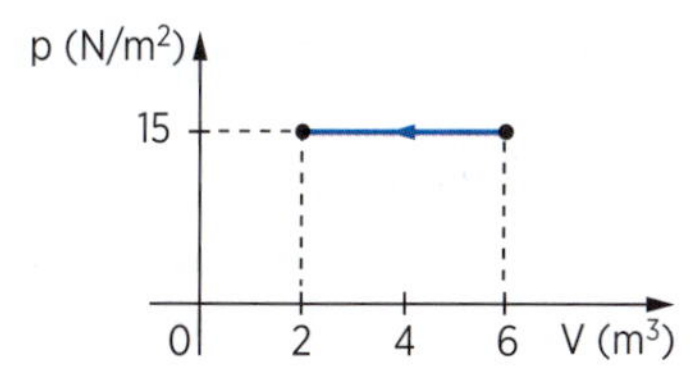

V5. Certa massa de gás ideal sofre um processo termodinâmico AB no qual a pressão e o volume variam como está indicado no gráfico.

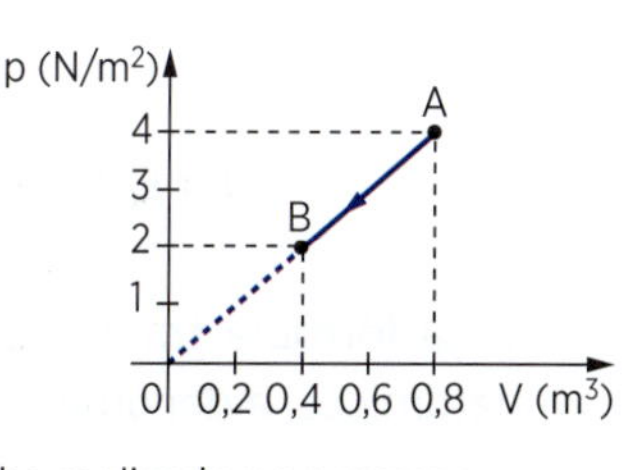

a) Determine o trabalho realizado no processo.
b) Esse trabalho é realizado pelo gás ou sobre o gás? Por quê?

R1. (PUC-SP, adaptado) O êmbolo do cilindro da figura varia sua posição de 5,0 cm e o gás ideal no interior do cilindro sofre uma expansão isobárica, sob pressão atmosférica.

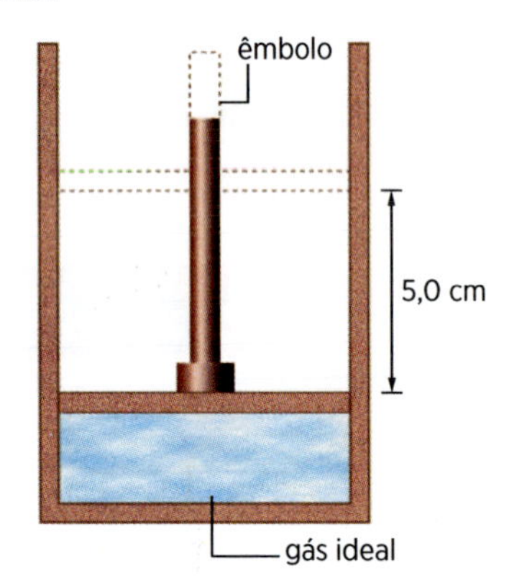

O que ocorre com a temperatura do gás durante essa transformação termodinâmica? Qual o valor do trabalho τ realizado pelo sistema sobre a atmosfera, durante a expansão? Dados: pressão atmosférica: 10^5 N/m^2; área da base do êmbolo: 10 cm^2.

a) A temperatura aumenta; $\tau = 5{,}0$ J.
b) A temperatura diminui; $\tau = 5{,}0$ J.
c) A temperatura aumenta; $\tau = -5{,}0 \cdot 10^{-2}$ J.
d) A temperatura não muda; $\tau = 5{,}0 \cdot 10^{-2}$ J.
e) A temperatura diminui; $\tau = -0{,}5$ J.

R2. (UE-CE) Uma máquina térmica recebe determinada quantidade de calor e realiza um trabalho útil de 400 J. Considerando que o trabalho da máquina é obtido isobaricamente a uma pressão de 2,0 atm, num pistão que contém gás, determine a variação de volume sofrida pelo gás dentro do pistão. Considere 1,0 atm = $1{,}0 \cdot 10^5$ N/m^2.

a) 10^{-3} m^3
b) $2 \cdot 10^{-3}$ m^3
c) $8 \cdot 10^{-3}$ m^3
d) $5 \cdot 10^{-4}$ m^3

R3. (PUC-RS) O gráfico p × V representa as transformações experimentadas por um gás ideal. O trabalho mecânico realizado pelo gás durante a expansão de *A* até *B* é, em joules:

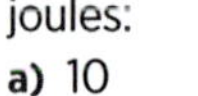
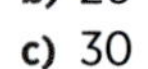

a) 10
b) 20
c) 30
d) 40
e) 50

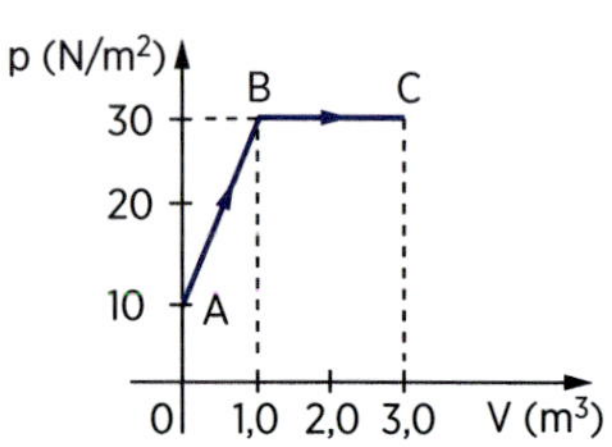

R4. (UE-RJ) Uma certa quantidade de gás oxigênio submetido a baixas pressões e altas temperaturas, de tal forma que o gás possa ser considerado ideal, sofre a transformação A → B, conforme mostra o diagrama pressão *versus* volume. Calcule o módulo do trabalho realizado sobre o gás, nessa transformação.

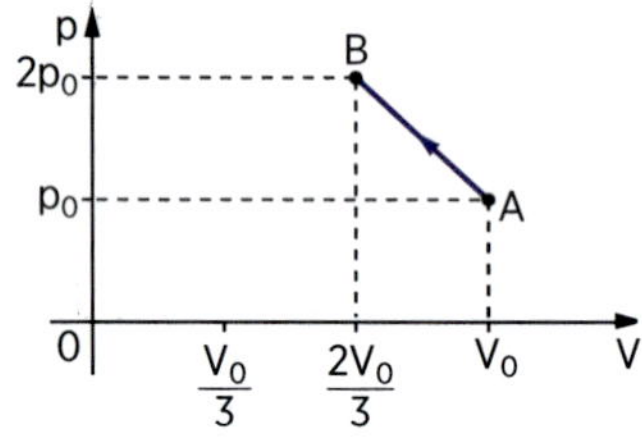

R5. (Unirio-RJ) O gráfico mostra uma transformação sofrida por certa massa de gás ideal (ou perfeito), partindo da temperatura inicial 300 K.

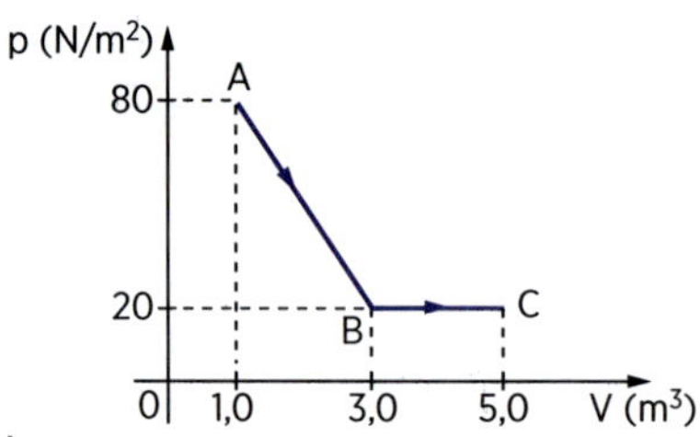

Determine:

a) a temperatura do gás no estado *C* (em Celsius);
b) o trabalho realizado pelo gás na transformação AB.

Energia interna de um gás perfeito

Para um gás perfeito monoatômico, denomina-se *energia interna U* a soma das energias cinéticas médias de todas as suas moléculas (E_C). Demonstra-se que:

$$U = E_C = \frac{3}{2} \cdot n \cdot RT$$

Essa fórmula traduz, para os gases perfeitos monoatômicos, a denominada *Lei de Joule*:

A energia interna de dada massa de um gás perfeito é função exclusiva da temperatura do gás.

Figura 4

Quando o gás sofrer uma variação de temperatura ΔT, a variação de energia interna ΔU será dada por:

$$\Delta U = \frac{3}{2} \cdot n \cdot R \cdot \Delta T$$

Em consequência, podemos estabelecer:

- *aumento de temperatura*
  $\Delta T > 0 \Rightarrow$ **aumento de energia interna:** $\Delta U > 0$
- *diminuição de temperatura*
  $\Delta T < 0 \Rightarrow$ **diminuição de energia interna:** $\Delta U < 0$
- *temperatura constante*
  $\Delta T = 0 \Rightarrow$ **energia interna constante:** $\Delta U = 0$

A velocidade média das moléculas

Analisando o comportamento térmico dos gases, vimos que, ao se estabelecer o modelo de gás perfeito, consideramos que suas moléculas se movimentam desordenadamente. Agora vamos admitir que todas as moléculas se movimentam com a mesma *velocidade média v*. Assim, sendo *m* a massa do gás:

$$E_C = \frac{3}{2}nRT$$

$$\frac{mv^2}{2} = \frac{3}{2} \cdot \frac{m}{M} \cdot R \cdot T$$

Portanto:

$$v^2 = \frac{3RT}{M}$$

Por essa expressão, concluímos:

A *velocidade média* das moléculas de um gás perfeito *v* depende da temperatura e também da natureza do gás.

A influência da natureza do gás na velocidade média *v* é determinada, na fórmula acima, pela massa molar *M*, que varia de gás para gás.

A energia cinética média por molécula

Sendo $E_C = \frac{3}{2}nRT$ a energia cinética média de todas as moléculas e *N* o número de moléculas do gás, podemos calcular a *energia cinética média* por molécula (*e*):

$$e = \frac{E_C}{N} \Rightarrow e = \frac{3}{2} \cdot \frac{n}{N} \cdot RT$$

Mas $N = n \cdot N_A$, onde N_A é o número de Avogadro. Logo:

$$e = \frac{3}{2} \cdot \frac{n}{n \cdot N_A} \cdot R \cdot T$$

$$e = \frac{3}{2} \cdot \frac{R}{N_A} \cdot T$$

Fazendo $\frac{R}{N_A} = k$, vem:

$$e = \frac{3}{2}kT$$

A constante de proporcionalidade *k*, denominada *constante de Boltzmann*, corresponde à relação entre a constante universal dos gases perfeitos *R* e o número de Avogadro N_A. Em consequência, ela é também uma constante universal, não dependendo da natureza do gás.

Em vista do exposto, concluímos:

A *energia cinét média* por molécula de um gás perfeito e depende exclusivamente da temperatura; não depende da natureza do gás.

Aplicação

A6. Têm-se três mols de um gás perfeito à temperatura de 50 °C. Dado R = 8,31 J/mol · K, determine a energia interna dessa quantidade de gás.

A7. Se o gás do exercício anterior for aquecido até 120 °C, qual a variação de sua energia interna?

A8. Oxigênio tem massa molar M = 32 g/mol. Se certa quantidade desse gás, considerado ideal, estiver à temperatura de 1200 K, qual a velocidade média de suas moléculas? Adote R = 8 J/mol · K.

A9. Certa massa de um gás ideal está confinada a um recipiente rígido e fechado. Se a temperatura do gás for alterada, qual dos seguintes gráficos melhor representa a relação entre a energia cinética média por molécula (*e*) e a temperatura absoluta Kelvin (*T*)?

Justifique sua escolha.

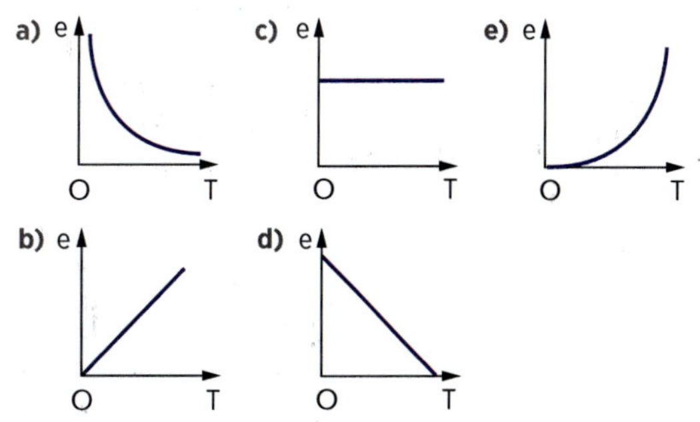

A10. Aquece-se certa massa de um gás ideal a volume constante de 27 °C a 127 °C. Sendo *e* a energia cinética média por molécula a 27 °C e *e'* a 127 °C, determine a relação $\frac{e}{e'}$.

V6. Quatro mols de um gás perfeito monoatômico encontram-se à temperatura de 80 °C. Determine a energia interna dessa quantidade de gás. Dado: $R = 8{,}31$ J/mol · K.

V7. Qual a variação da energia interna da quantidade de gás do exercício anterior, se for aquecido até a temperatura de 130 °C?

V8. A massa molar do nitrogênio é $M = 28$ g/mol. Se certa quantidade desse gás, considerado ideal, estiver à temperatura de 4 200 K, qual a velocidade média de suas moléculas? Adote $R = 8$ J/mol · K.

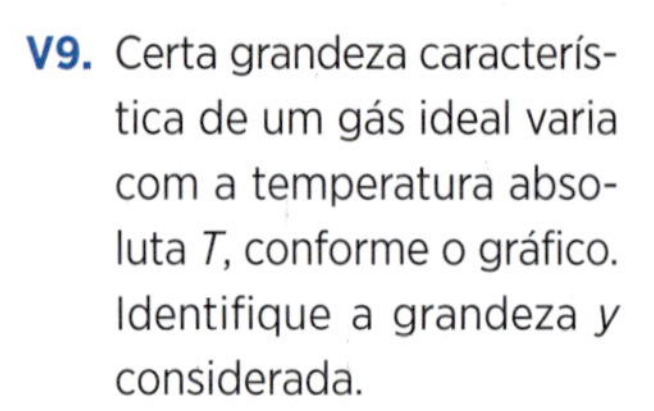

V9. Certa grandeza característica de um gás ideal varia com a temperatura absoluta *T*, conforme o gráfico. Identifique a grandeza *y* considerada.

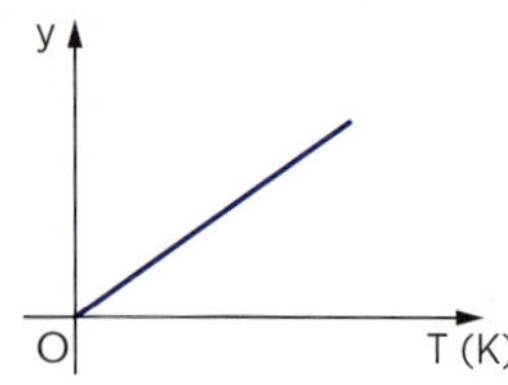

V10. Um reservatório fechado contém hélio, considerado um gás perfeito, a 27 °C. A temperatura é elevada para 327 °C. Qual a relação entre o valor final e o valor inicial da energia cinética média por molécula do gás?

R6. (UF-RN) Dentro de uma sala com ar condicionado, a temperatura média é 17 °C. No corredor, ao lado da sala, a temperatura média é 27 °C. Tanto a sala quanto o corredor estão à mesma pressão. Sabe-se que, num gás, a energia cinética média das partículas que o compõem é proporcional à temperatura e que sua pressão é proporcional ao produto da temperatura pelo número de partículas por unidade de volume.
Com base nesses dados, pode-se afirmar que:

a) a energia cinética média das partículas que compõem o ar é maior no corredor, e o número de partículas por unidade de volume é menor na sala.
b) a energia cinética média das partículas que compõem o ar é maior no corredor, e o número de partículas por unidade de volume é maior na sala.
c) a energia cinética média das partículas que compõem o ar é maior na sala, e o número de partículas por unidade de volume é maior no corredor.
d) a energia cinética média das partículas que compõem o ar é maior na sala, e o número de partículas por unidade de volume é menor no corredor.

R7. (ITA-SP) Considere uma mistura de gases, H_2 e N_2, em equilíbrio térmico. Sobre a energia cinética média e sobre a velocidade média das moléculas de cada gás, pode-se concluir que:

a) as moléculas de N_2 e H_2 têm a mesma energia cinética média e a mesma velocidade média.
b) ambas têm a mesma velocidade média, mas as moléculas de N_2 têm maior energia cinética média.
c) ambas têm a mesma velocidade média, mas as moléculas de H_2 têm maior energia cinética média.
d) ambas têm a mesma energia cinética média, mas as moléculas de N_2 têm maior velocidade média.
e) ambas têm a mesma energia cinética média, mas as moléculas de H_2 têm maior velocidade média.

R8. (UF-CE) Em um gás ideal e monoatômico, a velocidade média das moléculas é v_1, quando a temperatura é T_1. Aumentando-se a temperatura para T_2, a velocidade média das moléculas triplica.
Determine $\frac{T_2}{T_1}$.

R9. (UF-RS) Um recipiente contém um gás ideal à temperatura *T*. As moléculas deste gás têm massa *m* e velocidade média *v*. Um outro recipiente contém também um gás ideal, cujas moléculas têm massa 3m e a mesma velocidade média *v*. De acordo com a teoria cinética dos gases, qual é a temperatura do segundo gás?

a) $\frac{T}{9}$
b) $\frac{T}{3}$
c) T
d) 3T
e) 9T

R10. (U. F. Lavras-MG) Em um recipiente de volume V_1 encontra-se certa quantidade de gás hélio à temperatura T_1, exercendo a pressão p_1. Em outro recipiente de mesmo volume, encontra-se certa quantidade de gás oxigênio à temperatura $T_2 > T_1$, exercendo a pressão $p_2 = p_1$. Supondo ambos os gases ideais, a alternativa *correta* é:

a) As moléculas de hélio e de oxigênio apresentam a mesma energia cinética média.
b) A energia cinética média das moléculas de hélio é maior do que a energia cinética média das moléculas de oxigênio.
c) O número de mols de oxigênio é menor do que o número de mols de hélio.
d) A velocidade média das moléculas de hélio é maior do que a velocidade média das moléculas de oxigênio.
e) As moléculas de hélio e oxigênio possuem a mesma energia cinética média.

APROFUNDANDO

Certa quantidade de gás se encontra à temperatura de 10 °C. Caso se torne duas vezes mais quente, isto é, duplique sua energia interna, sua temperatura passará a ser 293 °C, e não 20 °C. Por quê?

Primeiro Princípio da Termodinâmica

Durante uma transformação, o gás pode trocar energia com o meio ambiente sob duas formas: calor e trabalho. Como resultado dessas trocas energéticas, a energia interna do gás pode aumentar, diminuir ou permanecer constante.

O Primeiro Princípio (ou Primeira Lei) da Termodinâmica é, então, uma *Lei da Conservação da Energia*, podendo ser enunciado:

A variação da energia interna ΔU de um sistema é expressa por meio da diferença entre a quantidade de calor *Q* trocada com o meio ambiente e o trabalho τ realizado durante a transformação.

$$\Delta U = Q - \tau$$

Por exemplo, considere que um gás recebe 50 J de calor de uma fonte térmica e se expande, realizando um trabalho de 5 J:

$$Q = 50\ J$$

e

$$\tau = 5\ J$$

A variação de energia térmica sofrida pelo gás é igual a:

$$\Delta U = Q - \tau$$

$$\Delta U = 50 - 5$$

$$\Delta U = 45\ J$$

A energia interna do gás aumentou 45 joules.

OBSERVE

- A convenção de sinais para a quantidade de calor trocada *Q* e o trabalho realizado τ é:

calor recebido pelo gás	$Q > 0$
calor cedido pelo gás	$Q < 0$
trabalho realizado pelo gás (expansão)	$\tau > 0$
trabalho realizado sobre o gás (compressão)	$\tau < 0$

- O Primeiro Princípio da Termodinâmica foi estabelecido considerando-se as transformações gasosas. No entanto, esse princípio é válido em qualquer processo natural no qual ocorram trocas de energia.

Transformações isobárica e isocórica

Quando um gás perfeito sofre uma transformação aberta, isto é, uma transformação em que o estado final é diferente do estado inicial, podemos estabelecer, em termos das energias envolvidas no processo, duas regras:

- Só há *realização de trabalho* na transformação quando houver variação de volume.
- Só há *variação de energia interna* quando houver variação de temperatura (Lei de Joule).

A *transformação isobárica*, em que a pressão permanece constante, já foi discutida nos itens anteriores. O trabalho realizado τ e a quantidade de calor trocada Q_P são dados por:

$$\tau = p \cdot \Delta V \quad \text{e} \quad Q_P = m \cdot c_P \cdot \Delta T$$

c_P: calor específico a pressão constante

Como, nessa transformação, o volume e a temperatura absoluta variam numa proporcionalidade direta, podemos garantir que a energia interna do gás varia, isto é, $\Delta U \neq 0$. Portanto, em vista do Primeiro Princípio da Termodinâmica, a quantidade de calor trocada Q_P e o trabalho realizado τ são necessariamente diferentes:

$$\Delta U = Q_P - \tau, \text{ onde } \Delta U \neq 0 \text{ e, portanto, } Q_P \neq \tau$$

Quando o volume permanece constante, não há realização de trabalho. Temos:

transformação isocórica: $\tau = 0$

A quantidade de calor trocada, Q_V, é dada por:

$$Q_V = m \cdot c_V \cdot \Delta T$$

c_V: calor específico a volume constante

Tendo-se em vista o Primeiro Princípio da Termodinâmica, para a transformação isocórica, teremos:

$$\Delta U = Q_V$$

Portanto, na transformação isocórica, a variação da energia interna é igual à quantidade de calor trocada pelo gás. Assim, por exemplo, se o gás recebe no processo 20 joules de calor, sua energia interna se eleva 20 joules:

$$Q_V = 20 \text{ J} \Rightarrow \Delta U = 20 \text{ J}$$

Aplicação

A11. Num dado processo termodinâmico, certa massa de um gás ideal recebe 260 joules de calor de uma fonte térmica. Verifica-se que nesse processo o gás sofre uma expansão, tendo sido realizado um trabalho de 60 joules. Determine a variação de energia interna sofrida pelo gás.

A12. Uma amostra de gás perfeito, na transformação isobárica ilustrada no gráfico, recebe do exterior 350 J de energia térmica. Determine o trabalho realizado na expansão e a variação da energia interna do gás.

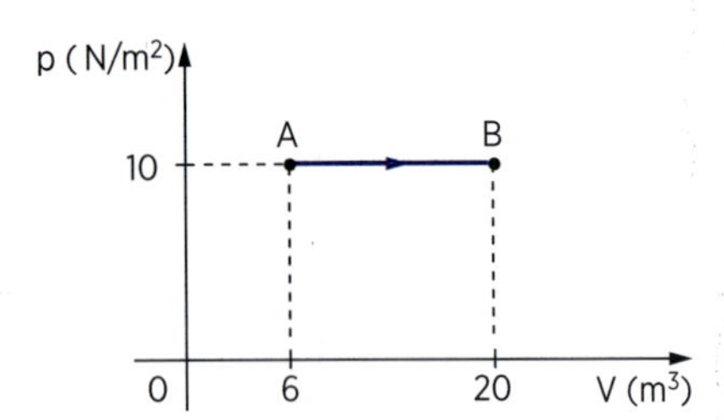

A13. Sob pressão constante 20 N/m^2, um gás ideal evolui do estado *A* para o estado *B*, cedendo, durante o processo, 750 J de calor para o ambiente. Determine o trabalho realizado sobre o gás no processo e a variação de energia interna sofrida pelo gás.

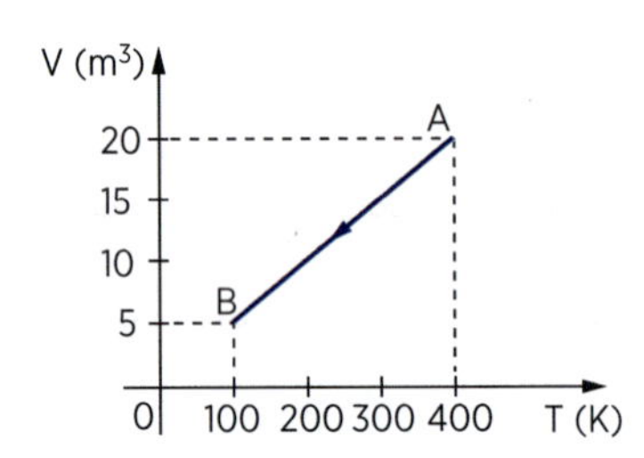

A14. Durante um processo isocórico, a pressão de um gás duplica quando ele recebe 15 J de calor. Qual o trabalho realizado na transformação e a variação de energia interna sofrida pelo gás?

A15. Uma amostra de um gás perfeito sofre a transformação ABC representada no gráfico. Durante o processo, é recebida a quantidade de calor 10,5 J. Determine o trabalho realizado pelo gás e sua variação de energia interna.

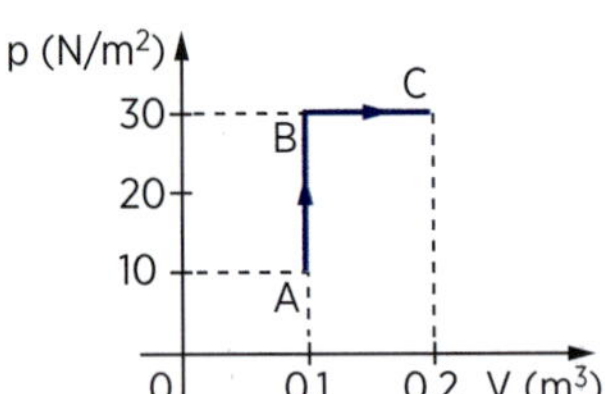

Verificação

V11. Uma fonte térmica de potência 30 watts aquece certa massa de um gás ideal durante 2 minutos. Nesse processo, o gás sofre uma expansão, na qual realiza um trabalho de 600 joules. Determine a variação de energia interna do gás.

V12. O gás contido em um recipiente cilíndrico de êmbolo móvel sofre uma transformação na qual recebe de uma fonte térmica 800 calorias. Simultaneamente, executa-se sobre o gás um trabalho de 209 J. Sabendo que 1 cal = 4,18 J, determine a variação de energia interna do gás.

V13. Durante a expansão isobárica indicada no gráfico, certa massa de um gás perfeito recebe 45 J de calor do exterior. Determine o trabalho realizado na expansão e a variação de energia interna ocorrida.

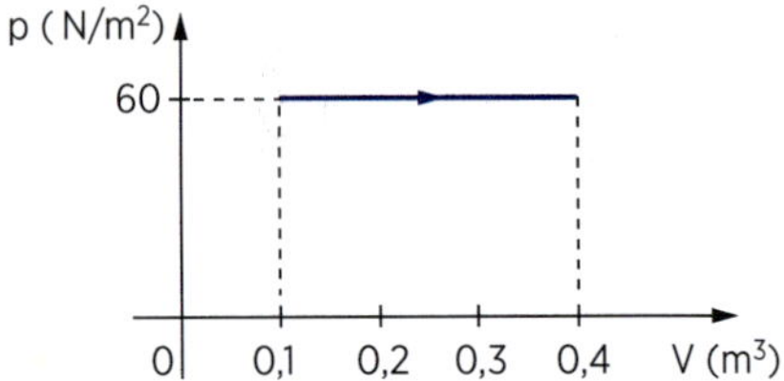

V14. Uma amostra de gás perfeito sofre uma transformação isobárica sob pressão de 60 N/m², como ilustra o diagrama. Admita que, na transformação, o gás receba uma quantidade de calor igual a 300 J. Determine o trabalho realizado pelo gás no processo e sua variação de energia interna.

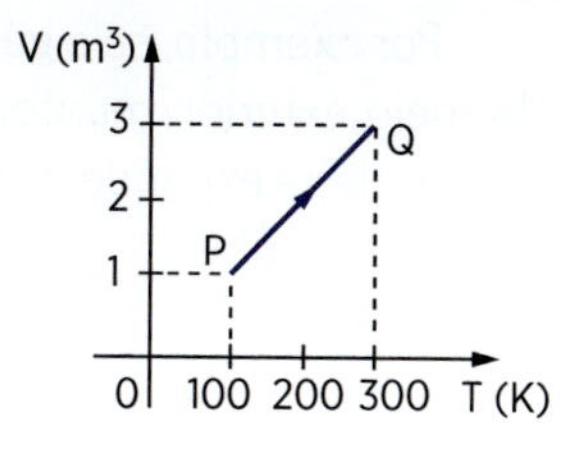

V15. São fornecidas 14 kcal para aquecer certa massa de gás a volume constante. Dessas 14 kcal, qual a parcela utilizada para aumentar a energia interna do gás?

V16. Certa amostra de um gás ideal sofre a transformação ABC indicada no diagrama.

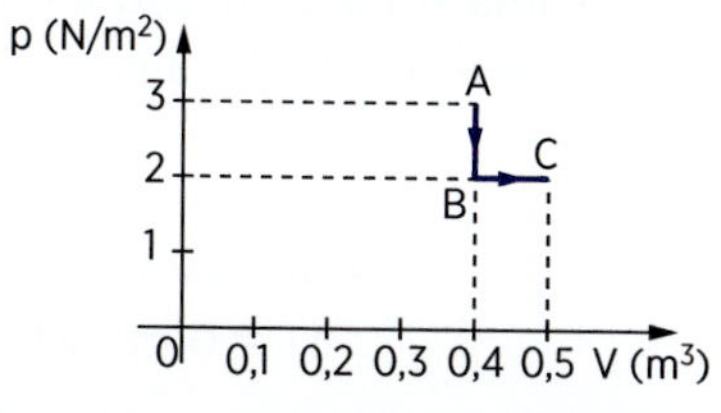

Durante o processo, ela cede ao exterior uma quantidade de calor igual a 0,1 J. Determine o trabalho realizado pelo gás durante a transformação e a variação de energia interna que ele sofre.

Revisão

R11. (U. F. Santa Maria-RS) Um gás ideal sofre uma transformação: absorve 50 cal de energia na forma de calor e expande-se realizando um trabalho de 300 J. Considerando 1 cal = 4,2 J, a variação da energia interna do gás, em J, é:

a) 250
b) −250
c) 510
d) −90
e) 90

R12. (UE-CE) A variação volumétrica de um gás, em função da temperatura, à pressão constante de 6 N/m², está indicada no gráfico.

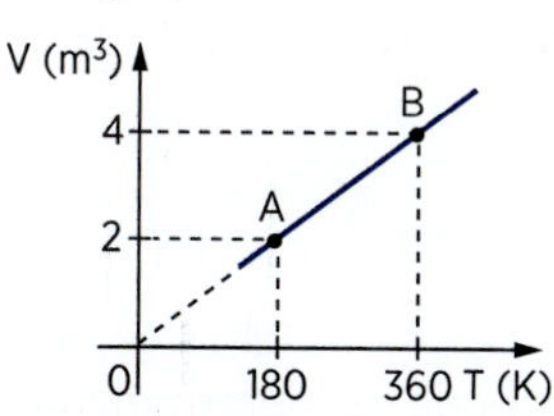

Se, durante a transformação de *A* para *B*, o gás receber uma quantidade de calor igual a 20 joules, a variação da energia interna do gás será igual, em joules, a:

a) 32
b) 24
c) 12
d) 8

R13. (UF-RJ) A figura representa, num diagrama p × V, uma expansão de um gás ideal entre dois estados de equilíbrio termodinâmico, *A* e *B*.

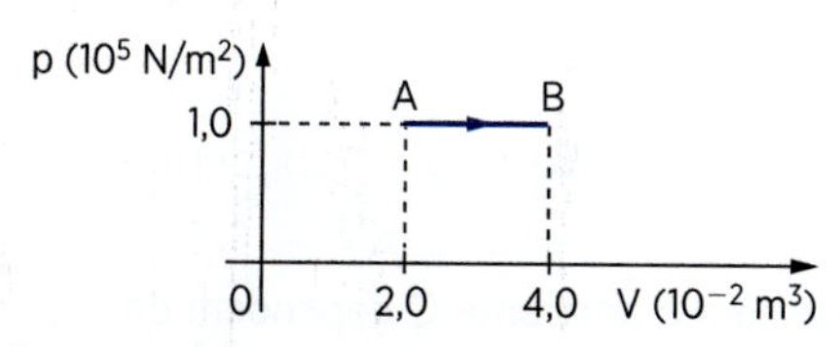

A quantidade de calor cedida ao gás durante essa expansão foi $5{,}0 \cdot 10^3$ J.
Calcule a variação de energia interna do gás nessa expansão.

R14. (UF-SC) Uma amostra de dois mols de um gás ideal sofre uma transformação ao passar de um estado *i* para um estado *f*, conforme o gráfico:

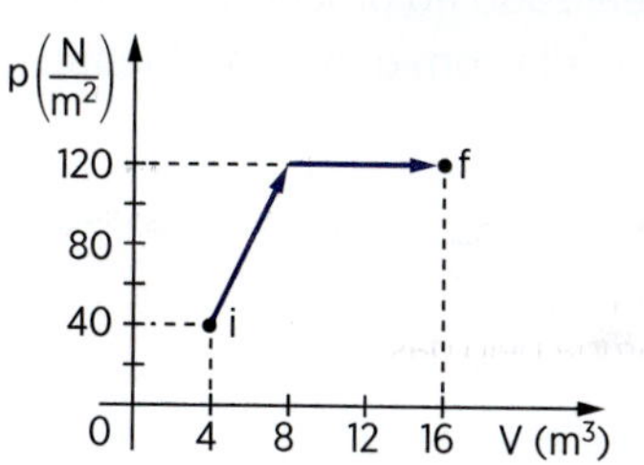

Assinale a(s) proposição(ões) *correta(s)*.

(01) A transformação representada ocorre sem que nenhum trabalho seja realizado.
(02) Sendo de 100 joules a variação da energia interna do gás do estado *i* até *f*, então o calor que fluiu na transformação foi de 1380 joules.
(04) Certamente o processo ocorreu de forma isotérmica, pois a pressão e o volume variaram, mas o número de mols permaneceu constante.
(08) A primeira lei da Termodinâmica nos assegura que o processo ocorreu com fluxo de calor.
(16) Analisando o gráfico, conclui-se que o processo é adiabático.

R15. (UE-RN) Certa massa de gás ideal no interior de um cilindro recebe calor de uma fonte térmica de potência igual a 480 W, durante um intervalo de 5 min. Durante esse intervalo, a massa gasosa sofre a transformação indicada no gráfico P × V (Pressão *versus* Volume). No início do processo, o gás estava a uma temperatura de 127 °C. Supondo que todo o calor da fonte seja transferido para o gás, determine a variação da energia interna sofrida pelo mesmo e sua temperatura ao final do processo.

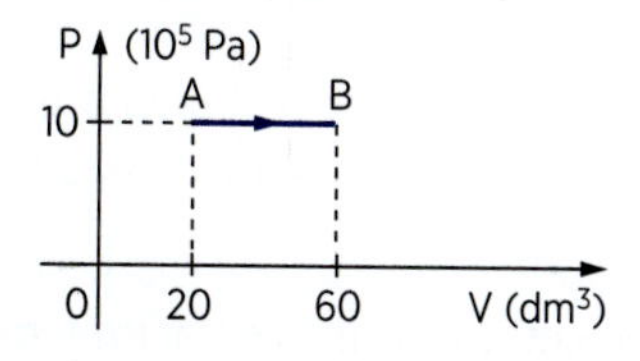

a) $10{,}4 \times 10^4$ J e 927 °C
b) $4{,}0 \times 10^4$ J e 1200 °C
c) $7{,}2 \times 10^4$ J e 381 °C
d) $11{,}2 \times 10^4$ J e 654 °C

Transformação isotérmica

Numa transformação em que a temperatura permanece constante, a energia interna não varia. Temos:

> transformação isotérmica:
> $\Delta T = 0 \Rightarrow \Delta U = 0$

Tendo em vista o Primeiro Princípio da Termodinâmica, vem:

$$\Delta U = Q - \tau \Rightarrow 0 = Q - \tau$$

Logo, conclui-se: $\tau = Q$

Portanto, na transformação isotérmica, o trabalho realizado no processo é igual à quantidade de calor trocada com o meio ambiente.

Por exemplo, se o gás receber 30 joules de calor do meio exterior, mantendo-se constante a temperatura, ele se expande de modo a realizar um trabalho igual a 30 joules:

$$Q = 30\ J \Rightarrow \tau = 30\ J$$

Observe que, para a transformação isotérmica de um gás, embora a temperatura permaneça constante, ocorre troca de calor com o ambiente.

As considerações energéticas acima são válidas sempre que a temperatura final do gás é igual à inicial, mesmo que ela tenha variado no decorrer do processo.

> $T_f = T_i \Rightarrow U_f = U_i \Rightarrow \Delta U = 0$
> $\therefore \tau = Q$

OBSERVE

Consideremos dois estados, *A* e *B*, de uma dada massa de gás perfeito monoatômico. A passagem do estado inicial *A* para o estado final *B* pode realizar-se por uma infinidade de "caminhos", dos quais indicamos três no gráfico abaixo.

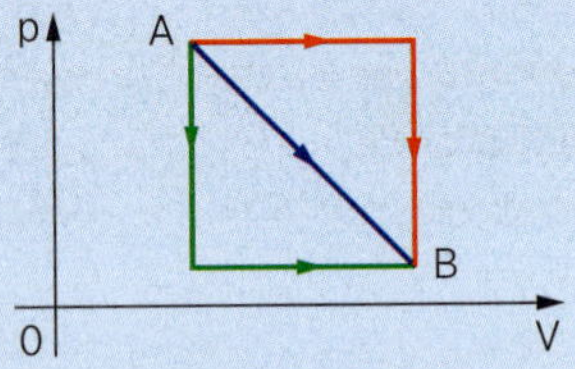

No entanto, sabemos que a variação de energia interna ΔU do gás pode ser determinada pela fórmula:

$$\Delta U = \frac{3}{2} \cdot n \cdot R \cdot \Delta T$$

Em qualquer dos conjuntos de transformações indicados entre *A* e *B*, a variação de temperatura ΔT é sempre a mesma, uma vez que os estados inicial (*A*) e final (*B*) são sempre os mesmos. Concluímos, então, que a variação de energia interna ΔU é sempre a mesma. Assim:

> A variação de energia interna ΔU sofrida por um gás perfeito *só depende dos estados inicial e final* da massa gasosa; não depende do conjunto de transformações que o gás sofreu, ao ser levado do estado inicial ao estado final.

Por outro lado, tendo em vista o Primeiro Princípio da Termodinâmica, $\Delta U = Q - \tau$, podemos concluir que:

> O trabalho realizado τ e a quantidade de calor trocada com o ambiente Q dependem do "caminho" entre os estados inicial e final.

Realmente, pelo gráfico acima, percebe-se que o trabalho τ, cujo módulo é medido numericamente pela área entre a curva representativa e o eixo dos volumes, varia de "caminho" para "caminho". Como a variação de energia interna é sempre a mesma, a quantidade de calor trocada *Q* tem que ser diferente para cada "caminho" considerado.

Transformação adiabática

Numa transformação gasosa em que o gás não troca calor com o meio ambiente, seja porque o gás está termicamente isolado, seja porque o processo é suficientemente rápido para que qualquer troca de calor possa ser considerada desprezível, temos:

transformação adiabática: $Q = 0$

Em termos energéticos, ao sofrer uma transformação adiabática, o gás não troca calor com o meio exterior, mas ocorre realização de trabalho durante o processo, uma vez que há variação volumétrica. Aplicando o Primeiro Princípio da Termodinâmica, temos: $\Delta U = Q - \tau$, onde $Q = 0$.

Daí: $\Delta U = -\tau$

Portanto, numa transformação adiabática, a variação de energia interna ΔU é igual em módulo ao trabalho realizado τ, mas de sinal contrário.

Assim, se numa *expansão adiabática* o gás realiza um trabalho de 10 joules, a energia interna do gás diminui 10 joules: $\tau = 10\ \text{J} \Rightarrow \Delta U = -10\ \text{J}$.

Na expansão adiabática, o volume do gás aumenta, a pressão diminui e a temperatura diminui.

Se ocorrer uma *compressão adiabática*, na qual o ambiente realiza um trabalho de 10 joules sobre o gás, a energia interna do gás aumenta 10 joules: $\tau = -10\ \text{J} \Rightarrow \Delta U = 10\ \text{J}$.

Na compressão adiabática, o volume diminui, a pressão aumenta e a temperatura aumenta.

Graficamente, a transformação adiabática é representada, no diagrama de Clapeyron, pela curva indicada na figura 5. Observe que essa curva vai da isoterma correspondente à temperatura inicial (T_1) à isoterma da temperatura final (T_2).

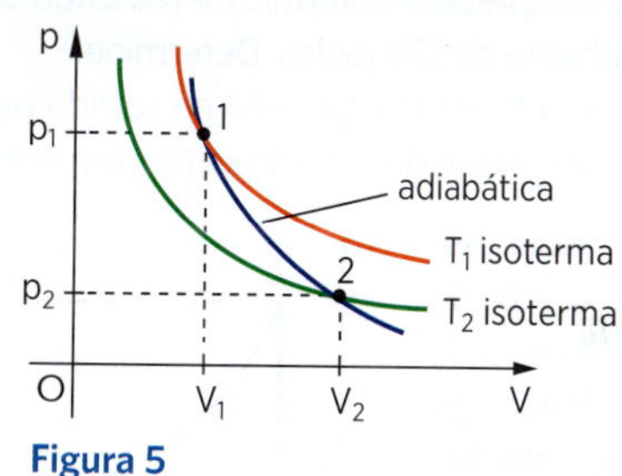

Figura 5

Aplicação

A16. Um gás recebe 80 J de calor durante uma transformação isotérmica. Qual a variação de energia interna e o trabalho realizado pelo gás no processo?

A17. Numa transformação de um gás ideal, durante a qual a temperatura não varia, é realizado um trabalho de compressão igual a 30 J. Determine a variação de energia interna que sofre o gás e a quantidade de calor que ele troca no processo.

A18. As figuras a seguir representam três processos de abaixamento de pressão para um mesmo gás ideal. No processo I, a transformação é isotérmica; no II, temos uma transformação isocórica seguida de uma isobárica; e, no processo III, temos uma transformação isobárica seguida de uma isocórica. Nos três processos, *A* e *B* representam os mesmos estados da massa gasosa.

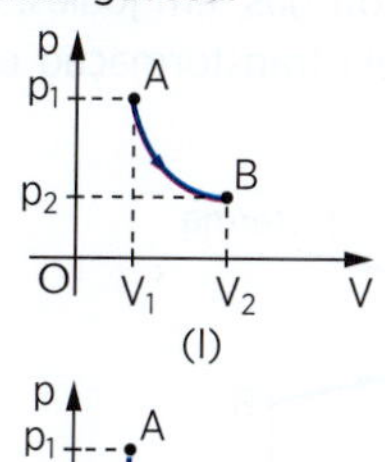

(I)

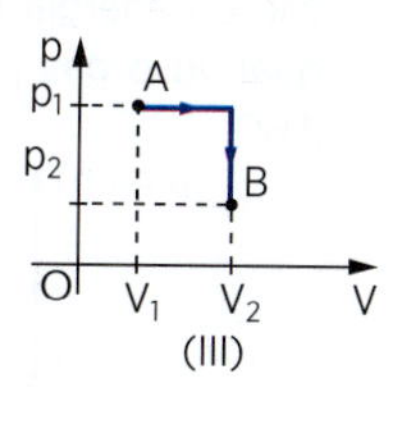
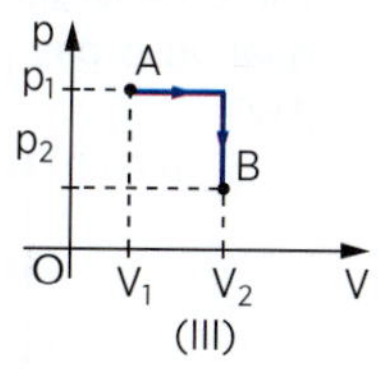

(III)

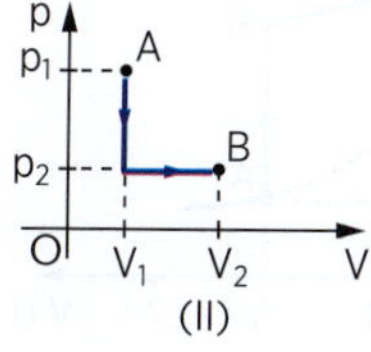

(II)

Determine, nos três processos, a variação de energia interna sofrida pelo gás. Indique em qual deles é realizado maior trabalho e em qual há maior troca de calor.

A19. O gráfico representa uma transformação sofrida por determinada massa de um gás perfeito.

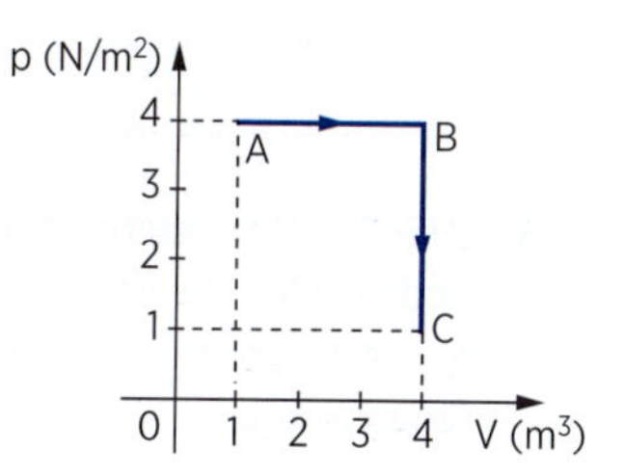

a) Qual a variação de temperatura e de energia interna do gás entre o estado inicial *A* e o estado final *C*?

b) Qual a quantidade de calor, em joules, recebida pelo gás na transformação ABC?

A20. Um gás perfeito se expande adiabaticamente, realizando um trabalho de 20 J.

a) Qual a variação de energia interna?

b) O que acontece com a pressão, o volume e a temperatura do gás nesse processo?

A21. Numa compressão adiabática é realizado um trabalho de 80 joules sobre certa massa de gás ideal. Determine:

a) a quantidade de calor trocada pelo gás no processo;

b) a variação de energia interna sofrida pelo gás;

c) como variam, durante essa compressão, o volume, a temperatura e a pressão do gás.

Verificação

V17. Uma amostra de gás perfeito sofre a transformação isotérmica AB, indicada no gráfico.

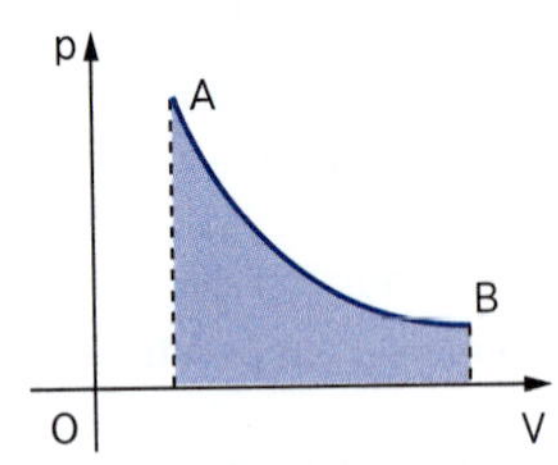

O trabalho, cujo módulo pode ser medido numericamente pela área sombreada, vale 50 J. Qual a variação de energia interna e a quantidade de calor que o gás troca com o exterior?

V18. Numa compressão isotérmica, é realizado sobre o gás um trabalho de 120 joules. Determine:

a) a variação de energia interna sofrida pelo gás;

b) a quantidade de calor trocada com o ambiente.

V19. Entre dois estados, *A* e *B*, de uma amostra de gás ideal, são representados na figura três processos, I, II e III, sendo que o processo II é isotérmico. Sejam ΔU_I, ΔU_{II} e ΔU_{III} as variações de energia interna; τ_I, τ_{II} e τ_{III} os trabalhos realizados; Q_I, Q_{II} e Q_{III} as quantidades de calor trocadas, nos três processos, respectivamente. Estabeleça as relações de igualdade ou desigualdade entre as grandezas nos três processos.

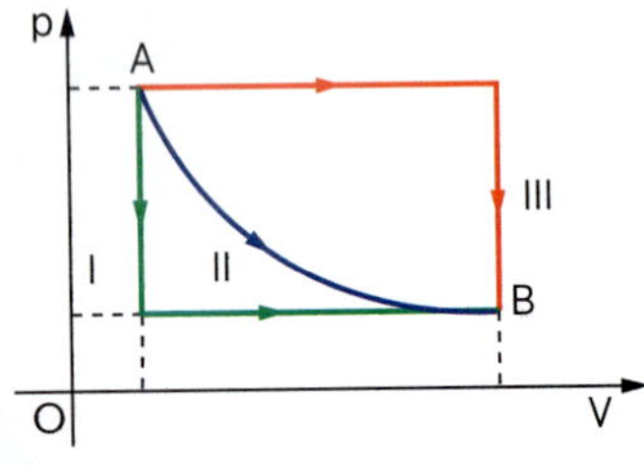

V20. Certa massa de um gás perfeito sofre uma transformação ABC indicada no gráfico.

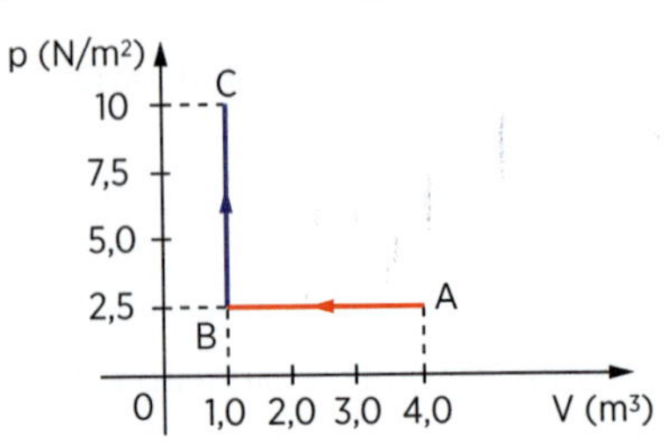

Determine:

a) a variação de energia interna sofrida pelo gás entre os estados inicial, *A*, e final, *C*;

b) a quantidade de calor trocada pelo gás na transformação ABC.

V21. Numa expansão adiabática, um gás perfeito realiza um trabalho de 50 J. Qual a quantidade de calor trocada e a variação de energia interna que ocorre? O que acontece com a pressão, o volume e a temperatura no processo?

V22. Um gás ideal é comprimido adiabaticamente, realizando-se sobre ele um trabalho de 100 joules. Determine:

a) a quantidade de calor trocada com o ambiente;

b) a variação de energia interna sofrida pelo gás;

c) como variam a pressão, o volume e a temperatura do gás no processo.

R16. (UE-CE) Um sistema constituído por um gás ideal pode evoluir do estado inicial *i* para os estados finais f_I, f_{II} e f_{III} por três diferentes processos, conforme a figura a seguir.

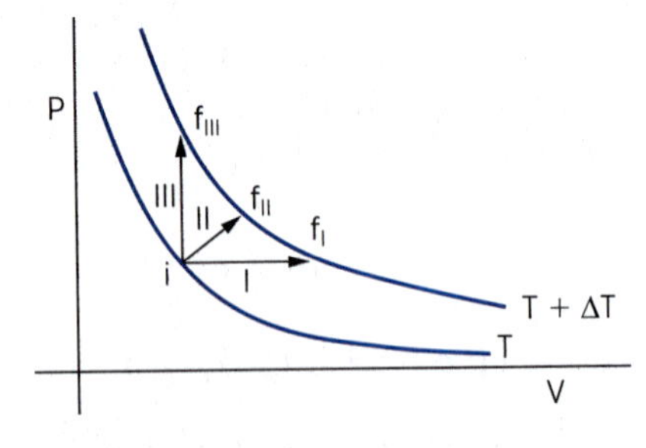

A relação entre as variações de energia interna em cada processo E_I, E_{II} e E_{III} é:

a) $E_I = E_{II} < E_{III}$.

b) $E_I = E_{II} = E_{III}$.

c) $E_I < E_{II} < E_{III}$.

d) $E_I > E_{II} > E_{III}$.

R17. (EsPCEx-SP) Um gás perfeito expande-se adiabaticamente e realiza um trabalho sobre o meio externo de um módulo igual a 430 J. A variação da energia interna sofrida pelo gás, nessa transformação, é de:

a) −430 J

b) −215 J

c) 0 J

d) 215 J

e) 430 J

R18. (UF-PE) Um mol de um gás ideal passa por transformações termodinâmicas indo do estado *A* para o estado *B* e, em seguida, o gás é levado ao estado *C*, pertencente à mesma isoterma de *A*. Calcule a variação da energia interna do gás, em joules, ocorrida quando o gás passa pela transformação completa ABC.

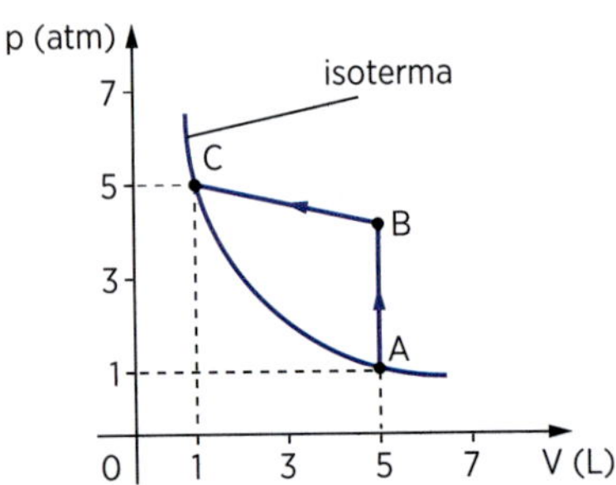

R19. (UF-ES) Uma certa quantidade de gás ideal é levada de um estado inicial a um estado final por três processos distintos, representados no diagrama p × V da figura abaixo. O calor e o trabalho associados a cada processo são, respectivamente, Q_1 e τ_1, Q_2 e τ_2, Q_3 e τ_3.

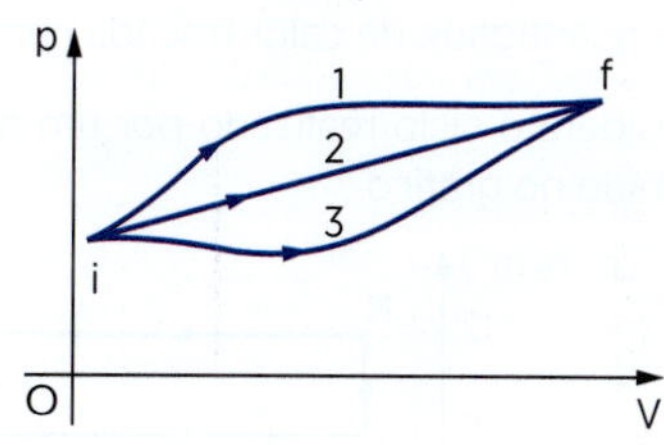

Está correto afirmar que:

a) $\tau_1 = \tau_2 = \tau_3$ e $Q_1 = Q_2 = Q_3$
b) $\tau_1 < \tau_2 < \tau_3$ e $Q_1 < Q_2 < Q_3$
c) $\tau_1 > \tau_2 > \tau_3$ e $Q_1 > Q_2 > Q_3$
d) $\tau_1 = \tau_2 = \tau_3$ e $Q_1 < Q_2 < Q_3$
e) $\tau_1 > \tau_2 > \tau_3$ e $Q_1 = Q_2 = Q_3$

R20. (Vunesp-SP) O estudo das transformações adiabáticas nos permite, além de compreender melhor as máquinas térmicas, distinguir calor de temperatura. Sobre as transformações adiabáticas, é correto afirmar que:

a) a temperatura permanece a mesma durante a transformação já que não ocorre troca de calor.
b) a troca de calor ocorre quando o sistema entra em contato com o ambiente.
c) a energia interna diminui quando se realiza um trabalho sobre o sistema.
d) a temperatura aumenta na compressão enquanto diminui na expansão.
e) a energia interna diminui devido à troca de calor com o exterior.

Transformação cíclica

Um gás sofre uma *transformação cíclica* ou realiza um *ciclo* quando a pressão, o volume e a temperatura retornam aos seus valores iniciais, após uma sequência de transformações. Portanto, *o estado final coincide com o estado inicial*.

Consideremos o ciclo MNM realizado pelo gás, conforme indicado na figura 6. Como o gás parte do estado *M* e a ele retorna, *a variação de energia interna* ΔU *sofrida pelo gás é nula:*

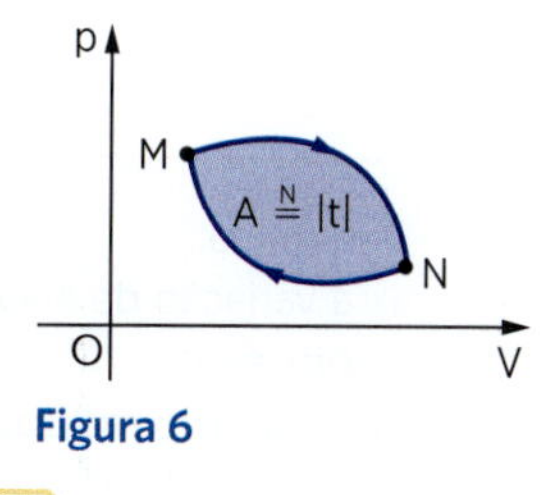

Figura 6

$$\Delta U = 0$$

Em vista do Primeiro Princípio da Termodinâmica:

$$\Delta U = Q - \tau \quad \Rightarrow \quad 0 = Q - \tau \quad \Rightarrow \quad \tau = Q$$

Na transformação cíclica, há equivalência entre o trabalho realizado e a quantidade de calor trocada com o ambiente.

Por exemplo, se o gás recebe 50 joules de calor do ambiente durante o ciclo, esse gás realiza sobre o ambiente um trabalho igual a 50 joules. A recíproca é verdadeira: se o gás perde, durante o ciclo, 50 joules de calor para o ambiente, este realiza sobre o gás um trabalho de 50 joules.

O módulo do trabalho realizado (e, portanto, da quantidade de calor trocada) é dado, no diagrama de Clapeyron, pela área do ciclo, indicado na figura 6:

$$\text{área} \overset{N}{=} |\tau|$$

Quando o ciclo é realizado no sentido horário, o trabalho realizado na expansão (MN) tem módulo maior que o realizado na compressão (NM). Nesse caso, o trabalho total τ é positivo e, portanto, realizado pelo gás. Para tanto, o gás está recebendo uma quantidade de calor *Q* equivalente do ambiente. Portanto:

Ao realizar um ciclo em sentido horário (no diagrama de Clapeyron), o gás converte calor em trabalho.

Nas *máquinas térmicas*, como os ciclos se sucedem continuamente, essa conversão de calor em trabalho ocorre de modo contínuo. O Segundo Princípio (ou Segunda Lei) da Termodinâmica, que estudaremos a seguir, estabelece o princípio de funcionamento de tais máquinas.

Se a transformação cíclica for realizada em sentido anti-horário, no diagrama de Clapeyron (fig. 7), o módulo do trabalho realizado na expansão é menor que o módulo do trabalho realizado na compressão. O trabalho total realizado (cujo módulo é dado pela área assinalada) é negativo, representando um trabalho realizado pelo ambiente sobre o gás. Como a quantidade de calor trocada é equivalente, o gás perde calor para o ambiente.

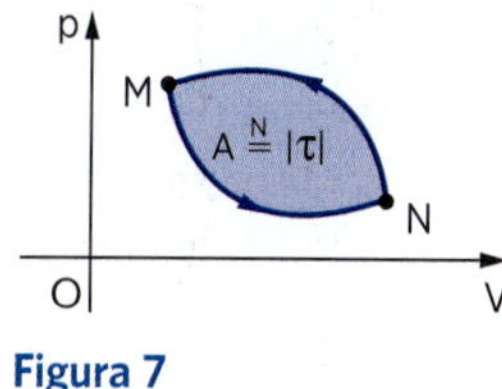

Figura 7

Assim:

Ao realizar um ciclo em sentido anti-horário (no diagrama de Clapeyron), o gás converte trabalho em calor.

A22. Um gás perfeito sofre a transformação cíclica ABCDA, nessa ordem. Determine a variação de energia interna, o trabalho realizado e a quantidade de calor trocada.

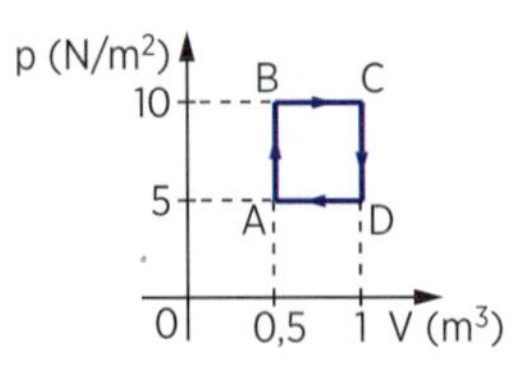

A23. Numa máquina térmica, um gás ideal realiza o ciclo esquematizado. Determine o trabalho realizado pelo gás e a quantidade de calor trocada com o ambiente, expressos em joules.
Dados: 1 atm $= 10^5$ N/m²; 1 L $= 10^{-3}$ m³.

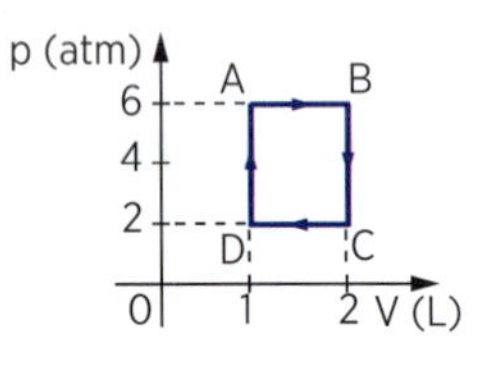

A24. Certa massa de gás perfeito sofre o processo cíclico representado no gráfico.

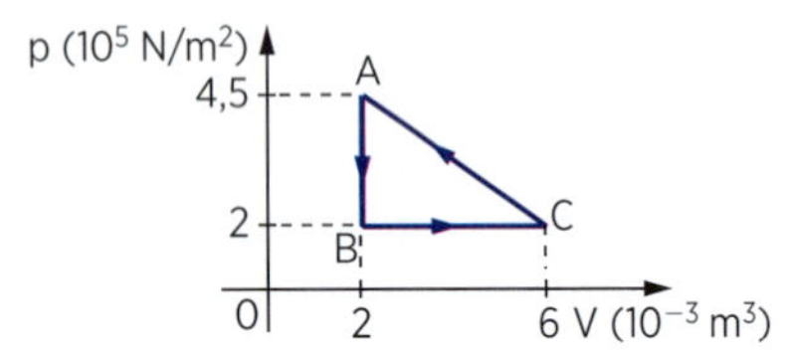

Determine:

a) a variação de energia interna;

b) o trabalho realizado no processo;

c) a quantidade de calor trocada com o ambiente.

A25. Considere o ciclo realizado por um gás ideal representado no gráfico.

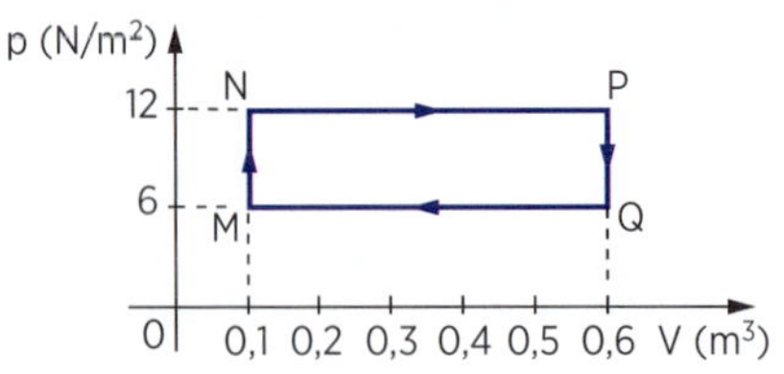

a) Indique as transformações em que o gás realiza trabalho sobre o ambiente e aquelas em que o ambiente realiza trabalho sobre o gás. Determine o valor desses trabalhos.

b) Indique as transformações em que a energia interna do gás aumenta e aquelas em que a energia interna diminui.

c) Ao se completar o ciclo, há conversão de calor em trabalho ou vice-versa? Por quê?

d) Determine a quantidade de energia que se interconverte em cada ciclo.

Verificação

V23. Um gás perfeito sofre a transformação cíclica ABCDA representada no gráfico. Determine a variação de energia interna, o trabalho total realizado pelo gás e a quantidade de calor trocada com o ambiente.

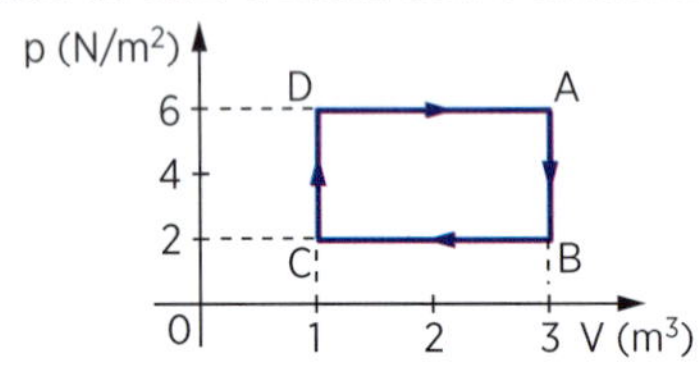

V24. Um gás ideal sofre a transformação cíclica indicada no diagrama p × V.

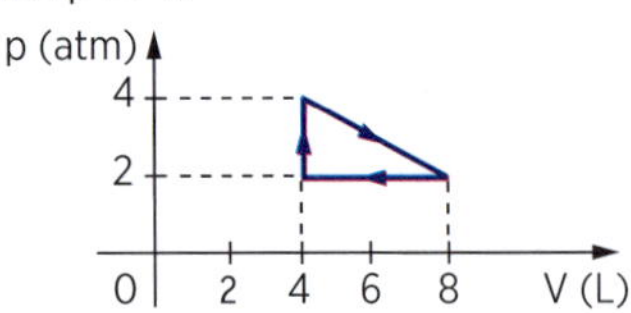

Determine, em joules, a variação de energia interna, o trabalho realizado pelo gás e a quantidade de calor trocada com o ambiente no ciclo.
Dados: 1 atm $= 10^5$ N/m²; 1 L $= 10^{-3}$ m³.

V25. O gráfico representa uma transformação cíclica ABCA realizada por certa quantidade de um gás ideal.

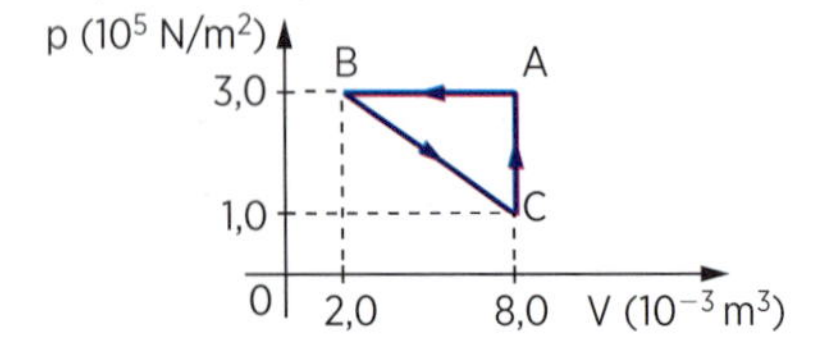

Determine:

a) a variação de energia interna sofrida pelo gás no processo.

b) o trabalho realizado no ciclo. Esse trabalho é realizado pelo gás ou sobre o gás? Por quê?

c) a quantidade de calor trocada com o ambiente. Esse calor é recebido ou perdido pelo gás? Por quê?

V26. A figura representa a transformação cíclica MNPQM realizada por um gás perfeito.

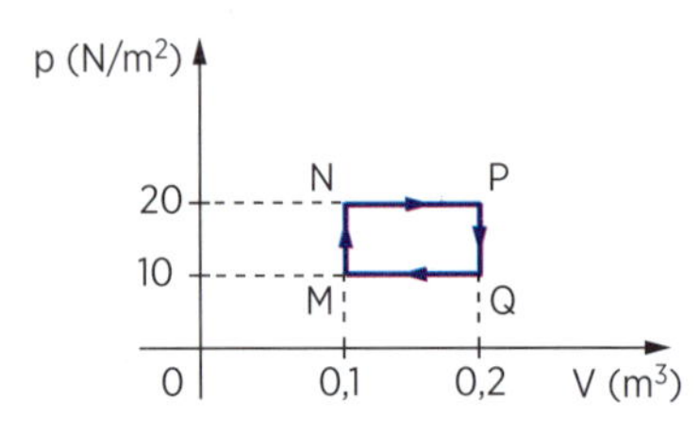

a) Determine o trabalho realizado em cada etapa do processo, indicando se foi realizado pelo gás ou sobre o gás.

b) Sendo 27 °C a temperatura no estado *M*, determine a temperatura em cada um dos outros estados, expressa em graus Celsius.

c) Indique as transformações em que a energia interna aumenta e aquelas em que diminui.

d) Determine o trabalho realizado e a quantidade de calor trocada no ciclo, indicando o tipo de conversão energética que ocorre.

R21. (PUC-SP) Uma amostra de gás ideal sofre o processo termodinâmico cíclico representado no gráfico ao lado.

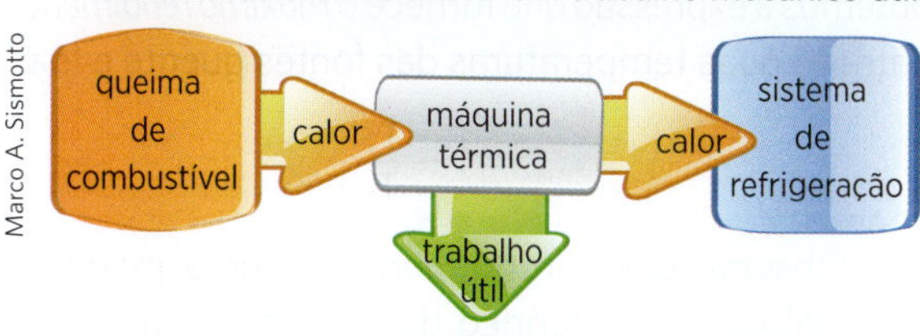

Ao completar um ciclo, o trabalho, em joules, realizado pela força que o gás exerce nas paredes do recipiente é:

a) $+6$ b) $+4$ c) $+2$ d) -4 e) -6

R22. (U. F. Triângulo Mineiro-MG) A figura representa, esquematicamente, uma máquina térmica que trabalha em ciclos, concebida para transformar a energia térmica recebida de uma fonte onde se queima determinado combustível em trabalho mecânico útil.

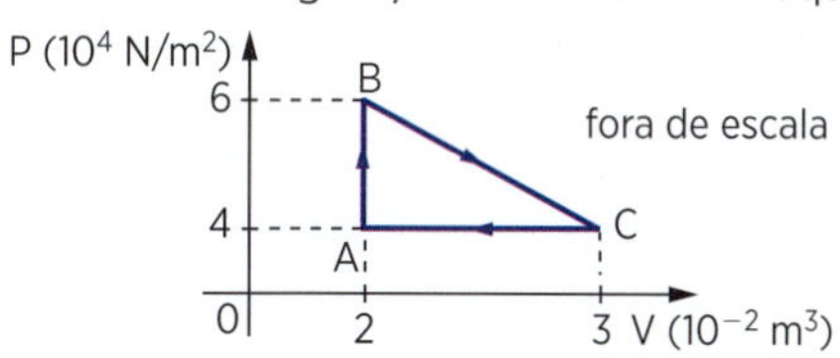

Marco A. Sismotto

Nessa máquina, um gás ideal sofre, a cada ciclo, a transformação ABCA, representada no diagrama P × V, e o calor não aproveitado é absorvido por um sistema de refrigeração e retirado da máquina.

a) Calcule o trabalho mecânico útil realizado pela máquina a cada ciclo.

b) Sabendo que o número de mols de gás na máquina é constante e que sua temperatura no estado *A* é de 400 K, quais serão as temperaturas nos estados *B* e *C*?

R23. (UF-RS) A figura abaixo apresenta o diagrama da pressão p(Pa) em função do volume V(m³) de um sistema termodinâmico que sofre três transformações sucessivas: XY, YZ e ZX.

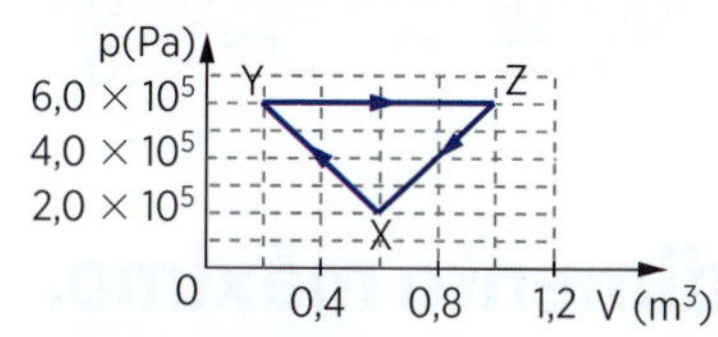

O trabalho total realizado pelo sistema após as três transformações é igual a:

a) 0 c) $2{,}0 \times 10^5$ J e) $4{,}8 \times 10^5$ J

b) $1{,}6 \times 10^5$ J d) $3{,}2 \times 10^5$ J

R24. (Acafe-SC) O diagrama ao lado representa uma transformação ABCDA, realizada por 2 mols de um gás ideal. As unidades de pressão e volume são, respectivamente, N/m² e m³.

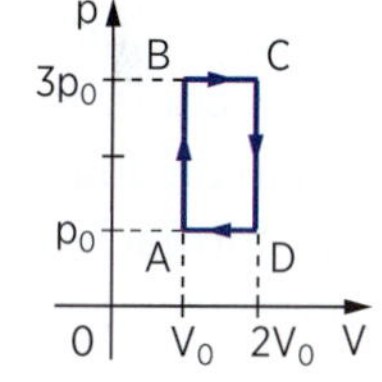

Se a temperatura do gás, no estado *A*, é 77 °C, o trabalho realizado no ciclo será:

a) 11 200 J c) 2 800 J e) 2 100 J

b) 5 600 J d) 2 464 J

Dado: R = 8 J/mol K.

Segundo Princípio da Termodinâmica

Vimos ser possível a interconversão entre calor e trabalho. O Segundo Princípio da Termodinâmica, também conhecido como Segunda Lei da Termodinâmica, tal como foi enunciado pelo físico francês Sadi Carnot (fig. 8), estabelece restrições para essa conversão, realizada pelas chamadas máquinas térmicas:

Coleção particular. Science Source/Diomedia

Figura 8. Sadi Carnot (1796-1832).

> Para haver conversão contínua de calor em trabalho, um sistema deve realizar continuamente ciclos entre uma fonte quente e uma fonte fria, que permanecem em temperaturas constantes. Em cada ciclo, é retirada da fonte quente uma certa quantidade de calor (Q_1), que é parcialmente convertida em trabalho (τ), sendo o restante (Q_2) rejeitado para a fonte fria.

A figura 9 representa, esquematicamente, uma máquina térmica, que pode ser uma máquina a vapor, um motor a explosão, como os de automóvel, etc.

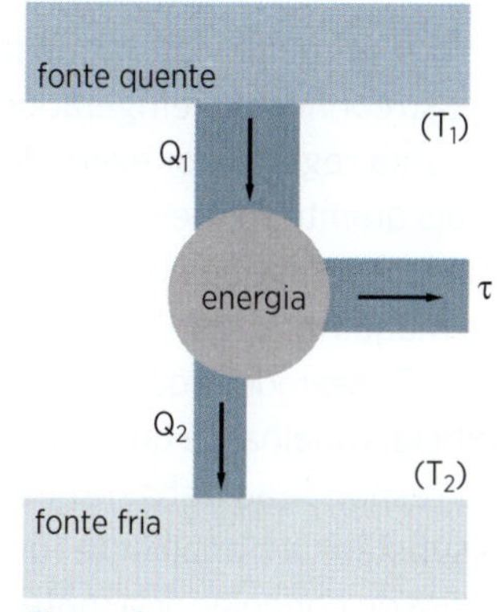

Figura 9

Por exemplo, numa locomotiva a vapor, a fonte quente é a caldeira, de onde é retirada a quantidade de calor Q_1 em cada ciclo. Parte dessa energia térmica é convertida em trabalho mecânico τ, que é a *energia útil*. A parcela de calor não aproveitada, Q_2, é rejeitada para a atmosfera, que faz as vezes da fonte fria.

O *rendimento* de uma máquina térmica é dado pela relação entre o trabalho τ obtido dela (energia útil) e a quantidade de calor Q_1 retirada da fonte quente (energia total). Assim:

$$r = \frac{\tau}{Q_1} \quad \text{(I)}$$

Considerando em módulo as quantidades energéticas envolvidas, o trabalho obtido é a diferença entre as quantidades de calor Q_1 e Q_2:

$$\tau = Q_1 - Q_2$$

Substituindo em (I), chegamos a outra fórmula para o rendimento:

$$r = \frac{Q_1 - Q_2}{Q_1} \Rightarrow r = 1 - \frac{Q_2}{Q_1} \quad \text{(II)}$$

Rendimento máximo. Ciclo de Carnot

Carnot demonstrou que o *maior rendimento possível* para uma máquina térmica entre duas temperaturas, T_1 (fonte quente) e T_2 (fonte fria), seria o de uma máquina que realizasse um ciclo teórico constituído de duas transformações isotérmicas e duas transformações adiabáticas alternadas. Esse ciclo, conhecido como *ciclo de Carnot*, está esquematizado na figura 10: AB é uma expansão isotérmica, BC é uma expansão adiabática, CD é uma compressão isotérmica e DA é uma compressão adiabática.

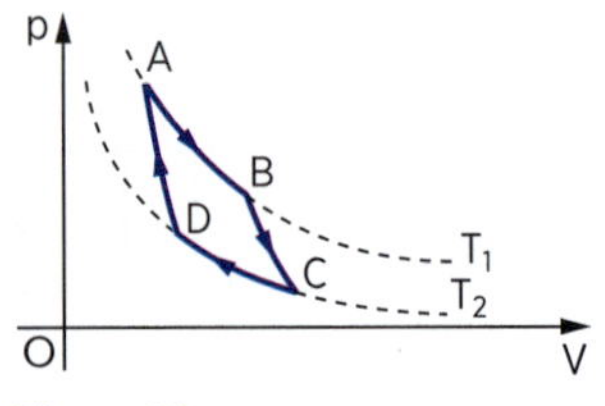

Figura 10

No ciclo de Carnot, as quantidades de calor trocadas com as fontes quente e fria (Q_1 e Q_2) são proporcionais às respectivas temperaturas absolutas (T_1 e T_2):

$$\frac{Q_2}{T_2} = \frac{Q_1}{T_1} \quad \text{ou} \quad \frac{Q_2}{Q_1} = \frac{T_2}{T_1}$$

Substituindo na expressão (II) do rendimento, obtemos a expressão que fornece o *máximo rendimento* entre as duas temperaturas das fontes quente e fria:

$$r_{máx} = 1 - \frac{T_2}{T_1}$$

Observe que o rendimento de uma máquina que realiza o ciclo teórico de Carnot não depende da substância trabalhante, sendo função exclusiva das temperaturas absolutas das fontes fria e quente. Obviamente, essa máquina é ideal, uma vez que o ciclo de Carnot é irrealizável na prática.

AMPLIE SEU CONHECIMENTO

O refrigerador

Peter Holmes/AGE Fotostock/Grupo Keystone

À primeira vista, pode parecer que as máquinas frigoríficas, entre as quais está o nosso conhecido refrigerador doméstico, realizam uma missão impossível: retiram calor de uma região (por exemplo, o interior da geladeira) e o transferem para uma região mais quente (o meio ambiente, a atmosfera). Realmente, sabemos que o calor flui de forma espontânea dos corpos mais quentes para os corpos mais frios. Como podem as máquinas frigoríficas fazer exatamente o contrário?

O "segredo" é que essa transferência *não é espontânea*. Para que possa ocorrer, a substância trabalhante que circula no aparelho deve receber uma "injeção" de energia, que corresponde ao trabalho que o compressor realiza sobre ela. Dessa forma, em cada ciclo, a substância trabalhante (que realiza continuamente os ciclos no sentido anti-horário) retira do congelador, a fonte fria, uma quantidade de calor Q_2 e rejeita para a atmosfera, a fonte quente, a quantidade de calor Q_1, que corresponde à soma de Q_2 com o trabalho do compressor τ.

Quanto à substância trabalhante, nos primórdios da história das geladeiras, a substância utilizada era o gás amônia (NH_3). Entretanto, por ser muito tóxico, vários acidentes ocorreram devido a vazamentos na tubulação dos aparelhos. Foi então substituído pelo gás *freon* e outros assemelhados, formados por flúor, carbono e cloro (os clorofluorcarbonetos ou, abreviadamente, CFCs). Embora inofensivos para a saúde das pessoas, esses gases mostraram-se extremamente perniciosos, por contribuir, quando liberados na atmosfera, para a destruição da camada de ozônio.

Muitos países, incluindo o Brasil, já iniciaram a substituição dos CFCs por outras substâncias que não prejudiquem a saúde dos usuários, não ataquem a camada de ozônio da atmosfera nem intensifiquem o efeito estufa.

(Adaptado de: *Aulas de Física*. Nicolau e Toledo. São Paulo: Atual, 2004. v. 2.)

APROFUNDANDO

Sabe-se que, numa máquina térmica em funcionamento, a substância trabalhante realiza ciclos continuamente entre duas fontes térmicas, a fonte quente (da qual retira calor) e a fonte fria (para a qual rejeita calor). Identifique em um motor a explosão de um automóvel:

- a substância trabalhante;
- a fonte quente;
- a fonte fria.

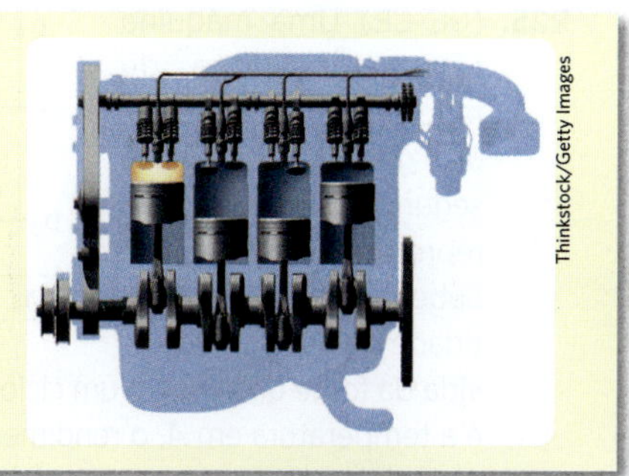
Thinkstock/Getty Images

Aplicação

A26. Uma máquina térmica, em cada ciclo, rejeita para a fonte fria 240 joules dos 300 joules que retirou da fonte quente. Determine o trabalho obtido por ciclo nessa máquina e seu rendimento.

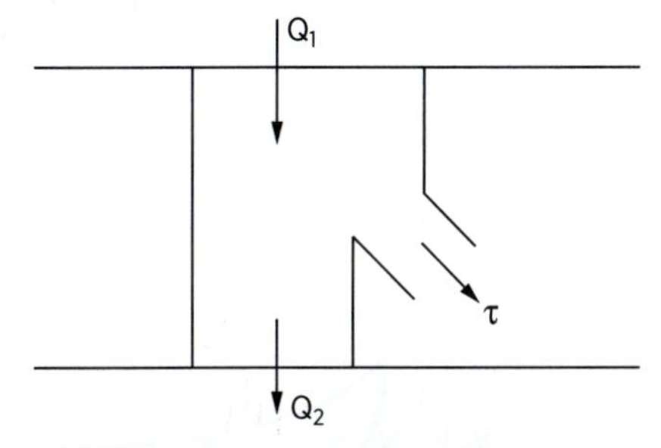

A27. O rendimento de uma máquina térmica é 60%. Em cada ciclo dessa máquina, a substância trabalhante recebe 800 joules da fonte quente.
Determine:

a) a quantidade de trabalho obtido por ciclo nessa máquina;

b) a quantidade de calor que, em cada ciclo, é rejeitada para a fonte fria.

A28. Uma máquina térmica executa um ciclo entre as temperaturas 500 K (fonte quente) e 400 K (fonte fria). Qual o máximo rendimento que essa máquina poderia ter?

A29. Uma máquina térmica funciona realizando a cada 4 segundos um ciclo de Carnot. Sua potência útil é de 500 W. As temperaturas das fontes térmicas são 227 °C e 27 °C, respectivamente. Determine o rendimento da máquina, a quantidade de calor retirada da fonte quente e a quantidade de calor rejeitada para a fonte fria, em cada ciclo.

A30. É possível construir uma máquina térmica, entre as temperaturas de 300 K e 400 K, que forneça 80 joules de trabalho útil a partir de 200 joules de calor recebidos da fonte quente? Justifique sua resposta.

Verificação

V27. Se uma máquina térmica retira, por ciclo, 500 joules de calor da fonte quente e rejeita 400 joules para a fonte fria, qual o trabalho útil obtido por ciclo e qual o seu rendimento?

V28. Uma máquina térmica tem 40% de rendimento. Em cada ciclo, o gás ideal dessa máquina rejeita 120 joules de calor para a fonte fria. Determine:

a) o trabalho útil obtido por ciclo nessa máquina;

b) a quantidade de calor que o gás recebe, por ciclo, da fonte quente.

V29. Um gás perfeito realiza um ciclo de Carnot. A temperatura da fonte fria é 27 °C e a da fonte quente é 327 °C. Determine o rendimento do ciclo.

V30. Um motor térmico funciona segundo o ciclo de Carnot. A temperatura da fonte quente é 400 K e a da fonte fria é 300 K. Em cada ciclo, o motor recebe 600 calorias da fonte quente. Determine o rendimento do motor, o trabalho útil obtido e a quantidade de calor rejeitada para a fonte fria em cada ciclo. Dado: 1 cal = 4,18 J.

V31. Uma máquina térmica funciona realizando o ciclo de Carnot. A temperatura da fonte fria é −23 °C e a da fonte quente é 352 °C. A potência útil da máquina é 2 400 W e ela realiza 4 ciclos por segundo. Determine:

a) o rendimento da máquina;

b) a quantidade de calor fornecida pela fonte quente em cada ciclo;

c) a quantidade de calor recebida pela fonte fria em cada ciclo.

R25. (UE-CE) Uma máquina térmica funciona de modo que n mols de um gás ideal evoluam segundo o ciclo ABCDA, representado na figura.

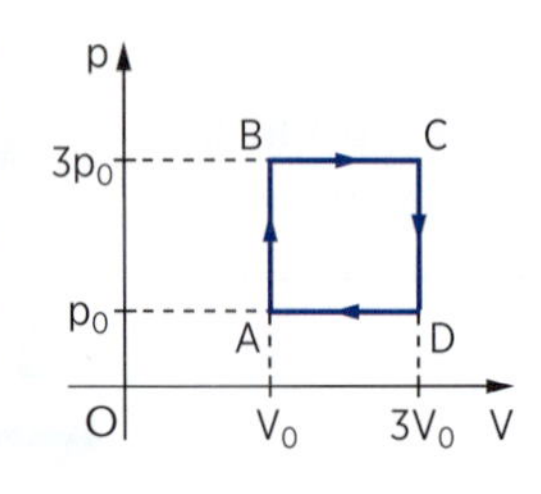

Sabendo-se que a quantidade de calor Q, absorvida da fonte quente, em um ciclo, é $18nRT_0$, onde T_0 é a temperatura em A, o rendimento dessa máquina é, aproximadamente:

a) 55%
b) 44%
c) 33%
d) 22%

R26. (UF-SC) No século XIX, o jovem engenheiro francês Nicolas L. Sadi Carnot publicou um pequeno livro — *Reflexões sobre a potência motriz do fogo e sobre os meios adequados de desenvolvê-la* — no qual descrevia e analisava uma máquina ideal e imaginária, que realizaria uma transformação cíclica hoje conhecida como *ciclo de Carnot* e de fundamental importância para a Termodinâmica.

Assinale as proposições *corretas* a respeito do ciclo de Carnot:

(01) Por ser ideal e imaginária, a máquina proposta por Carnot contraria a Segunda Lei da Termodinâmica.

(02) Nenhuma máquina térmica que opere entre duas determinadas fontes, às temperaturas T_1 e T_2, pode ter maior rendimento do que uma máquina de Carnot operando entre essas mesmas fontes.

(04) Uma máquina térmica, operando segundo o ciclo de Carnot entre uma fonte quente e uma fonte fria, apresenta um rendimento igual a 100%, isto é, todo o calor a ela fornecido é transformado em trabalho.

(08) O rendimento da máquina de Carnot depende apenas das temperaturas da fonte quente e da fonte fria.

(16) O ciclo de Carnot consiste em duas transformações adiabáticas, alternadas com duas transformações isotérmicas.

Dê, como resposta, a soma dos números que precedem as afirmativas corretas.

R27. (UE-GO) O ciclo de Carnot foi proposto em 1824 pelo físico francês Nicolas L. S. Carnot. O ciclo consiste numa sequência de transformações, mais precisamente de duas transformações isotérmicas (T_H para a fonte quente e T_C para a fonte fria), intercaladas por duas transformações adiabáticas, formando assim o ciclo. Na sua máquina térmica, o rendimento seria maior quanto maior a temperatura da fonte quente. No diagrama a seguir, temos um ciclo de Carnot operando sobre fontes térmicas de $T_H = 800$ K e $T_C = 400$ K.

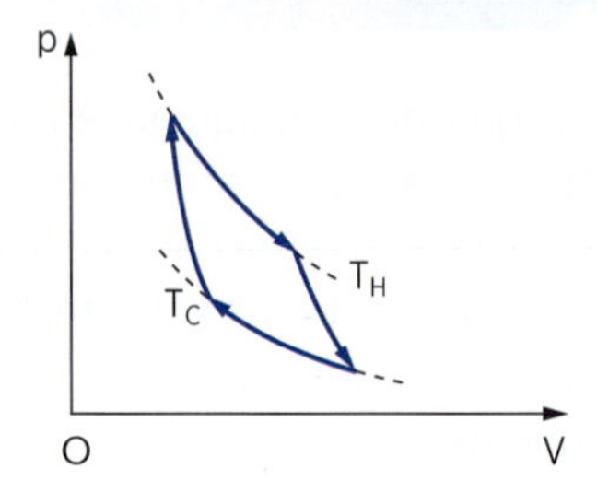

Admitindo-se que o ciclo opera com fonte quente, recebendo 1 000 J de calor, responda:

a) Em que consistem os termos *transformações isotérmicas* e *transformações adiabáticas*?

b) Determine o rendimento dessa máquina de Carnot.

c) Essa máquina vai realizar um trabalho. Qual é o seu valor?

R28. (UEA-AM) Em 1824 o engenheiro francês Nicolas Leonard Sadi Carnot demonstrou que se uma máquina térmica, operando entre duas temperaturas constantes T_1 e T_2 (com $T_1 > T_2$), trabalhasse em ciclos segundo o gráfico mostrado, apresentaria o maior rendimento possível para essas temperaturas. Esse ciclo passou a se chamar Ciclo de Carnot, e essa máquina, máquina ideal ou máquina de Carnot.

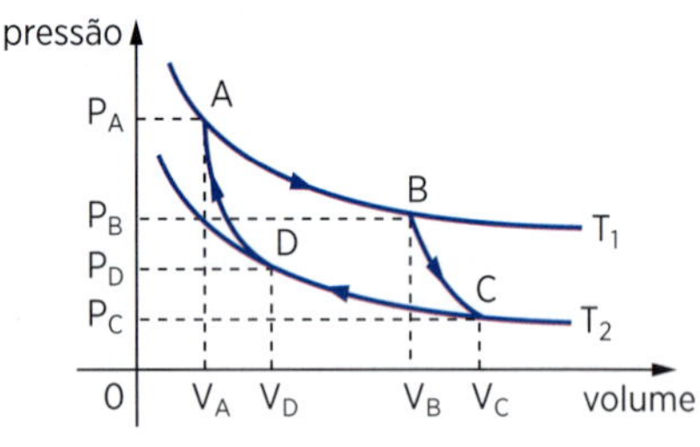

No ciclo de Carnot, um gás ideal sofre quatro transformações reversíveis: duas isotérmicas (AB e CD) e duas adiabáticas (BC e DA). A respeito da máquina e do Ciclo de Carnot, é correto afirmar que:

a) na transformação BC a máquina cede calor ao meio externo.

b) na transformação CD o gás sofre uma compressão e é aquecido.

c) o trabalho total realizado em cada ciclo é nulo.

d) o gás só troca calor com o meio externo nas transformações AB e CD.

e) na expansão AB o meio externo realiza trabalho sobre o gás.

R29. (UF-CE) A eficiência de uma máquina de Carnot que opera entre a fonte de temperatura alta (T_1) e a fonte de temperatura baixa (T_2) é dada pela expressão: $r = 1 - \left(\frac{T_2}{T_1}\right)$, em que T_1 e T_2 são medidas na escala absoluta ou de Kelvin. Suponha que você dispõe de uma máquina dessas com uma eficiência $r = 30\%$. Se você dobrar o valor da temperatura da fonte quente, a eficiência da máquina passará a ser igual a:

a) 40%
b) 45%
c) 50%
d) 60%
e) 65%

Desafio Olímpico

1. (OEF-Espanha) Mistura-se em um recipiente termicamente isolado 100 g de gelo a $-10,0\ °C$ e 50,0 g de água líquida a 50,0 °C. A quantidade de gelo que sobra após atingido o equilíbrio térmico é:

a) 25,0 g b) 62,5 g c) 68,8 g d) 75,0 g

Dados: $c_{gelo} = 0,500\ cal/g \cdot °C$; $L_f = 80,0\ cal/g$; $c_{água} = 1,00\ cal/g \cdot °C$

2. (OPF-Portugal) A temperatura de uma parede de pedra, exposta ao sol, passa dos 15 °C para os 30 °C ao longo de um dia muito quente. A massa da parede é de 1 000 kg e a capacidade térmica máxima da pedra é $840\ J \cdot kg^{-1} \cdot K^{-1}$.

a) Calcule a quantidade de calor fornecida pelo exterior à parede durante o dia.

b) Determine a potência média correspondente à perda de calor pela parede durante a noite, considerando que a temperatura da parede passou de 30 °C para 20 °C em 5 horas.

3. (IJSO-Brasil) Num recipiente termicamente isolado misturam-se gelo e água no estado líquido. A massa de gelo é *m* e a da água, *M*.
São dados: calor latente de fusão do gelo: 80 cal/g
calor latente de solidificação: −80 cal/g
calor sensível específico da água: 1,0 cal/g · °C
calor sensível específico do gelo: 0,50 cal/g · °C
Três situações são apresentadas, relativas à evolução das temperaturas do gelo e da água, até que seja atingido o equilíbrio térmico.

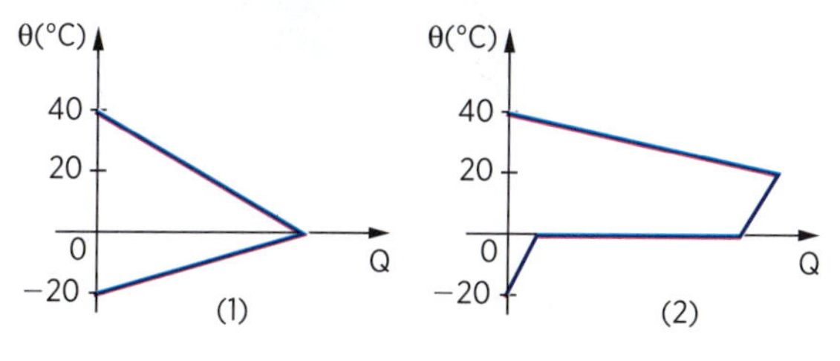

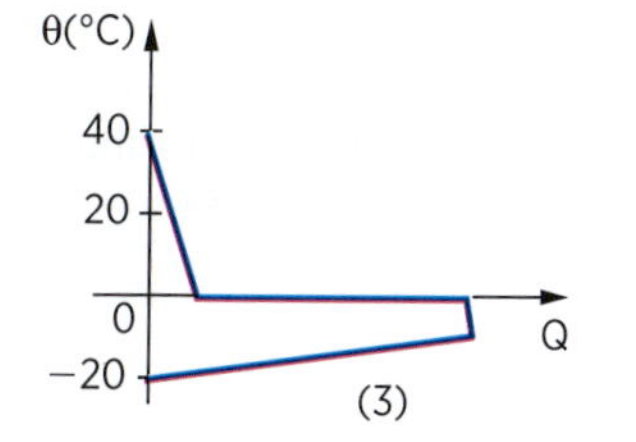

As relações referentes às situações 1, 2 e 3 são, respectivamente:

a) $2; \frac{1}{6}; 13$

b) $2; \frac{2}{11}; 11$

c) $4; \frac{1}{6}; 12,5$

d) $4; \frac{2}{11}; 25$

e) $4; \frac{1}{6}; 13$

4. (IJSO-Brasil) Num recipiente adiabático de capacidade térmica desprezível, são misturados 20 g de gelo a −20 °C com 50 g de água a +20 °C. Depois de certo intervalo de tempo, o equilíbrio térmico é atingido. Pode-se afirmar que:

a) a temperatura final de equilíbrio térmico é de 15 °C.

b) a temperatura final de equilíbrio térmico é de 0 °C e restam 10 g de gelo.

c) a temperatura final de equilíbrio térmico é de 0 °C e restam 15 g de gelo.

d) a temperatura final de equilíbrio térmico é de 0 °C e todo o gelo derreteu.

e) a temperatura final de equilíbrio térmico é de 0 °C e toda a água congelou.

Dados:
calor específico sensível do gelo: 0,50 cal/g · °C
calor específico sensível da água: 1,0 cal/g · °C
calor específico latente de fusão do gelo: 80 cal/g

5. (OBF-Brasil) Considere duas barras delgadas, de comprimentos ℓ_1 e ℓ_2, feitas de materiais cujos coeficientes de dilatação linear são, respectivamente, α_1 e α_2. As barras estão dispostas de modo a estarem separadas por uma distância $\Delta\ell$, conforme mostra a figura.

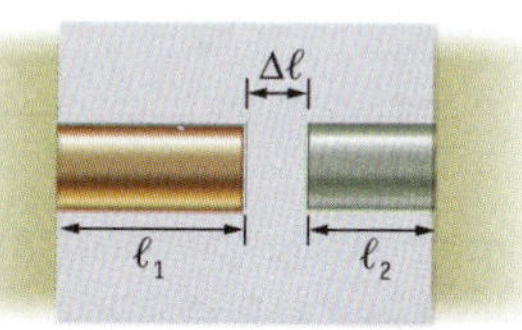

Paulo César Pereira

A que variação de temperatura deve ser submetido o sistema para que o espaçamento $\Delta\ell$, entre as duas barras, seja completamente preenchido? Considere que apenas as barras sofram influência desta variação de temperatura.

6. (OBF-Brasil) Uma residência construída numa região sujeita a invernos rigorosos apresenta paredes externas (as que rodeiam a residência) feitas de tijolos. Externamente, os tijolos, maciços e com espessura de 15 cm, foram deixados aparentes. Internamente, esses tijolos foram recobertos com placas feitas de serragem de madeira compactada, com espessura igual a 3,0 cm. Deseja-se manter a temperatura no interior igual a 25 °C quando no lado externo a temperatura está igual a −10 °C. Sabe-se que o coeficiente de condutibilidade térmica dos tijolos é três vezes maior que o da madeira. Pode-se estimar que a temperatura na superfície de contato entre os dois materiais tem um valor, em °C, próximo de:

a) −2
b) 7
c) 9
d) 12
e) 18

7. (OBF-Brasil) Para a verificação da dilatação de um gás ideal aprisiona-se uma certa quantidade dele, em um tubo vertical de seção reta de 1 mm^2 de área, por meio de um pistão móvel de massa desprezível. A seguir, submete-se o tubo a diferentes temperaturas em um local cuja pressão atmosférica vale 1 atm ou 760 mmHg, conforme mostra a figura.

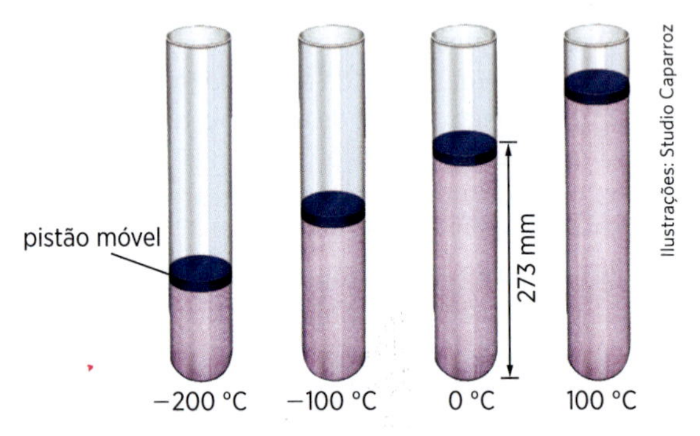

a) Qual o volume do gás a 100 °C?
b) Qual a pressão sobre o gás a −100 °C?

8. (IJSO-Brasil) Considere uma dada massa de um gás perfeito sofrendo a transformação AB indicada a seguir em um gráfico pressão × volume.

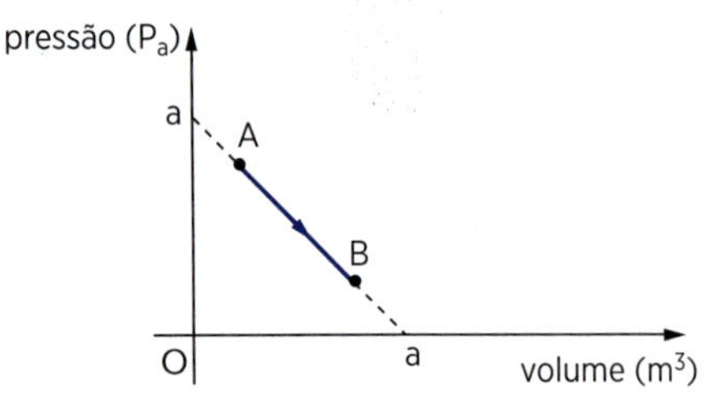

A energia interna U de uma dada massa de um gás perfeito é dada pela expressão:

$$U = \frac{3}{2}pV$$

p = pressão do gás
V = volume ocupado pelo gás

A energia interna do gás, na transformação AB, terá valor máximo, em unidades SI, igual a:

a) $\frac{3}{2}a^2$
b) $\frac{3}{4}a^2$
c) $\frac{3}{8}a^2$
d) $\frac{1}{4}a^2$
e) $\frac{1}{8}a^2$

9. (OBF-Brasil) No gráfico p = f(V), em que *p* representa a pressão sobre um gás ideal e *V* o volume desta massa gasosa, está representada uma transformação gasosa, desde o estado *A* até o estado *B*.

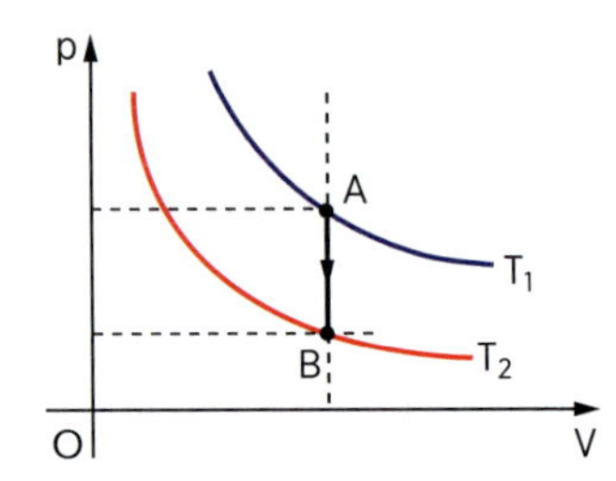

Sobre a *transformação representada* é correto afirmar que:

a) o sistema recebe calor do exterior.
b) a energia interna do sistema aumenta.
c) a transformação de *A* para *B* é necessariamente adiabática.
d) a expressão algébrica que relaciona *p* e *V* é dada por p · V = constante.
e) o trabalho realizado pelo gás é nulo.

10. (OBF-Brasil) Uma certa quantidade de gás ideal está dentro de um recipiente que contém um pistão móvel, conforme a figura a seguir. As paredes, inclusive a do pistão, são adiabáticas, com exceção de uma delas, que permite a troca de calor com uma fonte.

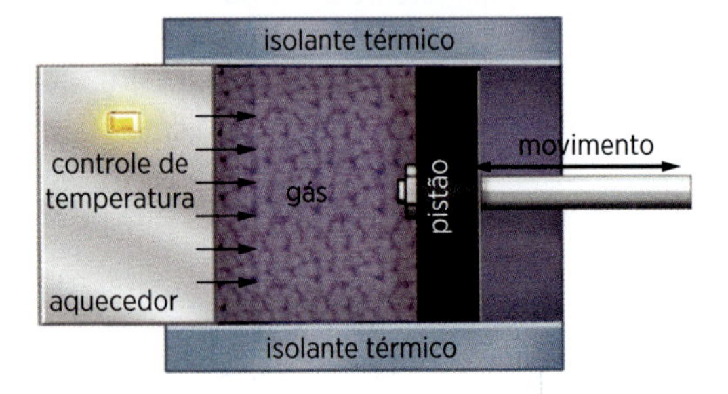

Fornecendo calor ao recipiente, podemos afirmar que:

a) a temperatura do gás irá sempre aumentar.
b) a temperatura do gás irá sempre diminuir.
c) a temperatura do gás manter-se-á constante se o trabalho realizado for nulo.
d) a temperatura do gás diminuirá se o trabalho realizado pelo gás for maior que o calor fornecido.
e) a temperatura do gás diminuirá se o pistão se deslocar para a esquerda.

RESPOSTAS

Capítulo 17

Aplicação

A1. 120,2 °F

A2. −10 °C

A3. −40 °C; −40 °F

A4. 9,0 °F

A5. a) $\theta_X = 0{,}8\theta_Y + 6$

b) 86 °X

c) 30 °X; 30 °Y

d)

A6. 6,25 °C

A7. $\theta_A = 2{,}5\theta_B - 75$

A8. 50 °A; 50 °B

A9. a) $\theta_C = 1{,}5\theta_X + 30$ ou

$$\theta_X = \frac{2}{3}\theta_C - 20$$

b) −20 °X; ≅ 46,7 °X

c) 10 °X

A10. 300 K

A11. 39 °C

A12. $\frac{T - 273}{5} = \frac{\theta_F - 32}{9}$;

574,25 K; 574,25 °F

A13. Nenhum dos termômetros está incorreto.

Verificação

V1. 176 °F

V2. 25 °C

V3. 160 °C

V4. 15 °C; 27 °F ou −15 °C; −27 °F

V5. $\theta_Y = 3\theta_X - 10$

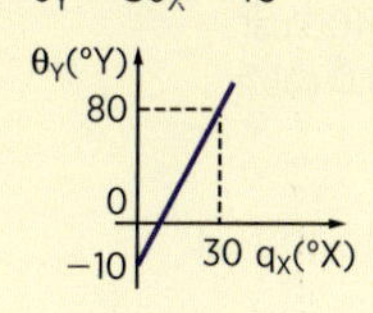

V6.

V7. $\theta_A = 2\theta_B + 18$; −18 °A; −18 °B

V8. a) $\theta_X = 0{,}25\theta_c + 5$ c) 2,5 °X

b) 5 °X; 30 °X

V9.

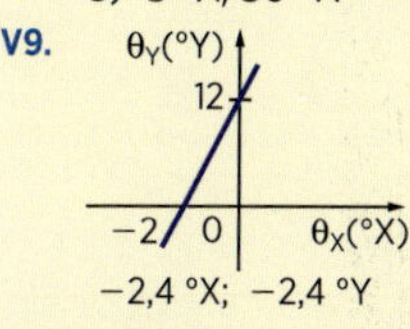

−2,4 °X; −2,4 °Y

V10. 315 K

V11. −248 °C

V12. Como cada unidade da escala Kelvin possui a mesma extensão que o grau Celsius, a variação é a mesma: $\Delta T = 15$ K.

V13. 144 °F

Revisão

R1. d

R2. c

R3. e

R4. 09 (01 + 08)

R5. b

R6. b

R7. b

R8. b

R9. b

R10. a

R11. a

R12. d

R13. d

R14. V F V F V

Capítulo 18

Aplicação

A1. $4{,}8 \cdot 10^{-1}$ m

A2. $2{,}0 \cdot 10^{-6}$ °C^{-1}

A3. $6{,}0 \cdot 10^{-3}$ m

A4. $5{,}0 \cdot 10^{-6}$ °C^{-1}

A5. $5{,}0 \cdot 10^{-5}$ °C^{-1}

A6. a) $1{,}0 \cdot 10^{-3}$ °C^{-1}; $2{,}0 \cdot 10^{-3}$ °C^{-1}

b) 40 °C

A7. a) $\frac{L_1}{L_2} = \frac{\alpha_2}{\alpha_1}$

b)

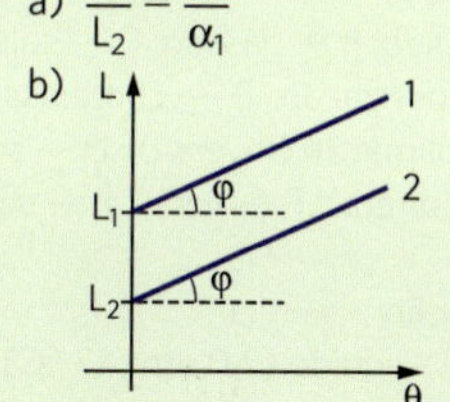

A8. a) $\frac{\alpha_A}{\alpha_B} = 2$ b) $x = L_1$

A9. $\beta = 8{,}0 \cdot 10^{-6}$ °C^{-1}; $\alpha = 4{,}0 \cdot 10^{-6}$ °C^{-1}

A10. $\gamma = 1{,}0 \cdot 10^{-6}$ °C^{-1}

$\alpha = \frac{1}{3} \cdot 10^{-6}$ °C^{-1}

$\beta = \frac{2}{3} \cdot 10^{-6}$ °C^{-1}

A11. O aumento da temperatura produz um aumento na distância entre as moléculas da placa, inclusive das que formam a borda do orifício, que se comporta como se fosse constituído pelo material da placa, aumentando sua área.

A12. 200,324 cm^3

A13. a) $\gamma_F = 5{,}0 \cdot 10^{-6}$ °C^{-1}

b) $\gamma_{ap} = 250 \cdot 10^{-6}$ °C^{-1}

c) $\gamma = 255 \cdot 10^{-6}$ °C^{-1}

A14. ≅ 0,49 cm^3

A15. −120 L

Verificação

V1. 300,36 cm

V2. $1{,}2 \cdot 10^{-5}$ °C^{-1}

V3. $\alpha \cdot L_0 (\theta - \theta_0)$

V4. $2{,}5 \cdot 10^{-5}$ °C^{-1}

V5. $1{,}0 \cdot 10^{-4}$ °C^{-1}

V6. a) $\alpha_A = 1{,}0 \cdot 10^{-3}$ °C^{-1}

$\alpha_B = 5{,}0 \cdot 10^{-4}$ °C^{-1}

b) 120 °C

V7. a) $L_{0_A} = 1{,}0$ m; $L_{0_B} = 1{,}5$ m

b)

V8. $\beta = 2{,}0 \cdot 10^{-6}$ °C^{-1}; $\alpha = 1{,}0 \cdot 10^{-6}$ °C^{-1}

V9. $\gamma = 5{,}0 \cdot 10^{-7}$ °C^{-1}; $\alpha \cong 1{,}67 \cdot 10^{-7}$ °C^{-1};

$\beta \cong 3{,}33 \cdot 10^{-7}$ °C^{-1}

V10. Podemos aquecer a placa e, com isso, dilatar o orifício, permitindo o ajuste do pino, ou resfriar o pino, para que ele se "contraia", diminuindo de volume e encaixando-se no orifício.

V11. 100,081 cm^3

V12. $\gamma_{ap} = 5{,}00 \cdot 10^{-4}$ °C^{-1}

$\gamma = 5{,}27 \cdot 10^{-4}$ °C^{-1}

V13. $\gamma = 5{,}36 \cdot 10^{-4}$ °C^{-1}

V14. −180 L

Revisão

R1. Com o aquecimento, o lado direito da estrutura metálica do prédio passa a ter maior comprimento do que a estrutura metálica do lado esquerdo. Assim, o prédio entorta para o lado esquerdo.

R2. d

R3. 0,45 cm

R4. c

R5. e

R6. a

R7. a

R8. 96 cm

R9. d

R10. c

R11. d

R12. c

R13. Sendo o coeficiente de dilatação térmica do zinco maior que o do vidro, ao mergulharmos o conjunto na água quente, ambos irão se dilatar. Entretanto, o zinco se dilata mais, facilitando a abertura do frasco.

R14. a

R15. c

R16. b

R17. e

Capítulo 19

Aplicação

A1. 10 kcal/°C

A2. 30 cal/°C; 1,0 cal/g · °C

A3. $C_A = 2{,}2$ cal/°C

$C_B = 2{,}2$ cal/°C

$C_C = 2{,}7$ cal/°C

$C_D = 2{,}4$ cal/°C

$C_E = 1{,}5$ cal/°C

A4. 1 800 cal

A5. −300 kcal

A6. 0,040 cal/g · °C

A7. $\cong 0{,}33$ cal/g · °C
A8. 30 °C
A9. 0,75 cal/g · °C
A10. a) $\theta = \dfrac{m_1\theta_{0_1} - m_2\theta_{0_2}}{m_1 + m_2}$

b) $\theta = \dfrac{\theta_{0_1} - \theta_{0_2}}{2}$

A11. 26 °C
A12. 36 °C
A13. $\cong 29{,}5$ °C
A14. $\cong 50$ °C
A15. 80 cal/°C

Verificação

V1. 5,0 cal/°C
V2. 3,0 cal/°C; $5{,}0 \cdot 10^{-2}$ cal/g · °C
V3. 9,4 cal/°C
V4. 220 cal/°C
V5. $1{,}1 \cdot 10^3$ cal
V6. $-7{,}0 \cdot 10^4$ cal
V7. 250 cal/min; 4,17 cal/s
V8. $c_A = 0{,}2$ cal/g · °C; $C_A = 20$ cal/°C
$c_B = 0{,}4$ cal/g · °C; $C_B = 40$ cal/°C
V9. 0,625 cal/g · °C; 125 cal/°C
V10. 30,6 °C
V11. 0,30 cal/g · °C
V12. 16 °C
V13. 60 °C
V14. Misturou 10 mL de água a 0 °C (gelo em fusão) com 10 mL de água a 100 °C (água em ebulição).
V15. 34 °C
V16. 45 °C
V17. 42,5 cal/°C

Revisão

R1. b
R2. c
R3. 07 (01 + 02 + 04)
R4. a
R5. b
R6. e
R7. d
R8. c
R9. e
R10. a
R11. c
R12. c
R13. b
R14. a
R15. Misturar meia xícara de água a 0 °C (do gelo em fusão) com meia xícara de água a 100 °C (água fervente).
R16. a
R17. b
R18. a) 13,5 J/°C
b) 432 °C

Capítulo 20

Aplicação

A1. a) 50 °C b) 3 500 cal
A2. a) 80 °C b) −35 cal/g
A3. a) 80 °C c) 80 °C
b) 10 cal/g d) −10 cal/g
A4. a) 4 000 cal; 4 320 cal
b) θ (°C) — 100 — vaporização — fusão — 0 — tempo

A5. 29 000 cal

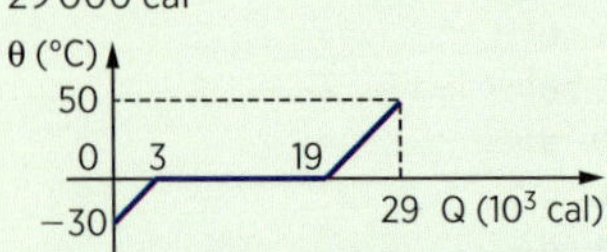

A6. a) 1,0 cal/°C; 2,0 cal/°C
b) 0,050 cal/g · °C ; 0,10 cal/g · °C
c) 1,5 cal/g
A7. a) Q = −75 000 cal
b)

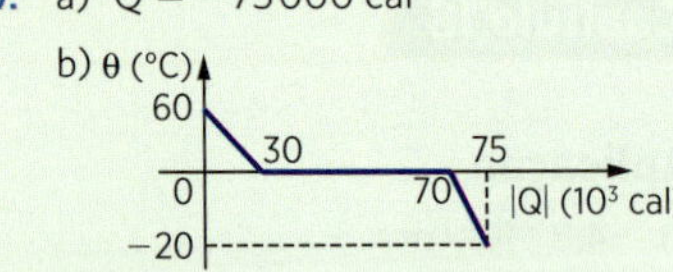

A8. a) 0,125 cal/°C; $\cong 0{,}083$ cal/°C
b) 0,0025 cal/g · °C; $\cong 0{,}0017$ cal/g · °C
c) −0,30 cal/g
A9. 20 g
A10. $\cong 54{,}6$ °C
A11. 18,4 g
A12. 0,216 cal/g · °C
A13. A — líquido; B — gasoso; C — sólido
A14. A — vaporização; B — condensação; C — sublimação (inversa); D — sublimação (direta); E — fusão; F — solidificação
A15. sublimação
A16. a) sólido-líquido (2,0 atm; 17 °C)
líquido-gasoso (2,0 atm; 30 °C)
sólido-gasoso (0,5 atm; 0 °C)
b) ponto triplo (1,0 atm; 10 °C)
c) $\theta_{fusão}$: 15 °C; $\theta_{vaporização}$: 23 °C
d) 2,0 atm

Verificação

V1. a) 10 °C b) 12 000 cal
V2. a) solidificação b) 120 °C
c) −12 cal/g
V3. a) 50 °C
b) 50 °C
c) 60 cal/g
d) −60 cal/g
V4. a) 40 000 cal; 270 000 cal
b) θ (°C) — 100 — 0 — Q (cal) — 40 000 cal — 270 000 cal

V5. a) 3 100 cal
b)

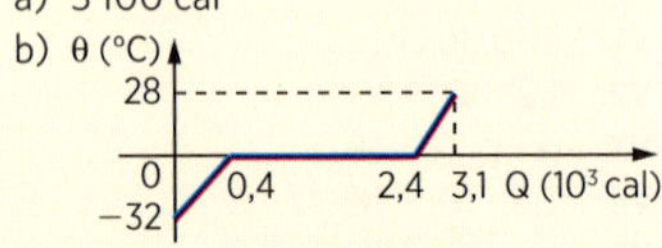

V6. a) 20 cal/°C; 1,0 cal/g · °C
b) 5,0 cal/°C; 0,25 cal/g · °C
c) 10 cal/g
V7. a) $Q = -3{,}7 \cdot 10^5$ cal
b)

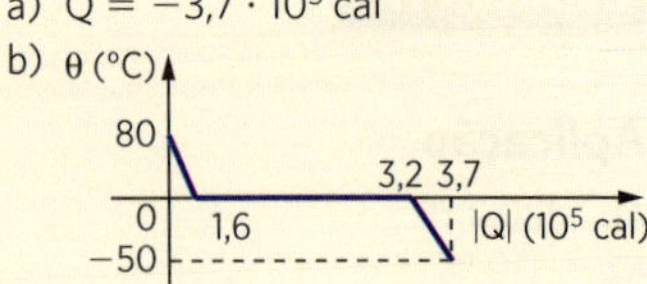

V8. a) 4,0 cal/°C; 2,0 cal/°C
b) 0,020 cal/g · °C; 0,010 cal/g · °C
c) 2,0 cal/g
V9. 50 g
V10. $\cong 29{,}1$ °C
V11. 0,050 cal/g · °C
V12. $\cong 3{,}7$ g
V13. (1) curva de fusão
(2) curva de vaporização
(3) curva de sublimação
X: sólido
Y: líquido
Z: gasoso
V14. a) sólido e líquido
b) sólido e gasoso
c) líquido e gasoso
V15. sublimação
V16. a) (1): curva de fusão
(2): curva de vaporização
(3): curva de sublimação
b) (5 atm; −56,6 °C); ponto triplo
c) sólido
d) gasoso
e) fusão; sublimação

Revisão

R1. d
R2. c
R3. a
R4. a) $c_S = 0{,}10$ cal/g °C e
$c_L = 0{,}20$ cal/g °C
b) $Q_{fusão} = 40$ °C
$Q_{fusão} = 400$ cal
$L_{fusão} = 4{,}0$ cal/g
R5. d
R6. a) 84 J/K
b) $Q_{total} = 40\,400$ cal
R7. c
R8. b
R9. e
R10. 20 g
R11. 75 g
R12. b
R13. c
R14. d
R15. 13 (01 + 04 + 08)
R16. c
R17. d
R18. d

Capítulo 21

Aplicação

A1. 8,0 cal/s
A2. A lã e a flanela são isolantes térmicos, diminuindo a perda de calor do nosso corpo para o meio ambiente.

A3. O ladrilho é melhor condutor do que a madeira e, por isso, o calor de nossos pés transmite-se mais rapidamente para o ladrilho.
A4. 6,25 cal/s
A5. Movimentação de massas fluidas devido à diferença de densidade. As correntes de convecção podem ser visualizadas nos líquidos pelo uso de serragem.
A6. Porque o chope frio desloca-se para baixo.
A7. Inversão térmica.
A8. Durante o dia a areia, por ter menor calor específico, aquece-se mais do que a água. O ar quente em contato com a areia sobe, produzindo uma região de baixa pressão que aspira o ar que está sobre o mar. À noite a areia se resfria mais do que a água e ocorre o processo inverso.
A9. No vácuo não há meio material.
A10. A garrafa térmica possui paredes duplas de vidro (mau condutor) entre as quais se faz o vácuo. Com isso, evita-se a condução. As paredes são espelhadas para refletir os raios infravermelhos (evita-se a irradiação). A tampa, bem fechada, evita a convecção.

Verificação

V1. 250 cal/min
V2. O gelo é isolante térmico.
V3. É incorreto dizer que o cobertor não deixa o frio entrar. Sendo isolante térmico, ele dificulta a transferência de calor de nosso corpo para o meio ambiente.
V4. O metal é melhor condutor do que a madeira.
V5. $6,5 \cdot 10^{-3}$ cal/s
V6. Nos sólidos, a estrutura mais rígida impede a troca de posição entre suas partes.
V7. a) Para o ar frio descer.
b) Para o ar quente subir.
c) O líquido, em contato com o motor, se aquece, passando para o radiador, onde ocorre o resfriamento.
d) Nas chaminés, os gases aquecidos resultantes da combustão sobem e são eliminados. Ao redor da chama cria-se uma região de baixa pressão que "aspira" o ar externo, mantendo a combustão.
V8. As correntes de convecção atmosféricas, formadas pelo ar quente que sobe, impulsionam os planadores para cima.
V9. Nos dias frios, o ar poluído em contato com o solo está a uma temperatura menor do que o ar puro das camadas superiores, não ocorrendo convecção.
V10. Irradiação.
V11. Análogo ao **A10.** Para esquema, ver página 301.

Revisão

R1. a) O alumínio é melhor condutor do que a madeira.
b) Na de alumínio.
c) Sim.
R2. a
R3. $1,6 \cdot 10^2$ cal/s
R4. Verdadeiro (299,5 K ou 26,5 °C).
R5. V V V F F
R6. a
R7. a
R8. e
R9. 7(01 + 02 + 04)

Capítulo 22

Aplicação

A1. 5,0 atm
A2. 8 L
A3. 0,5
A4. 9 atm
A5. 5L
A6. 4,5L

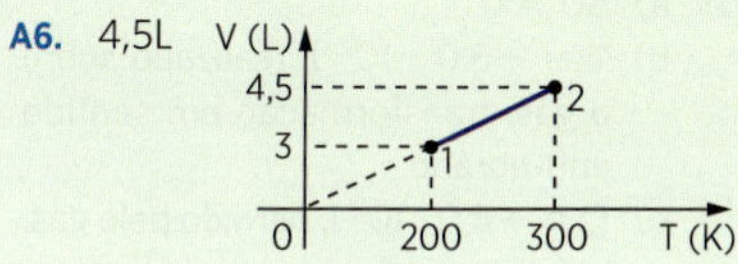

A7. 300 K
A8. 1 500K
A9. x = 4 atm y = 300 K
A10. 5 mols
A11. 6 mols
A12. 22,4 L
A13. ≅ 4,9 mols
A14. $\frac{7}{8}$

Verificação

V1. I e II
V2. 2
V3. 80 K
V4. $\frac{7}{12}$
V5. 16 L
V6. 375 K

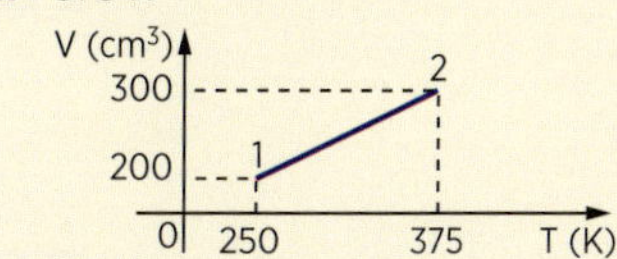

V7. a) transformação isobárica
b) 800 K
V8. 400 K
V9. a) Transformação isocórica, pois a pressão é diretamente proporcional à temperatura absoluta.
b) y = 400 K; x = 4 atm
V10. 10 mols
V11. 40 mols
V12. 12,3 L
V13. 0,83 atm
V14. 12 mols
V15. 6,7 mols

Revisão

R1. d
R2. b
R3. b
R4. ≅ 349,7 K ou ≅ 76,7 °C
R5. c
R6. c
R7. d
R8. d
R9. d
R10. c
R11. c
R12. e
R13. a) 1 660 N
b)
R14. a
R15. b

Capítulo 23

Aplicação

A1. 32 J
A2. $-1,0 \cdot 10^3$ J
A3. 174,3 J
A4. 24 J
A5. 7,5 J; o trabalho é realizado pelo gás, pois se trata de uma expansão.
A6. $\cong 1,2 \cdot 10^4$ J
A7. $\cong 2,6 \cdot 10^3$ J
A8. $v \cong 9,5 \cdot 10^2$ m/s
A9. b
A10. $\frac{e}{e'} = 0,75$
A11. 200 J
A12. 140 J; 210 J
A13. −300 J; −450 J
A14. $\tau = 0$; $\Delta U = 15$ J
A15. 3 J; 7,5 J
A16. $\tau = 80$ J; $\Delta U = 0$
A17. $\Delta U = 0$; $Q = -30$ J

A18. $\Delta U = 0$
$\tau_{III} > \tau_I > \tau_{II}$
$Q_{III} > Q_I > Q_{II}$

A19. a) $\Delta T = 0$; $\Delta U = 0$
b) $\tau = 12$ J; $Q = 12$ J

A20. a) $\Delta U = -20$ J
b) Temperatura diminui; volume aumenta; pressão diminui.

A21. a) $Q = 0$
b) $\Delta U = 80$ J
c) A pressão e a temperatura aumentam, e o volume diminui.

A22. $\Delta U = 0$; $\tau = 2{,}5$ J; $Q = 2{,}5$ J

A23. $\tau = 4 \cdot 10^2$ J; $Q = 4 \cdot 10^2$ J

A24. a) $\Delta U = 0$
b) $\tau = -5 \cdot 10^2$ J
c) $Q = -5 \cdot 10^2$ J

A25. a) $\tau_{MN} = 0$; $\tau_{PQ} = 0$
$\tau_{NP} = 6$ J
$\tau_{QM} = -3$ J
b) MN — energia interna aumenta;
NP — energia interna aumenta;
PQ — energia interna diminui;
QM — energia interna diminui.
c) conversão de calor em trabalho
d) $\tau = 3$ J; $Q = 3$ J

A26. 60 J; 20%

A27. a) 480 J b) 320 J

A28. 20%

A29. $r = 0{,}4$ (40%); $Q_1 = 5\,000$ J; $Q_2 = 3\,000$ J

A30. Não é possível.

Verificação

V1. 10 J

V2. −400 J

V3. −0,5 J

V4. −60 J; o trabalho é realizado sobre o gás, pois se trata de uma compressão.

V5. a) −1,2 J
b) Trabalho realizado sobre o gás, pois se trata de uma compressão.

V6. $\cong 1{,}76 \cdot 10^4$ J

V7. $\cong 2{,}49 \cdot 10^3$ J

V8. $\cong 1{,}9 \cdot 10^3$ m/s

V9. energia cinética do gás

V10. 2

V11. 3 000 J

V12. 3 553 J

V13. 18 J; 27 J

V14. 120 J; 180 J

V15. 14 kcal

V16. 0,2 J; −0,3 J

V17. $\Delta U = 0$; $Q = 50$ J

V18. a) $\Delta U = 0$ b) $Q = -120$ J

V19. $\Delta U = 0$
$\tau_{III} > \tau_{II} > \tau_I$
$Q_{III} > Q_{II} > Q_I$

V20. a) $\Delta U = 0$
b) $\tau = -7{,}5$ J; $Q = -7{,}5$ J

V21. $Q = 0$; $\Delta U = -50$ J
Pressão diminui;
temperatura diminui;
volume aumenta.

V22. a) $Q = 0$
b) $\Delta U = 100$ J
c) Pressão aumenta;
temperatura aumenta;
volume diminui.

V23. $\Delta U = 0$
$\tau = 8$ J
$Q = 8$ J

V24. $\Delta U = 0$
$\tau = 4 \cdot 10^2$ J
$Q = 4 \cdot 10^2$ J

V25. a) $\Delta U = 0$
b) $\tau = -6{,}0 \cdot 10^2$ J; realizado sobre o gás; transformação em sentido anti-horário.
c) $Q = -6{,}0 \cdot 10^2$ J; perdido pelo gás, pois é equivalente ao trabalho.

V26. a) $\tau_{MN} = 0$; $\tau_{PQ} = 0$
$\tau_{NP} = 2$ J, realizado pelo gás
$\tau_{QM} = -1$ J, realizado sobre o gás
b) $\theta_N = 327$ °C
$\theta_P = 927$ °C
$\theta_Q = 327$ °C
c) MN e NP: energia interna aumenta;
PQ e QM: energia interna diminui.
d) $\tau = 1$ J
$Q = 1$ J
Conversão de calor em trabalho.

V27. 100 J; 20%

V28. a) 80 J b) 200 J

V29. 50%

V30. 25%; 150 cal ou (627 J); 450 cal ou (1 881 J)

V31. a) 60%
b) 1 000 J
c) 400 J

Revisão

R1. a

R2. b

R3. b

R4. $\frac{1}{2} p_0 V_0$

R5. a) 102 °C b) 100 J

R6. b

R7. e

R8. 9

R9. d

R10. c

R11. d

R12. d

R13. $3{,}0 \cdot 10^3$ J

R14. 02 e 08

R15. a

R16. b

R17. a

R18. $\Delta U = 0$

R19. c

R20. d

R21. b

R22. a) $\tau = 1 \cdot 10^2$ J b) $T_c = 600$ k

R23. b

R24. a

R25. d

R26. 26 (02 + 08 + 16)

R27. a) Isotérmicas (T = constante)
Adiabáticas (Q = 0)
b) 50%
c) 500 J

R28. d

R29. e

Desafio Olímpico

1. c

2. a) $1{,}26 \cdot 10^7$ J b) $\cong 467$ W

3. d

4. b

5. $\dfrac{\Delta \ell}{\alpha_1 \ell_1 + \alpha_2 \ell_2}$

6. d

7. a) 373 mm³ b) 1 atm

8. c

9. e

10. d

Weber/AGE Fotostock/Grupo Keystone

Thinkstock/Getty Images

Thinkstock/Getty Images

Photo Researchers /Getty Images

unidade

5

ÓPTICA

Thinkstock/Getty Images

capítulo

24 Introdução ao estudo da Óptica

Conceitos básicos

Por meio dos nossos cinco sentidos, temos a percepção do mundo que nos rodeia. Uma parcela considerável dessa percepção é proporcionada pela visão, graças à luz que recebemos dos objetos de nosso ambiente.

A parte da Física que estuda o comportamento da luz propagando-se em diferentes meios é denominada *Óptica Geométrica*. Nesse estudo, a luz em propagação é representada graficamente por linhas orientadas denominadas *raios de luz*.

Thinkstock/Getty Images

Figura 1

Um conjunto de raios de luz recebe o nome de *feixe de luz*. Ele pode ser *convergente*, *divergente* ou *paralelo* (fig. 2).

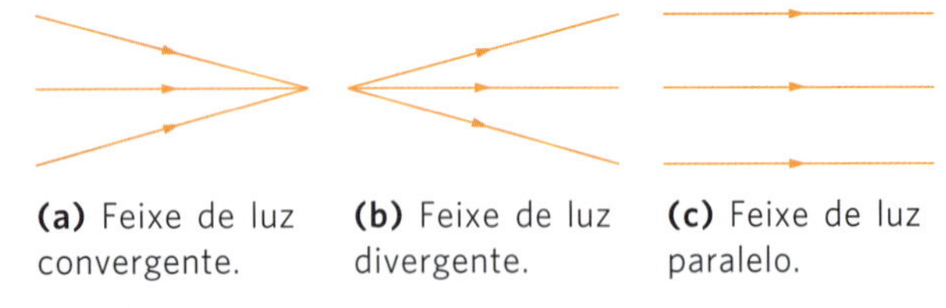

(a) Feixe de luz convergente. **(b)** Feixe de luz divergente. **(c)** Feixe de luz paralelo.

Figura 2

Uma fonte luminosa é *pontual* ou *puntiforme* quando suas dimensões são desprezíveis, em relação às distâncias que a separam dos outros corpos. É *extensa*, em caso contrário.

Um meio é *transparente* quando permite a propagação da luz por distâncias consideráveis, segundo trajetórias bem definidas como mostra a figura 3a. Um objeto colocado num meio transparente, ou atrás dele, pode ser percebido com detalhes. A água e o vidro, em pequenas espessuras, são transparentes.

Quando um meio não permite a propagação da luz, como uma parede de tijolos, é denominado *opaco* (fig. 3b).

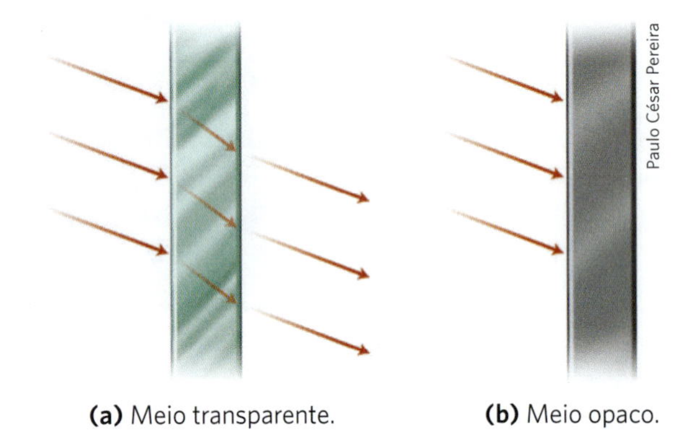

Paulo César Pereira

(a) Meio transparente. **(b)** Meio opaco.

Figura 3

Há também meios intermediários entre os dois casos citados, que são chamados de *translúcidos*. A luz atravessa esses meios seguindo trajetórias irregulares e mal definidas, de modo a não se perceberem os detalhes de um objeto colocado atrás de um meio translúcido. O vidro fosco e o papel vegetal são exemplos de meio translúcido.

A velocidade da luz

Vapores de sódio em incandescência emitem luz amarela. Moléculas ionizadas de hidrogênio emitem luz vermelha. Assim, conforme a fonte emissora, podemos ter diferentes tipos de luz. Cada um desses tipos constitui uma luz *monocromática*.

Há fontes que emitem simultaneamente dois ou mais tipos de luzes monocromáticas. Temos, então, uma *luz policromática*. A luz branca, emitida pelo Sol e pelas lâmpadas comuns, é policromática.

Qualquer que seja o tipo de luz, sua velocidade de propagação no vácuo é igual, aproximadamente, a 300 000 km/s. Esse valor é uma constante importante da Física Moderna:

$$c = 3 \cdot 10^5 \text{ km/s} = 3 \cdot 10^8 \text{ m/s}$$

Num meio material, a velocidade da luz é menor que no vácuo e seu valor depende do tipo de luz que se propaga. Entre as luzes monocromáticas, a mais rápida num meio material é a luz vermelha e a mais lenta é a luz violeta. Em ordem crescente de velocidade num meio material, podemos escrever esta sequência: *luz violeta, luz anil, luz azul, luz verde, luz amarela, luz alaranjada, luz vermelha.*

Princípio da Propagação Retilínea da Luz

Num meio homogêneo e transparente a luz se propaga segundo trajetórias retilíneas.

Na verdade, as ondas luminosas, como qualquer tipo de onda, sofrem o fenômeno da difração, contornando obstáculos. Entretanto, as condições muito especiais em que acontece a difração não invalidam o Princípio da Propagação Retilínea da Luz, nas situações que serão analisadas.

Sombra e penumbra

Entre as muitas consequências e aplicações do Princípio da Propagação Retilínea da Luz, vamos estudar a formação de sombra e de penumbra, quando uma fonte de luz se encontra em presença de um corpo opaco.

- *Fonte pontual*

  Quando a fonte luminosa é pontual, ocorre formação de *sombra*, que é uma região do espaço que não recebe luz da fonte em virtude da presença do corpo opaco e de a luz se propagar em linha reta (fig. 4).

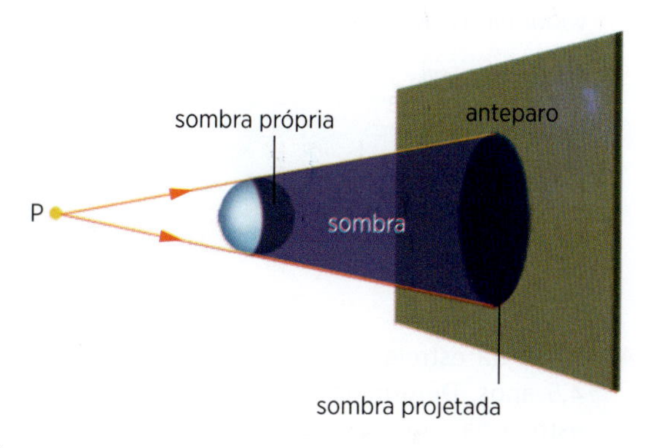

Figura 4

- *Fonte extensa*

  Quando a fonte é extensa, além da sombra, forma-se em torno dela uma região *parcialmente iluminada*, denominada *penumbra* (fig. 5).

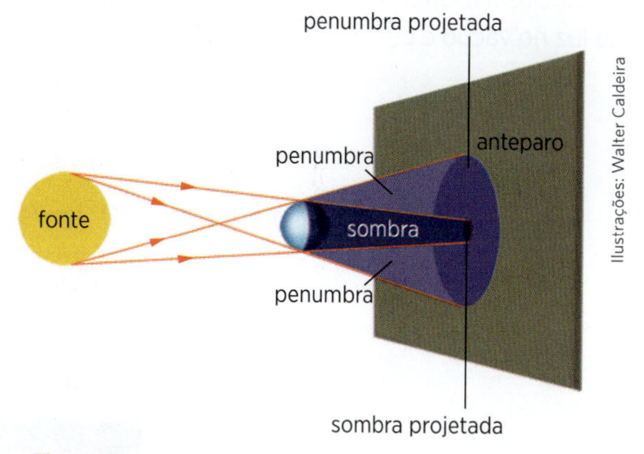

Figura 5

Os eclipses

A formação de sombra e de penumbra envolvendo o Sol, a Lua e a Terra, para um observador na superfície terrestre, dá origem aos *eclipses*.

Se a sombra e a penumbra da Lua interceptarem a superfície da Terra, ocorrerá *eclipse solar*, total ou parcial, conforme a posição do observador (fig. 6).

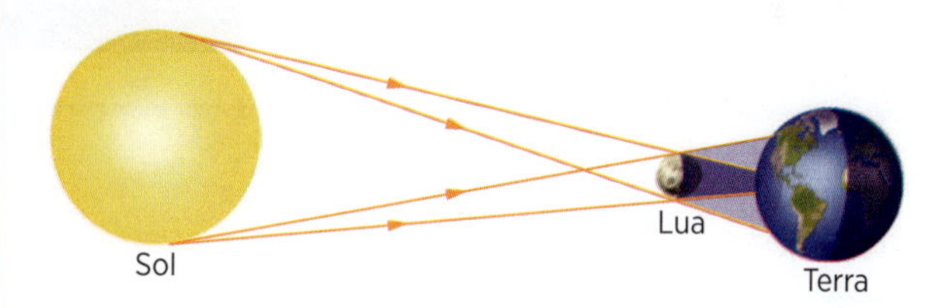

Figura 6

A luz solar, tangenciando a Terra, determina uma região de sombra: a sombra da Terra. Quando a Lua penetra nessa região, ela deixa de ser vista por um observador na Terra, ocorrendo o *eclipse lunar* (fig. 7).

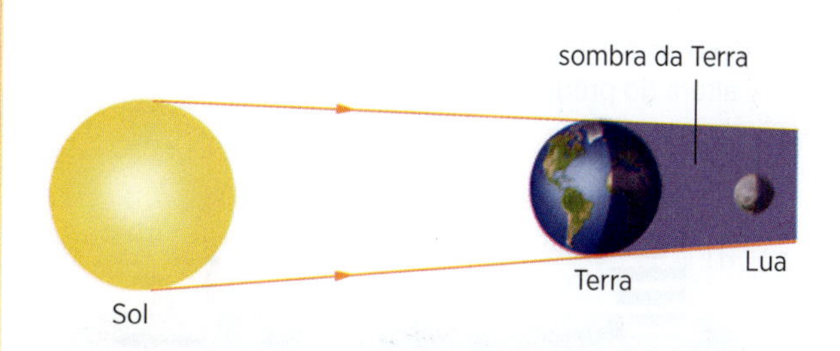

Figura 7

AMPLIE SEU CONHECIMENTO

O ano-luz

Define-se ano-luz como a distância que a luz percorre no vácuo em 1 ano. É uma unidade usada para medir distâncias astronômicas. Vamos transformar 1 ano-luz em quilômetro. Sabemos que a velocidade de propagação da luz no vácuo é $c = 3 \cdot 10^5$ km/s. Vamos, a seguir, calcular quantos segundos há em 1 ano:

$$1 \text{ ano} = \underbrace{365}_{\substack{\text{dias} \\ \text{do ano}}} \cdot \underbrace{24}_{\substack{\text{horas} \\ \text{no dia}}} \cdot \underbrace{3600}_{\substack{\text{segundos} \\ \text{na hora}}} \Rightarrow 1 \text{ ano} \cong 3{,}15 \cdot 10^7 \text{ s}$$

De $\Delta s = v \cdot \Delta t$, vem: $1 \text{ ano-luz} \cong 3 \cdot 10^5 \text{ km/s} \cdot 3{,}15 \cdot 10^7 \text{ s}$

$$1 \text{ ano-luz} \cong 9{,}45 \cdot 10^{12} \text{ km}$$

O cintilar das estrelas

Devido à turbulência da atmosfera, isto é, devido às correntes móveis de ar quente e de ar frio, há uma mudança contínua na direção dos raios de luz emitidos pelas estrelas. Temos a sensação de que elas mudam rapidamente de posição, parecendo cintilar.

Radius/Glow Images

Aplicação

A1. Estabeleça a diferença entre os seguintes conceitos:

a) fonte luminosa pontual e extensa;

b) meio transparente e meio opaco;

c) luz monocromática e luz policromática.

A2. Entre as luzes monocromáticas, qual se propaga mais rapidamente na água?

A3. Um prédio projeta no solo uma sombra de 15 m de extensão no mesmo instante em que uma pessoa de 1,80 m projeta uma sombra de 2,0 m. Determine a altura do prédio.

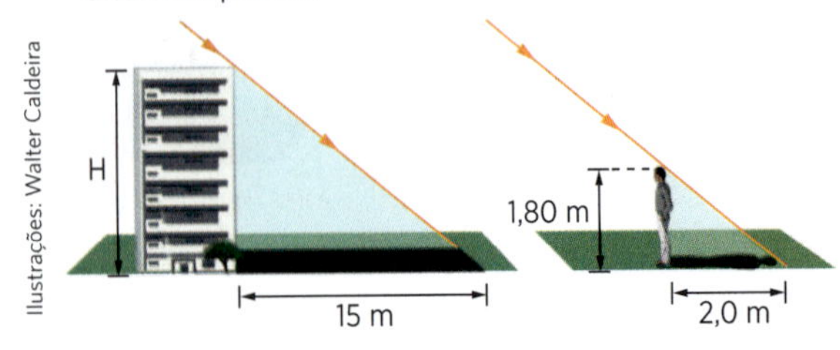

Ilustrações: Walter Caldeira

A4. No esquema, a Lua é representada em duas posições de sua órbita em torno da Terra, correspondentes a instantes diferentes (I e II). Admitindo que a Lua esteja, em relação à Terra, do mesmo lado que o observador, caracterize que tipo de eclipse ocorre para um observador nas regiões *A*, *B* e *C*.

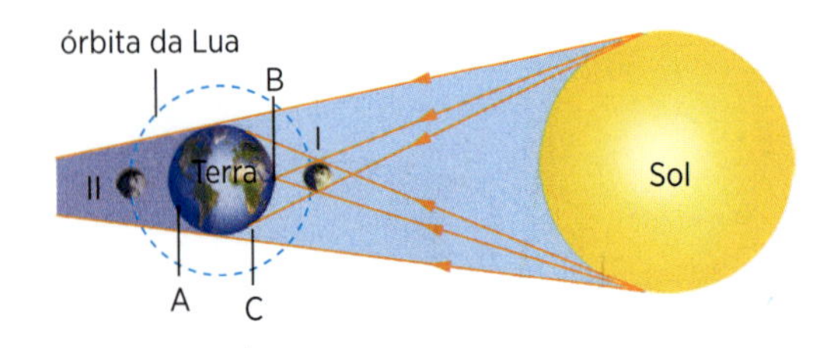

A5. A luz da estrela Alfa Centauri chega até nós em 4,5 anos. Determine a distância que separa essa estrela da Terra, expressa em anos-luz e em quilômetros.

Verificação

V1. Há cinco feixes de luz monocromática propagando-se em um vidro: vermelho, amarelo, verde, azul e violeta.

a) Qual deles se propaga mais lentamente?

b) Se o meio fosse o vácuo, o que se poderia dizer a respeito das velocidades de propagação?

V2. Num dia ensolarado, um estudante conseguiu determinar a altura (H) de uma torre medindo o comprimento da sombra (S), projetada por ela no chão, e o comprimento de sua própria sombra (s), projetada no chão no mesmo instante. Se os valores por ele encontrados foram $S = 5{,}0$ m e $s = 0{,}80$ m e sabendo que sua altura é $h = 1{,}8$ m, determine o valor que o estudante encontrou para a altura da torre.

V3. Entre uma fonte puntiforme e um anteparo, coloca-se uma placa quadrada de lado 30 cm, paralela ao anteparo. A fonte e o centro da placa estão numa mesma reta perpendicular ao anteparo. Estando a placa a 1,5 m da fonte e a 3,0 m do anteparo, determine a área da sombra projetada no anteparo.

V4. O esquema a seguir procura mostrar as diferentes fases da Lua, observadas da Terra, que se alternam conforme a posição da Lua em órbita. Note que o que se modifica é a parcela da face iluminada da Lua observada por uma pessoa na Terra. Explique em que fase deve estar a Lua para que possam ocorrer um eclipse solar e um eclipse lunar.

V5. Um feixe de luz monocromática é enviado a partir da Terra para um astro situado a 120 000 anos-luz de distância. A velocidade da luz no vácuo é 300 000 quilômetros por segundo e admite-se que não se modifique a posição relativa entre o astro e a Terra. Pergunta-se:

a) Após quanto tempo esse sinal luminoso será recebido pelo astro?

b) Qual a distância em quilômetros desse astro até a Terra?

Revisão

R1. (FGV-SP) O porão de uma casa antiga possui uma estreita claraboia quadrada de 100 cm² de área, que permite a entrada da luz do exterior, refletida difusamente pelas construções que a cercam.

Ilustrações: Studio Caparroz

Na ilustração, vemos uma aranha, um rato e um gato, que se encontram parados no mesmo plano vertical que intercepta o centro da geladeira e o centro da claraboia. Sendo a claraboia a fonte luminosa, pode-se dizer que, devido à interposição da geladeira, a aranha, o rato e o gato, nessa ordem, estão em regiões de:

a) luz, luz e penumbra.

b) penumbra, luz e penumbra.

c) sombra, penumbra e luz.

d) luz, penumbra e sombra.

e) penumbra, sombra e sombra.

R2. (PUC-RJ) A certa hora da manhã, a inclinação dos raios solares é tal que um muro de 4,0 m de altura projeta, no chão horizontal, uma sombra de comprimento de 6,0 m. Uma senhora de 1,6 m de altura, caminhando na direção do muro, é totalmente coberta pela sombra quando se encontra a quantos metros do muro?

a) 2,0 **b)** 2,4 **c)** 1,5 **d)** 3,6 **e)** 1,1

R3. (U. E. Londrina-PR) A figura abaixo representa uma fonte extensa de luz *L* e um anteparo opaco *A* disposto paralelamente ao solo (*S*).

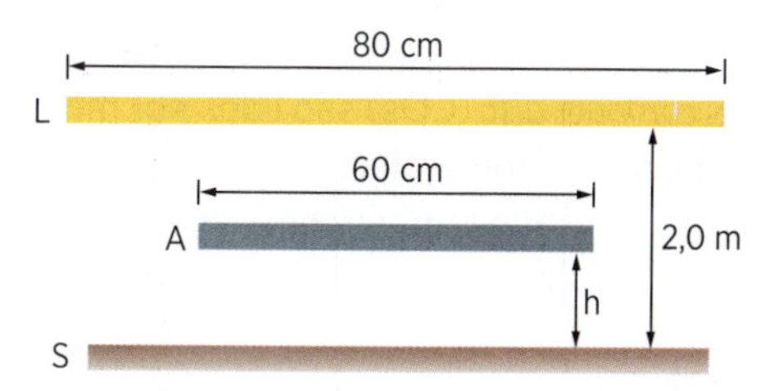

O valor mínimo de h, em metros, para que sobre o solo não haja formação de sombra é:

a) 2,0

b) 1,5

c) 0,80

d) 0,60

e) 0,30

R4. (U. E. Londrina-PR) Durante um eclipse solar, um observador:

a) no cone de sombra, vê um eclipse parcial.
b) na região de penumbra, vê um eclipse total.
c) na região plenamente iluminada, vê a Lua eclipsada.
d) na região da sombra própria da Terra, vê somente a Lua.
e) na região plenamente iluminada, não vê o eclipse solar.

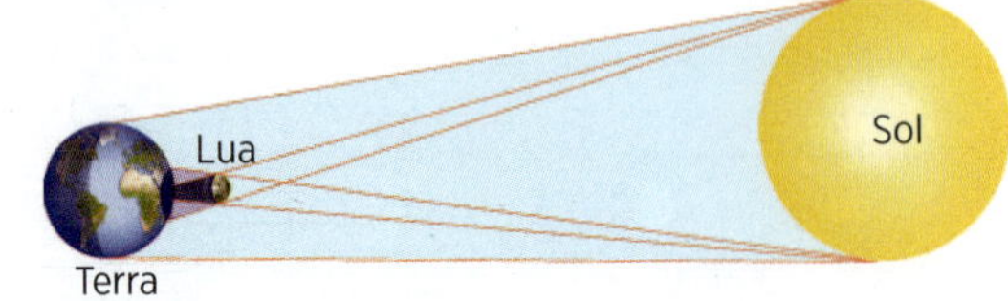

Walter Caldeira

R5. (UF-RJ) A figura a seguir (evidentemente fora de escala) mostra o ponto *O* em que está o olho de um observador da Terra olhando um eclipse solar total, isto é, aquele no qual a Lua impede toda a luz do Sol de chegar ao observador.

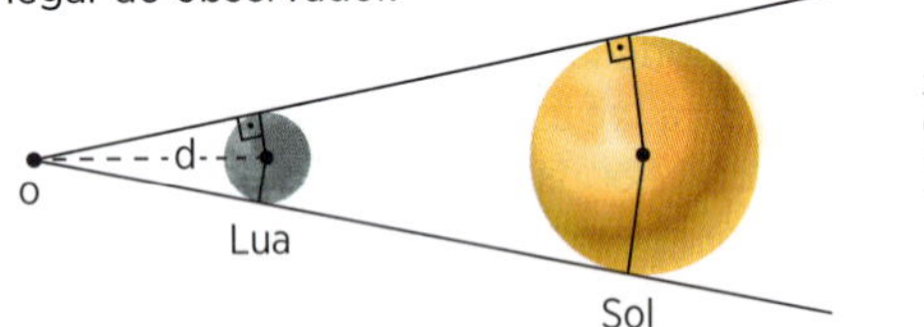

Luiz Rubio

a) Para que o eclipse seja anelar, isto é, para que a Lua impeça a visão dos raios emitidos por uma parte central do Sol, mas permita a visão da luz emitida pelo restante do Sol, a Lua deve estar mais próxima ou mais afastada do observador do que na situação da figura? Justifique sua resposta com palavras ou com um desenho.

b) Sabendo que o raio do Sol é $0{,}70 \cdot 10^6$ km, o da Lua, $1{,}75 \cdot 10^3$ km, e que a distância entre o centro do Sol e o observador da Terra é de $150 \cdot 10^6$ km, calcule a distância *d* entre o observador e o centro da Lua para o qual ocorre o eclipse total indicado na figura.

R6. (Puccamp-SP) Andrômeda é uma galáxia distante $2{,}3 \cdot 10^6$ anos-luz da Via Láctea, a nossa galáxia. A luz proveniente de Andrômeda, viajando à velocidade de $3{,}0 \cdot 10^5$ km/s, percorre a distância aproximada até a Terra, em km, igual a:

a) $4 \cdot 10^{15}$
b) $6 \cdot 10^{17}$
c) $2 \cdot 10^{19}$
d) $7 \cdot 10^{21}$
e) $9 \cdot 10^{23}$

AMPLIE SEU CONHECIMENTO

O raio *laser*

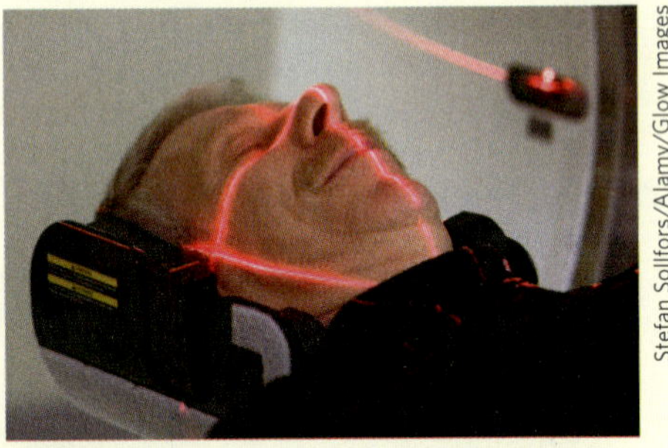

Stefan Sollfors/Alamy/Glow Images

A palavra *laser* é formada pelas iniciais de *light amplification by stimulated emission of radiation*, que significa "amplificação da luz pela emissão estimulada de radiação". Ou seja: raios *laser* são estreitos feixes de luz obtidos em condições tais que os fazem transportar uma enorme quantidade de energia. O raio *laser* tem aplicação em praticamente todas as áreas da atividade humana:

- Em Medicina, é usado em cirurgias, no tratamento de doenças e como recurso diagnóstico em muitas especialidades.
- Furos e cortes extremamente precisos, em qualquer material, podem ser feitos com raio *laser*, sem aquecimento apreciável das regiões vizinhas.
- Em telemetria, ele é usado para a medida exata de grandes distâncias. Por exemplo, a distância entre a Terra e a Lua foi medida de maneira precisa por meio de um feixe de raio *laser*, que, emitido de nosso planeta, refletiu-se num espelho, instalado na Lua durante a missão Apolo 11, e voltou para a Terra.
- Em comunicações, a transmissão de informações é feita com raios *laser*, percorrendo fibras ópticas.
- Os *compact disc* (CDs) são lidos por meio de um feixe de raios *laser*, assim como os videodiscos (DVDs).
- A holografia, fotografia em três dimensões, verdadeira escultura de luz, é obtida a partir de feixes de raios *laser*.
- O *laser* é usado também em danceterias, em espetáculos musicais, etc.

APROFUNDANDO

Por que no fundo dos oceanos é sempre escuro, seja dia, seja noite, se a água é transparente?

Câmara escura de orifício

A formação de imagens numa câmara escura de orifício é também consequência do Princípio da Propagação Retilínea da Luz.

A câmara escura de orifício consta basicamente de uma caixa de paredes opacas e enegrecidas internamente, totalmente fechada, à exceção de um pequeno orifício feito numa das paredes e pelo qual a luz pode penetrar (fig. 8).

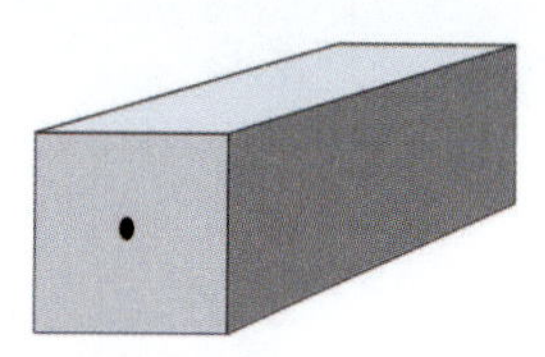

Figura 8

A imagem invertida de um objeto luminoso ou bem iluminado colocado diante da parede com orifício forma-se na parede posterior ao orifício, graças à luz que, saindo do objeto, penetra na câmara e atinge a referida parede (fig. 9).

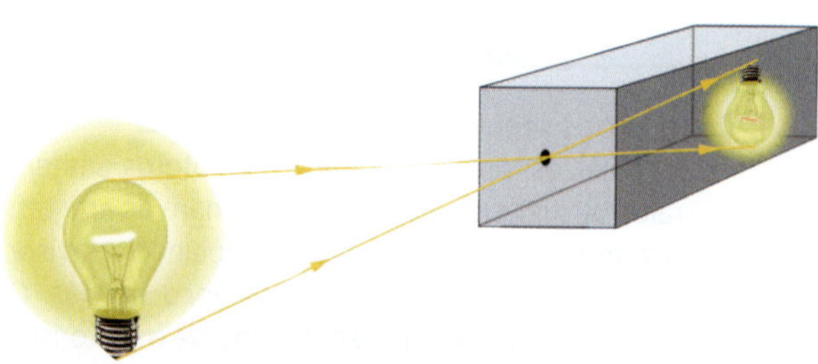

Figura 9

Para enxergar a imagem formada, o observador deverá estar dentro da câmara ou, no caso de isso ser impossível, a imagem poderá ser vista se a parede posterior for substituída por uma folha de papel vegetal.

É possível relacionar os tamanhos da imagem (i) e do objeto (o) com as suas distâncias em relação à parede provida de orifício (p' e p), estabelecendo a proporcionalidade dos lados e das alturas dos triângulos semelhantes formados pelos raios luminosos, como se mostra esquematicamente na figura 10:

$$\frac{i}{o} = \frac{p'}{p}$$

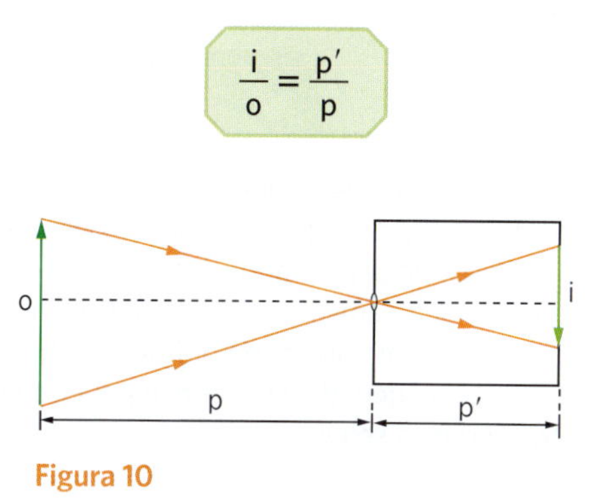

Figura 10

Verifica-se que a imagem na câmara é tanto mais nítida quanto menor o diâmetro do orifício. Entretanto, se o orifício for muito pequeno, a luminosidade da imagem fica prejudicada.

Princípio da Independência dos Raios de Luz

Quando raios de luz se cruzam, cada um continua sua propagação independentemente da presença dos outros.

Assim, na figura 11a o raio de luz r_1, emitido pela fonte F_1, atinge o ponto A. A fonte F_2 está desligada. Ao se ligar a fonte F_2 (fig. 11b) o raio de luz r_2 que ela emite cruza com r_1, que continua a se propagar como se r_2 não existisse. O raio r_1 continua atingindo o ponto A.

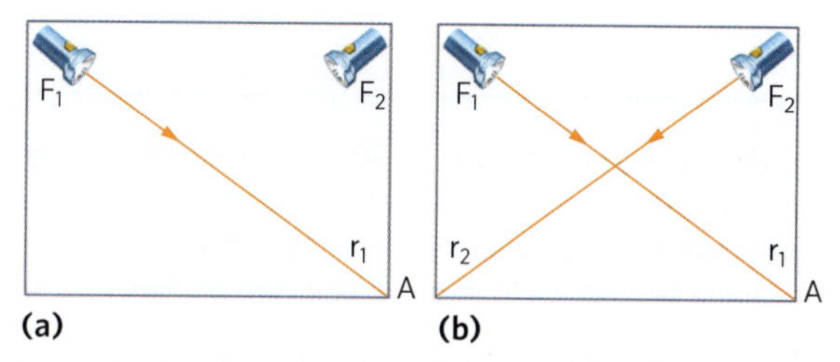

Figura 11

As leis da reflexão e da refração que estudaremos adiante são também princípios da Óptica Geométrica. Uma consequência dos princípios da Óptica Geométrica é a *Reversibilidade dos Raios de Luz*, que afirma:

A trajetória que um raio de luz segue permanece a mesma quando se inverte o seu sentido de propagação.

A figura 12 ilustra a reversibilidade da luz emitida por uma fonte F e que sofre reflexão em dois espelhos planos.

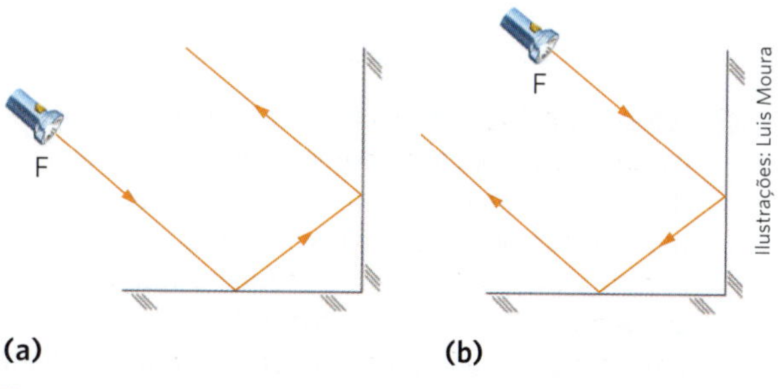

Figura 12

Aplicação

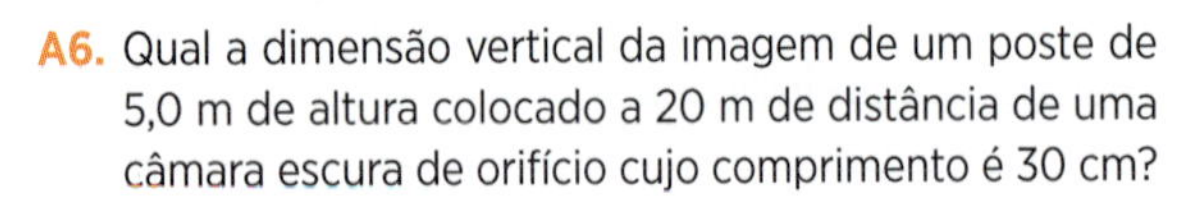

A6. Qual a dimensão vertical da imagem de um poste de 5,0 m de altura colocado a 20 m de distância de uma câmara escura de orifício cujo comprimento é 30 cm?

A7. Quando uma pessoa está a 15 m do orifício de uma câmara escura, forma-se na parede posterior desta uma imagem de dimensão vertical 5,0 cm. De quanto deve ser o deslocamento dessa pessoa para que a referida dimensão se altere para 10 cm?

A8. Considere uma câmara escura com orifício numa face e um anteparo de vidro fosco na face oposta. Um cartão, onde está escrita a letra *b*, é fortemente iluminado e encontra-se em frente da face com orifício.
Esboce a imagem vista pelo observador *O*.

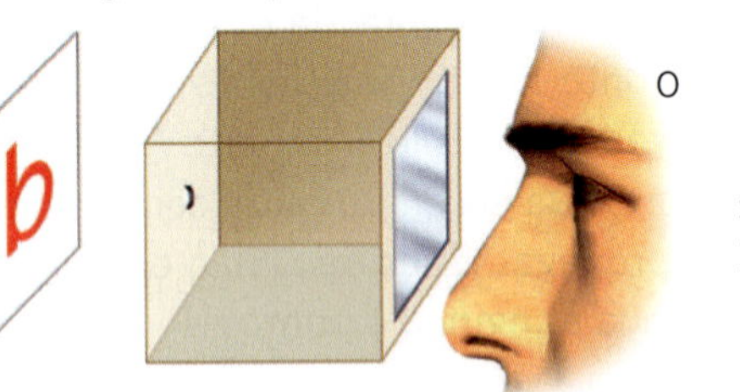

A9. Um raio de luz AB emitido por uma fonte sofre reflexão em dois espelhos planos E_1 e E_2 e segue a trajetória ABCD (figura *a*). Esboce a trajetória seguida pelo raio de luz DC, que incide no espelho E_1, conforme mostra a figura *b*.

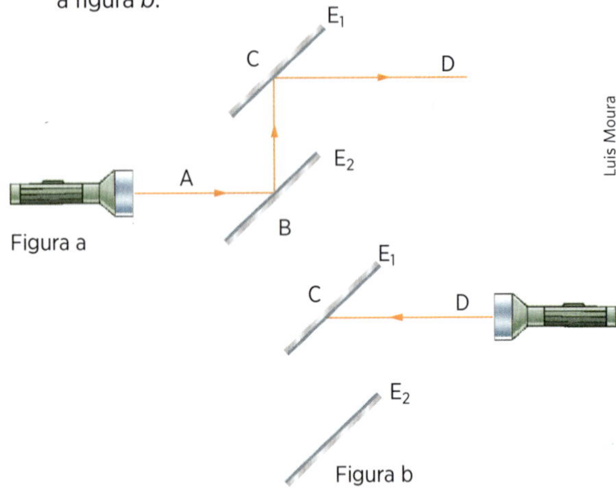

Verificação

V6. Uma câmara escura tem 50 cm de comprimento. Determine a dimensão vertical da imagem que se forma na câmara quando um homem de 2,0 m de altura se coloca a 10 m da parede com orifício.

V7. A imagem formada em uma câmara escura tem 6,0 cm quando o objeto está situado a 30 m da parede com orifício. Determine o deslocamento do objeto para que o tamanho dessa imagem se reduza para 2,0 cm.

V8. Considere uma câmara escura com orifício numa face e um anteparo de vidro fosco na face oposta. Um cartão, bem iluminado, é colocado em frente da face com orifício, conforme mostra a figura. Esboce a imagem vista pelo observador *O*.

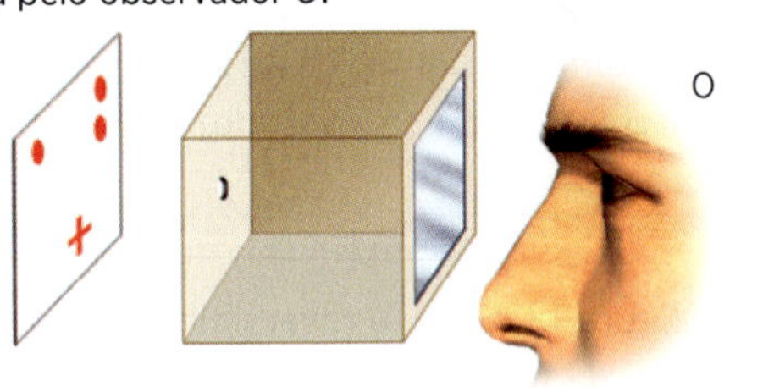

V9. Considere os seguintes fatos experimentais:

I. Nos palcos, durante os *shows*, holofotes emitem raios de luz que se cruzam e iluminam os artistas.
II. Um motorista olhando para o espelho retrovisor vê um passageiro sentado no banco de trás. O passageiro, ao olhar para o espelho, vê o motorista.
III. Quando a Lua penetra na sombra da Terra, determinada pelo Sol, ocorre eclipse lunar.

Esses fatos podem ser explicados utilizando-se:

a) o Princípio da Propagação Retilínea da Luz.
b) o Princípio da Independência dos Raios de Luz.
c) a Reversibilidade dos Raios de Luz.

Associe cada número à respectiva letra.

Revisão

R7. (Etec-SP) A fotografia é uma modalidade de comunicação. De suas origens até hoje, o princípio da captura de uma imagem é o mesmo, diferenciado apenas por melhorias como uso de lentes e de sensores de luz.
A forma mais primitiva de máquina fotográfica é conhecida por câmara escura de orifício.
Um estudante, curioso para observar como a imagem em uma dessas câmaras é obtida, escurece o interior de uma latinha de ervilhas, faz um furo central no fundo da lata e, do outro lado, onde havia a tampa, cola um disco de papel translúcido.
Ao apontar sua câmara escura de orifício para uma vela acesa, distante 30 cm do orifício da latinha, vê a projeção da imagem da vela sobre o papel, conforme mostra a figura a seguir.

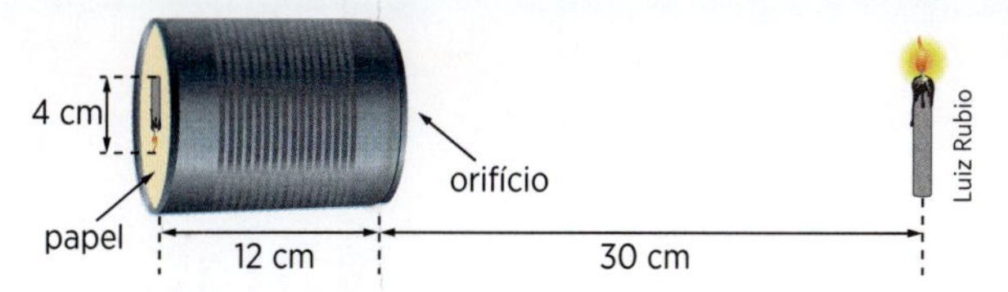

Observando as dimensões da latinha, a distância da vela ao orifício e o tamanho da imagem obtida, pode-se determinar que o tamanho da vela utilizada é de

a) 2 cm b) 4 cm c) 8 cm d) 10 cm e) 12 cm

R8. (Fuvest-SP) Um aparelho fotográfico rudimentar é constituído por uma câmara escura com um orifício em uma face e um anteparo de vidro fosco na face oposta. Um objeto luminoso em forma de L encontra-se a 2 m do orifício e sua imagem no anteparo é 5 vezes menor que seu tamanho natural.

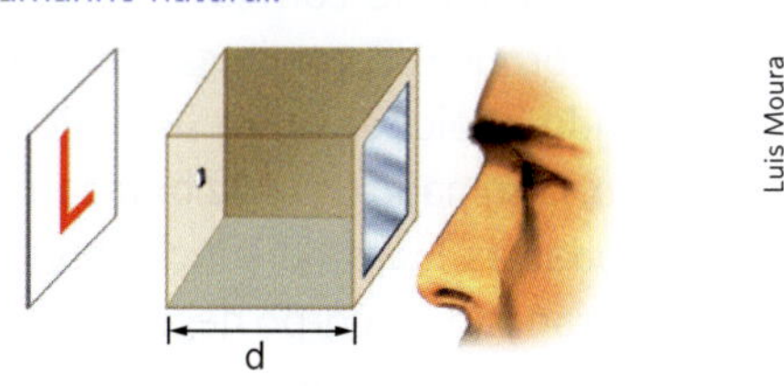

Luis Moura

a) Esboce a imagem vista pelo observador indicado na figura.

b) Determine a largura *d* da câmara.

R9. (UF-SC) Leia com atenção os versos a seguir, de *Chão de estrelas*, a mais importante criação poética de Orestes Barbosa que, com Sílvio Caldas, compôs uma das mais belas obras da música popular brasileira:

> A porta do barraco era sem trinco
> Mas a Lua, furando o nosso zinco,
> Salpicava de estrelas nosso chão...
> Tu pisavas nos astros distraída
> Sem saber que a ventura desta vida
> É a cabrocha, o luar e o violão...

O cenário imaginado, descrito poeticamente, indica que o barraco era coberto de folhas de zinco, apresentando furos e, assim, a luz da Lua atingia o chão do barraco, projetando pontos ou pequenas porções iluminadas – as "estrelas" que a Lua "salpicava" no chão. Considerando o cenário descrito pelos versos, assinale as proposições *corretas* que apresentam explicações físicas possíveis para o fenômeno, e dê como resposta a soma dos números que as precedem.

(01) A Lua poderia ser, ao mesmo tempo, fonte luminosa e objeto cuja imagem seria projetada no chão do barraco.

(02) O barraco, com o seu telhado de zinco furado, se estivesse na penumbra, ou completamente no escuro, poderia comportar-se como uma câmara escura múltipla, e através de cada furo produzir-se-ia uma imagem da Lua no chão.

(04) A propagação retilínea da luz não explica as imagens luminosas no chão – porque elas somente ocorreriam em consequência da difração da luz.

(08) Os furos da cobertura de zinco deveriam ser muito grandes, permitindo que a luz da Lua iluminasse todo o chão do barraco.

(16) Quanto menor fosse a largura dos furos no telhado, maior a nitidez das imagens luminosas no chão do barraco.

(32) Para que as imagens da Lua no chão fossem visíveis, o barraco deveria ser bem iluminado, com lâmpadas, necessariamente.

R10. (UF-AM) Um homem de altura *y* está a uma distância *D* de uma câmara de orifício de comprimento *L*. A sua imagem formada no interior da câmara tem uma altura $\frac{y}{20}$. Se duplicarmos a distância entre o homem e o orifício, a nova imagem terá altura:

a) $\frac{y}{120}$ b) $\frac{y}{80}$ c) $\frac{y}{60}$ d) $\frac{y}{2}$ e) $\frac{y}{40}$

AMPLIE SEU CONHECIMENTO

Vermeer e a câmara escura

O famoso pintor holandês Johannes Vermeer (1632-1675) retratou momentos da vida doméstica na Holanda do século XVII. Tornou-se mestre na combinação entre cores e luz.

Segundo Philip Steadman, professor da University College London, Vermeer usava uma câmara escura para visualizar suas telas, mas isso não desvaloriza as obras do artista.

Em 2003, o diretor de cinema Peter Webber mostrou no filme *Moça com brinco de pérola* uma cena de Vermeer com a câmara escura. A fotografia do filme buscou reproduzir com o máximo de fidelidade possível a luminosidade dos quadros de Vermeer.

New York, The Frick Collection (Art Museum)/ The Bridgeman Art Library/Grupo Keystone

Griet, empregada de Vermeer, retratada por ele na obra *Mistress and Maid*, de 1666.

capítulo 25

Reflexão da luz. O estudo dos espelhos planos

Reflexão luminosa

Quando a luz, propagando-se num dado meio, atinge uma superfície e retorna para o meio em que estava se propagando, dizemos que a luz sofreu *reflexão* (figura 1).

Thinkstock/Getty Images

Figura 1

Se a superfície for plana e perfeitamente polida a um feixe incidente de raios paralelos corresponderá um feixe refletido de raios também paralelos. Dizemos que ocorreu uma *reflexão regular* (fig. 2a).

A reflexão regular é responsável pela formação de imagens. A superfície plana e polida, que reflete a luz regularmente, é chamada *espelho plano*.

Caso a superfície apresente irregularidade, ao feixe incidente de raios paralelos irá corresponder luz refletida em todas as direções do espaço. A esse tipo de reflexão damos o nome de *reflexão difusa* (fig. 2b).

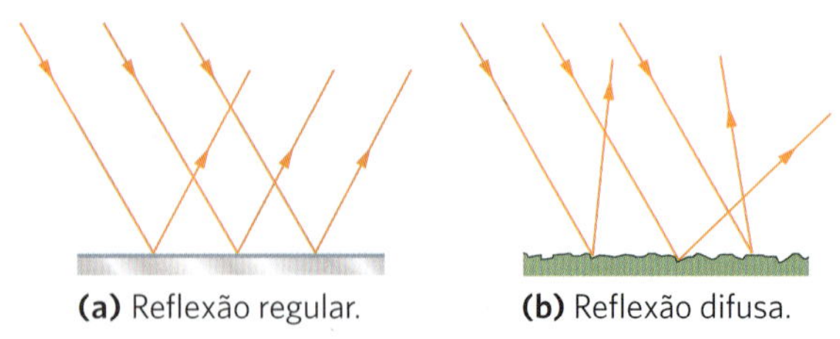

(a) Reflexão regular. **(b)** Reflexão difusa.

Figura 2

Os objetos de nosso ambiente, em sua maioria, refletem difusamente a luz. Assim, a reflexão difusa é a responsável pela percepção dos objetos que nos cercam.

A cor de um corpo

A cor exibida por um corpo é determinada pela luz que ele reflete difusamente. Dessa forma, um corpo iluminado com luz branca apresenta-se amarelo, porque reflete difusamente a luz amarela, absorvendo qualquer outra luz nele incidente. Se um corpo, iluminado com luz branca, refletir difusamente todas as luzes nele incidentes, ele se apresentará branco. Um corpo negro não reflete difusamente nenhuma luz que nele incide, absorvendo-a totalmente.

Leis da reflexão

Para representar graficamente a luz que se reflete numa superfície, individualizam-se o *raio incidente* (*RI*) e o *raio refletido* (*RR*) e desenha-se uma reta perpendicular à superfície no ponto de incidência, denominada *normal* (*N*) (fig. 3).

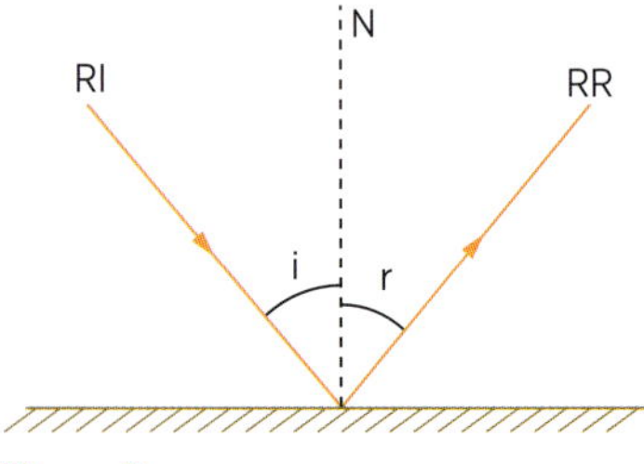

Figura 3

O ângulo que o raio incidente forma com a normal é denominado *ângulo de incidência* (*i*), e o ângulo formado entre o raio refletido e a normal recebe o nome de *ângulo de reflexão* (*r*).

A reflexão luminosa é regida por duas leis:

1ª lei: O raio incidente, o raio refletido e a normal são coplanares, isto é, pertencem ao mesmo plano.

2ª lei: O ângulo de reflexão é igual ao ângulo de incidência:

$$r = i$$

Aplicação

A1. Você enxerga as pessoas ao redor porque elas:

a) possuem luz própria.
b) refletem regularmente a luz.
c) refletem difusamente a luz.
d) absorvem a luz.
e) estão em movimento.

A2. Têm-se três cartões, um branco, um vermelho e um azul. Como se apresentam esses cartões num ambiente iluminado pela luz vermelha?

A3. Sob luz solar você distingue perfeitamente um cartão vermelho de um cartão amarelo. No entanto, dentro de um ambiente iluminado com luz violeta monocromática isso não será possível. Explique por quê.

A4. Um raio de luz forma um ângulo de 40° com a superfície plana na qual incide. Determine o ângulo de reflexão desse raio.

A5. Um raio de luz incide numa superfície *S* e sofre reflexão, conforme mostra a figura. Determine o ângulo de incidência *i*.

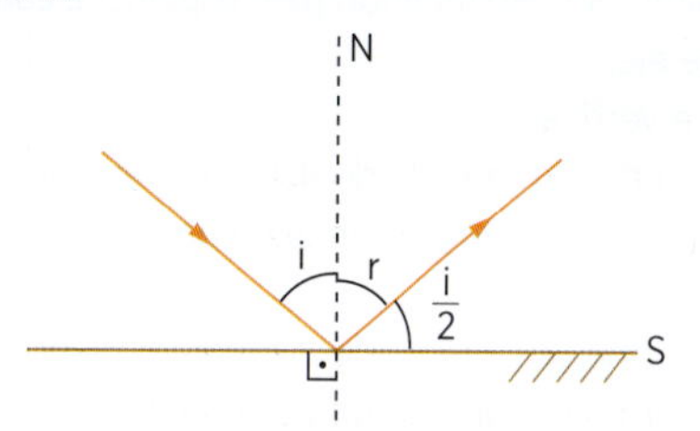

Verificação

V1. Uma flor amarela, iluminada pela luz solar:

a) reflete todas as luzes.
b) absorve a luz amarela e reflete as demais.
c) reflete a luz amarela e absorve as demais.
d) absorve a luz amarela e, em seguida, a emite.
e) absorve todas as luzes e não reflete nenhuma.

Thinkstock/Getty Images

V2. Um pedaço de tecido alaranjado, numa sala iluminada por luz azul monocromática, parecerá:

a) alaranjado
b) azul
c) preto
d) branco
e) roxo

V3. O raio refletido por uma superfície plana forma um ângulo de 30° com ela. Determine o ângulo de incidência desse raio.

V4. O ângulo formado entre os raios incidente e refletido numa superfície *S* é de 60°. Determine os ângulos de incidência e de reflexão.

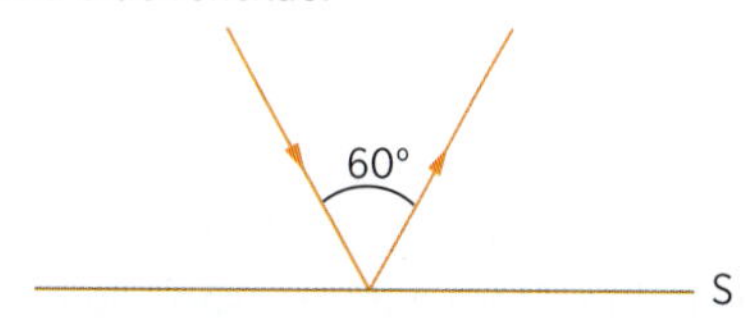

V5. Um raio de luz incide numa superfície *S*, como mostra a figura abaixo.

a) Qual é o ângulo de incidência?
b) E o de reflexão?
c) Refaça a figura dada e desenhe o raio refletido.

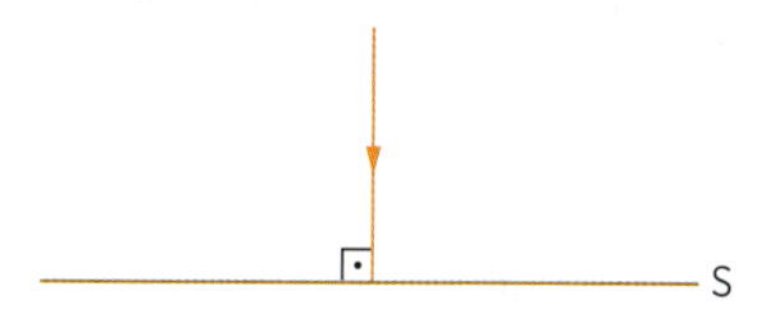

Revisão

R1. (UF-RN) Ana Maria, modelo profissional, costuma fazer ensaios fotográficos e participar de desfiles de moda. Em trabalho recente, ela usou um vestido que apresentava cor vermelha quando iluminado pela luz do sol. Ana Maria irá desfilar novamente usando o mesmo vestido. Sabendo que a passarela onde Ana Maria vai desfilar será iluminada agora com luz monocromática verde, podemos afirmar que o público perceberá seu vestido como sendo:

a) verde, pois é a cor que incidiu sobre o vestido.
b) preto, porque o vestido só reflete a cor vermelha.
c) de cor entre vermelha e verde devido à mistura das cores.
d) vermelho, pois a cor do vestido independe da radiação incidente.

R2. (Unirio-RJ) Durante a final da Copa do Mundo, um cinegrafista, desejando alguns efeitos especiais, gravou cena em um estúdio completamente escuro, onde existia uma bandeira da "Azzurra" (azul e branca) que foi iluminada por um feixe de luz amarela monocromática. Quando a cena foi exibida ao público, a bandeira apareceu:

a) verde e branca.
b) verde e amarela.
c) preta e branca.
d) preta e amarela.
e) azul e branca.

R3. (PUC-RS) Um raio de luz incide horizontalmente sobre um espelho plano inclinado 20° em relação a um plano horizontal, como mostra a figura a seguir.

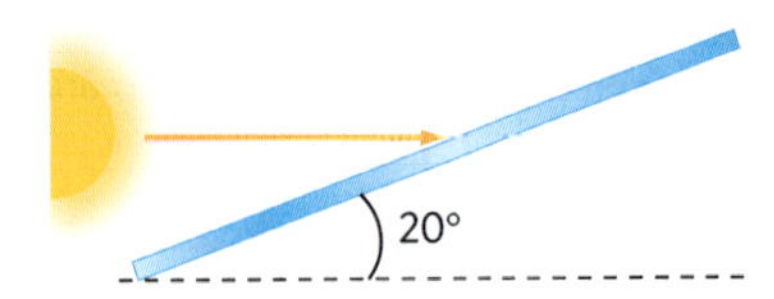

Quanto ao raio refletido pelo espelho, é correto afirmar que ele:

a) é vertical.

b) forma um ângulo de 40° com raio incidente.

c) forma um ângulo de 20° com a direção normal ao espelho.

d) forma um ângulo de 20° com o plano do espelho.

e) forma um ângulo de 20° com raio incidente.

R4. (UF-RS) A figura a seguir representa as seções *E* e *E'* de dois espelhos planos. O raio de luz *I* incide obliquamente no espelho *E*, formando um ângulo de 30° com a normal *N* a ele, e o raio refletido *R* incide perpendicularmente no espelho *E'*.

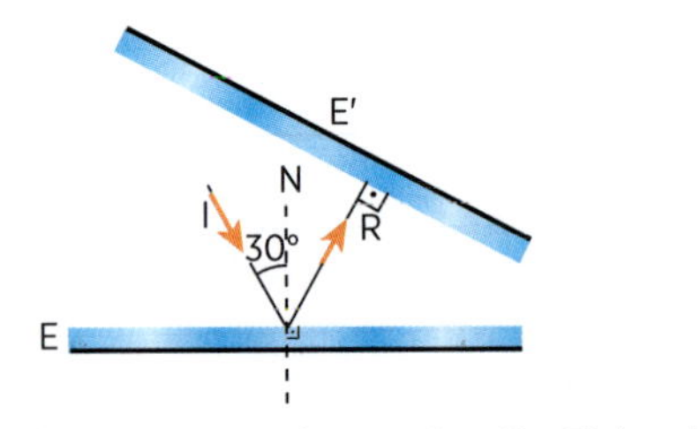

Que ângulo formam entre si as seções *E* e *E'* dos dois espelhos?

a) 15° **b)** 30° **c)** 45° **d)** 60° **e)** 75°

R5. (Mackenzie-SP) Dois espelhos planos (E_1 e E_2) formam entre si 50°. Um raio de luz incide no espelho E_1, e, refletindo, incide no espelho E_2. Emergindo do sistema de espelhos, esse raio refletido forma, com o raio que incide no espelho E_1, o ângulo α, nas condições da figura. O valor desse ângulo α é:

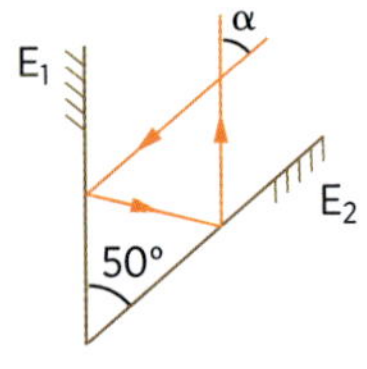

a) 40° **b)** 50° **c)** 60° **d)** 70° **e)** 80°

Imagens num espelho plano

Considere um ponto luminoso *P* colocado diante de um espelho plano (fig. 4); os raios provenientes dele sofrem reflexão regular. Um observador, olhando para o espelho, "terá a impressão" de que a luz por ele recebida tem origem no ponto *P'*, situado nos prolongamentos dos raios refletidos.

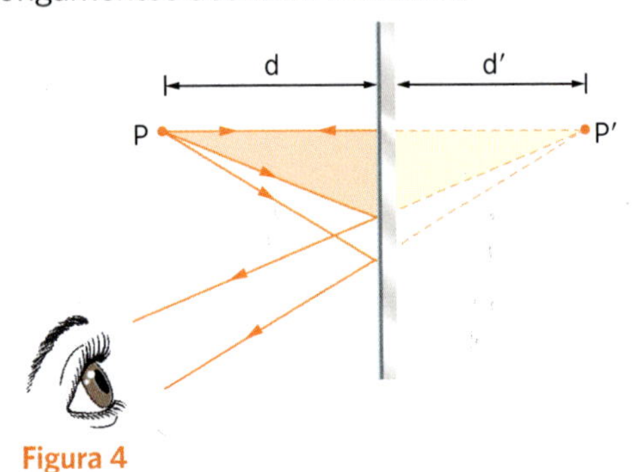

Figura 4

O ponto *P'*, de onde parecem provir os raios que o observador recebe (refletidos), é denominado *ponto-imagem*; no caso, por ser definido pelos prolongamentos dos raios refletidos, o ponto *P'* é um *ponto-imagem virtual*. O ponto luminoso *P*, de onde realmente vieram os raios luminosos, é chamado *ponto-objeto real*.

Na figura 4, da congruência dos triângulos sombreados, concluímos que as distâncias do objeto e da imagem à superfície do espelho são iguais:

$$d = d'$$

Caso o objeto seja extenso, a imagem formada pelo espelho tem tamanho igual ao tamanho do objeto (fig. 5):

$$i = o$$

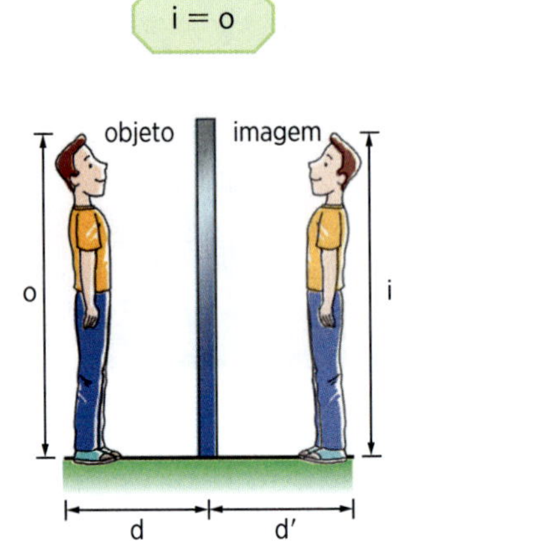

Figura 5. No espelho plano, objeto e imagem mantêm as mesmas dimensões.

Qualquer pessoa ao se olhar num espelho plano percebe que sua imagem, embora pareça idêntica a ela, apresenta uma interessante diferença: se a pessoa erguer sua mão direita, a imagem erguerá sua mão esquerda (fig. 6); se a pessoa estiver escrevendo com a mão esquerda, a imagem aparecerá escrevendo com a mão direita, etc. Nesses casos, não é possível imaginar uma superposição da imagem com o objeto. Dizemos, então, que imagem e objeto no espelho plano apresentam "formas contrárias", isto é, constituem figuras *enantiomorfas*. Desse modo, o espelho plano não inverte a imagem, mas troca a direita pela esquerda e vice-versa (fig. 7).

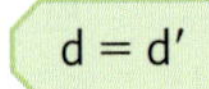

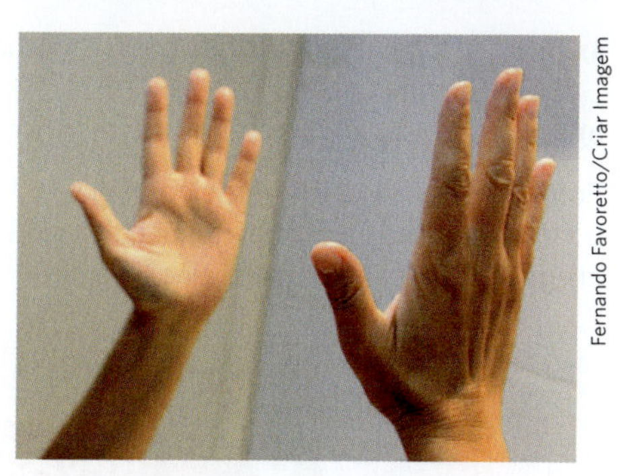

Figura 6. A imagem no espelho de nossa mão direita é igual à nossa mão esquerda.

(a)

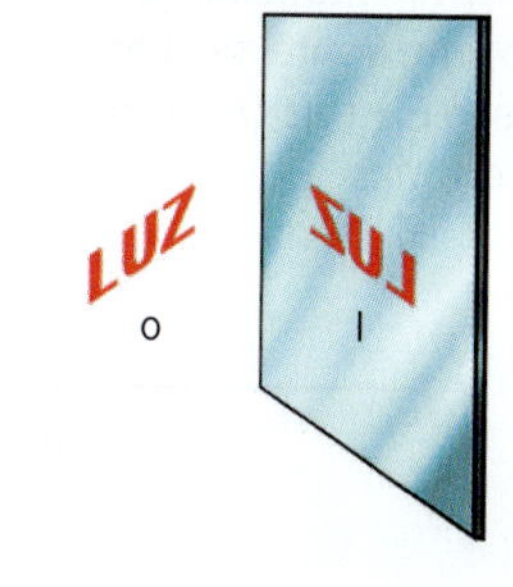

(b)

(c)

Figura 7. No espelho plano, objeto (*o*) e imagem (*i*) são figuras enantiomorfas.

Aplicação

A6. A distância de um ponto-objeto à imagem fornecida por um espelho plano, medida sobre a perpendicular ao espelho que contém os dois pontos, vale 40 cm. Determine:

a) a distância do objeto à superfície do espelho;

b) a nova distância que separa objeto e imagem, no caso de o objeto se aproximar 5 cm do espelho;

c) a velocidade com que a imagem se afasta do espelho, quando o objeto dele se afasta com velocidade 10 m/s.

A7. Dois pontos, *A* e *B*, estão diante de um espelho plano, conforme indica a figura. A que distância do ponto *B* se forma a imagem do ponto *A*?

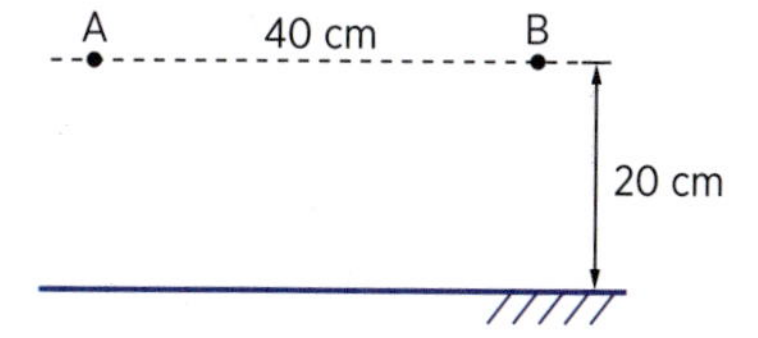

A8. Considere um ponto luminoso *P*, situado em frente de um espelho plano *E*, e o olho, *O*, de um observador. Desenhe o raio de luz que, emitido por *P*, incide no espelho, sofre reflexão e atinge o olho, *O*, do observador.

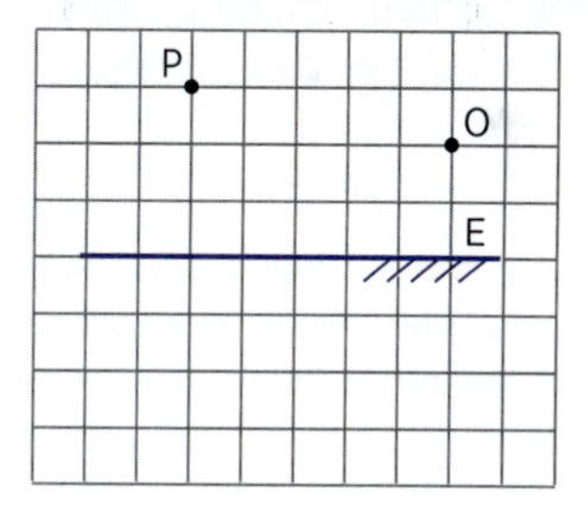

A9. Um observador segura à sua frente um livro, com a capa voltada para o espelho plano. No livro está impresso a palavra FÍSICA. Olhando por sobre o livro, para o espelho, o observador lê:

a) ACISÌF

b) ⅤƆIꙄÍꟻ

c) FÍSICA

d) ACISÍF

e) ꟻÍꙄIƆⱯ

Verificação

V6. Num espelho plano, os pontos objeto e imagem estão separados por uma distância de 10 m. Determine:

a) a distância da imagem à superfície do espelho;

b) a que distância ficam um do outro, objeto e imagem, quando o objeto é afastado 2,0 m do espelho.

V7. Uma pessoa corre para um espelho plano vertical com a velocidade de 1,5 m/s. Com que velocidade a imagem da pessoa se aproxima do espelho?

V8. Dois pontos, *A* e *B*, estão diante de um espelho plano, conforme indica a figura. A que distância do ponto *B* se forma a imagem do ponto *A*?

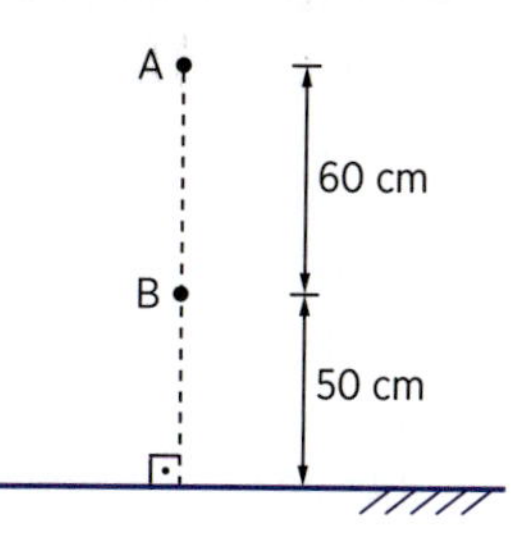

V9. Considere um ponto luminoso *P*, situado em frente de um espelho plano *E*, e seja *O* o olho de um observador.

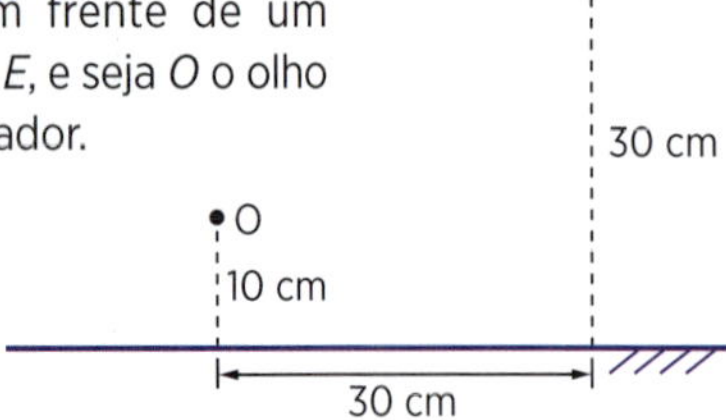

a) Desenhe o raio de luz emitido por *P* e refletido por *E* que atinge *O*.
b) Calcule a distância percorrida por esse raio.

V10. Coloca-se, diante de um espelho plano, um cartão no qual está escrita a palavra FELIZ. Como se vê a imagem dessa palavra no espelho?

R6. (UES-PI) Uma bola vai do ponto *A* ao ponto *B* sobre uma mesa horizontal, segundo a trajetória mostrada na figura a seguir. Perpendicularmente à superfície da mesa existe um espelho plano. Pode-se afirmar que a distância do ponto *A* à imagem da bola quando ela se encontra no ponto *B* é igual a:

a) 8 cm
b) 12 cm
c) 16 cm
d) 20 cm
e) 32 cm

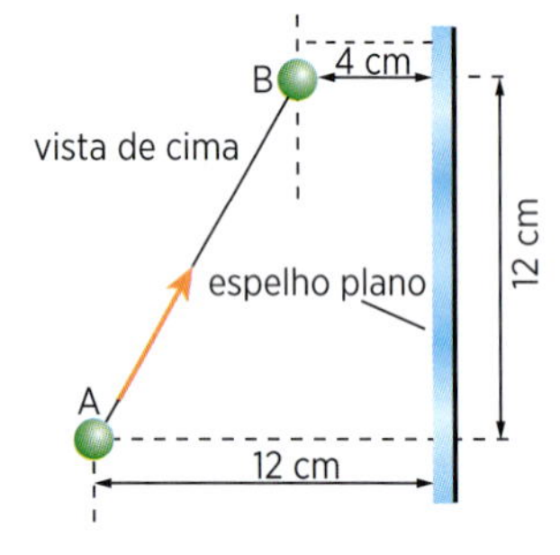

R7. (PUC-SP) Num relógio de ponteiros, cada número foi substituído por um ponto. Uma pessoa, ao observar a imagem desse relógio refletida em um espelho plano, lê 8 horas. Se fizermos a leitura diretamente no relógio, verificaremos que ele está marcando:

a) 6 h
b) 2 h
c) 9 h
d) 4 h
e) 10 h

R8. (UE-RN) O relógio digital é um tipo de relógio que utiliza meios eletrônicos para controlar as horas. Utiliza energia elétrica, que é normalmente suprida por uma bateria de pequena carga. Ele utiliza um cristal piezoelétrico que gera pulsos elétricos a uma frequência constante (usualmente 50 ou 60 Hz).
Geralmente, as horas são exibidas através de um visor de LEDs ou cristal líquido. Relógios digitais são pequenos, baratos e precisos. Por isso, são associados a praticamente todos os aparelhos eletrônicos, como aparelhos de som, televisores, micro-ondas e telemóveis*. (http://www.mundodosrelogios.com/tiposrelogios.htm)
(*Nota do autor: telemóveis é como se chamam os telefones celulares em Portugal.)
A figura representa a imagem produzida em um espelho plano de um relógio digital.

Hélio Senatore

Escrevendo a hora por extenso tem-se

a) 15 horas e 52 minutos.
b) 12 horas e 25 minutos.
c) 15 horas e 25 minutos.
d) 12 horas e 52 minutos.

R9. (AFA-SP) A figura mostra um objeto *A*, colocado a 8 m de um espelho plano, e um observador *O*, colocado a 4 m desse mesmo espelho.

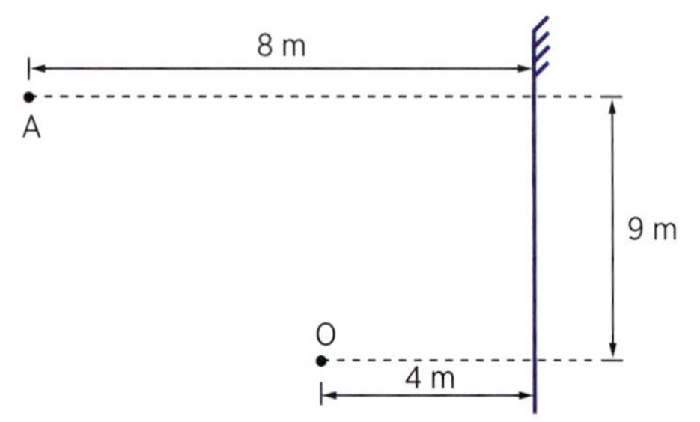

Um raio de luz que parte de *A* e atinge o observador *O* por reflexão no espelho percorrerá, nesse trajeto de *A* para *O*:

a) 10 m
b) 12 m
c) 18 m
d) 15 m

APROFUNDANDO

- A palavra *ambulância* aparece escrita "ao contrário" - AIϽИÂ⅃UꓭMA - no capô dos veículos de atendimento médico. Por quê?
- Por que as paredes internas de uma máquina fotográfica são totalmente escuras?
- Para transitar por uma estrada à noite, é recomendável que o pedestre esteja vestido com roupas claras. Por quê?
- Uma rosa vermelha parece negra, num ambiente iluminado apenas por uma fonte de luz azul. Por quê?

Fabio Colombini

Campo visual de um espelho plano

Campo visual de um espelho plano, em relação a um observador O, é a região do espaço que o observador vê por reflexão no espelho. Para determinar o campo visual basta achar a imagem O' de O e unir O' com os bordos do espelho. A região sombreada da figura 8 é o campo visual.

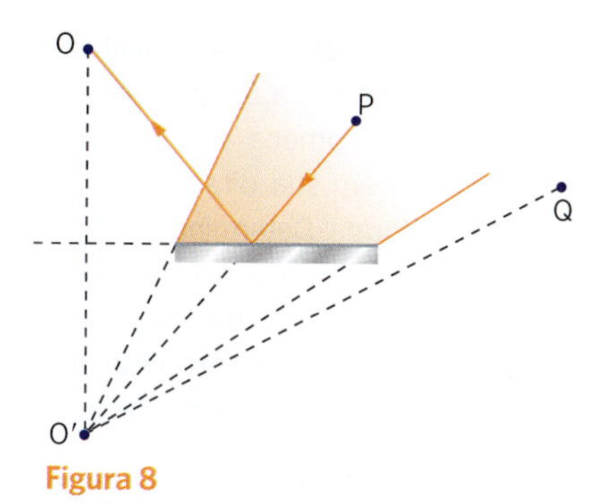

Figura 8

O ponto P da figura 8 pertence ao campo visual. O raio de luz que incide no espelho e cujo prolongamento passa por O' reflete-se e atinge o observador O. Já o ponto Q não pertence ao campo visual. A reta definida por Q e O' não intercepta o espelho.

Translação de um espelho plano

Considere um ponto-objeto *o fixo* e um espelho plano que ocupa a posição E_1. Seja i_1 a imagem de o.

Se o espelho transladar uma distância d, passando para a posição E_2, a imagem de o passará para i_2 (fig. 9). Vamos determinar a distância i_1i_2 que a imagem se desloca:

$$i_1i_2 = 2y - 2x = 2(y - x)$$

Mas $y - x = d$, logo:

$$i_1i_2 = 2d$$

Portanto, *se um espelho plano translada uma distância d, segundo uma direção perpendicular a seu plano, a imagem de um objeto fixo translada 2d, no mesmo sentido.*

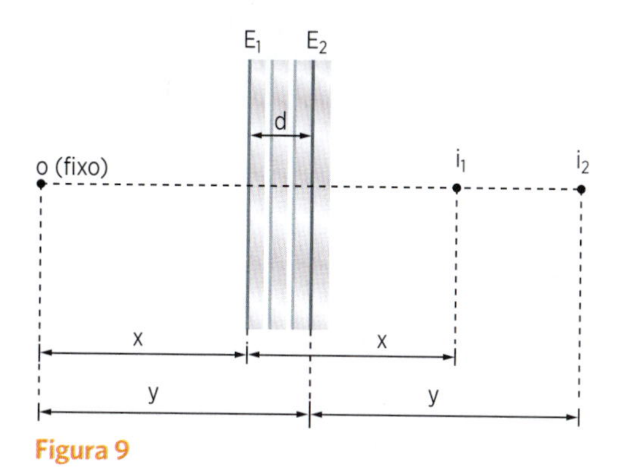

Figura 9

Como os deslocamentos são simultâneos, podemos concluir que, *se o espelho plano translada com velocidade v, a imagem de um objeto fixo translada com velocidade 2v.*

A10. Considere cinco pontos-objeto, A, B, C, D e F, um espelho plano E e o olho O de um observador. Quais pontos-objeto o observador vê por reflexão no espelho?

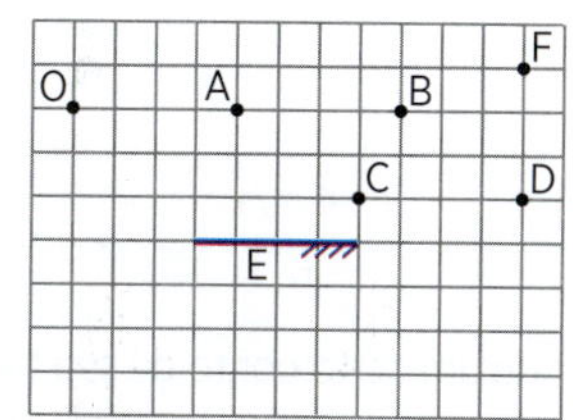

A11. Uma pessoa de altura H e cujos olhos encontram-se a uma altura h do solo está em pé diante de um espelho plano vertical.

a) Faça um esquema dos raios que permitem ao observador ver o topo de sua cabeça e a ponta dos seus pés.

b) Determine a altura mínima do espelho que permita à pessoa ver inteiramente sua imagem.

c) Nas condições do item anterior, determine a distância do bordo inferior do espelho ao solo.

A12. Um espelho plano vertical é afastado 2,0 m de uma pessoa que permanece parada diante dele. Determine a distância que separa a antiga e a nova imagem da pessoa.

A13. Uma pessoa está diante de um espelho plano vertical. Em relação a um referencial ligado à Terra, a pessoa está em repouso e o espelho translada, numa direção perpendicular a seu plano, com velocidade 2,0 m/s. Determine a velocidade da imagem da pessoa em relação a um referencial ligado:

a) à Terra;

b) ao espelho.

Verificação

V11. Uma formiga *F* percorre a reta *r* com velocidade v = 1,0 cm/s. O lado de cada quadradinho mede 2,0 cm. Durante quanto tempo o observador *O* vê a imagem de *F* conjugada pelo espelho?

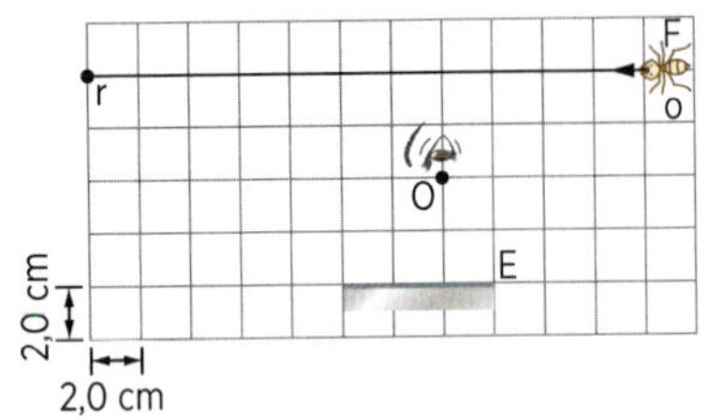

V12. Um jogador de basquete, com 2,10 m de altura e cujos olhos se encontram a 2,00 m do solo, está em frente a um espelho plano vertical.

a) Qual deve ser o tamanho mínimo do espelho, na direção vertical, para que o jogador veja sua imagem de corpo inteiro?

b) Qual deve ser a distância do bordo inferior do espelho ao chão, nas condições anteriores?

V13. Determine a dimensão mínima vertical que deve ter um espelho plano para que, disposto verticalmente a 1,0 m de um observador, permita a este ver inteiramente a imagem de um objeto vertical de altura 10 m, situado atrás dele, a 4,0 m de distância.

V14. Num parque de diversões, Ana Beatriz se vê num espelho plano vertical, a 5,0 m dele. Para sua surpresa, o espelho começa a se aproximar, deslocando-se 3,0 m em sua direção durante 15 s, em movimento uniforme. Determine:

a) quanto a imagem se aproxima de Ana Beatriz;

b) a velocidade do espelho em relação a Ana Beatriz;

c) a velocidade da imagem em relação a Ana Beatriz;

d) a velocidade da imagem em relação ao espelho.

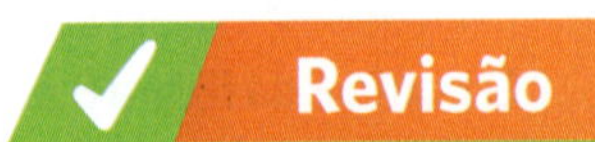

Revisão

R10. (Unicamp-SP) A figura abaixo mostra um espelho retrovisor plano na lateral esquerda de um carro. O espelho está disposto verticalmente e a altura do seu centro coincide com a altura dos olhos do motorista. Os pontos da figura pertencem a um plano horizontal que passa pelo centro do espelho.

Nesse caso, os pontos que podem ser vistos pelo motorista são:

a) 1, 4, 5 e 9

b) 4, 7, 8 e 9

c) 1, 2, 5 e 9

d) 2, 5, 6 e 9

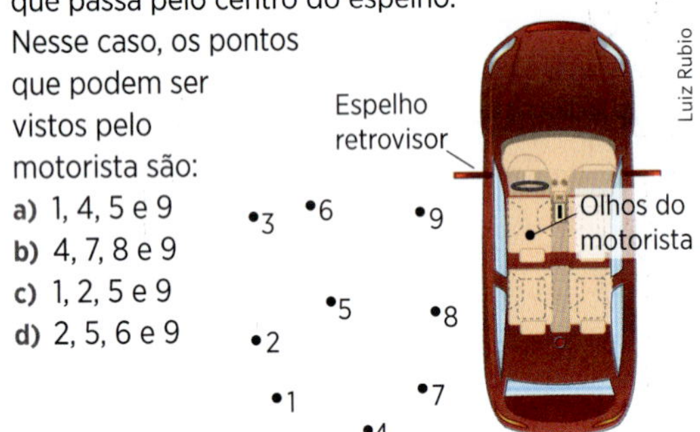

Luiz Rubio

R11. (UF-RJ) Os quadrinhos a seguir mostram dois momentos distintos. No primeiro quadrinho, Maria está na posição *A* e observa sua imagem fornecida pelo espelho plano *E*. Ela, então, caminha para a posição *B*, na qual não consegue mais ver sua imagem; no entanto, Joãozinho, posicionado em *A*, consegue ver a imagem de Maria na posição *B*, como ilustra o segundo quadrinho.

Maria na posição *A*. | Maria na posição *B* e Joãozinho na posição *A*.

Alberto De Stefano

Reproduza o esquema ilustrado abaixo e desenhe raios luminosos apropriados que mostre como Joãozinho consegue ver a imagem de Maria.

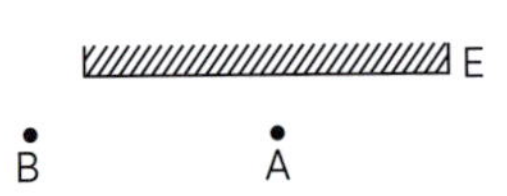

R12. (U. F. Juiz de Fora-MG) Um observador *O* de dimensões desprezíveis posta-se em repouso a uma distância de 3 m em frente ao centro de um espelho plano de 2 m de largura, que também está em repouso. Um objeto pontual *P* desloca-se uniformemente com 4 m/s ao longo de uma trajetória retilínea paralela à superfície do espelho e distante 6 m desta (veja figura). Inicialmente, o observador não vê o objeto.

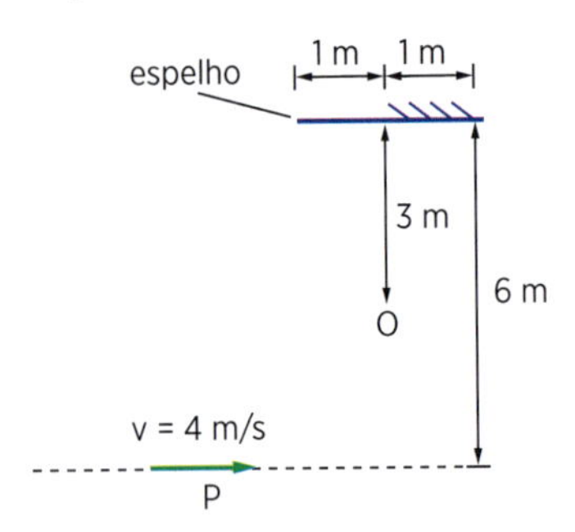

A partir de um certo ponto de sua trajetória, o objeto passa a ser visto pelo observador. Por quanto tempo ele permanece visível?

a) 10 s

b) 1,5 s

c) 3 s

d) 4 s

e) 4,5 s

R13. (UE-CE) No esquema a seguir, é mostrado um homem de frente para um espelho plano *S*, vertical, e de costas para uma árvore *P*, de altura igual a 4,0 m. Qual deverá ser o comprimento mínimo do espelho para que o homem possa ver nele a imagem completa da árvore?

a) 0,5 m **b)** 1,0 m **c)** 1,5 m **d)** 2,0 m

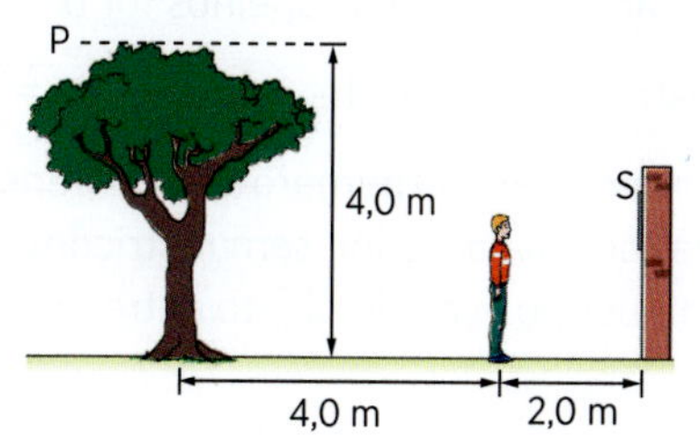

R14. (Efomm-RJ) Uma pessoa caminha em direção a um espelho fixo com velocidade escalar constante, medida em relação ao solo, conforme mostra a figura a seguir.

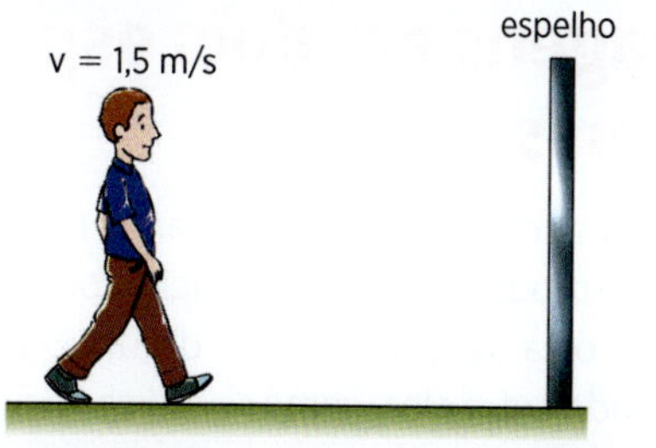

Analisando a situação descrita, pode-se afirmar que:

a) a imagem, de mesmo tamanho, afasta-se do espelho com velocidade de 1,5 m/s.

b) a imagem, de mesmo tamanho, aproxima-se do espelho com velocidade de 3,0 m/s.

c) a pessoa e a sua imagem aproximam-se com velocidade relativa de 3,0 m/s.

d) a pessoa e a sua imagem afastam-se com velocidade relativa de 3,0 m/s.

e) a imagem, aumentada devido à aproximação da pessoa, tem velocidade de 1,5 m/s.

Rotação de um espelho plano

Considere um raio RI incidente num espelho plano e seja RR_1 o correspondente raio refletido. Girando-se o espelho de um ângulo α, em torno de um eixo *O* pertencente ao plano do espelho, para o mesmo raio incidente RI corresponde um novo raio refletido RR_2 (fig. 10). Nessas condições, o raio refletido girou de um ângulo β, tal que:

$$\beta = 2\alpha$$

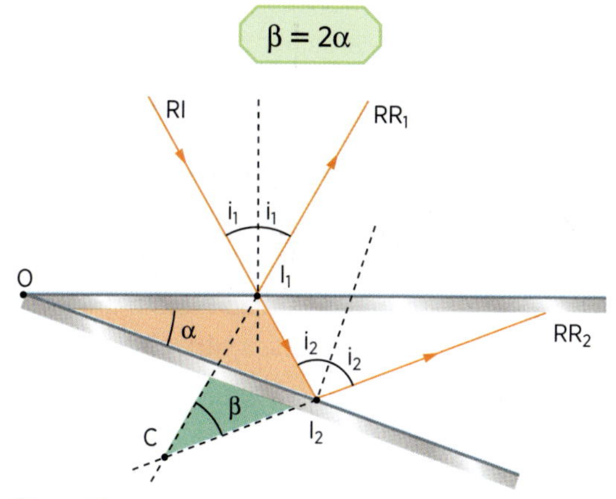

Figura 10

De fato, no triângulo CI_1I_2, temos:

$$\hat{C} + \hat{I}_1 + \hat{I}_2 = 180°$$

$$\beta + 2i_1 + 180° - 2i_2 = 180°$$

$$\beta = 2(i_2 - i_1) \quad (1)$$

Figura 11

Do triângulo OI_1I_2, resulta:

$$\hat{O} + \hat{I}_1 + \hat{I}_2 = 180°$$

$$\alpha + 90° + i_1 + 90° - i_2 = 180°$$

$$\alpha = i_2 - i_1 \quad (2)$$

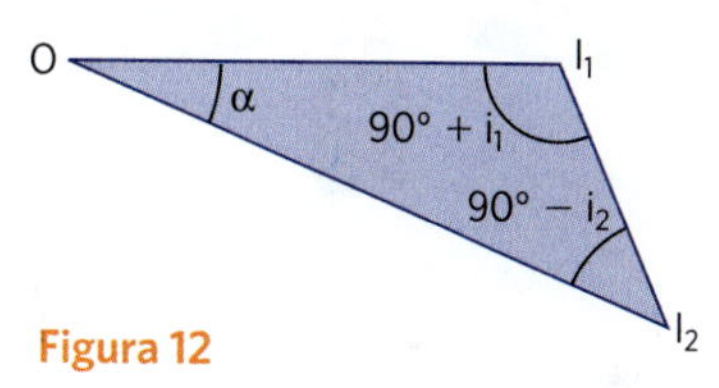

Figura 12

De (1) e (2): $\beta = 2\alpha$

Na figura 13, girando-se o espelho de um ângulo α, a imagem *P′* do ponto-objeto *P* passa para *P″*, descrevendo um arco de circunferência de ângulo central β, tal que $\beta = 2\alpha$.

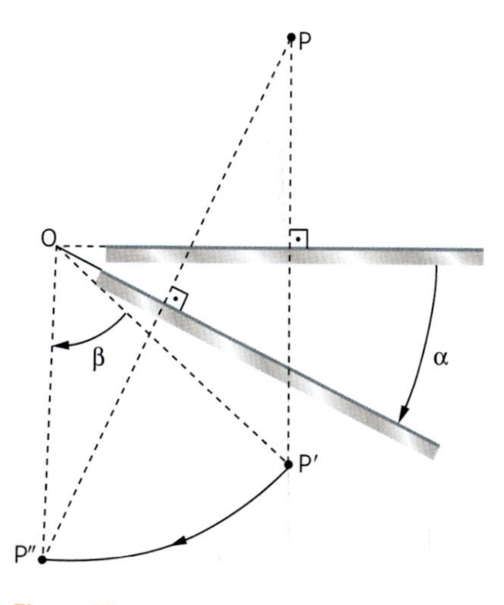

Figura 13

Imagens em dois espelhos planos

Quando dois espelhos planos E_1 e E_2 se defrontam, de modo que suas superfícies formem um ângulo diedro α, a luz proveniente de um ponto-objeto P, colocado entre eles, como se indica na figura 14, sofre várias reflexões, dando origem a várias imagens. O número de imagens depende do ângulo entre os espelhos, como mostra a figura 15.

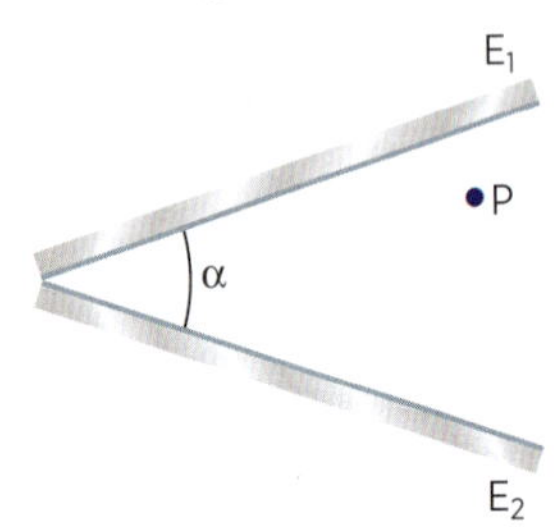

Figura 14

Figura 15

O número de imagens pode ser calculado pela fórmula:

$$N = \frac{360°}{\alpha} - 1$$

Essa fórmula vale em duas situações:

- Quando a relação $\frac{360°}{\alpha}$ é um número *par*, qualquer que seja a posição do objeto entre os dois espelhos;
- Quando a relação $\frac{360°}{\alpha}$ é um número *ímpar*, estando o objeto exatamente no plano bissetor do ângulo formado entre os espelhos.

Vejamos alguns exemplos:

- Se o ângulo entre os espelhos for $\alpha = 90°$, como mostra a figura 16, teremos: $\frac{360°}{\alpha} = \frac{360°}{90°} = 4$ (número par). O número de imagens será dado pela fórmula anterior, sem restrições, isto é, para qualquer posição do objeto entre os espelhos:

$$N = \frac{360°}{90°} - 1 = 4 - 1 \quad \boxed{N = 3 \text{ imagens}}$$

Na figura 16, representamos graficamente as imagens i_1, i_2 e i_3, formadas pelo objeto P entre os espelhos. Está indicada ainda a posição do globo ocular G de um observador e o trajeto dos raios que lhe permitem ver as imagens.

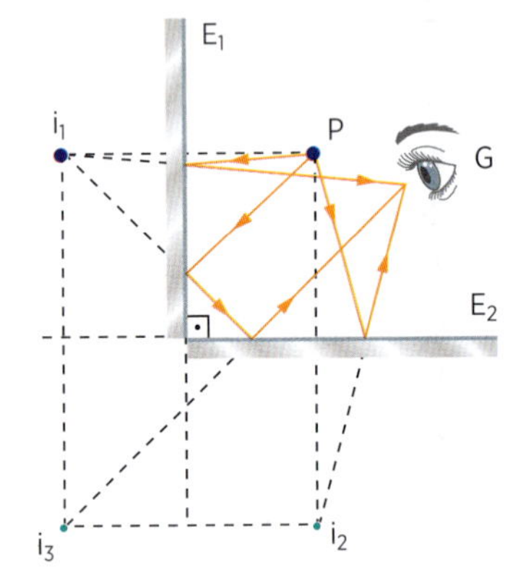

Figura 16

- Se o ângulo entre os espelhos for $\alpha = 40°$, teremos: $\frac{360°}{\alpha} = \frac{360°}{40°} = 9$ (número ímpar). Nesse caso, o número de imagens só poderá ser calculado pela fórmula se o objeto estiver no plano bissetor, isto é, no plano que divide ao meio o ângulo formado pelos espelhos. Nessa situação:

$$N = \frac{360°}{40°} - 1 = 9 - 1 \quad \boxed{N = 8 \text{ imagens}}$$

Aplicação

A14. Um raio de luz RI incide num espelho plano que está na posição E_1. Gira-se o espelho de um ângulo igual a 20° em torno do eixo (O) pertencente ao plano do espelho. O espelho passa a ocupar a posição E_2.

a) Determine o ângulo que o raio refletido girou.

b) Refaça a figura e represente os raios refletidos RR_1 e RR_2 relativos às posições E_1 e E_2.

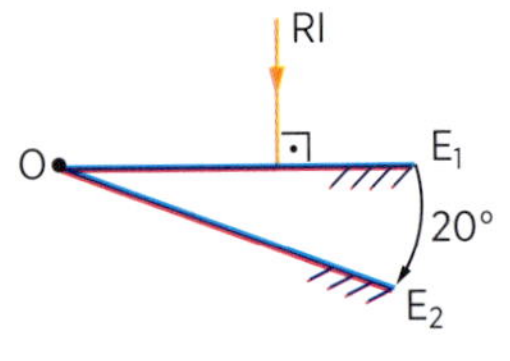

A15. Ao girar um espelho plano, passando da posição E_1 para a posição E_2, a imagem de um ponto-objeto P passou de P' a P'', conforme indica a figura. De que ângulo girou o espelho?

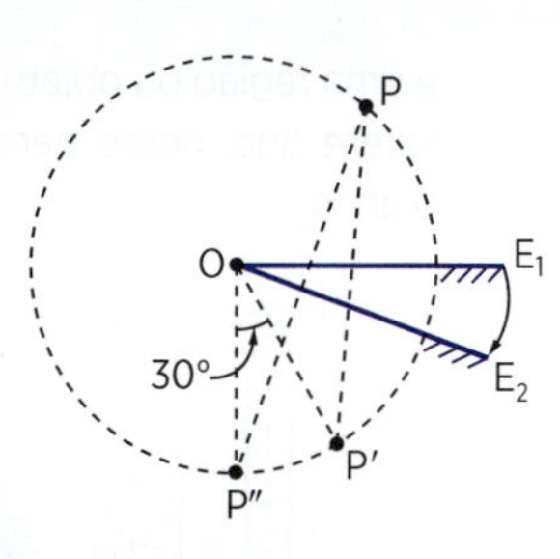

A16. Colocando-se um objeto entre dois espelhos planos que formam entre si um ângulo diedro de 45°, qual o número de imagens virtuais formadas?

A17. De um objeto colocado no ângulo diedro α formado entre dois espelhos planos, tal que $\frac{360°}{\alpha}$ é par, individualizam-se 35 imagens. Determine o ângulo formado entre os espelhos.

A18. Dois espelhos planos estão dispostos de modo que suas faces refletoras formam entre si um ângulo diedro de 90°. Um raio incide em um dos espelhos de tal maneira que o raio refletido incide depois no segundo espelho. Que ângulo há entre o primitivo raio incidente e o segundo raio refletido?

Verificação

V15. Um raio de luz RI incide num espelho plano que está na posição E_1. Seja RR_1 o correspondente raio refletido. Gira-se o espelho de um ângulo α, em torno do eixo (O) pertencente ao plano do espelho. O espelho passa a ocupar a posição E_2. Para o mesmo raio incidente RI corresponde um novo raio refletido RR_2. Sabendo que o raio refletido girou de 40°, determine o ângulo α.

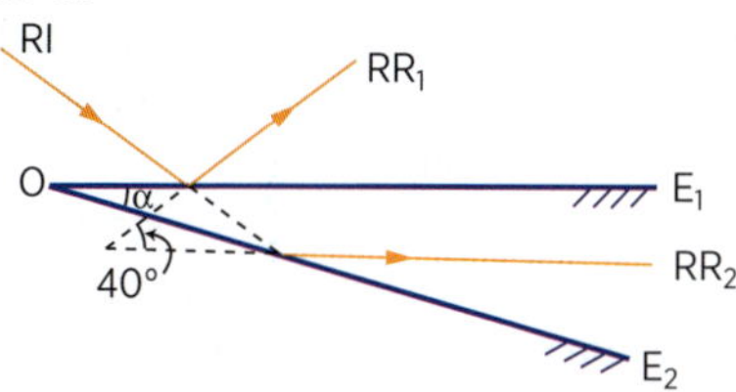

V16. Dois espelhos planos formam entre si um ângulo de 18°. Qual o número de imagens que você poderá obter de um objeto colocado entre eles?

V17. Um objeto é colocado sobre o plano bissetor do ângulo diedro α formado por dois espelhos planos, produzindo-se 14 imagens do referido objeto. Qual o ângulo α entre os espelhos? Sabe-se que $\frac{360°}{\alpha}$ é ímpar.

V18. Na figura temos dois espelhos planos, E_1 e E_2, cujas superfícies refletoras formam entre si um ângulo de 60°. Um raio de luz incide no espelho E_1 e, após se refletir, vai incidir em E_2. Qual o ângulo com que o raio se reflete de E_2?

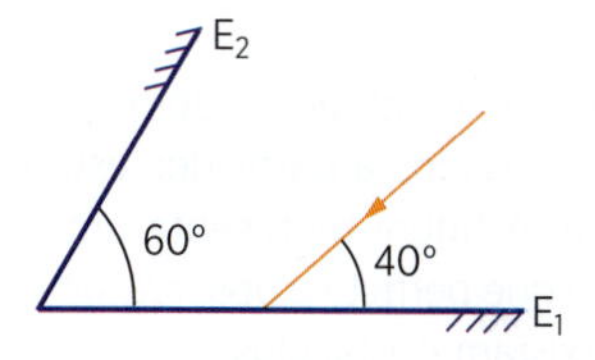

R15. (UFR-RJ) Considere a situação esquematizada abaixo, na qual um pequeno espelho plano se encontra disposto verticalmente, bem em frente ao rosto de uma pessoa.

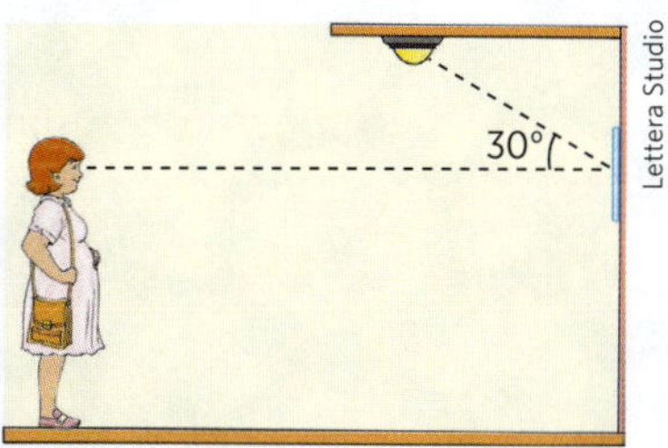

Para que essa pessoa consiga ver a imagem da lâmpada no teto, sem precisar se abaixar, o espelho deve ser *girado*:

a) 60°
b) 30°
c) 15°
d) 90°
e) 45°

R16. (UF-RJ) Uma criança segura uma bandeira do Brasil como ilustrado na figura 1. A criança está diante de dois espelhos planos verticais A e B que fazem entre si um ângulo de 60°. A figura 2 indica seis posições, 1, 2, 3, 4, 5 e 6, relativas aos espelhos. A criança se encontra na posição 1 e pode ver suas imagens nas posições 2, 3, 4, 5 e 6.

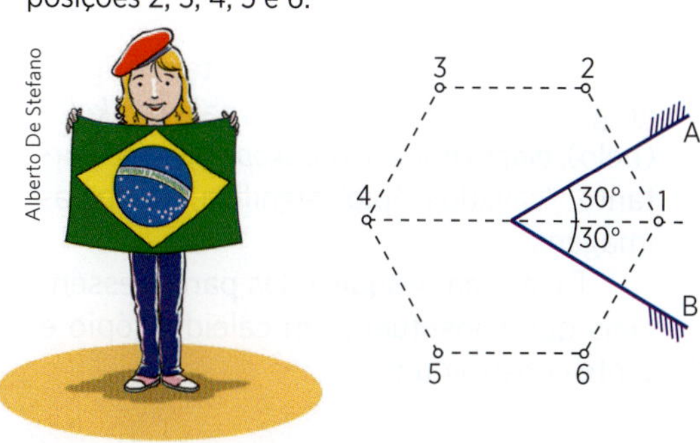

Figura 1 Figura 2

Em quais das cinco imagens a criança pode ver os dizeres ORDEM E PROGRESSO? Justifique a sua resposta.

R17. (UF-AC) A figura mostra uma vista superior de dois espelhos planos, dispostos no canto de duas paredes verticais, sendo suas superfícies perpendiculares entre si. Sobre o espelho OA, incide um raio de luz horizontal (raio incidente) formando um ângulo $\alpha = 35°$ com o plano desse espelho. Após reflexão nos dois espelhos (OA e OB), o raio emerge formando um ângulo θ com o plano do espelho OB de valor:

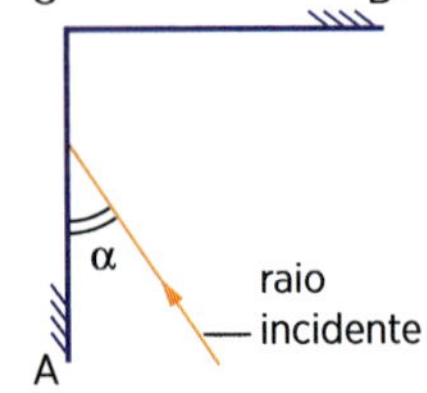

a) 0°
b) 15°
c) 55°
d) 35°
e) 65°

R18. (PUC-SP) Um aluno colocou um objeto *O* entre as superfícies refletoras de dois espelhos planos associados e que formavam entre si um ângulo θ, obtendo *n* imagens. Quando reduziu o ângulo entre os espelhos para $\frac{\theta}{4}$, passou a obter *m* imagens.

A relação *m* e *n* é:

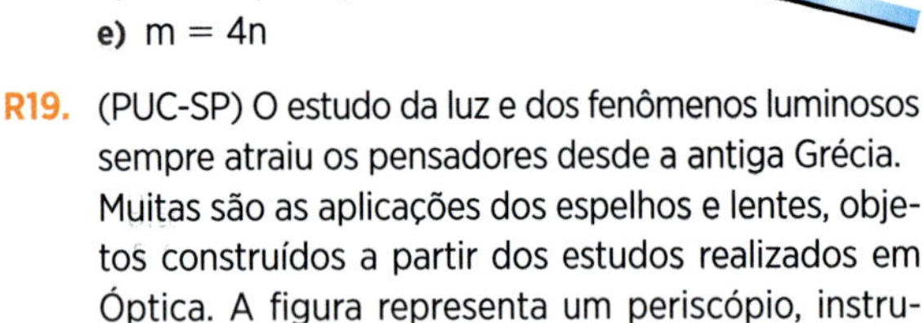

Marco A. Sismotto

a) $m = 4n + 3$
b) $m = 4n - 3$
c) $m = 4(n + 1)$
d) $m = 4(n - 1)$
e) $m = 4n$

R19. (PUC-SP) O estudo da luz e dos fenômenos luminosos sempre atraiu os pensadores desde a antiga Grécia. Muitas são as aplicações dos espelhos e lentes, objetos construídos a partir dos estudos realizados em Óptica. A figura representa um periscópio, instrumento que permite a observação de objetos mesmo que existam obstáculos opacos entre o observador e uma região ou objeto que se deseja observar. Considere que, nesse periscópio, E_1 e E_2 são espelhos planos.

Alberto De Stefano

A respeito do periscópio e dos fenômenos luminosos que a ele podem ser associados são feitas afirmativas:

I. A colocação de espelhos planos, como indicada na figura, permite que a luz proveniente da árvore atinja o observador comprovando o princípio da propagação retilínea da luz.

II. O ângulo de incidência do raio de luz no espelho E_1 é congruente ao ângulo de reflexão nesse mesmo espelho.

III. Como os espelhos E_1 e E_2 foram colocados em posições paralelas, os ângulos de incidência do raio de luz no espelho E_1 e de reflexão no espelho E_2 são congruentes entre si.

Dessas afirmativas, está correto apenas o que se lê em:

a) II
b) I e II
c) I e III
d) II e III
e) I, II e III

APROFUNDANDO

O termo "caleidoscópio" tem origem grega e consiste na união das palavras *kalos* (belo), *eidos* (imagem) e *skopein* (ver). Portanto, "caleidoscópio" significa "ver belas imagens".

Faça uma pesquisa das partes essenciais que constituem um caleidoscópio e tente construir um.

Mark E. Gibson/Corbis/Latinstock

capítulo

26 Os espelhos esféricos

Definições e elementos

Espelho esférico é uma calota esférica na qual uma de suas superfícies é refletora. Quando a superfície refletora é a interna, o espelho é *côncavo* (fig. 1a). Quando a superfície refletora é a externa, o espelho é *convexo* (fig. 1b).

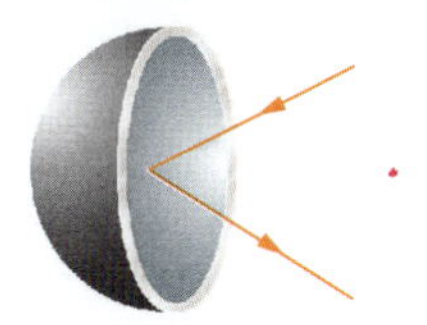

(a) Espelho côncavo.

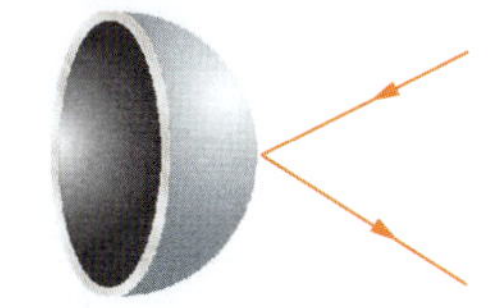

(b) Espelho convexo.

Figura 1

Figura 2. A esfera espelhada funciona como um espelho esférico convexo. As imagens formadas, por reflexão da luz, têm dimensões menores que as dos correspondentes objetos.

Simbolicamente, representaremos os espelhos esféricos como está indicado na figura 3.

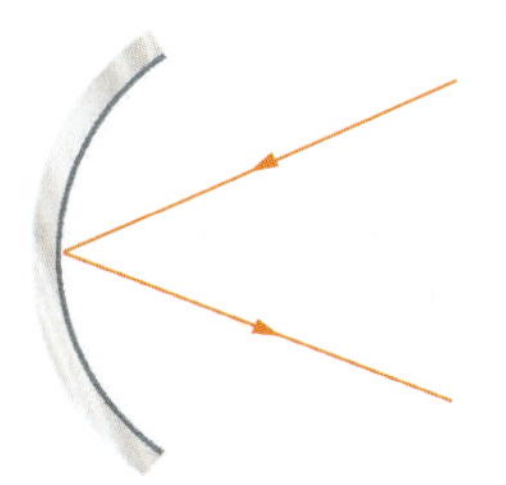

(a) Côncavo.

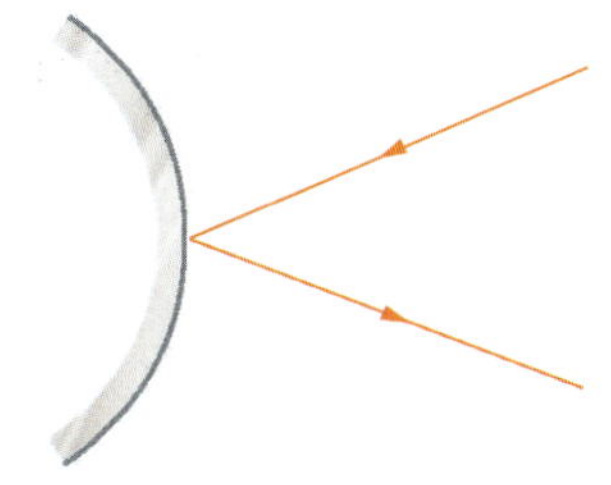

(b) Convexo.

Figura 3

Sendo derivado de uma superfície esférica, um espelho esférico apresenta os seguintes elementos geométricos (fig. 4):

- *centro de curvatura* (C);
- *raio de curvatura* (R);
- *vértice* (V): o polo (parte mais externa) da calota;
- *eixo principal*: reta comum ao centro de curvatura e ao vértice;
- *eixo secundário*: qualquer reta que contém o centro de curvatura (exceto o eixo principal).

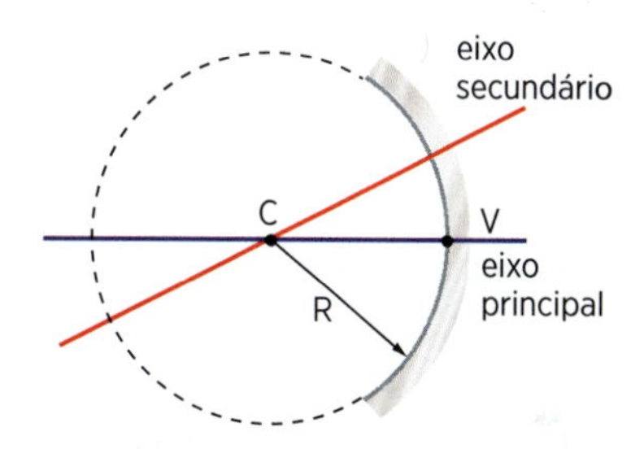

Figura 4

Para que as imagens fornecidas pelos espelhos esféricos não apresentem deformações, os raios incidentes devem ser paralelos ou pouco inclinados em relação ao eixo principal e próximos dele. Isso significa que trabalharemos somente com a parte do espelho em torno do vértice, constituindo o chamado *espelho esférico de Gauss*. Essa parte útil dos espelhos aparece ampliada nos esquemas a seguir.

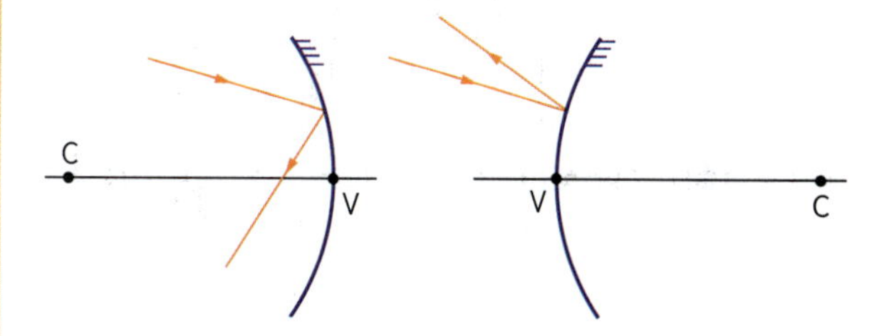

(a) Representação de espelho esférico côncavo de Gauss.

(b) Representação de espelho esférico convexo de Gauss.

Figura 5

O *foco principal* (F) é um elemento importante dos espelhos esféricos de Gauss. É o ponto do eixo principal pelo qual passam os raios refletidos (ou seus prolongamentos) quando no espelho incidem raios luminosos paralelos ao eixo principal (fig. 6).

No espelho côncavo, o foco F é um *ponto-imagem real*, pois é definido pelo cruzamento efetivo dos raios luminosos refletidos. No espelho convexo, o foco F é um *ponto-imagem virtual*, pois é definido pelo cruzamento dos prolongamentos dos raios refletidos.

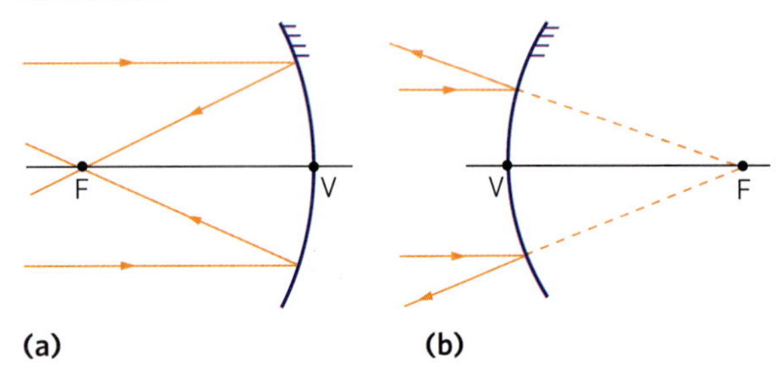

Figura 6

Podemos enunciar:

> Todo raio de luz que incide num espelho esférico paralelamente ao eixo principal reflete numa direção que passa pelo foco principal *F*.

Pela Reversibilidade dos Raios de Luz, podemos enunciar:

> Todo raio de luz que incide num espelho esférico numa direção que passa pelo foco principal *F* reflete paralelamente ao eixo principal como mostra a figura 7.

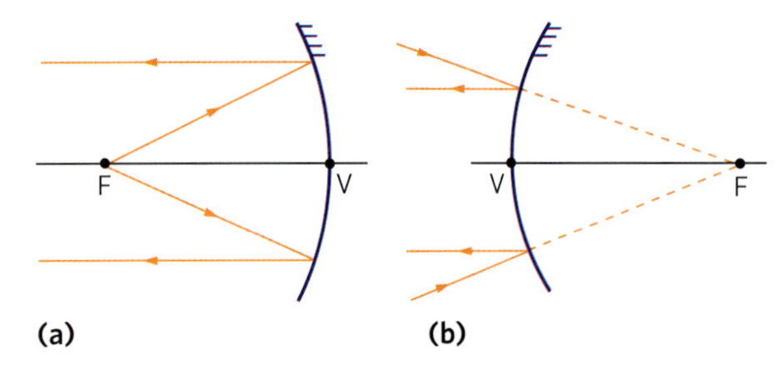

Figura 7

A distância do foco principal F ao vértice V do espelho é denominada *distância focal* e representada por f.

O foco principal F está aproximadamente a meia distância entre o vértice V e o centro de curvatura C (fig. 8). Nessas condições, o raio de curvatura R é praticamente o dobro da distância focal f:

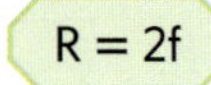

$$R = 2f$$

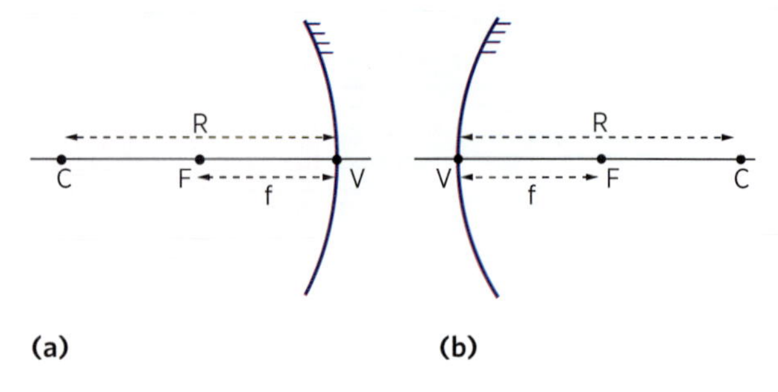

Figura 8

A relação $R = 2f$ é válida para os espelhos esféricos de Gauss.

Os eixos do espelho esférico são perpendiculares à superfície do espelho. Daí podemos concluir a seguinte propriedade para os espelhos esféricos (fig. 9):

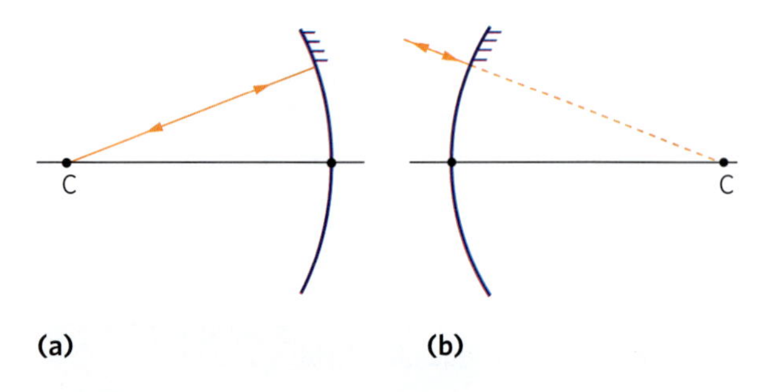

Figura 9

> Um raio de luz incidindo na direção do centro de curvatura de um espelho esférico reflete-se na mesma direção ($i = 0°$ e, portanto, $r = 0°$).

Se um raio de luz incidir no vértice V do espelho (fig. 10), a igualdade entre os ângulos de reflexão r e de incidência i permite enunciar:

> Todo raio de luz que incide no vértice do espelho esférico reflete simetricamente em relação ao eixo principal.

As duas últimas propriedades são válidas para todos os espelhos esféricos (de Gauss ou não).

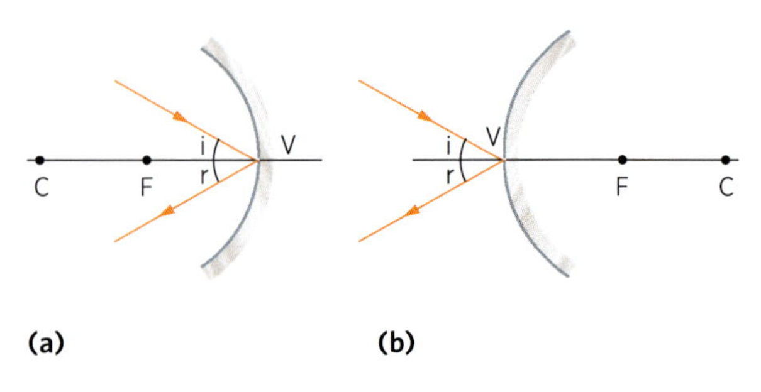

Figura 10

A1. Nos esquemas, *V* é o vértice, *F* é o foco e *C* é o centro de curvatura. Complete-os desenhando o raio refletido correspondente.

a)
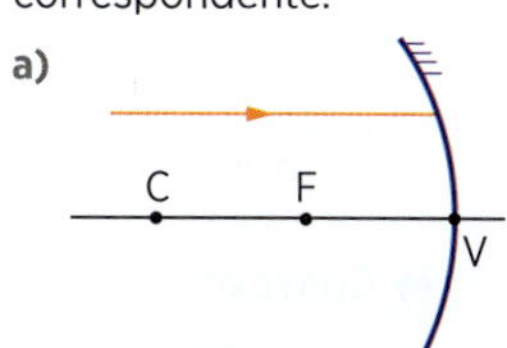

c)
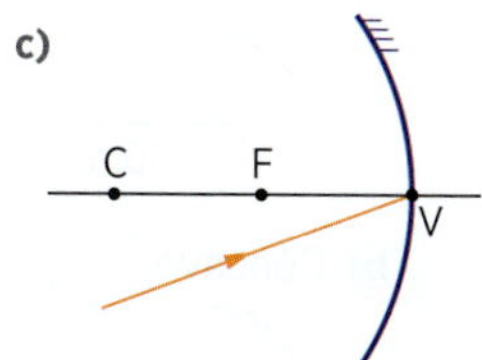

b)
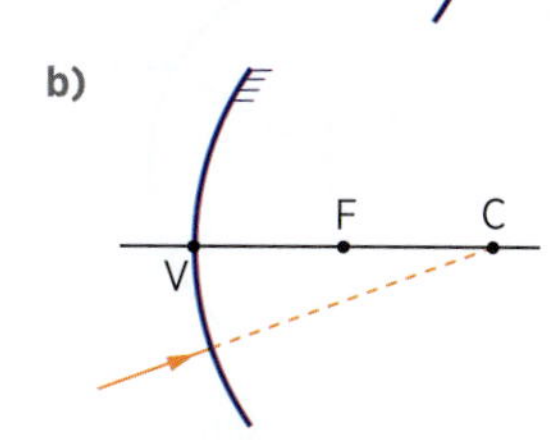

d)
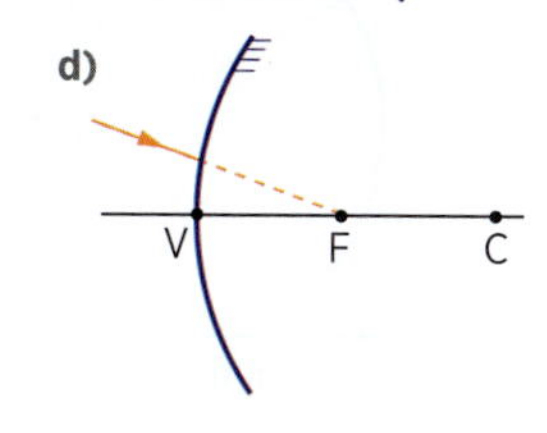

A2. Uma pequenina lâmpada emite luz que incide num espelho. Toda luz que nele incide reflete-se e volta para a própria lâmpada. O tipo de espelho e a posição do filamento da lâmpada são, respectivamente:

a) plano; centro de curvatura.
b) convexo; foco principal.
c) côncavo; foco principal.
d) convexo; centro de curvatura.
e) côncavo; centro de curvatura.

A3. Um tema de grande atualidade, em vista da escassez do petróleo, é o aproveitamento da energia solar. Várias experiências são realizadas em todo o mundo, inclusive no Brasil, visando à concentração dessa energia. Essa concentração poderia ser realizada com o auxílio de:

a) espelhos planos.
b) espelhos côncavos.
c) espelhos convexos.
d) espelhos esféricos, não importando se côncavos ou convexos.

A4. Constrói-se um farol de automóvel utilizando um espelho esférico e um filamento de pequenas dimensões que pode emitir luz.

a) O espelho utilizado é côncavo ou convexo?
b) Onde se deve posicionar o filamento?

Verificação

V1. Nos esquemas, *V* é o vértice, *F* é o foco e *C* é o centro de curvatura. Indique quais estão *corretos*.

a)
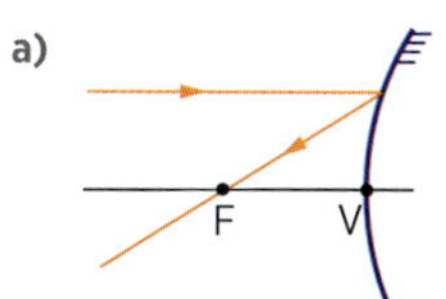

d)
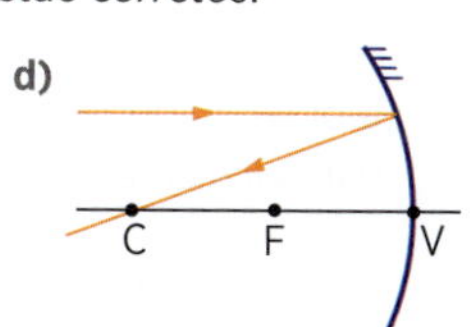

b)
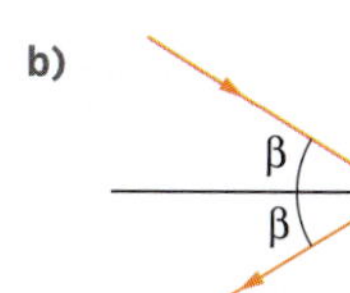

e)
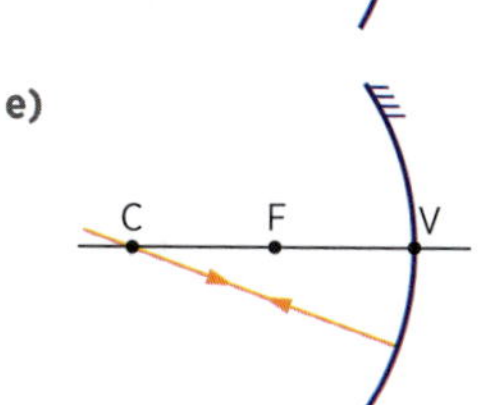

c)
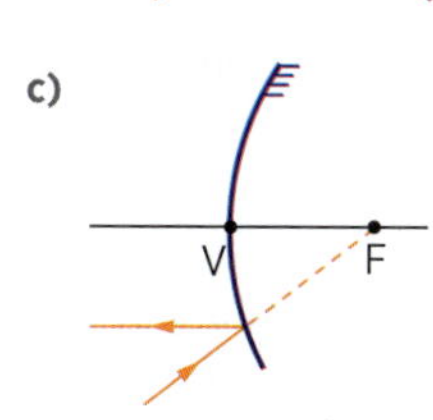

V2. Pretende-se acender uma vela, concentrando-se a luz solar por meio de um espelho esférico.

a) O espelho deve ser côncavo ou convexo?
b) Onde deve ser colocado o pavio da vela que se quer acender?

V3. Na figura, representamos dois espelhos esféricos, E_1 e E_2, com eixos principais coincidentes. *P* é uma fonte de luz puntiforme.

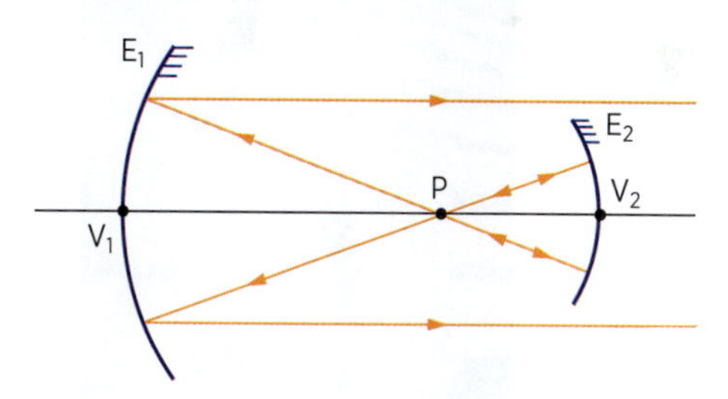

Considerando-se os raios de luz emitidos por *P* e indicados na figura, determine os raios de curvatura dos espelhos E_1 e E_2. São dadas as distâncias: $V_1P = 10$ cm e $V_2P = 2{,}0$ cm.

V4. Obtém-se um espelho esférico côncavo, niquelando uma das superfícies de uma calota retirada de uma esfera de 60 cm de raio. Determine o raio de curvatura e a distância focal do espelho obtido.

R1. (UF-AM) Um raio de luz, *i*, incide paralelamente ao eixo principal de um espelho côncavo de raio de curvatura de 60 cm. O raio refletido vai atravessar o eixo principal no ponto de abscissa, em cm, igual a:

a) 30
b) 10
c) 20
d) 60
e) 40

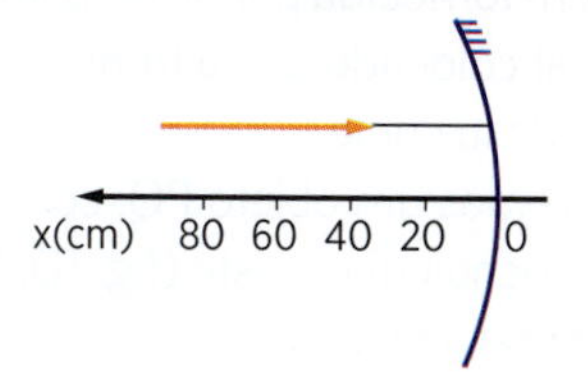

Marco A. Sismotto

R2. (UF-AM) Um feixe de raios paralelos incide frontalmente sobre um espelho esférico convexo, produzindo raios refletidos, cujos prolongamentos convergem para o ponto *P*, como mostrado na figura.

O raio de curvatura *R* desse espelho, em termos do segmento $\overline{OP}$, vale:

a) $R = \frac{1}{4}\overline{OP}$

b) $R = \frac{1}{2}\overline{OP}$

c) $R = 2\overline{OP}$

d) $R = \overline{OP}$

e) $R = 4\overline{OP}$

R3. (Etec-SP) Os investimentos tecnológicos em energia solar estão crescendo. Por exemplo, o projeto da foto apresentada tem como objetivo utilizar a energia solar para o derretimento do alumínio.

Considere os seguintes detalhes desse gigantesco "forno solar".

- É constituído de uma superfície esférica revestida de lâminas espelhadas.
- As lâminas refletem os raios do sol, supostamente paralelos.
- Depois de refletidos, os raios incidem numa região a 10 metros do ponto central da superfície, onde o derretimento do alumínio ocorre.
- A superfície refletora é, supostamente, um espelho esférico de foco *A* e centro de curvatura *B*.

Sergey Subbotin/RIA Novosti/Easypix

Assinale a alternativa que melhor representa o tipo de espelho, os raios incidentes e refletidos e a posição correta da região *A* ou *B*, para que haja o derretimento do alumínio.

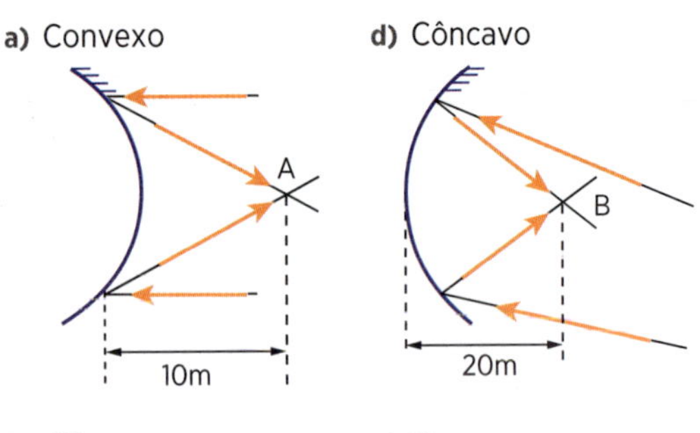

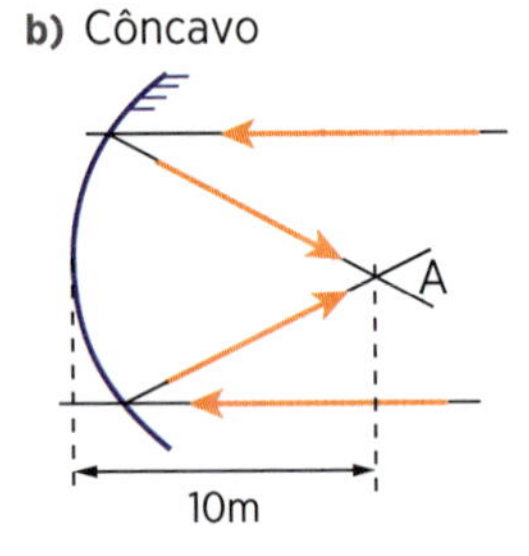

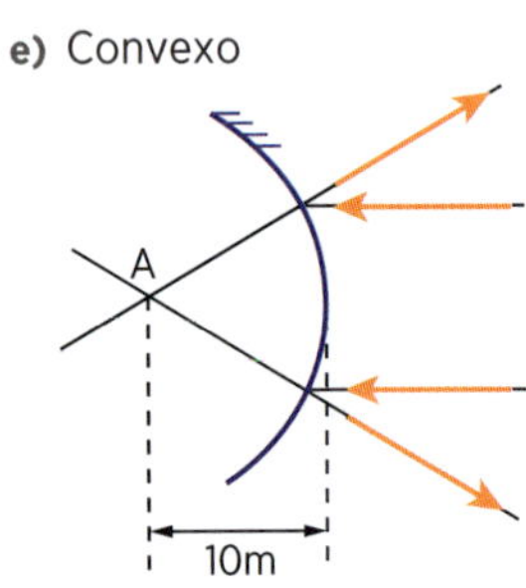

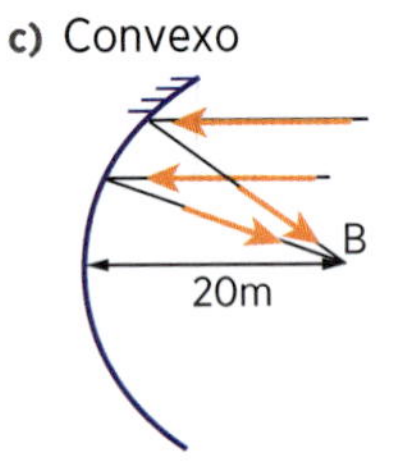

R4. (U. F. Juiz de Fora-MG) Um holofote é construído com um sistema óptico formado por dois espelhos esféricos E_1 e E_2, como mostrado na figura, com o objetivo de fazer com que os raios luminosos saiam paralelos ao eixo óptico.

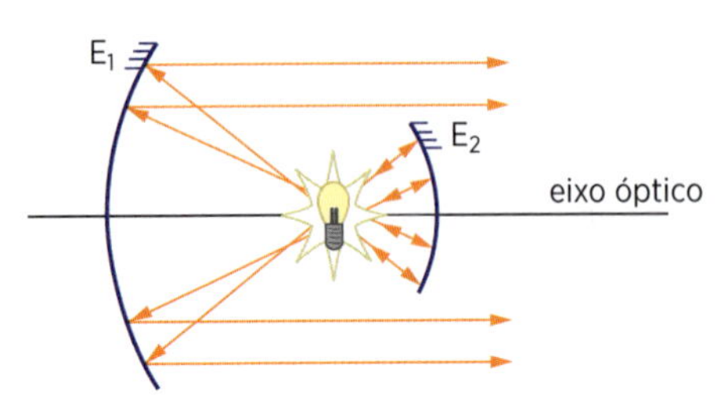

Com base na figura, a localização da lâmpada do farol deve ser:

a) nos focos de E_1 e E_2.

b) no centro de curvatura de E_1 e no foco de E_2.

c) no foco de E_1 e no centro de curvatura de E_2.

d) nos centros de curvatura de E_1 e de E_2.

e) em qualquer lugar entre E_1 e E_2.

Imagens nos espelhos esféricos

A imagem fornecida por um espelho esférico de um objeto real colocado à sua frente é determinada pela reflexão da luz nele.

Consideremos um objeto $\overline{PQ}$, com base no eixo principal e perpendicular a este (fig. 11). Dizemos que o objeto é frontal ao espelho.

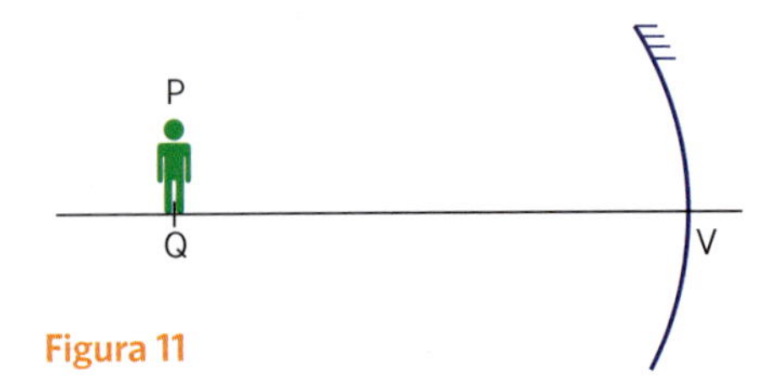

Figura 11

Tratando-se de um espelho esférico de Gauss, a imagem $\overline{P'Q'}$ também será frontal ao espelho. Para obtê-la graficamente, basta determinar a imagem *P'* da extremidade superior *P* do objeto. Dos inúmeros raios que partem de *P*, traçamos para a construção geométrica da imagem apenas dois, dando preferência àqueles cujo raio refletido pode ser individualizado com facilidade.

Na figura 12, construiu-se a imagem $\overline{P'Q'}$ do objeto $\overline{PQ}$, fornecida por um espelho convexo, utilizando um raio paralelo ao eixo principal que se refletiu numa direção que passa pelo foco *F* e um raio que incidiu no vértice, refletindo-se simetricamente em relação ao eixo principal.

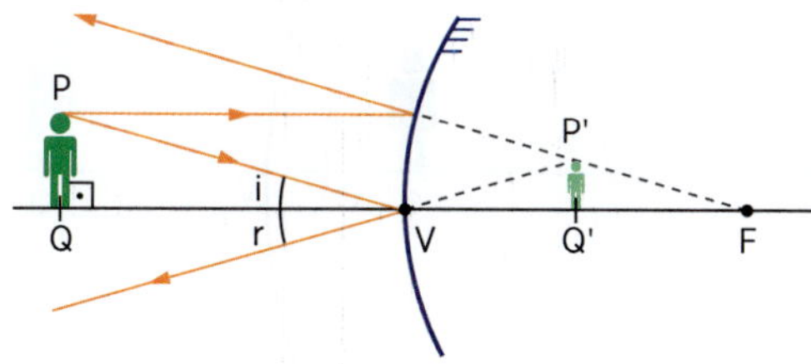

Figura 12. Imagem em um espelho convexo.

Fotos: Edson Sato

Figura 13

Observe que a imagem fornecida por um *espelho convexo* de um objeto real é *sempre* uma imagem *virtual* (prolongamento de raios), *direita* (no mesmo semiplano que o objeto, definido pelo eixo principal) e *menor* que o objeto (fig. 13).

No espelho côncavo, conforme a posição do objeto em relação ao centro de curvatura *C* e ao foco principal *F*, podemos individualizar vários tipos de imagem.

- *Objeto $\overline{PQ}$ situado antes do centro de curvatura* C

  A imagem $\overline{P'Q'}$ foi obtida utilizando-se um raio paralelo ao eixo principal que se refletiu numa direção que passa pelo foco principal *F* e um raio que incidiu na direção do centro de curvatura *C* e se refletiu sobre si mesmo (fig. 14).

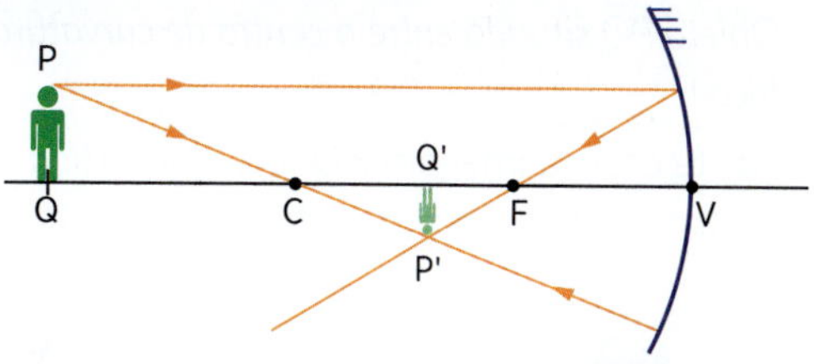

Figura 14. Imagem em um espelho côncavo.

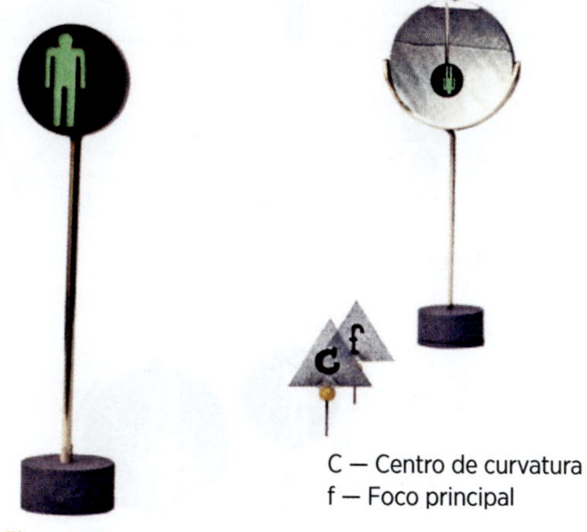

Figura 15

Para essa posição do objeto, a imagem que o *espelho côncavo* fornece é *real* (intersecção efetiva de raios), *invertida* (em semiplano contrário ao objeto) e *menor* que o objeto (fig. 15).

- *Objeto $\overline{PQ}$ situado sobre o centro de curvatura* C

  A imagem $\overline{P'Q'}$ foi obtida utilizando-se um raio incidente paralelo ao eixo principal e outro que incide passando pelo foco principal *F* (fig. 16).

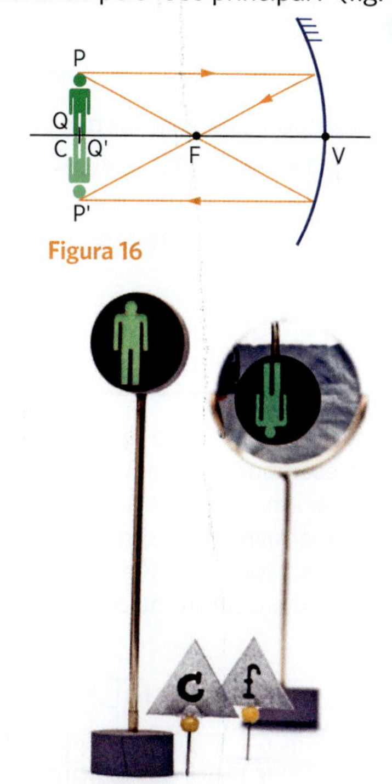

Figura 16

Figura 17

A imagem fornecida é *real, invertida* e *de mesmo tamanho que o objeto* (fig. 17).

- *Objeto $\overline{PQ}$ situado entre o centro de curvatura C e o foco F*

  Neste caso, a imagem $\overline{P'Q'}$ é *real*, *invertida* e *maior do que o objeto*, como mostram as figuras 18 e 19.

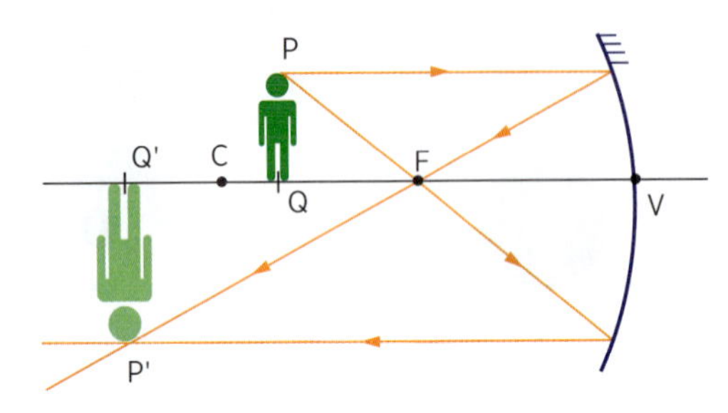

Figura 18

Figura 19

- *Objeto $\overline{PQ}$ situado sobre o foco principal* F

  Nesta situação, os raios de luz que partem de qualquer ponto do objeto, após a reflexão, são paralelos entre si. Diz-se então que a imagem é *imprópria* (imagem no infinito), como mostra a figura 20.

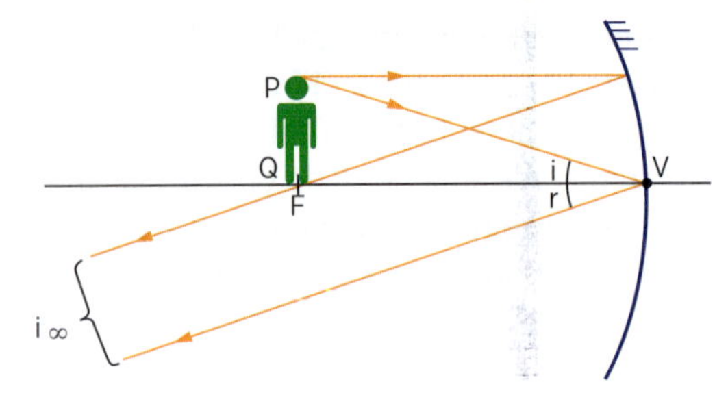

Figura 20

- *Objeto $\overline{PQ}$ situado entre o foco principal F e o vértice V*

  Observe que a imagem $\overline{P'Q'}$ é *virtual*, *direita* e *maior do que o objeto* (fig. 21).

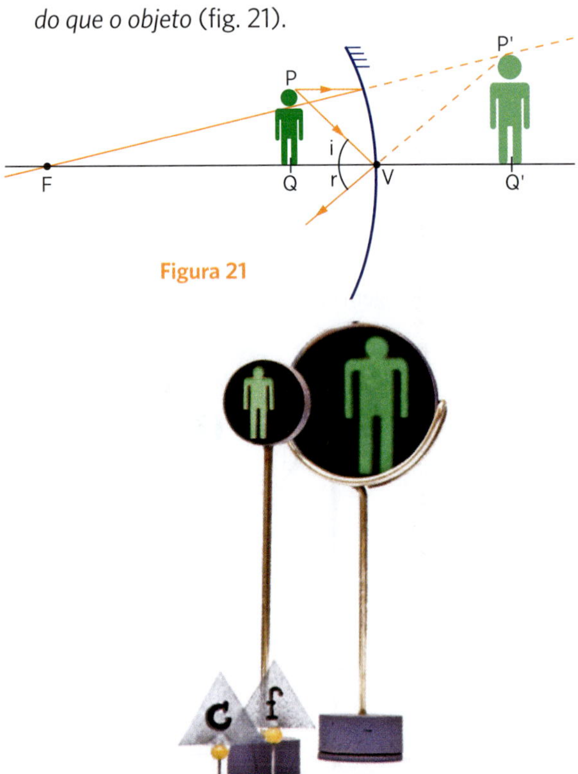

Figura 21

Figura 22

Aplicação

A5. Construa graficamente a imagem do objeto $\overline{PQ}$, representado nos esquemas seguintes, classificando-a em real ou virtual, direita ou invertida e em maior, menor ou do mesmo tamanho que o objeto. Nos esquemas, *V* é o vértice, *F* é o foco principal e *C* é o centro de curvatura.

a)

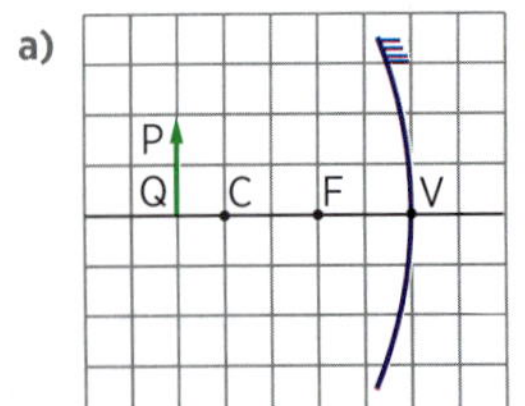

b)

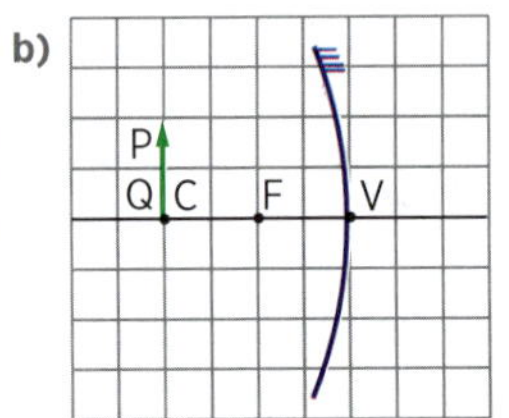

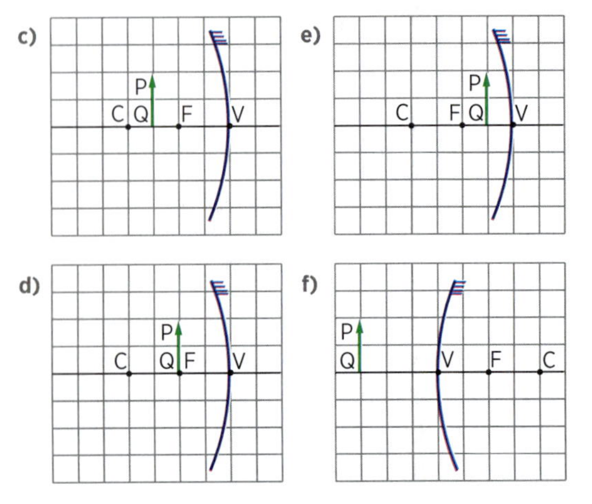

A6. O esquema representa o objeto real e sua correspondente imagem fornecida por um espelho esférico. Graficamente, encontre a posição do espelho, indicando o seu vértice.

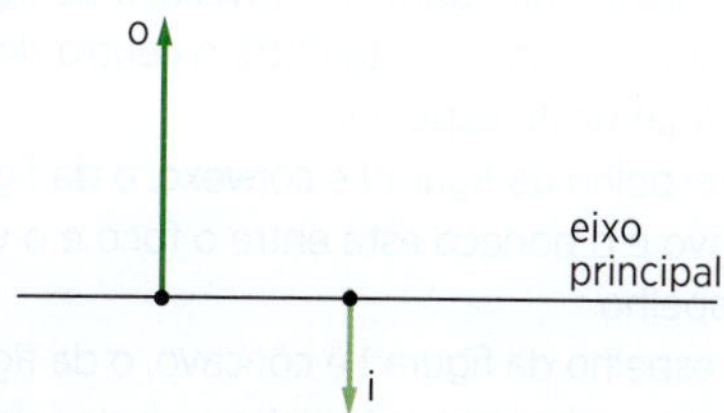

Assinale ainda a posição do centro de curvatura e do foco.

A7. Somente a imagem real, por ser definida pelo cruzamento efetivo de raios, pode ser recebida sobre uma tela. Então, podemos projetar em uma tela a imagem de um objeto real:

a) colocado diante de um espelho côncavo, em qualquer posição.
b) colocado entre o foco *F* e o vértice *V* de um espelho côncavo.
c) colocado em frente de um espelho convexo, em qualquer posição.
d) colocado entre o foco *F* e o centro de curvatura *C* de um espelho côncavo.
e) colocado atrás de um espelho côncavo.

Verificação

V5. Encontre graficamente a imagem do boneco no espelho esférico, ambos representados em escala. Sendo *F* o foco do espelho, a imagem do boneco é (e está):

a) real (à direita do boneco).
b) real (à esquerda do boneco).
c) virtual (à direita do foco).
d) virtual (à esquerda do foco).
e) imprópria (no infinito).

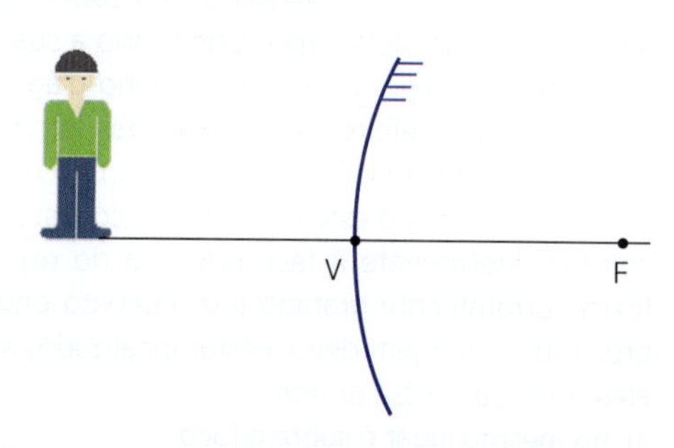

V6. A figura apresenta um objeto *o* colocado defronte a um espelho côncavo. *C* é o centro de curvatura e *F*, o foco do espelho.

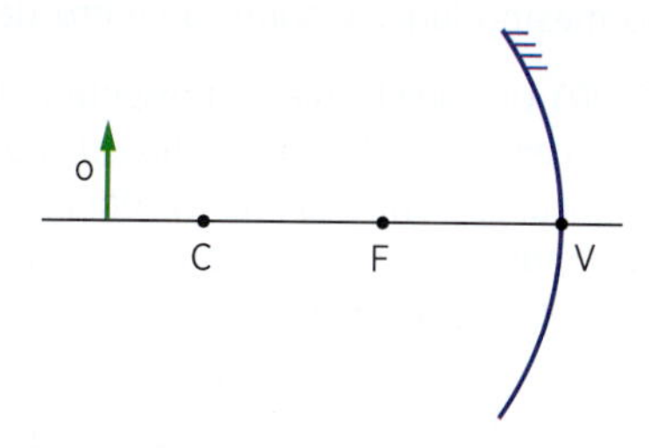

Onde se forma a imagem do objeto?

a) à esquerda de *o*.
b) entre *o* e *C*.
c) entre *C* e *F*.
d) entre *F* e o espelho.
e) à direita do espelho.

V7. Um objeto *o* está em frente a um espelho côncavo de foco *F*. A imagem desse objeto está formada em:

a) A
b) B
c) C
d) D
e) F

V8. Se um objeto real se encontra entre o centro de curvatura e o foco de um espelho esférico côncavo, a sua imagem vai se formar:

a) no vértice do espelho.
b) no centro de curvatura do espelho.
c) antes do centro de curvatura.
d) entre o centro de curvatura e o foco do espelho.
e) entre o foco e o vértice do espelho.

V9. De um objeto real, um espelho esférico côncavo forma imagem virtual, direita e maior quando o objeto está colocado:

a) no foco do espelho.
b) entre o foco e o espelho.
c) no centro óptico do espelho.
d) entre o foco e o centro óptico do espelho.
e) entre o centro óptico e o infinito.

V10. O esquema representa o objeto real e sua correspondente imagem fornecida por um espelho esférico de eixo principal XX′. Graficamente, encontre a posição do espelho, indicando o seu vértice. Assinale ainda a posição do centro de curvatura e do foco do espelho.

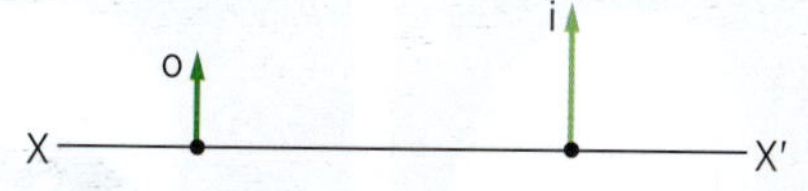

V11. Não é possível projetar sobre uma tela a imagem de um objeto colocado:

a) na frente de um espelho côncavo.
b) entre o foco e o centro de curvatura de um espelho côncavo.
c) sobre o centro de curvatura de um espelho côncavo.
d) entre o foco e o vértice de um espelho côncavo.
e) antes do centro de curvatura de um espelho côncavo.

R5. (UF-MG) Uma pequena lâmpada está na frente de um espelho esférico, convexo, como mostrado na figura. O centro de curvatura do espelho está no ponto *O*.

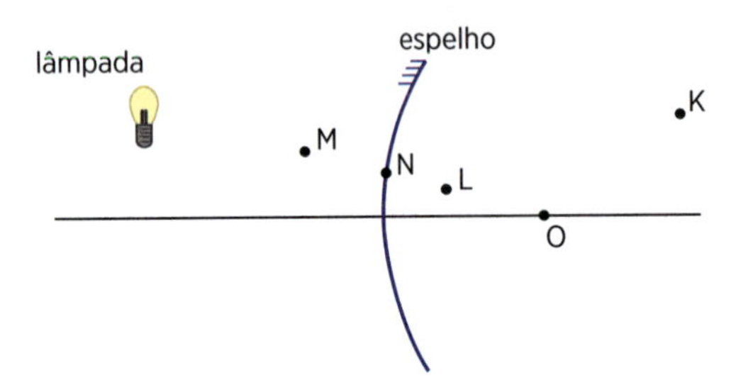

Nesse caso, o ponto em que, *mais* provavelmente, a imagem da lâmpada será formada é o:

a) K
b) L
c) M
d) N

R6. (FGV-SP) Vendido como acessório para carros e caminhões, um pequeno espelho esférico convexo autoadesivo, quando colocado sobre o espelho retrovisor externo, permite ao motorista a obtenção de um maior campo visual.

Analise as afirmações com base na utilização desse pequeno espelho para a observação de objetos reais.

I. As imagens obtidas são menores que o objeto.
II. A imagem conjugada é virtual.
III. Há uma distância em que não ocorre formação de imagem (imagem imprópria).
IV. Para distâncias muito próximas ao espelho, a imagem obtida é invertida.

É verdadeiro o contido apenas em:

a) I e II
b) I e III
c) II e IV
d) III e IV
e) I, II e IV

R7. (UF-RN) Deodora, aluna do 4º ano do ensino fundamental, ficou confusa na feira de ciências de sua escola, ao observar a imagem de um boneco em dois espelhos esféricos. Ela notou que, com o boneco colocado a uma mesma distância do vértice dos espelhos, suas imagens produzidas por esses espelhos apresentavam tamanhos diferentes, conforme mostrado nas figuras 1 e 2, reproduzidas abaixo.

Figura 1

Figura 2

Eduardo Santaliestra

Observando-se as duas imagens, é correto afirmar:

a) o espelho da figura 1 é côncavo, o da figura 2 é convexo e o boneco está entre o foco e o vértice deste espelho.
b) o espelho da figura 1 é convexo, o da figura 2 é côncavo e o boneco está entre o centro de curvatura e o foco deste espelho.
c) o espelho da figura 1 é convexo, o da figura 2 é côncavo e o boneco está entre o foco e o vértice deste espelho.
d) o espelho da figura 1 é côncavo, o da figura 2 é convexo e o boneco está entre o centro de curvatura e o foco deste espelho.

R8. (FGV-SP)

LUA NA AGUA

ALGUMA LUA

LUA ALGUMA

(Paulo Leminski: *La vie en close*, 1991.)

Paulo Leminski

Nesse poema, Paulo Leminski brinca com a reflexão das palavras, dando forma e significado a sua poesia ao imaginar a reflexão em um espelho-d'água. Para obter o mesmo efeito de inversão das letras, se os dizeres da primeira linha estiverem sobre o eixo principal de um espelho esférico côncavo, com sua escrita voltada diretamente à face refletora do espelho, o texto corretamente grafado e o anteparo onde será projetada a imagem devem estar localizados sobre o eixo principal, nessa ordem:

a) no mesmo lugar e sobre o foco.
b) no mesmo lugar e sobre o vértice.
c) no centro de curvatura e sobre o foco.
d) no foco e sobre o centro de curvatura.
e) no mesmo lugar e sobre o centro de curvatura.

R9. (PUC-PR) Um objeto real, representado pela seta, é colocado em frente de um espelho, que pode ser plano ou esférico, conforme as figuras. Indique a alternativa correspondente ao caso em que a imagem fornecida pelo espelho será virtual:

(I)
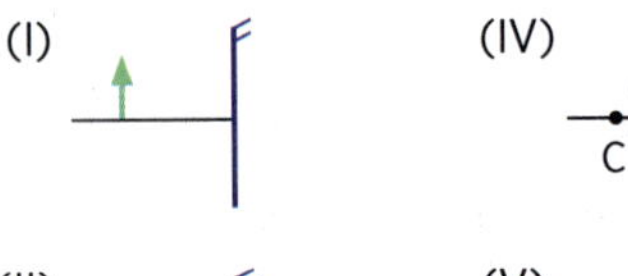

(IV)

(II)
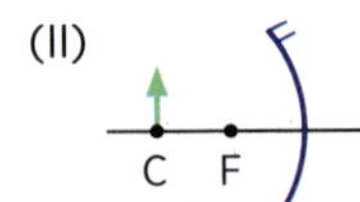

(V)
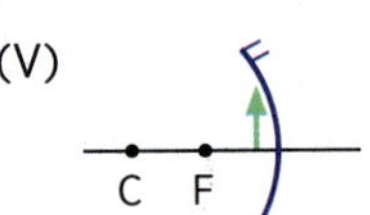

(III)
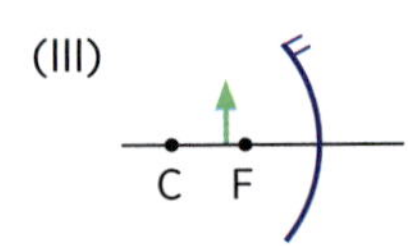

a) nos casos I, IV e V.
b) somente no caso I.
c) somente no caso II.
d) nos casos I e II.
e) nos casos I e III.

Fórmulas dos espelhos esféricos

Para referir a posição do objeto e da imagem em relação ao espelho esférico, adotamos o sistema de referência de Gauss, esquematizado na figura 23.

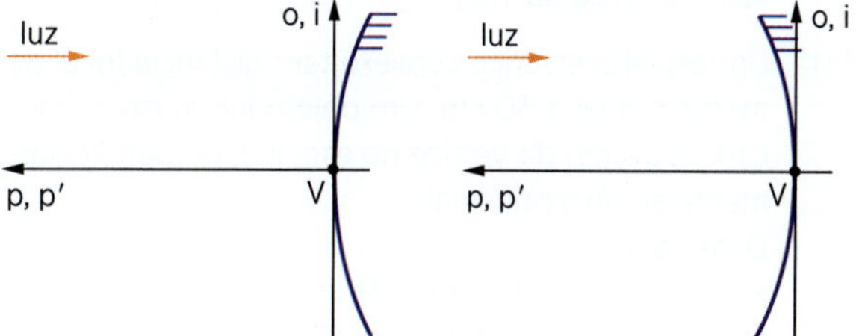

Figura 23

Eixo	Origem	Direção	Sentido
abscissas (p, p')	vértice (V)	eixo principal	contrário ao da luz incidente
ordenadas (o, i)	vértice (V)	perpendicular ao eixo principal	de baixo para cima

Por exemplo, nos esquemas representados nas figuras 24 e 25, estão anotadas as dimensões referentes ao objeto e à imagem e os valores das abscissas e das ordenadas, de acordo com o referencial acima.

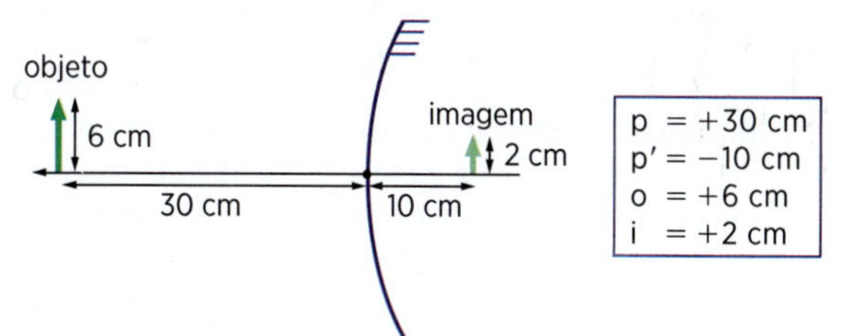

Figura 24

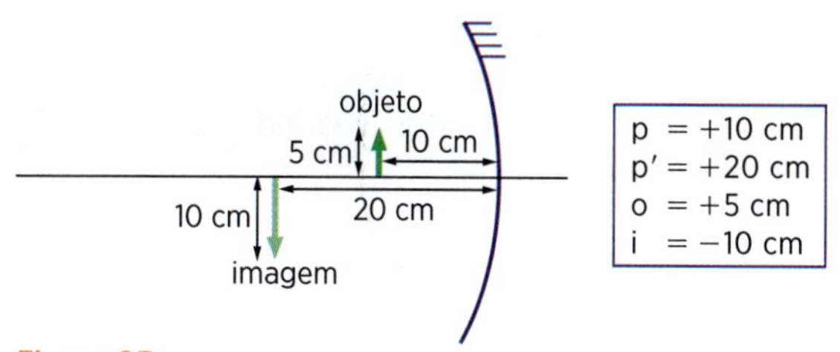

Figura 25

De acordo com esse referencial, imagem real tem abscissa positiva e imagem virtual tem abscissa negativa:

imagem real: $p' > 0$
imagem virtual: $p' < 0$

Observe ainda que, admitindo *p* e *o* como sendo sempre positivos (*objeto real, acima do eixo principal*), a abscissa da imagem *p'* e sua ordenada *i* têm sempre sinais contrários. Assim:

imagem real é invertida: $p' > 0$; $i < 0$
imagem virtual é direita: $p' < 0$; $i > 0$

Nos espelhos esféricos, a distância focal *f* e o raio de curvatura *R* são considerados abscissas do foco principal *F* e do centro de curvatura *C*, respectivamente. Sendo assim, o espelho côncavo tem distância focal e raio de curvatura positivos, enquanto o espelho convexo os tem negativos.

Equação de Gauss

A *Equação de Gauss* relaciona as abscissas (*p* e *p'*) com a distância focal *f* do espelho:

$$\frac{1}{f} = \frac{1}{p} + \frac{1}{p'}$$

Aumento linear transversal da imagem

Chama-se aumento linear transversal da imagem (*A*) a relação entre as ordenadas *i* e *o*:

$$A = \frac{i}{o}$$

No exemplo da figura 24, temos: $\frac{i}{o} = \frac{+2}{+6}$, $A = +\frac{1}{3}$. Significa que a imagem é direita e tem altura três vezes menor do que a do objeto.

Para a figura 25, vem: $\frac{i}{o} = \frac{-10}{+5}$, $A = -2$. Portanto, a imagem é invertida e tem altura duas vezes maior do que a do objeto.

Entre as abscissas (*p* e *p'*) e as ordenadas (*o* e *i*) vale a relação seguinte, obtida da semelhança dos triângulos sombreados na figura 26:

$$\frac{i}{o} = -\frac{p'}{p} \Rightarrow A = -\frac{p'}{p}$$

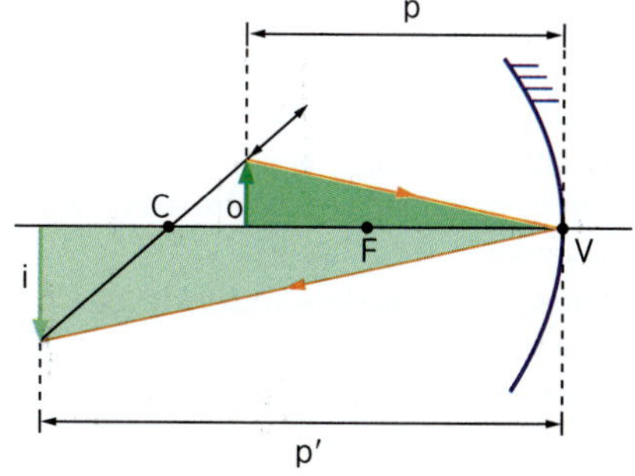

Figura 26

O sinal negativo é acrescido à relação geométrica, em vista de *i* e *p'* terem sempre sinais opostos (para *o* e *p* positivos).

Aplicação

A8. Um espelho esférico côncavo tem distância focal igual a 30 cm. Um objeto é colocado frontalmente a 50 cm do espelho. Determine a posição e a natureza da imagem.

A9. Um espelho esférico convexo tem distância focal de módulo igual a 20 cm. Um objeto luminoso é colocado a 40 cm do vértice do espelho, perpendicular ao eixo principal. Determine a posição e a natureza da imagem.

A10. Um espelho côncavo tem 80 cm de raio de curvatura. Um objeto com 10 cm de altura é colocado frontalmente a 60 cm do espelho.
Determine:
a) a distância focal do espelho;
b) a abscissa da imagem formada;
c) a altura (ordenada) da imagem;
d) a natureza da imagem.

A11. Um espelho esférico convexo tem distância focal de módulo igual a 30 cm. Um objeto luminoso é colocado a 30 cm do vértice do espelho, perpendicularmente ao eixo principal.
Determine:
a) a posição e a natureza da imagem;
b) o aumento linear transversal da imagem.

Verificação

V12. Um objeto está frontalmente colocado diante de um espelho esférico côncavo, de distância focal 20 cm, a 30 cm de seu vértice.
a) A que distância do vértice do espelho se forma a imagem? Qual a sua natureza?
b) Faça um esquema onde apareçam o espelho, o objeto e a correspondente imagem. Para obtenção da imagem, utilize dois raios de luz.

V13. O raio de curvatura de um espelho côncavo é R = 100 cm. À sua frente, situado perpendicularmente ao eixo principal e a 150 cm de seu vértice, está um objeto.
Determine:
a) a distância focal do espelho;
b) a abscissa da imagem formada;
c) a natureza da imagem;
d) o aumento linear transversal da imagem.

V14. Um objeto está frontalmente colocado diante de um espelho esférico convexo, cuja distância focal tem módulo igual a 20 cm. A imagem se forma a 15 cm do espelho.
a) Determine a distância do objeto ao espelho.
b) Faça um esquema onde apareçam o espelho, o objeto e sua imagem. Para a obtenção da imagem, utilize dois raios de luz.

V15. Um espelho esférico convexo apresenta raio de curvatura cujo módulo é igual a 12 cm. Diante dele está um objeto perpendicular ao eixo principal com 6,0 cm de altura e a 3,0 cm do vértice do espelho. Determine a posição, a altura e a natureza da imagem formada.

Revisão

R10. (Unifal-MG) Um objeto real, direito, situado no eixo principal de um espelho esférico côncavo, 20 cm distante do vértice do espelho, forma uma imagem real situada a 60 cm do vértice do espelho. Assinale a alternativa correta.
a) A imagem formada está entre o foco e o centro da curvatura.
b) A imagem formada é maior do que o objeto e direita.
c) A distância focal do espelho é de 30 cm.
d) A imagem é menor que o objeto e invertida.
e) O objeto está situado entre o foco e o centro de curvatura do espelho.

R11. (Unimontes-MG) A figura ao lado representa um espelho esférico côncavo em que a imagem tem uma altura três vezes maior que a do objeto.

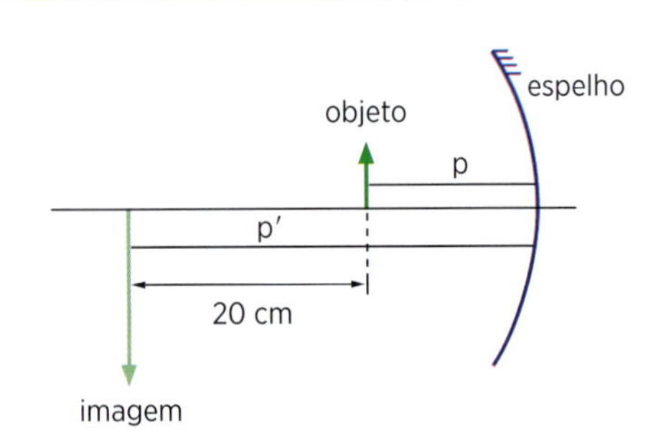

As posições do objeto e da imagem são, respectivamente:
a) 10 cm e 20 cm.
b) 20 cm e 30 cm.
c) 10 cm e 30 cm.
d) 30 cm e 40 cm.

R12. (PUC-SP) Um objeto é inicialmente posicionado entre o foco e o vértice de um espelho esférico côncavo, de raio de curvatura igual a 30 cm, e distante 10 cm do foco. Quando o objeto for reposicionado para a posição correspondente ao centro de curvatura do espelho, qual será a distância entre as posições das imagens formadas nessas duas situações?

a) 37,5 cm
b) 22,5 cm
c) 7,5 cm
d) 60 cm
e) zero

R13. (Unicamp-SP) Para espelhos esféricos nas condições de Gauss, a distância do objeto ao espelho, *p*, a distância da imagem ao espelho, *p'*, e o raio de curvatura do espelho, *R*, estão relacionados pela equação $\frac{1}{p} + \frac{1}{p'} = \frac{2}{R}$. O aumento linear transversal do espelho esférico é dado por $A = \frac{-p'}{p}$, onde o sinal de *A* representa a orientação da imagem, direita quando positivo e invertida quando negativo.

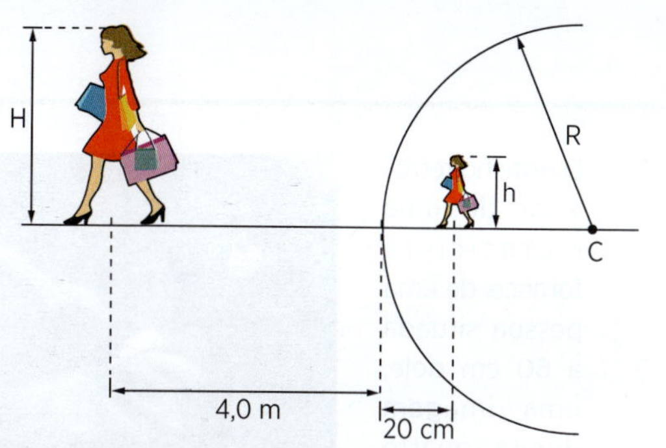

Em particular, espelhos convexos são úteis por permitir o aumento do campo de visão e por essa razão são frequentemente empregados em saídas de garagens e em corredores de supermercados. A figura acima mostra um espelho esférico convexo de raio de curvatura *R*. Quando uma pessoa está a uma distância de 4,0 m da superfície do espelho, sua imagem virtual se forma a 20 cm deste, conforme mostra a figura. Usando as expressões fornecidas acima, calcule o que se pede.

a) O raio de curvatura do espelho.
b) O tamanho *h* da imagem, se a pessoa tiver H = 1,60 m de altura.

APROFUNDANDO

Em grandes lojas e supermercados, utilizam-se espelhos convexos estrategicamente colocados. Por que não se utilizam espelhos planos ou côncavos?

Outra fórmula para o aumento linear transversal

Da Equação de Gauss podemos tirar o valor de *p'* e substituí-lo na fórmula do aumento:

$$\frac{1}{f} = \frac{1}{p} + \frac{1}{p'} \Rightarrow \frac{1}{p'} = \frac{1}{f} - \frac{1}{p} \Rightarrow$$

$$\Rightarrow p' = \frac{f \cdot p}{p - f}$$

Em $\frac{i}{o} = -\frac{p'}{p}$, resulta: $A = -\frac{\frac{f \cdot p}{p - f}}{p}$

$$A = \frac{f}{f - p}$$

Aplicação

A12. Mediante um espelho localizado a 1,0 m de um objeto luminoso frontal, deseja-se obter uma imagem direita cuja altura seja $\frac{2}{3}$ da do objeto.

Determine o tipo de espelho que deve ser adotado e sua distância focal.

A13. Um espelho côncavo projeta sobre uma parede a imagem vinte vezes maior de um objeto real colocado a 42 cm de seu vértice. Determine:

a) a distância focal do espelho;
b) a distância do espelho à parede.

A14. Uma pessoa diante de um espelho esférico de raio 120 cm vê sua imagem direita quatro vezes maior. Determine sua distância ao espelho.

A15. Um espelho côncavo fornece de um objeto real uma imagem invertida e quatro vezes maior. A distância entre a imagem e o objeto é 45 cm. Determine as abscissas do objeto e da imagem e o raio de curvatura do espelho.

Verificação

V16. O espelho retrovisor de uma motocicleta fornece, de uma pessoa situada a 60 cm dele, uma imagem direita quatro vezes menor. Qual o tipo de espelho e qual o seu raio de curvatura?

rotoGraphics/Kalium/Grupo Keystone

V17. Um objeto está colocado frontalmente a um espelho a 20 cm de seu vértice. A imagem formada é real e quatro vezes maior que o objeto. Determine:

a) a distância focal do espelho;

b) a distância entre o objeto e a imagem.

V18. Um espelho de maquiagem fornece uma imagem direita e aumentada três vezes do rosto de uma pessoa. O raio de curvatura do espelho é igual a 90 cm. Determine a distância entre a pessoa e o espelho.

Marga Buschbell Steeger/Photographer's Choice RF/Getty Images

V19. A distância entre o objeto e sua imagem fornecida por um espelho côncavo é 72 cm. Objeto e imagem são ambos reais e a imagem é cinco vezes maior que o objeto. Determine o raio de curvatura do espelho.

V20. Um objeto é colocado frontalmente a 20 cm de um espelho esférico côncavo de raio de curvatura igual a 60 cm. Determine o aumento linear transversal da imagem.

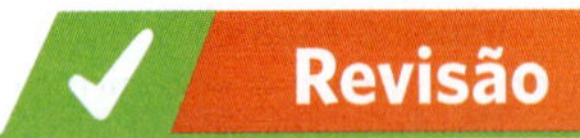

Revisão

R14. (UFF-RJ) Um rapaz utiliza um espelho côncavo, de raio de curvatura igual a 40 cm, para barbear-se. Quando o rosto do rapaz está a 10 cm do espelho, o aumento linear transversal da imagem produzida é:

a) 1,3
b) 1,5
c) 2,0
d) 4,0
e) 40

R15. (ITA-SP) Um objeto linear de altura *h* está assentado perpendicularmente no eixo principal de um espelho esférico, a 15 cm de seu vértice. A imagem produzida é direita e tem altura de $\frac{h}{5}$. Esse espelho é:

a) côncavo, de raio 15 cm.
b) côncavo, de raio 7,5 cm.
c) convexo, de raio 7,5 cm.
d) convexo, de raio 15 cm.
e) convexo, de raio 10 cm.

R16. (UF-RN) A bela Afrodite adora maquiar-se. Entretanto, não está satisfeita com o espelho plano que há em seu quarto, pois gostaria de se ver bem maior para poder maquiar-se mais adequadamente. Com essa ideia, ela procurou você, que é um fabricante de espelhos, e encomendou um espelho em que pudesse ver-se com o triplo do tamanho da imagem do espelho plano.

Para as finalidades pretendidas pela jovem:

a) determine se o espelho deve ser côncavo ou convexo, bem como onde Afrodite deve se posicionar em relação ao vértice (*V*), ao foco (*F*) e ao centro (*C*) do espelho. Faça um diagrama representando a formação da imagem, conforme o desejo de Afrodite.

b) calcule o raio de curvatura do espelho, considerando a informação de que Afrodite costuma ficar a 50 cm do referido espelho.

R17. (U. F. Pelotas-RS) Um objeto de 6 cm de altura é colocado perpendicularmente ao eixo principal e a 24 cm do vértice de um espelho esférico côncavo, de raio de curvatura 36 cm. Baseado em seus conhecimentos sobre óptica geométrica, a altura e natureza da imagem são, respectivamente:

a) 2 cm; virtual e direita.
b) 12 cm; real e invertida.
c) 18 cm; virtual e direita.
d) 18 cm; real e invertida.
e) 2 cm; virtual e invertida.

R18. (Aman-RJ) Um fabricante de automóveis deseja colocar em seus veículos um espelho retrovisor que forneça ao motorista uma imagem do veículo que o segue, reduzida à metade do seu tamanho natural, quando ele estiver a 5,0 m de distância do vértice do espelho. A opção que contém as características do espelho a ser utilizado é:

a) espelho esférico côncavo com raio de curvatura igual a 2,50 m.
b) espelho esférico côncavo com distância focal de 2,50 m.
c) espelho esférico côncavo com distância focal de 5,0 m.
d) espelho esférico convexo com distância focal de 2,50 m.
e) espelho esférico convexo com raio de curvatura igual a 10,0 m.

APROFUNDANDO

Faça uma pesquisa sobre as aplicações práticas dos espelhos esféricos: côncavos e convexos.

capítulo

27 Refração da luz

O que é refração da luz

Consideremos um feixe de luz monocromática atingindo a superfície de separação *S* entre dois meios homogêneos e transparentes, como o ar e a água (fig. 1). Uma parcela dessa luz sofre reflexão, uma parcela (não representada) é absorvida pelo meio material e uma terceira parcela muda seu meio de propagação. A parte da luz que muda de meio e que, em consequência, tem sua velocidade de propagação alterada, dizemos que sofreu *refração*.

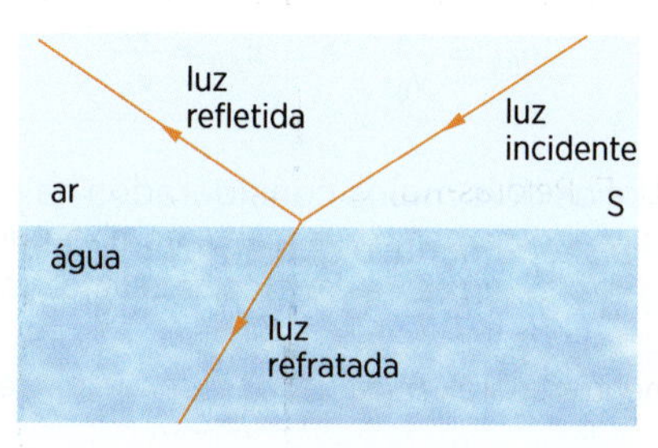

Figura 1

Quando a incidência da luz na superfície de separação é oblíqua, a refração ocorre com mudança de direção do feixe luminoso. No caso de a incidência ser perpendicular, não há mudança de direção. Na figura 2, representamos as duas situações, omitindo, como faremos daqui para a frente, o raio refletido que sempre acompanha o fenômeno da refração.

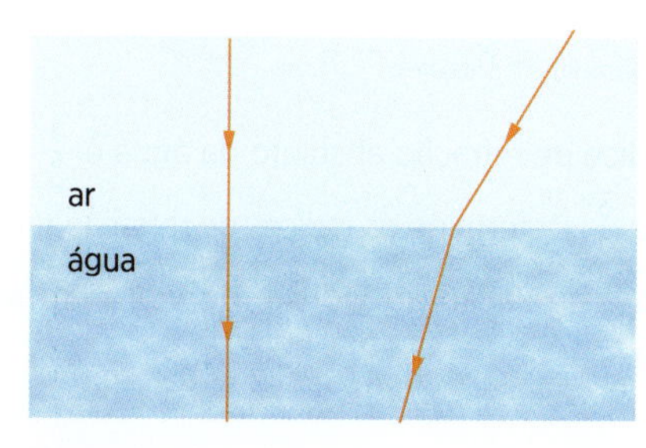

Figura 2

A refração da luz é responsável por uma série de fenômenos ópticos, como, por exemplo, o fato de uma colher parecer quebrada quando mergulhada na água (fig. 3) e de a profundidade de uma piscina parecer menor do que realmente é.

Jerome Wexler/Photo Researchers/Getty Images

Figura 3

Índice de refração

Para caracterizar cada um dos meios envolvidos no fenômeno da refração, definimos uma grandeza *adimensional* denominada *índice de refração absoluto* (n), que corresponde a uma comparação entre a velocidade da luz no meio considerado (v) e a velocidade da luz no vácuo (c).

Define-se *índice de refração absoluto* (n) de um meio pela relação entre a velocidade da luz no vácuo (c) e a velocidade (v) da luz monocromática que se propaga no meio considerado:

$$n = \frac{c}{v}$$

Como a velocidade da luz no vácuo é sempre maior que a velocidade da luz em qualquer meio material, o índice de refração absoluto de um meio é sempre maior que 1, indicando quantas vezes a velocidade da luz no meio é menor que a velocidade da luz no vácuo.

$n > 1$, pois $c > v$; meio material

Exemplificando, o índice de refração absoluto da benzina (a 20 °C) é 1,5. Isso quer dizer que *a velocidade da luz na benzina (a 20 °C) é uma vez e meia menor que a velocidade da luz no vácuo:*

$$n = \frac{c}{v} \Rightarrow 1{,}5 = \frac{c}{v} \Rightarrow v = \frac{c}{1{,}5}$$

O índice de refração absoluto de um meio depende da cor da luz monocromática que se propaga. No exemplo acima, o valor considerado corresponde à luz amarela. Para o mesmo meio, o índice de refração absoluto apresenta o *maior valor para a luz violeta* e o *menor valor para a luz vermelha*.

Por exemplo, o denominado vidro *crown* apresenta, para diferentes luzes monocromáticas, diferentes índices de refração absolutos:

Luz	Índice de refração (*n*)
vermelha	1,513
alaranjada	1,514
amarela	1,517
verde	1,519
azul	1,526
anil	1,528
violeta	1,532

O índice de refração absoluto do *vácuo* é unitário:

$$n = 1, \text{ pois } v = c$$

Para o *ar* tem-se também, como boa aproximação:

$$n_{ar} = 1$$

Como o fenômeno da refração sempre envolve dois meios, é costume definir-se o *índice de refração relativo entre dois meios* como o quociente entre os seus índices de refração absolutos. Assim, considerando os meios *A* e *B* de índices de refração absolutos n_A e n_B (fig. 4), definimos o índice de refração relativo n_{AB} do meio *A* em relação ao meio *B* e o índice de refração relativo n_{BA} do meio *B* em relação ao meio *A* pelas relações:

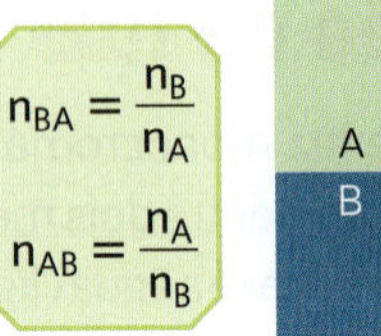

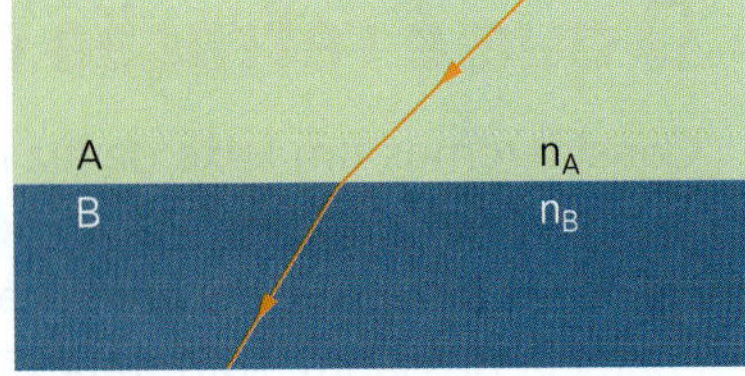

Figura 4

Em função das velocidades da luz nos meios *A* e *B* (v_A e v_B), os índices relativos são expressos por:

$$n_{BA} = \frac{v_A}{v_B} \quad \text{e} \quad n_{AB} = \frac{v_B}{v_A}$$

Entre os dois meios considerados na refração, diz-se *mais refringente* o que apresenta *maior índice de refração absoluto*. O outro é, logicamente, o *menos refringente*.

Aplicação

A1. Certa luz monocromática apresenta num meio material velocidade igual a $1{,}5 \cdot 10^8$ m/s. Sendo a velocidade da luz no vácuo $3{,}0 \cdot 10^8$ m/s, determine o índice de refração absoluto desse meio para a luz que se propaga.

A2. O índice de refração absoluto da água é $n = \frac{4}{3}$ para certa luz monocromática.
Qual a velocidade de propagação dessa luz na água, se no vácuo ela se propaga com velocidade $c = 3 \cdot 10^5$ km/s?

A3. A velocidade da luz amarela num determinado meio é $\frac{4}{5}$ da velocidade da luz no vácuo. Qual o índice de refração absoluto desse meio?

A4. Usando feixes de luz monocromáticos de cores azul, amarela e vermelha, mediu-se o índice de refração *n* de uma placa de vidro comum. Certamente, a relação entre os valores obtidos foi:

a) $n_{azul} = n_{amarelo} = n_{vermelho}$
b) $n_{azul} > n_{vermelho} > n_{amarelo}$
c) $n_{vermelho} > n_{azul} > n_{amarelo}$
d) $n_{azul} > n_{amarelo} > n_{vermelho}$
e) $n_{vermelho} > n_{amarelo} > n_{azul}$

A5. O índice de refração absoluto da água é $\frac{4}{3}$ e o do vidro é $\frac{3}{2}$. Determine os índices de refração relativos da água em relação ao vidro e do vidro em relação à água.

Verificação

V1. Determine o índice de refração absoluto de um líquido onde a luz se propaga com a velocidade de $2{,}0 \cdot 10^5$ km/s. A velocidade da luz no vácuo é $3{,}0 \cdot 10^5$ km/s.

V2. O índice de refração absoluto do vidro é 1,5 para certa luz monocromática. Qual a velocidade de propagação dessa luz no vidro, se no vácuo ela se propaga com velocidade $c = 3{,}0 \cdot 10^8$ m/s?

V3. A velocidade da luz azul em certo líquido é $\frac{2}{3}$ da sua velocidade no vácuo. Determine o índice de refração absoluto desse líquido para a luz azul.

V4. Dois feixes de luz monocromáticos, um vermelho e outro violeta, atravessam uma placa de vidro.

a) Qual dos feixes atravessa o vidro com maior velocidade de propagação?

b) Para qual dos feixes o vidro apresenta maior índice de refração absoluto?

V5. Numa substância *A*, a velocidade da luz é 250 000 km/s; numa substância *B* é 200 000 km/s; e no vácuo é 300 000 km/s. Determine:

a) o índice de refração absoluto da substância *A*;

b) o índice de refração absoluto da substância *B*;

c) o índice de refração relativo da substância *A* em relação à substância *B*;

d) o índice de refração relativo da substância *B* em relação à substância *A*.

Revisão

R1. (UE-PB, adaptado) Para caracterizar os meios envolvidos no fenômeno da refração, define-se uma grandeza adimensional denominada *índice de refração absoluto* (*n*) de um meio material como sendo a razão entre a velocidade da luz no vácuo (*c*) e a velocidade (*v*) da luz que se propaga no meio considerado:

$$n = \frac{c}{v}$$

A tabela a seguir relaciona o índice de refração para sete meios diferentes. Se necessário, adote $c = 3 \cdot 10^8$ m/s.

Meio	Índice de refração
Vácuo	1,0000
Ar	1,0003
Água	1,3300
Álcool etílico	1,3600
Óleo	1,4800
Vidro (*crown*)	1,5000
Vidro (*flint*)	1,6600

Com base nessa tabela, é correto afirmar que:

a) a velocidade da luz não se altera quando muda de meio.

b) a velocidade da luz no vidro (*crown*) é a mesma que no vidro (*flint*).

c) o ar é o meio onde a luz apresenta maior velocidade.

d) o vidro (*flint*) é o meio onde a luz viaja mais rápido do que no óleo.

e) na água a luz viaja mais rápido do que no álcool etílico.

R2. (Mackenzie-SP) Um raio luminoso monocromático, ao passar do ar (índice de refração = 1,0) para a água, reduz sua velocidade de 25%. O índice de refração absoluto da água para esse raio luminoso é de aproximadamente:

a) 1,2 **b)** 1,3 **c)** 1,4 **d)** 1,5 **e)** 1,6

R3. (Vunesp-SP) O gráfico da figura 1 representa a intensidade da radiação transmitida ou refratada (curva *T*) e a intensidade da radiação refletida (*R*) em função do ângulo de incidência da luz numa superfície plana de vidro transparente de índice de refração 1,5. A figura 2 mostra três direções possíveis — I, II e III — pelas quais o observador *O* olha para a vitrine plana de vidro transparente *V*.

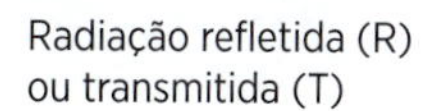

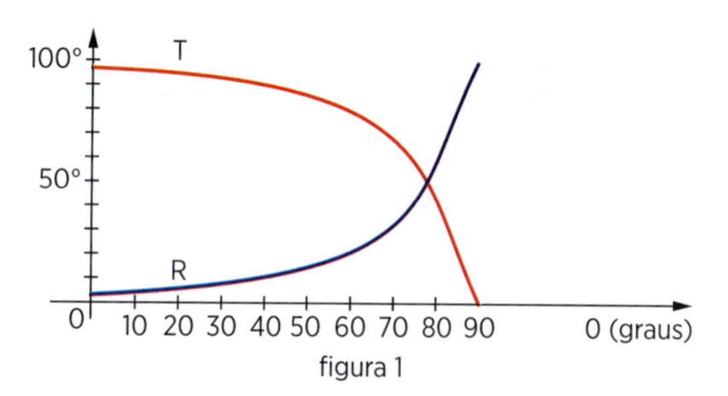

figura 1

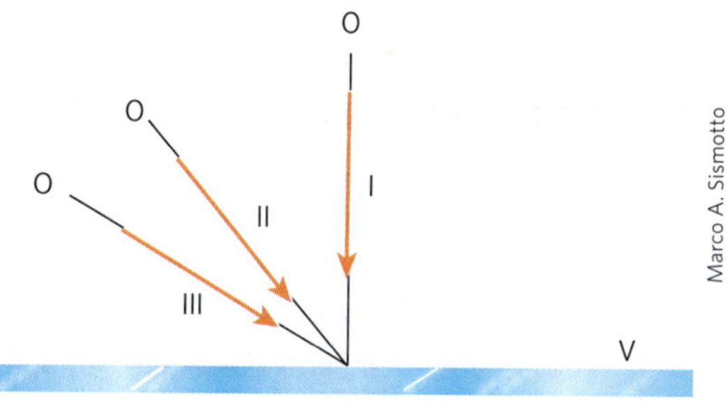

figura 2

Comparando as duas figuras, pode-se concluir que esse observador vê melhor o que está dentro da vitrine quando olha na direção:

a) I e vê melhor o que a vitrine reflete quando olha na direção II.

b) I e vê melhor o que a vitrine reflete quando olha na direção III.

c) II e vê melhor o que a vitrine reflete quando olha na direção I.

d) II e vê melhor o que a vitrine reflete quando olha na direção III.

e) III e vê melhor o que a vitrine reflete quando olha na direção I.

R4. (Fuvest-SP) No esquema a seguir, temos uma fonte luminosa *F* no ar, defronte a um bloco de vidro, atrás do qual se localiza um detector *D*. Observe as distâncias e as dimensões indicadas no desenho.

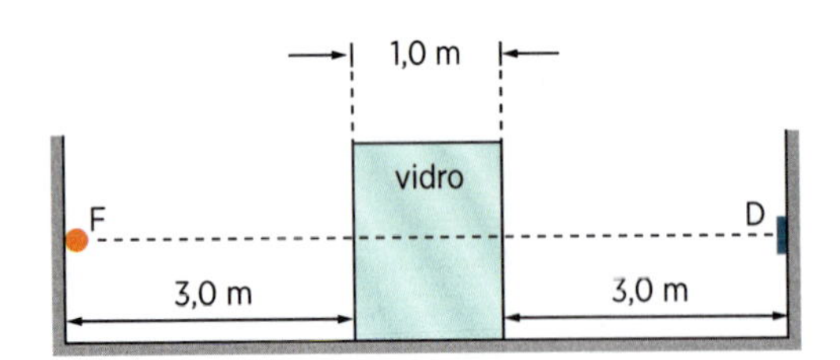

São dados: índice de refração absoluto do ar = 1,0; índice de refração do vidro em relação ao ar = 1,5; módulo da velocidade da luz no ar = $3{,}0 \cdot 10^5$ km/s.

a) Qual o intervalo de tempo para que a luz se propague de *F* a *D*?

b) Represente graficamente o módulo da velocidade da luz, em função da distância, a contar da fonte *F*.

Lei de Snell-Descartes

Na refração, individualizam-se o *raio incidente*, *RI*, e o *raio refratado*, *RR*, sendo costume desenhar, na representação gráfica do fenômeno, uma reta perpendicular à superfície de separação entre os meios, denominada *normal* (*N*), como mostra a figura 5.

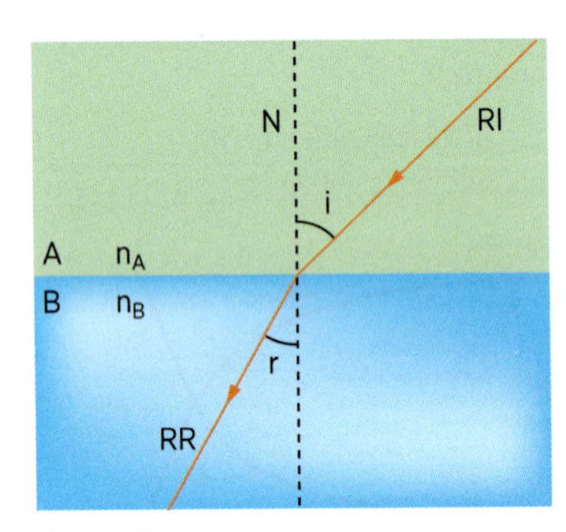

Figura 5

Verifica-se que o *raio incidente*, o *raio refratado* e a *normal* são *coplanares*, isto é, pertencem ao mesmo plano.

O ângulo formado entre o raio incidente e a normal é denominado *ângulo de incidência* (*i*), e o formado entre o raio refratado e a normal é denominado *ângulo de refração* (*r*), como indica a figura 5.

Se a inclinação do raio incidente for modificada, alteram-se os valores dos ângulos de incidência e de refração. No entanto, *o produto do índice de refração absoluto do meio pelo seno do ângulo que o raio faz com a normal nesse meio permanece constante*. Na situação da figura 5, sendo n_A e n_B os índices de refração absolutos, respectivamente, dos meios *A* e *B*, teremos:

$$n_A \cdot \text{sen } i = n_B \cdot \text{sen } r$$

Essa expressão traduz analiticamente a *Lei de Snell-Descartes*.

Aplicação

A6. Um raio luminoso monocromático incide na superfície que separa o meio *A* do meio *B*, formando um ângulo de 60° com a normal no meio *A*. O ângulo de refração vale 30° e o meio *A* é o ar, cujo índice de refração é $n_A = 1$. Sabendo-se que sen 30° $= \frac{1}{2}$ e sen 60° $= \frac{\sqrt{3}}{2}$, determine o índice de refração do meio *B* (n_B).

A7. Na refração de um raio luminoso monocromático os ângulos de refração e de incidência valem, respectivamente, 45° e 30°. Sabendo-se que sen 45° $= \frac{\sqrt{2}}{2}$ e sen 30° $= \frac{1}{2}$, determine o índice de refração relativo do meio que contém o raio refratado em relação ao meio que contém o raio incidente.

A8. A figura ao lado indica a trajetória de um raio de luz que se propaga do ar para o vidro. Qual é o índice de refração do vidro em relação ao ar?

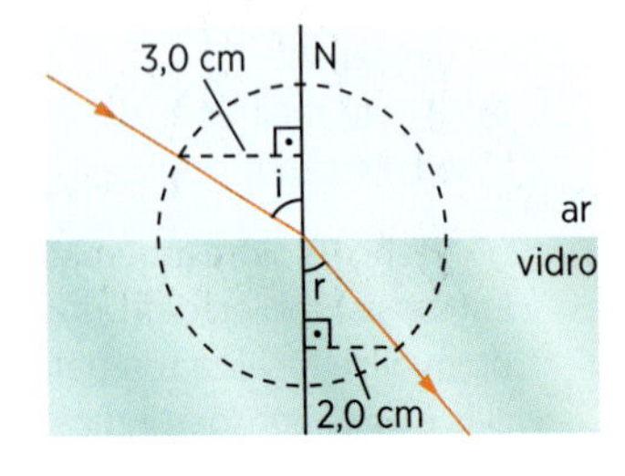

A9. Um raio de luz monocromática se propaga de certo líquido para o ar ($n_{ar} = 1$).

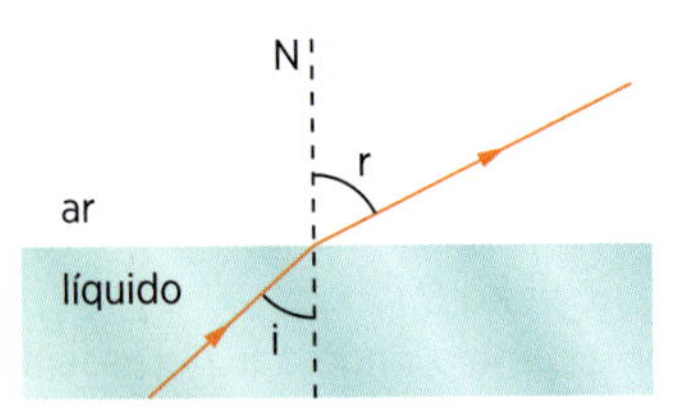

Em experiências sucessivas, mediu-se o ângulo de incidência e o ângulo de refração, tendo sido obtido o gráfico de correspondência entre os senos que aparece abaixo.

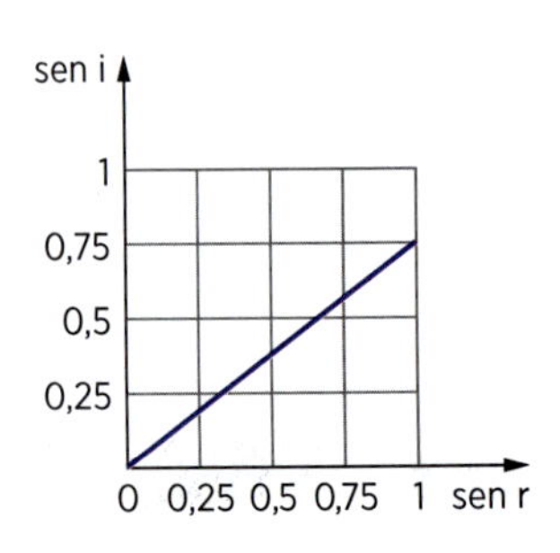

Determine o índice de refração do líquido.

Verificação

V6. Quando se propaga de um meio *A* para um meio *B*, incidindo sob ângulo de 45° com a normal, um raio luminoso se refrata formando com a normal um ângulo de 60°. Sendo igual a $\sqrt{2}$ o índice de refração do meio *B*, determine o índice de refração do meio *A*.

Dados: sen 45° $= \frac{\sqrt{2}}{2}$ e sen 60° $= \frac{\sqrt{3}}{2}$.

V7. Uma garota aponta sua lanterna que emite um estreito feixe luminoso tentando iluminar um objeto no fundo de um recipiente cheio de líquido transparente.

Lettera Studio

O feixe forma, no ar, um ângulo $\alpha = 30°$ com a superfície do líquido e, dentro do líquido, esse feixe forma um ângulo $\beta = 60°$ com a mesma superfície. Determine o índice de refração do ar em relação ao líquido.

Dados: sen 60° $= \frac{\sqrt{3}}{2}$ e sen 30° $= \frac{1}{2}$.

V8. Foram feitas diversas medidas do ângulo de incidência *i* e do ângulo de refração *r* para um raio luminoso monocromático que se propagava do vácuo para certa substância transparente. Com os valores obtidos foi construído o gráfico abaixo do sen *i* em função do sen *r*.

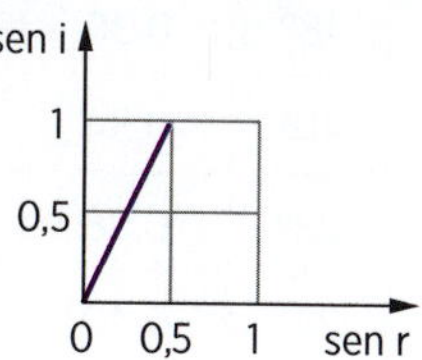

Determine o índice de refração da substância. O índice de refração do vácuo é 1.

V9. A figura indica a trajetória de um raio de luz que se propaga de um meio *A* para um meio *B*.
Qual o índice de refração relativo do meio *B* em relação ao meio *A*?

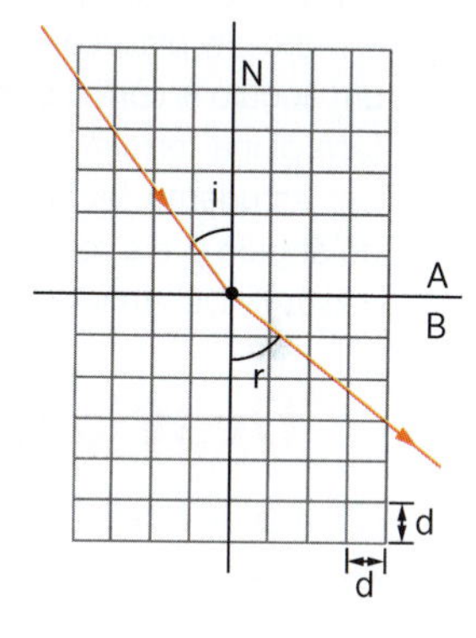

Revisão

R5. (UF-RS) No diagrama abaixo, *i* representa um raio luminoso, propagando-se no ar, que incide e atravessa um bloco triangular de material transparente desconhecido.

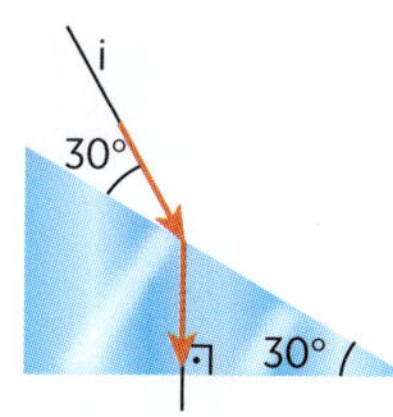

Marco A. Sismotto

Com base na trajetória completa do raio luminoso, o índice de refração desse material desconhecido é:

(Dados: índice de refração do ar = 1;
sen 30° = cos 60° $= \frac{1}{2}$; sen 60° = cos 30° $= \frac{\sqrt{3}}{2}$)

a) $\frac{\sqrt{3}}{2}$
b) $\frac{2}{\sqrt{3}}$
c) $\sqrt{3}$
d) $\frac{4}{\sqrt{3}}$
e) $2\sqrt{3}$

R6. (UF-PB) Um feixe de luz contínuo e monocromático incide do ar para um líquido transparente, conforme o diagrama a seguir, onde as distâncias estão dadas em metros.

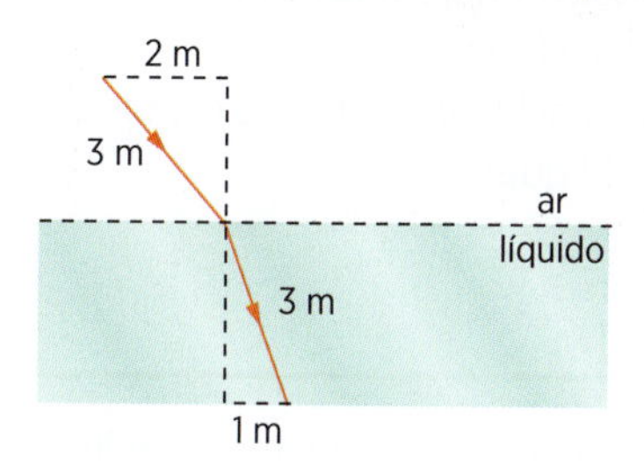

Sendo $3,0 \cdot 10^8$ m/s a velocidade da luz no ar, conclui-se que a velocidade da luz, no líquido, será:

a) $2,0 \cdot 10^8$ m/s
b) $1,5 \cdot 10^8$ m/s
c) $3,0 \cdot 10^8$ m/s
d) $0,5 \cdot 10^8$ m/s
e) $2,5 \cdot 10^8$ m/s

R7. (UF-AL) Um raio de luz monocromático, propagando no ar, incide na superfície plana de uma lâmina de vidro. Verifica-se que os correspondentes raios refletido e refratado formam entre si um ângulo de 90°. Sabendo que os índices de refração do ar e do vidro, para essa luz, valem, respectivamente, 1 e $\sqrt{3}$, determine os ângulos de incidência e de refração. Dados:
sen 30° = cos 60° $= \frac{1}{2}$; sen 60° = cos 30° $= \frac{\sqrt{3}}{2}$.

R8. (Cefet-RJ) Um tanque cilíndrico, com topo aberto, tem o diâmetro de 4,0 m e está completamente cheio de água (índice de refração n = 1,3). Quando o Sol atinge um ângulo de 60° acima do horizonte, a luz solar deixa de atingir o fundo do tanque. Nessas condições, a profundidade do tanque vale:

Dados:

θ	sen θ	tg θ
18°	0,30	0,32
20°	0,34	0,36
22°	0,38	0,40
24°	0,40	0,44

a) 9,0 m b) 10,0 m c) 12,5 m d) 11,0 m

R9. (UF-PE) Um raio de luz incide na parte curva de um cilindro de plástico de seção semicircular formando um ângulo θ_i com o eixo de simetria. O raio emerge na face plana formando um ângulo θ_r com mesmo eixo. Um estudante fez medidas do ângulo θ_r em função do ângulo θ_i e o resultado está mostrado no gráfico θ_r *versus* θ_i. Determine o índice de refração desse plástico.

Dados: índice de refração do ar = 1;

$\text{sen } 30° = \cos 60° = \dfrac{1}{2}$

$\text{sen } 60° = \cos 30° = \dfrac{\sqrt{3}}{2}$

$\text{sen } 90° = 1; \cos 90° = 0$

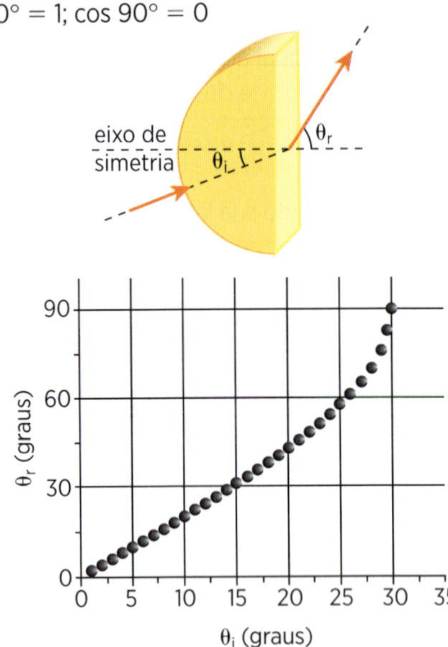

Desvio da luz

Da Lei de Snell-Descartes concluímos que, para uma incidência não perpendicular, há uma proporcionalidade inversa entre o seno do ângulo e o índice de refração absoluto do meio correspondente. De fato, de $n_A \cdot \text{sen } i = n_B \cdot \text{sen } r$ resulta que, se $n_A < n_B$, vem $\text{sen } i > \text{sen } r$ e, portanto, $i > r$.

Desse modo, o raio de luz forma *menor ângulo no meio mais refringente.*

Em conclusão, podemos estabelecer, para a incidência oblíqua:

Quando a luz se propaga do meio menos refringente para o meio mais refringente, o raio de luz se aproxima da normal (fig. 6a). Reciprocamente, quando a luz se propaga do meio mais refringente para o meio menos refringente, o raio de luz se afasta da normal (fig. 6b).

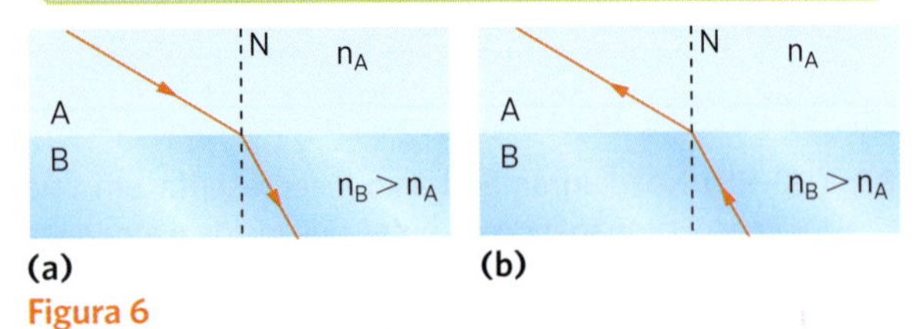

Figura 6

Aplicação

A10. A figura representa um raio de luz se propagando de um meio *A* para outro meio *B*. Sejam n_A e n_B os índices de refração absolutos e v_A e v_B as velocidades de propagação da luz nos meios *A* e *B*, respectivamente.

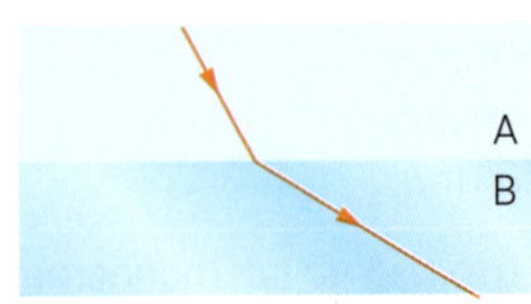

Tem-se:

a) $n_A = n_B$ e $v_A = v_B$.
b) $n_A > n_B$ e $v_A > v_B$.
c) $n_A > n_B$ e $v_A < v_B$.
d) $n_A < n_B$ e $v_A < v_B$.
e) $n_A < n_B$ e $v_A > v_B$.

A11. Um raio de luz monocromática propagando-se no ar incide na face de um bloco de vidro. Dos raios apresentados, qual é o raio refratado que corresponde ao raio incidente?

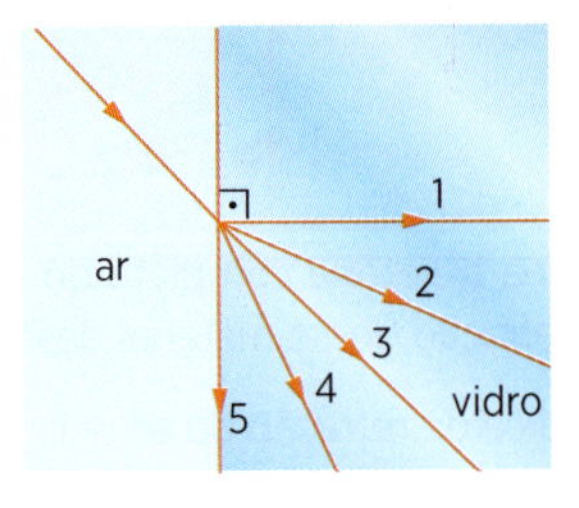

A12. Um raio luminoso incide na superfície de separação entre dois meios *A* e *B*, formando com a normal à superfície um ângulo de 60°. Os índices de refração absolutos dos meios *A* e *B* valem, respectivamente, $\sqrt{2}$ e $\sqrt{3}$, e são dados: $\text{sen } 30° = \dfrac{1}{2}$, $\text{sen } 45° = \dfrac{\sqrt{2}}{2}$ e $\text{sen } 60° = \dfrac{\sqrt{3}}{2}$.

a) Faça um esquema da refração.
b) Determine o ângulo de refração.

A13. Uma luz monocromática se propaga com a velocidade $2{,}0 \cdot 10^5$ km/s em determinado meio. Ao passar desse meio para o ar, onde a velocidade da luz é $3{,}0 \cdot 10^5$ km/s, um raio luminoso incidente forma um ângulo de 30° com a normal.

a) Faça um esquema da refração.
b) Determine o ângulo de refração. Aceita-se uma função trigonométrica do ângulo como resposta. É dado sen 30° = 0,50.

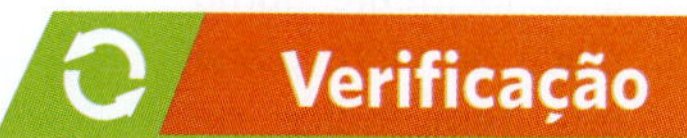

V10. Um raio de luz monocromática atravessa três meios homogêneos e transparentes, *A*, *B* e *C*, conforme indica a figura abaixo.

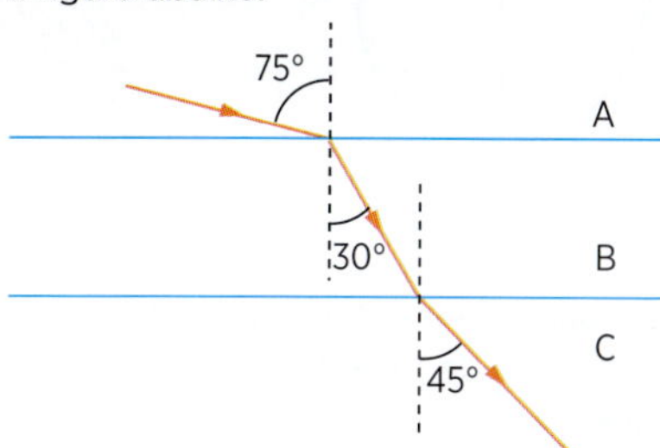

a) Qual dos meios é o mais refringente?
b) Em qual dos meios é maior a velocidade de propagação da luz?

V11. Um raio de luz monocromática se propaga de um meio *A* para um meio *B*. O meio *B* é mais refringente do que o *A*. Observe os esquemas a seguir.

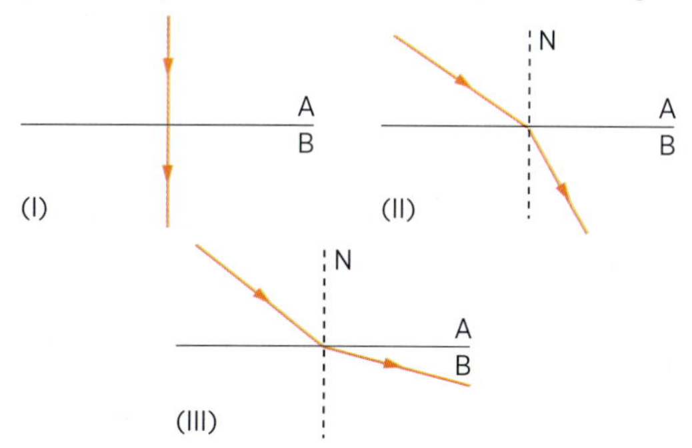

Estão de acordo com a situação descrita:
a) somente o esquema II.
b) somente o esquema III.
c) os esquemas I e II.
d) os esquemas I e III.
e) somente o esquema I.

V12. Um raio de luz monocromática incide, como mostra o esquema abaixo, na superfície de separação entre os meios *A* e *B*, cujos índices de refração valem, respectivamente, $n_A = \sqrt{6}$ e $n_B = \sqrt{2}$. Dados:

$$\text{sen } 30° = \frac{1}{2}; \text{ sen } 45° = \frac{\sqrt{2}}{2}; \text{ sen } 60° = \frac{\sqrt{3}}{2}.$$

a) Como se comporta o raio luminoso em questão ao se refratar? Faça um esquema.
b) Determine o valor do ângulo de refração.

V13. A luz vermelha se propaga no vácuo com velocidade $3 \cdot 10^8$ m/s e no vidro com velocidade $2{,}5 \cdot 10^8$ m/s. Um raio de luz que se propaga do vidro para o vácuo incide com ângulo de 30°.
a) Faça um esquema da refração.
b) Determine o ângulo de refração.
Aceita-se o seno do ângulo como resposta.
Dado: sen 30° = 0,5.

Revisão

R10. (UE-CE) Um raio luminoso monocromático propaga-se através de quatro meios materiais com índices de refração n_0, n_1, n_2 e n_3, conforme mostra a figura a seguir:

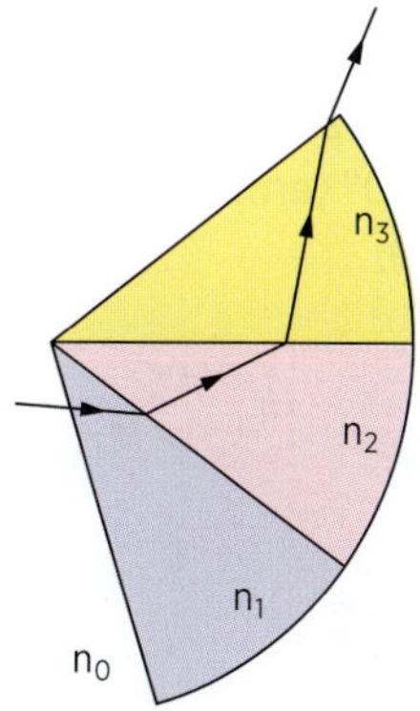

Marco A. Sismotto

Nessas condições, é correto afirmar que:
a) $n_0 > n_1 > n_2 > n_3$
b) $n_0 = n_1 > n_2 > n_3$
c) $n_0 = n_1 < n_2 < n_3$
d) $n_0 < n_1 < n_2 < n_3$

R11. (Mackenzie-SP) Um raio de luz monocromático que se propaga no ar (índice de refração = 1) atinge a superfície de separação com um meio homogêneo e transparente, sob determinado ângulo de incidência, diferente de 0°.

Meio	Índice de refração
Água	1,33
Álcool	1,66
Diamante	2,42
Glicerina	1,47
Vidro comum	1,52

Considerando os meios da tabela acima, aquele para o qual o raio luminoso tem o menor desvio é:
a) Água.
b) Álcool etílico.
c) Diamante.
d) Glicerina.
e) Vidro comum.

R12. (UF-PR) A figura ao lado representa um raio luminoso comum AB, proveniente do ar e incidente numa placa de vidro plana que tem índice de refração maior que o do ar. Considere $\beta < \alpha < \gamma$. Julgue as proposições.

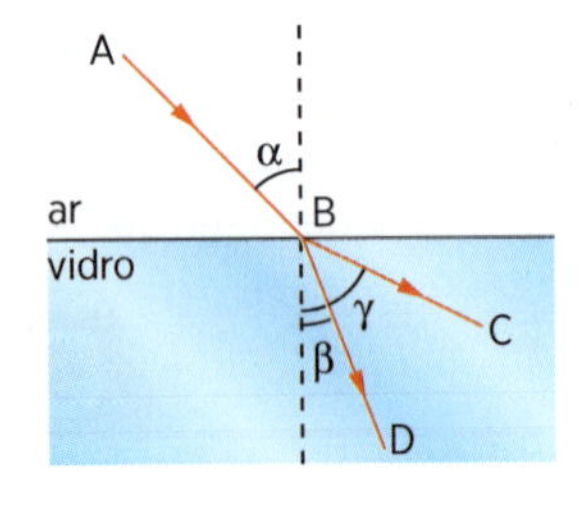

(01) O trajeto do raio no interior do vidro é melhor representado por BD.

(02) BC pode representar o trajeto do raio no interior do vidro.

(04) O ângulo de incidência é iguai ao de refração.

(08) A velocidade da luz no vidro é menor que no ar.

(16) O raio que penetra no interior do vidro, o raio AB e a perpendicular à placa em *B* estão todos no mesmo plano.

Dê como resposta a soma dos números que precedem as proposições corretas.

R13. (Vunesp-SP) A figura a seguir mostra a trajetória de um raio de luz, dirigindo-se do ar para o vidro, juntamente com a reprodução de um transferidor, que lhe permitirá medir os ângulos de incidência e de refração.

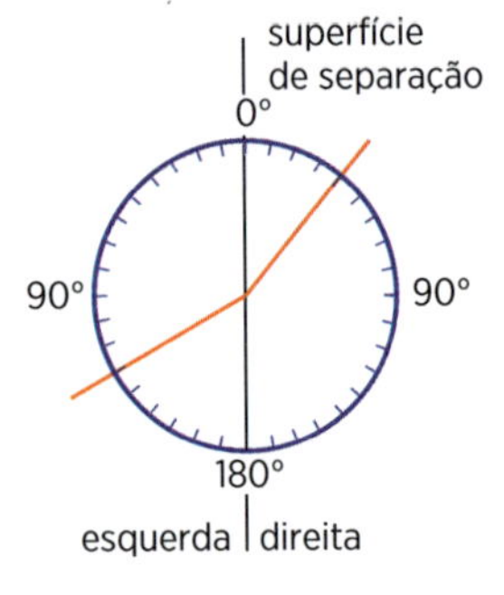

Tabela	
θ	seno θ
30°	0,500
40°	0,643
50°	0,766
60°	0,866

a) De que lado está o vidro, à direita ou à esquerda da superfície de separação indicada na figura? Justifique.

b) Determine, com o auxílio da tabela, o índice de refração do vidro em relação ao ar.

Ângulo limite

Consideremos inicialmente um raio de luz monocromática propagando-se do meio menos refringente (*A*) para o meio mais refringente (*B*), como indica a figura 7.

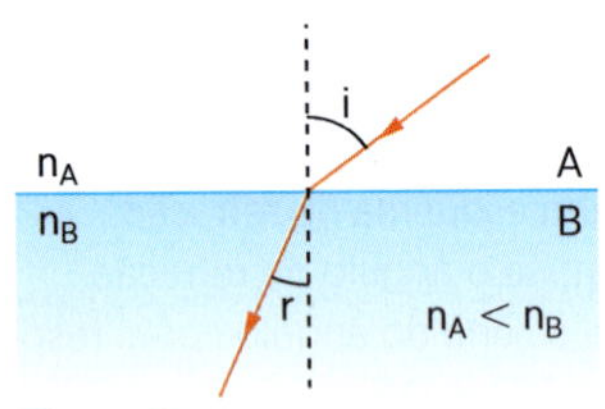

Figura 7

Aplicando a Lei de Snell-Descartes:

$$n_A \cdot \text{sen } i = n_B \cdot \text{sen } r$$

Como n_A e n_B são valores constantes, se aumentarmos o ângulo de incidência *i*, o ângulo de refração *r* também irá aumentar, mantendo-se sempre válida a desigualdade $i > r$.

Verifica-se que, à medida que o ângulo de incidência *i* tende para seu valor máximo, que é 90° (incidência rasante), o ângulo de refração *r* tende para um valor máximo $L < 90°$, denominado *ângulo limite*.

Essa situação extrema está representada na figura 8. Substituindo na expressão da Lei de Snell-Descartes os valores dos ângulos correspondentes, teremos:

$$\text{sen } r = \text{sen } L \quad \text{e} \quad \text{sen } i = \text{sen } 90° = 1$$

$$n_A \cdot 1 = n_B \cdot \text{sen } L$$

$$\textbf{sen L} = \frac{n_A}{n_B} = \frac{n_{menor}}{n_{maior}}$$

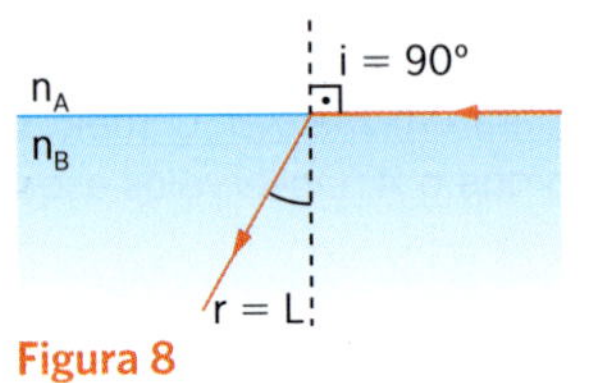

Figura 8

Portanto, o *ângulo limite L* é um valor bem definido para cada par de meios e para cada luz monocromática.

Por exemplo, se os índices de refração dos meios para determinada luz valerem $n_A = 1$ e $n_B = 2$, o correspondente ângulo limite será:

$$\text{sen } L = \frac{1}{2} \Rightarrow L = 30°$$

Reflexão total

No caso de a luz se propagar do meio mais refringente (*B*) para o meio menos refringente (*A*), na situação extrema descrita no item anterior, o ângulo de incidência será igual ao ângulo limite *L* e o ângulo de refração será igual a 90° (emergência rasante), como é indicado na figura 9.

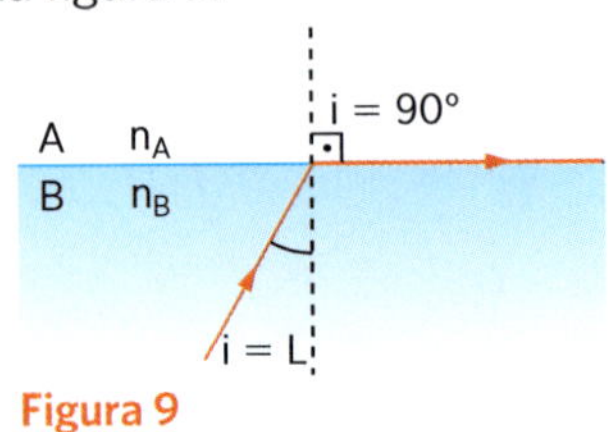

Figura 9

Se o ângulo de incidência for *superior* ao *ângulo limite*, quando a luz se propaga do meio mais refringente para o meio menos refringente, *não ocorre refração*. A luz sofre então o fenômeno da *reflexão total*, como se representa na figura 10. É importante assinalar que, quando ocorre a reflexão total, não há refração de nenhuma parcela de luz.

Há muitos instrumentos ópticos, como binóculos, máquinas fotográficas, etc., em que o fenômeno da reflexão total é utilizado, por meio de sistemas denominados *prismas de reflexão total*.

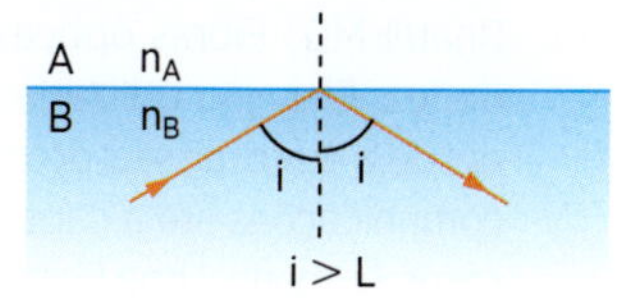

Figura 10

Aplicação

A14. São dados os índices de refração $n_A = \sqrt{3}$ e $n_B = 2$ de dois meios homogêneos e transparentes *A* e *B*, respectivamente. Esses meios são separados por uma superfície plana.

a) Determine o ângulo limite para esse par de meios.

b) Para haver reflexão total, a luz deve se propagar no sentido de *A* para *B* ou de *B* para *A*?

Dado: sen $60° = \frac{\sqrt{3}}{2}$.

A15. O maior ângulo de incidência que permite à luz passar de um líquido para certo cristal é 30°. Sabendo-se que sen $30° = \frac{1}{2}$, determine o índice de refração do cristal em relação ao líquido.

A16. A figura mostra um raio de luz monocromática propagando-se entre dois meios transparentes, *A* e *B*. Sabendo-se que sen $30° = \frac{1}{2}$ e sen $60° = \frac{\sqrt{3}}{2}$, determine o seno do ângulo limite para esse par de meios.

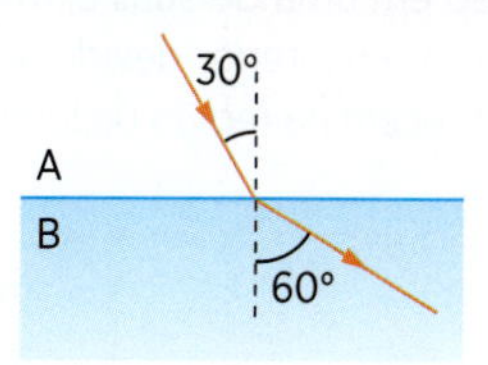

A17. No fundo de um recipiente cilíndrico está uma fonte luminosa pontual *F*. O líquido, que ocupa o recipiente até a altura de 10 cm, tem índice de refração igual a $\sqrt{2}$. Determine o diâmetro da região circular através da qual a luz emitida pela fonte emerge no ar. Dado: sen $45° = \cos 45° = \frac{\sqrt{2}}{2}$.

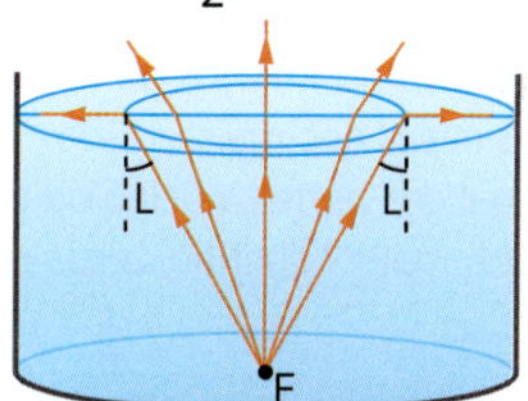

Verificação

V14. Considere dois meios homogêneos e transparentes, *A* e *B*, de índices de refração $n_A = 1$ e $n_B = 2$. Dos raios de luz indicados e que são emitidos pela fonte *F*, quais os que sofrem reflexão total?

Dado: sen $30° = \frac{1}{2}$.

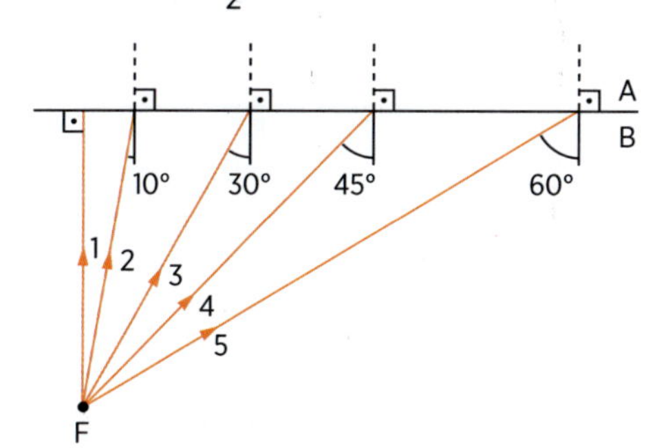

V15. O ângulo limite para certo par de meios é 30°. Se um dos meios tem índice de refração igual a 1,2, qual o índice de refração do outro?

Dado: sen 30° = 0,50.

V16. Quando um raio luminoso incide por um ângulo de incidência 45°, ele se refrata por um ângulo de refração 30°, ao passar de um meio *A* para um meio *B*. Dado que sen $45° = \frac{\sqrt{2}}{2}$ e sen $30° = \frac{1}{2}$, determine o ângulo limite para esses dois meios.

V17. No interior de um líquido transparente de índice de refração $\frac{5}{4}$, a uma profundidade de 40 cm, se encontra uma fonte luminosa pontual. Indique o diâmetro da região circular determinada na superfície livre do líquido através da qual a luz emerge no ar.

Revisão

R14. (UF-MA) Quando um raio de luz passa para um meio menos refringente se refrata, afastando-se da normal. Em determinado ângulo de incidência, o raio emerge na superfície de separação entre os meios. Nessa situação, o ângulo de refração atinge seu valor máximo e o ângulo de incidência é denominado ângulo limite *L*.

Na situação ilustrada na figura, o ângulo limite vale:

a) 25°
b) 30°
c) 35°
d) 40°
e) 45°

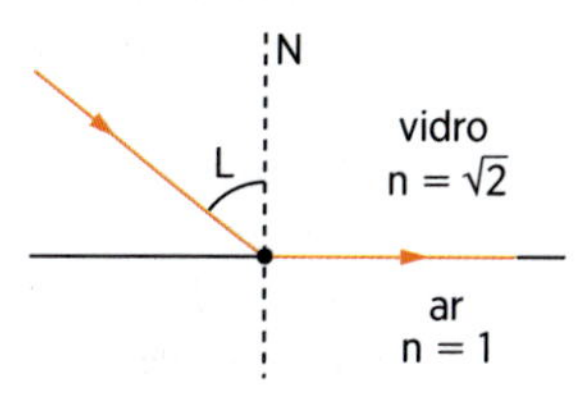

R15. (Inatel-MG) Fibras ópticas são sistemas condutores de luz. Elas são utilizadas com finalidades que vão desde a transmissão de dados em sistemas de telecomunicações até a captação de imagens dentro do corpo humano. Uma fibra óptica é composta por dois materiais de diferentes índices de refração montados um sobre o outro como ilustra a figura a seguir. O material interior denominamos "núcleo" e o material exterior denominamos "casca". Uma luz injetada no núcleo em uma de suas extremidades é mantida "presa" em seu interior devido às múltiplas reflexões que acontecem na região de interface entre o núcleo e a casca.

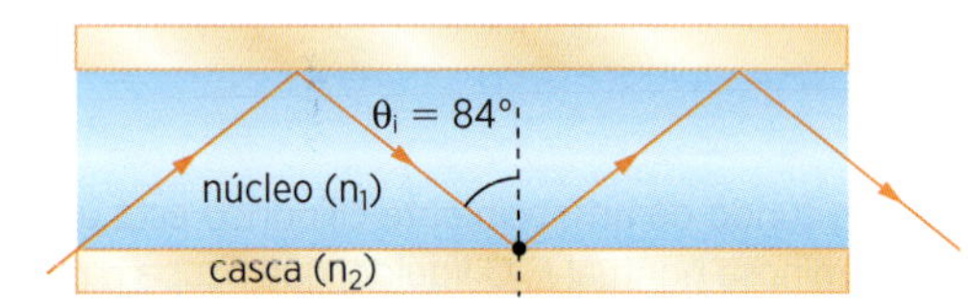

Considere a situação em que o ângulo de incidência sobre a casca seja de 84°, isto é, $\theta_i = 84°$, e que o índice de refração do núcleo seja de 1,010 ($n_1 = 1{,}010$). Adote sen 84° = 0,995.

a) Qual deve ser o mínimo valor de n_2 para que a luz permaneça no interior da fibra? Dê sua resposta com 3 casas decimais.

b) Em qual das partes, núcleo ou casca, a velocidade da luz é maior? Justifique sua resposta.

R16. (UF-ES)

Thinkstock/Getty Images

A empresa ABC Xtal, instalada no Polo Tecnológico de Campinas-SP, desenvolve tecnologia de qualidade internacional na produção de fibras ópticas.

"A fibra óptica é basicamente constituída de dois tipos de vidros: a parte central, o núcleo, e o revestimento que envolve o núcleo."

(BRITO CRUZ, Carlos H. de. *Física e Indústria no Brasil* (1). Cienc. Cult. Vol. 57(3), São Paulo, 2005. Adaptado.)

Para que ocorra reflexão total em uma fibra óptica, é necessário que:

a) o índice de reflexão do núcleo seja igual ao do revestimento.

b) o índice de refração do núcleo seja igual ao do revestimento.

c) o índice de reflexão do núcleo seja maior que o do revestimento.

d) o índice de refração do núcleo seja maior que o do revestimento.

e) o índice de refração do núcleo seja menor que o do revestimento.

R17. (UF-BA) As fibras ópticas são longos fios finos, fabricados com vidro ou materiais poliméricos, com diâmetros da ordem de micrômetros até vários milímetros, que têm a capacidade de transmitir informações digitais, na forma de pulsos de luz, ao longo de grandes distâncias, até mesmo ligando os continentes através dos oceanos.

Um modo de transmissão da luz através da fibra ocorre pela incidência de um feixe de luz, em uma das extremidades da fibra, que a percorre por meio de sucessivas reflexões. As aplicações das fibras ópticas são bastante amplas nas telecomunicações e em outras áreas, como na medicina, por exemplo. Uma vantagem importante da fibra óptica, em relação aos fios de cobre, é que nela não ocorre interferência eletromagnética.

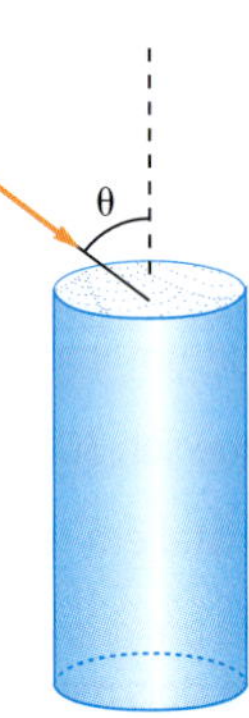

Marco A. Sismotto

Supondo que uma fibra óptica encontre-se imersa no ar e que o índice de refração da fibra óptica é igual a $\sqrt{\frac{3}{2}}$, calcule o maior ângulo θ de incidência de um raio de luz em relação ao eixo da fibra, para que ele seja totalmente refletido pela parede cilíndrica.

R18. (Vunesp-SP) Uma placa com a palavra FÍSICA pintada foi presa no centro de uma boia circular de raio r = 3 m e essa, colocada para flutuar sobre um líquido de índice de refração $\frac{5}{3}$, como mostra a figura.

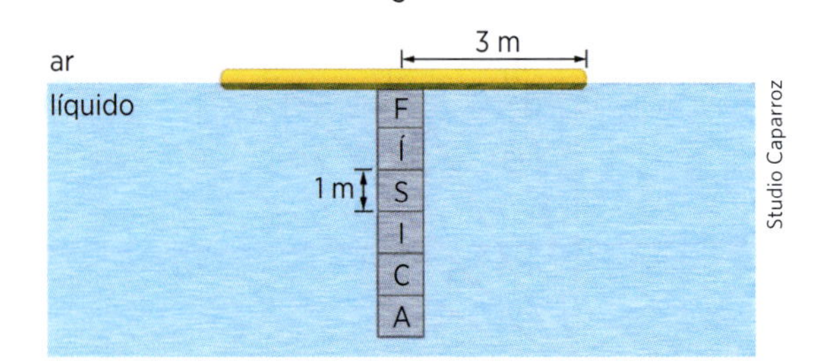

Studio Caparroz

Uma pessoa, colocada fora do líquido, não conseguirá ler completamente a palavra pintada na placa devido à presença da boia e também devido ao fenômeno da reflexão total da luz. Indique a alternativa que melhor representa o trecho da placa que poderá ser visto pela pessoa fora do líquido. Adote $n_{ar} = 1$.

a) 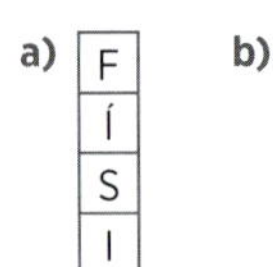

b) 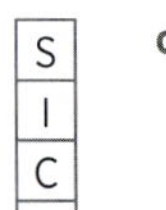

c) 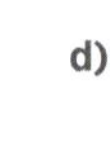

d) 

e) F / Í / S

AMPLIE SEU CONHECIMENTO

As fibras ópticas

Atualmente, nas telecomunicações, utilizam-se "fios de vidro", em vez dos tradicionais cabos metálicos, geralmente de cobre. O funcionamento desses "fios de vidro", chamados *fibras ópticas*, é simples. Cada filamento constituinte de uma fibra óptica é formado basicamente de um *núcleo* central de vidro com índice de refração elevado e de uma *casca* envolvente feita de vidro com índice de refração menor.

Kord.com/AGE Fotostock/ Grupo Keystone

As fibras ópticas transportam luz.

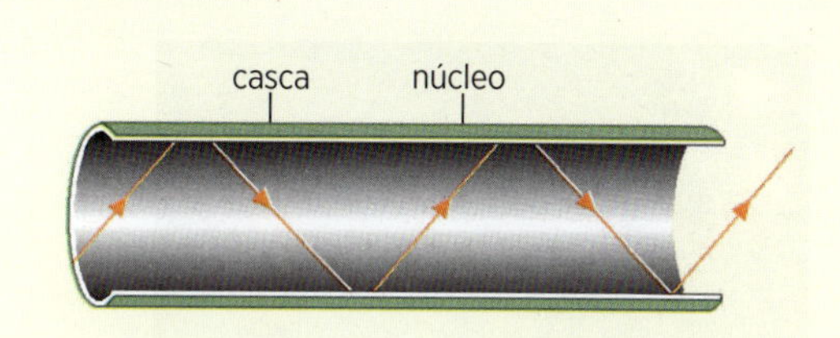

Studio Caparroz

O feixe de luz que penetra no filamento sofre sucessivas reflexões totais na superfície de separação entre os dois tipos de vidro e assim vai caminhando, podendo percorrer dessa forma até milhares de quilômetros, pois a perda de energia nas reflexões não é apreciável. Por isso, de modo conveniente, essa luz pode ser transformada em sinal elétrico, sonoro ou luminoso, conforme a informação transmitida.

As fibras ópticas têm muitas vantagens em relação aos cabos metálicos:

- elas multiplicam por mil, ou mais, a capacidade de transportar informações;
- sua matéria-prima (sílica) é muito mais abundante que os metais, baixando o custo de produção e eliminando o perigo de escassez;
- elas não sofrem interferências elétricas nem magnéticas, o que dificulta os "grampeamentos" e as linhas cruzadas;
- são imunes a falhas, tornando as comunicações mais confiáveis;
- os fios de vidro são mais resistentes à ação do ambiente: não enferrujam, não se oxidam e não são atacados pela maioria dos agentes químicos.

APROFUNDANDO

O diamante, a mais valiosa das pedras preciosas, é constituído de carbono puro cristalizado.

O brilho do diamante depende principalmente de sua lapidação.

O diamante é muito mais brilhante que um pedaço de vidro transparente cortado e lapidado exatamente do mesmo modo. Faça uma pesquisa e procure explicar por que isso acontece.

Thinkstock/Getty Images

Refração atmosférica

A atmosfera não é um meio homogêneo, tornando-se cada vez mais rarefeita e, portanto, menos densa, à medida que se afasta da superfície da Terra. Sabe-se que, quanto menor é a densidade, menor é o índice de refração. Como consequência, um astro visto da superfície da Terra é observado numa posição *P'* aparente, diferente de sua posição real *P*. Isso ocorre porque a luz proveniente do astro, ao penetrar na atmosfera terrestre, vai passando de camadas menos refringentes para camadas sucessivamente mais refringentes, desviando-se de sua direção inicial, até atingir o observador. Este, ao receber a luz, terá a impressão de que ela provém de uma direção tangente à trajetória descrita na atmosfera (fig. 11).

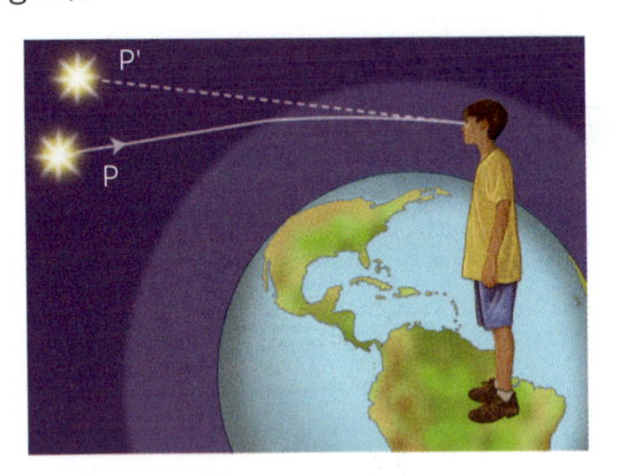

Figura 11

A ilusão de existência de poças d'água em estradas asfaltadas em dias quentes e secos, assim como a ocorrência de miragens no deserto, são fatos que podem ser explicados pela variação do índice de refração do ar atmosférico com a temperatura.

Nas condições em que acontecem tais fenômenos, o ar em contato com o solo fica muito quente e, por isso, menos refringente que as camadas superiores. Então, os raios luminosos que partem de um objeto a distância, ao descerem, passam de regiões mais refringentes para regiões sucessivamente menos refringentes (mais quentes), até sofrerem reflexão total numa camada próxima ao solo. A partir daí, os raios sobem e podem atingir um observador, que terá a impressão de que existe uma imagem especular do objeto (fig. 12), como se no solo tivesse uma poça d'água.

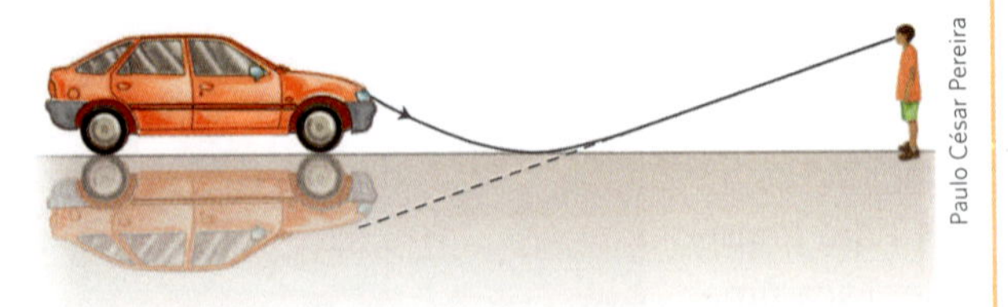

Figura 12. Miragem numa estrada asfaltada.

Dispersão luminosa. Arco-íris

Se um feixe de luz branca incidir na superfície de separação entre dois meios, como por exemplo na superfície livre da água, ao se refratar, o feixe se abrirá num leque multicor (fig. 13). A *luz violeta* é a componente que *mais se desvia* em relação à normal, e a *luz vermelha* é a componente que *menos se desvia*. Isso ocorre porque o índice de refração da água depende da cor da luz, sendo máximo para a luz violeta e mínimo para a luz vermelha. O fenômeno é denominado *dispersão luminosa*.

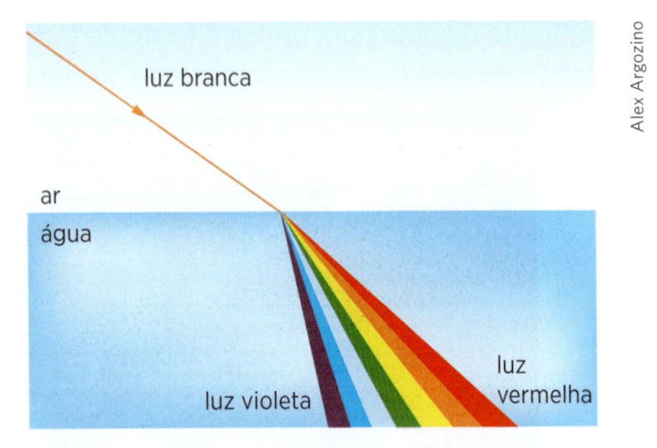

Figura 13. A dispersão da luz.

A dispersão da luz solar em gotículas de água, suspensas no ar, e a posterior reflexão no interior delas determinam a formação do *arco-íris* (fig. 14).

No arco-íris, a região mais externa aparece vermelha, e a mais interna, violeta. Entre esses extremos, aparecem as outras cores na seguinte ordem: alaranjada, amarela, verde, azul e anil. Isso acontece porque a luz vermelha emerge de cada gotícula de chuva por ângulo maior que aquele pelo qual emerge a luz violeta (fig. 15).

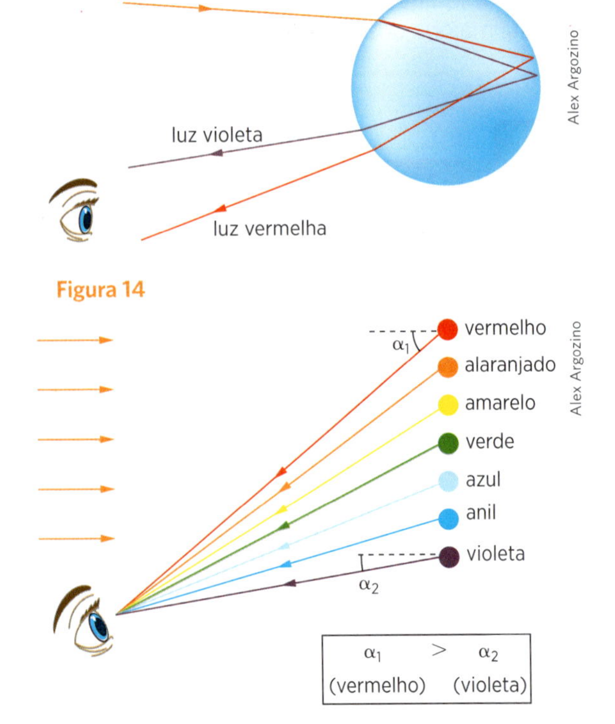

Figura 15

Aplicação

A18. Geralmente, os astros são vistos por um observador na Terra numa posição diferente da posição real deles. Isso ocorre porque a luz se desvia ao atravessar as diferentes camadas da atmosfera, as quais:

a) são tanto mais refringentes quanto mais afastadas da superfície da Terra.
b) têm densidade e índice de refração uniformes.
c) são tanto menos refringentes quanto mais afastadas da superfície da Terra.
d) se comportam como um meio opaco, não sendo atravessadas pela luz.
e) se comportam opticamente da mesma maneira que o vácuo.

A19. Nos desertos, em dias muito quentes, os viajantes costumam ver, nas planícies, imagens invertidas dos objetos, como se o chão fosse um espelho.

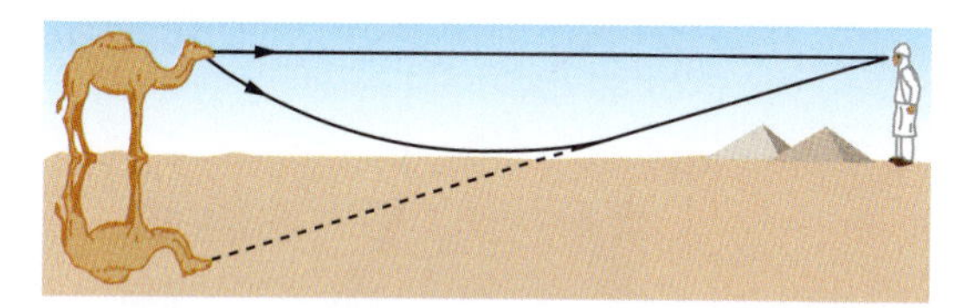

Você explicaria essa miragem pelos fenômenos:

a) só de reflexão total.
b) só de refração.
c) de refração e dispersão.
d) de refração e difusão.
e) de refração e reflexão total.

A20. Ao incidir um feixe de luz branca na superfície de um bloco de vidro, observamos a dispersão da luz, como indicado na figura a seguir, isto é, a luz violeta sofre o maior desvio e a vermelha o menor. Analise as seguintes afirmativas:

I. O índice de refração do vidro é maior para a luz violeta.
II. O índice de refração do vidro é maior para a luz vermelha.
III. A velocidade da luz violeta dentro do vidro é maior que a da vermelha.
IV. A velocidade da luz vermelha dentro do vidro é maior que a da violeta.
V. A velocidade das luzes vermelha e violeta é a mesma dentro do vidro.

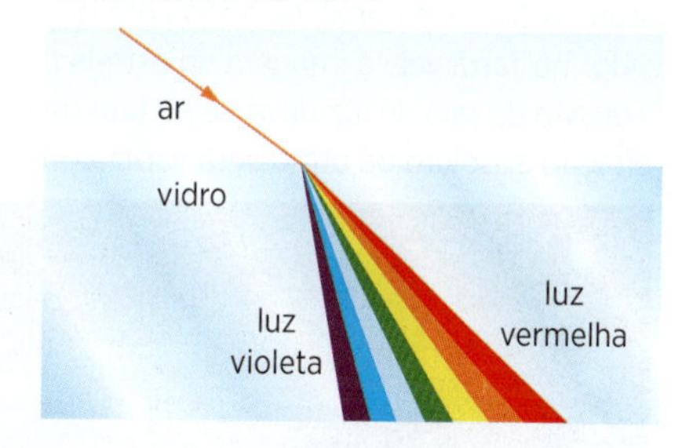

Ilustrações: Alex Argozino

São verdadeiras as afirmativas:

a) II e IV
b) I e V
c) I e III
d) I e IV
e) II e III

A21. Afirma-se que a formação do arco-íris está baseada em:

I. fenômenos de refração da luz do Sol nas gotas de água suspensas no ar.
II. fenômeno de reflexão da luz do Sol nas gotas de água suspensas no ar.
III. fenômenos de difusão da luz do Sol nas gotas de água suspensas no ar.

Qual(ais) das afirmações acima é (são) *verdadeira(s)*?

a) Somente I.
b) Somente II.
c) Somente III.
d) I e II.
e) II e III.

Verificação

V18. Os fenômenos miragem e posição aparente dos astros são consequências diretas:

a) da dispersão da luz pela atmosfera.
b) da grande distância em que se encontram os objetos.
c) da variação do índice de refração do ar com a sua densidade.
d) da forma esférica da Terra.
e) do fato de a luz não se propagar em linha reta, nos meios homogêneos e transparentes.

V19. A visão de manchas brilhantes semelhantes a poças d'água em estradas asfaltadas, nos dias quentes, é explicada como sendo determinada por:

a) reflexão total da luz nas camadas de ar próximas ao solo, cujo índice de refração é superior ao das camadas superiores, por estarem mais quentes.
b) reflexão total da luz nas camadas de ar próximas ao leito da estrada, as quais, por estarem mais quentes, são menos refringentes que as camadas superiores.
c) reflexão da luz no próprio leito da estrada, que é uma superfície plana e polida.
d) existência real de água sobre a estrada.
e) condições psicológicas desfavoráveis do observador, cansado da viagem, com sono ou mesmo doente.

V20. Um raio de luz branca se propaga no ar e, ao penetrar no vidro, desvia-se conforme as diferentes luzes monocromáticas componentes, dando lugar à formação de um espectro. Neste, a ordem correta das cores, conforme o grau de diminuição do desvio, é:

a) vermelho, azul, amarelo.
b) amarelo, azul, vermelho.
c) azul, vermelho, amarelo.
d) azul, amarelo, vermelho.
e) amarelo, vermelho, azul.

V21. A luz solar incidindo nas gotículas de água, suspensas no ar, sofre ▲ e posterior ▲ no interior delas. O observador recebe luz ▲ do arco mais externo e luz ▲ do arco mais interno.

As palavras que preenchem as lacunas acima são, respectivamente:

a) reflexão, refração, amarela, azul.
b) reflexão, dispersão, vermelha, violeta.
c) dispersão, reflexão, violeta, vermelha.
d) dispersão, reflexão, vermelha, violeta.
e) dispersão, reflexão total, vermelha, violeta.

Revisão

R19. (UF-RJ) A figura mostra uma estrela localizada no ponto *O*, emitindo um raio de luz que se propaga até a Terra. Ao atingir a atmosfera, o raio desvia-se da trajetória retilínea original, fazendo com que um observador na Terra veja a imagem da estrela na posição *I*. O desvio do raio de luz deve-se ao fato de o índice de refração absoluto da atmosfera variar com a altitude.

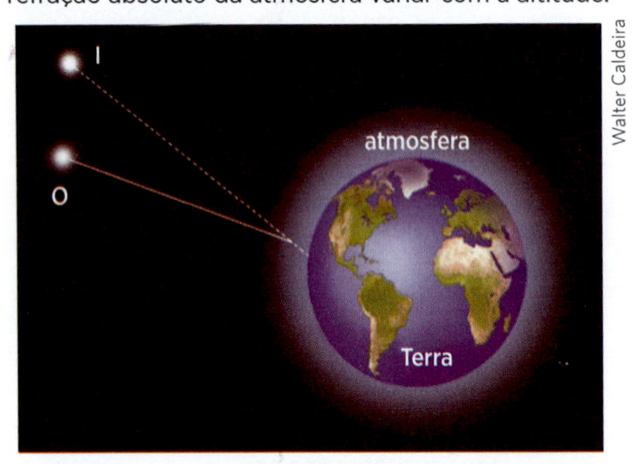

Walter Caldeira

Explique por que o desvio ocorre do modo indicado na figura, respondendo se o índice de refração absoluto cresce ou diminui à medida que a altitude aumenta. (Na figura, a espessura da atmosfera e o desvio do raio foram grandemente exagerados para mostrar com clareza o fenômeno.)

R20. (UE-PB) Ao viajar num dia quente por uma estrada asfaltada, é comum enxergarmos ao longe uma "poça d'água". Sabemos que em dias de alta temperatura as camadas de ar, nas proximidades do solo, são mais quentes que as camadas superiores. Como explicamos essa miragem?

a) Devido ao aumento de temperatura, a luz sofre dispersão.
b) A densidade e o índice de refração absoluto diminuem com o aumento da temperatura. Os raios rasantes incidentes do Sol alcançam o ângulo limite e há reflexão total.
c) Devido ao aumento de temperatura, ocorre refração com desvio.
d) Ocorre reflexão simples devido ao aumento da temperatura.
e) Devido ao aumento de temperatura, a densidade e o índice de refração absoluto aumentam. Os raios rasantes incidentes do Sol alcançam o ângulo limite e sofrem reflexão total.

R21. (U. F. Uberlândia-MG) A figura a seguir representa um feixe de luz branca viajando pelo ar e incidindo sobre um pedaço de vidro *crown*. A tabela apresenta os índices de refração (*n*) para algumas cores nesse vidro.

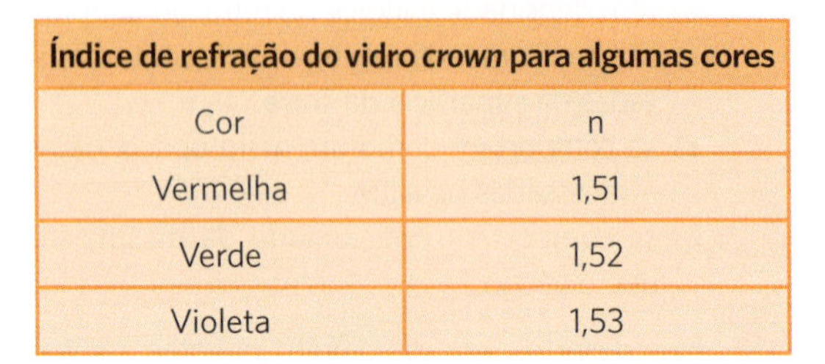

Índice de refração do vidro *crown* para algumas cores	
Cor	n
Vermelha	1,51
Verde	1,52
Violeta	1,53

Nesse esquema, o feixe refratado 3 corresponde à cor:

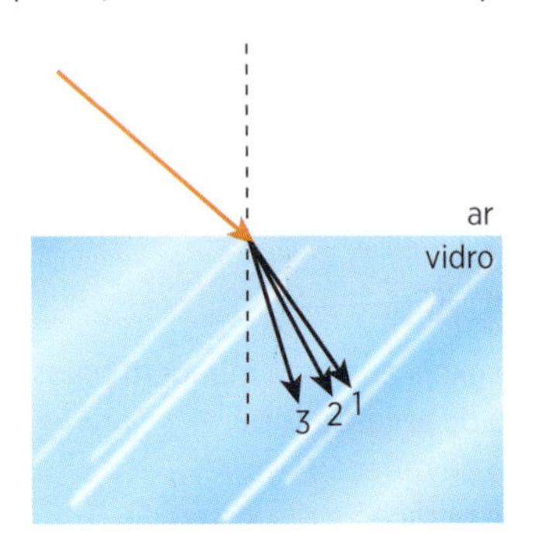

Marco A. Sismotto

a) branca
b) violeta
c) verde
d) vermelha

R22. (UF-SC) A aparência do arco-íris é causada pela dispersão da luz do sol que sofre refração pelas (aproximadamente esféricas) gotas de chuva. A luz sofre uma refração inicial quando penetra na superfície da gota de chuva, dentro da gota ela é refletida e finalmente volta a sofrer refração ao sair da gota.

(Disponível em: <http//pt.wikipedia.org/wiki/Arco-%C3%Adris>. Acesso em: 8/6/2009.)

Com o intuito de explicar o fenômeno, um aluno desenhou as possibilidades de caminhos ópticos de um feixe de luz monocromática em uma gota d'água, de forma esférica e de centro geométrico *O*, representados nas figuras *A*, *B*, *C*, *D* e *E*.

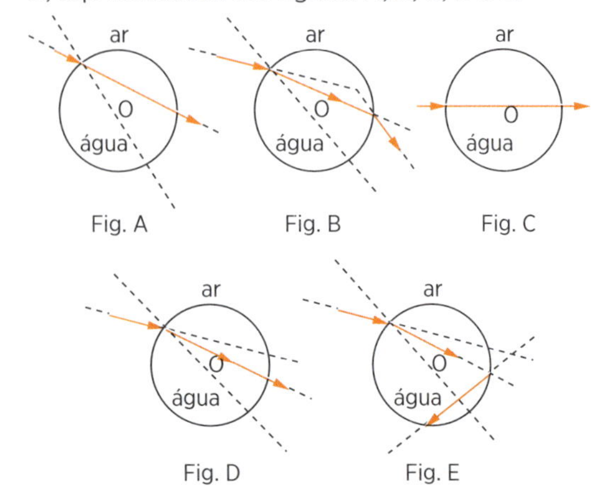

Admitindo-se que o índice de refração do ar (n_{ar}) seja menor que o índice de refração da água ($n_{água}$), assinale a(s) proposição(ões) *correta(s)*.

(01) A velocidade da luz no ar é maior do que na água.

(02) *A* e *D* são caminhos ópticos aceitáveis.

(04) *B* e *C* são caminhos ópticos aceitáveis.

(08) *D* e *E* são caminhos ópticos aceitáveis.

(16) *A* e *C* são caminhos ópticos aceitáveis.

(32) *B* e *E* são caminhos ópticos aceitáveis.

AMPLIE SEU CONHECIMENTO

As cores do céu

O fato de, no decorrer do dia, o céu se apresentar azul e, no alvorecer e no entardecer, com coloração avermelhada deve-se a um mesmo fenômeno: o espalhamento da luz solar.

As moléculas do ar, ao serem atingidas pela luz do Sol, espalham com maior intensidade as luzes azul e violeta, em todas as direções. Enquanto a posição do Sol for tal que a distância percorrida pela luz não seja muito grande, a luz espalhada será recebida por nossos olhos e tornará o céu azul (nossa retina é pouco sensível à luz violeta).

No entardecer e no alvorecer, a distância que a luz percorre na atmosfera é muito grande, pois os raios solares incidem sobre a Terra muito inclinados. Por serem espalhadas mais intensamente pelo ar, as luzes azul e violeta vão sendo eliminadas da luz que chega aos olhos do observador. Predominam, então, as luzes do lado oposto do espectro — o alaranjado e o vermelho —, e o céu se tinge desses tons.

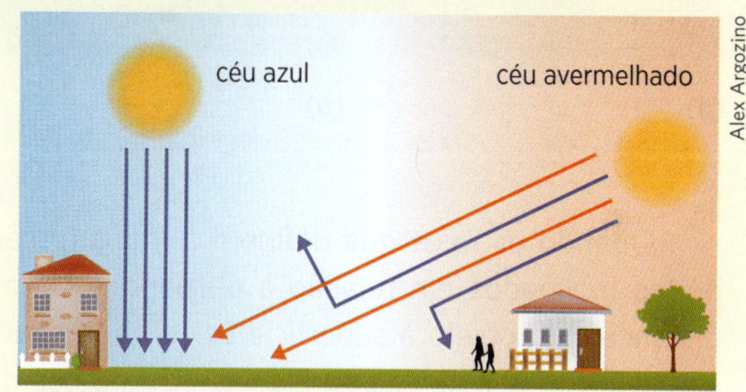

APROFUNDANDO

Por que, para um astronauta na Lua, o céu se apresenta negro, e não azul, como quando é visto da Terra?

LEIA MAIS

Paulo Toledo Soares. *O mundo das cores*. São Paulo: Moderna, 1991. (Coleção Desafios)

Israel Pedrosa. *Da cor à cor inexistente*. Rio de Janeiro: Léo Christiano, 2002.

______. *O universo da cor*. Rio de Janeiro: Senac Nacional, 2004.

Dioptro plano

Quando olhamos para um objeto que se acha dentro da água, temos a impressão de que ele se encontra mais perto da superfície. A profundidade de uma piscina cheia, por exemplo, parece menor do que realmente é. Nesse caso, o que vemos é uma imagem do objeto, determinada pela luz que se refratou ao atravessar a superfície de separação entre o ar e a água.

O conjunto de dois meios homogêneos e transparentes (ar e água, no exemplo citado), separados por uma superfície plana, constitui um sistema óptico denominado *dioptro plano* (fig. 16).

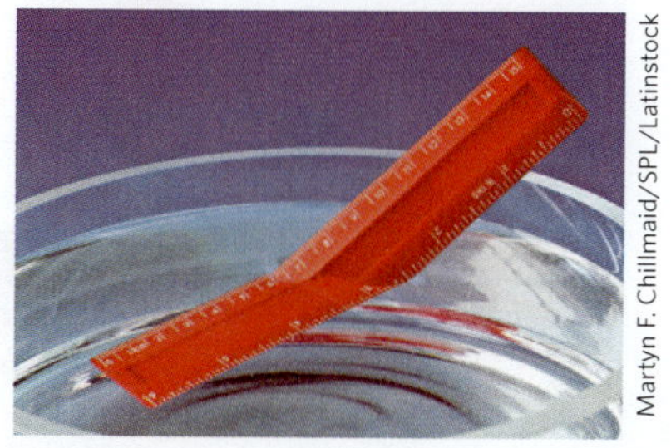

Figura 16. Ar e água formam um dioptro plano.

Na figura 17a, representamos a formação da imagem de um objeto real *P* colocado dentro da água, fornecida pelo dioptro ar-água e observada por uma pessoa no ar. Note que a imagem *P'* está mais perto da superfície, tendo natureza virtual.

A figura 17b mostra como se forma a imagem *P'* de um objeto real *P* no ar, estando o observador dentro da água. A imagem é virtual e está mais longe da superfície.

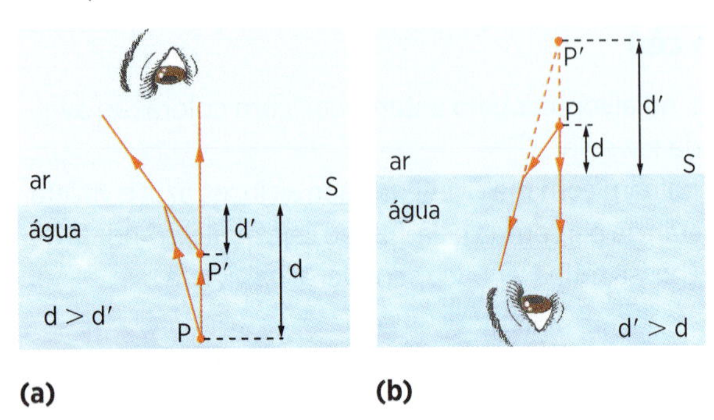

(a) **(b)**

Figura 17

Quando os raios que definem a imagem são pouco inclinados em relação à perpendicular, as distâncias do objeto à superfície (*d*) e da imagem à superfície (*d'*) são proporcionais aos índices de refração dos dois meios.

No caso de o objeto estar na água (fig. 17a):

$$\frac{d}{d'} = \frac{n_{água}}{n_{ar}}, \text{ com } d > d' \text{ e } n_{água} > n_{ar}$$

No caso de o objeto estar no ar (fig. 17b):

$$\frac{d}{d'} = \frac{n_{ar}}{n_{água}}, \text{ com } d' > d \text{ e } n_{água} > n_{ar}$$

Demonstração

Pela Lei de Snell-Descartes, temos:

$$n_{água} \cdot \text{sen } i = n_{ar} \cdot \text{sen } r$$

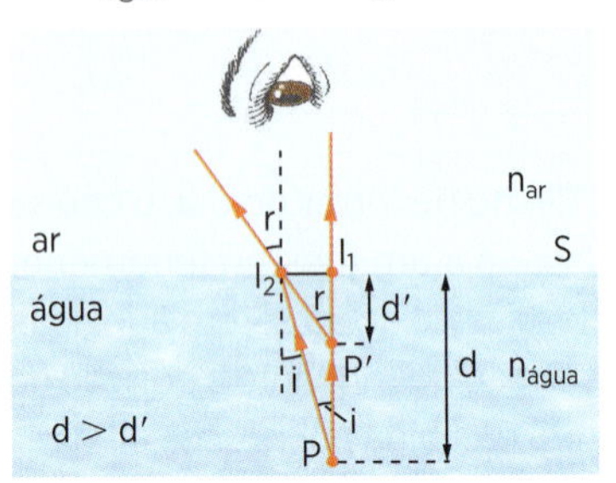

Considerando os raios que definem a imagem pouco inclinados em relação à perpendicular à superfície, podemos fazer a aproximação: sen i ≅ tg i e sen r ≅ tg r. Logo:

$$n_{água} \cdot \text{tg } i = n_{ar} \cdot \text{tg } r \Rightarrow n_{água} \cdot \frac{l_1l_2}{d} = n_{ar} \cdot \frac{l_1l_2}{d'}$$

$$\frac{d}{d'} = \frac{n_{água}}{n_{ar}}$$

Para o objeto *P* no ar, temos analogamente:

$$\frac{d}{d'} = \frac{n_{ar}}{n_{água}}$$

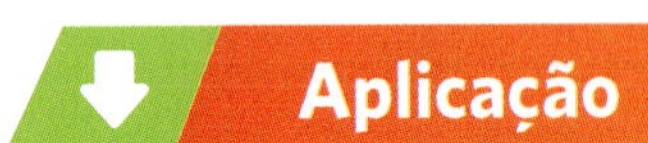

A22. Suponhamos que um pescador queira fisgar de fora da água um peixe com um arpão. Se o pescador jogar o arpão obliquamente, ele deve visar:

a) uma posição acima daquela em que vê o peixe.
b) diretamente a posição em que vê o peixe.
c) uma posição abaixo daquela em que vê o peixe.
d) uma posição abaixo da posição real do peixe.
e) uma posição acima da posição real do peixe.

Lettera Studio

A23. Um mergulhador dentro d'água olha um pássaro que sobrevoa a região onde ele se encontra. Para o mergulhador, o pássaro parece estar:

a) mais afastado da superfície da água.
b) na posição em que realmente se encontra.
c) mais próximo da superfície da água.
d) dentro da água.
e) invisível.

A24. Qual a profundidade em que é vista, por um observador no ar, uma moeda situada no fundo de uma piscina de profundidade 1,80 m? O índice de refração da água em relação ao ar é $\frac{4}{3}$ e os raios que determinam a imagem são pouco inclinados em relação à normal.

A25. Um peixe dentro da água, cujo índice de refração é 1,3, vê uma andorinha que está a uma distância de 10 m da superfície livre do líquido. Determine a altura aparente em que o peixe vê a andorinha. Considere que a linha de visada do peixe é quase normal.

Verificação

V22. Um lápis é mergulhado num copo contendo água. Dos três esquemas abaixo, qual corresponde ao aspecto que o lápis assume para o observador fora da água?

V23. Um reservatório de 0,8 m está cheio de um líquido de índice de refração 1,6. A que profundidade parece estar um objeto no fundo desse reservatório visto numa direção quase vertical por uma pessoa no ar?

V24. A figura a seguir mostra um pássaro e um peixe que se veem. Se as posições reais dos dois são a = 12 cm e b = 15 cm, determine as posições em que o pássaro vê o peixe e em que o peixe vê o pássaro. O índice de refração da água em relação ao ar é $\frac{4}{3}$.

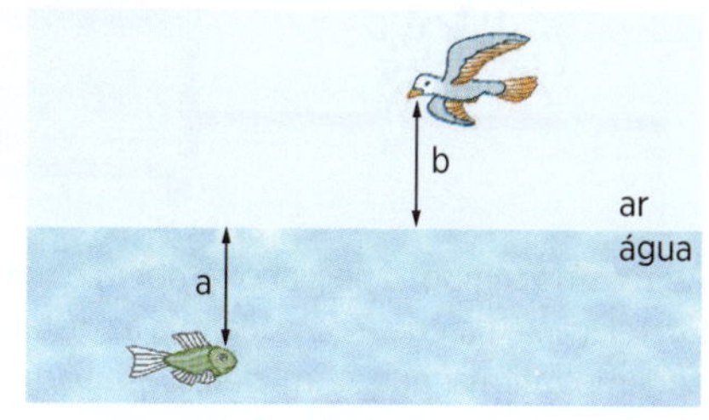

V25. Os azulejos de uma piscina são quadrados de 20 cm de lado. Um banhista, na borda da piscina cheia de água $\left(\text{índice de refração igual a } \frac{4}{3}\right)$, olhando perpendicularmente a superfície da água, verá o lado vertical do azulejo com comprimento aparente de:

a) $\frac{80}{3}$ cm
b) 15 cm
c) 12 cm
d) 9,0 cm
e) 6,0 cm

Revisão

R23. (Fuvest-SP) Dois esquemas ópticos, D_1 e D_2, são utilizados para analisar uma lâmina de tecido biológico a partir de direções diferentes. Em uma análise, a luz fluorescente, emitida por um indicador incorporado a uma pequena estrutura, presente no tecido, é captada, simultaneamente, pelos dois sistemas, ao longo das direções tracejadas. Levando-se em conta o desvio da luz pela refração, dentre as posições indicadas, aquela que poderia corresponder à localização real dessa estrutura no tecido é:

a) A
b) B
c) C
d) D
e) E

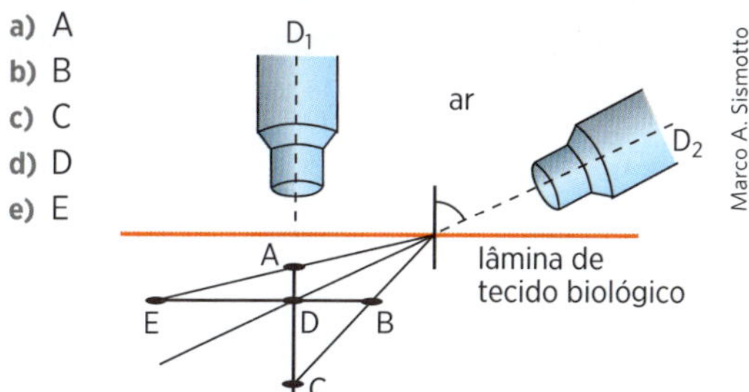

Suponha que o tecido biológico seja transparente à luz e que tenha índice de refração uniforme, semelhante ao da água.

R24. (Fuvest-SP) Um pássaro sobrevoa em linha reta e a baixa altitude uma piscina em cujo fundo se encontra uma pedra. Podemos afirmar que:

a) com a piscina cheia, o pássaro poderá ver a pedra durante um intervalo de tempo maior do que se a piscina estivesse vazia.
b) com a piscina cheia ou vazia, o pássaro poderá ver a pedra durante o mesmo intervalo de tempo.
c) o pássaro somente poderá ver a pedra enquanto estiver voando sobre a superfície da água.
d) o pássaro, ao passar sobre a piscina, verá a pedra numa posição mais profunda do que aquela em que ela realmente se encontra.
e) o pássaro nunca poderá ver a pedra.

R25. (Unifesp-SP) Na figura, *P* representa um peixinho no interior de um aquário a 13 cm de profundidade em relação à superfície da água. Um garoto vê esse peixinho através da superfície livre do aquário, olhando de duas posições: O_1 e O_2.

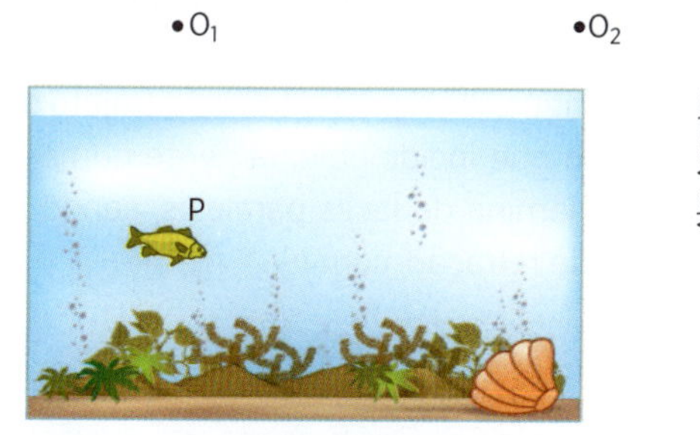

Sendo $n_{água} = 1{,}3$ o índice de refração da água, pode-se afirmar que o garoto vê o peixinho a uma profundidade de:

a) 10 cm, de ambas as posições.
b) 17 cm, de ambas as posições.
c) 10 cm em O_1 e 17 cm em O_2.
d) 10 cm em O_1 e a uma profundidade maior que 10 cm em O_2.
e) 10 cm em O_1 e a uma profundidade menor que 10 cm em O_2.

R26. (Unirio-RJ) Um cão está diante de uma mesa, observando um peixinho dentro do aquário, conforme representado na figura.

Ao mesmo tempo, o peixinho também observa o cão. Em relação à parede *P* do aquário e às distâncias reais, podemos afirmar que as imagens observadas por cada um dos animais obedecem às seguintes relações:

a) O cão observa o olho do peixinho mais próximo da parede *P*, enquanto o peixinho observa o olho do cão mais distante do aquário.

b) O cão observa o olho do peixinho mais distante da parede *P*, enquanto o peixinho observa o olho do cão mais próximo do aquário.

c) O cão observa o olho do peixinho mais próximo da parede *P*, enquanto o peixinho observa o olho do cão mais próximo do aquário.

d) O cão observa o olho do peixinho mais distante da parede *P*, enquanto o peixinho observa o olho do cão também mais distante do aquário.

e) O cão e o peixinho observam o olho um do outro, em relação à parede *P*, em distâncias iguais às distâncias reais que eles ocupam na figura.

Lâmina de faces paralelas

A *lâmina de faces paralelas* é formada por dois dioptros planos paralelos. A vidraça de uma janela é exemplo de lâmina de faces paralelas: ela é constituída pelos dioptros ar-vidro e vidro-ar, sendo paralelas as superfícies de separação (fig. 18).

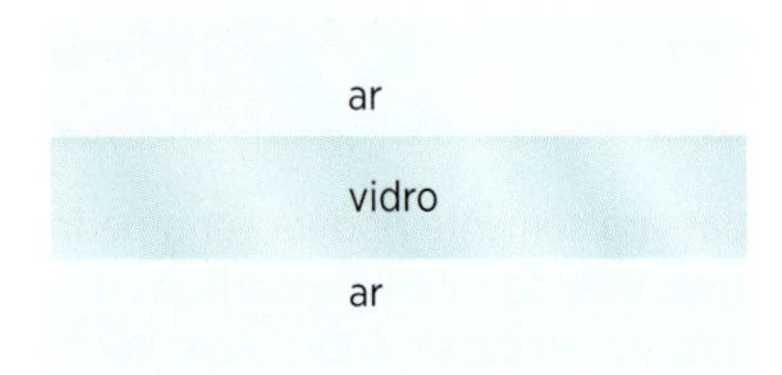

Figura 18

Portanto, uma lâmina de faces paralelas é constituída por três meios homogêneos e transparentes, separados por duas superfícies planas e paralelas. Só nos interessa o caso em que os meios extremos são idênticos e o meio intermediário é o mais refringente. É a situação correspondente ao exemplo apresentado.

Na figura 19, representamos o trajeto de um raio luminoso que incide obliquamente numa das faces de uma lâmina de faces paralelas, sendo n_2 e n_1 os índices de refração, com $n_2 > n_1$.

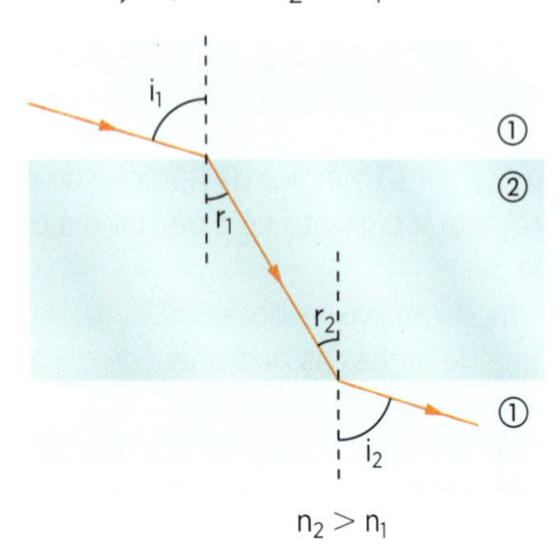

Figura 19

Chamemos i_1 o ângulo de incidência do raio de luz e i_2 o ângulo de emergência. Sejam r_1 e r_2 os ângulos no interior da lâmina.

Mas $r_1 = r_2$, pois são ângulos alternos internos.

Aplicando a Lei de Snell-Descartes às duas faces, temos:

$$n_1 \cdot \text{sen } i_1 = n_2 \cdot \text{sen } r_1$$

$$n_2 \cdot \text{sen } r_2 = n_1 \cdot \text{sen } i_2$$

Comparando: $\text{sen } i_1 = \text{sen } i_2$ e, portanto:

$$i_1 = i_2$$

Concluímos, assim, que na lâmina de faces paralelas, sendo iguais os meios externos, *o raio emergente é paralelo ao raio incidente*, ocorrendo apenas um desvio lateral (translação) do raio luminoso ao atravessar a lâmina (fig. 20).

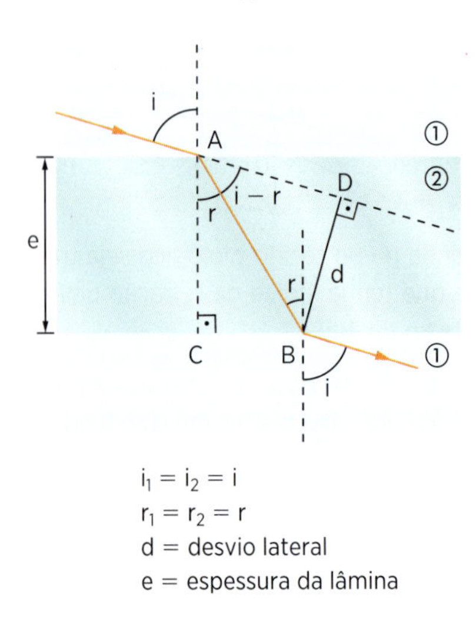

Figura 20

Cálculo do desvio lateral *d*

No triângulo ABD da figura 20, o seno do ângulo (i - r) é dado por:

$$\text{sen}\,(i - r) = \frac{d}{AB} \quad \text{(I)}$$

No triângulo ABC (fig. 20), sendo *e* a espessura da lâmina, o cosseno do ângulo *r* é dado por:

$$\cos r = \frac{e}{AB} \quad \text{(II)}$$

Dividindo membro a membro (I) e (II), vem:

$$\frac{\text{sen}\,(i - r)}{\cos r} = \frac{d}{e}$$

$$d = e \cdot \frac{\text{sen}\,(i - r)}{\cos r}$$

Formação de imagens através da lâmina de faces paralelas

Se um objeto real é observado através de uma lâmina de faces paralelas, a imagem vista é virtual e mais próxima da lâmina, como está indicado na figura 21.

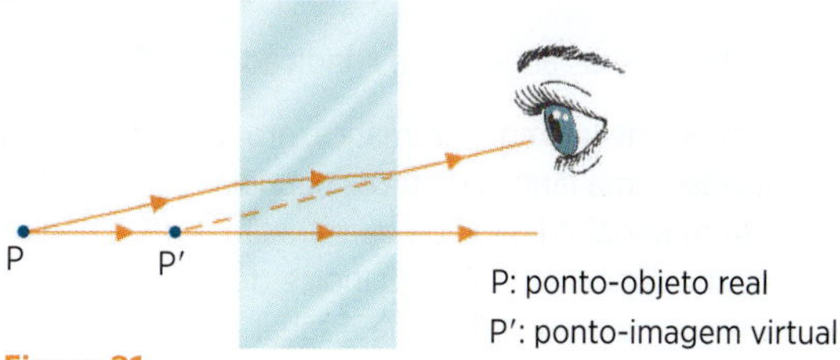

Figura 21

Geralmente, ao olharmos um objeto através de uma vidraça, não percebemos que a imagem é deslocada porque a espessura da placa é pequena.

Aplicação

A26. Dois raios de luz, emitidos por uma fonte *F*, incidem numa lâmina de vidro, de faces paralelas e imersa no ar. Refaça a figura dada e complete as trajetórias dos raios de luz, atravessando a lâmina.

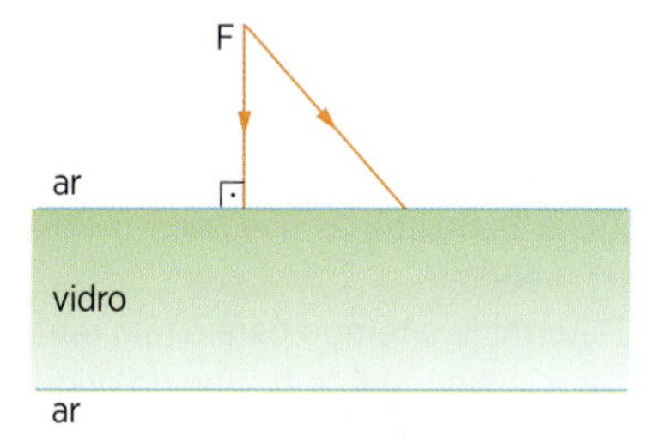

A27. Numa lâmina de faces paralelas de vidro (n = 1,5) colocada no ar (n = 1) incide um raio de luz monocromática por um ângulo de incidência i = 60°. Qual o ângulo que o raio emergente da lâmina forma com a normal à segunda face?

A28. Numa lâmina de faces paralelas de espessura 1,5 cm, um raio luminoso incide numa das faces por um ângulo de 60° com a normal e se refrata por um ângulo de 30° com a normal.

Determine:

a) o índice de refração relativo do meio que constitui a lâmina em relação ao meio que a envolve;

b) o desvio lateral sofrido pelo raio luminoso ao atravessar a lâmina.

Dados: sen 30° = cos 60° = 0,50;
sen 60° = cos 30° = 0,87.

A29. Uma pessoa *A* observa um inseto *B* através de uma placa de vidro de faces paralelas, como mostra a figura.

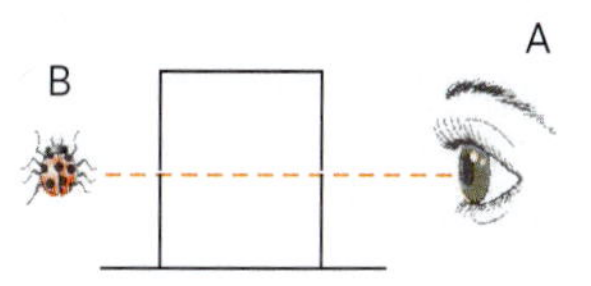

A imagem desse inseto, nessas condições, será:

a) virtual e mais afastada do vidro.

b) real e mais próxima do vidro.

c) virtual e mais próxima do vidro.

d) real e mais afastada do vidro.

e) real e à mesma distância do vidro.

Verificação

V26. Têm-se duas lâminas de vidro imersas no ar. Um raio de luz monocromática incide na lâmina 1, conforme a figura ao lado.
Copie o desenho dado e complete a trajetória do raio de luz, atravessando as lâminas e emergindo da lâmina 2.

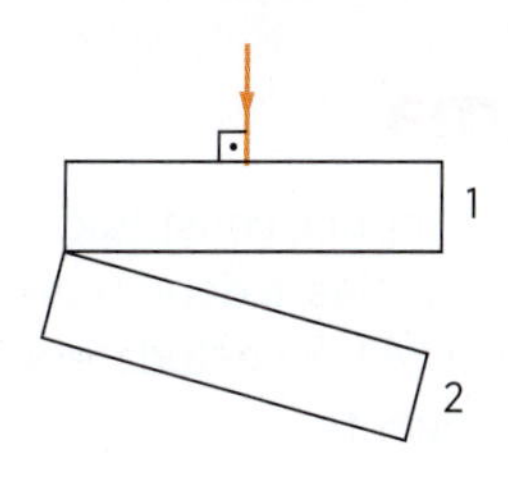

V27. Numa lâmina de faces paralelas de vidro ($n = \sqrt{2}$) e imersa no ar ($n = 1$) incide um raio de luz monocromática. O ângulo de incidência é de 45°.

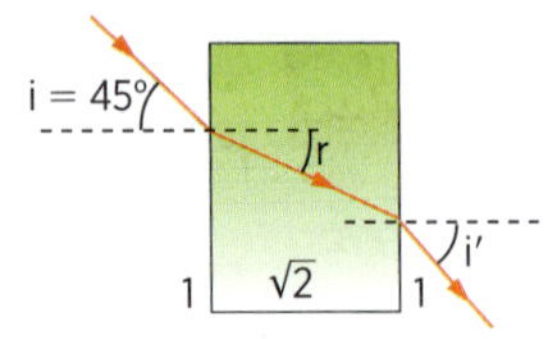

Determine os ângulos *r* e *i'* indicados na figura.

V28. Um raio de luz monocromática, propagando-se no ar, incide numa lâmina de faces paralelas constituída de um material cujo índice de refração é $\sqrt{3}$. O ângulo de incidência é de 60°. O índice de refração do ar é 1 e a espessura da lâmina é igual a $\sqrt{3}$ cm. Calcule o desvio lateral sofrido pelo raio após atravessar a lâmina.

Dados: $\text{sen } 30° = \frac{1}{2}$; $\cos 30° = \frac{\sqrt{3}}{2}$.

V29. Obtenha graficamente a imagem do ponto-objeto *P* conjugada pela lâmina de faces paralelas de vidro e imersa no ar, conforme a figura.

P•

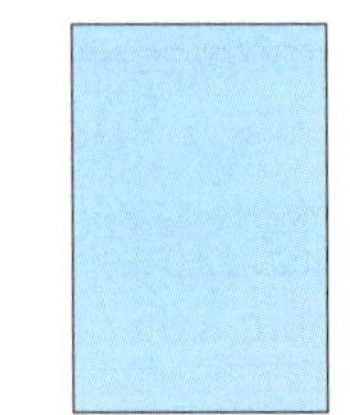

R27. (UF-PB) Em um laboratório de óptica, um estudante faz incidir, sobre uma placa retangular de vidro de espessura *d*, um raio de luz monocromática. Sabendo que essa placa encontra-se em uma câmara de vácuo e que o ângulo formado entre o raio de luz e a normal à placa é de 30°, identifique as afirmativas corretas:

I. O ângulo entre o raio refletido e a normal à placa é maior do que 30°.
II. A velocidade da luz no interior da placa será a mesma que no vácuo.
III. O ângulo de refração do raio independe da cor da luz incidente.
IV. O ângulo que o raio de luz faz com a normal, no interior da placa, é menor do que 30°.
V. O raio de luz, após atravessar a placa, seguirá uma trajetória paralela à direção de incidência.

R28. (UE-CE) Um raio de luz propagando-se no ar incide, com um ângulo de incidência igual a 45°, em uma das faces de uma lâmina feita com um material transparente de índice de refração *n*, como mostra a figura.

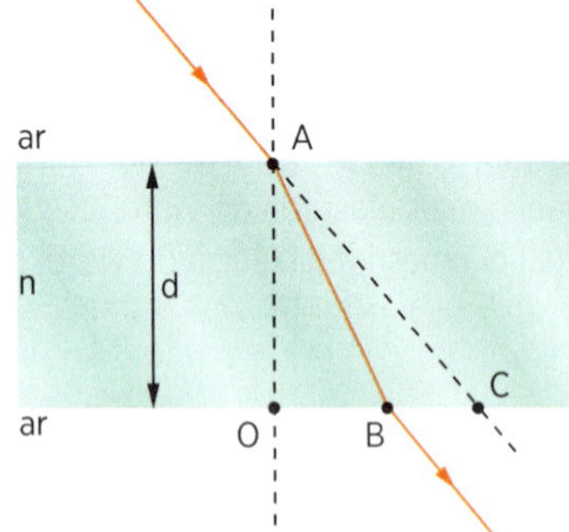

Sabendo-se que a linha AC é o prolongamento do raio incidente, $d = 4$ cm e $BC = 1$ cm, assinale a alternativa que contém o valor de *n*.

a) $2\sqrt{3}$
b) $\frac{5\sqrt{2}}{6}$
c) $\frac{3\sqrt{3}}{2}$
d) 1,5

R29. (Fuvest-SP) Um raio luminoso proveniente do ar atinge uma lâmina de vidro de faces paralelas com 8,0 cm de espessura e 1,5 de índice de refração. Esse raio sofre refração e reflexão ao atingir a primeira superfície; refração e reflexão ao atingir a segunda superfície (interna).

a) Trace as trajetórias dos raios: incidente, refratado e refletido.
b) Determine o tempo para o raio refratado atravessar a lâmina, sendo o seno do ângulo de incidência 0,9.

Dado: $c = 3 \cdot 10^8$ m/s (no vácuo).

R30. (Inatel-MG) Um raio de luz monocromática incide, segundo um ângulo de 60° com a normal, em uma lâmina de faces paralelas de espessura 6 cm. Sabendo que a lâmina está imersa no ar e o índice de refração absoluto do material de que é constituído é $\sqrt{3}$, o desvio lateral do raio de luz incidente é de:

a) $8\sqrt{3}$ cm
b) $7\sqrt{5}$ cm
c) $5\sqrt{3}$ cm
d) $3\sqrt{5}$ cm
e) $2\sqrt{3}$ cm

Dados: $\text{sen } 30° = \frac{1}{2}$; $\text{sen } 60° = \frac{\sqrt{3}}{2}$.

Prisma

O sistema óptico constituído por três meios homogêneos e transparentes, separados por duas superfícies planas não paralelas, é denominado *prisma*. O ângulo entre as superfícies de separação é denominado *ângulo de refringência* (*A*). Só estudaremos o caso em que os meios extremos são idênticos e o meio intermediário é o mais refringente.

Um raio luminoso monocromático incidindo na primeira face de um prisma por um ângulo *i* refrata-se por um ângulo *r*. Na segunda face, seja *r'* o ângulo de incidência e *i'* o ângulo de refração correspondente, também denominado *ângulo de emergência* (fig. 22).

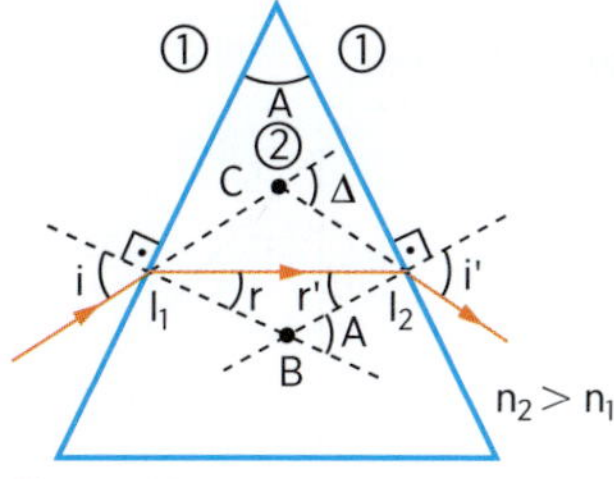

Figura 22

Entre os ângulos individualizados pelo raio com as normais às faces no interior do prisma (*r* e *r'*), podemos tirar a seguinte relação geométrica:

$$r + r' = A$$

De fato, no triângulo I_1I_2B o ângulo externo *A* é a soma dos ângulos internos *r* e *r'*, isto é, $A = r + r'$.

Observe que, ao atravessar o prisma, o raio luminoso sofre um *desvio angular* Δ, que é o ângulo formado pelas direções do raio incidente e do raio emergente. Para obtermos a *fórmula do desvio angular*, devemos considerar o triângulo I_1I_2C. Nesse triângulo, os ângulos internos não adjacentes a Δ valem $i - r$ e $i' - r'$. Logo:

$$\Delta = i - r + i' - r'$$
$$\Delta = i + i' - (r + r')$$
$$\Delta = i + i' - A$$

Desvio mínimo

Se o ângulo de incidência *i* for aumentado a partir de um valor pequeno, verifica-se que o desvio angular Δ inicialmente diminui, passa por um valor mínimo Δ_m para, em seguida, aumentar, obtendo-se o gráfico da figura 23.

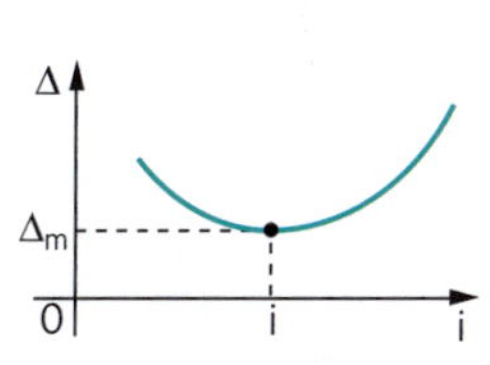

Figura 23

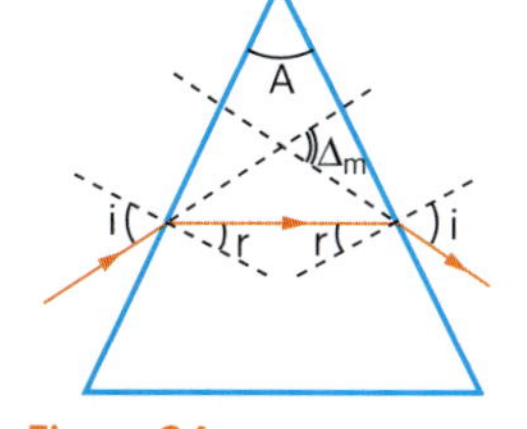

Figura 24

O desvio mínimo Δ_m ocorre quando o ângulo de incidência (*i*) é igual ao ângulo de emergência (*i'*). Logicamente, os ângulos formados com as normais dentro do prisma (*r* e *r'*) também serão iguais (fig. 24):

$$i = i' \quad \text{e} \quad r = r'$$

As fórmulas apresentadas no item anterior assumem, em condições de desvio mínimo, o aspecto seguinte:

$$A = 2r \quad \text{e} \quad \Delta_m = 2i - A$$

Prismas de reflexão total

Eventualmente, o raio luminoso no interior do prisma pode sofrer reflexão total. Realmente, a luz dentro do prisma se propaga do meio mais refringente para o menos refringente, podendo o ângulo de incidência na segunda face ser maior que o ângulo limite ($r' > L$).

Há situações em que essa reflexão total é desejável. Por exemplo, em instrumentos ópticos, como binóculos, máquinas fotográficas, etc., utilizam-se os *prismas de reflexão total*. O mais comum é o prisma de vidro cuja seção é um *triângulo retângulo isósceles*. Para os raios que incidem perpendicularmente a uma das faces há reflexão total, obtendo-se raios emergentes paralelos (fig. 25a) ou perpendiculares (fig. 25b) aos raios incidentes.

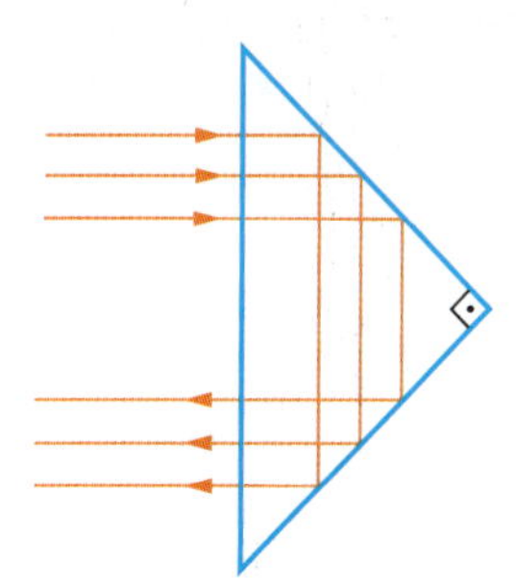

(a) Raios emergentes paralelos.

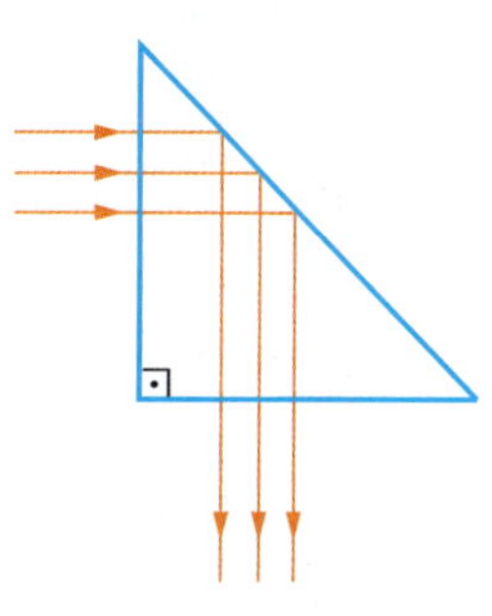

(b) Raios emergentes perpendiculares.

Figura 25

Aplicação

A30. Um raio luminoso monocromático se propaga no ar e incide por um ângulo de incidência igual a 38° num prisma de índice de refração $\frac{\sqrt{6}}{2}$ e ângulo de refringência 75°. Determine:

a) o ângulo de refração na primeira face e o ângulo de incidência na segunda face;

b) o ângulo de emergência;

c) o desvio angular.

Dados: $\text{sen } 38° = \frac{\sqrt{6}}{4}$; $\text{sen } 30° = \frac{1}{2}$; $\text{sen } 45° = \frac{\sqrt{2}}{2}$; $\text{sen } 60° = \frac{\sqrt{3}}{2}$.

A31. Considere um prisma de ângulo de refringência igual a 30°, mergulhado no ar. Qual o valor do índice de refração do material do prisma para que o raio luminoso monocromático, incidindo normalmente sobre uma de suas faces, saia tangenciando a face oposta?

Dado: sen 30° $= \frac{1}{2}$.

A32. Um prisma tem índice de refração em relação ao ar igual a $\sqrt{3}$. Seu ângulo de refringência é 60°.

Sabendo que sen 30° $= \frac{1}{2}$ e sen 60° $= \frac{\sqrt{3}}{2}$, determine o desvio mínimo sofrido por um raio luminoso ao atravessá-lo.

A33. A seção de um prisma é um triângulo retângulo isósceles. Estando ele imerso no ar, qual a condição que se deve impor ao índice de refração *n* do prisma para que um raio de luz monocromática perpendicular a uma de suas faces sofra reflexão total? O índice de refração do ar é 1.

Dado: sen 45° $= \frac{1}{\sqrt{2}}$.

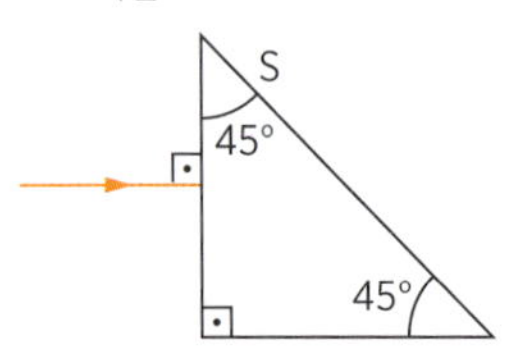

Verificação

V30. Um raio de luz monocromática que se propaga no ar incide, como mostra a figura, num prisma de índice de refração $\sqrt{3}$. Sabendo que sen 60° $= \frac{\sqrt{3}}{2}$ e sen 30° $= \frac{1}{2}$, determine, para esse raio de luz:

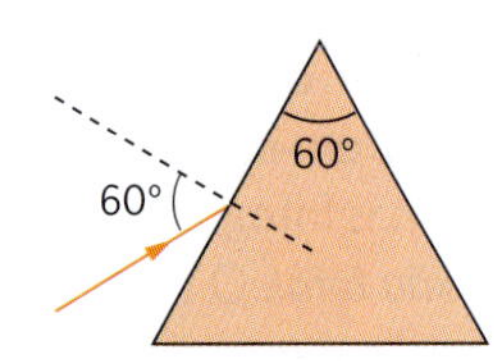

a) o ângulo de refração na primeira face;
b) o ângulo de incidência na segunda face;
c) o ângulo de emergência;
d) o desvio angular.

V31. Um raio de luz monocromática incide perpendicularmente em uma das faces de um prisma, cujo ângulo de refringência é 45°, colocado no ar, e emerge tangenciando a face oposta (emergência rasante). Dado que sen 45° $= \frac{\sqrt{2}}{2}$, determine o índice de refração do prisma.

V32. Em um prisma cujo ângulo de refringência é 60°, o menor desvio que sofre um raio de luz monocromática é 30°. Estando o prisma imerso no ar, determine seu índice de refração para a luz incidente.

Dados: sen 45° $= \frac{\sqrt{2}}{2}$; sen 30° $= \frac{1}{2}$ e $n_{ar} = 1$.

V33. Os dois prismas associados no ar, como indica o esquema, têm índice de refração maior que $\sqrt{2}$ e suas seções são triângulos retângulos isósceles. Esquematize a trajetória do raio indicado.

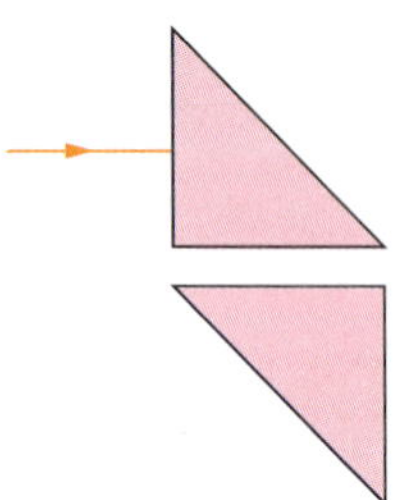

Revisão

R31. (Puccamp-SP) Um prisma de vidro, cujo ângulo de refringência é 70°, está imerso no ar. Um raio de luz monocromática incide em uma das faces do prisma sob ângulo de 45° e, em seguida, na segunda face sob ângulo de 40°, como está representado no esquema.

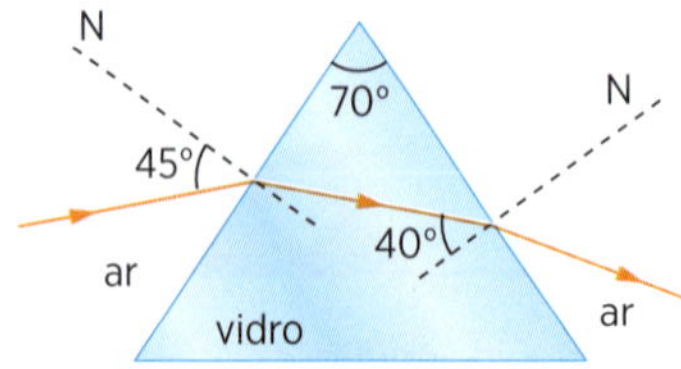

Nessas condições, o índice de refração do vidro em relação ao ar para essa luz monocromática vale:

a) $\frac{3\sqrt{2}}{2}$
b) $\sqrt{3}$
c) $\sqrt{2}$
d) $\frac{\sqrt{3}}{2}$
e) $\frac{2\sqrt{3}}{3}$

Dados: sen 30° $= \frac{1}{2}$; sen 45° $= \frac{\sqrt{2}}{2}$; sen 60° $= \frac{\sqrt{3}}{2}$.

R32. (Unimontes-MG) Um raio luminoso, vindo do ar, cujo índice de refração é igual a 1, incide perpendicularmente sobre uma das faces de um prisma de ângulo de refringência 30° (veja a figura).

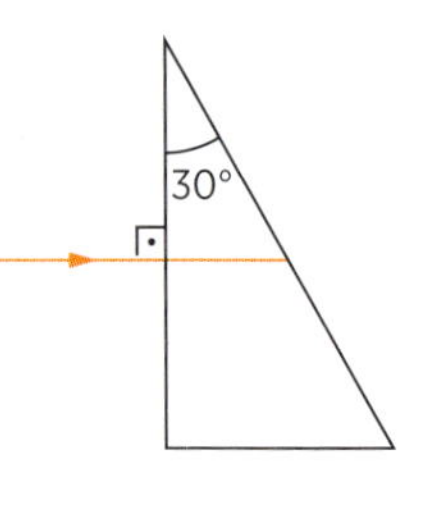

O valor máximo do índice de refração, para que o raio possa emergir na outra face, é:

a) $\frac{1}{2}$
b) $\frac{4}{3}$
c) $\frac{\sqrt{3}}{2}$
d) 2

Dados: sen 30° $= \frac{1}{2}$; sen 60° $= \frac{\sqrt{3}}{2}$.

R33. (U. F. Uberlândia-MG) Deseja-se determinar o índice de refração absoluto de um prisma de seção transversal triangular equilátera. Para tanto, faz-se incidir um raio luminoso monocromático numa das faces do prisma, de tal modo que a incidência corresponda à do desvio mínimo, no caso igual a 60°. Sabendo que o prisma encontra-se num meio onde o módulo da velocidade da luz é o mesmo que no vácuo, o índice de refração absoluto procurado é:

a) $\sqrt{3}$

b) $\dfrac{\sqrt{3}}{2}$

c) $\dfrac{\sqrt{2}}{2}$

d) $\dfrac{3}{2}$

e) $\dfrac{1}{3}$

R34. (UF-GO) Com a finalidade de obter um efeito visual, através da propagação da luz em meios homogêneos, colocou-se dentro de um aquário um prisma triangular feito de vidro *crown*, conforme mostra a figura abaixo.

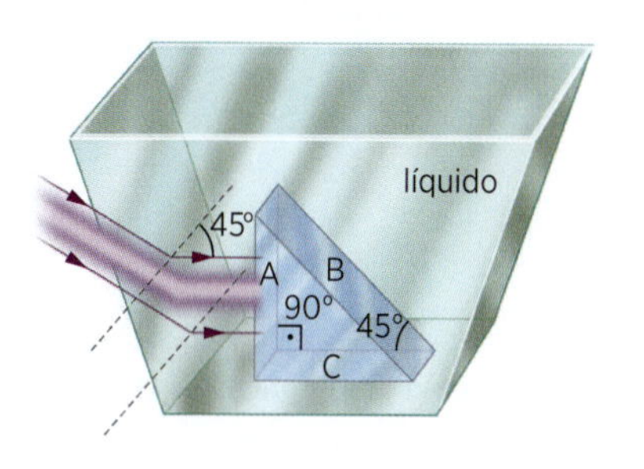

Um feixe de luz violeta, após refratar-se na parede do aquário, incidiu perpendicularmente sobre a face *A* do prisma, atingindo a face *B*.

Com base nesses dados e conhecidos os índices de refração do prisma e do líquido, respectivamente, 1,52 e 1,33, conclui-se que o efeito obtido foi um feixe de luz emergindo da face:

a) *B*, por causa da refração em *B*.

b) *C*, por causa da reflexão total em *B*.

c) *B*, por causa da reflexão total em *B* e *C*.

d) *C*, por causa da reflexão em *B* seguida de refração em *C*.

e) *A*, por causa das reflexões em *B* e *C* e refração em *A*.

R35. (Unifesp-SP) Dois raios de luz, um vermelho (*v*) e outro azul (*a*), incidem perpendicularmente em pontos diferentes da face AB de um prisma transparente imerso no ar. No interior do prisma, o ângulo limite de incidência na face AC é 44° para o raio azul e 46° para o vermelho. A figura que mostra corretamente as trajetórias desses dois raios é:

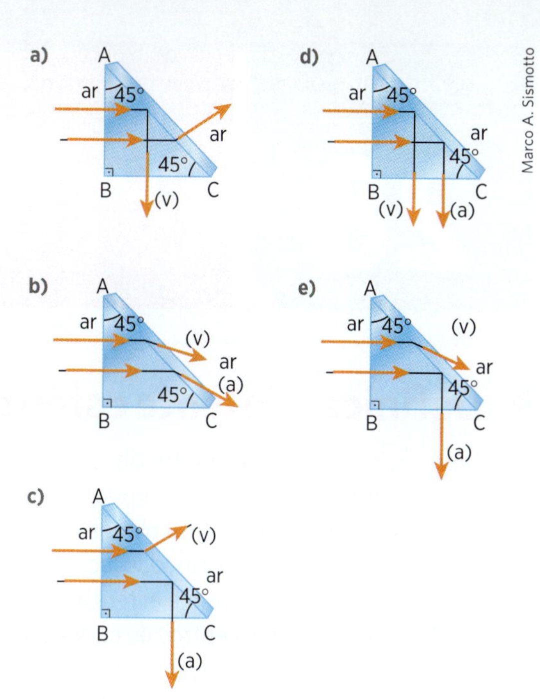

R36. (Vunesp-SP) Um feixe de luz composto pelas cores vermelha (*V*) e azul (*A*), propagando-se no ar, incide num prisma de vidro perpendicularmente a uma de suas faces. Após atravessar o prisma, o feixe impressiona um filme colorido, orientado conforme a figura. A direção inicial do feixe incidente é identificada pela posição *O* no filme.

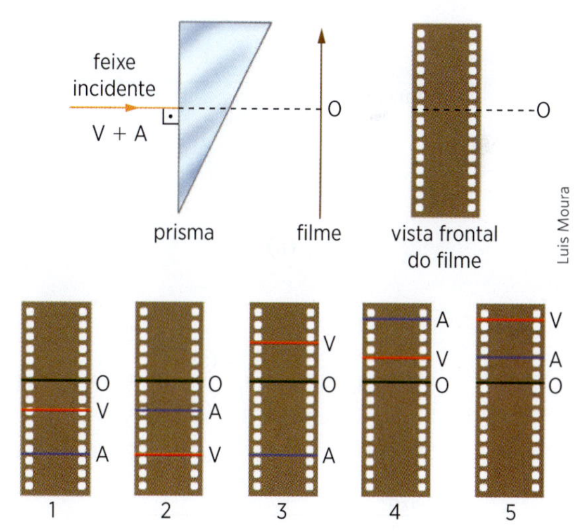

Sabendo que o índice de refração do vidro é maior para a luz azul do que para a vermelha, a figura que melhor representa o filme depois de revelado é:

a) 1
b) 2
c) 3
d) 4
e) 5

capítulo

28 Lentes esféricas

Definição de lente esférica

Lente esférica é o conjunto de três meios homogêneos e transparentes separados por duas superfícies não simultaneamente planas. Essas superfícies de separação, denominadas *faces da lente*, ou são ambas esféricas ou uma é esférica e a outra é plana. A reta comum aos centros de curvatura das faces esféricas (fig. 1a) ou que passa pelo centro de curvatura da face esférica, sendo perpendicular à face plana (fig. 1b), é denominada *eixo principal da lente*. Vamos sempre considerar os meios externos, ① e ③, idênticos.

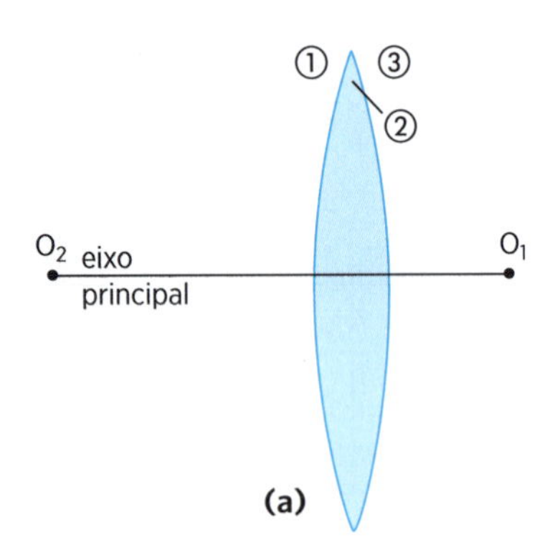

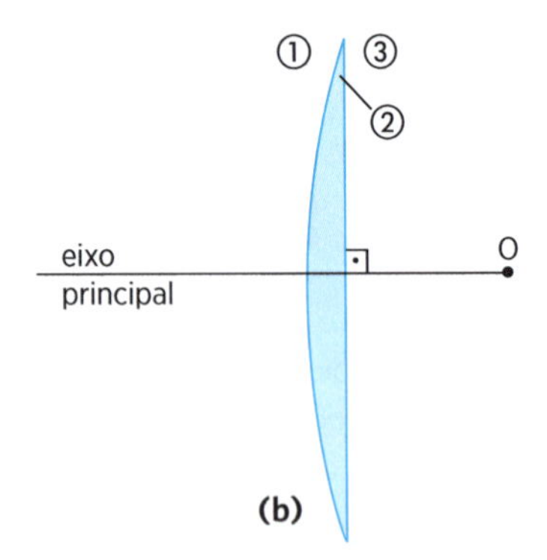

Figura 1

Nomenclatura e tipos

O nome de cada lente é atribuído nomeando-se as faces voltadas para o meio externo, indicando-se em primeiro lugar a face menos curva (fig. 2).

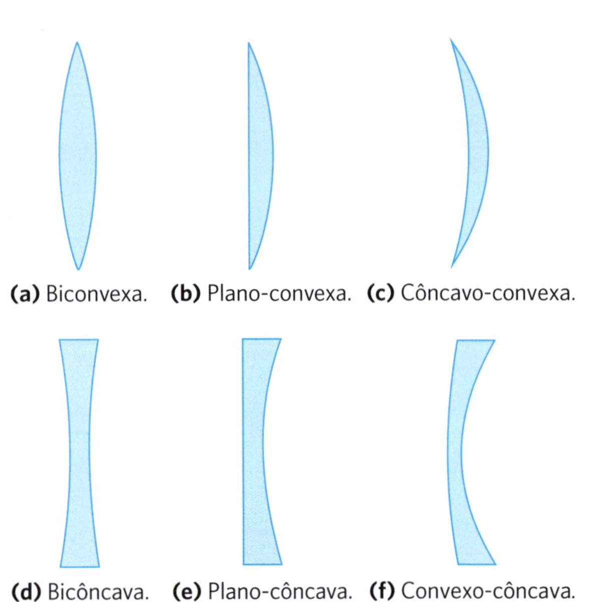

Figura 2

As três primeiras são chamadas *lentes de bordas finas* e as três últimas, *lentes de bordas espessas*.

Comportamento óptico

Existem dois grupos de lentes: o das *lentes convergentes*, que fazem *convergir* um feixe luminoso incidente paralelo ao eixo principal, e o das *lentes divergentes*, que fazem *divergir* um feixe luminoso incidente paralelo ao eixo principal.

Sendo n_1 o índice de refração absoluto do meio ①, isto é, do meio onde a lente está imersa, e n_2 o índice de refração absoluto do meio ②, isto é, da lente propriamente dita, temos:

Se $n_2 > n_1$, as lentes de bordas finas são convergentes e as de bordas espessas são divergentes; se $n_2 < n_1$, os comportamentos ópticos se invertem: as lentes de bordas finas são divergentes e as de bordas espessas, convergentes.

Vamos constatar essa propriedade considerando a trajetória de um raio de luz que incide numa lente plano-convexa, paralelamente ao eixo principal (fig. 3).

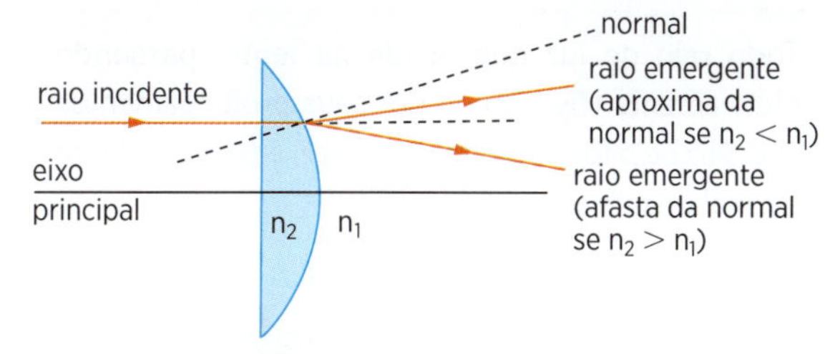

Figura 3. Lentes de bordas finas: convergentes se $n_2 > n_1$ e divergentes se $n_2 < n_1$.

Na figura 4, vamos considerar um raio de luz que incide numa lente plano-côncava, paralelamente ao eixo principal.

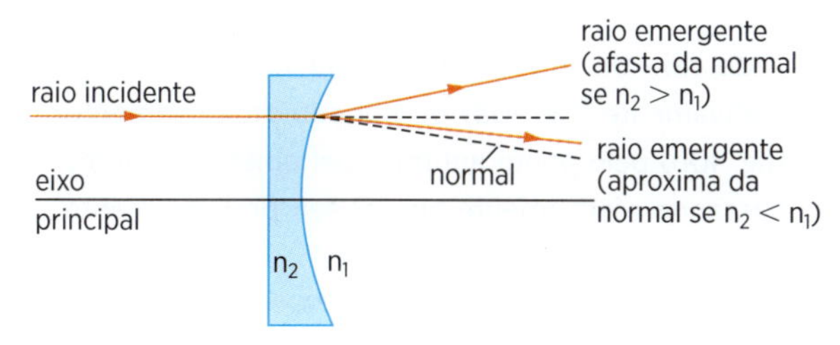

Figura 4. Lentes de bordas espessas: divergentes se $n_2 > n_1$ e convergentes se $n_2 < n_1$.

Lente esférica delgada

Quando a espessura e de uma lente for desprezível, quando comparada com seus raios de curvatura, R_1 e R_2 (fig. 5), a lente será chamada *lente delgada*. A lente delgada pode ser de bordas finas ou de bordas espessas.

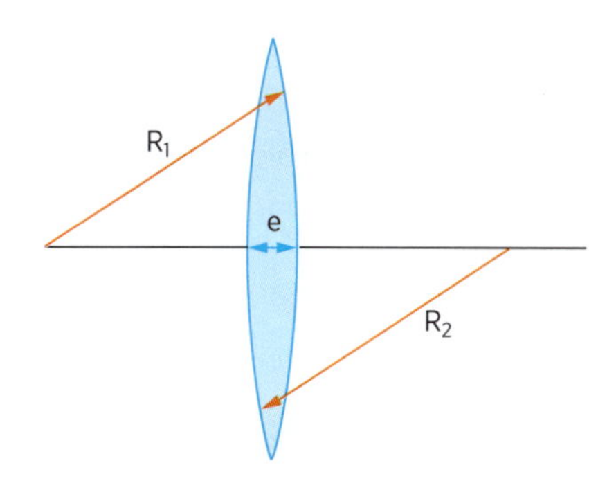

Figura 5. Lente delgada.

Nas representações gráficas das lentes delgadas, não se indica o percurso do raio de luz no interior da lente.

A lente é representada por um simples segmento de reta perpendicular ao eixo principal. Na figura 6a, está representada uma *lente delgada convergente* e o comportamento de um feixe luminoso paralelo ao eixo principal ao atravessá-la. Na figura 6b, representa-se uma *lente delgada divergente* e o comportamento de um feixe luminoso, paralelo ao eixo principal, que a atravessa.

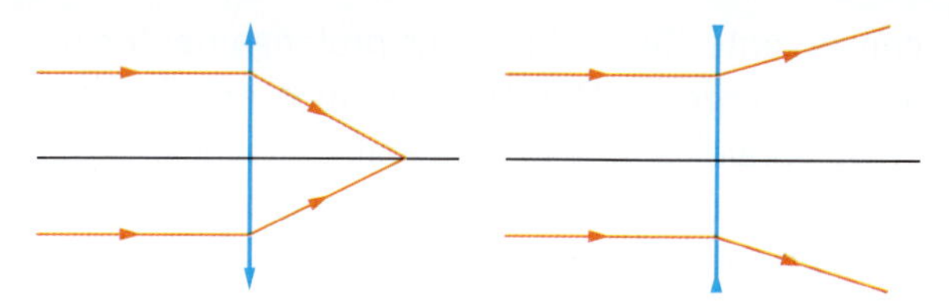

(a) Lente delgada convergente. **(b)** Lente delgada divergente.

Figura 6. Representação das lentes delgadas.

O ponto em que a lente delgada corta o eixo principal constitui o *centro óptico* O da lente. Seja a lente convergente ou divergente, vale a seguinte propriedade representada na figura 7:

> Todo raio de luz que atravessa a lente delgada, passando pelo centro óptico, não sofre nenhum desvio.

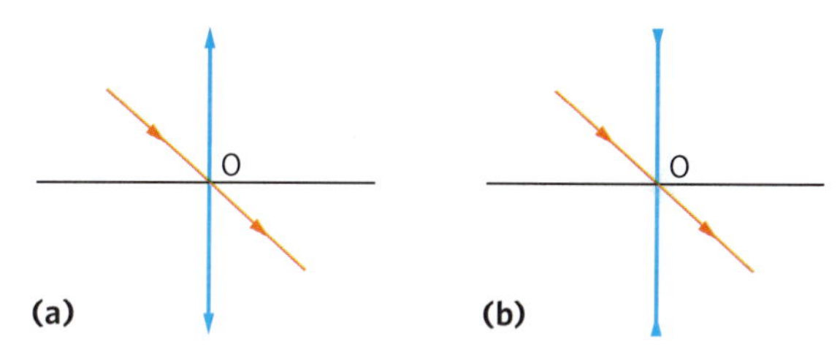

Figura 7

Focos principais da lente esférica delgada

O ponto F' do eixo principal é denominado *foco principal imagem da lente*. Nele convergem os raios emergentes da lente convergente, quando nela incide um feixe luminoso paralelo ao eixo principal (fig. 8a), e por ela passam os prolongamentos dos raios que divergem ao atravessar a lente divergente, quando nela incide um feixe luminoso paralelo ao eixo principal (fig. 8b).

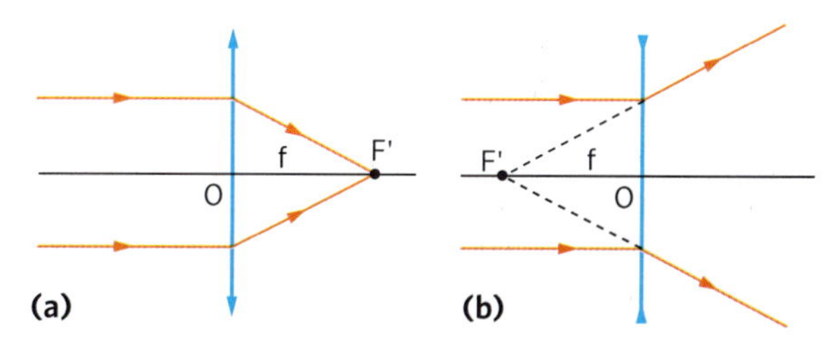

Figura 8

A distância *f* do *foco principal imagem* F' ao centro óptico da lente constitui sua *distância focal*.

Simetricamente ao foco imagem F', considera-se sobre o eixo principal da lente um ponto F, denominado *foco principal objeto da lente*. Se por esse ponto passarem os raios incidentes na lente convergente (fig. 9a) ou seus prolongamentos na lente divergente (fig. 9b), os raios emergentes serão paralelos ao eixo principal. Convenciona-se, de acordo com o referencial de Gauss que veremos posteriormente, que:

- a *lente convergente*, que tem focos reais, apresenta *distância focal positiva* ($f > 0$);
- a *lente divergente*, que tem focos virtuais, apresenta *distância focal negativa* ($f < 0$).

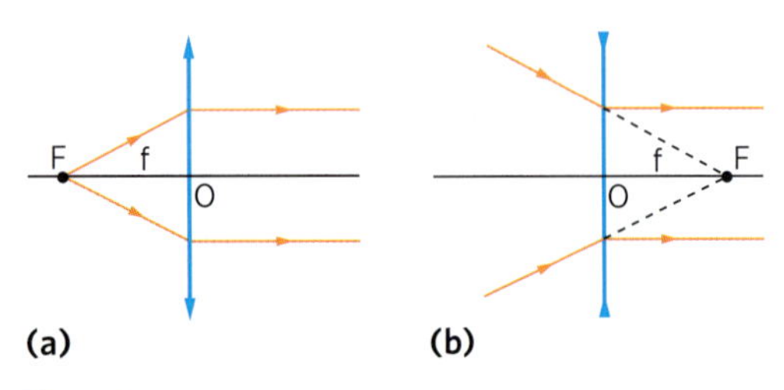

Figura 9

Resumindo, podemos enunciar de acordo com as figuras 8 e 9:

> **Todo raio de luz que incide na lente, paralelamente ao eixo principal, emerge efetivamente (fig. 8a) ou por seus prolongamentos (fig. 8b) pelo foco principal imagem *F'*.**

> **Todo raio de luz que incide na lente, passando efetivamente (fig. 9a) ou por seus prolongamentos (fig. 9b) pelo foco principal objeto *F*, emerge da lente paralelamente ao eixo principal.**

Pontos antiprincipais

Os pontos *A* e *A'*, sobre o eixo principal e cujas distâncias ao centro óptico *O* são o dobro da distância focal, são denominados *pontos antiprincipais* objeto e imagem, respectivamente (fig. 10).

Vale a seguinte propriedade:

> **Todo raio de luz que incide na lente passando efetivamente (fig. 10a) ou por seu prolongamento (fig. 10b) pelo ponto antiprincipal objeto *A* emerge passando efetivamente ou por seu prolongamento pelo ponto antiprincipal imagem *A'*.**

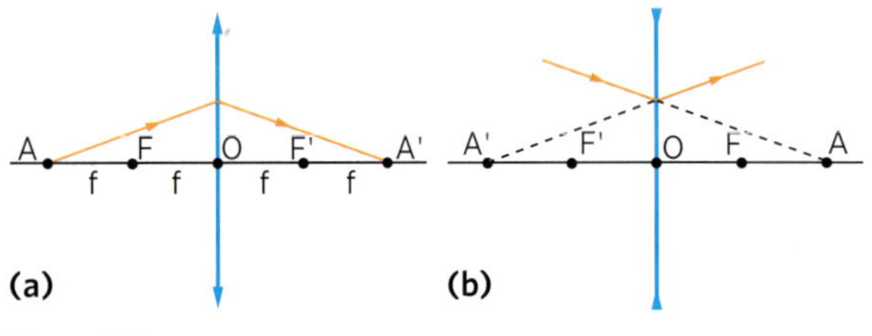

Figura 10

APROFUNDANDO

Um explorador, perdido na Antártida, conseguiu acender uma fogueira usando um bloco de gelo que obteve congelando água num pires. Como ele procedeu?

Aplicação

A1. Há três lentes de vidro imersas no ar: biconvexa, bicôncava e convexo-côncava. Indique o comportamento óptico de cada lente, isto é, classifique-as em convergente ou divergente.

A2. Uma lente plano-convexa é feita de um material cujo índice de refração é 1,50. A lente é colocada sucessivamente na água, cujo índice de refração é 1,33 e num líquido de índice de refração 1,72. Pode-se afirmar que:
- **a)** nos dois meios a lente é convergente.
- **b)** nos dois meios a lente é divergente.
- **c)** na água, a lente é convergente e no outro líquido, divergente.
- **d)** na água, a lente é divergente e no outro líquido, convergente.
- **e)** a lente é de bordas espessas.

A3. É possível acender um palito de fósforo com uma lente no sol. Que tipo de lente se deve usar e onde deve estar a ponta do palito? Esquematize.

A4. Se um ponto luminoso for colocado a 25 cm de uma lente convergente, sobre o eixo principal, o feixe emergente é paralelo ao eixo principal da lente. Determine a distância focal dessa lente.

A5. Duas lentes delgadas, L_1 e L_2, estão a uma distância d uma da outra. Um feixe de raios paralelos ao eixo principal incide em L_1 e emerge de L_2 segundo um feixe de raios também paralelos ao eixo principal. Determine a distância d. Analise os casos:

a) as lentes L_1 e L_2 são convergentes e possuem distâncias focais $f_1 = 20$ cm e $f_2 = 12$ cm, respectivamente.

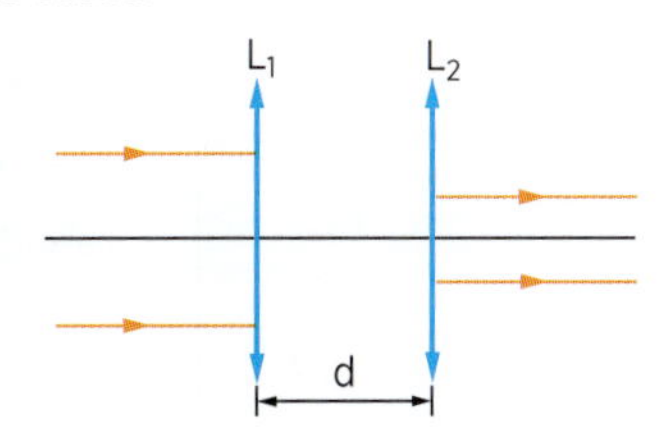

b) a lente L_1 é convergente e tem distância focal $f_1 = 20$ cm; a lente L_2 é divergente e sua distância focal tem módulo $|f_2| = 12$ cm.

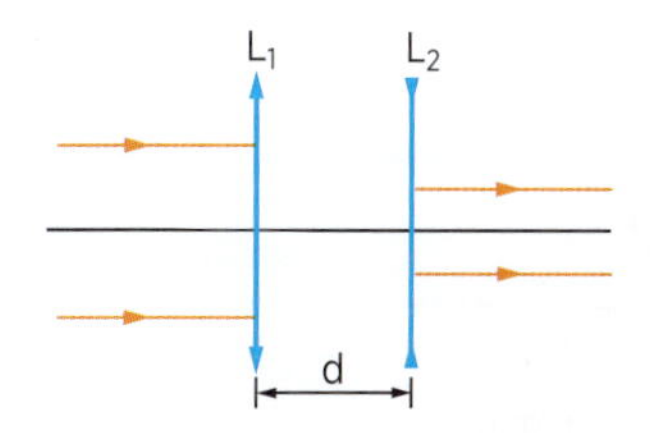

Verificação

V1. São lentes de vidro divergentes no ar:

a) a biconvexa e a plano-côncava.
b) a biconvexa e a plano-convexa.
c) a plano-côncava e a plano-convexa.
d) a plano-côncava e a bicôncava.
e) a biconvexa e a bicôncava.

V2. Uma lente feita de um material cujo índice de refração é 1,5 é convergente no ar. Quando mergulhada num líquido transparente cujo índice de refração é 1,7:

a) ela será convergente.
b) ela será divergente.
c) ela passa a se comportar como um prisma.
d) ela passa a se comportar como uma lâmina de faces paralelas.
e) ela não produzirá nenhum efeito sobre os raios luminosos.

V3. Um feixe de raios paralelos ao eixo principal de uma lente, após atravessá-la, converge num ponto situado a 10 cm do centro óptico da lente. Determine a distância focal da lente. Faça um esquema explicativo.

V4. Ao atravessar uma lente divergente, os prolongamentos dos raios emergentes passam por um ponto situado a 40 cm do centro óptico da lente, sobre o eixo principal. Se o feixe incidente era constituído de raios paralelos ao eixo principal, qual a distância focal da lente? Faça um esquema explicativo.

V5. Nos esquemas abaixo, a lente L_1 tem distância focal $f_1 = 25$ cm. Determine a distância focal das lentes L_2 e L_3.

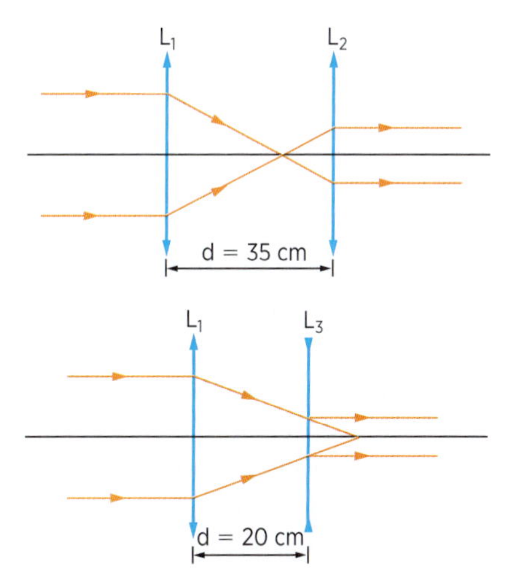

Revisão

R1. (UF-MG) Na figura está representado o perfil de três lentes de vidro.

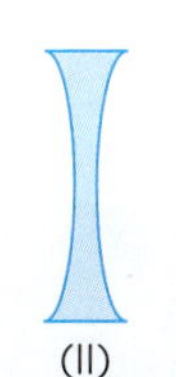
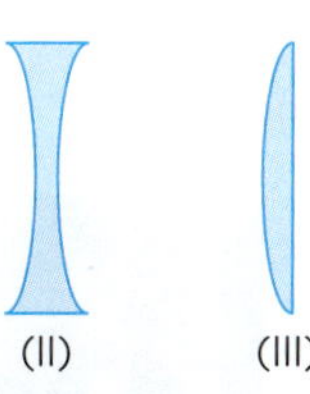

Rafael quer usar essas lentes para queimar uma folha de papel com a luz do sol. Para isso, ele pode usar apenas:

a) a lente I.
b) a lente II.
c) as lentes I e III.
d) as lentes II e III.

R2. (Fuvest-SP) Um objeto decorativo consiste de um bloco de vidro transparente, de índice de refração igual a 1,4, com forma de paralelepípedo, que tem, em seu interior, uma bolha, aproximadamente esférica, preenchida com um líquido, também transparente, de índice de refração n. A figura ao lado mostra um perfil do objeto.

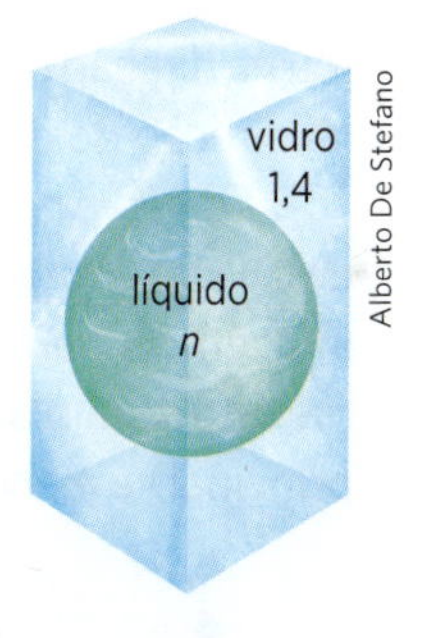

Alberto De Stefano

Nessas condições, quando a luz visível incide perpendicularmente em uma das faces do bloco e atravessa a bolha, o objeto se comporta, aproximadamente, como

a) uma lente divergente, somente se $n > 1,4$.
b) uma lente convergente, somente se $n > 1,4$.
c) uma lente convergente, para qualquer valor de n.
d) uma lente divergente, para qualquer valor de n.
e) se a bolha não existisse, para qualquer valor de n.

R3. (Cefet-MG) As figuras 1 e 2 representam um raio de luz monocromática propagando-se entre dois meios materiais.

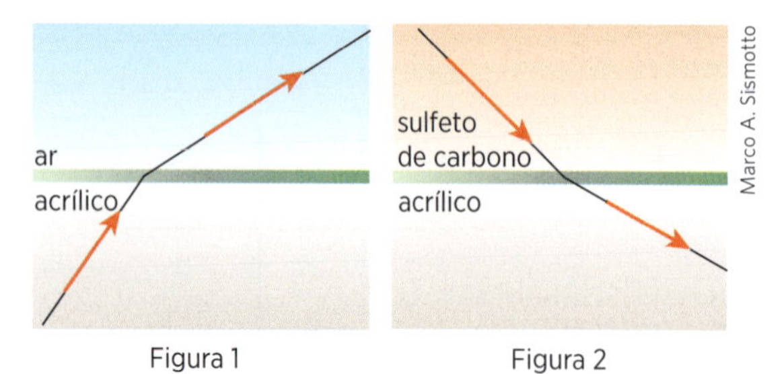

Figura 1 Figura 2

Nessa situação, uma lente de acrílico será ___________ no ___________, se suas bordas forem mais ___________ do que sua parte central.

As palavras que completam, respectivamente, as lacunas são:

a) convergente, ar, largas.
b) divergente, ar, estreitas.
c) divergente, sulfeto de carbono, largas.
d) divergente, sulfeto de carbono, estreitas.

R4. (Vunesp-SP) As figuras representam feixes paralelos de luz monocromática incidindo, pela esquerda, nas caixas *A* e *B*, que dispõem de aberturas adequadas para a entrada e a saída dos feixes.

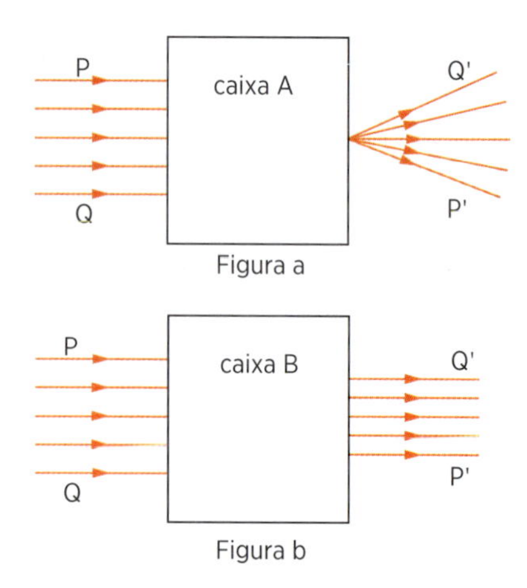

Para produzir esses efeitos, dispunha-se de um conjunto de lentes convergentes e divergentes de diversas distâncias focais.

a) Copie a figura *a* no seu caderno. Em seguida, desenhe no interior da caixa uma lente que produza o efeito mostrado. Complete a trajetória dos raios e indique a posição do foco da lente.
b) Copie a figura *b* no seu caderno. Em seguida, desenhe no interior da caixa um par de lentes que produza o efeito mostrado. Complete a trajetória dos raios e indique as posições dos focos das lentes.

Construção geométrica de imagens

A imagem fornecida por uma lente delgada esférica é determinada pela luz que, partindo do objeto situado à sua frente, atravessa a lente.

Considerando um objeto frontal $\overline{PQ}$, diante de uma lente esférica delgada, convergente ou divergente, para obter graficamente a imagem $\overline{P'Q'}$, traçamos a trajetória dos raios que partem da extremidade superior do objeto *P*. Para isso, basta considerar apenas dois raios, dando-se preferência àqueles cujo raio refratado pode ser individualizado com facilidade.

Na figura 11, construiu-se a imagem $\overline{P'Q'}$ do objeto $\overline{PQ}$, fornecida por uma lente divergente, utilizando um raio luminoso paralelo ao eixo principal que se refratou na direção do foco imagem *F'* e um raio que incidiu na direção do centro óptico e não sofreu desvio.

Observe na figura 11 que a imagem fornecida por uma *lente divergente* de um objeto real é sempre uma imagem *virtual* (prolongamento de raios), *direita* (no mesmo semiplano que o objeto, definido pelo eixo principal) e *menor* que o objeto.

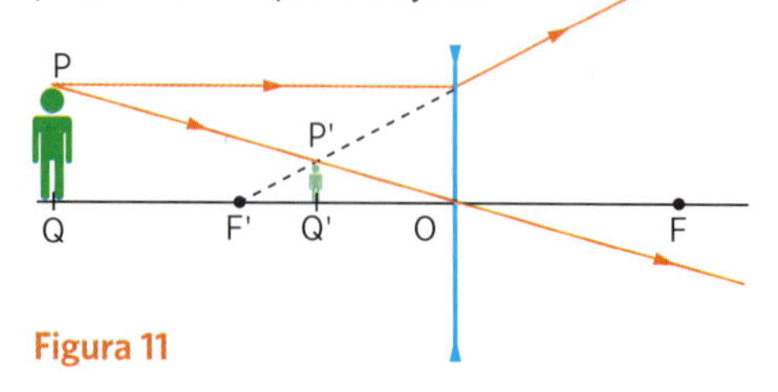

Figura 11

Conforme a posição do objeto em relação ao foco objeto *F* e ao ponto antiprincipal objeto *A* da lente convergente, podemos individualizar vários tipos de imagem:

- *Objeto $\overline{PQ}$ situado antes do ponto antiprincipal* A

  Neste caso, a imagem $\overline{P'Q'}$ é *real*, *invertida* e *menor* do que o objeto (fig. 12).

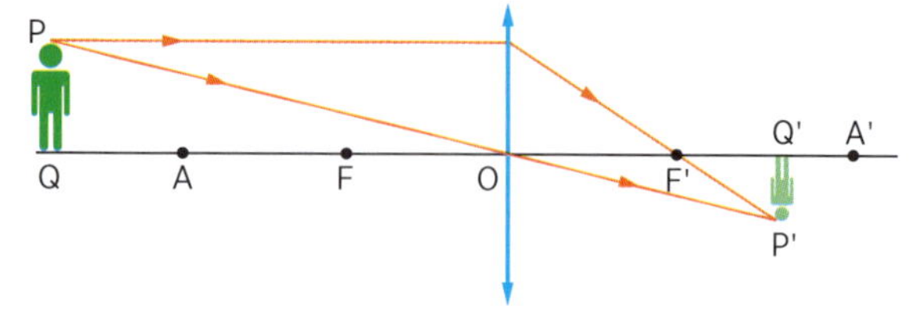

Figura 12

Figura 13

O sistema óptico de uma *máquina fotográfica* e de uma *filmadora* é basicamente constituído por uma lente convergente, que, de um objeto real colocado à sua frente, projeta sobre o filme uma imagem real, invertida e menor.

O *globo ocular* funciona, opticamente, de modo semelhante à máquina fotográfica. Seus vários constituintes transparentes (córnea, cristalino, etc.) funcionam como uma lente convergente que forma sobre a retina uma imagem real, invertida e menor de um objeto real.

- *Objeto $\overline{PQ}$ situado sobre o ponto antiprincipal* A
  A imagem $\overline{P'Q'}$ é *real, invertida* e *do mesmo tamanho* que o objeto e situa-se em *A'* (fig. 14).

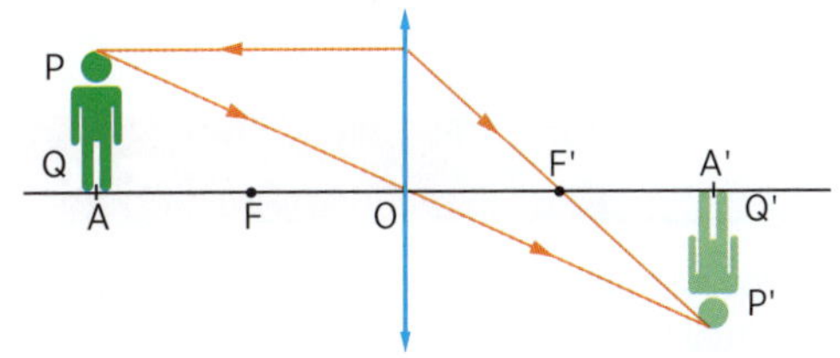

Figura 14

Figura 15

- *Objeto $\overline{PQ}$ situado entre o ponto antiprincipal* A *e o foco principal objeto* F
  Nesta situação, a imagem $\overline{P'Q'}$ é *real, invertida* e *maior* do que o objeto (fig. 16).

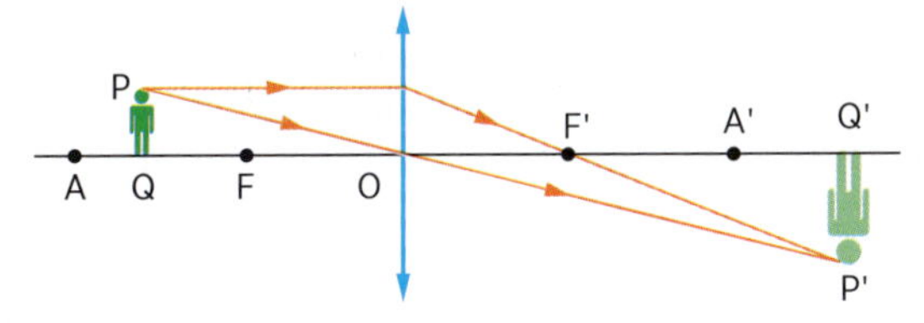

Figura 16

Figura 17

O *projetor cinematográfico* e o *projetor de slides* são constituídos, opticamente, de uma lente convergente, simples ou composta (associação de lentes), que fornece de um objeto real (filme ou *slide*) uma imagem *real, invertida* e *maior* que o objeto, projetada sobre uma tela.

- *Objeto $\overline{PQ}$ situado sobre o foco principal objeto* F
  Neste caso, a imagem é imprópria (imagem no infinito), como mostra a figura 18.

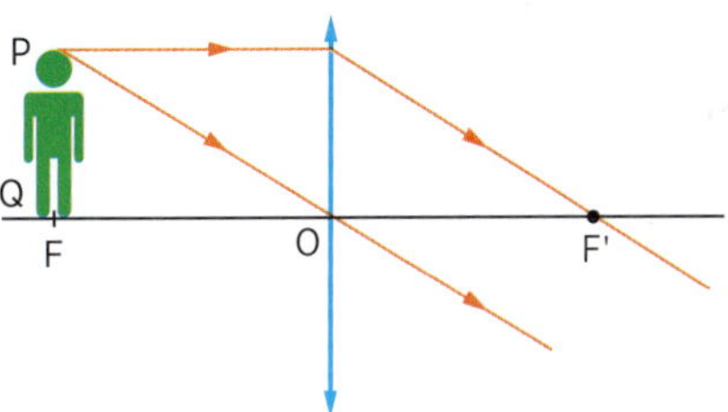

Figura 18

- *Objeto $\overline{PQ}$ situado entre o foco principal objeto* F *e o centro óptico* O
  A imagem $\overline{P'Q'}$ é *virtual, direita* e *maior* do que o objeto (fig. 19).
  Este é o tipo de imagem formada na *lupa* ou *lente de aumento*.

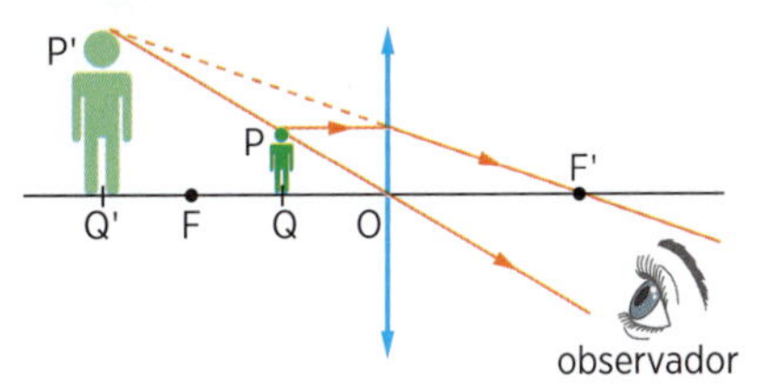

Figura 19

Aplicação

A6. Nos esquemas, *F* e *F'* são os focos principais, *O* é o centro óptico e *A* e *A'* os pontos antiprincipais. Construa a imagem do objeto (*o*) e classifique-a.

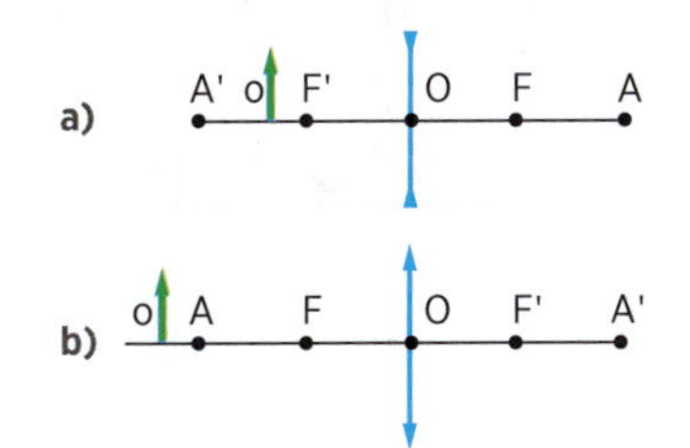

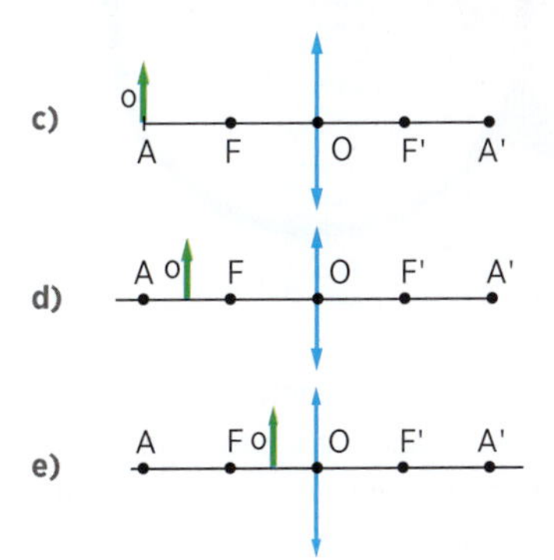

A7. É possível projetar sobre um anteparo a imagem fornecida por:

a) uma lente divergente de um objeto real, qualquer que seja sua posição.
b) uma lente convergente de um objeto real colocado entre o foco objeto e a lente.
c) uma lente convergente de um objeto real colocado entre o foco objeto e o ponto antiprincipal objeto da lente.
d) uma lente convergente de um objeto real, qualquer que seja sua posição.
e) qualquer tipo de lente para qualquer posição de um objeto real.

A8. A figura representa um objeto real *o* e sua imagem *i* produzida por uma lente delgada. Utilizando exclusivamente construções gráficas, determine:

a) a posição do centro óptico da lente;
b) a posição do foco imagem da lente;
c) a distância focal da lente, utilizando o quadriculado fornecido.

V6. Uma lente divergente de um objeto real fornece sempre uma imagem:

a) real, invertida e ampliada.
b) real, invertida e diminuída.
c) virtual, direita e ampliada.
d) virtual, direita e diminuída.
e) real, direita e diminuída.

V7. Um objeto real é colocado entre o foco objeto e o centro óptico de uma lente delgada convergente. Esta fornece uma imagem:

a) direita, virtual e maior.
b) direita, real e maior.
c) invertida, real e menor.
d) direita, virtual e menor.
e) invertida, real e maior.

V8. Qual dos instrumentos ópticos a seguir fornece imagem virtual?

a) projetor de cinema.
b) máquina fotográfica.
c) projetor de *slides*.
d) ampliador de fotografias.
e) lente de aumento simples.

V9. Dados o objeto real *o* e sua imagem *i* fornecida por uma lente delgada de eixo principal xx', determine graficamente o centro óptico e os focos objeto e imagem da lente.

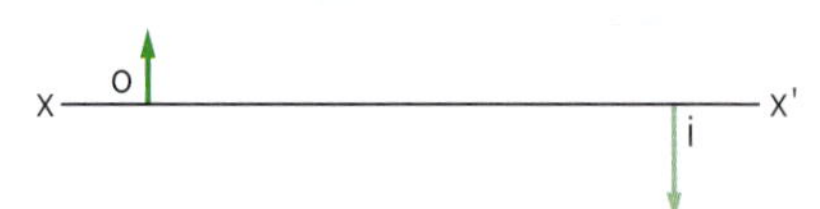

R5. (PUC-SP) Na figura a seguir, em relação ao instrumento óptico utilizado e às características da imagem nele formada, é possível afirmar que é uma imagem:

Fernando Favoretto/Criar Imagem

a) real, formada por uma lente divergente, com o objeto (livro) colocado entre o foco objeto e a lente.
b) virtual, formada por uma lente convergente, com o objeto (livro) colocado entre o foco objeto e a lente.
c) virtual, formada por uma lente divergente, com o objeto (livro) colocado entre o foco objeto e a lente.
d) real, formada por uma lente convergente, com o objeto (livro) colocado entre o foco objeto e o ponto antiprincipal objeto da lente.
e) virtual, formada por uma lente convergente, com o objeto (livro) colocado sobre o foco objeto da lente.

R6. (Vunesp-SP) Na figura a seguir, AB é o eixo principal de uma lente convergente, e FL e *I* são, respectivamente, uma fonte luminosa pontual e sua imagem produzida pela lente. Determine:

a) a distância *d* entre a fonte luminosa e o plano que contém a lente;
b) a distância focal *f* da lente.

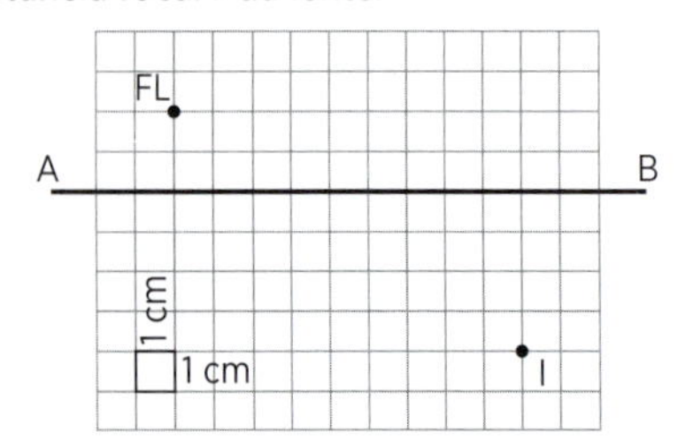

R7. (UF-SC) Um estudante, utilizando uma lente, consegue projetar a imagem da chama de uma vela em uma parede branca, dispondo a vela e a lente na frente da parede conforme a figura a seguir.

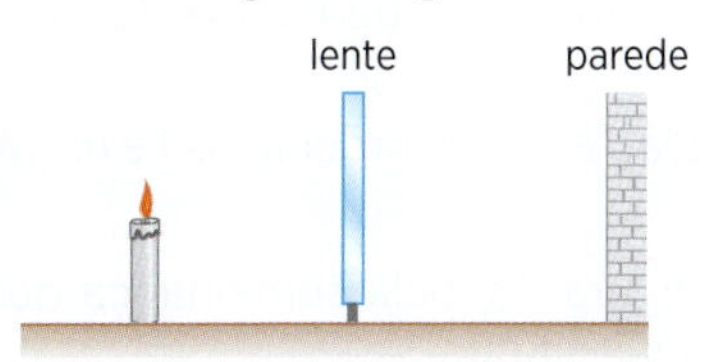

Analise as proposições seguintes, assinale as corretas e dê como resposta a soma dos números associados às proposições marcadas.

(01) Tanto uma lente convergente quanto uma lente divergente projetam a imagem de um ponto luminoso real na parede.

(02) A lente é convergente, necessariamente, porque somente uma lente convergente fornece uma imagem real de um objeto luminoso real.

(04) A imagem é virtual e direita.

(08) A imagem é real e invertida.

(16) A lente é divergente, e a imagem é virtual para que possa ser projetada na parede.

(32) Se a lente é convergente, a imagem projetada na parede pode ser direita ou invertida.

(64) A imagem é real, necessariamente, para que possa ser projetada na parede.

R8. (UTF-PR) Um objeto é colocado frente ao sistema óptico representado abaixo. Esboce a imagem formada:

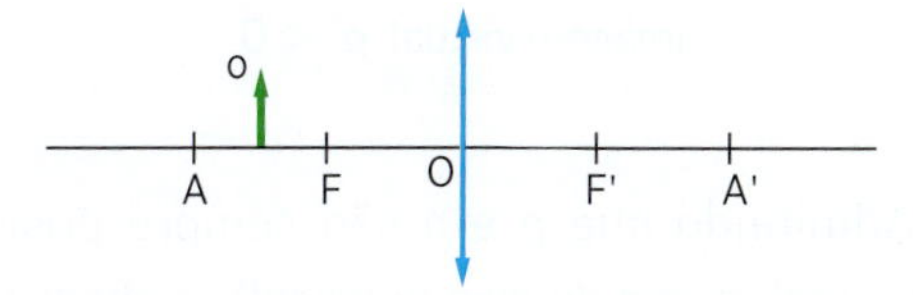

Assinale as afirmativas abaixo com V se verdadeira e F se falsa.

( ) A formação de imagem esquematizada é comum nas câmeras fotográficas.

( ) A imagem é invertida, maior e pode ser projetada num anteparo.

( ) A imagem forma-se geometricamente entre o foco imagem e o ponto antiprincipal.

A sequência correta será:

a) V, F, V
b) V, F, F
c) F, V, F
d) F, F, F
e) V, V, F

Fórmulas das lentes esféricas delgadas

Para referir a posição do objeto e da imagem em relação à lente delgada, adotamos o sistema de referência de Gauss, esquematizado na figura 20.

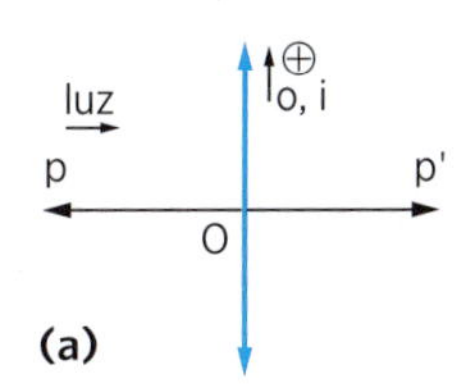

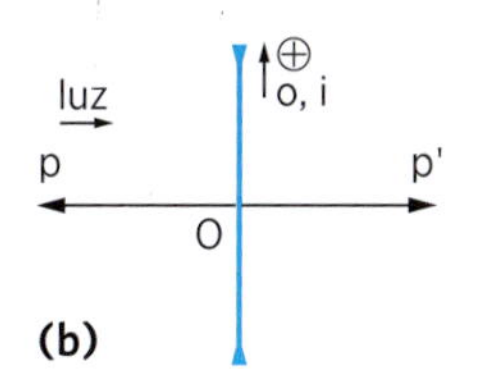

Figura 20

Eixo	Origem	Direção	Sentido
abscissas do objeto (p)	centro óptico (O)	eixo principal	contrário ao da luz incidente
abscissas da imagem (p')	centro óptico (O)	eixo principal	coincidente com o da luz incidente
ordenadas (o, i)	centro óptico (O)	perpendicular ao eixo principal	de baixo para cima

Por exemplo, nos esquemas seguintes, anotamos as dimensões referentes ao objeto e à imagem, e, embaixo, os valores das abscissas e das ordenadas, de acordo com o referencial de Gauss:

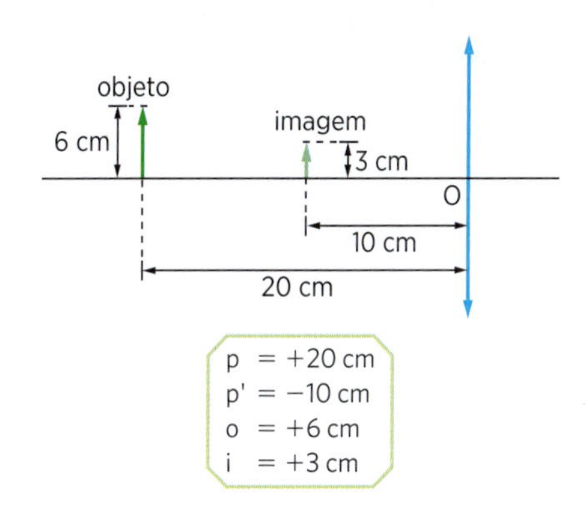

Figura 21

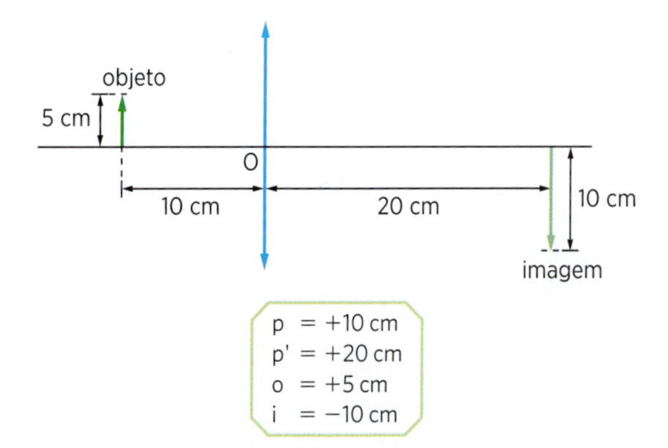

Figura 22

De acordo com esse referencial, imagem real tem abscissa positiva e imagem virtual tem abscissa negativa:

$$\text{imagem real: } p' > 0$$
$$\text{imagem virtual: } p' < 0$$

Admitindo que *p* e *o* são sempre positivos (*objeto real, acima do eixo principal*), a abscissa da imagem *p'* e sua ordenada *i* têm sempre sinais contrários. Assim:

$$\text{imagem real é invertida: } p' > 0;\ i < 0$$
$$\text{imagem virtual é direita: } p' < 0;\ i > 0$$

Nas lentes esféricas, a distância focal *f* é considerada abscissa do foco principal objeto ou do foco principal imagem. Sendo assim, a lente convergente tem distância focal positiva e a lente divergente tem distância focal negativa.

Equação de Gauss

As abscissas do objeto (*p*) e da imagem (*p'*) relacionam-se com a distância focal da lente (*f*) pela Equação de Gauss:

$$\frac{1}{f} = \frac{1}{p} + \frac{1}{p'}$$

Aumento linear transversal da imagem

O aumento linear transversal da imagem *A* é dado pela relação entre as ordenadas *i* e *o*: $A = \frac{i}{o}$

Da figura 23, pela semelhança dos triângulos sombreados, obtemos:

$$\frac{i}{o} = -\frac{p'}{p} \Rightarrow A = -\frac{p'}{p}$$

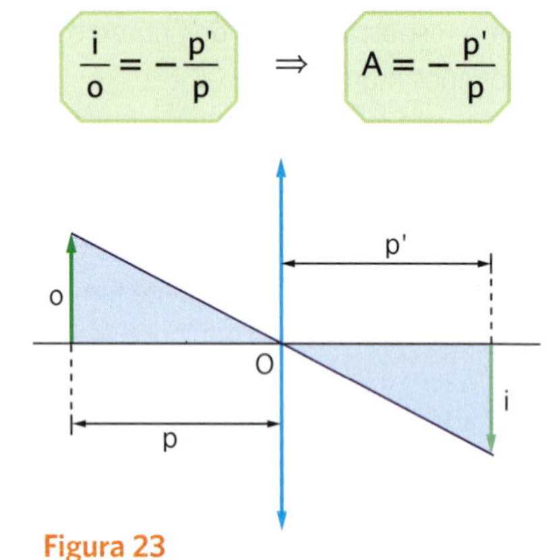

Figura 23

O sinal negativo é acrescido à relação geométrica, em virtude de *i* e *p'* terem sempre sinais opostos (para *o* e *p* positivos).

Analogamente aos espelhos esféricos, temos também outra fórmula para o aumento linear transversal:

$$A = \frac{f}{f - p}$$

A9. Uma fonte luminosa está a 30 cm de uma lente convergente de distância focal 20 cm.

a) Determine a que distância da lente deve ser colocado um anteparo a fim de obter sobre ele a imagem real nítida do objeto.

b) Classifique a imagem formada.

c) Calcule o aumento linear transversal da imagem.

A10. Para que se possa obter uma fotocópia em tamanho natural de um documento, este é fotografado a uma distância de 20 cm da objetiva da máquina fotográfica. Determine a distância focal da lente.

A11. Uma lupa tem 20 cm de distância focal.

a) Determine a abscissa da imagem produzida por essa lente quando um objeto real é colocado a 4 cm de seu centro óptico.

b) Classifique a imagem formada.

c) Calcule o aumento linear transversal da imagem.

A12. Num laboratório, utilizando-se um banco óptico, coloca-se uma pequena lâmpada a 90 cm de uma tela de projeção. Entre a lâmpada e a tela é disposta uma lente delgada, numa posição tal que a imagem obtida na tela é duas vezes maior do que o objeto (lâmpada).

a) A lente é convergente ou divergente?

b) Qual é a distância focal da lente?

A13. Uma lente delgada divergente fornece de um objeto situado a 60 cm de seu centro óptico uma imagem quatro vezes menor. Determine:

a) a distância entre a imagem e a lente;

b) a distância focal da lente.

Verificação

V10. Determine a dimensão e a posição da imagem de um estilete de 10 cm de altura fornecida por uma lente convergente de distância focal 10 cm, estando o estilete colocado em relação à lente como indica a figura. Classifique a imagem formada e calcule o aumento linear transversal.

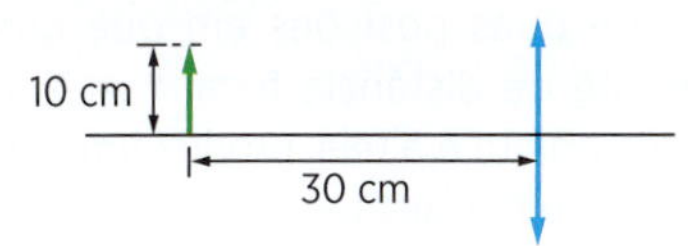

V11. Uma lente delgada convergente fornece de um objeto real imagem também real, invertida e de mesmo tamanho que o objeto. Sendo a distância do objeto à imagem, nesse caso, igual a 200 cm, determine a distância focal da lente.

V12. Uma sala de projeção tem 25 m de comprimento. A distância focal da lente do projetor é 8,0 cm. Determine:

a) a distância do filme ao centro óptico da lente do projetor;

b) o aumento linear transversal da imagem.

V13. Com uma lente de aumento, Patrícia vê a imagem de um pequeno animal com seu tamanho triplicado. Sabendo que o animal está situado a 30 cm da lente, determine:

a) a abscissa da imagem formada;

b) a distância focal.

V14. Tem-se uma lente divergente cuja distância focal é 40 cm. Um objeto real de altura 10 cm é colocado frontalmente a 40 cm da lente. Determine:

a) a abscissa da imagem, classificando-a em real ou virtual;

b) a altura da imagem, classificando-a em direita ou invertida.

Revisão

R9. (Unifesp-SP) A figura abaixo representa um banco óptico didático: coloca-se uma lente no suporte e varia-se a sua posição até que se forme no anteparo uma imagem nítida da fonte (em geral uma seta luminosa vertical). As abscissas do anteparo, da lente e do objeto são medidas na escala, que tem uma origem única.

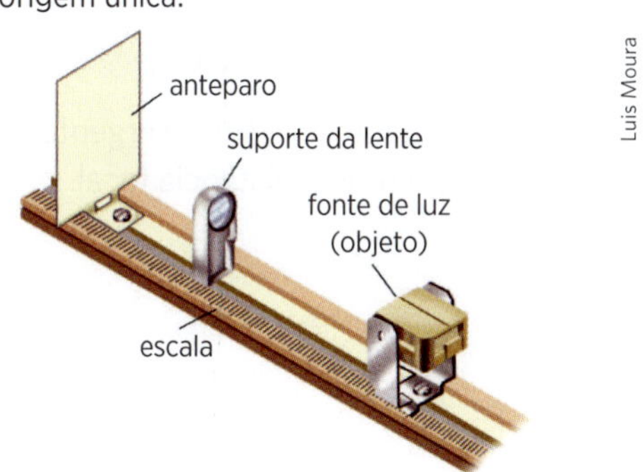

Luis Moura

a) Represente graficamente no caderno de respostas (sem valores numéricos) a situação correspondente ao esquema da figura, em que apareçam: o objeto (seta luminosa da fonte); a lente e seus dois focos; a imagem e pelo menos dois raios de luz que emergem do objeto, atravessem a lente e formem a imagem no anteparo.

b) Nessa condição, determine a distância focal da lente, sendo dadas as posições dos seguintes componentes, medidas na escala do banco óptico: anteparo, na abscissa 15 cm; suporte da lente, na abscissa 35 cm; fonte, na abscissa 95 cm.

R10. (PUC-PR) A equação de Gauss relaciona a distância focal (f) de uma lente esférica delgada com as distâncias do objeto (p) e da imagem (p') ao vértice da lente. O gráfico dado mostra a distância da imagem em função da distância do objeto para uma determinada lente. Aproximadamente, a que distância (p) da lente deve ficar o objeto para produzir uma imagem virtual, direita e com ampliação (m) de 4,0 vezes?

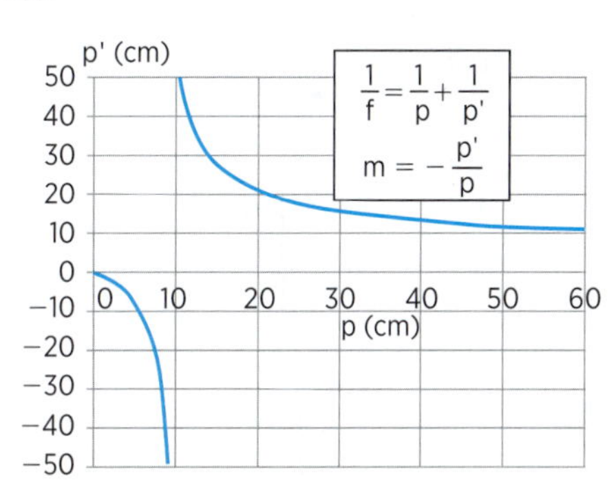

a) 10 cm
b) 20 cm
c) 8,0 cm
d) 7,5 cm
e) 5,5 cm

R11. (U. F. Triângulo Mineiro-MG) As figuras mostram um mesmo texto visto de duas formas: na figura 1 a olho nu, e na figura 2 com auxílio de uma lente esférica. As medidas nas figuras mostram as dimensões das letras nas duas situações.

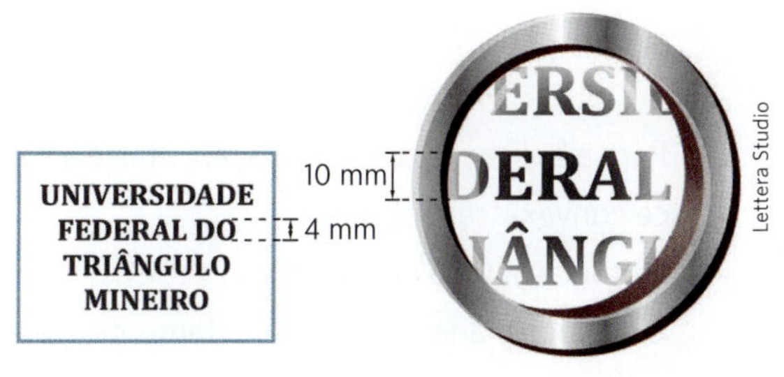

figura 1 figura 2

Lettera Studio

Sabendo que a lente foi posicionada paralelamente à folha e a 12 cm dela, pode-se afirmar que ela é

a) divergente e tem distância focal −20 cm.
b) divergente e tem distância focal −40 cm.
c) convergente e tem distância focal de 15 cm.
d) convergente e tem distância focal de 20 cm.
e) convergente e tem distância focal de 45 cm.

R12. (Vunesp-SP) Na figura, MN representa o eixo principal de uma lente divergente *L*; AB, o trajeto de um raio luminoso incidindo na lente, paralelamente ao seu eixo; e BC, o correspondente raio refratado.

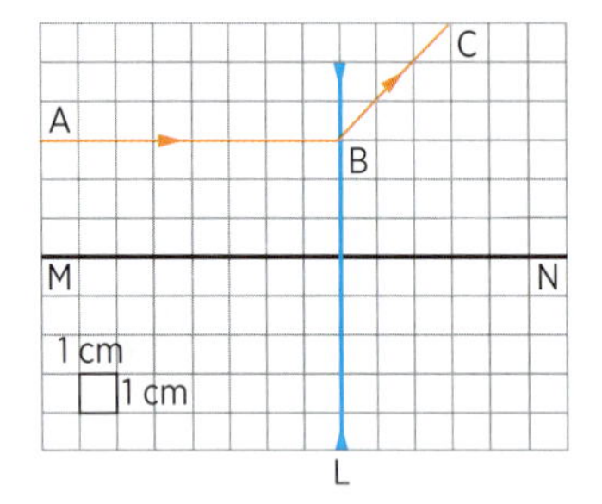

a) A partir da figura, determine a distância focal da lente.
b) Determine o tamanho e a posição da imagem de um objeto real de 3,0 cm de altura, colocado a 6,0 cm da lente, perpendicularmente ao seu eixo principal.

R13. (UF-PE) Um objeto luminoso e uma tela de projeção estão separados pela distância D = 80 cm. Existem duas posições em que uma lente convergente de distância focal f = 15 cm, colocada entre o objeto e a tela, produz uma imagem real na tela. Calcule a distância, em cm, entre estas duas posições.

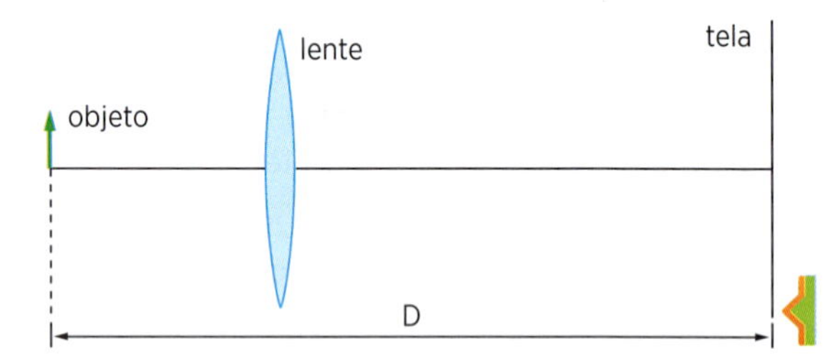

Vergência ou convergência de uma lente

Define-se *vergência* ou *convergência V* de uma lente como a grandeza definida pelo inverso de sua distância focal *f*:

$$V = \frac{1}{f}$$

A unidade usual de vergência é a *dioptria* (di), que corresponde ao inverso do metro (m^{-1}).

Por exemplo, uma lente convergente de distância focal igual a 50 cm terá vergência:

$$f = 50 \text{ cm} = 0,5 \text{ m} \therefore V = \frac{1}{f} = \frac{1}{0,5} \text{m}^{-1}$$

$$V = 2 \text{ di}$$

No caso de a lente ser divergente, a vergência será negativa, como a distância focal.

OBSERVE

A vergência e a distância focal de uma lente podem ser calculadas em função dos raios de curvatura de suas faces R_1 e R_2 e dos índices de refração da lente (n_2) e do meio que a envolve (n_1) pela *equação dos fabricantes de lentes*:

$$V = \frac{1}{f} = \left(\frac{n_2}{n_1} - 1\right)\left(\frac{1}{R_1} - \frac{1}{R_2}\right)$$

Para a aplicação dessa equação, utilize a seguinte *convenção de sinais*:

- face convexa: raio positivo
- face côncava: raio negativo

Uma face plana tem raio infinitamente grande e, portanto, seu inverso será considerado nulo.

Aplicação

A14. Observe os esquemas abaixo:

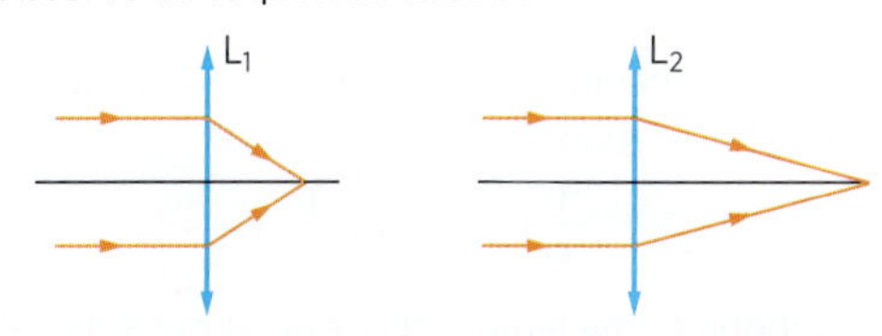

Qual das lentes, L_1 ou L_2, possui maior vergência?

A15. A imagem fornecida por uma lente convergente de vergência 10 di é real, invertida e quatro vezes menor que o objeto real, frontal à lente. Determine:

a) a distância focal da lente;

b) a distância da imagem e do objeto ao centro óptico da lente.

A16. O arranjo da figura consiste numa lente convergente *L* e num espelho plano *E*, perpendicular ao eixo principal da lente. Uma fonte pontual *P* é colocada sobre o eixo principal da lente a 50 cm de seu centro óptico. A luz emitida pela fonte atravessa a lente, reflete-se no espelho, volta a atravessar a lente, convergindo no mesmo ponto *P*. A ocorrência não se modifica quando o espelho é aproximado ou afastado da lente. Determine a distância focal e a vergência da lente.

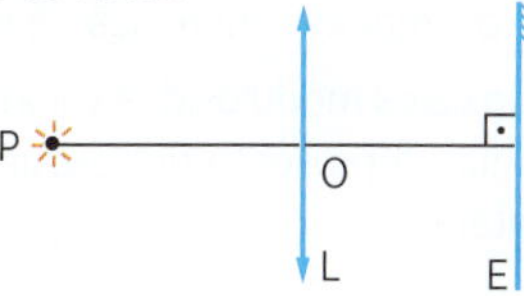

A17. Uma lente biconvexa tem faces com raios de curvatura iguais a 10 cm cada uma. O índice de refração da lente é 1,5 e ela se encontra imersa no ar, cujo índice de refração é 1,0. Determine a distância focal e a vergência dessa lente.

A18. Tem-se uma lente plano-convexa de índice de refração 1,5 e imersa no ar, cujo índice de refração é igual a 1,0. O raio da face convexa é de 5,0 cm. Um objeto luminoso é colocado a 20 cm da lente. A que distância da lente se forma a imagem correspondente?

Verificação

V15. Utilizando-se uma lente convergente de vergência 10 di é possível concentrar a luz do sol num ponto do eixo principal. Qual a distância desse ponto à lente?

V16. Um objeto real de altura o = 20 cm está colocado frontalmente e à distância p = 25 cm de uma lente divergente de vergência V = −4,0 di. Determine:

a) a distância focal da lente;

b) a posição e a natureza (real ou virtual) da imagem formada;

c) a altura da imagem formada, classificando-a em direita ou invertida relativamente ao objeto.

V17. Uma lente convergente de vergência 5,0 dioptrias é colocada diante de um espelho plano perpendicular ao eixo principal da lente, como indica a figura. Determine a que distância *x* do centro óptico da lente deve ser colocada uma fonte luminosa pontual *P*, para que a luz emitida, após atravessar a lente, se reflita no espelho, atravesse novamente a lente e volte a convergir no ponto *P*, qualquer que seja a distância entre o espelho e a lente.

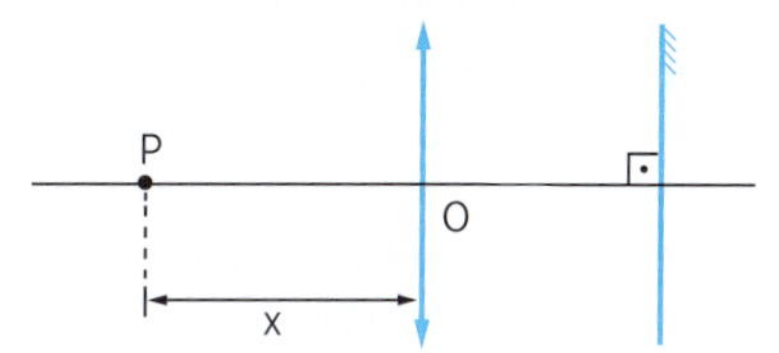

V18. Os raios das faces de uma lente bicôncava têm módulo 50 cm cada um. O índice de refração da lente em relação ao meio que a envolve $\left(\frac{n_2}{n_1}\right)$ vale 2,0. Determine a vergência e a distância focal da lente.

V19. Uma lente esférica de vidro, delgada, plano-côncava, tem o raio da superfície côncava de módulo igual a 10 cm. O índice de refração do vidro é 1,5 e o do ar, onde a lente está imersa, é 1,0. Um objeto luminoso é colocado a 20 cm da lente. Qual o aumento linear transversal da imagem formada?

Revisão

R14. (Mackenzie-SP) Uma lente esférica delgada de convergência 10 di é utilizada para obter a imagem de um objeto de 15 cm de altura. A distância, a que o objeto deve estar do centro óptico da lente, para se obter uma imagem invertida de 3 cm de altura, é de:

a) 60 cm
b) 50 cm
c) 42 cm
d) 24 cm
e) 12 cm

R15. (U. F. Uberlândia-MG) Em um dado experimento de óptica, um grupo de estudantes tem como uma tarefa determinar a distância focal de uma lente delgada de bordas finas, feita de um material transparente, com índice de refração igual a 1,5. Para isso, eles colocam o objeto em diversas posições (*p*) ao longo do eixo principal da lente e determinam a posição *p*' da imagem em relação à lente.

A tabela indica os módulos dos valores medidos (em cm) e a figura representa um esquema do aparato experimental.

p	p'
15	30
20	20
30	15

objeto

P

Marco A. Sismotto

Com base nas informações dadas, julgue as alternativas abaixo como Verdadeira (V), Falsa (F) ou Sem opção (SO).

1. Para as posições do objeto (*p*) à esquerda da lente, indicadas na tabela acima, a imagem irá se formar em um anteparo à direita da lente, pois se trata de uma imagem real.
2. A distância focal obtida pelo grupo de alunos é igual a 20 cm.
3. Ao se colocar o objeto em uma posição (*p*) menor do que 10 cm, a imagem desse objeto deixará de se formar em um anteparo.
4. Se o experimento fosse realizado dentro da água ($n_{água} = 1,3$) para o mesmo conjunto de posições do objeto (*p*), as posições das imagens (*p*') seriam maiores, resultando em um maior valor da distância focal para a mesma lente.

R16. (Unifesp-SP) Um estudante observa uma gota de água em repouso sobre sua régua de acrílico, como ilustrado na figura.

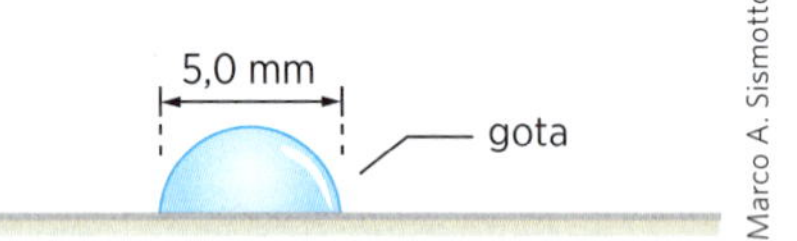

Curioso, percebe que, ao olhar para o caderno de anotações através dessa gota, as letras aumentam ou diminuem de tamanho conforme afasta ou aproxima a régua do caderno. Fazendo alguns testes e algumas considerações, ele percebe que a gota de água pode ser utilizada como uma lente e que os efeitos ópticos do acrílico podem ser deprezados. Se a gota tem raio de curvatura de 2,5 mm e índice de refração 1,35 em relação ao ar.

a) Calcule a convergência *C* dessa lente.

b) Suponha que o estudante queira obter um aumento de 50 vezes para uma imagem direita, utilizando essa gota. A que distância *d* da lente deve-se colocar o objeto?

R17. (UF-CE) Uma lente esférica delgada, construída de um material de índice de refração *n*, está imersa no ar ($n_{ar} = 1,00$). A lente tem distância focal *f* e suas superfícies esféricas têm raios de curvatura R_1 e R_2. Esses parâmetros obedecem a uma relação, conhecida como "equação dos fabricantes", mostrada abaixo.

$$\frac{1}{f} = (n - 1)\left(\frac{1}{R_1} + \frac{1}{R_2}\right)$$

Suponha uma lente biconvexa de raios de curvatura iguais ($R_1 = R_2 = R$), distância focal *f* e índice de refração n = 1,8 (figura I). Essa lente é partida dando origem a duas lentes plano-convexas iguais (figura II).

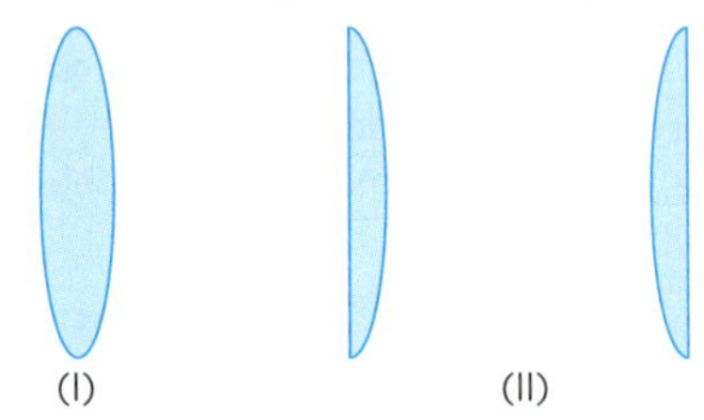

A distância focal de cada uma das novas lentes é:

a) $\frac{1}{2}f$

b) $\frac{4}{5}f$

c) f

d) $\frac{9}{5}f$

e) 2f

R18. (UF-MG) Usando uma lente convergente, José Geraldo construiu uma câmera fotográfica simplificada, cuja parte óptica está esboçada nesta figura:

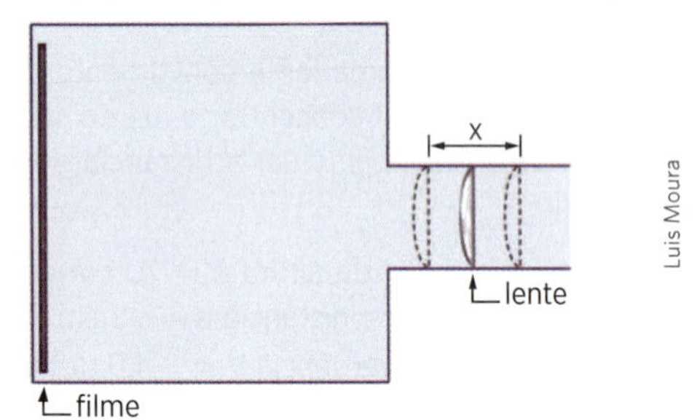

Ele deseja instalar um mecanismo para mover a lente ao longo de um intervalo de comprimento *x*, de modo que possa aproximá-la ou afastá-la do filme e, assim, conseguir formar, sobre este, imagens nítidas.

1. Sabe-se que a distância focal da lente usada é de 4,0 cm e que essa câmera é capaz de fotografar objetos à frente dela, situados a qualquer distância igual ou superior a 20 cm da lente.
   Considerando essas informações, *determine* o valor de *x*.
2. Pretendendo fotografar a Lua, José Geraldo posiciona a lente dessa câmera a uma distância *D* do filme. Em seguida, ele substitui a lente da câmera por outra, de mesmo formato e tamanho, porém feita com outro material, cujo índice de refração é maior.

Considerando essas informações, *responda*:

Para José Geraldo fotografar a Lua com essa nova montagem, a distância da lente ao filme deve ser menor, igual ou maior que *D*?

Justifique sua resposta.

Associação de lentes

Os instrumentos ópticos, geralmente, são constituídos por uma associação de duas ou mais lentes, tendo em vista o tipo ou a qualidade da imagem que se quer obter.

O *microscópio composto* e a *luneta astronômica* são dois instrumentos que podem, esquematicamente, ser considerados, em sua parte óptica, como a associação de duas lentes convergentes dispostas de modo a terem o mesmo eixo principal. A lente que fica do lado do objeto é denominada *objetiva*, e a que fica do lado do olho do observador é denominada *ocular*.

No *microscópio composto*, a objetiva tem pequena distância focal (da ordem de milímetros), menor que a distância focal da ocular (da ordem de centímetros). A figura 24 mostra um esquema sem escala.

$$f_{OB} < f_{OC}$$

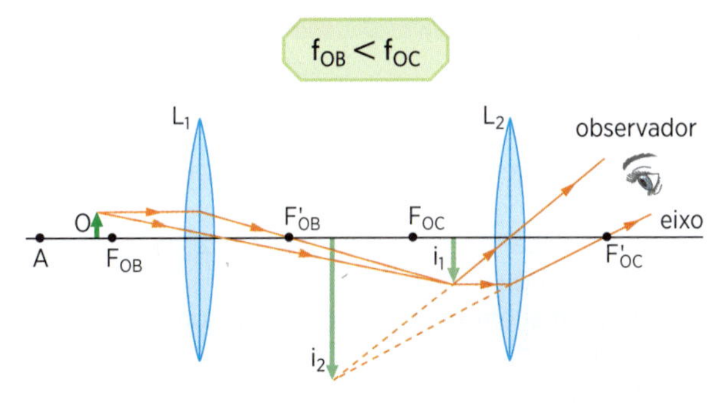

Figura 24. L_1 é a objetiva e L_2 é a ocular do microscópio composto.

A imagem final i_2 obtida no microscópio composto de um objeto situado entre o foco F_{OB} e o ponto antiprincipal A da objetiva é *virtual*, *invertida* e *maior* que o objeto. O trajeto dos raios luminosos que determinam a formação dessa imagem está esquematizado na figura 24. Observe que a imagem intermediária i_1 (real, invertida e maior que o objeto) fornecida pela objetiva funciona como objeto para a ocular (que funciona como lupa).

O aumento linear transversal *A* do microscópio é dado pelo produto dos aumentos lineares da objetiva (A_{OB}) e da ocular (A_{OC}):

$$A = A_{OB} \cdot A_{OC}$$

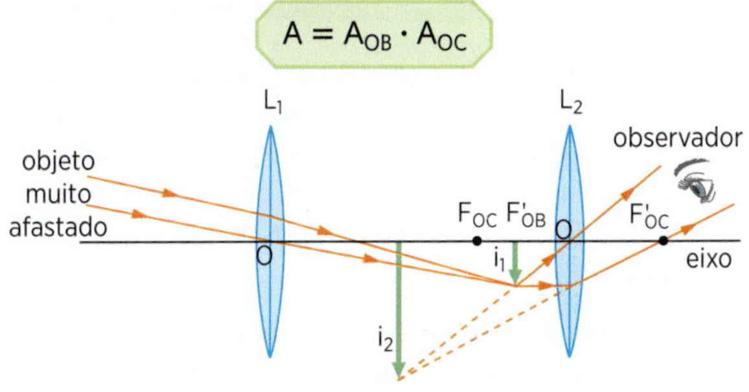

Figura 25. L_1 é a objetiva e L_2 é a ocular da luneta astronômica.

Na *luneta astronômica*, a objetiva tem grande distância focal (geralmente da ordem de metros), maior que a distância focal da ocular:

$$f_{OB} > f_{OC}$$

Em virtude do grande afastamento do objeto observado através de uma luneta, a imagem i_1 fornecida pela objetiva se forma praticamente no seu foco imagem F'_{OB}. Essa imagem serve de objeto para a ocular, que fornece, então, uma imagem final i_2, virtual e invertida do objeto. Na figura 25, está esquematizada a formação da imagem na luneta astronômica.

Nas denominadas *lunetas terrestres*, a imagem final i_2 é tornada direita por meio da associação, ao sistema óptico da lente, de dispositivos especiais.

Lentes justapostas

Dificilmente a objetiva e a ocular dos instrumentos ópticos são constituídas por uma única lente. Se assim consideramos no item anterior, foi apenas visando à simplificação do esquema de formação da imagem.

Geralmente, cada objetiva e cada ocular de um aparelho óptico são formados por um conjunto de lentes delgadas, sem separação entre elas, ou seja, são constituídas por *lentes justapostas*.

Cada conjunto de lentes justapostas funciona opticamente como uma única lente delgada, cuja vergência *V* é dada pela soma das vergências das lentes associadas, qualquer que seja o número dessas:

$$V = V_1 + V_2 + ... + V_n$$

Como a vergência é dada pelo inverso da distância focal, podemos escrever, para a distância focal *f* da associação, a expressão seguinte:

$$\frac{1}{f} = \frac{1}{f_1} + \frac{1}{f_2} + ... + \frac{1}{f_n}$$

Na maioria dos casos, o número de lentes associadas é de apenas dois e o conjunto é denominado *doublet*.

APROFUNDANDO

Nos últimos anos, os astrônomos têm usado em suas pesquisas informações obtidas por telescópios espaciais, como o Hubble. Faça uma pesquisa sobre o Hubble e descubra suas características, sua importância e quanto tempo ele ficará em órbita.

Thinkstock/Getty Images

Telescópio espacial Hubble.

Aplicação

A19. No microscópio composto:

I. a imagem fornecida pela objetiva é real, invertida e maior que o objeto;
II. a imagem final fornecida pelo microscópio é virtual, invertida e maior que o objeto;
III. a distância focal da objetiva é maior do que a da ocular.

Tem-se:

a) Só I é correta.
b) Só I e II são corretas.
c) Só I e III são corretas.
d) Todas são corretas.
e) Só III é correta.

A20. Um microscópio composto consta de duas lentes convergentes. A lente localizada próximo do objeto é a objetiva, e aquela através da qual se observa a imagem é a ocular. Considere uma situação na qual a objetiva amplia 40 vezes o objeto e a ampliação total do microscópio é de 500 vezes. Qual a ampliação devida à ocular?

A21. A luneta astronômica é um instrumento óptico utilizado para a observação de objetos a distância. Analise as seguintes afirmações referentes a esse aparelho.

I. A imagem fornecida pela objetiva se forma no plano focal dessa lente.
II. A ocular é uma lente convergente de vergência maior que a da objetiva.
III. A imagem final fornecida pela luneta é real e invertida.

Dessas afirmações:

a) todas são corretas.
b) apenas a I e a III são corretas.
c) apenas a II e a III são corretas.
d) apenas a I e a II são corretas.
e) apenas uma é correta.

A22. Justapõem-se duas lentes delgadas convergentes de vergências 5 dioptrias e 15 dioptrias, respectivamente. Determine a vergência e a distância focal da associação.

A23. Justapõem-se duas lentes delgadas, uma convergente de distância focal $f_1 = 10$ cm e outra divergente de distância focal $f_2 = -20$ cm. Determine a vergência e a distância focal da associação.

Verificação

V20. Um microscópio composto é constituído por duas lentes convergentes: a objetiva, de distância focal $f_1 = 0,5$ cm, e a ocular, de distância focal $f_2 = 2,5$ cm. Colocando-se um objeto a 0,51 cm da objetiva, forma-se uma imagem final a 30 cm da ocular. Determine:

a) os aumentos lineares transversais da objetiva, da ocular e do microscópio;
b) a distância entre as duas lentes.

V21. A distância entre a objetiva e a ocular, numa luneta astronômica, é 105 cm. A distância focal da objetiva é 100 cm e a da ocular, 6,0 cm. A que distância da ocular se forma a imagem de um objeto muito afastado que está sendo observado através da luneta?

V22. Responda às seguintes perguntas de acordo com as características de quatro lentes apresentadas na tabela.

a) Que lentes você escolheria para construir um microscópio composto? Qual seria a objetiva e qual a ocular?

b) E se você quisesse construir uma luneta astronômica, qual seria a sua escolha?

Lente	Tipo	Distância focal
L_1	convergente	10 mm
L_2	convergente	10 cm
L_3	convergente	100 cm
L_4	convergente	−10 cm

V23. Uma lente convergente de vergência $V_1 = 10$ di é justaposta a uma lente divergente de vergência $V_2 = -5$ di. Determine a vergência e a distância focal da associação.

V24. Justapõem-se duas lentes delgadas, uma de vergência 10 di e outra de distância focal −25 cm. Qual a vergência da associação?

Revisão

R19. (Udesc-SC) Você, como aluno do curso de Física, construirá dois instrumentos ópticos que serão usados em experiências demonstrativas em sala de aula.

a) Primeiramente, faça o esquema óptico de uma lupa, ou seja, uma única lente convergente que produz uma imagem virtual, maior e direita. Use os raios principais em seu esquema.

b) Depois, faça o esquema de um microscópio óptico, um instrumento que tem como objetivo ampliar um objeto. A imagem fornecida por ele deve ser virtual, maior e invertida. Construa o microscópio utilizando 2 lentes convergentes. A 1ª lente fornecerá uma imagem real, invertida e ampliada, e será objeto da 2ª lente. Use os raios principais em seu esquema.

R20. (UF-PI) Um microscópio óptico composto é um instrumento constituído basicamente de dois sistemas convergentes de lentes associadas coaxialmente: o primeiro é a objetiva e o segundo é a ocular. Considere um microscópio óptico composto com as distâncias focais da objetiva e da ocular, respectivamente, 4 mm e 5 cm. Nesse microscópio, um objeto posicionado a 5 mm da objetiva conjuga uma imagem virtual a 80 cm do olho, que está junto à ocular. A distância de separação dos dois sistemas de lentes e a distância da imagem final ao objeto, valem em cm, respectivamente:

a) 2,5 e 79,5
b) 6,7 e 75,3
c) 2,0 e 72,8
d) 6,7 e 79,5
e) 6,7 e 72,8

R21. (Puccamp-SP) O esquema a seguir mostra a formação da imagem em uma luneta astronômica.

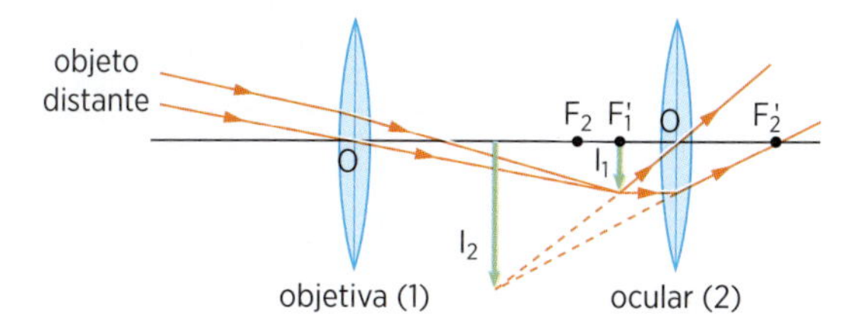

Numa certa luneta, as distâncias focais da objetiva e da ocular são de 60 cm e 30 cm, respectivamente, e a distância entre elas é de 80 cm. Nessa luneta, a imagem final de um astro distante se formará a:

a) 30 cm da objetiva.
b) 30 cm da ocular.
c) 40 cm da objetiva.
d) 60 cm da objetiva.
e) 60 cm da ocular.

R22. (U. E. Ponta Grossa-PR) Têm-se duas lentes, uma plano côncava e outra plano convexa, conforme é mostrado abaixo, designadas por lente *A* e lente *B*. Sobre a associação dessas lentes, assinale o que for correto.

Marco A. Sismotto

(01) Se a lente *B* for associada à lente *A* pelas partes planas, estando essas imersas no ar, a associação será convergente.

(02) A convergência da associação é dada em dioptrias e é igual à soma dos inversos das distâncias focais das lentes tomadas em metros.

(04) Se os raios das lentes forem de valores diferentes, a associação funcionará como se fosse uma lâmina de faces paralelas.

(08) Associadas as lentes de forma a torná-las divergentes, tanto o foco como a imagem serão reais.

(16) Se a lente *A* for associada à lente *B* de tal maneira que as curvas se encaixem perfeitamente, nelas incidindo um raio luminoso formando um ângulo qualquer com a normal e que não seja perpendicular à face [...], o raio emergente sofrerá um desvio e o ângulo com que o raio luminoso emerge será igual ao ângulo com que o raio incide.

Óptica da visão

O olho humano é um sistema complexo, formado por inúmeros constituintes (fig. 26a). No entanto, para efeito de análise da formação de imagens, usamos um esquema extremamente simplificado, denominado *olho reduzido* (fig. 26b).

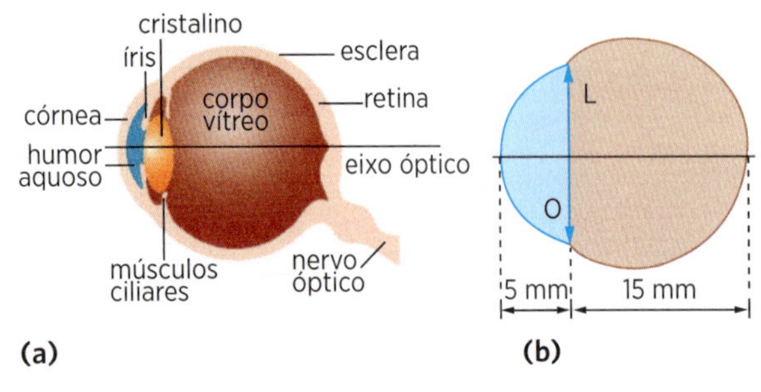

Figura 26

Nesse esquema, os meios transparentes do olho (córnea, humor aquoso, cristalino, corpo vítreo) são representados por uma lente convergente delgada *L*, cujo centro óptico está a 5 mm da parte anterior (córnea) e a 15 mm do fundo do olho (retina).

A formação da imagem é semelhante à da máquina fotográfica: projeta-se sobre a retina uma imagem real, invertida e menor do objeto (fig. 27).

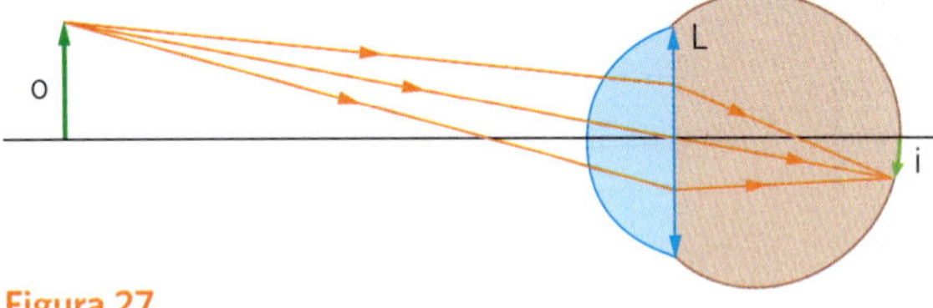

Figura 27

Para que a imagem se forme sempre na retina, independentemente da posição do objeto, o olho dispõe de um mecanismo, denominado *acomodação visual*, pelo qual a distância focal da lente *L* é modificada. Esse mecanismo consiste no seguinte: à medida que o objeto se aproxima, os músculos ciliares se contraem fazendo com que se modifiquem as curvaturas das faces do cristalino, isto é, se alterem seus raios de curvatura e consequentemente sua distância focal.

A posição mais afastada que uma pessoa vê nitidamente é denominada *ponto remoto*, estando infinitamente afastada para a vista normal. Para essa situação, o foco imagem do globo ocular está exatamente na retina, a distância focal é máxima e o olho não realiza esforço de acomodação (fig. 28).

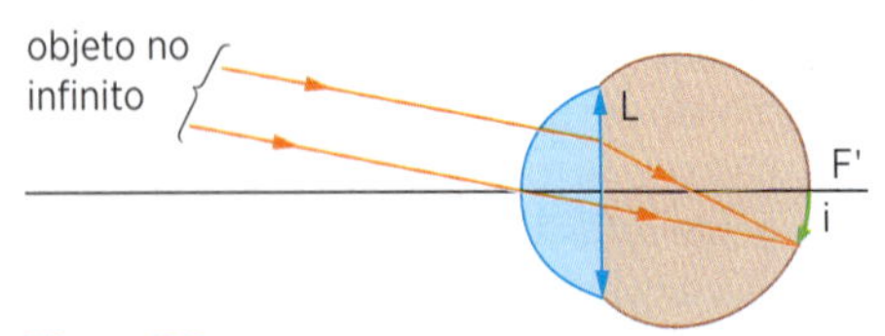

Figura 28

A posição mais próxima vista nitidamente é denominada *ponto próximo*, situado, para a pessoa de visão normal, à *distância mínima de visão distinta*, estabelecida convencionalmente como d = 25 cm. Para essa situação, a distância focal é mínima e o olho realiza esforço de acomodação máximo.

Defeitos da visão

Miopia

A pessoa míope sofre de uma diminuição na distância focal do olho, que apresenta, portanto, um aumento na vergência, quando não está sendo realizado esforço de acomodação. Em consequência, a imagem de um objeto infinitamente afastado se forma antes da retina, prejudicando assim a visão de objetos situados ao longe (fig. 29). Isso significa que o ponto remoto do míope se encontra numa distância finita do olho.

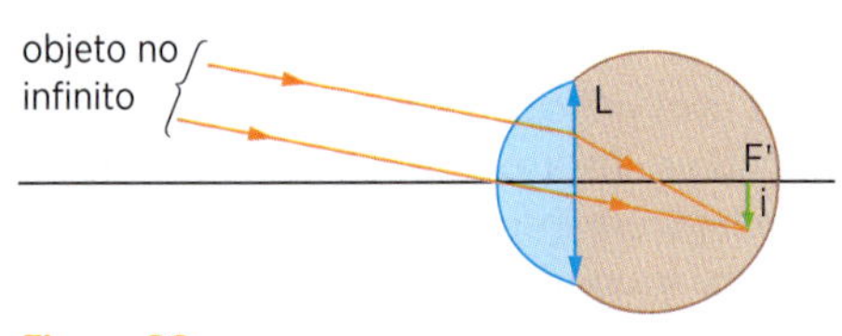

Figura 29

A correção da miopia é feita com *lente divergente*, que, associada ao olho, "leva" o foco imagem *F'* para a retina, diminuindo a vergência do olho (fig. 30).

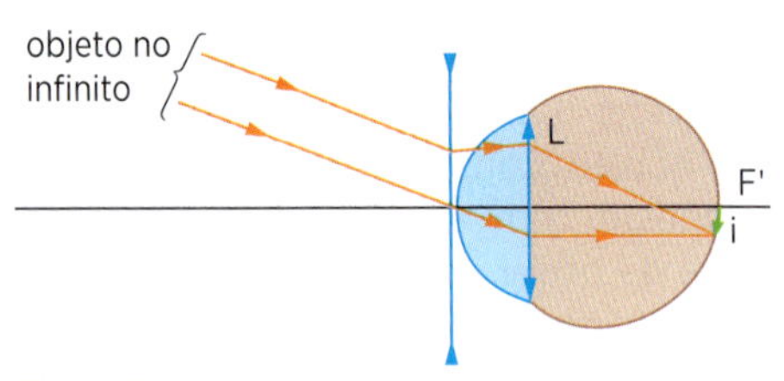

Figura 30

Sendo *D* a distância do ponto remoto do míope ao olho, concluímos que a distância focal da lente corretora deve ter módulo igual à distância do ponto remoto ao olho (fig. 31).

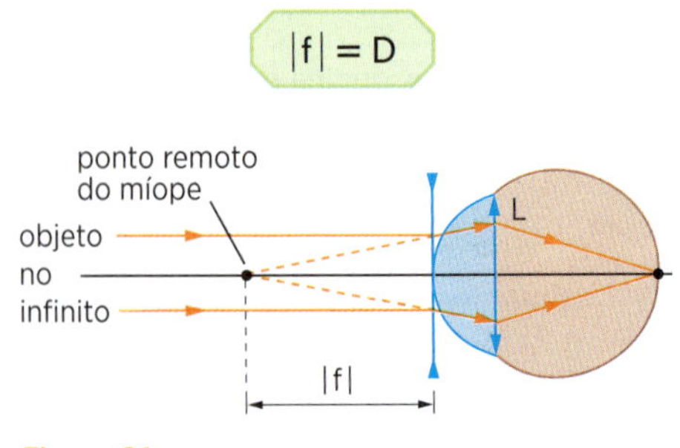

Figura 31

Por exemplo, se um míope só vê nitidamente até 5 m, a lente corretora deve ter distância focal e vergência:

$$f = -5\,m \therefore V = \frac{1}{f} = \frac{1}{-5} \quad V = -0{,}2\,di$$

Hipermetropia

Se o olho hipermetrope não estiver realizando esforço de acomodação, o foco imagem *F'* situa-se além da retina, havendo pois um aumento na distância focal e uma diminuição na vergência do globo ocular. Então, a imagem de um objeto infinitamente afastado se forma além da retina (fig. 32).

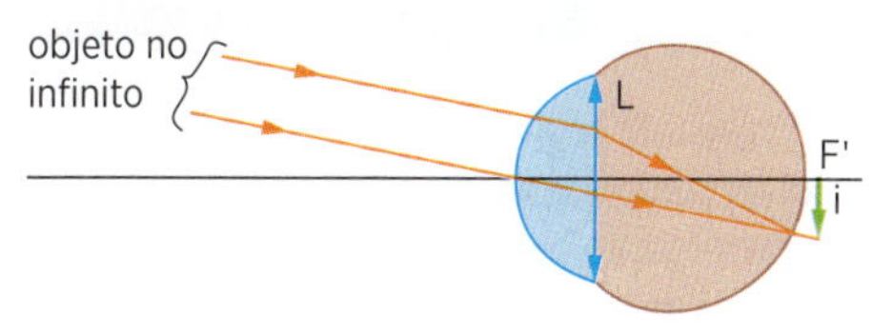

Figura 32

No entanto, realizando esforço de acomodação, a pessoa hipermetrope pode diminuir a distância focal, trazendo o foco imagem *F'* (e, portanto, a imagem do objeto no infinito) para a retina, permitindo a visão nítida (fig. 33).

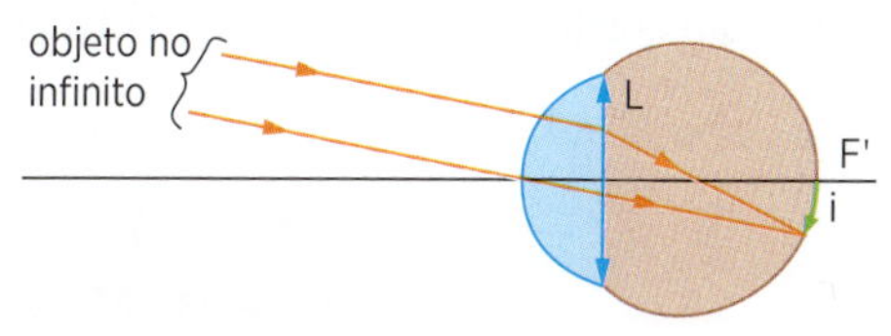

Figura 33

Como o hipermetrope já começa a realizar esforço de acomodação para ver ao longe, seu ponto próximo se afasta. Realmente, a pessoa vai estar realizando esforço máximo de acomodação para uma distância *d* maior que 25 cm. Então, sua visão próxima fica prejudicada.

A correção da hipermetropia é feita com a *lente convergente*, que, associada ao olho, "leva" o foco imagem *F'* para a retina, quando não há esforço de acomodação, aumentando assim a vergência.

Para um objeto colocado no ponto próximo de um olho normal, a lente corretora fornece uma imagem virtual *I* sobre o ponto remoto do olho hipermetrope (fig. 34). *I* funciona como objeto para a lente *L*, que origina a imagem *i* na retina. Assim, sendo *f* a distância focal da lente corretora, p = 25 cm = 0,25 m e p' = −d, vem:

$$\frac{1}{f} = \frac{1}{0{,}25} - \frac{1}{d}$$

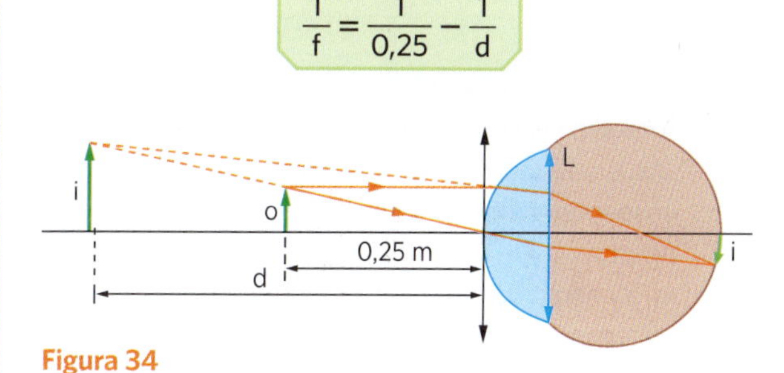

Figura 34

Presbiopia

Com a idade, diminui a capacidade de acomodação do cristalino. Por isso, o ponto próximo se afasta, embora a visão a distância se mantenha normal.

A correção da visão próxima da pessoa presbiope (ou presbita) é feita com *lente convergente*.

Astigmatismo

Devido a uma imperfeição do olho, principalmente da córnea, o astigmata recebe na retina uma imagem sem nitidez.

A correção do astigmatismo é feita com *lente cilíndrica*.

A24. Na figura, a mulher *A* é vista pelo homem *B*, representado pelo seu olho em corte. À medida que *A* se aproxima de *B* e supondo que o olho seja normal:

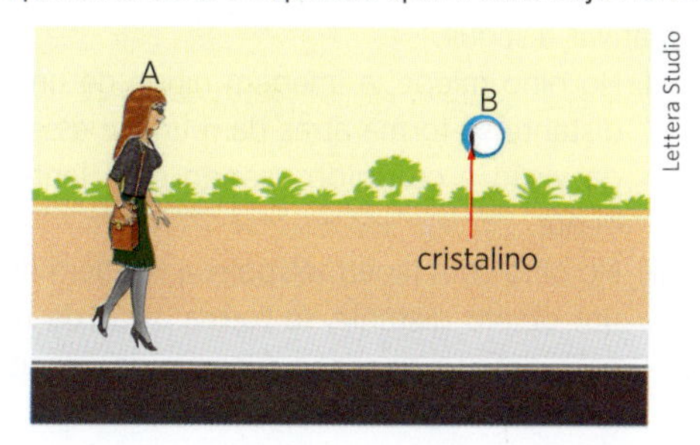

a) o raio de curvatura do cristalino aumenta para aumentar a distância focal.
b) o raio de curvatura do cristalino diminui para diminuir a distância focal.
c) o raio de curvatura do cristalino não se altera porque o olho é normal.
d) o raio de curvatura do cristalino aumenta para diminuir a distância focal.
e) o raio de curvatura do cristalino diminui para aumentar a distância focal.

A25. As figuras 1, 2 e 3 representam as formações de imagens nos olhos em indivíduos:

a) míopes, normais e hipermetropes.
b) hipermetropes, míopes e normais.
c) normais, míopes e hipermetropes.
d) normais, hipermetropes e míopes.
e) míopes, hipermetropes e normais.

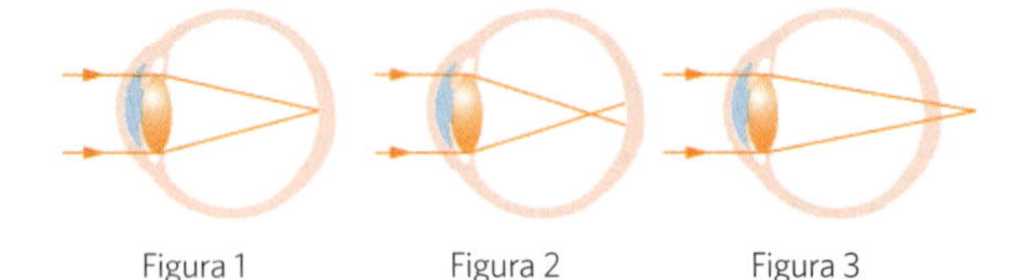

Figura 1 Figura 2 Figura 3

A26. O ponto remoto de uma pessoa míope está situado a 50 cm de seus olhos.

a) Que tipo de lente o míope deve usar para corrigir o defeito?
b) Qual a distância focal e a vergência das lentes dos óculos?

A27. Uma pessoa com hipermetropia usa óculos para corrigir sua deficiência visual.

a) Que tipo de lente é usada para essa correção?
b) Se a pessoa tem seu ponto próximo a 200 cm de seus olhos, qual a vergência das lentes de seus óculos para que possa ver, nitidamente, um objeto situado a 25 cm de distância?

Verificação

V25. À medida que um objeto se aproxima de uma pessoa, é realizado esforço de acomodação, para que a imagem se forme sempre sobre a retina. Esse esforço produz:

a) aumento da distância focal do globo ocular.
b) aumento da vergência do globo ocular.
c) modificação na posição da retina.
d) alteração na transparência dos meios que constituem o globo ocular.
e) aumento da pressão arterial.

V26. A correção da miopia e a correção da hipermetropia são feitas com lentes, respectivamente:

a) divergente e divergente.
b) divergente e convergente.
c) convergente e convergente.
d) convergente e divergente.
e) cilíndrica e prismática.

V27. Qual a vergência das lentes dos óculos de uma pessoa míope cujo ponto remoto está situado a 25 cm de seus olhos?

V28. Uma pessoa hipermetrope tem seu ponto próximo a 50 cm de seus olhos. Qual a vergência das lentes de seus óculos para que a pessoa possa ver, nitidamente, um objeto situado a 25 cm de distância?

Revisão

R23. (U. F. São Carlos-SP) "... *Pince-nez* é coisa que usei por largos anos, sem desdouro. Um dia, porém, queixando-me do enfraquecimento da vista, alguém me disse que talvez o mal viesse da fábrica. ..."

(Machado de Assis. Bons Dias, 1888.)

Machado de Assis via-se obrigado a usar lentes corretivas que, em sua época, apoiavam-se em armações conhecidas como *pince-nez* ou *lorgnon*, que se mantinham fixas ao rosto pela ação de uma débil força elástica sobre o nariz.

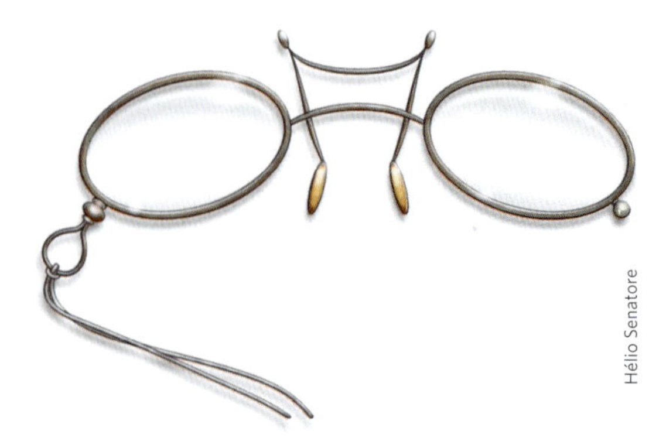

Hélio Senatore

Supondo que Machado, míope, só conseguisse ver nitidamente objetos à sua frente desde que esses se encontrassem a até 2 m de seus olhos, e que ambos os olhos tivessem o mesmo grau de miopia, as lentes corretivas de seu *pince-nez* deveriam ser de vergências, em dioptrias,

a) +2,0
b) −0,5
c) −1,0
d) −1,5
e) −2,0

R24. (U. F. Pelotas-RS) O olho humano é um sofisticado sistema óptico que pode sofrer pequenas variações na sua estrutura, ocasionando os defeitos da visão.
Com base em seus conhecimentos, analise as afirmativas a seguir.

I. No olho míope, a imagem nítida de um objeto distante se forma atrás da retina, e esse defeito da visão é corrigido usando uma lente divergente.
II. No olho com hipermetropia, a imagem nítida de um objeto distante se forma atrás da retina, e esse defeito da visão é corrigido usando uma lente convergente.

III. No olho com astigmatismo, que consiste na perda da focalização em determinadas direções, a sua correção é feita com lentes cilíndricas.

IV. No olho com presbiopia, ocorre uma dificuldade de acomodação do cristalino, e esse defeito da visão é corrigido mediante o uso de uma lente divergente.

Está(ão) correta(s) apenas a(s) afirmativa(s)

a) I e II
b) III
c) II e IV
d) II e III
e) I e IV

R25. (PUC-SP) José fez exame de vista e o médico oftalmologista preencheu a receita abaixo.

	Olho	Esférica	Cilíndrica	Eixo
Para longe	OD	−0,50	−2,00	140°
	OE	−0,76		
Para perto	OD	2,00	−2,00	140°
	OE	1,00		

Pela receita, conclui-se que o olho:

a) direito apresenta miopia, astigmatismo e "vista cansada".
b) direito apresenta apenas miopia e astigmatismo.
c) direito apresenta apenas astigmatismo e "vista cansada".
d) esquerdo apresenta apenas hipermetropia.
e) esquerdo apresenta apenas "vista cansada".

R26. (Vunesp-SP) Observe a foto abaixo.

Fernando Favoretto/Criar Imagem

Nesta situação o cidadão consegue ler nitidamente a revista. Pode-se supor que o cidadão retratado possui qualquer um dos seguintes defeitos visuais:

a) presbiopia e hipermetropia.
b) hipermetropia e miopia.
c) miopia e presbiopia.
d) astigmatismo e miopia.
e) estrabismo e astigmatismo.

R27. (Inatel-MG) Os olhos de uma pessoa com hipermetropia ou com presbiopia ("vista cansada") conseguem ver nitidamente objetos afastados, mas não conseguem se acomodar para enxergar objetos muito próximos, isto é, o ponto próximo da pessoa está situado a uma distância maior do que 25 cm. Supondo que o ponto próximo de uma pessoa esteja a 100 cm de seus olhos, os "graus" dos óculos dessa pessoa, em valor e sinal, para que ela consiga ler um livro a 25 cm de distância, devem ser de:

a) +5
b) −3
c) −5
d) +3
e) +4

APROFUNDANDO

- Além da miopia, da hipermetropia e da presbiopia, há outros defeitos da visão. Faça uma pesquisa a esse respeito.
- Pesquise e estabeleça uma correspondência entre o olho humano e os diferentes componentes de uma câmara fotográfica.
- Como a moderna cirurgia ocular, principalmente a que usa raios *laser*, pode corrigir os defeitos da visão?
- Para ler sem óculos, uma pessoa muito míope quase encosta o livro no rosto, enquanto um hipermetrope estica ao máximo os braços para afastar o livro. Por que isso acontece?

Desafio Olímpico

1. (OPF-SP) Durante um eclipse *lunar* total, qual é a posição correta dos astros envolvidos nesse fenômeno astronômico?

a) O Sol está entre a Terra e a Lua.
b) A Terra está entre a Lua e o Sol.
c) A Lua está entre a Terra e o Sol.
d) Todos os planetas do sistema solar estão alinhados.
e) Impossível de se prever.

2. (OBF-Brasil) Um homem está em pé em um ponto *M*, próximo a um espelho plano *AB* (figura a seguir).

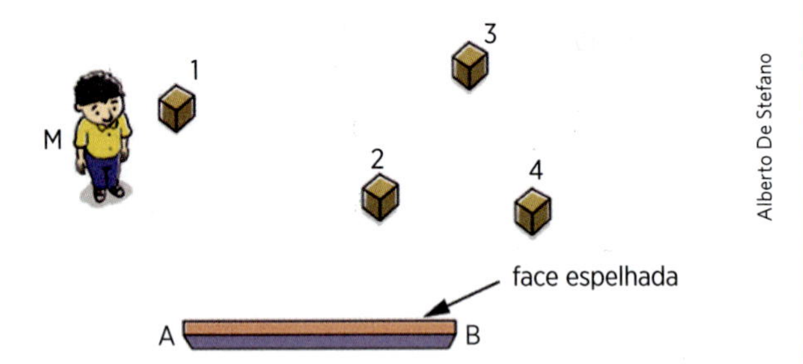

Alberto De Stefano

Qual dos objetos, colocados nas posições de 1 a 5, *não* será visto pelo homem por reflexão no espelho?

a) 1
b) 2
c) 3
d) 4
e) 5

3. (OPF-SP) Dois espelhos planos estão dispostos de tal maneira que suas faces refletoras formam um ângulo de 90°. Um par de vasos idênticos colocados entre os espelhos é fotografado por uma câmera digital. Quantos vasos aparecem na foto (incluindo imagens e vasos reais)?

a) 12
b) 10
c) 3
d) 6
e) 8

4. (OBF-Brasil) Se você, ao se olhar através de um espelho côncavo, vir sua imagem direita e maior, então:

a) a imagem é real e você se encontra entre o foco e o centro de curvatura do espelho.
b) a imagem é real e você se encontra entre o centro e o infinito.
c) a imagem é virtual e você se encontra entre o vértice e o foco do espelho.
d) a imagem é real e você se encontra entre o vértice e o foco do espelho.
e) a imagem é virtual e você se encontra exatamente no centro de curvatura do espelho.

5. (OBF-Brasil) Na figura abaixo são mostrados um espelho esférico, um objeto e sua imagem. Determine a distância focal *f* e o raio de curvatura *R* do espelho.

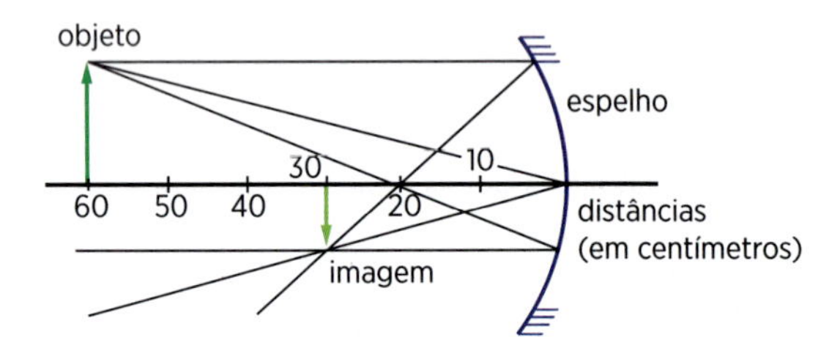

a) f = 20 cm e R = 40 cm
b) f = 30 cm e R = 60 cm
c) f = 60 cm e R = 120 cm
d) f = 20 cm e R = 20 cm
e) f = 20 cm e R = 30 cm

6. (OBF-Brasil) Um quadrado está localizado sobre o eixo principal de um espelho esférico côncavo, como ilustrado na figura a seguir. Sabe-se que o vértice inferior esquerdo do quadrado está localizado exatamente sobre o centro de curvatura do espelho.

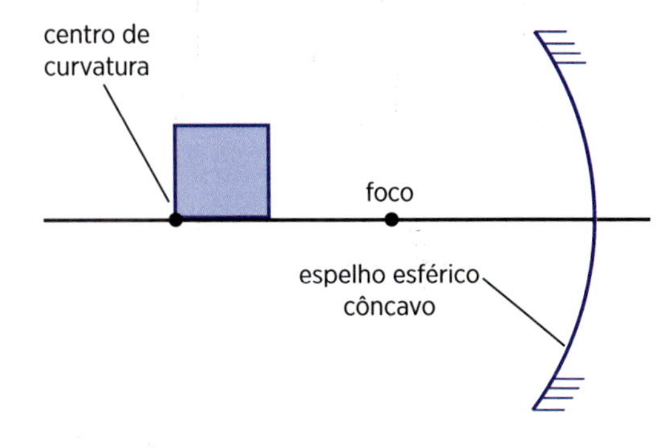

Pode-se afirmar que a imagem do quadrado tem a forma de um:

a) quadrado.
b) triângulo.
c) retângulo.
d) trapézio.
e) losango.

7. (OBF-Brasil) Em uma experiência de laboratório de física um feixe estreito de luz foi direcionado para incidir normalmente à superfície curva de uma peça semicilíndrica feita de um material transparente e considerado opticamente homogêneo e isótropo. O trajeto do raio luminoso que caracteriza o feixe está representado no desenho.

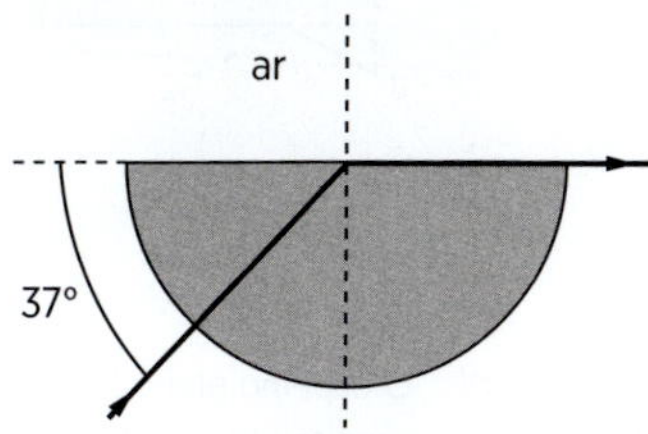

O índice de refração do material do semicilindro em relação ao ar é um valor próximo de:

a) 1,25
b) 1,35
c) 1,75
d) 1,45
e) 1,55

Dados: sen 37° = 0,60; sen 53° = 0,80

8. (OBF-Brasil) Uma fonte *laser* se caracteriza por emitir radiação monocromática. Um tipo bem conhecido dessa fonte é a chamada "canetinha *laser*", que emite luz vermelha. Diferentemente da "luz branca" de uma fonte comum, pode-se verificar que com a luz deste *laser* não é possível obter a:

a) reflexão num espelho plano.
b) refração num vidro transparente.
c) interferência com uma rede de difração.
d) difração num objeto de pequenas dimensões.
e) decomposição num prisma óptico.

9. (OBF-Brasil) A figura abaixo ilustra a secção longitudinal de um objeto transparente, cujo índice de refração vale n = 2,4. Um feixe luminoso propagando-se no ar incide perpendicularmente à face superior.

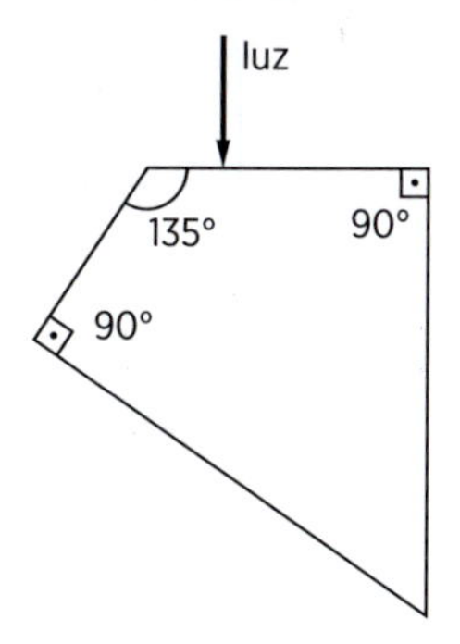

Indique qual a trajetória possível para o raio de luz:

a)

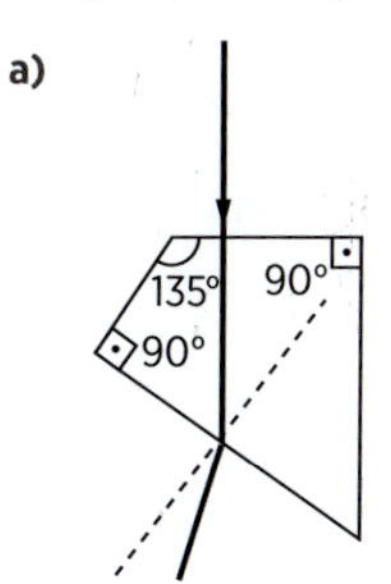

b)

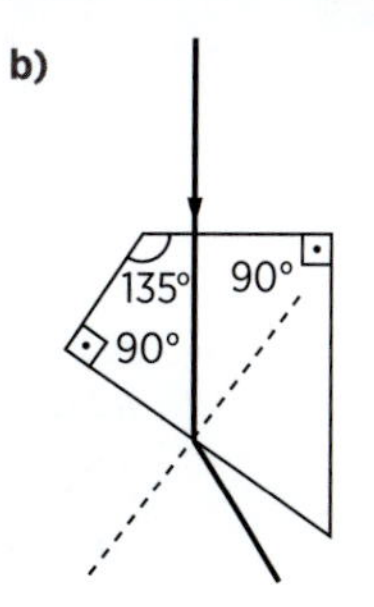

c)

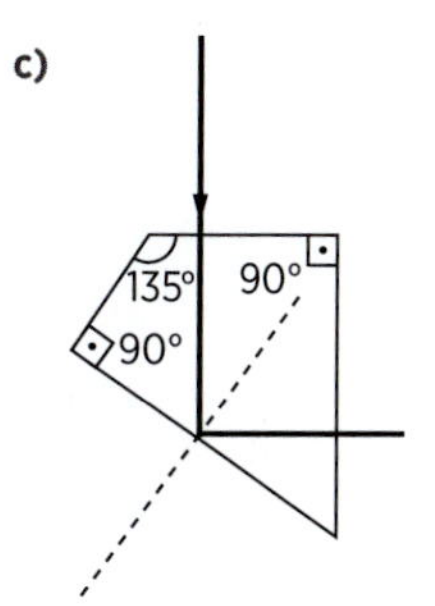

d)

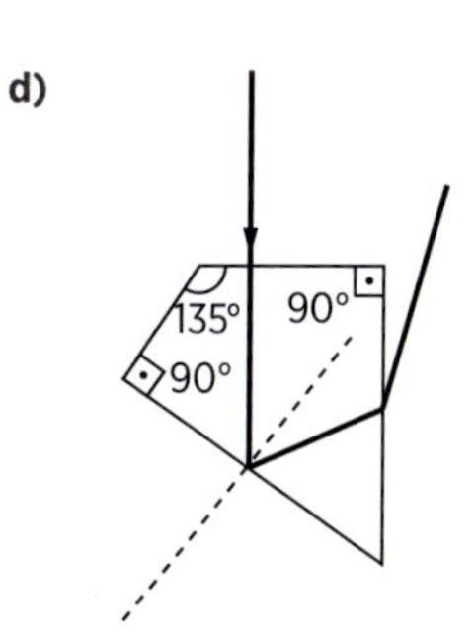

e)

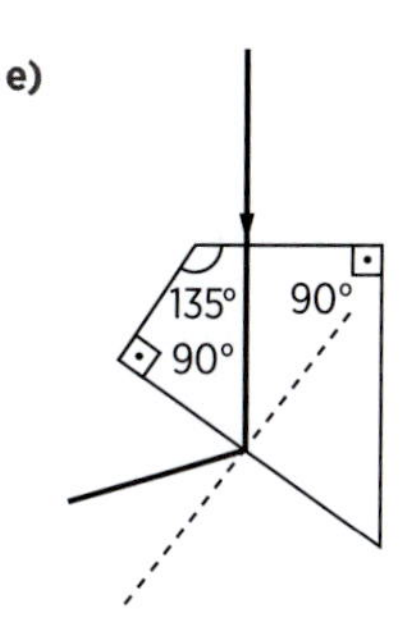

10. (OBF-Brasil) Um objeto *O* é colocado a uma distância de 40 cm de uma lente delgada convergente, de distância focal f_1 = 20 cm. A imagem é formada no ponto *P* da figura. Retirando-se apenas a lente e colocando em *V* um espelho convexo, com seu eixo coincidente com a reta *OP*, a imagem de *O* é formada no mesmo ponto *P*. Determine a distância focal do espelho.

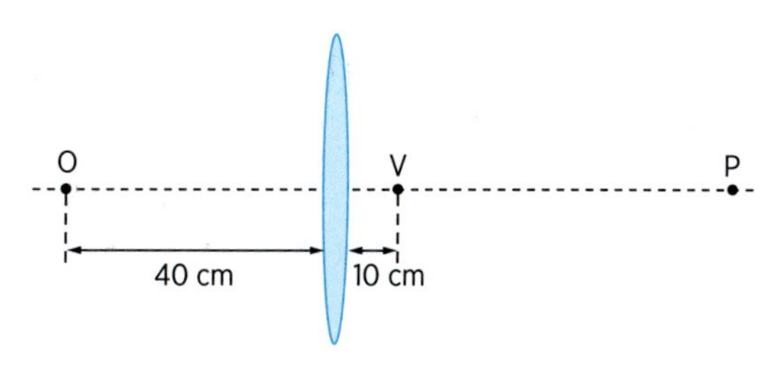

RESPOSTAS

Capítulo 24

Aplicação

A1. Ver teoria.
A2. Luz vermelha.
A3. 13,5 m
A4. A: Eclipse lunar
B: Eclipse solar total
C: Eclipse solar parcial
A5. d = 4,5 anos-luz
$d \cong 4{,}26 \cdot 10^{13}$ km
A6. 7,5 cm
A7. 7,5 m
A8.

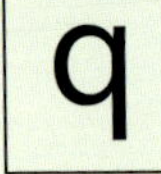

A9.

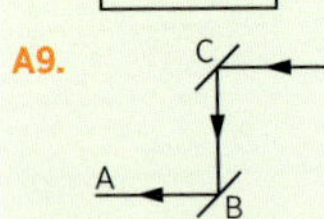

Verificação

V1. a) Mais lento: feixe de luz violeta.
b) Vácuo: todos têm a mesma velocidade.
V2. 11,25 m
V3. $0{,}81\ m^2$
V4. Eclipse solar: Lua nova
Eclipse lunar: Lua cheia
V5. a) 120 000 anos b) $d \cong 1{,}13 \cdot 10^{18}$ km
V6. 10 cm
V7. 60 m
V8.
V9. I. b II. c III. a

Revisão

R1. d
R2. d
R3. b
R4. e
R5. a) A Lua deve estar mais afastada do observador *O*.
b) $d = 375 \cdot 10^3$ km
R6. c
R7. d
R8. a) b) 0,4 m
R9. 19 (01 + 02 + 16)
R10. e

Capítulo 25

Aplicação

A1. c
A2. Branco ⟶ vermelho
Vermelho ⟶ vermelho
Azul ⟶ preto
A3. Ambos os cartões serão vistos como pretos.
A4. 50°
A5. 60°
A6. a) 20 cm b) 30 cm c) 10 m/s
A7. $40\sqrt{2}$ cm
A8.

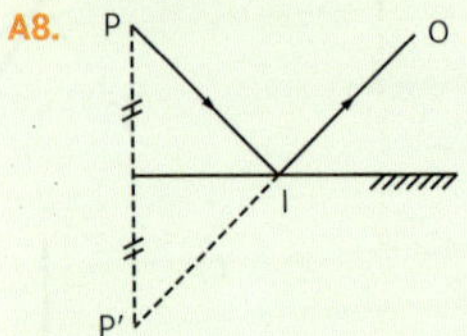

A9. a
A10. *C*, *B* e *F*
A11. a) Ver teoria. b) $\frac{H}{2}$ c) $\frac{h}{2}$
A12. 4,0 m
A13. a) 4,0 m/s b) 2,0 m/s
A14. a) 40° b)

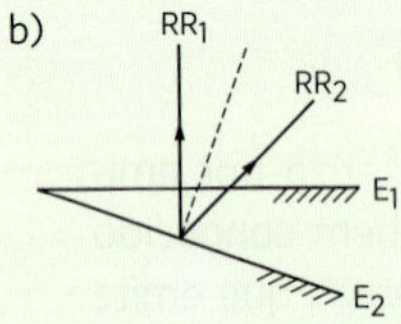

A15. 15°
A16. 7 imagens
A17. 10°
A18. 180°

Verificação

V1. c
V2. c
V3. 60°
V4. 30°; 30°
V5. a) 0°
b) 0°
c)
V6. a) 5,0 m b) 14 m
V7. 1,5 m/s
V8. 160 cm
V9. a) b) 50 cm

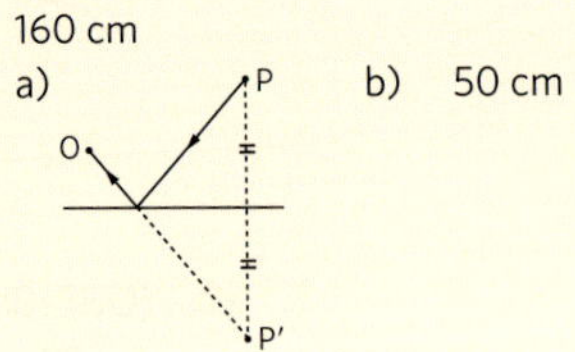

V10. ƧIJƎꟻ
V11. 18 s
V12. a) 1,05 m b) 1,00 m
V13. 1,67 m
V14. a) 6,0 m c) 0,40 m/s
b) 0,20 m/s d) 0,20 m/s
V15. 20°
V16. 19 imagens
V17. 24°
V18. 10°

Revisão

R1. b
R2. d
R3. d
R4. b
R5. e
R6. d
R7. d
R8. a
R9. d
R10. c
R11.

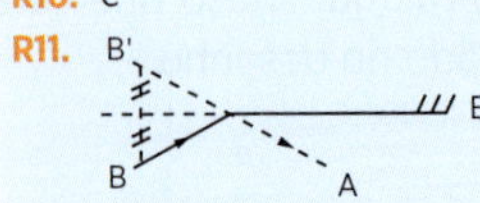

R12. b
R13. b
R14. c
R15. c
R16. O espelho plano fornece para reflexão *simples* uma imagem com lateralidade trocada.
Para uma reflexão *dupla*, a imagem retorna à posição original. Para uma imagem formada por tripla reflexão, volta-se a inverter a lateralidade (direita/esquerda) e assim sucessivamente.
Conclui-se, assim, que as imagens 3 e 5 (formadas por dupla reflexão) fornecem os dizeres ORDEM E PROGRESSO.
R17. c
R18. a
R19. e

Capítulo 26

Aplicação

A1. Ver teoria.
A2. e
A3. b
A4. a) espelho côncavo
b) filamento no foco
A5. Ver teoria.
A6.

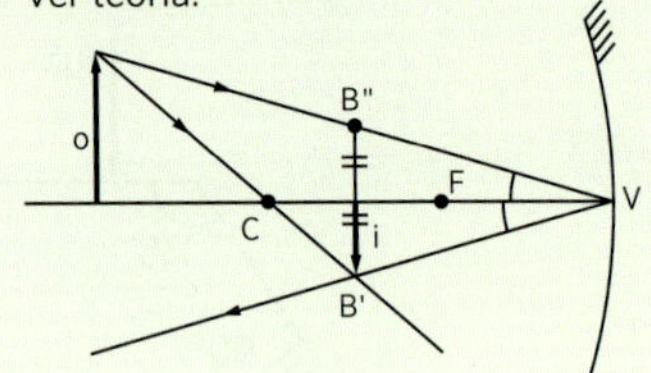

A7. d
A8. 75 cm; real
A9. −13,3 cm; virtual
A10. a) 40 cm b) 120 cm c) −20 cm
d) real, invertida e maior
A11. a) −15 cm; virtual
b) +0,5; imagem duas vezes menor que o objeto, direita.
A12. convexo; −2,0 m
A13. a) 40 cm b) 840 cm
A14. 45 cm
A15. 15 cm; 60 cm; 24 cm

Verificação

V1. *b*, *c* e *e* são corretos.
V2. a) espelho côncavo
b) pavio da vela no foco
V3. $R_1 = 20$ cm; $R_2 = 2{,}0$ cm
V4. 60 cm; 30 cm
V5. d

V6. c
V7. d
V8. c
V9. b
V10.

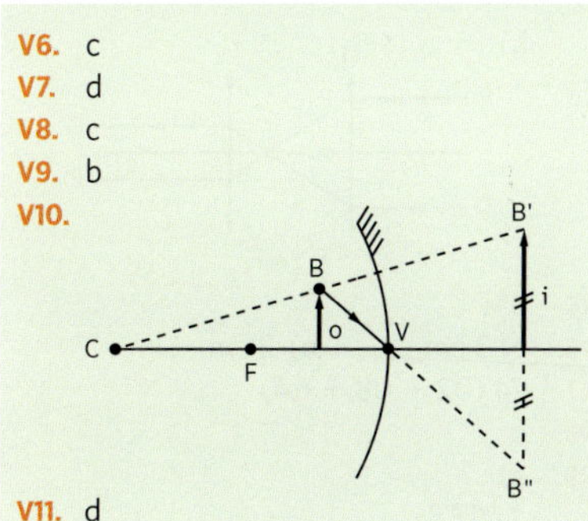

V11. d
V12. a) 60 cm; real b) Ver teoria.
V13. a) 50 cm c) real, invertida e menor
b) 75 cm d) −0,5
V14. a) 60 cm b) Ver teoria.
V15. −2,0 cm; 2,0 cm; imagem virtual, direita e menor
V16. convexo; −40 cm
V17. a) 16 cm b) 60 cm
V18. 30 cm
V19. 30 cm
V20. 3

Revisão

R1. a
R2. c
R3. b
R4. c
R5. b
R6. a
R7. c
R8. e
R9. a
R10. e
R11. c
R12. a
R13. a) −42 cm (o sinal (−) indica que o espelho é convexo)
b) 8,0 cm
R14. c
R15. c
R16. a) Espelho côncavo

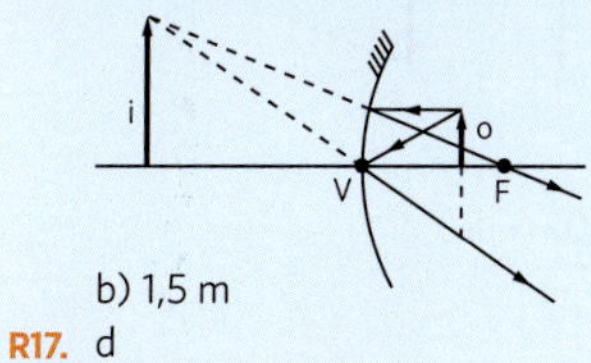

b) 1,5 m
R17. d
R18. e

Capítulo 27

Aplicação

A1. 2
A2. $2{,}25 \cdot 10^5$ km/s
A3. 1,25
A4. d
A5. $\frac{8}{9}; \frac{9}{8}$
A6. $\sqrt{3}$
A7. $\frac{\sqrt{2}}{2}$
A8. 1,5
A9. 1,33
A10. c
A11. Raio 2
A12. a) b) 45°

A
B
i
r

A13. a)

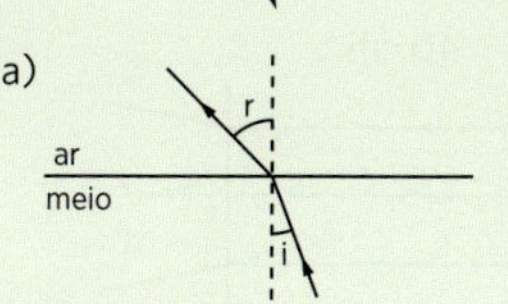

b) sen r = 0,75
A14. a) 60°
b) Para haver reflexão total, a luz deve se propagar de *B* para *A*.
A15. $\frac{1}{2}$
A16. $\frac{\sqrt{3}}{3}$
A17. 20 cm
A18. c
A19. e
A20. d
A21. d
A22. c
A23. a
A24. 1,35 m
A25. 13 m
A26.

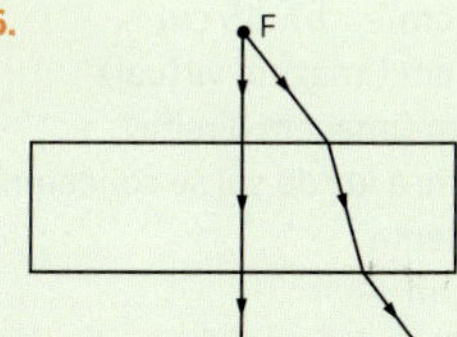

A27. $i_2 = i_1 = 60°$
A28. a) 1,74 b) ≅ 0,86 cm
A29. c
A30. a) 30°; 45° b) 60° c) 23°
A31. 2
A32. 60°
A33. $n > \sqrt{2}$

Verificação

V1. 1,5
V2. $2{,}0 \cdot 10^8$ m/s
V3. 1,5
V4. a) vermelho b) violeta
V5. a) 1,20 b) 1,50 c) 0,80 d) 1,25
V6. $\sqrt{3}$
V7. $\frac{\sqrt{3}}{3}$
V8. 2
V9. 0,75
V10. a) $n_B > n_C > n_A$ b) $v_A > v_C > v_B$
V11. c
V12. a) O raio aproxima-se da normal.
b) 30°
V13. a) b) sen r = 0,6

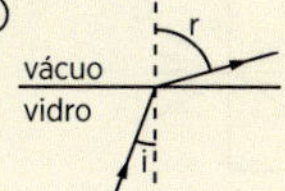

V14. raios 4 e 5
V15. 2,4
V16. 45°
V17. d ≅ 106,7 cm
V18. c
V19. b
V20. d
V21. d
V22. Esquema III
V23. 0,5 m
V24. a' = 9 cm; b' = 20 cm
V25. b
V26. raio emergente *paralelo* ao raio incidente:

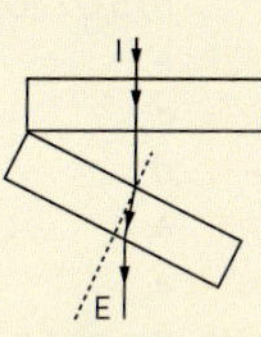

V27. r = 30°; i' = 45° (raio emergente paralelo ao incidente)
V28. 1 cm
V29. Ver teoria.
V30. a) 30° b) 30° c) 60° d) 60°
V31. $\sqrt{2}$
V32. $\sqrt{2}$
V33.

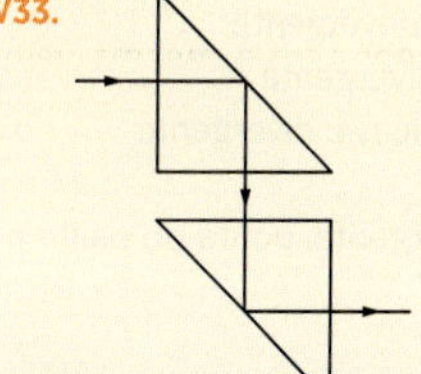

Revisão

R1. e
R2. b
R3. a) $2{,}5 \cdot 10^{-8}$ s
b) v (10^5 km/s): 3,0; 2,0; 1,0 — s (m): 0, 1, 2, 3, 4, 5, 6, 7
R4. b
R5. c
R6. b
R7. 60° e 30°
R8. b
R9. 2
R10. c
R11. a
R12. 25 (01 + 08 + 16)
R13. a) esquerda b) 1,532
R14. e
R15. a) ≅ 1,005
b) maior velocidade na casca
R16. d
R17. 45°
R18. c
R19. Ver teoria.
R20. b
R21. b
R22. 37 (01 + 04 + 32)
R23. c
R24. a

R25. e
R26. a
R27. Corretas: IV e V.
R28. b
R29. a)

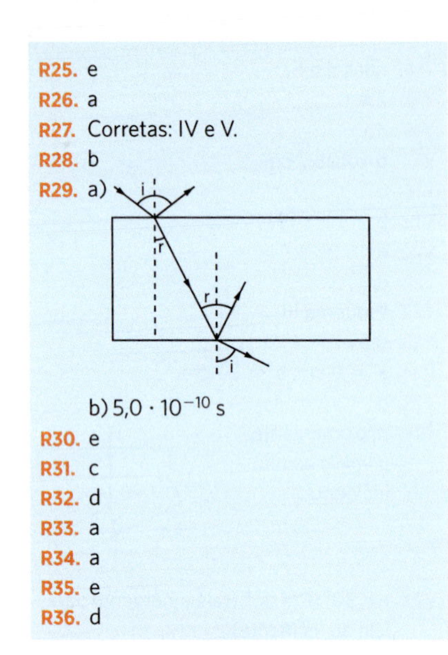

b) $5{,}0 \cdot 10^{-10}$ s
R30. e
R31. c
R32. d
R33. a
R34. a
R35. e
R36. d

Capítulo 28

Aplicação

A1. biconvexa: convergente
bicôncava: divergente
convexo-côncava: divergente
A2. c
A3. Lente convergente, ponta do palito no foco.
A4. 25 cm
A5. a) 32 cm b) 8 cm
A6. Ver teoria.
A7. c
A8. a) e b)

O: foi obtido unindo *B* e *B'*.

c) 3 cm
A9. a) 60 cm
b) imagem real, invertida e maior
c) −2
A10. 10 cm
A11. a) −5 cm
b) imagem virtual, direita e maior
c) 1,25
A12. a) convergente b) 20 cm
A13. a) −15 cm b) −20 cm
A14. L_1 possui maior vergência.
A15. a) 0,10 m b) 0,50 m; 0,125 m
A16. f = 0,50 m; V = 2,0 di
A17. f = 0,10 m; V = 10 di
A18. 20 cm
A19. b
A20. 12,5
A21. d
A22. V = 20 di; f = 5 cm
A23. V = −5,0 di; f = 0,20 m
A24. b
A25. c
A26. a) Lente divergente.
b) f = −0,50 m; V = −2,0 di
A27. a) Lente convergente. b) 3,5 di

Verificação

V1. d
V2. b
V3. f = 10 cm

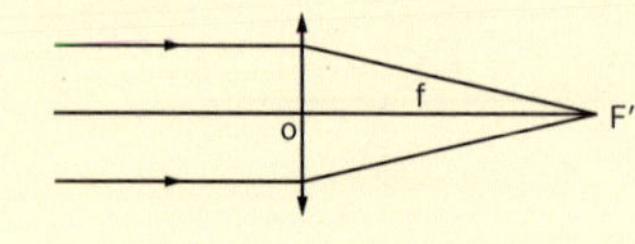

V4. f = −40 cm

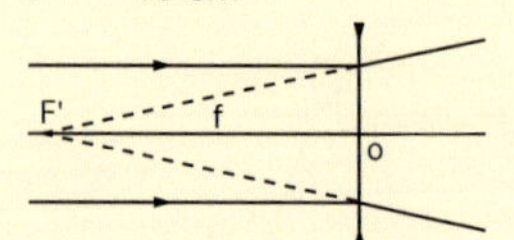

V5. f_2 = 10 cm; f_3 = −5 cm
V6. d
V7. a
V8. e
V9.

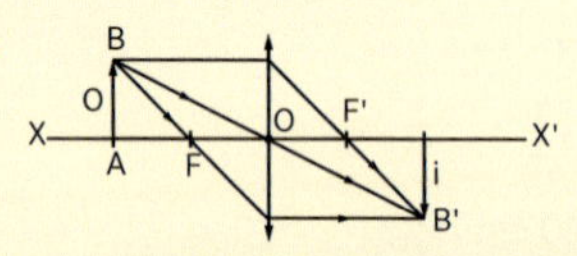

V10. i = −5,0 cm; p' = 15 cm
$\frac{i}{o} = -0{,}50$ (imagem real, invertida e menor)
V11. 50 cm
V12. a) p ≅ 0,0802 m ≅ 8,02 cm
b) $\frac{i}{o} \cong -312$
V13. a) −90 cm b) 45 cm
V14. a) −20 cm (imagem virtual)
b) 5,0 cm (imagem direita)
V15. f = 10 cm; a luz do sol se concentra no foco da lente
V16. a) −25 cm
b) −12,5 cm (imagem virtual)
c) 10 cm (imagem direita)
V17. x = f = 20 cm
V18. V = −4,0 di; f = −0,25 m
V19. 0,50
V20. a) −50; 13; −650
b) 27,8 cm
V21. −30 cm
V22. a) *Microscópio composto*:
L_1 é objetiva e L_2 é ocular
b) *Luneta astronômica*:
L_3 é objetiva e L_2 é ocular
V23. V = 5 di; f = 0,2 m
V24. 6,0 di
V25. b
V26. b
V27. −4,0 di
V28. 2,0 di

Revisão

R1. c
R2. b
R3. d
R4. a)

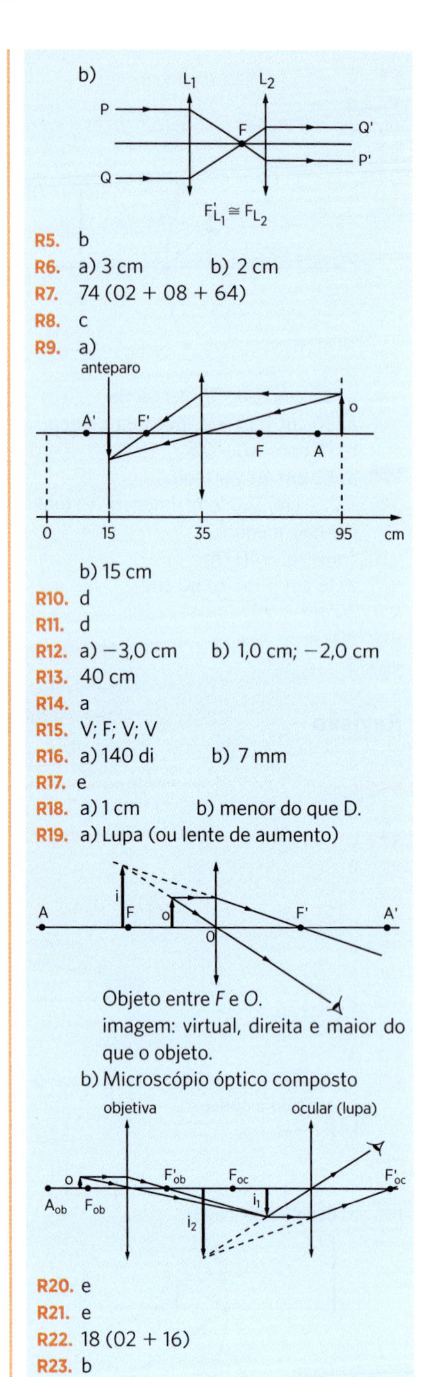

R5. b
R6. a) 3 cm b) 2 cm
R7. 74 (02 + 08 + 64)
R8. c
R9. a)
b) 15 cm
R10. d
R11. d
R12. a) −3,0 cm b) 1,0 cm; −2,0 cm
R13. 40 cm
R14. a
R15. V; F; V; V
R16. a) 140 di b) 7 mm
R17. e
R18. a) 1 cm b) menor do que D.
R19. a) Lupa (ou lente de aumento)
Objeto entre *F* e *O*.
imagem: virtual, direita e maior do que o objeto.
b) Microscópio óptico composto
R20. e
R21. e
R22. 18 (02 + 16)
R23. b
R24. d
R25. a
R26. a
R27. d

Desafio Olímpico

1. b
2. a
3. e
4. c
5. a
6. d
7. a
8. e
9. c
10. f = −75 cm

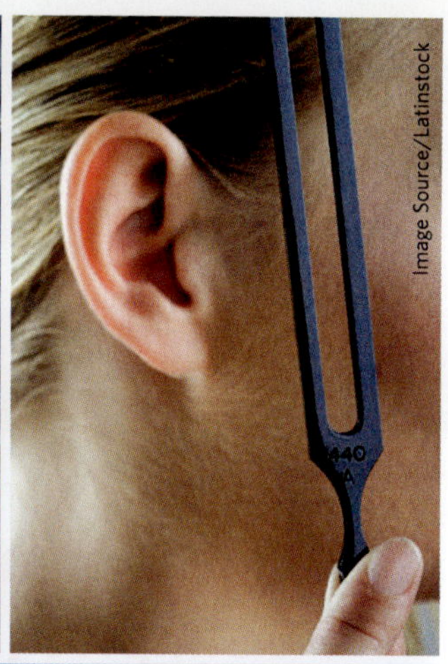

Image Source/Latinstock

Fotos: Thinkstock/Getty Images

unidade

6 ONDAS

Richard Megna/Fundamental Photographs

capítulo

29 Introdução ao estudo das ondas

Movimento harmônico simples (MHS)

Imagebroker/Alamy/Glow Images

Figura 1

Consideremos um corpo de massa *m* preso à extremidade de uma mola de constante elástica *k*, como mostra a figura 2.

Figura 2

Se o corpo for deslocado de sua posição de equilíbrio, distendendo-se a mola, e a seguir libertado, desprezados os atritos e as resistências, o corpo vai oscilar em torno da posição de equilíbrio inicial (fig. 3), descrevendo um movimento retilíneo e periódico ao qual damos o nome de movimento harmônico simples (MHS).

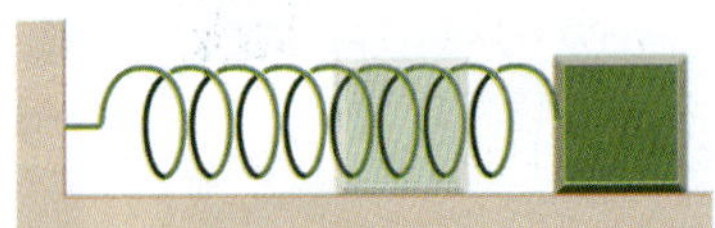

Figura 3

Para individualizar as posições do móvel ao realizar o MHS, adotamos um eixo de abscissas *x* com origem na posição de equilíbrio do corpo (fig. 4). As abscissas do móvel são denominadas *elongações*.

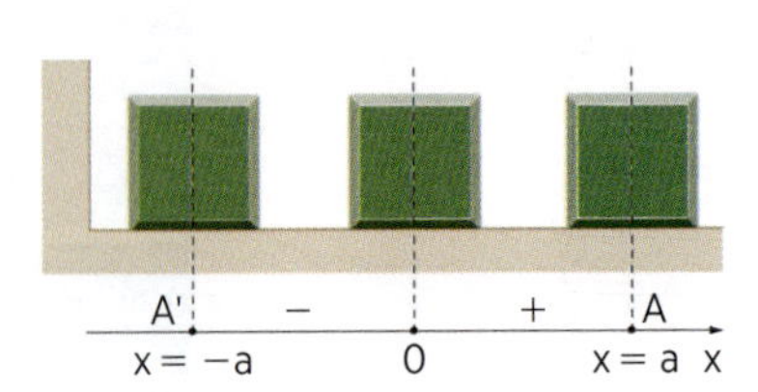

Ilustrações: Marco A. Sismotto

Figura 4

O máximo valor da elongação corresponde à posição mais afastada do corpo em relação à origem no sentido positivo do eixo e é denominado *amplitude* (*a*):

$$x = a$$

Observe que os valores extremos da elongação são $x = a$ e $x = -a$, que correspondem às posições do móvel nas extremidades de sua trajetória.

A função horária do MHS, isto é, a função que relaciona a elongação *x* do móvel com o correspondente instante *t* é:

$$x = a \cos(\omega t + \varphi_0)$$

cuja demonstração se encontra no quadro a seguir:

OBSERVE

O MHS e o MCU

Quando um móvel descreve um movimento circular uniforme (MCU) com velocidade angular ω, sua projeção sobre um dos diâmetros descreve um movimento harmônico simples (MHS).

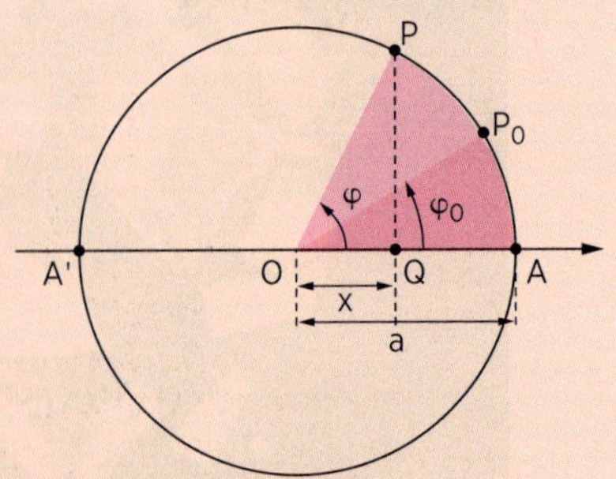

No triângulo OPQ: $x = a \cdot \cos \varphi$

Mas $\varphi = \varphi_0 + \omega t$

Logo: $x = a \cos(\varphi_0 + \omega t)$

$$x = a \cos(\omega t + \varphi_0)$$

O termo $(\omega t + \varphi_0)$ é denominado *fase* do MHS e é expresso em radianos (rad). No instante inicial, t = 0, a fase corresponde a φ_0 e é denominada *fase inicial*.

A grandeza ω é denominada *pulsação* do MHS e é expressa em radianos por segundo (rad/s).

O *período T* do MHS é o menor intervalo de tempo para o móvel repetir seu movimento.

No caso descrito, se o móvel no instante t = 0 estava na posição x = a, o período *T* corresponde ao intervalo de tempo decorrido até ele estar novamente na posição x = a.

O período *T* e a pulsação ω de um MHS relacionam-se por meio da fórmula:

$$\omega = \frac{2\pi}{T}$$

A frequência *f* do MHS é dada por: $f = \frac{1}{T}$

Determinação da fase inicial φ_0

Na figura 5, destacamos alguns valores da fase inicial φ_0, isto é, da fase do MHS no instante t = 0.

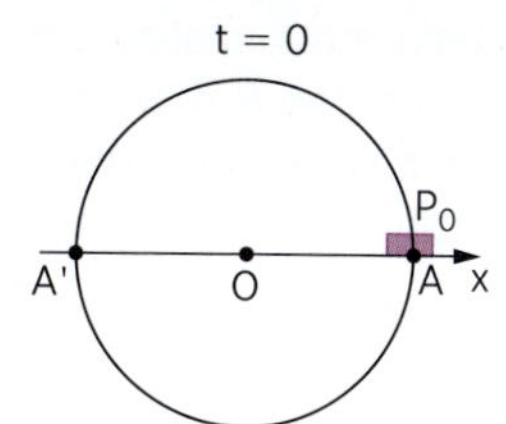

(a) Corpo parte de *A*: $\varphi_0 = 0$

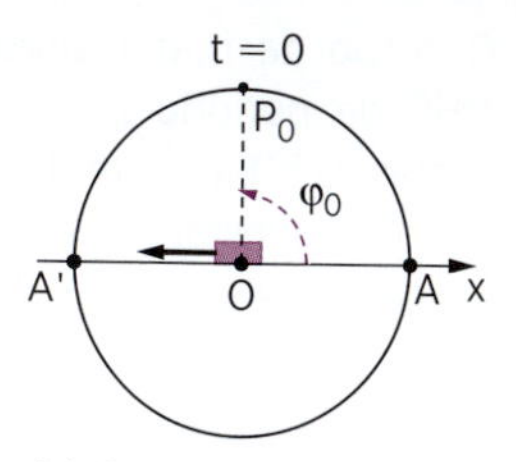

(b) Corpo parte de *O* em movimento retrógrado: $\varphi_0 = \frac{\pi}{2}$ rad

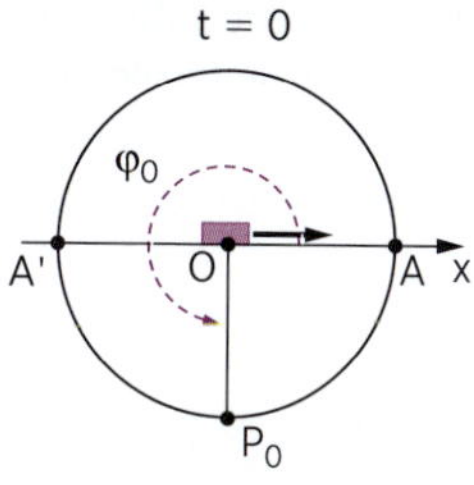

(c) Corpo parte de *O* em movimento progressivo: $\varphi_0 = \frac{3\pi}{2}$ rad

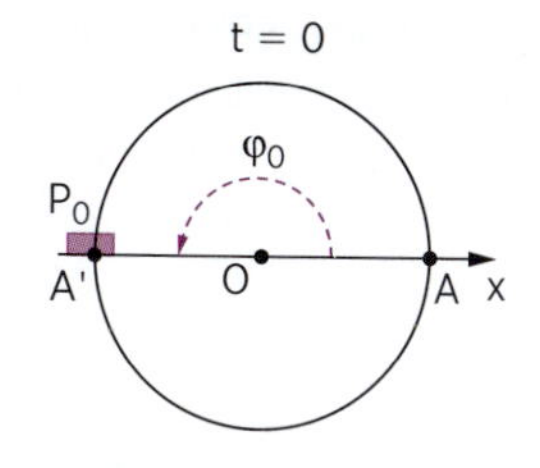

(d) Corpo parte de *A'*: $\varphi_0 = \pi$ rad

Figura 5

A1. Dada a função horária de um MHS em unidades SI, $x = 2\cos\left(\frac{\pi}{2}t + \frac{\pi}{2}\right)$:

a) determine a amplitude, a pulsação, a fase inicial, o período e a frequência do movimento;

b) construa o gráfico da elongação *x*, em função do tempo *t*.

A2. Um corpo preso a uma mola oscila com amplitude 0,50 m, tendo fase inicial de π rad. Sendo o período de oscilação desse corpo igual a $4\pi \cdot 10^{-2}$ s, escreva a função horária da elongação desse movimento.

A3. Um corpo preso a uma mola oscila entre os pontos *A* e *B* indicados na figura, em torno da posição de equilíbrio *O*.

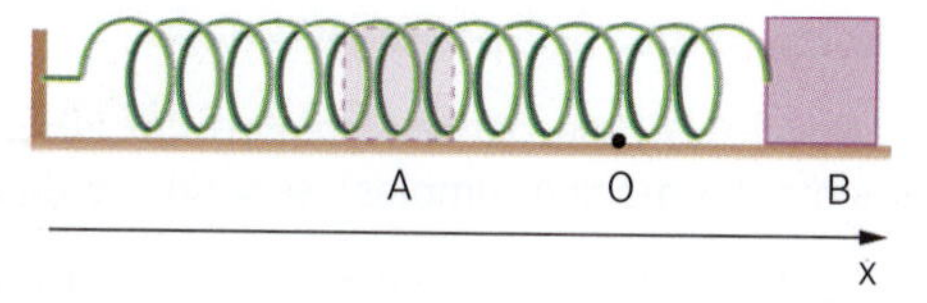

Marco A. Sismotto

Não há resistência ao movimento e no instante t = 0 o corpo se encontra na posição *A*. Determine a fase inicial desse MHS.

A4. No exercício anterior, sendo a distância AB igual a 2 m e percorrida pelo corpo em 2π segundos, escreva a função horária do MHS.

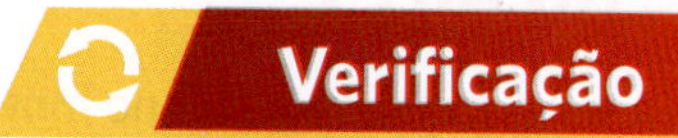

V1. A função horária de um movimento harmônico simples é: $x = 3\cos(\pi t + \pi)$, sendo *x* medido em metros e *t*, em segundos.

a) Determine a amplitude, a pulsação, a fase inicial, o período e a frequência do movimento.

b) Construa o gráfico da elongação *x* em função do tempo *t*.

V2. Um corpo realiza MHS com amplitude 1 m, frequência 2 Hz e fase inicial $\frac{\pi}{2}$ rad. Determine a função horária desse movimento.

V3. A amplitude de um MHS é 5 m. Seu período é de 2 s e sua fase inicial é nula. Determine a função horária desse movimento.

V4. O corpo da figura, preso a uma mola, realiza um MHS de período 2 s entre os pontos *P* e *Q*, distantes 0,50 m, em torno da posição de equilíbrio *O*. No instante t = 0, o corpo está na posição *O* indicada. Determine:

a) a fase inicial do movimento;

b) a função horária desse MHS.

Ilustrações: Marco A. Sismotto

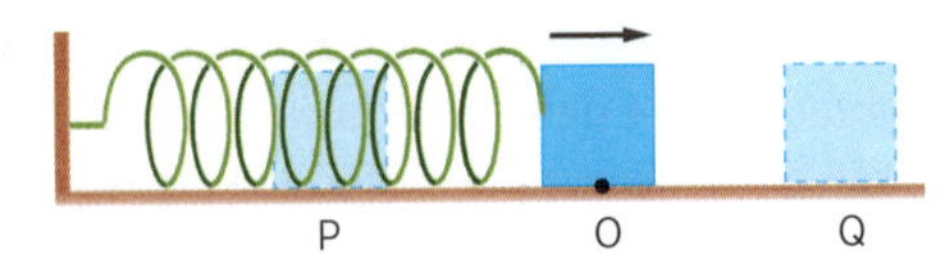

R1. (Unicamp-SP) Enquanto o ponto *P* se move sobre uma circunferência, em movimento circular uniforme com velocidade angular $\omega = 2\pi$ rad/s, o ponto *M* (projeção de *P* sobre o eixo *x*) executa um movimento harmônico simples entre os pontos *A* e *A'*.

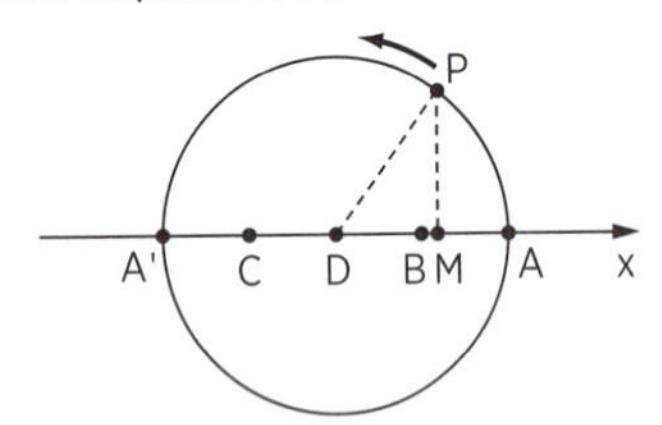

a) Qual é a frequência do MHS executado por *M*?

b) Determine o tempo necessário para o ponto *M* deslocar-se do ponto *B* ao ponto *C*.

Nota: *B* e *C* são os pontos médios de AD e DA', respectivamente.

R2. (U. F. Lavras-MG) Um corpo executa um movimento harmônico simples descrito pela equação $x = 4\cos(4\pi t)$, com *x* dado em metros e *t* em segundos.

a) Identifique a amplitude, a frequência e o período do movimento.

b) Em que instante, após o início do movimento, o corpo passará pela posição x = 0?

R3. (E. Naval-RJ) Uma partícula realiza um MHS (movimento harmônico simples) segundo a equação $x = 2{,}0\cos\left(4\pi t + \frac{\pi}{2}\right)$, no SI. A partir da posição de elongação máxima, o menor intervalo de tempo que essa partícula gastará para passar pela posição de equilíbrio é:

a) 0,125 s

b) 0,250 s

c) 0,500 s

d) 1,00 s

e) 2,00 s

R4. (UPE-PE) O gráfico abaixo mostra o movimento oscilatório de um bloco de massa m = 2,0 kg acoplado a uma mola de constante elástica k = 18 N/m.

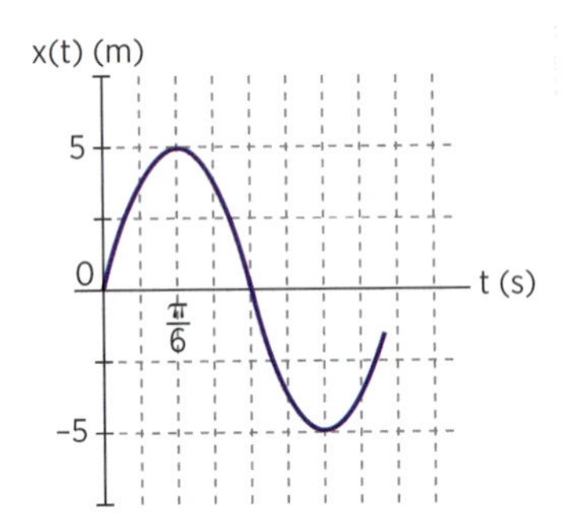

Analise as afirmações a seguir:

I. A função horária do movimento oscilatório do bloco é dada por $x(t) = 5\cos\left(3t - \frac{\pi}{6}\right)$

II. A frequência angular é dada por 3 rad/s.

III. Em $t = \frac{\pi}{6}$ s, a posição atingida pelo bloco é de 5 m.

IV. O período é $\frac{2\pi}{3}$ s.

Está incorreto o que se afirma em

a) III e IV.

b) IV.

c) II, III e IV.

d) I.

e) I, II, III e IV.

Velocidade e aceleração no MHS

A velocidade escalar no movimento harmônico simples varia com o tempo, segundo a função:

$$v = -\omega a \operatorname{sen}(\omega t + \varphi_0)$$

A velocidade escalar se anula, no MHS, nos pontos de inversão, isto é, nos extremos da trajetória *A* e *A'*, apresentando módulo máximo no ponto médio *O*. O valor máximo da velocidade corresponde aos instantes em que $\operatorname{sen}(\omega t + \varphi_0) = -1$, valendo, portanto:

$$v_{máx} = \omega a$$

A figura 6 indica os valores da velocidade nos pontos extremos e no ponto médio do MHS.

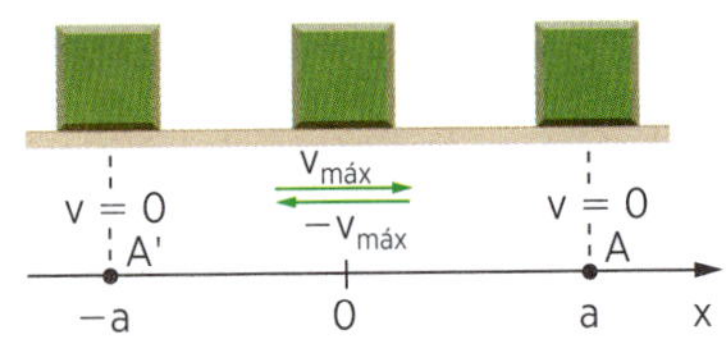

Figura 6

A aceleração escalar no movimento harmônico simples varia com o tempo segundo a função:

$$\alpha = -\omega^2 a \cos(\omega t + \varphi_0)$$

Comparando essa fórmula com a função horária da elongação, obtemos a relação:

$$\alpha = -\omega^2 x$$

Em vista disso, concluímos que a aceleração se anula onde a elongação se anula, isto é, no ponto médio da trajetória. Podemos concluir ainda que a aceleração é máxima onde a elongação é mínima e vice-versa (fig. 7):

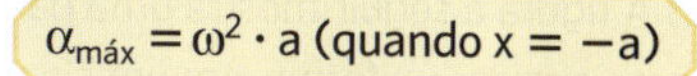

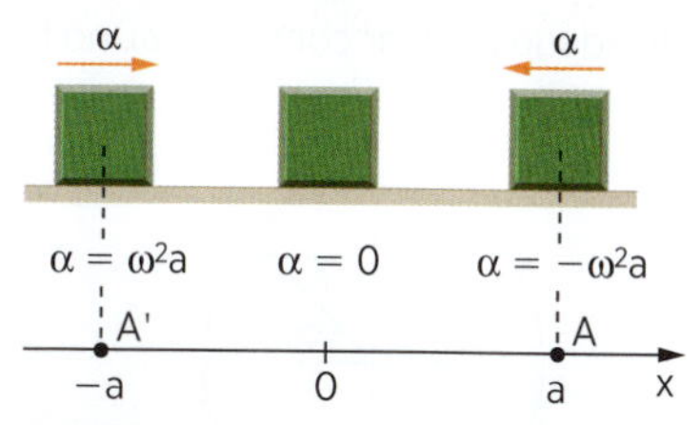

Figura 7

Em resumo:

Elongação (x)	$-a$	0	$+a$
Velocidade (v)	0	ωa ou $-\omega a$	0
Aceleração (α)	$+\omega^2 a$	0	$-\omega^2 a$

A5. Um móvel realiza um MHS obedecendo à função horária, expressa em unidades SI:

$$x = 0{,}3 \cos\left(\pi t + \frac{\pi}{2}\right)$$

Escreva as funções horárias da velocidade e da aceleração desse movimento.

A6. No exercício anterior, determine:

a) o período e a frequência do movimento;

b) os valores máximos da velocidade e da aceleração.

A7. A função horária do MHS de um corpo é $x = 6 \cos(5\pi t + \pi)$ em unidades SI. Escreva as funções horárias da velocidade e da aceleração desse movimento.

A8. Para o MHS do exercício anterior, determine:

a) o período e a frequência;

b) os valores máximos da velocidade e da aceleração.

Verificação

V5. A função horária da elongação de um MHS é $x = 2 \cos(2\pi t + \pi)$, sendo *x* medido em metros e *t* em segundos.
Escreva as funções horárias da velocidade e da aceleração desse movimento.

V6. No exercício anterior, determine:

a) o período e a frequência do movimento;

b) os valores máximos da velocidade e da aceleração.

V7. Um móvel realiza MHS obedecendo à função horária (em unidades SI) $x = 4 \cos\left(3\pi t + \frac{3\pi}{2}\right)$.
Escreva as funções horárias da velocidade e da aceleração desse movimento.

V8. Para o MHS do exercício anterior, determine:

a) o período e a frequência;

b) os valores máximos da velocidade e da aceleração.

R5. (UF-RS) Uma massa *M* executa um movimento harmônico simples entre as posições $x = -A$ e $x = A$, conforme representa a figura.

esquerda —— −A —— 0 —— A —— x direita

Qual a alternativa que se refere corretamente aos módulos e aos sentidos das grandezas velocidade e aceleração da massa *M* na posição $x = -A$?

a) A velocidade é nula; a aceleração é nula.

b) A velocidade é máxima e aponta para a direita; a aceleração é nula.

c) A velocidade é nula; a aceleração é máxima e aponta para a direita.

d) A velocidade é nula; a aceleração é máxima e aponta para a esquerda.

e) A velocidade é máxima e aponta para a esquerda; a aceleração é máxima e aponta para a direita.

R6. (UE-CE) A figura a seguir mostra uma partícula *P*, em movimento circular uniforme, em um círculo de raio *r*, com velocidade angular constante ω, no tempo t = 0.

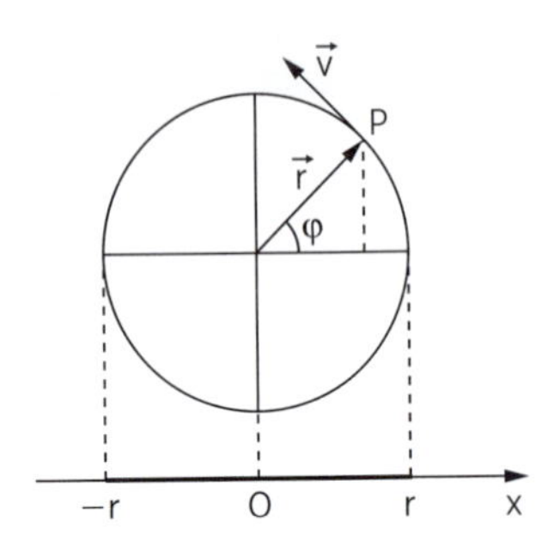

A projeção da partícula no eixo *x* executa um movimento tal que a função horária $v_x(t)$, de sua velocidade, é expressa por:

a) $v_x(t) = \omega r$

b) $v_x(t) = \omega r \cos(\omega t + \varphi)$

c) $v_x(t) = -\omega r \operatorname{sen}(\omega t + \varphi)$

d) $v_x(t) = -\omega r \operatorname{tg}(\omega t + \varphi)$

R7. (UF-PB) Uma mola considerada ideal tem uma das suas extremidades presa a uma parede vertical. Um bloco, apoiado sobre uma mesa lisa e horizontal, é preso a outra extremidade da mola (ver figura abaixo).

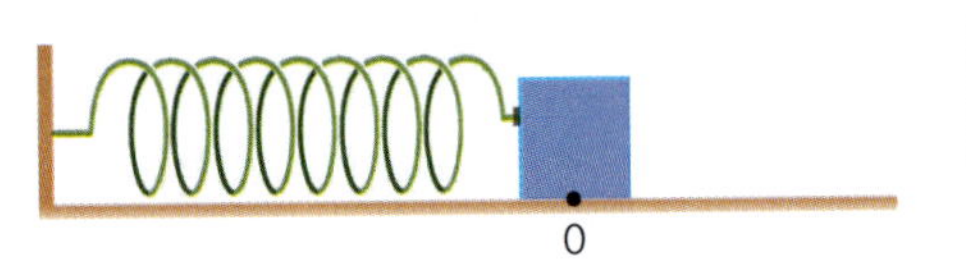

Ilustrações: Marco A. Sismotto

Nessa circunstância, esse bloco é puxado até uma distância de 6 cm da posição de equilíbrio da mola. O mesmo é solto a partir do repouso no tempo t = 0. Dessa forma, o bloco passa a oscilar em torno da posição de equilíbrio, x = 0, com período de 2 s:

Para simplificar os cálculos π = 3.

Com relação a esse sistema massa-mola, identifique as afirmativas corretas:

I. O bloco tem a sua velocidade máxima de 0,18 m/s na posição x = 0.

II. A amplitude do movimento do bloco é de 12 cm.

III. O módulo máximo da aceleração desenvolvida pelo bloco é de 0,54 m/s² e ocorre nos pontos x = ±0,06 m.

IV. O bloco oscila com uma frequência de 0,5 Hz.

V. A força restauradora responsável pelo movimento do bloco varia com o quadrado da distância do deslocamento do bloco em relação a x = 0.

R8. (UF-CE) Um carrinho desloca-se com velocidade constante, v_0, sobre uma superfície horizontal sem atrito, como mostra a figura. O carrinho choca-se contra uma mola de massa desprezível, ficando preso a ela. O sistema mola + carrinho começa então a oscilar em movimento harmônico simples, com amplitude de valor *a*. Determine o período de oscilação do sistema.

Energia no MHS

A energia potencial no MHS é do tipo elástica:

$$E_P = \frac{kx^2}{2}$$

A energia potencial se anula onde a elongação é nula, isto é, no ponto *O* médio da trajetória. A energia potencial é máxima nos pontos onde x^2 é máximo, isto é, nos extremos *A* e *A'* da trajetória (fig. 8). Nesses pontos $E_P = \frac{ka^2}{2}$.

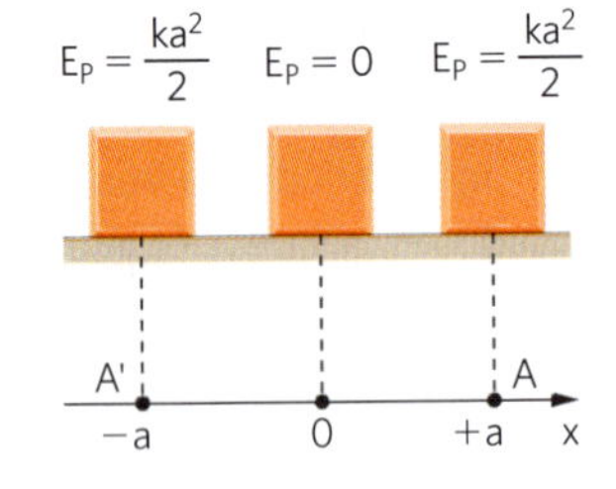

Figura 8

A energia cinética E_C é nula nos extremos *A* e *A'* e tem valor máximo no ponto médio *O* (fig. 9).

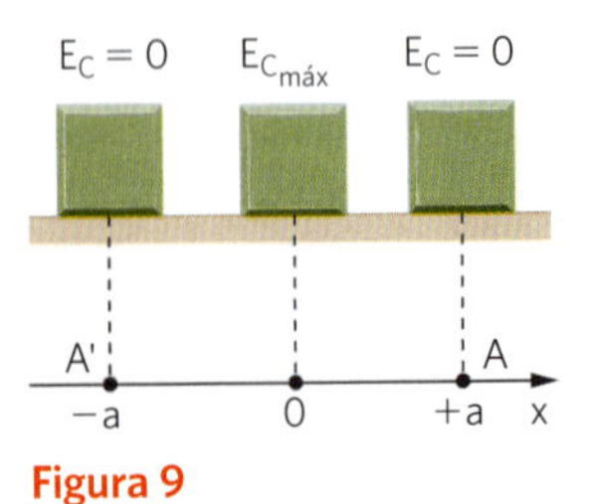

Figura 9

A energia mecânica $E_M = E_C + E_P$ permanece constante durante o movimento.

Vamos determinar esse valor constante considerando, por exemplo, a posição *A*:

$$E_M = E_C + E_P \Rightarrow E_M = 0 + \frac{ka^2}{2} \Rightarrow E_M = \frac{ka^2}{2}$$

Essa equação é válida para qualquer que seja a posição do corpo em MHS. De $E_P = \frac{kx^2}{2}$ e $E_C = E_M - E_P$, isto é, $E_C = \frac{ka^2}{2} - \frac{kx^2}{2}$, concluímos que o gráfico de E_P em função de *x* é um arco de parábola com concavidade voltada para cima e o gráfico de E_C em função de *x* é um arco de parábola com concavidade voltada para baixo (fig. 10). O gráfico E_M em função de *x* é um segmento de reta paralelo ao eixo dos *x*.

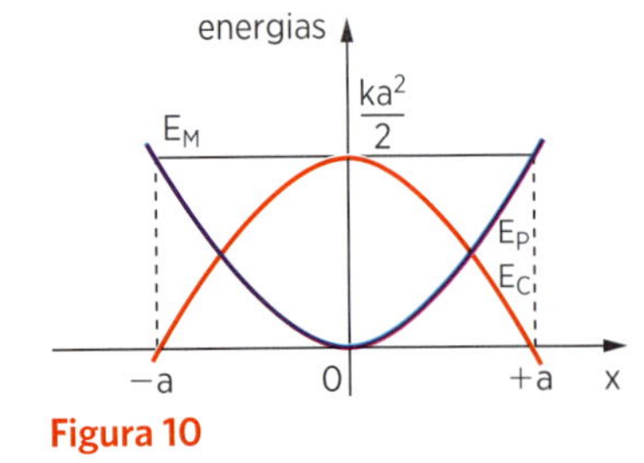

Figura 10

Período do MHS

Consideremos o MHS executado por um corpo de massa *m* preso à extremidade de uma mola de constante elástica *k* (fig. 11).

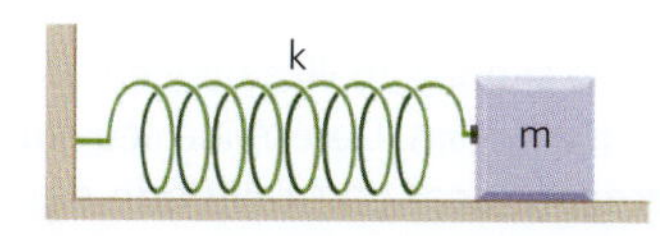

Figura 11

A força que age sobre o corpo durante o movimento é elástica e tem intensidade diretamente proporcional à elongação:

$$F = -kx$$

No entanto, como vimos no item anterior, a aceleração escalar no MHS é dada por:

$$\alpha = -\omega^2 \cdot x$$

O Princípio Fundamental da Dinâmica nos permite escrever: $F = m\alpha$.

Substituindo: $-kx = m \cdot (-\omega^2 x)$. Assim:

$$k = m\omega^2$$

Mas a pulsação no MHS é dada em função do período:

$$\omega = \frac{2\pi}{T}$$

Substituindo: $k = m \cdot \left(\frac{2\pi}{T}\right)^2 \Rightarrow T = 2\pi\sqrt{\frac{m}{k}}$

Observe que o período do MHS em questão não depende da amplitude com que o corpo oscila. Assim, o período de oscilação do sistema pode ser calculado antes de o corpo começar seu movimento, desde que se conheça sua massa *m* e a constante elástica *k* da mola.

Uma outra situação, em que o período pode ser expresso por uma fórmula simples, é quando um *pêndulo simples* oscila, realizando oscilações de pequena abertura. Note que, na verdade, ao oscilar, o pêndulo descreve um movimento circular cujo centro é o ponto de suspensão e cujo raio é o comprimento *L* do fio do pêndulo. Somente quando as oscilações são suficientemente pequenas é que o movimento pode ser considerado aproximadamente retilíneo e harmônico simples (fig. 12).

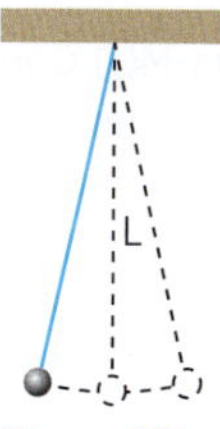

Figura 12

Ilustrações: Marco A. Sismotto

Sendo *L* o comprimento do fio do pêndulo e *g* a aceleração local da gravidade, a fórmula que nos dá o período de oscilação do pêndulo para *pequenas oscilações* é:

$$T = 2\pi\sqrt{\frac{L}{g}}$$

Observe que, para essa situação, o período não depende da massa pendular.

Aplicação

A9. Um corpo de massa 0,50 kg, preso a uma mola de constante elástica 12,5 N/m, realiza MHS em torno da posição de equilíbrio *O*, pela qual passa com velocidade 2,0 m/s.

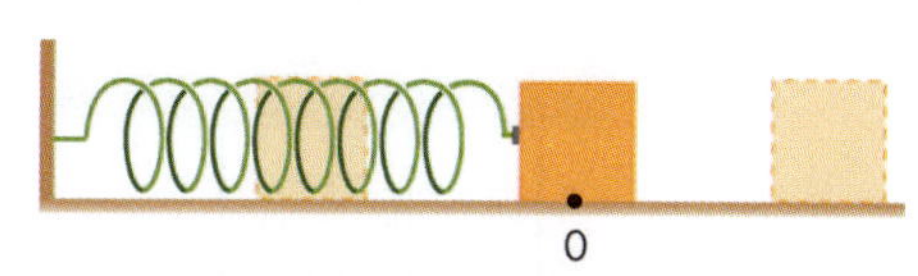

a) Determine a energia mecânica total do sistema.
b) Determine a amplitude e o período desse MHS.
c) Esboce o gráfico das energias potencial, cinética e total do sistema, em função da elongação.

A10. Um corpo de massa 2,0 kg oscila preso à extremidade de uma mola de constante elástica 32 N/m.

a) Determine o período dessa oscilação.
b) O mesmo sistema é levado à Lua, onde a aceleração da gravidade é $\frac{1}{6}$ da terrestre. Qual o período de oscilação do corpo, se for colocado em oscilação na Lua?

A11. Um pêndulo simples, de comprimento 40 cm, realiza oscilações de pequena abertura num local onde $g = 10\ m/s^2$.

a) Determine o período dessas oscilações.
b) Se o pêndulo for levado a um planeta onde a aceleração da gravidade é dezesseis vezes maior que a da Terra, qual será o período das oscilações de pequena abertura realizadas pelo pêndulo?

Verificação

V9. O corpo da figura, de massa 0,40 kg e preso a uma mola de constante elástica 10 N/m, oscila em MHS em torno da posição de equilíbrio *O*, pela qual passa com velocidade 5,0 m/s.

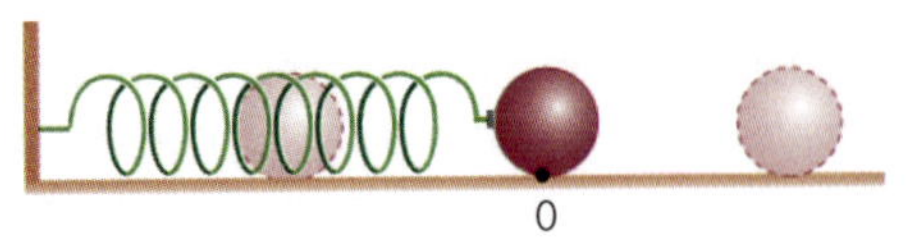

a) Qual a energia mecânica total do sistema?
b) Determine a amplitude e o período desse MHS.
c) Represente graficamente, em função da elongação, as energias cinética, potencial e total do sistema.

V10. Um corpo de massa 1 kg preso à extremidade de uma mola realiza oscilações cujo período é π s. Determine a constante elástica da mola.

V11. Um pêndulo simples realiza pequenas oscilações de período igual a 4π s. Determine seu comprimento. A aceleração local da gravidade é $g = 10\ m/s^2$.

V12. Considerando o pêndulo do exercício anterior, qual seria seu período de oscilação se fosse levado a um planeta cuja aceleração da gravidade é $\frac{1}{4}$ da terrestre?

R9. (U. F. Juiz de Fora-MG) Considere um sistema oscilante, composto por uma massa presa a uma mola. Na posição de afastamento máximo do ponto de equilíbrio, a velocidade da massa e a intensidade da força sobre a massa são, respectivamente:
a) nula, nula.
b) máxima, máxima.
c) máxima, nula.
d) nula, máxima.
e) são iguais, mas não nulas nem máximas.

R10. (PUC-MG) Uma partícula de massa 0,50 kg move-se sob a ação de apenas uma força, à qual está associada uma energia potencial E_P, cujo gráfico em função de *x* está representado na figura abaixo:

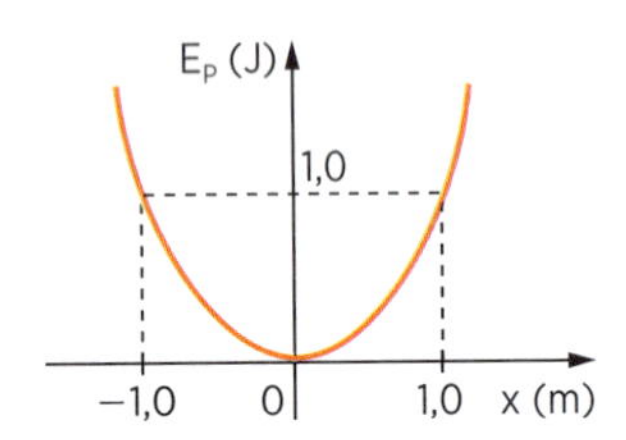

Esse gráfico consiste em uma parábola passando pela origem. A partícula inicia o movimento a partir do repouso, em $x = -2,0$ m. Sobre essa situação, é *falso* afirmar que:
a) a energia mecânica dessa partícula é 8,0 J.
b) a velocidade da partícula, ao passar por $x = 0$, é 4,0 m/s.
c) em $x = 0$, a aceleração da partícula é zero.
d) quando a partícula passar por $x = 1,0$ m, sua energia cinética será 3,0 J.

R11. (UF-PB) Duas molas ideais têm massas desprezíveis e constantes elásticas k_1 e k_2, respectivamente. A cada uma dessas molas encontram-se presos corpos de massas idênticas (figura abaixo), os quais estão em MHS.

Sendo T_1 o período da mola de constante k_1 e T_2 o período da mola de constante k_2, é correto afirmar:

a) $\frac{T_1}{T_2} = 1$
b) $\frac{T_1}{T_2} = \sqrt{\frac{k_2}{k_1}}$
c) $\frac{T_1}{T_2} = \sqrt{\frac{k_1}{k_2}}$
d) $\frac{T_1}{T_2} = \left(\frac{k_2}{k_1}\right)^2$
e) $\frac{T_1}{T_2} = \left(\frac{k_1}{k_2}\right)^2$

R12. (U. F. Juiz de Fora-MG) A figura abaixo mostra três massas penduradas por fios presos ao teto. As massas serão postas para oscilar e se movimentarão como pêndulos simples. No pêndulo 1, da esquerda, o comprimento do fio é *L* e a massa é *m*. No pêndulo 2, do meio, o comprimento é *L*, mas a massa é 2 m. No pêndulo 3, da direita, o comprimento é 2 L e a massa é 2 m. Assinale a alternativa *correta*, quanto ao período de cada pêndulo:
a) Os três períodos serão distintos entre si.
b) Os períodos dos pêndulos 1 e 2 serão iguais, e diferentes do período do pêndulo 3.
c) Os períodos dos pêndulos 1 e 3 serão iguais, e diferentes do período do pêndulo 2.
d) Os períodos dos pêndulos 2 e 3 serão iguais, e diferentes do período do pêndulo 1.
e) Todos os pêndulos terão o mesmo período.

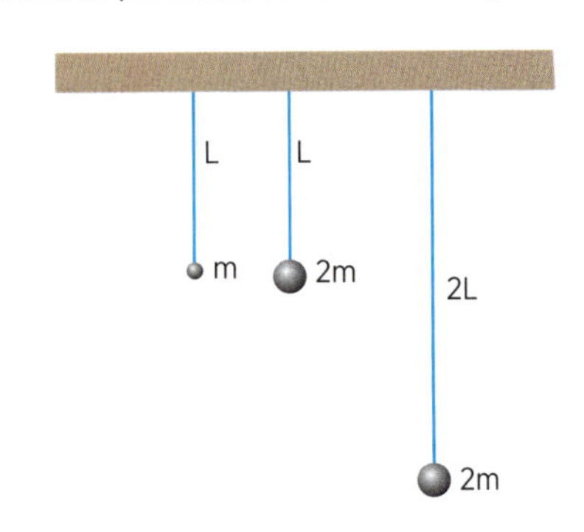

Ilustrações: Marco A. Sismotto

Movimento ondulatório

A cada ponto de um meio é possível associar uma ou mais grandezas físicas. Quando pelo menos uma dessas grandezas se altera, dizemos que o meio está sofrendo uma *perturbação*.

Verifica-se que a perturbação não se restringe necessariamente ao ponto em que foi produzida, podendo propagar-se através do meio. A perturbação em propagação constitui uma *onda*.

Phil Ashley/Stone/Getty Images

Figura 13

Por exemplo, se lançarmos um objeto nas águas tranquilas de um lago, o ponto atingido sofrerá uma perturbação (fig. 14a). A partir de então notaremos a formação de uma linha circular, com centro no ponto perturbado, cujo raio vai crescer à medida que o tempo passa (figs. 14b e 14c). Estaremos observando uma onda se propagando. É possível observar que o ponto perturbado logo volta ao repouso inicial (cessa a causa), mas a perturbação continua a se propagar (não cessa o efeito).

Lettera Studio

(a)

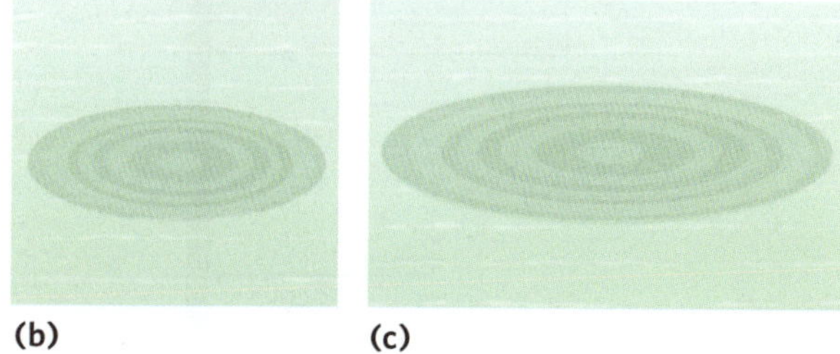

(b) (c)

Figura 14

No exemplo citado, a linha circular é constituída pelos pontos que naquele instante são atingidos pela perturbação, sendo denominada *frente de onda*.

É importante observar que, durante a propagação da onda, ocorre apenas *transporte de energia*, não havendo transporte de matéria. No caso descrito, se houver uma pequena rolha de cortiça flutuando na água, verificaremos que, quando a perturbação a atinge, ela não é transportada: apenas repete o movimento do primeiro ponto que foi perturbado, ao receber energia da onda.

Classificação das ondas

Há vários critérios para se classificar uma onda.

De acordo com o número de direções em que se propaga num meio, uma onda pode ser *unidimensional*, *bidimensional* e *tridimensional*.

Uma onda é *unidimensional* quando se propaga ao longo de uma única dimensão. Por exemplo, uma perturbação na extremidade de uma corda tensa (figs. 15a e 15b) propaga-se ao longo da corda (figs. 15c e 15d). Perceba que, à medida que a onda se propaga, cada ponto da corda repete o movimento da fonte (mão do operador), subindo e, a seguir, descendo.

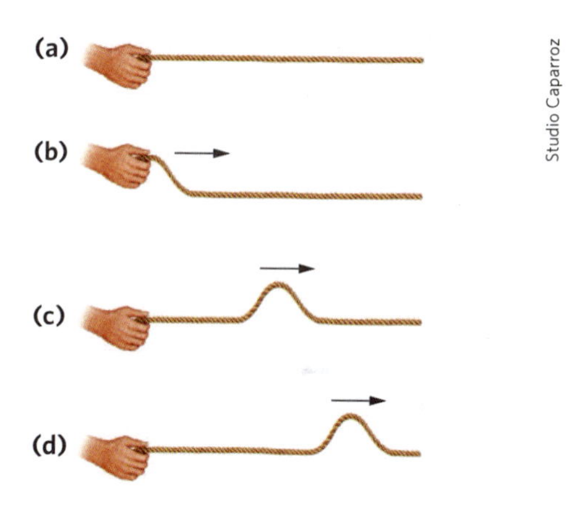

Studio Caparroz

Figura 15. Onda unidimensional.

Quando a onda se propaga ao longo de uma superfície, como a superfície da água, ela é dita *bidimensional*.

As ondas bidimensionais podem ser *retas* ou *circulares*, conforme a forma das frentes de onda. *Ondas retas* podem ser produzidas, por exemplo, quando se bate na superfície da água com uma régua (fig. 16). *Ondas circulares* se formam quando se bate com a extremidade de um lápis num ponto da superfície da água (fig. 17).

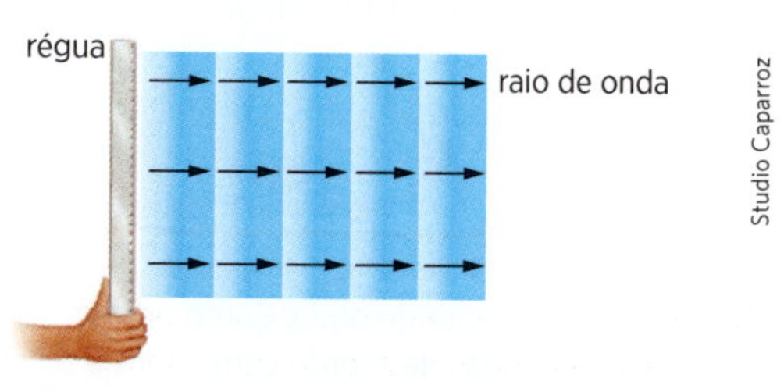

Studio Caparroz

Figura 16. Onda bidimensional reta.

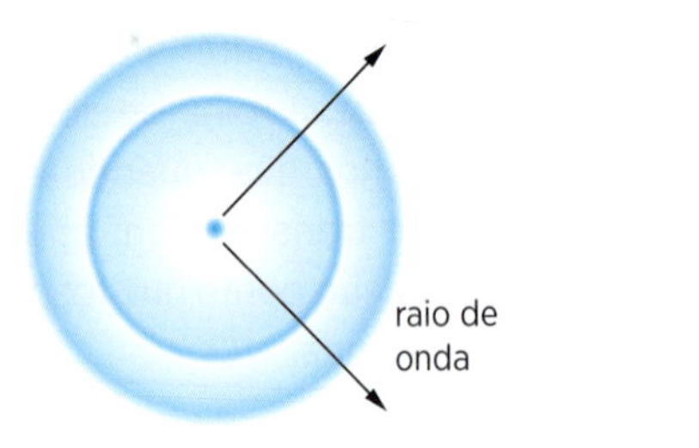

Ilustrações: Studio Caparroz

Figura 17. Onda bidimensional circular.

Quando a onda se propaga no espaço, portanto nas três dimensões, temos uma onda *tridimensional*. É o caso das ondas produzidas por uma fonte sonora ou uma fonte luminosa.

As ondas tridimensionais, conforme a forma das frentes de onda, podem ser *planas* ou *esféricas*. Uma membrana vibrando no ar produz *ondas planas* (fig. 18). Uma fonte luminosa pontual, emitindo luz em todas as direções do espaço, produz *ondas esféricas* (fig. 19).

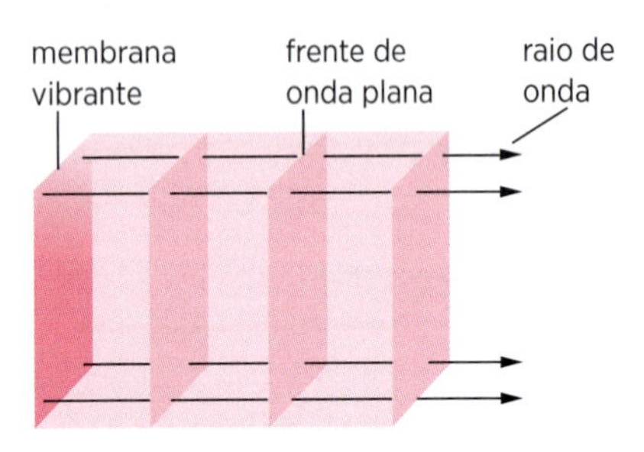

Figura 18

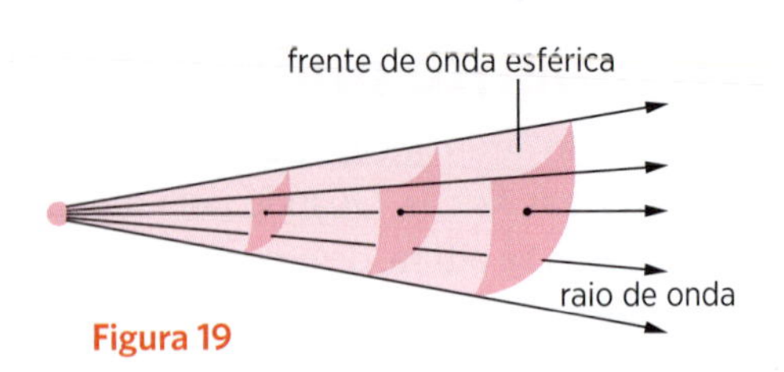

Figura 19

Nas figuras 16, 17, 18 e 19 representamos, além das frentes de onda, os denominados *raios de onda*, que são linhas orientadas perpendiculares às frentes de onda em cada ponto, usados para indicar a direção e o sentido de propagação da onda. Os raios de onda são retas paralelas nas ondas retas e planas; são radiais nas ondas circulares e esféricas.

Há ainda outros critérios para a classificação das ondas. Assim, temos:

- *Onda mecânica:* produzida pela deformação de um meio material (ex.: onda na superfície da água, ondas sonoras, ondas em uma corda tensa, etc.).
- *Onda eletromagnética:* produzida por cargas elétricas oscilantes (ex.: ondas luminosas, raios X, raios gama, etc.).
- *Onda transversal:* a vibração do meio é perpendicular à direção de propagação (ex.: ondas em uma corda, ondas luminosas).
- *Onda longitudinal:* a vibração do meio ocorre na mesma direção que a propagação (ex.: ondas sonoras no ar).

Aplicação

A12. Conceitue perturbação e onda. Dê exemplos.

A13. Explique por que um pequeno barco de papel flutuando na água apenas sobe e desce quando atingido por ondas que se propagam na superfície do líquido.

A14. Deixa-se cair uma pequena pedra num tanque contendo água. Considere t = 0 no instante em que a pedra atinge a superfície da água. Observa-se uma onda circular (frente de onda) de raio 30 cm em t = 1 s; em t = 3 s, o raio da onda circular é 90 cm. Determine a velocidade de propagação da onda.

A15. A figura a seguir representa duas fotografias instantâneas de uma mesma corda ao longo da qual se propaga uma onda. O intervalo de tempo entre as duas fotografias foi de 2 s. A marcação das distâncias foi feita posteriormente sobre as fotos reveladas. Determine a velocidade de propagação da onda ao longo da corda.

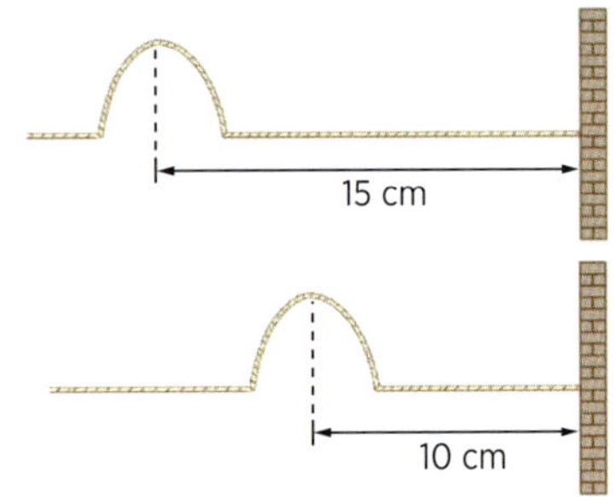

Verificação

V13. Conceitue frente de onda. Como podem ser classificadas as ondas de acordo com a forma da frente de onda?

V14. "Durante a propagação da onda não há transporte de matéria, mas sim transporte de energia."
Dê exemplos que comprovem essa afirmação.

V15. Uma onda circular propaga-se num determinado meio, obedecendo à função horária s = 2t, com origem no ponto perturbado, em unidades do Sistema Internacional. Determine:

a) a velocidade de propagação dessa onda;

b) o diâmetro das frentes de onda nos instantes 1 s, 2 s e 5 s.

V16. Duas fotografias foram tiradas, nos instantes t_1 e t_2, de uma mesma corda ao longo da qual se propaga uma onda. Sabe-se que $t_2 - t_1 = 3$ s. Sobre essas fotos foram feitas, depois da revelação, as marcações indicadas. Determine a velocidade de propagação dessa onda ao longo da corda.

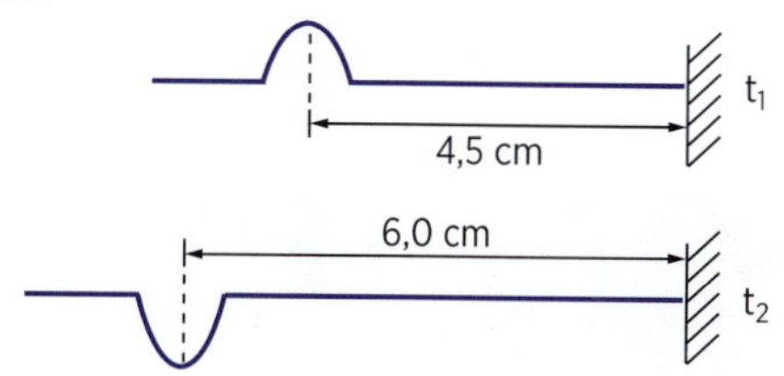

Revisão

R13. (UF-MA) Um estudante de Física vai passear na Lagoa da Jansen. Ao apreciar a superfície da água, ele percebe as ondas causadas pelo vento e resolve, então, classificá-las quanto à natureza e quanto à direção de propagação, respectivamente. Como resultado, ele encontrou que essas ondas são:

a) mecânicas e tridimensionais.

b) eletromagnéticas e tridimensionais.

c) eletromagnéticas e bidimensionais.

d) mecânicas e bidimensionais.

e) mecânicas e unidimensionais.

R14. (U. F. Juiz de Fora-MG) Qual a propriedade que caracteriza a diferença entre ondas mecânicas longitudinais e transversais?

a) a velocidade de propagação

b) a direção de propagação

c) a frequência

d) a direção de vibração do meio de propagação em relação à direção de propagação da onda

e) o período

R15. (Fuvest-SP) A figura representa, nos instantes t = 0 s e t = 2,0 s, configurações de uma corda sob tensão constante, na qual se propaga um pulso cuja forma não varia.

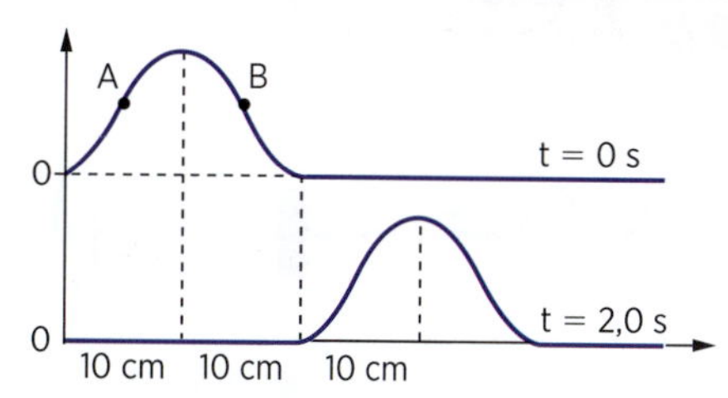

a) Qual a velocidade de propagação do pulso?

b) Indique, em uma figura, a direção e o sentido das velocidades dos pontos materiais *A* e *B* no instante t = 0 s.

R16. (UF-RJ) A figura representa a fotografia, em um determinado instante, de uma corda na qual se propaga um pulso assimétrico para a direita. Seja t_A o intervalo de tempo necessário para que o ponto *A* da corda chegue ao topo do pulso; seja t_B o intervalo de tempo necessário para que o ponto *B* da corda retorne à sua posição horizontal de equilíbrio. Tendo em conta as distâncias indicadas na figura, calcule a razão $\frac{t_A}{t_B}$.

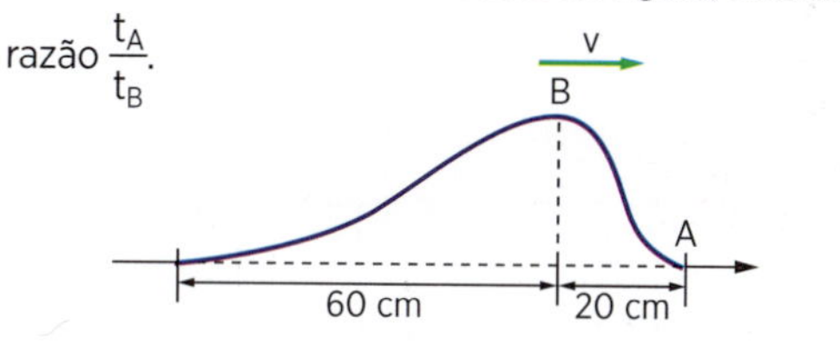

Ondas periódicas numa corda tensa

Uma onda é dita *periódica* quando a perturbação que a produz se repete periodicamente. É o caso de uma corda tensa na qual uma extremidade é presa a uma fonte, que realiza continuamente movimentos harmônicos simples.

A onda na corda é uma *onda transversal*, pois cada partícula da corda, ao reproduzir o movimento da fonte à medida que a onda se propaga, desloca-se numa direção perpendicular à direção de propagação.

Os conceitos que vamos estabelecer a seguir para a onda que se propaga na corda são válidos para qualquer onda periódica.

Na figura 20, a mão do operador (ponto *A*) funciona como fonte, realizando MHS. Observe pela sequência de "instantâneos" representada que, à medida que a onda produzida se propaga, os demais pontos da corda repetem o movimento da fonte. Ao lado de cada "instantâneo" representa-se esquematicamente o MHS dos três pontos destacados, *A*, *B* e *C*.

Quando o ponto *A* completa o primeiro ciclo do MHS, a perturbação atinge o ponto *C*. Isso ocorre ao fim de um intervalo de tempo igual ao *período T* do MHS realizado. A partir desse instante, o ponto *C* começa a realizar MHS "em fase" com a fonte *A*. A distância que a perturbação percorreu durante o *período T* é denominada *comprimento de onda* e representada pela letra grega λ (lambda), destacada na figura 21.

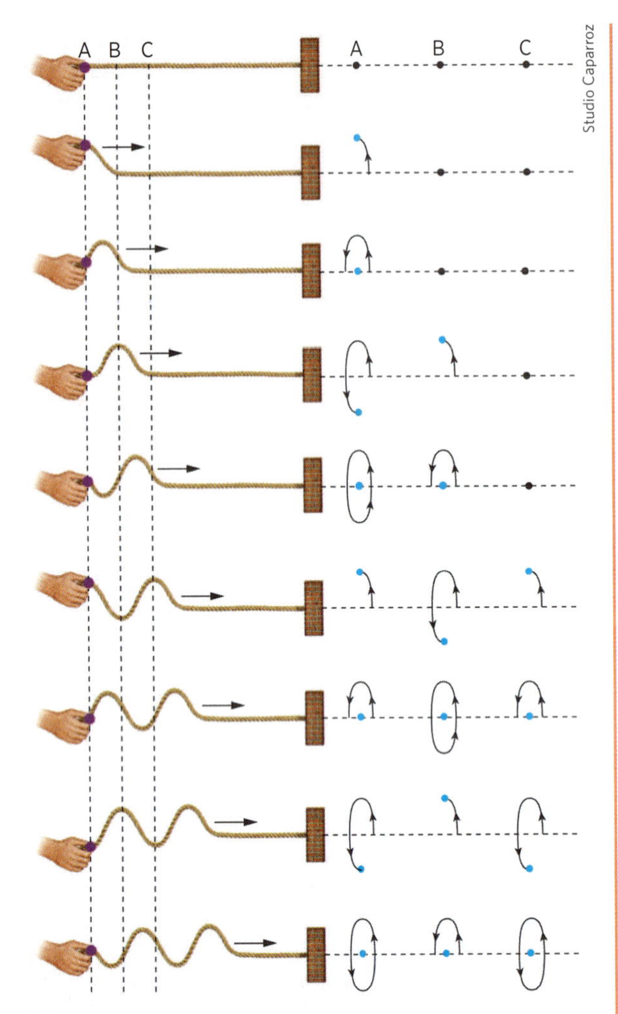

Figura 20. À medida que a onda se propaga na direção horizontal os pontos da corda oscilam na direção vertical.

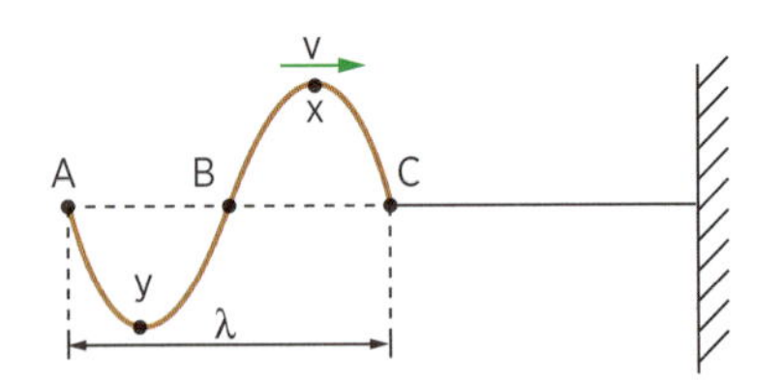

Figura 21

Logo:

> *Comprimento de onda* (λ) é a distância entre dois pontos consecutivos do meio que vibram em fase.

Numa onda em propagação na corda tensa, o ponto de elongação máxima (*x* na figura 21) é denominado *crista da onda* e o ponto de elongação mínima (*y* na figura 21) é denominado *vale da onda*.

O *movimento da onda* em propagação na corda é *uniforme*, sendo *v* a velocidade de propagação. Aplicando o conceito de velocidade média, vem:

$$v = \frac{\Delta s}{\Delta t} \left\} \begin{array}{l} \Delta s = \lambda \\ \Delta t = T \end{array} \right. \Rightarrow \boxed{v = \frac{\lambda}{T}}$$

Do mesmo modo que o *período da onda* (*T*) é o período do MHS realizado pela fonte e pelos pontos da corda, a *frequência da onda* (*f*) é a frequência do MHS realizado pela fonte.

Como $f = \frac{1}{T}$, temos: $\boxed{v = \lambda f}$

OBSERVE

- A frequência de uma onda é sempre igual à frequência da fonte que a emitiu. Assim, qualquer que seja o meio em que a onda se propague, sua *frequência não se modificará*.
- A velocidade das *ondas mecânicas*, como as que se propagam ao longo de uma corda tensa, na superfície de um líquido, as ondas sonoras, etc., não depende da frequência das ondas que se propagam. Depende apenas das características do meio.
- Sendo frente de onda o conjunto de pontos do meio atingidos simultaneamente pela perturbação, esses pontos estão em fase.
  É costume representar, nas ondas bi e tridimensionais, as frentes de onda separadas duas a duas por uma distância igual ao comprimento de onda λ, como se mostra nas figuras *a* e *b*. Portanto, os pontos dessas frentes de onda estão sempre vibrando em fase.

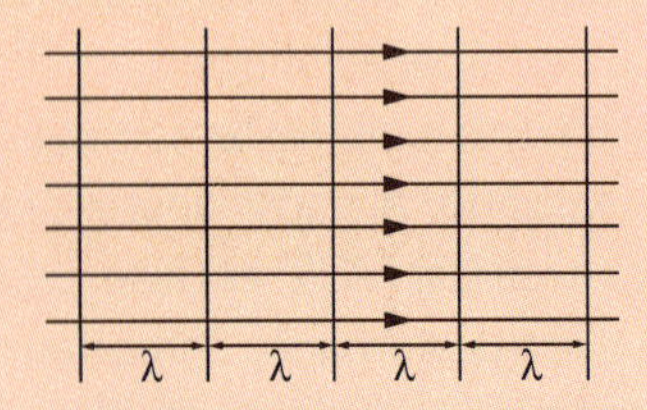

Figura a. Onda reta ou plana.

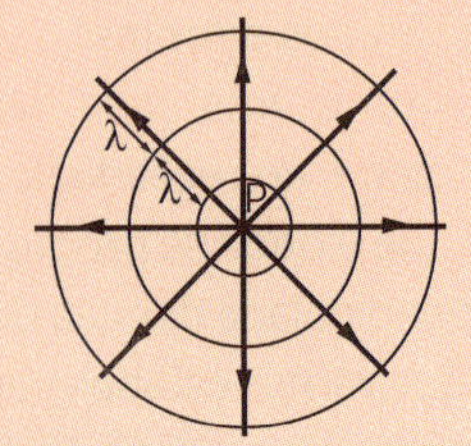

Figura b. Onda circular ou esférica.

- O comprimento de onda λ, sendo uma distância, é medido em unidades de comprimento (metro, centímetro, etc.). Uma unidade utilizada para a medida de comprimentos de onda pequenos é o angstrom (símbolo Å):

$$1\ \text{Å} = 10^{-10}\ \text{m}$$

- As grandezas v, λ e f não dependem da energia transportada pela onda. A maior ou menor energia determina maior ou menor *amplitude* (a) da onda, que corresponde à amplitude do MHS realizado pela fonte.

A16. "Comprimento de onda é a distância que a onda percorre em um intervalo de tempo igual ao período." Partindo dessa definição, estabeleça a relação matemática entre comprimento de onda, velocidade de propagação e período da onda.

A17. Uma fonte F presa à extremidade de uma corda tensa produz as ondas representadas na figura.

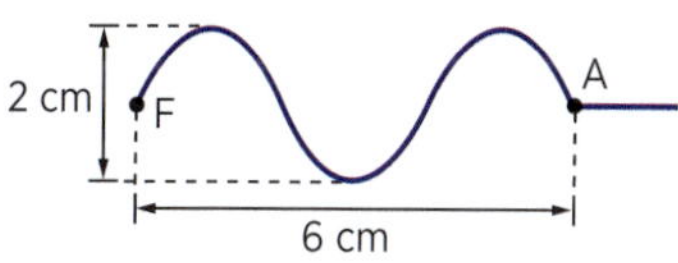

a) Qual o comprimento de onda das ondas produzidas pela fonte?

b) Qual a amplitude das ondas?

c) Sabendo que o ponto A da corda foi atingido 9 s após o início das oscilações da fonte, determine o período e a velocidade de propagação das ondas ao longo da corda.

A18. Certa onda eletromagnética tem comprimento de onda igual a $6{,}0 \cdot 10^{-7}$ m. Expresse esse comprimento de onda em angstrons.

A19. Uma onda luminosa de frequência $1{,}5 \cdot 10^{15}$ Hz propaga-se no vácuo, onde sua velocidade é $3{,}0 \cdot 10^{8}$ m/s. Determine seu comprimento de onda em angstrons.

V17. "Período de uma onda é o intervalo de tempo em que a onda percorre uma distância igual ao seu comprimento de onda; frequência de uma onda é igual ao inverso do período."
Partindo das definições acima, estabeleça a relação matemática entre comprimento de onda, velocidade de propagação e frequência da onda.

V18.

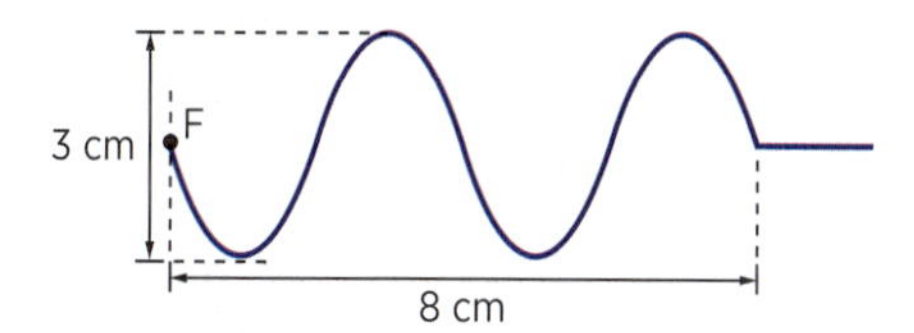

A figura representa ondas propagando-se numa corda tensa 8 s após o início das oscilações da fonte F que as produz. Determine para essas ondas:

a) a amplitude;

b) o comprimento de onda;

c) o período e a frequência;

d) a velocidade de propagação.

V19. Expresse em metros o comprimento de onda de uma onda eletromagnética de 7 500 Å.

V20. Uma onda luminosa tem comprimento de onda igual a 6 000 Å, no vácuo, onde sua velocidade de propagação é $3 \cdot 10^{8}$ m/s. Determine sua frequência.

R17. (U. F. de Ponta Grossa-PR) Estão presentes, no nosso cotidiano, fenômenos tais como o som, a luz, os terremotos, os sinais de rádio e de televisão, os quais, aparentemente nada têm em comum, entretanto, todos eles são ondas. Com relação às características fundamentais do movimento ondulatório, assinale o que for correto.

(01) Onda é uma perturbação que se propaga no espaço transportando matéria e energia.

(02) Ondas, dependendo da sua natureza, podem se propagar somente no vácuo.

(04) Ondas transversais são aquelas em que as partículas do meio oscilam paralelamente à direção de propagação da onda.

(08) A frequência de uma onda corresponde ao número de oscilações que ela realiza numa unidade de tempo.

(16) Comprimento de onda corresponde à distância percorrida pela onda em um período.

R18. (UF-MG) Bernardo produz uma onda em uma corda, cuja forma, em certo instante, está mostrada na figura I.

Na figura II, está representado o deslocamento vertical de um ponto dessa corda em função do tempo.

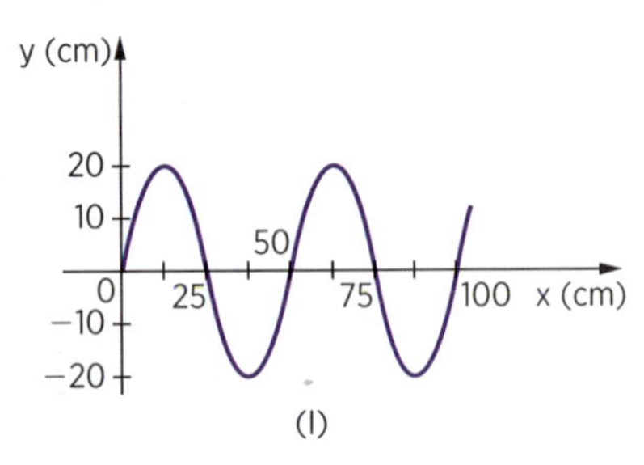

(I)

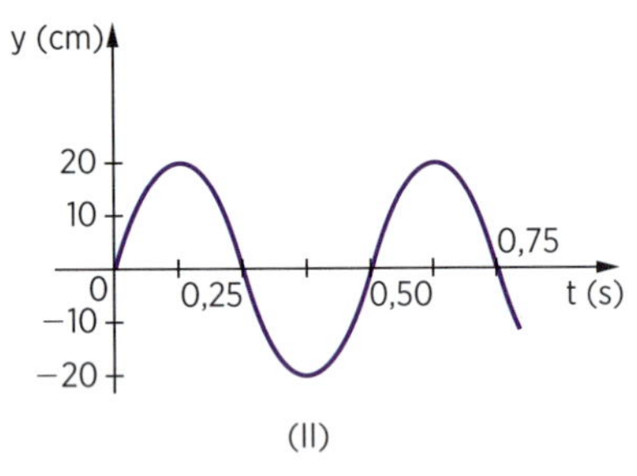

(II)

Considerando-se essas informações, é *correto* afirmar que a velocidade de propagação da onda produzida por Bernardo, na corda, é de:

a) 0,20 m/s
b) 0,50 m/s
c) 1,0 m/s
d) 2,0 m/s

R19. (UF-RN) O som emitido por um apito foi analisado através de um equipamento apropriado que, em sua tela, produziu o gráfico apresentado a seguir. Esse gráfico representa a variação da pressão da onda sonora emitida pelo apito sobre o detector do equipamento em função do tempo.

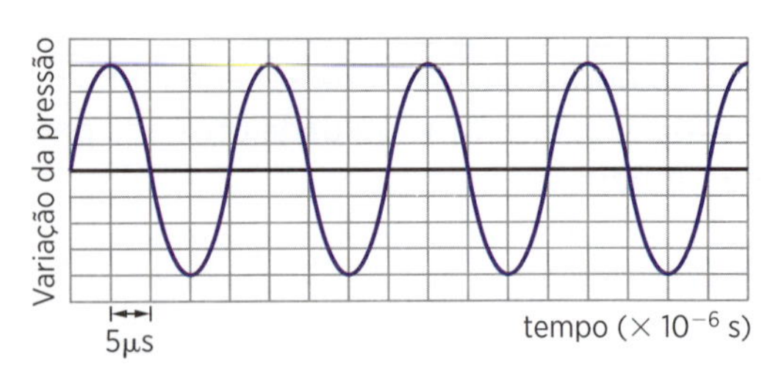

A tabela a seguir representa os intervalos de frequência audíveis para diferentes seres vivos.

Ser vivo	Intervalo de frequência
Cachorro	15 Hz - 45 000 Hz
Ser humano	20 Hz - 20 000 Hz
Gato	60 Hz - 65 000 Hz

Esse apito pode ser ouvido por:

a) seres humanos e cachorros
b) seres humanos e gatos
c) apenas por gatos
d) apenas por cachorros

R20. (UF-PE) A figura abaixo mostra esquematicamente as ondas na superfície d'água de um lago, produzidas por uma fonte de frequência 6,0 Hz, localizada no ponto *A*. As linhas cheias correspondem às cristas, e as tracejadas representam os vales em um certo instante de tempo. Qual o intervalo de tempo, em segundos, para que uma frente de onda percorra a distância da fonte até o ponto *B*, distante 60 cm?

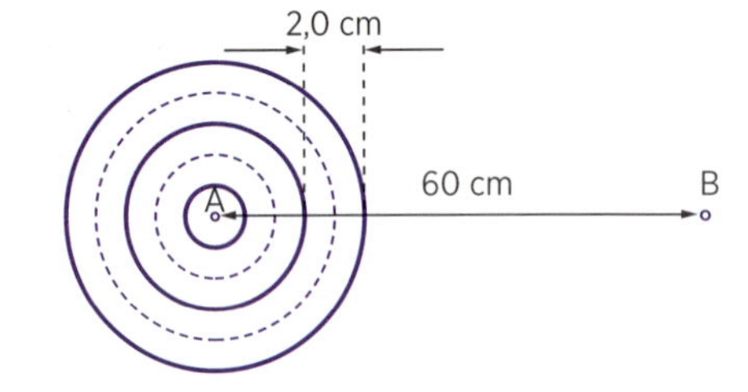

Exercícios complementares

Como vimos anteriormente, a velocidade *v* de uma onda periódica que se propaga em dado meio, seu comprimento de onda λ, seu período *T* e sua frequência *f* relacionam-se pelas fórmulas:

$$v = \frac{\lambda}{T} \quad \text{e} \quad v = \lambda f$$

A seguir, são apresentados mais alguns exercícios cuja resolução envolve a utilização dessas fórmulas.

Aplicação

A20. Numa corda tensa, propaga-se uma onda de comprimento de onda 20 cm com velocidade igual a 8,0 m/s. Determine a frequência e o período dessa onda.

A21. Em 25 s, uma fonte de ondas periódicas determina numa corda tensa o aspecto apresentado na figura.

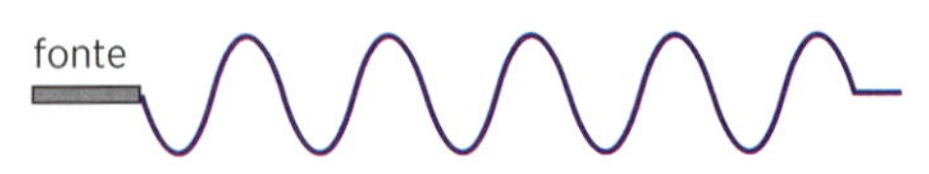

Determine:

a) o período e a frequência da fonte;
b) o comprimento de onda das ondas que se propagam na corda com velocidade igual a 8 cm/s.

A22. A figura representa uma corda tensa num dado instante. Sabendo que, nessa corda, as ondas periódicas se propagam com a velocidade de 12 cm/s, determine para essas ondas:

a) a amplitude;

b) o comprimento de onda;

c) a frequência;

d) o período.

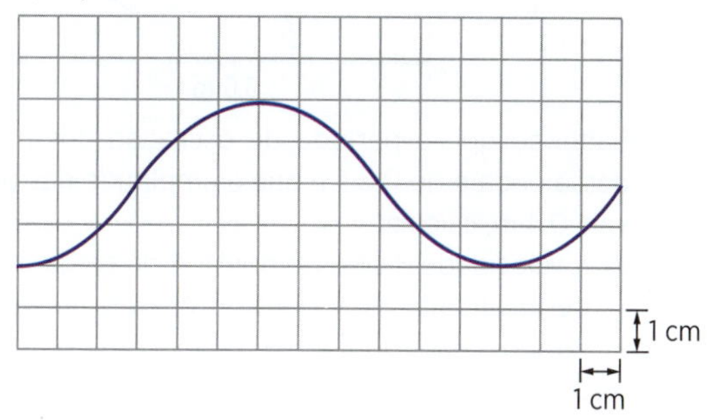

A23. Num dado meio material, propagam-se ondas mecânicas, cujos comprimentos de onda (λ) e respectivas frequências (f) relacionam-se pelo gráfico esquematizado, isto é, uma hipérbole equilátera. Qual a velocidade com que essas ondas se propagam nesse meio?

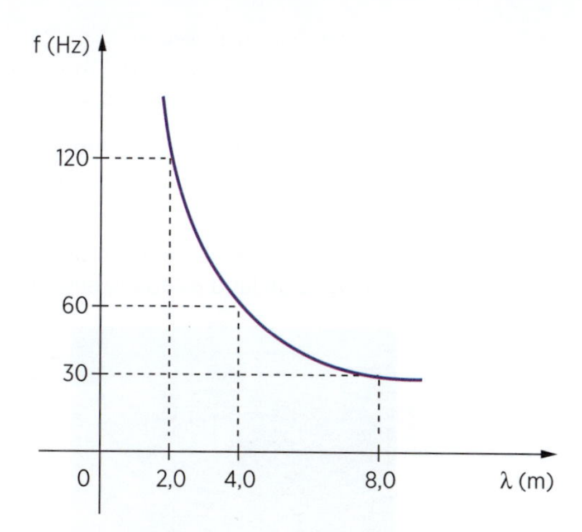

A24. Num grande lago, correntes de ar produzem ondas periódicas na superfície da água, que se propagam à razão de 3,0 m/s. Se a distância entre duas cristas sucessivas dessas ondas é 12 m:

a) qual o período de oscilação de um barco ancorado?

b) qual o período de oscilação de um barco que se movimenta em sentido contrário ao das ondas com velocidade de 10 m/s?

Verificação

V21. Numa corda tensa, qualquer onda que se propague nela tem velocidade igual a 20 cm/s. Se essa corda for posta em vibração por meio de uma fonte de frequência 5,0 Hz, qual o comprimento de onda das ondas que se estabelecem na corda?

V22. A figura representa ondas periódicas propagando-se ao longo de uma corda tensa. Os pontos *A* e *E* distam 40 cm um do outro.

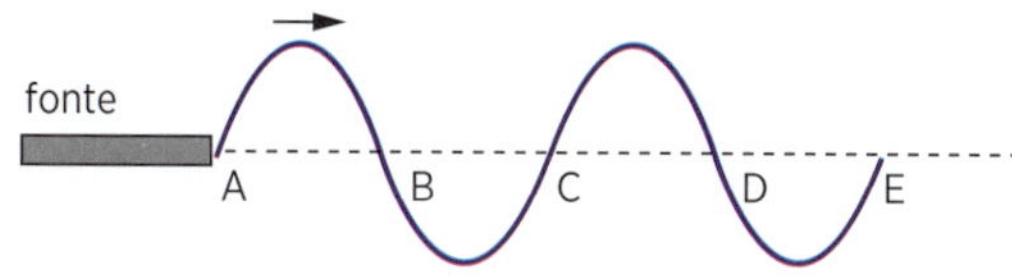

Determine:

a) o comprimento de onda;

b) o período e a frequência das ondas, sabendo que o instante figurado foi obtido 4 s após o início da vibração da fonte;

c) a velocidade de propagação das ondas ao longo da corda.

V23. A figura representa, num dado instante, a forma de uma corda tensa ao longo da qual se propaga uma onda periódica com a velocidade de 2 cm/s.

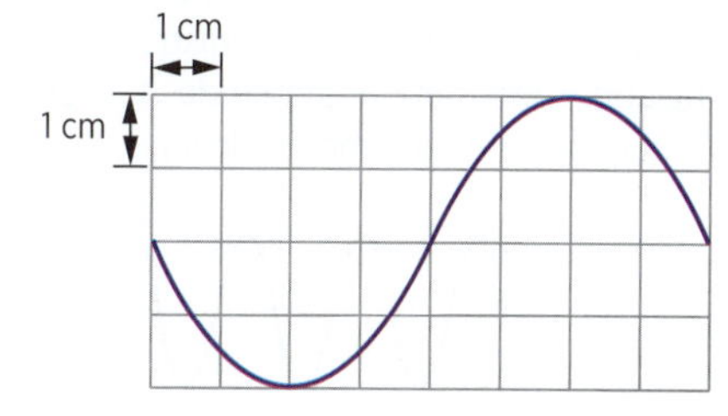

Determine, para essa onda:

a) a amplitude;

b) o comprimento de onda;

c) a frequência;

d) o período.

V24. Um rapaz está num barco ancorado no meio de um lago e percebe que por ele passa uma crista de onda a cada 0,50 s. Ao recolher a âncora e se mover com velocidade de 12 m/s em sentido contrário ao de propagação das ondas, o rapaz registra a passagem de uma crista de onda a cada 0,20 s.

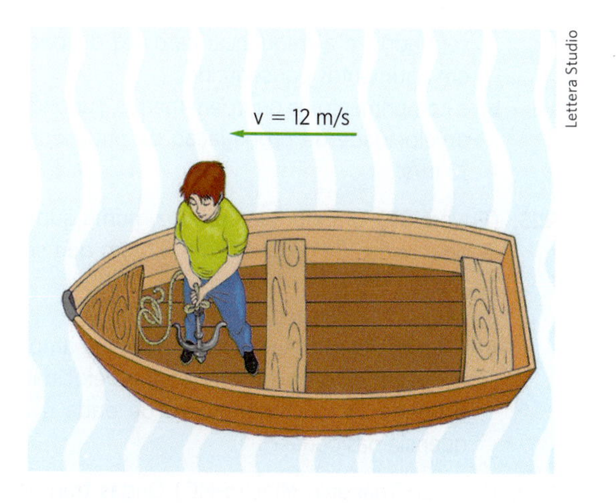

Lettera Studio

Determine:

a) o comprimento de onda das ondas que se propagam na superfície da água do lago.

b) a velocidade de propagação dessas ondas.

R21. (UEA-AM) Gotas de água pingam, periodicamente, sobre a superfície tranquila de um lago produzindo ondas planas circulares. As gotas pingam em intervalos regulares de tempo, de modo que 8 gotas tocam a superfície da água do lago a cada 10 segundos.

Altrendo Images/Altrendo/Getty Images

Considerando que a distância entre duas cristas sucessivas dessas ondas seja de 20 cm, pode-se afirmar que a velocidade de propagação das ondas na água, em cm/s, é igual a:

a) 8
b) 12
c) 16
d) 20
e) 25

R22. (Unifev-SP) O eletrocardiograma registra a variação da tensão elétrica (ddp) em pontos do corpo humano em função do tempo. A figura representa de forma simplificada o registro da onda de pulso de um paciente obtido em um eletrocardiograma.

Na figura, a grade quadriculada apresenta, na vertical, intervalos de tensão elétrica de 1,0 mV e, na horizontal, intervalos de tempo de 0,1 s.

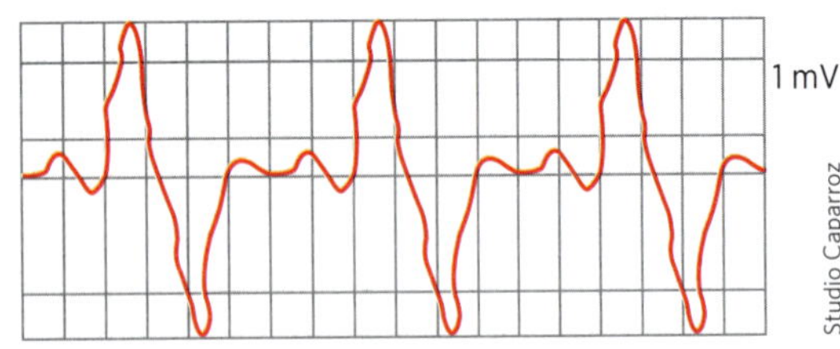

Studio Caparroz

Analisando a representação gráfica da onda, determine:

a) a amplitude máxima, em mV, o período, em segundos, e a frequência cardíaca do paciente, em batimentos por segundo.

b) o comprimento de onda, em metros, supondo que a velocidade de propagação da onda é igual a 10 m/s.

R23. (Fuvest-SP) Um vibrador produz, numa superfície líquida, ondas de comprimento 5,0 cm que se propagam à velocidade de 30 cm/s.

a) Qual a frequência das ondas?

b) Caso o vibrador aumente apenas sua amplitude de vibração, o que ocorre com a velocidade de propagação, o comprimento de onda e a frequência das ondas?

R24. (U. F. do Triângulo Mineiro-MG) Ondas transversais propagam-se por uma corda esticada com velocidade constante V. A figura representa uma fotografia tirada de um pedaço dessa corda em um determinado instante.

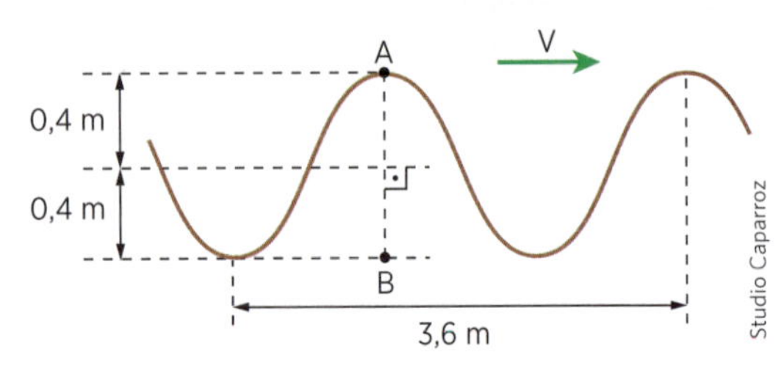

Studio Caparroz

Sabendo que o período de oscilação dos pontos dessa onda é de 0,5 s e que a amplitude das ondas vale 0,4 m, calcule:

a) a velocidade média do ponto A da corda em seu deslocamento até o ponto B, em um intervalo de tempo menor do que seu período de oscilação.

b) a velocidade de propagação V das ondas por essa corda.

R25. (Vunesp-SP) A figura reproduz duas fotografias instantâneas de uma onda que se deslocou para a direita numa corda.

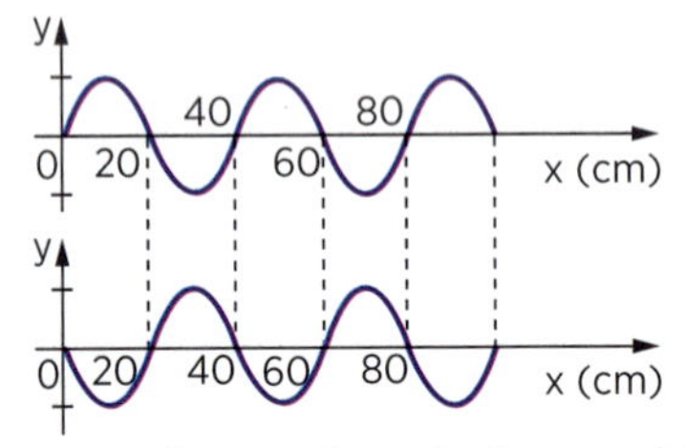

a) Qual o comprimento de onda dessa onda?

b) Sabendo que, no intervalo de tempo entre as duas fotos, $\frac{1}{10}$ s, a onda se deslocou menos de um comprimento de onda, determine a velocidade de propagação e a frequência dessa onda.

R26. (U. F. Viçosa-MG) Um formulário contínuo move-se com velocidade de módulo constante e igual a 14 cm/s, como mostrado abaixo. Ao mesmo tempo, um lápis colocado verticalmente sobre a folha oscila com frequência e amplitude constantes numa direção perpendicular à direção de movimento do papel, como também é mostrado.

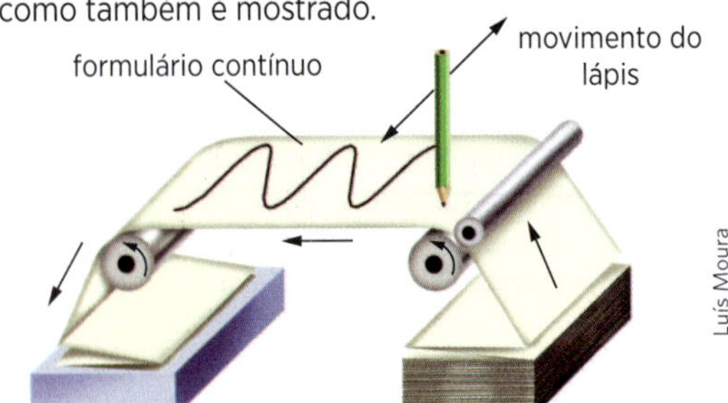

Luís Moura

Analisando a figura, faça o que se pede:

A figura abaixo mostra o registro do lápis no formulário. Determine a amplitude A, o período T e a frequência f do movimento do lápis.

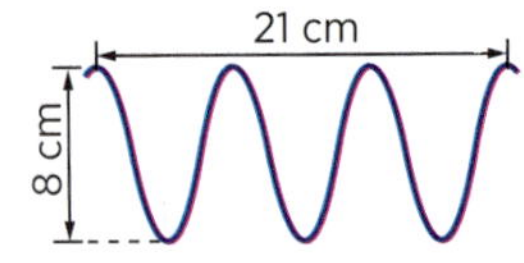

capítulo

30 Os fenômenos ondulatórios

Reflexão de ondas

Quando uma onda que se propaga num dado meio encontra uma superfície que separa esse meio de outro, essa onda pode, parcial ou totalmente, retornar para o meio em que estava se propagando. Esse fenômeno é denominado *reflexão*.

Analisemos inicialmente a reflexão da onda unidimensional que se propaga numa corda tensa (fig. 1a). Vamos admitir que uma extremidade da corda esteja presa a uma parede rígida (ponto *P*).

Ao atingir o ponto *P*, a onda se reflete, produzindo a onda refletida indicada na figura 1b. Observe que a onda incidente, à medida que se propaga, produz nos pontos da corda deslocamento "para cima". No entanto, a onda refletida produz, nos mesmos pontos, deslocamentos "para baixo". Dizemos, então, que ocorre uma *reflexão com inversão de fase*.

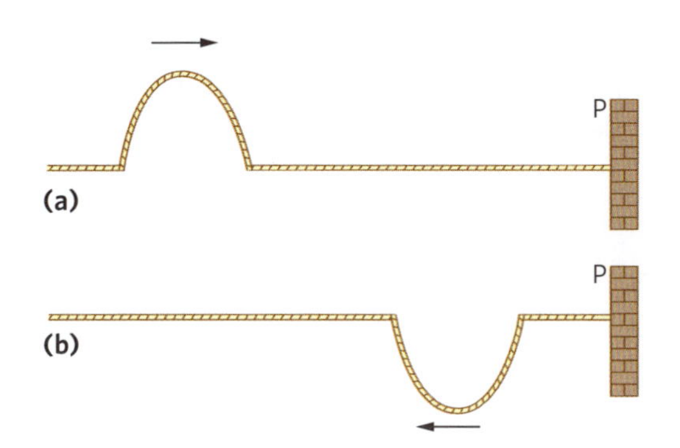

Figura 1. Reflexão com inversão de fase.

Explica-se essa inversão com base no princípio da ação e reação: quando atingiu *P*, a onda agiu nesse ponto com uma força $\vec{F}$, tendendo a produzir um deslocamento para cima; a parede reagiu com uma força de mesma intensidade e sentido contrário $-\vec{F}$, que, agindo sobre a corda, produziu a onda refletida "invertida".

Se, na extremidade *P*, a corda for livre, ocorrerá uma *reflexão sem inversão de fase*. Na figura 2a, uma onda se propaga numa corda tensa cuja extremidade *P* termina num anel, que se pode mover livremente ao longo de uma haste vertical. Ao atingir esse ponto, a onda produz uma elevação do anel e sua simples queda produz a onda refletida "não invertida", representada na figura 2b.

No caso de ondas bidimensionais (como as que se propagam na superfície da água) ou tridimensionais (como as sonoras e as luminosas), o estudo fica mais simples se analisarmos o comportamento dos raios de onda, em vez das frentes de onda.

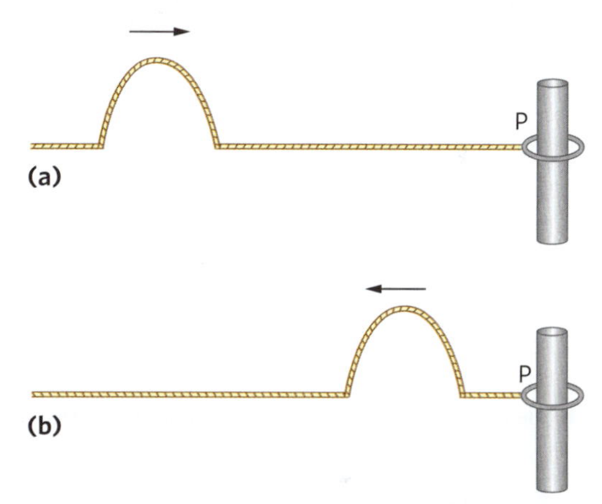

Figura 2. Reflexão sem inversão de fase.

A figura 3 mostra ondas na superfície da água atingindo uma barreira plana. São representadas as frentes de onda incidentes, as frentes de onda refletidas e os respectivos raios de onda, incidente AI e refletido IB. Chamamos de *ângulo de incidência* o ângulo *i* que uma frente de onda incidente forma com a superfície refletora ou que o raio incidente AI forma com a normal IN à superfície no ponto de incidência *I*. O *ângulo de reflexão r* é o ângulo que uma frente de onda refletida forma com a superfície refletora ou que o raio refletido IB forma com a normal IN.

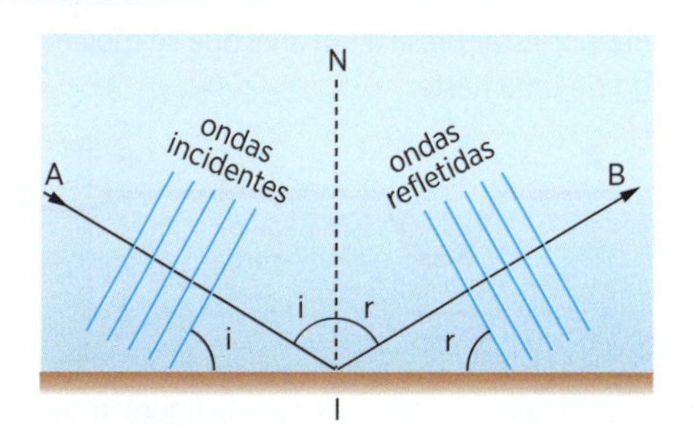

Figura 3

Ilustrações: Marco A. Sismotto

O fenômeno da reflexão é regido por duas leis, já apresentadas na Óptica, denominadas *leis da reflexão*:

- 1ª lei: O raio incidente AI, o raio refletido IB e a normal IN pertencem ao mesmo plano.
- 2ª lei: O ângulo de reflexão *r* é igual ao ângulo de incidência *i*:

$$r = i$$

Na reflexão, a frequência, a velocidade de propagação e o comprimento de onda não variam.

Aplicação

A1. Uma onda é produzida na extremidade *A* de uma corda tensa, como mostra a figura, e, após percorrer a corda, reflete-se na extremidade *B* presa a uma parede.

Desenhe essa onda após a reflexão na extremidade *B*.

A2. Uma corda AB, de comprimento L = 10 m, tem ambas as extremidades fixas. No instante t = 0, o pulso triangular esquematizado inicia-se em *A* e atinge o ponto *P* no instante t = 0,0040 s. Sendo AP = 8,0 m:

a) determine a velocidade de propagação do pulso;

b) desenhe o perfil da corda no instante t = 0,0070 s.

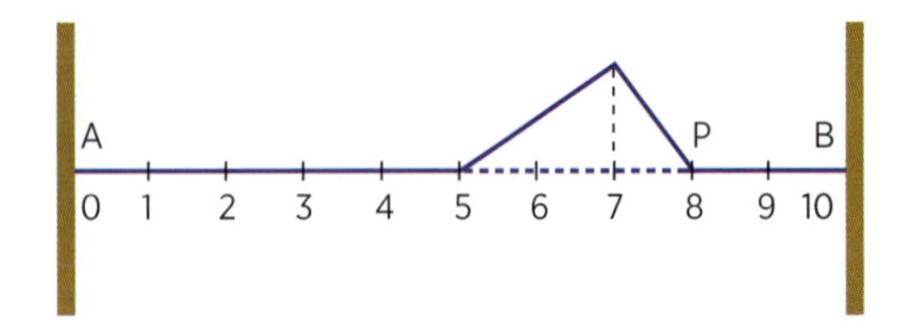

A3. Ondas planas propagam-se na superfície da água com velocidade igual a $\sqrt{2}$ m/s e são refletidas por uma parede plana vertical, onde incidem sob o ângulo de 45°. No instante t = 0, uma frente AB ocupa a posição indicada na figura.

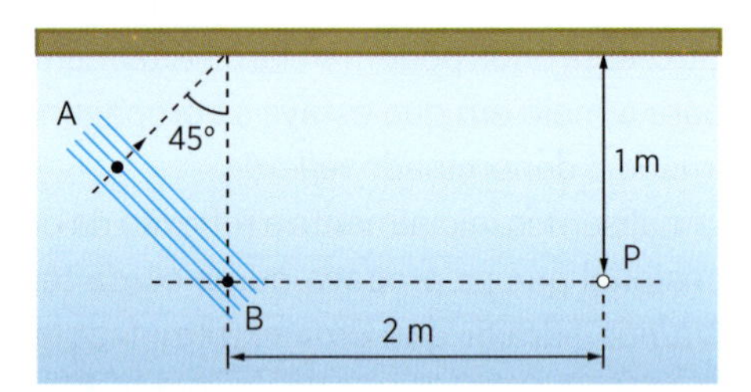

a) Depois de quanto tempo, a partir do instante t = 0, essa frente atingirá o ponto *P*, após ser refletida na parede?

b) Esboce a configuração dessa frente quando passa por *P*.

Considere sen 45° = cos 45° = $\frac{\sqrt{2}}{2}$.

A4. A figura indica uma onda circular que, num dado instante (t = 0), partiu de uma fonte *P* na superfície da água. Essa onda, cuja velocidade é igual a 0,5 m/s, reflete-se numa barreira situada a 50 cm da fonte. Desenhe o perfil dessa onda no instante t = 1,5 s.

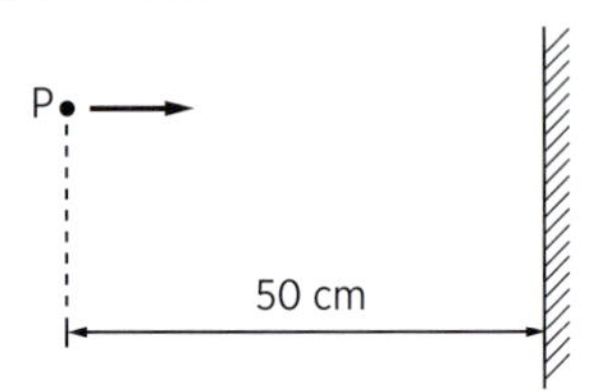

Verificação

V1. A figura representa um "pulso" produzido na extremidade *A* de uma corda tensa. Desenhe o "pulso" refletido na extremidade *B*, que pode movimentar-se livremente por estar presa a um anel que se movimenta ao longo de uma haste.

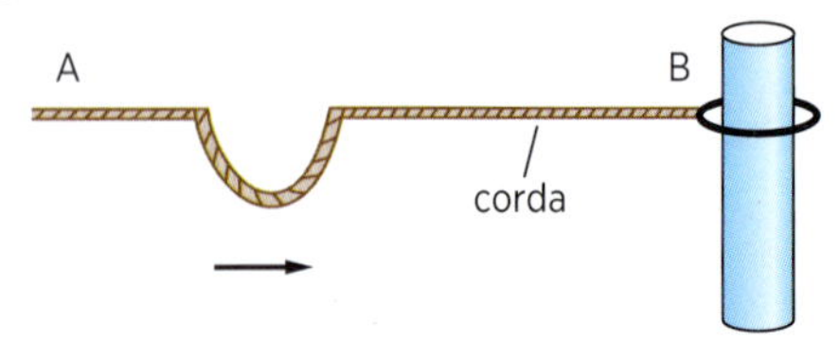

V2. O pulso triangular, representado na figura, movimenta-se para a direita, ao longo de uma corda tensa, fixa numa parede na extremidade *B*. A partir do instante representado na figura, a onda leva 2 s para atingir o ponto *B*.

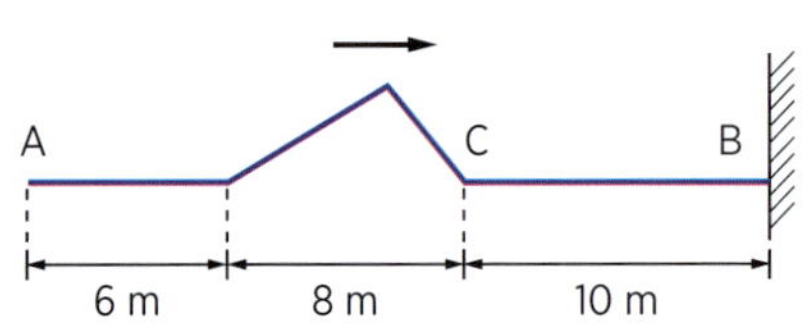

a) Determine a velocidade de propagação da onda.

b) Reproduza a figura em seu caderno e desenhe o perfil dessa onda 4 s após o instante considerado na figura.

V3. Uma onda cujo comprimento de onda é λ incide numa superfície refletora, como mostra a figura a seguir, onde estão indicadas as frentes de onda e o raio de onda.

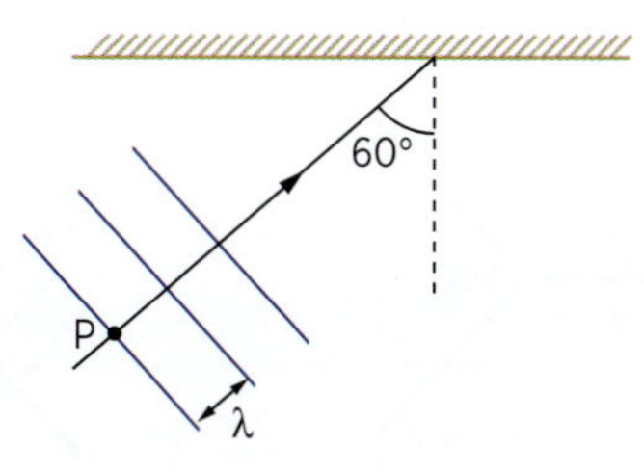

a) Reproduza a figura em seu caderno e desenhe as frentes de onda após a reflexão, mostrando se houve ou não alteração do comprimento de onda.

b) O que acontece com a frequência e a velocidade da onda após o fenômeno da reflexão?

c) Considerando a frente de onda à qual pertence o ponto *P*, que dista 10 m do ponto de incidência *I*, e sendo 3,0 m/s a velocidade da onda, determine a que distância do ponto de incidência *I* vai estar o ponto *P* da referida frente após 5,0 s.

V4. Uma pequena pedra, ao cair na superfície da água contida numa cuba, gera uma onda que se propaga com velocidade de 10 cm/s. O ponto *A*, onde a pedra atingiu a superfície da água, está a 1 m de uma barreira xy. Reproduza a figura em seu caderno e represente a onda em questão, 10 s após o impacto.

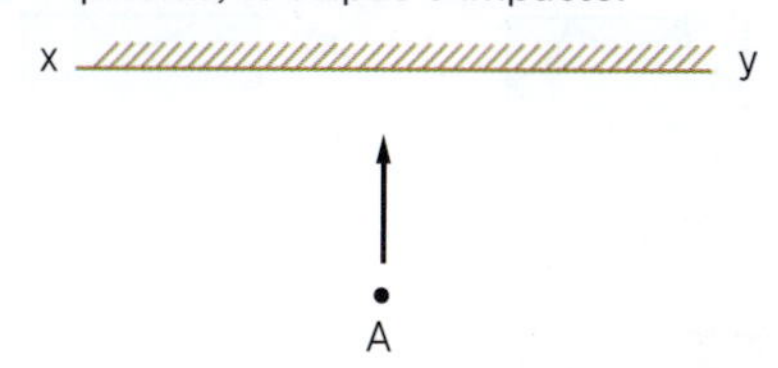

R1. (FEI-SP) As figuras representam dois pulsos que se propagam em duas cordas I e II. Uma das extremidades da corda I é fixa e uma das extremidades da corda II é livre.

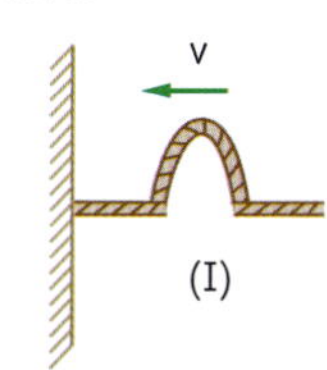

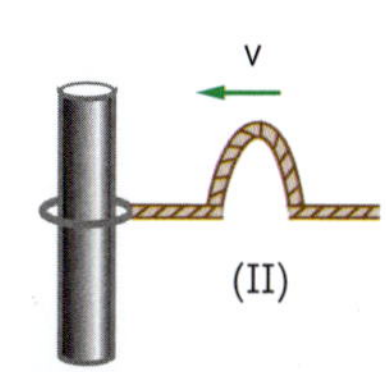

As formas dos pulsos refletidos em ambas as cordas são, respectivamente:

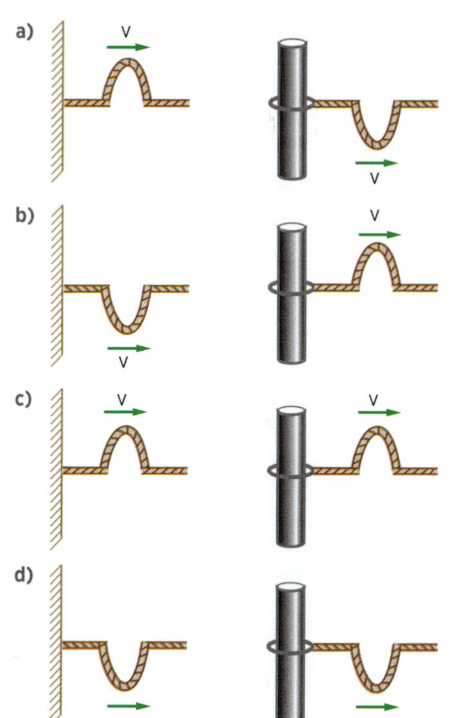

e) Não há reflexão na corda II.

R2. (FGV-SP) A figura mostra um pulso que se aproxima de uma parede rígida onde está fixada a corda.

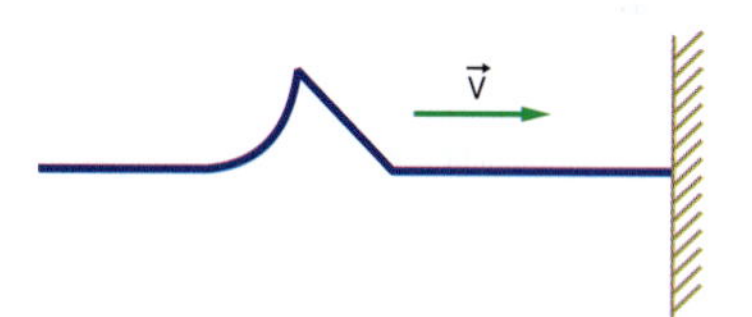

Supondo que a superfície reflita perfeitamente o pulso, deve-se esperar que no retorno, após uma reflexão, o pulso assuma a configuração indicada em:

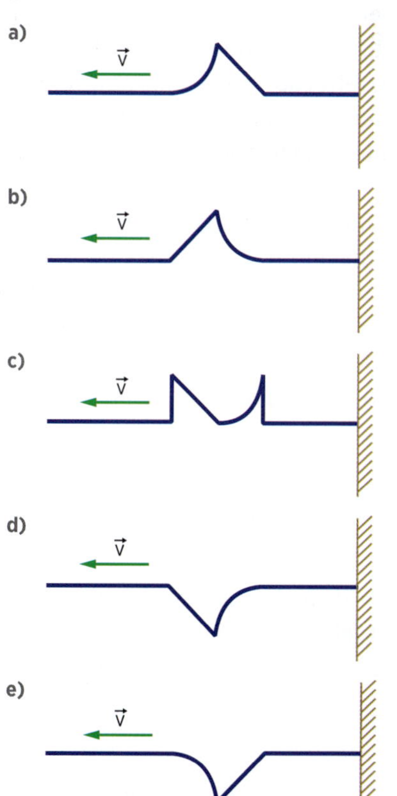

R3. (Fuvest-SP) Provoca-se uma perturbação no centro de um recipiente quadrado contendo líquido, produzindo-se uma frente de onda circular. O recipiente tem 2 m de lado e a velocidade da onda é de 1 m/s. Qual das figuras a seguir melhor representa a configuração da frente de onda, 1,2 segundo após a perturbação?

a)

d)

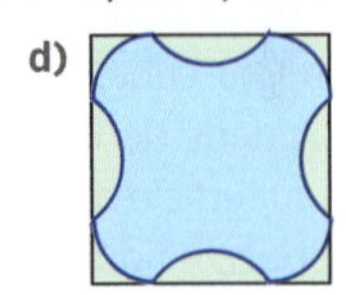

b)

e)

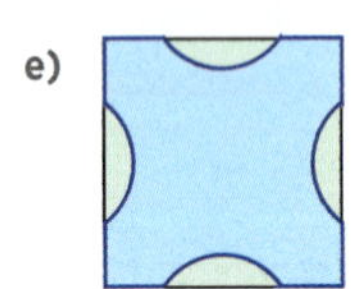

c)

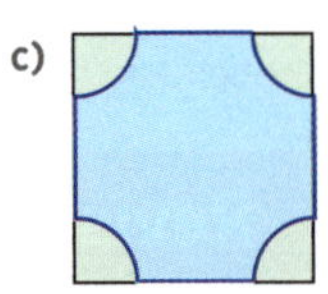

R4. (UF-MG) Observe a figura.

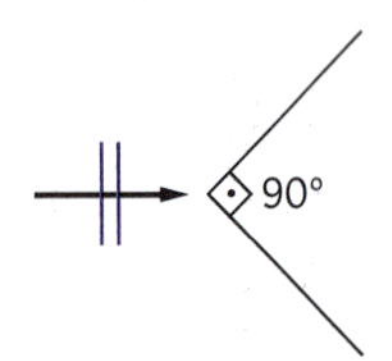

Essa figura representa uma onda plana que se propaga na superfície da água de uma piscina e incide sobre uma barreira.

A alternativa que melhor representa a propagação da onda, após ser refletida pela barreira, é:

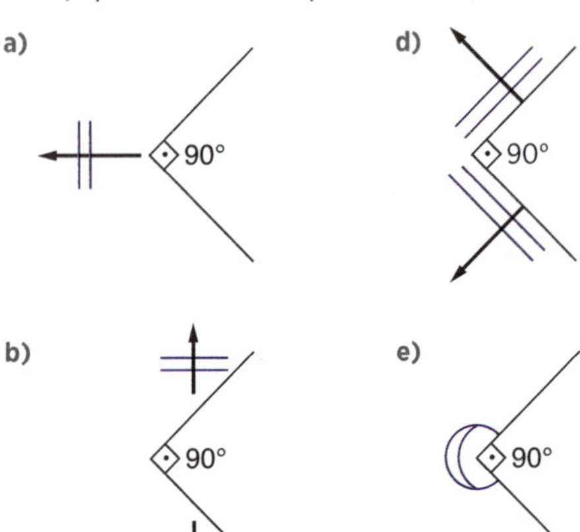

c)

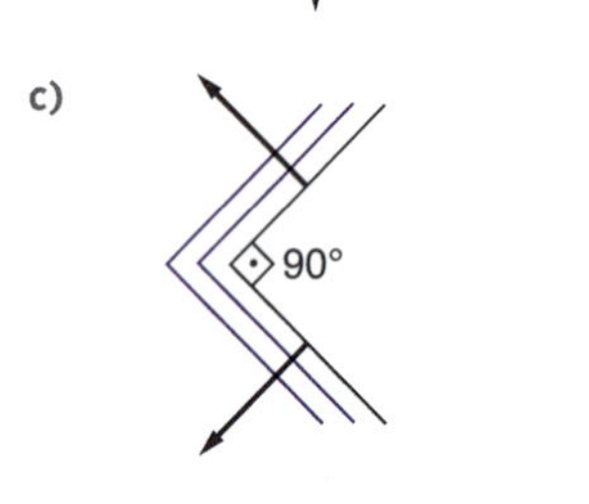

Refração de ondas

O fenômeno segundo o qual uma onda muda seu meio de propagação é denominado *refração*.

Havendo refração, modificam-se a velocidade de propagação da onda v e seu comprimento de onda λ. No entanto, a frequência f permanece constante.

Como é indicado na figura 4a, duas cordas, ① e ②, de mesmo material, mas de diferentes seções transversais, são ligadas, estando o conjunto submetido a uma força de tração F. Se uma onda for produzida na extremidade livre do conjunto (fig. 4b), ela se propagará com uma velocidade dada por:

$$v = \sqrt{\frac{F}{dS}}$$

onde d é a densidade do material da corda e S a área da seção transversal da corda. Como a corda ② tem maior área de seção transversal que a corda ①, a onda refratada tem velocidade menor que a onda incidente:

$$S_2 > S_1 \Rightarrow v_2 < v_1$$

Como a frequência não se modifica:

$$f = \frac{v_1}{\lambda_1} = \frac{v_2}{\lambda_2} = \text{constante}$$

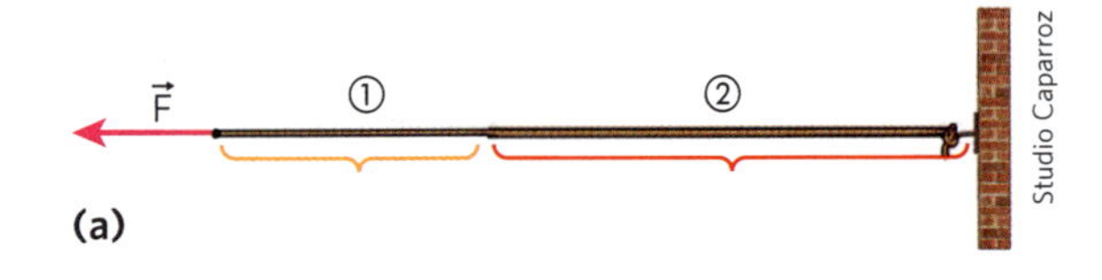

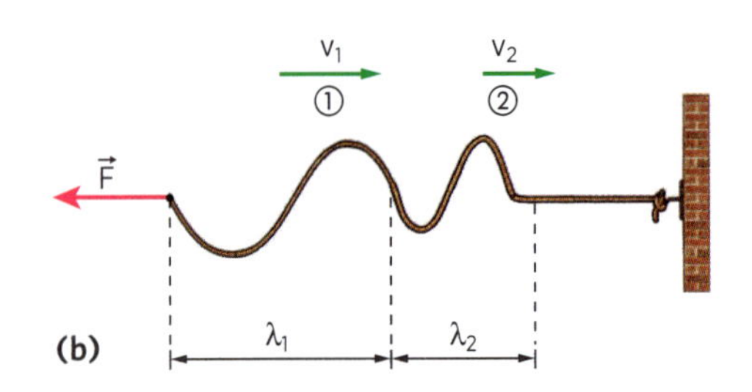

Figura 4

Portanto, a onda refratada tem menor comprimento de onda que a onda incidente:

$$\lambda_2 < \lambda_1$$

OBSERVE

Chama-se *densidade linear* (μ) da corda ao quociente da massa da corda pelo seu comprimento *L*: $\mu = \frac{m}{L}$.

Sendo *V* o volume da corda, dado por $V = S \cdot L$, vem: $d \cdot S = \frac{m}{V} \cdot S = \frac{m}{S \cdot L} \cdot S = \frac{m}{L} = \mu$

Nessas condições, a fórmula $v = \sqrt{\frac{F}{dS}}$ fica: $v = \sqrt{\frac{F}{\mu}}$

Na corda tensa, a onda é unidimensional e, portanto, a onda refratada tem a mesma direção da onda incidente.

No caso de ondas bi e tridimensionais, geralmente ocorre mudança de direção da onda ao ocorrer a refração. Na figura 5, representamos uma onda bi ou tridimensional (e os respectivos raios de onda), ao passar de um meio, ①, onde sua velocidade é v_1, para outro meio, ②, onde a velocidade é v_2, de modo que $v_2 < v_1$. Observe que há mudança de direção e o comprimento de onda (distância entre as frentes de onda) diminui.

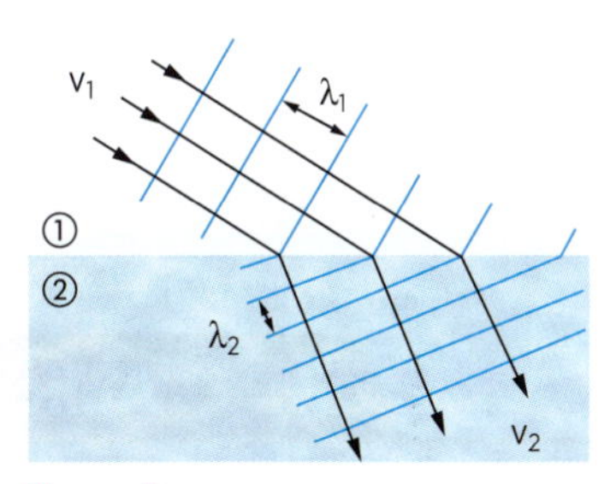

Figura 5

Consideremos uma frente de onda em dois instantes diferentes de sua propagação. No instante t_0, o ponto *A* dessa frente de onda atinge a superfície de separação entre os meios, enquanto um outro ponto (*B*) ainda não o fez (fig. 6a). No instante *t* posterior, esse outro ponto atinge a superfície (*B*'), enquanto o primeiro já está na posição *A*' dentro do meio ② (fig. 6b). Seja *i* o ângulo que a frente forma com a superfície de separação no meio ① (ângulo de incidência) e *r* o ângulo que a frente forma com a mesma superfície no meio ② (ângulo de refração).

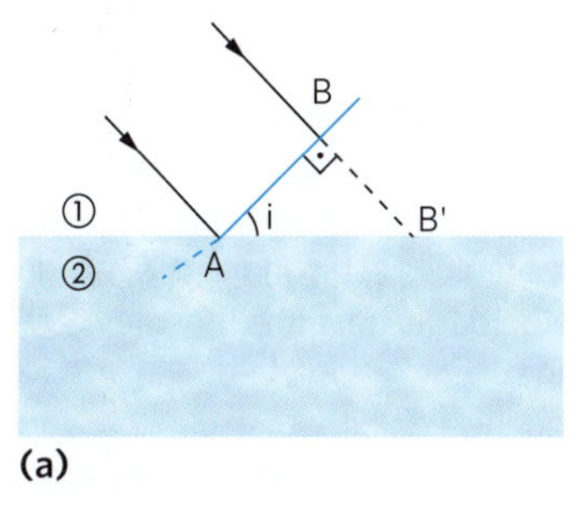

(a)

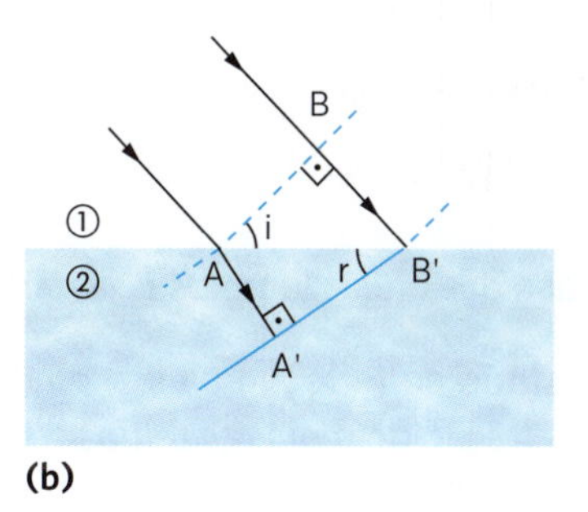

(b)

Figura 6

Observe que, no intervalo de tempo $\Delta t = t - t_0$, o ponto *B* percorre a distância $\overline{BB'}$ com velocidade v_1 no meio ①, enquanto o ponto *A* percorre a distância $\overline{AA'}$ com velocidade v_2 no meio ②. Como os movimentos são uniformes:

$$\overline{BB'} = v_1 \cdot \Delta t \quad e \quad \overline{AA'} = v_2 \cdot \Delta t$$

Nos triângulos retângulos ABB' e AA'B', temos:

$$\overline{AB'} \text{ sen } i = v_1 \Delta t \quad (I)$$
$$\overline{AB'} \text{ sen } r = v_2 \Delta t \quad (II)$$

Dividindo membro a membro (I) e (II):

$$\frac{\text{sen } i}{\text{sen } r} = \frac{v_1}{v_2}$$

Portanto, na refração, a relação entre os senos dos ângulos de incidência (*i*) e de refração (*r*) é igual à relação entre as velocidades. Considerando que a frequência da onda não se modifica, essa relação é também igual à relação entre os comprimentos da onda.

Realmente, como $v_1 = \lambda_1 f$ e $v_2 = \lambda_2 f$, vem:

$$\frac{\text{sen } i}{\text{sen } r} = \frac{\lambda_1 f}{\lambda_2 f} \Rightarrow \frac{\text{sen } i}{\text{sen } r} = \frac{\lambda_1}{\lambda_2}$$

Observe que o ângulo de incidência *i* corresponde ao ângulo que o raio de onda incidente forma com a normal à superfície no ponto de incidência, e o ângulo de refração *r* corresponde ao ângulo que o raio de onda refratada forma com essa mesma normal (fig. 7).

Se a incidência for perpendicular, não há mudança de direção. No entanto, há variação de velocidade e de comprimento de onda. Na figura 8, admitiu-se que $v_1 > v_2$ e, portanto, $\lambda_1 > \lambda_2$. Nesse caso, são nulos os ângulos de incidência e de refração: $i = 0°$ e $r = 0°$.

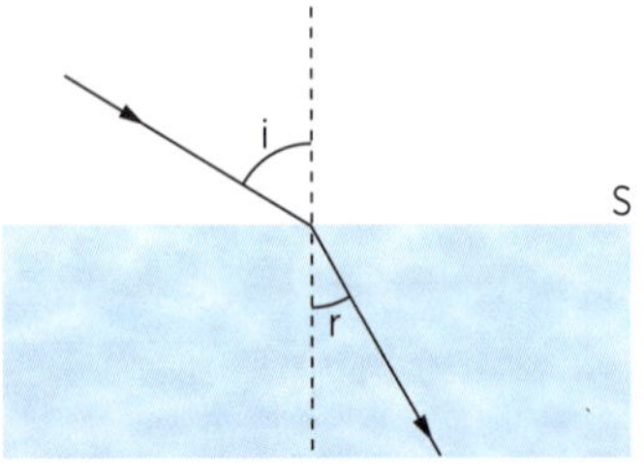

Figura 7

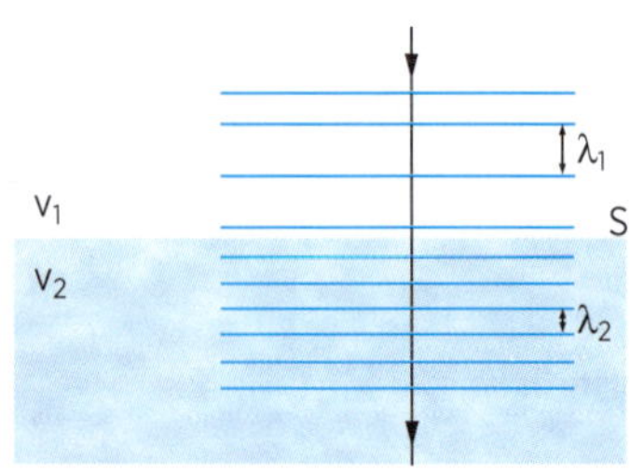

Figura 8

OBSERVE

No caso das ondas luminosas, a partir da fórmula $\frac{\text{sen } i}{\text{sen } r} = \frac{v_1}{v_2}$, podemos chegar à Lei de Snell-Descartes, vista no estudo da refração da luz, em Óptica. Realmente, sendo n_1 o índice de refração do meio ① e n_2 o índice de refração do meio ②, temos:

$$n_1 = \frac{c}{v_1} \Rightarrow v_1 = \frac{c}{n_1} \text{ e } n_2 = \frac{c}{v_2} \Rightarrow v_2 = \frac{c}{n_2}$$

Na fórmula anterior:

$$\frac{\text{sen } i}{\text{sen } r} = \frac{\frac{c}{n_1}}{\frac{c}{n_2}} \Rightarrow \frac{\text{sen } i}{\text{sen } r} = \frac{n_2}{n_1}$$

Logo: $n_1 \cdot \text{sen } i = n_2 \cdot \text{sen } r$

Aplicação

A5. Um fio de aço é esticado por uma força de intensidade 288 N. O fio tem seção constante de área $2{,}5 \cdot 10^{-4}$ m² e a densidade do aço é $8{,}0 \cdot 10^3$ kg/m³. Determine a velocidade com que uma onda transversal se propaga ao longo dessa corda.

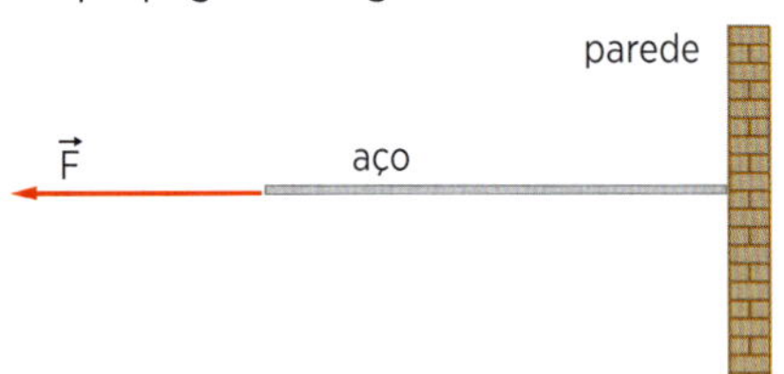

A6. Considerando as duas cordas esquematizadas na figura, verifica-se que a velocidade da onda na corda 2 é um terço da que apresenta na corda 1.

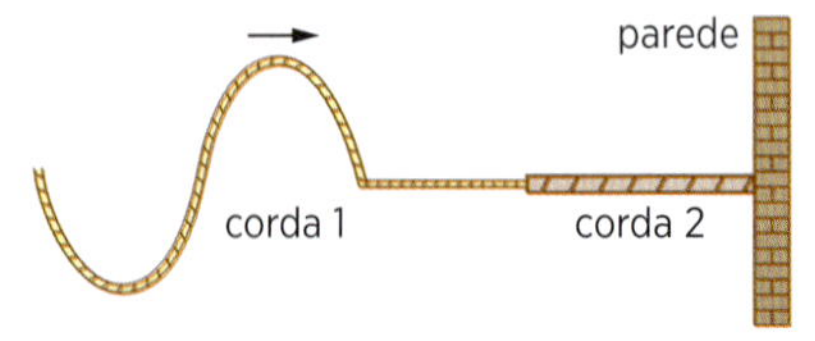

Considerando que a onda tem frequência igual a 30 Hz e comprimento de onda igual a 0,30 m, quando se propaga na corda 1, determine:

a) a velocidade de propagação da onda nas cordas 1 e 2;

b) a frequência da onda na corda 2;

c) o comprimento de onda na corda 2.

A7. Uma onda periódica propaga-se na superfície de um líquido, como é mostrado na figura.

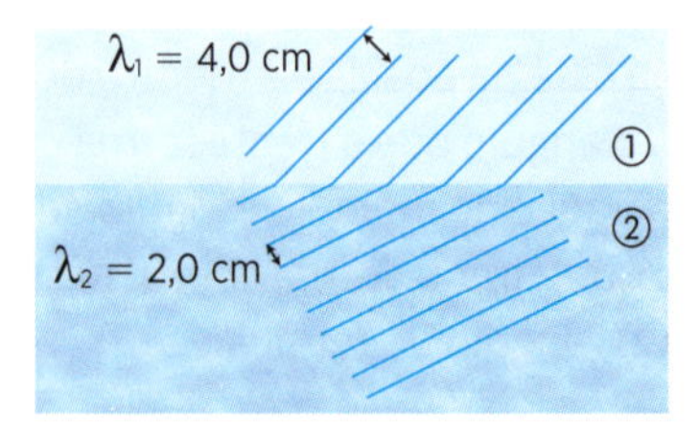

① e ② são regiões de diferentes profundidades e onde, em consequência, a onda apresenta diferentes velocidades. Os comprimentos de onda λ_1 e λ_2 nas diferentes regiões estão indicados na figura.
Se a velocidade da onda no meio ① é 36 cm/s, determine:

a) a frequência da onda;

b) a velocidade de propagação na região ②.

A8. A figura ao lado representa uma onda de frequência 120 Hz e comprimento de onda 2,0 cm, num meio ①, passando para um meio ②.

Sendo dado que sen 30° $= \frac{1}{2}$ e sen 45° $= \frac{\sqrt{2}}{2}$, determine:

a) a velocidade da onda no meio ①;
b) a velocidade da onda no meio ②;
c) o comprimento de onda no meio ②.

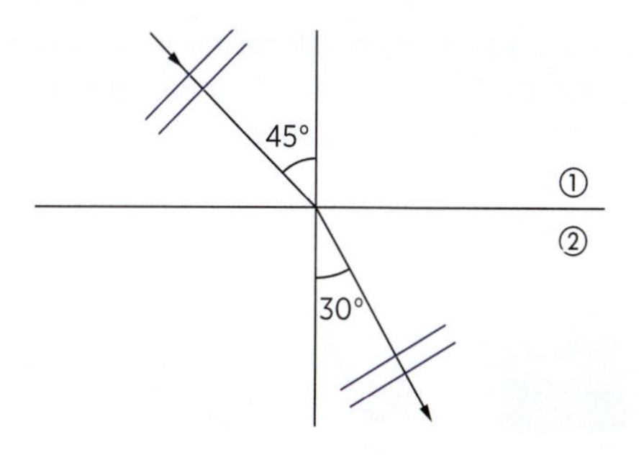

V5. Uma corda tem seção transversal igual a 0,02 m^2 e a densidade do material de que é feita é igual a $2{,}5 \cdot 10^3$ kg/m^3.
Determine com que velocidade se propagam ondas transversais nessa corda quando ela é submetida a uma força de tração de intensidade 450 N.

V6. Uma onda tem sua velocidade quadruplicada ao passar da corda 1 para a corda 2, como se representa na figura. Se a frequência da onda na corda 1 é 50 Hz, determine:

a) a velocidade de propagação dessa onda nas cordas 1 e 2;
b) a frequência da onda na corda 2;
c) o comprimento de onda na corda 2.

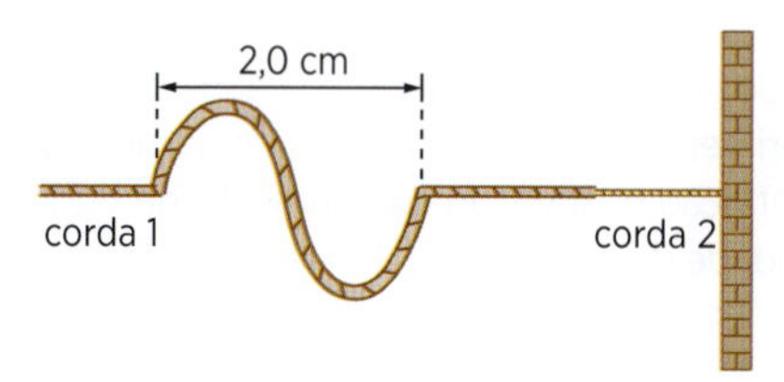

V7. Ondas que se propagam na superfície da água sofrem refração, como indica a figura a seguir.

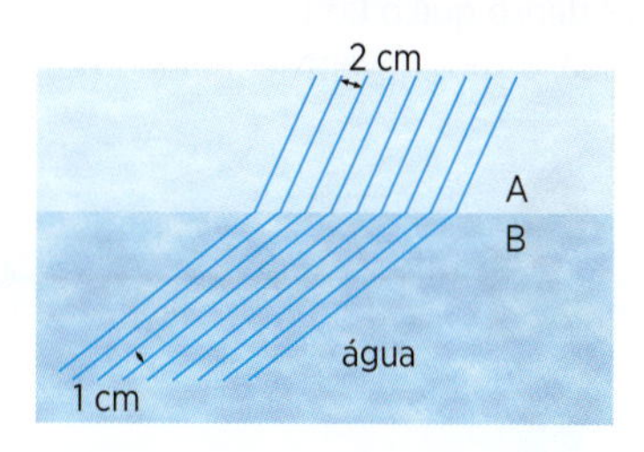

O comprimento de onda antes e depois do fenômeno está indicado. Se a frequência dessas ondas é 5 Hz, determine a velocidade de propagação nos dois meios.

V8. Ondas que se propagam num meio ① atingem a superfície que separa esse meio do meio ② e se refratam, como mostra a figura. Os ângulos α e β são tais que $\frac{\text{sen } \alpha}{\text{sen } \beta} = 0{,}8$. A frequência da onda é 100 Hz e no meio ② sua velocidade é 250 m/s. Determine:

a) a velocidade da onda no meio ①;
b) o comprimento de onda no meio ①;
c) o comprimento de onda no meio ②.

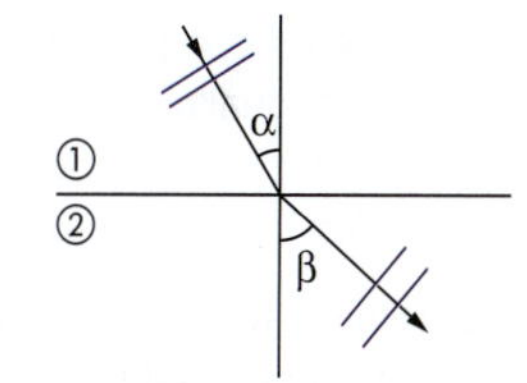

R5. (U. F. Uberlândia-MG) Sabe-se que a velocidade *v* de propagação de uma onda em uma corda é dada por $v = \sqrt{\frac{F}{\mu}}$, em que *F* é a tensão na corda e μ, a densidade linear de massa da corda (massa por unidade de comprimento).
Uma corda grossa tem uma das suas extremidades unida à extremidade de uma corda fina. A outra extremidade da corda fina está amarrada a uma árvore. Clara segura a extremidade livre da corda grossa, como mostrado nesta figura:

Lettera Studio

Fazendo oscilar a extremidade da corda quatro vezes por segundo, Clara produz uma onda que se propaga em direção à corda fina. Na sua brincadeira, ela mantém constante a tensão na corda. A densidade linear da corda grossa é quatro vezes maior que a da corda fina. Considere que as duas cordas são muito longas.
Com base nessas informações:

a) determine a razão entre as frequências das ondas nas duas cordas e justifique sua resposta;
b) determine a razão entre os comprimentos de onda das ondas nas duas cordas.

R6. (UC-GO) A figura mostra o esquema composto por uma fonte de vibração ligada a duas cordas conectadas e tracionadas, uma corda PQ com densidade linear μ_1 e a uma corda QR com densidade linear $\mu_2 > \mu_1$. Uma onda senoidal se propaga a partir da fonte com velocidade $v_1 = 15$ m/s e comprimento de onda $\lambda_1 = 1{,}5$ m na corda PQ. A onda continua a se propagar com uma velocidade $v_2 = 6$ m/s na corda QR. Qual a frequência de vibração da fonte e o comprimento de onda na corda QR?

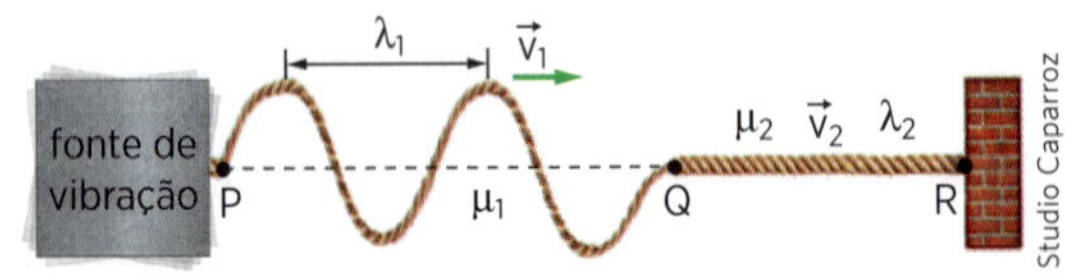

R7. (UEA-AM) Como não dispunham de muito barbante, para montar seu telefone de latinhas, duas crianças precisaram emendar dois fios diferentes, sendo o fio 2 mais denso que o fio 1. Nessa brincadeira, durante a conversa, os fios devem ser mantidos esticados.

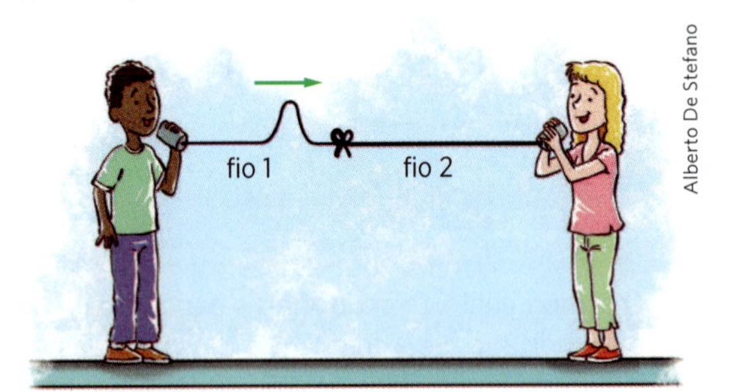

Antes de começarem a conversar, quando os fios estavam esticados, uma delas provocou uma perturbação no fio 1, produzindo um pulso transversal que se propagou por ele com velocidade v_1. Considerando que quando o pulso refratou para o fio 2, se propagou por ele com velocidade v_2 e que $v_1 = 1{,}5 \cdot v_2$, a razão $\frac{\lambda_1}{\lambda_2}$ entre os comprimentos de onda dos pulsos nos fios 1 e 2 é igual a:

a) 2,0
b) 3,5
c) 1,5
d) 2,5
e) 3,0

R8. (Unirio-RJ) Um vibrador produz ondas planas na superfície de um líquido com frequência f = 10 Hz e comprimento de onda $\lambda = 28$ cm. Ao passarem do meio I para o meio II, como mostra a figura, foi verificada uma mudança na direção de propagação das ondas.

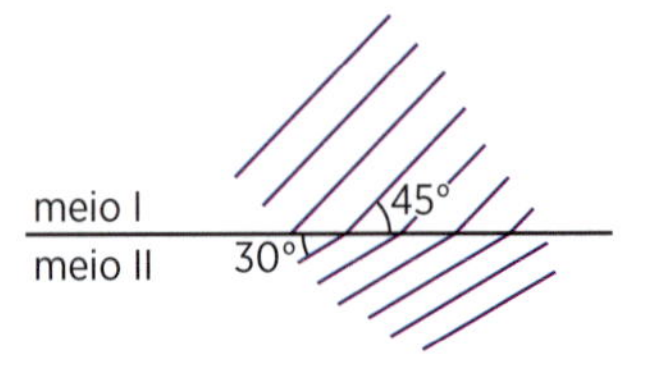

No meio II os valores da frequência e do comprimento de onda serão, respectivamente, iguais a:

a) 10 Hz; 14 cm
b) 10 Hz; 20 cm
c) 10 Hz; 25 cm
d) 15 Hz; 14 cm
e) 15 Hz; 25 cm

Dados: sen 30° = cos 60° = 0,5; sen 60° = cos 30° = $= \frac{\sqrt{3}}{2}$; sen 45° = cos 45° = $\frac{\sqrt{2}}{2}$ e $\sqrt{2} = 1{,}4$.

R9. (UF-PB)

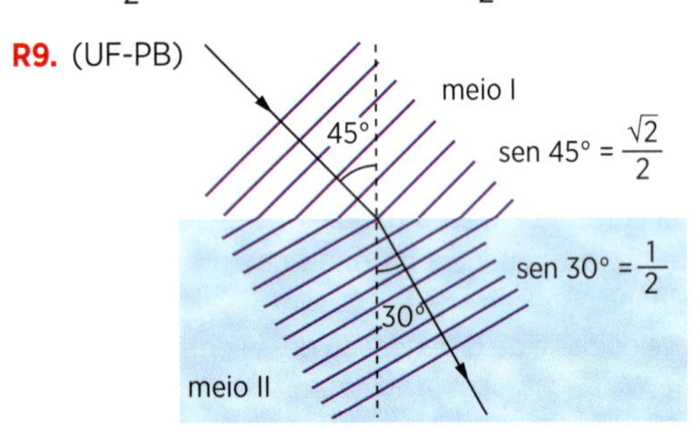

Uma onda plana atravessa a superfície de separação entre dois meios, como se mostra na figura. Sabe-se que no meio I a frequência da onda é 10 Hz e seu comprimento de onda é 28 cm. Os valores do índice de refração relativo, do comprimento de onda e da velocidade de propagação no meio II são, respectivamente:

a) 1,4; 14 cm; 140 cm/s
b) 1,4; 20 cm; 200 cm/s
c) 1,4; 20 cm; 140 cm/s
d) 2,8; 14 cm; 200 cm/s
e) 2,8; 20 cm; 200 cm/s

Dado: $\sqrt{2} = 1{,}4$.

Interferência

Suponhamos que duas ondas sejam produzidas numa corda tensa, uma gerada numa extremidade e a outra na extremidade oposta. Seja d_1 o deslocamento que a primeira determina nos pontos da corda e d_2 o deslocamento produzido pela segunda onda nesses pontos (figs. 9a e 10a).

Seja *P* o ponto da corda atingido simultaneamente pelas duas ondas. A superposição das duas ondas nesse ponto constitui o fenômeno denominado *interferência* e obedece ao seguinte princípio:

No ponto em que ocorre a superposição de duas ou mais ondas, o efeito resultante é a soma dos efeitos que cada onda produziria sozinha nesse ponto.

Assim, o deslocamento resultante *d* no ponto *P* é a soma algébrica dos deslocamentos individuais d_1 e d_2 que as ondas produziriam isoladamente:

$$d = d_1 + d_2$$

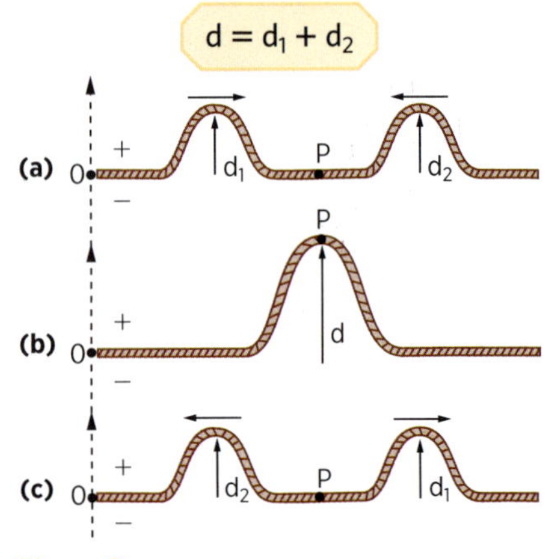

Figura 9

Observe que, quando as duas ondas produzem deslocamentos no mesmo sentido (fig. 9b), há um reforço no efeito produzido pelas ondas. Dizemos então que ocorreu uma *interferência construtiva*.

No caso de as ondas produzirem deslocamento em sentidos opostos (fig. 10b), ocorre um enfraquecimento do efeito produzido pelas ondas,

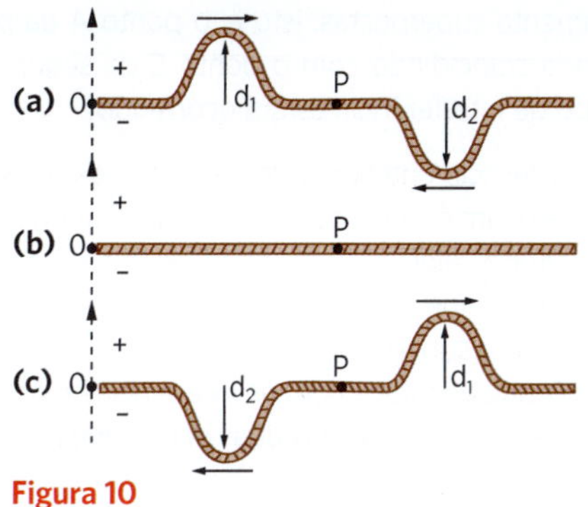

Figura 10

podendo haver uma completa aniquilação dos efeitos se os módulos dos deslocamentos forem iguais ($|d_1| = |d_2|$). Falamos então em *interferência destrutiva*.

É importante salientar que, após a superposição, cada onda continua sua propagação através do meio, como se nada tivesse acontecido. Portanto, o fenômeno de interferência é local, só modificando as características do meio nos pontos atingidos pelas perturbações. Esse fato costuma ser designado como *Princípio da Independência das Ondas*.

Quando a interferência ocorre com as ondas luminosas, os pontos onde a interferência é construtiva aparecem brilhantes e os pontos onde a interferência é destrutiva aparecem escuros. A interferência construtiva ou destrutiva com ondas sonoras é evidenciada por um aumento ou uma diminuição, respectivamente, da intensidade do som ouvido.

Aplicação

A9. Duas ondas propagam-se ao longo de um fio homogêneo, como se indica na figura abaixo. Quando as ondas estiverem exatamente superpostas, qual será a amplitude da "onda" resultante no ponto *P*?

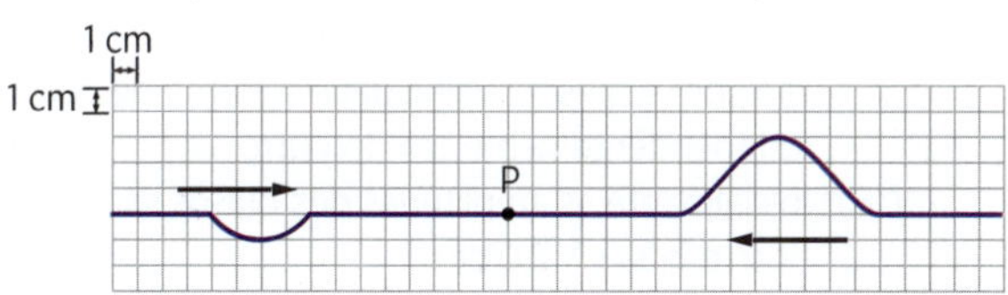

A10. As ondas representadas na figura propagam-se ao longo de uma corda tensa, com velocidade 5 m/s e apresentando as amplitudes indicadas.

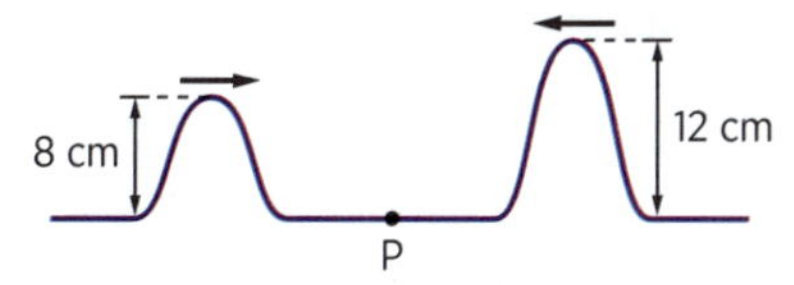

a) Qual a amplitude da "onda" resultante no ponto *P*?

b) Qual a velocidade das ondas após a superposição?

c) Faça um esquema da "onda" resultante no ponto *P*.

A11. A figura representa duas ondas unidimensionais de mesma frequência, mesma amplitude e mesmo comprimento de onda, propagando-se em sentidos opostos num mesmo meio.

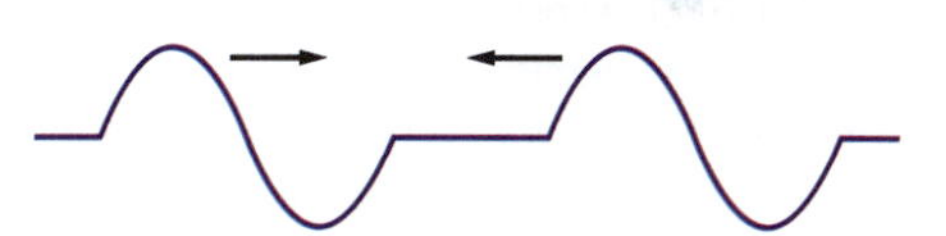

Sendo a amplitude de cada onda a = 2,0 cm, quando ambas estiverem exatamente superpostas, isto é, crista com crista e depressão com depressão, que tipo de interferência estará ocorrendo e qual o aspecto da figura de interferência resultante?

A12. As ondas ① e ② representadas na figura propagam-se ao longo de uma corda tensa com velocidade v_1 e v_2 em sentidos opostos. A frequência da onda ① é 20 Hz e o comprimento da onda ② é 2,0 m. As amplitudes são iguais: $a_1 = a_2 = 4{,}0$ cm.

a) Faça um esquema mostrando a figura de interferência quando as ondas estiverem exatamente superpostas de modo que o ponto *A* da onda ① coincida com o ponto *B* da onda ②.

b) Determine as velocidades v_1 e v_2 das duas ondas antes e depois da superposição.

c) Determine a frequência da onda ② e o comprimento da onda ① após a superposição.

Verificação

V9. As ondas indicadas têm a mesma amplitude e se propagam num mesmo meio, com velocidade de 10 m/s. No ponto *P* elas se superpõem. Determine a amplitude da "onda" resultante no ponto *P* e a velocidade das ondas após a superposição.

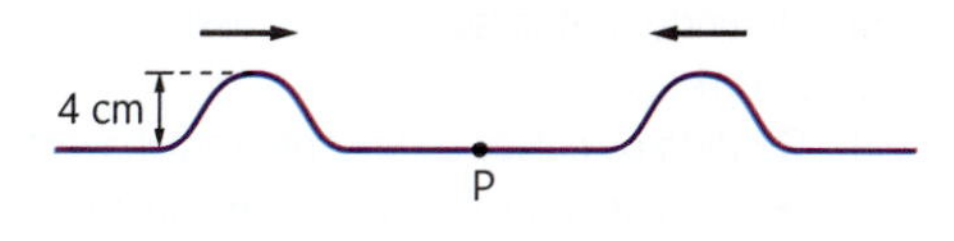

V10. A figura representa duas ondas que se propagam num mesmo meio com velocidade 4 m/s e apresentando as amplitudes indicadas.

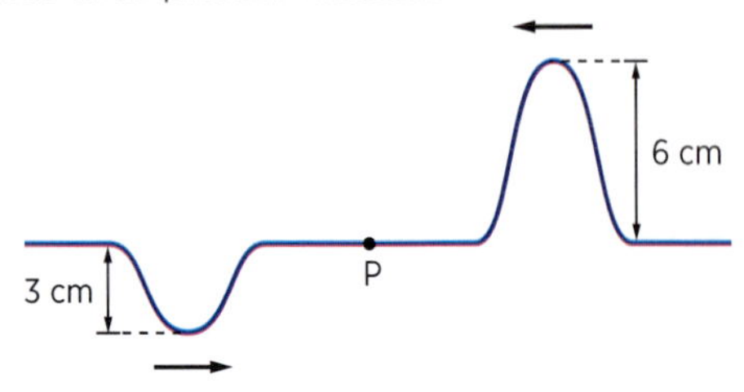

a) Faça um esquema representando a "onda" resultante quando essas ondas se superpõem no ponto *P*.
b) Determine a amplitude da "onda" resultante.
c) Qual a velocidade das ondas após a superposição?
d) Qual a amplitude de cada uma das ondas após a superposição em *P*?

V11. Duas ondas periódicas unidimensionais propagam-se em sentidos opostos ao longo de um mesmo meio, apresentando a mesma frequência, o mesmo comprimento de onda e a mesma amplitude (a = 8 cm).

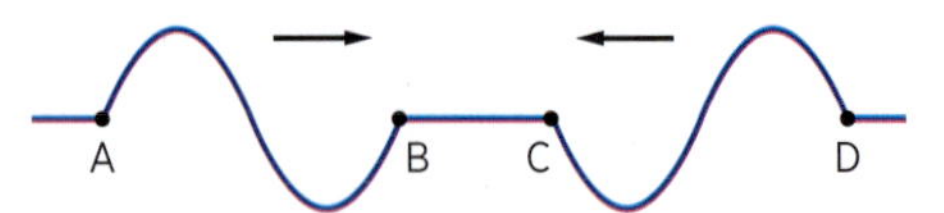

Analise as características da figura de interferência que se estabelece quando as duas ondas estão exatamente superpostas, isto é, o ponto *A* da primeira onda coincidindo com o ponto *C* da segunda. Que tipo de interferência estará ocorrendo?

V12. No exercício anterior, a velocidade das ondas que se superpõem é, antes da superposição, igual a 5 m/s.
a) Qual a velocidade das ondas após a superposição?
b) Determine a amplitude de cada uma das ondas após a superposição.
c) O que acontece com as frequências e os comprimentos de onda das duas ondas após a superposição?

Revisão

R10. (UF-MG) Duas pessoas esticam uma corda, puxando por suas extremidades, e cada uma envia um pulso na direção da outra. Os pulsos têm o mesmo formato, mas estão invertidos como mostra a figura. Pode-se afirmar que os pulsos:
a) passarão um pelo outro, cada qual chegando à outra extremidade.
b) se destruirão, de modo que nenhum deles chegará às extremidades.
c) serão refletidos, ao se encontrarem, cada um mantendo-se no mesmo lado em que estava com relação à horizontal.
d) serão refletidos ao se encontrarem, porém invertendo seus lados com relação à horizontal.

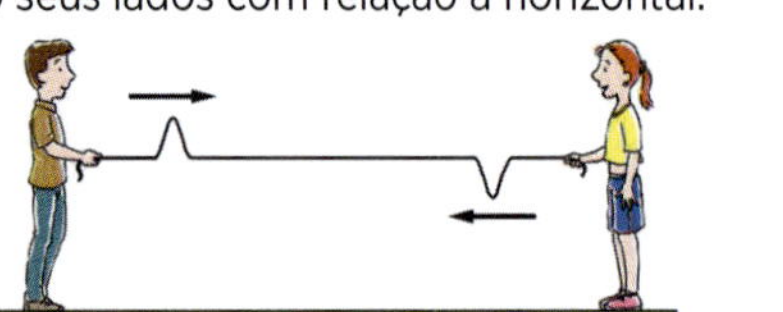

Alberto De Stefano

R11. (UF-SC) A figura representa dois pulsos de onda, inicialmente separados por 6,0 cm, propagando-se em um meio com velocidades iguais a 2,0 cm/s, em sentidos opostos.

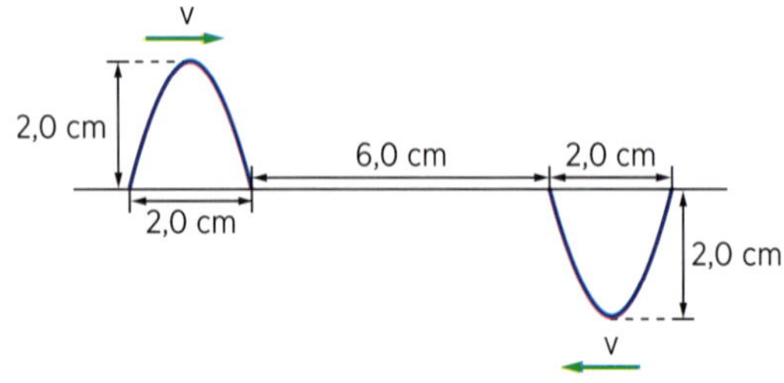

Considerando a situação descrita, assinale as proposições *corretas*:
(01) Quando os pulsos se encontrarem, haverá interferência de um sobre o outro e não mais haverá propagação dos mesmos.
(02) Decorridos 2,0 segundos, haverá sobreposição dos pulsos e a amplitude será máxima nesse instante e igual a 2,0 cm.
(04) Decorridos 2,0 segundos, haverá sobreposição dos pulsos e a amplitude será nula nesse instante.
(08) Decorridos 8,0 segundos, os pulsos continuarão com a mesma velocidade e forma de onda, independentemente um do outro.
(16) Inicialmente as amplitudes dos pulsos são idênticas e iguais a 2,0 cm.

Dê como resposta a soma dos números que precedem as proposições corretas.

R12. (U. F. São Carlos-SP) A figura mostra dois pulsos numa corda tensionada no instante t = 0 s, propagando-se com velocidade de 2 m/s em sentidos opostos:

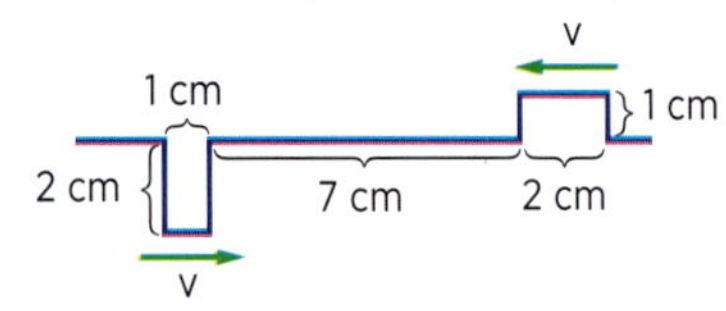

A configuração da corda no instante t = 20 ms é:

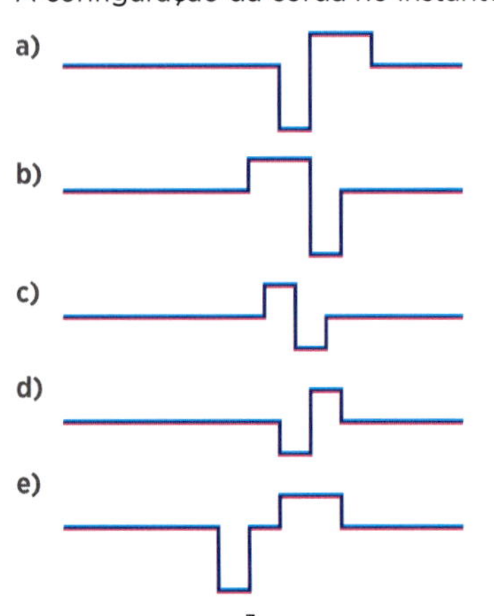

Dado: 1 ms = 10^{-3} s.

R13. (Unesp-SP) A figura mostra um fenômeno ondulatório produzido em um dispositivo de demonstração chamado tanque de ondas que, neste caso, são geradas por dois martelinhos que batem simultaneamente na superfície da água 360 vezes por minuto. Sabe-se que a distância entre os dois círculos consecutivos das ondas geradas é 3,0 cm.

Pode-se afirmar que o fenômeno produzido é a:

a) interferência entre duas ondas circulares que se propagam com velocidade de 18 cm/s.
b) interferência entre duas ondas circulares que se propagam com velocidade de 9,0 cm/s.
c) interferência entre duas ondas circulares que se propagam com velocidade de 2,0 cm/s.
d) difração de ondas circulares que se propagam com velocidade de 18 cm/s.
e) difração de ondas circulares que se propagam com velocidade de 2,0 cm/s.

Richard Megna/Fundamental Photographs

Ondas estacionárias

Quando ocorre a interferência de duas ondas *de mesma frequência e mesma amplitude*, que se propagam ao longo de uma mesma direção, mas em *sentidos opostos*, individualizam-se as denominadas *ondas estacionárias*, que constituem a figura de interferência resultante dessa superposição.

Essa condição pode ser obtida quando, numa corda tensa, ocorre a superposição das ondas periódicas produzidas numa das extremidades com as ondas refletidas na extremidade fixa. Na figura 11, representamos separadas as ondas incidentes (*a*) e as ondas refletidas (*b*), *num mesmo trecho da corda*, em instantes sucessivos $t_1 = 0$, $t_2 = \frac{T}{4}$, $t_3 = \frac{2T}{4}$ e $t_4 = \frac{3T}{4}$, sendo *T* o período das ondas interferentes. A seguir, é representada a situação final no mesmo trecho de corda e nos mesmos instantes (fig. 11c).

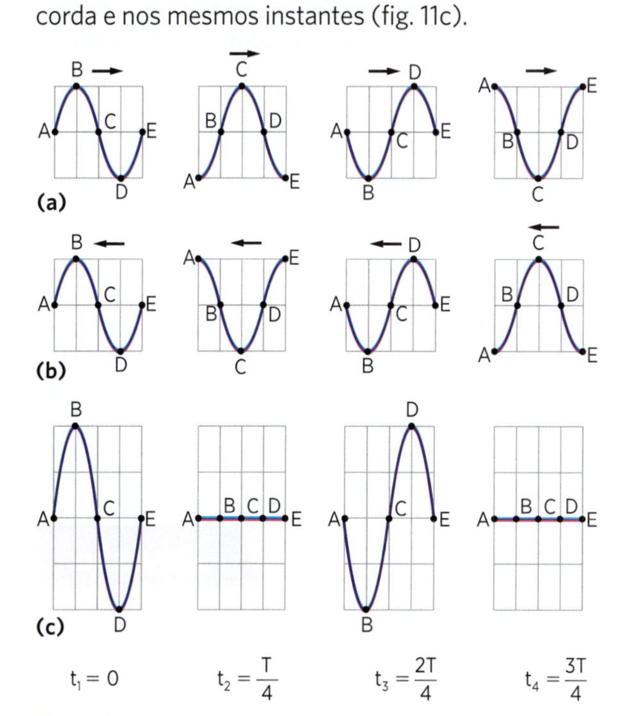

Figura 11

Observe que, em qualquer instante considerado, alguns pontos da corda (*A*, *C* e *E*) têm sempre amplitude nula, o que significa que permanecem em repouso. Tais pontos constituem os *nós* ou *nodos* da onda estacionária individualizada. Por outro lado, os pontos *B* e *D* realizam MHS com máxima amplitude (2a, sendo *a* a amplitude de cada onda). Esses pontos constituem os *ventres* da onda estacionária. Os demais pontos da corda realizam MHS com amplitude menor que 2a. A frequência desses MHS é igual à das ondas que se superpõem.

O movimento harmônico simples dos pontos da corda é relativamente rápido. Por isso, em virtude da "persistência retiniana", as várias imagens mostradas na figura 11c se superpõem em nossa retina, originando a visualização do aspecto apresentado na figura 12a. Por isso, é costume usar a representação da figura 12b para caracterizar uma onda estacionária.

A distância entre dois nós consecutivos (entre *A* e *C* ou entre *C* e *E*, na figura 12b) equivale a meio comprimento de onda $\left(\frac{\lambda}{2}\right)$ das ondas que interferem. Igualmente, a distância entre dois ventres consecutivos (entre *B* e *D*, na figura 12b) é igual a meio comprimento de onda $\left(\frac{\lambda}{2}\right)$.

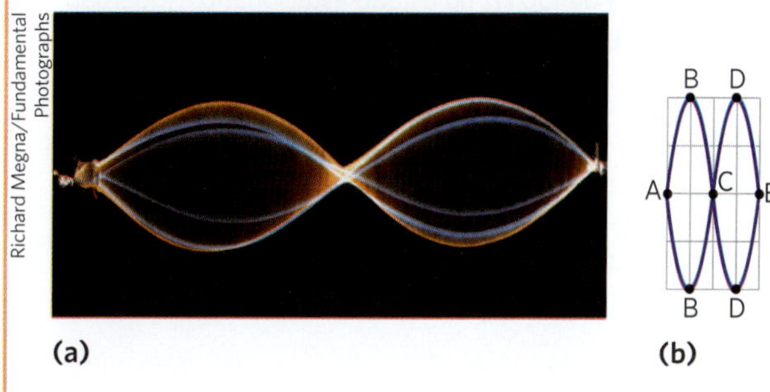

Figura 12

Em instrumentos musicais, são produzidas ondas estacionárias em cordas tensas (cordas sonoras) e em colunas de ar (tubos sonoros), como estudaremos adiante.

A13. As ondas incidentes e refletidas, que se superpõem numa corda tensa, apresentam comprimento de onda igual a 4,0 cm e amplitude igual a 1,0 cm. Qual a amplitude das ondas estacionárias resultantes e qual a distância entre um ventre e um nó consecutivos?

A14. A velocidade das ondas que se propagam numa corda tensa é 20 m/s. Na corda formam-se ondas estacionárias, nas quais os nós consecutivos ficam distanciados 4,0 cm, e sua amplitude vale 5,0 cm. Determine:

a) o comprimento de onda das ondas que se superpõem;

b) a frequência das ondas que se superpõem;

c) a amplitude das ondas que se superpõem.

A15. A figura a seguir representa o perfil de uma onda estacionária. Determine:

a) o comprimento de onda das ondas que se superpõem originando a situação esquematizada;

b) a frequência das ondas que se superpõem, sabendo que sua velocidade de propagação é 10 m/s.

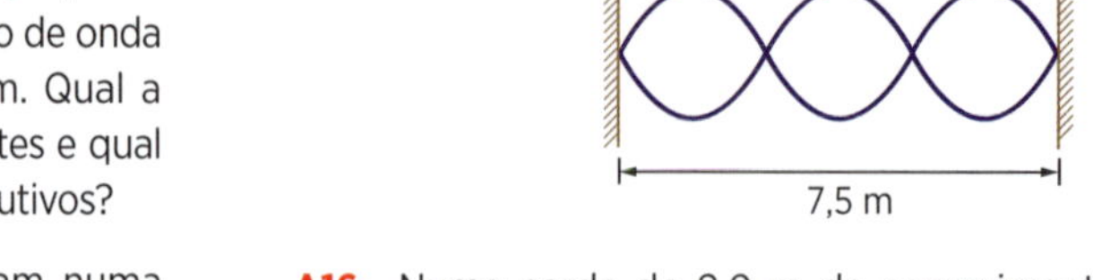

A16. Numa corda de 8,0 m de comprimento, estabelecem-se ondas estacionárias, sendo possível verificar a formação, ao todo, de cinco ventres e seis nós. A amplitude das ondas estacionárias é de 2,0 m. Nessa corda, as ondas apresentam velocidade de 6,4 m/s. Para as ondas que se superpõem e dão origem às ondas estacionárias, calcule:

a) a amplitude;

b) o comprimento de onda;

c) a frequência.

A17. Uma corda de comprimento L = 1,5 m com extremos fixos é posta a vibrar com frequência de 60 Hz. Formam-se ondas estacionárias com 3 ventres. Determine a velocidade de propagação das ondas na corda.

V13. A figura representa o estado estacionário numa corda tensa, onde as ondas se propagam com velocidade igual a 10 m/s. Determine, para as ondas que se superpõem:

a) a amplitude;

b) o comprimento de onda;

c) a frequência.

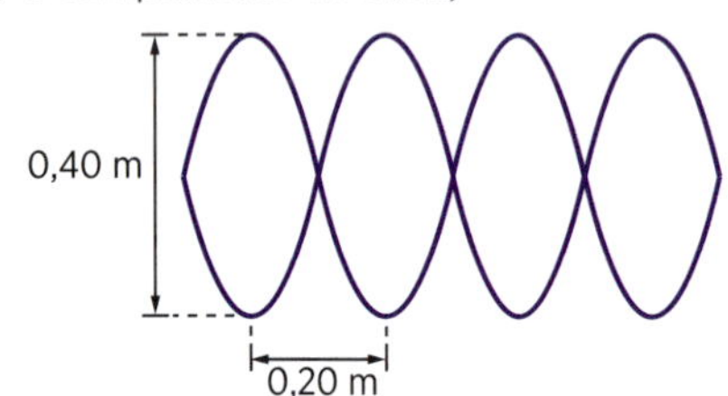

V14. Uma corda de comprimento L = 1,2 m vibra com frequência de 150 Hz no estado estacionário esquematizado abaixo.

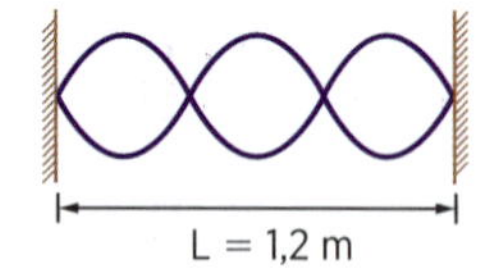

Determine:

a) o comprimento de onda das ondas que se superpõem;

b) a velocidade de propagação das ondas na corda.

V15. Ao longo de uma corda tensa formam-se ondas estacionárias, sendo possível reconhecer cinco ventres. Sendo o comprimento da corda 2,0 m, determine o comprimento de onda das ondas que se superpuseram.

V16. Considerando a situação do exercício anterior, determine a frequência das ondas, sabendo que na corda as ondas se propagam com a velocidade de 5,0 m/s.

V17. Uma corda tensa com extremos fixos tem comprimento de 4,0 m. Ao vibrar com frequência de 100 Hz, estabelecem-se ondas estacionárias com 5 ventres. Determine a velocidade de propagação das ondas na corda.

R14. (Urca-CE) Em uma onda sonora estacionária de um instrumento musical, qual é a distância entre dois nós consecutivos?

a) Faltam dados para responder.

b) Depende da amplitude da onda.

c) Metade do comprimento de onda.

d) Um comprimento de onda.

e) Um quarto do comprimento de onda.

R15. (Vunesp-SP) Uma corda tem uma extremidade amarrada a um gancho fixo numa parede e a outra é posta a vibrar transversalmente ao seu comprimento. Para determinado valor da frequência de vibração, observa-se a formação de ondas estacionárias como se vê na figura.

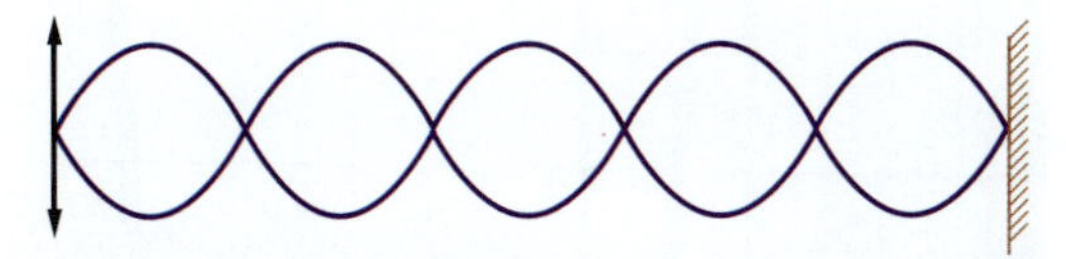

Nessas condições, a relação entre o comprimento da corda e o comprimento de onda das ondas formadas na corda vale:

a) $\frac{5}{2}$
b) $\frac{5}{4}$
c) $\frac{5}{8}$
d) $\frac{1}{5}$
e) $\frac{4}{5}$

R16. (Unimontes-MG) Num tubo fechado de comprimento L = 1,5 m, observa-se a formação de uma onda estacionária representada na figura. O comprimento da onda é igual a:

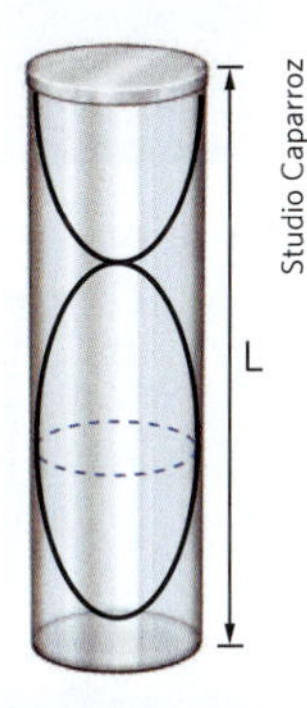

a) 1,0 m
b) 4,0 m
c) 3,0 m
d) 2,0 m

R17. (Mackenzie-SP) Uma corda feita de um material cuja densidade linear é 10 g/m está sob tensão provocada por uma força de 900 N. Os suportes fixos distam 90 cm. Faz-se vibrar a corda transversalmente e esta produz ondas estacionárias, representadas na figura a seguir.

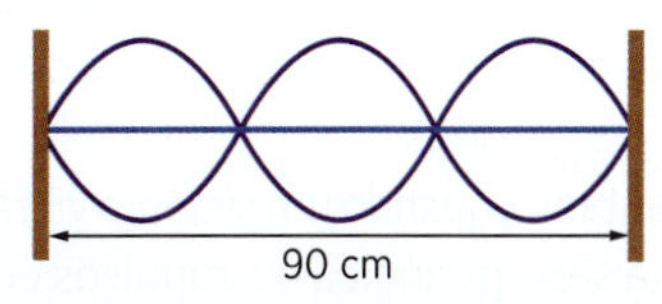

A frequência das ondas componentes, cuja superposição causa esta vibração, é:

a) 100 Hz
b) 200 Hz
c) 300 Hz
d) 400 Hz
e) 500 Hz

R18. (F. M. Jundiaí-SP) A figura mostra uma montagem para obtenção de ondas estacionárias numa corda mantida tracionada entre uma haste vibrante, presa a um alto-falante, e uma barra *B*. Para oscilar adequadamente, a corda passa por uma ranhura existente na barra *A*.

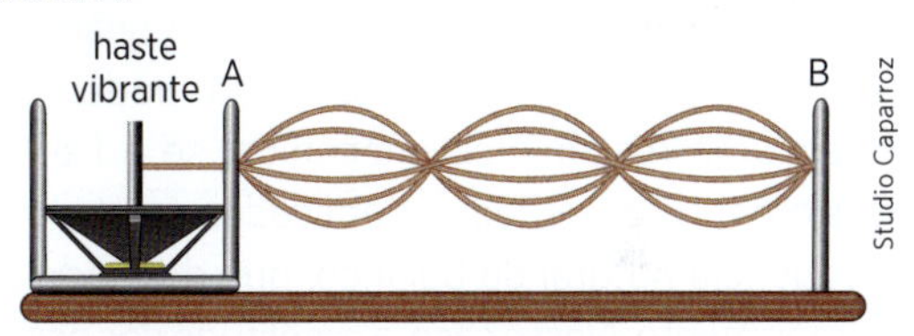

Se a distância entre as barras *A* e *B* é igual a 1,8 m e a velocidade de propagação das ondas na corda é de 60 m/s, a frequência de vibração do alto-falante será, em Hz, igual a:

a) 33
b) 50
c) 60
d) 72
e) 108

Difração

As ondas não se propagam obrigatoriamente em linha reta a partir da fonte emissora. Elas apresentam a capacidade de contornar obstáculos, desde que estes tenham dimensões comparáveis ao comprimento de onda. Esse desvio que permite às ondas atingirem regiões situadas atrás do obstáculo é denominado *difração*.

As ondas sonoras apresentam valores elevados para o comprimento de onda (de 2 cm a 20 m para as ondas audíveis no ar). Por isso, elas se difratam com relativa facilidade, contornando muros, esquinas, etc. Pelo contrário, a difração da luz é pouco acentuada, porque o comprimento de onda das ondas luminosas é muito pequeno (da ordem de 10^{-7} m), só ocorrendo quando as dimensões dos obstáculos são pequenas. Assim, a difração luminosa ocorre quando a luz incide no orifício de uma agulha, no fio de uma lâmina, etc.

A figura 13a mostra uma foto do fenômeno da difração ocorrendo com uma onda reta na superfície da água, quando essa atinge um orifício cujas dimensões são comparáveis ao seu comprimento de onda. A figura 13b apresenta o esquema desse fenômeno.

(a) Difração de ondas numa cuba de ondas.

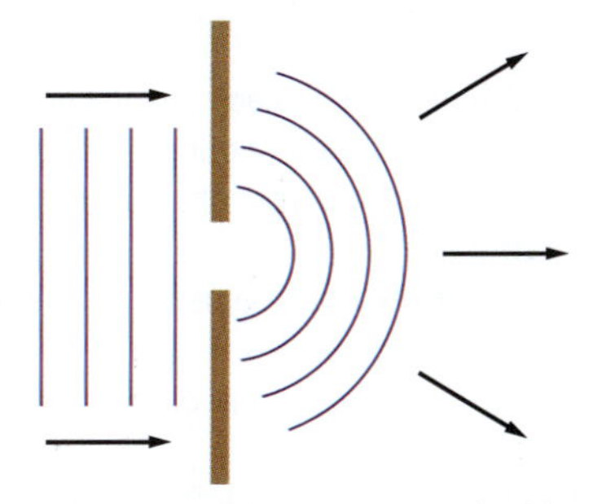

(b) Representação esquemática da difração.

Figura 13

Ressonância

Todo sistema físico apresenta uma ou mais frequências naturais de vibração. Desse modo, quando o sistema oscila livremente, ele o faz com uma de suas frequências naturais.

No entanto, quando um sistema vibrante é submetido a uma série periódica de impulsos cuja frequência coincide com uma das frequências naturais do sistema, a amplitude de suas oscilações cresce gradativamente, pois a energia recebida vai sendo armazenada. A esse fenômeno dá-se o nome de *ressonância*.

O aumento contínuo da amplitude das oscilações do sistema, na ressonância, pode ocasionar o seu rompimento. Nos Estados Unidos, em julho de 1940, a Ponte de Tacoma, no estado de Washington, rompeu-se ao entrar em ressonância com rajadas do vento que soprava periodicamente na região (fig. 14).

Ao empurrarmos um balanço, podemos produzir uma ressonância mecânica, se a frequência dos empurrões periódicos aplicados coincidir com a frequência natural do balanço, que depende do seu comprimento. Nesse caso, a amplitude das oscilações aumentará gradativamente.

Ao tangermos a corda de um violão, o ar contido na sua "caixa de ressonância" ressoa com a mesma frequência, produzindo o som que ouvimos. Esse é um exemplo de *ressonância sonora*.

Ao sintonizar uma emissora de rádio, fazemos com que a frequência das oscilações elétricas no receptor se torne igual à frequência das ondas eletromagnéticas emitidas pela estação. Dizemos que ocorreu uma *ressonância eletrônica*.

Uma *ressonância luminosa* pode ocorrer quando uma ampola contendo vapores de mercúrio é colocada em presença de uma lâmpada de mercúrio acesa. Os átomos dos vapores dentro da ampola, ao vibrarem em ressonância com a luz emitida, também emitem o mesmo tipo de luz, característica da substância.

Library of Congress/SPL/Latinstock

AP Photo/Glow Images

Figura 14. As imagens mostram o rompimento da Ponte de Tacoma ocorrido em julho de 1940.

A18. Marta consegue conversar com seu namorado, apesar de um muro de dois metros e meio de altura estar entre eles. Explique como é possível que isso aconteça.

A19. Se uma lâmina for colocada diante de uma fonte luminosa pontual, a sombra que se projeta num anteparo colocado do lado oposto não tem contornos nítidos porque:

a) a luz se propaga rigorosamente em linha reta, não contornando obstáculos.

b) as ondas luminosas sofrem difração nas bordas da lâmina.

c) em volta da região de sombra forma-se a região de penumbra.

d) a luz não tem natureza ondulatória.

e) ocorrem fenômenos de dispersão da luz ao contornar a lâmina.

A20. Quando um carro se aproxima de uma esquina, ouve-se o som de uma buzina, embora o carro não possa ser visto, porque:

a) o som se difrata mais dificilmente que a luz.

b) o som sofre difração, enquanto a luz não se difrata.

c) a difração do som é mais acentuada que a da luz, uma vez que as ondas luminosas apresentam menores comprimentos de onda.

d) a difração do som e da luz ocorre com a mesma intensidade.

e) apenas a luz se difrata, não ocorrendo difração do som.

A21. A caixa de ressonância dos instrumentos de corda tem a finalidade de:

a) alterar a frequência do som emitido pela corda.
b) aumentar a amplitude do som, pelo fenômeno da ressonância.
c) determinar o fenômeno de ressonância, através do qual os novos sons, de novas frequências, são incorporados ao que foi emitido pela corda.
d) apenas enfeitar o instrumento.
e) produzir difração mais intensa dos sons emitidos.

A22. Conta-se que um famoso tenor italiano, ao soltar a voz num agudo, conseguia romper um copo de cristal. Como é possível explicar fisicamente essa ocorrência?

Verificação

V18. Difração é o fenômeno pelo qual:

a) duas ondas se superpõem, ocorrendo ampliação ou redução na onda resultante.
b) um sistema vibra com a mesma frequência de uma fonte.
c) uma onda contorna um obstáculo cujas dimensões são da ordem de grandeza do seu comprimento de onda.
d) uma onda muda seu meio de propagação.
e) a energia transportada por uma onda converte-se em energia térmica.

V19. Alice está conversando com sua mãe, embora um muro de 3 metros de altura esteja entre elas. Isso é possível graças ao fenômeno de:

a) refração.
b) difração.
c) reflexão.
d) interferência.
e) absorção.

V20. As ondas luminosas também podem sofrer difração, como as ondas sonoras. Explique por que é mais fácil perceber a difração sonora do que a difração luminosa.

V21. Ao ligar um aparelho de TV, imediatamente surge na tela uma imagem. Como se pode explicar fisicamente essa recepção?

V22. Se aproximarmos um diapasão (fonte sonora) da borda de um recipiente contendo água até uma certa altura, como indica a figura, o som será ampliado, ocorrendo ressonância, se a frequência da fonte for:

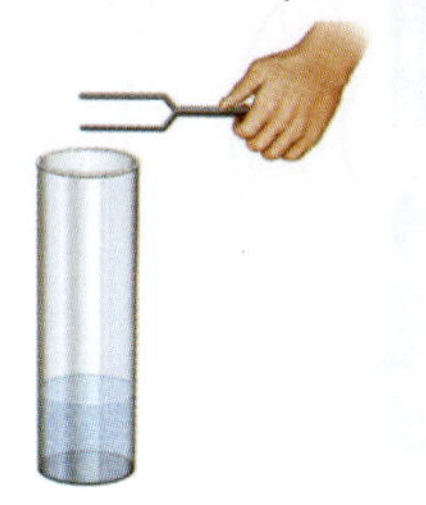

Studio Caparroz

a) igual à frequência natural da coluna de ar dentro do recipiente.
b) igual a 435 Hz.
c) menor que a frequência natural da coluna de ar dentro do recipiente.
d) maior que a frequência natural da coluna de ar dentro do recipiente.
e) maior que 435 Hz.

V23. Conta-se que na Primeira Guerra Mundial uma ponte de concreto desabou quando soldados, em marcha cadenciada, passaram sobre ela. Como é possível explicar essa ocorrência?

Revisão

R19. (UF-MG) O muro de uma casa separa Laila de sua gatinha. Laila ouve o miado da gata, embora não consiga enxergá-la. Nessa situação, Laila pode ouvir, mas não pode ver sua gata, porque:

a) a onda sonora é uma onda longitudinal e a luz é uma onda transversal.
b) a velocidade da onda sonora é menor que a velocidade da luz.
c) a frequência da onda sonora é maior que a frequência da luz visível.
d) o comprimento de onda do som é maior que o comprimento de onda da luz visível.

R20. (UEA-AM) Um fruto desprende-se da árvore e cai sobre as águas tranquilas e de profundidade constante de uma região alagada, produzindo ondas circulares concêntricas. Próximo ao centro das ondas, dois troncos caídos, dispostos como indica a figura, mostram uma fenda de dimensões próximas ao comprimento de onda das ondas propagadas, por onde parte do pulso pode atravessar.

Posicionamento das cristas das ondas produzidas em determinado instante:

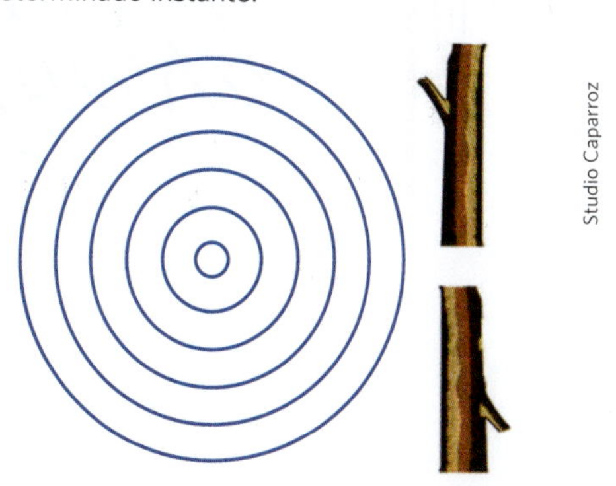

Studio Caparroz

O padrão de cristas de onda esperado, após a travessia dos pulsos pela fenda, é mais próximo de

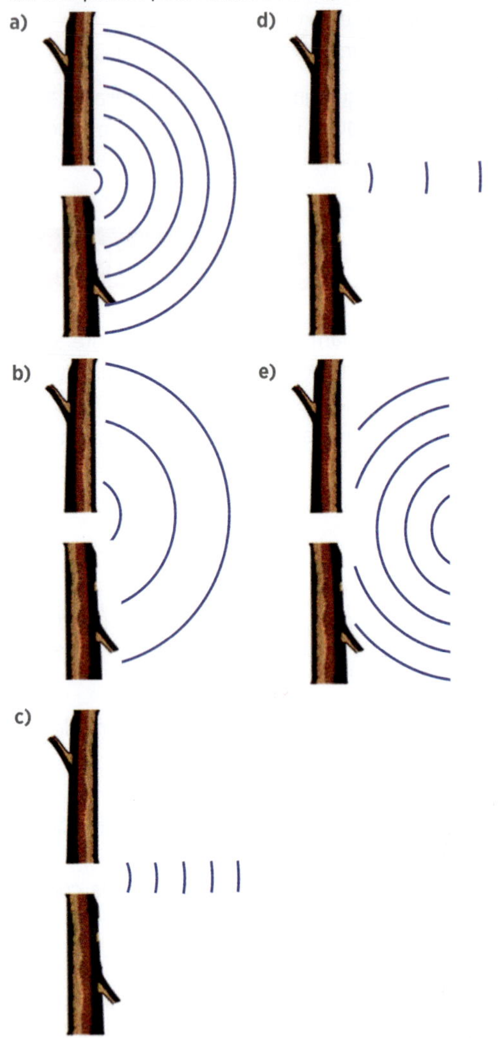

R21. (UE-CE) Na figura abaixo, C é um anteparo e S_0, S_1 e S_2 são fendas nos obstáculos A e B.

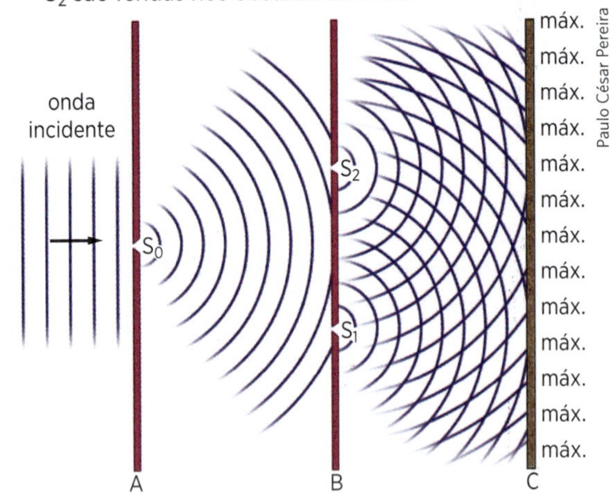

Assinale a alternativa que contém os fenômenos ondulatórios esquematizados na figura.

a) Reflexão e difração.
b) Difração e interferência.
c) Polarização e interferência.
d) Reflexão e interferência.

R22. (UF-RS) Quando você anda em um velho ônibus urbano, é fácil perceber que, dependendo da frequência de giro do motor, diferentes componentes do ônibus entram em vibração. O fenômeno físico que está se produzindo nesse caso é conhecido como:

a) eco.
b) dispersão.
c) refração.
d) ressonância.
e) polarização.

R23. (U. E. Londrina-PR) Cantores e cantoras líricas chegam a ter tal controle sobre sua qualidade musical que não é incomum encontrar entre eles quem consiga quebrar taças de cristal usando a voz. Esse fenômeno é ocasionado por um efeito conhecido como ressonância. Assinale a alternativa que apresenta uma característica física essencial da ressonância.

a) Som muito intenso.
b) Som de frequência muito baixa.
c) Som de frequência específica.
d) Som de timbre agudo.
e) Som de frequência muito alta.

Steve Bronstein/The Image Bank/Getty Images

R24. (Unip-SP) A ponte de Tacoma, nos Estados Unidos, ao receber impulsos periódicos do vento, entrou em vibração e foi totalmente destruída. O fenômeno que melhor explica esse fato é:

a) o efeito Doppler.
b) a ressonância.
c) a interferência.
d) a difração.
e) a refração.

capítulo

31 As ondas sonoras

Natureza das ondas sonoras

As ondas sonoras nos fluidos são ondas longitudinais mecânicas, isto é, são ondas em que a direção de propagação coincide com a direção de vibração das partículas do meio. Por exemplo, ao ocorrer uma explosão num dado ponto, as moléculas do ar em volta desse ponto são comprimidas. Essa compressão é uma perturbação que vai se propagando, originando uma onda sonora. Nosso ouvido, ao ser atingido por uma onda sonora, tem a capacidade de converter a variação de pressão no ar em estímulo nervoso, o qual, ao alcançar o cérebro, dá-nos a sensação auditiva, o *som*.

Ilustrações: Lettera Studio

Figura 1

Na figura 2 representamos uma situação que pode dar origem a uma onda sonora. O êmbolo, movimentando-se periodicamente, produz na coluna de ar do tubo compressões e rarefações sucessivas. Individualiza-se assim uma onda de pressão periódica, isto é, uma onda sonora que produz a sensação auditiva denominada *som*.

No entanto, nosso ouvido não é capaz de registrar ondas sonoras cuja frequência seja inferior a aproximadamente 20 Hz. Essas ondas sonoras inaudíveis de baixa frequência são denominadas *infrassons*. Igualmente, nosso ouvido não é sensível às ondas sonoras de frequência superior a 20 000 Hz, denominadas *ultrassons*.

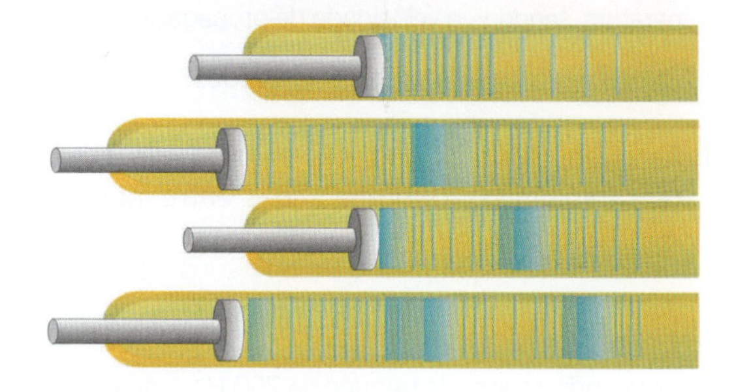

Figura 2

Há animais, como os cães e os morcegos, cujos ouvidos são sensíveis aos ultrassons.

É importante frisar que as *ondas sonoras*, sendo de natureza mecânica, *não se propagam no vácuo*.

As ondas sonoras nos sólidos são ondas mistas, isto é, as partículas do meio vibram longitudinal e transversalmente.

Velocidade das ondas sonoras

A velocidade das ondas sonoras depende das características do meio onde se propagam. Verifica-se que, sendo ondas mecânicas, sua velocidade é tanto maior quanto mais rígido o meio de propagação. Assim, de um modo geral, as ondas sonoras são mais rápidas nos sólidos e mais lentas nos gases, apresentando valores intermediários nos líquidos:

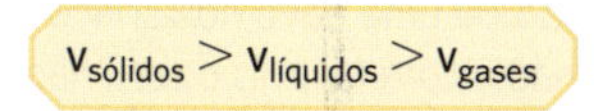

$$v_{sólidos} > v_{líquidos} > v_{gases}$$

Por exemplo, à mesma temperatura de 15 °C, a velocidade de propagação do som no ferro é 5130 m/s, na água é 1450 m/s e no ar, 340 m/s. A citação da temperatura é importante, porque a maior ou menor agitação térmica das moléculas altera o valor da velocidade do som no meio.

A velocidade de propagação do som no ar (340 m/s a 15 °C) é muito pequena se comparada com a da luz, cujo valor é de aproximadamente 300 000 km/s. Por essa razão, o som de um trovão é ouvido alguns segundos após a visualização do relâmpago.

Aplicação

A1. No filme *Guerra nas estrelas*, as batalhas travadas entre as naves são acompanhadas pelo ruído característico das armas disparando e dos veículos explodindo. Fisicamente, isso realmente poderia ocorrer? Por quê?

A2. Uma fonte sonora emite ondas de frequência 100 Hz no ar, que se propagam com velocidade v_1. Outra fonte sonora emite ondas de frequência 200 Hz no ar e à mesma temperatura, sendo v_2 a velocidade de propagação.

Qual a relação $\frac{v_1}{v_2}$ entre as velocidades?

A3. As ondas sonoras audíveis pelo ouvido humano têm frequências compreendidas entre, aproximadamente, 20 Hz e 20 000 Hz. Determine a relação entre os comprimentos de onda da onda sonora de maior frequência e da onda sonora de menor frequência, no ar.

A4. Uma fonte sonora emite ondas sonoras de comprimento de onda igual a 10^{-2} m no ar, onde a velocidade de propagação é 340 m/s. Essas ondas são audíveis pelo ouvido humano? Explique a resposta.

A5. Uma pessoa ouve o som de um trovão 2,0 segundos depois de ver o relâmpago. Determine a que distância aproximada do observador caiu o raio. Considere a velocidade do som no ar igual a $3{,}4 \cdot 10^2$ m/s.

Verificação

V1. Uma onda sonora de frequência 250 Hz propaga-se na água e apresenta comprimento de onda igual a 5,8 m. Determine:

a) a velocidade dessa onda na água;

b) o comprimento de onda de outra onda sonora de frequência 1 000 Hz que se propaga no mesmo meio.

V2. Ultrassons são ondas sonoras de frequência superior a 20 000 Hz e infrassons são ondas sonoras de frequência inferior a 20 Hz. Estabeleça os limites para os comprimentos de onda dessas ondas ao se propagarem num líquido onde a velocidade de propagação do som é 2 000 m/s.

V3. A velocidade de propagação do som no ar é 340 m/s. Uma onda sonora de comprimento de onda no ar igual a 34 m é audível pelo homem? Justifique a resposta.

V4. Em um filme americano de faroeste, um índio colou seu ouvido ao chão para verificar se a cavalaria estava se aproximando. Há uma justificativa física para esse procedimento? Explique.

V5. Se uma pessoa ouve o som da explosão de um rojão 1,5 s após tê-lo visto explodir, qual a distância entre o ouvinte e o local da explosão? Considere $v_{som} = 3{,}0 \cdot 10^2$ m/s.

Revisão

R1. (UC-MG) Uma cena comum em filmes de ficção científica é a passagem de uma nave espacial em alta velocidade, no espaço vazio, fazendo manobras com a ajuda de foguetes laterais, tudo isso acompanhado de um forte ruído. Assinale a alternativa verdadeira.

a) A cena é correta, pois não há problema com o fato de uma nave voar no espaço vazio.

b) A cena é correta, porque é perfeitamente perceptível o ruído de uma nave no espaço vazio.

c) A cena não é correta, pois o som não se propaga no vácuo.

d) A cena não é correta, pois não é possível que uma nave voe no espaço vazio.

e) A cena não é correta, pois não é possível fazer manobras no espaço vazio.

R2. (Mackenzie-SP) As ondas sonoras são ondas mecânicas e, a 16 °C de temperatura, propagam-se no ar com uma velocidade aproximadamente igual a 341 m/s. Se a temperatura desse ar diminuir até 0 °C, a velocidade de propagação dessas ondas sonoras será aproximadamente 331 m/s. Nesta redução de temperatura, a frequência das referidas ondas:

a) aumentará 2,93%. b) diminuirá 2,93%.

c) aumentará 29,3%. d) diminuirá 29,3%.

e) será mantida a mesma.

R3. (UF-ES) Os morcegos emitem ultrassons (movimento vibratório, cuja frequência é superior a 20 000 Hz). Considere-se que o menor comprimento de onda emitido por um morcego é de $3{,}4 \cdot 10^{-3}$ m. Supondo-se que a velocidade do som no ar é de 340 m/s, a frequência mais alta que um morcego emite é de:

a) 10^4 Hz c) 10^6 Hz e) 10^8 Hz

b) 10^5 Hz d) 10^7 Hz

R4. (UF-MG) Mariana pode ouvir sons na faixa de 20 Hz a 20 kHz. Suponha que, próximo a ela, um morcego emite um som de 40 kHz.

Assim sendo, Mariana não ouve o som emitido pelo morcego, porque esse som tem:

a) um comprimento de onda maior que o daquele que ela consegue ouvir.

b) um comprimento de onda menor que o daquele que ela consegue ouvir.

c) uma velocidade de propagação maior que a daquele que ela consegue ouvir.

d) uma velocidade de propagação menor que a daquele que ela consegue ouvir.

R5. (UF-MG) Uma martelada é dada na extremidade de um trilho. Na outra extremidade, encontra-se uma pessoa que ouve dois sons separados por um intervalo de tempo de 0,18 s. O primeiro dos sons se propaga através do trilho com uma velocidade de 3400 m/s, e o segundo através do ar, com uma velocidade de 340 m/s. O comprimento do trilho, em metros, será de:

a) 340 m
b) 68 m
c) 168 m
d) 170 m

R6. (UF-PA) Um terremoto é um dos fenômenos naturais mais marcantes envolvidos com a propagação de ondas mecânicas. Em um ponto denominado foco (o *epicentro* é o ponto na superfície da Terra situado na vertical do foco), há uma grande liberação de energia que se afasta pelo interior da Terra, propagando-se através de ondas sísmicas tanto longitudinais (ondas *P*) quanto transversais (ondas *S*). A velocidade de uma onda sísmica depende do meio onde ela se propaga e parte da sua energia pode ser transmitida ao ar, sob forma de ondas sonoras, quando ela atinge a superfície da Terra. O gráfico abaixo representa as medidas realizadas em uma estação sismológica, para o tempo de percurso (*t*) em função da distância percorrida (*d*) desde o epicentro para as ondas *P* e ondas *S*, produzidas por um terremoto.

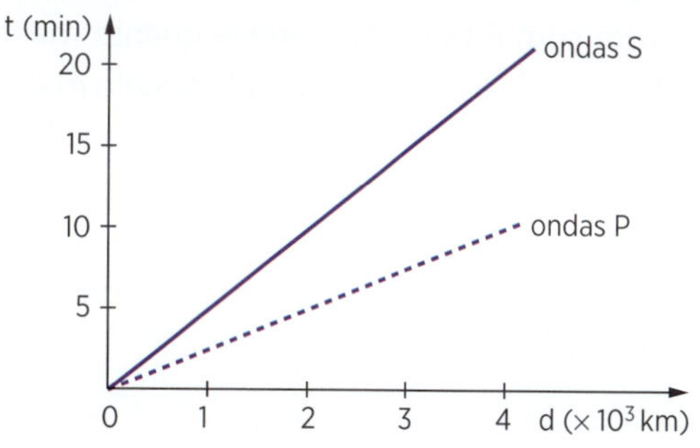

Considerando o texto e o gráfico representados acima, analise as seguintes afirmações:

I. As ondas *P* são registradas na estação sismológica antes que as ondas *S*.
II. A energia de uma onda sísmica ao se propagar no ar, sob forma de ondas sonoras, é transportada através de ondas *P*.
III. As ondas *S* podem propagar-se tanto em meios sólidos como em meios líquidos ou em meios gasosos.
IV. Quanto à direção de vibração, uma onda *P* se comporta de forma análoga a uma onda que é produzida em uma corda de violão posta a vibrar.

Estão corretas apenas:

a) I e II
b) I e III
c) I, II e III
d) II e IV
e) II, III e IV

APROFUNDANDO

- Quando passa um avião voando a grande altitude, temos a impressão de que o som que ele produz vem de um ponto situado atrás dele, e não da posição que ocupa quando o vemos. Por quê?
- Por que os soldados que estão na retaguarda de um desfile militar, com a banda à frente, não marcham no mesmo passo dos que vão nas primeiras fileiras?

Qualidades fisiológicas do som

Podemos individualizar, para as ondas sonoras, três qualidades relacionadas com a sensação produzida em nosso ouvido e, por isso, denominadas fisiológicas: a altura, a intensidade e o timbre.

Altura

A *altura* é a qualidade que nos permite classificar os sons em *graves* e *agudos*, estando relacionada com a frequência do som.

Tristram Kenton/Lebrecht Music & Arts/Diomedia

Figura 3. Os cantores de ópera apresentam vozes com frequências diferentes: uma voz soprano varia aproximadamente de 240 a 1000 Hz; uma voz contralto, de 200 a 750 Hz; uma voz tenor, de 160 a 500 Hz e uma voz barítono, de 120 a 380 Hz.

Um som é tanto mais grave quanto menor for sua frequência e tanto mais agudo quanto maior for a frequência. A voz do homem (frequências entre 100 e 200 Hz) geralmente é mais grave que a voz da mulher (frequências entre 200 e 400 Hz).

Denominamos *intervalo* entre dois sons a relação entre suas frequências:

$$i = \frac{f_1}{f_2} \ (f_1 \geq f_2)$$

Os intervalos são muito utilizados em música para a comparação das frequências de diferentes notas musicais. Quando o intervalo é igual a 2, ele é chamado *intervalo de uma oitava*, porque entre os dois sons, na escala musical natural, sucedem-se seis notas musicais: portanto, o primeiro som é a primeira nota da escala e o segundo é a oitava nota. Se o intervalo entre dois sons for igual a 1 (frequências iguais) ele é denominado *uníssono*.

Intensidade

A *intensidade* é a qualidade que nos permite classificar um som em *forte* ou *fraco*. Essa qualidade está relacionada com a energia transportada pela onda. Assim, o som de uma explosão é forte para uma pessoa nas proximidades, mas é fraco para um ouvinte distante do local da explosão.

No entanto, verificou-se que a sensação auditiva não varia linearmente com a energia transportada pela onda sonora. Assim, se, em igualdade das demais condições, dobrarmos a energia transportada pela onda, a sensação *não será* a de um som duas vezes mais forte. Por isso, definem-se dois tipos de intensidade: a *intensidade física* ou *intensidade energética* e a *intensidade fisiológica* ou *nível sonoro*.

- A *intensidade física I*, expressa em watts por metro quadrado (W/m^2), é a medida numérica da energia transportada por uma onda na unidade de tempo, por unidade de área da superfície atravessada. A menor intensidade física audível é $I_0 = 10^{-12}\ W/m^2$, sendo denominada *limiar de audibilidade*.
- A *intensidade fisiológica* ou *nível sonoro* (NS) é uma grandeza, medida em *bel* (*B*) ou *decibel* (dB), definida a partir da relação $\frac{I}{I_0}$, entre a intensidade física *I* do som considerado e o limiar de audibilidade I_0, de acordo com a seguinte tabela:

$\frac{I}{I_0}$	Nível sonoro
1	zero (silêncio)
10^1	1 B = 10 dB
10^2	2 B = 20 dB
10^3	3 B = 30 dB
10^4	4 B = 40 dB
⋮	⋮
10^n	n B = 10n dB

Matematicamente, o nível sonoro em decibel é dado pela fórmula:

$$NS = 10 \log \frac{I}{I_0}$$

O controle dos níveis sonoros é um dos problemas mais sérios a serem resolvidos em nosso mundo. Realmente, a poluição sonora nos dias atuais é um fato inconteste. Se uma pessoa for exposta durante longo tempo a níveis sonoros superiores a 80 dB, além de lesões irreparáveis do aparelho auditivo, ocorrem distúrbios de personalidade, como fadiga, neurose e mesmo psicose. Para níveis superiores a 120 dB, a sensação auditiva é substituída por uma sensação dolorosa. Para comparação, observe, na tabela seguinte, alguns níveis sonoros em nossa vida diária.

Thinkstock/Getty Images

A britadeira produz alto nível de ruídos.

Figura 4

Relógio de parede (tique-taque)	10 dB
Interior de um templo	20 dB
Conversa a meia voz	40 dB
Rua de tráfego intenso	70 a 90 dB
Britadeira	100 dB
Buzina de caminhão	100 dB
Salão de danceteria	120 dB
Avião a jato aterrissando	140 dB

AMPLIE SEU CONHECIMENTO

Proteção auditiva

O Ministério do Trabalho e Emprego estabelece o tempo máximo diário que um trabalhador pode ficar exposto a ruído contínuo ou intermitente a fim de evitar lesões irreversíveis, segundo a tabela ao lado.

Observe, portanto, que a cada aumento de 5 dB no nível sonoro, o tempo máximo de exposição cai para a metade.

(Dados extraídos do site www.mtb.gov.br/Temas/SegSau/Legislacao/Normas/conteudo/nr15/default.asp. Acesso em 5/8/2004.)

Nível sonoro (dB)	Tempo máximo de exposição (h)
85	8
90	4
95	2
100	1

Timbre

O *timbre* é a qualidade que permite ao ouvido distinguir dois sons de mesma altura e mesma intensidade emitidos por instrumentos diferentes como, por exemplo, a flauta e o cavaquinho da figura 5. Essa diferença é devida ao fato de ouvirmos o som resultante da superposição de vários sons de frequências diferentes. No entanto, a frequência do som ouvido é igual à do som de menor frequência emitido, denominado *som fundamental*. Os sons que o acompanham caracterizam o timbre da fonte e são denominados *sons harmônicos*.

Thinkstock/Getty Images

Rogerio Reis/Tyba

Figura 5. Flauta e cavaquinho.

Na figura 6, observe a representação da mesma nota musical emitida por diferentes fontes.

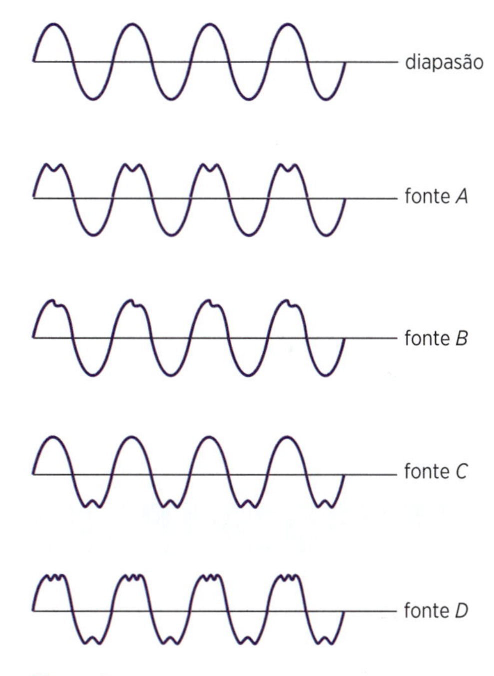

Figura 6

Aplicação

A6. Três ondas sonoras, *A*, *B* e *C*, apresentam as seguintes características:
A - amplitude 1 cm, frequência 800 Hz
B - amplitude 0,8 cm; frequência 1000 Hz
C - amplitude 0,6 cm; frequência 800 Hz
Qual dos sons, *A* ou *C*, é o mais forte? E o mais agudo?

A7. Determine o intervalo entre os sons *A* e *B* do exercício anterior.

A8. Um som *A* está uma oitava acima de um som *B* cuja frequência é 200 Hz. Qual a frequência do som *A*?

A9. Sabe-se que a intensidade física de 10^{-16} W/cm^2 de um som corresponde a um nível sonoro nulo. Determine o nível sonoro de um som cuja intensidade física é 10^{-10} W/cm^2.

A10. Numa estação do metrô de São Paulo, o nível sonoro é de 80 dB. Sendo o limiar de audibilidade igual a 10^{-6} μW/m^2, determine a intensidade física do som no interior da estação.

A11. Num curso de Música, um piano e um violão emitem a mesma nota musical. Um aluno consegue distinguir perfeitamente as notas emitidas pelos dois instrumentos. Explique como isso é possível.

Verificação

V6. Analise a tabela e identifique, entre os sons apresentados, o mais agudo e, entre os sons III e IV, qual é o mais forte.

Som	Amplitude (cm)	Frequência (Hz)
I	0,2	800
II	0,4	1000
III	0,6	500
IV	0,8	500
V	1,0	100

V7. Comparam-se dois sons, um de frequência $f_1 = 300$ Hz e outro de frequência $f_2 = 450$ Hz.

a) Qual deles é o mais agudo e qual é o mais grave? Justifique.

b) Calcule o intervalo entre esses dois sons.

V8. Certo som *x* está uma oitava abaixo de um som *y* de frequência 600 Hz. Qual a frequência do som *x*?

V9. O silêncio corresponde à intensidade energética de 10^{-12} W/m². Numa oficina mecânica, a intensidade é 10^{-3} W/m². Determine o nível sonoro nessa oficina.

V10. Um avião a jato aterrissando produz um nível sonoro de 140 dB. Determine a intensidade física correspondente desse som. O limiar de audibilidade corresponde à intensidade física de 10^{-16} W/cm².

V11. Calcule os níveis sonoros que completam a tabela seguinte:

Fonte	Intensidade (W/m²)	Nível sonoro (dB)
Limiar de audibilidade	10^{-12}	zero
Jardim silencioso	10^{-10}	▲▲
Restaurante	10^{-7}	▲▲
Estádio de futebol	10^{-3}	▲▲

Revisão

R7. (F. M. Jundiaí-SP) A figura do teclado mostra uma escala de frequências, em Hz, associadas à sua extensão.

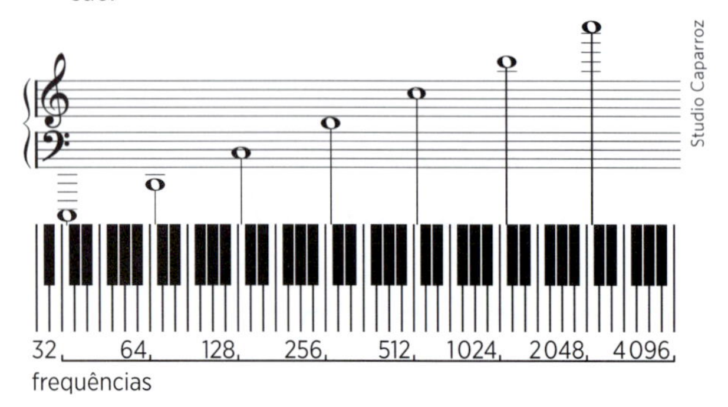

A ordem crescente dessa escala representa um som que vai do

a) fraco para o forte

b) grave para o agudo

c) ruidoso para o harmonioso

d) forte para o fraco

e) agudo para o grave

R8. (PUC-MG) Em linguagem técnica, um som que se propaga no ar pode ser caracterizado, entre outros aspectos, por sua altura e por sua intensidade. Os parâmetros físicos da onda sonora que correspondem às características mencionadas são, respectivamente:

a) comprimento de onda e velocidade.

b) amplitude e velocidade.

c) velocidade e amplitude.

d) amplitude e frequência.

e) frequência e amplitude.

R9. (Vunesp-SP) Atualmente, há uma preocupação cada vez maior com a poluição sonora. Suponha que uma lei penalize quem produza ruídos que ultrapassem os níveis de intensidade sonora, estabelecidos na tabela a seguir.

	Diurno	Noturno
Áreas residenciais	50 dB	45 dB
Áreas industriais	70 dB	60 dB

Níveis de intensidade sonora de situações comuns do cotidiano são listados na próxima tabela.

Fonte do som	Nível de intensidade sonora
Sirene	110 dB
Cortador de grama	100 dB
Buzina	90 dB
Aspirador de pó	70 dB
Carro silencioso	50 dB

Considere os seguintes grupos de pessoas que utilizassem, nas áreas residencial e industrial:

I. Um cortador de grama no período diurno;

II. Um carro silencioso no período noturno;

III. Um aspirador de pó no período noturno.

Se não houver nenhum outro atenuante na lei, seriam considerados infratores o(s) grupo(s)

a) I, apenas.

b) I e II, apenas.

c) II e III, apenas.

d) I, II e III.

e) I e III, apenas.

R10. (UE-RJ) Seja NS o nível sonoro de um som, medido em decibels. Esse nível sonoro está relacionado com a intensidade do som, I, pela fórmula abaixo, na qual a intensidade padrão, I_0, é igual a 10^{-12} W/m².

$$NS = 10 \cdot \log\left(\frac{I}{I_0}\right)$$

Observe a tabela a seguir. Nela, os valores de I foram aferidos a distâncias idênticas das respectivas fontes de som.

Fonte de som	I (W/m²)
Turbina	$1{,}0 \cdot 10^{2}$
Amplificador de som	1,0
Triturador de lixo	$1{,}0 \cdot 10^{-4}$
TV	$3{,}2 \cdot 10^{-5}$

Sabendo que há risco de danos ao ouvido médio a partir de 90 dB, quais as fontes da tabela cuja intensidade de emissão de sons está na faixa de risco?

R11. (Unicamp-SP) O nível sonoro S é medido em decibéis (dB) de acordo com a expressão $S = (10 \text{ dB}) \log \frac{I}{I_0}$, onde I é a intensidade da onda sonora e $I_0 = 10^{-12}$ W/m² é a intensidade de referência padrão correspondente ao limiar da audição do ouvido humano. Numa certa construção, o uso de proteção auditiva é indicado para trabalhadores expostos durante um dia de trabalho a um nível igual ou superior a 85 dB. O gráfico abaixo mostra o nível sonoro em função da distância a uma britadeira em funcionamento na obra.

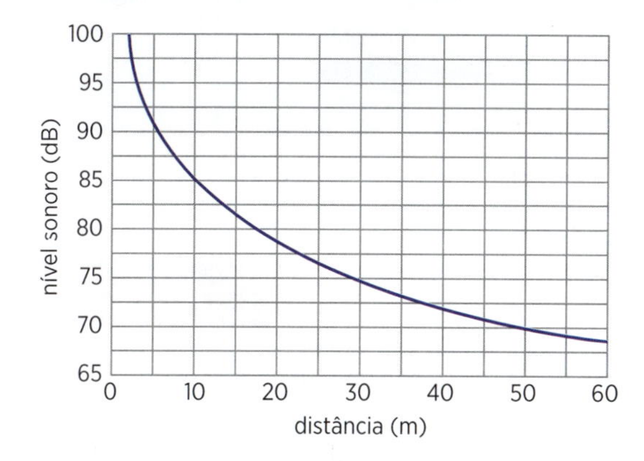

a) A que distância mínima da britadeira os trabalhadores podem permanecer sem proteção auditiva?

b) A frequência predominante do som emitido pela britadeira é de 100 Hz. Sabendo-se que a velocidade do som no ar é de 340 m/s, qual é o comprimento de onda para essa frequência?

c) Qual é a intensidade da onda sonora emitido pela britadeira a uma distância de 50 m?

R12. (UEA-AM) O teatro Amazonas, localizado no centro de Manaus, é um importante ícone arquitetônico. Possui uma acústica notável que dispensa o uso de amplificadores, valorizando o som de instrumentos acústicos e o canto.

G. Evangelista/Opção Brasil Imagens

A característica física que possibilita a distinção dos sons emitidos por um clarinete e por um oboé, ambos instrumentos de sopro, é um fenômeno associado

a) aos diferentes comprimentos de onda, conhecido por frequência.

b) aos diferentes formatos das ondas, conhecido por comprimento de onda.

c) à intensidade sonora do instrumento, conhecido por altura.

d) às diferentes vazões do ar nesses instrumentos, conhecido por velocidade.

e) às diferentes formas de interferência entre os harmônicos, conhecido como timbre.

APROFUNDANDO

- Pesquise a respeito da incidência da surdez nos profissionais expostos a sons de alta intensidade e as leis existentes para a sua proteção.
- Pesquise as escalas musicais e os intervalos entre as notas que as compõem.
- Procure informações a respeito dos termos: harmonia musical, acorde, sustenido, bemol, clave.

Reflexão das ondas sonoras. Eco

Quando um impulso sonoro, como o estampido de uma arma de fogo, atinge o nosso ouvido, a sensação que deixa permanece por aproximadamente 0,1 s (persistência auditiva). Se outro impulso sonoro nos atingir dentro desse intervalo, ele não poderá ser identificado. Uma nova sensação sonora só vai se manifestar se o segundo impulso atingir o ouvido em um intervalo de tempo superior a 0,1 s em relação ao primeiro.

Dessa maneira, quando, além do som direto emitido por uma fonte sonora, recebemos o som refletido por um obstáculo, podem ocorrer três situações diversas: o *reforço*, a *reverberação* e o *eco*.

- O *reforço* do som ocorre quando a diferença entre os instantes de recebimento do som refletido e do som direto é praticamente nula. O ouvinte apenas percebe um som mais intenso, pois recebe maior quantidade de energia.
- A *reverberação* ocorre quando a diferença entre os instantes de recebimento dos dois sons é pouco inferior a 0,1 s. Não se percebe um novo som, mas há um prolongamento da sensação sonora. A reverberação, quando não exagerada, ajuda a compreender o que está sendo dito por um orador num auditório. No entanto, o excesso de reverberação pode atrapalhar o entendimento.
- Por fim, o *eco* se manifesta quando os dois sons, direto e refletido, são recebidos num intervalo de tempo superior a 0,1 s. Nesse caso os dois sons são percebidos distintamente.

Admitindo que a velocidade do som no ar seja 340 m/s, o obstáculo refletor deve estar a uma distância superior a 17 m para que uma pessoa ouça o eco do seu próprio grito, como é indicado na figura 7. Vejamos:

$$v = \frac{\Delta s}{\Delta t} \Rightarrow \Delta t = \frac{\Delta s}{v} > 0,1\ s \Rightarrow$$

$$\Rightarrow \frac{2d}{340} > 0,1\ s \Rightarrow d > 17\ m$$

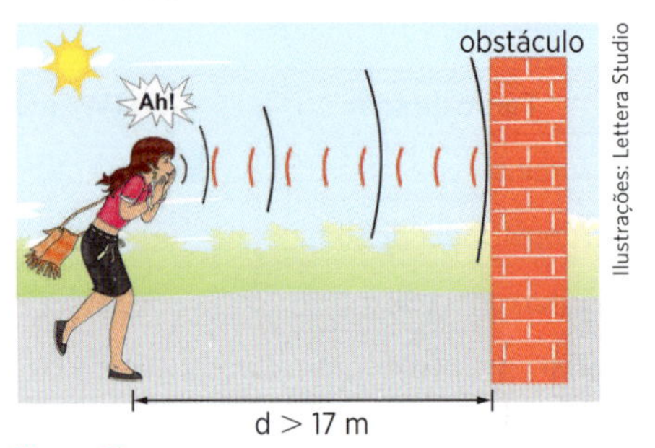

Figura 7

Navios e submarinos utilizam a reflexão de ondas sonoras, geralmente ultrassons, para medir profundidades oceânicas ou para detectar obstáculos, por meio de um aparelho denominado *sonar* (fig. 8). Sabendo-se a velocidade da onda sonora na água e medindo-se o intervalo de tempo entre a emissão do sinal sonoro e a recepção do seu reflexo, pode-se medir a distância entre o aparelho e o obstáculo.

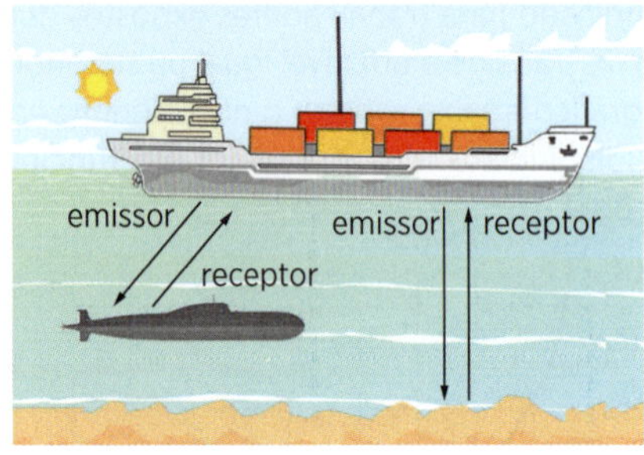

Figura 8

Aplicação

A12. Qual(is) das seguintes afirmações é(são) correta(s)?

I. O tempo de persistência auditiva é de 0,1 s.

II. Eco e reverberação são consequências da reflexão das ondas sonoras.

III. Para que uma pessoa ouça o eco de seu grito, no ar, a distância entre ela e o obstáculo refletor deve ser igual a 34 m, admitindo que no ar o som tenha velocidade de 340 m/s.

IV. Ocorre reverberação sonora quando o intervalo de tempo entre a percepção do som direto e do som refletido é menor que 0,1 s.

A13. Num *stand* de tiro ao alvo, o atirador ouve o eco do tiro que ele dispara 0,6 s após o disparo. Sendo a velocidade do som no ar igual a 340 m/s, determine a distância entre o atirador e o obstáculo que reflete o som.

A14. Se a velocidade do som no ar fosse igual a 800 m/s, qual a distância mínima a que deveria se situar um obstáculo refletor para que o eco pudesse ser ouvido?

A15. O esquema a seguir ilustra o funcionamento do "ecobatímetro", instrumento que se destina a medir a profundidade do mar por meio de som.

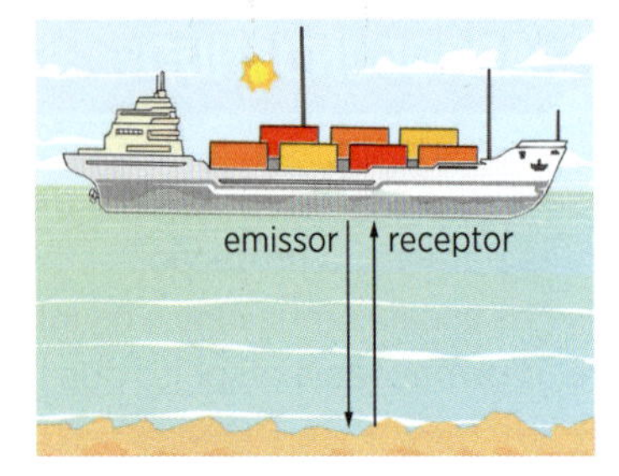

O emissor irradia um pulso sonoro intenso e breve. Após reflexão no fundo do mar (ou em outro obstáculo extenso), o pulso retorna e atinge o receptor. Pelo tempo Δt decorrido entre a emissão e a recepção, o medidor indica a profundidade.
Admita que a velocidade de propagação do som na água seja v = 1,5 km/s.

Sendo $\Delta t = 4{,}0$ s, qual a profundidade registrada pelo medidor para a região pesquisada?

A16. Os morcegos têm uma visão extremamente deficiente, orientando-se, em seus voos, pelas vibrações ultrassônicas. Explique como isso é possível.

Verificação

V12. Para que a acústica de um auditório seja boa, não deve haver nem excesso nem carência de reverberação dos sons. Explique por que e sugira soluções que possam melhorar a acústica de um ambiente.

V13. Num passeio ao "vale do eco", um turista percebe que o primeiro eco de seu grito é ouvido 4 s após a emissão. Sendo a velocidade do som no ar igual a 340 m/s, determine a que distância dele se encontra o obstáculo refletor.

V14. O som se propaga na água com velocidade igual a 1450 m/s. Qual a distância entre uma pessoa e a barreira refletora, para que ela possa perceber o eco nesse meio?

V15. Com o "sonar", verifica-se, numa dada região do oceano Atlântico, que o intervalo de tempo entre a emissão de um pulso sonoro e sua posterior recepção é de 2 s. Se a velocidade do som na água do mar é 1500 m/s, qual a profundidade da região pesquisada?

R13. (Unirio-RJ) Em recente espetáculo em São Paulo, diversos artistas reclamaram do eco refletido pela arquitetura da sala de concertos que os incomodava e, em tese, atrapalharia o público que apreciava o espetáculo. Considerando a natureza das ondas sonoras e o fato de o espetáculo se dar em um recinto fechado, indique a opção que apresenta uma possível explicação para o acontecido:

a) Os materiais usados na construção da sala de espetáculos não são suficientemente absorvedores de ondas sonoras para evitar o eco.
b) Os materiais são adequados, mas devido à superposição das ondas sonoras sempre haverá eco.
c) Os materiais são adequados, mas as ondas estacionárias formadas na sala não podem ser eliminadas, e assim, não podemos eliminar o eco.
d) A reclamação dos artistas é infundada porque não existe eco em ambientes fechados.
e) A reclamação dos artistas é infundada porque o que eles ouvem é o retorno do som que eles mesmos produzem e que lhes permite avaliar o que estão tocando.

R14. (Unicamp-SP) O menor intervalo de tempo entre dois sons percebidos pelo ouvido humano é de 0,10 s. Considere uma pessoa defronte a uma parede em um local onde a velocidade do som é de 340 m/s.

Lettera Studio

a) Determine a distância x para a qual o eco é ouvido 3,0 s após a emissão da voz.
b) Determine a menor distância para que a pessoa possa distinguir a sua voz e o eco.

R15. (PUC-SP) Para determinar a profundidade de um poço de petróleo, um cientista emitiu com uma fonte, na abertura do poço, ondas sonoras de frequência 220 Hz. Sabendo-se que o comprimento de onda, durante o percurso, é de 1,5 m e que o cientista recebe como resposta um eco após 8 s, a profundidade do poço é:

a) 2640 m
b) 1440 m
c) 2880 m
d) 1320 m
e) 330 m

R16. (Fatec-SP) Os morcegos são cegos. Para se guiarem eles emitem um som na faixa de frequências ultrassônicas que é refletido pelos objetos, no fenômeno conhecido como eco, e processado, permitindo a determinação da distância do objeto. Considerando-se que a velocidade do som no ar é de 340 m/s e sabendo que o intervalo temporal entre a emissão do grito e o seu retorno é de $1{,}0 \cdot 10^{-2}$ s, a distância na qual um objeto se encontra do morcego é de:

a) 3,4 m
b) 34 m
c) 17 m
d) 1,7 m
e) 340 m

R17. (UE-PB) O sonar (sound navigation and ranging) é um dispositivo que, instalado em navios e submarinos, permite medir profundidades oceânicas e detectar a presença de obstáculos. Originalmente, foi desenvolvido com finalidades bélicas durante a Segunda Guerra Mundial (1939-1945), para permitir a localização de submarinos e outras embarcações do inimigo. O seu princípio é bastante simples, encontrando-se ilustrado na figura a seguir.

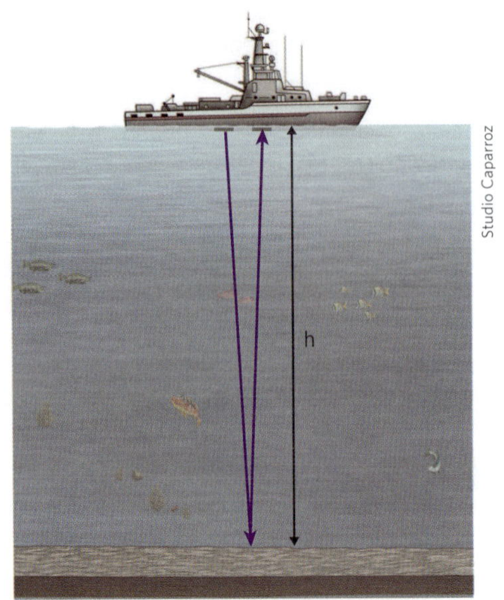

Inicialmente, é emitido um impulso sonoro por um dispositivo instalado no navio. A sua frequência dominante é normalmente 10 kHz a 40 kHz. O sinal sonoro propaga-se na água em todas as direções até encontrar um obstáculo. O sinal sonoro é então refletido (eco) dirigindo-se uma parte da energia de volta para o navio onde é detectado por um hidrofone. (Adaptado de JUNIOR, F. R. *Os Fundamentos da Física*. 8. ed. Vol. 2. São Paulo: Moderna, 2003, p. 417)

Acerca do assunto tratado no texto, analise a seguinte situação-problema:

Um submarino é equipado com um aparelho denominado sonar, que emite ondas sonoras de frequência $4{,}00 \cdot 10^4$ Hz. A velocidade de propagação do som na água é de $1{,}60 \cdot 10^3$ m/s. Esse submarino, quando em repouso na superfície, emite um sinal na direção vertical através do oceano e o eco é recebido após 0,80 s. A profundidade do oceano nesse local e o comprimento de ondas do som na água, em metros, são, respectivamente:

a) 610 e $3{,}5 \cdot 10^{-2}$
b) 620 e $4 \cdot 10^{-2}$
c) 630 e $4{,}5 \cdot 10^{-2}$
d) 640 e $4 \cdot 10^{-2}$
e) 600 e $3 \cdot 10^{-2}$

APROFUNDANDO

- Por que o som do eco é mais fraco que o som emitido?
- Por que, nos estandes de tiro, os atiradores usam tampões nos ouvidos?

Refração e interferência de ondas sonoras

A *refração* das ondas sonoras ocorre quando muda o meio no qual elas se propagam. Como a velocidade das ondas sonoras é maior nos meios mais rígidos, ao passar, por exemplo, do ar para a água, o raio de onda sonora se afasta da normal à superfície no ponto de incidência, ao contrário do que acontece com as ondas luminosas (fig. 9).

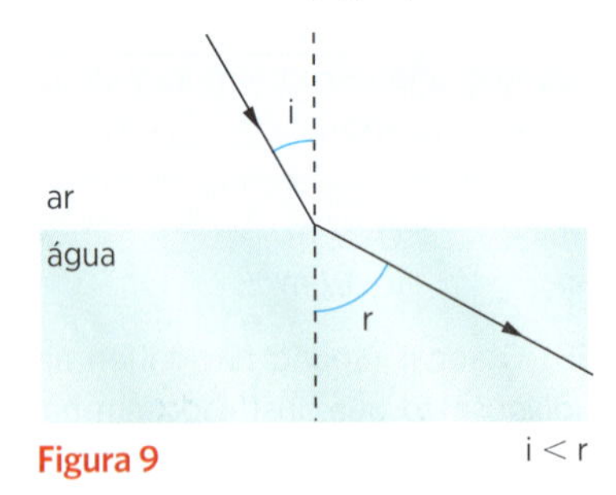

Figura 9

A *interferência* de ondas sonoras ocorre quando um ponto do meio é atingido, ao mesmo tempo, por mais de uma perturbação de natureza sonora (fig. 10).

Consideremos duas fontes sonoras F_1 e F_2 emitindo em fase ondas de mesma amplitude e de mesmo comprimento de onda λ (fig. 10). Num ponto genérico X, onde as ondas se superpõem, poderemos ter interferência *construtiva* (*som mais forte*), se a diferença de caminhos percorridos pelas ondas for *múltiplo par* de meio comprimento de onda:

$$\overline{F_1X} - \overline{F_2X} = p\frac{\lambda}{2} \ (p = 0, 2, 4, 6...)$$

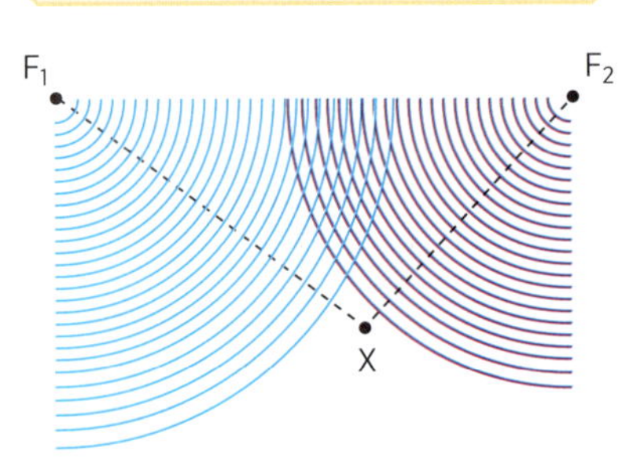

Figura 10

A interferência no ponto X será *destrutiva* (*silêncio* ou *som muito fraco*), se a diferença de caminhos das ondas for *múltiplo ímpar* de meio comprimento de onda:

$$\overline{F_1X} - \overline{F_2X} = i\frac{\lambda}{2} \ (i = 1, 3, 5, 7...)$$

Essas condições de interferência construtiva e destrutiva, embora estejam sendo estabelecidas para as ondas sonoras, valem para outros tipos de ondas periódicas, como as ondas na superfície da água, as ondas luminosas, etc.

Um tipo importante de interferência sonora ocorre quando há superposição de ondas sonoras cujas frequências são ligeiramente diferentes. Ouvem-se então os denominados *batimentos*, que consistem em flutuações periódicas da intensidade do som resultante ouvido. Representamos a seguir duas ondas de frequências quase iguais (figs. 11a e 11b) e a resultante obtida (fig. 11c). Observe a flutuação da amplitude (responsável pela intensidade ouvida), registrada na linha tracejada. O número de batimentos que ocorrem na unidade de tempo (frequência dos batimentos) é dado pela diferença entre as frequências dos sons que se superpõem:

$$N = f_b - f_a$$

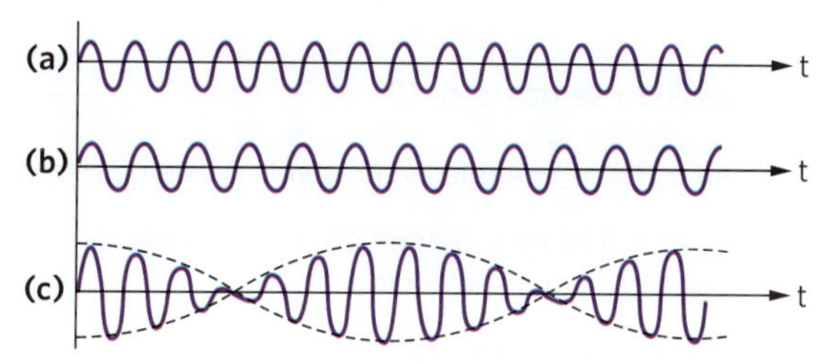

Figura 11

Aplicação

A17. Uma onda sonora que se propaga no ar apresenta velocidade v_1, comprimento de onda λ_1 e frequência f_1. Ao passar para a água, como mostra a figura, os valores daquelas grandezas tornam-se, respectivamente, v_2, λ_2 e f_2.
Indique como variam as grandezas consideradas.

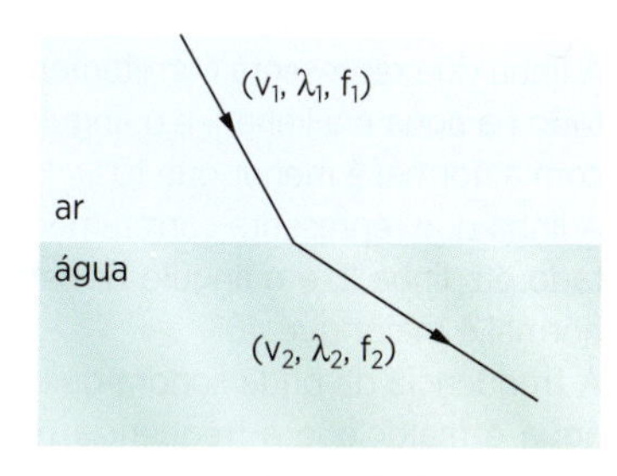

A18. Uma onda sonora se refrata como indica a figura.

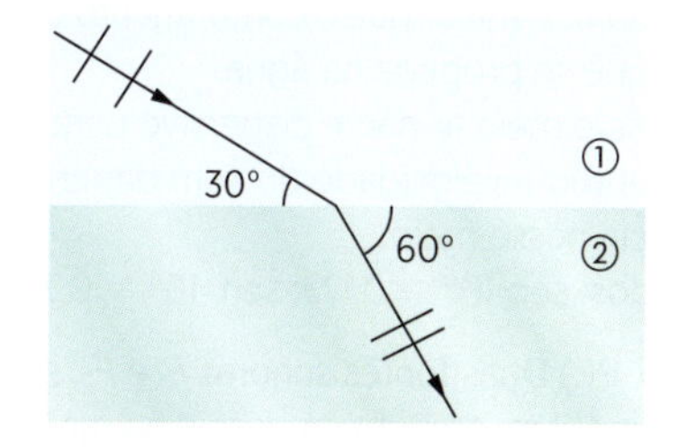

No meio ①, a velocidade é 1200 m/s. Sabendo-se que $\text{sen } 30° = \frac{1}{2}$ e $\text{sen } 60° = \frac{\sqrt{3}}{2}$, determine a velocidade da onda no meio ②.

A19. A figura representa dois pequenos alto-falantes, A_1 e A_2, que emitem ondas sonoras em fase de frequência 50 Hz. A velocidade dessas ondas no meio em questão é 400 m/s.

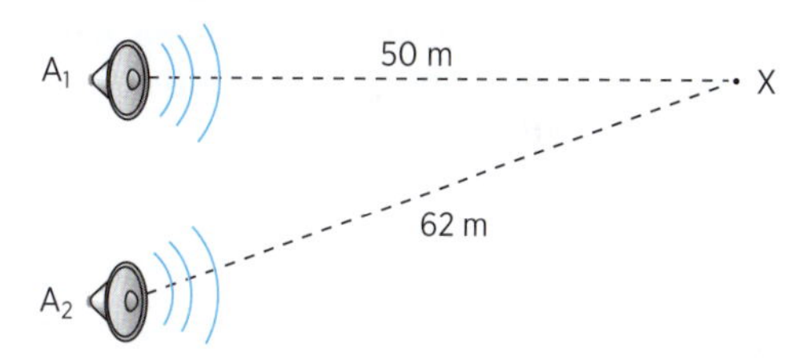

No ponto *X*, situado a 50 m do alto-falante A_1 e a 62 m do alto-falante A_2, é colocado um pequeno microfone sensível. Esse microfone deverá acusar um enfraquecimento ou um reforço sonoro? Por quê?

A20. Determine o número de batimentos que ocorrem por segundo quando um diapasão de frequência 1020 Hz vibra nas proximidades de outro de frequência 1024 Hz.

Verificação

V16. Uma onda sonora sofre refração, como indica a figura, passando de um meio *A*, onde tem velocidade v_A, frequência f_A e comprimento de onda λ_A, para um meio *B*, onde a velocidade é v_B, a frequência é f_B e o comprimento de onda é λ_B. Indique como variam essas grandezas características da onda.

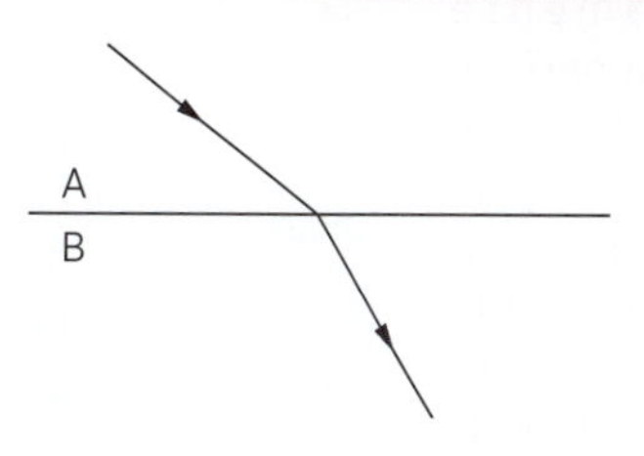

V17. Uma onda sonora se refrata como indica a figura.

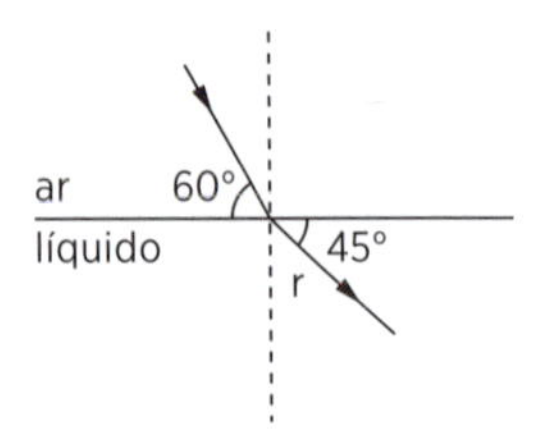

Sabendo-se que sen 30° $= \frac{1}{2}$; sen 45° $= \frac{\sqrt{2}}{2}$ e sen 60° $= \frac{\sqrt{3}}{2}$, e que, no ar, a velocidade de propagação é 340 m/s, determine a velocidade de propagação da onda no líquido.

V18. As fontes sonoras F_1 e F_2 emitem ondas em fase de frequência 400 Hz. O ponto P do meio, em que a velocidade das ondas é 800 m/s, está situado a 10 m da fonte F_2 e a 4,0 m da fonte F_1. Determine o tipo de interferência que ocorre nesse ponto P.

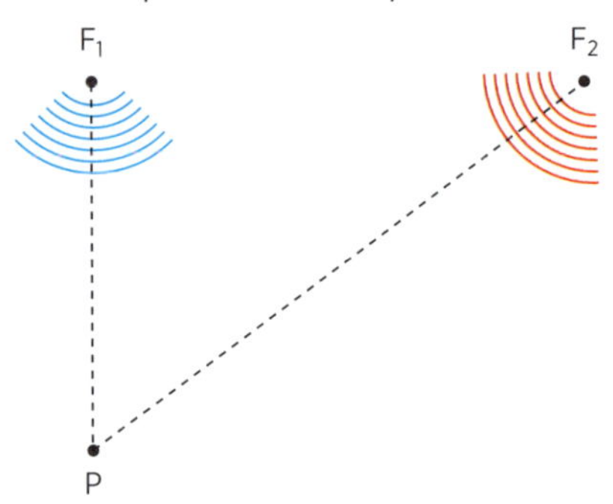

V19. Ouvem-se 3 batimentos por segundo quando uma fonte sonora de frequência 700 Hz vibra nas proximidades de outra de frequência menor. Determine a frequência da segunda fonte.

R18. (PUC-PR) Assim como os humanos, as baleias também se comunicam entre si. A maioria das espécies de baleia produz uma vasta gama de sons. Embora isso não possa ser comparado com a linguagem humana, é, contudo, um articulado sistema de comunicação, no qual cada som é modulado em tons e frequências e repetido constantemente durante específicos atos e situações particulares. Uma baleia emite um som de 50,0 Hz para dizer ao seu descuidado filhote que deve voltar ao grupo. A velocidade do som na água é de cerca de 1 500 m/s.
Considerando que a baleia e o filhote estão em repouso, marque a alternativa correta.

a) O comprimento de onda desse som na água é de 60 m.
b) O tempo que o som leva para chegar ao filhote se ele está afastado 1,2 km é de 0,80 s.
c) Se as baleias estão próximas da superfície parte da energia pode refratar para o ar. A frequência do som no ar é maior que na água.
d) O comprimento de onda do som emitido quando passa para o ar é igual ao comprimento de onda do som na água.
e) O som emitido pela baleia é um tipo de onda eletromagnética.

R19. (UF-MS) Um alto-falante emite ondas sonoras com uma frequência constante, próximo à superfície plana de um lago sereno, onde os raios das frentes de ondas incidem obliquamente à superfície do lago com um ângulo de incidência $\theta_1 = 10°$. Sabe-se que a velocidade de propagação do som no ar é de 355 m/s, enquanto, na água, é de 1500 m/s.

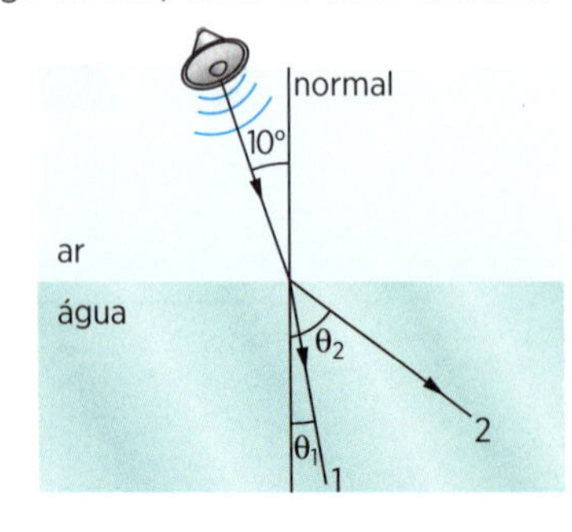

A figura mostra o raio incidente, e as linhas 1 e 2 representam possíveis raios da onda sonora refratados na água. Considere que as leis de refração para ondas sonoras sejam as mesmas para a luz. Com fundamento nessas afirmações, assinale a alternativa correta.

a) A linha que representa corretamente o raio refratado na água é a linha 1, e o ângulo de refração θ com a normal é menor que 10°.
b) A linha que representa corretamente o raio refratado é a linha 2, e o ângulo de refração θ com a normal é maior que 46°.
c) A frequência da onda sonora que se propaga na água é maior que a frequência da onda sonora que se propaga no ar.
d) O comprimento de onda do som que se propaga no ar é maior que o comprimento de onda do som que se propaga na água.
e) Se o meio ar não é dispersivo para a onda sonora, então a velocidade do som depende da frequência nesse meio.

Dados: sen 10° $\cong$ 0,173; sen 46° $\cong$ 0,719.

R20. (UF-PE) Duas fontes sonoras F_1 e F_2, separadas entre si de 4,0 m, emitem em fase e na mesma frequência. Um observador, se afastando lentamente da fonte F_1, ao longo do eixo x, detecta o primeiro mínimo de intensidade sonora, devido à interferência das ondas geradas por F_1 e F_2, na posição x = 3,0 m. Sabendo-se que a velocidade do som é 340 m/s, qual a frequência das ondas sonoras emitidas, em Hz?

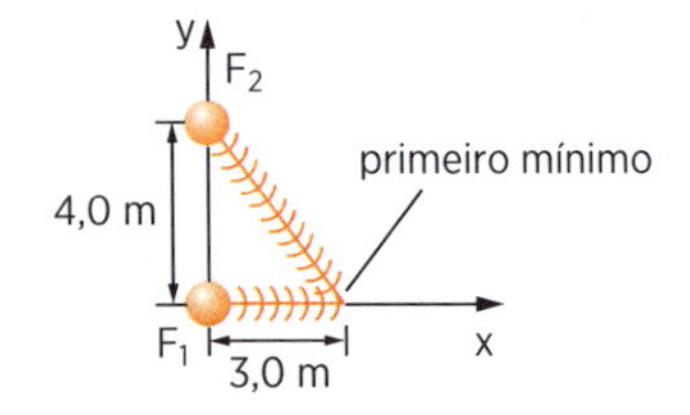

R21. (UF-MG) Dois alto-falantes idênticos, bem pequenos, estão ligados ao mesmo amplificador e emitem ondas sonoras em fase, em uma só frequência, com a mesma intensidade, como mostrado nesta figura:

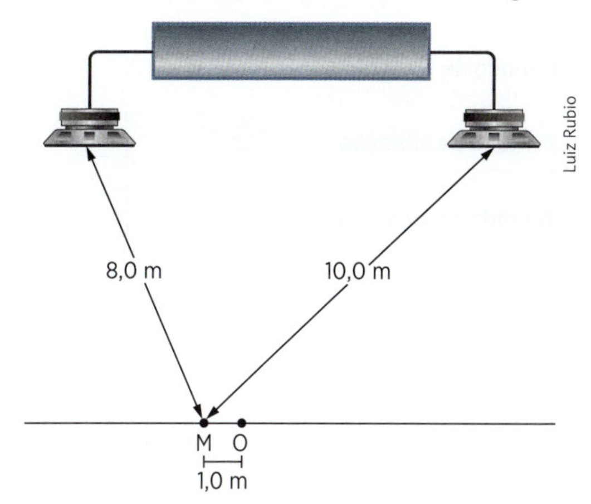

Igor está posicionado no ponto *O*, equidistante dos dois alto-falantes, e escuta o som com grande intensidade. Ele começa a andar ao longo da linha paralela aos alto-falantes e percebe que o som vai diminuindo de intensidade, passa por um mínimo e, depois, aumenta novamente. Quando Igor chega ao ponto *M*, a 1,0 m do ponto *O*, a intensidade do som alcança, de novo, o valor máximo. Em seguida, Igor mede a distância entre o ponto *M* e cada um dos alto-falantes e encontra 8,0 m e 10,0 m como indicado na figura.

1. Explique por que, ao longo da linha OM, a intensidade do som varia da forma descrita e calcule o comprimento de onda do som emitido pelos alto-falantes.
2. Responda: Se a frequência emitida pelos alto-falantes aumentar, o ponto *M* estará mais distante ou mais próximo do ponto *O*?
   Justifique sua resposta.

R22. (UF-MT) Na questão a seguir julgue os itens como *V*, se for verdadeiro, ou *F*, se for falso.

I. O batimento é um fenômeno decorrente da interferência ou superposição de duas ondas periódicas com frequências próximas.

II. Caso ocorra batimento com ondas periódicas sonoras de mesma amplitude *A*, notaremos reforço no som somente quando a onda resultante da superposição apresentar amplitude máxima positiva 2A.

III. A frequência dos batimentos, quando há superposição de duas ondas periódicas com frequências próximas, é dada pela diferença entre as frequências das duas ondas superpostas.

APROFUNDANDO

Pesquise a utilização do fenômeno do batimento para a afinação de instrumentos musicais.

Cordas vibrantes

Se uma corda tensa for vibrada, estabelecem-se nela ondas transversais que, superpondo-se às refletidas nas extremidades, originam ondas estacionárias. A vibração da corda transmite-se para o ar adjacente, originando uma onda sonora. Nos instrumentos musicais de corda, como violão, violino, piano, etc., a intensidade do som é ampliada por meio de uma caixa de ressonância.

Embora, nos instrumentos, o som fundamental seja produzido junto com os sons harmônicos, vamos analisar separadamente os vários modos possíveis de vibração da corda. É importante lembrar que a frequência do som resultante emitido é determinada pela frequência do som fundamental e o timbre é definido pelos harmônicos que o acompanham.

O modo mais simples de vibração da corda caracteriza sua *frequência fundamental*, correspondendo a *nós* nas extremidades e um *ventre* no ponto médio. O segundo modo de vibração corresponde aos nós extremos e mais um nó no ponto central. O terceiro modo corresponde a *mais um* nó entre os extremos e, assim, a cada novo modo de vibração surge mais um nó intermediário, como se percebe na figura 12.

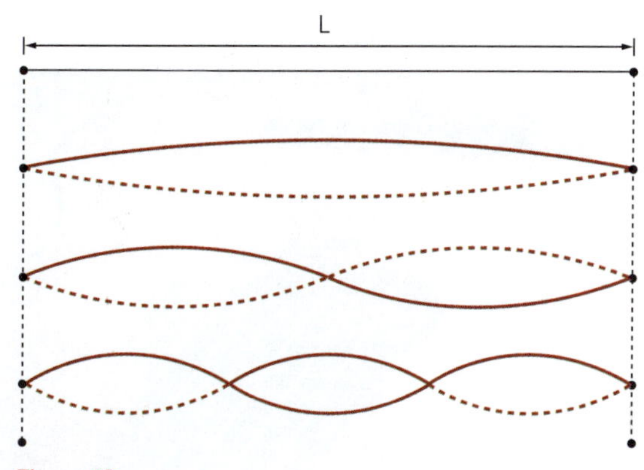

Figura 12

Lembrando que a distância entre dois nós consecutivos é igual a meio comprimento de onda $\left(\frac{\lambda}{2}\right)$ e que a frequência é dada por $f = \frac{v}{\lambda}$, onde v é a velocidade da onda na corda, podemos organizar a tabela ao lado.

Portanto, na corda vibrante, as várias frequências naturais de vibração podem ser expressas por:

$$f = N\frac{v}{2L} \; (N = 1, 2, 3...)$$

Observe que para $N = 1$ temos a frequência fundamental; para $N = 2$ o segundo harmônico; para $N = 3$ o terceiro harmônico; e assim sucessivamente.

	L	λ	$f = \frac{v}{\lambda}$
1º modo de vibração	$\frac{\lambda}{2}$	2L	$\frac{v}{2L}$
2º modo de vibração	$2\frac{\lambda}{2}$	$\frac{2L}{2}$	$2\frac{v}{2L}$
3º modo de vibração	$3\frac{\lambda}{2}$	$\frac{2L}{3}$	$3\frac{v}{2L}$
Nº modo de vibração	$N\frac{\lambda}{2}$	$\frac{2L}{N}$	$N\frac{v}{2L}$

OBSERVE

Como já foi visto no estudo dos fenômenos ondulatórios, sendo *F* a intensidade da força que traciona a corda de comprimento *L*, de seção transversal com área *S* e constituída de um material de densidade *d* como na figura abaixo, a velocidade de propagação *v* das ondas na corda é dada por:

$$v = \sqrt{\frac{F}{dS}}$$

F L F S

Conceitograf

Substituindo as frequências naturais na corda na expressão anterior, obtemos a denominada *Fórmula de Lagrange*:

$$f = \frac{N}{2L}\sqrt{\frac{F}{dS}}$$

Nessa fórmula, o produto $dS = \mu$ é igual à *densidade linear* da corda, correspondendo numericamente à massa por unidade de comprimento da corda, isto é, $\mu = m/L$, sendo *m* a massa da corda e *L* o seu comprimento.

Aplicação

A21. Uma corda de violão apresenta comprimento $L = 0{,}60$ m. Determine os três maiores comprimentos de ondas estacionárias que se podem estabelecer nessa corda.

Thinkstock/Getty Images

A22. Ondas transversais se propagam numa corda tensa de comprimento 1,0 m, com velocidade 10 m/s. Determine a frequência do som fundamental, do segundo e do terceiro harmônico emitidos por essa corda.

A23. Uma corda de aço para piano tem 50 cm de comprimento e 5,0 g de massa. Determine a frequência do som fundamental emitido por essa corda quando submetida à força tensora de intensidade 400 N.

A24. Uma corda de 0,50 m de comprimento tem seção transversal de área $1{,}0 \cdot 10^{-9}$ m² e é feita de um material de densidade $1{,}0 \cdot 10^{4}$ kg/m³. Estando fixa nas extremidades, essa corda emite o som fundamental quando submetida a uma força de tração de 10 N. Determine a frequência desse som fundamental emitido.

Verificação

V20. Numa corda de um instrumento musical, cujo comprimento é L, estabelecem-se ondas estacionárias. Qual o máximo comprimento de onda que essas ondas podem ter?

V21. Uma corda de violão tem comprimento $L = 50$ cm. Tangida a corda, estabelecem-se nela ondas estacionárias. Determine os dois maiores comprimentos de onda estacionária nessa corda.

V22. Numa corda de comprimento 0,50 m, propagam-se ondas transversais com velocidade de 5,0 m/s. Determine o comprimento de onda e a frequência do 4º harmônico entre as ondas estacionárias que se estabelecem na corda.

V23. Uma corda metálica com 0,10 kg de massa mede 1,0 m de comprimento. Calcule a intensidade da força de tração a que deve ser submetida para estar afinada com diapasão de frequência 100 Hz.

R23. (UF-PB) A superposição de ondas incidentes e refletidas com mesmas amplitudes, dá origem a uma figura de interferência denominada onda estacionária. Nesse sentido, considere uma situação em que uma corda tem uma das suas extremidades fixa a uma parede e a outra extremidade conectada a um oscilador (fonte de vibração) que vibra com uma frequência de 80 Hz. A distância entre o vibrador e a parede é de 8 m.

Sabendo que as velocidades de propagação das ondas na corda são de 320 m/s, a onda estacionária na corda está melhor representada na figura:

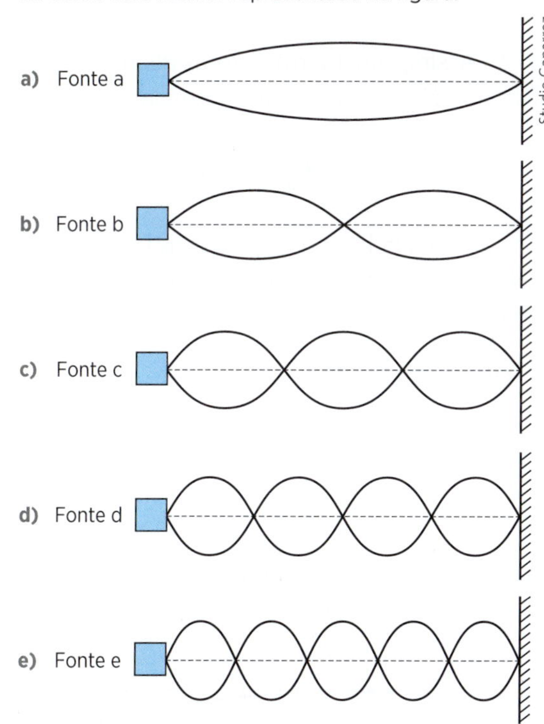

R24. (Fatec-SP) Um artista, para apresentar uma canção, toca (faz vibrar) a corda de um violão no ponto *A* com uma das mãos e com a outra tensiona, com o dedo, a mesma corda no ponto *X*. Depois disso, começa a percorrer a corda da posição *X* até a posição *Y*, com o dedo ainda a tensionando, conforme a figura a seguir,

Assinale a alternativa que preenche, correta e respectivamente, as lacunas do texto que descreve esse processo. Verifica-se, nesse processo, que o som emitido fica mais ____________, pois ao ____________ o comprimento da corda, ____________ a frequência do som emitido.

a) grave...aumentar...diminui
b) grave...diminuir...aumenta
c) agudo...diminuir...aumenta
d) agudo...diminuir...diminui
e) agudo...aumentar...diminui

R25. (UF-MG) Bruna afina a corda mi de seu violino, para que ela vibre com uma frequência mínima de 680 Hz. A parte vibrante das cordas do violino de Bruna mede 35 cm de comprimento, como mostrado nesta figura.

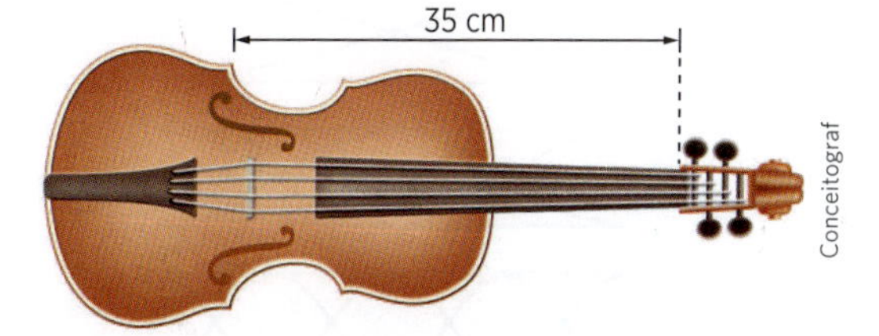

Considerando essas informações:

1. Calcule a velocidade de propagação de uma onda na corda mi desse violino.
2. Considere que a corda mi esteja vibrando com uma frequência de 680 Hz.

Determine o comprimento de onda, no ar, da onda sonora produzida por essa corda.

Dado: velocidade de propagação do som no ar = 340 m/s.

R26. (UF-MG) Ao tocar um violão, um músico produz ondas nas cordas desse instrumento. Em consequência, são produzidas ondas sonoras que se propagam no ar. Comparando-se uma onda produzida em uma das cordas do violão com a onda sonora correspondente, é correto afirmar que as duas têm:

a) a mesma amplitude.

b) a mesma frequência.

c) a mesma velocidade de propagação.

d) o mesmo comprimento de onda.

R27. (UF-MT) Uma corda vibrante com 15 cm de comprimento forma onda estacionária com nós separados de 5 cm. Sendo de 30 ms^{-1} a velocidade da onda, calcule:

a) a frequência da vibração;

b) as frequências ressonantes menores.

R28. (U. E. Ponta Grossa-PR) A corda de um instrumento musical teve de ser substituída às pressas durante um concerto. Foi dada ao músico uma outra, de mesmo material, mas com o dobro do diâmetro. Calcule em quantas vezes deverá ser aumentada a intensidade da força de tração na corda para que a frequência das suas oscilações continue igual à da corda original.

Tubos sonoros

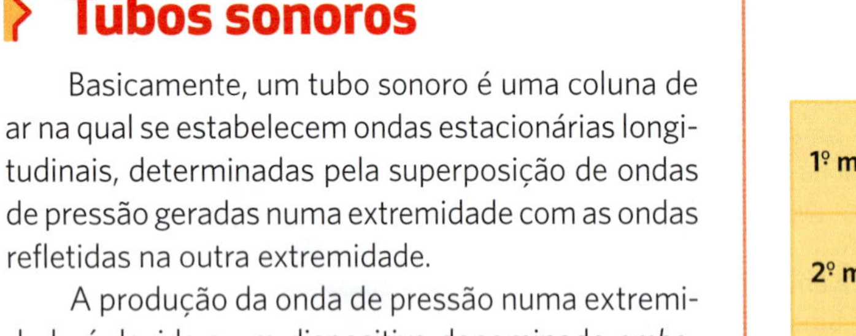

Basicamente, um tubo sonoro é uma coluna de ar na qual se estabelecem ondas estacionárias longitudinais, determinadas pela superposição de ondas de pressão geradas numa extremidade com as ondas refletidas na outra extremidade.

A produção da onda de pressão numa extremidade é devida a um dispositivo denominado *embocadura*. Um jato de ar dirigido contra a embocadura é afunilado e determina a vibração que dá origem às ondas.

Conforme a extremidade oposta à embocadura, seja aberta ou fechada, podemos ter dois tipos de tubos sonoros: os tubos abertos e os tubos fechados. Nas figuras seguintes, só representamos a coluna gasosa vibrante, omitindo a embocadura.

Tubos abertos

A onda estacionária longitudinal que se forma apresenta um *ventre* em ambas as extremidades. O modo mais simples de vibrar corresponde a um *nó* no ponto central. A cada novo modo de vibração, surge mais um nó intermediário, como mostra a figura 13.

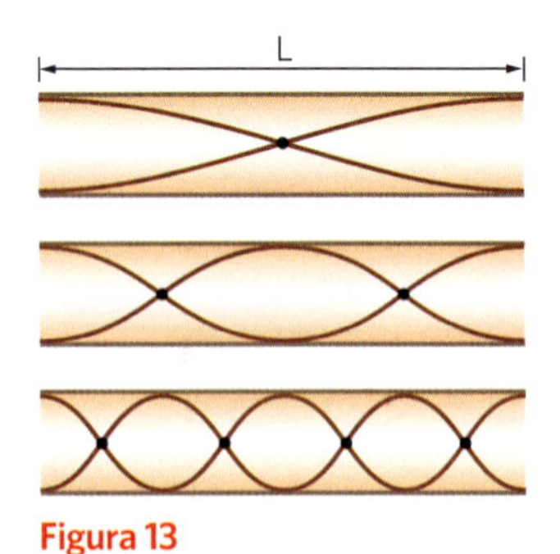

Figura 13

Como a distância entre dois ventres consecutivos é igual a meio comprimento de onda $\left(\frac{\lambda}{2}\right)$ e a frequência é dada por $f = \frac{v}{\lambda}$, onde *v* é a velocidade da onda no gás do tubo, podemos estabelecer a tabela:

	L	λ	$f = \frac{v}{\lambda}$
1º modo de vibração	$\frac{\lambda}{2}$	2L	$\frac{v}{2L}$
2º modo de vibração	$2\frac{\lambda}{2}$	$\frac{2L}{2}$	$2\frac{v}{2L}$
3º modo de vibração	$3\frac{\lambda}{2}$	$\frac{2L}{3}$	$3\frac{v}{2L}$
Nº modo de vibração	$N\frac{\lambda}{2}$	$\frac{2L}{N}$	$N\frac{v}{2L}$

Assim, num tubo aberto, as frequências naturais de vibração são dadas pela fórmula:

$$f = N\frac{v}{2L} \text{ (N = 1, 2, 3...)}$$

Para N = 1, temos a frequência fundamental; para N = 2, o segundo harmônico; para N = 3, o terceiro harmônico; e assim por diante.

Tubos fechados

A onda estacionária longitudinal que se estabelece apresenta um *ventre* na extremidade da embocadura e um *nó* na extremidade fechada. Em todos os modos de vibração, essa situação se mantém, aumentando apenas o número de nós intermediários, como se nota na figura 14.

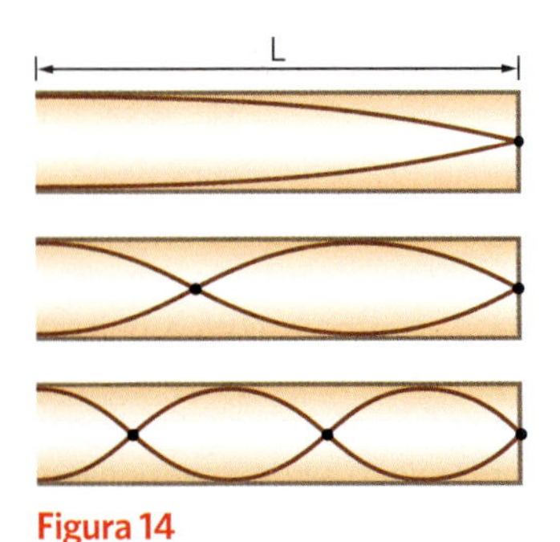

Figura 14

A distância entre um ventre e o nó consecutivo equivale a um quarto do comprimento de onda $\left(\frac{\lambda}{4}\right)$. Como a frequência de vibração é dada por $f = \frac{v}{\lambda}$, podemos organizar a seguinte tabela:

	L	λ	$f = \frac{v}{\lambda}$
1º modo de vibração	$\frac{\lambda}{4}$	4L	$\frac{v}{4L}$
2º modo de vibração	$3\frac{\lambda}{4}$	$\frac{4L}{3}$	$3\frac{v}{4L}$
3º modo de vibração	$5\frac{\lambda}{4}$	$\frac{4L}{5}$	$5\frac{v}{4L}$
Nº modo de vibração	$i\frac{\lambda}{4}$	$\frac{4L}{i}$	$i\frac{v}{4L}$

Portanto, num tubo fechado, as frequências naturais são *múltiplos ímpares* da relação $\frac{v}{4L}$, como se depreende da fórmula:

$$f = i\frac{v}{4L}\ (i = 1, 3, 5...)$$

Para $i = 1$, temos a frequência fundamental; para $i = 3$, o terceiro harmônico; para $i = 5$, o quinto harmônico; etc. Tubo fechado não emite harmônico de ordem par.

Aplicação

A25. Um tubo sonoro aberto mede 1,20 m de comprimento. Determine o comprimento de onda do som fundamental que ele emite e a sua frequência, sabendo que no seu interior foi colocado um gás no qual o som se propaga com velocidade de 360 m/s.

A26. Num tubo fechado de 1,20 m de comprimento, o som se propaga com velocidade 360 m/s. Determine o comprimento de onda e a frequência do som fundamental e do 3º harmônico. Esquematize esses modos de vibração.

A27. Determine o menor comprimento de um tubo aberto e de outro fechado para que entrem em ressonância no ar com um diapasão de frequência 330 Hz. A velocidade do som no ar é 330 m/s. Compare os resultados.

A28. Dois tubos sonoros, o primeiro fechado e de comprimento L_1, o segundo aberto e de comprimento L_2, emitem a mesma frequência fundamental.

Determine a relação $\frac{L_2}{L_1}$.

Verificação

V24. Um tubo aberto apresenta 1,70 m de comprimento e emite um som fundamental de frequência 100 Hz. Determine o comprimento de onda do som emitido e a velocidade com que se propaga no ar do tubo.

V25. Na figura está esquematizada uma onda estacionária que se forma num tubo fechado de comprimento L = 2,40 m.

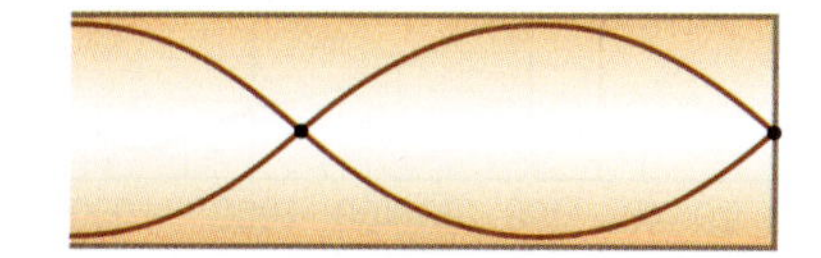

A velocidade do som no ar do tubo é 300 m/s. Determine o comprimento de onda e a frequência do som que esse tubo emite.

V26. Determine o menor comprimento de um tubo fechado e de outro aberto para que entrem em ressonância com uma fonte de frequência 680 Hz. A velocidade do som no ar é 340 m/s. Compare os resultados obtidos.

V27. Um tubo fechado de comprimento *L* emite um som fundamental de frequência dupla do som fundamental emitido por um tubo aberto. Determine o comprimento do tubo aberto.

Revisão

R29. (UF-CE) Considere um tubo sonoro aberto de 40 cm de comprimento, cheio de ar, onde as ondas sonoras se propagam com velocidade de 340 m/s. Sabendo que a capacidade de audição de uma pessoa vai de 20 Hz a 20 000 Hz, determine quantos harmônicos esta pessoa pode ouvir, produzidos no tubo considerado.

R30. (Mackenzie-SP) Considere a velocidade do som no ar igual a 330 m/s. O menor comprimento de um tubo sonoro aberto que entra em ressonância com um diapasão de frequência 440 Hz é aproximadamente:

a) 19 cm
b) 33 cm
c) 38 cm
d) 67 cm
e) 75 cm

R31. (UF-PE) A figura mostra uma onda estacionária em um tubo de comprimento L = 5 m, fechado em uma extremidade e aberto na outra. Considere que a velocidade do som no ar é 340 m/s e determine a frequência do som emitido pelo tubo, em hertz.

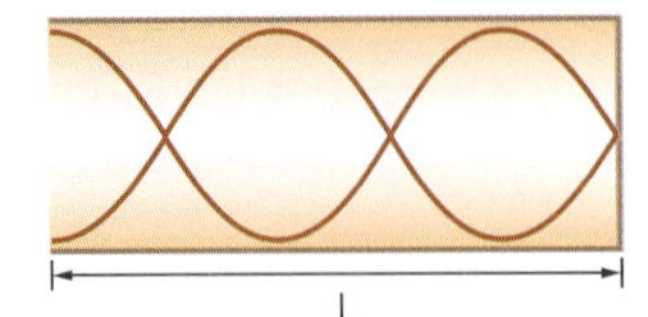

R32. (UF-PR) Uma cerca elétrica foi instalada em um muro onde existe um buraco de forma cilíndrica e fechado na base, conforme representado na figura. Os fios condutores da cerca elétrica estão fixos em ambas as extremidades e esticados sob uma tensão de 80 N. Cada fio tem comprimento igual a 2,0 m e massa de 0,001 kg. Certo dia, alguém tocou no fio da cerca mais próximo do muro e esse fio ficou oscilando em sua frequência fundamental. Essa situação fez com que a coluna de ar no buraco, por ressonância, vibrasse na mesma frequência do fio condutor. As paredes do buraco têm um revestimento adequado, de modo que ele age como um tubo sonoro fechado na base e aberto no topo. Considerando que a velocidade do som no ar seja de 330 m/s e que o ar no buraco oscile no modo fundamental, assinale a alternativa que apresenta corretamente a profundidade do buraco.

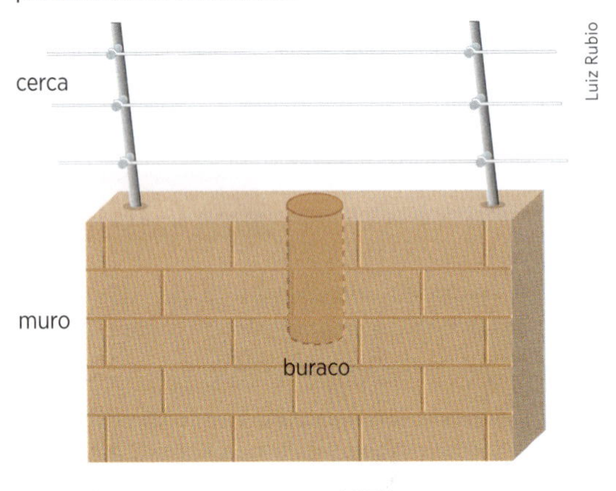

a) 0,525 m
b) 0,650 m
c) 0,825 m
d) 1,250 m
e) 1,500 m

R33. (UF-PI) Um tubo sonoro de 2 m de comprimento emite um som de várias frequências, entre elas, a frequência de 297,5 Hz. Considere a velocidade do som no ar igual a 340 m/s. Analise as afirmativas a seguir em *V* (verdadeira) ou *F* (falsa).

a) O tubo sonoro é aberto nas duas extremidades.
b) O tubo sonoro é aberto em uma extremidade e fechado na outra.
c) A frequência correspondente ao harmônico fundamental deste tubo sonoro é 42,5 Hz.
d) O harmônico de maior ordem na faixa do audível (20 Hz a 20 000 Hz), produzido por este tubo, é o harmônico de número 469.

R34. (Vunesp-SP) Na orelha externa do aparelho auditivo do ser humano encontra-se o meato acústico, canal auditivo que realiza a comunicação entre o meio externo e a orelha média. A figura mostra um esquema simplificado do aparelho auditivo humano.

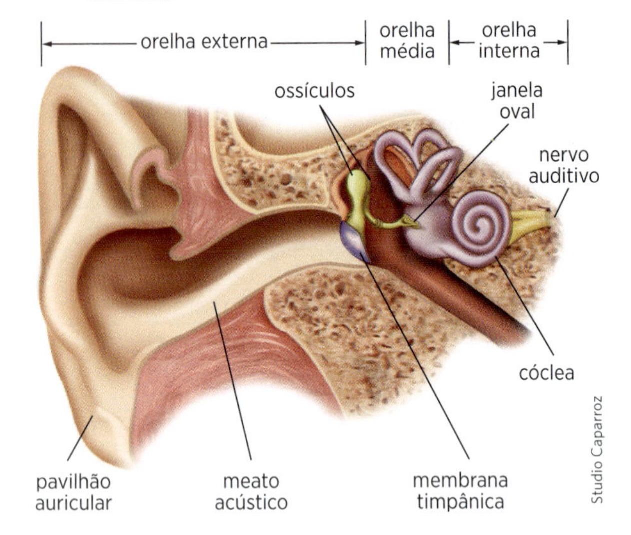

As ondas sonoras que atingem o pavilhão auricular formam ondas estacionárias no canal auditivo e fazem o tímpano vibrar com a mesma frequência. Esse canal pode ser comparado a um tubo sonoro semifechado que apresenta frequência fundamental correspondente à frequência de uma onda sonora de menor nível de intensidade que pode ser ouvida pelo ser humano.

Analise o gráfico com valores médios do nível de intensidade sonora, em decibéis (dB), em função da frequência percebida pelo aparelho auditivo humano.

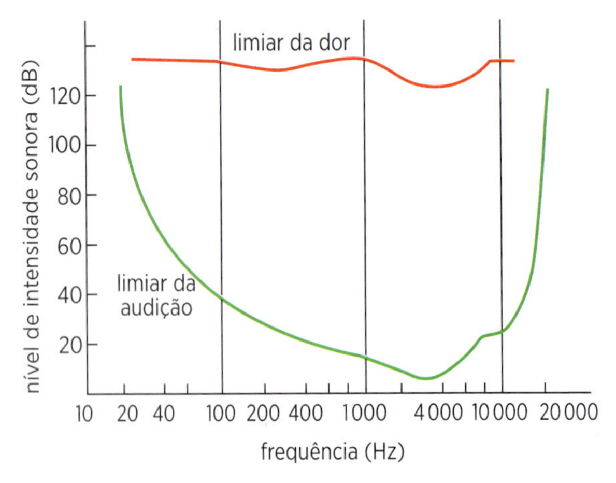

O limiar da dor é apresentado pela linha vermelha superior e o limiar da audição é representado pela linha verde inferior.

Com base nessas informações e considerando que as ondas sonoras se propagam no ar com velocidade de 340 m/s, estima-se que o comprimento do canal auditivo vale, em cm, aproximadamente:

a) 0,4
b) 1,7
c) 2,1
d) 2,8
e) 4,2

AMPLIE SEU CONHECIMENTO

As notas musicais

Os nomes usados hoje para as notas musicais foram estabelecidos no século XI pelo monge beneditino Guido de Arezzo, a partir das letras iniciais dos versos de um hino latino em homenagem a São João:

Ut queant laxis
Resonare fibris
Mira gestorum
Famuli tuorum
Solve polluti
Labii reatum
Sancte **I**oannes

Thinkstock/Getty Images

Posteriormente, o *ut* foi substituído por *dó*, iniciais de *dominus* (senhor).

Efeito Doppler

É comum a verificação de que, quando uma fonte sonora (uma ambulância com a sirene ligada, por exemplo) se aproxima ou se afasta de nós acelerando, o som que ouvimos não mantém uma frequência constante. Nota-se que, à medida que a fonte se aproxima, o som ouvido vai se tornando mais agudo e, à medida que se afasta, o som ouvido vai se tornando mais grave.

Esse fenômeno, segundo o qual o observador ouve um som de frequência diferente da que foi emitida pela fonte, em virtude do movimento relativo entre a fonte e o observador, é denominado *efeito Doppler*.

Explica-se o aumento da frequência ouvida em relação à emitida quando há aproximação entre fonte e observador, pelo fato de o ouvinte receber maior número de frentes de onda na unidade de tempo. A figura 15 mostra como as frentes de onda se aproximam umas das outras, na situação em que a fonte sonora se aproxima de um observador parado.

Avelino Guedes

Figura 15

A diminuição da frequência ouvida em relação à emitida, quando há afastamento entre fonte e observador, é explicada em vista de o ouvinte receber menor número de frentes de onda na unidade de tempo. A figura 16 indica como as frentes de onda se afastam umas das outras, quando a fonte sonora se afasta de um observador parado.

Avelino Guedes

Figura 16

Se a velocidade relativa de aproximação ou afastamento entre fonte e observador se mantiver constante no decorrer do tempo, a frequência ouvida (maior ou menor que a frequência real emitida) se manterá constante.

Nesse caso, sendo f a frequência real emitida, v_F a velocidade da fonte, v_O a velocidade do observador e v_S a velocidade do som, a frequência f' ouvida pelo observador será expressa pela fórmula:

$$f' = f \cdot \frac{v_S \pm v_O}{v_S \pm v_F}$$

Para utilização dessa fórmula, o sinal positivo ou negativo que precede as velocidades v_O e v_F deve ser usado de acordo com a seguinte regra: orienta-se um eixo do observador para a fonte; se o movimento for a favor desse eixo, usa-se o sinal positivo; se o movimento for contra esse eixo, usa-se o sinal negativo (fig. 17).

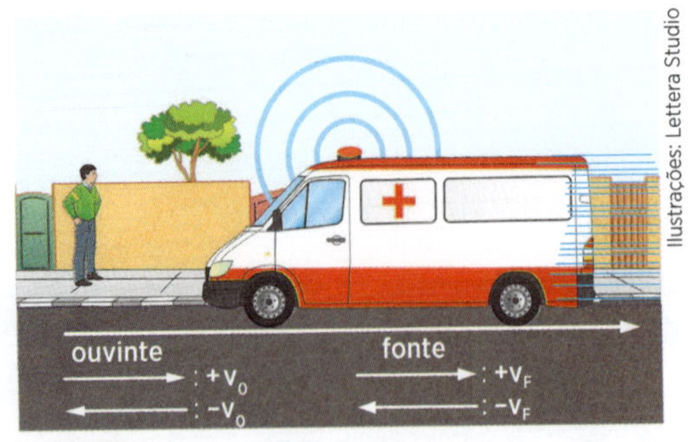

Figura 17

Verifica-se que o efeito Doppler ocorre também com as ondas luminosas. Evidentemente, para que esse efeito seja perceptível em relação à luz, é necessário que a velocidade relativa entre fonte e observador seja da ordem de grandeza da velocidade da luz. Quando a fonte de luz se afasta, a frequência vista é menor que a emitida (desvio para o vermelho) e quando a fonte de luz se aproxima, a frequência vista é maior que a emitida (desvio para o violeta).

Aplicação

A29. A frequência do som emitido por uma fonte é de 4 000 Hz. Se a fonte se aproxima de um observador com velocidade de 70 m/s em relação à Terra, e este se aproxima da fonte com velocidade de 5,0 m/s em relação à Terra, qual a frequência por ele ouvida? A velocidade do som no ar é 340 m/s.

A30. Quando uma ambulância passou por uma pessoa parada, o som que ela ouvia teve sua frequência diminuída de 1 000 Hz para 800 Hz. Sendo a velocidade do som no ar igual a 340 m/s, determine a velocidade da ambulância e a frequência real emitida.

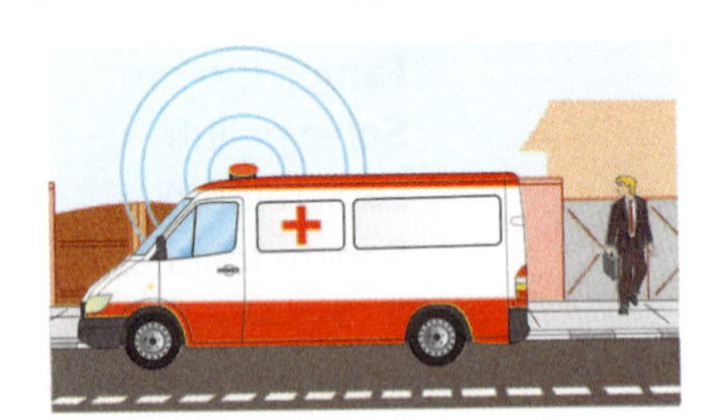

A31. Quando um observador se desloca entre duas fontes paradas que emitem sons de mesma frequência, ele percebe que as frequências ouvidas estão na razão de $\frac{4}{3}$. Sendo a velocidade do som no ar 340 m/s, determine a velocidade do observador.

Verificação

V28. Uma fonte sonora se aproxima de um observador com velocidade absoluta de 72 km/h, enquanto este se afasta da fonte com velocidade absoluta de 18 km/h. A velocidade do som no ar é 340 m/s e a frequência emitida pela fonte é de 12 000 Hz. Determine a frequência ouvida pelo observador.

V29. A frequência do som que um indivíduo parado ouve quando passa por ele uma viatura oficial com a sirene ligada diminui de 600 Hz para 500 Hz. Determine a velocidade desenvolvida pela viatura e a frequência emitida por sua sirene. A velocidade do som no ar, no caso, é igual a 350 m/s.

V30. Dois alto-falantes estão emitindo sons com mesma frequência. Um observador se desloca ao longo da reta comum aos dois, aproximando-se de um e afastando-se do outro. Determine a velocidade desse observador, a fim de que a relação entre as frequências ouvidas seja 1,5. A velocidade do som no ar, nas condições da experiência, é 340 m/s.

Revisão

R35. (UF-MG) Este diagrama representa cristas consecutivas de uma onda sonora emitida por uma fonte que se move em uma trajetória retilínea MN.

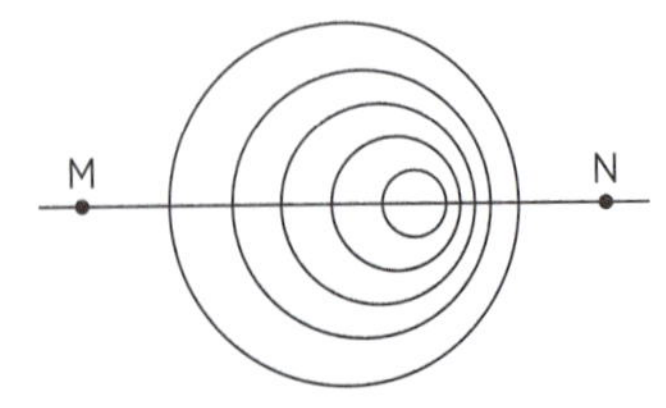

a) Indique o sentido do movimento da fonte sonora, se de *M* para *N* ou de *N* para *M*. Justifique sua resposta.

b) Considere duas pessoas, uma situada em *M* e a outra em *N*. Indique se a pessoa em *M* vai ouvir o som com frequência maior, menor ou igual à frequência ouvida pela pessoa em *N*. Justifique sua resposta.

R36. (UnB-DF) Um indivíduo percebe que o som da buzina de um carro muda de tom à medida que o veículo se aproxima ou se afasta dele. Na aproximação, a sensação é de que o som é mais agudo, no afastamento, mais grave. Esse fenômeno é conhecido em Física como efeito Doppler. Considerando a situação descrita, julgue os itens que se seguem.

I. As variações na tonalidade do som da buzina percebidas pelo indivíduo devem-se a variações da frequência da fonte sonora.
II. Quando o automóvel se afasta, o número de cristas de onda por segundo que chegam ao ouvido do indivíduo é maior.
III. Se uma pessoa estiver se movendo com o mesmo vetor velocidade do automóvel, não mais terá a sensação de que o som muda de tonalidade.
IV. Observa-se o efeito Doppler apenas para ondas que se propagam em meios materiais.

R37. (Udesc-SC) Na figura estão representadas, fora de ordem, as seguintes ondas sonoras: a emitida por uma fonte estacionária; a refletida por um veículo que se aproxima dessa fonte; e a refletida por um veículo que se afasta dessa fonte.

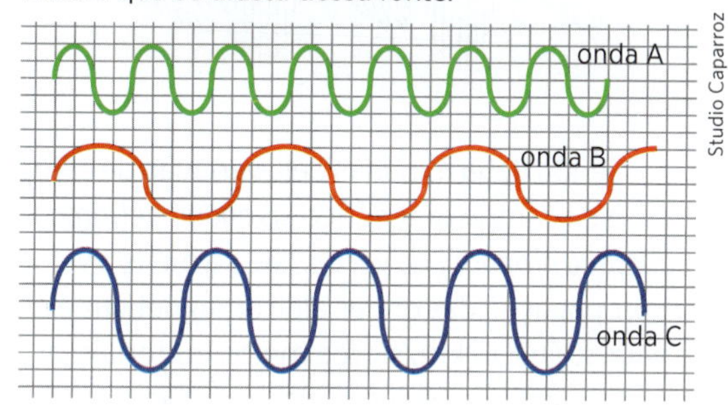

Studio Caparroz

Analise as proposições sobre essas ondas sonoras.

I. A onda *B* é a de menor amplitude.
II. A onda *A* é a de menor frequência.
III. Sendo λ o comprimento de onda, $\lambda_B > \lambda_C > \lambda_A$.
IV. Um observador junto à fonte detecta o efeito Doppler nas ondas *A* e *B*.

Assinale a alternativa correta.

a) Somente as afirmativas II e III são verdadeiras.
b) Somente as afirmativas III e IV são verdadeiras.
c) Somente as afirmativas I e II são verdadeiras.
d) Somente as afirmativas II e IV são verdadeiras.
e) Todas as afirmativas são verdadeiras.

R38. (UF-PA) Dois automóveis cruzam-se em sentidos opostos, à velocidade de 60 km/h e 80 km/h, respectivamente. O mais rápido emite um som com frequência de 680 hertz. Qual a frequência, em hertz, percebida pelos ocupantes do outro carro antes do cruzamento? A velocidade do som no ar é 340 m/s.

R39. (PUC-PR) Uma fonte de ondas mecânicas *F* está emitindo infrassons de frequência 16 Hz. A fonte aproxima-se com velocidade de 72 km/h, em relação ao solo e se direciona para o observador. Esse observador aproxima-se da fonte com velocidade constante de intensidade v_O em relação ao solo e direcionada para *F*. Sabe-se que a velocidade do infrassom no ar é de 340 m/s e que a faixa de frequência audível do observador é de 20 Hz a 20 000 Hz. Qual é o mínimo valor de v_O para que o infrassom se transforme em som audível para o observador?

a) 60 m/s
b) 110 m/s
c) 60 km/h
d) 30 m/s
e) 30 km/h

R40. (ITA-SP) Um violonista deixa cair um diapasão de frequência 440 Hz. A frequência que o violonista ouve na iminência de o diapasão tocar no chão é de 436 Hz. Desprezando o efeito da resistência do ar, a altura da queda é:

a) 9,4 m
b) 4,7 m
c) 0,94 m
d) 0,47 m
e) Situação impossível, pois a frequência deve aumentar à medida que o diapasão se aproxima do chão.

Dados: velocidade do som no ar v = 330 m/s; aceleração da gravidade g = 9,8 m/s.

APROFUNDANDO

- Faça uma pesquisa a respeito de instrumentos musicais que se baseiam em tubos sonoros.
- Você conhece marimba? Marimba é um instrumento musical que você mesmo pode construir. Ponha água dentro de várias garrafas iguais: na primeira, pouca água, na segunda, um pouco mais, e assim por diante. Batendo nelas com uma vareta, você vai obter diferentes sons; então, controlando as quantidades de água, estabeleça uma escala musical.
- Qual o princípio de funcionamento do silenciador do automóvel? E o do silenciador de uma arma de fogo?

Dave King/Dorling Kindersley/Getty Images

capítulo

32 As ondas eletromagnéticas

A teoria eletromagnética de Maxwell

Vimos que as ondas sonoras são produzidas por sistemas mecânicos que oscilam. De modo análogo, cargas elétricas oscilantes dão origem às *ondas eletromagnéticas*.

De acordo com a teoria eletromagnética estabelecida pelo físico escocês Maxwell (1831-1879) em meados do século XIX, quando uma carga elétrica oscila há produção de um campo elétrico, caracterizado pelo vetor campo elétrico $\vec{E}$, e de um campo magnético, caracterizado pelo vetor indução magnética $\vec{B}$. Esses campos são variáveis e essa variação determina uma perturbação que se propaga através do espaço, constituindo a *onda eletromagnética*.

Uma onda eletromagnética é determinada pela variação periódica do vetor campo elétrico $\vec{E}$ e do vetor indução magnética $\vec{B}$, sendo representada como se mostra na figura 1. Observe que as direções dos vetores $\vec{E}$ e $\vec{B}$ são perpendiculares.

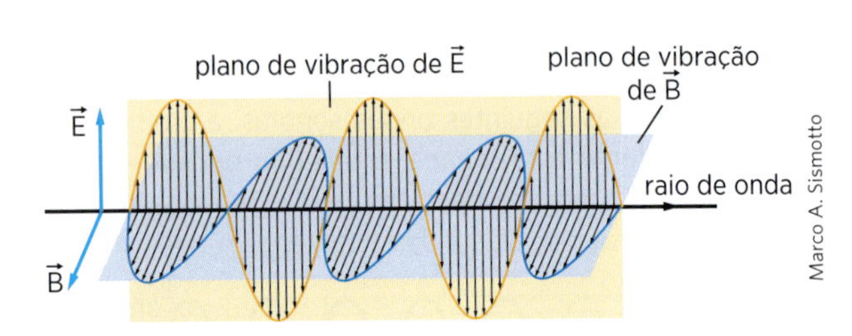

Figura 1

Sendo determinadas pela variação de campo elétrico e de campo magnético, *as ondas eletromagnéticas podem se propagar no vácuo*. Nesse meio, a velocidade de propagação das ondas eletromagnéticas é máxima e vale 300 000 km/s. Nos meios materiais, as ondas eletromagnéticas se propagam com velocidades inferiores a esse valor.

De um modo geral, qualquer carga elétrica que esteja acelerada (isto é, que possui aceleração), emite onda eletromagnética. A carga elétrica oscilante é um exemplo de carga elétrica acelerada.

A seguir, apresentamos vários tipos de ondas eletromagnéticas, em ordem crescente de frequência e decrescente de comprimento de onda no vácuo. Observe que diferentes tipos de fontes geram os diferentes tipos de ondas eletromagnéticas.

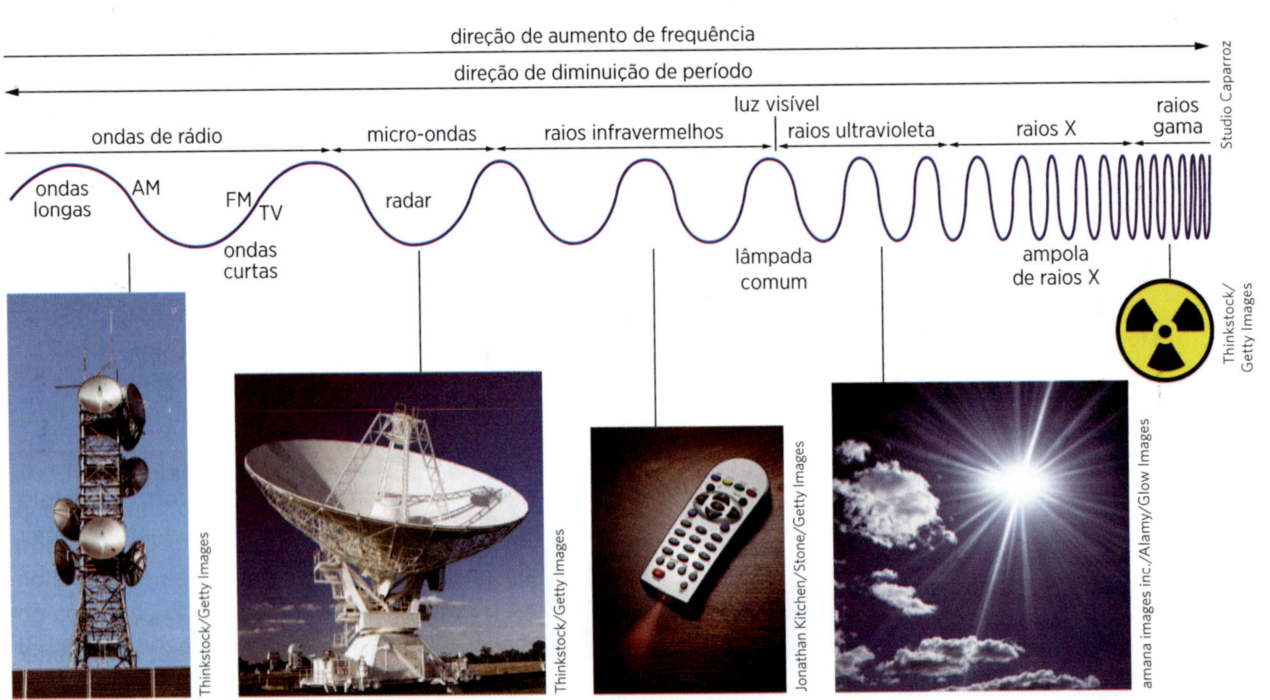

A luz visível

A retina de nossos olhos não é sensível a todas as ondas eletromagnéticas. A luz visível corresponde a um pequeno trecho do espectro eletromagnético, constituído pelas ondas eletromagnéticas com frequências compreendidas aproximadamente entre $3{,}8 \cdot 10^{14}$ Hz e $8{,}3 \cdot 10^{14}$ Hz. Os comprimentos de onda no vácuo, em correspondência, estão compreendidos entre 7800 Å (ou 780 nm) e 3600 Å (ou 360 nm). Os diferentes tipos de luzes monocromáticas se distribuem, então, do seguinte modo: luz vermelha, luz alaranjada, luz amarela, luz verde, luz azul, luz anil, luz violeta.

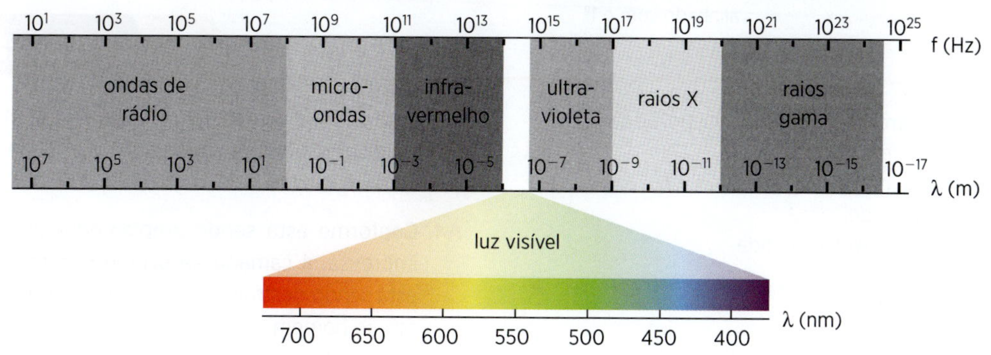

Figura 2

OBSERVE

Os comprimentos de onda da luz visível, por serem muito pequenos, costumam ser expressos nos submúltiplos do metro:

angstrom (Å): $1\ \text{Å} = 10^{-10}$ m

nanômetro (nm): $1\ \text{nm} = 10^{-9}$ m

Polarização da luz

Geralmente, uma fonte luminosa emite luz constituída por ondas eletromagnéticas que apresentam vibrações em diversos planos perpendiculares a cada raio de onda. A luz, nessas condições, é denominada *luz natural*, podendo, de modo simplificado, ser representada como indica a figura 3.

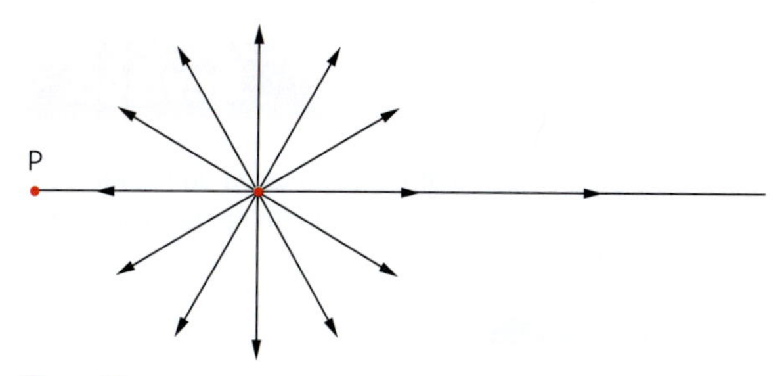

Figura 3

Ao atravessar certas substâncias, essa luz natural pode sofrer o fenômeno denominado *polarização*, de modo que a luz emergente passa a apresentar vibrações em um único plano, sendo denominada *luz polarizada*. A figura 4 mostra, de modo simplificado, o processo de polarização da luz ao atravessar uma substância polarizadora.

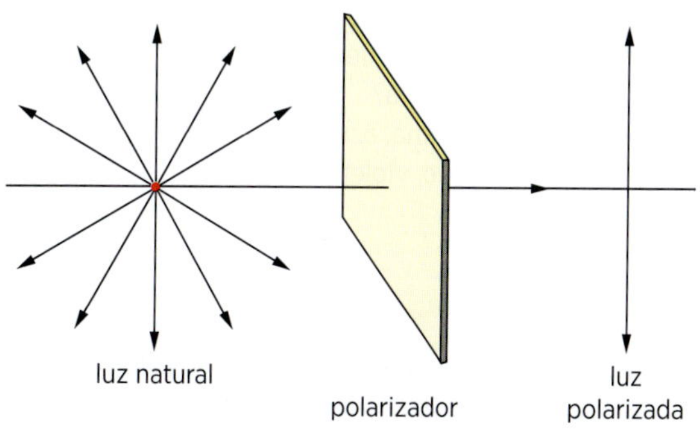

Figura 4

É importante observar que o polarizador funciona como uma espécie de fenda, só se deixando atravessar pelas vibrações num dado plano. Assim, se a luz que emerge do primeiro polarizador incidir num segundo polarizador não alinhado com o primeiro, não haverá emergência de luz (fig. 5).

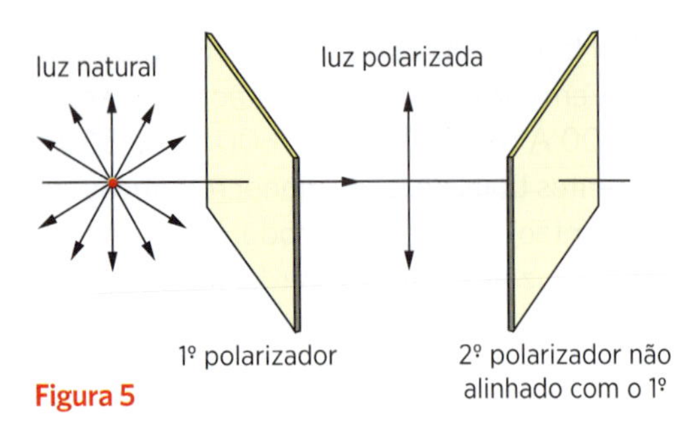

Figura 5

A ocorrência de polarização com a luz evidencia ser ela constituída por ondas transversais, pois esse fenômeno só pode ocorrer para esse tipo de onda. As ondas sonoras, sendo do tipo longitudinal, não sofrem polarização.

Aplicação

A1. As radiações eletromagnéticas, no vácuo, se caracterizam por possuírem:
a) mesma frequência.
b) mesma velocidade.
c) mesmo comprimento de onda.
d) mesma amplitude.
e) diferentes amplitudes.

A2. Das radiações eletromagnéticas a seguir, qual a que apresenta maior frequência?
a) micro-ondas
b) raios infravermelhos
c) raios X
d) luz ultravioleta
e) luz visível

A3. Uma onda luminosa tem frequência de $7{,}5 \cdot 10^{14}$ Hz. Qual seu comprimento de onda no vácuo, onde se propaga com velocidade $3 \cdot 10^8$ m/s?

A4. Conforme está sendo amplamente divulgado pela imprensa, a camada de ozônio que envolve a Terra está sendo destruída e isso pode causar sérios prejuízos ao homem e aos demais seres vivos. Que tipo de onda eletromagnética está ligado ao problema? Que prejuízos pode causar?

A5. Os "reflexos" produzidos por certas superfícies podem ser reduzidos para um observador ou fotógrafo pela utilização de óculos ou filtros polaroides. Qual o princípio de funcionamento desses dispositivos?

Verificação

V1. As substâncias radioativas apresentam três tipos de emissão, indicados pelas três primeiras letras do alfabeto grego: alfa, beta e gama. De que são constituídas essas três emissões? Qual delas é a mais prejudicial aos seres vivos?

V2. Determine a frequência dos raios X que apresentam comprimento de onda 0,1 Å no vácuo. A velocidade das ondas eletromagnéticas no vácuo é $3 \cdot 10^8$ m/s.

V3. Entre as radiações monocromáticas visíveis apresentadas a seguir, qual a sequência em ordem crescente de comprimento de onda?
a) Amarela, vermelha, azul.
b) Vermelha, verde, violeta.
c) Azul, violeta, vermelha.
d) Verde, vermelha, azul.
e) Violeta, verde, vermelha.

V4. Justifique os nomes *infravermelho* e *ultravioleta* dados às ondas eletromagnéticas limítrofes com a faixa de luz visível.

V5. A principal diferença entre o comportamento das ondas longitudinais e das ondas transversais é que as primeiras:
a) não sofrem interferência.
b) não se propagam no vácuo.
c) não sofrem polarização.
d) não sofrem difração.
e) não apresentam ressonância.

Revisão

R1. (Fatec-SP) Estabelecer uma ligação no celular, sintonizar músicas no rádio ou assistir a um jogo da Copa do Mundo com transmissão ao vivo são fenômenos decorrentes da utilização de ondas eletromagnéticas que podem ser representadas pelo espectro eletromagnético a seguir.

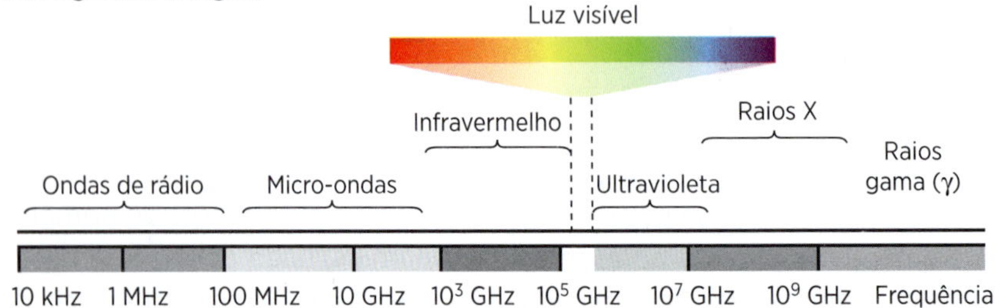

Luiz Rubio

As ondas de frequências destinadas às telecomunicações recebem o nome de radiofrequência e estão inseridas numa parte desse espectro eletromagnético. A tabela seguinte mostra alguns intervalos dessas ondas.

	Rádio AM	TV aberta (VHF) e Rádio FM	TV (via satélite)	Telefonia celular	Transmissões por fibras ópticas
Intervalos de Frequência (valores próximos)	530 kHz a 1 600 kHz	30 MHz a 300 MHz	3 GHz a 30 GHz	300 MHz a 3 GHz	10^5 GHz a 10^6 GHz

De acordo com as informações da tabela e com o espectro eletromagnético, pode-se afirmar que as ondas de radiofrequência

a) de transmissões por fibras ópticas estão na faixa dos raios X.
b) de rádio AM e FM estão na faixa do infravermelho.
c) de TV (via satélite) estão na faixa das ondas de rádio.
d) de telefonia celular estão na faixa das micro-ondas.
e) de rádio AM estão na faixa das micro-ondas.

R2. (Vunesp-SP) A luz visível é uma onda eletromagnética, que na natureza pode ser produzida de diversas maneiras. Uma delas é a bioluminescência, um fenômeno químico que ocorre no organismo de alguns seres vivos, como algumas espécies de peixes e alguns insetos, em que um pigmento chamado luciferina, em contato com o oxigênio e com uma enzima chamada luciferase, produz luzes de várias cores, como verde, amarela e vermelha. Isso é que permite ao vaga-lume macho avisar para a fêmea que está chegando, e à fêmea indicar onde está, além de servir de instrumento de defesa ou de atração para presas.

Gail Shumway/Photographer's Choice/Getty Images

As luzes verde, amarela e vermelha são consideradas ondas eletromagnéticas que, no vácuo, têm:

a) os mesmos comprimentos de onda, diferentes frequências e diferentes velocidades de propagação.
b) diferentes comprimentos de onda, diferentes frequências e diferentes velocidades de propagação.
c) diferentes comprimentos de onda, diferentes frequências e iguais velocidades de propagação.
d) os mesmos comprimentos de onda, as mesmas frequências e iguais velocidades de propagação.
e) diferentes comprimentos de onda, as mesmas frequências e diferentes velocidades de propagação.

R3. (Vunesp-SP) Cor de chama depende do elemento queimado. Por que a cor do fogo varia de um material para outro?

A cor depende basicamente do elemento químico em maior abundância no material que está sendo queimado. A mais comum, vista em incêndios e em simples velas, é a chama amarelada, resultado da combustão do sódio, que emite luz amarela quando aquecido a altas temperaturas. Quando, durante a combustão, são liberados átomos de cobre ou bário, como em incêndio de fiação elétrica, a cor da chama fica esverdeada.

(*Superinteressante*, março de 1996. Adaptado.)

A luz é uma onda eletromagnética. Dependendo da frequência dessa onda, ela terá uma coloração diferente. O valor do comprimento da onda da luz é relacionado com a sua frequência e com a energia que ela transporta: quanto mais energia, menor é o comprimento de onda e mais quente é a chama que emite a luz. Luz com coloração azulada tem menor comprimento de onda do que luz com coloração alaranjada.

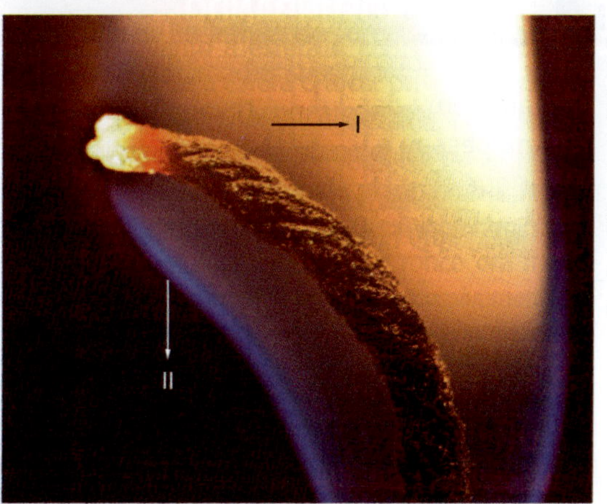

Sina Farhat/Flickr Open/Getty Images

Baseando-se nas informações e analisando a imagem, é correto afirmar que, na região I, em relação à região II:

a) a luz emitida pela chama se propaga pelo ar com maior velocidade.
b) a chama emite mais energia.
c) a chama é mais fria.
d) a luz emitida pela chama tem maior frequência.
e) a luz emitida pela chama tem menor comprimento de onda.

R4. (Unifesp-SP) Quando adaptado à claridade, o olho humano é mais sensível a certas cores de luz do que a outras. Na figura, é apresentado um gráfico da sensibilidade relativa do olho em função dos comprimentos de onda do espectro visível, dados em nm (1,0 nm = 10^{-9} m).

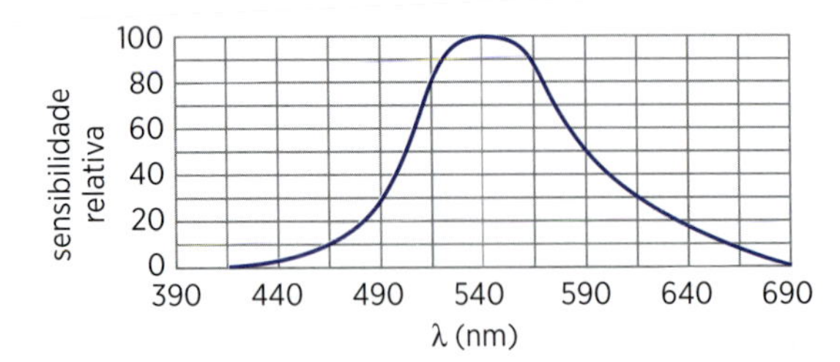

Considere as cores correspondentes aos intervalos de frequências a seguir, expressas em hertz:

Violeta: $6,9 \cdot 10^{14}$ a $7,5 \cdot 10^{14}$
Azul: $5,7 \cdot 10^{14}$ a $6,9 \cdot 10^{14}$
Verde: $5,3 \cdot 10^{14}$ a $5,7 \cdot 10^{14}$
Amarelo: $5,1 \cdot 10^{14}$ a $5,3 \cdot 10^{14}$
Laranja: $4,8 \cdot 10^{14}$ a $5,1 \cdot 10^{14}$
Vermelho: $4,3 \cdot 10^{14}$ a $4,8 \cdot 10^{14}$

Assim, com o valor de $3,0 \cdot 10^{8}$ m/s para a velocidade da luz e as informações apresentadas no gráfico, pode-se afirmar que a cor à qual o olho humano é mais sensível é o:

a) violeta
b) vermelho
c) azul
d) verde
e) amarelo

R5. (UTF-PR) Relacione as informações do 2º grupo de acordo com os fenômenos numerados no 1º grupo:

(1) Difração
(2) Interferência
(3) Refração
(4) Reflexão
(5) Polarização
(6) Onda Estacionária
(7) Ressonância
(8) Efeito Doppler-Fizeau

(▲) Pode ocorrer apenas com ondas transversais.
(▲) Encontro de pulsos de ondas onde existe o reforço das ondas.
(▲) Capacidade de um objeto vibrar com a mesma frequência de um outro corpo vibrante que se encontra nas proximidades.
(▲) Fenômeno bastante comum, no qual a pessoa ouve distintamente o som direto e posteriormente o som refletido em um obstáculo.
(▲) Pode ocorrer em cordas e apresenta pontos de nós e antinós.
(▲) Perceptível quando o comprimento de onda e o tamanho do obstáculo a ser transpassado são da mesma ordem de grandeza.
(▲) Durante a passagem da onda de um meio para outro, a velocidade se altera e a direção de propagação pode alterar-se.
(▲) Consiste na mudança aparente da frequência de uma onda percebida por um observador.

A sequência correta será:

a) 5 – 8 – 7 – 4 – 6 – 1 – 3 – 2
b) 2 – 6 – 3 – 8 – 7 – 1 – 5 – 4
c) 3 – 7 – 4 – 2 – 8 – 5 – 6 – 1
d) 5 – 2 – 7 – 4 – 6 – 1 – 3 – 8
e) 6 – 2 – 3 – 7 – 8 – 1 – 5 – 4

APROFUNDANDO

- O que vem a ser "luz *laser*"? Quais suas principais aplicações no mundo atual?
- Uma pessoa não consegue se bronzear se o Sol atingi-la através de uma placa de vidro transparente. Por quê?
- Pesquise as aplicações da polarização da luz.

Interferência luminosa

Considerando a superposição de ondas luminosas em fase, com a mesma amplitude e o mesmo comprimento de onda λ (emitidas por fontes coerentes), valem as mesmas condições de interferência estabelecidas para as ondas sonoras.

Assim, na figura 6, as fontes luminosas coerentes F_1 e F_2 emitem ondas luminosas que se superpõem nos vários pontos do meio que as envolve. Um ponto genérico *X* desse meio será sede de *interferência construtiva* e se apresentará como um ponto *claro* ou *brilhante*, se:

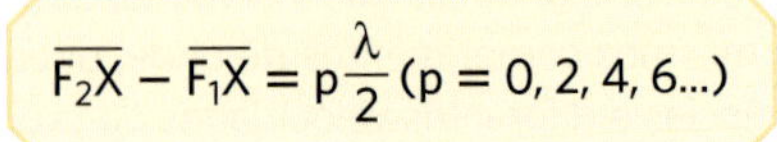

$$\overline{F_2X} - \overline{F_1X} = p\frac{\lambda}{2} \quad (p = 0, 2, 4, 6...)$$

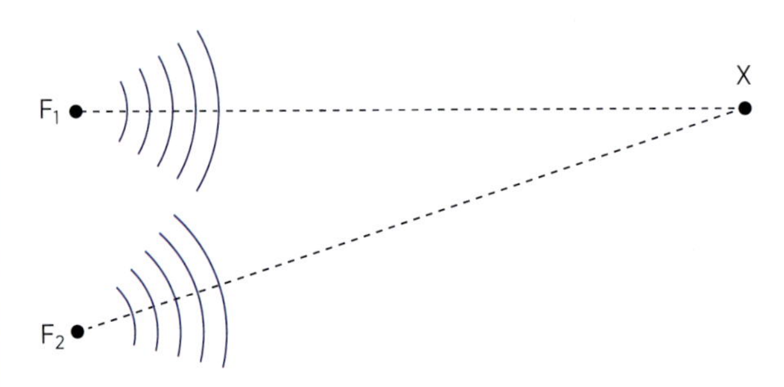

Figura 6

O ponto genérico X será sede de *interferência destrutiva* e se apresentará como um ponto *escuro*, se:

$$\overline{F_2X} - \overline{F_1X} = i\frac{\lambda}{2} \ (i = 1, 3, 5, 7...)$$

O físico e médico inglês Thomas Young (1773-1829) idealizou um dispositivo especial para que a interferência luminosa pudesse ser observada e estudada. A figura 7 esquematiza esse dispositivo: a luz monocromática emitida por uma fonte pontual P se difrata na fenda F de um primeiro anteparo, A_1; as ondas nascidas em F atingem as fendas F_1 e F_2 de um segundo anteparo, A_2, ocorrendo novas difrações; as ondas luminosas geradas em F_1 e F_2 vão se superpor num terceiro anteparo, A_3, onde a figura de interferência resultante será observada.

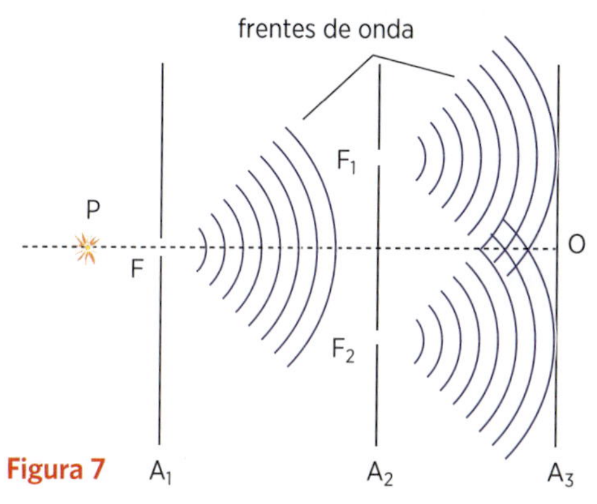

Figura 7

Na figura de interferência obtida no anteparo A_3, a região central será sempre clara, pois a diferença de caminhos percorridos pelas ondas provenientes de F_1 e F_2 é nula, ocorrendo interferência construtiva: $F_2O - F_1O = 0$.

Ao lado dessa região central alternam-se faixas (ou franjas) claras e escuras, conforme a diferença de caminhos seja múltiplo par ou ímpar de meio comprimento de onda (fig. 8).

Figura 8

Considerando as distâncias indicadas na figura 9 (a entre os anteparos, d entre as fontes F_1 e F_2, y do ponto X onde ocorre a interferência ao ponto central O), o comprimento de onda da luz utilizada pode ser calculado pela fórmula abaixo.

$$\lambda = \frac{2dy}{Na}$$

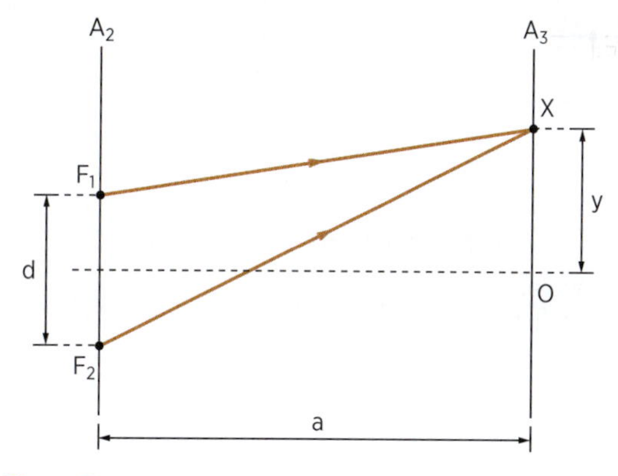

Figura 9

Nessa fórmula, N representa o número de ordem da interferência, podendo ser par (p) ou ímpar (i), conforme a interferência seja construtiva (franja clara) ou destrutiva (franja escura).

Se a luz utilizada for branca, a figura de interferência vai apresentar uma faixa central branca (interferência construtiva para todas as cores), apresentando-se coloridas as demais faixas, pois a interferência será, em cada ponto, construtiva para algumas cores e destrutiva para outras.

Uma película de óleo sobre o solo ou sobre a água e as bolhas de sabão (fig. 10) apresentam-se coloridas pela ocorrência de interferência entre as ondas que se refletem em suas superfícies internas e externas.

Paul Brown/Alamy/Glow Images

Figura 10. Bolhas de sabão.

OBSERVE

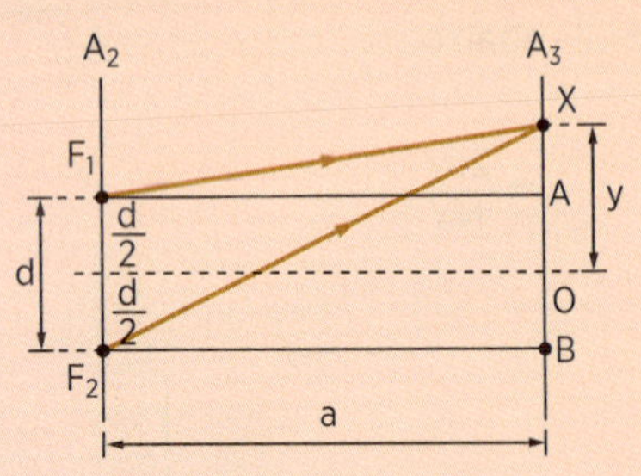

Triângulo F_1XA:

$$\left(\overline{F_1X}\right)^2 = \left(y - \frac{d}{2}\right)^2 + a^2 \quad ①$$

Triângulo F_2XB:

$$\left(\overline{F_2X}\right)^2 = \left(y + \frac{d}{2}\right)^2 + a^2 \quad ②$$

$$② - ①: \left(\overline{F_2X}\right)^2 - \left(\overline{F_1X}\right)^2 = \left(y + \frac{d}{2}\right)^2 - \left(y - \frac{d}{2}\right)^2$$

$$\left(\overline{F_2X} - \overline{F_1X}\right)\left(\overline{F_2X} + \overline{F_1X}\right) = 2yd$$

Considerando *d* e *y* muito menores do que *a*, podemos escrever: $F_2X + F_1X = 2a$

Portanto:

$$\left(\overline{F_2X} - \overline{F_1X}\right)2a = 2yd \Rightarrow \boxed{\overline{F_2X} - \overline{F_1X} = \frac{yd}{a}}$$

Mas, $F_2X - F_1X = N \cdot \frac{\lambda}{2}$, sendo *N* par ou *N* ímpar, conforme a interferência seja construtiva ou destrutiva.

Logo:

$$N \cdot \frac{\lambda}{2} = \frac{yd}{a} \Rightarrow \boxed{\lambda = \frac{2yd}{Na}}$$

Aplicação

A6. Duas fontes luminosas coerentes emitem ondas que se superpõem no ponto *P*, como indica a figura, situado a 5,2 μm de F_1 e a 5,8 μm de F_2. Se o comprimento de onda da luz emitida é igual a 0,6 μm, determine se a interferência em *P* é construtiva ou destrutiva.

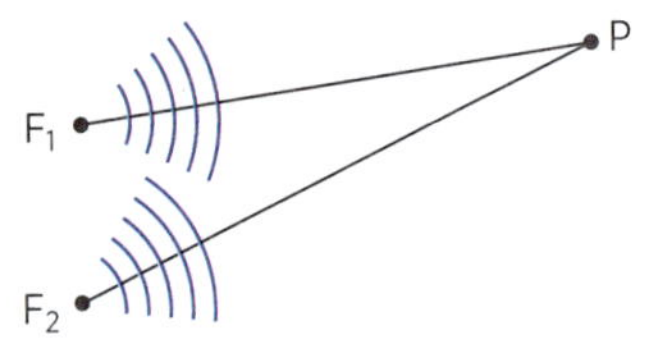

A7. Num dispositivo de Young, as fendas estão situadas a $1{,}0 \cdot 10^{-3}$ m uma da outra, os anteparos estão separados por $5{,}0 \cdot 10^{-1}$ m e a distância entre a faixa clara central e a primeira faixa clara vizinha, que se observa na figura de interferência, vale $2{,}3 \cdot 10^{-4}$ m. Determine o comprimento de onda da luz utilizada, expresso em angstrons.

A8. Como explicar o fato de as bolhas de sabão apresentarem-se coloridas?

Verificação

V6. Duas fontes luminosas coerentes emitem luz de comprimento de onda igual a 4 000 Å.
Determine se a interferência é construtiva ou destrutiva:

a) num ponto equidistante das fontes;

b) num ponto situado a uma distância tal das fontes que a diferença de caminhos entre as ondas que se superpõem seja $2{,}0 \cdot 10^{-7}$ m.

V7. No arranjo experimental proposto por Young, as faixas claras, na figura de interferência obtida, distam 6,0 mm uma da outra. As fendas estão separadas por 1,0 mm e os anteparos por 10 m. Sendo $3{,}0 \cdot 10^8$ m/s a velocidade da luz no meio onde se realiza a experiência, determine a frequência da luz monocromática utilizada.

V8. Explique por que manchas de óleo no asfalto apresentam-se coloridas quando iluminadas pelo Sol.

R6. (Urca-CE) Frequentemente nos deparamos com pessoas em aeroportos, bibliotecas, restaurantes, etc. utilizando dispositivos eletrônicos, como, por exemplo, notebooks, para acessarem a internet sem utilizar cabos para a conexão.

Fuse/Getty Images

A chamada rede Wi-Fi é uma rede sem fio (também chamada de *wireless*) na qual podemos ter acesso à internet apenas por sinal de:

a) ondas sonoras.
b) ondas harmônicas.
c) ondas eletromagnéticas.
d) polarização.
e) interferência.

R7. (Facid-PI) O físico e médico inglês Thomas Young (1773-1829) fez um pincel de luz monocromática (uma só cor) incidir sobre uma tela opaca (obstáculo) A, uma estreita fenda S_0.

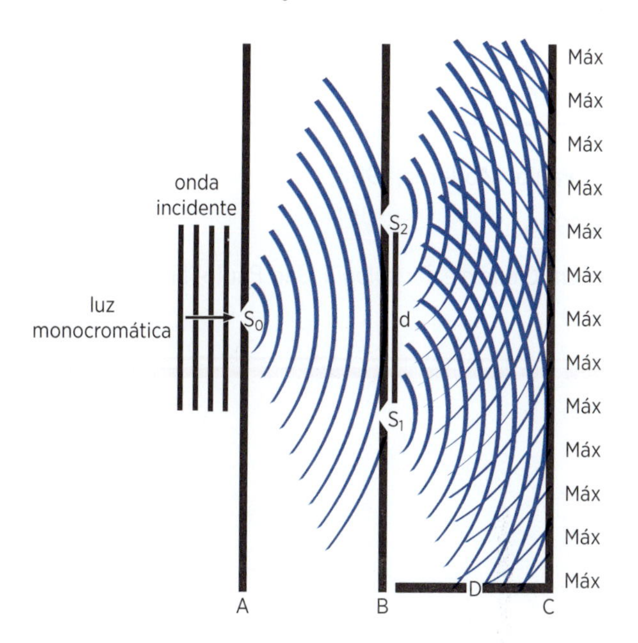

A luz que atinge essa fenda se espalha sofrendo difração. Atrás da primeira tela, ele colocou outra tela opaca B, com duas fendas muito estreitas e convenientemente próximas (S_1 e S_2), sendo que cada uma delas funciona como uma fonte primária de ondas exatamente iguais (mesma frequência, mesmo comprimento de onda, mesma velocidade e em fase), ou seja, ondas coerentes, condição necessária para que ocorra a interferência.

Em seguida, a uma distância d do obstáculo B, o cientista colocou um anteparo C (alvo, película fotográfica), de tal modo que a separação d entre as fendas S_1 e S_2 é muito menor que a distância entre o obstáculo B e a tela C.

Então ele observou na tela C uma figura de interferência formada por franjas brilhantes coloridas (interferência construtiva) alternadas por franjas escuras (interferência destrutiva). O padrão de faixas de luz projetado na tela é chamado franjas de interferência.

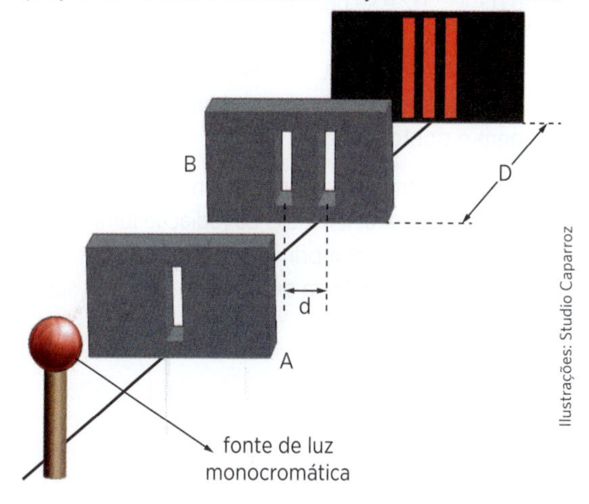

Ilustrações: Studio Caparroz

Com relação ao experimento de Young é correto afirmar que:

a) a luz possuía natureza ondulatória, pois os fenômenos de difração e interferência descritos nessa experiência são de características exclusivamente ondulatórias.
b) a luz possuía natureza corpuscular, pois os fenômenos de difração e interferência descritos nessa experiência são de características exclusivamente ondulatórias.
c) através da experiência se demonstrou que a luz possuía natureza ondulatória, pois os fenômenos de refração e interferência descritos nessa experiência são de características exclusivamente ondulatórias.
d) a luz não possuía natureza ondulatória, pois os fenômenos de difração e interferência descritos nessa experiência são de características exclusivamente corpusculares.
e) a luz possuía natureza corpuscular, pois os fenômenos de refração e interferência descritos nessa experiência são de características exclusivamente corpusculares.

R8. (UF-BA) Na experiência de Thomas Young, a luz monocromática difratada pelas fendas F_1 e F_2 se superpõe na região limitada pelos anteparos A_2 e A_3, produzindo o padrão de interferência mostrado na figura.

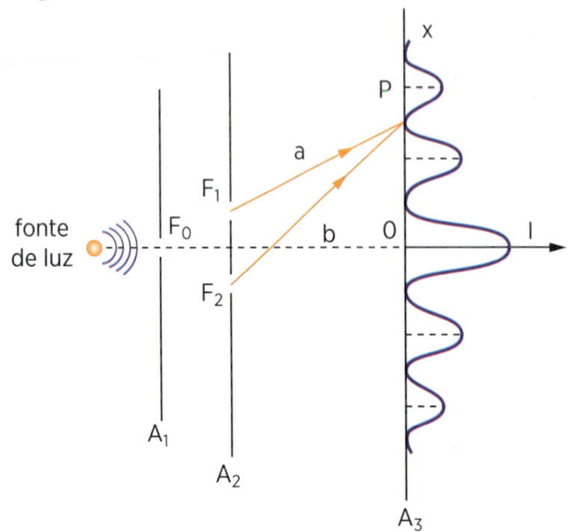

Sabendo que a luz utilizada tem frequência igual a $6{,}0 \cdot 10^{14}$ Hz e se propaga com velocidade de módulo igual a $3{,}0 \cdot 10^{8}$ m/s, determine, em unidades do Sistema Internacional, a diferença entre os percursos ópticos, *a* e *b*, dos raios que partem de F_1 e F_2 e atingem o ponto *P*.

R9. (UE-CE) Através de franjas de interferência é possível determinar características da radiação luminosa, como, por exemplo, o comprimento de onda. Considere uma figura de interferência devida a duas fendas separadas de d = 0,1 mm.

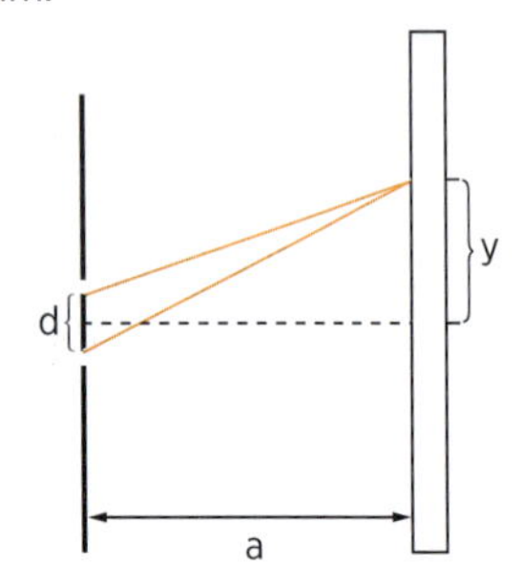

O anteparo onde as franjas são projetadas fica a a = 50 cm das fendas. Admitindo-se que as franjas são igualmente espaçadas e que a distância entre duas franjas claras consecutivas é de y = 4 mm, o comprimento de onda da luz incidente, em nm, é igual a:

a) 200
b) 400
c) 800
d) 1600

R10. (UF-CE) Junto a um posto de gasolina, muitas vezes vemos poças d'água com manchas coloridas em virtude do óleo nelas contido. Tais manchas são explicadas por:

a) refração.
b) polarização.
c) interferência.
d) difração.
e) ressonância.

R11. (Vunesp-SP) Quando se olha a luz branca de uma lâmpada incandescente ou fluorescente refletida na superfície de um CD, pode-se ver o espectro contínuo de cores que compõem essa luz.

Thinkstock/Getty Images

Esse efeito ocorre nos CDs devido à

a) difração dos raios refratados nos sulcos do CD, que funcionam como uma rede de difração.
b) interferência dos raios refletidos nos sulcos do CD, que funcionam como uma rede de difração.
c) interferência dos raios refletidos nos sulcos do CD, que funcionam como um prisma.
d) polarização dos raios refletidos nos sulcos do CD, que funcionam como um polarizador.
e) refração dos raios refletidos nos sulcos do CD, que funcionam como uma rede de prismas.

LEIA MAIS

Paulo Cunha, Valdir Montanari. *Nas ondas da luz*. São Paulo: Moderna, 1996.

__________. *Nas ondas do som*. São Paulo: Moderna, 1996.

Vanderlei Salvador Baguato. Laser e *suas aplicações em Ciência e Tecnologia*. São Paulo: Livraria da Física, 2008.

CRONOLOGIA DOS ESTUDOS SOBRE A LUZ

A propagação retilínea da luz e a reflexão da luz já eram conhecidas pelos antigos gregos. A lei que estabelece que o ângulo de reflexão é igual ao ângulo de incidência foi descoberta experimentalmente por Heron de Alexandria, que viveu na Grécia, século II.

Século XVII

- René Descartes (1596-1650), filósofo e matemático francês, apresenta em sua obra *Dioptrica*, publicada em 1637, a lei que relaciona os ângulos de incidência e de refração, descoberta pelo matemático holandês Willebrord Snell (1580-1626).
- O cientista inglês Isaac Newton (1642-1727) formula a primeira teoria científica sobre a natureza da luz, conhecida como "teoria corpuscular". Segundo essa teoria, uma fonte luminosa emite pequeníssimos corpúsculos em todas as direções, com velocidade muito elevada, atravessando os meios transparentes. Newton fez as primeiras experiências sobre a decomposição da luz solar por um prisma, estabeleceu a teoria das cores e construiu um telescópio cuja objetiva é um espelho côncavo.
- O cientista holandês Christian Huygens (1629-1695), na mesma época de Newton, estabelece outra teoria sobre a natureza da luz, a "teoria ondulatória", segundo a qual a luz se propaga no espaço por meio de ondas, de modo análogo ao som. Em virtude do prestígio que Newton desfrutava no meio científico, a teoria corpuscular prevalece sobre a teoria ondulatória praticamente durante todo o século XVIII.

Granger/Other Images

Newton em experimento com raios de luz.

Século XIX

- O físico escocês James Clerk Maxwell (1831-1879) apresenta, em 1860, a "teoria ondulatória eletromagnética", segundo a qual a luz é uma onda eletromagnética.
- Em 1887, o físico alemão Heinrich Rudolf Hertz (1847-1894) descobre o "efeito fotoelétrico": quando a luz incide na superfície de determinados metais, elétrons são expulsos dessa superfície. Esse fenômeno não é explicado pela teoria ondulatória.
- Carl Friedrich Gauss (1777-1855), matemático, físico e astrônomo alemão, estabelece, em 1840, a teoria das lentes.

Século XX

- Em 1905, o físico alemão Albert Einstein (1879-1955) explica o efeito fotoelétrico, retomando o aspecto corpuscular, diferente porém do caráter mecânico proposto por Newton. Segundo Einstein, a luz, e toda onda eletromagnética, não é emitida ou absorvida de modo contínuo, mas sim em porções descontínuas, na forma de "corpúsculos" que transportam uma quantidade de energia bem definida. Esses "corpúsculos energéticos" são denominados *fótons*. A energia de um fóton é chamada *quantum*.

  Atualmente, as duas teorias são aceitas, admitindo-se que a luz apresenta dupla natureza: corpuscular e ondulatória.

Desafio Olímpico

1. (OBF-Brasil) Uma partícula executa um movimento harmônico simples descrito pela função horária $x = 2\cos\left[\frac{\pi}{2}t\right]$, em unidades do S.I.

A amplitude e o período desse movimento são, respectivamente:

a) 2 m e 4 s
b) 1 m e 4 s
c) 2 m e $\frac{2}{\pi}$ s
d) 1 m e $\frac{2}{\pi}$ s
e) 2 m e $\frac{\pi}{2}$ s

2. (OBF-Brasil) Num certo local, um pêndulo simples de comprimento *L* oscila com um período *T*. Aumentando quatro vezes o comprimento do pêndulo, seu período de oscilação ficará igual a:

a) T
b) $\frac{1}{2}$T
c) 4T
d) $\frac{1}{4}$T
e) 2T

3. (OCF-Colômbia) Em um mesmo intervalo de tempo um pêndulo simples realiza 5 oscilações e outro, 3 oscilações. Se a diferença entre seus comprimentos é 48 cm, o comprimento do mais curto é:

a) 12 cm
b) 27 cm
c) 48 cm
d) 75 cm
e) 96 cm

4. (OBF-Brasil) O gráfico abaixo representa o movimento Harmônico Simples de um corpo. Em qual dos pontos da trajetória (deslocamento como função do tempo) o módulo da velocidade do móvel é máximo:

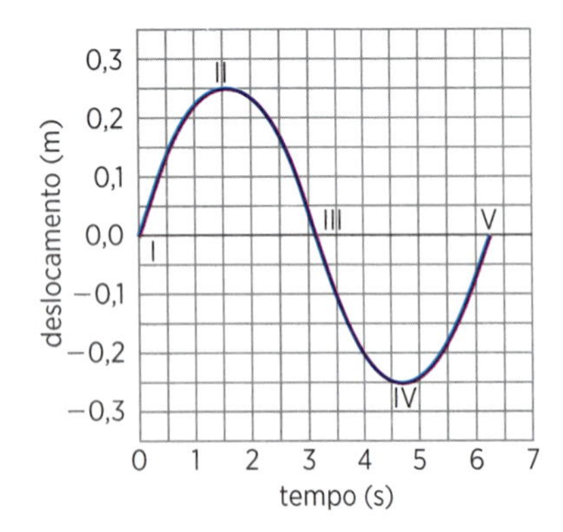

a) I, III e V
b) II e IV
c) I e V
d) I, IV e V
e) III

5. (OBF-Brasil) As ondas podem ser divididas em longitudinais e transversais. Qual dos itens abaixo melhor descreve a luz (onda eletromagnética) e o som (onda acústica se propagando no ar)?

a) ambas são ondas longitudinais.
b) ambas são ondas transversais.
c) a luz é transversal e o som é longitudinal.
d) o som é transversal e a luz é longitudinal.
e) nenhuma das alternativas anteriores é correta porque a luz e o som se propagam de forma diferente.

6. (OBF-Brasil) O menor intervalo de tempo entre dois sinais sonoros consecutivos para que uma pessoa consiga distingui-los é de 0,1 s. Considere uma pessoa à frente de uma parede num local onde a velocidade do som é de 340 m/s.

a) Determine a menor distância *x* para que a pessoa possa ouvir o eco de sua voz.
b) Determine a distância *x* na qual o eco é ouvido 4,0 s após a emissão da voz.

7. (OBF-Brasil) A reflexão do som é aplicada pelos navios, submarinos e alguns barcos pequenos para determinar a profundidade do mar ou a presença de obstáculos. Para isso, essas embarcações dispõem de um aparelho — o *sonar* — que emite ultrassons e tem um mecanismo especial para captar os sons refletidos.

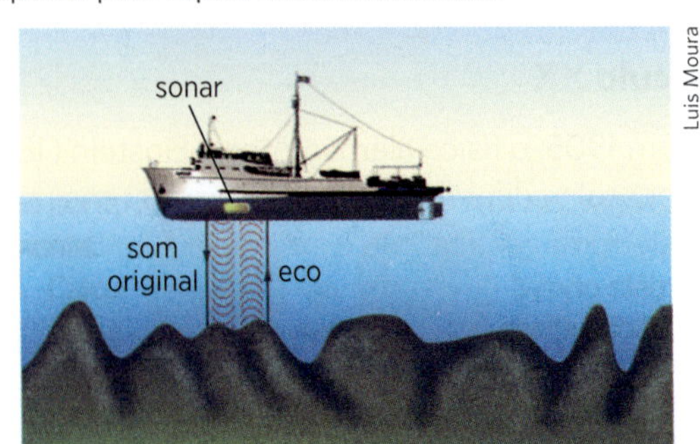

Imagine que um sinal sonoro foi emitido de um navio, perpendicularmente ao fundo do mar e, após 1,0 s, o som refletido foi captado. Considerando a velocidade do som na água do mar igual a 1500 m/s, qual a profundidade do mar onde o navio se encontra?

8. (OBF-Brasil) A figura representa um tanque com uma lâmina de água de espessura constante e as frentes de onda das ondas provocadas logo após uma pedra ter caído no ponto *P* desse tanque. As ondas geradas na superfície da água pela pedra movem-se de encontro a três obstáculos fixados ao tanque e que formam duas passagens.

Luis Moura

Depois de atravessarem as passagens, será possível observar os fenômenos de:

a) dispersão e refração.
b) difração e dispersão.
c) refração e interferência.
d) difração e refração.
e) difração e interferência.

9. (OBF-Brasil) Na figura a seguir você vê um objeto movendo-se da sua esquerda para a sua direita, ao mesmo tempo em que produz ondas superficiais circulares na água. Esta imagem pode representar uma ambulância com a sirene funcionando.

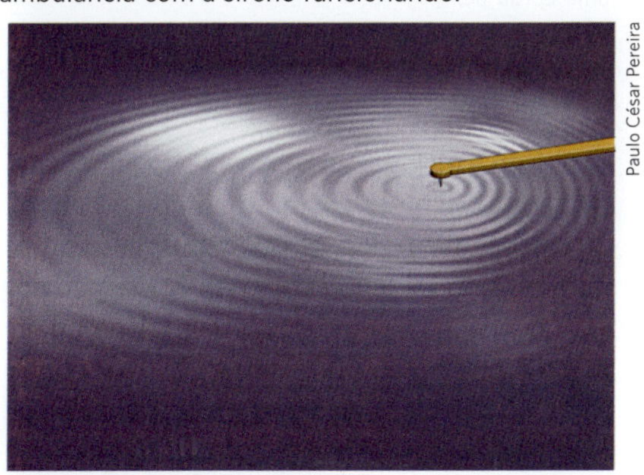

Paulo César Pereira

Em relação a este fenômeno, qual das respostas abaixo está *incorreta*?

a) Chama-se efeito Doppler.
b) O som da sirene fica mais grave do lado esquerdo e mais agudo do lado direito.
c) As duas ondas propagam-se, necessariamente, em meios materiais.
d) A velocidade do som na água e no ar são iguais.
e) A sirene, ao funcionar parada, gera ondas esféricas sonoras.

10. (OBF-Brasil) A figura a seguir representa duas fontes sonoras pontuais e coerentes emitindo na mesma frequência (indicadas por 1 e 2). As linhas circulares representam as posições das cristas das ondas. Considere as seguintes afirmações com relação à interferência de ondas.

I. na interferência construtiva a intensidade da onda resultante é máxima.
II. os pontos *A* e *B* são pontos onde ocorre interferência construtiva.
III. na interferência destrutiva a intensidade da onda resultante é mínima.
IV. os pontos *A* e *B* são pontos onde ocorre interferência destrutiva.

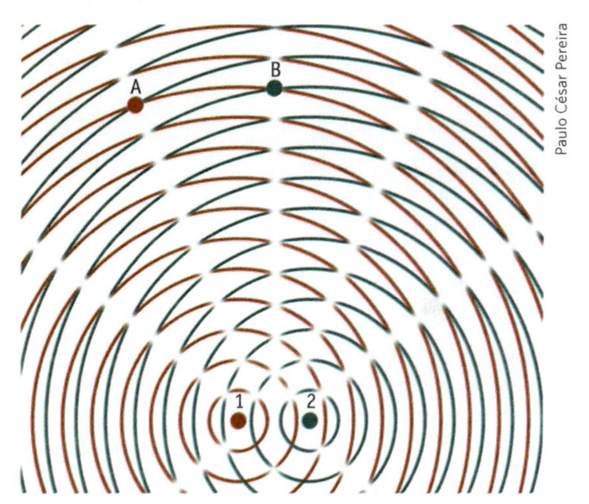

Paulo César Pereira

Qual dos itens abaixo melhor representa as afirmações?

a) somente as afirmativas I e III estão corretas.
b) somente as afirmativas I, II e III estão corretas.
c) somente as afirmativas II e IV estão corretas.
d) todas as afirmativas estão corretas.
e) todas as afirmativas não estão corretas.

11. (OBF-Brasil) Ao entrar num longo corredor onde existe um motor elétrico funcionando, um aluno percebeu que este emitia um ronco constante e desagradável. Percebeu também, curiosamente, que, conforme caminhava ao longo do corredor, ele ouvia o ronco ora muito intenso, ora pouco intenso e assim sucessivamente, e que a distância entre dois pontos de pouca intensidade sucessivos era aproximadamente 2,5 m.

A partir dessa observação e tomando a velocidade de propagação do som como 340 m/s, a frequência do ronco do motor deve estar por volta de:

a) 68 Hz
b) 34 Hz
c) 17 Hz
d) 102 Hz
e) 136 Hz

12. (OBF-Brasil) Um som de frequência 640 Hz e comprimento de onda 0,500 m se propaga em um meio com uma velocidade de:

a) 160 m/s
b) 320 m/s
c) 640 m/s
d) 1 280 m/s
e) 2 560 m/s

Capítulo 29

Aplicação

A1. a) $a = 2\text{ m}; \omega = \frac{\pi}{2}\text{ rad/s}$ $\varphi_0 = \frac{\pi}{2}\text{ rad};$
$T = 4\text{ s}; f = 0{,}25\text{ Hz}$

b)

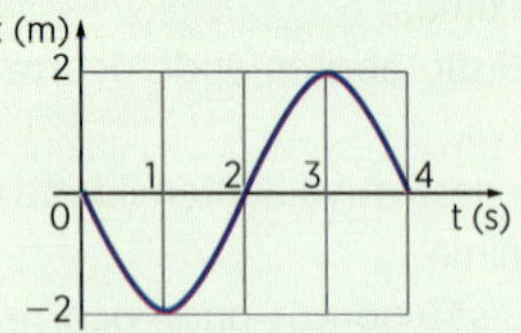

A2. $x = 0{,}50\cos(50t + \pi)$ (SI)

A3. $\varphi_0 = \pi$ rad

A4. $x = \cos\left(\frac{t}{2} + \pi\right)$ (SI)

A5. $v = -0{,}3\pi\,\text{sen}\left(\pi t + \frac{\pi}{2}\right)$ (SI)

$\alpha = -0{,}3\pi^2\cos\left(\pi t + \frac{\pi}{2}\right)$ (SI)

A6. a) $T = 2\text{ s}; f = 0{,}5\text{ Hz}$
b) $v_{máx} = 0{,}3\pi\text{ m/s}; \alpha_{máx} = 0{,}3\pi^2\text{ m/s}^2$

A7. $v = -30\pi\,\text{sen}(5\pi t + \pi)$ (SI)
$\alpha = -150\pi^2\cos(5\pi t + \pi)$ (SI)

A8. a) $T = 0{,}4\text{ s}; f = 2{,}5\text{ Hz}$
b) $v_{máx} = 30\pi\text{ m/s}; \alpha_{máx} = 150\pi^2\text{ m/s}^2$

A9. a) $E_M = 1{,}0$ J
b) $a = 0{,}40$ m; $T = 0{,}40\pi$ s
c)

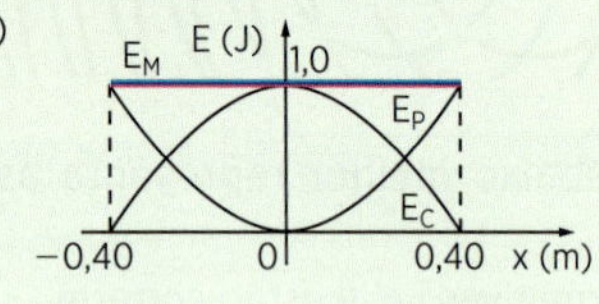

A10. a) $T = \frac{\pi}{2}$ s b) $T = \frac{\pi}{2}$ s

A11. a) $T = 0{,}4\pi$ s b) $T' = 0{,}1\pi$ s

A12. Ver teoria.

A13. O barco de papel repete o movimento da perturbação que sofreu. A onda não transporta matéria.

A14. $v = 30$ cm/s

A15. $v = 2{,}5$ cm/s

A16. $\lambda = vT$

A17. a) $\lambda = 4$ cm
b) $a = 1$ cm
c) $T = 6\text{ s}; v = \frac{2}{3}\text{ cm/s}$

A18. $6{,}0 \cdot 10^3$ Å

A19. $\lambda = 2{,}0 \cdot 10^3$ Å

A20. $f = 40\text{ Hz}; T = 0{,}025\text{ s}$

A21. a) $T = 5\text{ s}; f = 0{,}2\text{ Hz}$ b) $\lambda = 0{,}4$ m

A22. a) $a = 2$ cm c) $f = 1$ Hz
b) $\lambda = 12$ cm d) $T = 1$ s

A23. $v = 240$ m/s

A24. a) $T = 4{,}0$ s b) $T \cong 0{,}92$ s

Verificação

V1. a) $a = 3\text{ m}; \omega = \pi\text{ rad/s}; f = 0{,}5\text{ Hz}$
$\varphi_0 = \pi\text{ rad}; T = 2\text{ s}$

b) x (m) / 3 / 1 / 2 / 0 / t (s) / −3

V2. $x = \cos\left(4\pi t + \frac{\pi}{2}\right)$ (SI)

V3. $x = 5\cos(\pi t)$ (SI)

V4. a) $\varphi_0 = \frac{3\pi}{2}$ rad
b) $x = \frac{1}{4}\cos\left(\pi t + \frac{3\pi}{2}\right)$ (SI)

V5. $v = -4\pi\,\text{sen}(2\pi t + \pi)$ (SI)
$\alpha = -8\pi^2\cos(2\pi t + \pi)$ (SI)

V6. a) $T = 1\text{ s}; f = 1\text{ Hz}$
b) $v_{máx} = 4\pi\text{ m/s}; \alpha_{máx} = 8\pi^2\text{ m/s}^2$

V7. $v = -12\pi\,\text{sen}\left(3\pi t + \frac{3\pi}{2}\right)$ (SI)

$\alpha = -36\pi^2\cos\left(3\pi t + \frac{3\pi}{2}\right)$ (SI)

V8. a) $T = \frac{2}{3}\text{ s}; f = 1{,}5\text{ Hz}$
b) $v_{máx} = 12\pi\text{ m/s}; \alpha_{máx} = 36\pi^2\text{ m/s}^2$

V9. a) $E_M = 5{,}0$ J
b) $a = 1{,}0$ m; $T = 0{,}40\pi$ s
c)

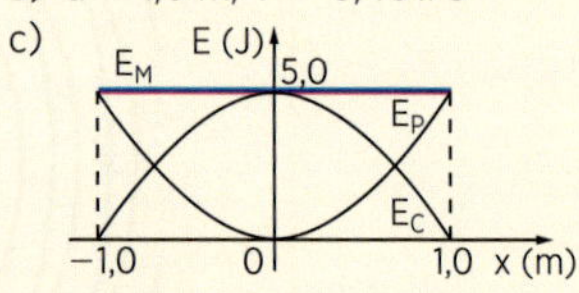

V10. $k = 4$ N/m

V11. $L = 40$ m

V12. $T' = 8\pi$ s

V13. Ver teoria.

V14. Uma rolha de cortiça na água, uma pedra amarrada em uma corda perturbada.

V15. a) $v = 2$ m/s
b) 1 s → 4 m; 2 s → 8 m; 5 s → 20 m

V16. $v = 3{,}5$ cm/s

V17. $\lambda = \frac{v}{f}$

V18. a) $a = 1{,}5$ cm
b) $\lambda = 4$ cm
c) $T = 4\text{ s}; f = 0{,}25\text{ Hz}$
d) $v = 1$ cm/s

V19. $\lambda = 7{,}5 \cdot 10^{-7}$ m

V20. $f = 5 \cdot 10^{14}$ Hz

V21. $\lambda = 4{,}0$ cm

V22. a) $\lambda = 20$ cm c) $v = 10$ cm/s
b) $T = 2\text{ s}; f = 0{,}5\text{ Hz}$

V23. a) $a = 2$ cm c) $f = 0{,}25$ Hz
b) $\lambda = 8$ cm d) $T = 4$ s

V24. $\lambda = 4{,}0$ m $v = 8{,}0$ m/s

Revisão

R1. a) 1 Hz b) $\frac{1}{6}$ s

R2. a) $a = 4\text{ m}; f = 2\text{ Hz}; T = 0{,}5\text{ s}$
b) 0,125 s

R3. a

R4. d

R5. c

R6. c

R7. I, III, IV

R8. $T = \frac{2\pi a}{v_0}$

R9. d

R10. a

R11. b

R12. b

R13. d

R14. d

R15. a) $v = 10$ cm/s
b)

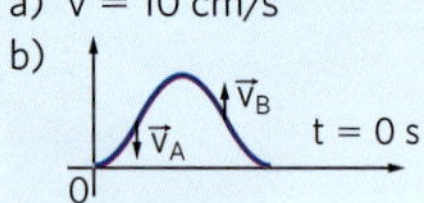

R16. $\frac{t_A}{t_B} = \frac{1}{3}$

R17. 24(08 + 16)

R18. c

R19. c

R20. 5 s

R21. c

R22. a) $A = 4\text{ mV}; T = 0{,}6\text{ s}; f \cong 1{,}67\text{ Hz}$
b) 6 m

R23. a) $f = 6{,}0$ Hz b) Não se alteram.

R24. a) 3,2 m/s b) 4,8 m/s

R25. a) $\lambda = 40$ cm
b) $v = 200$ cm/s e $f = 5{,}0$ Hz

R26. $A = 4{,}0\text{ cm}; T = 0{,}50\text{ s}; f = 2{,}0\text{ Hz}$

Capítulo 30

Aplicação

A1.

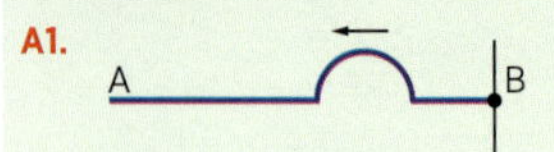

A2. a) $v = 2{,}0 \cdot 10^3$ m/s
b) 1 2 3 4 5 6 7 8 9 / A / P' / B

A3. a) $\Delta t = 2$ s
b)

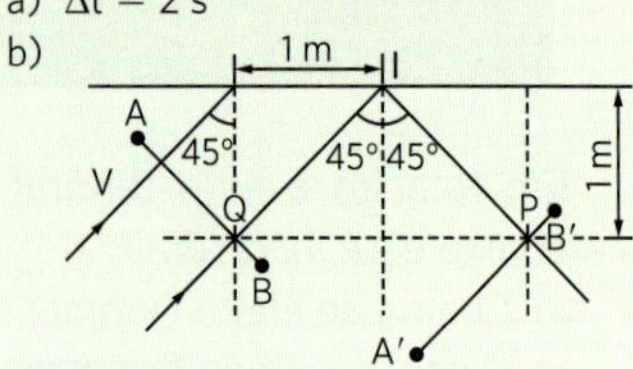

A4.

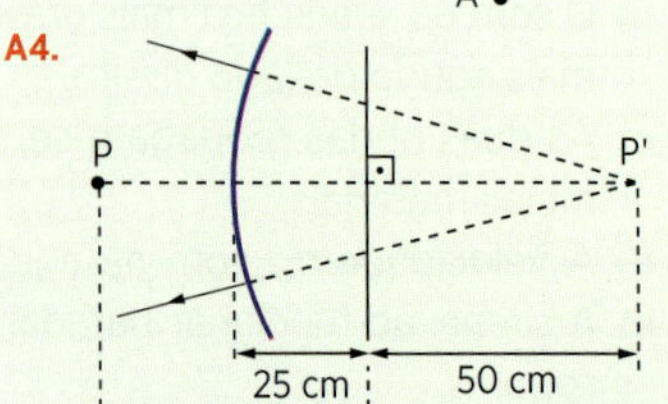

A5. $v = 12$ m/s

A6. a) $v_1 = 9{,}0$ m/s; $v_2 = 3{,}0$ m/s
b) $f = 30$ Hz
c) $\lambda_2 = 0{,}10$ m

A7. a) $f = 9{,}0$ Hz b) $v_2 = 18$ cm/s

A8. a) $v_1 = 240$ cm/s
b) $v_2 = 120\sqrt{2}$ cm/s
c) $\lambda_2 = \sqrt{2}$ cm

A9. $a = 2$ cm

A10. a) $a = 20$ cm
b) $v = 5$ m/s
c) 20 cm

A11. interferência construtiva

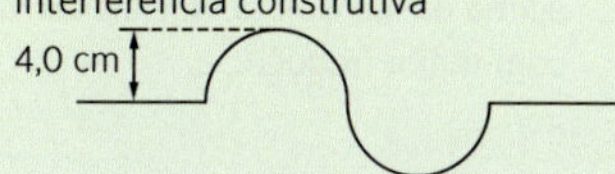

A12. a) interferência destrutiva

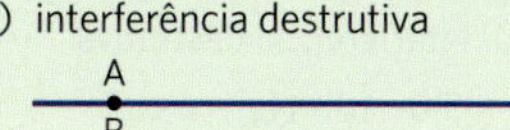

b) $v_1 = v_2 = 40$ m/s
c) $f_2 = 20$ Hz; $\lambda_1 = 2{,}0$ m

A13. $a = 2{,}0$ cm; $d = 1{,}0$ cm

A14. a) $\lambda = 8{,}0$ cm c) $a = 2{,}5$ cm
b) $f = 250$ Hz

A15. a) $\lambda = 5{,}0$ m b) $f = 2{,}0$ Hz

A16. a) $a = 1{,}0$ m c) $f = 2{,}0$ Hz
b) $\lambda = 3{,}2$ m

A17. $v = 60$ m/s

A18. As ondas sonoras difratam contornando o muro.

A19. b

A20. c

A21. b

A22. A frequência da onda sonora da voz do cantor coincidiu com a frequência natural de vibração do copo, entrando, assim, em ressonância.

Verificação

V1.

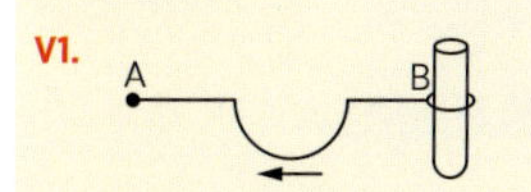

V2. a) $v = 5$ m/s
b)

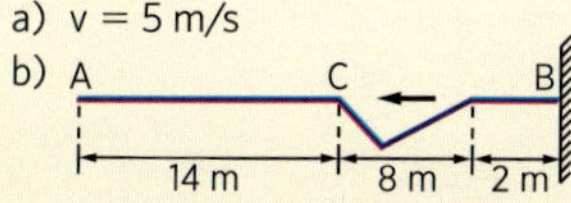

V3. a)

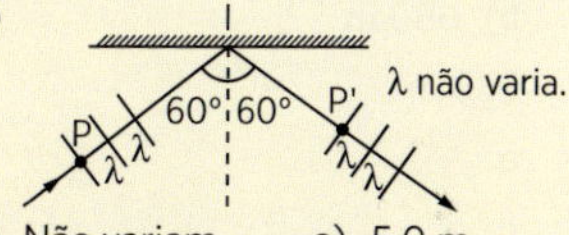

b) Não variam. c) 5,0 m

V4.

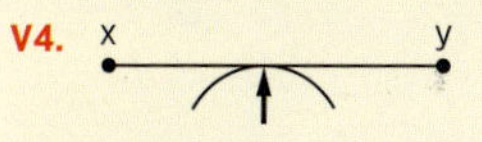

V5. $v = 3$ m/s

V6. a) $v_1 = 100$ cm/s; $v_2 = 400$ cm/s
b) $f_2 = 50$ Hz
c) $\lambda_2 = 8{,}0$ cm

V7. $v_A = 10$ cm/s; $v_B = 5$ cm/s

V8. a) $v_1 = 200$ m/s c) $\lambda_2 = 2{,}5$ m
b) $\lambda_1 = 2$ m

V9. $a_r = 8$ cm; $v = 10$ m/s

V10. a) 3 cm
b) $a = 3$ cm
c) $v = 4$ m/s
d) Não se alteram.

V11. As ondas se aniquilam mutuamente; interferência destrutiva.

V12. a) $v = 5$ m/s
b) $a_1 = a_2 = 8$ cm
c) Voltam a ser os mesmos de antes da interferência.

V13. a) $a = 0{,}10$ m
b) $\lambda = 0{,}40$ m
c) $f = 25$ Hz

V14. a) $\lambda = 0{,}80$ m b) $v = 120$ m/s

V15. $\lambda = 0{,}80$ m

V16. $f = 6{,}25$ Hz

V17. $v = 160$ m/s

V18. c

V19. b

V20. Porque as ondas sonoras possuem maior comprimento de onda.

V21. Há ressonância eletrônica.

V22. a

V23. Ressonância da cadência da marcha com a frequência natural da ponte.

Revisão

R1. b

R2. d

R3. d

R4. b

R5. a) $\frac{f_1}{f_2} = 1$ b) $\frac{\lambda_1}{\lambda_2} = \frac{1}{2}$

R6. 10 Hz; 0,60 m

R7. c

R8. b

R9. b

R10. a

R11. 28 (04 + 08 + 16)

R12. d

R13. a

R14. c

R15. a

R16. d

R17. e

R18. b

R19. d

R20. a

R21. b

R22. d

R23. c

R24. b

Capítulo 31

Aplicação

A1. Não. Porque o som não se propaga no vácuo.

A2. $\frac{v_1}{v_2} = 1$

A3. $\frac{\lambda_2}{\lambda_1} = 10^{-3}$

A4. Não; frequência acima da máxima audível.

A5. $d = 6{,}8 \cdot 10^2$ m

A6. *A* é mais forte; *B* é mais agudo (alto).

A7. $i = 1{,}25$

A8. $f_A = 400$ Hz

A9. NS = 60 dB

A10. $I = 10^2\, \mu\frac{W}{m^2}$

A11. Pelo timbre.

A12. I, II, IV

A13. $d = 102$ m

A14. $d = 40$ m

A15. $d = 3{,}0$ km

A16. O morcego emite ultrassons que são refletidos pelos obstáculos e novamente recebidos pelo animal.

A17. $v_2 > v_1$; $\lambda_2 > \lambda_1$; $f_2 = f_1$

A18. $v_2 = 400\sqrt{3}$ m/s

A19. Enfraquecimento. *N* ímpar.

A20. N = 4 Hz

A21. $\lambda_1 = 1{,}20$ m; $\lambda_2 = 0{,}60$ m; $\lambda_3 = 0{,}40$ m

A22. $f_1 = 5{,}0$ Hz; $f_2 = 10$ Hz; $f_3 = 15$ Hz

A23. $f = 200$ Hz

A24. $f = 1\,000$ Hz

A25. $\lambda = 2{,}40$ m; $f = 150$ Hz

A26. som fundamental: $\lambda_1 = 4{,}80$ m; $f = 75$ Hz
3º harmônico: $\lambda_3 = 1{,}60$ m; $f_3 = 225$ Hz

A27. $L_A = 0{,}50$ m; $L_F = 0{,}25$ m
O tubo fechado deve ter comprimento igual à metade do comprimento do tubo aberto.

A28. $\frac{L_2}{L_1} = 2$

A29. $f' \cong 5\,111$ Hz

A30. $v_f \cong 37{,}8$ m/s; $f \cong 888{,}8$ Hz

A31. $v_O \cong 48{,}6$ m/s

Verificação

V1. a) $v = 1\,450$ m/s b) $\lambda = 1{,}45$ m

V2. ultrassom: $\lambda = 0{,}1$ m
infrassom: $\lambda = 100$ m

V3. Não; frequência abaixo da audível pelo homem.

V4. Sim. A velocidade do som no solo é maior que a velocidade do som no ar.

V5. $d = 4{,}5 \cdot 10^2$ m

V6. II é mais agudo; IV é mais forte

V7. a) f_2 é o mais agudo; f_1 é o mais grave
b) $i = 1{,}5$

V8. $f_x = 300$ Hz

V9. NS = 90 dB

V10. $I = 10^{-2}$ W/cm^2

V11. jardim silencioso: NS = 20 dB
restaurante: NS = 50 dB
estádio de futebol: NS = 90 dB

V12. Excesso de reverberação: prolongamento do som ouvido; superposição do som direto com o refletido. Falta de reverberação: o ouvinte só conta com o som direto, que se extingue rapidamente. Solução: equilíbrio entre superfícies lisas que refletem o som e superfícies forradas que o absorvem.

V13. d = 680 m

V14. d = 72,5 m

V15. d = 1 500 m

V16. $v_B < v_A$; $\lambda_B < \lambda_A$; $f_B = f_A$

V17. $v_2 = 340\sqrt{2}$ m/s

V18. Interferência construtiva.

V19. $f_B = 697$ Hz

V20. $\lambda_{máx} = 2L$

V21. $\lambda_1 = 1{,}0$ m
$\lambda_2 = 0{,}50$ m

V22. $\lambda = 0{,}25$ m; f = 20 Hz

V23. F = 4 000 N

V24. $\lambda = 3{,}40$ m; v = 340 m/s

V25. $\lambda = 3{,}20$ m; f = 93,75 Hz

V26. $L_A = 0{,}25$ m; $L_F = 0{,}125$ m. O tubo fechado deve ter comprimento igual à metade do comprimento do tubo aberto.

V27. $L_A = 4L$

V28. f' = 12 562,5 Hz

V29. $v_F \cong 31{,}8$ m/s; $f \cong 545{,}5$ Hz

V30. $v_O = 68$ m/s

Revisão

R1. c

R2. e

R3. b

R4. b

R5. b

R6. a

R7. b

R8. e

R9. d

R10. turbina e amplificador

R11. a) 10 m
b) 3,4 m
c) $10^{-5} \frac{W}{m^2}$

R12. e

R13. a

R14. a) 510 m
b) 17 m

R15. d

R16. d

R17. d

R18. b

R19. b

R20. 85 Hz

R21. 2,0 m. Mais próximo.

R22. V – F – V

R23. d

R24. c

R25. 1) 476 m/s 2) 0,50 m

R26. b

R27. a) f = 300 Hz
b) $f_1 = 100$ Hz; $f_2 = 200$ Hz

R28. Quatro vezes

R29. 47 harmônicos

R30. c

R31. f = 85 Hz

R32. c

R33. F – V – V – V

R34. d

R35. a) de *M* para *N*
b) $f_M < f_N$

R36. Apenas III é correta.

R37. b

R38. $f' \cong 763{,}2$ Hz

R39. a

R40. d

Capítulo 32

Aplicação

A1. b

A2. c

A3. $4 \cdot 10^{-7}$ m

A4. Raios ultravioleta. Podem causar queimaduras e câncer de pele.

A5. Polarização da luz.

A6. Interferência construtiva.

A7. $\lambda = 4{,}6 \cdot 10^3$ Å

A8. Há interferência das ondas que se refletem nas superfícies internas e externas das bolhas.

Verificação

V1. De ondas eletromagnéticas; os raios gama.

V2. $f = 3{,}0 \cdot 10^{19}$ Hz

V3. e

V4. Infravermelho: ondas com frequência abaixo da luz vermelha, que é a luz visível de menor frequência.
Ultravioleta: ondas com frequência acima da luz violeta, que é a luz visível com maior frequência.

V5. c

V6. a) Interferência construtiva.
b) Interferência destrutiva.

V7. $f = 5{,}0 \cdot 10^{14}$ Hz

V8. Há interferência das ondas que se refletem nas superfícies interna e externa das camadas das manchas.

Revisão

R1. d

R2. c

R3. c

R4. d

R5. d

R6. c

R7. a

R8. $7{,}5 \cdot 10^{-7}$ m

R9. c

R10. c

R11. b

Desafio Olímpico

1. a

2. e

3. b

4. a

5. c

6. a) 17 m
b) 680 m

7. 750 m

8. e

9. d

10. b

11. a

12. b

GIPhotoStock/Science Source/Diomedia

Thinkstock/Getty Images

Thinkstock/Getty Images

Mark Burnett/Photo Researchers/Getty Images

unidade

7

ELETROSTÁTICA

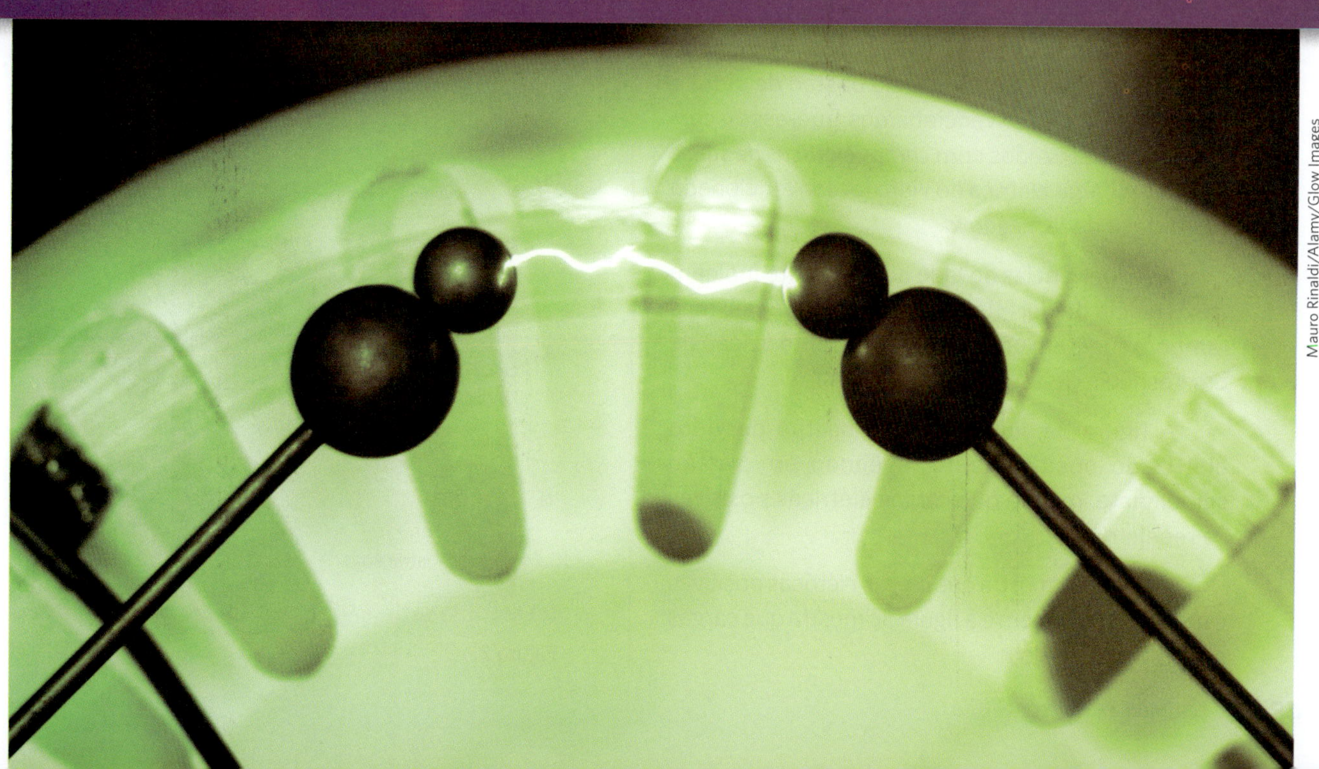

Mauro Rinaldi/Alamy/Glow Images

capítulo

33 Eletrização

Conceitos iniciais. Eletrização por atrito

Quando duas substâncias diferentes são *atritadas* e depois separadas, elas passam a apresentar propriedades físicas importantes. Para ilustrar isso, atritemos a extremidade de um bastão de vidro com um pano de lã (fig. 1) e depois levantemos o bastão por um pequeno barbante, como mostra a figura 2a. Quando a extremidade de um outro bastão de vidro, atritado com um segundo pano de lã, é aproximada da extremidade do primeiro bastão, nota-se que o bastão suspenso é *repelido* (fig. 2b). Se o pano de lã é aproximado, em vez do bastão de vidro, o bastão suspenso é atraído (fig. 2c). Suspendendo-se o primeiro pano de lã e aproximando-se o segundo, constata-se *repulsão* (fig. 2d).

Fábio R. Martins

Figura 1

Várias teorias foram propostas para explicar esses fenômenos. Há muito é aceita a ideia de que esses corpos adquiriram uma propriedade caracterizada por uma grandeza denominada *carga elétrica*, tendo os fenômenos sido denominados *fenômenos elétricos*. Nos casos descritos, dizemos que os corpos foram *eletrizados por atrito*.

Observando que o bastão suspenso é repelido e atraído, respectivamente, pelo bastão de vidro e pelo pano de lã, convencionamos que esses corpos foram eletrizados com *cargas elétricas de sinais opostos*. A carga elétrica do vidro foi convencionada *positiva* e a da lã, *negativa*.

As experiências ao lado não somente indicam a existência de dois tipos de cargas elétricas, mas também sugerem um princípio referente à ação de uma espécie de carga sobre a outra.

A figura 3a, ilustrando um bastão de vidro eletrizado positivamente repelindo um bastão semelhante, mostra que cargas elétricas positivas se repelem.

A figura 3b mostra que cargas elétricas positivas e negativas se atraem e a figura 3c mostra que cargas negativas se repelem.

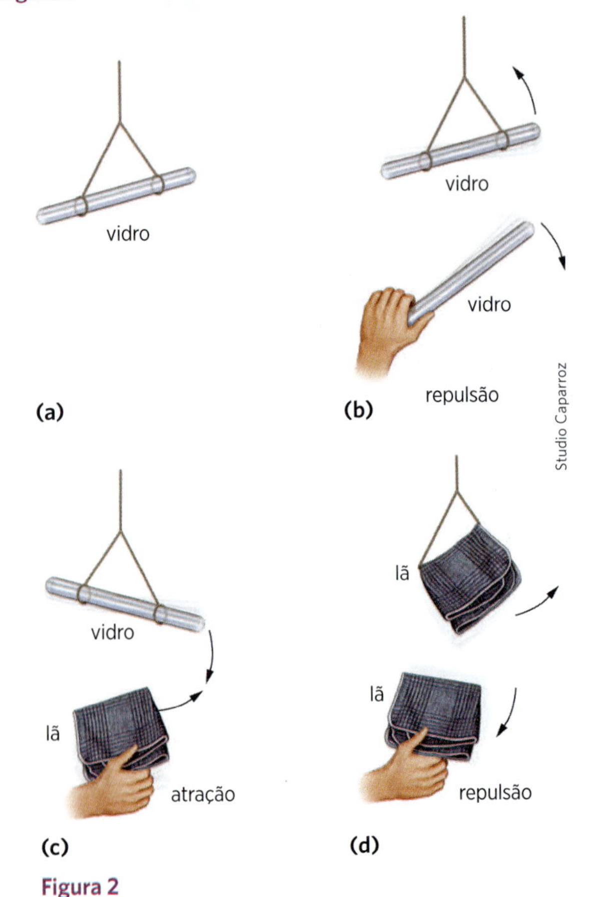

Figura 2

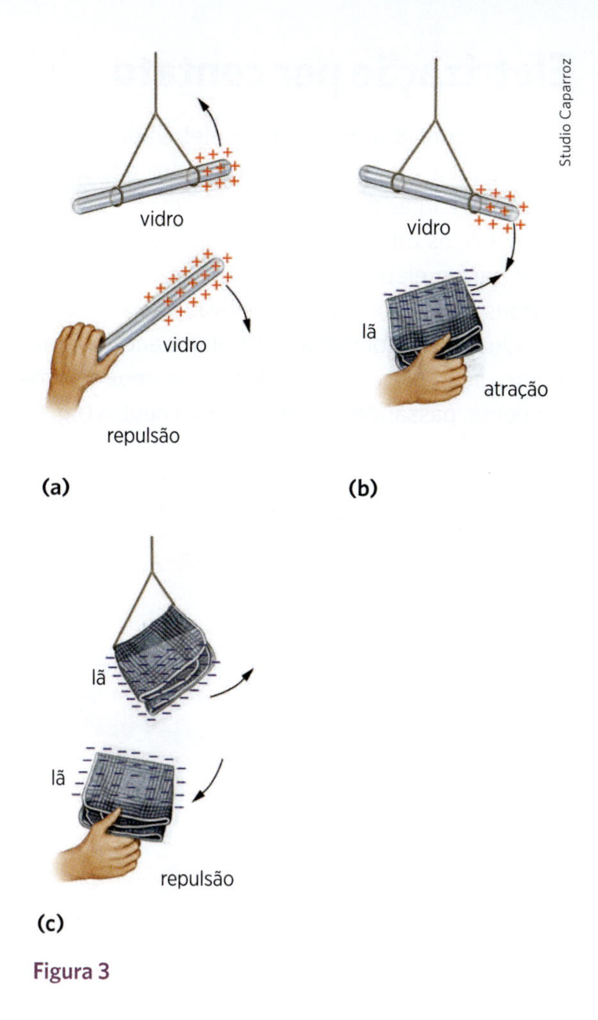

Figura 3

O princípio, então, pode ser formulado:

Cargas elétricas de mesmo sinal se repelem e de sinais contrários se atraem.

Prótons e elétrons

Hoje conhecemos o processo pelo qual corpos se eletrizam. A teoria moderna da eletrização é baseada no fato já estabelecido de que todos os corpos são formados de *átomos*. Cada átomo contém um núcleo, tendo uma determinada carga elétrica positiva (fig. 4). Essa carga positiva é devida à presença, no núcleo, de partículas denominadas *prótons*. No núcleo, além dos prótons, existem os *nêutrons*, que são partículas que não possuem carga elétrica.

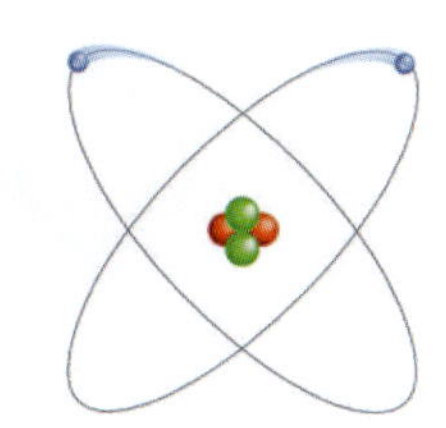

Figura 4. Átomo neutro.

Ao redor do núcleo há partículas com carga elétrica negativa denominadas *elétrons*; a carga elétrica de um elétron é igual, em valor absoluto, à carga elétrica de um próton. O valor absoluto da carga de um elétron ou de um próton denomina-se *carga elementar* e representa-se pelo símbolo e.

Normalmente, cada átomo é *eletricamente neutro*, em outras palavras, tem quantidades iguais de carga negativa e positiva, ou seja, há tantos prótons em seu núcleo quantos elétrons ao redor dele.

Um próton tem massa aproximadamente 2 000 vezes maior do que um elétron. A massa do próton é praticamente igual à do nêutron e, por isso, a massa do átomo concentra-se no núcleo.

Quando atritamos dois corpos, há passagem de elétrons de um corpo para outro. Na experiência descrita no item anterior, elétrons passaram do bastão de vidro para o pano de lã. O bastão de vidro ficou eletrizado positivamente e o pano de lã negativamente, com cargas elétricas de mesmo valor absoluto.

Em resumo, podemos dizer que um corpo está eletrizado quando possui excesso ou falta de elétrons. Se há excesso de elétrons, o corpo está eletrizado negativamente; se há falta de elétrons, o corpo está eletrizado positivamente.

A quantidade de elétrons *em falta* ou *em excesso* caracteriza a quantidade de carga elétrica ou, simplesmente, a *carga elétrica* Q do corpo, podendo ser positiva no primeiro caso e negativa no segundo.

A *Eletrostática* é a parte da Física que estuda as cargas elétricas em repouso, em relação a um sistema inercial de referência.

Condutores e isolantes

Condutores de eletricidade são os meios materiais nos quais há facilidade de movimento de cargas elétricas.

Os metais, de um modo geral, são condutores de eletricidade porque neles há os chamados "elétrons livres": são os elétrons mais afastados do núcleo e, por isso, estão fracamente ligados a ele. Tais elétrons deslocam-se com facilidade, abandonando o átomo quando sob ação de forças, mesmo de pequena intensidade.

Quando um condutor é eletrizado, as cargas elétricas em excesso distribuem-se pela sua superfície externa. Isso porque as cargas, tendo o mesmo sinal, repelem-se mutuamente (fig. 5).

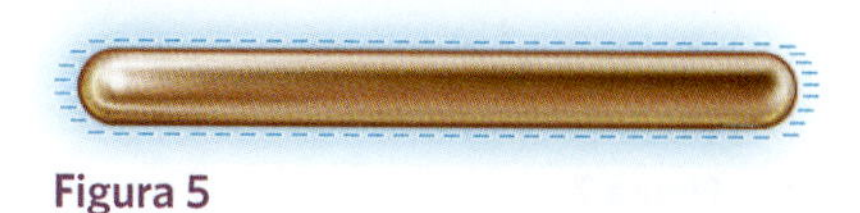

Figura 5

Isolantes de eletricidade são os meios materiais nos quais não há facilidade de movimento de cargas elétricas.

Quando um isolante, como o vidro, a borracha, etc., é eletrizado, as cargas elétricas em excesso permanecem na região em que foram desenvolvidas (fig. 6).

Figura 6

Ao se *ligar um condutor eletrizado à terra, ele se descarrega*. Quando ele está com carga negativa, a ligação com a terra (tocando-o com um dedo, por exemplo) permite ao excesso de elétrons ir do condutor para a terra (fig. 7a). Quando está com carga positiva, os elétrons são atraídos da terra para o condutor até que ele fique neutro (fig. 7b).

A ligação de um condutor à terra é comumente representada pelo símbolo: ⏚ (figs. 7c e 7d).

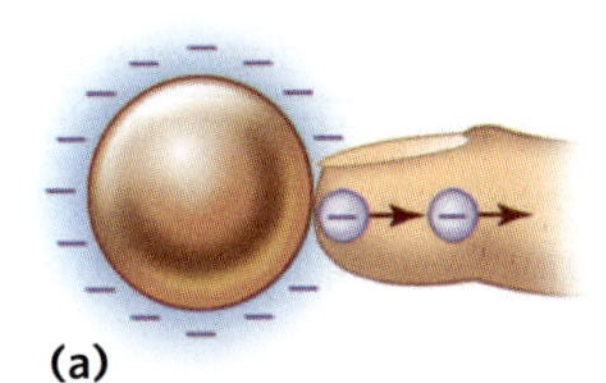

(a)

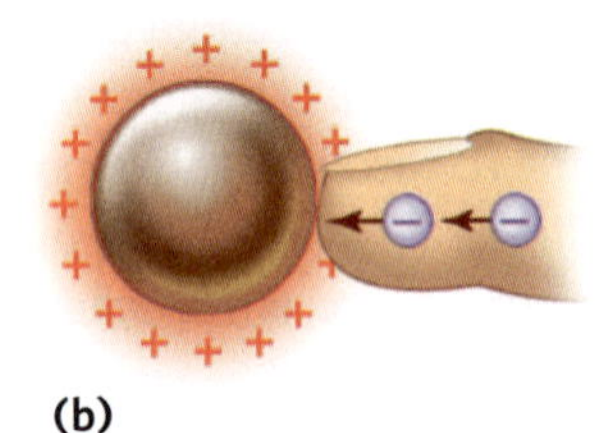

(b)

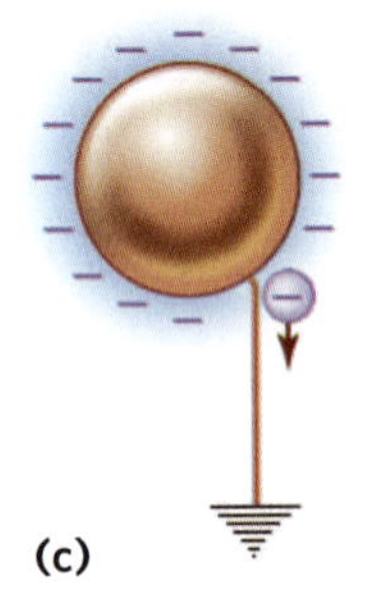

(c)

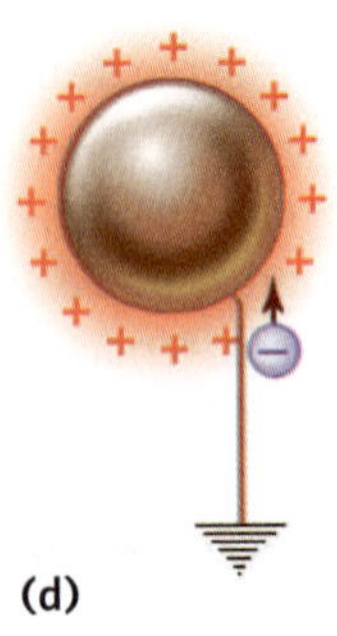

(d)

Figura 7

Eletrização por contato

Na figura 8, um condutor eletrizado positivamente é colocado em contato com outro, inicialmente neutro. As cargas do eletrizado atraem elétrons livres do neutro, os quais, devido ao contato, passam em parte para o eletrizado. O neutro fica com falta de elétrons, isto é, com carga positiva.

Quando o condutor está eletrizado negativamente, seus elétrons excedentes se repelem mutuamente, passando em parte para o neutro (fig. 9).

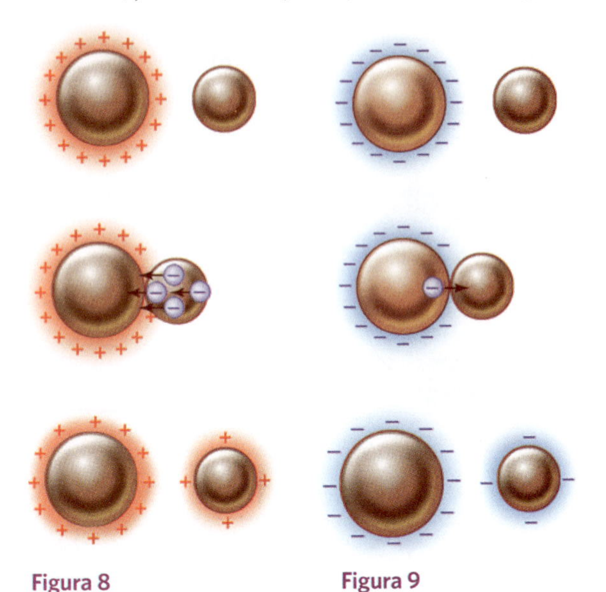

Figura 8 Figura 9

Então, podemos afirmar que: *na eletrização por contato, o condutor neutro eletriza-se com carga de mesmo sinal que o condutor eletrizado*.

Quando o eletrizado e o neutro são condutores de *mesmas dimensões*, após o contato eles ficarão com cargas iguais (fig. 10).

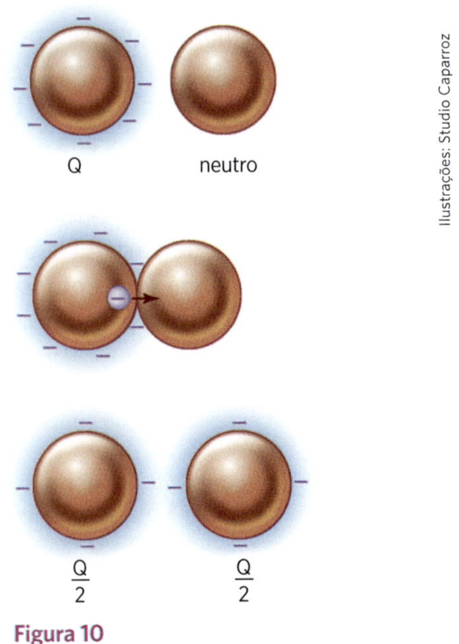

Figura 10

Ilustrações: Studio Caparroz

AMPLIE SEU CONHECIMENTO

A eletrização por atrito no dia a dia

Sami Sarkis/Photographer's Choice RF/ Getty Images

Os veículos em movimento se eletrizam por atrito com o ar atmosférico. Por isso, quando uma pessoa desce de um automóvel, ao tocar na lataria, pode levar um pequeno choque, devido ao escoamento de cargas elétricas para a terra, através de seu corpo. É mais comum isso ocorrer em lugares onde o clima é seco, pois o excesso de umidade no ar o torna um condutor, e toda a carga elétrica que se acumula no automóvel escoa imediatamente para o meio ambiente.

Muitas vezes nós nos eletrizamos por atrito com o estofamento do carro. Se, ao descermos, encostarmos a mão na lataria do automóvel, a carga elétrica do nosso corpo escoará para ela e sentiremos um leve choque.

Aplicação

A1. As principais partículas que constituem um átomo são os prótons, os elétrons e os nêutrons. A carga elétrica de um próton é ▲, enquanto a carga de um elétron é ▲. O nêutron não apresenta carga elétrica. A carga de um próton é ▲ a carga de um elétron em valor absoluto. A massa de um próton é ▲ a massa de um elétron.
Assinale o conjunto de palavras que suprem as lacunas nas frases acima, na ordem correta:
a) positiva; negativa; menor do que; igual.
b) negativa; positiva; maior do que; igual.
c) positiva; negativa; igual; maior do que.
d) negativa; positiva; igual; menor do que.
e) negativa; positiva; igual; maior do que.

A2. Considere as afirmações:
I. Na eletrização por atrito, os corpos atritados adquirem cargas de mesmo valor absoluto e sinais contrários.
II. Na eletrização por contato, o corpo neutro adquire carga de mesmo sinal que o eletrizado.
III. Na eletrização por contato, os corpos adquirem cargas de sinais contrários.
São corretas:
a) todas.
b) apenas I e II.
c) apenas I e III.
d) apenas II e III.
e) nenhuma.

A3. Dispõe-se de três esferas metálicas idênticas e isoladas uma da outra. Duas delas, *A* e *B*, estão neutras, enquanto a esfera *C* contém uma carga elétrica *Q*. Faz-se a esfera *C* tocar primeiro a esfera *A* e depois a esfera *B*. No final desse procedimento, qual a carga elétrica das esferas *A*, *B* e *C*, respectivamente?

Verificação

V1. As três partículas elementares constituintes do átomo são: o próton, o elétron e o nêutron. Compare essas partículas quanto à massa e às cargas elétricas.

V2. "Série triboelétrica é um conjunto de substâncias ordenadas de tal forma que cada uma se eletriza negativamente quando atritada com qualquer uma que a antecede e positivamente quando atritada com qualquer uma que a sucede. Exemplo: vidro – mica – lã – seda – algodão – cobre."
Com base nessa informação, responda:
a) Atrita-se um pano de lã numa barra de vidro, inicialmente neutros. Com que sinais se eletrizam?
b) E se o pano de lã fosse atritado numa esfera de cobre, também inicialmente neutros?

V3. Um condutor *A* eletrizado positivamente é colocado em contato com outro condutor *B*, inicialmente neutro.
a) *B* se eletriza positiva ou negativamente?
b) Durante a eletrização de *B* ocorre uma movimentação de prótons ou de elétrons? De *A* para *B* ou de *B* para *A*?

V4. Retome o exercício anterior. Como se modificariam as respostas se *A* estivesse eletrizado negativamente?

V5. Dispõe-se de três esferas metálicas idênticas e isoladas uma da outra. A esfera *A* possui carga elétrica *Q* e as outras duas, *B* e *C*, estão neutras. Coloca-se a esfera *A* em contato com *B*, a seguir *B* com *C* e, finalmente, *A* com *C*. Quais as cargas elétricas finais de *A*, *B* e *C*?

R1. (UF-SC) A eletricidade estática gerada por atrito é fenômeno comum no cotidiano. Pode ser observada ao pentearmos o cabelo em um dia seco, ao retirarmos um casaco de lã ou até mesmo ao caminharmos sobre um tapete. Ela ocorre porque o atrito entre materiais gera desequilíbrio entre o número de prótons e elétrons de cada material, tornando-os carregados positivamente ou negativamente. Uma maneira de identificar qual tipo de carga um material adquire quando atritado com outro é consultando uma lista elaborada experimentalmente, chamada série triboelétrica, como a mostrada abaixo. A lista está ordenada de tal forma que qualquer material adquire carga positiva quando atritado com os materiais que o seguem.

	Materiais		Materiais
1	Pele humana seca	10	Papel
2	Couro	11	Madeira
3	Pele de coelho	12	Latão
4	Vidro	13	Poliéster
5	Cabelo humano	14	Isopor
6	Náilon	15	Filme de PVC
7	Chumbo	16	Poliuretano
8	Pele de gato	17	Polietileno
9	Seda	18	Teflon

Com base na lista triboelétrica, assinale a(s) proposição(ões) correta(s).

(01) A pele de coelho atritada com teflon ficará carregada positivamente, pois receberá prótons do teflon.

(02) Uma vez eletrizados entre si por atrito, vidro e seda quando aproximados irão se atrair.

(04) Em processo de eletrização por atrito entre vidro e papel, o vidro adquire carga de +5 unidades de carga, então o papel adquire carga de −5 unidades de carga.

(08) Atritar couro e teflon irá produzir mais eletricidade estática do que atritar couro e pele de coelho.

(16) Dois bastões de vidro aproximados depois de atritados com pele de gato irão se atrair.

(32) Um bastão de madeira atritado com outro bastão de madeira ficará eletrizado.

R2. (Unisa-SP) Três corpos, *x*, *y* e *z*, estão inicialmente neutros. Eletrizam-se *x* e *y* por atrito e *z* por contato com *y*. Assinale na tabela a seguir a alternativa que indica *corretamente* a carga elétrica que cada corpo poderia ter adquirido.

	x	*y*	*z*
a)	+	+	+
b)	−	−	+
c)	−	+	−
d)	+	+	−
e)	+	−	−

R3. (UF-AM) Quatro esferas metálicas idênticas (*A*, *B*, *C* e *D*) estão isoladas uma das outras. As esferas *A*, *B* e *C* estão neutras e a esfera *D* possui carga *Q*. As cargas finais de *D* se entrar em contato: (i) sucessivo com *A*, *B* e *C* e (ii) simultâneo com *A*, *B* e *C*, respectivamente, são:

a) $\frac{Q}{4}$ e $\frac{Q}{4}$

b) $\frac{Q}{4}$ e $\frac{Q}{8}$

c) $\frac{Q}{2}$ e $\frac{Q}{2}$

d) $\frac{Q}{8}$ e $\frac{Q}{4}$

e) $\frac{Q}{8}$ e Q

R4. (IF-CE) Três esferas metálicas idênticas, *A*, *B*, *C*, se encontram isoladas e bem afastadas umas das outras. A esfera *A* possui carga *Q* e as outras estão neutras. Faz-se a esfera *A* tocar primeiro a esfera *B* e depois a esfera *C*. Em seguida faz-se a esfera *B* tocar a esfera *C*.

No final desse procedimento, as cargas das esferas *A*, *B* e *C* serão, respectivamente:

A

Q

B

neutra

C
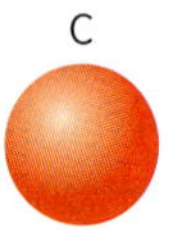
neutra

Marco A. Sismotto

a) $\frac{Q}{2}$, $\frac{Q}{2}$ e $\frac{Q}{8}$

b) $\frac{Q}{4}$, $\frac{Q}{8}$ e $\frac{Q}{8}$

c) $\frac{Q}{2}$, $\frac{3Q}{8}$ e $\frac{3Q}{8}$

d) $\frac{Q}{2}$, $\frac{3Q}{8}$ e $\frac{Q}{8}$

e) $\frac{Q}{4}$, $\frac{3Q}{8}$ e $\frac{3Q}{8}$

Eletrização por indução

Eletrizar um corpo por indução é conferir-lhe uma carga elétrica utilizando outro corpo eletrizado, sem haver contato entre eles.

Um método de eletrização por indução é mostrado a seguir, na figura 11. Duas esferas de metal, *A* e *B*, isoladas da terra por suportes de vidro, estão em contato, quando um bastão de borracha eletrizado é aproximado de uma delas. O bastão eletrizado negativamente repele elétrons livres da esfera *A* para posições o mais afastadas possível, no caso, o lado oposto da esfera *B*. No lado da esfera *A*, voltado para o bastão, ficam cargas positivas, atraídas pelas negativas do bastão (fig. 11a). Afastando a esfera *B* e *depois* removendo o bastão da vizinhança, ambas as esferas ficam eletrizadas: a esfera *A*, positivamente e a esfera *B*, negativamente (fig. 11b). Notemos que as cargas, neste caso, se redistribuem uniformemente nas esferas.

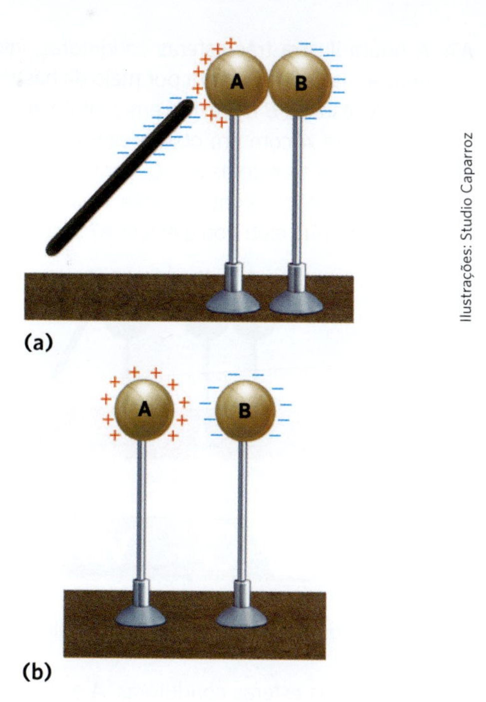

Figura 11

Ilustrações: Studio Caparroz

Podemos também considerar apenas a esfera *A* na presença de um bastão de vidro eletrizado positivamente, como mostrado na figura 12. Neste caso, elétrons livres de *A* se deslocam para o lado da esfera *A* próximo do bastão. O lado contrário fica com falta de elétrons e, portanto, com excesso de cargas positivas (fig. 12a). Se, na presença do bastão, ligarmos a esfera *A* à terra, *por qualquer ponto*, elétrons subirão e neutralizarão essas cargas positivas (fig. 12b). Desligando-se a esfera da terra, os elétrons que se deslocaram permanecem atraídos pelas cargas positivas do bastão (fig. 12c). Afastando-se o bastão, esses elétrons se redistribuem na esfera, que fica eletrizada com carga negativa (fig. 12d).

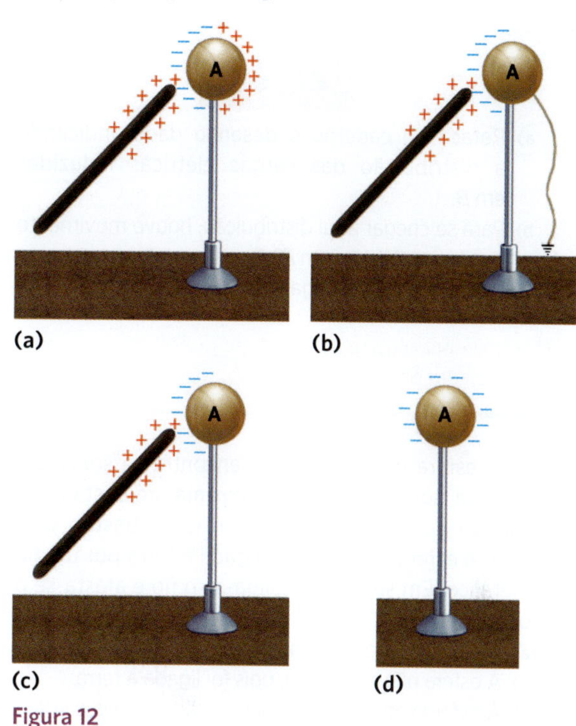

Figura 12

Observe que *o condutor, inicialmente neutro, se eletriza com carga elétrica de sinal contrário à do corpo eletrizado.*

O bastão de vidro eletrizado é o *indutor*, e a esfera **A**, o *induzido*.

Aplicação

A4. A figura 1 representa duas esferas metálicas neutras, *X* e *Y*, apoiadas em suportes isolantes e encostadas. Na figura 2, um bastão eletrizado negativamente é aproximado e mantido à direita; as esferas continuam em contato. Na figura 3, as duas esferas são separadas com o bastão mantido à direita. Na figura 4, o bastão é afastado e as esferas permanecem separadas.

Considere a seguinte convenção:

+ (cargas positivas)

− (cargas negativas)

N (neutra)

Qual a convenção para as cargas elétricas resultantes nas esferas *X* e *Y*, nas figuras 2, 3 e 4?

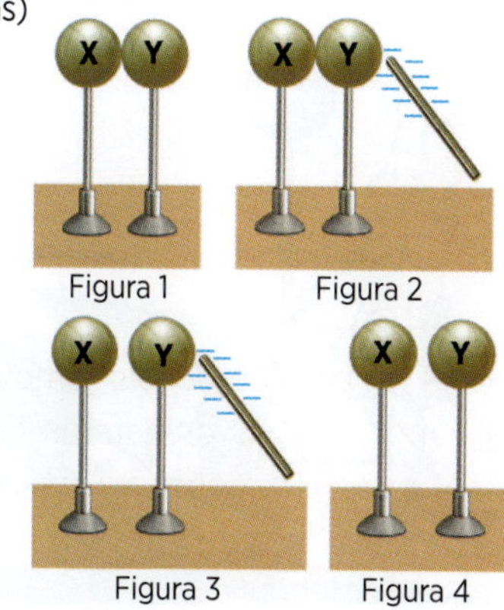

a) − + − + − +

b) − − − + − +

c) *N* *N* − + − +

d) *N* *N* − + *N* *N*

e) − + − *N* − +

A5. Dispõe-se de duas esferas metálicas, iguais e inicialmente neutras, montadas sobre pés isolantes, e de um bastão de ebonite eletrizado negativamente. As operações de I a IV podem ser colocadas numa ordem que descreva uma experiência em que as esferas sejam eletrizadas por indução.

I. Aproximar o bastão de uma das esferas.

II. Colocar as esferas em contato.

III. Separar as esferas.

IV. Afastar o bastão.

A alternativa que melhor ordena as operações é:

a) I, II, IV, III

b) III, I, IV, II

c) IV, II, III, I

d) II, I, IV, III

e) II, I, III, IV

A6. Um corpo *A*, positivamente eletrizado, é aproximado de um condutor *B*, neutro.

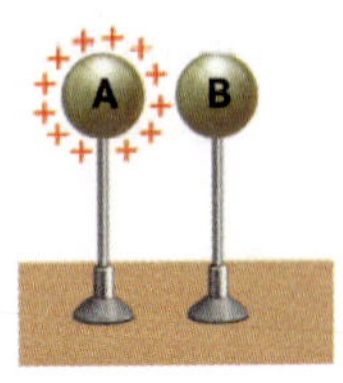

a) Refaça no caderno o desenho dado, indicando a distribuição das cargas elétricas induzidas em *B*.

b) Para se chegar a tal distribuição, houve movimento de cargas elétricas em *B*? Quais cargas se movimentaram? Positivas, negativas ou ambas?

A7. A figura ilustra três esferas condutoras, inicialmente neutras, isoladas da terra por meio de hastes adequadas. As esferas *B* e *C* estão em contato entre si. Toca-se a esfera *A* com um objeto eletrizado e, após isso, separam-se as esferas *B* e *C*. Verifica-se que a esfera *C* fica eletrizada negativamente. Qual o sinal da carga do objeto que eletrizou a esfera *A*? Justifique.

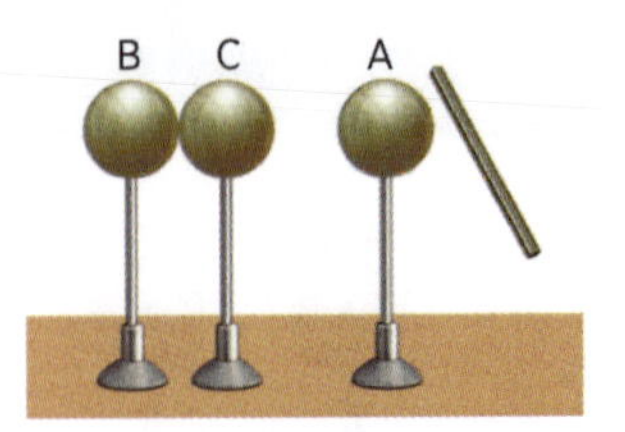

Ilustrações: Studio Caparroz

V6. Uma esfera metálica neutra encontra-se sobre um suporte isolante e dela se aproxima um bastão eletrizado positivamente. Mantém-se o bastão próximo à esfera, que é então ligada à terra por um fio metálico. Em seguida, desliga-se o fio e afasta-se o bastão.

a) A esfera ficará eletrizada positivamente.

b) A esfera não se eletriza, pois foi ligada à terra.

c) A esfera sofrerá apenas separação de suas cargas.

d) A esfera ficará eletrizada negativamente.

e) A esfera não se eletriza, pois não houve contato com o bastão eletrizado.

V7. Quando a esfera *A*, carregada com cargas positivas, é colocada próximo de um condutor *B*, descarregado, a distribuição de cargas que mais se aproxima da real nos dois condutores é:

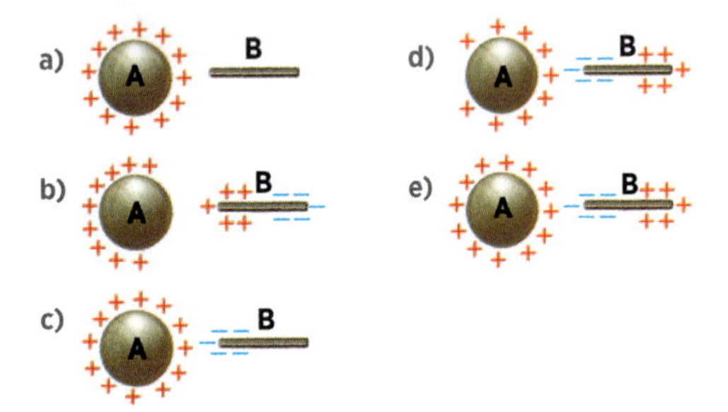

V8. Dispõe-se de uma esfera condutora eletrizada positivamente.

Duas outras esferas condutoras, *A* e *B*, encontram-se inicialmente neutras.

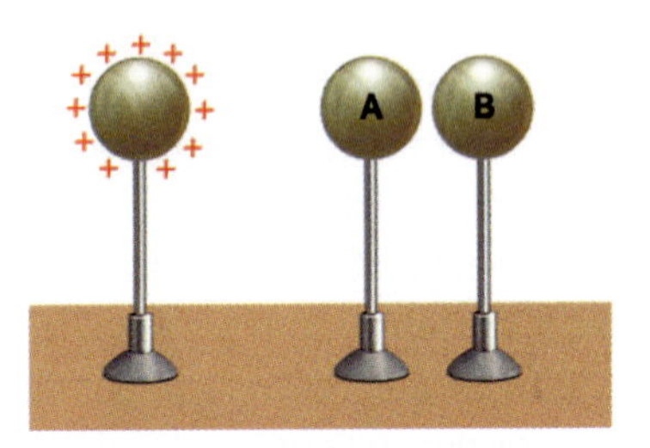

Os suportes das três esferas são isolantes.

Utilizando os processos de eletrização por indução e por contato, descreva procedimentos práticos que permitam obter:

I. as três esferas eletrizadas positivamente;

II. *A* eletrizada positivamente e *B* negativamente;

III. *A* eletrizada negativamente e *B* positivamente.

V9. Têm-se uma esfera metálica eletrizada negativamente e outra esfera idêntica neutra. Com cargas de que sinal a segunda esfera pode ser eletrizada a partir da primeira? Explique.

Revisão

R5. (Vunesp-SP) O conhecimento da eletricidade não se deu de forma definida. Fenômenos elétricos conhecidos antes de Cristo somente foram retomados a partir do século XVII, com a construção das primeiras máquinas eletrostáticas. No início, as máquinas eletrostáticas eram baseadas no processo de eletrização por atrito.

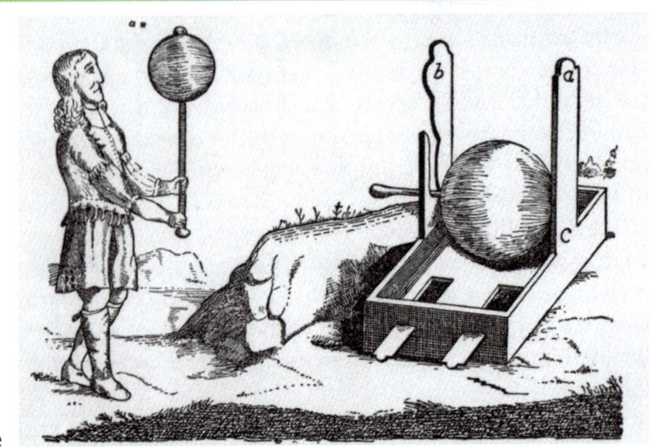

Bettmann/CORBIS/Latinstock. Coleção particular

1663 - Máquina de Guerike

Foi somente no século XIX que as primeiras máquinas eletrostáticas baseadas na indução eletrostática foram construídas, as chamadas máquinas de indução ou influência. Essa defasagem é bastante coerente visto que o processo de eletrização por indução consiste em um procedimento que guarda determinada complexidade e ordem.

Science Museum/SSPL/Grupo Keystone

1883 - Máquina de Wimshurst

De fato, para podermos eletrizar um corpo, contando com um segundo corpo eletricamente carregado, pelo processo da indução, devemos essencialmente reproduzir os passos descritos. São eles:

a) Afastam-se os corpos; o corpo neutro é aterrado sendo em seguida desfeito o aterramento; o corpo eletrizado é aproximado do corpo neutro; o corpo inicialmente neutro fica com carga de mesmo sinal que a do corpo previamente eletrizado.
b) Afastam-se os corpos; o corpo neutro é aterrado sendo em seguida desfeito o aterramento; o corpo eletrizado é aproximado do corpo neutro; o corpo inicialmente neutro fica com carga de sinal oposto ao do corpo previamente eletrizado.
c) O corpo eletrizado é aproximado do corpo neutro; o corpo neutro é aterrado sendo em seguida desfeito o aterramento; afastam-se os corpos; o corpo inicialmente neutro fica com carga de sinal oposto ao do corpo previamente eletrizado.
d) O corpo eletrizado é aproximado do corpo neutro; afastam-se os corpos; o corpo neutro é aterrado sendo em seguida desfeito o aterramento; o corpo inicialmente neutro fica com carga de mesmo sinal que a do corpo previamente eletrizado.
e) O corpo eletrizado é aproximado do corpo neutro; afastam-se os corpos; o corpo neutro é aterrado sendo em seguida desfeito o aterramento; o corpo inicialmente neutro fica com carga de sinal oposto ao do corpo previamente eletrizado.

R6. (UF-MG) Durante uma aula de Física, o professor Carlos Heitor faz a demonstração de eletrostática que se descreve a seguir. Inicialmente, ele aproxima duas esferas metálicas – *R* e *S* –, eletricamente neutras, de uma outra esfera isolante, eletricamente carregada com carga negativa, como representado na figura 1. Cada uma dessas esferas está apoiada em um suporte isolante. Em seguida, o professor toca o dedo, rapidamente, na esfera *S*, como representado na figura 2. Isso feito, ele afasta a esfera isolante das outras duas esferas, como representado na figura 3.

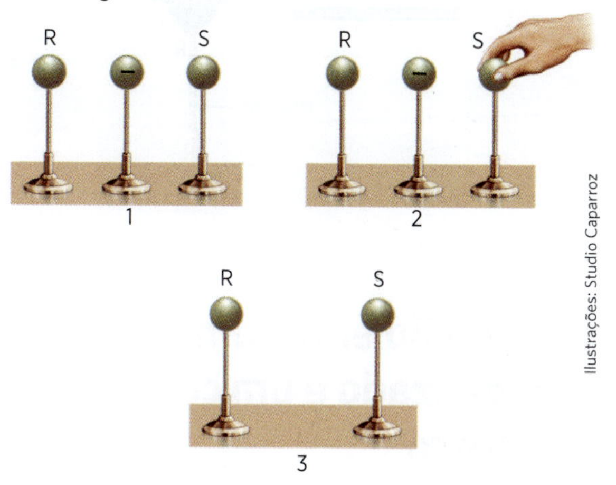

Considerando-se essas informações, é *correto* afirmar que, na situação representada na figura 3:

a) a esfera *R* fica com carga negativa e a *S* permanece neutra.
b) a esfera *R* fica com carga positiva e a *S* permanece neutra.
c) a esfera *R* permanece neutra e a *S* fica com carga negativa.
d) a esfera *R* permanece neutra e a *S* fica com carga positiva.

R7. (Fuvest-SP) Aproximando-se uma barra eletrizada de duas esferas condutoras, inicialmente descarregadas e encostadas uma na outra, observa-se a distribuição de cargas esquematizada na figura abaixo.

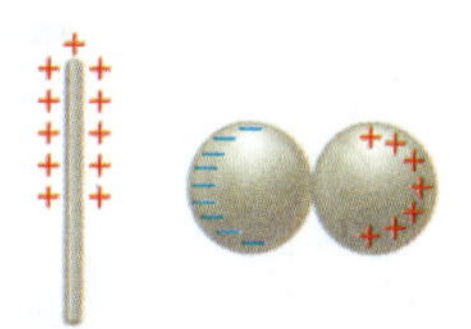

Em seguida, sem tirar do lugar a barra eletrizada, afasta-se um pouco uma esfera da outra. Finalmente, sem mexer mais nas esferas, remove-se a barra, levando-a para muito longe das esferas. Nessa situação final, a figura que melhor representa a distribuição de cargas nas duas esferas é:

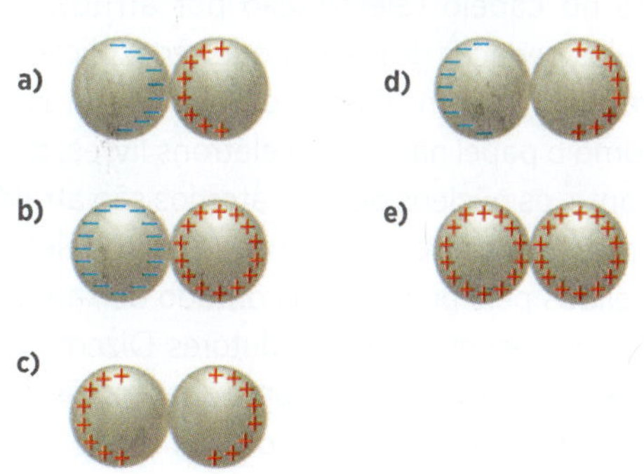

R8. (Fuvest-SP) Quando se aproxima um bastão *B*, eletrizado positivamente, de uma esfera metálica, isolada e inicialmente descarregada, observa-se a distribuição de cargas representada na figura abaixo.

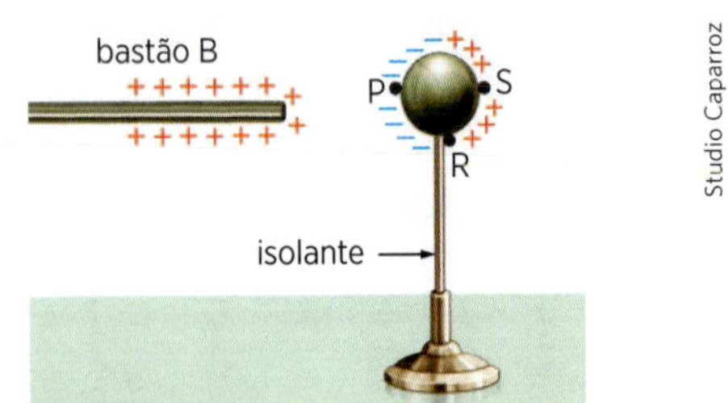

Mantendo o bastão na mesma posição, a esfera é conectada à terra por um fio condutor que pode ser ligado a um dos pontos *P*, *R*, ou *S* da superfície da esfera. Indicando por (→) o sentido do fluxo transitório (ϕ) de elétrons (se houver) e por (+), (−) ou (0) o sinal da carga final (Q) da esfera, o esquema que representa ϕ e Q é:

a) b) c) d) e)

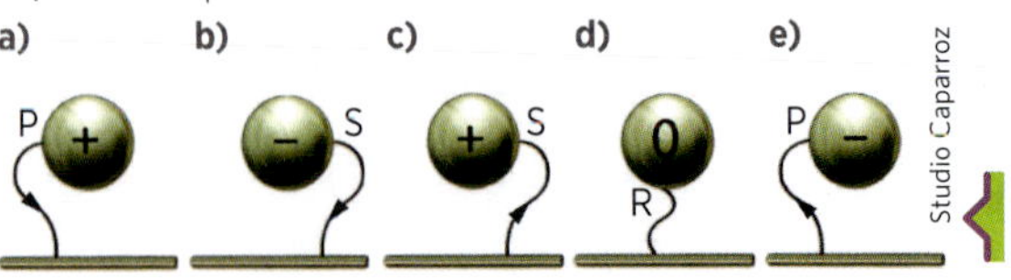

Atração entre um corpo eletrizado e um corpo neutro

Uma pequena bola de isopor, coberta por tinta metálica, é suspensa por um fio de seda. Quando um bastão eletrizado é aproximado, ocorre separação de cargas elétricas da bola, conforme a figura 13, e, em consequência, a bola é atraída pelo bastão.

De fato, um pouco mais adiante estudaremos a força elétrica que se manifesta entre duas cargas e verificaremos que ela tem uma intensidade que depende da distância entre as cargas: quanto menor a distância, maior a intensidade da força. Assim, na figura 13, a força de atração entre as cargas positivas e negativas ($\vec{F}_a$) é de maior intensidade que a força de repulsão entre as cargas positivas ($\vec{F}_r$), pois a distância *a* é menor que a distância *r*, e o resultado é a *atração do corpo neutro*.

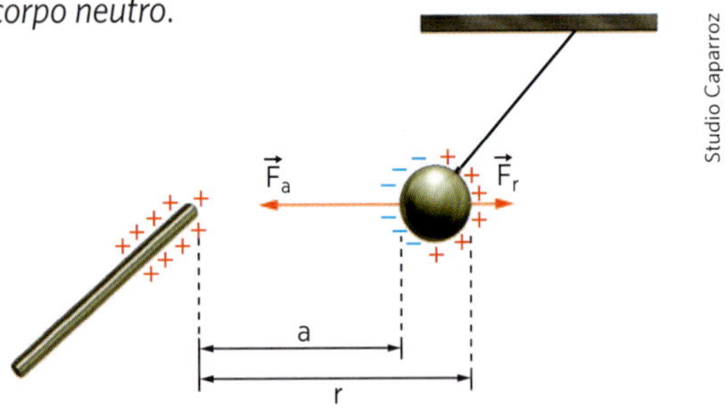

Figura 13

O fenômeno bastante conhecido do pente que, passado no cabelo (eletrização por atrito), atrai minúsculos pedaços de papel, pode ser explicado de maneira análoga, como ilustrado na figura 14a. Neste caso, como o papel não possui elétrons livres, pois é um isolante, os núcleos de seus átomos são atraídos pelo pente, que está com carga negativa, e os elétrons são repelidos pelo pente, sem contudo deixarem os átomos, como acontece nos condutores. Dizemos que o papel se *polariza*, isto é, apresenta duas regiões com cargas elétricas de sinais opostos (fig. 14b).

Uma observação bastante importante é a seguinte: ao se aproximar um condutor de um corpo eletrizado e ocorrendo uma *atração*, o condutor poderá estar *eletrizado* com *carga de sinal contrário* ao eletrizado ou estar *neutro*.

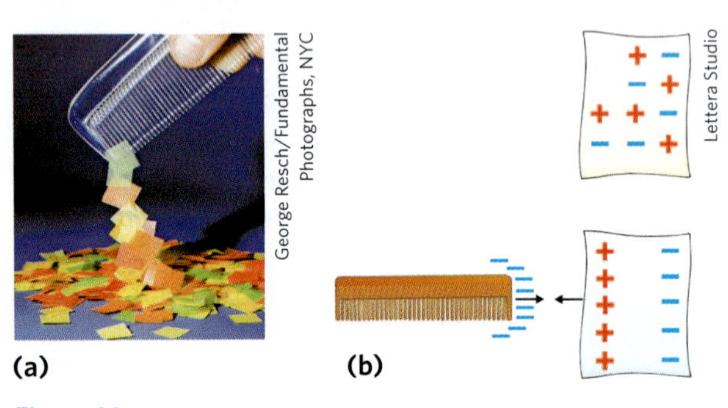

Figura 14

Eletroscópio de folhas

É um dispositivo que se destina a revelar se um corpo está ou não eletrizado. Ele é constituído de duas lâminas metálicas delgadas, ligadas por uma haste condutora a uma esfera metálica (fig. 15a).

Para sabermos se um corpo está ou não eletrizado, basta aproximá-lo da esfera do eletroscópio. Se estiver eletrizado, ocorre indução eletrostática e as lâminas se abrem (fig. 15b).

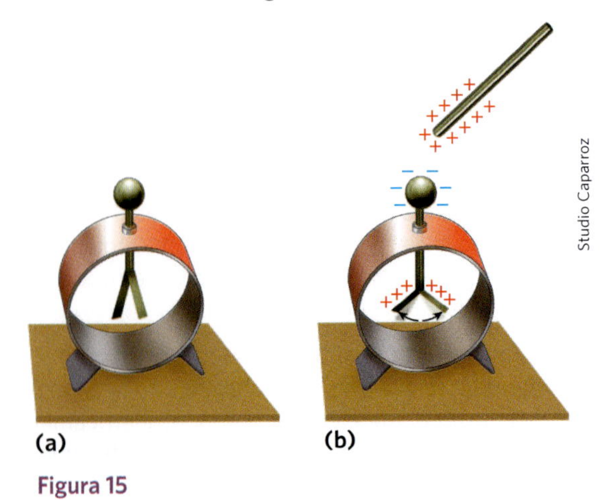

Figura 15

Aplicação

A8. Que procedimento você utilizaria para verificar se um corpo está ou não eletrizado com auxílio de pequenos pedaços de papel não eletrizados?

A9. Quando um corpo exerce sobre outro uma força de atração de origem elétrica, podemos afirmar que:

a) um corpo tem carga positiva e o outro carga negativa.
b) pelo menos um deles está carregado eletricamente.
c) um possui maior carga elétrica que o outro.
d) os dois corpos são condutores.
e) pelo menos um dos corpos é condutor.

A10. Considere as afirmações:

I. Como corpos eletrizados exercem entre si forças de atração ou repulsão, um bastão de borracha eletrizado por atrito não poderá atrair uma pequena esfera condutora, ligada por um barbante a um ponto, se ela não tiver sido previamente eletrizada, como o bastão o foi.

II. Se um corpo *A* eletrizado exerce força de *repulsão*, em separado, sobre cada um de dois outros corpos diferentes, *B* e *C*, sem tocá-los, forçosamente *B* e *C* se repelirão, quando postos em presença um do outro.

III. Se um corpo *A* eletrizado exerce força de *atração*, em separado, sobre cada um de dois outros corpos *B* e *C*, sem tocá-los, é evidente que *B* e *C* se repelirão quando postos em presença um do outro.

É (São) correta(s):

a) as três.
b) só I e II.
c) só II e III.
d) só a II.
e) só a III.

A11. Considere um eletroscópio de folhas descarregado. Explique o que acontece quando um corpo eletrizado negativamente é:

a) aproximado da esfera do eletroscópio;
b) encostado na esfera do eletroscópio.

Verificação

V10. Um pêndulo é atraído por um bastão eletrizado com cargas negativas, conforme a figura abaixo.

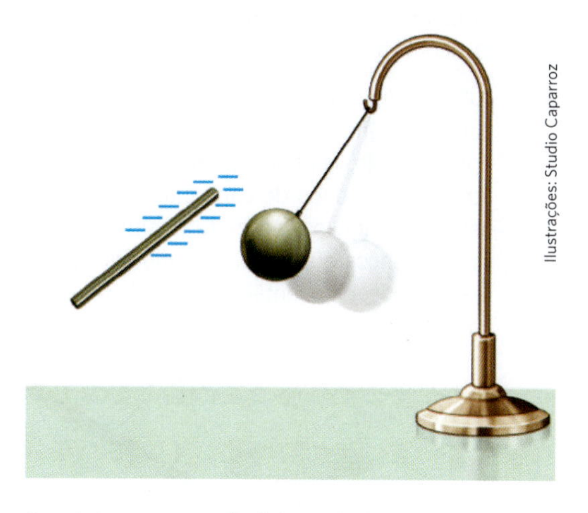

Ilustrações: Studio Caparroz

Concluímos que o pêndulo está eletrizado:

a) com cargas positivas.
b) com cargas negativas.
c) com cargas positivas ou está neutro.
d) está neutro.
e) nada se pode afirmar a respeito do sinal da carga do pêndulo.

V11. Um corpo *A* eletrizado negativamente é aproximado de uma pequena esfera de isopor pintada com grafite, inicialmente neutra. A esfera está suspensa por um fio isolante. Constata-se que a esfera é atraída pelo corpo *A*. Explique por que isso acontece. Após o contato com *A*, a esfera é repelida. Explique por quê.

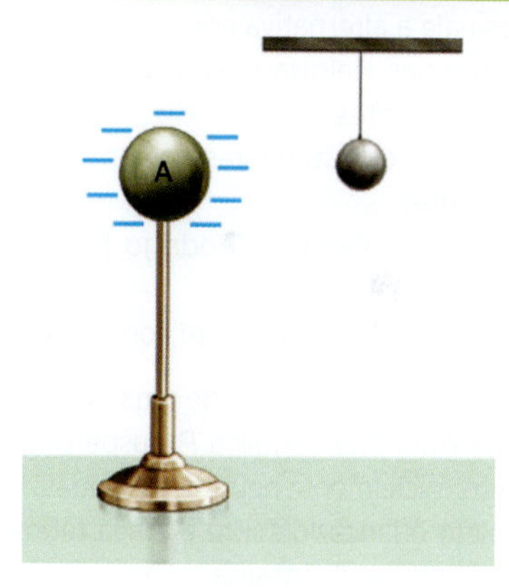

V12. Indique a afirmativa *incorreta*:

a) Se um corpo neutro perder elétrons, ele ficará eletrizado positivamente.
b) Atritando-se um bastão com uma flanela, ambos inicialmente neutros, eles se eletrizam com cargas de mesmo valor absoluto e sinais opostos.
c) Na eletrização por indução eletrostática, o condutor, inicialmente neutro, se eletriza com carga de sinal contrário à do corpo eletrizado.
d) Aproximando-se um condutor eletrizado negativamente de outro neutro, sem tocá-lo, este permanece com carga total nula, sendo, no entanto, atraído pelo eletrizado.
e) Um corpo eletrizado pode repelir um corpo neutro.

V13. Considere um eletroscópio de folhas eletrizado negativamente. Um corpo *A* eletrizado é aproximado da esfera do eletroscópio e nota-se que o ângulo de abertura das folhas aumenta. Qual o sinal da carga elétrica de *A*?

R9. (UF-MG) Um professor mostra uma situação em que duas esferas metálicas idênticas estão suspensas por fios isolantes. As esferas se aproximam uma da outra, como indicado na figura.

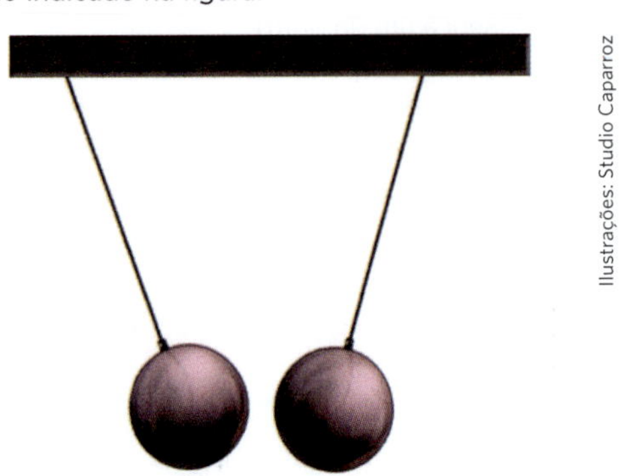

Ilustrações: Studio Caparroz

Três estudantes fizeram os seguintes comentários sobre essa situação.

Cecília - uma esfera tem carga positiva, e a outra está neutra;

Heloísa - uma esfera tem carga negativa, e a outra tem carga positiva;

Rodrigo - uma esfera tem carga negativa, e a outra está neutra.

Assinale a alternativa correta.

a) Apenas Heloísa e Rodrigo fizeram comentários pertinentes.
b) Todos os estudantes fizeram comentários pertinentes.
c) Apenas Cecília e Rodrigo fizeram comentários pertinentes.
d) Apenas Heloísa fez um comentário pertinente.

R10. (Fuvest-SP) Dispõe-se de uma placa metálica *M* e de uma esferinha metálica *P*, suspensa por um fio isolante, inicialmente neutras e isoladas. Um feixe de luz violeta é lançado sobre a placa retirando partículas elementares da mesma.

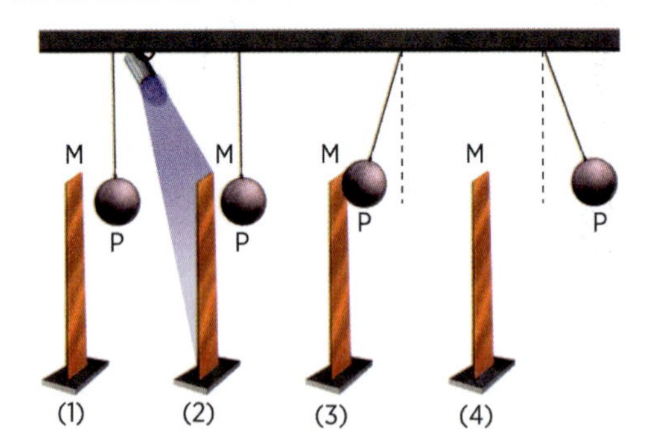

As figuras de 1 a 4 ilustram o desenrolar dos fenômenos ocorridos.

Podemos afirmar que na situação (4):

a) *M* e *P* estão eletrizadas positivamente.
b) *M* está negativa e *P* neutra.
c) *M* está neutra e *P* positivamente eletrizada.
d) *M* e *P* estão eletrizadas negativamente.
e) *M* e *P* foram eletrizadas por indução.

R11. (UF-PI) Considere 4 esferas metálicas idênticas ligadas por fios isolantes a um suporte fixo, como ilustrado no diagrama.

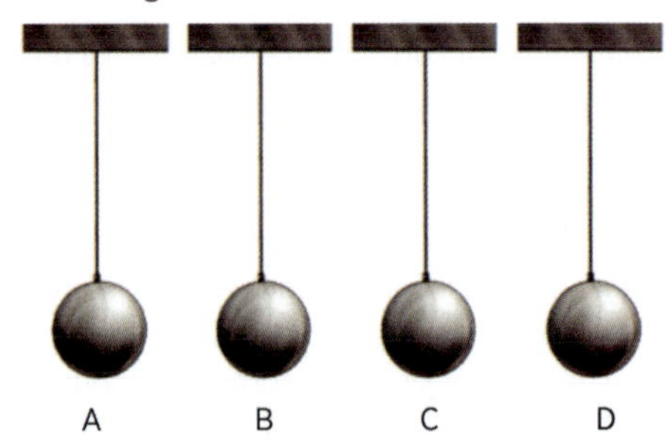

Suponha que a esfera *A* tenha sido tocada por um corpo carregado negativamente. Agora observamos que:

I. Quando a esfera *A* fica próximo de cada esfera (uma de cada vez), *B*, *C* e *D* são cada uma atraída por *A*.
II. *B* e *C* não têm efeito uma sobre a outra.
III. *B* e *C* são ambas atraídas por *D*.

A partir da análise de I, II e III, podemos afirmar que a carga sobre as esferas *A*, *B*, *C*, *D* é, respectivamente:

a) negativa; positiva; neutra; positiva.
b) positiva; neutra; positiva; negativa.
c) negativa; negativa; negativa; positiva.
d) neutra; neutra; negativa; neutra.
e) negativa; neutra; neutra; positiva.

R12. (UF-RJ) Um aluno montou um eletroscópio para a Feira de Ciências da escola, conforme ilustrado na figura abaixo. Na hora da demonstração, o aluno atritou um pedaço de cano plástico com uma flanela, deixando-o eletrizado positivamente, e em seguida encostou-o na tampa metálica e retirou-o. O aluno observou, então, um ângulo de abertura α_1 na fita de alumínio.

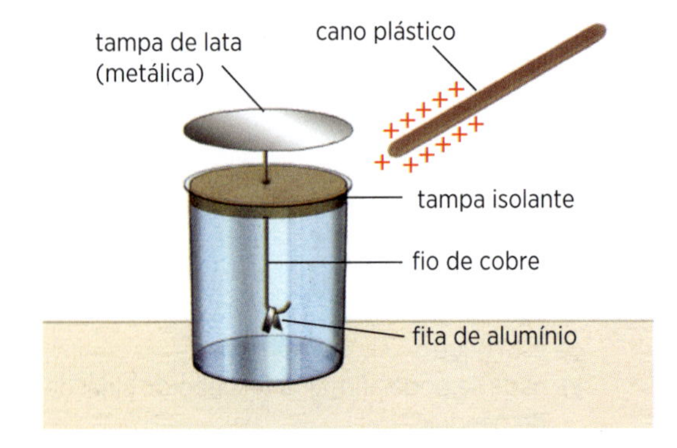

a) Explique o fenômeno físico ocorrido com a fita metálica.
b) O aluno, em seguida, tornou a atritar o cano com a flanela e o reaproximou da tampa de lata sem encostar nela, observando um ângulo de abertura α_2 na fita de alumínio. Compare α_1 e α_2, justificando sua resposta.

Força elétrica

Lei de Coulomb

Já verificamos que cargas elétricas de mesmo sinal se repelem e de sinais diferentes se atraem. Vamos considerar duas *cargas puntiformes*, q_1 e q_2, isto é, corpos eletrizados cujas dimensões são desprezíveis em comparação com as distâncias que os separam de outros corpos eletrizados, como na figura 1.

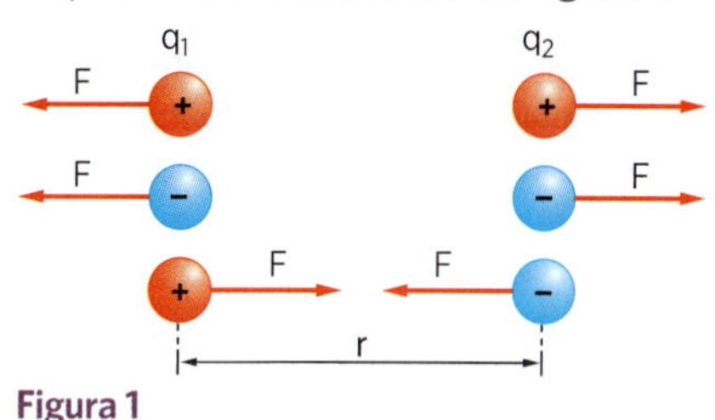

Figura 1

As forças elétricas que se manifestam nessas cargas são de *ação mútua*, ou seja, obedecem ao Princípio da Ação e Reação, têm a *mesma intensidade*, a *mesma direção* e *sentidos opostos*, agindo em corpos diferentes.

As primeiras medidas quantitativas da intensidade da força elétrica foram feitas por Charles Coulomb, em 1780. Ele provou experimentalmente que:

> A intensidade da força de ação mútua entre duas cargas elétricas puntiformes é diretamente proporcional ao produto dos valores absolutos das duas cargas e inversamente proporcional ao quadrado da distância entre elas.

Matematicamente, essa lei pode ser representada pela expressão:

$$F = K\frac{|q_1| \cdot |q_2|}{r^2}$$

onde F é a intensidade da força elétrica, q_1 e q_2 são os valores das cargas e r é a distância entre elas. A constante de proporcionalidade K tem valor que depende do meio onde as cargas se encontram e das unidades escolhidas para a medida das outras grandezas; ela é denominada *constante da eletrostática*.

No Sistema Internacional de Unidades (SI) a intensidade da força é dada em *newton* (símbolo N), a distância em *metro* (m) e a carga elétrica é medida em uma unidade denominada *coulomb*, cujo símbolo é C.

Experiências muito precisas mostram que a chamada *carga elementar e* (carga de um elétron em valor absoluto igual à de um próton) é a menor carga elétrica encontrada livre na natureza e vale:

$$e = 1{,}6 \cdot 10^{-19}\ C$$

Todas as cargas elétricas, positivas ou negativas, ocorrem somente em múltiplos de $1{,}6 \cdot 10^{-19}$ C. Quando um corpo tem a carga de -1 C, ele tem um excesso de $\frac{1}{1{,}6 \cdot 10^{-19}} = \frac{1}{1{,}6} \cdot 10^{19} = 0{,}625 \cdot 10^{19}$, ou seja, $6{,}25 \cdot 10^{18}$ elétrons.

De modo análogo, um corpo com carga $+1$ C tem uma falta de $6{,}25 \cdot 10^{18}$ elétrons.

Quando q_1 e q_2 na lei de Coulomb são expressos em coulomb, a distância r em metro e a intensidade da força em newton, a constante da eletrostática K vale, se o meio entre as cargas for o vácuo:

$$K = 9 \cdot 10^9 \frac{N \cdot m^2}{C^2}$$

OBSERVE

Para o valor de carga elétrica em coulomb, são muito utilizados os seguintes submúltiplos:

$$1\ \text{milicoulomb} = 1\ mC = 10^{-3}\ C$$
$$1\ \text{microcoulomb} = 1\ \mu C = 10^{-6}\ C$$
$$1\ \text{nanocoulomb} = 1\ nC = 10^{-9}\ C$$
$$1\ \text{picocoulomb} = 1\ pC = 10^{-12}\ C$$

Aplicação

A1. Duas cargas elétricas puntiformes, $q_1 = 3{,}0 \cdot 10^{-6}$ C e $q_2 = 5{,}0 \cdot 10^{-6}$ C, estão a 5,0 cm de distância no vácuo. Sendo $K = 9 \cdot 10^9 \dfrac{N \cdot m^2}{C^2}$ a constante da eletrostática do vácuo, determine a intensidade da força de repulsão entre elas.

A2. Duas partículas eletrizadas com cargas elétricas de mesmo valor absoluto mas sinais contrários atraem-se no vácuo com força de intensidade $4{,}0 \cdot 10^{-3}$ N quando situadas a 9,0 cm uma da outra. Determine o valor das cargas, sendo $K = 9 \cdot 10^9 \dfrac{N \cdot m^2}{C^2}$ a constante da eletrostática para o vácuo.

A3. Duas esferas condutoras, de pequenas dimensões, eletrizadas atraem-se mutuamente no vácuo com força de intensidade F ao estarem separadas por certa distância r. Como se modifica a intensidade da força quando a distância entre as esferas é aumentada para 4r?

A4. As cargas elétricas q e q', puntiformes, atraem-se com força de intensidade F_1, estando à distância d uma da outra no vácuo. Se a carga q' for substituída por outra $-3q'$ e a distância entre as cargas for duplicada, qual é a nova intensidade F_2 da força de interação elétrica entre elas? Dê a resposta em função de F_1.

Verificação

V1. Duas cargas elétricas puntiformes $q_1 = 1{,}0 \cdot 10^{-8}$ C e $q_2 = -2{,}0 \cdot 10^{-8}$ C estão no vácuo, separadas por uma distância r = 3,0 cm. Determine a intensidade da força de atração entre elas.

Dado: $K = 9 \cdot 10^9 \dfrac{N \cdot m^2}{C^2}$.

V2. Colocam-se no vácuo duas cargas elétricas puntiformes iguais a uma distância de 2,0 m uma da outra. A intensidade da força de repulsão entre elas é de $3{,}6 \cdot 10^2$ N. Determine o valor das cargas.

Dado: $K = 9 \cdot 10^9 \dfrac{N \cdot m^2}{C^2}$.

V3. Duas cargas elétricas puntiformes q e q' situam-se em pontos separados por uma distância r; a força com que uma atua sobre a outra tem intensidade F. Substituindo a carga q' por outra igual a 3q' e aumentando a distância para 3r, o que ocorre com a intensidade da força elétrica?

V4. Duas pequenas esferas igualmente eletrizadas, no vácuo, se repelem mutuamente quando separadas por uma certa distância. Triplicando a distância entre as esferas, a intensidade da força de repulsão entre elas torna-se:

a) 3 vezes maior.
b) 6 vezes menor.
c) 9 vezes menor.
d) 9 vezes maior.
e) 6 vezes maior.

V5. Duas cargas elétricas puntiformes q_1 e q_2, situadas a uma distância d, repelem-se com uma força de intensidade F. Substituindo a carga q_1 por outra igual a $5q_1$, e a carga q_2 por outra igual a $\dfrac{q_2}{2}$ e mantendo-se a distância d, a intensidade da força será:

a) 2F
b) 2,5F
c) $\dfrac{F}{2}$
d) 0,75F
e) outro valor

Revisão

R1. (Cesgranrio-RJ) Dois pequenos corpos eletricamente carregados são lentamente afastados um do outro. A intensidade da força de interação (F) varia com a distância (d) entre eles, segundo o gráfico:

a) 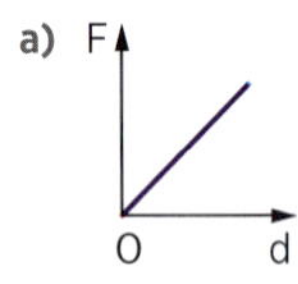

b) 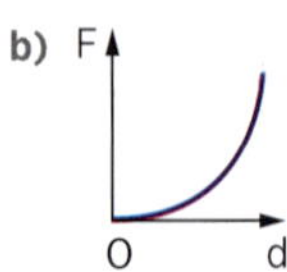

c) 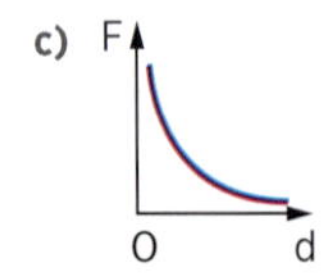

d) 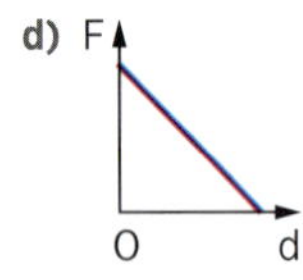

e) 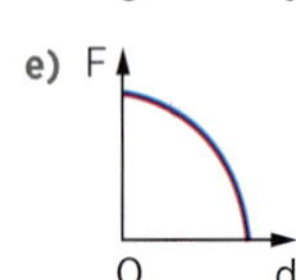

R2. (Mackenzie-SP) Em um determinado instante, dois corpos de pequenas dimensões estão eletricamente neutros e localizados no ar. Por certo processo de eletrização, cerca de $5 \cdot 10^{13}$ elétrons "passaram" de um corpo a outro. Feito isto, ao serem afastados entre si uma distância de 1,0 cm haverá entre eles

a) uma repulsão eletrostática mútua, de intensidade 5,76 kN.
b) uma repulsão eletrostática mútua, de intensidade $7{,}2 \cdot 10^5$ kN.
c) uma interação eletrostática mútua desprezível, impossível de ser determinada.
d) uma atração eletrostática mútua, de intensidade $7{,}2 \cdot 10^5$ kN.
e) uma atração eletrostática mútua, de intensidade 5,76 kN.

Dados:

Constante eletrostática do ar	Carga elementar
$k_0 = 9 \cdot 10^9 N \cdot m^2/C^2$	$e = 1{,}6 \cdot 10^{-19}$ C

R3. (UF-AM) Duas cargas elétricas puntiformes estão separadas por uma distância *d*. Esta distância é alterada até que a força entre as cargas fique quatro vezes menor. A nova separação entre as cargas é de:

a) 0,5 d
b) 2 d
c) 4 d
d) 0,25 d
e) 3 d

R4. (Vunesp-SP) Duas cargas elétricas, q_1 e q_2, estão colocadas a uma distância *r* uma da outra e a força que uma delas exerce sobre a outra tem intensidade *F*. Se a carga q_2 for substituída por outra igual a $2q_2$ e a distância for aumentada para 3r, a nova força entre elas terá intensidade aproximadamente igual a:

a) 4,5F
b) 3,5F
c) 2,5F
d) 1,5F
e) 0,22F

R5. (UE-PI) Duas pequenas esferas condutoras idênticas, separadas por uma distância *L*, possuem inicialmente cargas elétricas iguais a $+q$ e $+3q$. Tais esferas são colocadas em contato e, após o estabelecimento do equilíbrio eletrostático, são separadas por uma distância 2L. Nas duas situações, todo o sistema está imerso no vácuo. Considerando tais circunstâncias, qual é a razão F_{antes}/F_{depois} entre os módulos das forças elétricas entre as esferas antes e depois de elas serem colocadas em contato?

a) $\frac{3}{4}$
b) $\frac{3}{2}$
c) 2
d) 3
e) 6

Cálculo da força elétrica resultante sobre uma partícula eletrizada devido à ação de outras partículas

Vamos resolver exercícios determinando a força elétrica resultante que age numa partícula eletrizada devido à ação de duas ou mais partículas eletrizadas.

Analisaremos dois casos:

- as partículas estão alinhadas;
- as partículas não pertencem à mesma reta.

Aplicação

A5. Três cargas puntiformes iguais estão localizadas como mostra a figura abaixo. A intensidade da força elétrica exercida por *R* sobre *Q* é de $8{,}0 \cdot 10^{-5}$ N.

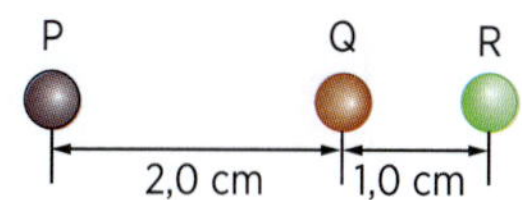

Calcule:

a) a intensidade da força elétrica exercida por *P* sobre *Q*;
b) a intensidade da força elétrica resultante que *R* e *P* exercem sobre *Q*.

A6. No sistema abaixo, $q = 1{,}0 \cdot 10^{-6}$ C e as cargas elétricas puntiformes extremas são fixas. Determine a intensidade da força elétrica resultante sobre a carga elétrica puntiforme $-q$. O meio é o vácuo, cuja constante da eletrostática é $K = 9 \cdot 10^9 \frac{N \cdot m^2}{C^2}$.

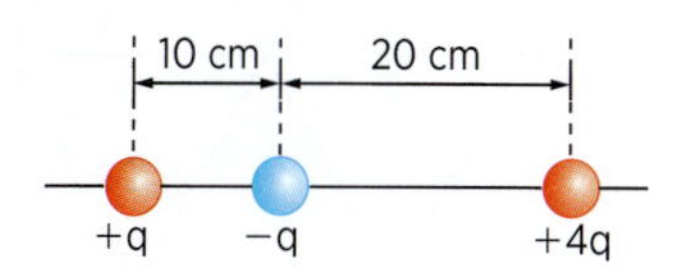

A7. Um corpo *A*, eletrizado, fica sujeito a uma força $\vec{F_I}$ quando próximo a uma carga 2Q (fig. *a*) e sujeito a uma força resultante $\vec{F_{II}}$ quando próximo a duas cargas 2Q e *Q* (fig. *b*).

Figura a

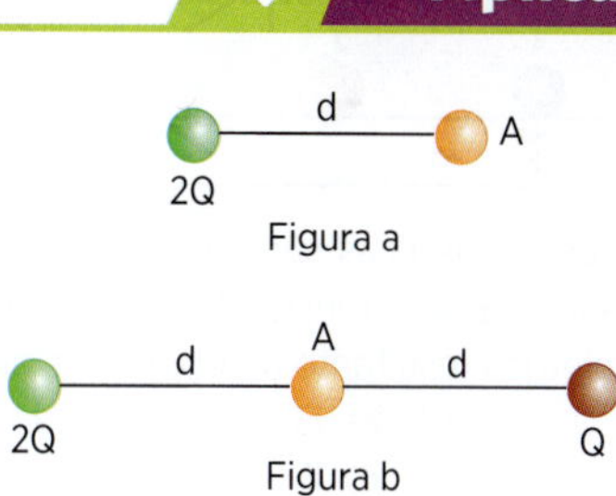

Figura b

Determine o valor da razão entre os módulos destas duas forças $\frac{F_{II}}{F_I}$.

A8. Nos vértices do triângulo equilátero ABC da figura são fixadas três cargas elétricas puntiformes: em *A* -10 μC, em *B* $+10$ μC e em *C* $+10$ μC. O lado do triângulo mede $\ell = 1{,}0$ m e o meio é o vácuo. Caracterize a força elétrica resultante na esfera *C*.

Dado: $K = 9 \cdot 10^9 \frac{N \cdot m^2}{C^2}$.

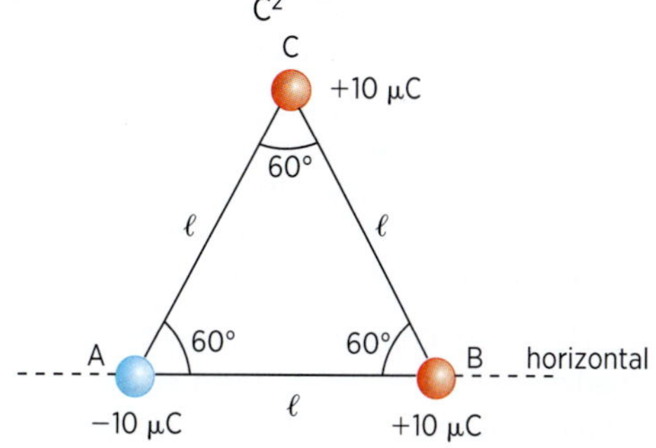

Verificação

V6. Três pequenos objetos igualmente carregados estão localizados como mostra a figura.

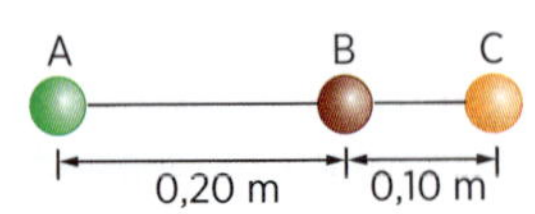

A intensidade da força elétrica exercida por *A* sobre *B* é 3,0 newtons. Calcule:

a) a intensidade da força elétrica que *C* exerce sobre *B*;

b) a intensidade da força elétrica resultante que *A* e *C* exercem em *B*.

V7. No esquema da figura as cargas extremas estão fixas. Determine a intensidade da força elétrica resultante que age sobre a carga +2q.

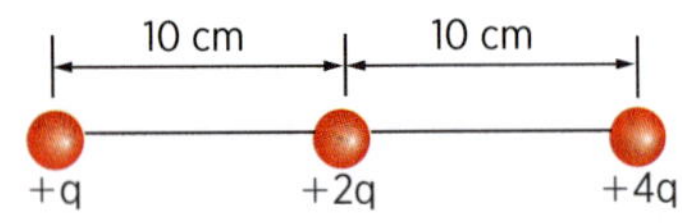

Dados: $q = 10^{-6}$ C e $K = 9 \cdot 10^9 \frac{N \cdot m^2}{C^2}$.

V8. A figura *a* representa um corpo *A* eletrizado sujeito à força de intensidade *F* em virtude da carga *Q*, situada à distância *x*. A figura *b* representa o mesmo corpo *A*, sujeito agora à força resultante de intensidade *F'* pela presença adicional da carga 2Q à distância 2x. Determine a relação $\frac{F}{F'}$ entre as intensidades das forças resultantes atuantes nas duas situações.

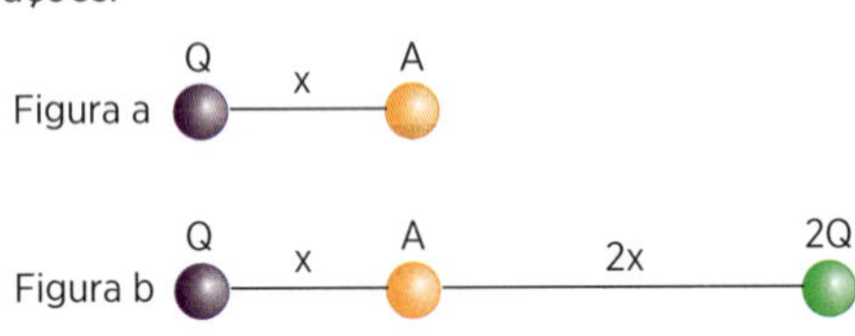

V9. Nos vértices de um triângulo equilátero de lado $\ell = 3{,}0$ m estão colocadas as cargas $Q_1 = Q_2 = 4{,}0 \cdot 10^{-7}$ C e $Q_3 = 1{,}0 \cdot 10^{-7}$ C. Determine a intensidade da força elétrica que age na carga Q_3. O meio é o vácuo $\left(K = 9 \cdot 10^9 \frac{N \cdot m^2}{C^2}\right)$.

Revisão

R6. (Vunesp-SP) Três objetos idênticos estão alinhados, no vácuo, conforme a figura.

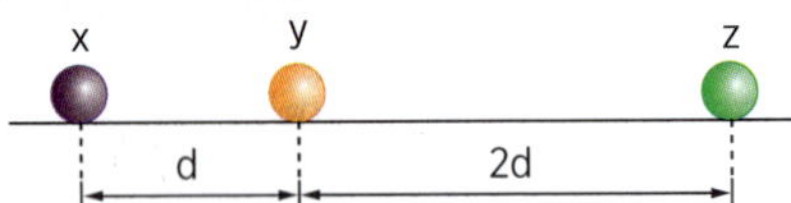

Suas cargas elétricas são iguais. Entre *x* e *y*, há uma força elétrica de intensidade 36 N. A intensidade da força elétrica resultante no objeto *z* é, em *N*, igual a:

a) 8
b) 10
c) 13
d) 15
e) 18

R7. (UE-RJ) Três pequenas esferas E_1, E_2 e E_3 eletricamente carregadas e isoladas estão alinhadas, em posições fixas, sendo E_2 equidistante de E_1 e E_3. Seus raios possuem o mesmo valor, que é muito menor que as distâncias entre elas, como mostra a figura:

E_1

E_2

E_3

As cargas elétricas das esferas têm, respectivamente, os seguintes valores:

- $Q_1 = 20\ \mu C$
- $Q_2 = -4\ \mu C$
- $Q_3 = 1\ \mu C$

Admita que, em um determinado instante, E_1 e E_2 são conectados por um fio metálico; após alguns segundos, a conexão é desfeita.

Nessa nova configuração, determine as cargas elétricas de E_1 e E_2 e apresente um esquema com a direção e o sentido da força resultante sobre E_3.

R8. (Unifesp-SP) Considere a seguinte "unidade" de medida: a intensidade da força elétrica entre duas cargas *q*, quando separadas por uma distância *d*, é *F*. Suponha em seguida que uma carga $q_1 = q$ seja colocada frente a duas outras cargas, $q_2 = 3q$ e $q_3 = 4q$, segundo a disposição mostrada na figura.

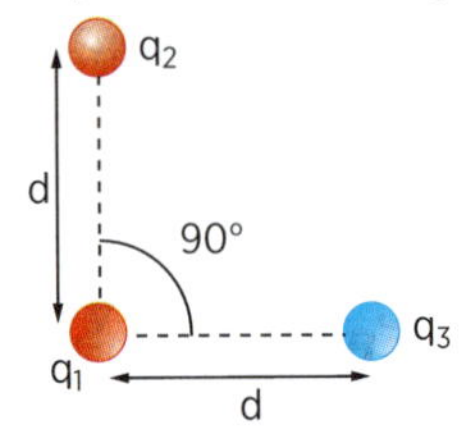

A intensidade da força elétrica resultante sobre a carga q_1, devido às cargas q_2 e q_3, será:

a) 2F
b) 3F
c) 4F
d) 5F
e) 9F

R9. (UE-MS) Três cargas elétricas fixas estão colocadas em vértices alternados do hexágono de lado *L*, conforme mostrado na figura. Coloca-se uma quarta carga positiva *q* no vértice assinalado na figura.

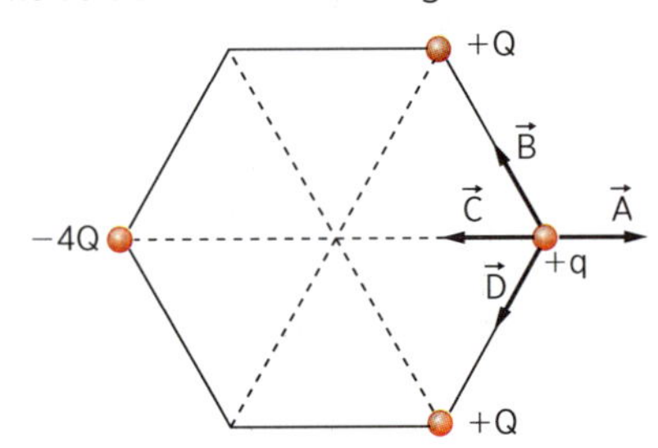

Assinale a alternativa que identifica o vetor força elétrica resultante $\vec{F}_R$ sobre a carga *q*:

a) A
b) B
c) C
d) D
e) vetor nulo

Equilíbrio de uma partícula eletrizada sob ação de forças elétricas somente

Nos problemas a seguir vamos determinar a posição de equilíbrio de uma partícula eletrizada quando somente sob ação de forças elétricas. Analisaremos também o tipo de equilíbrio dizendo se é estável, instável ou indiferente.

Aplicação

A9. Uma mesa horizontal possui uma canaleta em cujas extremidades, *A* e *B*, fixam-se duas pequenas esferas com cargas elétricas positivas, sendo $\frac{q_A}{q_B} = \frac{4}{9}$.
Uma terceira esfera eletrizada positivamente, colocada em *C*, está vinculada à canaleta, podendo executar livremente movimentos em sua direção. A posição de equilíbrio da terceira esfera é definida pelas distâncias r_1 e r_2. Desprezar o atrito entre a terceira esfera e a canaleta.

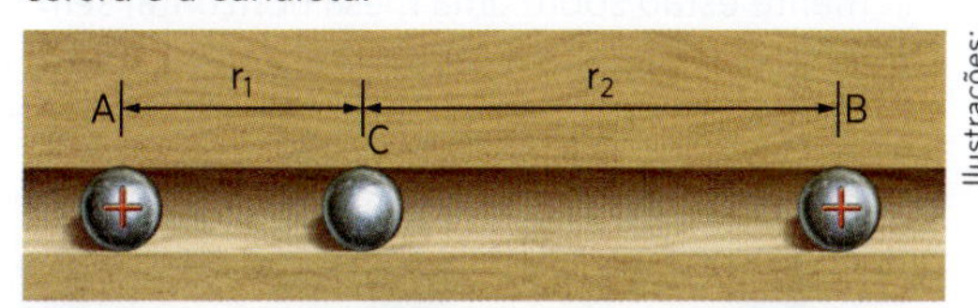

Ilustrações: Paulo César Pereira

a) Determine a posição de equilíbrio da terceira esfera pela relação $\frac{r_1}{r_2}$.

b) Sendo q_C positiva, qual a espécie de equilíbrio da esfera *C*? E se q_C for negativa?

A10. Três pequenas esferas alinhadas têm cargas *Q*, 2Q e 4Q, respectivamente. A distância entre a esfera de carga *Q* e a esfera de carga 2Q é d_1. A distância entre a esfera de carga 2Q e a de 4Q é d_2. Calcule a relação $\frac{d_1}{d_2}$ para que a resultante das forças elétricas que atuam sobre a esfera de carga 2Q seja nula.

A11. Duas pequenas esferas eletrizadas com carga $+Q$ estão fixas sobre uma canaleta horizontal, isolante, sem atrito. Uma pequena esfera com carga $+q$ é colocada exatamente no ponto médio entre as duas e pode se mover livremente sobre a canaleta. Supondo as cargas puntiformes:

I. A esfera com carga $+q$ está numa posição de equilíbrio estável.
II. Se a esfera central tivesse carga $-q$ em vez de $+q$, o equilíbrio seria instável.
III. O equilíbrio seria indiferente nos dois casos anteriores.

a) Apenas I é certa.
b) Apenas II é certa.
c) Apenas III é certa.
d) Todas estão erradas.
e) I e II estão certas.

A12. A figura representa três cargas elétricas puntiformes: q_1, q e q_2, colocadas em linha reta sobre uma superfície horizontal sem atrito.

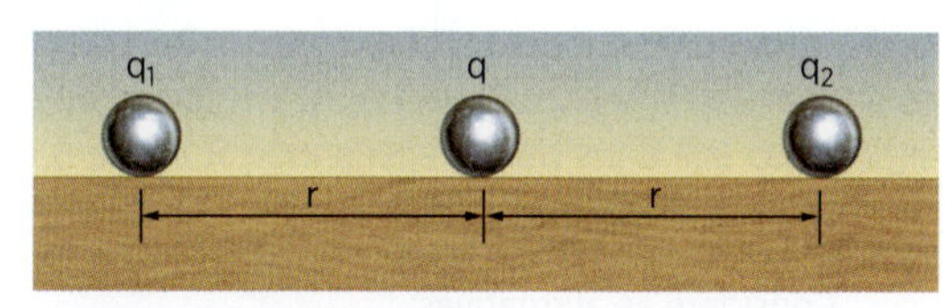

Todas as cargas estão livres e a carga *q* do centro é equidistante de q_1 e q_2.
Sabendo-se que *q* é positiva, as três cargas ficarão em equilíbrio se:

a) $q_1 = 2q_2 = 4q$
b) $q_1 = q_2 = -2q$
c) $q_1 = q_2 = -4q$
d) $q_1 = \frac{1}{2}q_2 = \frac{1}{4}q$
e) $q_1 = -q_2 = q$

Verificação

V10. Numa longa canaleta horizontal, duas pequenas esferas, *A* e *B*, eletrizadas com cargas respectivamente iguais a $q_A = +9 \cdot 10^{-8}$ C e $q_B = +4 \cdot 10^{-8}$ C, são fixadas. Uma terceira esfera, *C*, eletrizada positivamente deve ser colocada livremente na canaleta de modo a estar em equilíbrio.

a) Em que posição a terceira esfera, *C*, deve ser colocada: à esquerda de *A*, entre *A* e *B*, ou à direita de *B*?

b) Sendo r_A a distância a *A* e r_B a distância a *B* da terceira esfera, determine a relação $\frac{r_A}{r_B}$.

c) Qual o tipo de equilíbrio da esfera *C*: estável, instável ou indiferente? Por quê?

V11. Duas pequenas esferas, igualmente eletrizadas com carga de sinal negativo, são fixadas nas extremidades de uma canaleta horizontal e isolante. Uma terceira esfera, de carga *q*, é colocada na canaleta ao longo da qual pode se mover livremente sem atrito.

a) Em que posição a terceira esfera permanece em equilíbrio?

b) Qual o tipo de equilíbrio que se estabelece na situação do item anterior se a terceira esfera for positiva? E se a terceira esfera for negativa?

V12. Três pequenas esferas eletrizadas com cargas Q, $4Q$ e $2Q$ são alinhadas numa canaleta isolante, na qual as cargas Q e $2Q$ são fixas, podendo $4Q$ se mover livremente sem atrito.

a) Qual a relação entre as distâncias $\left(\frac{r_1}{r_2}\right)$ para que a esfera de carga $4Q$ permaneça em equilíbrio?

b) Qual o tipo de equilíbrio da esfera de carga $4Q$?

V13. Três cargas elétricas, Q_1, Q e Q_2, são colocadas em linha reta sobre uma mesa horizontal sem atrito. Todas elas são livres e a carga central é positiva. Estabeleça os valores das cargas Q_1 e Q_2 em função de Q para que a situação esquematizada seja de equilíbrio.

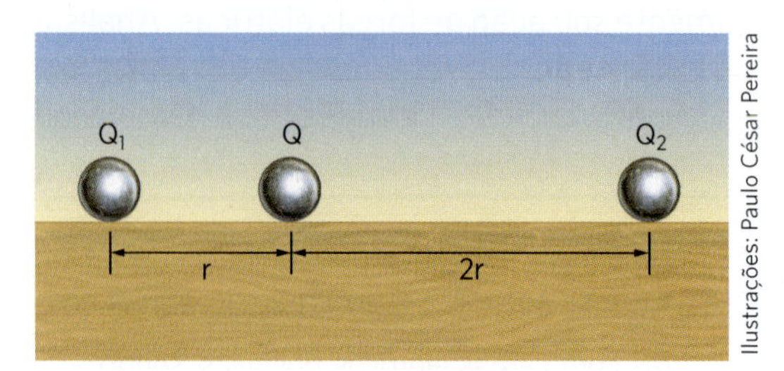

Ilustrações: Paulo César Pereira

Revisão

R10. (AFA-SP) Duas esferas eletrizadas com carga Q são mantidas fixas, em pontos equidistantes de um ponto O onde é colocada uma terceira esfera de carga q.

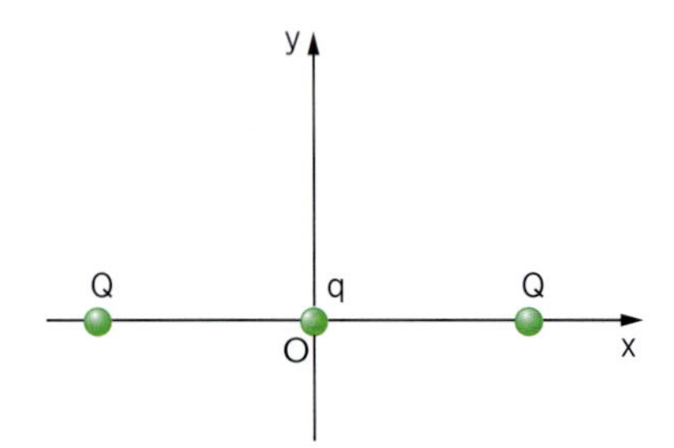

Considere as afirmativas:

I. Se $Q \cdot q > 0$, haverá equilíbrio estável de q em relação a Ox.

II. Se $Q \cdot q < 0$, haverá equilíbrio instável de q em relação a Oy.

III. Tanto para $Q \cdot q > 0$ ou $Q \cdot q < 0$, o equilíbrio de q será indiferente.

É (São) correta(s):

a) apenas I e II.

b) apenas I.

c) apenas II e III.

d) I, II e III.

R11. (FEI-SP) As cargas $q_1 = 10\ \mu C$ e $q_2 = 40\ \mu C$ estão fixas nos pontos mostrados na figura. Uma terceira carga $q = 5\ \mu C$ está em equilíbrio na linha que une q_1 e q_2. Entre as cargas há somente a ação de forças elétricas. Nesta condição, qual é a distância entre q_1 e q?

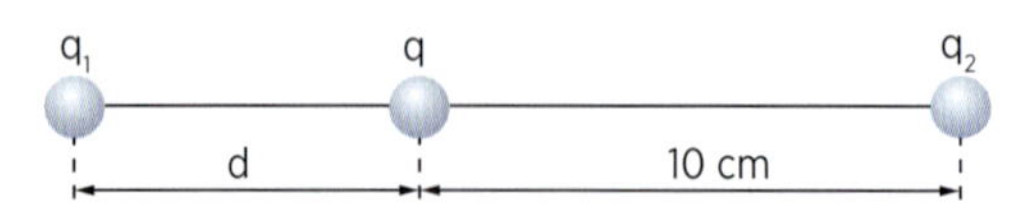

a) 5,00 cm

b) 6,00 cm

c) 7,50 cm

d) 3,33 cm

e) 6,66 cm

R12. (Vunesp-SP) Três partículas carregadas eletricamente estão sobre uma mesa horizontal sem atrito, conforme a figura a seguir. O sistema está em equilíbrio e $q_2 > 0$.

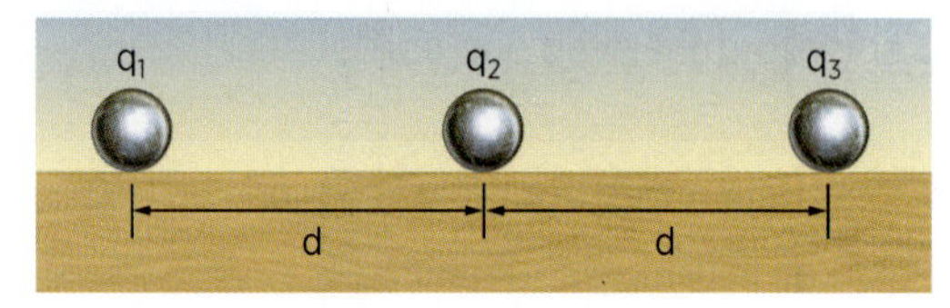

Determine os sinais de q_1 e q_3 e o valor absoluto de q_1 e q_3 em função de q_2.

	Sinal		Valor absoluto	
	q_1	q_3	q_1	q_3
a)	+	+	$2q_2$	$2q_2$
b)	−	+	q_2	$3q_2$
c)	+	−	$4q_2$	$4q_2$
d)	−	−	$4q_2$	$4q_2$
e)	−	−	q_2	q_2

R13. (UF-PE) Quatro cargas elétricas, de intensidades Q e q, estão fixas nos vértices de um quadrado, conforme indicado na figura. Determine a razão $\frac{Q}{q}$ para que a força sobre cada uma das cargas Q seja nula.

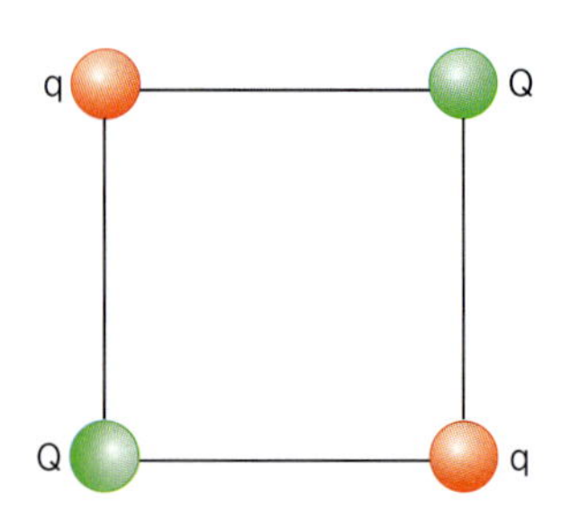

a) $-\frac{\sqrt{2}}{2}$

b) $-\sqrt{2}$

c) $-2\sqrt{2}$

d) $-4\sqrt{2}$

e) $-\frac{\sqrt{2}}{4}$

CRONOLOGIA DO ESTUDO DA FORÇA ELÉTRICA

Século VI a. C.

- O filósofo grego Tales de Mileto (640-546 a.C.) observa que o âmbar, ao ser atritado, adquire a propriedade de atrair objetos leves. Esse foi o ponto de partida do estudo da Eletricidade. Entretanto, somente a partir do século XVI é que a Eletricidade começa a se desenvolver como ciência.

1600

- O médico inglês William Gilbert (1540-1603) verifica que outras substâncias, além do âmbar, quando atritadas, adquirem a propriedade de atrair objetos leves. Ao fenômeno observado ele chama de fenômeno elétrico. O termo *elétrico*, criado por Gilbert, deriva de *elektron*, que em grego significa âmbar.

1670

- Otto von Guericke (1602-1686), prefeito da cidade de Magdeburgo, constrói a primeira máquina eletrostática, isto é, o primeiro dispositivo capaz de eletrizar mais intensamente um corpo.

1729

- O cientista inglês Stephen Gray (1670-1736) faz a distinção entre substâncias condutoras de eletricidade e não condutoras, ou isolantes.

1734

- O químico francês Charles François Du Fay (1698-1739) chega à conclusão de que existem duas espécies de eletricidade, que ele chamou de *vítrea* e *resinosa*. Essas denominações são substituídas, posteriormente, por *eletricidade positiva* e *eletricidade negativa* pelo cientista Benjamin Franklin.

1752

- O cientista norte-americano Benjamin Franklin (1706-1790) inventa o para-raios.

1785

- O físico francês Charles-Augustin de Coulomb (1736-1806) estabelece a lei que permite calcular a intensidade da força de interação entre partículas eletrizadas.

Bettmann/Corbis/Latinstock. Coleção particular

Gravura representando hipotética e extremamente perigosa experiência que teria sido realizada por Benjamin Franklin e seu filho: empinar uma pipa ligada a uma chave num dia de tempestade. Ele teria concluído que o raio é uma simples faísca.

Campo elétrico

Conceito de campo elétrico

No capítulo anterior descrevemos a força elétrica, mostrando que é uma *força de ação a distância*, isto é, as forças entre cargas elétricas se manifestam a uma certa distância.

Para explicar o mecanismo dessas forças foi introduzido o conceito de *campo elétrico*. O conceito de campo é um elemento básico para o estudo dos campos de força na Física.

Consideremos o espaço ao redor de uma esfera eletrizada positivamente e apoiada em um suporte isolante, como mostrado na figura 1. Exploremos a região, utilizando uma carga puntiforme positiva *q*. Verificamos que, quaisquer que sejam os pontos onde a carga puntiforme *q* é colocada, ela sempre sofre a ação de forças tais como $\vec{F}_1$, $\vec{F}_2$, ...

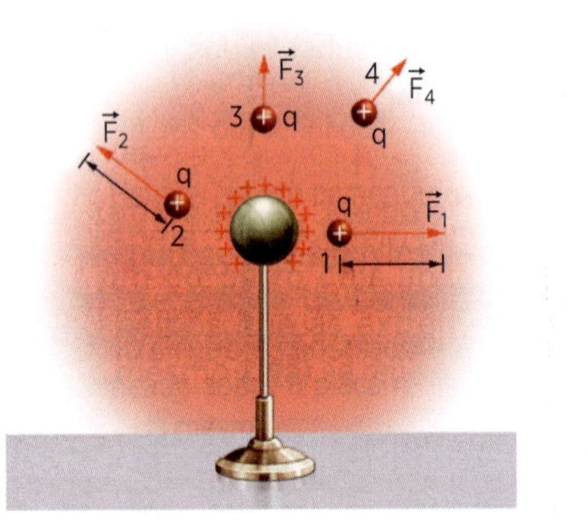

Ilustrações: Studio Caparroz

$|\vec{F}_1| > |\vec{F}_2| > |\vec{F}_3| > |\vec{F}_4|$

Figura 1

A intensidade da força $\vec{F}_1$ é maior que a intensidade de $\vec{F}_2$, já que em 1 a carga puntiforme *q* está mais próxima da esfera do que em 2.

Na região do espaço que envolve um corpo eletrizado (no caso em questão a esfera), onde outras cargas ficam sujeitas a forças de origem elétrica, dizemos que se estabelece um *campo elétrico*.

Em qualquer ponto da região, como o ponto 1 da figura 2, verificamos que, substituindo a carga *q* por outra *q'*, a direção da força elétrica permanece a *mesma*, isto é, *q'* fica sujeita a uma força $\vec{F}'_1$, paralela a $\vec{F}_1$. Se *q* e *q'* têm o mesmo sinal, os sentidos de $\vec{F}_1$ e $\vec{F}'_1$ são os mesmos. Porém, substituindo por uma terceira carga *q''*, de sinal contrário, a direção de $\vec{F}''_1$ será a mesma, mas o sentido é oposto ao das forças anteriores. Constata-se que as razões entre as forças e os valores das respectivas cargas elétricas são iguais, isto é:

$$\frac{\vec{F}_1}{q} = \frac{\vec{F}'_1}{q'} = \frac{\vec{F}''_1}{q''} = ... = \text{constante}$$

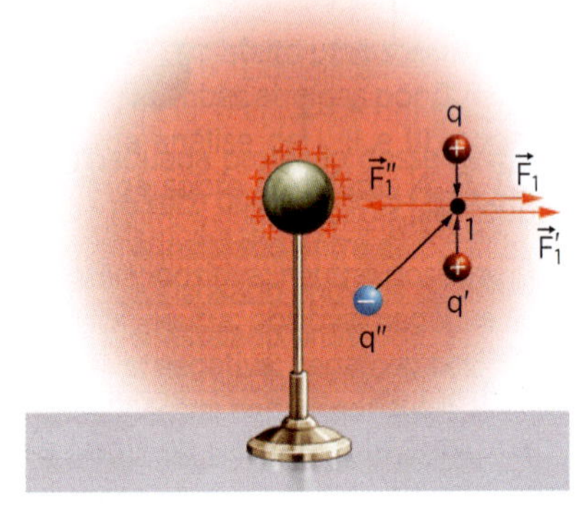

Figura 2

Essa constante é uma grandeza vetorial associada a cada ponto do campo elétrico, denominada *vetor campo elétrico*. Sua intensidade, direção e sentido dependem do ponto do campo, da carga do corpo que produz o campo e do meio que o envolve, não dependendo da carga puntiforme colocada no ponto.

Assim, no ponto *P* do campo elétrico da figura 3, o vetor campo elétrico $\vec{E}$ é, por definição:

$$\vec{E} = \frac{\vec{F}}{q}$$

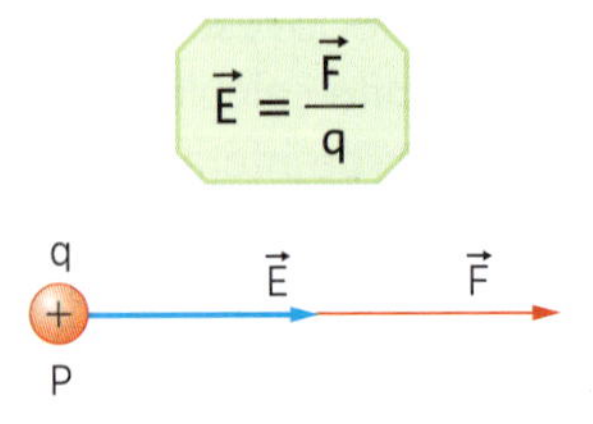

Figura 3

onde *q* é a carga puntiforme colocada em *P* e $\vec{F}$, a força elétrica que age sobre *q*.

A direção e o sentido do vetor $\vec{E}$ no ponto *P* serão *a direção e o sentido da força que atua em uma carga puntiforme positiva colocada no ponto*. Sua intensidade será determinada pela expressão $E = \frac{F}{|q|}$, onde *F* é a intensidade da força e $|q|$ o valor absoluto da carga q. No SI as unidades de F e $|q|$ são, respectivamente, newton e coulomb e, portanto, E pode ser medido em *newton por coulomb* (N/C).

Entretanto, o nome oficial da unidade de intensidade de campo elétrico no Sistema Internacional é o *volt por metro* (V/m), conforme veremos adiante.

Da igualdade $\vec{E} = \frac{\vec{F}}{q}$, resulta:

$$\vec{F} = q \cdot \vec{E}$$

Sendo $q > 0$, $\vec{F}$ e $\vec{E}$ têm o mesmo sentido; sendo $q < 0$, $\vec{F}$ e $\vec{E}$ têm sentidos contrários. $\vec{F}$ e $\vec{E}$ têm sempre a mesma direção (fig. 4).

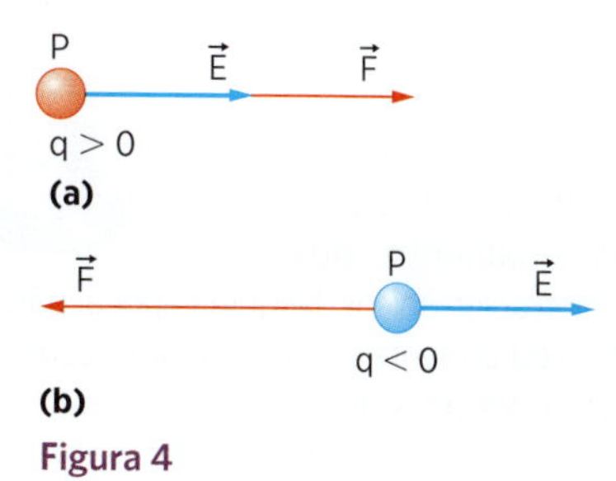

(b)

Figura 4

OBSERVE

No estudo da Eletrostática, consideramos que o vetor campo elétrico $\vec{E}$ em cada ponto não varia com o decorrer do tempo. Nesse caso, o campo elétrico é denominado *campo eletrostático*.

Aplicação

A1. Em um ponto P de um campo elétrico, o vetor campo elétrico tem direção vertical, sentido ascendente e intensidade $5{,}0 \cdot 10^4$ N/C. Determine a intensidade, a direção e o sentido da força elétrica que age sobre uma carga elétrica puntiforme q colocada em P, nos casos:

a) $q = 2{,}0 \cdot 10^{-5}$ C **b)** $q = -2{,}0 \cdot 10^{-5}$ C

A2. Seja $\vec{E}$ o vetor campo elétrico num ponto P de um campo elétrico. Colocando-se uma carga puntiforme q em P ela fica sujeita a uma força elétrica $\vec{F}$.

Refaça no caderno a figura dada e represente a força elétrica $\vec{F}$ que age em q nos casos:

a) $q > 0$

b) $q < 0$

A3. Uma partícula α tem massa igual a quatro vezes a massa do próton e carga elétrica igual a duas vezes a carga do próton. Se uma partícula α e um próton p forem colocados sucessivamente num ponto de um campo elétrico, ficarão sujeitos a forças elétricas de intensidade F_α e F_p. Calcule a relação $\frac{F_\alpha}{F_p}$.

Verificação

V1. Em um ponto do espaço, o vetor campo elétrico tem intensidade $3{,}6 \cdot 10^3$ N/C. Uma carga puntiforme de $1{,}0 \cdot 10^{-5}$ C colocada nesse ponto sofre a ação de uma força elétrica. Calcule a intensidade dessa força.

V2. Uma partícula eletrizada com carga q é colocada num ponto P de um campo elétrico. A força elétrica $\vec{F}$ que age em q tem o mesmo sentido do vetor campo elétrico $\vec{E}$ em P.

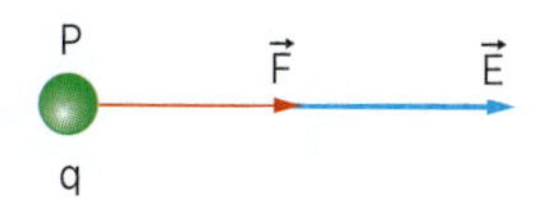

Qual o sinal de q? Substituindo a partícula por outra de carga elétrica $-q$, o que ocorre com os sentidos de $\vec{E}$ e da força elétrica que passa a agir nessa nova partícula?

V3. Uma carga elétrica q fica sob a ação de uma força elétrica de intensidade igual a F, ao ser colocada num determinado ponto de um campo elétrico. Determine a carga elétrica que, colocada nesse mesmo ponto, ficaria sob a ação de uma força elétrica de intensidade igual a 4F e mesmo sentido que a anterior.

R1. (Vunesp-SP) Há pouco mais de 60 anos não existiam microchips, transistores ou mesmo diodos, peças fundamentais para o funcionamento dos atuais eletroeletrônicos. Naquela época, para controlar o sentido da corrente elétrica em um trecho de circuito existiam as válvulas diodo.

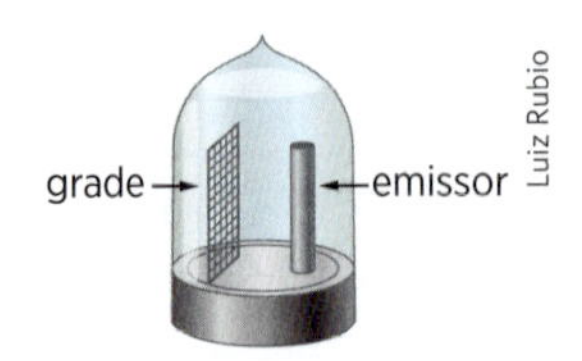

Nesse tipo de válvula, duas peças distintas eram seladas a vácuo: o emissor, de onde eram extraídos elétrons, e a grade, que os recebia. O formato do emissor e da grade permitia que entre eles se estabelecesse um campo elétrico. O terno de eixos desenhado está de acordo com a posição da válvula mostrada na figura anterior.

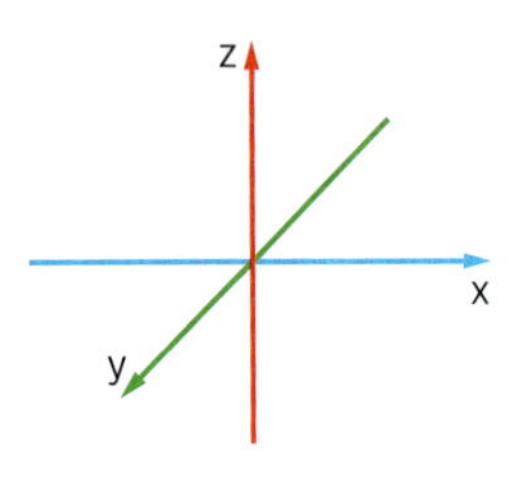

Para que um elétron seja acelerado do emissor em direção à grade, deve ser criado entres estes um campo elétrico orientado na direção do eixo.

a) *x*, voltado para o sentido positivo.
b) *x*, voltado para o sentido negativo.
c) *y*, voltado para o sentido positivo.
d) *z*, voltado para o sentido positivo.
e) *z*, voltado para o sentido negativo.

R2. (UF-PI) Uma carga de prova $q > 0$, colocada num ponto *P* de um campo elétrico, cujo vetor campo elétrico tem intensidade $E = 2{,}0 \cdot 10^3$ N/C, sofre ação de uma força elétrica de intensidade $F = 18 \cdot 10^{-5}$ N. O valor dessa carga, em coulombs, é de:

a) $9{,}0 \cdot 10^{-8}$
b) $20 \cdot 10^{-8}$
c) $36 \cdot 10^{-8}$
d) $9{,}0 \cdot 10^{-2}$
e) $36 \cdot 10^{-2}$

R3. (Unicamp-SP) O fato de os núcleos atômicos serem formados por prótons e nêutrons suscita a questão da coesão nuclear, uma vez que os prótons, que têm carga positiva $q = 1{,}6 \cdot 10^{-19}$ C, se repelem através da força eletrostática. Em 1935, H. Yukawa propôs uma teoria para a força nuclear forte, que age a curtas distâncias e mantém os núcleos coesos.

a) Considere que o módulo da força nuclear forte entre dois prótons F_N é igual a vinte vezes o módulo da força eletrostática entre eles F_E, ou seja, $F_N = 20 F_E$. O módulo da força eletrostática entre dois prótons separados por uma distância *d* é dado por $F_E = K\frac{q^2}{d^2}$, onde $K = 9{,}0 \cdot 10^9$ Nm²/C². Obtenha o módulo da força nuclear forte F_N entre os dois prótons, quando separados por uma distância $d = 1{,}6 \cdot 10^{-15}$ m, que é uma distância típica entre prótons no núcleo.

b) As forças nucleares são muito maiores que as forças que aceleram as partículas em grandes aceleradores como o LHC. Num primeiro estágio de acelerador, partículas carregadas deslocam-se sob a ação de um campo elétrico aplicado na direção do movimento. Sabendo que um campo elétrico de módulo $E = 2{,}0 \cdot 10^6$ N/C age sobre um próton num acelerador, calcule a força eletrostática que atua no próton.

Campo elétrico de uma carga elétrica puntiforme

Vamos determinar as características do vetor campo elétrico num ponto *P* de um campo elétrico, produzido por uma carga elétrica puntiforme *Q*, fixa.

Admitamos em *O* uma carga puntiforme fixa *Q* e no ponto *P*, a distância *r* de *O*, uma carga puntiforme $q > 0$ (fig. 5). Quando a carga fixa *Q* é positiva, a força elétrica na carga puntiforme *q* será de *repulsão* e quando *Q* é negativa, de *atração*. Nos dois casos, a direção e o sentido do vetor campo elétrico em *P* serão os mesmos da força elétrica correspondente.

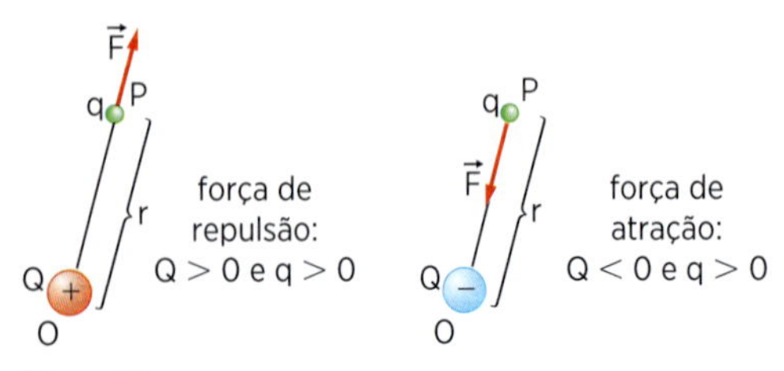

Figura 5

Portanto, a direção do vetor campo elétrico $\vec{E}$ será a *da reta que passa pelos pontos* O e P; seu *sentido depende do sinal da carga* Q *fixa* (fig. 6). Quando Q é *positiva*, o campo é de *afastamento* em relação à carga; quando *negativa*, ele é de *aproximação*.

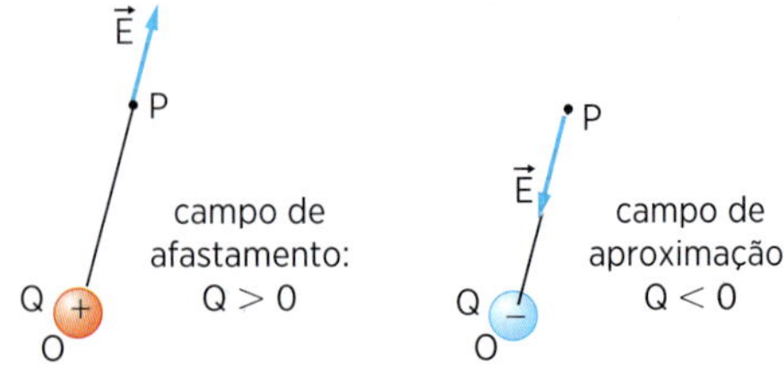

Figura 6

Da lei de Coulomb, $F = K\frac{|Q| \cdot |q|}{r^2}$, e da relação $F = |q| \cdot E$ resulta a intensidade do vetor campo elétrico $\vec{E}$:

$$|q| \cdot E = K\frac{|Q| \cdot |q|}{r^2}$$

$$E = K\frac{|Q|}{r^2}$$

Da expressão anterior concluímos que a intensidade do vetor campo elétrico, no campo de uma carga puntiforme Q fixa, é *inversamente proporcional ao quadrado da distância do ponto, onde se quer determinar o campo, à carga fixa*. Isso significa que, quanto mais afastado da carga estiver o ponto, menor será a intensidade do vetor campo elétrico originado (fig. 7).

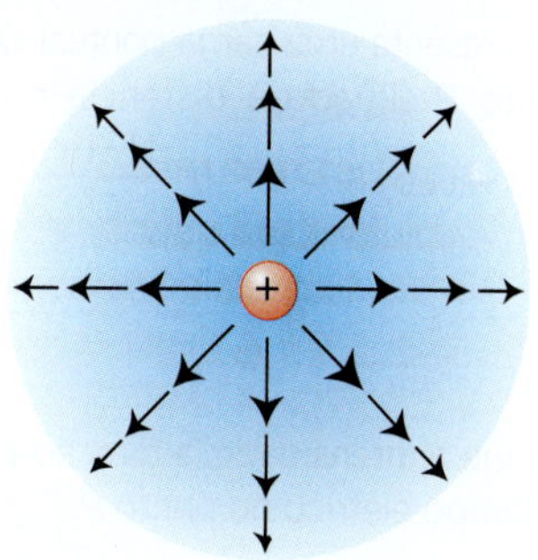

Figura 7

Aplicação

A4. Determine a intensidade do vetor campo elétrico originado por uma carga puntiforme fixa $Q = +10\ \mu C$, em um ponto P no vácuo, distante $r = 10$ cm da carga.

Dado: $K = 9 \cdot 10^9 \dfrac{N \cdot m^2}{C^2}$.

A5. Na figura abaixo, determine as características do vetor campo elétrico produzido pela carga puntiforme $Q = 3{,}0\ \mu C$ nos pontos A e B. Considere que o meio é o vácuo $\left(K = 9 \cdot 10^9 \dfrac{N \cdot m^2}{C^2}\right)$.

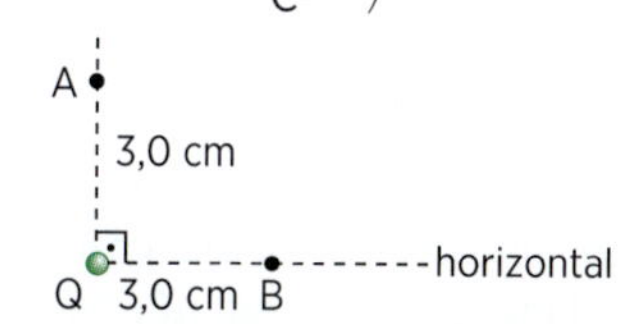

A6. No ponto A, situado no campo de uma carga puntiforme Q positiva, o vetor campo elétrico é representado pela seta indicada na figura.

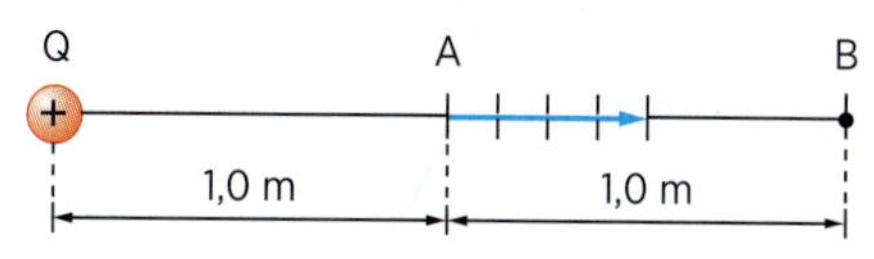

Qual das setas propostas a seguir representa corretamente o vetor campo elétrico no ponto B?

a)

b)

c)

d)

e)

A7. A figura representa a intensidade do vetor campo elétrico originado por uma carga puntiforme $Q > 0$ fixa, no vácuo, em função da distância à carga.

a) Calcule o valor da carga Q que origina o campo.

b) Determine a intensidade do vetor campo elétrico em um ponto que dista 20 cm da carga fixa.

Considere $K = 9 \cdot 10^9 \dfrac{N \cdot m^2}{C^2}$.

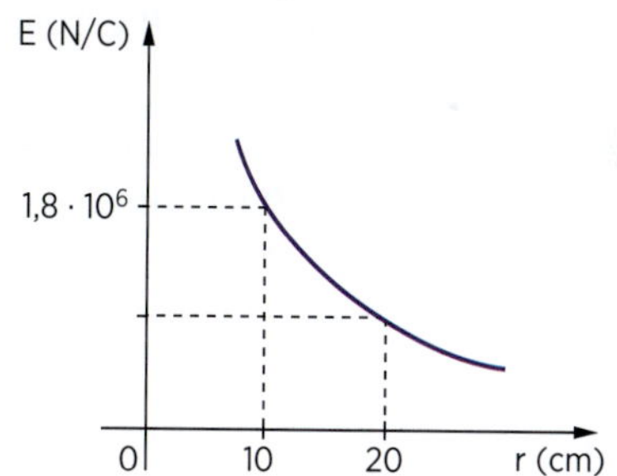

Verificação

V4. Uma carga elétrica pontual fixa $Q = 8{,}0\ \mu C$ gera ao seu redor um campo elétrico. Determine a intensidade do vetor campo elétrico num ponto distante $r = 4{,}0$ cm da carga Q. O meio é o vácuo, para o qual $K = 9 \cdot 10^9 \dfrac{N \cdot m^2}{C^2}$.

V5. Uma carga elétrica puntiforme Q, fixa num ponto O, gera um campo elétrico. Considere os pontos O, A e B situados no plano do papel. O vetor campo elétrico no ponto A está representado na figura ao lado.

a) Qual o sinal de Q?

b) Refaça no caderno a figura dada e represente o vetor campo elétrico no ponto B.

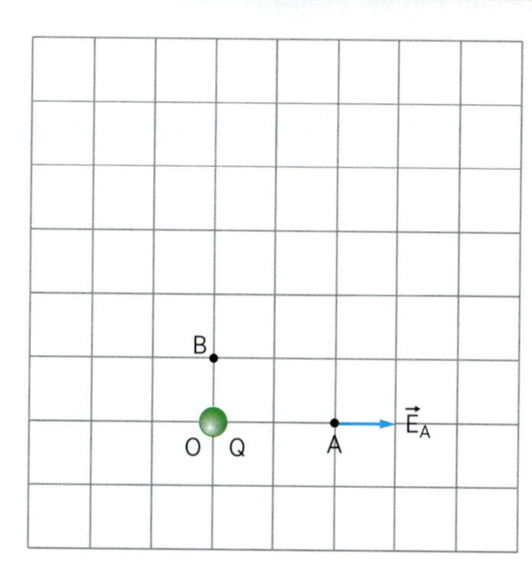

V6. A figura representa uma carga pontual $Q = 5 \cdot 10^{-6}$ C e um ponto P situado à distância $r = 3$ cm dela. O meio é o vácuo $\left(K = 9 \cdot 10^9 \frac{N \cdot m^2}{C^2}\right)$.

a) Determine a intensidade, a direção e o sentido do vetor campo elétrico no ponto P.

b) Qual a intensidade, a direção e o sentido da força elétrica que age sobre uma carga $q = -5 \cdot 10^{-4}$ C colocada no ponto P?

V7. A intensidade do vetor campo elétrico gerado por uma carga puntiforme positiva fixa, no vácuo, em função da distância a ela, está representada no gráfico.

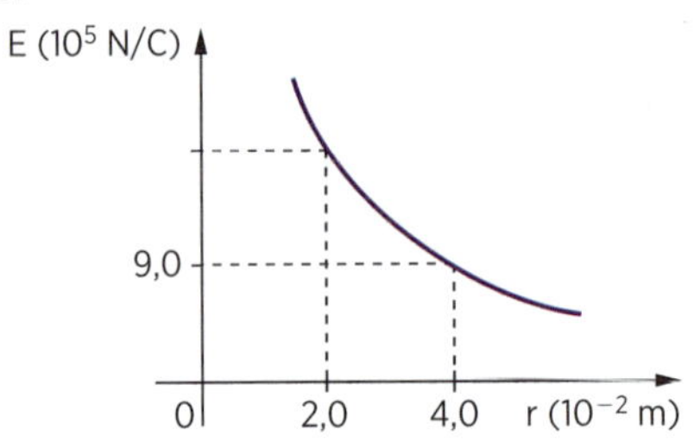

a) Determine a carga Q que origina o campo.

b) Determine a intensidade do vetor campo elétrico no ponto situado a $2,0 \cdot 10^{-2}$ m da carga Q.

O meio é o vácuo: $K = 9 \cdot 10^9 \frac{N \cdot m^2}{C^2}$.

R4. (PUC-SP) Seja Q (positiva) a carga geradora do campo elétrico e q a carga de prova em um ponto P, próximo de Q. Podemos afirmar que:

a) o vetor campo elétrico em P dependerá do sinal de q.

b) o módulo do vetor campo elétrico em P será tanto maior quanto maior for a carga q.

c) o vetor campo elétrico será constante nas proximidades da carga Q.

d) a força elétrica em P será constante, qualquer que seja o valor de q.

e) o vetor campo elétrico em P é independente da carga de prova q.

R5. (Mackenzie-SP) A intensidade do vetor campo elétrico, num ponto situado a 3,0 mm de uma carga elétrica puntiforme $Q = 2,7$ μC, no vácuo $\left(K = 9 \cdot 10^9 \frac{N \cdot m^2}{C^2}\right)$ é:

a) $2,7 \cdot 10^3$ N/C
b) $8,1 \cdot 10^3$ N/C
c) $2,7 \cdot 10^6$ N/C
d) $8,1 \cdot 10^6$ N/C
e) $2,7 \cdot 10^9$ N/C

R6. (UF-PE) Uma carga elétrica puntiforme gera campo elétrico nos pontos P_1 e P_2. A figura a seguir mostra setas que indicam a direção e o sentido do vetor campo elétrico nestes pontos. Contudo, os comprimentos das setas não indicam os módulos destes vetores. O módulo do campo elétrico no ponto P_1 é 32 V/m. Calcule o módulo do campo elétrico no ponto P_2, em V/m.

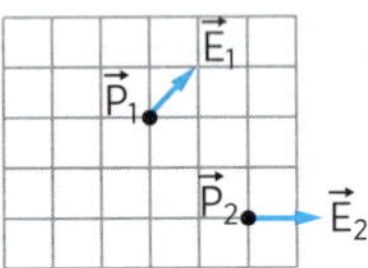

R7. (Acafe-SC) O gráfico abaixo representa a intensidade do campo elétrico de uma carga puntiforme fixa no vácuo, em função da distância à carga.
A intensidade da carga, em μC, que causa o campo elétrico é:

a) 8
b) 6
c) 4
d) 2
e) 10

Dado: $K = 9 \cdot 10^9 \frac{N \cdot m^2}{C^2}$

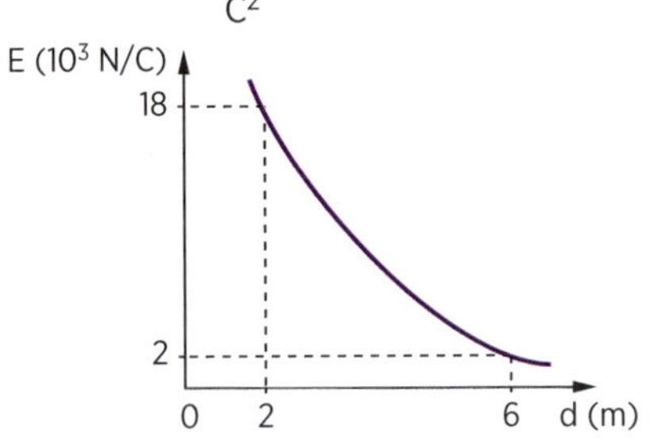

Campo elétrico devido a várias cargas

Quando várias cargas puntiformes, como Q_1, Q_2 e Q_3 na figura 8, estão fixas em pontos de uma região do espaço, elas originam em cada ponto P da região um vetor campo elétrico $\vec{E}$.

As cargas Q_1, Q_2 e Q_3 originam separadamente os vetores campo elétrico $\vec{E}_1$, $\vec{E}_2$ e $\vec{E}_3$.

O vetor campo resultante $\vec{E}$ é a soma vetorial dos vetores campos $\vec{E}_1$, $\vec{E}_2$ e $\vec{E}_3$ que as cargas originam separadamente no ponto P.

$$\vec{E} = \vec{E}_1 + \vec{E}_2 + \vec{E}_3$$

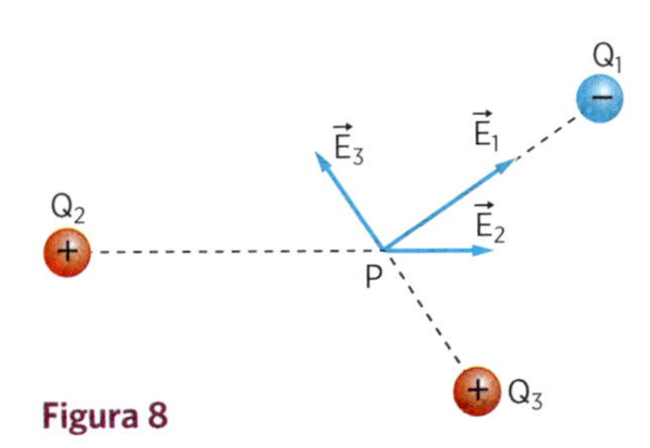

Figura 8

Aplicação

A8. Nas situações I, II, III e IV o vetor campo elétrico resultante em *P* é mais bem representado por:

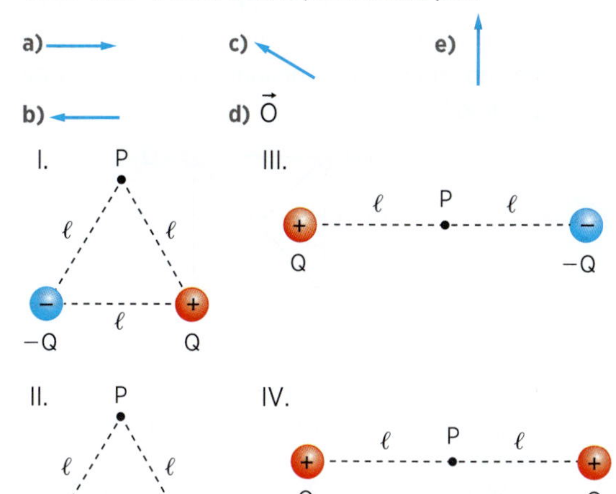

A9. Determine a intensidade do vetor campo elétrico resultante no ponto *P*, nos casos a seguir. Considere que o meio é o vácuo $\left(K = 9 \cdot 10^9 \dfrac{N \cdot m^2}{C^2}\right)$.

a)

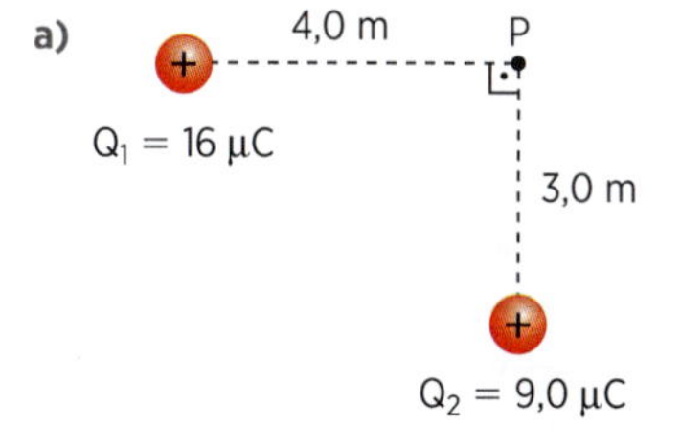

b) 4,0 m — P — 3,0 m

$Q_1 = 16\ \mu C$ $\qquad Q_2 = 9{,}0\ \mu C$

A10. Determine a intensidade do vetor campo elétrico resultante no ponto *P* nos casos a seguir. O meio é o vácuo $\left(K = 9 \cdot 10^9 \dfrac{N \cdot m^2}{C^2}\right)$.

a)

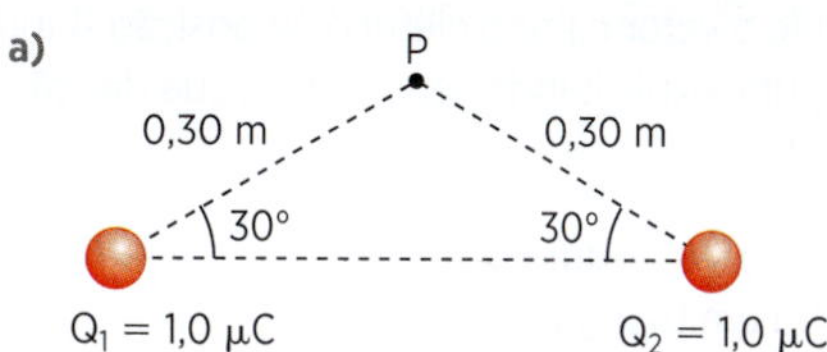

b)

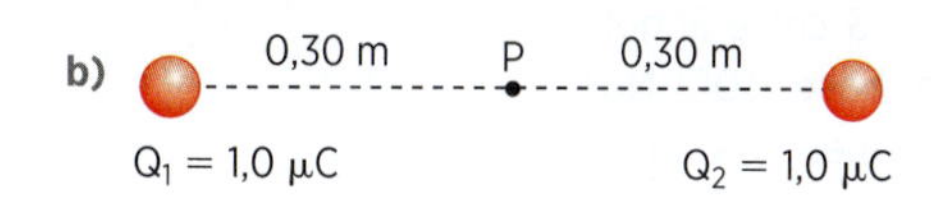

c)

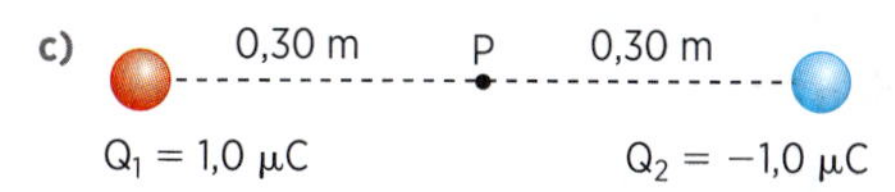

A11. Duas cargas elétricas puntiformes, $Q_1 = 4{,}0\ \mu C$ e $Q_2 = 9{,}0\ \mu C$, estão colocadas no vácuo, a 40 cm uma da outra. Calcule a que distância das cargas, sobre a reta que passa por elas, o vetor campo elétrico resultante das duas cargas é nulo.

Verificação

Nos exercícios **V8** e **V9**, determine a intensidade do vetor campo elétrico resultante em *P*. O meio é o vácuo, cuja constante eletrostática é $K = 9 \cdot 10^9 \dfrac{N \cdot m^2}{C^2}$.

V8.

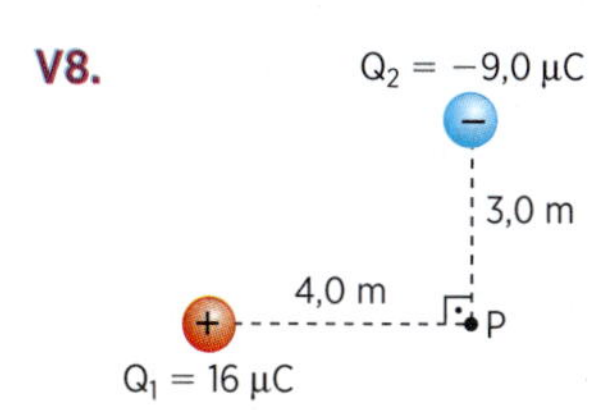

V9. 4,0 m — P — 3,0 m

$Q_1 = 16\ \mu C$ $\qquad Q_2 = -9{,}0\ \mu C$

V10. Em pontos *A* e *B* separados pela distância de 6,0 m, fixam-se cargas elétricas $Q_A = 8{,}0\ \mu C$ e $Q_B = 2{,}0\ \mu C$, respectivamente. A que distância de *A* o vetor campo elétrico resultante é nulo?

V11. Em relação ao exercício anterior, como se modificaria a resposta se Q_B fosse $-2{,}0\ \mu C$?

Revisão

R8. (U. F. Viçosa-MG) A figura ao lado mostra uma carga puntual positiva $+Q$ e outra negativa $-Q$, separadas por uma distância 2L.

O campo elétrico resultante produzido por essas cargas está ilustrado *corretamente* no ponto:

a) A
b) B
c) C
d) D

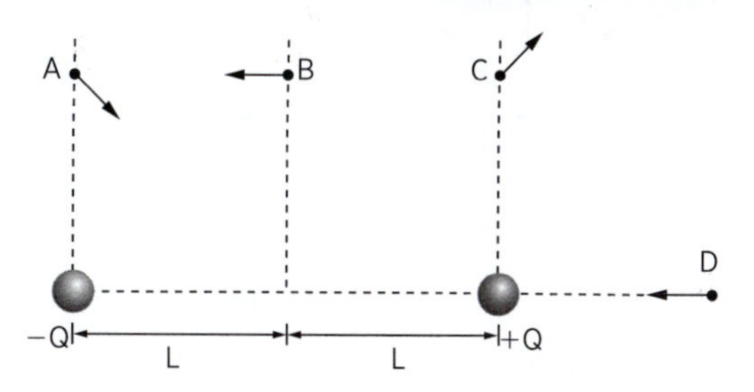

R9. (UF-RJ) Duas cargas puntiformes, $q_1 = 2{,}0 \cdot 10^{-6}$ C e $q_2 = 1{,}0 \cdot 10^{-6}$ C, estão fixas num plano nas posições dadas pelas coordenadas cartesianas indicadas a seguir. Considere $K = 9{,}0 \cdot 10^9$ $NC^{-2}m^2$.

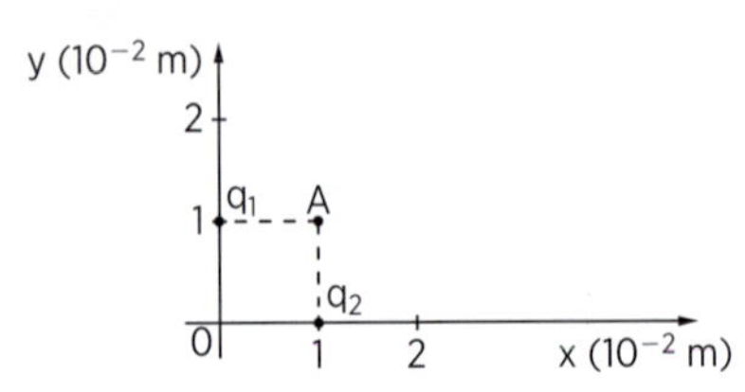

Calcule o vetor campo elétrico na posição *A* indicada na figura, explicitando seu módulo, sua direção e seu sentido.

R10. (UF-PE) A figura mostra um triângulo isósceles, de lado L = 3 cm e ângulo de base 30°. Nos vértices da base temos cargas pontuais $q_1 = q_2 = 2\ \mu C$.

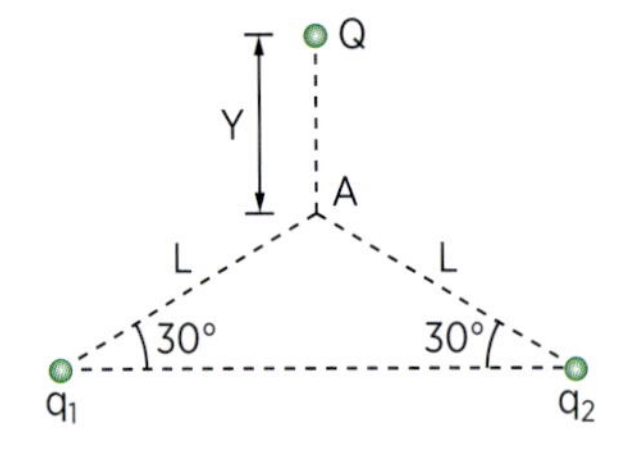

Deseja-se colocar uma outra carga Q = 8 μC, a uma distância *Y* verticalmente acima do vértice *A*, de modo que o campo elétrico total em *A* seja igual a zero. Qual o valor de *Y*, em centímetros?

R11. (Vunesp-SP) A figura mostra um arranjo de quatro cargas elétricas puntiformes fixas, sendo todas de mesmo módulo *Q* e ocupando os vértices de um quadrado de lado *L*.

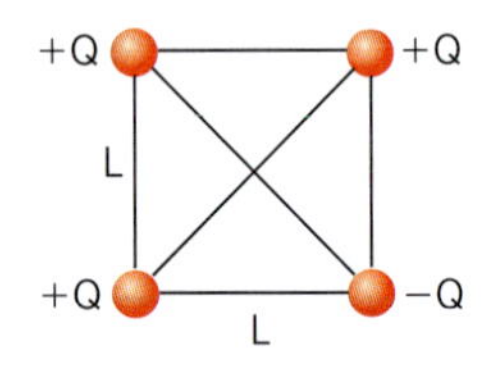

A constante eletrostática do meio é *k* e não existe influência de outras cargas. A intensidade do vetor campo elétrico produzido por essas cargas no centro do quadrado é:

a) $\frac{3kQ}{L^2}$.

b) $\frac{kQ}{L^2}$.

c) $\frac{2kQ}{L^2}$.

d) 0.

e) $\frac{4kQ}{L^2}$.

Linhas de força

Um campo elétrico é uma região do espaço na qual uma carga elétrica sofre a ação de uma força elétrica. Para ajudar na visualização de campos elétricos, foram desenhadas linhas, denominadas *linhas de força*, que em todos os pontos são *tangenciadas* pelo vetor campo elétrico e *orientadas no seu sentido* (fig. 9).

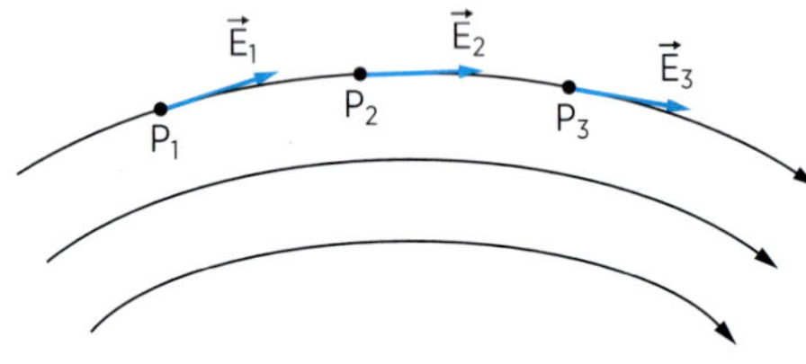

Figura 9

Na figura 10, mostramos linhas de força que representam o campo elétrico ao redor de uma *carga puntiforme positiva fixa* (fig. 10a) e uma *negativa* (fig. 10b). Neste caso particular de apenas uma carga puntiforme fixa, as linhas de força são semirretas.

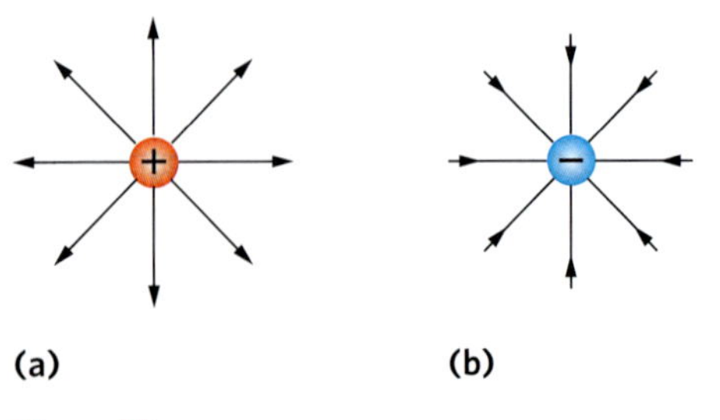

Figura 10

Na figura 11, são mostradas linhas de força do campo de duas cargas elétricas de mesmo valor absoluto e de sinais opostos.

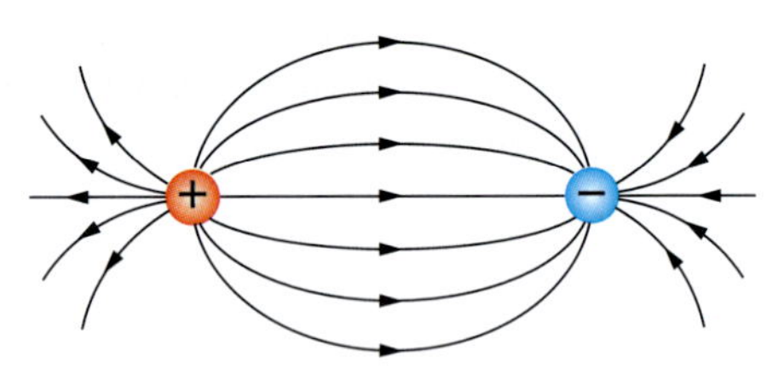

Figura 11

Observe nas figuras 10 e 11 que as linhas de força *originam-se* em cargas positivas e *terminam* em cargas negativas. Uma outra propriedade descritiva das linhas de força é o *espaçamento* entre elas. Na região em que o campo é *mais intenso* (ponto *A*), as linhas de força são desenhadas mais próximas umas das outras, como é mostrado na figura 12.

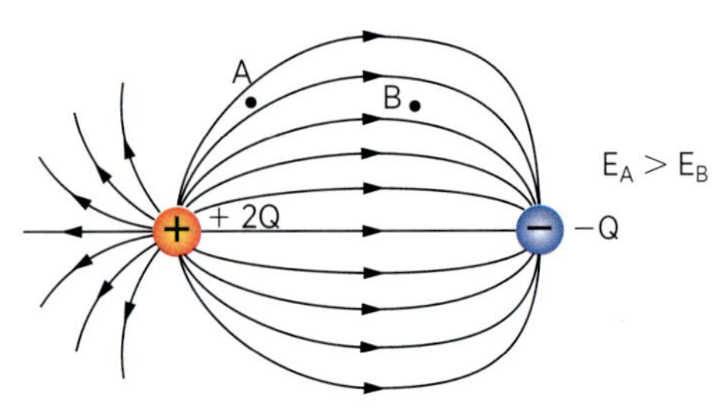

Figura 12

É importante ter em mente que linhas de força são simplesmente um artifício para dar forma geométrica ao conceito de campos de força.

Campo elétrico uniforme

Um campo elétrico denomina-se *uniforme* em uma região do espaço se o *vetor campo elétrico* é o *mesmo* em todos os pontos da região (mesma direção, mesmo sentido e mesma intensidade). Nele, as linhas de força são *retas paralelas igualmente orientadas* e *igualmente espaçadas*.

Obtém-se um campo elétrico uniforme entre duas placas metálicas paralelas, uma eletrizada positivamente e outra negativamente (fig. 13); as linhas de força originam-se na placa com carga positiva e terminam na placa com carga negativa.

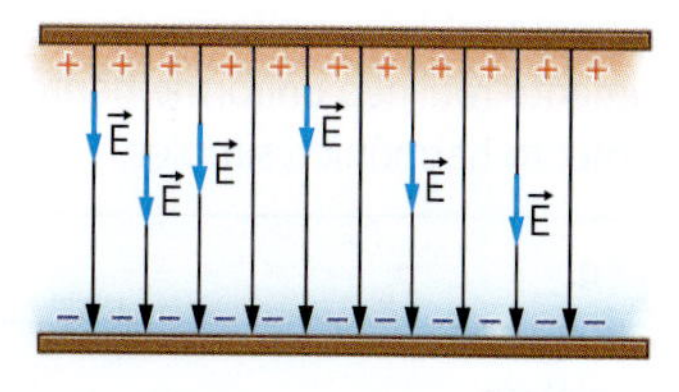

Figura 13

Aplicação

A12. A figura abaixo representa as linhas de força do campo originado por duas cargas puntiformes fixas nos pontos *A* e *B*. Quais os sinais de Q_A e Q_B? Refaça a figura dada e represente o vetor campo elétrico $\vec{E}$ no ponto *P*.

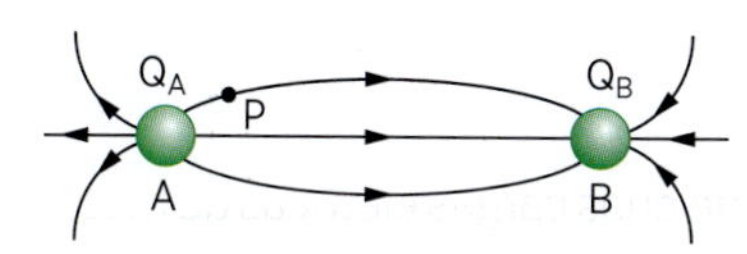

A13. Uma partícula alfa (núcleo do átomo de hélio) penetra num campo elétrico uniforme com velocidade $\vec{v}$ na direção e sentido do campo.

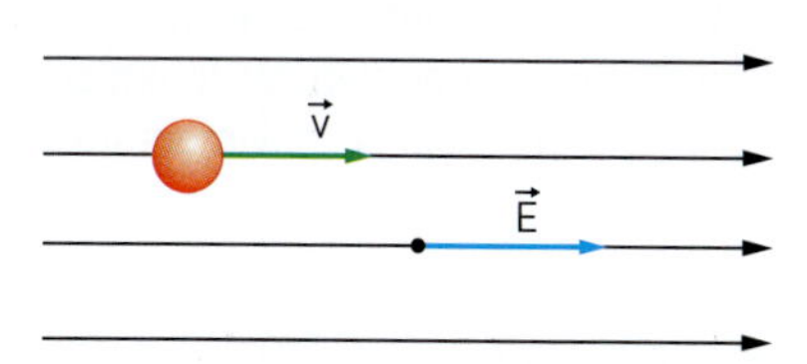

a) Desprezando as ações gravitacionais, caracterize o movimento dessa partícula, dizendo se é retilíneo ou curvilíneo, uniforme, uniformemente acelerado ou uniformemente retardado.

b) Se, no lugar da partícula alfa, um elétron penetrasse nas mesmas condições, como seria seu movimento?

A14. Descreva o comportamento de um feixe de partículas beta (elétrons) lançado em um campo elétrico uniforme em sentido contrário ao das linhas de força, como mostra a figura a seguir.

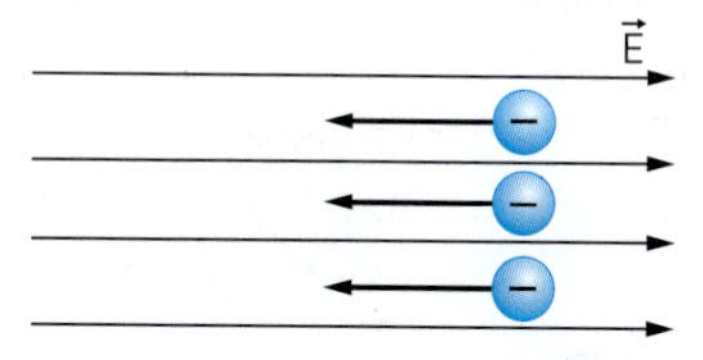

A15. Uma gotícula de massa $3{,}1 \cdot 10^{-12}$ g é equilibrada por um campo elétrico uniforme de intensidade $1{,}9 \cdot 10^{5}$ N/C, em um local onde $g = 9{,}8$ m/s². Calcule o número de elétrons excedentes que a gotícula possui. É dado o valor absoluto da carga do elétron: $1{,}6 \cdot 10^{-19}$ C.

Verificação

V12. A figura representa linhas de força de um campo elétrico. Refaça no caderno a figura dada e represente o vetor campo elétrico no ponto *P*.

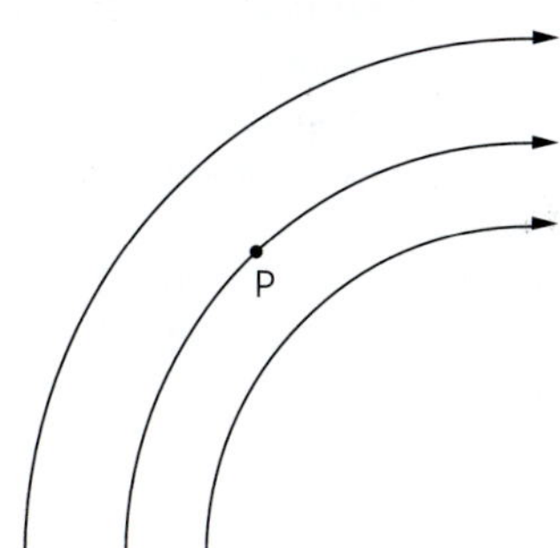

V13. A figura representa as linhas de força do campo elétrico originado por duas cargas puntiformes fixas nos pontos *A* e *B*. O que se pode afirmar a respeito dos sinais das cargas em questão?

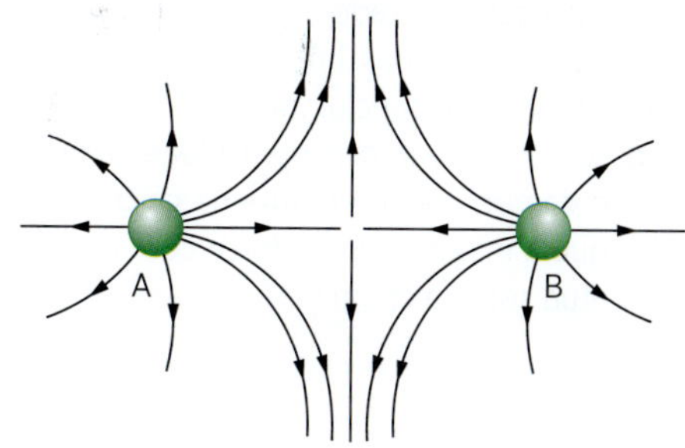

V14. Um elétron penetra num campo uniforme com velocidade $\vec{v}_0$ na direção e sentido do campo. Pode-se dizer que o elétron terá, inicialmente:

a) movimento retilíneo uniforme.
b) movimento retilíneo uniformemente acelerado.
c) movimento retilíneo uniformemente retardado.
d) movimento harmônico simples.

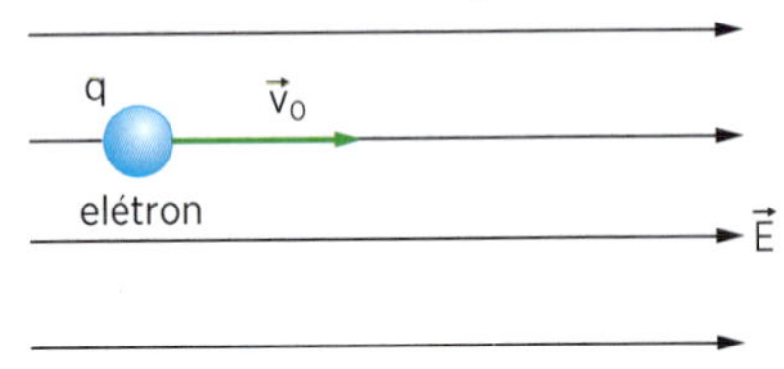

V15. Um elétron é abandonado em repouso num ponto *P* de um campo elétrico uniforme. O elétron adquire:

a) movimento retilíneo uniforme.
b) movimento retilíneo uniformemente acelerado.
c) movimento retilíneo uniformemente retardado.
d) movimento harmônico simples.

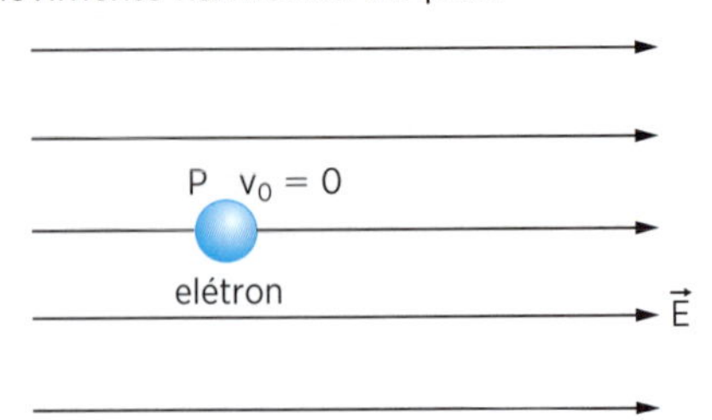

V16. Uma esfera plástica de massa $m = 3{,}0 \cdot 10^{-3}$ kg está colocada num campo eletrostático que exerce uma força $F = 1{,}0 \cdot 10^{-14}$ N sobre cada partícula eletrizada positivamente. A força elétrica resultante é suficiente para equilibrar o peso da esfera.
Adotando $g = 10$ m/s², qual o excesso de partículas eletrizadas na esfera?

Revisão

R12. (UE-GO) A figura abaixo representa as linhas de campo elétrico de duas cargas puntiformes.

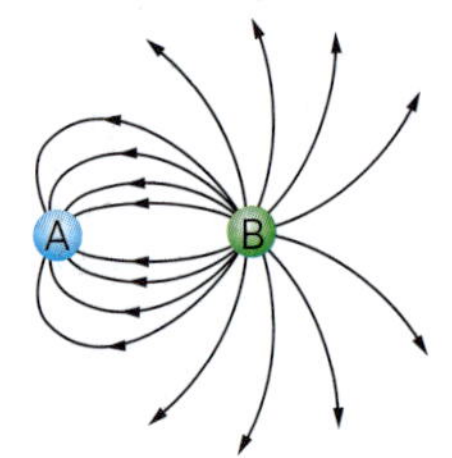

Com base na análise da figura, responda aos itens a seguir.

a) Quais são os sinais das cargas *A* e *B*? Justifique.
b) Crie uma relação entre os módulos das cargas *A* e *B*. Justifique.
c) Seria possível às linhas de campo elétrico se cruzarem? Justifique.

R13. (U. F. Uberlândia-MG) Duas cargas elétricas q_1 e q_2, encontram-se em uma região do espaço onde existe um campo elétrico *E* representado pelas linhas de campo (linhas de força), conforme figura abaixo.

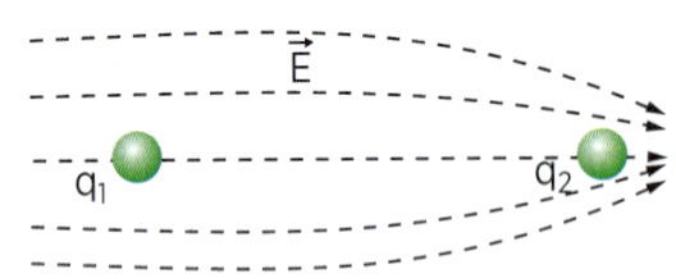

As cargas elétricas são mantidas em repouso até o instante representado na figura acima, quando essas cargas são liberadas. Imediatamente após serem liberadas, pode-se concluir que:

a) se $q_1 = q_2$, então, a intensidade da força com que o campo elétrico *E* atua na carga q_2 é maior do que a intensidade da força com que esse campo atua sobre a carga q_1.
b) se q_1 for negativa e q_2 positiva, então, pode existir uma situação onde as cargas elétricas permanecerão paradas (nas posições indicadas na figura) pelas atuações das forças aplicadas pelo campo elétrico sobre cada carga e da força de atração entre elas.
c) se as cargas elétricas se aproximarem é porque, *necessariamente*, elas são de diferentes tipos (uma positiva, outra negativa).
d) se as duas cargas elétricas forem positivas, *necessariamente*, elas se movimentarão em sentidos opostos.

R14. (Efoa-MG) Uma partícula de peso $P = 2 \cdot 10^{-5}$ N e carga elétrica $q = +4 \cdot 10^{-5}$ C está suspensa, em equilíbrio, entre duas placas metálicas paralelas e horizontais, eletricamente carregadas. O equilíbrio se deve à ação dos campos gravitacionais terrestre e elétrico, uniformes, existentes entre essas placas.

a) Faça um esboço gráfico descrevendo essa situação, contendo as placas paralelas, o sinal das cargas elétricas das placas, as linhas de força do campo elétrico, a partícula e o sinal da carga elétrica da partícula.
b) Qual a intensidade do campo elétrico entre as placas?

R15. (Udesc-SC) A carga elétrica de uma partícula com 2,0 g de massa, para que ela permaneça em repouso quando colocada em um campo elétrico vertical com sentido para baixo e intensidade igual a 500 N/C, é:
Dado: $g = 10$ m/s²

a) ( ) + 40 nC
b) ( ) + 40 μC
c) ( ) + 40 mC
d) ( ) − 40 μC
e) ( ) − 40 mC

capítulo

36 Potencial elétrico

Energia potencial elétrica

Consideremos o campo elétrico uniforme $\vec{E}$ originado por duas placas paralelas e uniformemente eletrizadas com cargas elétricas de sinais contrários (fig. 1).

Vamos abandonar uma carga elétrica puntiforme $q > 0$ no ponto *A* da placa positiva. Seja $\vec{F} = q \cdot \vec{E}$ a força elétrica que age sobre a carga. Ao atingir o ponto *B* da placa negativa, a carga elétrica possui certa velocidade *v* e, portanto, energia cinética (fig. 2).

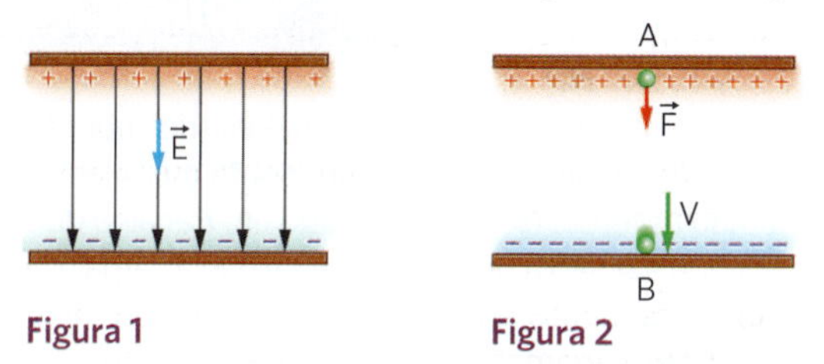

Figura 1 Figura 2

Assim, na posição *A* a energia cinética da carga elétrica é nula, mas ela tem a *capacidade potencial* de vir a ter energia cinética, porque, ao ser abandonada, a força elétrica realizará trabalho, que é igual à variação da energia cinética da carga.

Na posição *A* a carga elétrica tem energia associada à sua posição, em relação a *B*, denominada *energia potencial elétrica.*

Ao se deslocar espontaneamente, a energia cinética aumenta e a energia potencial elétrica diminui. Entretanto, sua soma permanece constante. A força elétrica pode, então, ser incluída na categoria das *forças conservativas*, como o peso e a força elástica.

Uma característica das forças conservativas é que *seu trabalho independe da trajetória.* De fato, na figura 3, quando a carga puntiforme *q* se desloca ao longo da linha de força AB do campo elétrico uniforme $\vec{E}$, a força elétrica realiza o trabalho:

$$\tau_{AB} = F \cdot d \qquad \boxed{\tau_{AB} = q \cdot E \cdot d}$$

Quando a carga passa do ponto *A* para o ponto *B* segundo uma trajetória qualquer, o trabalho da força elétrica é dado pela mesma expressão, pois é igual ao produto da intensidade da força pela projeção do deslocamento na direção da força (fig. 3).

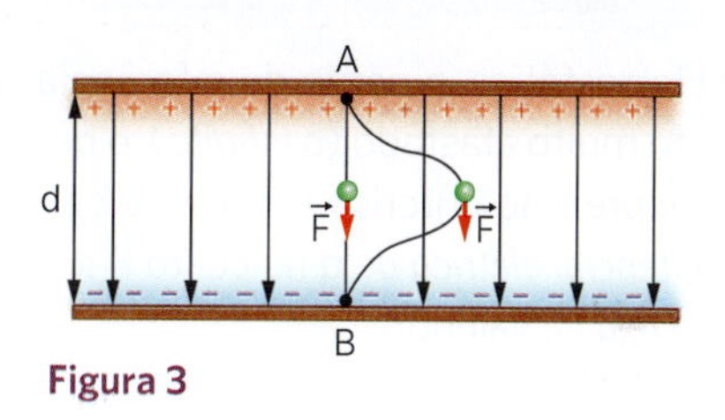

Figura 3

Ilustrações: Studio Caparroz

Em resumo:

- A energia potencial elétrica diminui em todo deslocamento espontâneo de cargas elétricas num campo elétrico.
- O trabalho da força elétrica independe da trajetória.

Energia potencial elétrica de duas cargas

Uma carga elétrica *q*, que está a uma distância *r* de uma carga elétrica *Q*, tem energia potencial elétrica porque o campo elétrico de *Q* exerce sobre ela uma força elétrica. Quando *q* é abandonada em repouso, ela começará a se deslocar e irá adquirir energia cinética, à custa de sua energia potencial original (fig. 4). Estamos supondo que a carga *Q* está, de alguma forma, fixa. Se em vez disso *q* estiver fixa, então poderíamos falar da energia potencial de *Q*, no campo elétrico de *q*. Na realidade, a energia potencial pertence ao *sistema* das duas cargas.

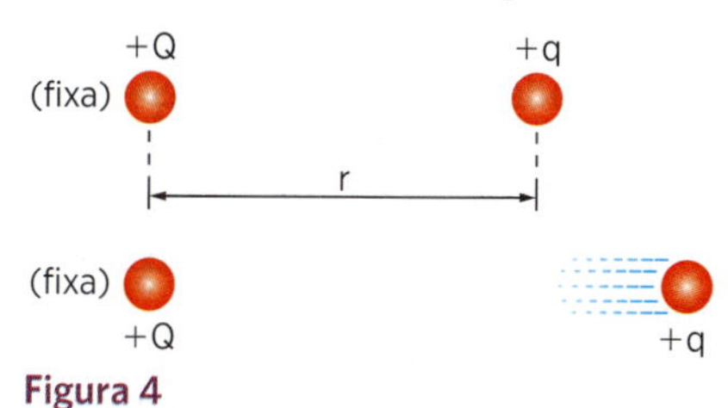

Figura 4

A energia potencial que uma carga *q* adquire ao ser colocada num ponto *P* do campo de uma carga *Q* fixa é calculada em relação a um certo ponto de referência *R*. Esse cálculo é feito através do trabalho da força elétrica que atua sobre *q* quando ela é levada do ponto *P* até *R* (fig. 5).

$$\boxed{E_{pot_P} = \tau_{PR}}$$

Como a força elétrica que a carga Q aplica em q não é constante, o cálculo do referido trabalho envolve recursos de Matemática superior. Demonstra-se que:

$$\tau_{PR} = K \cdot \frac{Q \cdot q}{r} - K \cdot \frac{Q \cdot q}{r_0}$$

Logo: $$E_{pot_P} = K \cdot \frac{Q \cdot q}{r} - K \cdot \frac{Q \cdot q}{r_0}$$

Na Eletrostática, o ponto de referência adotado é um ponto muito afastado (*o infinito*), o que permite fazer na expressão anterior $r_0 \longrightarrow \infty$, e considerar a *energia potencial elétrica de* q *no ponto* P *do campo de uma carga fixa* Q, valendo:

$$E_{pot_P} = K \cdot \frac{Q \cdot q}{r_0}$$

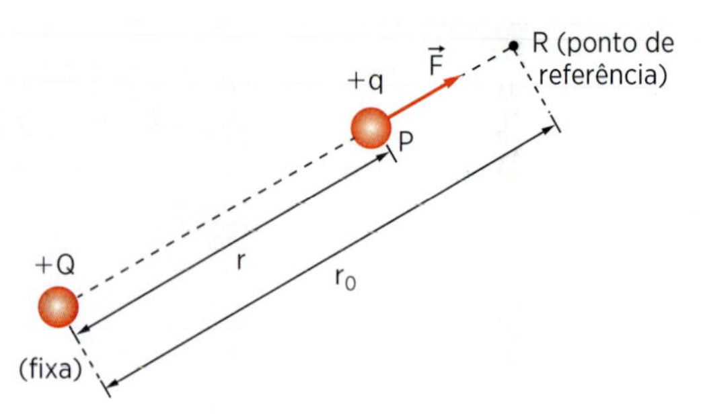

Figura 5

Notemos que, se as cargas têm o *mesmo sinal,* sua energia potencial é *positiva* e, se têm *sinais opostos,* ela é *negativa.* Observamos ainda que a energia potencial de uma carga *diminui* à medida que ela se afasta de outra de *mesmo sinal* e *aumenta* à medida que se afasta de outra carga de *sinal oposto.*

Sendo $\tau_{PR} = -\tau_{RP}$, resulta: $E_{pot_P} = \tau_{PR} = -\tau_{RP}$

Aplicação

A1. Analise as afirmativas abaixo e assinale a(s) *correta(s):*

a) O trabalho da força elétrica que age sobre uma partícula eletrizada, que é transportada de um ponto *A* até um ponto *B* de um campo elétrico, independe da trajetória.

b) Uma partícula eletrizada se desloca espontaneamente num campo elétrico, estando sob ação exclusiva do campo. Nessas condições, sua energia potencial elétrica diminui, sua energia cinética aumenta e sua energia mecânica (soma das energias potencial e cinética) permanece constante.

c) A energia potencial elétrica de uma partícula eletrizada que se desloca num campo elétrico nunca pode aumentar.

A2. Em um campo elétrico, uma carga elétrica puntiforme é levada de um ponto *P* até um ponto muito afastado, tendo as forças elétricas realizado um trabalho de 30 J. Calcule a energia potencial elétrica que a carga elétrica possui no ponto *P*, em relação a um referencial muito afastado.

A3. Uma carga elétrica puntiforme é levada de um ponto muito afastado até um ponto *P* de um campo elétrico, tendo as forças elétricas realizado um trabalho de −20 J. Qual é a energia potencial elétrica da carga no ponto *P*? Considere o referencial no infinito.

A4. O que ocorre com a energia potencial elétrica de uma carga quando é aproximada de outra? Analise os casos:

a) as cargas elétricas têm mesmo sinal;

b) as cargas elétricas têm sinais opostos.

Verificação

V1. Uma carga elétrica puntiforme é transportada de um ponto *A* até um ponto *B* de um campo elétrico, através das trajetórias mostradas na figura.

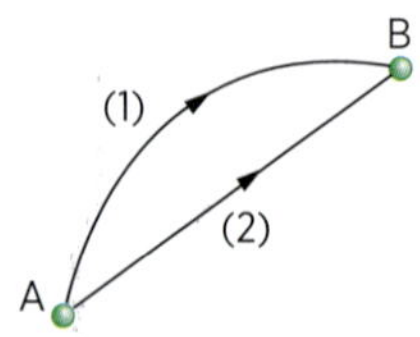

Pode-se afirmar que o trabalho realizado pela força elétrica é maior na trajetória 1?

V2. Em um campo elétrico, uma carga elétrica puntiforme é levada de um ponto *A* até um ponto muito afastado e, a seguir, do ponto muito afastado até um ponto *B*. Nesses deslocamentos, a força elétrica realiza os trabalhos 40 J e −20 J, respectivamente. Determine a energia potencial elétrica da carga nos pontos *A* e *B*, em relação a um referencial muito afastado.

V3. O que ocorre com a energia potencial elétrica de uma carga quando é afastada de outra? Analise os casos:

a) as cargas elétricas têm mesmo sinal;

b) as cargas elétricas têm sinais opostos.

V4. Determine a energia potencial de um sistema formado por duas partículas eletrizadas com cargas elétricas iguais a 2,0 μC e 3,0 μC, a 0,30 m uma da outra.

O meio é o vácuo $\left(K = 9 \cdot 10^9 \frac{N \cdot m^2}{C^2}\right)$.

R1. (Fatec-SP) No campo de uma carga elétrica puntiforme Q fixa num ponto O move-se uma carga puntiforme q. Atribui-se energia potencial elétrica nula a q quando muito distante de Q. Considere os pontos A, B e C e sejam τ_{AB}, τ_{BC} e $\tau_{C\infty}$ e os trabalhos realizados pela força elétrica que age em q nos deslocamentos de A a B, B a C e C a um ponto muito distante de Q, respectivamente.

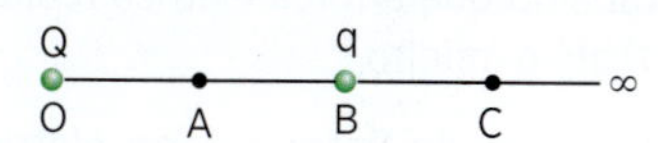

A energia potencial elétrica de q em:

a) A é τ_{AB}
b) B é τ_{BC}
c) C é $\tau_{C\infty}$
d) A é $\tau_{AB} + \tau_{BC}$
e) C é τ_{BC}

R2. (FCMSC-SP) Quando se aproximam duas partículas que se repelem, a energia potencial elétrica das duas partículas:

a) aumenta.
b) diminui.
c) fica constante.
d) diminui e em seguida aumenta.
e) aumenta e em seguida diminui.

R3. Considere três cargas elétricas puntiformes, positivas e iguais a Q, colocadas no vácuo, fixas nos vértices A, B e C de um triângulo equilátero de lado d, de acordo com a figura ao lado:

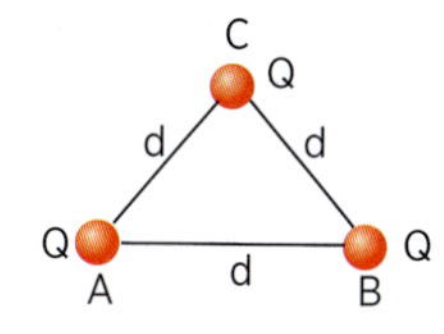

A energia potencial elétrica do par de cargas, disponibilizadas nos vértices A e B, é igual a 0,8 J. Nessas condições, é correto afirmar que a energia potencial elétrica do sistema constituído das três cargas, em joules, vale:

a) 0,8
b) 1,2
c) 1,6
d) 2,0
e) 2,4

R4. (UE-SP) Três cargas pontuais idênticas encontram-se arranjadas de acordo com as configurações das figuras 1 e 2 a seguir. Se a energia potencial eletrostática das configurações é a mesma, a razão $\frac{D}{L}$ é dada por:

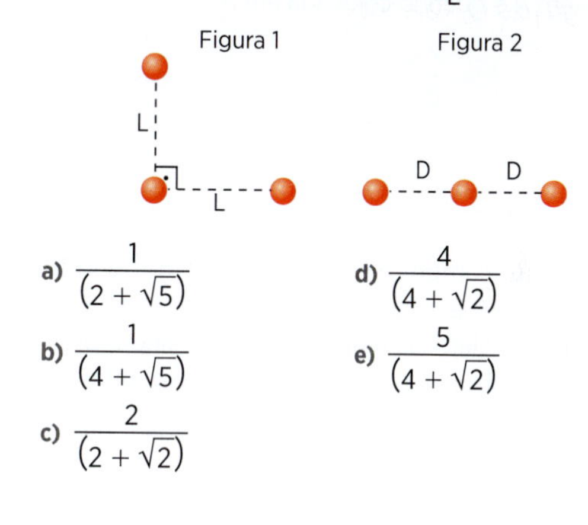

a) $\frac{1}{(2 + \sqrt{5})}$
b) $\frac{1}{(4 + \sqrt{5})}$
c) $\frac{2}{(2 + \sqrt{2})}$
d) $\frac{4}{(4 + \sqrt{2})}$
e) $\frac{5}{(4 + \sqrt{2})}$

Potencial elétrico

A energia potencial elétrica que uma carga puntiforme adquire, ao ser colocada num ponto P de um campo elétrico, é diretamente proporcional ao valor da carga. Portanto, sendo q o valor da carga e E_{pot_P} o da energia potencial, o quociente $\frac{E_{pot_P}}{q}$ é constante, caracterizando o ponto P do campo elétrico em que a carga foi colocada. Esse quociente recebe o nome de *potencial elétrico de P* e se indica por V_P:

$$V_P = \frac{E_{pot_P}}{q}$$

Da fórmula anterior, resulta:

$$E_{pot_P} = q \cdot V_P$$

No campo elétrico de uma carga elétrica puntiforme Q fixa (fig. 6), para ponto de referência no infinito, temos:

$$V_P = \frac{E_{pot_P}}{q} = \frac{K\frac{Q \cdot q}{r}}{q}$$

Portanto: $$V_P = K\frac{Q}{r}$$

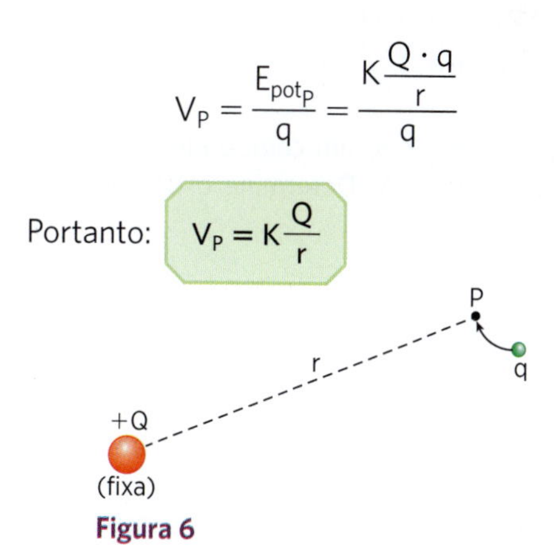

Figura 6

A expressão anterior nos mostra que o potencial elétrico independe da carga q, colocada no ponto, depende da carga Q e do meio, variando de ponto para ponto.

A unidade de potencial elétrico no SI se obtém fazendo $E_{pot_P} = 1$ joule e $q = 1$ coulomb na expressão de definição. Essa unidade denomina-se *volt* (símbolo V):

$$V_P = 1\text{ V quando} \begin{cases} E_{pot_P} = 1\text{ J} \\ q = 1\text{ C} \end{cases} \qquad 1\text{ V} = \frac{1\text{ J}}{1\text{ C}}$$

Aplicação

A5. Em um campo elétrico uma carga elétrica puntiforme $q = 5{,}0\ \mu C$ é transportada de um ponto *P* até um ponto muito distante, tendo as forças elétricas realizado um trabalho de 10 J. Determine:

a) a energia potencial elétrica de *q* em *P*;

b) o potencial elétrico do ponto *P*.

A6. No campo elétrico criado por uma carga elétrica puntiforme $Q = 3{,}0\ \mu C$, determine:

a) os potenciais elétricos nos pontos *A* e *B*, situados a 0,30 m e 0,60 m da carga *Q*, respectivamente;

b) a energia potencial elétrica que uma carga elétrica puntiforme $q = 2{,}0\ \mu C$ adquire quando colocada em *A* e quando colocada em *B*.

A constante eletrostática do meio é:

$K = 9 \cdot 10^9\ \frac{N \cdot m^2}{C^2}$.

A7. Em um ponto *P* de um campo elétrico, o potencial elétrico é igual a $3{,}0 \cdot 10^4$ V. Uma carga elétrica puntiforme $q = 1{,}0\ \mu C$ é colocada em *P*. Determine:

a) a energia potencial elétrica de *q* em *P*;

b) o trabalho que a força elétrica realiza para levar *q* de *P* até o infinito.

A8. A intensidade do vetor campo elétrico criado por uma carga elétrica puntiforme $Q > 0$ em um ponto *P*, situado a 0,30 m de *Q*, é $2{,}0 \cdot 10^5$ N/C. Qual é o potencial elétrico do ponto *P*?

Verificação

V5. Em um campo elétrico uma carga puntiforme $q = 3{,}0\ \mu C$ é levada do ponto *P* até o infinito, tendo as forças elétricas realizado um trabalho motor igual a 30 J. Calcule o potencial elétrico do ponto *P*.

V6. No campo elétrico criado por uma carga *Q* puntiforme de $5{,}0 \cdot 10^{-6}$ C, determine:

a) o potencial elétrico num ponto *P* situado a 1,0 m da carga *Q*;

b) a energia potencial elétrica adquirida por uma carga elétrica puntiforme *q* de $2{,}0 \cdot 10^{-10}$ C quando colocada no ponto *P*. O meio é o vácuo $\left(K = 9 \cdot 10^9\ \frac{N \cdot m^2}{C^2}\right)$.

V7. Em um ponto *P* de um campo elétrico o potencial elétrico vale 10^4 V. Determine o trabalho da força elétrica para levar uma carga de $500\ \mu C$ de *P* até o infinito.

V8. No campo elétrico criado por uma carga elétrica puntiforme *Q*, considere os pontos *A* e *B*. Uma carga elétrica puntiforme $q = 3{,}0 \cdot 10^{-5}$ C colocada em *A* adquire energia potencial elétrica de $6{,}0 \cdot 10^{-4}$ J. Determine os potenciais elétricos dos pontos *A* e *B*.

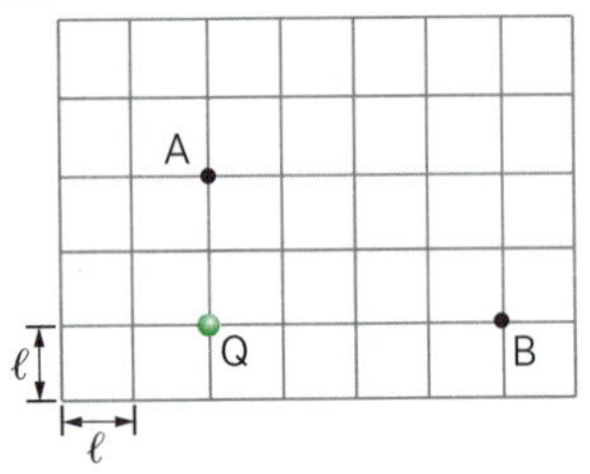

Revisão

R5. (Fuvest-SP) Sobre um suporte isolante encontra-se uma carga *Q*. Adota-se como nível de referência um ponto *A*, no infinito. A partir de *A*, transporta-se para o ponto *B* uma carga $q = 10$ mC e verifica-se que, nesse processo, a força elétrica realiza um trabalho de −20 J.

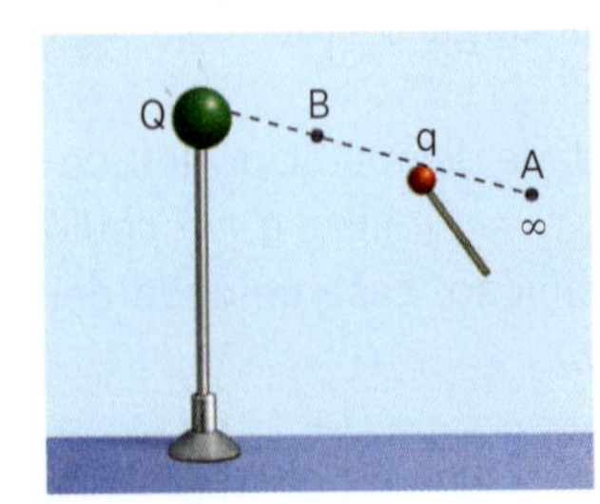

Studio Caparroz

Determine:

a) a energia potencial de *q* em *A* e em *B*;

b) o potencial elétrico em *B*.

R6. (Unopar-PR) Uma carga elétrica puntiforme *Q* gera, no vácuo, um potencial elétrico *V*. O gráfico a seguir representa como varia esse potencial em função da distância *r* à carga. Considerando-se a constante elétrica $K = 9 \cdot 10^9\ \frac{N \cdot m^2}{C^2}$, a carga *Q* tem valor, em coulombs, de:

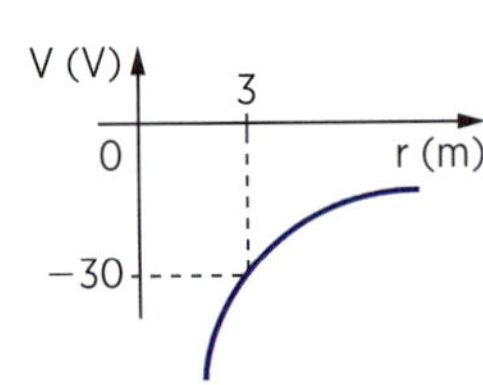

a) $-1 \cdot 10^{-8}$

b) $+1 \cdot 10^{-8}$

c) $-2 \cdot 10^{-8}$

d) $+2 \cdot 10^{-8}$

e) $-4 \cdot 10^{-8}$

R7. (Mackenzie-SP) Na determinação do valor de uma carga elétrica puntiforme, observamos que, em um determinado ponto do campo elétrico por ela gerado, o potencial elétrico é de 18 kV e a intensidade do vetor campo elétrico é de 9,0 $k\frac{N}{C}$. Se o meio é o vácuo $\left(K_0 = 9 \cdot 10^9 \frac{N \cdot m^2}{C^2}\right)$, o valor dessa carga é:

a) 4,0 μC
b) 3,0 μC
c) 2,0 μC
d) 1,0 μC
e) 0,5 μC

R8. (UF-AL) Considere uma carga puntiforme *Q*, positiva, fixa no ponto *O*, e os pontos *A* e *B*, como mostra a figura:

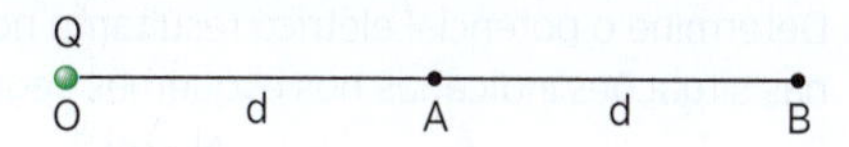

Sabe-se que os módulos do vetor campo elétrico e do potencial elétrico gerados pela carga *Q* no ponto *A* são, respectivamente, *E* e *V*. Nessas condições, os módulos dessas grandezas no ponto *B* são, respectivamente:

a) 4E e 2V
b) 2E e 4V
c) $\frac{E}{2}$ e $\frac{V}{2}$
d) $\frac{E}{2}$ e $\frac{V}{4}$
e) $\frac{E}{4}$ e $\frac{V}{2}$

Potencial elétrico devido a várias cargas

Quando consideramos várias cargas fixas em uma região, temos que:

O potencial elétrico em um ponto *P* da região é a soma algébrica dos potenciais que as cargas originam separadamente nesse ponto.

Assim, na figura 7 teremos:

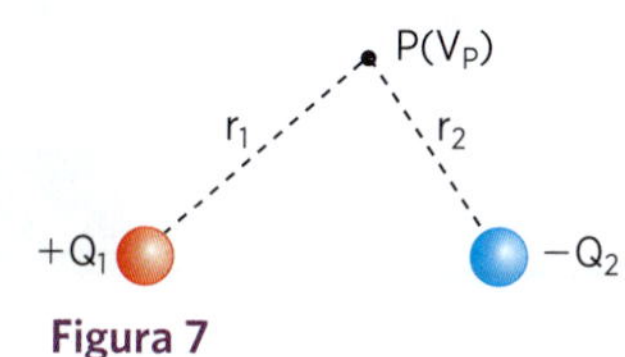

Figura 7

$$V_P = K\frac{(+Q_1)}{r_1} + K\frac{(-Q_2)}{r_2}$$

Aplicação

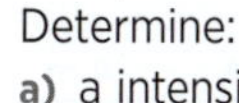

A9. Duas cargas elétricas puntiformes $Q_1 = 2,0 \cdot 10^{-6}$ C e $Q_2 = -2,0 \cdot 10^{-6}$ C estão fixas nos pontos *A* e *B*, conforme a figura. Determine o potencial elétrico resultante nos pontos *C* e *D*. O meio é o vácuo, onde $K = 9 \cdot 10^9 \frac{N \cdot m^2}{C^2}$.

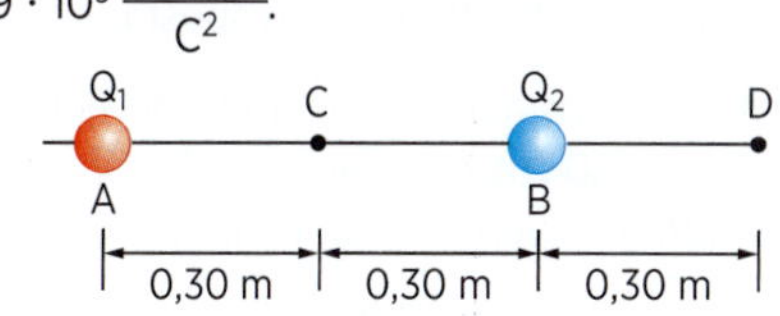

A10. Considere o campo elétrico criado por duas cargas elétricas puntiformes $Q_1 = +3,0$ μC e $Q_2 = -4,0$ μC. Seja *P* um ponto do campo conforme esquematizado na figura.

Q₁ 0,10 m P — 0,10 m — Q₂

Determine:

a) a intensidade do vetor campo elétrico resultante em *P*;
b) o potencial elétrico resultante em *P*.

O meio é o vácuo $\left(K = 9 \cdot 10^9 \frac{N \cdot m^2}{C^2}\right)$.

A11. Retome o exercício anterior. Calcule:

a) a intensidade da força elétrica que age em $q = 2,0$ μC, colocada em *P*;
b) a energia potencial elétrica em *q* em *P*.

A12. Considere o campo elétrico criado por duas cargas elétricas puntiformes de valores Q_1 e Q_2, conforme a figura. Determine a relação $\frac{Q_1}{Q_2}$ para que o potencial elétrico resultante no ponto *P* seja nulo.

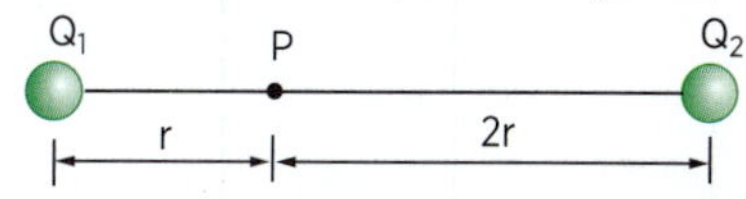

Verificação

V9. Duas cargas puntiformes $Q_1 = -1,0$ μC e $Q_2 = 2,0$ μC estão dispostas conforme a figura. Determine o potencial elétrico resultante no ponto *P*. O meio é o vácuo $\left(K = 9 \cdot 10^9 \frac{N \cdot m^2}{C^2}\right)$.

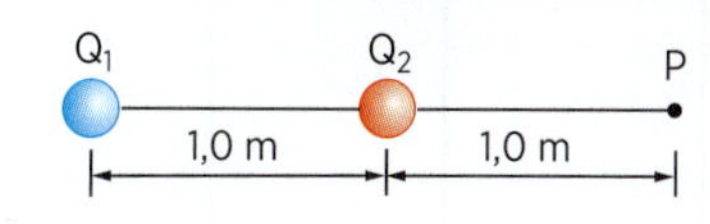

V10. Determine o potencial elétrico resultante no ponto *P*, nas situações indicadas nos esquemas seguintes.

O meio é o vácuo $\left(K = 9 \cdot 10^9 \dfrac{N \cdot m^2}{C^2}\right)$.

a)

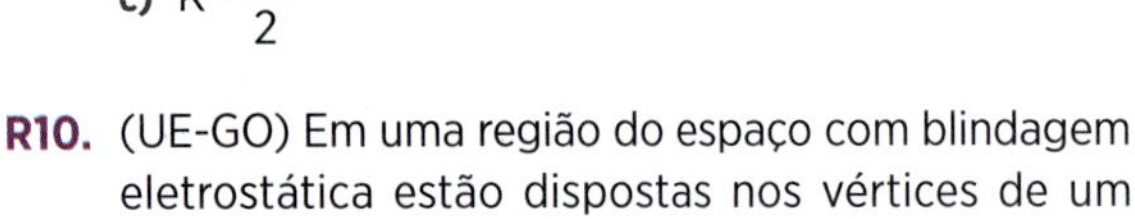

b)

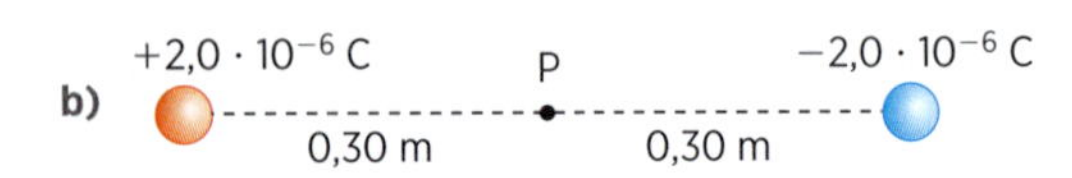

c)

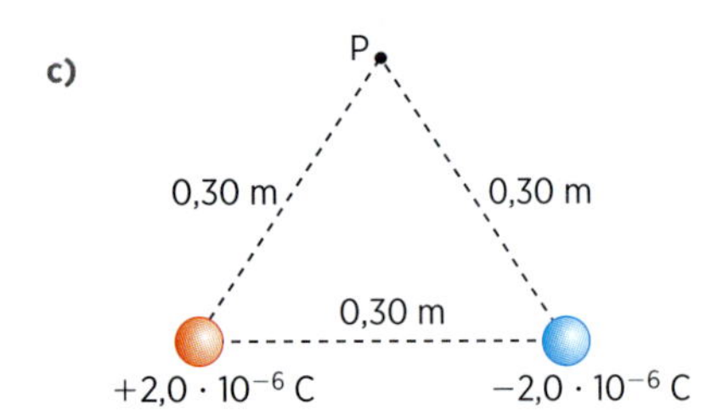

V11. Retome o exercício anterior e determine, em cada caso, a intensidade do vetor campo elétrico resultante em *P*.

V12. Na figura, determine o valor da carga elétrica Q_3 para que o potencial elétrico em *P* seja nulo.

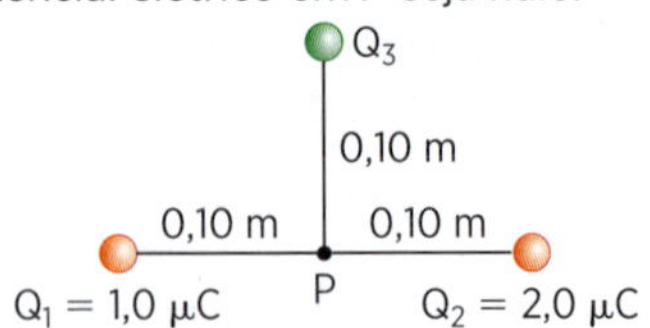

V13. Nos esquemas abaixo, temos quatro cargas elétricas puntiformes fixas nos vértices de um quadrado de centro *O*.
Em qual deles o campo elétrico e o potencial elétrico resultante em *O* são simultaneamente nulos?

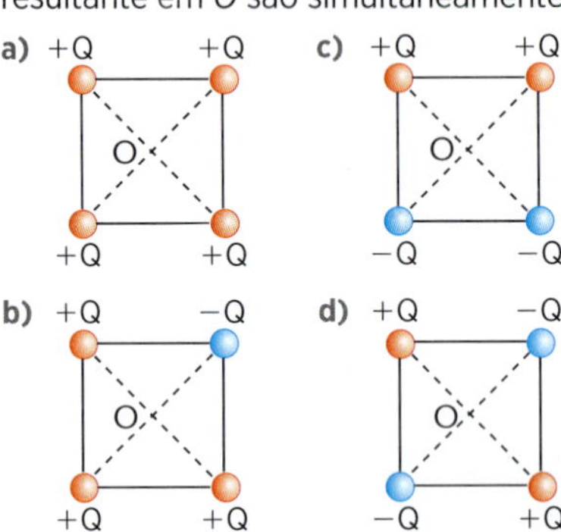

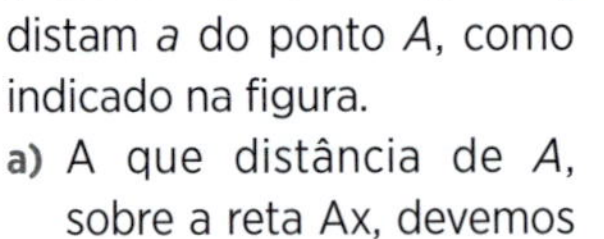

R9. (Mackenzie-SP) No vácuo, as cargas *Q* e $-Q$ são colocadas nos pontos *B* e *C* da figura. Sendo *K* a constante eletrostática do vácuo, podemos afirmar que o potencial elétrico no ponto *A*, em relação ao infinito, é dado por:

a) $2K \cdot Q$

b) $K \cdot Q$

c) $K \cdot \dfrac{Q}{2}$

d) $K \cdot \dfrac{Q}{8}$

e) $K \cdot \dfrac{Q}{12}$

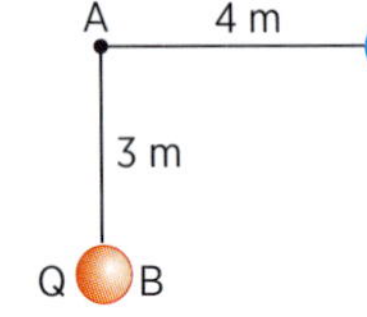

R10. (UE-GO) Em uma região do espaço com blindagem eletrostática estão dispostas nos vértices de um quadrado quatro cargas elétricas. Qual é a opção que garante que, no centro do quadrado, tenham-se vetores campo elétrico e potencial elétrico nulos?

a)

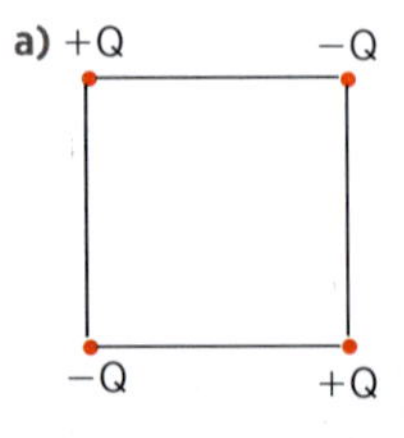

c)

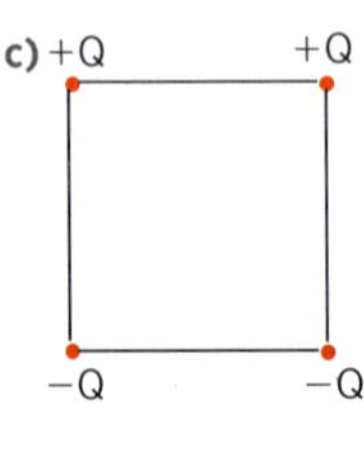

b)

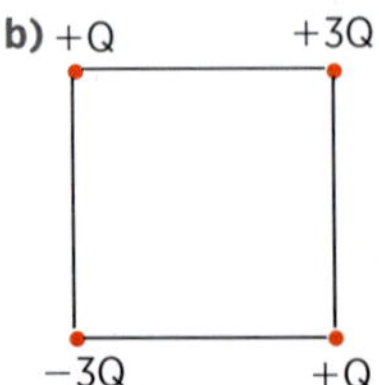

d)

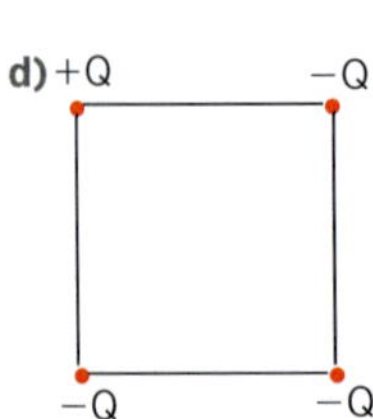

R11. (Fuvest-SP) Duas cargas $-q$ distam *a* do ponto *A*, como indicado na figura.

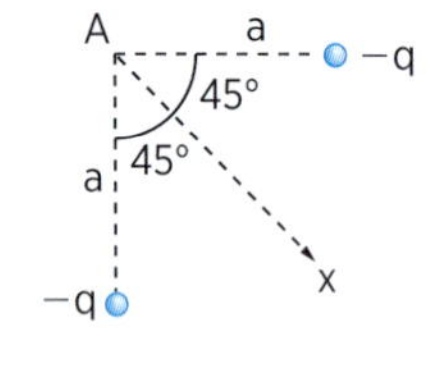

a) A que distância de *A*, sobre a reta Ax, devemos colocar uma carga $+q$ para que o potencial elétrico em *A* seja nulo?

b) É este o único ponto do plano da figura em que a carga $+q$ pode ser colocada para anular o potencial em *A*? Justifique a resposta.

R12. (UF-PI) Considere o quadrado da figura abaixo, de lado a = 3,0 cm, com cargas $+Q$, $-Q$, $+Q$ e $-Q$ situadas em seus vértices. Sabendo que Q = 1,0 μC e que a constante eletrostática é igual a $9 \cdot 10^9 \dfrac{N \cdot m^2}{C^2}$, classifique as afirmações em verdadeiras e falsas.

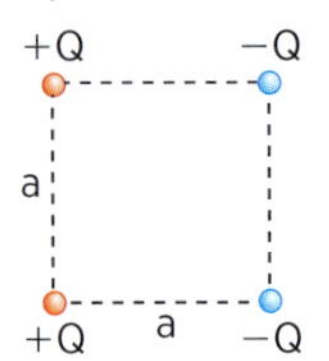

1. O campo elétrico no centro do quadrado tem módulo igual a $\sqrt{2} \cdot 10^7$ N/C e aponta horizontalmente para a direita do centro do quadrado.
2. O potencial elétrico no centro do quadrado é zero.
3. A força elétrica sobre uma carga q = 1,0 μC colocada no centro do quadrado tem módulo igual $40\sqrt{2}$ N e aponta horizontalmente para a direita do centro do quadrado.
4. A energia eletrostática do sistema formado pelas quatro cargas é igual a $+0{,}3\sqrt{2}$ J.

Diferença de potencial elétrico (ddp)

No campo da carga Q fixa, consideremos dois pontos quaisquer A e B, e desloquemos uma carga puntiforme q de A para B, como mostrado na figura 8. Como a força elétrica $\vec{F}$ é *conservativa, seu trabalho é igual à energia potencial elétrica inicial menos a final*, isto é: $\tau_{AB} = E_{pot_A} - E_{pot_B}$. Sendo V_A o potencial elétrico de A e V_B o potencial elétrico de B, teremos $E_{pot_A} = q \cdot V_A$ e $E_{pot_B} = q \cdot V_B$ e, então, $\tau_{AB} = q \cdot V_A - q \cdot V_B$.

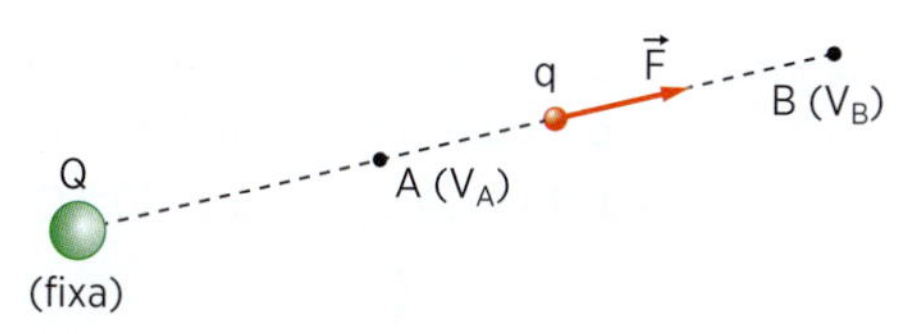

Figura 8

Logo: $\tau_{AB} = q \cdot (V_A - V_B)$

A diferença $V_A - V_B$ é representada por U e denominada *diferença de potencial elétrico* entre os pontos A e B, ou, simplesmente, ddp entre A e B.

Considerando *U positivo* $(V_A - V_B > 0)$, temos $V_A > V_B$, ou seja, o potencial elétrico de A é maior que o potencial elétrico de B. Assim, a energia potencial elétrica de uma carga positiva $(q > 0)$ é *maior* em A do que em B e, portanto, essa carga positiva movimenta-se espontaneamente de A para B, ou seja, no sentido dos potenciais menores. Porém a energia potencial elétrica de uma carga negativa $(q < 0)$ é maior em B do que em A e, portanto, essa carga negativa movimenta-se espontaneamente de B para A, isto é, no sentido dos potenciais maiores.

Em resumo:

- Cargas elétricas positivas movimentam-se espontaneamente no sentido dos potenciais menores.
- Cargas elétricas negativas movimentam-se espontaneamente no sentido dos potenciais maiores.

O elétron-volt

Considere um elétron abandonado em repouso num ponto A de um campo elétrico e deslocando-se espontaneamente para um ponto B, tal que $V_B - V_A = 1\ V$ (fig. 9).

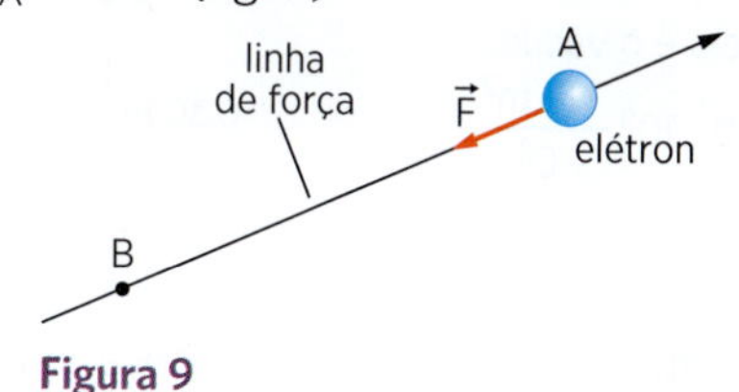

Figura 9

O trabalho da força elétrica nesse deslocamento recebe o nome de 1 *elétron-volt* (1 eV).

Em unidades de SI, sendo a carga do elétron $q = -1{,}6 \cdot 10^{-19}$ C, resulta:

$$\tau_{AB} = q \cdot (V_A - V_B)$$

$$1\ eV = -1{,}6 \cdot 10^{-19} \cdot (-1)$$

$$1\ eV = 1{,}6 \cdot 10^{-19}\ J$$

Trata-se de uma unidade de energia bastante pequena e somente utilizada ao se analisar o movimento de partículas atômicas.

Aplicação

A13. No campo elétrico de uma carga puntiforme $Q = 3{,}0\ \mu C$ são dados dois pontos, A e B, conforme a figura.

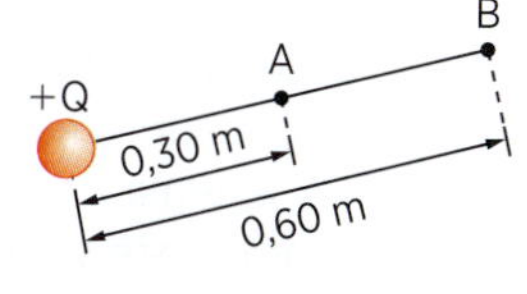

Determine:

a) os potenciais elétricos de A e de B;

b) o trabalho da força elétrica que atua sobre uma carga elétrica $q = 1{,}0\ \mu C$, no deslocamento de A para B;

c) a energia cinética que a carga elétrica q possui em B, sabendo que foi abandonada do repouso em A. O meio é o vácuo $\left(K = 9 \cdot 10^9 \dfrac{N \cdot m^2}{C^2}\right)$.

A14. Considere o campo elétrico originado por duas cargas elétricas puntiformes $Q_1 = 4{,}0\ \mu C$ e $Q_2 = -4{,}0\ \mu C$, conforme a figura a seguir.

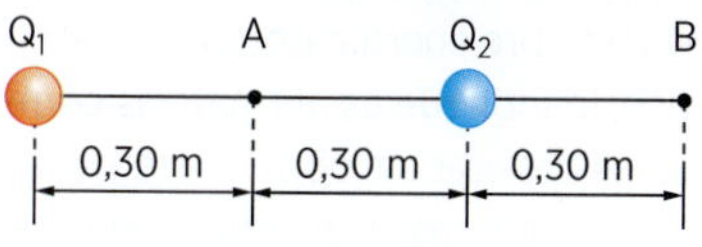

Calcule:

a) os potenciais elétricos dos pontos A e B;

b) o trabalho da força elétrica que age numa carga puntiforme $q = 2{,}0\ \mu C$ ao ser transportada de A para B;

Dado: $K = 9 \cdot 10^9 \dfrac{N \cdot m^2}{C^2}$

c) o trabalho da força elétrica que age em q ao ser transportada de B para A.

A15. Um feixe de elétrons é acelerado por uma diferença de potencial de 10^4 V, a partir do repouso. Determine a energia cinética final de cada elétron, em elétron-volts e joules. A carga elementar é $1{,}6 \cdot 10^{-19}$ C.

A16. Analise as afirmações abaixo e assinale a(s) *correta(s)*:

I. Cargas elétricas positivas, abandonadas em repouso num campo elétrico, movimentam-se espontaneamente para pontos de menor potencial.

II. Cargas elétricas negativas, abandonadas em repouso num campo elétrico, movimentam-se espontaneamente para pontos de maior potencial.

III. Abandonadas em repouso num campo elétrico, cargas elétricas positivas poderão deslocar-se para pontos de maior ou menor potencial, dependendo das cargas que geram o campo.

IV. Uma carga elétrica negativa movimentando-se num campo elétrico não pode se deslocar para pontos de menor potencial.

Verificação

V14. No campo elétrico de uma carga elétrica puntiforme $Q = 4,0\ \mu C$ são dados dois pontos, *A* e *B*, conforme a figura. Calcule o trabalho da força elétrica que atua numa carga elétrica puntiforme $q = 1,0\ \mu C$, no deslocamento de *A* para *B*.

O meio é o vácuo:

$K = 9 \cdot 10^9 \dfrac{N \cdot m^2}{C^2}$

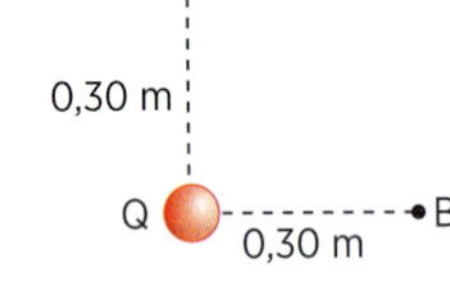

V15. No campo de uma carga elétrica puntiforme $Q = 1,0 \cdot 10^{-6}$ C considere dois pontos, *A* e *B*, conforme a figura.

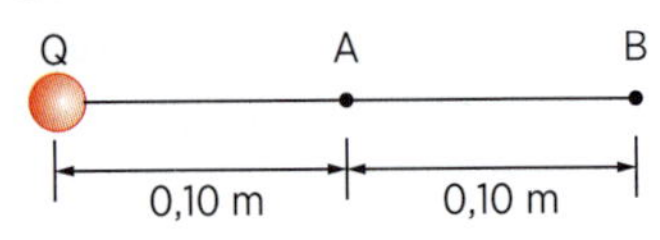

Determine:

a) os potenciais elétricos de *A* e *B*;

b) o trabalho da força elétrica que atua sobre uma partícula de massa $m = 1,0 \cdot 10^{-4}$ kg e eletrizada com carga elétrica $q = -4,0 \cdot 10^{-8}$ C, no deslocamento de *A* para *B*;

c) a velocidade com que a partícula deve ser lançada de *A* para atingir *B* com velocidade nula.

O meio é o vácuo $\left(K = 9 \cdot 10^9 \dfrac{N \cdot m^2}{C^2}\right)$.

V16. Conforme a figura a seguir, considere o campo elétrico originado por duas cargas puntiformes:

$Q_1 = 8,0 \cdot 10^{-6}$ C e $Q_2 = -8,0 \cdot 10^{-6}$ C

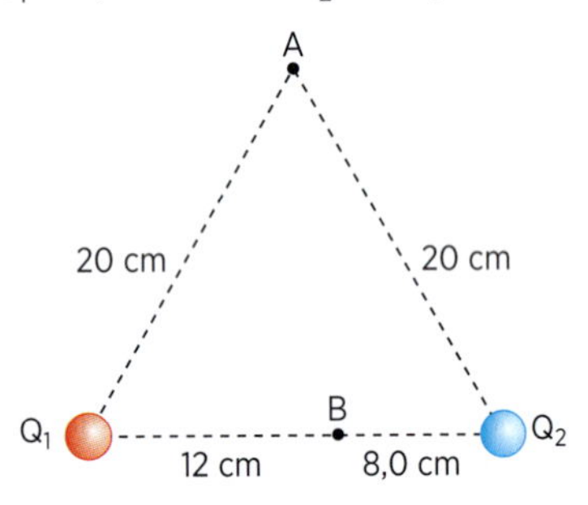

Calcule:

a) os potenciais elétricos nos pontos *A* e *B*;

b) o trabalho da força elétrica sobre uma carga $q = 2,0 \cdot 10^{-9}$ C que vai de *A* até *B*.

Dado: $K = 9 \cdot 10^9 \dfrac{N \cdot m^2}{C^2}$.

V17. Um elétron é acelerado, a partir do repouso, por uma ddp de 10^7 V. Determine a energia cinética final que o elétron adquire. Dê a resposta em elétron-volts e em joules. A carga elétrica elementar é $1,6 \cdot 10^{-19}$ C.

Revisão

R13. (UF-PB) Sobre energia potencial elétrica e potencial elétrico, identifique as afirmativas corretas:

I. Ao se deslocar um objeto carregado entre dois pontos, em uma região do espaço onde existe um campo elétrico, a diferença de potencial medida entre esses dois pontos independe da carga do objeto.

II. A variação da energia potencial elétrica associada a um objeto carregado, ao ser deslocado de um ponto para outro em uma região onde exista um campo elétrico, independe da trajetória seguida entre esses dois pontos.

III. A energia potencial elétrica é uma grandeza associada a um sistema constituído de objetos carregados e é medida em volts (V).

IV. Um elétron-volt, 1 eV, é a energia igual ao trabalho necessário para se deslocar uma única carga elementar, tal como elétron ou próton, através de uma diferença de potencial exatamente igual a 1 (um) volt. E a relação dessa unidade com joule (J) é, aproximadamente, $1\ eV = 1,6 \cdot 10^{-19}$ (J).

V. A energia potencial elétrica, associada a uma carga teste q_0, positiva, aumenta quando esta se move no mesmo sentido do campo elétrico.

R14. (EEM-SP) Entre dois pontos *A* e *B* existe uma diferença de potencial eletrostático $V_A - V_B = +45$ V. Uma carga puntiforme $q = 1,5 \cdot 10^{-8}$ C é deslocada do ponto *A* até o ponto *B* sobre a reta AB, vagarosamente.

I. Calcule o trabalho realizado pelo campo elétrico nesse deslocamento e explique o significado físico do seu sinal algébrico.

II. Seria possível calcular o trabalho realizado se a partícula se deslocasse de *A* até *B*, porém não sobre a reta AB? Por quê?

R15. (Fuvest-SP) São dadas duas cargas elétricas, $+Q$ e $-Q$, situadas como mostra a figura abaixo.

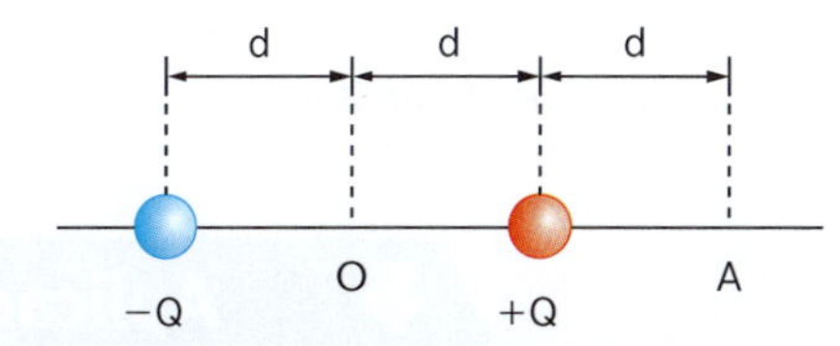

Sabe-se que o potencial no ponto *A* vale 5 V, considerando nulo o potencial no infinito. Determine o trabalho realizado pela força elétrica quando se desloca uma carga positiva de 1 nC (10^{-9} coulomb):

a) do infinito até o ponto *A*;

b) do ponto *A* até o ponto *O*.

R16. Na figura a seguir, considere o campo elétrico originado por duas cargas puntiformes $Q_1 = 8{,}0\ \mu C$ e $Q_2 = -8{,}0\ \mu C$.

Dado:

Considere a constante eletrostática no vácuo

$k_0 = 9{,}0 \cdot 10^9 \dfrac{N \cdot m^2}{C^2}$.

Adote: d = 8,0 cm

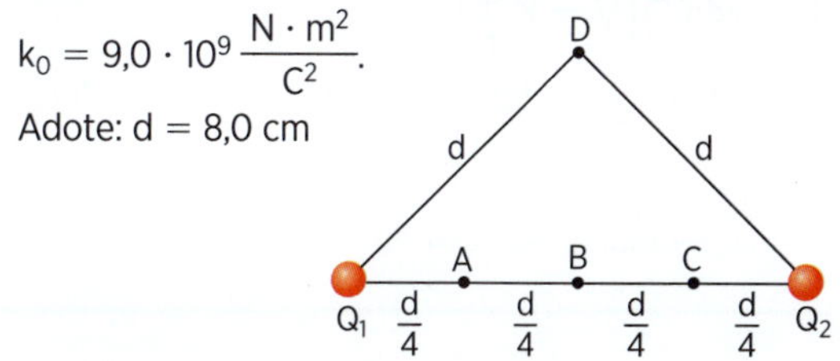

Assinale Verdadeira (V) ou Falsa (F).

I. O módulo da energia potencial elétrica do sistema das duas cargas vale 7,2 J.

II. O potencial elétrico no ponto *A* vale $2{,}4 \cdot 10^6$ V.

III. O potencial elétrico no ponto *B* e o potencial elétrico no ponto *D* são nulos.

IV. O trabalho da força elétrica sobre uma carga $q = 2{,}0 \cdot 10^{-9}$ C que se desloca do ponto *D* ao ponto *A* vale $2{,}4 \cdot 10^{-3}$ J.

Relação entre a intensidade do campo elétrico uniforme e a ddp

O trabalho da força elétrica que age sobre a carga elétrica puntiforme $q > 0$, no deslocamento entre os pontos *A* e *B* de duas placas entre as quais existe o campo elétrico uniforme $\vec{E}$ (fig. 10), é dado por:

$$\tau_{AB} = F \cdot d \Rightarrow \tau_{AB} = q \cdot E \cdot d$$

Figura 10

Todos os pontos da placa eletrizada positivamente possuem um mesmo potencial elétrico V_A e todos os pontos da placa negativa possuem um mesmo potencial elétrico V_B.

Sendo $V_A - V_B$ a ddp entre os pontos *A* e *B* do campo elétrico, podemos escrever:

$$\tau_{AB} = q \cdot (V_A - V_B)$$

Então: $q \cdot E \cdot d = q \cdot (V_A - V_B)$. Portanto:

$$E \cdot d = V_A - V_B$$

$$E \cdot d = U \quad \text{ou} \quad E = \frac{U}{d}$$

fórmula de grande importância na Eletricidade, que deu origem ao nome oficial da unidade de intensidade de campo do SI, volt por metro (símbolo V/m).

Nessa fórmula, note que, sendo *E* um módulo, ele é sempre positivo, o que acarreta $V_A - V_B > 0$, onde $V_A > V_B$. Como as linhas de força saem das cargas positivas de *A* e vão para as negativas de *B*, pode-se concluir que:

O sentido das linhas de forças de um campo elétrico é sempre do potencial maior para o potencial menor.

Observe, nessas condições, que:

Percorrendo-se uma linha de força no seu sentido, o potencial elétrico diminui.

Todos os pontos pertencentes às superfícies perpendiculares às linhas de força têm o mesmo potencial, e são chamadas *superfícies equipotenciais*.

Assim, na figura 11, num campo elétrico uniforme, todos os pontos do plano α têm o potencial elétrico V_C e todos os pontos do plano β têm potencial elétrico V_D. Note que $V_A > V_C > V_D > V_B$.

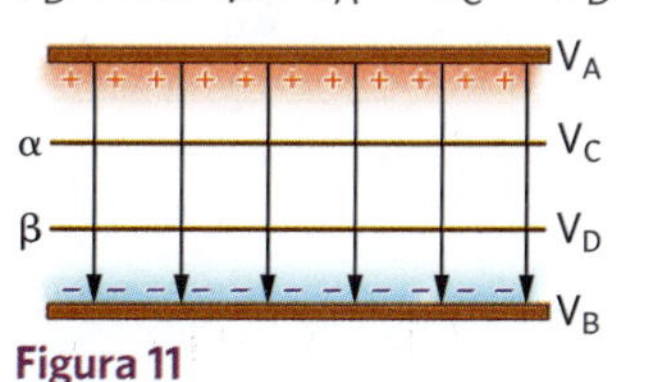

Figura 11

Ilustrações: Studio Caparroz

No campo de uma carga elétrica puntiforme *Q*, as superfícies equipotenciais são superfícies esféricas concêntricas com a carga (fig. 12).

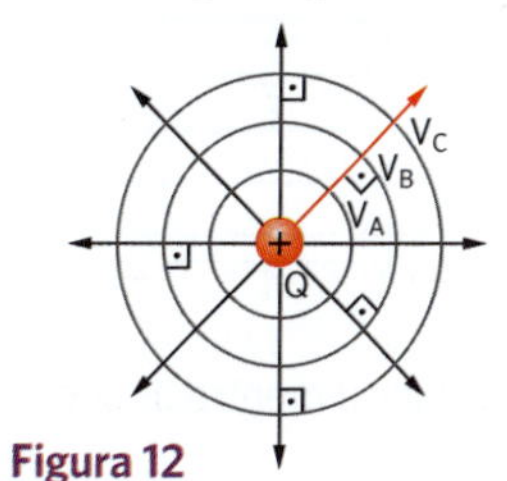

Figura 12

Realmente, os pontos de uma dessas superfícies apresentam o mesmo potencial, pois são equidistantes da carga Q $\left(V = K\dfrac{Q}{r}\right)$.

Observe, na figura 12, que *as linhas de força são perpendiculares às superfícies equipotenciais.*

Aplicação

A17. Na figura representamos as linhas de força de um campo elétrico uniforme de intensidade $E = 1{,}0 \cdot 10^3$ V/m e três superfícies equipotenciais, *A*, *B* e *C*, de potenciais $V_A = 90$ V, $V_B = 60$ V e V_C, respectivamente.

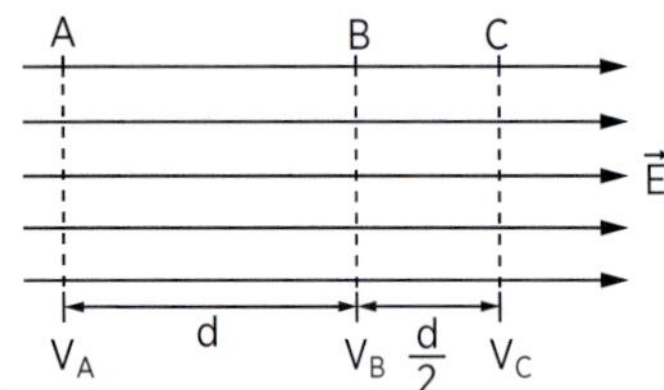

Determine:

a) a distância *d* entre as superfícies equipotenciais *A* e *B*;

b) o potencial elétrico V_C.

A18. Na figura, representamos as linhas de força de um campo elétrico uniforme de intensidade *E*. Sejam $V_A = 80$ V e $V_B = 40$ V os potenciais elétricos dos pontos *A* e *B*, respectivamente. As distâncias AC e AB valem, respectivamente, 0,60 m e 1,0 m.

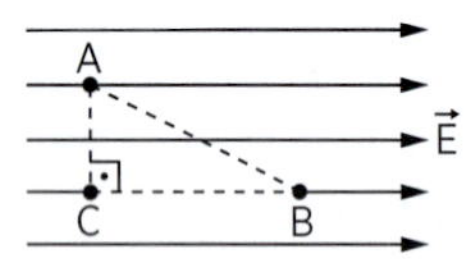

Determine:

a) o potencial elétrico do ponto *C*;

b) a intensidade *E* do campo elétrico.

A19. Entre duas placas condutoras paralelas e de grande extensão, separadas 10 cm, aplica-se uma diferença de potencial de $1{,}0 \cdot 10^2$ V.

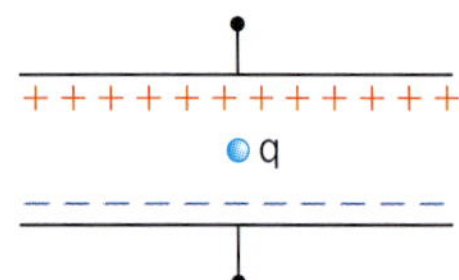

Determine a intensidade da força elétrica que age numa partícula eletrizada com carga $q = -2{,}0$ μC, colocada entre as placas. Refaça no caderno a figura dada e represente a força elétrica que age na partícula.

A20. Uma pequena gota de óleo com massa $1{,}28 \cdot 10^{-14}$ kg tem carga elétrica igual a $-1{,}6 \cdot 10^{-19}$ C. Ela permanece em equilíbrio quando colocada entre duas placas, planas, paralelas e horizontais, e eletrizadas com cargas elétricas de sinais opostos. A distância entre as placas é 5,0 mm e a aceleração local da gravidade é 10 m/s². Determine a ddp entre as placas.

A21. No esquema abaixo representamos as superfícies equipotenciais e as linhas de força no campo de uma carga elétrica puntiforme *Q*. Considere que o meio é o vácuo $\left(K = 9 \cdot 10^9 \dfrac{N \cdot m^2}{C^2}\right)$.

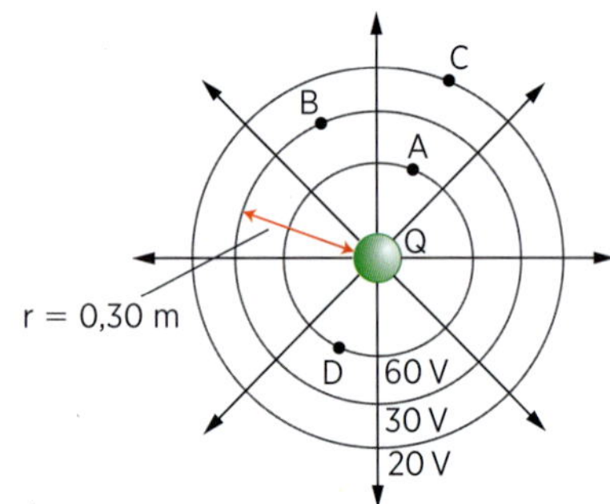

Determine:

a) o valor de *Q*;

b) a ddp entre *A* e *B* e entre *A* e *D*;

c) o trabalho da força elétrica que atua sobre $q = 1{,}0$ μC ao ser deslocada de *B* a *C*.

Verificação

V18. A figura representa uma região onde temos um campo elétrico uniforme de intensidade $E = 5{,}0$ V/m e duas superfícies equipotenciais de 50 V e 40 V.

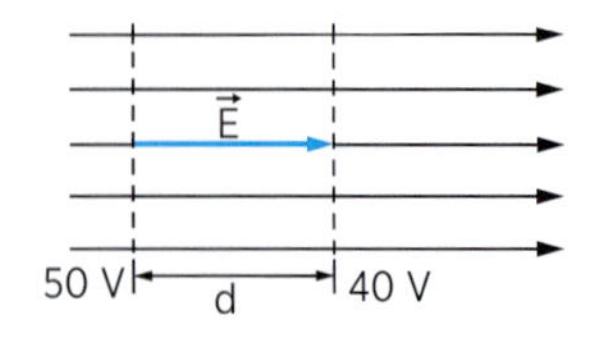

Calcule a distância *d* entre as superfícies equipotenciais.

V19. No esquema, temos as linhas de força de um campo elétrico uniforme de intensidade *E*. As distâncias AB e AC valem, respectivamente, 5,0 m e 3,0 m, conforme a figura.

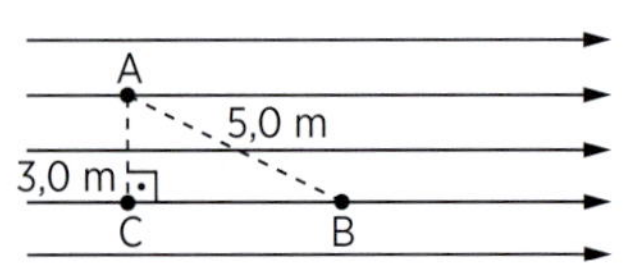

A diferença de potencial elétrico entre os pontos *A* e *B* vale 60 V.

Determine a intensidade (*E*) do campo elétrico.

V20. Duas placas condutoras, paralelas, de grande extensão, separadas de 10 mm, são mantidas a uma diferença de potencial de 15 volts.

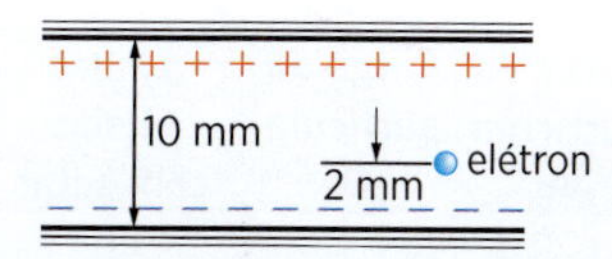

Calcule a força solicitada por um elétron de carga $q = 1{,}6 \cdot 10^{-19}$ C, em valor absoluto, colocado entre as placas, na posição indicada na figura.

V21. Uma partícula de massa *m* e carga elétrica $q > 0$ está em equilíbrio entre duas placas planas, paralelas e horizontais, e eletrizadas com cargas de sinais opostos. A distância entre as placas é *d*, e a aceleração local da gravidade é *g*. Determine a diferença de potencial entre as placas em função de *m*, *g*, *q* e *d*.

V22. Na figura representamos algumas superfícies equipotenciais de um campo elétrico e os valores dos respectivos potenciais.

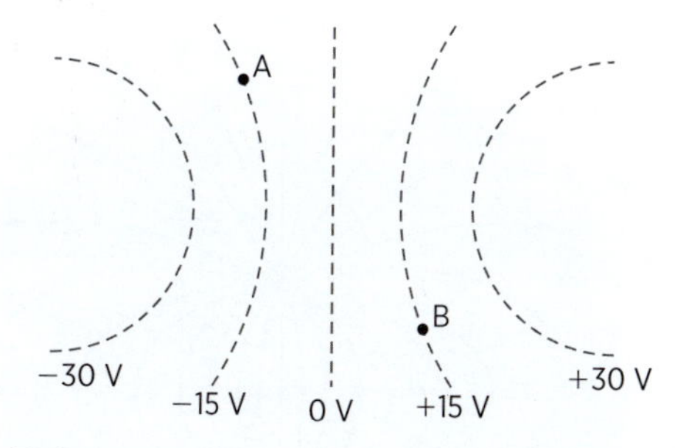

a) Refaça no caderno a figura dada e represente as linhas de força que passam por *A* e *B* e indique seus sentidos.

b) Que propriedade das linhas de força você utilizou para marcar os sentidos delas?

R17. (UF-RR) A figura abaixo mostra três superfícies equipotenciais numa região de campo elétrico uniforme. No ponto *A* está situado um elétron que se desloca sob a ação do campo elétrico.

A intensidade do campo elétrico e o sentido de deslocamento do elétron são, respectivamente:

a) 80 V/m e de *A* para *B*.
b) 400 V/m e de *A* para *B*.
c) 500 V/m e de *A* para *C*.
d) 800 V/m e de *A* para *C*.
e) 40 V/m e de *A* para *C*.

−10 V 40 V 90 V
B A C
10 cm 10 cm

R18. (U. F. Santa Maria-RS) Com velocidade constante, uma partícula com carga *q* positiva é levada, por um agente externo, do ponto *A* ao ponto *B* entre as placas de um capacitor com carga *Q* numa trajetória paralela às placas.

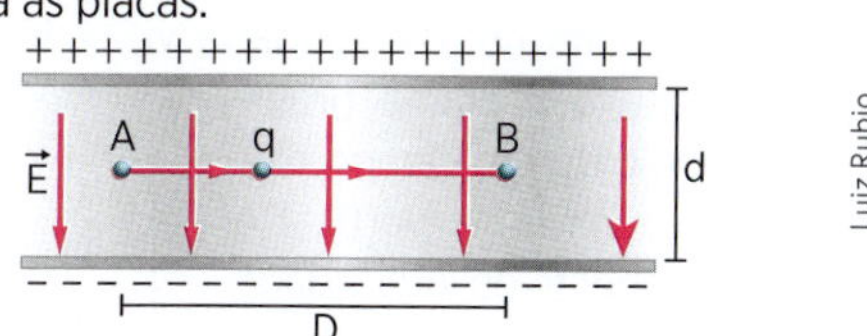

O trabalho realizado pelo agente externo sobre a partícula é:

a) zero
b) Ed
c) $\dfrac{EdD}{q}$
d) $\dfrac{KqQD}{q^2}$
e) $\dfrac{KqQD}{\left(\dfrac{d}{2}\right)^2}$

R19. (FEI-SP) Na figura estão representadas algumas linhas de força e superfícies equipotenciais de um campo eletrostático uniforme.

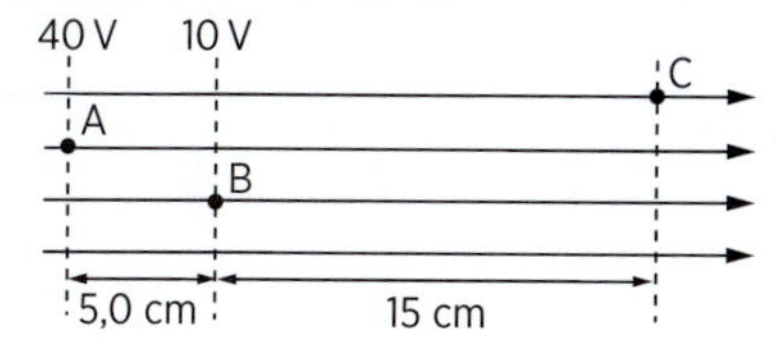

Qual é, em microjoules, o trabalho da força elétrica que atua em uma partícula de carga $q = 4{,}0\ \mu$C, no deslocamento de *A* até *C*?

a) 325
b) 480
c) 5,2
d) −25
e) −620

R20. (UE-GO).

Os dez mais belos experimentos da Física

A edição de Setembro de 2002 da revista *Physics World* apresentou o resultado de uma enquete realizada entre seus leitores sobre o mais belo experimento da Física. Entre eles foi apontado o Experimento de Millikan.

Embora as experiências realizadas por Millikan tenham sido muito trabalhosas, as ideias básicas nas quais elas se apoiam são relativamente simples. Simplificadamente, em suas experiências, R. Millikan conseguiu determinar o valor da carga do elétron equilibrando o peso de gotículas de óleo eletrizadas, colocadas em um campo elétrico vertical e uniforme, produzido por duas placas planas ligadas a uma fonte de tensão, conforme ilustrado na figura abaixo.

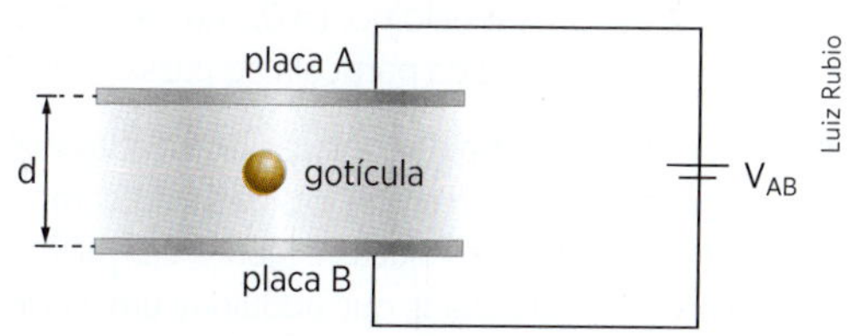

Supondo que cada gotícula contenha cinco elétrons em excesso, ficando em equilíbrio entre as placas separadas por d = 1,50 cm e submetendo-se a uma diferença de potencial $V_{AB} = 600$ V, a massa de cada gota vale, em kg:

a) $1{,}6 \cdot 10^{-15}$
b) $3{,}2 \cdot 10^{-15}$
c) $6{,}4 \cdot 10^{-15}$
d) $9{,}6 \cdot 10^{-15}$

Dados: $e = 1{,}6 \cdot 10^{-19}$ C e $g = 10$ m/s²

R21. (Unifesp-SP) A figura representa a configuração de um campo elétrico gerado por duas partículas carregadas, *A* e *B*. Assinale a linha da tabela que apresenta as indicações corretas para as convenções gráficas que ainda não estão apresentadas nessa figura (círculos *A* e *B*) e para explicar as que já estão apresentadas (linhas cheias e tracejadas).

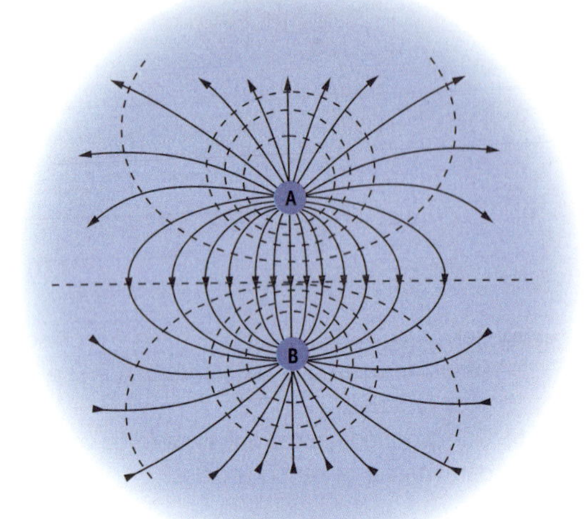

Paulo César Pereira

	Carga da partícula A	Carga da partícula B	Linhas cheias com setas	Linhas tracejadas
a)	(+)	(+)	linha de força	superfície equipotencial
b)	(+)	(-)	superfície equipotencial	linha de força
c)	(-)	(-)	linha de força	superfície equipotencial
d)	(-)	(+)	superfície equipotencial	linha de força
e)	(+)	(-)	linha de força	superfície equipotencial

Movimento de partículas eletrizadas em campo elétrico uniforme

Sendo o campo elétrico uniforme, a força elétrica que age na partícula é constante e constante é sua aceleração. Neste caso, se a partícula se movimentar ao longo de uma linha de força, seu movimento será uniformemente variado. Se a partícula se movimentar cruzando as linhas de força, seu movimento será parabólico.

Essas situações são análogas ao movimento de um corpo nas vizinhanças da superfície terrestre e sob ação exclusiva da gravidade.

A22. Uma partícula de massa $m = 2{,}0 \cdot 10^{-5}$ kg e carga elétrica $q = 2{,}0\ \mu C$ é abandonada num ponto *A* de um campo elétrico uniforme de intensidade $E = 1{,}0 \cdot 10^6$ V/m. Despreze as ações gravitacionais.

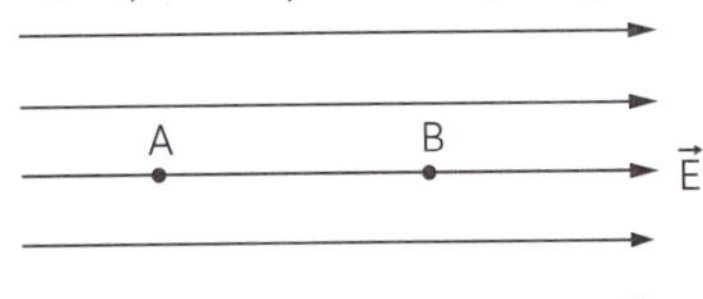

Calcule:

a) a aceleração da partícula;

b) o intervalo de tempo decorrido desde a partida de *A* até passar pelo ponto *B*, situado a 20 cm de *A*.

c) a velocidade da partícula ao passar por *B*.

A23. A distância entre duas placas eletrizadas com cargas opostas é 5,0 cm e a intensidade do campo elétrico uniforme entre as placas é igual a $2{,}0 \cdot 10^3$ V/m. Calcule a velocidade que adquiriria um elétron, abandonado da placa negativa, que percorresse inteiramente uma linha de força. Considere a relação entre o valor absoluto da carga para a massa do elétron como $1{,}8 \cdot 10^{11}$ C/kg.

A24. Uma partícula de massa $m = 5{,}0 \cdot 10^{-2}$ kg e carga elétrica $q = -1{,}0 \cdot 10^{-4}$ C é lançada verticalmente para cima com velocidade $v_0 = 10$ m/s, ficando sujeita à ação da gravidade e de um campo elétrico uniforme, vertical e ascendente de intensidade $E = 5{,}0 \cdot 10^3$ N/C.

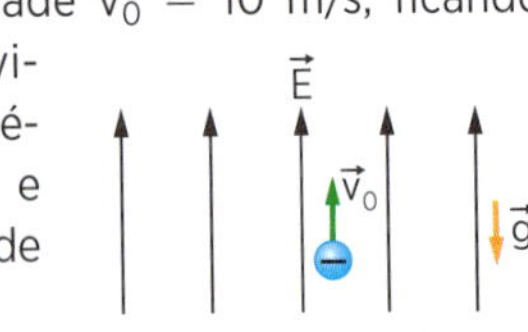

A aceleração local da gravidade é $g = 10$ m/s².

a) Refaça no caderno a figura dada e represente as forças que agem na partícula.

b) Calcule o módulo da aceleração da partícula.

c) Calcule a distância que a partícula sobe até sua velocidade se anular.

Verificação

V23. Uma partícula de massa *m* e carga elétrica *q* tal que $\frac{q}{m} = 5{,}0 \cdot 10^{-4}$ C/kg é abandonada num ponto *A* de um campo elétrico uniforme de intensidade $E = 4{,}0 \cdot 10^4$ N/C, conforme a figura.

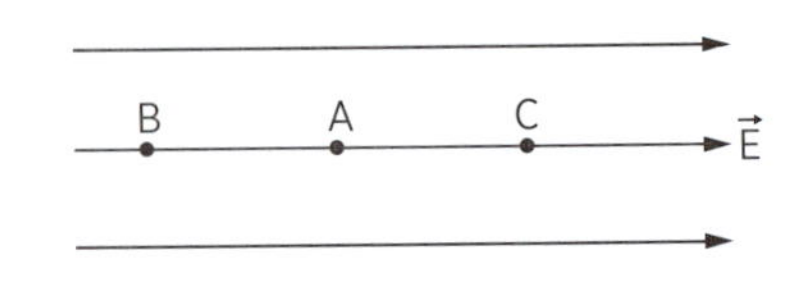

Considere os pontos B e C situados a 40 cm de A. Despreze as ações gravitacionais.

a) A partícula se deslocará aproximando-se de B ou de C?

b) Qual a aceleração da partícula?

c) Qual a velocidade da partícula após percorrer 40 cm?

V24. Um elétron de massa $= 9{,}1 \cdot 10^{-31}$ kg e carga $-1{,}6 \cdot 10^{-19}$ C é abandonado no ponto A de um campo elétrico uniforme, cujo vetor $\vec{E}$ está representado na figura a seguir. Sabe-se que o elétron atinge o ponto B com velocidade $4{,}0 \cdot 10^{6}$ m/s. Calcule:

a) a aceleração do elétron;

b) a ddp entre os pontos B e A.

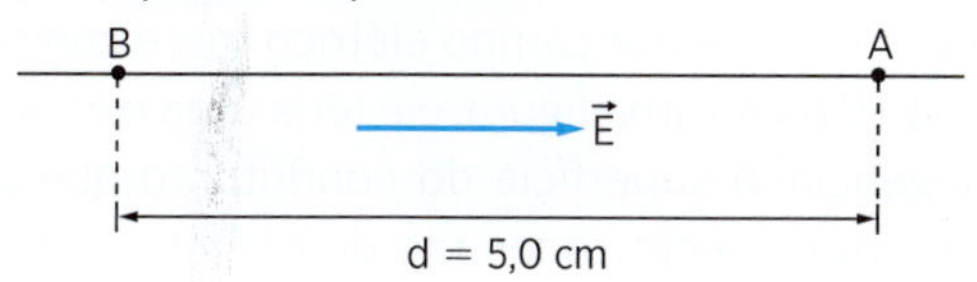

V25. Uma partícula de massa m = 1,0 g e carga elétrica q = 1,0 μC é abandonada num ponto A, ficando sujeita à ação da gravidade (g = 10 m/s²) e de um campo elétrico uniforme vertical, para baixo, de intensidade $E = 5{,}0 \cdot 10^{4}$ N/C.

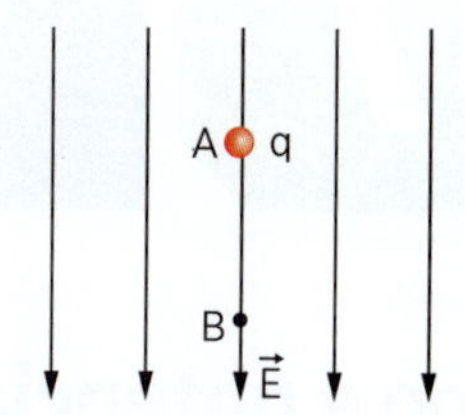

a) Refaça, no caderno, a figura dada e represente as forças que agem na partícula.

b) Calcule o módulo de aceleração da partícula.

c) Calcule o intervalo de tempo decorrido desde a partida de A até atingir o ponto B situado a 2,7 m de A.

R22. (PUC-RJ) Uma partícula de massa $1{,}0 \cdot 10^{-4}$ kg e carga $-1{,}0 \cdot 10^{-6}$ C é lançada na direção de um campo elétrico uniforme de intensidade $1{,}0 \cdot 10^{5}$ V/m. A velocidade mínima de lançamento para que ela percorra 20 cm a partir da posição de lançamento, no sentido do campo, é de:

a) 14 m/s
b) 20 m/s
c) 26 m/s
d) 32 m/s
e) 38 m/s

R23. (Fuvest-SP) Junto ao solo, a céu aberto, o campo elétrico da Terra é E = 150 V/m, dirigido para baixo. Uma esfera, tendo massa m = 5,0 g, possui carga q = +4,0 μC. Desprezar efeitos do ar; a gravidade local é g = 9,78 m/s².
Qual é a aceleração de queda?

R24. (U. E. Feira de Santana-BA). O campo elétrico entre as placas mostradas na figura é $E = 2{,}0 \cdot 10^{4}$ N/C e a distância entre elas é d = 7,0 mm. Considere que um elétron seja liberado, a partir do repouso, nas proximidades da placa negativa, sendo a carga do elétron, em módulo, igual a $1{,}6 \cdot 10^{-19}$ C e a sua massa igual a $9{,}1 \cdot 10^{-31}$ kg.

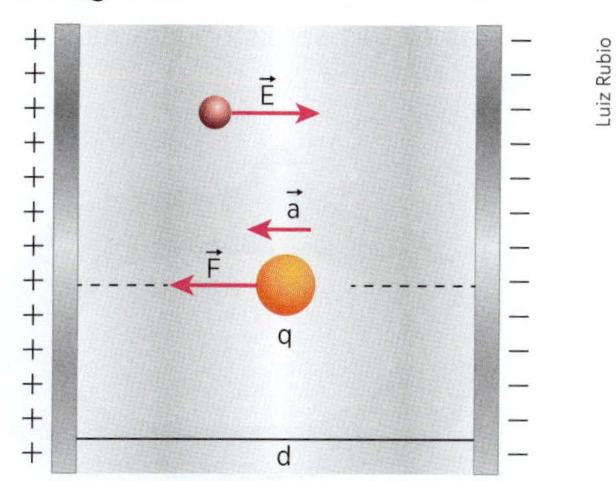

Nessas condições, o módulo da velocidade do elétron, em m/s, ao chegar à placa positiva, é de:

a) $3{,}6 \cdot 10^{3}$
b) $3{,}6 \cdot 10^{6}$
c) $5{,}0 \cdot 10^{6}$
d) $7{,}0 \cdot 10^{6}$
e) $12{,}6 \cdot 10^{-6}$

R25. (Fuvest-SP). Um equipamento, como o esquematizado na figura abaixo, foi utilizado por J. J. Thomsom, no final do século XIX, para o estudo de raios catódicos em vácuo. Um feixe fino de elétrons (cada elétron tem massa m e carga e), com velocidade de módulo v_0, na direção horizontal x, atravessa a região entre um par de placas paralelas horizontais de comprimento L. Entre as placas, há um campo elétrico de módulo constante E na direção vertical y. Após saírem da região entre as placas, os elétrons descrevem uma trajetória retilínea até a tela fluorescente T.

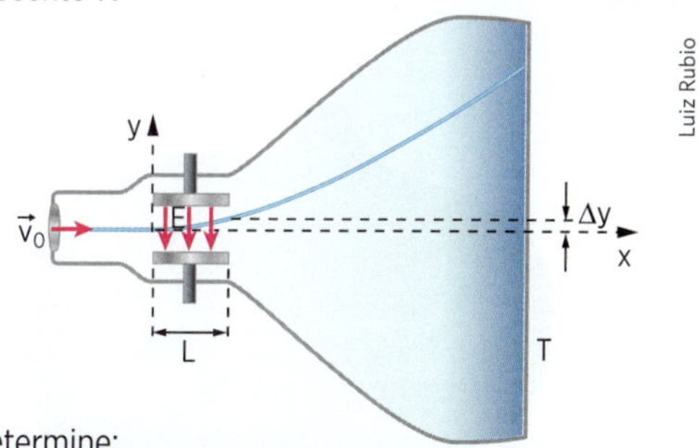

Determine:

a) o módulo a da aceleração dos elétrons enquanto estão entre as placas;

b) o intervalo de tempo Δt que os elétrons permanecem entre as placas;

c) o desvio Δy na trajetória dos elétrons, na direção vertical, ao final de seu movimento entre as placas;

d) a componente vertical vy da velocidade dos elétrons ao saírem da região entre as placas.

> **Note e adote:**
> Ignore os efeitos de borda no campo elétrico.
> Ignore efeitos gravitacionais.

capítulo

37 Condutor em equilíbrio eletrostático

Campo e potencial de uma distribuição de cargas em um condutor em equilíbrio eletrostático

Para estudar os campos elétricos, não mais de cargas puntiformes e sim de distribuições de cargas em condutores, deve-se considerar que estes estão em *equilíbrio eletrostático*.

> Um condutor está em equilíbrio eletrostático quando nele não ocorre movimento ordenado de cargas elétricas.

Fornecendo-se ao condutor representado em corte na figura 1 a carga elétrica Q, a repulsão mútua das cargas elementares que constituem Q faz com que elas fiquem tão longe uma da outra quanto possível. O maior afastamento possível corresponde a *uma distribuição de cargas na superfície externa do condutor*, situação, aliás, que destacamos nas figuras de condutores que até agora apareceram em nossas aulas.

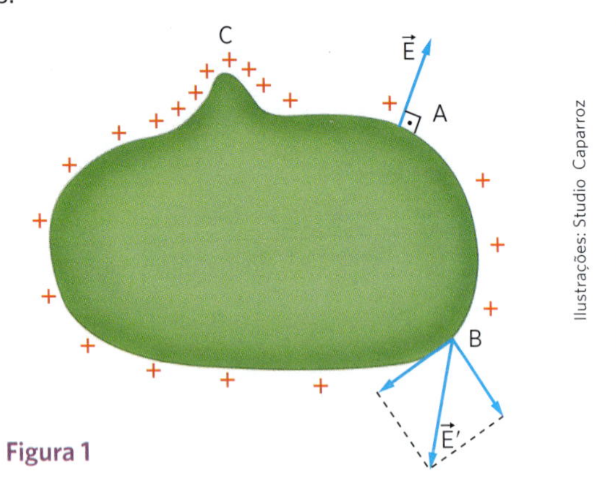

Figura 1

No interior de um condutor eletrizado, de qualquer formato, o *campo elétrico é nulo* em todos os pontos. Isso pode ser constatado simplesmente notando que, se houvesse campo elétrico no interior do condutor, ele agiria nos elétrons livres, os quais teriam um movimento ordenado sob sua influência, contrariando o conceito de condutor em equilíbrio eletrostático. Contudo, na superfície, o campo elétrico *não será nulo*. Porém, nesses pontos, o *vetor campo elétrico $\vec{E}$ deve ser normal à superfície*, como em A, na figura 1. Se o vetor campo elétrico fosse como $\vec{E'}$ no ponto B da mesma figura, ele teria uma componente tangencial à superfície do condutor, o que provocaria movimento ordenado de cargas ao longo da superfície.

Nas *regiões pontiagudas* (região C da figura 1), a densidade, isto é, *a concentração de cargas elétricas* é mais elevada. Por isso, nas pontas e em suas vizinhanças o campo elétrico é mais intenso. Quando o campo elétrico nas vizinhanças da ponta atinge determinado valor, o ar em sua volta se ioniza e o condutor se descarrega através da ponta. Esse fenômeno recebe o nome de o *poder das pontas*. É nele que se baseia o funcionamento dos *para-raios* (fig. 2).

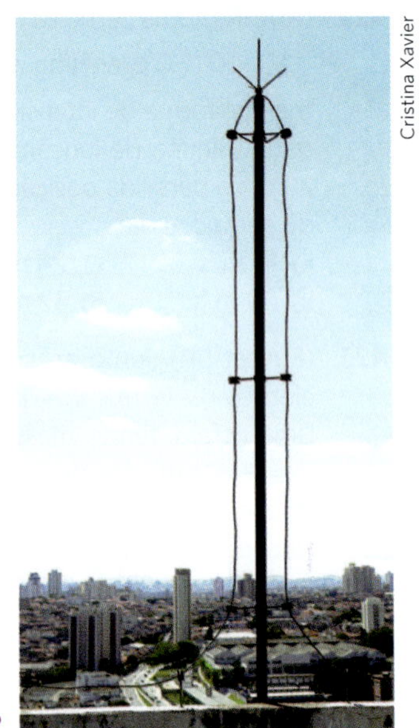

Figura 2

Evidentemente, não importa se o condutor é maciço ou oco (fig. 3): o campo elétrico no interior é nulo e as cargas se distribuem na sua superfície externa.

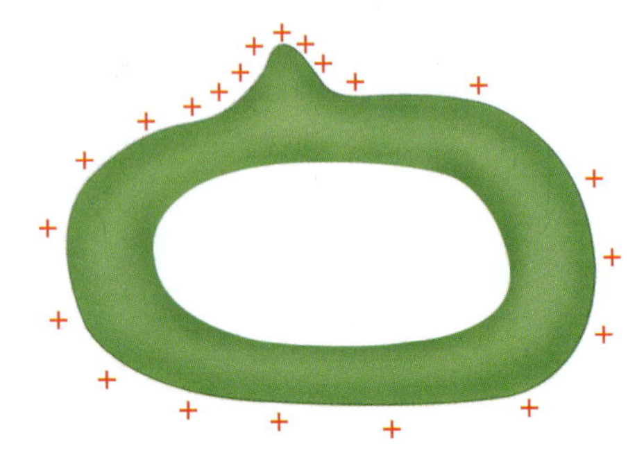

Figura 3

O potencial elétrico em todos os pontos, internos e superficiais, de um condutor em equilíbrio eletrostático, é constante. Assim, para o condutor da figura 4, temos $V_A = V_B = V_C = V_D$.

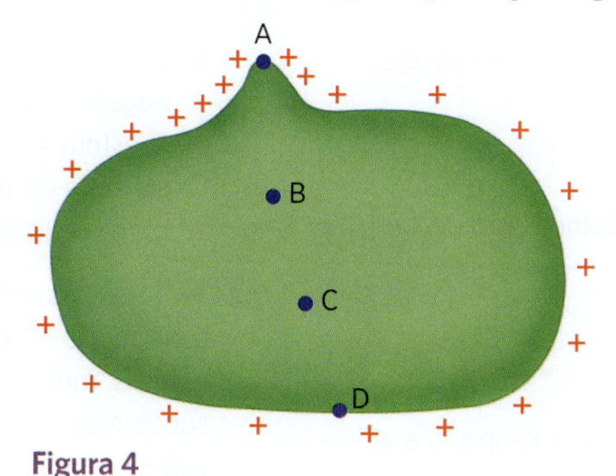

Figura 4

Ilustrações: Studio Caparroz

AMPLIE SEU CONHECIMENTO

Blindagem eletrostática

No interior de um condutor oco em equilíbrio eletrostático, o campo elétrico é nulo. Desse modo, se colocarmos no interior do condutor oco um eletroscópio de folhas e um pêndulo elétrico, por exemplo, esses aparelhos não sofrerão influências elétricas externas. O condutor oco, que protege os instrumentos colocados em seu interior, constitui uma *blindagem eletrostática*.

Aplicação

A1. Considere um condutor metálico com a forma indicada na figura. O condutor está eletrizado positivamente e em equilíbrio eletrostático. Observe os pontos *A*, *B* e *C*.

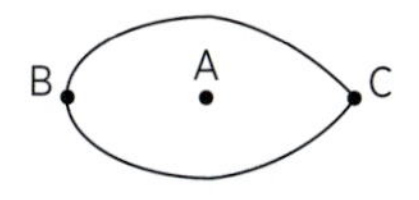

Quais são as afirmações corretas?

a) O campo elétrico em *A* é nulo.

b) A densidade de cargas elétricas é maior em *C* do que em *B*.

c) O campo elétrico em *B* é mais intenso do que em *C*.

d) Os pontos *A*, *B* e *C* possuem mesmo potencial elétrico.

e) As cargas elétricas em excesso distribuem-se na superfície externa do condutor.

A2. Considere uma esfera metálica oca provida de um orifício e eletrizada com carga *Q*.
Uma pequena esfera metálica neutra é colocada em contato com a primeira. Quais são as afirmações corretas?

a) Se o contato for interno, a pequena esfera não se eletriza.

b) Se o contato for externo, a pequena esfera se eletriza.

c) Se a pequena esfera estivesse eletrizada, após um contato interno ficaria neutra.

A3. Por que nos para-raios são geralmente utilizados metais pontiagudos? Explique.

A4. Ao visitar o aeroclube de sua cidade, um aluno notou que os aviões possuem pequenos fios metálicos que se prolongam das asas. Você sabe explicar por quê?

Verificação

V1. Considere um condutor eletrizado e em equilíbrio eletrostático, conforme a figura.

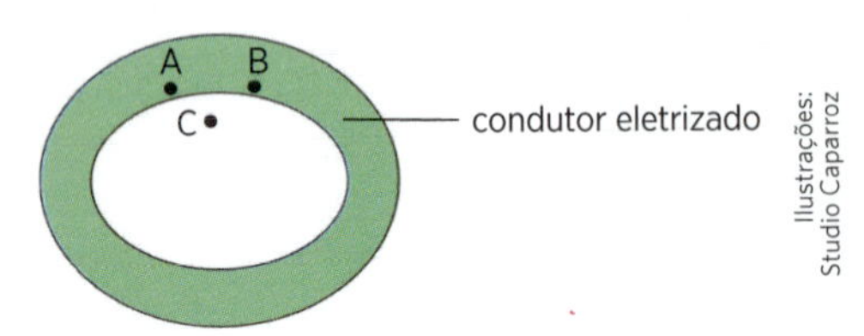

Ilustrações: Studio Caparroz

a) Qual a diferença de potencial entre os pontos *A* e *B*?

b) Pode-se afirmar que o campo elétrico no ponto *C* é nulo?

V2. Na esfera metálica oca eletrizada positivamente, na figura ao lado, são encostadas pequenas esferas metálicas I e II, presas a cabos isolantes e inicialmente neutras.

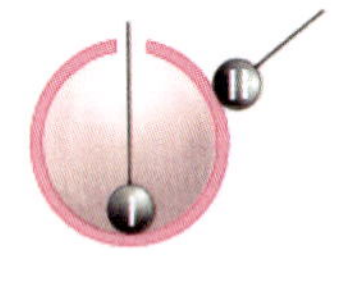

Qual(is) é(são) a(s) afirmação(ões) correta(s)?

a) As esferas I e II não se eletrizam.

b) As esferas I e II se eletrizam positivamente.

c) A esfera I não se eletriza e a esfera II se eletriza positivamente.

d) A esfera I não se eletriza e a esfera II se eletriza negativamente.

e) A esfera I não se eletriza e ocorre a passagem de elétrons da esfera oca para a esfera II, até ser atingido o equilíbrio eletrostático.

V3. Tem-se uma esfera metálica oca, inicialmente neutra, e pretende-se eletrizá-la utilizando-se dez pequenas esferas metálicas carregadas, através de contatos sucessivos da esfera oca com cada uma das pequenas esferas. Para que a carga elétrica da esfera oca seja a maior possível, os contatos devem ser internos ou externos? Justifique.

V4. Considere um condutor metálico de forma irregular, eletrizado em equilíbrio eletrostático.

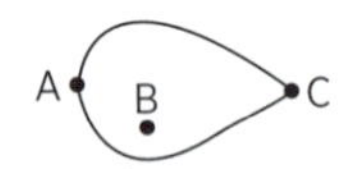

Relativamente aos pontos *A*, *B* e *C* responda:

a) Em torno de que ponto a densidade de carga elétrica é maior?

b) Em torno de que ponto o campo elétrico tem maior intensidade?

c) O que é o fenômeno do poder das pontas?

Revisão

R1. (Vunesp-SP) Com respeito a condutores em equilíbrio eletrostático, analise:

I. O campo elétrico resultante em regiões do interior de um condutor em equilíbrio eletrostático é nulo.

II. O potencial elétrico nos pontos internos e da superfície de um condutor em equilíbrio eletrostático é constante.

III. A direção do campo elétrico em um ponto sobre a superfície de um condutor eletrizado, isolado e em equilíbrio eletrostático é perpendicular à superfície nesse ponto.

Está correto o contido em:

a) I apenas.

b) III apenas.

c) I e II apenas.

d) II e III apenas.

e) I, II e III.

R2. (UF-PE) Uma grande esfera condutora, oca e isolada, está carregada com uma carga Q = 60 mC. Através de uma pequena abertura no topo da esfera, é introduzida uma pequena esfera metálica, de carga q = −6 mC, suspensa por um fio. Se a pequena esfera tocar a superfície interna do primeiro condutor, qual será a carga final na superfície externa da esfera maior, em mC?

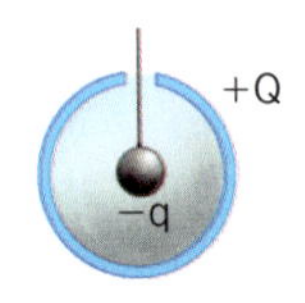

R3. (UE-AM) Segundo levantamento do Grupo de Eletricidade Atmosférica do Instituto Nacional de Pesquisas Espaciais, o Amazonas é o estado brasileiro com maior incidência de raios, com uma média anual de 11 milhões de descargas elétricas. Para evitar ser atingido por um deles em dias de tempestade, é recomendado afastar-se de árvores e postes de iluminação. Praias, piscinas e locais onde o ser humano seja o objeto mais alto em relação ao chão também devem ser evitados. Se não for possível encontrar um abrigo, o mais aconselhável é ficar agachado no chão, com as mãos na nuca e os pés juntos.

Thinkstock/Getty Images

Esses procedimentos são baseados no poder das pontas, que consiste no fato de

a) cargas elétricas tenderem a acumular-se em regiões planas, facilitando descargas elétricas sobre regiões pontiagudas.
b) nas regiões planas a diferença de potencial entre a Terra e as nuvens ser nula, criando um corredor que leva a descarga para as regiões pontiagudas.
c) a densidade de cargas elétricas ser menor nas proximidades de regiões pontiagudas, atraindo os raios para essas regiões.
d) a diferença de potencial entre as nuvens e as regiões pontiagudas atingir valores muito baixos, dando origem a descargas elétricas violentas para compensar tal fato.
e) o campo elétrico gerado ao redor de regiões pontiagudas ser mais intenso do que o gerado em regiões planas, atraindo os raios.

R4. (UE-RJ) No dia seguinte ao de uma intensa chuva de verão no Rio de Janeiro, foi publicada em um jornal a foto a seguir, com a respectiva legenda.

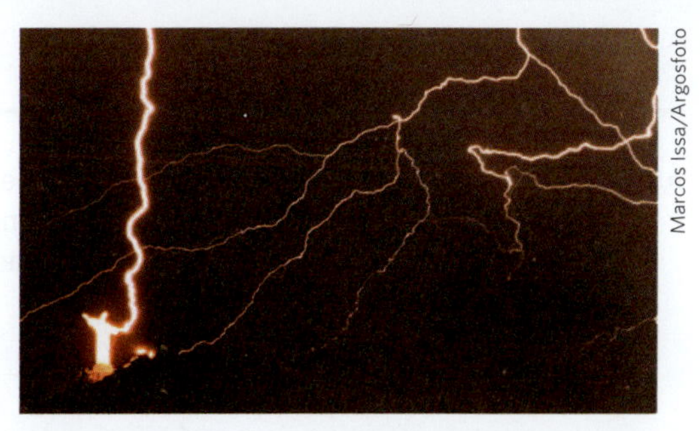

Marcos Issa/Argosfoto

Durante o temporal, no morro do Corcovado, raios cortam o céu e um deles cai exatamente sobre a mão esquerda do Cristo Redentor.

A alternativa que explica corretamente o fenômeno é:

a) Há um excesso de elétrons na Terra.
b) O ar é sempre um bom condutor de eletricidade.
c) Há transferência de prótons entre a estátua e a nuvem.
d) Há uma suficiente diferença de potencial entre a estátua e a nuvem.
e) O material de que é feita a estátua é um mau condutor de eletricidade.

APROFUNDANDO

Durante uma tempestade um raio atinge um avião em pleno voo. Nada aconteceu com a tripulação e com os passageiros. Dois alunos deram suas explicações. Disse o primeiro: os aviões possuem para-raios em sua fuselagem. O segundo afirmou: a fuselagem metálica do avião constitui uma blindagem eletrostática. Qual dos alunos justificou corretamente?

Campo e potencial de um condutor esférico

Ao condutor esférico de raio *R* da figura 5a fornecemos a carga *Q*; ela se distribui uniformemente sobre a superfície externa do condutor, e, no interior, o campo é nulo.

Verifica-se que as linhas de força que representam o campo elétrico dessa distribuição de cargas fora do condutor esférico são idênticas àquelas ao redor de uma carga puntiforme igual (fig. 5b).

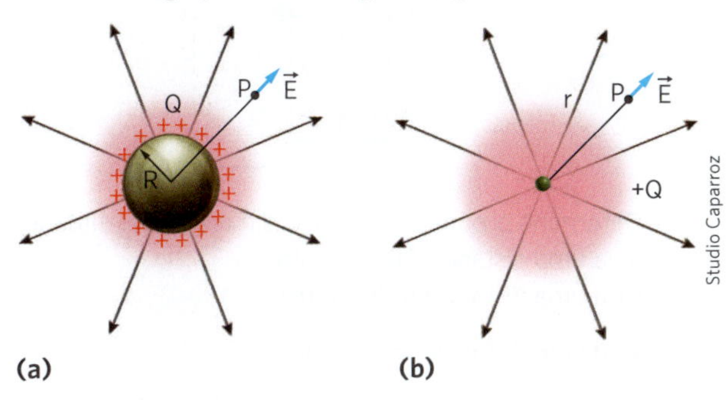

Studio Caparroz

Figura 5. Linhas de força.

Então, *para se determinar o vetor campo elétrico e o potencial elétrico em pontos externos a um condutor esférico eletrizado, supõe-se sua carga Q puntiforme e concentrada no centro*:

$$E_{ext} = K\frac{|Q|}{r^2}$$

$$V_{ext} = K\frac{Q}{r}$$

O potencial elétrico do condutor esférico de raio *R* é o potencial de qualquer ponto interno ou superficial, sendo dado por:

$$V = K\frac{Q}{R}$$

A5. Uma esfera metálica oca de raio R = 5,0 cm foi eletrizada com a carga de $3{,}0 \cdot 10^{-7}$ C. Calcule as intensidades dos vetores campo elétrico nos pontos situados a 1,0 cm e 10 cm do centro da esfera.

Dado: $K = 9 \cdot 10^9 \dfrac{N \cdot m^2}{C^2}$.

A6. Um condutor esférico de raio R = 30 cm está eletrizado com carga elétrica Q = 6,0 μC. O meio é o vácuo $\left(K = 9 \cdot 10^9 \dfrac{N \cdot m^2}{C^2}\right)$. Determine:

a) o potencial elétrico e a intensidade do vetor campo elétrico no centro da esfera;

b) o potencial elétrico e a intensidade do vetor campo elétrico num ponto externo e situado a 30 cm da superfície da esfera.

A7. Uma esfera condutora eletrizada positivamente de raio R = 3,0 m, isolada, está situada no vácuo. Em um ponto à distância r = 8,0 m do centro da esfera, o vetor campo elétrico por ela estabelecido tem intensidade $9{,}0 \cdot 10^2$ N/C.
Calcule a carga distribuída na esfera.

Dado: $K = 9 \cdot 10^9 \dfrac{N \cdot m^2}{C^2}$.

A8. O potencial elétrico varia em função da distância ao centro de um condutor esférico eletrizado, segundo o gráfico abaixo.

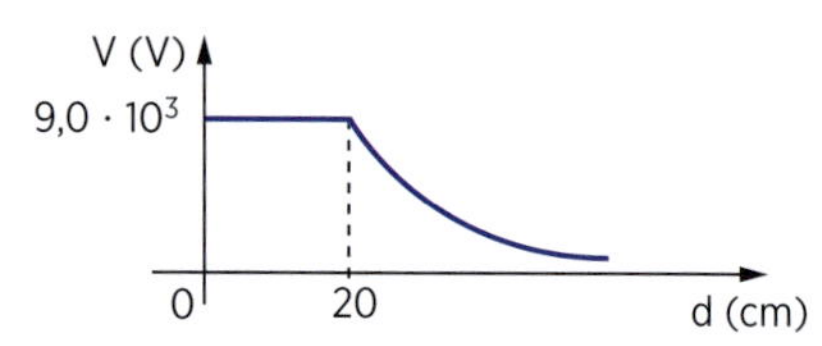

Calcule a carga elétrica do condutor.

Dado: $K = 9 \cdot 10^9 \dfrac{N \cdot m^2}{C^2}$.

Verificação

V5. Uma esfera metálica, eletrizada com carga elétrica $6{,}0 \cdot 10^{-9}$ C, possui raio R = 0,30 m. Calcule o potencial elétrico e a intensidade do vetor campo elétrico num ponto situado a 0,60 m do centro.

Dado: $K = 9 \cdot 10^9 \dfrac{N \cdot m^2}{C^2}$.

V6. Uma esfera metálica, eletrizada com carga elétrica $9{,}0 \cdot 10^{-9}$ C, possui raio igual a 50 cm.
Calcule o potencial elétrico e a intensidade do vetor campo elétrico num ponto situado a 10 cm do centro da esfera.

O meio é o vácuo $\left(K = 9 \cdot 10^9 \dfrac{N \cdot m^2}{C^2}\right)$.

V7. Tem-se uma esfera metálica inicialmente neutra. Determine o número de elétrons que deve ser retirado da esfera para que ela adquira potencial elétrico igual a $9{,}0 \cdot 10^2$ V.
O raio da esfera é de 16 cm e a carga elétrica do elétron, em valor absoluto, é $1{,}6 \cdot 10^{-19}$ C.

O meio é o vácuo: $K = 9 \cdot 10^9 \dfrac{N \cdot m^2}{C^2}$.

V8. Tem-se uma esfera metálica eletrizada positivamente e de raio 30 cm. A intensidade do vetor campo elétrico em um ponto situado a 60 cm do centro da esfera é igual a $5{,}0 \cdot 10^3$ N/C. Qual o potencial elétrico nos pontos da esfera?

R5. (UE-CE) Uma pequena esfera metálica de raio *R*, com carga *Q*, produz em um ponto *P*, distante *r* do centro da esfera, um campo elétrico cujo módulo é *E*. Suponha *r* bem maior do que *R*.
Se em vez da esfera for colocada, no ponto antes ocupado pelo centro, uma carga elétrica puntiforme *Q*, o módulo do campo elétrico no ponto *P*, será:

a) $E \cdot \dfrac{R}{r - R}$

b) $E \cdot \dfrac{r}{R}$

c) E

d) $E \cdot \dfrac{R}{r}$

R6. (UF-RR) Seja uma esfera condutora de raio *R*, carregada com uma carga *Q*.

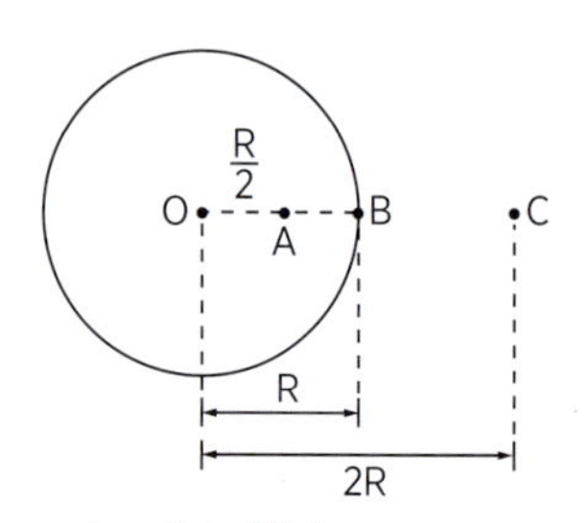

Determine o potencial elétrico em um ponto situado:

a) a uma distância 2R do centro;

b) a uma distância *R* do centro;

c) a uma distância $\dfrac{R}{2}$ do centro.

Considere dada a constante eletrostática *K* do meio.

R7. (U. E. Feira de Santana-BA)

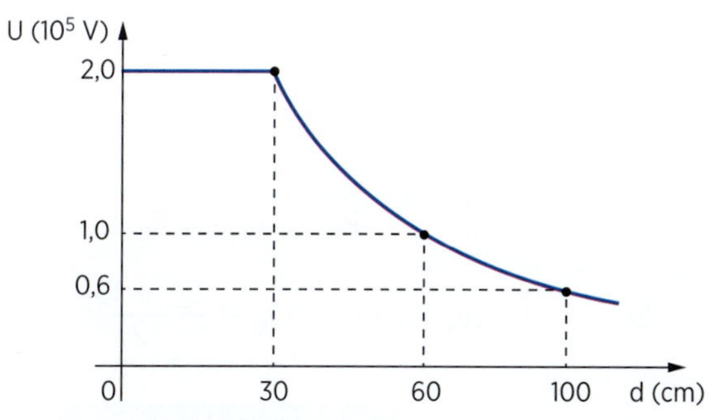

No campo elétrico criado por uma esfera eletrizada com carga Q, o potencial varia com a distância ao centro dessa esfera, conforme o gráfico.

Considerando-se a constante eletrostática do meio igual a $1,0 \cdot 10^{10}$ N · m²/C² a carga elétrica, em coulomb, existente na esfera é igual a:

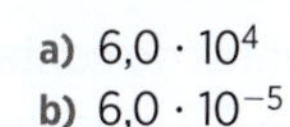

a) $6,0 \cdot 10^4$
b) $6,0 \cdot 10^{-5}$
c) $6,0 \cdot 10^{-6}$
d) $6,7 \cdot 10^{-9}$
e) $6,7 \cdot 10^{-16}$

R8. (UF-PA) Uma esfera metálica, de raio R, é carregada com carga Q. A intensidade do campo elétrico E varia com a distância segundo o diagrama:

a)
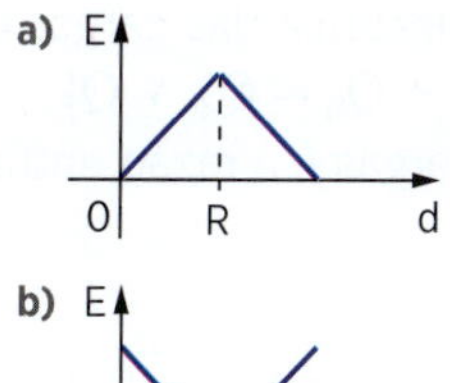

b)
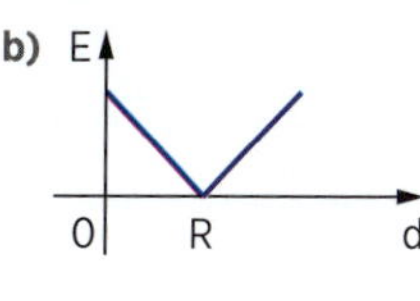

c)
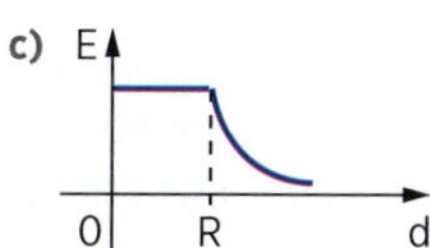

d)
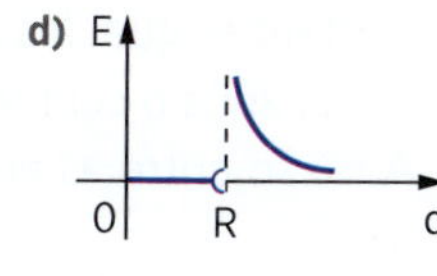

e)
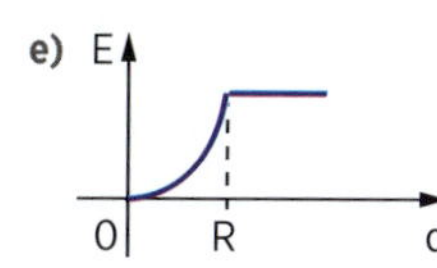

AMPLIE SEU CONHECIMENTO

O gerador de Van de Graaff

Na figura apresentamos o esquema de um gerador de Van de Graaff simples. Ele é constituído essencialmente de uma correia de material isolante, que gira sobre duas polias: a inferior é ligada a um motor e a superior fica no interior de uma cúpula metálica. Ligada internamente à cúpula, há uma ponta metálica. Quando o motor é ligado, a correia gira e, pelo atrito com um objeto de plástico, por exemplo, se eletriza.

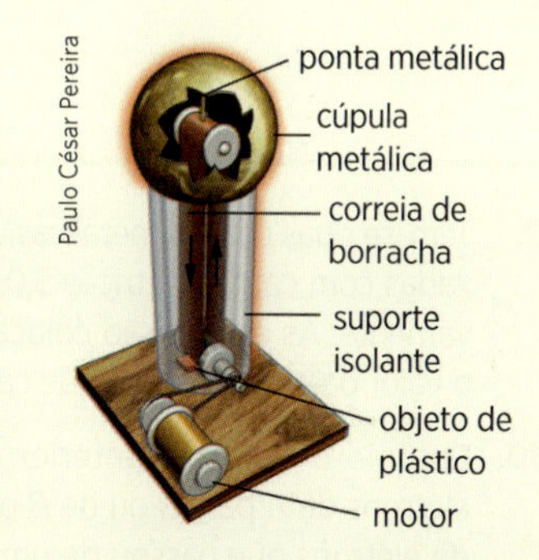

Considere positiva a carga elétrica adquirida pela correia. Ao atingir a cúpula, a carga elétrica positiva da correia induz na ponta metálica uma carga elétrica negativa, e a carga elétrica positiva induzida se espalha pela superfície externa da cúpula. Devido ao fenômeno do poder das pontas, o ar em torno da ponta metálica se ioniza, e elétrons da ponta se escoam para a correia. Assim, a correia sobe positiva e desce neutra. Mantendo-se o movimento da correia, gradativamente vai aumentando a carga elétrica em excesso na cúpula metálica. Os fatores que limitam a carga elétrica adquirida são o tamanho da cúpula e o isolante que a envolve.

A cúpula pode atingir um potencial elétrico muito elevado. Por isso, o gerador de Van de Graaff é utilizado em pesquisas para acelerar partículas atômicas e bombardear núcleos atômicos.

Timm Schamberger/DDP/AFP Photo

Equilíbrio eletrostático entre condutores

Considere dois condutores esféricos A e B, respectivamente de raios R_A e R_B e eletrizados com cargas elétricas Q_A e Q_B e sob potenciais V_A e V_B, com $V_A \neq V_B$. Estabelecendo-se entre eles um contato, ocorre a passagem de cargas elétricas de um para outro até atingirem o equilíbrio eletrostático, isto é, até atingirem o mesmo potencial V. Sejam Q'_A e Q'_B as novas cargas elétricas de A e B (fig. 6).

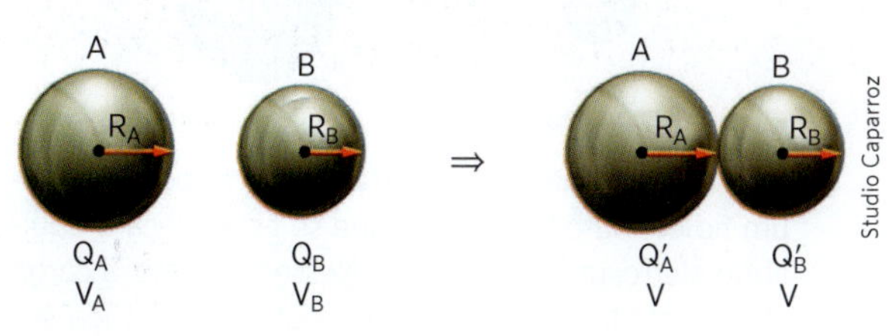

Figura 6

Conhecidas as cargas elétricas antes do contato (Q_A e Q_B) e os raios das esferas (R_A e R_B), podemos determinar as novas cargas (Q'_A e Q'_B). Para isso, necessitamos de duas equações:

- A soma algébrica das cargas elétricas antes do contato é igual à soma algébrica das cargas elétricas após o contato: $Q_A + Q_B = Q'_A + Q'_B$
- A razão entre as novas cargas é a razão entre os raios:

$$\frac{Q'_A}{Q'_B} = \frac{R_A}{R_B}$$

Essa última equação decorre da igualdade entre os potenciais após o contato:

$$K \cdot \frac{Q'_A}{R_A} = K \cdot \frac{Q'_B}{R_B} \Rightarrow \frac{Q'_A}{Q'_B} = \frac{R_A}{R_B}$$

Se $R_A = R_B$, resulta $Q'_A = Q'_B = \dfrac{Q_A + Q_B}{2}$.

Aplicação

A9. Duas esferas metálicas idênticas, de raio *R*, possuem cargas elétricas respectivamente iguais a $+2Q$ e $-3Q$. Interligando-as por um fio metálico, qual o valor da carga elétrica que cada esfera passa a ter?

A10. Duas esferas metálicas, *A* e *B*, de raios *R* e 3R, estão eletrizadas com cargas 2Q e *Q*, respectivamente.
As esferas estão separadas de modo a não haver indução entre elas e são ligadas por um fio condutor. Quais as novas cargas após o contato?

A11. Duas esferas metálicas, *A* e *B*, de raios 10 cm e 20 cm, estão eletrizadas com cargas elétricas 5,0 μC e −2,0 μC, respectivamente. As esferas são postas em contato. Determine, após atingir o equilíbrio eletrostático:

a) as novas cargas elétricas das esferas;

b) o potencial elétrico que as esferas adquirem.

Dado: $K = 9 \cdot 10^9 \dfrac{N \cdot m^2}{C^2}$.

A12. Retome o exercício anterior e responda: houve passagem de elétrons de *A* para *B* ou de *B* para *A*?

Verificação

V9. Têm-se duas esferas metálicas, *A* e *B*, idênticas, eletrizadas com cargas elétricas 5,0 μC e 3,0 μC, respectivamente. As esferas são colocadas em contato. Qual o valor da carga elétrica que cada esfera adquire?

V10. Retome o exercício anterior. Houve passagem de elétrons de *A* para *B* ou de *B* para *A*? Qual o número de elétrons que passou de um condutor para outro? É dada a carga elétrica do elétron em valor absoluto: $1{,}6 \cdot 10^{-19}$ C.

V11. Têm-se duas esferas, *A* e *B*, de raios *R* e 4R, respectivamente. A esfera *A* está eletrizada com carga *Q* e *B* está neutra. As esferas são colocadas em contato. Qual é, em função de *Q*, a carga elétrica que cada esfera adquire?

V12. Duas esferas condutoras de raios $R_1 = 10$ cm e $R_2 = 15$ cm estão eletrizadas com cargas elétricas $Q_1 = 5{,}0\ \mu C$ e $Q_2 = 2{,}5\ \mu C$. As esferas são colocadas em contato e após atingir o equilíbrio adquirem o mesmo potencial elétrico *V*. Determine *V*.

O meio é o vácuo: $K = 9 \cdot 10^9 \dfrac{N \cdot m^2}{C^2}$.

Revisão

R9. (Vunesp-SP) Uma esfera condutora descarregada (potencial elétrico nulo), de raio $R_1 = 5{,}0$ cm, isolada, encontra-se distante de outra esfera condutora, de raio $R_2 = 10{,}0$ cm, carregada com carga elétrica $Q = 3{,}0\ \mu C$ (potencial elétrico não nulo), também isolada.

descarregada

Em seguida, liga-se uma esfera à outra por meio de um fio condutor longo, até que se estabeleça o equilíbrio eletrostático entre elas. Nesse processo, a carga elétrica total é conservada e o potencial elétrico em cada condutor esférico isolado é descrito pela equação $V = k\dfrac{q}{r}$, em que *k* é a Constante de Coulomb, *q* é sua carga elétrica e o *r* o seu raio.

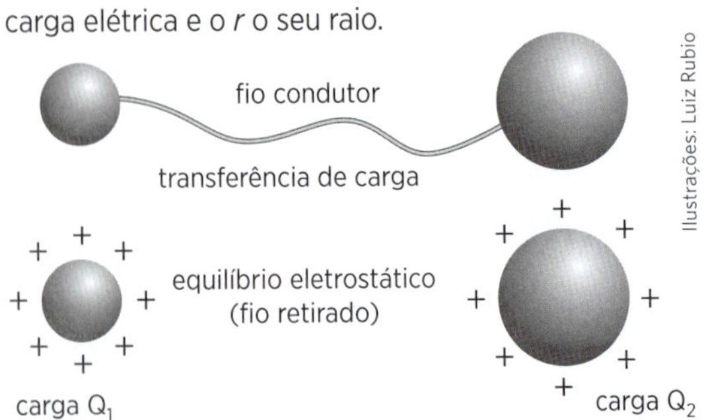

Ilustrações: Luiz Rubio

Supondo que nenhuma carga elétrica se acumule no fio condutor, determine a carga elétrica final em cada uma das esferas.

R10. (UnB-DF) Duas esferas metálicas, *A* e *B*, de raios 2R e *R*, respectivamente, são eletrizadas com cargas Q_A e Q_B. Uma vez interligadas por um fio metálico, não se observa a passagem de cargas elétricas de um condutor para outro. Podemos então afirmar que a razão $\frac{Q_A}{Q_B}$ é igual a:

a) $\frac{1}{2}$ b) 1 c) 2 d) 4 e) $\frac{1}{4}$

R11. (U. E. Ponta Grossa-PR) Considere duas esferas condutoras *A* e *B*, de raios *R* e 3R, respectivamente, separadas por uma distância *d*. Inicialmente, a esfera *A* tem carga elétrica líquida nula e a esfera *B* tem carga elétrica líquida 3Q. As duas esferas são conectadas entre si por meio de um fio condutor que logo após é desconectado das esferas. Com relação ao estado final das esferas, assinale o que for correto.

(01) Todos os excessos de carga nas esferas *A* e *B* estão localizados na superfície das esferas.

(02) A esfera *A* tem carga $\frac{3}{4}$ Q e a esfera *B* tem carga $\frac{9}{4}$ Q.

(04) O potencial elétrico da esfera *A* é menor do que o potencial elétrico da esfera *B*.

(08) Os potenciais elétricos no interior das esferas *A* e *B* são constantes e iguais entre si.

(16) A força eletrostática entre as duas esferas é $k\frac{27Q^2}{16d^2}$.

Dê como resposta a soma das proposições corretas.

R12. (ITA-SP) Uma esfera metálica isolada, de 10,0 cm de raio, é carregada no vácuo até atingir o potencial elétrico de 9,0 V. Em seguida, ela é posta em contato com outra esfera metálica isolada, de raio 5,0 cm, inicialmente neutra. Após atingido o equilíbrio, qual das alternativas abaixo melhor descreve a situação física? Dado: $K = 9 \cdot 10^9 \frac{N \cdot m^2}{C^2}$.

a) A esfera maior terá uma carga de $0{,}66 \cdot 10^{-10}$ C.
b) A esfera maior terá um potencial de 4,5 V.
c) A esfera menor terá uma carga de $0{,}66 \cdot 10^{-10}$ C.
d) A esfera menor terá um potencial de 4,5 V.
e) A carga total é igualmente dividida entre as duas esferas.

APROFUNDANDO

Michael Faraday (1791-1867) nasceu numa pequena cidade próxima a Londres. Muito jovem começou a trabalhar numa oficina como aprendiz de encadernador. Extremamente inteligente e com muita força de vontade, lia à noite os livros que encadernava durante o dia. Desde cedo revelou grande inclinação para o estudo da Física e da Química. Foi um autodidata e tornou-se um cientista famoso. Dentre as suas inúmeras realizações, destaca-se a construção de uma grande gaiola metálica, hoje conhecida como Gaiola de Faraday.

Pesquise sobre a historicamente famosa Gaiola de Faraday e o que esse cientista conseguiu provar com ela.

Peter Menzel/SPL/Latinstock

LEIA MAIS

Gallimard Jeunesse. *Do big-bang à eletricidade*. São Paulo: Melhoramentos, 1990.
Osmar Pinto Jr. e Iara de Almeida Pinto. *Relâmpagos*. São Paulo: Brasiliense, 1996.
Nicolau Gilberto Ferraro. *Eletricidade* – história e aplicações. São Paulo: Moderna, 1991.
Hans Christian von Baeyer. *Arco-íris, flocos de neve, quarks* – a Física e o mundo que nos rodeia. São Paulo: Campus, 1994.
Kazuhiro Fujitaki Matsuda. *Guia Mangá de Eletricidade*. São Paulo: Novatec, 2010.

CRONOLOGIA DA DESCOBERTA DAS PARTÍCULAS FUNDAMENTAIS

1897

- O físico inglês Joseph John Thomson (1856-1940) comprova a existência do elétron.

1919

- O físico neozelandês Ernest Rutherford (1871-1937) comprova a existência do próton.

1932

- A existência do nêutron é constatada pelo físico inglês James Chadwick (1891-1974).

1932

- O físico americano Carl Anderson (1905-1991) descobre o pósitron (elétron positivo).

1947

- O físico brasileiro César Lattes (1924-2005), o físico italiano Giuseppe Occhialini (1907-1993) e o físico inglês Cecil Frank Powell (1903-1969) descobrem o méson π. Sua existência havia sido postulada em 1935, por H. Yukawa.

Lawrence Berkeley LAB/SPL/Latinstock

César Lattes e o físico americano Eugene Gardner fazendo experiências com um acelerador de partículas em 1948.

1956

- Os físicos norte-americanos Frederick Reines (1918-1998) e Clyde Cowan (1919-1974) detectam o neutrino, cuja existência havia sido prevista em 1930. O neutrino é uma partícula neutra e de massa menor que a do elétron.

1964

- O físico americano Murray Gell Mann (1929-), nesse ano, e o físico russo George Zweig (1937-), em 1965, postulam, independentemente, que partículas, como os prótons e os nêutrons, são constituídas de partículas ainda menores, que foram chamadas de *quarks*. Existem três duplas de *quarks*: *up* e *down*, *charm* e *strange* e *top* e *botton*. O próton é constituído de dois *quarks up* e um *quark down*. Já um nêutron consiste em dois *quarks down* e um *quark up*. A carga elétrica do *quark up* é $\frac{2e}{3}$ e a do *quark down* é $-\frac{e}{3}$, onde e é a carga elétrica elementar.

1994

- Nesse ano, ocorre no Laboratório Nacional do Acelerador Fermi (Fermilab), nos Estados Unidos, a detecção do último *quark*: o *quark top*. Todos os outros já haviam sido experimentalmente detectados.

Desafio Olímpico

1. (OPF-SP) A, B e C são três esferas iguais de cobre, apoiadas em suportes isolantes. A esfera A tem carga $+6Q$, B está neutra ou descarregada e C tem carga $+4Q$. Com a esfera C bem distante, as esferas A e B são dispostas de tal forma que suas superfícies fiquem bem próximas entre si.

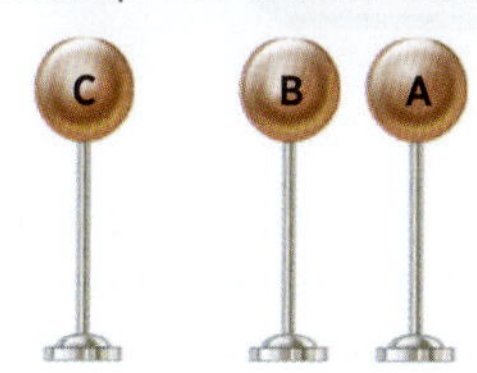

a) Mesmo que a esfera B esteja eletricamente neutra, existe força elétrica entre A e B? Explique.

b) O que ocorre com a força elétrica entre A e B se a esfera C for encostada em B e depois levada novamente para onde ela se encontrava?

2. (OBF-Brasil) Na figura abaixo, estão representadas duas partículas de massas m_1 e m_2, carregadas, respectivamente, com cargas q_1 e q_2 e suspensas de um mesmo ponto por fios de iguais comprimentos e massas desprezíveis.

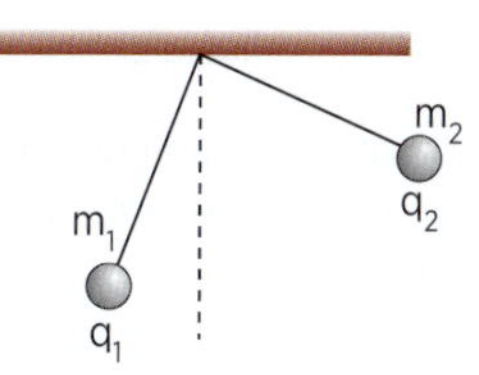

Pode-se concluir que:

a) $q_1q_2 < 0$ e $m_1 < m_2$

b) $q_1q_2 > 0$ e $|q_1| < |q_2|$

c) $q_1q_2 < 0$ e $m_1|q_1| > m_2|q_2|$

d) $q_1q_2 > 0$ e $|q_1| > |q_2|$

e) $q_1q_2 > 0$ e $m_1 > m_2$

3. (OBF-Brasil) Considere uma casca esférica metálica de raio R carregada com uma carga Q uniformemente distribuída sobre ela. Coloca-se uma carga q no centro dessa casca esférica. O módulo da força elétrica resultante sobre q será:

a) $F = \dfrac{(K\,Qq)}{R^2}$

b) $F = \dfrac{(K\,Qq)}{R}$

c) $F = 0$

d) $F = K\,QqR^2$

e) $F = K\,QqR$

4. (OCF-Colômbia) Nos vértices de um quadrado, encontram-se cargas pontuais. Em qual dos seguintes casos a intensidade do campo elétrico resultante no centro do quadrado é diferente de zero? As cargas estão em uma ordem sequencial seguindo o perímetro do quadrado a partir de qualquer vértice.

a) $+|q|, +|q|, +|q|, +|q|$

b) $-|q|, -|q|, -|q|, -|q|$

c) $+|q|, -|q|, +|q|, -|q|$

d) $+|q|, +|q|, -|q|, -|q|$

e) $-|q|, +|q|, -|q|, +|q|$

5. (OBF-Brasil) A figura abaixo mostra uma placa isolante muito grande uniformemente eletrizada que cria, em pontos próximos a ela, um campo elétrico uniforme. A placa está na vertical, tendo presa a ela, por meio de um fio isolante, uma pequena esfera eletrizada, em equilíbrio, na posição indicada na figura. Sendo 10 gramas a massa da esfera e $3{,}0 \cdot 10^{-6}$ C a sua carga, determine a direção, o sentido e o módulo do campo elétrico criado pela placa no ponto onde se encontra a esfera em equilíbrio.

Dado: tg 30° = 0,57.

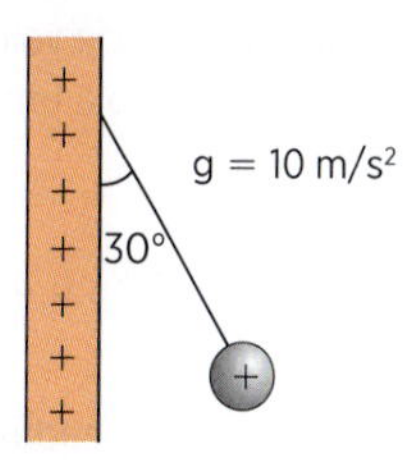

6. (OPF-SP) Cargas puntiformes, q_1, q_2 e q_3, são colocadas em 3 dos vértices de um quadrado, de modo que q_2 e q_3, estejam diagonalmente opostas.

Sabendo-se que $q_1 = -\dfrac{3}{2}q_2$, qual das alternativas abaixo apresenta um valor para q_3 que torne nulo o potencial elétrico no centro do quadrado?

a) $q_3 = q_2$

b) $q_3 = -q_2$

c) $q_3 = 2q_2$

d) $q_3 = \dfrac{q_1}{2}$

e) $q_3 = \dfrac{q_2}{2}$

7. (OPF-SP) Dado dois pontos *A* e *B* apresentando uma diferença de potencial $V_A - V_B = 50$ V. Se uma carga puntiforme de $2 \cdot 10^{-8}$ C é colocada no ponto *A* e deslocada devagar até *B*, sobre a reta que contém *A* e *B* em um campo conservativo. Qual é o trabalho realizado pela força aplicada pelo experimentalista?

a) $+2 \cdot 10^{-8}$ J
b) -10^{-6} J
c) $+10^{-6}$ J
d) $+50$ J
e) nenhuma das respostas anteriores.

8. (OBF-Brasil) Duas esferas condutoras de raios $R_1 \neq R_2$ estão carregadas com cargas Q_1 e Q_2 respectivamente. Ao conectá-las por um fio condutor fino, é correto afirmar que após ser atingido o equilíbrio eletrostático:

a) suas cargas serão iguais.
b) a esfera de menor raio terá maior carga.
c) as cargas nas esferas serão proporcionais ao inverso de seus raios.
d) a diferença de potencial entre as esferas será nula.
e) o potencial é maior na esfera de raio menor.

9. (OPF-SP) Uma esfera metálica de raio $R_1 = 5{,}0$ cm está carregada com $4{,}0 \cdot 10^{-3}$ C. Outra esfera metálica de raio $R_2 = 15{,}0$ cm está inicialmente descarregada. Se as duas esferas são conectadas eletricamente, podemos afirmar que:

a) a carga total será igualmente distribuída entre as duas esferas.
b) a carga da esfera maior será $1{,}0 \cdot 10^{-3}$ C.
c) a carga da esfera menor será $1{,}0 \cdot 10^{-3}$ C.
d) a carga da esfera maior será $6{,}0 \cdot 10^{-3}$ C.
e) a carga da esfera menor será $6{,}0 \cdot 10^{-3}$ C.

10. (IJSO) A energia potencial eletrostática de um par de cargas elétricas puntiformes de valores *Q* e *q* situadas a uma distância *d*, em relação a um referencial no infinito, é dada por:

$E_{pot} = k_0 \cdot \dfrac{Q \cdot q}{d}$, em que k_0 é a constante eletrostática do meio.

Considere três partículas eletrizadas com cargas elétricas iguais e fixas nos vértices de um triângulo equilátero. Se dobrássemos os valores das cargas elétricas, o que aconteceria com a energia potencial eletrostática da configuração de cargas?

a) Permaneceria a mesma.
b) Ficaria duas vezes maior.
c) Ficaria quatro vezes maior.
d) Ficaria 8 vezes maior.
e) Ficaria 12 vezes maior.

11. (IJSO) Uma barra de PVC atritada com um pano de lã é, a seguir, aproximada de uma esfera de isopor neutra, atraindo-a, como mostra a figura abaixo.

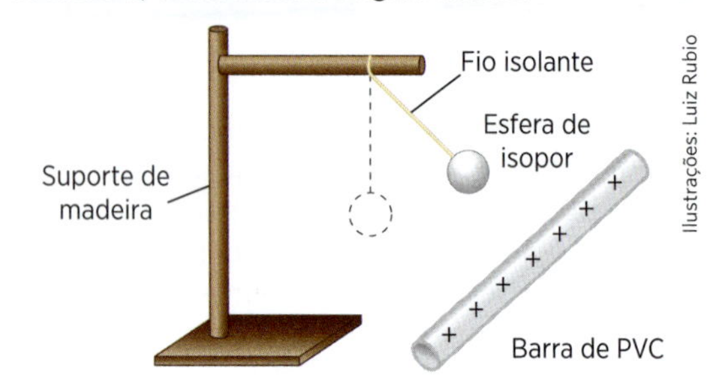

Figura 1

Num segundo experimento a esfera de isopor é envolta por um recipiente metálico, fechado em suas extremidades. A barra novamente é atritada com o pano de lã e aproximada do recipiente metálico, como mostra a figura abaixo.

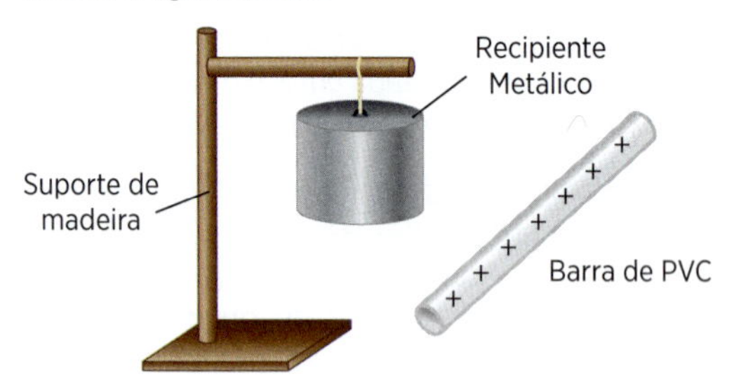

Figura 2

Na situação esquematizada na figura 2:

a) a esfera de isopor será atraída pela barra.
b) a esfera de isopor não será atraída pela barra, pois o recipiente metálico constitui uma blindagem eletrostática.
c) a esfera de isopor será atraída pela barra, pois o recipiente metálico constitui uma blindagem eletrostática.
d) independentemente de o recipiente ser metálico ou não, a esfera de isopor será atraída pela barra.
e) dependendo da posição em que se coloca a barra de PVC, a esfera de isopor poderá ser repelida.

Capítulo 33

Aplicação

A1. c **A2.** b **A3.** $\frac{Q}{2}; \frac{Q}{4}; \frac{Q}{4}$

A4. a **A5.** e

A6. a)

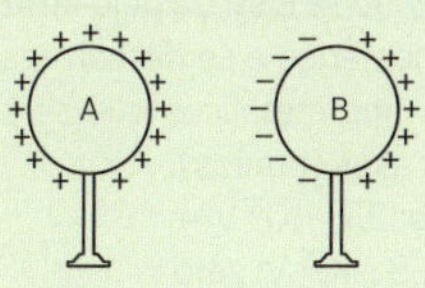

b) Sim, elétrons (cargas negativas) da direita para a esquerda.

A7. O objeto tem carga positiva, pois tem que ser oposta à carga de *C*.

A8. Aproximaria o corpo dos pedaços de papel. Havendo atração, o corpo está eletrizado.

A9. b **A10.** d

A11. a) Ocorre indução e as folhas se abrem.
b) Todo o eletroscópio se eletriza negativamente por contato e as folhas se abrem.

Verificação

V1. próton: carga positiva (q_p^+); elétron: carga negativa (q_e^-) } $|q_p^+| = |q_e^-|$
nêutron: sem carga elétrica
Comparação das massas:
$m_p = m_n > m_e$

V2. a) vidro +; lã − b) lã +; cobre −

V3. a) positivamente
b) movimentação de elétrons de *B* para *A*

V4. a) negativamente
b) movimentação de elétrons de *A* para *B*

V5. $\frac{3Q}{8}; \frac{Q}{4}; \frac{3Q}{8}$

V6. d **V7.** d

V8. I. Contato entre elas.
II. Indução com *B* mais próxima do indutor.
III. Indução com *A* mais próxima do indutor.

V9. Negativa por contato; positiva por indução.

V10. c

V11. Atração por indução. No contato adquire carga de mesmo sinal e é repelida.

V12. e

V13. Para aumentar o ângulo entre as folhas, estas devem ficar mais negativamente eletrizadas. Por isso, o corpo *A* deve estar eletrizado negativamente para induzir mais cargas negativas nas folhas.

Revisão

R1. Corretas: (02), (04) e (08)

R2. e **R3.** d **R4.** e

R5. c **R6.** d **R7.** a **R8.** e

R9. b **R10.** a **R11.** e

R12. a) A fita metálica se eletriza positivamente e suas partes se repelem formando um ângulo α_1.
b) Por indução, a fita fica mais positivamente eletrizada. A abertura aumenta ($\alpha_2 > \alpha_1$).

Capítulo 34

Aplicação

A1. 54 N

A2. $Q_1 = +6{,}0 \cdot 10^{-8}$ C e $Q_2 = -6{,}0 \cdot 10^{-8}$ C

A3. $F' = \frac{F}{16}$ **A4.** $F_2 = \frac{3}{4}F_1$

A5. a) $2{,}0 \cdot 10^{-5}$ N b) $6{,}0 \cdot 10^{-5}$ N

A6. Resultante nula. **A7.** $\frac{F_{II}}{F_I} = \frac{1}{2}$

A8. Direção horizontal; sentido da direita para a esquerda; intensidade: $9{,}0 \cdot 10^{-1}$ N.

A9. a) $\frac{r_1}{r_2} = \frac{2}{3}$
b) $q_c > 0$: equilíbrio estável
$q_c < 0$: equilíbrio instável

A10. $\frac{d_1}{d_2} = \frac{1}{2}$ **A11.** e **A12.** c

Verificação

V1. $2{,}0 \cdot 10^{-3}$ N

V2. $Q = +4{,}0 \cdot 10^{-4}$ C ou $Q = -4{,}0 \cdot 10^{-4}$ C

V3. $F_2 = \frac{1}{3}F_1$ **V4.** c **V5.** b

V6. a) 12 N b) 9,0 N

V7. 5,4 N **V8.** $\frac{F}{F'} = 2$

V9. $6{,}93 \cdot 10^{-5}$ N

V10. a) Entre as cargas *A* e *B*. c) estável
b) $\frac{r_A}{r_B} = \frac{3}{2}$

V11. a) No ponto médio entre as duas primeiras esferas.
b) $q > 0$: equilíbrio instável
$q < 0$: equilíbrio estável

V12. a) $\frac{r_1}{r_2} = \frac{\sqrt{2}}{2}$ b) estável

V13. $Q_1 = -\frac{9}{4}Q$; $Q_2 = -9Q$

Revisão

R1. c **R2.** e

R3. b **R4.** e

R5. d **R6.** c

R7. • $Q_1' = Q_2' = 8\ \mu C$
• E_3 → $\vec{F}_{res}$

R8. d **R9.** e

R10. b **R11.** a

R12. d **R13.** c

Capítulo 35

Aplicação

A1. a) 1,0 N; direção vertical; sentido ascendente
b) 1,0 N; direção vertical; sentido descendente

A2. a) P, $\vec{E}$, q, $\vec{F}$
b) $\vec{F}$, P, $\vec{E}$, q

A3. $\frac{F_\alpha}{F_p} = 2$

A4. $9{,}0 \cdot 10^6$ N/C

A5. Em *A*: direção vertical, sentido ascendente; intensidade: $3{,}0 \cdot 10^7$ N/C.
Em *B*: direção horizontal, sentido para a direita; intensidade: $3{,}0 \cdot 10^7$ N/C.

A6. a

A7. a) $2{,}0 \cdot 10^{-6}$ C b) $4{,}5 \cdot 10^5$ N/C

A8. I - b; II - e; III - a; IV - d

A9. a) $\cong 1{,}3 \cdot 10^4$ N/C b) zero

A10. a) $1{,}0 \cdot 10^5$ N/C c) $2{,}0 \cdot 10^5$ N/C
b) zero

A11. A 16 cm de Q_1 e a 24 cm de Q_2.

A12. $Q_A > 0$; $Q_B < 0$

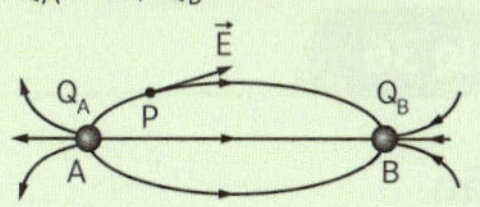

A13. a) MRUA no sentido do campo.
b) MRUR até v = 0 no sentido do campo; a seguir MRUA em sentido contrário ao do campo.

A14. Movimento retilíneo uniformemente acelerado (MRUA)

A15. 1 elétron

Verificação

V1. $3{,}6 \cdot 10^{-2}$ N

V2. $q > 0$; inverte-se o sentido de $\vec{F}$ e mantém-se o de $\vec{E}$.

V3. $q' = 4q$

V4. $4{,}5 \cdot 10^7$ N/C

V5. a) $Q > 0$
b)

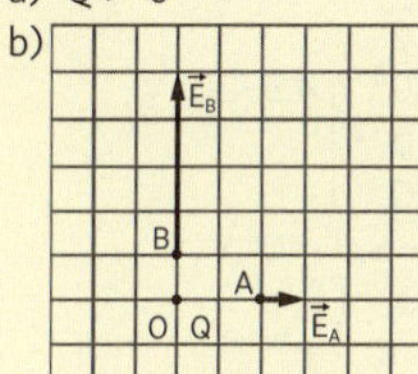

V6. a) $5{,}0 \cdot 10^7$ N/C; direção horizontal, sentido para a direita
b) $2{,}5 \cdot 10^4$ N; direção horizontal; sentido para a esquerda

V7. a) $1{,}6 \cdot 10^{-7}$ C b) $3{,}6 \cdot 10^6$ N/C

V8. $9{,}0\sqrt{2} \cdot 10^3$ N/C **V9.** $1{,}8 \cdot 10^4$ N/C

V10. a 4,0 m de *A* e entre as cargas

V11. a 12 m de *A* e do lado da carga Q_B

V12.

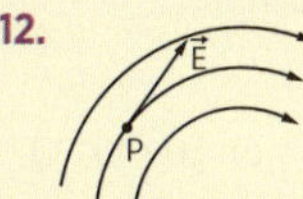

V13. São ambas positivas.

V14. c **V15.** b **V16.** $3{,}0 \cdot 10^{12}$ partículas

Revisão

R1. a **R2.** a

R3. a) $1{,}8 \cdot 10^3$ N b) $3{,}2 \cdot 10^{-13}$ N

R4. e **R5.** e

R6. $E_2 = 16$ V/m **R7.** a

R8. b

R9. módulo: $E \cong 2{,}0 \cdot 10^8$ N/C
direção: da reta que forma com o eixo OX o ângulo θ tal que: $\text{tg}\,\theta = \frac{1}{2}$.
sentido: de afastamento da origem, a partir do ponto *A*.

R10. 6 cm **R11.** e

R12. a) B: positiva
A: negativa
b) $|Q_B| > |Q_A|$
c) não

R13. a

R14. a)
b) 0,5 N/C

R15. d

Capítulo 36

Aplicação

A1. São corretas *a* e *b*.

A2. 30 J **A3.** 20 J

A4. a) A energia potencial aumenta.
b) A energia potencial diminui.

A5. a) 10 J b) $2{,}0 \cdot 10^6$ V

A6. a) $9{,}0 \cdot 10^4$ V; $4{,}5 \cdot 10^4$ V
b) $1{,}8 \cdot 10^{-1}$ J; $9{,}0 \cdot 10^{-2}$ J

A7. a) $3{,}0 \cdot 10^{-2}$ J
b) $3{,}0 \cdot 10^{-2}$ J

A8. $6{,}0 \cdot 10^4$ V

A9. zero; $-4{,}0 \cdot 10^4$ V

A10. a) $4{,}5 \cdot 10^6$ N/C
b) $-9{,}0 \cdot 10^4$ V

A11. a) 9,0 N b) $-1{,}8 \cdot 10^{-1}$ J

A12. $\frac{Q_1}{Q_2} = -\frac{1}{2}$

A13. a) $9{,}0 \cdot 10^4$ V; $4{,}5 \cdot 10^4$ V
b) $4{,}5 \cdot 10^{-2}$ J
c) $4{,}5 \cdot 10^{-2}$ J

A14. a) zero; $-8{,}0 \cdot 10^4$ V
b) $1{,}6 \cdot 10^{-1}$ J
c) $-1{,}6 \cdot 10^{-1}$ J

A15. 10^4 eV; $1{,}6 \cdot 10^{-15}$ J

A16. São corretas I e II.

A17. a) 3 cm b) 45 V

A18. a) 80 V b) 50 V/m

A19. $2{,}0 \cdot 10^{-3}$ N

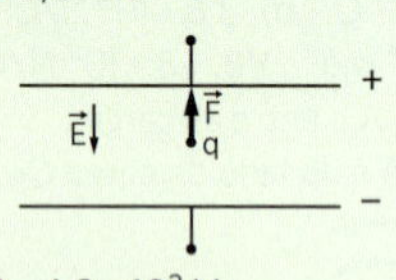

A20. $4{,}0 \cdot 10^3$ V

A21. a) $1{,}0 \cdot 10^{-9}$ C c) $1{,}0 \cdot 10^{-5}$ J
b) 30 V; zero

A22. a) $1{,}0 \cdot 10^5$ m/s² c) $2{,}0 \cdot 10^2$ m/s
b) $2{,}0 \cdot 10^{-3}$ s

A23. $6{,}0 \cdot 10^6$ m/s

A24. a)

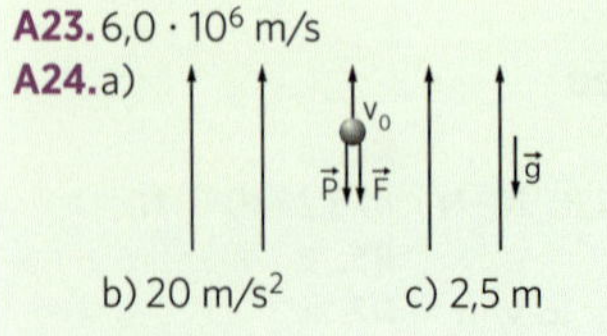

b) 20 m/s² c) 2,5 m

Verificação

V1. Não. O trabalho não depende da trajetória.

V2. 40 J; 20 J

V3. a) diminui b) aumenta

V4. $1{,}8 \cdot 10^{-1}$ J

V5. $1{,}0 \cdot 10^7$ V

V6. a) $4{,}5 \cdot 10^4$ V b) $9{,}0 \cdot 10^{-6}$ J

V7. 5,0 J

V8. 20 V; 10 V

V9. $13{,}5 \cdot 10^3$ V

V10. a) $12 \cdot 10^4$ V b) zero c) zero

V11. a) zero c) $2{,}0 \cdot 10^5$ N/C
b) $4{,}0 \cdot 10^5$ N/C

V12. $-3{,}0$ μC **V13.** d

V14. zero

V15. a) $9{,}0 \cdot 10^4$ V; $4{,}5 \cdot 10^4$ V
b) $-1{,}8 \cdot 10^{-3}$ J
c) 6,0 m/s

V16. a) zero; $-3{,}0 \cdot 10^5$ V b) $6{,}0 \cdot 10^{-4}$ J

V17. 10^7 eV; $1{,}6 \cdot 10^{-12}$ J

V18. 2,0 m

V19. 15 V/m

V20. $2{,}4 \cdot 10^{-16}$ N

V21. $U = \frac{mgd}{q}$

V22. a)

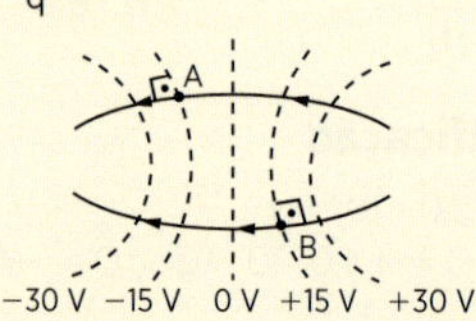

b) As linhas de força são perpendiculares às superfícies equipotenciais e têm o sentido dos potenciais decrescentes.

V23. a) Aproximando-se de *C*. c) 4,0 m/s
b) 20 m/s²

V24. a) $1{,}6 \cdot 10^{14}$ m/s² b) 45,5 V

V25. a)
b) 60 m/s² c) 0,3 s

Revisão

R1. c **R2.** a **R3.** e **R4.** e

R5. a) zero; 20 J b) $2{,}0 \cdot 10^3$ V

R6. a **R7.** a **R8.** e

R9. e **R10.** a

R11. a) $\frac{a}{2}$ b) não **R12.** F - V - V - F

R13. Corretas: I, II e IV.

R14. I. $+6{,}75 \cdot 10^{-7}$ J. Trabalho motor.
II. O trabalho seria o mesmo.

R15. a) $-5 \cdot 10^{-9}$ J b) $5 \cdot 10^{-9}$ J

R16. Corretas: I, II e III

R17. c

R18. a **R19.** b **R20.** b

R21. e **R22.** b **R23.** 9,9 m/s²

R24. d

R25. a) $\frac{eE}{m}$ c) $\frac{eEL^2}{2mV_0^2}$
b) $\frac{L}{V_0}$ d) $\frac{eEL}{mV_0}$

Capítulo 37

Aplicação

A1. Corretas: a, b, d, e.

A2. Corretas: a, b, c.

A3. Poder das pontas (ver teoria).

A4. O avião se eletriza pelo atrito com o ar atmosférico e se descarrega por meio dos fios metálicos que se prolongam das asas (pontas).

A5. zero; $2{,}7 \cdot 10^5$ V/m

A6. a) $1{,}8 \cdot 10^5$ V; zero
b) $9{,}0 \cdot 10^4$ V; $1{,}5 \cdot 10^5$ V/m

A7. $6{,}4 \cdot 10^{-6}$ C

A8. $2{,}0 \cdot 10^{-7}$ C

A9. $-\frac{Q}{2}$

A10. $\frac{3}{4}Q$; $\frac{9}{4}Q$

A11. a) 1,0 μC; 2,0 μC
b) $9{,}0 \cdot 10^4$ V

A12. Passagem de elétrons de *B* para *A*.

Verificação

V1. a) zero
b) Sim, pois o ponto *C* é interno.

V2. *c* é a única correta.

V3. Contatos internos.

V4. a) Em torno do ponto *C*.
b) Em torno do ponto *C*.
c) Concentração de cargas nas regiões pontiagudas.

V5. 90 V; $1{,}5 \cdot 10^2$ V/m

V6. $1{,}62 \cdot 10^2$ V; zero

V7. 10^{11} elétrons

V8. $6{,}0 \cdot 10^3$ V

V9. 4,0 μC

V10. $6{,}25 \cdot 10^{12}$ elétrons de *B* para *A*

V11. $\frac{Q}{5}$; $\frac{4Q}{5}$

V12. $2{,}7 \cdot 10^5$ V

Revisão

R1. e **R2.** 54 mC

R3. e **R4.** d

R5. c

R6. a) $V_C = K \cdot \frac{Q}{2R}$ c) $V_A = K \cdot \frac{Q}{R}$
b) $V_B = K \cdot \frac{Q}{R}$

R7. c **R8.** d

R9. 1,0 μC e 2,0 μC

R10. c

R11. 27 (01 + 02 + 08 + 16)

R12. a

Desafio Olímpico

1. a) Sim, devido ao fenômeno da indução eletrostática.
b) Ao final, *A* e *B* se repelem.

2. e **3.** c **4.** d

5. $1{,}9 \cdot 10^4$ V/m, horizontal e para a direita

6. e **7.** b **8.** d

9. c **10.** c **11.** b

Fotos: Thinkstock/Getty Images

unidade

8

ELETRODINÂMICA

capítulo

38 Corrente elétrica

O que é corrente elétrica

Vivemos na era da eletricidade. Casas e fábricas são iluminadas graças à eletricidade; comunicações por telefone, rádio, telex, fax e televisão também dependem dela; suas aplicações estendem-se desde os delicados aparelhos de medida e controle até gigantescos fornos e usinas elétricas.

Thinkstock/Getty Images

Figura 1

O papel de grande importância que a eletricidade desempenha na vida moderna baseia-se em um fato experimental, aparentemente banal: *as cargas elétricas podem se mover através da matéria.*

> As cargas elétricas em *movimento ordenado* constituem a *corrente elétrica.*

Duas condições devem existir para que se possa estabelecer uma corrente elétrica entre dois pontos:

- Deve haver um *percurso entre os dois pontos*, ao longo do qual as cargas possam se movimentar.
  A maior ou menor facilidade de movimento das cargas elétricas através de um corpo depende da natureza deste.
  Sabemos que os *metais* e *ligas metálicas, muitos líquidos* e *gases ionizados* permitem um fácil movimento de cargas e são classificados como *condutores. Sólidos não metálicos, certos líquidos* e *gases não ionizados* não permitem um movimento apreciável de cargas elétricas e são classificados como *isolantes.*
- Deve existir uma *ddp entre os dois pontos.*
  Por exemplo, a bateria da figura 2 mantém uma ddp $U = V_A - V_B$ entre os pontos *A* e *B* (terminais + e −). Ligando-se esses pontos por fios de cobre ao filamento de tungstênio da lâmpada, este se torna incandescente, indicando que se estabeleceu um movimento ordenado de cargas elétricas entre os pontos *A* e *B*, isto é, houve uma corrente elétrica.
  O conjunto de condutores e bateria da figura 2, organizado de modo a permitir a passagem da corrente elétrica, constitui um *circuito elétrico.* A bateria, nessas condições, é um exemplo de *gerador elétrico.*
  Fechar um circuito é realizar a ligação que permite a passagem da corrente; abrir um circuito é interromper essa corrente. Tais operações se realizam, geralmente, por meio de uma chave *Ch* (fig. 3).

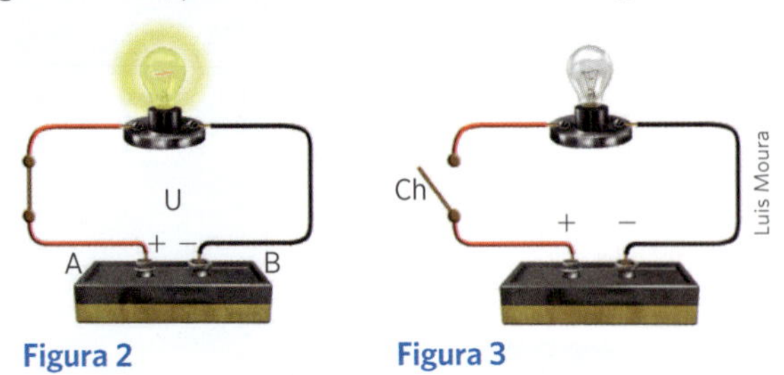

Figura 2 Figura 3

Intensidade da corrente elétrica

Os condutores que oferecem maior interesse para o nosso curso são os *metálicos.* Mantendo-se uma ddp nas extremidades de um fio metálico, origina-se um *campo elétrico* exercendo forças nos elétrons livres, que, então, abandonam os átomos e movimentam-se em sentido contrário ao do campo (fig. 4).

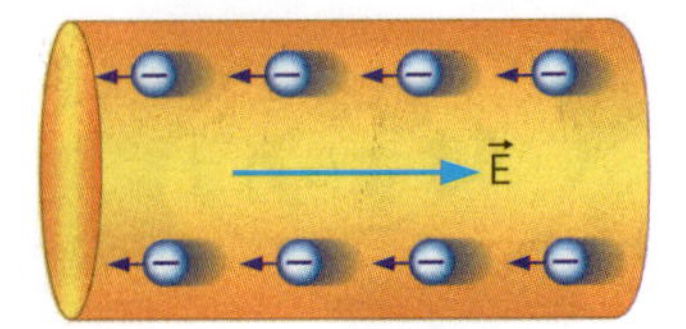

Figura 4

Consideremos o condutor metálico da figura 5 percorrido por uma corrente elétrica e admitamos que, no intervalo de tempo Δt, passam *n* elétrons pela seção transversal.

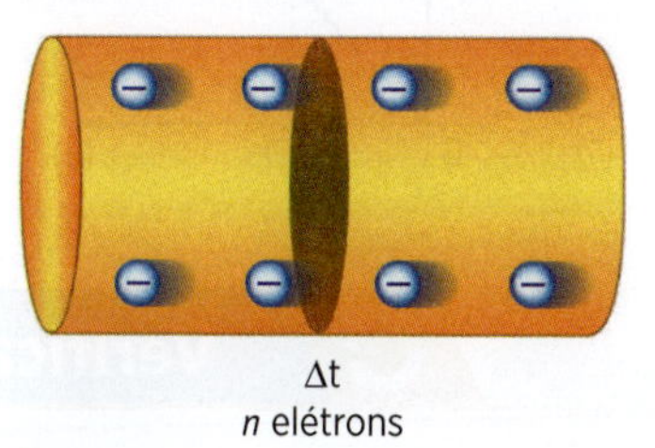

Figura 5

Como cada elétron apresenta, em módulo, a *carga elementar* $e = 1,6 \cdot 10^{-19}$ C, no intervalo de tempo Δt passa pela seção transversal a quantidade de carga elétrica Δq de valor absoluto:

$$\Delta q = ne$$

Define-se a *intensidade média da corrente elétrica i* no intervalo de tempo Δt como sendo o quociente:

$$i = \frac{\Delta q}{\Delta t}$$

Toda corrente elétrica de sentido e intensidade constantes no decorrer do tempo denomina-se *corrente contínua constante*. Nesse caso, a intensidade média da corrente elétrica é a mesma qualquer que seja o intervalo de tempo considerado.

A unidade de intensidade da corrente é unidade fundamental do SI, denominada *ampère* (*A*). Na prática, são muito utilizados o *miliampère* (*mA*) e o *microampère* (μA):

$$1\ mA = 10^{-3}\ A \quad \text{e} \quad 1\ \mu A = 10^{-6}\ A$$

Nos condutores metálicos, a corrente elétrica é constituída pelo movimento de elétrons livres (fig. 6a). Na figura 6b indicamos *como seria* o sentido da corrente elétrica se as partículas livres fossem positivas.

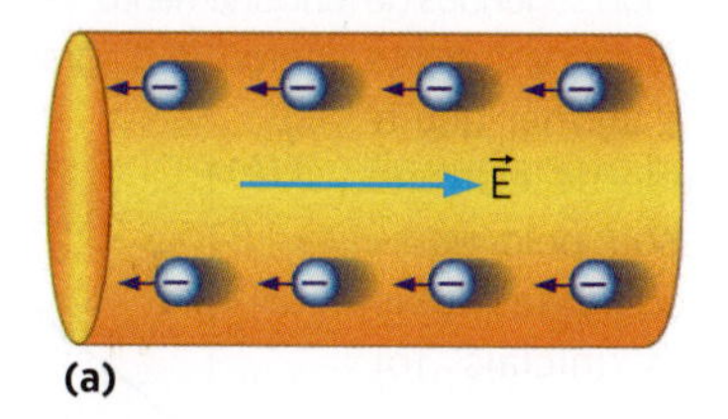

(a)

Ilustrações: Conceitograf

(b)

Figura 6

Como o movimento de cargas elétricas negativas em um sentido produz eletricamente o mesmo efeito que o movimento de cargas positivas em sentido contrário, seguiremos a convenção internacional de se considerar para sentido da corrente elétrica o sentido do movimento de cargas positivas: é o *sentido convencional da corrente elétrica*. Observe que o sentido convencional é contrário ao sentido real de movimento dos elétrons livres.

Propriedade gráfica

No gráfico da intensidade da corrente em função do tempo, a área sob a curva, delimitada por certo intervalo de tempo Δt, é numericamente igual à quantidade de carga elétrica que atravessa a seção do condutor no intervalo de tempo considerado (fig. 7).

Vamos fazer a demonstração dessa propriedade para o caso da corrente contínua constante (fig. 8):

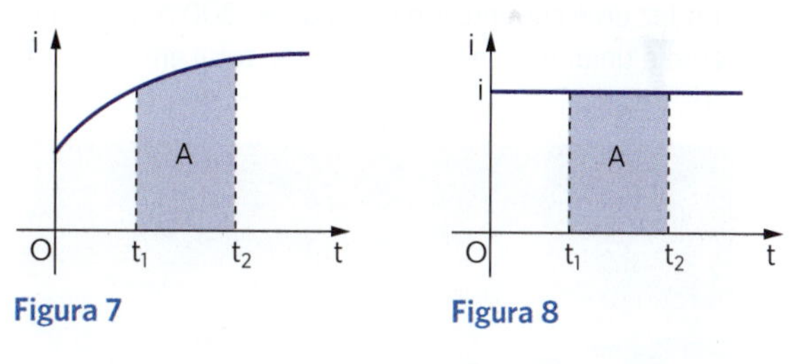

Figura 7 Figura 8

$$A = \text{base} \cdot \text{altura}$$

$$A = (t_2 - t_1) \cdot i$$

$$A = \Delta t \cdot \frac{\Delta q}{\Delta t}$$

$$A \overset{N}{=} \Delta q$$

Aplicação

A1. Pela seção transversal de um condutor metálico passa uma quantidade de carga elétrica de 20 C, durante um intervalo de tempo de 5,0 s. Determine a intensidade média da corrente elétrica nesse intervalo de tempo.

A2. Um condutor metálico é percorrido por uma corrente elétrica contínua e constante de intensidade 40 mA. Qual a quantidade de carga elétrica que atravessa uma seção transversal do condutor durante 10 s?

A3. Um condutor metálico é percorrido por uma corrente elétrica contínua e constante de intensidade 8,0 A. Determine o número de elétrons que atravessam uma seção transversal do condutor em 5,0 s. É dada a carga elétrica elementar: $e = 1,6 \cdot 10^{-19}$ C.

A4. Um condutor metálico é percorrido por uma corrente elétrica cuja intensidade em função do tempo é dada pelo gráfico ao lado.
Determine a quantidade de carga elétrica que atravessa uma seção transversal do condutor no intervalo de tempo entre 0 e 5,0 s.

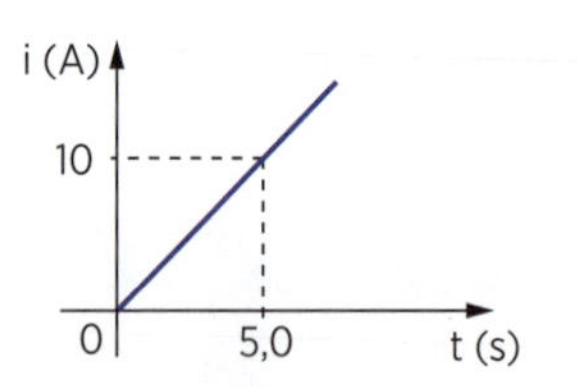

Verificação

V1. Em cada minuto, a seção transversal de um condutor metálico é atravessada por uma quantidade de carga elétrica de 6 C. Qual a intensidade da corrente elétrica que percorre o condutor?

V2. Um condutor metálico é percorrido por uma corrente elétrica contínua e constante de intensidade 10 mA. Qual o intervalo de tempo necessário para que uma quantidade de carga elétrica igual a 3,0 C atravesse uma seção transversal do condutor?

V3. Um condutor metálico é percorrido por uma corrente contínua e constante de intensidade 1,0 A. Determine o número de elétrons que atravessam uma seção transversal do condutor em 1,0 s. É dada a carga elétrica elementar: $e = 1{,}6 \cdot 10^{-19}$ C.

V4. No gráfico ao lado, mostramos como varia a intensidade da corrente em um fio condutor, em função do tempo. Calcule a quantidade de carga elétrica que atravessa uma seção transversal do fio nos intervalos de tempo entre 0 e 2,0 s e entre 2,0 e 4,0 s.

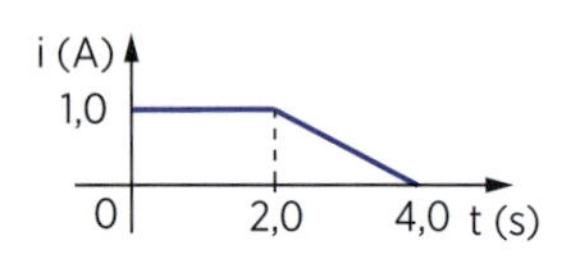

Revisão

R1. (Cesupa-PA) A unidade física de carga elétrica coulomb (C), da maneira como foi definida, representa uma grande quantidade de carga. Para verificar isso, leia os seguintes dados, nos quais valores médios são fornecidos: uma descarga elétrica na atmosfera (raio) conduz uma corrente em torno de 50 000 A. Essa corrente é unidirecional e tem duração total em torno de $2{,}0 \times 10^{-4}$s.

Thinkstock/Getty Images

Qual das alternativas corresponde à carga total deslocada durante a descarga?

a) 10 C
b) 5 C
c) 25 C
d) 1 C

R2. (AFA-SP) Num fio de cobre passa uma corrente constante de 20 A. Isso quer dizer que, em 5 s, passa por uma seção reta do fio um número de elétrons igual a (carga do elétron em valor absoluto: $1{,}6 \cdot 10^{-19}$ C):

a) $1{,}25 \cdot 10^{20}$
b) $3{,}25 \cdot 10^{20}$
c) $4{,}25 \cdot 10^{20}$
d) $5{,}25 \cdot 10^{20}$
e) $6{,}25 \cdot 10^{20}$

R3. (Umesp-SP) Uma bateria de automóvel, completamente carregada, pode liberar até $1{,}3 \cdot 10^5$ C de carga. Sabendo que uma lâmpada necessita de uma corrente elétrica de 2,0 A para ficar em regime normal de funcionamento, quanto tempo, aproximadamente, essa lâmpada ficaria acesa, caso fosse ligada nessa bateria?

Luiz Rubio

a) 1 h
b) 6 h
c) 9 h
d) 12 h
e) 18 h

R4. (U. F. Uberlândia-MG) Em um laboratório de testes de equipamentos elétricos, mediu-se a corrente elétrica *i*, em função do tempo *t*, de um dado equipamento. Nos primeiros dois segundos de funcionamento, verificou-se um aumento linear da corrente, conforme diagrama abaixo.

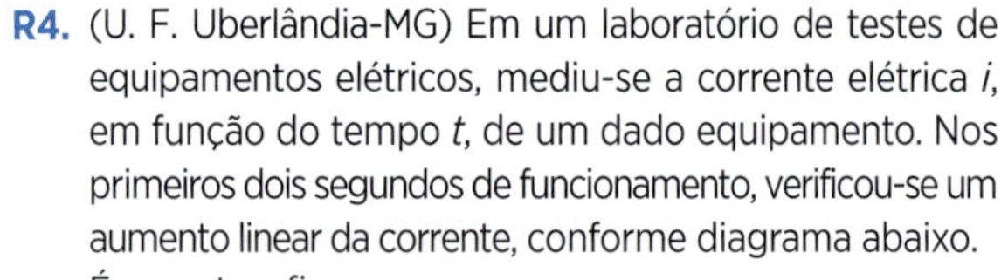

É correto afirmar que a quantidade de elétrons que passou pelo equipamento nesses dois segundos iniciais foi igual a:

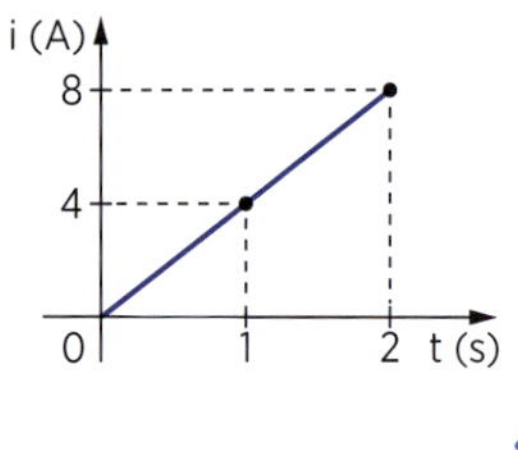

a) $5 \cdot 10^{19}$
b) $1 \cdot 10^{19}$
c) $2 \cdot 10^{19}$
d) $4 \cdot 10^{19}$

Dado: módulo da carga do elétron $= 1{,}6 \cdot 10^{-19}$ C.

Novos exercícios sobre intensidade da corrente elétrica

Neste item iremos resolver exercícios mais elaborados sobre intensidade de corrente elétrica. É importante também saber fazer a distribuição das correntes elétricas, no sentido convencional, em todos os elementos que fazem parte de um circuito elétrico.

A5. Uma corrente elétrica de intensidade constante igual a 4,8 A é mantida num fio condutor metálico.

a) As partículas elementares responsáveis pela condução de eletricidade são prótons ou elétrons?

b) Qual a quantidade de carga elétrica que atravessa uma seção do condutor durante 20 s?

c) Qual o número de partículas elementares que atravessam uma seção do condutor nesses 20 s?

É dada a carga elétrica elementar: $e = 1{,}6 \cdot 10^{-19}$ C.

A6. Pela seção transversal de um condutor metálico passam $1{,}0 \cdot 10^{20}$ elétrons durante 1,0 s. Qual a intensidade da corrente elétrica que atravessa o condutor? É dada a carga elétrica elementar $e = 1{,}6 \cdot 10^{-19}$ C.

A7. No circuito esquematizado ao lado tem-se uma bateria ligada a uma lâmpada. O sentido de movimento dos elétrons livres está mostrado na figura.

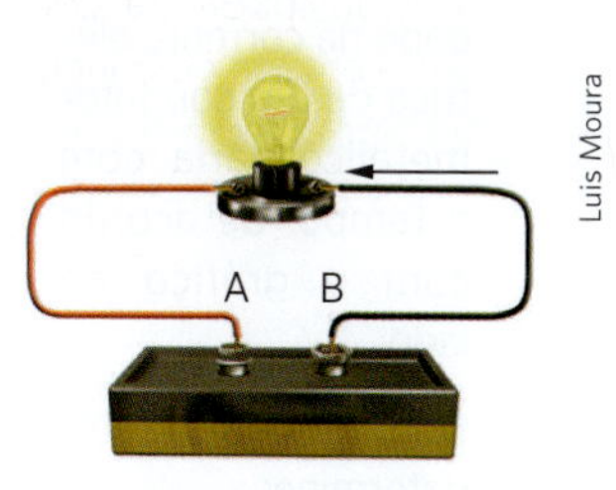

Luis Moura

a) Refaça no caderno o esquema dado e indique o sentido convencional da corrente elétrica.

b) Qual o terminal positivo da bateria? *A* ou *B*?

A8. Um condutor metálico é percorrido por uma corrente contínua e constante, de intensidade de alguns ampères. Analise as afirmações e assinale a proposição correta:

a) Os elétrons livres que constituem a corrente deslocam-se com velocidade próxima à da luz.

b) Os elétrons livres que constituem a corrente deslocam-se com velocidade média muito menor do que a da luz.

A9. A intensidade da corrente através de um fio condutor varia com o tempo de acordo com o gráfico abaixo.

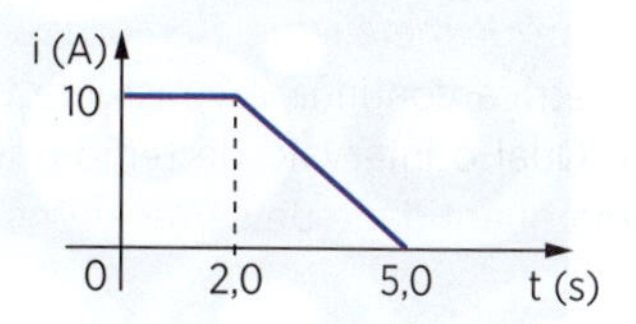

Determine:

a) a quantidade de carga elétrica que atravessa uma seção transversal do fio condutor no intervalo de tempo entre 0 e 5,0 s;

b) a intensidade média da corrente elétrica que atravessa o condutor no intervalo de tempo entre 0 e 5,0 s.

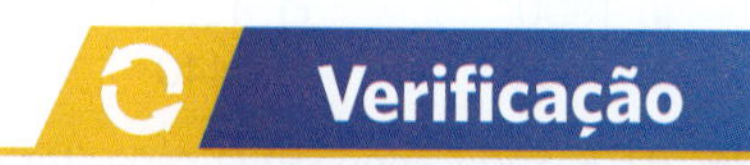

V5. Por um condutor metálico passa uma corrente elétrica de intensidade constante 20 mA. Sendo $e = 1{,}6 \cdot 10^{-19}$ C a carga elementar, determine:

a) a quantidade de carga que atravessa a seção transversal desse fio em 1 minuto.

b) o número de elétrons que atravessa a referida seção nesse intervalo de tempo.

V6. Por uma seção transversal de um condutor metálico passam $3{,}0 \cdot 10^{21}$ elétrons em cada minuto. Qual a intensidade da corrente elétrica que atravessa o condutor? É dada a carga elétrica elementar: $e = 1{,}6 \cdot 10^{-19}$ C.

V7. O gráfico abaixo mostra a variação da intensidade da corrente num fio condutor em função do tempo.

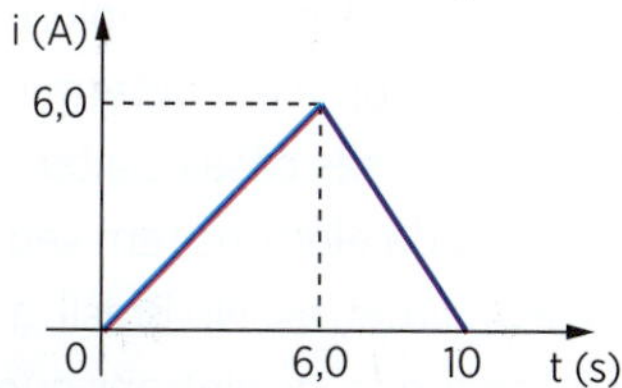

Determine:

a) a quantidade de carga elétrica que atravessa uma seção transversal do condutor no intervalo de tempo entre 0 e 10 s;

b) a intensidade média da corrente elétrica que atravessa o condutor no intervalo de tempo entre 0 e 10 s.

V8. Considere o circuito abaixo constituído de uma bateria e de três lâmpadas: L_1, L_2 e L_3. O sentido da corrente elétrica convencional i_1 está indicado na figura.

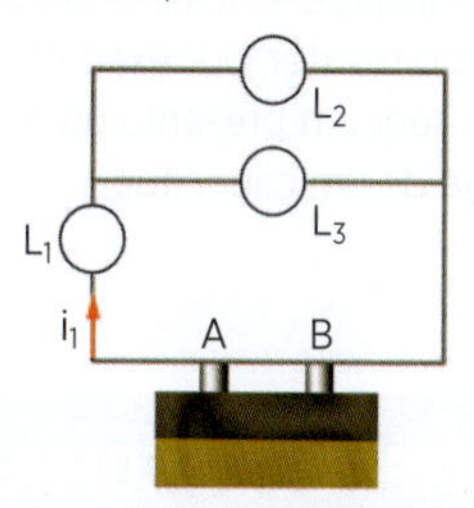

Luis Moura

Refaça no caderno essa figura e indique o sentido das correntes convencionais i_2 e i_3 que atravessam as lâmpadas L_2 e L_3. Qual é o terminal positivo da bateria? *A* ou *B*? Indique também, na figura, o sentido de movimento dos elétrons livres através da lâmpada L_1.

V9. Analise as afirmações a seguir e assinale a proposição correta:

a) A corrente elétrica que passa através de um fio metálico é constituída por um fluxo de elétrons.

b) A corrente elétrica que passa através de um fio metálico é constituída por um fluxo de prótons.

c) A corrente elétrica que passa através de um fio metálico é constituída por um fluxo de elétrons num sentido e por um fluxo de prótons em sentido contrário.

R5. (UEA-AM) Existem no mercado diversos tipos de pilhas, tais como as pilhas AAA e AA, conhecidas como "palito" e "pequena", respectivamente. Apesar de apresentarem a mesma força eletromotriz de 1,5 V, elas diferem na capacidade de armazenar carga elétrica. Essa capacidade determina por quanto tempo uma pilha pode funcionar, e pode ser expressa, por exemplo, na unidade miliampère-hora, mA · h. Assim, se uma pilha armazenar 1 mA · h e fornecer uma corrente de intensidade constante igual a 1 mA, funcionará durante uma hora.

Thinkstock/Getty Images

Considere que uma pilha palito, AAA, quando nova, armazena 800 mA · h de carga elétrica. Se essa carga for expressa em coulomb, unidade do Sistema Internacional, obteremos o valor

a) 1800
b) 3600
c) 4320
d) 1440
e) 2880

R6. (U. F. São Carlos-SP) O capacitor é um elemento de circuito muito utilizado em aparelhos eletrônicos de regimes alternados ou contínuos. Quando seus dois terminais são ligados a uma fonte, ele é capaz de armazenar cargas elétricas. Ligando-o a um elemento passivo como resistor, por exemplo, ele se descarrega. O gráfico a seguir representa uma aproximação linear da descarga de um capacitor.

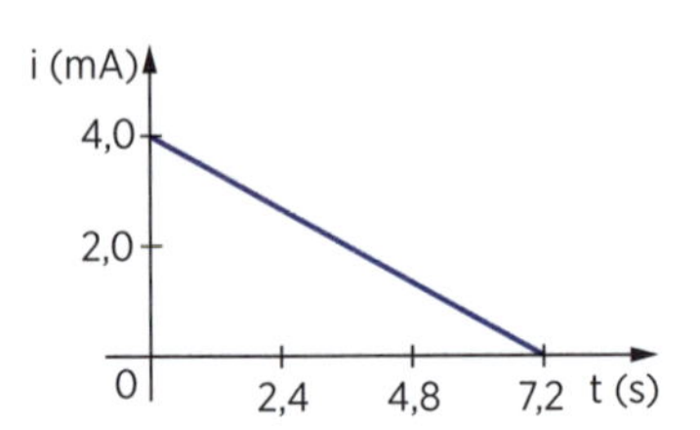

Sabendo que a carga elétrica fundamental tem valor $1{,}6 \cdot 10^{-19}$ C, o número de portadores de carga que fluíram durante essa descarga está mais próximo de:

a) 10^{17}
b) 10^{14}
c) 10^{11}
d) 10^{8}
e) 10^{5}

R7. (IME-RJ) A intensidade da corrente elétrica de um condutor metálico varia com o tempo, de acordo com o gráfico ao lado.

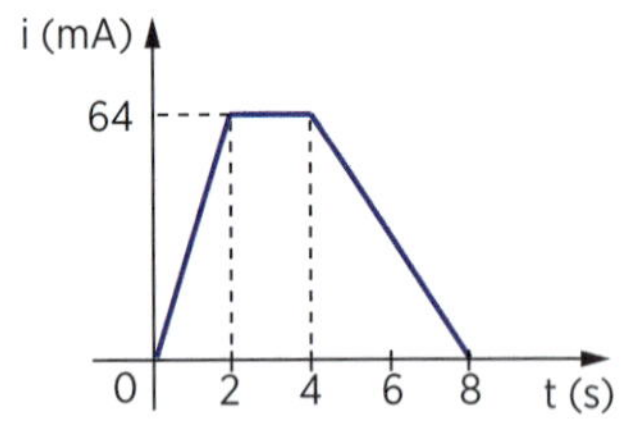

Sendo a carga elementar de um elétron $1{,}6 \cdot 10^{-19}$ C, determine:

a) a carga elétrica que atravessa uma seção do condutor entre os instantes 0 e 8 s;
b) o número de elétrons que atravessam uma seção do condutor durante esse mesmo tempo;
c) a intensidade média da corrente elétrica no intervalo de tempo entre 0 e 8 s.

R8. (Unicamp-SP) Um carro elétrico é uma alternativa aos veículos com motor a combustão interna. Qual é a autonomia de um carro elétrico que se desloca a 60 km/h, se a corrente elétrica empregada nesta velocidade é igual a 50 A e a carga máxima armazenada em suas baterias é q = 75 Ah?

a) 40,0 km
b) 62,5 km
c) 90,0 km
d) 160,0 km

AMPLIE SEU CONHECIMENTO

Corrente alternada

A corrente elétrica que se obtém quando ligamos uma lâmpada a uma bateria, por exemplo, é contínua, isto é, o fluxo de elétrons se dá em um único sentido, e a intensidade da corrente assume um determinado valor. Já a corrente elétrica que se obtém ligando uma lâmpada a uma das tomadas de nossas casas é alternada: ela muda periodicamente de intensidade e sentido. Os elétrons oscilam, isto é, o fluxo de elétrons tem seu sentido regularmente invertido. A amplitude de oscilação é da ordem de milésimos de milímetros. No Brasil, a frequência de oscilação é 60 Hz. Isso significa que, em cada intervalo de tempo igual a 1 segundo, os elétrons que constituem a corrente elétrica completam 60 oscilações. O período *T* de oscilação, isto é, o intervalo de tempo de uma oscilação completa, é igual ao inverso da frequência *f*: $T = \frac{1}{f} = \frac{1}{60}$ s.

(Nicolau e Toledo. *Aulas de Física 3*. São Paulo: Atual, 2003.)

capítulo

39 Resistores

O que são resistores

Resistores são elementos de circuito que consomem energia elétrica, convertendo-a integralmente em energia térmica.

Gunter Marx/Alamy/Glow Images

Figura 1. Resistores.

Quando se estabelece uma corrente elétrica em um resistor ocorre o choque dos elétrons livres contra seus átomos. O estado de agitação térmica dos átomos aumenta, determinando uma elevação da temperatura do resistor. Esta cresceria gradativamente até a fusão do resistor se não houvesse troca de energia térmica (calor) com o meio ambiente.

Em um *resistor*, toda energia elétrica que ele recebe é *dissipada*, isto é, transforma-se em energia térmica. A conversão de energia elétrica em energia térmica recebe o nome de *efeito Joule*.

Muitas vezes o efeito Joule é indesejável, como por exemplo nas linhas de transmissão de energia elétrica. Em outras ocasiões, essa transformação nos interessa, como nos aquecedores e no ferro elétrico, por exemplo. Para tais situações é que dispomos dos resistores. Os fios metálicos, enrolados em forma de hélices, existentes nos chuveiros elétricos e o filamento de tungstênio das lâmpadas incandescentes são exemplos de resistores.

Thinkstock/Getty Images

Figura 2. Lâmpada incandescente.

Os resistores são também utilizados para limitar a intensidade da corrente elétrica em circuitos eletrônicos, como os resistores de carvão existentes nos circuitos de rádio e televisão. Nesse caso, ocorre também a inevitável dissipação de energia elétrica.

Os resistores são representados pelo símbolo da figura 3.

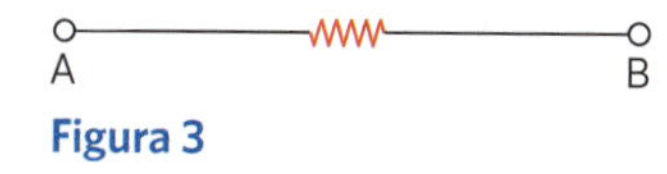

Figura 3

Lei de Ohm

Seja o resistor da figura 4, onde se aplica uma ddp *U* entre seus terminais e se estabelece a corrente elétrica de intensidade *i*.

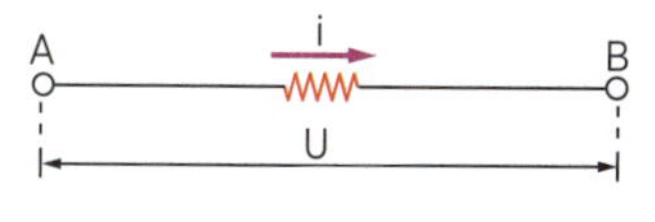

Figura 4

O físico alemão George Ohm verificou que existem resistores para os quais, variando-se a ddp *U*, a intensidade da corrente elétrica *i* varia na mesma proporção, isto é, *U* e *i* são diretamente proporcionais. Nessas condições, podemos escrever:

$$U = R \cdot i$$

O coeficiente de proporcionalidade *R* recebe o nome de *resistência elétrica do resistor*. Observe que, para resistores diferentes, sob mesma ddp, aquele que tiver maior valor de *R* é atravessado por corrente de menor intensidade. Daí o nome de resistência elétrica dado a *R*, pois representa, de certo modo, a dificuldade que o resistor oferece à passagem da corrente elétrica.

A fórmula $U = R \cdot i$ — em que *U* e *i* são diretamente proporcionais, isto é, *R* é constante — traduz a *lei de Ohm*. Os resistores que obedecem à lei de Ohm são chamados de *resistores ôhmicos*.

A lei de Ohm pode então ser assim enunciada:

Em um resistor ôhmico, mantido a uma temperatura constante, a ddp aplicada é diretamente proporcional à intensidade de corrente que o atravessa.

Realcemos mais uma vez que para os resistores ôhmicos, mudando-se a ddp *U*, a intensidade da corrente *i* muda na mesma proporção, isto é, a resistência elétrica *R* permanece constante. Portanto, para os resistores ôhmicos o quociente $\frac{U}{i}$ é constante.

Para os resistores não ôhmicos, o valor da resistência elétrica *R* varia quando se altera a ddp *U*, isto é, a relação $\frac{U}{i}$ é variável.

No SI, a unidade de resistência elétrica denomina-se *ohm* (símbolo Ω).

É muito usado também um múltiplo do ohm: o *quilo-ohm* (kΩ), que vale $1\ k\Omega = 10^3\ \Omega$.

De $U = R \cdot i$, pode-se escrever: $1\ V = 1\ \Omega \cdot 1\ A$

O valor *R* da resistência elétrica do resistor costuma ser colocado acima do símbolo que o representa graficamente (fig. 5a). Se o condutor tiver resistência elétrica nula, ele é representado por uma linha contínua (fig. 5b).

A — R — B
(a)

A — R = 0 — B
(b)

Figura 5

Curva característica de um resistor

Na figura 6a, temos o gráfico de *U* em função de *i* para um resistor ôhmico: *U* é uma *função linear* de *i*. Na figura 6b, representa-se *U* em função de *i* para um resistor não ôhmico.

O gráfico de *U* em função de *i* recebe o nome de *curva característica*.

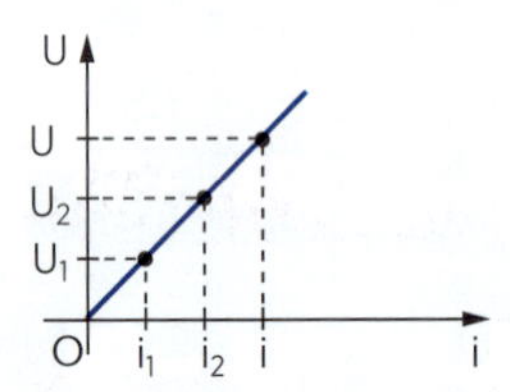

(a) Resistor ôhmico.

$$\frac{U}{i} = \frac{U_1}{i_1} = \frac{U_2}{i_2} = \ldots = R$$

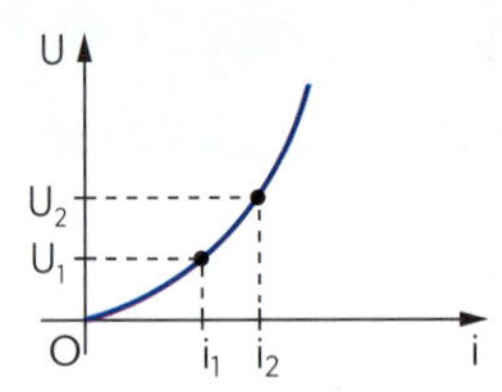

(b) Resistor não ôhmico.

$$\frac{U_1}{i_1} \neq \frac{U_2}{i_2}$$

Figura 6

Aplicação

A1. Determine a ddp que deve ser aplicada a um resistor ôhmico de resistência 6,0 Ω para ser atravessado por uma corrente elétrica de intensidade 2,0 A.

A2. Uma lâmpada incandescente é submetida a uma ddp de 110 V, sendo percorrida por uma corrente elétrica de intensidade 5,5 A. Qual é, nessas condições, o valor da resistência elétrica do filamento da lâmpada?

A3. A curva característica de um resistor é dada ao lado. Determine sua resistência elétrica *R* e a intensidade da corrente i_2.

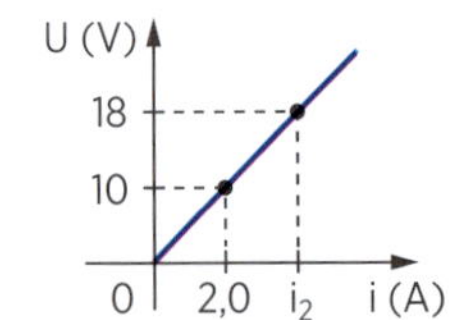

A4. Para dois resistores diferentes, mantidos a temperatura constante, fizeram-se medidas da ddp *U* e da intensidade da corrente *i*, encontrando-se os resultados indicados nas tabelas a seguir:

Resistor (A)	
U (V)	i (A)
10	2,0
20	4,0
30	6,0
40	8,0

Resistor (B)	
U (V)	i (A)
10	2,0
20	5,0
30	8,0
40	11

Qual dos resistores é ôhmico? Justifique.

Verificação

V1. Um chuveiro elétrico é submetido a uma ddp de 220 V, sendo percorrido por uma corrente elétrica de intensidade 10 A. Qual é a resistência elétrica do chuveiro?

Fernando Favoretto/Criar Imagem

V2. Um resistor ôhmico, quando submetido a uma ddp de 20 V, é percorrido por uma corrente de intensidade 4,0 A. Para que o resistor seja percorrido por uma corrente de intensidade 1,2 A, que ddp deve ser aplicada a ele?

V3. Qual(is) dos gráficos a seguir traduz(em) o comportamento de um resistor ôhmico?

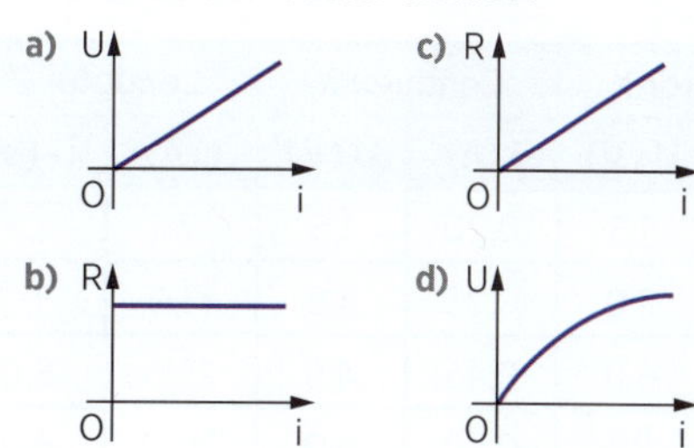

V4. A curva característica de um resistor é dada abaixo. Determine sua resistência elétrica R e os valores de U_2 e i_1.

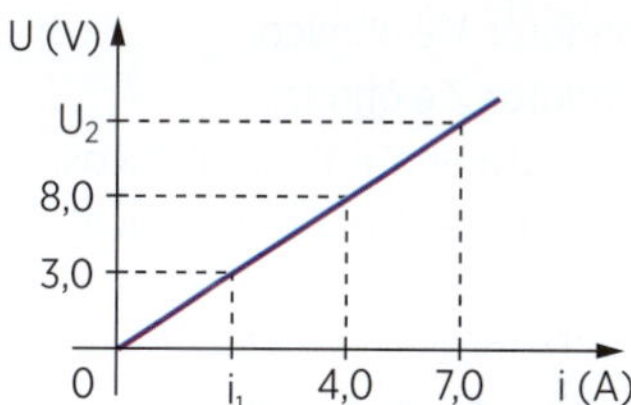

Revisão

R1. (Unifei-MG) Aplica-se uma diferença de potencial aos terminais de um resistor que obedece à Lei de Ohm. Sendo U a diferença de potencial, R a resistência do resistor e I a corrente elétrica, qual dos gráficos abaixo não representa o comportamento desse resistor?

a)

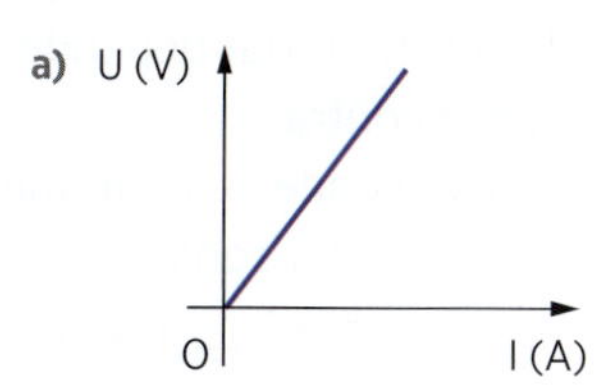

b)

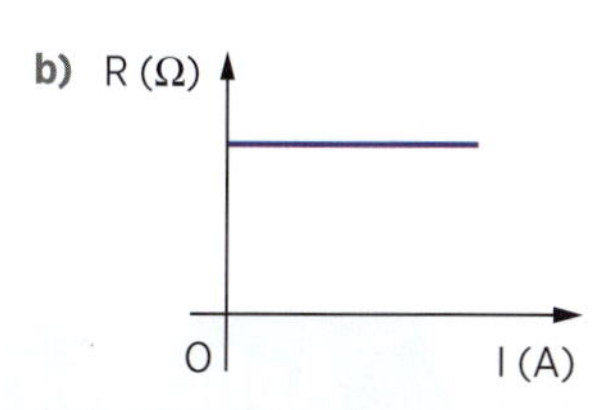

c)

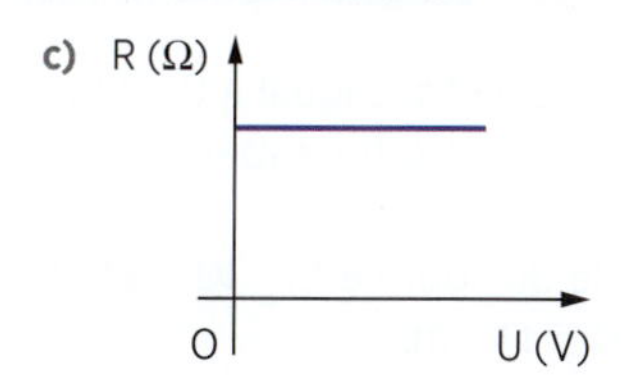

d)

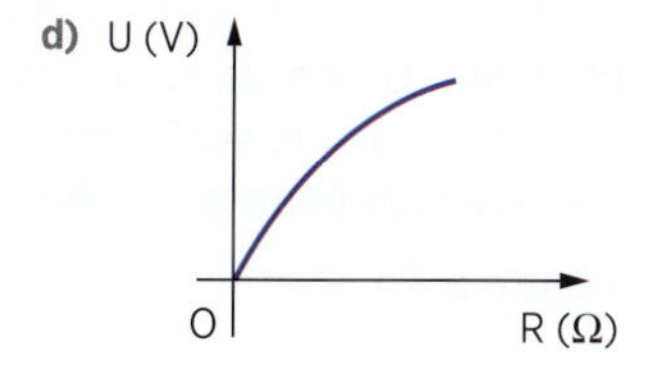

R2. (UF-PR) A indústria eletrônica busca produzir e aperfeiçoar dispositivos com propriedades elétricas adequadas para as mais diversas aplicações. O gráfico abaixo ilustra o comportamento elétrico de três dispositivos eletrônicos quando submetidos a uma tensão de operação V entre seus terminais, de modo que por eles circula uma corrente i.

Com base na figura abaixo, assinale a alternativa correta.

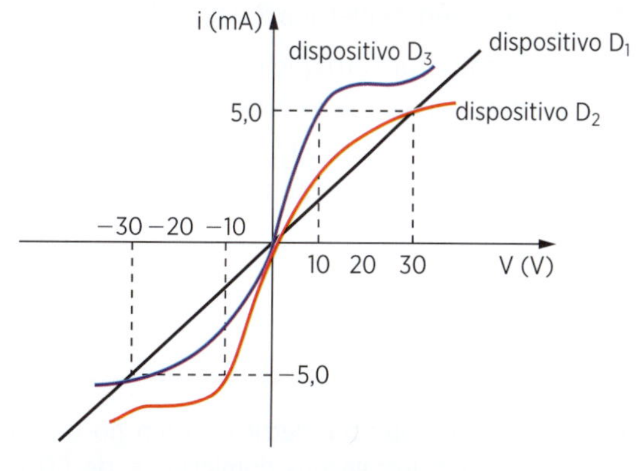

a) O dispositivo D_1 é não ôhmico na faixa de −30 a +30 V e sua resistência vale 0,2 kΩ.

b) O dispositivo D_2 é ôhmico na faixa de −20 a +20 V e sua resistência vale 6 kΩ.

c) O dispositivo D_3 é ôhmico na faixa de −10 a +10 V e sua resistência vale 0,5 kΩ.

d) O dispositivo D_1 é ôhmico na faixa de −30 a +30 V e sua resistência vale 6 kΩ.

e) O dispositivo D_3 é não ôhmico na faixa de −10 a +10 V e sua resistência vale 0,5 kΩ.

R3. (U. E. Londrina-PR) Três condutores, X, Y e Z, foram submetidos a diferentes tensões U, e, para cada tensão, foi medida a respectiva corrente elétrica i, com a finalidade de verificar se os condutores eram ôhmicos. Os resultados estão na tabela que segue.

Condutor X		Condutor Y		Condutor Z	
i (A)	U (V)	i (A)	U (V)	i (A)	U (V)
0,30	1,5	0,20	1,5	7,5	1,5
0,60	3,0	0,35	3,0	15,0	3,0
1,2	6,0	0,45	4,5	25,0	5,0
1,6	80	0,50	6,0	30,0	6,0

De acordo com os dados da tabela, somente:

a) o condutor X é ôhmico.
b) o condutor Y é ôhmico.
c) o condutor Z é ôhmico.
d) os condutores X e Y são ôhmicos.
e) os condutores X e Z são ôhmicos.

R4. (UF-MT) A intensidade da corrente elétrica i, em função da diferença de potencial U aplicada aos terminais de dois resistores, R_1 e R_2, está representada no gráfico a seguir. Os comportamentos de R_1 e R_2 não se alteram para valores de diferença de potencial até 100 V.

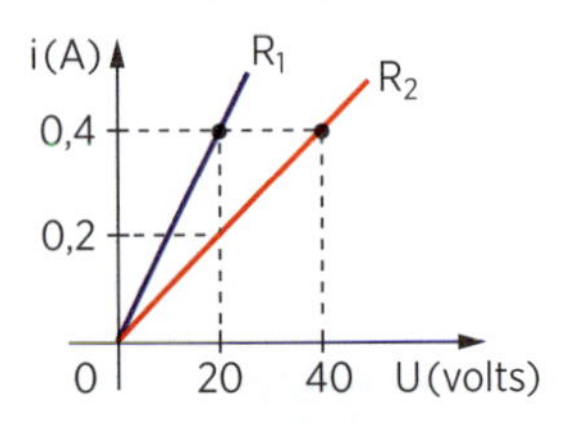

Ao analisar esse gráfico, concluímos que, para valores de tensão abaixo de 100 V:

a) a resistência de cada um dos resistores é constante, isto é, os resistores são ôhmicos.
b) o resistor R_1 tem resistência maior que o resistor R_2.
c) ao ser aplicada uma diferença de potencial de 80 V nos extremos de R_2, nele passará uma corrente de intensidade 0,8 A.

Qual(ais) a(s) conclusão(ões) correta(s)?

Resistividade

A resistência elétrica de um resistor depende de vários fatores. Para analisar esses fatores, consideremos os resistores na forma em que eles são mais utilizados na prática: a *forma de um fio* (fig. 7).

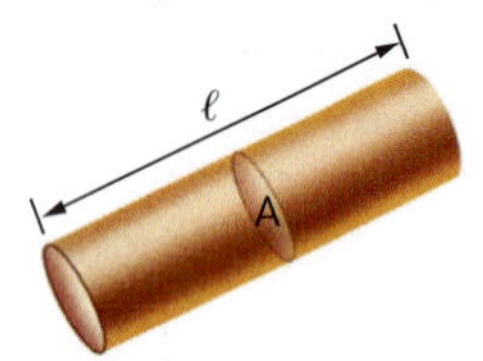

Luis Moura

Figura 7

Sua resistência elétrica R depende:

- da temperatura em que ele se encontra;
- do material de que é constituído;
- do seu comprimento ℓ;
- da área A de sua seção transversal.

Mantida a temperatura constante, verifica-se que a resistência R é diretamente proporcional ao comprimento ℓ e inversamente proporcional à área da seção transversal A. Portanto:

$$R = \rho \frac{\ell}{A}$$

onde a grandeza ρ caracteriza o material que constitui o resistor, sendo denominada *resistividade do material*.

A resistividade ρ de um material depende da temperatura em que ele se encontra.

No SI, a unidade de resistividade é o *ohm · metro* ($\Omega \cdot$ m). Para definir essa unidade, considera-se a expressão acima, da qual se tira $\rho = \frac{RA}{\ell} \Rightarrow \frac{1\,\Omega \cdot m^2}{m} = 1\,\Omega \cdot m$. Na prática, usam-se frequentemente o *ohm · centímetro* ($\Omega \cdot$ cm) e o $\Omega \cdot mm^2/m$.

Aplicação

A5. Calcule a resistência elétrica de um fio de cobre, utilizado em instalações domiciliares, de 60 m de comprimento e 3,0 mm^2 de área da seção transversal. A resistividade do cobre é igual a $1{,}7 \cdot 10^{-8}\,\Omega \cdot m$.

A6. Têm-se dois fios metálicos, 1 e 2, de mesmo material. O fio 1 tem o dobro do comprimento do fio 2 e metade da área da seção transversal. Determine a relação entre as resistências elétricas dos fios 1 e 2, isto é, $\frac{R_1}{R_2}$.

A7. Têm-se dois fios metálicos de mesmo comprimento e mesma área de seção transversal. Um fio é de cobre e tem resistência elétrica igual a 0,50 Ω. Qual a resistência elétrica do outro fio, sabendo-se que é feito de nicromo?
Dado: A resistividade do cobre é $1{,}7 \cdot 10^{-8}\,\Omega \cdot m$ e a do nicromo é $1{,}1 \cdot 10^{-6}\,\Omega \cdot m$.

A8. Têm-se dois fios metálicos, 1 e 2, de mesmo material e mesmo comprimento. O raio da seção transversal do fio 2 é o dobro do raio da seção transversal do fio 1. Determine a relação entre as resistências elétricas dos fios 1 e 2, isto é, $\frac{R_1}{R_2}$.

V5. Calcule a resistência elétrica de um fio de alumínio de 20 m de comprimento e 2,0 mm^2 de área da seção transversal. A resistividade do alumínio é igual a $2{,}8 \cdot 10^{-8}\ \Omega \cdot m$.

V6. Na figura abaixo têm-se dois fios condutores de mesmo material, mesmo comprimento e resistências elétricas R_1 e R_2. A área da seção transversal do primeiro é o dobro da do segundo ($A_1 = 2\ A_2$).

Calcule a razão entre as resistências elétricas $\frac{R_1}{R_2}$.

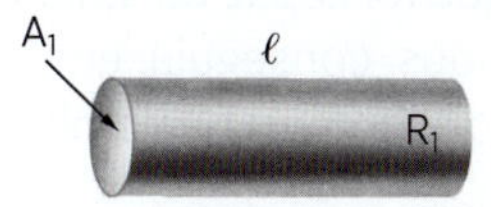

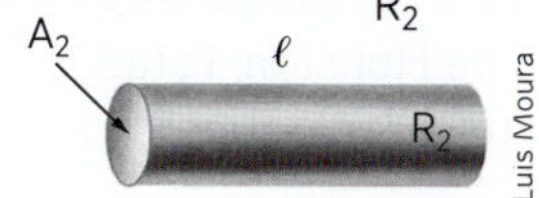

Luis Moura

V7. Têm-se dois fios metálicos, 1 e 2, de mesma área de seção transversal. O fio 1 é de cobre e seu comprimento é ℓ_1. O fio 2 é de constantan e seu comprimento é ℓ_2. Determine a relação $\frac{\ell_1}{\ell_2}$, sabendo que os fios têm mesma resistência elétrica. São dadas as resistividades do cobre ($1{,}7 \cdot 10^{-8}\ \Omega \cdot m$) e do constantan ($4{,}9 \cdot 10^{-7}\ \Omega \cdot m$).

V8. Um fio metálico possui resistência elétrica $R = 20\ \Omega$. Qual a resistência elétrica R' de outro fio metálico de mesmo material, com o dobro do comprimento e o dobro do raio de seção transversal?

R5. (Vunesp-SP) Considere dois fios condutores, A e B, ôhmicos, feitos com o mesmo material e com as seguintes características dimensionais:

	A	B
Comprimento	L	2L
Área da seção transversal	A	4A

Dadas as características de A e B, a razão entre as resistências elétricas $\frac{R_A}{R_B}$ é

a) 4
b) 1
c) $\frac{1}{2}$
d) 2
e) $\frac{1}{4}$

R6. (Unisa-SP) Três fios condutores de cobre, *a*, *b* e *c*, têm resistências R_a, R_b e R_c. Os diâmetros das seções transversais e os comprimentos dos fios estão especificados nas figuras abaixo.

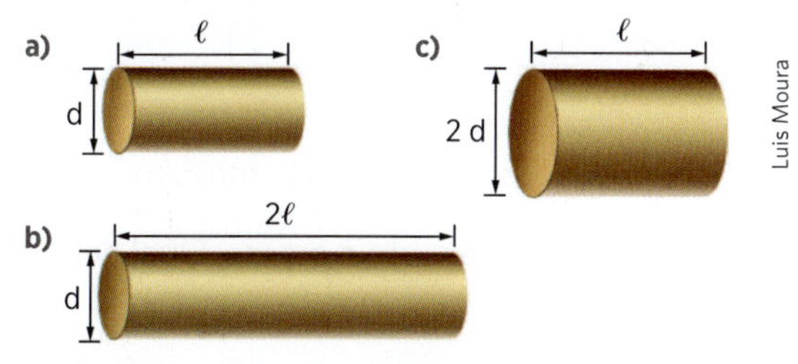

Luis Moura

A ordem crescente de suas resistências é:

a) R_a, R_b, R_c
b) R_a, R_c, R_b
c) R_b, R_a, R_c
d) R_c, R_a, R_b
e) R_b, R_c, R_a

R7. (Marinha do Brasil) Observe a ilustração abaixo:

Alberto De Stefano

Os passarinhos, mesmo pousando sobre fios condutores desencapados de alta tensão, não estão sujeitos a choques elétricos que possam causar-lhes algum dano. Assim, considere que um pássaro pousa em um dos fios de uma linha de transmissão de energia por onde passa uma corrente elétrica $i = 2000$ A. Sabe-se que a resistência do condutor, por unidade de comprimento, é de $5{,}0 \cdot 10^{-5}\ \Omega/m$, e que a distância AB que separa os pés do pássaro, ao longo do fio, é de 4,0 cm. Qual é a diferença de potencial, em milivolts (mV), que se estabelece entre os pés do pássaro?

a) 1,0
b) 2,0
c) 3,0
d) 4,0
e) 5,0

R8. (UF-PE) Um fio de diâmetro igual a 2 mm é usado para a construção de um equipamento médico. A diferença de potencial nas extremidades do fio em função da intensidade da corrente é indicada na figura a seguir.

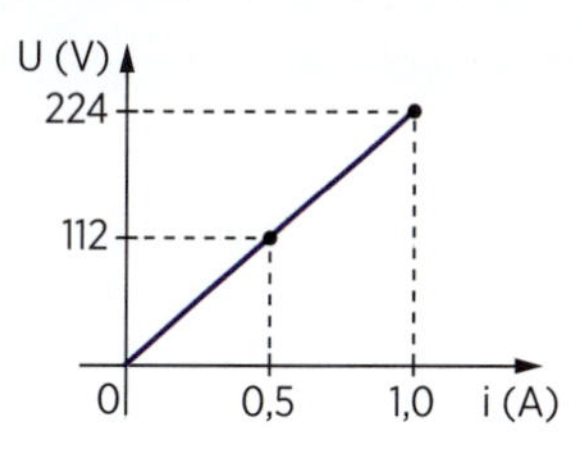

Qual o valor em ohms da resistência elétrica de um outro fio, do mesmo material que o primeiro, de igual comprimento e com o diâmetro duas vezes maior?

R9. (Cesgranrio-RJ) Um fio cilíndrico de comprimento ℓ e raio de seção reta r apresenta resistência R. Um outro fio, cuja resistividade é o dobro da primeira, o comprimento é o triplo, e o raio $\frac{r}{3}$, terá resistência igual a:

a) $\frac{R}{54}$
b) 2R
c) 6R
d) 18R
e) 54R

AMPLIE SEU CONHECIMENTO

Supercondutividade

Em 1911, o físico holandês Heike Kamerling-Onnes verificou que, resfriando-se mercúrio abaixo de 4,2 K, sua resistência elétrica caía praticamente a zero. Posteriormente, foi constatado que esse fenômeno se repetia com outros metais, como o chumbo, o cádmio e o estanho. O fenômeno descrito recebe o nome de *supercondutividade*, e os materiais que o apresentam são chamados de *supercondutores*.

Muitas pesquisas estão sendo realizadas com o intuito de encontrar materiais supercondutores em temperaturas mais elevadas. Até 1986, a temperatura mais alta em que se conseguiu supercondutividade foi de 23 K (−250 °C). Em 1987, desenvolveu-se um composto de ítrio, bário, cobre e oxigênio que foi capaz de superconduzir a 90 K (−183 °C). O físico Paul Chu, da Universidade de Houston, Estados Unidos, conseguiu, em 1993, chegar a 160 K (−113 °C). E as pesquisas prosseguem, agora para obter supercondução à temperatura ambiente.

Variação da resistividade com a temperatura

Para os metais puros, a resistividade aumenta com a temperatura. Consequentemente, a resistência elétrica de um resistor constituído por um metal puro aumenta com a temperatura. Isso ocorre porque, com o aquecimento, há um aumento do estado de agitação dos átomos, o que dificulta a passagem dos elétrons livres. Ao mesmo tempo, a elevação da temperatura provoca aumento do número de elétrons livres, responsáveis pela corrente elétrica. Entretanto, o primeiro efeito predomina sobre o segundo.

Em certas ligas metálicas esses efeitos se compensam, e as resistividades praticamente não se alteram com a variação de temperatura. É o que ocorre com o constantan e a manganina, que são ligas de cobre, níquel e manganês. No caso da grafite, a resistividade e, portanto, a resistência elétrica diminuem com o aumento da temperatura. Isso acontece porque há predominância do segundo sobre o primeiro efeito. A expressão que permite o cálculo da resistência elétrica *R* em função da variação de temperatura $\Delta\theta$ é dada por:

$$R = R_0(1 + \alpha\Delta\theta)$$

onde: R: resistência elétrica final
R_0: resistência elétrica inicial
α: coeficiente de temperatura do material
$\Delta\theta$: variação da temperatura

APROFUNDANDO

Têm-se dois fios metálicos de mesmo material, um fino e comprido e outro curto e grosso. Qual deles tem maior resistência elétrica? Explique por quê.

Associação de resistores

Algumas vezes há necessidade de se ter um valor de resistência maior do que aquele fornecido por um único resistor; outras vezes, um resistor deve ser atravessado por corrente maior do que aquela que ele normalmente suportaria, o que o danificaria. Nesses casos, recorre-se a uma associação de resistores.

Os resistores podem ser associados de diversas maneiras. Basicamente existem dois modos distintos de associá-los: *em série* e *em paralelo*, que iremos examinar.

Em qualquer associação de resistores, denomina-se *resistor equivalente* aquele que, submetido à mesma ddp que a associação, é atravessado pela mesma corrente total que atravessa a associação.

Entende-se por *resistência da associação* a resistência do resistor equivalente.

Associação de resistores em série

Vários resistores estão associados *em série* quando são *ligados um em seguida ao outro*, de modo a *serem percorridos pela mesma corrente* (fig. 8).

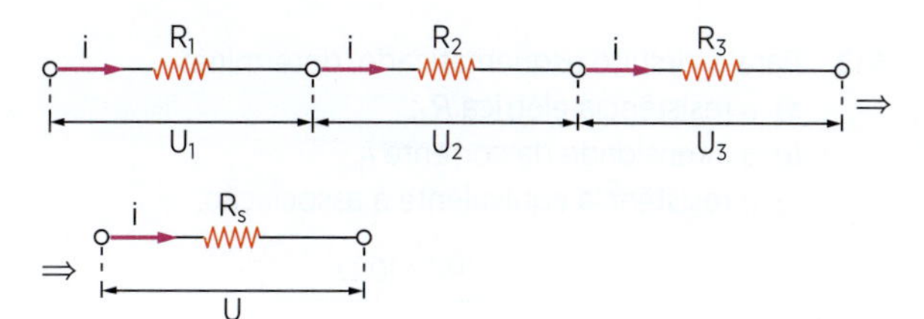

Figura 8

A ddp *U* na associação é igual à soma das ddps em cada resistor U_1, U_2 e U_3:

$$U = U_1 + U_2 + U_3$$

Como em cada resistor passa a mesma corrente, as ddps individuais valem:

$$U_1 = R_1 i \qquad U_2 = R_2 i \qquad U_3 = R_3 i$$

Então, *as ddps em cada resistor são diretamente proporcionais às respectivas resistências.*

Na resistência equivalente: $U = R_s i$, e então $R_s i = R_1 i + R_2 i + R_3 i$. Logo:

$$R_s = R_1 + R_2 + R_3$$

Em uma associação de resistores em série, a resistência equivalente à associação é igual à soma das resistências dos resistores associados.

No caso de *n* resistores de resistências elétricas iguais a *R* ($R_1 = R_2 = R_3 = ... = R$), tem-se:

$$R_s = nR$$

Associação de resistores em paralelo

Vários resistores estão associados *em paralelo* quando são ligados pelos terminais, de modo que fiquem submetidos à mesma *ddp* (fig. 9).

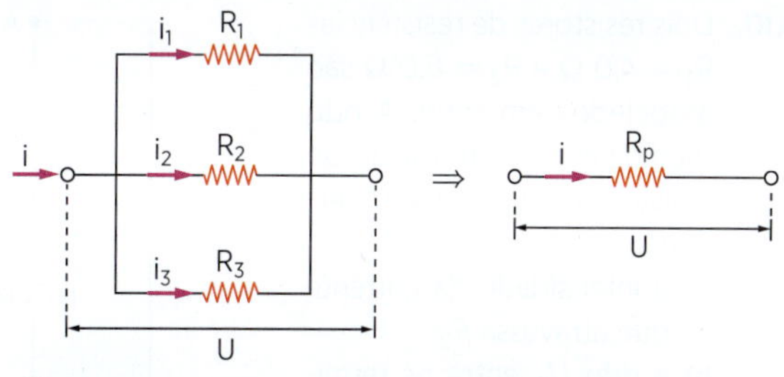

Figura 9

A corrente *i* do circuito principal se divide pelos resistores associados em valores i_1, i_2 e i_3. Verifica-se que:

$$i = i_1 + i_2 + i_3$$

Como a ddp em cada resistor é a mesma, pela lei de Ohm temos: $i_1 = \frac{U}{R_1}$, $i_2 = \frac{U}{R_2}$, $i_3 = \frac{U}{R_3}$. Logo, *as intensidades da corrente em cada resistor são inversamente proporcionais às respectivas resistências.*

No resistor equivalente:

$$i = \frac{U}{R_p}, \text{ e então } \frac{U}{R_p} = \frac{U}{R_1} + \frac{U}{R_2} + \frac{U}{R_3}$$

$$\frac{1}{R_p} = \frac{1}{R_1} + \frac{1}{R_2} + \frac{1}{R_3}$$

Em uma associação de resistores em paralelo, o inverso da resistência da associação é igual à soma dos inversos das resistências dos resistores associados.

No caso de *n* resistores de resistências elétricas iguais a *R* ($R_1 = R_2 = R_3 = ... = R$), tem-se:

$$\frac{1}{R_p} = \frac{1}{R} + \frac{1}{R} + ... = \frac{n}{R}$$

$$R_p = \frac{R}{n}$$

Se tivermos *dois resistores* em paralelo, a resistência equivalente é:

$$\frac{1}{R_p} = \frac{1}{R_1} + \frac{1}{R_2} \Rightarrow \frac{1}{R_p} = \frac{R_1 + R_2}{R_1 R_2}$$

Logo: $R_p = \frac{R_1 R_2}{R_1 + R_2}$, isto é, $\frac{\text{produto}}{\text{soma}}$.

Aplicação

A9. Associam-se em série dois resistores, sendo $R_1 = 10\ \Omega$ e $R_2 = 15\ \Omega$. A ddp entre os extremos da associação é de 100 V.

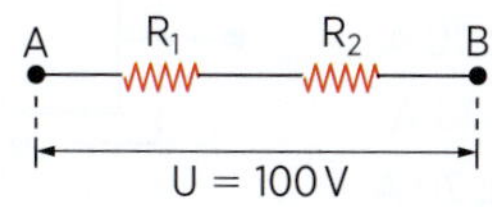

Determine:

a) a resistência equivalente à associação;

b) a intensidade da corrente que atravessa cada resistor;

c) a ddp em cada resistor.

A10. Dois resistores de resistências $R_1 = 4{,}0\ \Omega$ e $R_2 = 6{,}0\ \Omega$ são associados em série. A ddp medida entre os terminais do resistor R_1 é $U_1 = 24$ V. Determine:

a) a intensidade da corrente que atravessa R_2;

b) a ddp U_2, entre os terminais de R_2, e a ddp U, entre os extremos A e B da associação;

c) a resistência equivalente à associação.

A11. No circuito esquematizado, determine:

a) a resistência equivalente;

b) a intensidade da corrente em cada resistor (i_1 e i_2);

c) a intensidade da corrente que atravessa a associação (i).

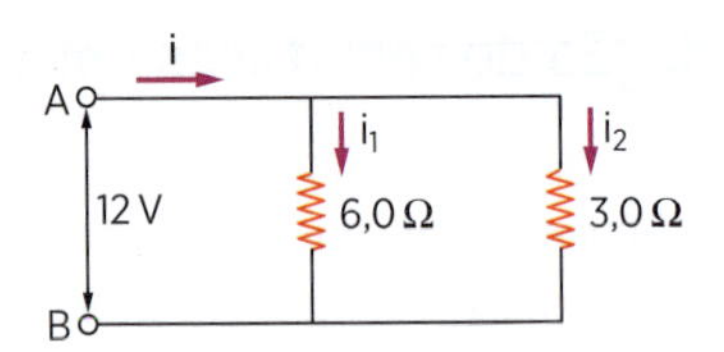

A12. Para o circuito esquematizado, determine:

a) a resistência elétrica R_3;

b) a intensidade da corrente i_1;

c) a resistência equivalente à associação.

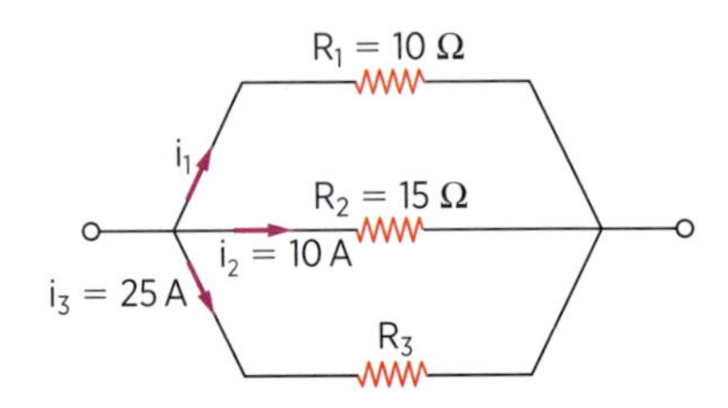

Verificação

V9. Considere a associação em série de resistores esquematizada abaixo.

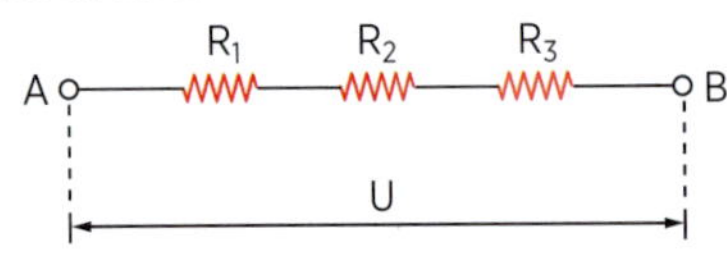

Sejam $R_1 = 2{,}0\ \Omega$, $R_2 = 4{,}0\ \Omega$ e $R_3 = 6{,}0\ \Omega$. A ddp U entre os extremos A e B da associação é de 36 V. Determine:

a) a resistência equivalente à associação;

b) a ddp entre os terminais de R_2.

V10. Determine a resistência equivalente entre os extremos A e B das associações esquematizadas:

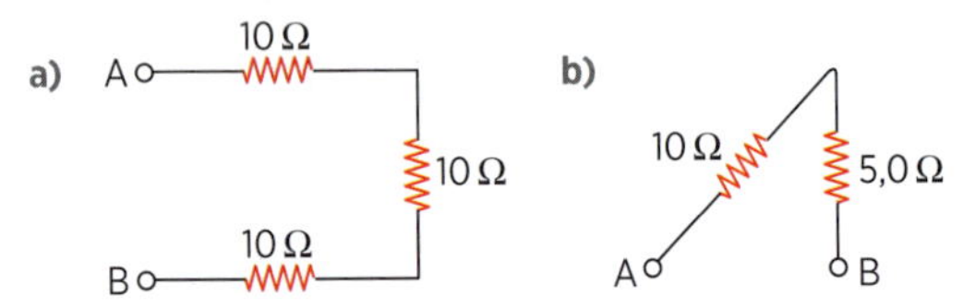

V11. Dois resistores iguais de resistência elétrica $10\ \Omega$ cada um são associados em paralelo. Determine a resistência elétrica equivalente à associação.

V12. Para o circuito esquematizado abaixo, determine:

a) a resistência equivalente entre os extremos A e B;

b) a ddp U entre os extremos A e B;

c) as intensidades das correntes i_2 e i.

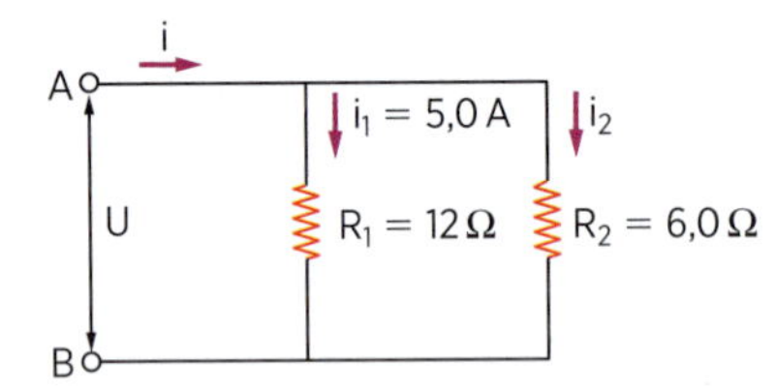

V13. No circuito esquematizado abaixo, determine a resistência equivalente à associação e a intensidade de cada uma das correntes assinaladas.

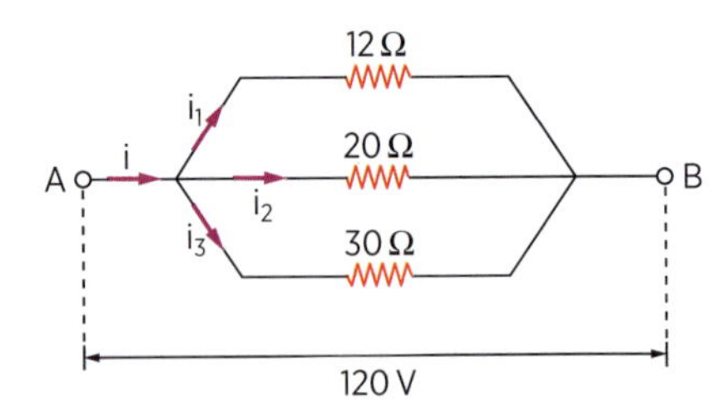

R10. (UE-MT) A diferença de potencial entre os extremos de uma associação em série de dois resistores de resistências $10\ \Omega$ e $100\ \Omega$ é 220 V. Qual é a diferença de potencial entre os extremos do resistor de $10\ \Omega$ nessas condições?

R11. (Fatec-SP) Dois resistores, de resistências $R_1 = 5{,}0\ \Omega$ e $R_2 = 10{,}0\ \Omega$, são associados em série, fazendo parte de um circuito elétrico. A tensão U_1 medida nos terminais de R_1 é igual a 100 V.
Nessas condições, a corrente que passa por R_2 e a tensão nos seus terminais são, respectivamente:

a) $5 \cdot 10^{-2}$ A; 50 V

b) 1,0 A; 100 V

c) 20 A; 200 V

d) 30 A; 200 V

e) 15 A; 100 V

R12. (UF-MA) No circuito abaixo, os valores de R_2 e i_2 são, respectivamente:

a) $20\ \Omega$; 20 A

b) $20\ \Omega$; 10 A

c) $10\ \Omega$; 20 A

d) $10\ \Omega$; 10 A

e) $30\ \Omega$; 20 A

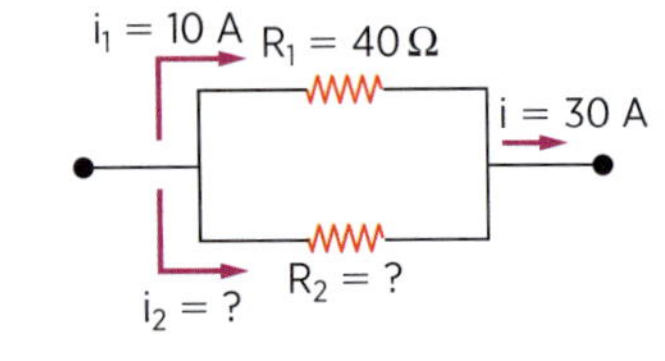

R13. (Fuvest-SP) Na associação de resistores da figura, os valores de i_2 e de R são, respectivamente:

a) 8 A e 5 Ω
b) 5 A e 8 Ω
c) 1,6 A e 5 Ω
d) 2,5 A e 2 Ω
e) 80 A e 160 Ω

R14. (PUC-RJ) Três resistores (R_1 = 3,0 kΩ, R_2 = 5,0 kΩ, R_3 = 7,0 kΩ) estão conectados formando um triângulo, como na figura a seguir.

Entre os pontos *A* e *B*, conectamos uma bateria ideal que fornece V_B = 12 V de tensão. Calcule a corrente i_{tot} que a bateria fornece.

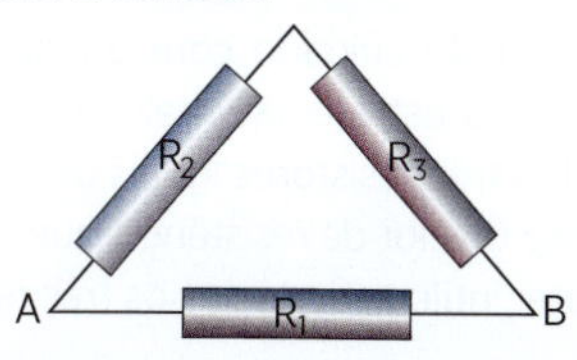

a) i_{tot} = 5,0 mA
b) i_{tot} = 4,0 mA
c) i_{tot} = 3,0 mA
d) i_{tot} = 2,0 mA
e) i_{tot} = 1,0 mA

Associação mista de resistores

As associações mistas de resistores são constituídas por resistores ligados das mais diversas maneiras. Qualquer associação mista pode ser substituída por um *resistor equivalente*. Sua obtenção é feita resolvendo-se as associações parciais, cujos resistores temos certeza de que estão em série ou em paralelo. Assim, o esquema do circuito vai aos poucos sendo simplificado, até se chegar ao resistor equivalente. Nessas mudanças, *não podem desaparecer dos esquemas os terminais da associação*.

Determine a resistência equivalente das associações esquematizadas a seguir, entre os terminais *A* e *B*.

A13.

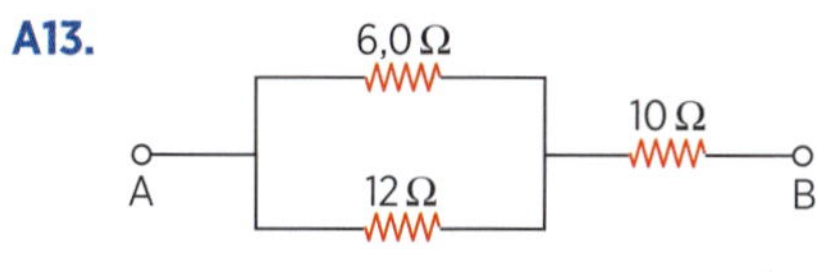

A14.

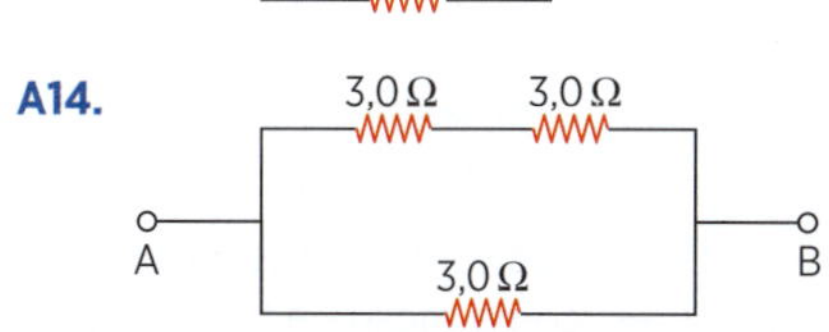

A15.

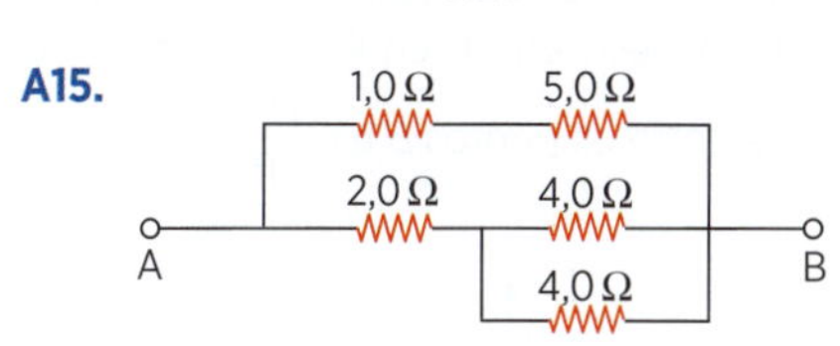

A16.

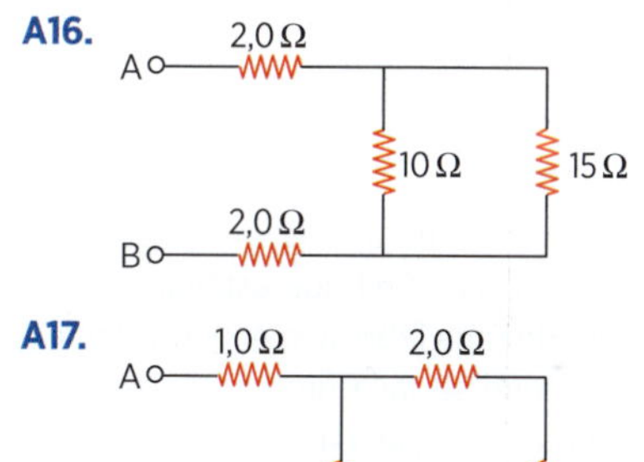

A17.

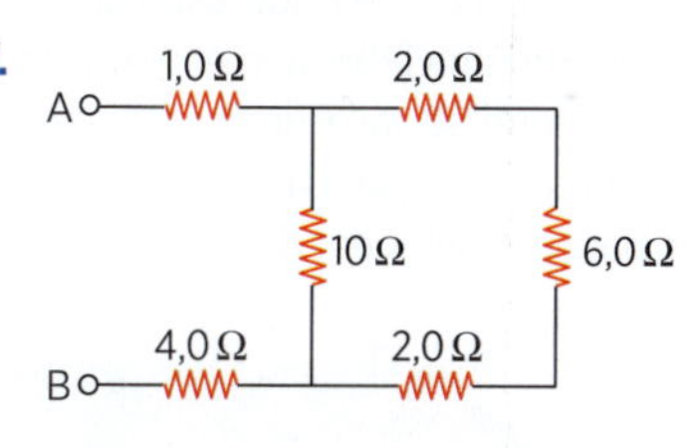

Verificação

Determine a resistência equivalente das associações esquematizadas a seguir, entre os terminais *A* e *B*.

V14.

V15.

V16.

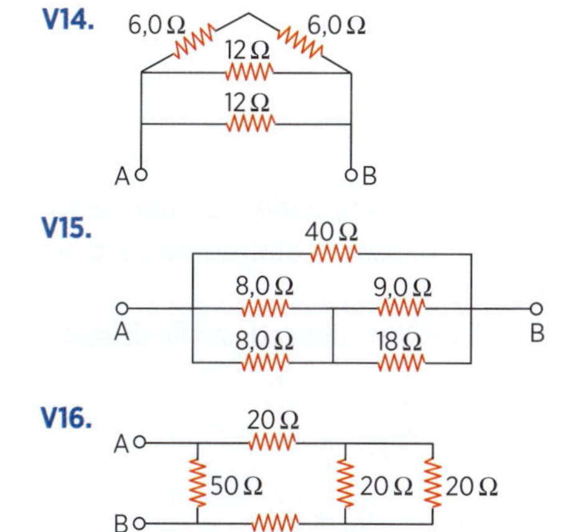

V17.

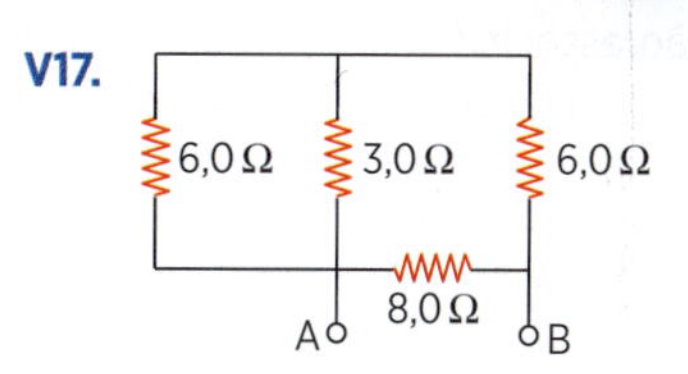

V18. Considere a associação de resistores esquematizada abaixo.

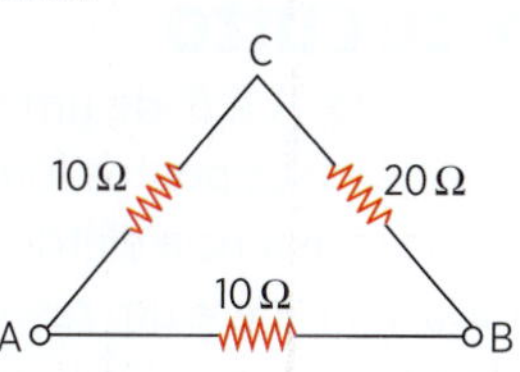

Determine a resistência equivalente entre os terminais:

a) *A* e *B*;
b) *C* e *B*.

R15. (UFF-RJ) No cuidado com o planeta, a reciclagem é uma das estratégias mais eficientes. Um técnico guardou três resistores iguais de um Ω.

Assinale o valor de resistência que ele não será capaz de obter, utilizando todos os três resistores.

a) $\frac{1}{3}\ \Omega$
b) $\frac{2}{3}\ \Omega$
c) $1\ \Omega$
d) $\frac{3}{2}\ \Omega$
e) $3\ \Omega$

R16. (UE-CE) Assinale a alternativa correspondente à resistência equivalente entre os terminais OB do circuito da figura abaixo.

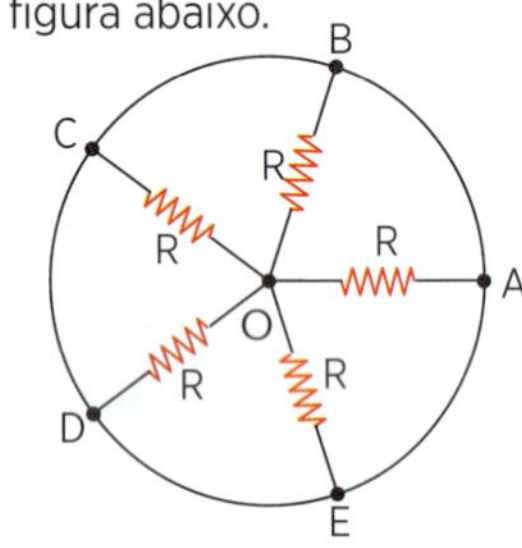

a) $\frac{R}{5}$
b) R
c) $\frac{R}{4} + R$
d) $\frac{R}{5} - R$

R17. (FGV-SP) Pensando em como utilizar o imenso estoque de resistores de 20 Ω e 5 Ω que estavam "encalhados" no depósito de uma fábrica, o engenheiro responsável determina que se faça uma associação de valor equivalente (entre os pontos *A* e *B*) ao resistor de que precisariam para a montagem de um determinado aparelho.

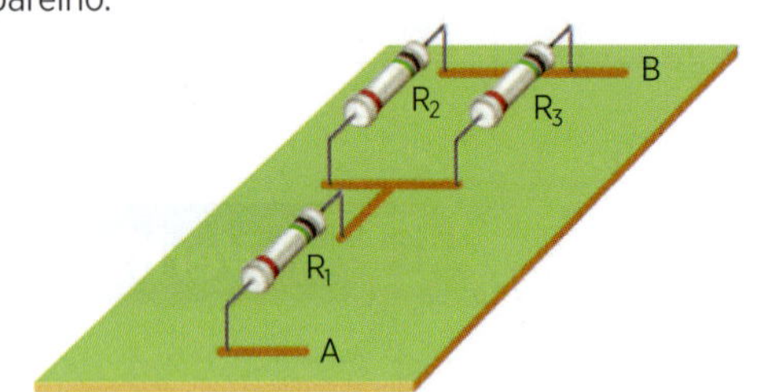

O funcionário que fazia a soldagem do circuito alternativo, distraidamente, trocou a ordem dos resistores e um lote inteiro de associações teve que ser descartado.

As resistências corretas em cada associação deveriam ser:

$$R_1 = 20\ \Omega,\ R_2 = 20\ \Omega \text{ e } R_3 = 5\ \Omega$$

As resistências montadas erradamente em cada associação foram:

$$R_1 = 5\ \Omega,\ R_2 = 20\ \Omega \text{ e } R_3 = 20\ \Omega$$

A troca dos resistores acarretou uma diminuição da resistência desejada, em cada associação, de:

a) $5\ \Omega$
b) $9\ \Omega$
c) $15\ \Omega$
d) $24\ \Omega$
e) $25\ \Omega$

R18. (UE-AM) Dois resistores ôhmicos R_1 e R_2 podem ser ligados em série ou em paralelo. Quando ligados em série, apresentam resistência equivalente de 16 Ω e quando ligados em paralelo apresentam resistência equivalente de 3 Ω. Dessa forma, a associação indicada na figura apresenta dois possíveis valores de resistência equivalente entre os pontos *A* e *B*.

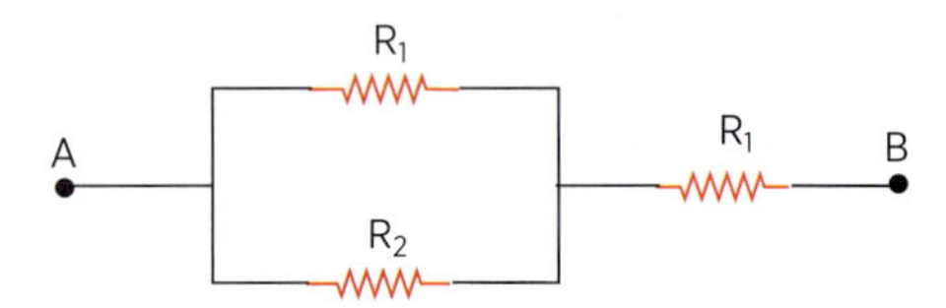

Esses valores, em ohms, são:

a) 7 e 15
b) 6 e 14
c) 5 e 18
d) 4 e 12
e) 3 e 9

R19. (Mackenzie-SP) Uma caixa contém resistores conectados a três terminais, como mostra a figura abaixo. A relação entre as resistências equivalentes entre os pontos *A* e *B* e entre os pontos *B* e *C* $\left(\frac{R_{AB}}{R_{BC}}\right)$ é:

a) $\frac{4}{3}$
b) 1
c) $\frac{1}{2}$
d) $\frac{3}{2}$
e) 2

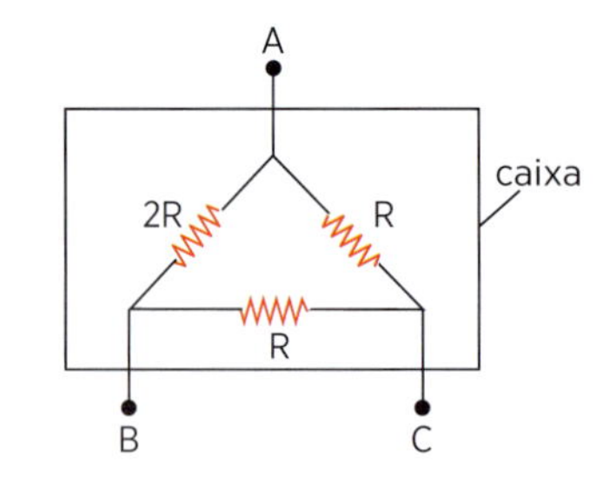

Curto-circuito

Entre dois pontos, *A* e *B*, de um circuito ocorre um curto-circuito se esses pontos forem ligados por um fio condutor de resistência elétrica nula.

Na figura 10a, considere um resistor percorrido pela corrente de intensidade *i*. Ligando-se os pontos *A* e *B* por meio de um fio de resistência elétrica nula (fig. 10b), o resistor não será mais atravessado pela corrente de intensidade *i*, a qual, se for mantida no circuito, passará totalmente pelo fio sem resistência.

De fato, pela lei de Ohm, aplicada ao fio de resistência nula, resulta:

$$V_A - V_B = R \cdot i$$

Sendo R = 0, vem: $V_A = V_B$

Assim, os pontos *A* e *B* que apresentam o mesmo potencial elétrico podem ser considerados coincidentes, e o resistor deixará de funcionar (fig. 10c).

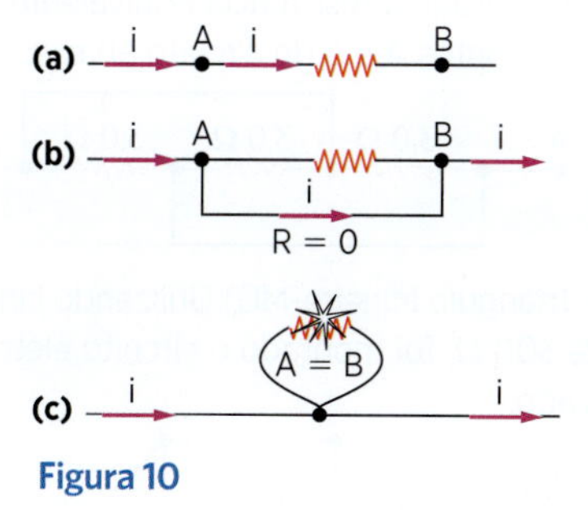

Figura 10

Na associação de resistores esquematizada na figura 11, o resistor de resistência R_4 tem seus terminais ligados por um fio sem resistência. Ele está em curto-circuito, podendo ser excluído do circuito.

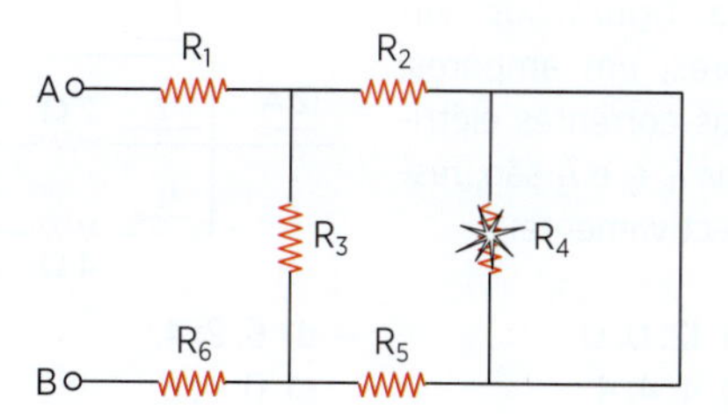

Figura 11

Aplicação

A18. Determine a resistência equivalente das associações seguintes, onde os extremos são *A* e *B*.

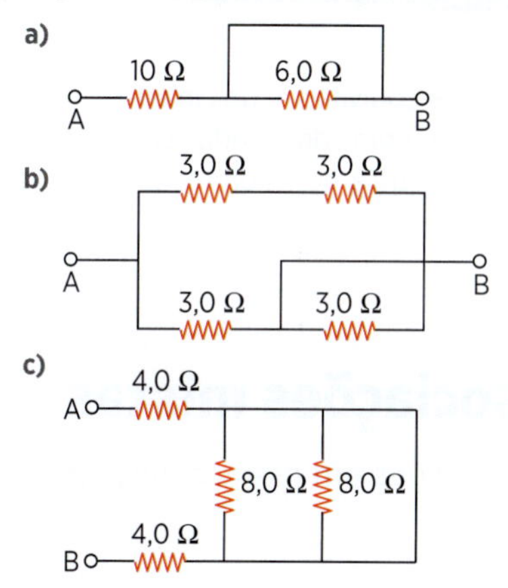

A19. Determine a resistência equivalente da associação seguinte, onde *A* e *B* são os extremos.

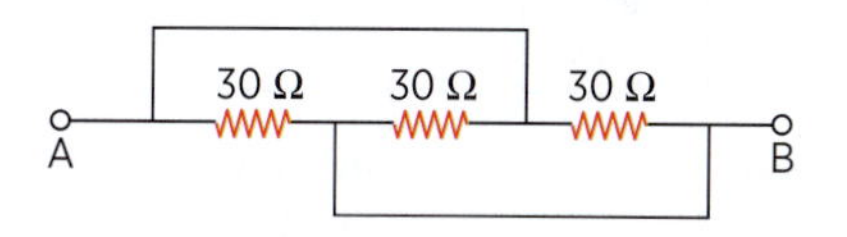

A20. Determine a resistência equivalente das associações esquematizadas a seguir. Os extremos são *A* e *B*.

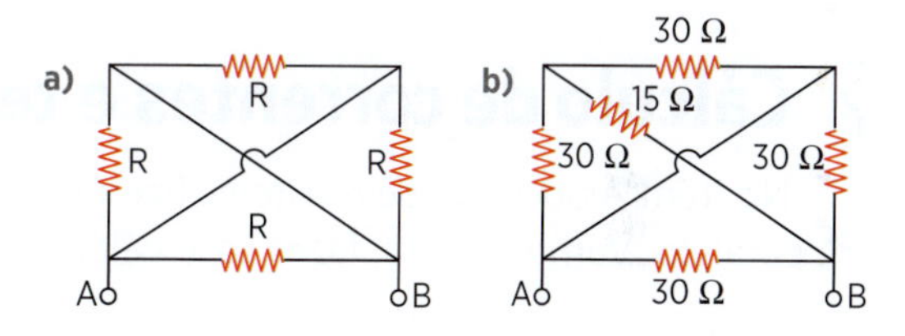

Verificação

V19. Para as associações esquematizadas, determine a resistência equivalente. Os extremos são *A* e *B*.

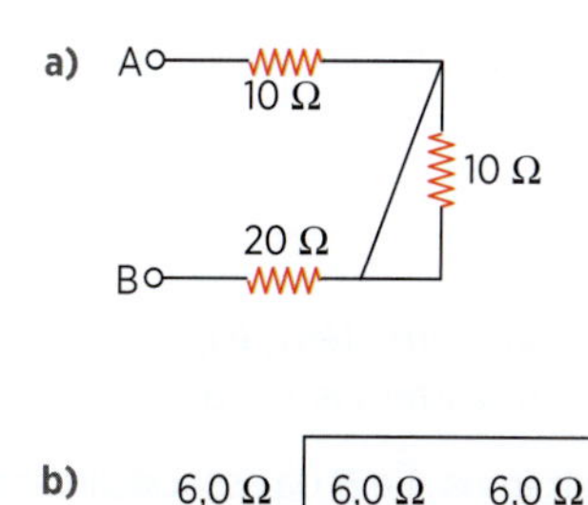

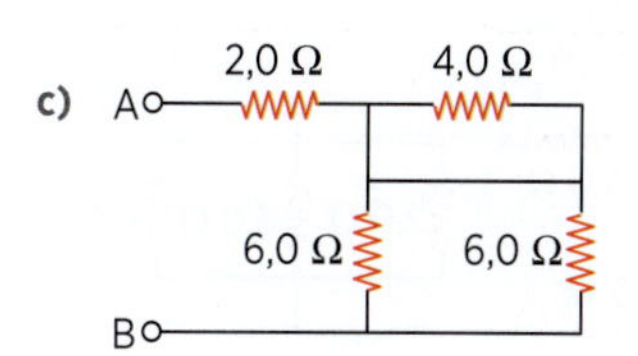

V20. Determine a resistência equivalente das associações seguintes, onde *A* e *B* são os extremos.

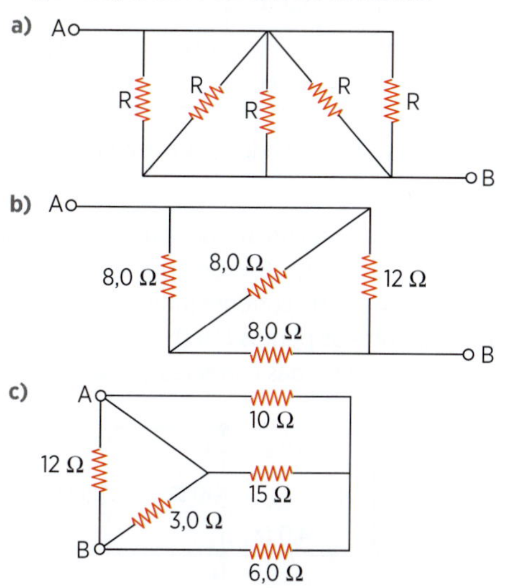

R20. (Acafe-SC) Observe a figura abaixo.

Na figura, os valores, em ampères, das correntes elétricas i_1, i_2 e i_3 são, respectivamente:

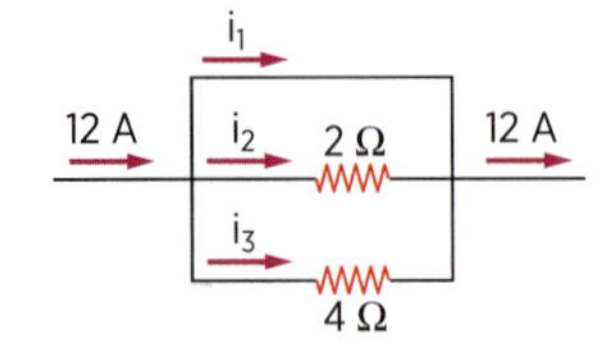

a) 12; 0; 0
b) 4; 4; 4
c) 0; 8; 4
d) 6; 2; 4
e) 0; 4; 8

R21. (Unitins-TO) No circuito, a resistência equivalente entre os pontos *A* e *B* é igual a:

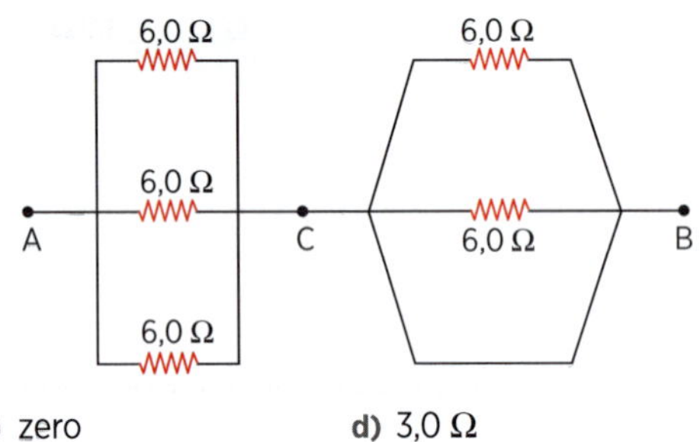

a) zero
b) 1,2 Ω
c) 2,0 Ω
d) 3,0 Ω
e) 18 Ω

R22. (UF-PE) Calcule a resistência equivalente, em ohms, entre os pontos *A* e *B* do circuito abaixo:

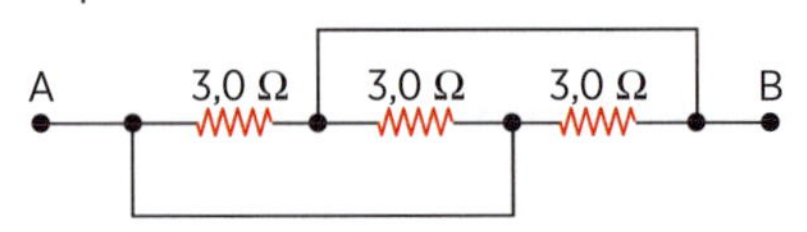

R23. (U. F. Triângulo Mineiro-MG) Utilizando cinco resistores de 300 Ω, foi montado o circuito elétrico esquematizado.

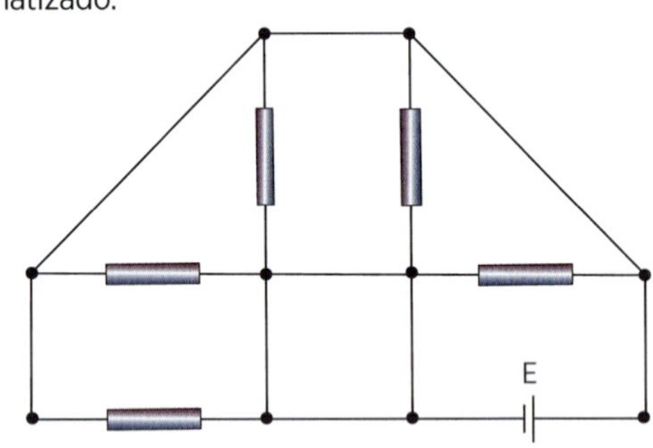

Determine:

a) A resistência equivalente do circuito.
b) A força eletromotriz do gerador, considerando que a corrente elétrica em cada resistor tem intensidade de 2 A.

Cálculo de correntes e tensões em associações mistas

No item *Associação de resistores* fizemos o cálculo de correntes e tensões em associações em série e em paralelo. Vamos, agora, fazer esse cálculo em associações mistas.

Aplicação

A21. Na associação abaixo, a ddp entre os extremos *A* e *B* é de 24 V.

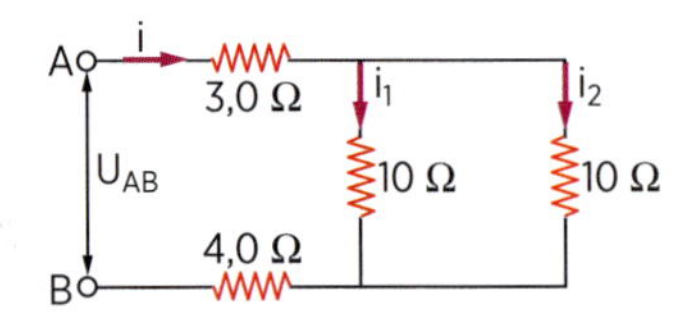

Determine as intensidades das correntes i, i_1 e i_2 indicadas.

A22. Na associação esquematizada abaixo, a ddp entre os extremos *A* e *B* é de 26 V. Determine:

a) a intensidade da corrente total i;
b) a ddp entre os pontos *C* e *D*;
c) as intensidades das correntes i_1 e i_2.

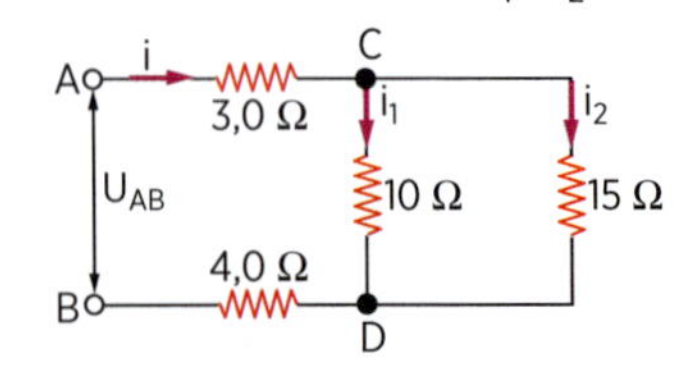

A23. Considere a associação de resistores esquematizada abaixo. Seja $i_1 = 4,0$ A a intensidade da corrente que atravessa o resistor $R_1 = 5,0\ \Omega$.

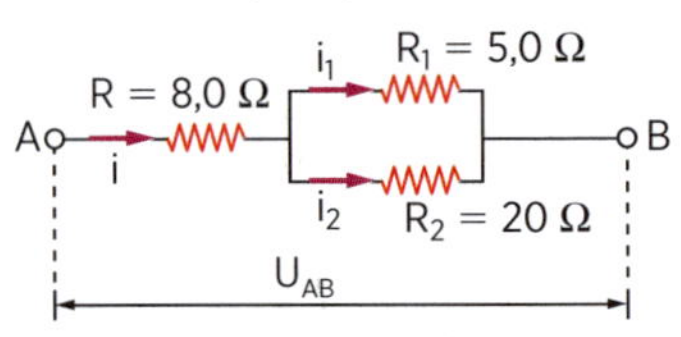

Calcule:

a) as intensidades das correntes i_2 e i;
b) a ddp U_{AB} entre os extremos *A* e *B*.

A24. A ddp entre os extremos *A* e *B* da associação abaixo é de 27 V. Determine a intensidade da corrente que atravessa o resistor de resistência 3,0 Ω.

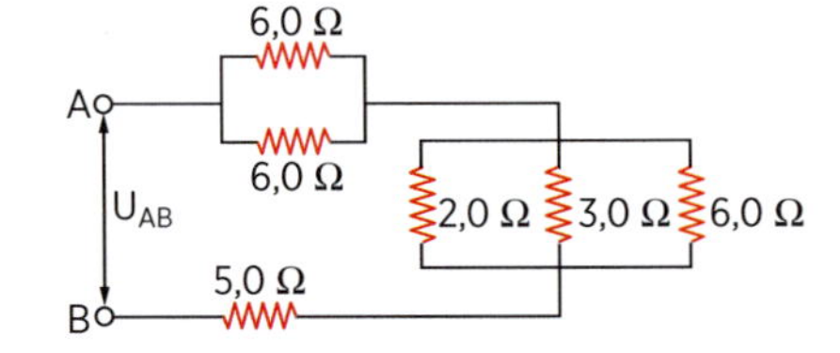

Verificação

V21. Na associação ao lado, a intensidade da corrente i_1 é igual a 4,0 A. Determine:

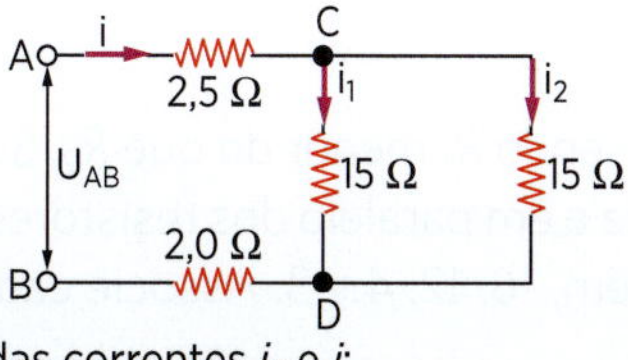

a) as intensidades das correntes i_2 e i;
b) a ddp entre os extremos A e B.

V22. Considere a associação de resistores a seguir. Entre os pontos A e B aplica-se uma ddp de 60 V. Determine as intensidades das correntes i, i_1 e i_2.

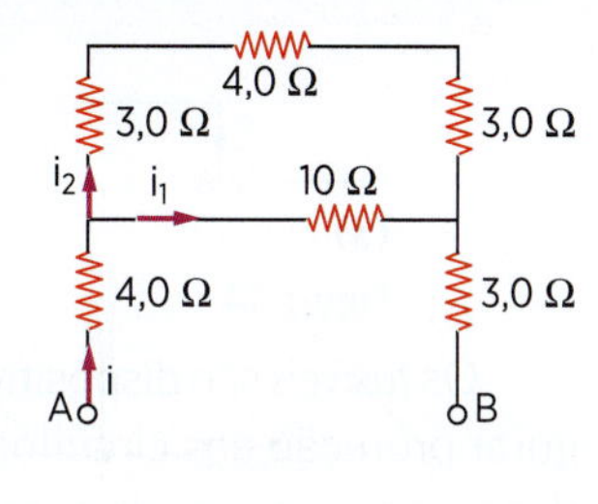

V23. Calcule a intensidade de corrente no resistor de 10 Ω do circuito indicado.

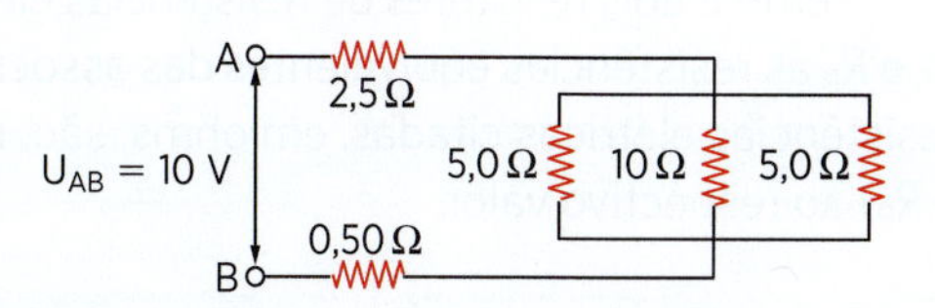

V24. A ddp entre os pontos A e B da associação abaixo é de 24 V. Calcule a ddp no resistor de 3,0 Ω.

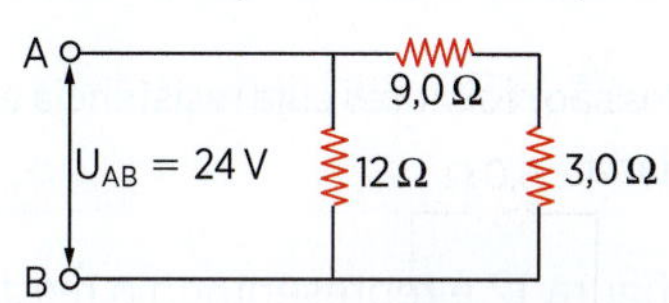

Revisão

R24. (U. E. Londrina-PR) A corrente elétrica i_1, indicada no circuito representado no esquema a seguir, vale 3,0 A.
De acordo com as outras indicações do esquema, a diferença de potencial entre os pontos X e Y, em volts, vale:

a) 4,0
b) 7,2
c) 24
d) 44
e) 72

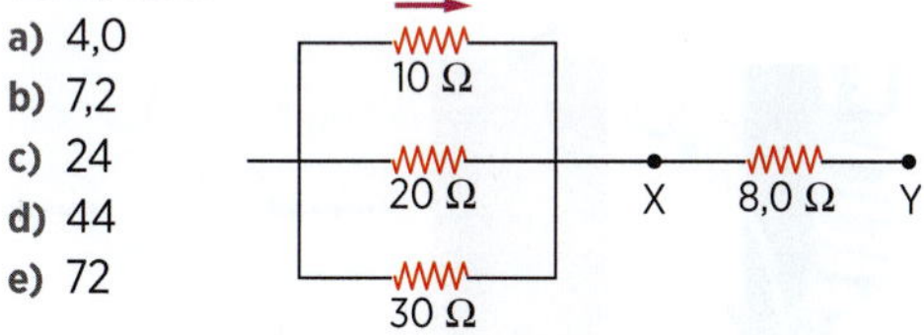

R25. (Mackenzie-SP)

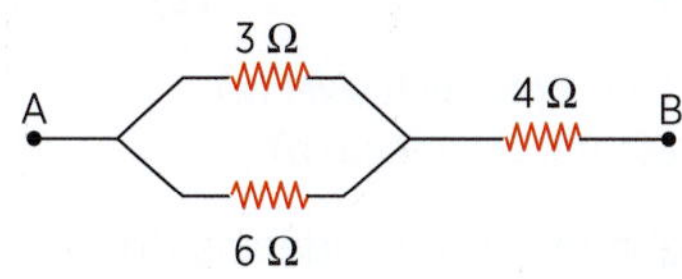

No trecho de circuito acima, a ddp entre os pontos A e B é 27 V. A intensidade da corrente que passa pelo resistor de resistência 6 Ω é:

a) 4,5 A
b) 3,0 A
c) 1,5 A
d) 1,0 A
e) 0,5 A

R26. (UF-RS) Considere o circuito abaixo:

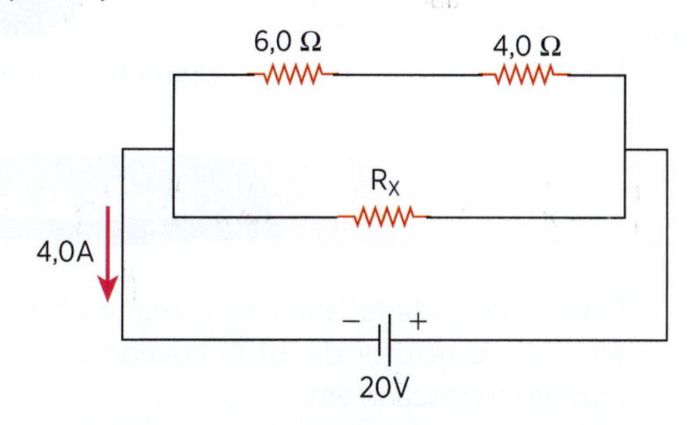

No circuito, por onde passa uma corrente elétrica de 4,0 A, três resistores estão conectados a uma fonte ideal de força eletromotriz 20 V. Os valores da resistência elétrica total deste circuito e da resistência R_x são, respectivamente,

a) 0,8 Ω e 2,6 Ω
b) 0,8 Ω e 4,0 Ω
c) 5,0 Ω e 5,0 Ω
d) 5,0 Ω e 10,0 Ω
e) 10,0 Ω e 4,0 Ω

R27. (F. M. Triângulo Mineiro-MG) Um resistor R_1, de resistência R, encontra-se submetido a uma fonte de tensão V e é percorrido por uma corrente elétrica de intensidade i (figura a). Ao se inserir simultaneamente dois resistores R_2 e R_3, idênticos ao resistor R_1 (figura b), a tensão e a corrente no resistor R_1 serão, respectivamente:

a) V e i
b) $\frac{V}{2}$ e $3i$
c) $\frac{V}{3}$ e $3i$
d) $\frac{V}{2}$ e $\frac{i}{3}$
e) $\frac{V}{3}$ e $\frac{i}{3}$

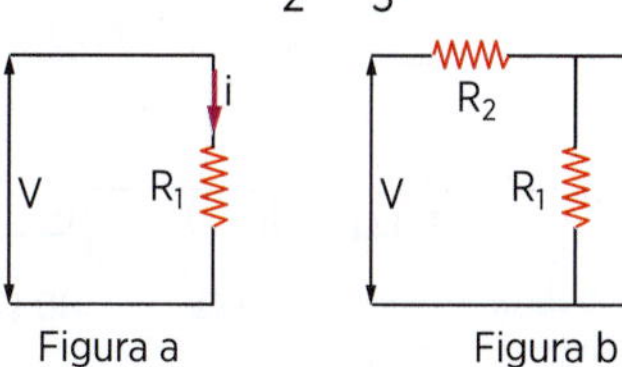

Figura a   Figura b

R28. (Fuvest-SP) No circuito da figura abaixo, a diferença de potencial, em módulo, entre os pontos A e B é de:

a) 5 V
b) 4 V
c) 3 V
d) 1 V
e) 0 V

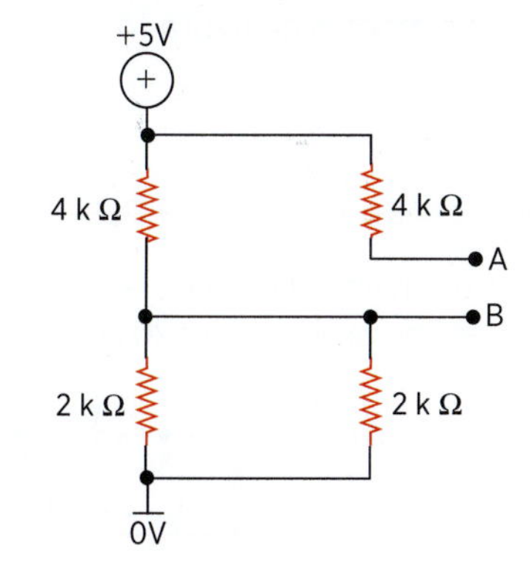

APROFUNDANDO

Tem-se dois resistores de resistências elétricas R_1 e R_2, sendo R_1 menor do que R_2. Sejam, respectivamente, R_S e R_P as resistências equivalentes das associações em série e em paralelo dos resistores dados. Os valores das resistências elétricas citadas, em ohms, são, não nessa ordem, 16, 12, 4 e 3. Associe cada resistência (R_1, R_2, R_S e R_P) ao respectivo valor.

Reostatos e fusíveis

Reostatos são resistores cuja resistência elétrica pode ser variada.

Na figura 12 é representado o *reostato de cursor*, onde o cursor *C* desliza, mantendo contato com o fio metálico, podendo a resistência elétrica assumir praticamente qualquer valor intermediário entre zero e o valor total da resistência do fio.

Outro tipo de reostato é o *reostato de pontos* (fig. 13). Nele existem vários pontos intermediários nos quais pode ser feita a ligação, resultando uma associação em série. A diferença entre o reostato de pontos e o reostato de cursor é que neste só podemos ter alguns valores para a resistência.

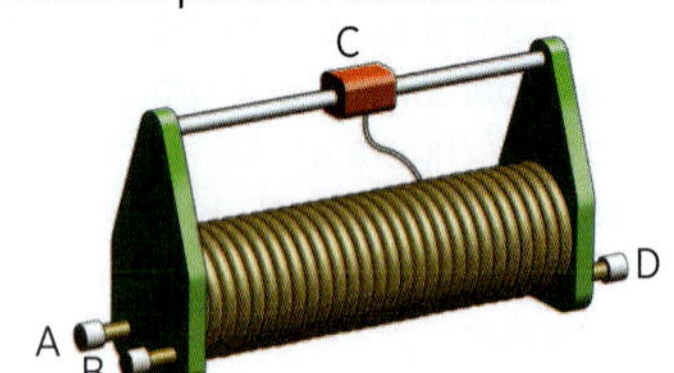

Figura 12. Reostato de cursor.

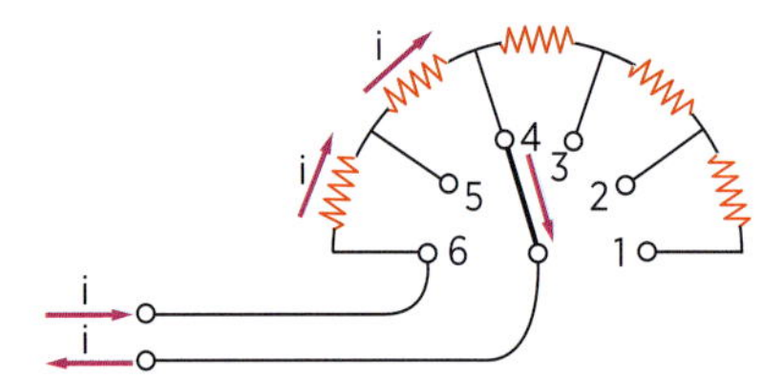

Figura 13. Reostato de pontos.

Os reostatos costumam ser representados por um dos símbolos da figura 14.

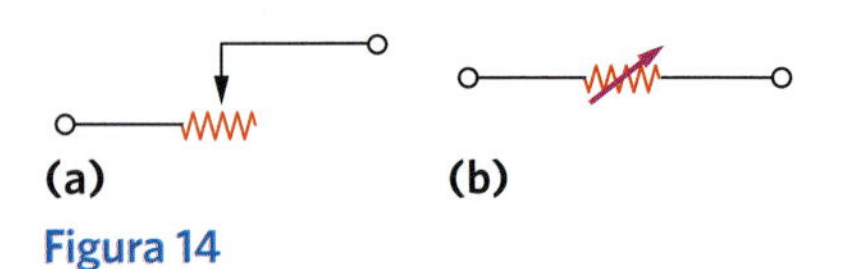

Figura 14

Os *fusíveis* são dispositivos cuja finalidade é assegurar proteção aos circuitos elétricos. São constituídos essencialmente de condutores de baixo ponto de fusão, como *chumbo* e *estanho*, que, ao serem atravessados por corrente elétrica maior que determinado valor, fundem-se. Os fusíveis são ligados em série com a parte do circuito elétrico que deve ser protegida. A figura 15a mostra dois tipos de fusíveis comuns no comércio: o fusível de *rosca* e o de *cartucho*. A maneira usual de representar os fusíveis nos circuitos é indicada na figura 15b.

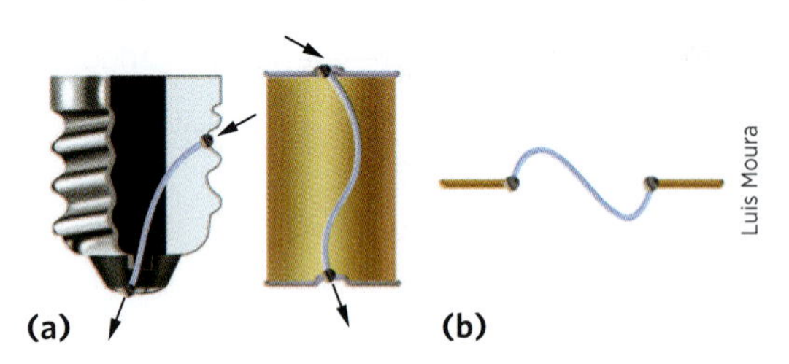

Figura 15. Dois tipos de fusível (a) e sua representação gráfica (b).

Atualmente, nas residências, os fusíveis são substituídos por chaves especiais chamadas *disjuntores* (fig. 16); estes interrompem automaticamente a passagem da corrente (a chave "cai") quando sua intensidade excede determinado valor.

Figura 16. Disjuntores.

Aplicação

A25. No circuito da figura, a resistência do reostato assume valores de 0 a 20 Ω.

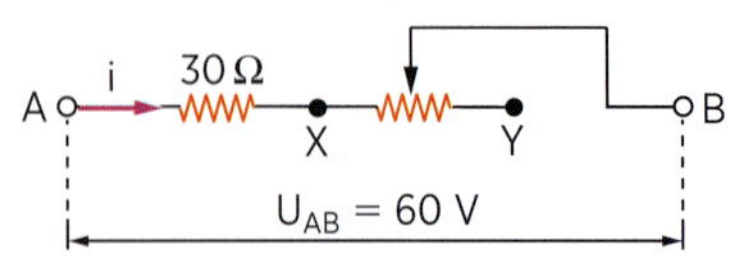

Determine a intensidade *i* da corrente elétrica que atravessa o resistor de 30 Ω quando o cursor do reostato é colocado em:

a) X

b) Y

A26. No circuito da figura, a resistência do reostato assume valores de 0 a 40 Ω.

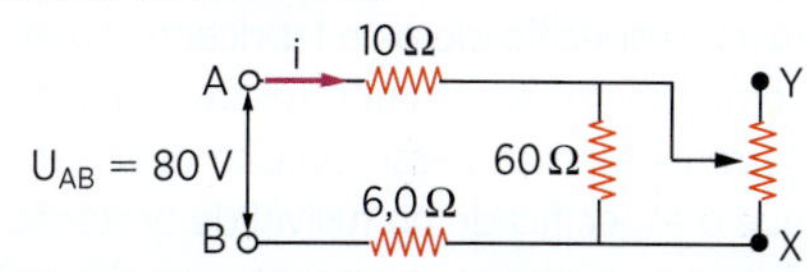

Determine a intensidade *i* da corrente elétrica que atravessa o resistor de 10 Ω quando o cursor do reostato é colocado em:

a) X **b)** Y

A27. O esquema ao lado representa um reostato de pontos. O valor de cada resistência é 10 Ω.

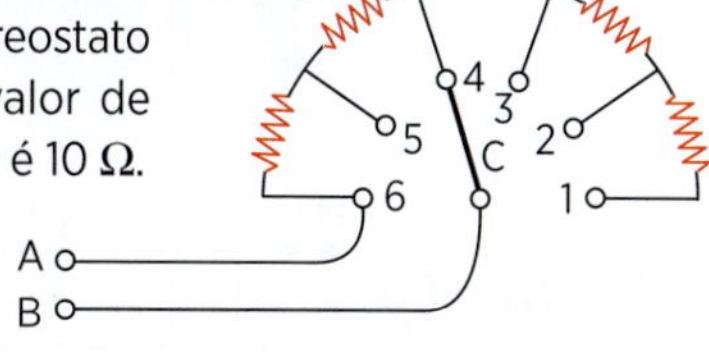

a) Qual a resistência elétrica do reostato quando a chave *C* é ligada ao ponto 4?

b) Ligando-se a chave *C* ao ponto 2 e aplicando-se entre *A* e *B* uma ddp de 36 V, qual a intensidade da corrente que atravessa o reostato?

A28. No circuito da figura, *F* é um fusível de resistência elétrica desprezível e suporta no máximo uma corrente elétrica de intensidade 2,0 A. Se a chave *C* for fechada, o fusível queima?

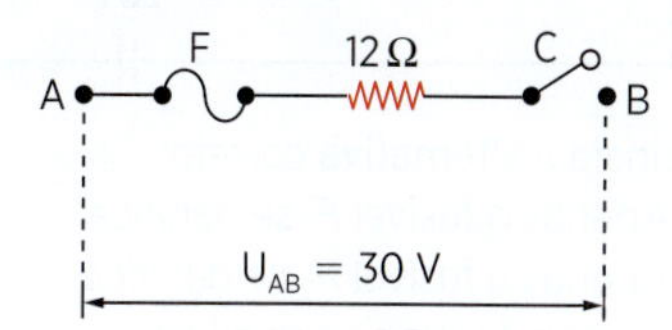

Verificação

V25. Um resistor de resistência elétrica R = 12 Ω e um reostato *X* são ligados conforme a figura abaixo. A ddp entre os pontos *A* e *B* vale 6,0 V. Fazendo a resistência de *X* variar entre seus valores extremos, a intensidade de corrente em *R* varia de 0,25 A a 0,50 A.

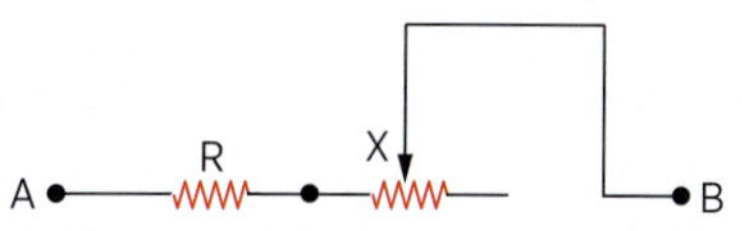

Nessas condições, entre que valores variou a resistência *X* do reostato?

V26. Considere o circuito abaixo.

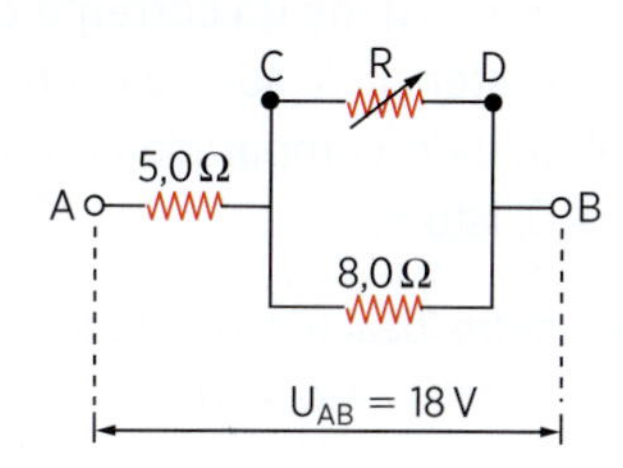

A resistência do reostato assume valores de 0 a 20 Ω.

a) Qual deve ser a resistência *R* do reostato para que a corrente elétrica no resistor de 5,0 Ω tenha intensidade 3,6 A?

b) Qual deve ser a resistência *R* do reostato para que a corrente elétrica no resistor de 5,0 Ω tenha intensidade 2,0 A?

V27. Retome o exercício anterior. O reostato do circuito, situado entre *C* e *D*, é de pontos, conforme indica a figura, e cada resistência vale 2,0 Ω.

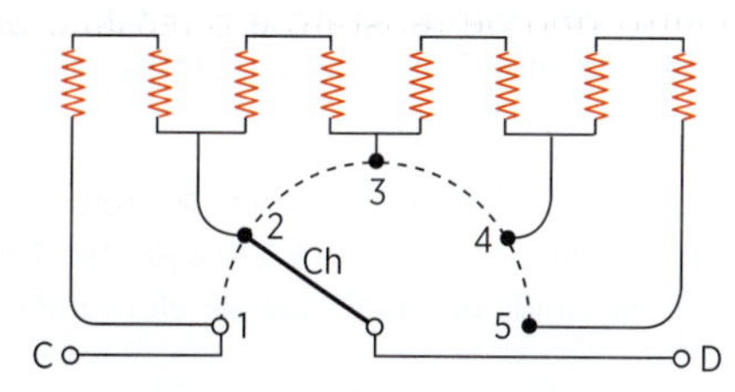

Em que ponto deve ser ligada a chave *Ch* nas situações dos itens *a* e *b* do exercício **V26**?

V28. As lâmpadas do circuito abaixo são idênticas e cada uma é percorrida por uma corrente de intensidade 0,50 A. O fusível *F* suporta uma corrente máxima de 20 A. Qual o número máximo de lâmpadas que podem ser ligadas sem se queimar o fusível?

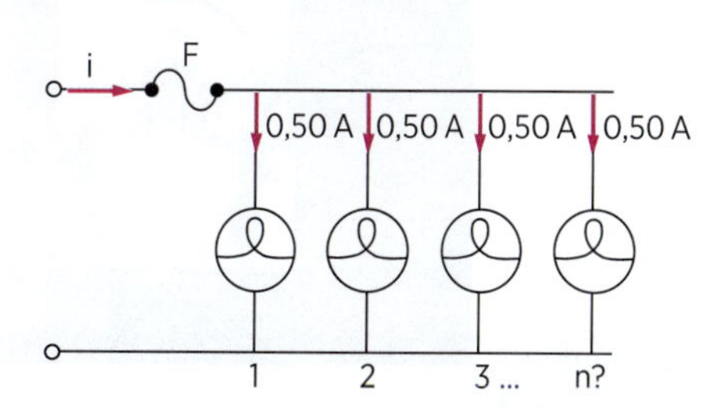

Revisão

R29. (UF-PA) O esquema ao lado representa um reostato de pontos. Se o valor de cada resistência é 10,0 ohms, qual o valor da resistência entre *A* e *B*, quando a chave estiver conectada ao ponto 2?

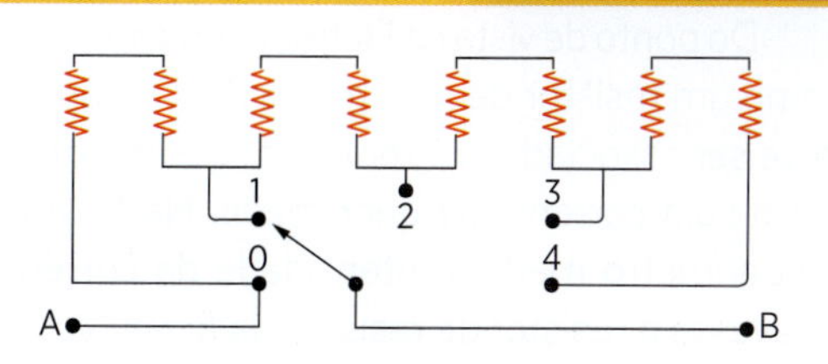

R30. (Polícia Civil-PE) No circuito da figura abaixo, os fusíveis F_1 e F_2 têm resistência elétrica desprezível e suportam correntes de intensidade máxima igual a 5,0 A.

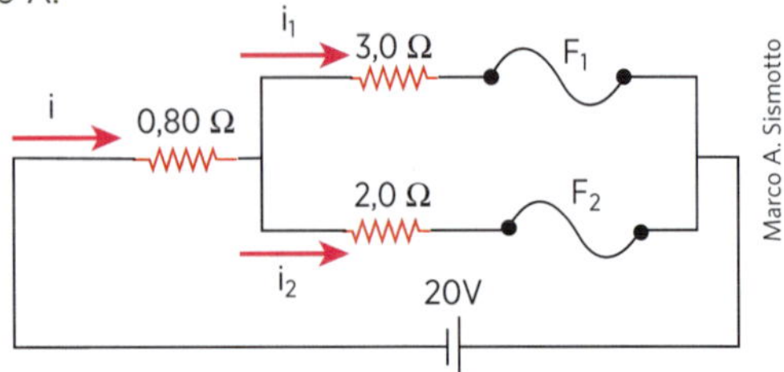

Assinale a alternativa correta:

a) Apenas o fusível F_1 se danifica.
b) Apenas o fusível F_2 se danifica.
c) Os dois fusíveis se danificam.
d) Nenhum dos fusíveis se danifica.
e) Não se dispõem de dados suficientes para verificar o funcionamento dos fusíveis.

R31. (Fuvest-SP) Várias lâmpadas idênticas estão ligadas em paralelo a uma rede de alimentação de 110 V. Sabe-se que a corrente elétrica que percorre cada lâmpada tem intensidade $\frac{6}{11}$ A. Se a instalação das lâmpadas estiver protegida por um fusível que suporta até 15 A, quantas lâmpadas podem, no máximo, ser ligadas?

R32. (UF-RN) O principal dispositivo de proteção de um circuito elétrico residencial é o fusível, cuja posição deve ser escolhida de modo que ele efetivamente cumpra sua finalidade. O valor máximo de corrente que um fusível suporta sem interrompê-la (desligar ou queimar) é especificado pelo fabricante. Quando todos os componentes do circuito residencial estão ligados, a corrente elétrica nesse circuito deve ter valor menor que o especificado no fusível de proteção.

O esquema abaixo representa um circuito residencial composto de um liquidificador, duas lâmpadas e um chuveiro elétrico e as respectivas intensidades de corrente elétrica que circulam em cada um desses equipamentos quando ligados.

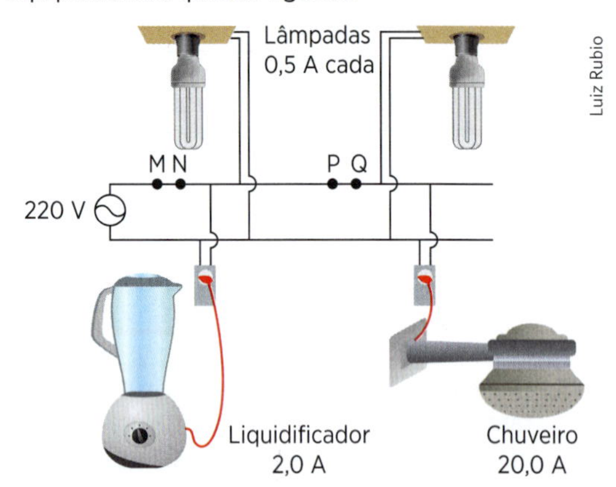

Para a adequada proteção desse circuito elétrico, o fusível deve ser:

a) de 20 A e instalado entre os pontos *M* e *N*.
b) de 25 A e instalado entre os pontos *M* e *N*.
c) de 25 A e instalado entre os pontos *P* e *Q*.
d) de 20 A e instalado entre os pontos *P* e *Q*.

Amperímetro e voltímetro ideais

O *amperímetro* (fig. 17a) é um instrumento destinado a medir intensidade de corrente elétrica. É representado pelo símbolo mostrado na figura 17b.

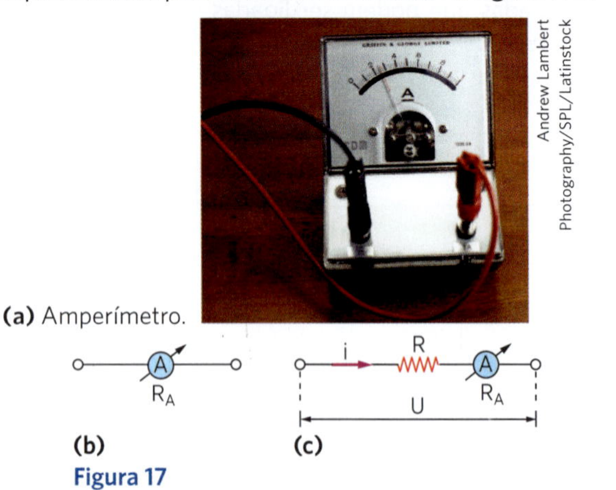

(a) Amperímetro.

(b) **(c)**

Figura 17

Do ponto de vista da Eletrodinâmica, ele funciona como um resistor de resistência R_A. O amperímetro deve ser associado em série com o elemento de circuito cuja corrente se quer medir. Na figura 17c, o amperímetro mede a intensidade da corrente que atravessa o resistor de resistência *R*.

Para que a introdução do amperímetro não modifique a intensidade da corrente que percorre o resistor de resistência *R*, sua resistência R_A deve ser desprezível quando comparada com *R*. Idealmente, temos $R_A = 0$, isto é:

O amperímetro ideal tem resistência elétrica nula ($R_A = 0$).

O *voltímetro* (fig. 18a) é um instrumento destinado a medir diferença de potencial elétrico. É representado pelo símbolo mostrado na figura 18b. Do ponto de vista da Eletrodinâmica, ele funciona como um resistor de resistência elétrica R_V.

O voltímetro deve ser associado em paralelo com o elemento de circuito cuja ddp se quer medir. Na figura 18c, o voltímetro mede a ddp no resistor de resistência *R*.

(a) Voltímetro.

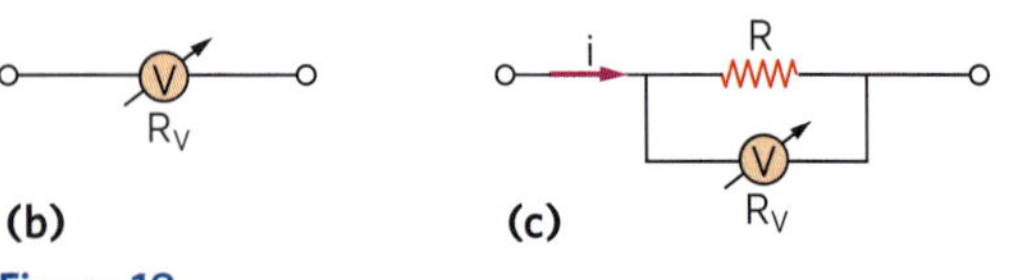

(b) **(c)**

Figura 18

Para que a introdução do voltímetro não modifique a ddp a que o resistor *R* está submetido, sua resistência R_V deve ser muito maior do que *R* para que seja mínima a corrente desviada para o voltímetro. Idealmente, nenhuma corrente deve ser desviada para o voltímetro, isto é, sua resistência elétrica deve ser infinitamente grande. Portanto:

> **O voltímetro ideal tem resistência infinitamente grande ($R_V \to \infty$).**

Aplicação

A29. Para o trecho de circuito esquematizado abaixo, determine as leituras do amperímetro e do voltímetro, supostos ideais.

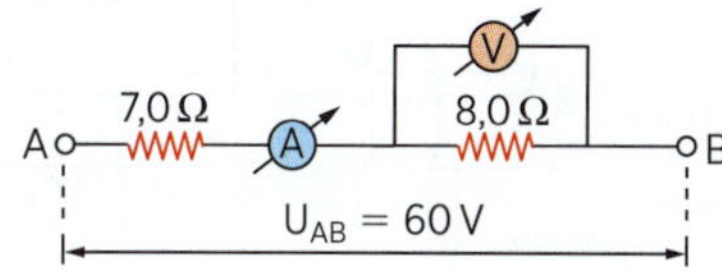

A30. Qual a leitura do voltímetro ideal no circuito esquematizado abaixo?

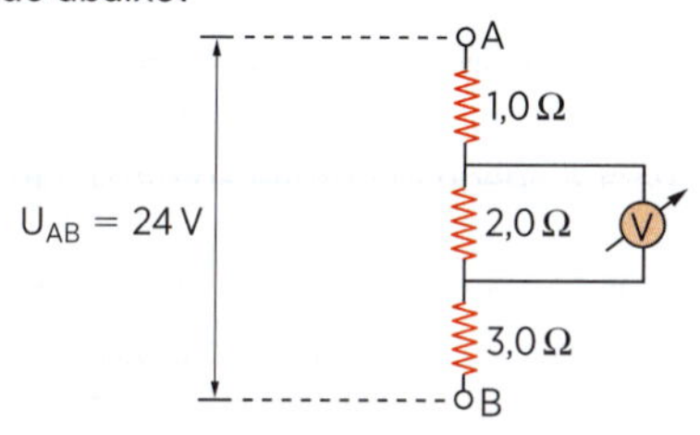

A31. Determine a leitura do amperímetro ideal dos circuitos:

a)

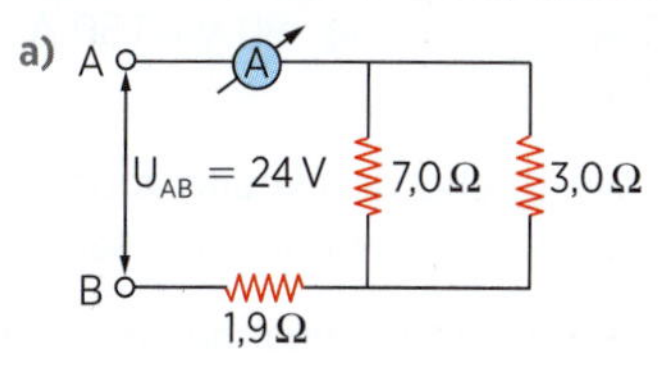

b)

c)

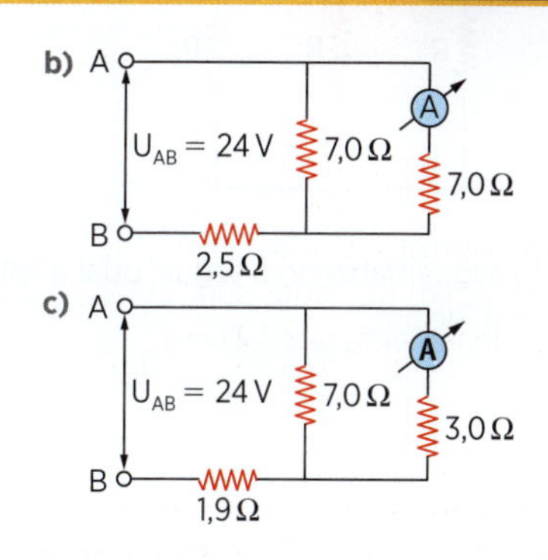

A32. Com a chave *Ch* aberta, o amperímetro ideal do circuito ao lado indica 3,0 A.

a) Qual a ddp entre os terminais *A* e *B*?

b) Mantida a ddp entre os terminais *A* e *B*, qual a indicação do amperímetro *A* quando se fecha a chave *Ch*?

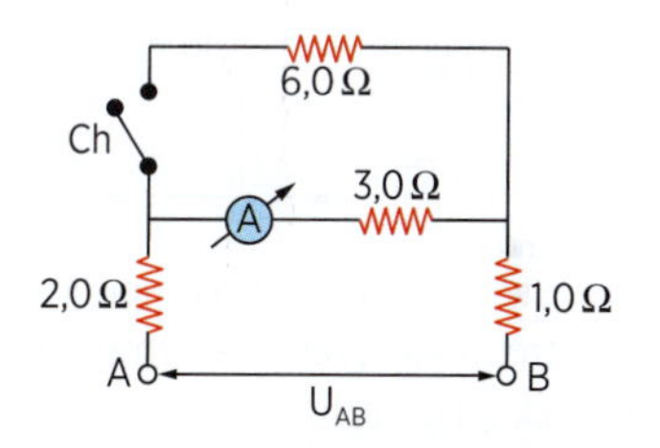

Verificação

V29. Para o circuito esquematizado abaixo, determine as leituras do amperímetro e do voltímetro, supostos ideais.

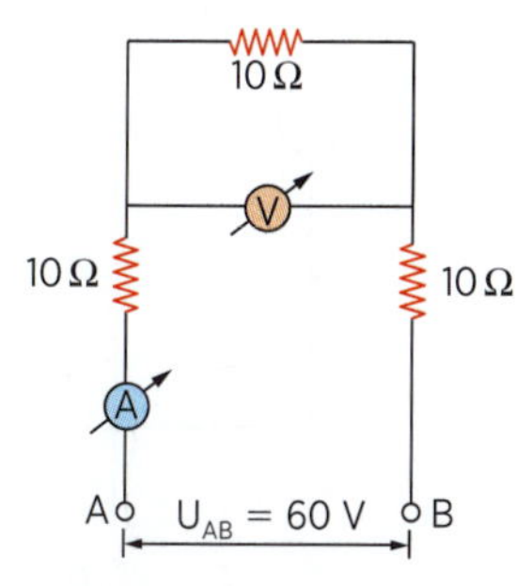

V30. Nos circuitos esquematizados a seguir, todos os resistores têm a mesma resistência *R*, e a ddp entre os extremos *A* e *B* é constante (*U*).
Em qual dos circuitos o amperímetro ideal indica a maior intensidade de corrente?

a)

b)

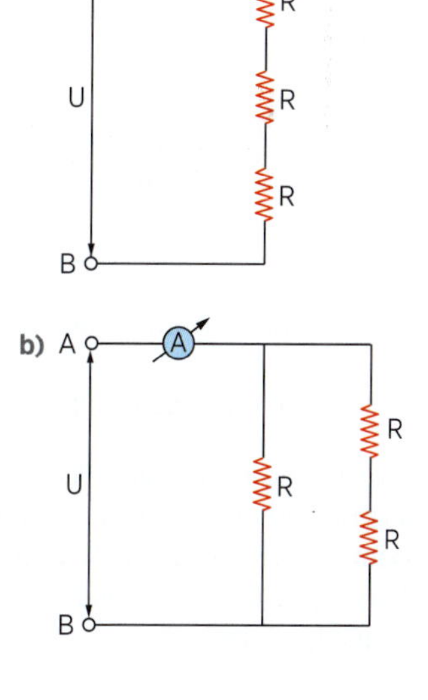

c) 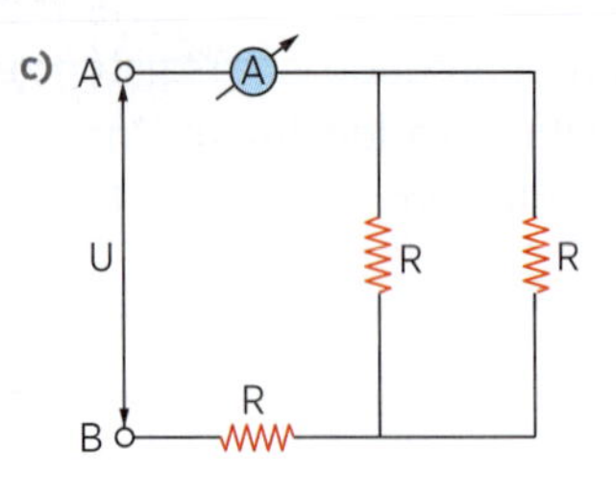

d) 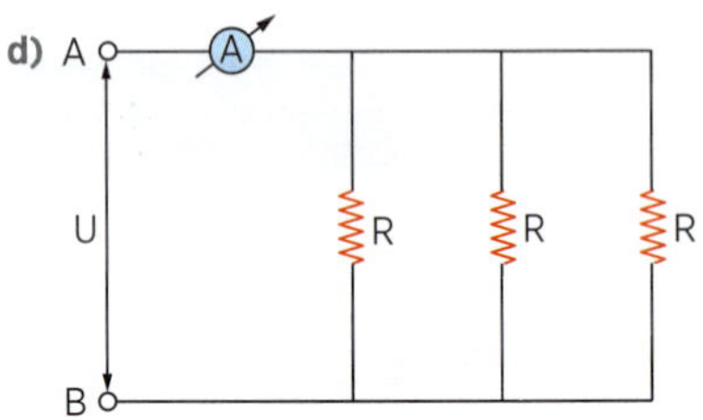

V31. Para o circuito esquematizado a seguir, qual a leitura do amperímetro ideal *A*?

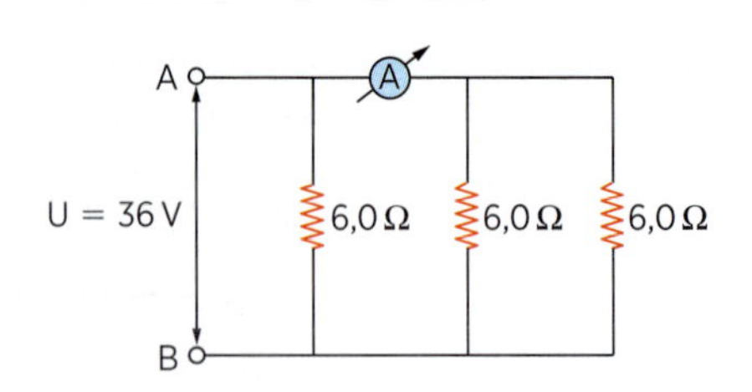

V32. Para o circuito esquematizado abaixo, determine a leitura do voltímetro *V*, ideal.

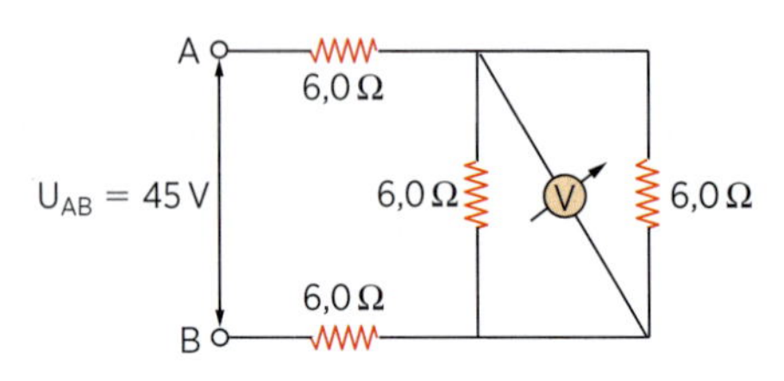

Revisão

R33. (UF-TO) No circuito elétrico abaixo a resistência interna da bateria é $R_{in} = 1{,}0\ \Omega$.

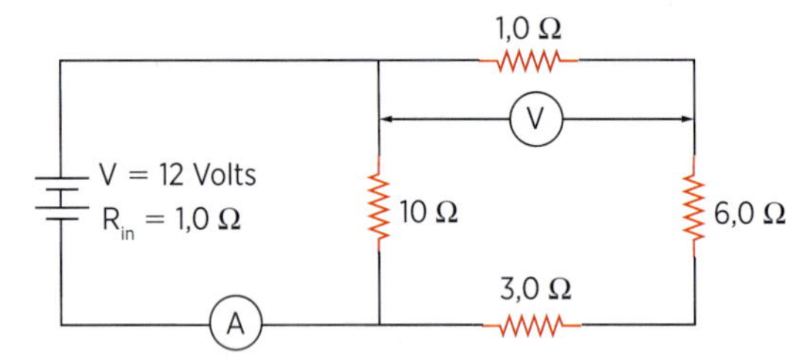

Qual é a leitura correta do amperímetro ideal *A* e do voltímetro ideal *V*, respectivamente?

a) 1,0 mA e 1,0 mV
b) 1,0 A e 0,50 V
c) 2,0 A e 1,0 V
d) 10 A e 5,0 V
e) 12 A e 6,0 V

R34. (Unicamp-SP) No circuito da figura, *A* é um amperímetro de resistência nula, *V* é um voltímetro de resistência infinita.

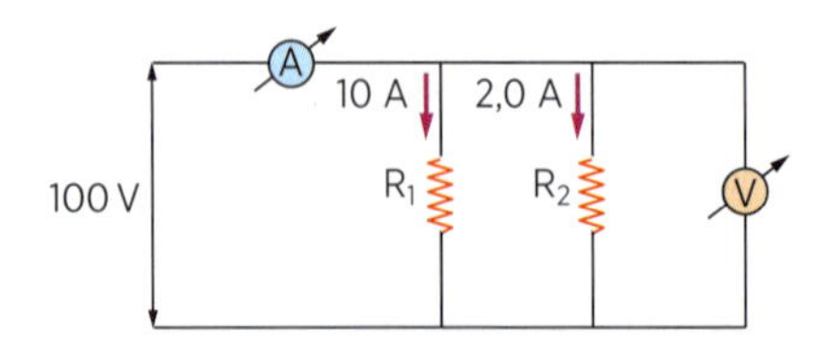

a) Qual a intensidade da corrente medida pelo amperímetro?
b) Qual a tensão elétrica medida pelo voltímetro?

R35. (Mackenzie-SP) No trecho de circuito elétrico ilustrado, a tensão elétrica entre os pontos *C* e *D* mede 240 V. Nessas condições, os instrumentos voltímetro (*V*) e amperímetro (*A*), considerados ideais, acusam, respectivamente, que medidas?

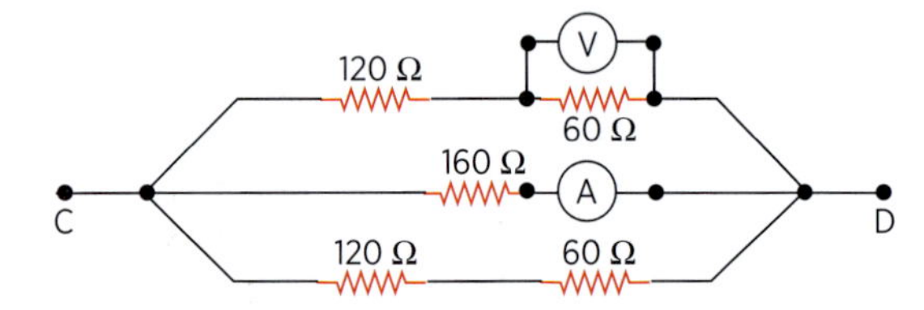

a) 160 V e 1,50 A
b) 80 V e 0,67 A
c) 160 V e 1,33 A
d) 80 V e 1,33 A
e) 80 V e 1,50 A

R36. (E. Naval-RJ) No trecho de circuito mostrado na figura, o voltímetro e os amperímetros são ideais e indicam 6 V e $\frac{4}{3}$ A (leitura igual nos dois amperímetros). As resistências possuem valor *R* desconhecido. A corrente *i*, em ampères, vale:

a) $\frac{2}{3}$
b) $\frac{4}{3}$
c) 2
d) $\frac{8}{3}$
e) 3

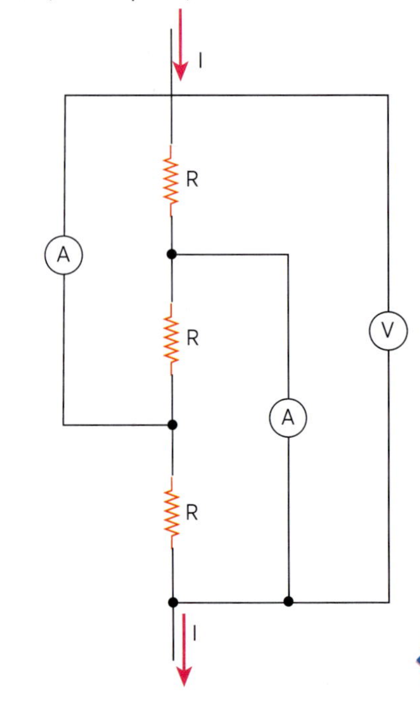

capítulo

40 Geradores elétricos

Gerador e força eletromotriz

Como dissemos no início da Eletrodinâmica, a maioria das aplicações teóricas da Eletricidade decorre da possibilidade de se manter um movimento contínuo de cargas elétricas através de um circuito.

Na figura 1 tem-se uma *pilha seca*, em cujos eletrodos foi ligada uma lâmpada.

Richard Megna/Fundamental Photographs

(a) Circuito elétrico.

Ilustrações: Luis Moura

(b) Representação gráfica de um circuito elétrico.

Figura 1

Em virtude de reações químicas, o eletrodo de carbono tem *falta de elétrons* e o de zinco *excesso de elétrons*. O eletrodo de carbono é o *polo positivo* da pilha e corresponde a um *potencial maior*; o de zinco é o *polo negativo* e corresponde a um *potencial menor*. Portanto, entre os polos, denominados genericamente *terminais*, existe uma *ddp*, no caso das pilhas, geralmente igual a 1,5 V.

Quando os terminais da pilha são ligados à lâmpada elétrica por um fio condutor, de resistência desprezível (fig. 1), elétrons livres repelidos do terminal negativo se movimentam através da lâmpada, indo para o terminal positivo (fig. 2).

Figura 2

A energia potencial elétrica desses elétrons é transferida para o filamento da lâmpada, ocasionando maior vibração de seus átomos, o que o torna incandescente, e, assim, passa a emitir luz. Quando um elétron atinge o polo positivo da pilha, ele se movimenta através dela para o polo negativo, ganhando energia potencial elétrica à custa de alguma energia química da pilha. A partir do polo negativo, o processo se repete.

Em resumo, a pilha transforma energia química em energia potencial elétrica, constituindo um exemplo de *gerador elétrico*.

A afirmação de que existe *entre os terminais da pilha uma ddp de 1,5 V* significa que a energia química que se transforma em energia potencial elétrica é de 1,5 J para cada carga elétrica igual a 1 C que atravessa a pilha.

Concluímos, então, que *a função essencial de um gerador é transformar outra forma de energia* (no caso da pilha, energia química) *em energia potencial elétrica*.

Na figura 2, mostramos o sentido convencional da corrente *i* (movimento de cargas positivas), sempre contrário ao movimento das cargas negativas. Assim, quando um gerador está fornecendo energia a um circuito, o sentido da corrente elétrica convencional *i* é, no interior do gerador, do polo negativo para o polo positivo.

Um gerador não é exceção à regra de que, quando uma corrente elétrica atravessa um aparelho, parte da energia elétrica é dissipada. Isso significa que devemos considerar para os geradores uma *resistência interna r*.

A resistência interna de uma pilha seca nova é cerca de 0,05 Ω, mas, após algum tempo de uso, a resistência interna pode aumentar até 100 Ω ou mais. Assim, a resistência interna de uma pilha não é constante e ainda depende do *tempo de construção* e do *uso*. Entretanto, em nosso curso, para uma abordagem inicial, vamos considerar a resistência interna constante.

> *Gerador ideal* é aquele cuja resistência interna é nula ($r = 0$).

Na figura 3 apresentamos o símbolo de um gerador ideal. O traço maior representa o polo de maior potencial (polo positivo) e o outro, o polo de menor potencial (polo negativo).

A ddp entre os terminais de um gerador ideal é indicada pela letra *E* e recebe o nome de *força eletromotriz* (fem):

$$U = E \text{ (gerador ideal)}$$

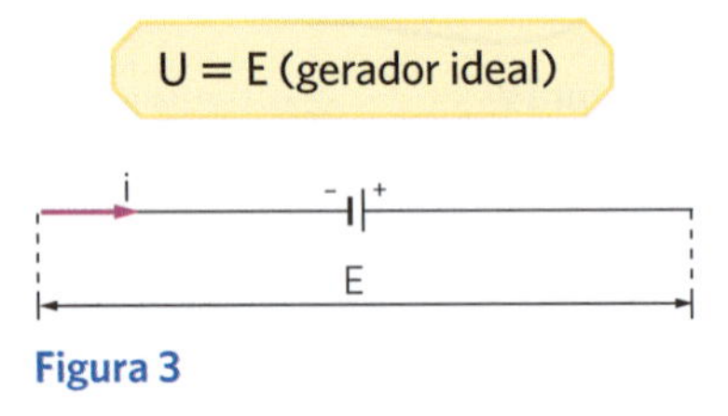

Figura 3

O símbolo de um *gerador real* ($r \neq 0$) é apresentado na figura 4. Nesse símbolo, está representada a resistência interna *r* do gerador. O valor da fem é colocado ao lado dos traços que representam os polos do gerador.

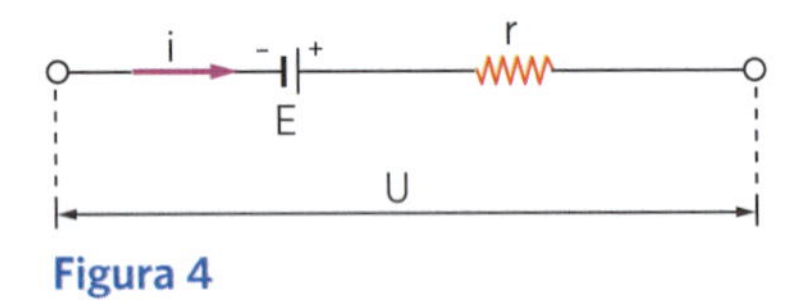

Figura 4

Levando em conta a resistência interna do gerador, percebemos que a ddp *U* entre seus terminais é menor do que a fem *E*, devido à perda de ddp na resistência interna *r*, dada pelo produto $r \cdot i$. Nessas condições, para um gerador real, temos:

$$U = E - ri$$

que constitui a *equação do gerador*.

Gerador em circuito aberto

Um gerador está em *circuito aberto* quando não alimenta nenhum circuito externo. Nesse caso, não há corrente no gerador ($i = 0$), e, pela equação do gerador, a ddp *U* nos seus terminais é igual à sua própria fem:

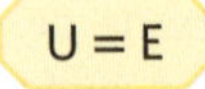

$$U = E$$

Liguemos um voltímetro ideal aos terminais de um gerador, como na figura 5. A corrente no circuito é nula; o gerador está em circuito aberto e a *indicação do voltímetro* é o valor da fem do gerador.

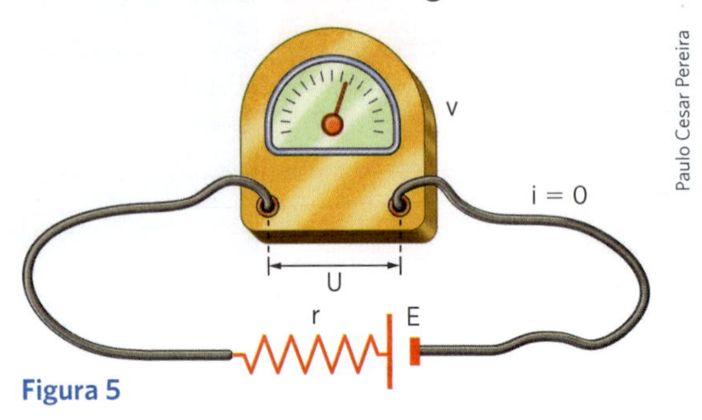

Figura 5

Gerador em curto-circuito

Se os terminais de um gerador forem ligados por um condutor de resistência elétrica nula, dizemos que ele está em curto-circuito (fig. 6). A corrente que então circula pelo condutor é denominada *corrente de curto-circuito* (i_{cc}).

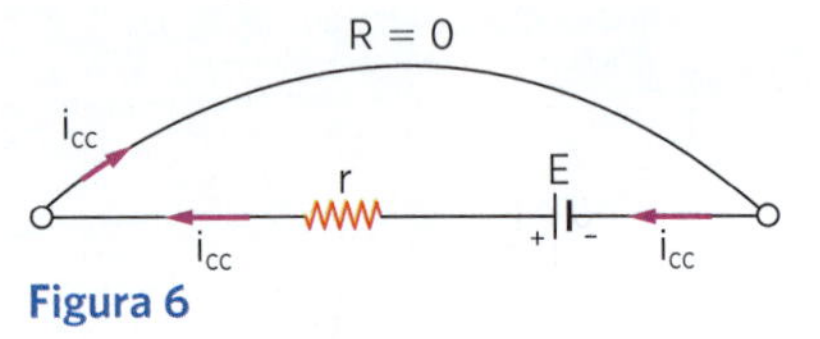

Figura 6

A ddp nos terminais do gerador é nula, pois: $U = Ri_{cc}$, onde $R = 0$. Logo: $U = 0$.

Na equação do gerador:

$$U = E - r \cdot i_{cc}$$
$$0 = E - r \cdot i_{cc}$$
$$r \cdot i_{cc} = E$$

$$i_{cc} = \frac{E}{r}$$

O valor da intensidade da corrente de curto-circuito de um gerador é uma constante característica dele.

Curva característica do gerador

Se representarmos graficamente, num sistema de eixos cartesianos, a equação do gerador ($U = E - r \cdot i$), obteremos a *curva característica do gerador* (fig. 7).

Observe que o coeficiente angular da reta representativa é $-r$, isto é: $\text{tg}\,\alpha = -r$.

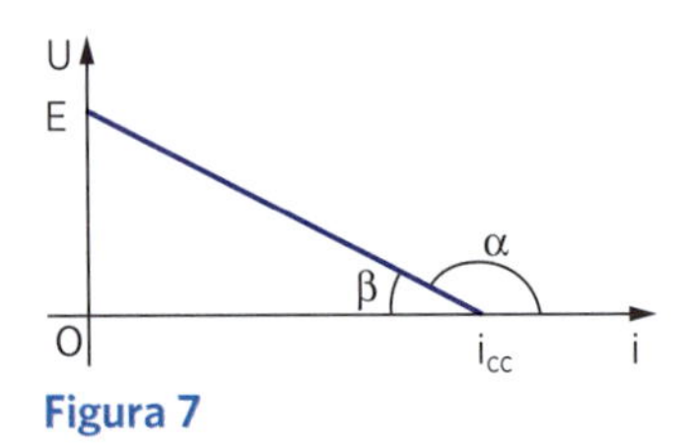

Figura 7

Sendo β o ângulo suplementar de α, resulta:

$$\text{tg}\,\beta = -\text{tg}\,\alpha \Rightarrow \boxed{\text{tg}\,\beta = r}$$

O coeficiente linear da reta corresponde ao gerador em circuito aberto:

$$i = 0 \Rightarrow U = E$$

A reta corta o eixo das abscissas no valor da intensidade da corrente de curto-circuito. Realmente:

$$U = 0 \Rightarrow i = i_{cc}$$

Aplicação

A1. Tem-se um gerador de força eletromotriz $E = 12$ V e resistência interna $r = 2{,}0\ \Omega$.
Determine:
a) a ddp nos seus terminais para que a corrente que o atravessa tenha intensidade $i = 2{,}0$ A;
b) a intensidade da corrente *i* para que a ddp no gerador seja $U = 10$ V.

A2. A curva característica de um gerador é apresentada na figura abaixo.

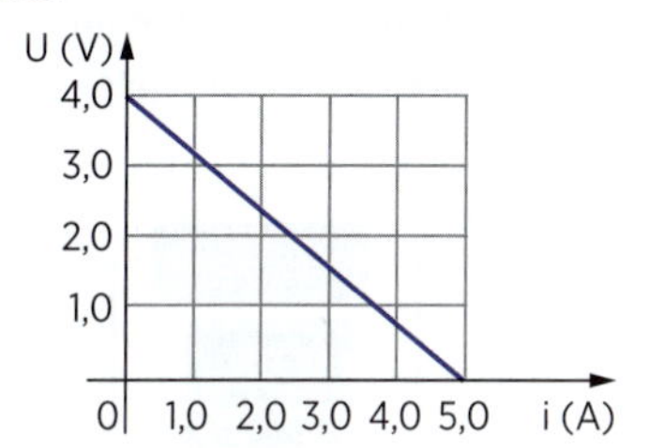

Determine:
a) a fem do gerador;
b) a intensidade da corrente de curto-circuito;
c) a resistência interna do gerador.

A3. Quando os terminais de uma pilha elétrica são ligados por um fio de resistência desprezível, passa por ele uma corrente de 20 A.
Medindo-se a ddp entre os terminais da pilha, quando ela está em circuito aberto, obtém-se 1,0 V. Determine a fem *E* e a resistência interna *r* da pilha.

A4. No circuito da figura *a*, o gerador de força eletromotriz $E = 12$ V e de resistência $r = 2\ \Omega$ está ligado a um amperímetro ideal. No circuito da figura *b*, o mesmo gerador está ligado a um voltímetro ideal. Determine as leituras do amperímetro e do voltímetro.

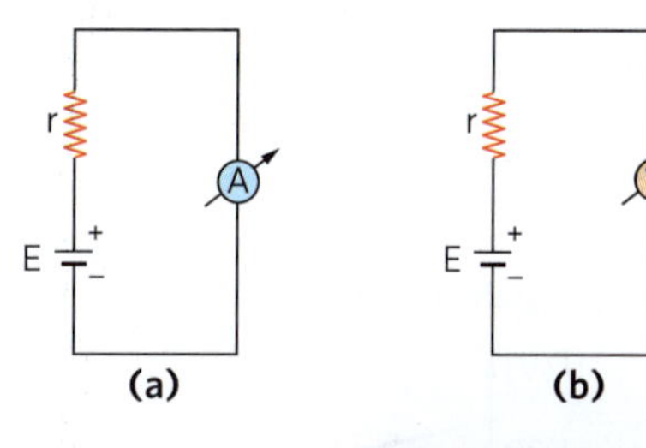

Verificação

V1. Tem-se um gerador de força eletromotriz $E = 24$ V e resistência interna $r = 3{,}0\ \Omega$. Determine:
a) a ddp *U* nos terminais do gerador, sabendo que ele é percorrido por uma corrente de intensidade $i = 3{,}0$ A;
b) a intensidade da corrente que atravessa o gerador quando a ddp entre seus terminais for $U = 18$ V;
c) a intensidade da corrente de curto-circuito.

V2. A figura a seguir representa a curva característica de um gerador.

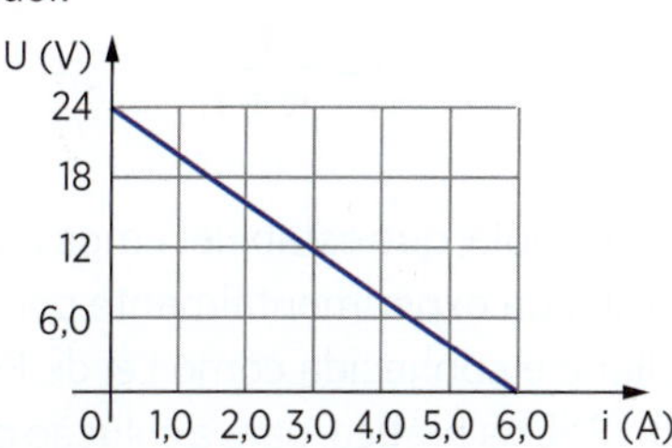

Determine:
a) a fem do gerador;
b) a intensidade da corrente de curto-circuito;
c) a resistência interna do gerador.

V3. A figura a seguir representa a curva característica de um gerador.

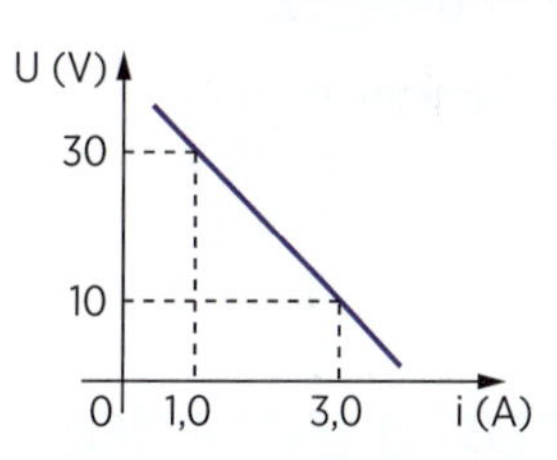

Determine:
a) a resistência interna do gerador;
b) a fem do gerador;
c) a intensidade da corrente de curto-circuito.

V4. Qual a intensidade da corrente que percorre um fio de resistência nula ligado aos terminais de um gerador de fem 20 V e resistência interna $2{,}0\ \Omega$?

V5. Um voltímetro ideal ligado aos terminais de um gerador registra 6,0 V (fig. a). Substituindo-se o voltímetro por um amperímetro, também ideal, este indica uma corrente de 15 A (fig. b). Determine a força eletromotriz e a resistência interna do gerador.

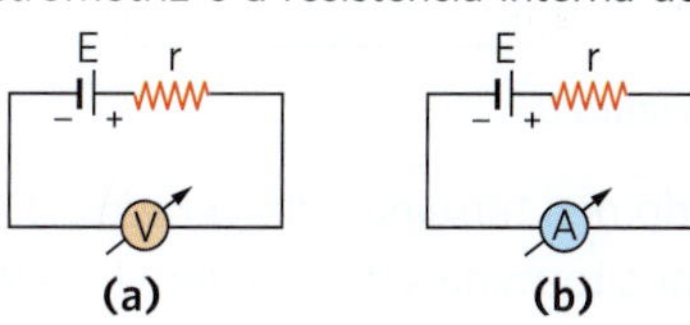

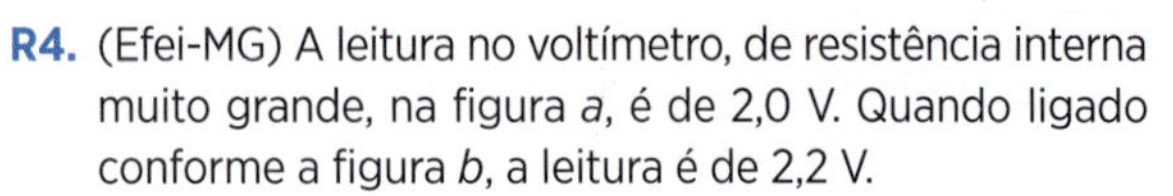

R1. (Fatec-SP) Uma pilha elétrica tem força eletromotriz E = 6,0 V e resistência interna r = 0,20 Ω.

a) A corrente de curto-circuito é i_{cc} = 1,2 A.

b) Em circuito aberto, a tensão entre os terminais é nula.

c) Se a corrente for i = 10 A, a tensão entre os terminais é U = 2,0 V.

d) Se a tensão entre os terminais for U = 5,0 V, a corrente é i = 25 A.

e) Em circuito aberto, a tensão entre os terminais é 6,0 V.

R2. (UFR-RJ) O gráfico abaixo representa a curva característica de um gerador.

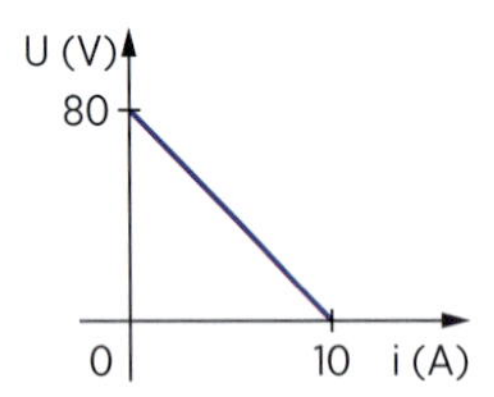

Analisando as informações do gráfico, determine:

a) a resistência interna do gerador;

b) a fem e a intensidade da corrente de curto-circuito do gerador.

R3. (FEI-SP) Um gerador elétrico tem curva característica dada pelo gráfico abaixo.

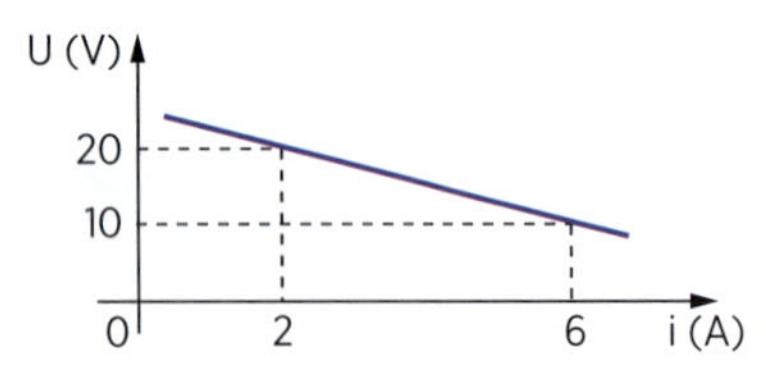

Sua força eletromotriz vale:

a) 20 V
b) 25 V
c) 2,5 V
d) 6 V
e) 30 V

R4. (Efei-MG) A leitura no voltímetro, de resistência interna muito grande, na figura *a*, é de 2,0 V. Quando ligado conforme a figura *b*, a leitura é de 2,2 V.

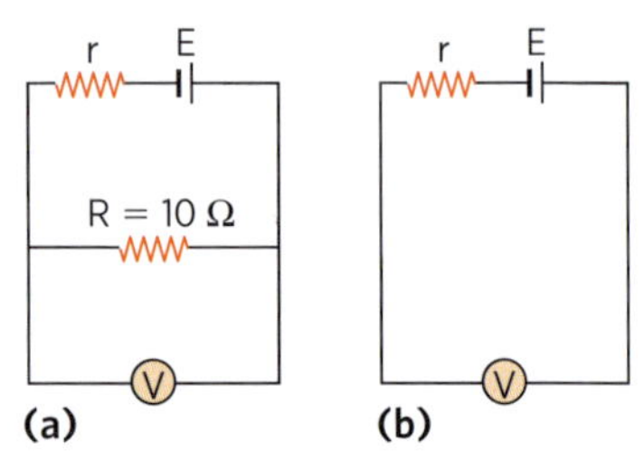

Determine:

a) a fem da pilha;

b) a resistência interna da pilha.

R5. (F. M. Triângulo Mineiro-MG) No circuito, com a chave desligada, o voltímetro mede 1,68 V. Ao se ligar a chave, fecha-se um circuito com um resistor de resistência 250 Ω e então o voltímetro passa a indicar o valor 1,50 V.

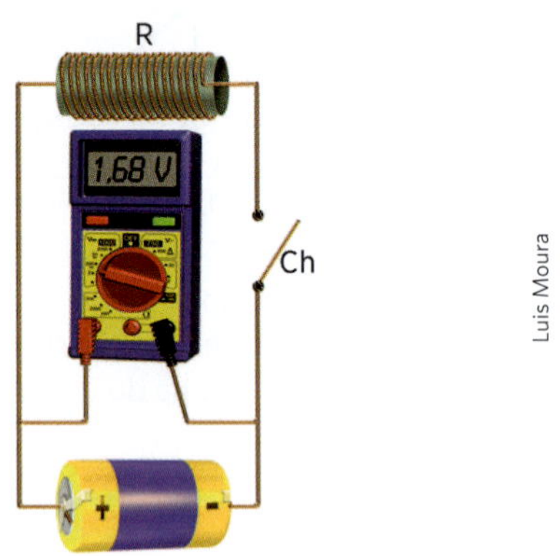

Luis Moura

Nessas condições, o valor da resistência interna da pilha é, em Ω, de:

a) 6
b) 15
c) 25
d) 30
e) 108

Circuito gerador-resistor. Lei de Pouillet

Consideremos o circuito da figura 8, formado pelo gerador (*E*, *r*), pelo resistor (*R*) e por fios de ligação de resistência elétrica desprezível.

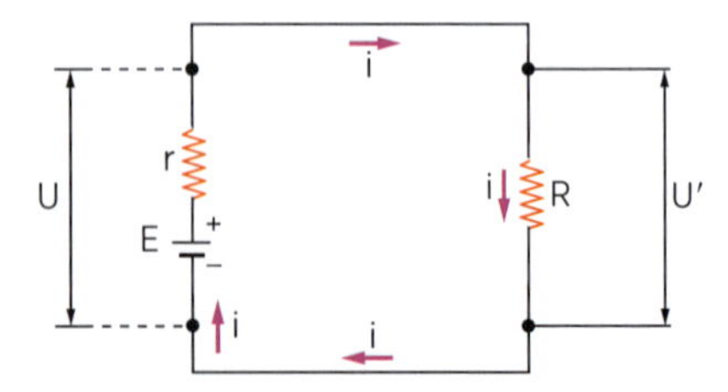

Figura 8

A ddp nos terminais do gerador U = E − ri é a mesma nos terminais do resistor U' = Ri. Então:

$$U = U' \Rightarrow E - ri = Ri \Rightarrow E = Ri + ri$$

Portanto, a intensidade de corrente no circuito vale:

$$i = \frac{E}{R + r}$$

Essa fórmula, que estabelecemos teoricamente, foi determinada experimentalmente pelo físico francês Pouillet e é conhecida como Lei de Pouillet. Essa lei é muito útil, na prática, para a solução dos circuitos de corrente contínua. Destaquemos que:

_R_ é a resistência externa do circuito, podendo ser a resistência equivalente de uma associação qualquer de resistores.

Aplicação

A5. Determine a intensidade da corrente que atravessa os circuitos esquematizados a seguir.

a)

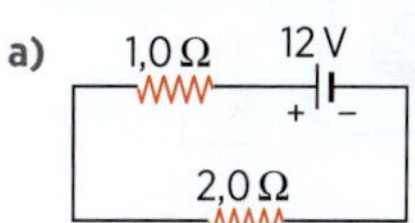

b) 0,50 Ω 30 V 1,5 Ω 3,0 Ω

A6. Considere o circuito abaixo. Qual a intensidade da corrente que atravessa o gerador?

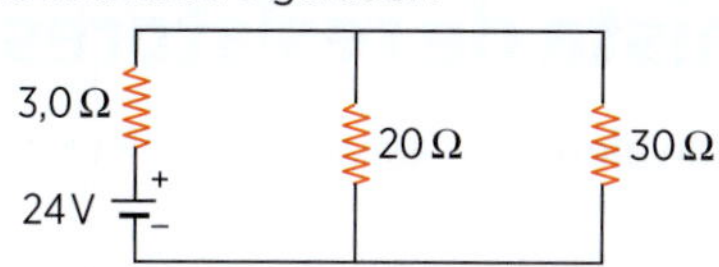

A7. Uma bateria de fem 12 V é ligada a um resistor de resistência *R*. A intensidade da corrente elétrica que percorre o circuito é de 1,0 A e a ddp em *R* é de 10 V. Determine:

a) a resistência *R*;

b) a resistência interna *r* da bateria.

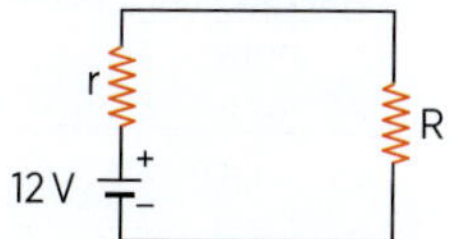

A8. Um gerador, quando ligado a um resistor de resistência 2,0 Ω, é percorrido por uma corrente de intensidade 4,0 A. A corrente de curto-circuito do gerador tem intensidade 6,0 A. Determine a fem *E* e a resistência interna *r* do gerador.

Verificação

V6. Considere o circuito esquematizado abaixo.

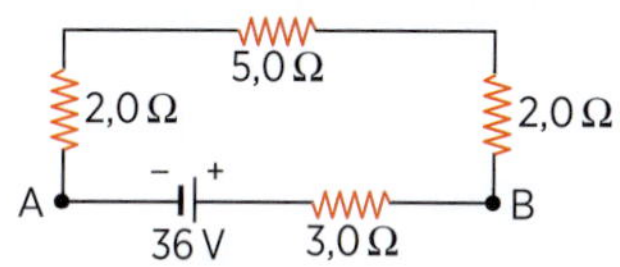

a) Qual a intensidade da corrente que atravessa o gerador AB?

b) Qual a ddp entre os terminais do gerador?

V7. Determine a intensidade da corrente que atravessa o gerador. Analise os casos:

a) A chave *Ch* está aberta.

b) A chave *Ch* está fechada.

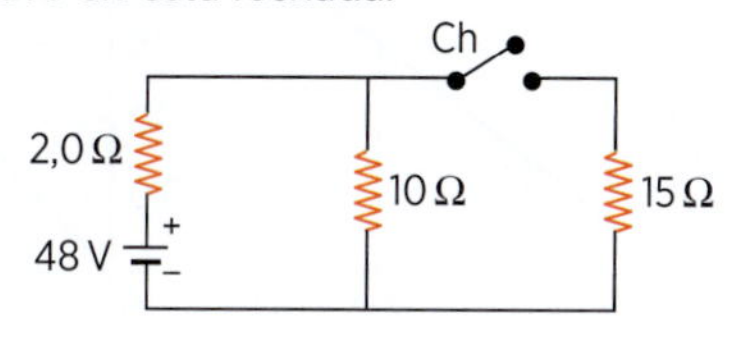

V8. Uma pilha, quando ligada a um resistor de 1,0 Ω, é percorrida por uma corrente de 1,0 A e, quando ligada a outro resistor, de 0,60 Ω, é percorrida por outra corrente, de 1,5 A.

Determine a força eletromotriz e a resistência interna da pilha.

V9. Dois resistores, um de 2,0 Ω e outro de resistência elétrica *R*, estão associados em série e ligados a uma bateria de fem 12 V e resistência interna 1,0 Ω. A ddp entre os terminais do gerador é 10 V. Qual o valor de *R*?

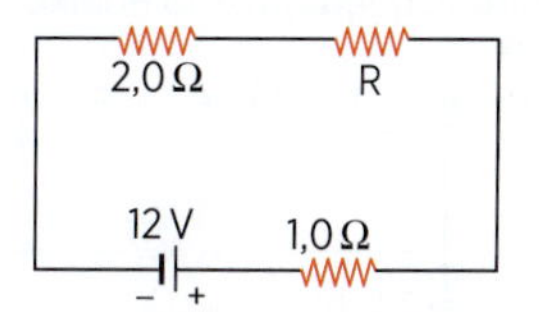

R6. (UF-CE) No circuito visto na figura ao lado, a bateria não tem resistência interna. Determine, em volts, a diferença de potencial U_{AB} entre os pontos *A* e *B*.

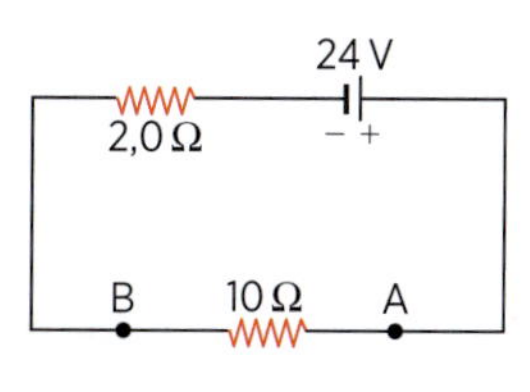

R7. (UF-PE) Um circuito elétrico é formado por uma bateria ideal que fornece uma tensão elétrica ou diferença de potencial (ddp) $\varepsilon = 9$ volts a um conjunto de três resistores iguais (R = 1000 ohms) ligados em paralelo, de acordo com a figura abaixo.

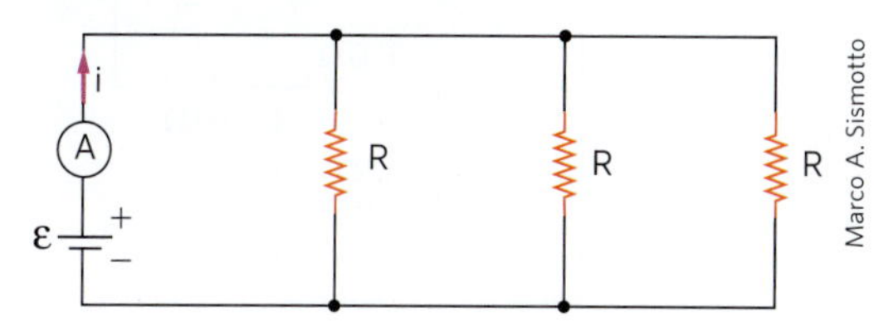

Se um amperímetro A for ligado na saída da bateria, o valor da corrente elétrica *i* fornecida ao circuito será:

a) 1,7 A
b) $2,7 \times 10^{-2}$ A
c) 2,7 A
d) 0,7 A
e) $1,7 \times 10^{+2}$ A

R8. (UF-RR) No circuito elétrico a seguir, *B* é uma bateria ideal com fem de 12 V, *S* é uma chave e *R* representa resistores com valor de resistência de 6 Ω.

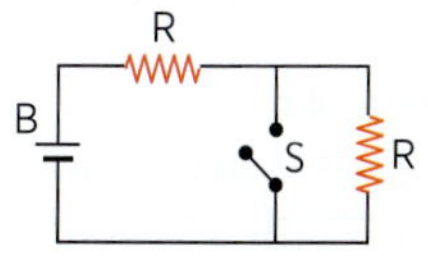

A ddp nos terminais da chave *S* quando ela está aberta e depois fechada, e a intensidade da corrente total quando a chave está fechada, valem, respectivamente:

a) 6 V, 6 V e 2 A
b) 0 V, 0 V e 4 A
c) 12 V, 6 V e 2 A
d) 12 V, 12 V e 4 A
e) 6 V, 0 V e 2 A

R9. (UF-PE) Para determinar a resistência interna, *r*, de uma bateria foi montado o circuito da figura ao lado. Verificou-se que, quando o resistor *R* vale 20 Ω, o amperímetro indica 500 mA. Quando R = 112 Ω, o amperímetro marca 100 mA. Qual o valor de *r*, em ohms? Considere que a resistência do amperímetro é desprezível.

bateria
amperímetro
R
resistor

Paulo Cesar Pereira

Gerador ligado a uma associação mista de resistores

Nesse caso, ao aplicarmos a Lei de Pouillet, *R* é a resistência equivalente da associação mista de resistores.

A9. Para o circuito da figura abaixo, determine:

a) a intensidade da corrente que atravessa o gerador AB;

b) a ddp entre *A* e *B*.

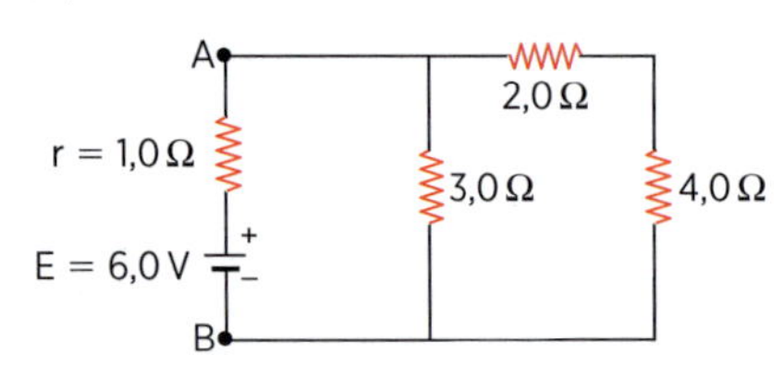

A10. No circuito esquematizado abaixo, calcule:

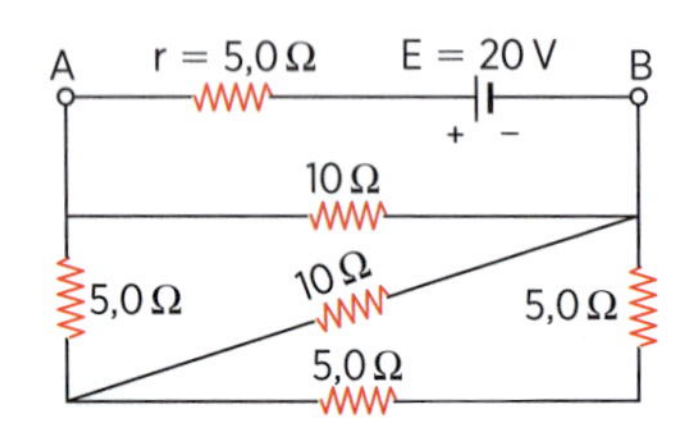

a) a intensidade da corrente que passa pelo gerador AB;

b) a ddp entre *A* e *B*.

A11. Dado o circuito esquematizado abaixo, calcule a intensidade da corrente através do resistor de 6,0 Ω.

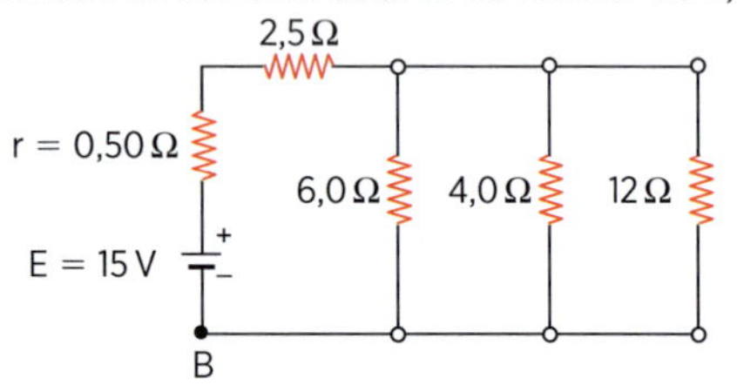

A12. Dois resistores de resistências elétricas R_1 e R_2 têm as seguintes curvas características:

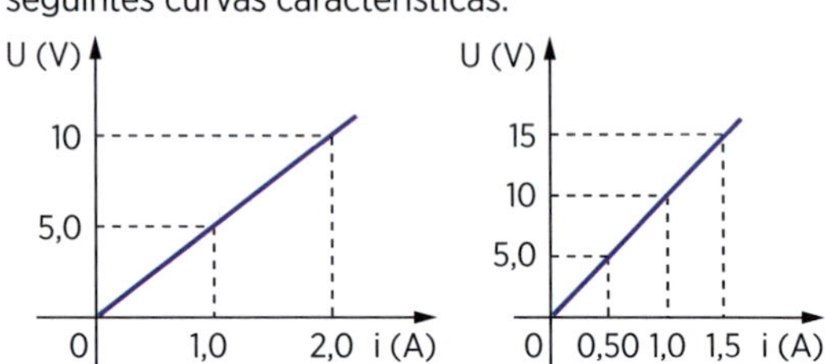

Esses dois resistores são associados em série e ligados aos terminais de uma bateria de fem 12 V e resistência interna 1,0 Ω. Determine a intensidade da corrente que atravessa os resistores.

Verificação

V10. Para o circuito da figura abaixo, determine:

a) a intensidade da corrente que atravessa o gerador AB;

b) a ddp entre *A* e *B*.

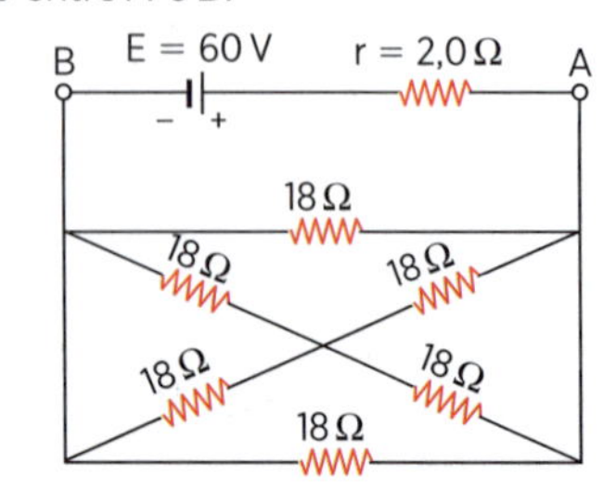

V11. Para o circuito esquematizado abaixo, calcule:

a) a resistência externa do circuito;

b) a intensidade da corrente na bateria;

c) a intensidade da corrente no resistor de 6,0 Ω.

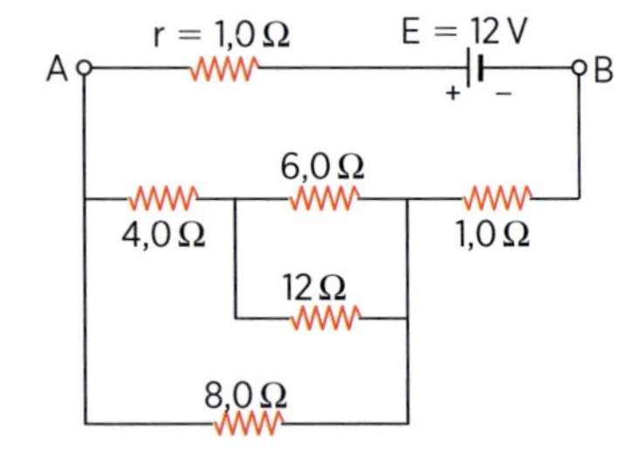

V12. Considere o circuito esquematizado a seguir.

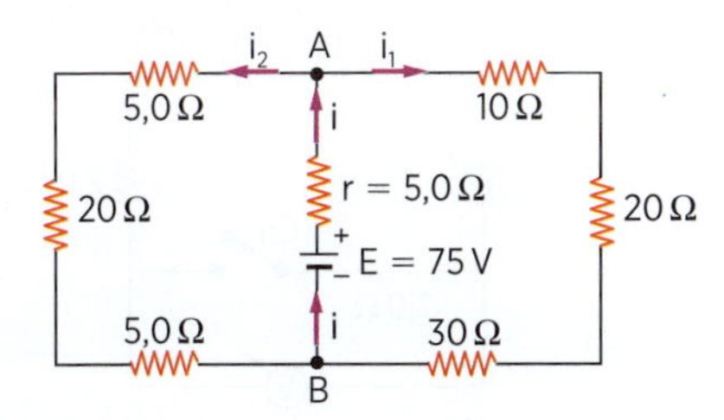

Determine:

a) a intensidade da corrente total i;

b) a ddp entre A e B;

c) as intensidades das correntes i_1 e i_2 indicadas.

V13. Em uma experiência com dois resistores, A e B, foram obtidos os seguintes diagramas de ddp × corrente:

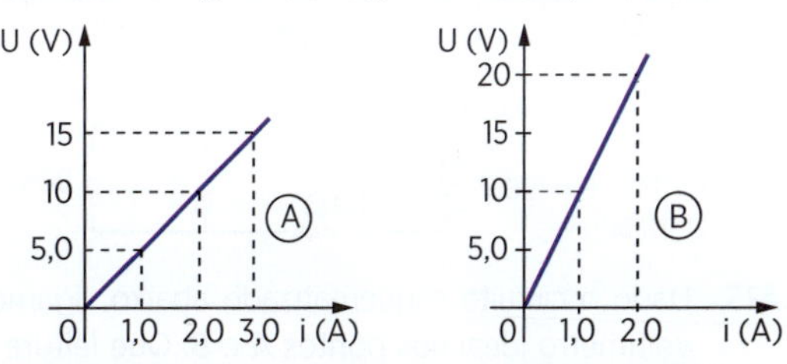

Associando em paralelo os resistores A e B a um gerador de fem 10 V e resistência interna desprezível, calcule a intensidade da corrente que se estabelece no circuito formado.

Revisão

R10. (Unimontes-MG) Determine o valor de r no circuito ao lado, de forma que a corrente máxima seja $I_M = 2$ A. (Dados: R = 20 Ω e r′ = 5 Ω.)

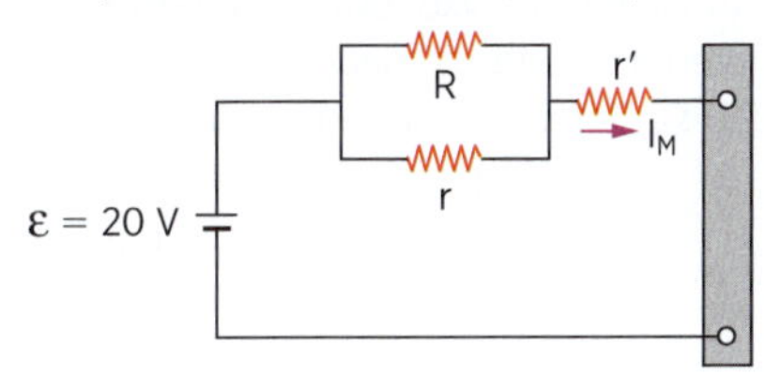

a) $\frac{10}{3}$ Ω **b)** 4 Ω **c)** $\frac{20}{3}$ Ω **d)** 5 Ω

R11. (UE-PB) No laboratório de eletricidade, uma equipe de alunos recebe a orientação do professor para montar o circuito apresentado na figura abaixo. Neste circuito existe um cilindro condutor com comprimento de 1 m, área da seção transversal de 10^{-6} m² e resistividade do material de $2 \cdot 10^{-5}$ Ωm.

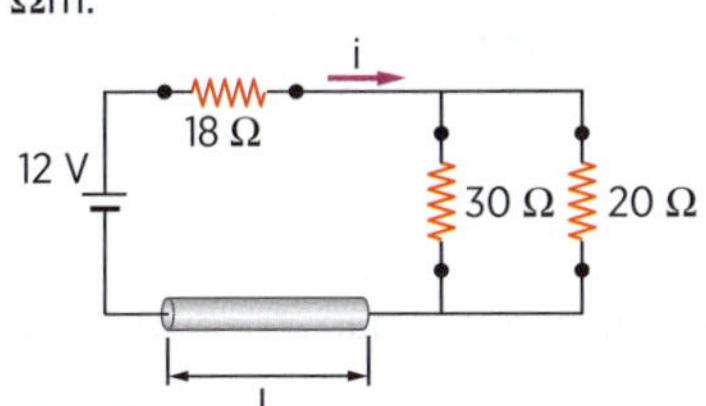

Desprezando-se a resistência dos fios, a corrente i indicada no circuito vale:

a) 0,20 A **b)** 0,30 A **c)** 0,12 A **d)** 0,24 A **e)** 0,15 A

R12. (Fuvest-SP) No circuito a seguir, as lâmpadas L_1 e L_2 são idênticas. Com a chave S desligada, a corrente no circuito é de 1 A.

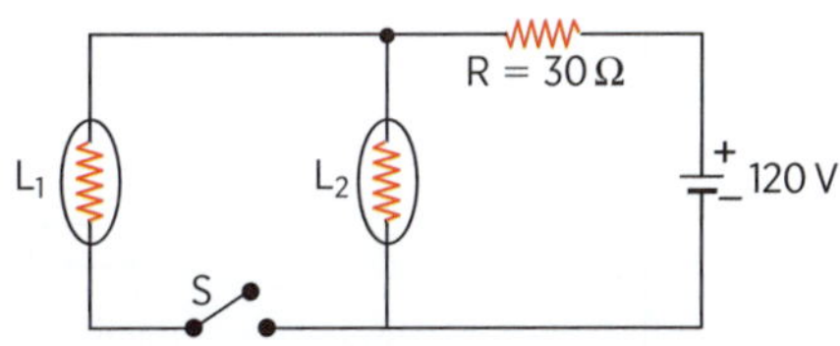

Qual a corrente que passa pelo resistor R ao ser ligada a chave S?

a) 2 A **b)** 1,6 A **c)** 0,5 A **d)** 1 A **e)** 3 A

R13. (U. F. Juiz de Fora-MG) No circuito da figura abaixo, a corrente que passa pelo resistor de 8,0 Ω é:

a) 1,5 A
b) 3,0 A
c) 1,0 A
d) 2,0 A
e) 0,75 A

4,0 Ω
i
6,0 V
8,0 Ω
4,0 Ω

Leituras de amperímetros e voltímetros ideais

Lembremos que o amperímetro ideal tem resistência elétrica nula e mede a intensidade da corrente que atravessa o elemento com que foi ligado em série. O voltímetro ideal tem resistência infinitamente grande, por ele não passa corrente elétrica e mede a ddp no elemento com que está ligado em paralelo.

Aplicação

A13. No circuito esquematizado ao lado, o voltímetro ideal registra uma ddp de 6,0 V. Determine:

a) a intensidade da corrente registrada pelo amperímetro ideal conectado ao circuito;

b) a fem do gerador.

A14. No circuito apresentado abaixo, o amperímetro ideal registra 1,0 A. Calcule o valor da resistência R.

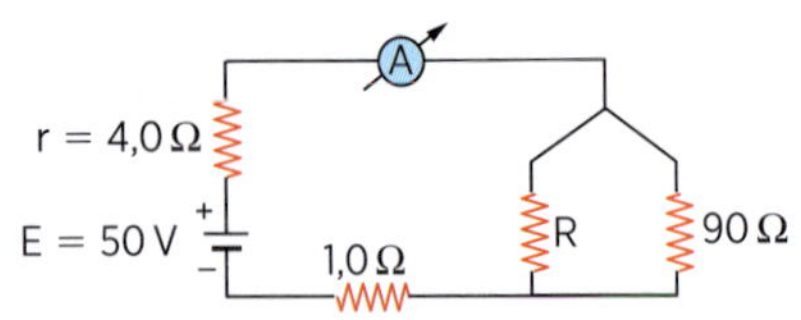

A15. Dado o circuito esquematizado abaixo, ligamos um voltímetro ideal aos pontos A e B. Que leitura obteremos com a chave Ch:

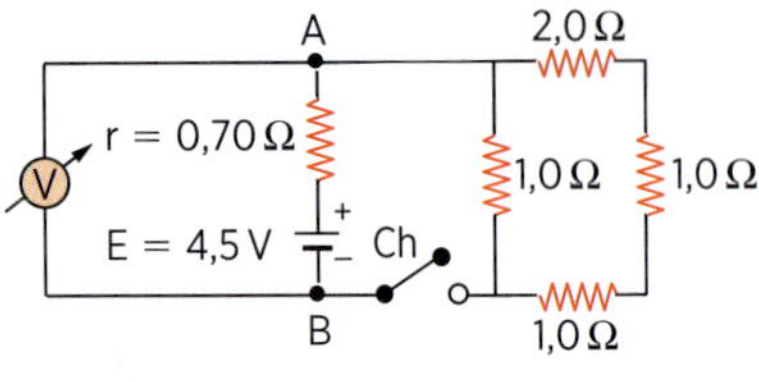

a) aberta; **b)** fechada.

A16. Considere o circuito esquematizado abaixo.

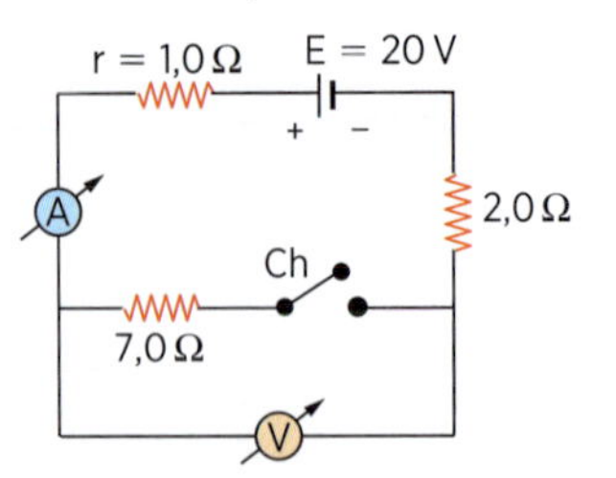

Determine as leituras do amperímetro e do voltímetro, ambos ideais, nos casos em que:

a) a chave Ch está aberta;

b) a chave Ch está fechada.

Verificação

V14. No circuito abaixo, B é uma bateria ideal de 15 V, A é um amperímetro ideal e os resistores R são todos iguais, de resistência elétrica 2,0 Ω. Determine a indicação do amperímetro.

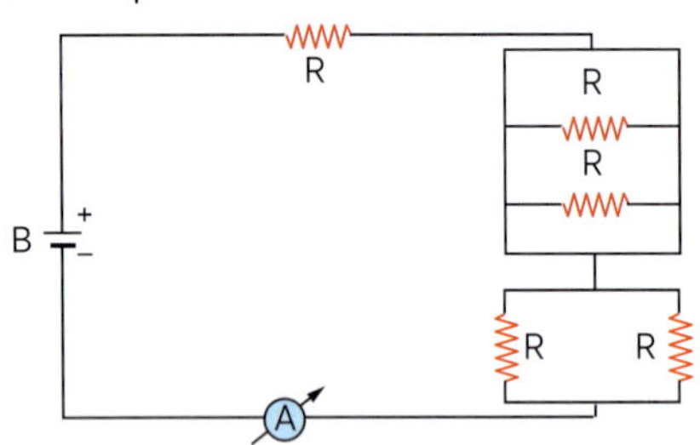

V15. No circuito da figura abaixo, o amperímetro ideal acusa 5,0 A. Determine o valor da resistência R.

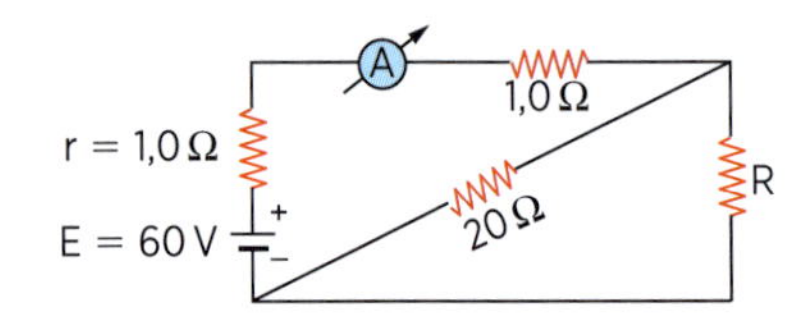

V16. No circuito abaixo, um voltímetro ideal (resistência interna infinita) é ligado em série com o resistor de 9,0 Ω. Determine sua indicação.

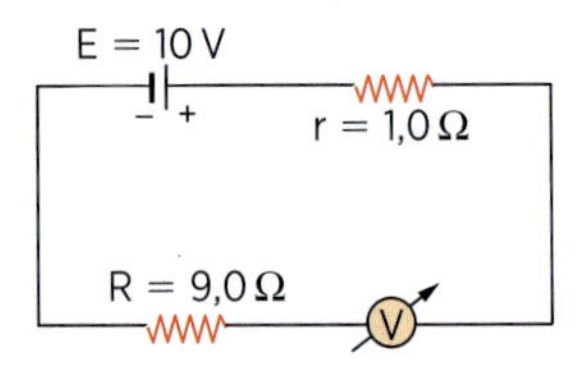

V17. No circuito da figura abaixo, quando a chave Ch está aberta, o voltímetro V, ideal, registra 12 V e, quando está fechada, o amperímetro A, ideal, indica 3,0 A. Determine a força eletromotriz E e o valor R da resistência elétrica.

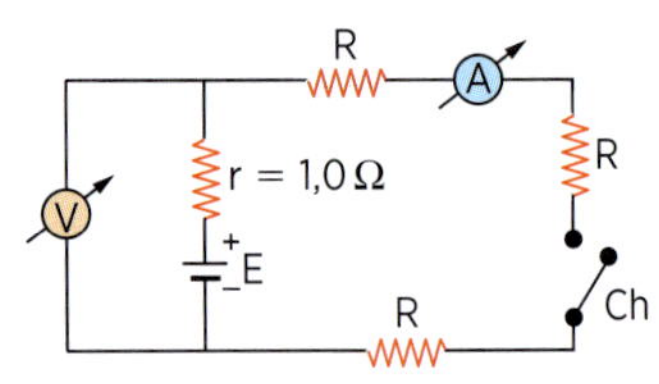

Revisão

R14. (Vunesp-SP) Três resistores de 40 ohms cada um são ligados a uma bateria de fem E e resistência interna desprezível, como mostra a figura. O amperímetro (A) é ideal.

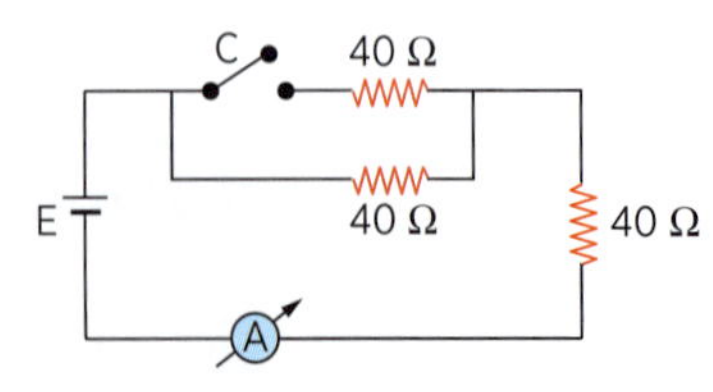

Quando a chave C está aberta, a corrente que passa pela bateria é 0,15 A.

a) Qual é o valor da fem E?

b) Que corrente passará pelo amperímetro quando a chave C for fechada?

R15. (Fuvest-SP) O amperímetro A e o voltímetro V do circuito abaixo são ideais. Com a chave K ligada, o amperímetro marca 1 mA e o voltímetro 3 V. Desprezando-se a resistência interna da bateria, quais os valores de R e E?

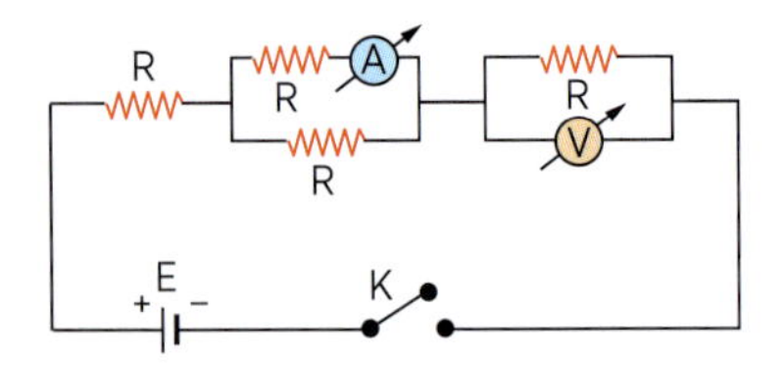

R16. (Mackenzie-SP) No circuito representado abaixo, a razão entre as leituras V_A e V_F do voltímetro ideal V, com a chave *Ch* aberta (V_A) e depois fechada (V_F), é:

a) 6
b) 4
c) 2
d) 1
e) zero

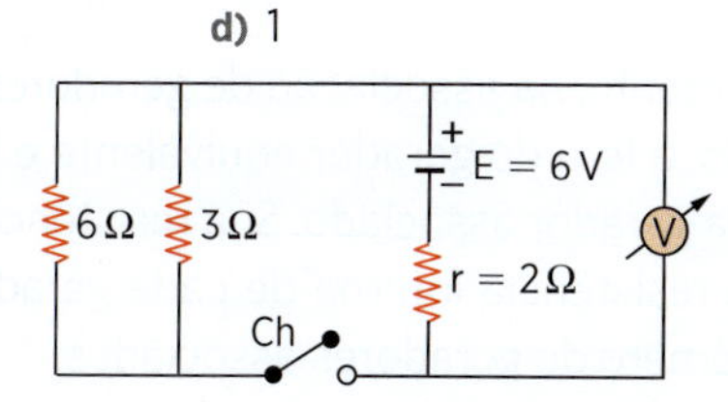

R17. (Mackenzie-SP) No laboratório de Física, um aluno observou que ao fechar a chave *Ch* do circuito abaixo, o valor fornecido pelo voltímetro ideal passa a ser 3 vezes menor.

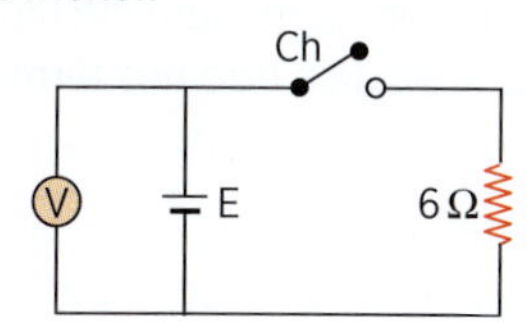

Analisando esse fato, o aluno determinou que a resistência interna do gerador vale:

a) 4 Ω
b) 6 Ω
c) 8 Ω
d) 10 Ω
e) 12 Ω

R18. (F. M. Jundiaí-SP) Os dois circuitos elétricos mostrados abaixo são montados com dois resistores ôhmicos R_1 e R_2, um gerador ideal de 120 V, um amperímetro também ideal e fios de resistência elétrica desprezível.
Se no primeiro circuito o amperímetro indica 2,4 A e, no segundo, 10 A, pode-se concluir que R_1 e R_2 valem, em ohm:

a) 25 e 25
b) 20 e 50
c) 20 e 30
d) 10 e 60
e) 10 e 40

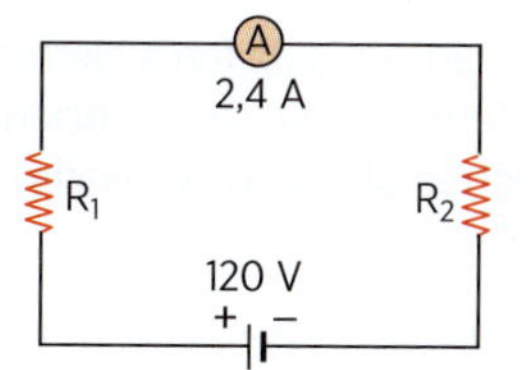

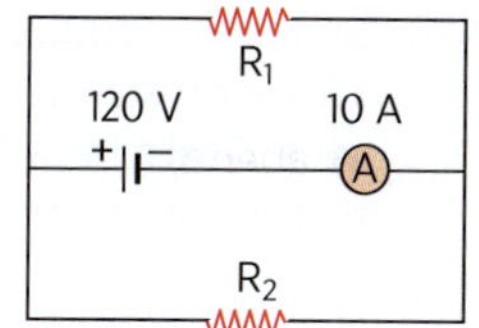

Associação de geradores

Associação de geradores em série

Vários geradores estão associados *em série* quando o polo positivo de um é ligado ao polo negativo do seguinte, de modo que eles sejam percorridos pela mesma corrente.

Nesse caso, os geradores de características (E_1; r_1), (E_2; r_2), ..., (E_n; r_n) podem ser substituídos por um *gerador equivalente* de características (E_s; r_s) (fig. 9).

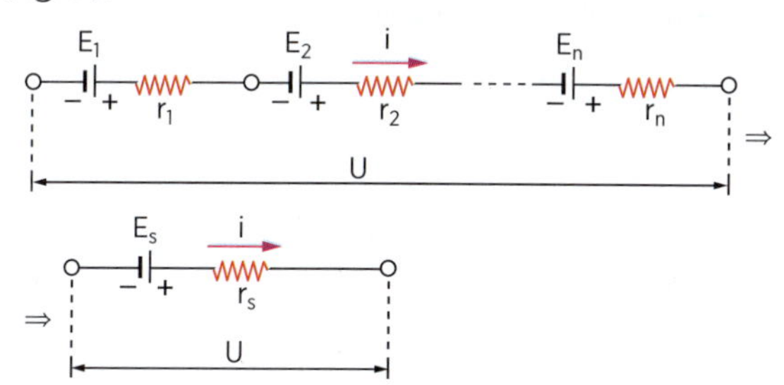

Figura 9

A ddp nos terminais da associação é igual à soma das ddps nos terminais dos geradores associados.

$$U = U_1 + U_2 + ... + U_n$$

Para o gerador equivalente: $U = E_s - r_s i$
Para os geradores associados:

$$U_1 = E_1 - r_1 i,\ U_2 = E_2 - r_2 i,\ ...,\ U_n = E_n - r_n i$$

Portanto:

$$E_s - r_s i = E_1 - r_1 i + E_2 - r_2 i + ... + E_n - r_n i$$
$$E_s - r_s i = (E_1 + E_2 + ... + E_n) - (r_1 + r_2 + ... + r_n)i$$

Identificando os termos:

$$E_s = E_1 + E_2 + ... + E_n$$

$$r_s = r_1 + r_2 + ... + r_n$$

Portanto, na associação de geradores em série, a fem do gerador equivalente é a soma das fems dos geradores associados, e sua resistência interna é a soma das resistências internas dos geradores associados.

Se tivermos *n* geradores iguais de fem *E* e resistência interna *r*, teremos, para o gerador equivalente:

$$E_s = nE \qquad r_s = nr$$

Associação de geradores em paralelo

Só estudaremos a associação em paralelo de *n* geradores iguais de fem *E* e resistência interna *r* por ser o caso de maior interesse prático.

Numa associação *em paralelo*, os polos positivos dos geradores são ligados entre si, o mesmo acontecendo com os polos negativos.

Sejam E_p e r_p, respectivamente, a fem e a resistência interna do gerador equivalente (fig. 10).

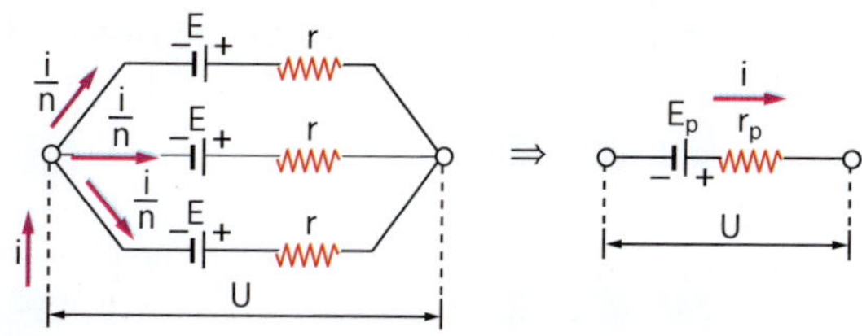

Figura 10

A intensidade de corrente em cada gerador associado é $\frac{i}{n}$, pois a corrente total *i* se divide por *n* ramos iguais. A equação do gerador aplicada a qualquer dos geradores associados fornece:

$$U = E - r\frac{i}{n} \quad \text{ou} \quad U = E - \frac{r}{n} \cdot i$$

Para o gerador equivalente: $U = E_p - r_p i$

Identificando os termos nas duas expressões, vem:

$$E_p = E \quad \text{e} \quad r_p = \frac{r}{n}$$

Portanto, na associação de geradores iguais em paralelo, a fem do gerador equivalente é igual à fem de cada gerador associado. Sua resistência interna é igual à resistência interna de cada gerador dividida pelo número de geradores associados.

Aplicação

A17. Seis pilhas idênticas, cada uma de força eletromotriz 1,5 V e resistência interna 0,12 Ω, são associadas em série. Qual a força eletromotriz e a resistência interna da pilha equivalente?

A18. Qual seria a resposta do exercício anterior se as pilhas fossem ligadas em paralelo?

A19. Duas baterias de fem 6,0 V e 12 V, com resistências internas de 0,40 Ω e 0,80 Ω, respectivamente, são ligadas em série num circuito com um resistor de 7,8 Ω. Calcule a ddp nos terminais da bateria de 12 V.

A20. Duas baterias idênticas estão associadas em paralelo e a associação é ligada a um resistor de 10 Ω. Cada bateria tem fem E = 12 V e resistência interna r = 4,0 Ω. Calcule a intensidade da corrente em cada bateria.

Verificação

V18. Associam-se em série três pilhas secas idênticas, de fem E = 1,5 V. Ligando-se à associação um resistor de resistência elétrica R = 6,0 Ω, a corrente que se estabelece é igual a 500 mA. Calcule a resistência interna das pilhas.

V19. No circuito esquematizado abaixo, determine a intensidade da corrente indicada pelo amperímetro ideal.

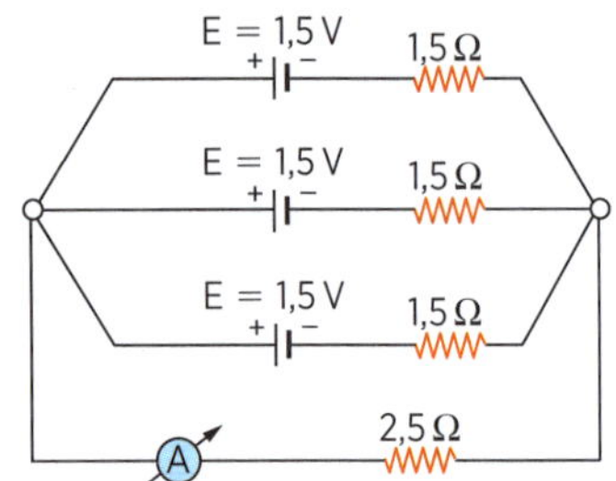

V20. No circuito esquematizado a seguir, os instrumentos de medida são ideais e os geradores têm resistência interna desprezível. Determine as leituras do amperímetro e do voltímetro.

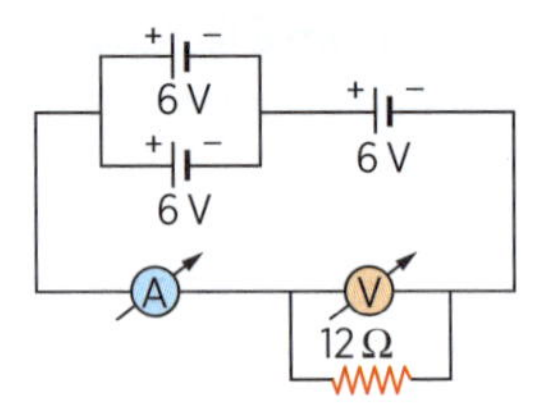

V21. Com duas baterias idênticas, montam-se os circuitos esquematizados a seguir.

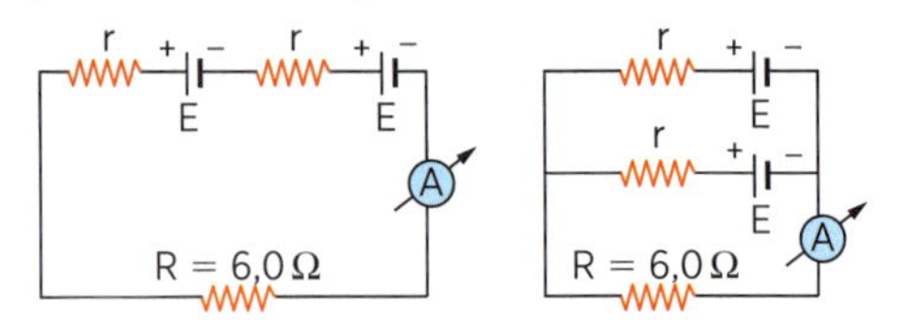

No primeiro circuito, o amperímetro ideal *A* registra 1,4 A e no segundo 1,0 A.
Calcule a força eletromotriz *E* e a resistência interna *r* de cada bateria.

Revisão

R19. (Cesgranrio-RJ) Pilhas de lanternas estão associadas por fios metálicos, segundo os arranjos:

I.
II.
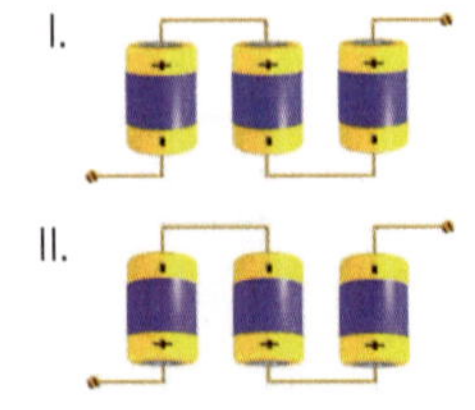

III.
IV.
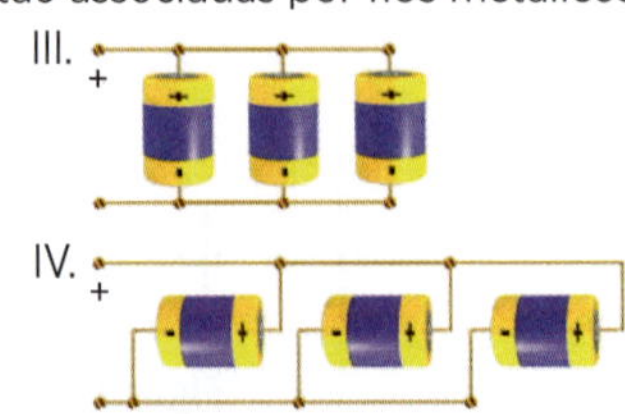

V.

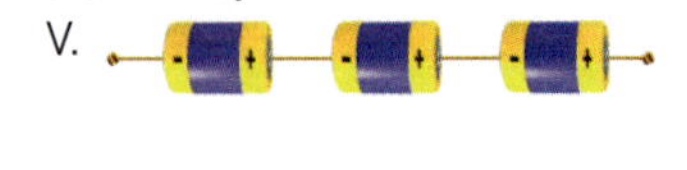

Luis Moura

Ligando-se resistores entre os pontos terminais livres, pode-se afirmar que as pilhas estão eletricamente em:

a) paralelo em I, II e III.
b) paralelo em III e IV.
c) série em I, II e III.
d) série em IV e V.
e) série em II e V.

R20. (Fuvest-SP) Seis pilhas iguais, cada uma com diferença de potencial *V*, estão ligadas a um aparelho, com resistência elétrica *R*, na forma esquematizada na figura. Nessas condições, a corrente medida pelo amperímetro *A*, colocado na posição indicada, é igual a:

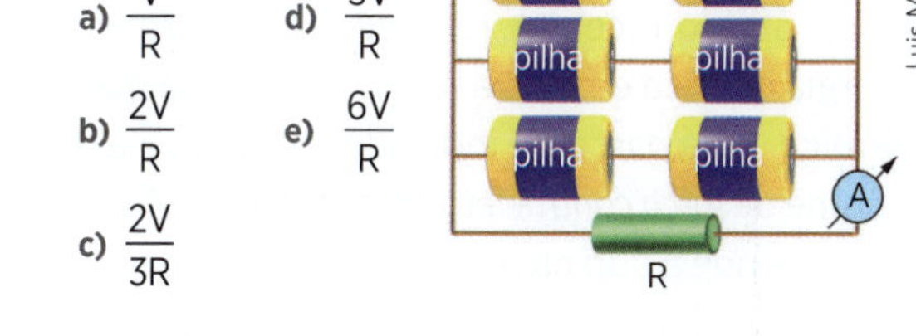

Luis Moura

a) $\frac{V}{R}$
b) $\frac{2V}{R}$
c) $\frac{2V}{3R}$
d) $\frac{3V}{R}$
e) $\frac{6V}{R}$

R21. (F. M. Jundiaí-SP) Uma bateria tem força eletromotriz de 12 V. Quando seus terminais são curto-circuitados, uma corrente elétrica de intensidade 3,0 A atravessa-a.

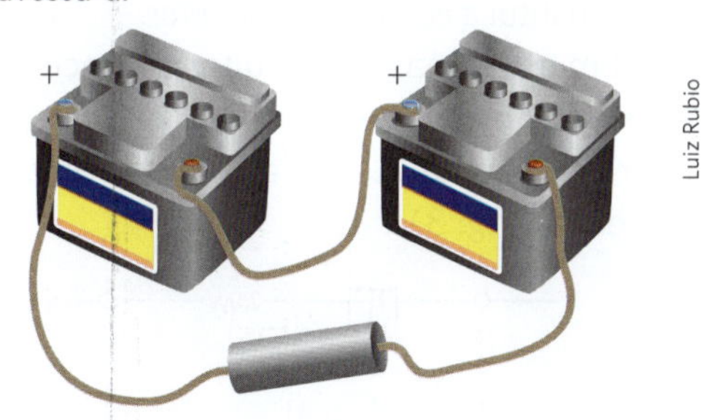

Luiz Rubio

Se duas baterias idênticas a essa são associadas em série, e essa associação for conectada a um resistor de 40 Ω, a corrente elétrica que fluirá por esse resistor será, em ampères:

a) 0,50
b) 1,0
c) 1,5
d) 2,0
e) 3,0

R22. (UF-RN) O poraquê (*Electrophorus electricus*), peixe comum nos rios da Amazônia, é capaz de produzir corrente elétrica por possuir células especiais chamadas eletroplacas. Essas células, que atuam como baterias fisiológicas, estão dispostas em 140 linhas ao longo do corpo do peixe, tendo 5 000 eletroplacas por linha. Essas linhas se arranjam da forma esquemática mostrada na figura abaixo. Cada eletroplaca produz uma força eletromotriz E = 0,15 V e tem resistência interna r = 0,25 Ω. A água em torno do peixe fecha o circuito. Se a resistência da água for R = 800 Ω, o poraquê produzirá uma corrente elétrica de intensidade igual a:

a) 8,9 A
b) 6,6 mA
c) 0,93 A
d) 7,5 mA

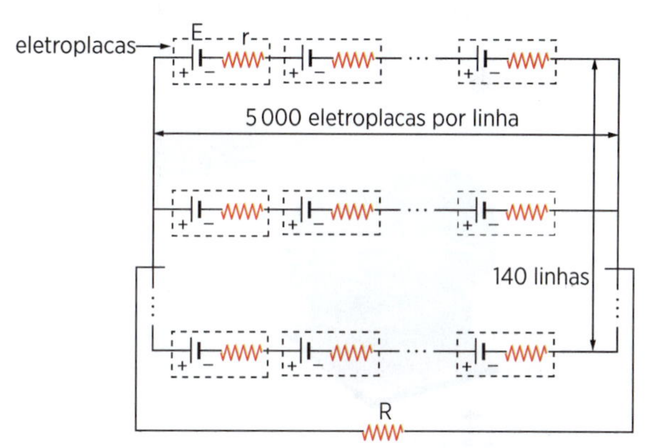

Representação esquemática do circuito elétrico que permite ao poraquê produzir corrente elétrica.

AMPLIE SEU CONHECIMENTO

A bateria do automóvel

A bateria dos automóveis modernos é uma associação de pilhas ligadas em série. Cada uma dessas pilhas é denominada *elemento*, na linguagem da indústria de baterias. A fem de cada elemento é aproximadamente 2V. A bateria mais comum nos carros de passeio fornece uma tensão de 12 V.

Na verdade, a bateria dos carros é um acumulador de chumbo. Cada um de seus elementos apresenta dois eletrodos: um de chumbo e o outro de dióxido de chumbo, mergulhados numa solução de ácido sulfúrico com densidade aproximada de 1,30 g/mL. Durante o funcionamento normal de um automóvel, as reações químicas entre componentes da bateria provocam a conversão da energia química armazenada em energia elétrica que vai ser utilizada para dar partida; para acender os faróis; ligar o rádio, o limpador, as setas, a buzina, etc.

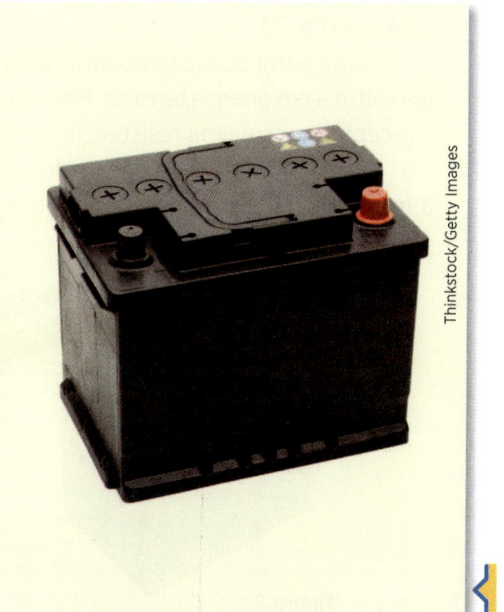

Thinkstock/Getty Images

capítulo

41

Receptores elétricos

Receptor e força contraeletromotriz

Receptor é o aparelho que transforma energia elétrica em outra forma de energia, que não seja exclusivamente térmica.

Um exemplo de receptor é o *motor elétrico*: ele transforma energia elétrica em energia mecânica (fig. 1).

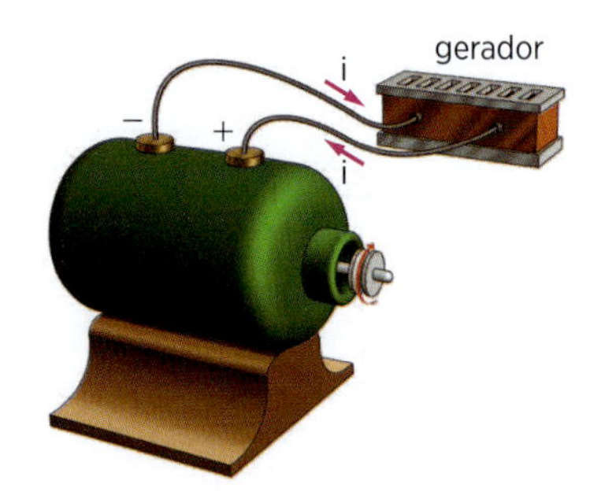

Figura 1

No receptor, o sentido da corrente elétrica convencional é do *polo positivo* (potencial maior) para o *polo negativo* (potencial menor).

Outro exemplo de receptor é a bateria elétrica no "processo de carga", isto é, transformando energia elétrica fornecida por um gerador em energia química (fig. 2).

No receptor ocorre também a conversão de energia elétrica em energia térmica. Por isso, dizemos que o receptor possui uma resistência interna *r*.

Seja *U* a ddp nos terminais de um receptor e *i* a intensidade da corrente elétrica que o atravessa, quando ligado a um gerador.

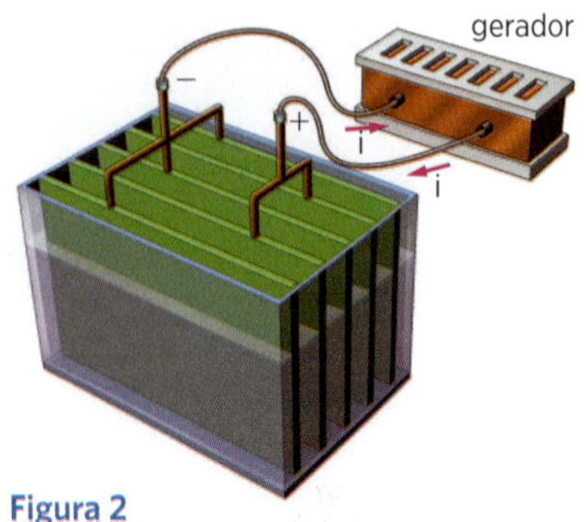

Figura 2

A ddp *U* no receptor pode ser considerada a soma de duas quedas de potencial. A primeira corresponde à ddp útil do receptor relativa à transformação da energia elétrica em outra forma de energia que não a térmica. Essa parcela é indicada pela letra *E* e recebe o nome de *força contraeletromotriz* (fcem). A segunda corresponde à ddp na resistência interna *r*, dada pelo produto $r \cdot i$, relativa à transformação de parte da energia elétrica em energia térmica.

Desse modo, podemos escrever: $U = E + r \cdot i$,

que constitui a *equação do receptor*.

Em esquemas de circuitos, os receptores são simbolizados do mesmo modo que os geradores, diferindo apenas quanto ao sentido de entrada da corrente *i* (fig. 3).

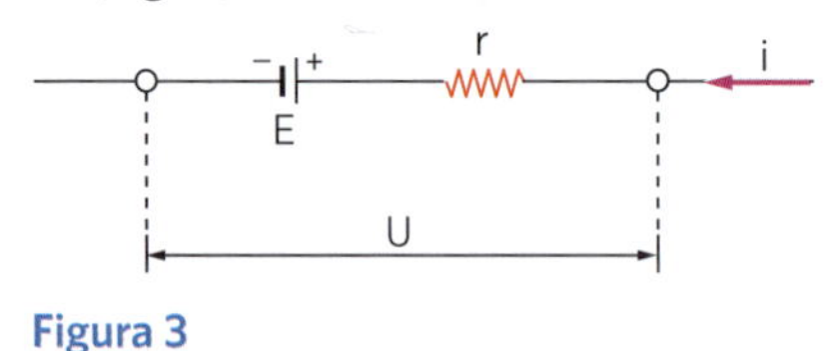

Figura 3

Curva característica do receptor

Se representarmos graficamente a equação do receptor ($U = E + r \cdot i$) num sistema de eixos cartesianos, obteremos a *curva característica do receptor* (fig. 4).

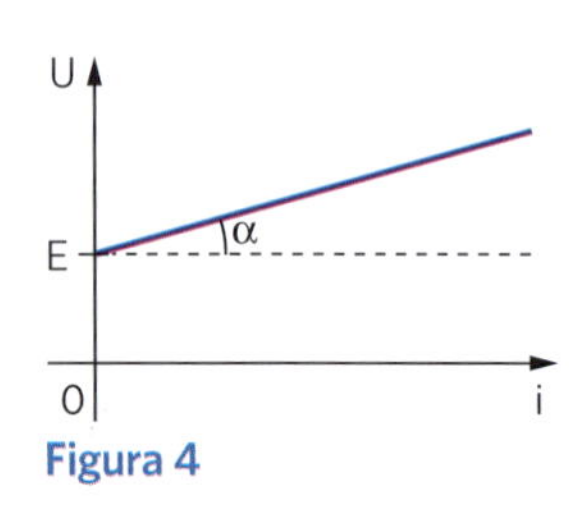

Figura 4

Observe que o coeficiente angular da reta representativa é a resistência interna do receptor (*r*):

$$\text{tg}\,\alpha \overset{n}{=} r$$

O coeficiente linear da reta corresponde ao valor da força contraeletromotriz *E* do receptor. Na equação do receptor:

$$i = 0 \Rightarrow U = E$$

Aplicação

A1. A força contraeletromotriz de um receptor elétrico é 30 V e sua resistência interna vale 3,0 Ω. Se, ao ser ligado num circuito, esse receptor é atravessado por corrente de intensidade 0,50 A, qual a ddp em seus terminais?

A2. Quando submetido à ddp de 50 V, um receptor de fcem 40 V é atravessado por corrente elétrica de intensidade 2,0 A. Qual o valor de sua resistência interna?

A3. Dada a seguinte curva característica de um receptor, determine:

a) sua força contraeletromotriz;

b) sua resistência interna.

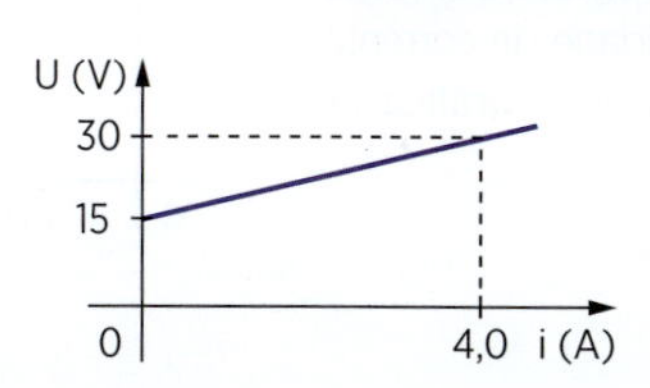

A4. Considerando o receptor do exercício anterior, determine:

a) a ddp nos seus terminais quando colocado num circuito no qual é atravessado por corrente elétrica de intensidade 1,0 A;

b) a intensidade da corrente elétrica que o atravessa ao ser submetido, num circuito, à ddp de 27 V.

Verificação

V1. A um motor elétrico de resistência interna 2,0 Ω aplica-se uma ddp de 30 V, o que faz que ele seja percorrido por uma corrente elétrica de intensidade 2,5 A. Determine a força contraeletromotriz desse motor.

V2. Um receptor elétrico tem força contraeletromotriz de 50 V, e sua resistência interna vale 5,0 Ω. Qual a intensidade da corrente elétrica que o atravessa, ao ser submetido à ddp de 55 V?

V3. Na figura a seguir, está representada a curva característica de um receptor elétrico. Determine:

a) sua força contraeletromotriz;

b) sua resistência interna.

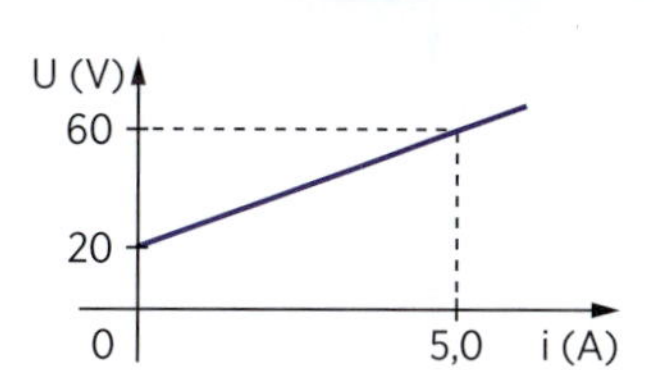

V4. Retomando o exercício anterior, determine, para o receptor em questão:

a) a ddp em seus terminais, ao ser atravessado, num circuito, por uma corrente elétrica de intensidade 4,0 A;

b) a intensidade da corrente que o atravessa, quando submetido à ddp de 26 V, num circuito elétrico.

Revisão

R1. (UF-PA, adaptado) Na figura abaixo estão representados três objetos que utilizam eletricidade.

Fernando Favoretto/Criar Imagem

chuveiro elétrico de resistência ôhmica

Thinkstock/Getty Images

ventilador

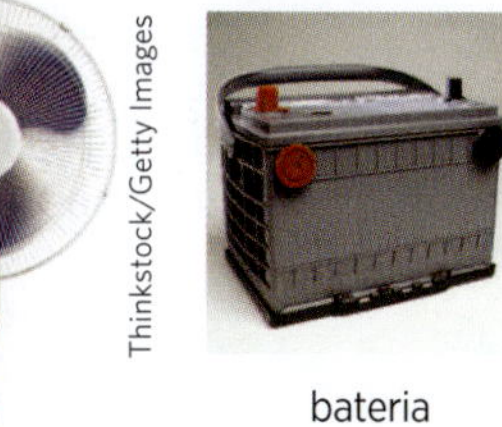

Thinkstock/Getty Images

bateria

Os gráficos abaixo mostram o comportamento desses objetos por meio de suas características *tensão* (*U*) versus *intensidade de corrente* (*i*).

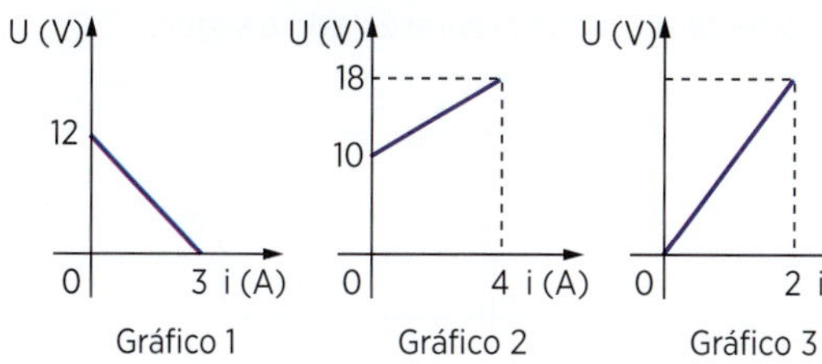

a) Levando-se em conta o comportamento elétrico desses objetos, *associe* cada um deles com o gráfico correspondente que o caracteriza.

b) Qual o valor da resistência interna do receptor?

R2. (Fatec-SP) Uma caixa *C* tem dois terminais *A* e *B*; conforme a figura a seguir, ela é percorrida por corrente i = 2,0 A de *A* para *B* e apresenta entre *A* e *B* a ddp U = 200 V.

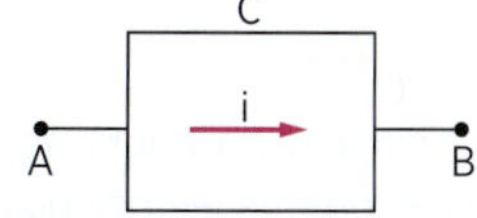

Dentro da caixa haverá apenas:

a) um gerador elétrico de fem E = 250 V e resistência interna r = 10 Ω.

b) um motor elétrico de fcem. E′ = 200 V e resistência interna r′ = 5 Ω.

c) três resistores de 150 Ω cada, associados em série.

d) três resistores de 150 Ω cada, associados em paralelo.

e) três resistores de 150 Ω cada, em associação mista.

R3. (Mackenzie-SP) A tensão nos terminais de um receptor varia com a intensidade de corrente, conforme o gráfico ao lado.

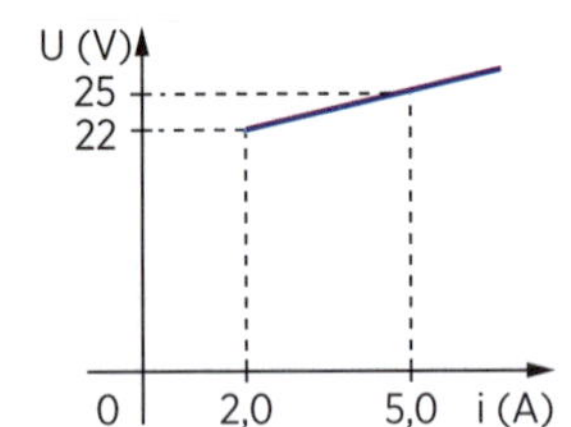

A força contraeletromotriz e a resistência interna desse receptor são, respectivamente:

a) 11 V e 1,0 Ω
b) 12,5 V e 2,5 Ω
c) 20 V e 1,0 Ω
d) 22 V e 2,0 Ω
e) 25 V e 5,0 Ω

Circuito gerador-resistor-receptor. Lei de Pouillet

Se um circuito possui geradores, receptores e resistores, a Lei de Pouillet assume novo aspecto.

Consideremos, então, o circuito da figura 5, formado por um gerador (*E*, *r*), um resistor (*R*), um receptor (*E'*, *r'*) e fios de ligação de resistência elétrica desprezível. As ddps nos diferentes terminais valem:

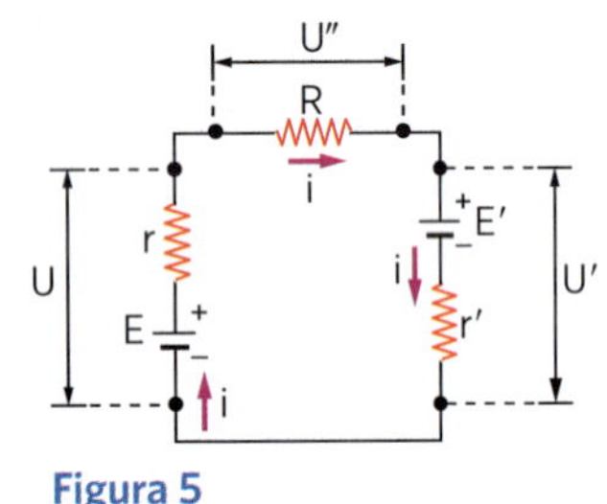

Figura 5

$$U = E - r \cdot i$$
$$U'' = R \cdot i$$
$$U' = E' + r' \cdot i$$

Como $U = U' + U''$, vem:

$$E - r \cdot i = E' + r' \cdot i + R \cdot i$$
$$E - E' = R \cdot i + r \cdot i + r' \cdot i$$

Portanto, a intensidade de corrente no circuito vale:

$$i = \frac{E - E'}{R + r + r'}, \text{ com } E > E'.$$

Aplicação

A5. Para o circuito da figura abaixo, determine o sentido e a intensidade da corrente elétrica.

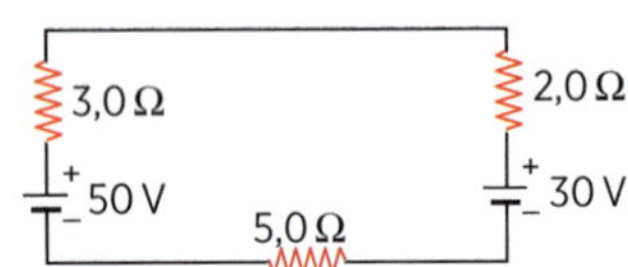

A6. Para o circuito da figura abaixo, determine o sentido e a intensidade da corrente elétrica.

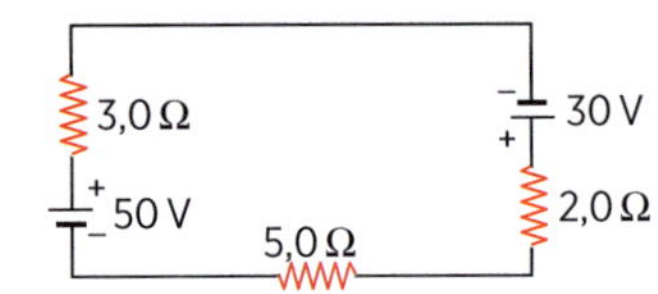

A7. Considere o circuito esquematizado na figura. Para a corrente elétrica que atravessa os elementos instalados, determine:

a) o sentido; **b)** a intensidade.

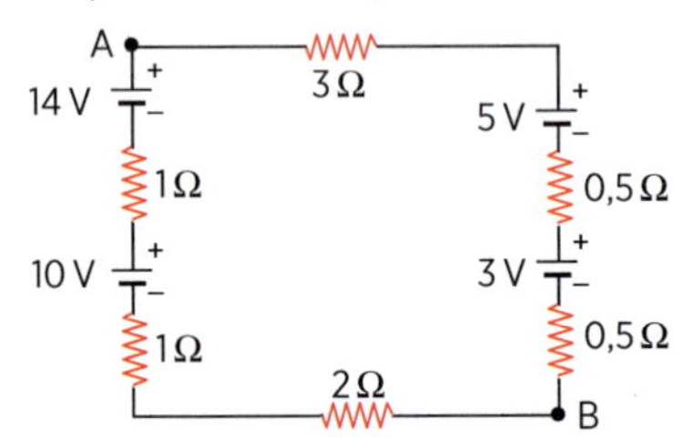

A8. Considerando o circuito do exercício anterior, determine a ddp entre os pontos *A* e *B*.

Verificação

V5. Considere o circuito da figura abaixo. Determine a intensidade da corrente elétrica nos casos em que:

a) a chave *Ch* está na posição *B*;
b) a chave *Ch* está na posição *C*.

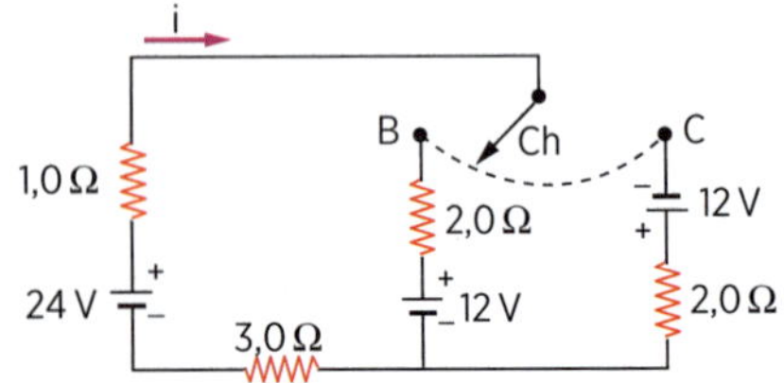

V6. Uma bateria de fem E = 20 V e resistência interna nula é ligada a um receptor de fcem E' = 5,0 V e resistência interna r' = 10 Ω. São ligadas, ainda, as resistências $R_1 = R_2 = 2,5$ Ω. Calcule a intensidade de corrente no circuito representado a seguir.

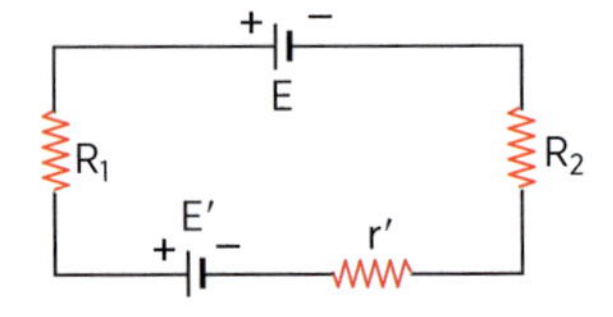

V7. No circuito esquematizado na figura ao lado, determine:

a) o sentido da corrente;

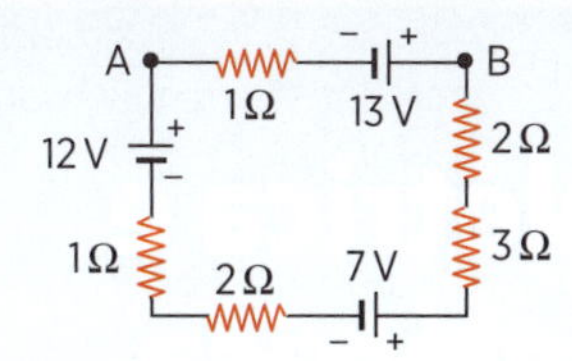

b) a intensidade da corrente.

V8. Considerando o circuito do exercício anterior, determine a ddp entre os pontos *A* e *B*.

Revisão

R4. (UF-RN) Em uma situação em que a bateria de um carro está descarregada e, portanto, não é possível dar a partida no motor, geralmente uma bateria carregada é ligada à bateria do carro para fazê-lo funcionar. As figuras I e II abaixo representam duas alternativas para interligar as duas baterias através de fios condutores.

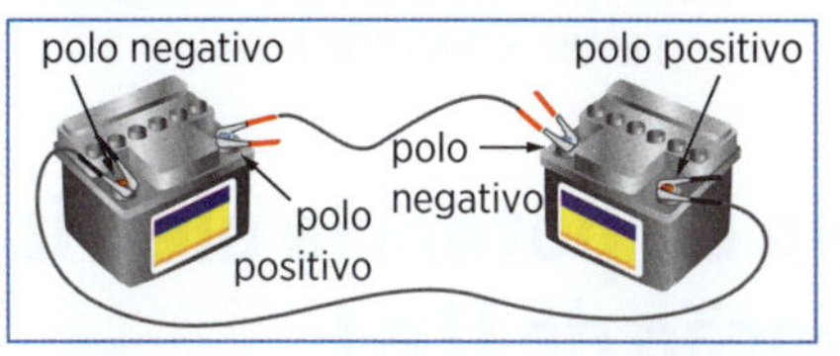

Figura I

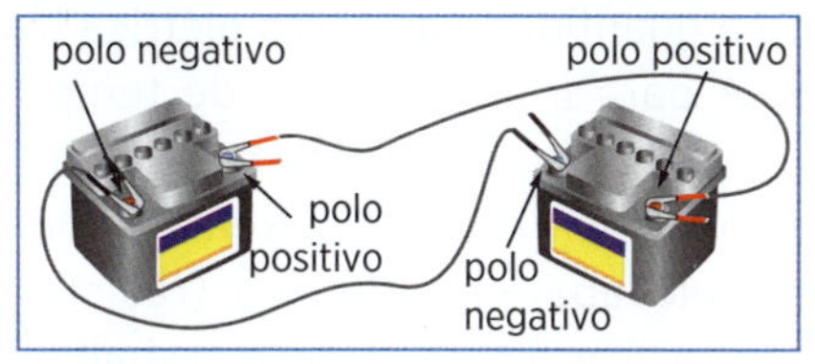

Figura II

Luiz Rubio

A figura que representa a ligação correta é a

a) II, cuja ligação é do tipo em série.

b) II, cuja ligação é do tipo em paralelo.

c) I, cuja ligação é do tipo em série.

d) I, cuja ligação é do tipo em paralelo.

R5. (F. M. Jundiaí-SP-adaptado) Um mecanismo é capaz de fazer funcionar dois circuitos elétricos, de acordo com a posição em que uma chave seletora estiver posicionada.

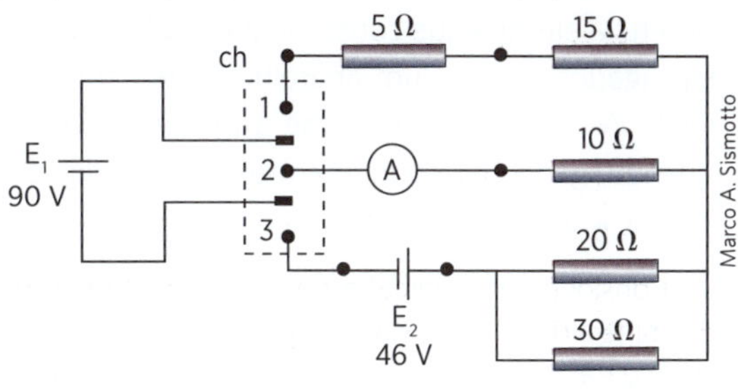

Marco A. Sismotto

Sabendo que os geradores E_1 e E_2 são ideais, e que os fios de ligação, bem como o amperímetro, têm resistências elétricas desprezíveis, determine a intensidade da corrente elétrica lida pelo amperímetro quando os terminais da chave estão conectados nas posições 1 e 2 e nas posições 2 e 3.

R6. (Vunesp-SP) O esquema abaixo representa duas pilhas ligadas em oposição, com as resistências internas indicadas.

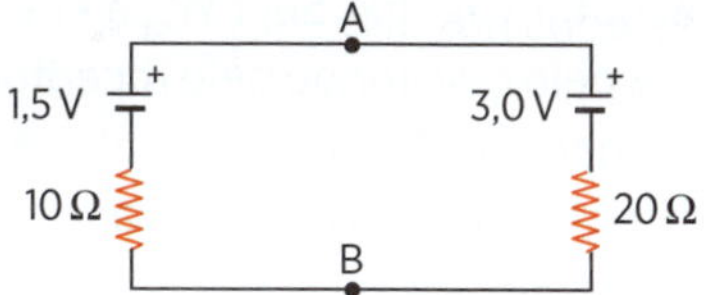

Pergunta-se:

a) Qual o valor da corrente que circula pelas pilhas?

b) Qual o valor da diferença de potencial entre os pontos *A* e *B* e qual o ponto de maior potencial?

c) Qual das duas pilhas está se "descarregando"?

R7. (Mackenzie-SP) Um estudante, ao entrar no laboratório de Física, observa, sobre uma das bancadas, a montagem do circuito elétrico representado abaixo. Devido à sua curiosidade, ele retira do circuito o gerador de fem ε_2 e o religa no mesmo lugar, porém com a polaridade invertida. Ao fazer isso, ele observa que a intensidade de corrente elétrica, medida pelo amperímetro ideal, passa a ter um valor igual à metade da intensidade de corrente elétrica anterior.

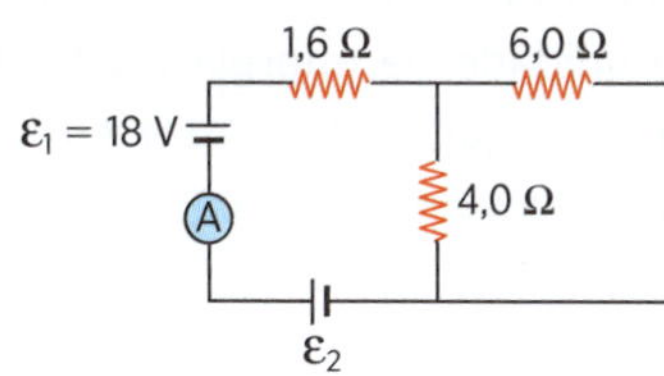

O valor da fem ε_2 é de (considere $\varepsilon_1 > \varepsilon_2$):

a) 2 V

b) 4 V

c) 6 V

d) 8 V

e) 10 V

APROFUNDANDO

Faça uma pesquisa a respeito da instalação elétrica em uma residência.

Dave Nagel/Stone/Getty Images

capítulo

42

Energia elétrica e potência elétrica

Energia elétrica e potência elétrica

Seja *U* a ddp entre os pontos *A* e *B* de um circuito elétrico, entre os quais existe um resistor (fig. 1a) ou um receptor (fig. 1b). Seja W_{el} a energia elétrica consumida pelo resistor ou pelo receptor num intervalo de tempo Δt. A potência elétrica consumida pelo resistor ou pelo receptor será:

$$P = \frac{W_{el}}{\Delta t}$$

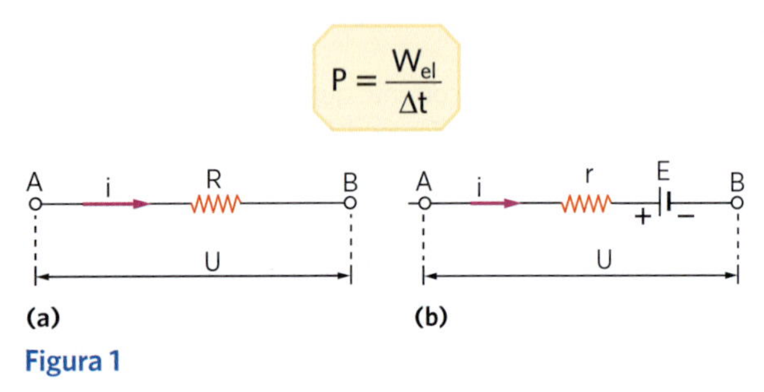

Figura 1

No Sistema Internacional, a unidade de energia elétrica é o joule (*J*) e a de intervalo de tempo é o segundo (*s*). Desse modo, a unidade de potência elétrica é joule/segundo, que recebe o nome de *watt* (*W*). Assim, 1 W = 1 J/s.

Uma unidade de energia muito utilizada em Eletricidade é o quilowatt-hora (kWh). Nesse caso, a potência deve ser medida em quilowatt (kW) e o intervalo de tempo em hora (*h*).

Relação entre kWh e J

De $P = \frac{W_{el}}{\Delta t}$, vem $W_{el} = P \cdot \Delta t$. Portanto:

$$1\,kWh = 1\,kW \cdot 1\,h$$

Mas $1\,kW = 10^3\,W$ e $1\,h = 3{,}6 \cdot 10^3\,s$. Logo:

$$1\,kWh = 10^3\,W \cdot 3{,}6 \cdot 10^3\,s \Rightarrow 1\,kWh = 3{,}6 \cdot 10^6\,W \cdot s$$

$$1\,kWh = 3{,}6 \cdot 10^6\,J$$

Cálculo da potência elétrica em função de *U* e *i*

Seja Δq a quantidade de carga elétrica transportada de *A* para *B* no intervalo de tempo Δt. O trabalho que as forças elétricas realizam nesse deslocamento vale: $\tau = \Delta q \cdot U$. Mas a energia elétrica consumida pelo aparelho elétrico (resistor ou receptor) entre *A* e *B* é dada pelo trabalho das forças elétricas:

$$W_{el} = \tau \Rightarrow W_{el} = \Delta q \cdot U$$

De $P = \frac{W_{el}}{\Delta t}$, vem $P = \frac{\Delta q \cdot U}{\Delta t}$.

Lembrando que $i = \frac{\Delta q}{\Delta t}$, teremos: $P = U \cdot i$

É usual gravarem-se, nos aparelhos elétricos, a potência elétrica que consomem e a ddp a que devem ser ligados. Assim, um aparelho onde está marcado (100 W − 120 V) consome a potência de 100 W, quando ligado a dois pontos entre os quais a ddp é 120 V.

A potência elétrica consumida por um resistor ou um receptor é fornecida por um gerador. Por isso, essa mesma fórmula ($P = U \cdot i$) pode ser utilizada para o cálculo da potência elétrica fornecida por um gerador. Nesse caso, *U* é a ddp entre os terminais do gerador e *i* a intensidade da corrente que o atravessa.

Aplicação

A1. Uma lâmpada de incandescência tem potência de 100 W. Se essa lâmpada permanecer acesa durante 10 h ininterruptamente, qual a energia elétrica que consome, em joules e em quilowatts-hora?

A2. A intensidade da corrente através de um aparelho elétrico é 2,0 A, quando submetido a uma ddp de 12 V. Qual a potência elétrica consumida pelo aparelho?

A3. No exercício anterior, qual a energia elétrica que o aparelho consome durante um mês de funcionamento, supondo que ele permaneça ligado durante 2 h por dia?

A4. Em uma lâmpada incandescente (60 W - 120 V), ligada corretamente, determine:
a) a intensidade da corrente elétrica que a percorre;
b) a energia elétrica que consome durante 6 h de funcionamento.

Verificação

V1. Uma lâmpada elétrica de 60 W permanece acesa durante 3 h por dia. Qual a energia elétrica que ela consome no período de dois meses, expressa em joules e em quilowatts-hora?

V2. A intensidade da corrente que passa através de uma lâmpada incandescente é de 0,50 A, quando submetida a uma ddp de 220 V. Qual a potência elétrica que a lâmpada consome?

V3. Supondo que a lâmpada do exercício anterior permaneça ligada durante 20 h, qual a energia elétrica que ela consome durante esse intervalo de tempo?

V4. Uma plaqueta presa a um aparelho elétrico indica (840 W - 120 V). Supondo que seja ligado corretamente:
a) Qual a intensidade da corrente que o atravessa?
b) Qual a energia elétrica que consome por hora?

Revisão

R1. (UF-PB) Uma residência, alimentada com uma tensão de 220 V, usa alguns equipamentos elétricos, cuja potência de cada um e o tempo de funcionamento em um mês encontram-se especificados na tabela abaixo:

Equipamento	Quant.	Tempo de funcionamento	Potência (W)
Lâmpada	04	120 h	60 (cada uma)
Ferro elétrico	01	30 h	600
Televisor	01	60 h	120

A energia elétrica consumida em quilowatt-hora (kWh) pelos equipamentos vale:
a) 42,0
b) 66,0
c) 32,0
d) 54,0
e) 72,0

R2. (Vunesp-SP) As companhias de eletricidade geralmente usam medidores calibrados em quilowatt-hora (kWh). Um kWh representa o trabalho realizado por uma máquina desenvolvendo potência igual a 1 kW durante 1 hora. Numa conta mensal de energia elétrica de uma residência com 4 moradores, leem-se, entre outros, os seguintes valores:

Consumo (kWh)	Total a pagar (R$)
300	75,00

Cada um dos 4 moradores toma um banho diário, um de cada vez, num chuveiro elétrico de 3 kW. Se cada banho tem duração de 5 minutos, o custo ao final de um mês (30 dias) da energia consumida pelo chuveiro é de:
a) R$ 4,50
b) R$ 7,50
c) R$ 15,00
d) R$ 22,50
e) R$ 45,00

R3. (UE-PB) O físico britânico James Prescott Joule (1818-1889), que descobriu o princípio que levou o seu nome, explica a relação entre eletricidade e calor, e trouxe ao homem vários benefícios. Muitos aparelhos que utilizamos no nosso dia a dia têm seu funcionamento baseado no **Efeito Joule**. Este princípio tem larga utilização no cotidiano como, por exemplo, em equipamentos de aquecimento como o ferro elétrico, o chuveiro elétrico, a prancha alisadora, o forno elétrico, lâmpadas incandescentes, etc.

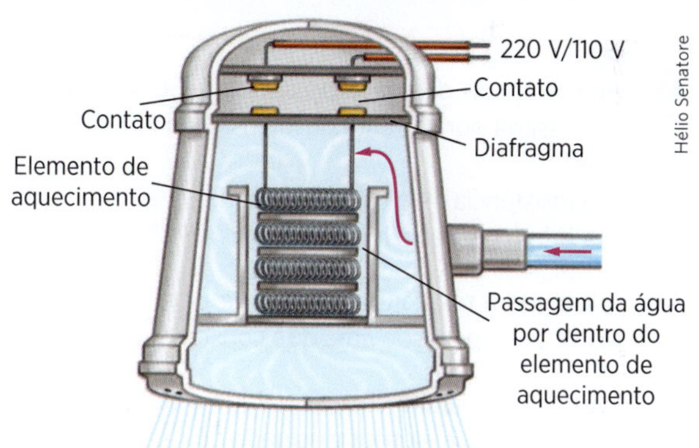

O chuveiro elétrico é composto de dois resistores, constituídos por um fio espiralado de metais que possibilitam um aquecimento rápido e prático, um de alta potência e outro de baixa potência de aquecimento, e um diafragma de borracha. Os resistores ficam fixados no interior do chuveiro. Para selecionar o tipo de banho que se deseja tomar, existe na sua parte externa uma chave seletora que é capaz de mudar o tipo de resistência, aumentando ou diminuindo a potência do chuveiro e, consequentemente, a temperatura do banho. A água, ao circular pelo chuveiro, pressiona o diafragma de borracha, este por sua vez aproxima os contatos energizados, situados no cabeçote do aparelho. Assim, a água, ao passar pelos terminais do resistor quente, se aquece, tornando o banho bem quentinho e agradável.

Um pai de família, preocupado em economizar energia elétrica em sua residência, se propôs a determinar qual o consumo de energia relativo à utilização do chuveiro elétrico, durante um mês (30 dias). Ele percebeu que cada um dos quatro membros da família, todos os dias, fica em média com o chuveiro ligado durante 10 min em seu banho. Sabendo que o manual do fabricante informa que esse chuveiro tem potência de 6500 W, o consumo de energia encontrado, em kWh é:

a) 26
b) 13
c) 260
d) 130
e) 20

R4. (PUC-SP) Na figura a seguir temos uma lâmpada e um chuveiro com suas respectivas especificações.

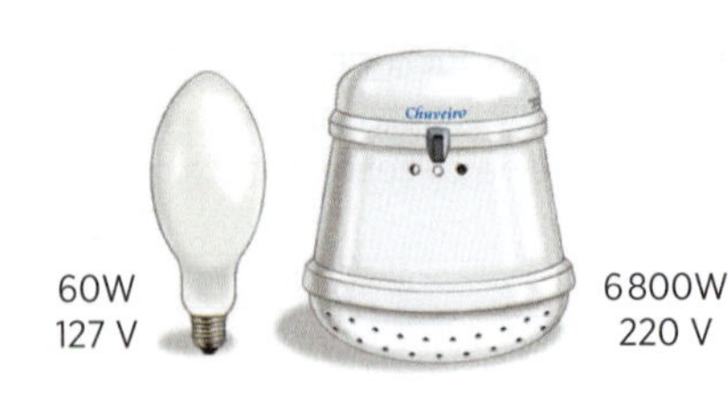

Para que a lâmpada consuma a mesma energia que o chuveiro consome num banho de 20 minutos, ela deverá ficar acesa ininterruptamente, por aproximadamente

a) 53 h
b) 113 h
c) 107 h
d) 38 h
e) 34 h

Potência elétrica dissipada por um resistor

A energia elétrica que um resistor consome é convertida em energia térmica. Por isso, dizemos que a potência elétrica consumida por um resistor é dissipada.

No resistor da figura 2, a potência elétrica dissipada é dada por:

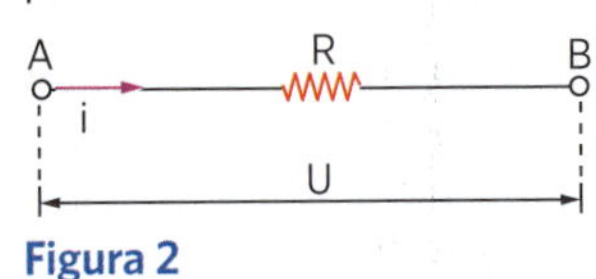

Figura 2

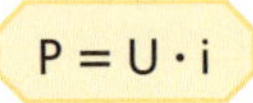

$$P = U \cdot i$$

Lembrando que $U = R \cdot i$, a expressão anterior pode ser escrita:

$$P = (R \cdot i) \cdot i \Rightarrow P = R \cdot i^2$$

Podemos também escrever $i = \dfrac{U}{R}$, e a potência será:

$$P = U \cdot \left(\frac{U}{R}\right) \Rightarrow P = \frac{U^2}{R}$$

Aplicação

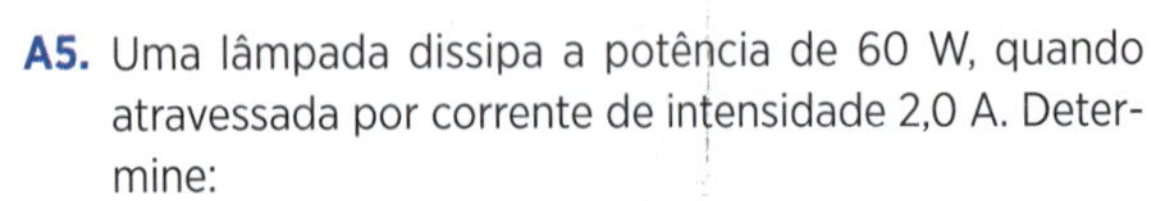

A5. Uma lâmpada dissipa a potência de 60 W, quando atravessada por corrente de intensidade 2,0 A. Determine:

a) a resistência elétrica da lâmpada;
b) a ddp à qual está ligada.

A6. Determine a resistência elétrica de uma lâmpada de 100 W que opera sob uma ddp constante de 120 V.

A7. Considere o circuito esquematizado a seguir e determine a potência elétrica dissipada no resistor *R*.

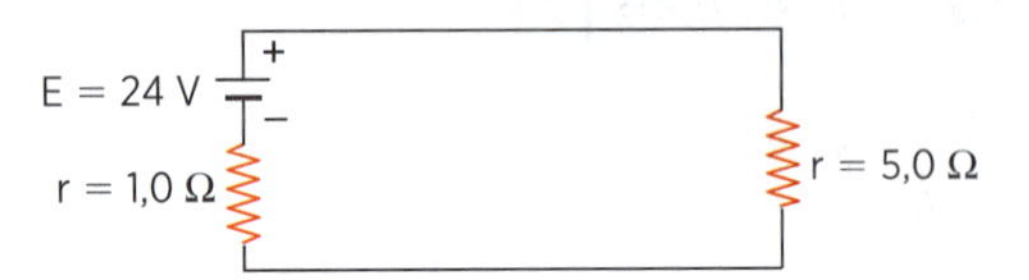

A8. Uma lâmpada incandescente de 60 W, construída para trabalhar sob 220 V, é ligada a uma fonte de 110 V. Supondo que a resistência elétrica da lâmpada permaneça constante, qual a potência dissipada pela lâmpada nessas condições?

Verificação

V5. Um resistor dissipa 100 W de potência ao ser percorrido por uma corrente elétrica de intensidade 5,0 A. Calcule:

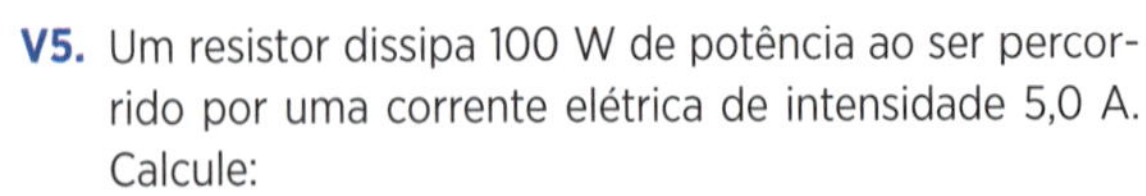

a) a resistência elétrica desse resistor;
b) a ddp aplicada em seus terminais.

V6. Uma lâmpada incandescente é ligada sob ddp de 220 V, dissipando potência de 110 W. Determine sua resistência elétrica.

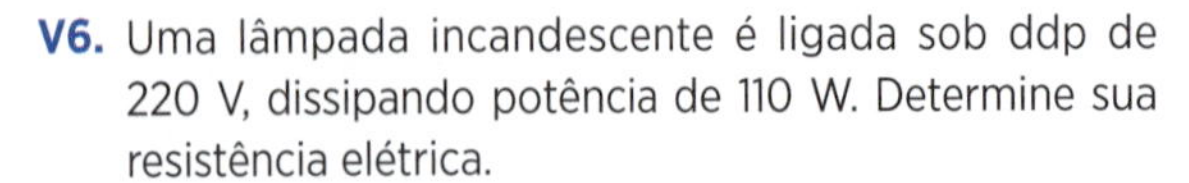

V7. Para o circuito esquematizado a seguir, determine a potência elétrica dissipada no resistor ligado entre os pontos *A* e *B*.

V8. Um chuveiro elétrico é construído para a ddp de 220 V, dissipando, então, potência igual a 2,00 kW. Por engano, submete-se o chuveiro a ddp igual a 110 V. Admitindo que a resistência elétrica do chuveiro permaneça invariável, qual a potência que ele passa a dissipar?

R5. (UF-SC) Abaixo é apresentada a etiqueta (adaptada) de um aquecedor elétrico. A etiqueta indica que o produto tem desempenho aprovado pelo Inmetro e está em conformidade com o Programa Brasileiro de Etiquetagem, que visa prover os consumidores de informações que lhes permitam avaliar e otimizar o consumo de energia dos equipamentos eletrodomésticos. Considere o custo de 1,0 kWh igual a R$ 0,50 e a densidade da água igual a 10^3 k/m^3.

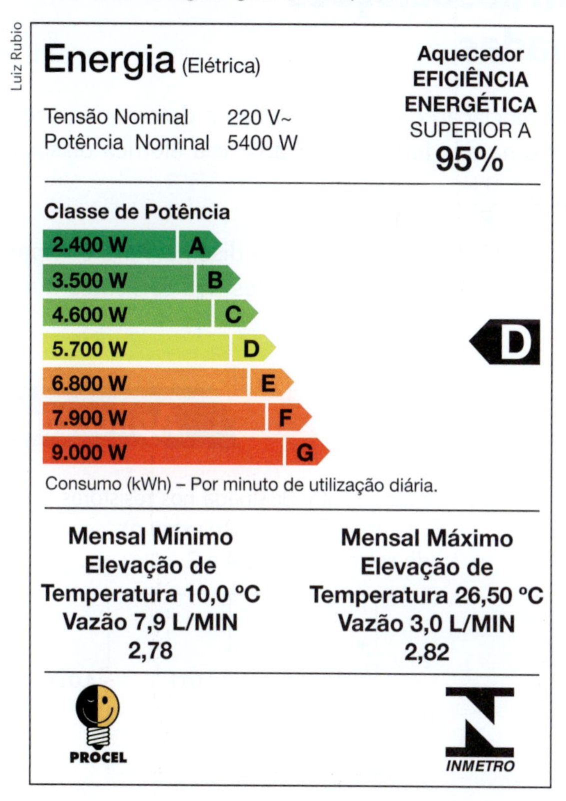

Luiz Rubio

De acordo com as informações fornecidas na etiqueta, assinale a(s) proposição(ões) correta(s).

(01) O aquecedor é capaz de transformar toda a energia elétrica que recebe em energia térmica.

(02) A resistência elétrica do aquecedor, atuando nas condições nominais, é de aproximadamente 8,96 Ω.

(04) A corrente elétrica do aquecedor, atuando nas condições nominais, é de aproximadamente 24,54 A.

(08) O custo, na condição mensal mínima de 100 minutos mensais de uso do aquecedor, é de R$ 50,00.

Dê como resposta a soma dos números associados às proposições corretas.

R6. (UE-PI) A figura a seguir ilustra um estudo sobre uma instalação elétrica, na qual uma extensão, com capacidade de suportar até 20 A, está conectada a uma rede elétrica de 120 V. Nesta extensão estão conectados um aparelho com potência nominal de 60 W, um equipamento de resistência elétrica 120 Ω e um benjamim (também conhecido por "T"). O benjamim possui capacidade de suportar intensidade de corrente elétrica até 15 A. No benjamim estão ligados um equipamento com resistência elétrica 30 Ω e um outro aparelho com potência elétrica de 1200 W.

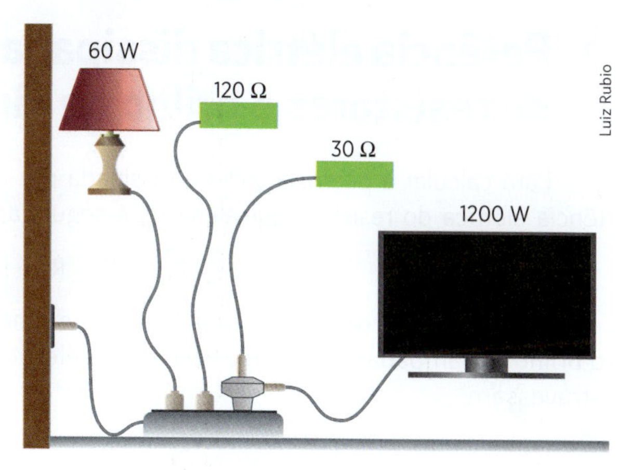

Luiz Rubio

É correto afirmar:

a) A extensão não poderá suportar todos os equipamentos ligados simultaneamente.
b) A extensão está dimensionada para suportar adequadamente todos os equipamentos da instalação.
c) A extensão tem condições de suportar a instalação de todos os equipamentos, mas o benjamim não suporta a intensidade de corrente elétrica dos aparelhos nele instalados.
d) A extensão somente poderá ser utilizada se o equipamento com 60 W de potência for desligado.
e) As alternativas "a" e "d" estão corretas.

R7. (U. F. São Carlos-SP) Uma pessoa que morava numa cidade onde a tensão nas residências é 110 V, mudou-se para outra cidade, onde a tensão nas residências é 220 V. Essa pessoa possui um chuveiro elétrico, que funcionava normalmente na primeira cidade. Para que a potência do chuveiro que a pessoa levou na mudança não se altere, a adaptação a ser efetuada em sua resistência será:

a) quadruplicar a resistência original.
b) reduzir à quarta parte a resistência original.
c) reduzir à metade a resistência original.
d) duplicar a resistência original.
e) não é necessário fazer qualquer alteração.

R8. (UF-ES) Substituindo-se um resistor por outro de resistência quatro vezes maior e mantendo-se a ddp entre os seus extremos, a potência dissipada torna-se:

a) 4 vezes menor.
b) 2 vezes maior.
c) 16 vezes menor.
d) 2 vezes menor.
e) 4 vezes maior.

APROFUNDANDO

Temos duas lâmpadas: L_1, de 40 W - 110 V, e L_2, de 60 W - 110 V. Qual das duas apresenta maior resistência elétrica? Quando em funcionamento normal, qual delas é atravessada por corrente de maior intensidade?

Potência elétrica dissipada em associações de resistores e brilho de lâmpadas

Para calcular a potência elétrica dissipada por uma associação de resistores, basta determinar a resistência elétrica do resistor equivalente e, a seguir, aplicar uma das fórmulas da potência elétrica dissipada:

$$P = R_{eq} \cdot i^2 \text{ ou } P = \frac{U^2}{R_{eq}}$$

Por outro lado, o brilho de uma lâmpada é função da potência elétrica que ela dissipa. Para comparar o brilho de lâmpadas de mesma resistência elétrica, basta analisar as intensidades das correntes que as atravessam.

Aplicação

A9. Para cada uma das seguintes associações, determine:

a) a potência elétrica dissipada (em kW);

b) a energia elétrica dissipada em 2,0 h. Dê a resposta em kWh.

Dados: $R = 20\ \Omega$ e $U = 2{,}0 \cdot 10^2$ V.

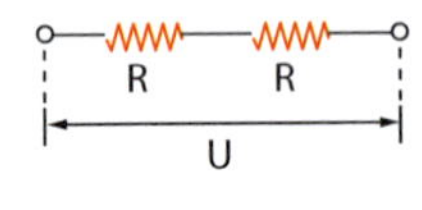

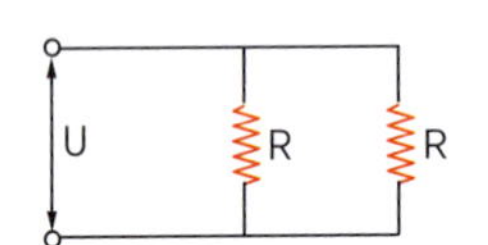

A10. Poderemos ligar uma lâmpada incandescente comum (18 W - 6 V) à rede de 120 V, se associarmos em série um resistor conveniente. Para que a lâmpada funcione com as suas características indicadas, determine:

a) o valor da resistência desse resistor;

b) a potência que dissipará esse resistor.

A11. No circuito esquematizado a seguir, determine:

a) a intensidade de corrente que percorre o gerador ligado entre os pontos *A* e *B*;

b) a potência total dissipada nos resistores ligados aos pontos *A* e *B* (circuito externo);

c) a ddp entre os pontos *A* e *B*.

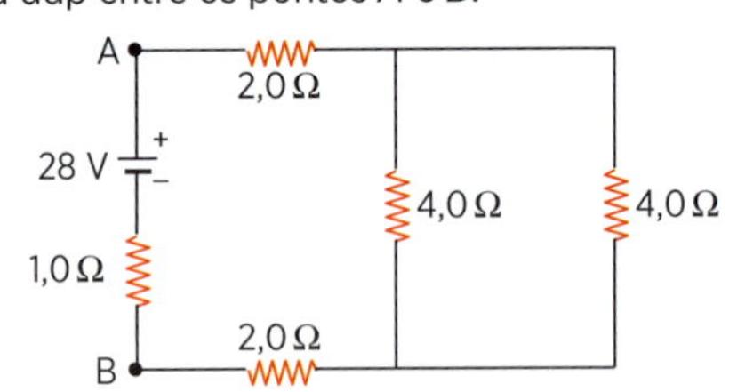

A12. Considere quatro lâmpadas iguais, *A*, *B*, *C* e *D*, ligadas no circuito esquematizado abaixo. Supondo que a ddp *U* não varie, como se modificam os brilhos das lâmpadas *A*, *B* e *C* quando a lâmpada *D* for desligada por meio da chave *Ch*?

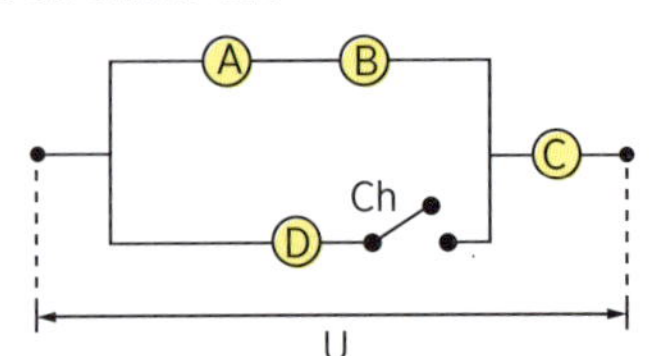

Verificação

V9. Uma ddp de 100 V é aplicada a cada um dos circuitos esquematizados abaixo. Em cada um deles, calcule a potência elétrica total dissipada.

a) 200 Ω

b) 50 Ω 50 Ω

c)

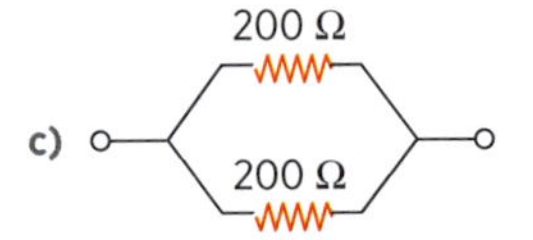

d)

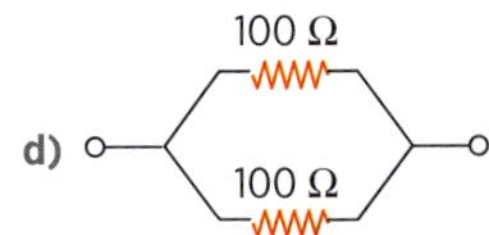

V10. Dois resistores iguais ligados em série consomem uma potência de 10 W quando submetidos a certa ddp. Determine a potência consumida quando os resistores são ligados em paralelo e submetidos à mesma ddp.

V11. Uma pequena lâmpada apresenta a inscrição (0,45 W - 3 V). Qual o valor da resistência que se deve utilizar em conjunto com a lâmpada de modo a funcionar em 4,5 V? Como deve ser a ligação?

V12. No circuito esquematizado a seguir, determine:

a) a intensidade da corrente que percorre o gerador ligado entre os pontos *X* e *Y*;

b) a potência dissipada no resistor de 6,0 Ω;

c) a potência total dissipada no circuito externo;

d) a ddp entre os pontos *X* e *Y*.

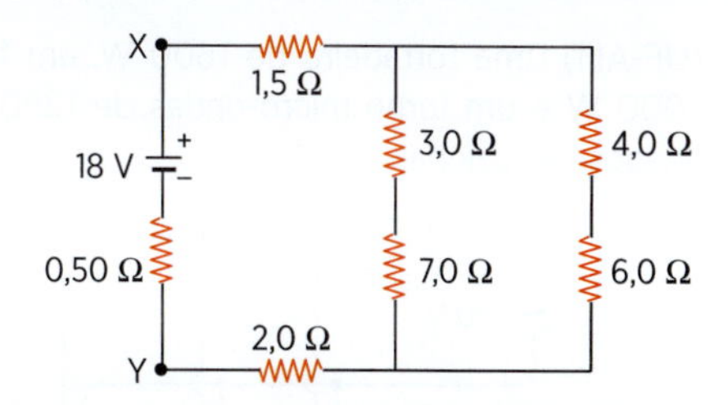

V13. As lâmpadas ligadas no circuito esquematizado abaixo são todas iguais. Mantendo-se constante a ddp *U* aplicada, como se modificam os brilhos das lâmpadas associadas quando a chave *Ch* é desligada?

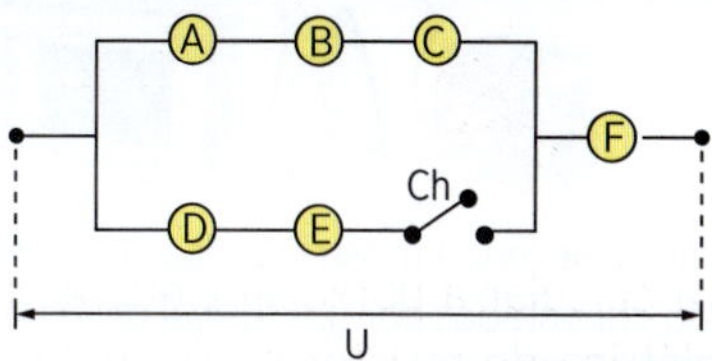

R9. (UE-RJ) Um circuito empregado em laboratórios para estudar a condutividade elétrica de soluções aquosas é representado por este esquema:

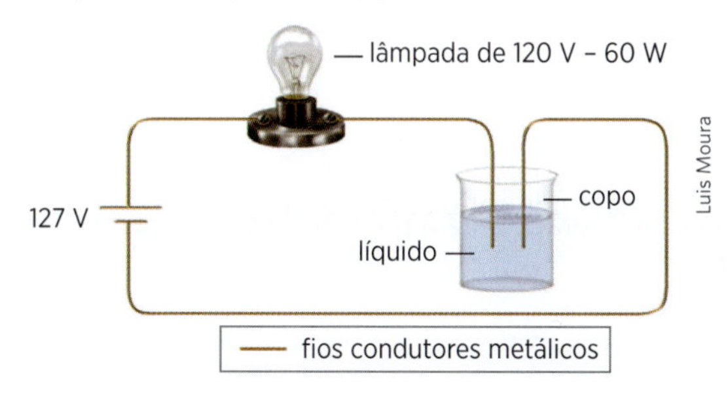

Ao se acrescentar um determinado soluto ao líquido contido no copo, a lâmpada acende, consumindo a potência elétrica de 60 W.

Nessas circunstâncias, a resistência da solução, em ohms, corresponde a cerca de:

a) 14 **b)** 28 **c)** 42 **d)** 56

R10. (Unesp-SP) Determinada massa de água deve ser aquecida com o calor dissipado por uma associação de resistores ligada nos pontos *A* e *B* do esquema mostrado na figura.

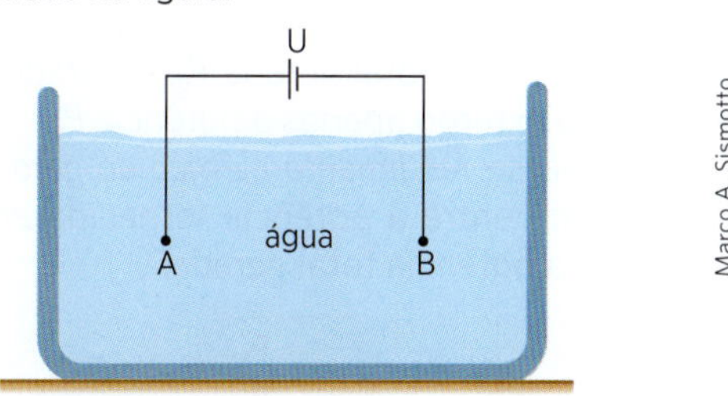

Para isso, dois resistores ôhmicos de mesma resistência R podem ser associados e ligados aos pontos *A* e *B*. Uma ddp constante *U* criada por um gerador ideal entre os pontos *A* e *B*, é a mesma para ambas as associações dos resistores, em série ou em paralelo.

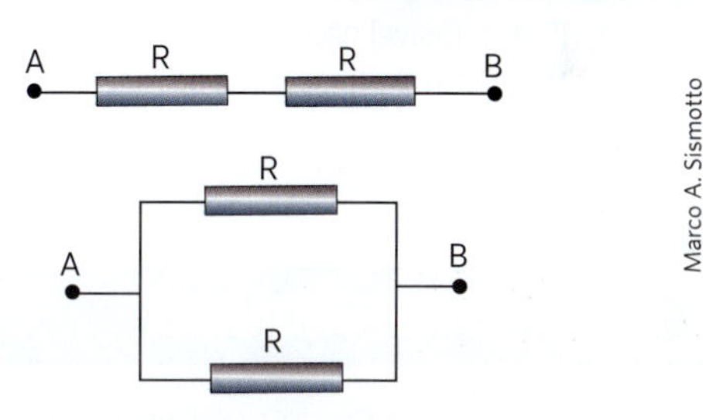

Considere que todo calor dissipador pelos resistores seja absorvido pela água e que, se os resistores forem associados em série, o aquecimento pretendido será conseguido em 1 minuto. Dessa forma, se for utilizada a associação em paralelo, o mesmo aquecimento será conseguido num intervalo de tempo, em segundos, igual a

a) 30
b) 20
c) 10
d) 45
e) 15

R11. (Fuvest-SP) O circuito a seguir é formado por quatro resistores e um gerador ideal que fornece uma tensão U = 10 volts. O valor da resistência do resistor *R* é desconhecido. Na figura estão indicados os valores das resistências dos outros resistores.

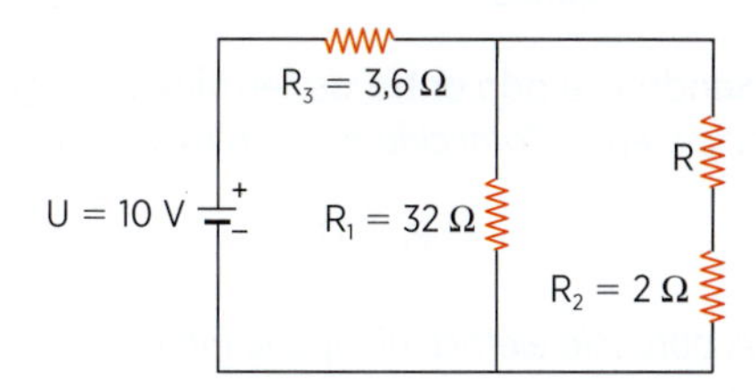

a) Determine o valor, em ohms, da resistência *R* para que as potências dissipadas em R_1 e R_2 sejam iguais.

b) Determine o valor, em watts, da potência *P* dissipada no resistor R_3, nas condições do item anterior.

R12. (UF-AM) Uma torradeira de 1600 W, um ferro de 1000 W e um forno micro-ondas de 1250 W são ligados na cozinha.

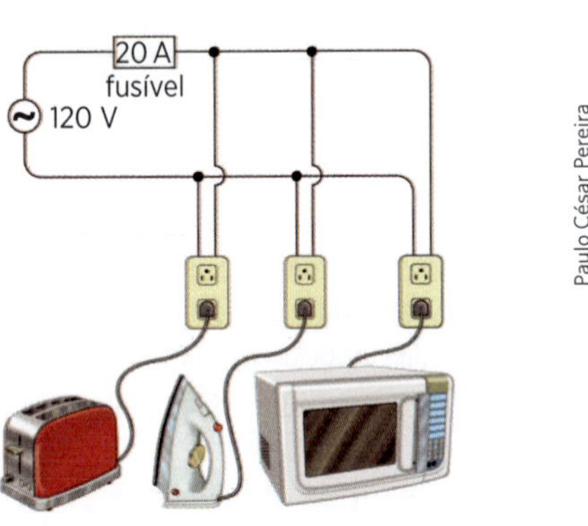

Paulo César Pereira

Como o desenho mostra, todos os eletrodomésticos estão conectados por um fusível de 20 A a uma fonte de 120 V. Obtenha o valor, aproximado, da corrente total entregue pela fonte. O fusível irá ou não se abrir?

a) 32 A, o fusível se abrirá.
b) 18 A, o fusível não se abrirá.
c) 40 A, o fusível se abrirá.
d) 15 A, o fusível não se abrirá.
e) Nenhuma das respostas acima.

R13. (UF-MG) Três lâmpadas, *A*, *B* e *C*, estão ligadas a uma bateria de resistência interna desprezível. Ao se "queimar" a lâmpada *A*, as lâmpadas *B* e *C* permanecem acesas, com o mesmo brilho de antes. A alternativa que indica o circuito em que isso poderia acontecer é:

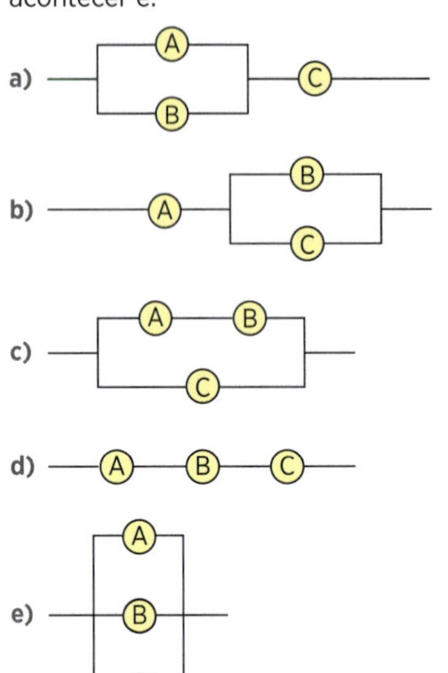

APROFUNDANDO

Quando se passa a chave seletora de um chuveiro da posição "verão" para a posição "inverno", a resistência elétrica do chuveiro aumenta ou diminui? Explique por quê.

Potências do gerador

Consideremos um gerador que está fornecendo energia elétrica a um aparelho ligado entre seus terminais, correspondendo ao *circuito externo* (fig. 3).

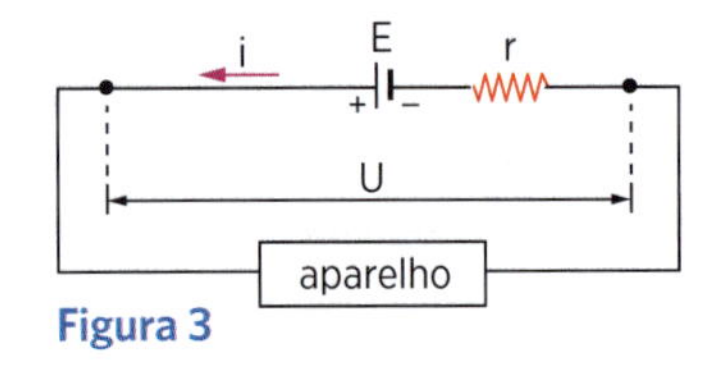

Figura 3

Sendo *U* a ddp entre os terminais do gerador, a *potência elétrica fornecida ao circuito externo* vale:

$$P_f = U \cdot i$$

A *potência elétrica dissipada internamente* é:

$$P_d = r \cdot i^2$$

Desse modo, a potência elétrica total gerada pelo gerador será: $P_g = P_f + P_d$

Portanto, $P_g = U \cdot i + r \cdot i^2 \Rightarrow P_g = (U + r \cdot i) \cdot i$

De $U = E - r \cdot i$, vem: $E = U + r \cdot i$ e, portanto:

$$P_g = E \cdot i$$

Rendimento elétrico do gerador

Da potência total gerada P_g, o gerador fornece ao circuito externo apenas a potência P_f.

Define-se *rendimento elétrico do gerador* como o quociente entre a potência fornecida ao circuito externo e a potência total gerada:

$$\eta = \frac{P_f}{P_g}$$

Como $P_g = E \cdot i$ e $P_f = U \cdot i$, vem:

$$\eta = \frac{U \cdot i}{E \cdot i} \Rightarrow \eta = \frac{U}{E}$$

Potências do receptor

A *potência elétrica consumida* por um receptor é:

$$P_c = U \cdot i$$

Uma parte dessa potência é *dissipada internamente* $P_d = r \cdot i^2$ e a outra é a *potência elétrica útil* $P_u = E \cdot i$. Essa segunda parte corresponde à potência elétrica transformada em química, nas baterias, ou em mecânica, nos motores elétricos.

Entre as citadas potências, temos a relação:

$$P_c = P_u + P_d$$

Rendimento elétrico do receptor

O receptor consome a potência elétrica P_c fornecida pelo gerador e utiliza uma parcela P_u (potência elétrica útil). Define-se *rendimento elétrico do receptor* como o quociente entre a potência útil P_u e a potência consumida P_c:

$$\eta = \frac{P_u}{P_c}$$

Mas $P_u = E \cdot i$ e $P = U \cdot i$

Logo: $\eta = \frac{E \cdot i}{U \cdot i} \Rightarrow \eta = \frac{E}{U}$

Aplicação

A13. Um gerador fornece uma corrente de intensidade 2,0 A ao ser ligado a um circuito. Sendo sua fem 6,0 V e sua resistência elétrica interna 0,20 Ω, determine:

a) a ddp nos terminais do gerador;
b) a potência gerada pelo gerador;
c) a potência que o gerador fornece ao circuito externo;
d) o rendimento elétrico do gerador.

A14. No circuito esquematizado abaixo, a fem do gerador é 10 V e a corrente elétrica que atravessa o circuito tem intensidade 2,0 A. A potência elétrica dissipada na resistência interna do gerador é 8,0 W.

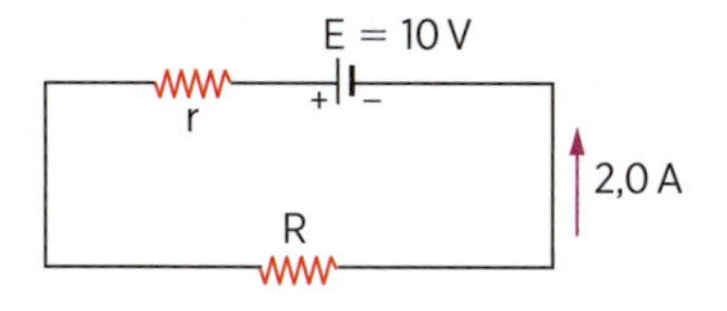

Calcule:

a) a resistência interna do gerador;
b) a resistência elétrica *R*;
c) a potência gerada pelo gerador;
d) a potência fornecida pelo gerador;
e) o rendimento elétrico do gerador.

A15. Um receptor tem força contraeletromotriz igual a 20 V e resistência interna igual a 5,0 Ω. Ao ser ligado num circuito, é atravessado por uma corrente de intensidade 2,0 A.

Determine:

a) a ddp nos terminais do receptor;
b) a potência elétrica consumida pelo receptor;
c) a potência elétrica que o receptor transforma em outra forma de energia que não térmica;
d) o rendimento elétrico do receptor.

A16. Considere o circuito ao lado, constituído de um gerador (E = 30 V; r = 2,0 Ω) e de um receptor (E′ = 10 V; r′ = 3,0 Ω).

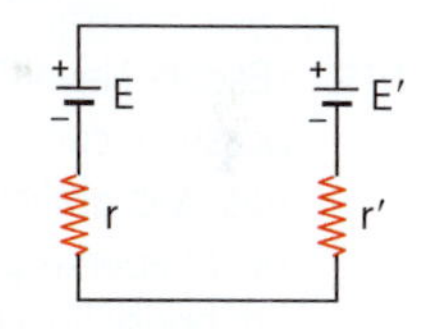

Determine:

a) a intensidade da corrente elétrica que atravessa o circuito;
b) as ddps no gerador e no receptor;
c) as potências elétricas fornecida, gerada e dissipada pelo gerador;
d) as potências elétricas consumida, útil e dissipada pelo receptor;
e) os rendimentos do gerador e do receptor.

Verificação

V14. A bateria de um automóvel é um grande gerador de fem 12 V e resistência interna 0,50 Ω. Ao ser ligada num circuito, a intensidade de corrente que se estabelece é de 2,0 A. Determine:

a) a ddp nos terminais da bateria;
b) a potência gerada pela bateria;
c) a potência fornecida pela bateria ao circuito externo;
d) o rendimento elétrico da bateria.

V15. Um gerador é ligado num circuito qualquer. A ddp nos terminais desse gerador é de 100 V enquanto a corrente que o atravessa tem intensidade de 1,0 A. Sendo de 80% o rendimento elétrico do gerador, determine sua fem *E* e sua resistência interna *r*.

V16. Ao ser percorrido por uma corrente de intensidade 20 A, um motor elétrico converte em potência mecânica a potência elétrica de 500 W. A resistência interna do motor é 2,0 Ω. Determine:

a) a fcem do motor;
b) a potência total consumida pelo motor;
c) o rendimento elétrico do motor.

V17. O circuito esquematizado na figura ao lado é constituído dos seguintes elementos:

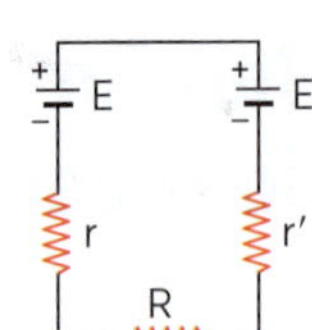

Gerador: $E = 50\ V$; $r = 5{,}0\ \Omega$
Receptor: $E' = 10\ V$; $r' = 3{,}0\ \Omega$
Resistor: $R = 2{,}0\ \Omega$

Determine:

a) a intensidade da corrente elétrica que atravessa o circuito;

b) as ddps no gerador, no receptor e no resistor;

c) as potências elétricas fornecida, gerada e dissipada pelo gerador;

d) as potências elétricas consumida, útil e dissipada pelo receptor;

e) a potência elétrica dissipada pelo resistor;

f) os rendimentos do gerador e do receptor.

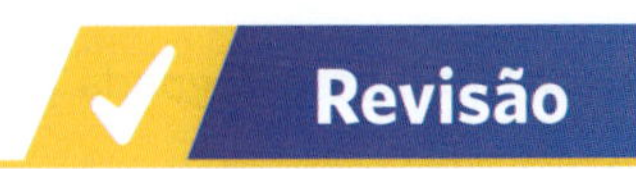

Revisão

R14. (Unifesp-SP) Uma das mais promissoras novidades tecnológicas atuais em iluminação é um diodo emissor de luz (*LED*) de alto brilho, comercialmente conhecido como *luxeon*. Apesar de ter uma área de emissão de luz de 1 mm^2 e consumir uma potência de apenas 1,0 W, aproximadamente, um desses diodos produz uma iluminação equivalente à de uma lâmpada incandescente comum de 25 W. Para que esse *LED* opere dentro de suas especificações, o circuito da figura é um dos sugeridos pelo fabricante: a bateria tem fem $E = 6{,}0\ V$ (resistência interna desprezível) e a intensidade da corrente elétrica deve ser de 330 mA. Nessas condições, pode-se concluir que a resistência do resistor *R* deve ser, em ohms, aproximadamente de:

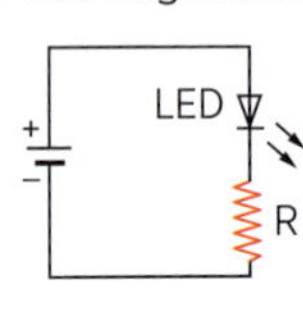

a) 2,0
b) 4,5
c) 9,0
d) 12
e) 20

R15. (Escola Naval-RJ) Dois geradores elétricos G_1 e G_2 possuem curvas características tensão-corrente dadas nos dois gráficos da figura. Se, em um circuito composto apenas pelos dois geradores, G_2 for conectado em oposição a G_1, de modo que $U_2 = U_1$, G_2 passará a operar como um receptor elétrico.

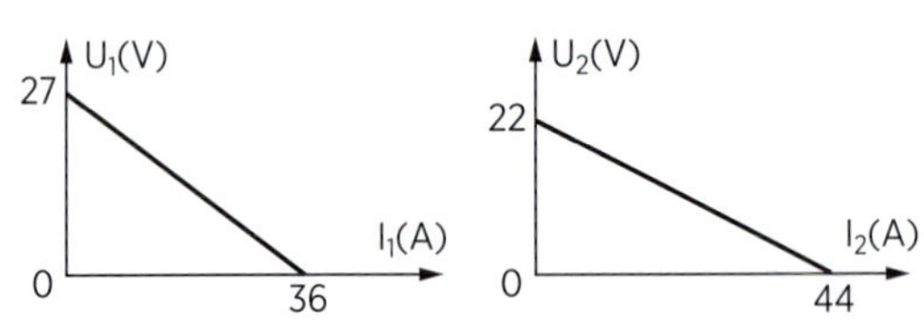

Nessa condição, o rendimento elétrico do gerador G1, em porcentagem, será de aproximadamente:

a) 81
b) 85
c) 89
d) 93
e) 96

R16. (Mackenzie-SP) Em determinada experiência, ligamos um gerador de fem 120 V e resistência interna 10 Ω a um resistor de resistência *R*. Nessas condições, observamos que o rendimento do gerador é de 60%. O valor da resistência *R* é:

a) 3 Ω
b) 6 Ω
c) 9 Ω
d) 12 Ω
e) 15 Ω

R17. (Vunesp-SP) Duas baterias de forças eletromotrizes iguais a 6,0 V e 9,0 V têm resistências internas de 0,50 Ω e 1,0 Ω, respectivamente. Ligando-se essas baterias em oposição, pergunta-se:

a) Qual a corrente *i* que vai percorrer o circuito fechado?

b) Qual a energia *W* dissipada sob a forma de calor, durante um intervalo de tempo igual a 10 s?

APROFUNDANDO

- Compare as lâmpadas incandescentes e as lâmpadas fluorescentes e estabeleça as vantagens e desvantagens de cada um dos tipos.
- Pesquise a produção de energia numa usina e seu transporte aos centros consumidores.
- Como é feita a leitura do consumo de energia elétrica em uma residência?

Thinkstock/Getty Images

LEIA MAIS

Steve Parker. *Edison e a lâmpada elétrica*. São Paulo: Scipione, 1996.

capítulo

43 Aparelhos de medidas elétricas

Amperímetro e voltímetro

Sabemos que o amperímetro mede intensidade da corrente e o voltímetro mede ddp; eles são construídos a partir de outro aparelho, denominado *galvanômetro*, que é fundamentalmente um dispositivo *indicador de corrente*. Seu funcionamento é explicado pela força magnética a que um fio percorrido por corrente elétrica fica sujeito quando imerso num campo magnético, conforme veremos em Eletromagnetismo (fig. 2).

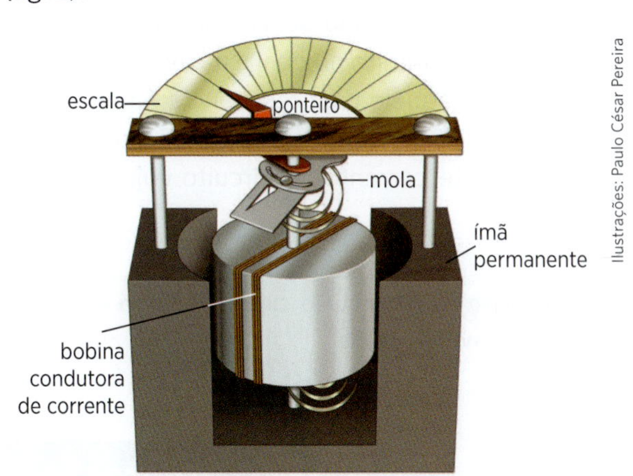

Figura 1. Galvanômetro: um indicador de corrente.

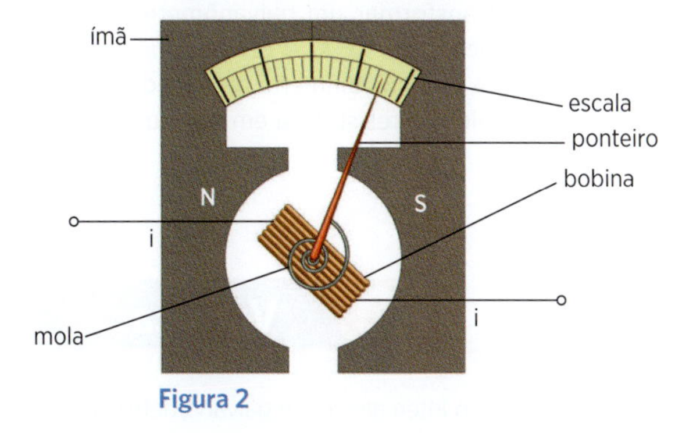

Figura 2

Por enquanto, aceitamos o galvanômetro como instrumento de trabalho e vamos estudar como usá-lo na medição prática da intensidade de corrente e da ddp.

Pequenas intensidades de corrente podem ser medidas por um galvanômetro sem modificação. Por exemplo, um galvanômetro de resistência elétrica $R_g = 100\ \Omega$ pode exigir $i_g = 2$ miliampères $= 2 \cdot 10^{-3}$ A $= 0{,}002$ A, para um desvio total do ponteiro na frente da escala, valor que é denominado *corrente de fundo de escala*.

Entretanto, geralmente precisamos medir intensidades de correntes maiores, por exemplo 2 A, e o galvanômetro, se não for modificado, será danificado. Para que o galvanômetro possa medir tal intensidade de corrente, ligamos, como na figura 3, um resistor de pequena resistência *em paralelo*, originando, assim, uma alternativa para passagem da maior parte da corrente. Esse resistor é chamado *shunt* (R_S).

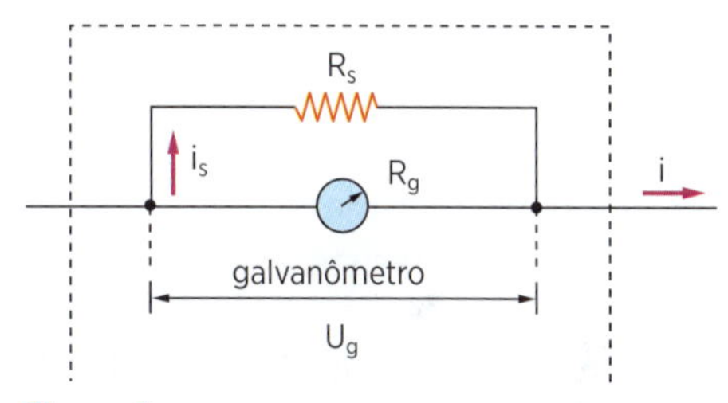

Figura 3

Determinemos o valor da resistência do shunt necessário para transformar nosso galvanômetro em um *amperímetro* de fundo de escala $i = 2$ A, isto é, que possa medir intensidades de corrente de até 2 A.

No trecho onde está o galvanômetro, a ddp vale:

$$U_g = R_g \cdot i_g = 100 \cdot 2 \cdot 10^{-3}\ V = 2 \cdot 10^{-1}\ V$$

$$U_g = 0{,}2\ V$$

A intensidade de corrente no shunt vale $i_s = i - i_g = 2\ A - 0{,}002\ A = 1{,}998\ A$, e, pela lei de Ohm:

$$R_s = \frac{U_g}{i_s} = \frac{0{,}2\ V}{1{,}998\ A} \cong 0{,}1\ \Omega$$

o que realmente é uma resistência elétrica muito pequena.

Após a determinação da resistência do shunt, o passo final na conversão do galvanômetro em um amperímetro é graduar a escala com valores que variem entre 0 e 2 A, de modo que se possa fazer uma leitura direta.

O shunt é geralmente colocado dentro da caixa do amperímetro.

É importante notar que temos uma associação de resistores em paralelo, e a resistência do amperímetro será, então, menor que a menor resistência da associação (a do shunt), que já é pequena. Um bom *amperímetro* é aquele cuja resistência pode ser considerada desprezível em relação às resistências do circuito.

Amperímetro ideal é aquele cuja resistência elétrica é nula.

Para construir um *voltímetro*, modificamos o galvanômetro de modo um pouco diferente.

No exemplo analisado, o instrumento original poderia ser usado para medir uma ddp de $U_g = 0{,}2$ V. É possível medir-se uma ddp maior por meio de um *resistor de alta resistência*, chamado *multiplicador*, ligado em série com o galvanômetro. Na figura 4, mostramos a construção de um voltímetro que mede, no total, U = 2 V, partindo do mesmo galvanômetro usado para amperímetro na figura 3.

O galvanômetro e o multiplicador estão em *série* e são percorridos pela mesma corrente $i_g = 2 \cdot 10^{-3}$ A.

Pela lei de Ohm, a resistência do trecho *AB* é:

$$R = \frac{U}{i_g} = \frac{2\ V}{2 \cdot 10^{-3}\ A} = 10^3\ \Omega \Rightarrow R = 1000\ \Omega$$

Como $R = R_g + R_m \Rightarrow 1000 = 100 + R_m \Rightarrow$
$\Rightarrow R_m = 900\ \Omega$

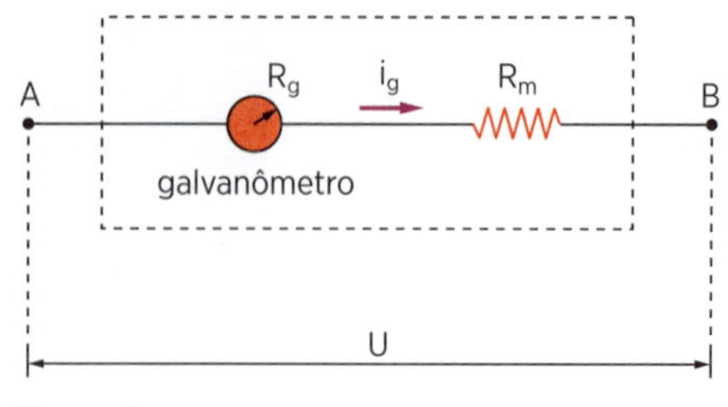

Figura 4

Assim, precisamos ligar um resistor de 900 Ω em série com o galvanômetro, a fim de obter um voltímetro que indique entre 0 e 2 V. Graduamos a escala com valores entre 0 e 2 V, de modo que o voltímetro permita leitura direta; o multiplicador, como o shunt, é geralmente colocado dentro da caixa do aparelho.

O voltímetro que descrevemos tem uma elevada resistência e não desvia mais que 0,002 A do trecho do circuito no qual está ligado. Um bom *voltímetro* é aquele cuja resistência é bem maior que as resistências do circuito, não desviando praticamente corrente do circuito cuja ddp está medindo.

Voltímetro ideal é aquele cuja resistência elétrica é infinitamente grande.

Aplicação

A1. Um galvanômetro tem resistência de 20 Ω e corrente de fundo de escala 0,10 A. Em que condições ele poderia ser utilizado num circuito em que circule uma corrente de 10 A?

A2. Um amperímetro de resistência 0,20 Ω e fundo de escala 1,0 mA deve ser modificado para medir correntes de até 5,0 mA. Como é possível fazê-lo?

A3. Deseja-se transformar um galvanômetro de resistência elétrica $2{,}0 \cdot 10^2\ \Omega$ e corrente de fundo de escala 10 mA em um voltímetro para medir até 50 V. Calcule o valor da resistência em série que se deve usar.

Verificação

V1. Um galvanômetro de resistência $R_g = 90\ \Omega$ tem uma corrente de fundo de escala $i_g = 5$ mA. Pretendendo adaptá-lo para medir até 10 mA, deve-se ligar ao galvanômetro um resistor:

a) em paralelo de 45 Ω.
b) em paralelo de 90 Ω.
c) em série de 45 Ω.
d) em série de 90 Ω.
e) diferente dos anteriores.

V2. Em um circuito intercala-se um galvanômetro de resistência 2 Ω, dotado de uma resistência shunt $\frac{2}{999}\ \Omega$. Se no galvanômetro passam 50 mA, calcule a intensidade da corrente que circula no circuito.

V3. Um galvanômetro tem resistência elétrica igual a 10 Ω, e sua corrente de fundo de escala vale 20 mA. Que modificação deve ser feita no aparelho para que ele possa medir ddps de até 60 V?

R1. (UF-RS) Selecione a alternativa que preenche corretamente as lacunas do texto seguinte, na ordem em que elas aparecem. Um galvanômetro é um aparelho delicado e sensível capaz de medir uma corrente elétrica contínua *i* muito pequena, da ordem de alguns microampères ou, quando muito, miliampères. Para medir correntes elétricas maiores do que essas, usa-se um amperímetro, que é um galvanômetro modificado da maneira representada na figura a seguir.

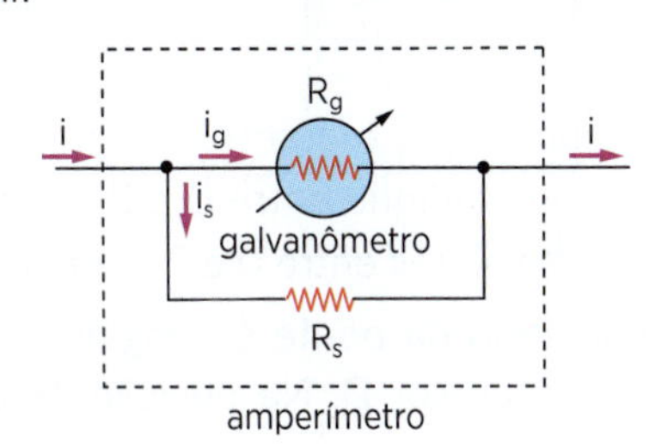

amperímetro

Constrói-se um amperímetro a partir de um galvanômetro, ligando-se a resistência interna R_g do galvanômetro em paralelo com uma resistência R_s, chamada de *shunt* (palavra inglesa que significa desvio). Assim, para se obter um amperímetro cuja corrente de fundo de escala seja 10 vezes maior que a do galvanômetro usado, ▲ da corrente elétrica *i* deverá passar pelo galvanômetro, e o valor de R_s deverá ser ▲ do que o valor de R_g.

Dado: corrente de fundo de escala é o valor máximo de corrente elétrica que o amperímetro ou o galvanômetro podem medir.

a) $\frac{1}{9}$; 9 vezes menor

b) $\frac{1}{10}$; 9 vezes menor

c) $\frac{1}{10}$; 10 vezes maior

d) $\frac{9}{10}$; 9 vezes maior

e) $\frac{9}{10}$; 10 vezes maior

R2. (Vunesp-SP) Pretende-se medir a corrente no circuito a seguir intercalando-se entre os pontos *A* e *B* um amperímetro que tem resistência interna de 1,5 Ω.

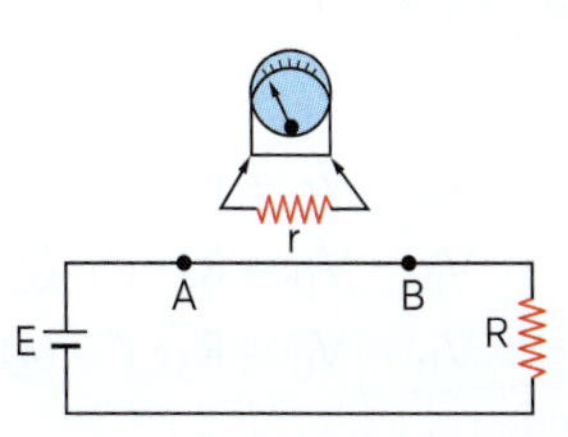

Acontece que o máximo valor que o instrumento mede (fundo de escala) é 3,0 A, e a corrente no circuito é maior que isso. Aumentando-se o fundo de escala para 4,5 A, o instrumento pode ser utilizado. São fornecidos resistores (*r*) que devem ser ligados ao amperímetro, na forma indicada, de modo que sua escala seja ampliada para 4,5 A. Que valor de resistência (*r*) satisfaz o requisito?

a) 4,0 Ω
b) 3,0 Ω
c) 2,0 Ω
d) 1,0 Ω
e) 0,5 Ω

R3. (Vunesp-SP) A corrente que corresponde à deflexão máxima do ponteiro de um galvanômetro é 1,0 mA, e sua resistência 0,50 Ω. Qual deve ser o valor da resistência de um resistor que precisa ser colocado nesse aparelho para que ele se transforme num voltímetro apto a medir até 10 V? Como deve ser colocado esse resistor: em série ou em paralelo com o galvanômetro?

R4. O método amperímetro-voltímetro é usado para determinar uma resistência elétrica desconhecida. A figura abaixo representa o circuito e os aparelhos onde os ponteiros indicam as leituras. O voltímetro pode medir até 250 V (o valor 10, na escala indicada, corresponde a 250 V) e o amperímetro mede correntes elétricas de até 1 A (o valor 10, na escala indicada, corresponde a 1 A).

Determine o valor da resistência elétrica *R*.

voltímetro

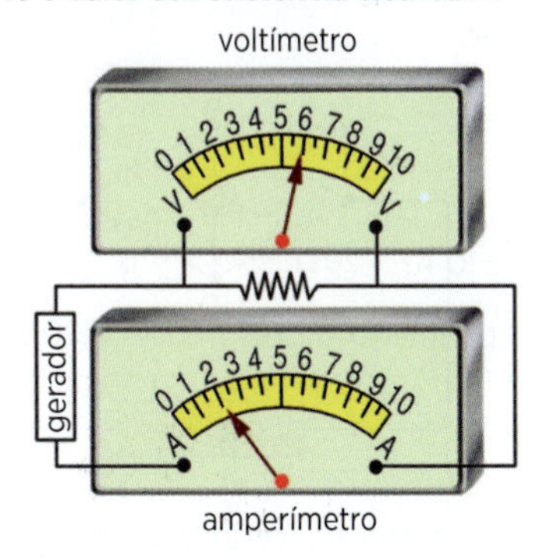

amperímetro

Luis Moura

Ponte de Wheatstone

É um esquema onde os resistores podem ser dispostos segundo os lados de um losango (fig. 5), sendo um método muito usado para a medida de resistências elétricas. Seja R_1 a resistência a ser medida, R_2 um reostato e R_3 e R_4 dois resistores de resistências conhecidas ou cuja razão é conhecida. Os pontos *A* e *C* são ligados aos terminais do gerador; entre os pontos *B* e *D* liga-se um galvanômetro *G*.

O valor de R_2 é ajustado de maneira que o galvanômetro *não acuse passagem de corrente* ($i_g = 0$), condição em que a ponte está em *equilíbrio*, ficando $V_B = V_D$.

A corrente i' passa por R_1 e também por R_2; i'' passa por R_4 e também por R_3. Aplicando-se a lei de Ohm, vem:

$$V_A - V_B = R_1 \cdot i' \quad (1)$$
$$V_B - V_C = R_2 \cdot i' \quad (2)$$
$$V_A - V_D = R_4 \cdot i'' \quad (3)$$
$$V_D - V_C = R_3 \cdot i'' \quad (4)$$

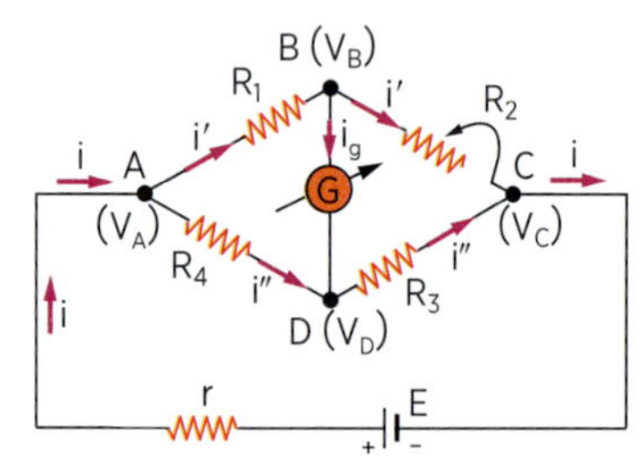

Figura 5

Como $V_B = V_D$, comparando (1) com (3) e (2) com (4), obtemos:

$$R_1 \cdot i' = R_4 \cdot i''$$
$$R_2 \cdot i' = R_3 \cdot i''$$

Dividindo membro a membro essas expressões, vem:

$\frac{R_1}{R_2} = \frac{R_4}{R_3} \Rightarrow \boxed{R_1 \cdot R_3 = R_2 \cdot R_4}$, de onde se obtém o valor de R_1.

Ponte de fio

Na ponte de fio os resistores R_3 e R_4 são substituídos por um único fio, homogêneo e de seção transversal constante, conforme mostra a figura 6.

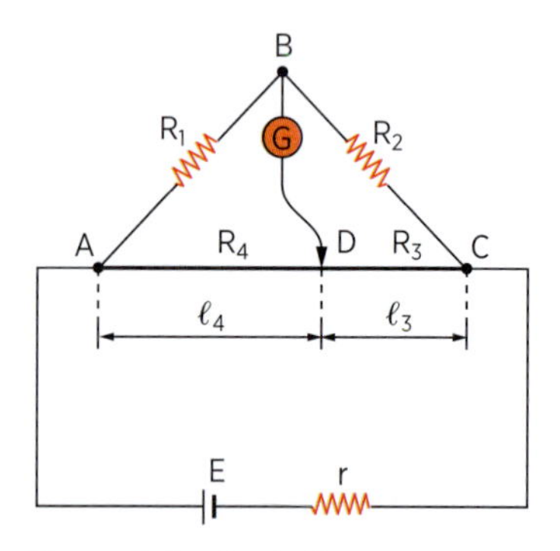

Figura 6. Ponte de fio.

O equilíbrio da ponte é atingido variando-se a posição do cursor D. Na posição de equilíbrio, $R_1 \cdot R_3 = R_2 \cdot R_4$.

Sendo $R_3 = \rho \cdot \frac{\ell_3}{A}$ e $R_4 = \rho \cdot \frac{\ell_4}{A}$, vem:

$$R_1 \cdot \rho \cdot \frac{\ell_3}{A} = R_2 \cdot \rho \cdot \frac{\ell_4}{A}$$
$$R_1 \cdot \ell_3 = R_2 \cdot \ell_4$$

Assim, conhecendo-se R_2 e medindo-se ℓ_3 e ℓ_4 quando a ponte está em equilíbrio, podemos, pela fórmula acima, determinar o valor de R_1.

Aplicação

A4. A ponte de Wheatstone representada na figura abaixo está em equilíbrio. Determine o valor da resistência elétrica R.

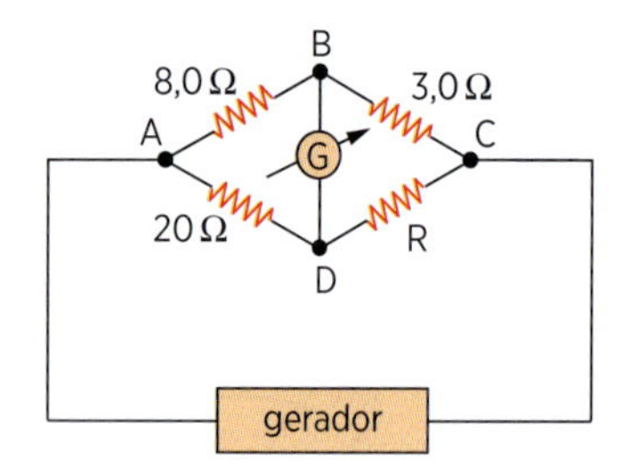

A5. No circuito abaixo, verifica-se que a corrente no amperímetro é nula. Qual o valor da resistência R_x?

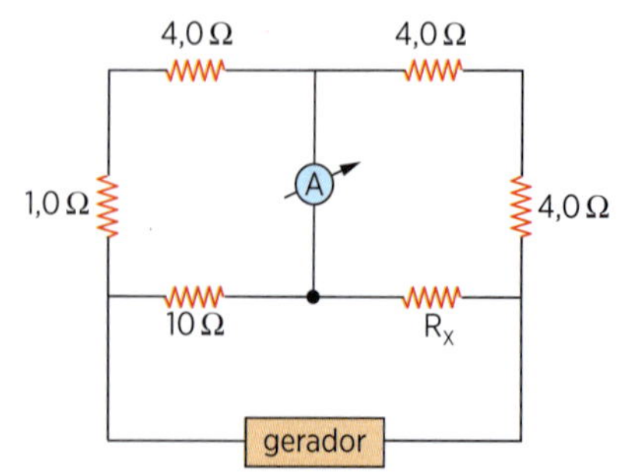

A6. Na associação da figura abaixo, submetem-se os pontos A e B a uma ddp de 10 V.

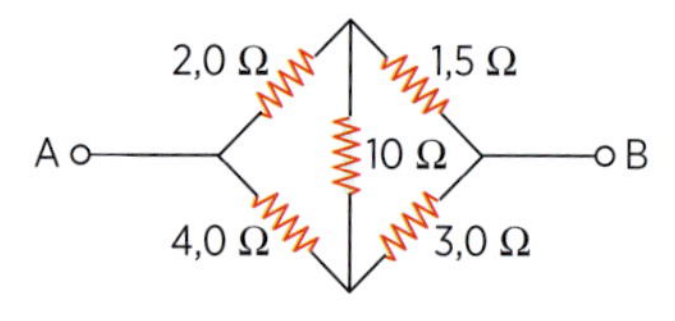

Determine:

a) a intensidade da corrente na resistência de 10 Ω;

b) a resistência equivalente entre os pontos A e B.

A7. No circuito esquematizado abaixo, o amperímetro não registra passagem de corrente. Determine o valor da resistência X.

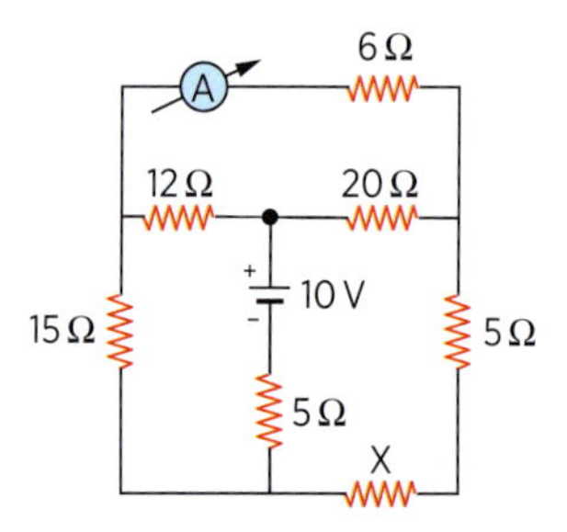

Verificação

V4. Indique o valor da resistência R para que a ponte da figura fique equilibrada.
Dados: $R_1 = 6\ \Omega$; $R_2 = 15\ \Omega$; $R_3 = 30\ \Omega$.

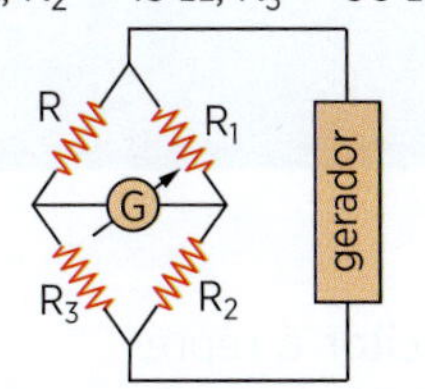

V5. No circuito abaixo, o galvanômetro G indica zero. Determine o valor da resistência X.

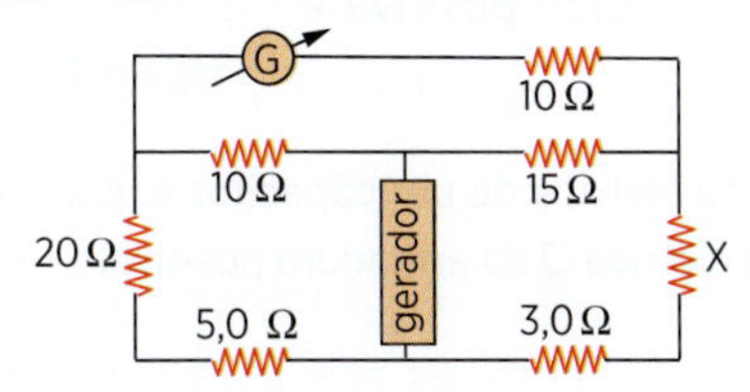

V6. Determine a resistência equivalente entre os pontos A e B do circuito abaixo.

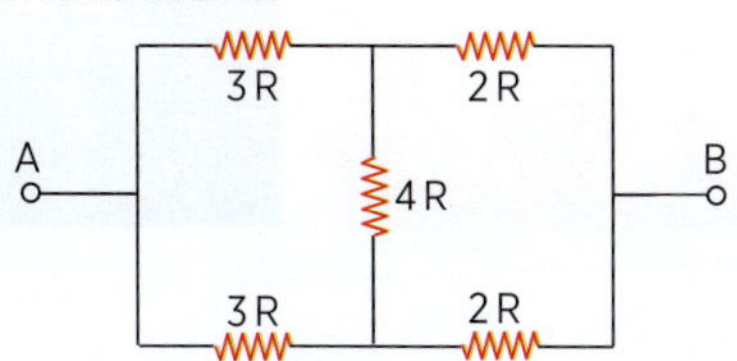

V7. No circuito esquematizado a seguir, qual a condição para que não haja passagem de corrente pelo resistor R_4?

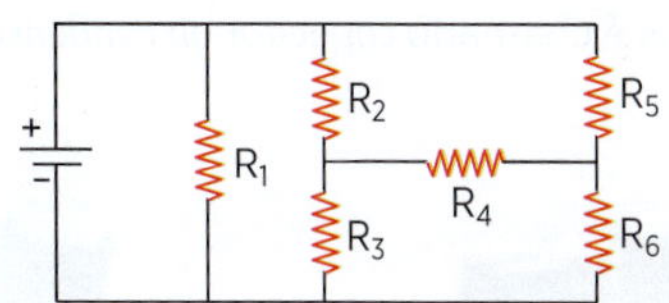

Revisão

R5. (EEAr-SP) Assinale a alternativa que representa o valor, em quilo-ohms (kΩ), que o resistor variável R_3 deve ser ajustado para que a corrente em R_5, indicada no amperímetro, seja zero ampère.

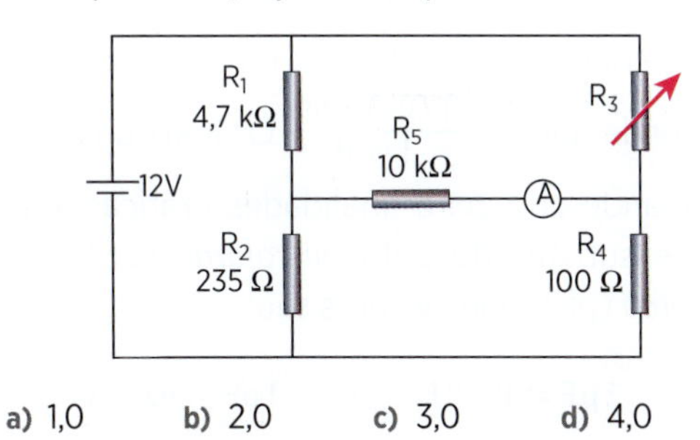

a) 1,0 b) 2,0 c) 3,0 d) 4,0

R6. (Cesgranrio-RJ) No circuito abaixo, sabe-se que o amperímetro (suposto ideal) não acusa passagem de corrente elétrica. Logo, o valor da resistência R, em ohms, é:

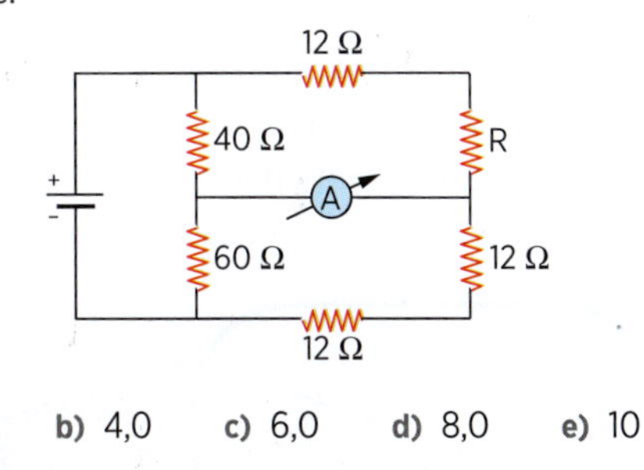

a) 2,0 b) 4,0 c) 6,0 d) 8,0 e) 10

R7. (IME-RJ)

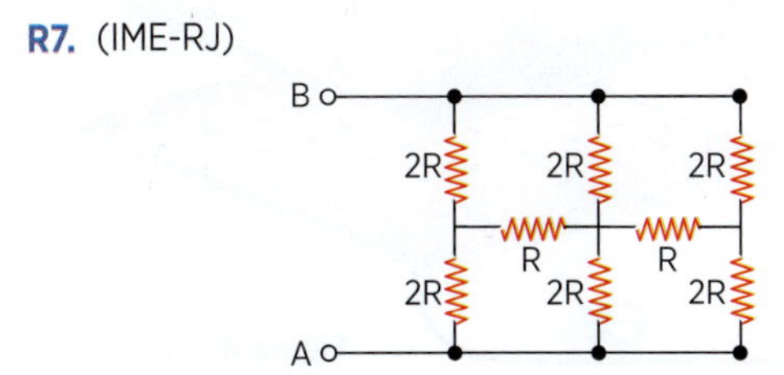

A resistência equivalente entre os terminais A e B da figura é:

a) $\frac{1}{3}R$ c) $\frac{2}{3}R$ e) $2R$

b) $\frac{1}{2}R$ d) $\frac{4}{3}R$

R8. (Unicamp-SP) A variação de uma resistência elétrica com a temperatura pode ser utilizada para medir a temperatura de um corpo. Considere uma resistência R que varia com a temperatura θ de acordo com a expressão

$$R = R_0\,(1 + \alpha\theta)$$

onde $R_0 = 100\ \Omega$, $\alpha = 4 \cdot 10^{-3}\ °C^{-1}$ e θ é dada em graus Celsius. Esta resistência está em equilíbrio térmico com o corpo, cuja temperatura θ se deseja conhecer. Para medir o valor de R, ajusta-se a resistência R_2, indicada no circuito abaixo, até que a corrente medida pelo amperímetro no trecho AB seja nula.

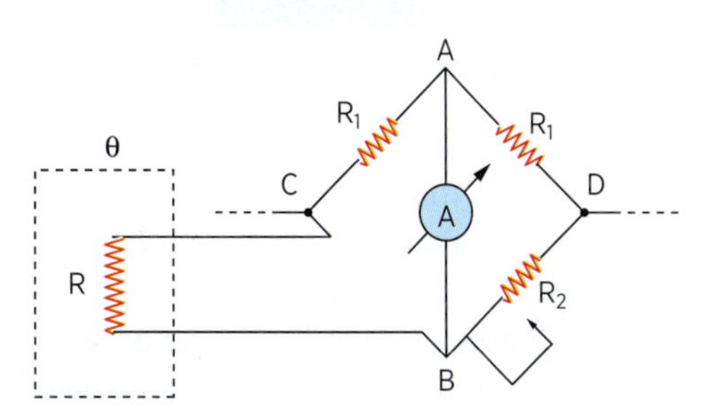

a) Qual a temperatura θ do corpo quando a resistência R_2 for igual a 108 Ω?

b) A corrente através da resistência R é igual a $5{,}0 \cdot 10^{-3}$ A. Qual a diferença de potencial entre os pontos C e D indicados na figura?

Capacitores

Capacitor e capacitância

O aparelho elétrico destinado a armazenar cargas elétricas é chamado *capacitor ou condensador*.

Thinkstock/Getty Images

Figura 1. Capacitores.

Um par de placas condutoras paralelas, próximas uma da outra e com ar entre elas, como na figura 2, é um exemplo de capacitor. As placas são denominadas *armaduras do capacitor*.

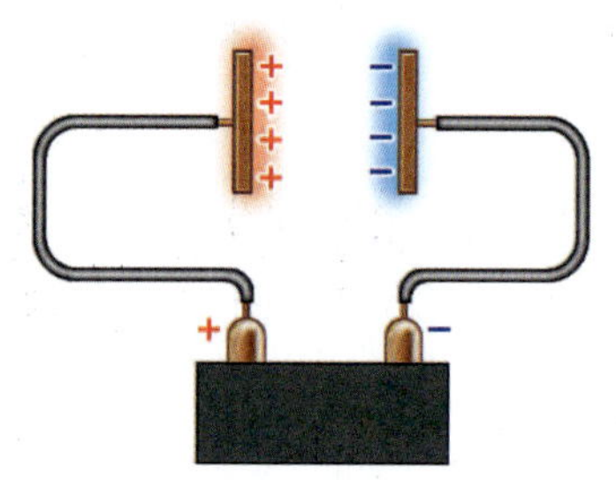

Figura 2

A figura 2 indica ainda como o capacitor pode ser eletrizado. Uma armadura, ligada ao polo positivo do gerador, eletriza-se positivamente e a outra, ligada ao polo negativo, eletriza-se negativamente. Estando o capacitor eletrizado, suas armaduras apresentam cargas elétricas de mesmo valor absoluto e sinais opostos, $+Q$ e $-Q$. Entre as armaduras do capacitor existe um meio não condutor (isolante) chamado dielétrico. De acordo com a natureza do dielétrico, temos capacitor a ar, de mica, de papel, etc.

Um capacitor é representado pelo símbolo da figura 3, onde U é a ddp entre suas armaduras positiva e negativa.

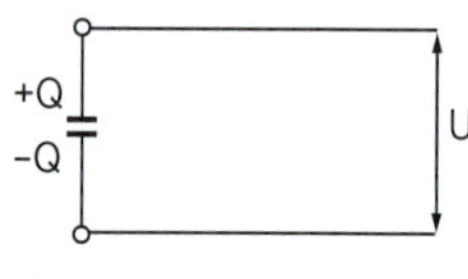

Figura 3

A carga elétrica de um capacitor é, por definição, a carga elétrica Q da armadura positiva.

A ddp U entre as armaduras de um capacitor é sempre diretamente proporcional à carga. O quociente entre Q e U é então uma constante para um determinado capacitor e recebe o nome de *capacitância* ou *capacidade eletrostática*, sendo indicada por C:

$$C = \frac{Q}{U}$$

A unidade de capacitância no SI é o *farad* (símbolo F), onde $1 \text{ farad} = \frac{1 \text{ coulomb}}{1 \text{ volt}}$. O farad é uma unidade tão grande que, para finalidades práticas, é geralmente substituído pelo *microfarad* (μF) ou pelo *picofarad* (pF), cujos valores são:

$$1\ \mu F = 10^{-6}\ F \quad \text{e} \quad 1\ pF = 10^{-12}\ F$$

A capacitância de um capacitor depende unicamente de sua forma geométrica e do meio existente entre as armaduras.

Na figura 4, temos um capacitor *eletrizado* ou *carregado*; se as duas armaduras são ligadas por um fio condutor, ocorre um movimento de elétrons da armadura negativa para a positiva, descarregando o capacitor.

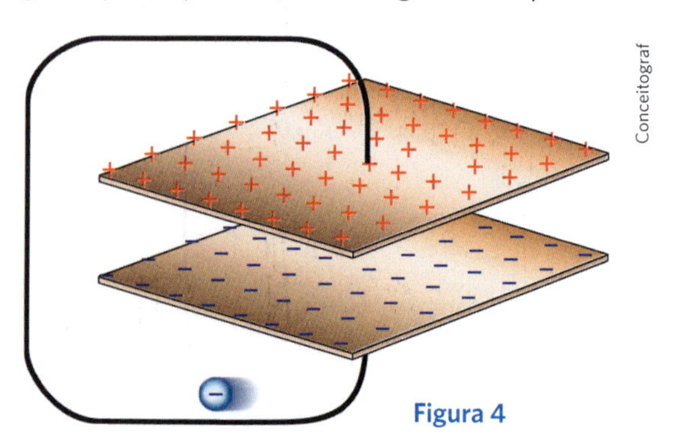

Conceitograf

Figura 4

Quando o capacitor está carregado, se ele receber mais cargas, sua ddp é aumentada proporcionalmente. A carga que pode ser armazenada pelo capacitor é limitada somente pela chamada ruptura do dielétrico entre as armaduras. A carga tornando-se excessiva, também a ddp será muito alta e saltará uma faísca entre as armaduras, rompendo o dielétrico e descarregando o capacitor. A construção dos capacitores depende da capacitância desejada e da ddp que deve ser aplicada, sem ruptura do dielétrico.

Energia potencial elétrica de um capacitor

O gerador elétrico, ao carregar um capacitor, fornece-lhe energia potencial elétrica que fica armazenada nele.

Como a carga elétrica do capacitor é diretamente proporcional à sua ddp, o gráfico da carga em função da ddp é uma reta passando pela origem. Quando a carga é Q, a ddp é U (fig. 5).

A energia potencial elétrica armazenada pelo capacitor é numericamente igual à área A, destacada na figura 5.

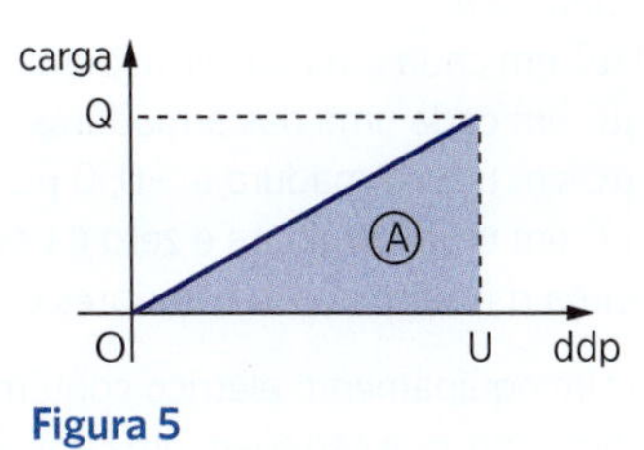

Figura 5

Então:

$$W = \frac{QU}{2}$$

e, como $Q = CU$, segue-se:

$$W = \frac{CU^2}{2}$$

A1. Um capacitor, ligado aos terminais de uma bateria de 24 V, apresenta a carga elétrica $3{,}0 \cdot 10^{-6}$ C. Determine sua capacitância.

A2. Um capacitor tem capacitância $2{,}0 \cdot 10^{-8}$ F. Liga-se o capacitor aos terminais de uma bateria de 12 V. Qual é a carga elétrica que o capacitor armazena?

A3. Três capacitores, *A*, *B* e *C*, possuem capacitâncias C_1, C_2 e C_3, respectivamente, tais que $C_1 > C_2 > C_3$. Submetendo-os à mesma ddp U, qual deles armazena maior carga elétrica?

A4. Dois capacitores, *A* e *B*, são eletrizados com cargas elétricas 2Q e *Q* quando submetidos a tensões elétricas 2U e 3U, respectivamente. Qual deles armazena mais energia potencial elétrica?

A5. Um capacitor de capacitância 1,0 µF, inicialmente neutro, é ligado a uma fonte de ddp constante até se carregar completamente. Em seguida, verifica-se que, descarregando-o através de um resistor, o calor desenvolvido equivale a 0,125 J. Calcule a ddp da fonte.

Verificação

V1. A figura dá a variação da carga *Q* entre as armaduras de um capacitor em função da ddp *U*. Determine a capacitância do capacitor.

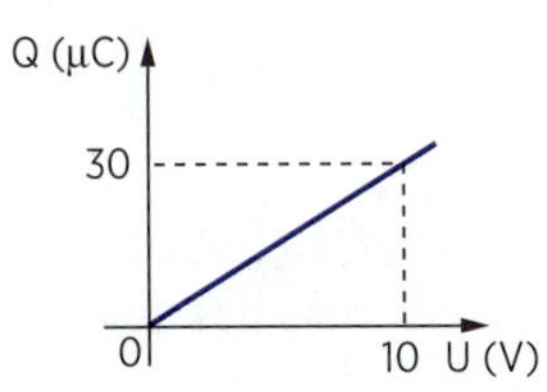

V2. Um capacitor tem capacitância 3,0 nF (nano: $n = 10^{-9}$). Liga-se o capacitor aos terminais de uma bateria de 6,0 V.

a) Qual a carga elétrica que o capacitor armazena?

b) Alterando-se a ddp aplicada ao capacitor para 12 V, altera-se a sua capacitância? E a carga elétrica que ele armazena?

V3. Um capacitor tem capacitância 5,0 µF. Qual a ddp que deve ser aplicada ao capacitor para que ele armazene uma carga elétrica de $2{,}0 \cdot 10^{-5}$ C?

V4. Um capacitor de capacitância 30 µF sob ddp de $5{,}0 \cdot 10^3$ V é desligado da fonte e, a seguir, totalmente descarregado através de um resistor. Calcule a energia dissipada na descarga do capacitor.

V5. Qual a ddp que deve ser aplicada a um capacitor, de capacitância 2,0 µF, a fim de que armazene energia potencial elétrica de $2{,}5 \cdot 10^{-3}$ J?

R1. (Fuvest-SP) Em um condensador a vácuo, de capacidade 10^{-3} μF, ligado a um gerador de tensão 100 volts, a carga elétrica é:

a) 0,50 μC em cada uma das armaduras.
b) 0,10 μC em cada uma das armaduras.
c) 0,10 μC em uma armadura e −0,10 μC na outra.
d) 0,10 μC em uma armadura e zero na outra.
e) nenhuma das afirmações anteriores é correta.

R2. (UF-ES) Um equipamento elétrico contém duas pilhas de 1,5 V em série, que carregam um capacitor de capacitância $6{,}0 \cdot 10^{-5}$ F. A carga elétrica que se acumula no capacitor é, em coulombs:

a) $0{,}2 \cdot 10^{-4}$
b) $0{,}4 \cdot 10^{-4}$
c) $0{,}9 \cdot 10^{-4}$
d) $1{,}8 \cdot 10^{-4}$
e) $3{,}6 \cdot 10^{-4}$

R3. (UF-TO) Para "carregar" um capacitor de placas paralelas de capacitância C, devemos remover elétrons de sua placa positiva e levá-los para sua placa negativa. Ao fazer isto, agimos contra o campo elétrico que tende a levar os elétrons de volta à placa positiva. O módulo do trabalho necessário para "carregar" o capacitor com uma quantidade de carga final igual a Q é:

a) $\frac{5}{4}\frac{Q^2}{C}$
b) $\frac{3}{2}\frac{Q^2}{C}$
c) $\frac{4}{5}\frac{Q^2}{C}$
d) $\frac{1}{2}\frac{Q^2}{C}$
e) $\frac{2}{5}\frac{Q^2}{C}$

R4. (UE-PI) Considere um capacitor de capacitância 60 f F = $60 \cdot 10^{-15}$ F, utilizado num "chip" da memória RAM de um computador. Quando a diferença de potencial entre as placas do capacitor é de 3,2 V, qual o número de elétrons em excesso na placa negativa? Dado: o módulo da carga de um elétron é $1{,}6 \cdot 10^{-19}$ C; f = 1 fento = 10^{-15}.

a) $1{,}2 \cdot 10^{2}$
b) $3{,}2 \cdot 10^{4}$
c) $1{,}2 \cdot 10^{6}$
d) $6{,}0 \cdot 10^{8}$
e) $1{,}6 \cdot 10^{10}$

Capacitor plano

O *capacitor plano* é constituído de duas armaduras planas iguais e paralelas, entre as quais existe um isolante ou dielétrico (fig. 6).

Seja A a área de cada uma de suas armaduras e d a distância entre elas.

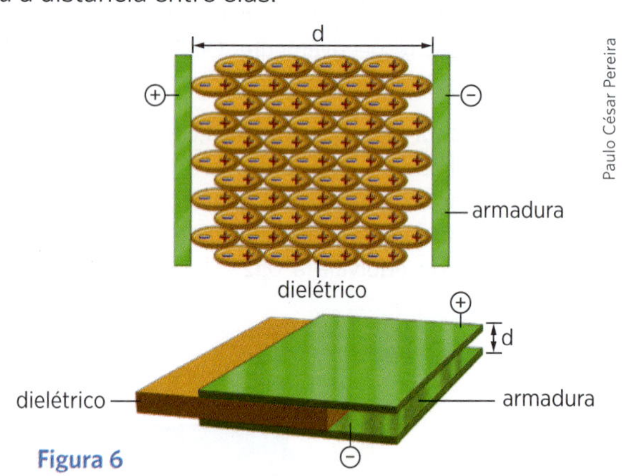

Figura 6

A capacitância C do capacitor é diretamente proporcional à área A e inversamente proporcional à distância d.

$$C = \varepsilon \frac{A}{d}$$

A *constante* ε, característica do isolante existente entre as armaduras, é denominada *permissividade do meio*.

A permissividade do vácuo (ε_0) vale:

$$\varepsilon_0 = 8{,}85 \cdot 10^{-12} \frac{F}{m}$$

Denomina-se *constante dielétrica* (k) de um meio ao quociente entre a permissividade do meio e a permissividade do vácuo: $k = \frac{\varepsilon}{\varepsilon_0}$

Valores da constante dielétrica de algumas substâncias são dados na tabela abaixo.

Dielétrico	k
Vácuo	1,0000
Ar	1,0006
Vidro	5 - 10
Borracha	3 - 35
Mica	3 - 6
Glicerina	56
Água	81

De $\varepsilon = k\varepsilon_0$, podemos concluir que a capacitância do capacitor plano é dada por:

$$C = k\varepsilon_0 \frac{A}{d}$$

Para aumentar a capacitância de um capacitor plano, uma ou mais das seguintes modificações podem ser feitas:

I. aumentar a área das armaduras;
II. aproximar as armaduras;
III. inserir entre as armaduras um dielétrico de maior constante dielétrica.

Ao ligar um capacitor plano a um gerador, o capacitor se eletriza e entre suas armaduras estabelece-se um campo elétrico uniforme $\vec{E}$ (fig. 7), cuja intensidade é dada por $E = \frac{U}{d}$, onde U é a ddp entre as armaduras.

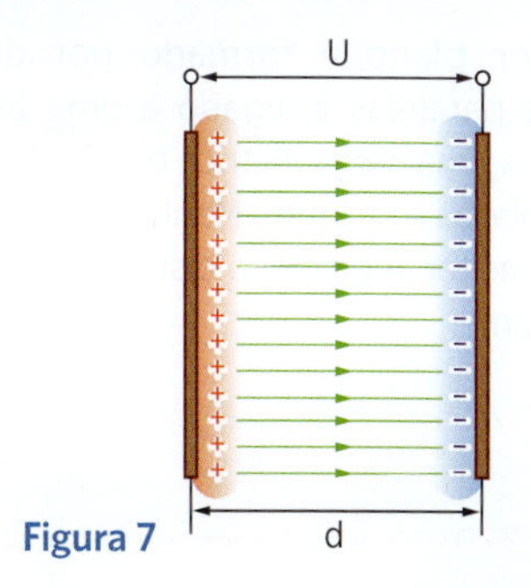

Figura 7

Aplicação

A6. Dois capacitores planos, *P* e *Q*, são comparados:

- área de P = 2 · área de *Q*;
- distância entre placas de P = $\frac{1}{2}$ distância entre placas de *Q*;
- constante dielétrica de P = 2 · constante dielétrica de *Q*.

Calcule a razão entre a capacitância de *P* e a capacitância de *Q*.

A7. Um capacitor plano a vácuo (k = 1) tem capacitância $C = 3{,}0 \cdot 10^{-9}$ F. Sem alterar a distância entre as placas, preenche-se o espaço entre elas com um dielétrico de constante dielétrica $k' = 3{,}0$. Determine a nova capacitância *C'* do capacitor.

A8. Um capacitor plano, cujas armaduras estão separadas pela distância *d*, está ligado a um gerador que fornece uma ddp constante de 100 V. Nessas condições, o capacitor se eletriza com carga elétrica 6,0 μC. Um operador desliga o gerador do capacitor e, a seguir, afasta as armaduras, aumentando a distância entre elas para 2d.

a) O que ocorre com a carga elétrica que o capacitor armazena? Aumenta, diminui ou permanece a mesma?

b) Calcule a nova ddp entre as placas.

c) Calcule a capacitância e a energia potencial elétrica armazenada pelo capacitor antes e depois de as placas serem afastadas.

A9. Um capacitor plano, cujas armaduras estão separadas pela distância *d*, está ligado a um gerador que fornece uma ddp constante de 100 V. Nessas condições, o capacitor se eletriza com carga elétrica 6,0 μC. Um operador afasta as armaduras, aumentando a distância entre elas para 2d, sem desligar o gerador do capacitor.

a) O que ocorre com a ddp no capacitor? Aumenta, diminui ou não se altera?

b) Calcule a nova carga elétrica que o capacitor armazena.

Verificação

V6. Dois capacitores planos, *P* e *Q*, possuem as seguintes características:

Capacitor	P	Q
Área das placas	A	2A
Distância entre as placas	d	$\frac{d}{2}$
Constante dielétrica	1	3
Capacitância	C_1	C_2

Determine a relação $\frac{C_2}{C_1}$.

V7. A figura representa um capacitor plano a vácuo cujas armaduras estão ligadas a um voltímetro. Observa-se que o voltímetro indica uma diminuição de ddp, a qual passa de U_0 a U, quando uma placa de plástico, de constante dielétrica *k*, é introduzida entre as armaduras do capacitor. Observa-se que a capacidade do capacitor modifica-se, passando de C_0 a C.

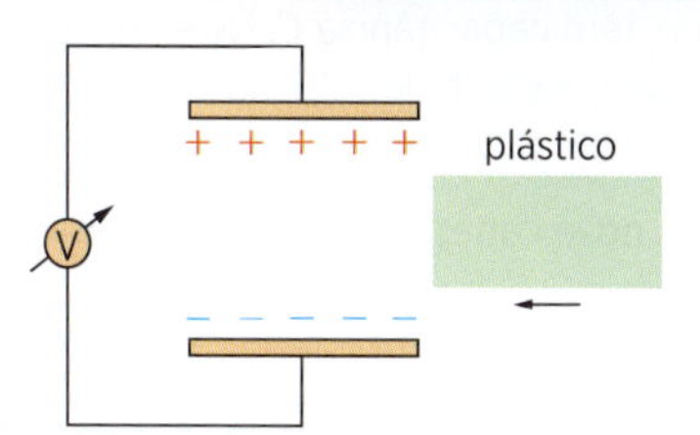

Demonstre que:

a) $C = k \cdot C_0$

b) $U = \frac{U_0}{k}$

V8. Um capacitor plano tem as suas armaduras separadas pela distância *d*, havendo inicialmente uma ddp U = 200 V entre elas, sendo a carga do capacitor Q = 2,0 μC. Um operador afasta as armaduras, aumentando a distância entre elas para 2d. Não havendo modificação na carga do capacitor, determine:

a) a nova ddp entre as placas;

b) a energia potencial elétrica armazenada pelo capacitor antes e depois de as placas serem afastadas.

V9. Um capacitor plano é formado por duas placas planas e paralelas e, ligado a uma bateria de 12 V, armazena uma carga elétrica de 1,2 μC. A distância entre as placas é 0,2 mm. Mantendo-se o gerador ligado ao capacitor, reduz-se a distância entre as placas para 0,1 mm.

a) Das duas grandezas, carga elétrica do capacitor e ddp entre as placas, qual a que se altera? Calcule seu valor após a aproximação das placas.

b) Calcule a capacitância e a energia potencial elétrica armazenada pelo capacitor antes e depois de as placas serem aproximadas.

R5. (U. E. Maringá-PR) Considere um condensador plano com placas retangulares.

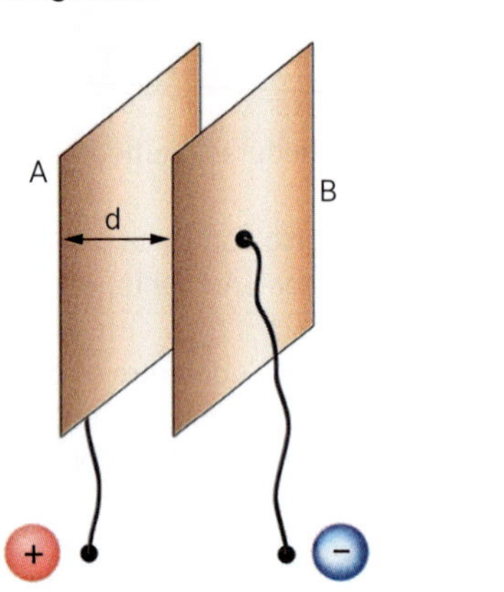

Se as placas fossem mantidas paralelas uma a outra e, a seguir, afastadas por uma distância Δx, a capacitância:

a) diminuiria, pois a área das superfícies diminui.
b) aumentaria, pois a área das superfícies aumenta.
c) diminuiria, pois essa depende da distância entre as placas.
d) aumentaria, pois essa depende da distância entre as placas.
e) permaneceria a mesma, pois essa independe da distância entre as placas.

R6. (UF-CE) Um capacitor de placas planas e paralelas, a vácuo, tem capacitância *C*. Nele introduz-se um dielétrico de constante $k = 15$, aumenta-se a área de cada placa 140% e diminui-se 50% a distância entre as placas. A nova capacitância é *C'*. Determine $\frac{C'}{C}$.

R7. (Unaerp-SP) Um capacitor plano de capacidade 5 μF está ligado numa bateria, cuja ddp é 100 V. Num certo instante, afastam-se as placas do capacitor, de modo a dobrar a distância entre elas, sem desligá-lo da bateria. A nova capacidade, ddp e carga armazenada no capacitor valem, respectivamente:

a) 2,5 μF; 100 V; 250 μC
b) 5 μF; 50 V; 250 μC
c) 2,5 μF; 50 V; 125 μC
d) 5 μF; 100 V; 1000 μC
e) 10 μF; 100 V; 1000 μC

R8. (UF-MG) A capacitância de um capacitor de placas paralelas é dada por $C = \frac{Q}{U}$, em que Q é a carga em cada uma das placas, e U, a diferença de potencial entre elas.
Desprezando-se os efeitos de borda, o campo elétrico entre as placas desse capacitor é uniforme e de intensidade $E = \frac{Q}{\varepsilon A}$, em que **A** é a área de cada uma das placas e ε é uma constante.
1. Com base nessas informações, responda:
Que acontece com o valor da capacitância desse capacitor se a diferença de potencial entre as placas for reduzida à metade?
2. Considere que um material isolante é introduzido entre as placas desse capacitor e preenche totalmente o espaço entre elas.
Nessa situação, o campo elétrico entre as placas é reduzido um fator κ, que é a constante elétrica do material.
Explique por que, nessa situação, o campo elétrico entre as placas do capacitor diminui.

Associação de capacitores em série

A capacitância do capacitor equivalente à associação de dois ou mais capacitores pode ser determinada de maneira análoga à que foi estudada na associação de resistores, embora os resultados sejam diferentes. A figura 8 mostra três capacitores associados *em série: a armadura negativa de um capacitor está ligada à positiva do capacitor seguinte*, de modo que os capacitores se carregam com *cargas iguais*.

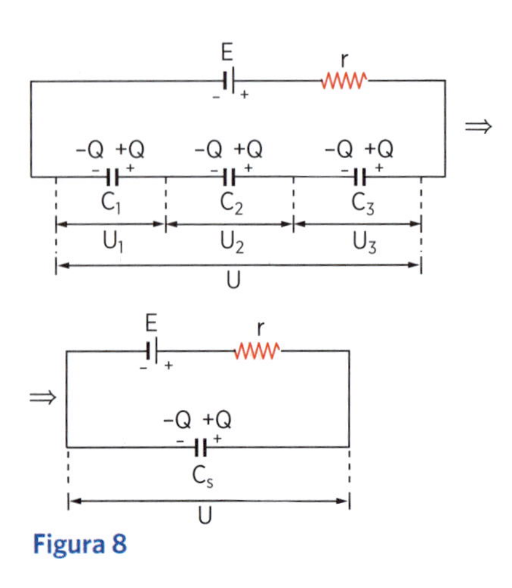

Figura 8

As ddps nos capacitores são dadas, respectivamente, por:

$U_1 = \dfrac{Q}{C_1}$, $U_2 = \dfrac{Q}{C_2}$, $U_3 = \dfrac{Q}{C_3}$ e se C_S é a capacitância do capacitor equivalente à associação: $U = \dfrac{Q}{C_S}$.

Mas $U = U_1 + U_2 + U_3$.

Portanto: $\dfrac{Q}{C_S} = \dfrac{Q}{C_1} + \dfrac{Q}{C_2} + \dfrac{Q}{C_3}$.

Logo: $$\frac{1}{C_S} = \frac{1}{C_1} + \frac{1}{C_2} + \frac{1}{C_3}$$

O inverso da capacitância equivalente a uma associação de capacitores em série é igual à soma dos inversos das capacitâncias associadas.

Evidentemente, C_S é menor que a capacitância de cada um dos capacitores associados.

Se tivermos apenas dois capacitores:

$$C_S = \frac{C_1C_2}{C_1 + C_2}$$, isto é, $\dfrac{\text{produto}}{\text{soma}}$.

Para *n* capacitores iguais, cada um de capacitância *C*, a capacitância equivalente C_S é:

$$C_S = \frac{C}{n}$$

Associação de capacitores em paralelo

A figura 9 mostra três capacitores associados *em paralelo. As armaduras positivas são ligadas entre si, assim como as negativas.* Então, a mesma ddp é aplicada aos capacitores, de modo que as cargas em suas armaduras têm os respectivos valores:

$$Q_1 = C_1U,\ Q_2 = C_2U \text{ e } Q_3 = C_3U$$

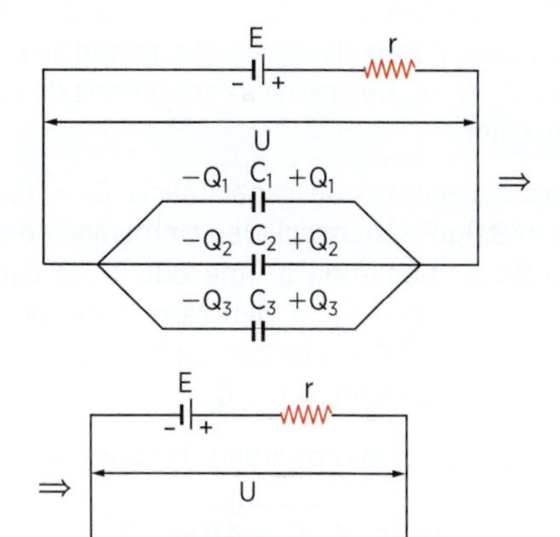

Figura 9

A carga total $Q_1 + Q_2 + Q_3$ é igual à carga *Q* na armadura correspondente do capacitor equivalente de capacitância C_p e vale $Q = C_pU$. Então:

$$Q = Q_1 + Q_2 + Q_3$$

$$C_pU = C_1U + C_2U + C_3U$$

$$C_p = C_1 + C_2 + C_3$$

A capacitância equivalente a uma associação de capacitores em paralelo é igual à soma das capacitâncias associadas.

Aplicação

A10. Dois capacitores de capacitância $C_1 = 12\ \mu F$ e $C_2 = 4{,}0\ \mu F$ são associados em série e a associação é submetida a uma ddp de 24 V. Determine:

a) a capacitância do capacitor equivalente;

b) a carga elétrica que cada capacitor armazena;

c) a ddp em cada capacitor.

A11. Dois capacitores de capacitância $C_1 = 12\ \mu F$ e $C_2 = 4{,}0\ \mu F$ são associados em paralelo e a associação é submetida a uma ddp de 6,0 V. Determine:

a) a capacitância do capacitor equivalente;

b) a carga elétrica de cada capacitor.

A12. Determine a capacitância equivalente entre *A* e *B* para as associações a seguir.

a) A; 2 μF, 2 μF, 2 μF; 3 μF, 3 μF; 6 μF; B

b) 2 μF, 3 μF; 1 μF; A; B; 6 μF, 6 μF, 6 μF

A13. Na associação abaixo, a ddp entre os pontos *A* e *B* é 30 V. Determine as cargas elétricas dos capacitores C_1, C_2 e C_3.

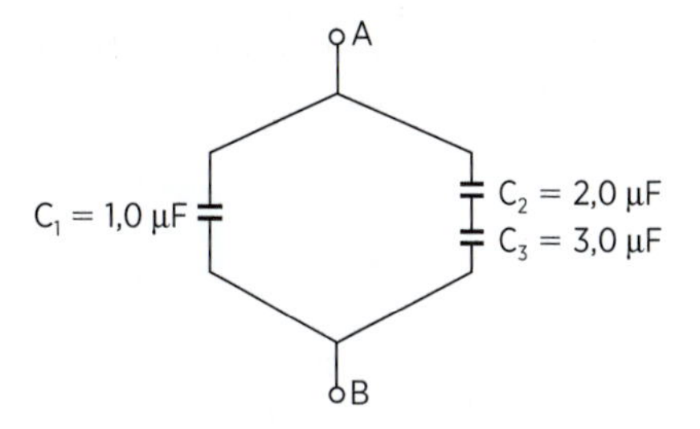

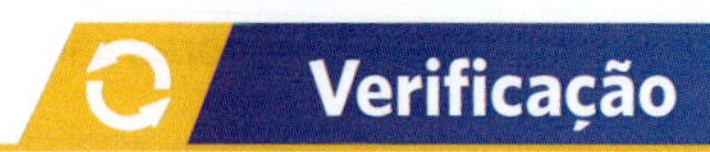

V10. Um circuito de dois capacitores em série está ligado a uma fonte de $1{,}1 \cdot 10^3$ V. O primeiro capacitor tem uma capacitância de 4,0 μF; o segundo capacitor tem capacitância desconhecida, porém sua carga é de $2{,}8 \cdot 10^{-3}$ C. Determine a capacitância do segundo capacitor.

V11. Dois capacitores de capacitância $C_1 = 6{,}0$ μF e $C_2 = 3{,}0$ μF são associados em paralelo e a associação é submetida a uma ddp U. O capacitor de capacitância C_1 se eletriza com carga elétrica $Q_1 = 1{,}2 \cdot 10^{-4}$ C, e o de capacitância C_2, com carga elétrica Q_2. Determine U e Q_2.

V12. Na associação de capacitores da figura, determine:

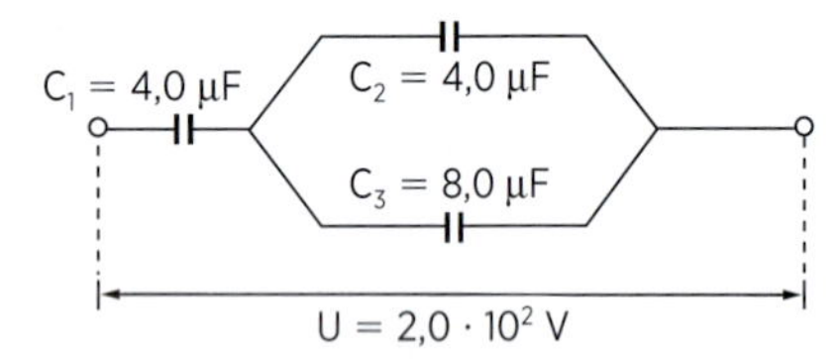

a) a carga elétrica de cada capacitor;
b) a ddp em cada capacitor.

V13. Temos dois capacitores isolados, de capacitâncias $C_1 = 4{,}0$ μF e $C_2 = 6{,}0$ μF, respectivamente. O primeiro está carregado com carga elétrica $Q = 8{,}0$ μC e o segundo está descarregado. Estes capacitores são, a seguir, ligados em paralelo. Depois de estabelecido o equilíbrio, quais as novas cargas elétricas dos capacitores?

V14. Para as associações a seguir, calcule a capacidade equivalente entre os extremos A e B.

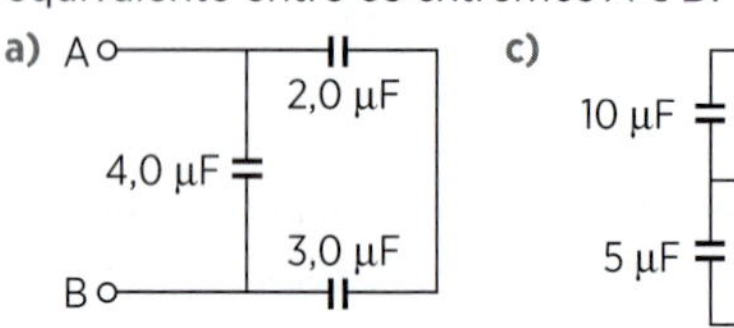

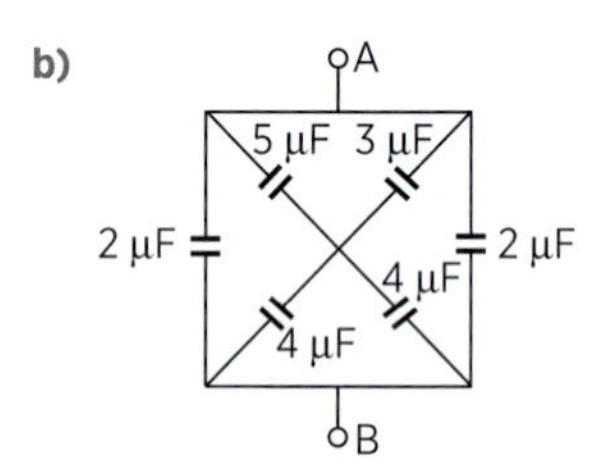

Revisão

R9. (ITA-SP) Um mau técnico eletrônico, querendo reduzir em 20% a capacidade existente em um trecho de circuito e igual a 10 μF, colocou em paralelo com ele outro capacitor de 2 μF. Para reparar o erro e obter o valor desejado, que valor de capacidade você colocaria em série com a associação anterior?

R10. (UE-CE) Considere os seis capacitores vistos na figura. Supondo que a capacitância de cada capacitor é C, a capacitância equivalente entre os pontos P e Q é:

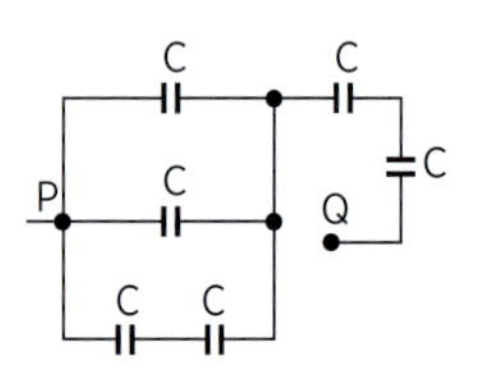

a) 6C
b) $\frac{5C}{12}$
c) $\frac{5C}{8}$
d) 3C

R11. (Mackenzie-SP) Dois capacitores planos idênticos, cujas placas possuem 1,00 cm² de área cada uma, estão associados em série, sob uma ddp de 12,0 V. Deseja-se substituir os dois capacitores por um único capacitor que tenha uma capacidade elétrica equivalente à da associação.

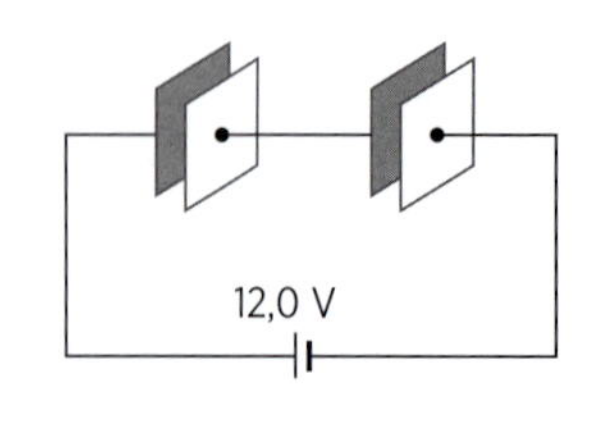

Se o novo capacitor também for plano, possuir o mesmo dielétrico e mantiver a mesma distância entre as placas, a área de cada uma delas deverá ter:

a) 0,25 cm²
b) 0,50 cm²
c) 1,50 cm²
d) 2,00 cm²
e) 4,00 cm²

R12. (UF-AM) O valor aproximado da capacitância equivalente entre os pontos A e B da figura a seguir é:

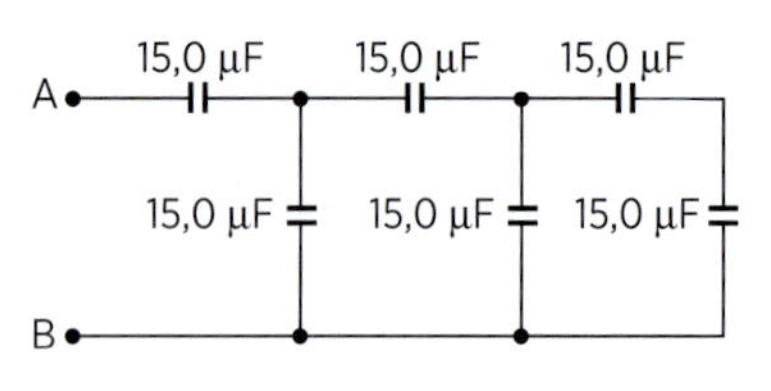

a) (15,0/6) μF
b) 15,0 μF
c) 90,0 μF
d) 5,4 μF
e) 9,2 μF

R13. (Inatel-MG) A associação de capacitores da figura representa uma rede cujo ponto b está ligado à Terra e o ponto a é mantido num potencial de +600 V. A carga armazenada no capacitor C_3 é de:

a) $5 \cdot 10^{-4}$ C
b) $10 \cdot 10^{-4}$ C
c) $8 \cdot 10^{-4}$ C
d) $15 \cdot 10^{-4}$ C
e) $3 \cdot 10^{-4}$ C

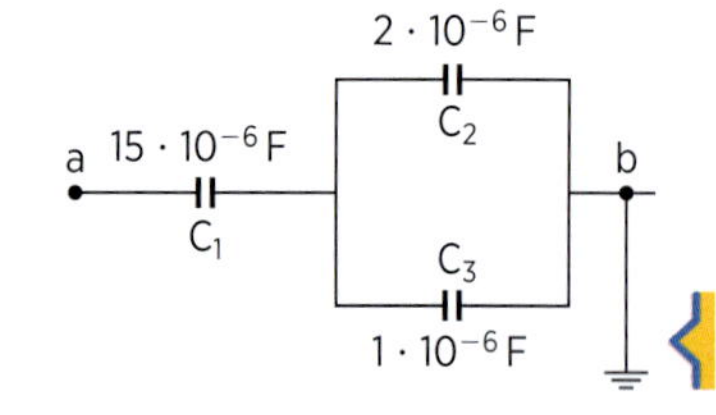

Capacitores em circuitos elétricos

Quando um capacitor é ligado a um circuito elétrico de corrente contínua, durante um certo intervalo de tempo ele se carrega, cessando a seguir a movimentação de cargas elétricas no trecho do circuito onde está o capacitor. Portanto, ao resolver exercícios com capacitores em circuitos elétricos, considere o fato de que o capacitor está carregado e por ele não passa corrente contínua.

A14. No circuito esquematizado, determine a carga elétrica e a energia potencial elétrica armazenada pelo capacitor.

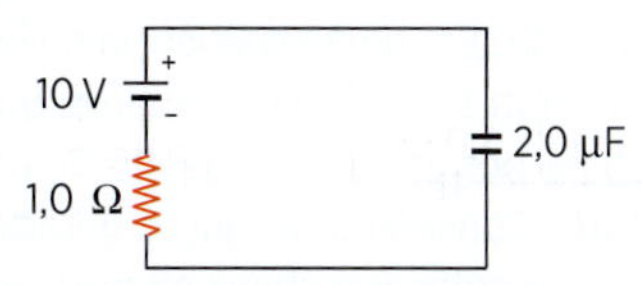

A15. No circuito, com a chave *Ch* aberta, o capacitor *C* está descarregado. Fecha-se *Ch*.

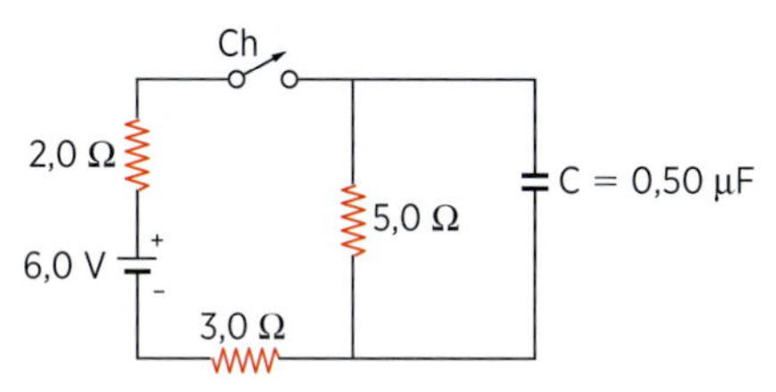

Calcule:

a) a intensidade da corrente que atravessa o gerador;

b) a carga elétrica final do capacitor.

A16. Considere o circuito da figura. Admita o capacitor plenamente carregado. Determine:

a) a intensidade da corrente elétrica que atravessa o resistor de 3,0 Ω;

b) a carga elétrica e a ddp entre as armaduras do capacitor;

c) a energia potencial elétrica que o capacitor armazena.

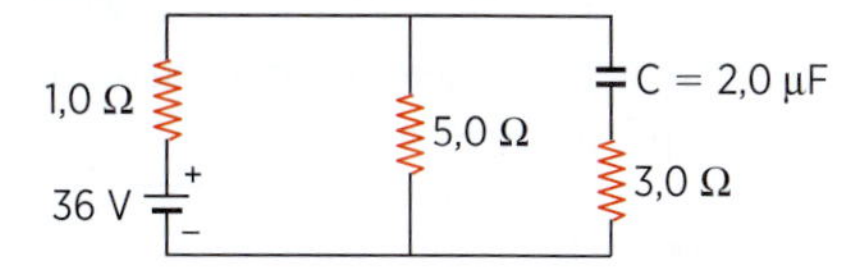

A17. No circuito, determine a carga elétrica final do capacitor de 50 μF, inicialmente neutro.

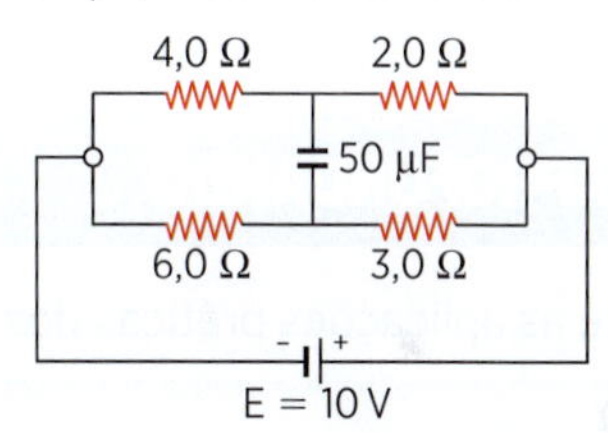

Verificação

V15. No circuito esquematizado determine a carga elétrica e a energia potencial elétrica armazenada pelo capacitor.

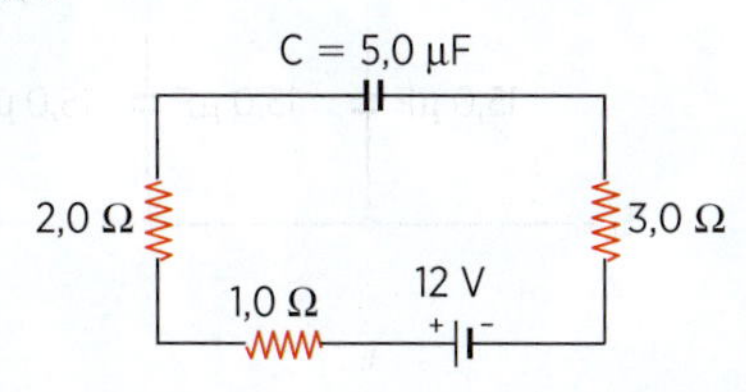

V16. No circuito da figura o capacitor está plenamente eletrizado. Calcule:

a) a intensidade da corrente e a ddp no resistor de 10 Ω;

b) a carga elétrica que o capacitor armazena.

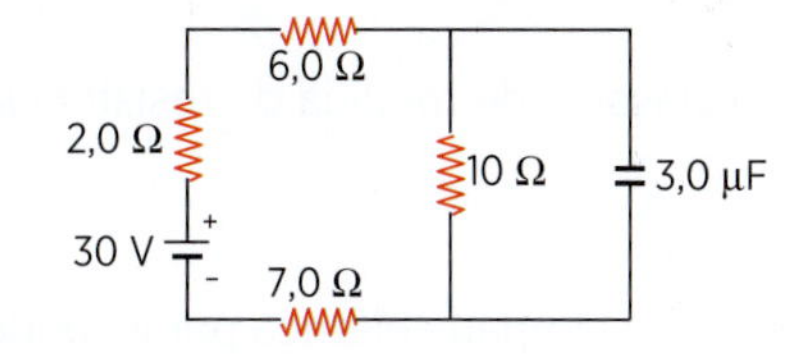

V17. Considere o circuito da figura. Após fechar *Ch*, calcule a carga elétrica que o capacitor armazena.

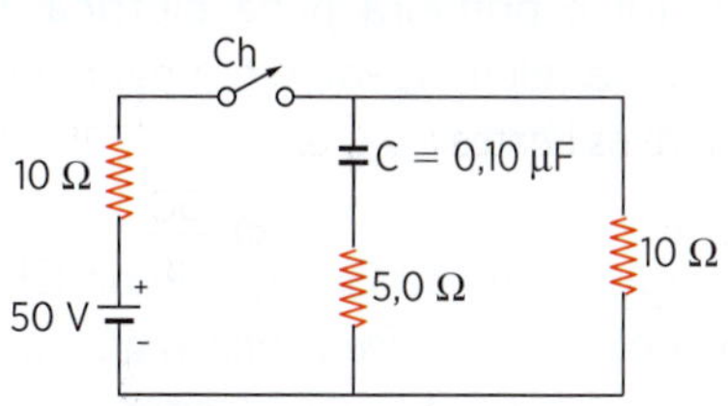

V18. O circuito indicado consta de um gerador de fem *E* e resistência interna *r*, dois resistores de resistências R_1 e R_2 e um capacitor de capacitância *C*. Prove que o capacitor não se carrega.

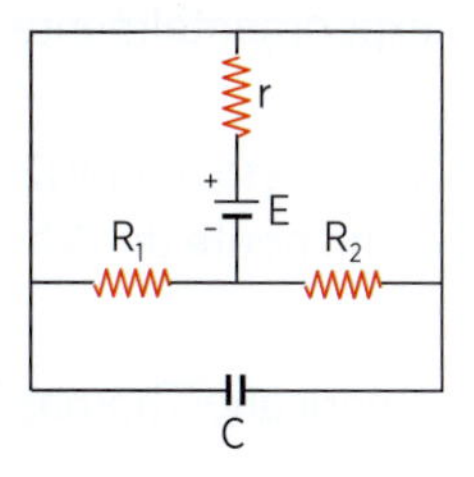

R14. (ITA-SP) No circuito mostrado na figura abaixo, a força eletromotriz da bateria é E = 10 V e sua resistência interna é r = 1,0 Ω.

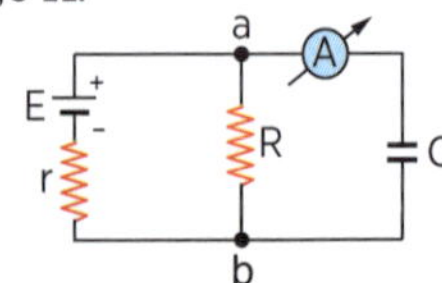

Sabendo-se que R = 4,0 Ω e C = 2,0 μF, e que o capacitor já se encontra totalmente carregado, quais das afirmações são corretas?

I. A indicação no amperímetro é de 0 A.
II. A carga armazenada no capacitor é 16 μC.
III. A tensão entre os pontos *a* e *b* é 2,0 V.
IV. A corrente na resistência *R* é 2,5 A.

a) Apenas I
b) I e II
c) I e IV
d) II e III
e) II e IV

R15. (UC-MG) Ache a energia armazenada no capacitor C = 4,0 μF, sendo R = 1,0 Ω.

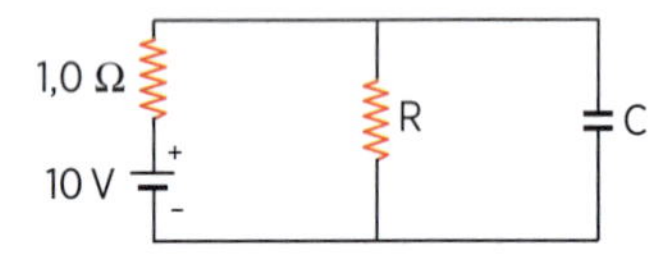

R16. (UF-PE) Com a chave *A*, do circuito abaixo, na posição 1, o capacitor de C = 2 000 μF é carregado completamente, pela bateria de fem 10 V. Qual é a quantidade total de calor que o resistor *R* transmite ao recipiente, quando a chave muda para a posição 2? (Considere 1 cal = 4 J.) Dê a resposta em calorias.

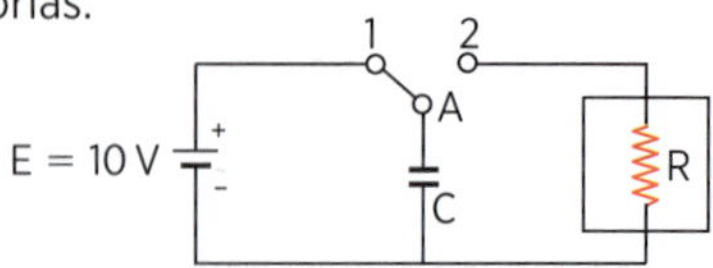

R17. (Mackenzie-SP) Em uma experiência no laboratório de Física, observa-se, no circuito abaixo, que, estando a chave *ch* na posição 1, a carga elétrica do capacitor é de 24 μC. Considerando que o gerador de tensão é ideal, ao se colocar a chave na posição 2, o amperímetro ideal medirá uma intensidade de corrente elétrica de:

a) 0,5 A
b) 1,0 A
c) 1,5 A
d) 2,0 A
e) 2,5 A

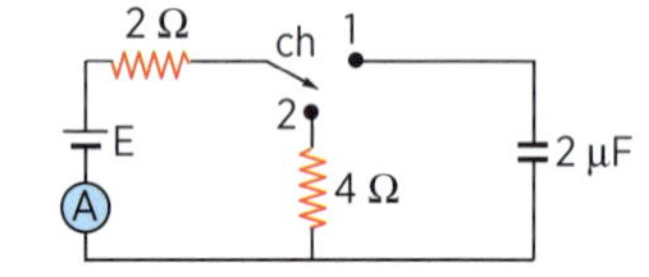

APROFUNDANDO

Pesquise as aplicações práticas dos capacitores.

CRONOLOGIA DO ESTUDO DA ELETRODINÂMICA

1800

- O físico italiano Alessandro Volta (1745-1827) constrói a primeira pilha elétrica. Com ela, obtém-se "eletricidade em movimento", isto é, corrente elétrica.

1827

- O cientista alemão George Simon Ohm (1787-1854), em seu livro *Teoria matemática dos circuitos elétricos*, apresenta os conceitos de resistência elétrica de um condutor e de diferença de potencial elétrico.

Luisa Ricciarini/Leemage/AFP

Alessandro Volta mostra pilha a Napoleão Bonaparte, em 1801. O quadro encontra-se no Museu de Física e Ciências Naturais, em Florença, Itália.

1834

- O físico francês Claude Pouillet (1790-1868) estabelece experimentalmente as leis relativas ao cálculo da intensidade da corrente em circuitos simples.

1844

- *Sir* Charles Wheatstone (1802-1875) cria o reostato e o método clássico de medida de resistência elétrica, conhecido como ponte de Wheatstone.

1879

- O cientista americano Thomas Edison (1847-1931) constrói a primeira lâmpada elétrica por incandescência.

Desafio Olímpico

1. (OPF-SP) Um fio metálico de comprimento L foi curvado de modo a formar uma circunferência e teve as suas extremidades soldadas. Aplicou-se uma diferença de potencial entre dois pontos do fio que distam x entre si e mediu-se uma resistência total igual a R_1. Sabendo que $2x < L$, calcule a resistência, R_2, se a diferença de potencial for aplicada entre dois pontos que compreendem um arco de fio de comprimento 2x.

a) $R_2 = 2R_1$

b) $R_2 = 0{,}5\ R_1$

c) $R_2 = 2 \cdot R_1 \cdot \dfrac{(L - 2x)}{(L - x)}$

d) $R_2 = \dfrac{R_1}{2} \cdot \dfrac{(L - 2x)}{(L - x)}$

e) não é possível determinar pois não foi fornecido a resistividade do fio.

2. (OBF-Brasil) A curva 1 do gráfico abaixo representa a tensão V em função da corrente que passa por um resistor R_1. A curva 2 também mostra a tensão V em função da corrente medidas por um voltímetro e um amperímetro, supostamente ideais, no circuito da figura.

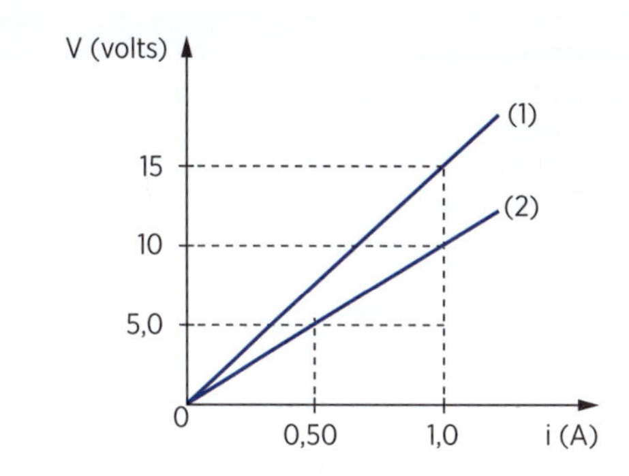

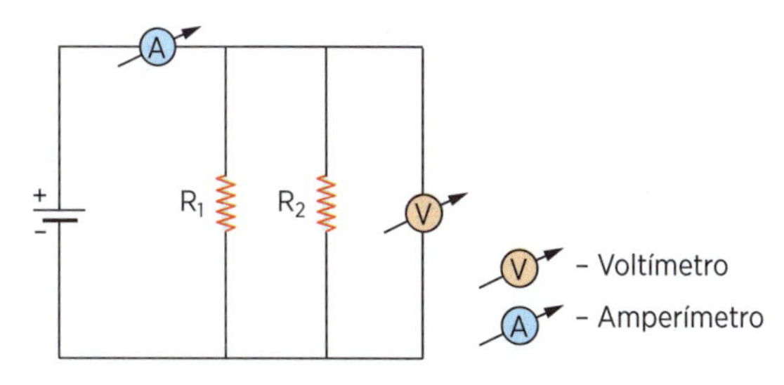

O valor da resistência R_2 é:

a) 10 Ω

b) 20 Ω

c) 30 Ω

d) 25 Ω

e) 5,0 Ω

3. (IJSO-Brasil) No circuito esquematizado todos os resistores têm resistência elétrica R. O gerador é ideal e sua força eletromotriz é E.

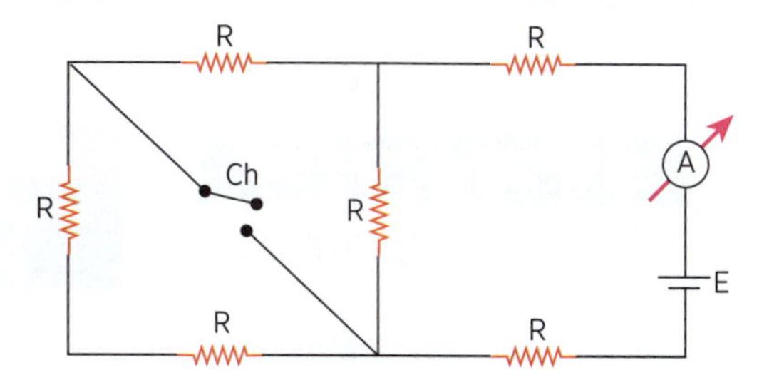

As leituras do amperímetro ideal A, com a chave Ch aberta e depois fechada, são respectivamente iguais a:

a) $\dfrac{E}{R}$ e $\dfrac{E}{R}$

b) $\dfrac{E}{6R}$ e $\dfrac{E}{4R}$

c) $\dfrac{4E}{11R}$ e $\dfrac{2E}{5R}$

d) $\dfrac{4E}{11R}$ e $\dfrac{2E}{11R}$

e) $\dfrac{2E}{11R}$ e $\dfrac{4E}{5R}$

4. (OBF-Brasil) Seja o circuito representado na figura abaixo:

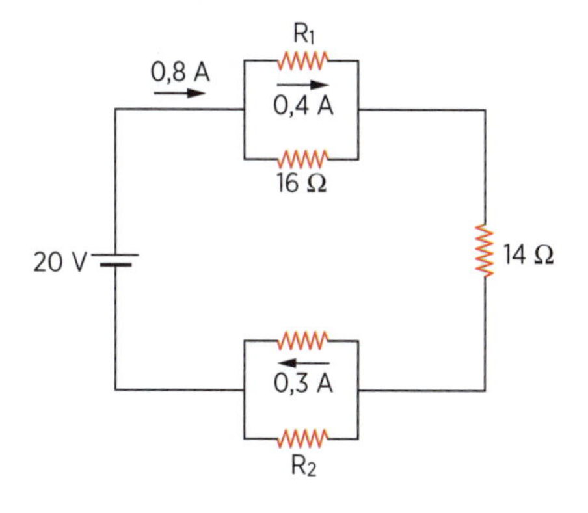

A potência dissipada pelo resistor R_2 é de:

a) 4,8 watts

b) 2,4 watts

c) 1,92 watts

d) 0,72 watts

e) 1,2 watts

5. (OBF-Brasil) Uma corrente de 0,10 A passa pelo resistor de 25 Ω, conforme indicado na figura a seguir.

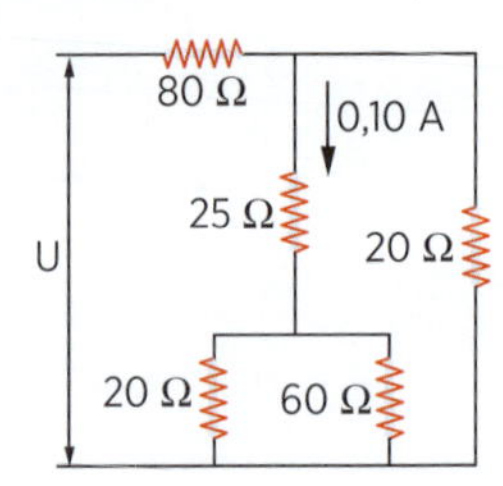

Qual é a corrente que passa pelo resistor de 80 Ω?

a) 0,10 A b) 0,20 A c) 0,30 A d) 0,40 A e) 0,50 A

6. OPF-SP (adaptado) A figura abaixo mostra um pedaço de conta de energia elétrica. Leia com atenção as informações dessa conta.

ELÉTRICA
Elétrica S.A.

Fale com a Elétrica
www.eletrica.com.br
0800 000 0000

Seu Código
115641990

NOME DO CONSUMIDOR
ENDEREÇO
CIDADE - UF - CEP 00000000
CNPJ/CPF: 00000000000

Data de emissão:	08/05/2013
Data da apresentação:	14/05/2013
Controle Nº:	01-20101419270792-71

Próxima Leitura	Nº da Nota Fiscal/Conta de Energia Elétrica	Conta do Mês	Vencimento	Valor da Conta
08/06/2013	000.000.185	MAIO/2013	08/05/2013	R$ 34,18

Dados de Leitura e Consumo	
Leitura atual em 07/05/2010	6826
Leitura atual em 08/04/2010	6743
Consumo do mês (kWh)	83
Consumo médio diário	2,86
Dias no período	29
Próximo vencimento	22/11/2011

Dados de Cadastro	
Número do medidor	BO9963549
Constante de multiplicação	1
Tensão contratada (V)	127 / 220
Limites adequados de tensão (V)	116 a 133 / 201 a 231
Classificação	RESIDENCIAL-BIFÁSICO
Débito automático banco/agência	

Discriminação da Operação	Qtde	Preço Médio	Valor
Energia Elétrica	83	0,387711	32,18
Outros Lançamentos			2,00
Valor Total			34,18

VALOR TOTAL DA CONTA R$34,18

Detalhadamento da Conta

Energia/Tributos	Quantidade	Tarifa	Valor (R$)
CONSUMO	83	0,36604	30,18
PIS / COFINS			1,80
VALOR DO ICMS			0,00
Subtotal 1			**32,18**
Lançamentos e Serviços			
CONTR. SERV. ILUM. PÚBLICA			2,00
Subtotal 2			**2,00**

Luiz Rubio

(Extraído de: http://www.elektro.com.br/paginas/clientes-residenciais-rurais/contaConvencionais.aspx.)

a) Qual o valor da leitura atual, em kWh?

b) Qual o valor da leitura anterior, em kWh?

c) Como é calculado o valor do consumo do mês, em kWh?

d) Qual seria, aproximadamente, o preço médio (p) do kWh levando-se em conta os impostos?

7. (OBF-Brasil) Uma propaganda de determinada lâmpada eletrônica afirma que a sua lâmpada de 25 W tem um "brilho" equivalente ao de uma lâmpada incandescente de potência igual a 75 W. Um usuário pretende substituir a lâmpada incandescente pela lâmpada eletrônica por entender que ela apresenta um "consumo" menor. Considere que a lâmpada eletrônica custa R$ 16,00 e a incandescente, R$ 2,00; que 1 kWh de energia elétrica custa R$ 0,35 e que qualquer que seja a lâmpada, ela deverá ficar acesa durante 8 horas por dia.

a) Calcule o custo anual da energia elétrica para manter acesa a lâmpada eletrônica.

b) Se as duas lâmpadas tiverem que ficar ligadas simultaneamente, por quanto tempo (dias de uso) a lâmpada eletrônica deverá funcionar para ser economicamente mais vantajosa que a incandescente? (admita que ambas as lâmpadas não se "queimem" durante esse período).

8. (OCF-Colômbia) Um circuito elétrico é formado por uma bateria ideal e duas resistências elétricas R_1 e R_2. Sabe-se que a potência elétrica dissipada por $R_1 = 10\ k\Omega$ é dez vezes a potência elétrica dissipada por R_2 e que os resistores estão associados em paralelo. O valor de R_2 é:

a) 1,0 kΩ
b) 5,0 kΩ
c) 20 kΩ
d) 50 kΩ
e) 100 kΩ

9. (OBF-Brasil) Duas lâmpadas incandescentes são ligadas em série e, ao submeter a associação a uma tensão de 250 V durante 1000 horas, a empresa concessionária irá cobrar R$ 150,00 pelo uso. Associando as lâmpadas em paralelo e submetendo-as à tensão de 120 V, o custo pelas mesmas 1000 horas será de R$ 144,00. Sabendo que a empresa cobra R$ 0,60 por kWh (impostos e taxas incluídos), determine:

a) O valor das resistências.
b) As potências dissipadas em cada lâmpada, para cada associação.

10. (IJSO-Coreia) O sistema circulatório é de certa maneira semelhante aos circuitos elétricos. A seguir temos uma tabela de correspondência entre elementos do sistema circulatório e elementos do circuito elétrico. Faça a associação correta entre as 2 colunas, usando os números de 1 a 5 para preencher as lacunas de *a* a *e* em seu caderno.

Sistema circulatório	Circuito elétrico
Coração	a) ▲▲▲
Sangue	b) ▲▲▲
Pressão sanguínea	c) ▲▲▲
Vasos sanguíneos	d) ▲▲▲
Fluxo sanguíneo	e) ▲▲▲

1	Carga elétrica
2	Potencial elétrico
3	Fios de ligação
4	Bateria
5	Corrente elétrica

11. (IJSO-Brasil) Numa atividade em grupo, o professor de Física propôs aos alunos a montagem de um circuito elétrico para ser usado como desembaçador do vidro traseiro de um automóvel. Os alunos dispunham de uma fonte de tensão e de um fio homogêneo de seção reta constante e de resistência elétrica total *R*. Após uma pesquisa os alunos do grupo dividiram o fio em seis partes iguais e com as tiras resistivas montaram a associação abaixo:

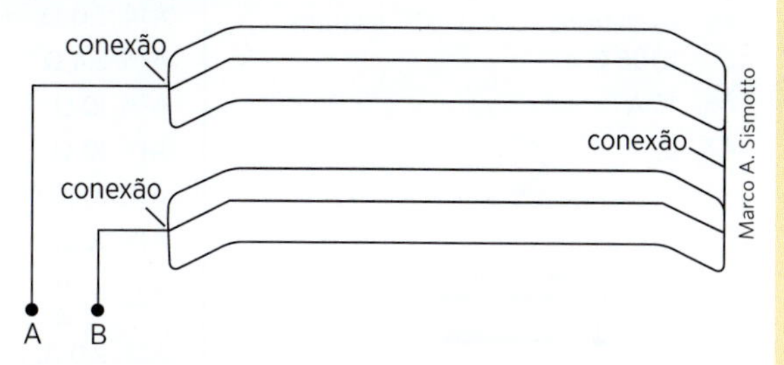

Considerando que a resistência das conexões é desprezível, a resistência equivalente da associação entre os terminais *A* e *B* é igual a:

a) R
b) $2 \cdot \frac{R}{3}$
c) $\frac{R}{6}$
d) $\frac{R}{9}$
e) $\frac{R}{12}$

12. (IJSO-Brasil) Com um fio homogêneo de seção reta constante e de resistência elétrica *R*, constrói-se uma circunferência de raio *r*. Entre os pontos *A* e *B*, indicados na figura, aplica-se uma tensão elétrica *U*.

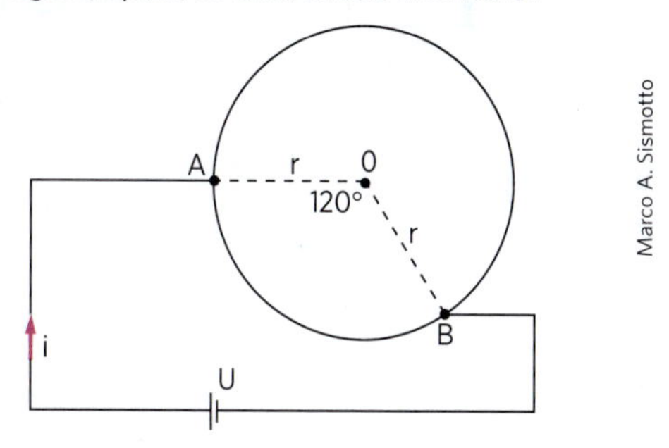

A intensidade total *i* da corrente elétrica que percorre o circuito é igual a:

a) $\frac{U}{R}$
b) $1,5 \cdot \frac{U}{R}$
c) $3,0 \cdot \frac{U}{R}$
d) $4,5 \cdot \frac{U}{R}$
e) $6,0 \cdot \frac{U}{R}$

RESPOSTAS

Capítulo 38

Aplicação

A1. 4,0 A

A2. 0,40 C

A3. $2,5 \cdot 10^{20}$ elétrons

A4. 25 C

A5. a) elétrons c) $6,0 \cdot 10^{20}$ elétrons
b) 96 C

A6. 16 A

A7. a)

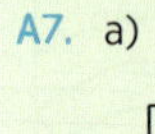

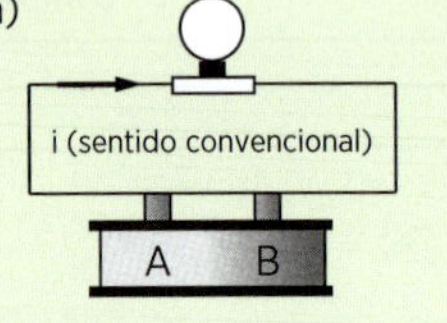

b) A: +; B: −

A8. b

A9. a) 35 C b) 7,0 A

Verificação

V1. 0,10 A

V2. $3,0 \cdot 10^{2}$ s

V3. $6,25 \cdot 10^{18}$ elétrons

V4. 2,0 C; 1,0 C

V5. a) 1,2 C b) $7,5 \cdot 10^{18}$ elétrons

V6. 8,0 A

V7. a) 30 C b) 3,0 A

V8.

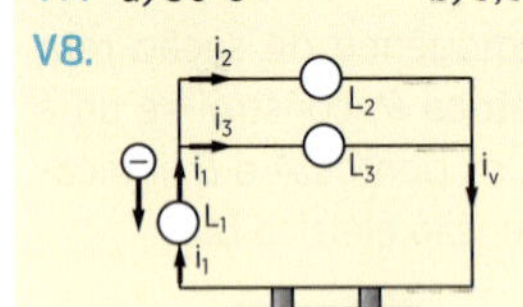

V9. a

Revisão

R1. a

R2. e

R3. e

R4. a

R5. e

R6. a

R7. a) 320 mC
b) $2,0 \cdot 10^{18}$ elétrons
c) 40 mA

R8. c

Capítulo 39

Aplicação

A1. 12 V

A2. 20 Ω

A3. 5,0 Ω; 3,6 A

A4. resistor *A*

A5. 0,34 Ω

A6. 4

A7. ≅ 32 Ω

A8. 4

A9. a) 25 Ω b) 4,0 A c) 40 V; 60 V

A10. a) 6,0 A b) 36 V; 60 V c) 10 Ω

A11. a) 2,0 Ω b) 2,0 A; 4,0 A c) 6,0 A

A12. a) 6,0 Ω b) 15 A c) 3,0 Ω

A13. 14 Ω

A14. 2,0 Ω

A15. 2,4 Ω

A16. 10 Ω

A17. 10 Ω

A18. a) 10 Ω b) 2,0 Ω c) 8,0 Ω

A19. 10 Ω

A20. a) $\frac{R}{4}$ b) 10 Ω

A21. 2,0 A; 1,0 A; 1,0 A

A22. a) 2,0 A c) 1,2 A; 0,80 A
b) 12 V

A23. a) 1,0 A; 5,0 A; b) 60 V

A24. 1,0 A

A25. a) 2,0 A b) 1,2 A

A26. a) 5,0 A b) 2,0 A

A27. a) 20 Ω b) 0,90 A

A28. O fusível queima.

A29. 4,0 A; 32 V

A30. 8,0 V

A31. a) 6,0 A b) 2,0 A c) 4,2 A

A32. a) 18 V b) 2,4 A

Verificação

V1. 22 Ω

V2. 6,0 V

V3. *a* e *b*

V4. 2,0 Ω; 14 V; 1,5 A

V5. 0,28 Ω

V6. $\frac{1}{2}$

V7. ≅ 29

V8. 10 Ω

V9. a) 12 Ω b) 12 V

V10. a) 30 Ω b) 15 Ω

V11. 5,0 Ω

V12. a) 4,0 Ω b) 60 V c) 10 A; 15 A

V13. 6,0 Ω; $i = 20$ A; $i_1 = 10$ A; $i_2 = 6,0$ A; $i_3 = 4,0$ A

V14. 4,0 Ω

V15. 8,0 Ω

V16. 25 Ω

V17. 4,0 Ω

V18. a) 7,5 Ω b) 10 Ω

V19. a) 30 Ω b) 6,0 Ω c) 5,0 Ω

V20. a) $\frac{R}{5}$ b) 6,0 Ω c) 2,0 Ω

V21. a) $i_2 = 4,0$ A; $i = 8,0$ A
b) 96 V

V22. 5,0 A; 2,5 A; 2,5 A

V23. 0,40 A

V24. 6,0 V

V25. Variou de 12 Ω a zero.

V26 a) $R = 0$ b) $R = 8,0$ Ω

V27. a) ponto 1 b) ponto 3

V28. 40 lâmpadas

V29. 2,0 A; 20 V

V30. d

V31. 12 A

V32. 9,0 V

Revisão

R1. d

R2. d

R3. e

R4. (a): correta; (b): incorreta; (c): correta

R5. d

R6. d

R7. d

R8. 56 Ω

R9. e

R10. 20 V

R11. c

R12. a

R13. a

R14. a

R15. c

R16. a

R17. b

R18. a

R19. a

R20. a

R21. c

R22. 1,0 Ω

R23. a) 60 Ω b) 600 V

R24. d

R25. c

R26. d

R27. e

R28. b

R29. 40,0 Ω

R30. c

R31. 27 lâmpadas

R32. b

R33. c

R34. a) 12 A b) 100 V

R35. e

R36. c

Capítulo 40

Aplicação

A1. a) 8,0 V b) 1,0 A

A2. a) 4,0 V b) 5,0 A c) 0,80 Ω

A3. 1,0 V; $5,0 \cdot 10^{-2}$ Ω

A4. 6 A; 12 V

A5. a) 4,0 A b) 6,0 A

A6. 1,6 A
A7. a) 10 Ω b) 2,0 Ω
A8. 24 V; 4,0 Ω
A9. a) 2,0 A b) 4,0 V
A10. a) 2,0 A b) 10 V
A11. 1,0 A
A12. 0,75 A
A13. a) 2,0 A b) 12,8 V
A14. 90 Ω
A15. a) 4,5 V b) 2,4 V
A16. a) zero; 20 V b) 2,0 A; 14 V
A17. 9,0 V; 0,72 Ω
A18. 1,5 V; $2,0 \cdot 10^{-2}$ Ω
A19. 10,4 V
A20. 0,50 A

Verificação

V1. a) 15 V b) 2,0 A c) 8,0 A
V2. a) 24 V b) 6,0 A c) 4,0 Ω
V3. a) 10 Ω b) 40 V c) 4,0 A
V4. 10 A
V5. 6,0 V; 0,40 Ω
V6. a) 3,0 A b) 27 V
V7. a) 4,0 A b) 6,0 A
V8. 1,2 V; 0,20 Ω
V9. 3,0 Ω
V10. a) 7,5 A b) 45 V
V11. a) 5,0 Ω b) 2,0 A c) ≅ 0,67 A
V12. a) 3,0 A b) 60 V c) 1,0 A; 2,0 A
V13. 3,0 A
V14. 5,0 A
V15. 20 Ω
V16. 10 V
V17. 12 V; 1,0 Ω
V18. 1,0 Ω
V19. 0,50 A
V20. 1,0 A; 12 V
V21. 7,0 V; 2,0 Ω

Revisão

R1. e
R2. a) 8,0 Ω b) 80 V; 10 A
R3. b
R4. a) 2,2 V b) 1,0 Ω
R5. d
R6. 20 V
R7. b
R8. e
R9. 3,0 Ω
R10. c
R11. d
R12. b
R13. e
R14. a) 12 V b) 0,20 A
R15. $1,5 \cdot 10^3$ Ω; 7,5 V
R16. c
R17. e
R18. c
R19. b
R20. b
R21. a
R22. c

Capítulo 41

Aplicação

A1. 31,5 V
A2. 5,0 Ω
A3. a) 15 V b) 3,75 Ω
A4. a) 18,75 V b) 3,2 A
A5. 2,0 A
A6. sentido horário; 8,0 A
A7. a) horário b) 2 A
A8. 16 V

Verificação

V1. 25 V
V2. 1,0 A
V3. a) 20 V b) 8,0 Ω
V4. a) 52 V b) 0,75 A
V5. a) 2,0 A b) 6,0 A
V6. 1,0 A
V7. a) horário b) 2 A
V8. −11 V

Revisão

R1. a) 1. gerador b) 2,0 Ω
2. receptor
3. resistor
R2. e
R3. c
R4. c
R5. 2,0 A
R6. a) 0,05 A
b) 2,0 V; *A* tem maior potencial.
c) a pilha de 3,0 V
R7. c

Capítulo 42

Aplicação

A1. $3,6 \cdot 10^6$ J; 1,0 kWh
A2. 24 W
A3. 1,44 kWh
A4. a) 0,50 A b) 0,36 kWh
A5. a) 15 Ω b) 30 V
A6. 144 Ω
A7. 80 W
A8. 15 W
A9. a) 1,0 kW; 4,0 kW
b) 2,0 kWh; 8,0 kWh
A10. a) 38 Ω b) 342 W
A11. a) 4,0 A b) 96 W c) 24 V
A12. *C*: brilho diminui
A e *B*: brilho aumenta
A13. a) 5,6 V c) 11,2 W
b) 12 W d) ≅ 93%
A14. a) 2,0 Ω d) 12 W
b) 3,0 Ω e) 60%
c) 20 W
A15. a) 30 V c) 40 W
b) 60 W d) ≅ 67%
A16. a) 4,0 A
b) 22 V
c) 88 W; 120 W; 32 W
d) 88 W; 40 W; 48 W
e) ≅ 73%; ≅ 45%

Verificação

V1. $3,888 \cdot 10^7$ J; 10,8 kWh
V2. 110 W
V3. 2,2 kWh
V4. a) 7,0 A b) 0,84 kWh
V5. a) 4,0 Ω b) 20 V
V6. 440 Ω
V7. 125 W
V8. 500 W
V9. a) 50 W c) 100 W
b) 100 W d) 200 W
V10. 40 W
V11. 10 Ω em série
V12. a) 2,0 A c) 34 W
b) 6,0 W d) 17 V
V13. *D* e *E* se apagam; o brilho de *F* diminui; os brilhos de *A*, *B* e *C* aumentam.
V14. a) 11 V c) 22 W
b) 24 W d) ≅ 92%
V15. 125 V; 25 Ω
V16. a) 25 V b) 1300 W c) ≅ 38%
V17. a) 4,0 A
b) 30 V; 22 V; 8,0 V
c) 120 W; 200 W; 80 W
d) 88 W; 40 W; 48 W
e) 32 W
f) 60%; ≅ 45%

Revisão

R1. d
R2. b
R3. d
R4. d
R5. 06 (02 + 04)
R6. b
R7. a
R8. a
R9. a
R10. e
R11. a) 6 Ω b) 3,6 W
R12. a

R13. e
R14. c
R15. c
R16. e
R17. a) 2,0 A b) 60 J

Capítulo 43

Aplicação

A1. Ao galvanômetro deve-se associar em paralelo um resistor de resistência $R_s \cong 0{,}20\ \Omega$.
A2. Deve-se ligar ao amperímetro um resistor em paralelo de resistência $R_s = 0{,}050\ \Omega$.
A3. $4{,}8 \cdot 10^3\ \Omega$
A4. $7{,}5\ \Omega$
A5. $16\ \Omega$
A6. a) zero b) $\cong 2{,}3\ \Omega$
A7. $20\ \Omega$

Verificação

V1. b
V2. 50 A
V3. Ao galvanômetro deve-se associar em série um resistor de resistência $2\,990\ \Omega$.
V4. $12\ \Omega$
V5. $34{,}5\ \Omega$
V6. 2,5 R
V7. $R_2 \cdot R_6 = R_3 \cdot R_5$

Revisão

R1. b
R2. b
R3. $9\,999{,}5\ \Omega$; em série
R4. $750\ \Omega$
R5. b
R6. b
R7. d
R8. a) 20 °C b) 1,08 V

Capítulo 44

Aplicação

A1. $1{,}25 \cdot 10^{-7}$ F
A2. $2{,}4 \cdot 10^{-7}$ C
A3. capacitor *A*
A4. capacitor *A*
A5. 500 V
A6. 8
A7. $9{,}0 \cdot 10^{-9}$ F
A8. a) Permanece a mesma.
b) 200 V
c) $6{,}0 \cdot 10^{-8}$ F; $3{,}0 \cdot 10^{-8}$ F
$3{,}0 \cdot 10^{-4}$ J; $6{,}0 \cdot 10^{-4}$ J
A9. a) Permanece a mesma.
b) 3,0 μC
A10. a) 3,0 μF b) 72 μC
c) 6,0 V; 18 V
A11. a) 16 μF b) 72 μC; 24 μC
A12. a) 2 μF
b) 4,2 μF
A13. $Q_1 = 30$ μC; $Q_2 = Q_3 = 36$ μC
A14. 20 μC; 100 μJ
A15. a) 0,60 A
b) 1,5 μC
A16. a) zero
b) 60 μC; 30 V
c) 900 μJ
A17. zero

Verificação

V1. 3,0 μF
V2. a) 18 nC
b) A capacidade não se altera e a carga elétrica dobra.
V3. 4,0 V
V4. 375 J
V5. 50 V
V6. 12
V7. a) e b): demonstração
V8. a) 400 V b) 200 μJ; 400 μJ
V9. a) A ddp não se altera. A carga elétrica altera-se para 2,4 μC.
b) antes: $1{,}0 \cdot 10^{-1}$ μF; 7,2 μJ
depois: $2{,}0 \cdot 10^{-1}$ μF; 14,4 μJ
V10. 7,0 μF
V11. 20 V; 60 μC
V12. a) $Q_1 = 6{,}0 \cdot 10^{-4}$ C; $Q_2 = 2{,}0 \cdot 10^{-4}$ C; $Q_3 = 4{,}0 \cdot 10^{-4}$ C
b) $1{,}5 \cdot 10^2$ V; 50 V; 50 V
V13. 3,2 μC; 4,8 μC
V14. a) 5,2 μF b) 8 μF c) 7,5 μF
V15. 60 μC; 360 μJ
V16. a) 1,2 A; 12 V b) 36 μC
V17. 2,5 μC
V18. O capacitor está em curto-circuito.

Revisão

R1. c
R2. d
R3. d
R4. c
R5. c
R6. 72
R7. a
R8. 1) A capacitância permanece constante.
2) O dielétrico se polariza e cria um campo elétrico de sentido oposto ao criado pelas placas.
R9. 24 μF
R10. b
R11. b
R12. e
R13. a
R14. b
R15. 50 μJ
R16. $2{,}5 \cdot 10^{-2}$ cal
R17. d

Desafio Olímpico

1. c
2. c
3. c
4. e
5. c
6. a) 6 826 kWh
b) 6 743 kWh
c) 83 kWh
d) R$ 0,41
7. a) R$ 25,55
b) 100 dias (pelo menos)
8. e
9. a) $150\ \Omega$ e $100\ \Omega$
b) série: 150 W e 100 W; paralelo: 96 W e 144 W
10. a) 4 b) 1 c) 2 d) 3 e) 5
11. d
12. d

Noppawat "Tom" Charoensinphon/Flickr Select/Getty Images

virtualphoto/E+/Getty Images

unidade

9 ELETROMAGNETISMO

Thinkstock/Getty Images

capítulo

45 Força magnética

Os ímãs

Os antigos chineses sabiam que pedaços de certas ligas de ferro natural, como a *magnetita* (Fe_3O_4), quando suspensos por um barbante, conforme a figura 1, assumiam uma posição definida com uma extremidade apontando aproximadamente para o *norte* e outra para o *sul* da Terra.

Ilustrações: Luis Moura

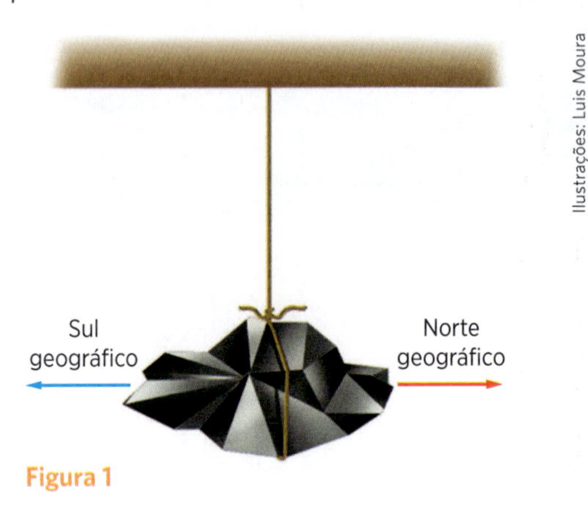

Figura 1

Esses materiais foram chamados ímãs. Se aproximamos um do outro dois ímãs em forma de barra, percebemos que as extremidades que apontam para o mesmo lugar se *repelem* e notamos que, se um dos ímãs for virado, as extremidades se *atraem*.

Tal comportamento revela que um ímã em forma de barra apresenta suas propriedades, denominadas *propriedades magnéticas*, mais acentuadamente nas regiões próximas às suas extremidades, chamadas *polos* do ímã. O polo que se orienta para o Norte geográfico da Terra é o polo norte do ímã; o que aponta para o Sul geográfico é o polo sul do ímã. Nessas condições podemos afirmar que:

Polos de mesmo nome se repelem e polos de nomes contrários se atraem.

O fato de um ímã se orientar, quando suspenso, permitiu aos chineses a invenção da bússola (fig. 2). Nela, um ímã em forma de losango, denominado *agulha magnética*, é apoiado sobre um eixo e pode se mover em um plano horizontal (fig. 3).

Science Museum, London/Diomedia

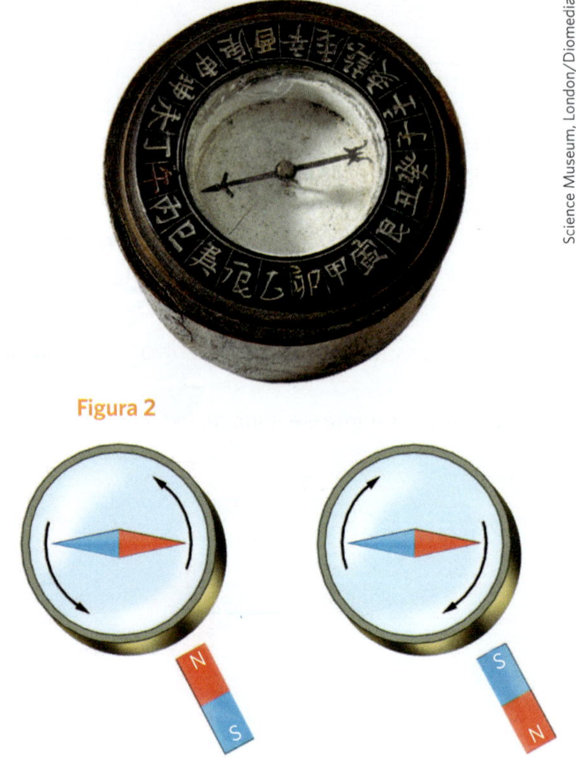

Figura 2

Figura 3

Como o polo norte de um ímã suspenso se orienta apontando aproximadamente para o Norte geográfico e o polo sul para o Sul geográfico, podemos associar a Terra a um grande ímã, cujo polo localizado próximo de seu *polo Norte geográfico* é na verdade um *polo sul magnético* e vice-versa. Na figura 4 esse fato é representado esquematicamente.

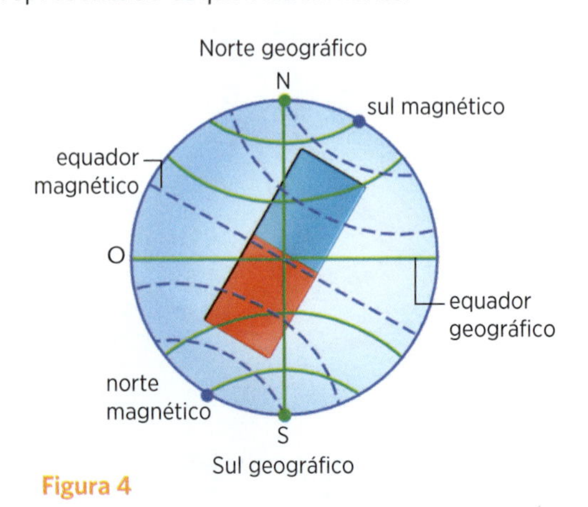

Figura 4

Conceito inicial de campo magnético

Na região do espaço que envolve um ímã, na qual ele manifesta sua ação, dizemos que se estabelece um *campo magnético*. Como é feito na Eletrostática, em que a cada ponto de um campo elétrico associa-se o vetor campo elétrico $\vec{E}$, no campo magnético, a cada ponto associamos o vetor $\vec{B}$, chamado *vetor indução magnética* ou *vetor campo magnético*. A intensidade do vetor indução magnética é medida no SI em uma unidade denominada *tesla* (T).

A orientação do vetor $\vec{B}$ num ponto P é determinada pela orientação de uma pequena agulha magnética colocada nesse ponto (fig. 5). O polo norte da agulha aponta no sentido de $\vec{B}$. Se a agulha for deslocada a partir de um ponto próximo do polo norte do ímã reto da figura 5, sempre na orientação que a bússola está indicando, o seu centro traçará uma linha. Essa linha, que é tangente ao vetor $\vec{B}$ e orientada no seu sentido, chama-se *linha de indução*.

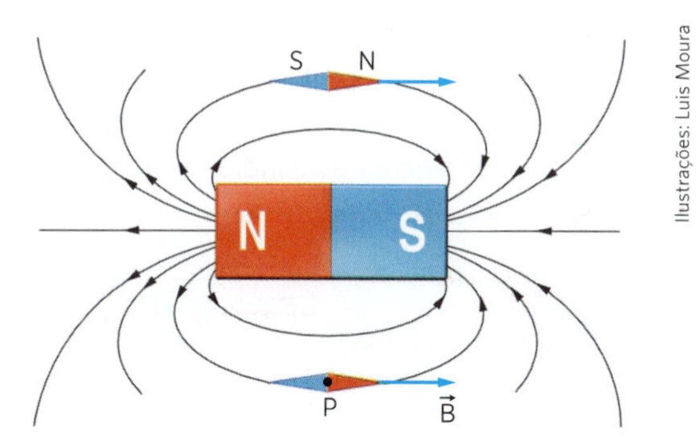

Ilustrações: Luis Moura

Figura 5

Começando em vários pontos, muitas linhas podem ser desenhadas como indica a figura 5. *Cada linha começa no polo norte e termina num ponto correspondente do polo sul.* Notemos que perto dos polos, onde as propriedades do ímã se manifestam com maior intensidade, as linhas estão mais próximas.

Quando minúsculos pedaços (limalha) de ferro são salpicados sobre um ímã, eles aderem conforme a figura 6. Cada limalha de ferro funciona como uma pequena agulha magnética, alinhando-se na direção das linhas de indução do campo. A figura 6 apresenta o campo magnético produzido por:

a) uma barra magnética;
b) duas barras magnéticas com polos opostos (atração);
c) duas barras magnéticas com polos iguais (repulsão).

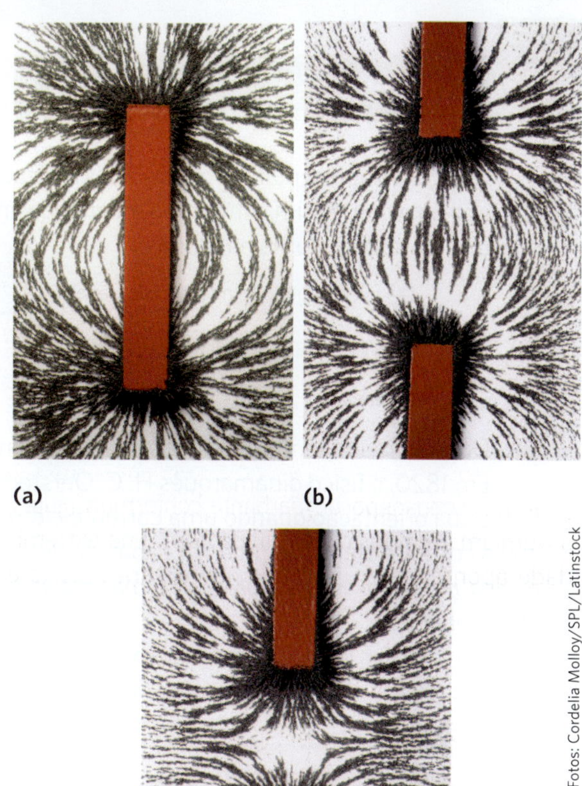

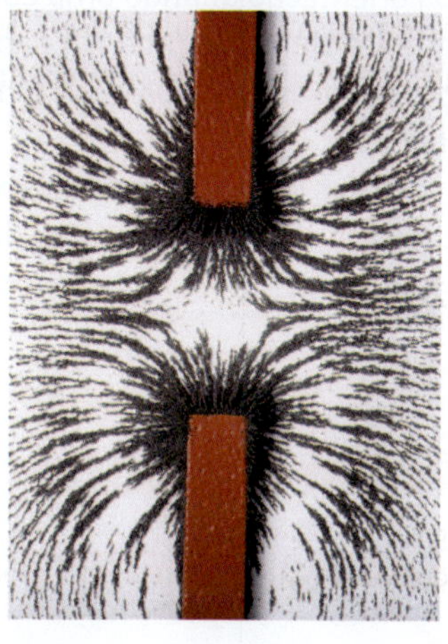

Fotos: Cordelia Molloy/SPL/Latinstock

Figura 6. Campos magnéticos agindo sobre limalha de ferro.

Campo magnético uniforme

É o campo em que o vetor $\vec{B}$ é o mesmo em todos os pontos. Consequentemente, as linhas de indução são retas paralelas igualmente espaçadas e igualmente orientadas. Observa-se um campo magnético uniforme entre os ramos paralelos de um ímã em forma de U (fig. 7).

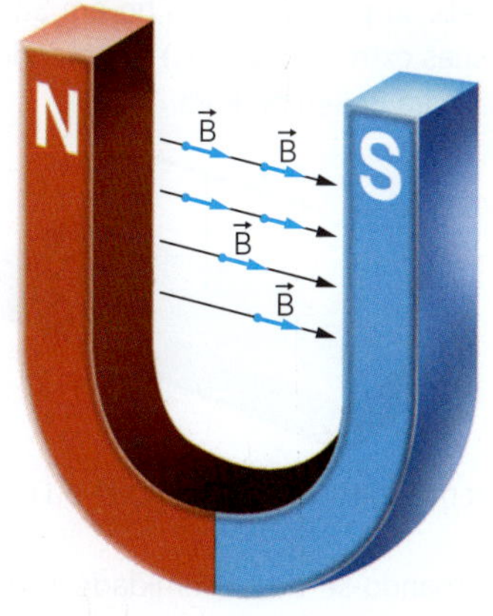

Figura 7

OBSERVE

Na figura *a* apresentamos os símbolos utilizados para representar um vetor entrando e um vetor saindo do plano do papel. Assim, um campo magnético uniforme entrando no plano do papel é representado como na figura *b* e saindo, como na figura *c*.

⊗ : vetor entrando no plano do papel

⊙ : vetor saindo do plano do papel

Figura a

X X X ⊗ $\vec{B}$
X X X X
X X X X
X X X X

Figura b

• • • ⊙ $\vec{B}$
• • • •
• • • •
• • • •

Figura c

Durante muito tempo, o estudo dos fenômenos magnéticos ficou limitado aos ímãs.

Em 1820, o físico dinamarquês H. C. Oersted (1777-1851) observou que uma agulha magnética modificava sua orientação quando uma corrente elétrica era estabelecida nas suas proximidades. Isso significa que a corrente elétrica também é capaz de desviar uma agulha magnética. Portanto, *toda corrente elétrica origina, no espaço que a envolve, um campo magnético*. No próximo capítulo vamos estudar este assunto com mais detalhes.

No caso dos ímãs, o campo magnético é também produzido por correntes elétricas, estabelecidas pelo movimento dos elétrons no interior dos seus átomos.

Ação de um campo magnético uniforme sobre um ímã

Quando um ímã é colocado no interior de um campo magnético uniforme de indução $\vec{B}$, ele se orienta de modo a se dispor paralelamente às linhas de indução do campo, com o polo norte apontando no sentido de $\vec{B}$. Isso ocorre porque a força magnética que o campo exerce no polo norte tem o mesmo sentido de $\vec{B}$ e no polo sul, sentido oposto (fig. 8a). Sob ação dessas forças, o ímã tende a girar assumindo a posição de equilíbrio estável indicada na figura 8b.

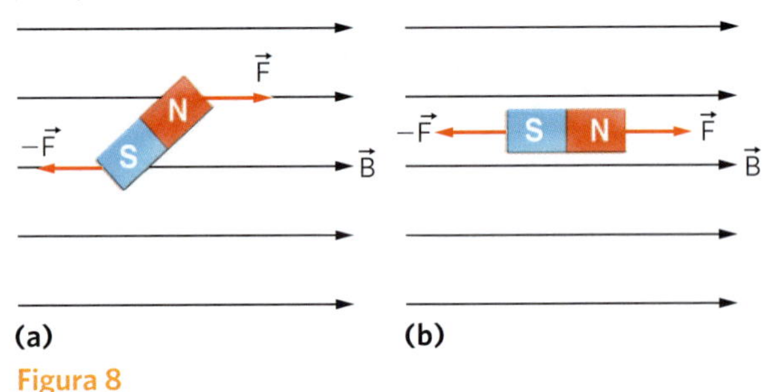

Figura 8

Aplicação

A1. Um ímã AB, suspenso por um fio em São Paulo, tem uma de suas extremidades (A) apontando, aproximadamente, para Belém do Pará.

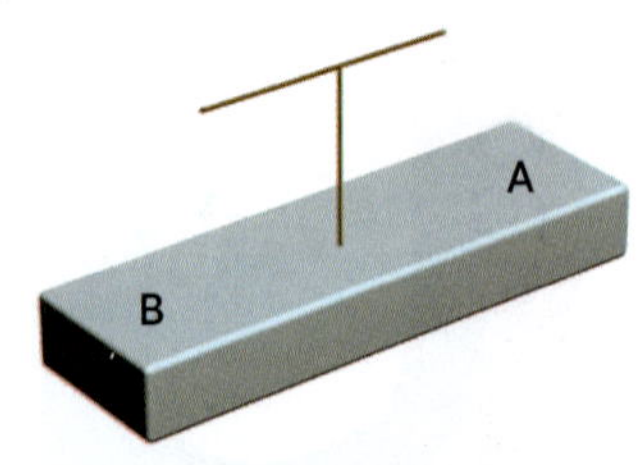

a) A extremidade *A* é um polo norte ou um polo sul do ímã?

b) Aproximando-se da extremidade *B* o polo sul de outro ímã, haverá atração ou repulsão?

A2. Na figura, temos as linhas de indução do campo magnético de um ímã em forma de barra.

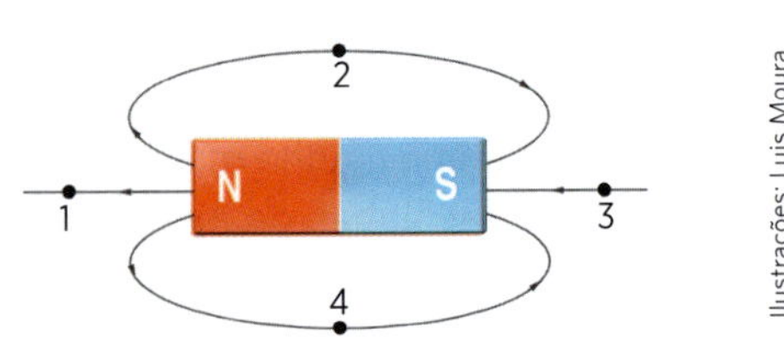

Ilustrações: Luis Moura

a) Refaça a figura dada no caderno e represente o vetor indução magnética $\vec{B}$ nos pontos 1, 2, 3 e 4.

b) Quatro pequenas agulhas magnéticas são colocadas nesses pontos. Como elas se dispõem? Faça no caderno uma figura explicativa.

A3. Num ponto *P* de uma região do espaço onde existe um campo magnético (fig. *a*), coloca-se uma pequena agulha magnética e ela assume a posição indicada na figura *b*. Refaça no caderno a figura dada e represente o vetor indução magnética $\vec{B}$ em *P*.

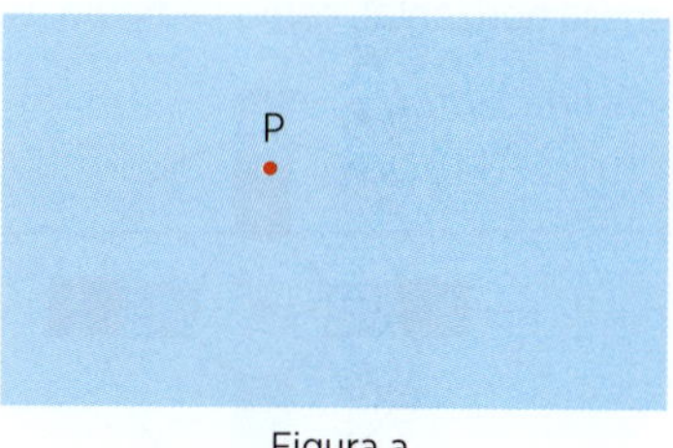

Figura a

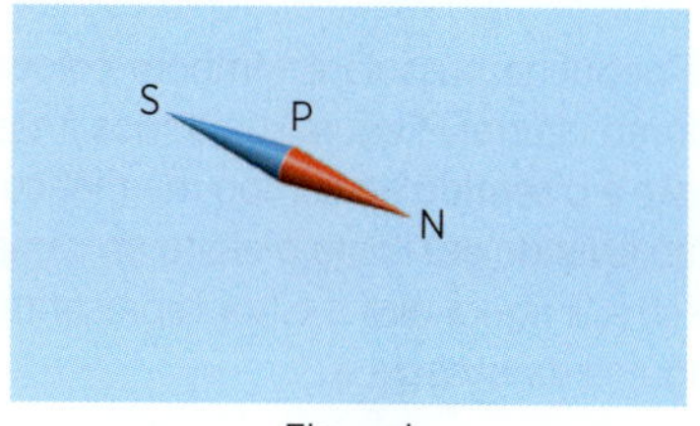

Figura b

A4. Refaça as figuras dadas no caderno e represente as forças magnéticas que agem nos polos dos ímãs, colocados nos campos magnéticos uniformes de indução $\vec{B}$, nos casos:

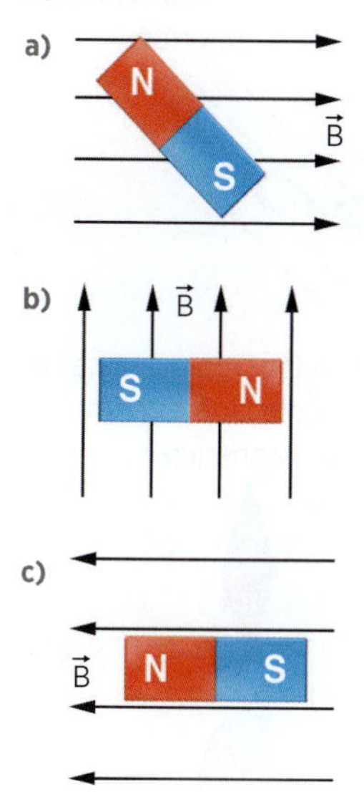

Verificação

V1. Têm-se três ímãs, AB, CD e EF. Sabe-se que os polos *B* e *D* se atraem e *C* e *E* se repelem. Sendo *A* um polo norte, pode-se afirmar que *F* é um polo sul? Justifique sua resposta.

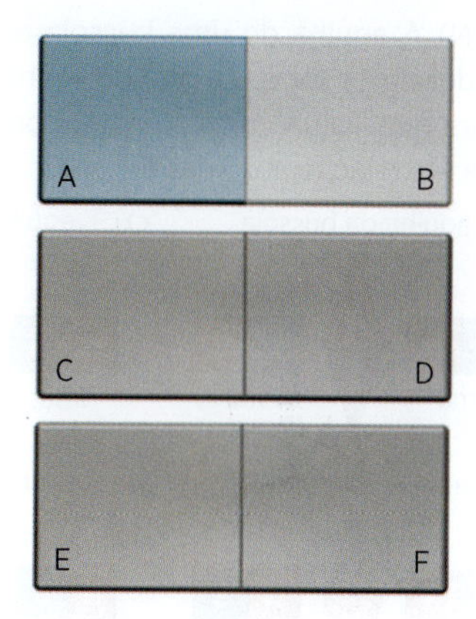

V2. Na figura dada, pequenas agulhas magnéticas foram colocadas próximas de um ímã. Quais delas estão corretamente orientadas?

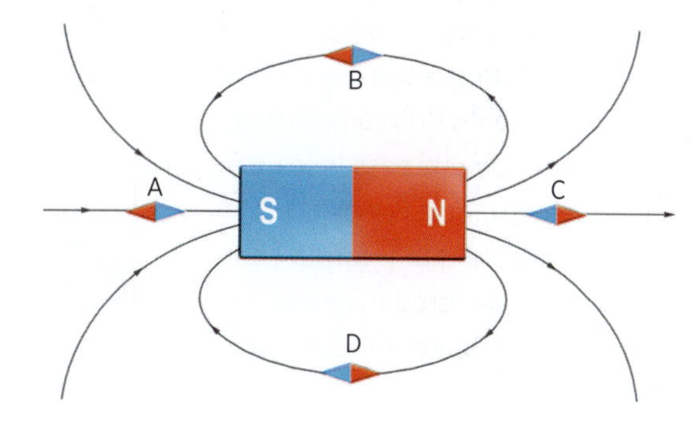

V3. Na figura a seguir, temos dois ímãs idênticos. Refaça a figura e represente o vetor indução magnética $\vec{B}$ resultante no ponto *P*. Indique como se disporia uma agulha magnética colocada em *P*.

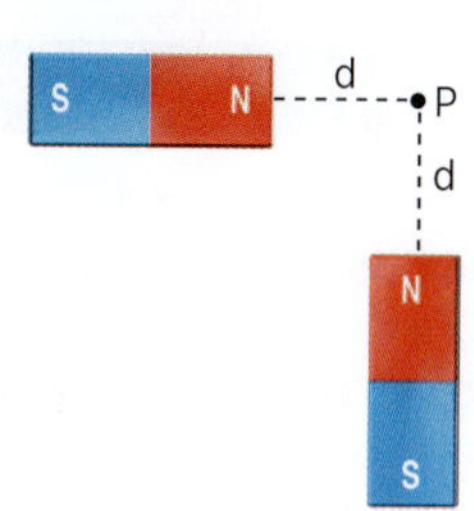

V4. Três pequenas agulhas magnéticas são colocadas nos pontos 1, 2 e 3 e sofrem ação do campo magnético terrestre $\vec{B}_T$. Refaça o desenho dado, mostrando como as agulhas magnéticas se orientam.

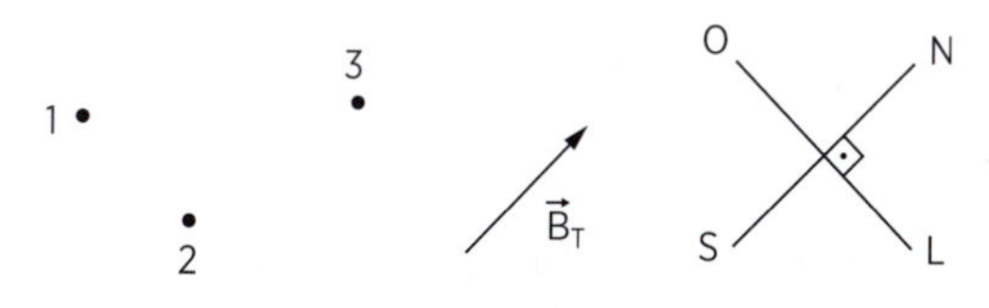

V5. Refaça as figuras e represente as forças magnéticas que agem nos polos dos ímãs, colocados nos campos magnéticos uniformes de indução $\vec{B}$, nos casos:

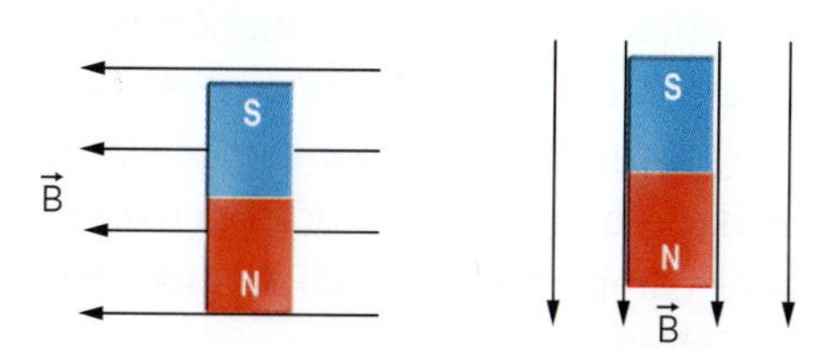

R1. (U. E. Maringá-PR) O diagrama abaixo representa as linhas de um campo magnético uniforme.

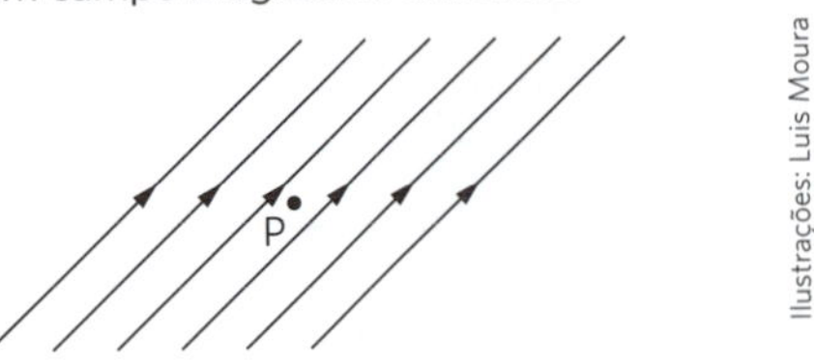

Assinale a alternativa que melhor representa a posição da agulha de uma bússola colocada em um ponto *P*, no mesmo plano do campo magnético.

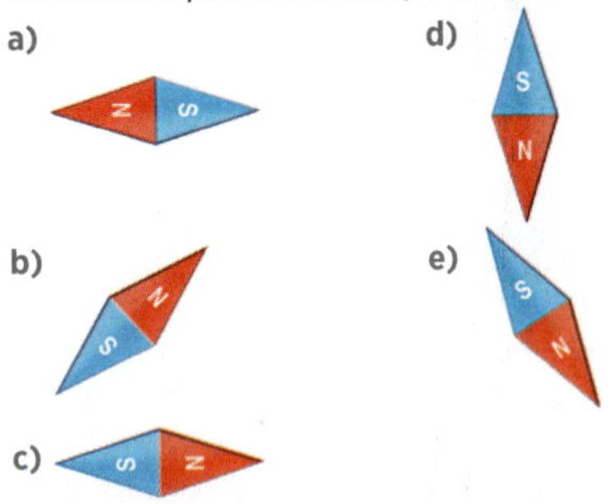

R2. (UPE-PE) A figura a seguir mostra um ímã permanente em que estão indicados os seus polos norte (*N*) e sul (*S*), respectivamente. O ímã e os pontos indicados estão no plano da página. Sobre o campo magnético gerado pelo ímã, analise as afirmações seguintes:

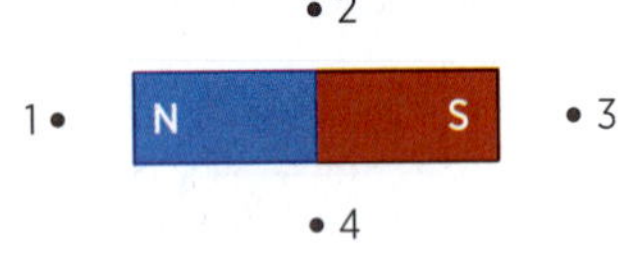

I. O sentido do campo magnético é diferente nos pontos 2 e 4.
II. O sentido do campo magnético é igual nos pontos 2 e 4.
III. O sentido do campo magnético é igual nos pontos 1 e 2.
IV. O sentido do campo magnético é diferente nos pontos 2 e 3.

Está correto o que se afirma em:

a) I e III
b) I e IV
c) II e III
d) III e IV
e) II e IV

R3. (Fuvest-SP) Quatro ímãs iguais, em forma de barra, com as polaridades indicadas, estão apoiados sobre uma mesa horizontal, como na figura, vistos de cima.

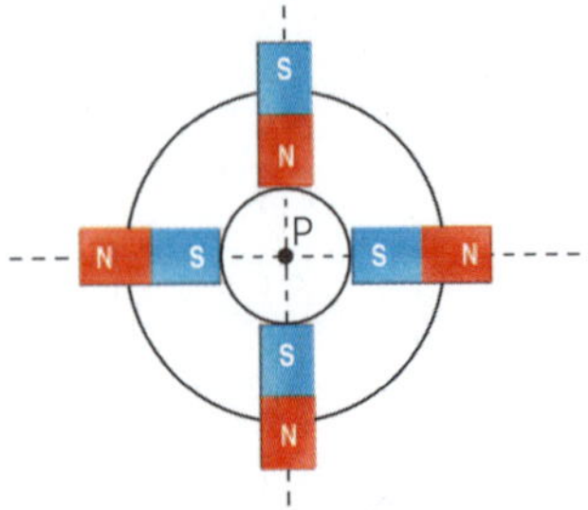

Uma pequena bússola é também colocada na mesa, no ponto central *P*, equidistante dos ímãs, indicando a direção e o sentido do campo magnético dos ímãs em *P*. Não levando em conta o efeito do campo magnético terrestre, a figura que melhor representa a orientação da agulha da bússola é:

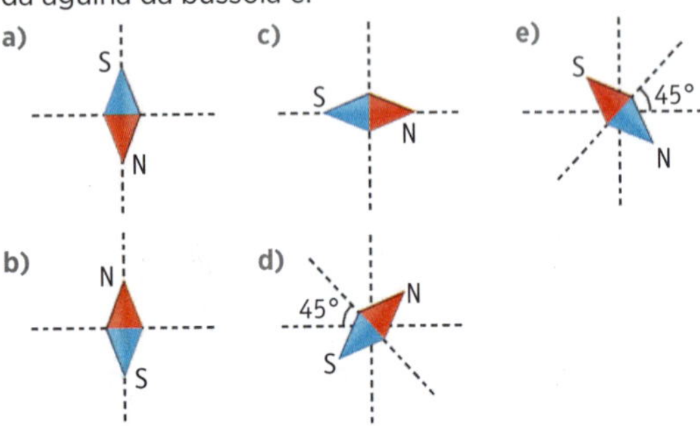

R4. (UE-RN) A agulha de uma bússola ao ser colocada entre dois ímãs sofre um giro no sentido anti-horário. A figura que ilustra corretamente a posição inicial da agulha em relação aos ímãs é:

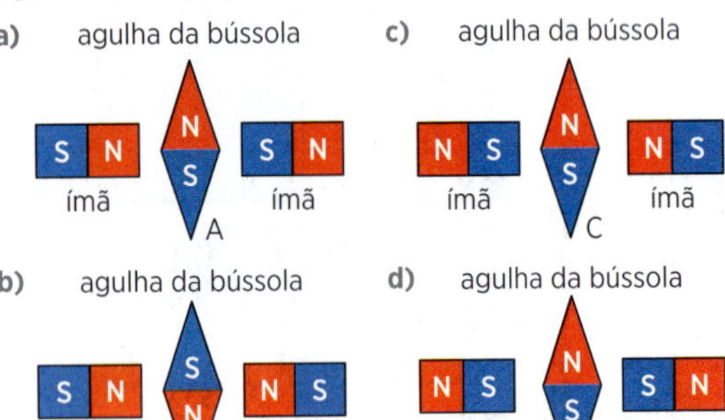

Força sobre carga móvel em campo magnético

Vimos, na Eletrostática, que uma carga elétrica puntiforme *q* colocada num ponto *P* de um campo elétrico fica sob a ação de uma força elétrica $\vec{F}_e = q \cdot \vec{E}$, em que $\vec{E}$ é o vetor campo elétrico em *P*.

A direção da força elétrica é a mesma direção do vetor campo elétrico; seu sentido depende do sinal da carga *q*.

Uma carga elétrica *q* em movimento num campo magnético fica sujeita, em geral, a uma força $\vec{F}_m$ denominada *força magnética*. Seja $\vec{B}$ o vetor indução magnética num ponto *P* do campo magnético por onde está passando uma carga elétrica *q*, cuja velocidade é $\vec{v}$. Seja θ o ângulo que $\vec{v}$ forma com $\vec{B}$. A *direção* da força magnética é perpendicular tanto a $\vec{v}$ como a $\vec{B}$ (fig. 9).

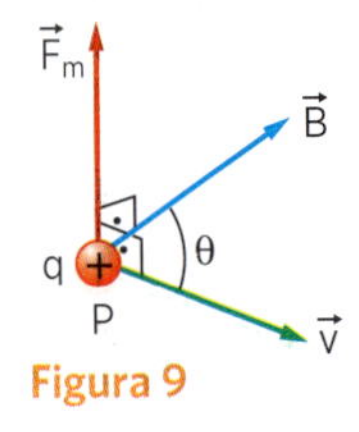

Figura 9

O sentido de $\vec{F}_m$ é dado por uma regra chamada *regra da mão esquerda*. Os dedos da mão esquerda são dispostos conforme indica a figura 10a. O dedo indicador é colocado no sentido de $\vec{B}$, o dedo médio no sentido de $\vec{v}$ e o dedo polegar fornece o sentido de $\vec{F}_m$. Essa regra vale somente quando a carga móvel é positiva (fig. 10b). Se a carga elétrica móvel for negativa, o sentido da força magnética será oposto ao dado pela regra da mão esquerda (fig. 10c).

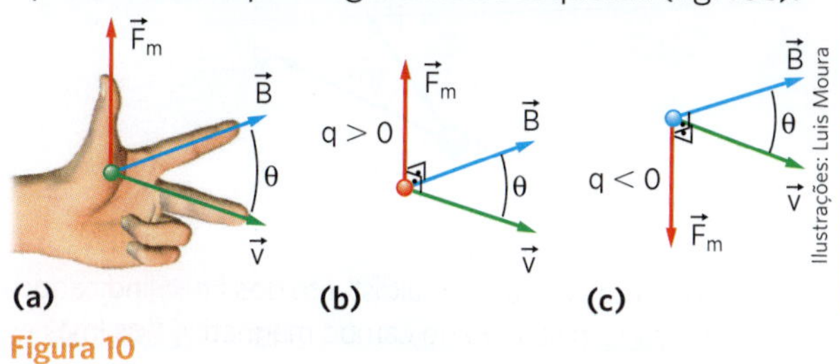

Figura 10

A intensidade da força magnética é proporcional a *q*, a *B*, a *v* e ao sen θ.

$$F_m = |q|\, vB \text{ sen } \theta$$

A força magnética, por ser sempre perpendicular à velocidade, é uma resultante centrípeta. Isso significa que a força magnética altera a direção da velocidade da carga, mas mantém constante o módulo da velocidade. Portanto, sob a ação exclusiva de um *campo magnético*, a carga elétrica realiza movimento uniforme. A energia cinética permanece constante e o trabalho da força magnética é nulo. Por outro lado, a velocidade e a energia cinética de uma carga elétrica em um *campo elétrico* são sempre afetadas pela interação entre o campo e a carga.

Aplicação

A5. Reproduza as figuras em seu caderno e desenhe nelas a força magnética que age sobre a carga *q*, lançada num campo magnético, nos casos:

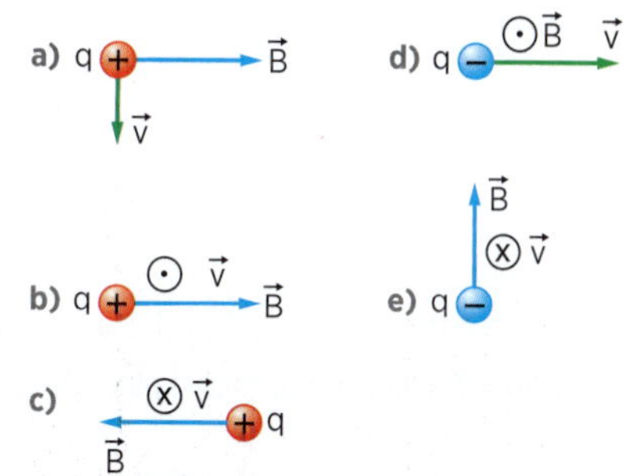

A6. Uma partícula eletrizada positivamente é lançada num campo magnético, conforme a figura. Reproduza a figura em seu caderno e desenhe nela a força magnética que age na partícula.

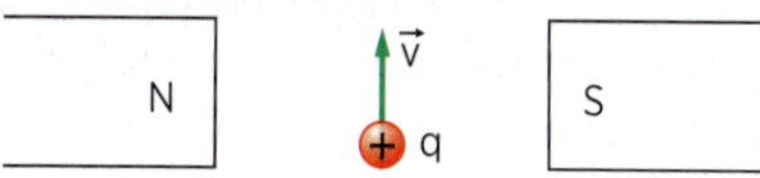

A7. Ao aproximarmos um ímã da tela de um aparelho de televisão, observamos que a imagem se deforma. Sabendo que a imagem é formada pelo impacto dos elétrons que provêm da parte posterior do tubo sobre a tela, a distorção da imagem pode ser explicada pela interação desses elétrons com o campo magnético de indução $\vec{B}$ do ímã. Sejam $\vec{v}$ a velocidade dos elétrons e $\vec{F}_m$ a força magnética responsável pela distorção da imagem.

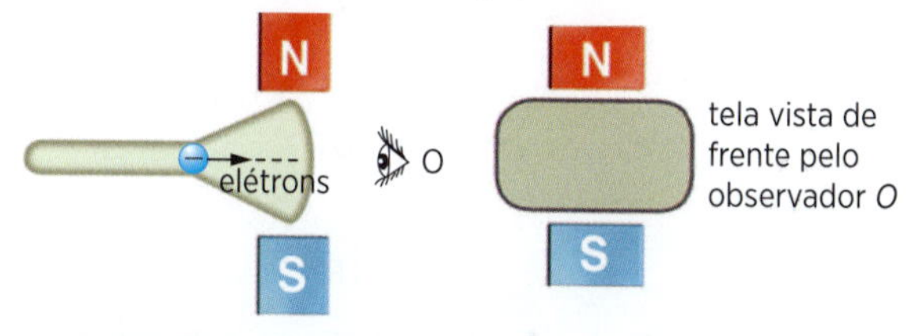

a) Reproduza a figura em seu caderno e represente, na tela vista de frente pelo observador *O*, os vetores $\vec{v}$, $\vec{B}$ e $\vec{F}_m$.

b) Relativamente ao observador *O*, para que lado a imagem se deforma? Direito ou esquerdo?

A8. Uma partícula eletrizada com carga elétrica q = 2,0 μC move-se, com velocidade $3{,}0 \cdot 10^3$ m/s, em uma região do espaço onde existe um campo magnético de indução $\vec{B}$, cuja intensidade é de 5,0 T, conforme a figura. O plano de $\vec{B}$ e $\vec{v}$ é o plano do papel.

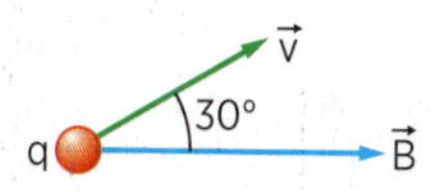

Determine as características da força magnética que age na partícula.

Verificação

V6. Reproduza as figuras no seu caderno e desenhe em cada uma a força magnética que age sobre a carga elétrica *q*, lançada no campo magnético:

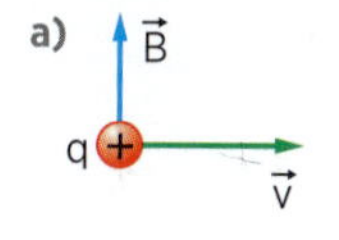

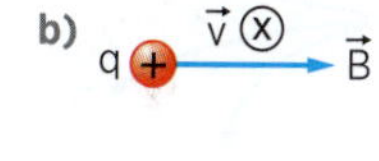

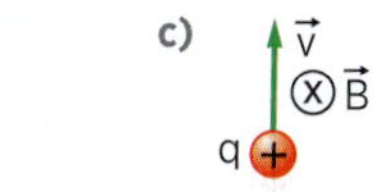

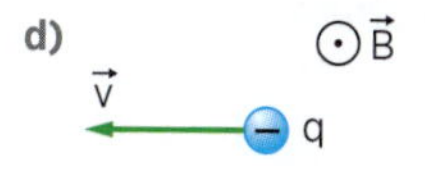

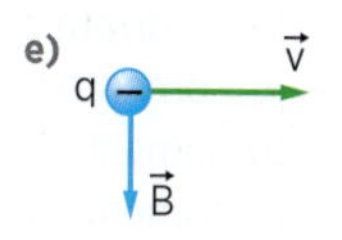

V7. Reproduza a figura no seu caderno e desenhe nela a força magnética que age sobre cada partícula eletrizada.

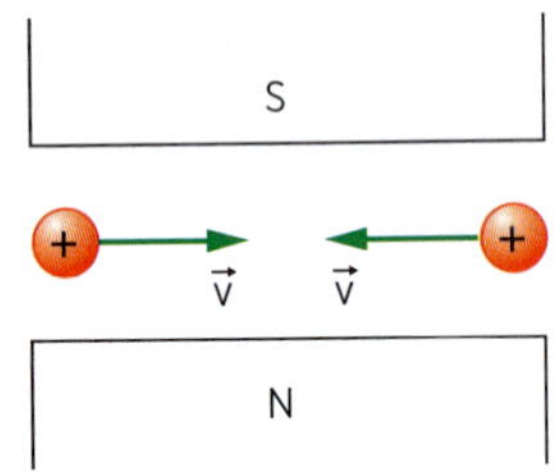

V8. Uma partícula eletrizada com carga elétrica $q = 5{,}0 \cdot 10^{-6}$ C move-se, com velocidade $v = 6{,}0 \cdot 10^{5}$ m/s, em uma região onde existe um campo magnético uniforme, cujo vetor indução magnética tem intensidade B = 10 T. Sendo θ o ângulo entre $\vec{B}$ e $\vec{v}$, determine a intensidade da força magnética agente na partícula nos casos:

a) θ = 0° b) θ = 90°

V9. Na figura, o vetor indução magnética tem intensidade B = 1,0 T e o elétron de carga $q = -1{,}6 \cdot 10^{-19}$ C se desloca com velocidade v = 10 m/s. Caracterize a força magnética agindo no elétron.

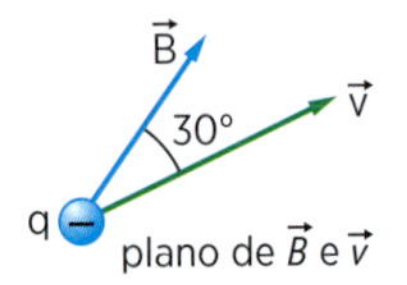

Revisão

R5. (Vunesp-SP) Sabe-se que no ponto *P* da figura existe um campo magnético na direção da reta RS e apontando de *R* para *S*. Quando um próton (partícula de carga positiva) passa por esse ponto com velocidade $\vec{v}$ mostrada na figura, atua sobre ele uma força, devida a esse campo magnético:

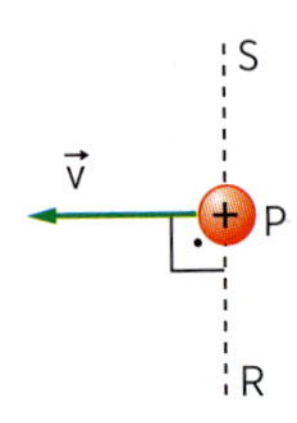

a) perpendicular ao plano da figura e "penetrando" nele.
b) na mesma direção e sentido do campo magnético.
c) na direção do campo magnético, mas em sentido contrário a ele.
d) na mesma direção e sentido da velocidade.
e) na direção da velocidade, mas em sentido contrário a ela.

R6. (PUC-PR) Uma carga positiva *q* se movimenta em um campo magnético uniforme $\vec{B}$, com velocidade $\vec{v}$. Levando em conta a convenção a seguir, foram representadas três hipóteses com respeito à orientação da força atuante sobre a carga *q*, devido à sua interação com o campo magnético. ⊗ — vetor perpendicular ao plano da folha, entrando nesta.

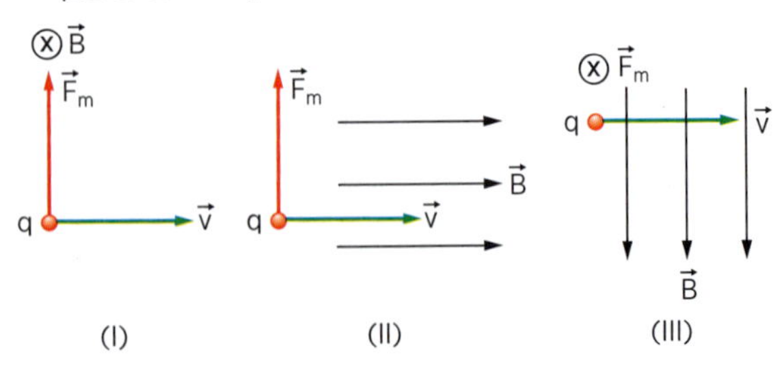

Está correta ou estão corretas:
a) somente I e III.
b) somente I e II.
c) somente II.
d) I, II e III.
e) somente II e III.

R7. (PUC-SP) Uma partícula eletricamente neutra, quando solta do ponto *P*, cairá verticalmente atingindo o ponto *0* (zero).

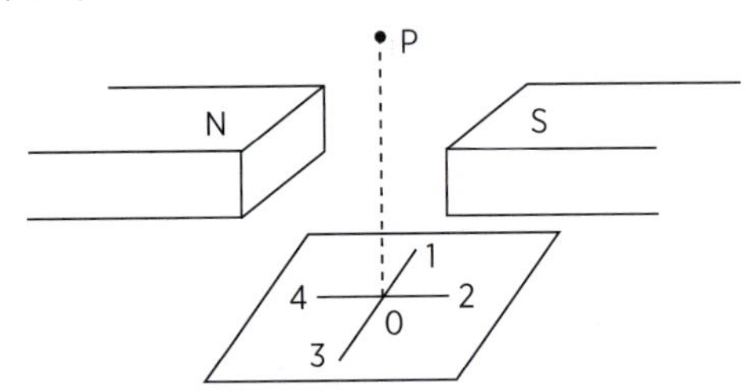

Se do mesmo ponto *P* cair uma partícula eletricamente positiva, o ponto a ser atingido será:
a) 0
b) 1
c) 2
d) 3
e) 4

R8. (Unioeste-PR) Um próton (*p*), um elétron (*e*) e um nêutron (*n*) entram com a mesma velocidade numa região de campo magnético uniforme, perpendicular e para dentro do plano da folha, conforme demonstrado nas figuras abaixo. Assinale a alternativa que mostra a trajetória correta das três partículas.

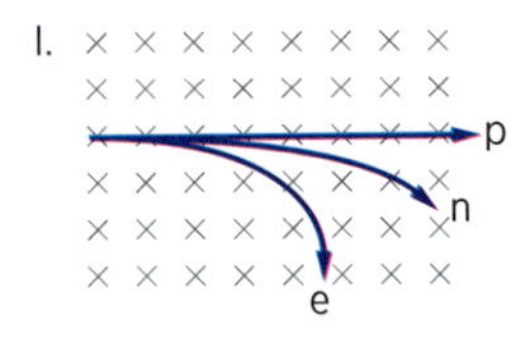

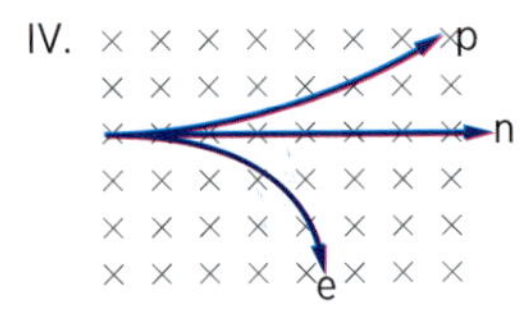

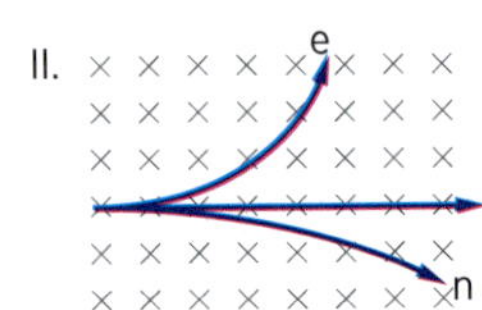

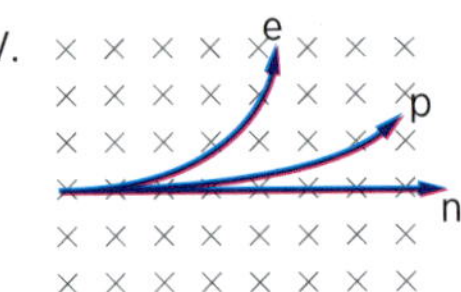

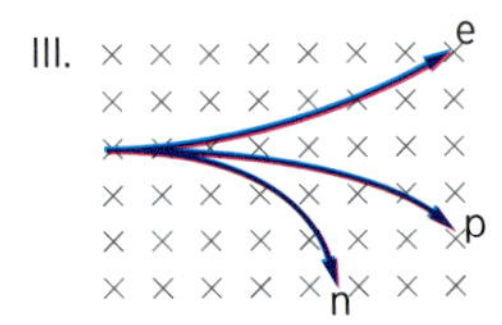

R9. (U. E. Feira de Santana-BA)

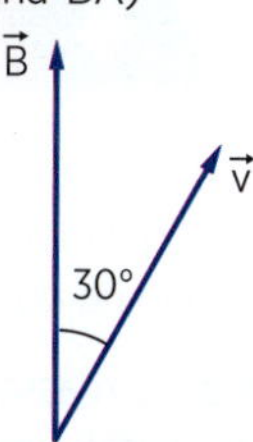

Uma partícula eletrizada com a carga igual a $3 \cdot 10^{-6}$ C desloca-se com velocidade de módulo igual a $2 \cdot 10^2$ m/s, formando um ângulo de 30° com a linha de indução magnética de um campo magnético uniforme de intensidade $1{,}6 \cdot 10^{-3}$ T, conforme mostra a figura. A força magnética, em 10^{-8} N, que atua sobre a partícula é igual a:

a) 48
b) 58
c) 68
d) 78
e) 98

Movimento de uma carga q num campo magnético uniforme

Vamos, agora, analisar as diversas maneiras de uma carga elétrica q penetrar num campo magnético uniforme de indução $\vec{B}$.

1º caso: q é lançada com $\theta = 0°$ ou $\theta = 180°$, isto é, $\vec{v} // \vec{B}$ (fig. 11).

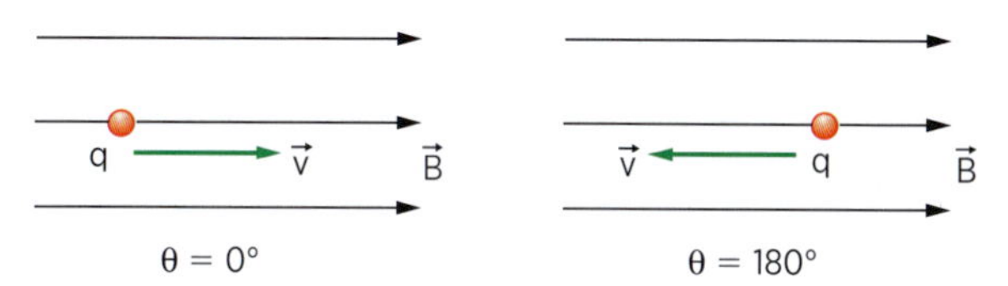

Figura 11

Sendo sen 0° = 0 e sen 180° = 0, resulta que $F_m = 0$. Portanto, concluímos que:

> Uma carga elétrica lançada na direção das linhas de indução de um campo magnético uniforme realiza movimento retilíneo e uniforme.

2º caso: q é lançada com $\theta = 90°$, isto é, $\vec{v} \perp \vec{B}$ (fig. 12).

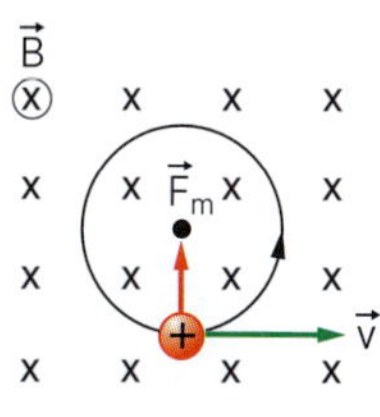

Figura 12

Da fórmula da intensidade da força magnética $F_m = |q|\, vB \cdot \text{sen}\,\theta$, sendo $\theta = 90°$ e sen 90° = 1, vem:

$$F_m = |q|\, vB$$

Essa fórmula nos mostra que a força magnética tem intensidade constante. Desse modo, q está sob ação de uma força de intensidade constante e normal ao vetor velocidade. Sendo o movimento plano, da Dinâmica concluímos que q realiza movimento circular uniforme. Assim:

> Uma carga elétrica lançada perpendicularmente às linhas de indução de um campo magnético uniforme realiza movimento circular uniforme em uma circunferência cujo plano é perpendicular à direção de $\vec{B}$.

- *Cálculo do raio da circunferência*:
  Sendo a força magnética uma resultante centrípeta, vem:

$$F_m = F_c \Rightarrow |q|\, vB = m\frac{v^2}{R}$$

$$R = \frac{mv}{|q|\,B}$$

- *Cálculo do período* T:

De $T = \dfrac{2\pi R}{v}$, substituindo-se R, vem:

$$T = \frac{2\pi}{v} \cdot \frac{mv}{|q|\,B} \Rightarrow T = \frac{2\pi m}{|q|\,B}$$

Observe que o período não depende da velocidade com que a partícula penetra no campo.

3º caso: q é lançada obliquamente à direção do campo (fig. 13).

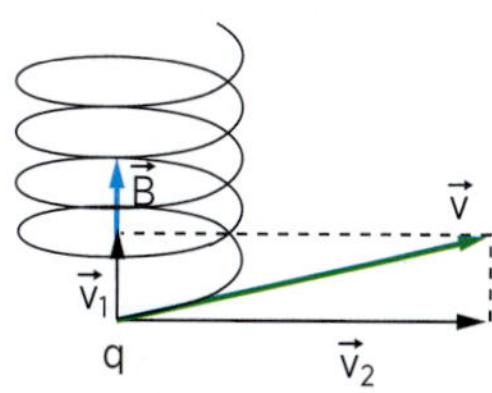

Figura 13

Nesse caso, decompõe-se a velocidade $\vec{v}$ em duas componentes:

a) componente $\vec{v}_1$ na direção $\vec{B}$: causa MRU;

b) componente $\vec{v}_2$ perpendicular a $\vec{B}$: causa MCU.

A simultaneidade desses dois movimentos produz um *movimento helicoidal e uniforme*. A trajetória descrita, mostrada na figura 13, denomina-se *hélice cilíndrica*.

Aplicação

A9. Descreva os movimentos das partículas eletrizadas *A*, *B* e *C*, lançadas num campo magnético uniforme, conforme a figura.

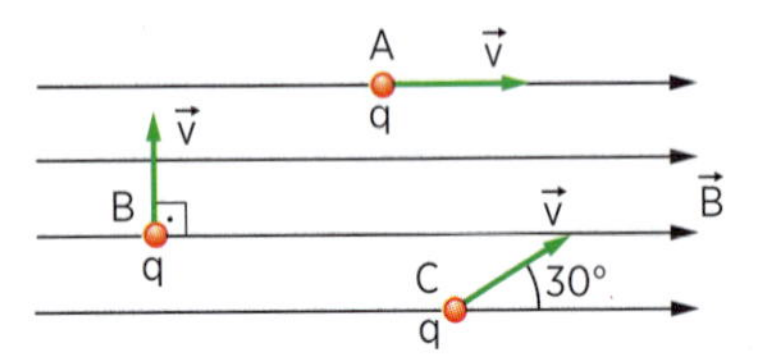

A10. Duas partículas iguais, eletrizadas com cargas elétricas de mesmo valor absoluto e sinais opostos, sendo *A* positiva e *B* negativa, são lançadas num campo magnético uniforme com a mesma velocidade, conforme a figura.

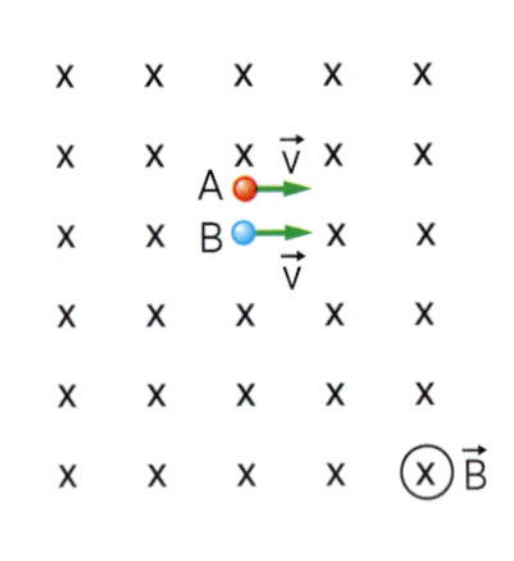

Classifique seus movimentos e desenhe no caderno suas trajetórias. Considere que as partículas não abandonam a região na qual existe o campo.

A11. Um próton (carga *q* e massa *m*) penetra numa região do espaço onde existe um campo magnético uniforme de indução $B = 5{,}0 \cdot 10^{-2}$ T, conforme a figura.

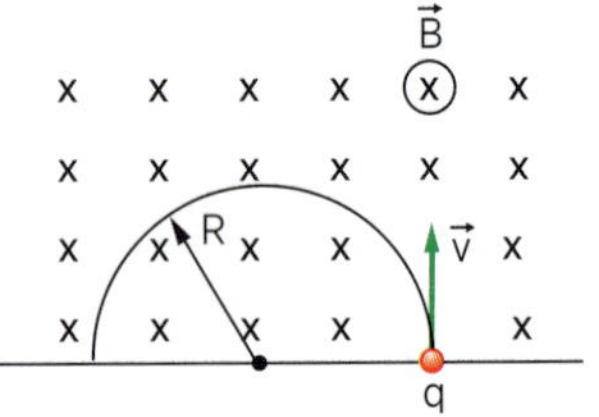

Determine o raio da trajetória descrita pelo próton sabendo-se que a velocidade *v* de lançamento é igual a $1{,}0 \cdot 10^7$ m/s. Sabe-se que:

$$\frac{m}{q} = 1{,}0 \cdot 10^{-8} \text{ kg/C}.$$

Verificação

V10. Um elétron é lançado num campo magnético uniforme. Descreva sua trajetória nos casos:

a) em que o elétron é lançado na direção das linhas de indução;

b) em que o elétron é lançado perpendicularmente às linhas de indução;

c) em que o elétron é lançado obliquamente às linhas de indução.

V11. Duas partículas eletrizadas, *A* e *B*, são lançadas num campo magnético uniforme e seguem as trajetórias indicadas na figura abaixo. Identifique os sinais das cargas elétricas.

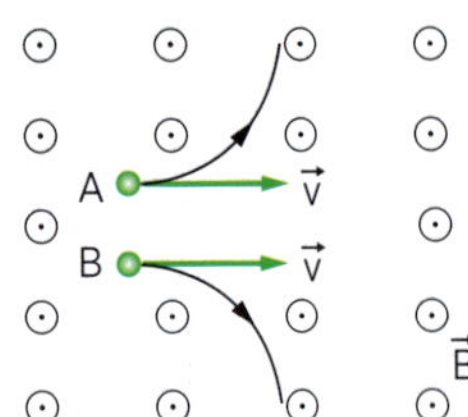

V12. Uma partícula de massa $m = 1{,}0 \cdot 10^{-5}$ kg e carga elétrica $q = 2{,}0 \cdot 10^{-5}$ C penetra, com velocidade $v = 10$ m/s, num campo magnético uniforme de indução $B = 5{,}0$ T, conforme a figura.

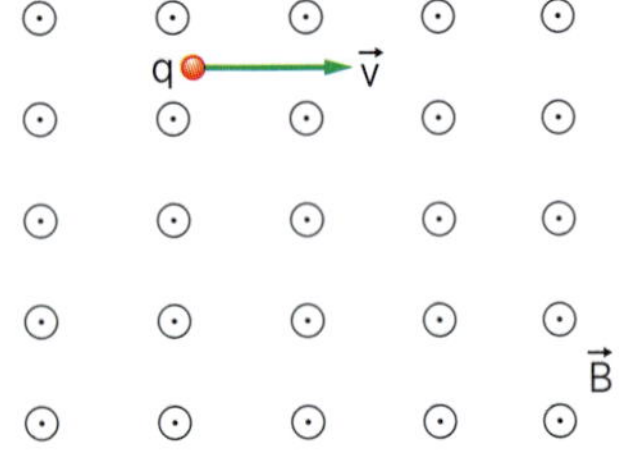

a) Refaça a figura no caderno e desenhe a trajetória descrita pela partícula. Considere que a partícula não abandona a região onde existe o campo.

b) Calcule o raio da trajetória.

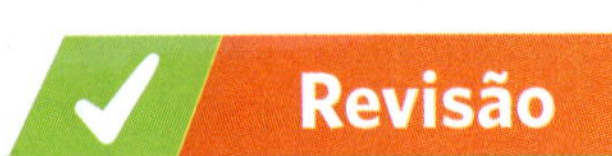

Revisão

R10. (UF-AL) Uma partícula carregada move-se inicialmente em linha reta e sem atrito sobre uma superfície horizontal (ver figura).

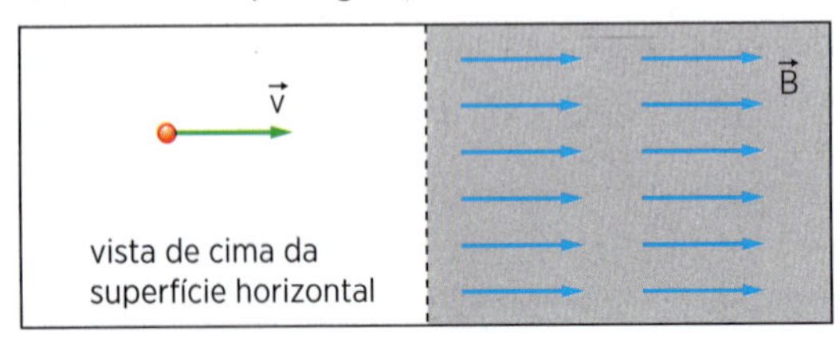

A partícula ingressa numa região (pintada de cinza) em que existe um campo magnético uniforme, de módulo *B* e direção paralela à do vetor velocidade inicial da partícula. Nessas circunstâncias, é correto afirmar que a presença do campo magnético na região pintada de cinza:

a) provocará uma diminuição no módulo da velocidade da partícula, mas não mudará a sua direção.

b) provocará um aumento no módulo da velocidade da partícula, mas não mudará a sua direção.

c) não provocará mudança no módulo da velocidade da partícula, mas fará com que a partícula execute um arco de circunferência sobre a superfície horizontal.

d) não provocará mudança no módulo da velocidade da partícula, mas fará com que a partícula execute um arco de parábola sobre a superfície horizontal.
e) não provocará alteração no módulo nem na direção da velocidade da partícula.

R11. (Udesc-SC) A figura representa uma região do espaço onde existe um campo magnético uniforme B orientado perpendicularmente para dentro do plano desta figura. Uma partícula de massa m e carga positiva q penetra nessa região de campo magnético, perpendicularmente às linhas de campo, com velocidade v constante.

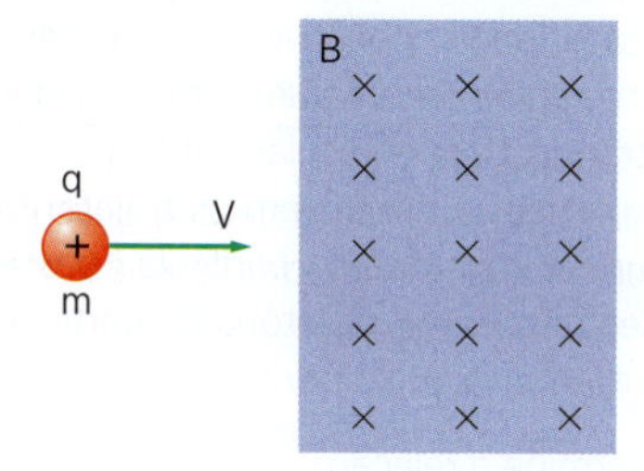

Considerando a situação descrita acima, assinale a alternativa incorreta.
a) O período do movimento executado pela partícula na região de campo magnético não depende de sua velocidade v.
b) O trabalho realizado pela força magnética sobre a partícula é diferente de zero.
c) A frequência do movimento é inversamente proporcional à massa m da partícula.
d) O módulo da força magnética que atua sobre a partícula é determinado pelo produto qvB.
e) O raio da trajetória executada pela partícula na região de campo magnético é proporcional à quantidade de movimento da partícula.

R12. (Uesc-SC)

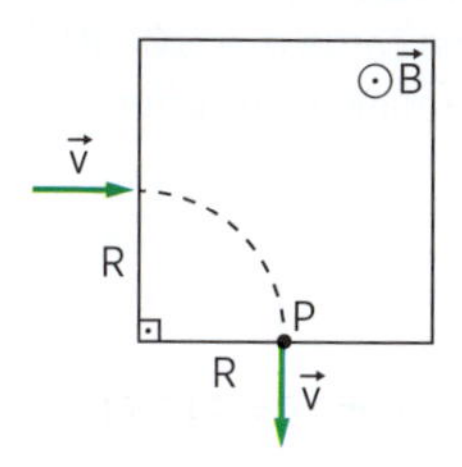

A figura representa uma partícula eletrizada, de massa m e carga q, descrevendo um movimento retilíneo e uniforme, com velocidade de módulo v, que penetra e sai da região onde existe um campo magnético uniforme de módulo B.
Sabendo-se que a partícula abandona a região do campo no ponto P, é correto afirmar:
a) A partícula atravessa a região do campo magnético em movimento retilíneo uniformemente acelerado.
b) A partícula descreve movimento circular uniformemente acelerado sob a ação da força magnética.
c) O espaço percorrido pela partícula na região do campo magnético é igual a $\frac{\pi mv}{2qB}$.
d) O tempo de permanência da partícula na região do campo magnético é de $\frac{\pi m}{qB}$.
e) O módulo de aceleração centrípeta que atua sobre a partícula é igual a $\frac{qB}{mv}$.

R13. (UF-SC) Em alguns anos, as futuras gerações só ouvirão falar em TVs ou monitores CRT por meio dos livros, internet ou museus. CRT, do inglês, *cathode ray tube*, significa tubo de raios catódicos. Graças ao CRT, Thomson, em sua famosa experiência de 1897, analisando a interação de campos elétricos e magnéticos com os raios catódicos, comprovou que esses raios se comportavam como partículas negativamente carregadas. As figuras abaixo mostram, de maneira esquemática, o que acontece quando uma carga de módulo de 3 μC passa por uma região do espaço que possui um campo magnético de 6π T. A carga se move com uma velocidade de $12 \cdot 10^4$ m/s, em uma direção que faz 60° com o campo magnético, o que resulta em um movimento helicoidal uniforme, em que o passo desta hélice é indicado na figura da esquerda pela letra d. (Dado: massa da carga: $3 \cdot 10^{-12}$ kg)

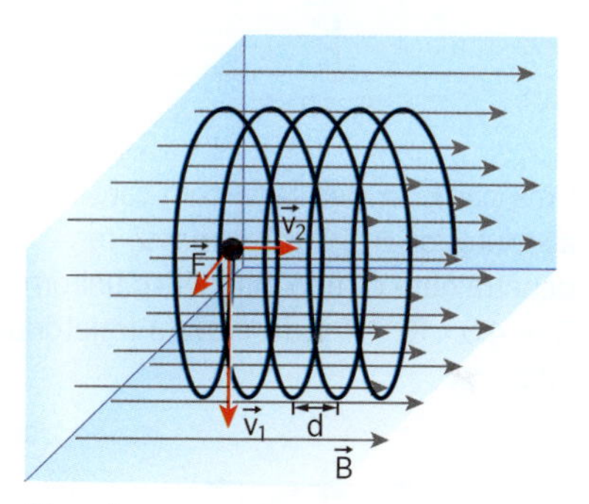

Figura I

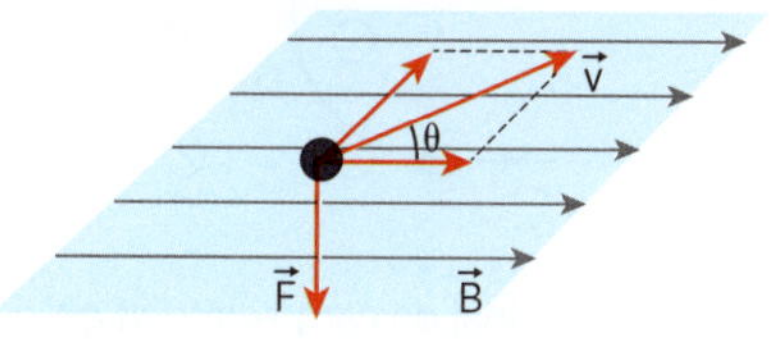

Figura II

Studio Caparroz

Assinale a(s) proposição(ões) correta(s).
(01) O período e a frequência do movimento descrito pela carga dentro do campo magnético dependem da velocidade da carga.
(02) A força magnética sobre a carga elétrica surge quando ela se move na mesma direção do campo magnético.
(04) De acordo com os desenhos, a carga elétrica em questão está carregada positivamente.
(08) O passo da hélice gerado pelo movimento da carga no campo magnético vale $2 \cdot 10^{-2}$ m.
(16) No tempo de um período, a partícula tem um deslocamento igual a zero.
(32) Aumentando a intensidade do vetor indução magnética, o raio da trajetória descrita pela partícula diminui na mesma proporção.

O caso mais importante

Dos três casos citados anteriormente, o mais importante é aquele em que a partícula penetra no campo magnético uniforme $\vec{B}$ com velocidade $\vec{v}$ perpendicular a $\vec{B}$. A partícula descreve um movimento circular uniforme de raio $R = \frac{mv}{|q| \cdot B}$ e período $T = \frac{2\pi m}{|q| \cdot B}$. Observe que o período independe do valor v da velocidade.

A12. Uma carga elétrica puntiforme $q = 1{,}0\ \mu C$, de massa $m = 2{,}0 \cdot 10^{-6}$ kg, penetra pelo orifício *A* de um anteparo, perpendicularmente a um campo magnético uniforme de indução $B = 5{,}0$ T, conforme a figura. Sendo $v = 1{,}0$ m/s a velocidade com que a partícula penetra no campo, determine a distância do ponto *A* ao ponto *C* sobre o qual a carga incide no anteparo.

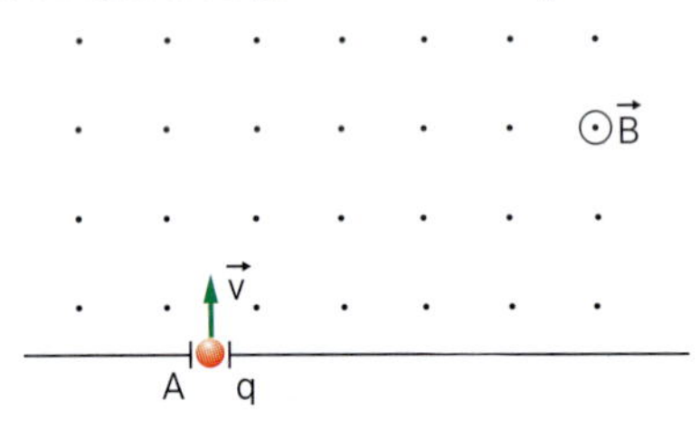

A13. Uma partícula eletrizada com carga elétrica de valor absoluto $|q| = 2{,}0\ \mu C$ e massa $m = 4{,}0 \cdot 10^{-12}$ kg penetra num campo magnético uniforme de indução $B = 4{,}0 \cdot 10^{-3}$ T e descreve a trajetória indicada na figura.

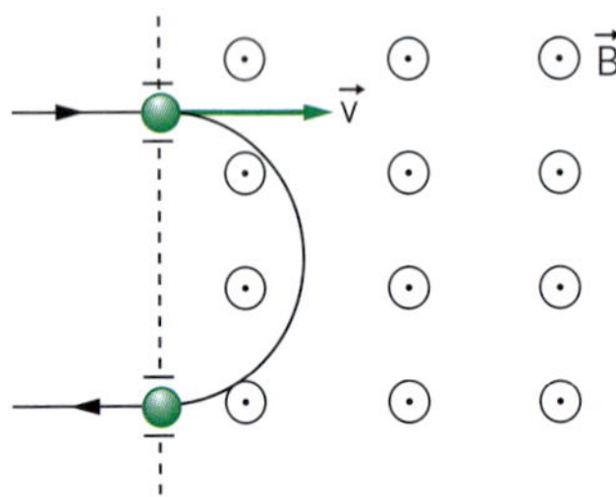

a) Qual é o sinal da carga elétrica *q*?

b) Determine o intervalo de tempo que a partícula permanece no campo magnético. Este intervalo de tempo depende da velocidade com que a partícula penetra no campo?

A14. Duas partículas, I e II, de cargas elétricas q_I e q_{II} e de massas iguais, penetram com a mesma velocidade numa região onde há um campo magnético uniforme, entrando perpendicularmente no plano do papel. As partículas descrevem as trajetórias indicadas na figura. A trajetória da partícula I passa pelo ponto *B* e segue até *A*. A trajetória da partícula II passa pelo ponto *A* e vai até o ponto *C*.

Determine a relação $\frac{q_I}{q_{II}}$.

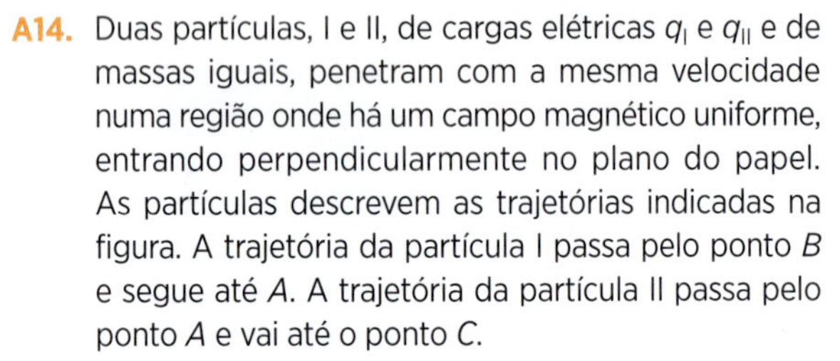

A15. A figura representa a combinação de um campo elétrico uniforme $\vec{E}$, de intensidade $4{,}0 \cdot 10^4$ N/C, com um campo magnético uniforme de indução $\vec{B}$, de intensidade $2{,}0 \cdot 10^{-2}$ T. Determine a velocidade *v* que uma carga $q = 5{,}0 \cdot 10^{-6}$ C deve ter para atravessar a região sem sofrer desvios.

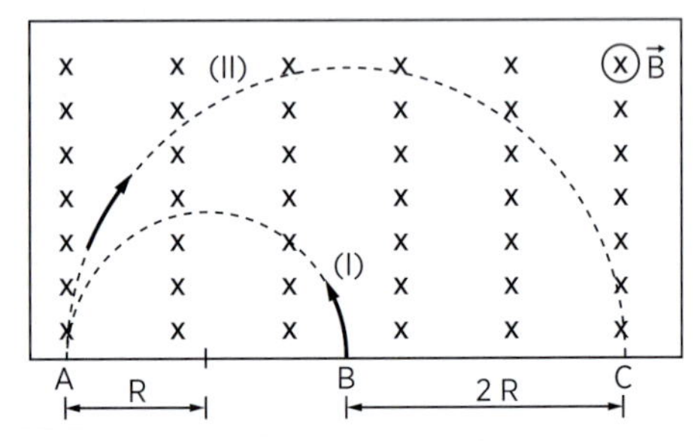

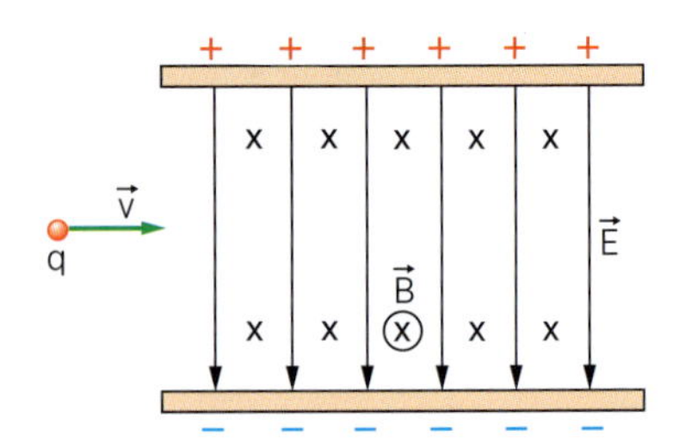

V13. Um próton (carga *q* e massa *m*) penetra em uma região do espaço onde existe um campo magnético uniforme de indução $\vec{B}$, conforme a figura. Qual o valor de *B* para que a carga lançada com velocidade $v = 1{,}0 \cdot 10^7$ m/s descreva a trajetória indicada? Dados: $q/m = 1{,}0 \cdot 10^8$ C/kg; $R = 2{,}0$ m.

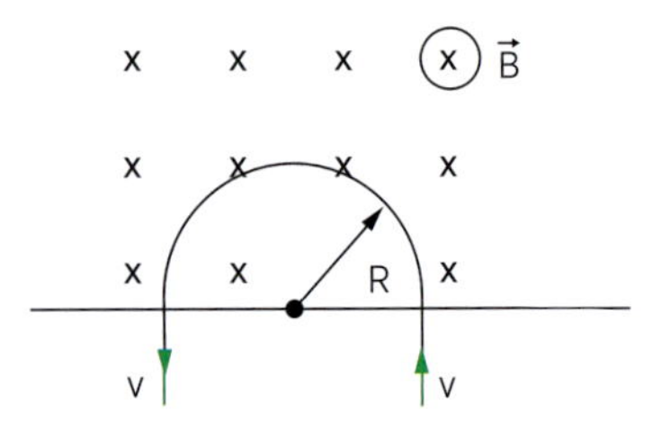

V14. Uma partícula eletrizada com carga elétrica $q < 0$ e de massa m é lançada com velocidade $\vec{v}$, perpendicularmente às linhas de indução de um campo magnético uniforme de indução $\vec{B}$, conforme mostra a figura.

a) Refaça a figura dada e desenhe a trajetória que a partícula descreve no campo.

b) Determine a frequência do movimento da partícula em função de m, q e B.

V15. Uma partícula eletrizada com carga q penetra em uma região onde existe um campo magnético de indução $\vec{B}$, com velocidade $\vec{v}$, e descreve o arco de circunferência de centro O.

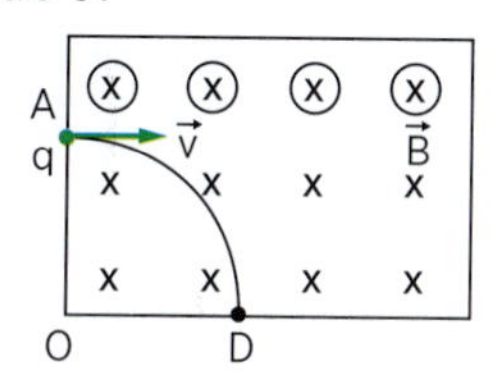

a) Qual o sinal de q?

b) A velocidade escalar da partícula irá variar ao longo da trajetória AD?

c) Qual é o trabalho da força magnética que age na partícula no deslocamento de A para D?

V16. Duas partículas, A e C, eletrizadas com cargas elétricas q e $2q$ e de massas m e $4m$, respectivamente, são lançadas perpendicularmente às linhas de indução de um campo magnético uniforme de indução $\vec{B}$, com mesma velocidade $\vec{v}$. As partículas penetram no campo pelo orifício O. Na figura abaixo, representamos a trajetória que a partícula A descreve.

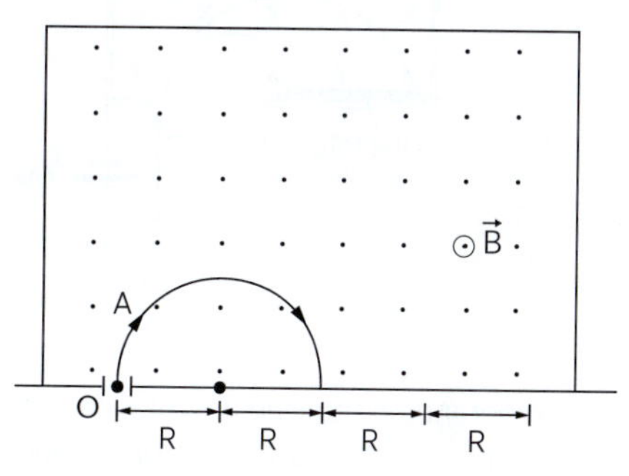

a) Se R é o raio da trajetória descrita pela partícula A, qual é o raio da trajetória de C?

b) Refaça a figura dada e represente a trajetória que C descreve no campo.

Revisão

R14. (Unifev-SP) Para produzir imagens detalhadas de partes internas do corpo humano de forma não invasiva, utiliza-se um aparelho de ressonância magnética nuclear, capaz de gerar um campo magnético de 2,7 tesla. Considere que uma esfera de massa $1{,}5 \cdot 10^{-10}$ kg, carregada com carga elétrica positiva de $1{,}0 \cdot 10^{-6}$ C, seja lançada perpendicularmente às linhas de campo magnético do aparelho de ressonância magnética, com velocidade de $2{,}0 \cdot 10^4$ m/s, conforme a figura.

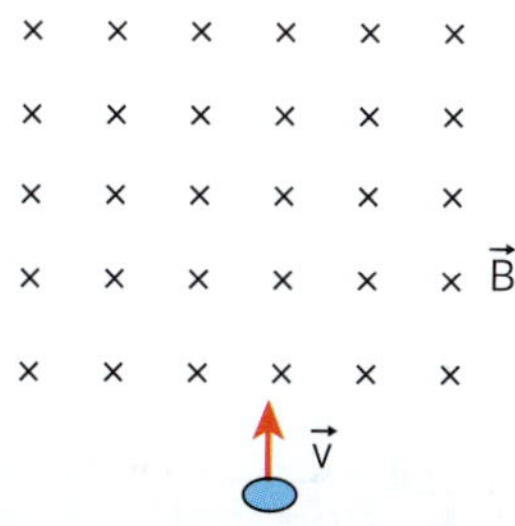

a) Qual o módulo da força magnética que atua sobre a esfera durante o seu movimento na região de existência do campo magnético uniforme?

b) Esboce o caminho percorrido pela esfera na região do campo magnético e determine o raio da sua trajetória.

R15. (Unesp-SP) Um feixe é formado por íons de massa m_1 e íons de massa m_2, com cargas elétricas q_1 e q_2, respectivamente, de mesmo módulo e de sinais opostos. O feixe penetra com velocidade $\vec{v}$, por uma fenda F, em uma região onde atua um campo magnético uniforme $\vec{B}$, cujas linhas de campo emergem na vertical perpendicularmente ao plano que contém a figura e com sentido para fora. Depois de atravessarem a região por trajetórias tracejadas circulares de raios R_1 e $R_2 = 2 \cdot R_1$, desviados pelas forças magnéticas que atuam sobre eles, os íons de massa m_1 atingem a chapa fotográfica C_1 e os de massa m_2 a chapa C_2.

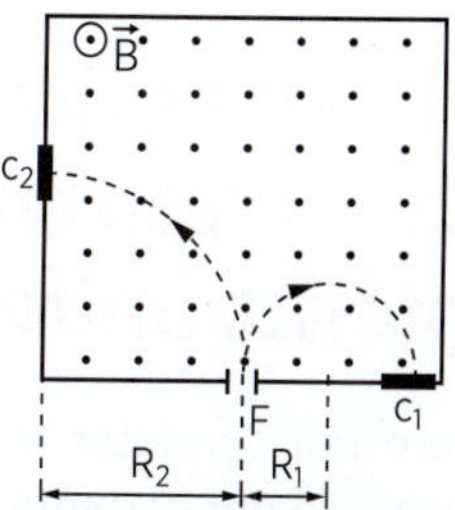

Ilustrações: Marco A. Sismotto

Considere que a intensidade da força magnética que atua sobre uma partícula de carga q, movendo-se com velocidade v, perpendicularmente a um campo magnético uniforme de módulo B é dada por $F_{mag} = |q| \cdot v \cdot B$. Indique e justifique sobre qual chapa, C_1 ou C_2, incidiram os íons de carga positiva e os de carga negativa. Calcule a relação $\frac{m_1}{m_2}$ entre as massas desses íons.

R16. (UF-SC) A figura abaixo representa um espectrômetro de massa, dispositivo usado para a determinação da massa de íons. Na fonte *F*, são produzidos íons, praticamente em repouso. Os íons são acelerados por uma diferença de potencial V_{AB}, adquirindo uma velocidade $\vec{v}$, sendo lançados em uma região onde existe um campo magnético uniforme $\vec{B}$. Cada íon descreve uma trajetória semicircular, atingindo uma chapa fotográfica em um ponto que fica registrado, podendo ser determinado o raio *R* da trajetória.

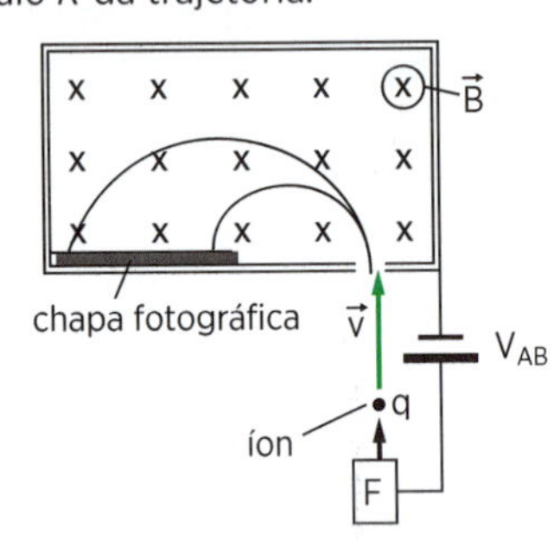

Considerando a situação descrita, dê como resposta a soma dos números da(s) proposição(ões) *correta(s)*:

(01) A carga dos íons, cujas trajetórias são representadas na figura, é positiva.

(02) Mesmo que o íon não apresente carga elétrica, sofrerá a ação do campo magnético que atuará com uma força de direção perpendicular à sua velocidade $\vec{v}$.

(04) O raio da trajetória depende da massa do íon, e é exatamente por isso que é possível distinguir íons de mesma carga elétrica e massas diferentes.

(08) A carga dos íons, cujas trajetórias são representadas na figura, tanto pode ser positiva como negativa.

(16) A energia cinética E_C que o íon adquire, ao ser acelerado pela diferença de potencial elétrico V_{AB}, é igual ao trabalho realizado sobre ele e pode ser expressa por $E_C = qV_{AB}$, onde *q* é a carga do íon.

R17. (UF-AM) A figura a seguir mostra, esquematicamente, um dispositivo capaz de medir a massa de uma partícula carregada eletricamente, consistindo basicamente em duas partes contíguas, denominadas *seletor de velocidade* e *câmara de deflexão*. Ao passar pelo seletor de velocidade, uma partícula de massa *m* e carga elétrica positiva *q* fica sujeita à ação simultânea de um campo elétrico *E* e de um campo magnético *B*, este dirigido para dentro do plano desta folha, cujos módulos, *E* e *B*, são escolhidos de modo que a resultante das forças devido a esses dois campos se anule nessa região. Em seguida, ao penetrar na câmara de deflexão, a partícula fica submetida somente à ação do campo magnético, igual ao anterior, que faz com que a trajetória da partícula nessa região seja uma semicircunferência de raio *R*.

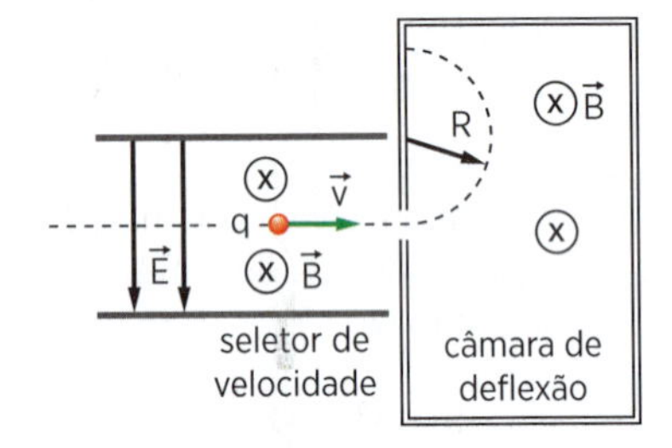

Admitindo que *q*, *R*, *E* e *B* sejam conhecidos, então a massa da partícula pode ser calculada através da seguinte expressão (despreze a ação do campo gravitacional):

a) $m = \dfrac{qBR}{E^2}$

b) $m = \dfrac{q^2BR}{E}$

c) $m = \dfrac{qBR^2}{E}$

d) $m = \dfrac{qB^2R}{E^2}$

e) $m = \dfrac{qB^2R}{E}$

Nota: O módulo da força exercida por um campo magnético *B* sobre uma carga *q* em movimento com velocidade *v* é dado por $F_m = qvB \text{ sen } \theta$, onde θ é o ângulo entre os vetores $\vec{v}$ e $\vec{B}$.

Força magnética sobre um condutor reto em campo magnético uniforme

Considere um condutor retilíneo de comprimento ℓ percorrido por corrente elétrica de intensidade *i* e imerso num campo magnético uniforme de indução $\vec{B}$. Seja θ o ângulo que $\vec{B}$ faz com a direção do condutor (fig. 14).

Já que a corrente elétrica é um movimento ordenado de cargas elétricas, pode-se concluir que um condutor percorrido por corrente elétrica fica sujeito a uma força magnética $\vec{F}_m$, que é a resultante de um conjunto de forças magnéticas que atuam sobre cada carga *q*, que constitui a corrente elétrica.

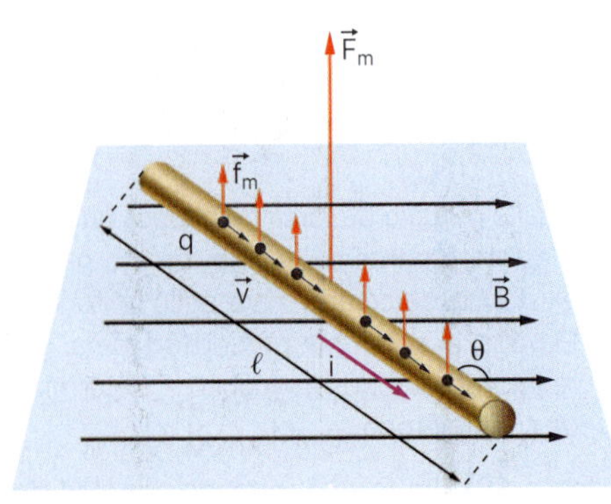

Figura 14

Seja n o número de cargas q que atravessam o condutor em um intervalo de tempo Δt e estão contidas no comprimento ℓ.

Sobre cada carga q atua a força magnética $\vec{f}_m$ de intensidade:

$$f_m = |q| \cdot v \cdot B \cdot \text{sen}\,\theta$$

A força magnética resultante sobre o condutor tem intensidade:

$$F_m = n \cdot f_m = n \cdot |q| \cdot v \cdot B \cdot \text{sen}\,\theta$$

Sendo $v = \frac{\ell}{\Delta t}$, vem: $F_m = n \cdot |q| \cdot \frac{\ell}{\Delta t} \cdot B \cdot \text{sen}\,\theta$

Mas $\frac{n \cdot |q|}{\Delta t} = i$, dessa forma:

$$F_m = B \cdot i \cdot \ell \cdot \text{sen}\,\theta$$

Como o sentido convencional da corrente é o mesmo do movimento das cargas positivas, determinamos o sentido da força magnética pela *regra da mão esquerda*, com o dedo médio apontando no sentido da corrente convencional (fig. 15).

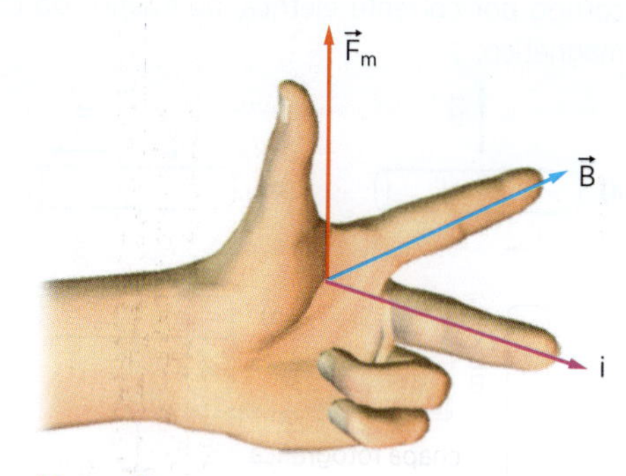

Figura 15

Aplicação

A16. Reproduza as figuras no seu caderno e desenhe em cada uma a força magnética que age sobre o condutor percorrido por corrente elétrica e imerso no campo magnético uniforme:

a)

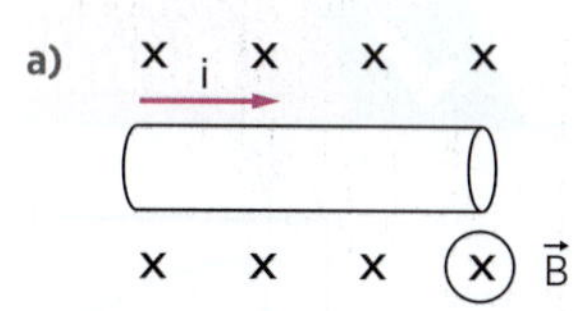

b)

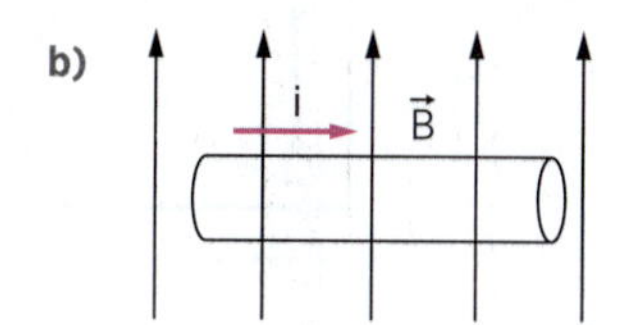

c)

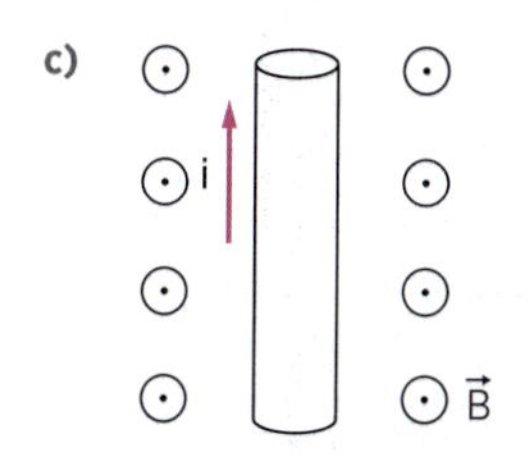

d)

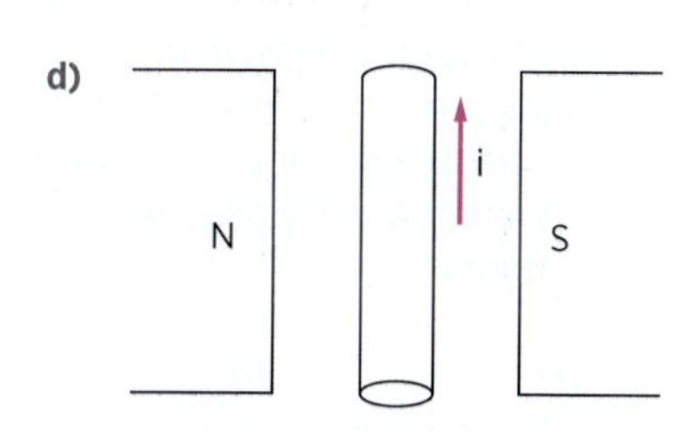

A17. A espira ABCD é colocada entre os polos norte e sul. Ao ser percorrida pela corrente i, a espira girará. Em relação ao observador O, o sentido inicial do giro será horário ou anti-horário?

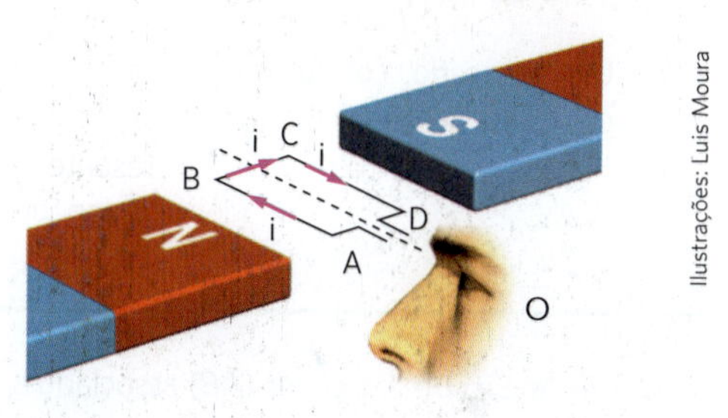

Ilustrações: Luis Moura

A18. Um condutor retilíneo de comprimento $\ell = 0{,}1$ m, percorrido por corrente elétrica de intensidade $i = 5$ A, é imerso em um campo magnético uniforme de indução $B = 3 \cdot 10^{-3}$ T. Determine a intensidade da força magnética que atua sobre o condutor, no caso:

a) em que o condutor é disposto paralelamente às linhas de indução do campo;

b) em que o condutor é disposto perpendicularmente às linhas de indução do campo.

A19. Um segmento de condutor reto e horizontal, tendo comprimento $\ell = 20$ cm e massa $m = 60$ g, percorrido por corrente $i = 3{,}0$ A, apresenta-se em equilíbrio sob as ações exclusivas da gravidade $\vec{g}$ e de um campo magnético de indução $\vec{B}$ horizontal. Adotando $g = 10$ m/s², determine a intensidade B e o sentido de i.

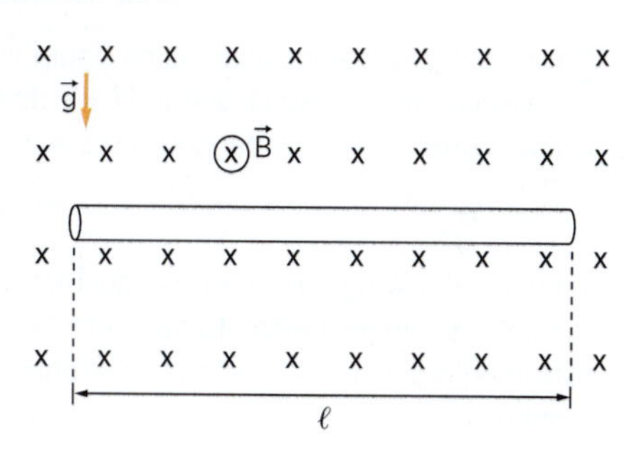

Verificação

V17. Reproduza as figuras no seu caderno e desenhe em cada uma a força magnética sobre o condutor percorrido por corrente elétrica, no interior do campo magnético:

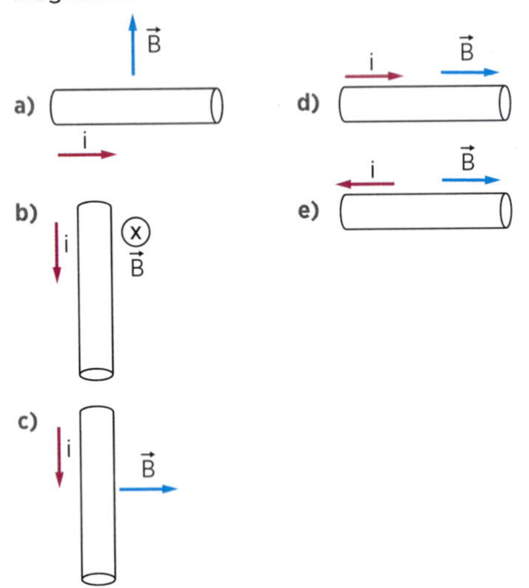

V18. Um longo fio, conduzindo a corrente de 9,0 A, é colocado perpendicularmente a um campo magnético uniforme existente entre os polos de um grande ímã. Estando 10 cm desse fio imersos no campo, a força magnética nesse comprimento tem intensidade $4{,}5 \cdot 10^{-2}$ N. Determine a intensidade do vetor indução magnética $\vec{B}$.

V19. Um condutor reto de comprimento 0,50 m é percorrido por uma corrente de intensidade 4,0 A. O condutor está totalmente imerso num campo magnético uniforme de indução $\vec{B}$, de intensidade $1{,}0 \cdot 10^{-3}$ T, formando com a direção de $\vec{B}$ um ângulo de 30°. Calcule a intensidade da força magnética que atua sobre o condutor.

V20. Um campo magnético uniforme e horizontal é capaz de impedir a queda de um condutor retilíneo de comprimento $\ell = 0{,}10$ m e massa $m = 10$ g, horizontal e perpendicular às linhas de indução, quando por ele circula uma corrente $i = 2{,}0$ A. Dado: $g = 10$ m/s^2.

a) Calcule a intensidade do vetor indução magnética $\vec{B}$.

b) O que ocorreria se o sentido da corrente que circula no condutor fosse invertido?

Revisão

R18. (EEAr-SP) Um condutor (*AB*) associado a uma resistência elétrica (*R*) e submetido a uma tensão (*V*) é percorrido por uma corrente elétrica e está imerso em um campo magnético uniforme produzido por ímãs, cujos polos norte (*N*) e sul (*S*) estão indicados na figura.

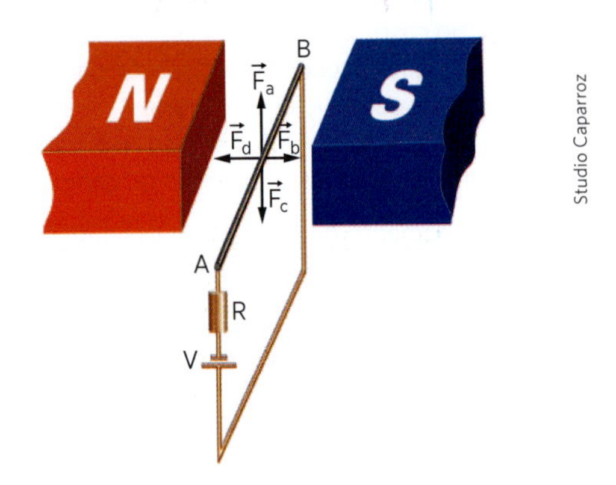

Dentre as opções apresentadas na figura ($\vec{F}_a$, $\vec{F}_b$, $\vec{F}_c$, $\vec{F}_d$), assinale a alternativa que indica a direção e o sentido correto da força magnética sobre o condutor.

a) $\vec{F}_a$ **b)** $\vec{F}_b$ **c)** $\vec{F}_c$ **d)** $\vec{F}_d$

R19. (Fameca-SP) A figura ilustra o esquema de funcionamento de um galvanômetro analógico rudimentar, instrumento que mede tensões ou correntes elétricas contínuas.

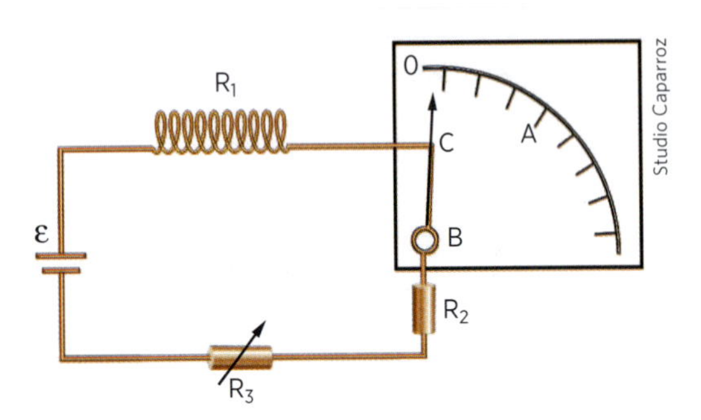

Resistores R_1, R_2 e R_3 ao serem percorridos por correntes contínuas geradas pela fonte ε, fazem com que o cursor metálico *C* sofra uma força magnética, pois a escala que ele percorre está contida na região *A* de um campo magnético uniforme. O resistor R_1 exerce a função de uma mola restauradora que, ao cessar a passagem de corrente elétrica, faz o cursor retornar ao ponto zero. Uma parte do cursor, articulado em *B*, também é atravessada pela corrente. A orientação do campo na região *A* é a da figura

a)

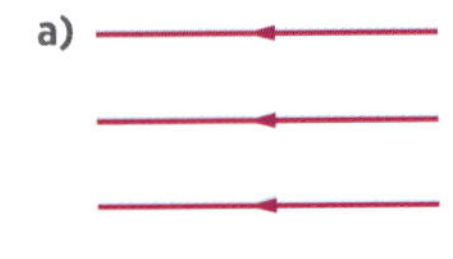

b)

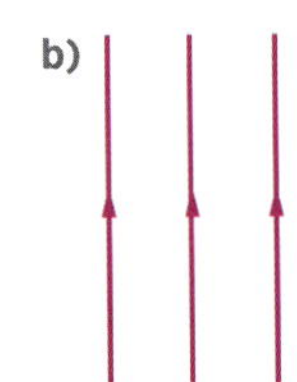

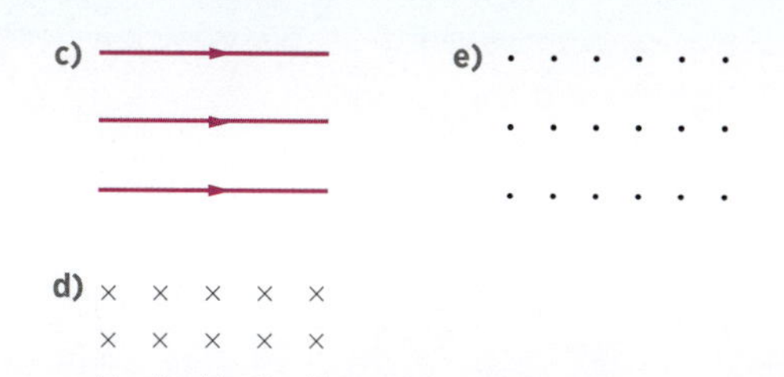

R20. (U. F. ABC-SP) Uma barra metálica *AC* de massa desprezível está presa ao teto por duas molas ideais isolantes e idênticas de constante elástica K = 36 N/m, inicialmente sem deformação. A barra é mantida na horizontal e está ligada a um gerador de força eletromotriz E = 120 V com resistência interna desprezível. Uma chave *Ch* aberta impede a passagem de corrente pelo circuito. Parte da barra está imersa numa região quadrada de lado L = 20 cm, onde atua um campo magnético horizontal uniforme de intensidade B = 0,3 T, perpendicular ao plano da figura e com sentido para dentro dela (fig. 1).

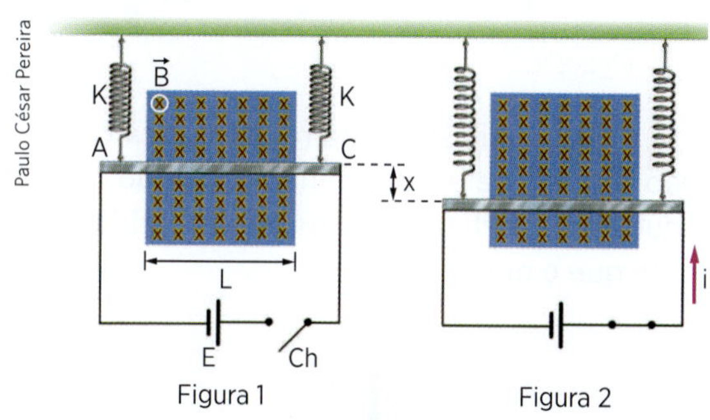

Figura 1 Figura 2

Ao fecharmos a chave *Ch*, uma corrente de intensidade *i* passa a circular e, devido à ação do campo magnético, surge uma força na barra, causando nessa um deslocamento vertical *x* (fig. 2). Sabendo que a resistência elétrica total desse circuito vale R = 2Ω e desconsiderando o campo magnético da Terra, determine *x*.

R21. (U. E. Feira de Santana-BA)

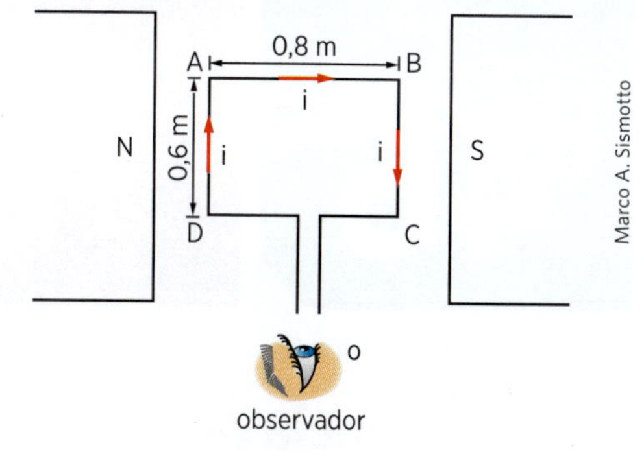

Uma das aplicações da força magnética sobre condutores é o motor elétrico, no qual espiras móveis imersas em um campo de indução são percorridas por uma corrente elétrica.

Utilizam-se várias espiras montadas sobre um cilindro, o rotor, para obter um melhor aproveitamento. A figura mostra um esquema simplificado do princípio de funcionamento de um motor elétrico.

Sabendo-se que o módulo do vetor indução magnética é 0,05 T, a intensidade de corrente elétrica é 1,5 A e, desprezando-se o peso da espira, é correto afirmar:

a) As forças aplicadas nos lados AD e BC têm intensidades iguais a zero.
b) O movimento de rotação da espira independe do sentido da corrente elétrica.
c) A força aplicada no lado AD é perpendicular às linhas de indução e tem sentido saindo do plano da figura.
d) As forças aplicadas nos lados AB e CD fazem a espira girar no sentido horário em torno de um eixo paralelo às linhas de indução, para o observador O.
e) As forças aplicadas nos lados AD e BC têm intensidades iguais a $4{,}5 \cdot 10^{-2}$ N, cada uma, e fazem a espira girar no sentido anti-horário para o observador O.

AMPLIE SEU CONHECIMENTO

A origem do magnetismo terrestre

O físico e médico inglês William Gilbert (1544-1603), em sua célebre obra *De Magnete*, foi quem propôs o modelo da Terra como um grande ímã. Entretanto, ele e outros cientistas que o sucederam não conseguiram estabelecer a origem do magnetismo terrestre.

Estudos recentes mostram que a causa principal do campo magnético terrestre é a movimentação de cargas elétricas em seu núcleo central, constituído predominantemente de ferro e níquel fundidos. Além disso, contribuem para esse campo a presença de minerais magnéticos na crosta terrestre e o movimento de cargas elétricas na atmosfera, particularmente na ionosfera. O campo magnético terrestre não é constante, pois sofre modificações no decorrer do tempo. Entre outras causas dessas variações, destaca-se a atividade solar.

capítulo

46 Fontes de campo magnético

Experiência de Oersted

Por meio de experiências, verificou-se que as *cargas elétricas fixas* não interagem de modo algum com os ímãs. Porém, a invenção da bateria, que tornou possível obter uma corrente contínua, levou ao conhecimento de várias interações entre correntes elétricas e ímãs.

Em 1820, Oersted notou que *uma corrente elétrica, passando por um condutor, desvia uma agulha magnética colocada na sua vizinhança, de tal modo que a agulha assume uma posição perpendicular ao plano definido pelo fio e pelo centro da agulha* (fig. 1a). Em cada ponto *P* do campo, o vetor indução magnética $\vec{B}$ é perpendicular ao plano definido pelo ponto e pelo fio. As linhas de indução serão circunferências concêntricas com o fio, como mostra a figura 1b.

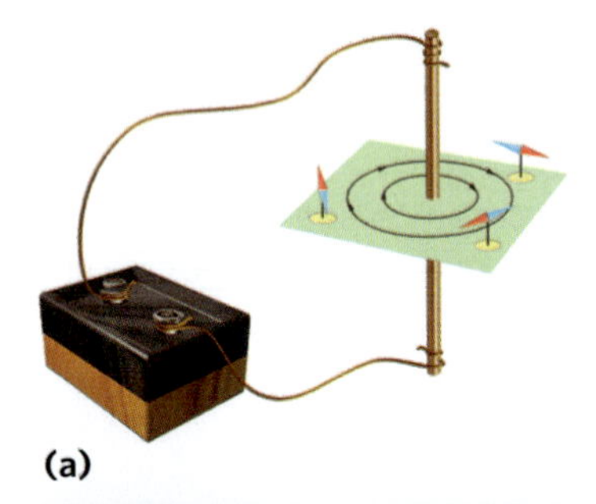

(a)

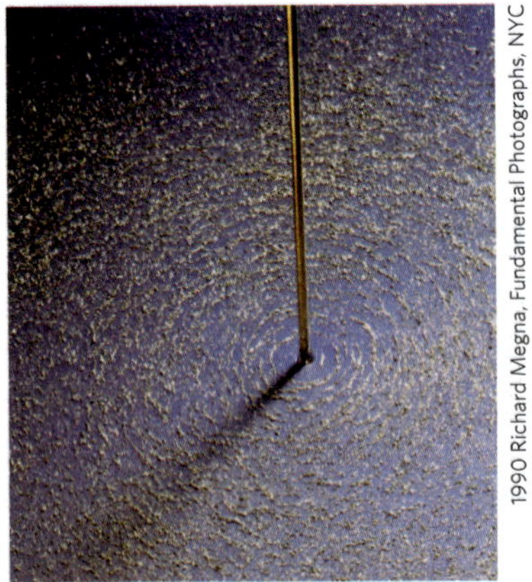

1990 Richard Megna, Fundamental Photographs, NYC

(b) Campo magnético, agindo sobre limalha de ferro, produzido pela corrente elétrica que passa por um condutor retilíneo.

Figura 1

O sentido do vetor indução magnética $\vec{B}$ em cada ponto depende do sentido da corrente (fig. 2).

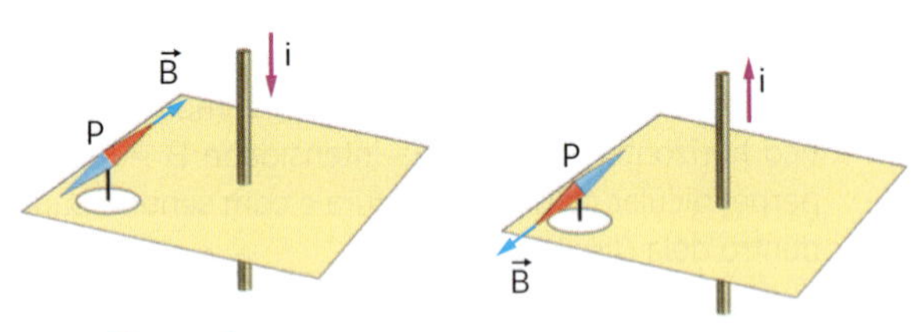

Figura 2

A figura 3 ilustra uma regra prática (regra da mão direita) para determinar o sentido do vetor indução magnética $\vec{B}$, conforme o sentido da corrente que o origina.

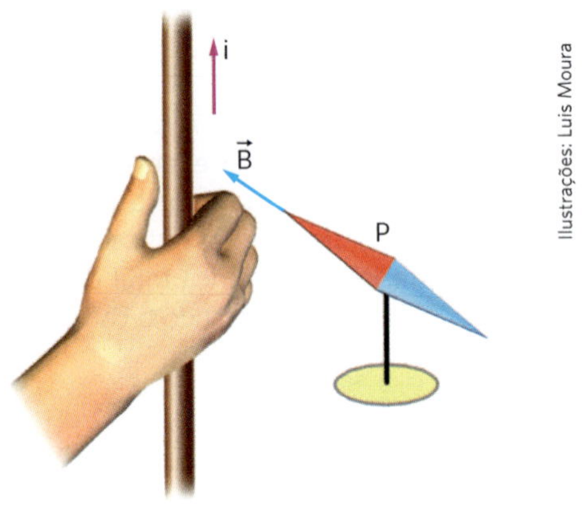

Ilustrações: Luis Moura

Figura 3

Agarre o condutor com a mão direita de modo que o polegar aponte no sentido da corrente. Os demais dedos, semidobrados e colocados no ponto considerado, fornecem o sentido de $\vec{B}$.

A experiência de Oersted permitiu ampliar o conceito de campo magnético, que apresentamos no capítulo anterior. Podemos então conceituar:

Na região do espaço ao redor de um ímã ou de um condutor percorrido por corrente elétrica, dizemos que se estabelece um campo magnético.

Campo magnético de um condutor reto e extenso

O vetor indução magnética $\vec{B}$ num ponto *P* do campo magnético originado por uma corrente elétrica que atravessa um condutor retilíneo e extenso (fig. 4) tem as seguintes características:

- *direção*: É perpendicular ao plano definido pelo condutor e pelo ponto *P*.
- *sentido*: É dado pela regra da mão direita.

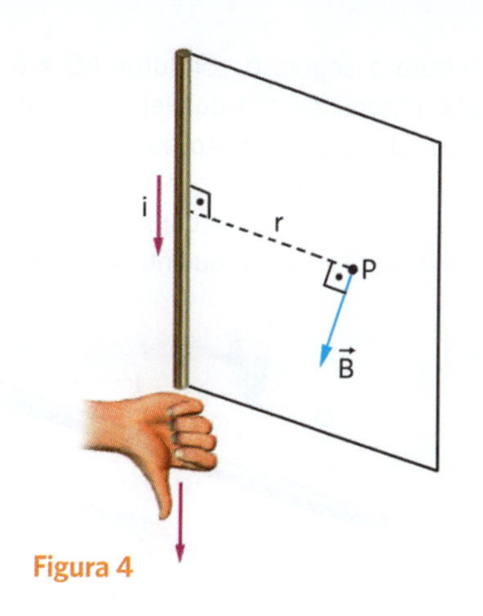

Figura 4

AMPLIE SEU CONHECIMENTO

Na figura *a*, verifica-se que em qualquer ponto o vetor $\vec{B}$ está contido em um *plano perpendicular* ao condutor e as linhas de indução são circunferências concêntricas com o condutor. Na figura *b*, temos uma vista de cima do condutor, indicando que a corrente está "para dentro" do papel.

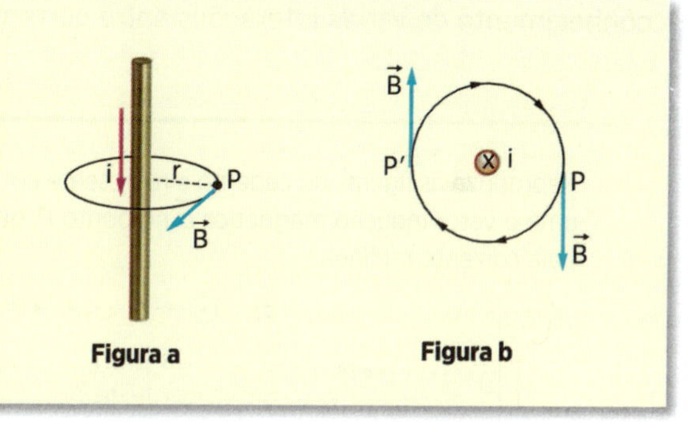

Figura a   Figura b

- *intensidade:* A intensidade de $\vec{B}$ depende da intensidade da corrente (*i*), da distância (*r*) do ponto *P* ao condutor e do meio onde o condutor se encontra. A grandeza que leva em conta o meio é indicada pela letra μ e é denominada *permeabilidade magnética do meio*, sendo análoga à permissividade do meio ε da Eletrostática. A intensidade de $\vec{B}$ em *P* é diretamente proporcional a *i* e inversamente proporcional a *r*, sendo dada por:

$$B = \frac{\mu i}{2\pi r}$$

Quanto ao Sistema Internacional, temos:

Grandeza	Unidade
B	tesla (T)
R	metro (m)
i	ampère (A)
μ	$\frac{T \cdot m}{A}$

Para o vácuo, a permeabilidade magnética é indicada por μ_0 e vale:

$$\mu_0 = 4\pi \cdot 10^{-7} \frac{T \cdot m}{A}$$

Aplicação

A1. Refaça as figuras no caderno e represente em cada uma o vetor indução magnética $\vec{B}$ no ponto *P*, gerado pela corrente retilínea:

a)

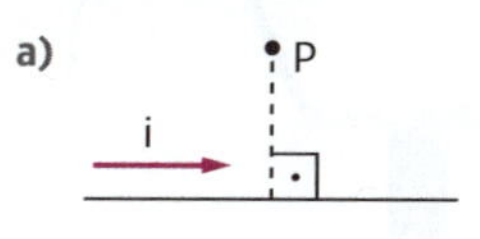

b)

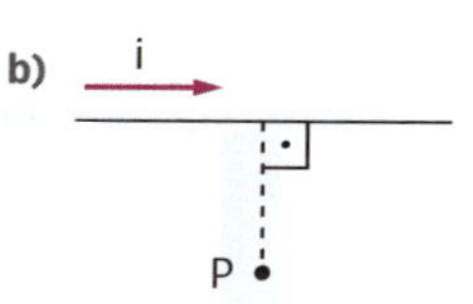

c)

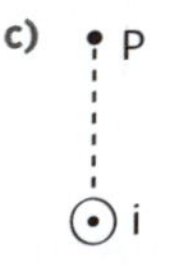

d)

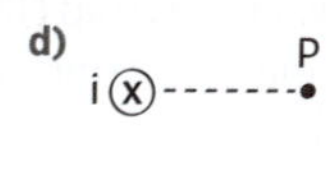

A2. Retome o exercício anterior. Coloca-se em cada ponto *P*, dos casos *c* e *d*, uma pequena agulha magnética que pode ser orientada livremente. Como as agulhas se orientam? Faça desenhos explicativos no seu caderno.

A3. Na figura a seguir, o condutor AB e o eixo NS da agulha magnética são paralelos e estão situados no mesmo plano vertical. Ao passar corrente pelo condutor no sentido de *A* para *B*, a agulha magnética girará. Em que sentido se dará esse giro em relação ao observador *O*? Horário ou anti-horário?

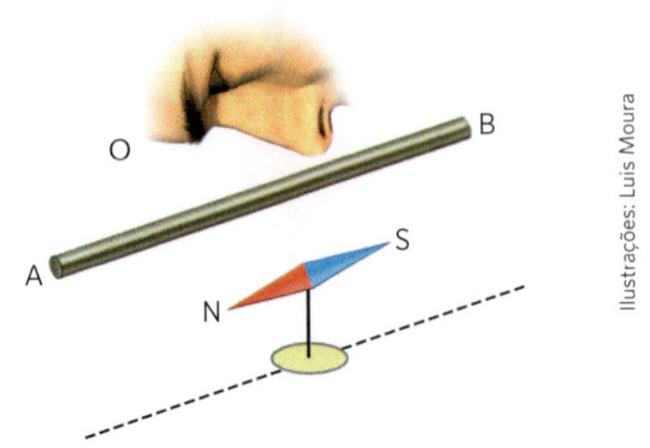

Ilustrações: Luis Moura

A4. Um condutor reto e extenso é percorrido por uma corrente elétrica de intensidade 4,5 A, conforme a figura. Determine a intensidade, a direção e o sentido do vetor indução magnética no ponto *P* a 30 cm do condutor. O condutor e o ponto *P* pertencem ao plano do papel.

Dado: $\mu = 4\pi \cdot 10^{-7}\ \frac{T \cdot m}{A}$.

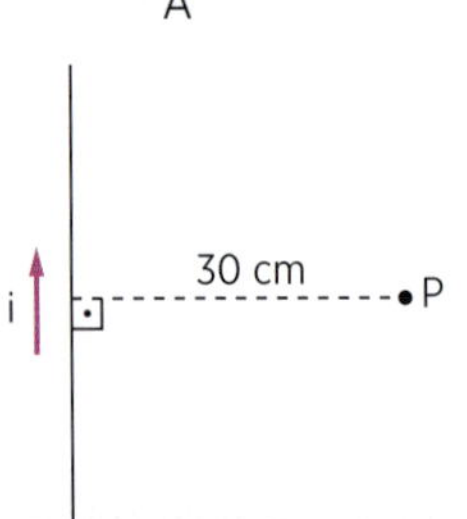

Verificação

V1. Reproduza as figuras no caderno e represente em cada uma o vetor indução magnética $\vec{B}$ no ponto *P*, gerado pela corrente retilínea:

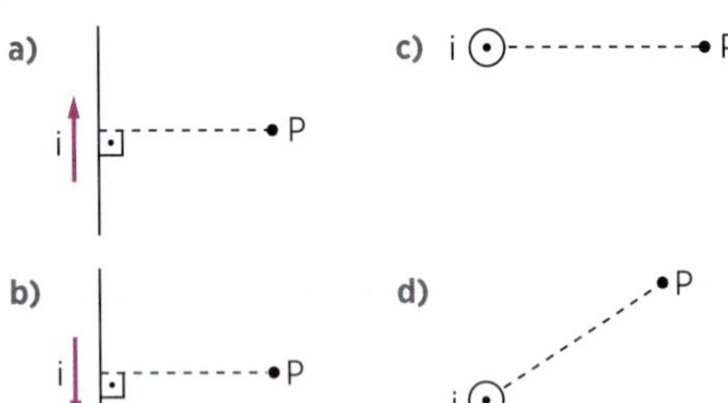

V2. Nos pontos 1, 2, 3 e 4 do campo magnético gerado pela corrente elétrica constante *i* são colocadas agulhas magnéticas que podem se orientar livremente. Como se dispõe cada agulha?
Faça desenhos explicativos no seu caderno.

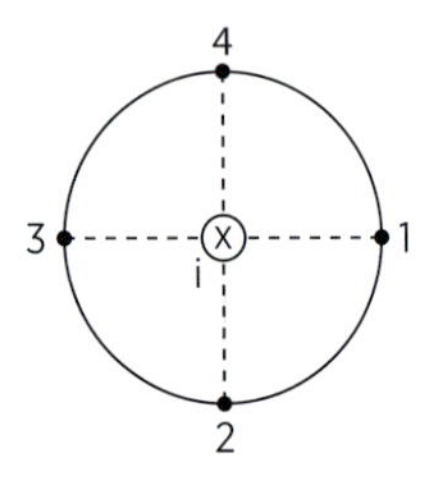

V3. Um condutor reto, muito longo, é percorrido por uma corrente constante de intensidade 4,0 A. Determine a intensidade, a direção e o sentido do vetor indução magnética no ponto *P* a 0,50 m do condutor. O condutor e o ponto *P* pertencem ao plano do papel.

Dado: $\mu = 4\pi \cdot 10^{-7}\ \frac{T \cdot m}{A}$.

P
0,50 m
i

V4. Um fio longo e reto é percorrido por uma corrente elétrica constante de intensidade *i*. A intensidade do vetor indução magnética produzido pela corrente num ponto situado a 10 cm do fio é igual a $4{,}0 \cdot 10^{-5}$ T. Qual a intensidade do vetor indução magnética num ponto situado a 20 cm do fio? E num ponto a 5,0 cm do fio?

Revisão

R1. (UE-PB) O magnetismo e a eletricidade eram fenômenos já bem conhecidos, quando, em 1820, Hans Christian Oersted (1777-1851) observou que uma agulha magnética era desviada quando uma corrente elétrica passava por um fio próximo. A partir daí, eletricidade e magnetismo passaram a ser reconhecidos como fenômenos de uma mesma origem. A figura ao lado representa um fio percorrido por uma corrente de grande intensidade, situado acima de uma agulha magnética.

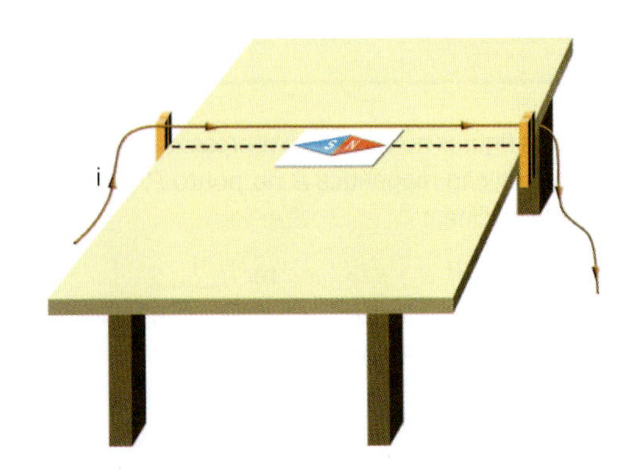

A partir dessas informações, é correto afirmar que:

a) a figura é coerente, pois uma agulha magnética tende a se orientar na mesma direção do fio no qual passa a corrente.

b) a figura não é coerente, pois uma agulha magnética tende a se orientar segundo um ângulo de 45°, em relação ao fio no qual passa a corrente.

c) a figura não é coerente, pois uma agulha magnética tende a se orientar perpendicularmente ao fio no qual passa a corrente.

d) a figura é coerente, pois a orientação da agulha magnética e a da corrente que percorre o fio são iguais, e o polo sul da agulha aponta para a esquerda.

e) a figura não é coerente, pois a orientação da agulha magnética e a da corrente que percorre o fio são iguais, porém o polo sul da agulha deveria estar apontando para a direita.

R2. (UE-GO) A figura abaixo descreve uma regra, conhecida como "regra da mão direita", para análise da direção e do sentido do vetor campo magnético em torno de um fio percorrido por uma corrente elétrica.

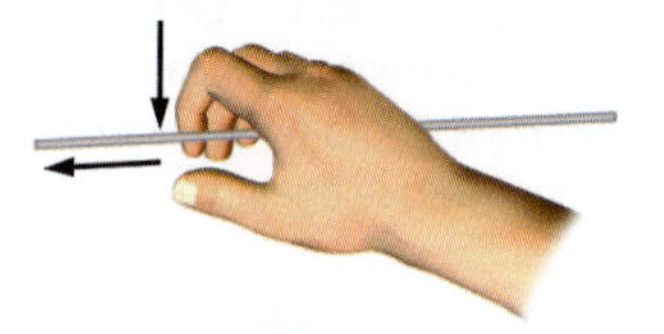

Luis Moura

Analisando a figura, responda aos itens abaixo.

a) O que representam na figura as setas que estão ao lado dos dedos polegar e indicador?

b) Faça um esboço (desenho) das linhas de campo magnético em torno desse fio.

c) Faça uma análise qualitativa relacionando a dependência do módulo do vetor campo magnético nas proximidades do fio com a intensidade de corrente elétrica e com a distância em que se encontra do fio.

R3. (Fuvest-SP) A figura indica quatro bússolas que se encontram próximas a um fio condutor, percorrido por uma intensa corrente elétrica.

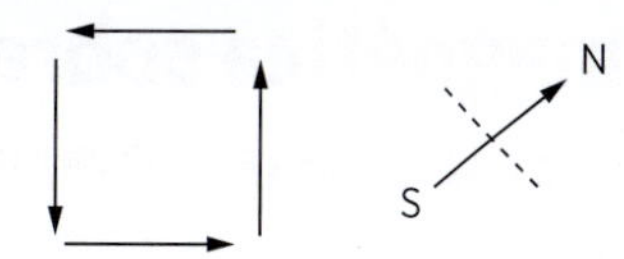

a) Reproduza a figura no seu caderno e represente nela a posição do condutor e o sentido da corrente.

b) Caso a corrente cesse de fluir, qual será a configuração das bússolas? Faça a figura correspondente.

R4. (Mackenzie-SP) Certo condutor elétrico cilíndrico encontra-se disposto verticalmente um uma região do espaço, percorrido por uma intensidade de corrente elétrica *i*, conforme mostra a figura abaixo.

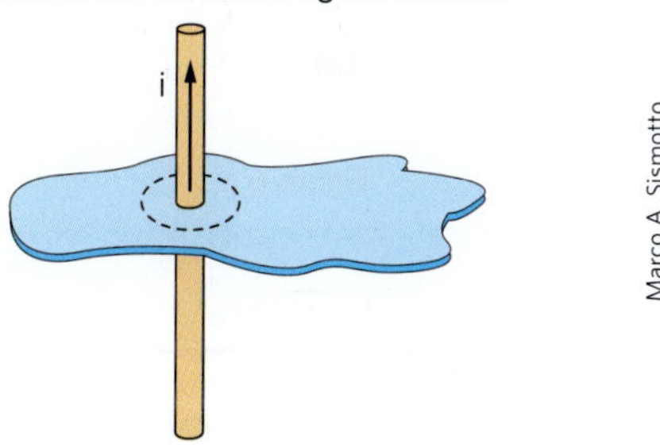

Marco A. Sismotto

Próximo a esse condutor, encontra-se a agulha imantada de uma bússola, disposta horizontalmente. Observando a situação, acima do plano horizontal da figura, segundo a vertical descendente, assinale qual é o esquema que melhor ilustra a posição correta da agulha.

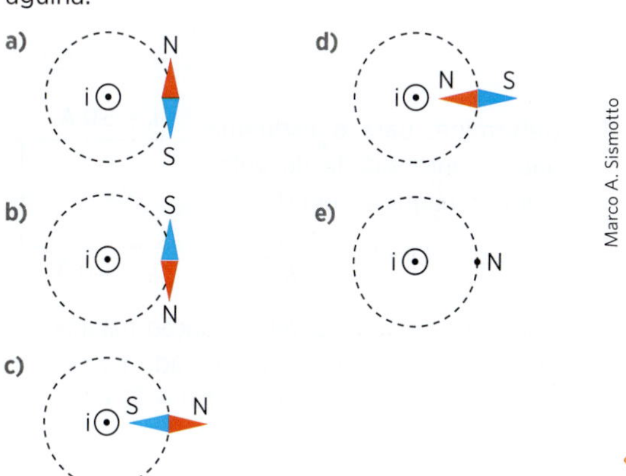

Marco A. Sismotto

Campo magnético gerado num ponto por diversas correntes retilíneas

Neste caso, determinamos o vetor indução magnética que cada corrente origina no ponto considerado. O vetor indução magnética resultante é a soma vetorial dos vetores indução parciais.

Por exemplo, na figura 5a, queremos representar o vetor indução magnética resultante no ponto *P* originado pelas correntes retilíneas 1 e 2 de mesma intensidade *i*. Na figura 5b, indicamos os vetores indução magnética parciais, $\vec{B}_1$ e $\vec{B}_2$, que as correntes 1 e 2 originam no ponto *P*, aplicando-se a regra da mão direita.

Observe que as intensidades de $\vec{B}_1$ e $\vec{B}_2$ são iguais e vamos indicá-las por *B*. Tem-se, pela regra do paralelogramo, o vetor indução magnética resultante, $\vec{B}_{result}$, cuja intensidade é $B \cdot \sqrt{2}$.

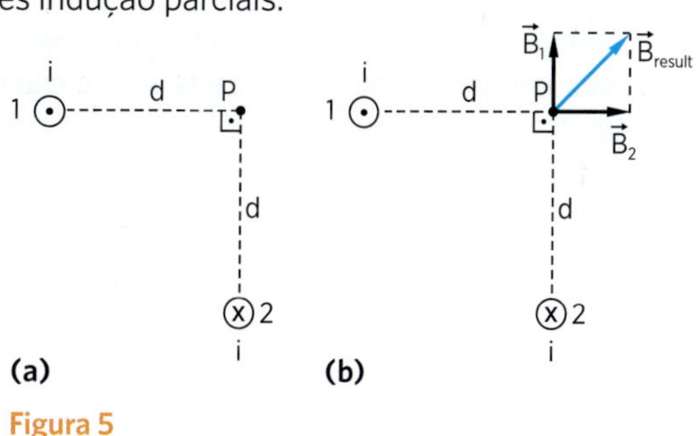

Figura 5

Força magnética sobre partículas eletrizadas lançadas em campo magnético gerado por corrente retilínea

Considere um condutor retilíneo percorrido por uma corrente elétrica de intensidade *i* e seja *P* um ponto que dista *r* do condutor. Lança-se do ponto *P*, com velocidade $\vec{v}$, uma partícula eletrizada com carga $q > 0$ (fig. 6a). Vamos representar a força magnética que age na partícula no instante do lançamento.

Pela regra da mão direita representamos o vetor indução $\vec{B}$, gerado pela corrente no ponto de onde a partícula foi lançada. Pela regra da mão esquerda, representamos a força magnética que age na partícula (fig. 6b).

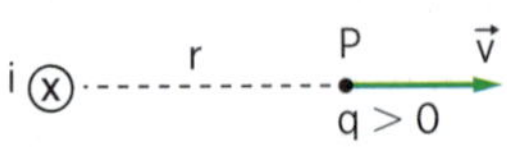

(a)

i r q > 0 v P F_m B

(b) A intensidade da força magnética é dada por:

$$F_m = q \cdot v \cdot B \Rightarrow F_m = q \cdot v \cdot \frac{\mu i}{2\pi r}$$

Figura 6

A5. Refaça as figuras no seu caderno e represente o vetor indução magnética resultante $\vec{B}$, no ponto *P*, nos casos:

a)
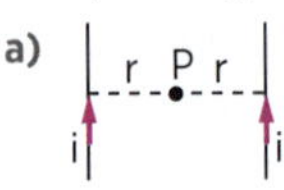

c)
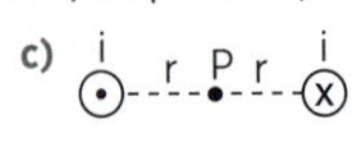

b)
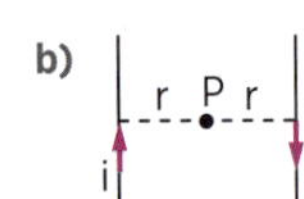

d)
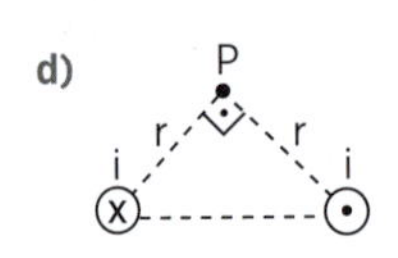

A6. Determine, para o esquema dado, a intensidade do vetor indução magnética em *P*.

Dado: $\mu = 4\pi \cdot 10^{-7} \frac{T \cdot m}{A}$.

$i_1 = 5{,}0$ A; 0,10 m; P; 0,10 m; $i_2 = 5{,}0$ A

A7. Qual a intensidade do vetor indução magnética resultante no ponto *P* do campo gerado pelas correntes retilíneas de mesma intensidade i = 10 A?

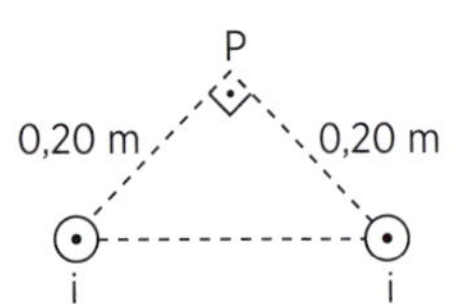

Dado: $\mu = 4\pi \cdot 10^{-7} \frac{T \cdot m}{A}$.

A8. Um elétron é lançado com velocidade $\vec{v}$ paralela a um fio reto e muito longo. Em certo instante, estabelece-se no fio uma corrente elétrica *i* de mesmo sentido de $\vec{v}$. Reproduza a figura no seu caderno e represente a força magnética que age no elétron no instante considerado.

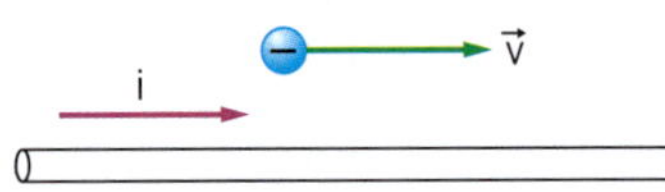

A9. Tem-se um fio longo e retilíneo percorrido por uma corrente elétrica de intensidade 10 A. A 20 cm do fio, lança-se uma partícula eletrizada com carga elétrica $q = +2{,}0\ \mu C$, com velocidade $\vec{v}$ de módulo $1{,}0 \cdot 10^3$ m/s, perpendicular ao fio, conforme a figura.

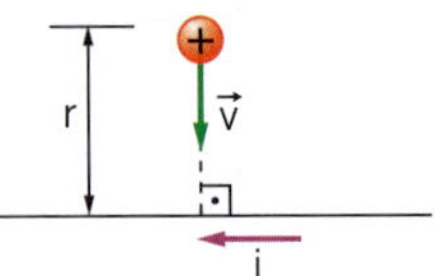

Reproduza a figura no seu caderno e represente a força magnética que age na partícula no instante do lançamento. Calcule sua intensidade.

Dado: $\mu = 4\pi \cdot 10^{-7} \frac{T \cdot m}{A}$.

V5. Reproduza as figuras no seu caderno e represente o vetor indução magnética resultante $\vec{B}$, no ponto *P*, nos casos:

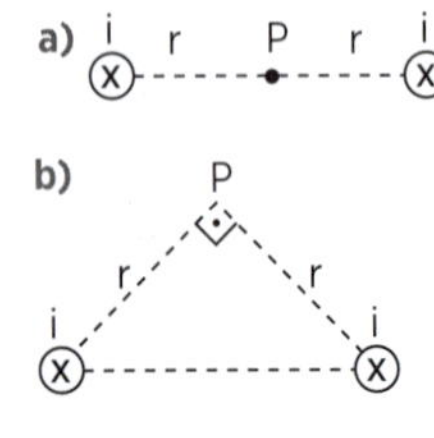

c)
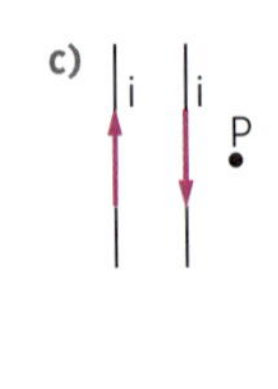

V6. Dois fios longos são percorridos por correntes de intensidades 3,0 A e 4,0 A nos sentidos indicados na figura. Qual é a intensidade do vetor campo de indução magnética no ponto *P*, que dista 2,0 cm de i_1 e 4,0 cm de i_2?

$i_1 = 3{,}0$ A; • P; $i_2 = 4{,}0$ A

V7. Qual a intensidade do vetor indução magnética resultante no ponto *P* gerado pelas correntes retilíneas de mesma intensidade i = 5,0 A?

Dado: $\mu = 4\pi \cdot 10^{-7} \frac{T \cdot m}{A}$.

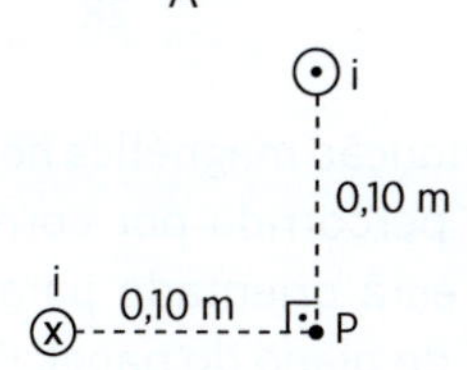

V8. Um condutor reto e longo é percorrido pela corrente *i*. Num certo instante, lançam-se duas partículas eletrizadas com cargas elétricas +q e −q, com q > 0, conforme é indicado na figura. Refaça, no seu caderno, a figura e represente a força magnética que age em cada partícula, no instante do lançamento.

V9. Um fio muito longo é percorrido por uma corrente elétrica de intensidade 10 A. Um elétron (carga elétrica $-1{,}6 \cdot 10^{-19}$ C) é lançado com velocidade $v = 1{,}0 \cdot 10^6$ m/s, de um ponto situado a 10 cm do fio, conforme a figura.

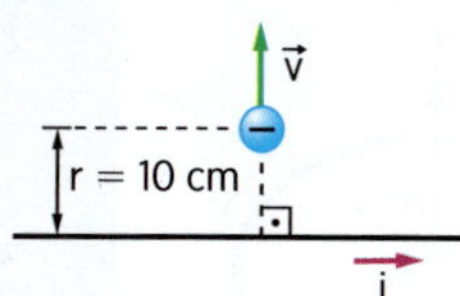

Refaça a figura no seu caderno e represente a força magnética que age no elétron. Calcule sua intensidade. Dado: $\mu = 4\pi \cdot 10^{-7} \frac{T \cdot m}{A}$.

R5. (UE-PI) Três fios delgados e infinitos, paralelos entre si, estão fixos no vácuo. Os fios são percorridos por correntes elétricas constantes de mesma intensidade, *i*. A figura ilustra um plano transversal aos fios, identificando o sentido (⊙ ou ⊗) da corrente em cada fio. Denotando a permeabilidade magnética no vácuo por μ_0, o campo magnético no centro da circunferência de raio R tem módulo dado por:

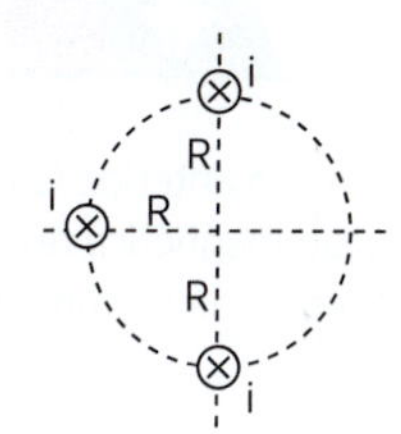

Marco A. Sismotto

a) $\frac{\mu_0 i}{(\pi R)}$

b) $\frac{\mu_0 i}{(2\pi R)}$

c) $\frac{3\mu_0 i}{(2\pi R)}$

d) $\frac{\sqrt{5}\mu_0 i}{(\pi R)}$

e) $\frac{\sqrt{5}\mu_0 i}{(2\pi R)}$

R6. (UE-RN) As figuras representam as secções transversais de 4 fios condutores retos, percorridos por corrente elétrica nos sentidos indicados, totalizando quatro situações diferentes: I, II, III e IV.

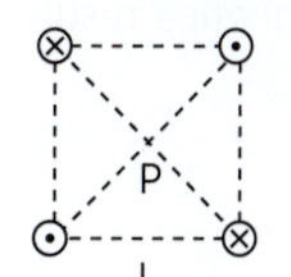

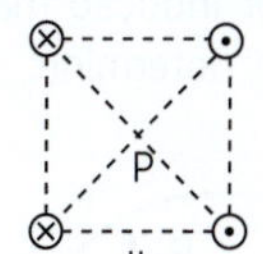

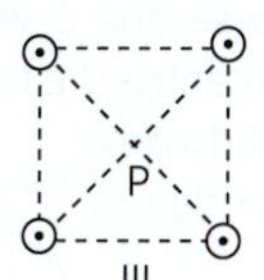

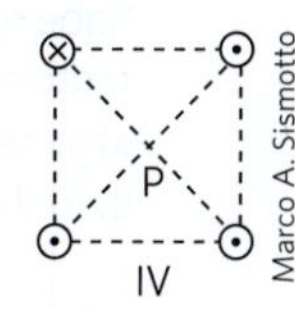

Marco A. Sismotto

Se a corrente elétrica tem a mesma intensidade em todos os fios, então o campo magnético resultante no ponto *P* é nulo na(s) situação(ões):

a) I

b) I, III

c) I, II, III

d) II, IV

R7. (PUC-SP) Na figura abaixo, temos a representação de dois condutores retos, extensos e paralelos. A intensidade da corrente elétrica em cada condutor é de $20\sqrt{2}$ A nos sentidos indicados.

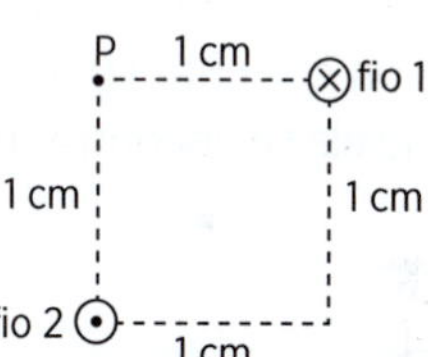

Ilustrações: Marco A. Sismotto

O módulo do vetor indução magnética resultante no ponto *P*, sua direção e sentido estão mais bem representados em:

a) $4\sqrt{2} \cdot 10^4$ T e ↘

b) $8\sqrt{2} \cdot 10^{-4}$ T e ↙

c) $8 \cdot 10^{-4}$ T e ↖

d) $4 \cdot 10^{-4}$ T e ↖

e) $4\sqrt{2} \cdot 10^{-7}$ T e ↗

Adote: $\mu_0 = 4\pi \cdot 10^{-7}$ T · m/A

R8. (Unirio-RJ) Um condutor XY é percorrido por uma corrente elétrica de intensidade *i*, gerando, ao seu redor, um campo magnético de intensidade *B*.

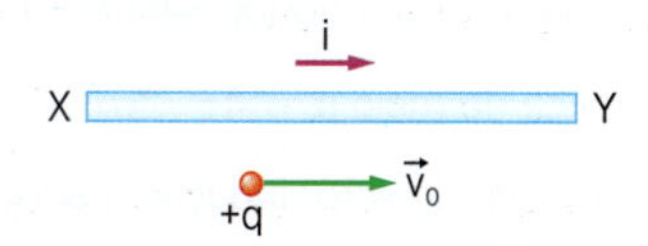

Uma partícula de carga elétrica positiva *q* é lançada com velocidade inicial v_0, paralelamente ao condutor e logo abaixo dele, ficando submetida a uma força magnética $\vec{F}_m$. Assinale a opção que representa corretamente o vetor força $\vec{F}_m$, no instante em que a carga *q* é lançada.

a) ⊗ b) → c) ← d) ↑ e) ↓

Campo magnético no centro de uma espira circular

Consideremos uma *espira circular* (condutor de centro *O* e raio *R* percorrido pela corrente *i*), como na figura 7a. Em torno do condutor estabelece-se um campo magnético, como ilustrado na figura 7b.

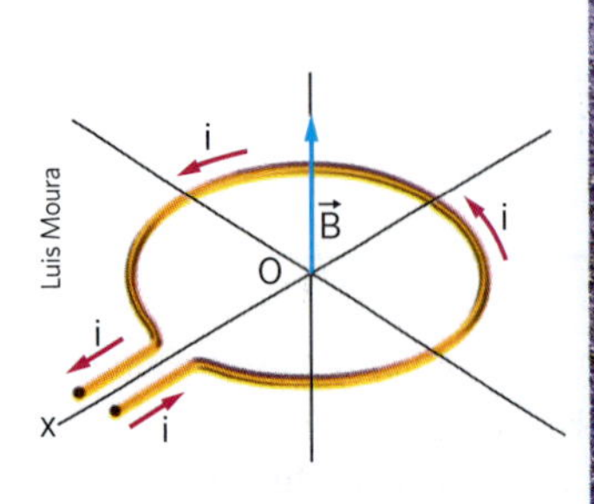

(a)

(b) Campo magnético gerado por um condutor em forma de espira circular.

Figura 7

O vetor indução magnética $\vec{B}$ no centro *O* da espira tem as seguintes características:

- *direção*: é perpendicular ao plano da espira;
- *sentido*: é dado pela regra da mão direita;
- *intensidade*: a intensidade de $\vec{B}$ em *O* depende da intensidade da corrente (*i*), do raio *R* da espira e do meio onde ela se encontra (μ). *B* é diretamente proporcional a *i* e inversamente proporcional a *R*, sendo dado por:

$$B = \frac{\mu \cdot i}{2R}$$

O vetor indução magnética no centro da espira da figura 8a, percorrida por corrente no sentido anti-horário, está orientado para o leitor, isto é, está "saindo" do plano do papel. Por analogia com os ímãs, a face da espira onde $\vec{B}$ "sai" é chamada polo norte (fig. 8b). Na espira da figura 8c, percorrida por corrente no sentido horário, o vetor indução magnética no centro está "entrando" no plano do papel. Esta face da espira onde $\vec{B}$ "entra" é chamada polo sul (fig. 8d). Note que uma espira possui dois polos.

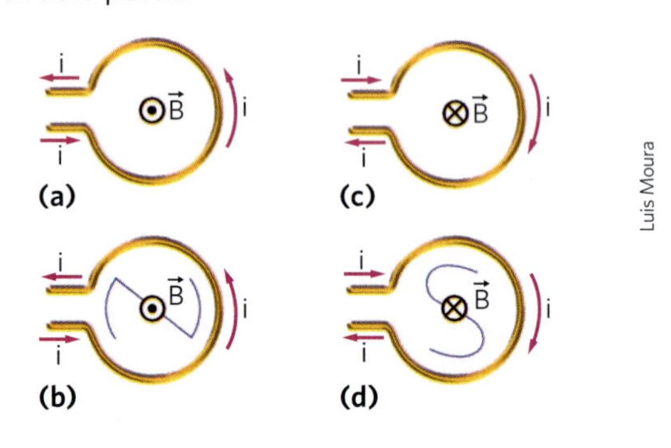

Figura 8

Aplicação

A10. Uma espira circular de raio R = 0,2 π m é percorrida por uma corrente elétrica de intensidade i = 8,0 A, conforme a figura. Dê as características do vetor indução magnética no centro da espira. A espira está contida no plano do papel.

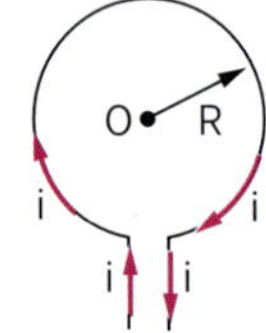

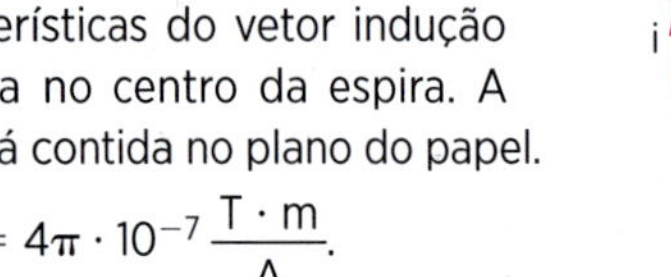

Dado: $\mu = 4\pi \cdot 10^{-7} \frac{T \cdot m}{A}$.

A11. Duas espiras circulares concêntricas e coplanares de raios 2π cm e 4π cm são percorridas por correntes de intensidades 1,0 A e 4,0 A, respectivamente, conforme mostra a figura. Sendo a permeabilidade magnética do meio $\mu = 4\pi \cdot 10^{-7} \frac{T \cdot m}{A}$, determine a intensidade do vetor indução magnética resultante no centro *O* das espiras.

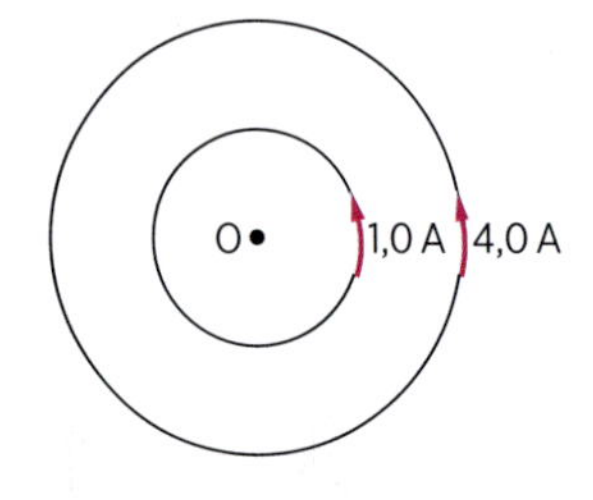

A12. Retome o exercício anterior. Qual seria a intensidade do vetor indução magnética resultante em *O* se invertêssemos o sentido da corrente de 4,0 A, conforme a figura?

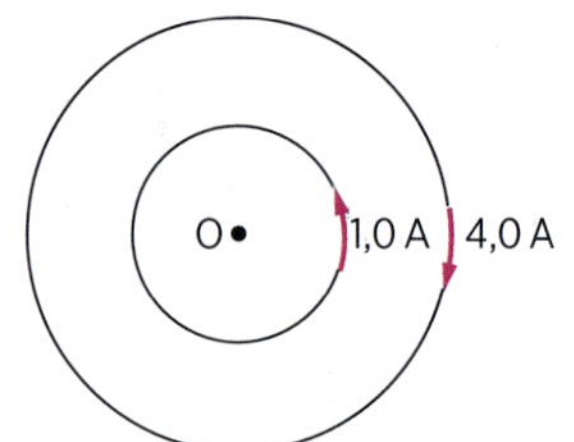

A13. A figura apresenta duas espiras circulares, concêntricas e coplanares de raios $R_1 = 0,40$ m e $R_2 = 0,80$ m e percorridas por correntes elétricas $i_1 = 5,0$ A e i_2. Sabendo-se que o vetor indução magnética resultante no centro *O* é nulo, determine:

a) o sentido de i_2;

b) o valor de i_2.

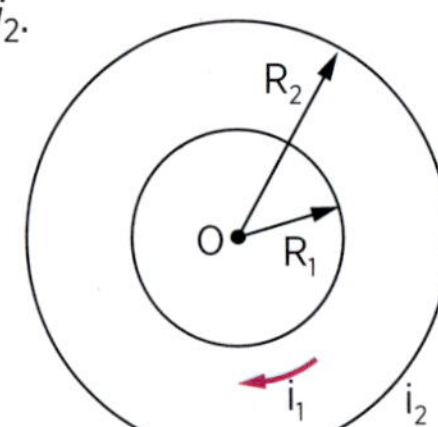

Verificação

V10. A espira condutora e circular, de raio 3π cm, é percorrida por uma corrente elétrica de intensidade 6,0 A, conforme a figura.

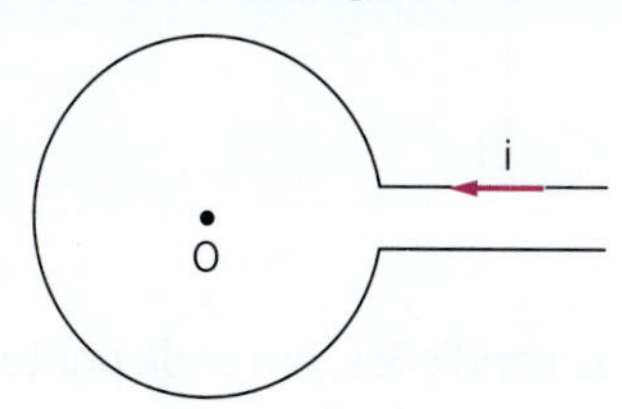

Sendo $\mu = 4\pi \cdot 10^{-7}\frac{T \cdot m}{A}$ a permeabilidade, determine as características do vetor indução magnética no centro *O* da espira. A espira está contida no plano do papel.

V11. Tem-se uma espira circular de raio 4π cm. Quando por ela circula uma corrente elétrica, o vetor indução $\vec{B}$ atinge, no seu centro, o valor $3{,}0 \cdot 10^{-6}$ T. Determine a intensidade da corrente elétrica que circula na espira. É dada a permeabilidade magnética do meio: $\mu = 4\pi \cdot 10^{-7}\frac{T \cdot m}{A}$.

V12. Uma espira condutora circular, de raio *R*, é percorrida por uma corrente de intensidade *i*, no sentido horário.

Uma outra espira circular, de raio $\frac{R}{2}$, é concêntrica com a precedente e situada no mesmo plano que esta. Determine o sentido e a intensidade de uma corrente que, percorrendo essa segunda espira, torne nulo o campo magnético resultante no centro *O*.

V13. Considere a espira circular da figura. A corrente elétrica entra pelo ponto *A* e sai pelo ponto *B*, diametralmente oposto. Qual a intensidade do vetor indução magnética resultante no centro *O* da espira?

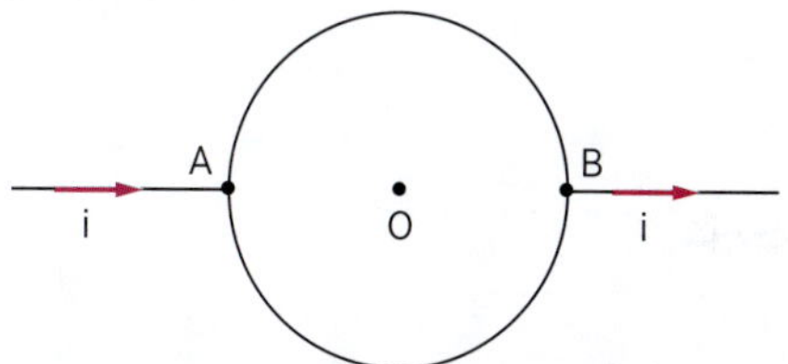

Revisão

R9. (U. F. Ouro Preto-MG) Um campo magnético é criado por uma corrente elétrica que percorre uma espira circular de diâmetro $2 \cdot 10^{-1}$ m, localizada em um plano horizontal. Considere uma carga de $3 \cdot 10^{-6}$ C passando pelo centro *O* da espira com velocidade de módulo 30 m/s e direção e sentido representados pela seta desenhada na figura.

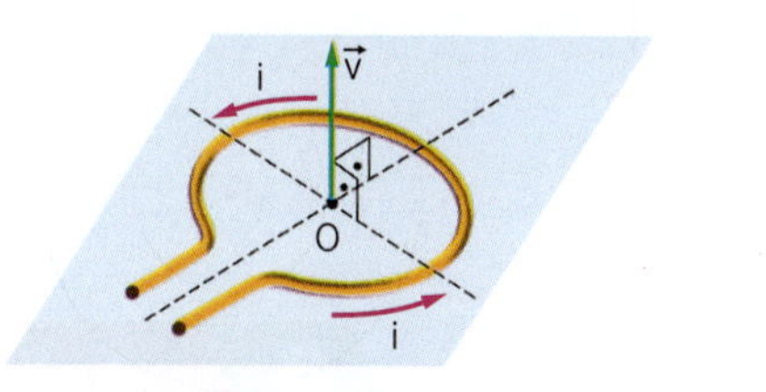

Luis Moura

Sendo assim, o módulo da força magnética que atua nessa carga é igual a:

a) 0 N
b) $1{,}2 \cdot 10^{-6}$ N
c) $1{,}5 \cdot 10^{-5}$ N
d) $9{,}0 \cdot 10^{-5}$ N

R10. (Unisa-SP) Uma espira circular de 4π cm de diâmetro é percorrida por uma corrente de 8,0 ampères (veja a figura ao lado). O vetor campo magnético no centro da espira é perpendicular ao plano da figura e orientado para:

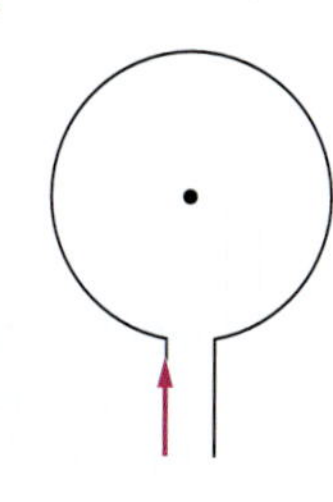

a) fora e de intensidade $8{,}0 \cdot 10^{-5}$ T.
b) dentro e de intensidade $8{,}0 \cdot 10^{-5}$ T.
c) fora e de intensidade $4{,}0 \cdot 10^{-5}$ T.
d) dentro e de intensidade $4{,}0 \cdot 10^{-5}$ T.
e) fora e de intensidade $2{,}0 \cdot 10^{-5}$ T.

R11. (UF-BA) Duas espiras circulares, concêntricas e coplanares, de raios R_1 e R_2, sendo $R_1 = 0{,}4\ R_2$, são percorridas respectivamente pelas correntes i_1 e i_2; o campo magnético resultante no centro da espira é nulo. A razão entre as correntes i_1 e i_2 é igual a:

a) 0,4
b) 1,0
c) 2,0
d) 2,5
e) 4,0

R12. (ITA-SP)

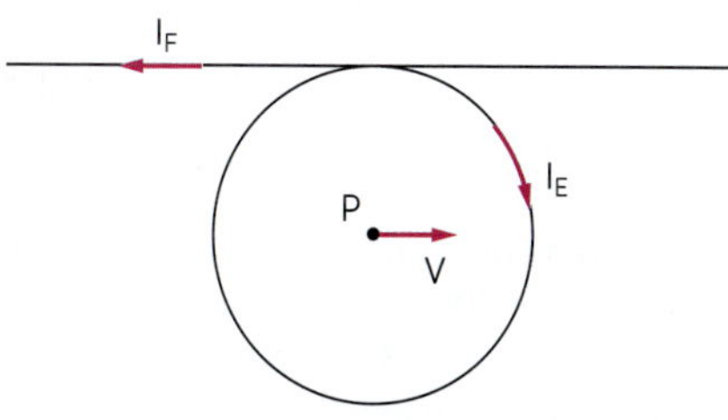

Uma corrente I_E percorre uma espira circular de raio *R* enquanto uma corrente I_F percorre um fio muito longo, que tangencia a espira, estando ambos no mesmo plano, como mostra a figura. Determine a razão entre as correntes $\frac{I_E}{I_F}$ para que uma carga *Q* com velocidade *v* paralela ao fio no momento que passa pelo centro *P* da espira não sofra aceleração nesse instante.

Campo magnético no interior de um solenoide

Um condutor enrolado segundo espiras iguais e dispostas uma ao lado da outra, é denominado *solenoide* ou *bobina longa*. A figura 9a apresenta o esquema de um solenoide e a figura 9b mostra uma foto da ação do campo magnético por ele criado quando percorrido por corrente elétrica.

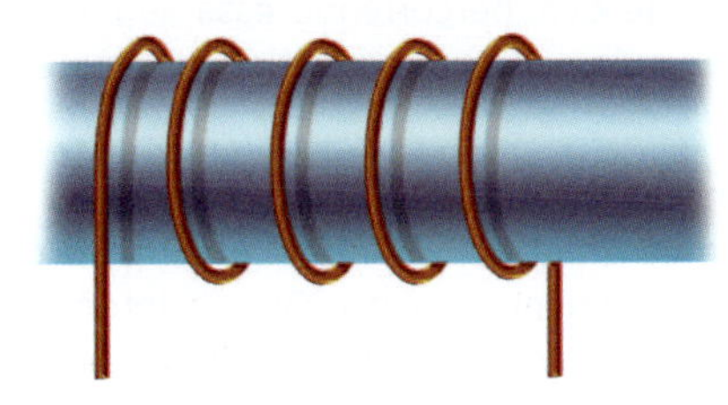

(a)

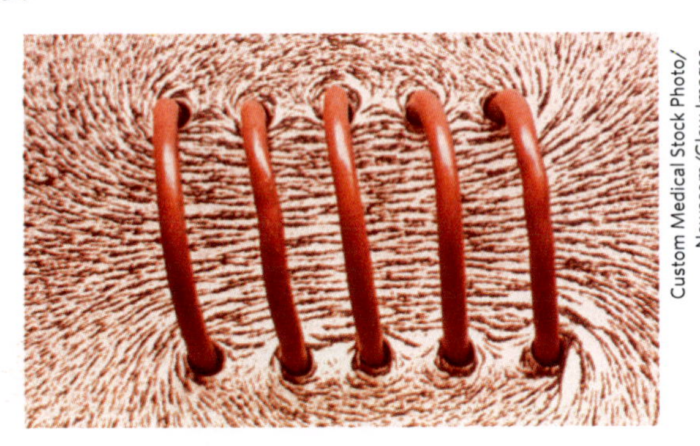

Custom Medical Stock Photo/ Newscom/Glow Images

(b) Campo magnético, agindo sobre limalha de ferro, gerado pela corrente elétrica que passa por um solenoide.

Figura 9

Ao ser percorrido pela corrente *i*, surge no interior do solenoide um campo magnético cujas linhas de indução são praticamente *paralelas*, em considerável volume do espaço ao redor do centro do solenoide. Isso significa que o campo magnético no interior do solenoide é praticamente uniforme (fig. 10).

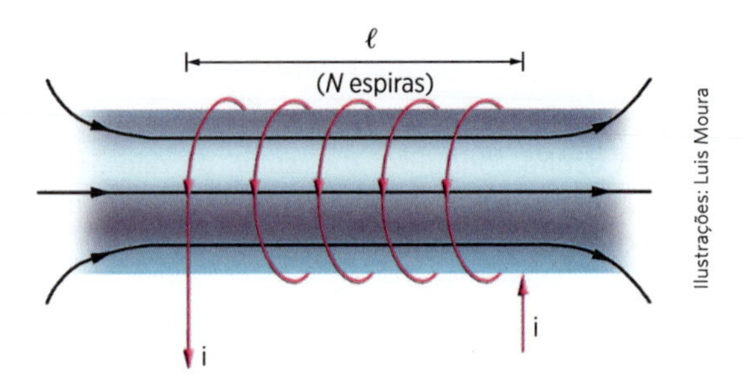

Ilustrações: Luis Moura

Figura 10

Nessas condições, em cada ponto do interior do solenoide o vetor indução magnética tem as seguintes características:

- *direção*: é a do eixo do solenoide;
- *sentido*: é dado pela regra da mão direita;
- *intensidade*: sendo N o número de espiras existentes no comprimento ℓ, a intensidade do vetor $\vec{B}$ é dada por:

$$B = \mu \cdot \frac{N}{\ell} \cdot i$$

Analogamente a uma espira, um solenoide apresenta também 2 polos. Na figura 11, de acordo com a regra da mão direita, as linhas de indução entram pela face à esquerda, sendo, portanto, um polo sul, e saem pela face à direita, que é, portanto, um polo norte.

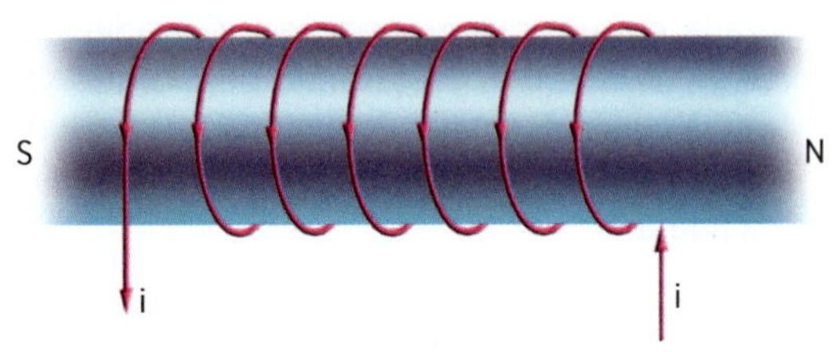

Figura 11

Aplicação

A14. Um solenoide de comprimento igual a 12 cm e raio 4,0 cm contém 400 espiras. Sabendo que a corrente no enrolamento é de 3,0 A, determine a intensidade do vetor indução magnética no seu interior. É dado $\mu = 4\pi \cdot 10^{-7} \frac{T \cdot m}{A}$.

A15. Um gerador de força eletromotriz E e resistência interna $r = 1{,}0\ \Omega$ está ligado a um solenoide que possui resistência elétrica $R = 5{,}0\ \Omega$, conforme a figura. O solenoide apresenta 200 espiras por metro. A permeabilidade magnética do meio é $\mu = 4\pi \cdot 10^{-7} \frac{T \cdot m}{A}$.

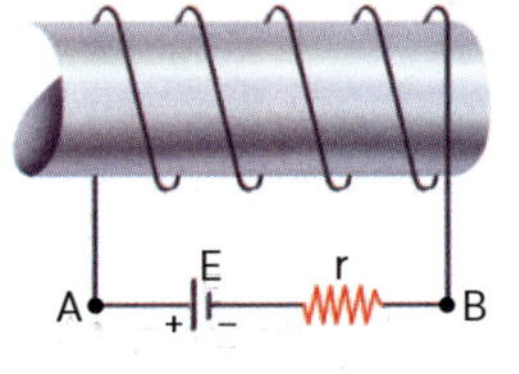

Sabendo-se que a intensidade do vetor indução magnética no interior do solenoide é igual a $1{,}6\pi \cdot 10^{-4}$ T, determine:

a) a intensidade da corrente que atravessa o solenoide;

b) a força eletromotriz E.

A16. Um solenoide é ligado a uma bateria. A corrente elétrica que o atravessa produz no seu interior um campo magnético.

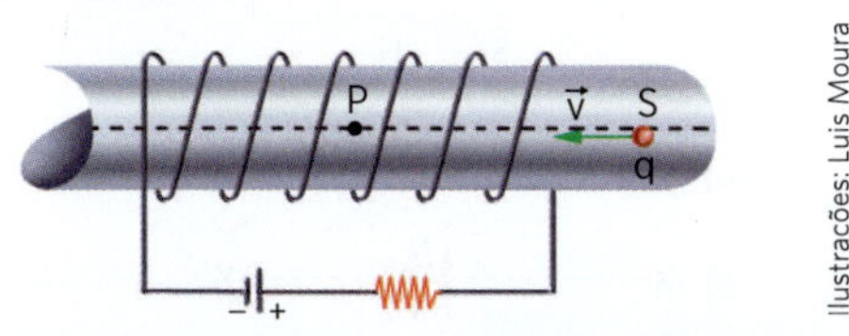

a) Refaça a figura no seu caderno e represente o vetor indução $\vec{B}$ no ponto *P* do eixo do solenoide.

b) Uma partícula com carga elétrica $q > 0$ é lançada com velocidade $\vec{v}$ do ponto *S*, conforme a figura. Qual a intensidade da força magnética que age na partícula?

A17. Reproduza os esquemas *a* e *b* abaixo no seu caderno e indique os polos norte e sul dos solenoides.

Para os esquemas *c* e *d* determine o polo, norte ou sul, da face da espira voltada para o leitor.

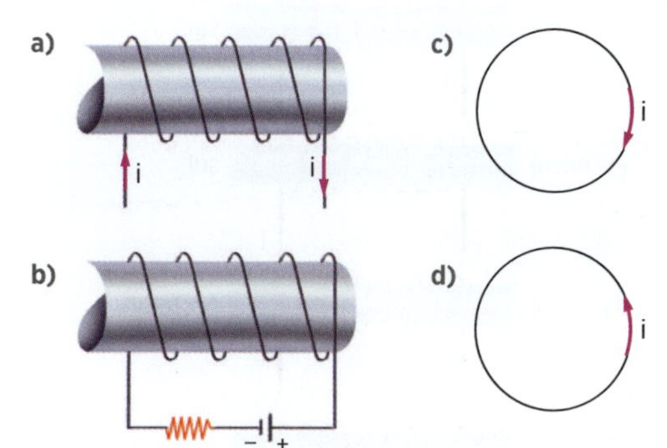

Verificação

V14. No circuito esquematizado, o gerador está ligado a um solenoide de resistência elétrica 3,0 Ω, que possui 10 espiras por centímetro.

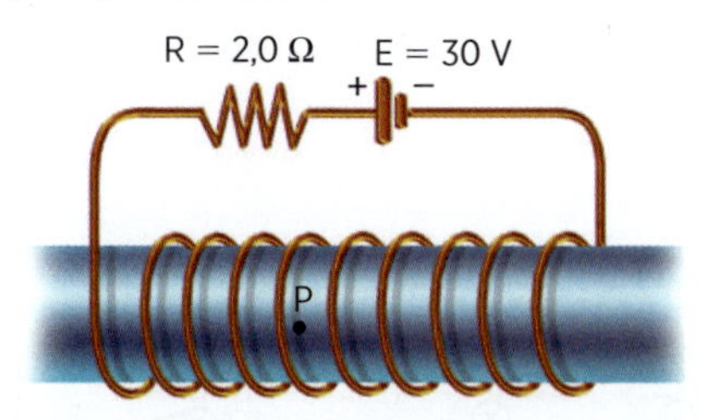

Sendo $\mu = 4\pi \cdot 10^{-7} \cdot \dfrac{T \cdot m}{A}$, determine a intensidade do vetor indução magnética no interior do solenoide.

V15. Onde se encontram os polos norte e sul dos solenoides nos esquemas a seguir?

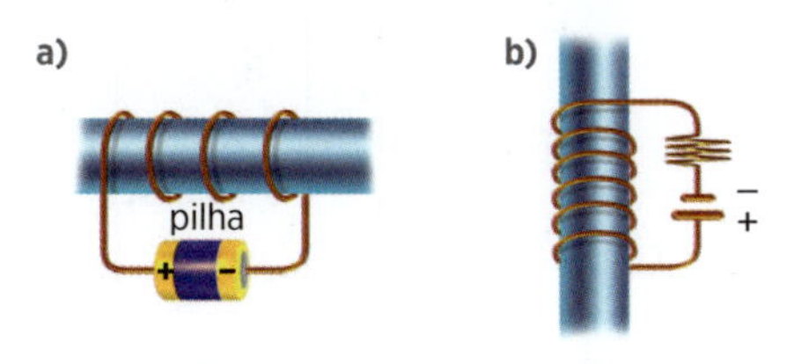

V16. Um solenoide apresenta polos magnéticos indicados na figura abaixo. O terminal *A* da bateria é positivo ou negativo? Justifique a resposta.

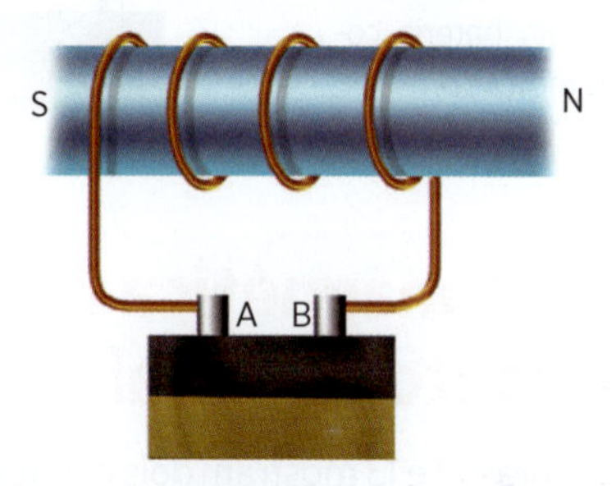

V17. Tem-se um solenoide cujo comprimento é bem maior que seu diâmetro. Ao ser percorrido por corrente elétrica, estabelece-se no interior do solenoide um campo magnético. Refaça a figura no seu caderno e represente as linhas de indução do campo no interior do solenoide.

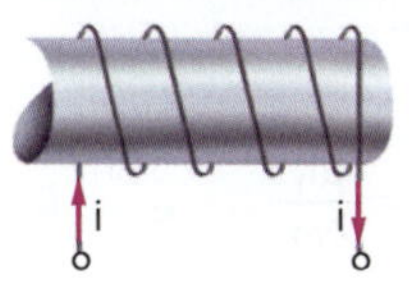

Revisão

R13. (Unisa-SP) Nos pontos internos de um longo solenoide percorrido por corrente elétrica contínua, as linhas de indução do campo magnético são:

a) radiais com origem no eixo do solenoide.
b) circunferências concêntricas.
c) retas paralelas ao eixo do solenoide.
d) hélices cilíndricas.
e) não há linhas de indução pois o campo magnético é nulo no interior do solenoide.

R14. (UE-PR) Existe uma regra muito prática que nos permite determinar o sentido do campo magnético, que é a regra da mão direita. Sua aplicação é simples: com a mão direita espalmada disponha o polegar no sentido da corrente elétrica e os demais dedos no sentido do condutor para o ponto onde se queira verificar o sentido do campo magnético. O sentido do campo magnético é aquele que se obtém ao fechar a mão direita, ou seja, aquele apontado pelos demais dedos da mão. A partir de uma aplicação direta desta regra, e com seus conhecimentos, a figura que melhor representa a indicação dos polos do solenoide, quando percorrido por uma corrente *i*, está na alternativa:

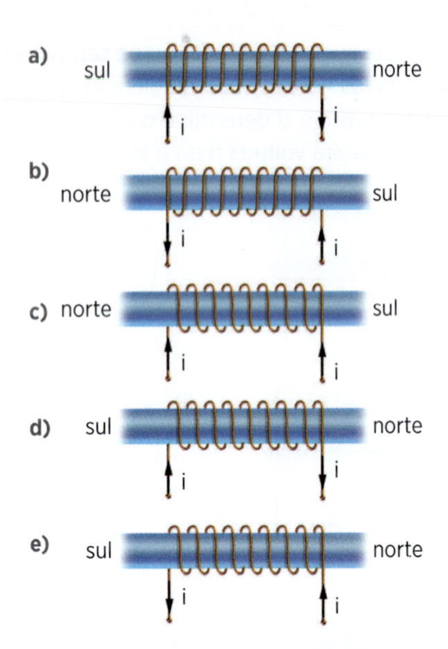

R15. (UnB-DF) A figura mostra um solenoide muito longo com seus terminais ligados aos polos de uma bateria, como indicado.

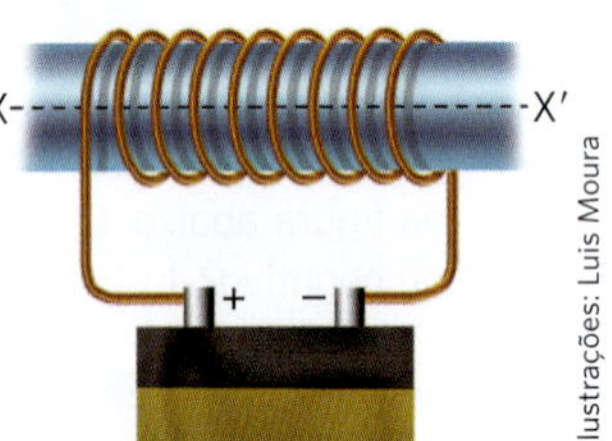

Ilustrações: Luis Moura

Uma agulha magnética, dentro do solenoide e sobre o ponto médio do eixo XX′, orienta-se da seguinte forma:

a) X- - - - - - - - S → N - - - - - - - - X′

b) X- - - - - - - - N ← S - - - - - - - - X′

c) X- - - - - - - - ↑ N / S - - - - - - - - X′

d) X- - - - - - - - ↓ S / N - - - - - - - - X′

e) Nenhuma das anteriores.

R16. (Unicamp-SP) Um solenoide ideal, de comprimento 50 cm e raio 1,5 cm, contém 2 000 espiras e é percorrido por uma corrente de 3,0 A. O campo de indução magnética $\vec{B}$ é paralelo ao eixo do solenoide e sua intensidade é dada por $B = \mu \cdot n \, I$, onde n é o número de espiras por unidade de comprimento e I é a corrente. Sendo $\mu_0 = 4\pi \cdot 10^{-7} \frac{T \cdot m}{A}$:

a) Qual é o valor de B ao longo do eixo do solenoide?

b) Qual é a aceleração de um elétron lançado no interior do solenoide, paralelamente ao eixo? Justifique.

Força magnética entre condutores paralelos

As figuras 12 e 13 mostram dois condutores retos, paralelos, a uma distância r um do outro, e percorridos pelas correntes i_1 e i_2, respectivamente. Seja $\vec{B}_1$ o vetor indução magnética produzido por i_1, onde está i_2. Seja $\vec{B}_2$ o vetor indução magnética produzido por i_2, onde está i_1. $\vec{B}_1$ e $\vec{B}_2$ têm sentidos dados pela regra da mão direita e intensidades:

$$B_1 = \frac{\mu i_1}{2\pi r} \quad \text{e} \quad B_2 = \frac{\mu i_2}{2\pi r}$$

Esses campos estão em planos perpendiculares aos fios, o que significa que $\theta = 90°$ e $\text{sen}\,\theta = 1$ e, portanto, a força magnética num comprimento ℓ do condutor, percorrido pela corrente i_1, exercida pelo campo magnético de indução $\vec{B}_2$, da corrente i_2, tem intensidade:

$$F_m = B_2 i_1 \ell \,\text{sen}\,\theta$$

Daí, temos então:

$$F_m = \frac{\mu i_1 i_2}{2\pi r} \cdot \ell$$

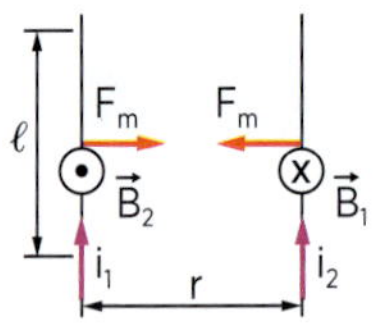

(a) Vista de frente

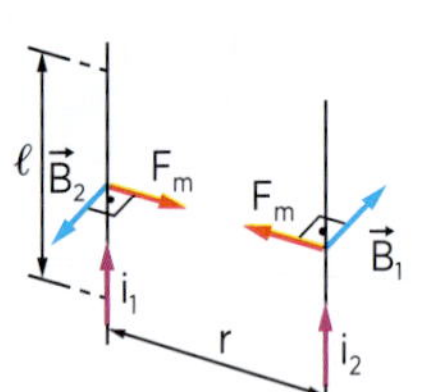

(b) Vista em perspectiva

Figura 12

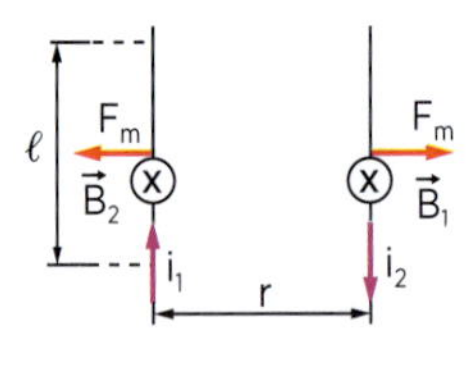

(a) Vista de frente

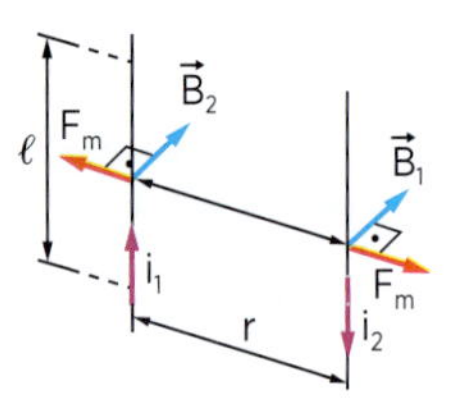

(b) Vista em perspectiva

Figura 13

De modo semelhante, a força magnética no mesmo comprimento do condutor i_2, exercida pelo campo magnético de i_1, tem intensidade:

$$F_m = B_1 i_2 \ell \,\text{sen}\,\theta$$

Daí: $$F_m = \frac{\mu i_1 i_2}{2\pi r} \cdot \ell$$

Aplicando a regra da mão direita, concluímos que a força magnética é de *atração*, quando as correntes têm o mesmo sentido (figs. 12a e 12b), e de *repulsão*, quando elas têm sentidos opostos (figs. 13a e 13b).

Podemos escrever as fórmulas apresentadas da seguinte maneira:

$$\frac{F_m}{\ell} = \frac{\mu i_1 i_2}{2\pi r}$$

onde $\frac{F_m}{\ell}$ é a intensidade da força por unidade de comprimento que cada corrente exerce sobre a outra. Essa fórmula foi usada em 1948, na 9ª Conferência Geral de Pesos e Medidas, para definir a unidade fundamental elétrica do SI: o *ampère* (símbolo A).

No vácuo $\mu = 4\pi \cdot 10^{-7} \frac{T \cdot m}{A}$.

Então, $\frac{F}{\ell} = 2 \cdot 10^{-7} \frac{i_1 i_2}{r}$ e, quando $i_1 = i_2 = 1$ A e $r = 1$ m, tem-se $\frac{F}{\ell} = 2 \cdot 10^{-7}$ N/m.

Portanto:

Um ampère é a intensidade de uma corrente elétrica constante que, mantida em dois condutores retos, paralelos e indefinidos, à distância de 1 m um do outro no vácuo, determina forças de ação mútua de intensidade $2 \cdot 10^{-7}$ N, em cada metro de comprimento dos fios.

Propriedades magnéticas da matéria

As propriedades magnéticas da matéria podem ser explicadas por meio do movimento de elétrons em cada átomo que os contém. O movimento do elétron em seu orbital (fig. 14a) e o *spin* do elétron (fig. 14b) são equivalentes a pequenas espiras circulares percorridas por corrente elétrica. Essas espiras possuem polos norte e sul e se comportam como ímãs em miniatura, que se costuma chamar de *ímãs elementares*.

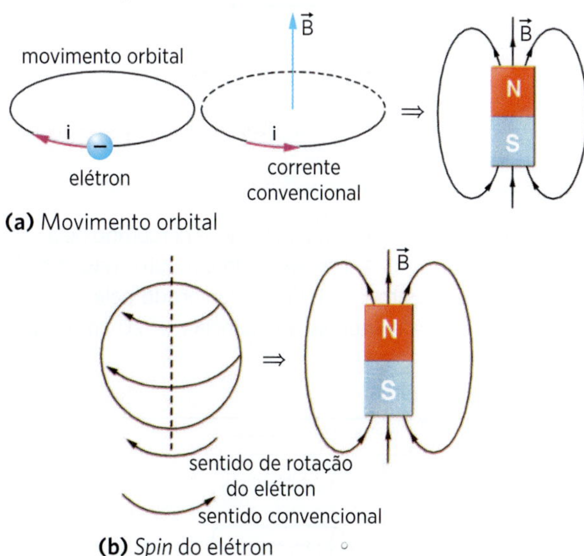

Figura 14

Nas substâncias chamadas *ferromagnéticas*, como por exemplo o ferro, o cobalto e o níquel, existe o efeito magnético devido ao movimento orbital do elétron, mas o efeito do *spin* é muito mais acentuado, determinando as características dessas substâncias.

A figura 15 mostra, de modo bastante esquemático, uma barra de ferro não magnetizada onde os ímãs elementares estão distribuídos caoticamente. *Magnetizar* ou *imantar* essa barra de ferro é alinhar os pequenos ímãs, segundo uma mesma orientação, o que pode ser feito por um campo magnético externo. Observe que os ímãs elementares se orientam paralelamente ao campo aplicado $\vec{B}$.

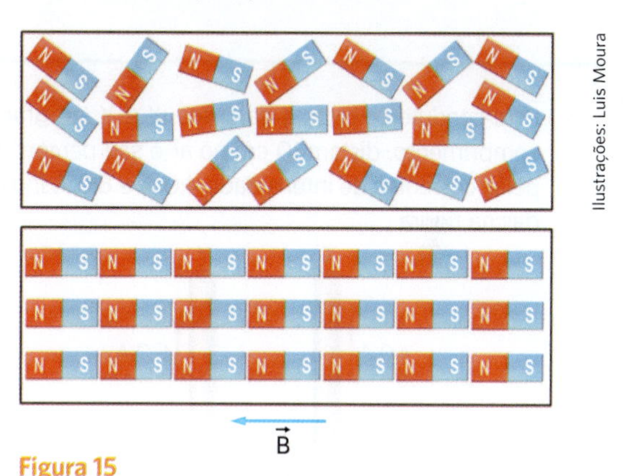

Ilustrações: Luís Moura

Figura 15

Existem substâncias, como o ferro doce, cujos ímãs elementares se alinham prontamente quando elas são colocadas em um campo magnético. Porém tais substâncias também se desmagnetizam prontamente quando o campo é retirado. É o caso dos pregos colocados próximos do ímã na figura 16: sob ação do campo magnético, os pregos se magnetizam e são atraídos.

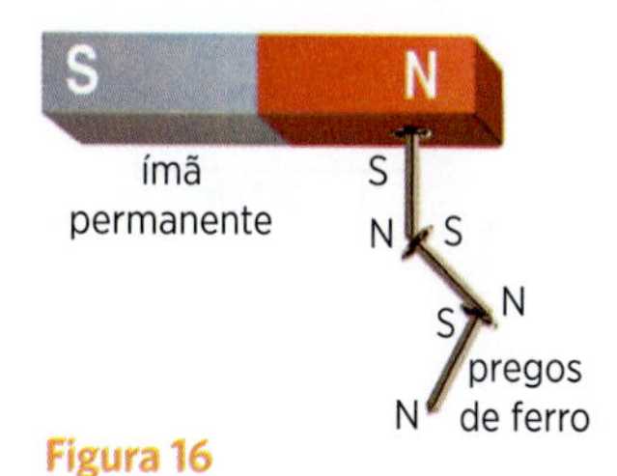

Figura 16

Também podemos magnetizar um prego de ferro doce se ao redor dele enrolarmos um fio condutor (fig. 17). Passando-se corrente pelo fio, o prego se imanta devido ao campo magnético gerado pela corrente. Cessando a corrente, o prego se desmagnetiza. Temos, assim, um *eletroímã*.

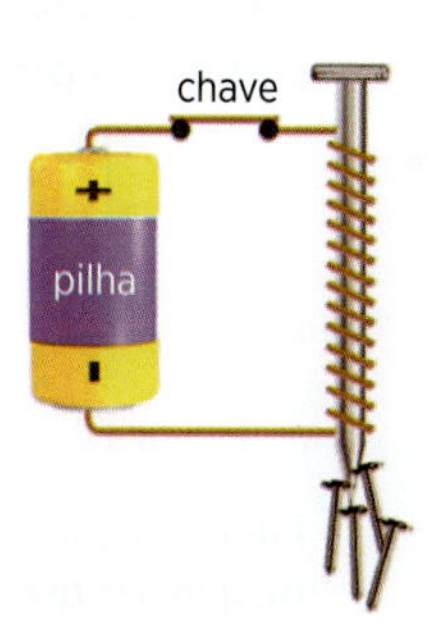

Figura 17

Já para o aço e certas ligas especiais, os ímãs atômicos, uma vez alinhados, tendem a permanecer assim. Tais substâncias servem, então, para a construção de *ímãs permanentes*, como o utilizado na figura 16.

É importante notar que, diferentemente das cargas positivas e negativas, os *polos magnéticos ocorrem aos pares*, sendo impossível separar o polo norte do polo sul.

Se cortarmos o ímã em dois pedaços, obteremos dois ímãs menores.

Tomando por base a teoria dos ímãs elementares, é fácil perceber por que os polos norte e sul não podem ser separados quebrando-se o ímã em dois. A figura 18 indica a formação de novo par de polos onde o ímã foi partido.

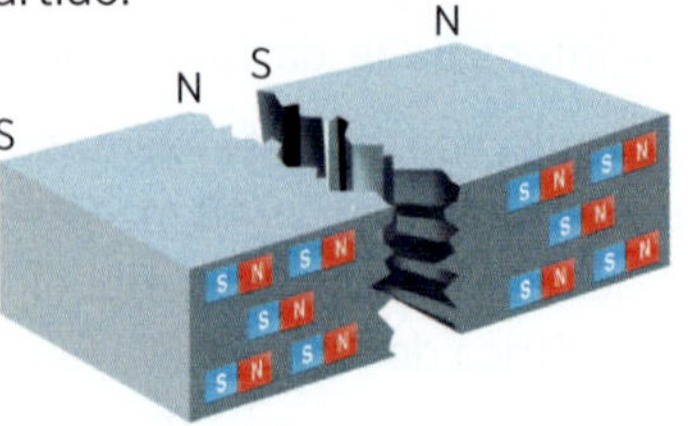

Figura 18

Ilustrações: Luis Moura

Aplicação

A18. Dois condutores retos e paralelos, *X* e *Y*, de grande comprimento, distam 10 cm no ar e são percorridos pelas correntes de intensidade 4,0 A e 6,0 A indicadas na figura.

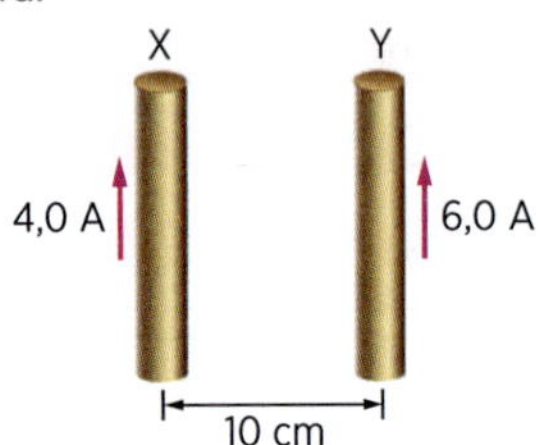

Sendo $\mu = 4\pi \cdot 10^{-7} \frac{T \cdot m}{A}$, determine a intensidade da força magnética por unidade de comprimento entre os condutores. Essa força é de atração ou repulsão?

A19. Dois fios condutores, *X* e *Y*, de grande comprimento, distam 20 cm e são percorridos por correntes de intensidades 2,0 A e 4,0 A, de sentidos opostos, como indica a figura.

$i_1 = 2{,}0$ A ⊗ $\quad i_2 = 4{,}0$ A ⊙

r = 20 cm

Determine a intensidade da força magnética que cada condutor exerce num comprimento $\ell = 2{,}0$ m do outro. Essa força é de atração ou repulsão? A permeabilidade magnética do meio é

$\mu = 4\pi \cdot 10^{-7} \frac{T \cdot m}{A}$.

A20. Temos três condutores, *A*, *B* e *C*, muito longos, situados nas posições indicadas na figura e percorridos por corrente de mesma intensidade i = 10 A.

A ⊗ i — B ⊗ i — C ⊙ i

1,0 m — 1,0 m

Sendo $\mu = 4\pi \cdot 10^{-7} \frac{T \cdot m}{A}$, determine a intensidade da força magnética resultante que *A* e *C* exercem sobre cada metro do condutor *B*.

A21. Uma barra de ferro AC é submetida a um campo magnético uniforme de indução $\vec{B}$, no sentido de *A* para *C*, como mostra a figura. A barra de ferro se magnetiza. A extremidade *A* é um polo norte ou sul?

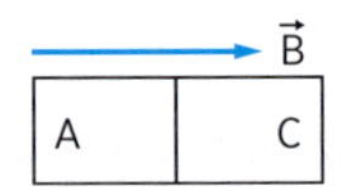

Verificação

V18. Observe nas figuras *a*, *b* e *c* três pares de condutores, percorridos por correntes elétricas.

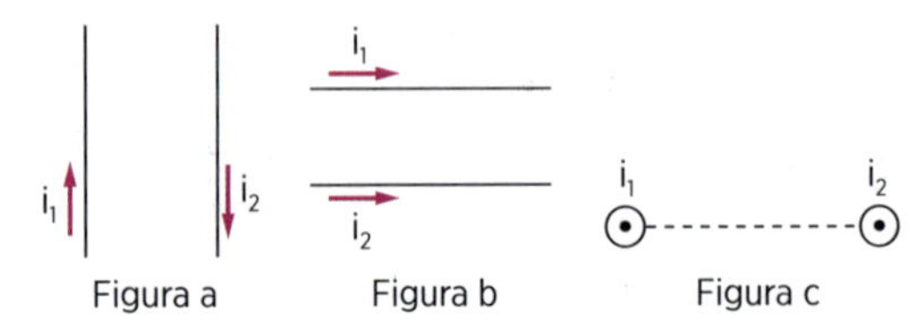

Para cada par de condutores, sabemos que o campo magnético que um gera exerce uma força magnética sobre o outro. Responda, para cada situação, se a força magnética é de atração ou de repulsão.

V19. Um condutor reto, muito longo, é percorrido pela corrente $i_1 = 10$ A. Um segundo condutor reto AB, de comprimento $\ell = 1{,}0$ m, é percorrido pela corrente $i_2 = 20$ A e situa-se à distância r = 20 cm do primeiro.

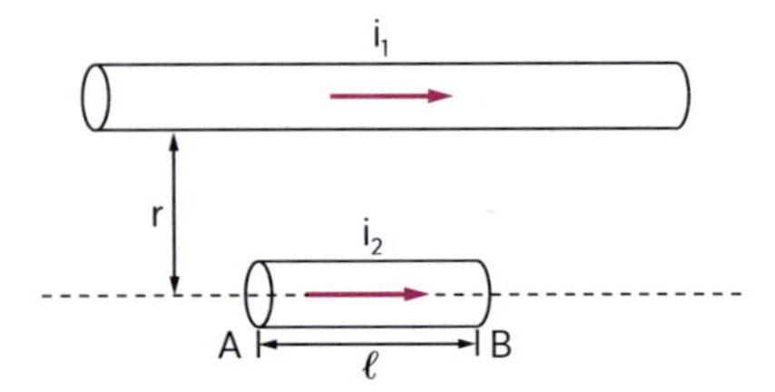

Sendo $\mu = 4\pi \cdot 10^{-7} \frac{T \cdot m}{A}$, determine:

a) a intensidade do vetor indução magnética que o primeiro condutor origina ao longo do segundo;

b) a intensidade da força magnética exercida sobre este último.

V20. Temos três condutores, *A*, *B* e *C*, muito longos, situados nas posições indicadas na figura e percorridos por correntes de mesma intensidade $i = 10$ A. Sendo $\mu = 4\pi \cdot 10^{-7} \frac{T \cdot m}{A}$, determine a intensidade da força magnética resultante que *A* e *C* exercem sobre cada metro do condutor *B*.

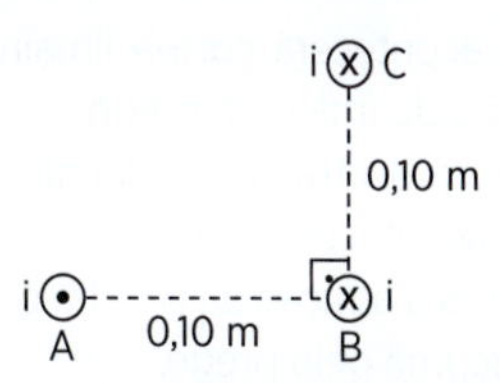

V21. No desenho, o ímã *A* foi dividido em três partes.

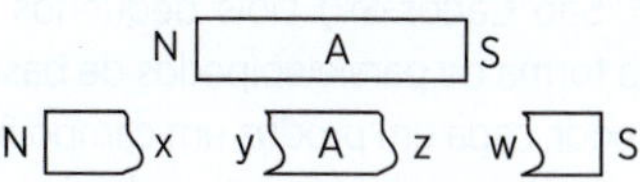

Analise as afirmativas abaixo e indique as verdadeiras:

I. As extremidades *x* e *y* se atraem.
II. As extremidades *y* e *w* se repelem.
III. As extremidades *x* e *w* se repelem.
IV. Cada parte obtida possui um polo somente.

R17. (UE-PI) A figura ilustra dois fios condutores retilíneos, muito finos e de comprimento infinito, situados no plano da página. Os fios são paralelos entre si e estão separados por uma distância de 20 cm, conduzindo correntes elétricas de intensidades constantes, $i_1 = i_2 = 10$ A, nos sentidos indicados na figura. Todo o sistema encontra-se no vácuo, onde a permeabilidade magnética é $\mu_0 = 4\pi \cdot 10^{-7} \frac{T \cdot m}{A}$.

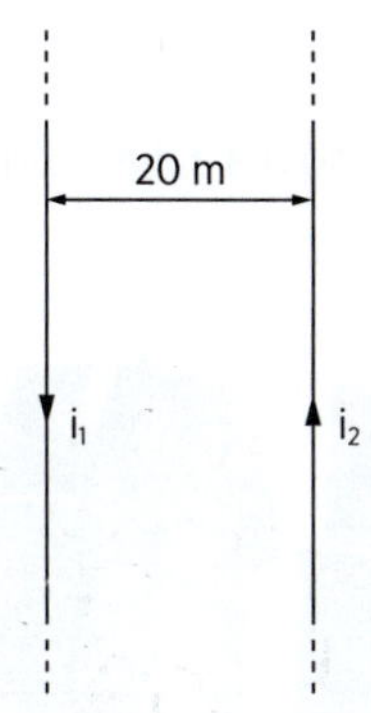

Nestas circunstâncias, podemos afirmar que, a cada metro de comprimento ao longo dos fios, eles:

a) permanecem em repouso e inalterados em sua forma, pois a força magnética entre eles é nula.

b) se repelem com uma força magnética de intensidade 10^{-6} N.

c) se repelem com uma força magnética de intensidade 10^{-4} N.

d) se atraem com uma força magnética de intensidade 10^{-6} N.

e) se atraem com uma força magnética de intensidade 10^{-4} N.

R18. (UF-SC) A figura a seguir mostra quatro fios, 1, 2, 3 e 4, percorridos por correntes de mesma intensidade, colocados nos vértices de um quadrado, perpendicularmente ao plano da página. Os fios 1, 2 e 3 têm correntes saindo da página e o fio 4 tem uma corrente entrando na página.

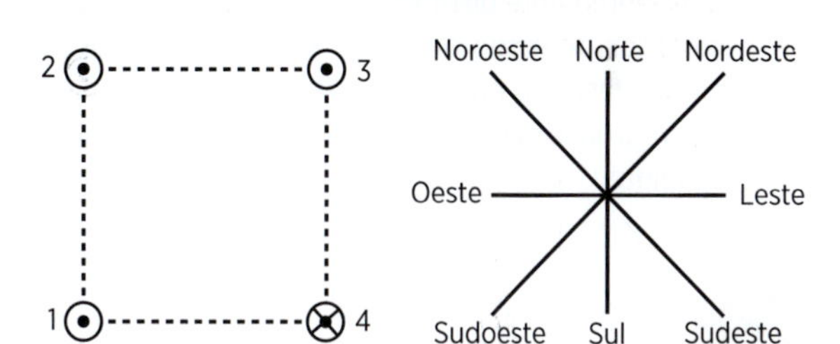

Com base na figura, assinale a(s) proposição(ões) correta(s).

(01) O campo magnético resultante que atua no fio 4 aponta para o leste.
(02) A força magnética resultante sobre o fio 4 aponta para o sudeste.
(04) Os fios 1 e 3 repelem-se mutuamente.
(08) A intensidade da força magnética que o fio 2 exerce no fio 3 é maior do que a força magnética que o fio 1 exerce no fio 3.

R19. (Metodista-SP) A figura abaixo apresenta a construção de um eletroímã formado por um prego metálico, uma pilha carregada de 1,5 volt e um fio de cobre (ligado aos polos da pilha e enrolado no prego).

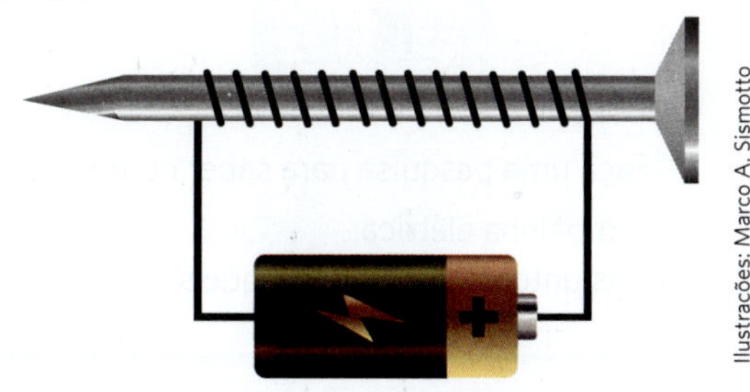

Ilustrações: Marco A. Sismotto

Se aproximarmos da ponta do prego limalhas de ferro e o polo norte de um ímã, certamente:

a) nada acontecerá, nem com a limalha e nem com o prego.

b) ocorrerá a atração simultânea da limalha e do ímã pelo prego.

c) nada acontecerá com a limalha, mas ocorrerá a atração do ímã pelo prego.

d) ocorrerá a atração da limalha pelo prego, mas nada acontecerá entre o ímã e o prego.

e) ocorrerá a atração da limalha pelo prego e a repulsão do ímã pelo prego.

R20. (U. F. São Carlos-SP) Dois pequenos ímãs idênticos têm a forma de paralelepípedos de base quadrada. Ao seu redor, cada um produz um campo magnético cujas linhas se assemelham ao desenho esquematizado.

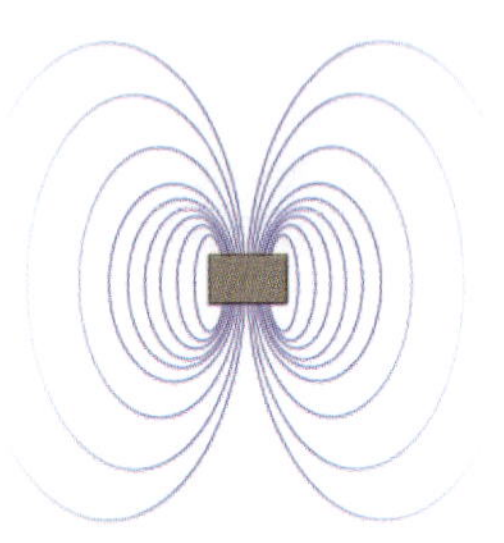

Ilustrações: Paulo César Pereira

Suficientemente distantes um do outro, os ímãs são cortados de modo diferente. As partes obtidas são então afastadas para que não haja nenhuma influência mútua e ajeitadas, conforme indica a figura seguinte.

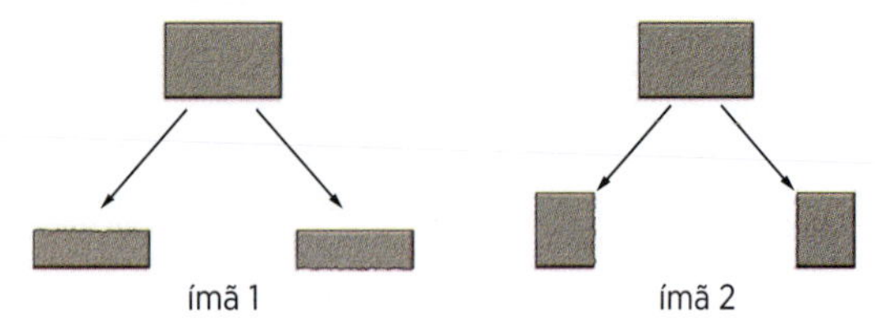

Se as partes do ímã 1 e do ímã 2 forem aproximadas novamente na região em que foram cortadas, mantendo-se as posições originais de cada pedaço, deve-se esperar que:

a) as partes correspondentes de cada ímã atraiam-se mutuamente, reconstituindo a forma de ambos os ímãs.

b) apenas as partes correspondentes do ímã 2 se unam reconstituindo a forma original desse ímã.

c) apenas as partes correspondentes do ímã 1 se unam reconstituindo a forma original desse ímã.

d) as partes correspondentes de cada ímã repilam-se mutuamente, impedindo a reconstituição de ambos os ímãs.

e) devido ao corte, o magnetismo cesse por causa da separação dos polos magnéticos de cada um dos ímãs.

APROFUNDANDO

Em muitos dos aparelhos e dispositivos elétricos que utilizamos em nosso dia a dia, o princípio fundamental de funcionamento é o efeito magnético da corrente.

Thinkstock/Getty Images

Fernando Favoretto/Criar Imagem

Faça uma pesquisa para saber como funcionam:

- a campainha elétrica;
- os disjuntores magnéticos, que substituem os antigos fusíveis.

capítulo

47 Indução eletromagnética

Fluxo do vetor indução magnética $\vec{B}$ ou fluxo magnético

Seja uma espira de área *A* imersa num campo magnético uniforme de indução $\vec{B}$ (fig. 1). Indiquemos por α o ângulo que $\vec{B}$ faz com o vetor $\vec{n}$ normal ao plano da espira.

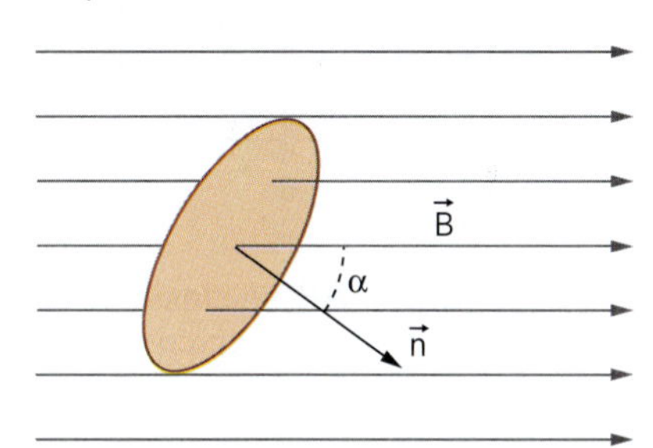

Figura 1

Por definição, o fluxo do vetor indução magnética $\vec{B}$ através da superfície da espira é a grandeza:

$$\phi = B \cdot A \cdot \cos\alpha$$

No SI, a unidade de fluxo denomina-se *weber* (Wb).

Na figura 2, apresentamos algumas posições particulares da espira no interior do campo magnético.

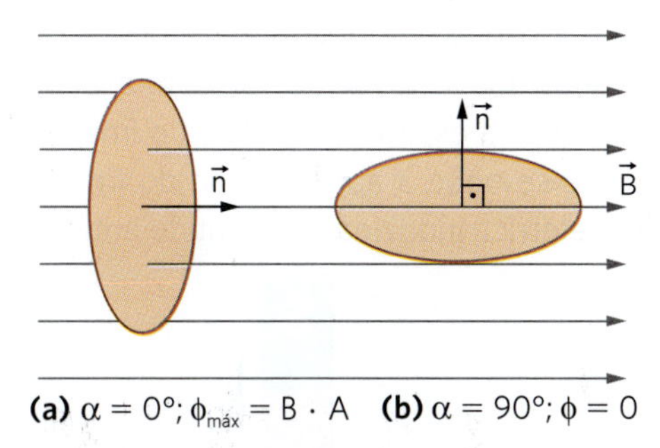

(a) $\alpha = 0°$; $\phi_{máx} = B \cdot A$ **(b)** $\alpha = 90°$; $\phi = 0$

Figura 2

Observe, na figura 2a, que o fluxo é máximo, e máximo é o número de linhas de indução através da superfície da espira. Na figura 2b, o fluxo é zero e nenhuma linha de indução atravessa a superfície da espira. Esses fatos permitem interpretar o fluxo como sendo *a grandeza que mede o número de linhas de indução que atravessam a superfície da espira.*

Indução eletromagnética

Considere um ímã disposto em frente a uma espira na qual intercalamos um amperímetro (fig. 3).

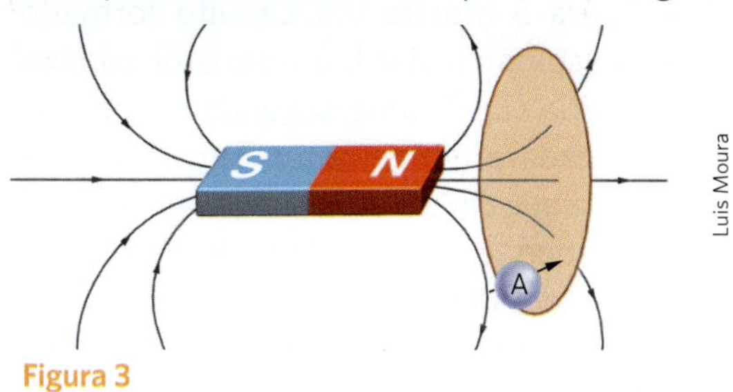

Luis Moura

Figura 3

Observe que linhas de indução atravessam a superfície da espira, isto é, o fluxo através da espira não é nulo. É possível variar o fluxo aproximando-se ou afastando-se o ímã, por exemplo. Assim procedendo, observamos que, enquanto o ímã se desloca, o amperímetro acusa a passagem de corrente elétrica. Parando o ímã, o ponteiro do amperímetro vai a zero. Esses fatos permitem concluir que:

Toda vez que o fluxo magnético através da superfície de uma espira varia, surge na espira uma corrente elétrica.

Essa corrente elétrica é denominada *corrente elétrica induzida*, e o fenômeno descrito é chamado *indução eletromagnética*.

Observe alguns exemplos a seguir.

- Na figura 4 temos um solenoide ligado a um galvanômetro de zero no centro da escala, que, portanto, pode indicar o sentido da corrente.

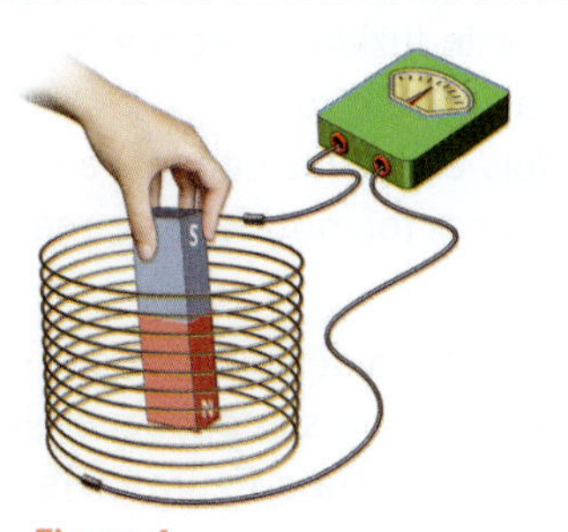

Paulo César Pereira

Figura 4

Quando o polo norte do ímã é introduzido no solenoide, a agulha do galvanômetro desvia para a direita, indicando corrente em um sentido, e quando o polo norte é retirado, a agulha desvia para a esquerda, indicando corrente em sentido contrário. Quando cessa o movimento do ímã, o galvanômetro indica zero.

A intensidade do vetor $\vec{B}$, no campo magnético do ímã, em um ponto, varia conforme aproximamos ou afastamos o ímã desse ponto. Por isso, ao se introduzir ou retirar o ímã, varia o fluxo magnético através do circuito solenoide-galvanômetro. Quando o ímã para, cessa a variação do fluxo magnético e, portanto, a corrente induzida será nula.

- A figura 5 mostra um circuito formado por uma espira circular I, um resistor variável R e a bateria (E, r). Uma segunda espira próxima II é ligada a um galvanômetro G. A corrente elétrica que circula na espira I origina um campo magnético, e a intensidade de $\vec{B}$ em todos os pontos dessa região é diretamente proporcional à intensidade da corrente i. Esse campo determina um fluxo magnético através da espira II.

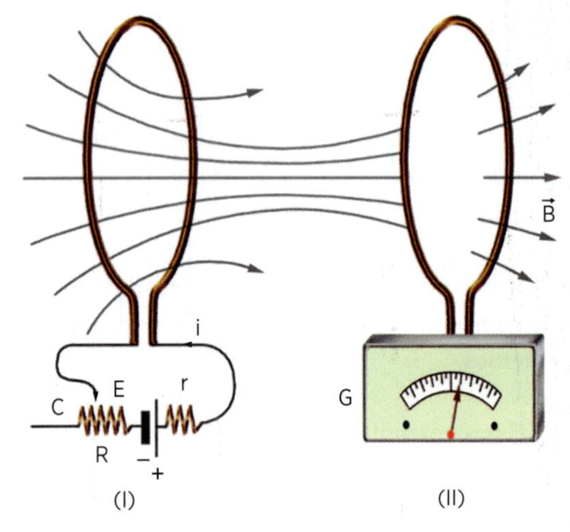

Figura 5

Se a corrente na espira I é agora modificada, ao se deslizar o cursor C, o fluxo magnético através da espira II irá variar. Essa variação origina uma corrente induzida na espira II, que é registrada pelo galvanômetro.

Nos dois exemplos citados, a variação do fluxo magnético foi obtida por meio da variação de B.

- Outra maneira de se variar o fluxo é variando o ângulo α, o que se consegue girando a espira, conforme mostra a figura 6. Temos, assim, um gerador mecânico de energia elétrica.

Figura 6

- Pode-se também variar o fluxo variando a área da espira. Assim, por exemplo, considere, na figura 7, o condutor retilíneo AB apoiado nos ramos paralelos do condutor CDFG. O sistema está imerso num campo magnético uniforme de indução $\vec{B}$.

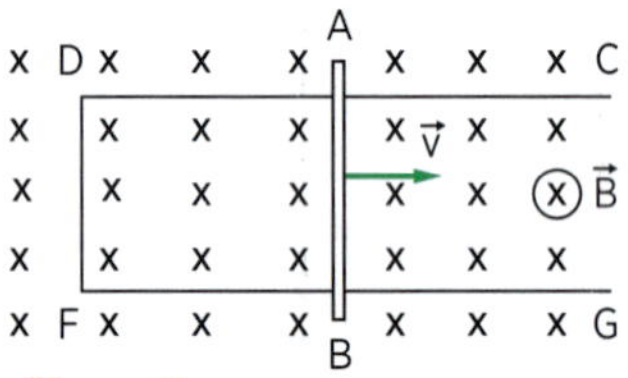

```
                 A
x D x   x   x    x   x   x C
x   x   x   x    x v x   x
x   x   x   x    x   x  (x) B
x   x   x   x    x   x   x
x F x   x   x    x   x   x G
                 B
```

Figura 7

Quando o condutor AB se desloca com velocidade $\vec{v}$, a área da espira ADFB varia e consequentemente varia o fluxo magnético. Nessas condições, surge na espira corrente induzida.

Sentido da corrente elétrica induzida: lei de Lenz

O sentido da corrente elétrica induzida é determinado pela lei de Lenz:

O sentido da corrente elétrica induzida é tal que, por seus efeitos, opõe-se à causa que lhe deu origem.

Assim, na figura 8, a aproximação do polo norte do ímã é a causa que origina na espira a corrente elétrica induzida. Esta, de acordo com a lei de Lenz, gera, na face da espira voltada para o ímã, um polo norte, que se opõe à aproximação do ímã. Logo, a corrente elétrica induzida tem sentido anti-horário.

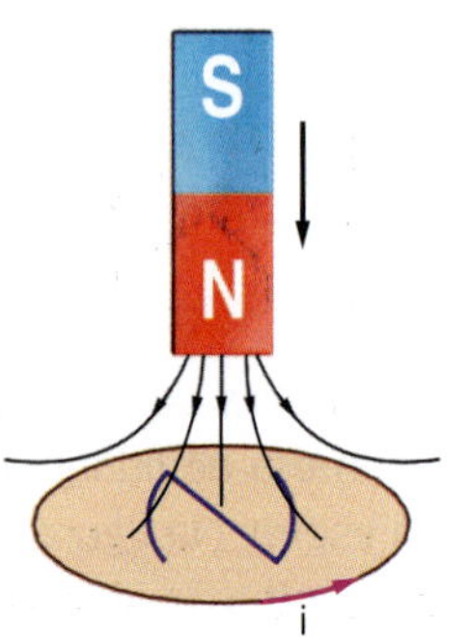

Figura 8

Na figura 9, quando o polo norte é afastado, a corrente elétrica induzida gera, na face da espira voltada para o ímã, um polo sul, que se opõe ao afastamento. Logo, a corrente elétrica induzida tem sentido horário.

A lei de Lenz nada mais é do que uma consequência do Princípio da Conservação da Energia: a energia elétrica gerada na espira provém da energia despendida por um operador ao aproximar ou afastar o ímã.

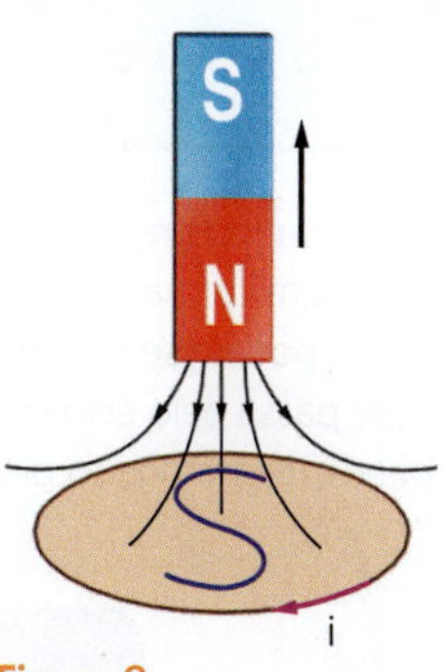

Figura 9

Ilustrações: Luis Moura

Aplicação

A1. Uma espira circular tem área A = 0,10 m² e está imersa num campo magnético uniforme de indução B = 2,0 T. Calcule o fluxo magnético através da espira nas três posições indicadas.

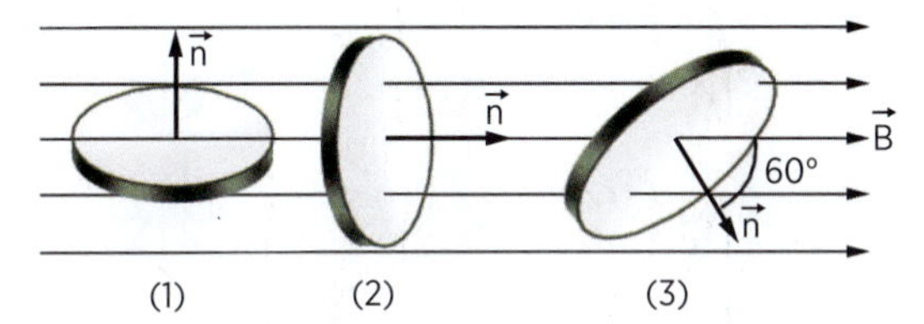

Dados: cos 0° = 1; cos 90° = 0; cos 60° = 0,50.

A2. Determine o sentido da corrente elétrica induzida na espira, devido ao movimento do ímã, nos casos a seguir:

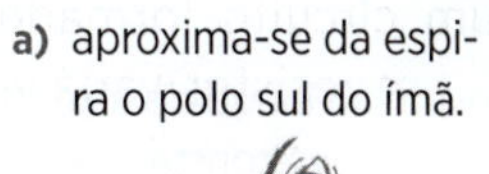

a) aproxima-se da espira o polo sul do ímã.

b) afasta-se da espira o polo sul do ímã.

A3. Determine o sentido da corrente induzida no resistor *R* devido ao movimento do ímã, relativamente ao solenoide.

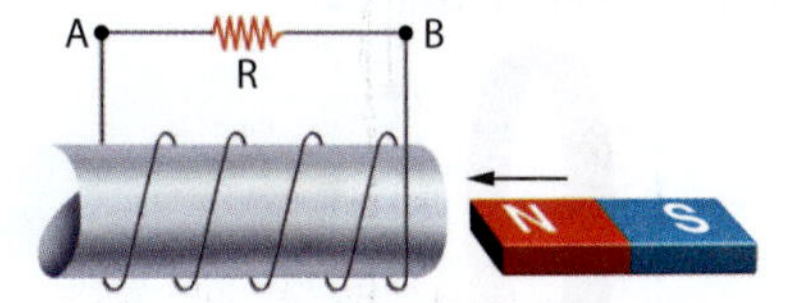

Verificação

V1. Uma espira plana de área *A* está totalmente imersa num campo magnético uniforme de indução $\vec{B}$. Seja α o ângulo que o vetor $\vec{n}$, normal ao plano da espira, faz com $\vec{B}$. Qual a definição de fluxo do campo magnético $\vec{B}$ através da espira de área *A*? Em que situação o fluxo é máximo? E nulo?

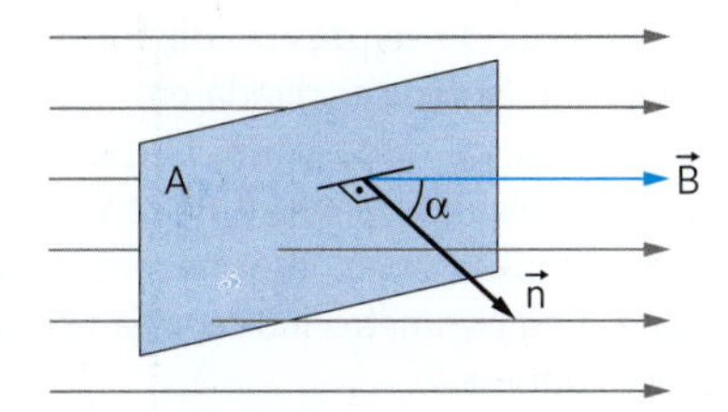

V2. Que fenômeno ocorre quando se varia o fluxo magnético através de uma espira?

V3. Determine o sentido da corrente elétrica induzida na espira, devido ao movimento do ímã, nos casos a seguir:

a) afasta-se da espira o polo norte do ímã.

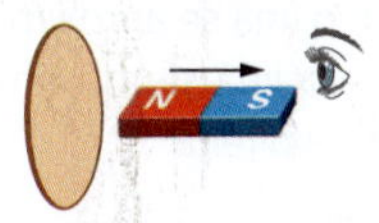

b) afasta-se da espira o polo sul do ímã.

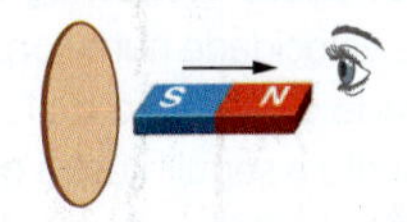

V4. Determine o sentido da corrente induzida no resistor *R* devido ao movimento do ímã, relativamente ao solenoide.

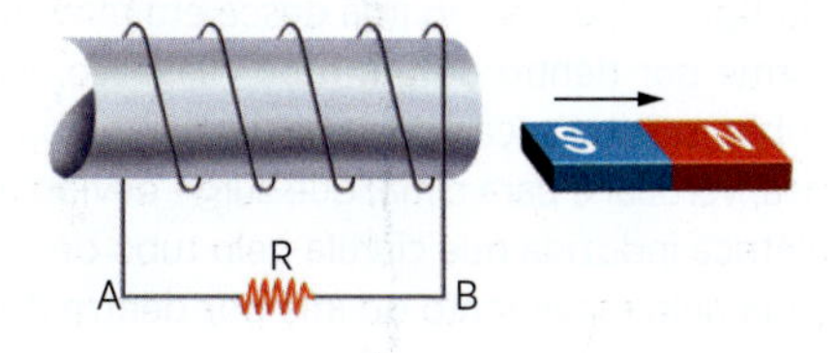

R1. (UEA-AM) A figura mostra uma espira circular de centro *C* e um ímã em forma de cilindro inicialmente em repouso. Os dois podem se mover livremente na direção do eixo XY que passa pelo eixo do ímã e pelo centro da espira, perpendicularmente ao plano que a contém.

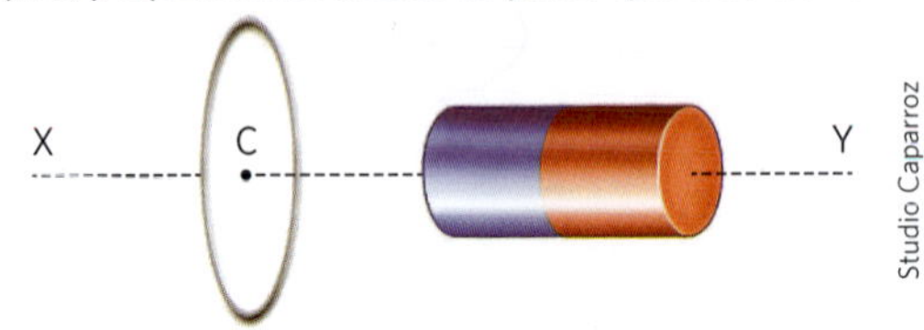

Studio Caparroz

Considere as seguintes possibilidades:

I. A espira e o ímã deslocam-se em movimento uniformemente acelerado, a partir do repouso, ao longo do eixo XY, no sentido de X com a mesma aceleração escalar.

II. A espira e o ímã se movem ao longo do eixo XY, no sentido de Y e com velocidades constantes 1 m/s e 0,8 m/s, respectivamente.

III. A espira permanece em repouso e o ímã gira ao redor do eixo XY, sem deslocar-se ao longo dele.

Pode-se afirmar que surgirá uma corrente elétrica induzida na espira em:

a) I, apenas
b) II, apenas
c) I e II, apenas
d) II e III, apenas
e) I, II e III

R2. (U. F. Viçosa-MG) As figuras abaixo representam uma espira e um ímã próximos.

Luis Moura

Das situações seguintes, a que *não* corresponde a indução de corrente na espira é aquela em que:

a) a espira e o ímã se afastam.
b) a espira está em repouso e o ímã se move para cima.
c) a espira se move para cima e o ímã para baixo.
d) a espira e o ímã se aproximam.
e) a espira e o ímã se movem com a mesma velocidade para a direita.

R3. (Unesp-SP) O freio eletromagnético é um dispositivo no qual interações eletromagnéticas provocam uma redução de velocidade num corpo em movimento, sem a necessidade da atuação de forças de atrito. A experiência descrita a seguir ilustra o funcionamento de um freio eletromagnético.

Na figura 1, um ímã cilíndrico desce em movimento acelerado por dentro de um tubo cilíndrico de acrílico, vertical, sujeito apenas à ação da força peso.

Na figura 2, o mesmo ímã desce em movimento uniforme por dentro de um tubo cilíndrico, vertical, de cobre, sujeito à ação da força peso e da força magnética, vertical e para cima, que surge devido à corrente elétrica induzida que circula pelo tubo de cobre, causada pelo movimento do ímã por dentro dele.

Nas duas situações, podem ser desconsiderados o atrito entre o ímã e os tubos, e a resistência do ar.

Tubo de acrílico

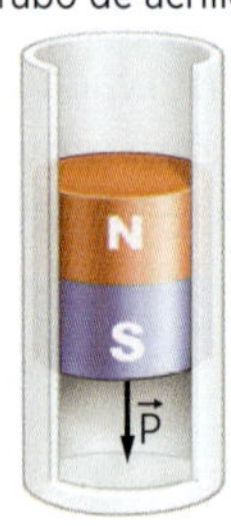

Figura 1

Tubo de cobre

Figura 2

Studio Caparroz

Considerando a polaridade do ímã, as linhas de indução magnética criadas por ele e o sentido da corrente elétrica induzida no tubo condutor de cobre abaixo do ímã, quando este desce por dentro do tubo, a alternativa que mostra uma situação coerente com o aparecimento de uma força magnética vertical para cima no ímã é a indicada pela letra:

a)

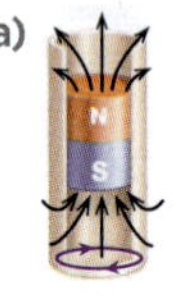

b)

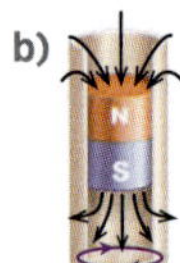

c)

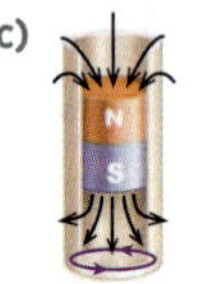

d)

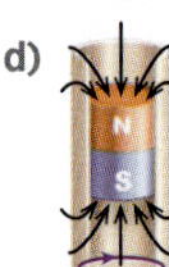

e)

Studio Caparroz

R4. (U. F. Lavras-MG) Uma bobina condutora, ligada a um amperímetro, é colocada em uma região onde há um campo magnético $\vec{B}$, uniforme, vertical, paralelo ao eixo da bobina, como representado nesta figura:

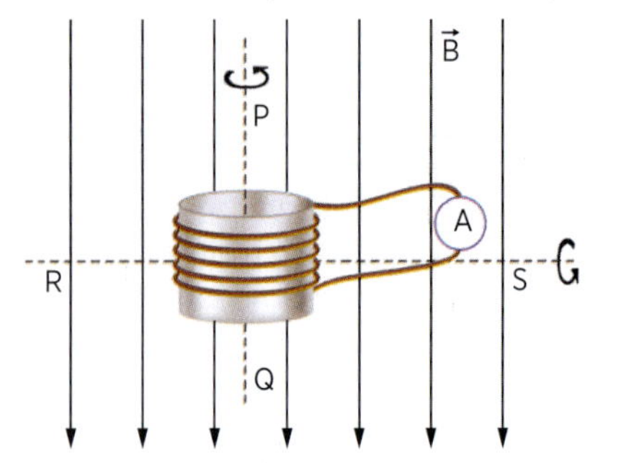

Luis Moura

Essa bobina pode ser deslocada horizontal ou verticalmente ou, ainda, ser girada em torno do eixo PQ da bobina ou da direção RS, perpendicular a esse eixo, permanecendo, sempre, na região do campo.

Considerando-se essas informações, é *correto* afirmar que o amperímetro indica uma corrente elétrica quando a bobina é:

a) deslocada horizontalmente, mantendo-se seu eixo paralelo ao campo magnético.
b) deslocada verticalmente, mantendo-se seu eixo paralelo ao campo magnético.
c) girada em torno do eixo PQ.
d) girada em torno da direção RS.

Outra maneira de se enunciar a lei de Lenz

Nos exemplos anteriores (figs. 8 e 9) ocorreu variação do fluxo magnético devido ao movimento relativo entre a espira e o ímã.

No caso em que ocorrer variação do fluxo magnético, sem haver movimento relativo, como no exemplo da figura 5, aplica-se a lei de Lenz, sob a forma:

> **O sentido da corrente elétrica induzida é tal que o fluxo de seu campo magnético (fluxo induzido ϕ') opõe-se à variação do fluxo que lhe deu origem (fluxo indutor ϕ).**

Na figura 10, se o fluxo indutor ϕ aumenta, o fluxo induzido ϕ' opõe-se a esse aumento, surgindo em sentido contrário. Nessas condições, conhecemos o sentido do vetor indução magnética $\vec{B}'$, originado pela corrente elétrica induzida i. Pela regra da mão direita, temos o sentido de i.

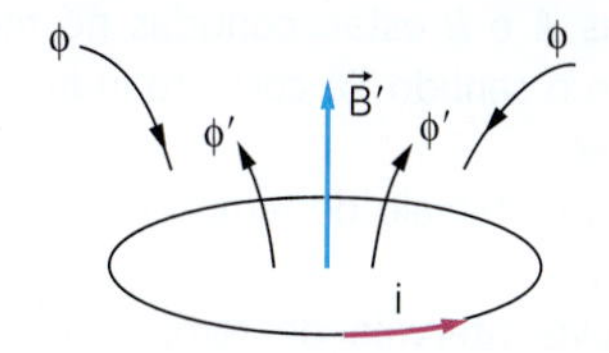

Figura 10. ϕ aumenta; ϕ' opõe-se ao aumento de ϕ.

Na figura 11, se o fluxo indutor ϕ diminui, o fluxo induzido ϕ', opondo-se à diminuição, surge no mesmo sentido. Temos, assim, o sentido do vetor indução magnética $\vec{B}'$ originado pela corrente induzida i. Pela regra da mão direita, obtemos o sentido de i.

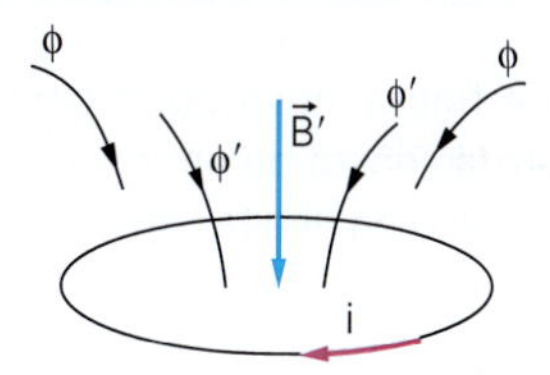

Figura 11. ϕ diminui; ϕ' opõe-se à diminuição de ϕ.

Aplicação

A4. Uma espira é colocada num campo magnético de indução $\vec{B}$, conforme mostra a figura.

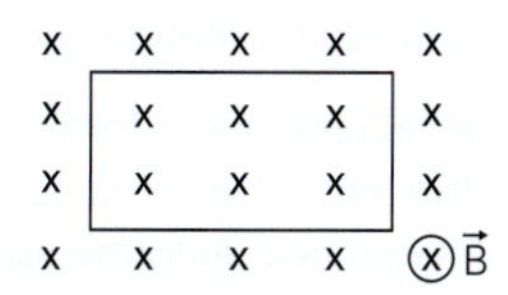

Determine o sentido da corrente elétrica induzida, quando a intensidade de $\vec{B}$:

a) cresce com o tempo;

b) decresce com o tempo.

A5. Sabe-se que um fluxo magnético variável através de uma espira induz uma corrente na espira. Na figura a seguir estão representados duas espiras planas e um fio muito longo, contido no mesmo plano das espiras.

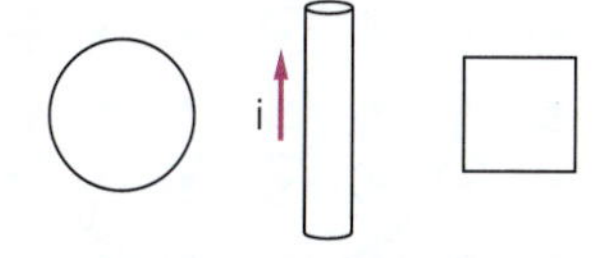

Uma espira é circular e a outra é quadrada. Se o fio conduz uma corrente que cresce com o tempo, determine o sentido das correntes induzidas nas espiras.

A6. Uma espira, cuja área pode ser variada, está imersa num campo magnético uniforme de indução $\vec{B}$, conforme a figura.

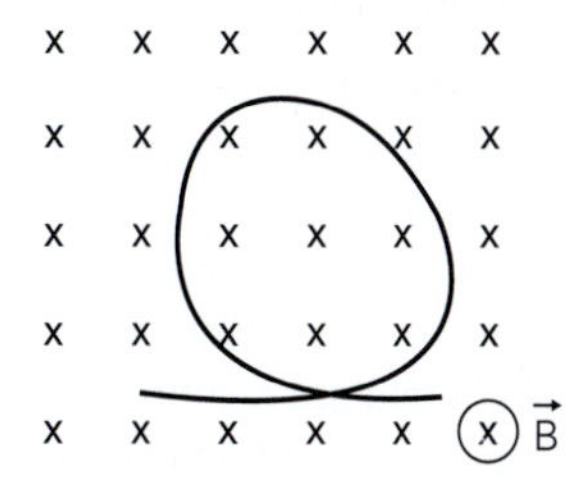

Determine o sentido da corrente induzida na espira enquanto sua área estiver:

a) aumentando;

b) diminuindo.

Verificação

V5. Um condutor retilíneo e muito longo, percorrido por corrente elétrica de intensidade i constante, está situado no mesmo plano de uma espira quadrada ABCD, paralelamente ao lado AB, conforme a figura.

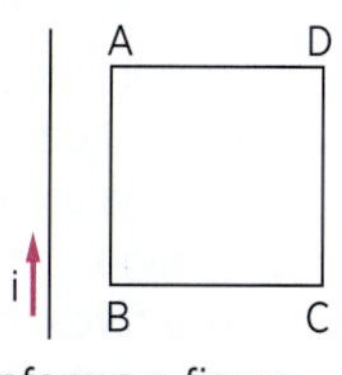

Determine o sentido da corrente elétrica induzida na espira, nos casos:

a) A espira está se afastando do condutor, mantendo o lado AB paralelo a ele.

b) A espira está se aproximando do condutor, mantendo o lado AB paralelo a ele.

V6. As espiras *A* e *B* estão contidas no mesmo plano. Determine o sentido da corrente induzida que surge na espira *B*:

a) no breve intervalo de tempo em que a chave *C* é fechada;

b) no breve intervalo de tempo em que a chave *C* é aberta.

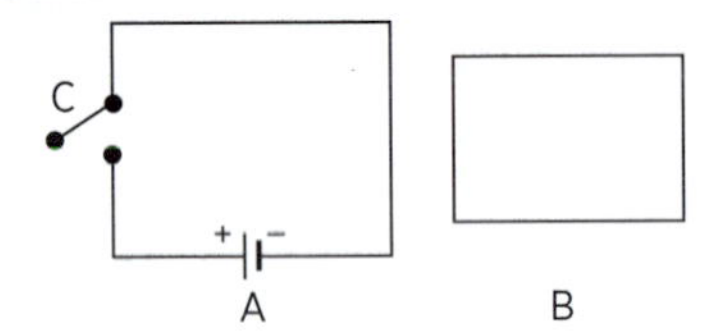

V7. As espiras *A* e *B* estão contidas no mesmo plano.

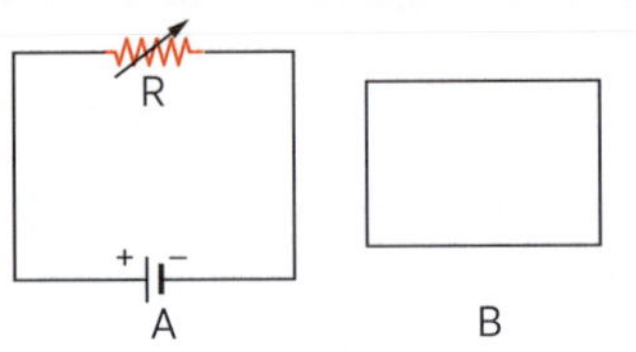

Determine o sentido da corrente induzida que surge na espira *B* durante o intervalo de tempo em que a resistência *R* do reostato estiver:

a) aumentando;

b) diminuindo.

R5. (FCM-MG) A figura mostra dois circuitos elétricos. O da esquerda consta de um microamperímetro *M* e um resistor *R*. O da direita consta de uma bateria *B*, um resistor *R* e uma chave liga-desliga *C*.

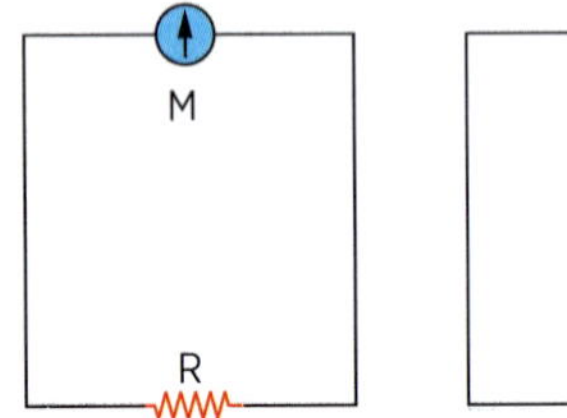

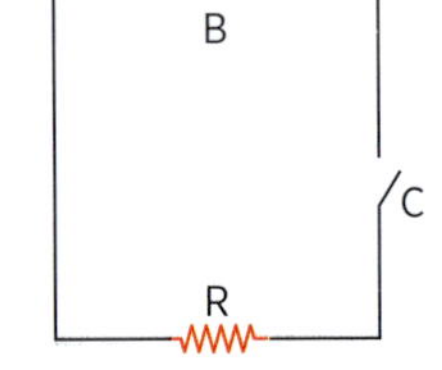

Não haverá corrente elétrica induzida no microamperímetro:

a) instantes depois da chave *C* ser ligada.

b) no instante em que a chave *C* é ligada.

c) no instante em que a chave *C* é desligada.

d) quando a chave *C* permanece ligada e os dois circuitos são afastados.

e) quando a chave *C* permanece ligada e os dois circuitos são aproximados.

R6. (U. F. Uberlândia-MG) Uma aliança de noivado de ouro (condutora elétrica), pendurada por um barbante (isolante), é solta (em *P*) para balançar no mesmo plano que a contém. Durante o seu movimento pendular, essa aliança entra (em *E*) em uma região que contém um campo magnético de intensidade *B*, o qual entra na folha perpendicularmente ao plano da aliança e de seu movimento. Essa aliança atravessa essa região e sai dela (em *S*), conforme a figura abaixo.

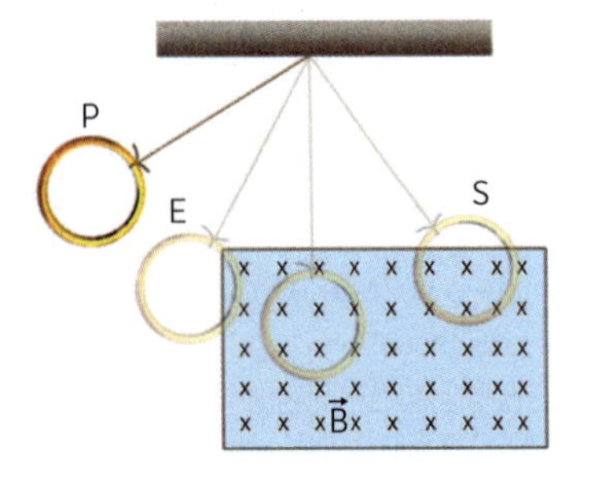

Ilustrações: Luis Moura

Considerando a figura como referência, marque a alternativa correta.

a) Enquanto a aliança estiver *saindo* (em *S*) da região com campo magnético, a corrente elétrica induzida que a percorrerá criará um campo magnético no sentido *contrário* ao sentido do campo magnético *B* existente.

b) Enquanto a aliança estiver *entrando* (em *E*) na região com campo magnético, surgirá nela uma corrente elétrica induzida no sentido *horário*.

c) Enquanto a aliança *permanecer totalmente no interior* da região com campo magnético, a corrente elétrica induzida que a percorrerá criará um campo magnético no sentido *contrário* ao sentido do campo magnético (*B*) existente.

d) Enquanto a aliança estiver *saindo* (em *S*) da região com campo magnético, surgirá nela uma corrente elétrica induzida no sentido *horário*.

R7. (UE-PI) Uma circunferência, formada por um fio condutor de cobre, encontra-se numa região onde existe um campo magnético uniforme espacial e temporalmente. A direção do campo é perpendicular ao plano da circunferência, e o seu sentido encontra-se indicado na figura a seguir. Quando o raio da circunferência diminui, sem modificação no campo magnético, é correto afirmar que:

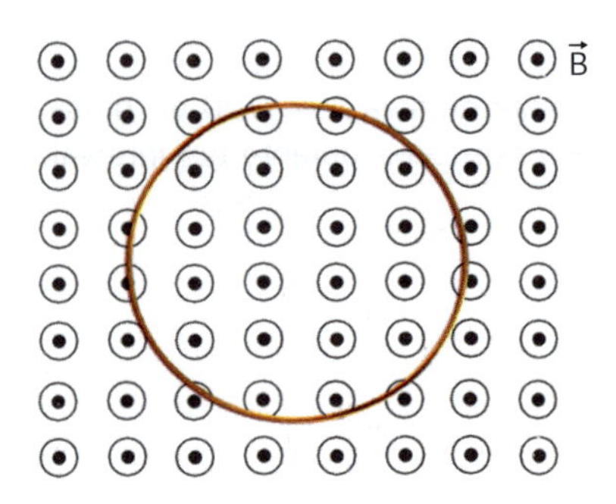

a) uma corrente elétrica é gerada no sentido horário.

b) a força magnética que passa a atuar no fio realiza trabalho positivo.

c) nenhuma corrente elétrica é gerada.

d) uma corrente elétrica é gerada no sentido anti-horário.

e) a força magnética que passa a atuar no fio realiza trabalho negativo.

Lei de Faraday-Neumann

Vimos que, quando o fluxo magnético através da superfície de uma espira varia, surge na espira uma corrente induzida. A ddp responsável pelo aparecimento dessa corrente recebe o nome de *força eletromotriz induzida* (fem) e é dada pela *lei de Faraday-Neumann*.

Seja ϕ_1 o fluxo magnético através da espira num certo instante t_1 e ϕ_2 o fluxo magnético num instante posterior t_2. Indiquemos por $\Delta\phi = \phi_2 - \phi_1$ a variação do fluxo no intervalo de tempo $\Delta t = t_2 - t_1$.

A lei de Faraday afirma que a força eletromotriz induzida média, no intervalo de tempo Δt, tem valor E_m dado por:

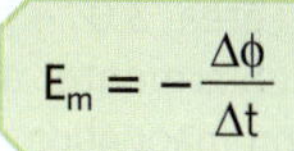

$$E_m = -\frac{\Delta\phi}{\Delta t}$$

ou seja:

A fem induzida é igual ao quociente da variação do fluxo magnético pelo intervalo de tempo que ocorre, com sinal trocado.

A razão do sinal (−) nessa expressão deve-se à lei de Lenz, pois a força eletromotriz induzida se opõe à variação do fluxo que a origina.

Aplicação

A7. Uma espira é colocada no interior de um campo magnético, de modo que o fluxo magnético varia com o tempo. No instante $t_1 = 10$ s tem-se $\phi_1 = 12$ Wb e para $t_2 = 15$ s, $\phi_2 = 32$ Wb. Determine o valor absoluto da fem induzida média no intervalo de tempo de t_1 a t_2.

A8. O fluxo magnético através de uma espira varia com o tempo, conforme o gráfico da figura.

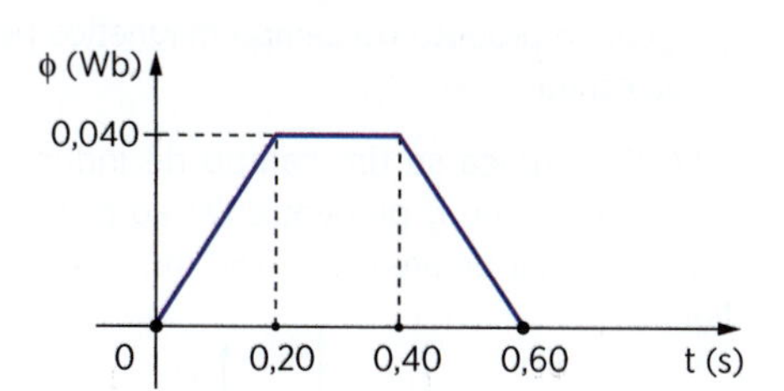

Determine o valor absoluto da fem média induzida na espira nos intervalos de tempo:

a) 0 a 0,20 s
b) 0,20 s a 0,40 s
c) 0,40 s a 0,60 s

A9. Uma espira de área $A = 0{,}20\ m^2$ passa da posição 1 para a posição 2 durante um intervalo de tempo $\Delta t = 0{,}10$ s. O campo magnético é uniforme de indução $B = 10$ T.

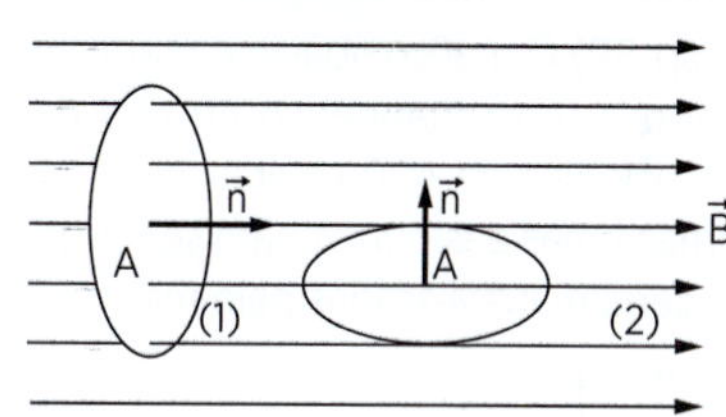

Determine:

a) os fluxos magnéticos através da espira nas posições 1 e 2;
b) o valor absoluto da fem induzida média no intervalo de tempo Δt.

A10. Um campo magnético uniforme de indução $B = 10$ T é perpendicular ao plano de uma espira de área $A_1 = 2{,}0 \cdot 10^{-3}\ m^2$ (fig. *a*). Se a área da espira varia, passando para $A_2 = 1{,}0 \cdot 10^{-3}\ m^2$ num intervalo de tempo $\Delta t = 1{,}0 \cdot 10^{-1}$ s (fig. *b*), qual o valor absoluto da fem induzida média na espira nesse intervalo de tempo?

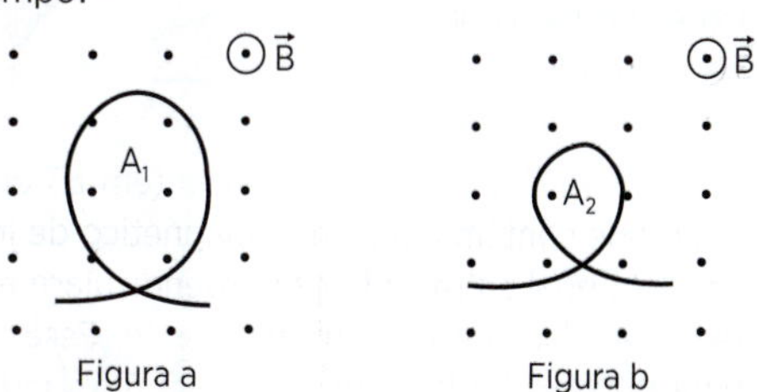

Figura a Figura b

Verificação

V8. Coloca-se uma espira num campo magnético, de modo que o fluxo magnético varia com o tempo. No instante $t_1 = 2{,}0$ s, tem $\phi_1 = 10$ Wb e para $t_2 = 10$ s, $\phi_2 = 50$ Wb. Determine o valor absoluto da fem induzida média no intervalo de tempo de t_1 a t_2.

V9. O fluxo magnético através de uma espira varia com o tempo, conforme o gráfico da figura.

Determine o valor absoluto da fem induzida média na espira nos intervalos de tempo:

ϕ (Wb)
0,050
0
0,10
0,20
t (s)

a) 0 a 0,10 s
b) 0,10 a 0,20 s

V10. Uma espira de área $3{,}0 \cdot 10^{-3}$ m^2 está colocada perpendicularmente às linhas de indução de um campo magnético uniforme de indução $B = 5{,}0 \cdot 10^{-2}$ T.

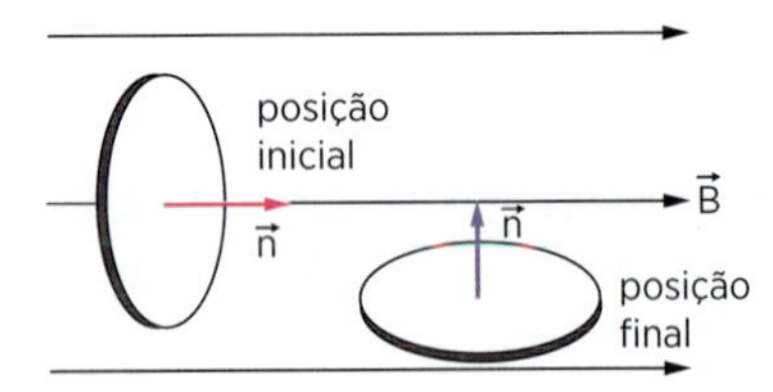

Após 0,30 s, o plano da espira se torna paralelo às linhas de indução. Determine o valor absoluto da fem induzida média na espira, nesse intervalo de tempo.

V11. O campo magnético da figura penetra no plano da folha e tem intensidade $B = 4{,}0$ T. Uma espira circular de raio inicial 20 cm está totalmente imersa no campo magnético, de modo a permitir um fluxo máximo. Sabendo que o raio da espira foi reduzido para 12 cm em 0,20 s, determine o valor absoluto da fem induzida média nesse intervalo de tempo.

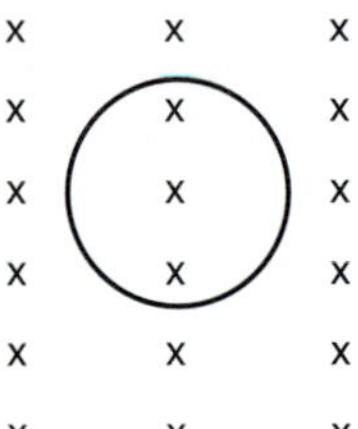

Revisão

R8. (Vunesp-SP) O gráfico abaixo mostra como varia com o tempo o fluxo magnético através de cada espira de uma bobina de 400 espiras, que foram enroladas próximas umas das outras para se ter garantia de que todas seriam atravessadas pelo mesmo fluxo.

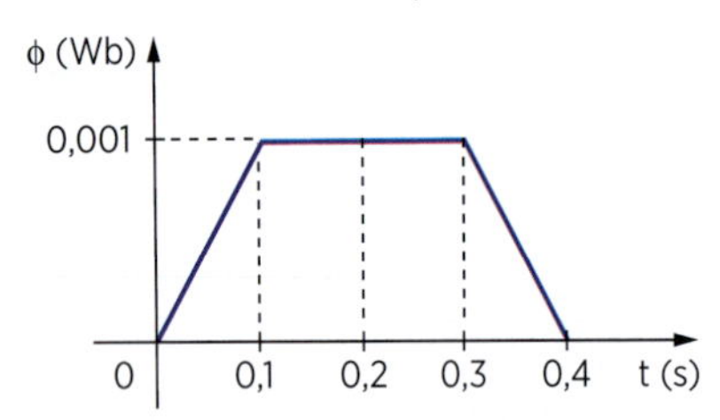

a) Explique por que a fem induzida na bobina é zero entre 0,1 s e 0,3 s.

b) Determine a máxima fem induzida na bobina.

R9. (Unicamp-SP) O alicate-amperímetro é um medidor de corrente elétrica, cujo princípio de funcionamento baseia-se no campo magnético produzido pela corrente. Para se fazer uma medida, basta envolver o fio com a alça do amperímetro, como ilustra a figura ao lado.

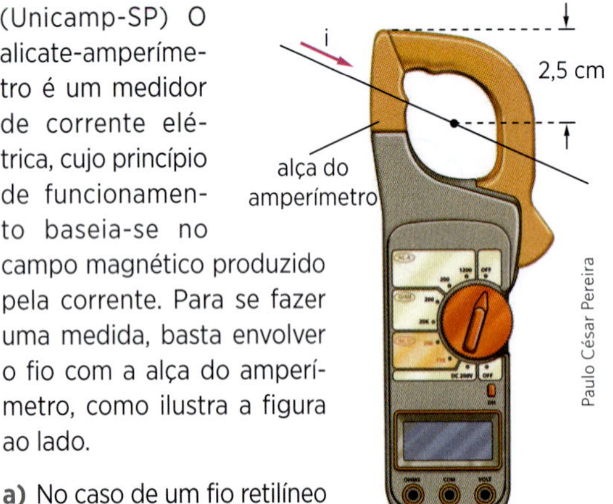

a) No caso de um fio retilíneo e longo, pelo qual passa uma corrente i, o módulo do campo magnético produzido a uma distância r do centro do fio é dado por $B = \frac{\mu_0 i}{2\pi r}$, onde $\mu_0 = 4\pi \cdot 10^{-7}\ \frac{\text{T} \cdot \text{m}}{\text{A}}$. Se o campo magnético num ponto da alça circular do alicate da figura for igual a $1{,}0 \cdot 10^{-5}$ T, qual é a corrente que percorre o fio situado no centro da alça do amperímetro?

b) A alça do alicate é composta de uma bobina com várias espiras, cada uma com área $A = 0{,}6$ cm^2. Numa certa medida, o campo magnético, que é perpendicular à área da espira, varia de zero a $5{,}0 \cdot 10^{-6}$ T em $2{,}0 \cdot 10^{-3}$ s. Qual é a força eletromotriz induzida, E, em uma espira?

A lei de indução de Faraday é dada por: $E = \frac{\Delta\phi}{\Delta t}$, onde ϕ é o fluxo magnético, que, nesse caso, é igual ao produto do campo magnético pela área da espira.

R10. (ITA-SP) Aplica-se um campo de indução magnética uniforme $\vec{B}$ perpendicular ao plano de uma espira circular de área $A = 0{,}50$ m^2, como mostra a figura.

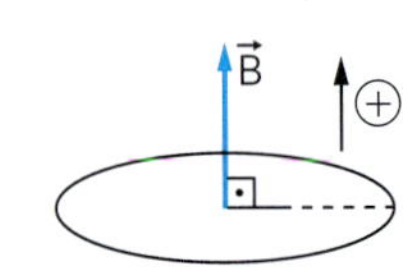

A intensidade do vetor $\vec{B}$ varia com o tempo segundo o gráfico a seguir.

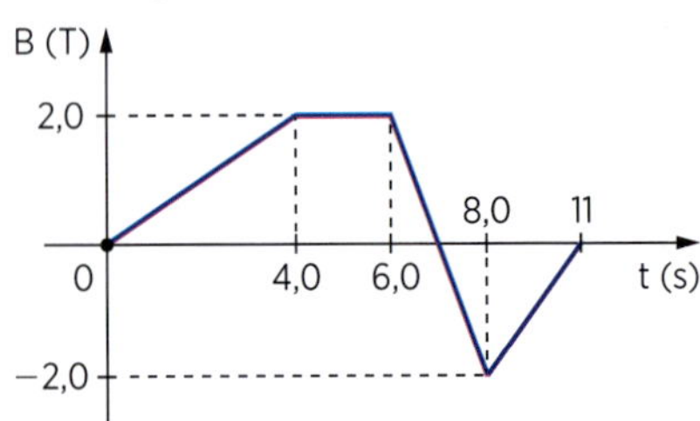

Faça o gráfico, em escala, da fem induzida em função do tempo.

R11. (UF-PB) Um cidadão da cidade de Conde, no litoral paraibano, deseja aproveitar a brisa marítima para gerar energia elétrica para sua residência. Nesse sentido, ele constrói um cata-vento acoplado a um alternador, constituído de uma bobina de espiras retangulares que gira com velocidade angular constante, em um campo magnético uniforme produzido por ímãs. (Ver figura esquemática.)

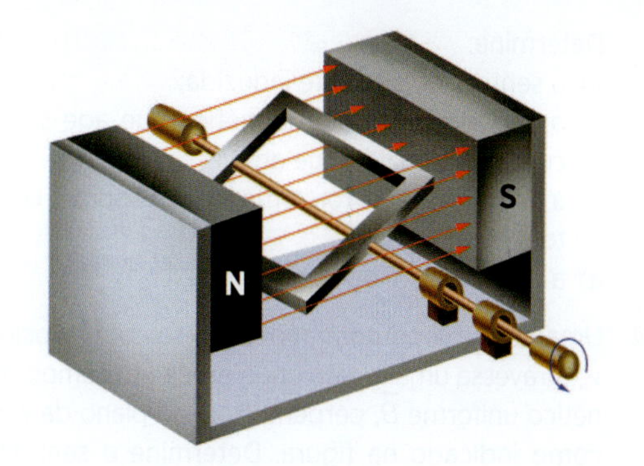

Luis Moura

Em sua primeira tentativa, o cidadão verifica que a força eletromotriz (fem) induzida na bobina é muito pequena, e procura um modo de aumentá-la. Considerando a situação descrita e as propostas de solução do cidadão, abaixo apresentadas, identifique as que permitirão um aumento da fem.

I. Aumentar o número de espiras da bobina.
II. Diminuir a área das espiras.
III. Aumentar o campo magnético.
IV. Diminuir a resistência elétrica da bobina.
V. Aumentar a frequência de rotação da bobina.

Condutor retilíneo em campo magnético uniforme

Na figura 12, o condutor AB se desloca apoiado nos ramos paralelos do condutor CDFG. O fluxo magnético ϕ_1, no instante t_1, vale:

$$\phi_1 = B \cdot A_1 \text{ ou } \phi_1 = B \cdot \ell \cdot s_1$$

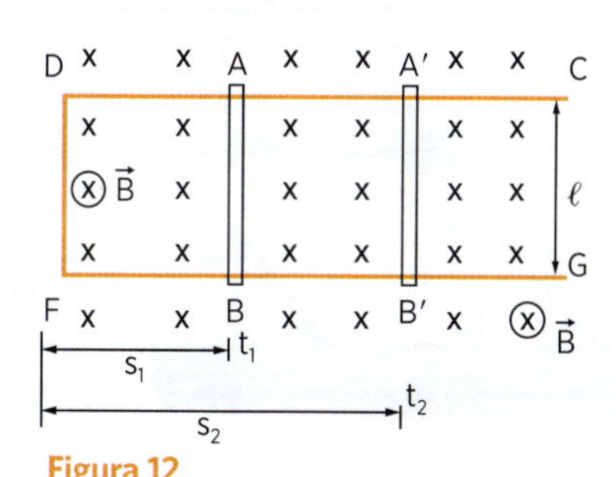

Figura 12

No instante t_2, temos:

$$\phi_2 = B \cdot A_2 \text{ ou } \phi_2 = B \cdot \ell \cdot s_2$$

No intervalo de tempo $\Delta t = t_2 - t_1$ a variação de fluxo magnético será:

$$\Delta\phi = \phi_2 - \phi_1$$
$$\Delta\phi = B\ell(s_2 - s_1)$$
$$\Delta\phi = B\ell\Delta s$$

A fem induzida média no intervalo de tempo Δt tem valor absoluto dado por:

$$E_m = \frac{\Delta\phi}{\Delta t} \Rightarrow E_m = \frac{B\ell\Delta s}{\Delta t}$$

Sendo $v_m = \frac{\Delta s}{\Delta t}$ a velocidade média com que o condutor passou de uma posição para outra, vem:

$$E_m = B \cdot \ell \cdot v_m$$

Se o condutor se deslocar com velocidade constante v, temos $v_m = v$. Nesse caso, a fem induzida é constante e vamos indicá-la por E. Temos:

$$E = B \cdot \ell \cdot v$$

Aplicação

A11. A barra condutora AB está em contato com guias metálicas DA e CB, constituindo uma espira ABCD. O conjunto encontra-se imerso num campo magnético uniforme, conforme a figura. Quando a barra AB se desloca, varia a área da espira e consequentemente varia o fluxo magnético através dela. Determine, na situação indicada, o sentido da corrente elétrica induzida.

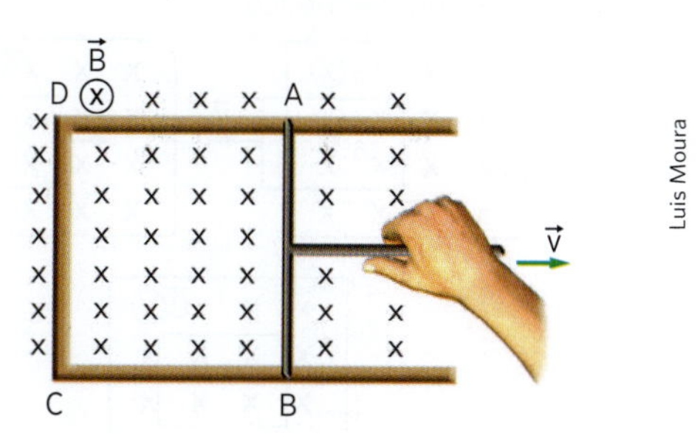

Luis Moura

A12. Uma barra condutora AB, de resistência desprezível, está em contato com duas barras metálicas, CA e DB, também de resistências nulas. O resistor $R = 0{,}40\ \Omega$ e o circuito encontram-se no interior de um campo magnético uniforme, perpendicular ao plano da figura, de intensidade $4{,}8 \cdot 10^{-3}$ T. A barra AB se desloca para a direita com a velocidade de 5,0 m/s. Determine:

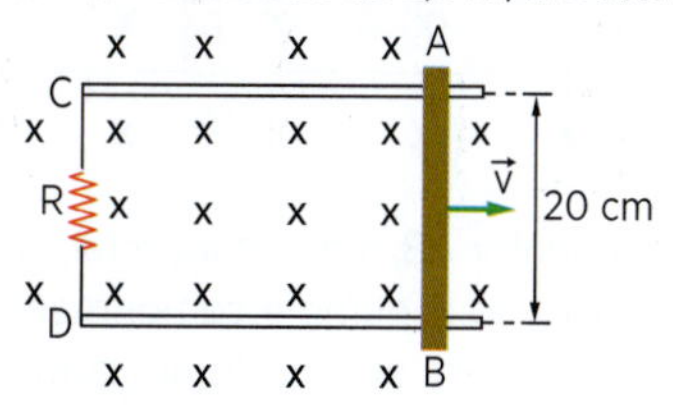

a) a fem induzida;
b) a intensidade da corrente elétrica induzida que atravessa R;
c) o sentido da corrente elétrica convencional induzida através de R.

A13. Um condutor AB de comprimento $\ell = 50$ cm move-se num plano horizontal sem atrito, apoiando-se em dois trilhos condutores, ligados pelo resistor de resistência $R = 2,0\ \Omega$. Perpendicularmente aos trilhos existe um campo de indução magnética uniforme $B = 0,10$ T. O corpo de massa $m = 0,10$ kg desce verticalmente com velocidade constante, arrastando o condutor AB.

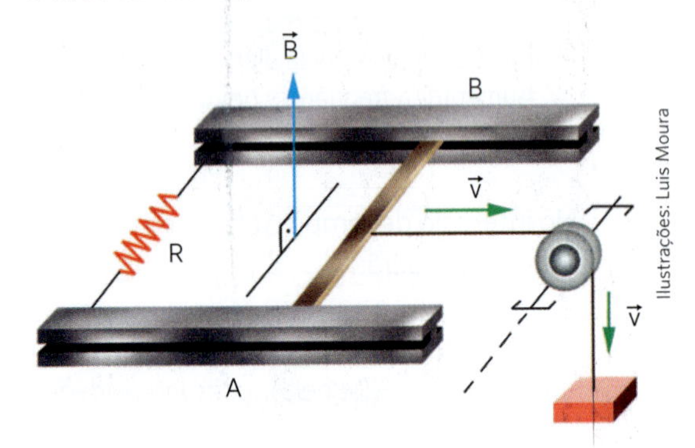

Determine:

a) o sentido da corrente induzida;

b) o sentido da força magnética que age sobre a corrente induzida que atravessa AB;

c) a intensidade da força magnética sobre o condutor AB;

d) a velocidade v do condutor.

A14. Uma espira condutora, movendo-se com velocidade $\vec{v}$, atravessa uma região onde existe um campo magnético uniforme $\vec{B}$, perpendicular ao plano da espira, como indicado na figura. Determine o sentido da corrente elétrica induzida, nos instantes indicados na figura.

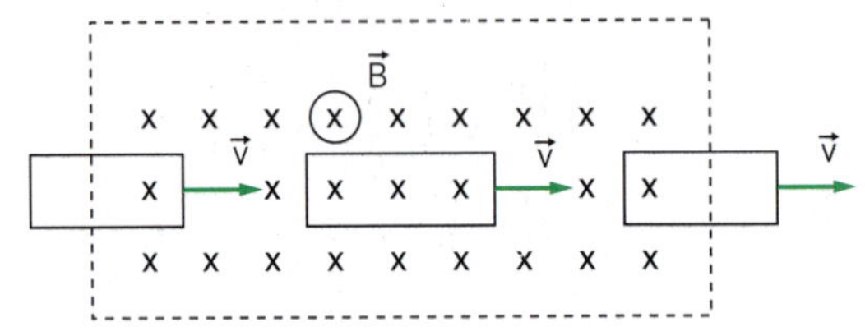

Verificação

V12. Determine o sentido da corrente elétrica induzida no esquema abaixo:

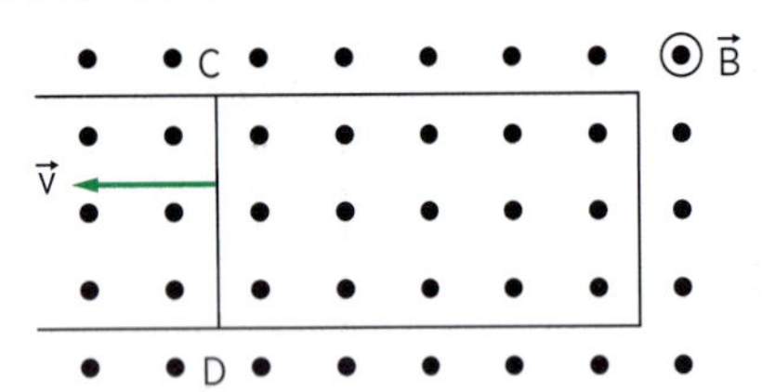

V13. Uma barra condutora AB, de comprimento $\ell = 40$ cm, está em contato com as guias metálicas CA e DB. O conjunto se encontra em um campo magnético uniforme de intensidade igual a 1,5 T, perpendicular ao plano da figura. Quando a barra se desloca para a direita, com a velocidade de 2,0 m/s, calcule o valor da fem induzida e determine o sentido da corrente elétrica convencional induzida.

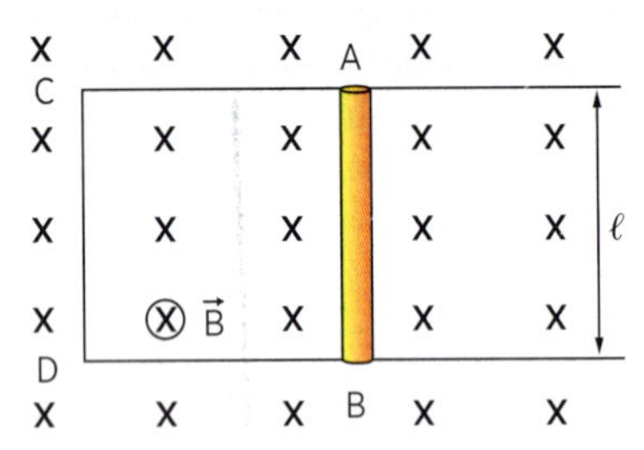

V14. Um condutor AB, reto e horizontal, de resistência elétrica $6,4 \cdot 10^{-4}$ ohms e comprimento $\ell = 0,40$ m, pode mover-se sem atrito apoiado sobre dois condutores, C_1 e C_2, horizontais e de resistência elétrica desprezível. O amperímetro A é ideal. O conjunto está imerso num campo de indução magnética uniforme, vertical, descendente e de intensidade $B = 1,0 \cdot 10^{-5}$ T.

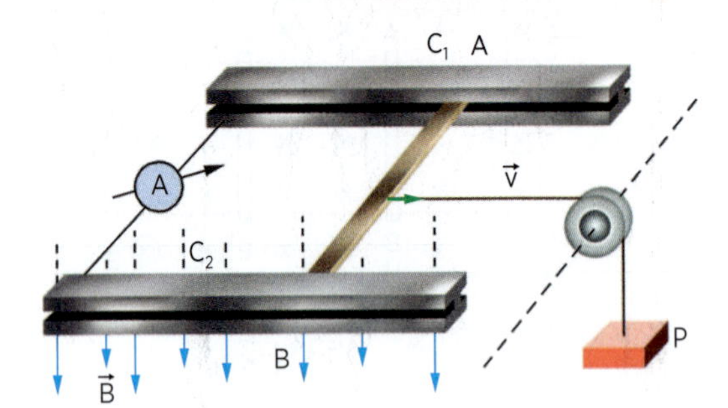

Sabendo que a velocidade do condutor AB é de 16 m/s, determine:

a) a intensidade da corrente indicada pelo amperímetro e seu sentido convencional;

b) o peso P do corpo ligado ao condutor AB, que mantém a velocidade v constante.

V15. A figura mostra uma espira metálica rígida, situada no plano do papel, atravessando uma região onde existe um campo magnético uniforme de indução $\vec{B}$. Determine o sentido da corrente induzida na espira nas situações mostradas abaixo:

a) a espira está saindo do campo magnético;

b) a espira está entrando no campo magnético;

c) a espira está se movimentando totalmente imersa no campo magnético.

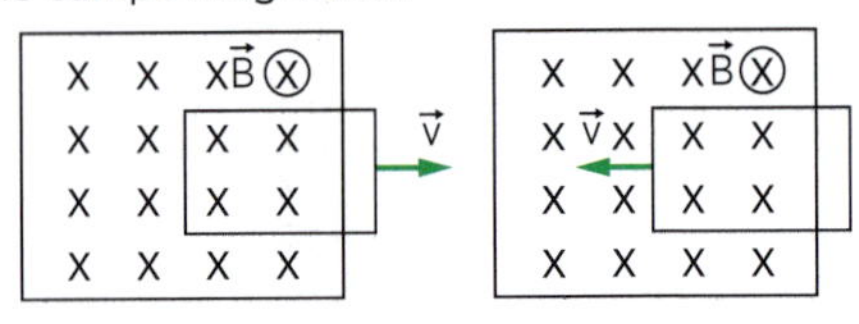

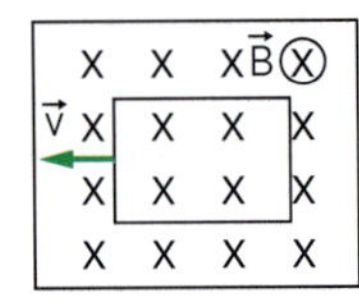

R12. (UF-AL) A figura ilustra um fio condutor e uma haste metálica móvel sobre o fio, colocados numa região de campo magnético uniforme espacialmente (em toda a região cinza da figura), com módulo *B*, direção perpendicular ao plano do fio e da haste e sentido indicado. Uma força de módulo *F* é aplicada na haste, e o módulo do campo magnético aumenta com o tempo. De acordo com a lei de Faraday, é correto afirmar que:

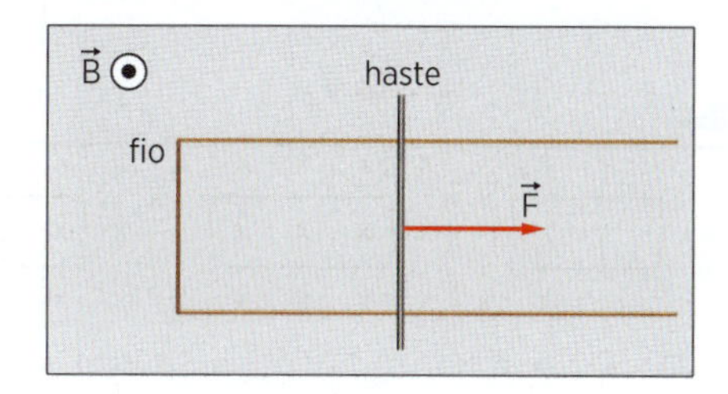

a) o aumento de *B* com o tempo tende a gerar uma corrente no sentido horário, enquanto a ação da força *F* tende a gerar uma corrente no sentido anti-horário.

b) o aumento de *B* com o tempo tende a gerar uma corrente no sentido anti-horário, enquanto a ação da força *F* tende a gerar uma corrente no sentido horário.

c) ambos o aumento de *B* com o tempo e a ação da força *F* tendem a gerar uma corrente no sentido horário.

d) ambos o aumento de *B* com o tempo e a ação da força *F* tendem a gerar uma corrente no sentido anti-horário.

e) a ação da força *F* tende a gerar uma corrente no sentido horário, enquanto o aumento de *B* com o tempo não tem influência sobre o sentido da corrente gerada.

R13. (UF-BA) Em uma região onde existe um campo magnético uniforme B = 0,2T na direção vertical, uma barra metálica — de massa desprezível, comprimento ℓ = 1 m e resistência elétrica R = 0,5 Ω — desliza sem atrito, sob a ação de um peso, sobre trilhos condutores paralelos de resistência desprezível, conforme a figura.

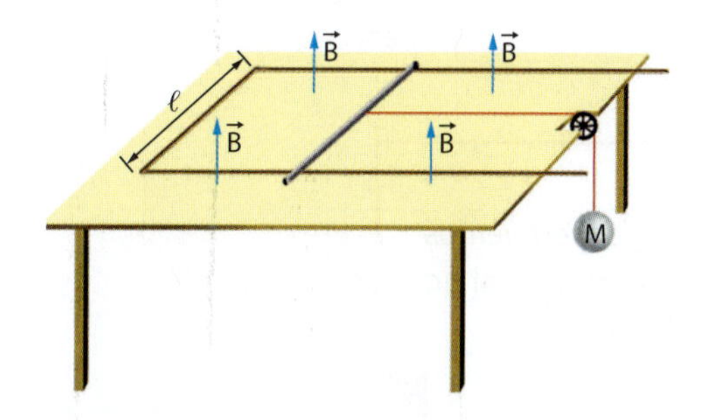

Sabendo que o circuito formado pela barra e pelos trilhos está contido em um plano horizontal e que, após alguns instantes, a barra passa a se mover com velocidade constante, identifique a origem da força que equilibra o peso e, considerando a massa M = 40 g e a aceleração da gravidade g = 10 m/s^2, calcule o valor da velocidade constante.

R14. (Fuvest-SP) É possível acender um LED, movimentando-se uma barra com as mãos? Para verificar essa possibilidade, um jovem utiliza um condutor elétrico em forma de U, sobre o qual pode ser movimentada uma barra *M*, também condutora, entre as posições X_1 e X_2. Essa disposição delimita uma espira condutora, na qual é inserido o LED, cujas características são indicadas na tabela a seguir. Todo o conjunto é colocado em um campo magnético $\vec{B}$ (perpendicular ao plano dessa folha e entrando nela), com intensidade de 1,1 T. O jovem, segurando em um puxador isolante, deve fazer a barra deslizar entre X_1 e X_2.

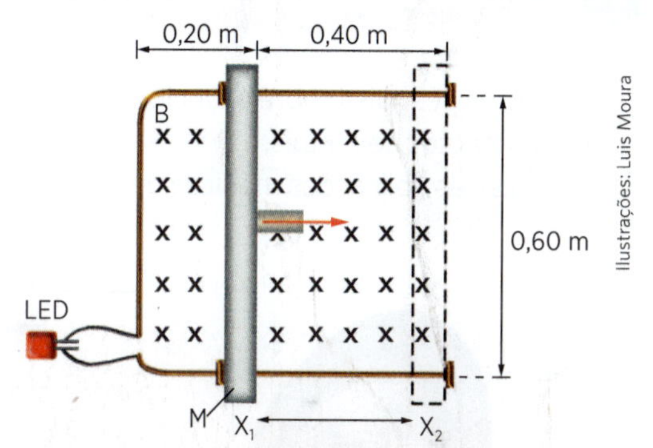

LED (diodo emissor de luz)	
Potência	24 mW
Corrente	20 mA
Luminosidade	2 lumens

Para verificar em que condições o LED acenderia durante o movimento, estime:

a) A tensão V, em volts, que deve ser produzida nos terminais do LED, para que ele acenda de acordo com suas especificações.

b) A variação Δϕ do fluxo do campo magnético através da espira, no movimento entre X_1 e X_2.

c) O intervalo de tempo Δt, em *s*, durante o qual a barra deve ser deslocada entre as duas posições, com velocidade constante, para que o LED acenda.

Note e adote: A força eletromotriz induzida ε é tal que $\varepsilon = -\frac{\Delta\phi}{\Delta t}$.

R15. (Unimontes-MG) Um trenzinho de brinquedo percorre um trilho com uma velocidade constante *v*. Fixada na parte superior desse trenzinho existe uma bobina de 20 espiras retangulares, na qual uma lâmpada de 45 W está conectada. A espira irá passar por uma região de campo magnético de módulo B = 0,20 T, direcionado para dentro da folha de papel (veja figura). A resistência da lâmpada é R = 0,20 Ω, e o comprimento da lateral da espira é L = 50 cm. A velocidade, em m/s, que o trenzinho deve ter para que a lâmpada funcione na sua potência máxima é:

a) 3,0
b) 2,5
c) 2,0
d) 1,5

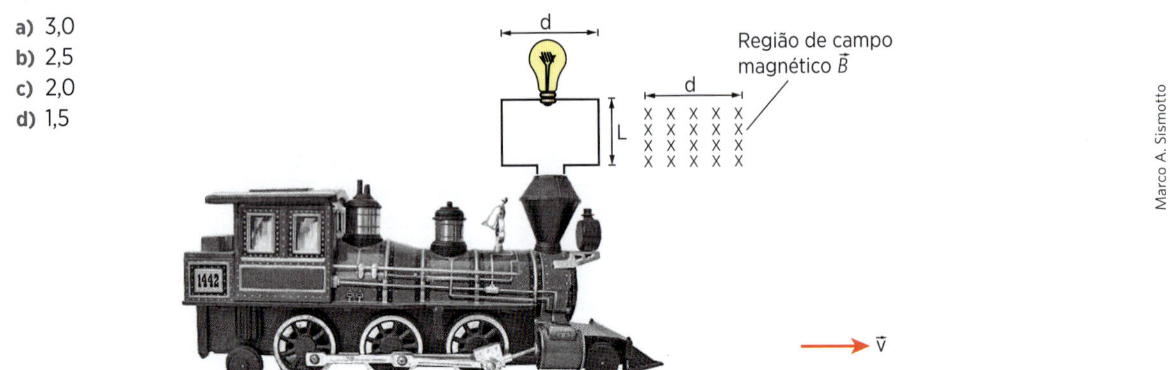

APROFUNDANDO

- Faça uma pesquisa sobre o funcionamento do telefone, do microfone, do alto-falante, do gravador magnético e do detector de metais.
- Pesquise as aplicações médicas do eletromagnetismo, como, por exemplo, a ressonância magnética.

Thinkstock/Getty Images

Sylvia Schug/E+/Getty Images

LEIA MAIS

Michel Rival. *Os grandes experimentos científicos*. Rio de Janeiro: Jorge Zahar, 1996. (Col. Ciência e Cultura)

CRONOLOGIA DOS ESTUDOS SOBRE ELETROMAGNETISMO

1820

- O físico dinamarquês Hans Christian Oersted (1777-1851), fazendo experiências com a pilha de Volta, constata que uma agulha magnética sofre desvios quando próxima a um fio percorrido por corrente elétrica. Esse fato estabeleceu, pela primeira vez, uma relação entre fenômenos elétricos e fenômenos magnéticos. Era julho. Nascia, assim, o Eletromagnetismo.
  Em setembro, o astrônomo e físico francês François Arago (1786-1853) repete, na Academia de Ciências da França, a experiência de Oersted. O cientista André-Marie Ampère (1775-1836), que assistira à demonstração, percebe a importância do fenômeno observado e, desde então, passa a se dedicar ao estudo da Eletricidade.

Coleção particular. Science Photo Library/Latinstock

Oersted observa o efeito da corrente elétrica sobre a agulha de uma bússola.

1820 a 1826

- Ampère proporciona ao Eletromagnetismo um grande avanço, não só no campo teórico como no campo prático. Estende o conceito da ação de uma corrente elétrica sobre um ímã, estabelece a lei de ação de uma corrente sobre outra corrente. Conclui que essas ações não são eletrostáticas. Introduz a ideia de que as propriedades magnéticas dos ímãs estão relacionadas com a existência de correntes elétricas no seu interior. Inventa o solenoide e mostra sua analogia com os ímãs. Constrói com a colaboração de Arago o primeiro eletroímã, base para o desenvolvimento prático da Eletricidade.

1831

- Michael Faraday (1791-1867), um dos maiores cientistas do século XIX, descobre o fenômeno da indução eletromagnética, base para o funcionamento dos geradores mecânicos de energia elétrica.
  Destacam-se ainda, por suas contribuições no desenvolvimento do Eletromagnetismo, os cientistas Joseph Henry (1797-1878), que completa os trabalhos de Faraday sobre indução eletromagnética; Heinrich Lenz (1804-1865), que descobre a lei que permite achar o sentido da corrente induzida; Wilhelm Weber (1804-1891), que realiza estudos sobre o magnetismo terrestre; Nicolas Tesla (1856-1943), que constrói o primeiro motor de corrente alternada.

Coleção particular/Erich Lessing/Album/Latinstock

Laboratório de Faraday na Royal Institution.

Desafio Olímpico

1. (OPF-SP) Huguinho, Zezinho e Luizinho observam, em laboratório, uma partícula carregada que penetra com velocidade *v* numa região do espaço onde existe um campo de indução magnética *B* constante no tempo e uniforme. Eles verificam que a partícula não sofre desvio em sua trajetória retilínea. Veja a seguir a opinião de cada um deles sobre o fenômeno.
Huguinho: "*Os vetores velocidade da partícula e indução magnética são perpendiculares*".
Zezinho: "*Os vetores velocidade da partícula e indução magnética são paralelos*".
Luizinho: "*Os vetores velocidade da partícula e indução magnética são oblíquos*".
Nessas condições, é *correto*:
   a) Somente Huguinho tem razão.
   b) Somente Zezinho tem razão.
   c) Somente Luizinho tem razão.
   d) Todos podem estar certos.
   e) Nenhum deles tem razão.

2. (OAF-Argentina) O dispositivo abaixo é conhecido como seletor de velocidades e consiste em um campo elétrico uniforme e um campo magnético também uniforme dispostos perpendicularmente entre si, como mostra a figura. Algumas partículas com uma velocidade específica podem atravessar essa região sem sofrer desvio. Determine essa velocidade em função dos parâmetros fornecidos na figura.

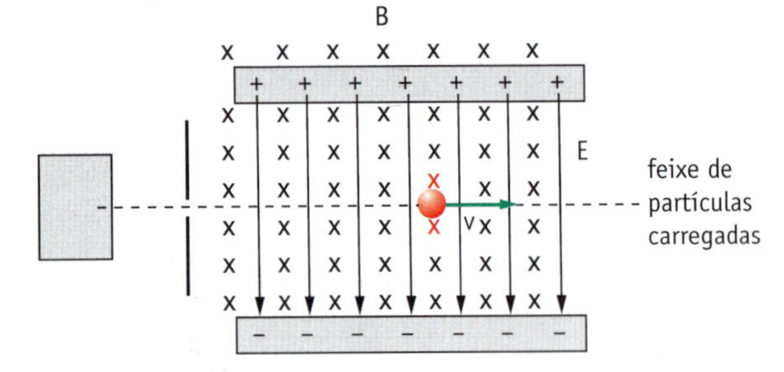

3. (OPF-SP) Na figura a seguir, um próton, com velocidade de módulo $v = 2 \cdot 10^5$ m/s, move-se paralelamente a um fio de cobre, no qual circula uma corrente de 20 A. Pergunta-se: qual será a força magnética sobre o próton?
   a) $1{,}0 \cdot 10^{-18}$ N.
   b) $3{,}2 \cdot 10^{-18}$ N.
   c) $3{,}2 \cdot 10^{-4}$ N.
   d) $1{,}0 \cdot 10^{-4}$ N.
   e) Nenhuma das alternativas anteriores.
   Dado: $\mu_0 = 4\pi \cdot 10^{-7}$ N/A^2.

4. (OEF-Espanha) Um fio reto e muito longo é percorrido por uma corrente elétrica de intensidade i = 8,0 A. Uma parte desse fio, tal como se mostra na figura, é curvada até formar uma espira circular de raio R = 2,0 cm. O módulo do vetor indução magnética *B*, no centro da espira em teslas é:
   a) $1{,}6 \cdot 10^{-4}$
   b) $2{,}4 \cdot 10^{-4}$
   c) $3{,}2 \cdot 10^{-4}$
   d) $6{,}4 \cdot 10^{-4}$
   e) $8{,}2 \cdot 10^{-4}$

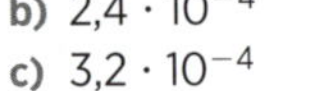

   Dados $\mu_0 = 4\pi \cdot 10^{-7}$ (SI); $\pi \cong 3$

5. (OPF-SP) Dois fios de comprimento *L* estão colocados paralelamente a uma distância de 1 cm um do outro. O primeiro fio transporta uma corrente de 5 A enquanto o segundo, 10 A. Qual a força por unidade de comprimento exercida pelo primeiro fio no segundo, se os dois fios transportam corrente no mesmo sentido?
   Dado: $\mu_0 = 4\pi \cdot 10^{-7}$ N/A^2.

6. (IJSO) O sentido da força magnética $\vec{F}_m$ que age numa partícula eletrizada com carga *q*, lançada com velocidade $\vec{v}$ num campo magnético $\vec{B}$, pode ser determinado pela regra da mão esquerda. Os dedos da mão esquerda estão dispostos conforme a figura abaixo: o dedo indicador é colocado no sentido de $\vec{B}$, o dedo médio no sentido de $\vec{v}$. O dedo polegar fornece o sentido de $\vec{F}_m$, considerando q > 0. Para q < 0, o sentido da força magnética $\vec{F}_m$ é oposto ao dado pela regra da mão esquerda.

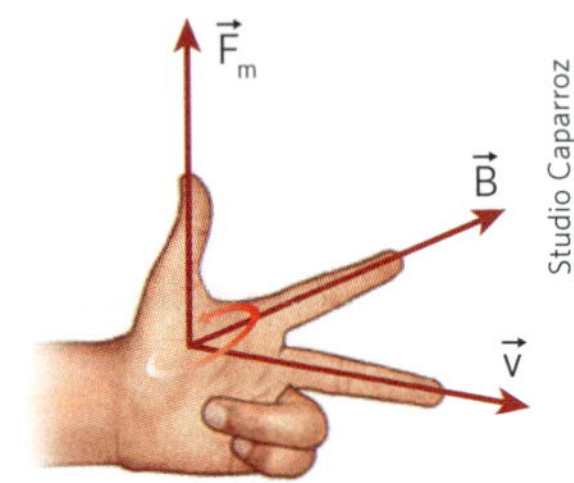

Studio Caparroz

Na aula de Eletromagnetismo o professor comentou que os ímãs geram no espaço que os envolve um campo magnético, o qual pode ser representado por linhas (chamadas linhas de indução) que partem do polo norte e chegam ao polo sul. Afirmou também que ao aproximar um ímã da tela de um televisor a imagem se deforma. Pedro é um aluno que gosta de constatar experimentalmente os fenômenos físicos. Ele possui em casa um televisor antigo de tubo de raios catódicos, em preto e branco. Ligou a TV e aproximou, pela parte superior da tela, um ímã conforme a figura.

Studio Caparroz

A imagem, produzida em virtude da incidência de elétrons na face interna da tela, sofreu uma deformação para:
   a) cima
   b) baixo
   c) a direita
   d) a esquerda
   e) a direita e a esquerda alternadamente

Capítulo 45

Aplicação

A1. a) *A*: polo norte
b) repulsão

A2. a)

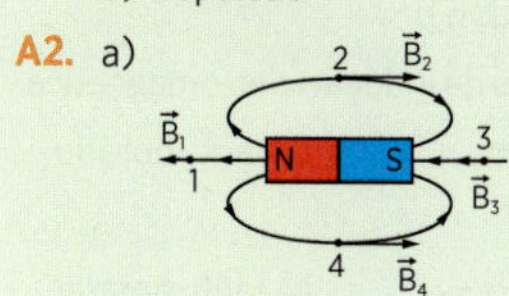

b)

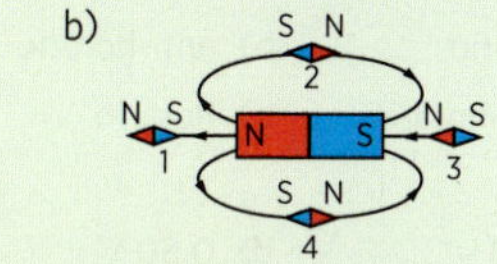

A3.

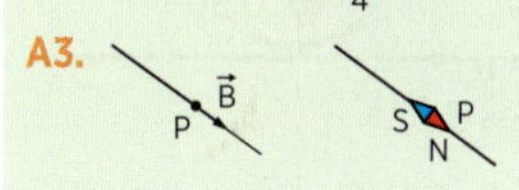

A4. a)

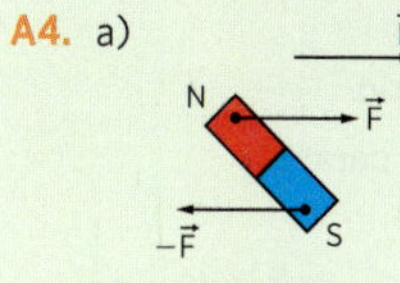

b)

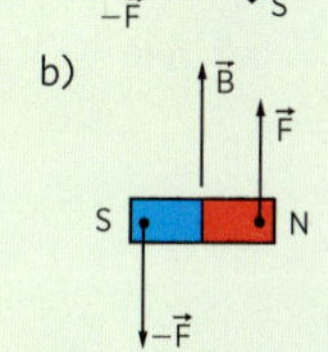

c)

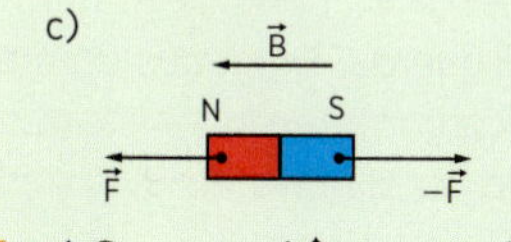

A5. a) ⊙ b) ↑ c) ↑ d) ↑ e) ←

A6. ⊗

A7. a) $\vec{B}$, ⊙ $\vec{v}$, $\vec{F}_m$

b) esquerda

A8. $1{,}5 \cdot 10^{-2}$ N, perpendicular ao plano do papel e "entrando".

A9. *A*: MRU
B: MCU
C: movimento helicoidal uniforme

A10.

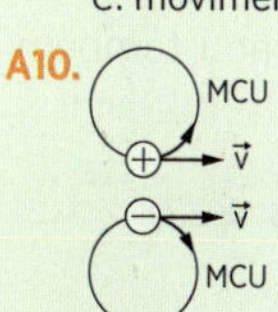

A11. 2,0 m

A12. 0,80 m

A13. a) $q > 0$ b) $\cong 1{,}6 \cdot 10^{-3}$ s

A14. −2

A15. $2{,}0 \cdot 10^{6}$ m/s

A16. a) ↑ b) ⊙ c) → d) ⊗

A17. anti-horário

A18. a) nula b) $1{,}5 \cdot 10^{-3}$ N

A19. 1,0T
esquerda para direita

Verificação

V1. *F* é um polo norte

V2. *B* e *C*

V3.

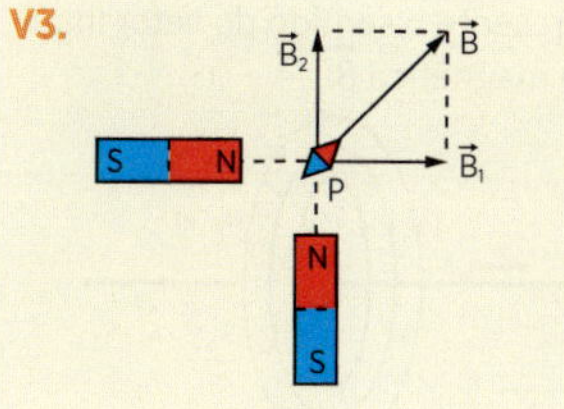

V4.

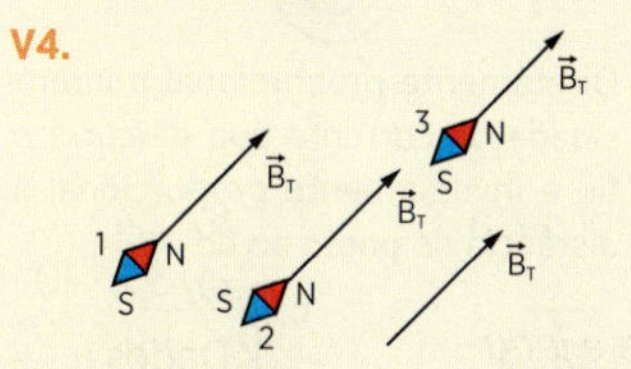

V5. a) b)

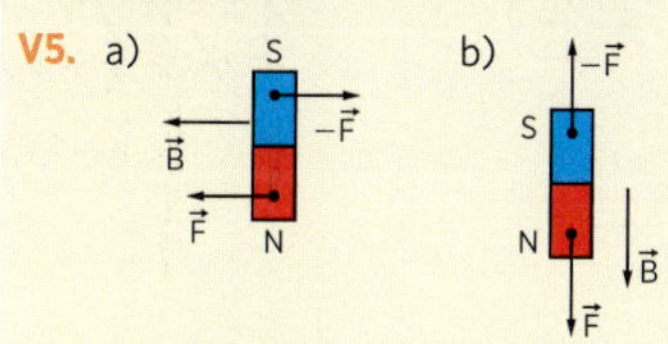

V6. a) ⊙ b) ↓ c) ← d) ↓ e) ⊙

V7. ⊙ ⊗

V8. a) nula b) 30 N

V9. $8{,}0 \cdot 10^{-19}$ N, perpendicular ao plano definido por $\vec{B}$ e $\vec{v}$ e "entrando".

V10. a) MRU
b) MCU
c) movimento helicoidal uniforme

V11. $q_A < 0$; $q_B > 0$

V12. a) ⊕ $\vec{v}$ b) 1,0 m

V13. $5{,}0 \cdot 10^{-2}$ T

V14. a) ⊖ $\vec{v}$

b) $f = \dfrac{|q| \cdot B}{2\pi m}$

V15. a) negativo b) não c) nulo

V16. a) 2 R

b) ⊙ $\vec{B}$, C, A, v, R R R R

V17. a) ⊙ b) → c) ⊙ d) nula e) nula

V18. $5{,}0 \cdot 10^{-2}$ T

V19. $1{,}0 \cdot 10^{-3}$ N

V20. a) 0,50 T
b) O condutor cairia com aceleração 2g.

Revisão

R1. b

R2. e

R3. a

R4. c

R5. a

R6. a

R7. d

R8. IV

R9. a

R10. e

R11. b

R12. c

R13. 44 (04 + 08 + 32)

R14. a) $F_{mag} = 5{,}4 \cdot 10^{-2}$ N b) $R \cong 1{,}1$ m

R15. O íon de carga positiva incide na chapa C_1 e o de carga negativa, na C_2.
$\dfrac{m_1}{m_2} = \dfrac{1}{2}$

R16. 21 (01 + 04 + 16)

R17. e

R18. a

R19. d

R20. 5 cm

R21. e

Capítulo 46

Aplicação

A1. a) ⊙ b) ⊗ c) ← d) ↓

A2. N S; S N

A3. horário

A4. $3{,}0 \cdot 10^{-6}$ T, perpendicular ao plano do papel e "entrando".

A5. a) nulo b) ⊗ c) ↑ d) ↓

A6. $2{,}0 \cdot 10^{-5}$ T

A7. $1{,}0 \cdot \sqrt{2} \cdot 10^{-5}$ T

A8. ↑

A9. → $2{,}0 \cdot 10^{-8}$ N

A10. $8{,}0 \cdot 10^{-6}$ T, perpendicular ao plano do papel e "entrando" nele.

A11. $3{,}0 \cdot 10^{-5}$ T

A12. $1{,}0 \cdot 10^{-5}$ T

A13. a) anti-horário b) 10 A

A14. $4\pi \cdot 10^{-3}$ T

A15. a) 2,0 A b) 12 V

A16. a) → $\vec{B}$ b) nula

A17. a) S, N, i, i

b) N, S, i

c) S d) N

A18. $4,8 \cdot 10^{-5}$ N/m; atração

A19. $1,6 \cdot 10^{-5}$ N; repulsão

A20. $4,0 \cdot 10^{-5}$ N

A21. polo sul

Verificação

V1. a) ⊗ d)
b) ⊙
c) ↑

V2.

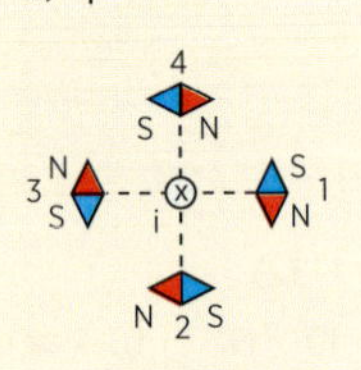

V3. $1,6 \cdot 10^{-6}$ T, perpendicular ao plano do papel e "entrando".

V4. $2,0 \cdot 10^{-5}$ T; $8,0 \cdot 10^{-5}$ T

V5. a) nulo b) → c) ⊙

V6. $1,0 \cdot 10^{-5}$ T

V7. $1,0 \cdot \sqrt{2} \cdot 10^{-5}$ T

V8. +q −q

V9. $3,2 \cdot 10^{-18}$ N

$\vec{F}_m$

V10. $4,0 \cdot 10^{-5}$ T, perpendicular ao plano do papel e "saindo" dele.

V11. 0,60 A

V12. anti-horário; $\frac{i}{2}$

V13. nulo

V14. $2,4\,\pi \cdot 10^{-3}$ T

V15. a)

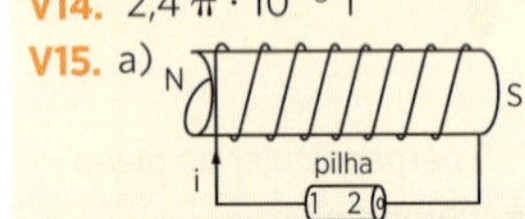

b)

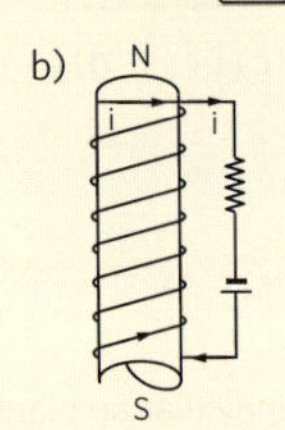

V16. *A*: negativo

V17.

V18. Fig. a: repulsão
Fig. b: atração
Fig. c: atração

V19. a) $1,0 \cdot 10^{-5}$ T
b) $2,0 \cdot 10^{-4}$ N

V20. $2,0\sqrt{2} \cdot 10^{-4}$ N

V21. I e II: corretas
III e IV: incorretas

Revisão

R1. c

R2. a) Seta ao lado do dedo polegar: representa o sentido da corrente elétrica.
Seta ao lado do dedo indicador: representa o sentido do vetor indução magnética $\vec{B}$.

b)

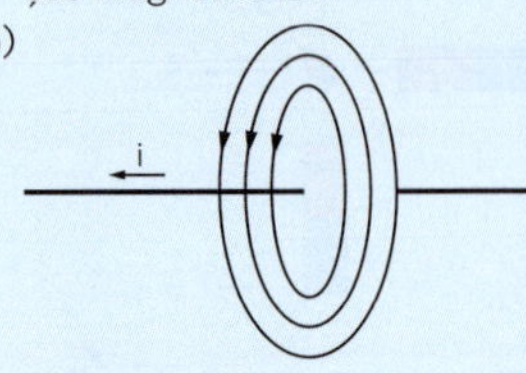

c) Diretamente proporcional à intensidade da corrente que percorre o fio e inversamente proporcional à distância do ponto ao fio.

R3. a) b)

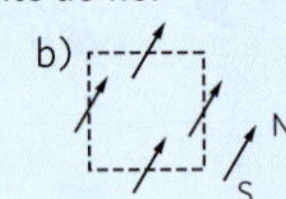

R4. a

R5. b

R6. b

R7. c

R8. d

R9. a

R10. b

R11. a

R12. $\frac{I_E}{I_F} = \frac{1}{\pi}$

R13. c

R14. d

R15. b

R16. a) $4,8\pi \cdot 10^{-3}$ T b) zero

R17. c

R18. Corretas: (02) e (08)

R19. e

R20. c

Capítulo 47

Aplicação

A1. zero; 0,20 Wb; 0,10 Wb

A2. a) horário b) anti-horário

A3. *B* para *A*

A4. a) anti-horário b) horário

A5. espira circular: horário
espira quadrada: anti-horário

A6. a) anti-horário b) horário

A7. 4,0 V

A8. a) 0,20 V b) nula c) 0,20 V

A9. a) 2,0 Wb; 0 b) 20 V

A10. 0,10 V

A11. anti-horário

A12. a) $4,8 \cdot 10^{-3}$ V c) *C* para *D*
b) $1,2 \cdot 10^{-2}$ A

A13. a) *B* para *A* c) 1,0 N
b) para esquerda d) $8,0 \cdot 10^{2}$ m/s

A14. anti-horário; nula; horário

Verificação

V1. $\phi = BA \cos \alpha$
$\phi_{máx} = BA\ (\vec{B} /\!/ \vec{n})$
$\phi = 0\ (\vec{B} \perp \vec{n})$

V2. Fenômeno da indução eletromagnética.

V3. a) horário b) anti-horário

V4. *B* para *A*

V5. a) horário b) anti-horário

V6. a) horário b) anti-horário

V7. a) anti-horário b) horário

V8. 5,0 V

V9. a) 0,50 V b) 0,50 V

V10. $5,0 \cdot 10^{-4}$ V

V11. ≅ 1,6 V

V12. horário

V13. 1,2 V; anti-horário

V14. a) 0,10 A, de *B* para *A*
b) $4,0 \cdot 10^{-7}$ N

V15. a) horário c) zero
b) anti-horário

Revisão

R1. b

R2. e

R3. a

R4. d

R5. a

R6. d

R7. d

R8. a) Não há variação do fluxo magnético.
b) 4,0 V

R9. a) 1,25 A b) $-1,5 \cdot 10^{-7}$ V

R10.

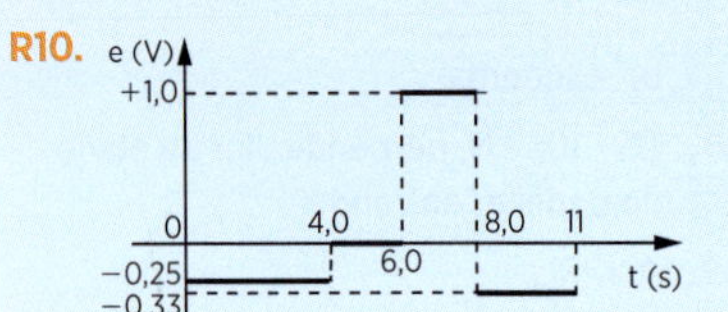

R11. I, III e V

R12. c

R13. 5 m/s

R14. a) 1,2 volt c) 0,22 s
b) 0,264 Wb

R15. d

Desafio Olímpico

1. b
2. $v = \frac{E}{B}$
3. b
4. a
5. $1 \cdot 10^{-3}$ N/m
6. d

Dennis Hallinan/Alamy/Glow Images

Thinkstock/Getty Images

Thinkstock/Getty Images

unidade

10 FÍSICA MODERNA

Thinkstock/Getty Images

capítulo

48 Introdução à Relatividade

Introdução à Teoria da Relatividade

Os sistemas de referência em relação aos quais vale o Princípio da Inércia são chamados *sistemas de referência inerciais*. Todos os sistemas de referência em movimento retilíneo e uniforme em relação a um sistema inercial são também inerciais.

As leis da Mecânica são as mesmas em todos os sistemas de referência inerciais. Esse resultado constitui o Princípio da Relatividade da Mecânica Clássica proposto por Isaac Newton. Observe o exemplo esquematizado na figura 1: um trem (sistema de referência S_2) está se movendo com velocidade $\vec{v}$ em movimento retilíneo e uniforme em relação ao solo (sistema de referência S_1). O observador O_2, situado no trem, lança uma bolinha verticalmente para cima. O observador O_1, situado no solo, observa o movimento da bolinha. Em relação a ambos os observadores, a bolinha se movimenta com a mesma aceleração — que é a aceleração da gravidade —, está sujeita à mesma força resultante — que é o seu peso —, atinge a mesma altura máxima e o tempo que leva para subir é o mesmo que leva para descer.

Podemos então perguntar: as leis da Física, de um modo geral, são as mesmas em todos os sistemas de referência inerciais? O Princípio da Relatividade dos fenômenos mecânicos é válido também para os fenômenos eletromagnéticos?

Observe agora o exemplo da figura 2a: uma partícula eletrizada está fixa num veículo (sistema de referência S_2) que se movimenta com velocidade $\vec{v}$ constante em relação ao solo (sistema de referência S_1). O veículo atravessa uma região onde existe um campo magnético uniforme de indução $\vec{B}$. Em relação ao observador O_2, situado no veículo, a partícula está em repouso e nela não age nenhuma força magnética. Já em relação ao observador O_1, situado no solo, a partícula possui a mesma velocidade $\vec{v}$ do veículo, e sobre ela atua uma força magnética, cujo sentido é determinado pela regra da mão esquerda (fig. 2b). Assim, a força resultante sobre a partícula depende do sistema de referência considerado. Portanto, os sistemas inerciais de referência S_1 e S_2 não são equivalentes, como acontece na Mecânica (conforme vimos no exemplo da figura 1).

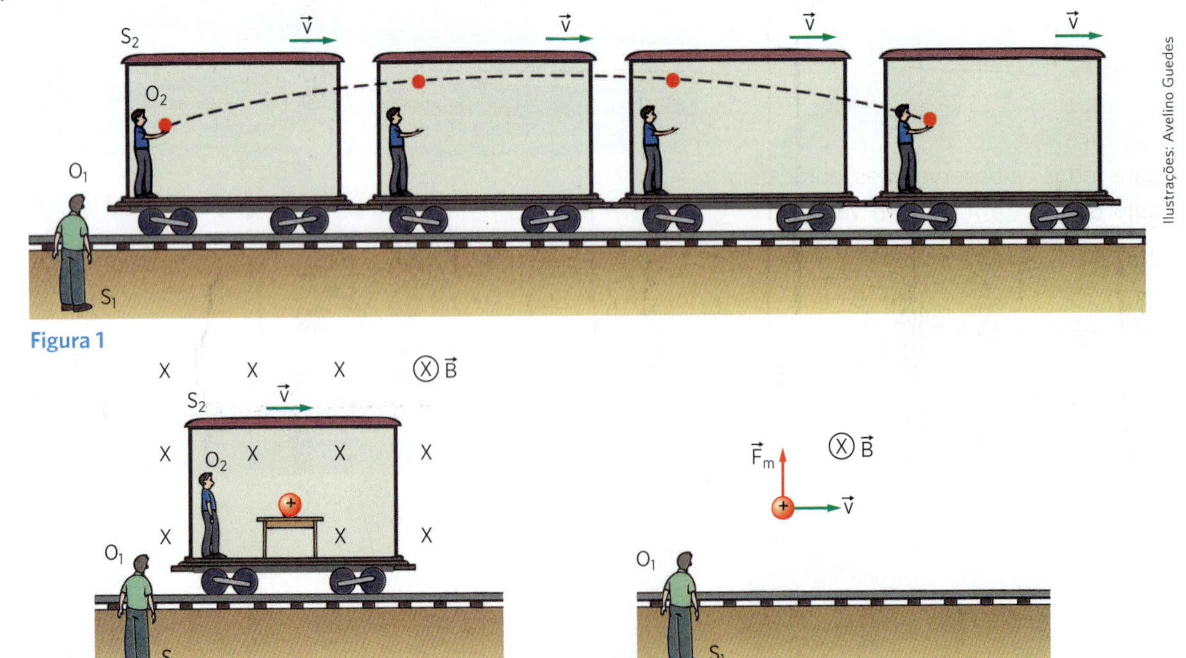

Figura 1

Figura 2 (a) (b)

Para que o Princípio da Relatividade fosse generalizado, estendendo-se a todas as leis da Física, Albert Einstein (1879-1955) transformou os conceitos de espaço e tempo até então concebidos. Em 1905, aos 26 anos, Einstein publicou, no *Anuário Alemão de Física*, vários trabalhos, entre os quais a *Teoria da Relatividade Especial ou Restrita* (que trata apenas de referenciais inerciais), que permitiu explicar diversos fatos que ainda não haviam sido esclarecidos. Em 1916, publicou a *Teoria Geral da Relatividade*, que trata de referenciais não inerciais, isto é, referenciais acelerados.

Os postulados da Relatividade Especial

A Teoria da Relatividade Especial, proposta por Albert Einstein, baseia-se em dois postulados:

> *1º Postulado ou Princípio da Relatividade*
> As leis da Física são as mesmas em todos os sistemas de referência inerciais.

Portanto, não existe um sistema de referência inercial preferencial.

> *2º Postulado ou Princípio da Constância da Velocidade da Luz*
> A velocidade da luz no vácuo tem o mesmo valor *c* para todos os sistemas de referência inerciais.

A velocidade da luz no vácuo ($c = 300\,000$ km/s) não depende da velocidade da fonte emissora de luz nem do movimento do observador. Ela não depende do sistema de referência inercial adotado. Como consequência, os conceitos de espaço e tempo são relativos, isto é, se a velocidade *c* é constante para todos os observadores, então espaço e tempo, cujo quociente fornece o valor *c*, podem assumir valores diferentes, dependendo do observador.

Dilatação do tempo

Considere, por exemplo, o solo um sistema de referência inercial S_1 e um trem um sistema de referência S_2. O sistema S_2 está em movimento retilíneo e uniforme, com velocidade $\vec{v}$, em relação a S_1 (fig. 3). Um raio de luz partindo do chão do trem atinge o teto percorrendo, em relação ao trem, a distância *H*, com velocidade *c*. Em relação ao referencial S_2, o intervalo de tempo Δt_2 é dado por $\Delta t_2 = \frac{H}{c}$ e, portanto, $H = c \cdot \Delta t_2$.

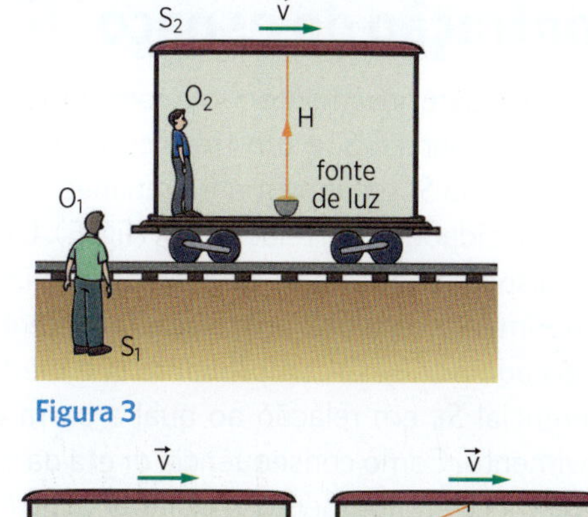

Figura 3

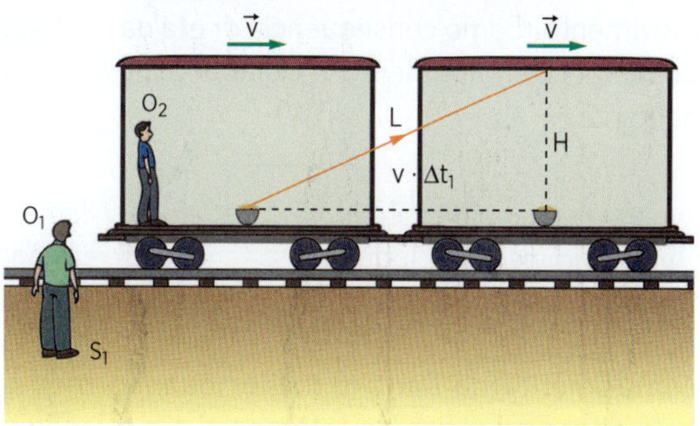

Figura 4

Em relação ao referencial S_1, a luz percorre a distância *L* num intervalo de tempo Δt_1, como mostra a figura 4. A aplicação do teorema de Pitágoras fornece:

$$L^2 = H^2 + (v \cdot \Delta t_1)^2$$

Sendo $L = c \cdot \Delta t_1$ e $H = c \cdot \Delta t_2$, vem:

$$c^2 \cdot (\Delta t_1)^2 = c^2 \cdot (\Delta t_2)^2 + v^2 \cdot (\Delta t_1)^2$$

$$(\Delta t_1)^2 \cdot (c^2 - v^2) = c^2 \cdot (\Delta t_2)^2$$

$$(\Delta t_1)^2 = \frac{c^2 \cdot (\Delta t_2)^2}{c^2 - v^2}$$

$$\Delta t_1 = \frac{\Delta t_2}{\sqrt{1 - \frac{v^2}{c^2}}}$$

Sendo $v < c$, resulta $\sqrt{1 - \frac{v^2}{c^2}} < 1$. Logo, $\Delta t_1 > \Delta t_2$. Portanto, o intervalo de tempo medido no referencial S_2, em movimento e com velocidade *v* em relação ao referencial S_1, é menor do que o intervalo de tempo medido no referencial S_1. O tempo passa mais devagar no referencial S_2. É a *dilatação do tempo*. O intervalo de tempo Δt_2 é denominado *intervalo de tempo próprio*.

Observe que, sendo a velocidade *v* desprezível quando comparada com *c*, podemos fazer:

$$\sqrt{1 - \frac{v^2}{c^2}} = 1$$

Nessas condições resulta $\Delta t_1 = \Delta t_2$, de acordo com a Mecânica Clássica. Isso significa que os efeitos relativísticos somente são significativos quando a velocidade *v* for muito grande e não desprezível em relação a *c*.

Contração do espaço

Considere novamente o solo como um sistema de referência inercial S_1 e um trem como um sistema de referência S_2 em movimento retilíneo e uniforme, com velocidade $\vec{v}$, em relação a S_1 (fig. 5). Uma barra está disposta no trem na direção do movimento. O comprimento da barra, em relação ao referencial S_2, é indicado por L_2. O comprimento L_1 é medido pelo referencial S_1, em relação ao qual a barra está em movimento. Como consequência direta da dilatação do tempo, o comprimento L_1 é diferente de L_2, sendo dado por:

$$L_1 = L_2 \cdot \left(\sqrt{1 - \frac{v^2}{c^2}}\right)$$

Como $\sqrt{1 - \frac{v^2}{c^2}} < 1$, resulta $L_1 < L_2$. Portanto, o comprimento da barra é menor quando medido pelo observador fixo no referencial em relação ao qual a barra está em movimento. É a *contração do espaço*. L_2 é o comprimento da barra medido pelo observador em relação ao qual a barra está em repouso. Ele é denominado *comprimento próprio*.

A contração da barra só ocorre na direção do movimento.

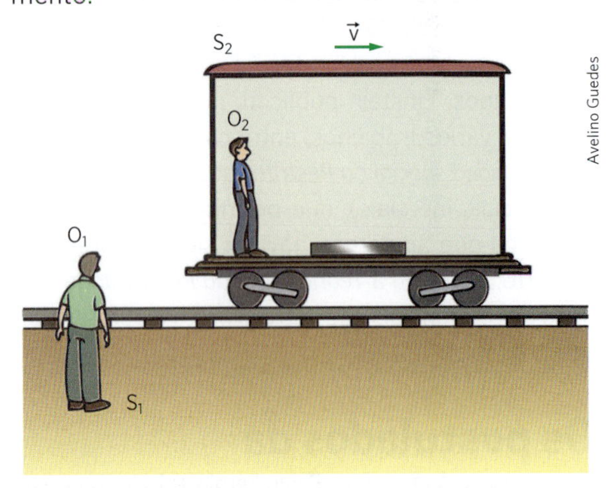

Figura 5

Observe que, sendo a velocidade v desprezível quando comparada com c, podemos fazer:

$$\sqrt{1 - \frac{v^2}{c^2}} = 1$$

Nessas condições resulta $L_1 = L_2$, de acordo com a Mecânica Clássica.

Aplicação

A1. Um trem se desloca com velocidade $v = 0{,}6\ c$ em relação à Terra. Uma pessoa situada no trem observa um evento que ali ocorre durante um intervalo de tempo de 400 s. Qual é o intervalo de tempo relativo a esse evento medido por um observador na Terra?

A2. Um astronauta realiza uma viagem espacial numa nave que se desloca com velocidade $v = 0{,}8\ c$ em relação à Terra. No início da viagem, o astronauta tem exatamente 30 anos. Enquanto isso, seu irmão gêmeo permanece na Terra. No dia em que o astronauta retorna à Terra, seu irmão gêmeo está completando 32 anos. Qual é a idade do astronauta?

A3. Uma barra com 2,0 m de comprimento é transportada por um trem que se desloca em relação à Terra com velocidade $v = 0{,}8\ c$. Sabe-se que ela está disposta na direção do movimento. Qual é o comprimento da barra medido por um observador na Terra?

A4. Um trem se movimenta com velocidade v constante em relação ao solo. O comprimento do trem é 20 m. Em relação a um observador parado no solo o comprimento do trem é de 15 m. Calcule a velocidade v em função de c.

V1. Um trem se movimenta com velocidade v constante em relação a uma estação. Um pêndulo situado no interior do trem apresenta um período de oscilação de 6,0 s, quando medido por um relógio ligado ao trem, e um período de 10 s, quando medido por um relógio da estação. Calcule a velocidade v em função de c.

V2. Um astronauta realizou uma missão que teve duração de 3 meses. Sua nave se deslocava com velocidade $v = 0{,}9\ c$ em relação à Terra. Quantos meses se passaram na Terra durante a missão?

V3. Um carro se movimenta numa rua com velocidade $v = 0{,}6\ c$ em relação ao solo. O comprimento do carro é 5,0 m. Qual é o comprimento do carro medido por uma pessoa parada na calçada?

V4. Uma nave de 100 m de comprimento se desloca em movimento retilíneo e uniforme em relação à Terra, suposto um sistema de referência inercial. Em relação a um observador situado na Terra, o comprimento da nave é 80 m. Sendo $c = 3{,}0 \cdot 10^8$ m/s a velocidade de propagação da luz no vácuo, determine a velocidade da nave em relação à Terra.

R1. (UF-MG) Observe esta figura:

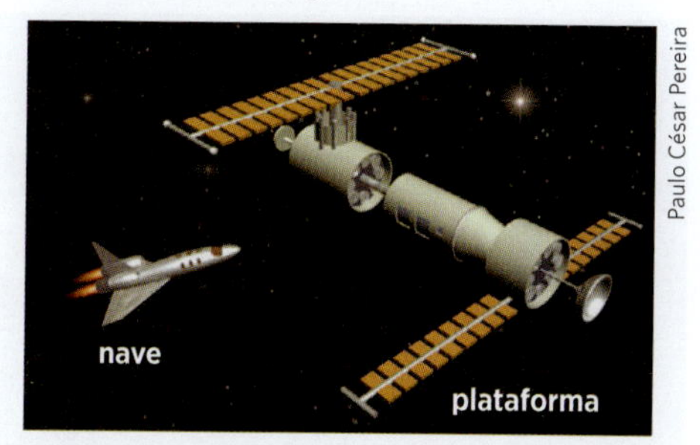

Paulo Sérgio, viajando em sua nave, aproxima-se de uma plataforma espacial, com velocidade de 0,7 c, em que *c* é a velocidade da luz.
Para se comunicar com Paulo Sérgio, Priscila, que está na plataforma, envia um pulso luminoso em direção à nave.
Com base nessas informações, é *correto* afirmar que a velocidade do pulso medida por Paulo Sérgio é de:

a) 0,7 c b) 1,0 c c) 0,3 c d) 1,7 c

R2. (Unimontes-MG) Em 1905, Albert Einstein propôs uma teoria física do espaço e do tempo denominada Teoria da Relatividade Especial (ou Restrita), que permitiu a conciliação entre a Mecânica de Newton e o Eletromagnetismo de Maxwell. A teoria de Einstein apresenta conceitos de tempo e espaço muito diferentes daqueles da Mecânica de Newton e prevê efeitos muito interessantes, como a contração do espaço e a dilatação do tempo. Quando dois eventos (acontecimentos de curta duração) possuem as mesmas coordenadas espaciais, a distância espacial entre eles é nula e, nesse caso, o intervalo de tempo entre eles é denominado intervalo de tempo próprio, representado por Δt_0. O intervalo de tempo, Δt, em um referencial em que os eventos ocorrem em pontos distintos, é maior que o intervalo de tempo próprio. Esse efeito é denominado dilatação do tempo. Para exemplificar, vamos considerar dois observadores, um na Terra (em repouso em relação ao solo) e outro numa nave espacial que se move com velocidade de módulo *u* em relação à Terra, ambos observando uma lâmpada piscar. O observador da Terra mediria o intervalo de tempo próprio, Δt_0, entre duas piscadas, e o da nave, um intervalo Δt, em princípio, diferente. A relação entre os dois intervalos de tempo é dada pela expressão:

$$\Delta t = \frac{\Delta t_0}{\sqrt{1 - \frac{u^2}{c^2}}}$$

em que *c* é o módulo da velocidade da luz ($c = 3 \cdot 10^8$ m/s).
Analisando a expressão que relaciona os dois intervalos, se *u* aumenta, aproximando-se de *c*, é correto afirmar que

a) Δt e Δt_0 se aproximam de zero.
b) Δt se aproxima de Δt_0.
c) Δt fica muito pequeno em relação a Δt_0.
d) Δt aumenta em relação a Δt_0.

R3. (UF-CE) A figura ao lado mostra uma nave espacial em forma de cubo que se move no referencial *S*, ao longo do eixo *x*, com velocidade $v = 0,8$ c (*c* é a velocidade da luz no vácuo). O volume da nave, medido por um astronauta em repouso dentro dela, é V_0.

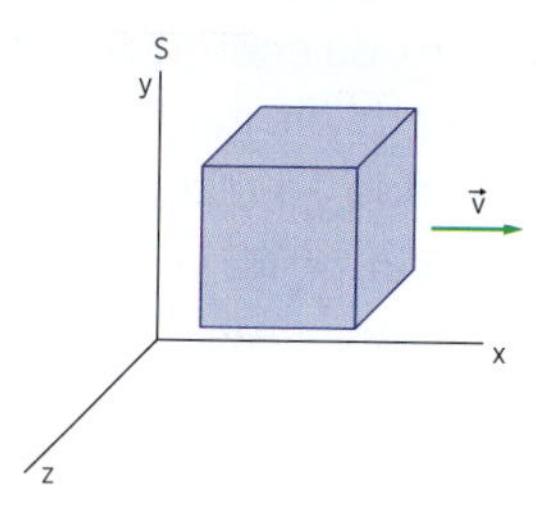

Calcule o volume da nave medido por um observador em repouso no referencial *S*.

R4. (UF-RS) Assinale a alternativa que preenche corretamente as lacunas do texto abaixo, na ordem em que aparecem.
De acordo com a relatividade restrita, é .... atravessarmos o diâmetro da Via Láctea, uma distância de aproximadamente 100 anos-luz (equivalente a 10^{18} m), em um intervalo de tempo bem menor que 100 anos. Isso pode ser explicado pelo fenômeno de .... do comprimento, como visto pelo viajante, ou ainda pelo fenômeno de .... temporal, como observado por quem está em repouso em relação à galáxia.

a) impossível — contração — dilatação
b) possível — dilatação — contração
c) possível — contração — dilatação
d) impossível — dilatação — contração
e) impossível — contração — contração

A massa relativística

De acordo com a Mecânica Clássica, aplicando-se uma força num corpo, podemos aumentar sua velocidade indefinidamente. Entretanto, de acordo com a Teoria da Relatividade, isso não acontece: se um corpo atingisse a velocidade da luz no vácuo, a força não seria mais capaz de acelerá-lo, porque foi atingida a velocidade limite. Nessa situação, a inércia do corpo seria infinita. Portanto, à medida que a velocidade de um corpo aumenta, sua inércia aumenta e tende a ficar infinitamente grande quando a velocidade do corpo tende à velocidade da luz. Sabemos que a massa é a medida da inércia de um corpo. Assim, seja m_0 a massa de um corpo em repouso em relação a um sistema de referência inercial e *m* sua massa quando dotado de velocidade *v*. As massas *m* e m_0 relacionam-se por:

$$m = \frac{m_0}{\sqrt{1 - \frac{v^2}{c^2}}}$$

Nessa fórmula, m_0 é chamada de *massa de repouso* e m, de *massa relativística*.

Como $\sqrt{1 - \frac{v^2}{c^2}} < 1$, resulta $m > m_0$. Observe que, sendo a velocidade v desprezível quando comparada com c, podemos fazer $\sqrt{1 - \frac{v^2}{c^2}} = 1$. Nessas condições resulta $m = m_0$, de acordo com a Mecânica Clássica. Por outro lado, quando v tende a c, $\sqrt{1 - \frac{v^2}{c^2}}$ tende a zero e m tende a infinito.

Energia relativística

Da fórmula da massa relativística, observamos que a massa é função da velocidade e, portanto, da energia. A massa de um corpo varia sempre que ele ganha ou perde energia. Por exemplo, quando aquecemos ou resfriamos um corpo, sua massa varia. Ganhar ou perder massa não significa que varia o número de átomos ou moléculas do corpo. Significa que sua inércia aumenta ou diminui. Nas fontes de energia, como no Sol e nas estrelas, tem-se a liberação contínua de energia com a consequente redução de massa, resultado da fusão nuclear: quatro núcleos de hidrogênio se fundem originando um núcleo de hélio cuja massa é menor do que a massa total dos quatro núcleos de hidrogênio.

A relação entre a energia própria E de um corpo e sua massa m é dada pela fórmula de Einstein:

$$E = m \cdot c^2$$

A energia de repouso é dada por:

$$E_0 = m_0 \cdot c^2$$

A diferença entre a energia própria E e a energia de repouso E_0 representa a energia cinética relativística do corpo:

$$E_c = E - E_0 \Rightarrow E_c = m \cdot c^2 - m_0 \cdot c^2$$

A adição de velocidades relativísticas

Figura 6

Na figura, temos uma bola arremessada com velocidade v' em relação a um referencial inercial fixo na nave. A nave desloca-se com velocidade u em relação ao observador O.

Na Mecânica Clássica, a composição de movimentos acima resulta $v = v' + u$ em relação ao observador O. Se usássemos essa mesma expressão com velocidades de valores muito próximos à velocidade da luz, poderíamos chegar a um valor resultante superior à própria velocidade da luz no vácuo. Tal resultado entraria em contradição com postulados básicos da teoria da relatividade (a velocidade da luz no vácuo é a velocidade limite de qualquer partícula no universo).

Assim, pode-se demonstrar que a composição de velocidades nos casos em que os valores de velocidades são próximos à velocidade da luz pode ser determinada por:

$$v = \frac{v' + u}{1 + \frac{v'u}{c^2}}$$

Aplicação

A5. Um carro, cuja massa de repouso é igual a uma tonelada (1,0 t), desloca-se com velocidade v em relação a um sistema inercial S. Qual deveria ser o valor de v para que a massa do carro sofresse um aumento de 5,0 g? Dado: $c = 3{,}0 \cdot 10^8$ m/s.

A6. Um lápis possui massa de repouso igual a 20 g. A velocidade de propagação da luz no vácuo é $3{,}0 \cdot 10^8$ m/s. Qual é a energia de repouso armazenada no lápis?

A7. Durante quanto tempo a energia calculada na questão anterior poderia abastecer uma residência que consome mensalmente 200 kWh?

A8. Em um filme de ficção científica uma nave espacial desloca-se com velocidade 0,80 c em relação a um referencial inercial fixo em um planeta *X*. Em um dado instante, um módulo é ejetado de seu interior com velocidade 0,70 c em relação à nave, com mesma direção e sentido da nave mãe. Qual é a velocidade do módulo em relação a um observador fixo no planeta *X*?

Thinkstock/Getty Images

Verificação

V5. Qual deve ser a velocidade de um próton para que sua massa seja duas vezes maior do que sua massa de repouso? Dê a resposta em função da velocidade da luz no vácuo *c*.

V6. Sabe-se que um elétron-volt (1 eV) é uma unidade de energia que corresponde a $1{,}6 \cdot 10^{-19}$ J. Um elétron possui massa de repouso $m_0 = 9{,}11 \cdot 10^{-31}$ kg. Calcule a energia de repouso que o elétron armazena. Dê a resposta em MeV (MeV $= 10^6$ eV). Dado: $c = 3{,}0 \cdot 10^8$ m/s.

V7. A energia cinética de uma partícula é cinco vezes maior do que sua energia de repouso. Determine:

a) a razão entre a massa da partícula e sua massa de repouso;

b) a velocidade da partícula em função da velocidade de propagação da luz *c*.

V8. Uma nave espacial desloca-se com velocidade 0,50 c em relação a um referencial inercial fixo na Terra. A nave espacial lança um foguete com velocidade 0,90 c em relação à Terra. Considere as velocidades mencionadas com mesma direção e sentido. Determine a velocidade do foguete em relação à nave.

Revisão

R5. (Unemat-MT) De acordo com a Teoria da Mecânica Relativística, a massa *m* de uma partícula que está se movendo com velocidade *v* é dada pela equação:

$$m = \frac{m_0}{\sqrt{1 - \frac{v^2}{c^2}}}$$

em que m_0 é a massa de repouso da partícula; *v* é a velocidade da partícula e *c* é a velocidade da luz no vácuo.

Com base nessa equação de Einstein julgue os itens a seguir:

(0) Para que *m* seja igual a m_0, *v* tem que ser igual a zero.

(1) Para que a massa *m* da partícula seja infinitamente grande, é necessário que o valor *v* seja igual a *c*.

(2) A equação estabelece um limite superior para a velocidade dos corpos materiais.

(3) A inércia de uma partícula, ou seja, a "dificuldade" que a partícula apresenta para ser acelerada, é tanto maior quanto mais rapidamente ela estiver se movendo, o que confirma as ideias de Einstein.

R6. (UF-CE) Um elétron é acelerado a partir do repouso até atingir uma energia relativística igual a 2,5 MeV. A energia de repouso do elétron é $E_0 = 0{,}5$ MeV. Determine:

a) a energia cinética do elétron quando atinge a velocidade final;

b) a velocidade escalar atingida pelo elétron como uma fração da velocidade da luz no vácuo *c*.

R7. (Unicamp-SP) O prêmio Nobel de Física de 2011 foi concedido a três astrônomos que verificaram a expansão acelerada do universo a partir da observação de supernovas distantes. A velocidade da luz é $c = 3 \cdot 10^8$ m/s. Uma supernova, ao explodir, libera para o espaço massa em forma de energia, de acordo com a expressão $E = mc^2$. Numa explosão de supernova foram liberados $3{,}24 \cdot 10^{48}$ J, de forma que sua massa foi reduzida para $m_{final} = 4{,}0 \cdot 10^{30}$ kg. Qual era a massa da estrela antes da explosão?

R8. (Fuvest-SP) Segundo uma obra de ficção, o Centro Europeu de Pesquisas Nucleares, CERN, teria recentemente produzido vários gramas de antimatéria. Sabe-se que, na reação de antimatéria com igual quantidade de matéria normal, a massa total *m* é transformada em energia *E*, de acordo com a equação $E = mc^2$, onde *c* é a velocidade da luz no vácuo.

a) Com base nessas informações, quantos joules de energia seriam produzidos pela reação de 1 g de antimatéria com 1 g de matéria?

b) Supondo que a reação matéria-antimatéria ocorra numa fração de segundo (explosão), a quantas "Little Boy" (a bomba nuclear lançada em Hiroshima, em 6 de agosto de 1945) corresponde a energia produzida nas condições do item *a*?

c) Se a reação matéria-antimatéria pudesse ser controlada e a energia produzida na situação descrita em *a* fosse totalmente convertida em energia elétrica, por quantos meses essa energia poderia suprir as necessidades de uma pequena cidade que utiliza, em média, 9 MW de potência elétrica?

Note e adote:
$1\ MW = 10^6\ W$
A explosão de "Little Boy" produziu $60 \cdot 10^{12}$ J (15 quilotons).
$1\ \text{mês} \cong 2{,}5 \cdot 10^6$ s
Velocidade da luz no vácuo, $c = 3{,}0 \cdot 10^8$ m/s
Indique a resolução da questão. Não é suficiente apenas escrever as respostas.

APROFUNDANDO

Massa Inercial e Massa Gravitacional

A palavra massa está associada, na Física, há dois fenômenos, à primeira vista, totalmente diferentes. A palavra massa está ligada à inércia de um corpo e iremos denominá-la massa inercial (m_i), porém, está também ligada ao campo gravitacional que gera no espaço que a cerca, e a denominaremos massa gravitacional (m_g).

$F = m \cdot a$

Massa no contexto inércia.

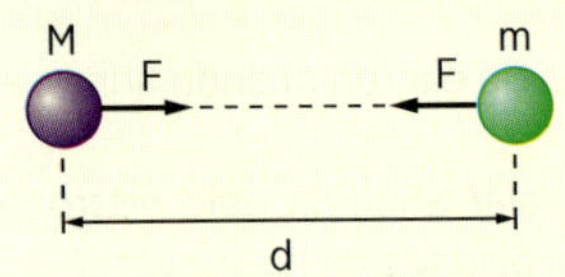

$$F = \frac{G \cdot M \cdot m}{d^2}$$

Massa no contexto campo gravitacional.

No cálculo do período de oscilação de um pêndulo simples, para pequenos ângulos de abertura, estas duas maneiras de analisar o conceito de massa estão presentes.

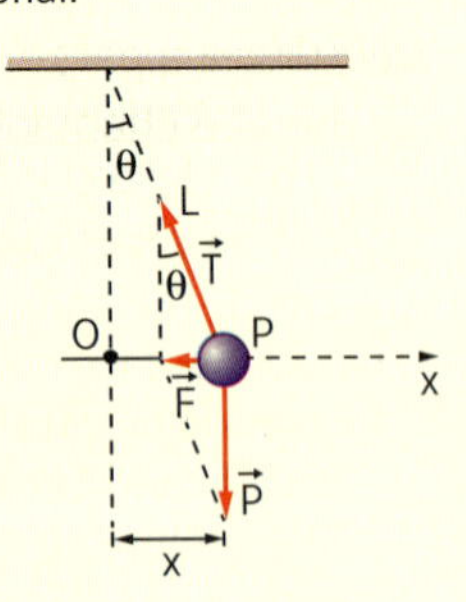

Para θ pequeno, $\text{sen}\,\theta \cong \text{tg}\,\theta = \frac{x}{L}$.

(I) Da figura, $F = P \cdot \text{tg}\,\theta = m_g \cdot g \cdot \text{tg}\,\theta \Rightarrow$

$\Rightarrow F = m_g \cdot g \frac{x}{L}$

(II) Da Segunda Lei de Newton: $F = m_i \cdot a$.

Na situação proposta, a força *F* atua como uma força restauradora, *x* é um deslocamento praticamente retilíneo, e a aceleração é proporcional à elongação *x*.

Igualando-se (I) e (II): $m_i \cdot a = m_g \cdot g \frac{x}{L} \Rightarrow$

$\Rightarrow m_i \cdot a^2 x = m_g \cdot g \frac{x}{L} \Rightarrow m_i \left(\frac{2\pi}{T}\right)^2 x = m_g \cdot g \frac{x}{L} \Rightarrow$

$\Rightarrow T = 2\pi \sqrt{\frac{m_i}{m_g} \cdot \frac{L}{g}}$

Newton, com base nessa expressão, realizou inúmeras experiências para detectar possíveis diferenças entre massa inercial e massa gravitacional. Porém, em todas as situações e com a precisão permitida para a época, o valor encontrado era o mesmo determinado pela expressão clássica:

$$T = 2\pi \sqrt{\frac{L}{g}}$$

Assim, não se conseguiu estabelecer experimentalmente nenhuma diferença entre massa inercial e massa gravitacional.

Por quase dois séculos essa igualdade foi tida como um mistério, ou mesmo uma fantástica coincidência da natureza. Foi somente nas mãos de Albert Einstein que esse fato intrigante ganhou contornos finais. Na Teoria da Relatividade Geral de Einstein, essa igualdade entre massa inercial e gravitacional é elevada ao patamar de um princípio fundamental. De fato, quando o Princípio da Equivalência estabelece que não é possível distinguir localmente entre um campo gravitacional e um referencial acelerado, ratifica, nas entrelinhas, essa igualdade. Inúmeras experiências com maior grau de precisão foram feitas e têm sido feitas até hoje e nenhuma diferença significativa foi detectada.

capítulo

49 Introdução à Física Quântica

Efeito fotoelétrico

O *efeito fotoelétrico* consiste na extração de elétrons da superfície de um metal quando a luz incide sobre ela. Esse fenômeno foi descoberto em 1887 pelo cientista alemão Heinrich Hertz (1857-1894).

A explicação do efeito fotoelétrico foi dada por Albert Einstein em 1905. Para isso, ele utilizou a ideia de quantização da energia proposta em 1900 pelo físico alemão Max Planck (1858-1947): um corpo aquecido emite energia, não de um modo contínuo, mas sim em porções descontínuas, como se fossem "partículas" de energia. Essas "partículas", isto é, esses "minúsculos pacotes" de energia são denominadas *fótons*, e a energia de um fóton é chamada *quantum*.

Bettmann/CORBIS/Latinstock

Figura 1. Max Planck e Albert Einstein.

A energia de um fóton, isto é, um *quantum E* de energia radiante de frequência *f*, é dada pela *equação de Planck*:

$$E = h \cdot f$$

A constante de proporcionalidade *h* é denominada *constante de Planck*. Seu valor, no Sistema Internacional, é dado por $h = 6{,}63 \cdot 10^{-34}\ J \cdot s$.

Sendo $1\ eV = 1{,}6 \cdot 10^{-19}\ J$, podemos calcular o valor de *h* em $eV \cdot s$:

$$h = 6{,}63 \cdot 10^{-34}\ J \cdot s = \frac{6{,}63 \cdot 10^{-34}}{1{,}6 \cdot 10^{-19}}\ eV \cdot s$$

$$h = 4{,}14 \cdot 10^{-15}\ eV \cdot s$$

Einstein explicou o efeito fotoelétrico utilizando a ideia de quantização, generalizando-a como uma propriedade fundamental de qualquer radiação eletromagnética, isto é, considerando que a radiação eletromagnética seja composta de "partículas" de energia: os fótons.

Considere, então, um corpo metálico em cuja superfície incide luz. Cada fóton da luz incidente é completamente absorvido por um único elétron do metal. Recebendo essa energia adicional, o elétron pode escapar do metal. Os elétrons emitidos são denominados *fotoelétrons*.

Seja $E = h \cdot f$ a energia que cada fóton da luz incidente cede a um elétron do metal e seja *W* a mínima quantidade de energia que o elétron deve receber para ser extraído do metal. A energia *W* é denominada *função trabalho* e é uma característica de cada metal. Para que o elétron seja expulso do metal, devemos ter $E = h \cdot f \geq W$.

A diferença $h \cdot f - W$ é a energia cinética máxima E_C que o elétron adquire, pois *W* é a energia mínima para extrair o elétron. Desse modo, temos a chamada *equação fotoelétrica de Einstein*:

$$E_C = h \cdot f - W$$

De $h \cdot f \geq W$, resulta $f \geq \frac{W}{h}$. O valor mínimo da frequência a partir da qual os elétrons são extraídos do metal é chamado *frequência de corte*, sendo indicado por f_0 e dado por $f_0 = \frac{W}{h}$, correspondendo a $E_C = 0$.

O gráfico de E_C em função de *f* é dado na figura 2. O coeficiente angular da reta é a *constante de Planck h* e o coeficiente linear da reta é $-W$.

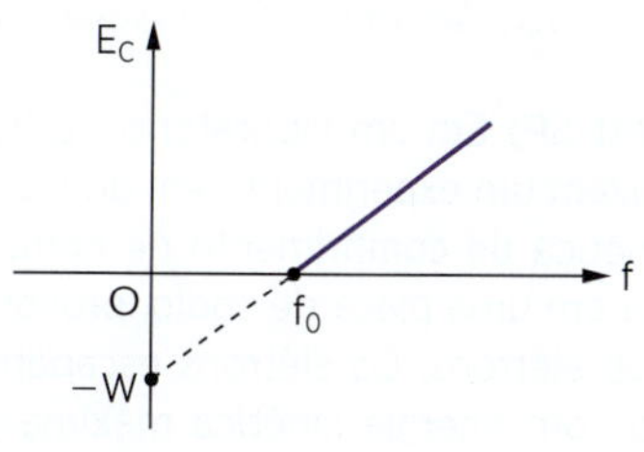

Figura 2

Aumentando-se a intensidade da radiação incidente no metal, aumenta-se o número de elétrons expulsos sem alterar a energia cinética deles.

As portas que se abrem e fecham automaticamente, como as que existem nos *shopping centers* (fig. 3), os relógios que funcionam com energia solar, os dispositivos que fazem soar uma campainha quando uma pessoa entra em um estabelecimento comercial, os dispositivos que ligam e desligam automaticamente sistemas de iluminação são algumas das aplicações tecnológicas do efeito fotoelétrico.

Thinkstock/Getty Images

Figura 3

A1. Sabendo que a função trabalho do potássio é 2,24 eV, calcule:

a) a frequência de corte;

b) a energia cinética máxima dos fotoelétrons emitidos, quando se ilumina uma amostra de potássio com luz de frequência $6{,}0 \cdot 10^{14}$ Hz.

É dada a constante de Planck: $h = 4{,}14 \cdot 10^{-15}$ eV · s.

A2. A função trabalho do sódio é 2,28 eV. A energia cinética máxima de um fotoelétron emitido é de 4,04 eV. Calcule a frequência da radiação que produziu essa emissão.

É dada a constante de Planck: $h = 4{,}14 \cdot 10^{-15}$ eV · s.

A3. O gráfico abaixo mostra como varia a energia cinética máxima dos elétrons emitidos por um metal em função da frequência da radiação incidente. Dado: $c = 3{,}0 \cdot 10^8$ m/s.

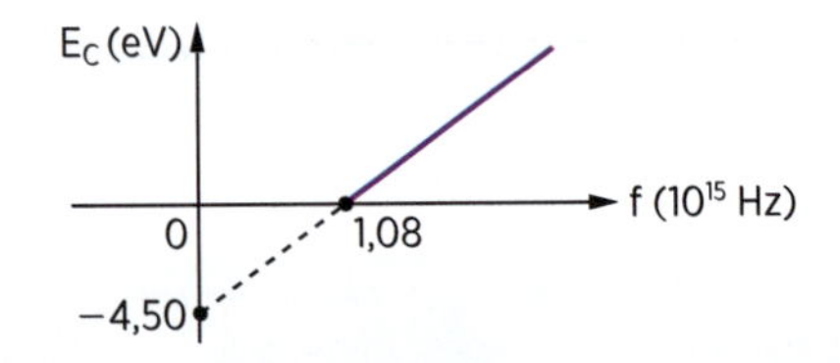

a) Qual é a função trabalho do metal?

b) Qual é a frequência de corte e o correspondente comprimento de onda da radiação incidente capaz de extrair elétrons do metal?

Verificação

V1. É possível extrair elétrons de uma amostra de cobre com luz visível? A função trabalho do cobre é 4,70 eV e a frequência da luz visível varia de $4{,}5 \cdot 10^{14}$ Hz a $7{,}5 \cdot 10^{14}$ Hz. É dada a constante de Planck: $h = 4{,}14 \cdot 10^{-15}$ eV · s.

V2. A função trabalho do alumínio é 4,08 eV. A energia cinética máxima de um fotoelétron emitido é de 2,13 eV. Calcule a frequência e o comprimento de onda da radiação que produziu essa emissão. É dada a constante de Planck: $h = 4{,}14 \cdot 10^{-15}$ eV · s e a velocidade de propagação da luz $c = 3{,}0 \cdot 10^8$ m/s.

V3. A frequência de corte do lítio metálico é $6{,}0 \cdot 10^{14}$ Hz. Uma amostra de lítio metálico é iluminada por uma fonte de luz vermelha de comprimento de onda $6{,}2 \cdot 10^{-7}$ m. Essa fonte conseguirá extrair elétrons da amostra? É dada a velocidade de propagação da luz no vácuo: $c = 3{,}0 \cdot 10^8$ m/s.

R1. (Fuvest-SP) Em um laboratório de física, estudantes fazem um experimento em que radiação eletromagnética de comprimento de onda $\lambda = 300$ nm incide em uma placa de sódio, provocando a emissão de elétrons. Os elétrons escapam da placa de sódio com energia cinética máxima $E_c = E - W$, sendo *E* a energia de um fóton da radiação e *W* a energia mínima necessária para extrair um elétron da placa. A energia de cada fóton é $E = hf$, sendo *h* a constante de Planck e *f* a frequência da radiação. Determine

a) a frequência *f* da radiação incidente na placa de sódio;

b) a energia *E* de um fóton dessa radiação;

c) a energia cinética máxima E_c de um elétron que escapa da placa de sódio;

d) a frequência f_0 da radiação eletromagnética, abaixo da qual é impossível haver emissão de elétrons da placa de sódio.

> **Note e adote:**
> Módulo da velocidade da radiação eletromagnética:
> $c = 3,0 \cdot 10^8$ m/s
> $1 \text{ nm} = 10^{-9}$ m
> $h = 4 \cdot 10^{-15}$ eV · s
> W(sódio) = 2,3 eV
> $1 \text{ eV} = 1,6 \cdot 10^{-19}$ J

R2. (UE-PA) Nos últimos anos, a Física tem sido uma aliada dos pesquisadores que estudam as obras de arte. Ao examinar pinturas até o detalhe dos átomos com auxílio das técnicas de fluorescência de raios X e de radiografias, ela põe a nu segredos que se escondem debaixo da tinta, caracteriza os pigmentos que compunham a paleta de cada pintor e aponta retoques e desgastes nas telas, orientando futuros trabalhos de restauração.

Para tanto, emprega-se um aparelho que lança um feixe focalizado de raios X num círculo de meio centímetro de diâmetro e produz um processo conhecido como efeito fotoelétrico: enquanto se movimentam para restabelecer o equilíbrio, os elétrons também emitem raios X — os chamados raios X característicos, que o equipamento detecta e reproduz na tela do computador na forma de curvas de emissão de energias. A energia emitida é característica para cada elemento químico e, de posse dessa informação, pode-se inferir o pigmento usado naquele ponto do quadro.

> **Dados:**
> Energia do fóton: $E = \dfrac{1240 \text{ eV} \cdot \text{nm}}{\lambda}$
> $1 \text{ nm} = 10^{-9}$ m; carga elementar: $1,6 \cdot 10^{-9}$ C;
> constante de Planck: $h = 6,6 \cdot 10^{-34}$ J · s

Com base no texto, afirma-se que:

a) ao atingir os cristais de metal da tela, os fótons de raios X produzem o efeito fotoelétrico, efeito que é explicado pelo comportamento ondulatório da luz.

b) a frequência dos raios X que incidem na obra de arte apresenta valor menor que a frequência das micro-ondas empregadas nos radares de trânsito.

c) quando um fóton de raios X de comprimento de onda igual a 1 nm atinge um cristal de cobalto, cuja função trabalho é 5 eV, a energia cinética máxima dos elétrons emitidos é aproximadamente igual a $2,0 \cdot 10^{-16}$ J.

d) a energia cinética dos fotoelétrons depende da frequência e da intensidade da radiação incidente nos cristais da obra de arte.

e) quando os raios X incidentes atingem um cristal de chumbo, cuja função trabalho é $6,6 \cdot 10^{-19}$ J, a frequência de corte para o efeito fotoelétrico é igual a $3 \cdot 10^{17}$ Hz.

R3. (UF-GO) As portas automáticas, geralmente usadas para dividir ambientes, com climatização, do meio externo, usam células fotoelétricas, cujo princípio de funcionamento baseia-se no efeito fotoelétrico, que rendeu ao físico Albert Einstein o Prêmio Nobel de 1921, por sua explicação de 1905.

Datacraft/Easypix

No experimento para observação desse efeito, incide-se um feixe de luz sobre uma superfície metálica polida, localizada em uma região sob uma diferença de potencial *V*, conforme a figura, e mede-se o potencial freador que faz cessar a corrente entre os eletrodos, sendo este o potencial limite. O gráfico representa a dependência entre o potencial limite e a frequência da luz incidente sobre a superfície de uma amostra de níquel. Dado: constante de Planck $h = 6,6 \cdot 10^{-34}$ J · s.

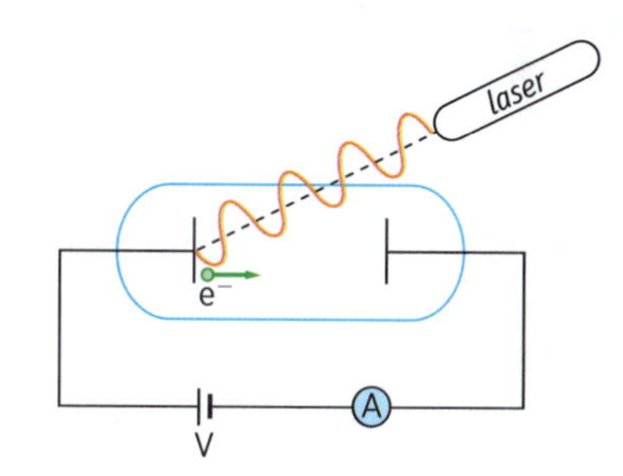

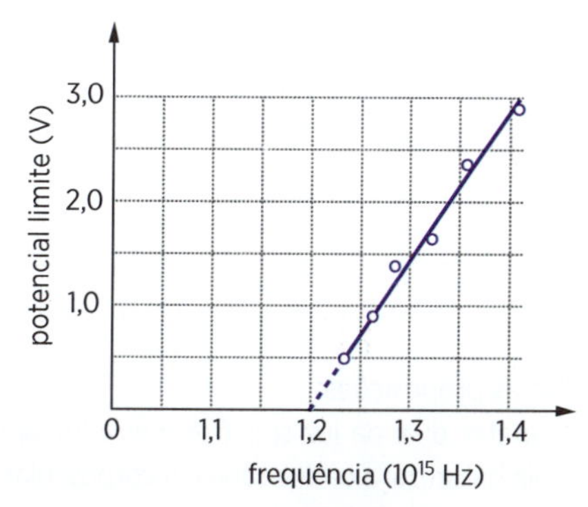

Tendo em vista o exposto, responda:

a) Qual é a menor frequência da luz, em Hertz, que consegue arrancar elétrons da superfície do metal?

b) Para o potencial de 1,5 V, qual é a energia cinética (em Joules) do elétron ejetado da superfície do metal?

O caráter dual da luz

Segundo a Teoria Ondulatória da Luz, apresentada pelo cientista holandês Christian Huygens (1629-1695), a luz se propaga através do espaço por meio de ondas. Muitos fenômenos que ocorrem com a luz, como por exemplo a interferência e a difração, são explicados levando-se em conta seu *caráter ondulatório*. Um dos fenômenos que a teoria ondulatória não explicava era o efeito fotoelétrico. Einstein o explicou considerando a luz como sendo emitida em porções descontínuas, na forma de "partículas" ou "corpúsculos" energéticos denominados *fótons*. Esses "corpúsculos" colidem com os elétrons do metal, arrancando-os. Assim, o efeito fotoelétrico é explicado levando-se em conta o *caráter corpuscular* da luz. As duas teorias não são antagônicas, mas sim complementares, fato conhecido como *Princípio da Complementaridade de Bohr*. A luz apresenta, portanto, dupla natureza: ondulatória e corpuscular. É o *caráter dual da luz*.

Como a luz pode se comportar como onda ou como "partícula", o físico francês Louis De Broglie (1892-1987) apresentou, em 1924, a seguinte hipótese: *partículas também possuem propriedades ondulatórias*.

O comprimento de onda λ associado à partícula, denominado *comprimento de onda de De Broglie*, é dado por:

$$\lambda = \frac{h}{m \cdot v}$$

A quantidade de movimento $m \cdot v$ evidencia o caráter corpuscular, enquanto o comprimento de onda λ evidencia o caráter ondulatório.

Em 1927, os cientistas Clinton Joseph Davisson (1881-1958) e Lester Halbert Germer (1896-1971) dos laboratórios Bell, nos Estados Unidos, constataram um fenômeno até então considerado exclusivamente ondulatório: a difração de elétrons. Desse modo, partículas também apresentam propriedades ondulatórias, o que confirma a hipótese formulada por Louis De Broglie.

O Princípio da Incerteza de Heisenberg

Na mecânica newtoniana, uma vez conhecidas posição e velocidade de uma partícula, ou seja, as suas equações de movimento, pode-se, com boa precisão, conhecer posições e velocidades futuras. No universo quântico, essas previsões e certezas são postas de lado e ganha notoriedade o conceito de probabilidade.

O Princípio da Incerteza de Heisenberg implica a impossibilidade de conhecermos simultaneamente e com precisão a posição e a velocidade de uma partícula, assim, quanto maior a precisão na velocidade de uma partícula maior a incerteza em sua posição e vice-versa. Analisando-se o movimento de uma partícula ao longo de um eixo *x*, a relação de incertezas entre posição e quantidade de movimento é dada por:

$$\Delta x \cdot \Delta Q > \frac{h}{4\pi}$$

Δx (incerteza na posição da partícula ao longo do eixo *x*)

ΔQ (incerteza na quantidade de movimento da partícula ao longo do eixo *x*)

As implicações desse universo probabilístico e de incertezas, em se tratando de átomos, produzem alterações em modelos importantes. Por exemplo, trajetórias perfeitas de um elétron em torno de um núcleo são substituídas pelo conceito de orbital. Filosoficamente, o Princípio da Incerteza de Heisenberg estabelece uma nova visão da natureza, contrapondo-se ao mundo determinista da mecânica newtoniana.

A4. Analise as proposições:

I. O caráter dual da luz significa que a luz apresenta dupla natureza: a ondulatória e a corpuscular.
II. Em determinados fenômenos a luz se comporta como ondas e em outros, como partículas.
III. O fenômeno da interferência da luz e o efeito fotoelétrico são explicados considerando a natureza ondulatória da luz.

Pode-se afirmar que:

a) só a I é correta.
b) só a II é correta.
c) só a III é correta.
d) a I e a II são corretas.
e) todas são corretas.

A5. Um elétron se desloca com velocidade $2,0 \cdot 10^6$ m/s. Sendo a massa do elétron $m = 9,11 \cdot 10^{-31}$ kg e a constante de Planck $h = 6,63 \cdot 10^{-34}$ J · s, calcule:

a) a quantidade de movimento do elétron;
b) o comprimento de onda de De Broglie associado ao elétron.

A6. Uma pessoa se desloca com velocidade 10 m/s. Sabendo que a massa da pessoa é 60 kg e que a constante de Planck $h = 6{,}63 \cdot 10^{-34}$ J · s:

a) Calcule o comprimento de onda de De Broglie associado à pessoa.

b) Analisando o comprimento de onda associado ao elétron (obtido no exercício anterior) e o comprimento de onda associado à pessoa (obtido no item *a*), verifique quem apresenta comportamento ondulatório, isto é, quem por exemplo pode sofrer difração numa pequena abertura.

Verificação

V4. Analise as proposições:

I. A natureza dual da luz como onda e como partícula explica, respectivamente, o fenômeno da difração e o efeito fotoelétrico.

II. Partículas, como os elétrons, também possuem propriedades ondulatórias.

III. As naturezas ondulatória e corpuscular da luz não são antagônicas, mas complementares.

Pode-se afirmar que:

a) só a I é correta.
b) só a II é correta.
c) só a III é correta.
d) a I e a II são corretas.
e) todas são corretas.

V5. O comprimento de onda de De Broglie associado a um elétron é $\lambda = 2{,}0 \cdot 10^{-10}$ m. Calcule a velocidade com que o elétron se desloca. Dados: massa do elétron $m = 9{,}11 \cdot 10^{-31}$ kg; constante de Planck $h = 6{,}63 \cdot 10^{-34}$ J · s.

V6. Calcule o comprimento de onda de De Broglie de um elétron que foi acelerado por uma diferença de potencial de 100 V. Dados: massa do elétron $m = 9{,}11 \cdot 10^{-31}$ kg; carga do elétron em valor absoluto $q = 1{,}6 \cdot 10^{-19}$ C; constante de Planck $h = 6{,}63 \cdot 10^{-34}$ J · s.

Revisão

R4. (UF-SC) Dê como resposta a soma do(s) número(s) que precede(m) a(s) proposição(ões) correta(s).

(01) A luz, em certas interações com a matéria, comporta-se como uma onda eletromagnética; em outras interações ela se comporta como partícula, como os fótons no efeito fotoelétrico.

(02) A difração e a interferência são fenômenos que somente podem ser explicados satisfatoriamente por meio do comportamento ondulatório da luz.

(04) O efeito fotoelétrico somente pode ser explicado satisfatoriamente quando consideramos a luz formada por partículas, os fótons.

(08) O efeito fotoelétrico é consequência do comportamento ondulatório da luz.

(16) Devido à alta frequência da luz violeta, o "fóton violeta" é mais energético do que o "fóton vermelho".

R5. (UF-RN) Estudantes interessados em analisar a natureza dual da luz preparavam uma apresentação para uma Feira de Ciências com três experimentos, conforme mostrados nas figuras abaixo.

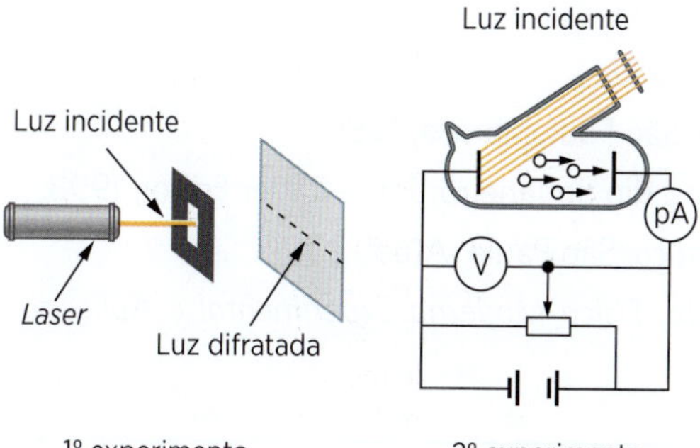

1º experimento   2º experimento

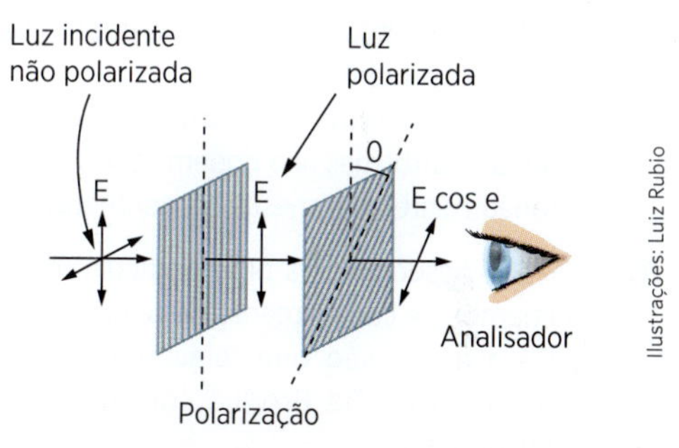

3º experimento

- 1º experimento: mostra a difração da luz ao passar por uma fenda estreita;
- 2º experimento: mostra o efeito fotoelétrico caracterizado pela geração de corrente elétrica a partir da incidência de luz sobre uma célula fotoelétrica; e
- 3º experimento: mostra o efeito da polarização da luz ao fazê-la incidir sobre filtros polarizadores.

A partir desses experimentos, é correto afirmar que

a) o efeito fotoelétrico e a polarização evidenciam a natureza ondulatória da luz, enquanto a difração evidencia a natureza corpuscular da luz.

b) a polarização e a difração evidenciam a natureza corpuscular da luz, enquanto o efeito fotoelétrico evidencia a natureza ondulatória da luz.

c) a difração e a polarização evidenciam a natureza ondulatória da luz, enquanto o efeito fotoelétrico evidencia a natureza corpuscular da luz.

d) o efeito fotoelétrico e a difração evidenciam a natureza ondulatória da luz, enquanto a polarização evidencia a natureza corpuscular da luz.

e) todos os fenômenos citados evidenciam a natureza ondulatória da luz.

R6. (UF-RN) Amanda, apaixonada por História da Ciência, ficou surpresa ao ouvir de um colega de turma o seguinte relato: *J. J. Thomson recebeu o prêmio Nobel de Física, em 1906, pela descoberta da partícula elétron. Curiosamente, seu filho G. P. Thomson, recebeu o prêmio Nobel de Física, em 1937, por seu importante trabalho experimental sobre difração de elétrons por cristais. Ou seja, enquanto um verificou aspectos de partícula para o elétron, o outro percebeu a natureza ondulatória do elétron.*

Nesse relato, de conteúdo incomum para a maioria das pessoas, Amanda teve a lucidez de perceber que o aspecto ondulatório do elétron era uma comprovação experimental da teoria das ondas de matéria, proposta por Louis de Broglie, em 1924. Ou seja, o relato do colega de Amanda estava apoiado num fato bem estabelecido em Física, que é o seguinte:

a) O princípio da superposição, bastante usado em toda a Física, diz que aspectos de onda e de partícula se complementam um ao outro e podem se superpor num mesmo experimento.
b) O princípio da incerteza de Heisenberg afirma que uma entidade física exibe ao mesmo tempo suas características de onda e de partícula.
c) A teoria da relatividade de Einstein afirma ser tudo relativo; assim, dependendo da situação, características de onda e de partícula podem ser exibidas simultaneamente.
d) Aspectos de onda e de partícula se complementam um ao outro, mas não podem ser observados simultaneamente num mesmo experimento.

R7. (UF-CE) Associamos a uma partícula material o que chamamos de comprimento de onda de De Broglie.

a) Dê a expressão que relaciona o comprimento de onda de De Broglie com o *momentum* da partícula.
b) Considere duas partículas com massas diferentes e mesma velocidade. Podemos associar a cada uma o mesmo comprimento de onda de De Broglie? Justifique.

R8. (UF-RN) Bárbara ficou encantada com a maneira de Natasha explicar a dualidade onda-partícula, apresentada nos textos de Física Moderna. Natasha fez uma analogia com o processo de percepção de imagens, apresentando uma explicação baseada numa figura muito utilizada pelos psicólogos da Gestalt. Seus esclarecimentos e a figura ilustrativa são reproduzidos a seguir.

Ye Liew/Glow Images

Figura citada por Natasha, na qual dois perfis formam um cálice, e vice-versa.

"A minha imagem preferida sobre o comportamento dual da luz é o desenho de um cálice feito por dois perfis. Qual a realidade que percebemos na figura acima? Podemos ver um cálice ou dois perfis, dependendo de quem consideramos como figura e qual consideraremos como fundo, mas não podemos ver ambos simultaneamente. É um exemplo perfeito de realidade criada pelo observador, em que nós decidimos o que vamos observar. A luz se comporta de forma análoga, pois, dependendo do tipo de experiência ("fundo"), revela sua natureza de onda ou sua natureza de partícula, sempre escondendo uma quando a outra é mostrada."

Diante dessas explicações, é correto afirmar que Natasha estava ilustrando, com o comportamento da luz, o que os físicos chamam de Princípio da:

a) Incerteza de Heinsenberg.
b) Complementaridade de Bohr.
c) Superposição.
d) Relatividade.

LEIA MAIS

David Bodanis. $E = mc^2$: uma biografia da equação que mudou o mundo e o que ela significa. Rio de Janeiro: Ediouro, 2001.

Fiona MacDonald. *Albert Einstein*. São Paulo: Globo, 1993.

George Gamow. *O incrível mundo da Física Moderna*. São Paulo: Ibrasa, 1980.

Paul Strathern. *Einstein e a relatividade em 90 minutos*. Rio de Janeiro: Jorge Zahar Editor, 1998.

José Cláudio Reis et alii. *Einstein e o universo relativístico*. São Paulo: Atual, 2000.

Carlos Chesman, Carlos André, Augusto Macêdo. *Física Moderna Experimental e Aplicada*. São Paulo: Editora Livraria da Física, 2004.

Desafio Olímpico

1. (OPF-SP) Determine a velocidade relativa (relativística) de uma barra cujo comprimento medido é a metade de seu comprimento em repouso.

   a) $v = \frac{\sqrt{3}}{4}c$

   b) $v = \frac{\sqrt{2}}{3}c$

   c) $v = c$

   d) $v = \frac{1}{2}c$

   e) $v = \frac{\sqrt{3}}{2}c$

2. (OPF-SP) Conforme sabemos, Einstein enunciou uma lei que relaciona massa com energia. Dessa maneira, é possível dizer que energia pode ser armazenada sob a forma de massa. O núcleo do elemento químico hélio (também conhecido como partícula alfa) consiste de 2 prótons e 2 nêutrons e tem massa de 4,0015 u, onde *u* é a unidade de massa atômica. Qual é a energia armazenada nesse núcleo? Explique detalhadamente sua resposta. Dados: velocidade da luz = $3{,}0 \cdot 10^8$ m/s; massa do próton = 1,0073 u; massa do nêutron = 1,0088 u, onde 1 u = $1{,}6605 \cdot 10^{-27}$ kg.

3. (OPF-SP) O efeito fotoelétrico pode ser explicado a partir das suposições de Einstein de que:

   a) a massa do elétron cresce com a velocidade.

   b) a energia da luz é quantizada.

   c) a carga do elétron cresce com a velocidade.

   d) os átomos irradiam energia.

   e) a energia da luz cresce com a velocidade.

4. (OPF-SP) Em 14 de dezembro de 1900, Max Planck apresentou, no Congresso da Sociedade de Física Alemã, um trabalho que explicava a distribuição espectral da radiação térmica F(f). Através desse trabalho ele conseguiu obter uma expressão para F(f), que apresenta um excelente acordo com a experiência. Conforme confessou mais tarde o próprio Planck, esse postulado foi um "ato de desespero". Para obter esse excelente acordo com os resultados experimentais, ele postulou que a troca de energia deveria ser "quantizada". Um oscilador que possui uma frequência v só poderia emitir ou absorver energia em múltiplos inteiros de um "quantum de energia". Assim, a frequência desse oscilador quântico é diretamente proporcional à energia nele contida e a constante de proporcionalidade é conhecida como constante de Planck, cujo valor é $6{,}62 \cdot 10^{-34}$ J · s. Uma das aplicações desse trabalho nos dias de hoje está nos aparelhos de CD e DVD, que trabalham com um diodo *laser* que emite em comprimentos de onda próximos de $780 \cdot 10^{-7}$ cm. Obtenha a energia do fóton emitida por esse diodo *laser*.

5. (OPF-SP) Calcule o momento linear de um fóton de comprimento de onda 780 nm, típico de diodos *laser* empregados na leitura de CDs. Dado: h = constante de Planck = $6{,}63 \cdot 10^{-34}$ J · s.

   a) $2{,}5 \cdot 10^{-27}$ J · s/m

   b) $3{,}5 \cdot 10^{-28}$ J · s/m

   c) $4{,}5 \cdot 10^{-26}$ J · s/m

   d) $8{,}5 \cdot 10^{-28}$ J · s/m

   e) $9{,}5 \cdot 10^{-29}$ J · s/m

Capítulo 48

Aplicação

A1. 500 s

A2. 31,2 anos

A3. 1,2 m

A4. $v = \frac{\sqrt{7}}{4}c$

A5. $9{,}5 \cdot 10^5$ m/s

A6. $1{,}8 \cdot 10^{15}$ J

A7. $2{,}5 \cdot 10^6$ meses, aproximadamente
$2{,}0 \cdot 10^5$ anos

A8. $V \cong 0{,}96c$

Verificação

V1. $v = 0{,}8c$

V2. 6,9 meses

V3. 4,0 m

V4. $1{,}8 \cdot 10^8$ m/s

V5. $v = \frac{\sqrt{3}}{2}c$

V6. 0,51 MeV

V7. a) 6
b) $v = \frac{\sqrt{35}}{6}c$ ou $v \cong 0{,}986c$

V8. $v' = 0{,}73c$

Revisão

R1. b

R2. d

R3. $V = 0{,}6V_0$

R4. c

R5. (0), (1), (2) e (3): corretas.

R6. a) 2,0 MeV
b) $v \cong 0{,}98c$

R7. $m_0 = 4{,}0 \cdot 10^{31}$ kg

R8. a) $1{,}8 \cdot 10^{14}$ J
b) 3
c) 8 meses

Capítulo 49

Aplicação

A1. a) $5{,}4 \cdot 10^{14}$ Hz
b) 0,244 eV

A2. $f \cong 1{,}53 \cdot 10^{15}$ Hz

A3. a) 4,50 eV
b) $1{,}08 \cdot 10^{15}$ Hz; $2{,}8 \cdot 10^{-7}$ m

A4. d

A5. a) $Q \cong 1{,}82 \cdot 10^{-24}$ kg · m/s
b) $h \cong 3{,}64 \cdot 10^{-10}$ m

A6. a) $h \cong 1{,}10 \cdot 10^{-36}$ m
b) O elétron.

Verificação

V1. não

V2. $1{,}5 \cdot 10^{15}$ Hz
$2{,}0 \cdot 10^{-7}$ m

V3. não

V4. e

V5. $v \cong 3{,}6 \cdot 10^7$ m/s

V6. $h \cong 1{,}2 \cdot 10^{-10}$ m

Revisão

R1. a) $f = 1{,}0 \cdot 10^{15}$ Hz
b) $E = 4{,}0$ eV
c) $E_C = 1{,}7$ eV
d) $f = 5{,}75 \cdot 10^{14}$ Hz

R2. c

R3. a) $1{,}2 \cdot 10^{15}$ Hz
b) $6{,}6 \cdot 10^{-20}$ J

R4. 23 (01 + 02 + 04 + 16)

R5. c

R6. d

R7. a) $\lambda = \frac{h}{Q}$
b) Não. Para massas *A* e *B* diferentes $\lambda_A \neq \lambda_B$.

R8. b

Desafio Olímpico

1. e
2. $45{,}9 \cdot 10^{-13}$ J
3. b
4. $2{,}55 \cdot 10^{-19}$ J
5. d

Exercícios para o Exame Nacional

Unidade 1

1. **Comparando desempenhos**

Em uma revista de automobilismo, encontramos uma tabela comparativa do desempenho de dois modelos de carro de um mesmo fabricante.

	Modelo A	Modelo B
Aceleração de 0 a 96 km/h	8,5 s	6,2 s
Aceleração de 0 a 402 m	16,5 s	10,5 s
Frenagem total a 96 km/h	39,8 m	30,0 m

Com base nos dados da tabela, responda:

a) Qual dos modelos apresenta maior aceleração média ao acelerar de 0 a 96 km/h?

b) Qual modelo apresenta maior velocidade média ao acelerar de 0 a 402 m?

c) Qual foi o módulo da variação de velocidade, em m/s, dos dois modelos durante a frenagem, indicada na terceira linha da tabela?

d) Quais os intervalos de tempo decorridos durante as frenagens, considerando os movimentos uniformemente variados?

2. (Gave – Portugal)

Análise de gráficos

Um carro move-se horizontalmente ao longo de uma estrada com velocidade de módulo variável e descreve uma trajetória retilínea. O gráfico da figura representa a sua posição relativamente a um marco quilométrico, em função do tempo.

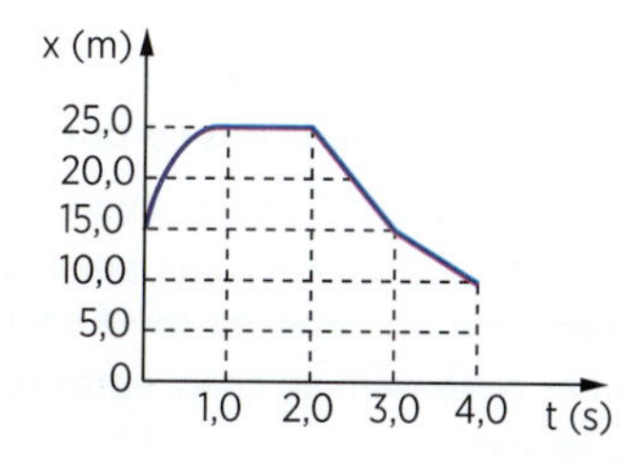

Classifique como verdadeiras (V) ou falsas (F) as afirmações seguintes.

a) A velocidade do carro variou no intervalo de tempo [0,0; 1,0] s.

b) O carro moveu-se no sentido positivo da trajetória no intervalo de tempo [2,0; 3,0] s.

c) O movimento do carro foi uniformemente retardado no intervalo de tempo [3,0; 4,0] s.

d) O movimento do carro foi uniforme no intervalo de tempo [1,0; 2,0] s.

e) O valor da velocidade do carro é negativo no intervalo de tempo [3,0; 4,0] s.

f) A distância que separa o carro do marco quilométrico é máxima no intervalo de tempo [1,0; 2,0] s.

g) A distância percorrida pelo carro, no intervalo de tempo [0,0; 1,0] s, é maior do que no intervalo de tempo [2,0; 3,0] s.

h) O módulo da velocidade do carro, no intervalo de tempo [2,0; 3,0] s, é maior do que no intervalo de tempo [3,0; 4,0] s.

3. (Gave – Portugal)

Esferas em queda

Newton imaginou um canhão, no topo de uma montanha, lançando horizontalmente um projétil. Mostrou que o alcance do projétil ia sendo cada vez maior, à medida que aumentava a velocidade de lançamento, entrando em órbita em torno da Terra, para uma dada velocidade.

A figura representa uma imagem estroboscópica* das posições de duas esferas P e Q, tendo P caído verticalmente e Q sido lançada horizontalmente, em simultâneo.

(*) Numa imagem estroboscópica as posições são representadas a intervalos de tempo iguais.

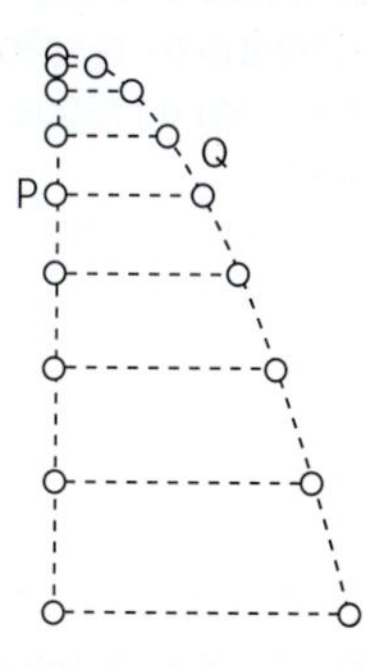

Selecione o diagrama que pode representar, na situação descrita, as velocidades das duas esferas.

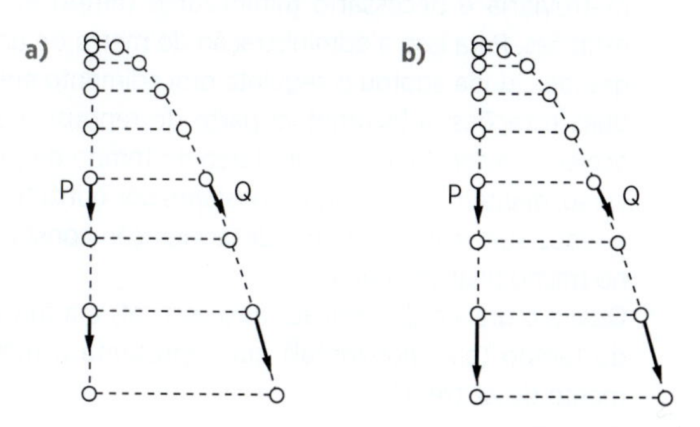

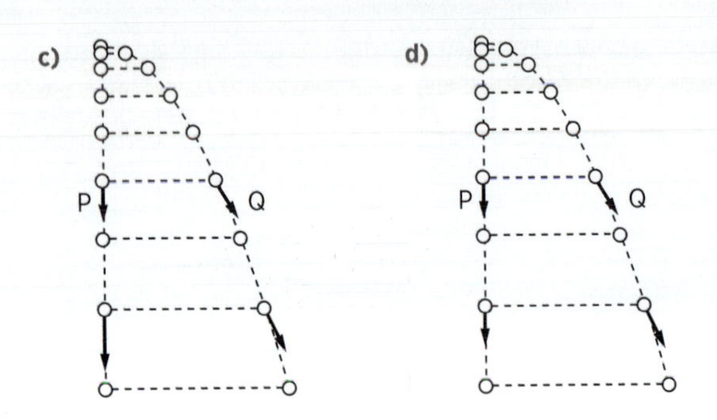

4. (Enem) Para medir o tempo de reação de uma pessoa, pode-se realizar a seguinte experiência:
   I. Mantenha uma régua (com cerca de 30 cm) suspensa verticalmente, segurando-a pela extremidade superior, de modo que o zero da régua esteja situado na extremidade inferior.
   II. A pessoa deve colocar os dedos de sua mão, em forma de pinça, próximos do zero da régua, sem tocá-la.
   III. Sem aviso prévio, a pessoa que estiver segurando a régua deve soltá-la. A outra pessoa deve procurar segurá-la o mais rapidamente possível e observar a posição onde conseguiu segurar a régua, isto é, a distância que ela percorre durante a queda.

   O quadro seguinte mostra a posição em que três pessoas conseguiram segurar a régua e os respectivos tempos de reação.

Distância percorrida pela régua durante a queda (metro)	Tempo de reação (segundo)
0,30	0,24
0,15	0,17
0,10	0,14

Disponível em: http://www.br.geocites.com. Acesso em: 1 fev. 2009.

A distância percorrida pela régua aumenta mais rapidamente que o tempo de reação porque:

a) a energia mecânica da régua aumenta, o que a faz cair mais rápido.
b) a resistência do ar aumenta, o que faz a régua cair com menor velocidade.
c) a aceleração de queda da régua varia, o que provoca um movimento acelerado.
d) a força peso da régua tem valor constante, o que gera um movimento acelerado.
e) a velocidade da régua é constante, o que provoca uma passagem linear de tempo.

5. (Enem) Para melhorar a mobilidade urbana na rede metroviária é necessário minimizar o tempo entre estações. Para isso a administração do metrô de uma grande cidade adotou o seguinte procedimento entre duas estações: a locomotiva parte do repouso com aceleração constante por um terço do tempo de percurso, mantém a velocidade constante por outro terço e reduz sua velocidade com desaceleração constante no trecho final, até parar.
   Qual é o gráfico de posição (eixo vertical) em função do tempo (eixo horizontal) que representa o movimento desse trem?

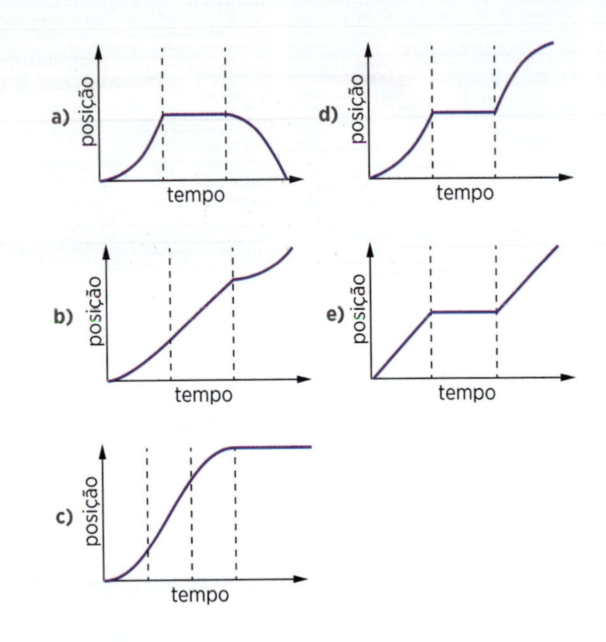

Unidade 2

6. (Pisa)

O copo de água

Um ônibus está trafegando por um trecho reto da estrada. O motorista do ônibus, chamado Raul, tem um copo de água sobre o painel:

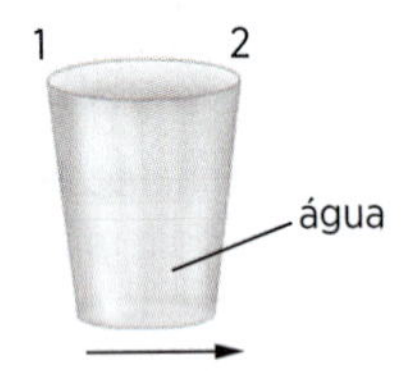

Subitamente, Raul tem que pisar nos freios. O que é mais provável acontecer com a água do copo?

a) A água permanecerá na horizontal.
b) A água se derramará para o lado 1.
c) A água se derramará para o lado 2.
d) A água se derramará, mas não se pode afirmar se derramará para o lado 1 ou o lado 2.

(Gave – Portugal) Leia atentamente o seguinte texto e responda às questões 7 e 8.

A queda dos corpos

Conta a lenda que no século XVII o italiano Galileu Galilei, tendo deixado cair uma pedra grande e uma pedra pequena do cimo da torre de Pisa, verificou que ambas chegavam ao chão, aproximadamente, ao mesmo tempo.

Qual é a pedra que deve, de fato, cair primeiro, se se ignorar a resistência do ar? A pedra grande ou a pedra pequena? Ignorar a resistência do ar significa que se imagina que não há atmosfera.

Se fizermos a experiência na Terra, deixando cair dois objetos do mesmo material, um muito grande e outro muito pequeno, constatamos que cai primeiro o objeto maior. Somos, então, levados pela intuição a concluir que devia cair primeiro a pedra grande, mesmo que se "desligasse" a resistência do ar.

A Natureza nem sempre está, porém, de acordo com as nossas intuições mais imediatas. Se se "desligasse" a resistência do ar, a pedra grande e a pedra pequena cairiam ao mesmo tempo.

No chamado "tubo de Newton" (um tubo de vidro onde se faz o vácuo) pode-se deixar cair, da mesma altura, objetos diferentes, por exemplo, uma chave e uma pena, e observar que chegam ao fundo do tubo exatamente ao mesmo tempo. Esse instrumento permite efetuar, em condições ideais, a hipotética experiência de Galileu na torre de Pisa.

(Adaptado de: Carlos Fiolhais. *Física divertida*. Lisboa: Gradiva, 1991.)

Com base na informação apresentada no texto, selecione a alternativa que completa corretamente a frase seguinte.

7. Na ausência de resistência do ar, o tempo de queda de um objeto depende:

a) da sua forma.
b) da sua massa.
c) da sua densidade.
d) da altura de queda.

8. Considere um objeto que, após ter sido abandonado do cimo da torre de Pisa, cai verticalmente até o solo. Sendo apreciável o efeito da resistência do ar sobre esse objeto, ele acaba por atingir a velocidade terminal.

Escreva um texto, no qual caracterize o movimento de queda desse objeto, abordando os seguintes tópicos:

a) identificação das forças que sobre ele atuam, descrevendo o modo como variam as intensidades dessas forças, durante a queda;
b) descrição, fundamentada, da variação do módulo da sua aceleração durante a queda;
c) identificação dos dois tipos de movimento que ele adquire durante a queda.

(Pisa) Texto para as questões de **9** a **12**.

Energia eólica

Muitos consideram que a energia eólica é uma fonte de energia que pode substituir as centrais térmicas movidas a petróleo ou a carvão. Os geradores eólicos apresentados na figura abaixo possuem pás que giram conforme o vento. Essas rotações fazem com que o gerador produza eletricidade.

Stockxpert/Image Plus

9. Os gráficos a seguir mostram a velocidade média do vento em quatro locais diferentes ao longo do ano. Qual o local mais apropriado para a instalação de um gerador eólico?

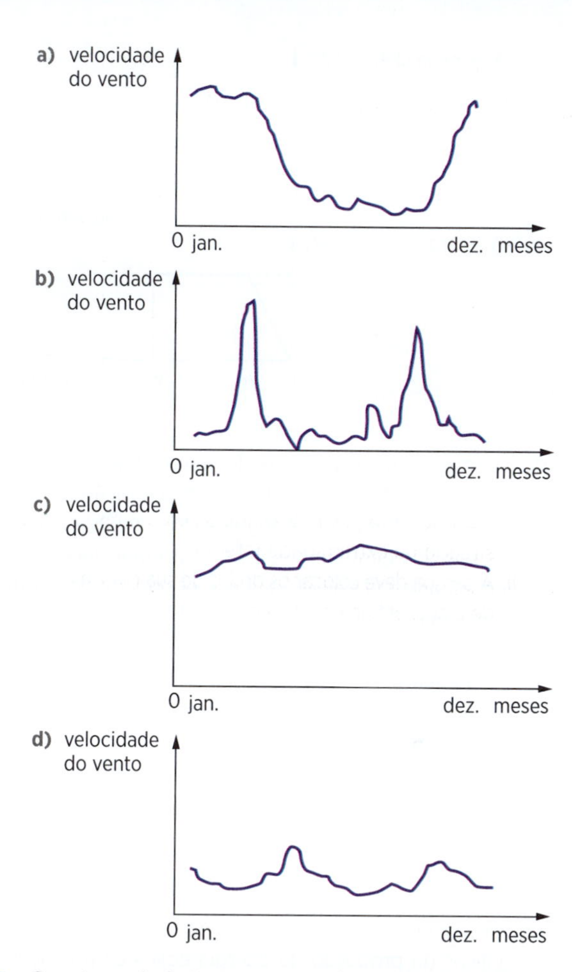

10. Quanto mais forte o vento, mais rapidamente giram as pás dos geradores eólicos e mais energia elétrica é gerada. No entanto, em uma situação real, não há uma relação direta entre a velocidade do vento e a energia elétrica produzida. Abaixo, apresentamos quatro condições de funcionamento de uma central de energia eólica em situação real.

I. As pás começarão a girar quando a velocidade do vento for v_1.
II. Por razões de segurança, a rotação das pás não aumentará quando a velocidade do vento for maior que v_2.
III. A potência elétrica está no máximo (W) quando o vento atinge a velocidade v_2.
IV. As pás irão parar de girar quando a velocidade do vento alcançar v_3.

Qual dos gráficos a seguir melhor representa a relação entre a velocidade do vento e a energia elétrica gerada sob as condições de funcionamento descritas?

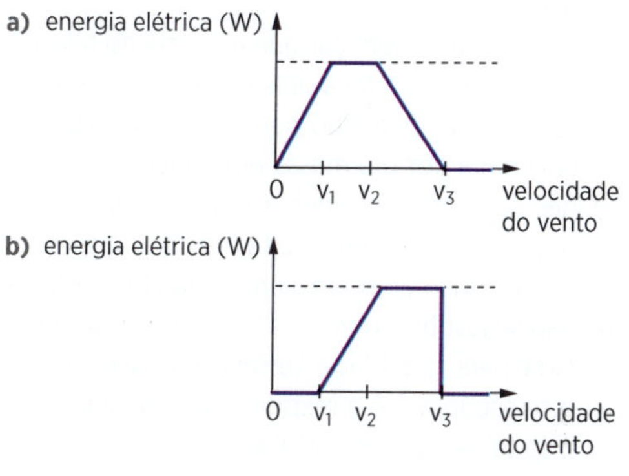

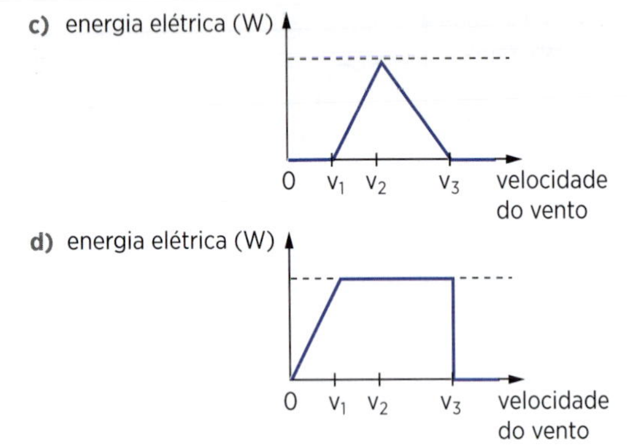

11. A uma mesma velocidade do vento, quanto mais elevada for a altitude, mais lenta será a rotação das pás. Qual das alternativas a seguir explica melhor por que as pás dos geradores eólicos giram mais lentamente em lugares mais altos, já que a velocidade do vento é a mesma?

a) O ar é menos denso, à medida que a altitude aumenta.

b) A temperatura é mais baixa, à medida que a altitude aumenta.

c) A gravidade torna-se menor, à medida que a altitude aumenta.

d) Chove com mais frequência, quando a altitude aumenta.

12. Descreva uma vantagem e uma desvantagem específicas da produção de energia eólica com relação à produção de energia a partir de combustíveis fósseis, como o carvão e o petróleo.

13. (Enem) O ônibus espacial *Atlantis* foi lançado ao espaço com cinco astronautas a bordo e uma câmera nova, que iria substituir uma outra danificada por um curto-circuito no telescópio *Hubble*. Depois de entrarem em órbita a 560 km de altura, os astronautas se aproximaram do *Hubble*. Dois astronautas saíram da *Atlantis* e se dirigiram ao telescópio.
Ao abrir a porta de acesso, um deles exclamou: "Esse telescópio tem a massa grande, mas o peso é pequeno."
Considerando o texto e as leis de Kepler, pode-se afirmar que a frase dita pelo astronauta

a) se justifica porque o tamanho do telescópio determina a sua massa, enquanto seu pequeno peso decorre da falta de ação da aceleração da gravidade.

b) se justifica ao verificar que a inércia do telescópio é grande comparada à dele próprio, e que o peso do telescópio é pequeno porque a atração gravitacional criada por sua massa era pequena.

c) não se justifica, porque a avaliação da massa e do peso de objetos em órbita tem por base as leis de Kepler, que não se aplicam a satélites artificiais.

d) não se justifica, porque a força-peso é a força exercida pela gravidade terrestre, neste caso, sobre o telescópio e é a responsável por manter o próprio telescópio em órbita.

e) não se justifica, pois a ação da força-peso implica a ação de uma força de reação contrária, que não existe naquele ambiente. A massa do telescópio poderia ser avaliada simplesmente pelo seu volume.

14. (Enem) Uma das modalidades presentes nas olimpíadas é o salto com vara. As etapas de um dos saltos de um atleta estão representadas na figura:

Atleta corre com a vara | Atleta apoia a vara no chão

Atleta atinge certa altura | Atleta cai em um colchão

Desprezando-se as forças dissipativas (resistência do ar e atrito), para que o salto atinja a maior altura possível, ou seja, o máximo de energia seja conservada, é necessário que

a) a energia cinética, representada na etapa I, seja totalmente convertida em energia potencial elástica representada na etapa IV.

b) a energia cinética, representada na etapa II, seja totalmente convertida em energia potencial gravitacional, representada na etapa IV.

c) a energia cinética, representada na etapa I, seja totalmente convertida em energia potencial gravitacional, representada na etapa III.

d) a energia potencial gravitacional, representada na etapa II, seja totalmente convertida em energia potencial elástica, representada na etapa IV.

e) a energia potencial gravitacional, representada na etapa I, seja totalmente convertida em energia potencial elástica, representada na etapa III.

15. (Enem) Os freios ABS são uma importante medida de segurança no trânsito, os quais funcionam para impedir o travamento das rodas do carro quando o sistema de freios é acionado, liberando as rodas quando estão no limiar do deslizamento. Quando as rodas travam, a força de frenagem é governada pelo atrito cinético.
As representações esquemáticas da força de atrito f_{at} entre os pneus e a pista, em função da pressão p aplicada no pedal de freio, para carros sem ABS e com ABS, respectivamente, são:

a)
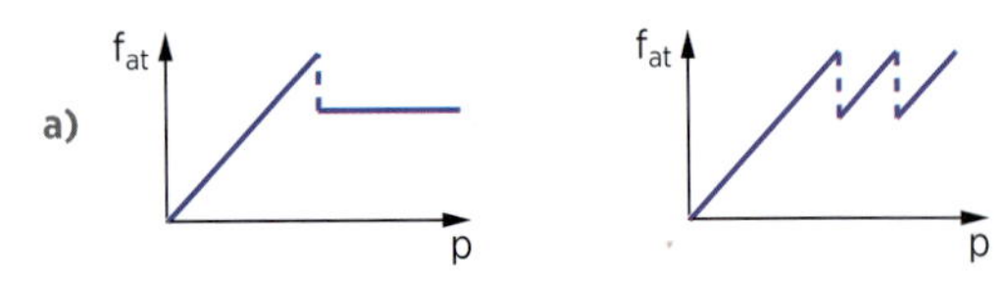

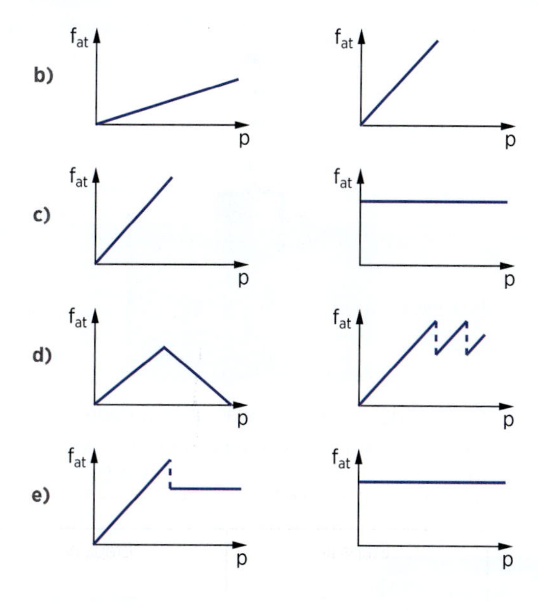

Unidade 3

Texto para as questões de 16 a 19.

Alavancas

A figura mostra um exercício de treinamento com peso denominado extensão do tríceps que funciona como uma alavanca de primeira classe. Nesse exercício, a contração do tríceps disputa com o peso do antebraço de um atleta e com a barra. Nesse exemplo, para simplificar a explicação, vamos esquecer o peso do antebraço e considerar que o peso total da resistência está centrado na barra.

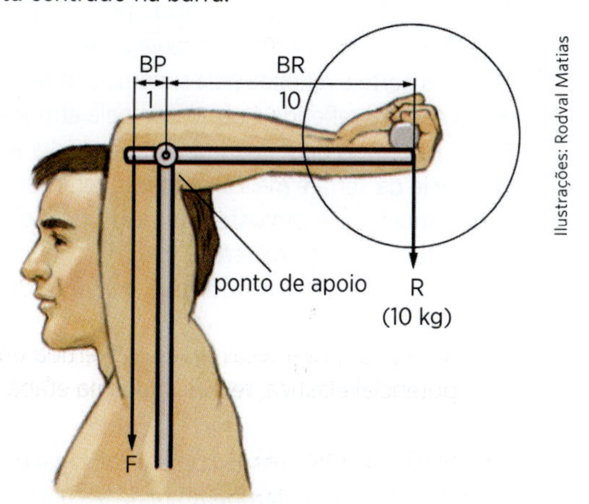

Ilustrações: Rodval Matias

Fonte da ilustração e do texto: Gerry Carr. *Biomecânica do Esporte*. São Paulo: Manole, 1998.

Numa alavanca, a força a ser vencida é denominada *força resistente* ($\vec{R}$). No caso em questão é o peso da barra, uma vez que estamos desprezando o peso do antebraço. A força aplicada pelo tríceps que equilibra o antebraço é a *força potente* ($\vec{F}$). Conforme a posição do ponto de apoio, em relação às forças potente e resistente, podemos ter três tipos de alavancas:

- interfixa (alavanca de primeira classe): o ponto de apoio está entre as forças resistente e potente;
- inter-resistente (alavanca de segunda classe): a força resistente está entre o ponto de apoio e a força potente;
- interpotente (alavanca de terceira classe): a força potente está entre o ponto de apoio e a força resistente.

A distância do ponto de apoio até a força resistente é denominada *braço da força resistente* (BR) e a distância do ponto de apoio até a força potente é o *braço da força potente* (BP).

16. No caso ilustrado na figura, considere a massa m da barra 10 kg. Observe na figura os valores dos braços resistente e potente expressos numa certa unidade. A intensidade da força potente é igual a:

a) 100 N
b) 500 N
c) 1 000 N
d) 1 500 N

Dado: $g = 10\ m/s^2$ (aceleração local da gravidade).

17. A força exercida pelo tríceps equivale ao peso de um corpo de massa:

a) 50 kg
b) 100 kg
c) 150 kg
d) 200 kg

18. O apoio exerce no antebraço uma força de intensidade:

a) 1 100 N
b) 1 500 N
c) 2 000 N
d) 2 500 N

19. Considere as alavancas esquematizadas a seguir e classifique-as como: interfixa, interpotente e inter-resistente.

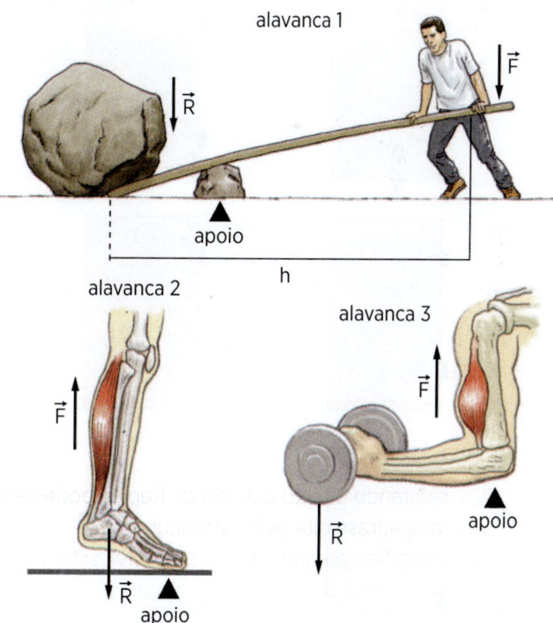

20. Tomando refrigerante (I)

Quando você toma um refrigerante com um canudo, uma extremidade é mantida dentro do líquido e a outra no interior da boca. Explique por que, quando você faz sucção, o líquido sobe.

Sérgio Dotta Jr./The Next

21. Tomando refrigerante (II)

Você, agora, dispõe de dois canudos. Mantenha um canudo da mesma maneira descrita no exercício anterior. Coloque uma extremidade do outro canudo no interior de sua boca e a outra extremidade fora do líquido. Explique por que, quando você faz sucção, neste segundo caso, o líquido não sobe.

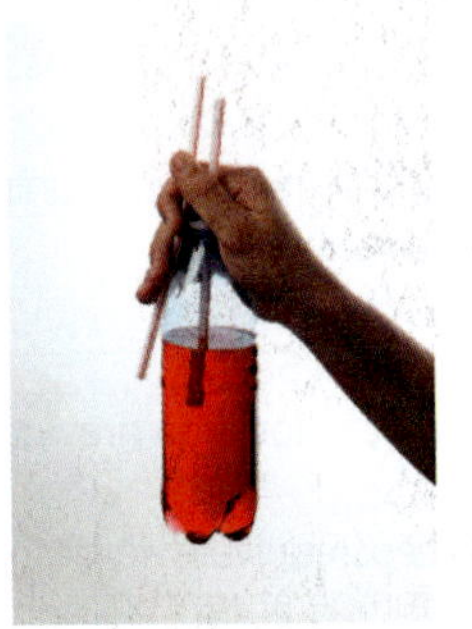

Fotos: Sérgio Dotta Jr./The Next

22. (Enem) O mecanismo que permite articular uma porta (de um móvel ou de acesso) é a dobradiça. Normalmente, são necessárias duas ou mais dobradiças para que a porta seja fixada no móvel ou no portal, permanecendo em equilíbrio e podendo ser articulada com facilidade.
No plano, o diagrama vetorial das forças que as dobradiças exercem na porta está representado em

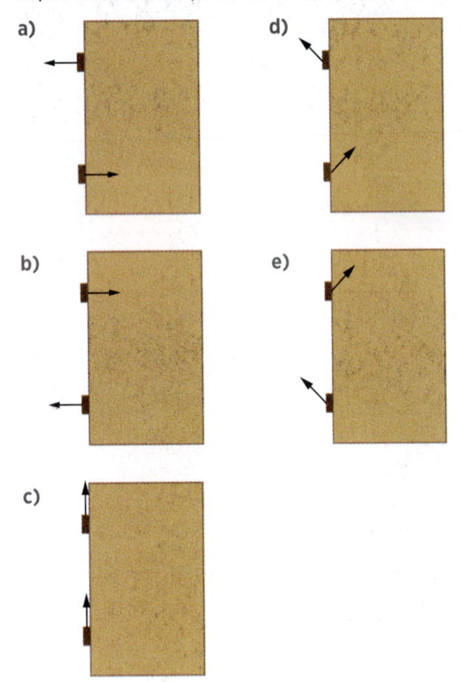

23. (Enem) Em um experimento realizado para determinar a densidade da água de um lago, foram utilizados alguns materiais conforme ilustrado: um dinamômetro D com graduação de 0 N a 50 N e um cubo maciço e homogêneo de 10 cm de aresta e 3 kg de massa. Inicialmente, foi conferida a calibração do dinamômetro, constatando-se a leitura de 30 N quando o cubo era preso ao dinamômetro e suspenso no ar. Ao mergulhar o cubo na água do lago, até que metade do seu volume ficasse submersa, foi registrada a leitura de 24 N no dinamômetro.

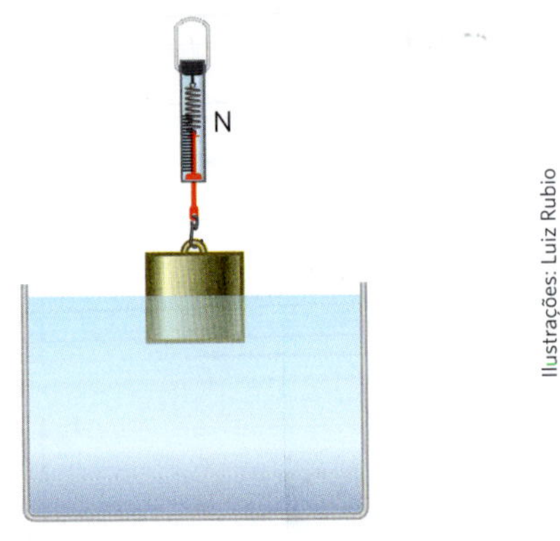

Ilustrações: Luiz Rubio

Considerando que a aceleração da gravidade local é de 10 m/s^2, a densidade de água do lago, em g/cm^3, é

a) 0,6. **c)** 1,5. **e)** 4,8.
b) 1,2. **d)** 2,4.

Unidade 4

(Pisa) Leia os textos a seguir e responda às questões de **24** a **26**.

O efeito estufa: fato ou ficção?

Os seres vivos necessitam de energia para sobreviver. A energia que mantém a vida sobre a Terra vem do Sol, que irradia energia para o espaço, por ser muito quente. Uma proporção minúscula dessa energia alcança a Terra.

A atmosfera terrestre funciona como uma camada protetora sobre a superfície de nosso planeta, impedindo as variações de temperatura que existiriam em um mundo sem ar.

A maior parte da energia irradiada pelo Sol passa pela atmosfera terrestre. A Terra absorve parte dessa energia e a outra parte é refletida pela superfície terrestre. Parte dessa energia refletida é absorvida pela atmosfera.

Como resultado disso, a temperatura média acima da superfície da Terra é mais alta do que seria se não existisse atmosfera. A atmosfera terrestre funciona como uma estufa, daí o termo *efeito estufa*.

O efeito estufa teria ficado mais evidente durante o século XX.

É um fato que a temperatura média da atmosfera terrestre tem aumentado. Em jornais e revistas, o aumento da emissão do gás carbônico (dióxido de carbono) é frequentemente apontado como o principal responsável pela elevação de temperatura no século XX.

Um estudante, chamado André, interessou-se pela possível relação entre a temperatura média da atmosfera terrestre e a emissão de gás carbônico na Terra.

Em uma biblioteca ele encontrou os dois gráficos a seguir:

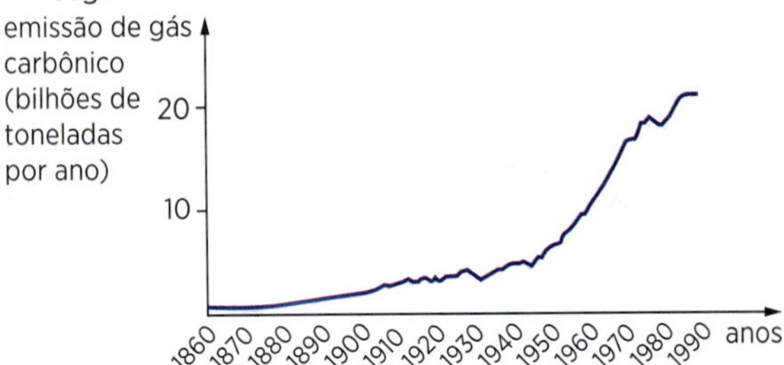

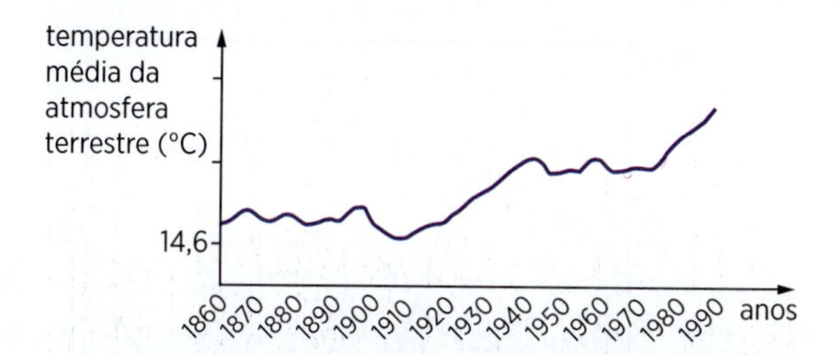

André conclui, a partir desses dois gráficos, que é evidente que o aumento da temperatura média da atmosfera terrestre é devido ao aumento da emissão do gás carbônico.

24. O que há nos gráficos que justifica a conclusão de André?

25. Uma outra aluna, Jane, discorda da conclusão de André. Ela compara os dois gráficos e diz que algumas partes dos gráficos não justificam sua conclusão. Dê um exemplo de uma parte do gráfico que não justifica a conclusão de André. Explique a sua resposta.

26. André mantém sua conclusão, segundo a qual o aumento na média da temperatura da atmosfera terrestre é causado pelo aumento da emissão de gás carbônico. Mas Jane acha que sua conclusão é prematura. Ela diz: "Antes de aceitar essa conclusão você deve estar certo de que outros fatores que poderiam influenciar o efeito estufa estão constantes". Cite um dos fatores a que Jane se refere.

27. (Pisa)

O café quente

Paulo prepara uma caneca de café quente, à temperatura de cerca de 90 °C, e uma caneca de água mineral gelada, à temperatura de cerca de 5 °C. As canecas são idênticas em formato e tamanho e têm a mesma capacidade em volume. Paulo deixa as canecas em um local onde a temperatura é de aproximadamente 20 °C.

Quais poderão ser as temperaturas do café e da água mineral depois de 10 minutos?

a) 70 °C e 10 °C
b) 90 °C e 5 °C
c) 70 °C e 25 °C
d) 20 °C e 20 °C

28. (Pisa)

Trabalhar em dia quente

Paulo está trabalhando na reforma de uma casa velha. Ele deixou uma garrafa de água, alguns pregos de metal e um pedaço de madeira dentro do porta-malas do carro. Depois de três horas sob o sol, a temperatura dentro do carro chegou a aproximadamente 40 °C.

O que acontece com os objetos que estão dentro do carro? Responda *sim* ou *não* para cada afirmação.

	Isto acontece com os objetos dentro do carro?	Sim ou não?
a)	Todos estão com a mesma temperatura.	▲
b)	Depois de algum tempo, a água começa a ferver.	▲
c)	Depois de algum tempo, os pregos de metal começam a ficar vermelhos.	▲
d)	A temperatura dos pregos de metal é mais elevada do que a da água.	▲

29. Leia atentamente o seguinte texto.

A atmosfera

A figura representa as várias zonas em que a atmosfera se divide e a variação da temperatura com a altitude, na atmosfera.

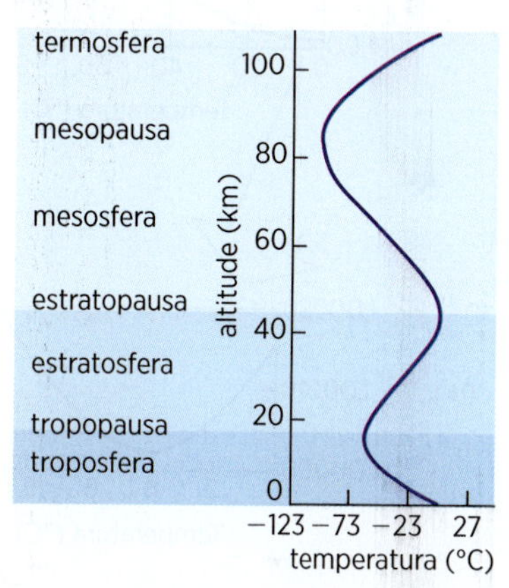

A camada inferior da atmosfera é designada por troposfera. Nesta camada, a temperatura diminui com o aumento de altitude. Aproximadamente entre 11 km e 16 km de altitude, situa-se a tropopausa, uma zona em que a temperatura permanece constante e perto de −55 °C. A cerca de 16 km de altitude, inicia-se a estratosfera. Nesta camada, a temperatura aumenta até atingir cerca de 0 °C na estratopausa, aproximadamente a 45 km acima do nível do mar. Acima dessa altitude, na mesosfera, a temperatura torna a diminuir, até se atingir a mesopausa.

Em seguida, na termosfera, a temperatura aumenta e, a altitudes muito elevadas, pode ser superior a 1 000 °C. Contudo, os astronautas não são reduzidos a cinzas quando saem dos *space shuttles*, porque a essa altitude as moléculas que existem são em número muito reduzido.

(Adaptado de: ATKINS, P.; JONES, L. *Chemistry: molecules, matter, and change*. 3rd edition, New York: W. H. Freeman and Company, 1997.)

Tendo em conta a informação apresentada, escreva um texto no qual indique:

a) em que se baseia a divisão da atmosfera em camadas;
b) como varia a temperatura com a altitude, na estratosfera, apresentando uma justificação para essa variação;
c) como varia, de forma geral, a densidade da atmosfera com a altitude.

30. (Enem) De maneira geral, se a temperatura de um líquido comum aumenta, ele sofre dilatação. O mesmo não ocorre com a água, se ela estiver a uma temperatura próxima a de seu ponto de congelamento. O gráfico mostra como o volume específico (inverso da densidade) da água varia em função da temperatura, com uma aproximação na região entre 0 °C e 10 °C, ou seja, nas proximidades do ponto de congelamento da água.

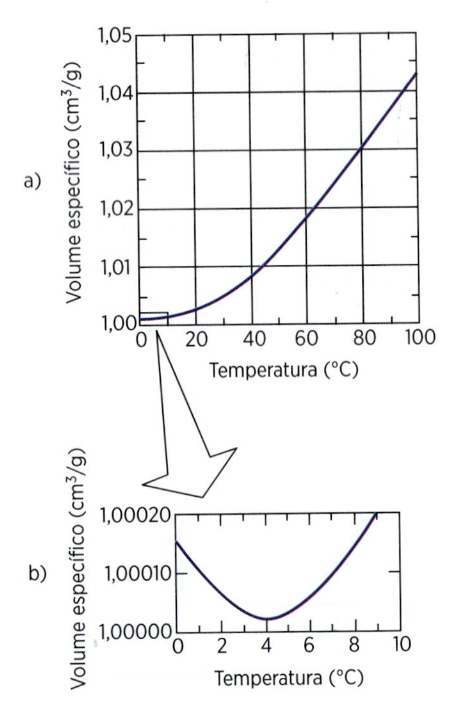

HALLIDAY & RESNICK. *Fundamentos da Física: Gravitação, ondas e termodinâmica.* v.2. Rio de Janeiro: Livros Técnicos e Científicos, 1991.

A partir do gráfico, é correto concluir que o volume ocupado por certa massa de água

a) diminui em menos de 3% ao se resfriar de 100 °C a 0 °C.

b) aumenta em mais de 0,4% ao se resfriar de 4 °C a 0 °C.

c) diminui em menos de 0,04% ao se aquecer de 0 °C a 4 °C.

d) aumenta em mais de 4% ao se aquecer de 4 °C a 9 °C.

e) aumenta em menos de 3% ao se aquecer de 0°C a 100 °C.

31. (Enem) Umidade relativa do ar é o termo usado para descrever a quantidade de vapor de água contido na atmosfera. Ela é definida pela razão entre o conteúdo real de umidade de uma parcela de ar e a quantidade de umidade que a mesma parcela de ar pode armazenar na mesma temperatura e pressão quando está saturada de vapor, isto é, com 100% de umidade relativa. O gráfico representa a relação entre a umidade relativa do ar e sua temperatura ao longo de um período de 24 horas em um determinado local.

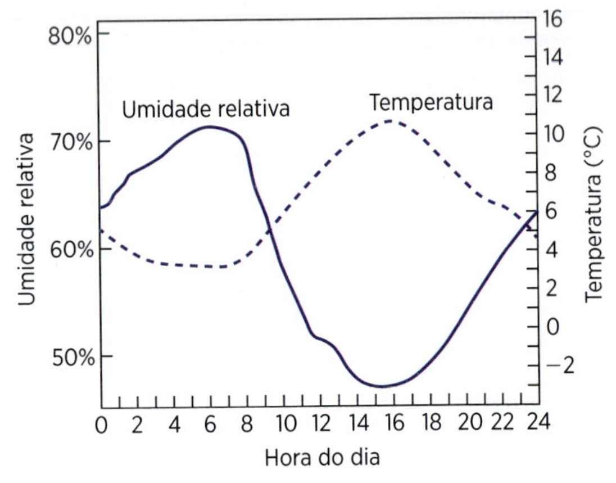

Considerando-se as informações do texto e do gráfico, conclui-se que

a) a insolação é um fator que provoca variação da umidade relativa do ar.

b) o ar vai adquirindo maior quantidade de vapor de água à medida que se aquece.

c) a presença de umidade relativa do ar é diretamente proporcional à temperatura do ar.

d) a umidade relativa do ar indica, em termos absolutos, a quantidade de vapor de água existente na atmosfera.

e) a variação da umidade do ar se verifica no verão, e não no inverno, quando as temperaturas permanecem baixas.

32. (Enem) O Sol representa uma fonte limpa e inesgotável de energia para o nosso planeta. Essa energia pode ser captada por aquecedores solares, armazenada e convertida posteriormente em trabalho útil. Considere determinada região cuja insolação — potência solar incidente na superfície da Terra — seja de 800 watts/m². Uma usina termossolar utiliza concentradores solares parabólicos que chegam a dezenas de quilômetros de extensão. Nesses coletores solares parabólicos, a luz refletida pela superfície parabólica espelhada é focalizada em um receptor em forma de cano e aquece o óleo contido em seu interior a 400 °C. O calor desse óleo é transferido para a água, vaporizando-a em uma caldeira. O vapor em alta pressão movimenta uma turbina acoplada a um gerador de energia elétrica.

Aurora Photos/Alamy/Glow Images

Considerando que a distância entre a borda inferior e a borda superior da superfície refletora tenha 6 m de largura e que focaliza no receptor os 800 watts/m^2 de radiação provenientes do Sol, e que o calor específico da água é 1 cal g^{-1} °C^{-1} = 4 200 J kg^{-1} °C^{-1}, então o comprimento linear do refletor parabólico necessário para elevar a temperatura de 1 m^3 (equivalente a 1 t) de água de 20 °C para 100 °C, em uma hora, estará entre

a) 15 m e 21 m.
b) 22 m e 30 m.
c) 105 m e 125 m.
d) 680 m e 710 m.
e) 6 700 m e 7 150 m.

Unidade 5

(Pisa) Texto para as questões 33 e 34.

A luz das estrelas

Túlio gosta de olhar as estrelas. Entretanto, ele não pode observá-las muito bem à noite, porque mora numa cidade grande. No ano passado, Túlio visitou o campo e escalou uma montanha, de onde observou um grande número de estrelas que não conseguia ver quando estava na cidade.

33. Por que é possível observar um número maior de estrelas no campo do que nas cidades, onde vive a maioria das pessoas?

a) A lua é mais brilhante nas cidades e bloqueia a luz de muitas estrelas.
b) No ar do campo, há mais poeira para refletir a luz do que no ar da cidade.
c) Na cidade, o brilho da iluminação pública dificulta ver várias estrelas.
d) O ar é mais quente nas cidades devido ao calor emitido pelos carros, equipamentos e casas.

34. Túlio usa um telescópio com uma lente de grande diâmetro para observar as estrelas de baixa intensidade luminosa. Por que um telescópio equipado com uma lente de grande diâmetro permite a observação de estrelas de baixa intensidade luminosa?

a) Quanto maior a lente, mais luz é captada.
b) Quanto maior a lente, maior é a capacidade de ampliação.
c) Lentes maiores possibilitam ver uma porção maior do céu.
d) Lentes maiores podem detectar as cores escuras nas estrelas.

(Pisa) Texto para as questões de 35 a 37.

Trânsito de Vênus

Em 8 de junho de 2004, pôde-se observar, a partir de vários locais da Terra, a passagem do planeta Vênus diante do Sol. Esse fenômeno é denominado "trânsito" de Vênus e ocorre quando a órbita de Vênus coloca o planeta entre o Sol e a Terra. O trânsito de Vênus anterior a esse ocorreu em 1882 e o próximo está previsto para 2012.

Abaixo, vemos uma foto do trânsito de Vênus em 2004. Um telescópio foi apontado para o Sol e a imagem projetada em um cartão branco.

Eckhard Slawik/SPL/Latinstock

35. Por que o trânsito foi observado por meio da projeção da imagem em um cartão branco, em vez de se olhar diretamente pelo telescópio?

a) A luz do Sol era muito intensa para que Vênus aparecesse.
b) O Sol é grande o suficiente para ser visto sem ampliação.
c) Observar o Sol por meio de um telescópio pode danificar os olhos.
d) Era necessário reduzir a imagem, projetando-a sobre um cartão.

36. Qual dos planetas abaixo pode ser observado em trânsito diante do Sol, a partir da Terra, em determinados momentos?

a) Mercúrio
b) Marte
c) Júpiter
d) Saturno

37. Várias palavras foram sublinhadas na afirmação a seguir.

<u>Astrônomos</u> <u>preveem</u> que, visto de <u>Netuno</u>, haverá um <u>trânsito</u> de <u>Saturno</u> diante do <u>Sol</u> no decorrer deste <u>século</u>.

Entre as palavras sublinhadas, quais seriam as três mais úteis para se fazer uma busca na internet ou em uma biblioteca, a fim de se descobrir quando esse trânsito ocorreria?

Texto para as questões de 38 a 40.

Defeitos da visão

Os alunos de uma escola foram submetidos a exames oftalmológicos. Os 30 alunos de uma sala, após as consultas, foram divididos em quatro grupos:

- Grupo *A*: 2 alunos tinham dificuldade em ler o que estava escrito no quadro-negro, mesmo quando se sentavam na primeira fileira.
- Grupo *B*: 3 alunos conseguiam enxergar o que estava escrito no quadro, mas viam com distorções.
- Grupo *C*: 1 aluno conseguia ver bem de longe, mas tinha dificuldade em enxergar de perto.
- Grupo *D*: 24 alunos apresentaram visão normal.

38. Qual é a porcentagem de alunos da sala com astigmatismo?

a) 68%
b) 10%
c) 6,8%
d) 3,3%

39. A receita dos óculos de um dos alunos é a mostrada a seguir:

		Esférica	Cilíndrica	Eixo	D (mm)
Para longe	O.D.	−2,75	▲	▲	59
	O.E.	−2,75	▲	▲	
Para perto	O.D.	▲	▲	▲	▲
	O.E.				

Esse aluno pertence a qual grupo?

a) Grupo *A*
b) Grupo *B*
c) Grupo *C*
d) Grupo *D*

40. No dia seguinte um aluno compareceu às aulas com seus óculos novos e mostrou aos colegas que as lentes eram de aumento. A que grupo esse aluno pertence?

a) Grupo *A*
b) Grupo *B*
c) Grupo *C*
d) Grupo *D*

41. (Enem) Para que uma substância seja colorida ela deve absorver luz na região do visível. Quando uma amostra absorve luz visível, a cor que percebemos é a soma das cores restantes que são refletidas ou transmitidas pelo objeto. A Figura 1 mostra o espectro de absorção para uma substância e é possível observar que há um comprimento de onda em que a intensidade de absorção é máxima. Um observador pode prever a cor dessa substância pelo uso da roda de cores (Figura 2); o comprimento de onda correspondente à cor do objeto é encontrado no lado oposto ao comprimento de onda da absorção máxima.

Figura 1

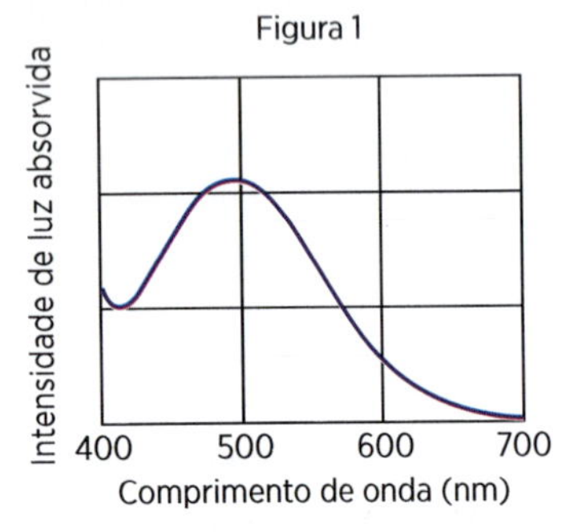

Figura 2

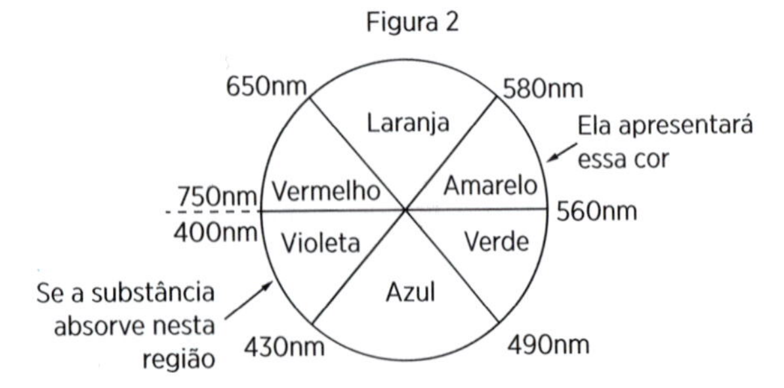

BROWN, T. *Química e Ciência Central*. 2005 (adaptado).

Qual a cor da substância que deu origem ao espectro da Figura 1?

a) Azul.
b) Verde.
c) Violeta.
d) Laranja.
e) Vermelho.

42. (Enem) Alguns povos indígenas ainda preservam suas tradições realizando a pesca com lanças, demonstrando uma notável habilidade. Para fisgar um peixe em um lago com águas tranquilas, o índio deve mirar abaixo da posição em que enxerga o peixe. Ele deve proceder dessa forma porque os raios de luz

a) refletidos pelo peixe não descrevem uma trajetória retilínea no interior da água.
b) emitidos pelos olhos do índio desviam sua trajetória quando passam do ar para a água.
c) espalhados pelo peixe são refletidos pela superfície da água.
d) emitidos pelos olhos são espalhados pela superfície da água.
e) refletidos pelo peixe desviam sua trajetória quando passam da água para o ar.

Unidade 6

(Pisa – OCDE) Texto para as questões de **43** a **45**.

Ultrassom

Em muitos países, é possível obter imagens de um feto (bebê em desenvolvimento no ventre da mãe), graças às técnicas de imagem por ultrassom (ecografia). Os ultrassons são considerados seguros para a mãe e para o feto.

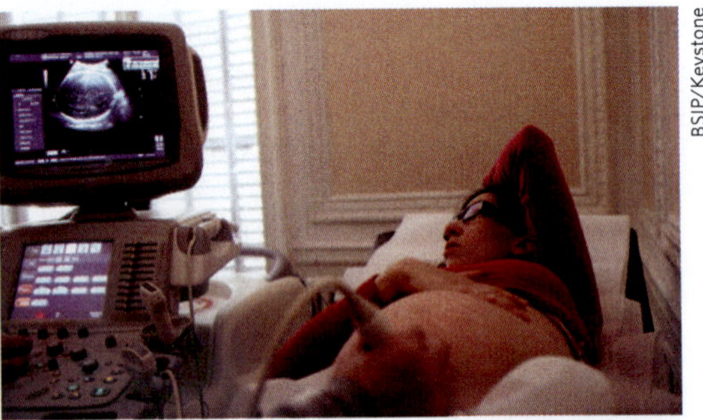

BSIP/Keystone

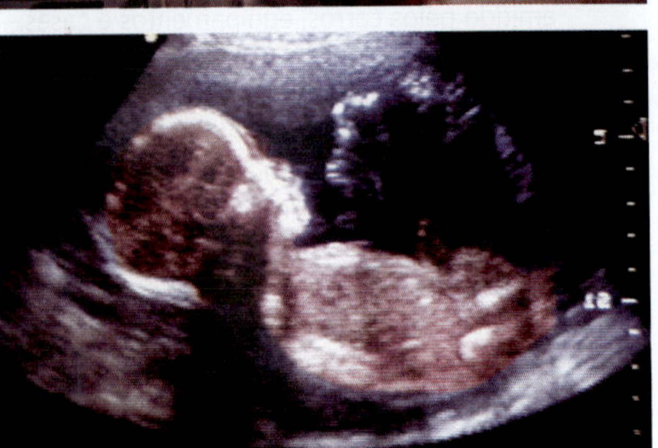

Chad Ehlers - Stock Connection/SF/Corbis/LatinStock

O médico segura uma sonda e a movimenta pelo abdômen da mãe. As ondas do ultrassom são transmitidas para dentro do abdômen, onde elas se refletem a partir da superfície do feto. A sonda recupera as ondas refletidas e as envia para um equipamento que pode produzir uma imagem.

43. Para formar uma imagem, o ultrassom precisa calcular a *distância* entre o feto e a sonda. As sondas do ultrassom movimentam-se pelo abdômen a uma velocidade de 1 540 m/s. Que medidas o equipamento deve fazer para poder calcular a distância?

44. A imagem do feto também pode ser obtida utilizando-se os raios *X* (radiografia). Entretanto, as mulheres são aconselhadas a evitar radiografias no abdômen durante a gravidez. Por que a mulher deve evitar fazer radiografias do abdômen durante a gravidez?

45. Os exames de ultrassom realizados em gestantes podem fornecer resposta para as questões a seguir? Responda *sim* ou *não* para cada questão.

	Os exames de ultrassom podem fornecer resposta para esta questão?	Sim ou não?
a)	Há mais que um bebê?	▲
b)	Qual é o sexo do bebê?	▲
c)	Qual é a cor dos olhos do bebê?	▲
d)	O bebê está de tamanho mais ou menos normal?	▲

46. (Enem) *Os radares comuns transmitem micro-ondas que refletem na água, gelo e outras partículas na atmosfera. Podem, assim, indicar apenas o tamanho e a distância das partículas, tais como gotas de chuva. O radar Doppler, além disso, é capaz de registrar a velocidade e a direção na qual as partículas se movimentam, fornecendo um quadro do fluxo de ventos em diferentes elevações.*

Nos Estado Unidos, a Nexrad, uma rede de 158 radares Doppler, montada na década de 1990 pela Diretoria Nacional Oceânica e Atmosférica (NOAA), permite que o Serviço Meteorológico Nacional (NWS) emita alertas sobre situações do tempo potencialmente perigosas com um grau de certeza muito maior.

O pulso da onda do radar, ao atingir uma gota de chuva, devolve uma pequena parte de sua energia numa onda de retorno, que chega ao disco do radar antes que ele emita a onda seguinte. Os radares da Nexra d transmitem entre 860 e 1300 pulsos por segundo, na frequência de 3000 MHz.

FISCHETTI, M. Radar Meteorológico: Sinta o Vento. *Scientific American Brasil*, n. 08, São Paulo, jan. 2003.

No radar Doppler, a diferença entre as frequências emitidas e recebidas pelo radar é dada por $f = (2\ u_r/c)\ f_0$ onde u_r é a velocidade relativa entre a fonte e o receptor, $c = 3{,}0 \times 10^8$ m/s é a velocidade da onda eletromagnética, e f_0 é a frequência emitida pela fonte. Qual é a velocidade, em km/h, de uma chuva, para a qual se registra no radar Doppler uma diferença de frequência de 300 Hz?

a) 1,5 km/h
b) 5,4 km/h
c) 15 km/h
d) 54 km/h
e) 108 km/h

47. (Enem) Em um dia de chuva muito forte, constatou-se uma goteira sobre o centro de uma piscina coberta, formando um padrão de ondas circulares. Nessa situação, observou-se que caíam duas gotas a cada segundo. A distância entre duas cristas consecutivas era de 25 cm e cada uma delas se aproximava da borda da piscina com velocidade de 1,0 m/s. Após algum tempo a chuva diminuiu e a goteira passou a cair uma vez por segundo.
Com a diminuição da chuva, a distância entre as cristas e a velocidade de propagação da onda tornaram-se, respectivamente,

a) maior que 25 cm e maior que 1,0 m/s.
b) maior que 25 cm e igual a 1,0 m/s.
c) menor que 25 cm e menor que 1,0 m/s.
d) menor que 25 cm e igual a 1,0 m/s.
e) igual a 25 cm e igual a 1,0 m/s.

Unidade 7

Texto para as questões **48** e **49**.

Campo eletrostático

A lei de Coulomb permite-nos calcular a força eletrostática de interação entre duas cargas elétricas puntiformes *Q* e *q*, fixas nos pontos *O* e *P*, situados a uma distância *d*:

$$\vec{F} = K \cdot \frac{Q \cdot q}{d^2} \cdot \vec{n} \quad \text{(I)}$$

$-\vec{F}$ O ——— d ——— P $\vec{F}$
Q $\vec{n}$ q

onde *K* é uma constante característica do meio e *n* é um versor que tem a direção da reta definida pelos pontos *O* e *P* e sentido de *O* para *P*.

O fator $K \cdot \frac{Q}{d^2} \cdot \vec{n}$ é indicado por $\vec{E}$ e recebe o nome de vetor campo eletrostático que a carga elétrica *Q* produz em *P*:

$$\vec{E} = K \cdot \frac{Q}{d^2} \cdot \vec{n} \quad \text{(II)}$$

O ——— d $\vec{n}$ ——— P $\vec{E}$
$Q > 0$

O ——— d ——— $\vec{E}$ P
$Q < 0$ $\vec{n}$

$\vec{E}$ tem o sentido de $\vec{n}$ se $Q > 0$ e oposto ao de $\vec{n}$ se $Q < 0$.

De (I) e (II), resulta:

$$\vec{F} = q \cdot \vec{E} \quad \text{(III)}$$

48. Das três fórmulas apresentadas, qual delas tem caráter mais geral, isto é, vale para o campo eletrostático gerado por uma carga elétrica puntiforme e por uma distribuição qualquer de cargas?

49. Considere o campo eletrostático gerado por duas cargas elétricas puntiformes fixas, $+Q$ e $-Q$, com $Q > 0$.

Dê as características (direção, sentido e intensidade) do vetor campo elétrico resultante que as cargas originam no ponto *P*. (Considere dados: *K*, *Q* e *d*.)

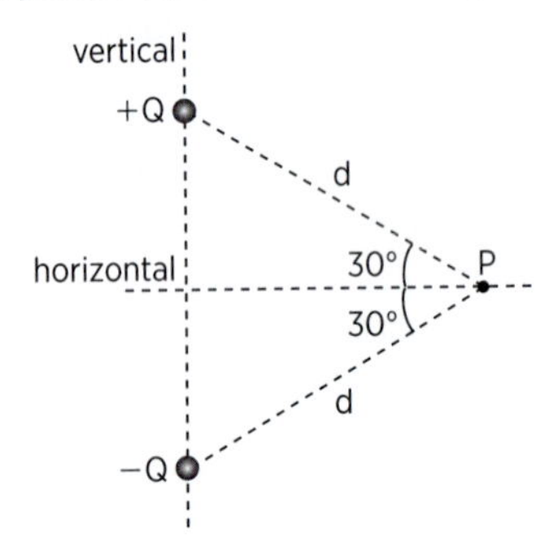

50. (Gave – Portugal) A figura representa, no plano xOy, as linhas de um campo elétrico, em que numa delas se situam os pontos *A* e *B*.

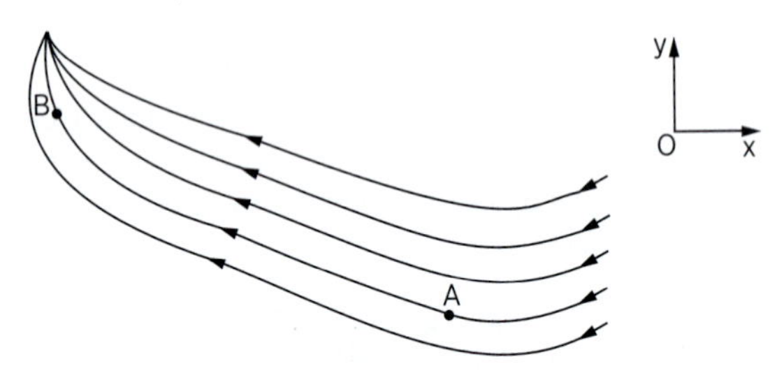

Selecione a alternativa correta.

a) Se o módulo do campo em *A* for $5 \cdot 10^{-2}$ Vm^{-1}, em *B* tem também o módulo de $5 \cdot 10^{-2}$ Vm^{-1}.

b) Em *A* o campo tem a direção e o sentido do eixo dos xx e em *B* o campo tem a direção e o sentido do eixo dos yy.

c) Se o módulo do campo em *A* for $3 \cdot 10^{-2}$ Vm^{-1}, em *B* pode ter o módulo de $5 \cdot 10^{-2}$ Vm^{-1}.

d) Em *A* e em *B* o campo tem direção perpendicular ao plano xOy.

Texto para as questões **51** e **52**.

A gaiola de Faraday

O físico inglês Michael Faraday (1791-1867) fez notáveis descobertas no campo da Física. Uma de suas realizações foi a construção de uma gaiola metálica para demonstrar que os condutores quando carregados eletrizam-se apenas em sua superfície externa. Ele próprio permaneceu no interior de uma gaiola, mantida sobre suportes isolantes, enquanto seus assistentes a eletrizavam intensamente. Apesar de saltarem faíscas da gaiola, no seu interior Faraday não sofreu nenhum efeito elétrico, comprovando-se assim sua tese: o interior da gaiola ou de qualquer condutor constitui uma *blindagem eletrostática*.

51. Por que no interior de um carro você fica protegido durante uma tempestade com raios?

a) Os pneus são isolantes.

b) O carro é equipado com um para-raios.

c) A superfície metálica do carro atua como blindagem.

d) O para-brisa do carro isola o seu interior.

52. Suspende-se por um fio isolante uma pequena esfera de isopor. A seguir, aproxima-se da esfera uma barra de plástico ou de vidro atritada com lã. A esfera de isopor é atraída pela barra.

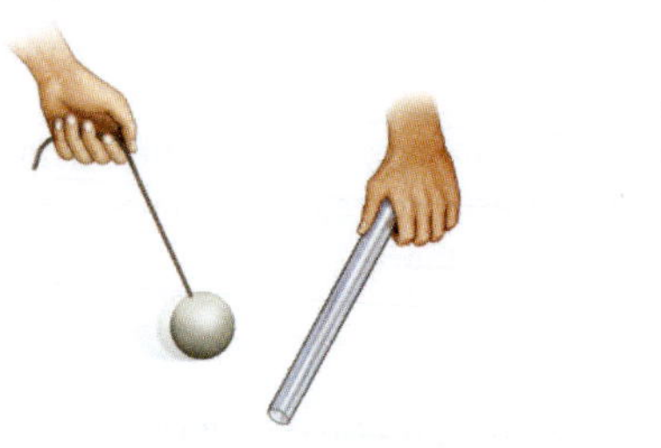

Ilustrações: Studio Caparroz

Repete-se o experimento, colocando-se a esfera de isopor no interior de sua gaiola metálica. A esfera não é atraída pela barra eletrizada. Explique.

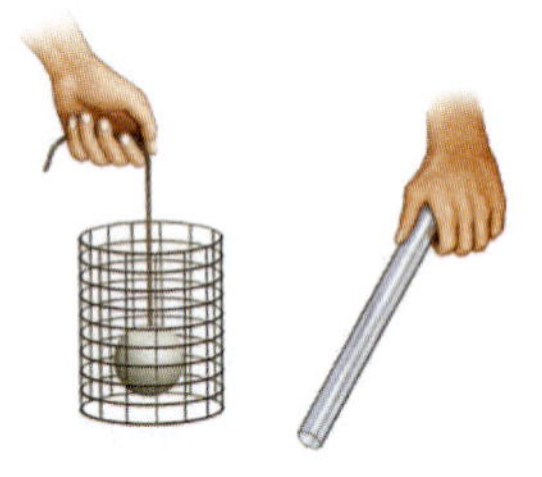

Unidade 8

53. **Energia elétrica**

Os chuveiros elétricos são sabidamente conhecidos pelo alto gasto de energia em uma residência. Em boa parte dos lares brasileiros, é o item de maior peso em uma conta de luz. A energia elétrica consumida por um aparelho é determinada pelo produto da potência elétrica desse aparelho e o intervalo de tempo que este permanece em funcionamento.

Potência máxima de aparelhos elétricos	
Ferro elétrico	800 W
Máquina de lavar roupas	900 W
Geladeira	250 W
Forno de micro-ondas	1 200 W
Televisão	200 W
Ventilador	90 W

Fernando Favoretto/Criar Imagem

Dos aparelhos listados abaixo, qual tem o maior impacto financeiro em uma conta de luz residencial em um mês típico de uma família brasileira, e qual seria o motivo desse impacto? Explique.

a) máquina de lavar roupas
b) televisão
c) geladeira
d) ventilador

54. **O banho**

A temperatura da água de um chuveiro elétrico pode ser controlada alterando-se a chave seletora verão/inverno. Porém, uma outra maneira de controle da temperatura é a alteração do fluxo de água, ou seja, abrir ou fechar a torneira permitindo que esta fique mais ou menos em contato com a resistência elétrica do chuveiro. Qual das alternativas a seguir representa a menor temperatura? E a maior?

a) Torneira bem aberta e chave seletora na posição inverno.
b) Torneira não tão aberta e chave seletora na posição inverno.
c) Torneira bem aberta e chave seletora na posição verão.
d) Torneira não tão aberta e chave seletora na posição verão.

55. **Chuveiros elétricos**

O Brasil é um país de dimensões continentais com uma diversidade climática muito grande. Tal fato pode acarretar alguns problemas técnicos quando se projeta um determinado aparelho elétrico. Por exemplo, um chuveiro elétrico projetado para funcionar de maneira compatível com um inverno frio e rigoroso pode ter seu uso comprometido quando comercializado fora desta região.

Fonte: IBGE. Disponível em: www.ibge.com.br. Acesso em: 30/6/2009.

Uma das medidas utilizadas para amenizar tal efeito é a instalação do aparelho fabricado para uso em 220 V, em 110 V. A potência elétrica P, a tensão elétrica U e a resistência elétrica R (admitida aqui constante) guardam a seguinte relação:

$$P = \frac{U^2}{R}$$

Sob essas condições, um chuveiro elétrico com dados nominais de fábrica (5800 W/220 V) ligado em 110 V funcionará com qual potência elétrica P'?

56. (Enem) A instalação elétrica de uma casa envolve várias etapas, desde a alocação dos dispositivos, instrumentos e aparelhos elétricos, até a escolha dos materiais que a compõem, passando pelo dimensionamento da potência requerida, da fiação necessária, dos eletrodutos*, entre outras.

Para cada aparelho elétrico existe um valor de potência associado. Valores típicos de potências para alguns aparelhos elétricos são apresentados no quadro seguinte:

Aparelhos	Potência (W)
Aparelho de som	120
Chuveiro elétrico	3000
Ferro elétrico	500
Televisor	200
Geladeira	200
Rádio	50

*Eletrodutos são condutos por onde passa a fiação de uma instalação elétrica, com a finalidade de protegê-la.

Área do cômodo (m^2)	Potência da lâmpada (W)		
	Sala/copa/cozinha	Quarto, varanda e corredor	Banheiro
Até 6,0	60	60	60
6,0 a 7,5	100	100	60
7,5 a 10,5	100	100	100

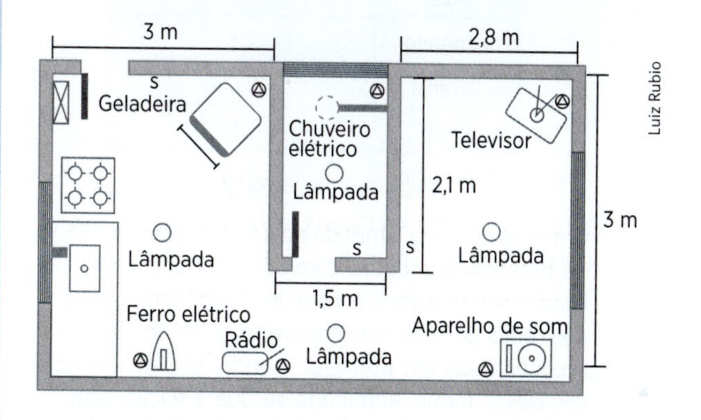

Obs.: Para efeito do cálculo das áreas, as paredes são desconsideradas.

Considerando a planta baixa fornecida, com todos os aparelhos em funcionamento, a potência total, em watts, será de

a) 4070.
b) 4270.
c) 4320.
d) 4390.
e) 4470.

57. (Enem) Considere a seguinte situação hipotética: ao preparar o palco para a apresentação de uma peça de teatro, o iluminador deveria colocar três atores sob luzes que tinham igual brilho e os demais, sob luzes de menor brilho. O iluminador determinou, então, aos técnicos, que instalassem no palco oito lâmpadas incandescentes com a mesma especificação (L1 a L8), interligadas em um circuito com uma bateria, conforme mostra a figura.

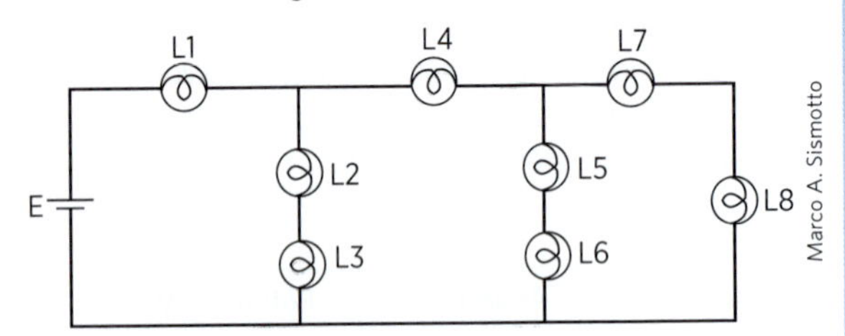

Nessa situação, quais são as três lâmpadas que acendem com o mesmo brilho por apresentarem igual valor de corrente fluindo nelas, sob as quais devem se posicionar os três atores?

a) L1, L2 e L3.
b) L2, L3 e L4.
c) L2, L5 e L7.
d) L4, L5 e L6.
e) L4, L7 e L8.

58. (Enem) Todo carro possui uma caixa de fusíveis, que são utilizados para proteção dos circuitos elétricos. Os fusíveis são constituídos de um material de baixo ponto de fusão, como o estanho, por exemplo, e se fundem quando percorridos por uma corrente elétrica igual ou maior do que aquela que são capazes de suportar. O quadro a seguir mostra uma série de fusíveis e os valores de corrente por eles suportados.

Fusível	Corrente elétrica (A)
Azul	1,5
Amarelo	2,5
Laranja	5,0
Preto	7,5
Vermelho	10,0

Um farol usa uma lâmpada de gás halogênio de 55 W de potência que opera com 36 V. Os dois faróis são ligados separadamente, com um fusível para cada um, mas, após um mau funcionamento, o motorista passou a conectá-los em paralelo, usando apenas um fusível. Dessa forma, admitindo-se que a fiação suporte a carga dos dois faróis, o menor valor de fusível adequado para a proteção desse novo circuito é o

a) azul.
b) preto.
c) laranja.
d) amarelo.
e) vermelho.

59. (Enem) Observe a tabela seguinte. Ela traz especificações técnicas constantes no manual de instruções fornecido pelo fabricante de uma torneira elétrica.

Especificações Técnicas

Modelo		Torneira			
Tensão nominal (Volts ~)		127		220	
Potência nominal (Watts)	(Frio)	Desligado			
	(Morno)	2800	3200	2800	3200
	(Quente)	4500	5500	4500	5500
Corrente nominal (Ampères)		35,4	43,3	20,4	25,0
Fiação mínima (até 30 m)		6 mm^2	10 mm^2	4 mm^2	4 mm^2
Fiação mínima (acima de 30 m)		10 mm^2	16 mm^2	6 mm^2	6 mm^2
Disjuntor (Ampère)		40	50	25	30

Disponível em: http://www.cardeal.com.br.manualprod/Manuais/Torneira%20Suprema/Manual...Torneira...Suprema...roo.pdf

Considerando que o modelo de maior potência da versão 220 V da torneira suprema foi inadvertidamente conectada a uma rede com tensão nominal de 127 V, e que o aparelho está configurado para trabalhar em sua máxima potência.

Qual o valor aproximado da potência ao ligar a torneira?

a) 1830 W
b) 2800 W
c) 3200 W
d) 4030 W
e) 5500 W

60. (Enem) A energia elétrica consumida nas residências é medida, em quilowatt-hora, por meio de um relógio medidor de consumo. Nesse relógio, da direita para a esquerda, tem-se o ponteiro da unidade, da dezena, da centena e do milhar.

Se um ponteiro estiver entre dois números, considera-se o último número ultrapassado pelo ponteiro. Suponha que as medidas indicadas nos esquemas seguintes tenham sido feitas em uma cidade em que o preço do quilowatt-hora fosse de R$ 0,20.

Leitura atual

Luiz Rubio

Leitura do mês passado

Thinkstock/Getty Images

FILHO, A.G.; BAROLLI, E. *Instalação Elétrica*. São Paulo: Scipione, 1997.

O valor a ser pago pelo consumo de energia elétrica registrado seria de

a) R$ 41,80.
b) R$ 42,00.
c) R$ 43,00.
d) R$ 43,80.
e) R$ 44,00.

61. (Enem) Em um manual de um chuveiro elétrico são encontradas informações sobre algumas características técnicas, ilustradas no quadro, como a tensão de alimentação, a potência dissipada, o dimensionamento do disjuntor ou fusível, e a área da seção transversal dos condutores utilizados.

Características técnicas				
Especificação				
Modelo			A	B
Tensão (V~)			127	220
Potência (Watt)	Seletor de temperatura Multitemperaturas	○	0	0
		●	2440	2540
		●●	4400	4400
		●●●	5500	6000
Disjuntor ou fusível (ampère)			50	30
Seção dos condutores (mm^2)			10	4

Uma pessoa adquiriu um chuveiro do modelo A e, ao ler o manual, verificou que precisava ligá-lo a um disjuntor de 50 ampères. No entanto, intrigou-se com o fato de que o disjuntor a ser utilizado para uma correta instalação de um chuveiro do modelo B devia possuir amperagem 40% menor.

Considerando-se os chuveiros de modelos A e B, funcionando à mesma potência de 4400 W, a razão entre as suas respectivas resistências elétricas, RA e RB, que justifica a diferença de dimensionamento dos disjuntores, é mais próxima de:

a) 0,3
b) 0,6
c) 0,8
d) 1,7
e) 3,0

62. (Enem) Um curioso estudante, empolgado com a aula de circuito elétrico a que assistiu na escola, resolve desmontar sua lanterna. Utilizando-se da lâmpada e da pilha, retiradas do equipamento, e de um fio com as extremidades descascadas, faz as seguintes ligações com a intenção de acender a lâmpada:

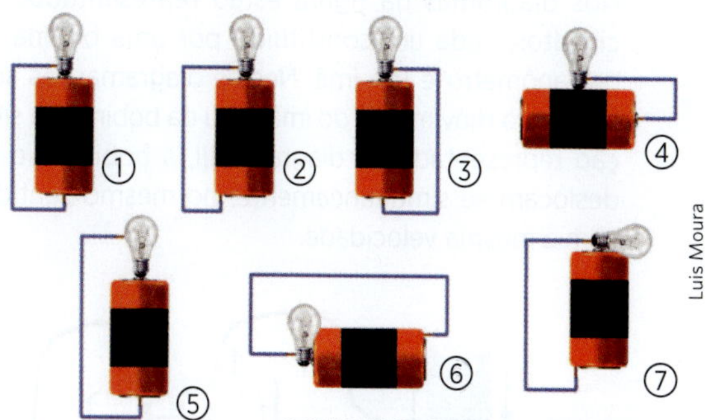

Luis Moura

GONÇALVES FILHO, A.; BAROLLI, E. *Instalação Elétrica: investigando e aprendendo*. São Paulo: Scipione, 1997 (adaptado).

Tendo por base os esquemas mostrados, em quais casos a lâmpada acendeu?

a) (1), (3), (6)
b) (3), (4), (5)
c) (1), (3), (5)
d) (1), (3), (7)
e) (1), (2), (5)

Unidade 9

63. (Gave – Portugal)

Ímã e corrente elétrica

Em 1820, Oersted verificou experimentalmente que a corrente elétrica produz efeitos magnéticos. Em 1831, Faraday evidenciou, também experimentalmente, a possibilidade de induzir corrente elétrica num circuito fechado não ligado a uma fonte de alimentação, a partir de um campo magnético que varia no tempo. Assim surgiu a teoria eletromagnética, cujo desenvolvimento se baseou no conceito de campo.

Considere um ímã paralelo ao eixo z e uma espira, E, de fio de cobre colocada no plano xOy, conforme ilustra a figura.

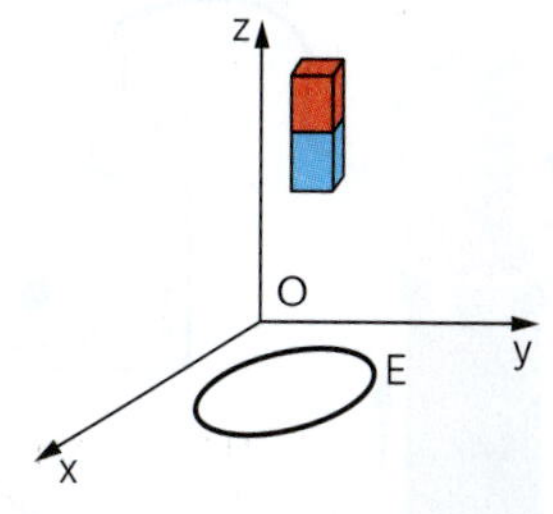

Selecione a opção que completa corretamente a frase seguinte:

A corrente elétrica que passa na espira é nula quando o ímã:

a) e a espira se deslocam verticalmente para cima com velocidades diferentes.
b) está em repouso e a espira se desloca verticalmente para cima.
c) está em repouso e a espira se desloca horizontalmente para a direita.
d) e a espira se deslocam verticalmente para cima, com a mesma velocidade.

64. (Gave – Portugal)

Ímã e bobina

Michael Faraday, por volta de 1831, comprovou experimentalmente que campos magnéticos poderiam gerar correntes elétricas.

Nos diagramas da figura estão representados três circuitos, cada um constituído por uma bobina, um galvanômetro e um ímã. Nestes diagramas, as setas indicam o movimento do ímã e/ou da bobina. Na situação representada no diagrama III, a bobina e o ímã deslocam-se simultaneamente, no mesmo sentido e com a mesma velocidade.

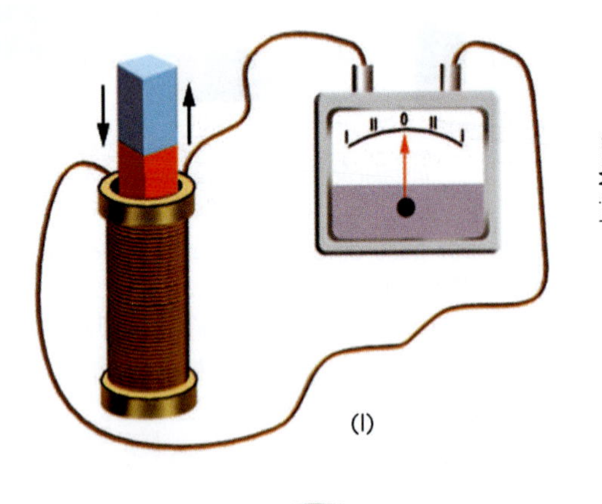

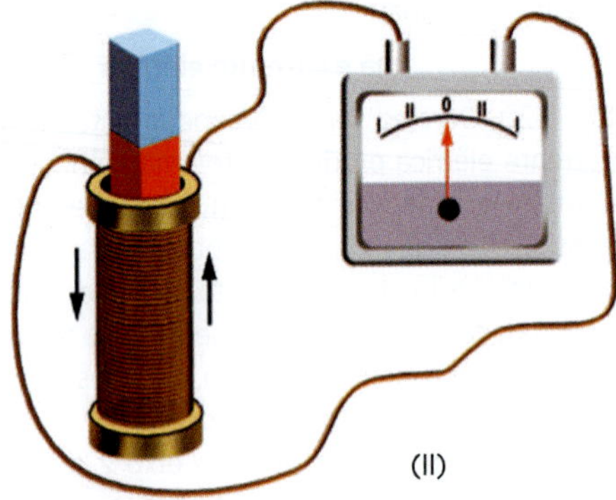

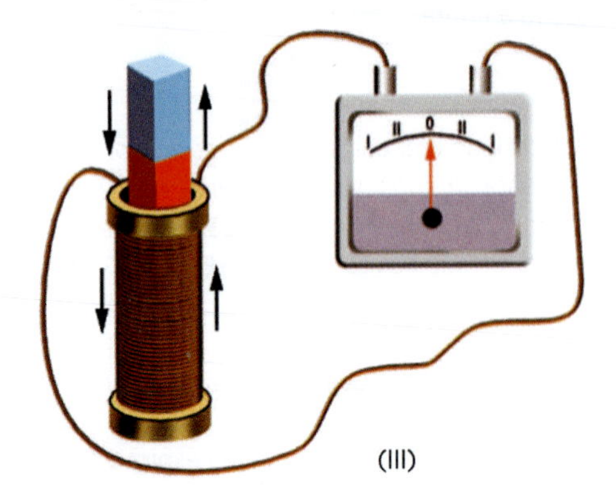

Selecione a alternativa que permite obter uma afirmação correta.

O ponteiro do galvanômetro movimenta-se apenas na(s) situação(ões) representada(s):

a) no diagrama I.

b) no diagrama III.

c) nos diagramas I e II.

d) nos diagramas II e III.

65. **Usina hidrelétrica**

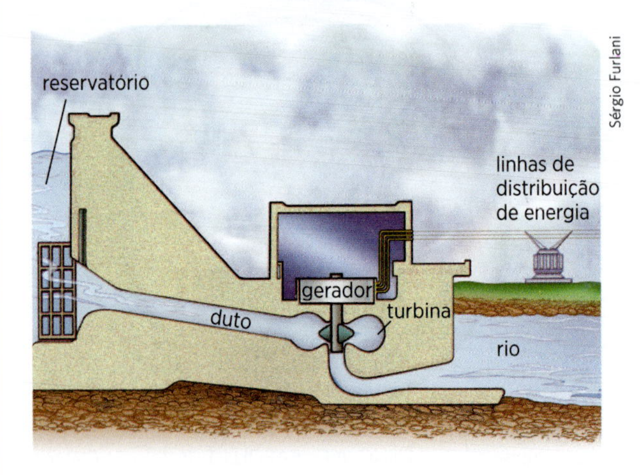

Sobre as transformações de energia em uma usina hidrelétrica, verifique se as afirmações a seguir são verdadeiras (*V*) ou falsas (*F*).

I. A água represada possui energia potencial gravitacional que se converte em energia cinética na queda através dos dutos.

II. A energia cinética da água em movimento irá girar as pás das turbinas que, por sua vez, movimentam o gerador.

III. No gerador, o fenômeno da indução eletromagnética é o responsável pela conversão da energia mecânica em energia elétrica.

66. (Enem) O manual de funcionamento de um captador de guitarra elétrica apresenta o seguinte texto:

Esse captador comum consiste de uma bobina, fios condutores enrolados em torno de um ímã permanente. O campo magnético do ímã induz o ordenamento dos polos magnéticos na corda da guitarra, que está próxima a ele.

Assim, quando a corda é tocada, as oscilações produzem variações, com o mesmo padrão, no fluxo magnético que atravessa a bobina. Isso induz uma corrente elétrica na bobina, que é transmitida até o amplificador e, daí, para o alto-falante.

Um guitarrista trocou as cordas originais de sua guitarra, que eram feitas de aço, por outras feitas de náilon. Com o uso dessas cordas, o amplificador ligado ao instrumento não emitia mais som, porque a corda de náilon

a) isola a passagem de corrente elétrica da bobina para o alto-falante.

b) varia seu comprimento mais intensamente do que ocorre com o aço.

c) apresenta uma magnetização desprezível sob a ação do ímã permanente.

d) induz correntes elétricas na bobina mais intensas que a capacidade do captador.

e) oscila com uma frequência menor do que a que pode ser percebida pelo captador.

67. **Um pouco sobre Relatividade**

Grandezas físicas, tratadas na Física Clássica como absolutas, ou seja, totalmente independentes do referencial em que são medidas, ganham um caráter relativo quando se entra nos domínios das altas velocidades (que são as velocidades comparáveis à da luz no vácuo, c = 300 000 km/s). Em nosso cotidiano, vivemos em velocidades muito menores que a da luz, portanto, esse mundo relativístico nos causa muita estranheza, também porque nele alguns limites são impostos.

Observe o gráfico a seguir:

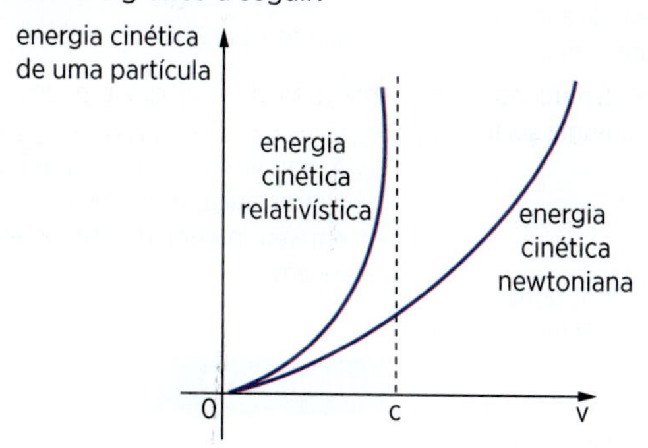

Observando o gráfico da energia cinética de uma partícula em função de sua velocidade *v*, analise as proposições como verdadeiras (*V*) ou falsas (*F*).

I. Para uma partícula, quando sua velocidade se aproxima da velocidade da luz no vácuo *c*, sua energia cinética relativística tende ao infinito.

II. Na relatividade, o trabalho realizado por qualquer sistema para fornecer a uma partícula a velocidade *c* tende ao infinito.

III. A impossibilidade da existência de um trabalho infinito nos leva a concluir que *v* será sempre menor que *c* para partículas materiais.

IV. A Física Clássica ou Newtoniana não estabelece limites para a velocidade de uma partícula material.

68. Leia atentamente o seguinte texto.

O fim do Sol

Os cientistas não têm dúvidas: o Sol morrerá. Mas podemos estar descansados — só daqui a cerca de cinco milhões de anos é que a nossa estrela se transformará numa imensa nebulosa planetária. Antes disso, irá expandir-se, com diminuição de temperatura da sua parte mais superficial, dando origem a uma gigante vermelha. Nesse processo, a temperatura no interior da estrela aumentará de tal modo que permitirá que, a partir da fusão nuclear de átomos de hélio, sejam produzidos carbono e oxigênio.

No final de suas vidas, as estrelas gigantes vermelhas tornam-se instáveis e ejetam as suas camadas exteriores de gás, formando então as chamadas nebulosas planetárias.

(Adaptado de: *Visão*, nº 729, 2006, p. 81.)

A cor de uma estrela indica a sua temperatura superficial, existindo uma relação de proporcionalidade inversa entre a temperatura de um corpo e o comprimento de onda para o qual esse corpo emite radiação de máxima intensidade.

Selecione a opção que contém os termos que devem substituir as letras *a*, *b* e *c*, respectivamente, de modo a tornar verdadeira a afirmação seguinte.

Se, no espectro contínuo de uma estrela predominar a cor *a* e, no espectro de uma outra estrela, predominar a cor *b*, então a primeira terá a *c* temperatura superficial.

a) vermelha — azul — maior
b) amarela — vermelha — menor
c) azul — vermelha — maior
d) violeta — vermelha — menor

69. (Gave – Portugal)

Efeito fotoelétrico

O efeito fotoelétrico consiste na remoção de elétrons de um metal quando sobre ele incide uma radiação adequada.

Classifique como verdadeira (*V*) ou falsa (*F*) cada uma das afirmações seguintes.

a) Para cada metal, o efeito fotoelétrico ocorre, seja qual for a radiação incidente, desde que se aumente suficientemente a intensidade desta radiação.
b) Se uma radiação vermelha é capaz de remover elétrons de um determinado metal, o mesmo acontecerá com uma radiação azul.
c) A energia cinética dos elétrons emitidos por uma chapa metálica na qual incide radiação depende não só da natureza do metal, mas também da radiação incidente.
d) Existindo efeito fotoelétrico, dois feixes de radiação, um ultravioleta e o outro visível, com a mesma intensidade, ao incidirem sobre um determinado metal, ambos produzem a ejeção de elétrons com a mesma velocidade.
e) Existindo efeito fotoelétrico, os elétrons mais fortemente atraídos pelos núcleos dos átomos do metal em que incide uma radiação são ejetados com menor velocidade.
f) O número de elétrons emitidos por uma chapa metálica na qual incide uma radiação depende da frequência dessa mesma radiação.
g) O número de elétrons emitidos por uma chapa metálica na qual incide uma radiação depende da intensidade dessa mesma radiação.
h) Se um dado metal possui energia de remoção *A*, ao fazer incidir sobre ele uma radiação de energia 3A, serão ejetados elétrons com energia cinética *A*.

RESPOSTAS

Unidade 1

1. a) modelo B
   b) modelo B
   c) 26,7 m/s
   d) A (2,98 s); B (2,24 s)
2. verdadeiras: *a*, *e*, *f* e *h*
   falsas: *b*, *c*, *d* e *g*
3. b
4. d
5. c

Unidade 2

6. c
7. d
8. a) Força-peso (constante)
   b) Força de resistência do ar (aumenta durante a queda até igualar-se ao peso).
   c) Inicialmente, movimento acelerado e, a seguir, movimento uniforme.
9. c
10. b
11. a
12. Algumas vantagens: não produz CO_2, o vento é recurso inesgotável e não há emissão de substâncias tóxicas.
    Algumas desvantagens: possui poucos locais apropriados, alto custo de instalação e altera paisagens naturais.
13. d
14. c
15. a

Unidade 3

16. c
17. b
18. a
19. Alavanca 1: interfixa;
    Alavanca 2: interpotente;
    Alavanca 3: inter-resistente.
20. Devido à diferença de pressão entre o interior da boca (zona de baixa pressão) e a superfície do líquido (pressão atmosférica).
21. Porque o interior da boca e a superfície livre do líquido estarão sob mesma pressão (pressão atmosférica). Não havendo diferença de pressão, o líquido não se desloca.
22. d
23. b

Unidade 4

24. Refere-se ao aumento (geral) tanto da temperatura (média), quanto da emissão de gás carbônico, ou seja, ambos os gráficos são crescentes.
25. Entre 1900 e 1910 (aproximadamente), a quantidade de CO_2 liberada aumentou enquanto a temperatura diminuiu.
26. O calor do Sol, uma possível mudança de posição da Terra e a energia solar refletida pela Terra.
27. a
28. Sim; não; não; não
29. a) A curva apresentada tem pontos de inflexão na relação temperatura/altitude.
    b) Há um aumento de temperatura devido à liberação de energia em reações químicas com o ozônio.
    c) A densidade diminui com a altitude.
30. c
31. a
32. a

Unidade 5

33. c
34. a
35. c
36. a
37. Trânsito, Saturno e Netuno.
38. b
39. a
40. c
41. e
42. e

Unidade 6

43. Medidas de tempo. O tempo que a onda do ultrassom leva para percorrer a distância entre a sonda e a superfície do feto e ser refletida.
44. Os raios *X* podem produzir lesões nas células do feto.
45. Sim; sim; não; sim
46. d
47. b

Unidade 7

48. (III) $\vec{F} = q \cdot \vec{E}$
49. Intensidade: $\frac{K|Q|}{d^2}$; direção: vertical; sentido: para baixo.
50. c
51. c
52. A gaiola constitui uma blindagem eletrostática, protegendo os corpos em seu interior de efeitos elétricos externos.

Unidade 8

53. c
54. menor temperatura: *c*
    maior temperatura: *b*
55. 1450 W
56. d
57. b
58. c
59. a
60. e
61. a
62. d

Unidade 9

63. d
64. c
65. Todas verdadeiras.
66. c

Unidade 10

67. Todas verdadeiras.
68. c
69. verdadeiras: *b*, *c* e *g*
    falsas: *a*, *d*, *e*, *f* e *h*

Experimentos

Capítulo 1 – A trajetória depende do referencial

Material: uma moeda.

Procedimento: Desloque-se horizontalmente com velocidade constante e lance a moeda verticalmente para cima. Analise a trajetória da moeda em relação a você e em relação ao solo.

Capítulos 2 e 3 – Análise de fotografias estroboscópicas

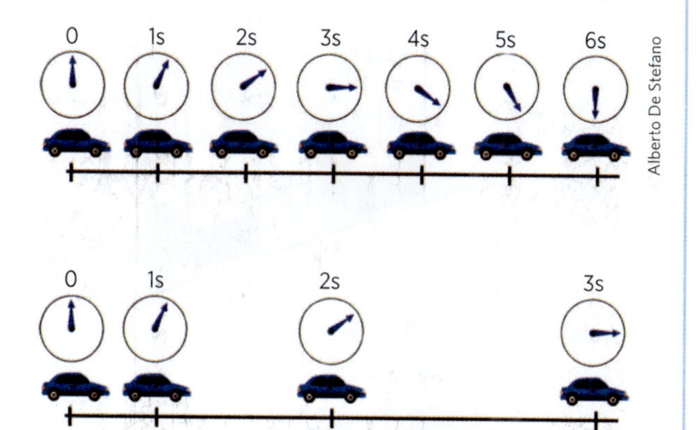

Material: régua, cópia das figuras.

Procedimento: Com a régua meça as variações de espaço entre os instantes 0 e 1s, 1s e 2s e 2s e 3s. Adote a origem dos espaços na posição do móvel no instante t = 0 e oriente a trajetória para a direita. Calcule em cada caso a velocidade escalar média e responda:

a) Qual dos movimentos é uniforme?

b) Qual deles é variado?

c) Escreva a função horária do primeiro movimento observado.

Capítulo 4 – Adição de vetores

Material: cartolina ou papelão, 4 pino-parafuso (para encadernação), lápis de cor, tesoura e régua.

Procedimento: Recorte quatro tiras de cartolina ou papelão de 1,5 cm de largura e comprimento de 10 cm. Duas das tiras representam os vetores $\vec{a}$ e $\vec{b}$. Recorte outra tira de 1,5 cm de largura e 20 cm de comprimento. Faça nesta tira, que representa o vetor soma, uma fenda. Componha um paralelogramo com os pinos. Um pino passa pelas origens dos vetores $\vec{a}$ e $\vec{b}$ e pela origem do vetor soma. O pino oposto passa pela fenda da tira que representa o vetor soma. Você pode alterar o formato do paralelogramo alterando o ângulo entre os vetores $\vec{a}$ e $\vec{b}$. Consequentemente, o comprimento da diagonal que representa o vetor soma será alterado.

quatro tiras de papelão ou cartolina de 1,5 cm x 20 cm e uma de 1,5 cm x 40 cm

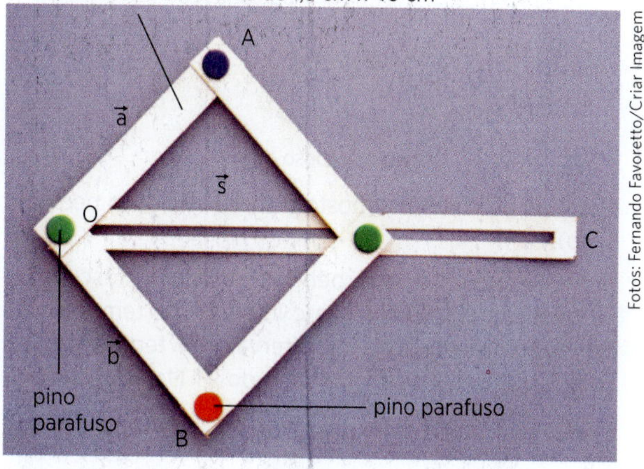

O mesmo esquema pode ser obtido utilizando-se tiras de madeira, conforme a foto abaixo:

Capítulo 6 – Queda vertical

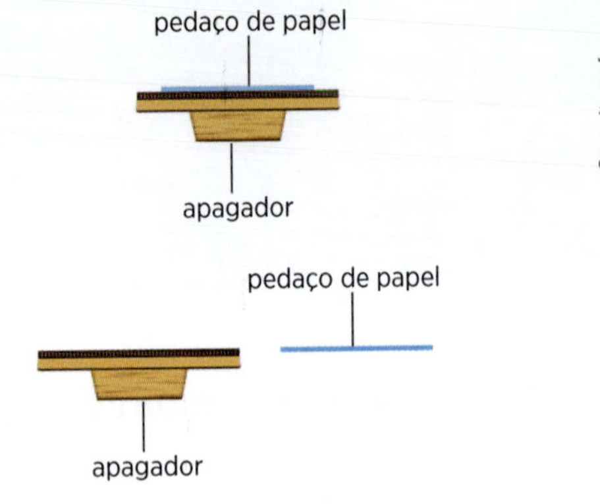

Conceitograf

Material: um apagador, pedaço de papel.

Procedimento 1: Abandone o apagador com um pedaço de papel por cima. Observe: Quem chega primeiro ao solo?

Procedimento 2: Abandone o apagador e o pedaço de papel colocados um ao lado do outro. Observe: Quem chega primeiro ao solo?

Capítulos 6, 14 e 29 – Determinação da aceleração da gravidade

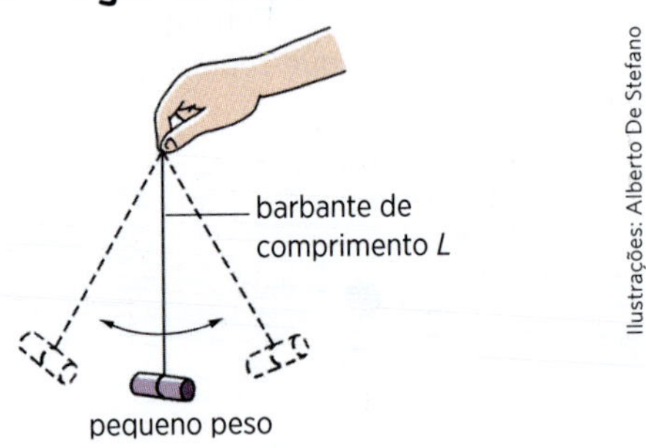

Ilustrações: Alberto De Stefano

Material: pêndulo (composto de barbante e um pequeno peso).

Procedimento: Deixe o pêndulo realizar 10 oscilações de pequena abertura. Meça o intervalo de tempo de 10 oscilações. Dividindo este intervalo de tempo por 10, você encontra o valor do período *T*. Meça o comprimento *L*. A partir da expressão $T = 2\pi\sqrt{\frac{L}{g}}$, determine o valor de *g*.

Sugestão de atividade extraclasse: O que aconteceria neste experimento se o aluno estivesse em um parque de diversões em um brinquedo que o deixasse em queda livre?

Capítulo 7 – I. Inércia

Material: caminhãozinho de madeira, bloquinhos de madeira de tamanhos diferentes.

Procedimento: O caminhãozinho é deslocado para colidir com um obstáculo (parede). O bloco tende a continuar em MRU em relação ao solo sendo, portanto, lançado para frente. Repita o experimento com bloquinhos de madeira de diferentes massas. O que se pode concluir?

Capítulo 7 – II. Ação e reação

Material: barbante, lata de refrigerante vazia, prego.

Procedimento: Com o prego, faça furos na latinha próximos à base como mostra a figura. Ao fazer os furos, gire o prego paralelamente à base e no mesmo sentido, para as aberturas ficarem voltadas para o mesmo lado. Prenda o barbante na alça de abertura, segure e encha a latinha com água. Observe que ela vai girar. Explique o movimento.

Capítulo 8 – Atrito

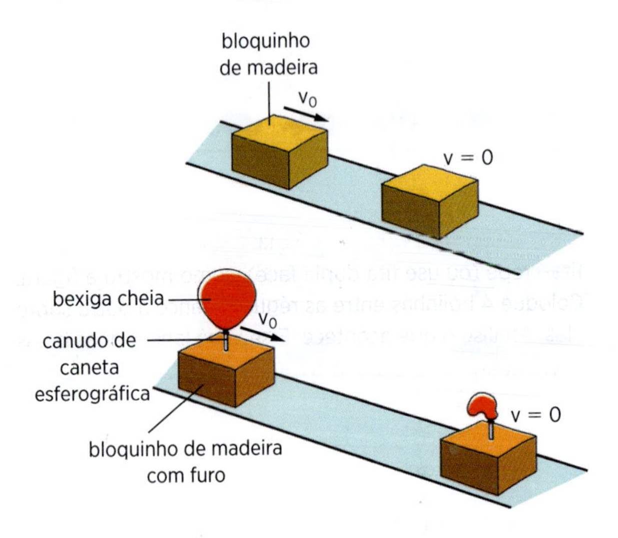

Material: bloco de madeira, bloco de madeira com furo, canudo de caneta esferográfica, bexiga.

Procedimento 1: Empurre o bloquinho de madeira com furo e observe que ele para depois de alguns instantes.

Procedimento 2: Coloque o canudo dentro do bloquinho com furo e prenda a bexiga. Encha a bexiga e depois empurre o bloquinho. Nessa situação, o bloco sofre um deslocamento maior. Explique por quê.

Capítulos 8, 10 e 13 – Atrito, energia e colisão perfeitamente inelástica

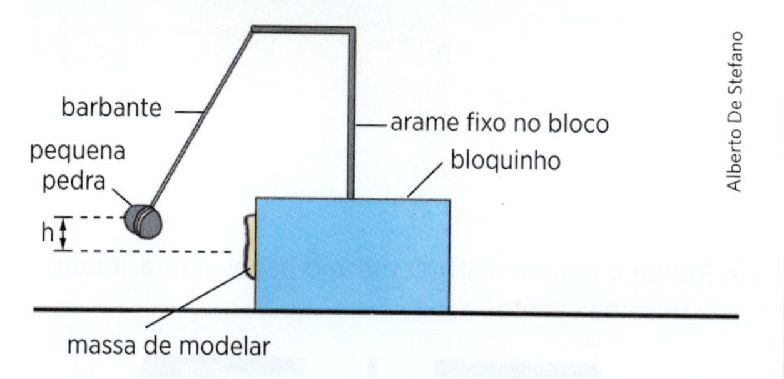

Material: bloquinho de madeira, massa de modelar, pequena pedra, arame, barbante, régua.

Procedimento: Conforme mostra a figura, prenda o arame no bloco; coloque a massa de modelar na lateral do bloco e prenda o barbante com a pedrinha no arame. Ao abandonar a pedra de uma altura *h*, ela vai colidir com a massa de modelar na lateral do bloquinho, e a pedra e o bloco se deslocam juntos até parar. Com a régua, meça a altura *h* e o deslocamento *d* do bloco. Calcule o coeficiente de atrito μ entre o bloco e a superfície de apoio.

Sugestão: Repita o experimento para diversas superfícies de contato. Compare os valores obtidos de coeficiente de atrito com os fornecidos na literatura.

Capítulo 13 – Colisão perfeitamente elástica

Material: 5 bolinhas de gude ou de aço, 2 réguas, fita-crepe ou fita dupla face.

Procedimento: Prenda as réguas sobre a mesa com a fita-crepe (ou use fita dupla face), como mostra a figura. Coloque 4 bolinhas entre as réguas e lance a outra sobre elas. Analise o que acontece. E se você lançar duas bolas sobre as outras três bolas paradas?

Capítulos 10 e 13 – I. Colisão parcialmente elástica e superelástica

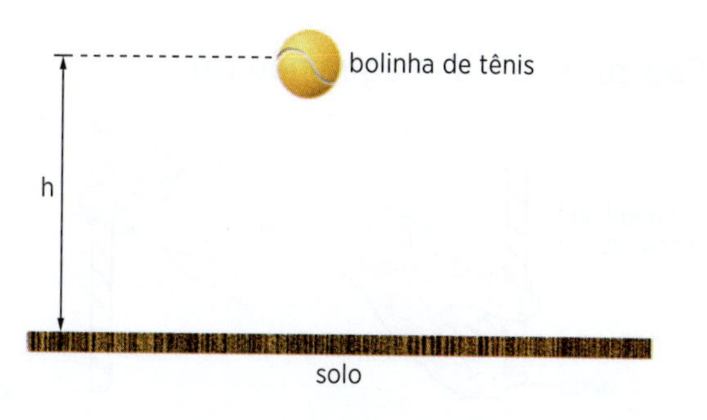

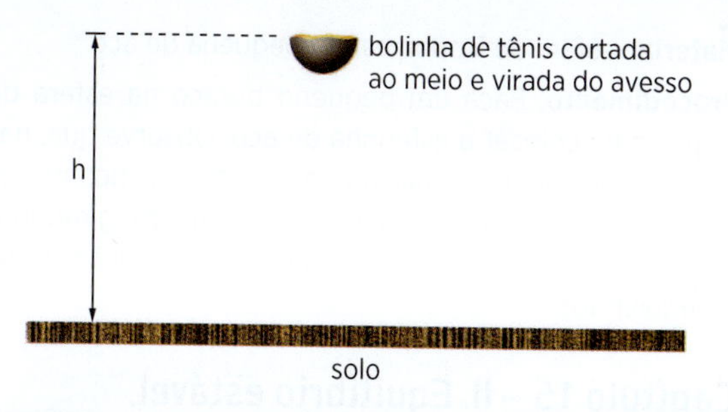

Material: bolinha de tênis inteira, bolinha de tênis cortada ao meio e virada do avesso.

Procedimento 1: Abandone a bolinha de tênis (inteira) de uma altura *h* do solo. Após a colisão com o solo, ela sobe e atinge uma altura *h'*. Observe que $h' < h$.

Procedimento 2: Aperte bem a bolinha de tênis (cortada ao meio e virada do avesso) e solte-a da mesma altura *h*. Observe que, após a colisão com o solo, ela atinge uma altura *h'*, e que $h' > h$. Explique por quê.

Capítulos 10 e 13 – II. Bola de basquete e bolinha de pingue-pongue

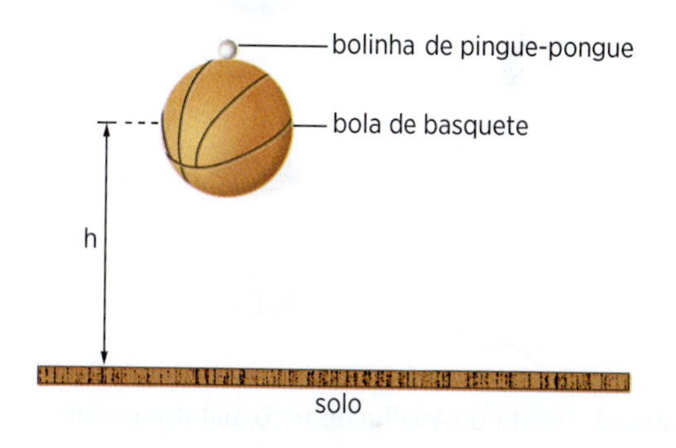

Material: bola de basquete, bolinha de pingue-pongue.

Procedimento: A partir de uma altura *h*, solte a bola de basquete com a bola de pingue-pongue em repouso sobre ela, como mostra a figura. Observe que a bola de basquete colide com o solo e, em seguida, com a bola de pingue-pongue e esta atinge uma altura muito elevada. Explique por quê.

Capítulo 15 – I. Equilíbrio estável e instável

Material: esfera de isopor, esfera pequena de aço.

Procedimento: Faça um pequeno buraco na esfera de isopor para colocar a esferinha de aço. Observe que, nas posições apresentadas nas figuras, o sistema encontra-se em equilíbrio. Dê um pequeno deslocamento, girando o sistema. Em qual deles o sistema volta à posição inicial de equilíbrio?

Capítulo 15 – II. Equilíbrio estável, instável e indiferente

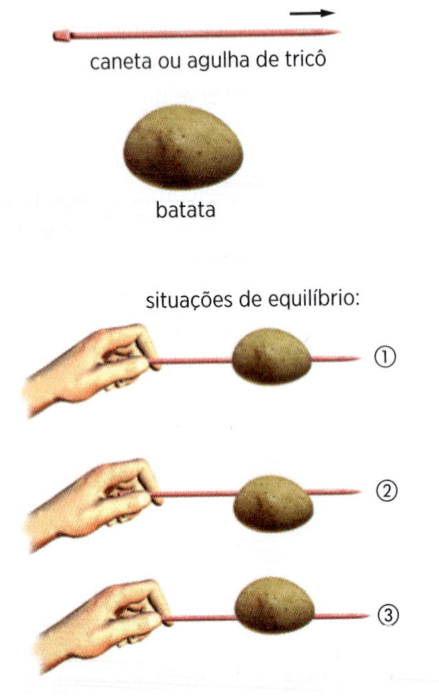

Material: caneta ou agulha de tricô, batata grande.

Procedimento: Coloque a caneta ou a agulha de tricô por dentro da batata, como mostra a figura, e analise o equilíbrio da batata nas situações 1, 2 e 3 ilustradas.

Capítulo 15 – III. Distribuição de forças

- Ponha dois livros sobre uma mesa e, sobre eles, apoie uma folha de papel A4, como mostra a foto.

- Coloque uma caneta sobre o papel A4. O papel não suporta o peso da caneta.

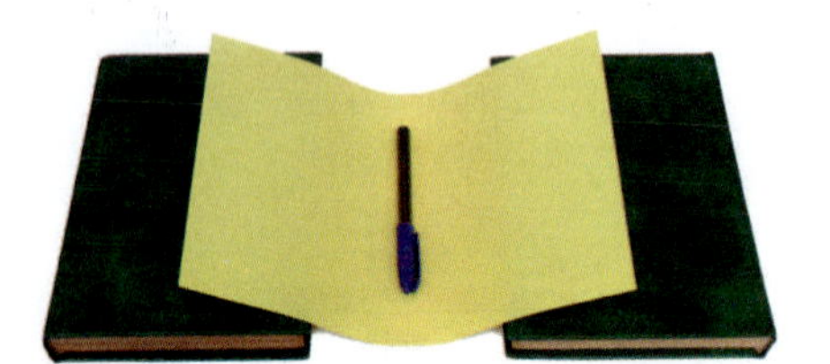

- Dobre o papel A4, conforme indica a foto.

Fotos: Fernando Favoretto/ Criar Imagem

- Repita o experimento. O mesmo papel, agora, suporta o peso da caneta.

Você sabe explicar qual a razão de o papel suportar, nesta última situação, o peso da caneta? Faça uma pesquisa a respeito. Apresente o experimento para seus colegas de classe.

Capítulo 16 – I. Lei de Stevin

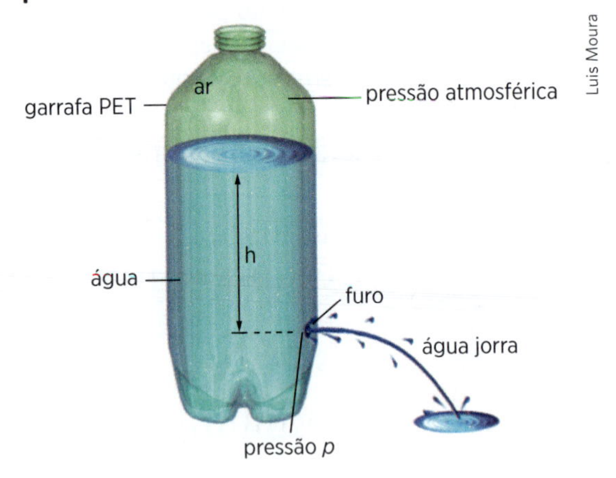

Material: uma garrafa PET, água, prego (para fazer um furo na garrafa).

Procedimento: Encha a garrafa PET com água até uma altura h e observe o que acontece. Considere d como a densidade da água, p, a pressão da água, p_{atm}, a pressão atmosférica e g, a aceleração da gravidade. De acordo com a Lei de Stevin, qual é a relação entre as grandezas indicadas (p, p_{atm}, d, h e g)?

Depois, deixe a garrafa cheia de água cair em queda livre. Observe que a água deixa de jorrar pelo furo. Explique por quê.

Capítulo 16 – II. A água não cai

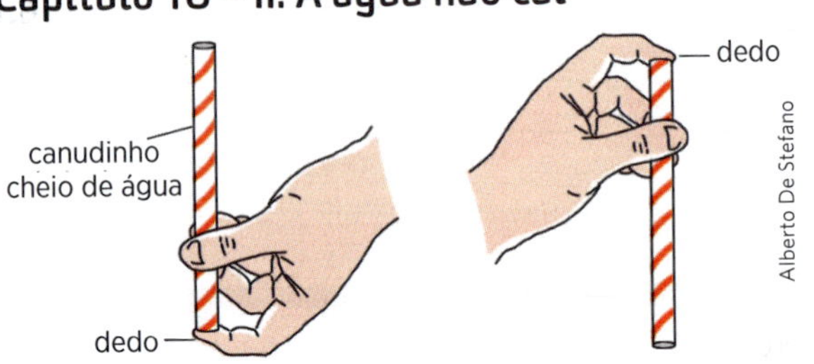

Material: canudinho largo, água.

Procedimento: Tape a abertura inferior do canudinho com o dedo e encha-o de água. Inverta a posição como mostra a figura, ficando com o dedo na abertura superior. Observe que a água não cai por baixo. Explique por quê.

Capítulo 16 – III. O que é mais denso?

Material: 1 lata de refrigerante normal, 1 lata do mesmo refrigerante *diet*, bacia com água.

Procedimento: Coloque a lata de refrigerante normal e a do refrigerante *diet* no recipiente com água. Observe que as latas flutuam, sendo que a latinha *diet* flutua com menor volume imerso. Por que isso ocorre?

Capítulo 16 – IV. Vasos comunicantes

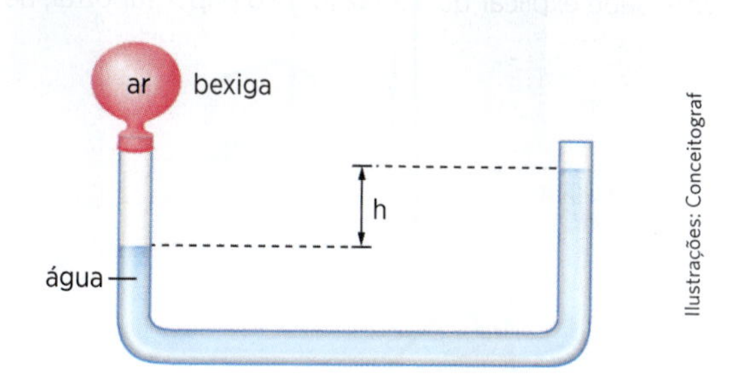

Material: bexiga, vaso comunicante ou pedaço de cano transparente e flexível.

Procedimento: Coloque água no cano. Encha a bexiga com ar e coloque-a na boca do cano. Comprimindo a bexiga, o desnível *h* aumenta. Explique o que acontece.

Capítulo 16 – V. Arquimedes

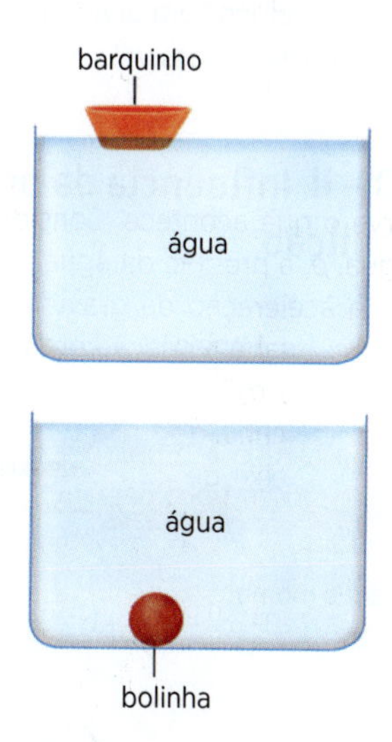

Material: recipiente com água, massa de modelar.

Procedimento 1: Faça um barquinho com a massa de modelar e coloque-o no recipiente com água. Observe que o barquinho flutua na água. Responda: Quais são as forças que agem no barquinho?

Procedimento 2: Faça uma bolinha com a mesma quantidade de massa de modelar usada no barquinho e coloque-a na água. Observe que a bolinha afunda. Responda: Por que a bolinha afunda? Quais forças agem na bolinha quando ela está em equilíbrio no fundo do recipiente?

Capítulo 16 – VI. O ludião (Princípio de Pascal e o Empuxo de Arquimedes)

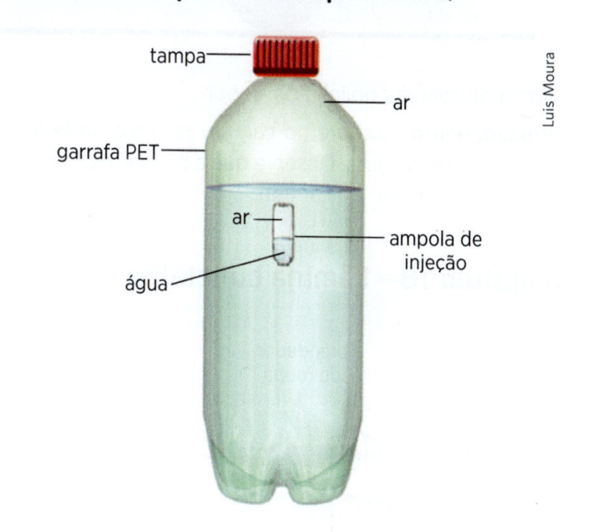

Material: garrafa PET com tampa, água, ampola de injeção.

Procedimento: Coloque água na garrafa PET sem enchê-la completamente e coloque a ampola de injeção dentro da garrafa de modo que fique um pouco de ar dentro da ampola, como mostra a figura. Observe que, quando apertamos lateralmente a garrafa, a ampola desce. Quando deixamos de exercer pressão na garrafa, a ampola sobe. Qual é a explicação para esses fatos?

Capítulo 16 – VII. Hidrodinâmica

Neste experimento vamos verificar o chamado efeito Bernoulli: "Para um fluido em movimento, no local onde a velocidade é maior, a pressão é menor e vice-versa."

a)

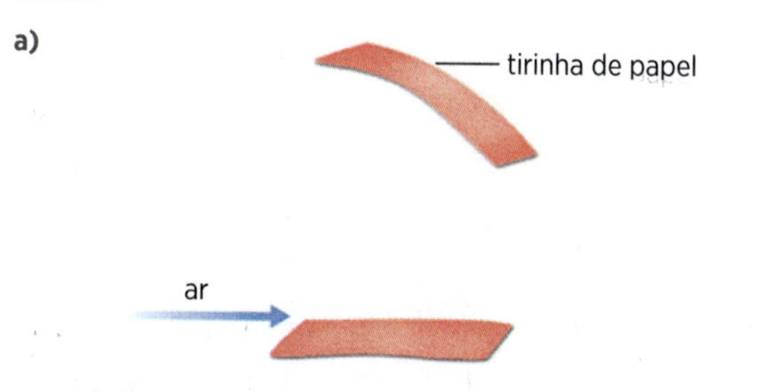

Material: tirinha de papel.

Procedimento: Assopre a parte de cima de uma tira de papel. Observe que ela se eleva.

b)

Material: tirinhas de papel.

Procedimento: Assopre o espaço entre as duas tiras de papel, separadas a uma pequena distância. Observe que elas se aproximam.

c)

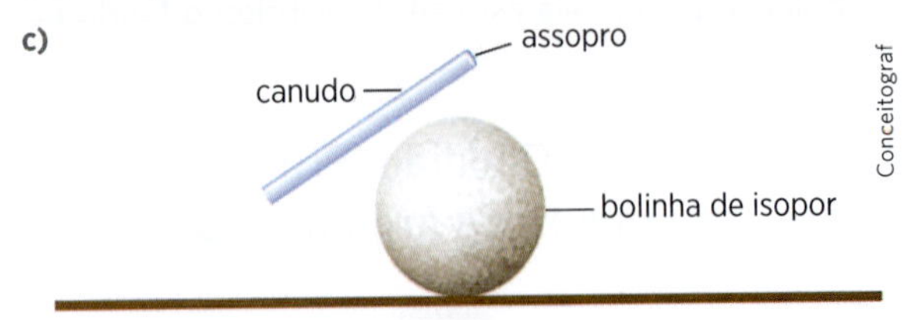

Material: canudo, bolinha de isopor.

Procedimento: Assopre no canudo próximo da bolinha, como mostra a figura. Observe que a bolinha de isopor se desloca na direção do canudo.

Capítulo 18 – Lâmina bimetálica

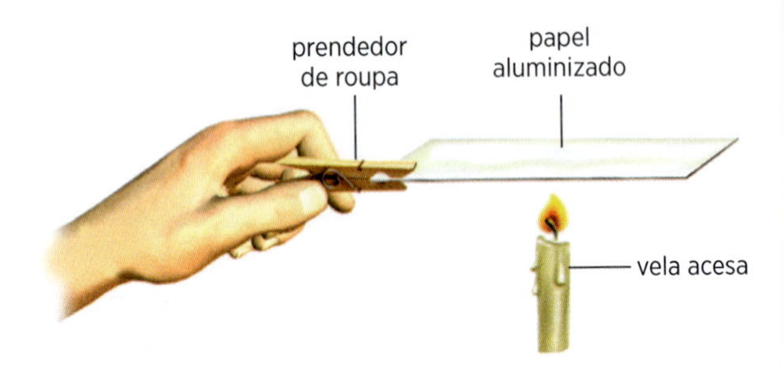

Material: prendedor de roupa, papel com uma face aluminizada, vela, fósforos.

Procedimento: Segure o papel aluminizado com o prendedor de roupa. Com a supervisão do professor, acenda a vela e aqueça o lado aluminizado, como mostra a figura. Observe que a lâmina curva para cima. Por que isso acontece?

Capítulos 19 e 20 – Comparação de capacidade térmica

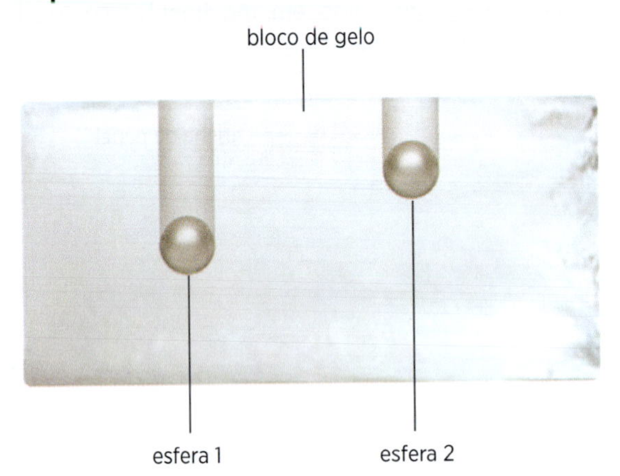

Material: bloco de gelo, 2 esferas pequenas de materiais diferentes (por exemplo, vidro e aço).

Procedimento: Deixe, durante um curto intervalo de tempo, as duas pequenas esferas em contato com a água quente (pode ser sob uma torneira). Observe que as esferas atingem a mesma temperatura. Depois, coloque as esferas sobre o bloco de gelo. As esferas resfriam até atingir a temperatura do gelo, deixando sulcos diferentes no bloco. Compare as capacidades térmicas das esferas, dizendo qual é a maior. Justifique.

Capítulo 20 – I. Influência da pressão do ponto de fusão

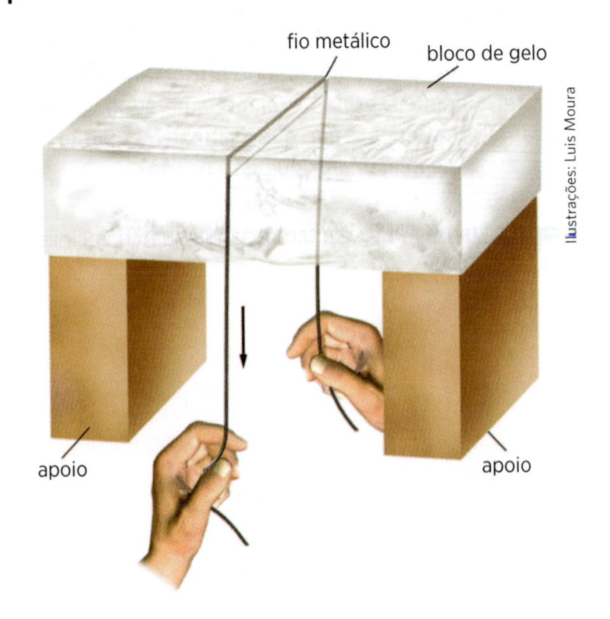

Material: bloco de gelo grande, fio metálico, dois banquinhos para apoio.

Procedimento: Coloque as extremidades do bloco de gelo sobre dois apoios (banquinhos, por exemplo). Passe o fio metálico sobre o bloco e puxe cada extremidade do fio, pressionando o bloco como mostra a figura. Observe que o fio atravessa o bloco sem dividi-lo em duas metades. Explique como isso é possível.

Capítulo 20 – II. Influência da pressão no ponto de ebulição

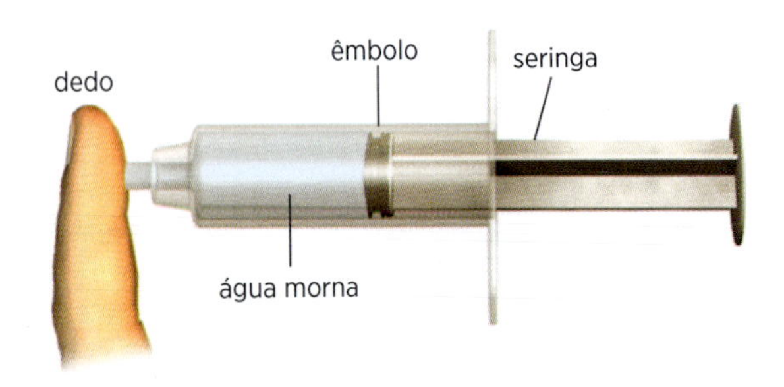

Material: seringa de injeção, água morna.

Procedimento: Coloque água morna dentro da seringa e depois feche-a com o dedo. A seguir puxe o êmbolo para fora. Observe que a água ferve. Explique por que isso ocorre.

Capítulos 22 e 23 – Transformação gasosa

Material: garrafa PET com tampa, água quente, recipiente com água fria.

Procedimento: Encha a garrafa com água quente. A seguir, retire a água e feche a garrafa. Observe que o ar no interior da garrafa se aquece. Coloque então a garrafa imersa em água fria: o ar resfria e a garrafa amassa. Explique o que ocorreu.

Capítulos 22 e 23 – A água que sobe!

Fotos: Sérgio Dotta Jr./The Next

Material: prato fundo, água, corante alimentar, toco de vela, fósforos e um copo de vidro transparente.

Procedimento: Fixe a vela no centro do prato, coloque água no prato e pingue algumas gotas de corante. Com todo cuidado e com a supervisão do professor, acenda a vela. A seguir, envolva a vela com o copo e encoste a boca do copo na água. Você observa três fatos: 1) a chama da vela apaga, 2) a água ao redor do copo borbulha e 3) a água do prato sobe no copo. Procure explicar os fatos observados.

Capítulo 25 – I. Reflexão regular e reflexão difusa

Material: bacia com água.

Procedimento: Olhe para a água em repouso, como mostra a figura, e você verá sua imagem. A seguir, agite a água e você não consegue mais ver sua imagem. Explique por quê.

A mesma experiência pode ser feita com uma folha de papel-alumínio em vez do recipiente com água. Ao olhar para a folha, você vê a sua imagem. A seguir, amasse a folha e depois tente alisá-la. Ao olhar novamente para a folha, não será possível ver a imagem refletida. Explique por quê.

Capítulo 25 – II. Imagem em um espelho plano

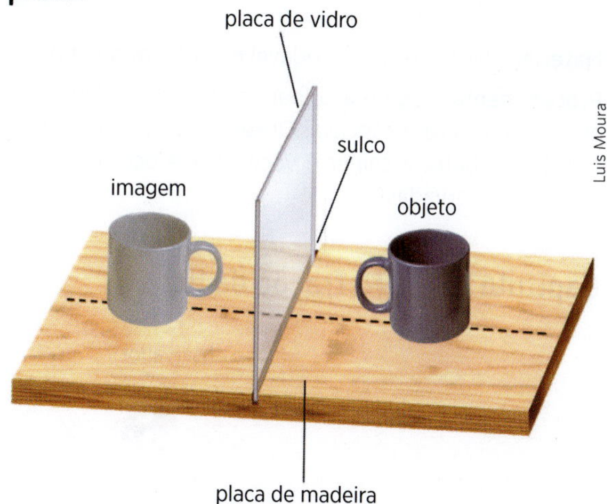

Material: placa de vidro, placa de madeira com sulco, objeto colorido, régua.

Procedimento: Encaixe a placa de vidro no sulco da madeira. Coloque o objeto colorido de um lado da placa de vidro como mostra a figura. A placa de vidro vai funcionar como um espelho. Meça a distância do objeto até o vidro com a régua e verifique que as distâncias do objeto e da imagem ao espelho são iguais.

Capítulo 25 – III. Imagens em dois espelhos

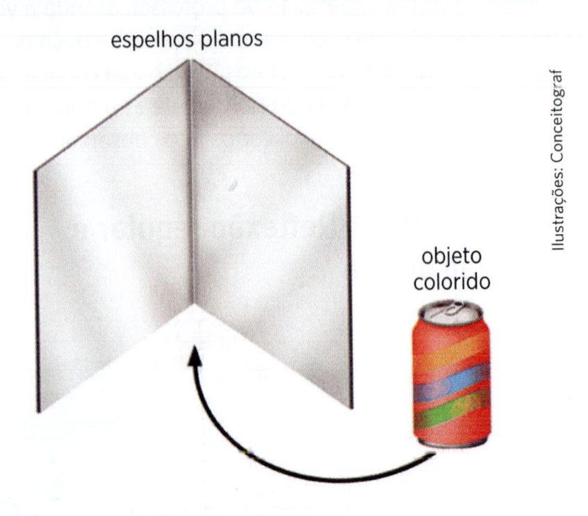

Ilustrações: Conceitograf

Material: dois espelhos planos, um objeto colorido.

Procedimento: Coloque o objeto colorido entre as superfícies refletoras de dois espelhos planos como mostra a figura. Varie o ângulo entre os espelhos e observe que varia o número de imagens obtidas.

Capítulo 26 – Imagens em espelhos esféricos

Material: colher de aço inoxidável nova (bem polida).

Procedimento: Segure a colher na sua frente. Olhe para as faces convexa e côncava. Observe sua imagem. Varie a distância entre a colher e você. O que ocorre com as imagens observadas?

Capítulo 27 – I. Refração da luz

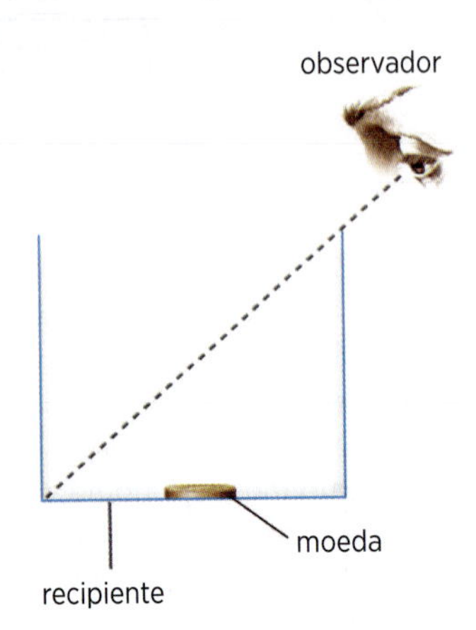

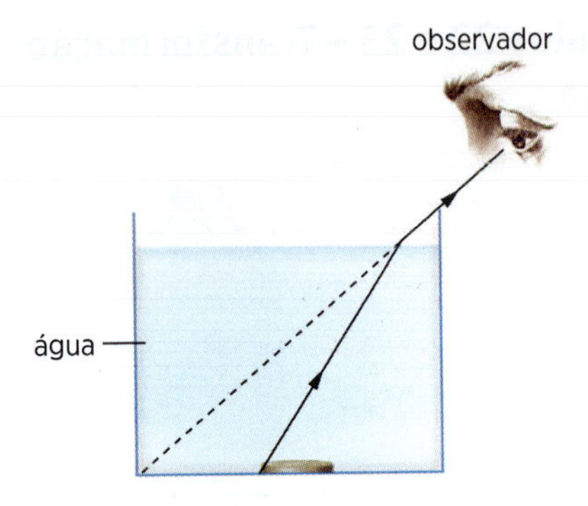

Material: recipiente com água, moeda.

Procedimento: Coloque a moeda no recipiente vazio de modo que ela fique fora do alcance de visão do observador. Depois, coloque água no recipiente e observe que a moeda torna-se visível sem que o observador mude de posição. Explique por quê.

Capítulo 27 – II. Reflexão total

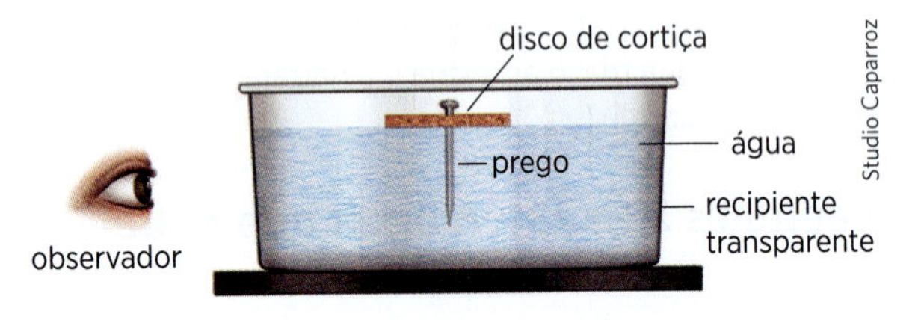

Studio Caparroz

Material: disco ou placa fina de cortiça, prego, recipiente transparente de vidro, água.

Procedimento: Prenda o prego no disco de cortiça e coloque-o a flutuar na água dentro do recipiente como mostra a figura. O observador situado na posição indicada vê a imagem especular do prego, refletida pela superfície da água. Explique como isto ocorre.

Capítulo 28 – Imagens em lentes

Material: duas lentes esféricas: uma divergente (lente dos óculos de uma pessoa míope) e outra convergente (lente dos óculos de uma pessoa hipermetrope).

Procedimento: Coloque as lentes bem próximas das páginas de um livro aberto e observe a formação das imagens. Classifique-as dizendo se são direitas ou invertidas, e maiores ou menores do que o objeto examinado.

Capítulos 27 e 28 – Ilusões ópticas

a) Observe os segmentos AB e CD.

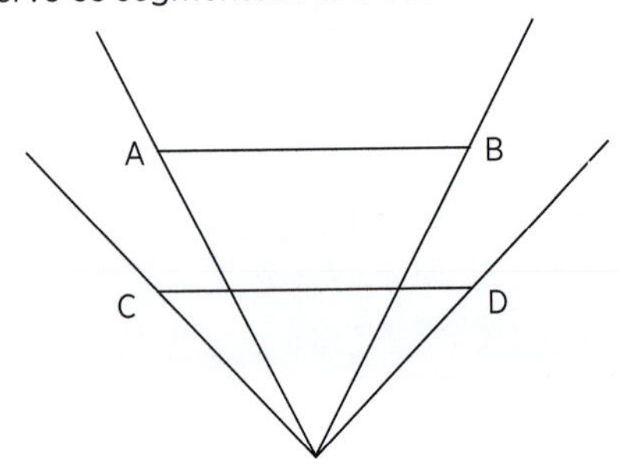

Responda se: $AB > CD$, $AB < CD$ ou $AB = CD$.

b) Observe se os segmentos AB e CD:

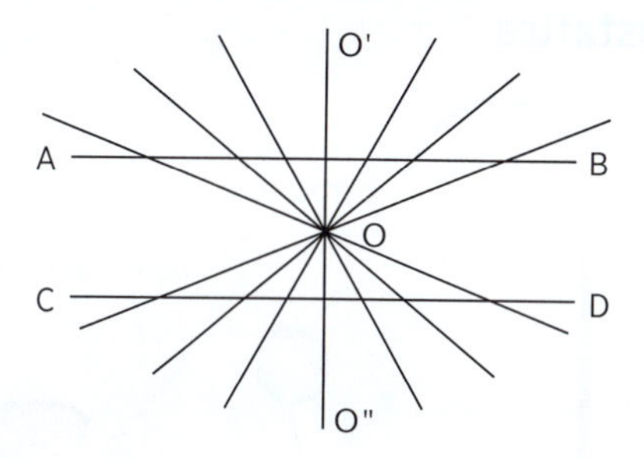

- têm suas concavidades voltadas para o ponto O;
- têm, respectivamente, suas concavidades voltadas para os pontos O' e O";
- são retas paralelas.

c) Observe os arcos 1 e 2 representados a seguir.

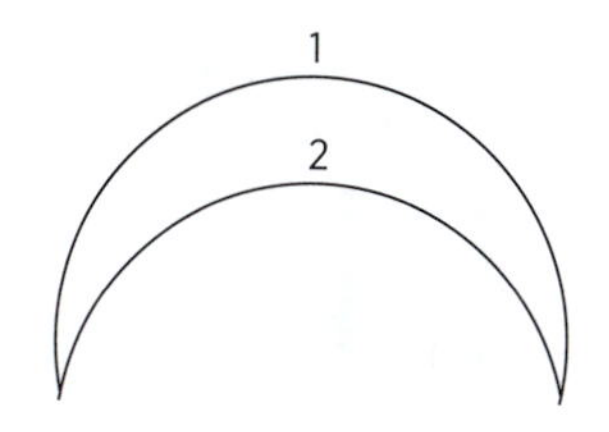

Qual dos arcos apresenta maior raio de curvatura?

Capítulos 29, 30 e 31 – Fenômenos ondulatórios

Material: mola *slinky*, suporte para prender a mola em um dos lados.

Procedimento: Prenda a mola e faça os movimentos conforme as figuras. Observe a formação de diferentes tipos de ondas.

a) Ondas transversais

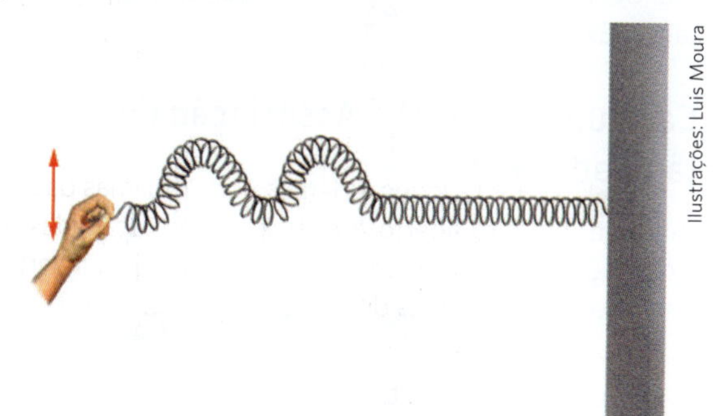

Ilustrações: Luis Moura

b) Ondas longitudinais

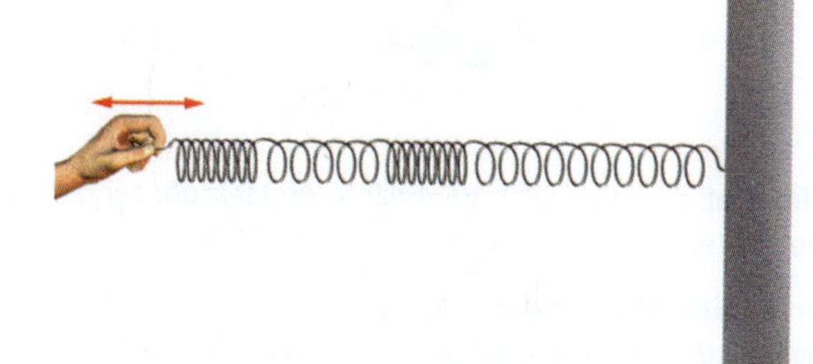

c) Reflexão de ondas

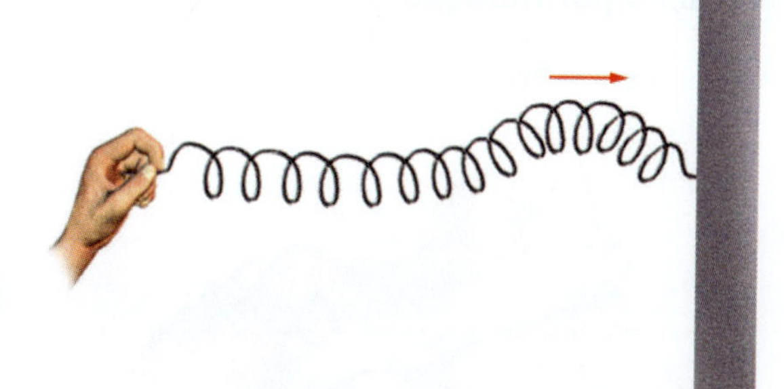

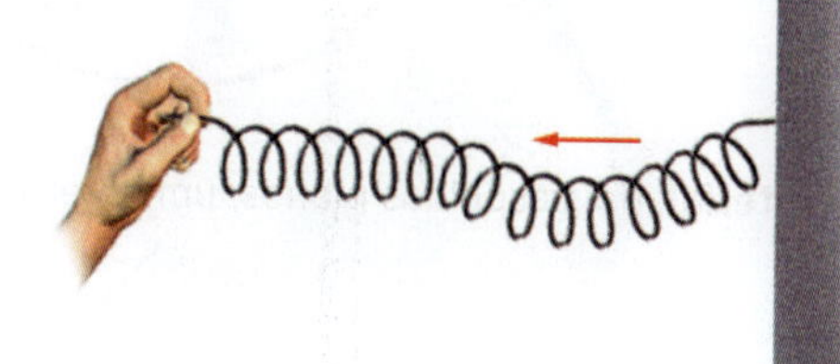

d) Ondas estacionárias

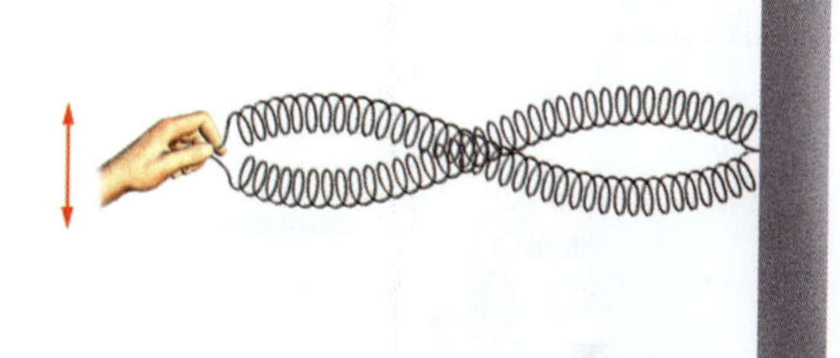

Capítulo 31 – Conferindo a velocidade do som

Alberto De Stefano

Material: 30 m de conduíte, relógio ou cronômetro.

Procedimento: Enrole o conduíte e segure uma das pontas na boca e a outra na sua orelha. Ao produzir um som numa das extremidades, você só ouvirá o som após pequeno intervalo de tempo. Com um relógio ou cronômetro, marque o tempo até ouvi-lo. Calcule a velocidade do som no ar dentro do conduíte.

Capítulo 33 – I. Eletrização por atrito e atração por indução

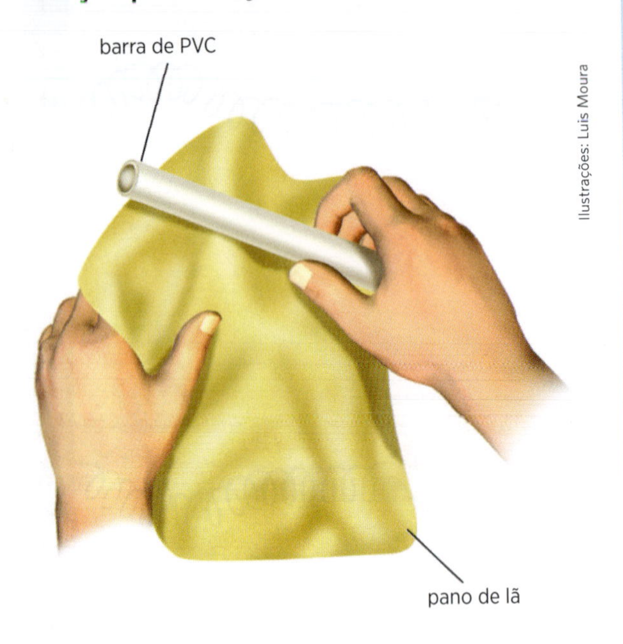

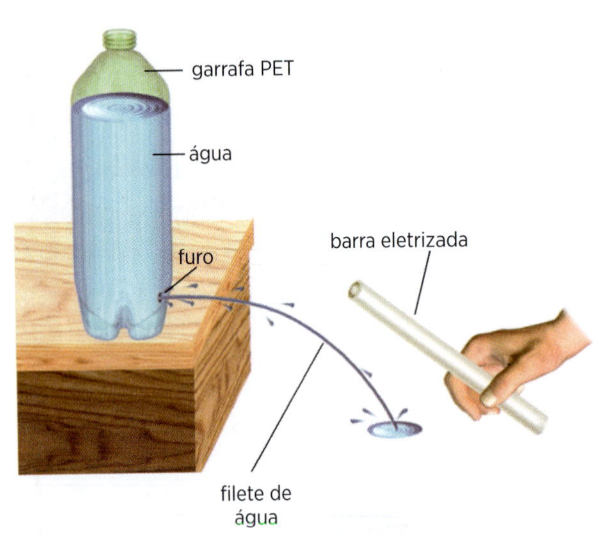

Material: barra de PVC, pano de lã, garrafa PET cheia de água, prego.

Procedimento 1: Atrite a barra de PVC com o pedaço de lã. Observe que a barra e o pano se eletrizam por atrito.

Procedimento 2: Faça um pequeno furo com o prego na garrafa PET cheia de água. Aproxime o bastão eletrizado do filete de água que sai da garrafa. Observe que ele se desloca, sendo atraído pelo bastão.

Capítulo 33 – II. Eletrizando canudos de refresco

Material: canudinhos, pano de lã.

Procedimento: Atritando os canudos com um pano de lã, eles se eletrizam de modo que é possível grudá-los numa parede. Explique por que isso acontece.

Capítulos 33, 35 e 37 – Blindagem eletrostática

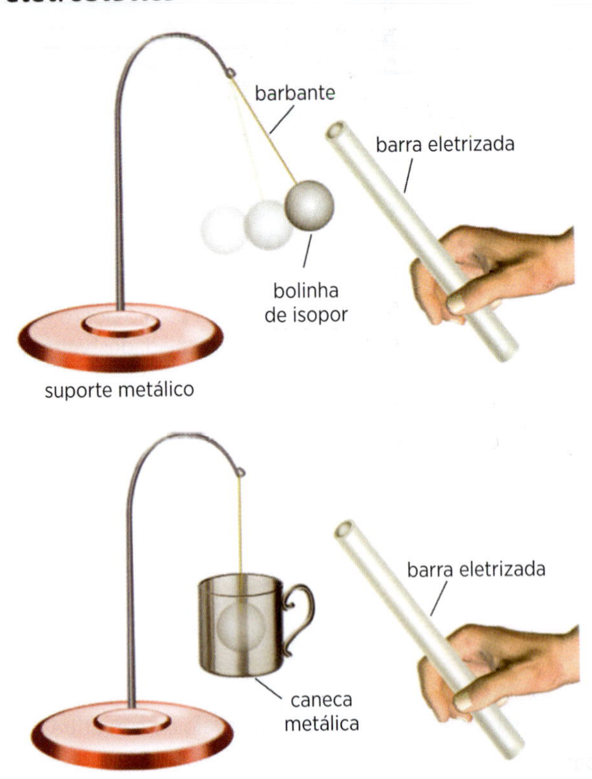

Material: suporte metálico, barbante, bolinha de isopor, barra de PVC, pano de lã, caneca metálica.

Procedimento 1: Atrite o pano de lã na barra de PVC para que ela fique eletrizada. Aproxime a barra de PVC eletrizada da bolinha de isopor. Observe que a bolinha é atraída pela barra.

Procedimento 2: Repita o procedimento anterior, agora colocando a bolinha de isopor no interior da caneca metálica. Observe que ela não é atraída; é a blindagem eletrostática. Explique o que é isso.

Capítulos 39 e 40 – Associação de lâmpadas em série

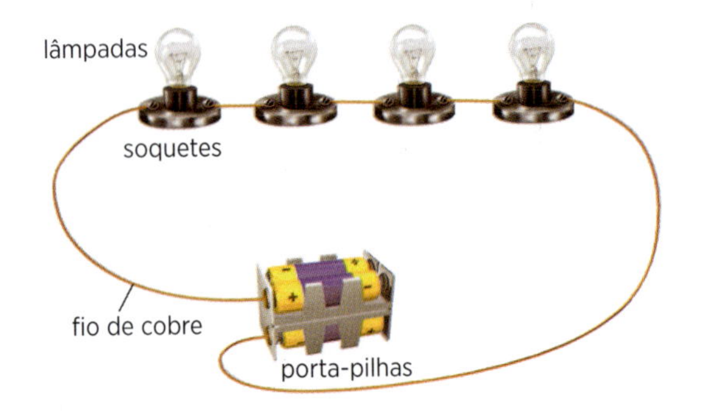

Material: porta-pilhas para 4 pilhas de 1,5 V em série, fios de cobre, 4 soquetes, 4 lâmpadas para 1,5 V.

Procedimento 1: Coloque as pilhas no porta-pilhas e faça as ligações conforme a figura. Observe o brilho das lâmpadas. É igual ou diferente?

Procedimento 2: Retire uma lâmpada. O que ocorre com as demais?

Procedimento 3: Coloque uma delas em curto-circuito. O que ocorre com o brilho das outras?

Capítulos 39 e 40 – I. Experimento com lâmpadas

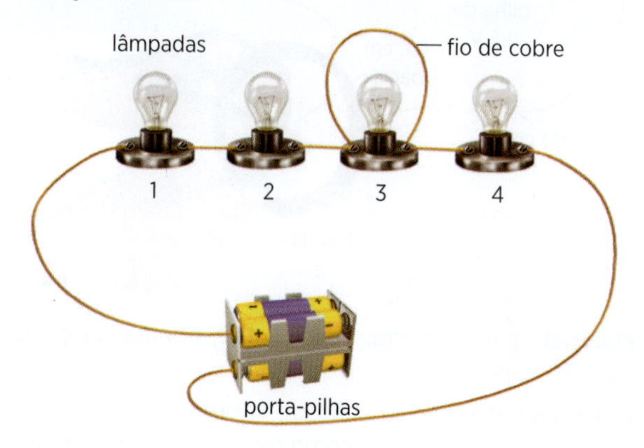

Material: 4 pilhas de 1,5 V, porta-pilhas, 4 lâmpadas para 1,5 V, 4 soquetes, fios de cobre.

Procedimento: Com os fios de cobre faça as ligações mostradas na figura. Observe o que acontece com a lâmpada 3. O que acontece com o brilho das demais lâmpadas? Explique.

Capítulo 39 – II. Associação de lâmpadas em paralelo

Ilustrações: Luis Moura

Material: 1 pilha de 1,5 V, soquetes e fios de cobre, 4 lâmpadas para 1,5 V.

Procedimento 1: Faça as ligações como mostrado na figura. Observe o brilho das lâmpadas. São iguais ou diferentes?

Procedimento 2: Retire uma lâmpada. O que ocorre com as demais?

Procedimento 3: Coloque uma delas em curto-circuito. O que ocorre com o brilho das outras?

Capítulo 40 – Curto-circuito

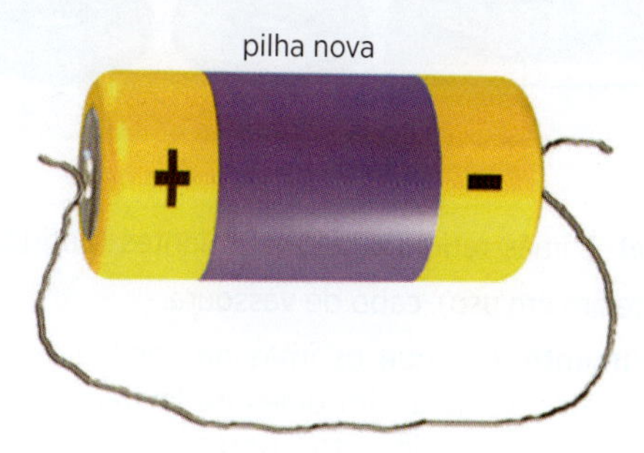

Material: pilha nova, fio de esponja de aço.

Procedimento: Ligue os polos da pilha usando o fio da esponja de aço. Observe que ele aquece chegando até a incandescência. Repita o experimento com pilhas de marcas e tamanhos diferentes. (Ao realizar este experimento, a vida útil da pilha se reduz drasticamente, podendo chegar a zero.)

Capítulo 43 – Ponte de Wheatstone

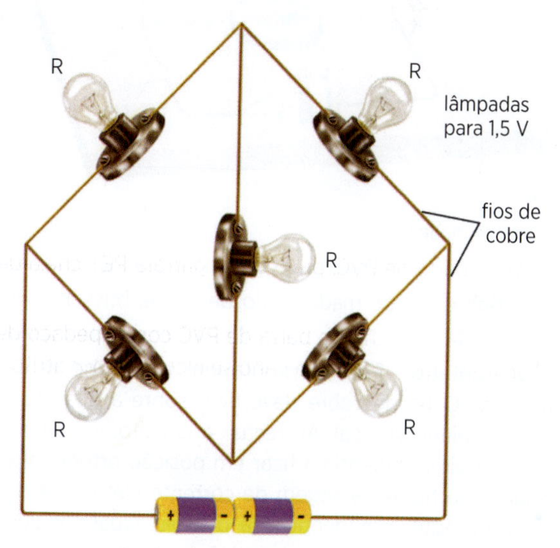

Material: 2 pilhas de 1,5 V, 5 soquetes, fios de cobre, 5 lâmpadas para 1,5 V.

Procedimento: Faça as ligações com as pilhas ligadas em série conforme mostra a figura. As lâmpadas são iguais e, portanto, possuem a mesma resistência R. A lâmpada instalada na diagonal não acende. Explique por quê.

Capítulo 45 – Levitação magnética

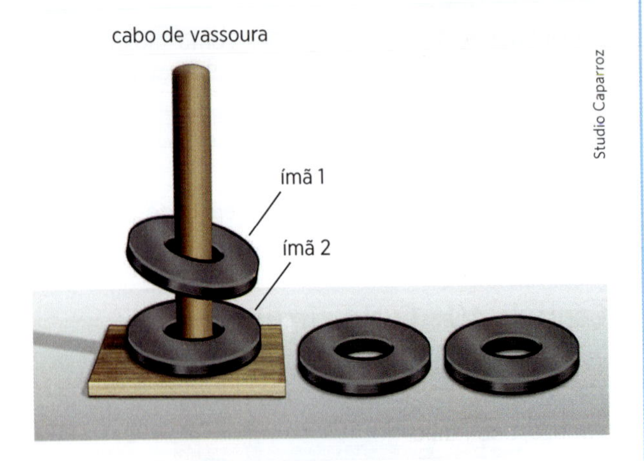

Material: 2 ímãs retirados de alto-falantes (antigos, que não estejam em uso), cabo de vassoura.

Procedimento: Coloque os ímãs no cabo de vassoura como mostra a figura. Um deles irá levitar sob a ação da força magnética do outro. Determine a intensidade dessa força magnética atuante.

Capítulo 46 – Experimento de Oersted

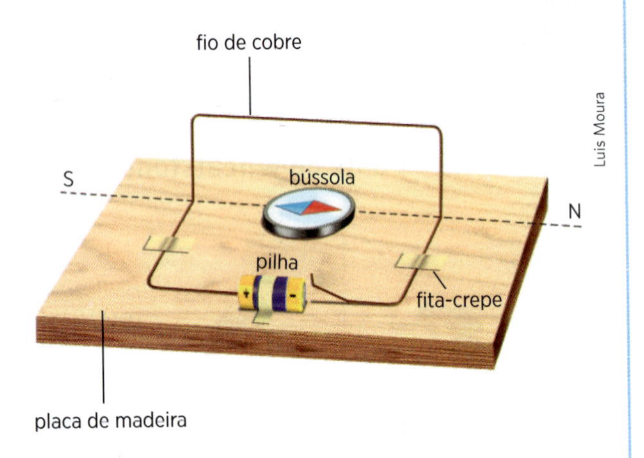

Material: placa de madeira, fio de cobre, bússola, pilha, fita-crepe.

Procedimento: Faça a montagem conforme mostra a figura. O fio de cobre deve ficar sobre a bússola, no mesmo plano vertical. Ao fechar o circuito, a agulha da bússola gira, tendendo a ficar em posição ortogonal em relação ao fio. A passagem de corrente elétrica pelo fio desvia a agulha magnética da bússola. Qual conclusão podemos tirar deste experimento?

Capítulo 47 – I. Indução eletromagnética

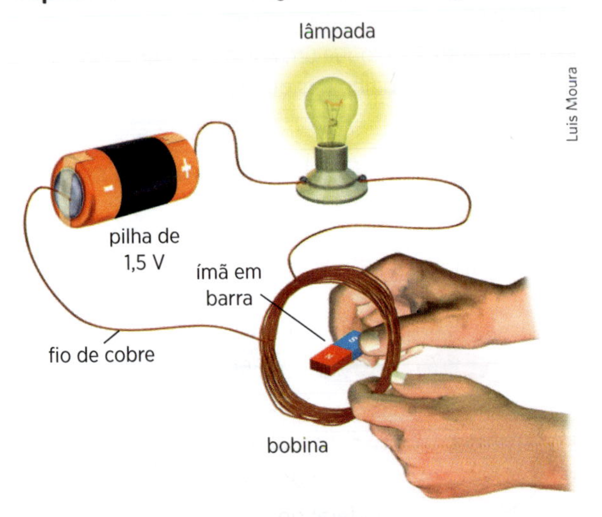

Material: ímã em barra, fio de cobre, bobina, lâmpada para 1,5 V, pilha de 1,5 V.

Procedimento: Enrole o fio de cobre até formar uma bobina e faça as ligações como mostra a figura. A seguir, mova o ímã perto da bobina: ao aproximar ou afastar o ímã da bobina, o que ocorre com o brilho da lâmpada? E parando o ímã?

Capítulo 47 – II. Indução eletromagnética

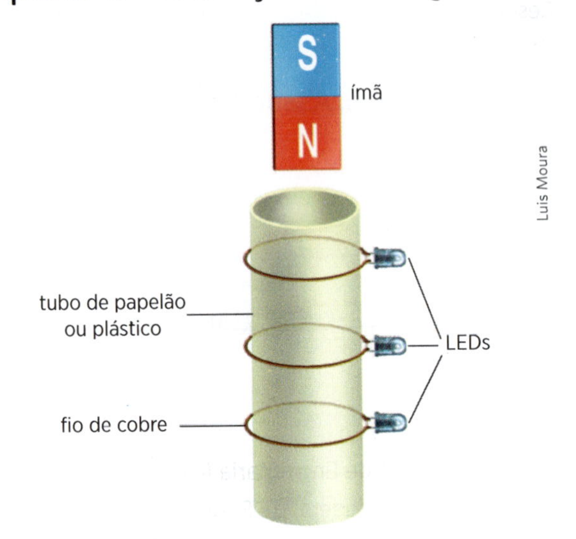

Material: tubo de papelão ou plástico, LEDs, ímã em forma de barra, fios de cobre.

Procedimento: Prenda os LEDs com os fios de cobre em volta do tubo de papelão ou de plástico como mostra a figura. Ao deixar cair o ímã no interior do tubo, os LEDs vão sucessivamente acendendo e apagando. Explique por que isso acontece.

Significado das siglas de vestibulares, concursos e olimpíadas

Acafe-SC — Associação Catarinense das Fundações Educacionais, Santa Catarina
AFA-SP — Academia da Força Aérea, São Paulo
Aman-RJ — Academia Militar de Agulhas Negras, Rio de Janeiro
Ceeteps-SP — Centro Estadual de Educação Tecnológica Paula Souza, São Paulo
Cefet-AL — Centro Federal de Educação Tecnológica de Alagoas
Cefet-CE — Centro Federal de Educação Tecnológica do Ceará
Cefet-MG — Centro Federal de Educação Tecnológica de Minas Gerais
Cefet-PR — Centro Federal de Educação Tecnológica do Paraná
Cefet-PB — Centro Federal de Educação Tecnológica da Paraíba
Cefet-RJ — Centro Federal de Educação Tecnológica do Rio de Janeiro
Cefet-SC — Centro Federal de Educação Tecnológica de Santa Catarina
Cefet-SP — Centro Federal de Educação Tecnológica de São Paulo
Centec-BA — Centro de Educação Tecnológica da Bahia
Cescem-SP — Centro de Seleção de Candidatos às Escolas Médicas, São Paulo
Cesesp-PE — Centro de Estudos Superiores do Estado de Pernambuco
Cesgranrio-RJ — Centro de Seleção de Candidatos ao Ensino Superior do Grande Rio, Rio de Janeiro
Cesubra-DF — Centro de Ensino Superior Unificado de Brasília, Distrito Federal
Cesumar-PR — Centro Universitário de Maringá, Paraná
Cesupa-PA — Centro Universitário do Pará
Ceub-DF — Centro de Ensino Unificado de Brasília, Distrito Federal
Covest-PE — Comissão de Vestibulares de Pernambuco
C. U. Belas Artes-SP — Centro Universitário Belas Artes, São Paulo
C. U. Belo Horizonte-MG — Centro Universitário de Belo Horizonte, Minas Gerais
ECM-AL — Escola de Ciências Médicas de Alagoas
EEAr-SP — Escola de Especialistas de Aeronáutica, Guaratinguetá, São Paulo
EEM-SP — Escola de Engenharia Mauá, São Paulo
Efei-MG — Escola Federal de Engenharia de Itajubá, Minas Gerais
Efoa-MG — Escola de Farmácia e Odontologia de Alfenas, Minas Gerais
Efomm-RJ — Escola de Formação de Oficiais da Marinha Mercante, Rio de Janeiro
E. Naval-RJ — Escola Naval do Rio de Janeiro
Enade — Exame Nacional de Desempenho de Estudantes
Enem-MEC — Exame Nacional do Ensino Médio, Ministério da Educação
EPM-SP — Escola Paulista de Medicina, São Paulo
Esal-MG — Escola Superior de Agricultura de Lavras, Minas Gerais
Esam-RN – Escola Superior de Agricultura de Mossoró, Rio Grande do Norte
Esccai-MG — Escola Superior de Ciências Contábeis e Administrativas de Ituiutaba, Minas Gerais
Escola Técnica Federal-RJ — Escola Técnica Federal do Rio de Janeiro
EsPCEx-SP — Escola Preparatória de Cadetes do Exército, São Paulo
ESPM-SP — Escola Superior de Propaganda e Marketing, São Paulo
Estácio-RJ — Universidade Estácio de Sá, Rio de Janeiro

Faap-SP — Fundação Armando Álvares Penteado, São Paulo
Facid-PI — Faculdade Integral Diferencial, Piauí
Fafeod-MG — Faculdade Federal de Odontologia de Diamantina, Minas Gerais
Fafibh-MG — Faculdade de Filosofia, Ciências e Letras de Belo Horizonte, Minas Gerais
Fameca-SP — Faculdade de Medicina de Catanduva, São Paulo
Famih-MG — Faculdades Metodistas Integradas Izabela Hendrix, Minas Gerais
Fasp-SP — Faculdades Associadas de São Paulo
Fatec-SP — Faculdade de Tecnologia de São Paulo
Fazu-MG — Faculdades Associadas de Uberaba, Minas Gerais
FCAP-PA — Faculdade de Ciências Agrárias do Pará
FCM-MG — Faculdade de Ciências Médicas de Minas Gerais
FCMSC-SP — Faculdade de Ciências Médicas da Santa Casa de São Paulo
FDC-BA — Fundação para o Desenvolvimento das Ciências, Bahia
Fecolinas-TO – Fundação Municipal de Ensino Superior de Colinas do Tocantins
Fefisa-SP — Faculdades Integradas de Santo André, São Paulo
FEI-SP — Faculdade de Engenharia Industrial, São Paulo
Fepar-PR — Faculdade Evangélica do Paraná
Fesp-SP — Faculdade de Engenharia de São Paulo
Fesp-PE — Faculdade Especial de Educação e Cultura, Pernambuco
F. E. Edson Queiroz-CE — Fundação Educacional Edson Queiroz, Ceará
FFCL Belo Horizonte-MG — Faculdade de Filosofia, Ciências e Letras de Belo Horizonte, Minas Gerais
FGV-SP — Fundação Getúlio Vargas, São Paulo
FIB-BA — Faculdade Integrada da Bahia
FISFS-SP — Faculdades Integradas de Santa Fé do Sul, São Paulo
F. Luiz Meneghel-PR — Faculdades Luiz Meneghel, Paraná
F. M. ABC-SP — Faculdade de Medicina do ABC, São Paulo
F. M. Bragança-SP — Faculdade de Medicina de Bragança, São Paulo
F. M. Itajubá-MG — Faculdade de Medicina de Itajubá, Minas Gerais
F. M. Jundiaí-SP — Faculdade de Medicina de Jundiaí, São Paulo
F. M. Pouso Alegre-MG — Faculdade de Medicina de Pouso Alegre, Minas Gerais
F. M. Triângulo Mineiro-MG — Faculdade de Medicina do Triângulo Mineiro, Minas Gerais
FMU/Fiam/Faam-SP — Faculdades Metropolitanas Unidas, Faculdades Integradas Alcântara Machado e Faculdade de Artes Alcântara Machado, São Paulo
F. M. Vassouras-RJ — Faculdade de Medicina de Vassouras, Rio de Janeiro
FOC-SP — Faculdades Oswaldo Cruz, São Paulo
FRB-BA — Faculdade Ruy Barbosa, Bahia
FUA-AM — Fundação Universidade do Amazonas
FUC-MT — Faculdades Unidas Católicas do Mato Grosso
Fuern-RN — Fundação Universidade do Estado do Rio Grande do Norte
Fund. Carlos Chagas-BA — Fundação Carlos Chagas, Bahia
Fund. Carlos Chagas-SP — Fundação Carlos Chagas, São Paulo
Funioeste-PR — Fundação Universidade Estadual do Oeste do Paraná
Funrei-MG — Fundação de Ensino Superior de São João del Rei, Minas Gerais
Furg-RS — Fundação Universidade do Rio Grande, Rio Grande do Sul
FUR-RN — Fundação Universidade Regional do Rio Grande do Norte
Fuvest-SP — Fundação para o Vestibular da Universidade de São Paulo
F. Visconde de Cairú-BA — Faculdade Visconde de Cairú, Bahia
Gave-Portugal — Gabinete de Avaliação Educacional, Ministério da Educação, Portugal
IF-CE — Instituto Federal de Educação, Ciência e Tecnologia do Ceará
IJSO-Brasil — International Junior Science Olympiad, Brasil

IJSO-Coreia — International Junior Science Olympiad, Coreia
IME-RJ — Instituto Militar de Engenharia, Rio de Janeiro
Imes-SP — Centro Universitário Municipal de São Caetano do Sul, São Paulo
Inatel-MG — Instituto Nacional de Telecomunicações, Minas Gerais
ITA-SP — Instituto Tecnológico da Aeronáutica, São Paulo
ITE-SP — Instituto Toledo de Ensino, São Paulo
Mackenzie-SP — Universidade Mackenzie de São Paulo
Marinha do Brasil
OAF-Argentina — Olimpíada Argentina de Física
OBF-Brasil — Olimpíada Brasileira de Física
OCF-Colômbia — Olimpíada Colombiana de Física
OEF-Espanha — Olimpíada Espanhola de Física
Omec-SP — Organização Mogiana de Educação e Cultura, São Paulo
OPF-Portugal — Olimpíada Portuguesa de Física, Portugal
OPF-SP — Olimpíada Paulista de Física
Osec-SP — Organização Santamarense de Educação e Cultura, São Paulo
Pisa — Programa Internacional de Avaliação de Alunos
Polícia Civil-PE
PUC-BA — Pontifícia Universidade Católica da Bahia
Puccamp-SP — Pontifícia Universidade Católica de Campinas, São Paulo
PUC-MG — Pontifícia Universidade Católica de Minas Gerais
PUC-PR — Pontifícia Universidade Católica do Paraná
PUC-RJ — Pontifícia Universidade Católica do Rio de Janeiro
PUC-RS — Pontifícia Universidade Católica do Rio Grande do Sul
PUC-SP — Pontifícia Universidade Católica de São Paulo
U. C. Brasília-DF — Universidade Católica de Brasília, Distrito Federal
UCDB-MS — Universidade Católica Dom Bosco, Mato Grosso do Sul
UC-GO — Universidade Católica de Goiás
UC-MG — Universidade Católica de Minas Gerais
UCPel-RS — Universidade Católica de Pelotas, Rio Grande do Sul
UCS-RS — Universidade de Caxias do Sul, Rio Grande do Sul
Ucsal-BA — Universidade Católica de Salvador, Bahia
Udesc-SC — Universidade do Estado de Santa Catarina
UEA-AM — Universidade do Estado do Amazonas
UE-CE — Universidade Estadual do Ceará
U. E. Feira de Santana-BA — Universidade Estadual de Feira de Santana, Bahia
UE-GO — Universidade Estadual de Goiás
U. E. Londrina-PR — Universidade Estadual de Londrina, Paraná
UE-MA — Universidade Estadual do Maranhão
U. E. Maringá-PR — Universidade Estadual de Maringá, Paraná
UE-MG — Universidade Estadual de Minas Gerais
UE-MS — Universidade Estadual de Mato Grosso do Sul
U. E. Norte Fluminense-RJ — Universidade Estadual do Norte Fluminense, Rio de Janeiro
UE-PA — Universidade do Estado do Pará
UE-PB — Universidade Estadual da Paraíba
UE-PI — Universidade Estadual do Piauí
U. E. Ponta Grossa-PR — Universidade Estadual de Ponta Grossa, Paraná
UE-RJ — Universidade do Estado do Rio de Janeiro
UE-RS — Universidade Estadual do Rio Grande do Sul
U. E. Sudoeste Baiano — Universidade Estadual do Sudoeste Baiano, Bahia

Uesc-SC — Unidade de Ensino de Santa Catarina
U. F. ABC-SP — Universidade Federal do ABC, São Paulo
UF-AC — Universidade Federal do Acre
UF-AL — Universidade Federal de Alagoas
UF-AM — Universidade Federal do Amazonas
UF-BA — Universidade Federal da Bahia
U. F. Campina Grande-PB — Universidade Federal de Campina Grande, Paraíba
UF-CE — Universidade Federal do Ceará
UF-ES — Universidade Federal do Espírito Santo
UFF-RJ — Universidade Federal Fluminense, Rio de Janeiro
UF-GO — Universidade Federal de Goiás
U. F. Juiz de Fora-MG — Universidade Federal de Juiz de Fora, Minas Gerais
U. F. Lavras-MG — Universidade Federal de Lavras, Minas Gerais
UF-MA — Universidade Federal do Maranhão
UF-MG — Universidade Federal de Minas Gerais
UF-MS — Universidade Federal de Mato Grosso do Sul
UF-MT — Universidade Federal do Mato Grosso
U. F. Ouro Preto-MG — Universidade Federal de Ouro Preto, Minas Gerais
UF-PA — Universidade Federal do Pará
UF-PB — Universidade Federal da Paraíba
UF-PE — Universidade Federal de Pernambuco
U. F. Pelotas-RS — Universidade Federal de Pelotas, Rio Grande do Sul
UF-PI — Universidade Federal do Piauí
UF-PR — Universidade Federal do Paraná
UF-RJ — Universidade Federal do Rio de Janeiro
UF-RN — Universidade Federal do Rio Grande do Norte
UF-RR — Universidade Federal de Roraima
UFR-RJ — Universidade Federal Rural do Rio de Janeiro
UF-RS — Universidade Federal do Rio Grande do Sul
U. F. Rural da Amazônia-PA — Universidade Federal Rural da Amazônia, Pará
U. F. Santa Maria-RS — Universidade Federal de Santa Maria, Rio Grande do Sul
UF-SC — Universidade Federal de Santa Catarina
U. F. São Carlos-SP — Universidade Federal de São Carlos, São Paulo
UF-SE — Universidade Federal de Sergipe
UF-TO — Universidade Federal de Tocantins
U. F. Triângulo Mineiro-MG — Universidade Federal do Triângulo Mineiro, Minas Gerais
U. F. Uberlândia-MG — Universidade Federal de Uberlândia, Minas Gerais
U. F. Viçosa-MG — Universidade Federal de Viçosa, Minas Gerais
UFVJM-MG — Universidade Federal dos Vales do Jequitinhonha e Mucuri, Minas Gerais
U. Gama Filho-RJ — Universidade Gama Filho, Rio de Janeiro
Ulbra-DF — Universidade Luterana do Brasil, Distrito Federal
Ulbra-RS — Universidade Luterana do Brasil, Rio Grande do Sul
UMC-SP — Universidade de Mogi das Cruzes, São Paulo
Umesp-SP — Universidade Metodista de São Paulo
Unaerp-SP — Universidade de Ribeirão Preto, São Paulo
Unama-PA — Universidade do Amazonas, Pará
UnB-DF — Universidade de Brasília, Distrito Federal
Uneb-BA — Universidade do Estado da Bahia
U. Negócios e Administração-MG — Universidade de Negócios e Administração, Minas Gerais
Unemat-MT — Universidade Federal do Estado de Mato Grosso

Unesp-SP — Universidade Estadual Paulista, São Paulo
Unespar — Universidade Estadual do Paraná
UniBH-MG — Centro Universitário de Belo Horizonte, Minas Gerais
Unic-MT — Universidade de Cuiabá, Mato Grosso
Unicamp-SP — Universidade Estadual de Campinas, São Paulo
Unicap-PE — Universidade Católica de Pernambuco
Unicenp-PR — Centro Universitário Positivo, Paraná
Unicentro-PR — Fundação Universidade Estadual do Centro-Oeste, Paraná
UniEvangélica-GO — Centro Universitário de Anápolis, Goiás
Unifal-MG — Universidade Federal de Alfenas, Minas Gerais
Unifap-AP — Universidade Federal do Amapá
Unifei-MG —Universidade Federal de Itajubá, Minas Gerais
Unifenas-MG — Universidade de Alfenas, Minas Gerais
Unifesp-SP — Universidade Federal de São Paulo
Unifev-SP — Centro Universitário de Votuporanga, São Paulo
Unifor-CE — Universidade de Fortaleza, Ceará
Unijuí-RS — Universidade de Ijuí, Rio Grande do Sul
Unimep-SP — Universidade Metodista de Piracicaba, São Paulo
Unimes-SP — Universidade Metropolitana de Santos, São Paulo
Unimontes-MG — Universidade Estadual de Montes Claros, Minas Gerais
Unip-SP — Universidade Paulista Objetivo, São Paulo
Unir-RO — Fundação Universidade Federal de Rondônia
Unirio-RJ — Universidade do Rio de Janeiro
Unirp-SP — Centro Universitário do Rio Preto, São Paulo
Unisa-SP — Universidade de Santo Amaro, São Paulo
Unisantos-SP — Universidade Católica de Santos, São Paulo
Unisinos-RS — Universidade do Vale do Rio dos Sinos, Rio Grande do Sul
Unit-SE — Universidade Tiradentes, Sergipe
Unitau-SP — Universidade de Taubaté, São Paulo
Unitins-TO — Universidade do Tocantins
Uniube-MG — Universidade de Uberaba, Minas Gerais
Univale-MG — Universidade do Vale do Rio Doce, Minas Gerais
Univali-SC — Universidade do Vale do Itajaí, Santa Catarina
Unopar-PR — Universidade do Norte do Paraná
U. Passo Fundo-RS — Universidade de Passo Fundo, Rio Grande do Sul
UPE-PE — Universidade do Estado de Pernambuco
Urca-CE — Universidade Regional do Cariri, Ceará
USF-SP — Universidade São Francisco, São Paulo
USJT-SP — Universidade São Judas Tadeu, São Paulo
UTF-PR — Universidade Teológica Federal do Paraná
UVA-CE — Universidade Estadual Vale do Acaraú, Ceará
Vunesp-SP — Fundação para o Vestibular da Universidade Estadual Paulista, São Paulo